Timm Dickel
Heinz-Peter Klemens
Heinrich Rothert

Ideale Biegedrillknickmomente

Lateral-Torsional Buckling Coefficients

Timm Dickel
Heinz-Peter Klemens
Heinrich Rothert

Ideale Biegedrillknickmomente

Kurventafeln für Durchlaufträger
mit doppelt-symmetrischem I-Querschnitt

Lateral-Torsional Buckling Coefficients

Diagrams for Continuous Beams
with Doubly Symmetric I-Sections

vieweg

Dr.-Ing. *Timm Dickel* ist Inhaber eines Ingenieurbüros für Statik, Stahlbau, Massivbau und Dynamik mit dem Schwerpunkt Stahlbau in Schwabach.

Dipl.-Ing. *Heinz-Peter Klemens* ist Mitarbeiter im Prüfamt für Baustatik der Landesgewerbeanstalt (LGA) Bayern in Nürnberg.

Univ.-Prof. Dr.-Ing. *Heinrich Rothert* ist Geschäftsführender Leiter des Instituts für Statik der Universität Hannover und Beratender Ingenieur sowie Prüfungsingenieur für Baustatik (Massivbau, Stahlbau).

Ursprünglich erschienen bei Friedr. Vieweg & Sohn Verlagsgesellschaft mbH, Braunschweig 1991
Softcover reprint of the hardcover 1st edition 1991

ISBN 978-3-528-08824-8 ISBN 978-3-663-14083-2 (eBook)
DOI 10.1007/978-3-663-14083-2

Inhalt

Contents

1 Einleitung

Die neuen Grundnormen des Stahlbaus DIN 18 800, Teile 1 bis 4 (November 1990), im weiteren DIN genannt, ersetzen künftig DIN 18 800, Teil 1 (März 1981), DIN 4114, Teil 1 (Juli 1952) und Teil 2 (Februar 1953) sowie die DASt-Richtlinien 012 (Oktober 1978) und 013 (Juli 1980). Im Zusammenhang mit dem Entwurf der DIN 18 800, Teil 2, im weiteren EDIN genannt, schreibt Roik in [1] zum Thema „Vereinfachte Stabilitätsnachweise von Stäben und Systemen" in der Zusammenfassung: „Die Diskussion über die zweckmäßigste Art des Nachweises für stabilitätsgefährdete Stabwerke wird sicher noch lange andauern, da es nach Auffassung des Autors kein Patentrezept gibt, das für alle Aufgaben in gleicher Weise geeignet ist. ... Dem Anwender muß es freigestellt sein, den Nachweis zu führen, entweder mit geringem Aufwand ggfs. unter gewisser Einbuße an Wirtschaftlichkeit, oder mit größerem Aufwand bei höherer Genauigkeit. Nur so kann den täglichen Arbeiten in der Praxis Rechnung getragen werden. Möglicherweise verschieben sich im Laufe der Zeit die Akzente zur einen oder anderen Seite hin."
Speziell zum Thema „Biegedrillknicken in Theorie, Versuch und Praxis" vertritt Lindner in [2] unter „7. Ausführungen in der Praxis" die Ansicht: „In der Praxis wird das Biegedrillknicken offensichtlich mit Argwohn betrachtet. Oft wird die Meinung vertreten, daß das Biegedrillknicken zwar ein theoretisches, aber kein praktisches Problem darstellt."
Zweifellos hat die Untersuchung des Biegetorsionsproblems nach der Spannungstheorie II. Ordnung am räumlich vorverformten System den Vorteil, daß der Lösungsweg übersichtlich ist und die Ergebnisse realitätsbezogen sind. Bei dieser Vorgehensweise ist andererseits in der Regel der Einsatz eines Computerprogramms erforderlich, das beim Anwender gewisse Spezialkenntnisse voraussetzt. Alternativ können vereinfachte Tragsicherheitsnachweise mit Hilfe sogenannter Ersatzstabformeln geführt werden, die für die Eingangswerte die Kenntnis der Verzweigungslasten voraussetzen.

Bezugnehmend auf die Biegedrillknicknachweise der EDIN, hebt Friemann in [20] hervor: „Die Hauptschwierigkeit bei der Anwendung der Interaktionsformel (3.1) auf solche kombinierten Lastfälle dürfte sich in der Praxis daraus ergeben, daß die kritischen Momente $M_{Ki,y}$ nicht zur Verfügung stehen. ... Für Träger mit anderen Randlagerungen als Gabellagern oder für Durchlaufträger müssen die kritischen Laststufen mit geeigneten Lösungsverfahren ermittelt werden."
Zum einen stehen heute zur Berechnung von Biegedrillknicklasten Computerprogramme zur Verfügung, die jedoch vom Anwender ebenfalls gewisse Spezialkenntnisse über Verzweigungs- und Eigenwertprobleme verlangen, zum anderen kann man in der einschlägigen Fachliteratur auf bereits vorhandene Arbeitshilfen zurückgreifen. Zu diesen in der Praxis eingeführten Methoden ist folgendes kurz anzumerken:

- Die „Nomogramme für die Biegedrillknickuntersuchung frei aufliegender I-Träger und Tabellen für die Biegedrillknickuntersuchung von Kragträgern (I-Trägern) unter vertikaler Belastung" von G. Müller [3] sind am bekanntesten und weit verbreitet.
- Das Standardwerk „Biegetorsionsprobleme gerader dünnwandiger Stäbe" von Roik, Carl und Lindner [4] enthält in den Bildern 5.13 bis 5.35 Beiwerte zur Berechnung von σ_{Ki} für Einfeldträger mit den Randbedingungen „Gabellagerung ohne Wölbbehinderung" und „Starre Biegeeinspannung mit Wölbbehinderung". Die Bestimmung der Biegedrillknicklasten für Durchlaufträger wird in [4] auf Seite 185 ff. näherungsweise am Ersatzsystem des elastisch eingespannten Einfeldträgers beschrieben. Das belastete Feld wird fiktiv herausgeschnitten, und die Einflüsse der Nachbarfelder sind durch Federn zu ersetzen. Am Beispiel eines Dreifeldträgers mit gleichen Stützweiten und Gleichstreckenlast im Mittelfeld wird der Kippnachweis geführt. Zu dieser Nachweisführung ist in [4] auf Seite 189 zu lesen: „Maßgebend für die Beurteilung der Kippsicherheit des Gesamtsystems ist stets die kleinste Sicherheit, die sich aus der getrennten Untersuchung der beiden Teilsysteme (Mittelfeld, Seitenfeld) ergibt. Für den Sonderfall, daß sich aus der Untersuchung beider Teilsysteme gleiche Sicherheiten ergeben, wäre es nicht zulässig, die vorstehend gezeigte drehfedernde Einspannung zu berücksichtigen. Denn in diesem Fall kann sich keines der beiden Felder am anderen „festhalten", sie sind deshalb jedes für sich als gabelgelagerte Träger zu untersuchen."
- Das Standardwerk von Petersen [5] enthält Berechnungsbehelfe für Durchlaufträger in den Tafeln 7.22/23. Am Beispiel eines Dreifeldträgers mit gleichen Stützweiten und konstanter Streckenlast in allen Feldern wird als kritische Last q_{Ki} = 45.70 kN/m ermittelt. Der genaue Wert beträgt q_{Ki} = 47.95 kN/m. Hierzu heißt es in [5] auf Seite 733: „Die Übereinstimmung ist offensichtlich gut. Das ist indes nur dann der Fall, wenn regelmäßige Durchlaufträger bezüglich System und Belastung vorliegen. Untersucht man z.B. denselben Träger mit alleiniger Belastung des Mittelfeldes, findet man mittels Tafel 7.22: q_{Ki} = 47.23 kN/m. Der exakte Wert beträgt nach [7.27]: 80.21 kN/m. Der Näherungswert erreicht nur 60 %, weil die Wölb- und Biegeeinspannung in den Nachbarfeldern nicht eingeht; die Werte nach T. 7.22/23 liegen daher immer auf der sicheren Seite!"
- In [6] werden Dreifeldträger mit unterschiedlichen Stützweiten unter einer Gleichstreckenlast im Mittelfeld untersucht. In Abhängigkeit vom Stützweitenverhältnis kann für HE-B-Profile die Kipplast aus Kurventafeln entnommen werden. Die Vorgehensweise ist derjenigen in [4] ähnlich.
- In [7] wird ein Durchlaufträger über drei gleichen Feldern mit verschiedenen Querschnittsparametern, feldweise konstanter Streckenlast und gleichzeitig wirkender Normalkraft untersucht.

- Dem Tabellenbuch [8] liegt als Ersatzmodell ebenfalls der elastisch eingespannte Einfeldträger zugrunde. Stamme schreibt in [8] auf Seite 13: „Der Anwender soll die zusätzliche Sicherheit der Einspannung nicht überschätzen! Es ist ratsam, sich in jedem Fall, soweit möglich, davon zu überzeugen, ob die angenommene Einspannung auch tatsächlich wirken kann. Bei auftretenden Zweifeln hierüber sollte man auf den niedrigeren Einspanngrad zurückgreifen."

- Die Diagramme in [9] gelten für Einfeldträger mit beidseitiger Gabellagerung und für Kragträger mit voller Biege- und Wölbeinspannung. Diese Bemessungshilfen können als eine Weiterentwicklung der Nomogramme von Müller [3] unter Einbeziehung der Erkenntnisse der EDIN angesehen werden.

Nach dieser kurzen Sichtung derzeit vorhandener Arbeitshilfen ist es offensichtlich, daß ein entsprechendes Tafelwerk für Durchlaufträger fehlt. Diese Lücke soll mit dem vorliegenden Buch geschlossen werden: In Kurventafeln (Kap. 9) werden Beiwerte k für das Kippen (in DIN 4114 und in der Praxis der Kürze wegen oft so genannt) mit freier und gebundener Drehachse bereitgestellt. Damit ist die einfache Ermittlung des idealen Biegedrillknickmoments

$$M_{Ki,y} = \frac{k}{L}\sqrt{GI_T\,EA_{yy}}\,. \qquad (1)$$

für Durchlaufträger mit doppeltsymmetrischem I-Querschnitt und Gabellagerung an allen Auflagern in Abhängigkeit von dem kennzeichnenden Systemparameter

$$\chi = \frac{EA_{ww}}{L^2\,GI_T} \qquad (2)$$

möglich. Querschnittswerte werden in der Bornscheuerschen Systematik nach DIN 1080 gekennzeichnet. Eine Zusammenstellung aller verwendeten Bezeichnungen und Abkürzungen findet sich in Kapitel 6.
Die hier behandelten Systeme, Längen- und Belastungsparameter sowie die erforderlichen Kenngrößen sind in Bild 1 dargestellt.

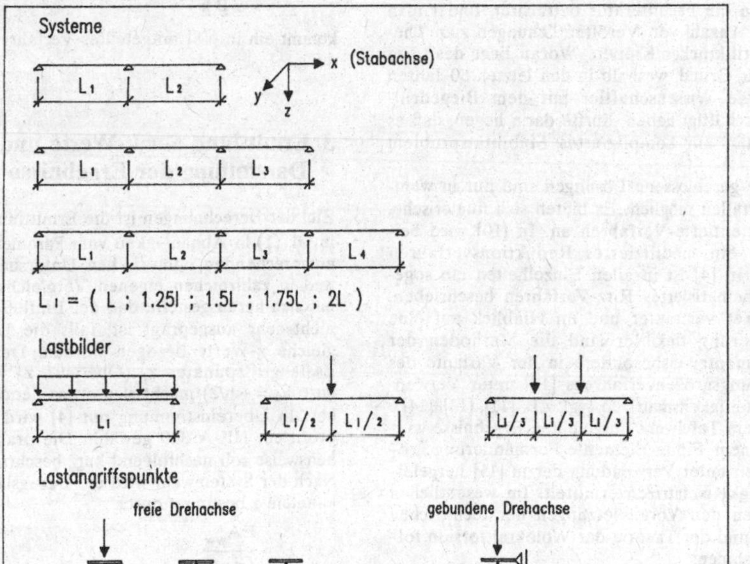

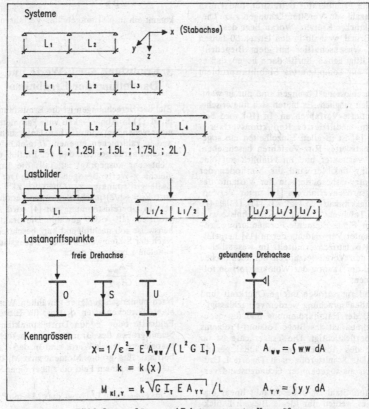

Bild 1: Systeme, Längen- und Belastungsparameter, Kenngrößen

Der Sinn und Zweck des vorliegenden Tafelwerks besteht hauptsächlich darin, allen denjenigen Anwendern eine Arbeitshilfe in die Hand zu geben, die mit Biegedrillknickproblemen nicht tagtäglich befaßt sind. Bei Verwendung der Tafeln in Kap. 9 entfällt insbesondere die Abschätzung der Wölbeinspannung. Allerdings muß eine unvermeidbare Beschränkung bezüglich der Längen- und Belastungsparameter in Kauf genommen werden. Nicht nur bei einer überschlägigen Berechnung im Entwurfsstadium oder bei der baustatischen Prüfung, sondern auch bei der Erstellung der Ausführungsstatik kann das vorliegende Tafelwerk nützliche Dienste leisten.

Es ist geplant, zur parallelen Verwendung bzw. als Ergänzung bei komplizierten Lastbildern und/oder Randbedingungen ein Computerprogramm zur Verfügung zu stellen, das als ··· EXE-DATEI auf Personal-Computern unter MS-DOS lauffähig ist.

2 Anmerkungen zu den theoretischen Grundlagen

In dem bereits zitierten Beitrag [2] schreibt Lindner: „Wenn man die Fachliteratur betrachtet, findet man eine große Anzahl von Veröffentlichungen zum Thema Biegedrillknicken/Kippen. Woran liegt das? Ein wesentlicher Grund, weshalb in den letzten 50 Jahren sich so viele Wissenschaftler mit dem Biegedrillknicken beschäftigt haben, dürfte darin liegen, daß es sich hier um ein kompliziertes Stabilitätsproblem handelt."

Sogenannte geschlossene Lösungen sind nur in wenigen Sonderfällen möglich. Es bieten sich numerische, computerorientierte Verfahren an. In [10] wird beispielsweise ein modifiziertes Reduktionsverfahren vorgestellt, in [4] ist in allen Einzelheiten ein sogenanntes schematisiertes Ritz-Verfahren beschrieben. Dem Statiker vertrauter und im Hinblick auf eine Programmierung flexibler sind die Methoden der finiten Elemente, insbesondere in der Variante des Formänderungsgrößenverfahrens [12] unter Verwendung von Steifigkeitsmatrizen (vgl. z.B. [11], [13], [14]). Die in diesem Tafelwerk mitgeteilten Ergebnisse wurden mit einem Finite-Elemente-Formänderungsgrößenverfahren unter Verwendung der in [15] hergeleiteten Steifigkeitsmatrizen ermittelt. Im wesentlichen gelten neben den Voraussetzungen der technischen Biegelehre und der Theorie der Wölbkrafttorsion folgende Annahmen:

1. Die Formänderungsgrößen infolge Querkraft- und Normalkraftbeanspruchung werden vernachlässigt.
2. Der Einfluß der Hauptkrümmung und die eventuelle Nichtlinearität des Biege-Torsions-Problems bleiben unberücksichtigt. Die Trägerachse ist im Augenblick des Ausweichens als ideal gerade anzusehen. Die Schnittgröße nach Theorie I. Ordnung werden als sogenannter Grundzustand verwendet.
3. Der Werkstoff Stahl ist unbeschränkt linear elastisch, d.h. es werden nur ideale Biegedrillknickmomente im Verzweigungspunkt ermittelt.

Im einzelnen kann in [15] die Herleitung der verwendeten Steifigkeitsmatrizen nachvollzogen werden. Die quadratische Funktion $M_y(x) = M_0 + M_1 x + M_2 x^2$ beschreibt die Momentenverteilung im Grundzustand, die vorab nach Theorie I. Ordnung ermittelt und gespeichert wird. In der linearen Differentialgleichung vierter Ordnung zur Beschreibung der Wölbkrafttorsion nach Theorie I. Ordnung spielt die Stabkennzahl

$$\varepsilon = L \sqrt{\frac{GI_T}{EA_{ww}}} \tag{3}$$

eine dominante Rolle, wie dies auch bei den in [15] angegebenen Steifigkeitsmatrizen deutlich erkennbar ist. Als praktische Konsequenz besteht die Möglichkeit einer vom Profiltyp unabhängigen Darstellung der $M_{Ki,y}$-Werte in Gl. (1) im Gegensatz zur Wahl z.B. von σ_{Ki}-Werten in [3] bzw. von q_{Ki}-Werten in [8]. Der Beiwert k in Gl. (1) wird als Funktion von ε^2 bzw. $\chi = 1/\varepsilon^2$ angegeben. Pflüger [17] und Roik, Carl und Lindner [4] bevorzugen im wesentlichen diese Art der Darstellung.

Zur Lösung des Eigenwertproblems

$$\underline{A}\,\underset{\sim}{x} = \alpha\,\underline{B}\,\underset{\sim}{x}$$

kommt ein in [18] mitgeteiltes Verfahren zur Anwendung.

3 Ermittlung der k-Werte und Darstellung der Ergebnisse

Ziel der Berechnungen ist die Ermittlung der k-Werte in Gl. (1) in Abhängigkeit vom Parameter $\chi = 1/\varepsilon^2$. In entsprechenden numerischen Untersuchungen in [4] und in zahlreichen eigenen Vergleichsberechnungen hat sich herausgestellt, daß der Einfluß des Profiltyps nicht sehr ausgeprägt ist, falls die Ergebnisse auf gleiche χ-Werte bezogen werden. Der Einfluß des Lastangriffspunktes z_p (Obergurt: $z_p = -h/2$, Untergurt: $z_p = +h/2$) macht sich etwas deutlicher bemerkbar. In Übereinstimmung mit [4] wird als Referenzprofil ein HE-A 320 gewählt. Die praktische Vorgehensweise soll nachfolgend kurz beschrieben werden.

Nach der Systemwahl wird die Bezugslänge L bei bekanntem χ bestimmt durch

$$L^2 = \frac{EA_{ww}}{GI_T\,\chi}. \tag{4}$$

Nach numerisch geeignet gewählten Werten für konstante Streckenlasten q_z bzw. für Einzellasten P_z in Feldmitte oder in den Drittelspunkten werden die Schnittgrößen des Grundzustands berechnet und abgespeichert. Die k-Werte sind in den Tafeln auf das betragsmäßig größte Moment |max M| bezogen, das entweder in einem Feld oder über einer Stütze auftreten kann:

$$\max M = m_F\, q_z\, L^2 \quad \text{bzw.} \quad \max M = m_F\, P_z\, L, \tag{5a}$$

$$\max M = m_{St}\, q_z\, L^2 \quad \text{bzw.} \quad \max M = m_{St}\, P_z\, L. \tag{5b}$$

Zur weiteren Verwendung sind die Beiwerte m_F oder m_{St} in den Tafeln mit Vorzeichen, jedoch ohne Indizes angegeben. Mit den Schnittgrößen des Grundzustands wird das Eigenwertproblem formuliert. Als kleinsten positiven Eigenwert erhält man α_{min}. Nunmehr kann k mit Hilfe der Gln. (1) und (5) errechnet werden zu

$$k = \frac{\alpha_{min} |\max M| L}{\sqrt{G I_T \, E A_{yy}}}. \qquad (6a)$$

In den Kurventafeln (Kap. 9) sind die Ordinaten k in Abhängigkeit von den Abszissenwerten χ aufgetragen. Um Mißverständnissen vorzubeugen, soll an dieser Stelle angemerkt werden, daß nach Multiplikation der Momente $M_y(x)$ des Grundzustands mit dem Eigenwert α_{min} die idealen Biegedrillknickmomente $M_{Ki,\,y}(x)$ an jeder Stelle x des Trägers zur Verfügung stehen. Der Bezug von k auf |max M| nach Gl. (6a) erfolgt im Interesse einer einheitlichen Darstellung der k-Werte in den Tafeln und wegen der Möglichkeit, den Tragsicherheitsnachweis gegebenenfalls an der maßgebenden Stelle der größten Momentenbeanspruchung ohne weitere Umrechnungen führen zu können. Bei Überlagerungen sind in vielen Fällen die k-Werte, die ja in den Tafeln auf das jeweilige |max M| des einzelnen Lastfalls bezogen sind, umzurechnen. Befindet sich bei der Koordinate x_1 das maximale Biegemoment max M_1, beträgt der zugehörige Momentenbeiwert $m_1 = m_F(x_1)$ bzw. $m_1 = m_{St}(x_1)$ nach Gl. (5) und ist an einer beliebigen Stelle x_2 der Momentenbeiwert m_2, so gilt die einfache Umrechnung

$$k(x_2) = k(x_1) \left| \frac{m_2}{m_1} \right|. \qquad (6b)$$

Im übrigen wird auf die Anmerkung 5 im Element 110 der DIN hingewiesen: „Bei veränderlichen Querschnitten oder Schnittgrößen ist M_{Ki} für die Stelle zu ermitteln, für die der Tragsicherheitsnachweis geführt wird. Im Zweifelsfall sind mehrere Stellen zu untersuchen."
Die eventuell für Überlagerungen benötigten kritischen Belastungen $q_{z\,Ki}$ bzw. $P_{z\,Ki}$ ergeben sich durch Multiplikation der Belastungswerte q_z bzw. P_z des Grundzustands mit dem kleinsten Eigenwert α_{min}. Diese Werte sind in den Tafeln (Kap. 9) nicht angegeben. Man erhält jedoch mit den Gln. (1), (5) und (6a) die Beziehung

$$q_{z\,Ki} = \frac{M_{Ki,\,y}}{L^2 m} \qquad (7a)$$

bzw.

$$P_{z\,Ki} = \frac{M_{Ki,\,y}}{L\, m}. \qquad (7b)$$

Es erübrigt sich fast zu erwähnen, daß $P_{z\,Ki}$ und $q_{z\,Ki}$ als Systemkennwerte nicht von der Stablängsordinate x abhängen.
Beim „freien" Kippen werden für jedes System und Belastungsbild je drei Kurven $k = k(\chi)$ in Abhängigkeit vom Lastangriffspunkt ermittelt, und zwar

- die untere Kurve für den Lastangriff am Obergurt $z_p = -h/2$,
- die mittlere Kurve für den Lastangriff im Schwerpunkt $z_p = 0$,
- die obere Kurve für den Lastangriff am Untergurt $z_p = +h/2$.

Beim „gebundenen" Kippen (scharnierartige Lagerung des Obergurts) reicht für die Praxis die alleinige Berücksichtigung des Lastangriffs am Obergurt aus. Der Parameterbereich erstreckt sich von $\chi = 0.001$ bis $\chi = 0.5$, wobei in den meisten Fällen nur der Bereich ab $\chi = 0.05$ praktisch von Bedeutung sein wird.

4 Weiterführende Hinweise

Es ist ohne weiteres möglich, für komplizierte Lastbilder k-Werte zu berechnen. Wegen der Vielzahl und der Variationsbreite der Parameter ist es jedoch aussichtslos, diese k-Werte in Kurventafeln oder Tabellen mitzuteilen. Im Falle komplizierter Lastbilder sind daher Überlagerungen erforderlich, die am einfachsten mit Hilfe der Dunkerleyschen Formel durchgeführt werden können und auf der „sicheren" Seite liegen. Nach [17] gilt: „Der reziproke kritische Eigenwert eines Systems, dessen äußere Kräfte sich aus den Kräften von Teilproblemen zusammensetzen, ist angenähert oder bestenfalls gleich der Summe der reziproken kritischen Eigenwerte der Teilsysteme. Der Näherungswert ist stets kleiner als der wahre Wert, wenn nur positive Eigenwerte betrachtet werden."
Diese Art der Überlagerung ist zwar theoretisch begründet und in jedem Fall anwendbar, hat jedoch den Nachteil, häufig zu unwirtschaftliche Ergebnisse zu liefern. Nach Mörschardt [21] stehen zur Zeit keine weiteren, theoretisch abgesicherten Überlagerungsregeln für Verzweigungsprobleme zur Verfügung. Abhilfe schaffen häufig empirisch gefundene Überlagerungsregeln, die sich in zahlreichen Vergleichsberechnungen als brauchbar herausgestellt haben. In keinem Fall sollte der Anwender vergessen, daß die theoretische Untermauerung dieser einfachen Regeln noch aussteht.
Zunächst bietet es sich an, komplizierte Belastungsbilder durch einfache, ingenieurmäßige Überlegungen in Ersatz-Gleichstreckenlasten umzuwandeln. Es können z.B. Einzellasten P_i in Ersatz-Gleichstreckenlasten q_{ers} umgerechnet werden mit der Bedingung, daß q_{ers} dieselbe maximale Momentenordinate max M (bzw. minimale Momentenordinate) erzeugt wie die Einzellasten P_i, d.h.

$$\max M = q_{ers} L^2 m. \qquad (8)$$

Fallweise ist in Gl. (8) für den Momentenbeiwert m entweder m_F oder m_{St} einzusetzen. Ähnliche Angaben werden in [23] auf Seite 386 gemacht.
Nach Umrechnungen dieser Art können gegebenenfalls die Tafeln in Kap. 9 unmittelbar eingesetzt werden.
Für den Sonderfall, daß zwei zu überlagernde Belastungen Momentenflächen $M_1(x)$ bzw. $M_2(x)$ erzeugen, die affin sind oder zumindest an jeder Stelle x des

Trägers dasselbe Vorzeichen haben, läßt sich aus den zu den einzelnen Lastbildern gehörenden k-Werten k_1 und k_2 der resultierende k-Wert bestimmen zu

$$k_{res} = k_1 \frac{M_1}{M_1 + M_2} + k_2 \frac{M_2}{M_1 + M_2}. \qquad (9a)$$

Gl. (9a) gilt für jede Stelle x des Trägers. Gegebenenfalls sind die Werte k_1 und k_2 mit Hilfe der Gl. (6b) für die maßgebende Stelle x umzurechnen. In [4] wird auf Seite 155 ebenfalls ohne theoretische Begründung für einen Einfeldträger näherungsweise „das σ_{Ki} der Gesamtbelastung aus den σ_{Ki} der Teilbelastungen im Verhältnis ihrer Momente zum Gesamtmoment ermittelt". In den meisten praktisch interessierenden Fällen können durch Verwendung der Gln. (9b) bis (9d) genauere Werte als mit Hilfe der Gl. (9a) erzielt werden, jedoch ist der Aufwand erheblich größer, wenn man von

$$k_{res} = k_1 \frac{A_1}{A_1 + A_2} + k_2 \frac{A_2}{A_1 + A_2} \qquad (9b)$$

ausgeht. In Gl. (9b) kann entweder

$$A_i = \int M_i M_i \, dx \quad \text{oder} \quad A_i = \int |M_i| \, dx \qquad (9c, d)$$

eingesetzt werden. Zur Auswertung der Beziehung (9c) sind die sogenannten M_i-M_k-Integraltafeln besonders geeignet.
Ein Blick auf die Tafeln in Kap. 9 läßt erkennen, daß die k-Werte sozusagen zeilenweise mit Hilfe der Gln. (9a) bis (9d) überlagert werden können. Jeder Bildzeile ist eine einzige Laststellung zugeordnet, und zu jeder Bildspalte gehört je ein Lasttyp: in der ersten Spalte die Gleichstreckenlast, in der zweiten Spalte die Einzellast in Feldmitte und in der dritten Spalte die Einzellasten in den Drittelspunkten. Die Momentenflächen einer Bildzeile haben somit an jeder Stelle x dasselbe Vorzeichen, so daß die Gln. (9a) bis (9d) anwendbar sind.
Die folgenden Ausführungen beziehen sich auf ein Teillastbild q_1 bzw. P_1, das durch das Teillastbild q_2 bzw. P_2 ergänzt wird und im Sonderfall der Gleichheit von q_1 und q_2 zum Lastbild „Vollast" aufgefüllt wird:
Unter Verwendung des Quotienten der Lastintensitäten

$$\beta = \frac{q_2}{q_1} \qquad (10)$$

gelten folgende Aussagen:

- Für $\beta \leq 0.05$ ist es ausreichend genau, als resultierenden k-Wert denjenigen zu verwenden, der zum Teillastbild q_1 gehört, d.h. das Teillastbild q_2 hat einen vernachlässigbaren Einfluß auf den resultierenden k-Wert.
- Für $\beta \geq 0.95$ ist der resultierende k-Wert gleich demjenigen, der zum Vollastbild gehört.

In vielen Fällen sind die oben angegebenen Grenzwerte $\beta = 0.05$ bzw. $\beta = 0.95$ bei weitem zu konservativ; es sind jedoch zur Zeit keine allgemeinen Regeln bekannt.

- Im Bereich $0.05 \leq \beta \leq 0.95$ ist die Beziehung

$$q_{Ki\,res} = \sqrt{\frac{q_{Ki\,1}^2 \, q_{Ki\,2}^2}{\beta^2 q_{Ki\,1}^2 + q_{Ki\,2}^2}} \qquad (11)$$

anwendbar. In Gl. (11) sind $q_{Ki\,1}$ und $q_{Ki\,2}$ die zu den Teillastbildern q_1 respektive q_2 gehörenden Biege-

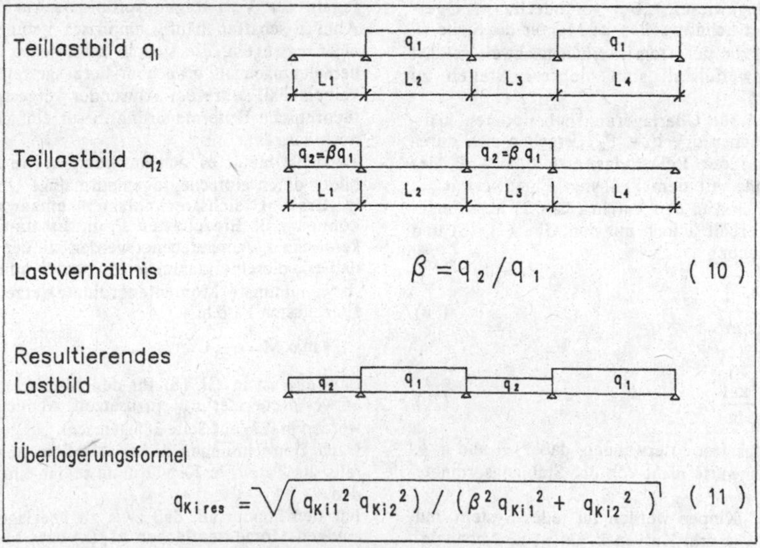

Bild 2: Teillastbild q_1 und komplementäres Teillastbild q_2

drillknicklasten, die mit Hilfe der Tafeln in Kap. 9 und Gl. (7a) bestimmt werden. Die empirisch begründete Gl. (11) folgt aus der sogenannten Normalform der Ellipsengleichung mit den Achsen $2a = 2\,q_{Ki\,1}$ und $2b = q_{Ki\,2}$. Nach Angaben in [22] haben sich bei der Berechnung der Beulspannungen ausgesteifter Rechteckplatten infolge zusammengesetzter Beanspruchungen aus Normal- und Schubspannungen ähnliche Beziehungen (quadratische Parabel, Kreis) bewährt.

5 Anwendungsbeispiele unter Berücksichtigung der DIN 18 800, Teil 2 (November 1990)

Die einfache Ermittlung von $M_{Ki,\,y}$ mit Hilfe der Tafeln in Kap. 9 wird nachfolgend in drei Anwendungsbeispielen gezeigt. Der Tragsicherheitsnachweis z.B. nach DIN 18 800, Teil 2 (November 1990), am Ende eines jeden Beispiels ist lediglich der Vollständigkeit halber geführt. In der DIN ist im Element 112 u.a. angegeben: „Zur Vereinfachung dürfen Biegeknicken und Biegedrillknicken getrennt untersucht werden. Dabei ist nach dem Nachweis des Biegeknickens der Biegedrillknicknachweis für die aus dem Gesamtsystem herausgelöst gedachten Einzelstäbe zu führen, die durch die am Gesamtsystem ermittelten Stabendschnittgrößen und durch die Einwirkungen auf den betrachteten Einzelstab beansprucht werden.“ In der zugehörigen Anmerkung 3 steht als Erläuterung: „Die beim gedanklichen Herauslösen des Einzelstabes angenommenen Randbedingungen und Schnittgrößen sind beim Nachweis des Biegedrillknickens zu beachten.“

Im Falle der einachsigen Biegung ohne Normalkraft heißt es im Element 311 der DIN: „Für I-Träger sowie U- und C-Profile, bei denen keine planmäßige Torsion auftritt, ist der Tragsicherheitsnachweis mit der Bedingung (16) zu führen:“

$$\frac{M_y}{\kappa_M\, M_{pl,\,y,\,d}} \leq 1.$$

In diesem Nachweis bedeuten:

M_y größter Absolutwert des Biegemoments nach Abschnitt 3.1, Element 303,

κ_M Abminderungsfaktor in Abhängigkeit vom bezogenen Schlankheitsgrad $\bar{\lambda}_M$,

$$\kappa_M = 1 \qquad \text{für} \quad \bar{\lambda}_M \leq 0.4,$$

mit

$$\bar{\lambda}_M = \sqrt{\frac{M_{pl,\,y}}{M_{Ki,\,y}}},$$

$$\kappa_M = \left(\frac{1}{1+\bar{\lambda}_M^{2n}}\right)^{\frac{1}{n}} \qquad \text{für} \quad \bar{\lambda}_M > 0.4,$$

n Systemfaktor nach Tabelle 9 der DIN (z.B. 2.5 für gewalzte I-Träger).

Weiterhin ist im Element 117 der DIN ausgeführt: „Abweichend von Abschnitt 1.4.1, Elemente 115 und 116 dürfen die Schnittgrößen und Verformungen auch mit den γ_M (= 1.1)-fachen Bemessungswerten der Einwirkungen berechnet werden. In diesem Falle sind bei den Tragsicherheitsnachweisen die charakteristischen Werte der Festigkeiten und Steifigkeiten zu verwenden. In den Gleichungen der Abschnitte 3 bis 7 müssen dann statt der Bemessungswerte des Widerstandes, ausgedrückt durch den Index d, jeweils die charakteristischen Werte, ausgedrückt durch den Index k, verwendet werden.”

In den folgenden Beispielen wird mit den γ_M-fachen Bemessungswerten der Einwirkungen und konsequenterweise mit den charakteristischen Werten für die Widerstandsgrößen z.B. $M_{pl,\,y,\,k} = f_{y,\,k} \cdot W_{pl}$ gerechnet. Das Biegemoment $M_{pl,\,y}$ in Profiltafeln z.B. in [19] ist identisch mit $M_{pl,\,y,\,k}$.

Analog zur Bedingung (16) der DIN sind die Formeln (27) für einachsige Biegung mit Normalkraft und (30) für zweiachsige Biegung mit und ohne Längskraft aufgebaut. In jedem Fall ist der Eingangswert für den Biegedrillknickterm der bezogene Schlankheitsgrad $\bar{\lambda}_M$. Das nach der Elastizitätstheorie ermittelte ideale Biegedrillknickmoment $M_{Ki,\,y}$ kann in vielen praktischen Anwendungsfällen mit Hilfe von Tabellen und Diagrammen z.B. in [3], [4], [5], [7] errechnet oder mit den in der DIN angegebenen Näherungsgleichungen (19) bzw. (20) bestimmt werden.

Im Falle komplizierter Rand- und/oder Übergangsbedingungen und Belastungen kann man $M_{Ki,\,y}$ kaum noch durch eine Handrechnung mit den Angaben der genannten Standardwerke hinreichend genau bzw. wirtschaftlich ermitteln. Für Durchlaufträger werden die vorliegenden Kurventafeln bereitgestellt. Ihre Nützlichkeit soll an zwei Beispielen aus der einschlägigen Fachliteratur ([2], [11], [23]) und an einem weiteren Beispiel demonstriert werden. Zur Frage der Traglastabminderung infolge Querkraft wird auf die Ausführungen von Petersen in [23] auf Seite 388 und auf das Element 315 der DIN verwiesen.

Beispiel 1 ([2] , [11])		
System	Querschnitt	Anmerkung
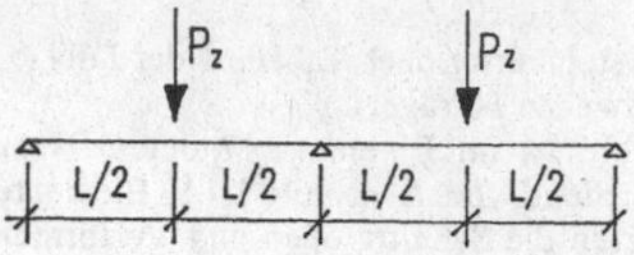	$A=28.5\ cm^2$ $A_{zz}=1940\ cm^4$ $A_{yy}=142\ cm^4$ $A_{ww}=12990\ cm^6$ $I_T=7.02\ cm^4$ $M_{pl,y}=52.6\ kNm$ 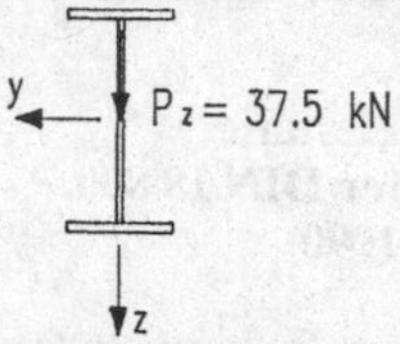	IPE 200 Bemessungs-werte nach Element 117 Eigenlast in P_z ent-halten [2] St 37 L = 5.0 m z_p = 0
$\chi = (EA_{ww})/(L^2 GI_T) = (2.1E8\cdot12990E\text{-}12)/(5.0^2\cdot0.81E8\cdot7.02E\text{-}8) = 0.0192$ $\sqrt{GI_T\ EA_{yy}} = \sqrt{0.81\cdot7.02\cdot2.1\cdot142} = 41.178$		Gl. (2)
$M_{Ki,y} = k\ \sqrt{GI_T\ EA_{yy}}\ /\ L$		Gl. (1)
Tafel F/II 1	abgelesen k = 6.2	
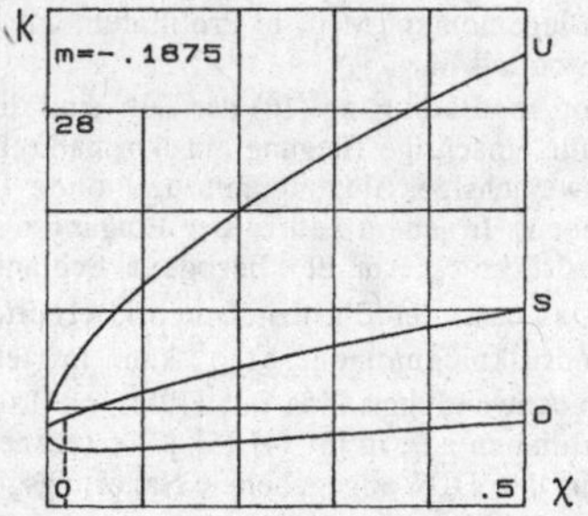	$M_{Ki,y} = 6.2\cdot41.178\ /\ 5.0$ **$M_{Ki,y}$ = 51.06 kNm** "exakter" Wert k = 6.236	mit Pro-gramm er-rechnet
In [2] wird für $M_{Ki,y}$=42.7 kNm in Feldmitte angegeben, und die Um-rechnung z.B. mit den Momentenbeiwerten ergibt über der Stütze $M_{Ki,y} = 42.7\cdot0.1875/0.15625 = 51.24$ kNm.		analog Gl. (6b)
Tragsicherheitsnachweis nach DIN 18 800, Teil 2 (November 1990)		
$\bar{\lambda}_M = \sqrt{52.6\ /\ 51.06} = 1.015$ $\kappa_M = (\ 1\ /\ (\ 1 + 1.015^{\ 5}\ )\ )^{\ 0.4} = 0.746$ $M_y = 0.1875\cdot37.5\cdot5.0 = 35.2$ kNm $35.2\ /\ (\ 0.746\cdot52.6\ ) = 0.896 < 1.0$		mit den charakteri-stischen Werten geführt

Beispiel 2 ([23])

System	Querschnitt	Anmerkung
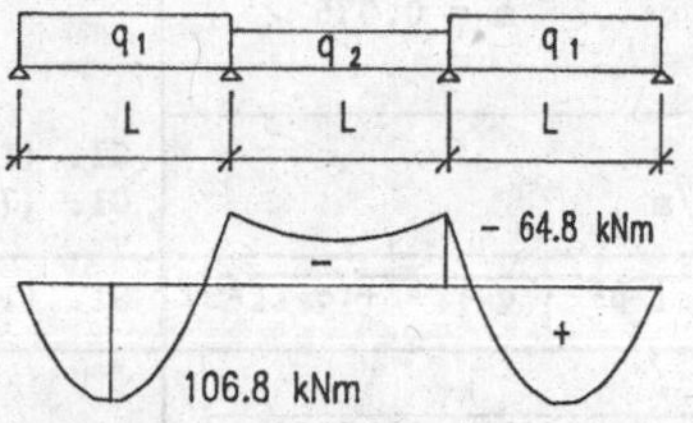	A=72.7 cm² A_{zz}=16270 cm⁴ A_{yy}=1040 cm⁴ A_{ww}=313600 cm⁶ I_T=37.5 cm⁴ $M_{pl,y}$=244.59kNm 	IPE 360 Lastfall 2 in [23], Seite 386 St 37 L = 6.00 m z_p =-0.18 m
Tafel F/III 1	**Teillastbild q_1 = 30.5 kN/m**	
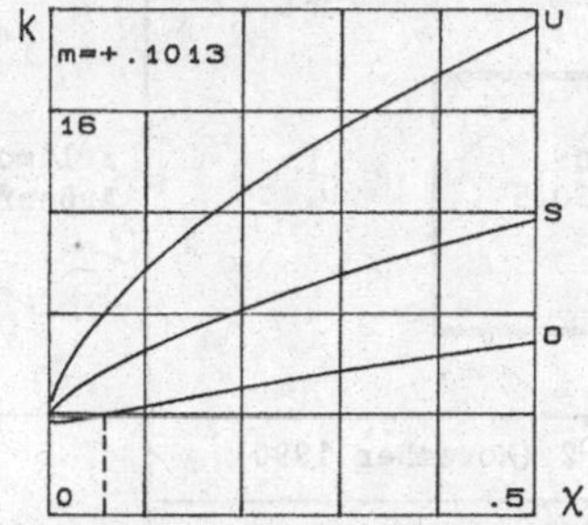	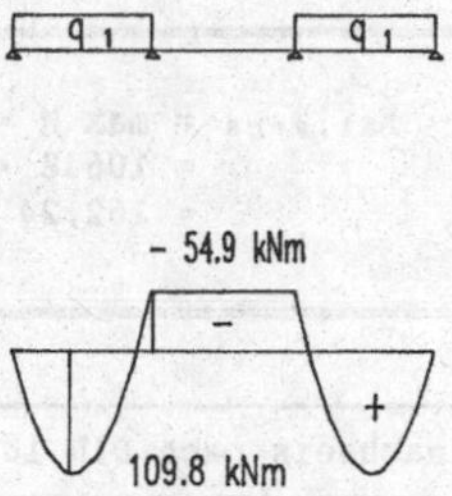	
Tafel F/III 1	**Teillastbild q_2 = 5.5 kN/m**	Bemessungs-werte nach Element 117
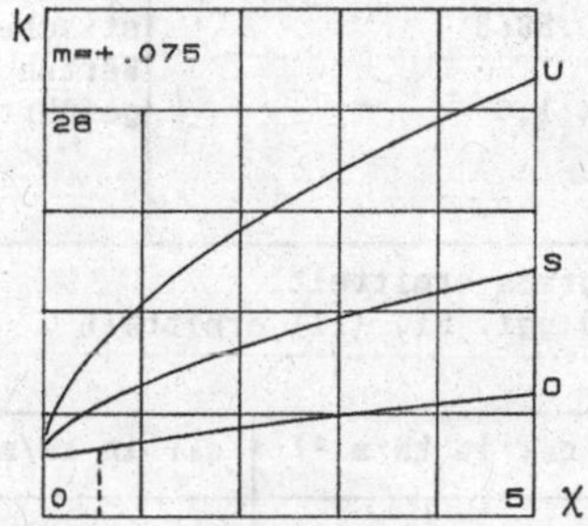	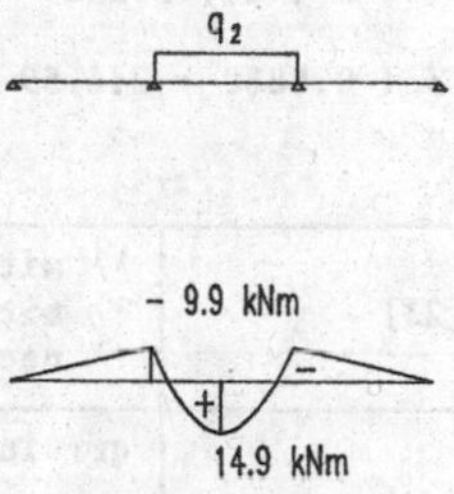	

Verhältnis der Belastungen $\beta = q_2 / q_1 = 5.5 / 30.5 = 0.18$	Gl. (10)
$\chi = (EA_{ww})/(L^2 GI_T) = (2.1E8 \cdot 313600E\text{-}12)/(6.0^2 \cdot 0.81E8 \cdot 37.5E\text{-}8) = 0.060$ $\sqrt{GI_T\ EA_{yy}} = \sqrt{0.81 \cdot 37.5 \cdot 2.1 \cdot 1040} = 257.56$	Gl. (2)
$M_{Ki,y} = k \sqrt{GI_T\ EA_{yy}} / L$ $q_{zKi} = M_{Ki,y} / (m \cdot L^2)$	Gl. (1) Gl. (7a)
Tafel F/III 1 **Teillastbild q_1** abgelesen $k = 3.96$, $m = 0.10125$	
$M_{Ki1} = 3.96 \cdot 257.56 / 6.0 = 169.99$ kNm $q_{Ki1} = 169.99 / (0.10125 \cdot 6.0^2) = 46.636$ kN/m	Gl. (1) Gl. (7a)

Beispiel 2 ([23])   Fortsetzung

Tafel F/III 1 Teillastbild q_2 abgelesen $k = 4.606$ $m = 0.075$	
$M_{Ki2} = 4.606 \cdot 257.56 / 6.0 = 197.72$ kNm $q_{Ki2} = 197.72 / (0.075 \cdot 6.0^2) = 73.229$ kN/m	Gl. (1) Gl. (7a)
Überlagerung: $q_{Kires} = \sqrt{(q_{Ki1}^2 \cdot q_{Ki2}^2) / (\beta^2 \cdot q_{Ki1}^2 + q_{Ki2}^2)}$	Gl. (11)
$q_{Kires} = \sqrt{(46.636^2 \cdot 73.229^2) / (0.18^2 \cdot 46.636^2 + 73.229^2)}$ $q_{Kires} = 46.33$ kN/m $\max M = 106.8$ kNm $M_{Ki,yres} = \max M \cdot q_{Kires} / q_1 = 106.8 \cdot 46.33 / 30.5 = 162.24$ kNm	Feldmoment Außenfeld
Tragsicherheitsnachweis nach DIN 18 800, Teil 2 (November 1990)	
$\bar{\lambda}_M = \sqrt{244.59 / 162.24} = 1.228$ $\varkappa_M = (1 / (1 + 1.228^5))^{0.4} = 0.5868$ $106.8 / (0.5868 \cdot 244.59) = 0.744 < 1.0$	mit den charakteristischen Werten geführt

Vergleich mit [23]

1) mit Rechenprogramm ermittelt
2) mit Tafeln und ggf. Gl. (11) ermittelt
3) nach [23]

Lastfall		q_{Ki} in kN/m 1)	q_{Ki} in kN/m 2)	q_{Ki} in kN/m 3)
1	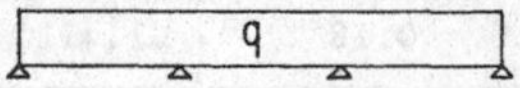	49.3515	48.8	45.32
2		47.4049	46.33	39.35
3	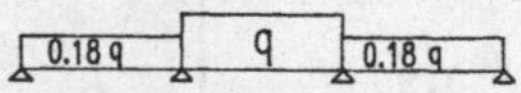	75.982	70.365	÷
4		53.547	52.814	47.7

Beispiel 3

System	Querschnitt	Anmerkung
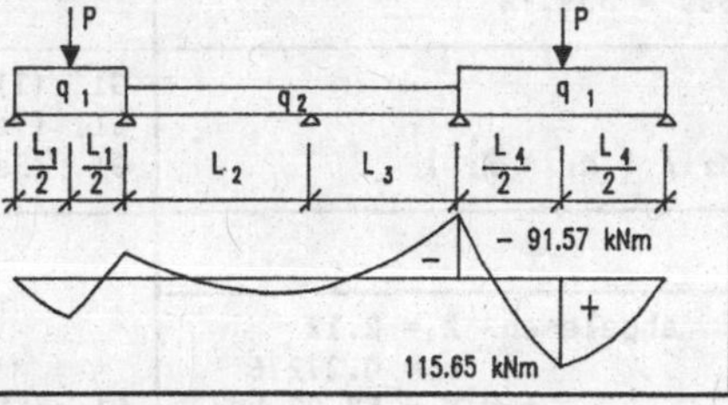	$A=84.5\ cm^2$ $A_{zz}=23130\ cm^4$ $A_{yy}=1320\ cm^4$ $A_{ww}=490000\ cm^6$ $I_T=51.4\ cm^4$ $M_{pl,y}=313.71 kNm$ 	IPE 400 St 37 L_1 = 6.0 m L_2 = 9.0 m L_3 = 7.5 m L_4 = 10.5 m z_P = −0.2 m
Tafel F/IV 56	**Teillastbild q_1 = 6.0 kN/m**	
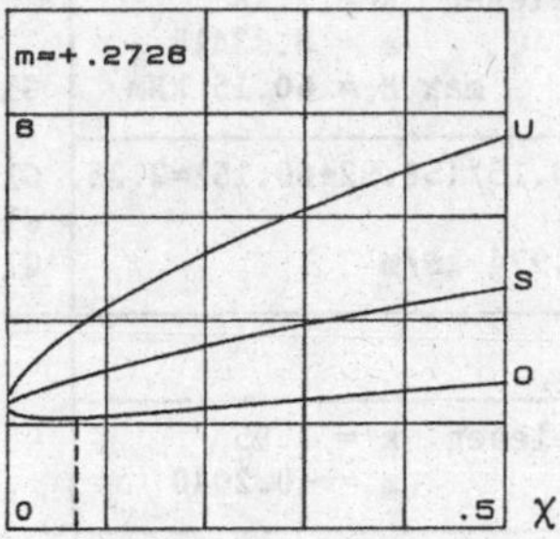	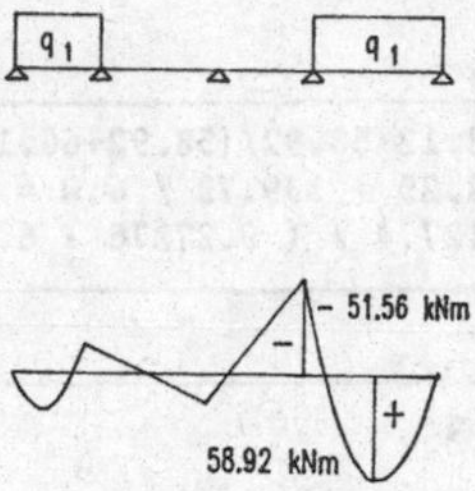	
Tafel F/IV 56	**Teillastbild P = 30.0 kN**	**Bemessungs-werte nach Element 117**
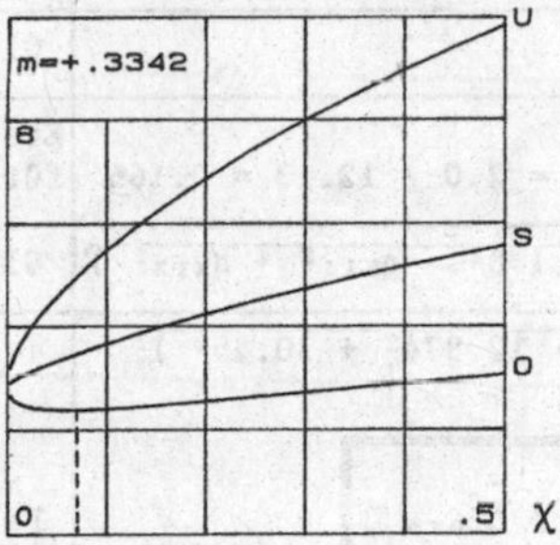	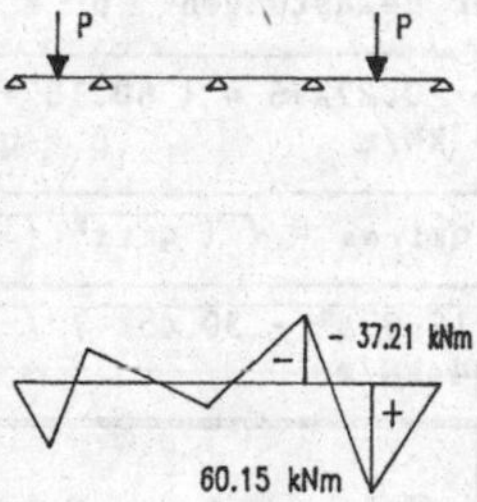	
Tafel F/IV 56	**Teillastbild q_2 = 2.0 kN/m**	
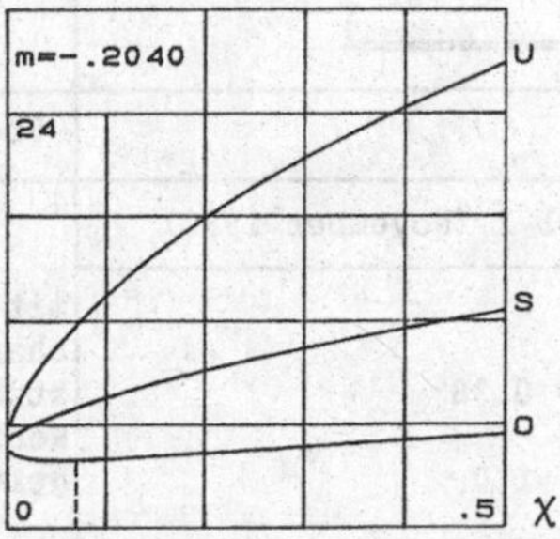	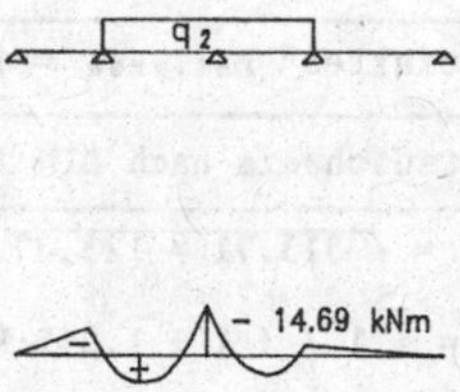	

Beispiel 3 Fortsetzung	
$\chi = (EA_{ww})/(L^2 GI_T) = (2.1E8 \cdot 490000E-12)/(6.0^2 \cdot 0.81E8 \cdot 51.4E-8) = 0.069$ $\sqrt{GI_T\ EA_{yy}} = \sqrt{0.81 \cdot 51.4 \cdot 2.1 \cdot 1320} = 339.72$	Gl. (2)
$M_{Ki,y} = k \sqrt{GI_T\ EA_{yy}} / L$ $q_{zKi} = M_{Ki,y} / (m \cdot L^2)$ $k_{res} = k_1 \cdot M_1 / (M_1 + M_2) + k_2 \cdot M_2 / (M_1 + M_2)$	Gl. (1) Gl. (7a) Gl. (9a)
Tafel F/IV 56	
Teillastbild q_1 abgelesen $k = 2.12$ $m = 0.27276$ $\max M = 58.92$ kNm	Gl. (5)
Teillastbild P abgelesen $k = 2.38$ $m = 0.33415$ $\max M = 60.15$ kNm	Gl. (5)
$k_{res}(q_1+P) = 2.12 \cdot 58.92/(58.92+60.15) + 2.38 \cdot 60.15/(58.92+60.15) = 2.25$ $M_{Ki1}(q_1+P) = 2.25 \cdot 339.72 / 6.0 = 127.4$ kNm $q_{Ki1}(q_1+P) = 127.4 / (0.27276 \cdot 6.0^2) = 12.974$ kN/m	Gl. (9a) Gl. (1) Gl. (7a)
Tafel F/IV 56	
Teillastbild q_2 abgelesen $k = 3.95$ $m = -0.2040$	
$M_{Ki2} = 3.95 \cdot 339.72 / 6.0 = 223.65$ kNm $q_{Ki2} = 223.65 / (0.2040 \cdot 6.0^2) = 30.45$ kN/m	Gl. (1) Gl. (7a)
Verhältnis der Belastungen $\beta = q_2 / q_1$	Gl. (10)
$q_{1ers} \cdot 6.0^2 \cdot 0.27276 = (60.15 + 58.92)$ $q_{1ers} = 12.13$ kN/m $\beta = q_2 / q_{1ers} = 2.0 / 12.13 = 0.165$	Ersatzlast für q_1+P
Überlagerung $q_{Kires} = \sqrt{(q_{Ki1}^2 \cdot q_{Ki2}^2) / (\beta^2 \cdot q_{Ki1}^2 + q_{Ki2}^2)}$	Gl. (11)
$q_{Kires} = \sqrt{(12.974^2 \cdot 30.45^2) / (0.165^2 \cdot 12.974^2 + 30.45^2)}$ $q_{Kires} = 12.94$ kN/m $M_{Ki,yres} = \max M_{res} \cdot q_{Kires} / q_{1ers}$ $= 115.65 \cdot 12.94 / 12.13$ $= 123.37$ kNm	Feldmoment Außenfeld
Vergleich "exaktes" $M_{Ki,yres} = 125.57$ kNm	Programm
Tragsicherheitsnachweis nach DIN 18 800, Teil 2 (November 1990)	
$\bar{\lambda}_M = \sqrt{313.71 / 123.37} = 1.595$ $\varkappa_M = (1 / (1 + 1.595^5))^{0.4} = 0.38$ $115.65 / (0.38 \cdot 313.71) = 0.97 < 1.0$	mit den charakteristischen Werten geführt

6 Abkürzungen und Bezeichnungen

Allgemeines

$(\underline{\underline{\ }})$	Matrizen
$(\underset{\sim}{\ })$	Vektoren

Materialkenngrößen

E	Elastizitätsmodul
G	Schubmodul

Koordinatensystem

x	Koordinaten der Stablängsachse durch den Schwerpunkt
y, z	Koordinaten der Querschnittshauptachsen durch den Schwerpunkt
w	Wölbordinate, bezogen auf den Schubmittelpunkt

Querschnittswerte

A	Querschnittsfläche
A_{yy}	Flächenmoment 2. Grades (Trägheitsmoment um die z-Achse, DIN-Bezeichnung: I_z)
A_{zz}	Flächenmoment 2. Grades (Trägheitsmoment um die y-Achse, DIN-Bezeichnung: I_y)
A_{ww}	Wölbflächenmoment 2. Grades, bezogen auf den Schubmittelpunkt (DIN-Bezeichnung: I_ω)
I_T	Torsionsflächenmoment 2. Grades (de St.-Venantscher Torsionswiderstand)

Längen

L	Bezugslänge
h	Profilhöhe

Belastung

q_z	Streckenlast, konstant über die gesamte Feldlänge
P_z	Einzellast in Feldmitte oder in den Drittelspunkten
$z_p = -h/2$	Lastangriff am Obergurt des I-Profils
$z_p = 0$	Lastangriff im Schwerpunkt des I-Profils
$z_p = +h/2$	Lastangriff am Untergurt des I-Profils

Systemkennwerte

$\chi = (EA_{ww})/(L^2\, GI_T)$	kennzeichnender Parameter
$\varepsilon^2 = 1/\chi$	Stabkennzahl
α_{min}	kleinster positiver Eigenwert
$M_{Ki,y}$	Biegedrillknickmoment im Verzweigungspunkt, berechnet nach der Elastizitätstheorie bei alleiniger Wirkung von Biegemomenten M_y (ohne Normalkraft)
k	Beiwert, der aus den Tafeln in Kap. 9 abgelesen und zur Berechnung von $M_{Ki,y}$ verwendet wird

7 Literatur

[1] Roik, K.: Vereinfachte Stabilitätsnachweise von Stäben und Systemen. In: Berichte aus Forschung und Entwicklung. DASt. Heft 13/1984. Köln: Stahlbau-Verlags-GmbH 1984

[2] Lindner, J.: Biegedrillknicken in Theorie, Versuch und Praxis. In: Berichte aus Forschung und Entwicklung. DASt. Heft 9/1980. Köln: Stahlbau-Verlags-GmbH 1980

[3] Müller, G.: Nomogramme für die Kippuntersuchung frei aufliegender I-Träger. Köln: Stahlbau-Verlags-GmbH 1972

[4] Roik, K.; Carl, J.; Lindner, J.: Biegetorsionsprobleme gerader dünnwandiger Stäbe. Berlin, München, Düsseldorf: Verlag von Wilhelm Ernst & Sohn 1972

[5] Petersen, Ch.: Statik und Stabilität der Baukonstruktionen. Braunschweig, Wiesbaden: Friedr. Vieweg & Sohn 1980

[6] Möll, R.: Kippen von querbelasteten und gedrückten Durchlaufträgern mit I-Querschnitt als Stabilitätsproblem und als Spannungsproblem II. Ordnung behandelt. Der Stahlbau 36 (1967), 69–77, 184–190

[7] Klöppel, K.; Möll, R.; Wagner, G.: Ein Beitrag zur Bestimmung der Kippstabilität von gedrückten Durchlaufträgern. Der Stahlbau 31 (1962), 353–360

[8] Stamme, P.: Kippsicherheitsnachweis. Tabellenbuch. I/IPE/IPBI-Profile. Düsseldorf: Werner-Verlag 1981

[9] Jungbluth, O.; Hiegele, E. L.: Bemessungshilfen für den konstruktiven Ingenieurbau. Teil II: Biegedrillknicken. Berlin, Heidelberg, New York: Springer-Verlag 1982

[10] Unger, B.: Elastisches Kippen von beliebig gelagerten und aufgehängten Durchlaufträgern mit einfach-symmetrischem, in Trägerachse veränderlichem Querschnitt und einer Abwandlung des Reduktionsverfahrens als Lösungsmethode. TH Darmstadt, Dissertation D17, 1969

[11] Schrödter, V.; Wunderlich, W.:Tragsicherheit räumlich beanspruchter Stabwerke. In: Finite Elemente. Anwendungen in der Baupraxis. Berlin: Verlag von Wilhelm Ernst & Sohn 1985

[12] Bathe, K.-J.: Finite-Elemente-Methoden. Berlin: Springer-Verlag 1986

[13] Barsoum, R. S.; Gallagher, R. H.: Finite Element Analysis of Torsional and Torsional-Flexural Stability Problems. Int. Journ. f. Num. Meth. in Eng. 2 (1970), 335–352

[14] Powell, G.; Klingner, R.: Elastic Lateral Buckling of Steel Beams. Journ. of the Struct. Div. 96 (1970), 1919–1932

[15] Dickel, T.: Computerorientierte Ermittlung von $M_{K\,i,y}$. In: Mitteilung Nr. 34-88 des Instituts für Statik der Universität Hannover, 1988

[16] Falk, S.: Das Verfahren von Rayleigh-Ritz mit hermiteschen Interpolationspolynomen. ZAMM 43 (1963), 149–166

[17] Pflüger, A.: Stabilitätsprobleme der Elastostatik, 3. Aufl. Berlin, Heidelberg, New York: Springer-Verlag 1975

[18] Beverungen, G.: Geometrisch nichtlineare Berechnungen des Spannungs- und Stabilitätsproblems räumlich gekrümmter Stäbe. Ruhr-Universität Bochum: Technisch-wissenschaftliche Mitteilungen Nr. 76-13, 1976

[19] Verein Deutscher Eisenhüttenleute (Hrsg.): Stahl im Hochbau. 14. Auflage, Band I/Teil 1. Düsseldorf: Verlag Stahleisen mbH 1984

[20] Friemann, H.: Biegedrillknicken: Traglastnachweis nach EDIN 18 800 im Vergleich mit genauen Lösungen. In: Kurt-Klöppel-Gedächtnis-Kolloquium 15./16. September 1986. TH Darmstadt, Kurt-Klöppel-Institut

[21] Mörschardt, S.: Zur Abschätzung der Lösung von zusammengesetzten Verzweigungsproblemen aus der Kenntnis von Teillösungen. TH Darmstadt, Dissertation D17, 1989

[22] Klöppel, K.; Scheer, J.: Beulwerte ausgesteifter Rechteckplatten. Kurventafeln zum direkten Nachweis der Beulsicherheit für verschiedene Steifenanordnungen und Belastungen. Berlin: Verlag von Wilhelm Ernst & Sohn 1960

[23] Petersen, Ch.: Stahlbau. Grundlagen der Berechnung und baulichen Ausbildung von Stahlbauten. Braunschweig, Wiesbaden: Friedr. Vieweg & Sohn 1988

8 Übersicht der Systeme und Zuordnung der Tafeln

Zur Verwendung der Tafeln und des Daumenregisters sind folgende Hinweise nützlich:
Der erste Großbuchstabe F bzw. G kennzeichnet die Kippung mit freier bzw. gebundener Drehachse. Die auf den Schrägstrich folgende römische Zahl gibt die Anzahl der Felder des Durchlaufträgers an. Durch die anschließende arabische Zahl wird eine Numerierung der Tafeln in aufsteigender Reihenfolge vorgenommen.

Beispiel:

> F/II 3: Zweifeldträger mit freier Drehachse und der lfd. Nummer 3 in der Tafelübersicht

Es wird daran erinnert, daß an allen Auflagern Gabellagerung vorliegt.

8.1 Zweifeldträger

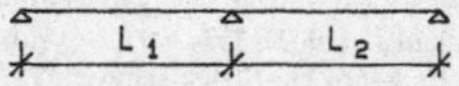

		Freie Drehachse	Gebundene Drehachse
Tafel-Nr. F/ bzw. G/	Längenverhältnis	Seite	Seite
II 1	L-L	1	645
II 2	L-1.25L	2	646
II 3	L-1.5L	3	647
II 4	L-1.75L	4	648
II 5	L-2L	5	649

8.2 Dreifeldträger

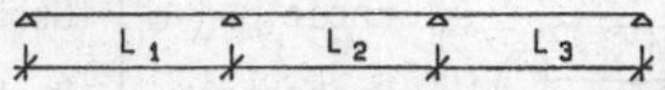

8.3 Vierfeldträger

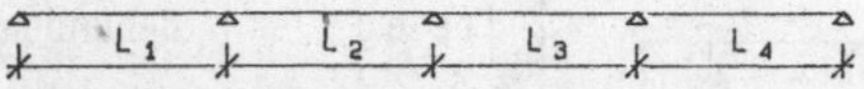		Freie Drehachse	Gebundene Drehachse
Tafel-Nr. F/ bzw. G/	Längenverhältnis	Seite	Seite
IV 81	L-1.75L-1.5L-1.25L	317	767
IV 82	L-1.75L-1.5L-1.5L	320	768
IV 83	L-1.75L-1.5L-1.75L	323	769
IV 84	L-1.75L-1.5L-2L	326	770
IV 85	L-1.75L-1.75L-L	329	771
IV 86	L-1.75L-1.75L-1.25L	332	772
IV 87	L-1.75L-1.75L-1.5L	335	773
IV 88	L-1.75L-1.75L-1.75L	338	774
IV 89	L-1.75L-1.75L-2L	341	775
IV 90	L-1.75L-2L-L	344	776
IV 91	L-1.75L-2L-1.25L	347	777
IV 92	L-1.75L-2L-1.5L	350	778
IV 93	L-1.75L-2L-1.75L	353	779
IV 94	L-1.75L-2L-2L	356	780
IV 95	L-2L-L-1.25L	359	781
IV 96	L-2L-L-1.5L	362	782
IV 97	L-2L-L-1.75L	365	783
IV 98	L-2L-L-2L	368	784
IV 99	L-2L-1.25L-1.25L	371	785
IV 100	L-2L-1.25L-1.5L	374	786
IV 101	L-2L-1.25L-1.75L	377	787
IV 102	L-2L-1.25L-2L	380	788
IV 103	L-2L-1.5L-1.25L	383	789
IV 104	L-2L-1.5L-1.5L	386	790
IV 105	L-2L-1.5L-1.75L	389	791
IV 106	L-2L-1.5L-2L	392	792
IV 107	L-2L-1.75L-1.25L	395	793
IV 108	L-2L-1.75L-1.5L	398	794
IV 109	L-2L-1.75L-1.75L	401	795
IV 110	L-2L-1.75L-2L	404	796
IV 111	L-2L-2L-L	407	797
IV 112	L-2L-2L-1.25L	410	798
IV 113	L-2L-2L-1.5L	413	799
IV 114	L-2L-2L-1.75L	416	800
IV 115	L-2L-2L-2L	419	801
IV 116	1.25L-L-L-1.25L	422	802
IV 117	1.25L-L-L-1.5L	425	803
IV 118	1.25L-L-L-1.75L	428	804
IV 119	1.25L-L-L-2L	431	805
IV 120	1.25L-L-1.25L-1.25L	434	806

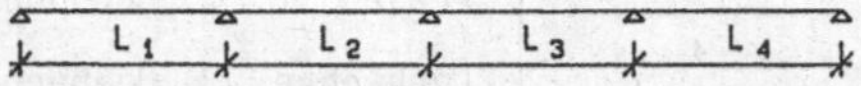		Freie Drehachse	Gebundene Drehachse
Tafel-Nr. F/ bzw. G/	Längenverhältnis	Seite	Seite
IV 121	1.25L-L-1.25L-1.5L	437	807
IV 122	1.25L-L-1.25L-1.75L	440	808
IV 123	1.25L-L-1.25L-2L	443	809
IV 124	1.25L-L-1.5L-1.25L	446	810
IV 125	1.25L-L-1.5L-1.5L	449	811
IV 126	1.25L-L-1.5L-1.75L	452	812
IV 127	1.25L-L-1.5L-2L	455	813
IV 128	1.25L-L-1.75L-1.25L	458	814
IV 129	1.25L-L-1.75L-1.5L	461	815
IV 130	1.25L-L-1.75L-1.75L	464	816
IV 131	1.25L-L-1.75L-2L	467	817
IV 132	1.25L-L-2L-1.25L	470	818
IV 133	1.25L-L-2L-1.5L	473	819
IV 134	1.25L-L-2L-1.75L	476	820
IV 135	1.25L-L-2L-2L	479	821
IV 136	1.25L-1.25L-L-1.5L	482	822
IV 137	1.25L-1.25L-L-1.75L	485	823
IV 138	1.25L-1.25L-L-2L	488	824
IV 139	1.25L-1.5L-L-1.5L	491	825
IV 140	1.25L-1.5L-L-1.75L	494	826
IV 141	1.25L-1.5L-L-2L	497	827
IV 142	1.25L-1.75L-L-1.5L	500	828
IV 143	1.25L-1.75L-L-1.75L	503	829
IV 144	1.25L-1.75L-L-2L	506	830
IV 145	1.25L-2L-L-1.5L	509	831
IV 146	1.25L-2L-L-1.75L	512	832
IV 147	1.25L-2L-L-2L	515	833
IV 148	1.5L-L-L-1.5L	518	834
IV 149	1.5L-L-L-1.75L	521	835
IV 150	1.5L-L-L-2L	524	836
IV 151	1.5L-L-1.25L-1.5L	527	837
IV 152	1.5L-L-1.25L-1.75L	530	838
IV 153	1.5L-L-1.25L-2L	533	839
IV 154	1.5L-L-1.5L-1.5L	536	840
IV 155	1.5L-L-1.5L-1.75L	539	841
IV 156	1.5L-L-1.5L-2L	542	842
IV 157	1.5L-L-1.75L-1.5L	545	843
IV 158	1.5L-L-1.75L-1.75L	548	844
IV 159	1.5L-L-1.75L-2L	551	845
IV 160	1.5L-L-2L-1.5L	554	846

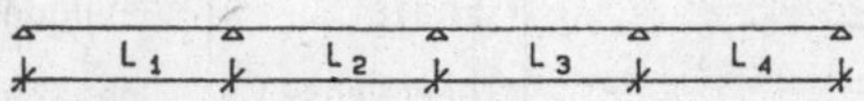

Tafel-Nr. F/ bzw. G/	Längenverhältnis	Freie Drehachse Seite	Gebundene Drehachse Seite
IV 161	1.5L-L-2L-1.75L	557	847
IV 162	1.5L-L-2L-2L	560	848
IV 163	1.5L-1.25L-L-1.75L	563	849
IV 164	1.5L-1.25L-L-2L	566	850
IV 165	1.5L-1.5L-L-1.75L	569	851
IV 166	1.5L-1.5L-L-2L	572	852
IV 167	1.5L-1.75L-L-1.75L	575	853
IV 168	1.5L-1.75L-L-2L	578	854
IV 169	1.5L-2L-L-1.75L	581	855
IV 170	1.5L-2L-L-2L	584	856
IV 171	1.75L-L-L-1.75L	587	857
IV 172	1.75L-L-L-2L	590	858
IV 173	1.75L-L-1.25L-1.75L	593	859
IV 174	1.75L-L-1.25L-2L	596	860
IV 175	1.75L-L-1.5L-1.75L	599	861
IV 176	1.75L-L-1.5L-2L	602	862
IV 177	1.75L-L-1.75L-1.75L	605	863
IV 178	1.75L-L-1.75L-2L	608	864
IV 179	1.75L-L-2L-1.75L	611	865
IV 180	1.75L-L-2L-2L	614	866
IV 181	1.75L-1.25L-L-2L	617	867
IV 182	1.75L-1.5L-L-2L	620	868
IV 183	1.75L-1.75L-L-2L	623	869
IV 184	1.75L-2L-L-2L	626	870
IV 185	2L-L-L-2L	629	871
IV 186	2L-L-1.25L-2L	632	872
IV 187	2L-L-1.5L-2L	635	873
IV 188	2L-L-1.75L-2L	638	874
IV 189	2L-L-2L-2L	641	875

Preface

To be able to understand the diagrams especially in chapter 9 of this book the authors considered it to be necessary to offer the non-German speaking reader some information. It was not intended to really give a literal translation of the German version, but to explain why this book was written and how it can be used successfully in practical engineering for both design and proof computation. To the best of the authors' knowledge at present, however, both the content and the line of treatment used in this book differ from those of other sources. The intention has been to fill a gap in the literature that really does exist.

1 Introduction

The new German standard DIN 18 800, parts 1 to 4 (November 1990), in this paper referred to as DIN, replaces DIN 18 800, part 1 (March 1981) and DIN 4114, part 1 (July 1952), part 2 (February 1953). In reference to the first sketch of DIN 18 800, part 2 (March 1988), which in the following will be referred to as EDIN, Roik [1] writes on the problem of "Simplified Stability Analysis of Beams and Structures" in his summary that, "The discussion on how to appropriately analyse structures that are insecure due to stability loss will continue for quite a while longer, since there is no general approach for solving all problems in this area... The engineer must be free to decide either to analyse complex stability problems with a small effort, taking into account a loss of efficiency, or to analyse them with a larger effort which would yield higher accuracy."

Specifically on the problem of "Lateral-Torsional Buckling in Theory, Testing and Practice" Lindner points out in [2], chapter 7 "Practical Applications" that, "In practice, the problem of lateral-torsional buckling has been viewed with obvious suspicion. General opinion is often that lateral-torsional buckling only presents a problem in theory, not in practice."

Without a doubt, the investigation of lateral-torsional buckling problems applying a 2nd order stress theory using spatially predeformed systems has the advantage of having consistent solutions and applicable results. This, however, requires usually a computer program and special knowledge in the field of sophisticated buckling theories. Alternatively, it is possible to use a modified method of "effective length factors" which requires the knowledge of the bifurcation loads.

Referring to the analysis of lateral-torsional buckling according to the EDIN Friemann emphasizes in [2] that, "The main problem in applying the interaction formula (3.1) in such combined loading conditions is that in practice the critical moment $M_{Ki,y}$ may not be available ... For beams with other boundary conditions than fork bearings or for continuous beams, the critical load must be determined through appropriate methods."

Today there are computer programs available that are capable of carrying out the calculations of lateral-torsional buckling problems. These programs, however, require additional knowledge of bifurcation and eigenvalue problems. Otherwise one has to refer to appropriate tables, diagrams etc. which are known from the literature. Some of which shall be commented on briefly in the following:

- G. Müller's "Nomograms" [3] used in the analysis of the problem of lateral-torsional buckling for simply supported I-beams, and tables for cantilevered I-beams subjected to vertical loads are well-known and widely accepted.
- The fundamental literature on "Flexural-Torsional Problems of Straight Thin Walled Beams" [4] by Roik, Carl and Lindner provides in its diagrams 5.13 to 5.35 calculation coefficients to determine σ_{Ki} for single-span beams supported by fork bearings without warping constraints, and for those which are fully fixed including constrained warping. On p. 185 of [4] they describe an approximate evaluation of critical buckling loads for continuous beams by simplifying the system as a series of single-span beams with elastic restraints. The load span of this continuous beam must be considered independently, while the influence of the fictitiously separated system will be represented through springs. The analysis of lateral-torsional buckling is demonstrated through the example of a continuous beam with three equal spans with a constant line load in the middle span. In reference to this example, it is noted in [4], p. 189 , "The safety factor concerning lateral-torsional buckling of the global system depends on the lowest safety value, which is determined by examining both partial systems (middle and edge spans). If the safety of both partial systems is equal, the previously noted spring restraints should not be taken into consideration. In this case neither of the two spans may be considered to be fixed to one another, and both beams are to be analysed independently as being supported by fork bearings."
- The fundamental literature on "Statics and Stability of Structures" [5] by Petersen includes some calculation assistance in the tables 7.22/7.23 for continuous beams. For continuous beams with three equal spans, and the same constant line load in each span, the critical load is given as $q_{Ki} = 45.70$ kN/m. The exact value is $q_{Ki} = 47.95$ kN/m. In addition to this the author explains on p. 733 in [5] that, "The conformity is obviously good. However, this is only true with respect to continuous beams with regular systems and regular loads. For example, if the same beam is analysed with the load only in the middle span, one can determine with the help of table 7.22 that $q_{Ki} = 47.23$ kN/m. The "exact" value according to [7.27] is 80.21 kN/m. The approximate value is only about 60 percent of the "exact" result, because the lateral and torsional restraints in the neighbouring fields are not taken into consideration. Therefore the values according to the tables 7.22/23 can always be considered to lead to results on the safe side."

- In [6] continuous beams with three different spans, where only the middle one is subjected to a constant line load are analysed. Depending upon the span ratio the critical load concerning lateral-torsional buckling for IPB-profile beams can be directly inferred from the diagrams. This method is similar to that used in [4].
- In [7] a continuous beam with three equal spans, but different section properties is examined under a constant, not necessarily equal line load and a simultaneously acting normal force.
- The book of tables [8] is also based on the simplified model of a series of single-span beams with elastic restraints. On p. 13 of [8] Stamme writes, "The user should not overestimate the additional safety of the restraints! It is advisable to make sure as far as possible that the applied restraints do really function. If there is any doubt, the degree of restraint should be lowered."
- The diagrams in [9] refer to single-span beams which are supported by fork bearings on either side and to cantilever beams that are fully fixed including constrained warping. These diagrams can be seen as a further development of the Nomograms by Müller [3], taking into account the latest results from the EDIN.

From this short overview of what is available today, it is obvious that corresponding tables for continuous beams have not been published. This gap in the literature may be filled in by the results of this book: In order to determine the "ideal" cricital moments

$$M_{Ki,y} = \frac{k}{L} \sqrt{GI_T \, EA_{yy}} \qquad (1)$$

in the case of lateral-torsional buckling for continuous beams most easily, coefficients k are presented in chapter 9, referring to cases where the lateral-torsional buckling occurs around a "free" or a "bound" (rule-joint type bearing of the upper flange) axis.
The coefficient k will be calculated depending upon the characteristic system parameter χ for continuous beams, the cross sections of which are doubly symmetric I-profiles, and which are considered to be supported by fork bearings:

$$\chi = \frac{EA_{ww}}{L^2 \, GI_T} \,. \qquad (2)$$

The section properties will be indicated through Bornscheuer's notation according to DIN 1080. A compilation of all symbols and abbreviations used in this book is given in chapter 6.
Figure 1 shows the systems which are investigated in this book and the length and load parameters together with the important coefficients.

The purpose of the diagrams in chapter 9 of this book is to provide a substantial working aid for engineers that do not have to solve lateral-torsional buckling problems too frequently. Essentially, by using the tables in chapter 9 the estimation of the warping restraints is superfluous. However, because of the always limited space in a publication not all the length and load parameters could be possibly included. The tables can be widely used for rough estimations in the initial construction stages as well as for the precise final calculations in the design stage, and for the checking of both.
It has been planned that a paralleling computer program will be offered in the near future, which can perform the "exact" calculation even for more complicated load functions and boundary conditions. The ... EXE version will be available for all MS-DOS compatible personal computers.

2 Some Remarks on the Fundamental Theory

In the previously-mentioned contribution [2] Lindner writes, "When looking through technical literature, you will find many a publication on lateral-torsional buckling. Why is this so? A fundamental reason why so many scientists have preoccupied their time with the investigation of this topic over the past fifty years could be because it is such a complicated stability problem."
Closed form solutions are only found in a few special cases. Otherwise computer oriented numerical methods must be used. For example, there is a modified reduction method introduced in [10], and in [4] there is a special form of the Ritz-method described in detail. The structural engineer is more familiar with the finite element methods, especially those which are based on the deformation method ([12]), using stiffness matrices ([11], [13], [14] etc.). This approach is more convenient in programming. The data found in the tables of this book have been determined through such a finite element method, using the stiffness matrices deducted in [15]. In addition to the assumptions of the "technical" bending theory and the theory of torsion with warping constraints the following conditions are essential:

- Deformations due to shear and normal forces are neglected.
- The influences of the main curvature and an eventually existing non-linearity of the lateral-torsional problem are not considered. The beam axis at the moment of branching is assumed to be perfectly straight. The internal forces of the "initial state" are determined by the first order theory.
- The material steel is considered to be unlimitedly elastic, and therefore only ideal critical values at the bifurcation point are determined.

The deduction of the applied stiffness matrices can be studied in detail in [15]. The quadratic function

$$M_y(x) = M_0 + M_1 x + M_2 x^2$$

which is predetermined by the first order theory and recorded, describes the moment distribution in the "initial" state.

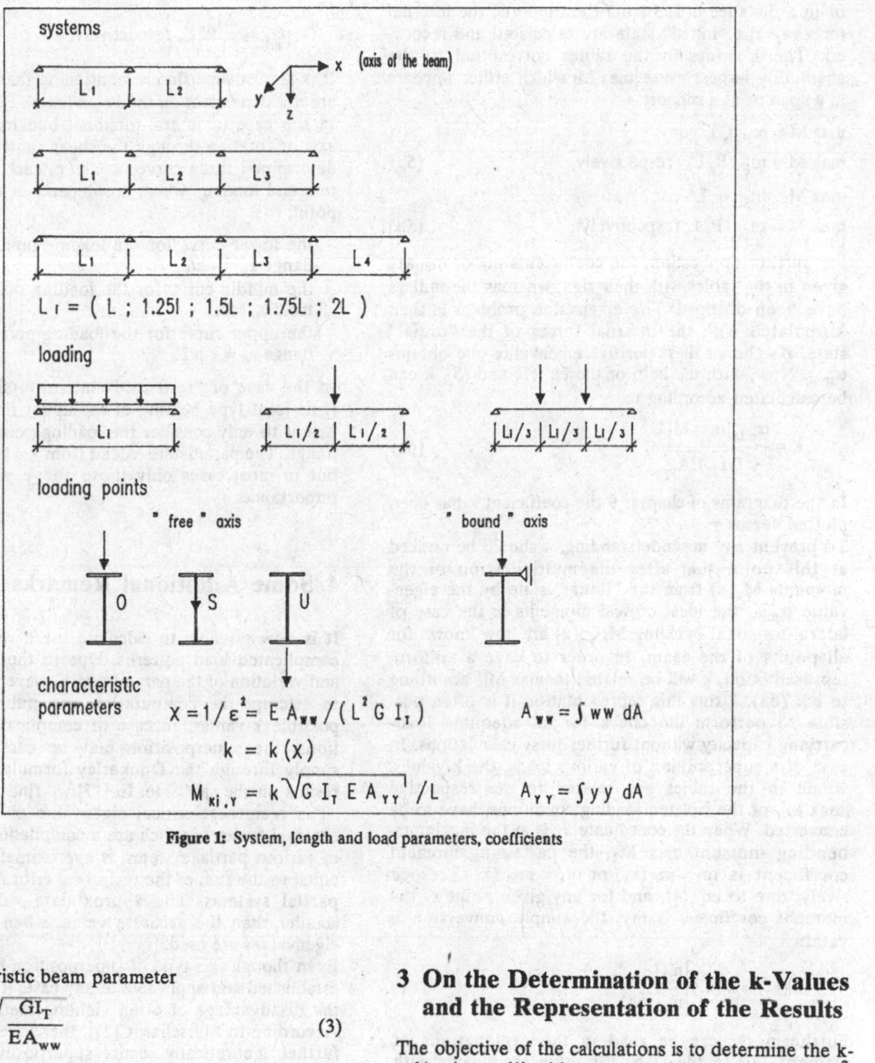

Figure 1: System, length and load parameters, coefficients

The characteristic beam parameter

$$\varepsilon = L\sqrt{\frac{GI_T}{EA_{ww}}} \tag{3}$$

plays a dominant role in the linear fourth order differential equation describing the first order theory of constrained warping. This is also clearly recognizable from the stiffness matrices given in [15]. In contrast to, for example, the choice of σ_{Ki} in [3] or q_{Ki} in [8], respectively, it is possible to present $M_{Ki,y}$-values in eq. (1), independent of the profile type. The coefficient k in eq. (1) will be specified as a function of ε^2 or $\chi = 1/\varepsilon^2$, respectively.

In general, Pflüger [17], as well as Roik, Carl and Lindner [4] prefer this type of representation.

The eigenvalue problem

$$\underline{A}\,\underline{x} = \alpha\,\underline{B}\,\underline{x}$$

is solved by a *method* presented in [18].

3 On the Determination of the k-Values and the Representation of the Results

The objective of the calculations is to determine the k-values in eq. (1) with respect to the parameter $\chi = 1/\varepsilon^2$. Numerical studies [4] and our own calculations have shown that the influence of the profile type is not very significant, when the results are related to the same χ-value. The influence of the loading point z_p (upper flange: $z_p = -h/2$, lower flange: $z_p = +h/2$) is a little bit more notable. In agreement with [4], a IPBl 320 is chosen as a reference profile. Now the practical approach shall be briefly described. After the system choice, the reference length L is determined by

$$L^2 = \frac{EA_{ww}}{GI_T\,\chi}. \tag{4}$$

After appropriately chosen values for constant line loads q_z, or concentrated loads P_z on the span middle, or in a distance of L/3 from the supports, the internal forces of the "initial" state are calculated and recorded. The k-values in the tables correspond to the absolutely largest value |max M| which either appears in a span or at a support:

$$\max M = m_F\, q_z\, L^2 \text{ or}$$

$$\max M = m_F\, P_z\, L, \text{ respectively,} \tag{5a}$$

$$\max M = m_{St}\, q_z\, L^2 \text{ or}$$

$$\max M = m_{St}\, P_z\, L, \text{ respectively.} \tag{5b}$$

For further application, the coefficients m_F or m_{St} are given in the tables with their sign, whereas the indices have been dropped. The eigenvalue problem is then formulated with the internal forces of the "initial" state. As the smallest positive eigenvalue one obtains α_{min}. Now, with the help of the eq. (1) and (5), k can be calculated according to

$$k = \frac{\alpha_{min} |\max M|\, L}{\sqrt{GI_T\, EA_{yy}}}. \tag{6a}$$

In the diagrams of chapter 9 the coefficient k has been plotted versus χ.

To prevent any misunderstanding, it should be noticed at this point that after the multiplication of the moments $M_y(x)$ from the "initial" state by the eigenvalue α_{min}, the ideal critical moments in the case of lateral-torsional buckling $M_{Ki,y}(x)$ are now known for all points of the beam. In order to have a uniform representation, k will be related to |max M| according to eq. (6a). Using this representation it is often possible to perform the check for an adequate load-carrying capacity without further fussy calculations. In case of a superposition of various loads, the k-values, which in the tables are related to the respective |max M| of the isolated loading conditions, have to be converted. When the coordinate x_1 is at the maximum-bending moment max M_1, the pertaining moment coefficient is $m_1 = m_F(x_1)$ or $m_1 = m_{St}(x_1)$, respectively, due to eq. (5), and for any given point x_2 the moment coefficient is m_2, the simple conversion is valid:

$$k(x_2) = k(x_1) \left| \frac{m_2}{m_1} \right|. \tag{6b}$$

Furthermore, can be read in the explanations of element 110 in the DIN: "If there are beams with variable sections or variable internal forces, the value of M_{Ki} has to be calculated for that point for which an ultimate load analysis shall be carried out. If there is any doubt, various other possible points should be considered."

The critical loading values $q_{z\,Ki}$ or $P_{z\,Ki}$, respectively, required for superpositions, are obtained by multiplication of the load values q_z or P_z, respectively, from the "initial" state by the lowest eigenvalue α_{min}. These values are not presented in the diagrams; however, with the eq. (1), (5) and (6a) one gets

$$q_{z\,Ki} = \frac{M_{Ki,y}}{L^2\, m} \tag{7a}$$

or

$$P_{z\,Ki} = \frac{M_{Ki,y}}{L\, m}, \text{ respectively.} \tag{7b}$$

It is almost superfluous mentioning that $P_{z\,Ki}$ and $q_{z\,Ki}$ are not dependent on the beam length coordinate x.

In the case of lateral-torsional buckling with a free axis of rotation through the shear center there will be determined three curves $k = k(\chi)$ each, for every system and loading, which are dependent on the loading point:

- the lower curve for the loading point at the upper flange $z_p = -h/2$,
- the middle curve for the loading point at the centroid $z_p = 0$,
- the upper curve for the loading point at the lower flange $z_p = +h/2$.

In the case of "restricted" lateral-torsional buckling (rule-joint type bearing of the upper flange) it is sufficient to only consider the loading point at the upper flange. The parameters extend from $\chi = 0.001$ to $\chi = 0.5$, but in most cases only those above $\chi = 0.05$ are of importance.

4 Some Additional Remarks

It is now possible to calculate the k-values even for complicated load patterns. Due to the great number and variation of the parameters, however, it is hopeless to attempt the computation and publication of all possible k-values. In case of complicated load functions, the superposition may be carried out most simply through the Dunkerley formula, which yields results on the safe side. In [17] we find the definition, "The reciprocal critical eigenvalue of a system, the external forces of which are a compilation of the loads of various partial systems, is approximately, or at best equal to the sum of the reciprocal critical values of the partial systems. The approximate value is always smaller than the accurate value, when only positive eigenvalues are used."

Even though this type of superposition is theoretically established and applicable in any case, it has, however, the disadvantage of often yielding inefficient results. According to Mörschardt [21], there are nowadays no further theoretically secure superposition guidelines for bifurcation problems available. Often empirically-determined superposition guidelines can be helpful, after having been proven useful through numerous comparative calculations. By no means, however, should the user forget that the theoretical basis of these simple guidelines is still missing.

At first it is possible to transform complicated load functions into equivalent simple load patterns. Thus for example, concentrated loads P_i can be converted into equivalent line loads q_{ers}, as long as q_{ers} yields the same maximum-bending moment max M (respectively minimum-bending moment) as the concentrated loads P_i:

$$\max M = q_{ers}\, L^2\, m. \tag{8}$$

Depending on the case, either m_F or m_{St} are to be substituted for the moment coefficient m in eq. (8). Similar procedures are shown in [23] on p. 386. After conversions of this type, the data of chapter 9 may be directly employed.
It is possible to determine a resulting k-value k_{res} through the formula

$$k_{res} = k_1 \frac{M_1}{M_1 + M_2} + k_2 \frac{M_2}{M_1 + M_2}, \qquad (9a)$$

when the moments $M_1(x)$ and $M_2(x)$ are generated by two superimposed loads, and are affine or at least have the same sign at each point of the beam axis. The values k_1 and k_2 used in this formula are those obtained from the two separate loadings. Formula (9a) is valid for all points x of the beam axis. If necessary, the values k_1 and k_2 can be determined with the help of eq. (6b) for the decisive point x. Likewise in [4] on p. 155, without theoretical proof for single-span beams, "the value σ_{Ki} of the total load is approximately determined from the values σ_{Ki} of the partial loads, in proportion with their moments to the total moment." In most cases of practical interest, a more accurate value can be obtained by eq. (9b) to (9d), than by using eq. (9a), but with a considerably higher effort:

$$k_{res} = k_1 \frac{A_1}{A_1 + A_2} + k_2 \frac{A_2}{A_1 + A_2}. \qquad (9b)$$

In eq. (9b), either

$$A_i = \int M_i M_i \, dx \quad \text{or} \quad A_i = \int |M_i| \, dx \qquad (9c, d)$$

can be applied. For a quick solution of eq. (9c) the so-called M_i-M_k-integral tables are useful. With a glance at the diagrams in chapter 9 it is obvious, that the k-values can be superimposed in the line form with help from eq. (9a) to (9d). Thus every row corresponds to a single loading condition, and every column refers to a specific loading type. In other words, the first column represents the constant line load, the second is the concentrated load in the span middle, and the third column is the concentrated load on L/3 points. Thus, with regard to any row the moment functions at every point x have the same sign so that eq. (9a) to (9d) are applicable.
The following is concerned with a partial load q_1 or P_1, respectively, which is completed through the partial load q_2 or P_2, respectively. In the exceptional situation where q_1 and q_2 are equal, it is equivalent to a constant line load.
In reference to the ratio of the load intensities

$$\beta = \frac{q_2}{q_1} \qquad (10)$$

the following can be noted:

- If $\beta \le 0.05$, the resulting k-value is determined by the k-value of the partial load q_1. Thus the influence of the partial load q_2 can be neglected.
- If $\beta \ge 0.95$, the resulting k-value will be the same as the one due to full loading.

In most cases the limits given above by $\beta = 0.05$ and $\beta = 0.95$ are far too conservative; however, there are no other general guidelines available to follow.

- In the interval $0.05 \le \beta \le 0.95$, the relation

$$q_{Ki\,res} = \sqrt{\frac{q_{Ki\,1}^2 \, q_{Ki\,2}^2}{\beta^2 q_{Ki\,1}^2 + q_{Ki\,2}^2}} \qquad (11)$$

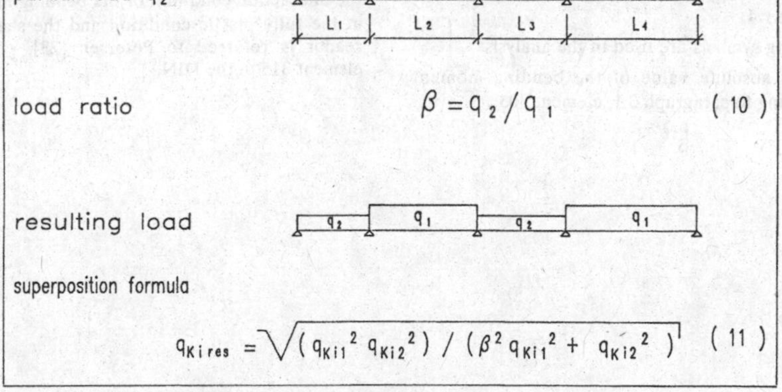

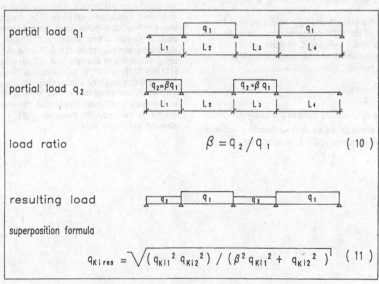

Figure 2: Partial load q_1 and complementary partial load q_2

is applicable. In eq. (11) $q_{Ki\,1}$ and $q_{Ki\,2}$ are the critical loads associated with the partial loadings q_1 and q_2. They can be calculated with the help of the tables in chapter 9 and eq. (7a). Eq. (11) follows from the standard form of the ellipse with the principal axes $2a = 2\,q_{Ki\,1}$, $2b = 2\,q_{Ki\,2}$ and has been empirically established. As noted in [22], it is quite useful to calculate the resulting buckling stresses of stiffened rectangular plates, which are subjected to both normal and shear stresses by similar relations (quadratic parabola, circle). The values $2a = 2q_{Ki\,1}$ and $2b = 2q_{Ki\,2}$ can be determined again with the tables in chapter 9 and eq. (7a).

5 Application Examples with Regard to DIN 18 800, Part 2 (November 1990)

Determining the "ideal" critical moment $M_{Ki,\,y}$ by simply applying the diagrams in chapter 9 is the main purpose of three examples, which are completed by a stability check for example according to DIN 18 800, part 2 (November 1990). Element 112 of the DIN gives further instructions for the computation of difficult buckling problems, "In order to simplify matters, flexural buckling and lateral-torsional buckling may be studied separately. After having done the flexural buckling analysis, the lateral-torsional buckling analysis may be performed for each beam individually, the internal forces at the edges of which, however, have to be calculated at the whole structure beforehand." The corresponding explanation continues, "In analysing lateral-torsional buckling it is necessary to pay attention to the internal forces and the boundary conditions of any beam that is being independently considered."

In the case of a plane bending without normal forces element 311 of the DIN precribes the following: For simple beams with I-, U- and C-profiles, which are not subjected to torsional forces, condition (16) of the DIN is to be applied:

$$\frac{M_y}{\kappa_M\, M_{pl,\,y,\,d}} \le 1.$$

The following symbols are used in the analysis:

M_y largest absolute value of the bending moment according to paragraph 3.1, element 303,

κ_M reduction factor dependent on the characteristic degree of slenderness $\bar{\lambda}_M$,

$$\kappa_M = 1 \qquad \text{for} \quad \bar{\lambda}_M \le 0.4,$$

with

$$\bar{\lambda}_M = \sqrt{\frac{M_{pl,\,y}}{M_{Ki,\,y}}},$$

$$\kappa_M = \left(\frac{1}{1+\bar{\lambda}_M^{2n}}\right)^{\frac{1}{n}} \qquad \text{for} \quad \bar{\lambda}_M > 0.4,$$

n system factor ($n = 2.5$ for rolled steel I-beams) according to table 9 of the DIN.

If the design loads are multiplied by the factor $\gamma_M = 1.1$ according to element 117 of the DIN, $M_{pl,\,y,\,d}$ will be replaced by the bending moment $M_{pl,\,y}$ at the fully plastic condition, which can for example be taken from the available profile tables in [19]. $M_{pl,\,y}$ is equivalent to $M_{pl,\,y,\,k}$, which corresponds to the so-called "characteristic values" according to element 304 of DIN 18 800, part 1 (November 1990). The formulas (27) for plane bending with normal forces and (30) for double bending with and without normal forces are analogously structured. In all cases, the initial value for the critical buckling term is the characteristic degree of slenderness $\bar{\lambda}_M$. The ideal critical buckling moment $M_{Ki,\,y}$ due to the theory of elasticity can be determined in many practical applications with help from tables and diagrams (e.g. [3], [4], [5]). If need be, it can be determined approximately by eq. (19) or eq. (20) in the DIN.

In case there are complicated boundary and/or transition conditions and complicated load conditions, it becomes quite difficult to simply determine $M_{Ki,\,y}$ accurately or efficiently with the help of the so far published tables and graphics. The diagrams given in chapter 9 of this book have been prepared for continuous beams. Their utility and simple applicability should be obvious from the following demonstrations using examples of the relevant technical literature ([2], [11] and [23]) as well as an additional example.

For further literature concerning the incorporation of the interaction condition of the bending moment $M_{pl,\,y}$ at the fully plastic condition and the shear force the reader is referred to Petersen [23], p. 388 and to element 315 in the DIN.

example 1 ([2] , [11])

continuous beam with two spans	section properties	remarks
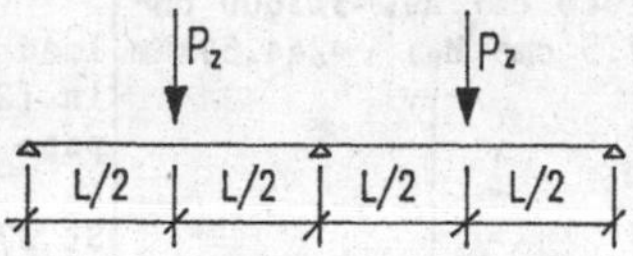	$A = 28.5\ cm^2$ $A_{zz} = 1940\ cm^4$ $A_{yy} = 142\ cm^4$ $A_{ww} = 12990\ cm^6$ $I_T = 7.02\ cm^4$ $M_{pl,y} = 52.6$ kNm 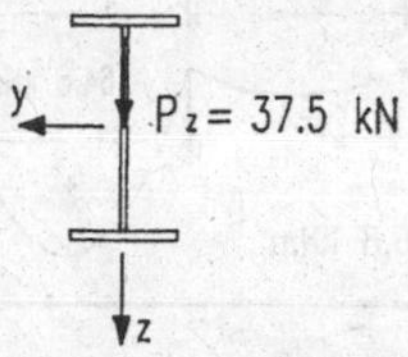	IPE 200 design load according to element 117 dead load contained in P_z [2] St 37 L = 5.0 m $z_p = 0$

$\chi = (EA_{ww})/(L^2 GI_T) = (2.1E8 \cdot 12990E\text{-}12)/(5.0^2 \cdot 0.81E8 \cdot 7.02E\text{-}8) = 0.0192$ — eq. (2)

$\sqrt{GI_T\ EA_{yy}} = \sqrt{0.81 \cdot 7.02 \cdot 2.1 \cdot 142} = 41.178$

$M_{Ki,y} = k \sqrt{GI_T\ EA_{yy}} / L$ — eq. (1)

table F/II 1 — obtained k = 6.2

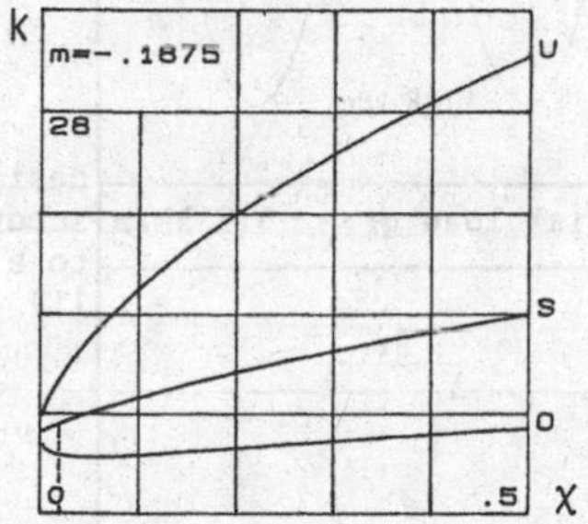

$M_{Ki,y} = 6.2 \cdot 41.178 / 5.0$

$M_{Ki,y} = 51.06$ kNm

buckling coefficient
k = 6.236 — exact value computed by a program

$M_{Ki,y} = 42.7$ kNm in the span [2]
by conversion
$M_{Ki,y} = 42.7 \cdot 0.1875/0.15625 = 51.24$ kNm at the second support — from eq. (6b)

stability check according to DIN 18 800, part 2 (November 1990)

$\bar{\lambda}_M = \sqrt{52.6 / 51.06} = 1.015$

$\varkappa_M = (1 / (1 + 1.015^5))^{0.4} = 0.746$

$M_y = 0.1875 \cdot 37.5 \cdot 5.0 = 35.2$ kNm

$35.2 / (0.746 \cdot 52.6) = 0.896 < 1.0$

applying the characteristic values

example 2 ([23])		
continuous beam with three spans	section properties	remarks
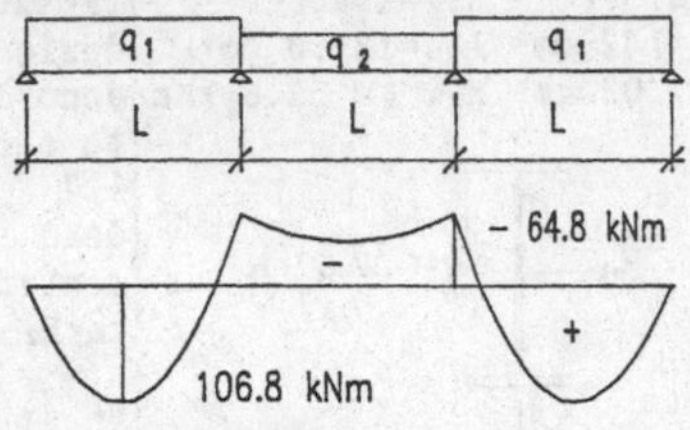	A=72.7 cm^2 A_{zz}=16270 cm^4 A_{yy}=1040 cm^4 A_{ww}=313600 cm^6 I_T=37.5 cm^4 $M_{pl,y}$=244.59kNm 	IPE 360 load case 2 in [23], page 386 St 37 L = 6.00 m z_p =-0.18 m
table F/III 1	partial load q_1 = 30.5 kN/m	
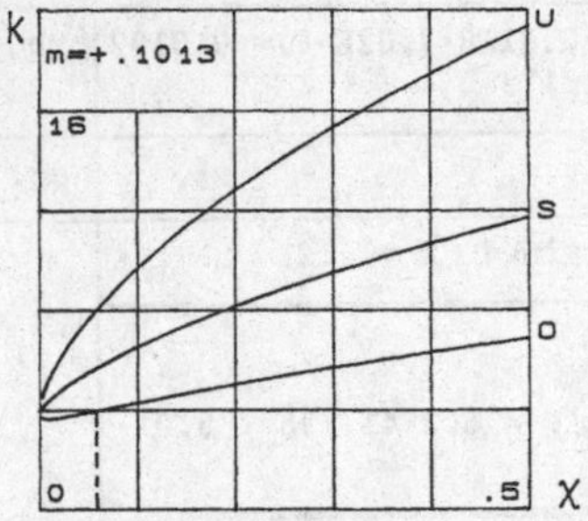	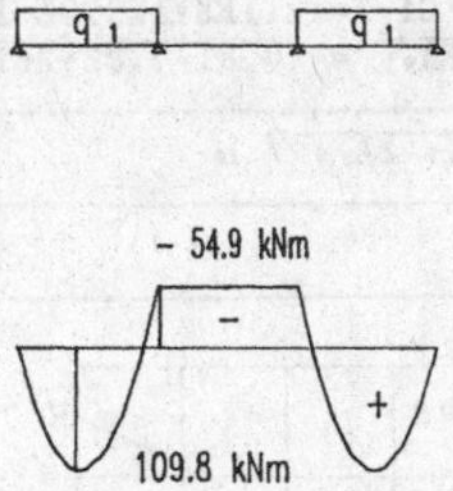	
table F/III 1	partial load q_2 = 5.5 kN/m	design load according to element 117
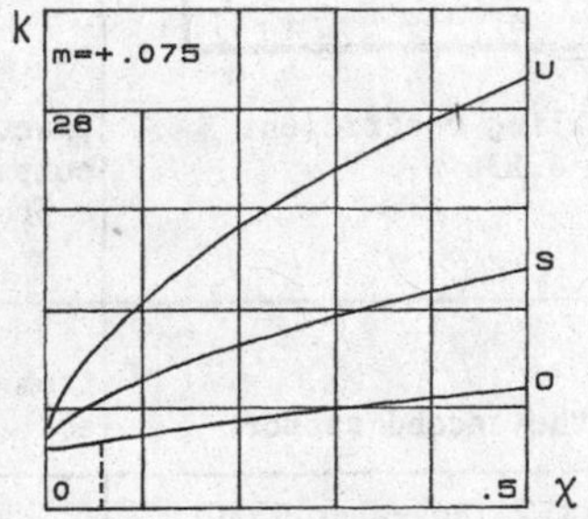	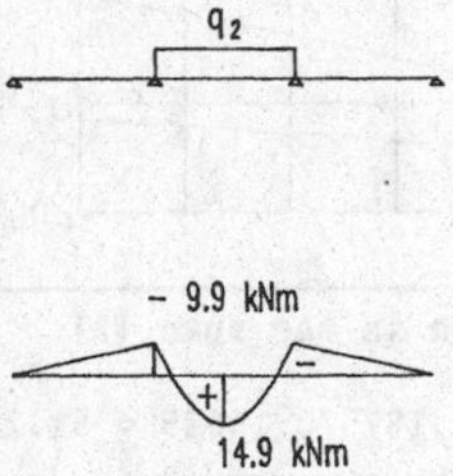	
ratio of load intensities $\beta = q_2 / q_1 = 5.5 / 30.5 = 0.18$		eq. (10)
$\chi = (EA_{ww})/(L^2 GI_T) = (2.1E8 \cdot 313600E\text{-}12)/(6.0^2 \cdot 0.81E8 \cdot 37.5E\text{-}8) = 0.060$ $\sqrt{GI_T\ EA_{yy}} = \sqrt{0.81 \cdot 37.5 \cdot 2.1 \cdot 1040} = 257.56$		eq. (2)
$M_{Ki,y} = k \sqrt{GI_T\ EA_{yy}} / L$ $q_{zKi} = M_{Ki,y} / (m \cdot L^2)$		eq. (1) eq. (7a)
table F/III 1 partial load q_1	obtained k = 3.96 m = 0.10125	
$M_{Ki1} = 3.96 \cdot 257.56 / 6.0 = 169.99$ kNm $q_{Ki1} = 169.99 / (0.10125 \cdot 6.0^2) = 46.636$ kN/m		eq. (1) eq. (7a)

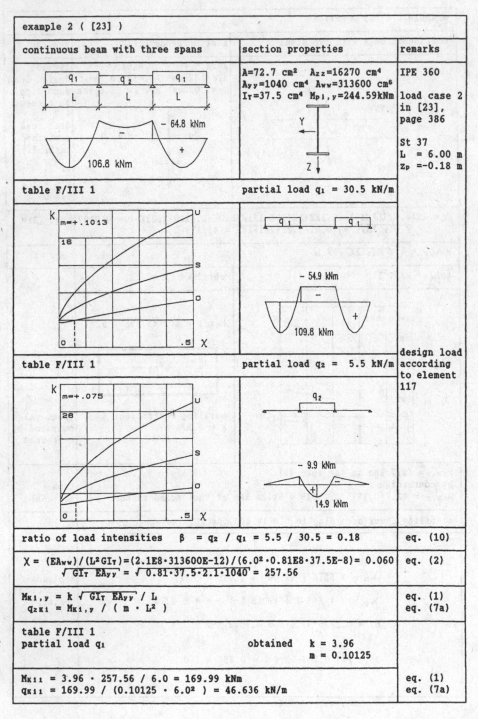

example 2 ([23])   continued

table F/III 1
partial load q_2 — obtained $k = 4.606$, $m = 0.075$

$M_{Ki2} = 4.606 \cdot 257.56 / 6.0 = 197.72$ kNm — eq. (1)

$q_{Ki2} = 197.72 / (0.075 \cdot 6.0^2) = 73.229$ kN/m — eq. (7a)

superposition $q_{Kires} = \sqrt{(q_{Ki1}^2 \cdot q_{Ki2}^2) / (\beta^2 \cdot q_{Ki1}^2 + q_{Ki2}^2)}$ — eq. (11)

$q_{Kires} = \sqrt{(46.636^2 \cdot 73.229^2) / (0.18^2 \cdot 46.636^2 + 73.229^2)}$

$q_{Kires} = 46.33$ kN/m

max $M = 106.8$ kNm

$$M_{Ki,yres} = \max M \cdot q_{Kires} / q_1 = 106.8 \cdot 46.33 / 30.5 = 162.24 \text{ kNm}$$

moment distribution outer span

stability check according to DIN 18 800, part 2 (November 1990)

$\bar{\lambda}_M = \sqrt{244.59 / 162.24} = 1.228$

$\varkappa_M = (1 / (1 + 1.228^5))^{0.4} = 0.5868$

$106.8 / (0.5868 \cdot 244.59) = 0.744 < 1.0$

applying the characteristic values

comparison with [23]

1) computed by a program
2) obtained by the tables (chapter 9) and applying eq. (11) if necessary
3) according to [23]

	load case	q_{Ki} in kN/m 1)	q_{Ki} in kN/m 2)	q_{Ki} in kN/m 3)
1	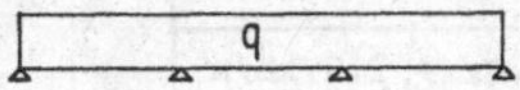	49.3515	48.8	45.32
2		47.4049	46.33	39.35
3	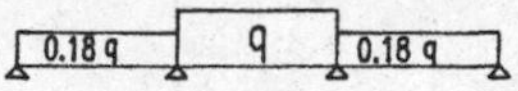	75.982	70.365	÷
4		53.547	52.814	47.7

example 3

continuous beam with four spans	section properties	remarks
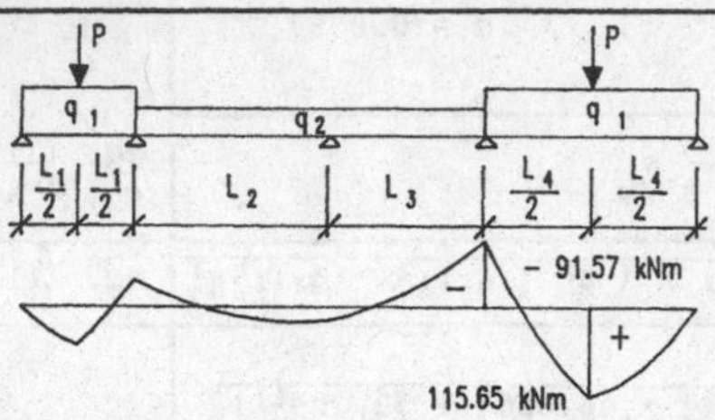	$A = 84.5\ cm^2$ $A_{zz} = 23130\ cm^4$ $A_{yy} = 1320\ cm^4$ $A_{ww} = 490000\ cm^6$ $I_T = 51.4\ cm^4$ $M_{pl,y} = 313.71 kNm$ 	IPE 400 St 37 $L_1 = 6.0\ m$ $L_2 = 9.0\ m$ $L_3 = 7.5\ m$ $L_4 = 10.5\ m$ $z_p = -0.2\ m$
table F/IV 56	**partial load $q_1 = 6.0\ kN/m$**	
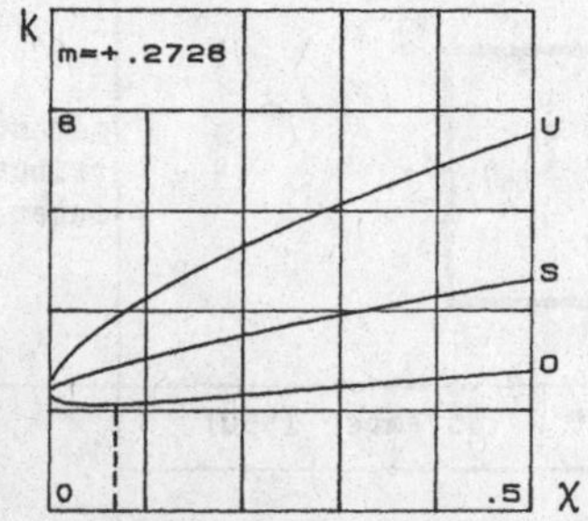	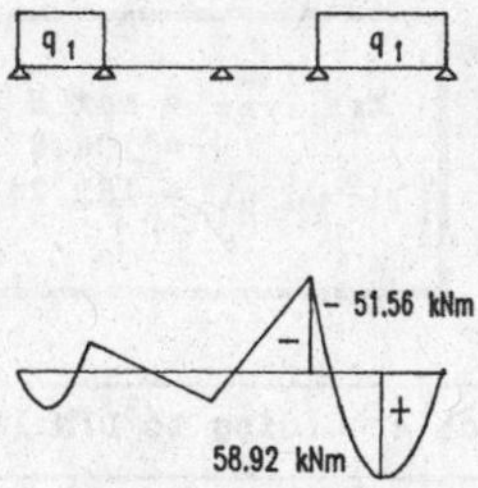	
table F/IV 56	**partial load P = 30.0 kN**	design load according to element 117
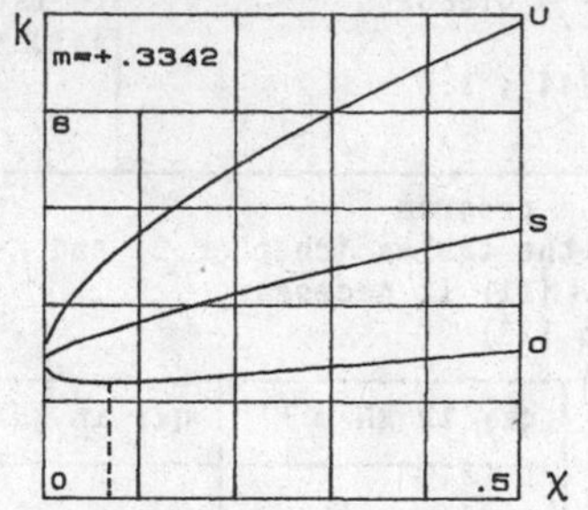	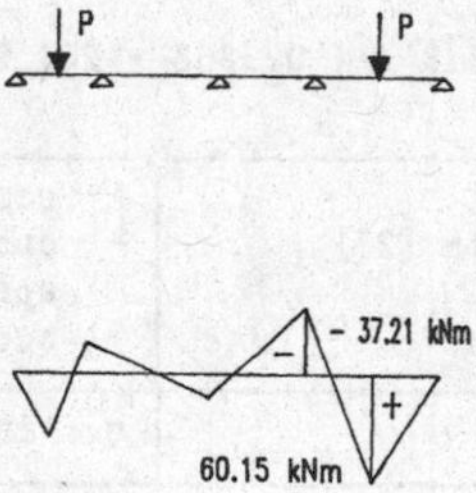	
table F/IV 56	**partial load $q_2 = 2.0\ kN/m$**	
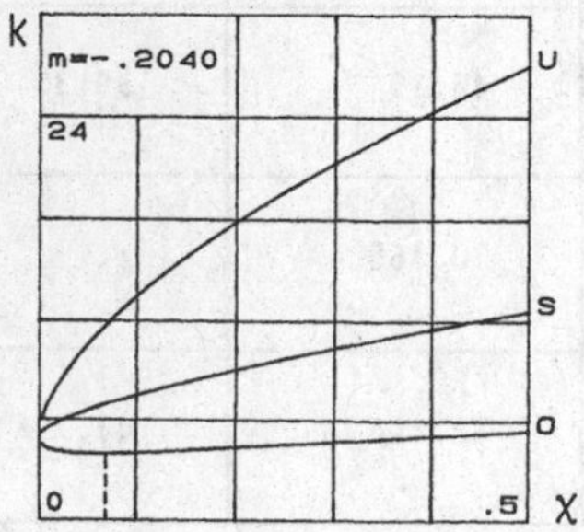	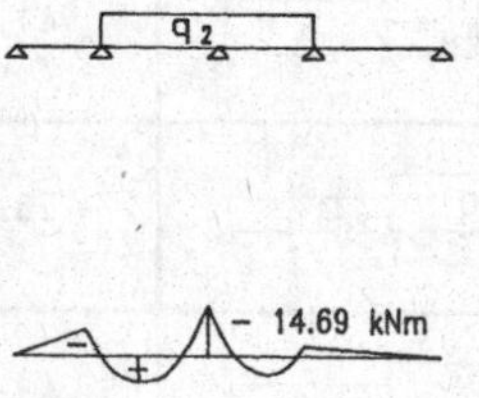	

example 3 continued	
$\chi = (EA_{ww})/(L^2 GI_T) = (2.1E8 \cdot 490000E{-}12)/(6.0^2 \cdot 0.81E8 \cdot 51.4E{-}8) = 0.069$ $\sqrt{GI_T \ EA_{yy}} = \sqrt{0.81 \cdot 51.4 \cdot 2.1 \cdot 1320} = 339.72$	eq. (2)
$M_{ki,y} = k \sqrt{GI_T \ EA_{yy}} / L$ $q_{zki} = M_{ki,y} / (m \cdot L^2)$ $k_{res} = k_1 \cdot M_1 / (M_1 + M_2) + k_2 \cdot M_2 / (M_1 + M_2)$	eq. (1) eq. (7a) eq. (9a)
table F/IV 56	
partial load q_1 — obtained $k = 2.12$ $m = 0.27276$ max $M = 58.92$ kNm	eq. (5)
partial load P — obtained $k = 2.38$ $m = 0.33415$ max $M = 60.15$ kNm	eq. (5)
$k_{res}(q_1+P) = 2.12 \cdot 58.92/(58.92+60.15) + 2.38 \cdot 60.15/(58.92+60.15) = 2.25$ $M_{ki1}(q_1+P) = 2.25 \cdot 339.72 / 6.0 = 127.4$ kNm $q_{ki1}(q_1+P) = 127.4 / (0.27276 \cdot 6.0^2) = 12.974$ kN/m	eq. (9a) eq. (1) eq. (7a)
table F/IV 56	
partial load q_2 — obtained $k = 3.95$ $m = -0.2040$	
$M_{ki2} = 3.95 \cdot 339.72 / 6.0 = 223.65$ kNm $q_{ki2} = 223.65 / (0.2040 \cdot 6.0^2) = 30.45$ kN/m	eq. (1) eq. (7a)
ratio of loads $\beta = q_2 / q_1$	eq. (10)
$q_{1ers} \cdot 6.0^2 \cdot 0.27276 = (60.15 + 58.92)$ $q_{1ers} = 12.13$ kN/m $\quad \beta = q_2 / q_{1ers} = 2.0 / 12.13 = 0.165$	equivalent load: q_1+P
superposition $q_{kires} = \sqrt{(q_{ki1}^2 \cdot q_{ki2}^2) / (\beta^2 \cdot q_{ki1}^2 + q_{ki2}^2)}$	eq. (11)
$q_{kires} = \sqrt{(12.974^2 \cdot 30.45^2) / (0.165^2 \cdot 12.974^2 + 30.45^2)}$ $q_{kires} = 12.94$ kN/m $M_{ki,yres} = \max M_{res} \cdot q_{kires} / q_{1ers} = 115.65 \cdot 12.94 / 12.13 = 123.37$ kNm	moment of fourth span
comparison $M_{ki,yres} = 125.57$ kNm ("exact" value)	program
stability check according to DIN 18 800, part 2 (November 1990)	
$\bar{\lambda}_M = \sqrt{313.71 / 123.37} = 1.595$ $\kappa_M = (1 / (1 + 1.595^5))^{0.4} = 0.38$ $115.65 / (0.38 \cdot 313.71) = 0.97 < 1.0$	applying the characteristic values

6 Abbreviations and Notations

general

(≕)	matrix
(∼·)	vector

material coefficients

E	Young's modulus
G	shear modulus

coordinate system

x	coordinate axis of the beam (centroid)
y, z	coordinates of the principal axes of the cross section
w	principal warping (shear center)

cross sectional values

A	area of cross section
A_{yy}	moment-of-inertia about the z-axis (symbol of the DIN: I_z)
A_{zz}	moment-of-inertia about the y-axis (symbol of the DIN: I_y)
A_{ww}	warping constant (symbol of the DIN: I_ω)
I_T	torsion constant (de St.-Venant)

linear measures

L	reference length
h	depth of the profile

loads

q_z	line load, constant over the span
P_z	concentrated load in the span middle or on *l*/3 points
$z_P = - h/2$	loading point at the upper flange of the I-beam
$z_P = 0$	loading point at the centroid of the I-beam
$z_P = + h/2$	loading point at the lower flange of the I-beam

system coefficients

$\chi = (EA_{ww})/(L^2\, GI_T)$	characteristic beam parameter
$\varepsilon^2 = 1/\chi$	characteristic beam parameter
α_{min}	smallest positive eigenvalue
$M_{Ki,\,y}$	critical moment for lateral-torsional buckling at the bifurcation point due to plane bending M_y (without normal forces) according to the theory of elasticity
k	coefficient for lateral-torsional buckling of a beam taken from the diagrams in chapter 9 to compute $M_{Ki,\,y}$

7 References

[1] Roik, K.: Vereinfachte Stabilitätsnachweise von Stäben und Systemen. In: Berichte aus Forschung und Entwicklung. DASt. Heft 13/1984. Köln: Stahlbau-Verlags-GmbH 1984

[2] Lindner, J.: Biegedrillknicken in Theorie, Versuch und Praxis. In: Berichte aus Forschung und Entwicklung. DASt. Heft 9/1980. Köln: Stahlbau-Verlags-GmbH 1980

[3] Müller, G.: Nomogramme für die Kippuntersuchung frei aufliegender I-Träger. Köln: Stahlbau-Verlags-GmbH 1972

[4] Roik, K.; Carl, J.; Lindner, J.: Biegetorsionsprobleme gerader dünnwandiger Stäbe. Berlin, München, Düsseldorf: Verlag von Wilhelm Ernst & Sohn 1972

[5] Petersen, Ch.: Statik und Stabilität der Baukonstruktionen. Braunschweig, Wiesbaden: Friedr. Vieweg & Sohn 1980

[6] Möll, R.: Kippen von querbelasteten und gedrückten Durchlaufträgern mit I-Querschnitt als Stabilitätsproblem und als Spannungsproblem II. Ordnung behandelt. Der Stahlbau 36 (1967), 69–77, 184–190

[7] Klöppel, K.; Möll, R.; Wagner, G.: Ein Beitrag zur Bestimmung der Kippstabilität von gedrückten Durchlaufträgern. Der Stahlbau 31 (1962), 353–360

[8] Stamme, P.: Kippsicherheitsnachweis. Tabellenbuch. I/IPE/IPBl-Profile. Düsseldorf: Werner-Verlag 1981

[9] Jungbluth, O.; Hiegele, E. L.: Bemessungshilfen für den konstruktiven Ingenieurbau. Teil II: Biegedrillknicken. Berlin, Heidelberg, New York: Springer-Verlag 1982

[10] Unger, B.: Elastisches Kippen von beliebig gelagerten und aufgehängten Durchlaufträgern mit einfach-symmetrischem, in Trägerachse veränderlichem Querschnitt und einer Abwandlung des Reduktionsverfahrens als Lösungsmethode. TH Darmstadt, Dissertation D17, 1969

[11] Schrödter, V.; Wunderlich, W.:Tragsicherheit räumlich beanspruchter Stabwerke. In: Finite Elemente. Anwendungen in der Baupraxis. Berlin: Verlag von Wilhelm Ernst & Sohn 1985

[12] Bathe, K.-J.: Finite-Elemente-Methoden. Berlin: Springer-Verlag 1986

[13] Barsoum, R. S.; Gallagher, R. H.: Finite Element Analysis of Torsional and Torsional-Flexural Stability Problems. Int. Journ. f. Num. Meth. in Eng. 2 (1970), 335–352

[14] Powell, G.; Klingner, R.: Elastic Lateral Buckling of Steel Beams. Journ. of the Struct. Div. 96 (1970), 1919–1932

[15] Dickel, T.: Computerorientierte Ermittlung von $M_{Ki,\,y}$. In: Mitteilung Nr. 34-88 des Instituts für Statik der Universität Hannover, 1988

[16] Falk, S.: Das Verfahren von Rayleigh-Ritz mit hermiteschen Interpolationspolynomen. ZAMM 43 (1963), 149–166

[17] Pflüger, A.: Stabilitätsprobleme der Elastostatik. Berlin, Heidelberg, New York: Springer-Verlag 1975

[18] Beverungen, G.: Geometrisch nichtlineare Berechnungen des Spannungs- und Stabilitätsproblems räumlich gekrümmter Stäbe. Ruhr-Universität Bochum: Technisch-wissenschaftliche Mitteilungen Nr. 76-13, 1976

[19] Verein Deutscher Eisenhüttenleute (Hrsg.): Stahl im Hochbau. 14. Auflage, Band I/Teil 1. Düsseldorf: Verlag Stahleisen mbH 1984

[20] Friemann, H.: Biegedrillknicken: Traglastnachweis nach EDIN 18 800 im Vergleich mit genauen Lösungen. In: Kurt-Klöppel-Gedächtnis-Kolloquium 15./16. September 1986. TH Darmstadt, Kurt-Klöppel-Institut

[21] Mörschardt, S.: Zur Abschätzung der Lösung von zusammengesetzten Verzweigungsproblemen aus der Kenntnis von Teillösungen. TH Darmstadt, Dissertation D17, 1989

[22] Klöppel, K.; Scheer, J.: Beulwerte ausgesteifter Rechteckplatten. Kurventafeln zum direkten Nachweis der Beulsicherheit für verschiedene Steifenanordnungen und Belastungen. Berlin: Verlag von Wilhelm Ernst & Sohn 1960

[23] Petersen, Ch.:Stahlbau. Grundlagen der Berechnung und baulichen Ausbildung von Stahlbauten. Braunschweig, Wiesbaden: Friedr. Vieweg & Sohn 1988

8 Order of the Systems and the Related Tables

As a guideline to use the diagrams in chapter 9 and in order to understand the index printed on the outside of the book the following explanations may be useful. The first capital letter F or G, respectively, marks that lateral-torsional buckling occurs around a "free" or a "bound" axis, respectively. The latter means the rule-joint type bearing of the upper flange. The Roman numeral, following the inclined line behind F or G indicates the number of spans of the continuous beam.

The following Arabic numeral indicates the tables in an inclining order.

Example:

> F/II 3: Lateral-torsional buckling around a "free" axis for a continuous beam with two spans and number 3 concerning the order in the tables.

Additional hint: At each support of the beam there are fork bearings.

8.1 Continuous Beams with Two Spans

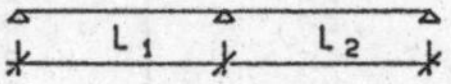		"free" axis	"bound" axis
table No. F/ or G/	span ratio	page	page
II 1	L-L	1	645
II 2	L-1.25L	2	646
II 3	L-1.5L	3	647
II 4	L-1.75L	4	648
II 5	L-2L	5	649

8.2 Continuous Beams with Three Spans

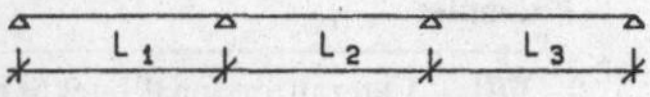		''free'' axis	''bound'' axis
table No. F/ or G/	span ratio	page	page
III 1	L-L-L	7	651
III 2	L-L-1.25L	9	652
III 3	L-L-1.5L	11	653
III 4	L-L-1.75L	13	654
III 5	L-L-2L	15	655
III 6	1.25L-L-1.25L	17	656
III 7	1.25L-L-1.5L	19	657
III 8	1.25L-L-1.75L	21	658
III 9	1.25L-L-2L	23	659
III 10	1.5L-L-1.5L	25	660
III 11	1.5L-L-1.75L	27	661
III 12	1.5L-L-2L	29	662
III 13	1.75L-L-1.75L	31	663
III 14	1.75L-L-2L	33	664
III 15	2L-L-2L	35	665
III 16	L-1.25L-L	37	666
III 17	L-1.25L-1.25L	39	667
III 18	L-1.25L-1.5L	41	668
III 19	L-1.25L-1.75L	43	669
III 20	L-1.25L-2L	45	670
III 21	L-1.5L-L	47	671
III 22	L-1.5L-1.25L	49	672
III 23	L-1.5L-1.5L	51	673
III 24	L-1.5L-1.75L	53	674
III 25	L-1.5L-2L	55	675
III 26	L-1.75L-L	57	676
III 27	L-1.75L-1.25L	59	677
III 28	L-1.75L-1.5L	61	678
III 29	L-1.75L-1.75L	63	679
III 30	L-1.75L-2L	65	680
III 31	L-2L-L	67	681
III 32	L-2L-1.25L	69	682
III 33	L-2L-1.5L	71	683
III 34	L-2L-1.75L	73	684
III 35	L-2L-2L	75	685

8.3 Continuous Beams with Four Spans

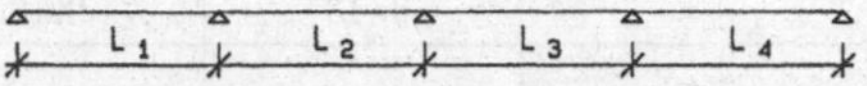

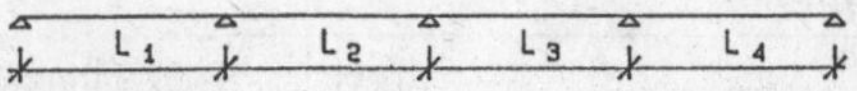
L1
L2
L3
L4

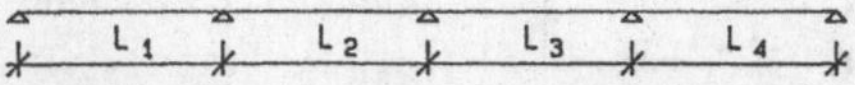

table No. F/ or G/	span ratio	''free'' axis page	''bound'' axis page
IV 121	1.25L-L-1.25L-1.5L	437	807
IV 122	1.25L-L-1.25L-1.75L	440	808
IV 123	1.25L-L-1.25L-2L	443	809
IV 124	1.25L-L-1.5L-1.25L	446	810
IV 125	1.25L-L-1.5L-1.5L	449	811
IV 126	1.25L-L-1.5L-1.75L	452	812
IV 127	1.25L-L-1.5L-2L	455	813
IV 128	1.25L-L-1.75L-1.25L	458	814
IV 129	1.25L-L-1.75L-1.5L	461	815
IV 130	1.25L-L-1.75L-1.75L	464	816
IV 131	1.25L-L-1.75L-2L	467	817
IV 132	1.25L-L-2L-1.25L	470	818
IV 133	1.25L-L-2L-1.5L	473	819
IV 134	1.25L-L-2L-1.75L	476	820
IV 135	1.25L-L-2L-2L	479	821
IV 136	1.25L-1.25L-L-1.5L	482	822
IV 137	1.25L-1.25L-L-1.75L	485	823
IV 138	1.25L-1.25L-L-2L	488	824
IV 139	1.25L-1.5L-L-1.5L	491	825
IV 140	1.25L-1.5L-L-1.75L	494	826
IV 141	1.25L-1.5L-L-2L	497	827
IV 142	1.25L-1.75L-L-1.5L	500	828
IV 143	1.25L-1.75L-L-1.75L	503	829
IV 144	1.25L-1.75L-L-2L	506	830
IV 145	1.25L-2L-L-1.5L	509	831
IV 146	1.25L-2L-L-1.75L	512	832
IV 147	1.25L-2L-L-2L	515	833
IV 148	1.5L-L-L-1.5L	518	834
IV 149	1.5L-L-L-1.75L	521	835
IV 150	1.5L-L-L-2L	524	836
IV 151	1.5L-L-1.25L-1.5L	527	837
IV 152	1.5L-L-1.25L-1.75L	530	838
IV 153	1.5L-L-1.25L-2L	533	839
IV 154	1.5L-L-1.5L-1.5L	536	840
IV 155	1.5L-L-1.5L-1.75L	539	841
IV 156	1.5L-L-1.5L-2L	542	842
IV 157	1.5L-L-1.75L-1.5L	545	843
IV 158	1.5L-L-1.75L-1.75L	548	844
IV 159	1.5L-L-1.75L-2L	551	845
IV 160	1.5L-L-2L-1.5L	554	846

9 Tafeln/Tables

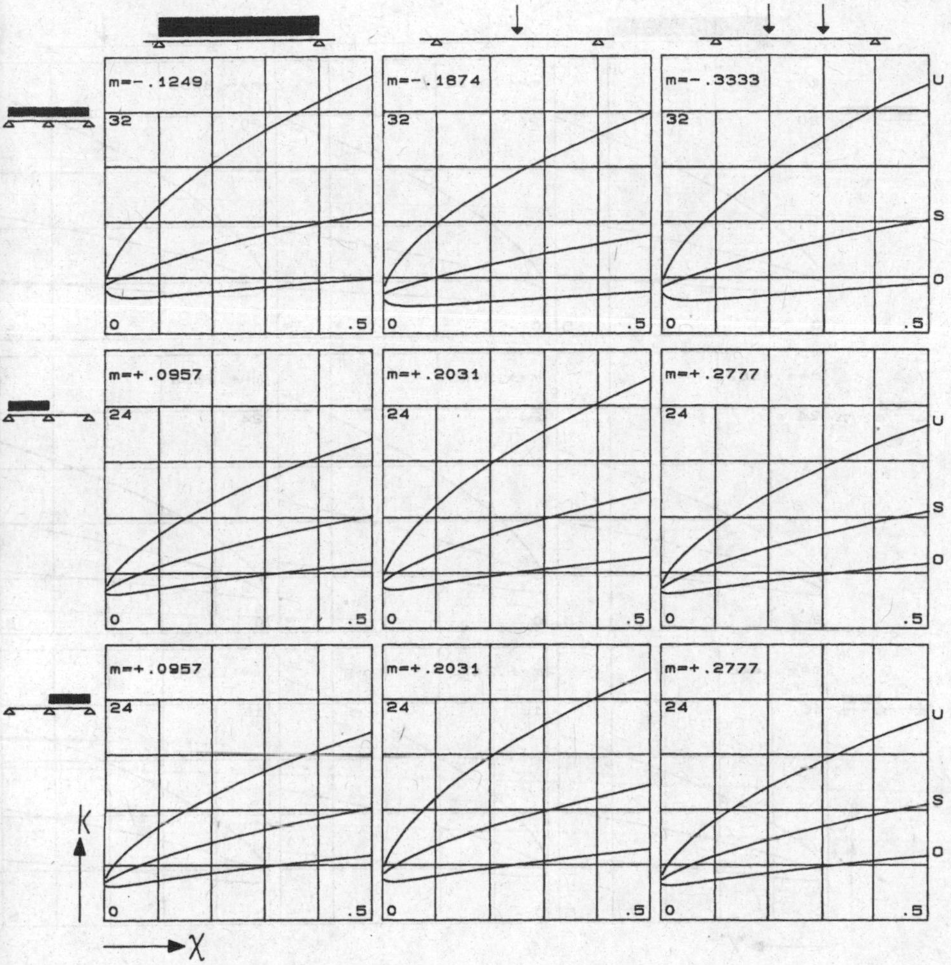
m=-.1249
32
0
.5
m=-.1874
32
0
.5
m=-.3333
32
0
.5
U
S
O
m=+.0957
24
0
.5
m=+.2031
24
0
.5
m=+.2777
24
0
.5
U
S
O
m=+.0957
24
0
.5
m=+.2031
24
0
.5
m=+.2777
24
0
.5
U
S
O
K
X

F II

TAFEL F/II 1 : L-L

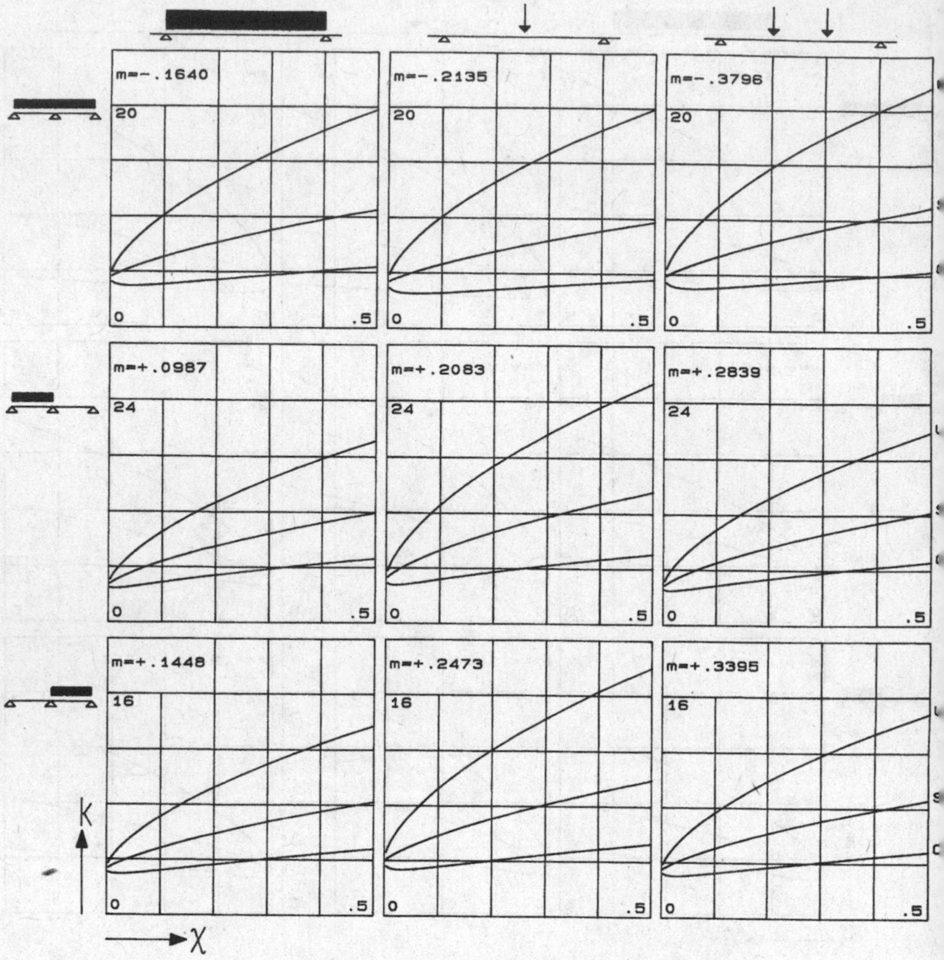

m=-.1640
20
0
.5
m=-.2135
20
0
.5
m=-.3796
20
0
.5
m=+.0987
24
0
.5
m=+.2083
24
0
.5
m=+.2839
24
0
.5
m=+.1448
16
0
.5
m=+.2473
16
0
.5
m=+.3395
16
0
.5
K
χ

TAFEL F/II 2 : L-1.25L

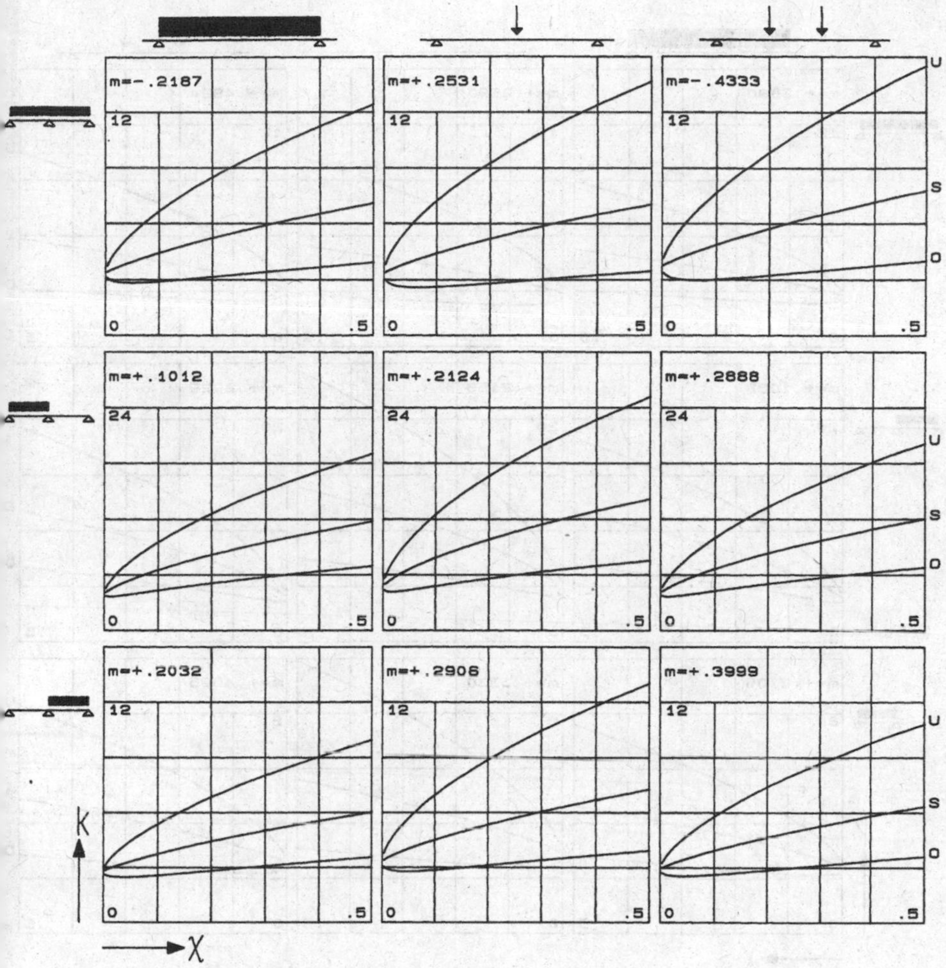
m=-.2187
12
0
.5
m=+.2531
12
0
.5
m=-.4333
12
0
.5
U
S
O
m=+.1012
24
0
.5
m=+.2124
24
0
.5
m=+.2888
24
0
.5
U
S
O
m=+.2032
12
0
.5
m=+.2906
12
0
.5
m=+.3999
12
0
.5
U
S
O
K
X

F II

TAFEL F/II 3 : L-1.5L

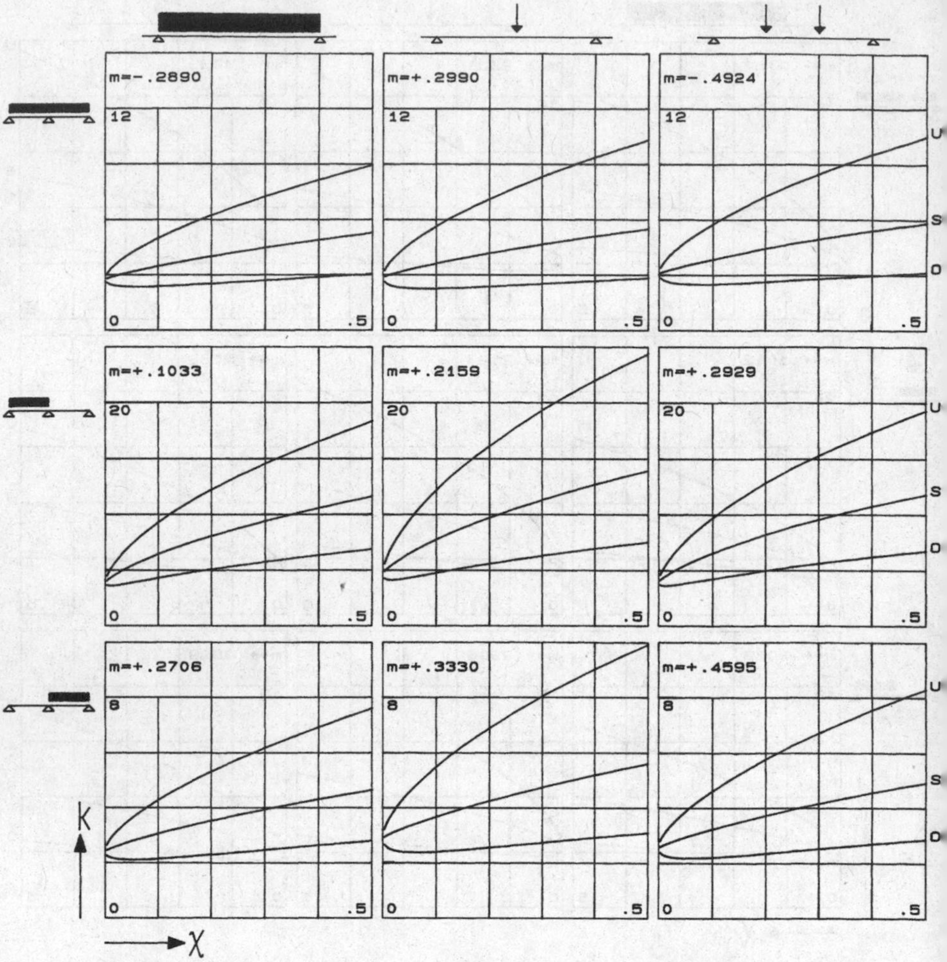
m=-.2890
12
0
.5
m=+.2990
12
0
.5
m=-.4924
12
U
S
O
0
.5
m=+.1033
20
0
.5
m=+.2159
20
0
.5
m=+.2929
20
U
S
O
0
.5
m=+.2706
8
0
.5
m=+.3330
8
0
.5
m=+.4595
8
U
S
O
0
.5
K
χ

TAFEL F/II 4 : L-1.75L

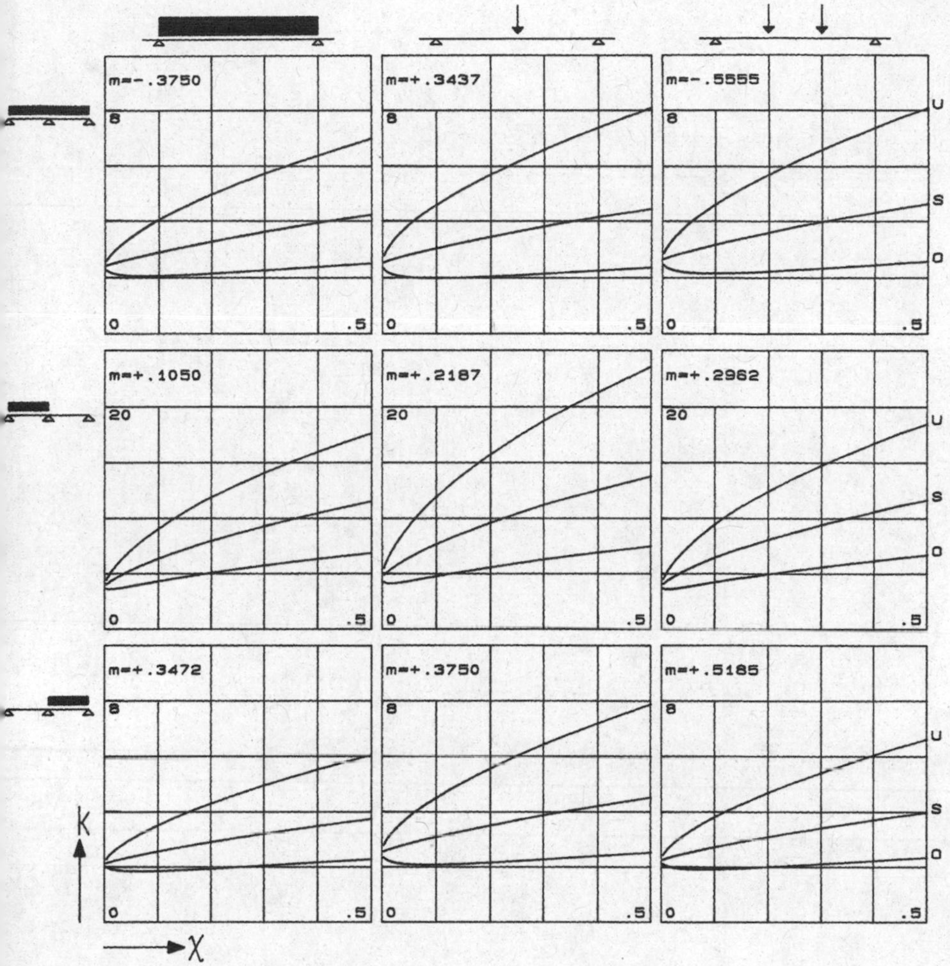
m=-.3750
8
0
.5
m=+.3437
8
0
.5
m=-.5555
8
0
.5
U
S
O
m=+.1050
20
0
.5
m=+.2187
20
0
.5
m=+.2962
20
0
.5
U
S
O
m=+.3472
8
0
.5
m=+.3750
8
0
.5
m=+.5185
8
0
.5
U
S
O
K
X

F II

TAFEL F/II 5 : L-2L

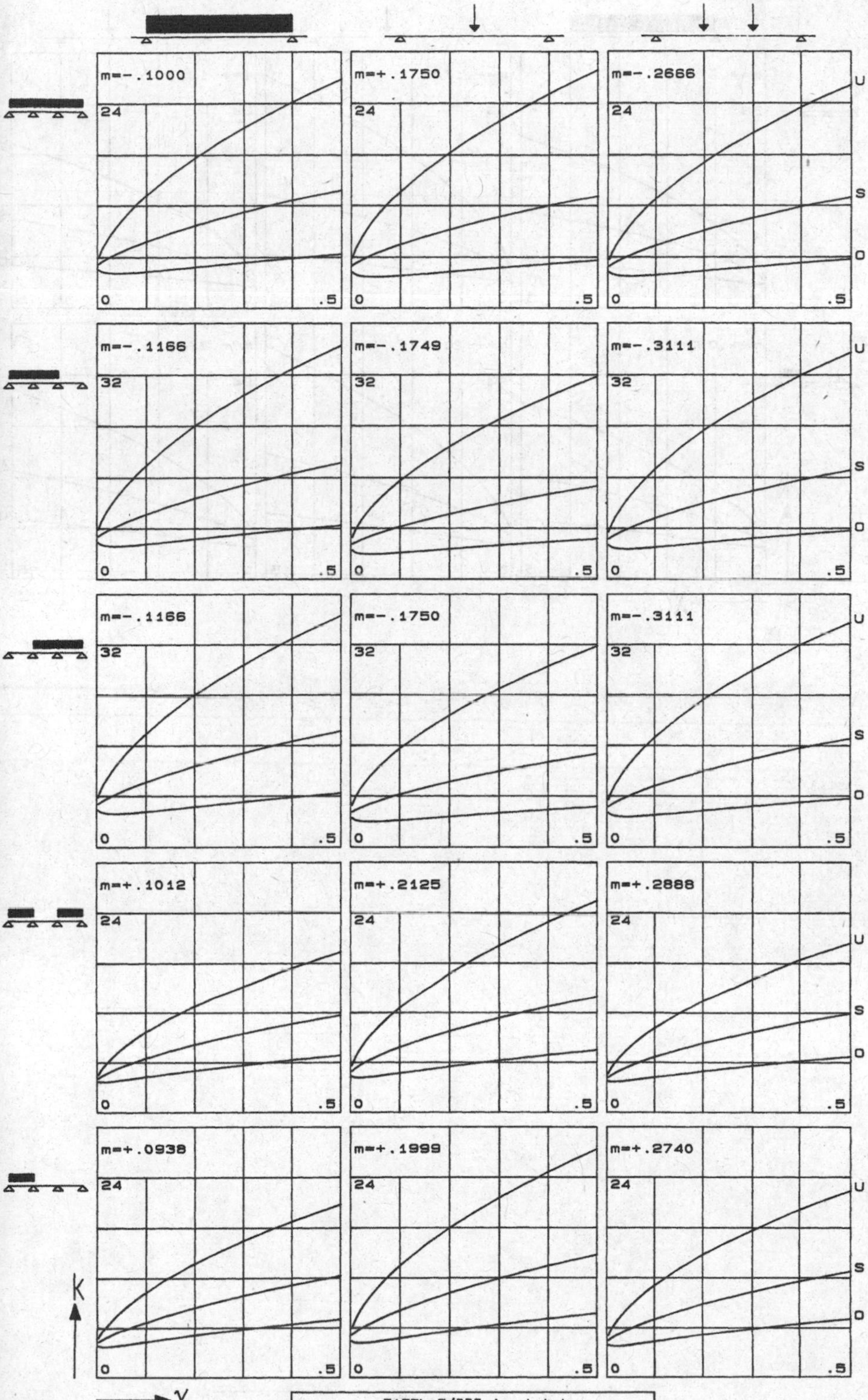

m=-.1000
24
0
.5
m=+.1750
24
0
.5
m=-.2666
24
0
.5
U
S
O
m=-.1166
32
0
.5
m=-.1749
32
0
.5
m=-.3111
32
0
.5
U
S
O
m=-.1166
32
0
.5
m=-.1750
32
0
.5
m=-.3111
32
0
.5
U
S
O
m=+.1012
24
0
.5
m=+.2125
24
0
.5
m=+.2888
24
0
.5
U
S
O
m=+.0938
24
0
.5
m=+.1999
24
0
.5
m=+.2740
24
0
.5
U
S
O
K
X

TAFEL F/III 1 : L-L-L

F III

F
III

m=+.0749
36
0
.5
m=+.1749
36
0
.5
m=+.1999
36
U
S
O
0
.5
m=+.0938
24
0
.5
m=+.2000
24
0
.5
m=+.2740
24
U
S
O
0
.5
K
X

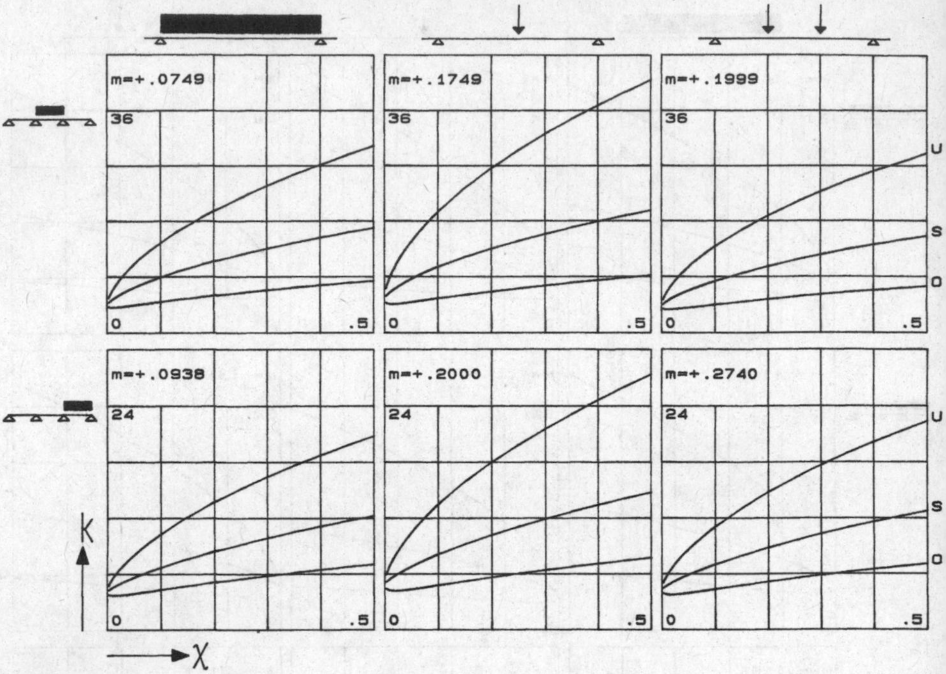

TAFEL F/III 1 : L-L-L

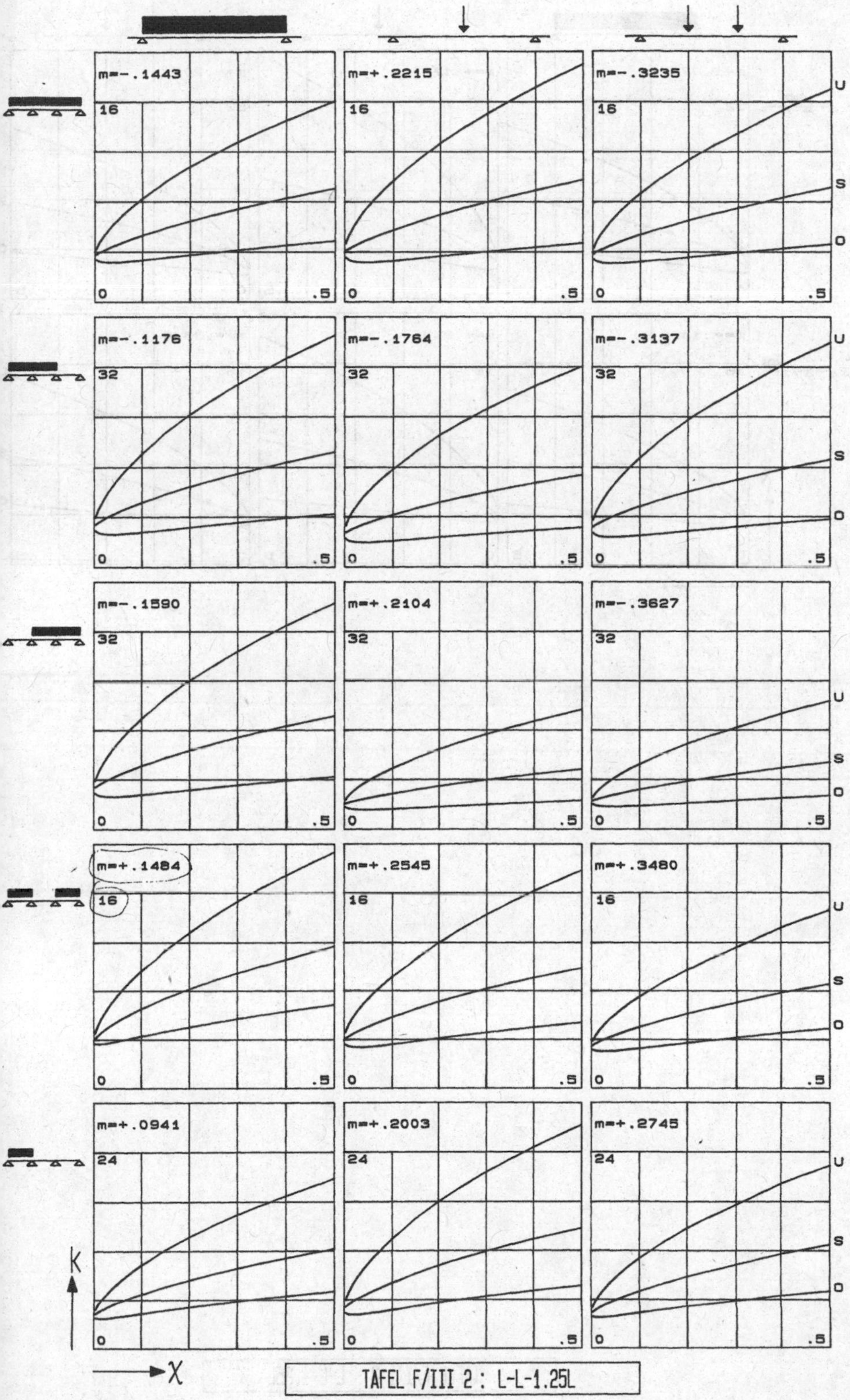

m=-.1443
16
0
.5
m=+.2215
16
0
.5
m=-.3235
16
0
.5
U
S
O
m=-.1176
32
0
.5
m=-.1764
32
0
.5
m=-.3137
32
0
.5
U
S
O
m=-.1590
32
0
.5
m=+.2104
32
0
.5
m=-.3627
32
0
.5
U
S
O
m=+.1484
16
0
.5
m=+.2545
16
0
.5
m=+.3480
16
0
.5
U
S
O
m=+.0941
24
0
.5
m=+.2003
24
0
.5
m=+.2745
24
0
.5
U
S
O
K
X

TAFEL F/III 2 : L-L-1.25L

F III

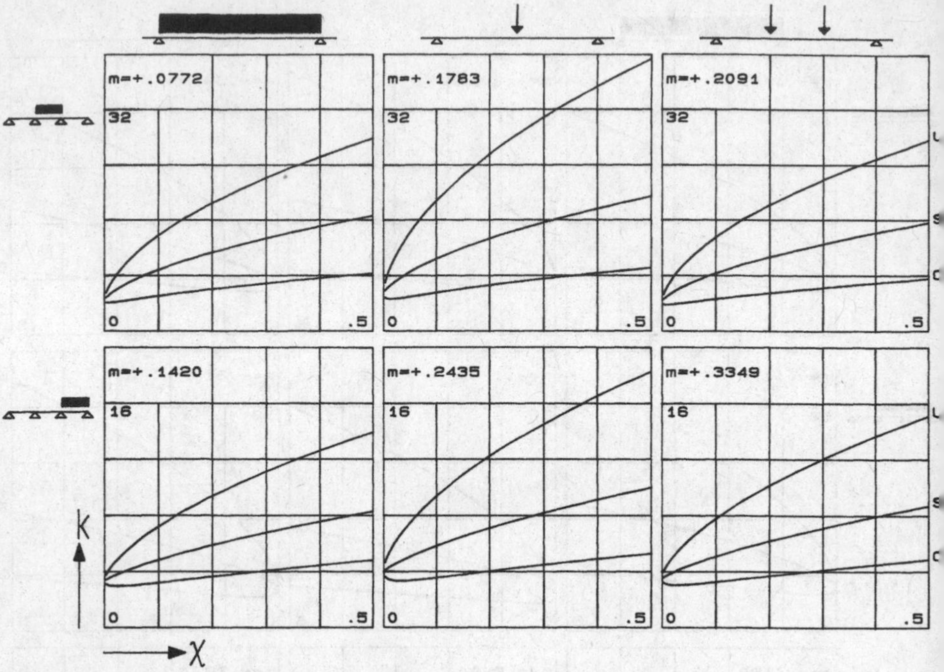
m=+.0772
32
0
.5
m=+.1783
32
0
.5
m=+.2091
32
0
.5
m=+.1420
16
0
.5
m=+.2435
16
0
.5
m=+.3349
16
0
.5
K
X

F
III

TAFEL F/III 2 : L-L-1.25L

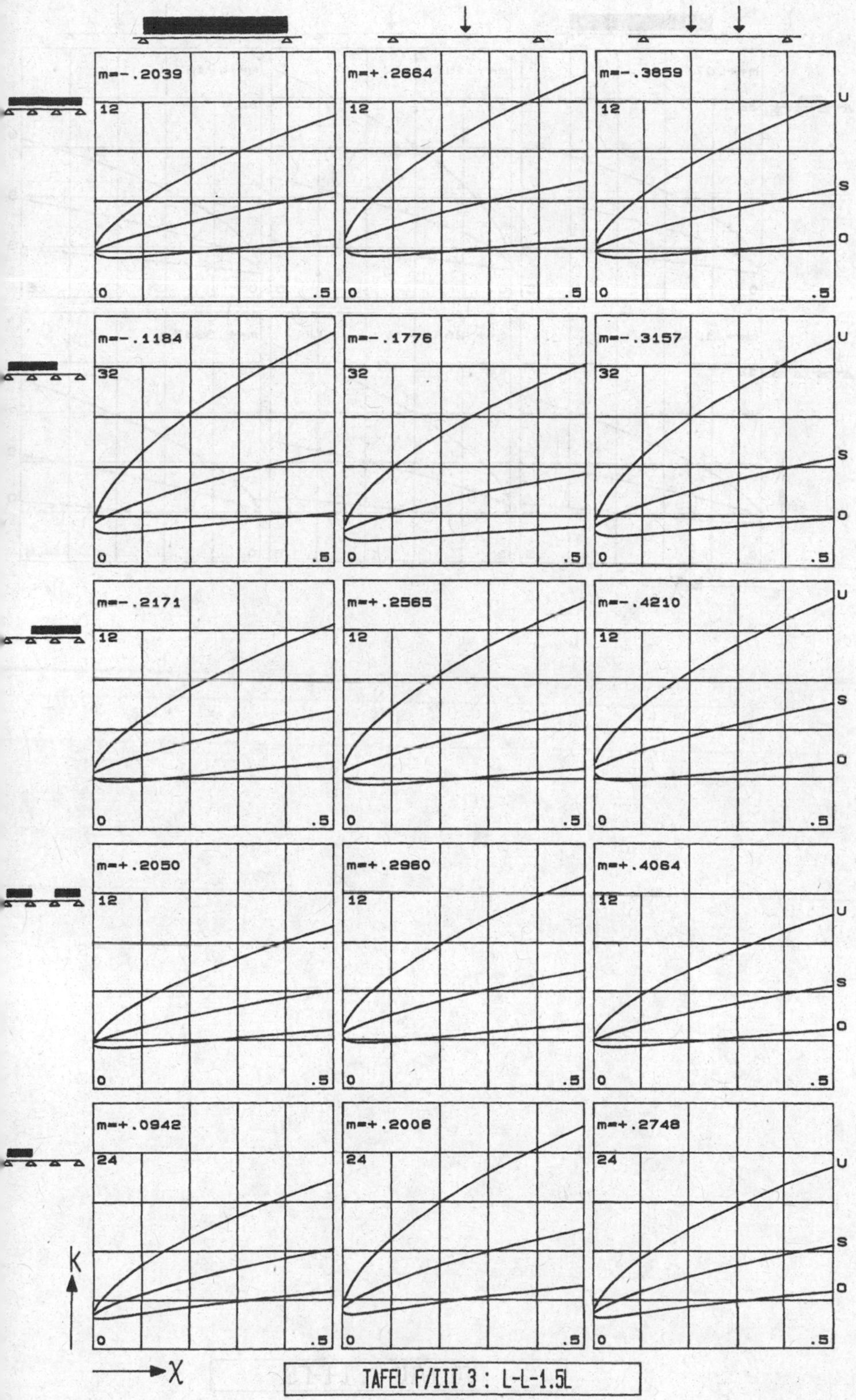
m=-.2039
12
0
.5
m=+.2664
12
0
.5
m=-.3859
12
0
.5
U
S
O
m=-.1184
32
0
.5
m=-.1776
32
0
.5
m=-.3157
32
0
.5
U
S
O
m=-.2171
12
0
.5
m=+.2565
12
0
.5
m=-.4210
12
0
.5
U
S
O
m=+.2050
12
0
.5
m=+.2960
12
0
.5
m=+.4064
12
0
.5
U
S
O
m=+.0942
24
0
.5
m=+.2006
24
0
.5
m=+.2748
24
0
.5
U
S
O
K
X

TAFEL F/III 3 : L-L-1.5L

F III

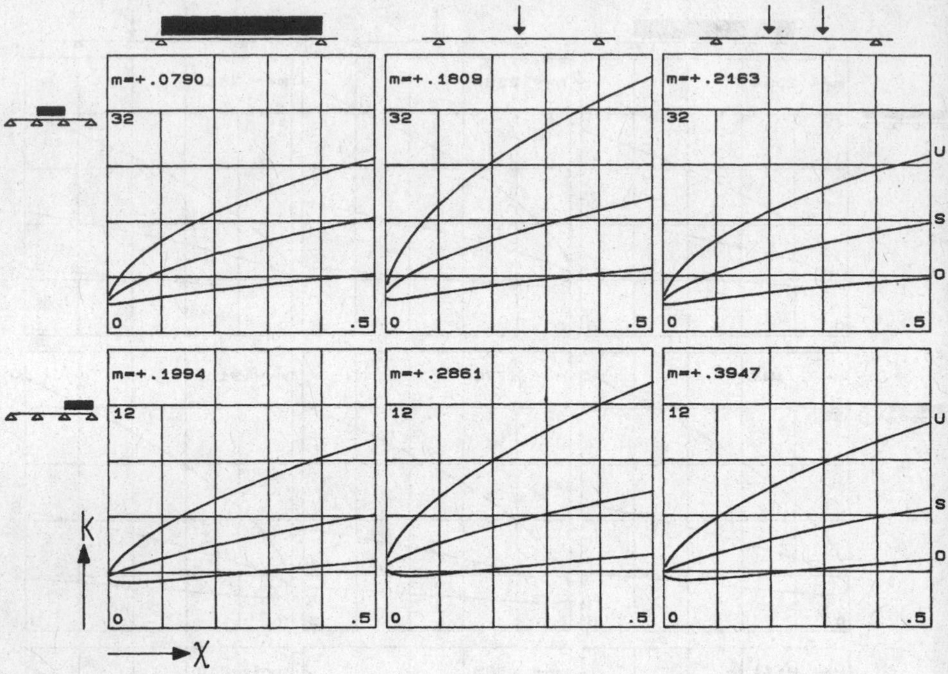
m=+.0790
32
0
.5
m=+.1809
32
0
.5
m=+.2163
32
U
S
O
0
.5
m=+.1994
12
K
0
.5
χ
m=+.2861
12
0
.5
m=+.3947
12
U
S
O
0
.5

TAFEL F/III 3 : L-L-1.5L

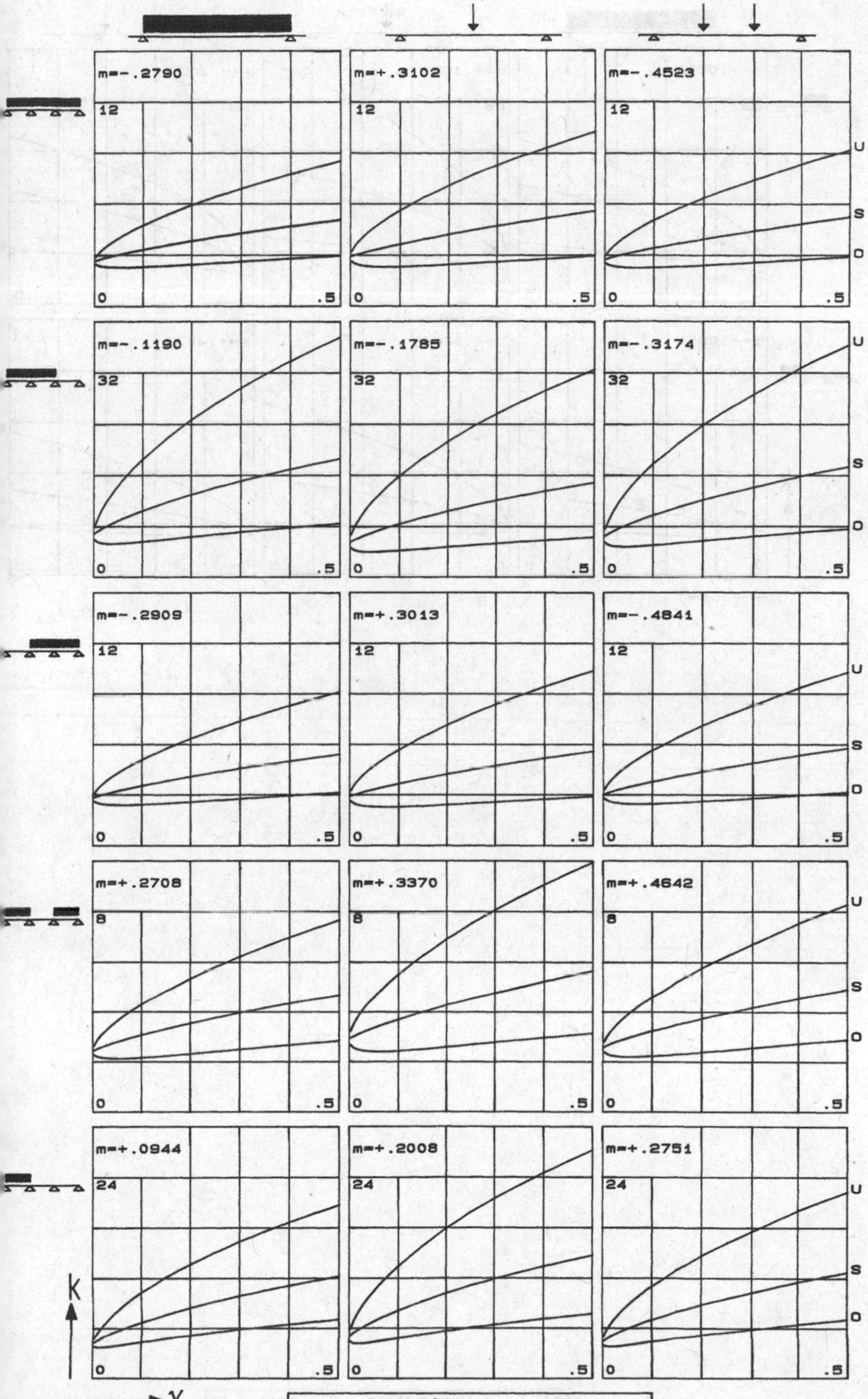

m=-.2790
12
0
.5
m=+.3102
12
0
.5
m=-.4523
12
U
S
O
0
.5
m=-.1190
32
0
.5
m=-.1785
32
0
.5
m=-.3174
32
U
S
O
0
.5
m=-.2909
12
0
.5
m=+.3013
12
0
.5
m=-.4841
12
U
S
O
0
.5
m=+.2708
8
0
.5
m=+.3370
8
0
.5
m=+.4642
8
U
S
O
0
.5
m=+.0944
24
0
.5
m=+.2008
24
0
.5
m=+.2751
24
U
S
O
0
.5
K
X

TAFEL F/III 4 : L-L-1.75L

F III

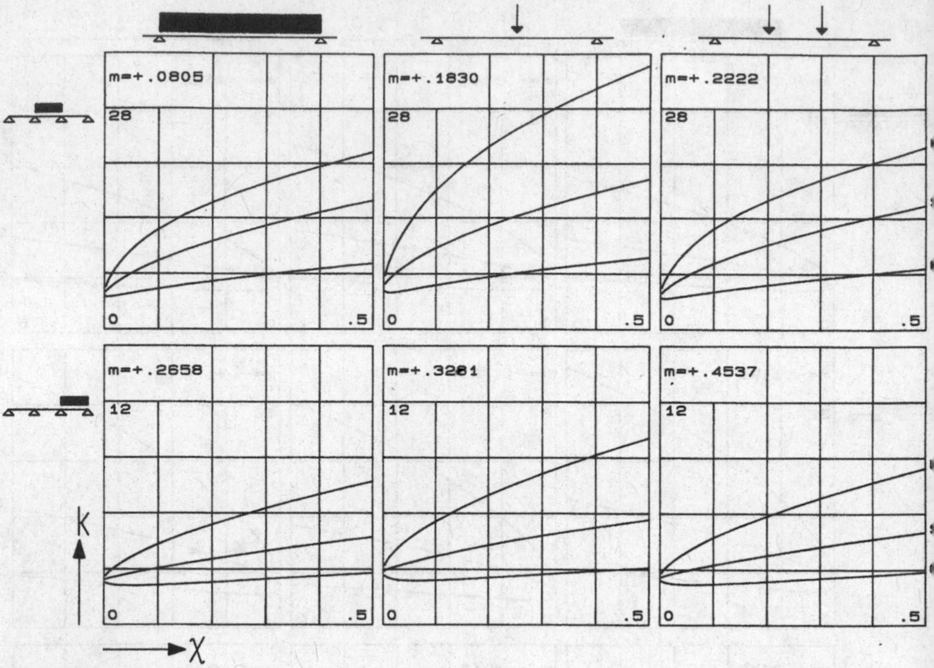
m=+.0805
28
0
.5
m=+.1830
28
0
.5
m=+.2222
28
0
.5
m=+.2658
12
0
.5
m=+.3281
12
0
.5
m=+.4537
12
0
.5
K
χ

TAFEL F/III 4 : L-L-1.75L

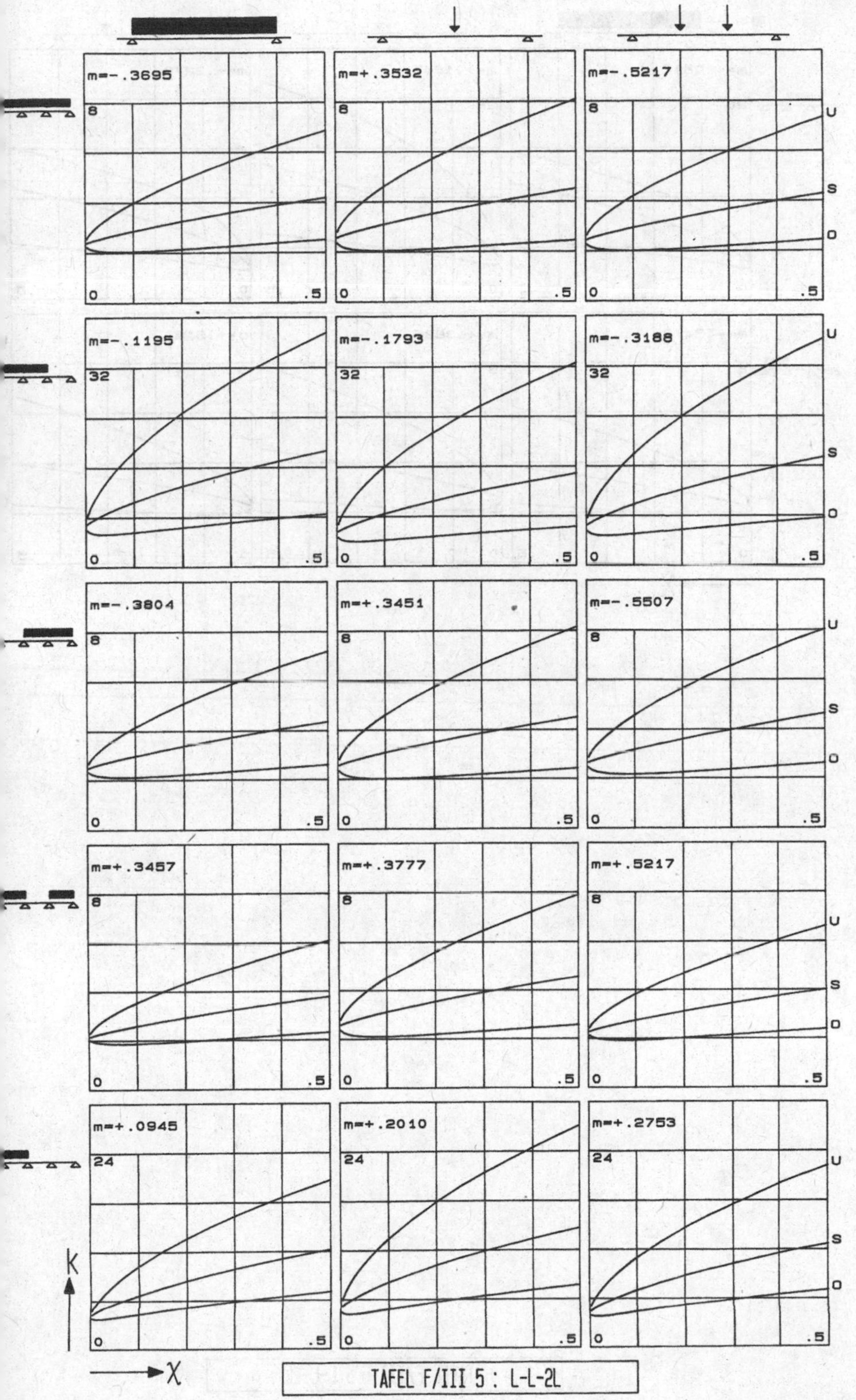
m=-.3695
8
m=+.3532
8
m=-.5217
8
U
S
O
m=-.1195
32
m=-.1793
32
m=-.3188
32
m=-.3804
8
m=+.3451
8
m=-.5507
8
m=+.3457
8
m=+.3777
8
m=+.5217
8
m=+.0945
24
m=+.2010
24
m=+.2753
24
0
.5
K
X

TAFEL F/III 5 : L-L-2L

F III

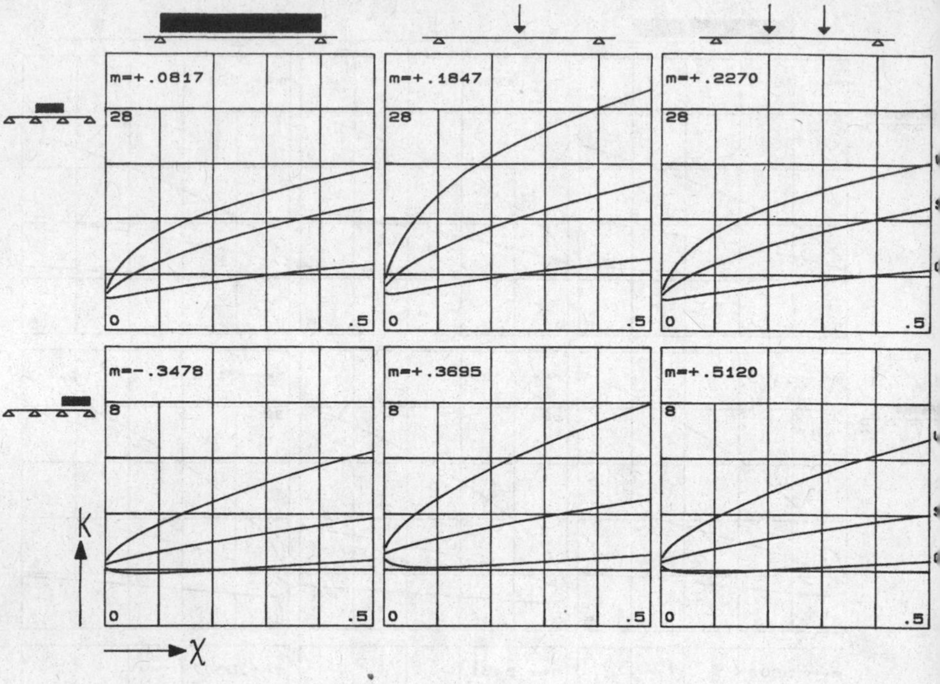
m=+.0817
28
0
.5
m=+.1847
28
0
.5
m=+.2270
28
0
.5
m=-.3478
8
0
.5
m=+.3695
8
0
.5
m=+.5120
8
0
.5
K
X

F III

TAFEL F/III 5 : L-L-2L

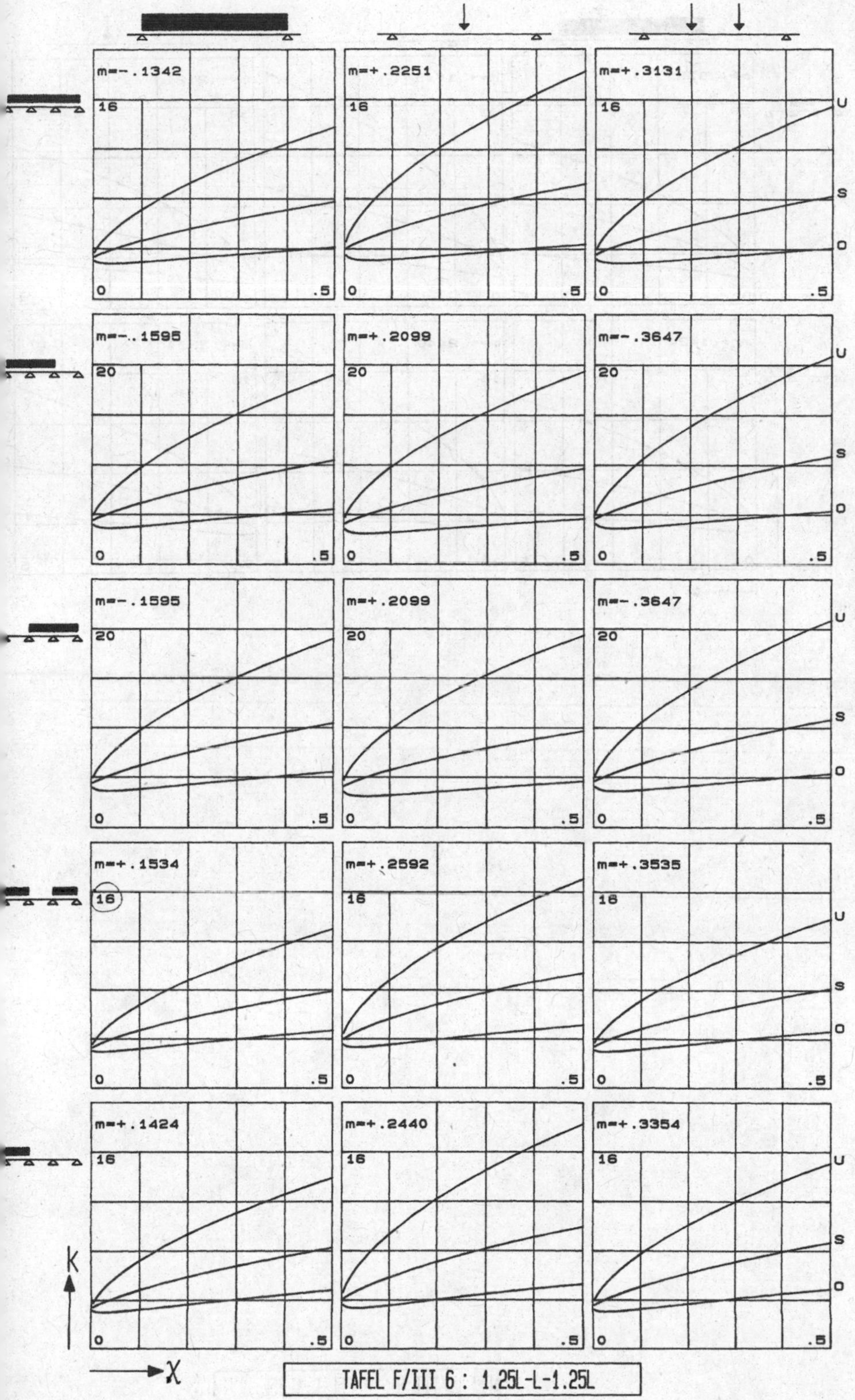

m=-.1342
16
0
.5
m=+.2251
16
0
.5
m=+.3131
16
0
.5
U
S
O
m=-.1595
20
0
.5
m=+.2099
20
0
.5
m=-.3647
20
0
.5
U
S
O
m=-.1595
20
0
.5
m=+.2099
20
0
.5
m=-.3647
20
0
.5
U
S
O
m=+.1534
16
0
.5
m=+.2592
16
0
.5
m=+.3535
16
0
.5
U
S
O
m=+.1424
16
0
.5
m=+.2440
16
0
.5
m=+.3354
16
0
.5
U
S
O
K
X

TAFEL F/III 6 : 1.25L-L-1.25L

F III

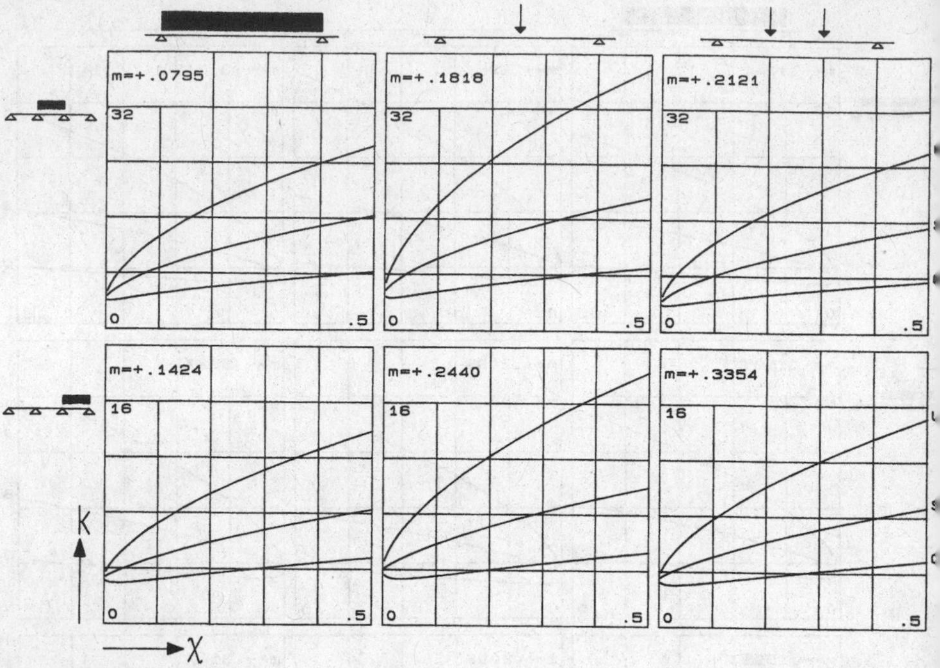
m=+.0795
32
0
.5
m=+.1818
32
0
.5
m=+.2121
32
0
.5
m=+.1424
16
0
.5
m=+.2440
16
0
.5
m=+.3354
16
0
.5
K
χ

F III

TAFEL F/III 6 : 1.25L-L-1.25L

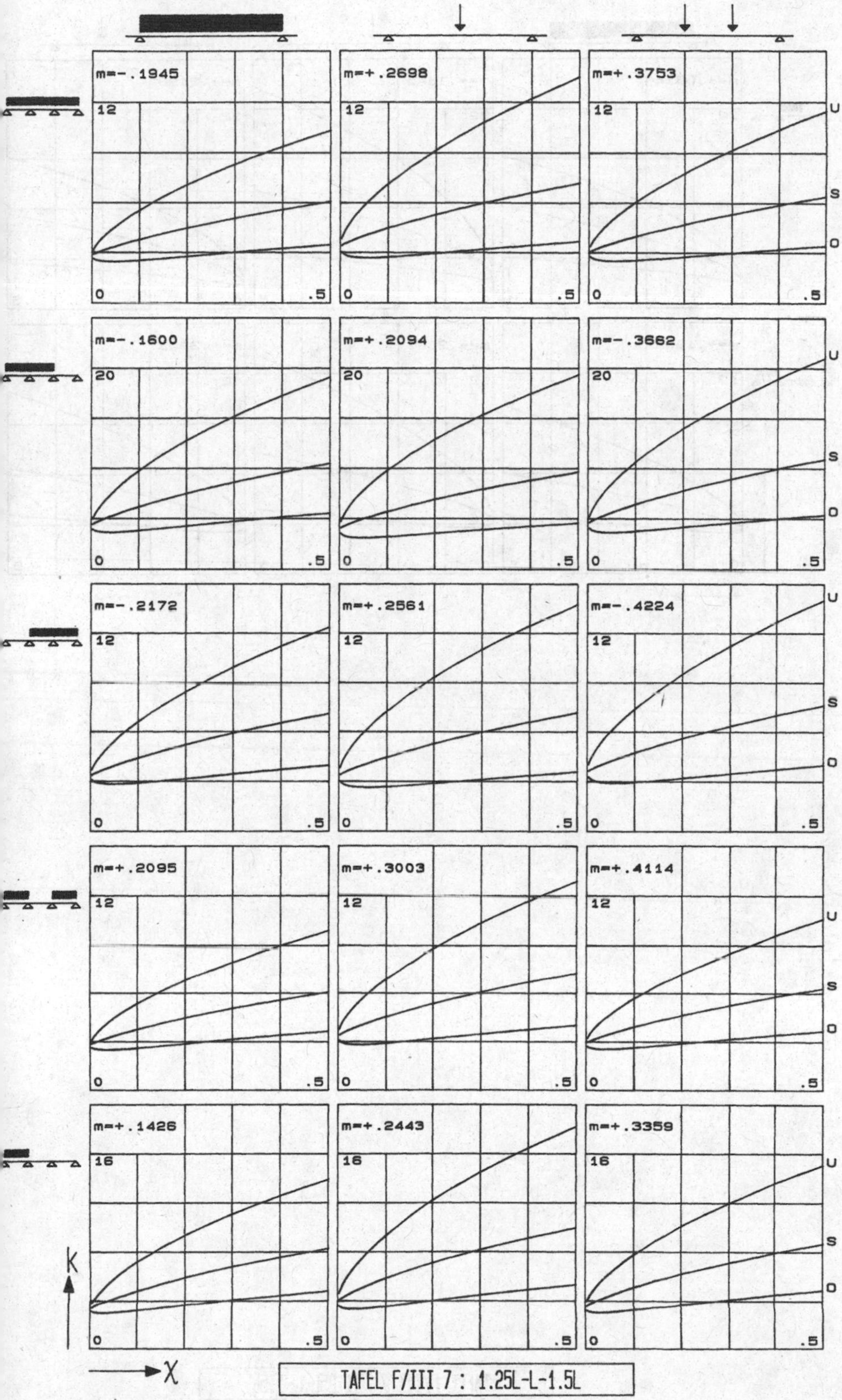
m=-.1945
12
0
.5
m=+.2698
12
0
.5
m=+.3753
12
0
.5
U
S
O
m=-.1600
20
0
.5
m=+.2094
20
0
.5
m=-.3662
20
0
.5
U
S
O
m=-.2172
12
0
.5
m=+.2561
12
0
.5
m=-.4224
12
0
.5
U
S
O
m=+.2095
12
0
.5
m=+.3003
12
0
.5
m=+.4114
12
0
.5
U
S
O
m=+.1426
16
0
.5
m=+.2443
16
0
.5
m=+.3359
16
0
.5
U
S
O
K
X

TAFEL F/III 7 : 1.25L-L-1.5L

F
III

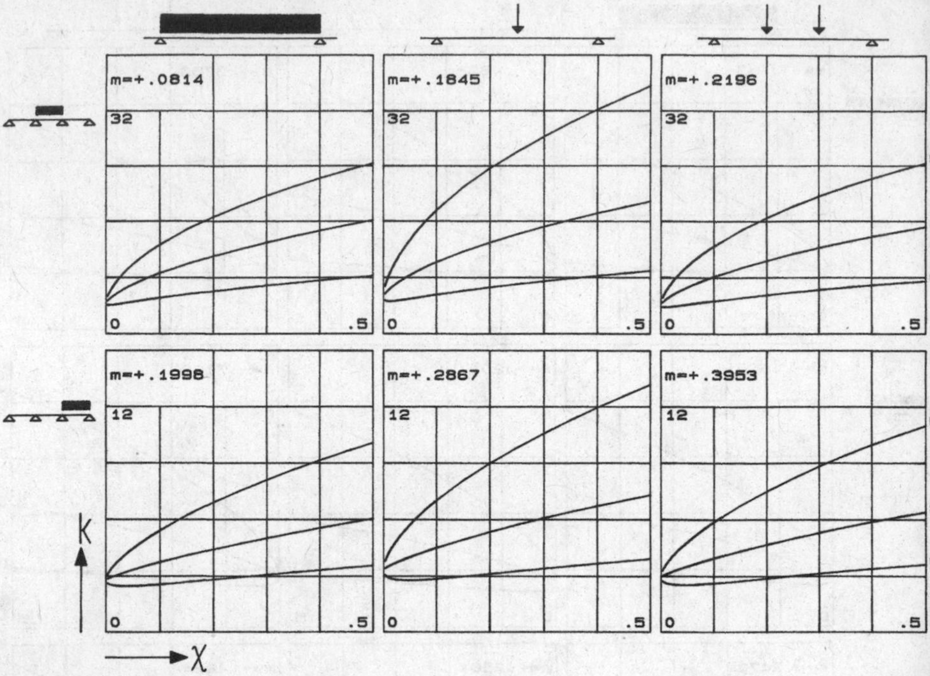
m=+.0814
32
0
.5
m=+.1845
32
0
.5
m=+.2196
32
0
.5
m=+.1998
12
0
.5
m=+.2867
12
0
.5
m=+.3953
12
0
.5
K
χ

F III

TAFEL F/III 7 : 1.25L-L-1.5L

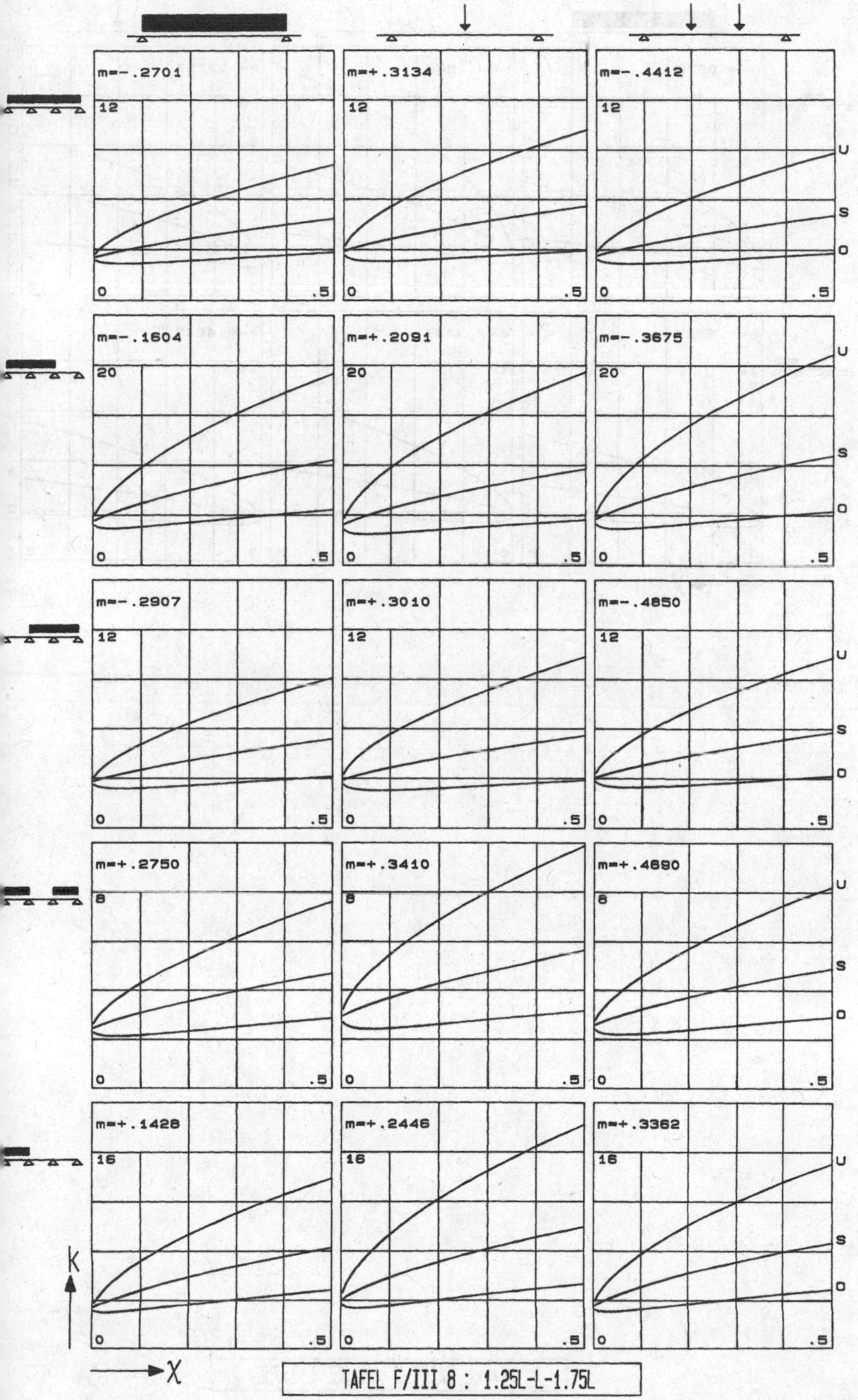
m=-.2701
m=+.3134
m=-.4412
m=-.1604
m=+.2091
m=-.3675
m=-.2907
m=+.3010
m=-.4850
m=+.2750
m=+.3410
m=+.4690
m=+.1428
m=+.2446
m=+.3362
U
S
O
K
X

TAFEL F/III 8 : 1.25L-L-1.75L

F III

F
III

m=+.0829
28
0
.5
m=+.1868
28
0
.5
m=+.2257
28
0
.5
U
S
O
m=+.2664
12
0
.5
m=+.3287
12
0
.5
m=+.4543
12
0
.5
U
S
O
K
X

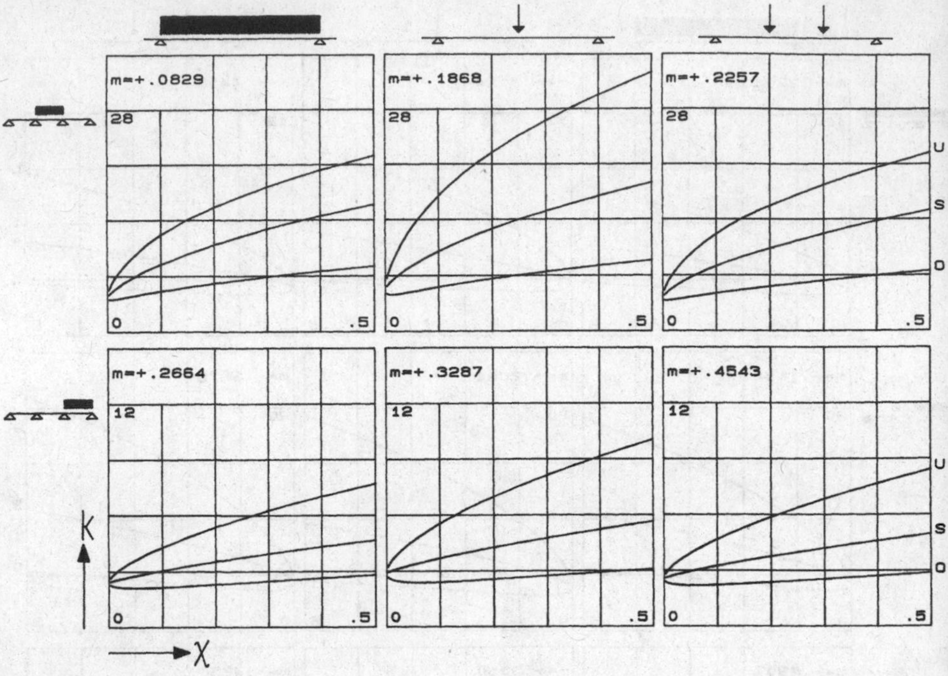

TAFEL F/III 8 : 1.25L-L-1.75L

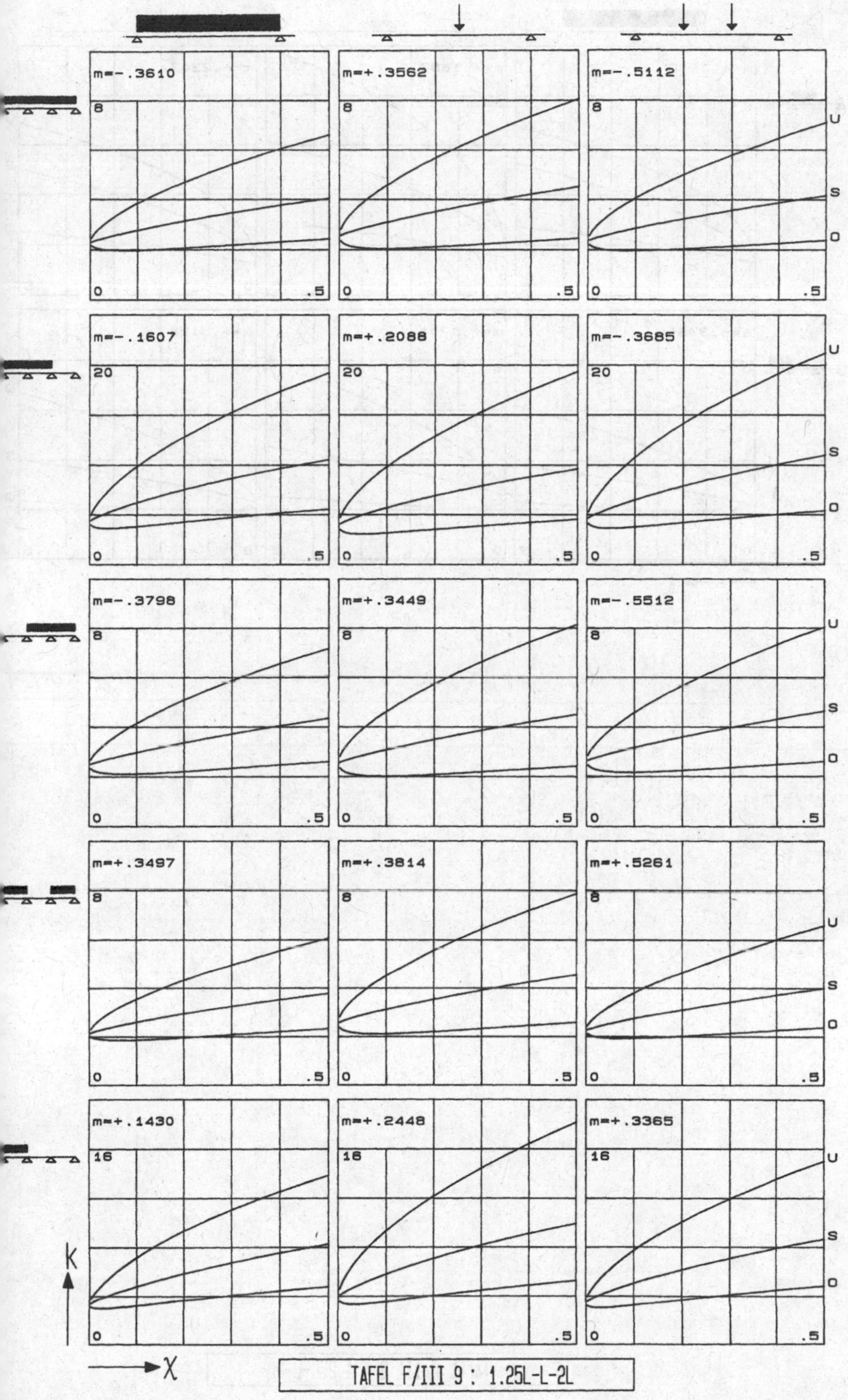

m=-.3610
m=+.3562
m=-.5112
m=-.1607
m=+.2088
m=-.3685
m=-.3798
m=+.3449
m=-.5512
m=+.3497
m=+.3814
m=+.5261
m=+.1430
m=+.2448
m=+.3365
U
S
O
K
χ

TAFEL F/III 9 : 1.25L-L-2L

F III

F
III

m=+.0842
24
0
.5
m=+.1887
24
0
.5
m=+.2307
24
0
.5
U
S
O
m=-.3461
8
0
.5
m=+.3701
8
0
.5
m=+.5128
8
0
.5
U
S
O
K
X

TAFEL F/III 9 : 1.25L-L-2L

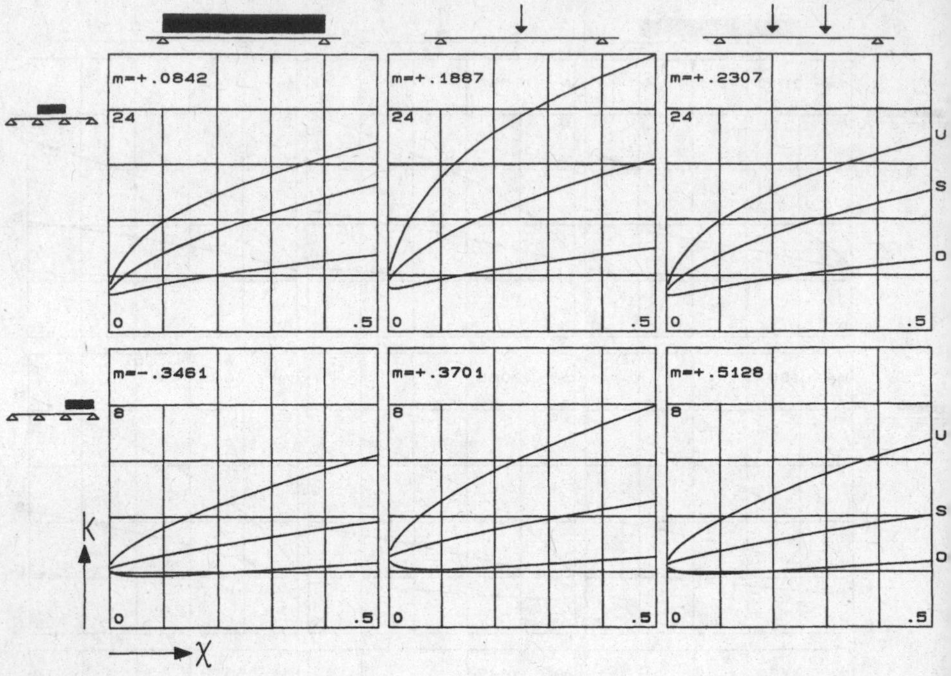

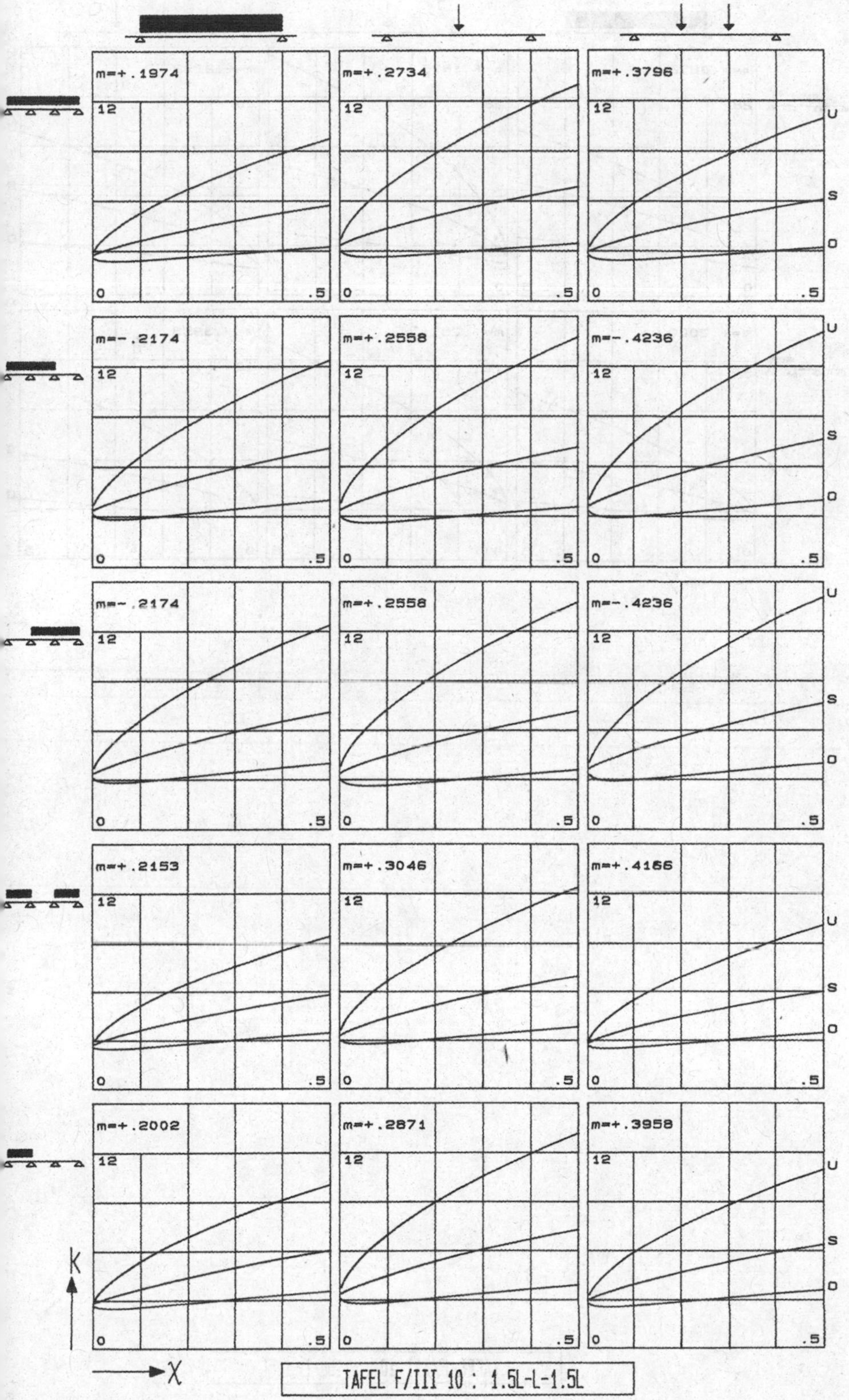

m=+.1974
m=+.2734
m=+.3796
m=-.2174
m=+.2558
m=-.4236
m=-.2174
m=+.2558
m=-.4236
m=+.2153
m=+.3046
m=+.4166
m=+.2002
m=+.2871
m=+.3958
12
0
.5
U
S
O
K
X

TAFEL F/III 10 : 1.5L-L-1.5L

F III

F
III

m=+.0833
28
0
.5
m=+.1875
28
0
.5
m=+.2222
28
0
.5
U
S
O
m=+.2002
12
0
.5
m=+.2871
12
0
.5
m=+.3958
12
0
.5
U
S
O
K
χ

TAFEL F/III 10 : 1.5L-L-1.5L

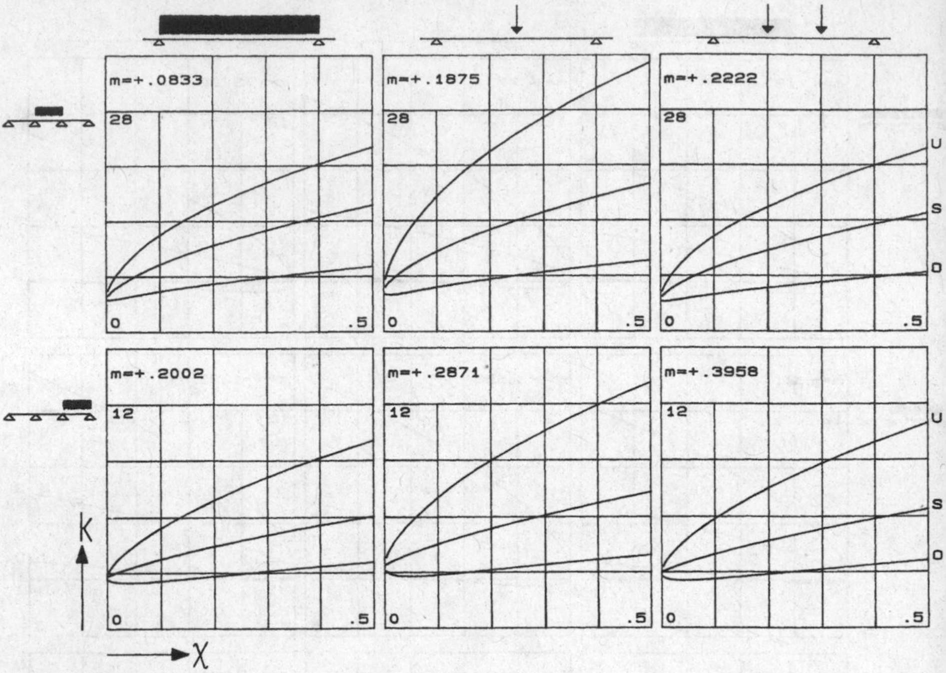

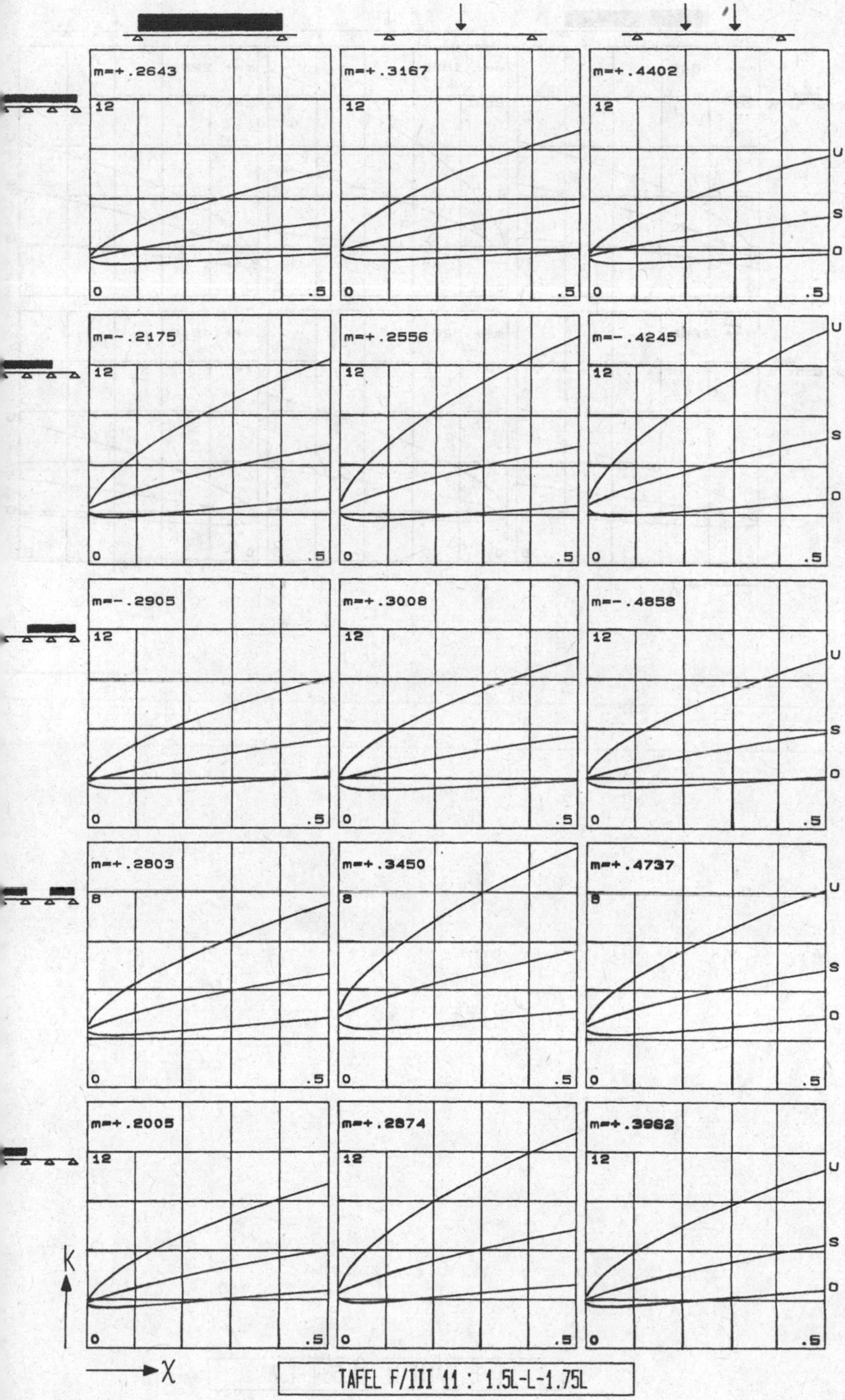

m=+.2643
m=+.3167
m=+.4402
m=-.2175
m=+.2556
m=-.4245
m=-.2905
m=+.3008
m=-.4858
m=+.2803
m=+.3450
m=+.4737
m=+.2005
m=+.2874
m=+.3962
12
8
0
.5
U
S
O
K
X

TAFEL F/III 11 : 1.5L-L-1.75L

F III

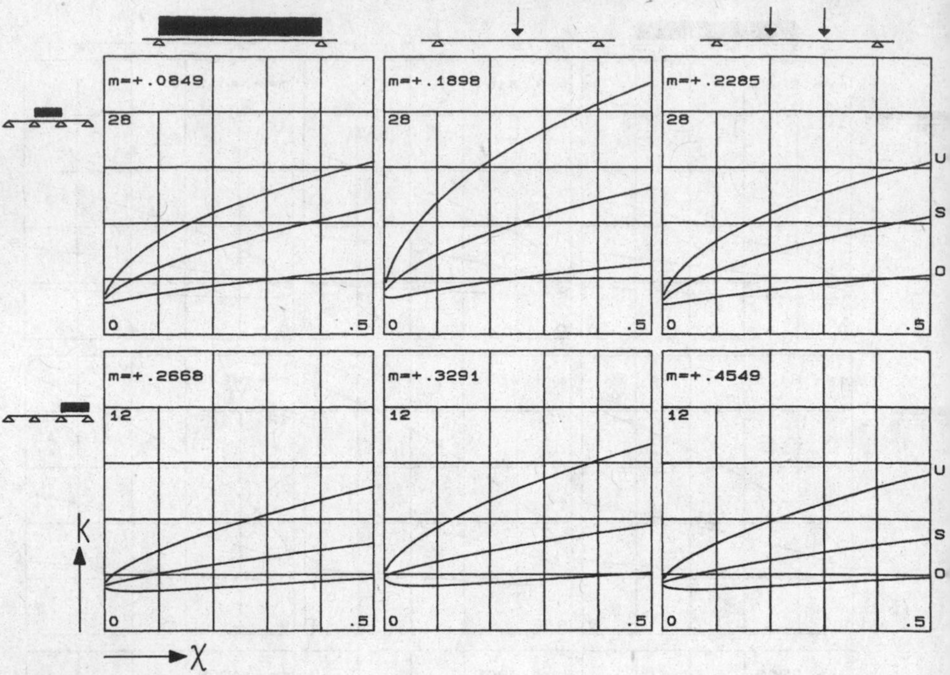

TAFEL F/III 11 : 1.5L-L-1.75L

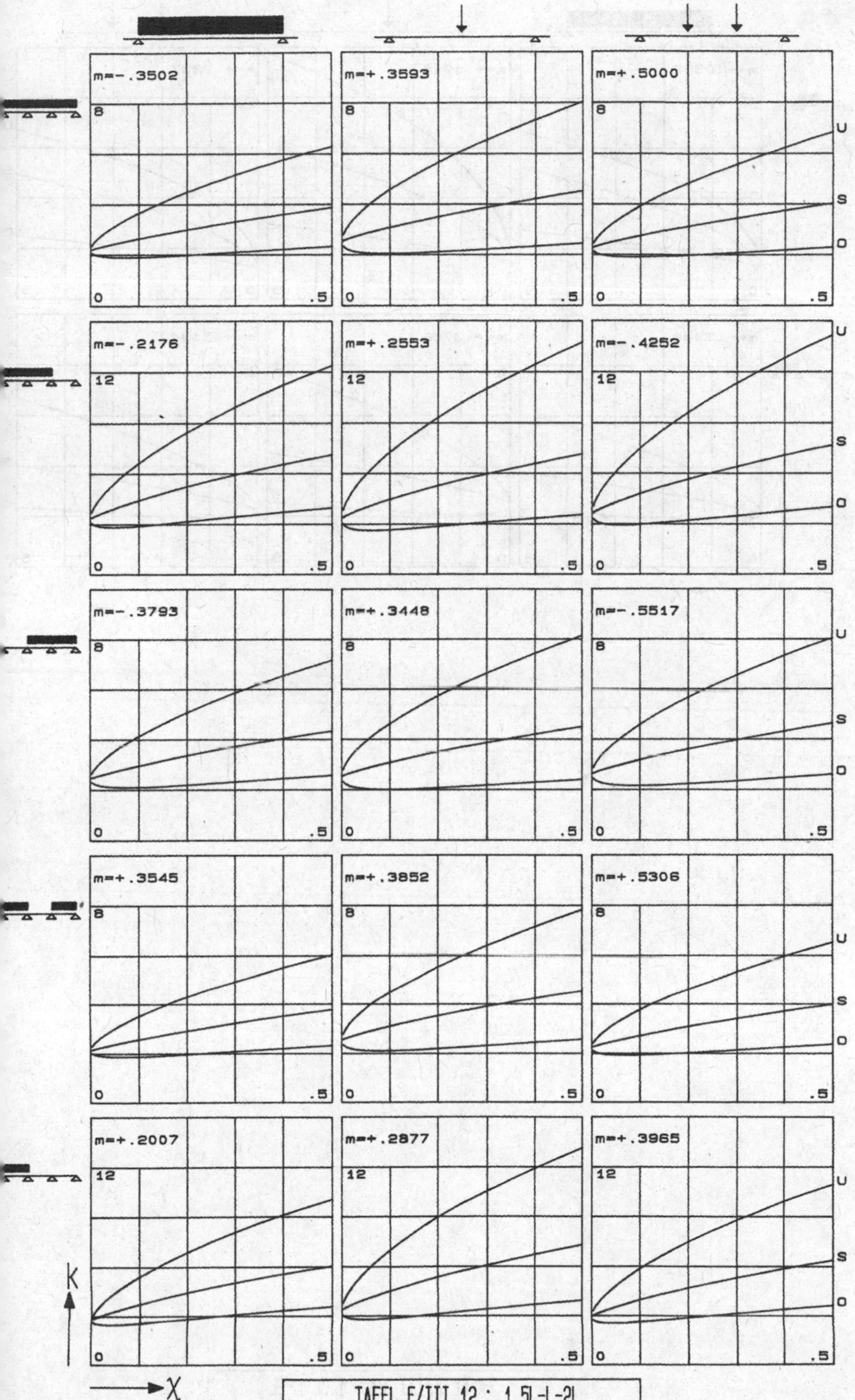

m=-.3502
m=+.3593
m=+.5000
m=-.2176
m=+.2553
m=-.4252
m=-.3793
m=+.3448
m=-.5517
m=+.3545
m=+.3852
m=+.5306
m=+.2007
m=+.2877
m=+.3965
U
S
O
K
X

TAFEL F/III 12 : 1.5L-L-2L

F III

F
III

m=+.0862
24
0
.5
m=+.1918
24
0
.5
m=+.2337
24
0
.5
U
S
D
m=-.3448
8
0
.5
m=+.3706
8
0
.5
m=+.5134
8
0
.5
U
S
D
K
χ

TAFEL F/III 12 : 1.5L-L-2L

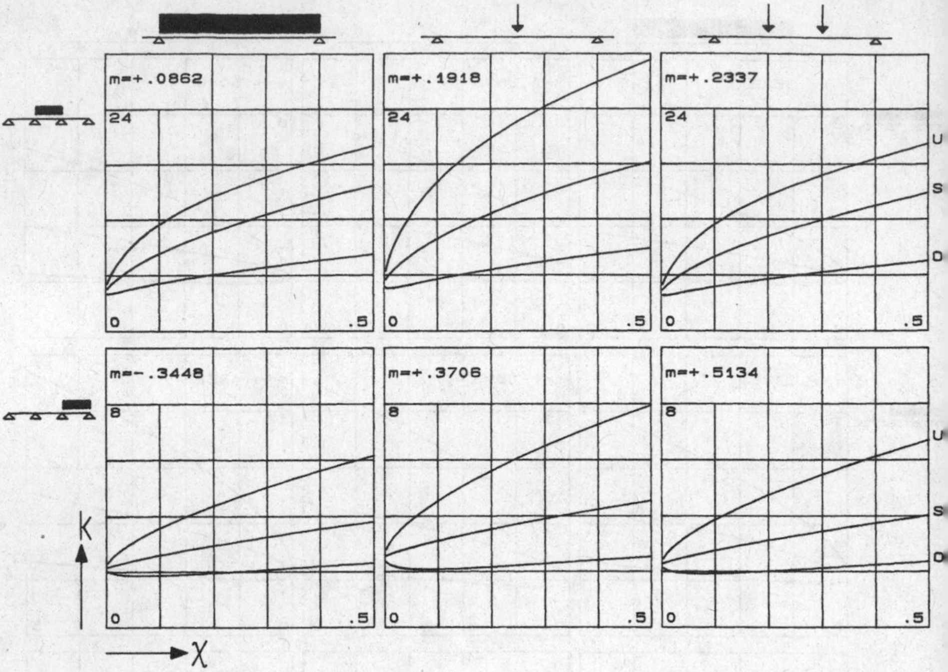

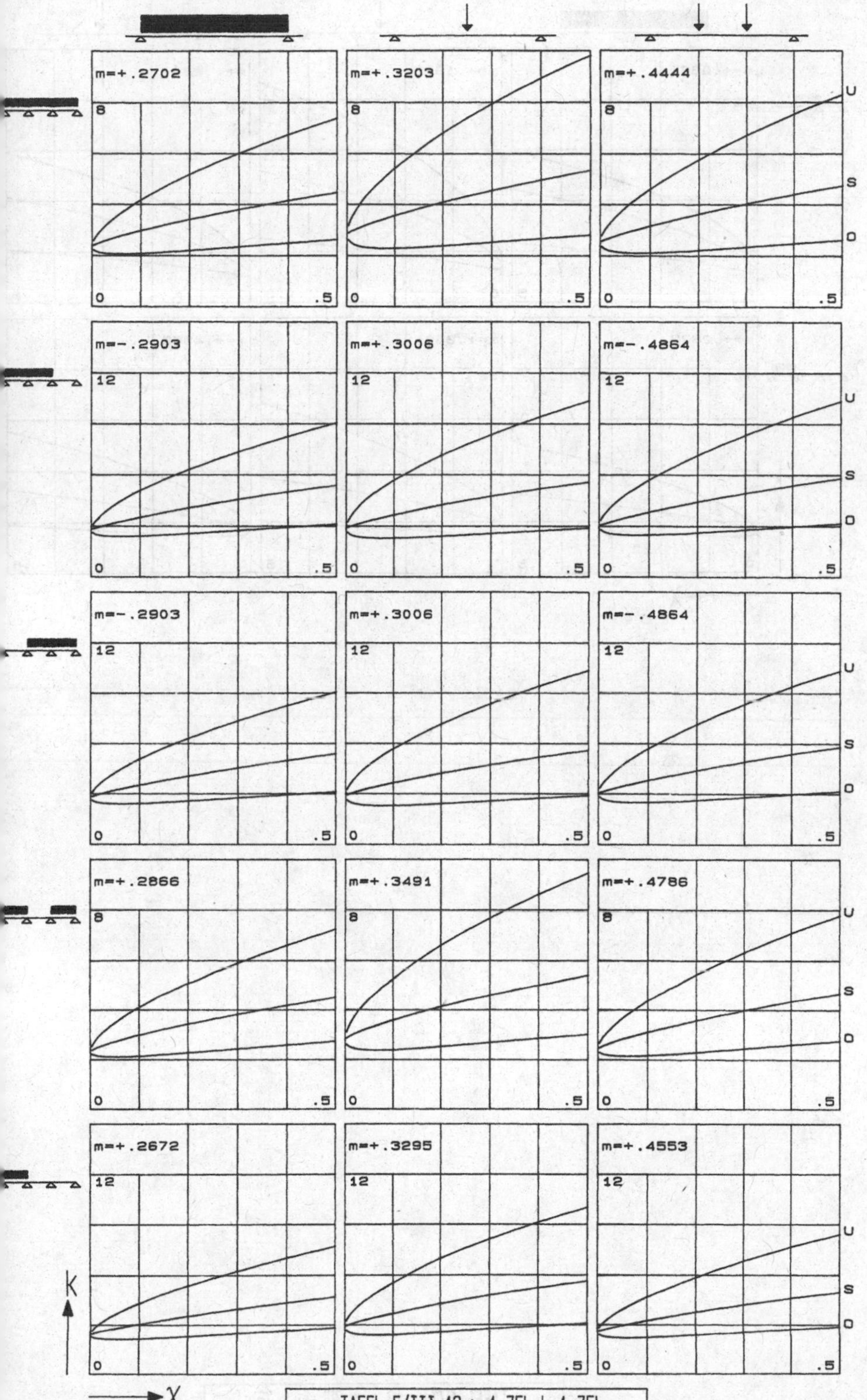
m=+.2702
m=+.3203
m=+.4444
m=-.2903
m=+.3006
m=-.4864
m=-.2903
m=+.3006
m=-.4864
m=+.2866
m=+.3491
m=+.4786
m=+.2672
m=+.3295
m=+.4553
U
S
O
K
X
TAFEL F/III 13 : 1.75L-L-1.75L

F III

F
III

m=+.0865
28
0
.5
m=+.1923
28
0
.5
m=+.2307
28
0
.5
m=+.2672
12
0
.5
m=+.3295
12
0
.5
m=+.4553
12
0
.5
K
χ

TAFEL F/III 13 : 1.75L-L-1.75L

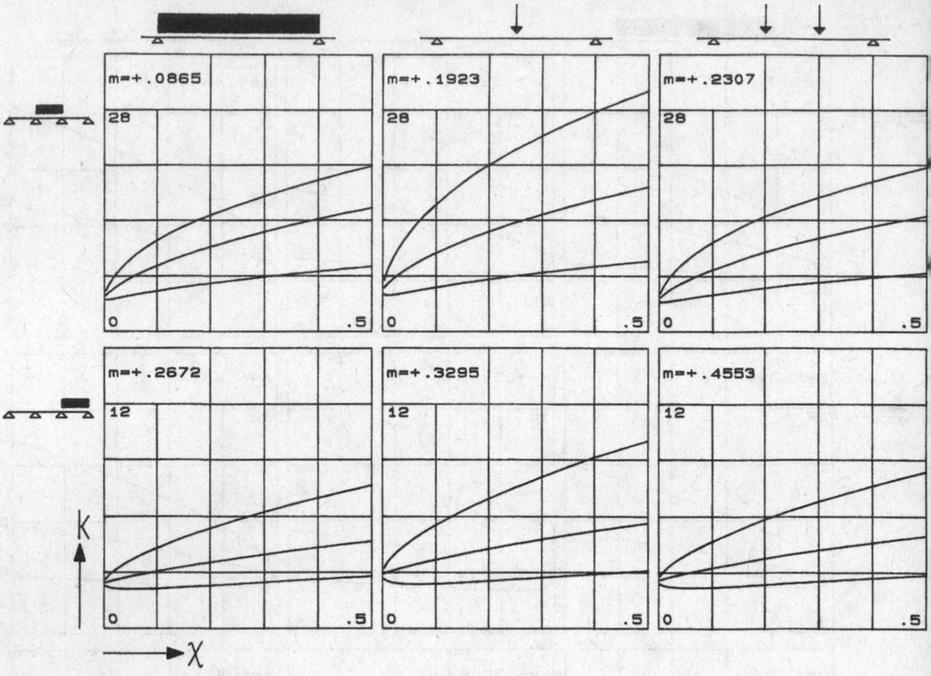

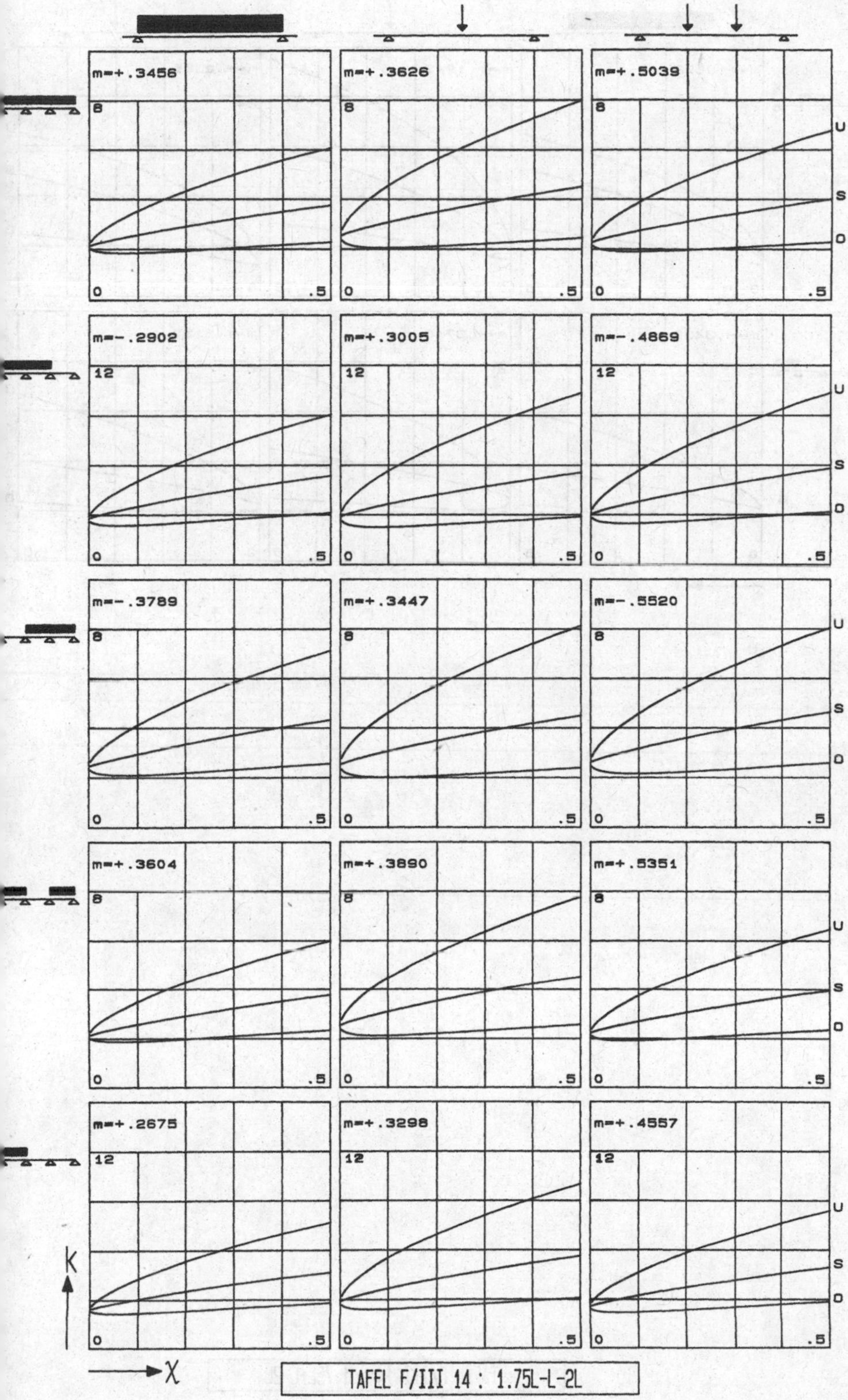

m=+.3456
m=+.3626
m=+.5039
m=-.2902
m=+.3005
m=-.4869
m=-.3789
m=+.3447
m=-.5520
m=+.3604
m=+.3890
m=+.5351
m=+.2675
m=+.3298
m=+.4557
8
12
0
.5
U
S
O
K
X

TAFEL F/III 14 : 1.75L-L-2L

F III

F
III

m=+.0878
24
0
.5
m=+.1943
24
0
.5
m=+.2361
24
0
.5
U
S
O
m=-.3437
8
0
.5
m=+.3710
8
0
.5
m=+.5138
8
0
.5
U
S
O
K
X

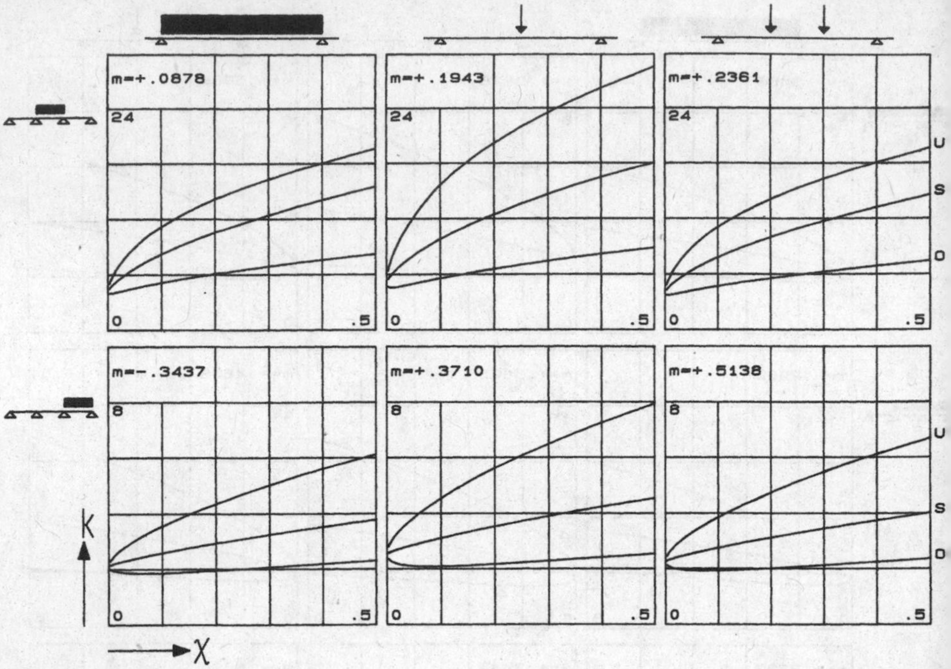

TAFEL F/III 14 : 1.75L-L-2L

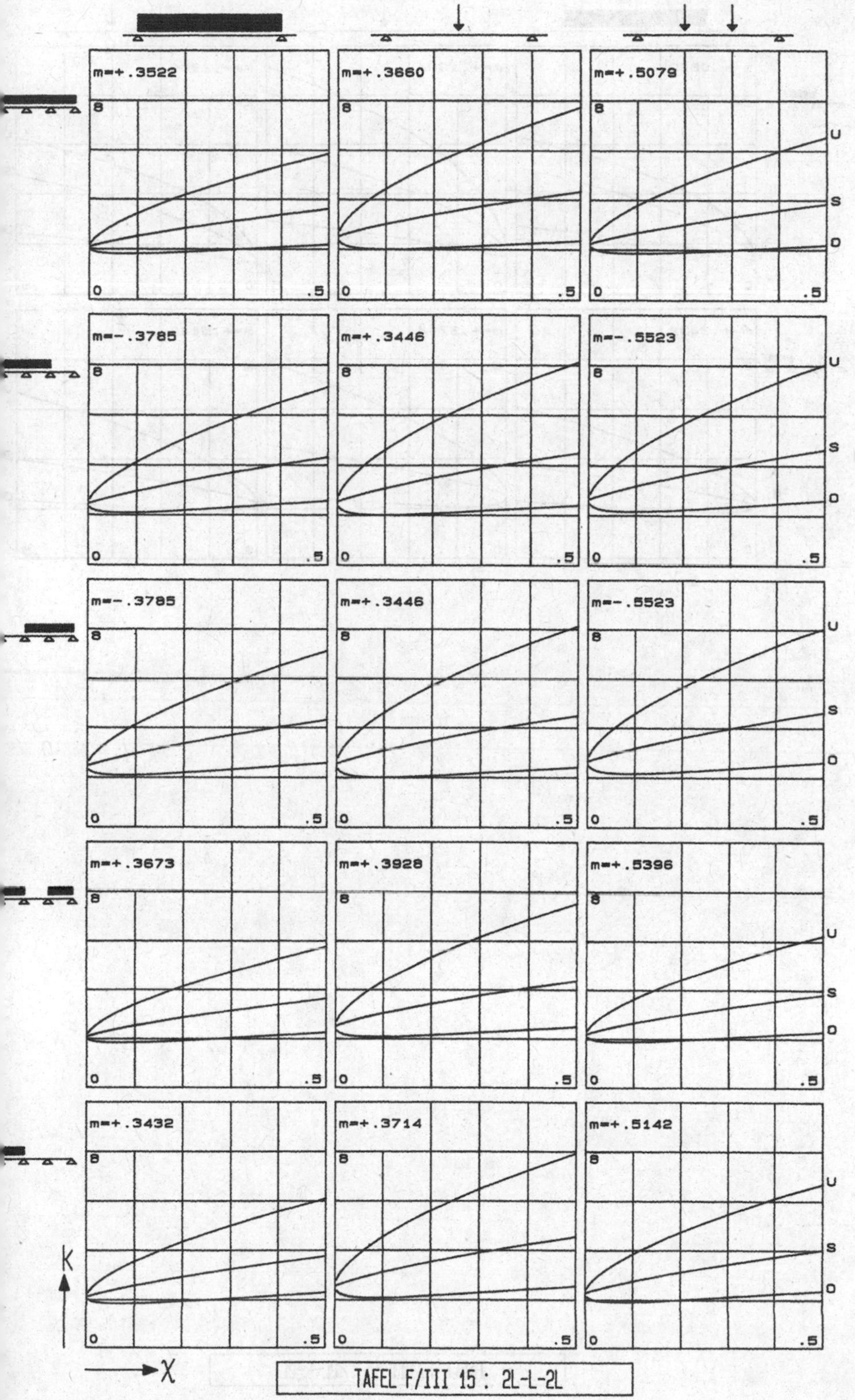

m=+.3522
m=+.3660
m=+.5079
m=-.3785
m=+.3446
m=-.5523
m=-.3785
m=+.3446
m=-.5523
m=+.3673
m=+.3928
m=+.5396
m=+.3432
m=+.3714
m=+.5142
8
0
.5
U
S
D
K
X

TAFEL F/III 15 : 2L-L-2L

F III

F
III

m=+.0892
24
0
.5
m=+.1964
24
0
.5
m=+.2380
24
0
.5
U
S
O
m=+.3432
8
0
.5
m=+.3714
8
0
.5
m=+.5142
8
0
.5
U
S
O
K
X

TAFEL F/III 15 : 2L-L-2L

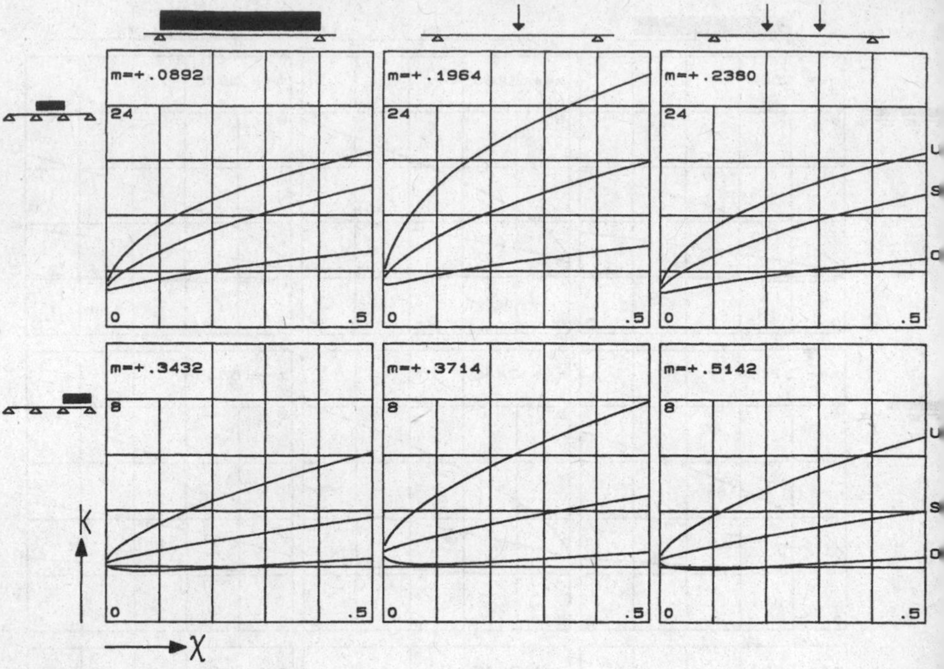

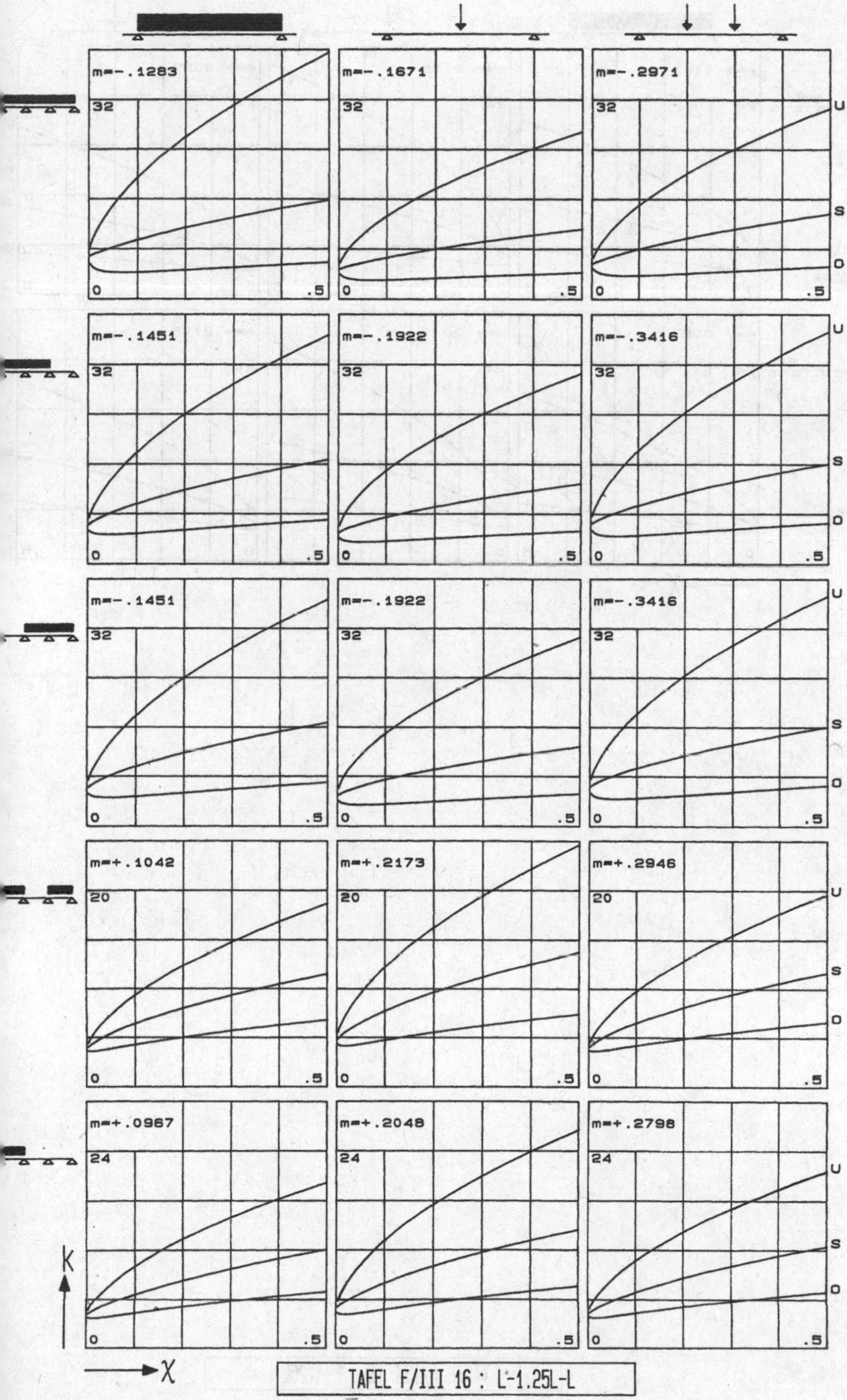

m=-.1283
32
0
.5
m=-.1671
32
0
.5
m=-.2971
32
0
.5
U
S
O
m=-.1451
32
0
.5
m=-.1922
32
0
.5
m=-.3416
32
0
.5
U
S
O
m=-.1451
32
0
.5
m=-.1922
32
0
.5
m=-.3416
32
0
.5
U
S
O
m=+.1042
20
0
.5
m=+.2173
20
0
.5
m=+.2946
20
0
.5
U
S
O
m=+.0967
24
0
.5
m=+.2048
24
0
.5
m=+.2798
24
0
.5
U
S
O
K
X

TAFEL F/III 16 : L-1.25L-L

F III

F
III

m=+.1103

24

0   .5

m=+.2105

24

0   .5

m=+.2355

24

U

S

O

0   .5

m=+.0967

24

0   .5

m=+.2048

24

0   .5

m=+.2798

24

U

S

O

0   .5

K

χ

38

TAFEL F/III 16 : L-1.25L-L

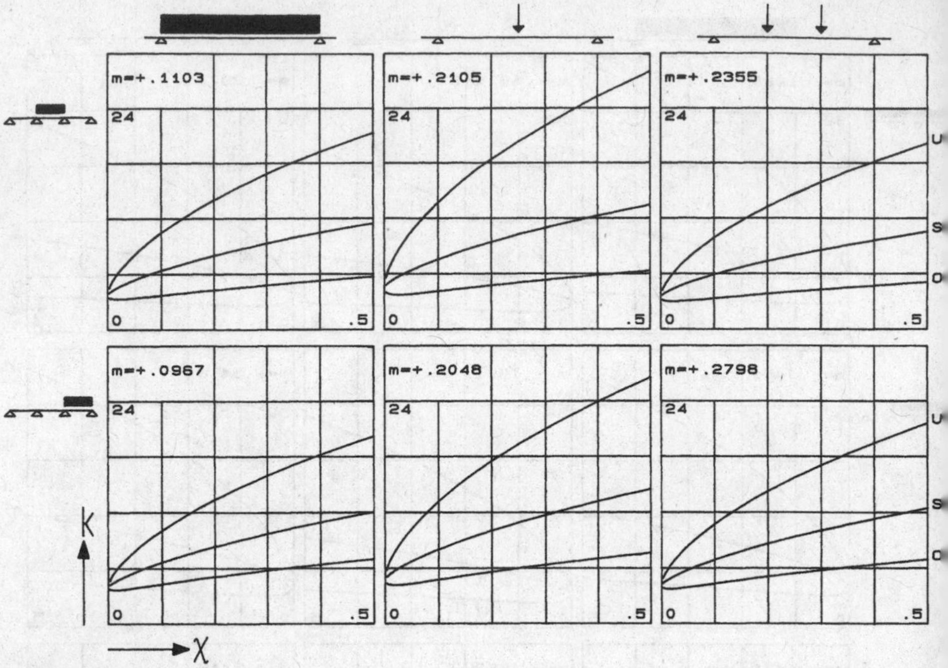

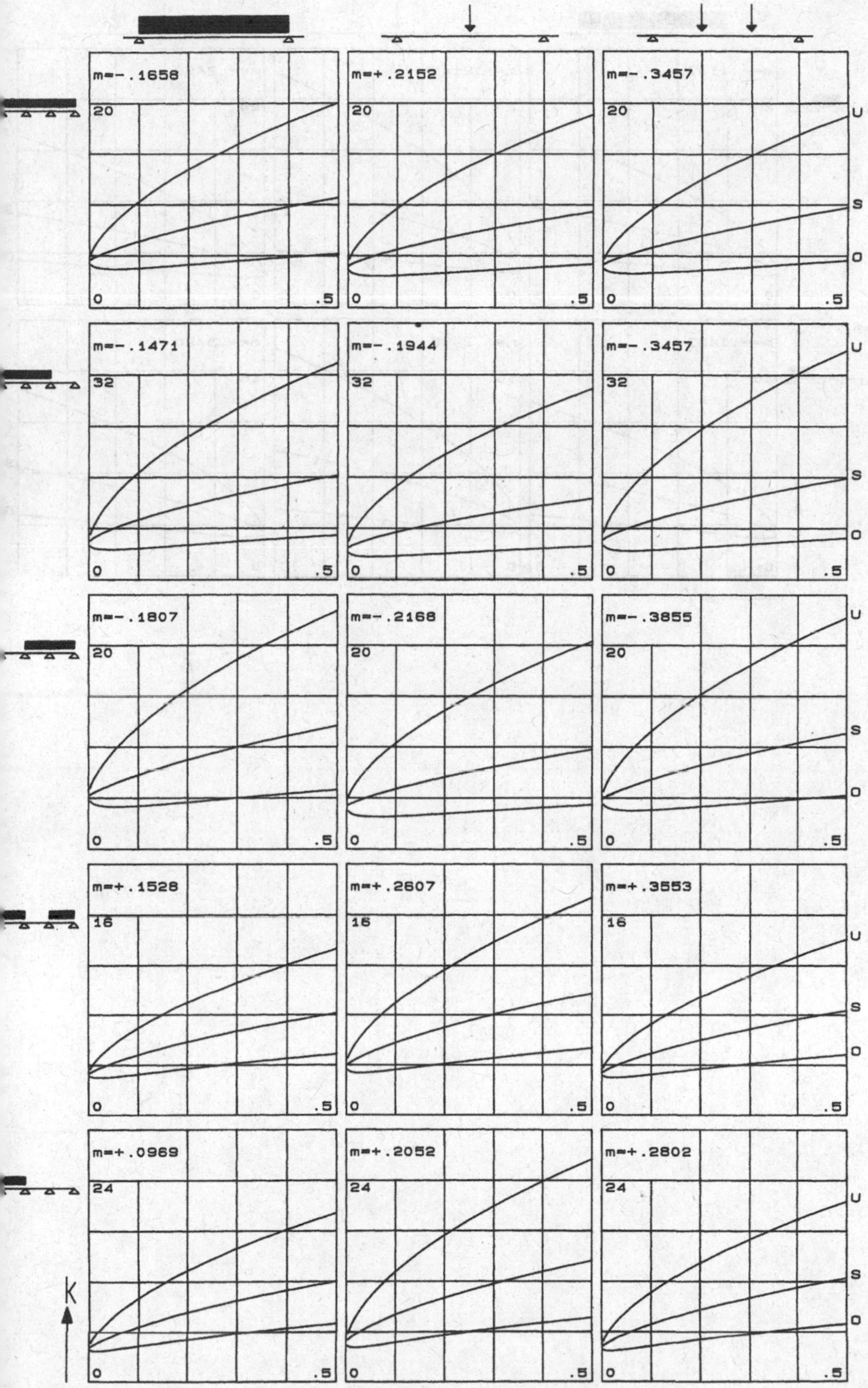

m=-.1656
20
0
.5
m=+.2152
20
0
.5
m=-.3457
20
0
.5
U
S
O
m=-.1471
32
0
.5
m=-.1944
32
0
.5
m=-.3457
32
0
.5
U
S
O
m=-.1807
20
0
.5
m=-.2168
20
0
.5
m=-.3855
20
0
.5
U
S
O
m=+.1528
16
0
.5
m=+.2607
16
0
.5
m=+.3553
16
0
.5
U
S
O
m=+.0969
24
0
.5
m=+.2052
24
0
.5
m=+.2802
24
0
.5
U
S
O
K
X

TAFEL F/III 17 : L-1.25L-1.25L

F III

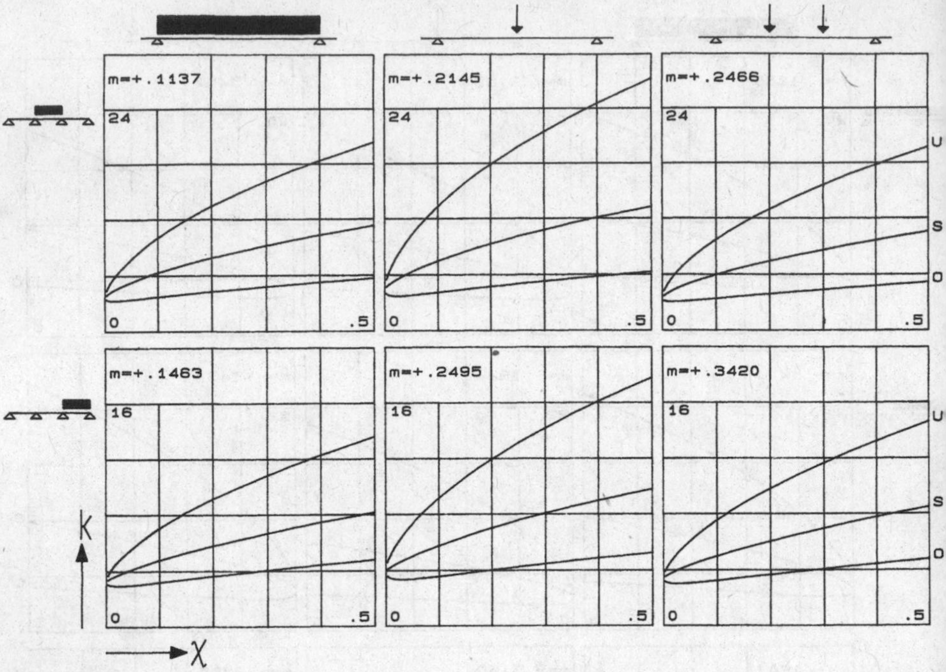

m=+.1137
24
0
.5
m=+.2145
24
0
.5
m=+.2466
24
U
S
O
0
.5
m=+.1463
16
0
.5
m=+.2495
16
0
.5
m=+.3420
16
U
S
O
0
.5
K
X

F III

TAFEL F/III 17 : L-1.25L-1.25L

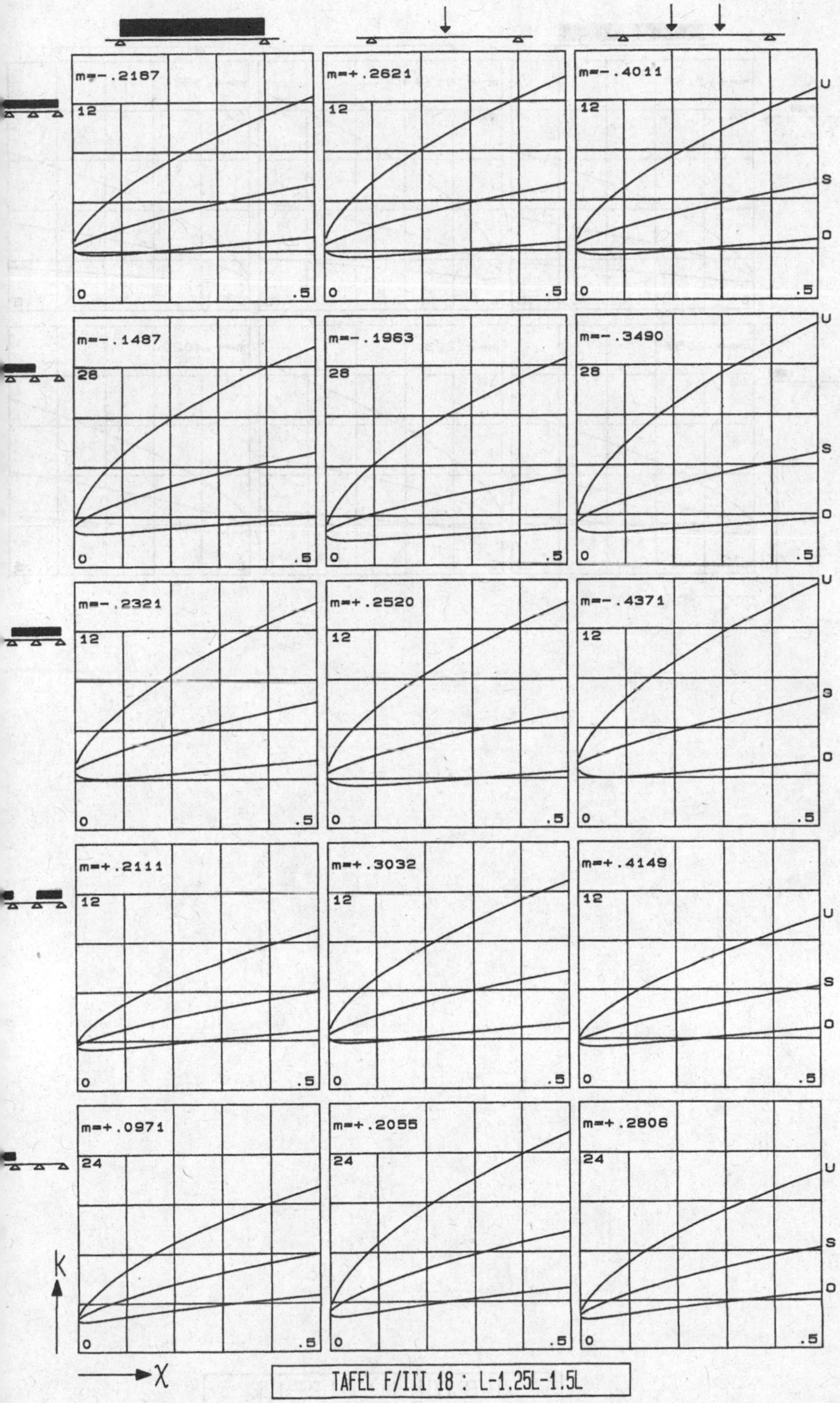
m=-.2187
12
0
.5
m=+.2621
12
0
.5
m=-.4011
12
0
.5
U
S
O
m=-.1487
28
0
.5
m=-.1963
28
0
.5
m=-.3490
28
0
.5
U
S
O
m=-.2321
12
0
.5
m=+.2520
12
0
.5
m=-.4371
12
0
.5
U
S
O
m=+.2111
12
0
.5
m=+.3032
12
0
.5
m=+.4149
12
0
.5
U
S
O
m=+.0971
24
0
.5
m=+.2055
24
0
.5
m=+.2806
24
0
.5
U
S
O
K
X

F
III

TAFEL F/III 18 : L-1.25L-1.5L

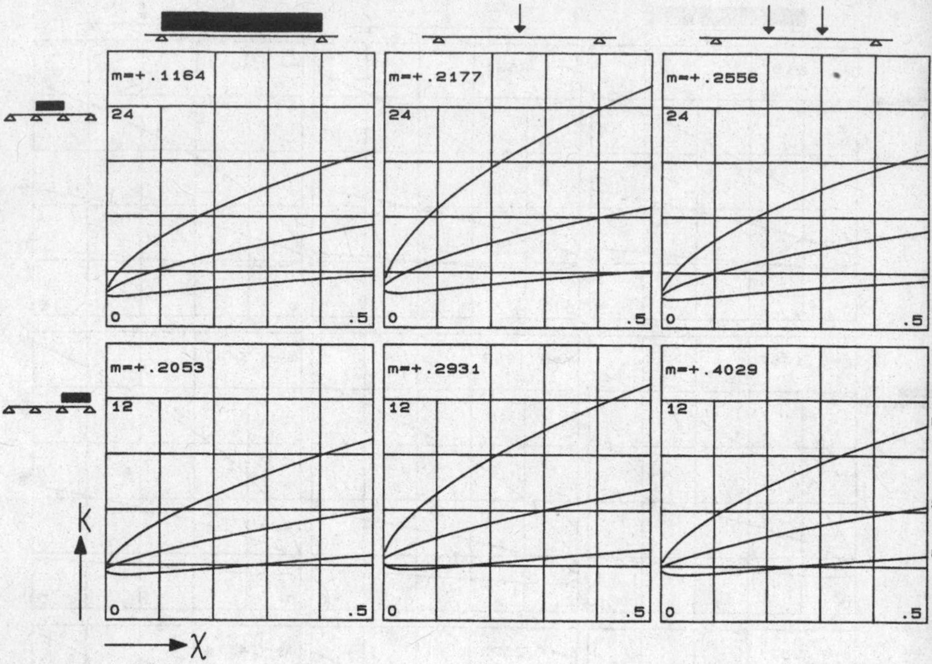
m=+.1164
24
0
.5
m=+.2177
24
0
.5
m=+.2556
24
0
.5
m=+.2053
12
0
.5
m=+.2931
12
0
.5
m=+.4029
12
0
.5
K
χ

TAFEL F/III 18 : L-1.25L-1.5L

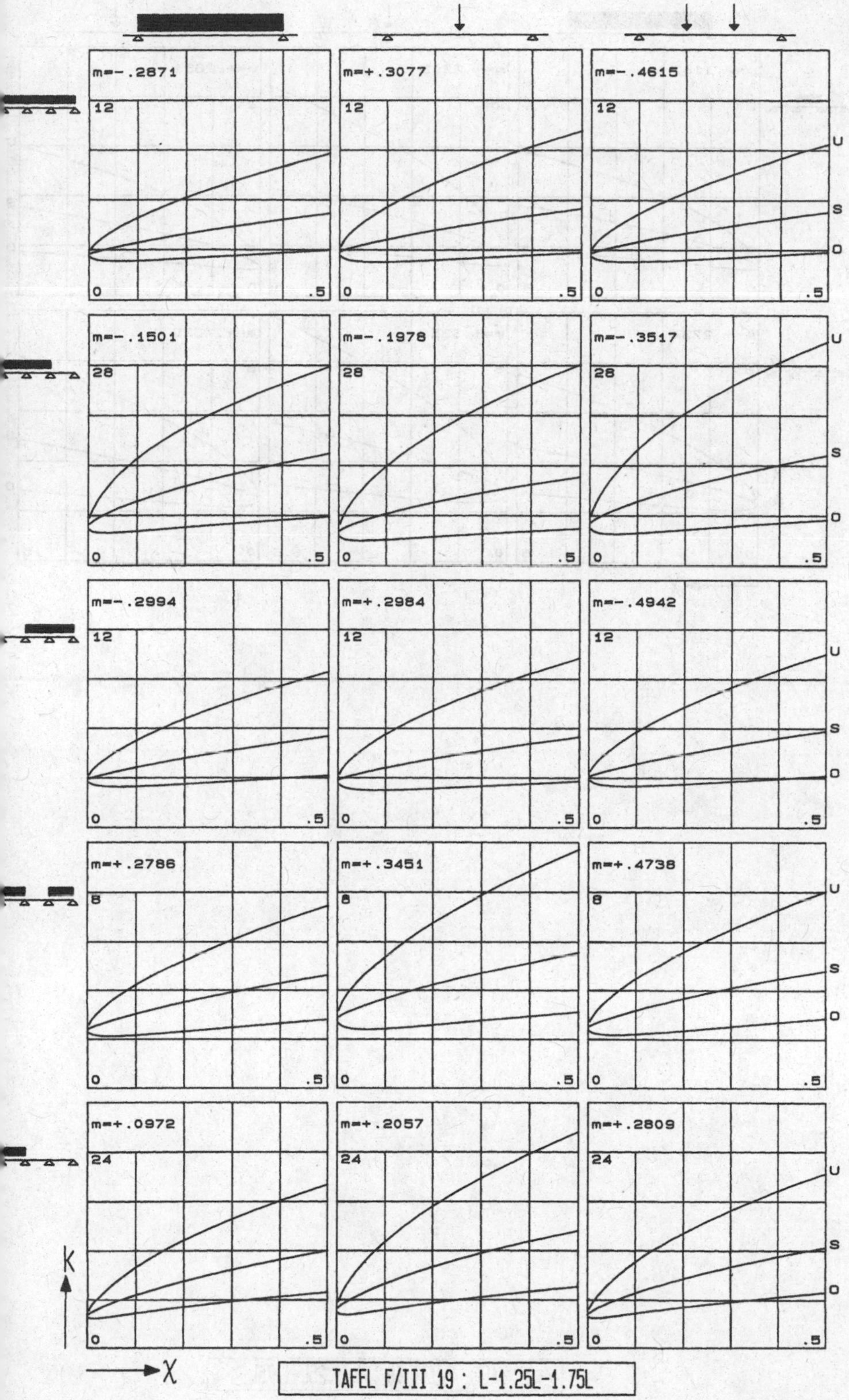

m=-.2871
m=+.3077
m=-.4615
m=-.1501
m=-.1978
m=-.3517
m=-.2994
m=+.2984
m=-.4942
m=+.2786
m=+.3451
m=+.4738
m=+.0972
m=+.2057
m=+.2809
U
S
O
K
X
TAFEL F/III 19 : L-1.25L-1.75L

F III

F
III

m=+.1187
24
0
.5
m=+.2203
24
0
.5
m=+.2631
24
0
.5
U
S
O
m=+.2734
8
0
.5
m=+.3359
8
0
.5
m=+.4629
8
0
.5
U
S
O
K
X

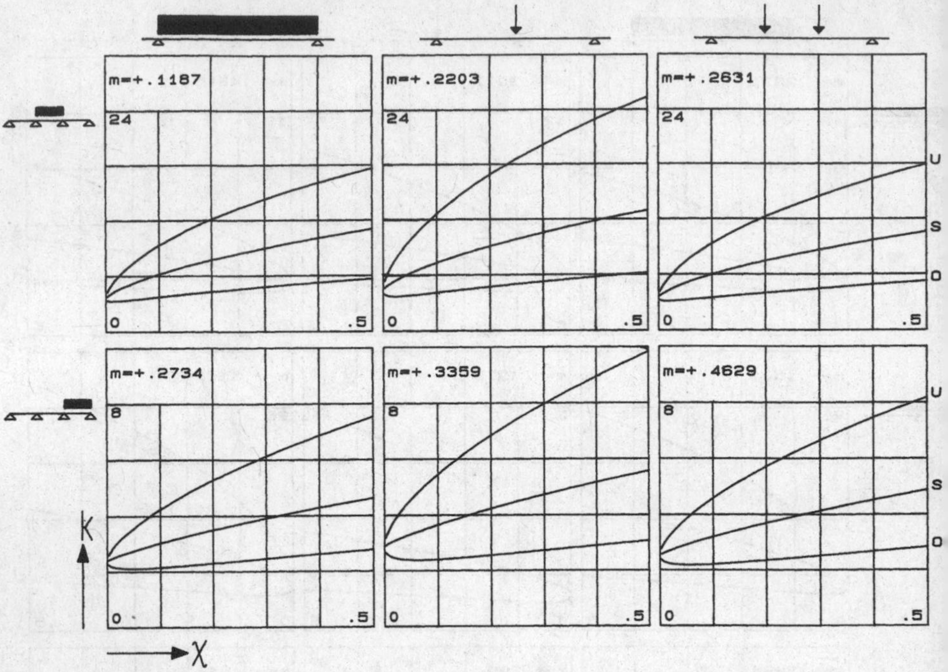

TAFEL F/III 19 : L-1.25L-1.75L

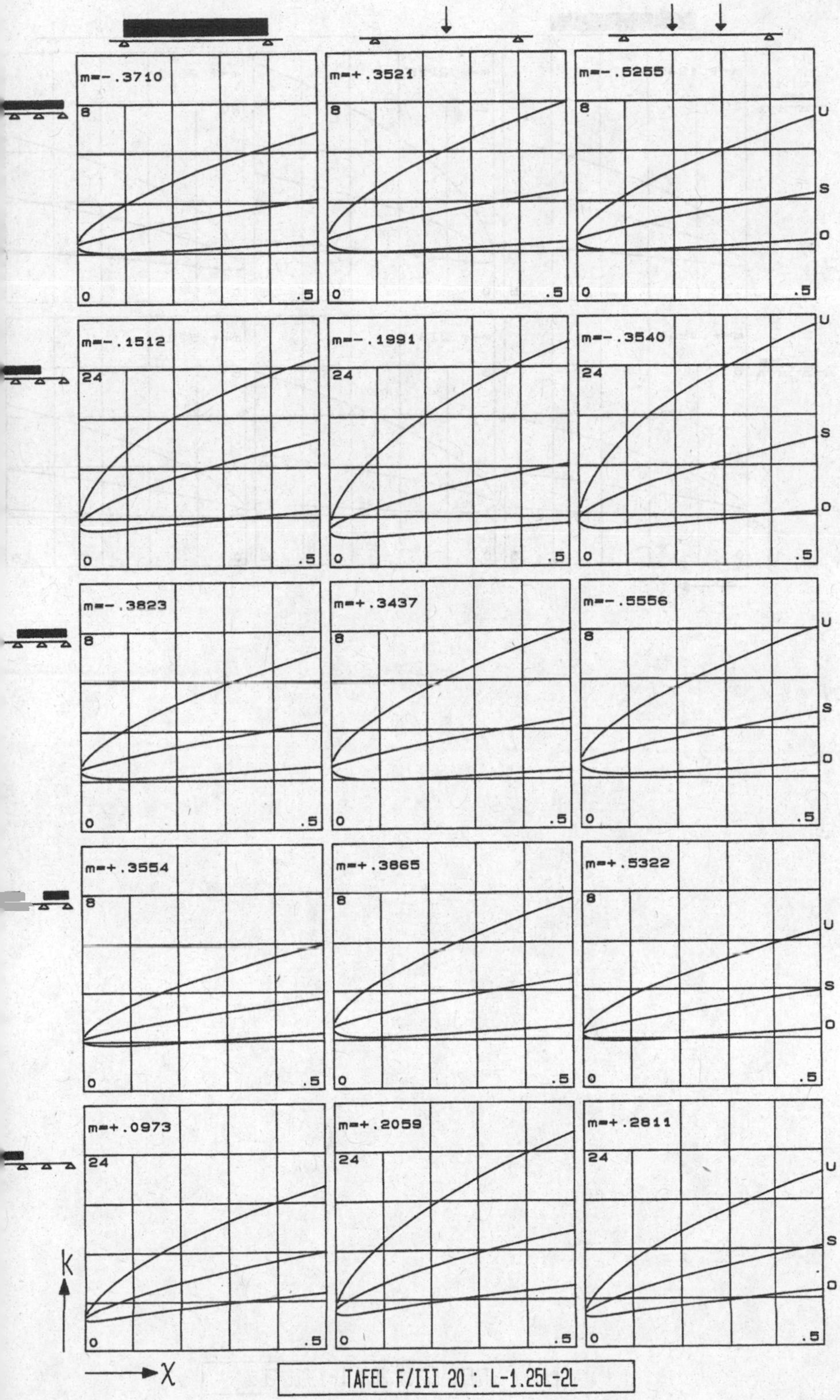

m=-.3710
m=+.3521
m=-.5255
m=-.1512
m=-.1991
m=-.3540
m=-.3823
m=+.3437
m=-.5556
m=+.3554
m=+.3865
m=+.5322
m=+.0973
m=+.2059
m=+.2811
8
24
0
.5
U
S
O
K
X

TAFEL F/III 20 : L-1.25L-2L

F III

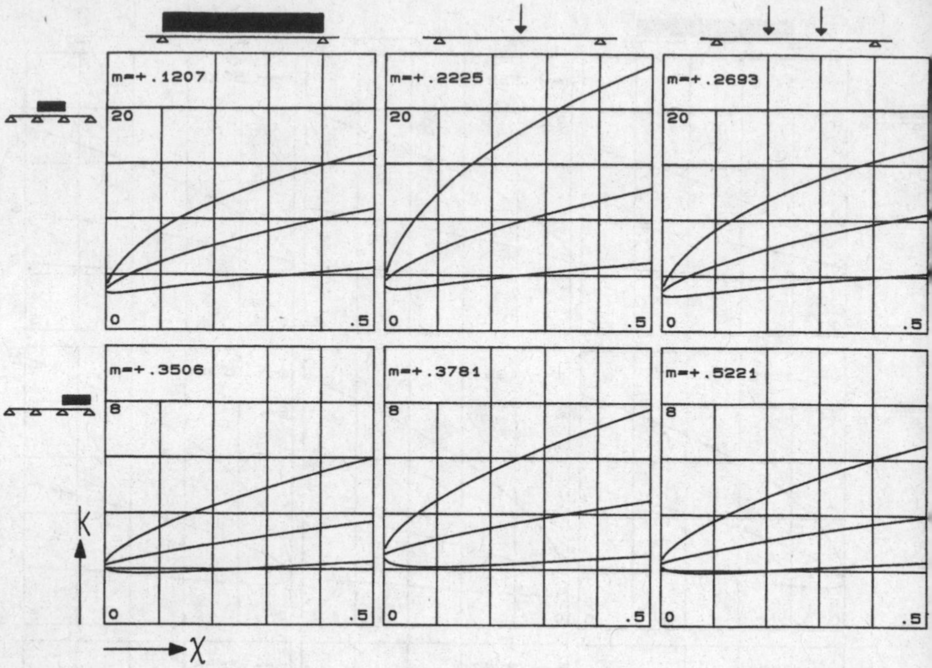

m=+.1207
20
0
.5
m=+.2225
20
0
.5
m=+.2693
20
0
.5
m=+.3506
8
0
.5
m=+.3781
8
0
.5
m=+.5221
8
0
.5
K
X

F III

TAFEL F/III 20 : L-1.25L-2L

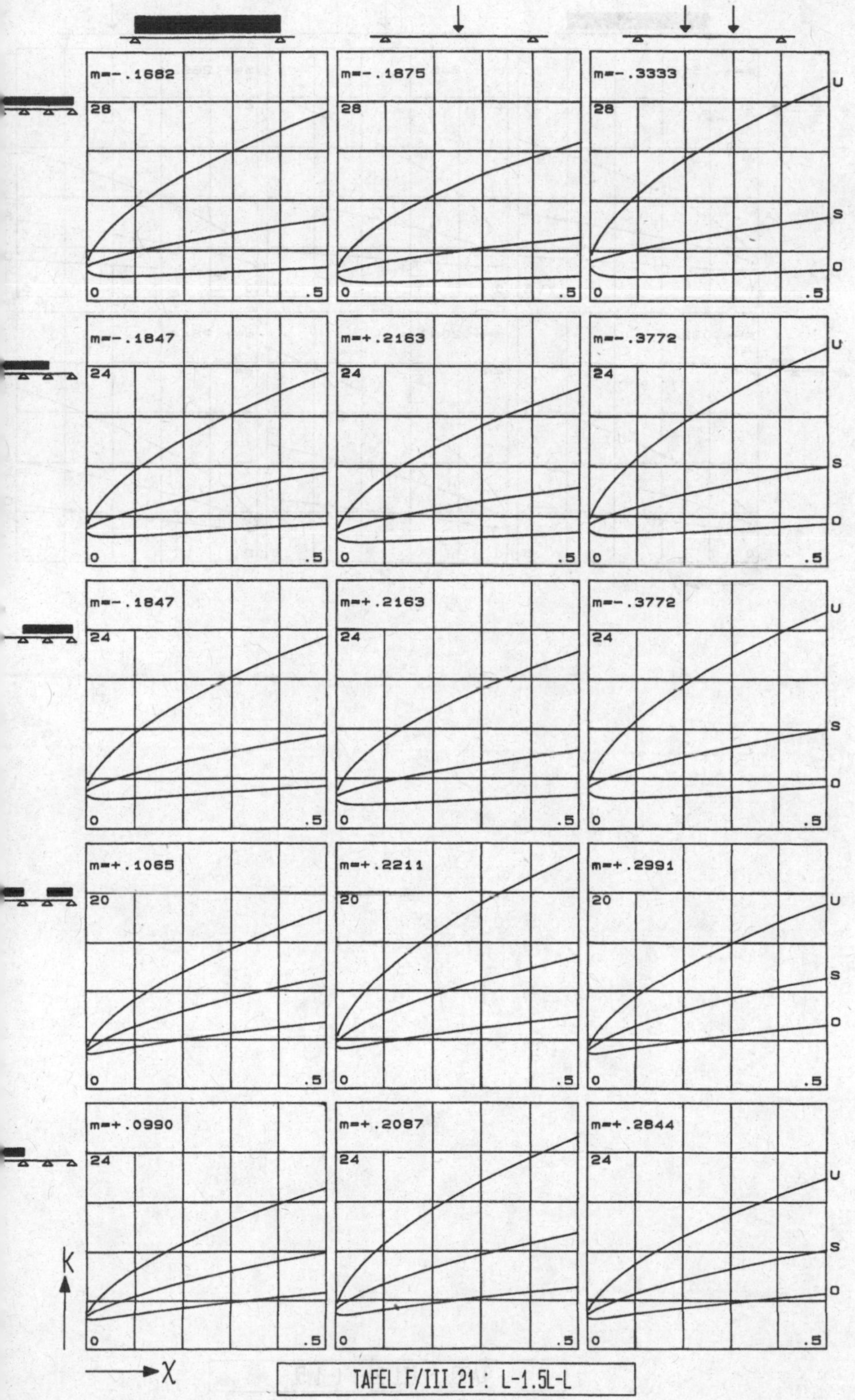

m=-.1662
28
0
.5
m=-.1875
28
0
.5
m=-.3333
28
0
.5
U
S
O
m=-.1847
24
0
.5
m=+.2163
24
0
.5
m=-.3772
24
0
.5
U
S
O
m=-.1847
24
0
.5
m=+.2163
24
0
.5
m=-.3772
24
0
.5
U
S
O
m=+.1065
20
0
.5
m=+.2211
20
0
.5
m=+.2991
20
0
.5
U
S
O
m=+.0990
24
0
.5
m=+.2087
24
0
.5
m=+.2844
24
0
.5
U
S
O
K
X

TAFEL F/III 21 : L-1.5L-L

F III

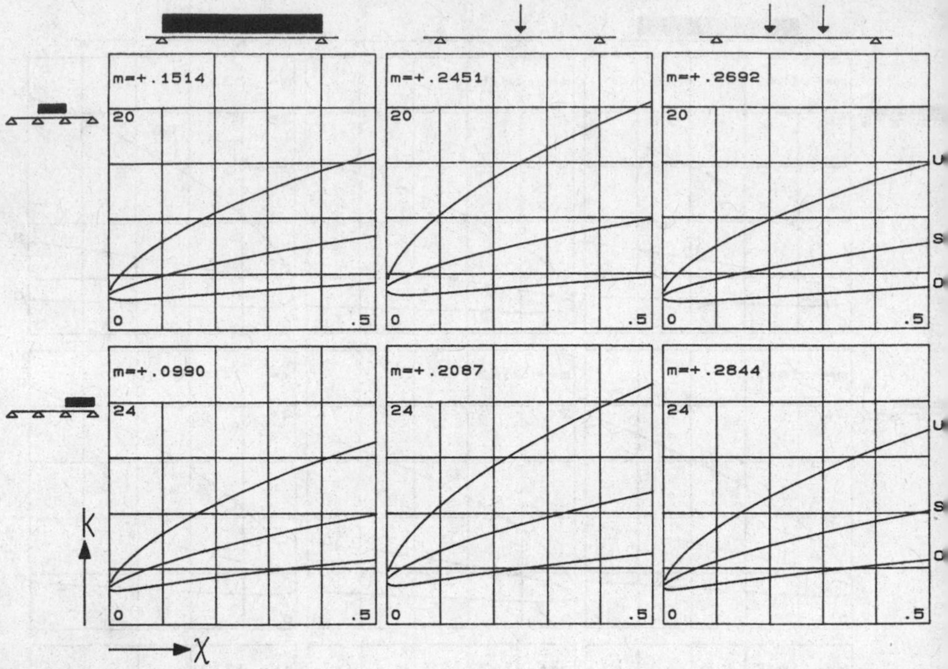
m=+.1514
20
0
.5
m=+.2451
20
0
.5
m=+.2692
20
0
.5
U
S
O
m=+.0990
24
0
.5
m=+.2087
24
0
.5
m=+.2844
24
0
.5
U
S
O
K
X

TAFEL F/III 21 : L-1.5L-L

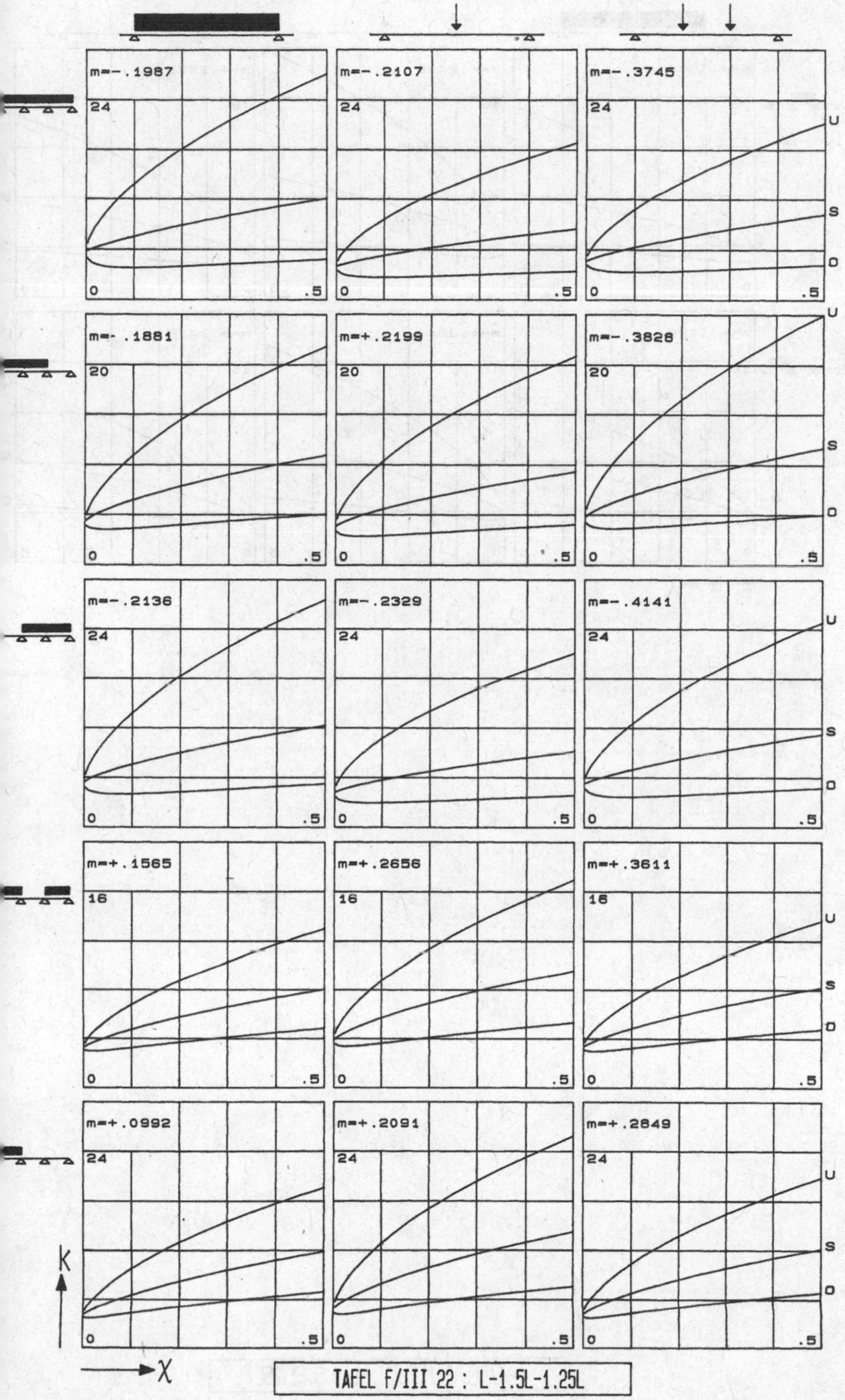
m=-.1987
m=-.2107
m=-.3745
m=-.1881
m=+.2199
m=-.3828
m=-.2136
m=-.2329
m=-.4141
m=+.1565
m=+.2656
m=+.3611
m=+.0992
m=+.2091
m=+.2849
U
S
D
K
X
F
III

TAFEL F/III 22 : L-1.5L-1.25L

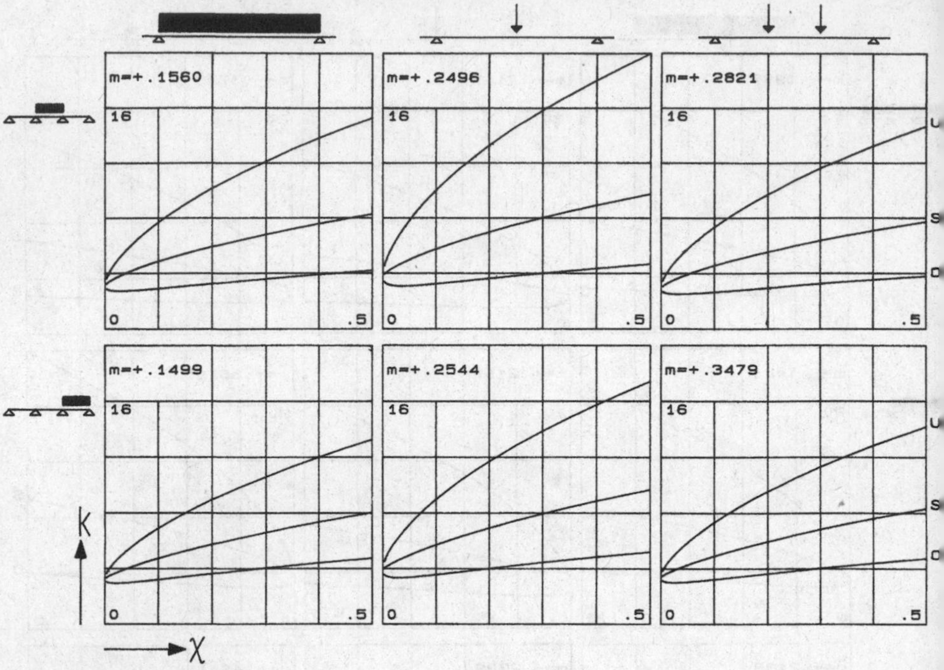
m=+.1560
16
0
.5
m=+.2496
16
0
.5
m=+.2821
16
0
.5
m=+.1499
16
0
.5
m=+.2544
16
0
.5
m=+.3479
16
0
.5
K
χ

TAFEL F/III 22 : L-1.5L-1.25L

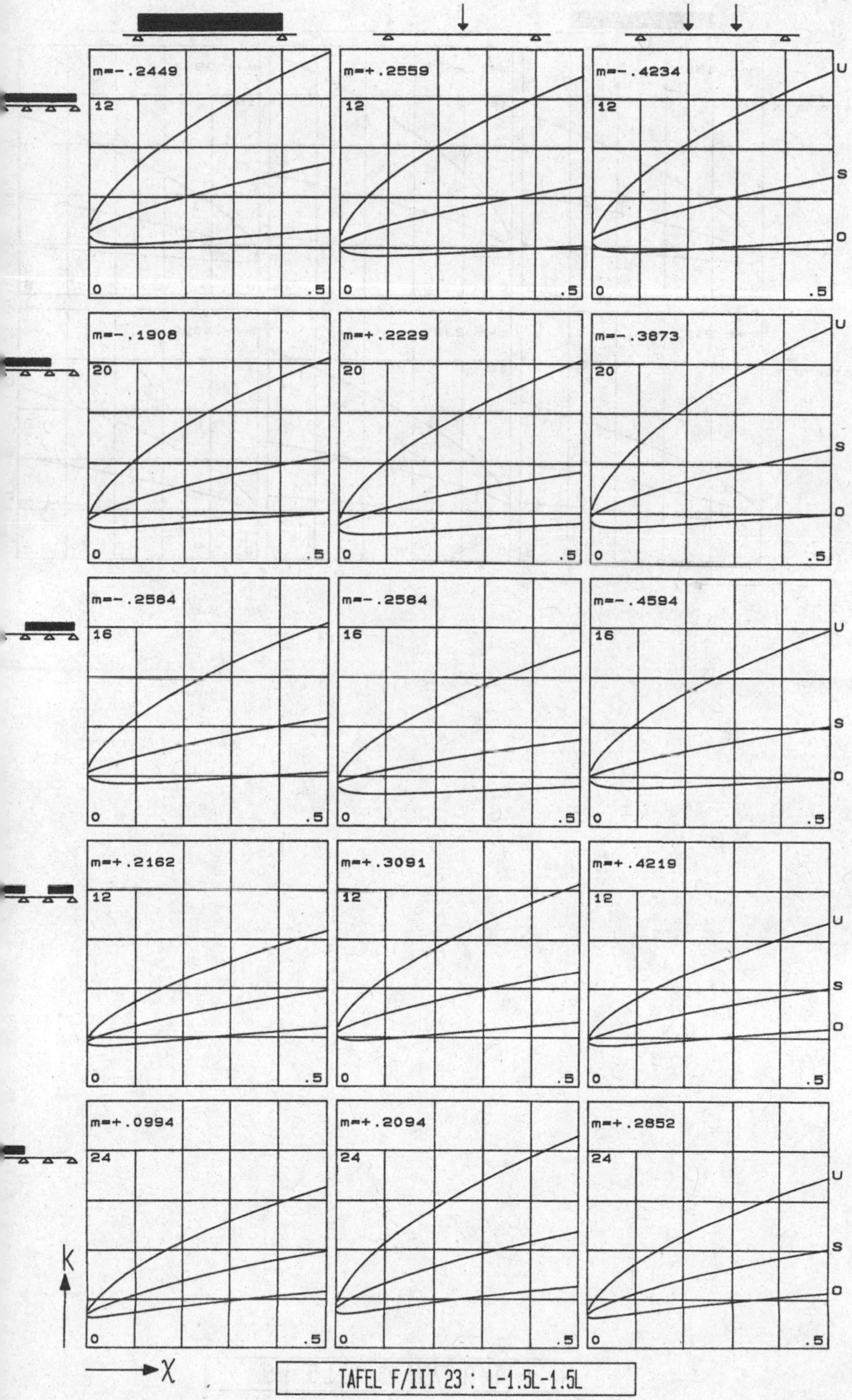
m=-.2449
12
0
.5
m=+.2559
12
0
.5
m=-.4234
12
0
.5
U
S
O
m=-.1908
20
0
.5
m=+.2229
20
0
.5
m=-.3873
20
0
.5
U
S
O
m=-.2584
16
0
.5
m=-.2584
16
0
.5
m=-.4594
16
0
.5
U
S
O
m=+.2162
12
0
.5
m=+.3091
12
0
.5
m=+.4219
12
0
.5
U
S
O
m=+.0994
24
0
.5
m=+.2094
24
0
.5
m=+.2852
24
0
.5
U
S
O
K
X

TAFEL F/III 23 : L-1.5L-1.5L

F III

F
III

m=+.1598
16
0
.5
m=+.2533
16
0
.5
m=+.2927
16
0
.5
U
S
O
m=+.2103
12
0
.5
m=+.2989
12
0
.5
m=+.4099
12
0
.5
U
S
O
K
χ

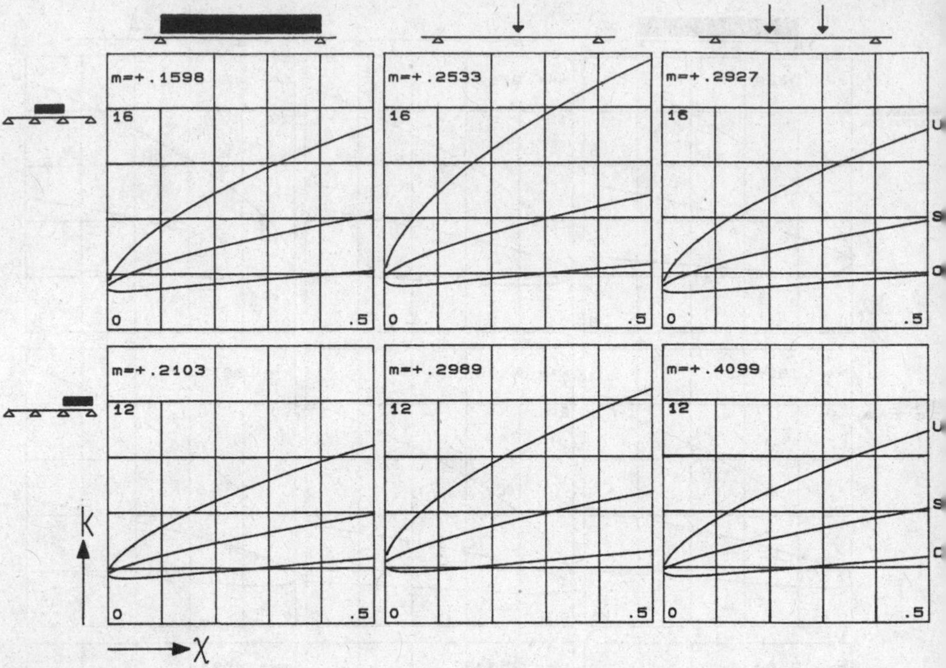

TAFEL F/III 23 : L-1.5L-1.5L

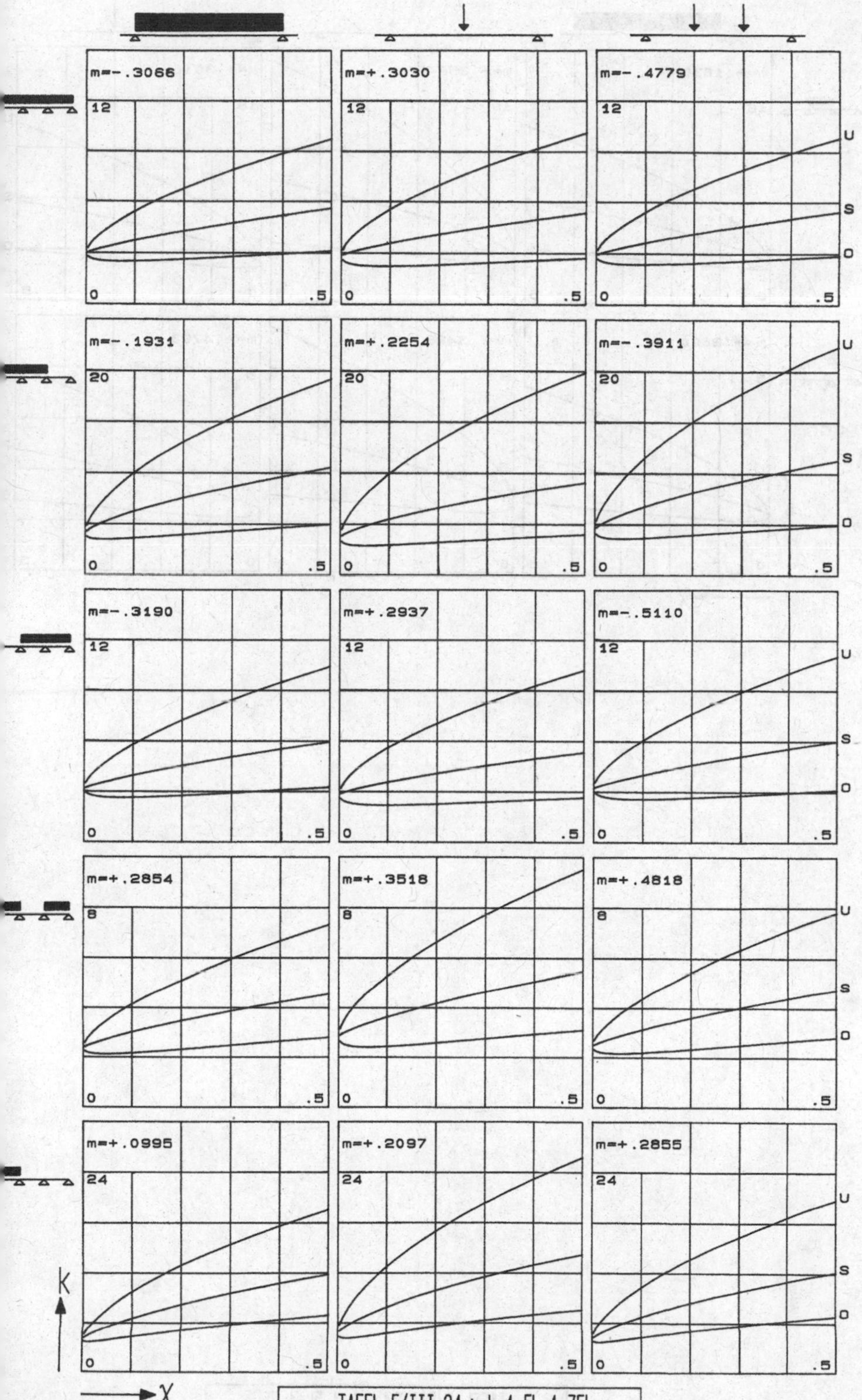

m=-.3066
12
0
.5
m=+.3030
12
0
.5
m=-.4779
12
U
S
O
0
.5
m=-.1931
20
0
.5
m=+.2254
20
0
.5
m=-.3911
20
U
S
O
0
.5
m=-.3190
12
0
.5
m=+.2937
12
0
.5
m=-.5110
12
U
S
O
0
.5
m=+.2854
8
0
.5
m=+.3518
8
0
.5
m=+.4818
8
U
S
O
0
.5
m=+.0995
24
0
.5
m=+.2097
24
0
.5
m=+.2855
24
U
S
O
0
.5
K
X

TAFEL F/III 24 : L-1.5L-1.75L

F III

F
III

m=+.1630
16
0
.5
m=+.2564
16
0
.5
m=+.3016
16
0
.5
U
S
O
m=+.2800
8
0
.5
m=+.3425
8
0
.5
m=+.4708
8
0
.5
U
S
O
K
X

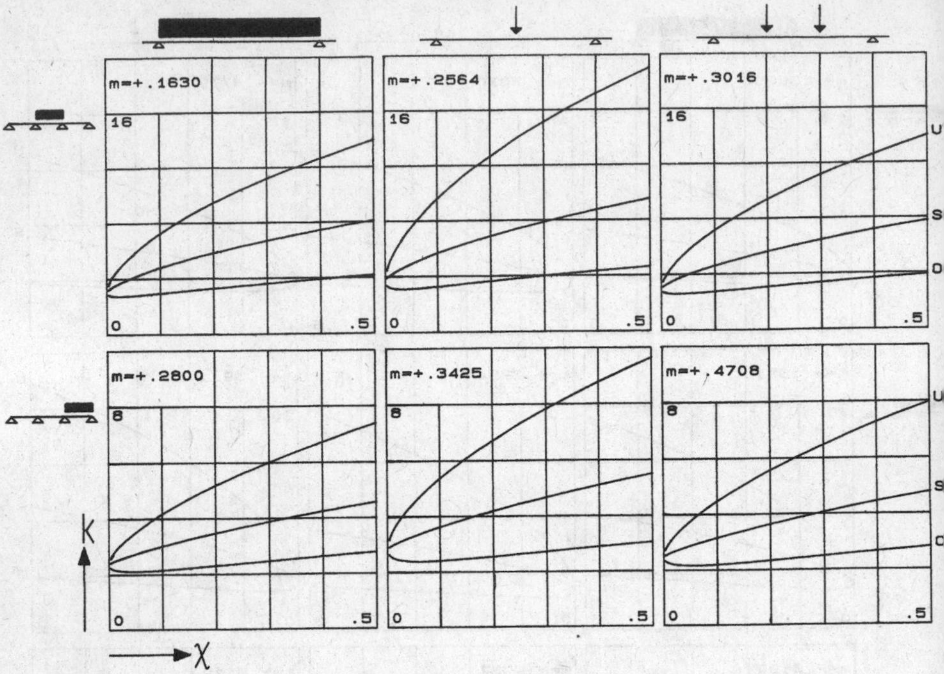

TAFEL F/III 24 : L-1.5L-1.75L

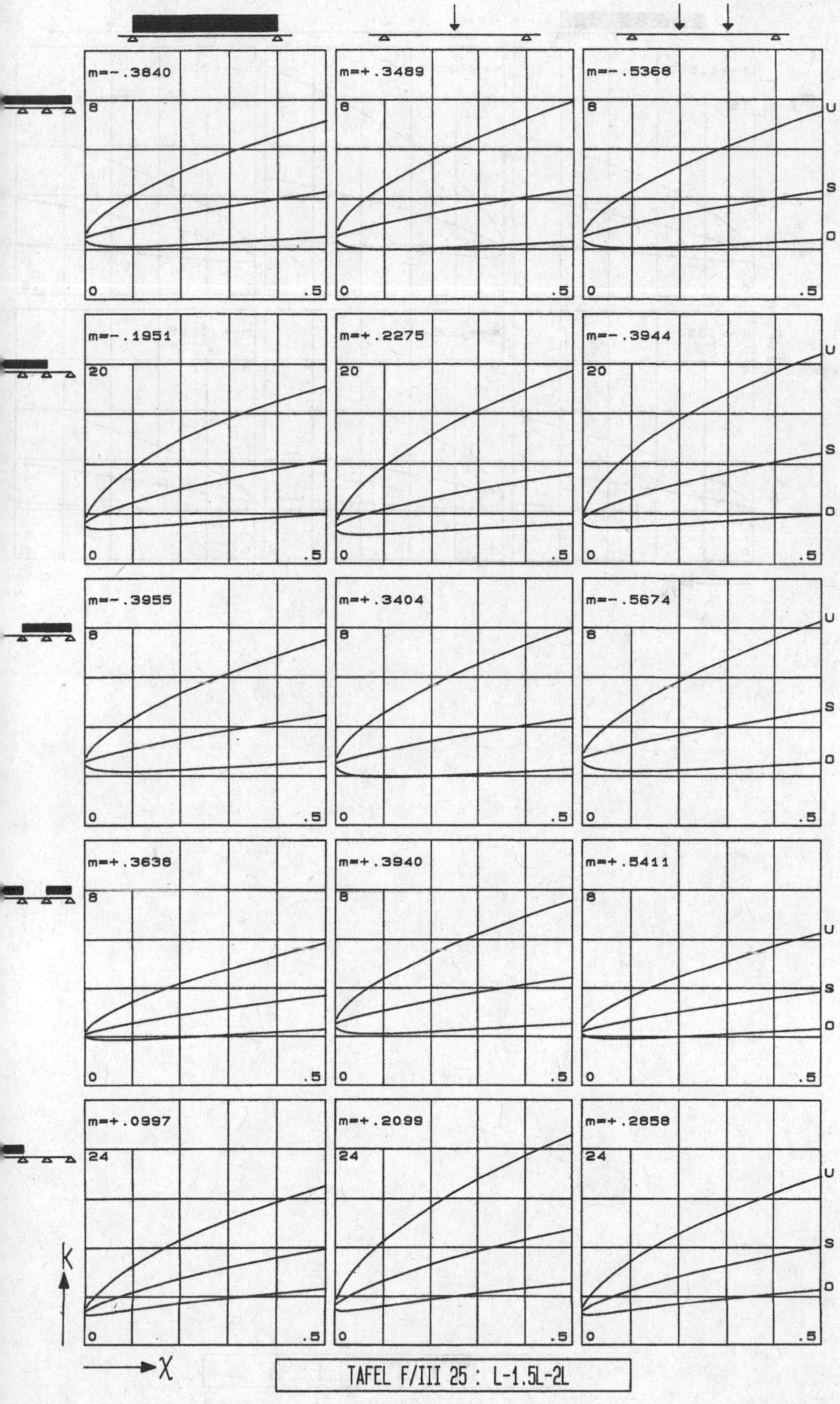
m=-.3840
m=+.3489
m=-.5368
m=-.1951
m=+.2275
m=-.3944
m=-.3955
m=+.3404
m=-.5674
m=+.3638
m=+.3940
m=+.5411
m=+.0997
m=+.2099
m=+.2858
8
20
24
0
.5
U
S
O
K
X
F
III

TAFEL F/III 25 : L-1.5L-2L

F
III

m=+.1659
16
0
.5
m=+.2590
16
0
.5
m=+.3091
16
0
.5
u
s
o
m=+.3589
8
0
.5
m=+.3854
8
0
.5
m=+.5309
8
0
.5
u
s
o
K
χ

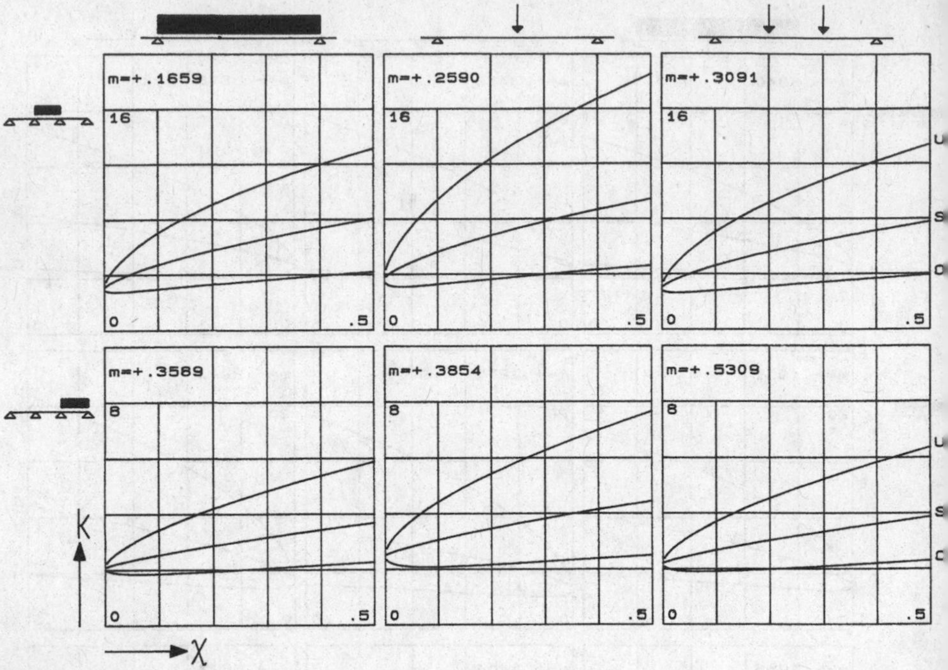

TAFEL F/III 25 : L-1.5L-2L

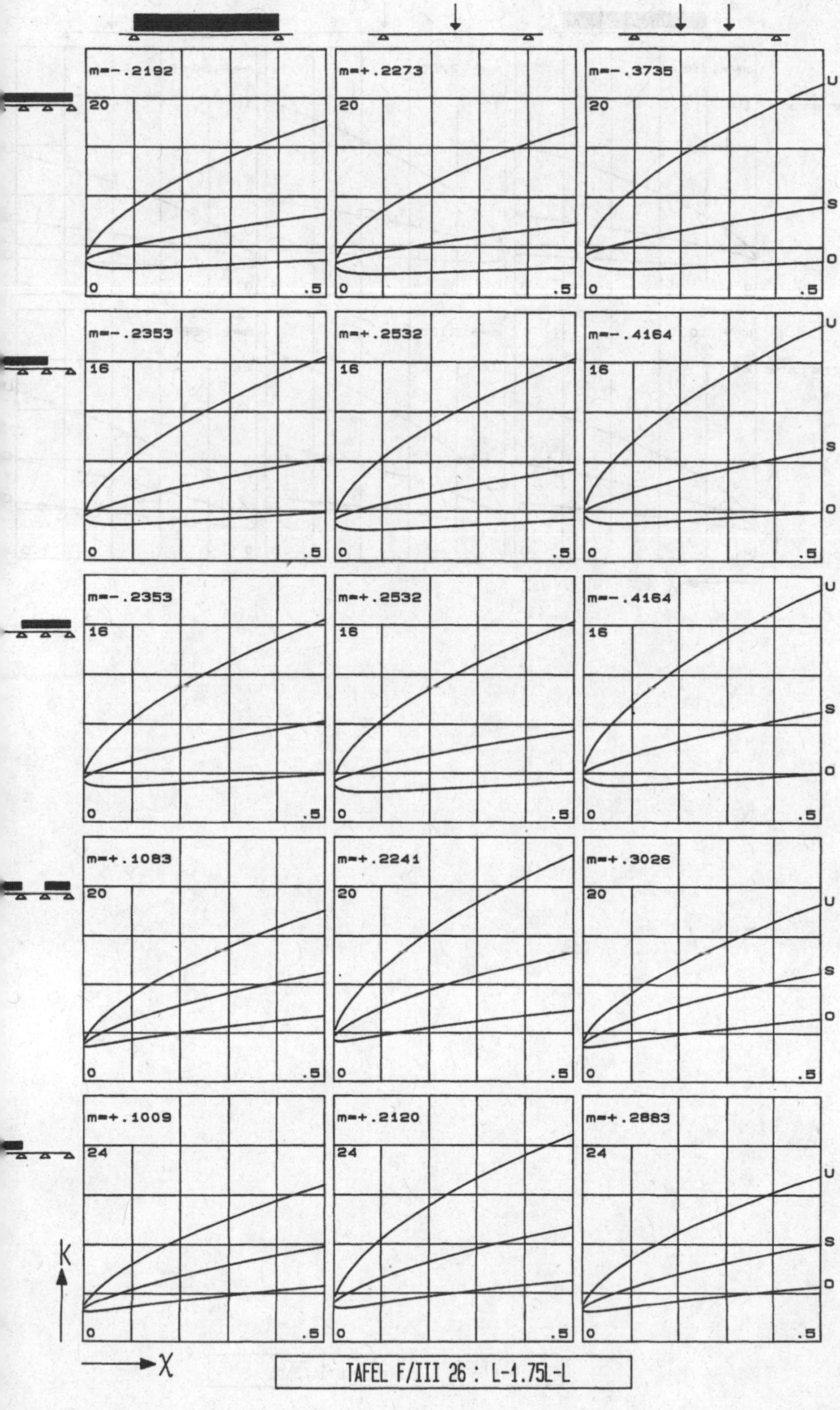

m=-.2192
20
0
.5
m=+.2273
20
0
.5
m=-.3735
20
0
.5
U
S
O
m=-.2353
16
0
.5
m=+.2532
16
0
.5
m=-.4164
16
0
.5
U
S
O
m=-.2353
16
0
.5
m=+.2532
16
0
.5
m=-.4164
16
0
.5
U
S
O
m=+.1083
20
0
.5
m=+.2241
20
0
.5
m=+.3026
20
0
.5
U
S
O
m=+.1009
24
0
.5
m=+.2120
24
0
.5
m=+.2883
24
0
.5
U
S
O
K
X

TAFEL F/III 26 : L-1.75L-L

F III

m=+.1980   16

m=+.2790   16

m=+.3017   16

U
S
O

0   .5

0   .5

0   .5

k

χ

m=+.1009   24

m=+.2120   24

m=+.2883   24

U
S
O

0   .5

0   .5

0   .5

F
III

58

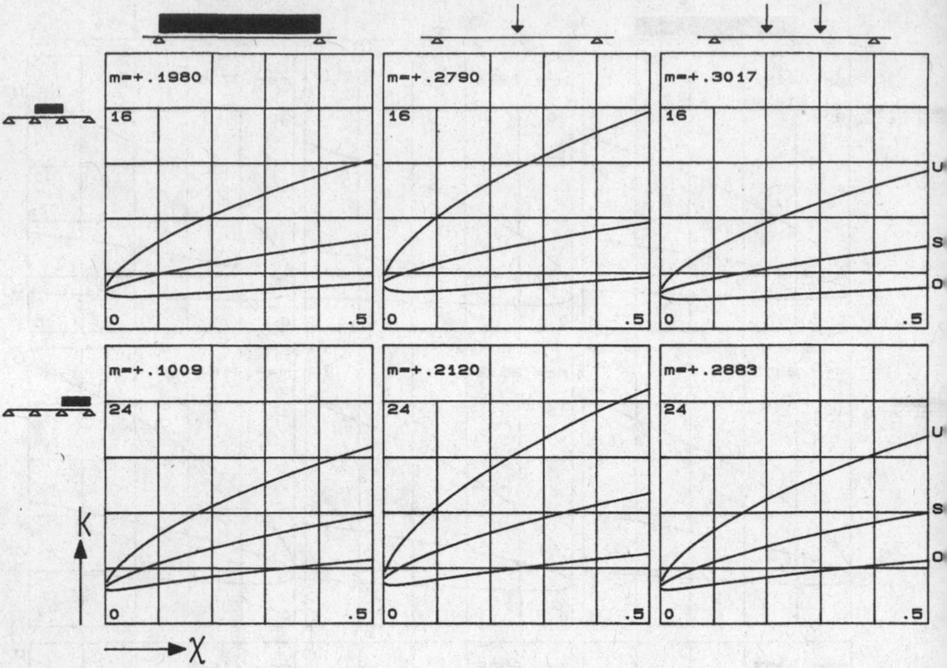

TAFEL F/III 26 : L-1.75L-L

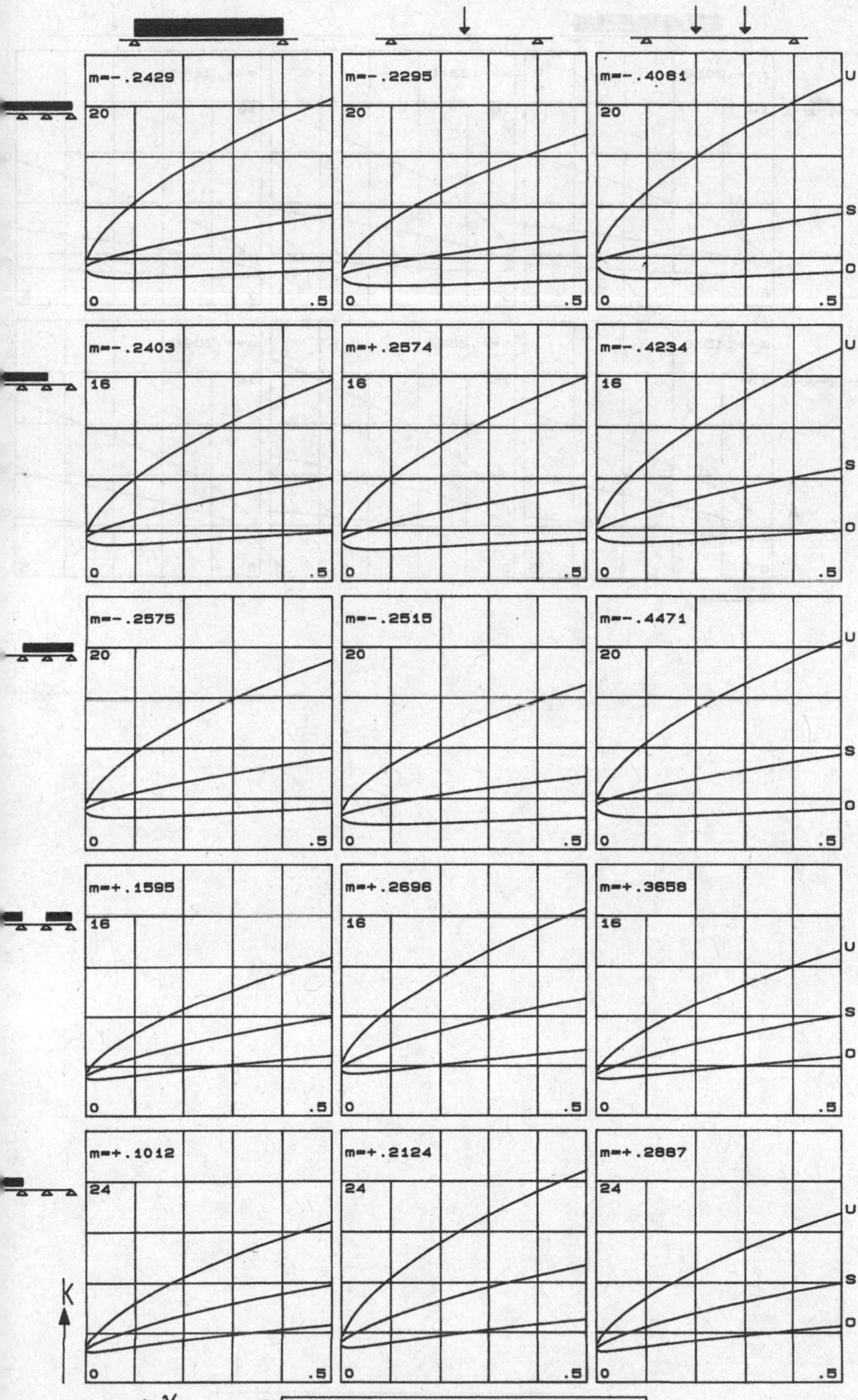
m=-.2429
20
0
.5
m=-.2295
20
0
.5
m=-.4081
20
0
.5
U
S
O
m=-.2403
16
0
.5
m=+.2574
16
0
.5
m=-.4234
16
0
.5
U
S
O
m=-.2575
20
0
.5
m=-.2515
20
0
.5
m=-.4471
20
0
.5
U
S
O
m=+.1595
16
0
.5
m=+.2696
16
0
.5
m=+.3658
16
0
.5
U
S
O
m=+.1012
24
0
.5
m=+.2124
24
0
.5
m=+.2887
24
0
.5
U
S
O
K
X

TAFEL F/III 27 : L-1.75L-1.25L

F III

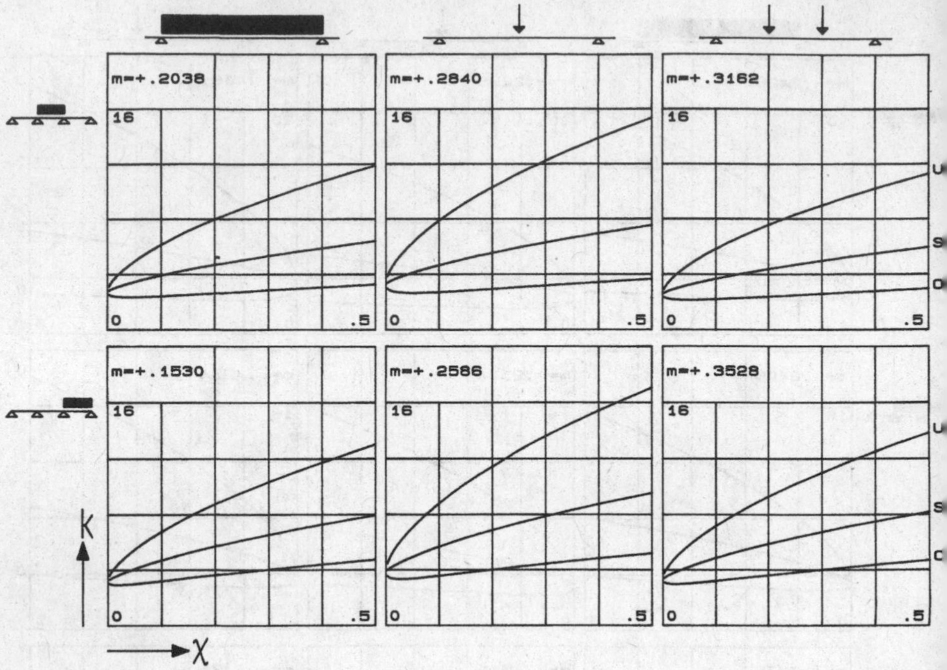
m=+.2038
16
0
.5
m=+.2840
16
0
.5
m=+.3162
16
0
.5
U
S
O
m=+.1530
16
0
.5
m=+.2586
16
0
.5
m=+.3528
16
0
.5
U
S
O
K
X

TAFEL F/III 27 : L-1.75L-1.25L

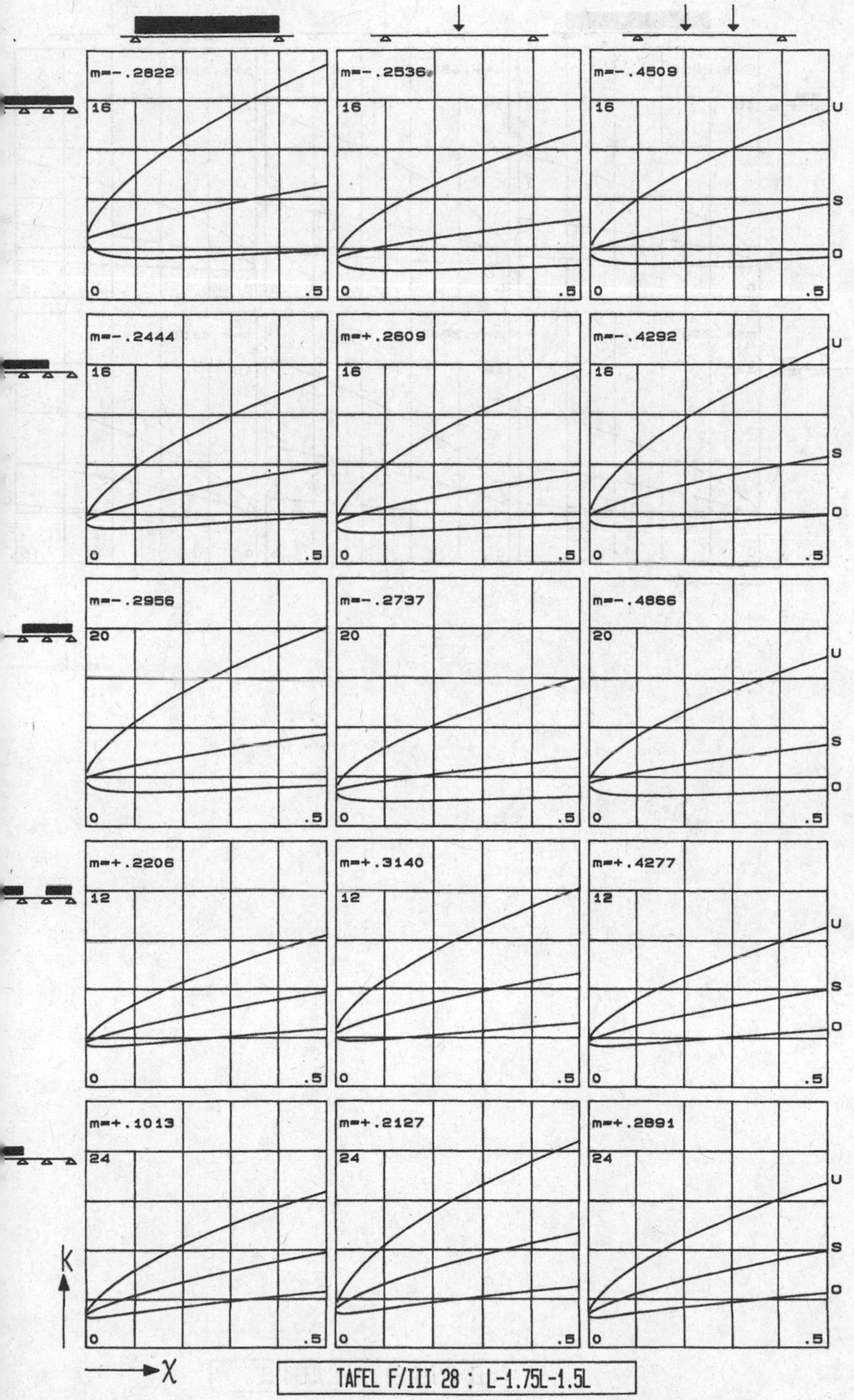
m=-.2822
16
0
.5
m=-.2536
16
0
.5
m=-.4509
16
U
S
O
0
.5
m=-.2444
16
0
.5
m=+.2609
16
0
.5
m=-.4292
16
U
S
O
0
.5
m=-.2956
20
0
.5
m=-.2737
20
0
.5
m=-.4866
20
U
S
O
0
.5
m=+.2206
12
0
.5
m=+.3140
12
0
.5
m=+.4277
12
U
S
O
0
.5
m=+.1013
24
0
.5
m=+.2127
24
0
.5
m=+.2891
24
U
S
O
0
.5
K
X

TAFEL F/III 28 : L-1.75L-1.5L

F III

F
III

m=+.2088
16
0
.5
m=+.2881
16
0
.5
m=+.3282
16
0
.5
U
S
O
m=+.2147
12
0
.5
m=+.3040
12
0
.5
m=+.4158
12
0
.5
U
S
O
K
χ

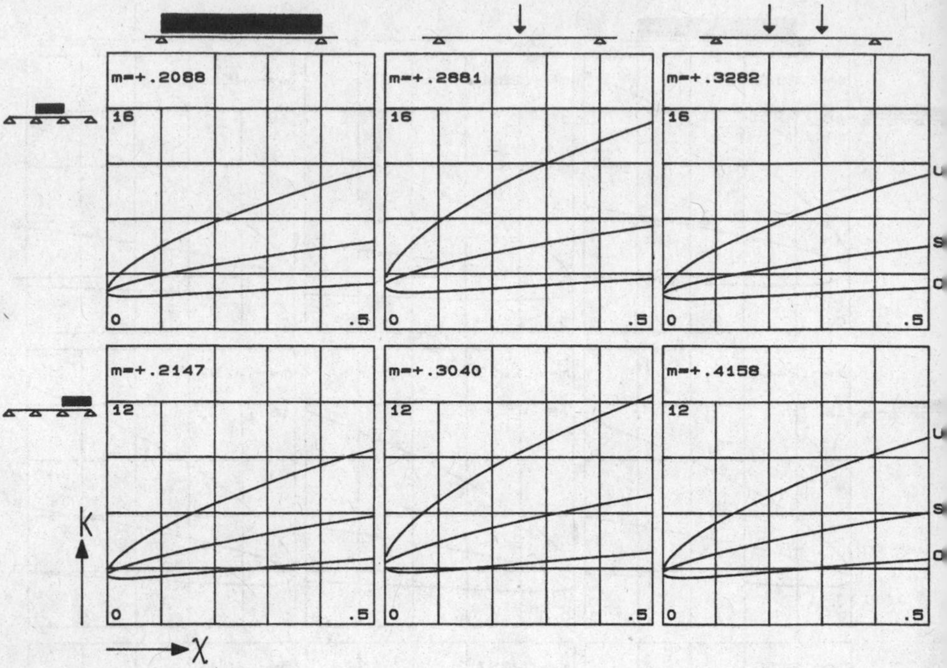

TAFEL F/III 28 : L-1.75L-1.5L

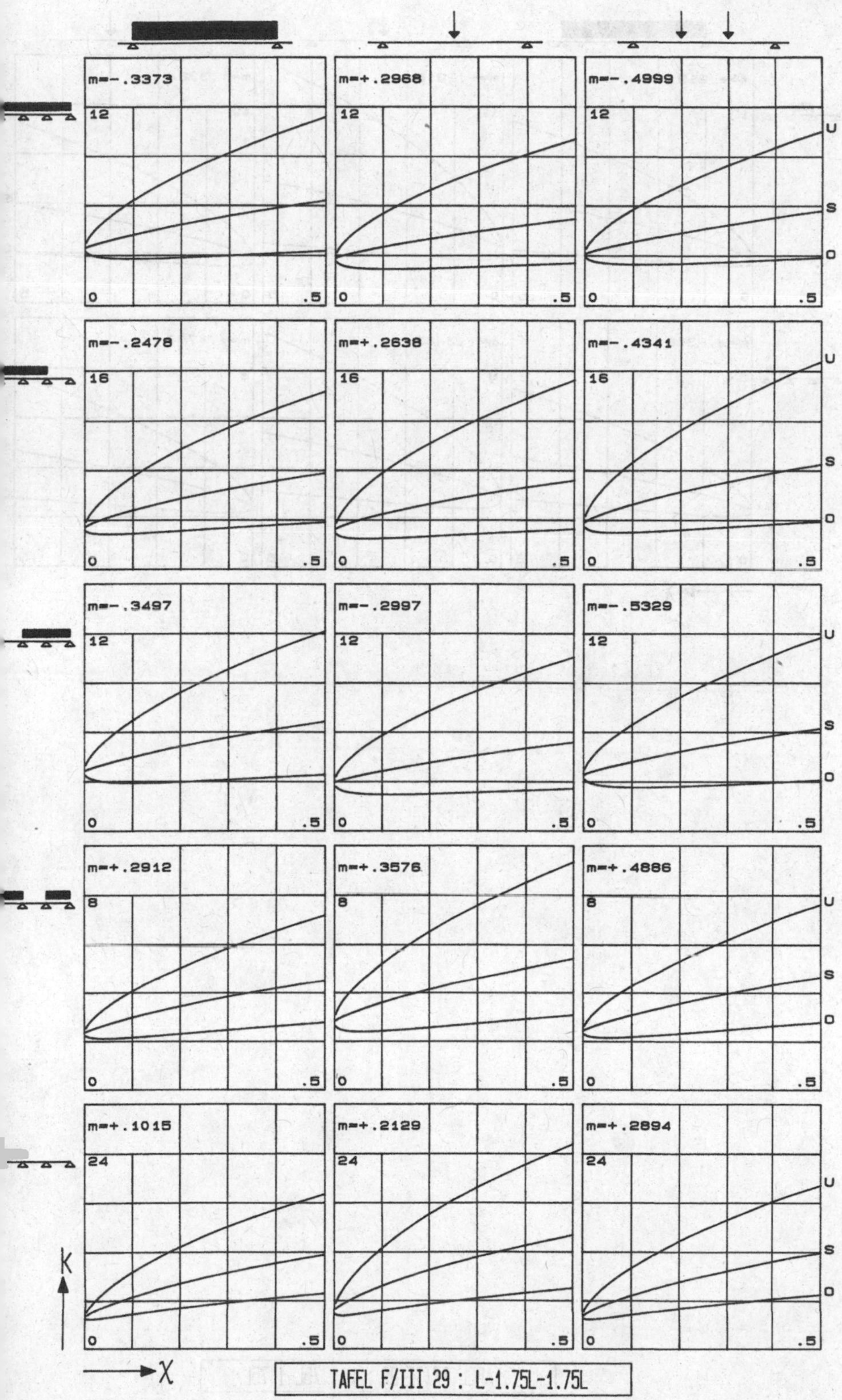

m=-.3373
12
m=+.2968
12
m=-.4999
12
U
S
O
m=-.2478
16
m=+.2638
16
m=-.4341
16
m=-.3497
12
m=-.2997
12
m=-.5329
12
m=+.2912
8
m=+.3576
8
m=+.4886
8
m=+.1015
24
m=+.2129
24
m=+.2894
24
0
.5
K
X

TAFEL F/III 29 : L-1.75L-1.75L

F III

F
III

m=+.2131
12
0
.5
m=+.2916
12
0
.5
m=+.3384
12
0
.5
m=+.2858
8
0
.5
m=+.3483
8
0
.5
m=+.4777
8
0
.5
K
χ

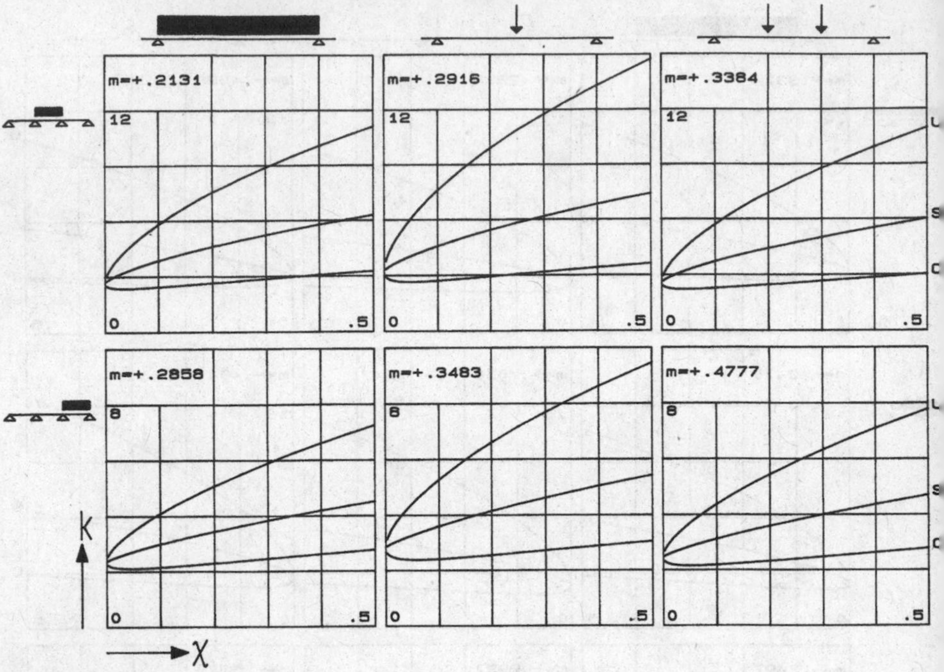

TAFEL F/III 29 : L-1.75L-1.75L

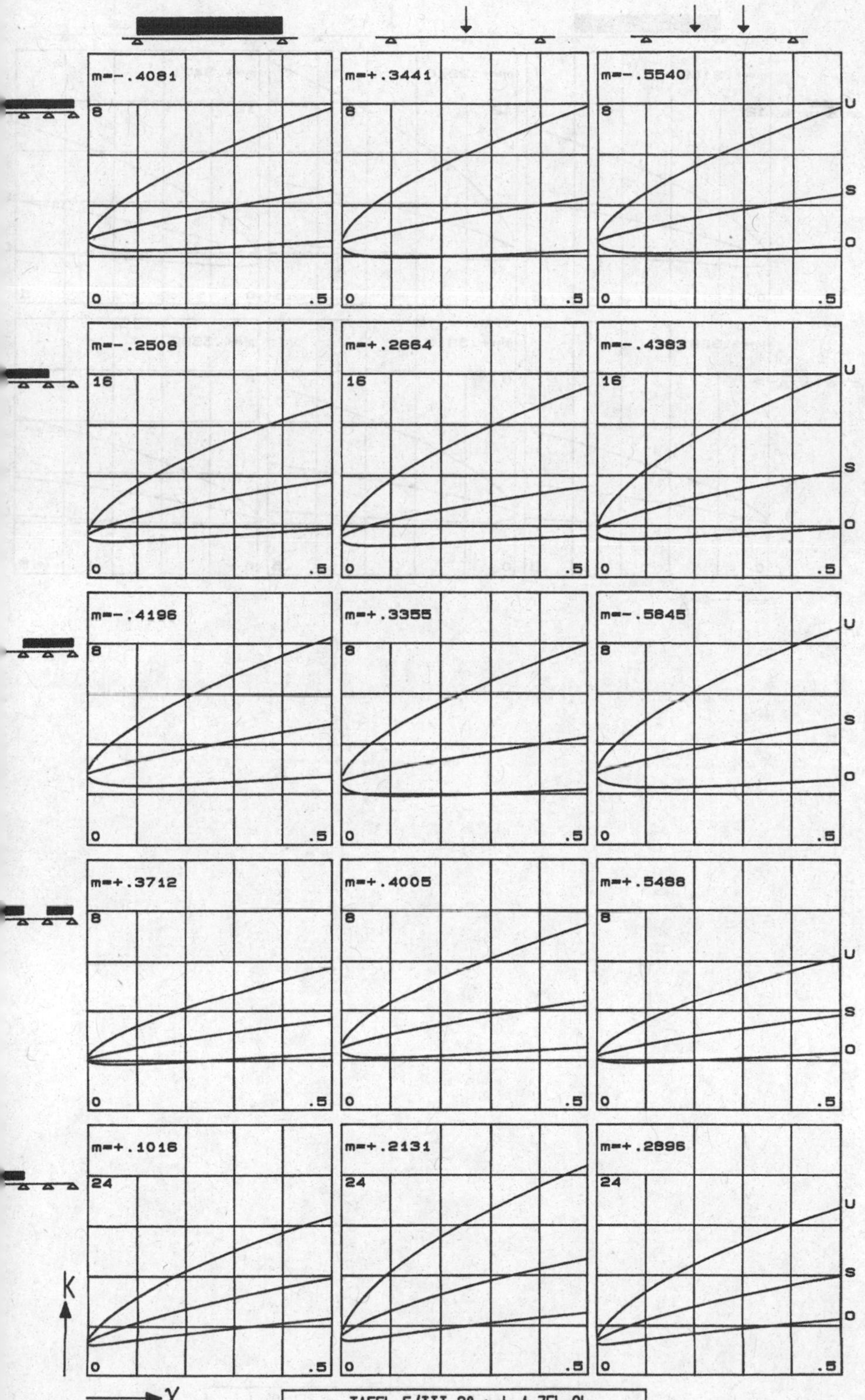

m=-.4081
m=+.3441
m=-.5540
m=-.2508
m=+.2664
m=-.4383
m=-.4196
m=+.3355
m=-.5845
m=+.3712
m=+.4005
m=+.5488
m=+.1016
m=+.2131
m=+.2896
8
16
24
0
.5
U
S
O
K
X

TAFEL F/III 30 : L-1.75L-2L

F III

F
III

m=+.2169
12
0
.5
m=+.2946
12
0
.5
m=+.3471
12
0
.5
m=+.3663
8
0
.5
m=+.3919
8
0
.5
m=+.5386
8
0
.5
K
X

TAFEL F/III 30 : L-1.75L-2L

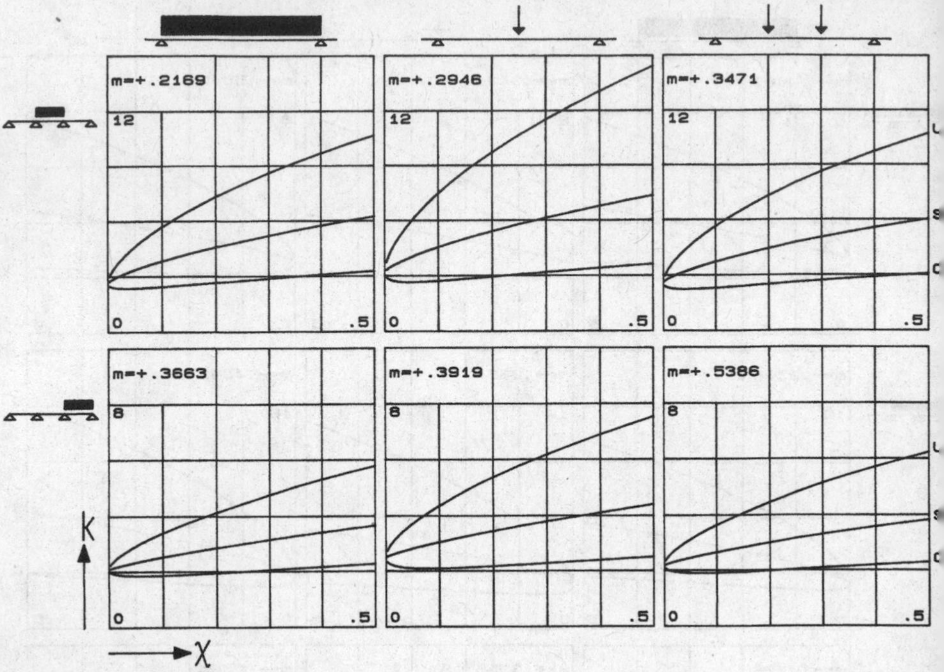

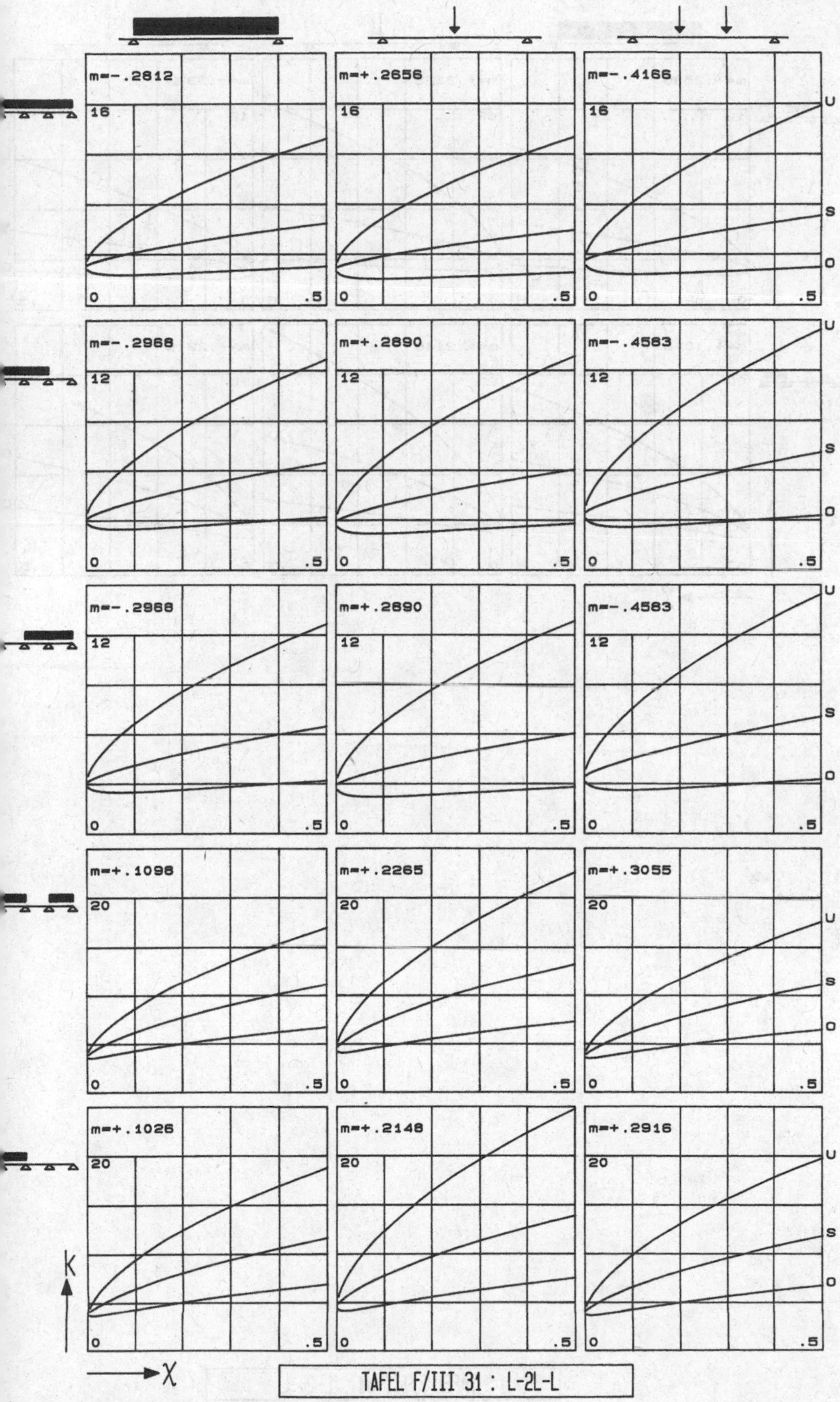

m=-.2812
16
0
.5
m=+.2656
16
0
.5
m=-.4166
16
0
.5
U
S
O
m=-.2968
12
0
.5
m=+.2890
12
0
.5
m=-.4583
12
0
.5
U
S
O
m=-.2968
12
0
.5
m=+.2890
12
0
.5
m=-.4583
12
0
.5
U
S
O
m=+.1096
20
0
.5
m=+.2265
20
0
.5
m=+.3055
20
0
.5
U
S
O
m=+.1026
20
0
.5
m=+.2148
20
0
.5
m=+.2916
20
0
.5
U
S
O
K
X

TAFEL F/III 31 : L-2L-L

F III

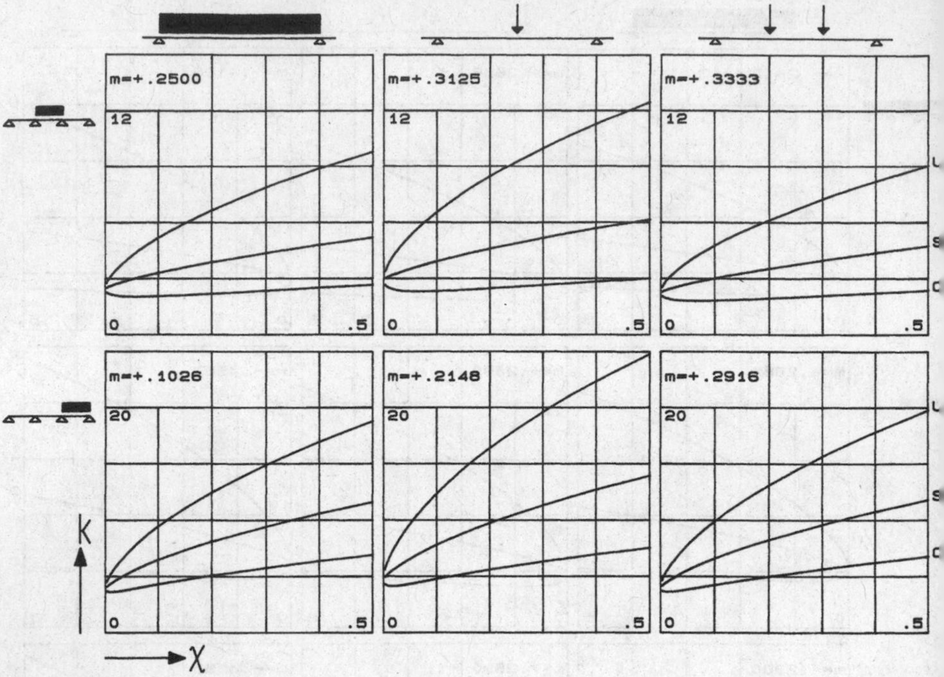

m=+.2500
12
0
.5
m=+.3125
12
0
.5
m=+.3333
12
0
.5
m=+.1026
20
0
.5
m=+.2148
20
0
.5
m=+.2916
20
0
.5
K
χ

TAFEL F/III 31 : L-2L-L

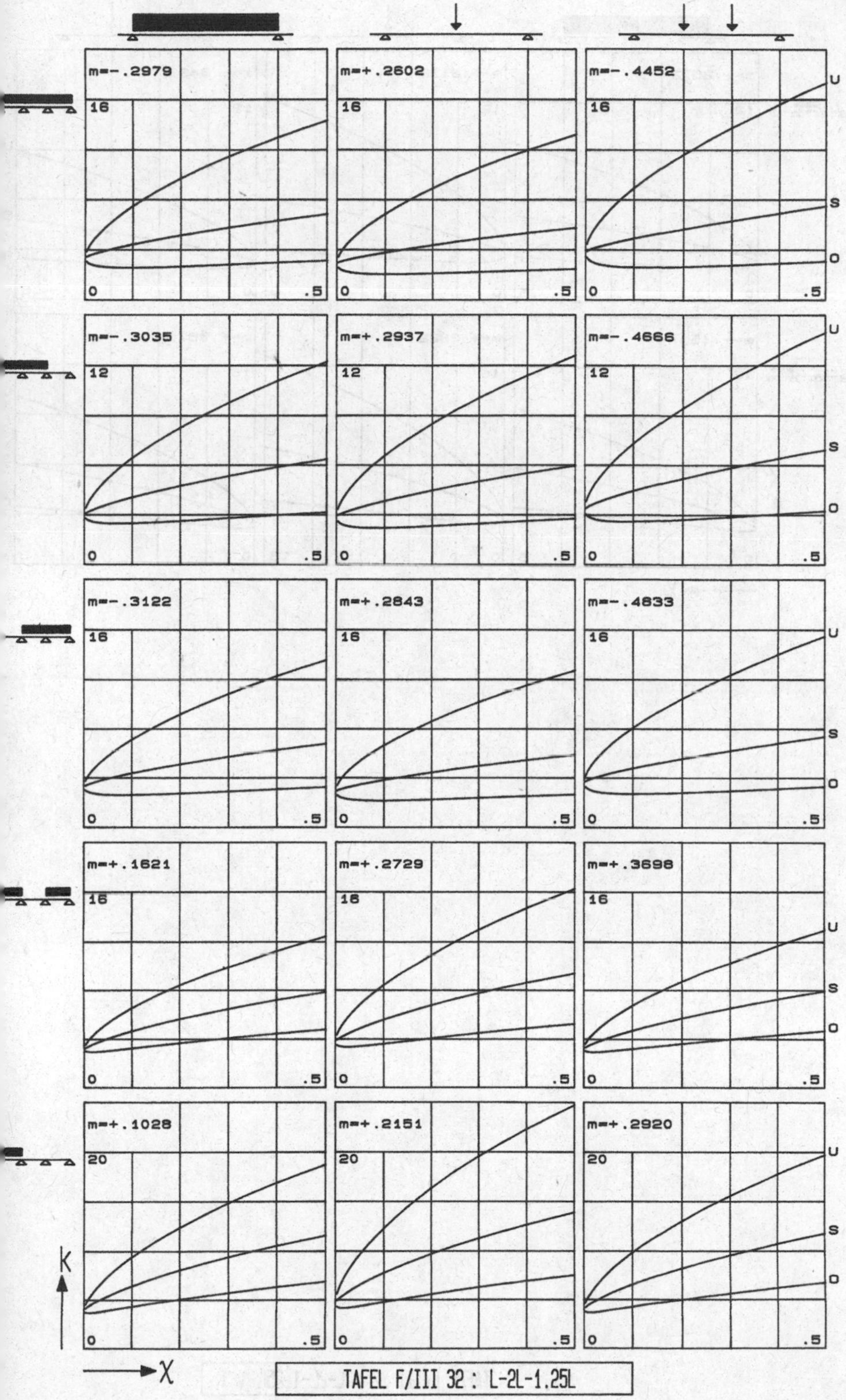

m=-.2979
16
0
.5
m=+.2602
16
0
.5
m=-.4452
16
0
.5
U
S
O
m=-.3035
12
0
.5
m=+.2937
12
0
.5
m=-.4666
12
0
.5
U
S
O
m=-.3122
16
0
.5
m=+.2843
16
0
.5
m=-.4833
16
0
.5
U
S
O
m=+.1621
16
0
.5
m=+.2729
16
0
.5
m=+.3698
16
0
.5
U
S
O
m=+.1028
20
0
.5
m=+.2151
20
0
.5
m=+.2920
20
0
.5
U
S
O
K
X

TAFEL F/III 32 : L-2L-1.25L

F III

F
III

m=+.2572
12
0
.5
m=+.3178
12
0
.5
m=+.3492
12
0
.5
U
S
O
m=+.1557
16
0
.5
m=+.2622
16
0
.5
m=+.3571
16
0
.5
U
S
O
K
χ

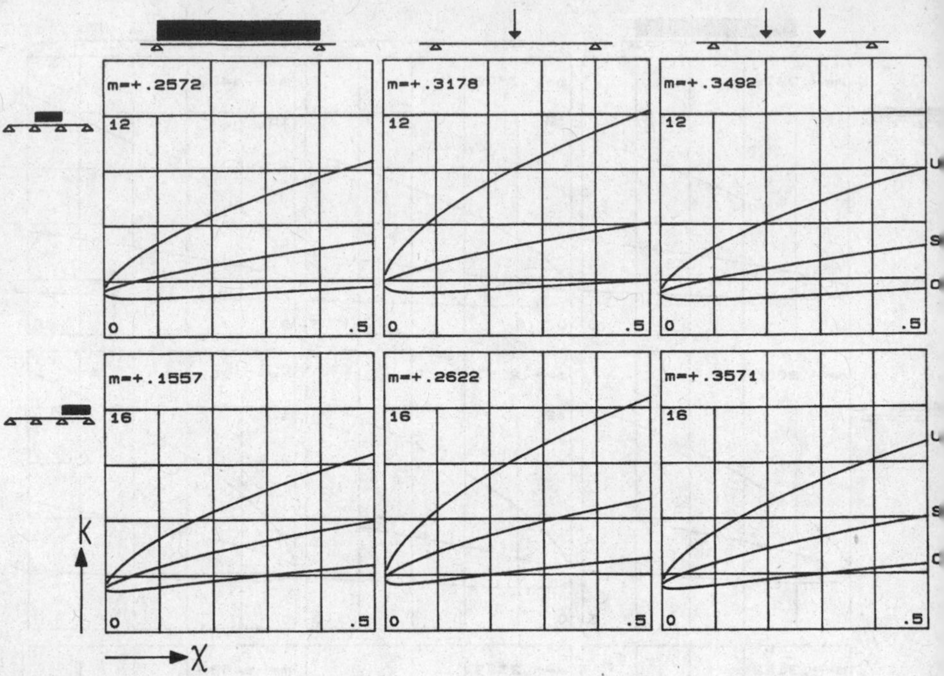

TAFEL F/III 32 : L-2L-1.25L

m=-.3305 16 0 .5

m=-.2713 16 0 .5

m=-.4824 16 U S 0 .5

m=-.3092 12 0 .5

m=+.2976 12 0 .5

m=-.4736 12 U S 0 .5

m=-.3437 16 0 .5

m=-.2911 16 0 .5

m=-.5175 16 U S 0 .5

m=+.2244 12 0 .5

m=+.3182 12 0 .5

m=+.4327 12 U S 0 .5

m=+.1030 20 0 .5

m=+.2154 20 0 .5

m=+.2923 20 U S 0 .5

F
III

k

χ

71

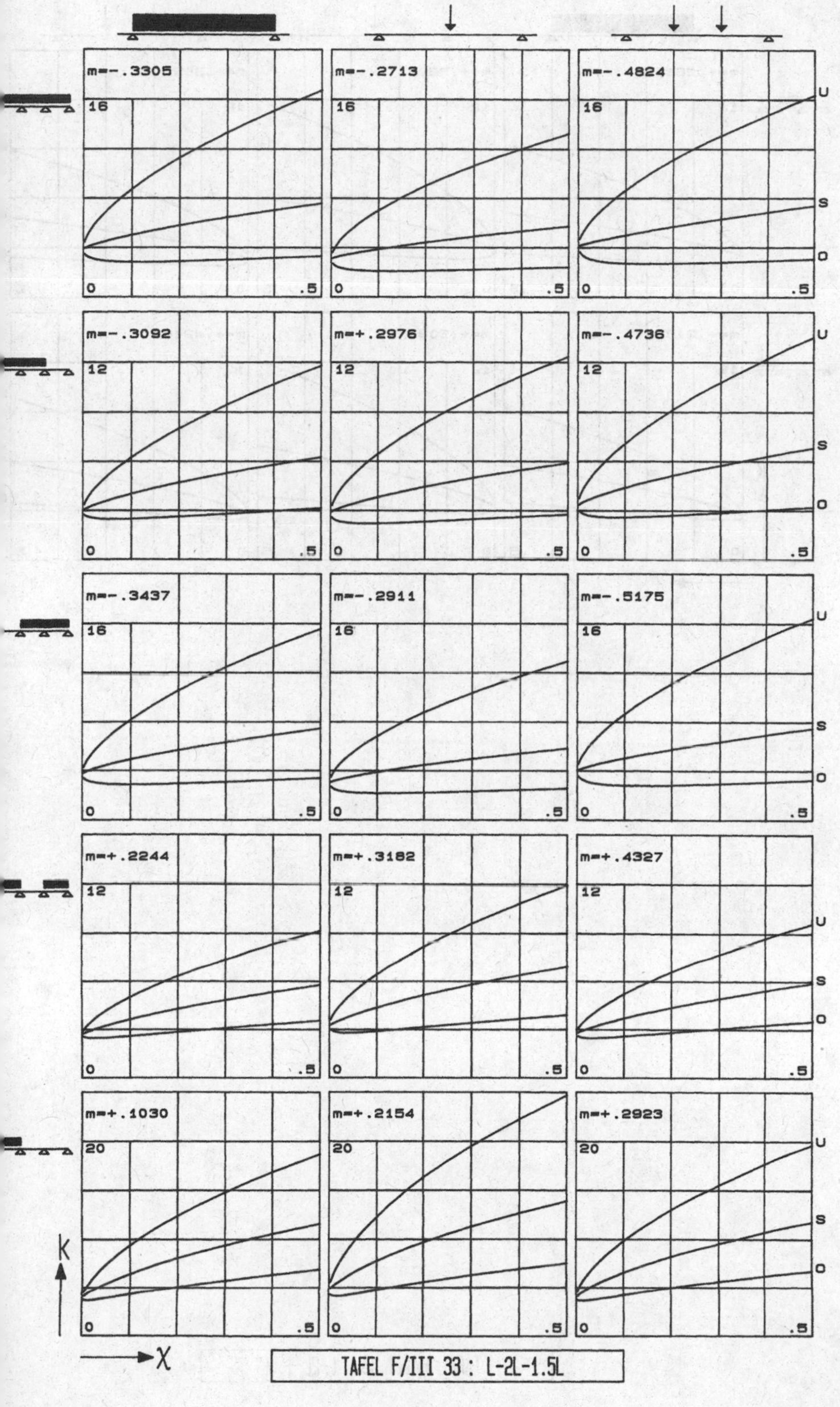

TAFEL F/III 33 : L-2L-1.5L

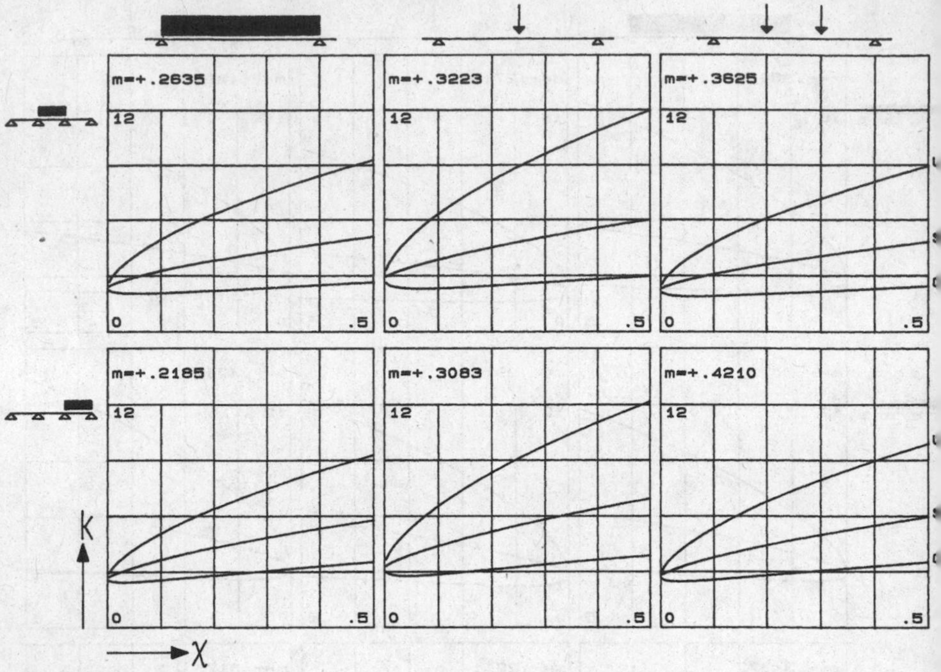
m=+.2635
12
0
.5
m=+.3223
12
0
.5
m=+.3625
12
0
.5
m=+.2185
12
0
.5
m=+.3083
12
0
.5
m=+.4210
12
0
.5
K
χ

F III

TAFEL F/III 33 : L-2L-1.5L

F III

m=-.3790 12 0 .5
m=-.2961 12 0 .5
m=-.5264 12 U S O 0 .5

m=-.3140 12 0 .5
m=+.3010 12 0 .5
m=-.4796 12 U S O 0 .5

m=-.3911 12 0 .5
m=-.3144 12 0 .5
m=-.5589 12 U S O 0 .5

m=+.2963 8 0 .5
m=+.3626 8 0 .5
m=+.4945 8 U S O 0 .5

m=+.1031 20 0 .5
m=+.2157 20 0 .5
m=+.2926 20 U S O 0 .5

K

X

TAFEL F/III 34 : L-2L-1.75L

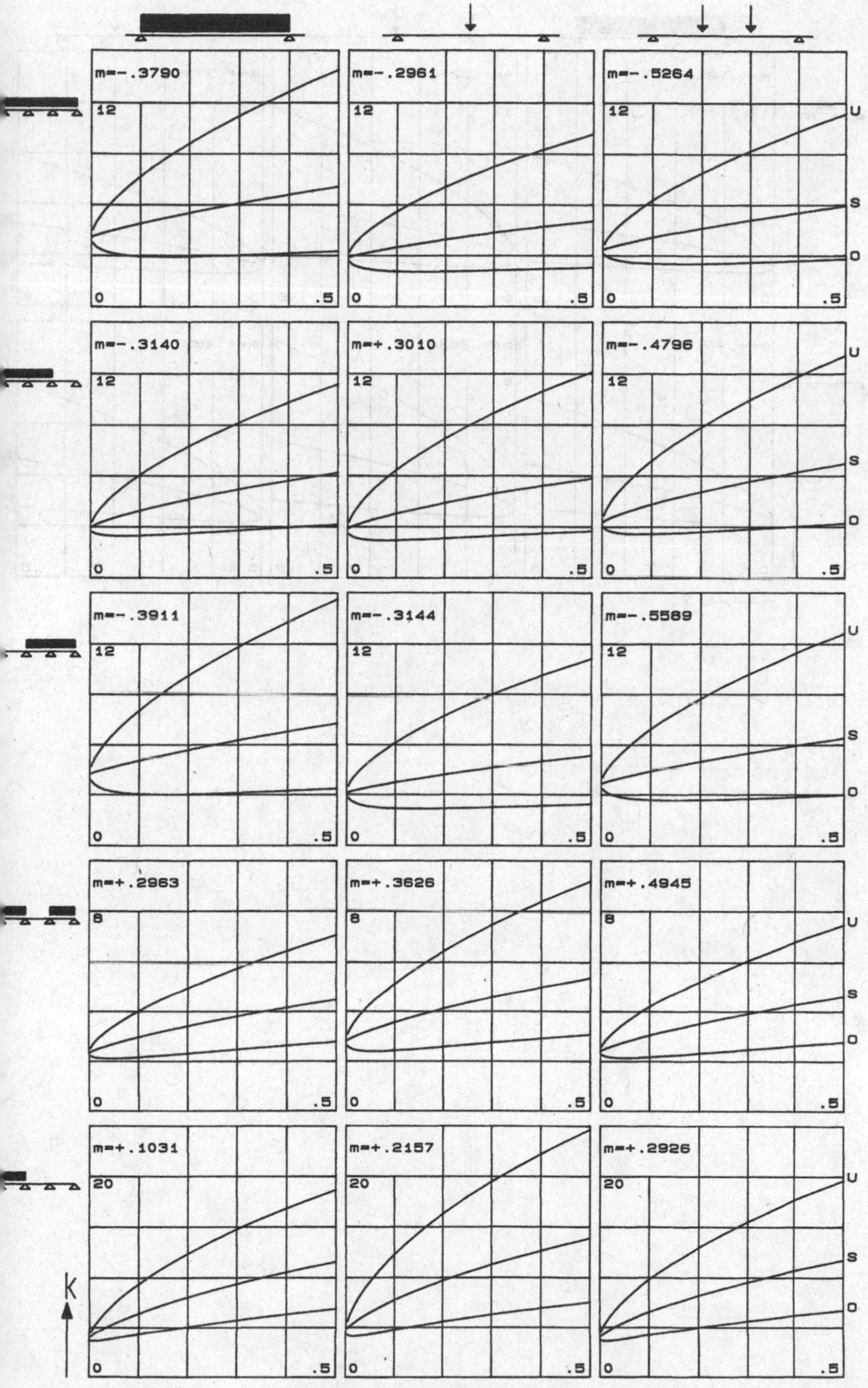

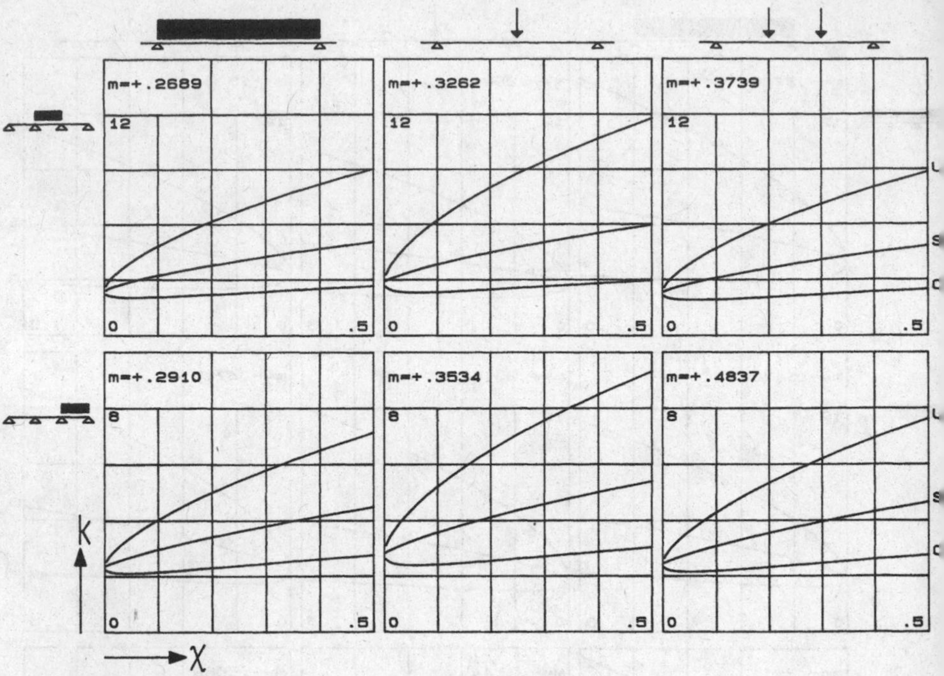
m=+.2689
12
0
.5
m=+.3262
12
0
.5
m=+.3739
12
0
.5
L
S
C
m=+.2910
8
0
.5
m=+.3534
8
0
.5
m=+.4837
8
0
.5
L
S
C
K
X

F III

TAFEL F/III 34 : L-2L-1.75L

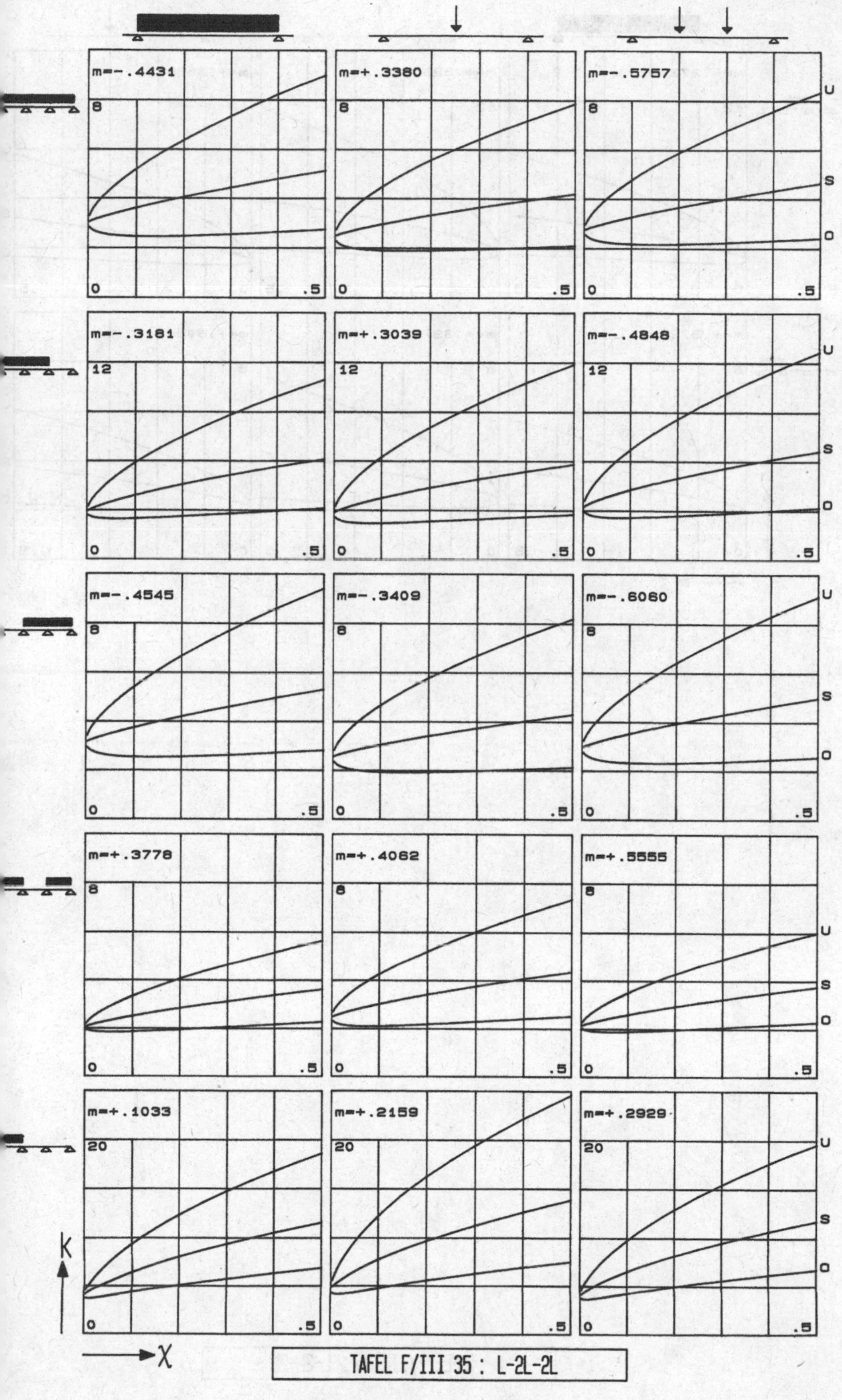

m=-.4431
8
0
.5
m=+.3380
8
0
.5
m=-.5757
8
U
S
O
0
.5
m=-.3161
12
0
.5
m=+.3039
12
0
.5
m=-.4848
12
U
S
O
0
.5
m=-.4545
8
0
.5
m=-.3409
8
0
.5
m=-.6060
8
U
S
O
0
.5
m=+.3776
8
0
.5
m=+.4062
8
0
.5
m=+.5555
8
U
S
O
0
.5
m=+.1033
20
0
.5
m=+.2159
20
0
.5
m=+.2929
20
U
S
O
0
.5
K
X

TAFEL F/III 35 : L-2L-2L

F III

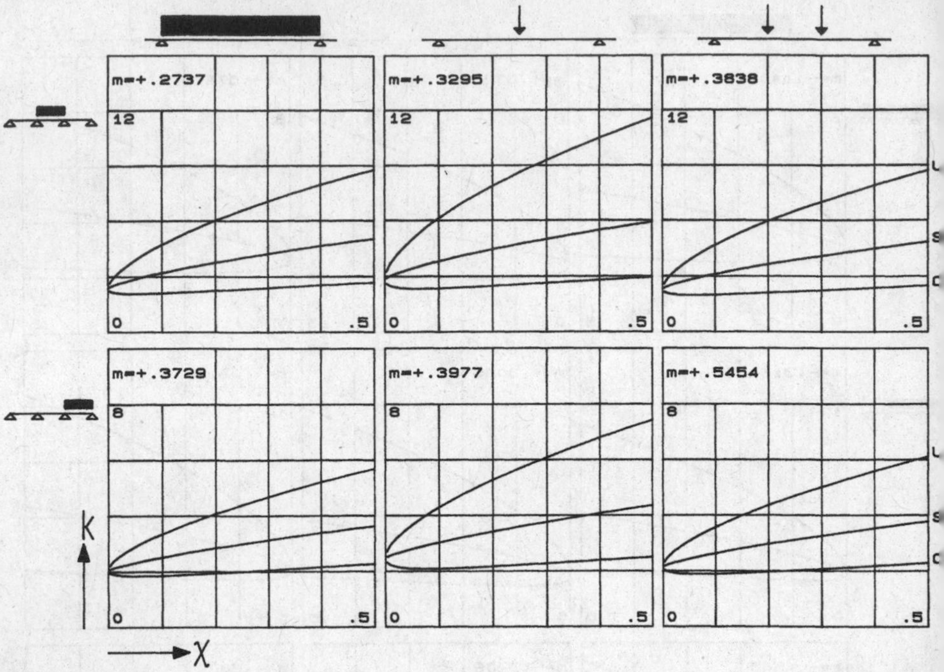
m=+.2737
12
0
.5
m=+.3295
12
0
.5
m=+.3838
12
0
.5
L
S
C
m=+.3729
8
0
.5
m=+.3977
8
0
.5
m=+.5454
8
0
.5
L
S
C
K
X

F III

TAFEL F/III 35 : L-2L-2L

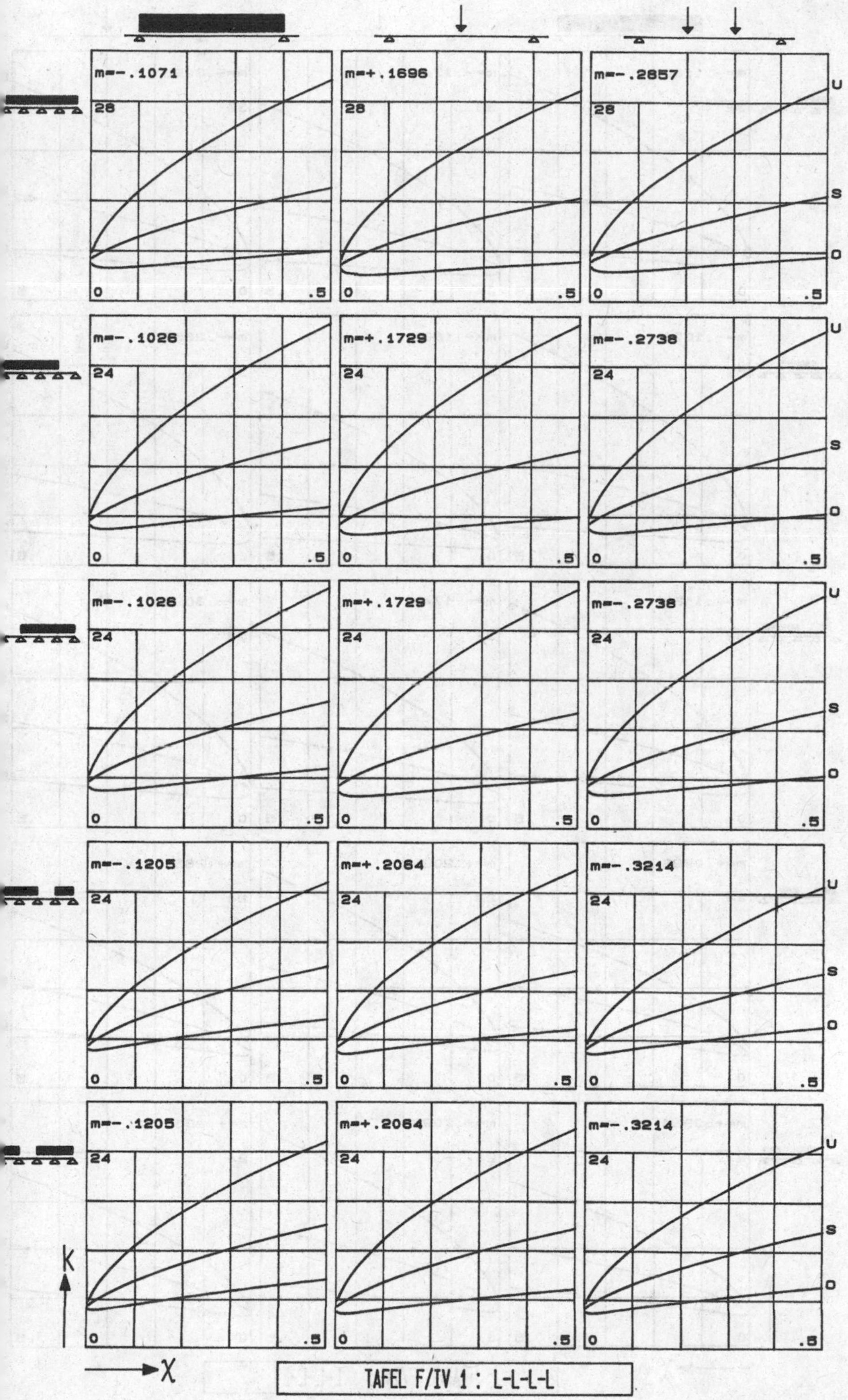
m=-.1071
28
0
.5
m=+.1696
28
0
.5
m=-.2857
28
0
.5
U
S
O
m=-.1026
24
m=+.1729
24
m=-.2738
24
m=-.1026
24
m=+.1729
24
m=-.2738
24
m=-.1205
24
m=+.2064
24
m=-.3214
24
m=-.1205
24
m=+.2064
24
m=-.3214
24
K
X

TAFEL F/IV 1 : L-L-L-L

F IV

F
IV

78

TAFEL F/IV 1 : L-L-L-L

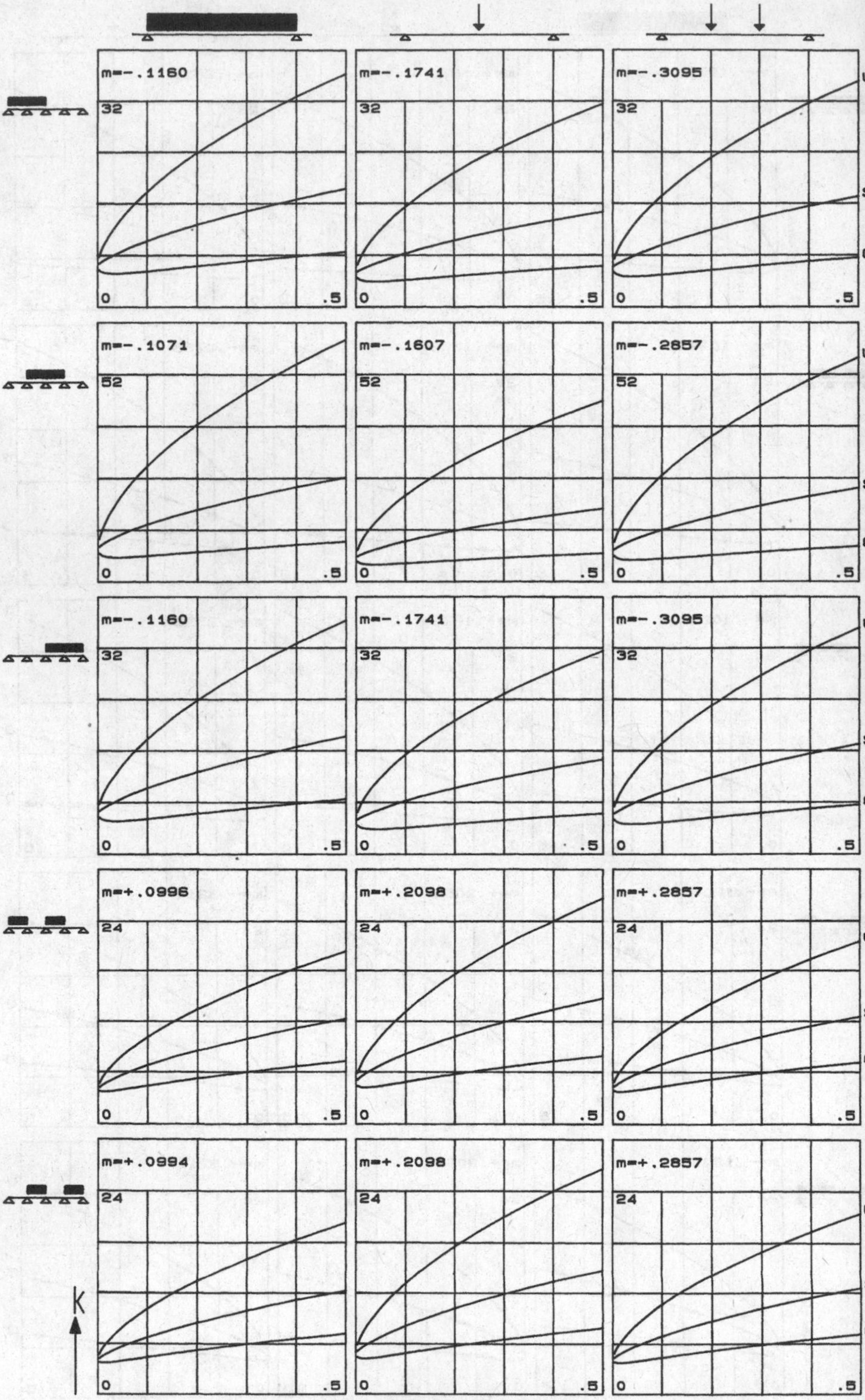

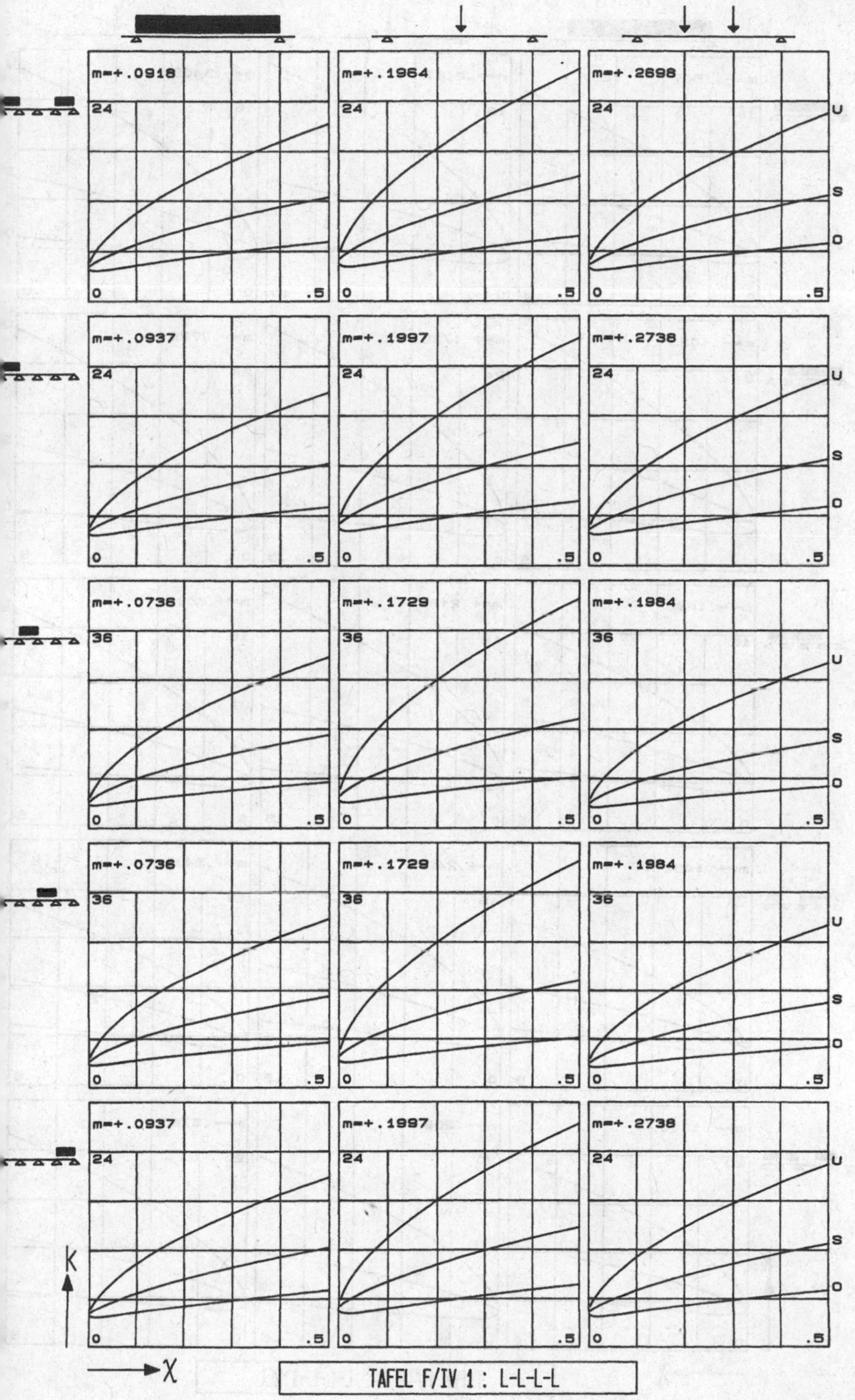

m=+.0918
24
0
.5
m=+.1964
24
0
.5
m=+.2698
24
U
S
O
0
.5
m=+.0937
24
0
.5
m=+.1997
24
0
.5
m=+.2738
24
U
S
O
0
.5
m=+.0736
36
0
.5
m=+.1729
36
0
.5
m=+.1984
36
U
S
O
0
.5
m=+.0736
36
0
.5
m=+.1729
36
0
.5
m=+.1984
36
U
S
O
0
.5
m=+.0937
24
0
.5
m=+.1997
24
0
.5
m=+.2738
24
U
S
O
0
.5
K
X

TAFEL F/IV 1 : L-L-L-L

F IV

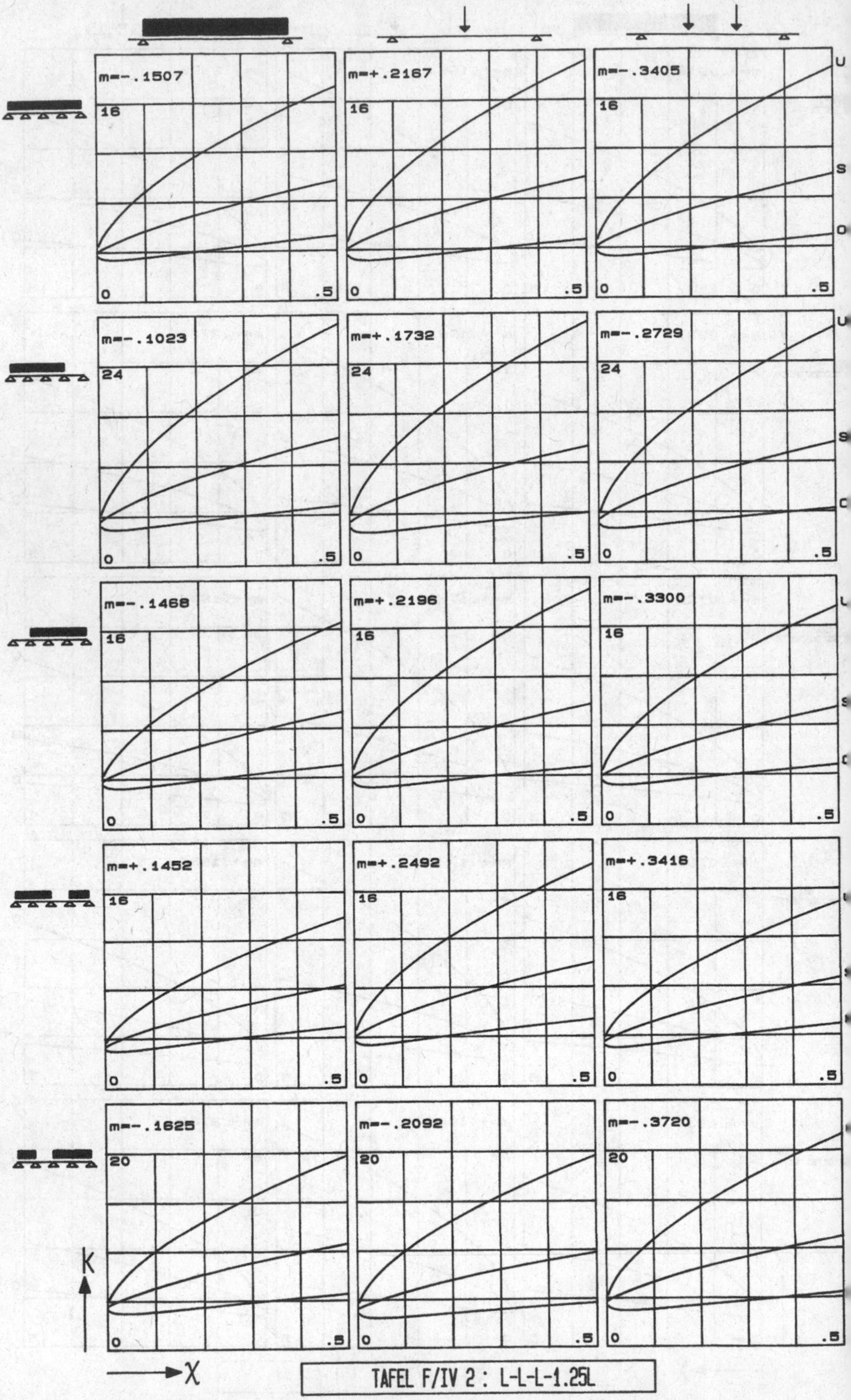

m=-.1507
16
0
.5
m=+.2167
16
0
.5
m=-.3405
16
0
.5
U
S
O
m=-.1023
24
0
.5
m=+.1732
24
0
.5
m=-.2729
24
0
.5
m=-.1468
16
0
.5
m=+.2196
16
0
.5
m=-.3300
16
0
.5
m=+.1452
16
0
.5
m=+.2492
16
0
.5
m=+.3416
16
0
.5
m=-.1625
20
0
.5
m=-.2092
20
0
.5
m=-.3720
20
0
.5
K
X

TAFEL F/IV 2 : L-L-L-1.25L

F IV

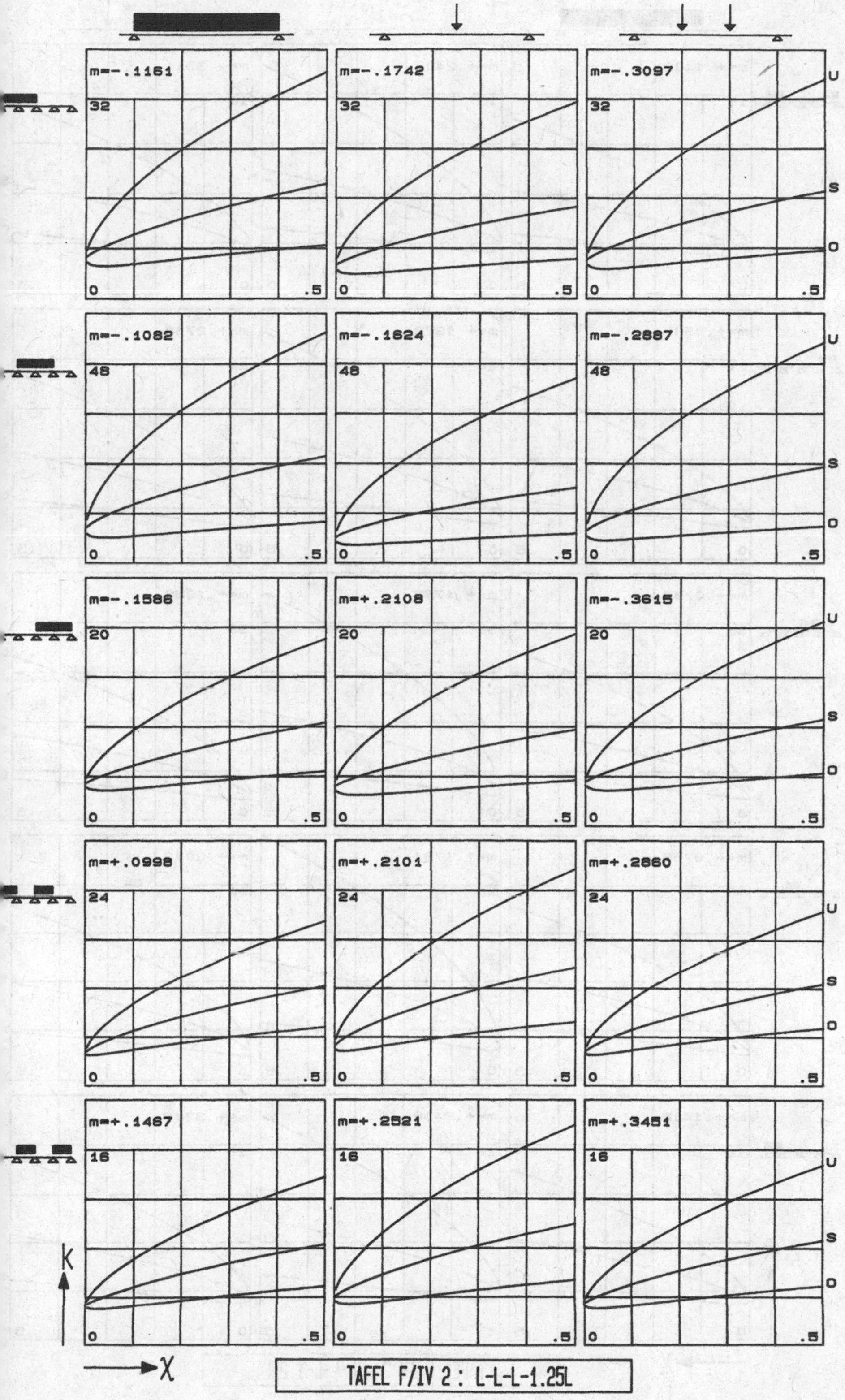

m=-.1161
32
0
.5
m=-.1742
32
0
.5
m=-.3097
32
0
.5
U
S
O
m=-.1082
48
0
.5
m=-.1624
48
0
.5
m=-.2887
48
0
.5
U
S
O
m=-.1586
20
0
.5
m=+.2108
20
0
.5
m=-.3615
20
0
.5
U
S
O
m=+.0998
24
0
.5
m=+.2101
24
0
.5
m=+.2860
24
0
.5
U
S
O
m=+.1467
16
0
.5
m=+.2521
16
0
.5
m=+.3451
16
0
.5
U
S
O
K
X

TAFEL F/IV 2 : L-L-L-1.25L

F IV

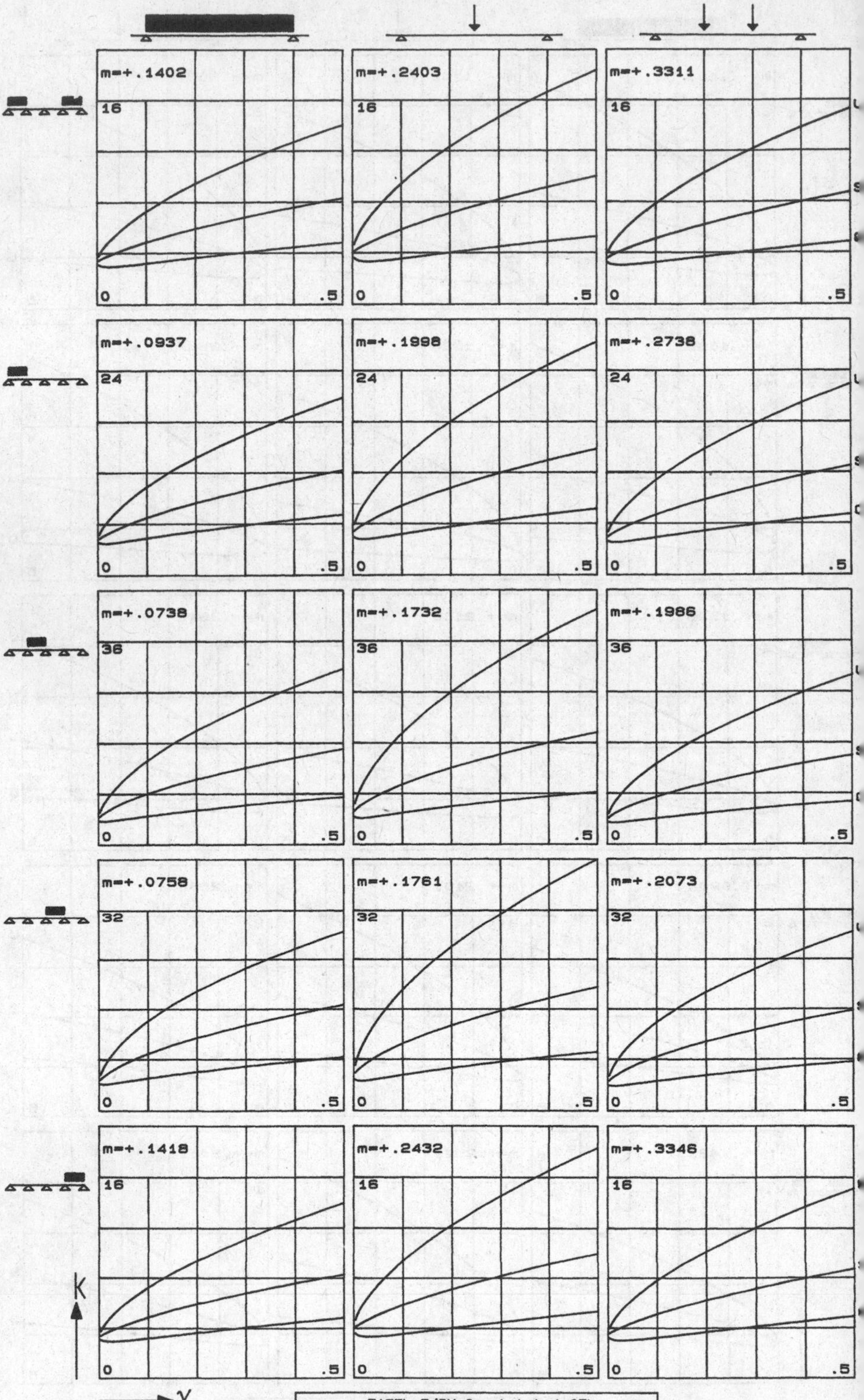

m=+.1402
16
m=+.2403
16
m=+.3311
16
m=+.0937
24
m=+.1998
24
m=+.2738
24
m=+.0738
36
m=+.1732
36
m=+.1986
36
m=+.0758
32
m=+.1761
32
m=+.2073
32
m=+.1418
16
m=+.2432
16
m=+.3346
16
0
.5
K
X

TAFEL F/IV 2 : L-L-L-1.25L

F IV

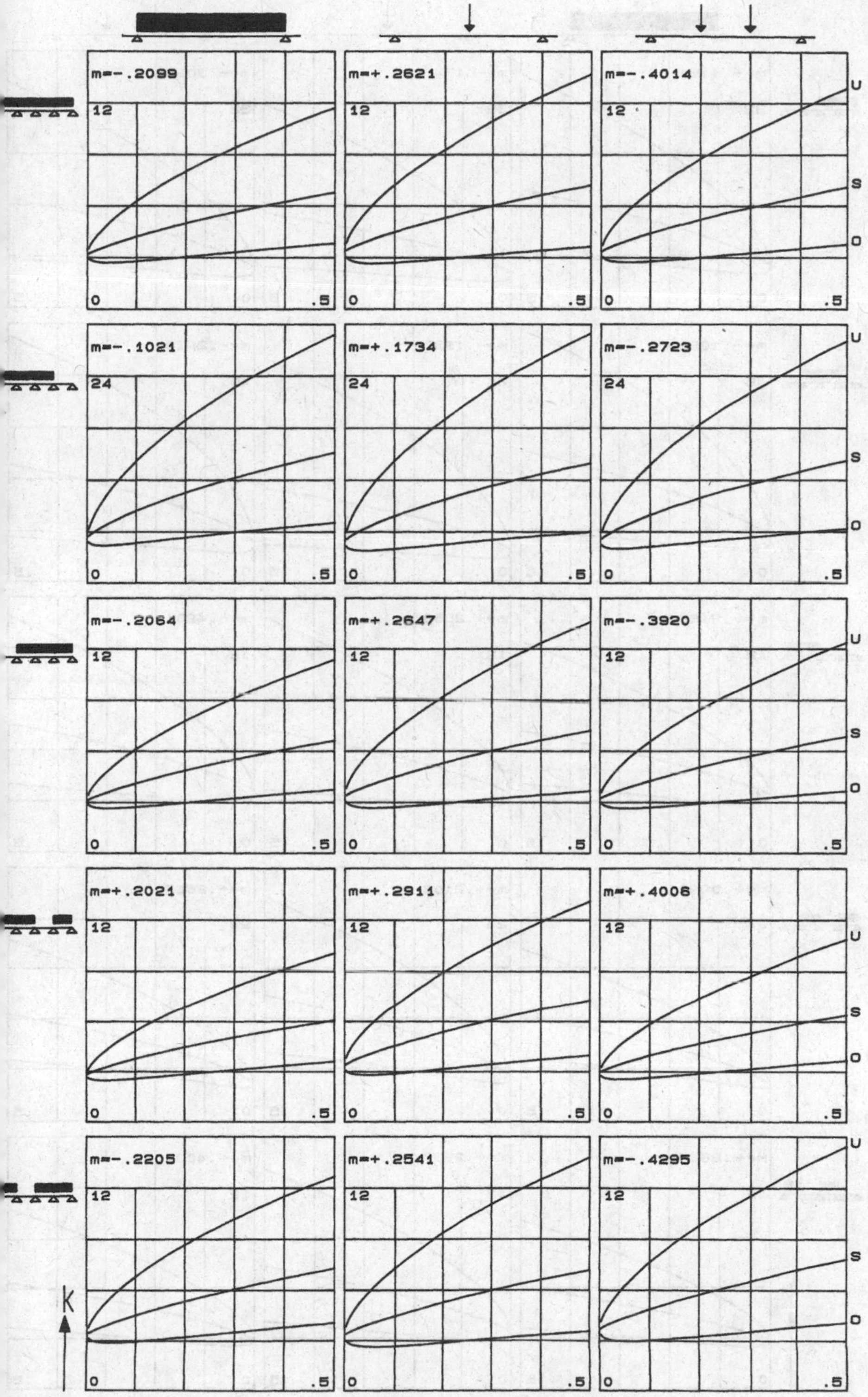
m=-.2099
12
0
.5
m=+.2621
12
0
.5
m=-.4014
12
0
.5
U
S
O
m=-.1021
24
0
.5
m=+.1734
24
0
.5
m=-.2723
24
0
.5
U
S
O
m=-.2064
12
0
.5
m=+.2647
12
0
.5
m=-.3920
12
0
.5
U
S
O
m=+.2021
12
0
.5
m=+.2911
12
0
.5
m=+.4006
12
0
.5
U
S
O
m=-.2205
12
0
.5
m=+.2541
12
0
.5
m=-.4295
12
0
.5
U
S
O
K
X

TAFEL F/IV 3 : L-L-L-1.5L

F IV

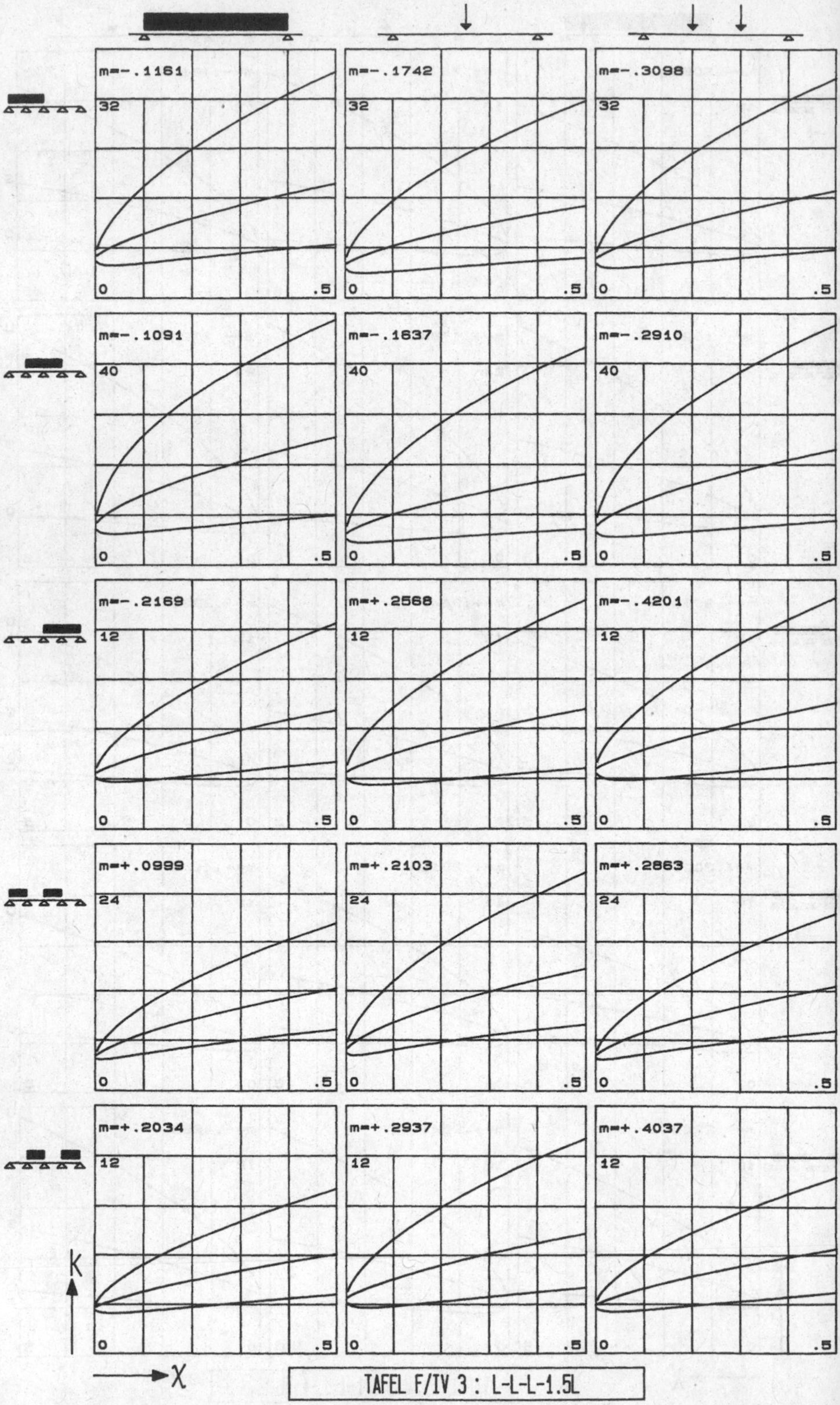

m=-.1161
32
0
.5
m=-.1742
32
0
.5
m=-.3098
32
0
.5
m=-.1091
40
0
.5
m=-.1637
40
0
.5
m=-.2910
40
0
.5
m=-.2169
12
0
.5
m=+.2568
12
0
.5
m=-.4201
12
0
.5
m=+.0999
24
0
.5
m=+.2103
24
0
.5
m=+.2863
24
0
.5
m=+.2034
12
0
.5
m=+.2937
12
0
.5
m=+.4037
12
0
.5
K
X

TAFEL F/IV 3 : L-L-L-1.5L

F IV

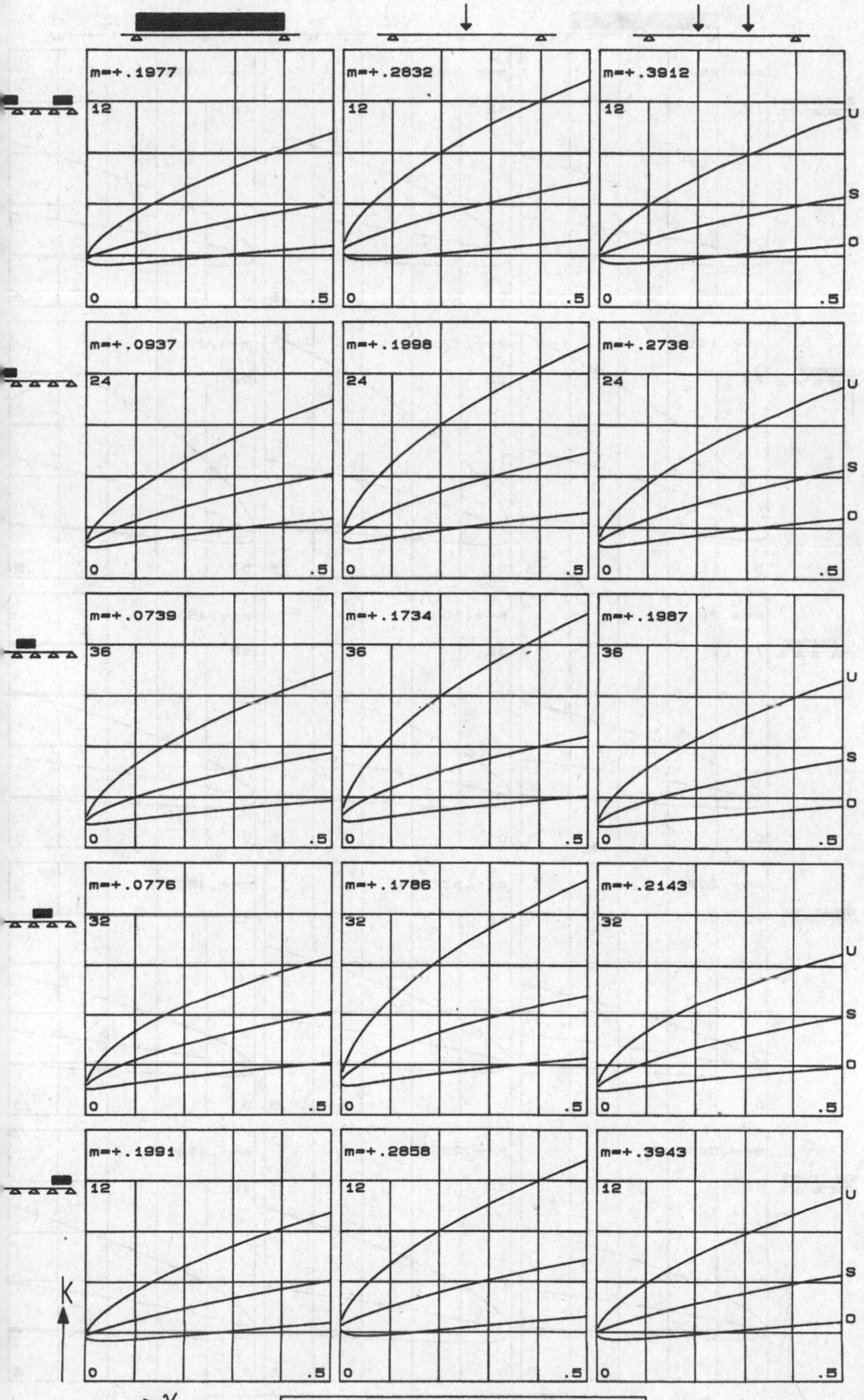

m=+.1977
12
0
.5
m=+.2832
12
0
.5
m=+.3912
12
U
S
O
0
.5
m=+.0937
24
0
.5
m=+.1998
24
0
.5
m=+.2738
24
U
S
O
0
.5
m=+.0739
36
0
.5
m=+.1734
36
0
.5
m=+.1987
36
U
S
O
0
.5
m=+.0776
32
0
.5
m=+.1786
32
0
.5
m=+.2143
32
U
S
O
0
.5
m=+.1991
12
0
.5
m=+.2858
12
0
.5
m=+.3943
12
U
S
O
0
.5
K
X

TAFEL F/IV 3 : L-L-L-1.5L

F IV

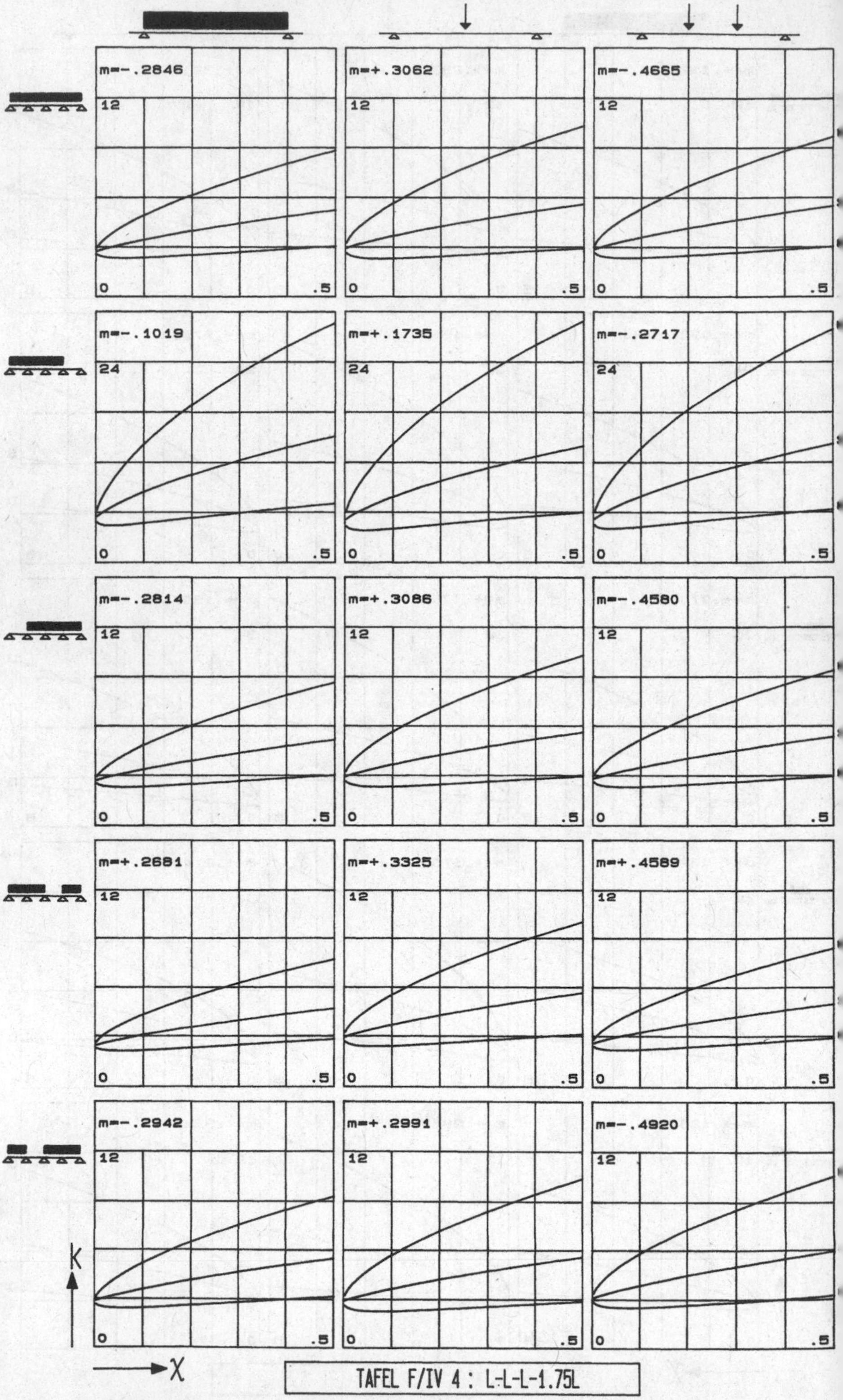
m=-.2846
12
0
.5
m=+.3062
12
0
.5
m=-.4665
12
0
.5
m=-.1019
24
0
.5
m=+.1735
24
0
.5
m=-.2717
24
0
.5
m=-.2814
12
0
.5
m=+.3086
12
0
.5
m=-.4580
12
0
.5
m=+.2681
12
0
.5
m=+.3325
12
0
.5
m=+.4589
12
0
.5
m=-.2942
12
0
.5
m=+.2991
12
0
.5
m=-.4920
12
0
.5
K
X

F
IV

TAFEL F/IV 4 : L-L-L-1.75L

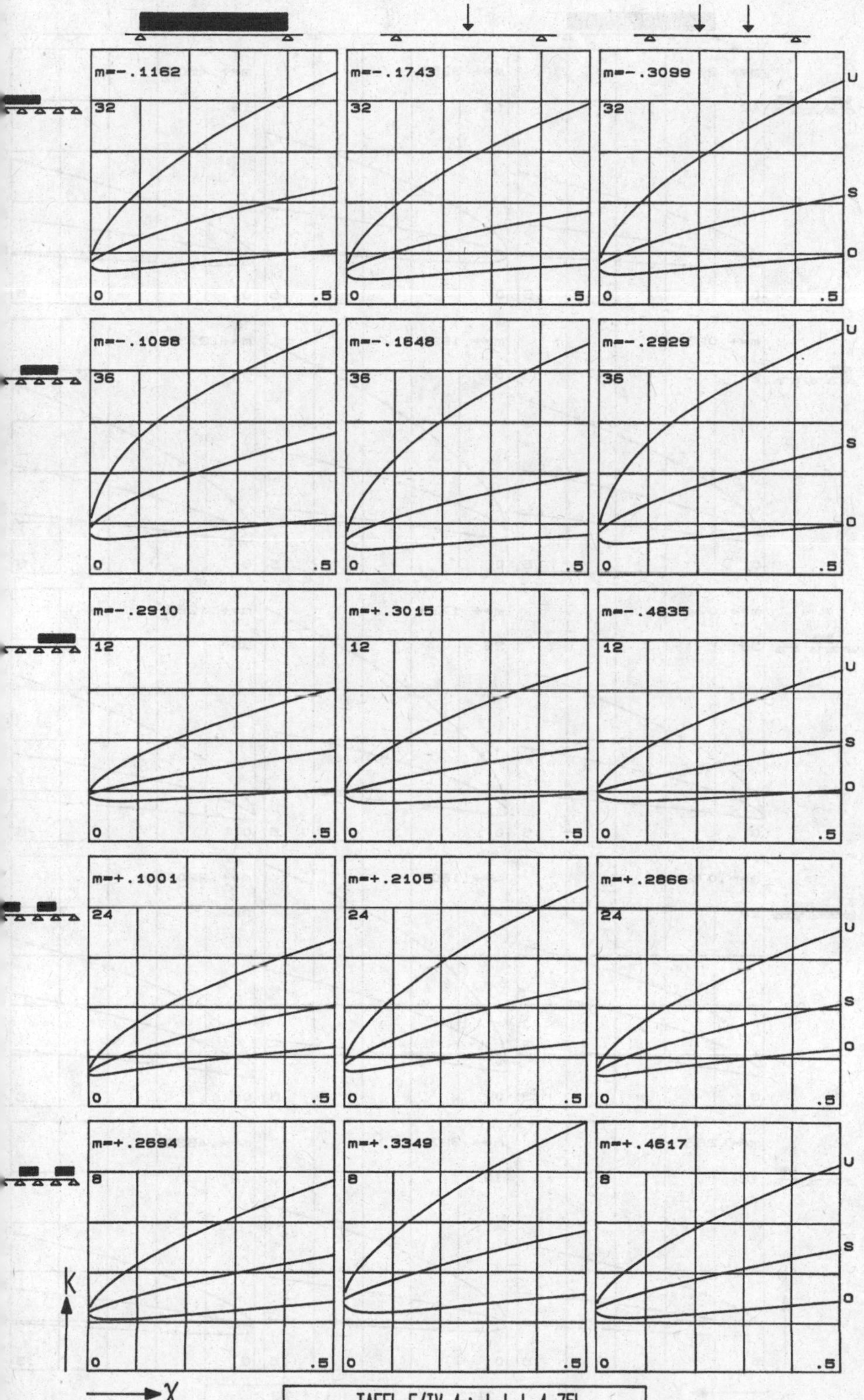
m=-.1162
32
0
.5
m=-.1743
32
0
.5
m=-.3099
32
0
.5
U
S
O
m=-.1098
36
0
.5
m=-.1648
36
0
.5
m=-.2929
36
0
.5
U
S
O
m=-.2910
12
0
.5
m=+.3015
12
0
.5
m=-.4835
12
0
.5
U
S
O
m=+.1001
24
0
.5
m=+.2105
24
0
.5
m=+.2866
24
0
.5
U
S
O
m=+.2694
8
0
.5
m=+.3349
8
0
.5
m=+.4617
8
0
.5
U
S
O
K
X

TAFEL F/IV 4 : L-L-L-1.75L

F IV

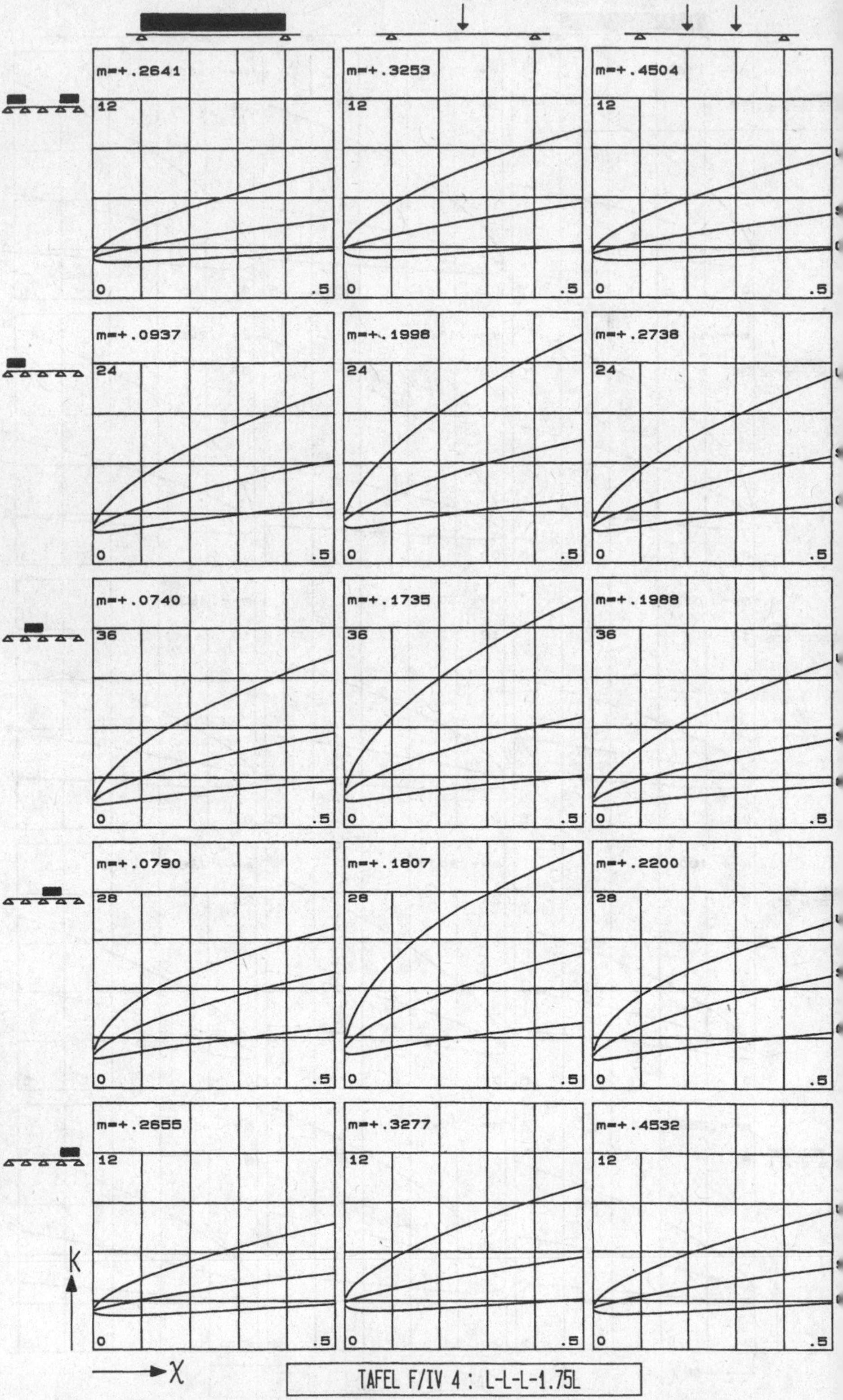
m=+.2641
12
m=+.3253
12
m=+.4504
12
m=+.0937
24
m=+.1998
24
m=+.2738
24
m=+.0740
36
m=+.1735
36
m=+.1988
36
m=+.0790
28
m=+.1807
28
m=+.2200
28
m=+.2655
12
m=+.3277
12
m=+.4532
12
0
.5
K
X

TAFEL F/IV 4 : L-L-L-1.75L

F IV

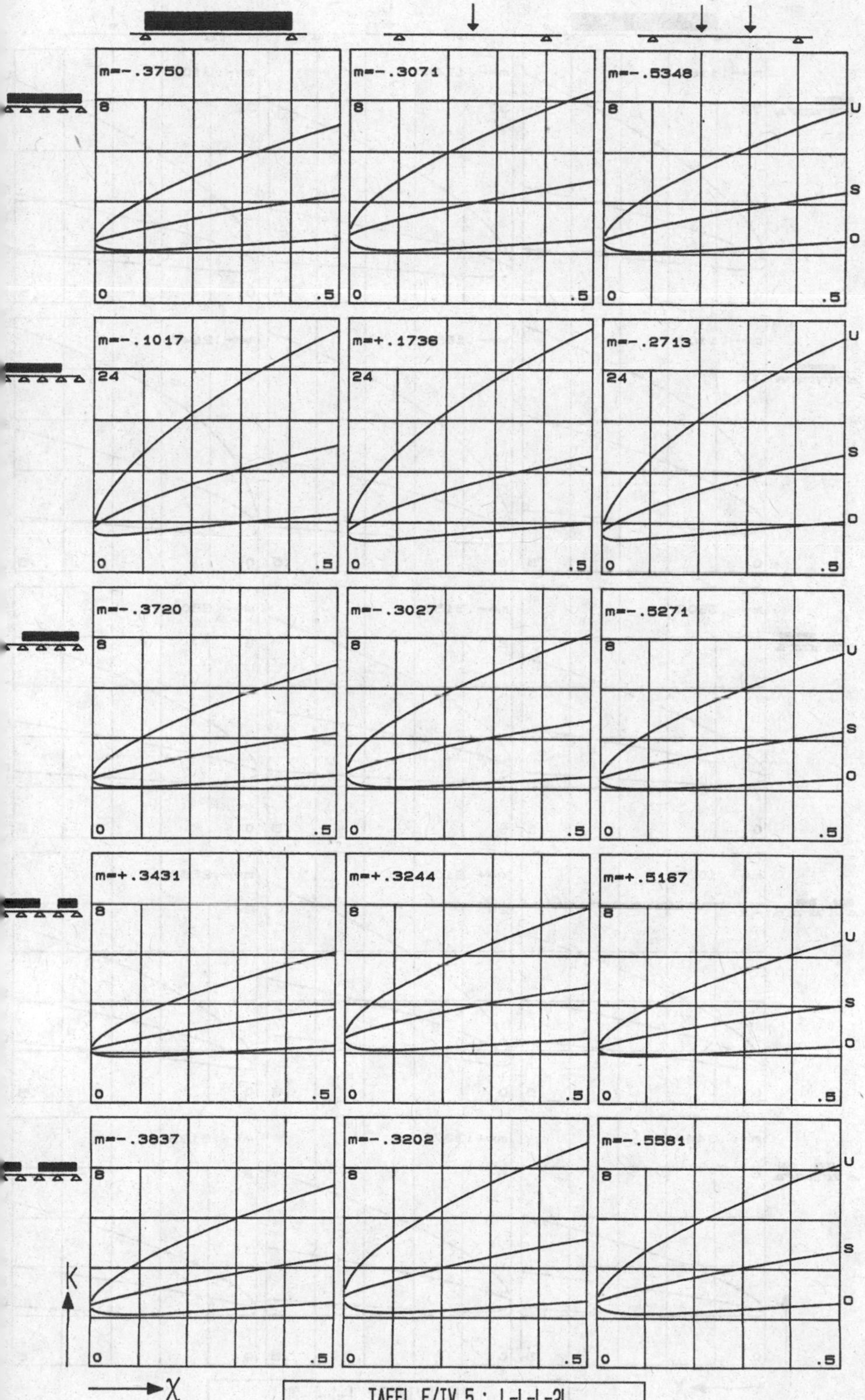

m=-.3750
m=-.3071
m=-.5348
m=-.1017
m=+.1736
m=-.2713
m=-.3720
m=-.3027
m=-.5271
m=+.3431
m=+.3244
m=+.5167
m=-.3837
m=-.3202
m=-.5581
8
24
0
.5
U
S
O
K
X

TAFEL F/IV 5 : L-L-L-2L

F
IV

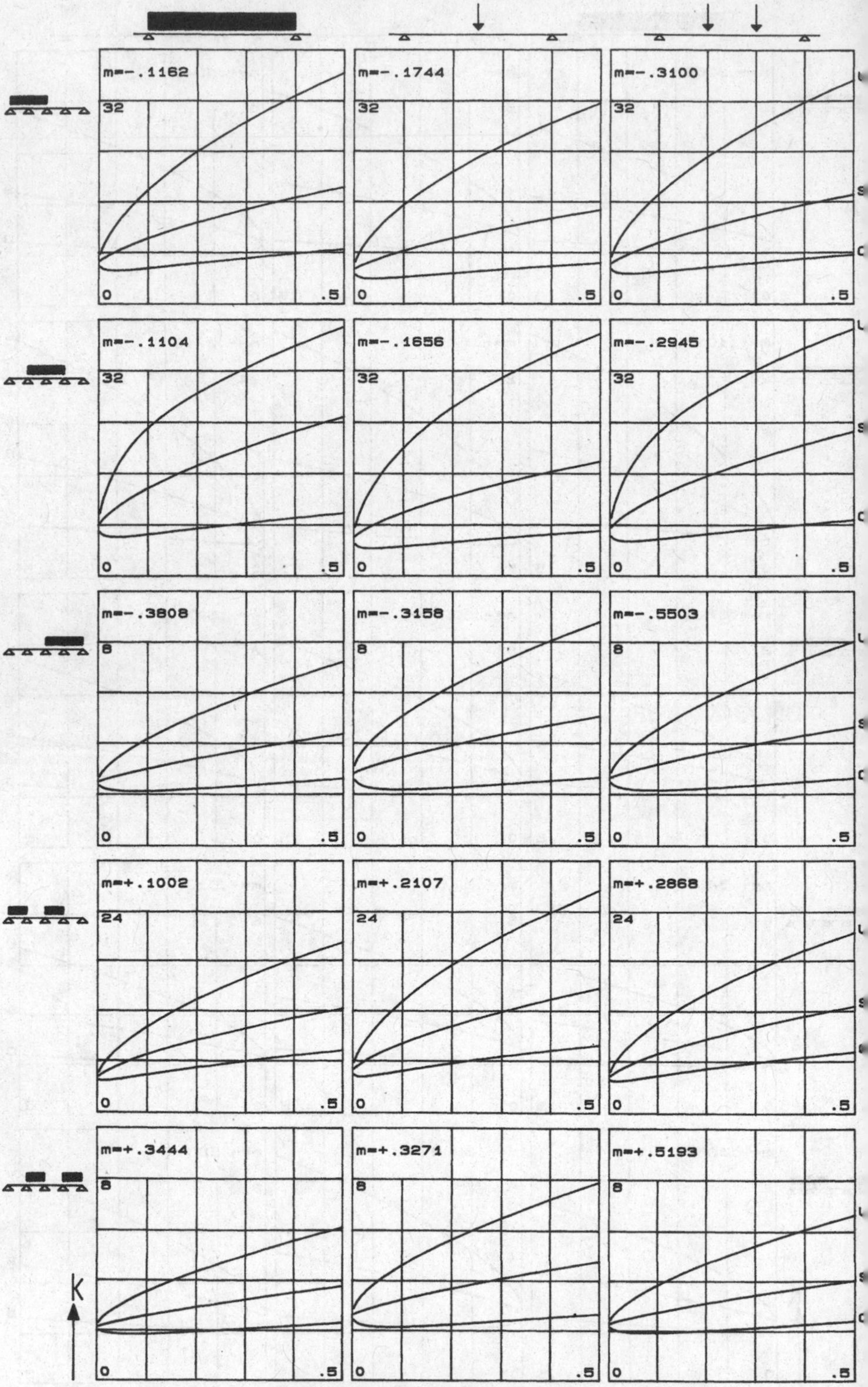
m=-.1162
32
0
.5
m=-.1744
32
0
.5
m=-.3100
32
0
.5
m=-.1104
32
0
.5
m=-.1656
32
0
.5
m=-.2945
32
0
.5
m=-.3808
8
0
.5
m=-.3158
8
0
.5
m=-.5503
8
0
.5
m=+.1002
24
0
.5
m=+.2107
24
0
.5
m=+.2868
24
0
.5
m=+.3444
8
0
.5
m=+.3271
8
0
.5
m=+.5193
8
0
.5
K
X

TAFEL F/IV 5 : L-L-L-2L

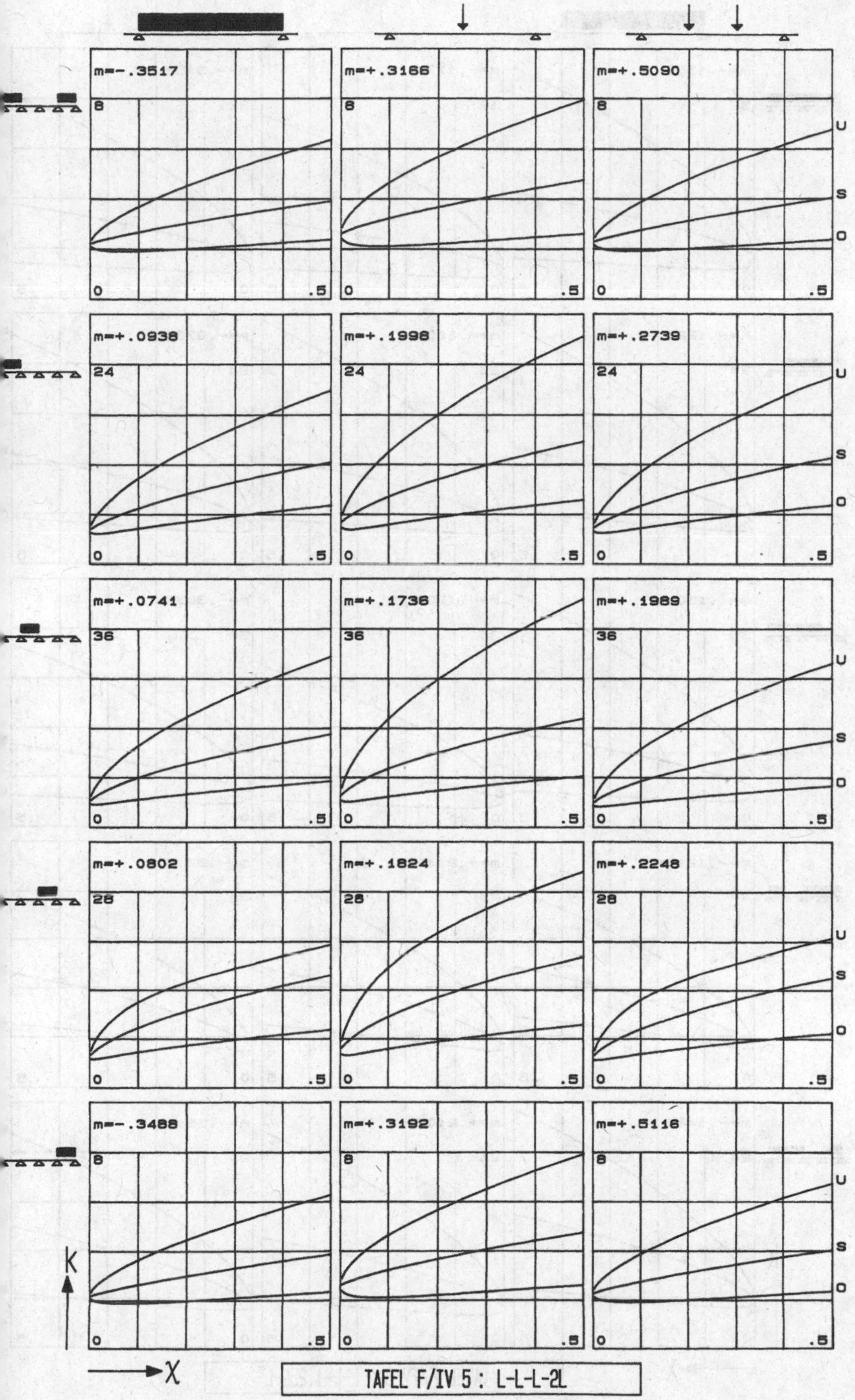

m=-.3517
8
0
.5
m=+.3166
8
0
.5
m=+.5090
8
0
.5
U
S
O
m=+.0938
24
0
.5
m=+.1998
24
0
.5
m=+.2739
24
0
.5
U
S
O
m=+.0741
36
0
.5
m=+.1736
36
0
.5
m=+.1989
36
0
.5
U
S
O
m=+.0802
28
0
.5
m=+.1824
28
0
.5
m=+.2248
28
0
.5
U
S
O
m=-.3488
8
0
.5
m=+.3192
8
0
.5
m=+.5116
8
0
.5
U
S
O
K
X

TAFEL F/IV 5 : L-L-L-2L

F IV

m=-.1350
32
0
.5
m=-.1774
32
0
.5
m=-.3155
32
0
.5
m=-.1223
24
0
.5
m=+.1908
24
0
.5
m=-.2781
24
0
.5
m=-.1305
36
0
.5
m=-.1708
36
0
.5
m=-.3036
36
0
.5
m=-.1214
24
0
.5
m=+.2112
24
0
.5
m=-.3238
24
0
.5
m=-.1483
24
0
.5
m=+.2103
24
0
.5
m=-.3511
24
0
.5
K
χ
TAFEL F/IV 6 : L-L-1.25L-L

F IV

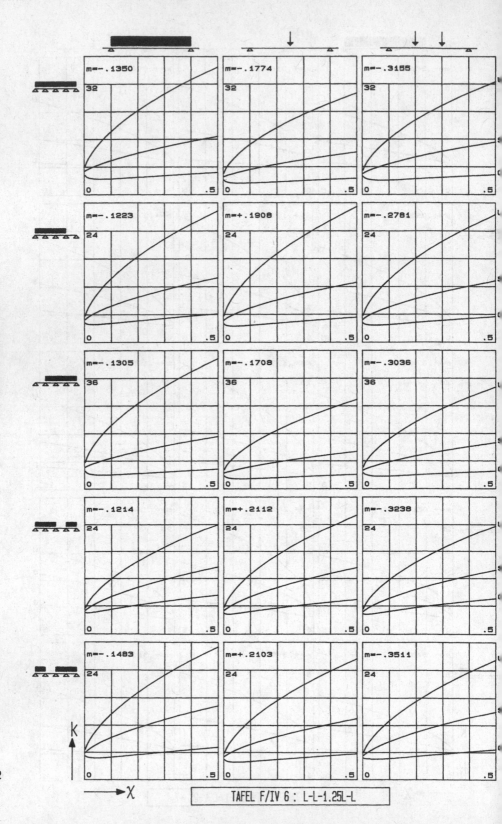

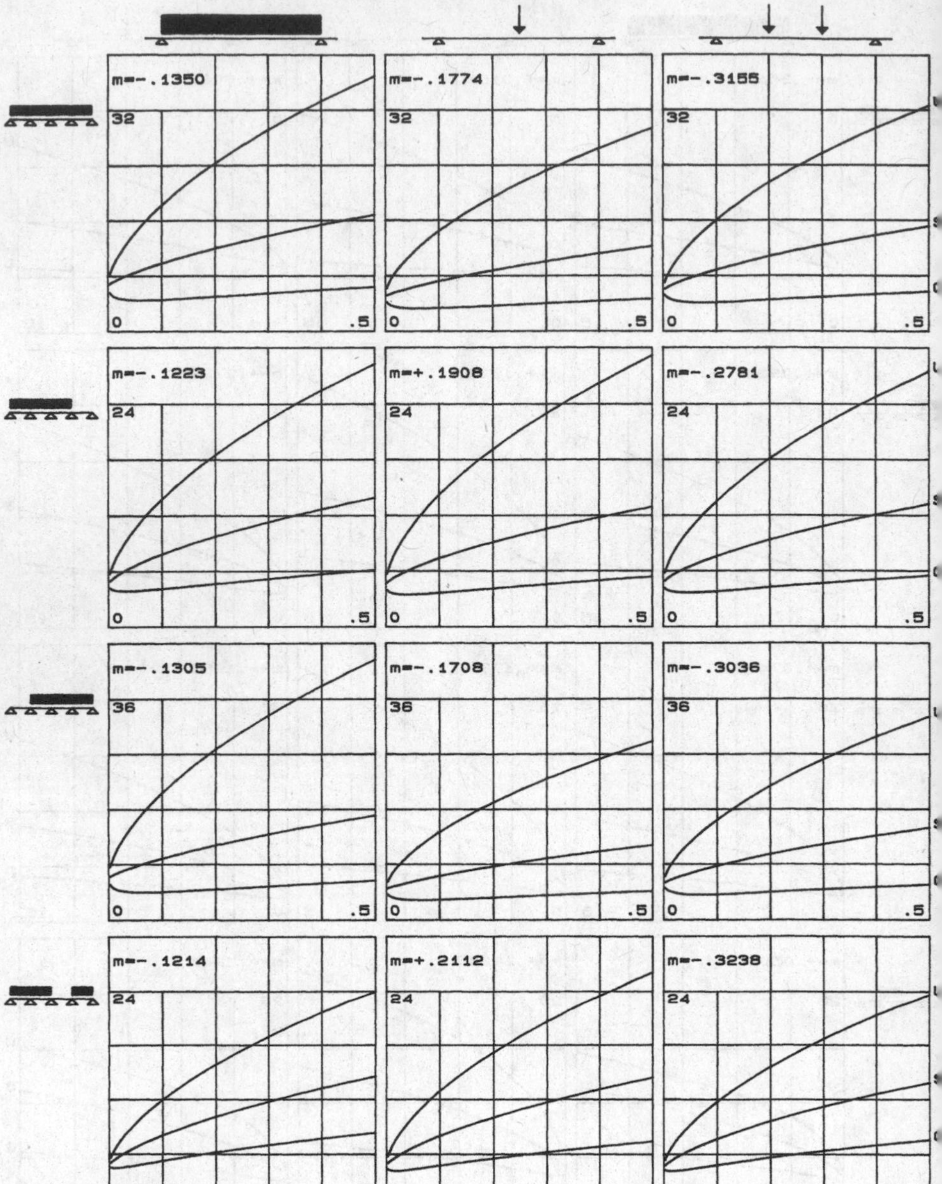

TAFEL F/IV 6 : L-L-1.25L-L

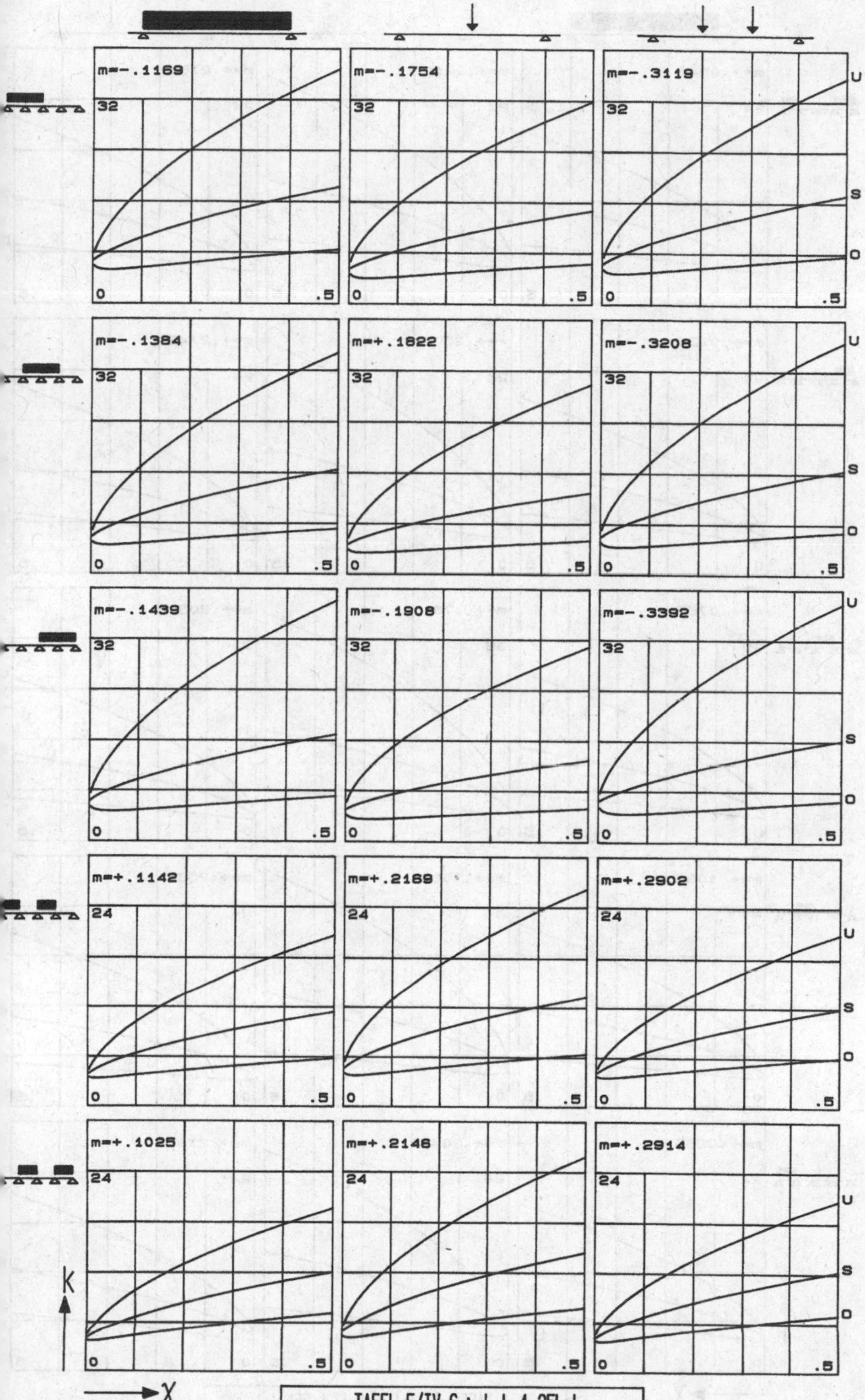

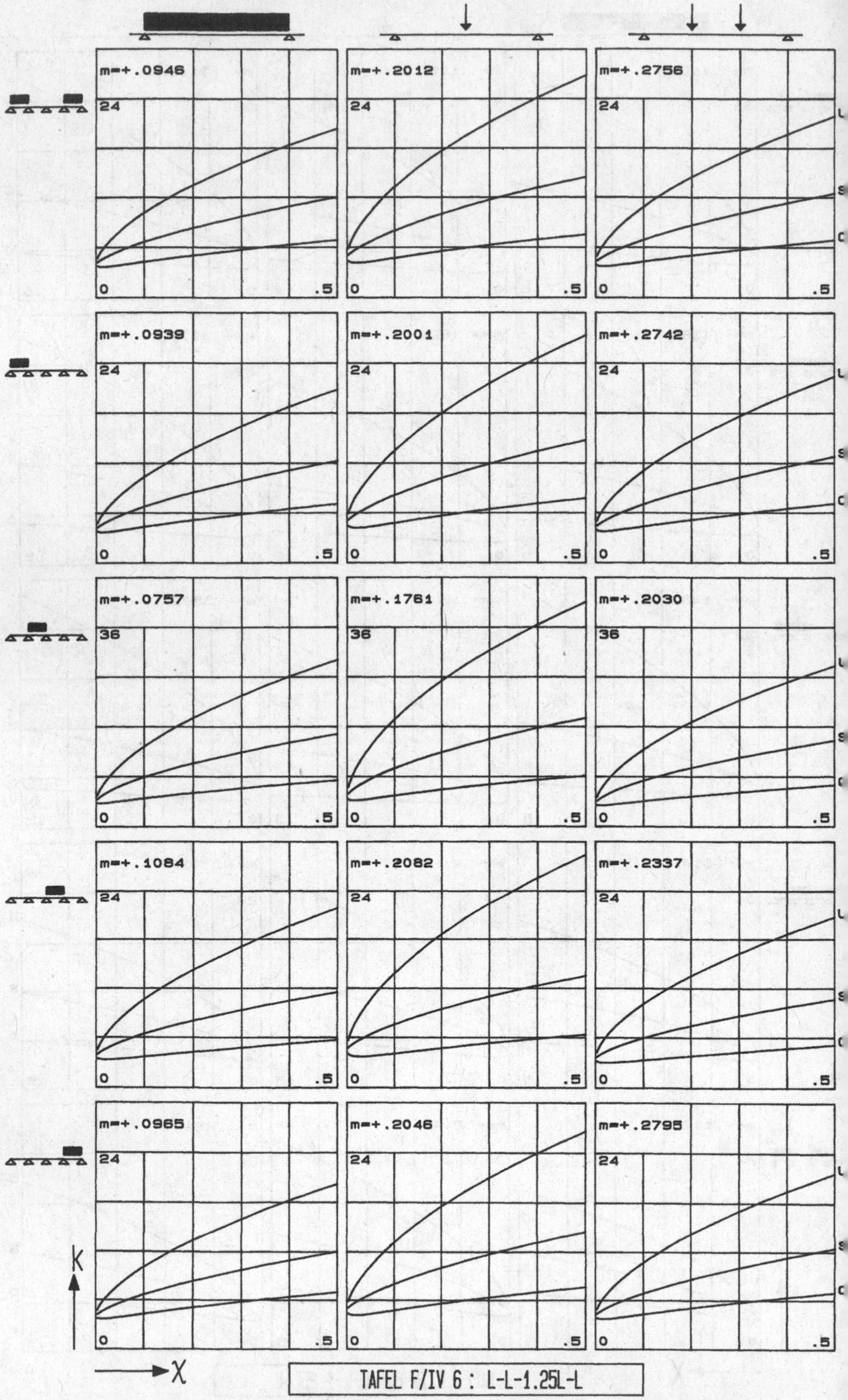

TAFEL F/IV 6 : L-L-1.25L-L

TAFEL F/IV 7 : L-L-1.25L-1.25L

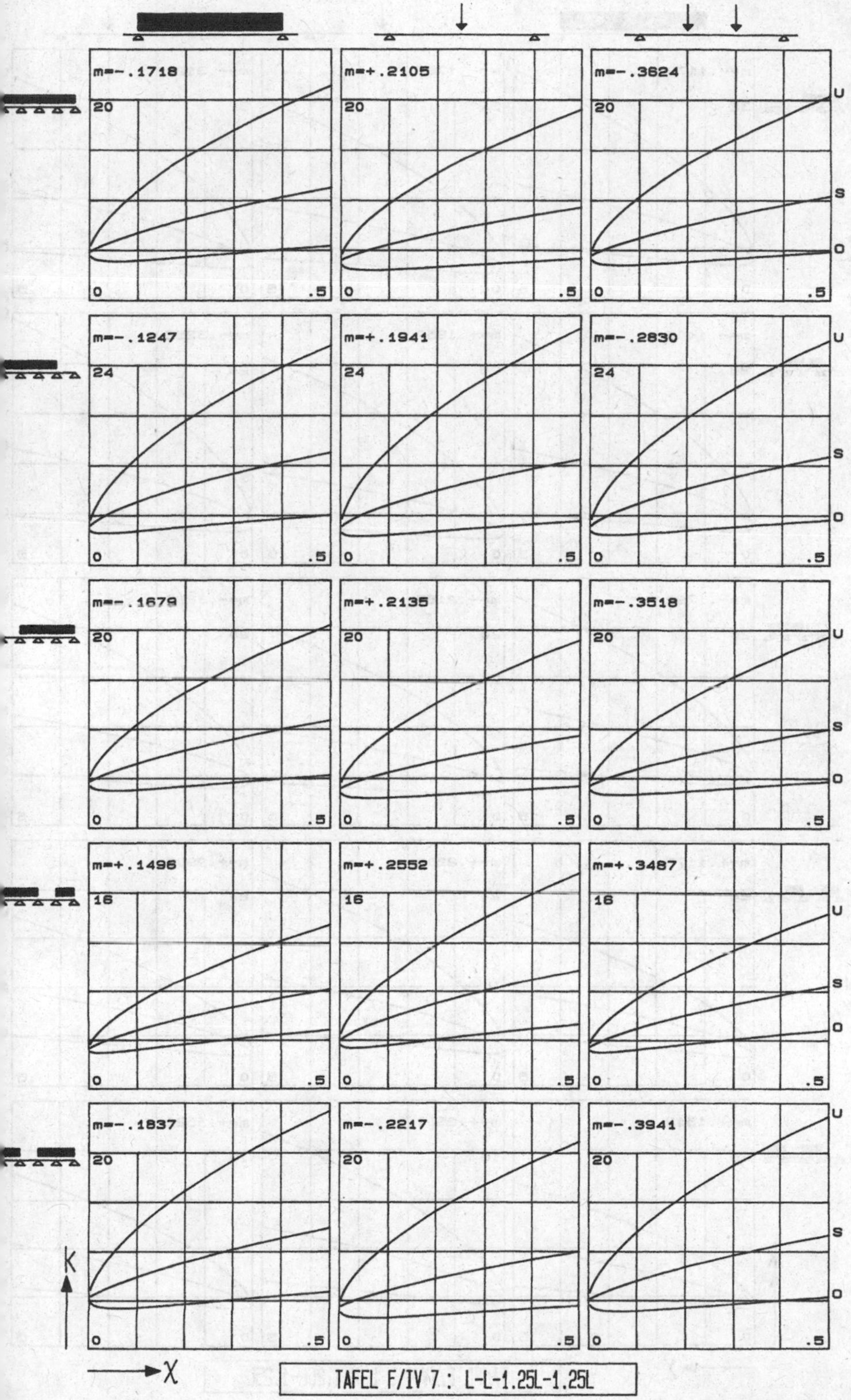

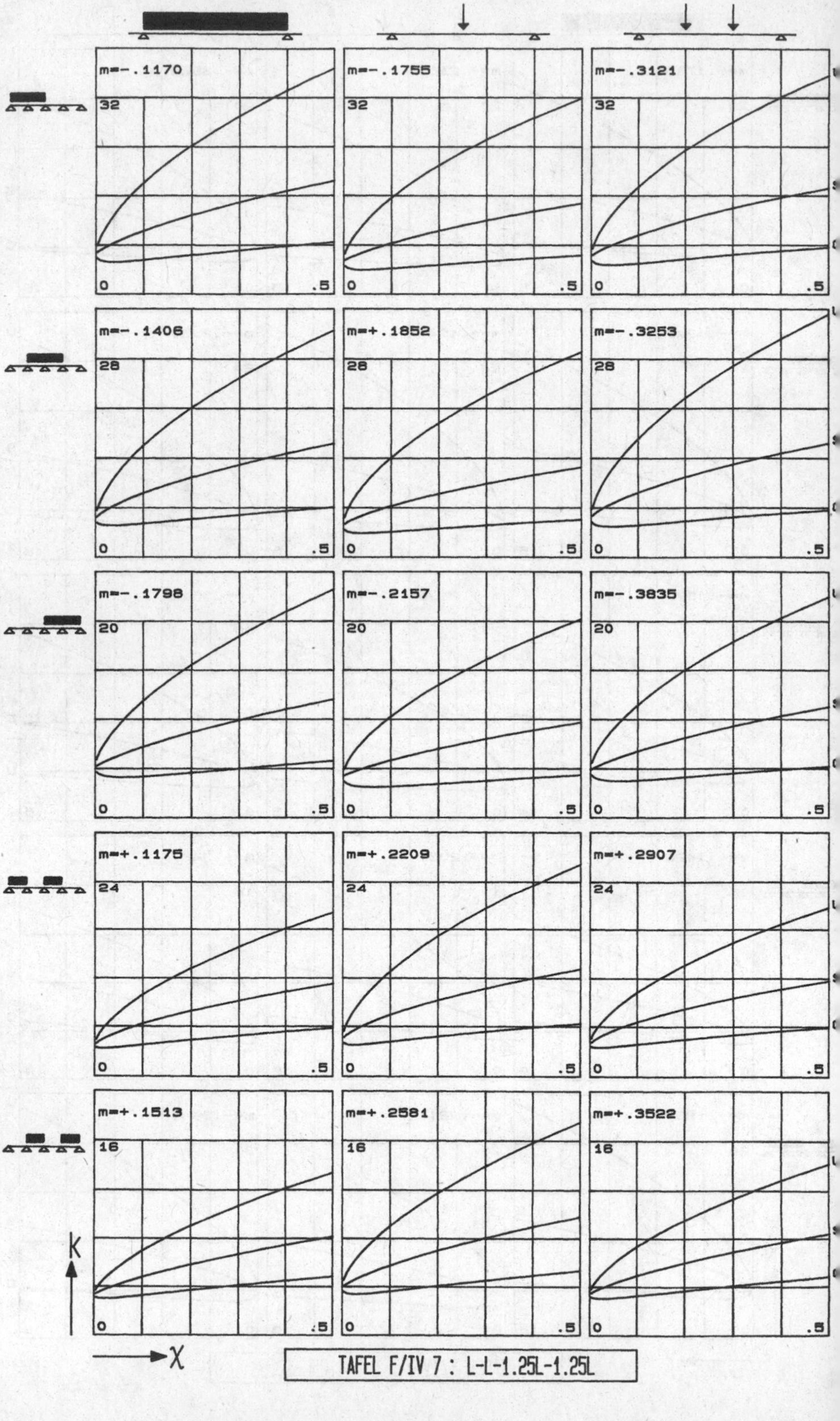

m=-.1170
32
0
.5
m=-.1755
32
0
.5
m=-.3121
32
0
.5
m=-.1406
28
0
.5
m=+.1852
28
0
.5
m=-.3253
28
0
.5
m=-.1798
20
0
.5
m=-.2157
20
0
.5
m=-.3835
20
0
.5
m=+.1175
24
0
.5
m=+.2209
24
0
.5
m=+.2907
24
0
.5
m=+.1513
16
0
.5
m=+.2581
16
0
.5
m=+.3522
16
0
.5
K
X

TAFEL F/IV 7 : L-L-1.25L-1.25L

F
IV

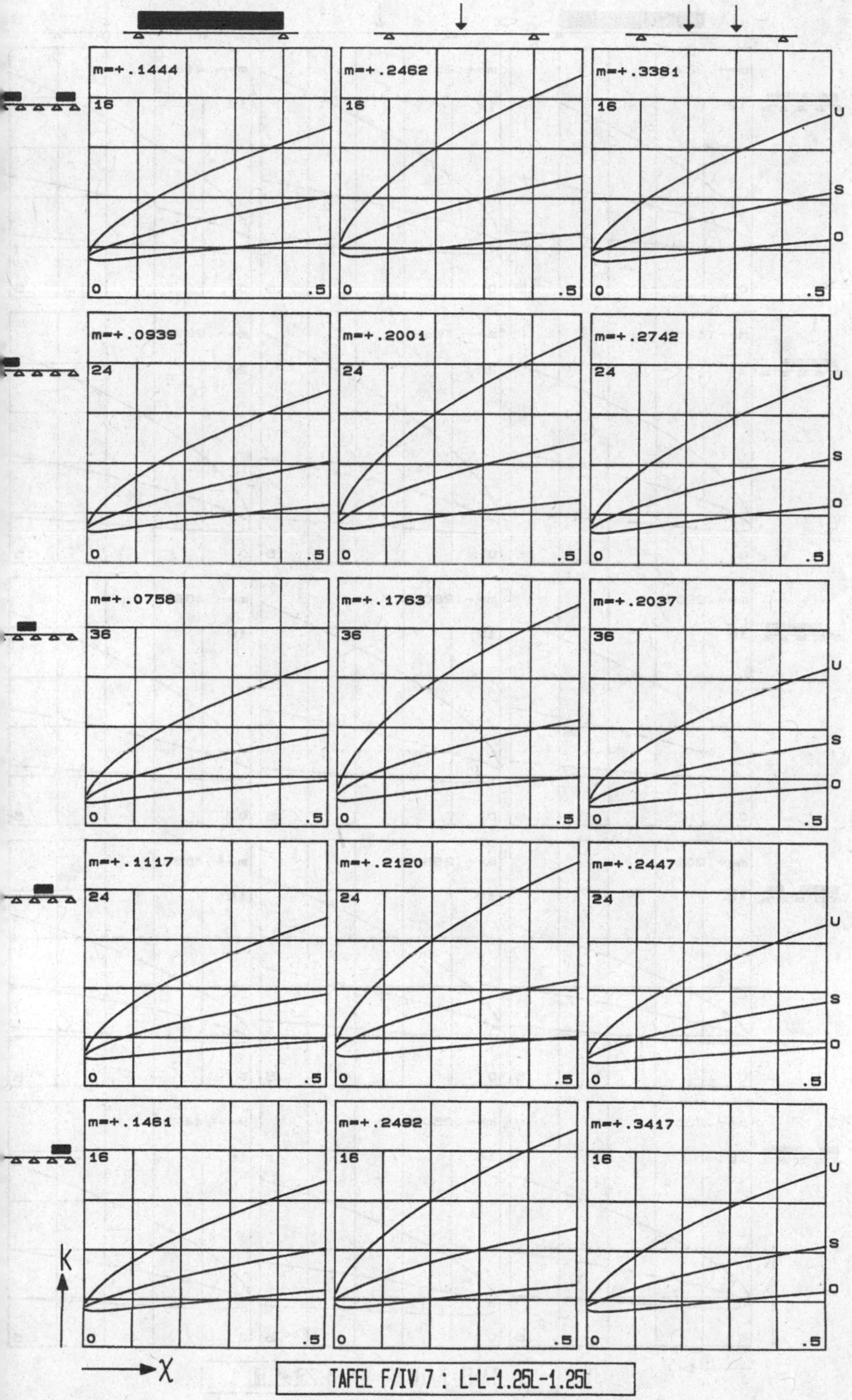
m=+.1444
16
0
.5
m=+.2462
16
0
.5
m=+.3381
16
U
S
O
0
.5
m=+.0939
24
0
.5
m=+.2001
24
0
.5
m=+.2742
24
U
S
O
0
.5
m=+.0758
36
0
.5
m=+.1763
36
0
.5
m=+.2037
36
U
S
O
0
.5
m=+.1117
24
0
.5
m=+.2120
24
0
.5
m=+.2447
24
U
S
O
0
.5
m=+.1461
16
0
.5
m=+.2492
16
0
.5
m=+.3417
16
U
S
O
0
.5
K
X

TAFEL F/IV 7 : L-L-1.25L-1.25L

F IV

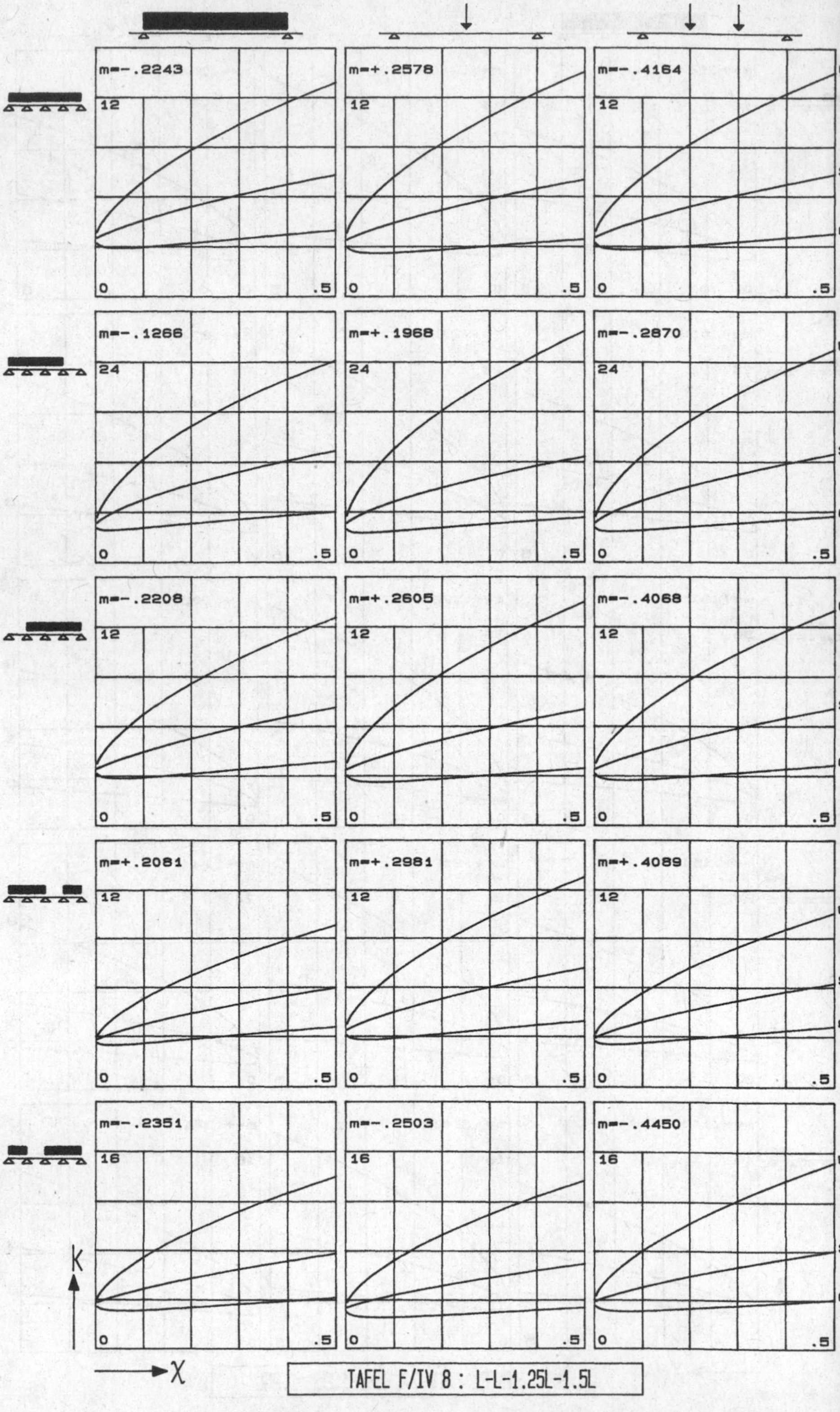
m=-.2243
12
0
.5
m=+.2578
12
0
.5
m=-.4164
12
0
.5
m=-.1266
24
0
.5
m=+.1968
24
0
.5
m=-.2870
24
0
.5
m=-.2208
12
0
.5
m=+.2605
12
0
.5
m=-.4068
12
0
.5
m=+.2081
12
0
.5
m=+.2981
12
0
.5
m=+.4089
12
0
.5
m=-.2351
16
0
.5
m=-.2503
16
0
.5
m=-.4450
16
0
.5
K
X

TAFEL F/IV 8 : L-L-1.25L-1.5L

F IV

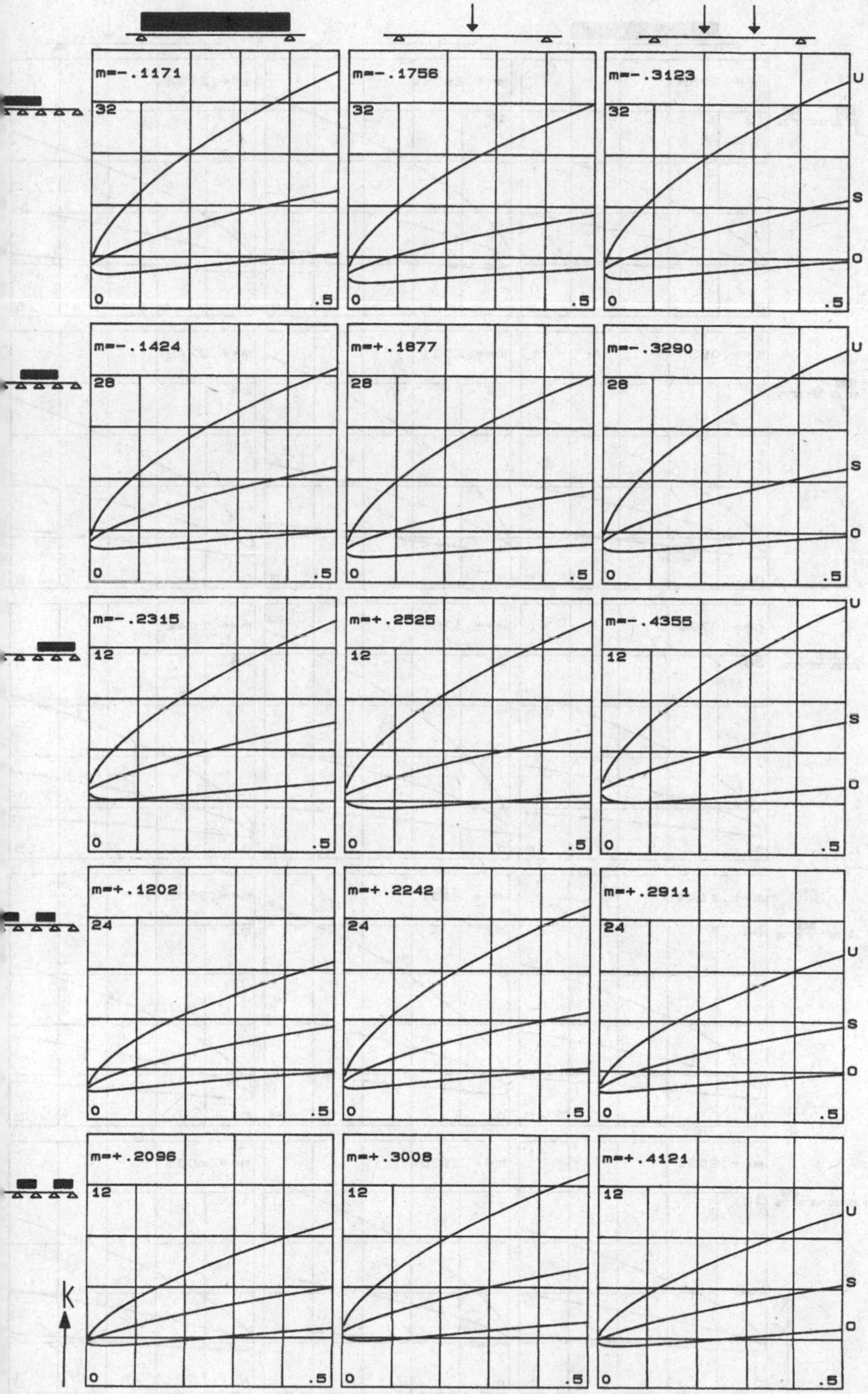

m=-.1171
32
m=-.1756
32
m=-.3123
32
U
S
O
m=-.1424
28
m=+.1877
28
m=-.3290
28
m=-.2315
12
m=+.2525
12
m=-.4355
12
m=+.1202
24
m=+.2242
24
m=+.2911
24
m=+.2096
12
m=+.3008
12
m=+.4121
12
0
.5
K
X

TAFEL F/IV 8 : L-L-1.25L-1.5L

F IV

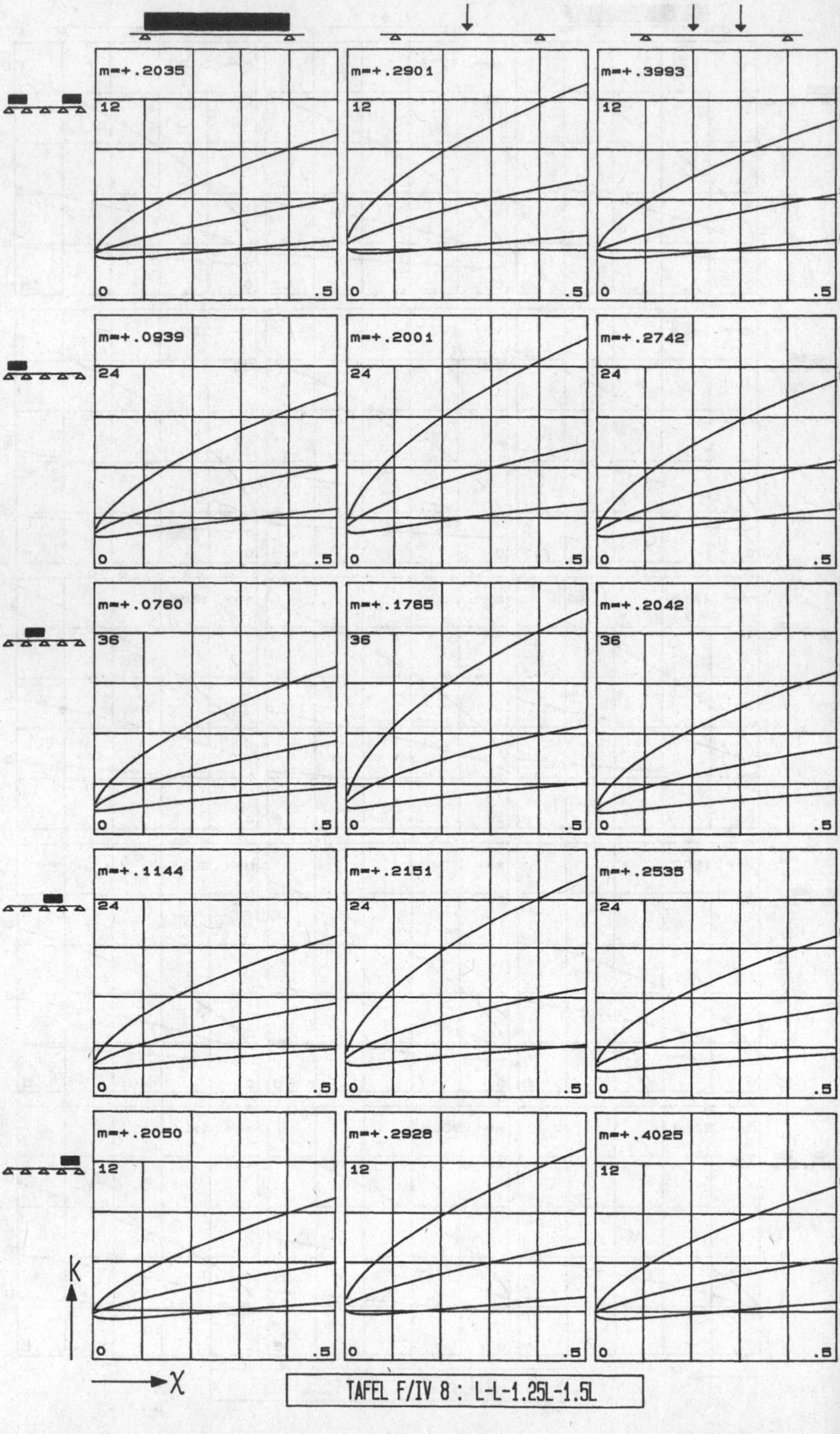
m=+.2035
12
0
.5
m=+.2901
12
0
.5
m=+.3993
12
0
.5
m=+.0939
24
0
.5
m=+.2001
24
0
.5
m=+.2742
24
0
.5
m=+.0760
36
0
.5
m=+.1765
36
0
.5
m=+.2042
36
0
.5
m=+.1144
24
0
.5
m=+.2151
24
0
.5
m=+.2535
24
0
.5
m=+.2050
12
0
.5
m=+.2928
12
0
.5
m=+.4025
12
0
.5
K
X

TAFEL F/IV 8 : L-L-1.25L-1.5L

F IV

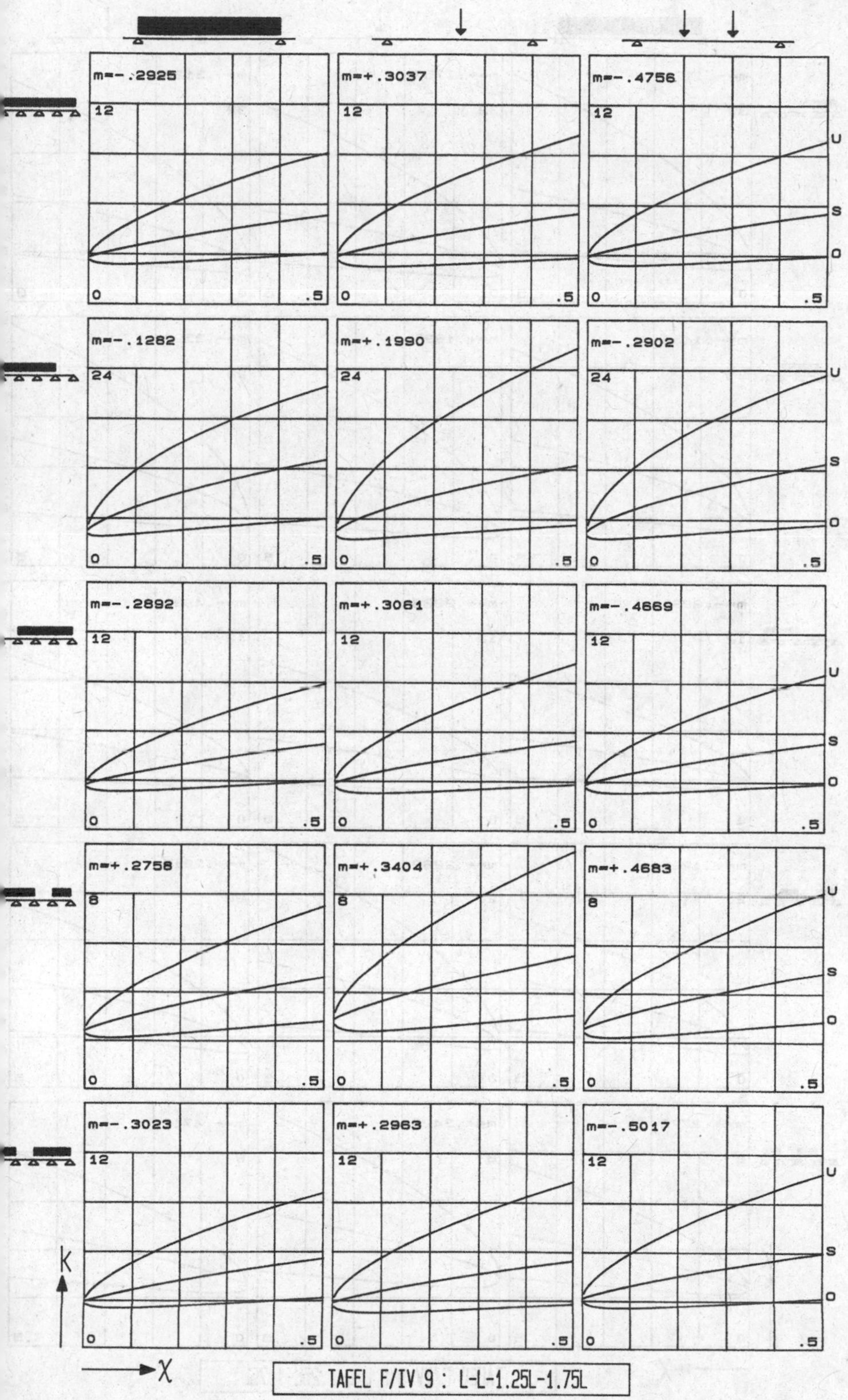

m=-.2925
12
0
.5
m=+.3037
12
0
.5
m=-.4756
12
U
S
O
0
.5
m=-.1282
24
0
.5
m=+.1990
24
0
.5
m=-.2902
24
U
S
O
0
.5
m=-.2892
12
0
.5
m=+.3061
12
0
.5
m=-.4669
12
U
S
O
0
.5
m=+.2758
8
0
.5
m=+.3404
8
0
.5
m=+.4683
8
U
S
O
0
.5
m=-.3023
12
K
0
.5
m=+.2963
12
0
.5
m=-.5017
12
U
S
O
0
.5
X

TAFEL F/IV 9 : L-L-1.25L-1.75L

F IV

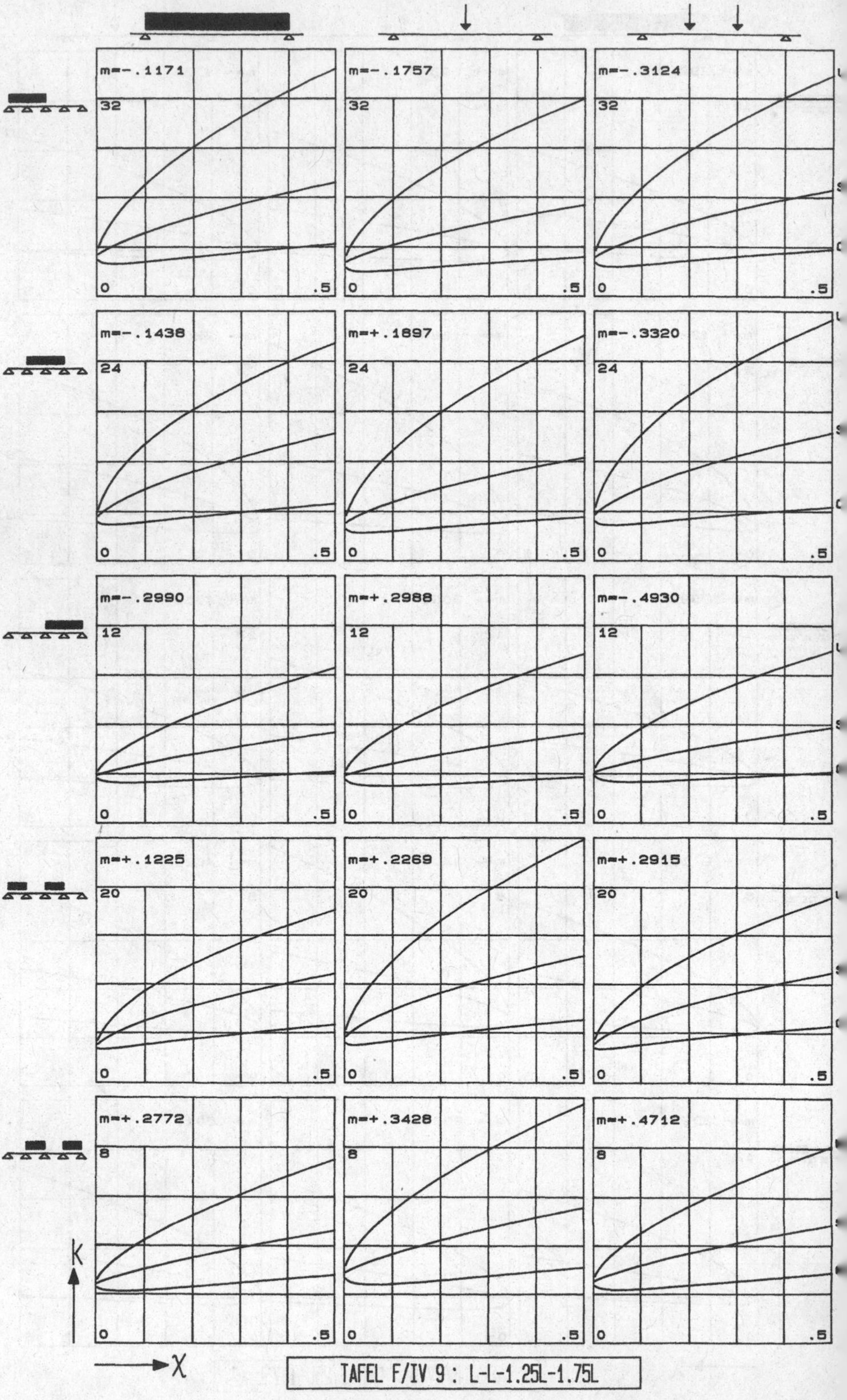

m=-.1171
32
0
.5
m=-.1757
32
0
.5
m=-.3124
32
0
.5
m=-.1438
24
0
.5
m=+.1897
24
0
.5
m=-.3320
24
0
.5
m=-.2990
12
0
.5
m=+.2988
12
0
.5
m=-.4930
12
0
.5
m=+.1225
20
0
.5
m=+.2269
20
0
.5
m=+.2915
20
0
.5
m=+.2772
8
0
.5
m=+.3428
8
0
.5
m=+.4712
8
0
.5
K
X

TAFEL F/IV 9 : L-L-1.25L-1.75L

F IV

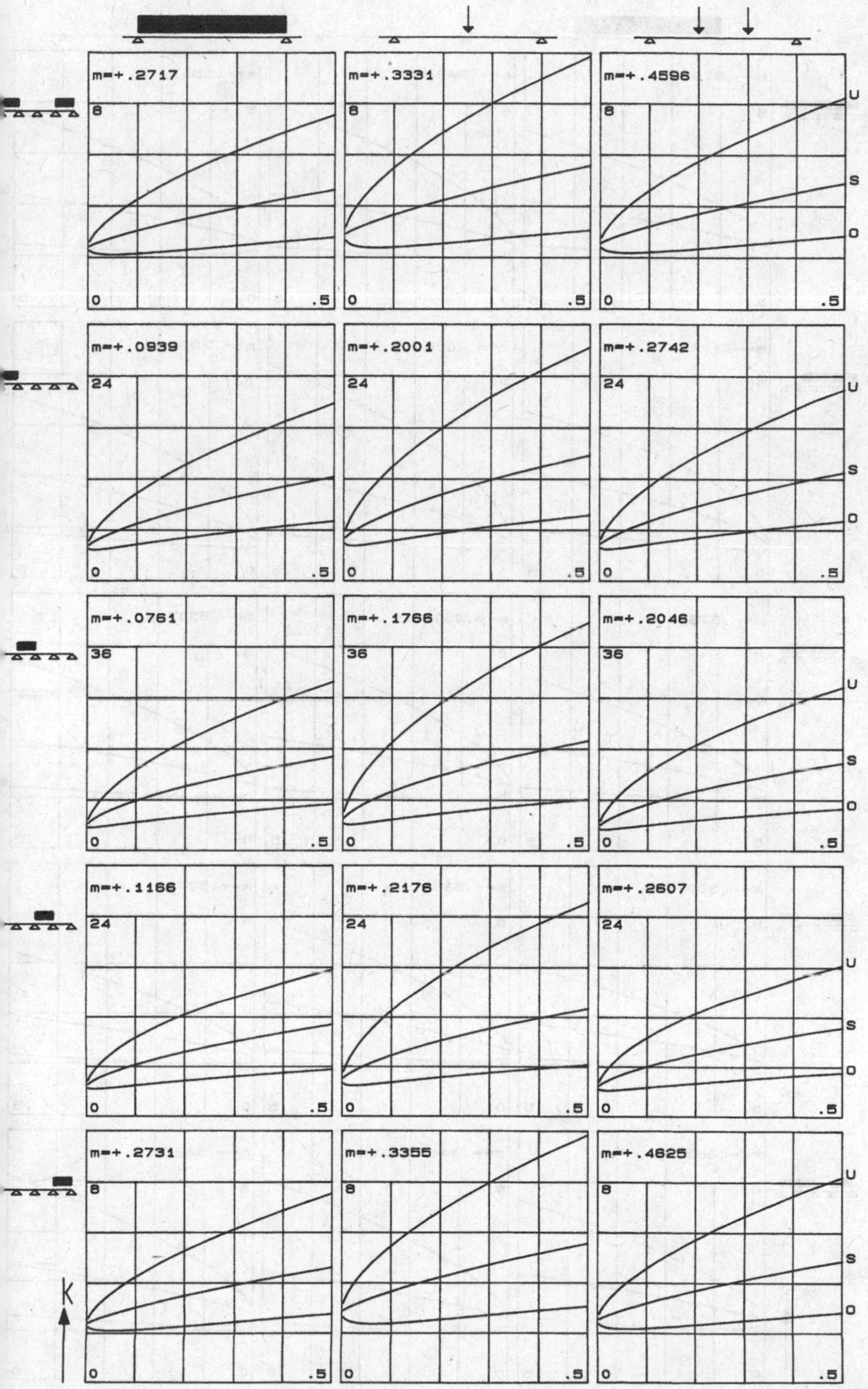

m=+.2717
8
0
.5
m=+.3331
8
0
.5
m=+.4596
8
0
.5
U
S
O
m=+.0939
24
0
.5
m=+.2001
24
0
.5
m=+.2742
24
0
.5
U
S
O
m=+.0761
36
0
.5
m=+.1766
36
0
.5
m=+.2046
36
0
.5
U
S
O
m=+.1166
24
0
.5
m=+.2176
24
0
.5
m=+.2607
24
0
.5
U
S
O
m=+.2731
8
0
.5
m=+.3355
8
0
.5
m=+.4625
8
0
.5
U
S
O
K
X

TAFEL F/IV 9 : L-L-1.25L-1.75L

F
IV

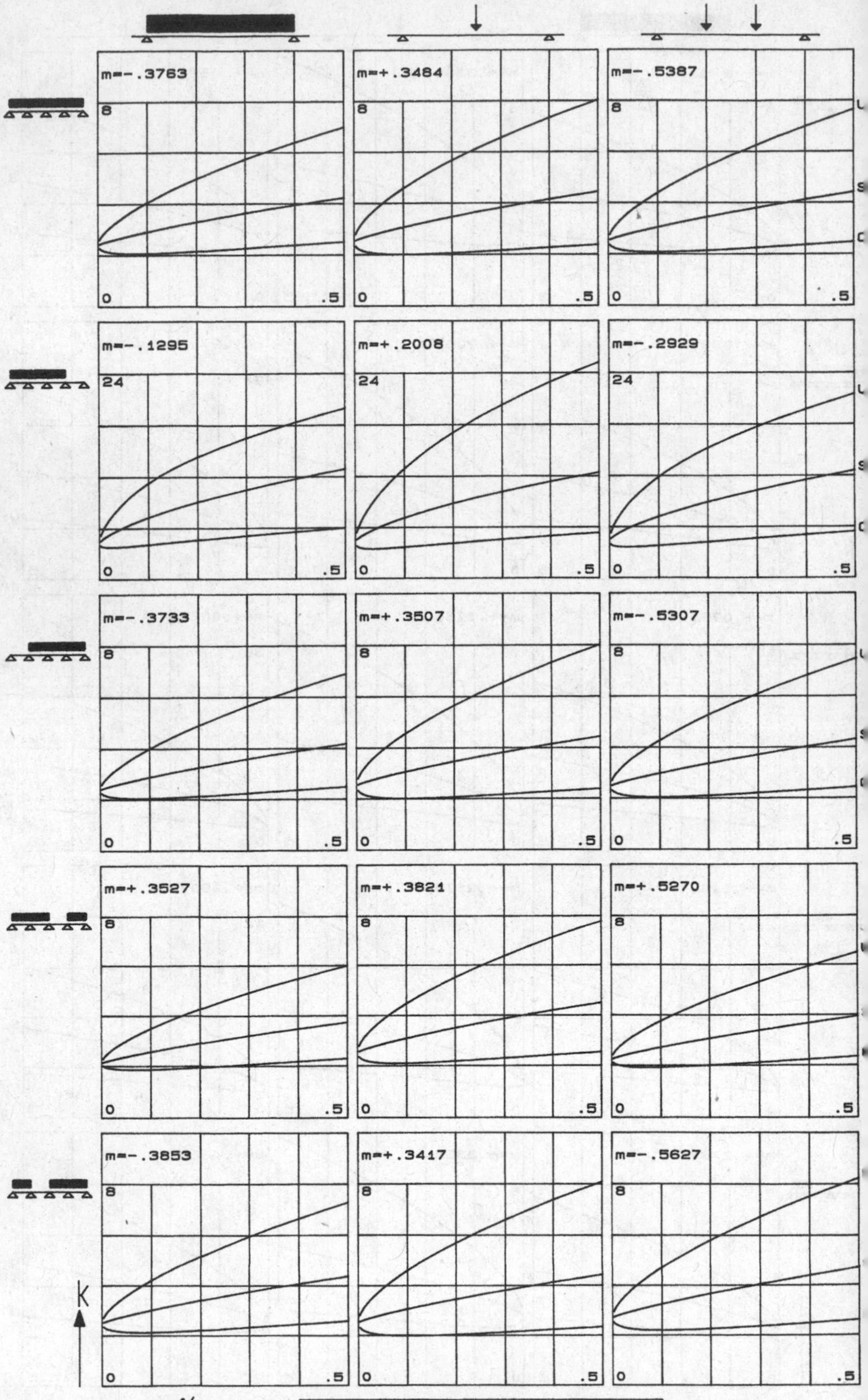

m=-.3763
8
0
.5
m=+.3484
8
0
.5
m=-.5387
8
0
.5
m=-.1295
24
0
.5
m=+.2008
24
0
.5
m=-.2929
24
0
.5
m=-.3733
8
0
.5
m=+.3507
8
0
.5
m=-.5307
8
0
.5
m=+.3527
8
0
.5
m=+.3821
8
0
.5
m=+.5270
8
0
.5
m=-.3853
8
0
.5
m=+.3417
8
0
.5
m=-.5627
8
0
.5
K
X

TAFEL F/IV 10 : L-L-1.25L-2L

F
IV

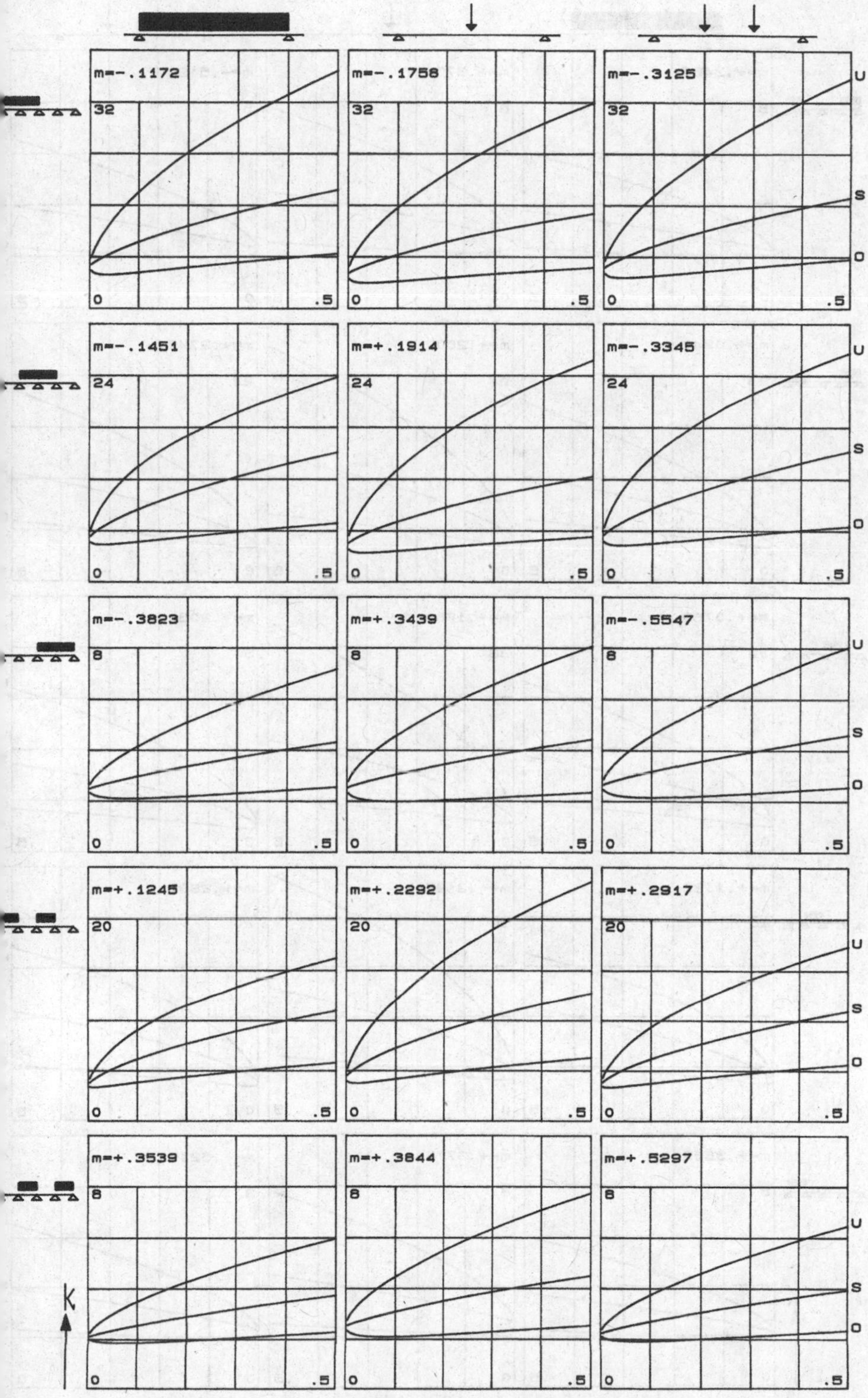
m=-.1172
32
m=-.1758
32
m=-.3125
32
U
S
O
m=-.1451
24
m=+.1914
24
m=-.3345
24
m=-.3823
8
m=+.3439
8
m=-.5547
8
m=+.1245
20
m=+.2292
20
m=+.2917
20
m=+.3539
8
m=+.3844
8
m=+.5297
8
0
.5
K
X
F
IV

TAFEL F/IV 10 : L-L-1.25L-2L

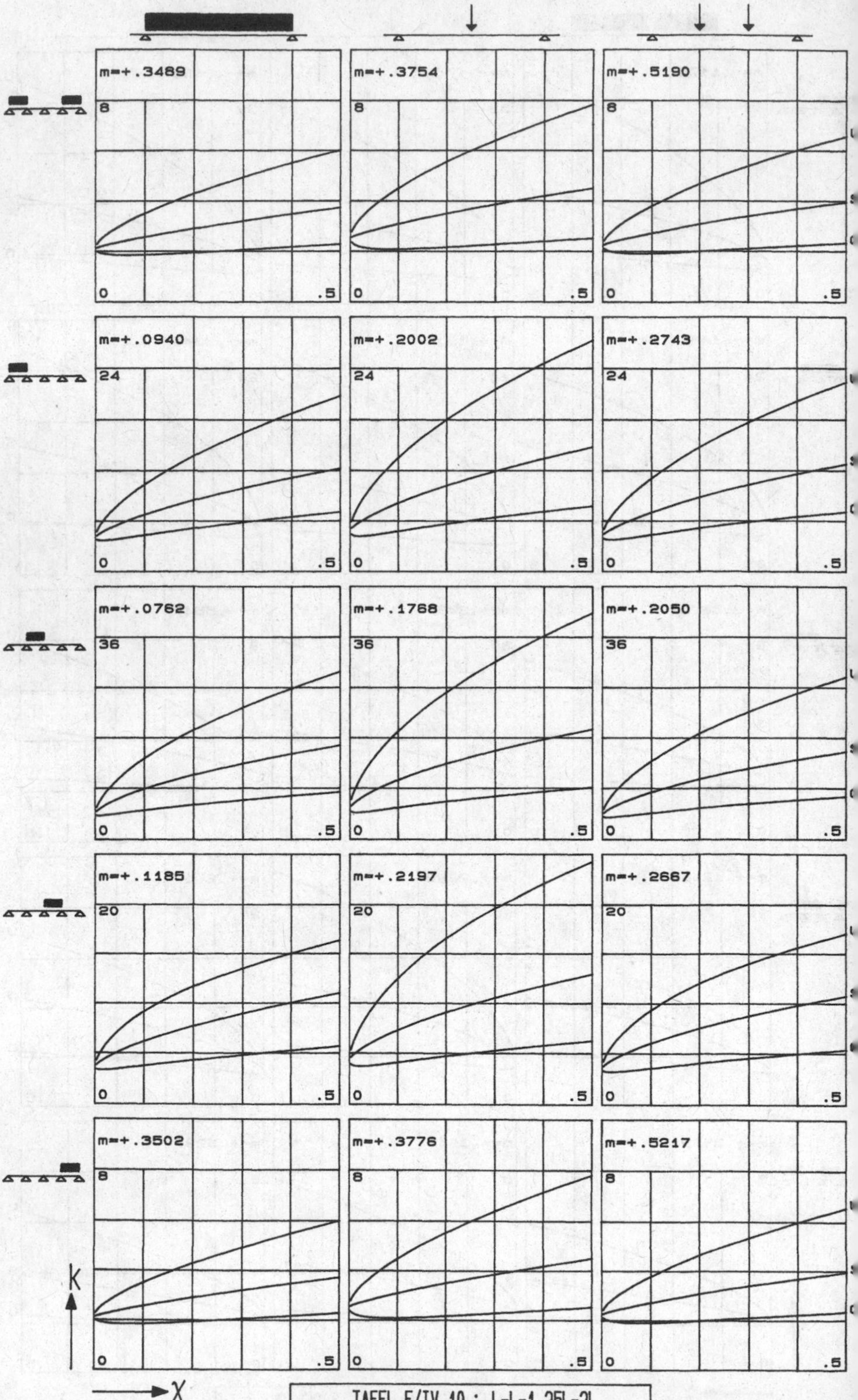

m=+.3489
m=+.3754
m=+.5190
m=+.0940
m=+.2002
m=+.2743
m=+.0762
m=+.1768
m=+.2050
m=+.1185
m=+.2197
m=+.2667
m=+.3502
m=+.3776
m=+.5217
κ
χ

F IV

TAFEL F/IV 10 : L-L-1.25L-2L

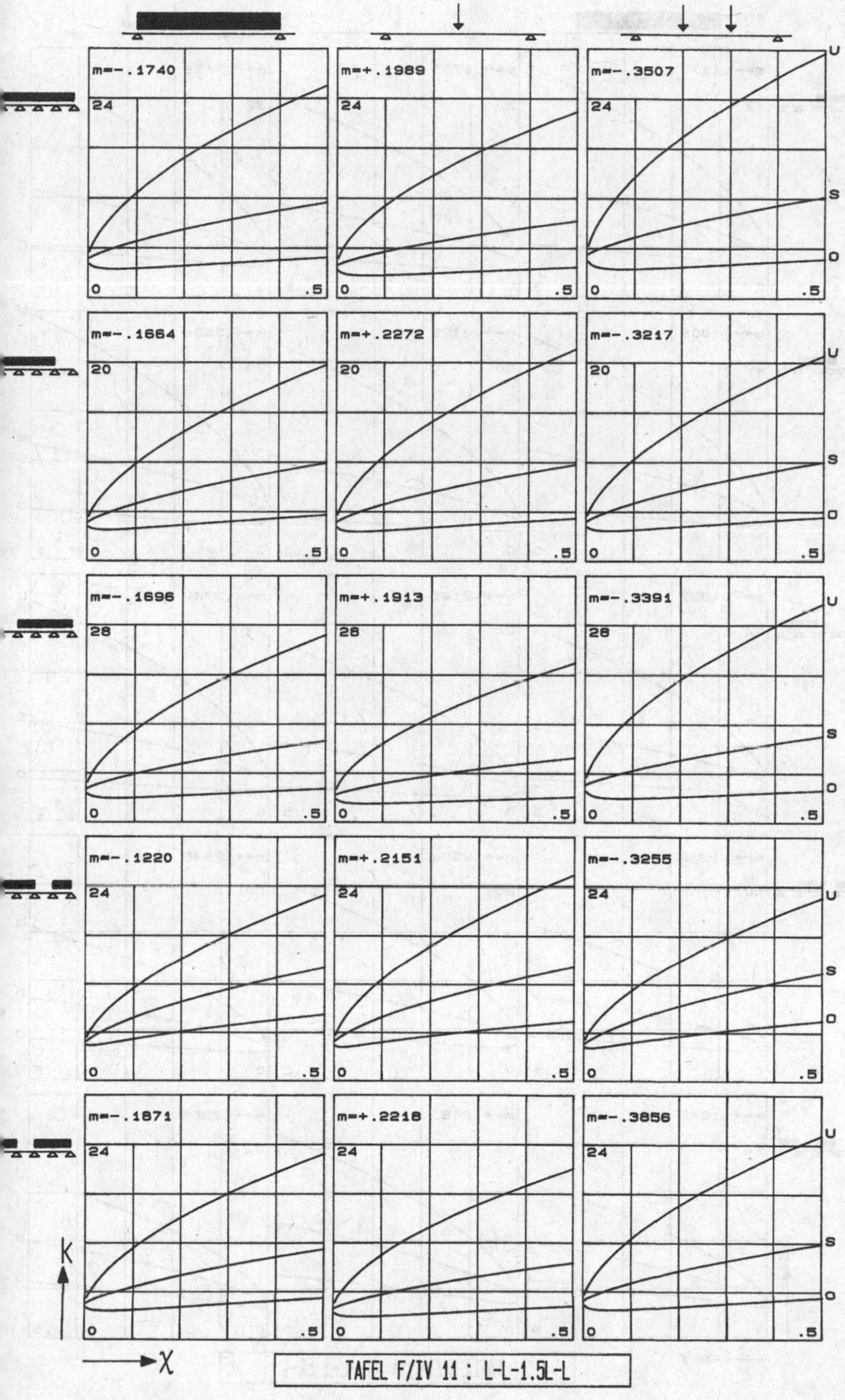

TAFEL F/IV 11 : L-L-1.5L-L

F
IV

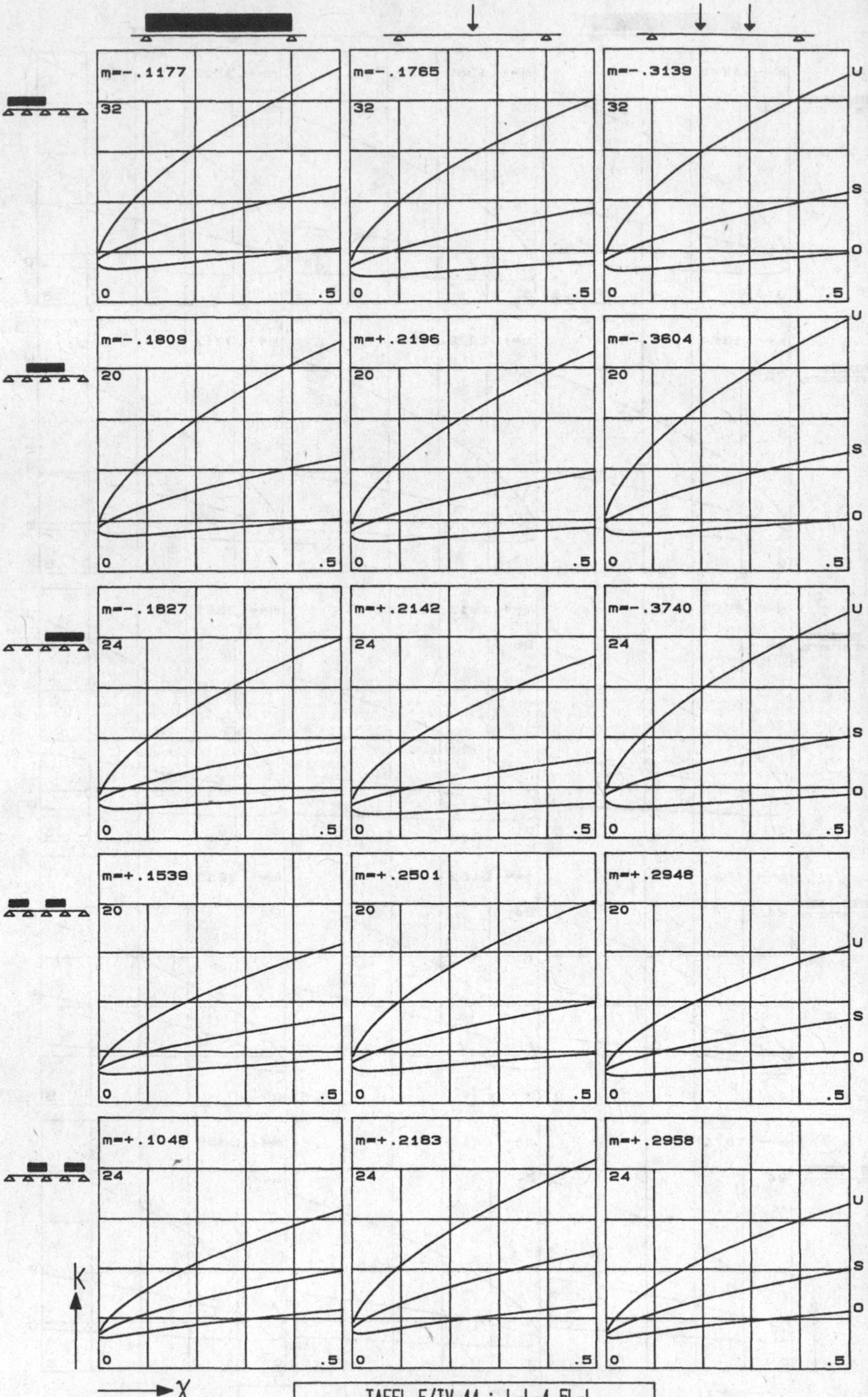
m=-.1177
32
0
.5
m=-.1765
32
0
.5
m=-.3139
32
0
.5
U
S
O
m=-.1809
20
0
.5
m=+.2196
20
0
.5
m=-.3604
20
0
.5
U
S
O
m=-.1827
24
0
.5
m=+.2142
24
0
.5
m=-.3740
24
0
.5
U
S
O
m=+.1539
20
0
.5
m=+.2501
20
0
.5
m=+.2948
20
0
.5
U
S
O
m=+.1048
24
0
.5
m=+.2183
24
0
.5
m=+.2958
24
0
.5
U
S
O
K
X

TAFEL F/IV 11 : L-L-1.5L-L

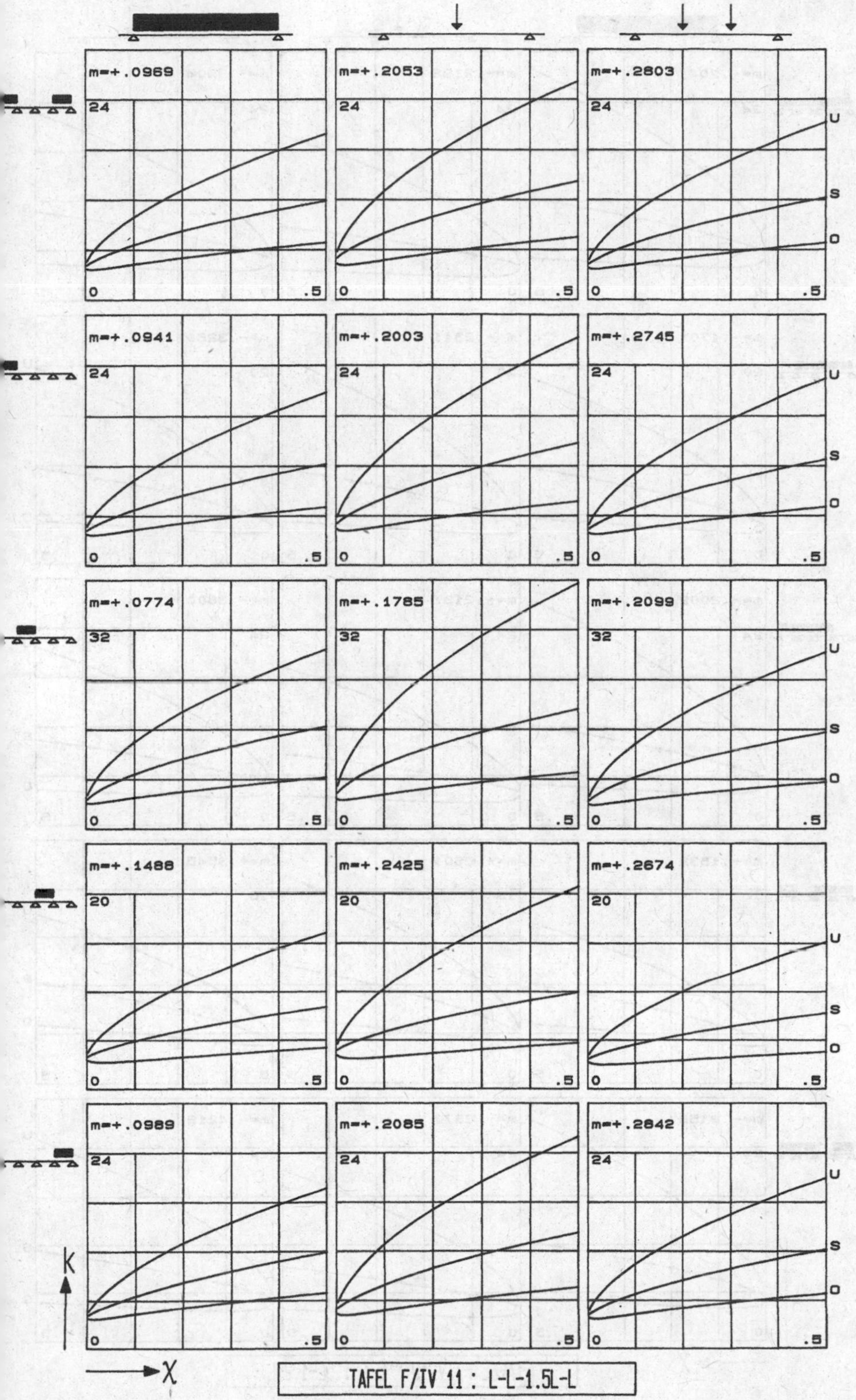

m=+.0969
24
0
.5
m=+.2053
24
0
.5
m=+.2803
24
U
S
O
0
.5
m=+.0941
24
0
.5
m=+.2003
24
0
.5
m=+.2745
24
U
S
O
0
.5
m=+.0774
32
0
.5
m=+.1785
32
0
.5
m=+.2099
32
U
S
O
0
.5
m=+.1488
20
0
.5
m=+.2425
20
0
.5
m=+.2674
20
U
S
O
0
.5
m=+.0989
24
0
.5
m=+.2085
24
0
.5
m=+.2842
24
U
S
O
0
.5
K
X

TAFEL F/IV 11 : L-L-1.5L-L

F
IV

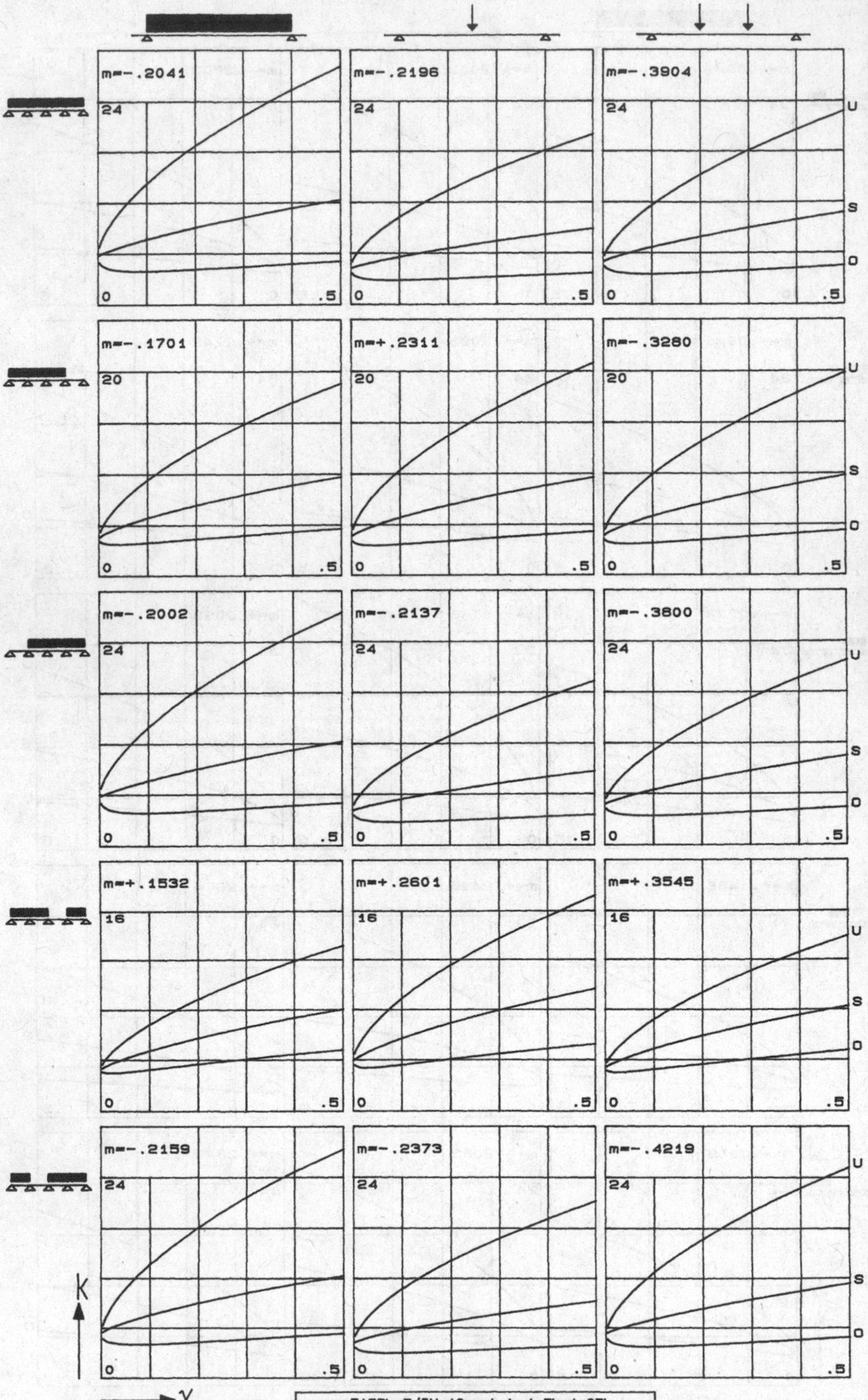

m=-.2041
24
0
.5
m=-.2196
24
0
.5
m=-.3904
24
U
S
O
0
.5
m=-.1701
20
0
.5
m=+.2311
20
0
.5
m=-.3280
20
U
S
O
0
.5
m=-.2002
24
0
.5
m=-.2137
24
0
.5
m=-.3800
24
U
S
O
0
.5
m=+.1532
16
0
.5
m=+.2601
16
0
.5
m=+.3545
16
U
S
O
0
.5
m=-.2159
24
0
.5
m=-.2373
24
0
.5
m=-.4219
24
U
S
O
0
.5
K
X

TAFEL F/IV 12 : L-L-1.5L-1.25L

F IV

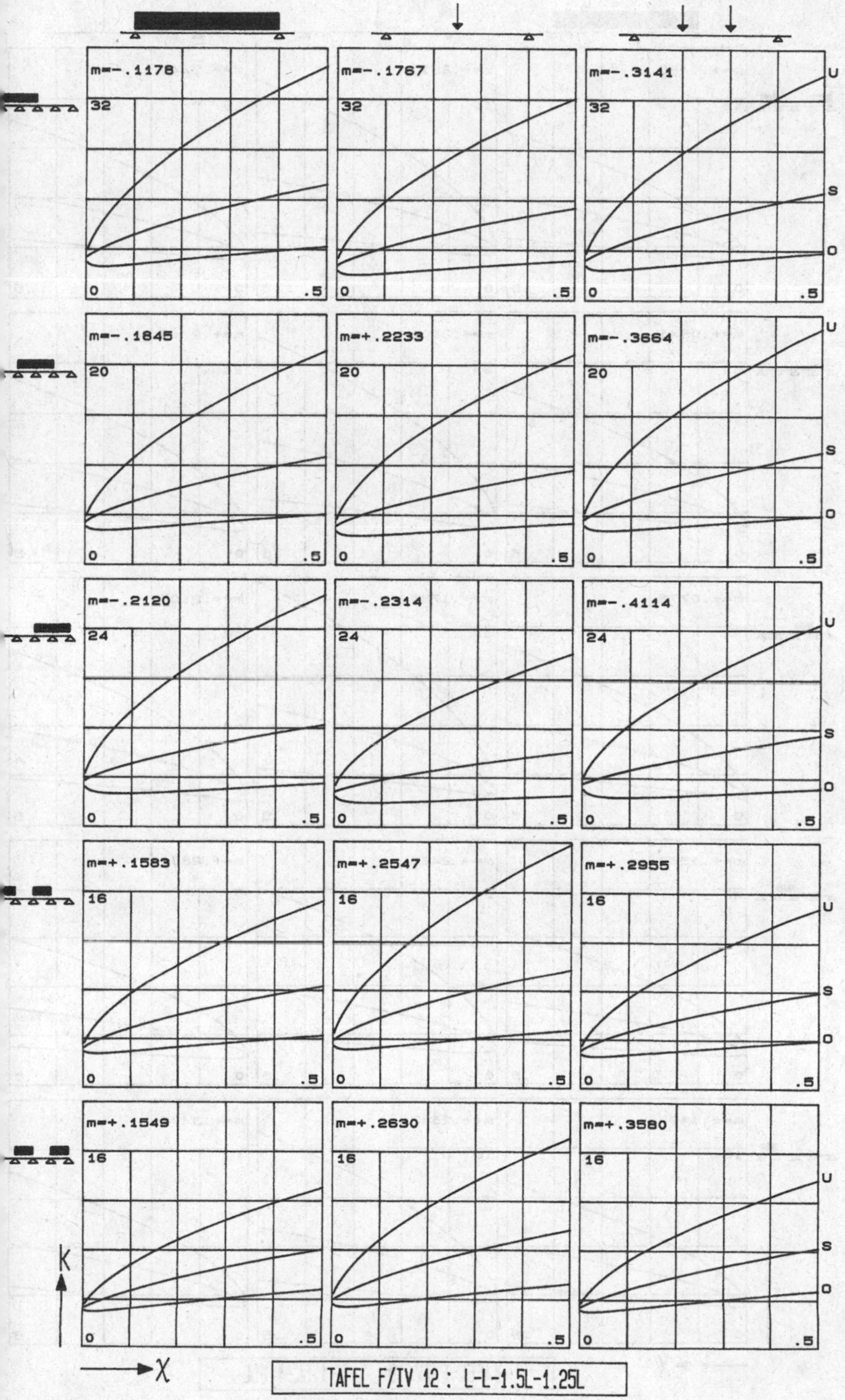

m=-.1176
32
m=-.1767
32
m=-.3141
32
U
S
O
m=-.1845
20
m=+.2233
20
m=-.3664
20
m=-.2120
24
m=-.2314
24
m=-.4114
24
m=+.1583
16
m=+.2547
16
m=+.2955
16
m=+.1549
16
m=+.2630
16
m=+.3580
16
0
.5
K
X

TAFEL F/IV 12 : L-L-1.5L-1.25L

F IV

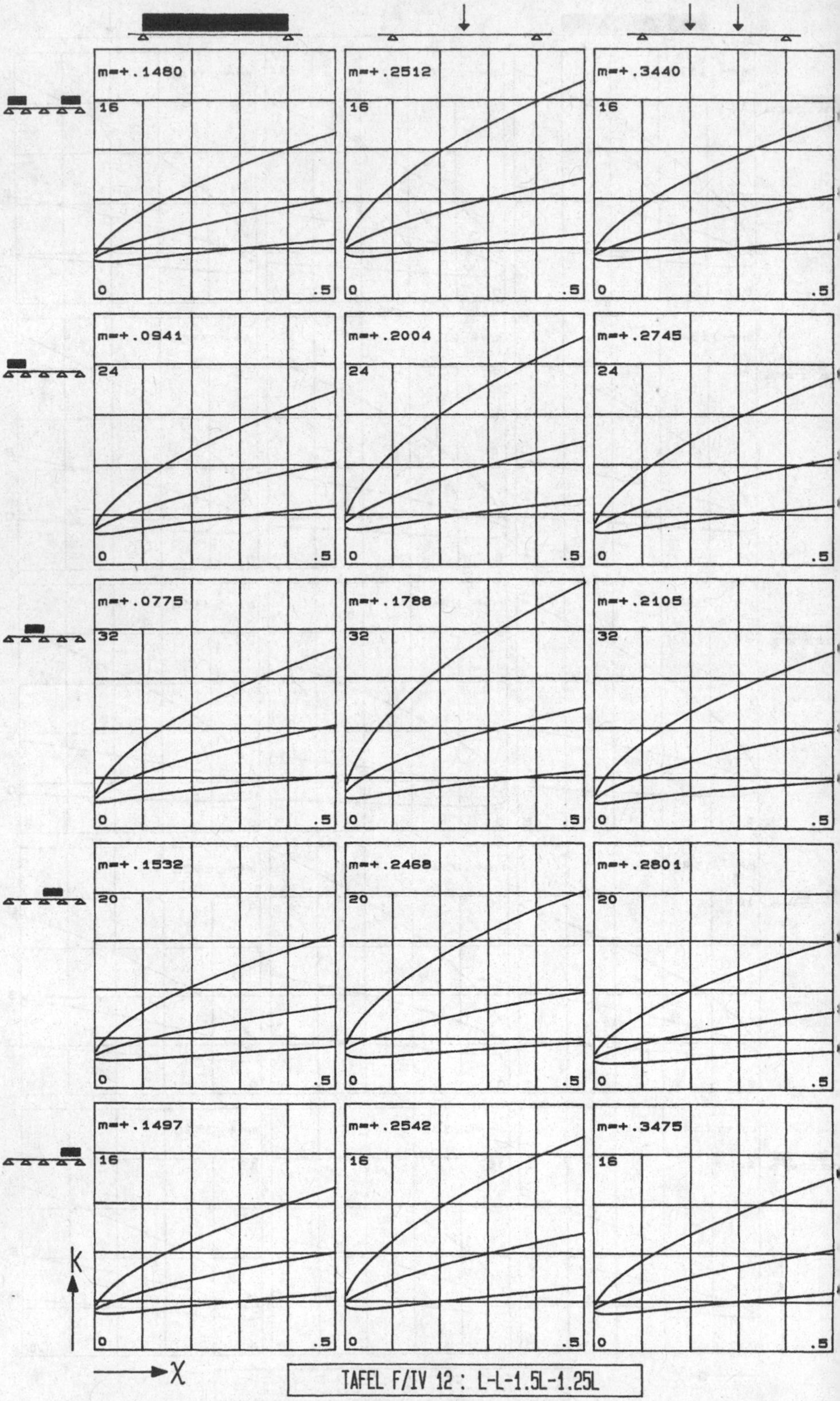

m=+.1480
16
0
.5
m=+.2512
16
0
.5
m=+.3440
16
0
.5
m=+.0941
24
0
.5
m=+.2004
24
0
.5
m=+.2745
24
0
.5
m=+.0775
32
0
.5
m=+.1788
32
0
.5
m=+.2105
32
0
.5
m=+.1532
20
0
.5
m=+.2468
20
0
.5
m=+.2801
20
0
.5
m=+.1497
16
0
.5
m=+.2542
16
0
.5
m=+.3475
16
0
.5
k
x

TAFEL F/IV 12 : L-L-1.5L-1.25L

F IV

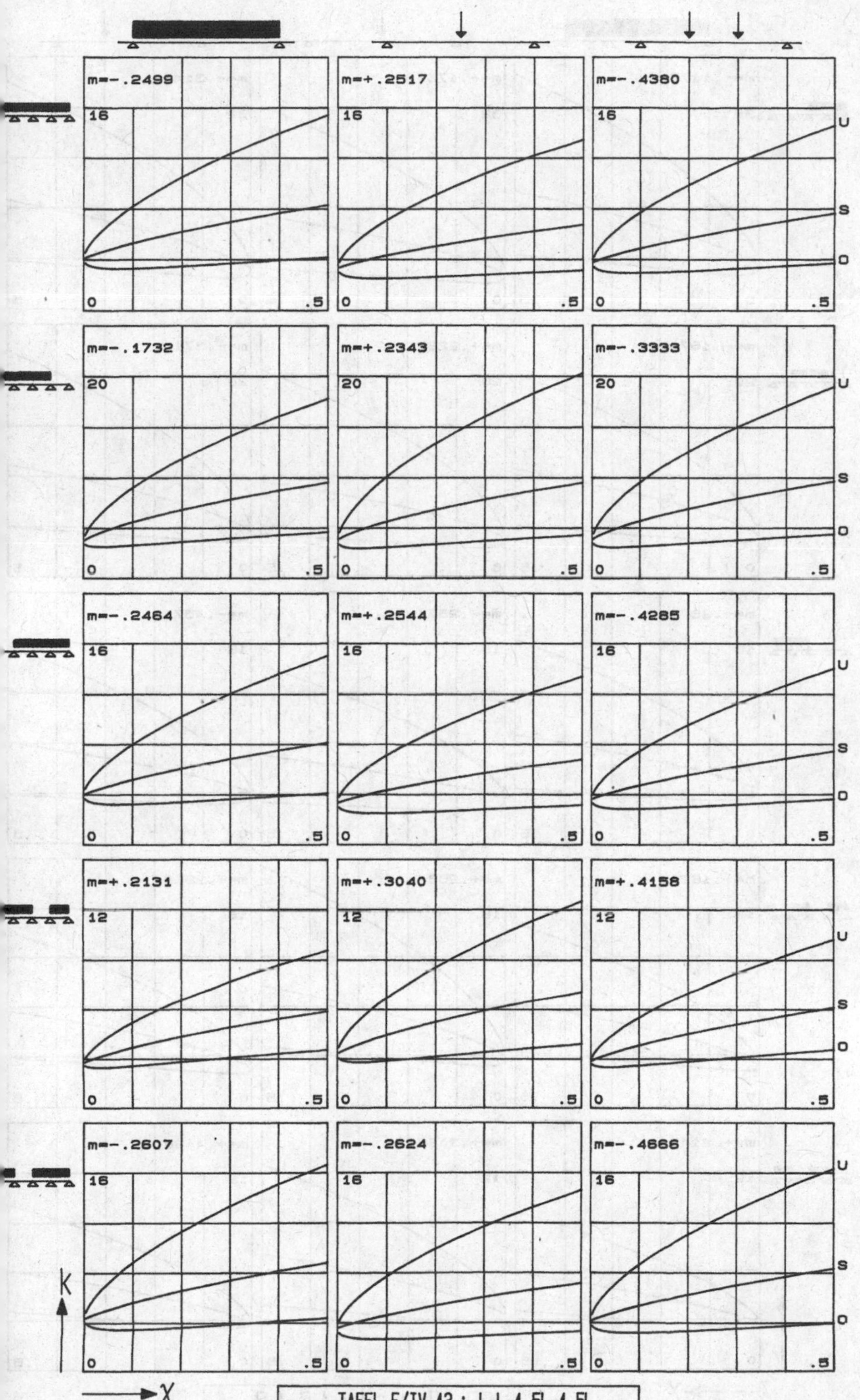
m=-.2499
m=+.2517
m=-.4380
m=-.1732
m=+.2343
m=-.3333
m=-.2464
m=+.2544
m=-.4285
m=+.2131
m=+.3040
m=+.4158
m=-.2607
m=-.2624
m=-.4866
U
S
O
K
X

TAFEL F/IV 13 : L-L-1.5L-1.5L

F IV

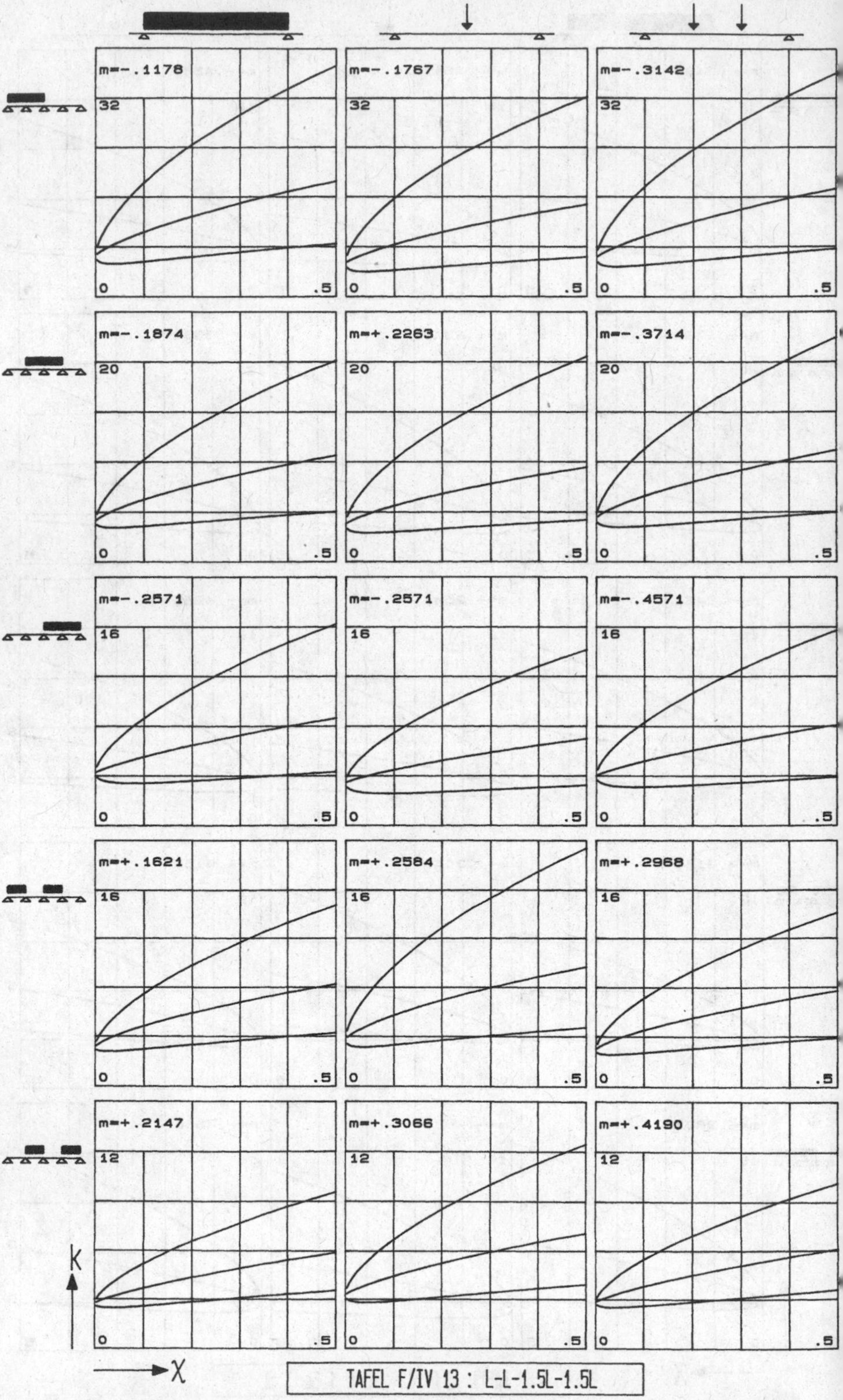

m=-.1178
32
m=-.1767
32
m=-.3142
32
m=-.1874
20
m=+.2263
20
m=-.3714
20
m=-.2571
16
m=-.2571
16
m=-.4571
16
m=+.1621
16
m=+.2584
16
m=+.2968
16
m=+.2147
12
m=+.3066
12
m=+.4190
12
0
.5
K
X

TAFEL F/IV 13 : L-L-1.5L-1.5L

F
IV

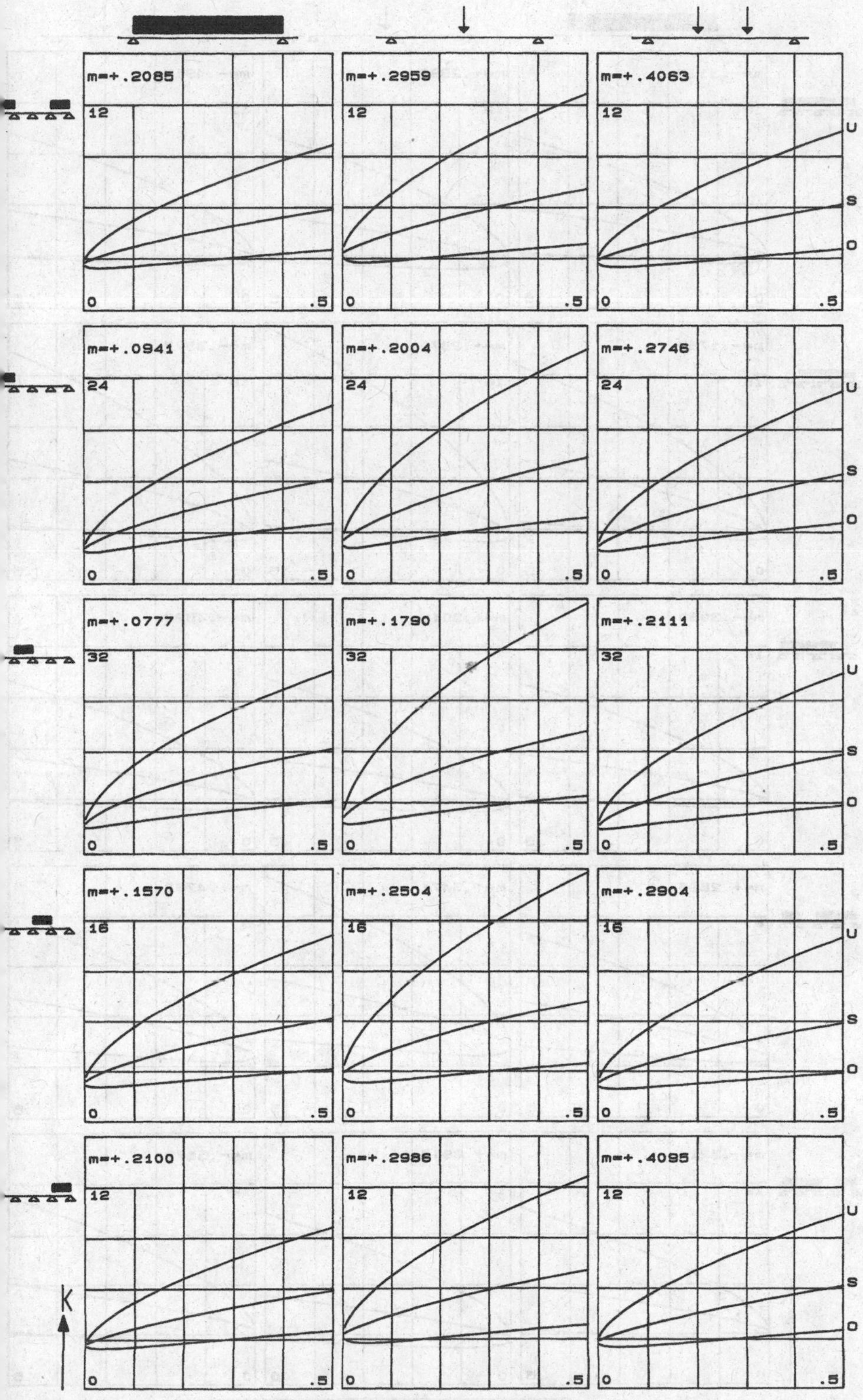

m=+.2085
m=+.2959
m=+.4063
m=+.0941
m=+.2004
m=+.2746
m=+.0777
m=+.1790
m=+.2111
m=+.1570
m=+.2504
m=+.2904
m=+.2100
m=+.2986
m=+.4095
12
24
32
16
12
U
S
O
0
.5
K
X

TAFEL F/IV 13 : L-L-1.5L-1.5L

F IV

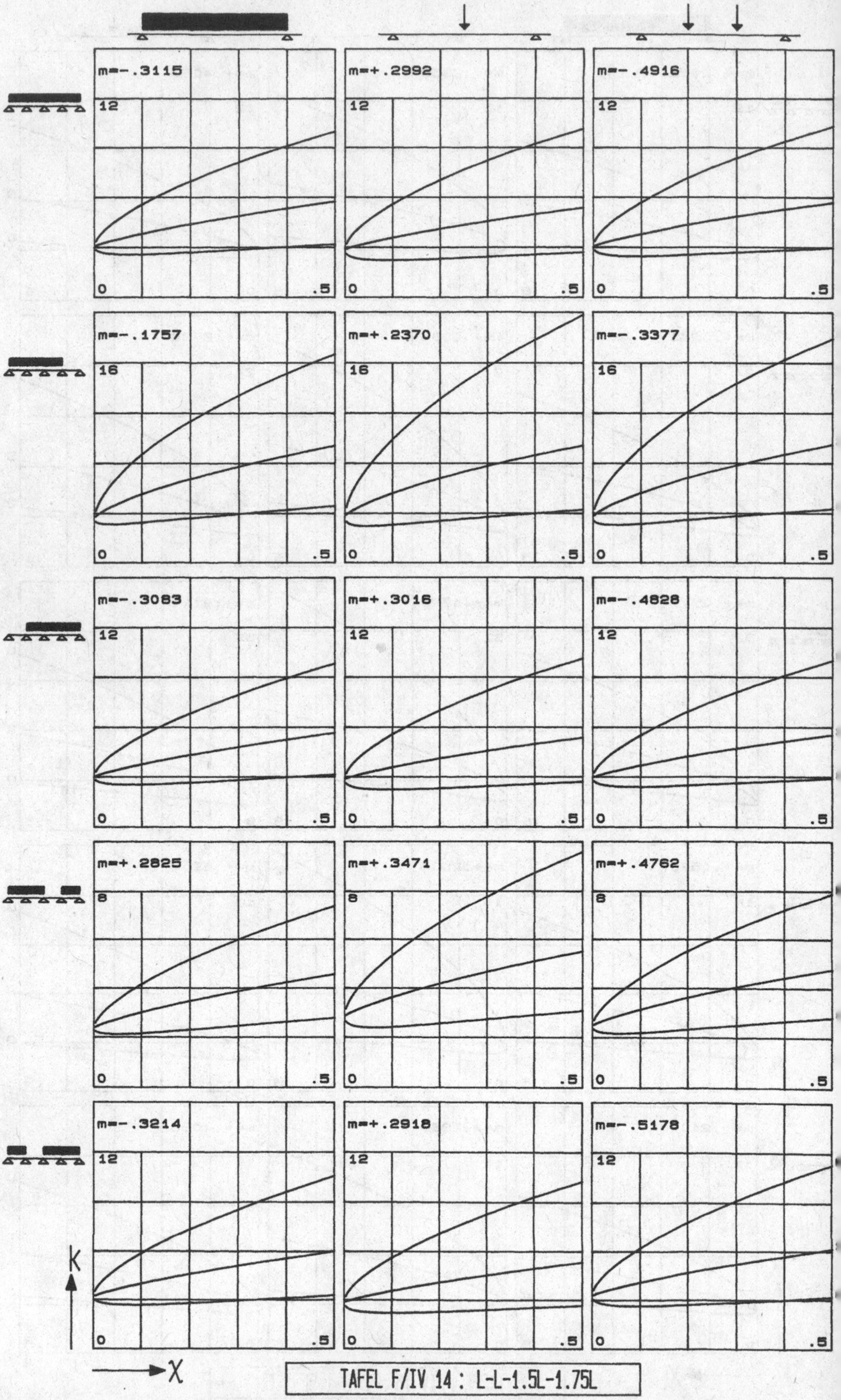
m=-.3115
12
0
.5
m=+.2992
12
0
.5
m=-.4916
12
0
.5
m=-.1757
16
0
.5
m=+.2370
16
0
.5
m=-.3377
16
0
.5
m=-.3083
12
0
.5
m=+.3016
12
0
.5
m=-.4828
12
0
.5
m=+.2825
8
0
.5
m=+.3471
8
0
.5
m=+.4762
8
0
.5
m=-.3214
12
0
.5
m=+.2918
12
0
.5
m=-.5178
12
0
.5
K
X

TAFEL F/IV 14 : L-L-1.5L-1.75L

F IV

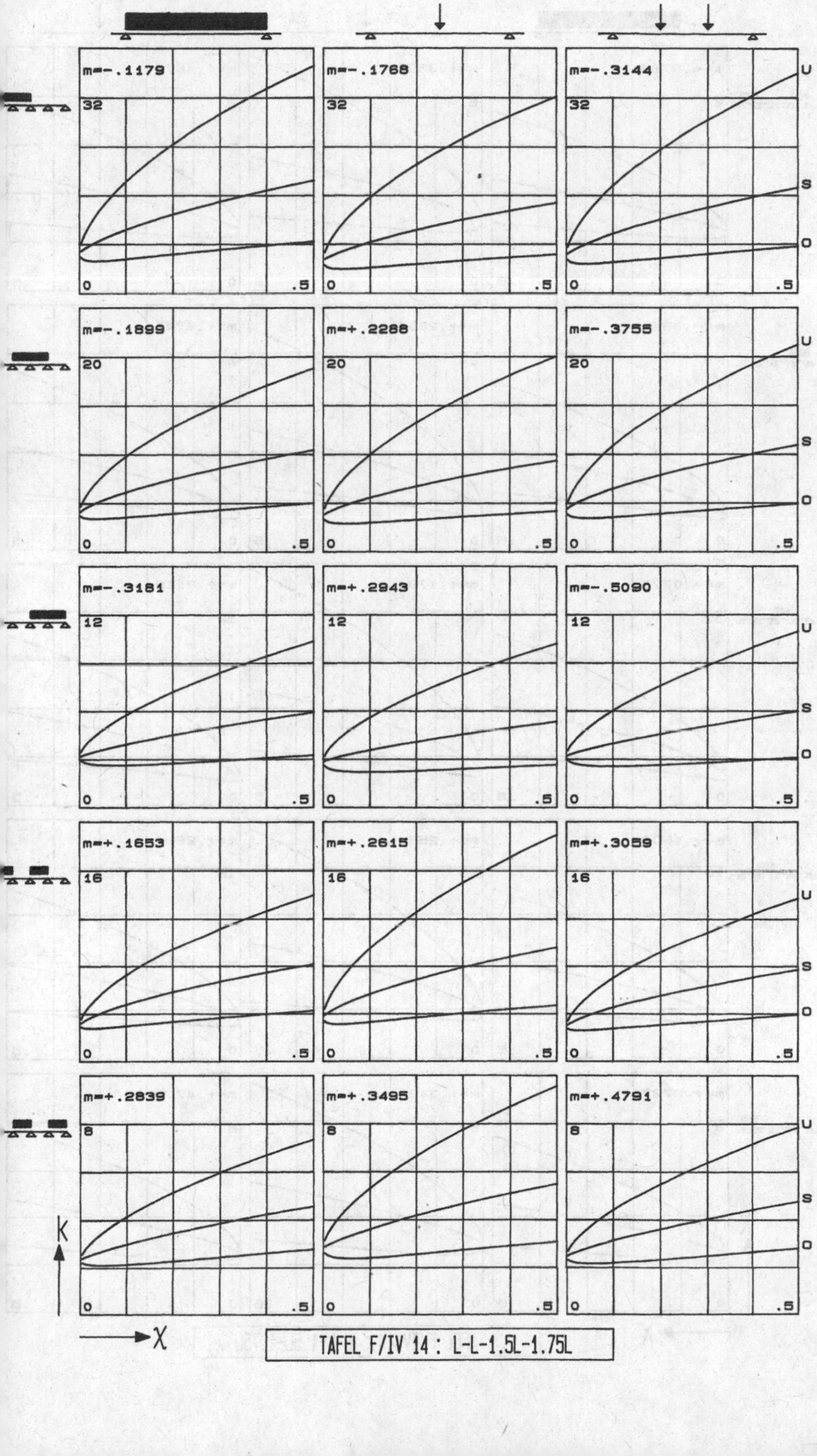

m=-.1179
32
0
.5
m=-.1768
32
0
.5
m=-.3144
32
0
.5
U
S
O
m=-.1899
20
0
.5
m=+.2288
20
0
.5
m=-.3755
20
0
.5
U
S
O
m=-.3181
12
0
.5
m=+.2943
12
0
.5
m=-.5090
12
0
.5
U
S
O
m=+.1653
16
0
.5
m=+.2615
16
0
.5
m=+.3059
16
0
.5
U
S
O
m=+.2839
8
0
.5
m=+.3495
8
0
.5
m=+.4791
8
0
.5
U
S
O
K
X

TAFEL F/IV 14 : L-L-1.5L-1.75L

F IV

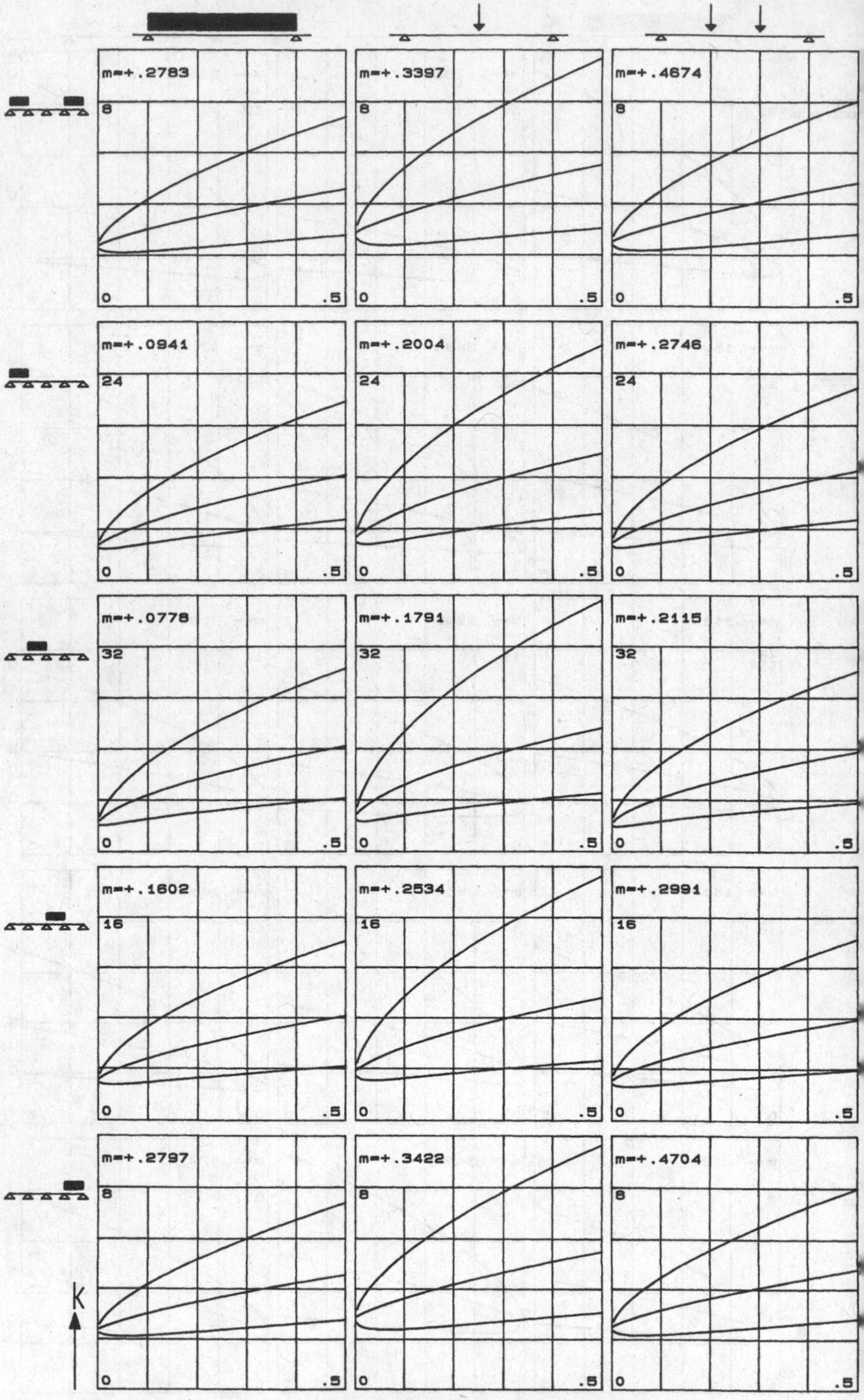
m=+.2783
8
0
.5
m=+.3397
8
0
.5
m=+.4674
8
0
.5
m=+.0941
24
0
.5
m=+.2004
24
0
.5
m=+.2746
24
0
.5
m=+.0778
32
0
.5
m=+.1791
32
0
.5
m=+.2115
32
0
.5
m=+.1602
16
0
.5
m=+.2534
16
0
.5
m=+.2991
16
0
.5
m=+.2797
8
0
.5
m=+.3422
8
0
.5
m=+.4704
8
0
.5
K
X

TAFEL F/IV 14 : L-L-1.5L-1.75L

F
IV

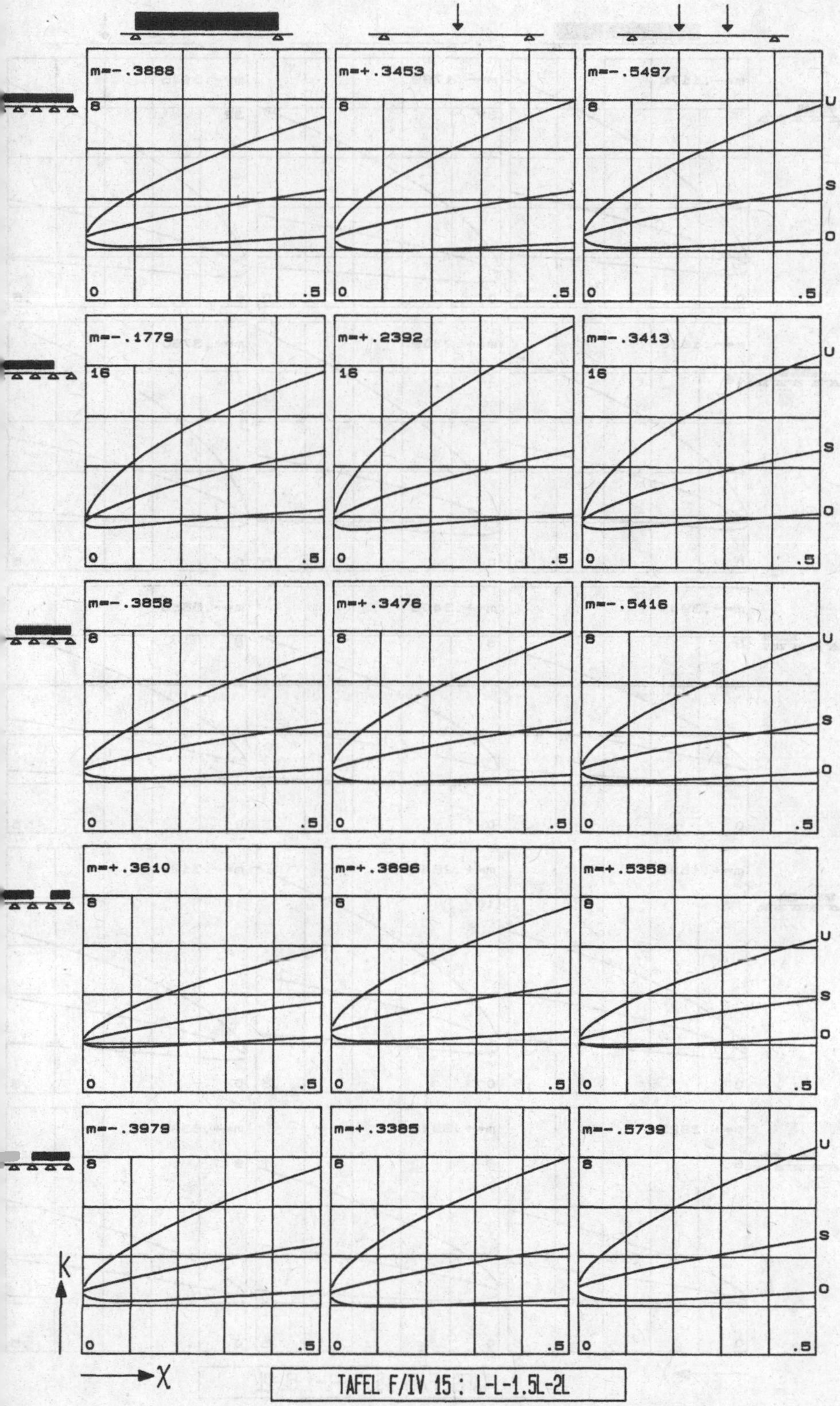
m=-.3888
8
0
.5
m=+.3453
8
0
.5
m=-.5497
8
U
S
O
0
.5
m=-.1779
16
0
.5
m=+.2392
16
0
.5
m=-.3413
16
U
S
O
0
.5
m=-.3858
8
0
.5
m=+.3476
8
0
.5
m=-.5416
8
U
S
O
0
.5
m=+.3610
8
0
.5
m=+.3896
8
0
.5
m=+.5358
8
U
S
O
0
.5
m=-.3979
8
0
.5
m=+.3385
8
0
.5
m=-.5739
8
U
S
O
0
.5
K
X

TAFEL F/IV 15 : L-L-1.5L-2L

F IV

F
IV

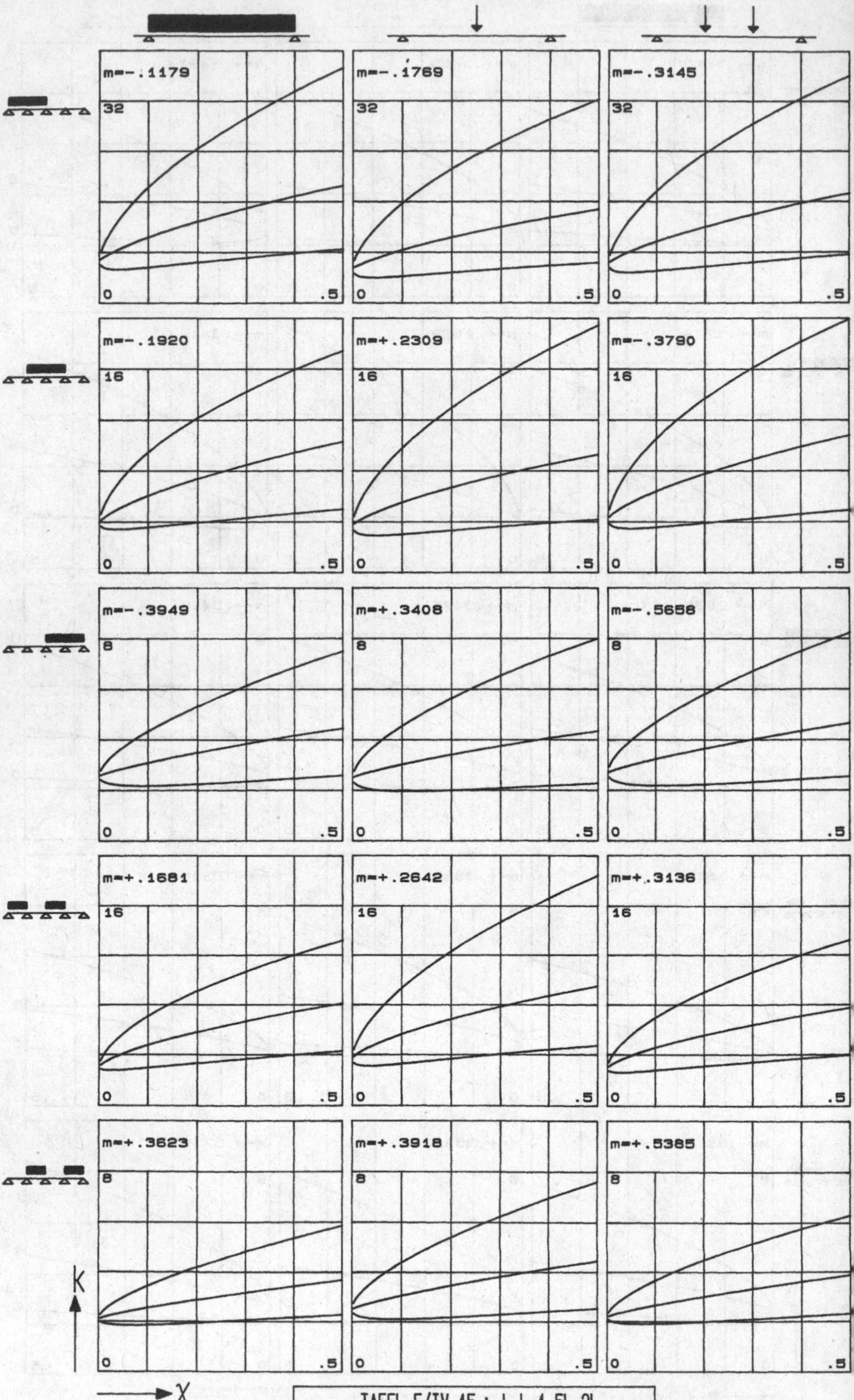
m=-.1179
32
0
.5
m=-.1769
32
0
.5
m=-.3145
32
0
.5
m=-.1920
16
0
.5
m=+.2309
16
0
.5
m=-.3790
16
0
.5
m=-.3949
8
0
.5
m=+.3408
8
0
.5
m=-.5658
8
0
.5
m=+.1681
16
0
.5
m=+.2642
16
0
.5
m=+.3136
16
0
.5
m=+.3623
8
0
.5
m=+.3918
8
0
.5
m=+.5385
8
0
.5
K
X

TAFEL F/IV 15 : L-L-1.5L-2L

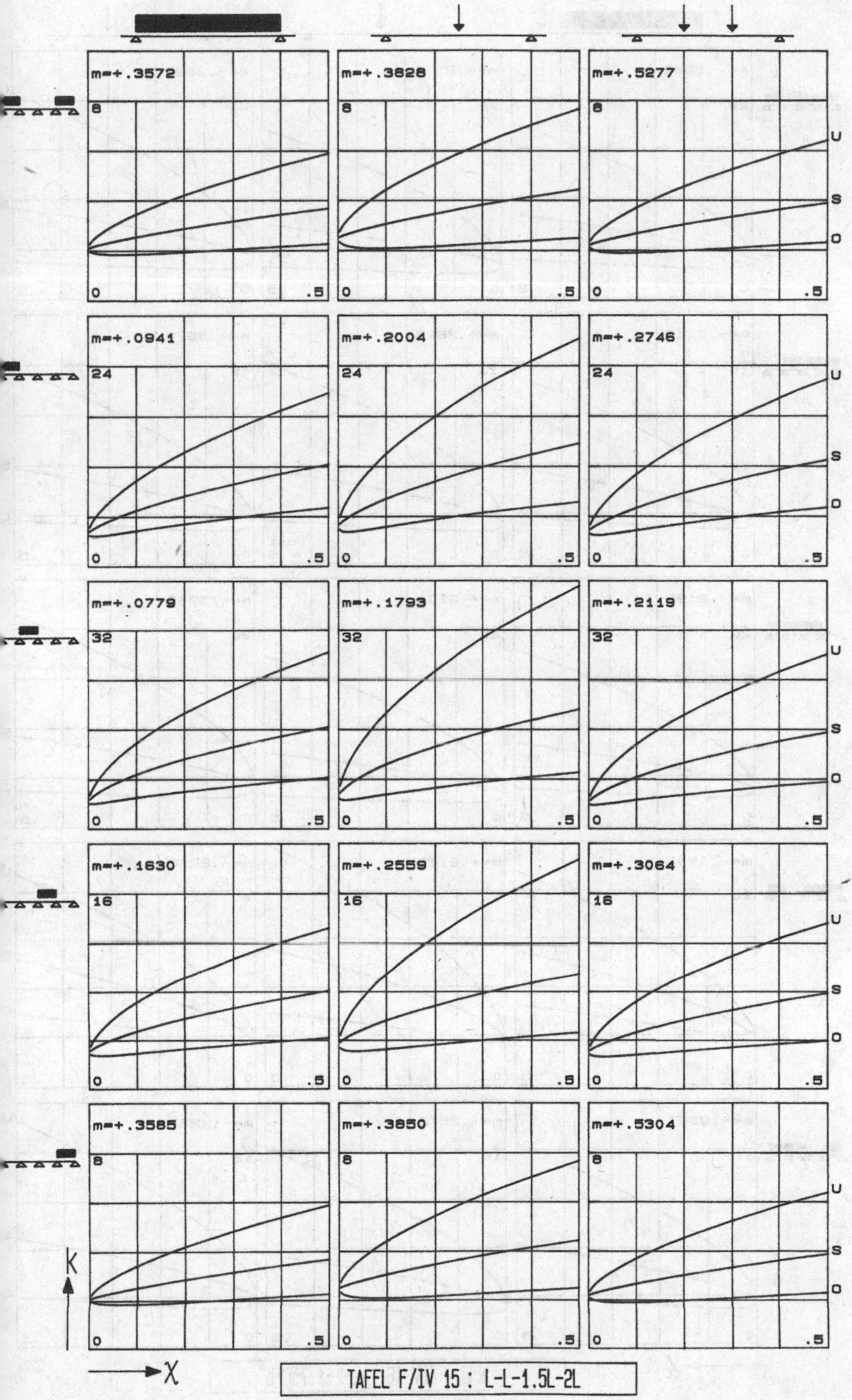
m=+.3572
8
0
.5
m=+.3828
8
0
.5
m=+.5277
8
0
.5
U
S
O
m=+.0941
24
0
.5
m=+.2004
24
0
.5
m=+.2746
24
0
.5
U
S
O
m=+.0779
32
0
.5
m=+.1793
32
0
.5
m=+.2119
32
0
.5
U
S
O
m=+.1630
16
0
.5
m=+.2559
16
0
.5
m=+.3064
16
0
.5
U
S
O
m=+.3585
8
0
.5
m=+.3850
8
0
.5
m=+.5304
8
0
.5
U
S
O
K
X

TAFEL F/IV 15 : L-L-1.5L-2L

F IV

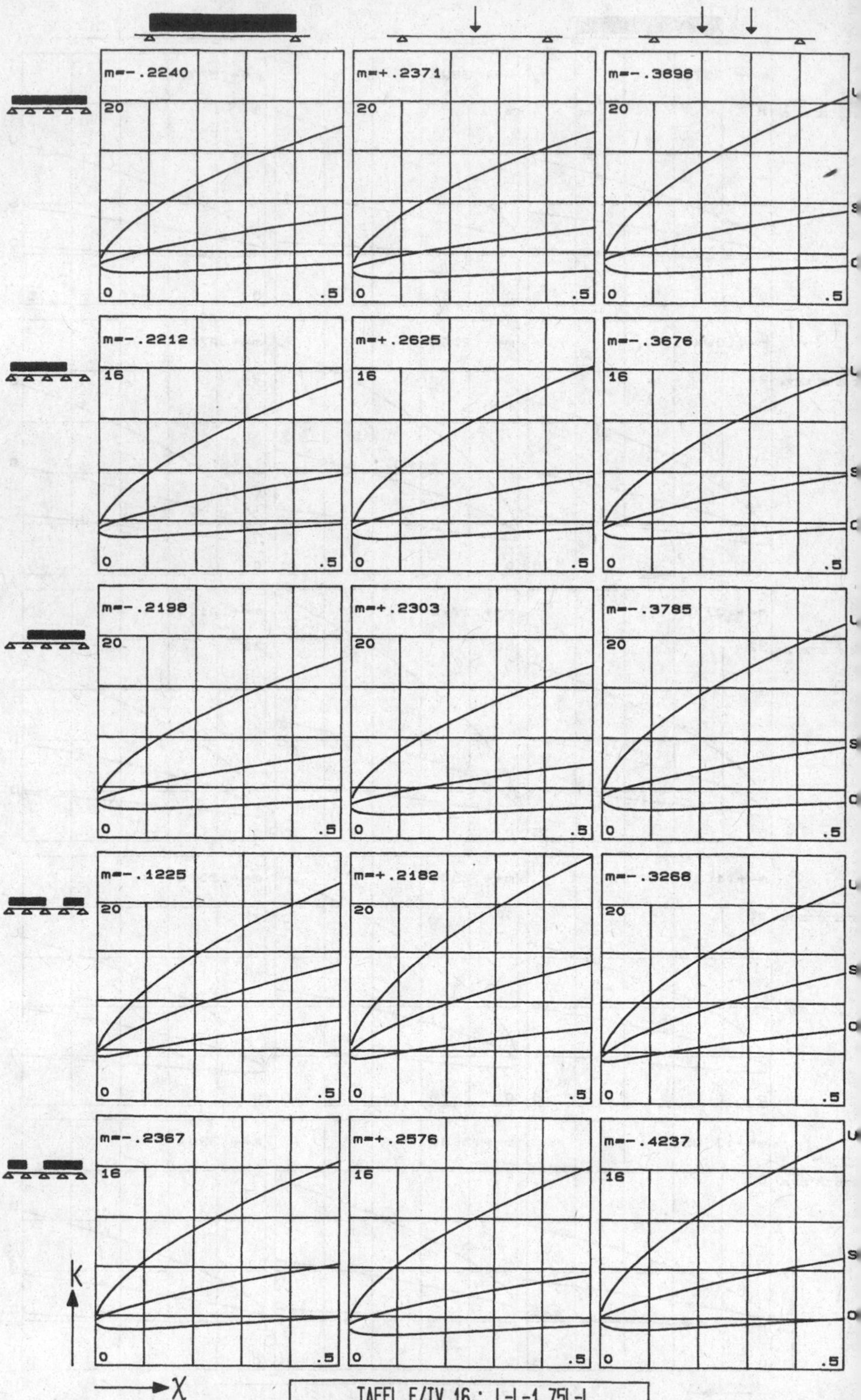
m=-.2240
20
0
.5
m=+.2371
20
0
.5
m=-.3898
20
0
.5
U
S
O
m=-.2212
16
0
.5
m=+.2625
16
0
.5
m=-.3676
16
0
.5
U
S
O
m=-.2198
20
0
.5
m=+.2303
20
0
.5
m=-.3785
20
0
.5
U
S
O
m=-.1225
20
0
.5
m=+.2182
20
0
.5
m=-.3268
20
0
.5
U
S
O
m=-.2367
16
0
.5
m=+.2576
16
0
.5
m=-.4237
16
0
.5
U
S
O
K
X

TAFEL F/IV 16 : L-L-1.75L-L

F IV

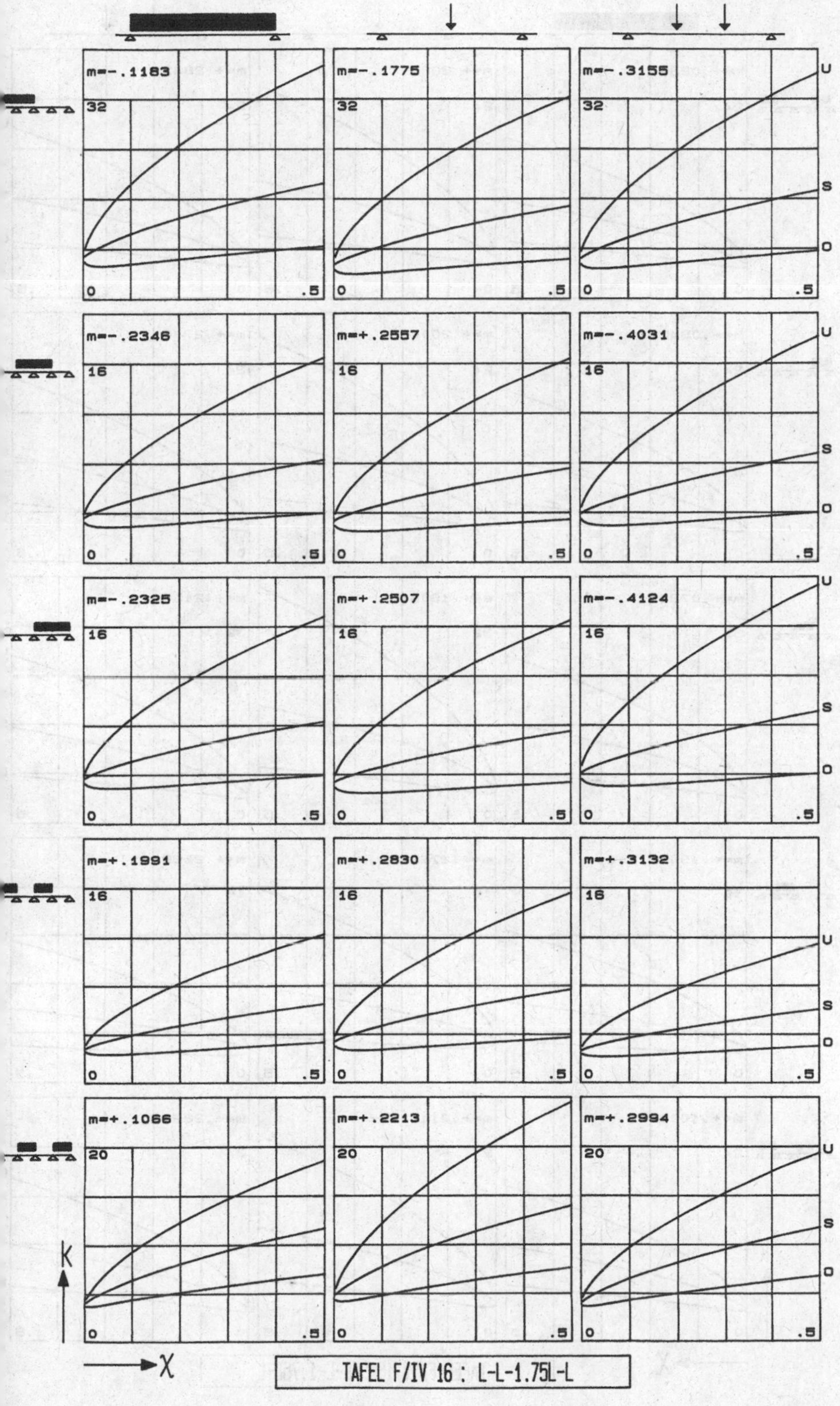

m=-.1183
32
0
.5
m=-.1775
32
0
.5
m=-.3155
32
0
.5
U
S
O
m=-.2346
16
0
.5
m=+.2557
16
0
.5
m=-.4031
16
0
.5
U
S
O
m=-.2325
16
0
.5
m=+.2507
16
0
.5
m=-.4124
16
0
.5
U
S
O
m=+.1991
16
0
.5
m=+.2830
16
0
.5
m=+.3132
16
0
.5
U
S
O
m=+.1066
20
0
.5
m=+.2213
20
0
.5
m=+.2994
20
0
.5
U
S
O
K
X

TAFEL F/IV 16 : L-L-1.75L-L

F IV

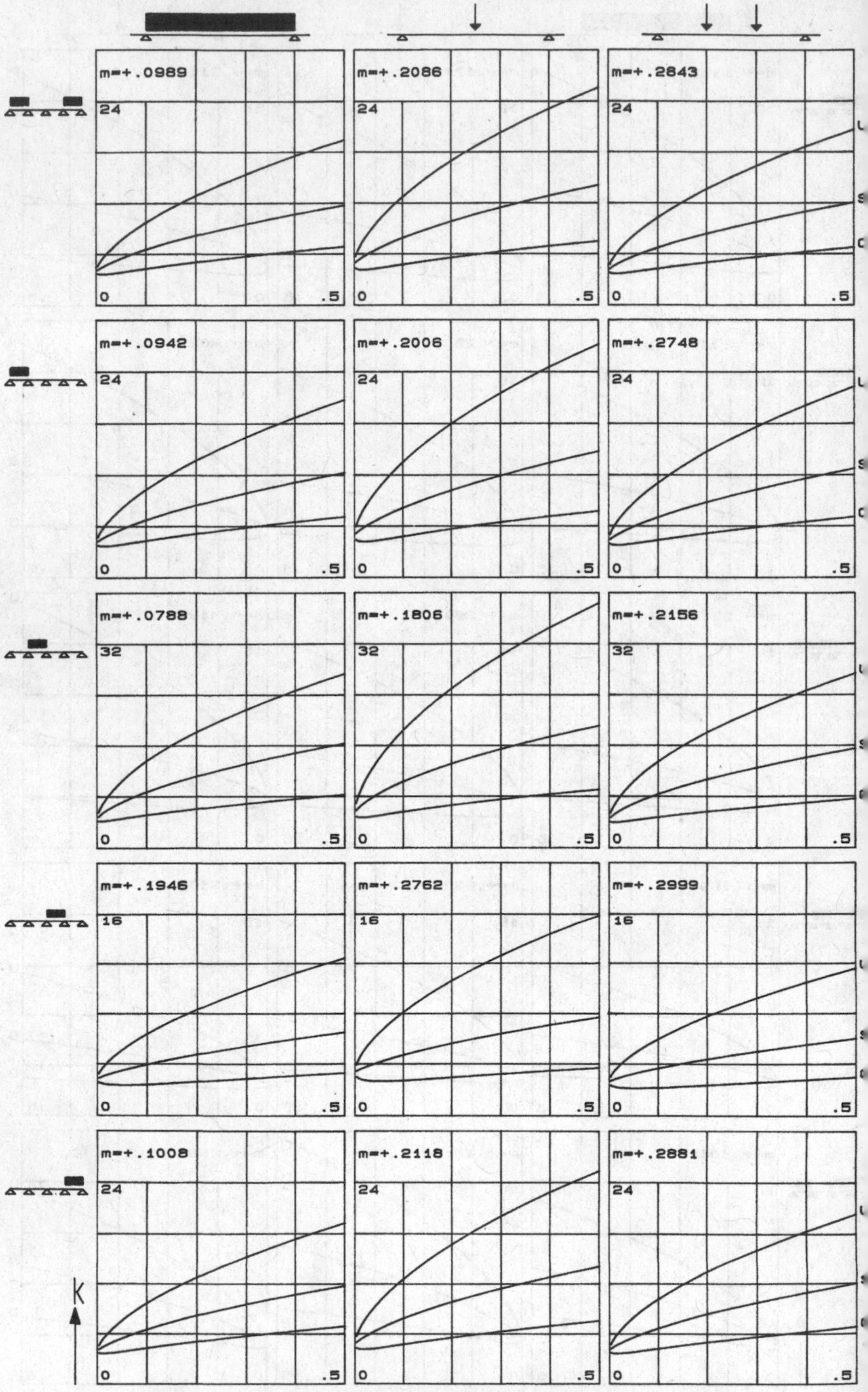

m=+.0989
24
m=+.2086
24
m=+.2843
24
m=+.0942
24
m=+.2006
24
m=+.2748
24
m=+.0788
32
m=+.1806
32
m=+.2156
32
m=+.1946
16
m=+.2762
16
m=+.2999
16
m=+.1008
24
m=+.2118
24
m=+.2881
24
0
.5
K
X

TAFEL F/IV 16 : L-L-1.75L-L

F IV

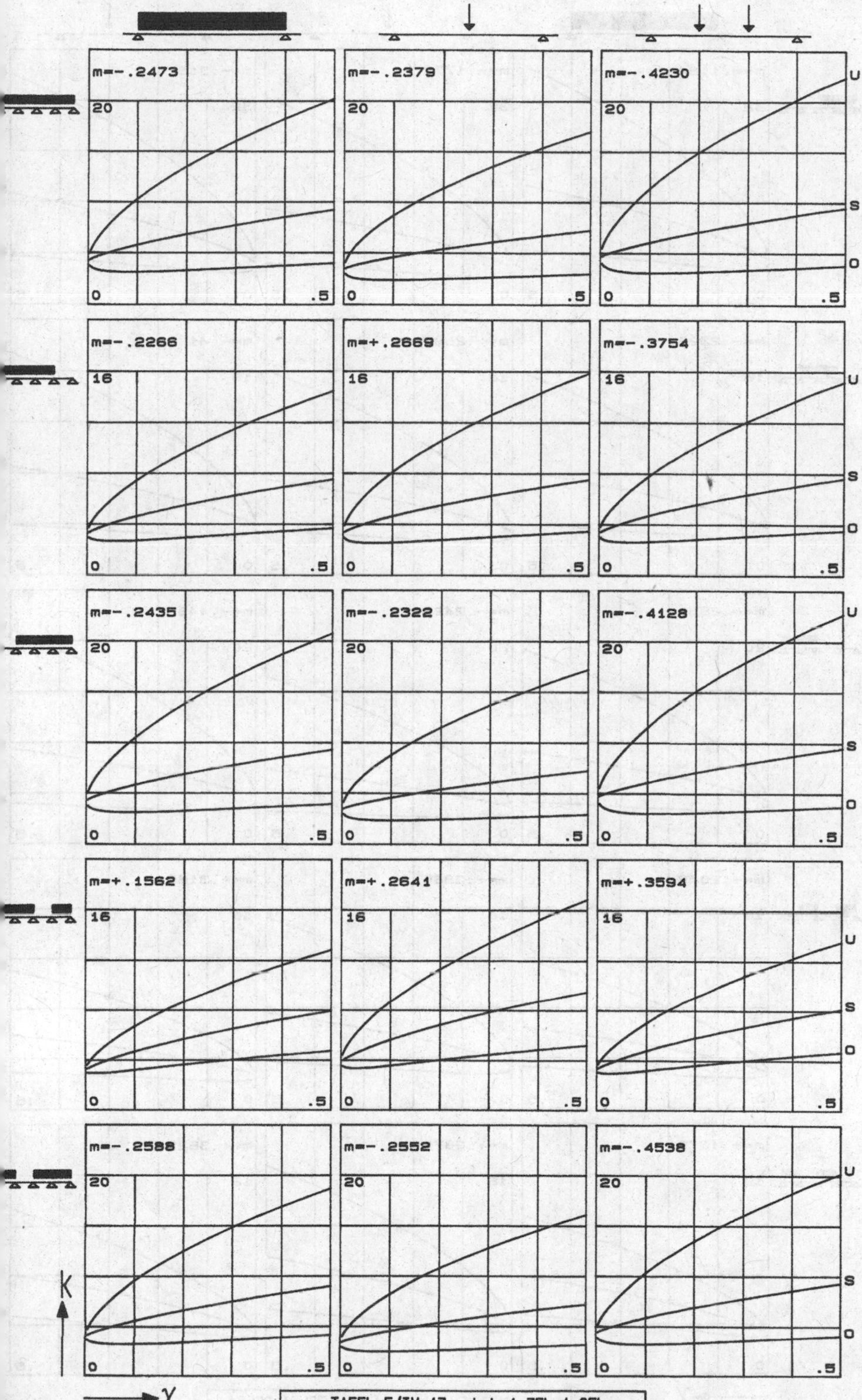
m=-.2473
20
0
.5
m=-.2379
20
0
.5
m=-.4230
20
0
.5
U
S
O
m=-.2266
16
0
.5
m=+.2669
16
0
.5
m=-.3754
16
0
.5
U
S
O
m=-.2435
20
0
.5
m=-.2322
20
0
.5
m=-.4128
20
0
.5
U
S
O
m=+.1562
16
0
.5
m=+.2641
16
0
.5
m=+.3594
16
0
.5
U
S
O
m=-.2588
20
0
.5
m=-.2552
20
0
.5
m=-.4538
20
0
.5
U
S
O
K
X

TAFEL F/IV 17 : L-L-1.75L-1.25L

F
IV

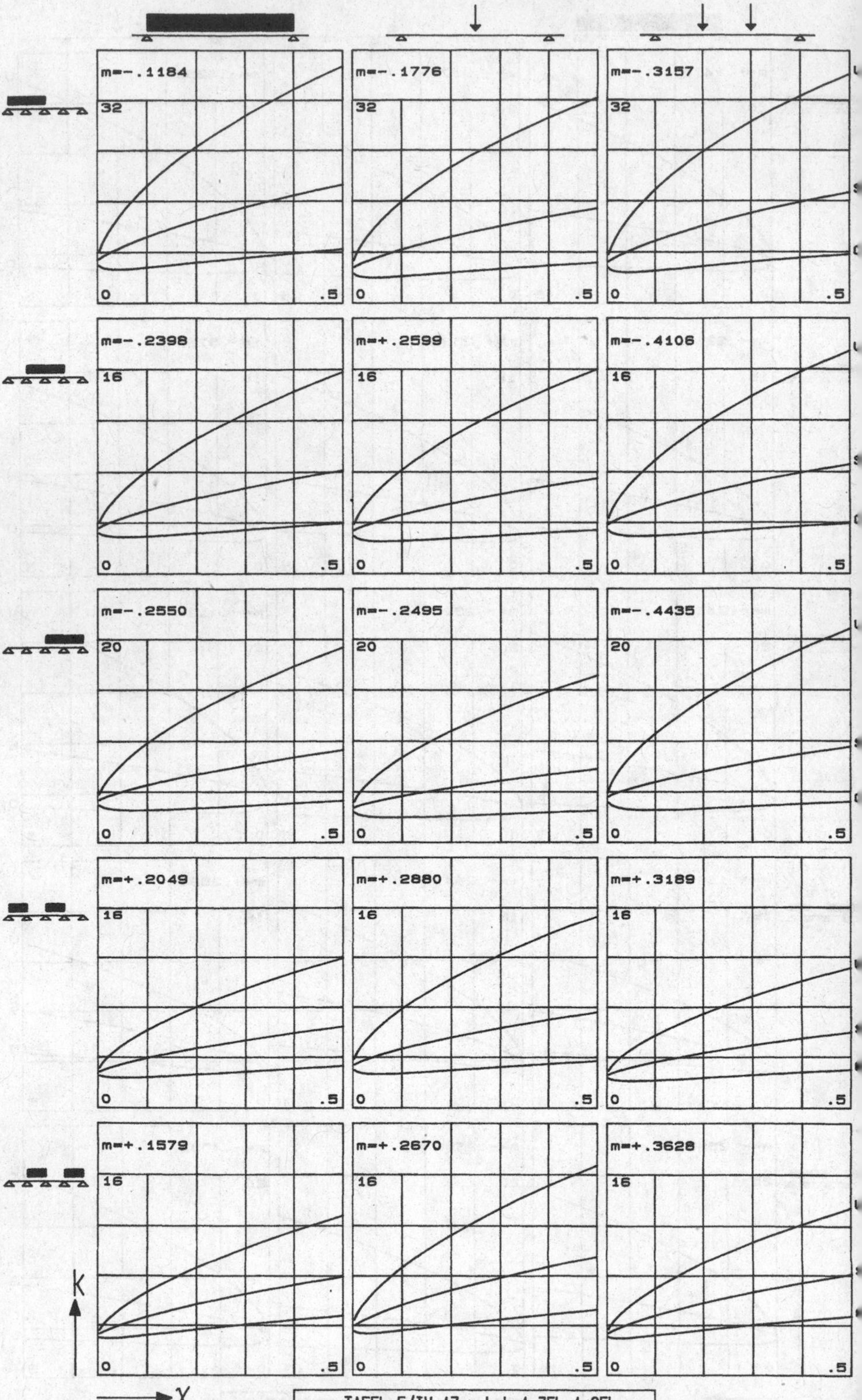
m=-.1184
32
0
.5
m=-.1776
32
0
.5
m=-.3157
32
0
.5
m=-.2398
16
0
.5
m=+.2599
16
0
.5
m=-.4106
16
0
.5
m=-.2550
20
0
.5
m=-.2495
20
0
.5
m=-.4435
20
0
.5
m=+.2049
16
0
.5
m=+.2880
16
0
.5
m=+.3189
16
0
.5
m=+.1579
16
0
.5
m=+.2670
16
0
.5
m=+.3628
16
0
.5
K
X

TAFEL F/IV 17 : L-L-1.75L-1.25L

F IV

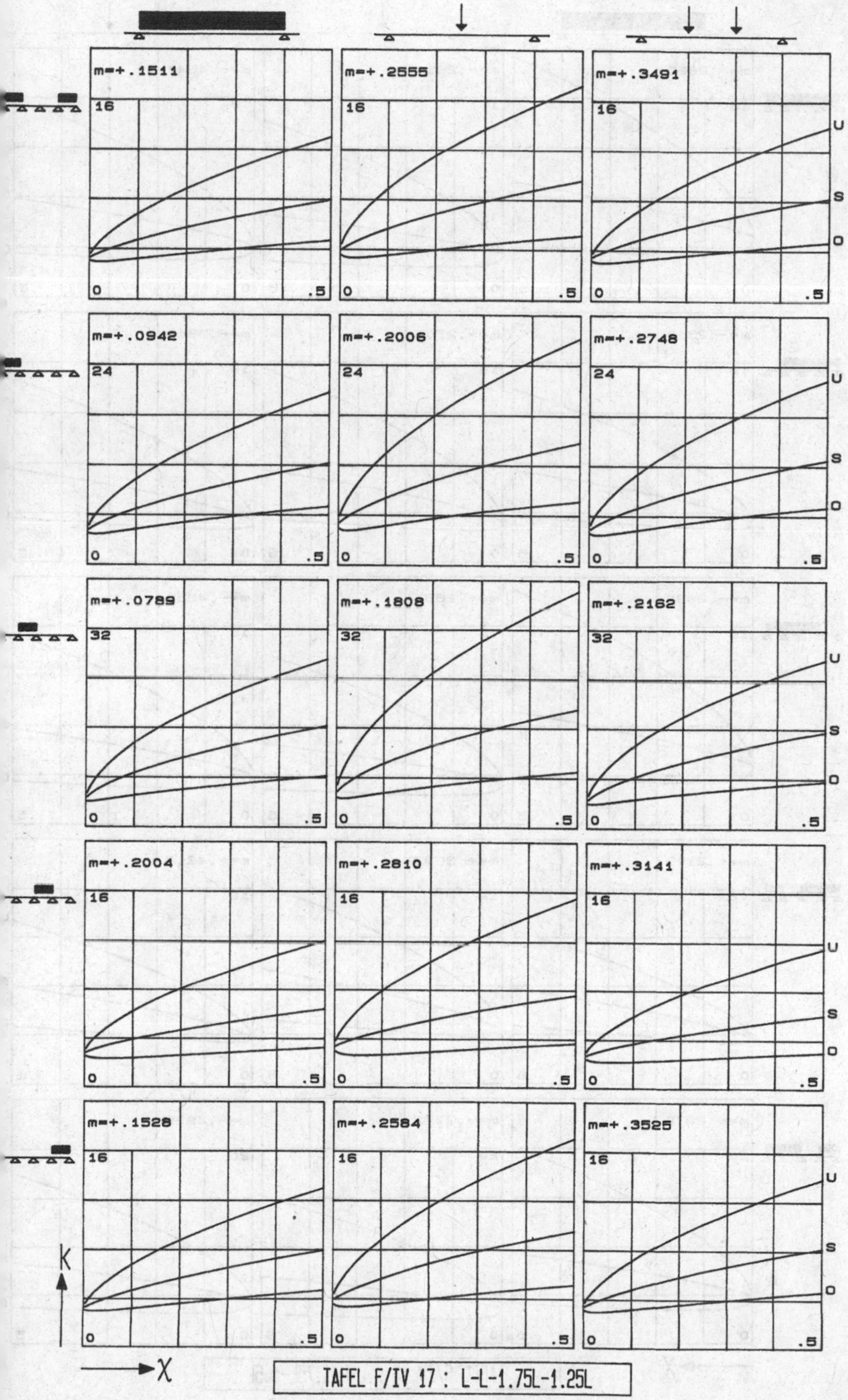

m=+.1511
16
0
.5
m=+.2555
16
0
.5
m=+.3491
16
U
S
O
0
.5
m=+.0942
24
0
.5
m=+.2006
24
0
.5
m=+.2748
24
U
S
O
0
.5
m=+.0789
32
0
.5
m=+.1808
32
0
.5
m=+.2162
32
U
S
O
0
.5
m=+.2004
16
0
.5
m=+.2810
16
0
.5
m=+.3141
16
U
S
O
0
.5
m=+.1528
16
0
.5
m=+.2584
16
0
.5
m=+.3525
16
U
S
O
0
.5
K
X

TAFEL F/IV 17 : L-L-1.75L-1.25L

F IV

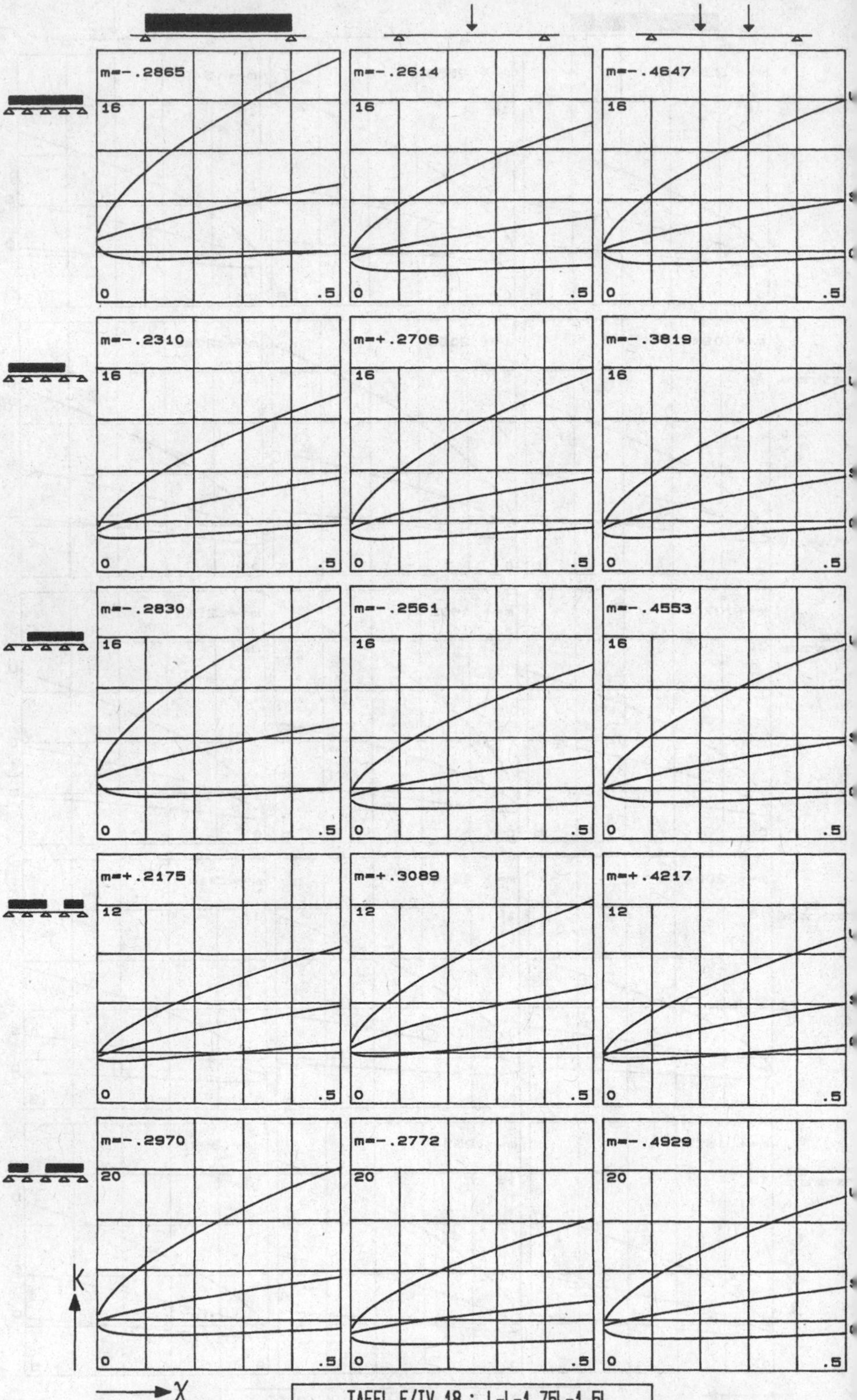

m=-.2865
16
0
.5
m=-.2614
16
0
.5
m=-.4647
16
0
.5
m=-.2310
16
0
.5
m=+.2706
16
0
.5
m=-.3819
16
0
.5
m=-.2830
16
0
.5
m=-.2561
16
0
.5
m=-.4553
16
0
.5
m=+.2175
12
0
.5
m=+.3089
12
0
.5
m=+.4217
12
0
.5
m=-.2970
20
0
.5
m=-.2772
20
0
.5
m=-.4929
20
0
.5
K
X

TAFEL F/IV 18 : L-L-1.75L-1.5L

F IV

TAFEL F/IV 18 : L-L-1.75L-1.5L

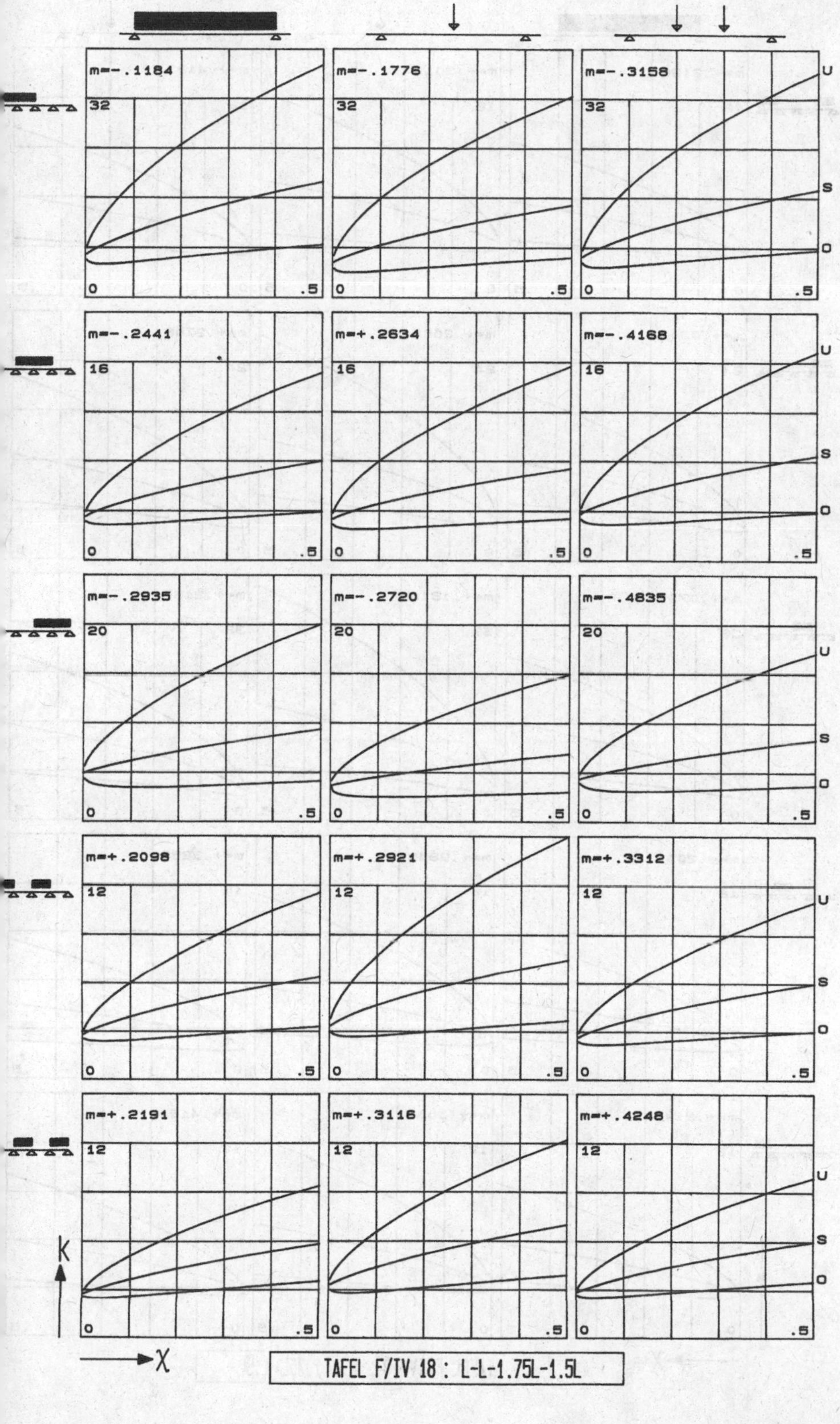

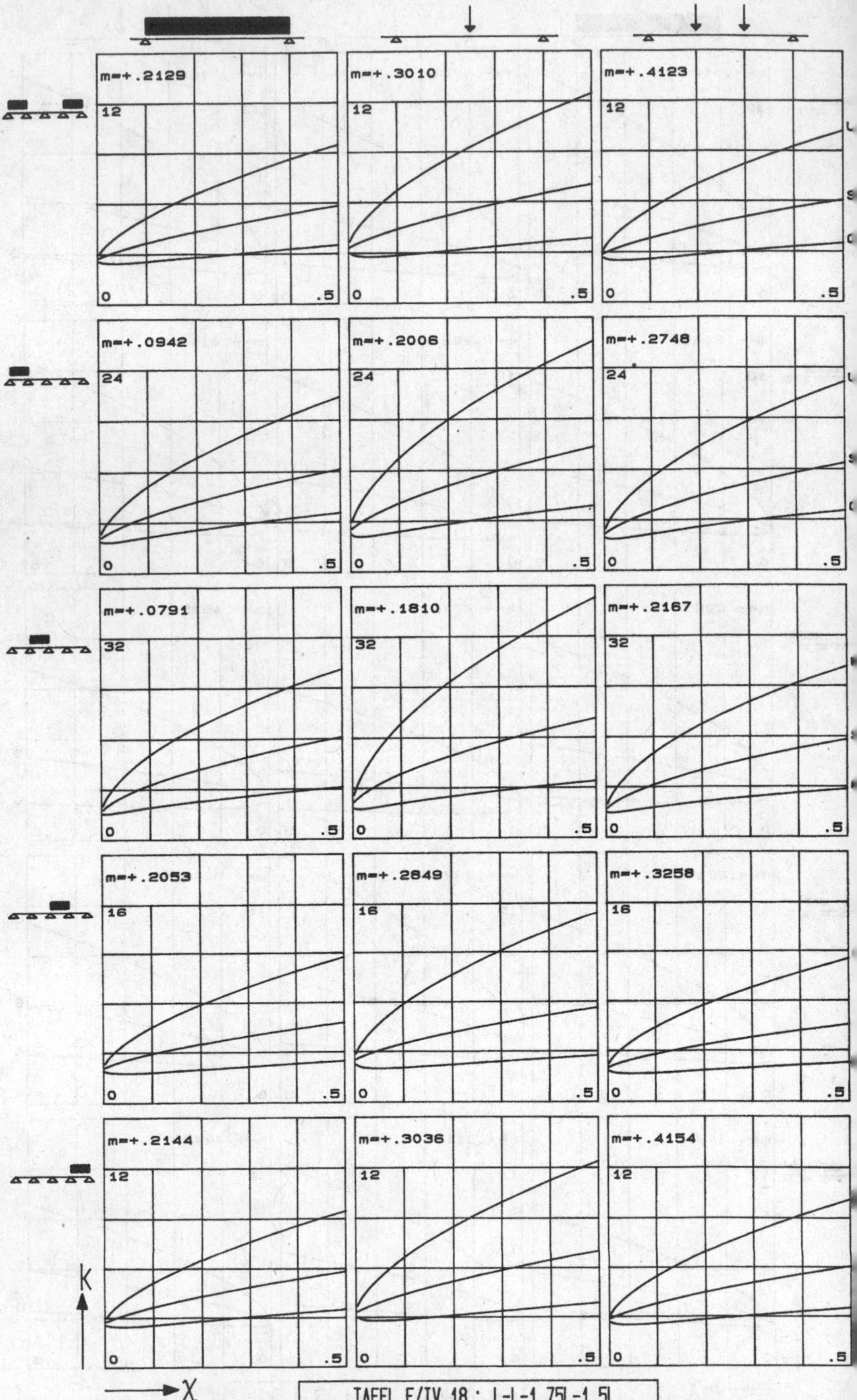
m=+.2129
12
0
.5
m=+.3010
12
0
.5
m=+.4123
12
0
.5
m=+.0942
24
0
.5
m=+.2006
24
0
.5
m=+.2748
24
0
.5
m=+.0791
32
0
.5
m=+.1810
32
0
.5
m=+.2167
32
0
.5
m=+.2053
16
0
.5
m=+.2849
16
0
.5
m=+.3258
16
0
.5
m=+.2144
12
0
.5
m=+.3036
12
0
.5
m=+.4154
12
0
.5
K
X

TAFEL F/IV 18 : L-L-1.75L-1.5L

F IV

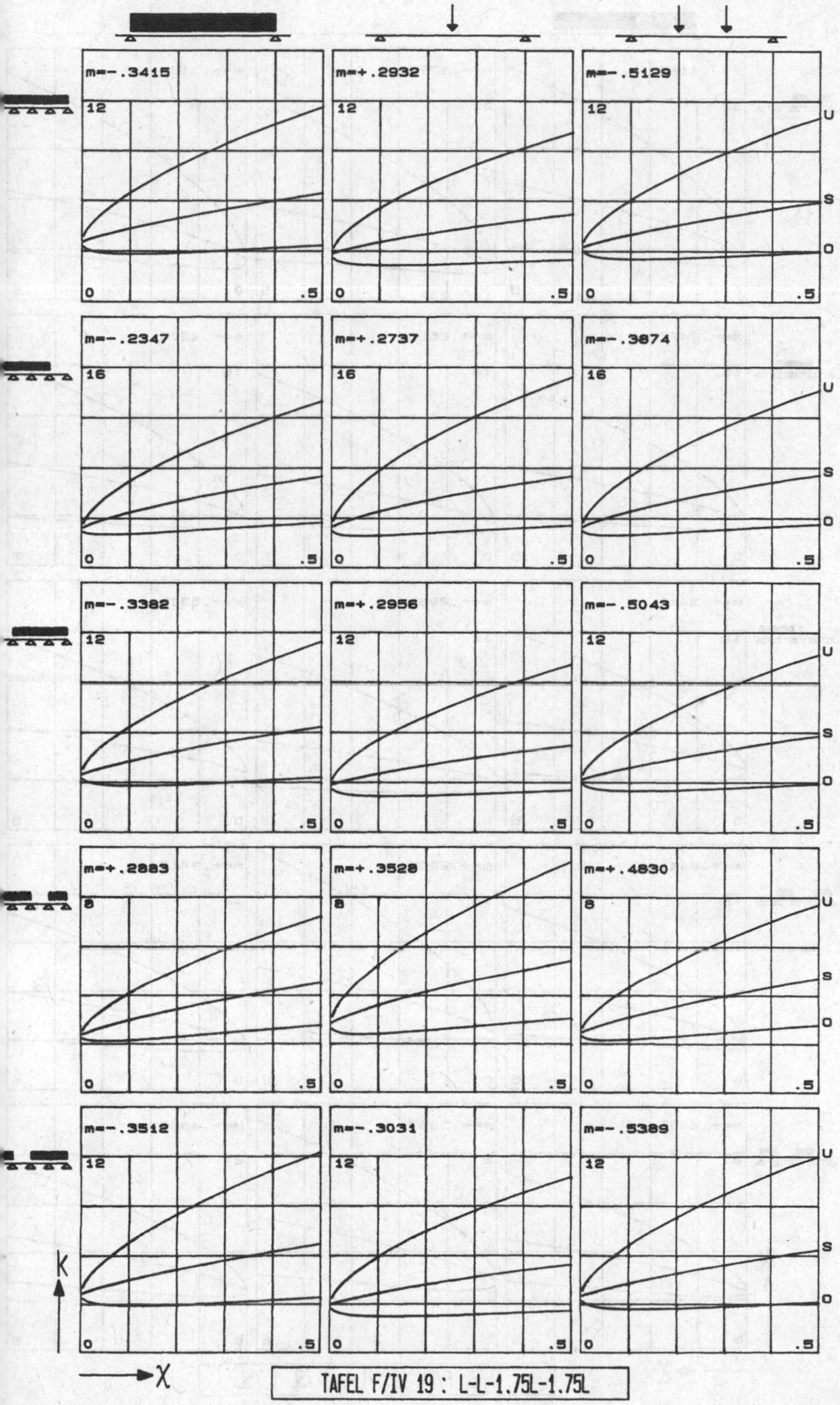
m=-.3415
m=+.2932
m=-.5129
m=-.2347
m=+.2737
m=-.3874
m=-.3382
m=+.2956
m=-.5043
m=+.2883
m=+.3528
m=+.4830
m=-.3512
m=-.3031
m=-.5389
12
16
8
0
.5
U
S
O
K
X

TAFEL F/IV 19 : L-L-1.75L-1.75L

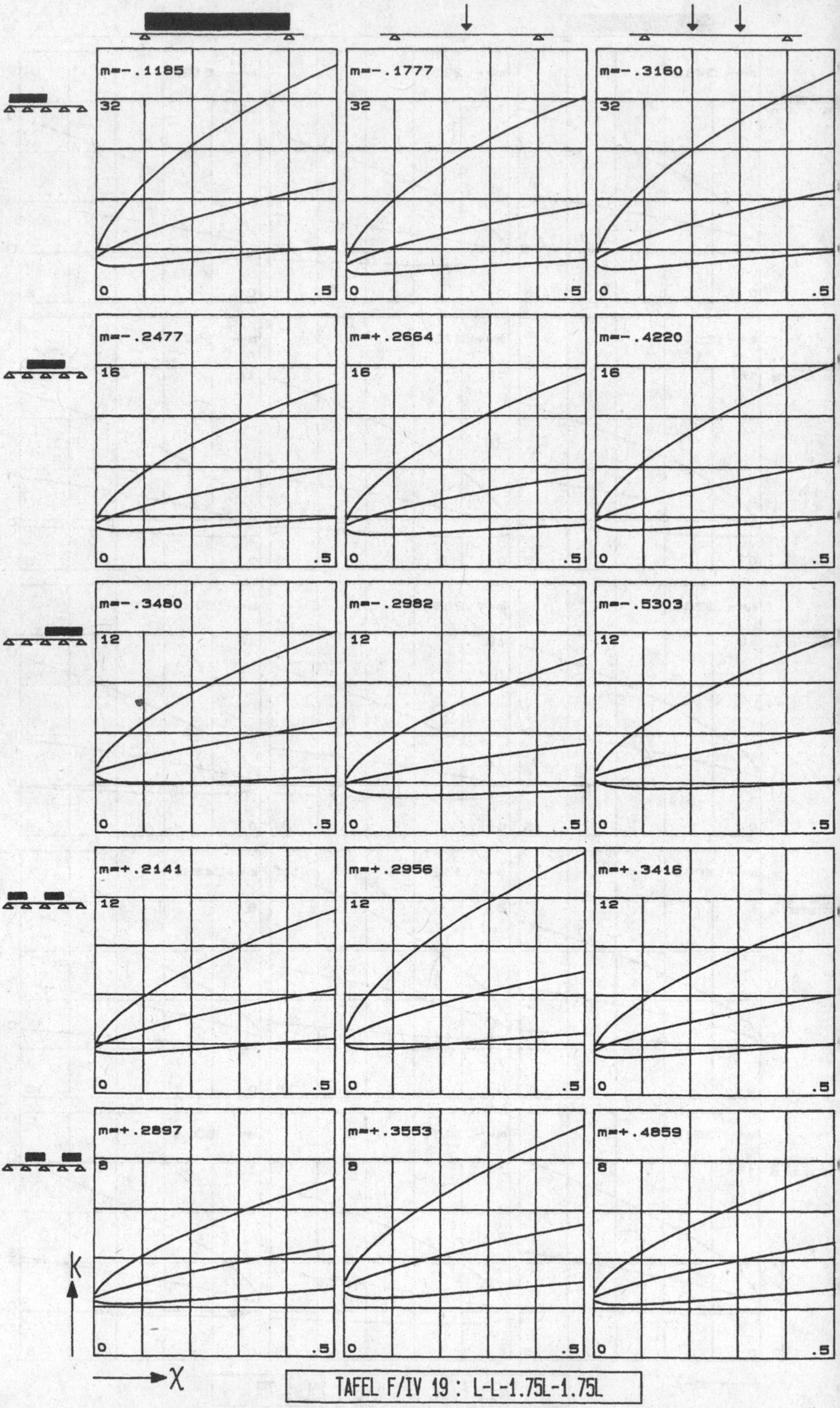
m=-.1185
32
0
.5
m=-.1777
32
0
.5
m=-.3160
32
0
.5
m=-.2477
16
0
.5
m=+.2664
16
0
.5
m=-.4220
16
0
.5
m=-.3480
12
0
.5
m=-.2982
12
0
.5
m=-.5303
12
0
.5
m=+.2141
12
0
.5
m=+.2956
12
0
.5
m=+.3416
12
0
.5
m=+.2897
8
0
.5
m=+.3553
8
0
.5
m=+.4859
8
0
.5
K
X

TAFEL F/IV 19 : L-L-1.75L-1.75L

F IV

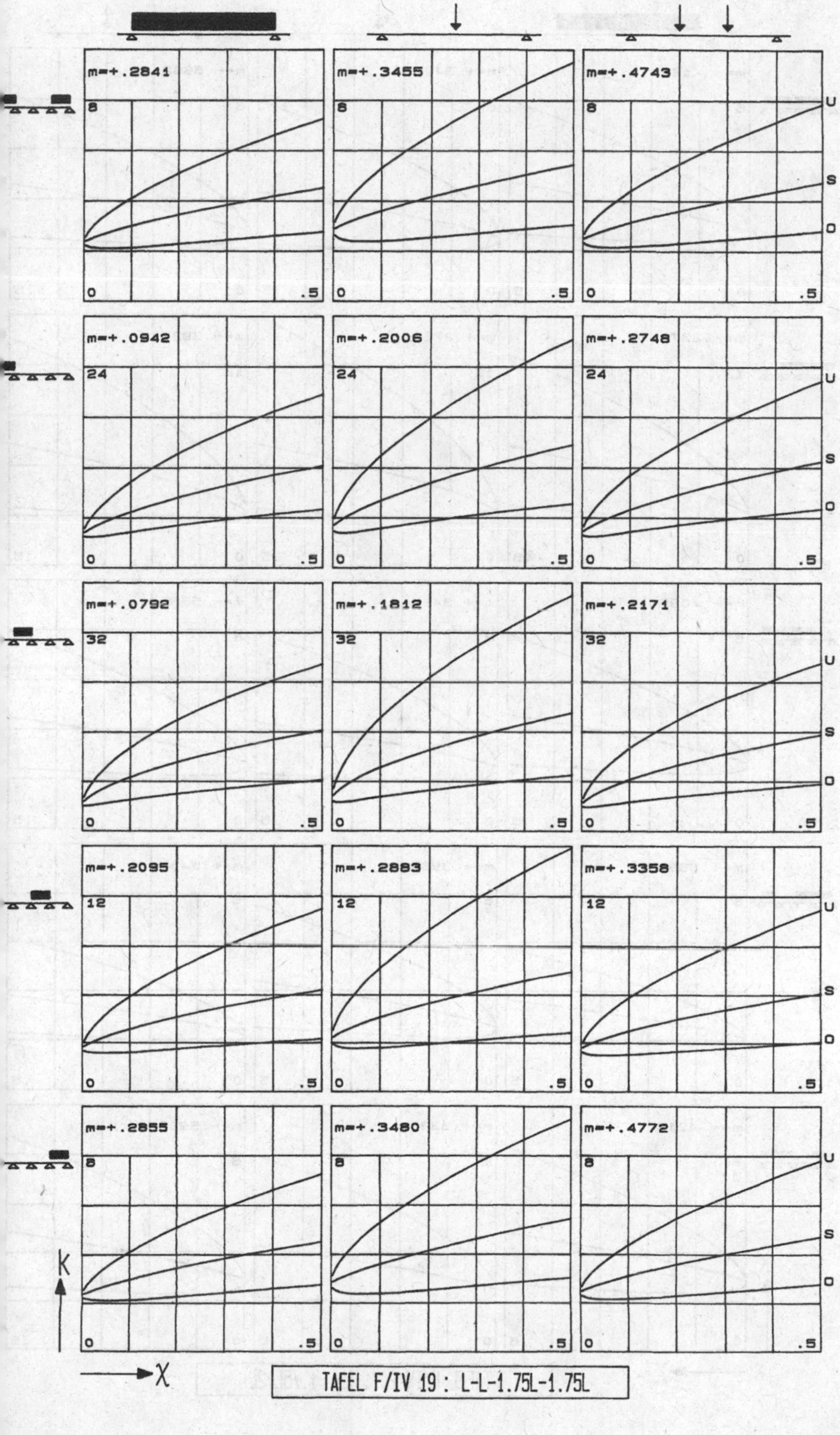

m=+.2841
m=+.3455
m=+.4743
m=+.0942
m=+.2006
m=+.2748
m=+.0792
m=+.1812
m=+.2171
m=+.2095
m=+.2883
m=+.3358
m=+.2855
m=+.3480
m=+.4772
8
24
32
12
U
S
O
0
.5
K
X

F IV

TAFEL F/IV 19 : L-L-1.75L-1.75L

F
IV

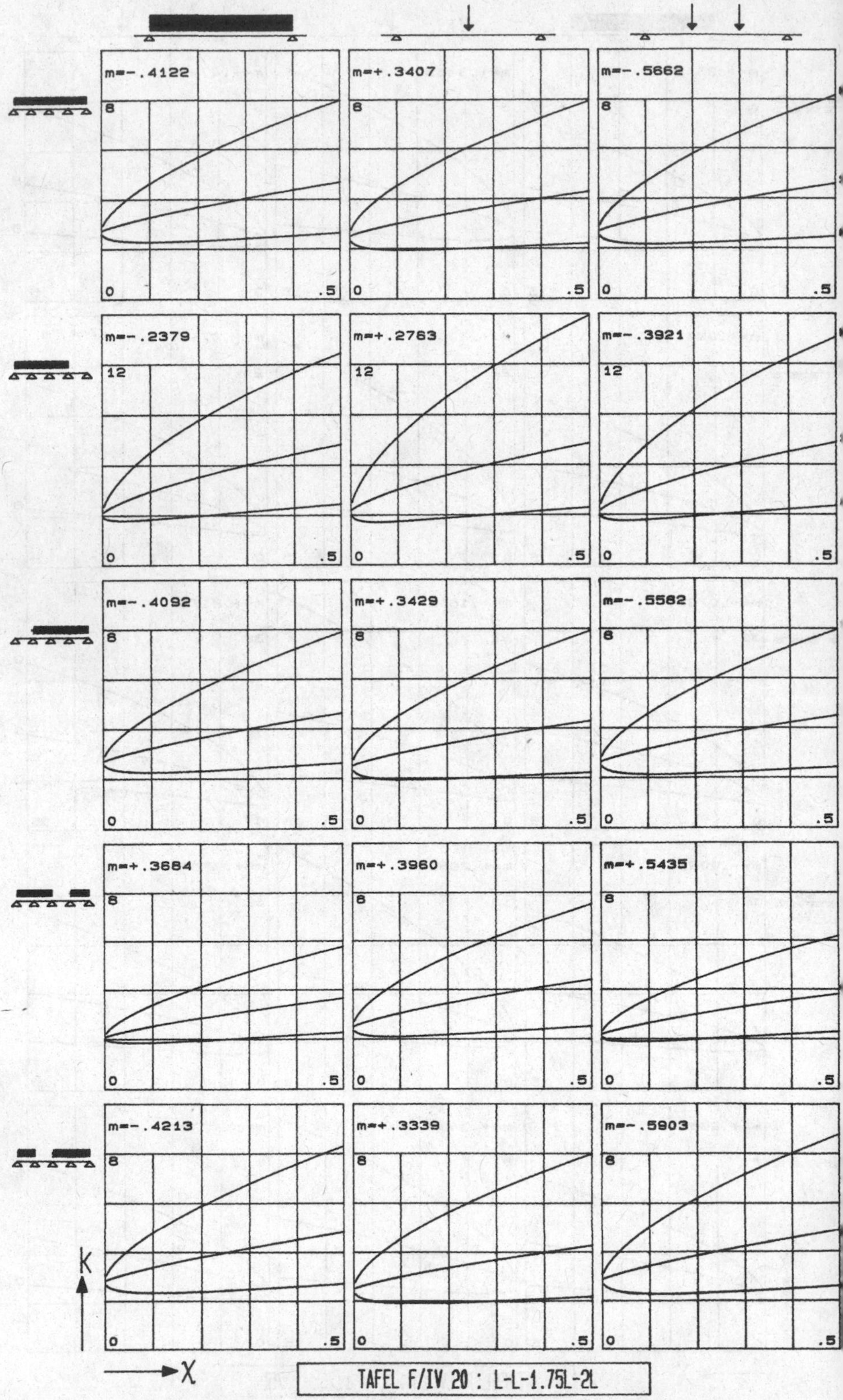

m=-.4122
m=+.3407
m=-.5662
m=-.2379
m=+.2763
m=-.3921
m=-.4092
m=+.3429
m=-.5582
m=+.3684
m=+.3960
m=+.5435
m=-.4213
m=+.3339
m=-.5903
8
12
0
.5
K
X

TAFEL F/IV 20 : L-L-1.75L-2L

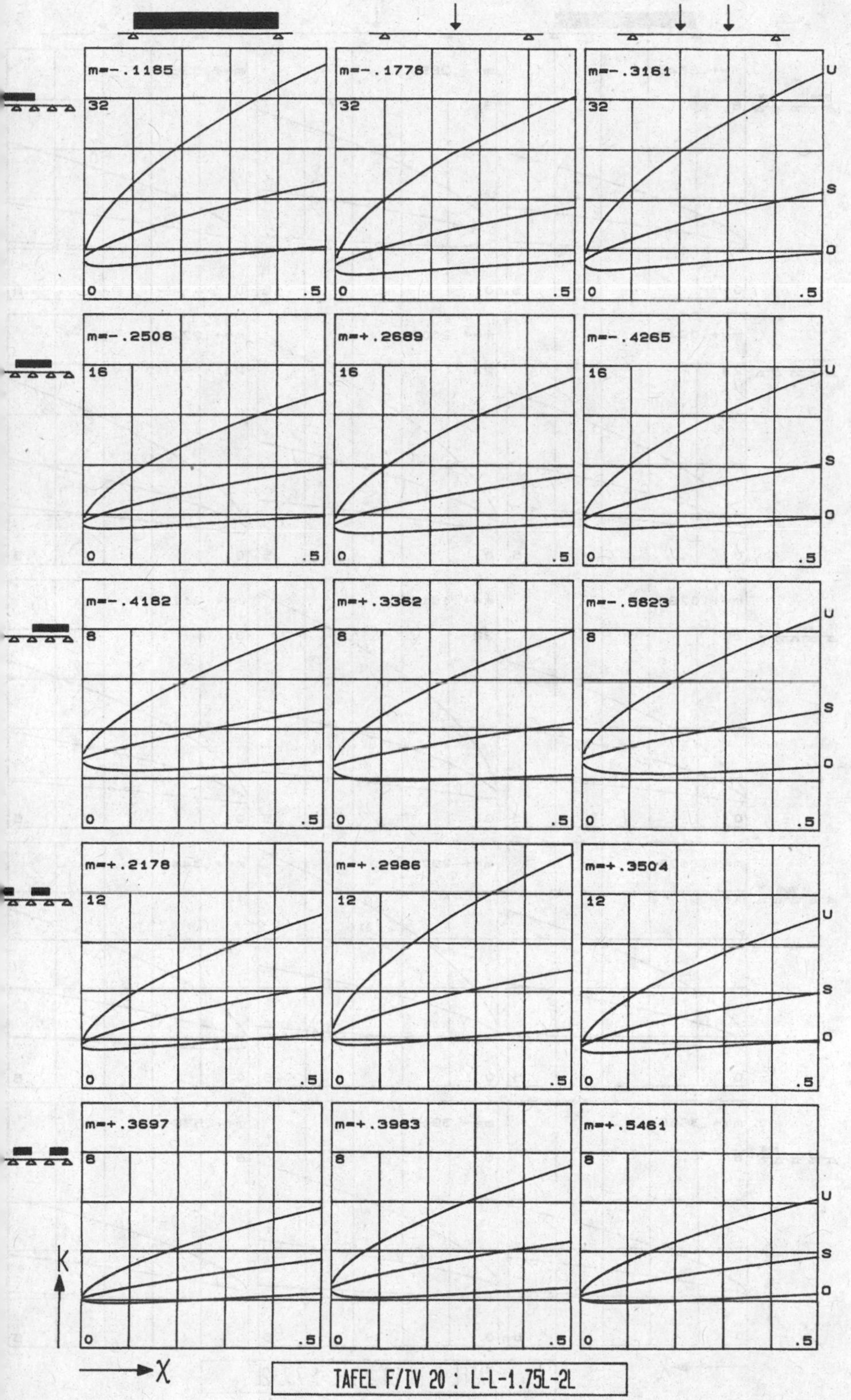
m=-.1185
32
0
.5
m=-.1778
32
0
.5
m=-.3161
32
0
.5
U
S
O
m=-.2508
16
0
.5
m=+.2689
16
0
.5
m=-.4265
16
0
.5
U
S
O
m=-.4182
8
0
.5
m=+.3362
8
0
.5
m=-.5623
8
0
.5
U
S
O
m=+.2178
12
0
.5
m=+.2986
12
0
.5
m=+.3504
12
0
.5
U
S
O
m=+.3697
8
0
.5
m=+.3983
8
0
.5
m=+.5461
8
0
.5
U
S
O
K
X

F
IV

TAFEL F/IV 20 : L-L-1.75L-2L

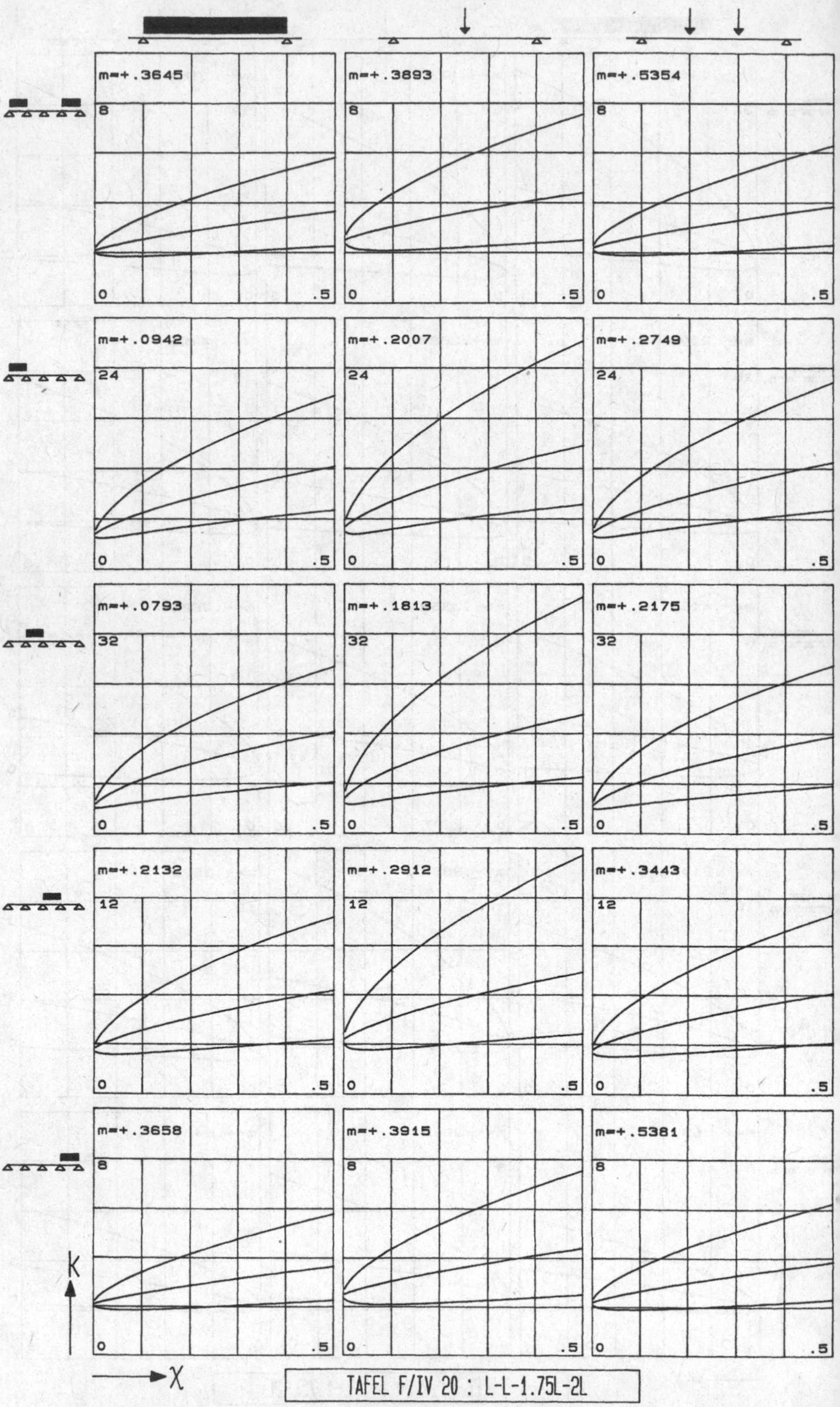

m=+.3645
8
0
.5
m=+.3893
8
0
.5
m=+.5354
8
0
.5
m=+.0942
24
0
.5
m=+.2007
24
0
.5
m=+.2749
24
0
.5
m=+.0793
32
0
.5
m=+.1813
32
0
.5
m=+.2175
32
0
.5
m=+.2132
12
0
.5
m=+.2912
12
0
.5
m=+.3443
12
0
.5
m=+.3658
8
0
.5
m=+.3915
8
0
.5
m=+.5381
8
0
.5
K
X

TAFEL F/IV 20 : L-L-1.75L-2L

F IV

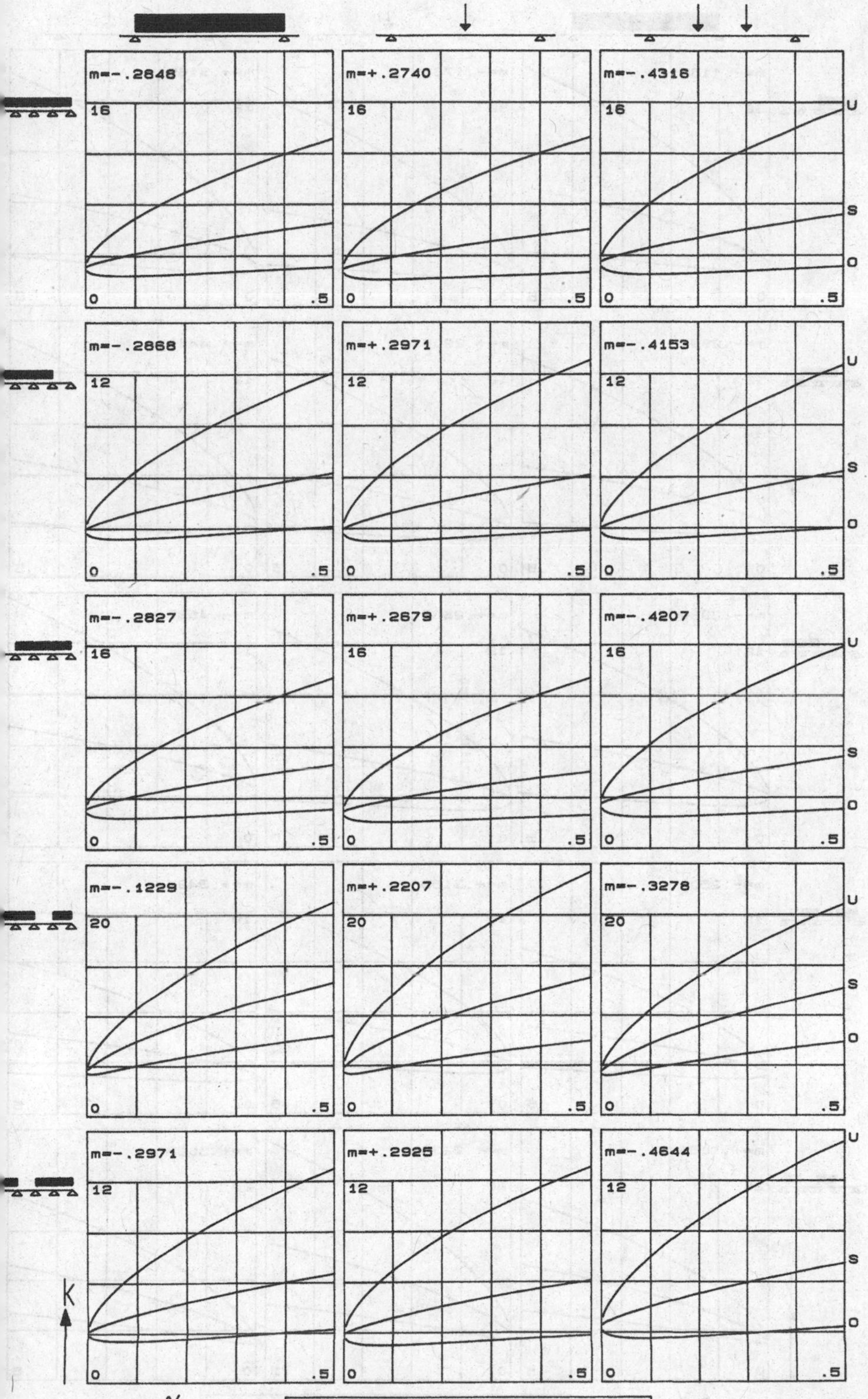
m=-.2846
16
0
.5
m=+.2740
16
0
.5
m=-.4316
16
0
.5
U
S
O
m=-.2868
12
0
.5
m=+.2971
12
0
.5
m=-.4153
12
0
.5
U
S
O
m=-.2827
16
0
.5
m=+.2679
16
0
.5
m=-.4207
16
0
.5
U
S
O
m=-.1229
20
0
.5
m=+.2207
20
0
.5
m=-.3278
20
0
.5
U
S
O
m=-.2971
12
0
.5
m=+.2925
12
0
.5
m=-.4644
12
0
.5
U
S
O
K
X

TAFEL F/IV 21 : L-L-2L-L

F IV

F
IV

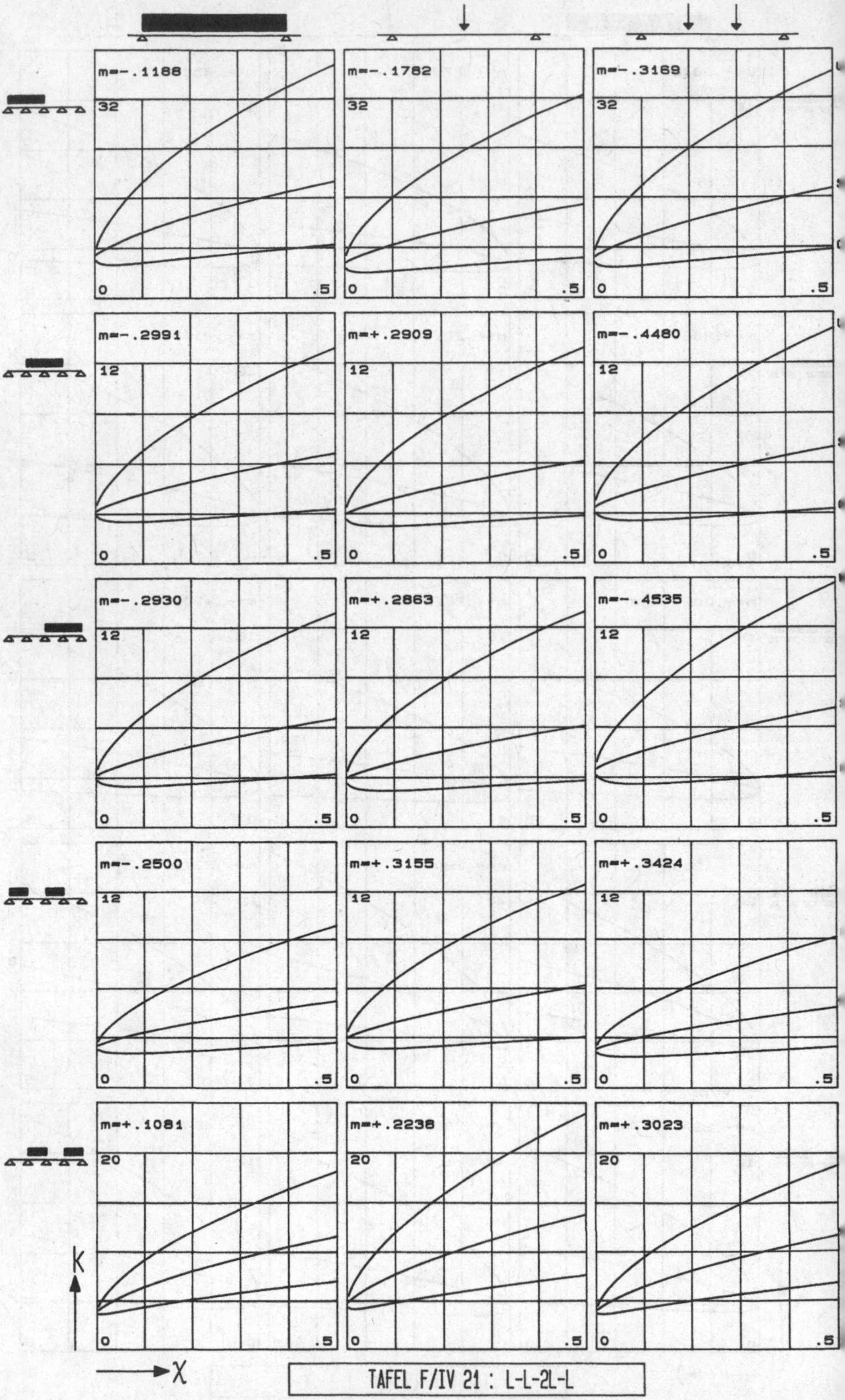
m=-.1188
32
m=-.1782
32
m=-.3169
32
m=-.2991
12
m=+.2909
12
m=-.4480
12
m=-.2930
12
m=+.2863
12
m=-.4535
12
m=-.2500
12
m=+.3155
12
m=+.3424
12
m=+.1081
20
m=+.2238
20
m=+.3023
20
0
.5
K
X

TAFEL F/IV 21 : L-L-2L-L

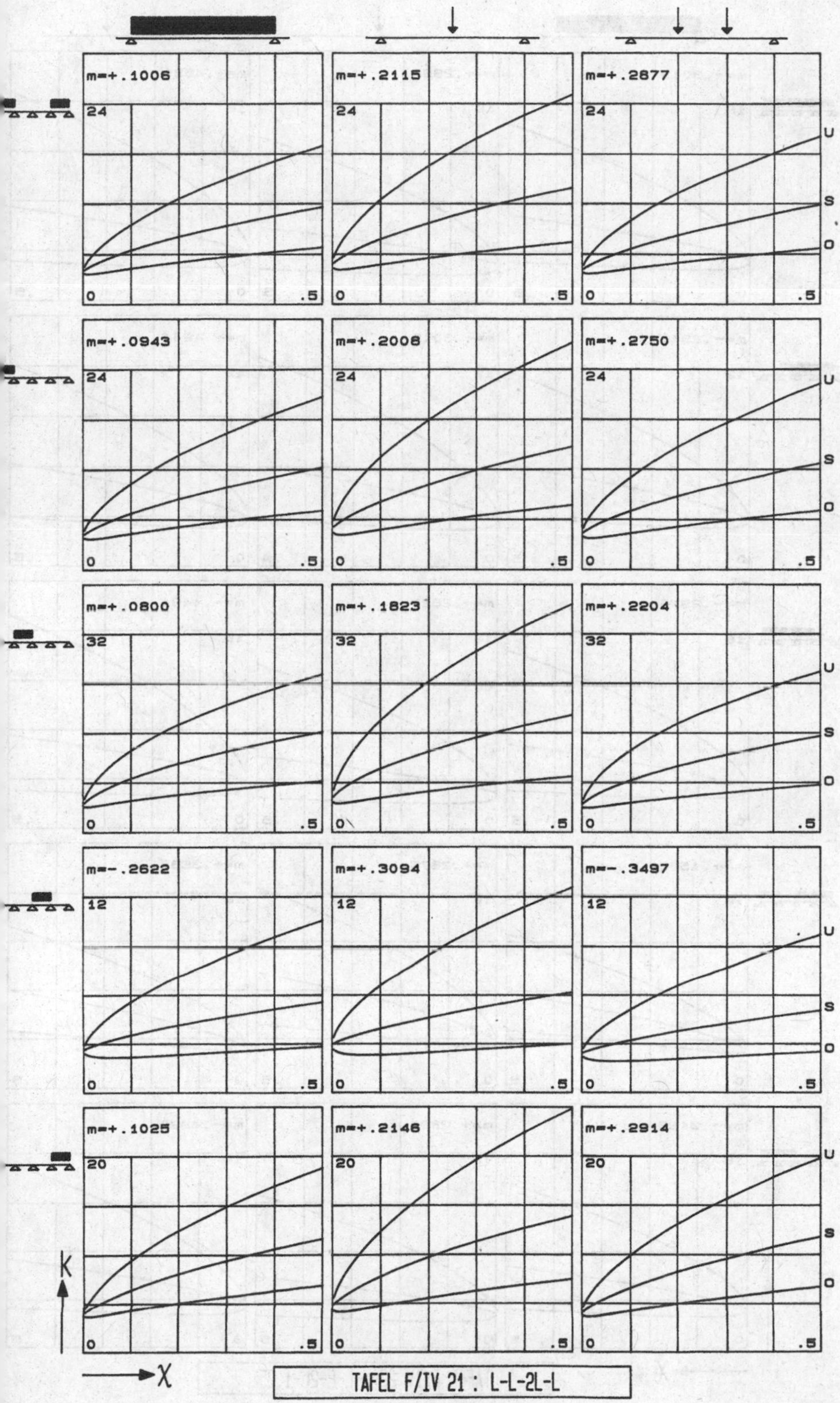
m=+.1006
24
0
.5
m=+.2115
24
0
.5
m=+.2877
24
0
.5
U
S
O
m=+.0943
24
0
.5
m=+.2006
24
0
.5
m=+.2750
24
0
.5
U
S
O
m=+.0800
32
0
.5
m=+.1823
32
0
.5
m=+.2204
32
0
.5
U
S
O
m=-.2622
12
0
.5
m=+.3094
12
0
.5
m=-.3497
12
0
.5
U
S
O
m=+.1025
20
0
.5
m=+.2146
20
0
.5
m=+.2914
20
0
.5
U
S
O
K
X

TAFEL F/IV 21 : L-L-2L-L

F IV

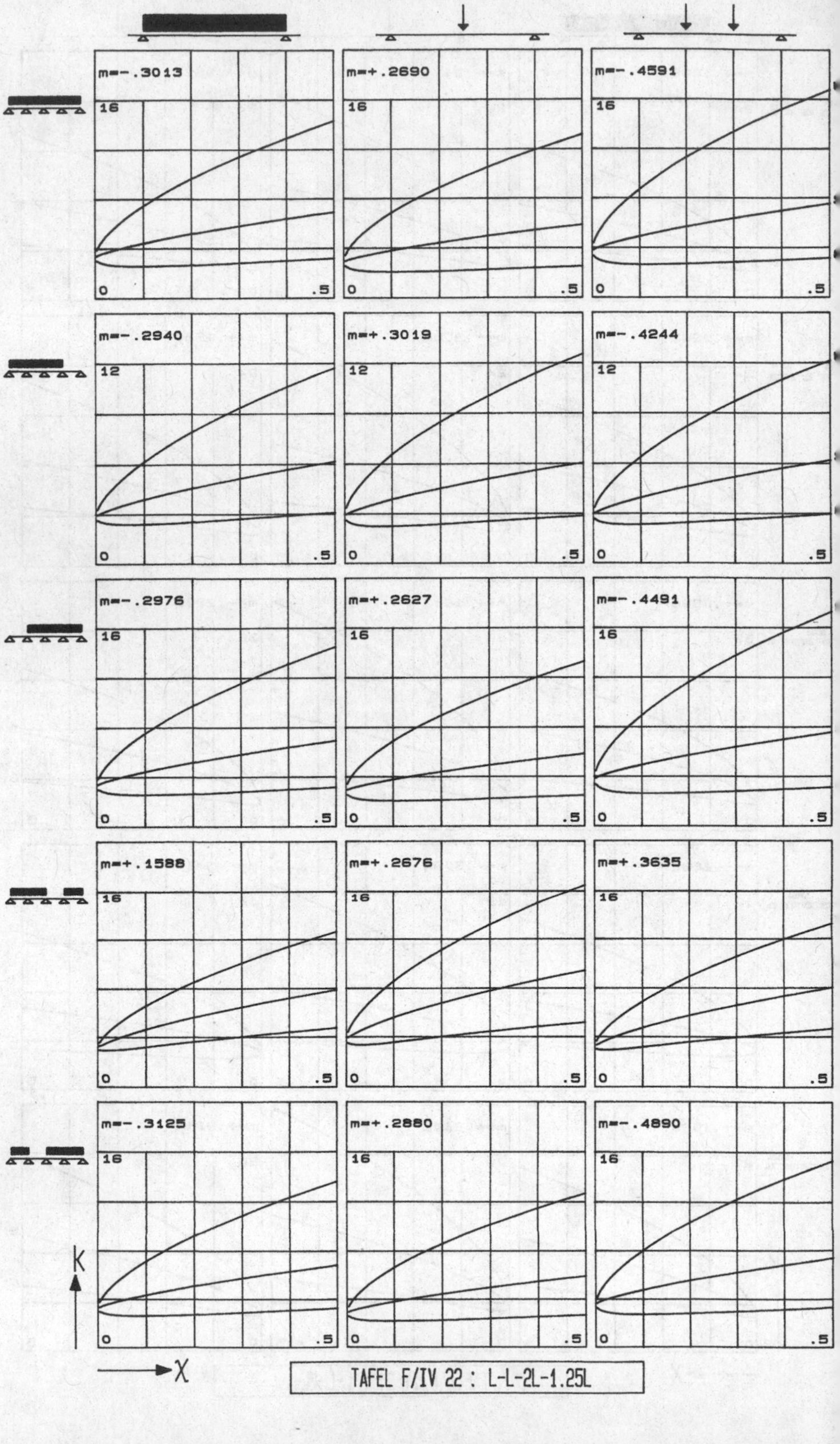

m=-.3013
16
0
.5
m=+.2690
16
0
.5
m=-.4591
16
0
.5
m=-.2940
12
0
.5
m=+.3019
12
0
.5
m=-.4244
12
0
.5
m=-.2976
16
0
.5
m=+.2627
16
0
.5
m=-.4491
16
0
.5
m=+.1588
16
0
.5
m=+.2676
16
0
.5
m=+.3635
16
0
.5
m=-.3125
16
0
.5
m=+.2880
16
0
.5
m=-.4890
16
0
.5
K
X
TAFEL F/IV 22 : L-L-2L-1.25L

F IV

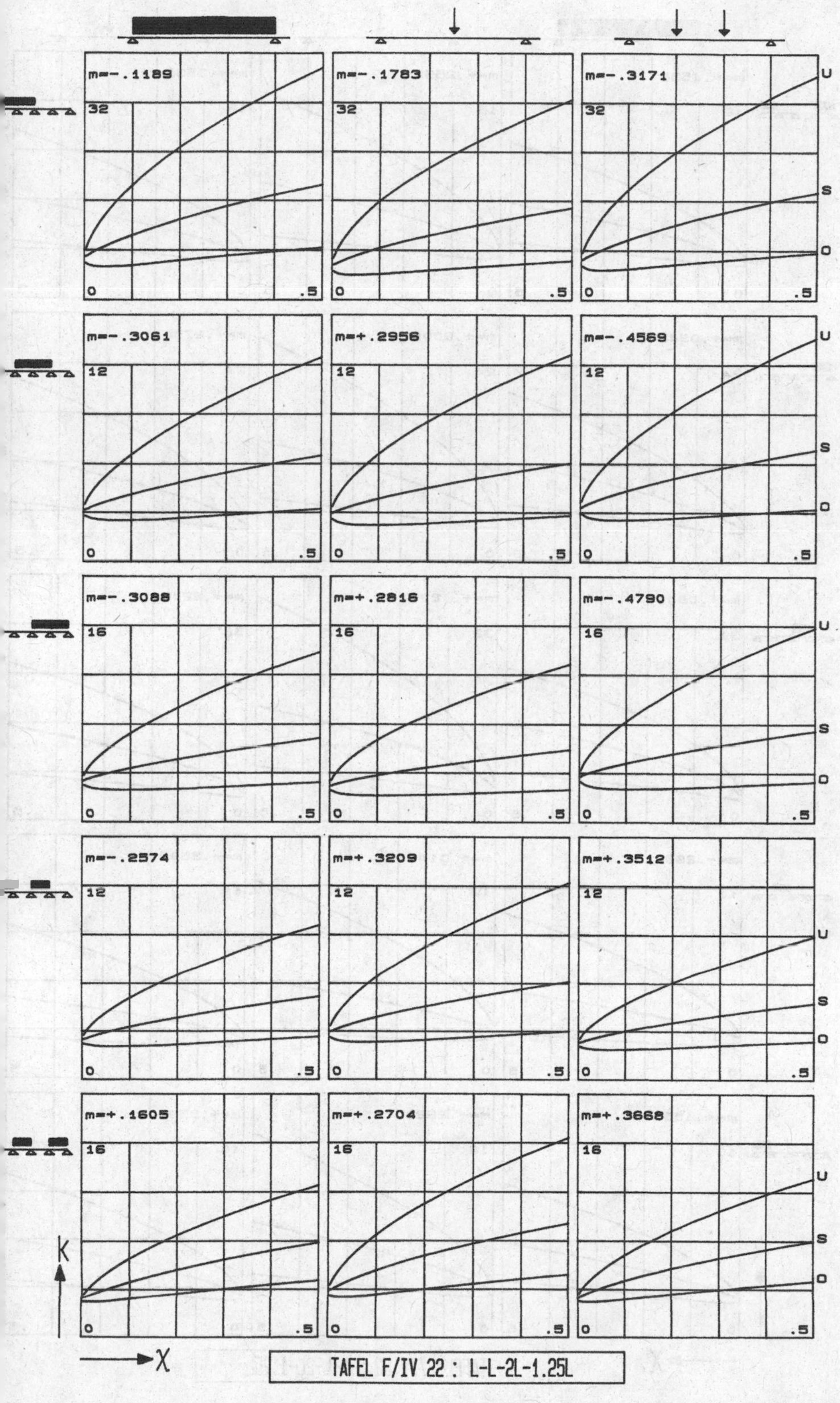
m=-.1189
32
0
.5
m=-.1783
32
m=-.3171
U
S
O
m=-.3061
12
m=+.2956
m=-.4569
m=-.3088
16
m=+.2816
m=-.4790
m=-.2574
m=+.3209
m=+.3512
m=+.1605
m=+.2704
m=+.3668
K
X

TAFEL F/IV 22 : L-L-2L-1.25L

F IV

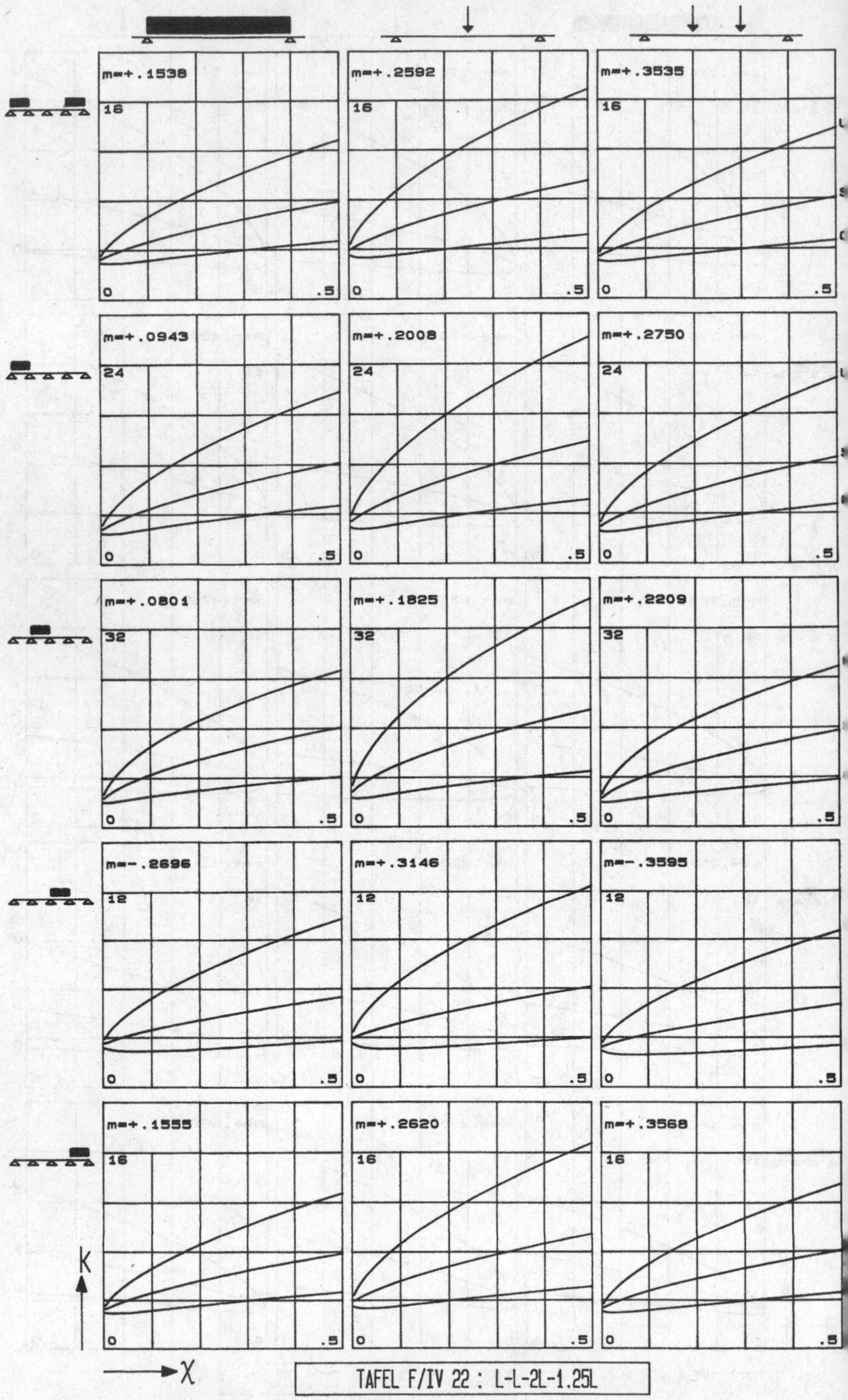
m=+.1538
16
m=+.2592
16
m=+.3535
16
m=+.0943
24
m=+.2008
24
m=+.2750
24
m=+.0801
32
m=+.1825
32
m=+.2209
32
m=-.2696
12
m=+.3146
12
m=-.3595
12
m=+.1555
16
m=+.2620
16
m=+.3568
16
0
.5
K
X
TAFEL F/IV 22 : L-L-2L-1.25L

F IV

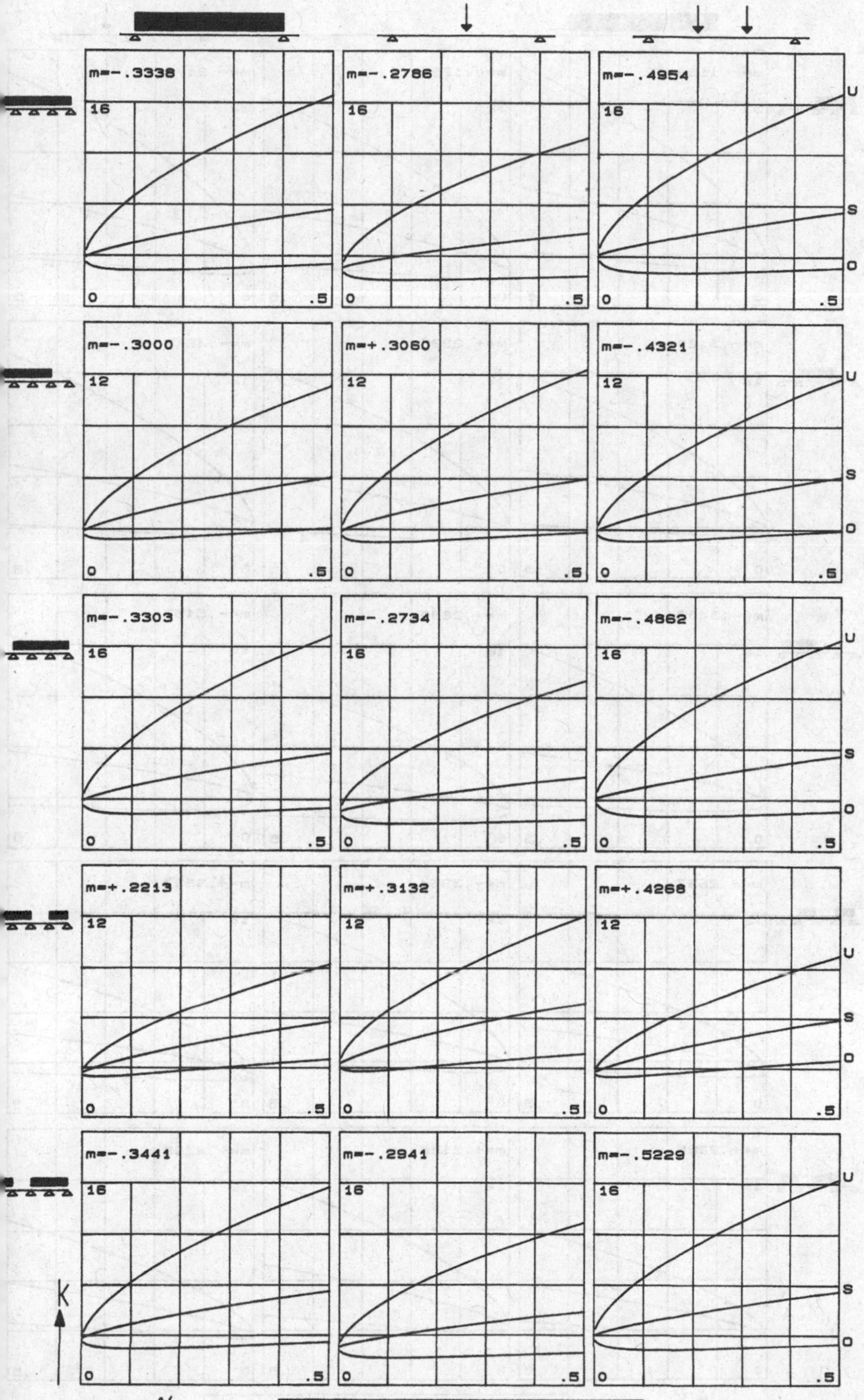

m=-.3338
16
0
.5
m=-.2786
16
0
.5
m=-.4954
16
0
.5
U
S
O
m=-.3000
12
0
.5
m=+.3060
12
0
.5
m=-.4321
12
0
.5
U
S
O
m=-.3303
16
0
.5
m=-.2734
16
0
.5
m=-.4862
16
0
.5
U
S
O
m=+.2213
12
0
.5
m=+.3132
12
0
.5
m=+.4268
12
0
.5
U
S
O
m=-.3441
16
0
.5
m=-.2941
16
0
.5
m=-.5229
16
0
.5
U
S
O
K
X

TAFEL F/IV 23 : L-L-2L-1.5L

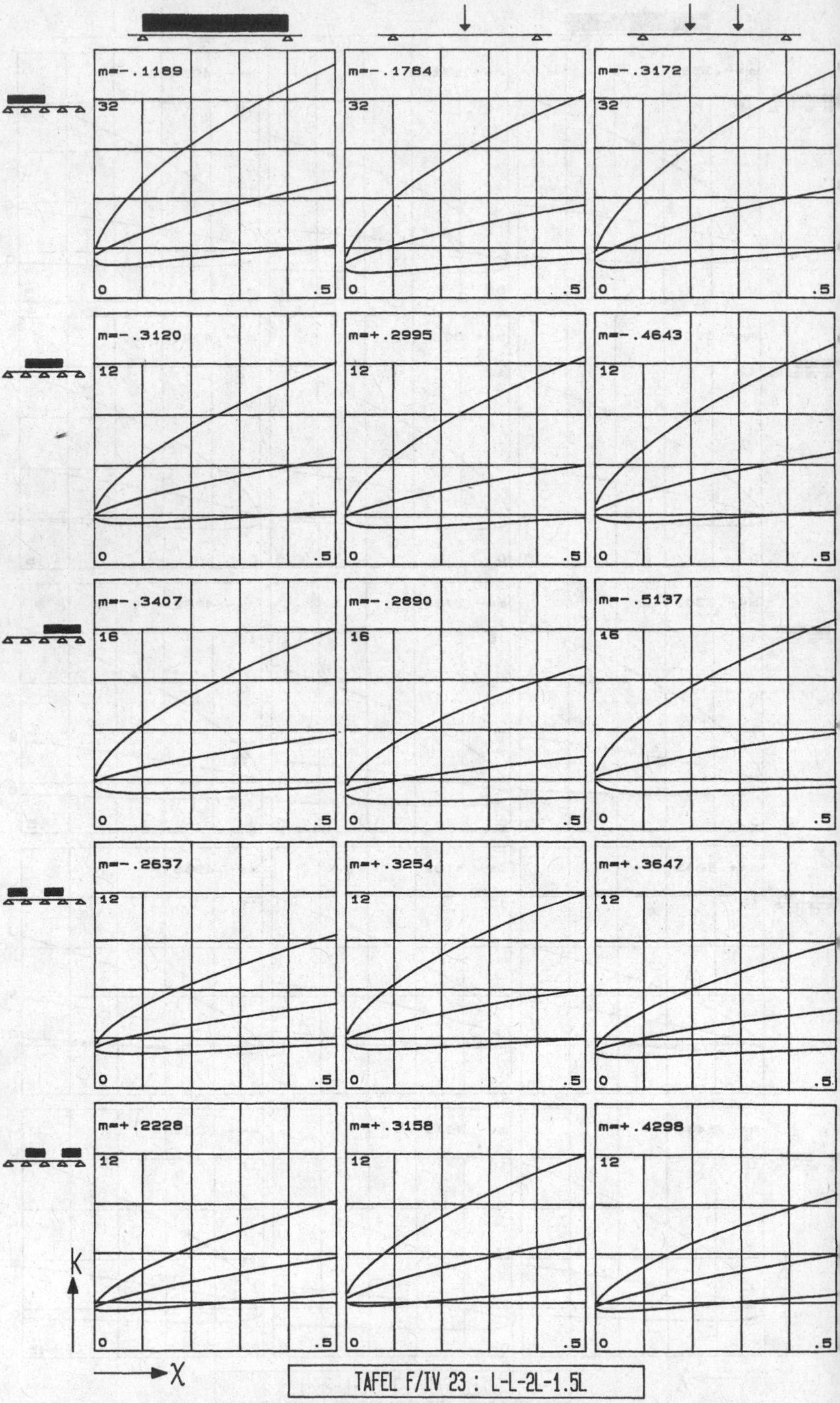
m=-.1189
32
0
.5
m=-.1784
32
0
.5
m=-.3172
32
0
.5
m=-.3120
12
0
.5
m=+.2995
12
0
.5
m=-.4643
12
0
.5
m=-.3407
16
0
.5
m=-.2890
16
0
.5
m=-.5137
16
0
.5
m=-.2637
12
0
.5
m=+.3254
12
0
.5
m=+.3647
12
0
.5
m=+.2228
12
0
.5
m=+.3158
12
0
.5
m=+.4298
12
0
.5
K
X

TAFEL F/IV 23 : L-L-2L-1.5L

F
IV

m=+.2167
m=+.3054
m=+.4176
m=+.0943
m=+.2008
m=+.2750
m=+.0803
m=+.1827
m=+.2214
m=-.2758
m=+.3189
m=-.3678
m=+.2183
m=+.3080
m=+.4206
12
24
32
0
.5
U
S
O
K
X

TAFEL F/IV 23 : L-L-2L-1.5L

F IV

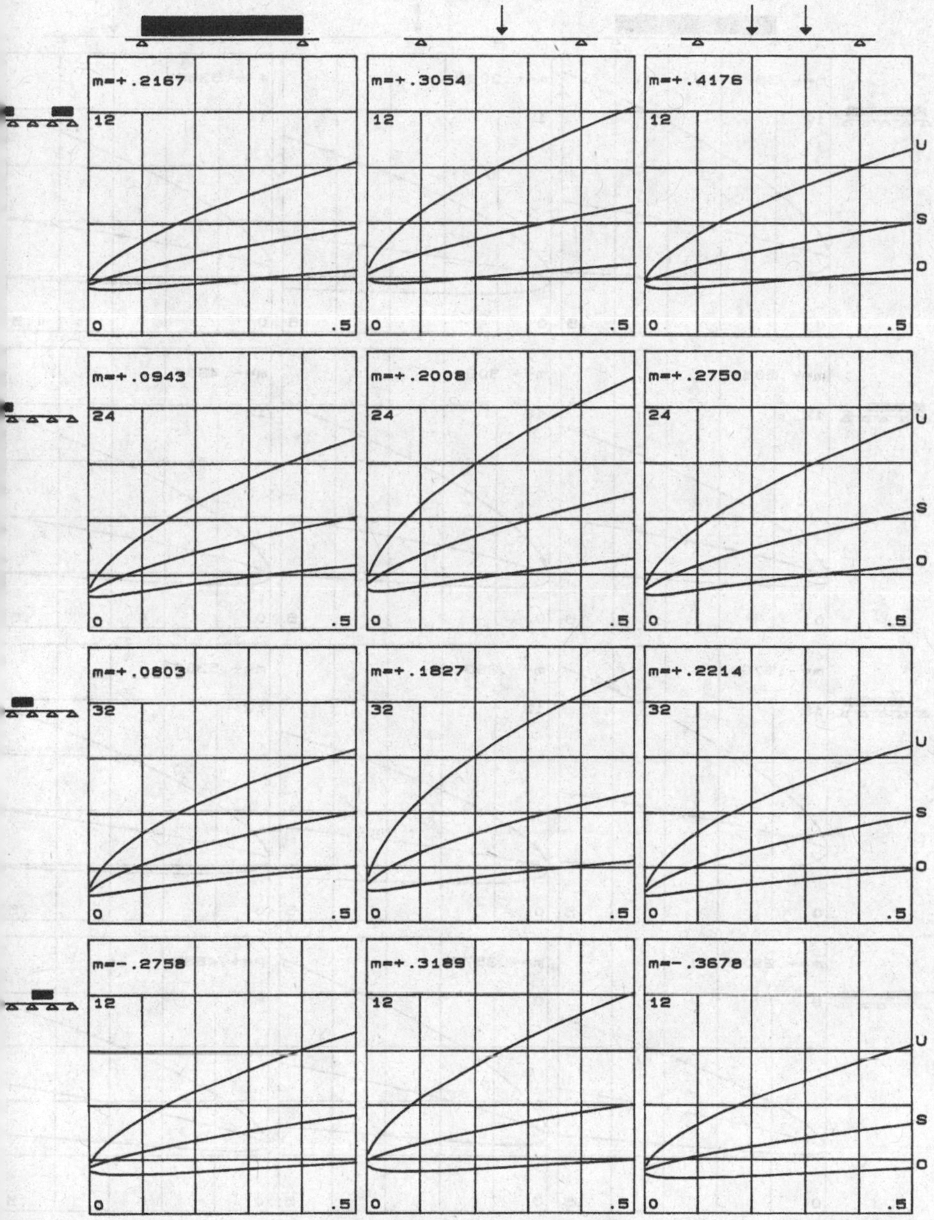

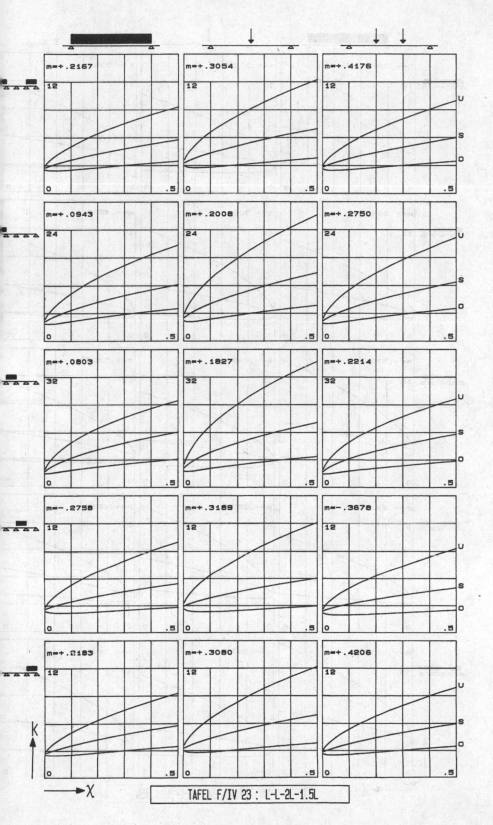

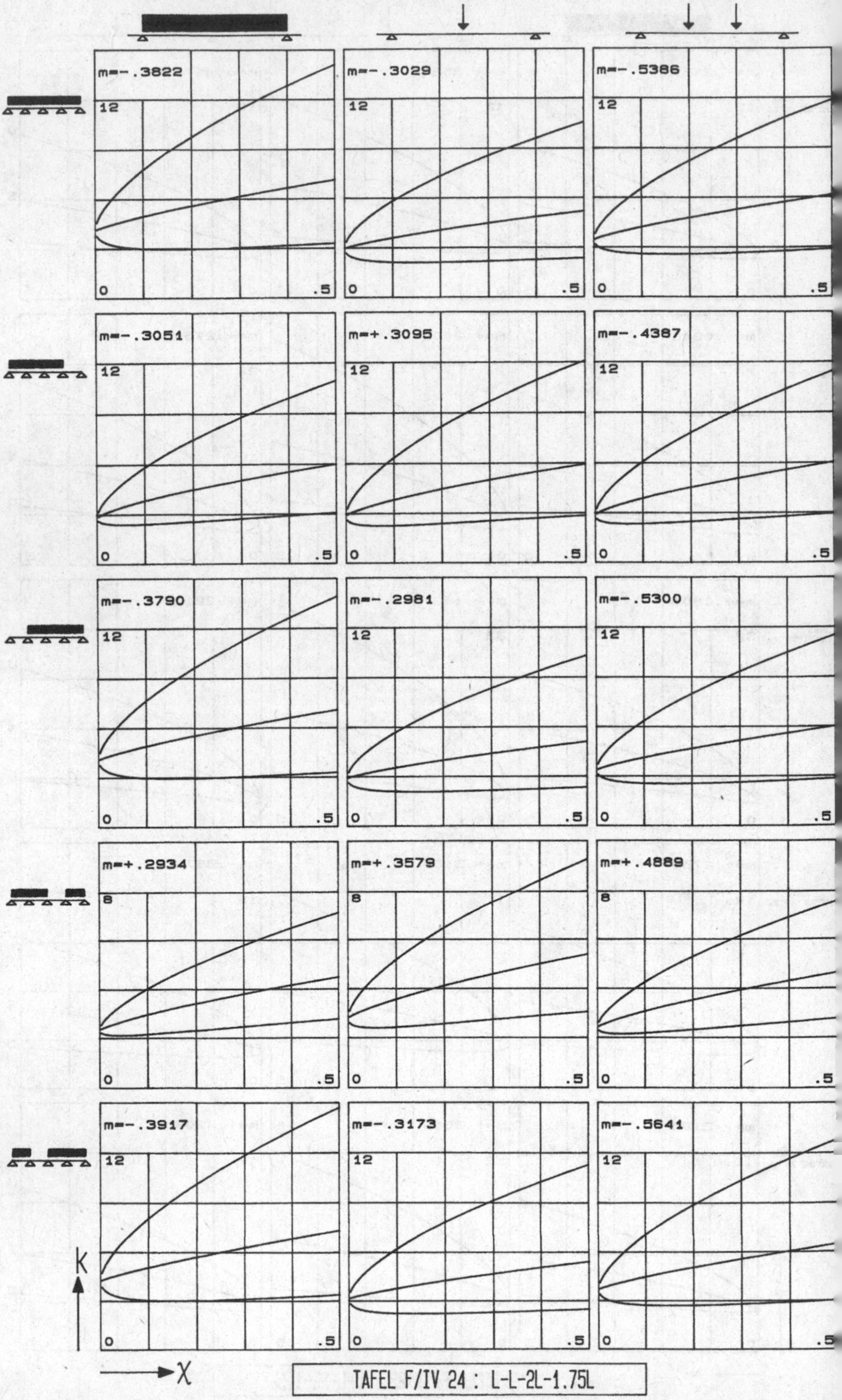

m=-.3822
12
0
.5
m=-.3029
12
0
.5
m=-.5386
12
0
.5
m=-.3051
12
0
.5
m=+.3095
12
0
.5
m=-.4387
12
0
.5
m=-.3790
12
0
.5
m=-.2981
12
0
.5
m=-.5300
12
0
.5
m=+.2934
8
0
.5
m=+.3579
8
0
.5
m=+.4889
8
0
.5
m=-.3917
12
0
.5
m=-.3173
12
0
.5
m=-.5641
12
0
.5
K
X
F
IV

TAFEL F/IV 24 : L-L-2L-1.75L

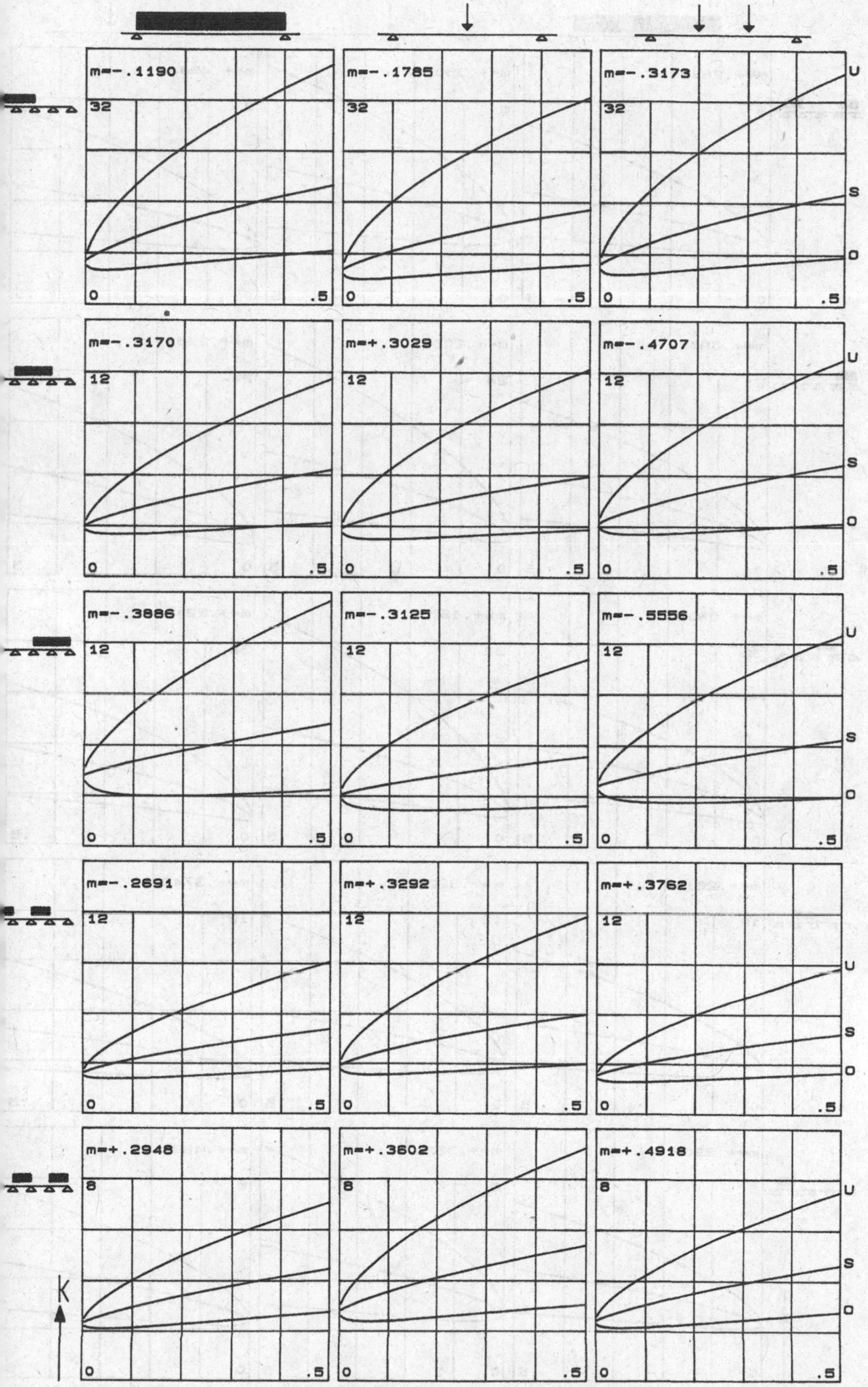
m=-.1190
32
0
.5
m=-.1785
32
0
.5
m=-.3173
32
U
S
O
0
.5
m=-.3170
12
0
.5
m=+.3029
12
0
.5
m=-.4707
12
U
S
O
0
.5
m=-.3886
12
0
.5
m=-.3125
12
0
.5
m=-.5556
12
U
S
O
0
.5
m=-.2691
12
0
.5
m=+.3292
12
0
.5
m=+.3762
12
U
S
O
0
.5
m=+.2948
8
0
.5
m=+.3602
8
0
.5
m=+.4918
8
U
S
O
0
.5
K
X
F
IV

TAFEL F/IV 24 : L-L-2L-1.75L

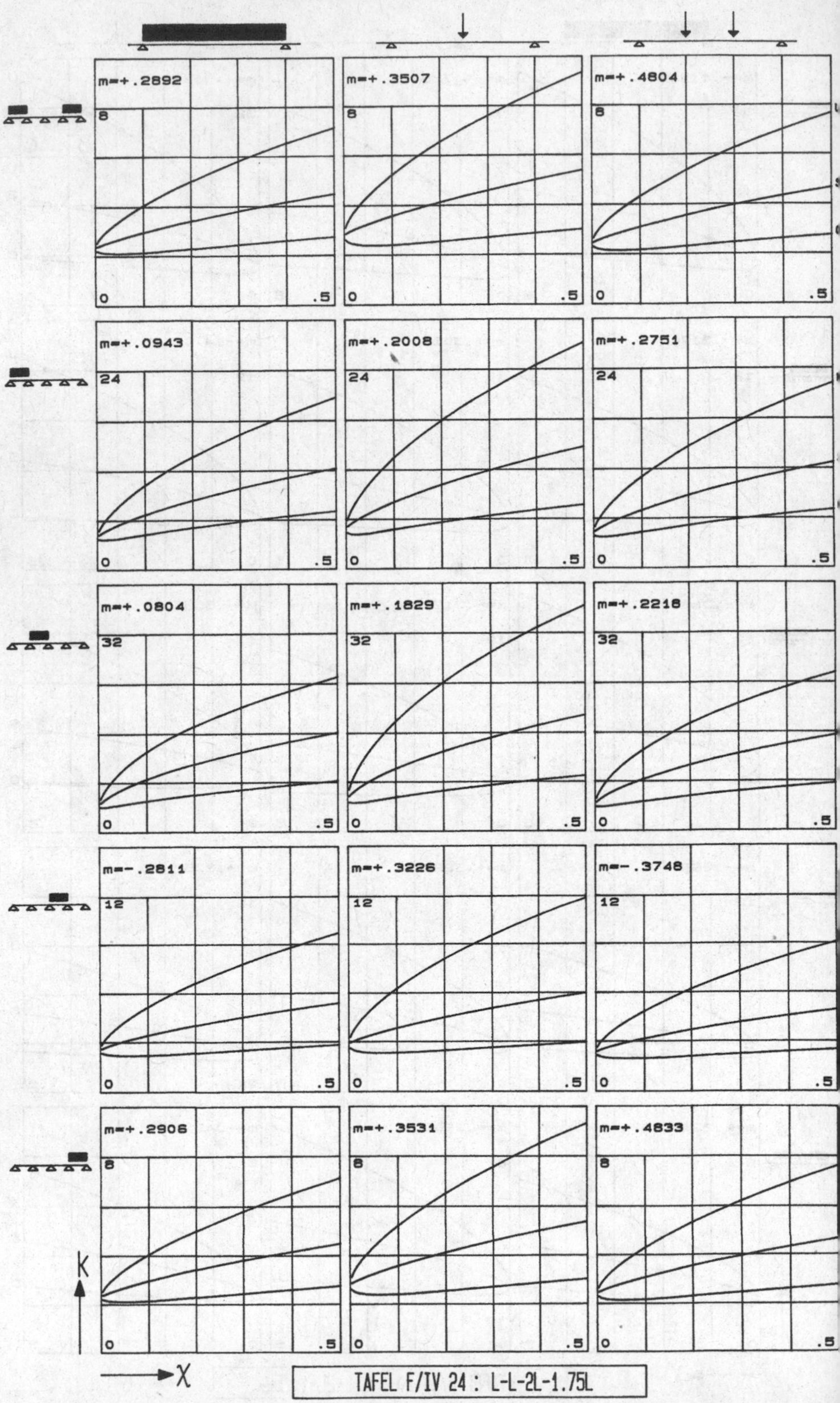

m=+.2892
8
0
.5
m=+.3507
8
0
.5
m=+.4804
8
0
.5
m=+.0943
24
0
.5
m=+.2008
24
0
.5
m=+.2751
24
0
.5
m=+.0804
32
0
.5
m=+.1829
32
0
.5
m=+.2218
32
0
.5
m=-.2811
12
0
.5
m=+.3226
12
0
.5
m=-.3748
12
0
.5
m=+.2906
8
0
.5
m=+.3531
8
0
.5
m=+.4833
8
0
.5
K
X

TAFEL F/IV 24 : L-L-2L-1.75L

F IV

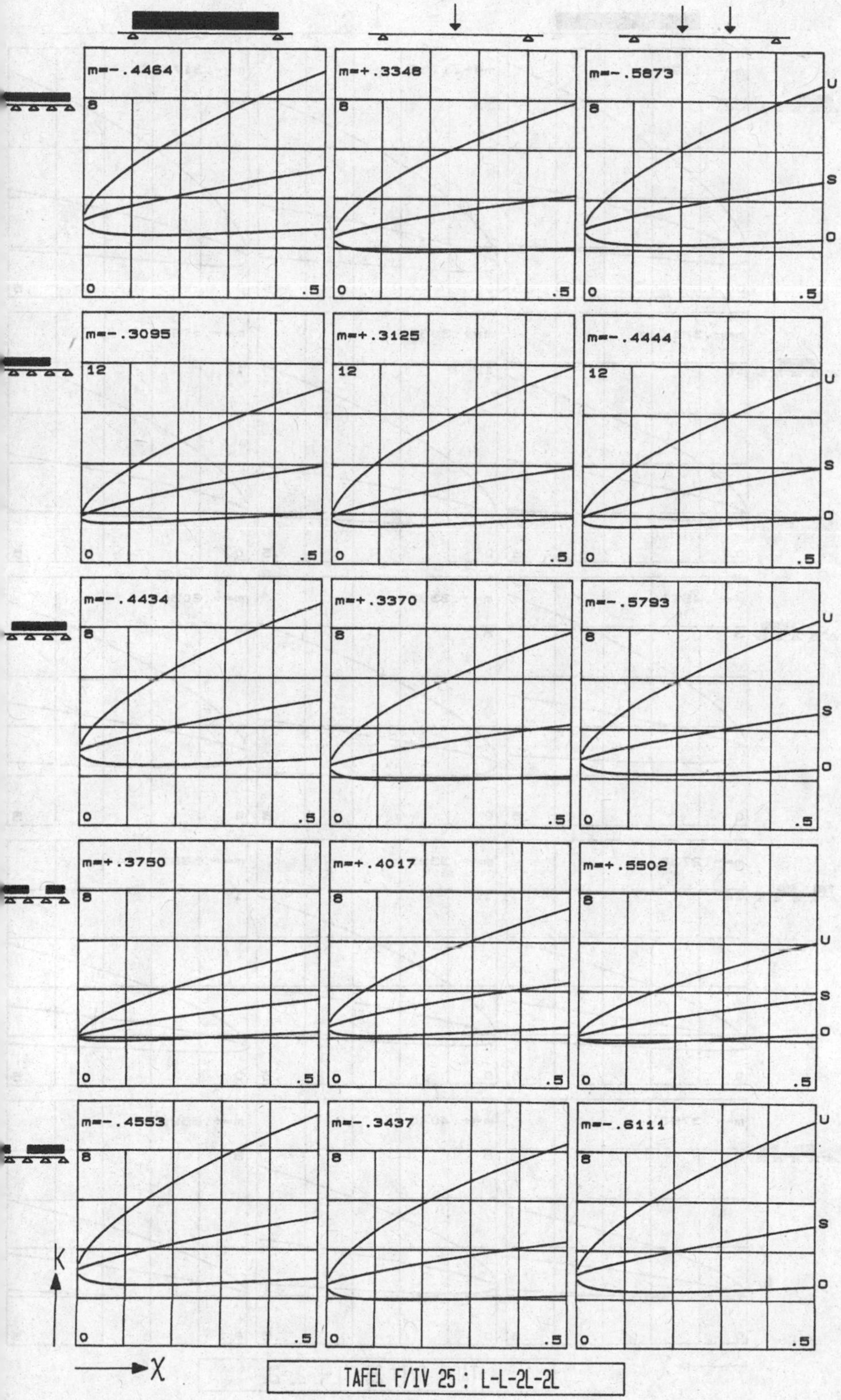
m=-.4464
m=+.3348
m=-.5873
m=-.3095
m=+.3125
m=-.4444
m=-.4434
m=+.3370
m=-.5793
m=+.3750
m=+.4017
m=+.5502
m=-.4553
m=-.3437
m=-.6111
U
S
O
K
X

TAFEL F/IV 25 : L-L-2L-2L

F IV

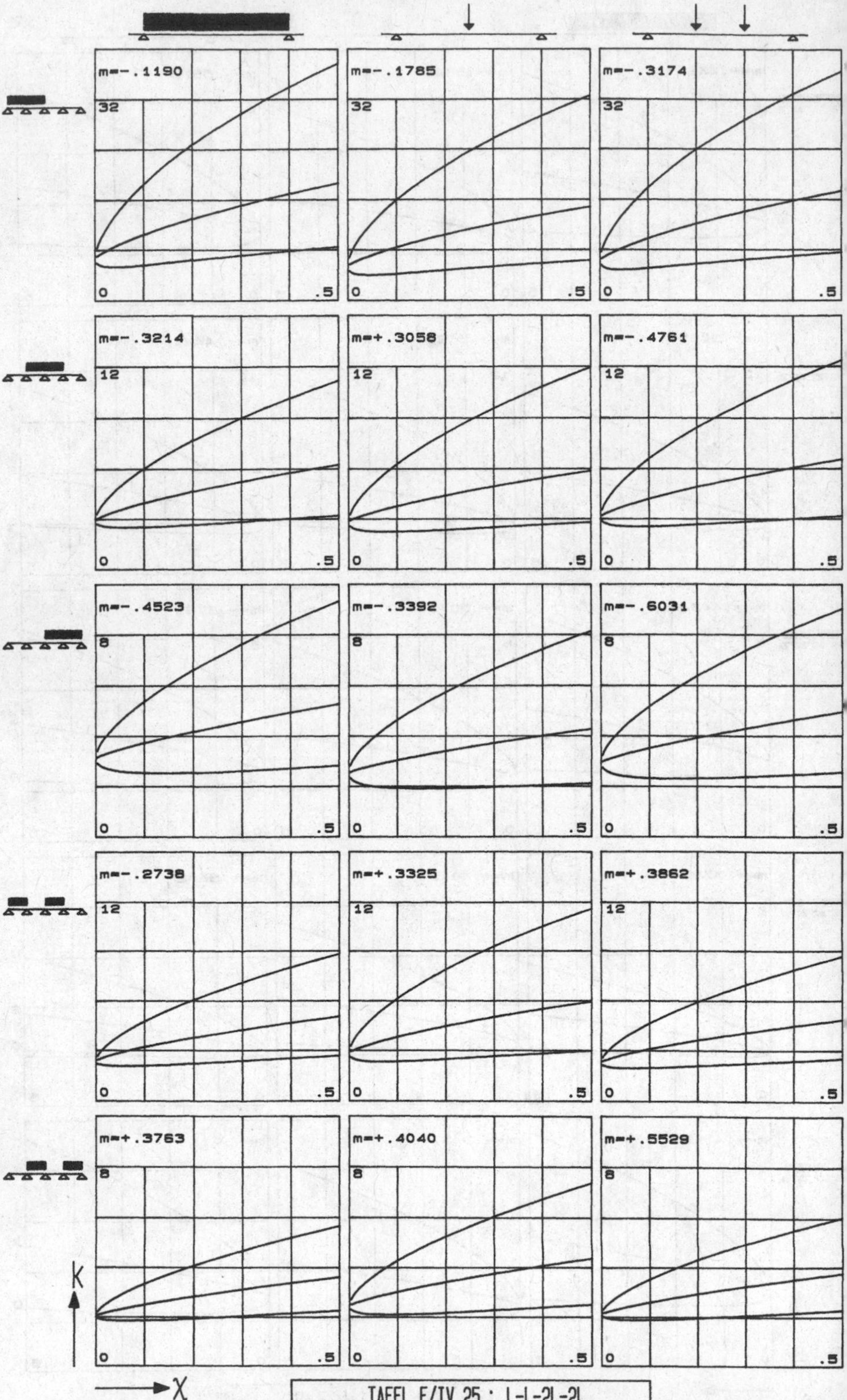

m=-.1190
32
m=-.1785
32
m=-.3174
32
m=-.3214
12
m=+.3058
12
m=-.4761
12
m=-.4523
8
m=-.3392
8
m=-.6031
8
m=-.2738
12
m=+.3325
12
m=+.3862
12
m=+.3763
8
m=+.4040
8
m=+.5529
8
0
.5
K
X

TAFEL F/IV 25 : L-L-2L-2L

F IV

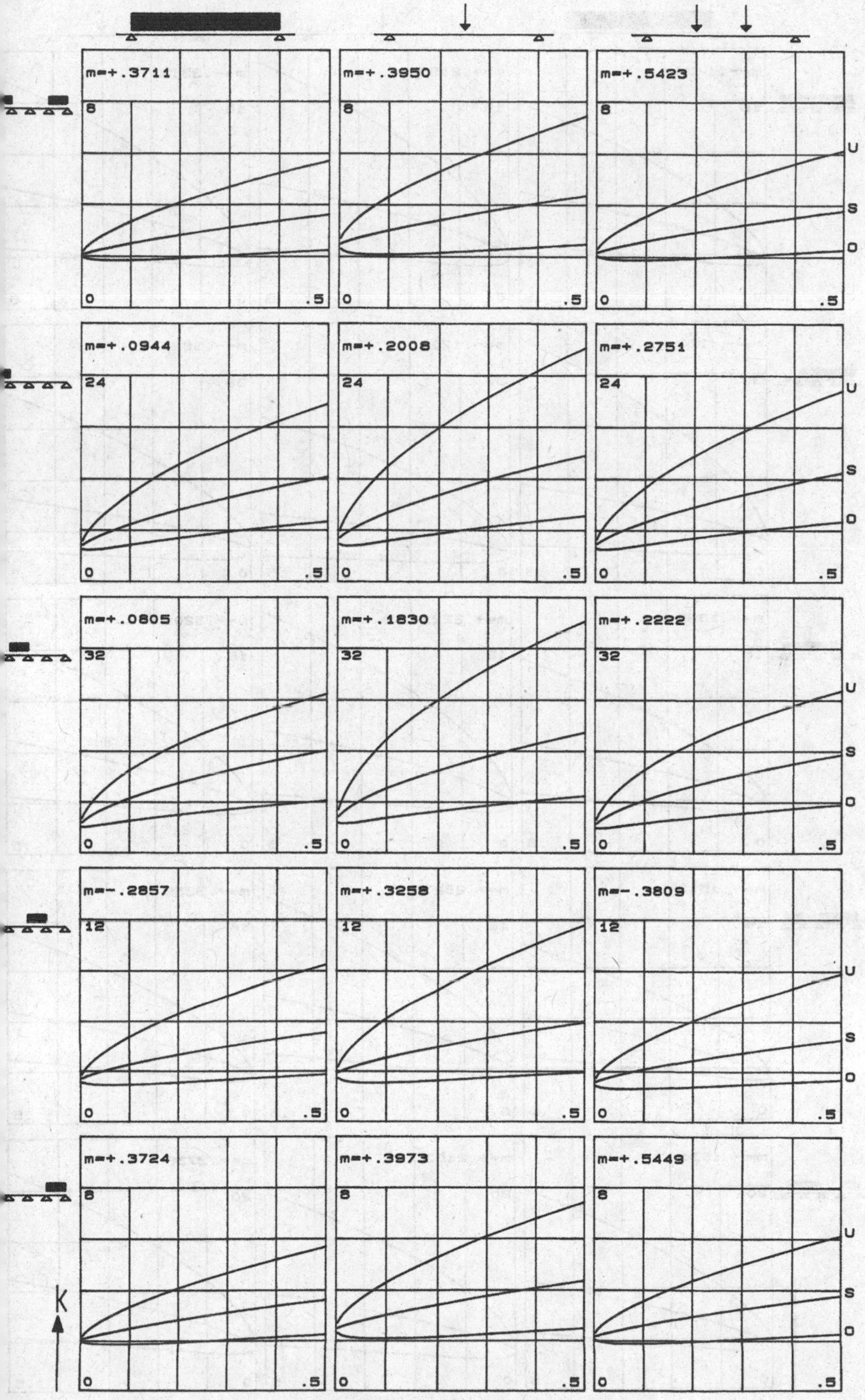

m=+.3711
8
0
.5
m=+.3950
8
0
.5
m=+.5423
8
0
.5
U
S
O
m=+.0944
24
0
.5
m=+.2008
24
0
.5
m=+.2751
24
0
.5
U
S
O
m=+.0805
32
0
.5
m=+.1830
32
0
.5
m=+.2222
32
0
.5
U
S
O
m=-.2857
12
0
.5
m=+.3258
12
0
.5
m=-.3809
12
0
.5
U
S
O
m=+.3724
8
0
.5
m=+.3973
8
0
.5
m=+.5449
8
0
.5
U
S
O
K
X

TAFEL F/IV 25 : L-L-2L-2L

F IV

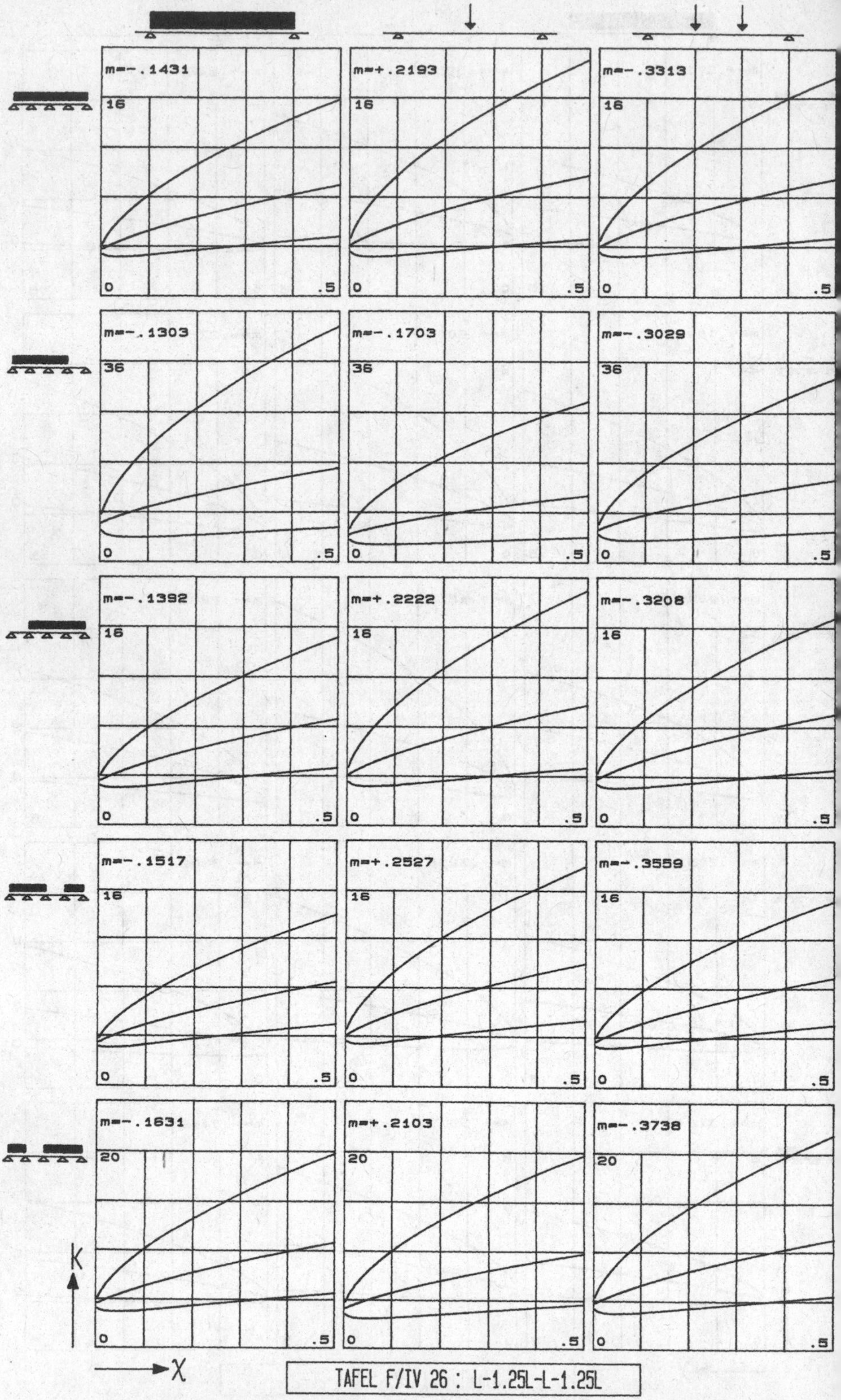

m=-.1431
16
0
.5
m=+.2193
16
0
.5
m=-.3313
16
0
.5
m=-.1303
36
0
.5
m=-.1703
36
0
.5
m=-.3029
36
0
.5
m=-.1392
16
0
.5
m=+.2222
16
0
.5
m=-.3208
16
0
.5
m=-.1517
16
0
.5
m=+.2527
16
0
.5
m=-.3559
16
0
.5
m=-.1631
20
0
.5
m=+.2103
20
0
.5
m=-.3738
20
0
.5
K
X

TAFEL F/IV 26 : L-1.25L-L-1.25L

F IV

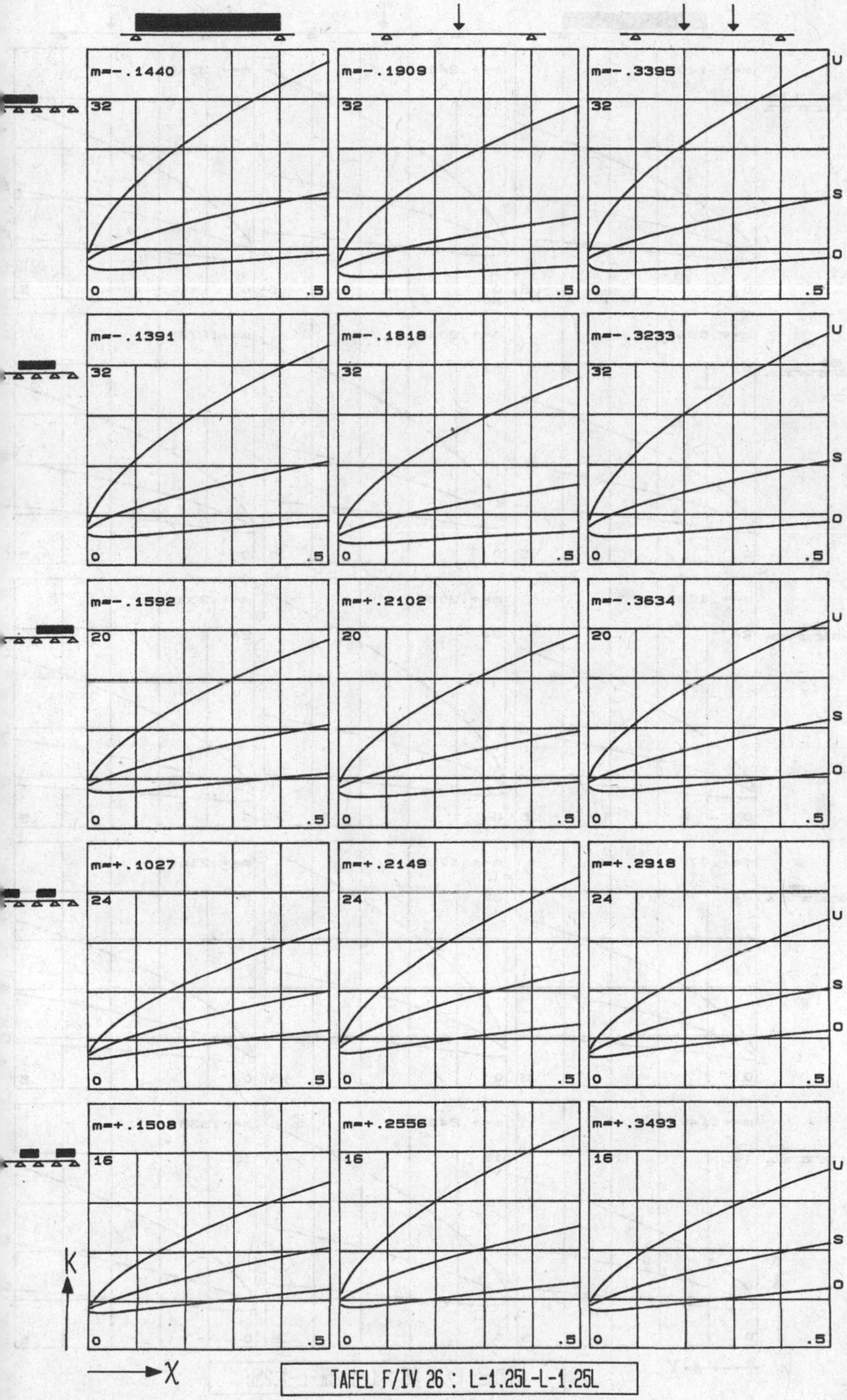
m=-.1440
32
m=-.1909
32
m=-.3395
32
U
S
O
m=-.1391
32
m=-.1818
32
m=-.3233
32
m=-.1592
20
m=+.2102
20
m=-.3634
20
m=+.1027
24
m=+.2149
24
m=+.2918
24
m=+.1508
16
m=+.2556
16
m=+.3493
16
0
.5
K
X

TAFEL F/IV 26 : L-1.25L-L-1.25L

F IV

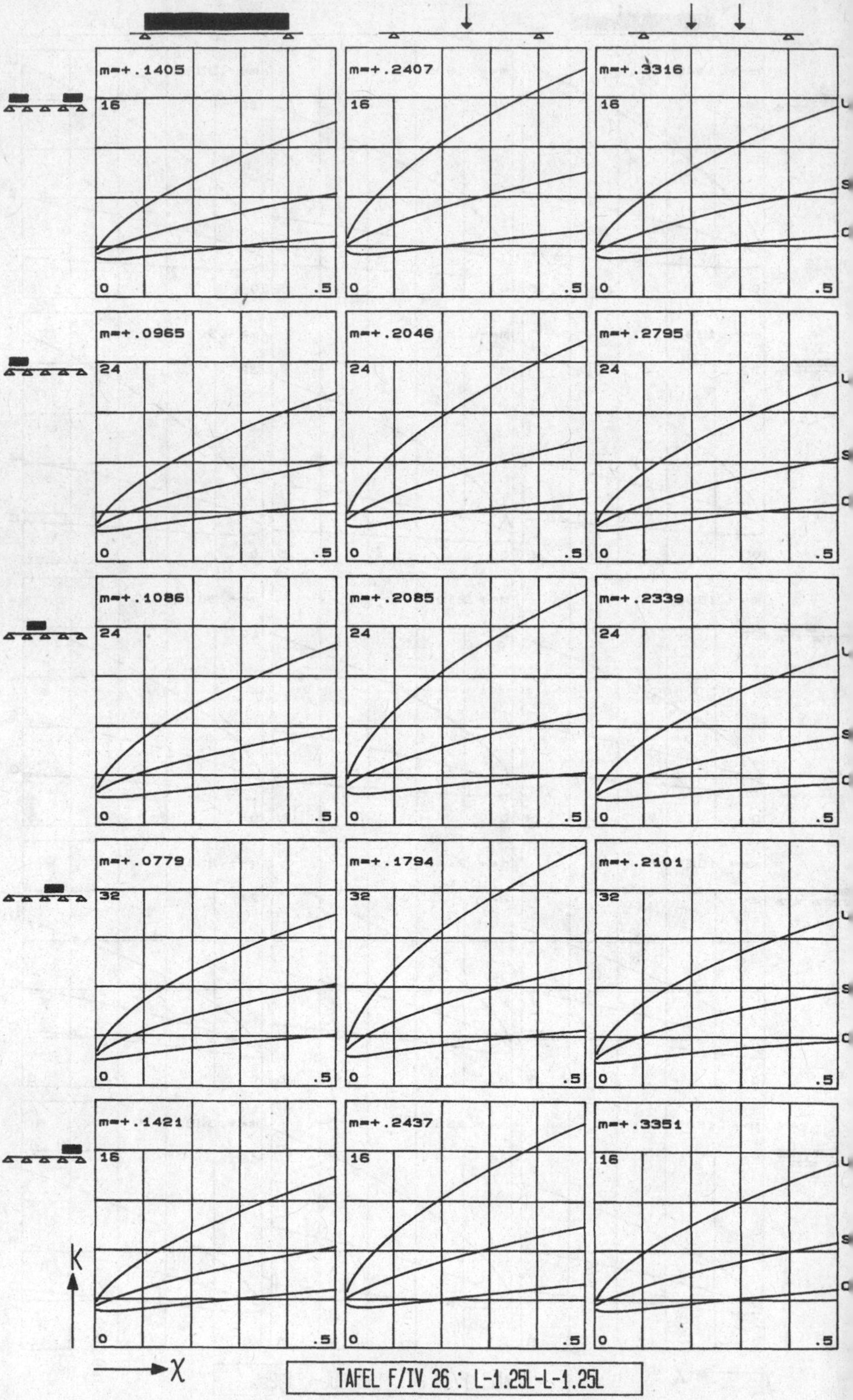

m=+.1405
16
0
.5
m=+.2407
16
0
.5
m=+.3316
16
0
.5
m=+.0965
24
0
.5
m=+.2046
24
0
.5
m=+.2795
24
0
.5
m=+.1086
24
0
.5
m=+.2085
24
0
.5
m=+.2339
24
0
.5
m=+.0779
32
0
.5
m=+.1794
32
0
.5
m=+.2101
32
0
.5
m=+.1421
16
0
.5
m=+.2437
16
0
.5
m=+.3351
16
0
.5
L
S
C
K
X

TAFEL F/IV 26 : L-1.25L-L-1.25L

F
IV

F
IV

155

TAFEL F/IV 27 : L-1.25L-L-1.5L

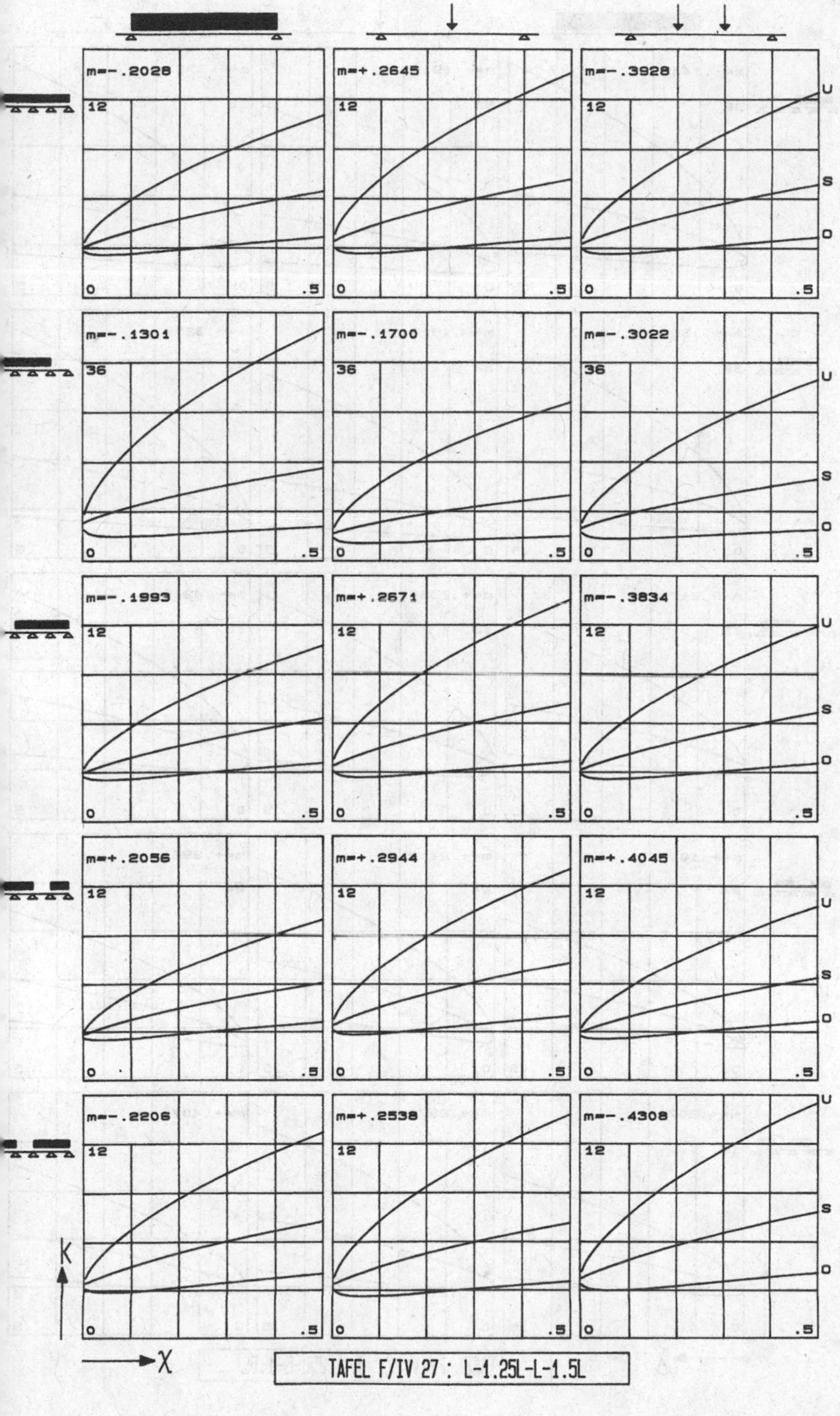

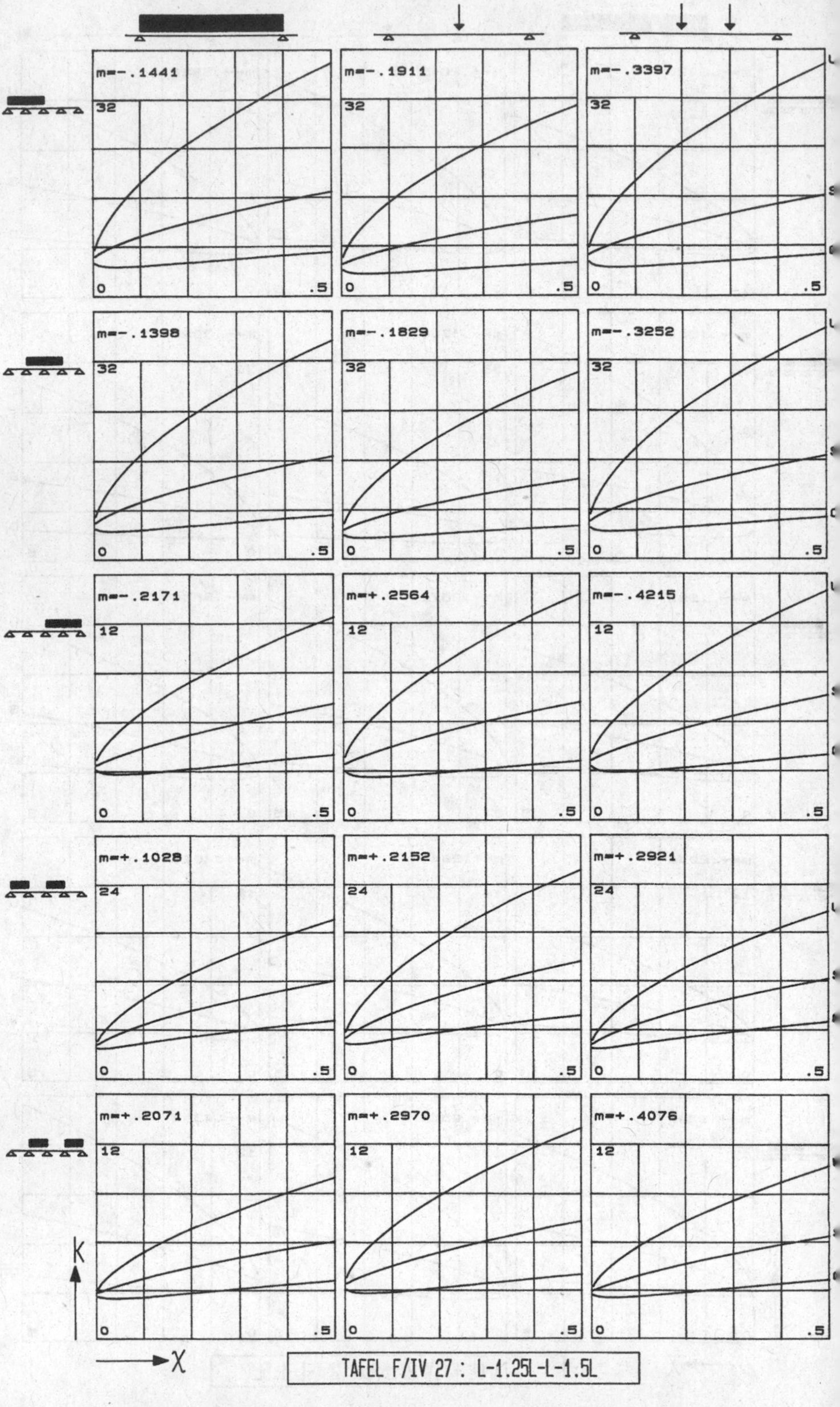
m=-.1441
32
0
.5
m=-.1911
32
0
.5
m=-.3397
32
0
.5
m=-.1398
32
0
.5
m=-.1829
32
0
.5
m=-.3252
32
0
.5
m=-.2171
12
0
.5
m=+.2564
12
0
.5
m=-.4215
12
0
.5
m=+.1028
24
0
.5
m=+.2152
24
0
.5
m=+.2921
24
0
.5
m=+.2071
12
0
.5
m=+.2970
12
0
.5
m=+.4076
12
0
.5
K
X

F IV

TAFEL F/IV 27 : L-1.25L-L-1.5L

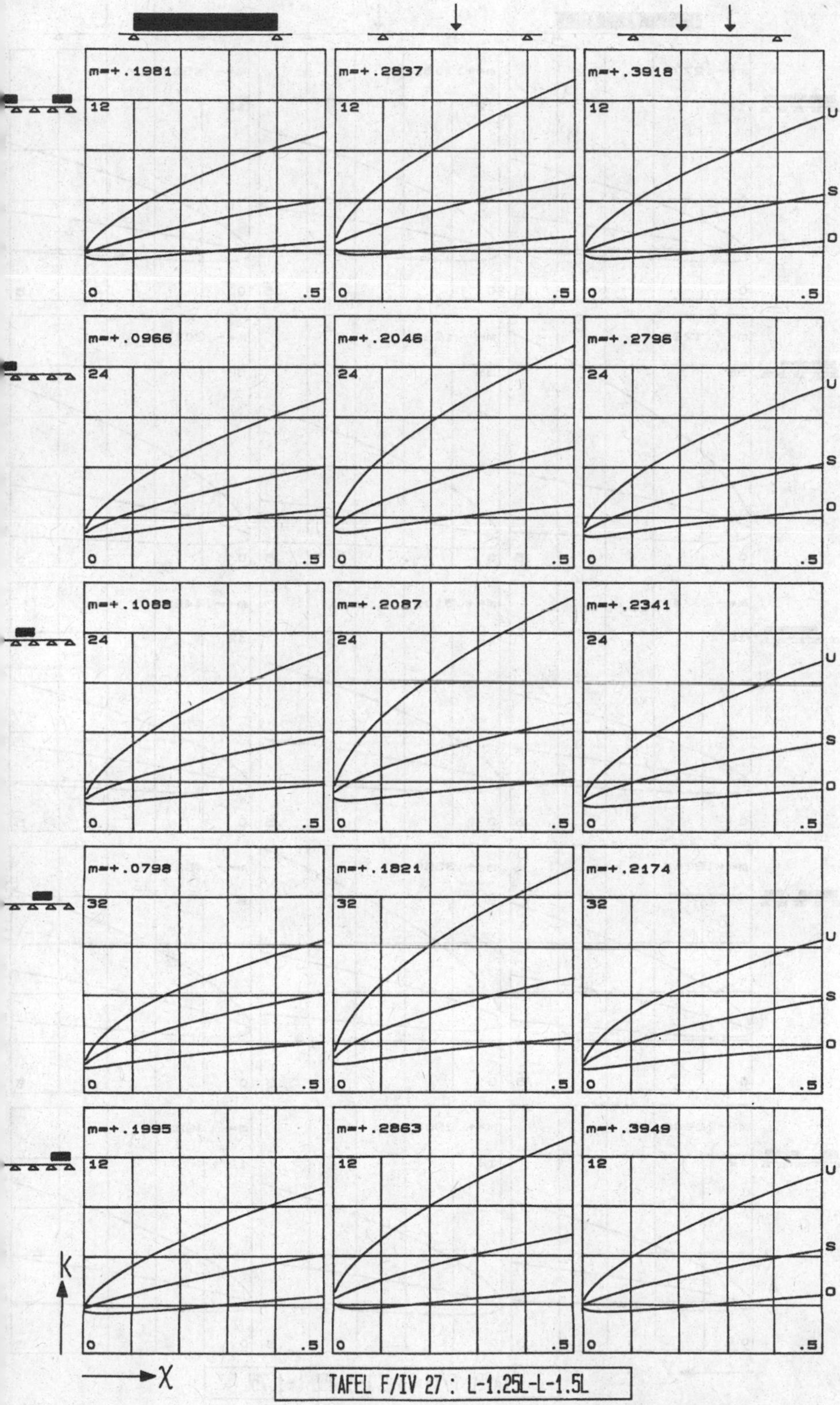

m=+.1981
12
0
.5
m=+.2837
12
0
.5
m=+.3918
12
0
.5
U
S
O
m=+.0966
24
0
.5
m=+.2046
24
0
.5
m=+.2796
24
0
.5
U
S
O
m=+.1088
24
0
.5
m=+.2087
24
0
.5
m=+.2341
24
0
.5
U
S
O
m=+.0798
32
0
.5
m=+.1821
32
0
.5
m=+.2174
32
0
.5
U
S
O
m=+.1995
12
0
.5
m=+.2863
12
0
.5
m=+.3949
12
0
.5
U
S
O
K
X

TAFEL F/IV 27 : L-1.25L-L-1.5L

F IV

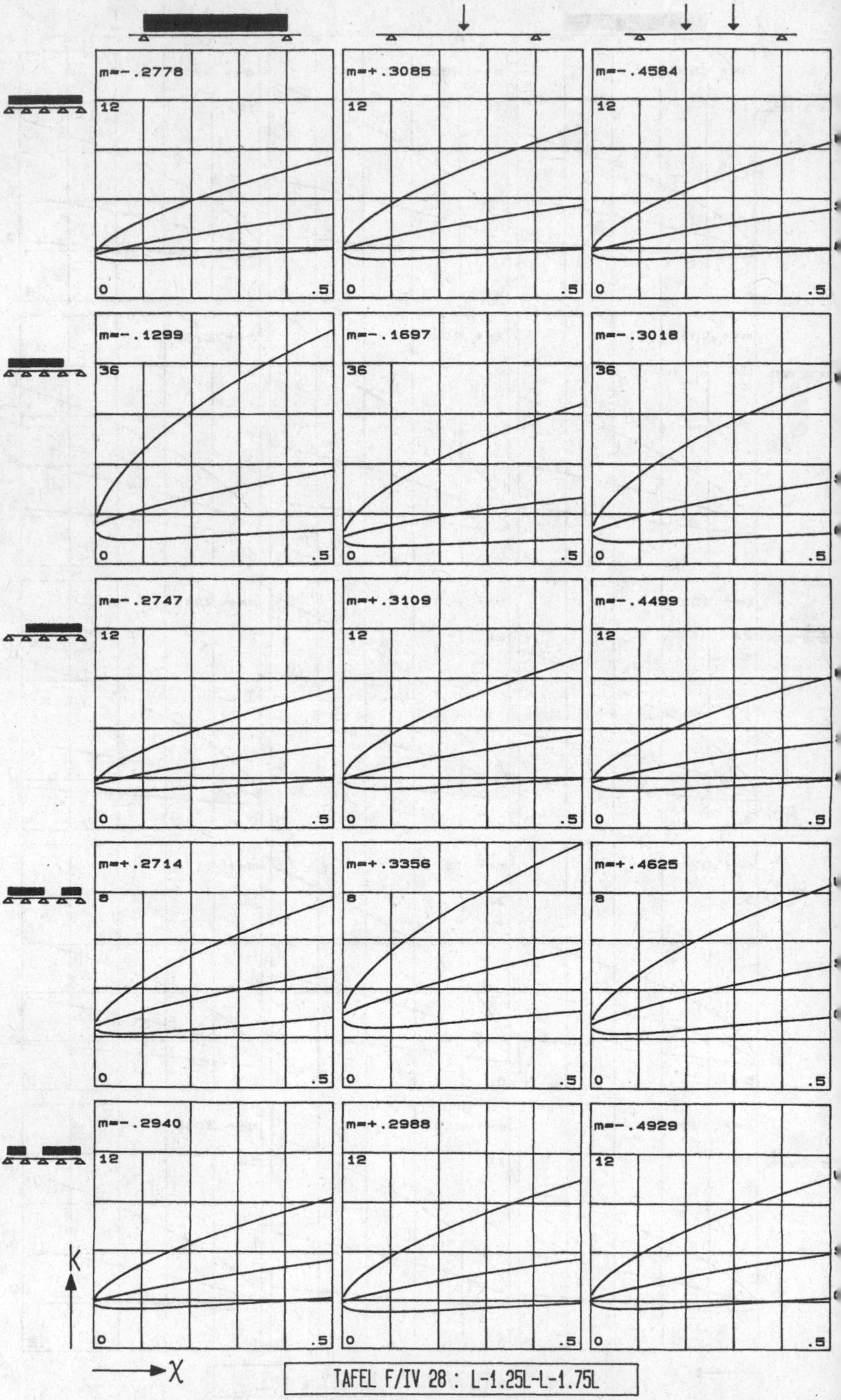
m=-.2778
12
0
.5
m=+.3085
12
0
.5
m=-.4584
12
0
.5
m=-.1299
36
0
.5
m=-.1697
36
0
.5
m=-.3018
36
0
.5
m=-.2747
12
0
.5
m=+.3109
12
0
.5
m=-.4499
12
0
.5
m=+.2714
8
0
.5
m=+.3356
8
0
.5
m=+.4625
8
0
.5
m=-.2940
12
0
.5
m=+.2988
12
0
.5
m=-.4929
12
0
.5
K
X

TAFEL F/IV 28 : L-1.25L-L-1.75L

F IV

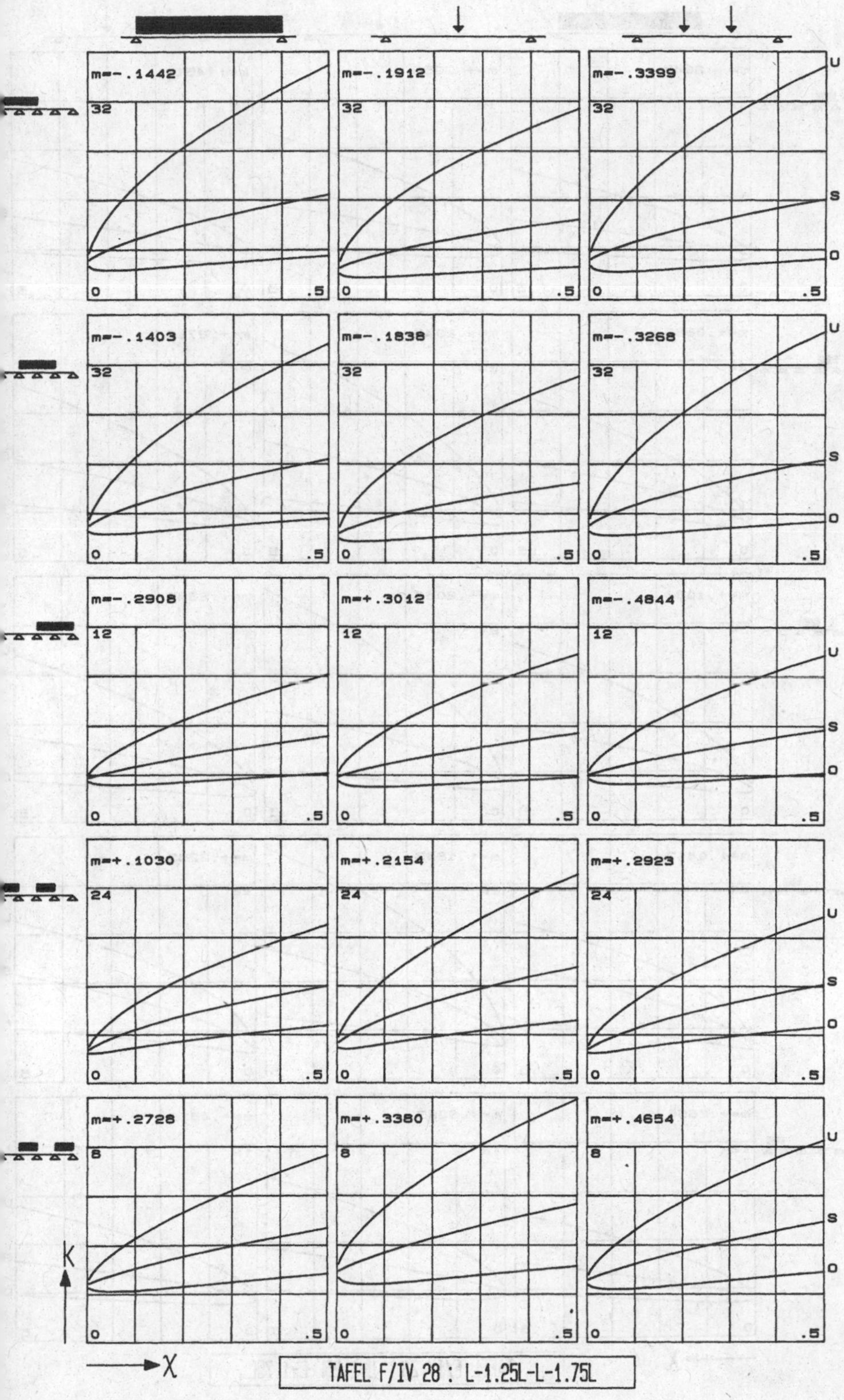
m=-.1442
32
m=-.1912
32
m=-.3399
32
U
S
O
0
.5
m=-.1403
32
m=-.1838
32
m=-.3268
32
m=-.2908
12
m=+.3012
12
m=-.4844
12
m=+.1030
24
m=+.2154
24
m=+.2923
24
m=+.2728
8
m=+.3380
8
m=+.4654
8
K
X

TAFEL F/IV 28 : L-1.25L-L-1.75L

F IV

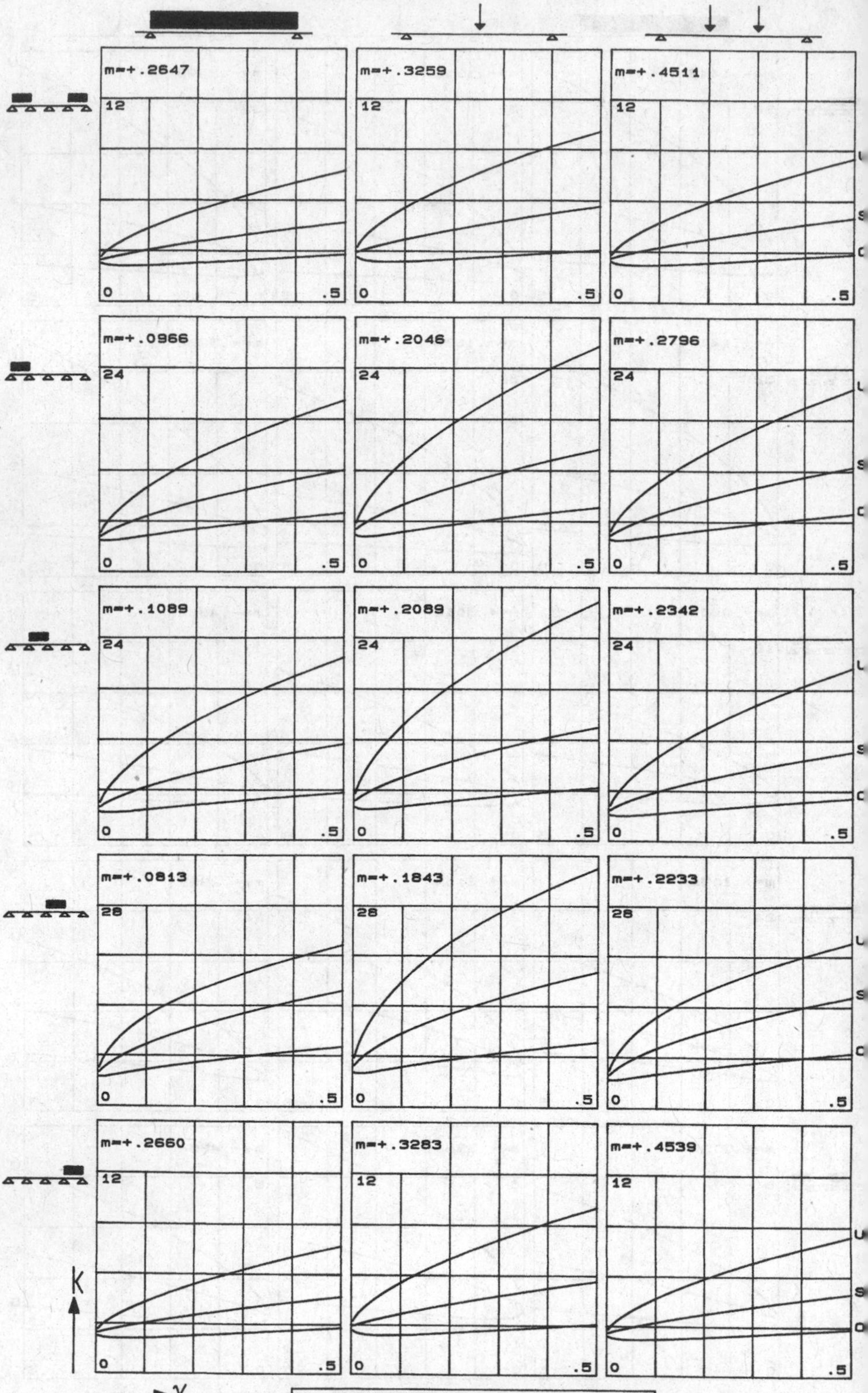

m=+.2647
12
0
.5
m=+.3259
12
0
.5
m=+.4511
12
0
.5
u
s
o
m=+.0966
24
0
.5
m=+.2046
24
0
.5
m=+.2796
24
0
.5
u
s
o
m=+.1089
24
0
.5
m=+.2089
24
0
.5
m=+.2342
24
0
.5
u
s
o
m=+.0813
28
0
.5
m=+.1843
28
0
.5
m=+.2233
28
0
.5
u
s
o
m=+.2660
12
0
.5
m=+.3283
12
0
.5
m=+.4539
12
0
.5
u
s
o
K
X

TAFEL F/IV 28 : L-1.25L-L-1.75L

F IV

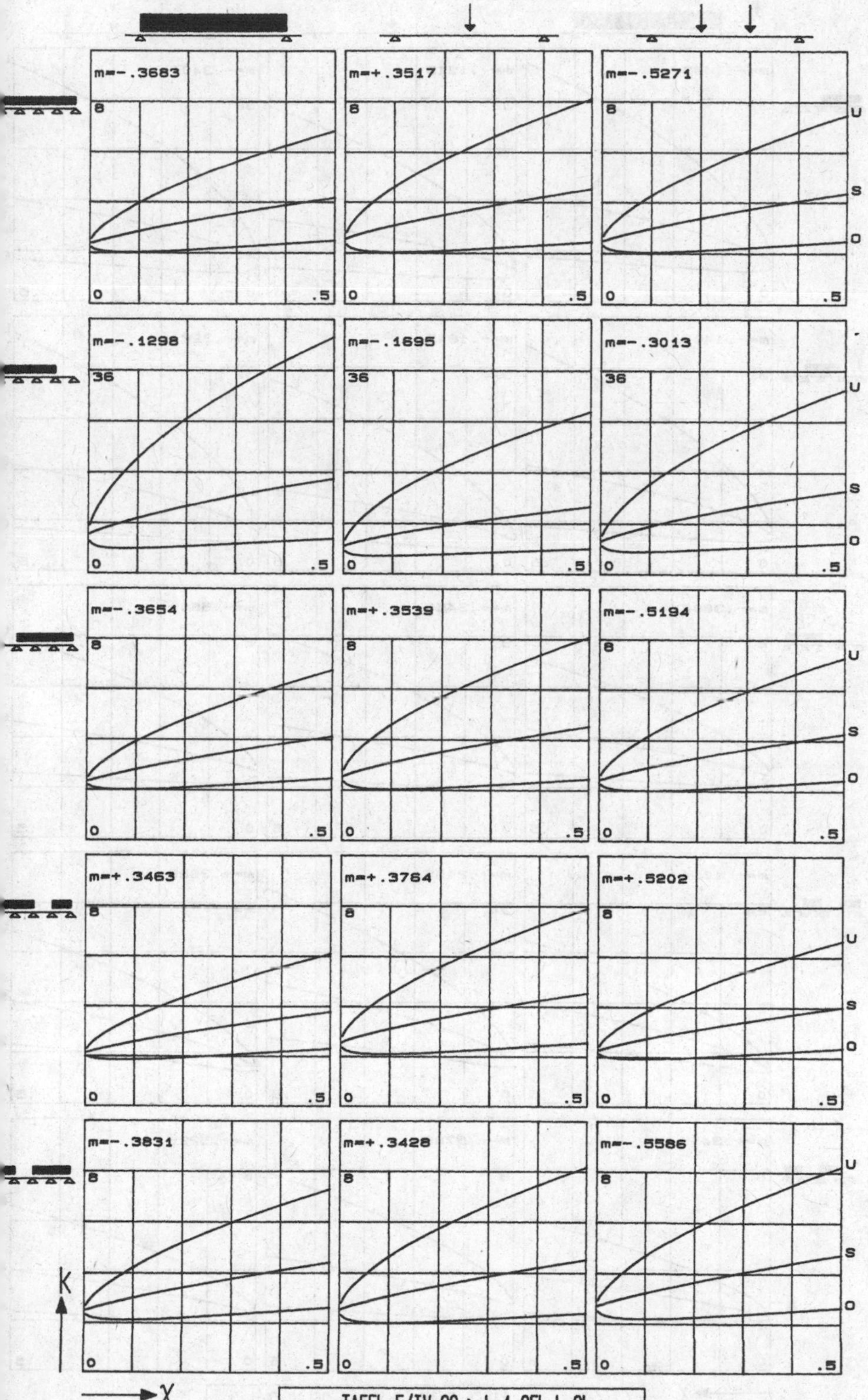
m=-.3683
8
m=+.3517
8
m=-.5271
8
U
S
O
0
.5
m=-.1298
36
m=-.1695
36
m=-.3013
36
m=-.3654
8
m=+.3539
8
m=-.5194
8
m=+.3463
8
m=+.3764
8
m=+.5202
8
m=-.3831
8
m=+.3428
8
m=-.5586
8
K
X
TAFEL F/IV 29 : L-1.25L-L-2L

F IV

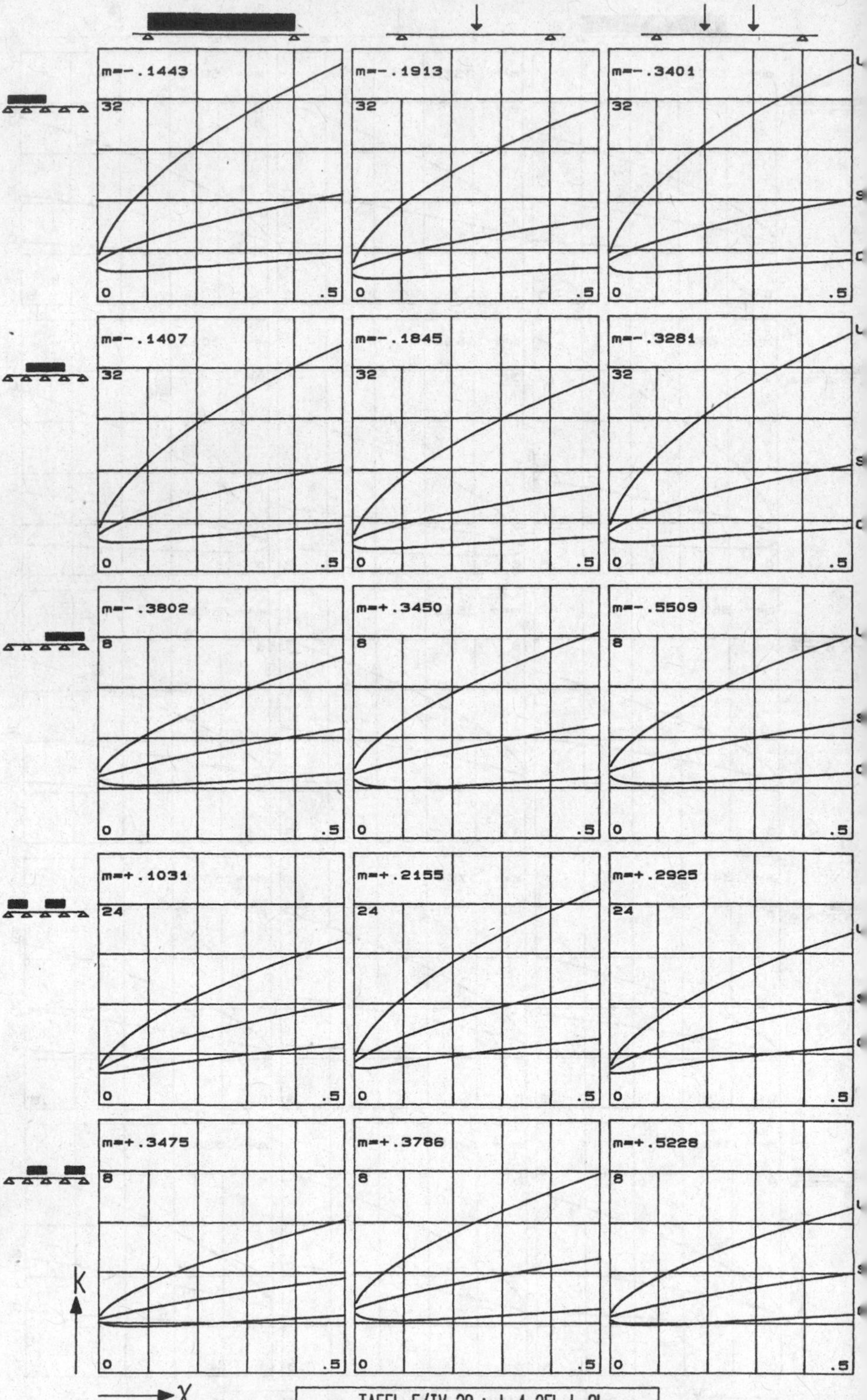
m=-.1443
32
0
.5
m=-.1913
32
0
.5
m=-.3401
32
0
.5
m=-.1407
32
0
.5
m=-.1845
32
0
.5
m=-.3281
32
0
.5
m=-.3802
8
0
.5
m=+.3450
8
0
.5
m=-.5509
8
0
.5
m=+.1031
24
0
.5
m=+.2155
24
0
.5
m=+.2925
24
0
.5
m=+.3475
8
0
.5
m=+.3786
8
0
.5
m=+.5228
8
0
.5
K
X

TAFEL F/IV 29 : L-1.25L-L-2L

F IV

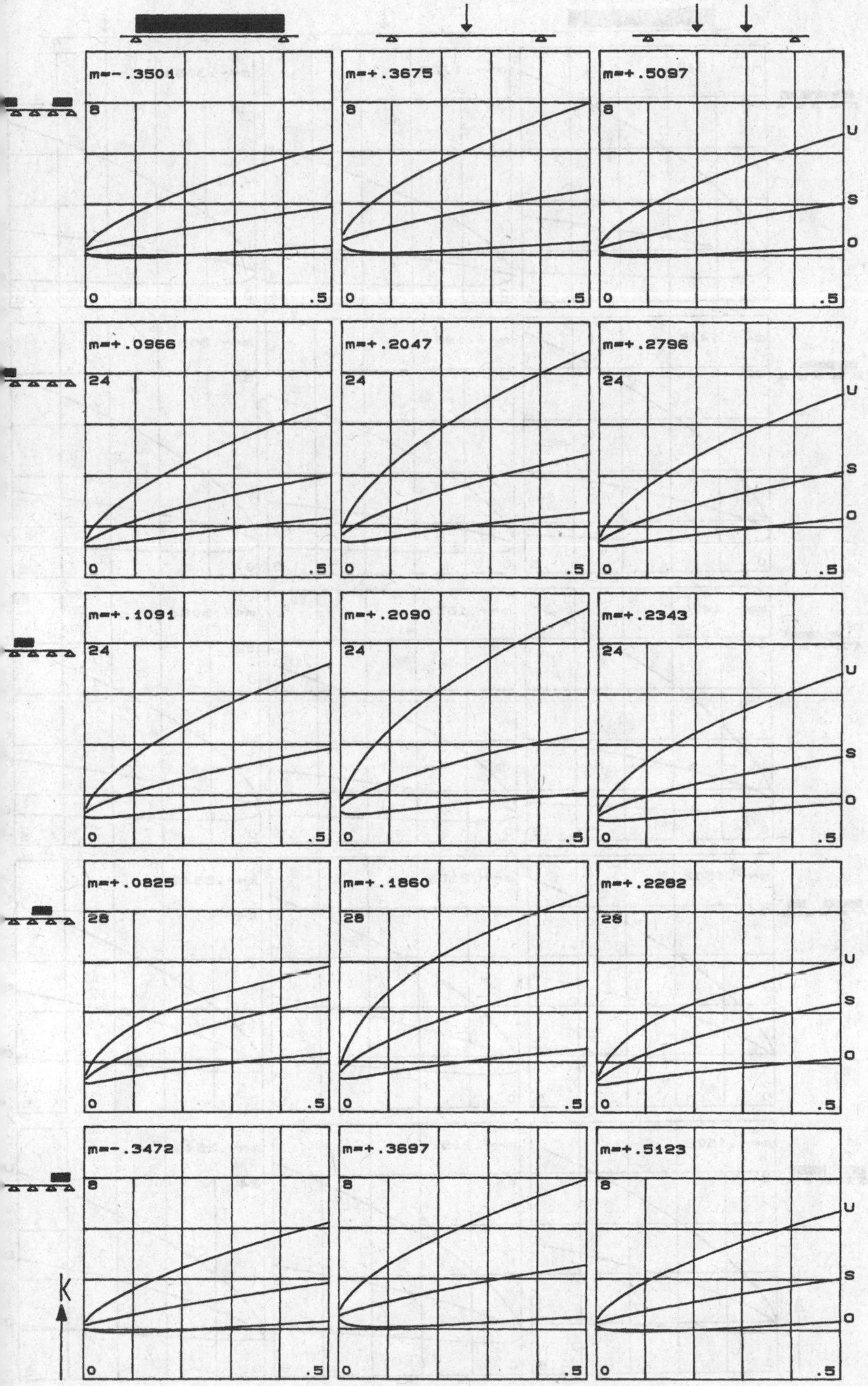
m=-.3501
m=+.3675
m=+.5097
m=+.0966
m=+.2047
m=+.2796
m=+.1091
m=+.2090
m=+.2343
m=+.0825
m=+.1860
m=+.2282
m=-.3472
m=+.3697
m=+.5123
U
S
O
K
X

TAFEL F/IV 29 : L-1.25L-L-2L

F IV

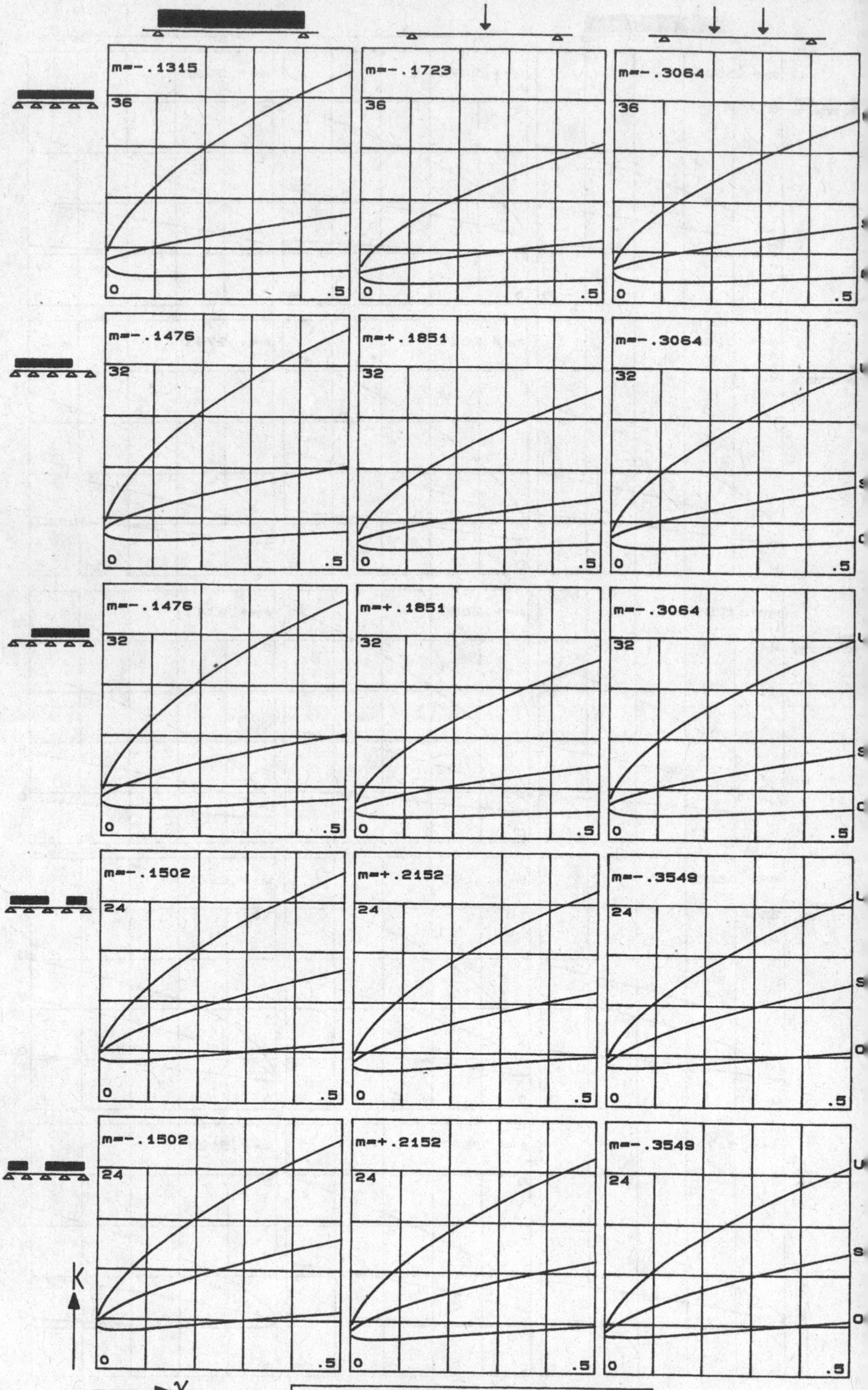

m=-.1315
36
0
.5
m=-.1723
36
0
.5
m=-.3064
36
0
.5
m=-.1476
32
0
.5
m=+.1851
32
0
.5
m=-.3064
32
0
.5
m=-.1476
32
0
.5
m=+.1851
32
0
.5
m=-.3064
32
0
.5
m=-.1502
24
0
.5
m=+.2152
24
0
.5
m=-.3549
24
0
.5
m=-.1502
24
0
.5
m=+.2152
24
0
.5
m=-.3549
24
0
.5
U
S
O
K
X

TAFEL F/IV 30 : L-1.25L-1.25L-L

F IV

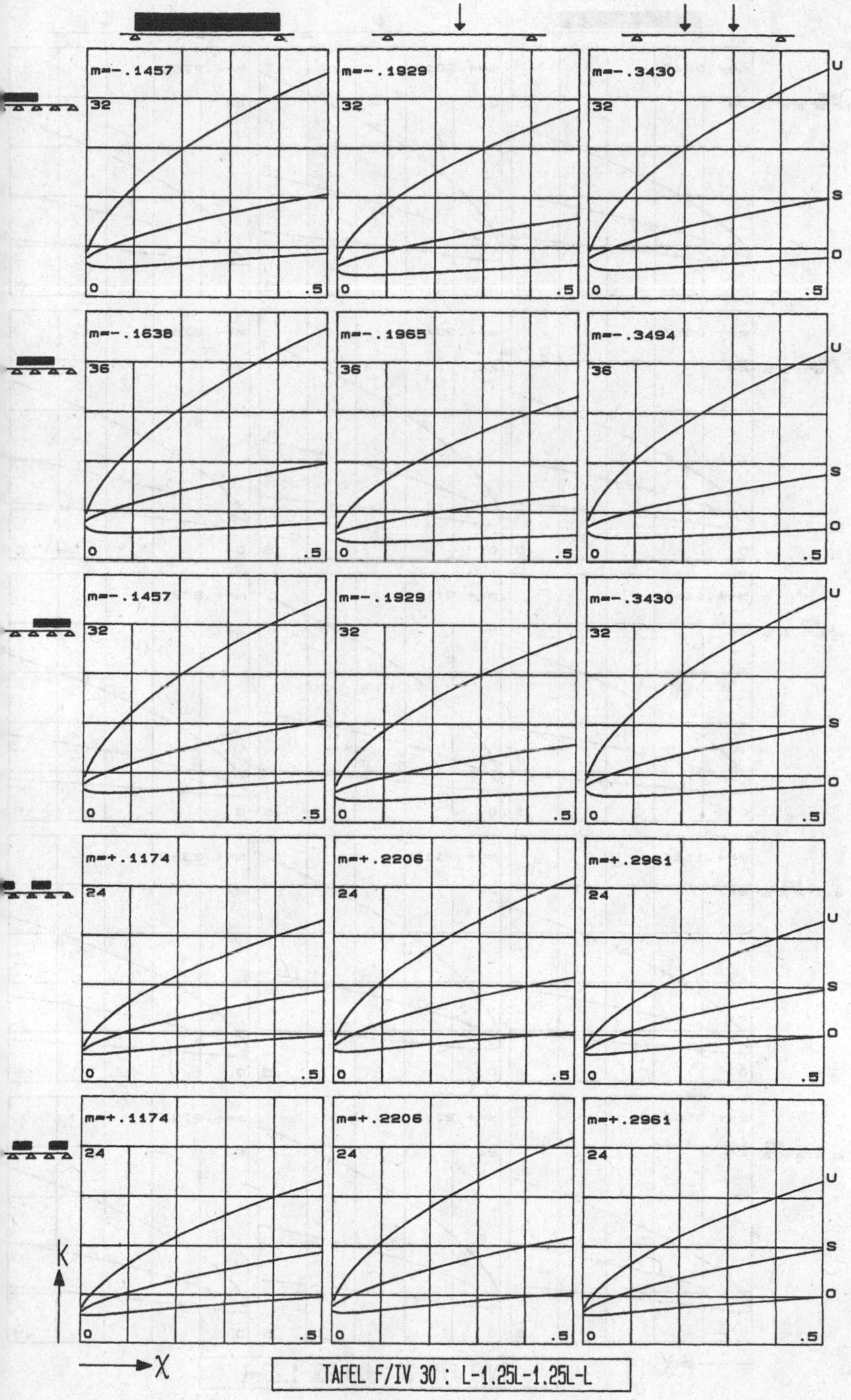
m=-.1457
32
0
.5
m=-.1929
32
0
.5
m=-.3430
32
0
.5
U
S
O
m=-.1638
36
0
.5
m=-.1965
36
0
.5
m=-.3494
36
0
.5
U
S
O
m=-.1457
32
0
.5
m=-.1929
32
0
.5
m=-.3430
32
0
.5
U
S
O
m=+.1174
24
0
.5
m=+.2206
24
0
.5
m=+.2961
24
0
.5
U
S
O
m=+.1174
24
0
.5
m=+.2206
24
0
.5
m=+.2961
24
0
.5
U
S
O
K
X

TAFEL F/IV 30 : L-1.25L-1.25L-L

F IV

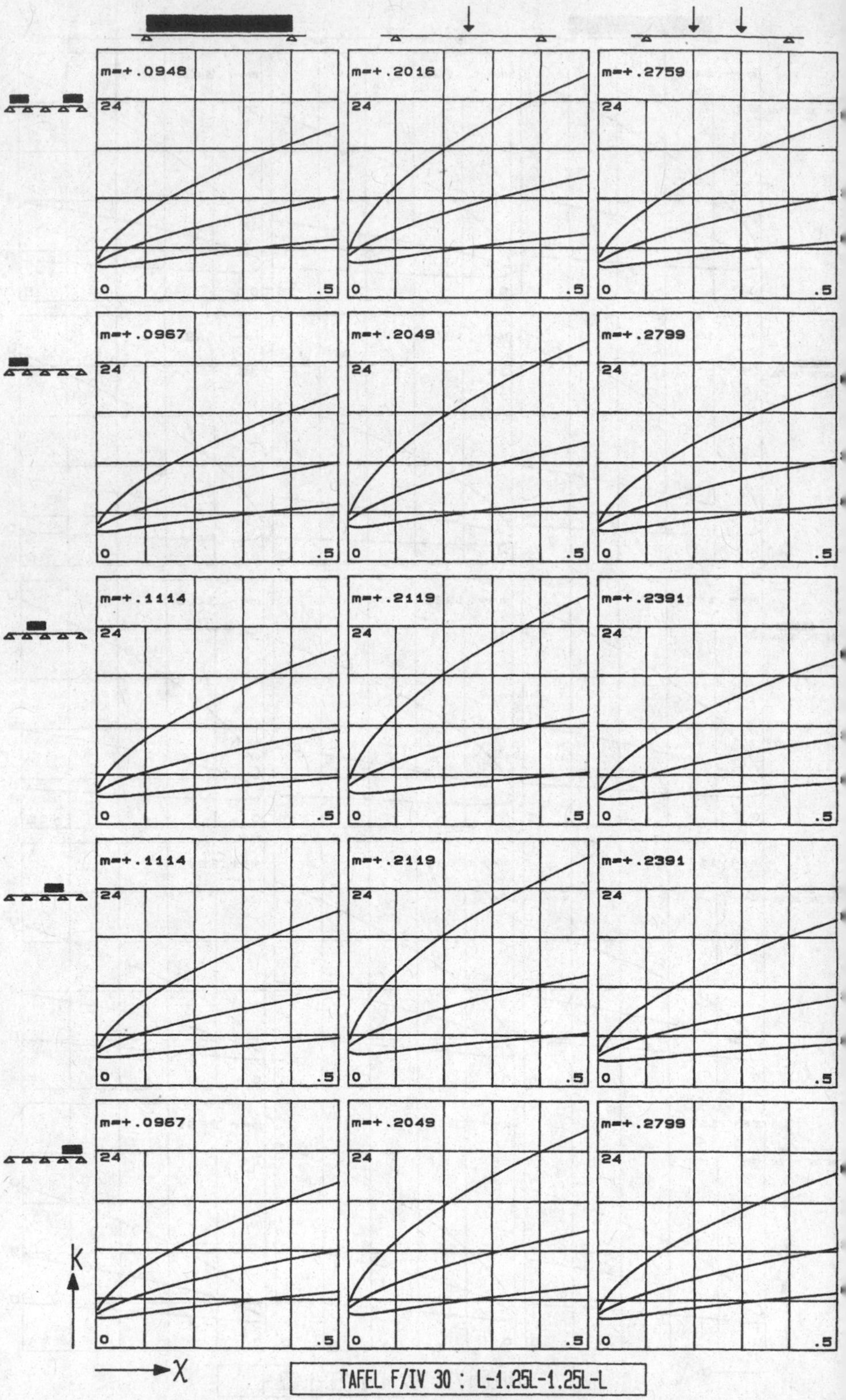

m=+.0948
m=+.2016
m=+.2759
m=+.0967
m=+.2049
m=+.2799
m=+.1114
m=+.2119
m=+.2391
m=+.1114
m=+.2119
m=+.2391
m=+.0967
m=+.2049
m=+.2799
24
0
.5
K
X

TAFEL F/IV 30 : L-1.25L-1.25L-L

F IV

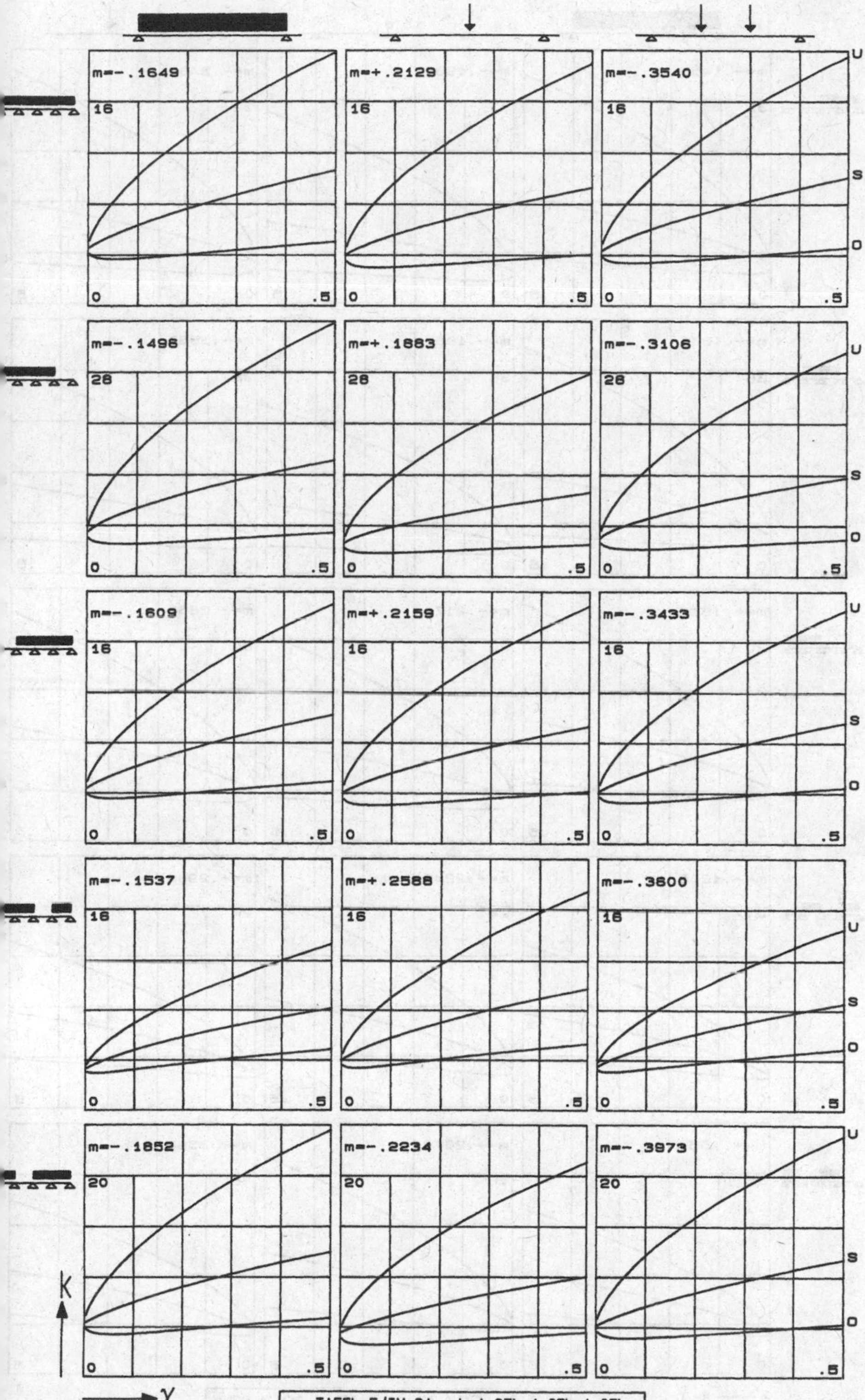
m=-.1649
16
m=+.2129
16
m=-.3540
16
U
S
O
0
.5
m=-.1496
28
m=+.1883
28
m=-.3106
28
m=-.1609
16
m=+.2159
16
m=-.3433
16
m=-.1537
16
m=+.2588
16
m=-.3600
16
m=-.1852
20
m=-.2234
20
m=-.3973
20
K
X

TAFEL F/IV 31 : L-1.25L-1.25L-1.25L

F
IV

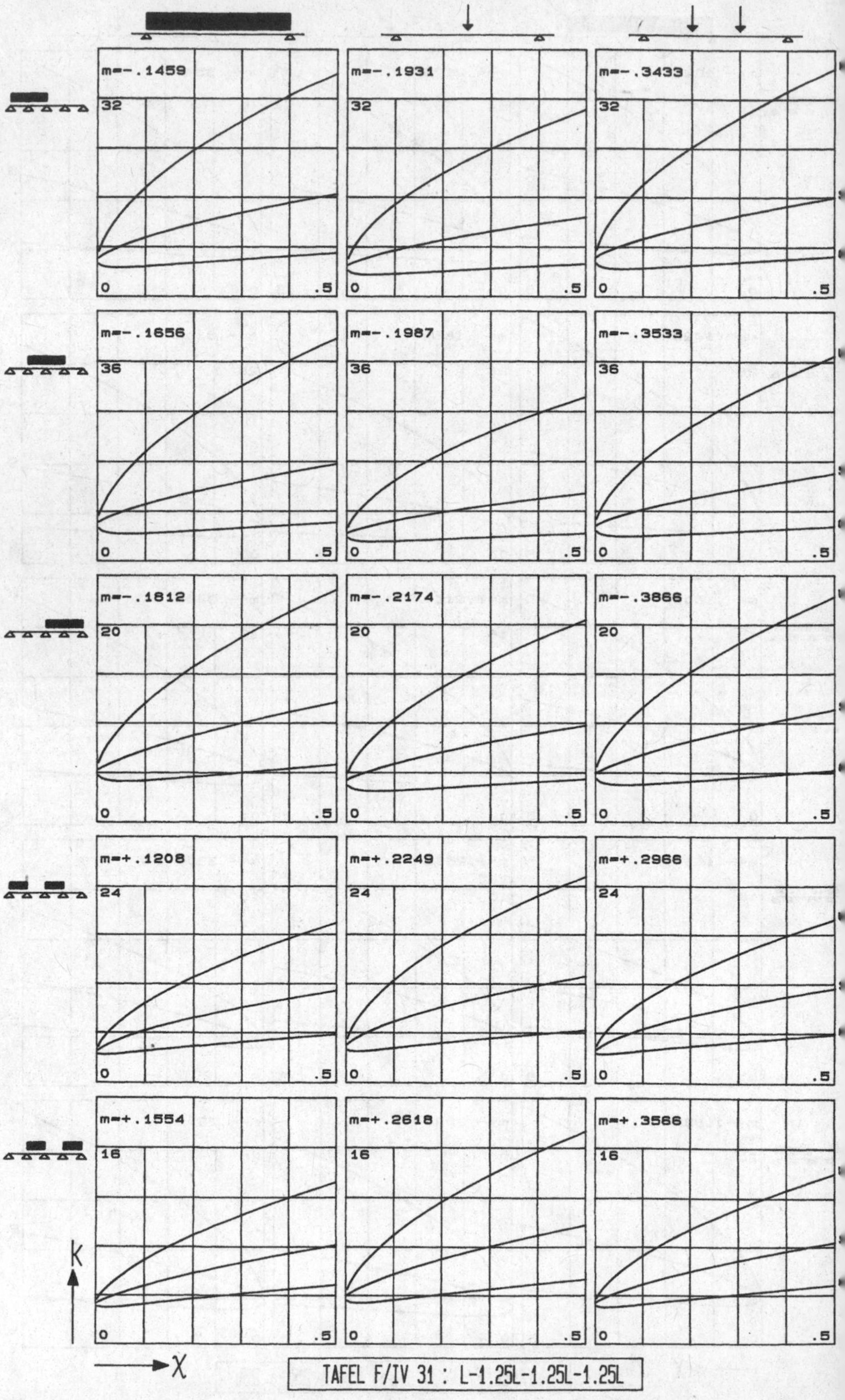

m=-.1459
32
0
.5
m=-.1931
32
0
.5
m=-.3433
32
0
.5
m=-.1656
36
0
.5
m=-.1987
36
0
.5
m=-.3533
36
0
.5
m=-.1812
20
0
.5
m=-.2174
20
0
.5
m=-.3866
20
0
.5
m=+.1208
24
0
.5
m=+.2249
24
0
.5
m=+.2966
24
0
.5
m=+.1554
16
0
.5
m=+.2618
16
0
.5
m=+.3566
16
0
.5
K
X

TAFEL F/IV 31 : L-1.25L-1.25L-1.25L

F IV

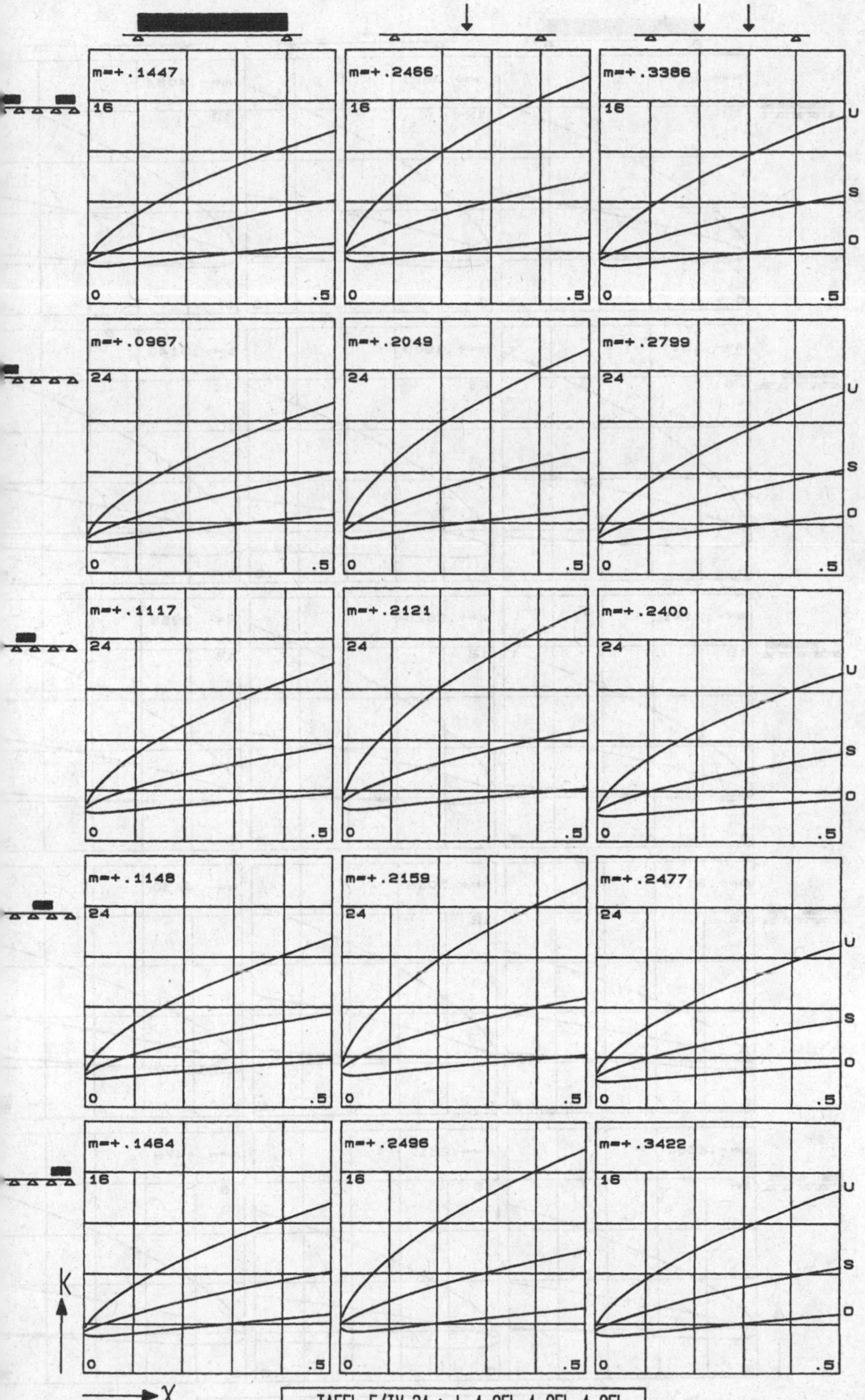
m=+.1447
16
0
.5
m=+.2466
16
0
.5
m=+.3386
16
0
.5
U
S
O
m=+.0967
24
0
.5
m=+.2049
24
0
.5
m=+.2799
24
0
.5
U
S
O
m=+.1117
24
0
.5
m=+.2121
24
0
.5
m=+.2400
24
0
.5
U
S
O
m=+.1148
24
0
.5
m=+.2159
24
0
.5
m=+.2477
24
0
.5
U
S
O
m=+.1464
16
0
.5
m=+.2496
16
0
.5
m=+.3422
16
0
.5
U
S
O
K
X

TAFEL F/IV 31 : L-1.25L-1.25L-1.25L

F IV

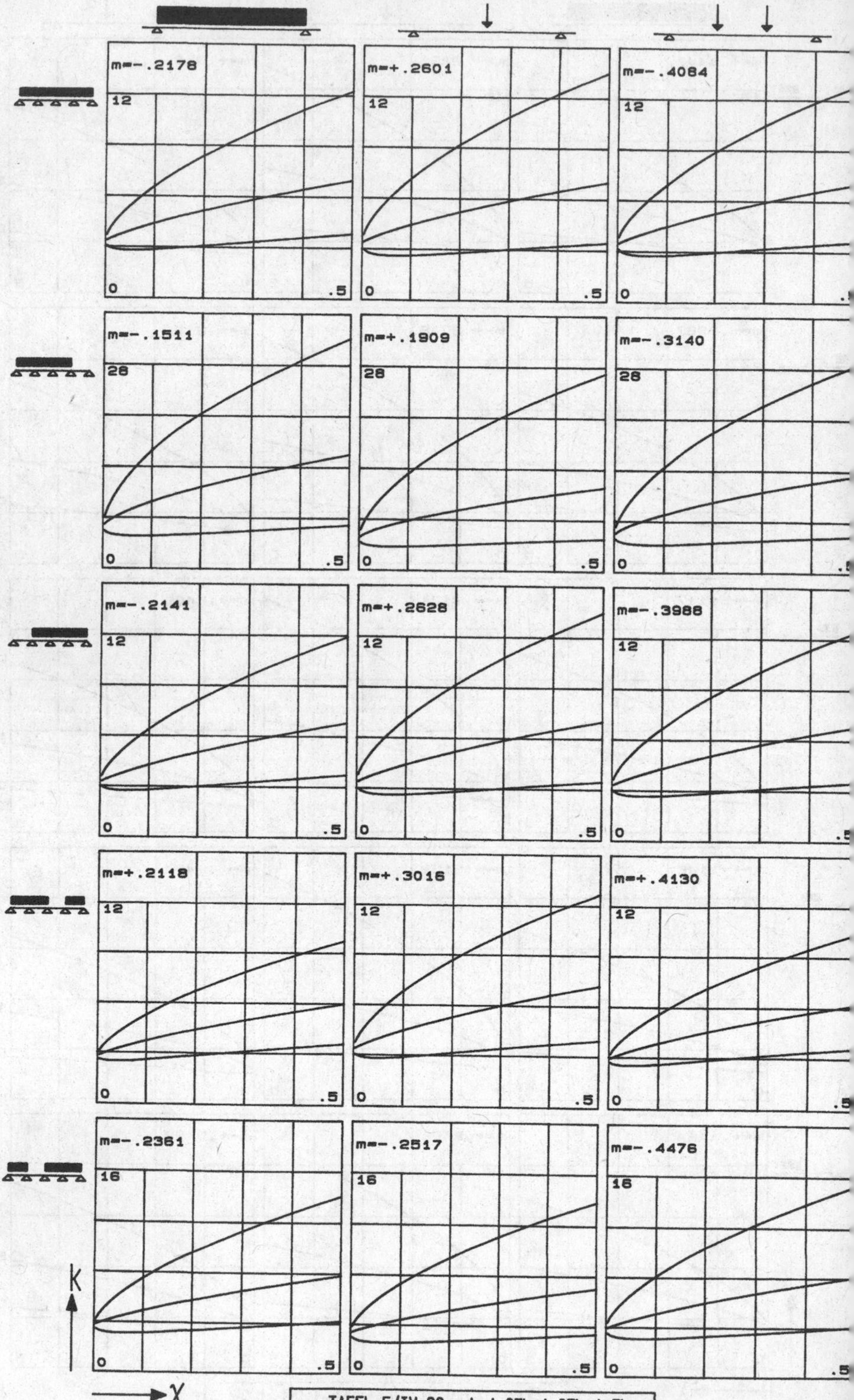

m=-.2178
12
0
.5
m=+.2601
12
0
.5
m=-.4084
12
0
m=-.1511
28
0
.5
m=+.1909
28
0
.5
m=-.3140
28
0
m=-.2141
12
0
.5
m=+.2628
12
0
.5
m=-.3988
12
0
m=+.2118
12
0
.5
m=+.3016
12
0
.5
m=+.4130
12
0
m=-.2361
16
0
.5
m=-.2517
16
0
.5
m=-.4476
16
0
K
X

TAFEL F/IV 32 : L-1.25L-1.25L-1.5L

F IV

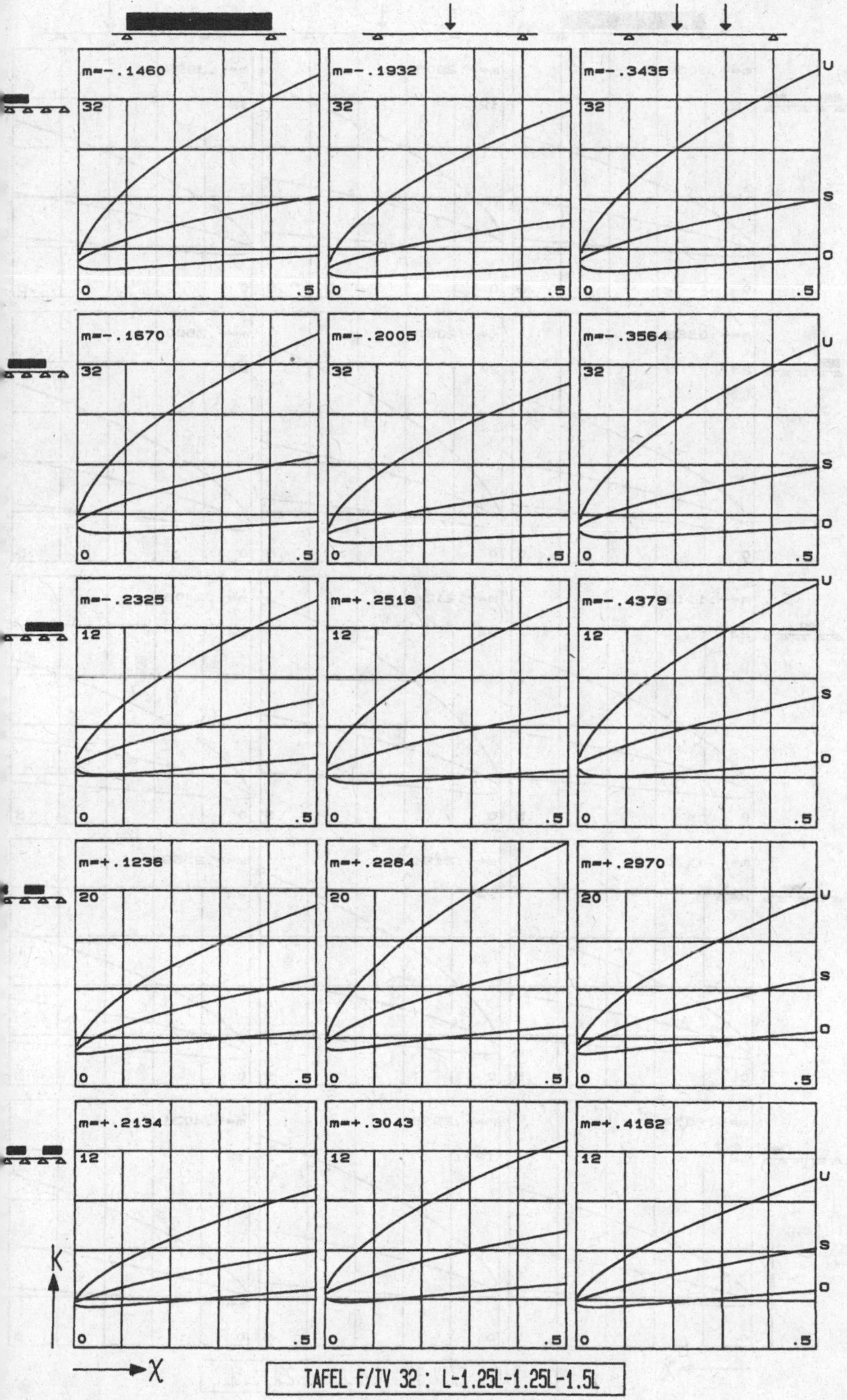
m=-.1460
32
m=-.1932
32
m=-.3435
32
U
S
O
m=-.1670
32
m=-.2005
32
m=-.3564
32
m=-.2325
12
m=+.2518
12
m=-.4379
12
m=+.1236
20
m=+.2284
20
m=+.2970
20
m=+.2134
12
m=+.3043
12
m=+.4162
12
0
.5
K
X

TAFEL F/IV 32 : L-1.25L-1.25L-1.5L

F IV

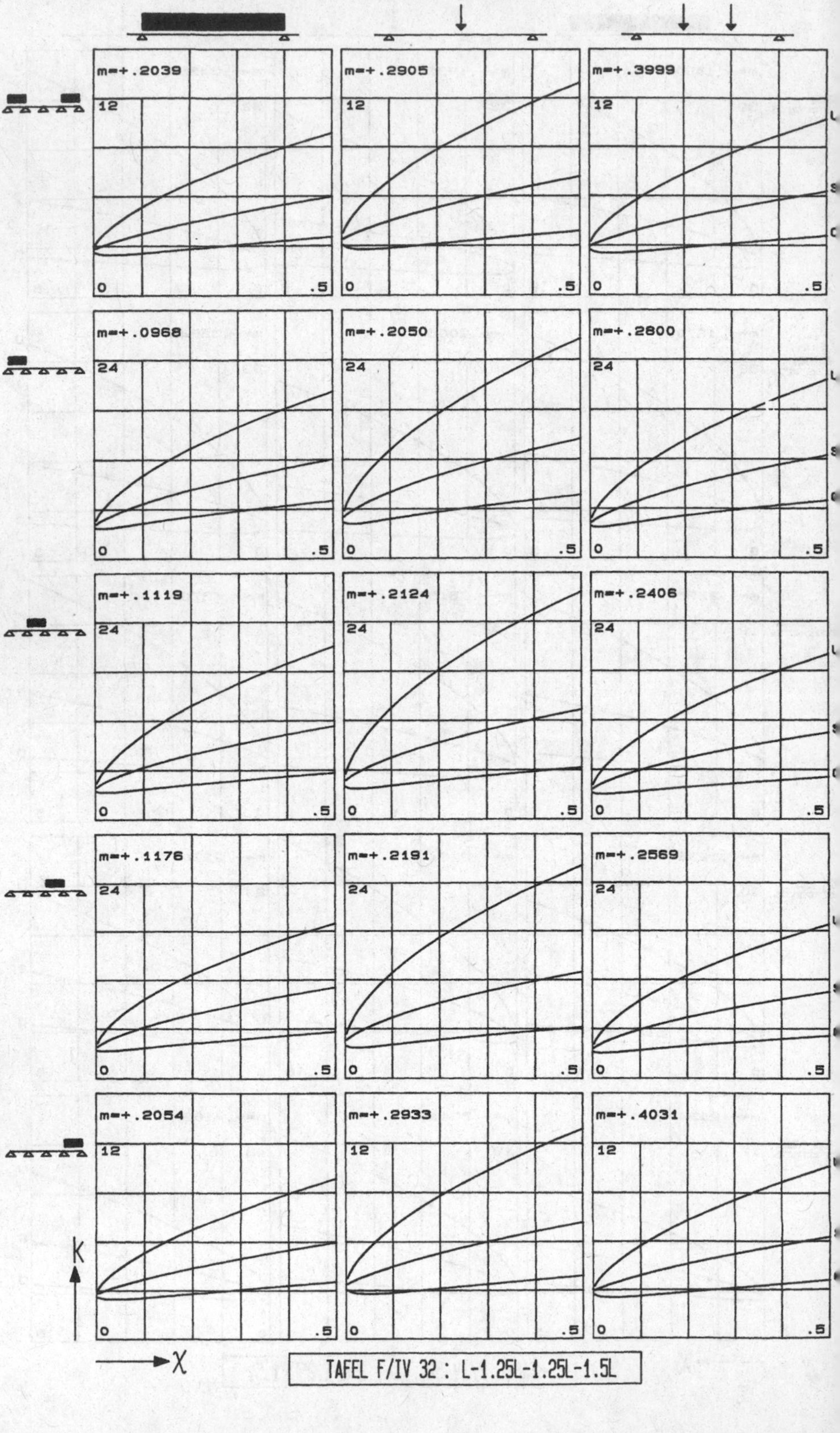

m=+.2039
m=+.2905
m=+.3999
m=+.0968
m=+.2050
m=+.2800
m=+.1119
m=+.2124
m=+.2406
m=+.1176
m=+.2191
m=+.2569
m=+.2054
m=+.2933
m=+.4031
12
24
0
.5
K
X

TAFEL F/IV 32 : L-1.25L-1.25L-1.5L

F IV

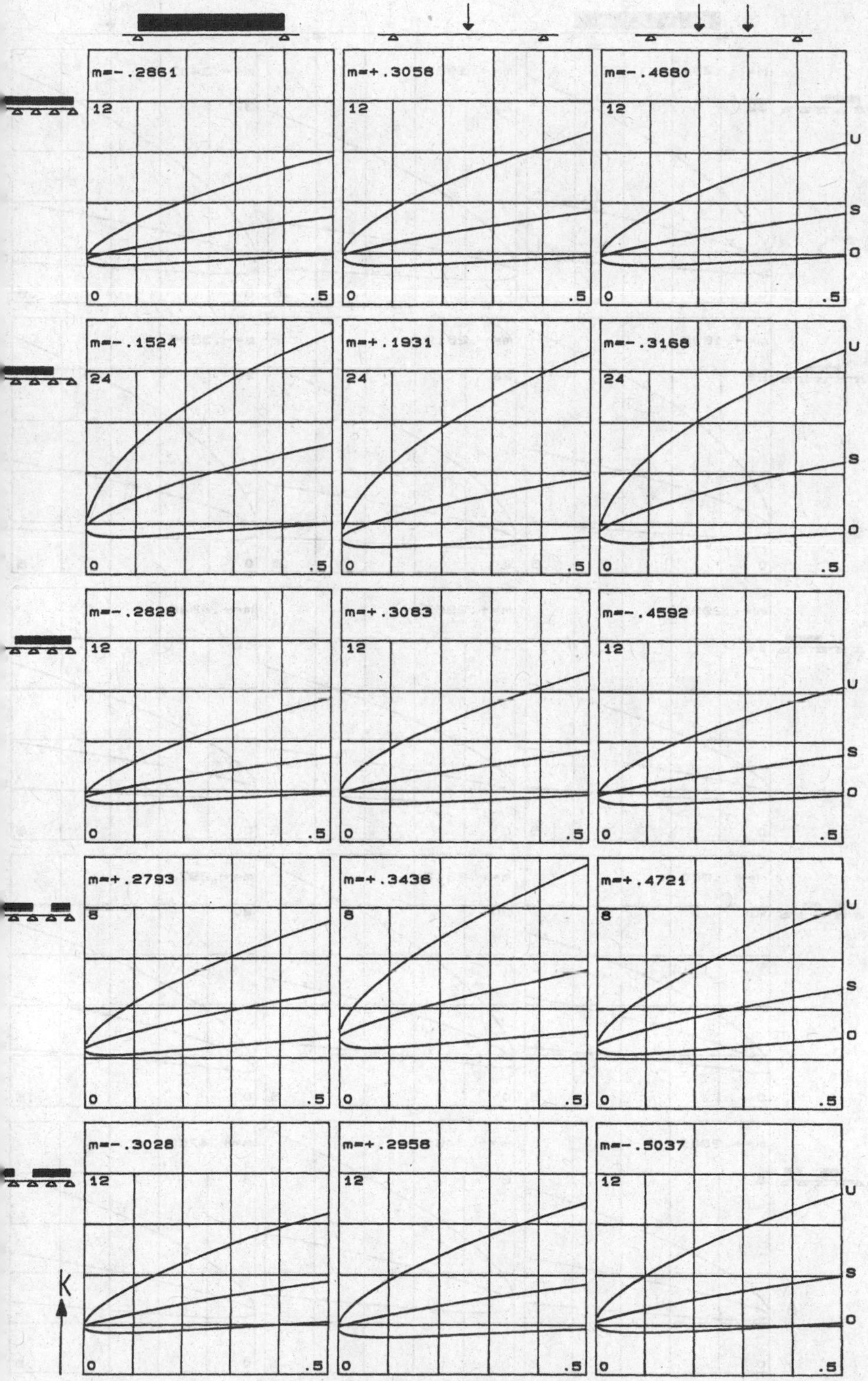

m=-.2861
12
0
.5
m=+.3056
12
0
.5
m=-.4680
12
0
.5
U
S
O
m=-.1524
24
0
.5
m=+.1931
24
0
.5
m=-.3168
24
0
.5
U
S
O
m=-.2828
12
0
.5
m=+.3083
12
0
.5
m=-.4592
12
0
.5
U
S
O
m=+.2793
8
0
.5
m=+.3436
8
0
.5
m=+.4721
8
0
.5
U
S
O
m=-.3028
12
0
.5
m=+.2956
12
0
.5
m=-.5037
12
0
.5
U
S
O
K
X

TAFEL F/IV 33 : L-1.25L-1.25L-1.75L

F IV

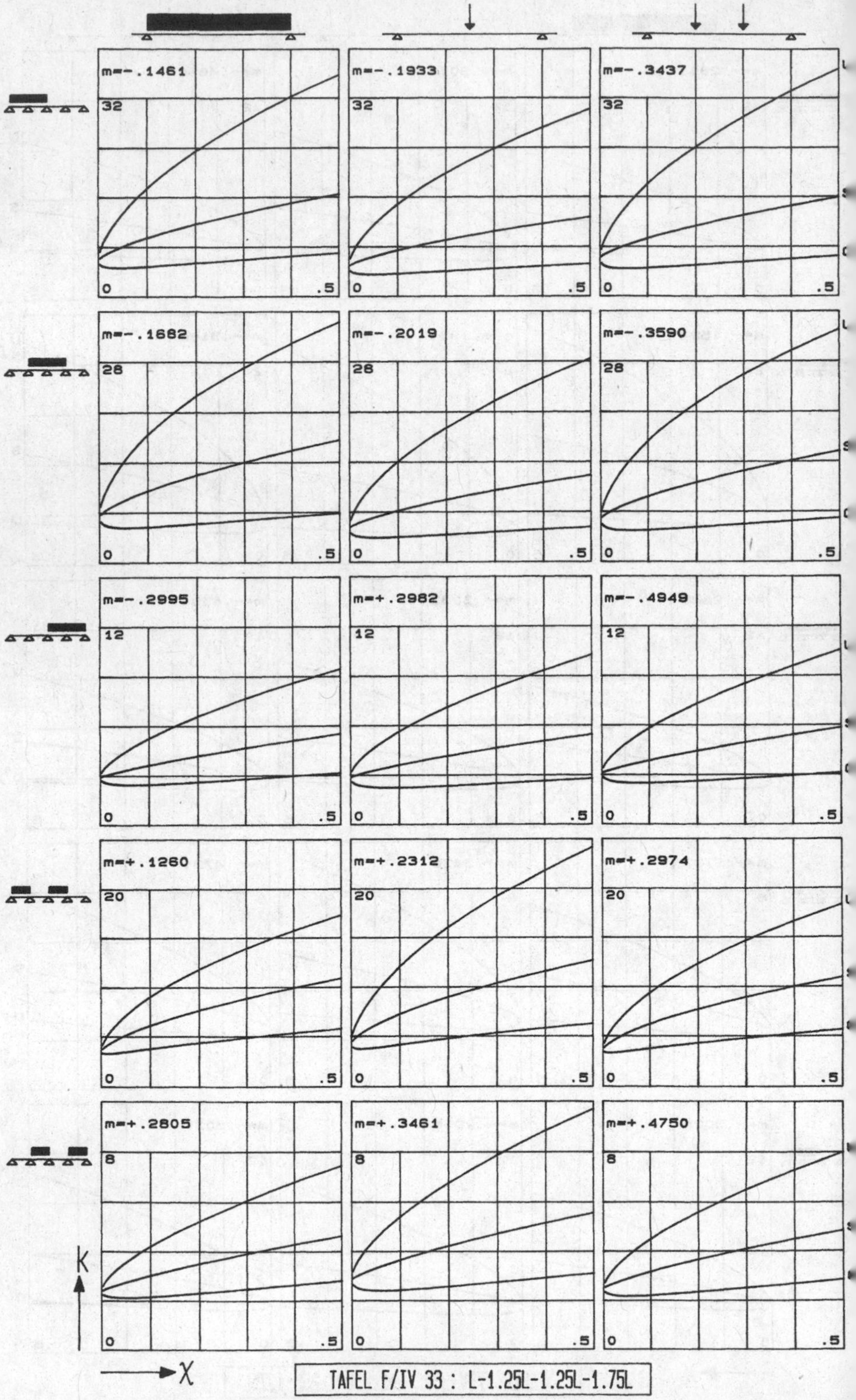
m=-.1461
32
0
.5
m=-.1933
32
0
.5
m=-.3437
32
0
.5
m=-.1682
28
0
.5
m=-.2019
28
0
.5
m=-.3590
28
0
.5
m=-.2995
12
0
.5
m=+.2982
12
0
.5
m=-.4949
12
0
.5
m=+.1260
20
0
.5
m=+.2312
20
0
.5
m=+.2974
20
0
.5
m=+.2805
8
0
.5
m=+.3461
8
0
.5
m=+.4750
8
0
.5
K
X

TAFEL F/IV 33 : L-1.25L-1.25L-1.75L

F IV

TAFEL F/IV 33 : L-1.25L-1.25L-1.75L

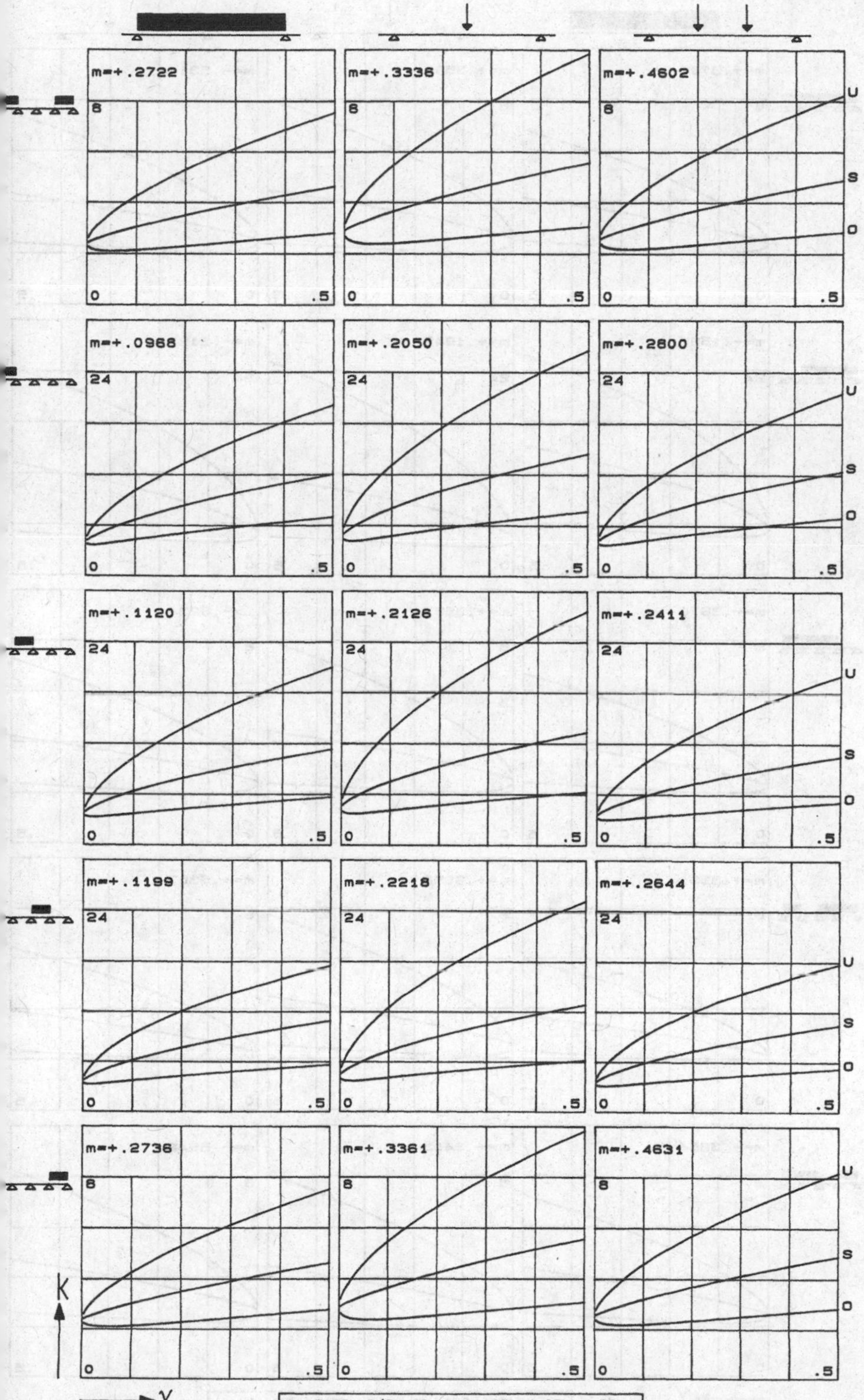

F
IV

176

K

X

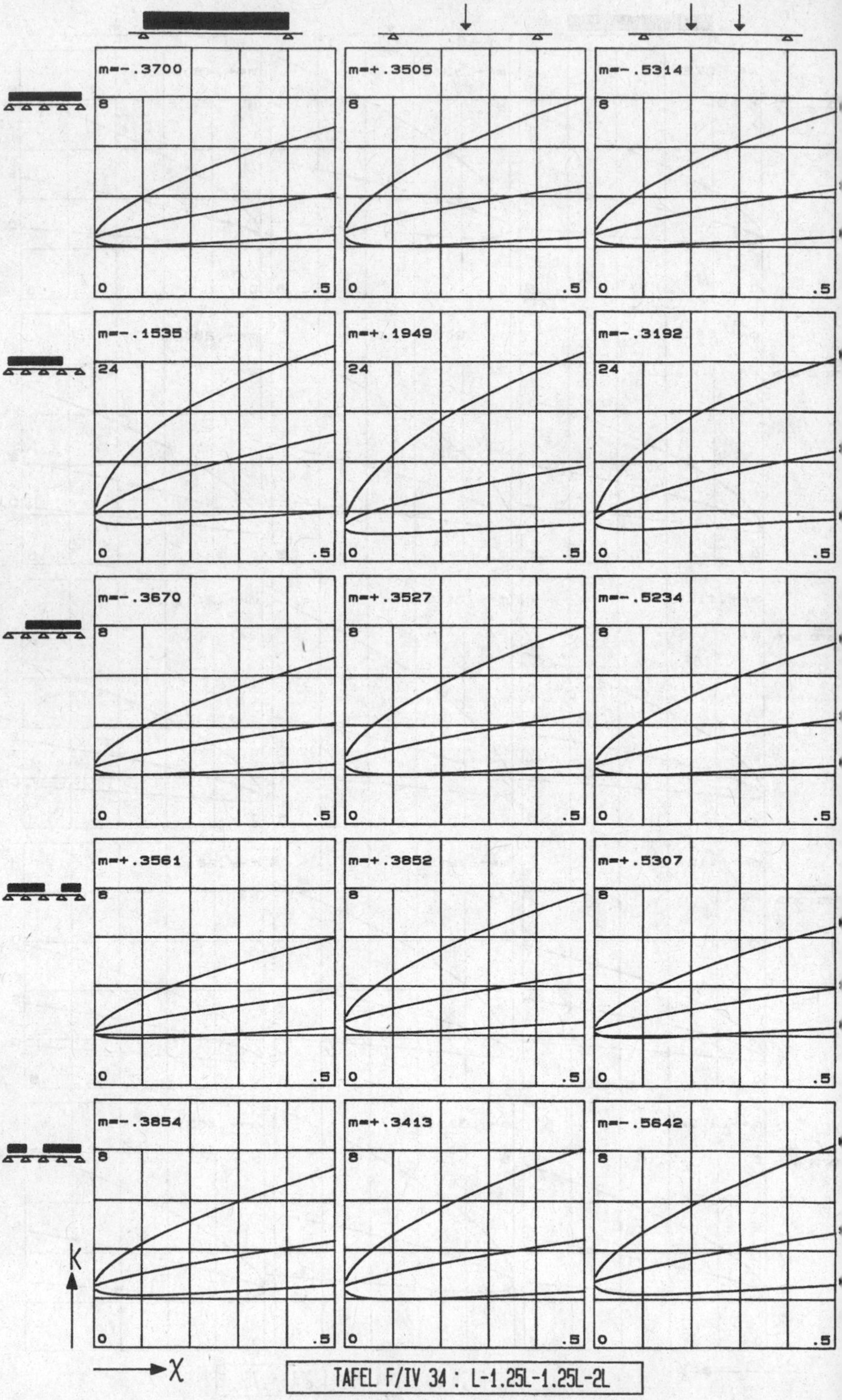

TAFEL F/IV 34 : L-1.25L-1.25L-2L

TAFEL F/IV 34 : L-1.25L-1.25L-2L

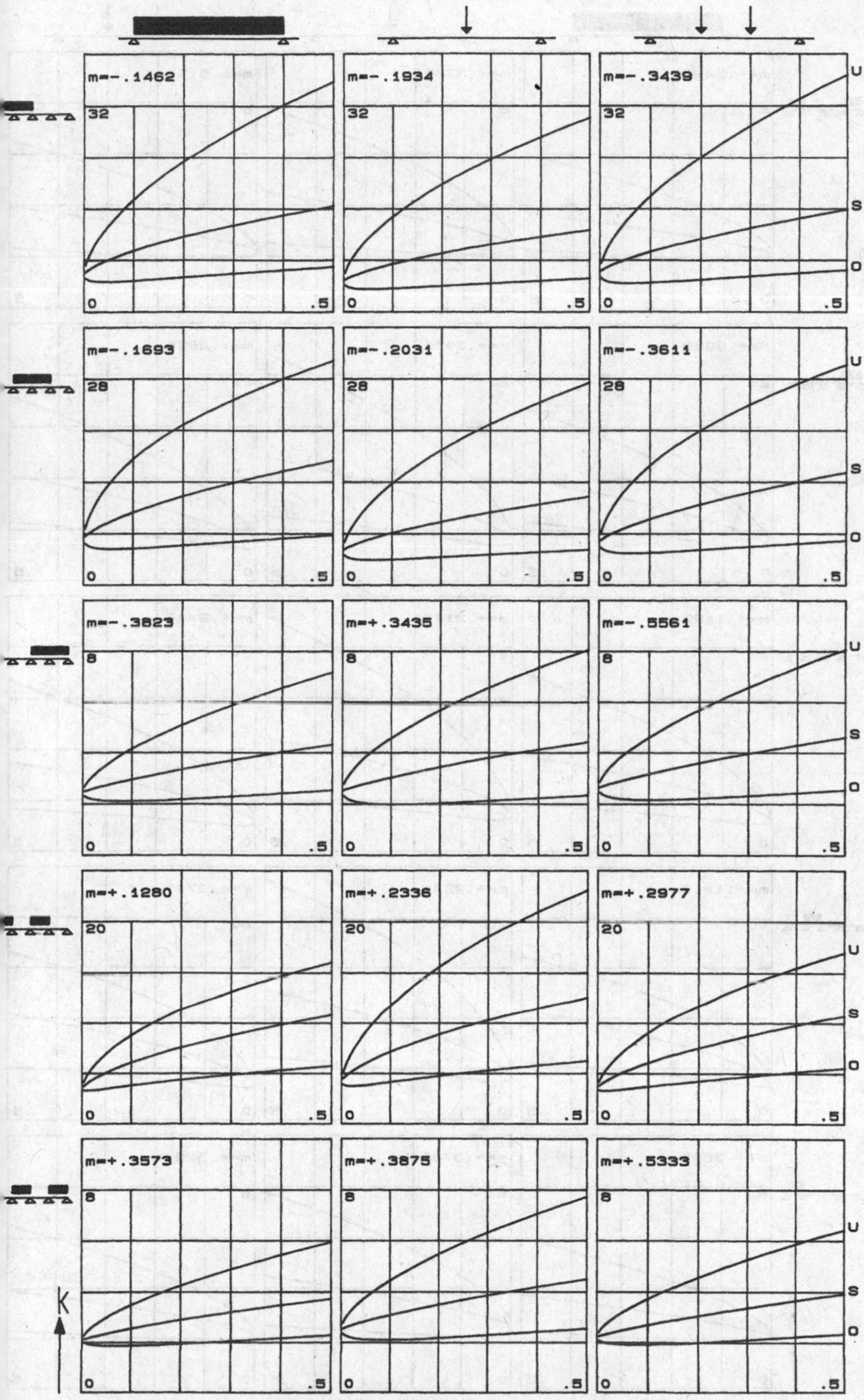

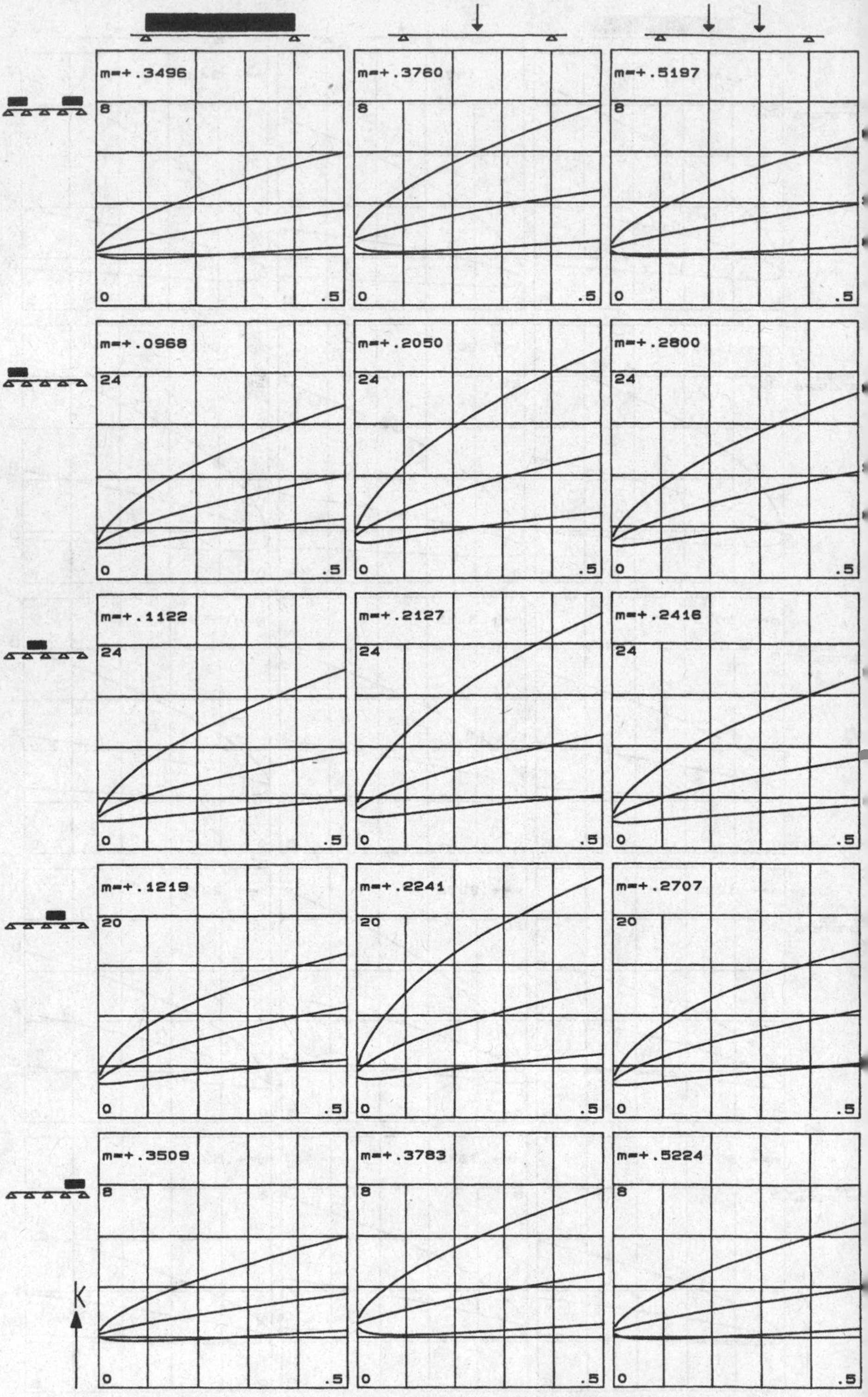

m=+.3496
8
0
.5
m=+.3760
8
0
.5
m=+.5197
8
0
.5
m=+.0968
24
0
.5
m=+.2050
24
0
.5
m=+.2800
24
0
.5
m=+.1122
24
0
.5
m=+.2127
24
0
.5
m=+.2416
24
0
.5
m=+.1219
20
0
.5
m=+.2241
20
0
.5
m=+.2707
20
0
.5
m=+.3509
8
0
.5
m=+.3783
8
0
.5
m=+.5224
8
0
.5
K
X

TAFEL F/IV 34 : L-1.25L-1.25L-2L

F IV

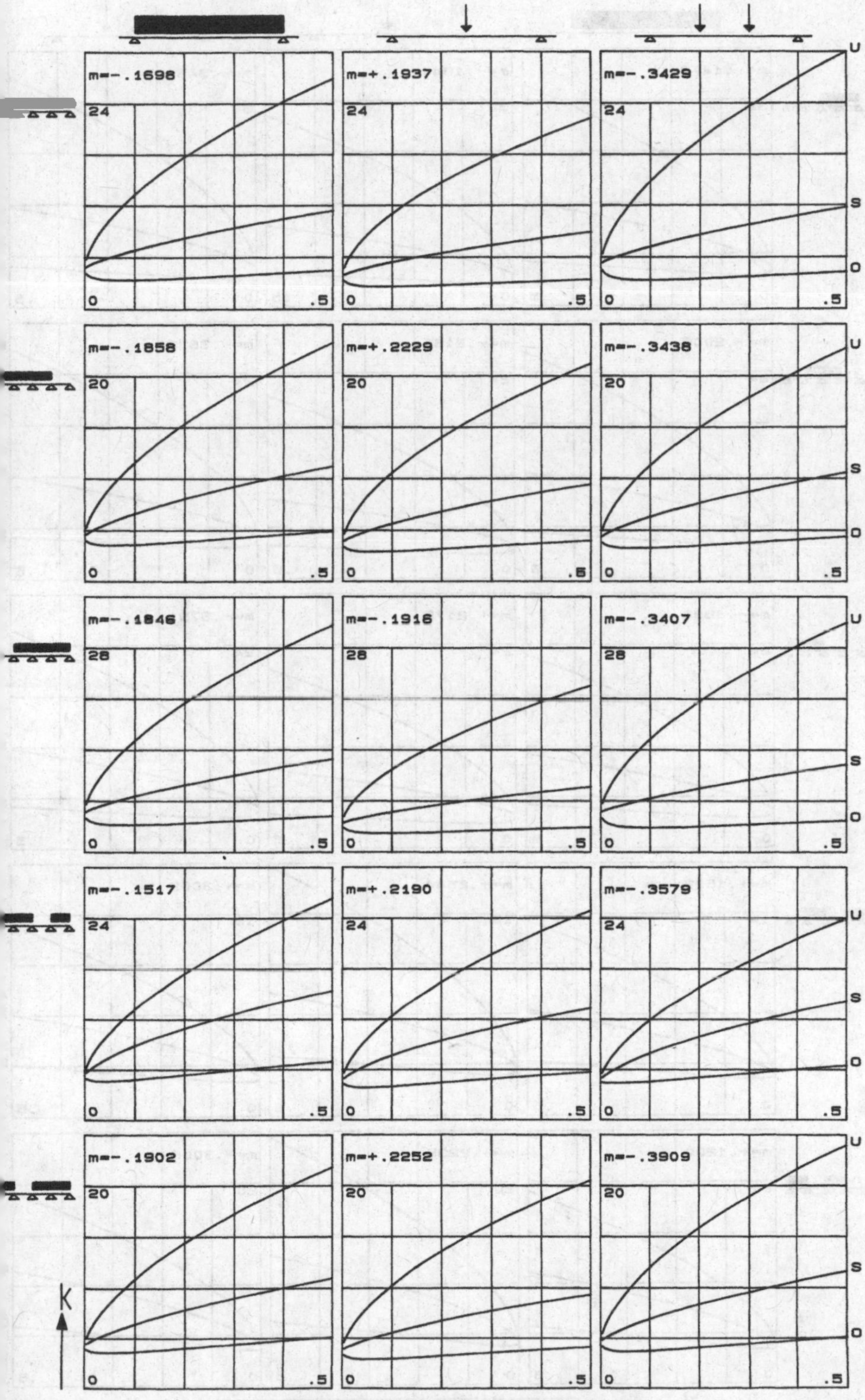

m=-.1698
m=+.1937
m=-.3429
24
U
S
O
0
.5
m=-.1858
m=+.2229
m=-.3438
20
m=-.1846
m=-.1916
m=-.3407
28
m=-.1517
m=+.2190
m=-.3579
24
m=-.1902
m=+.2252
m=-.3909
20
K
X

TAFEL F/IV 35 : L-1.25L-1.5L-L

F IV

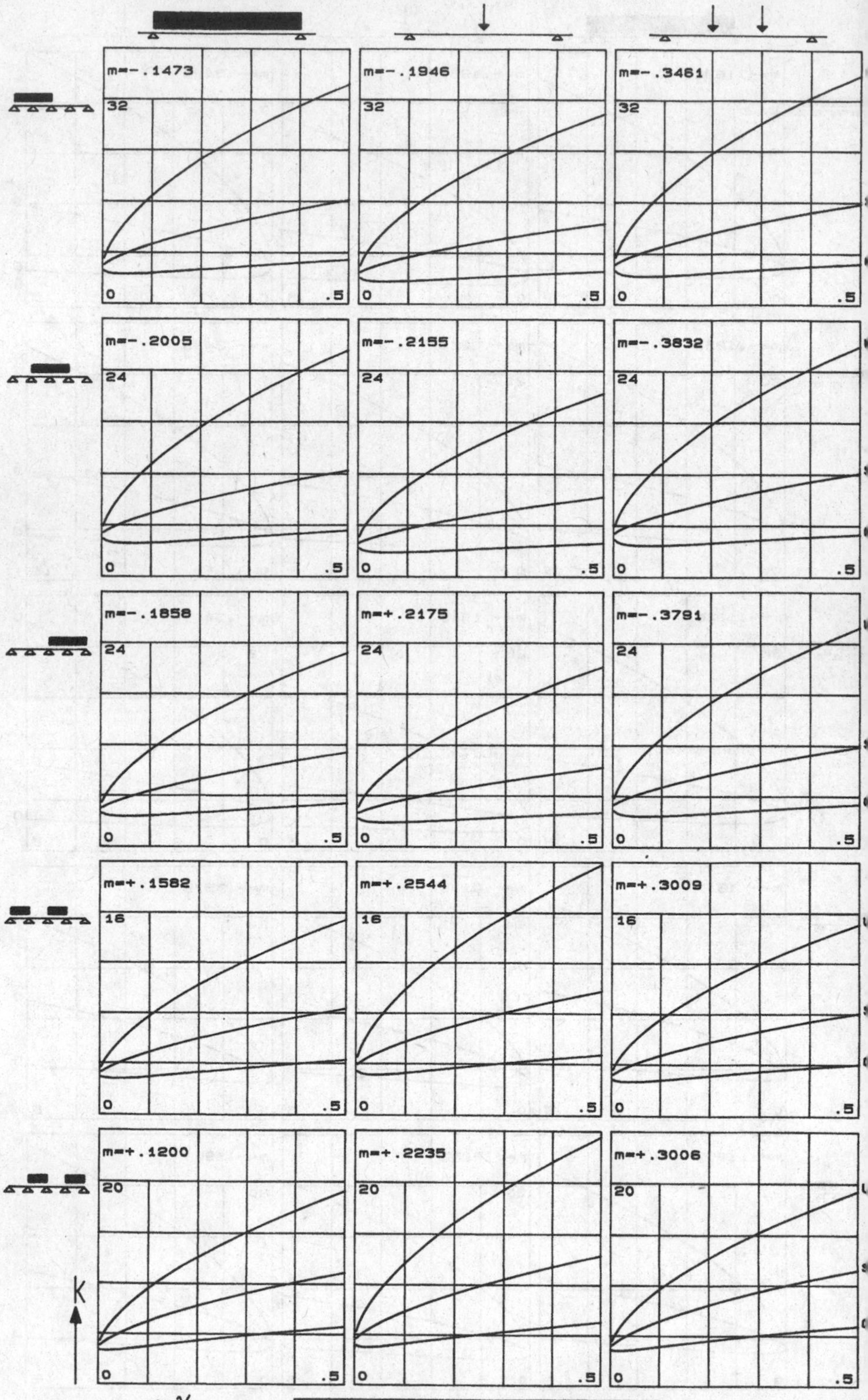

m=-.1473
32
0
.5
m=-.1946
32
0
.5
m=-.3461
32
0
.5
m=-.2005
24
0
.5
m=-.2155
24
0
.5
m=-.3832
24
0
.5
m=-.1858
24
0
.5
m=+.2175
24
0
.5
m=-.3791
24
0
.5
m=+.1582
16
0
.5
m=+.2544
16
0
.5
m=+.3009
16
0
.5
m=+.1200
20
0
.5
m=+.2235
20
0
.5
m=+.3006
20
0
.5
K
X

TAFEL F/IV 35 : L-1.25L-1.5L-L

F IV

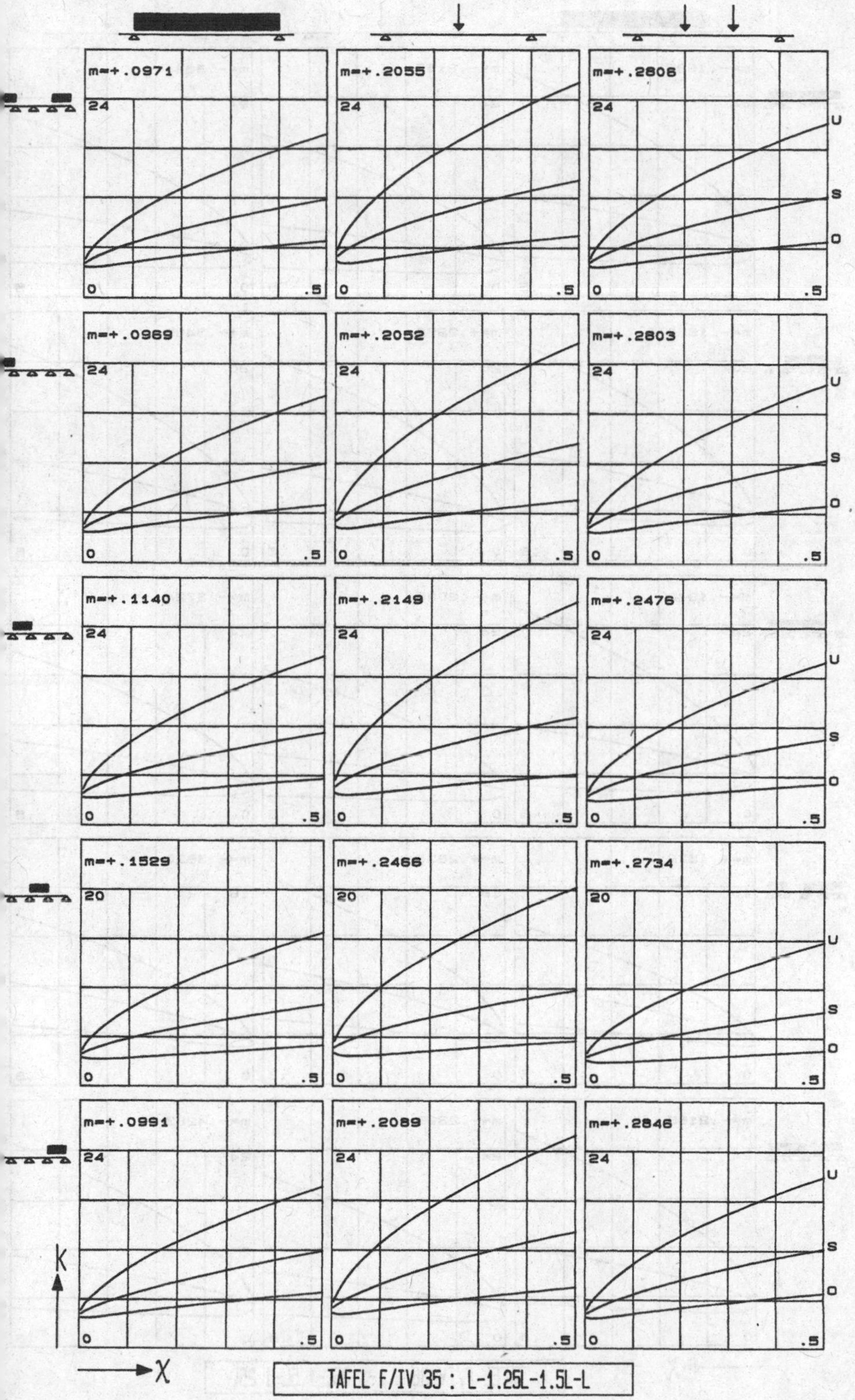

m=+.0971
24
0
.5
m=+.2055
24
0
.5
m=+.2806
24
U
S
O
0
.5
m=+.0969
24
0
.5
m=+.2052
24
0
.5
m=+.2803
24
U
S
O
0
.5
m=+.1140
24
0
.5
m=+.2149
24
0
.5
m=+.2476
24
U
S
O
0
.5
m=+.1529
20
0
.5
m=+.2466
20
0
.5
m=+.2734
20
U
S
O
0
.5
m=+.0991
24
0
.5
m=+.2089
24
0
.5
m=+.2846
24
U
S
O
0
.5
K
X

TAFEL F/IV 35 : L-1.25L-1.5L-L

F IV

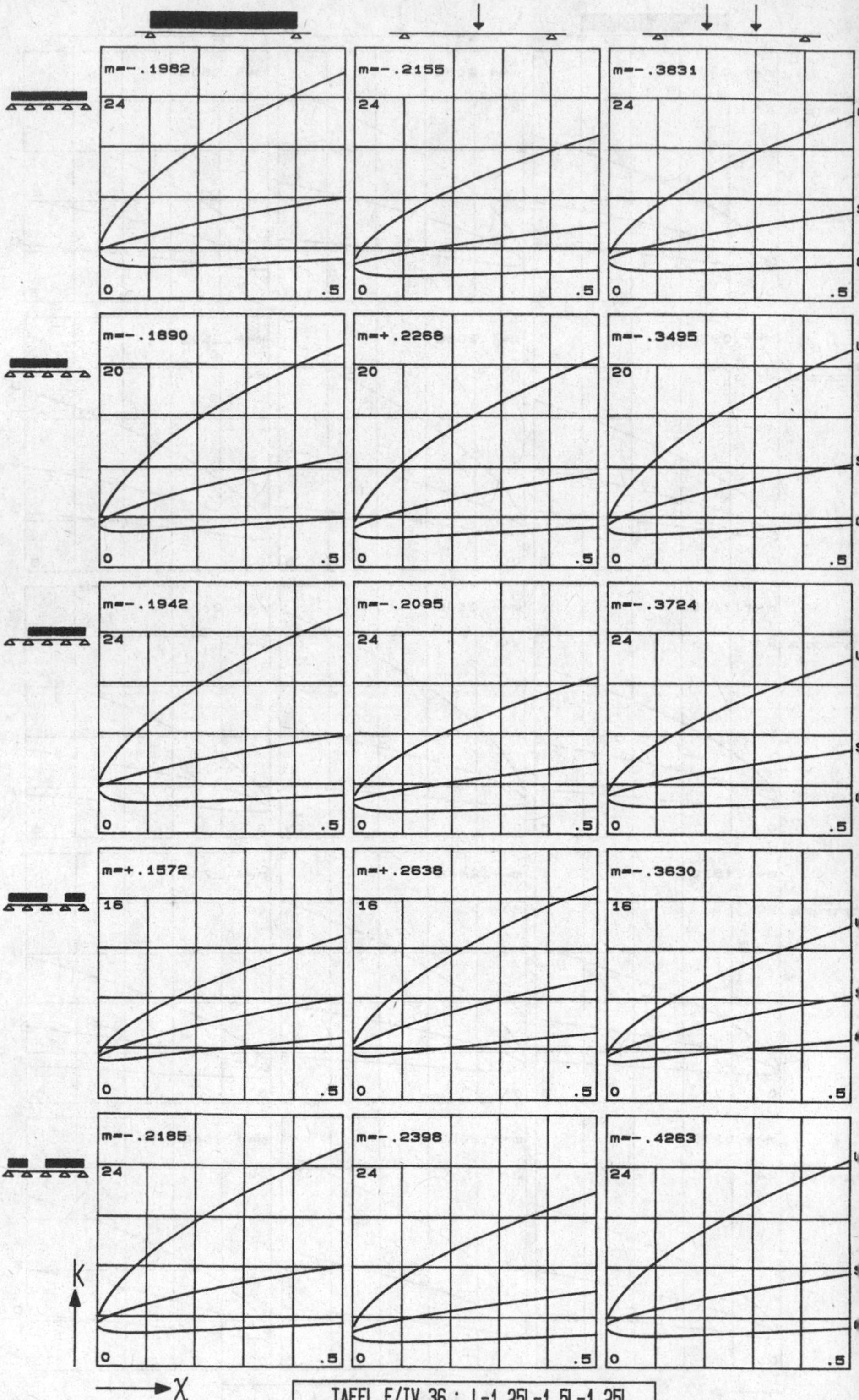
m=-.1982
24
0
.5
m=-.2155
24
0
.5
m=-.3831
24
0
.5
m=-.1890
20
0
.5
m=+.2268
20
0
.5
m=-.3495
20
0
.5
m=-.1942
24
0
.5
m=-.2095
24
0
.5
m=-.3724
24
0
.5
m=+.1572
16
0
.5
m=+.2638
16
0
.5
m=-.3630
16
0
.5
m=-.2185
24
0
.5
m=-.2398
24
0
.5
m=-.4263
24
0
.5
K
X

TAFEL F/IV 36 : L-1.25L-1.5L-1.25L

F IV

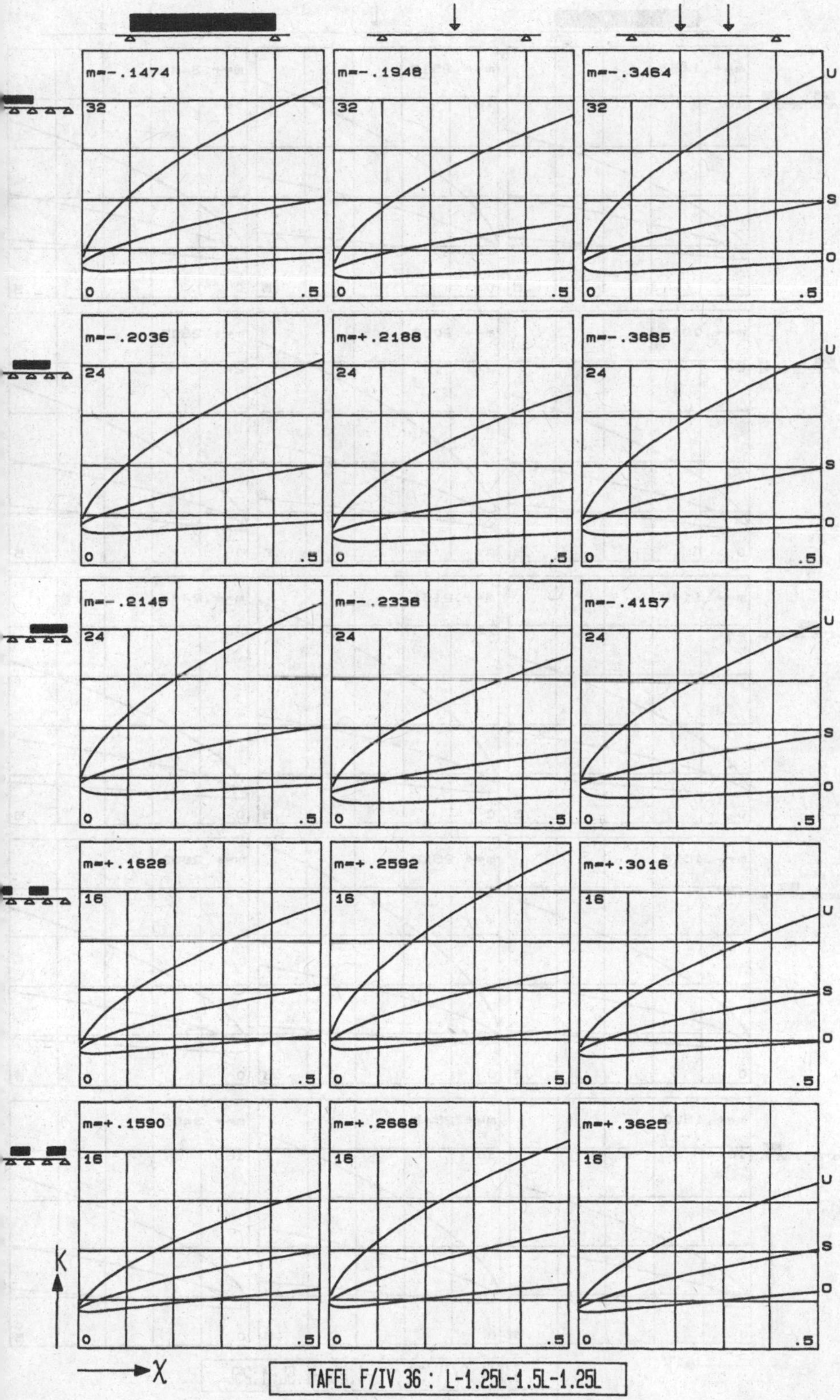
m=-.1474
m=-.1948
m=-.3464
32
m=-.2036
m=+.2188
m=-.3885
24
m=-.2145
m=-.2338
m=-.4157
24
m=+.1628
m=+.2592
m=+.3016
16
m=+.1590
m=+.2668
m=+.3625
16
U
S
O
0
.5
K
X

TAFEL F/IV 36 : L-1.25L-1.5L-1.25L

F
IV

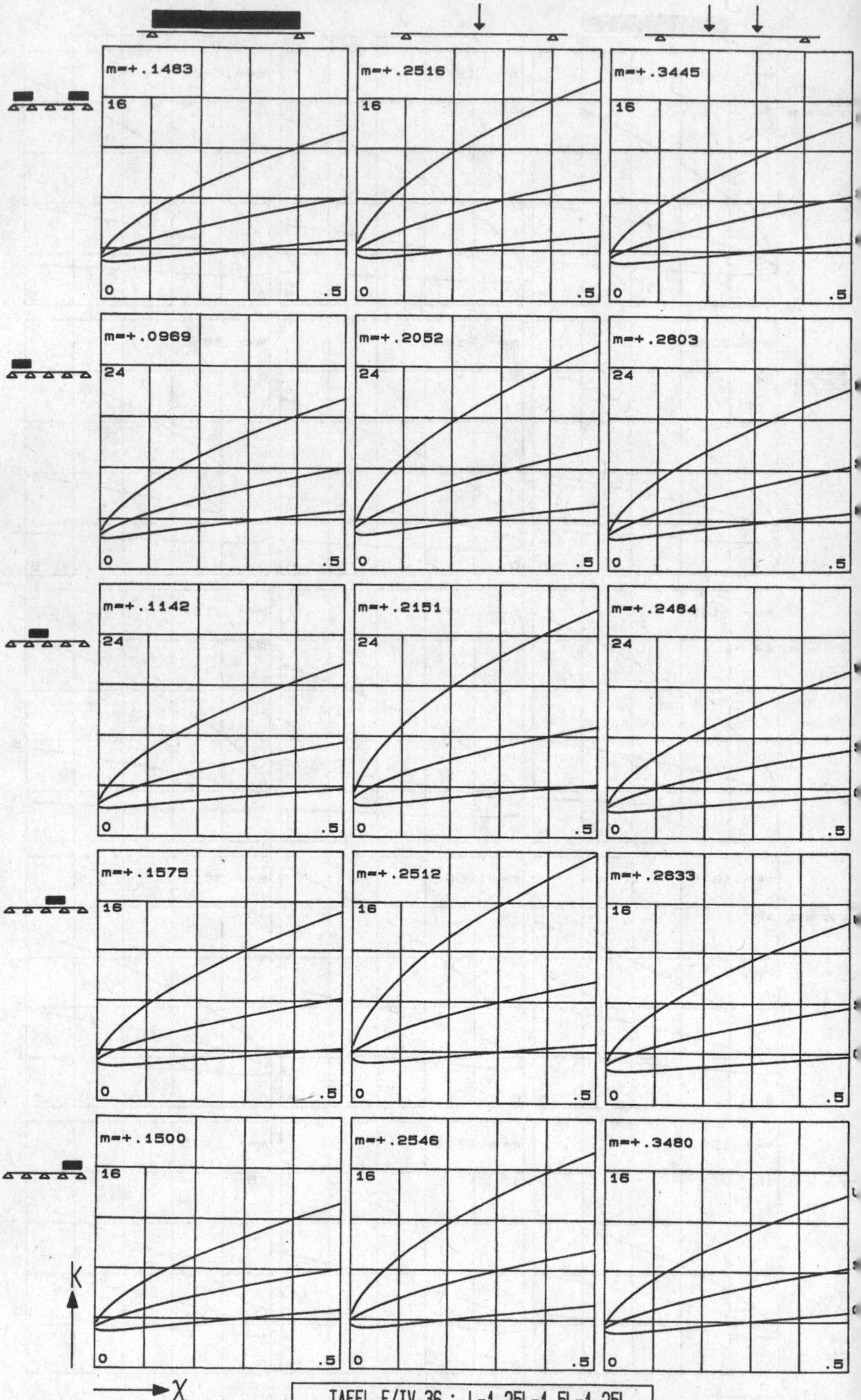

m=+.1463
16
0
.5
m=+.2516
16
0
.5
m=+.3445
16
0
.5
m=+.0969
24
0
.5
m=+.2052
24
0
.5
m=+.2803
24
0
.5
m=+.1142
24
0
.5
m=+.2151
24
0
.5
m=+.2484
24
0
.5
m=+.1575
16
0
.5
m=+.2512
16
0
.5
m=+.2833
16
0
.5
m=+.1500
16
0
.5
m=+.2546
16
0
.5
m=+.3480
16
0
.5
K
X

TAFEL F/IV 36 : L-1.25L-1.5L-1.25L

F
IV

F
IV

m=-.2443
12
0   .5

m=+.2537
12
0   .5

m=-.4310
12
U
S
O
0   .5

m=-.1917
20
0   .5

m=+.2299
20
0   .5

m=-.3541
20
U
S
O
0   .5

m=-.2407
12
0   .5

m=+.2564
12
0   .5

m=-.4213
12
U
S
O
0   .5

m=+.2169
12
0   .5

m=+.3075
12
0   .5

m=+.4200
12
U
S
O
0   .5

m=-.2628
16
0   .5

m=-.2646
16
0   .5

m=-.4704
16
U
S
O
0   .5

K
χ

185

TAFEL F/IV 37 : L-1.25L-1.5L-1.5L

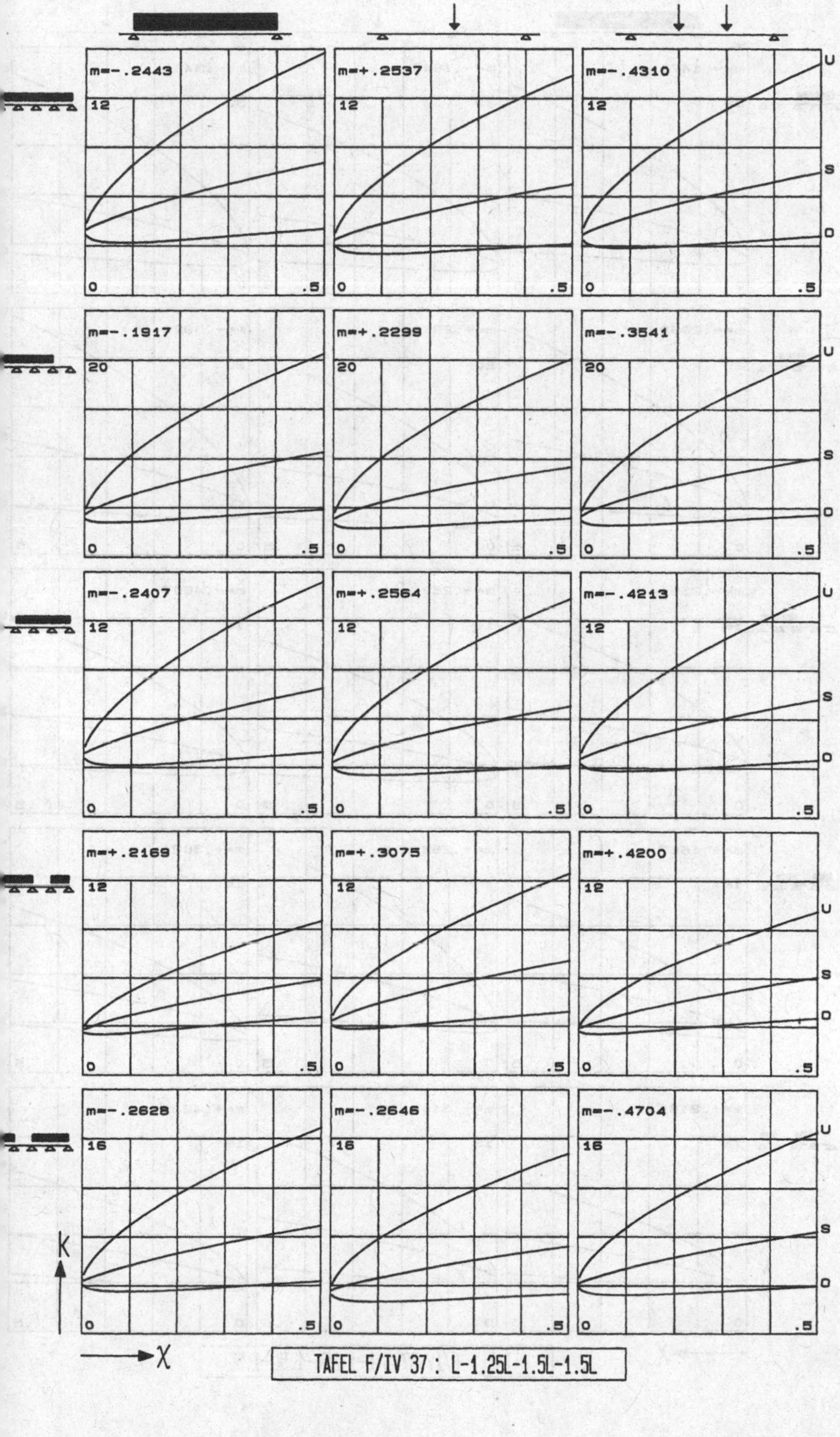

F
IV

186

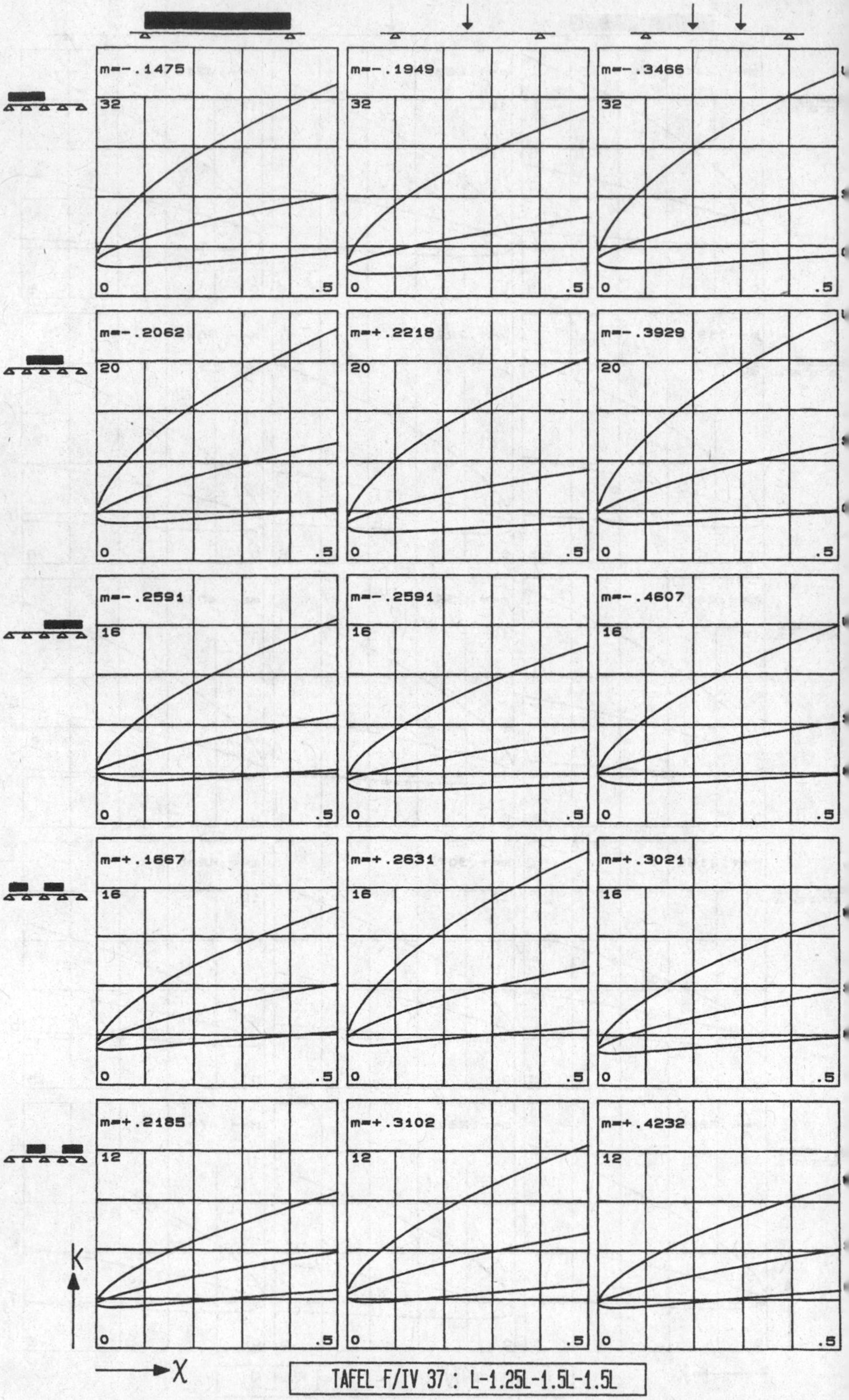

TAFEL F/IV 37 : L-1.25L-1.5L-1.5L

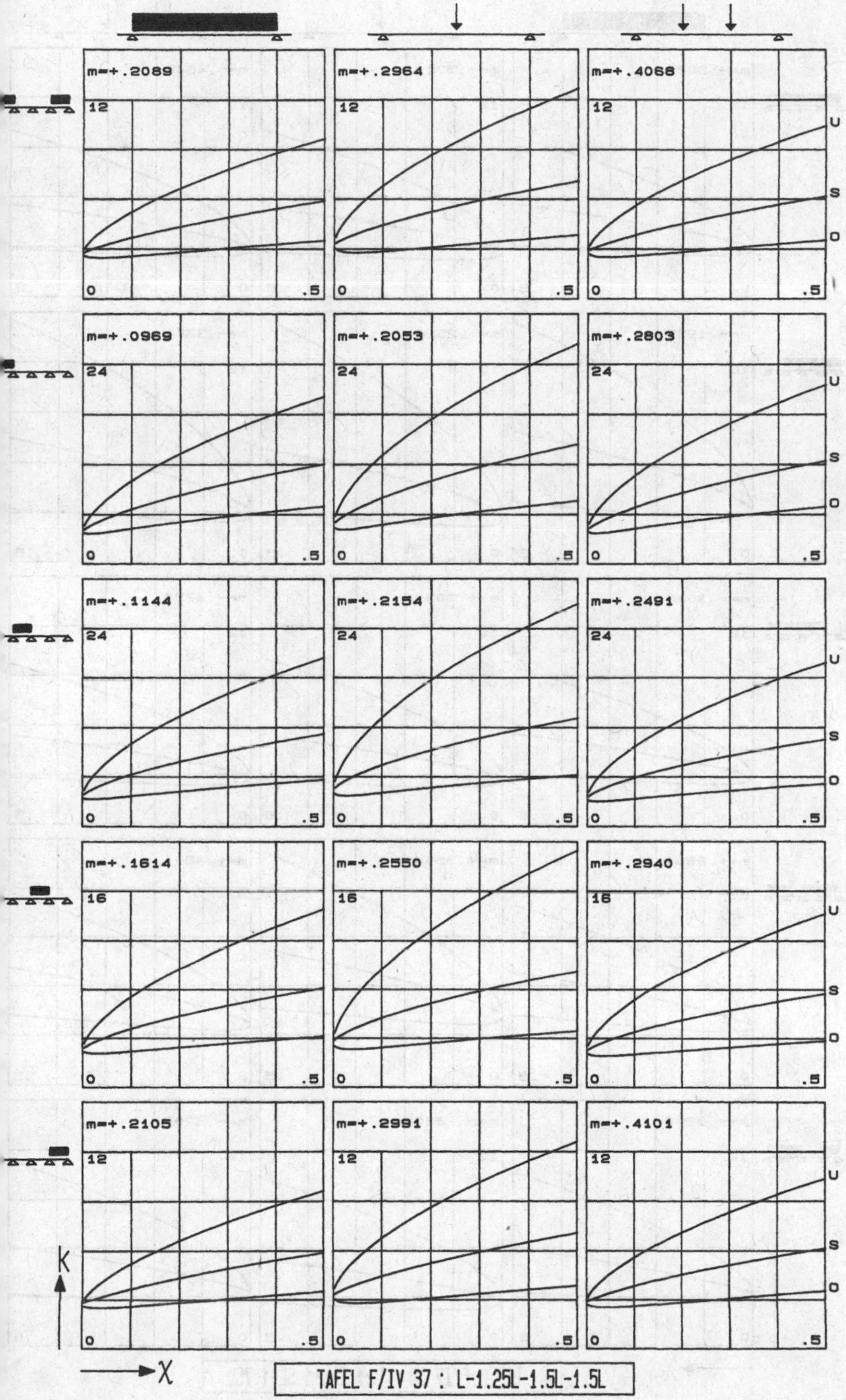
m=+.2089
12
m=+.2964
12
m=+.4068
12
U
S
O
m=+.0969
24
m=+.2053
24
m=+.2803
24
m=+.1144
24
m=+.2154
24
m=+.2491
24
m=+.1614
16
m=+.2550
16
m=+.2940
16
m=+.2105
12
m=+.2991
12
m=+.4101
12
0
.5
K
X

TAFEL F/IV 37 : L-1.25L-1.5L-1.5L

F IV

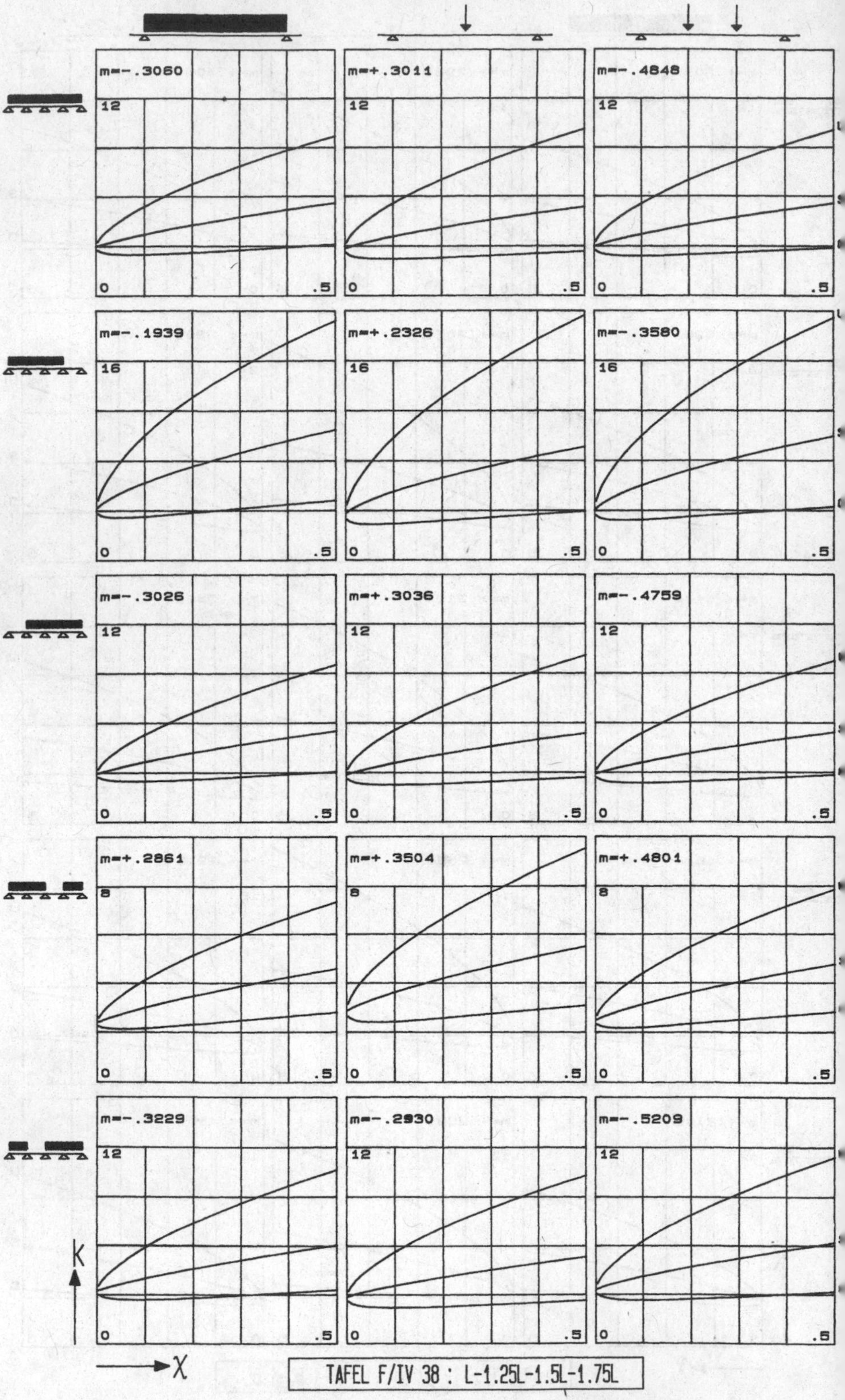

m=-.3060
12
0
.5
m=+.3011
12
0
.5
m=-.4848
12
0
.5
m=-.1939
16
0
.5
m=+.2326
16
0
.5
m=-.3580
16
0
.5
m=-.3026
12
0
.5
m=+.3036
12
0
.5
m=-.4759
12
0
.5
m=+.2861
8
0
.5
m=+.3504
8
0
.5
m=+.4801
8
0
.5
m=-.3229
12
0
.5
m=-.2930
12
0
.5
m=-.5209
12
0
.5
K
X

TAFEL F/IV 38 : L-1.25L-1.5L-1.75L

F IV

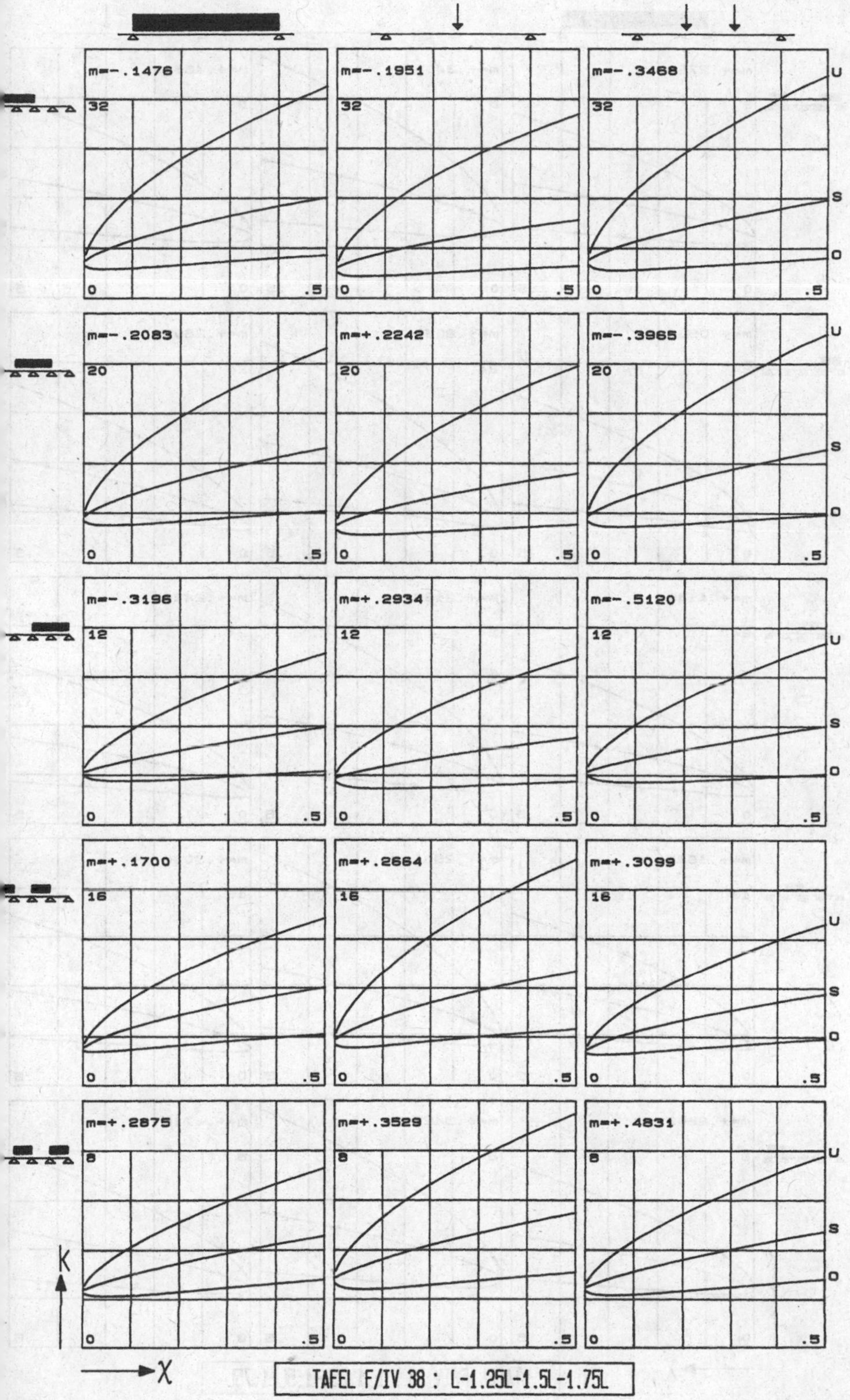
m=-.1476
32
0
.5
m=-.1951
32
0
.5
m=-.3468
32
0
.5
U
S
O
m=-.2083
20
0
.5
m=+.2242
20
0
.5
m=-.3965
20
0
.5
U
S
O
m=-.3196
12
0
.5
m=+.2934
12
0
.5
m=-.5120
12
0
.5
U
S
O
m=+.1700
16
0
.5
m=+.2664
16
0
.5
m=+.3099
16
0
.5
U
S
O
m=+.2875
8
0
.5
m=+.3529
8
0
.5
m=+.4831
8
0
.5
U
S
O
K
X

TAFEL F/IV 38 : L-1.25L-1.5L-1.75L

F IV

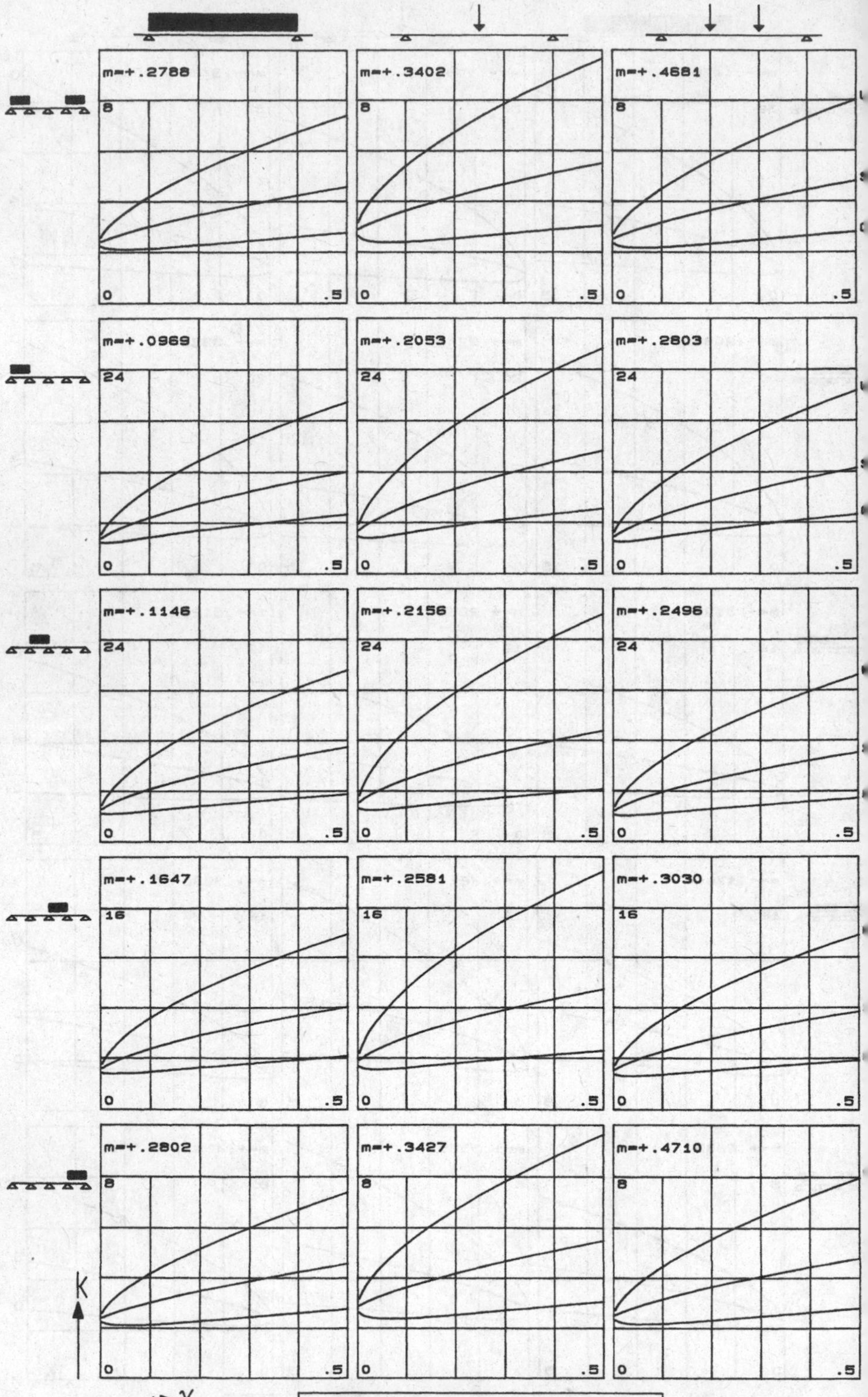
m=+.2788
m=+.3402
m=+.4681
m=+.0969
m=+.2053
m=+.2803
m=+.1146
m=+.2156
m=+.2496
m=+.1647
m=+.2581
m=+.3030
m=+.2802
m=+.3427
m=+.4710
8
24
16
0
.5
K
X

TAFEL F/IV 38 : L-1.25L-1.5L-1.75L

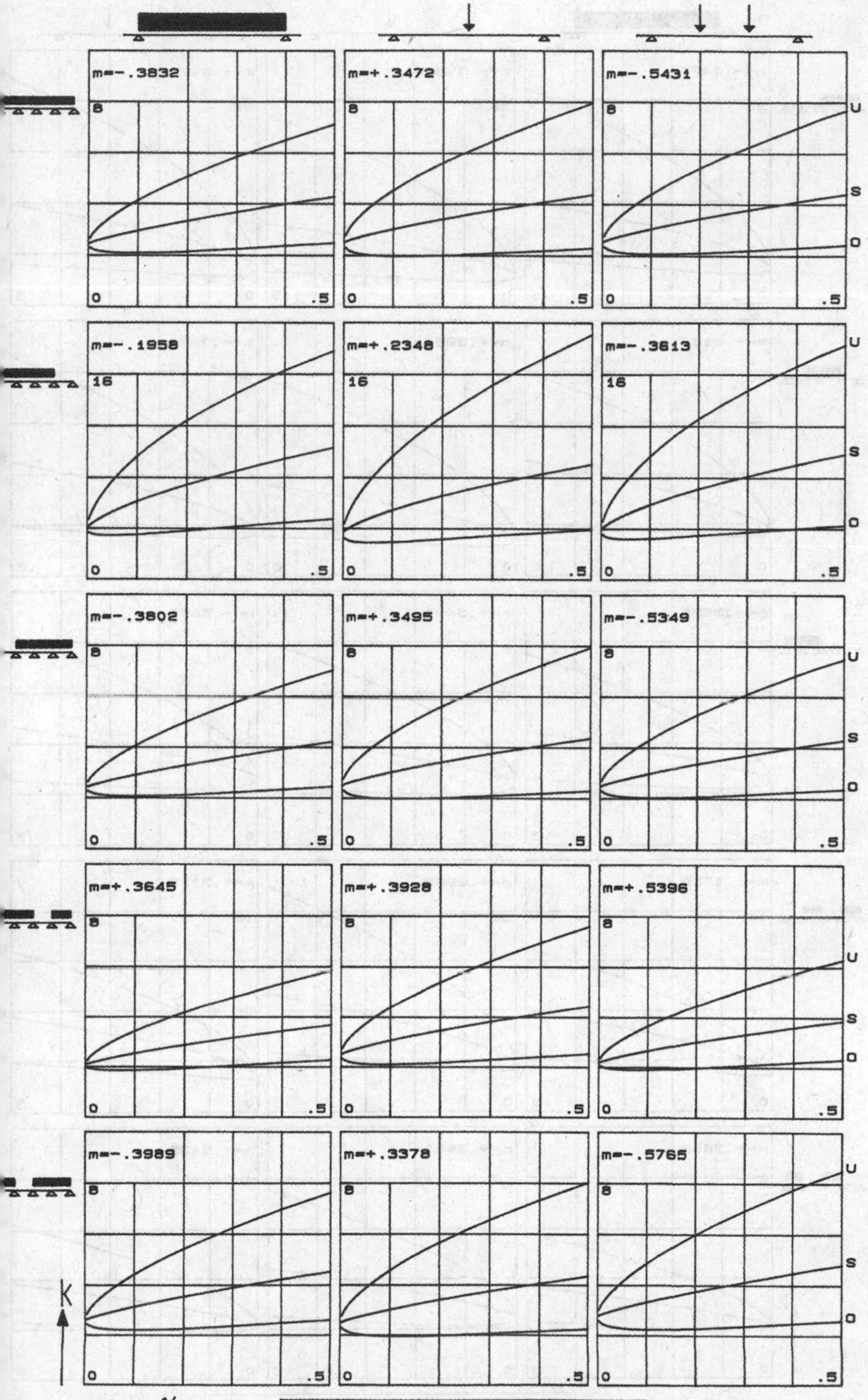
m=-.3832
m=+.3472
m=-.5431
m=-.1958
m=+.2348
m=-.3613
m=-.3802
m=+.3495
m=-.5349
m=+.3645
m=+.3928
m=+.5396
m=-.3989
m=+.3378
m=-.5765
U
S
O
K
X

TAFEL F/IV 39 : L-1.25L-1.5L-2L

F IV

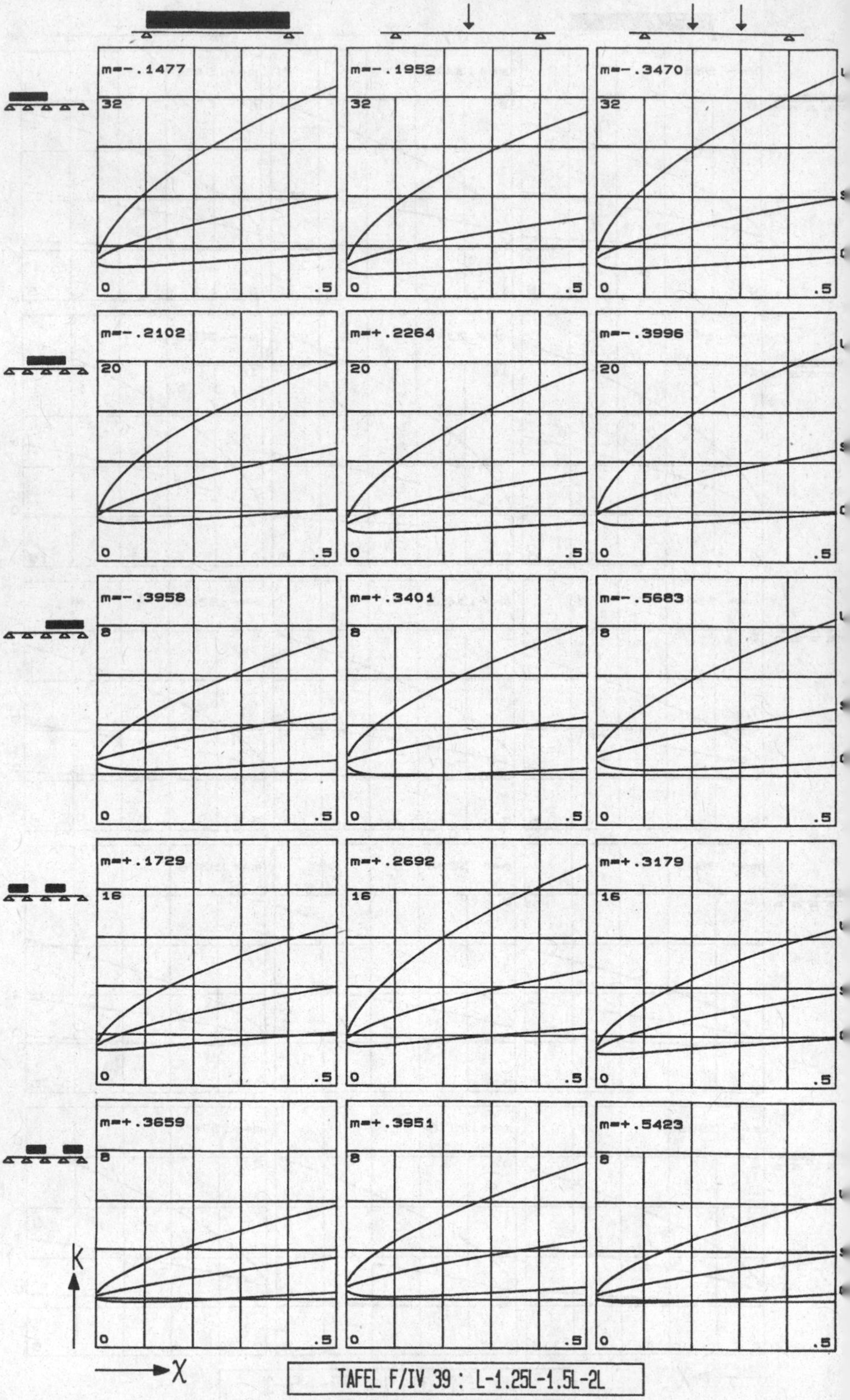

m=-.1477
32
0
.5
m=-.1952
32
0
.5
m=-.3470
32
0
.5
m=-.2102
20
0
.5
m=+.2264
20
0
.5
m=-.3996
20
0
.5
m=-.3958
8
0
.5
m=+.3401
8
0
.5
m=-.5683
8
0
.5
m=+.1729
16
0
.5
m=+.2692
16
0
.5
m=+.3179
16
0
.5
m=+.3659
8
0
.5
m=+.3951
8
0
.5
m=+.5423
8
0
.5
K
X

TAFEL F/IV 39 : L-1.25L-1.5L-2L

F IV

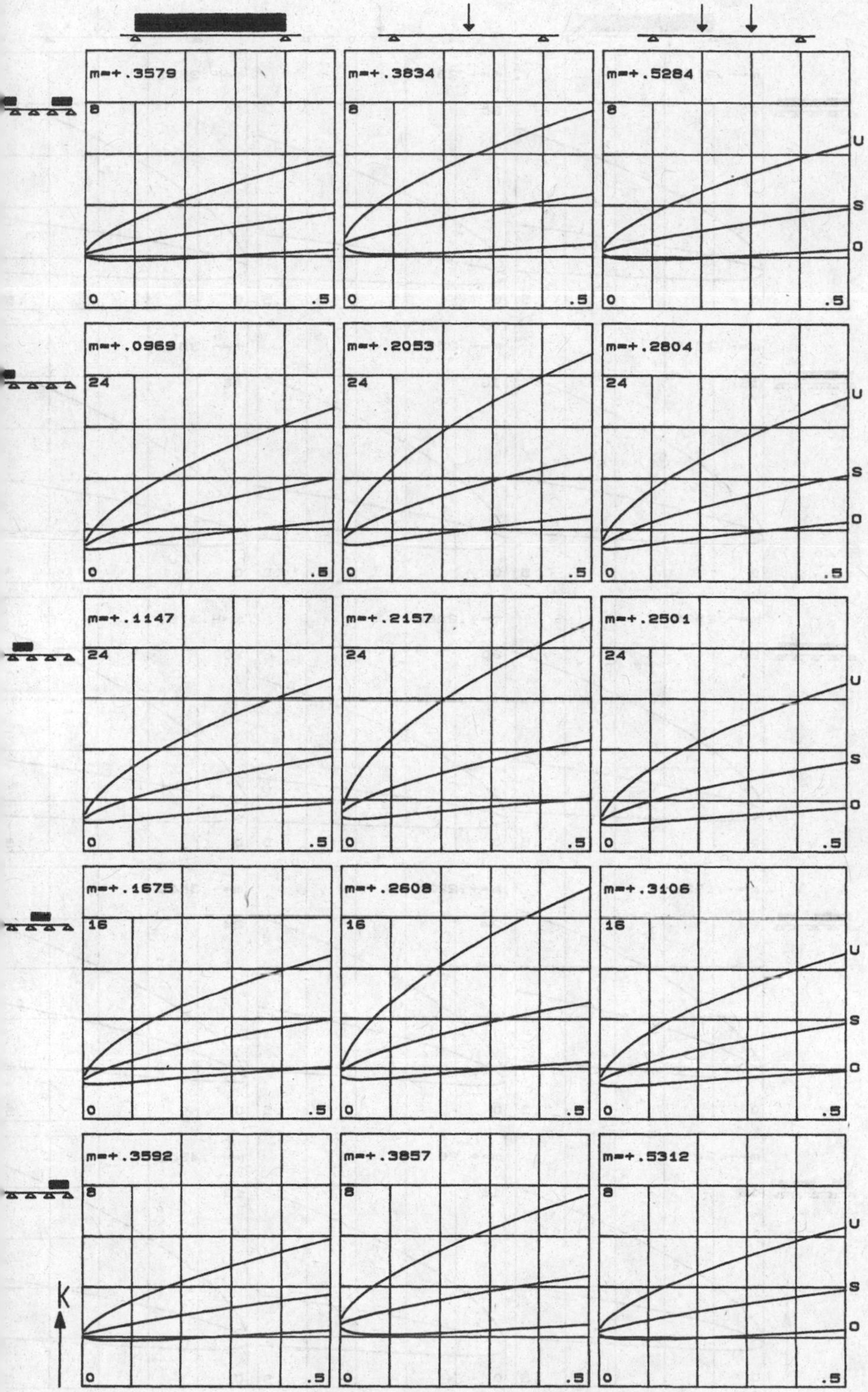
m=+.3579
m=+.3834
m=+.5284
m=+.0969
m=+.2053
m=+.2804
m=+.1147
m=+.2157
m=+.2501
m=+.1675
m=+.2608
m=+.3106
m=+.3592
m=+.3857
m=+.5312
8
24
16
U
S
O
0
.5
K
X

TAFEL F/IV 39 : L-1.25L-1.5L-2L

F IV

TAFEL F/IV 40 : L-1.25L-1.75L-L

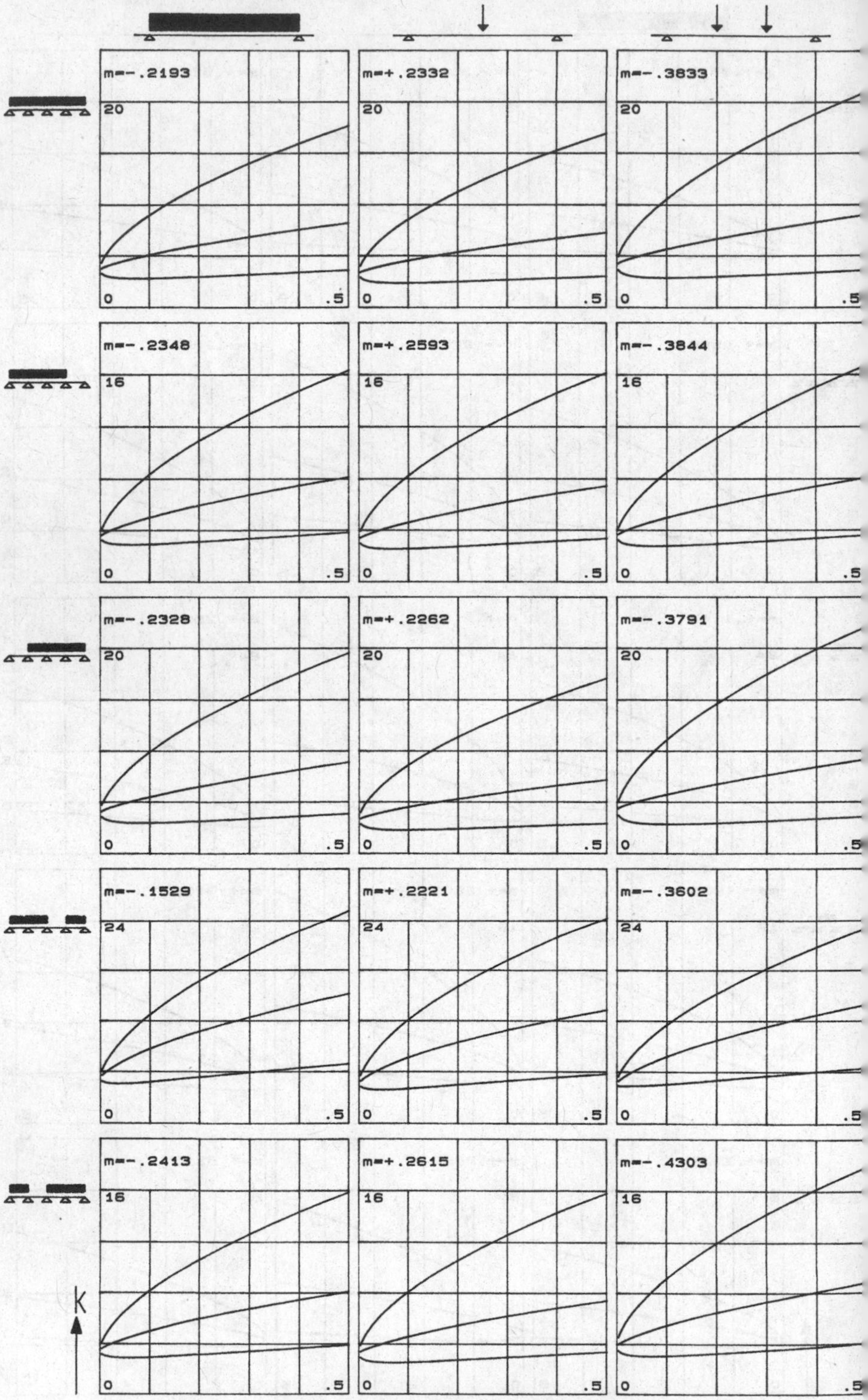

TAFEL F/IV 40 : L-1.25L-1.75L-L

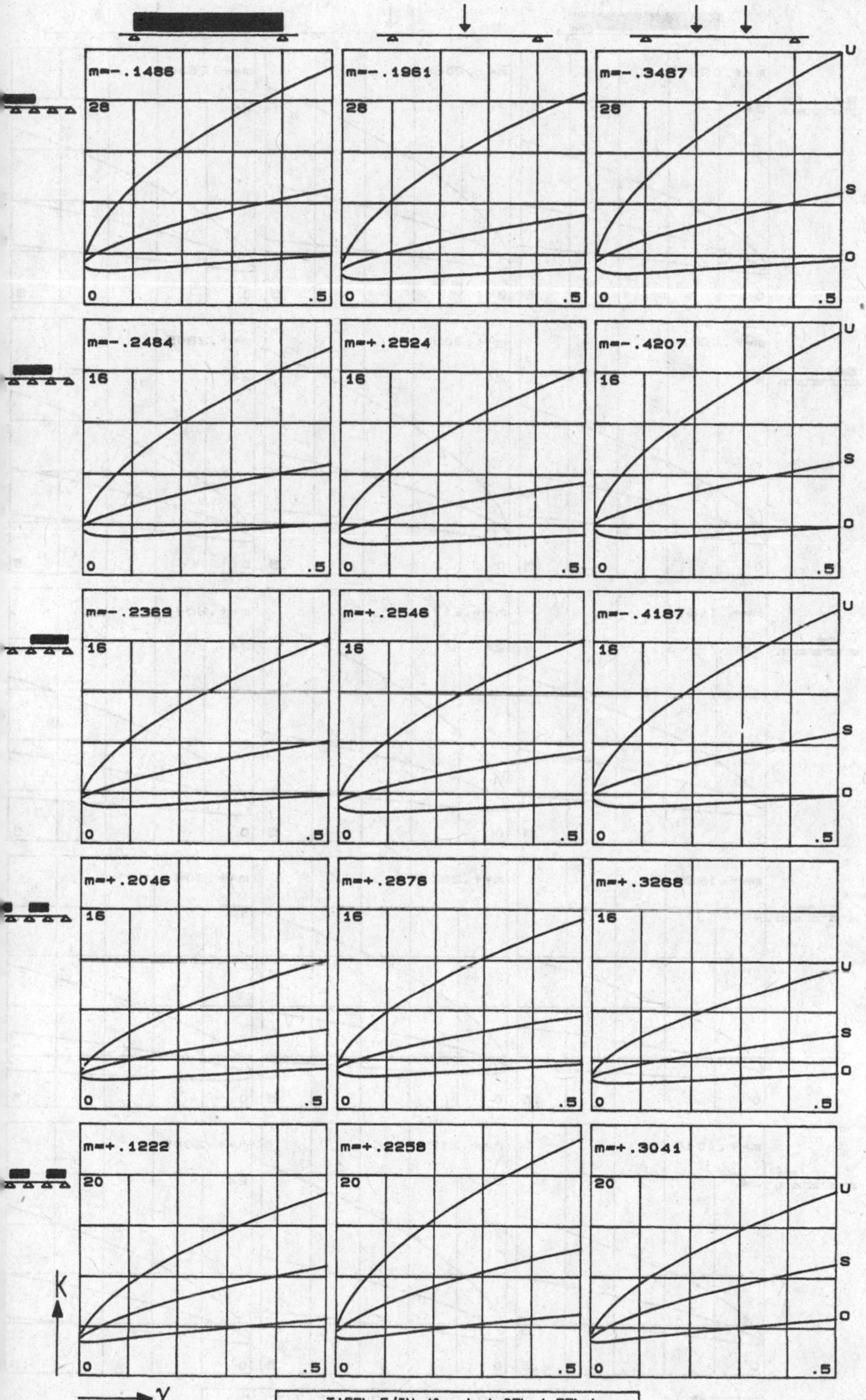

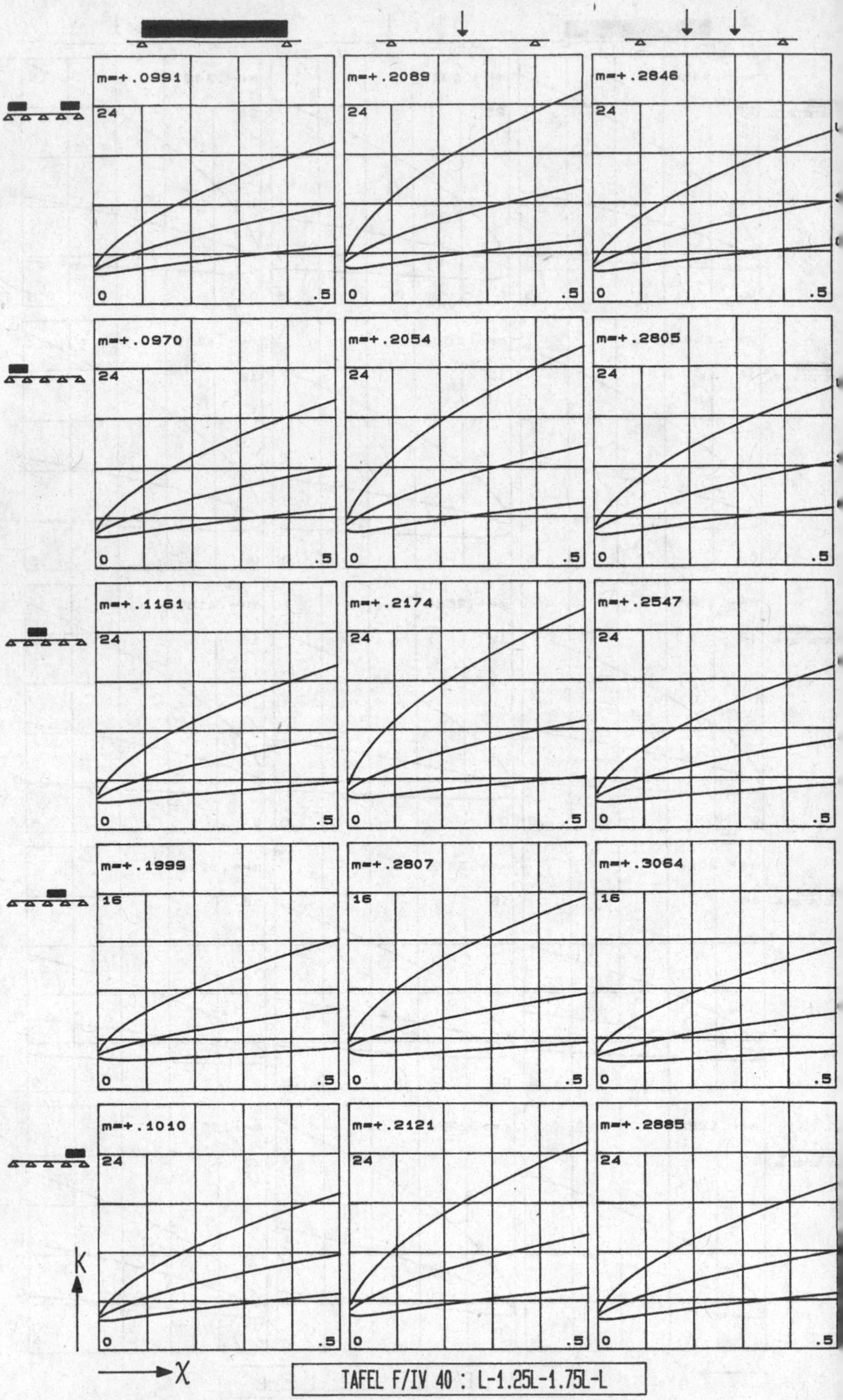

TAFEL F/IV 40 : L-1.25L-1.75L-L

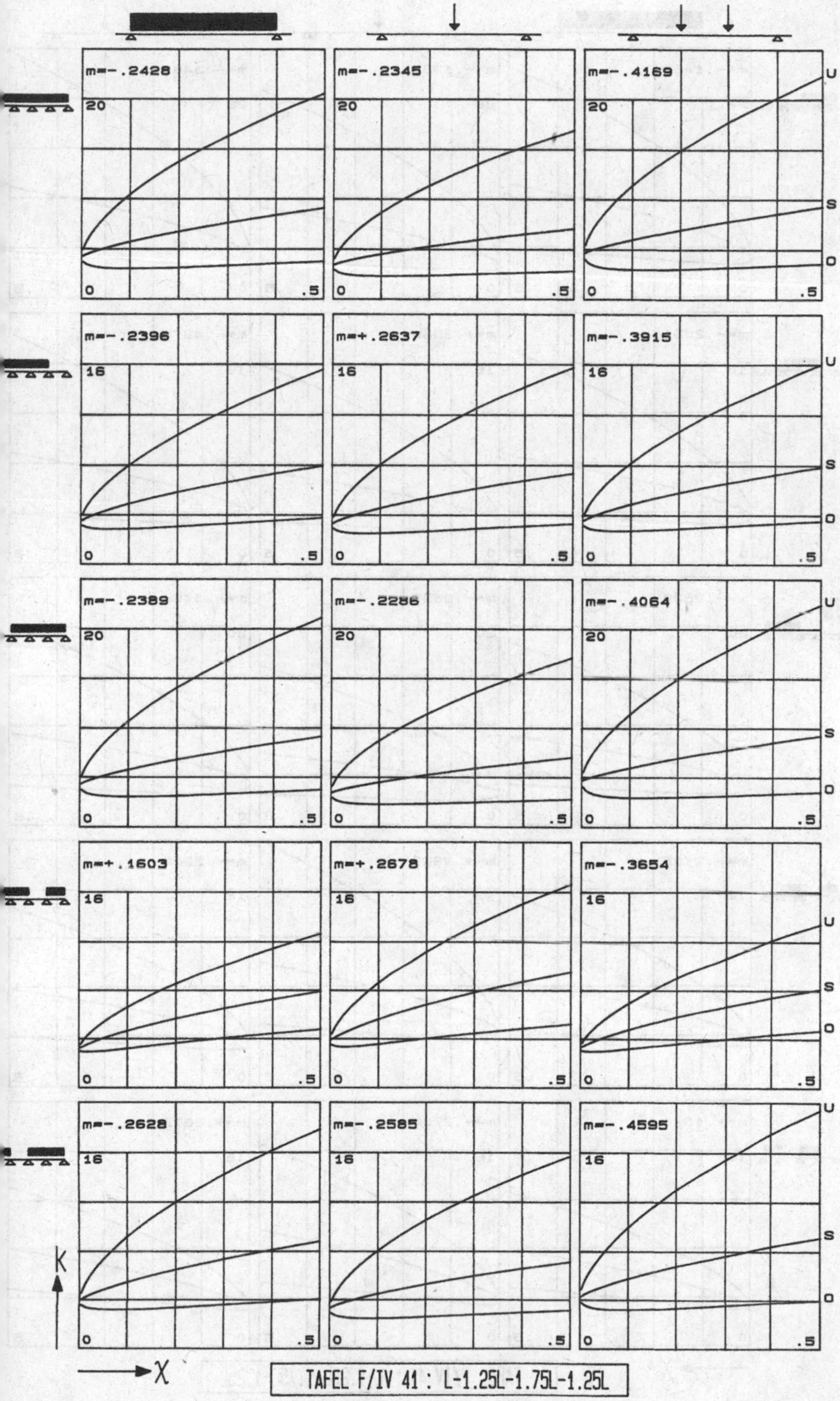
m=-.2428
20
0
.5
m=-.2345
20
0
.5
m=-.4169
20
0
.5
U
S
O
m=-.2396
16
0
.5
m=+.2637
16
0
.5
m=-.3915
16
0
.5
U
S
O
m=-.2389
20
0
.5
m=-.2286
20
0
.5
m=-.4064
20
0
.5
U
S
O
m=+.1603
16
0
.5
m=+.2678
16
0
.5
m=-.3654
16
0
.5
U
S
O
m=-.2628
16
0
.5
m=-.2585
16
0
.5
m=-.4595
16
0
.5
U
S
O
K
X

TAFEL F/IV 41 : L-1.25L-1.75L-1.25L

F IV

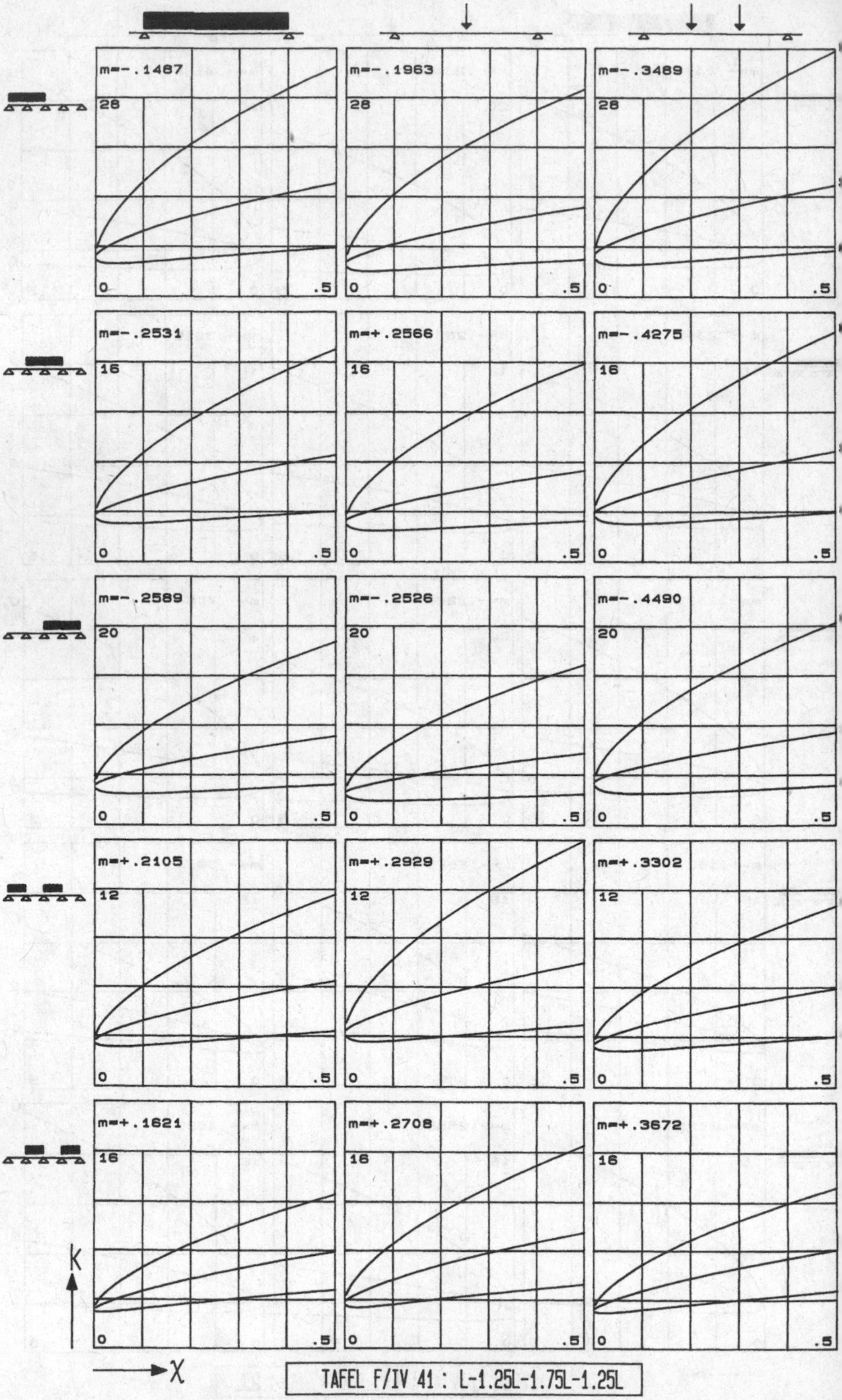
m=-.1487
28
0
.5
m=-.1963
28
0
.5
m=-.3469
28
0
.5
m=-.2531
16
0
.5
m=+.2566
16
0
.5
m=-.4275
16
0
.5
m=-.2589
20
0
.5
m=-.2526
20
0
.5
m=-.4490
20
0
.5
m=+.2105
12
0
.5
m=+.2929
12
0
.5
m=+.3302
12
0
.5
m=+.1621
16
0
.5
m=+.2708
16
0
.5
m=+.3672
16
0
.5
K
X

F IV

TAFEL F/IV 41 : L-1.25L-1.75L-1.25L

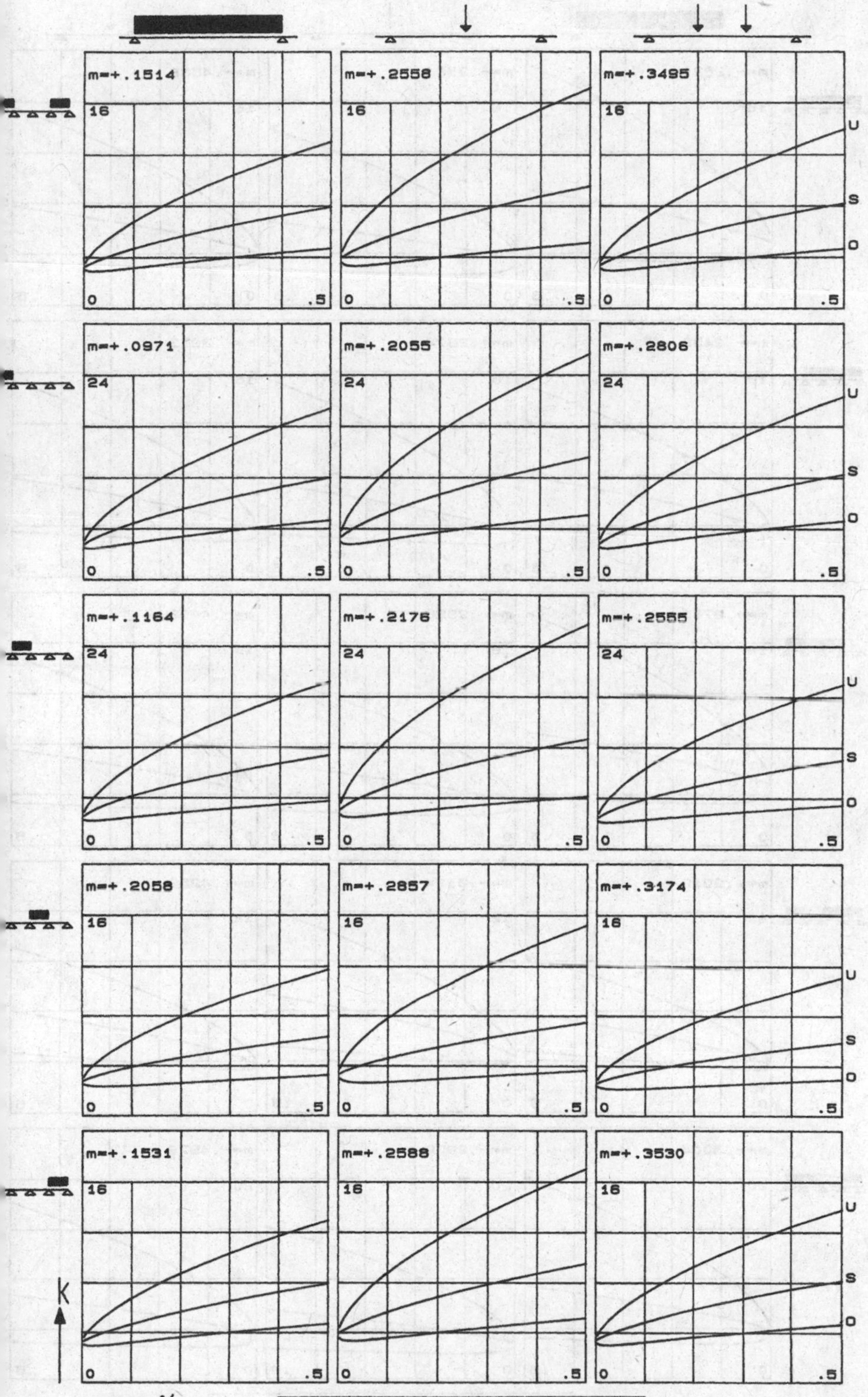

m=+.1514
16
0
.5
m=+.2558
16
0
.5
m=+.3495
16
U
S
O
0
.5
m=+.0971
24
0
.5
m=+.2055
24
0
.5
m=+.2806
24
U
S
O
0
.5
m=+.1164
24
0
.5
m=+.2176
24
0
.5
m=+.2555
24
U
S
O
0
.5
m=+.2058
16
0
.5
m=+.2857
16
0
.5
m=+.3174
16
U
S
O
0
.5
m=+.1531
16
0
.5
m=+.2588
16
0
.5
m=+.3530
16
U
S
O
0
.5
K
X

TAFEL F/IV 41 : L-1.25L-1.75L-1.25L

F IV

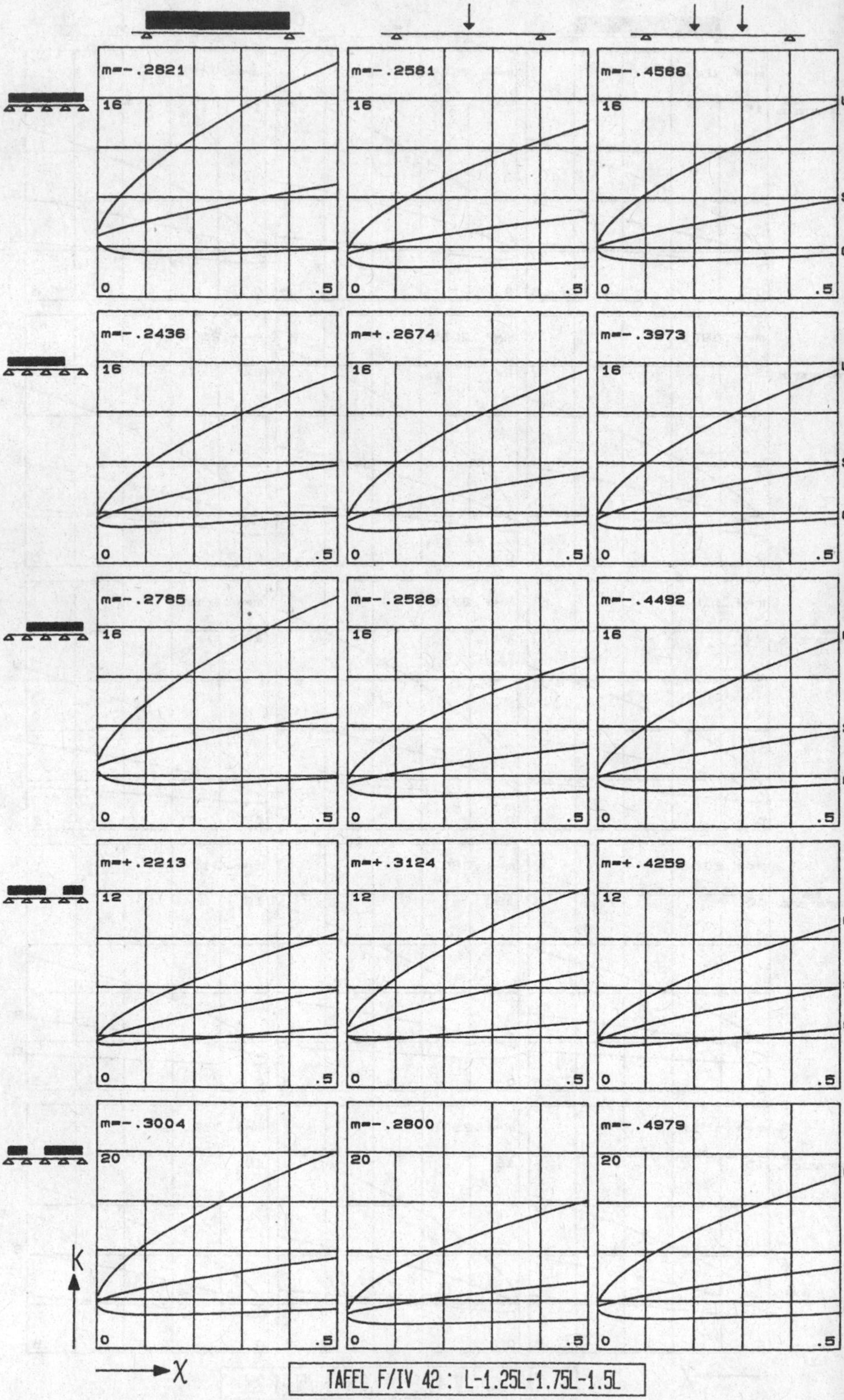
m=-.2821
16
0
.5
m=-.2581
16
0
.5
m=-.4588
16
0
.5
m=-.2436
16
0
.5
m=+.2674
16
0
.5
m=-.3973
16
0
.5
m=-.2785
16
0
.5
m=-.2526
16
0
.5
m=-.4492
16
0
.5
m=+.2213
12
0
.5
m=+.3124
12
0
.5
m=+.4259
12
0
.5
m=-.3004
20
0
.5
m=-.2800
20
0
.5
m=-.4979
20
0
.5
K
X
TAFEL F/IV 42 : L-1.25L-1.75L-1.5L

F IV

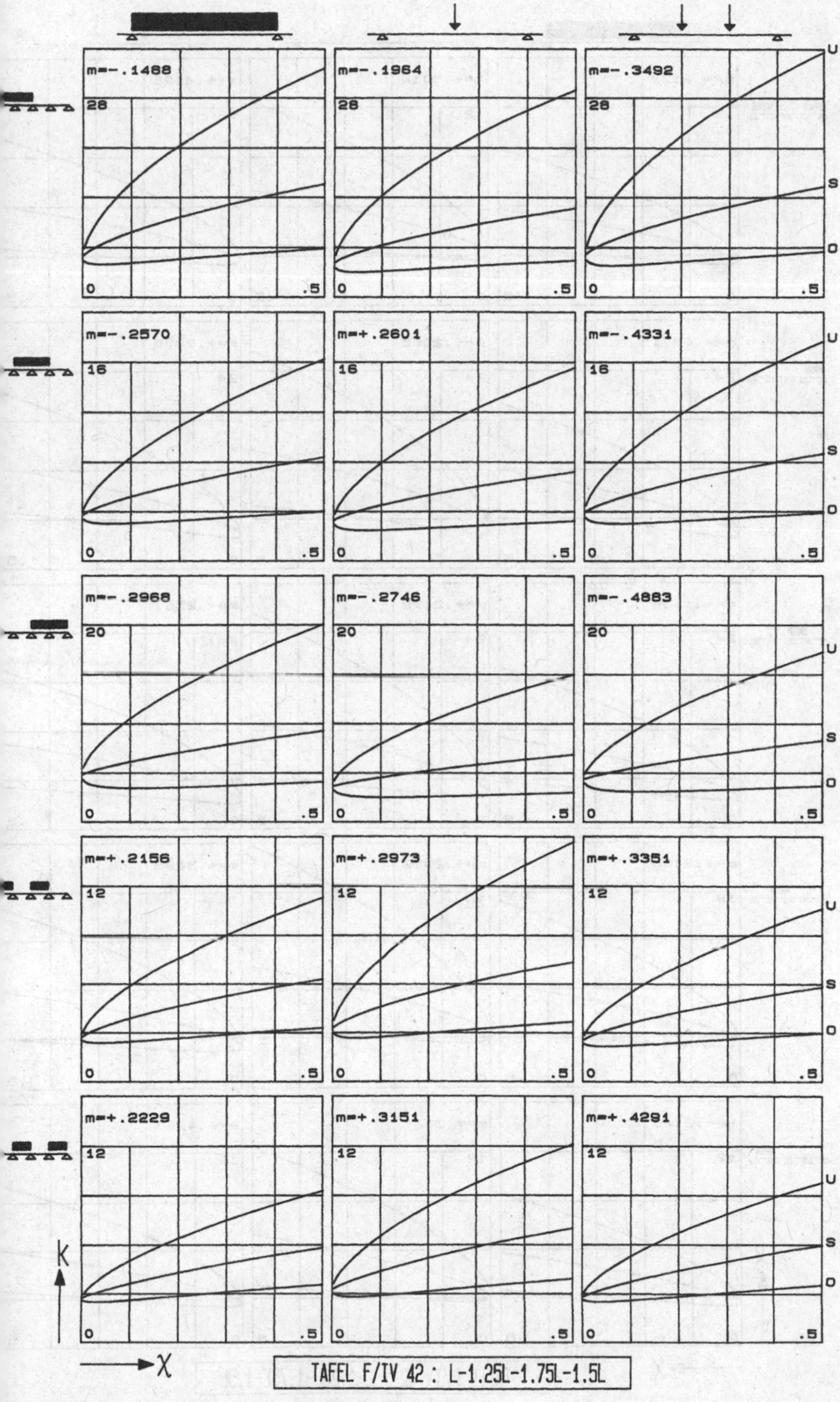
m=-.1488
28
m=-.1964
28
m=-.3492
28
m=-.2570
16
m=+.2601
16
m=-.4331
16
m=-.2968
20
m=-.2746
20
m=-.4883
20
m=+.2156
12
m=+.2973
12
m=+.3351
12
m=+.2229
12
m=+.3151
12
m=+.4291
12
U
S
O
0
.5
K
X

TAFEL F/IV 42 : L-1.25L-1.75L-1.5L

F IV

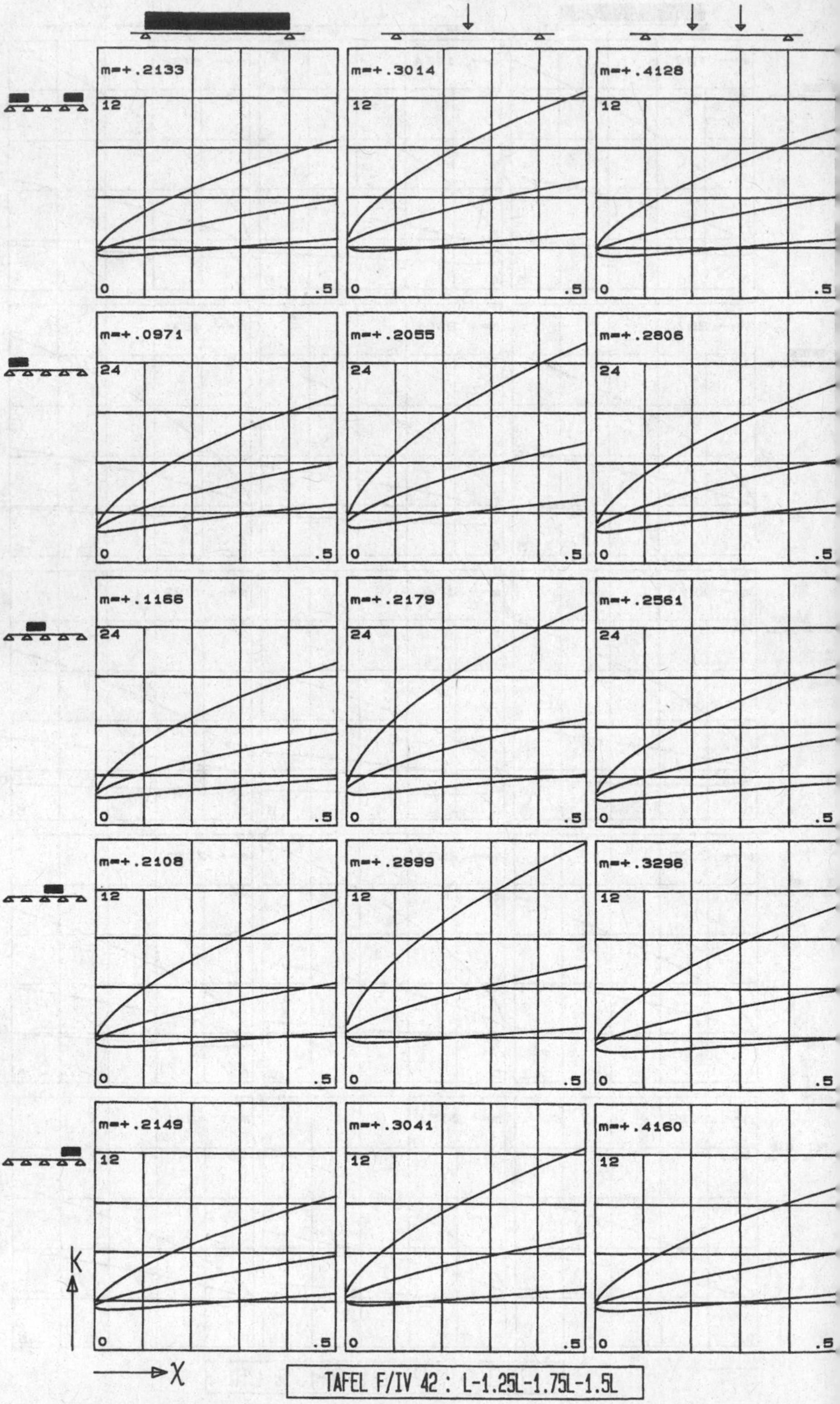

m=+.2133
12
0
.5
m=+.3014
12
0
.5
m=+.4128
12
0
.5
m=+.0971
24
0
.5
m=+.2055
24
0
.5
m=+.2806
24
0
.5
m=+.1166
24
0
.5
m=+.2179
24
0
.5
m=+.2561
24
0
.5
m=+.2108
12
0
.5
m=+.2899
12
0
.5
m=+.3296
12
0
.5
m=+.2149
12
0
.5
m=+.3041
12
0
.5
m=+.4160
12
0
.5
K
X

TAFEL F/IV 42 : L-1.25L-1.75L-1.5L

F IV

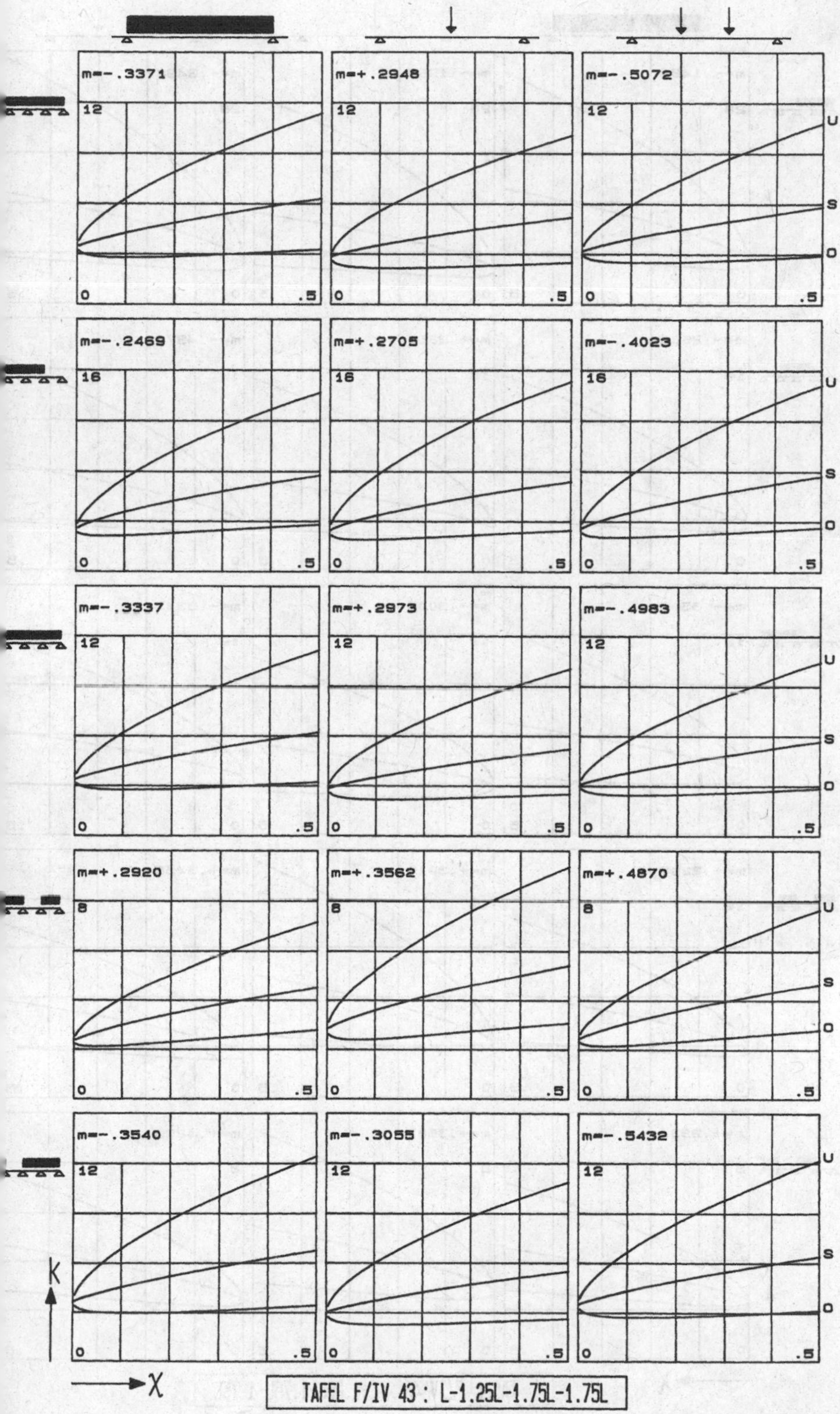

m=-.3371
12
0
.5
m=+.2948
12
0
.5
m=-.5072
12
U
S
O
0
.5
m=-.2469
16
0
.5
m=+.2705
16
0
.5
m=-.4023
16
U
S
O
0
.5
m=-.3337
12
0
.5
m=+.2973
12
0
.5
m=-.4983
12
U
S
O
0
.5
m=+.2920
8
0
.5
m=+.3562
8
0
.5
m=+.4870
8
U
S
O
0
.5
m=-.3540
12
0
.5
m=-.3055
12
0
.5
m=-.5432
12
U
S
O
0
.5
K
X
F
IV

TAFEL F/IV 43 : L-1.25L-1.75L-1.75L

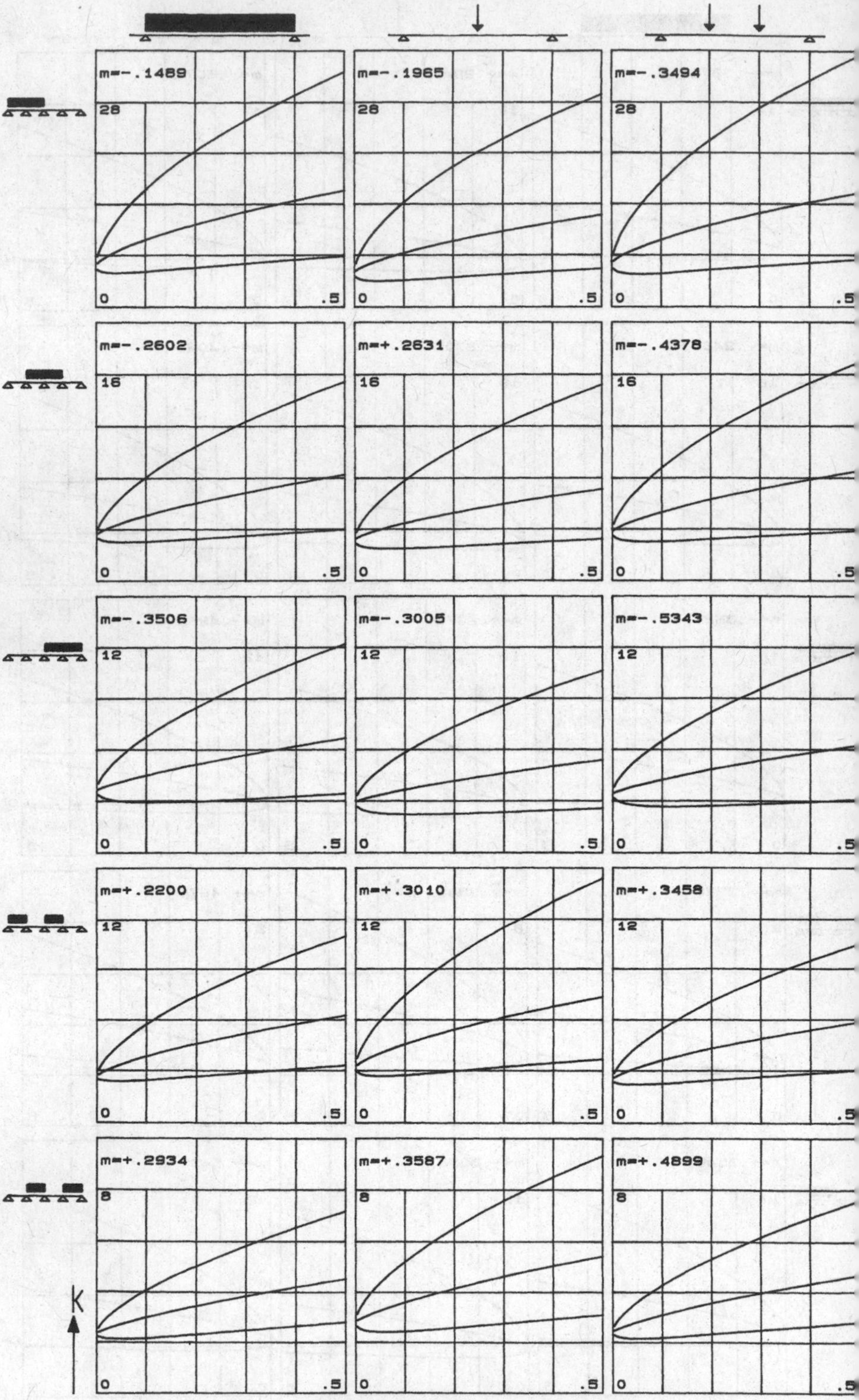
m=-.1489
28
0
.5
m=-.1965
28
0
.5
m=-.3494
28
0
.5
m=-.2602
16
0
.5
m=+.2631
16
0
.5
m=-.4378
16
0
.5
m=-.3506
12
0
.5
m=-.3005
12
0
.5
m=-.5343
12
0
.5
m=+.2200
12
0
.5
m=+.3010
12
0
.5
m=+.3458
12
0
.5
m=+.2934
8
0
.5
m=+.3587
8
0
.5
m=+.4899
8
0
.5
K
X

TAFEL F/IV 43 : L-1.25L-1.75L-1.75L

F IV

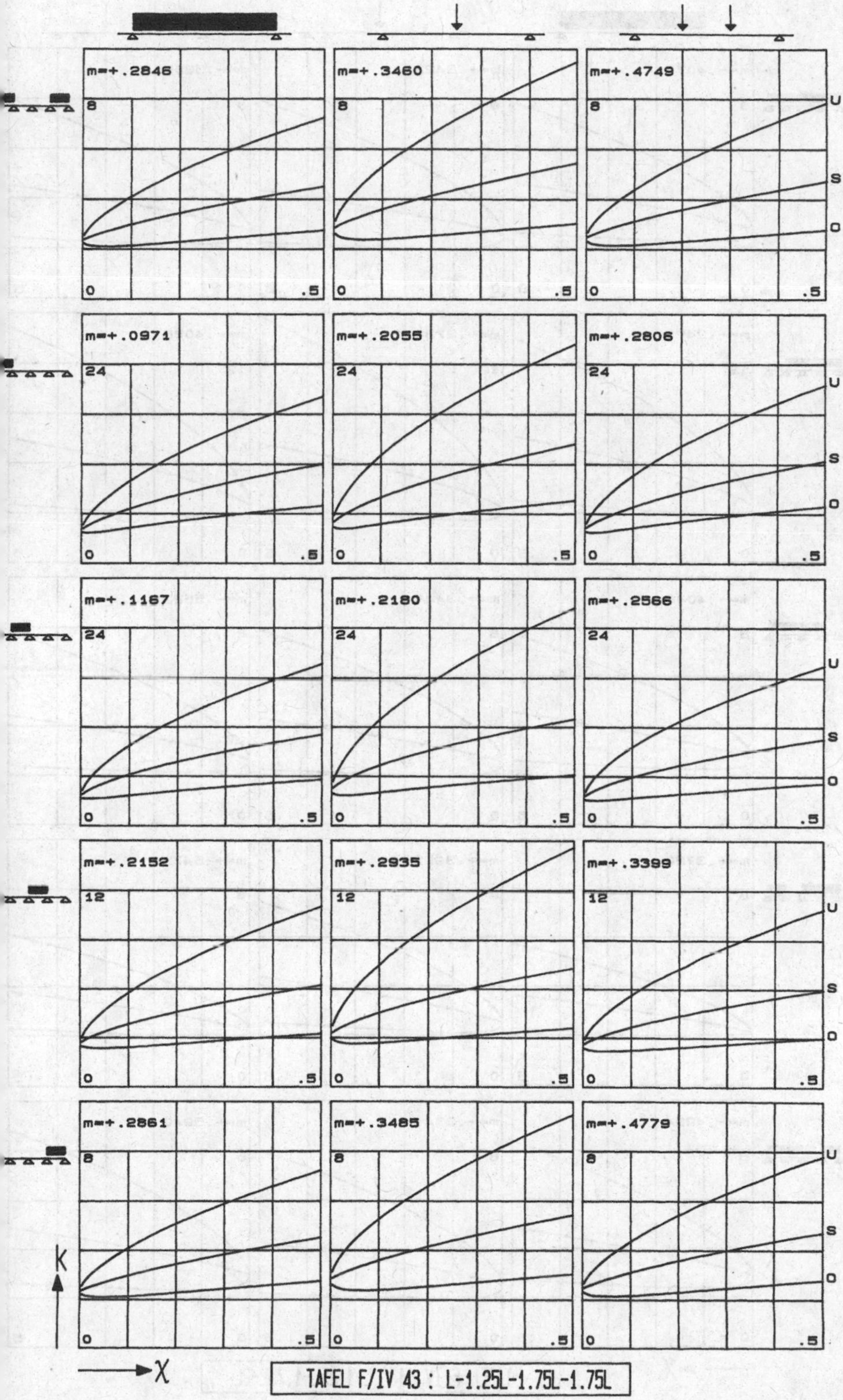
m=+.2846
m=+.3460
m=+.4749
m=+.0971
m=+.2055
m=+.2806
m=+.1167
m=+.2180
m=+.2566
m=+.2152
m=+.2935
m=+.3399
m=+.2861
m=+.3485
m=+.4779
U
S
O
K
X

TAFEL F/IV 43 : L-1.25L-1.75L-1.75L

F IV

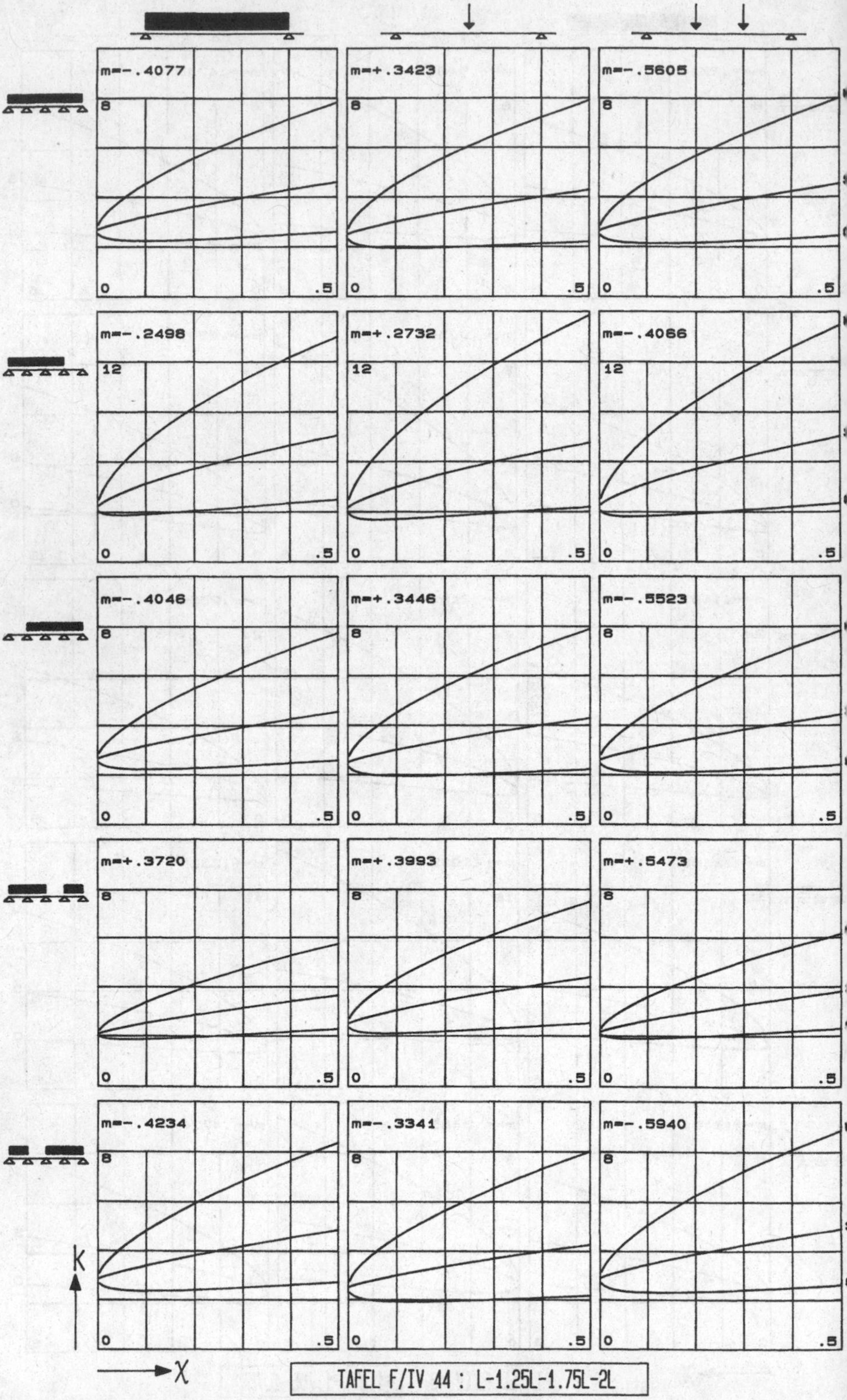
m=-.4077
m=+.3423
m=-.5605
m=-.2498
m=+.2732
m=-.4066
m=-.4046
m=+.3446
m=-.5523
m=+.3720
m=+.3993
m=+.5473
m=-.4234
m=-.3341
m=-.5940
8
12
0
.5
K
X

TAFEL F/IV 44 : L-1.25L-1.75L-2L

F IV

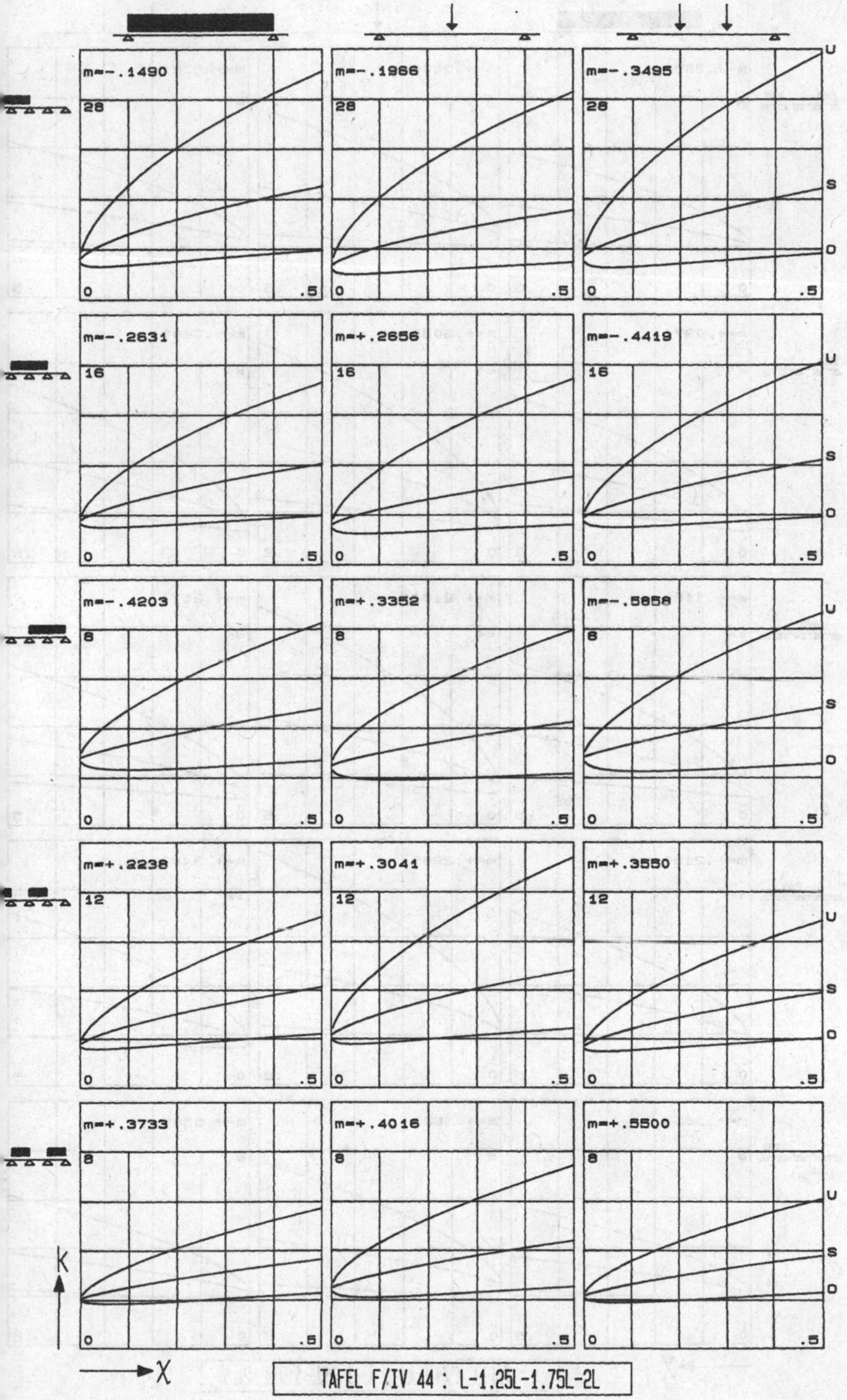
m=-.1490
28
0
.5
m=-.1966
28
0
.5
m=-.3495
28
0
.5
U
S
O
m=-.2631
16
0
.5
m=+.2656
16
0
.5
m=-.4419
16
0
.5
U
S
O
m=-.4203
8
0
.5
m=+.3352
8
0
.5
m=-.5858
8
0
.5
U
S
O
m=+.2238
12
0
.5
m=+.3041
12
0
.5
m=+.3550
12
0
.5
U
S
O
m=+.3733
8
0
.5
m=+.4016
8
0
.5
m=+.5500
8
0
.5
U
S
O
K
X

TAFEL F/IV 44 : L-1.25L-1.75L-2L

F IV

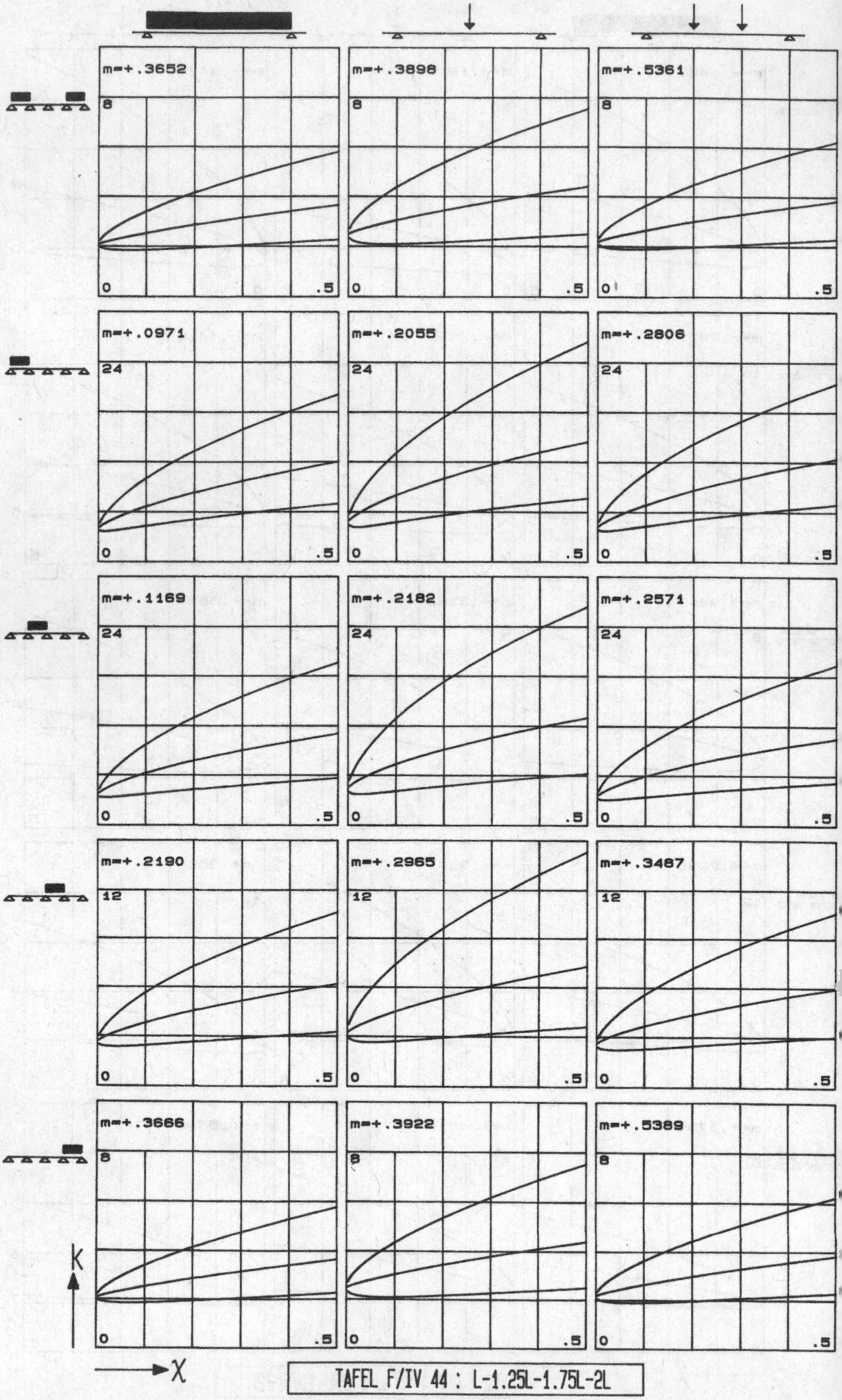
m=+.3652
8
0
.5
m=+.3898
8
0
.5
m=+.5361
8
0
.5
m=+.0971
24
0
.5
m=+.2055
24
0
.5
m=+.2806
24
0
.5
m=+.1169
24
0
.5
m=+.2182
24
0
.5
m=+.2571
24
0
.5
m=+.2190
12
0
.5
m=+.2965
12
0
.5
m=+.3487
12
0
.5
m=+.3666
8
0
.5
m=+.3922
8
0
.5
m=+.5389
8
0
.5
K
X

TAFEL F/IV 44 : L-1.25L-1.75L-2L

F
IV

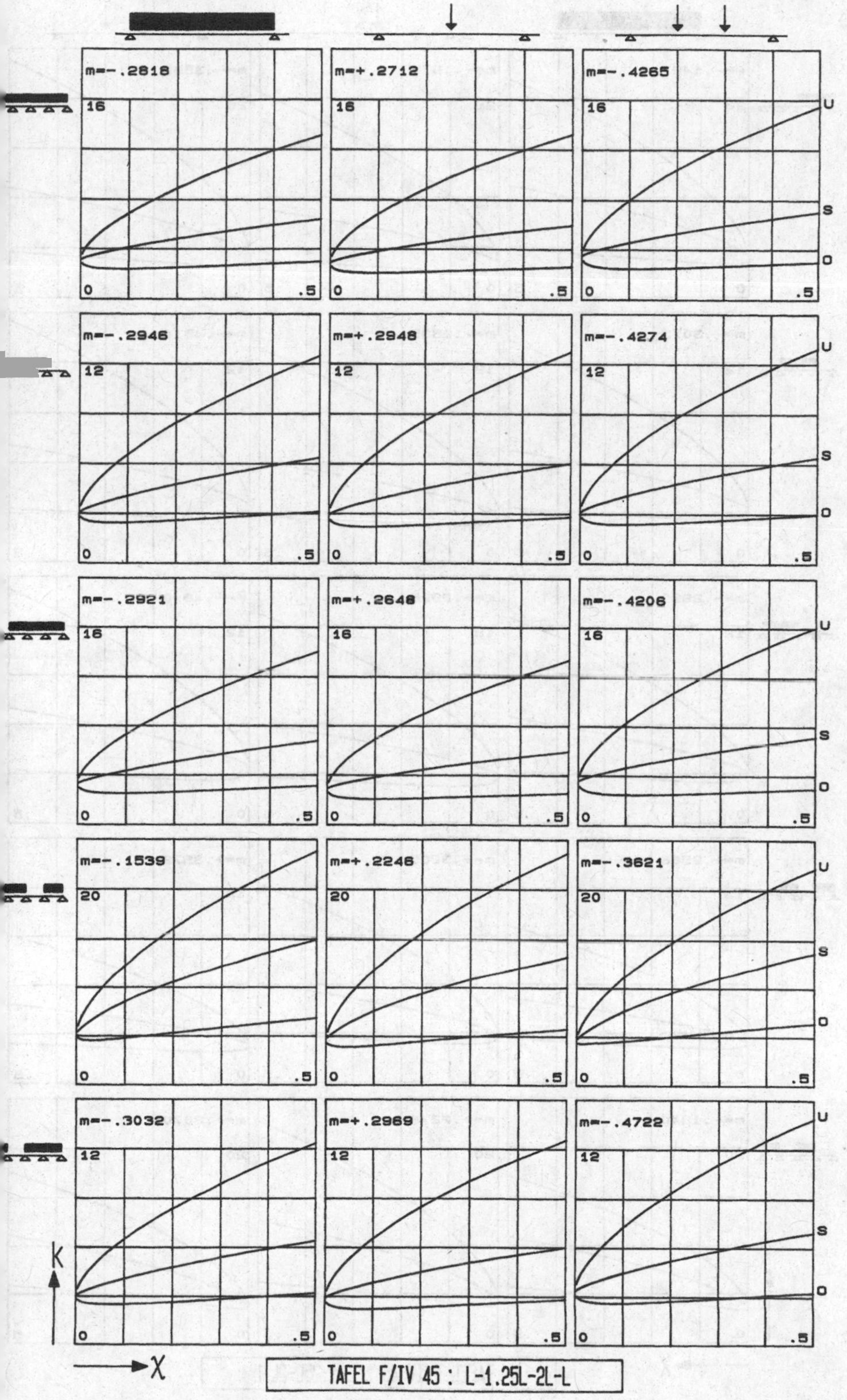

m=-.2818
16
0
.5
m=+.2712
16
0
.5
m=-.4265
16
0
.5
U
S
O
m=-.2946
12
0
.5
m=+.2948
12
0
.5
m=-.4274
12
0
.5
U
S
O
m=-.2921
16
0
.5
m=+.2648
16
0
.5
m=-.4206
16
0
.5
U
S
O
m=-.1539
20
0
.5
m=+.2246
20
0
.5
m=-.3621
20
0
.5
U
S
O
m=-.3032
12
0
.5
m=+.2969
12
0
.5
m=-.4722
12
0
.5
U
S
O
K
X

TAFEL F/IV 45 : L-1.25L-2L-L

F IV

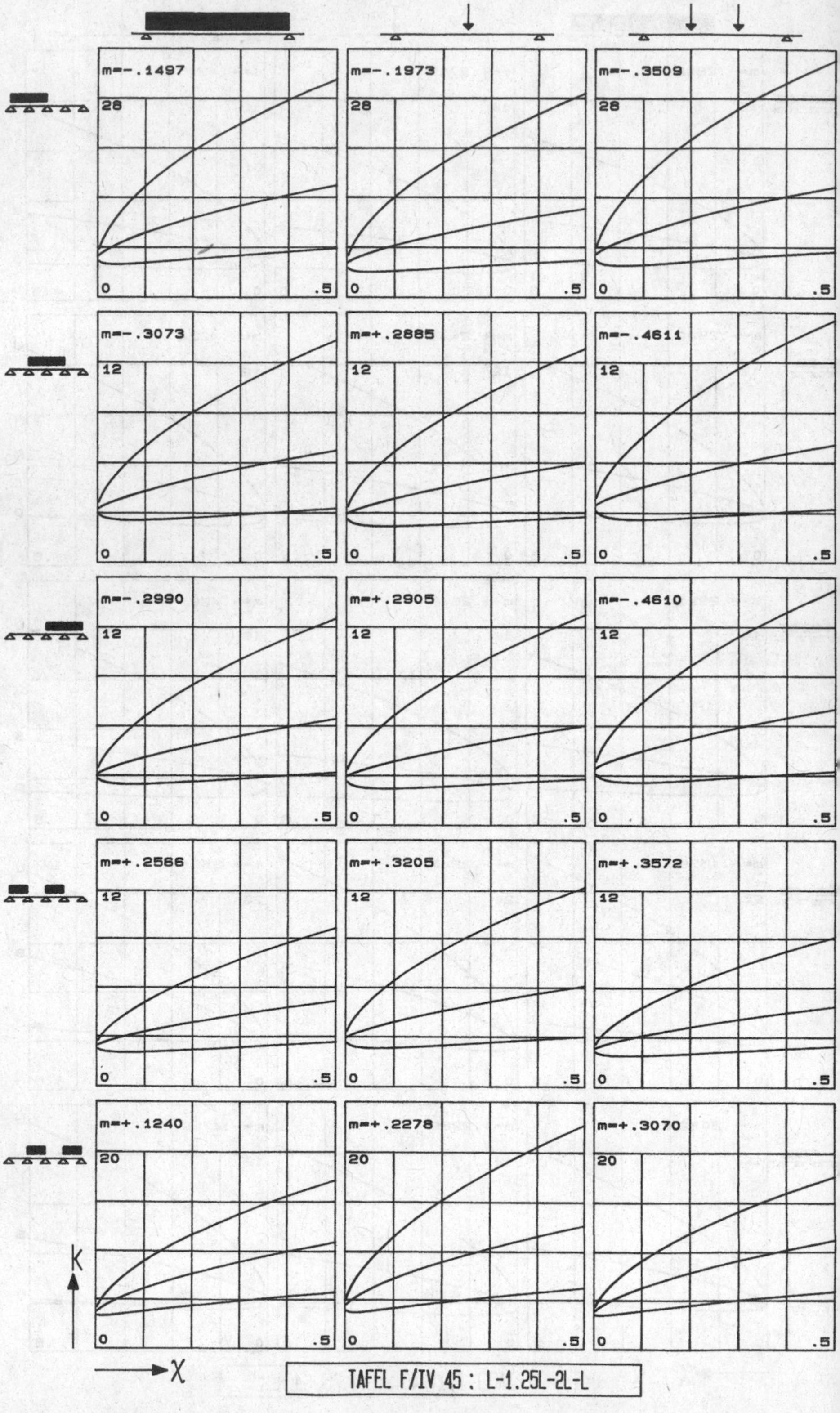
m=-.1497
28
0
.5
m=-.1973
28
0
.5
m=-.3509
28
0
.5
m=-.3073
12
0
.5
m=+.2885
12
0
.5
m=-.4611
12
0
.5
m=-.2990
12
0
.5
m=+.2905
12
0
.5
m=-.4610
12
0
.5
m=+.2566
12
0
.5
m=+.3205
12
0
.5
m=+.3572
12
0
.5
m=+.1240
20
0
.5
m=+.2278
20
0
.5
m=+.3070
20
0
.5
K
X

TAFEL F/IV 45 : L-1.25L-2L-L

F
IV

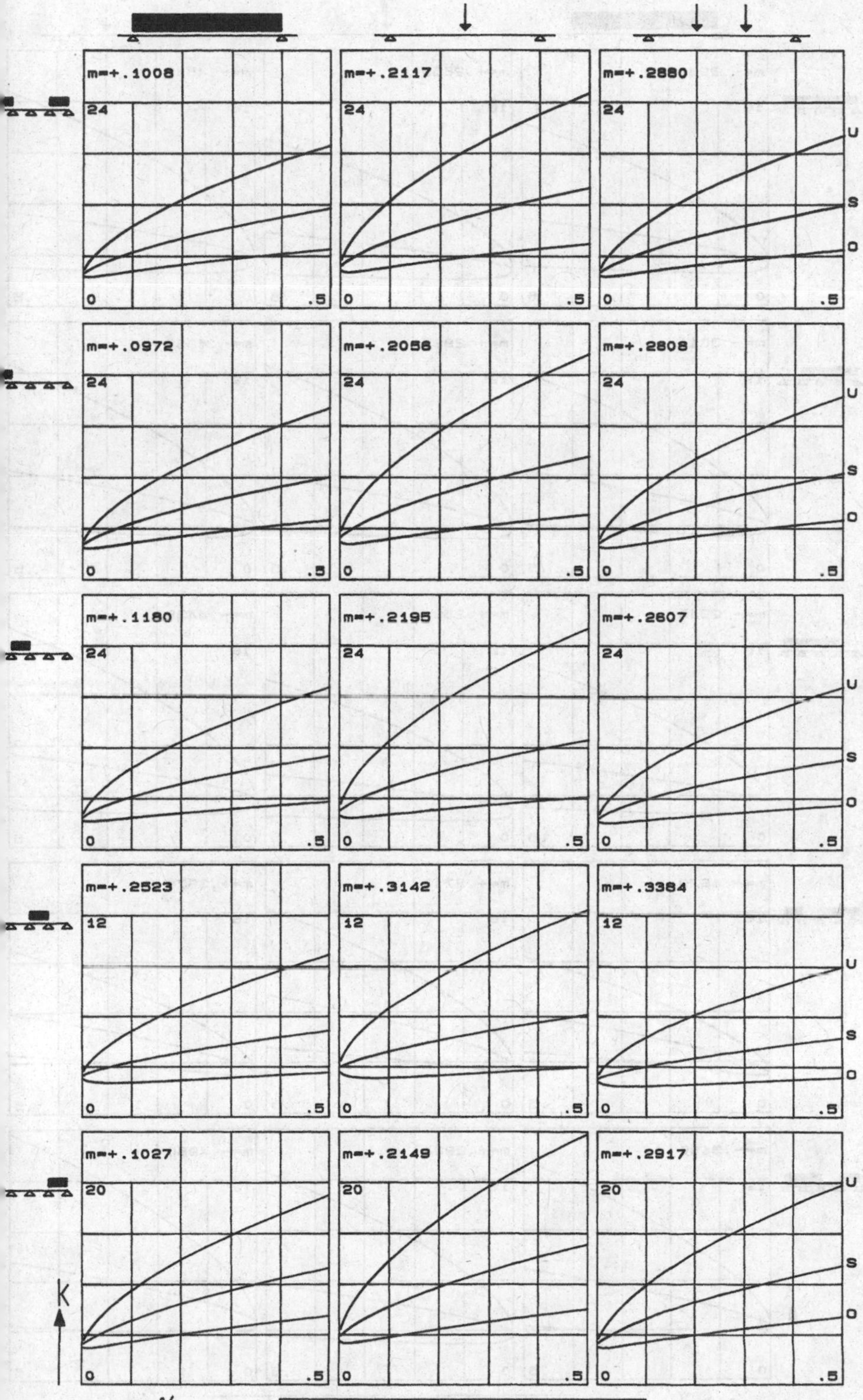
m=+.1008
24
0
.5
m=+.2117
24
0
.5
m=+.2880
24
0
.5
U
S
O
m=+.0972
24
0
.5
m=+.2056
24
0
.5
m=+.2808
24
0
.5
U
S
O
m=+.1180
24
0
.5
m=+.2195
24
0
.5
m=+.2607
24
0
.5
U
S
O
m=+.2523
12
0
.5
m=+.3142
12
0
.5
m=+.3384
12
0
.5
U
S
O
m=+.1027
20
0
.5
m=+.2149
20
0
.5
m=+.2917
20
0
.5
U
S
O
K
X

TAFEL F/IV 45 : L-1.25L-2L-L

F IV

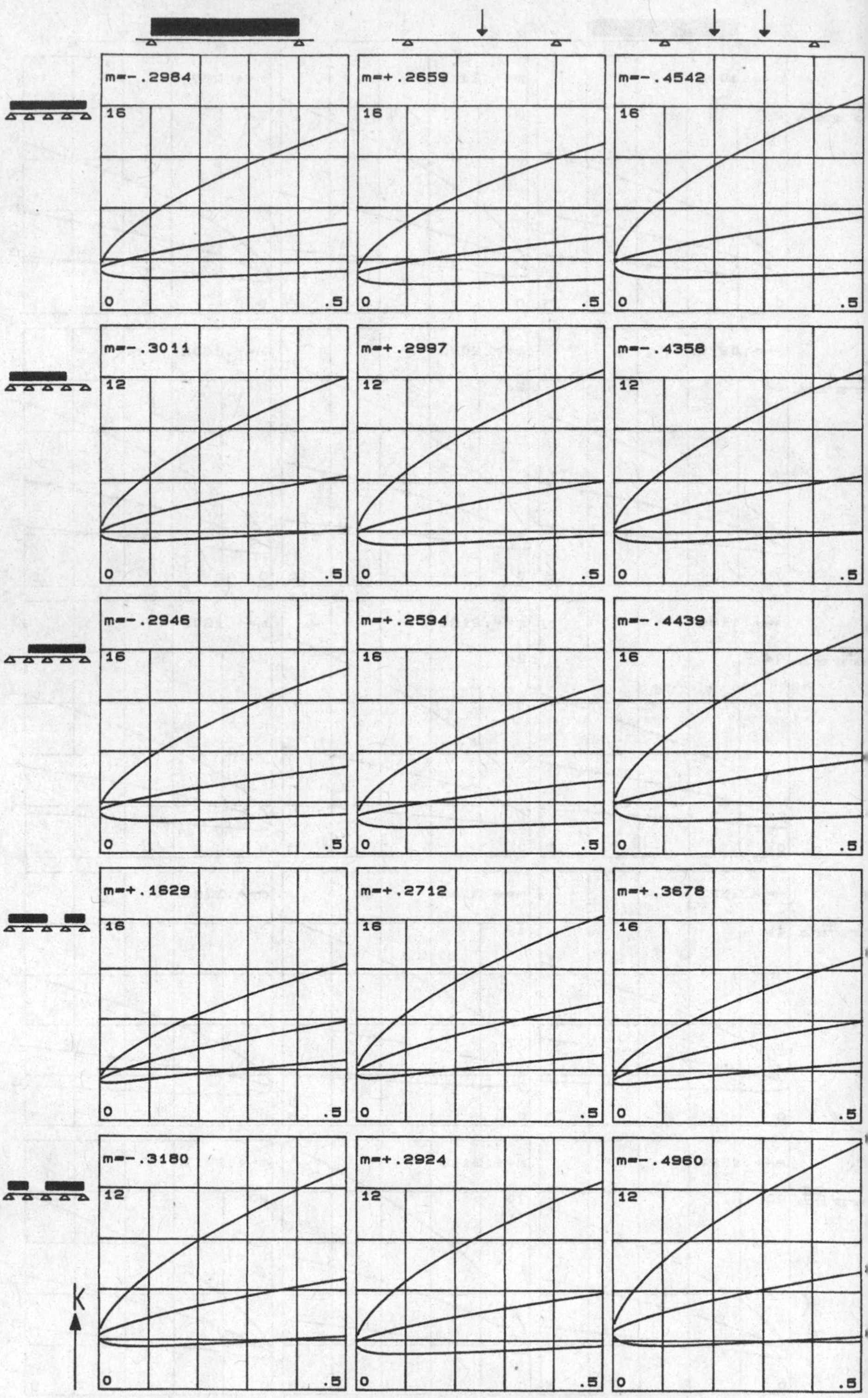

m=-.2984
16
0
.5
m=+.2659
16
0
.5
m=-.4542
16
0
.5
m=-.3011
12
0
.5
m=+.2997
12
0
.5
m=-.4358
12
0
.5
m=-.2946
16
0
.5
m=+.2594
16
0
.5
m=-.4439
16
0
.5
m=+.1629
16
0
.5
m=+.2712
16
0
.5
m=+.3678
16
0
.5
m=-.3180
12
0
.5
m=+.2924
12
0
.5
m=-.4960
12
0
.5
K
X

TAFEL F/IV 46 : L-1.25L-2L-1.25L

F IV

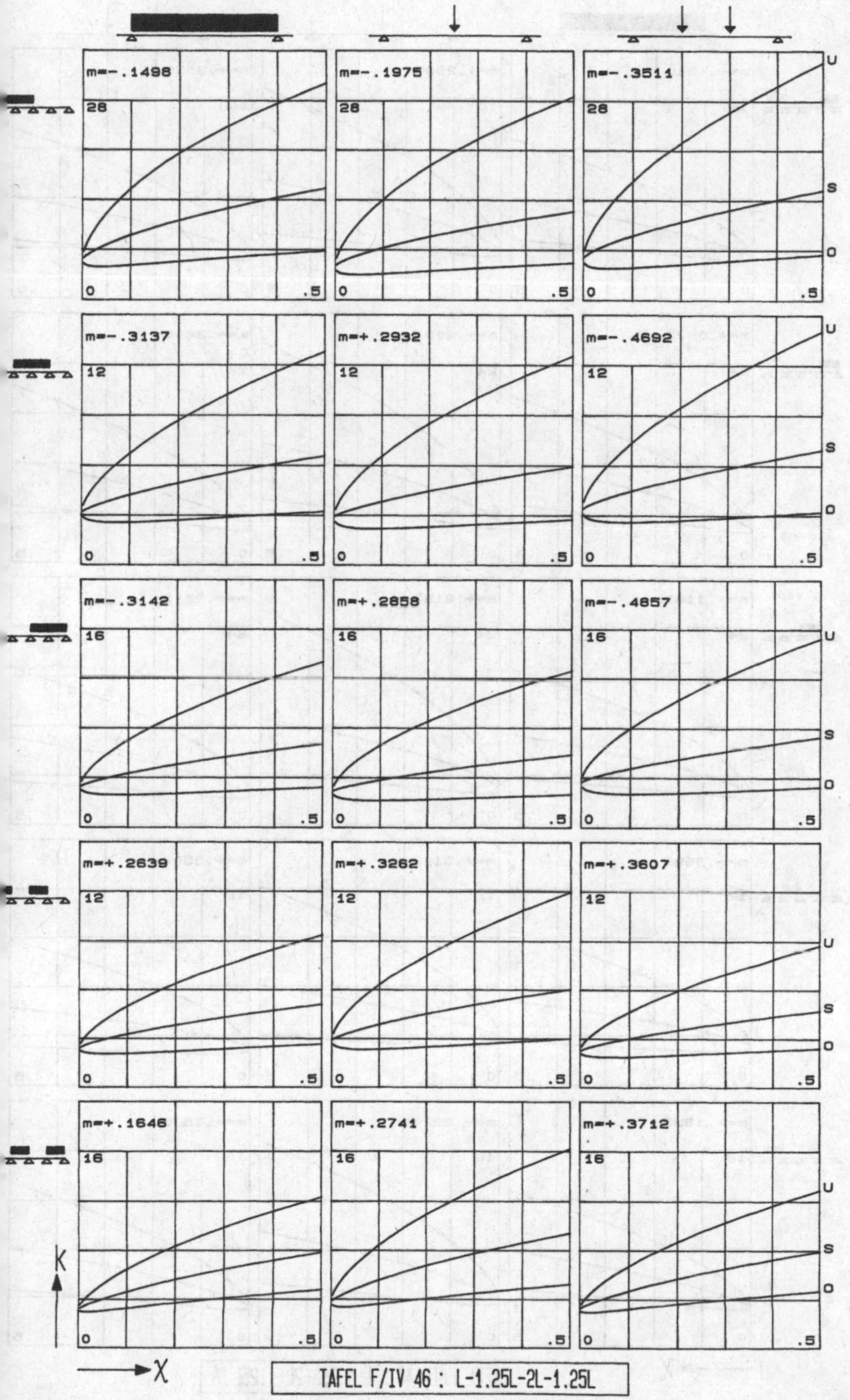

m=-.1498
28
0
.5
m=-.1975
28
0
.5
m=-.3511
28
0
.5
U
S
O
m=-.3137
12
0
.5
m=+.2932
12
0
.5
m=-.4692
12
0
.5
m=-.3142
16
0
.5
m=+.2858
16
0
.5
m=-.4857
16
0
.5
m=+.2639
12
0
.5
m=+.3262
12
0
.5
m=+.3607
12
0
.5
m=+.1646
16
0
.5
m=+.2741
16
0
.5
m=+.3712
16
0
.5
K
X

TAFEL F/IV 46 : L-1.25L-2L-1.25L

F IV

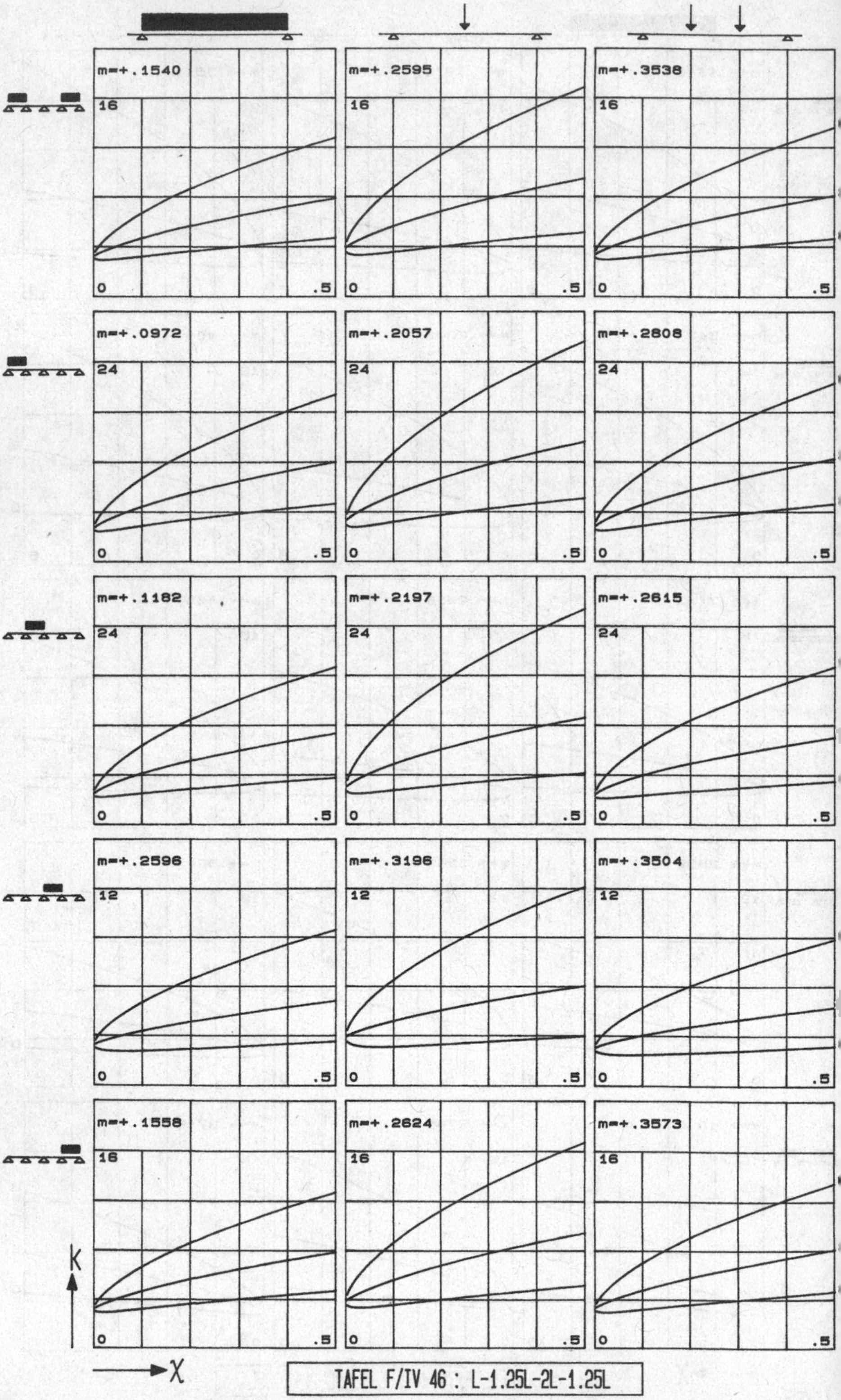
m=+.1540
16
0
.5
m=+.2595
16
0
.5
m=+.3538
16
0
.5
m=+.0972
24
0
.5
m=+.2057
24
0
.5
m=+.2808
24
0
.5
m=+.1182
24
0
.5
m=+.2197
24
0
.5
m=+.2615
24
0
.5
m=+.2596
12
0
.5
m=+.3196
12
0
.5
m=+.3504
12
0
.5
m=+.1558
16
0
.5
m=+.2624
16
0
.5
m=+.3573
16
0
.5
K
X

TAFEL F/IV 46 : L-1.25L-2L-1.25L

F
IV

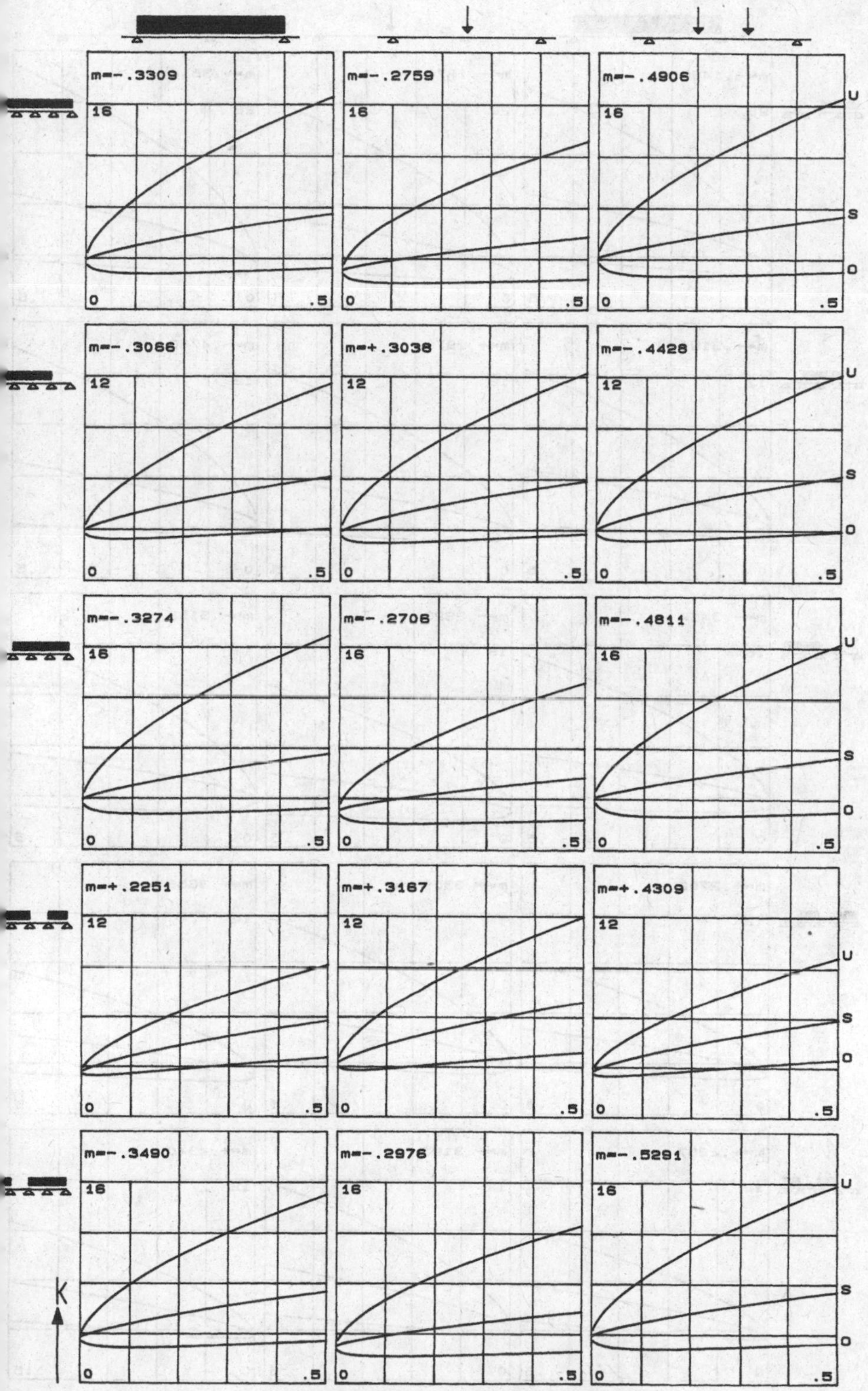
m=-.3309
16
m=-.2759
16
m=-.4906
16
m=-.3066
12
m=+.3036
12
m=-.4426
12
m=-.3274
16
m=-.2706
16
m=-.4811
16
m=+.2251
12
m=+.3167
12
m=+.4309
12
m=-.3490
16
m=-.2976
16
m=-.5291
16
U
S
O
0
.5
K
X

TAFEL F/IV 47 : L-1.25L-2L-1.5L

F IV

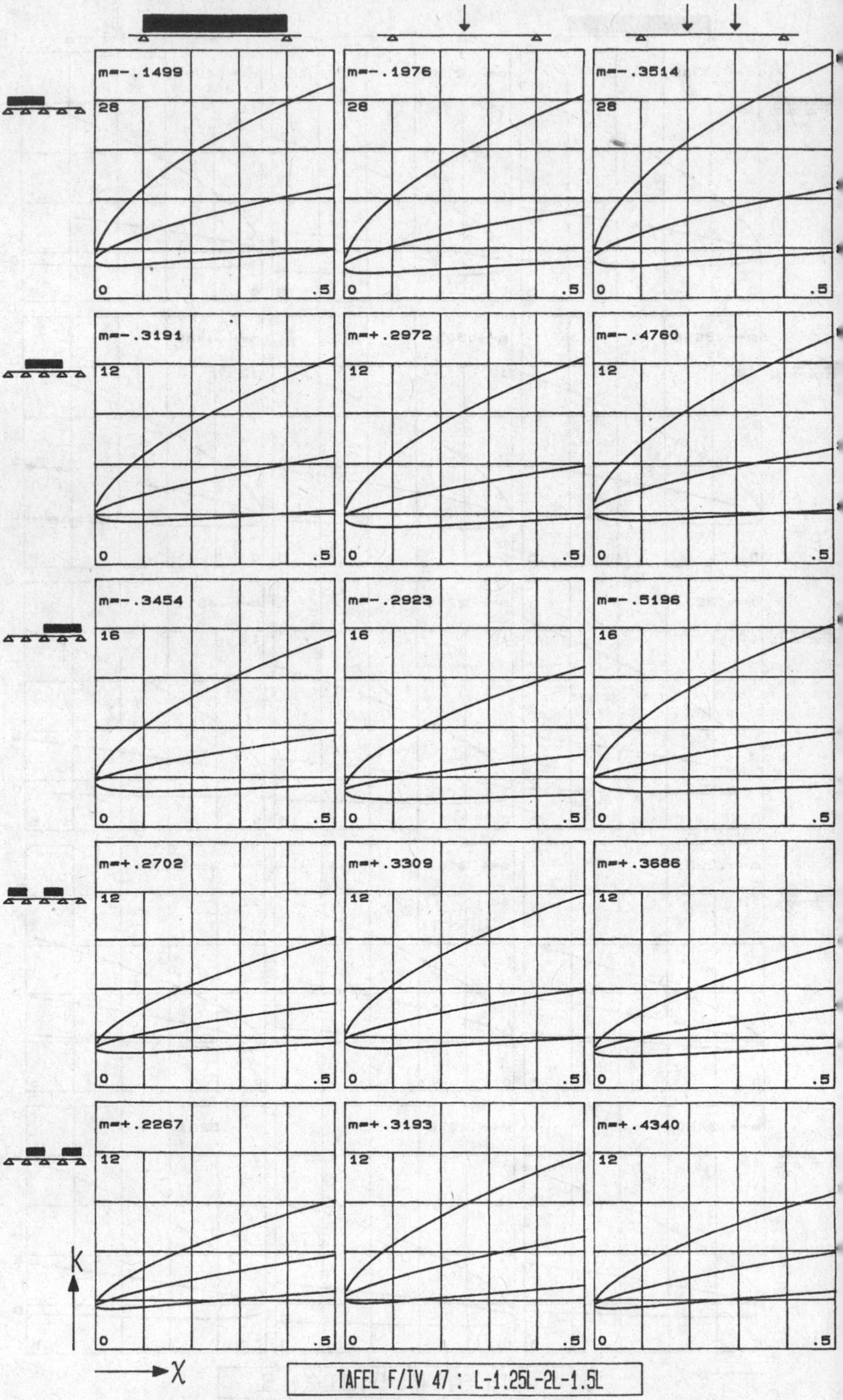

m=-.1499
28
0
.5
m=-.1976
28
0
.5
m=-.3514
28
0
.5
m=-.3191
12
0
.5
m=+.2972
12
0
.5
m=-.4760
12
0
.5
m=-.3454
16
0
.5
m=-.2923
16
0
.5
m=-.5196
16
0
.5
m=+.2702
12
0
.5
m=+.3309
12
0
.5
m=+.3686
12
0
.5
m=+.2267
12
0
.5
m=+.3193
12
0
.5
m=+.4340
12
0
.5
K
X

TAFEL F/IV 47 : L-1.25L-2L-1.5L

F IV

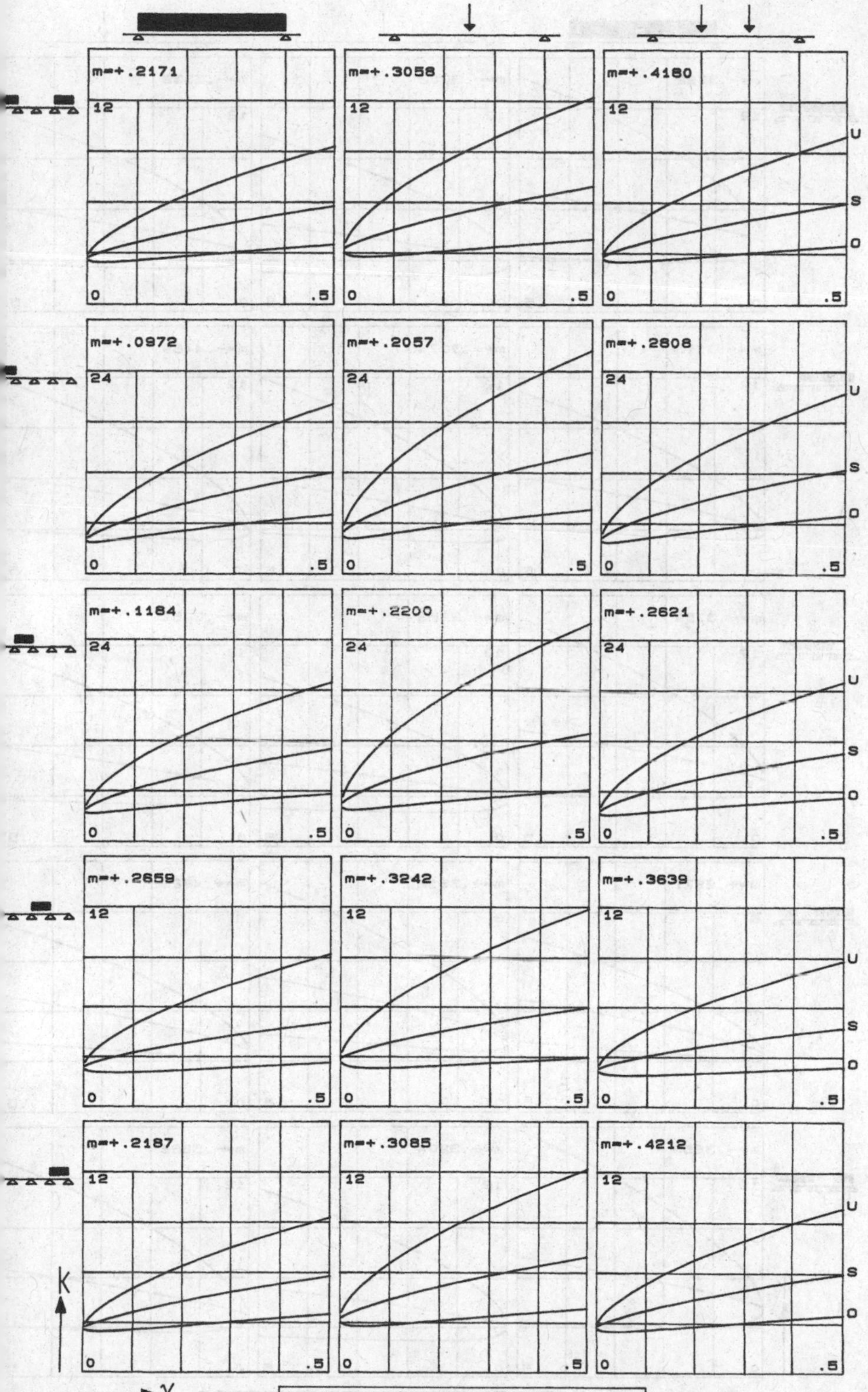

m=+.2171
12
0
.5
m=+.3058
12
0
.5
m=+.4180
12
U
S
O
0
.5
m=+.0972
24
m=+.2057
24
m=+.2808
24
U
S
O
m=+.1184
24
m=+.2200
24
m=+.2621
24
U
S
O
m=+.2659
12
m=+.3242
12
m=+.3639
12
U
S
O
m=+.2187
12
m=+.3085
12
m=+.4212
12
U
S
O
K
X

TAFEL F/IV 47 : L-1.25L-2L-1.5L

F IV

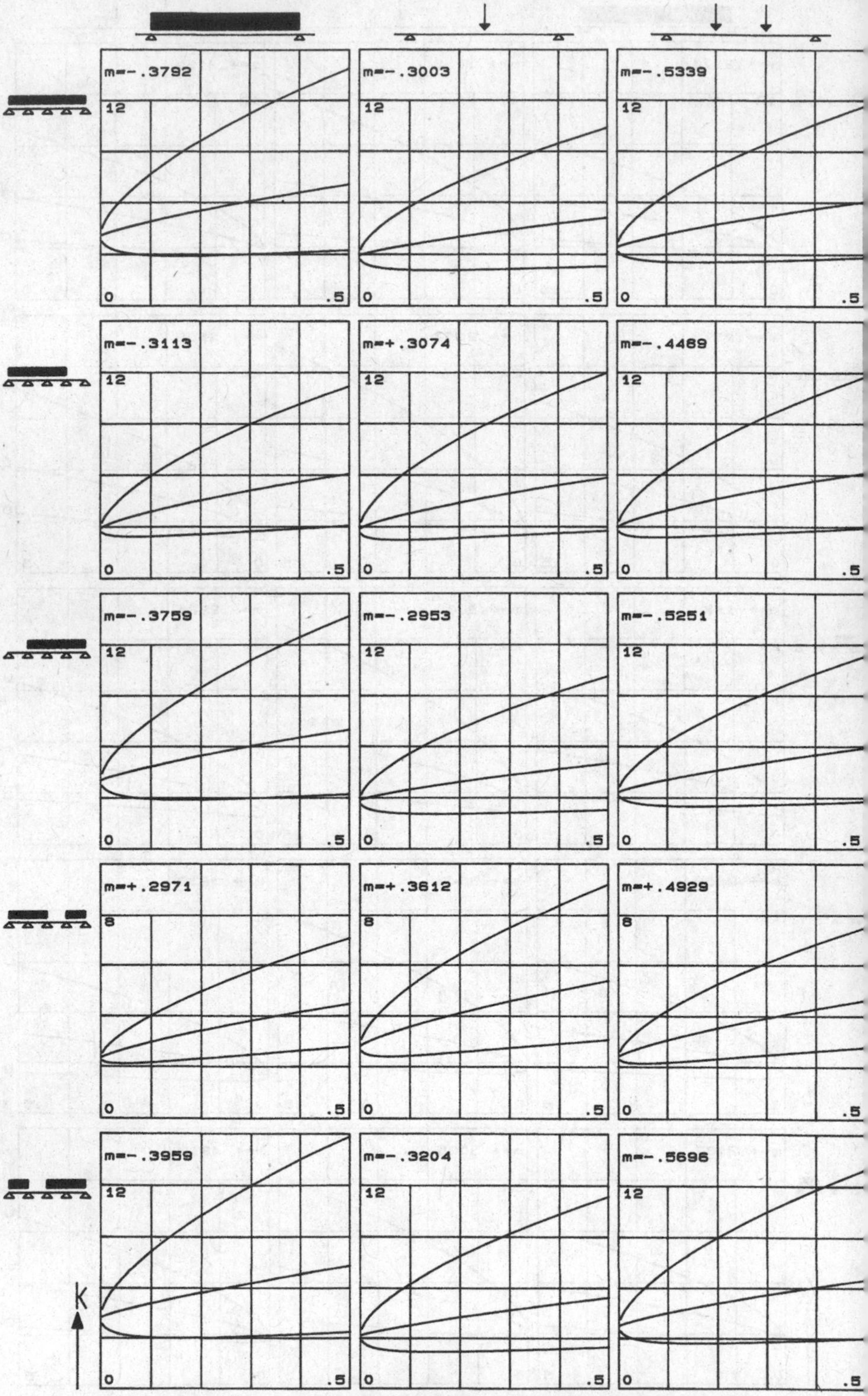

m=-.3792
12
0
.5
m=-.3003
12
0
.5
m=-.5339
12
0
.5
m=-.3113
12
0
.5
m=+.3074
12
0
.5
m=-.4469
12
0
.5
m=-.3759
12
0
.5
m=-.2953
12
0
.5
m=-.5251
12
0
.5
m=+.2971
8
0
.5
m=+.3612
8
0
.5
m=+.4929
8
0
.5
m=-.3959
12
0
.5
m=-.3204
12
0
.5
m=-.5696
12
0
.5
K
X

F
IV

TAFEL F/IV 48 : L-1.25L-2L-1.75L

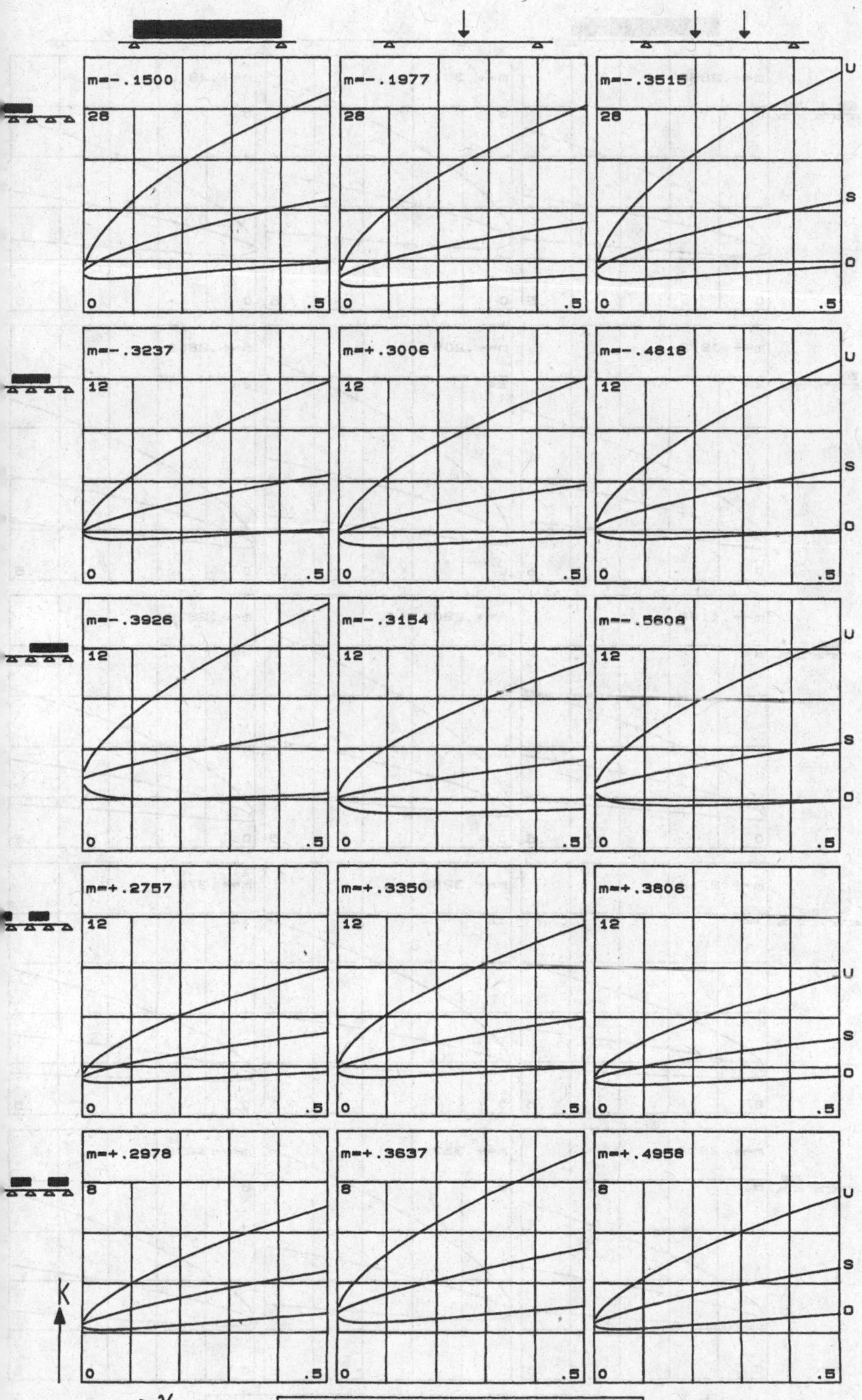

m=-.1500
28
0
.5
m=-.1977
28
0
.5
m=-.3515
28
0
.5
U
S
O
m=-.3237
12
0
.5
m=+.3006
12
0
.5
m=-.4818
12
0
.5
m=-.3926
12
0
.5
m=-.3154
12
0
.5
m=-.5608
12
0
.5
m=+.2757
12
0
.5
m=+.3350
12
0
.5
m=+.3806
12
0
.5
m=+.2978
8
0
.5
m=+.3637
8
0
.5
m=+.4958
8
0
.5
K
X

TAFEL F/IV 48 : L-1.25L-2L-1.75L

F IV

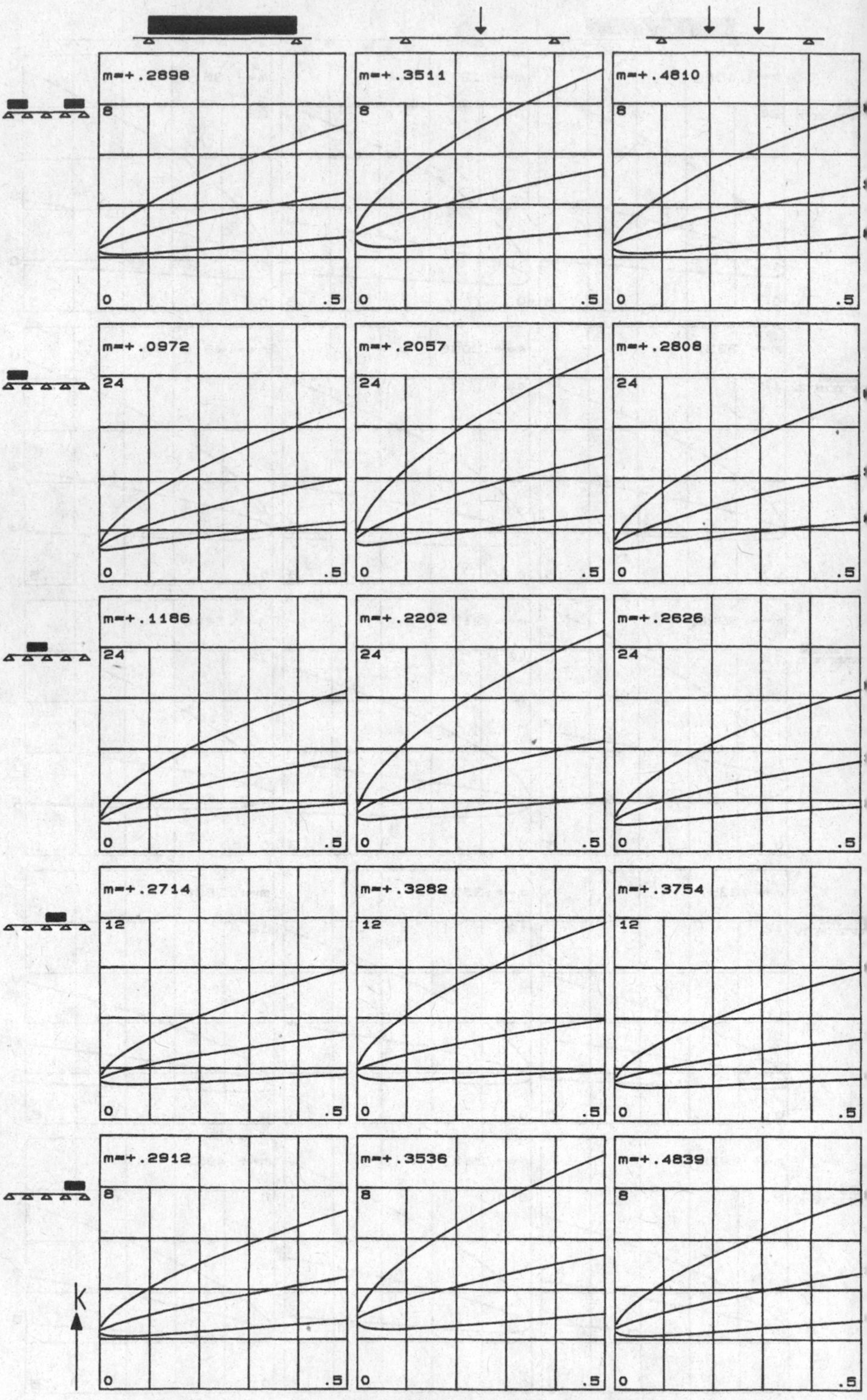
m=+.2898
8
0
.5
m=+.3511
8
0
.5
m=+.4810
8
0
.5
m=+.0972
24
0
.5
m=+.2057
24
0
.5
m=+.2808
24
0
.5
m=+.1186
24
0
.5
m=+.2202
24
0
.5
m=+.2626
24
0
.5
m=+.2714
12
0
.5
m=+.3282
12
0
.5
m=+.3754
12
0
.5
m=+.2912
8
0
.5
m=+.3536
8
0
.5
m=+.4839
8
0
.5
K
X

TAFEL F/IV 48 : L-1.25L-2L-1.75L

F IV

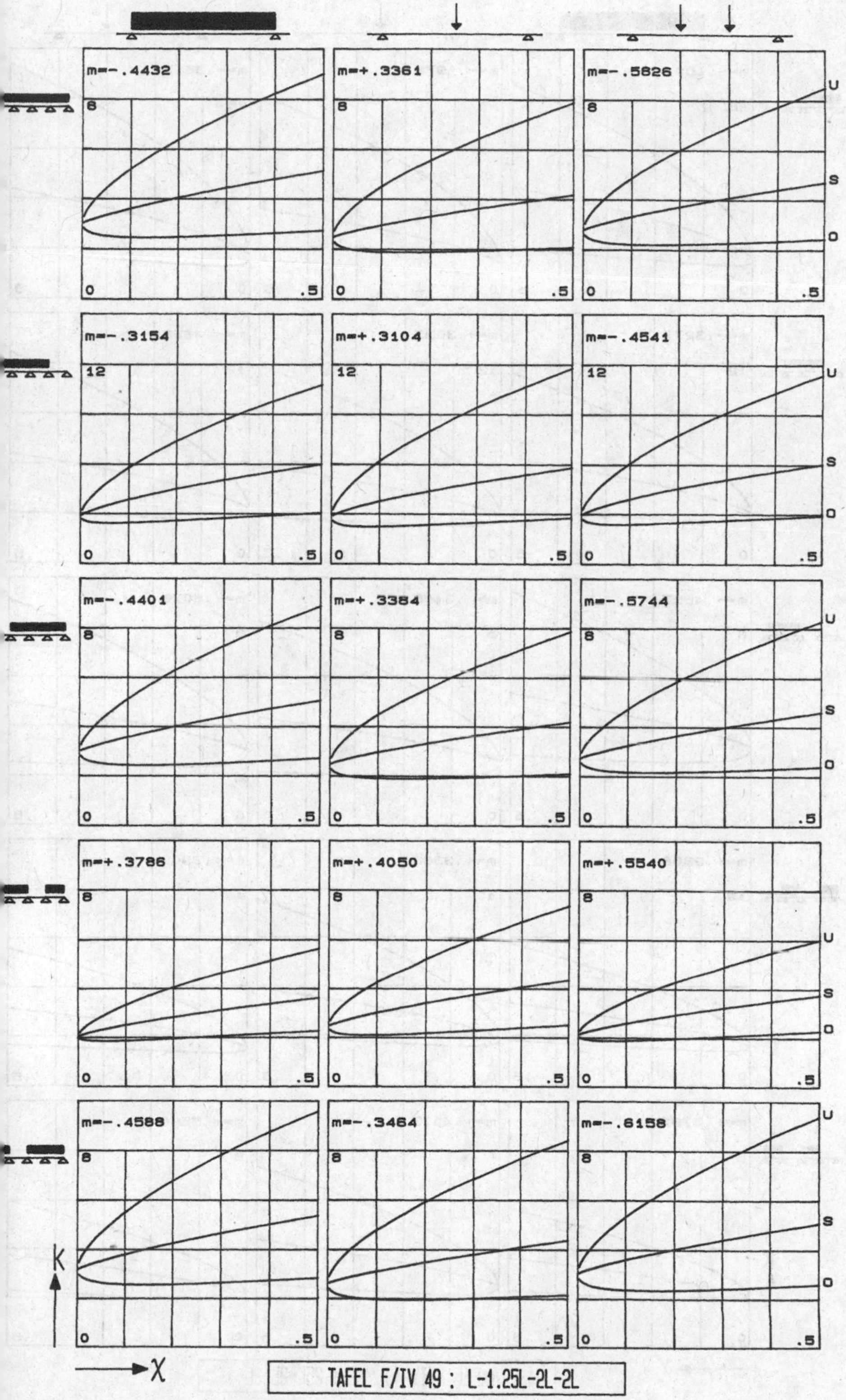
m=-.4432
m=+.3361
m=-.5626
m=-.3154
m=+.3104
m=-.4541
m=-.4401
m=+.3384
m=-.5744
m=+.3786
m=+.4050
m=+.5540
m=-.4588
m=-.3464
m=-.6158
8
12
0
.5
U
S
O
K
X

TAFEL F/IV 49 : L-1.25L-2L-2L

F IV

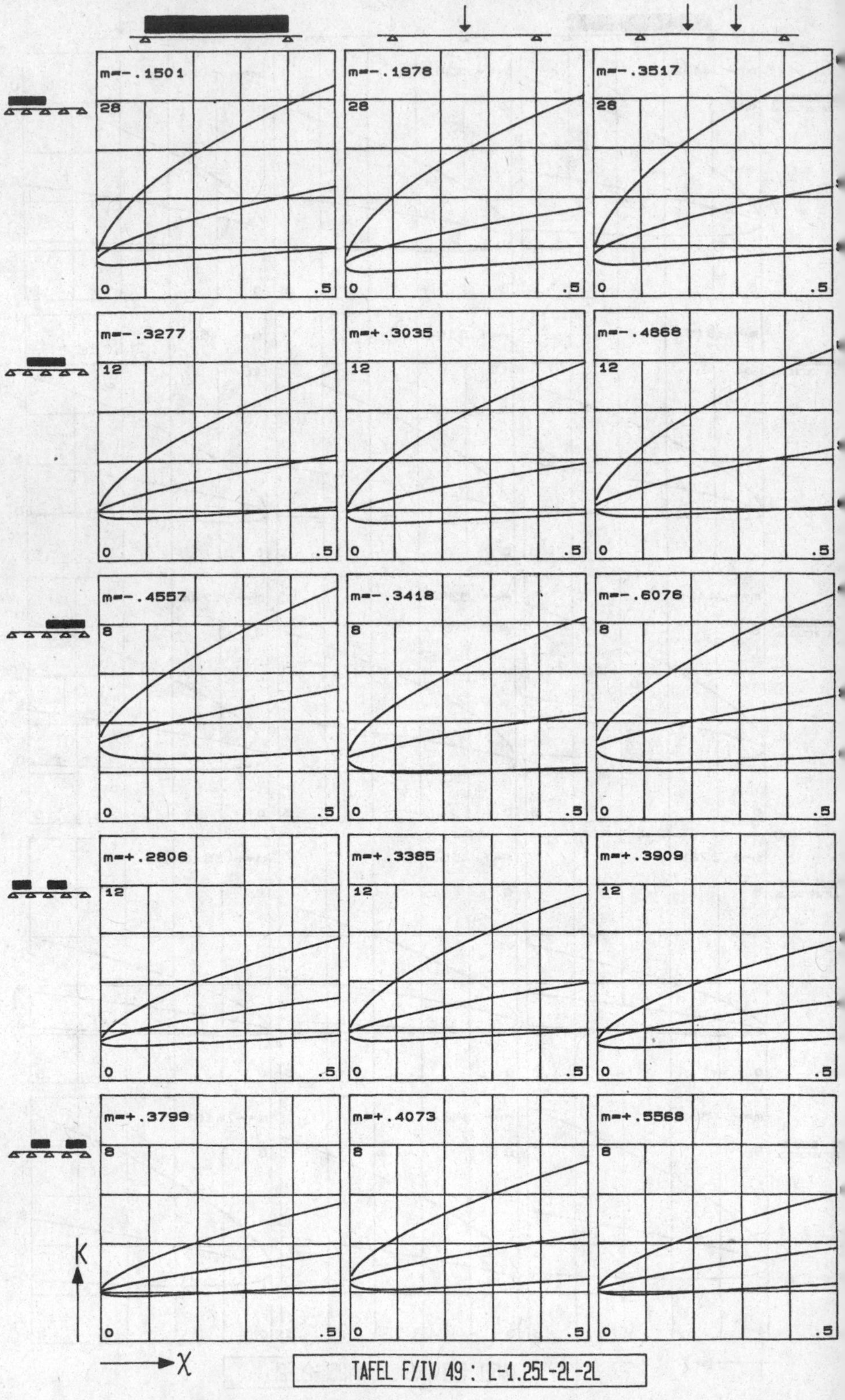

m=-.1501
28
0
.5
m=-.1978
28
0
.5
m=-.3517
28
0
.5
m=-.3277
12
0
.5
m=+.3035
12
0
.5
m=-.4868
12
0
.5
m=-.4557
8
0
.5
m=-.3418
8
0
.5
m=-.6076
8
0
.5
m=+.2806
12
0
.5
m=+.3385
12
0
.5
m=+.3909
12
0
.5
m=+.3799
8
0
.5
m=+.4073
8
0
.5
m=+.5568
8
0
.5
K
X

TAFEL F/IV 49 : L-1.25L-2L-2L

F IV

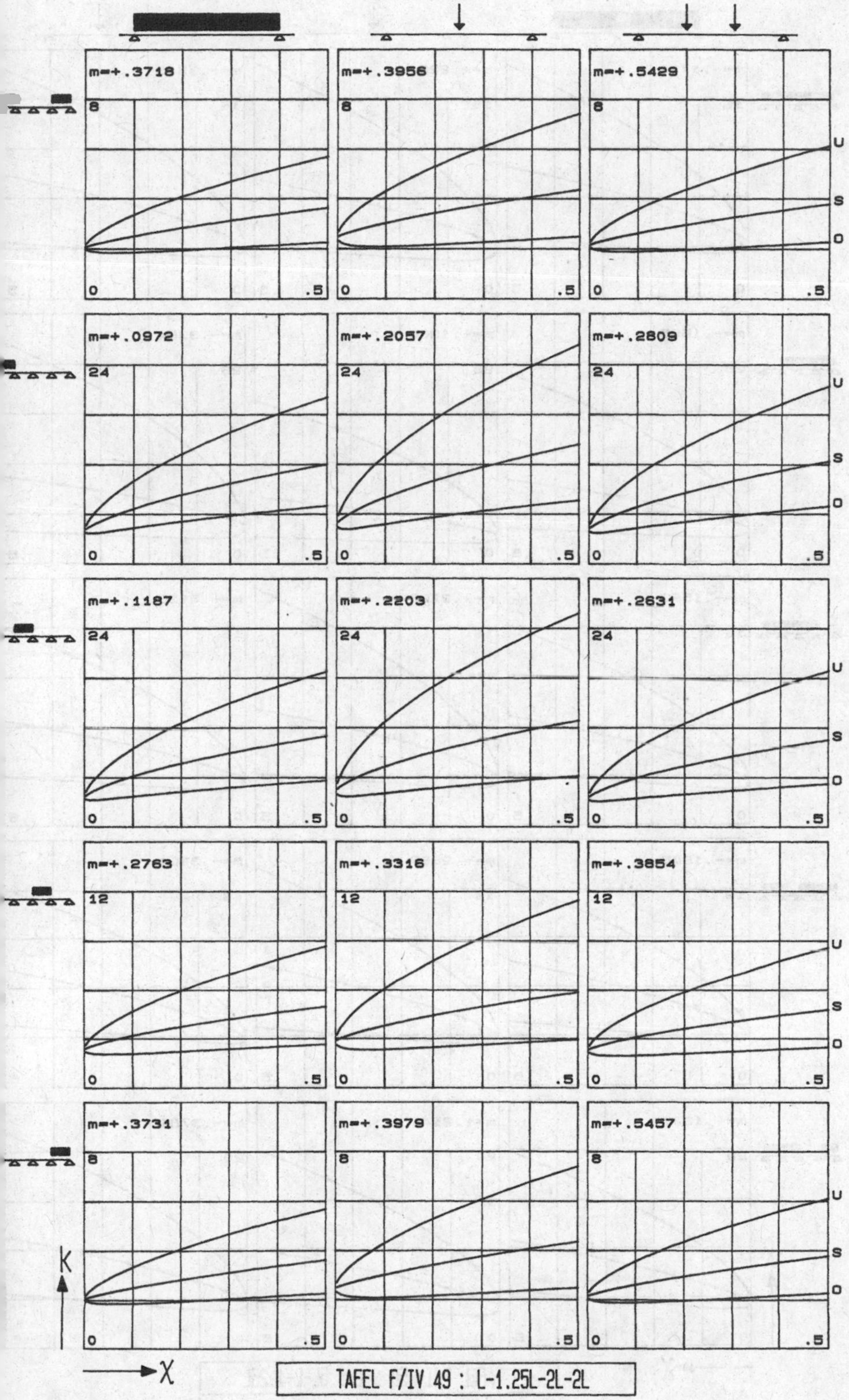
m=+.3718
8
0
.5
m=+.3956
8
0
.5
m=+.5429
8
0
.5
U
S
O
m=+.0972
24
0
.5
m=+.2057
24
0
.5
m=+.2809
24
0
.5
U
S
O
m=+.1187
24
0
.5
m=+.2203
24
0
.5
m=+.2631
24
0
.5
U
S
O
m=+.2763
12
0
.5
m=+.3316
12
0
.5
m=+.3854
12
0
.5
U
S
O
m=+.3731
8
0
.5
m=+.3979
8
0
.5
m=+.5457
8
0
.5
U
S
O
K
X

TAFEL F/IV 49 : L-1.25L-2L-2L

F IV

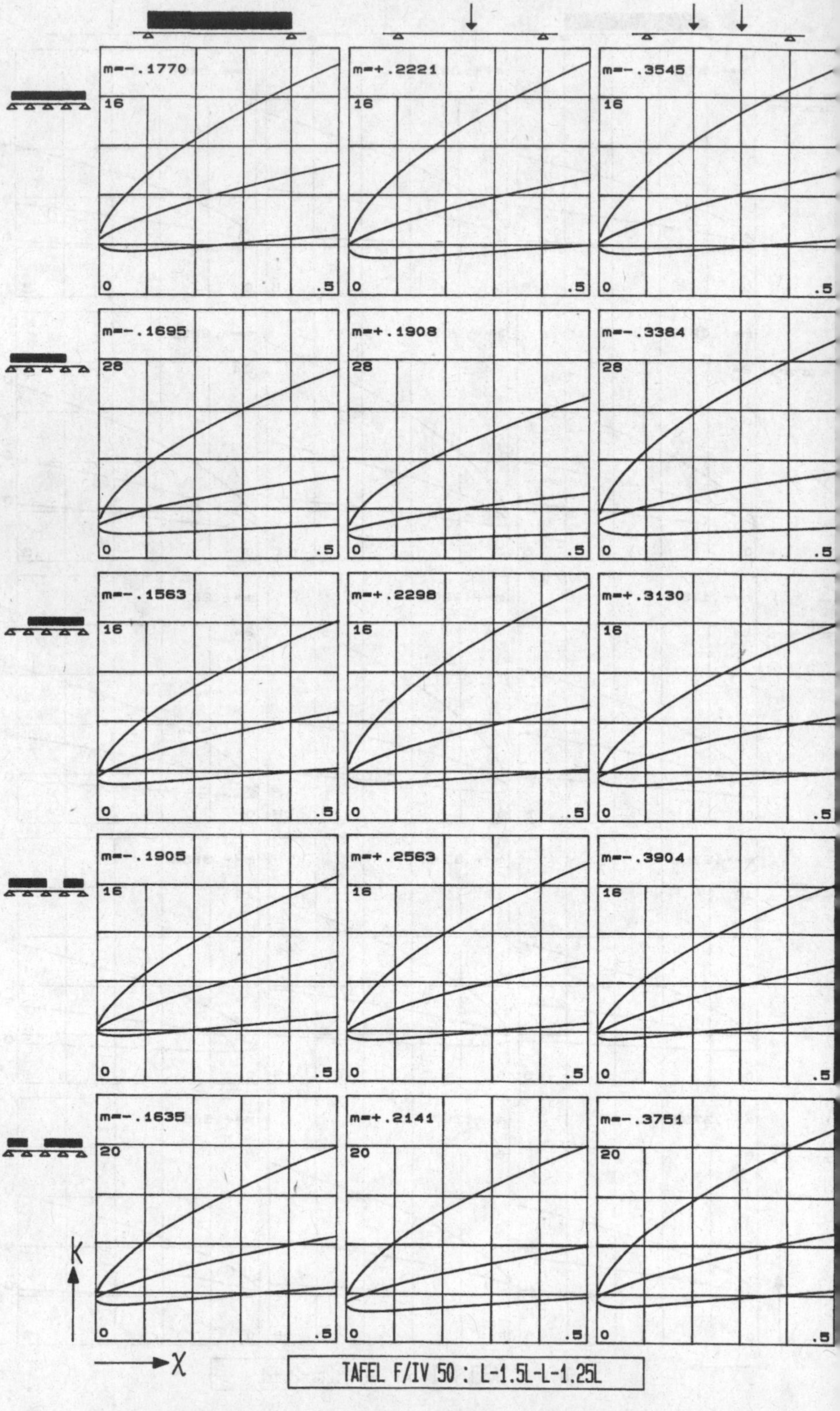
m=-.1770
16
0
.5
m=+.2221
16
0
.5
m=-.3545
16
0
.5
m=-.1695
28
0
.5
m=+.1908
28
0
.5
m=-.3384
28
0
.5
m=-.1563
16
0
.5
m=+.2298
16
0
.5
m=+.3130
16
0
.5
m=-.1905
16
0
.5
m=+.2563
16
0
.5
m=-.3904
16
0
.5
m=-.1635
20
0
.5
m=+.2141
20
0
.5
m=-.3751
20
0
.5
K
X

TAFEL F/IV 50 : L-1.5L-L-1.25L

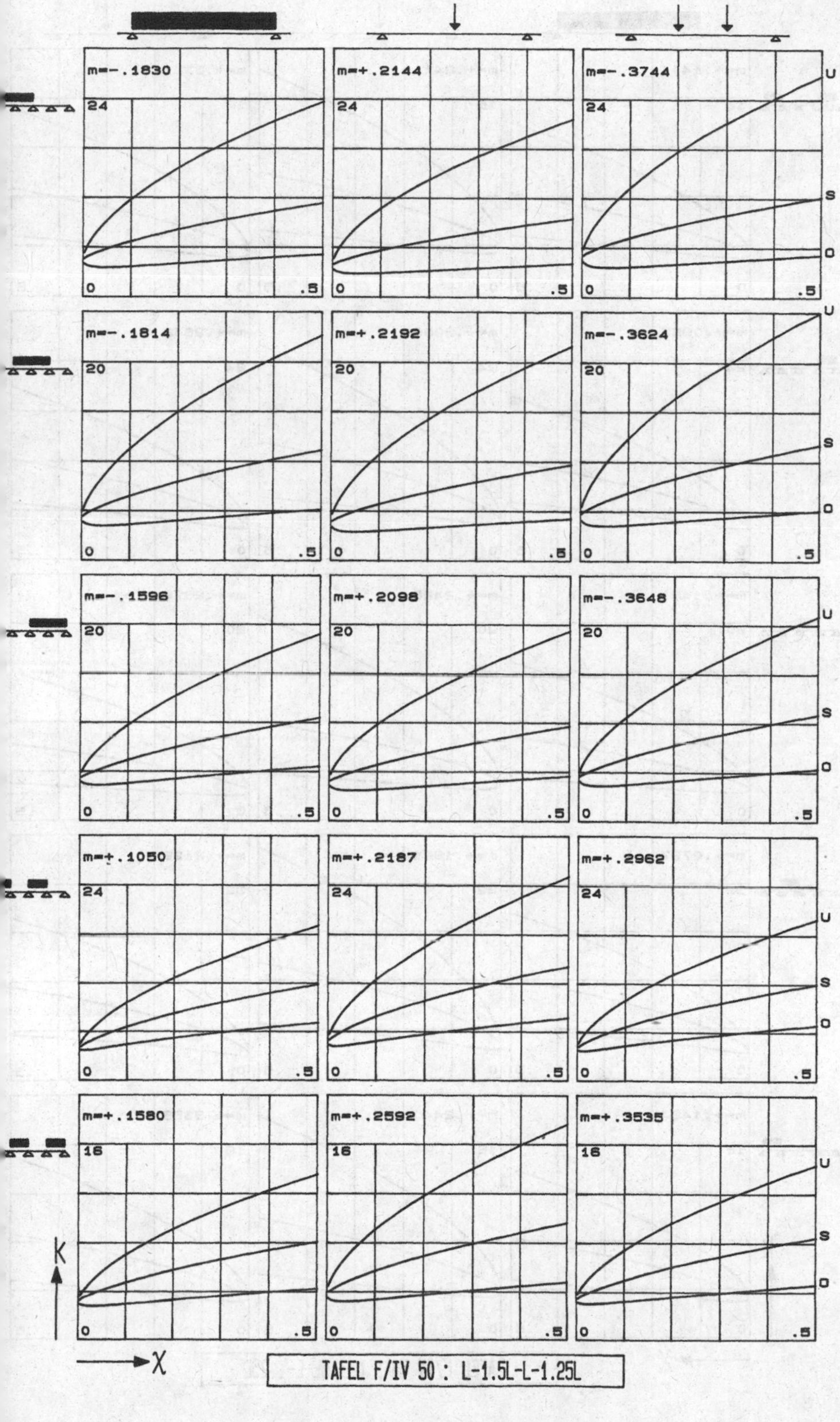
m=-.1830
24
0
.5
m=+.2144
24
0
.5
m=-.3744
24
0
.5
U
S
O
m=-.1814
20
0
.5
m=+.2192
20
0
.5
m=-.3624
20
0
.5
U
S
O
m=-.1596
20
0
.5
m=+.2098
20
0
.5
m=-.3648
20
0
.5
U
S
O
m=+.1050
24
0
.5
m=+.2187
24
0
.5
m=+.2962
24
0
.5
U
S
O
m=+.1580
16
0
.5
m=+.2592
16
0
.5
m=+.3535
16
0
.5
U
S
O
K
X

TAFEL F/IV 50 : L-1.5L-L-1.25L

F IV

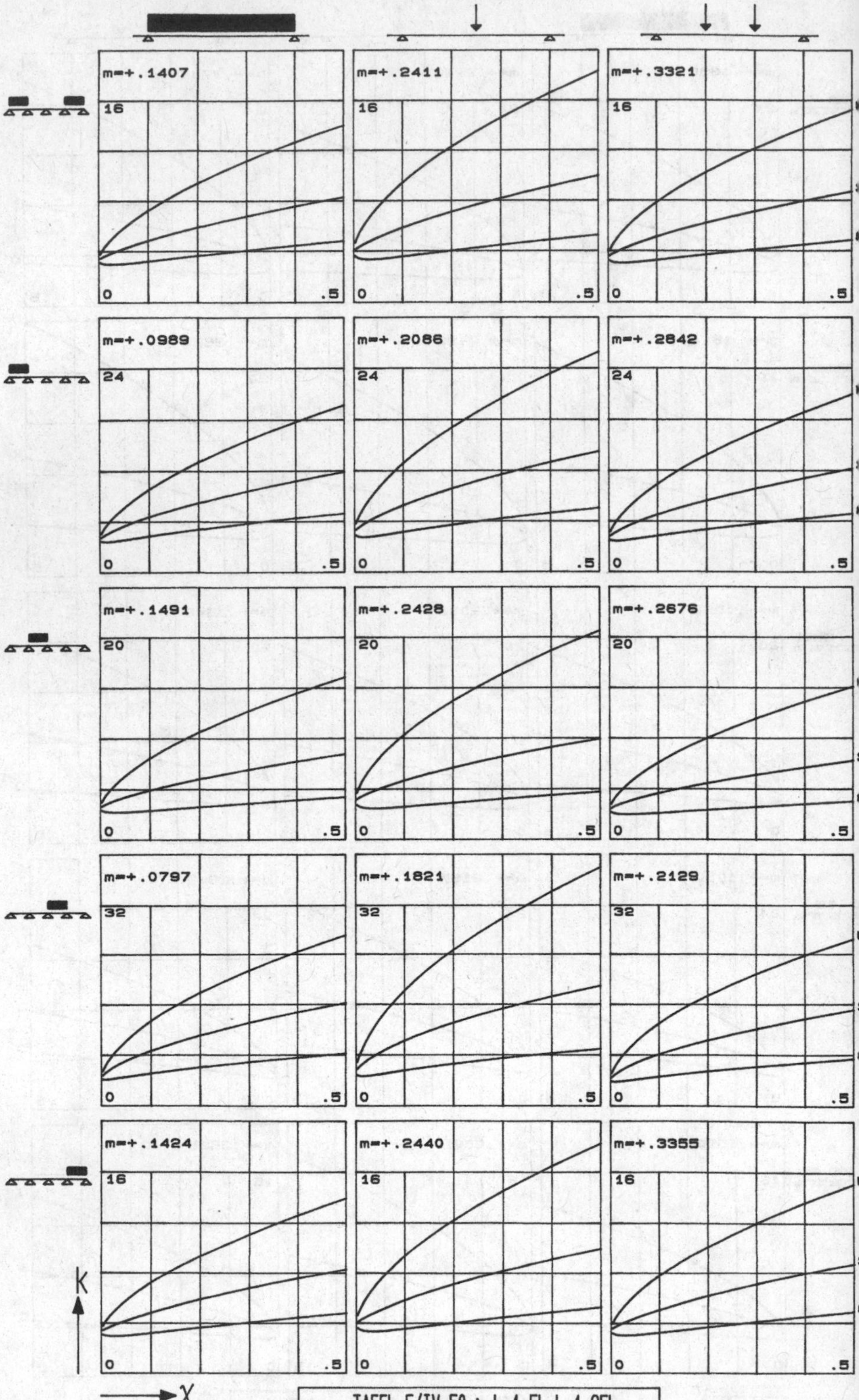
m=+.1407
16
0
.5
m=+.2411
16
0
.5
m=+.3321
16
0
.5
m=+.0989
24
0
.5
m=+.2086
24
0
.5
m=+.2842
24
0
.5
m=+.1491
20
0
.5
m=+.2428
20
0
.5
m=+.2676
20
0
.5
m=+.0797
32
0
.5
m=+.1821
32
0
.5
m=+.2129
32
0
.5
m=+.1424
16
0
.5
m=+.2440
16
0
.5
m=+.3355
16
0
.5
K
X
TAFEL F/IV 50 : L-1.5L-L-1.25L

m=-.1936
12
0
.5
m=+.2671
12
0
.5
m=-.3835
12
0
.5
U
S
O
m=-.1693
28
0
.5
m=+.1905
28
0
.5
m=-.3379
28
0
.5
U
S
O
m=+.1942
12
0
.5
m=+.2697
12
0
.5
m=+.3752
12
0
.5
U
S
O
m=+.2100
12
0
.5
m=+.2977
12
0
.5
m=+.4084
12
0
.5
U
S
O
m=-.2207
12
0
.5
m=+.2535
12
0
.5
m=-.4318
12
0
.5
U
S
O
K
X

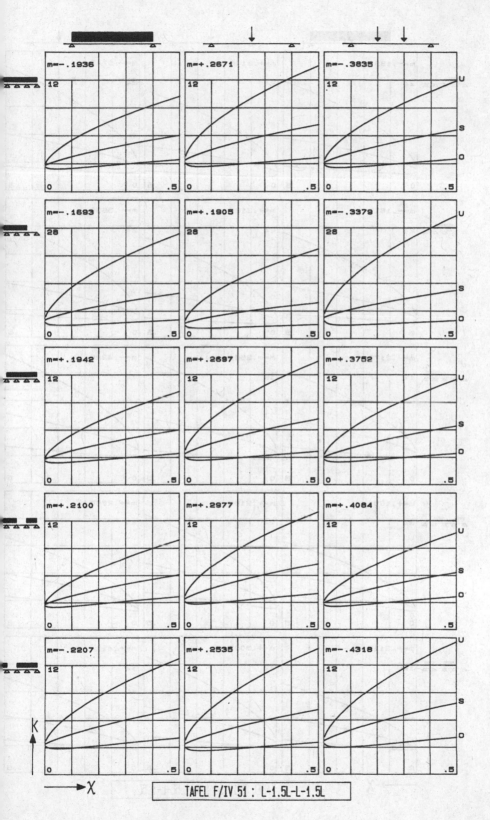

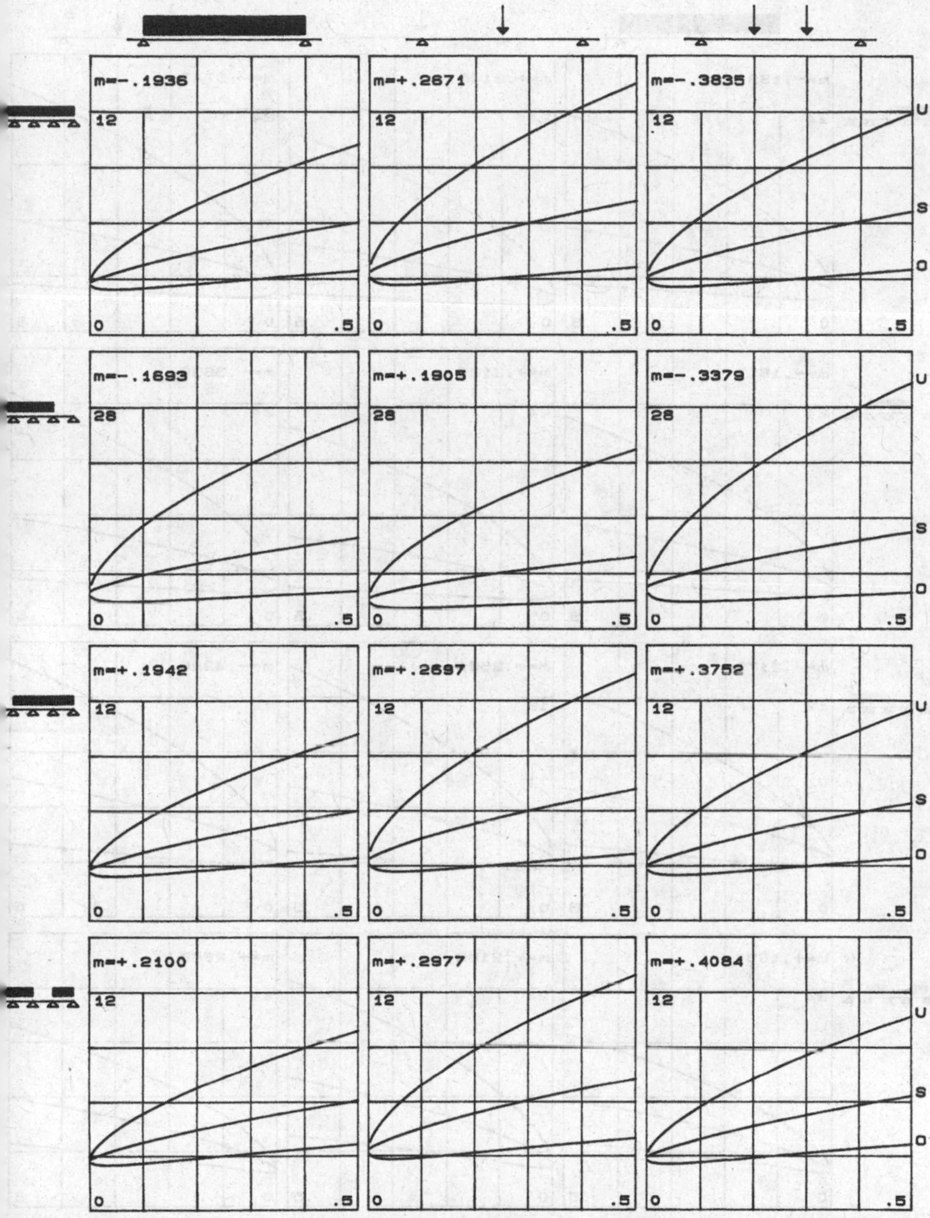

TAFEL F/IV 51 : L-1.5L-L-1.5L

F IV

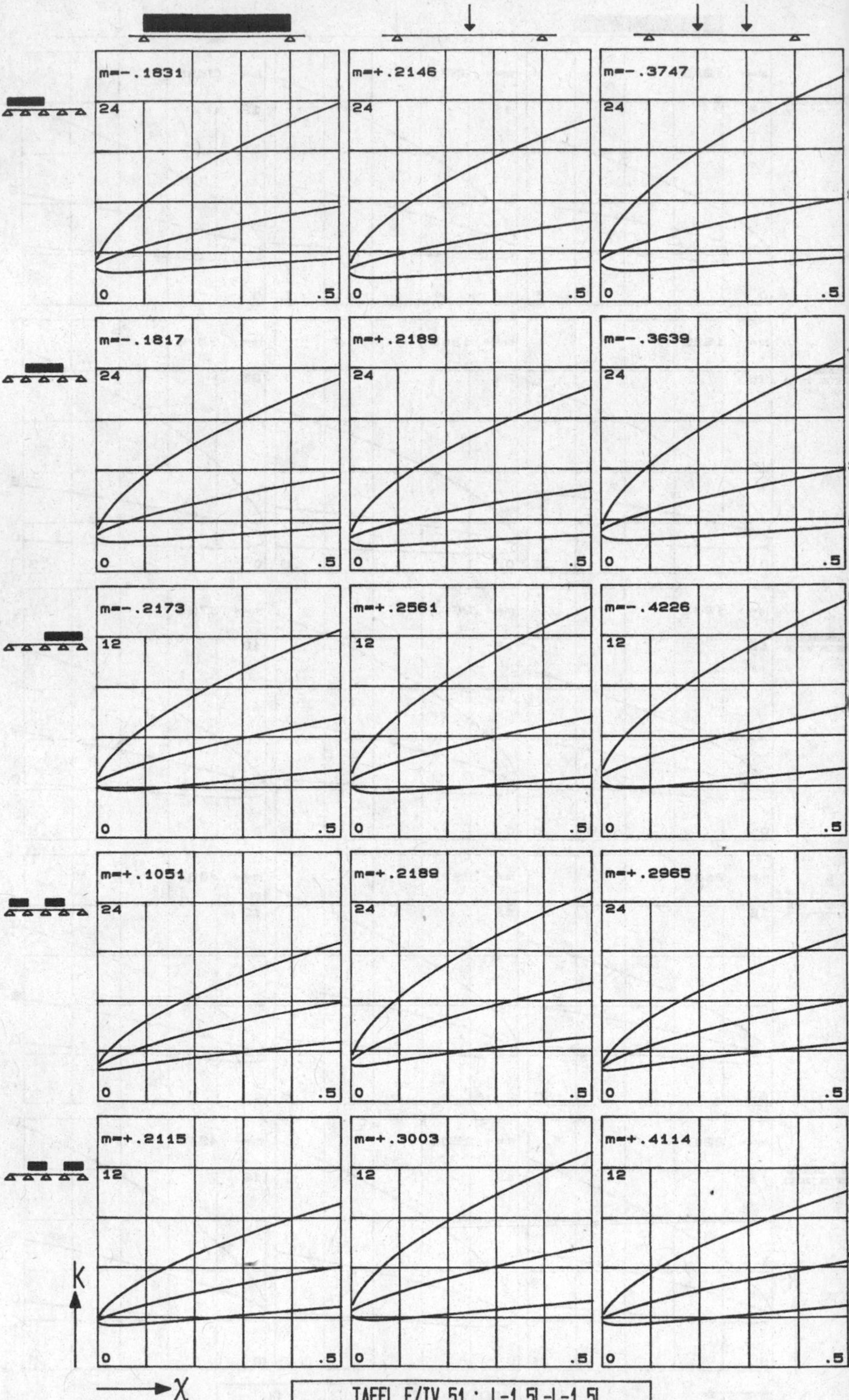
m=-.1831
24
0
.5
m=+.2146
24
0
.5
m=-.3747
24
0
.5
m=-.1817
24
0
.5
m=+.2189
24
0
.5
m=-.3639
24
0
.5
m=-.2173
12
0
.5
m=+.2561
12
0
.5
m=-.4226
12
0
.5
m=+.1051
24
0
.5
m=+.2189
24
0
.5
m=+.2965
24
0
.5
m=+.2115
12
0
.5
m=+.3003
12
0
.5
m=+.4114
12
0
.5
K
X
TAFEL F/IV 51 : L-1.5L-L-1.5L

F
IV

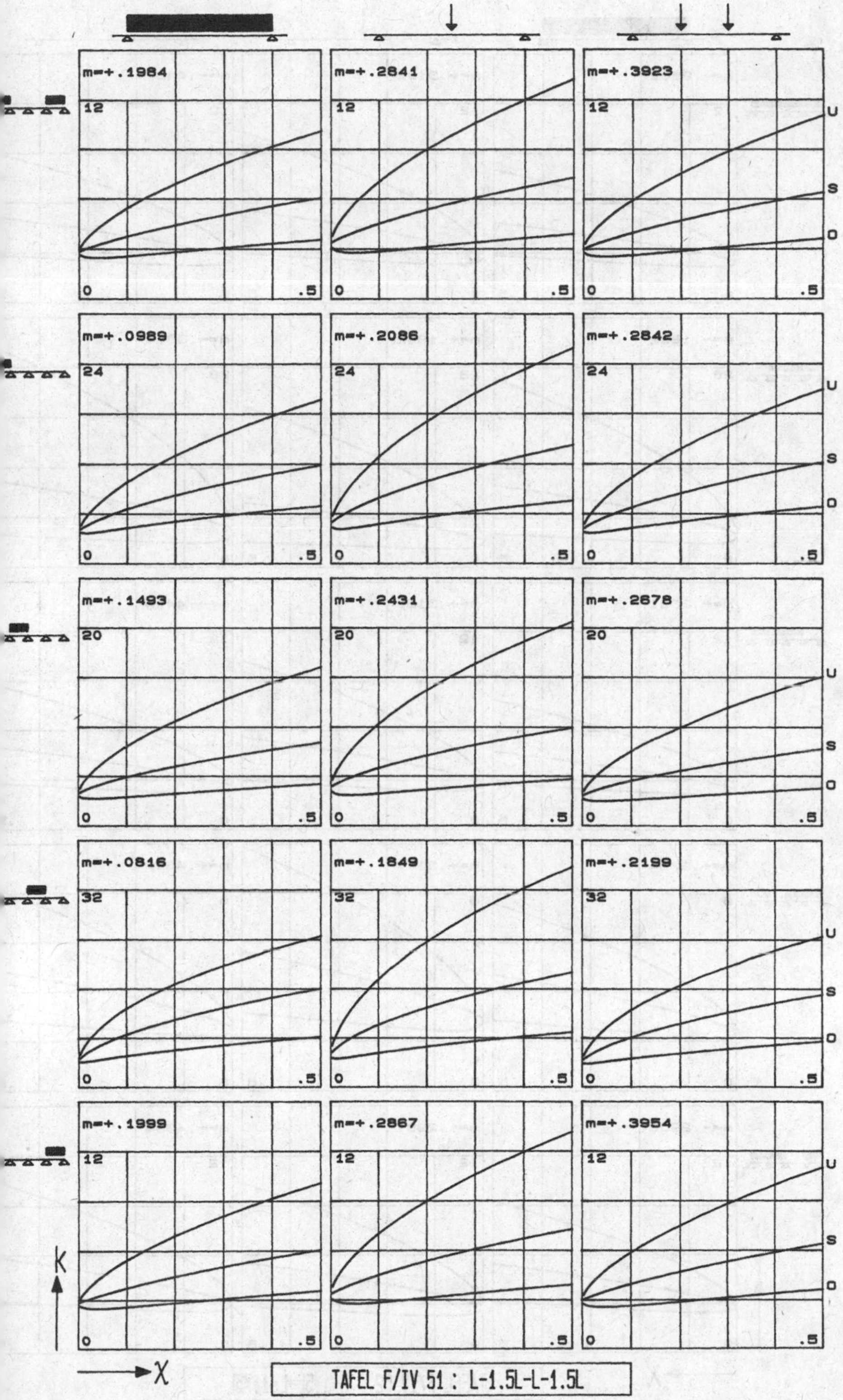
m=+.1984
12
0
.5
m=+.2841
12
0
.5
m=+.3923
12
0
.5
U
S
O
m=+.0989
24
0
.5
m=+.2086
24
0
.5
m=+.2842
24
0
.5
U
S
O
m=+.1493
20
0
.5
m=+.2431
20
0
.5
m=+.2678
20
0
.5
U
S
O
m=+.0816
32
0
.5
m=+.1849
32
0
.5
m=+.2199
32
0
.5
U
S
O
m=+.1999
12
0
.5
m=+.2867
12
0
.5
m=+.3954
12
0
.5
U
S
O
K
X

TAFEL F/IV 51 : L-1.5L-L-1.5L

F IV

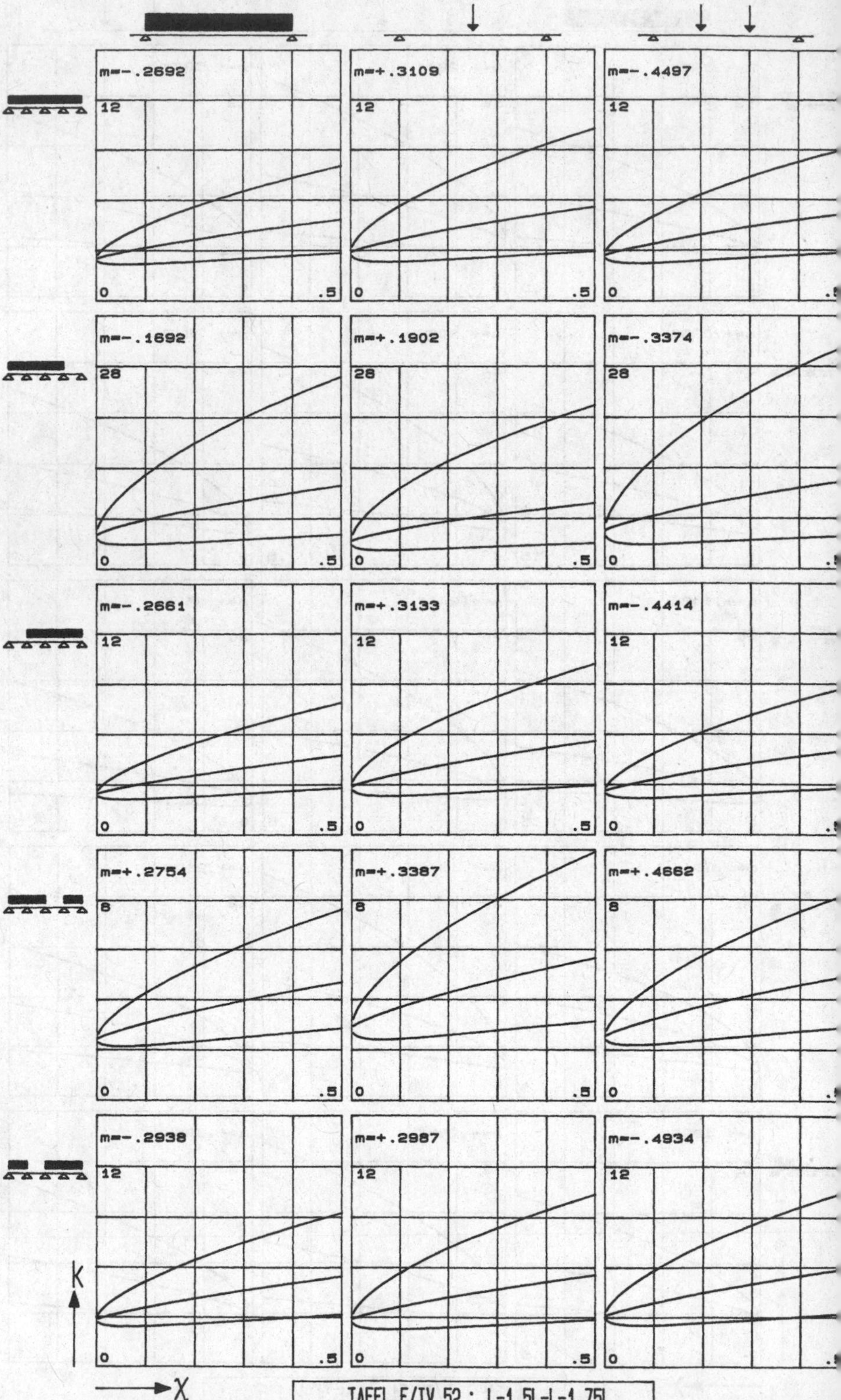

m=-.2692
m=+.3109
m=-.4497
12
0
.5
m=-.1692
m=+.1902
m=-.3374
28
m=-.2661
m=+.3133
m=-.4414
m=+.2754
m=+.3387
m=+.4662
8
m=-.2938
m=+.2987
m=-.4934
K
X

TAFEL F/IV 52 : L-1.5L-L-1.75L

F IV

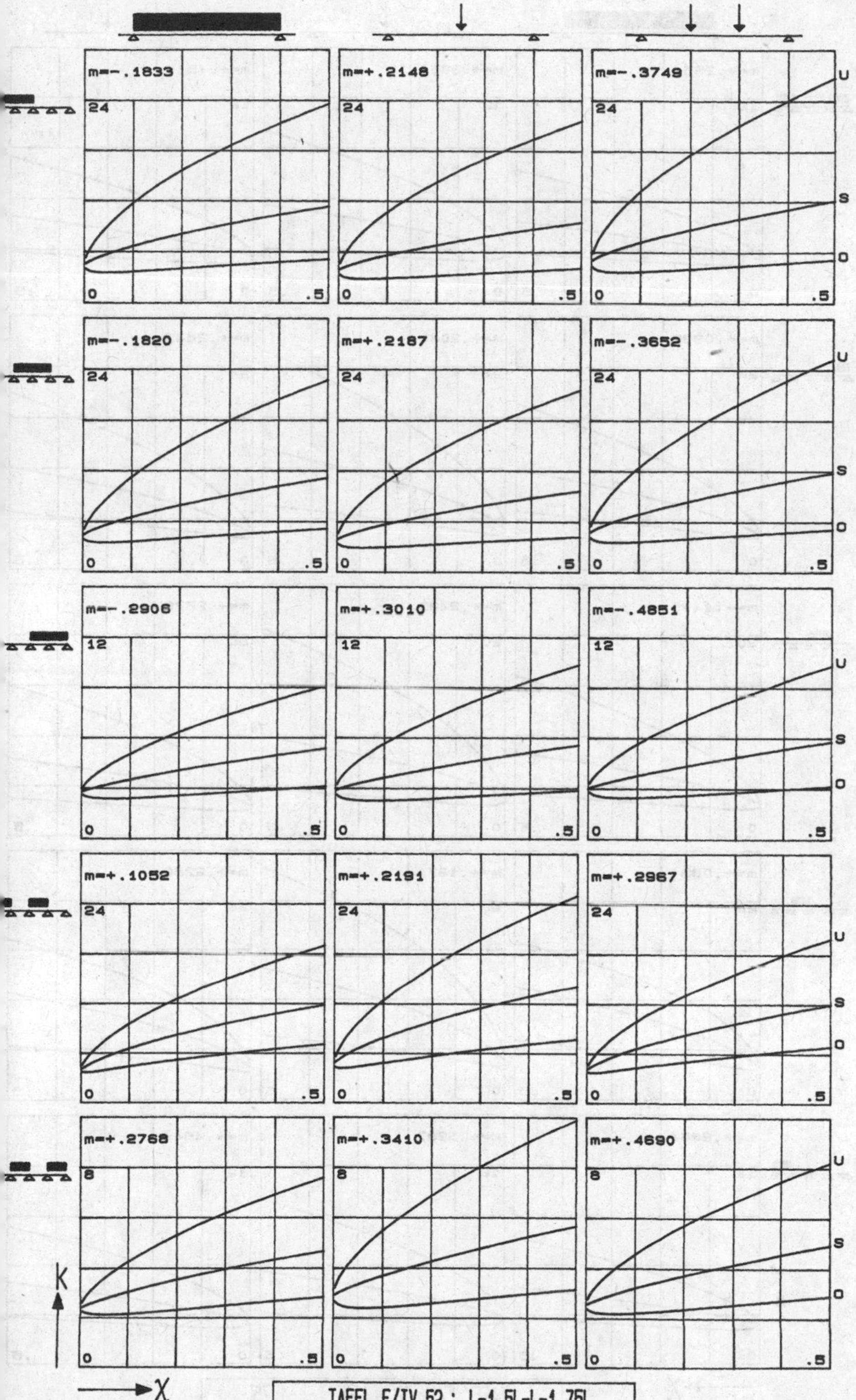
m=-.1833
24
0
.5
m=+.2148
24
0
.5
m=-.3749
24
U
S
O
0
.5
m=-.1820
24
0
.5
m=+.2187
24
0
.5
m=-.3652
24
U
S
O
0
.5
m=-.2906
12
0
.5
m=+.3010
12
0
.5
m=-.4851
12
U
S
O
0
.5
m=+.1052
24
0
.5
m=+.2191
24
0
.5
m=+.2967
24
U
S
O
0
.5
m=+.2768
8
0
.5
m=+.3410
8
0
.5
m=+.4690
8
U
S
O
0
.5
K
X

TAFEL F/IV 52 : L-1.5L-L-1.75L

F IV

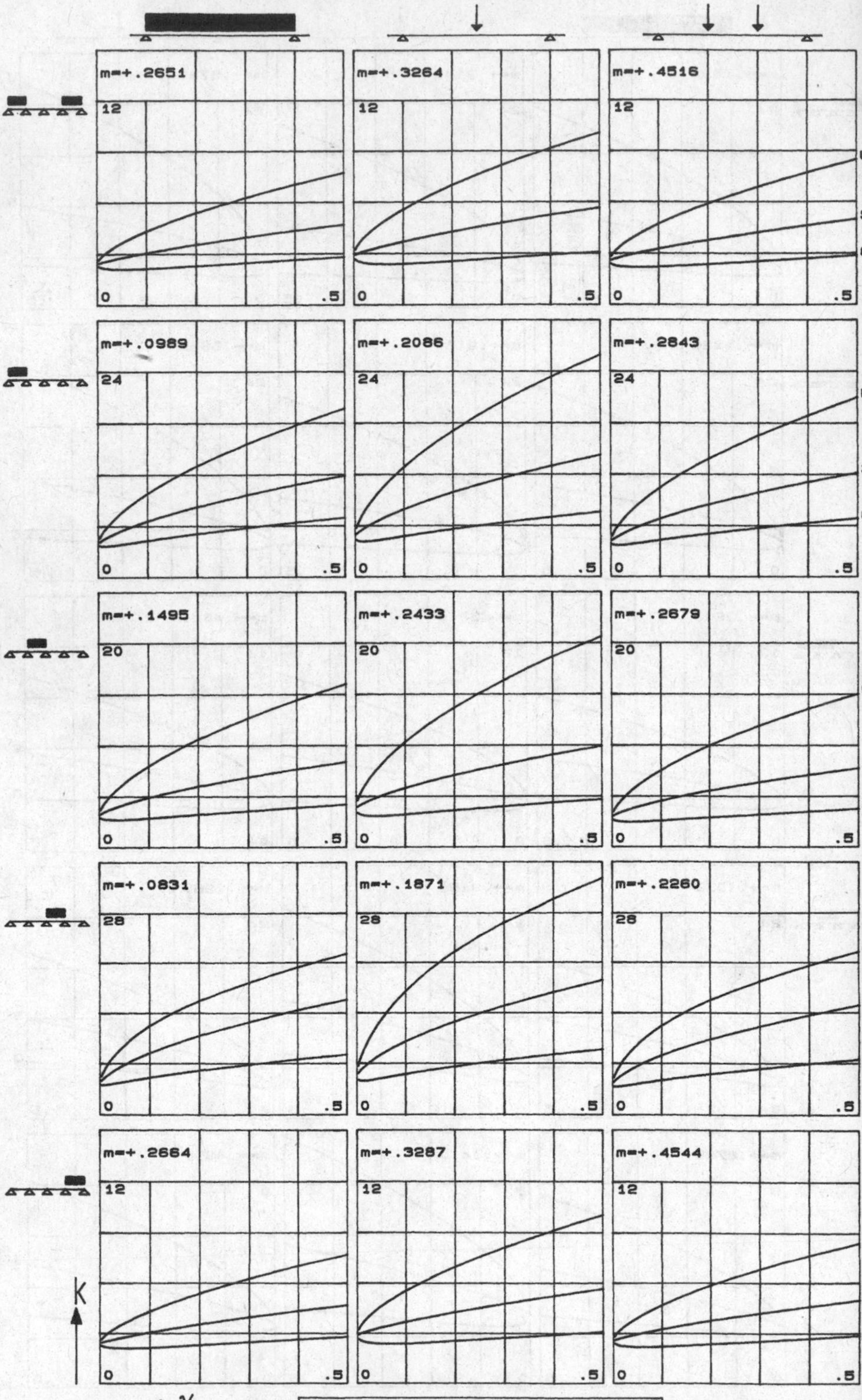

m=+.2651
12
0
.5
m=+.3264
12
0
.5
m=+.4516
12
0
.5
m=+.0989
24
0
.5
m=+.2086
24
0
.5
m=+.2843
24
0
.5
m=+.1495
20
0
.5
m=+.2433
20
0
.5
m=+.2679
20
0
.5
m=+.0831
28
0
.5
m=+.1871
28
0
.5
m=+.2260
28
0
.5
m=+.2664
12
0
.5
m=+.3287
12
0
.5
m=+.4544
12
0
.5
K
X

TAFEL F/IV 52 : L-1.5L-L-1.75L

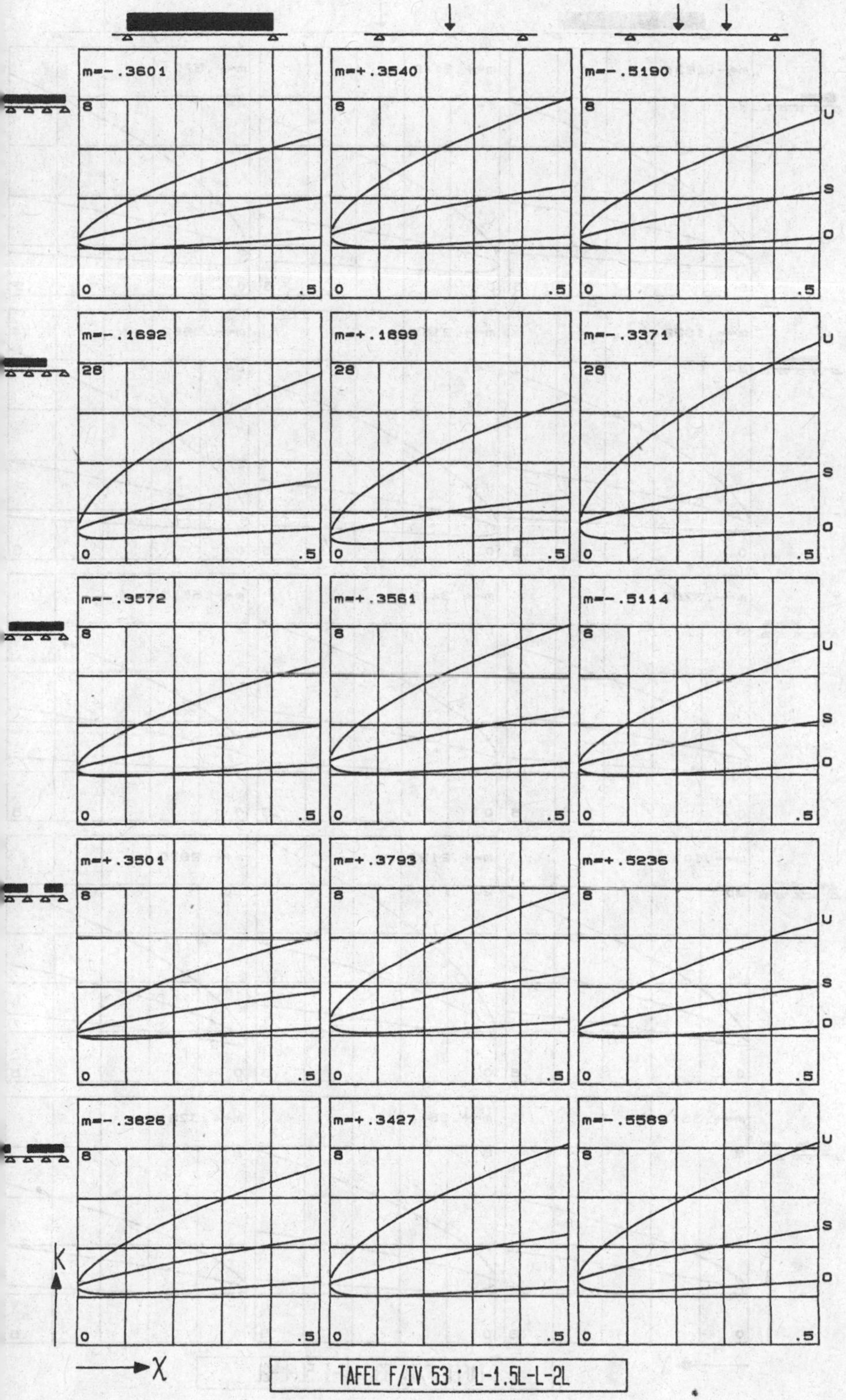
m=-.3601
m=+.3540
m=-.5190
m=-.1692
m=+.1899
m=-.3371
m=-.3572
m=+.3561
m=-.5114
m=+.3501
m=+.3793
m=+.5236
m=-.3626
m=+.3427
m=-.5569
U
S
O
K
X

TAFEL F/IV 53 : L-1.5L-L-2L

F IV

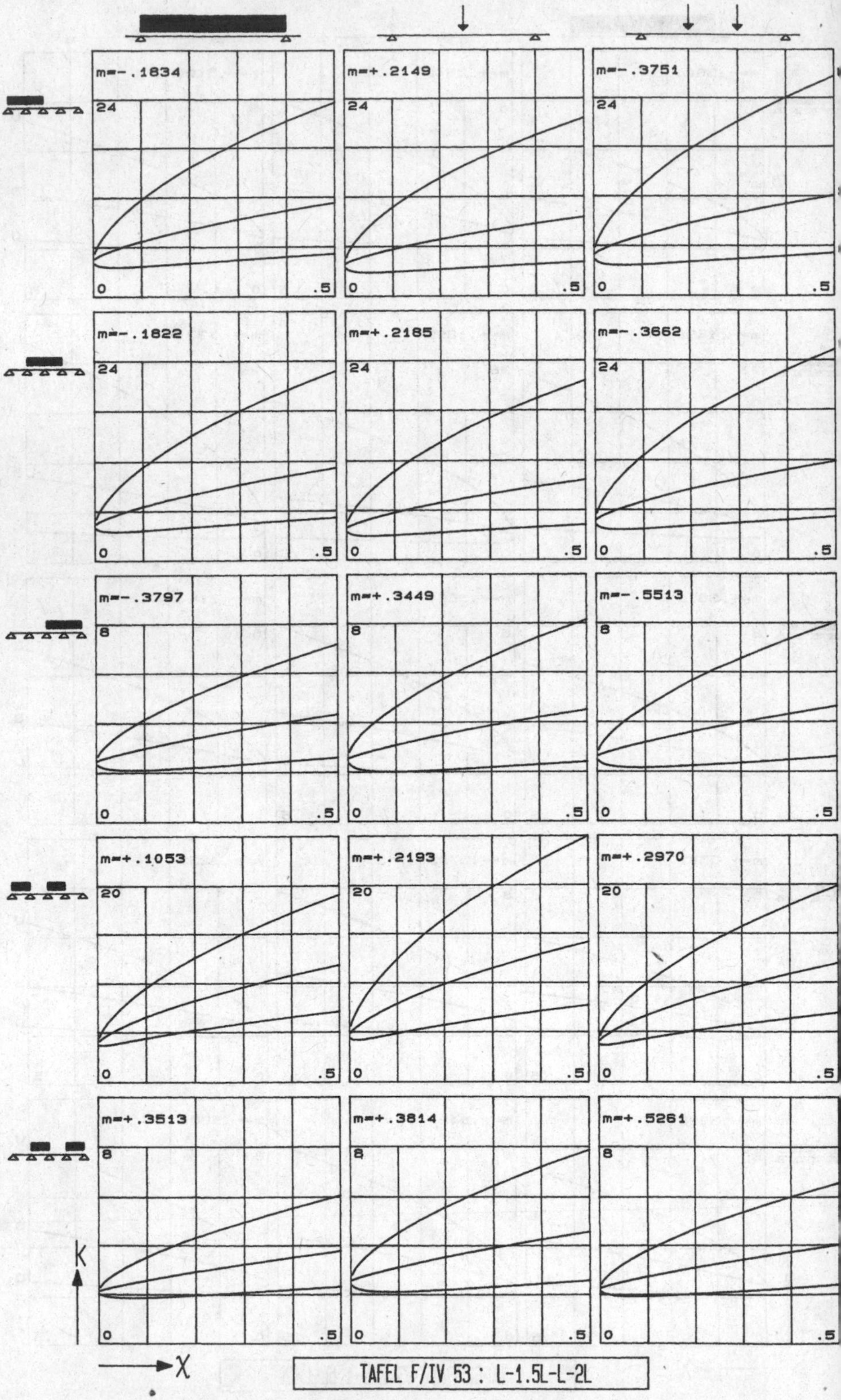

m=-.1834
24
0
.5
m=+.2149
24
0
.5
m=-.3751
24
0
.5
m=-.1822
24
0
.5
m=+.2165
24
0
.5
m=-.3662
24
0
.5
m=-.3797
8
0
.5
m=+.3449
8
0
.5
m=-.5513
8
0
.5
m=+.1053
20
0
.5
m=+.2193
20
0
.5
m=+.2970
20
0
.5
m=+.3513
8
0
.5
m=+.3814
8
0
.5
m=+.5261
8
0
.5
K
X

TAFEL F/IV 53 : L-1.5L-L-2L

F IV

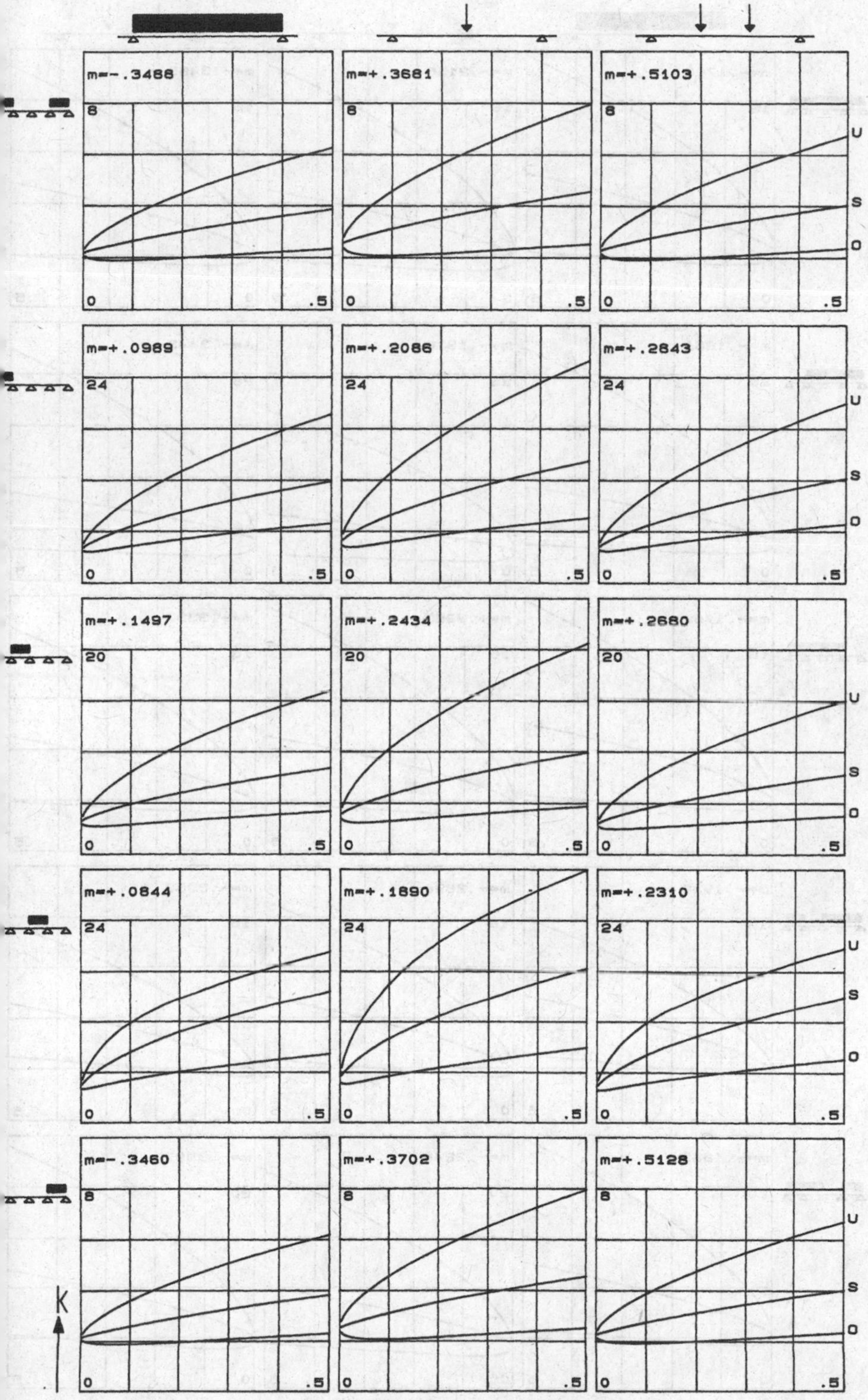
m=-.3466
8
0
.5
m=+.3681
m=+.5103
U
S
O
m=+.0969
24
m=+.2086
m=+.2843
m=+.1497
20
m=+.2434
m=+.2680
m=+.0644
m=+.1890
m=+.2310
m=-.3460
m=+.3702
m=+.5128
K
X

TAFEL F/IV 53 : L-1.5L-L-2L

F
IV

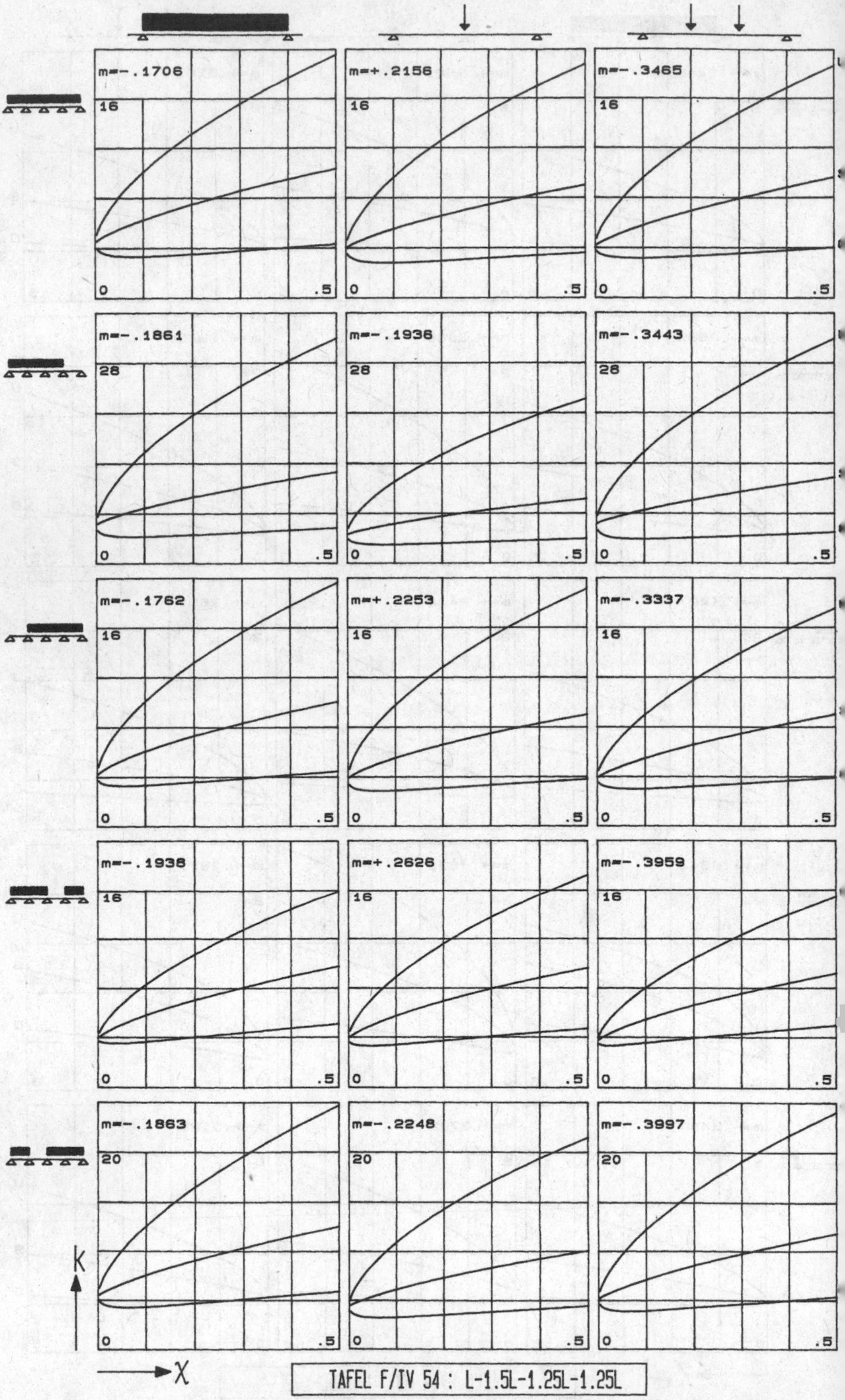
m=-.1706
16
0
.5
m=+.2156
16
0
.5
m=-.3465
16
0
.5
m=-.1861
28
0
.5
m=-.1936
28
0
.5
m=-.3443
28
0
.5
m=-.1762
16
0
.5
m=+.2253
16
0
.5
m=-.3337
16
0
.5
m=-.1938
16
0
.5
m=+.2626
16
0
.5
m=-.3959
16
0
.5
m=-.1863
20
0
.5
m=-.2248
20
0
.5
m=-.3997
20
0
.5
K
X

TAFEL F/IV 54 : L-1.5L-1.25L-1.25L

F
IV

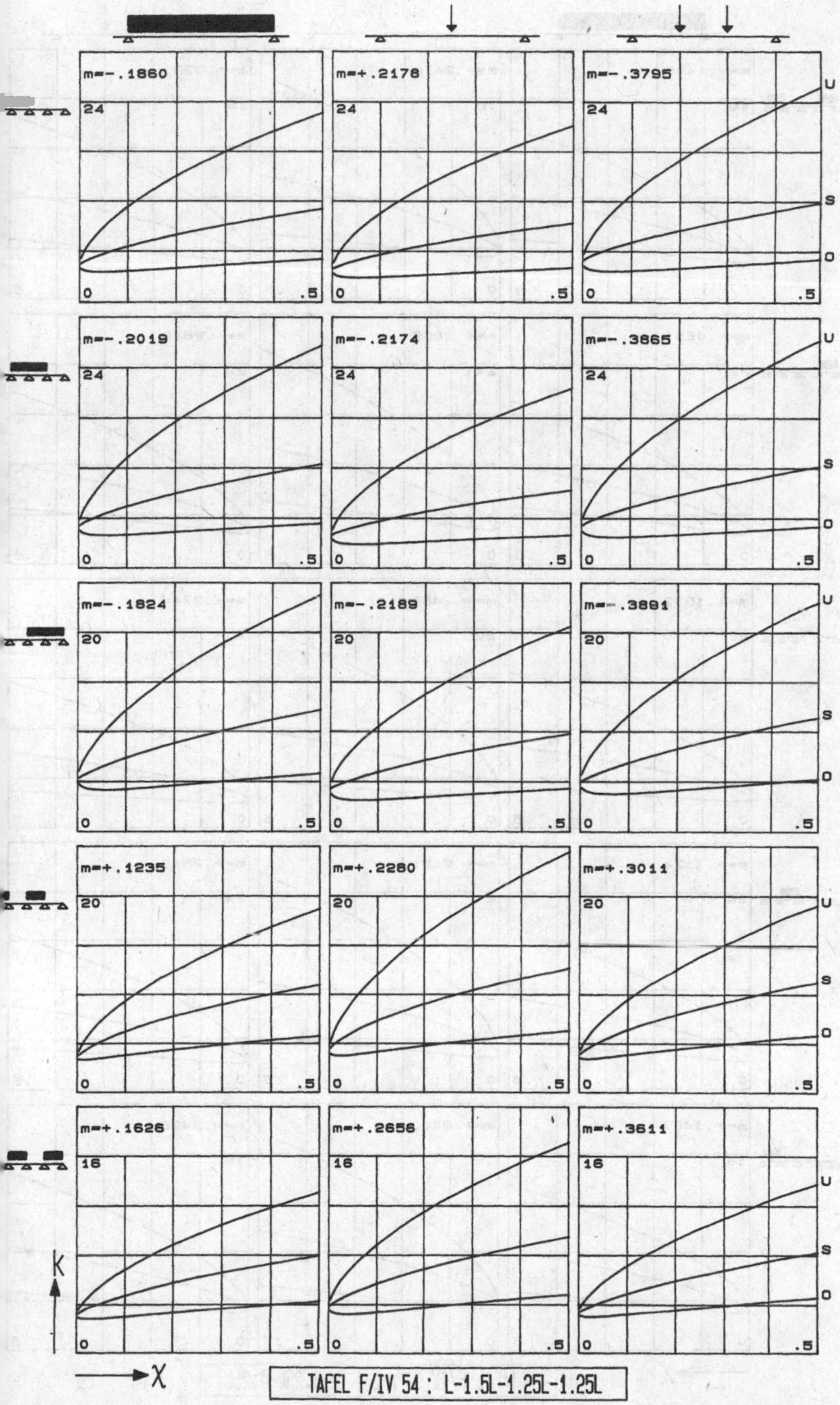
m=-.1860
24
0
.5
m=+.2178
24
0
.5
m=-.3795
24
0
.5
U
S
O
m=-.2019
24
0
.5
m=-.2174
24
0
.5
m=-.3865
24
0
.5
U
S
O
m=-.1824
20
0
.5
m=-.2189
20
0
.5
m=-.3891
20
0
.5
U
S
O
m=+.1235
20
0
.5
m=+.2280
20
0
.5
m=+.3011
20
0
.5
U
S
O
m=+.1626
16
0
.5
m=+.2656
16
0
.5
m=+.3611
16
0
.5
U
S
O
K
X

TAFEL F/IV 54 : L-1.5L-1.25L-1.25L

F IV

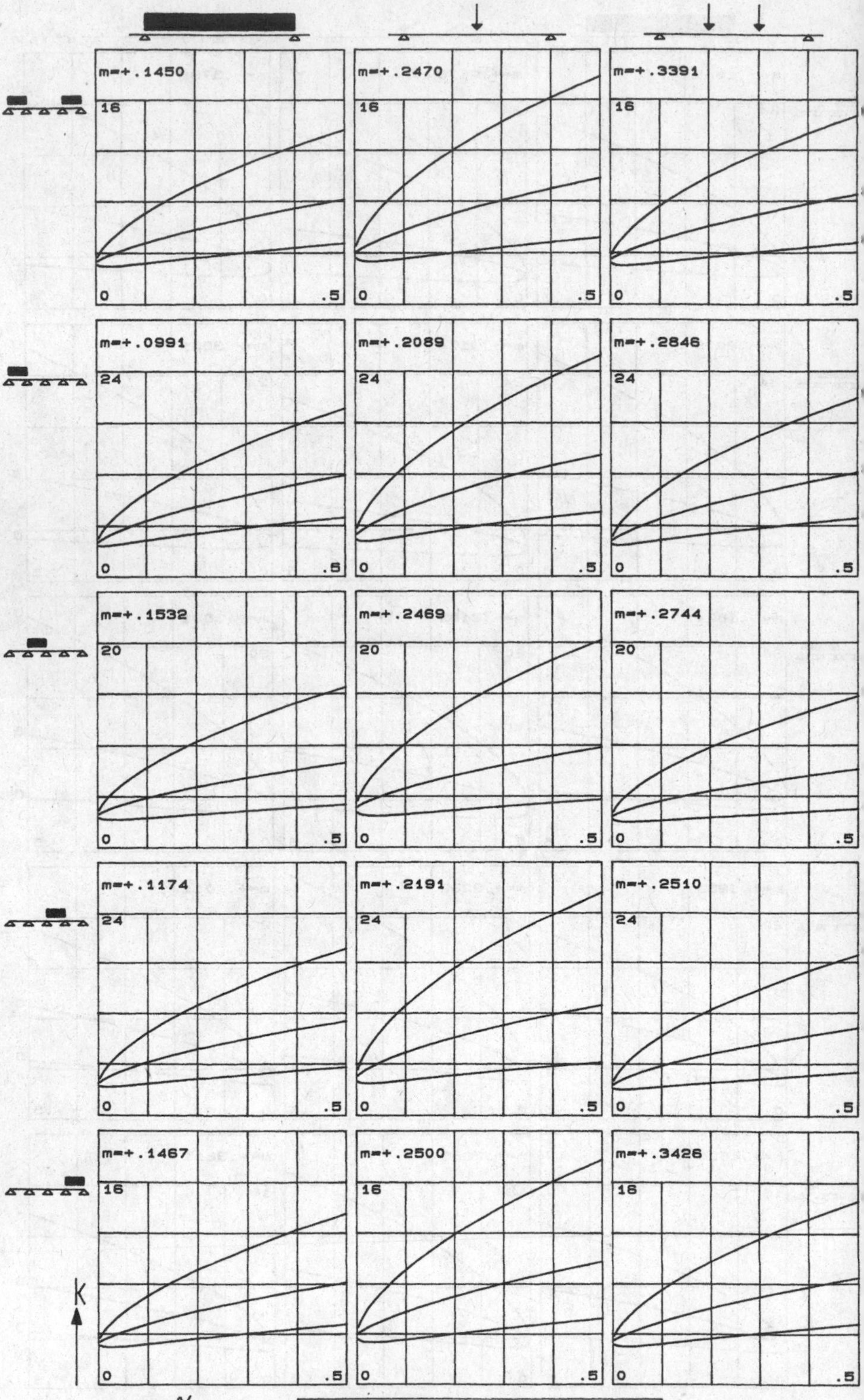

m=+.1450
16
0
.5
m=+.2470
16
0
.5
m=+.3391
16
0
.5
m=+.0991
24
0
.5
m=+.2089
24
0
.5
m=+.2846
24
0
.5
m=+.1532
20
0
.5
m=+.2469
20
0
.5
m=+.2744
20
0
.5
m=+.1174
24
0
.5
m=+.2191
24
0
.5
m=+.2510
24
0
.5
m=+.1467
16
0
.5
m=+.2500
16
0
.5
m=+.3426
16
0
.5
K
X

TAFEL F/IV 54 : L-1.5L-1.25L-1.25L

F IV

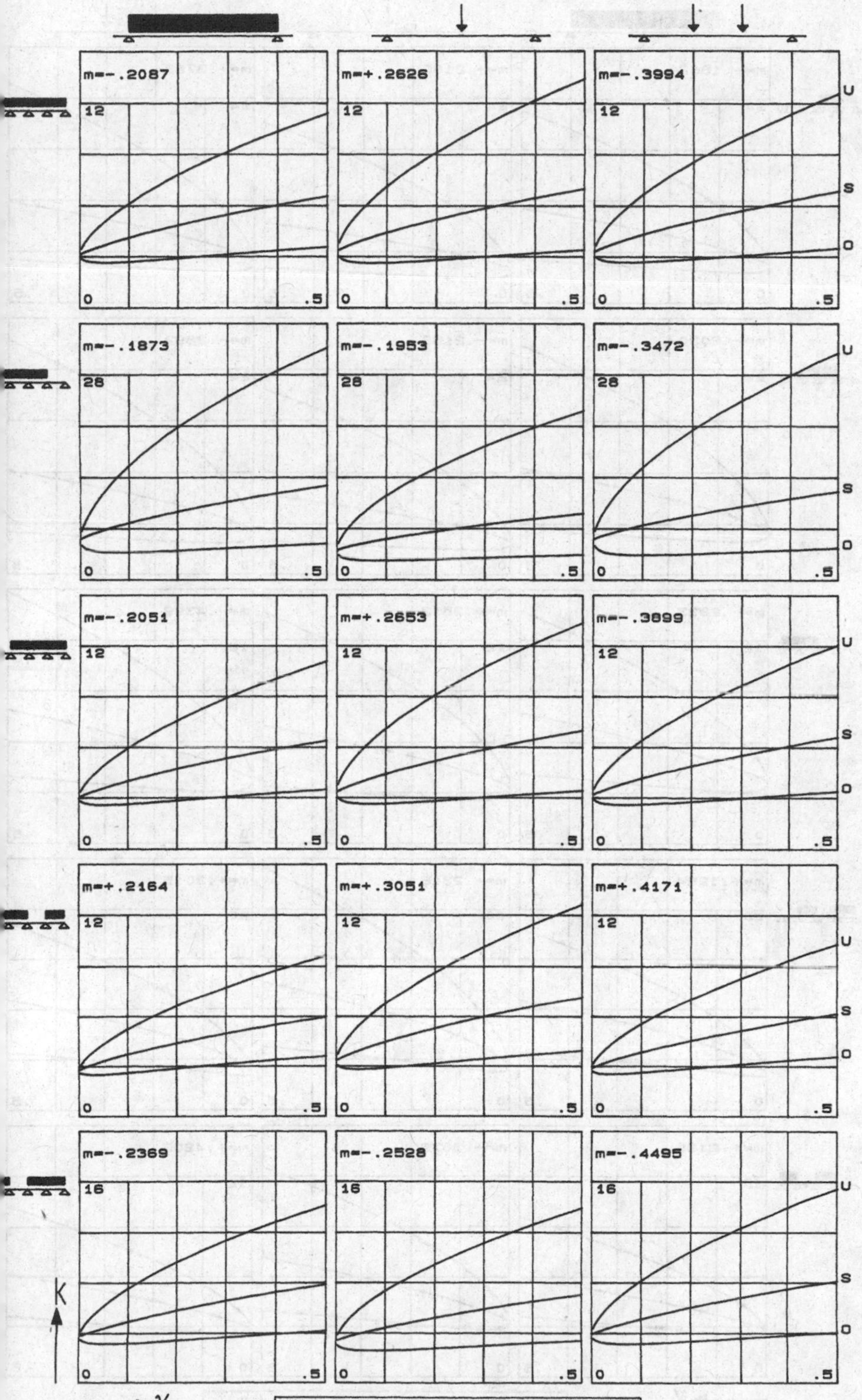
m=-.2087
m=+.2626
m=-.3994
m=-.1873
m=-.1953
m=-.3472
m=-.2051
m=+.2653
m=-.3899
m=+.2164
m=+.3051
m=+.4171
m=-.2369
m=-.2528
m=-.4495
12
28
16
0
.5
U
S
O
K
X

TAFEL F/IV 55 : L-1.5L-1.25L-1.5L

F IV

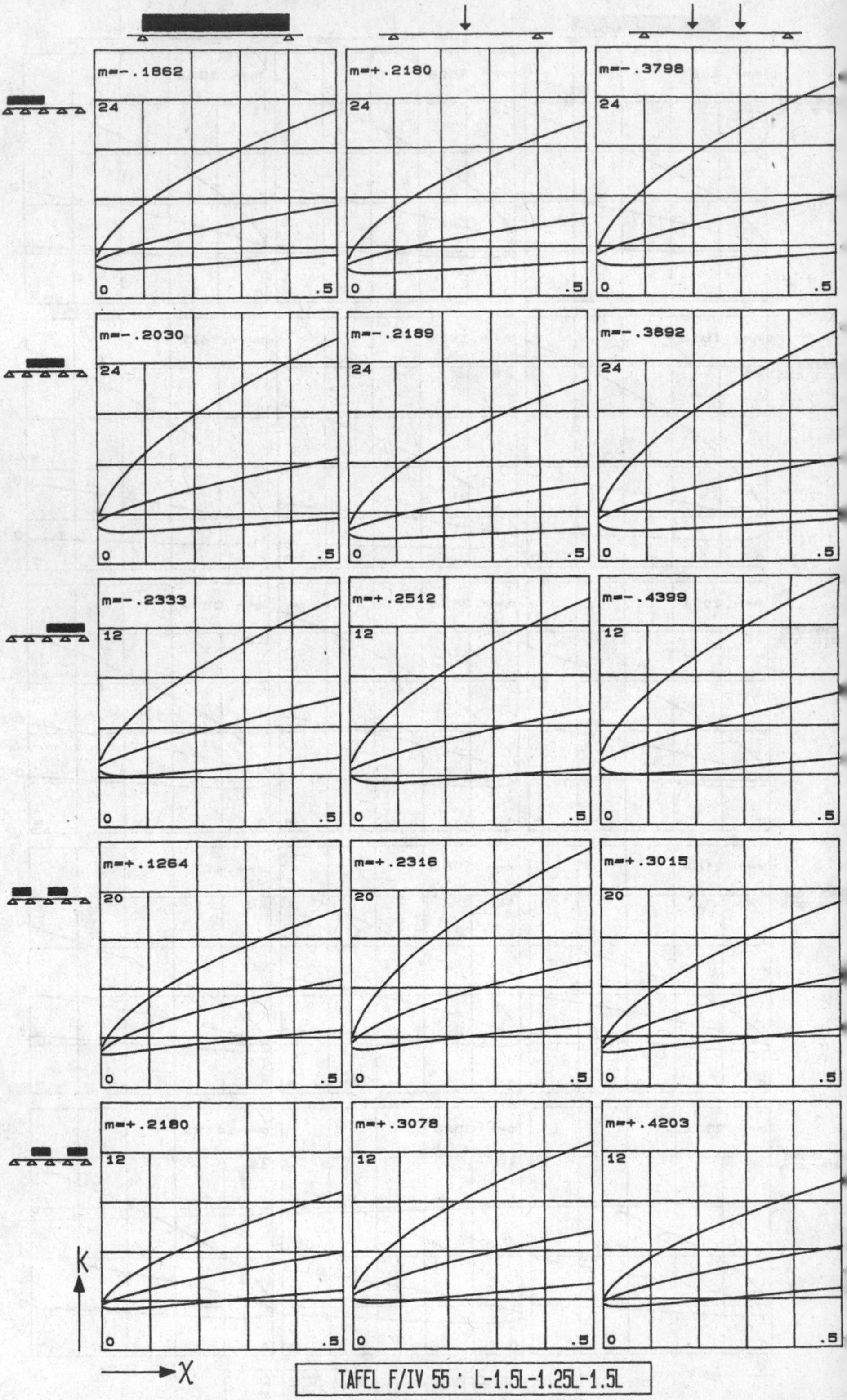

m=-.1862
24
0
.5
m=+.2180
24
0
.5
m=-.3798
24
0
.5
m=-.2030
24
0
.5
m=-.2189
24
0
.5
m=-.3892
24
0
.5
m=-.2333
12
0
.5
m=+.2512
12
0
.5
m=-.4399
12
0
.5
m=+.1264
20
0
.5
m=+.2316
20
0
.5
m=+.3015
20
0
.5
m=+.2180
12
0
.5
m=+.3078
12
0
.5
m=+.4203
12
0
.5
K
X

TAFEL F/IV 55 : L-1.5L-1.25L-1.5L

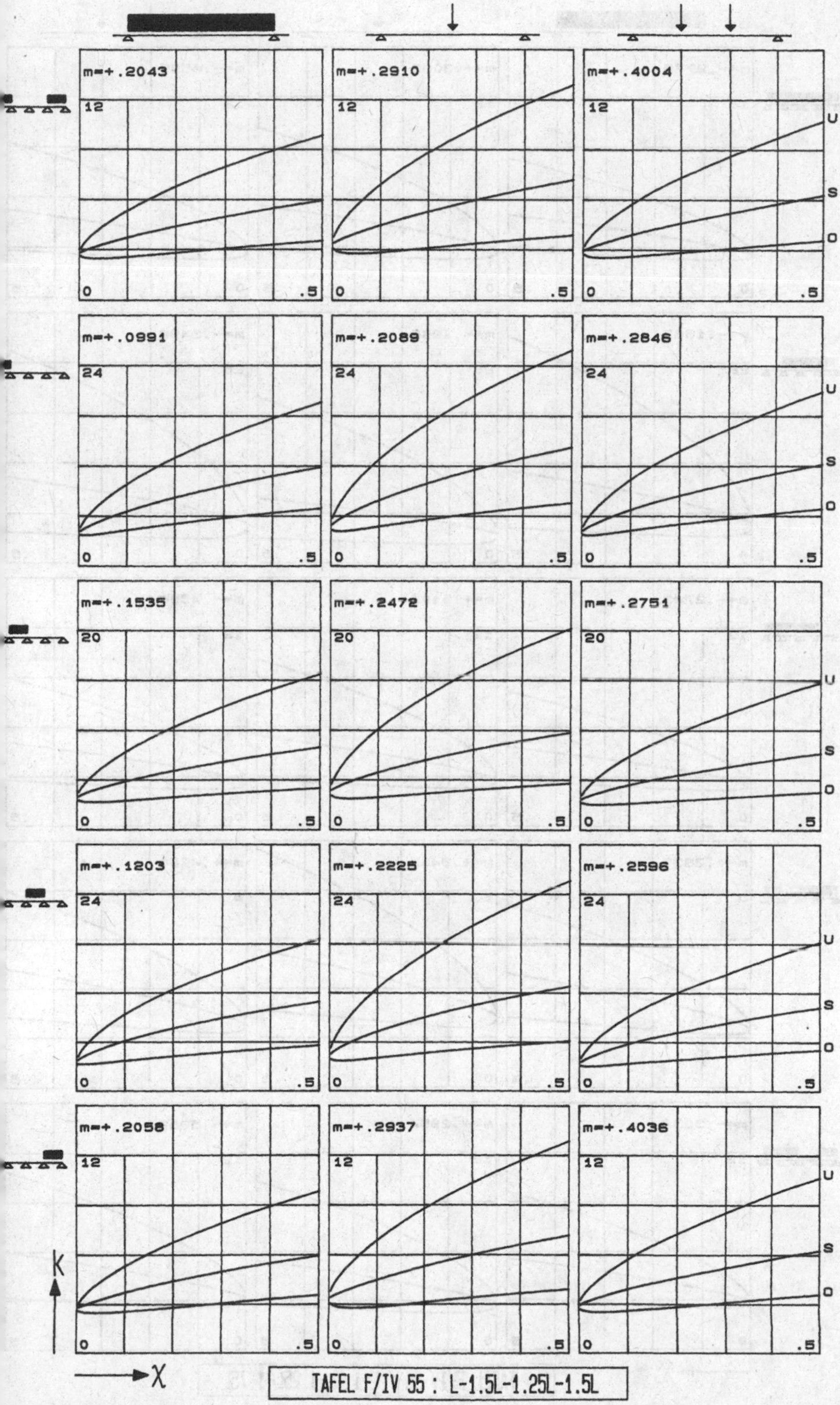

m=+.2043
12
0
.5
m=+.2910
12
0
.5
m=+.4004
12
U
S
O
0
.5
m=+.0991
24
0
.5
m=+.2089
24
0
.5
m=+.2846
24
U
S
O
0
.5
m=+.1535
20
0
.5
m=+.2472
20
0
.5
m=+.2751
20
U
S
O
0
.5
m=+.1203
24
0
.5
m=+.2225
24
0
.5
m=+.2596
24
U
S
O
0
.5
m=+.2058
12
0
.5
m=+.2937
12
0
.5
m=+.4036
12
U
S
O
0
.5
K
X

TAFEL F/IV 55 : L-1.5L-1.25L-1.5L

F IV

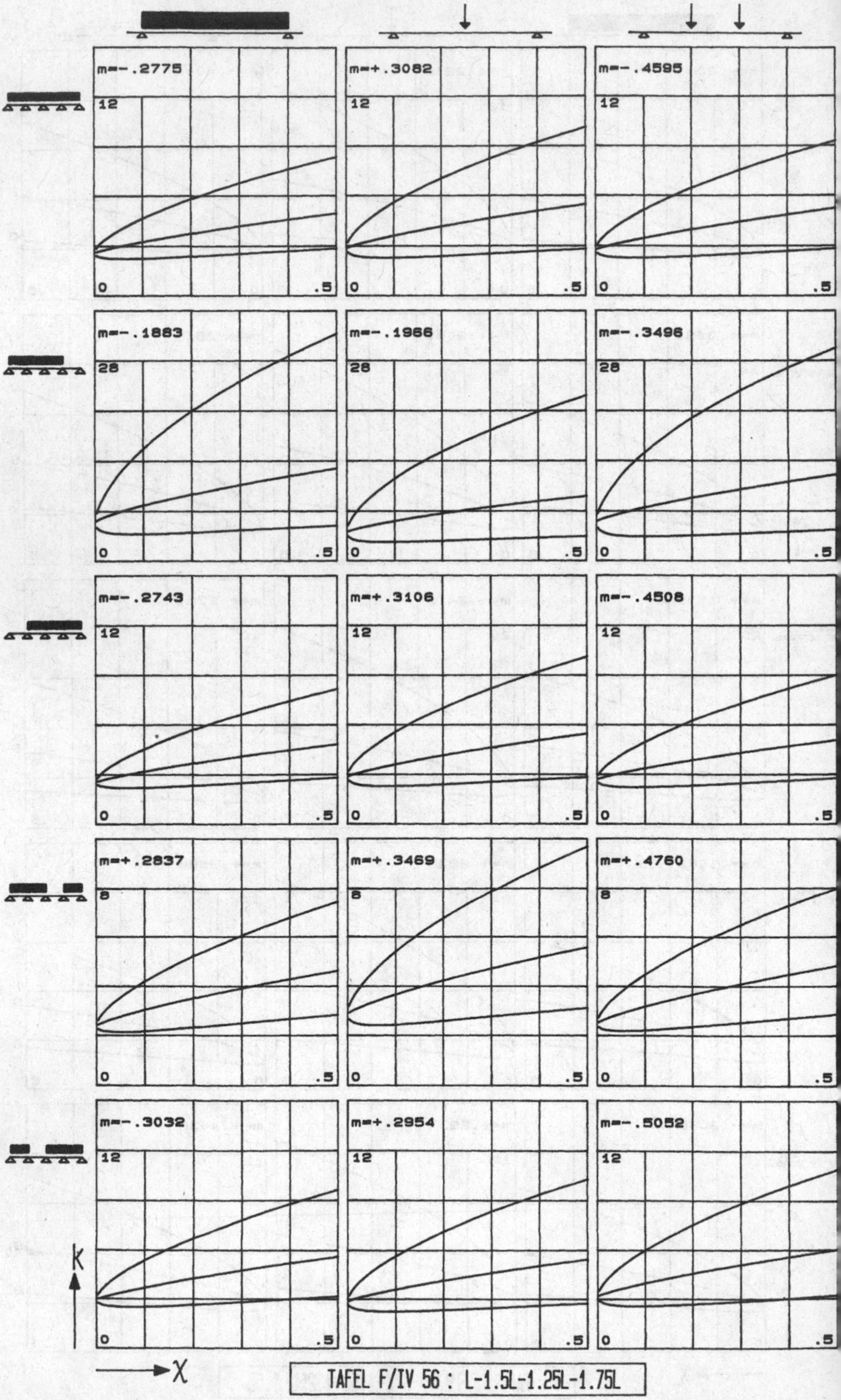
m=-.2775
12
0
.5
m=+.3082
12
0
.5
m=-.4595
12
0
.5
m=-.1883
28
0
.5
m=-.1966
28
0
.5
m=-.3496
28
0
.5
m=-.2743
12
0
.5
m=+.3106
12
0
.5
m=-.4508
12
0
.5
m=+.2837
8
0
.5
m=+.3469
8
0
.5
m=+.4760
8
0
.5
m=-.3032
12
0
.5
m=+.2954
12
0
.5
m=-.5052
12
0
.5
K
X

TAFEL F/IV 56 : L-1.5L-1.25L-1.75L

F IV

TAFEL F/IV 56 : L-1.5L-1.25L-1.75L

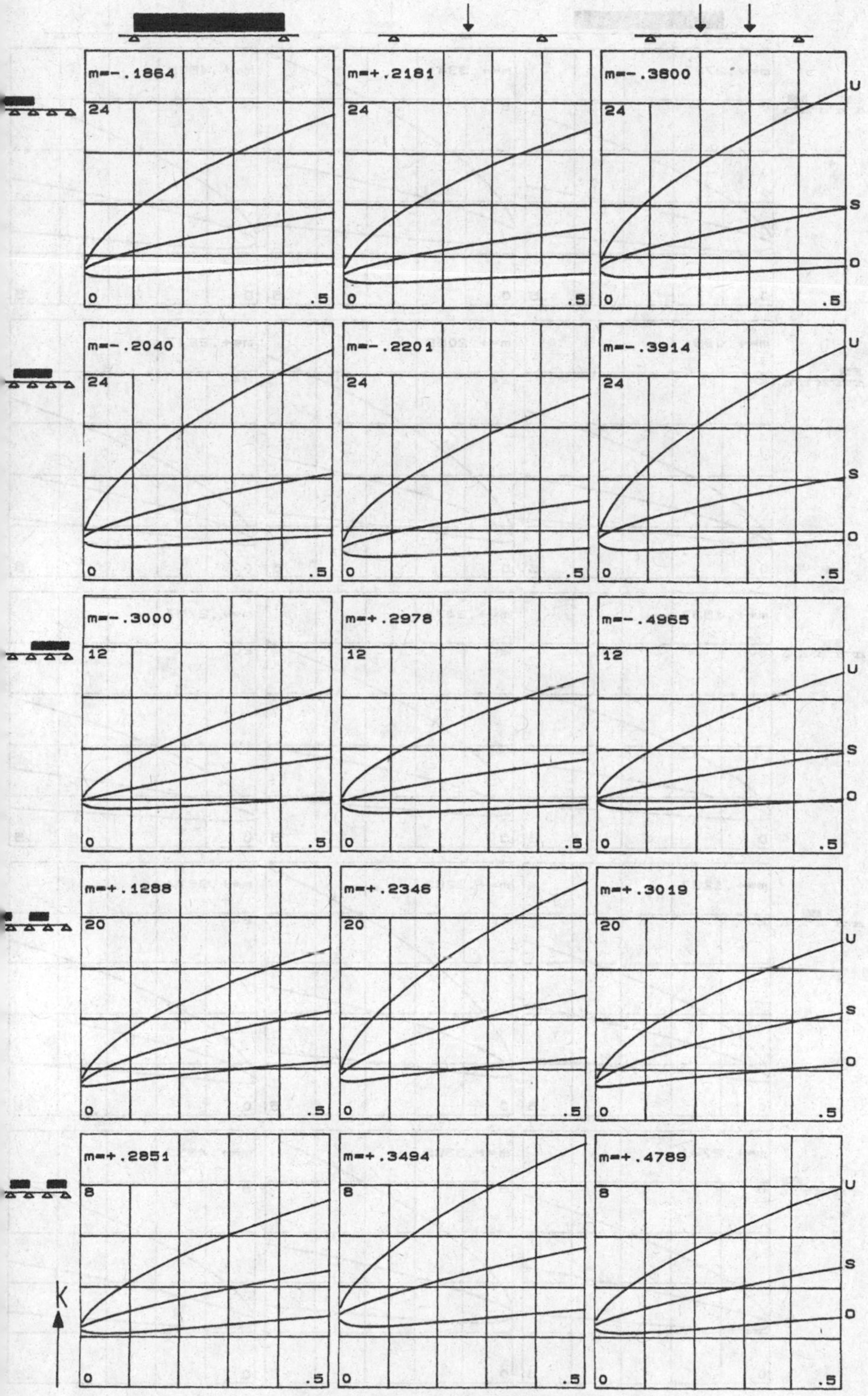

TAFEL F/IV 56 : L-1.5L-1.25L-1.75L

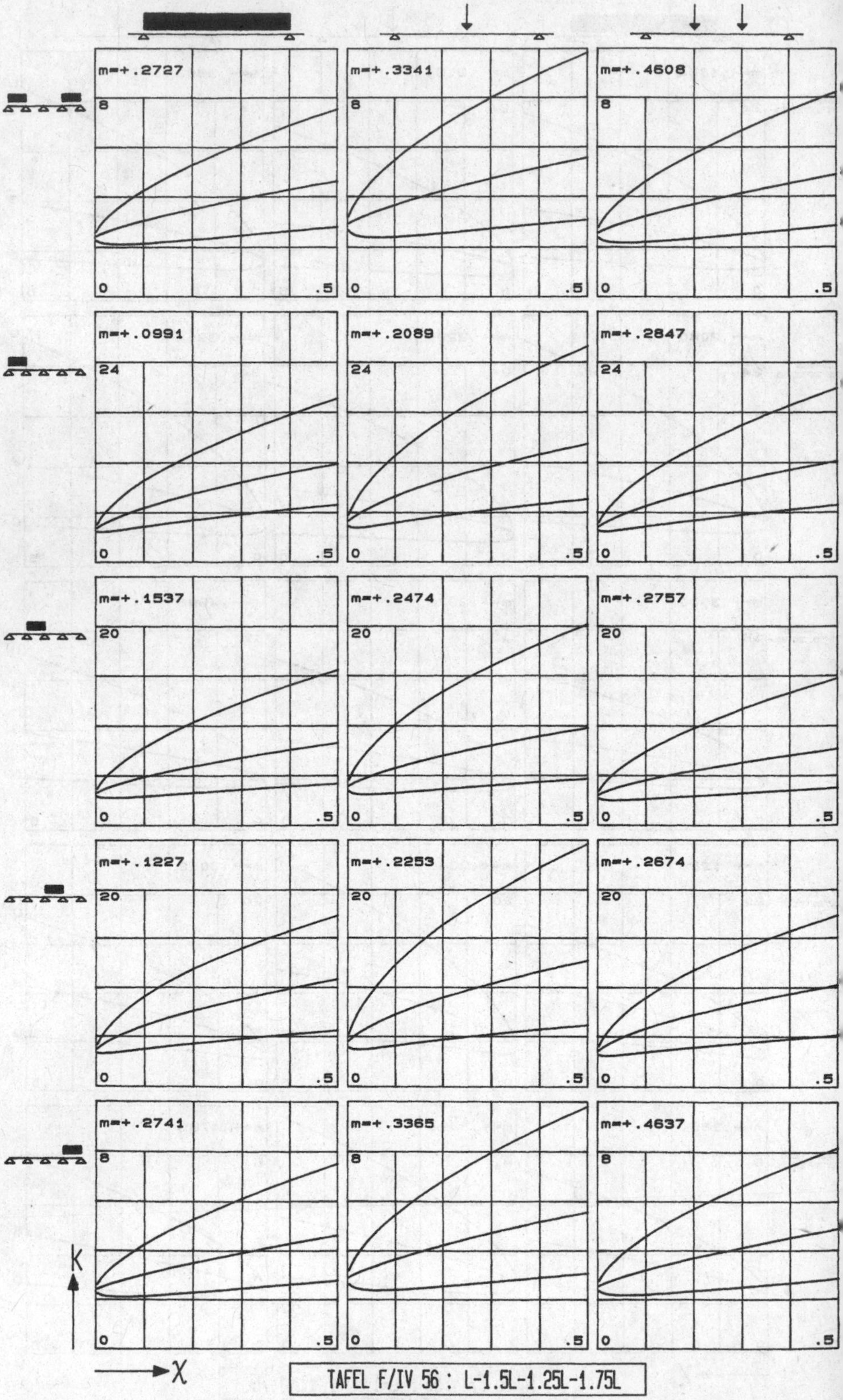

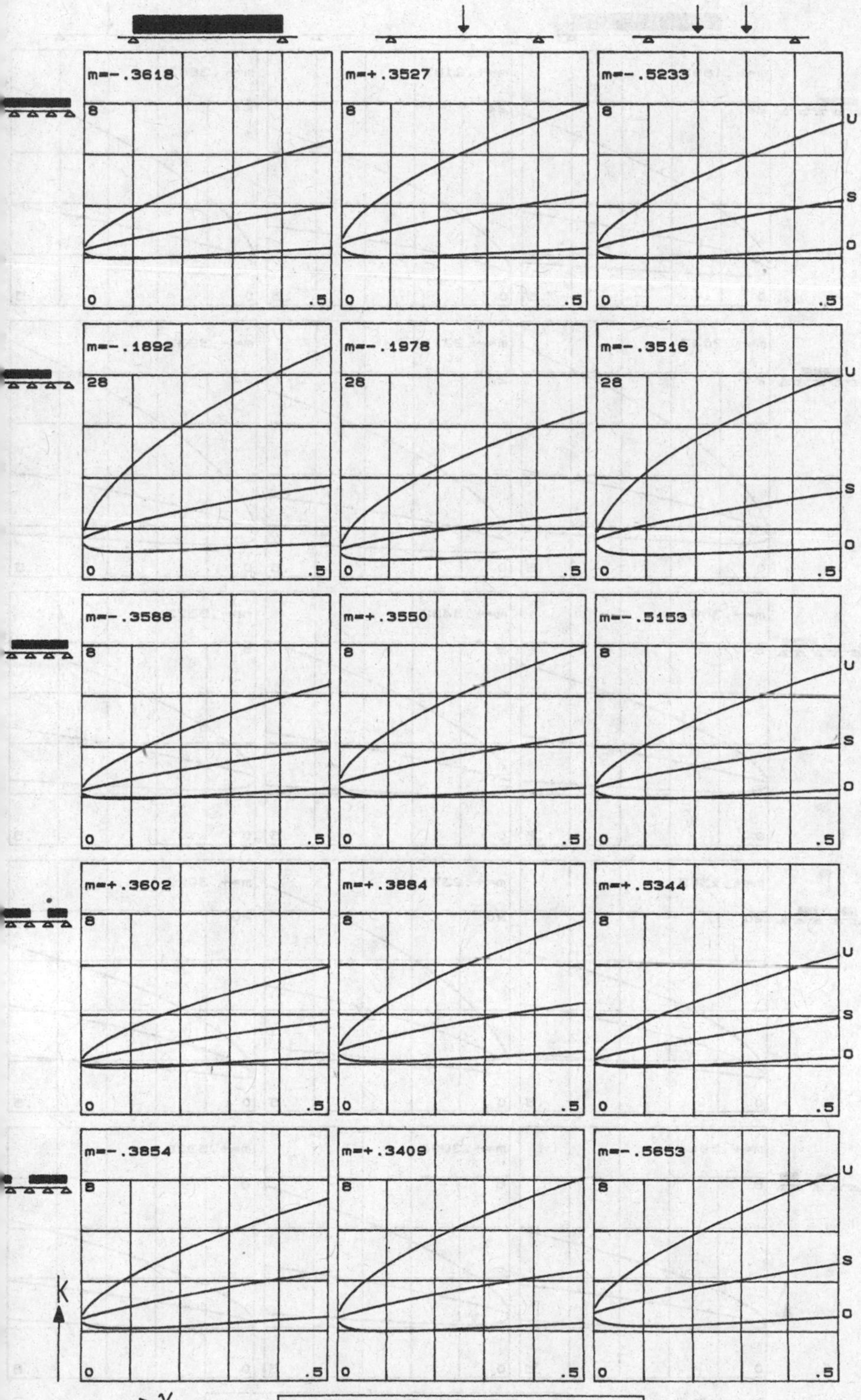
m=-.3618
m=+.3527
m=-.5233
m=-.1892
m=-.1978
m=-.3516
m=-.3588
m=+.3550
m=-.5153
m=+.3602
m=+.3884
m=+.5344
m=-.3854
m=+.3409
m=-.5653
8
28
0
.5
U
S
O
K
X

TAFEL F/IV 57 : L-1.5L-1.25L-2L

F
IV

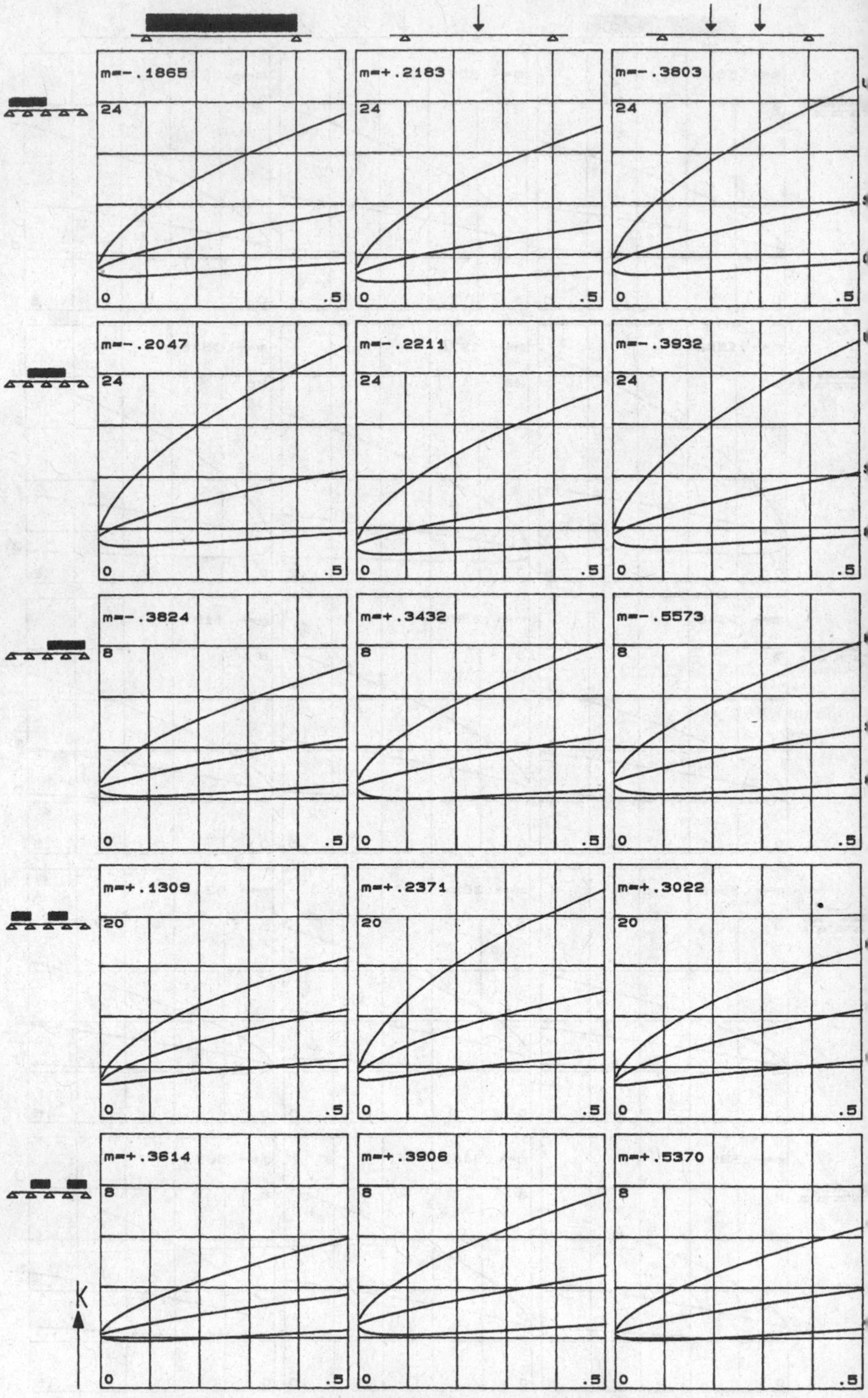

m=-.1865
24
0
.5
m=+.2183
24
0
.5
m=-.3803
24
0
.5
m=-.2047
24
0
.5
m=-.2211
24
0
.5
m=-.3932
24
0
.5
m=-.3824
8
0
.5
m=+.3432
8
0
.5
m=-.5573
8
0
.5
m=+.1309
20
0
.5
m=+.2371
20
0
.5
m=+.3022
20
0
.5
m=+.3614
8
0
.5
m=+.3906
8
0
.5
m=+.5370
8
0
.5
K
X

TAFEL F/IV 57 : L-1.5L-1.25L-2L

F IV

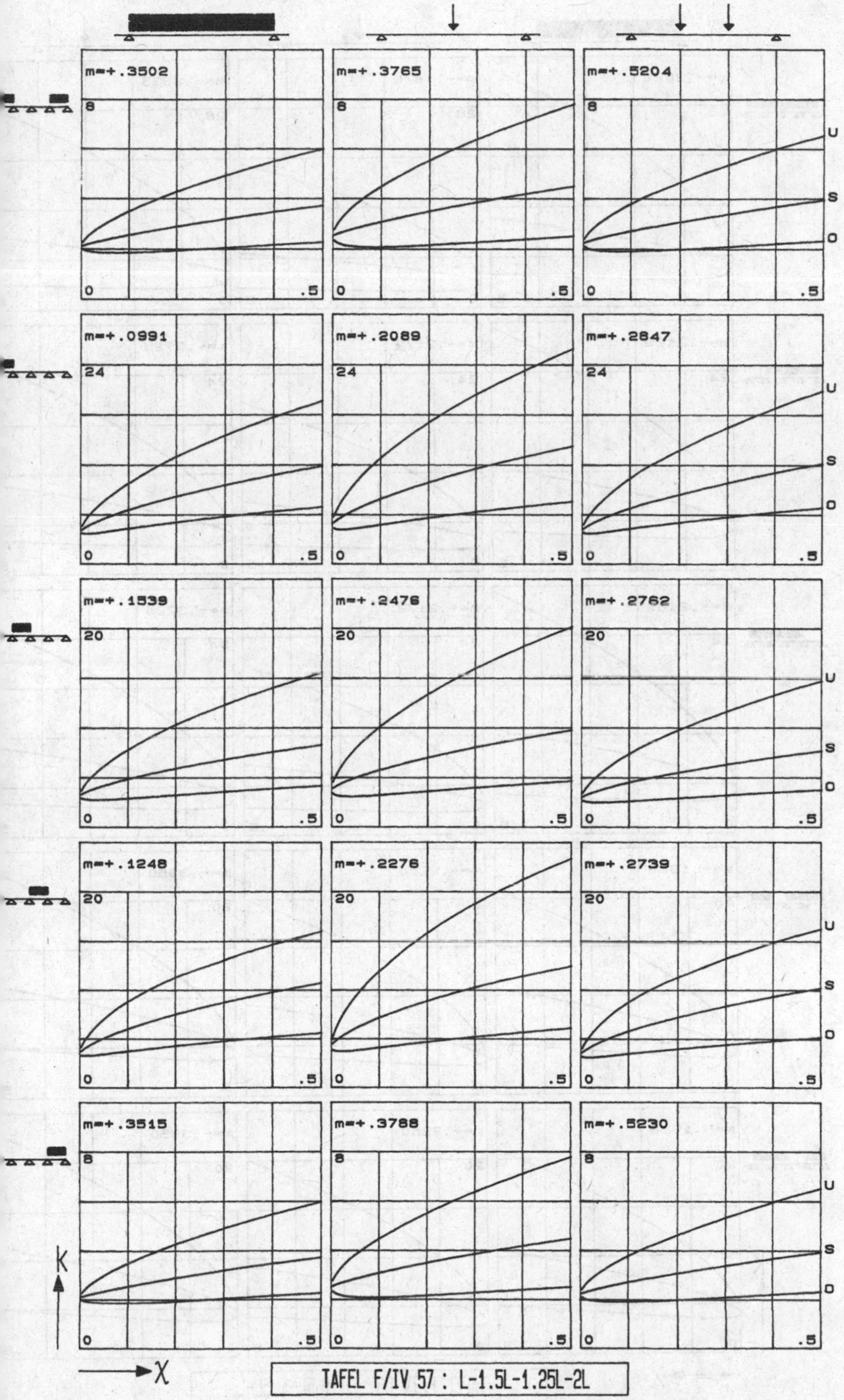
m=+.3502
m=+.3765
m=+.5204
m=+.0991
m=+.2089
m=+.2847
m=+.1539
m=+.2476
m=+.2762
m=+.1248
m=+.2276
m=+.2739
m=+.3515
m=+.3788
m=+.5230
U
S
O
K
X
TAFEL F/IV 57 : L-1.5L-1.25L-2L

F IV

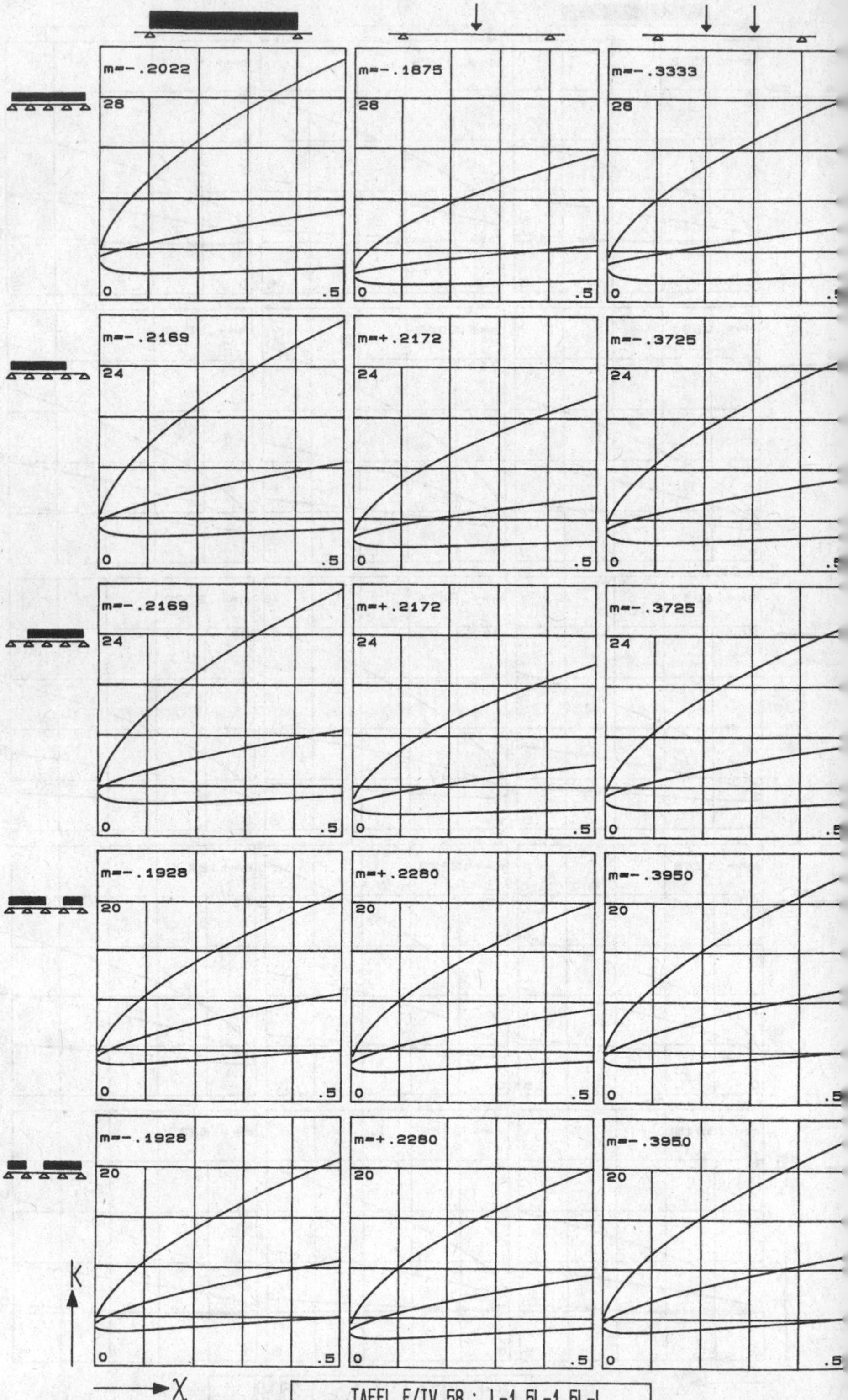

m=-.2022
28
0
.5
m=-.1875
28
0
.5
m=-.3333
28
0
m=-.2169
24
0
.5
m=+.2172
24
0
.5
m=-.3725
24
0
m=-.2169
24
0
.5
m=+.2172
24
0
.5
m=-.3725
24
0
m=-.1928
20
0
.5
m=+.2280
20
0
.5
m=-.3950
20
0
m=-.1928
20
0
.5
m=+.2280
20
0
.5
m=-.3950
20
0
K
X

TAFEL F/IV 58 : L-1.5L-1.5L-L

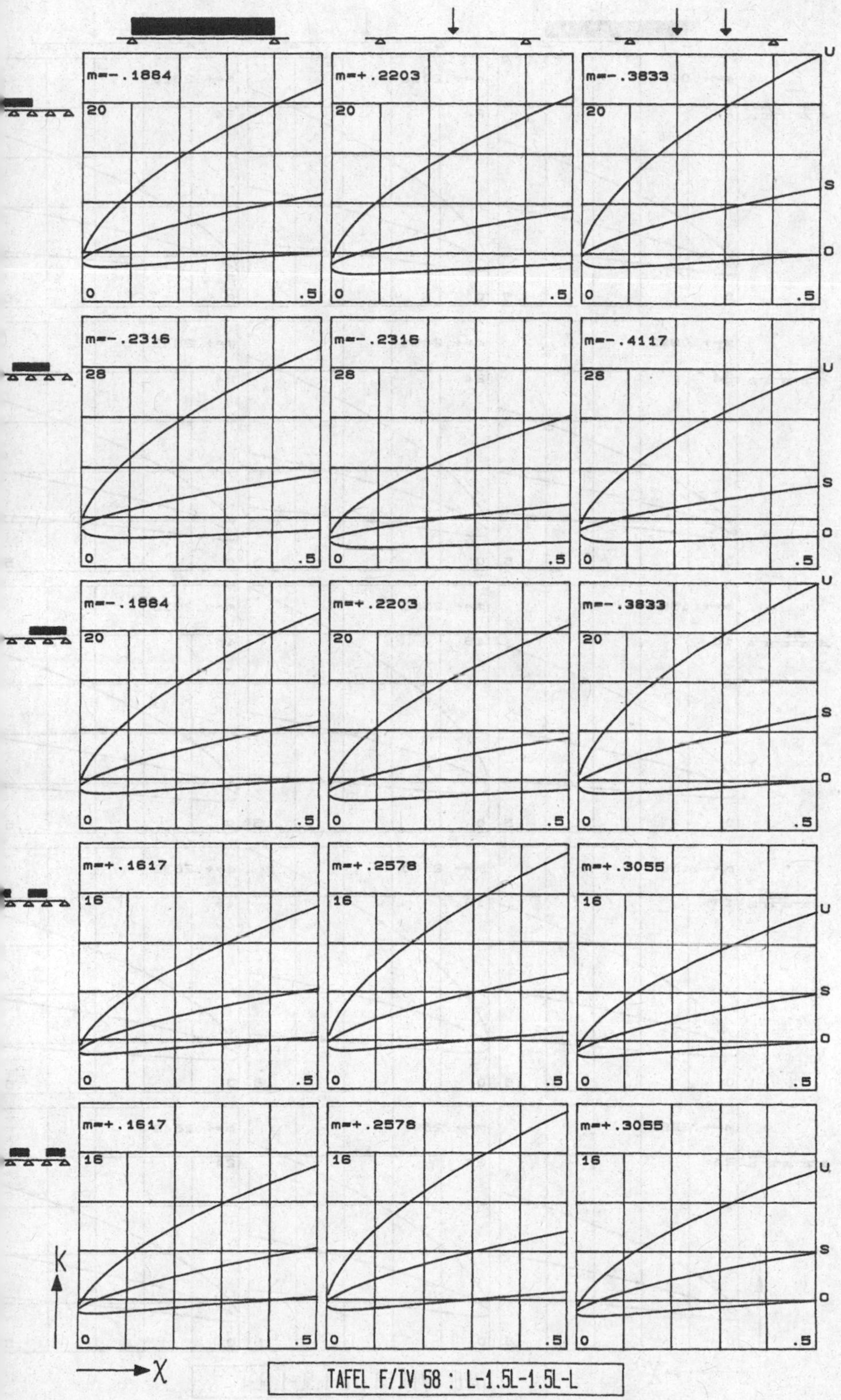
m=-.1884
20
0
.5
m=+.2203
20
0
.5
m=-.3833
20
0
.5
U
S
O
m=-.2316
28
0
.5
m=-.2316
28
0
.5
m=-.4117
28
0
.5
U
S
O
m=-.1884
20
0
.5
m=+.2203
20
0
.5
m=-.3833
20
0
.5
U
S
O
m=+.1617
16
0
.5
m=+.2578
16
0
.5
m=+.3055
16
0
.5
U
S
O
m=+.1617
16
0
.5
m=+.2578
16
0
.5
m=+.3055
16
0
.5
U
S
O
K
X

TAFEL F/IV 58 : L-1.5L-1.5L-L

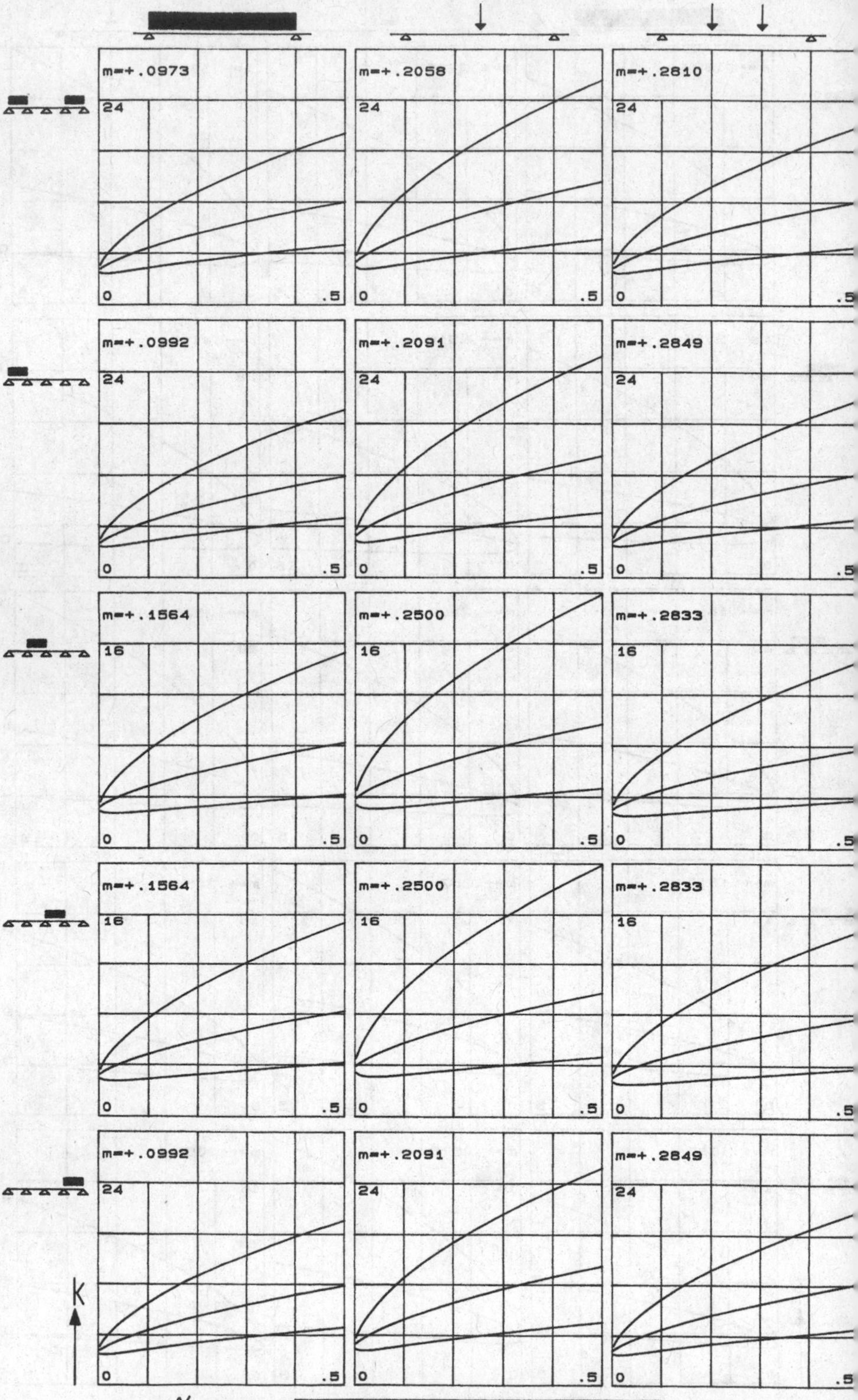

m=+.0973
m=+.2056
m=+.2810
m=+.0992
m=+.2091
m=+.2849
m=+.1564
m=+.2500
m=+.2833
m=+.1564
m=+.2500
m=+.2833
m=+.0992
m=+.2091
m=+.2849
24
16
0
.5
K
X

TAFEL F/IV 58 : L-1.5L-1.5L-L

F IV

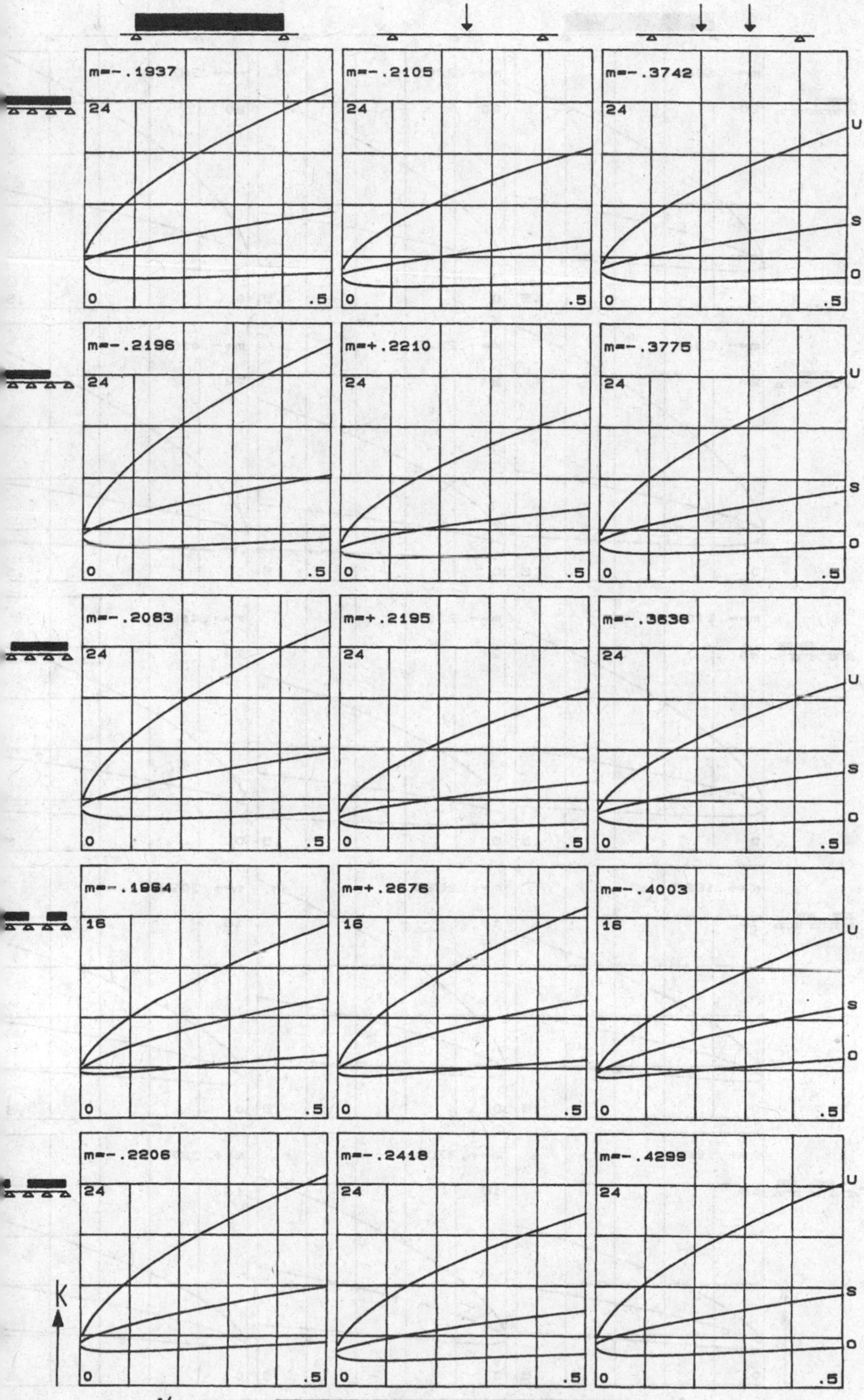

m=-.1937
24
0
.5
m=-.2105
24
0
.5
m=-.3742
24
0
.5
U
S
O
m=-.2196
24
0
.5
m=+.2210
24
0
.5
m=-.3775
24
0
.5
U
S
O
m=-.2083
24
0
.5
m=+.2195
24
0
.5
m=-.3636
24
0
.5
U
S
O
m=-.1964
16
0
.5
m=+.2676
16
0
.5
m=-.4003
16
0
.5
U
S
O
m=-.2206
24
0
.5
m=-.2418
24
0
.5
m=-.4299
24
0
.5
U
S
O
K
X

TAFEL F/IV 59 : L-1.5L-1.5L-1.25L

F IV

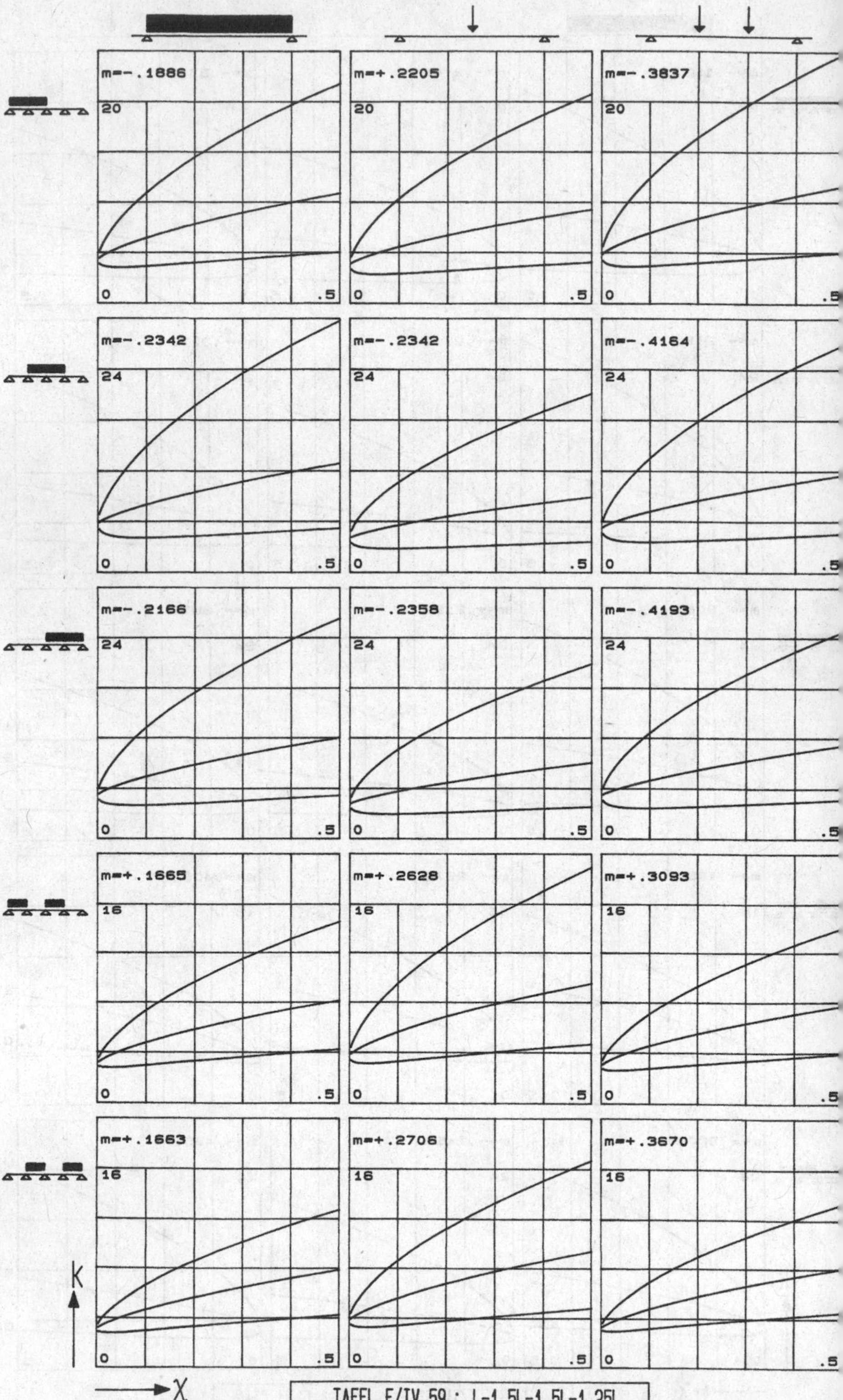
m=-.1886
20
0
.5
m=+.2205
20
0
.5
m=-.3837
20
0
.5
m=-.2342
24
0
.5
m=-.2342
24
0
.5
m=-.4164
24
0
.5
m=-.2166
24
0
.5
m=-.2358
24
0
.5
m=-.4193
24
0
.5
m=+.1665
16
0
.5
m=+.2628
16
0
.5
m=+.3093
16
0
.5
m=+.1663
16
0
.5
m=+.2706
16
0
.5
m=+.3670
16
0
.5
K
X

TAFEL F/IV 59 : L-1.5L-1.5L-1.25L

F IV

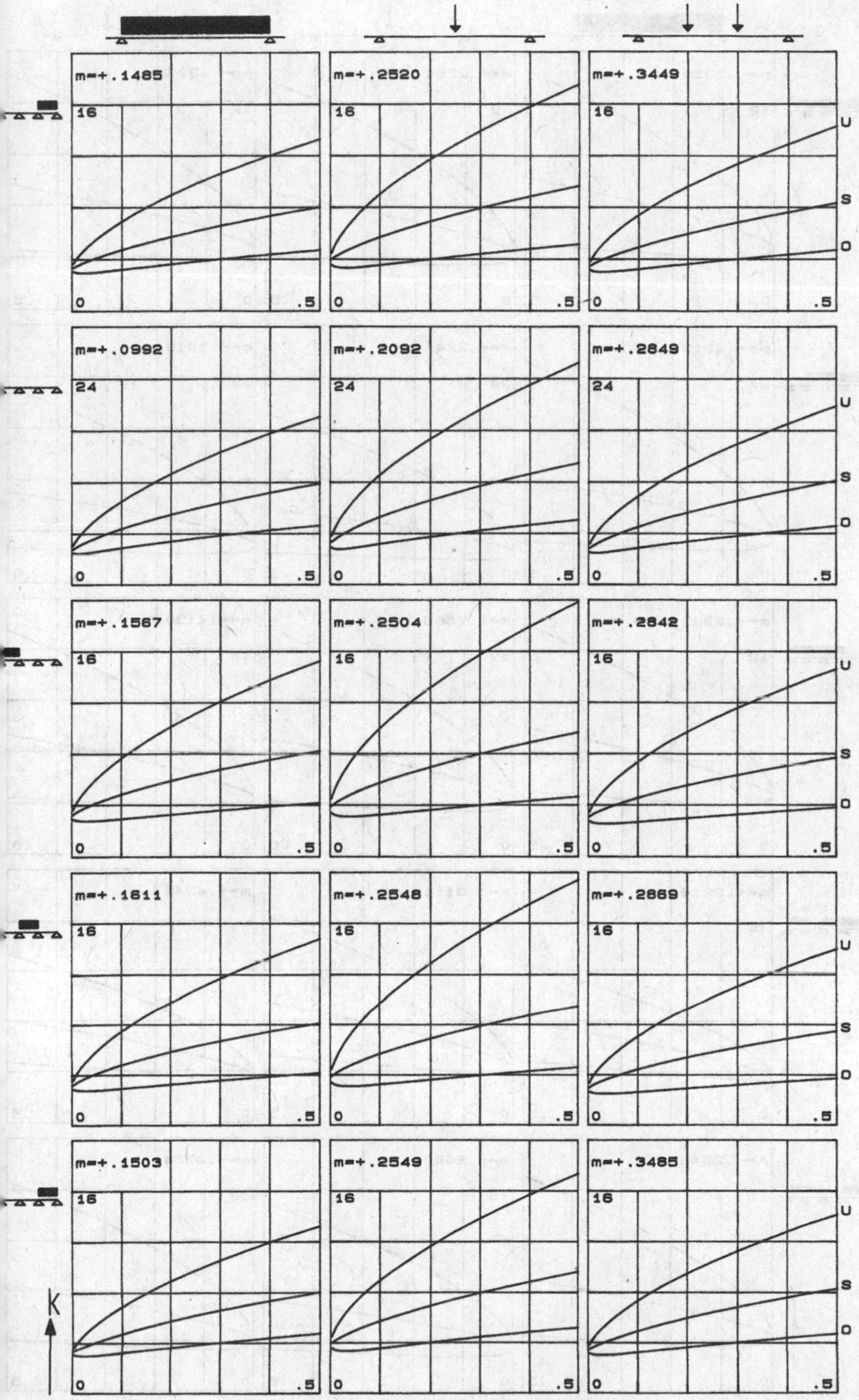
m=+.1485
m=+.2520
m=+.3449
m=+.0992
m=+.2092
m=+.2849
m=+.1567
m=+.2504
m=+.2842
m=+.1611
m=+.2548
m=+.2869
m=+.1503
m=+.2549
m=+.3485
16
24
U
S
O
0
.5
K
X

TAFEL F/IV 59 : L-1.5L-1.5L-1.25L

F IV

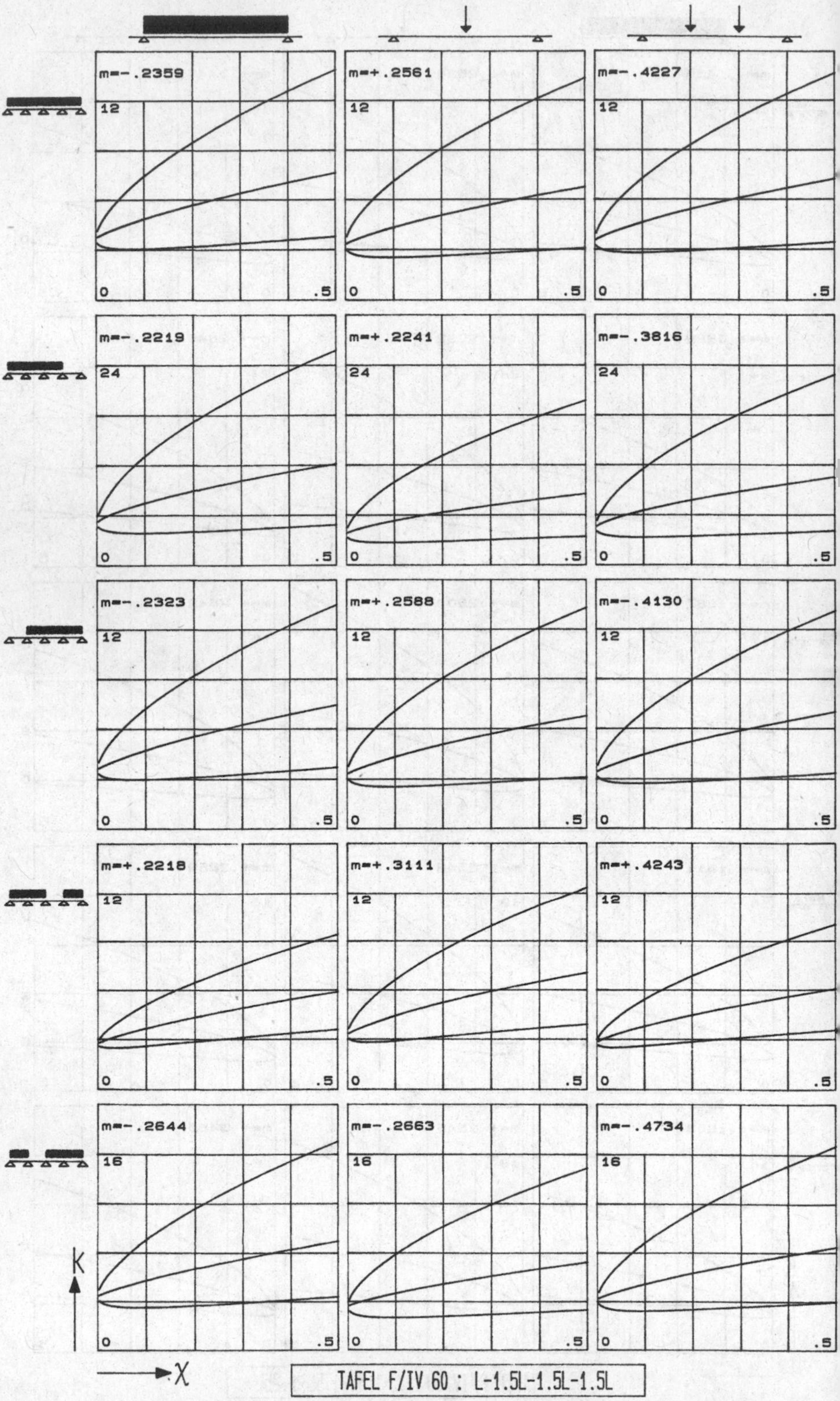
m=-.2359
12
m=+.2561
12
m=-.4227
12
m=-.2219
24
m=+.2241
24
m=-.3816
24
m=-.2323
12
m=+.2588
12
m=-.4130
12
m=+.2218
12
m=+.3111
12
m=+.4243
12
m=-.2644
16
m=-.2663
16
m=-.4734
16
0
.5
K
X
TAFEL F/IV 60 : L-1.5L-1.5L-1.5L

F
IV

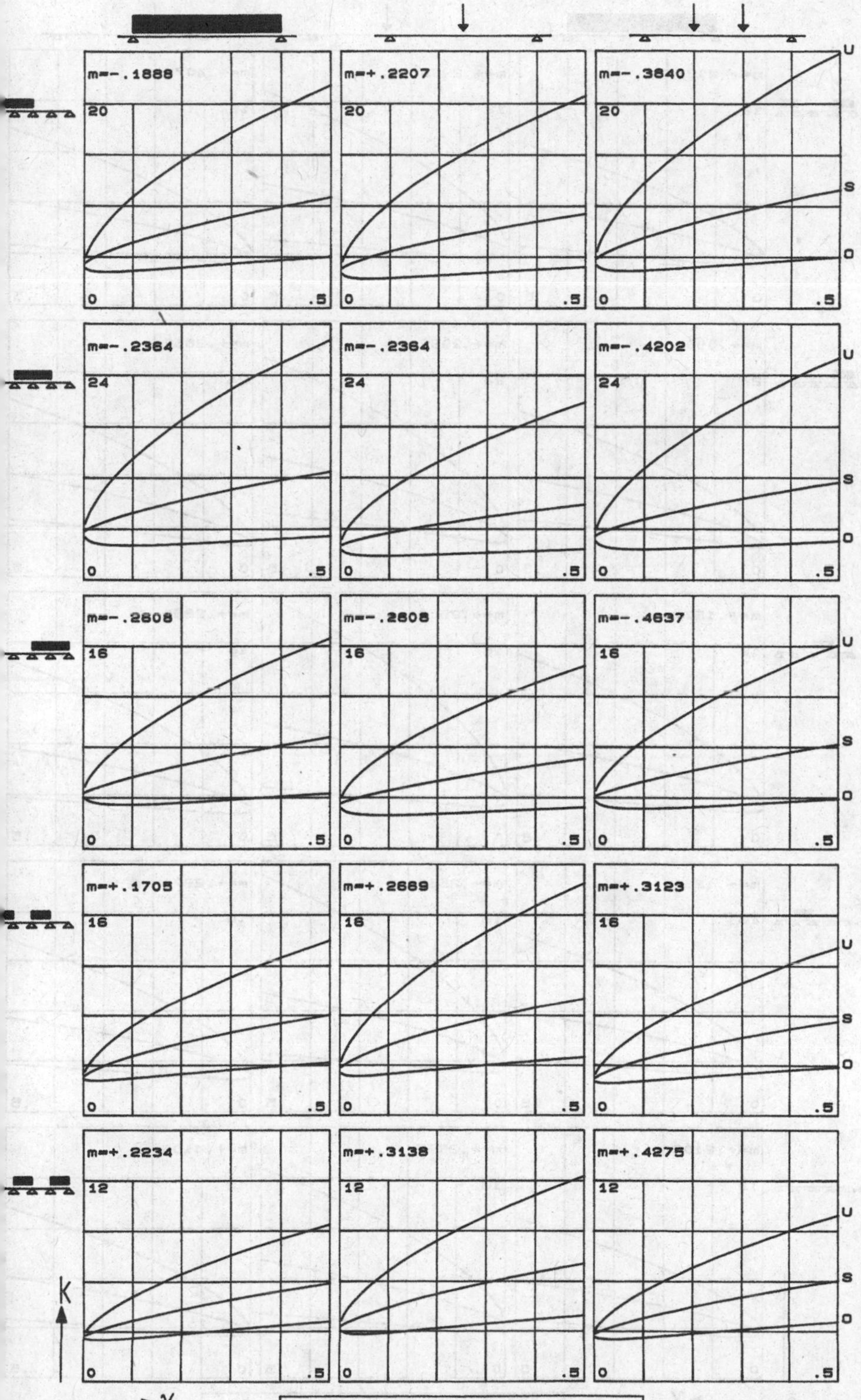

m=-.1888
m=+.2207
m=-.3840
m=-.2364
m=-.2364
m=-.4202
m=-.2608
m=-.2608
m=-.4637
m=+.1705
m=+.2669
m=+.3123
m=+.2234
m=+.3138
m=+.4275
20
24
16
12
0
.5
U
S
O
K
X

TAFEL F/IV 60 : L-1.5L-1.5L-1.5L

F IV

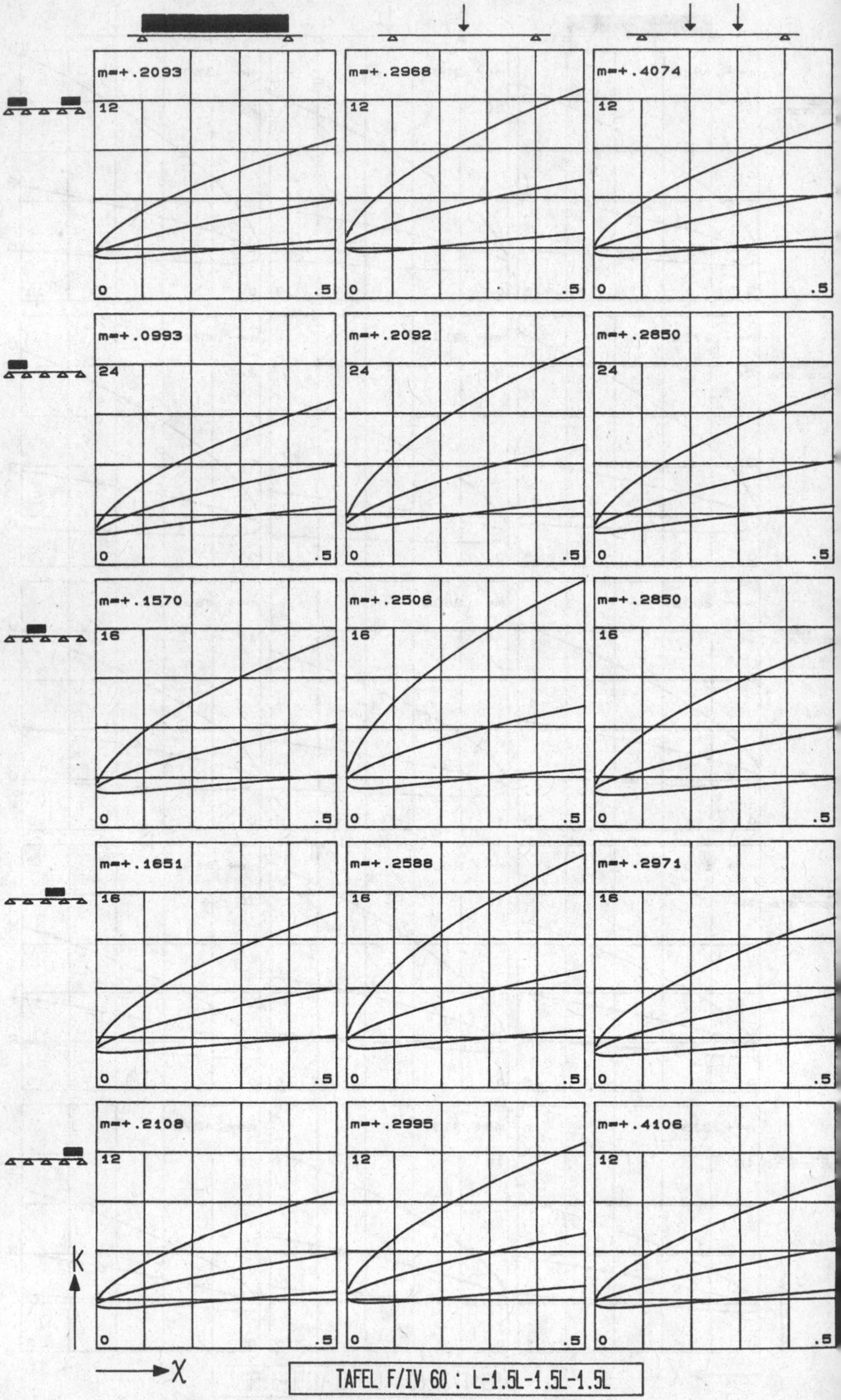
m=+.2093
12
0
.5
m=+.2968
12
0
.5
m=+.4074
12
0
.5
m=+.0993
24
0
.5
m=+.2092
24
0
.5
m=+.2850
24
0
.5
m=+.1570
16
0
.5
m=+.2506
16
0
.5
m=+.2850
16
0
.5
m=+.1651
16
0
.5
m=+.2588
16
0
.5
m=+.2971
16
0
.5
m=+.2108
12
0
.5
m=+.2995
12
0
.5
m=+.4106
12
0
.5
K
X

TAFEL F/IV 60 : L-1.5L-1.5L-1.5L

F
IV

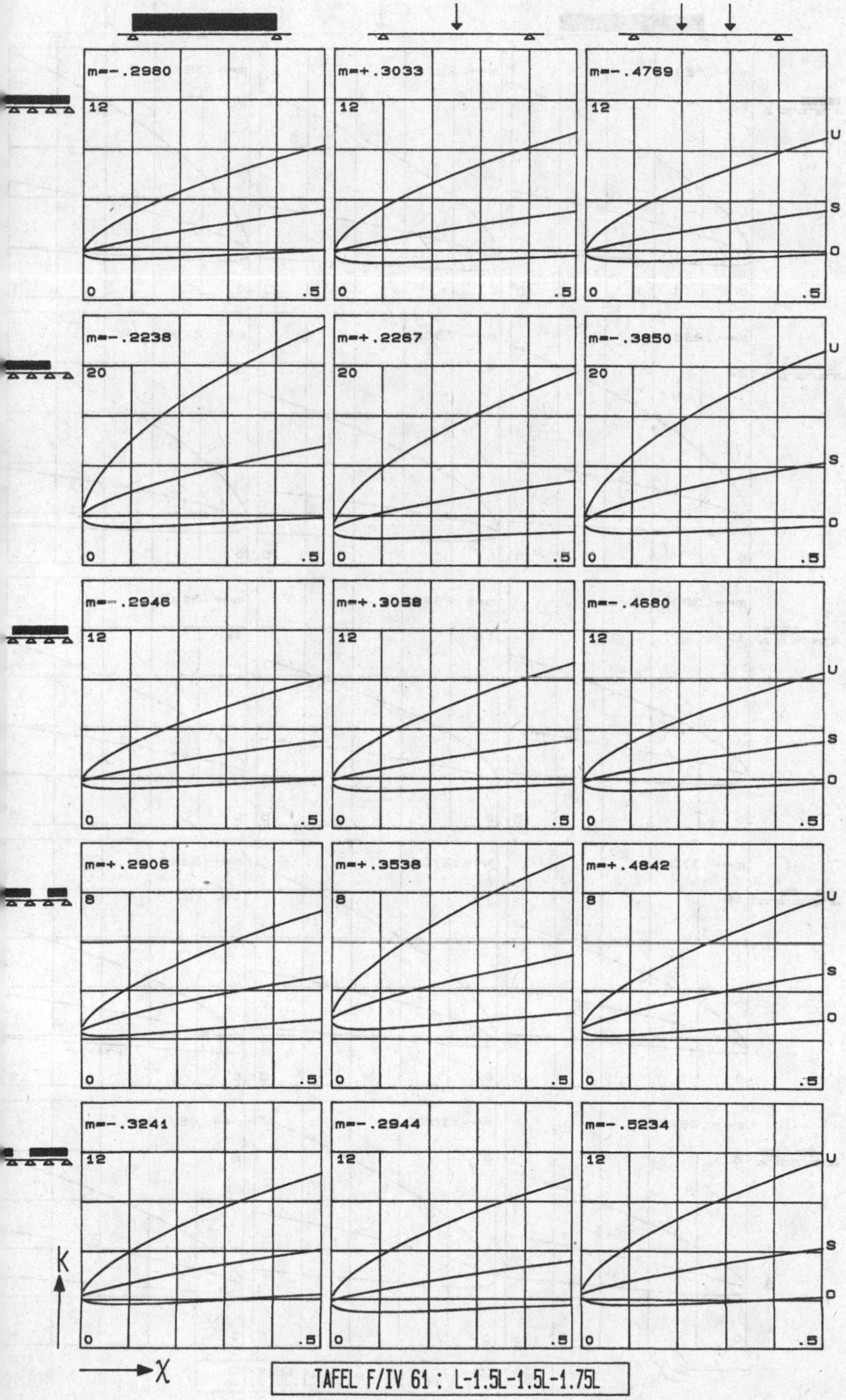

m=-.2980
12
0
.5
m=+.3033
12
0
.5
m=-.4769
12
U
S
O
0
.5
m=-.2238
20
0
.5
m=+.2267
20
0
.5
m=-.3850
20
U
S
O
0
.5
m=-.2946
12
0
.5
m=+.3058
12
0
.5
m=-.4680
12
U
S
O
0
.5
m=+.2906
8
0
.5
m=+.3538
8
0
.5
m=+.4842
8
U
S
O
0
.5
m=-.3241
12
0
.5
m=-.2944
12
0
.5
m=-.5234
12
U
S
O
0
.5
K
X

TAFEL F/IV 61 : L-1.5L-1.5L-1.75L

F IV

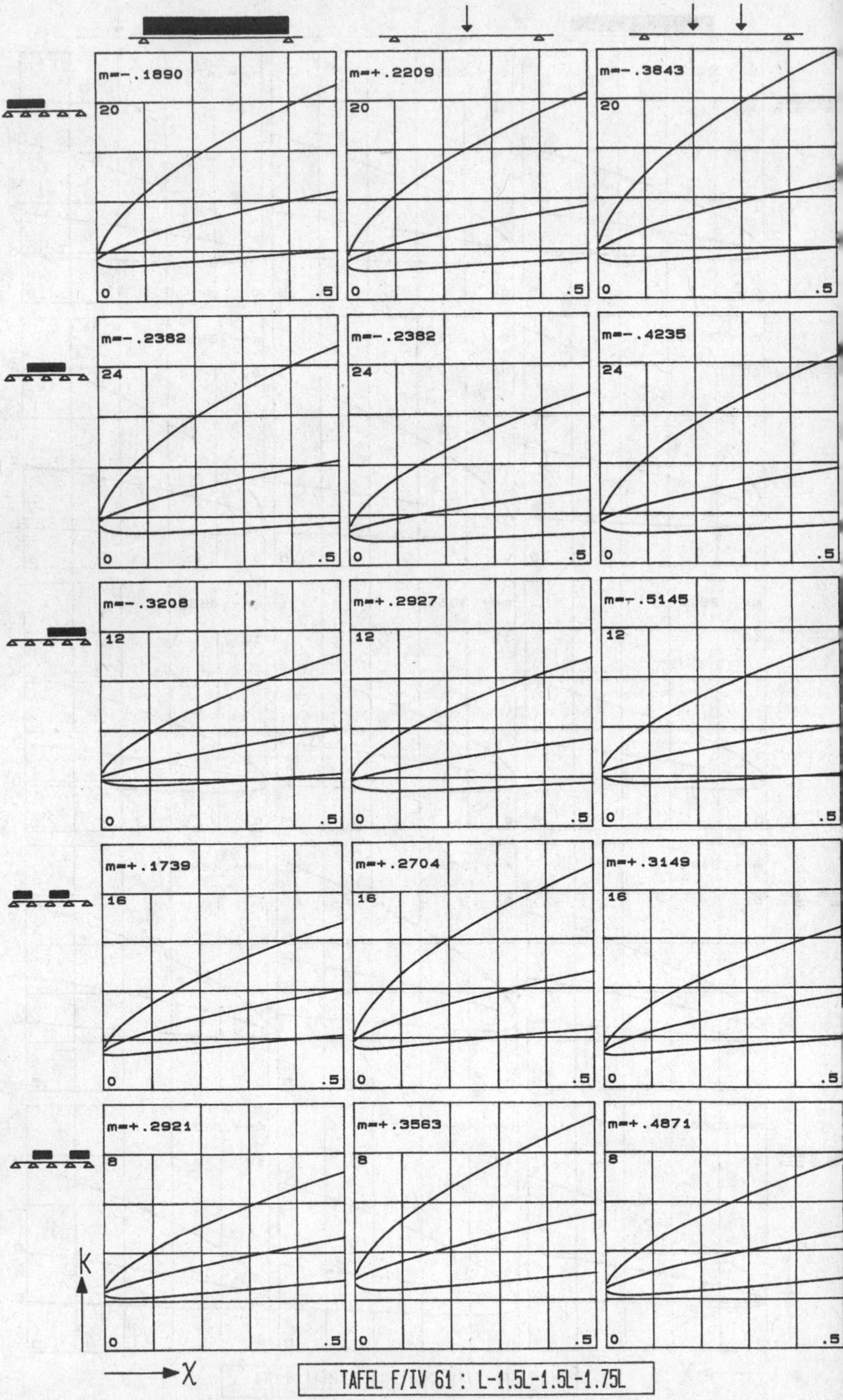

m=-.1890
20
0
.5
m=+.2209
20
0
.5
m=-.3843
20
0
.5
m=-.2382
24
0
.5
m=-.2382
24
0
.5
m=-.4235
24
0
.5
m=-.3208
12
0
.5
m=+.2927
12
0
.5
m=-.5145
12
0
.5
m=+.1739
16
0
.5
m=+.2704
16
0
.5
m=+.3149
16
0
.5
m=+.2921
8
0
.5
m=+.3563
8
0
.5
m=+.4871
8
0
.5
K
X

TAFEL F/IV 61 : L-1.5L-1.5L-1.75L

F IV

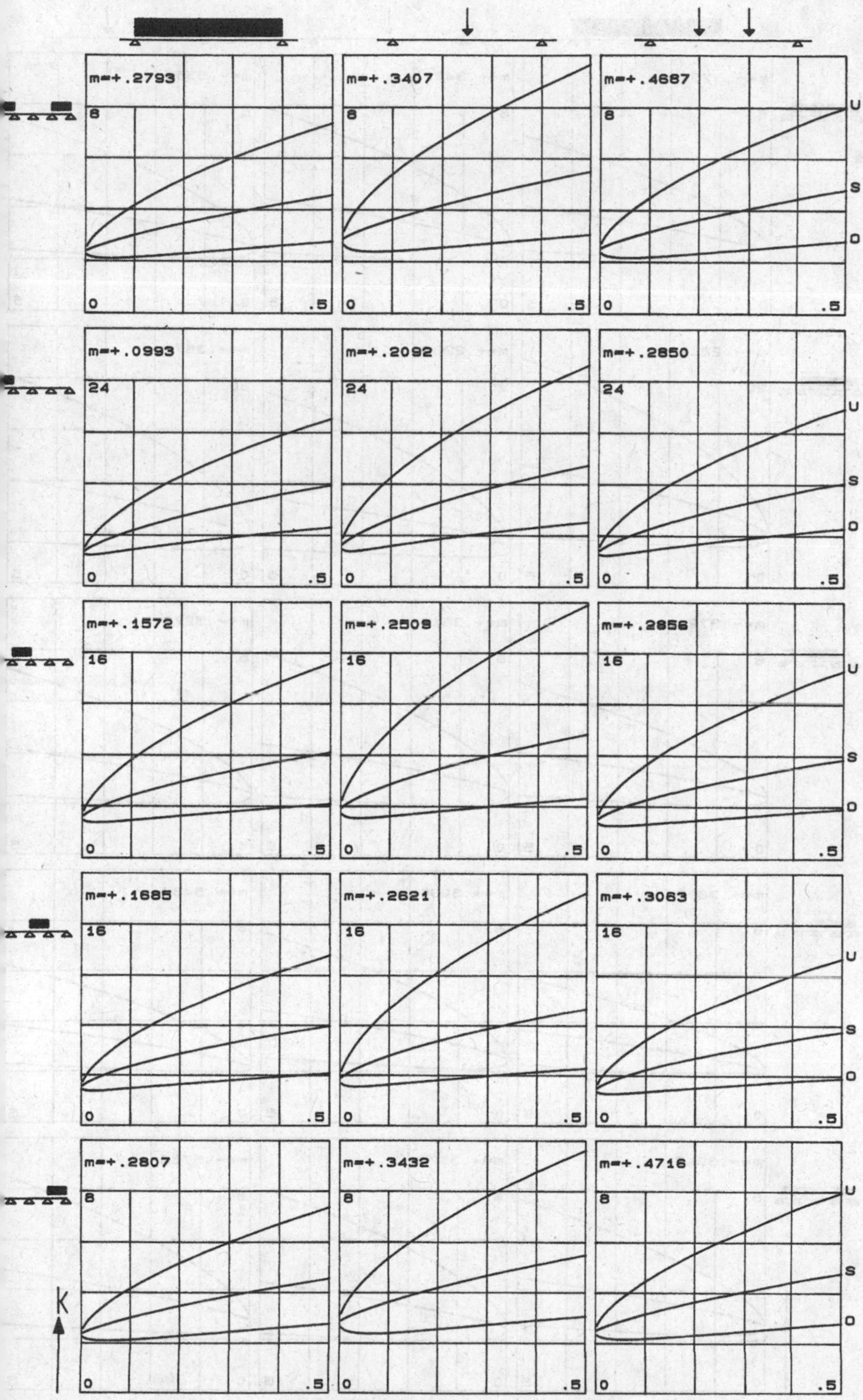
m=+.2793
8
0
.5
m=+.3407
8
0
.5
m=+.4687
8
0
.5
U
S
O
m=+.0993
24
0
.5
m=+.2092
24
0
.5
m=+.2850
24
0
.5
U
S
O
m=+.1572
16
0
.5
m=+.2509
16
0
.5
m=+.2856
16
0
.5
U
S
O
m=+.1685
16
0
.5
m=+.2621
16
0
.5
m=+.3063
16
0
.5
U
S
O
m=+.2807
8
0
.5
m=+.3432
8
0
.5
m=+.4716
8
0
.5
U
S
O
K
X

TAFEL F/IV 61 : L-1.5L-1.5L-1.75L

F IV

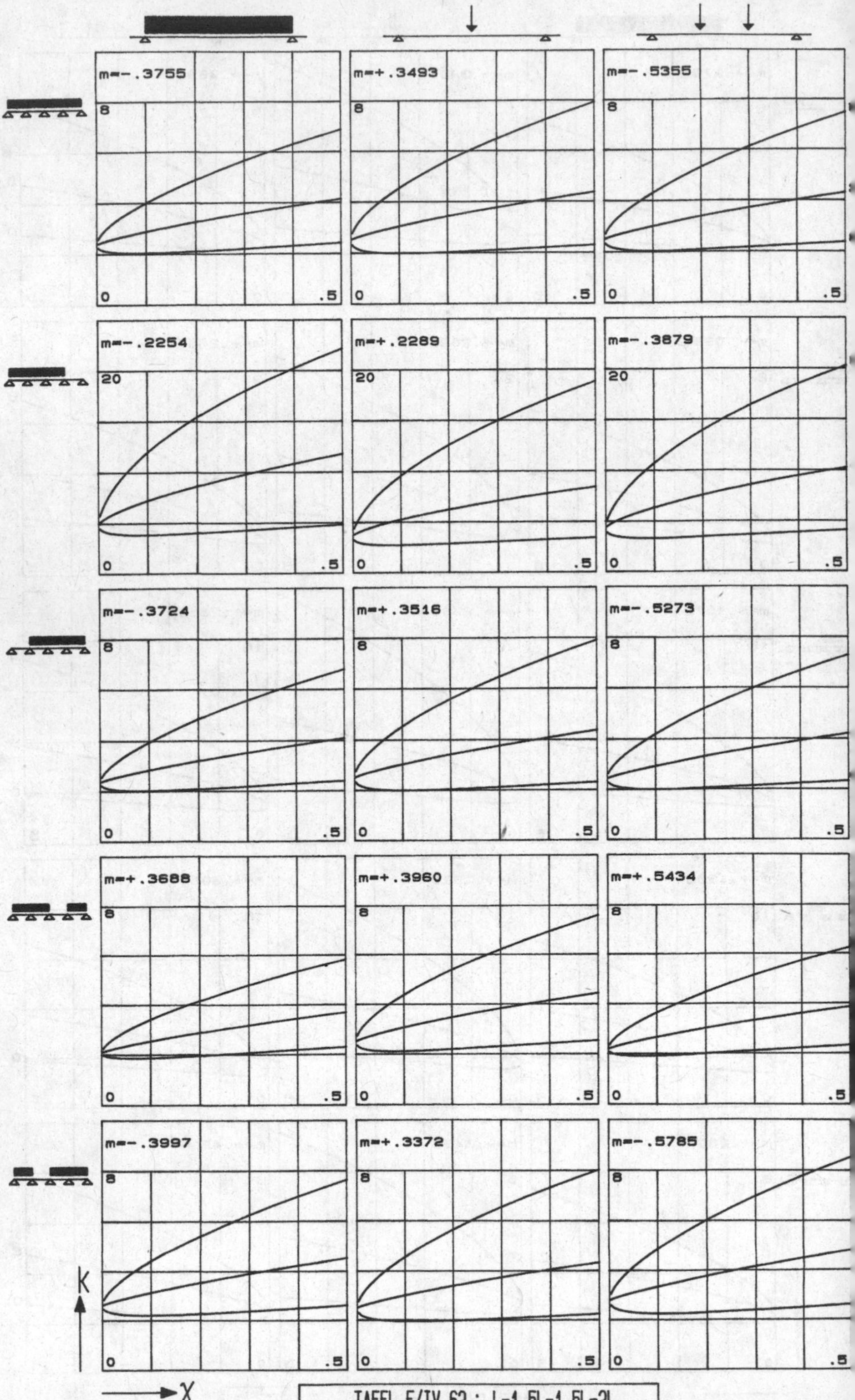
m=-.3755
8
0
.5
m=+.3493
m=-.5355
m=-.2254
20
m=+.2289
m=-.3879
m=-.3724
m=+.3516
m=-.5273
m=+.3688
m=+.3960
m=+.5434
m=-.3997
m=+.3372
m=-.5785
K
X

TAFEL F/IV 62 : L-1.5L-1.5L-2L

F IV

IV

m=-.1891
20
0 .5
U
S
O

m=+.2211
20
0 .5

m=-.3845
20
0 .5
U
S
O

m=-.2397
20
0 .5

m=-.2397
20
0 .5

m=-.4262
20
0 .5
U
S
O

m=-.3966
8
0 .5

m=+.3395
8
0 .5

m=-.5703
8
0 .5
U
S
O

m=+.1768
16
0 .5

m=+.2733
16
0 .5

m=+.3214
16
0 .5
U
S
O

m=+.3701
8
0 .5

m=+.3983
8
0 .5

m=+.5462
8
0 .5
U
S
O

K

X

261

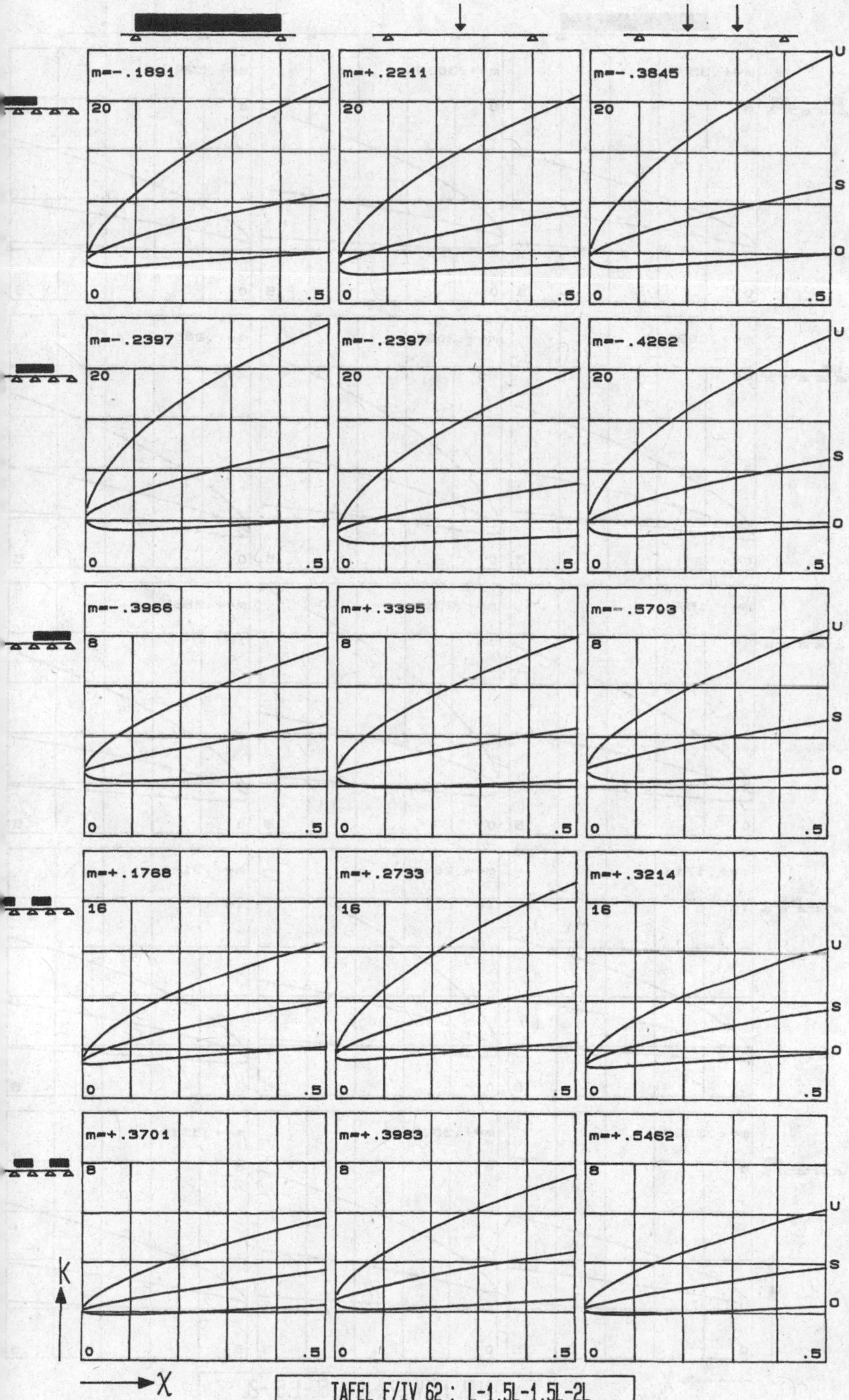

TAFEL F/IV 62 : L-1.5L-1.5L-2L

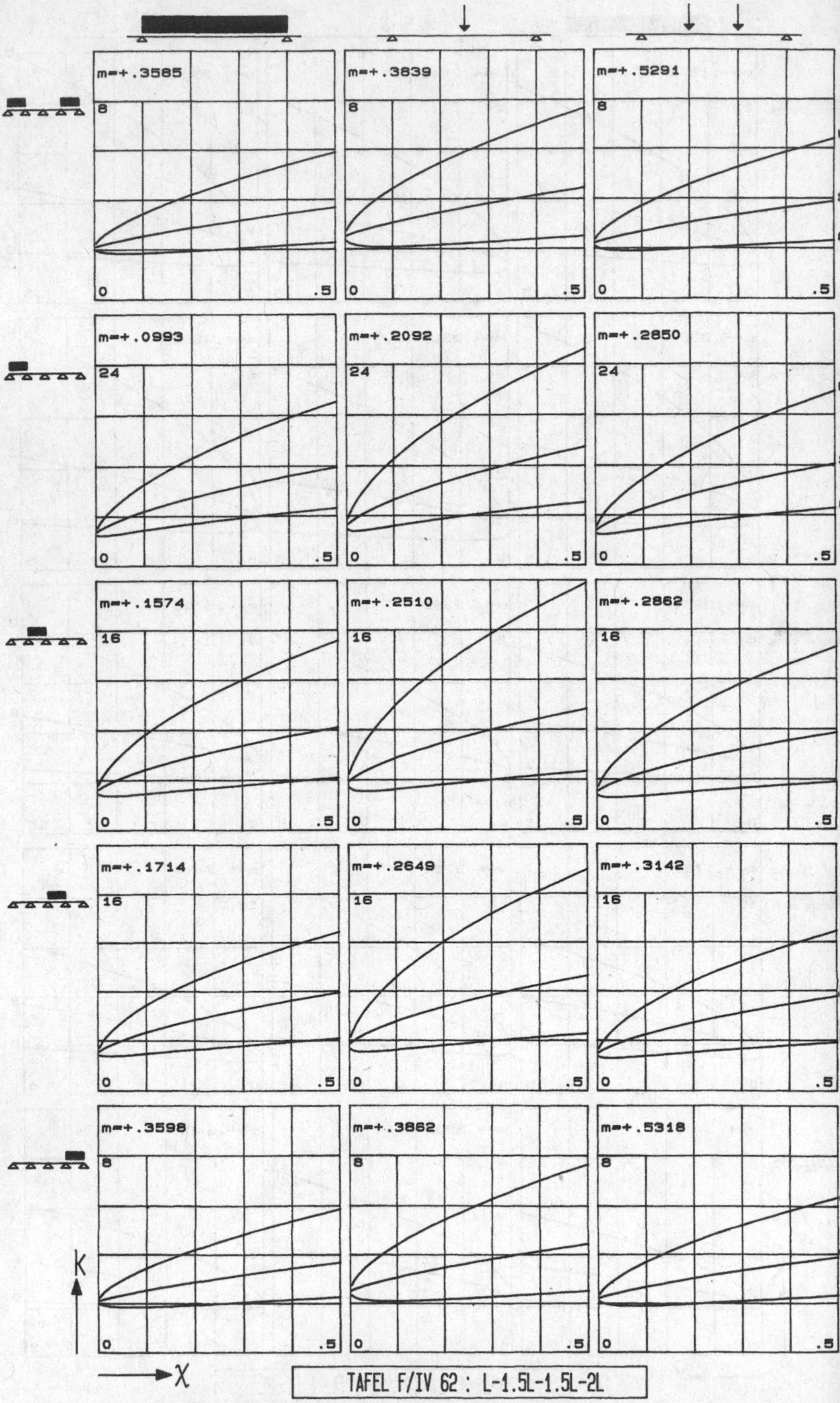

m=+.3585
8
0
.5
m=+.3839
8
0
.5
m=+.5291
8
0
.5
m=+.0993
24
0
.5
m=+.2092
24
0
.5
m=+.2850
24
0
.5
m=+.1574
16
0
.5
m=+.2510
16
0
.5
m=+.2862
16
0
.5
m=+.1714
16
0
.5
m=+.2649
16
0
.5
m=+.3142
16
0
.5
m=+.3598
8
0
.5
m=+.3862
8
0
.5
m=+.5318
8
0
.5
K
X

F
IV

TAFEL F/IV 62 : L-1.5L-1.5L-2L

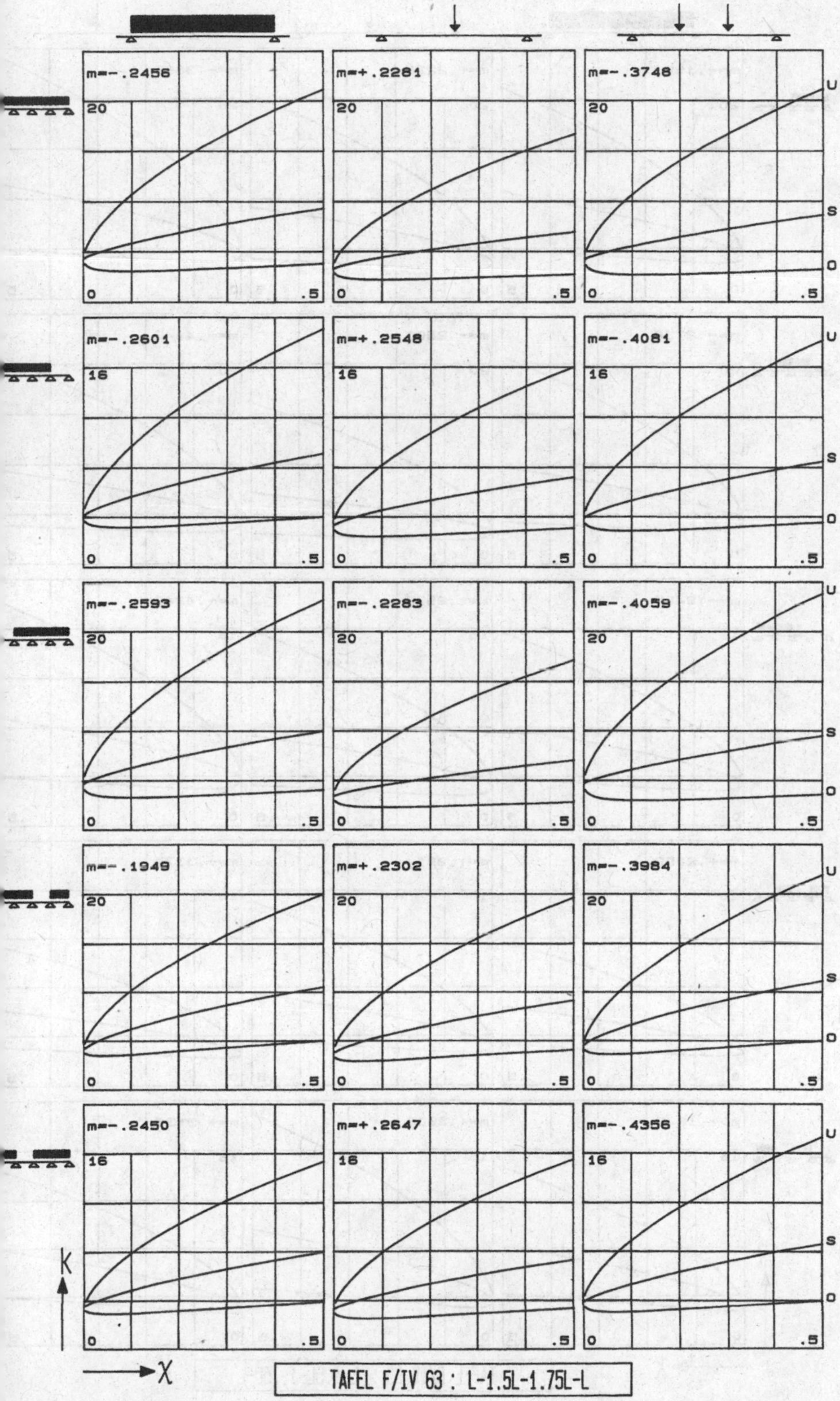
m=-.2456
m=+.2281
m=-.3746
20
0
.5
U
S
O
m=-.2601
m=+.2548
m=-.4081
16
m=-.2593
m=-.2283
m=-.4059
m=-.1949
m=+.2302
m=-.3984
m=-.2450
m=+.2647
m=-.4356
K
X

TAFEL F/IV 63 : L-1.5L-1.75L-L

F IV

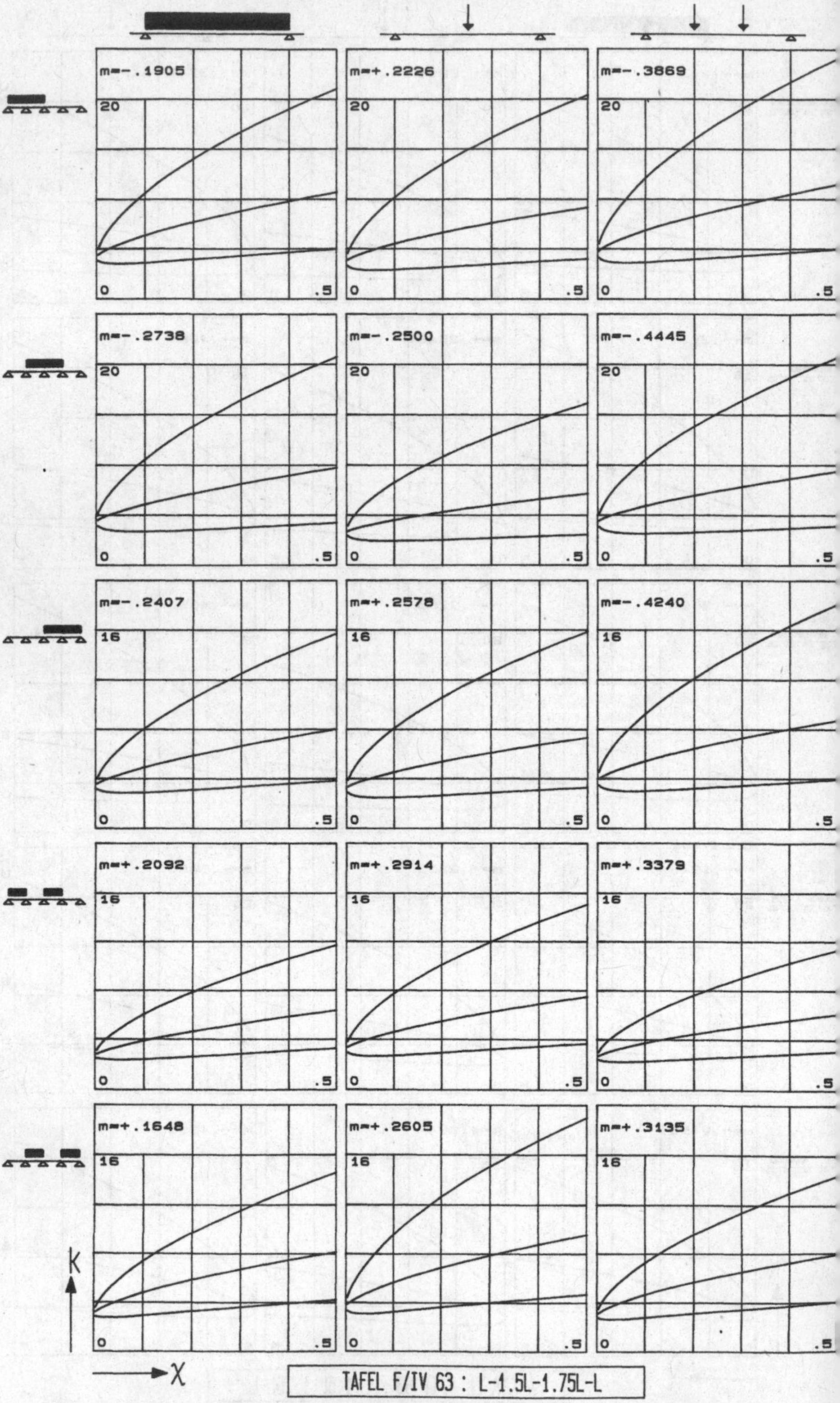
m=-.1905
m=+.2226
m=-.3869
m=-.2738
m=-.2500
m=-.4445
m=-.2407
m=+.2578
m=-.4240
m=+.2092
m=+.2914
m=+.3379
m=+.1648
m=+.2605
m=+.3135
20
16
0
.5
K
X

TAFEL F/IV 63 : L-1.5L-1.75L-L

F IV

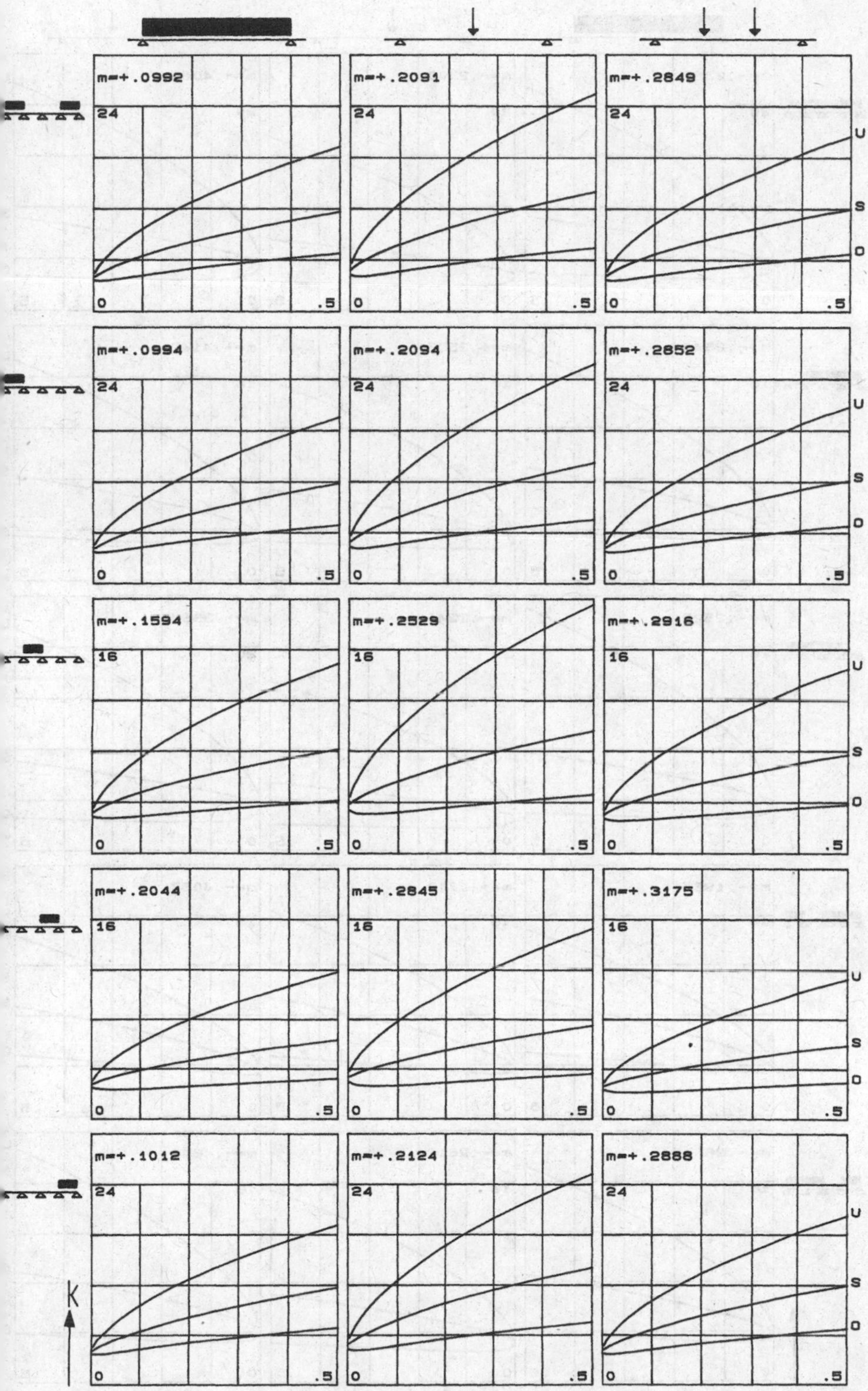

m=+.0992
24
0
.5
m=+.2091
24
0
.5
m=+.2849
24
0
.5
U
S
O
m=+.0994
24
0
.5
m=+.2094
24
0
.5
m=+.2852
24
0
.5
U
S
O
m=+.1594
16
0
.5
m=+.2529
16
0
.5
m=+.2916
16
0
.5
U
S
O
m=+.2044
16
0
.5
m=+.2845
16
0
.5
m=+.3175
16
0
.5
U
S
O
m=+.1012
24
0
.5
m=+.2124
24
0
.5
m=+.2888
24
0
.5
U
S
O
K
X

TAFEL F/IV 63 : L-1.5L-1.75L-L

F IV

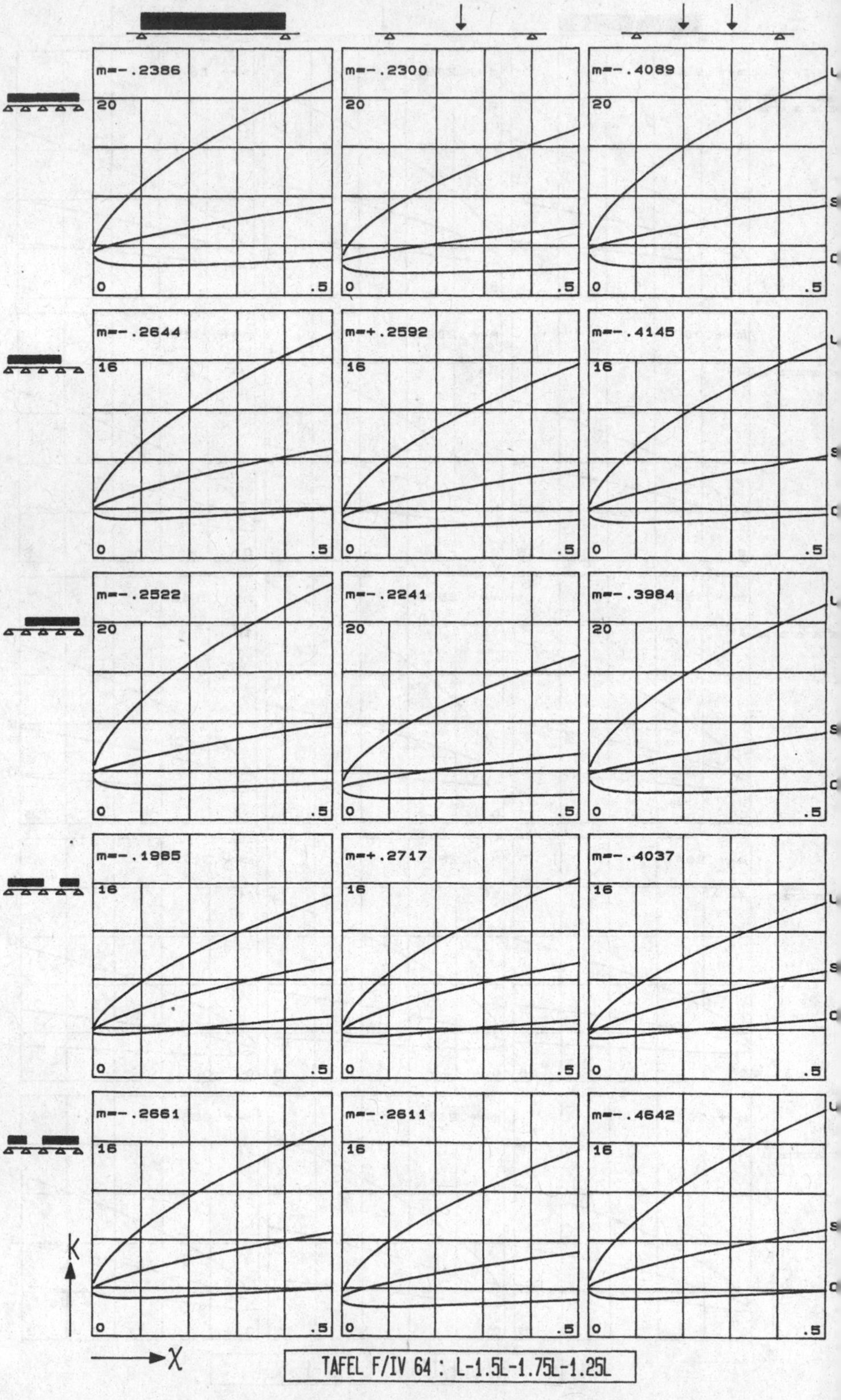

m=-.2386
20
0
.5
m=-.2300
20
0
.5
m=-.4089
20
0
.5
L
S
C
m=-.2644
16
0
.5
m=+.2592
16
0
.5
m=-.4145
16
0
.5
m=-.2522
20
0
.5
m=-.2241
20
0
.5
m=-.3984
20
0
.5
m=-.1985
16
0
.5
m=+.2717
16
0
.5
m=-.4037
16
0
.5
m=-.2661
16
0
.5
m=-.2611
16
0
.5
m=-.4642
16
0
.5
K
X

TAFEL F/IV 64 : L-1.5L-1.75L-1.25L

F V

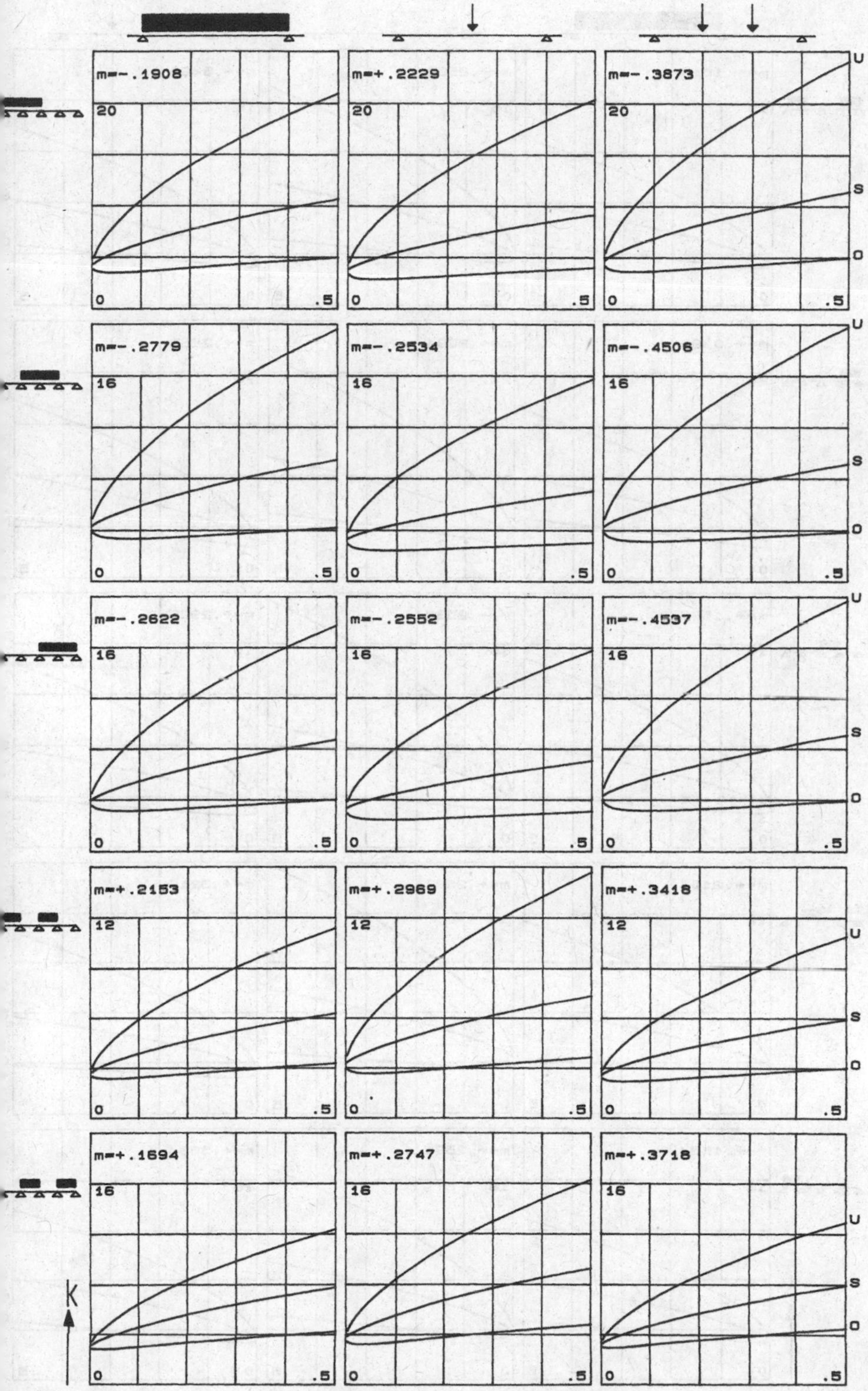
m=-.1908
20
m=+.2229
20
m=-.3873
20
U
S
O
0
.5
m=-.2779
16
m=-.2534
16
m=-.4506
16
m=-.2622
16
m=-.2552
16
m=-.4537
16
m=+.2153
12
m=+.2969
12
m=+.3418
12
m=+.1694
16
m=+.2747
16
m=+.3718
16
K
X

TAFEL F/IV 64 : L-1.5L-1.75L-1.25L

F IV

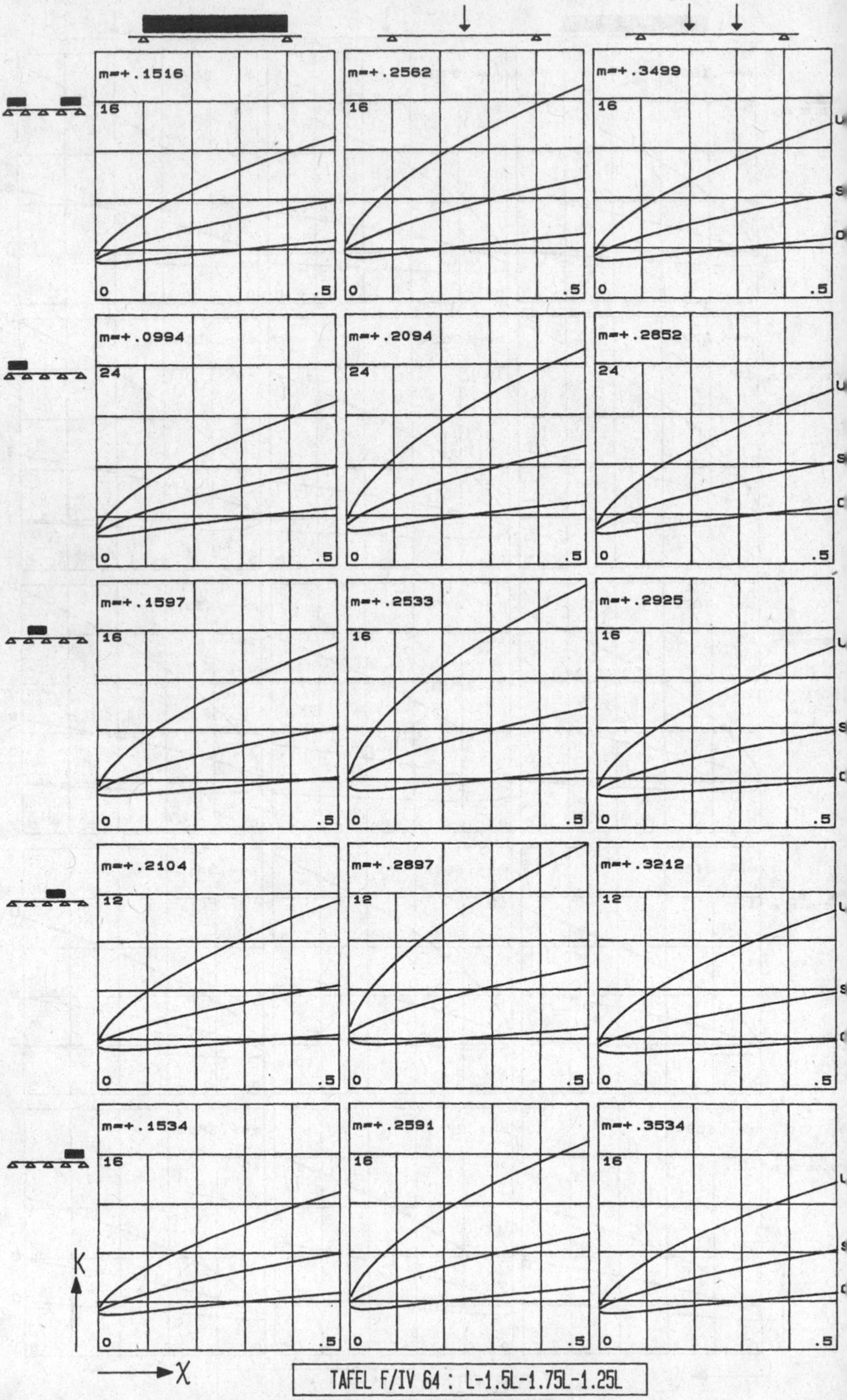
m=+.1516
16
m=+.2562
16
m=+.3499
16
m=+.0994
24
m=+.2094
24
m=+.2852
24
m=+.1597
16
m=+.2533
16
m=+.2925
16
m=+.2104
12
m=+.2897
12
m=+.3212
12
m=+.1534
16
m=+.2591
16
m=+.3534
16
0
.5
u
s
o
K
X
TAFEL F/IV 64 : L-1.5L-1.75L-1.25L

F
V

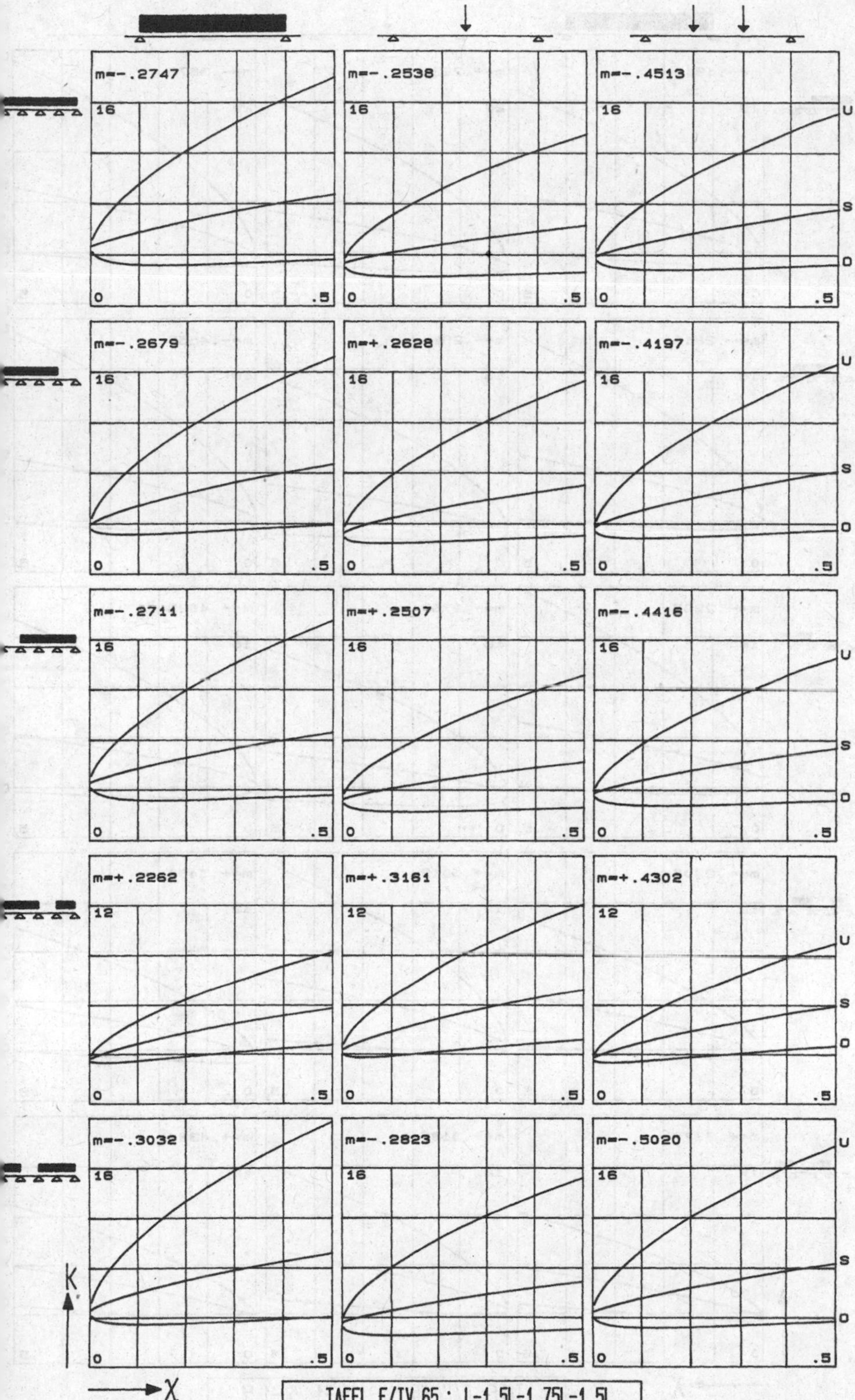

m=-.2747
16
0
.5
m=-.2538
16
0
.5
m=-.4513
16
U
S
O
0
.5
m=-.2679
16
0
.5
m=+.2628
16
0
.5
m=-.4197
16
U
S
O
0
.5
m=-.2711
16
0
.5
m=+.2507
16
0
.5
m=-.4416
16
U
S
O
0
.5
m=+.2262
12
0
.5
m=+.3161
12
0
.5
m=+.4302
12
U
S
O
0
.5
m=-.3032
16
0
.5
m=-.2823
16
0
.5
m=-.5020
16
U
S
O
0
.5
K
X

TAFEL F/IV 65 : L-1.5L-1.75L-1.5L

F
IV

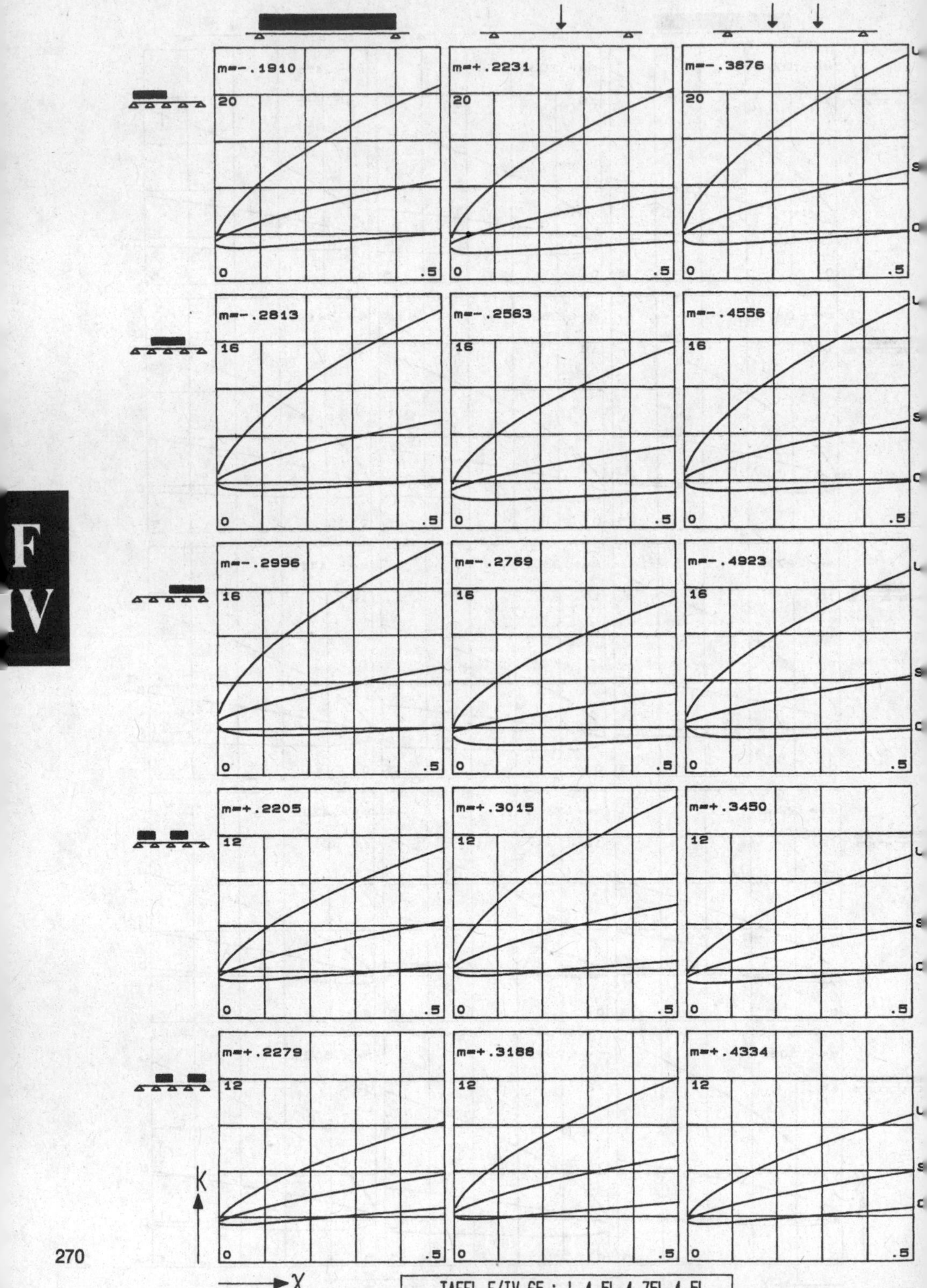

m=-.1910
20
m=+.2231
20
m=-.3876
20
m=-.2813
16
m=-.2563
16
m=-.4556
16
m=-.2996
16
m=-.2769
16
m=-.4923
16
m=+.2205
12
m=+.3015
12
m=+.3450
12
m=+.2279
12
m=+.3188
12
m=+.4334
12
0
.5
u
s
c
K
X

TAFEL F/IV 65 : L-1.5L-1.75L-1.5L

F IV

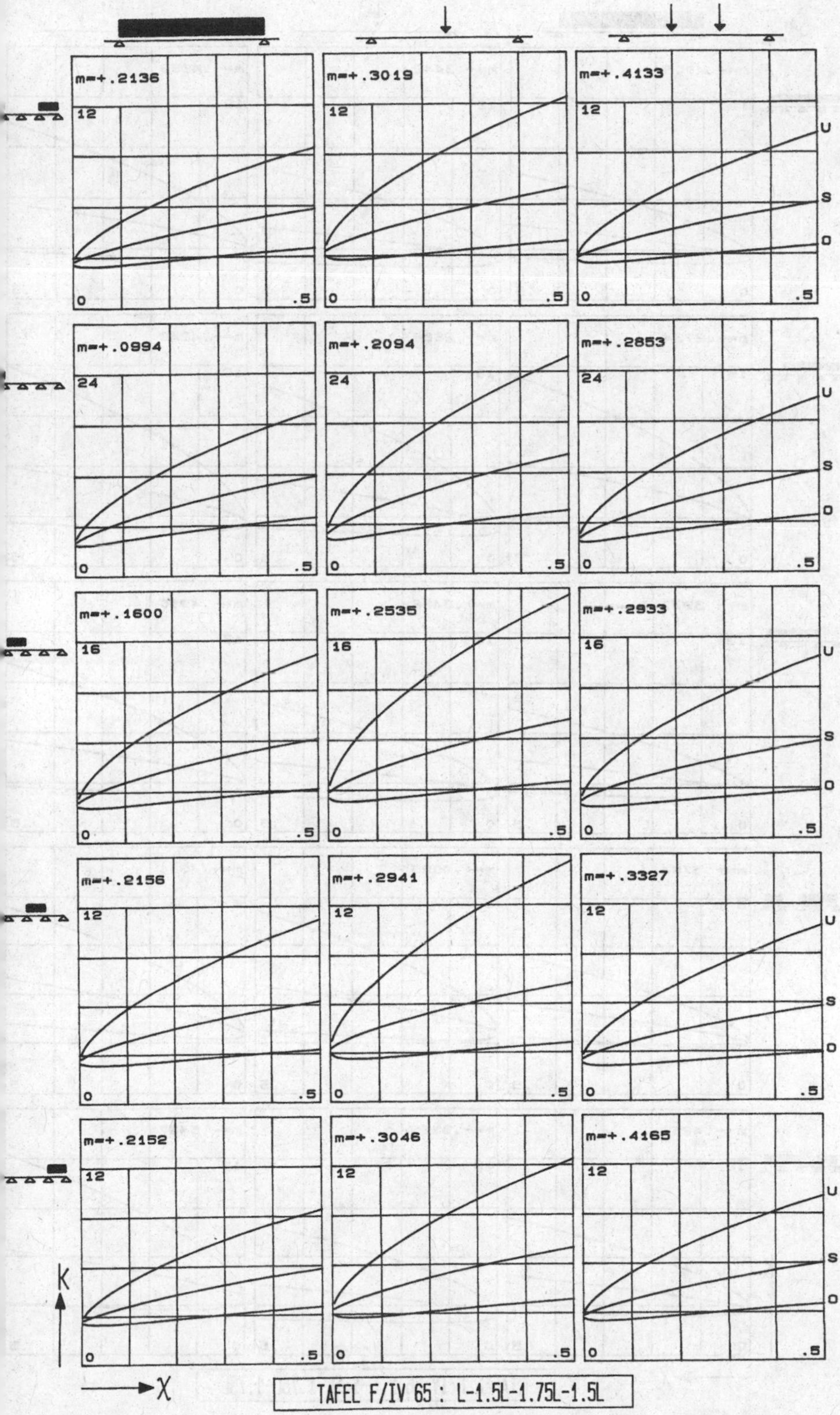
m=+.2136
12
0
.5
m=+.3019
12
0
.5
m=+.4133
12
U
S
O
0
.5
m=+.0994
24
0
.5
m=+.2094
24
0
.5
m=+.2853
24
U
S
O
0
.5
m=+.1600
16
0
.5
m=+.2535
16
0
.5
m=+.2933
16
U
S
O
0
.5
m=+.2156
12
0
.5
m=+.2941
12
0
.5
m=+.3327
12
U
S
O
0
.5
m=+.2152
12
0
.5
m=+.3046
12
0
.5
m=+.4165
12
U
S
O
0
.5
K
X

TAFEL F/IV 65 : L-1.5L-1.75L-1.5L

F IV

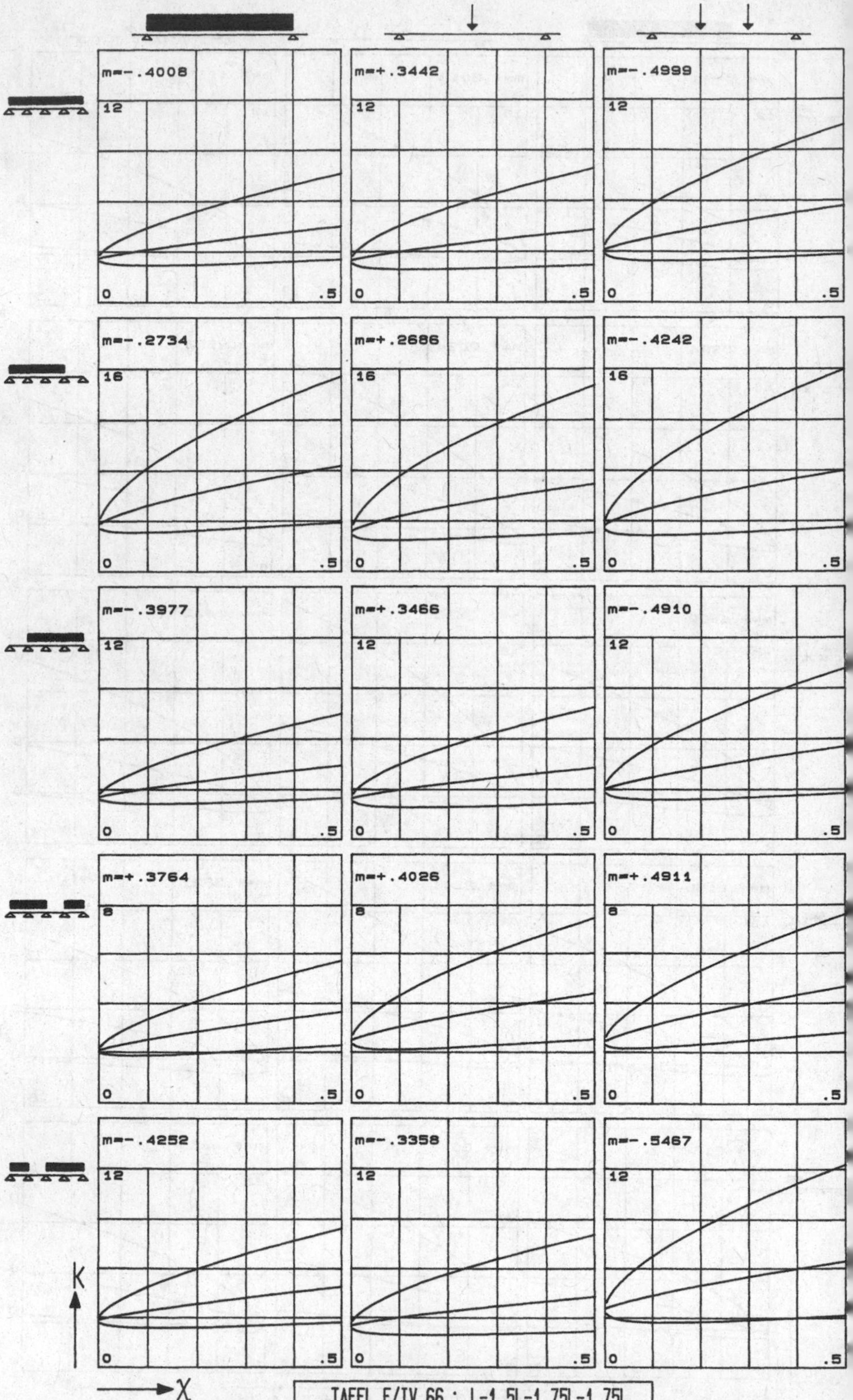
m=-.4008
12
0
.5
m=+.3442
12
0
.5
m=-.4999
12
0
.5
m=-.2734
16
0
.5
m=+.2686
16
0
.5
m=-.4242
16
0
.5
m=-.3977
12
0
.5
m=+.3466
12
0
.5
m=-.4910
12
0
.5
m=+.3764
8
0
.5
m=+.4026
8
0
.5
m=+.4911
8
0
.5
m=-.4252
12
0
.5
m=-.3358
12
0
.5
m=-.5467
12
0
.5
K
X

TAFEL F/IV 66 : L-1.5L-1.75L-1.75L

F IV

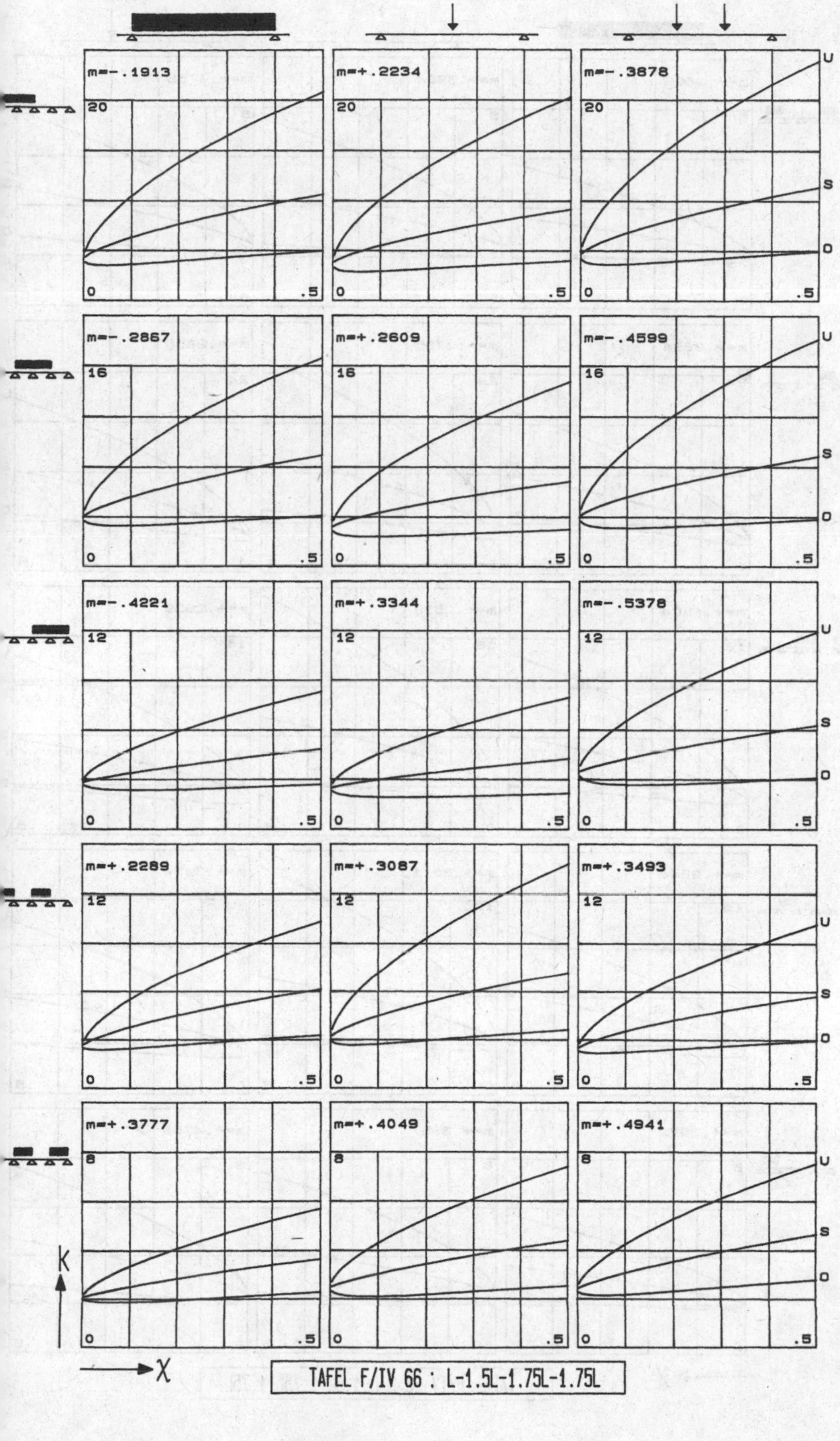
m=-.1913
20
0
.5
m=+.2234
20
0
.5
m=-.3878
20
0
.5
U
S
O
m=-.2867
16
0
.5
m=+.2609
16
0
.5
m=-.4599
16
0
.5
U
S
O
m=-.4221
12
0
.5
m=+.3344
12
0
.5
m=-.5378
12
0
.5
U
S
O
m=+.2289
12
0
.5
m=+.3087
12
0
.5
m=+.3493
12
0
.5
U
S
O
m=+.3777
8
0
.5
m=+.4049
8
0
.5
m=+.4941
8
0
.5
U
S
O
K
X

TAFEL F/IV 66 : L-1.5L-1.75L-1.75L

F IV

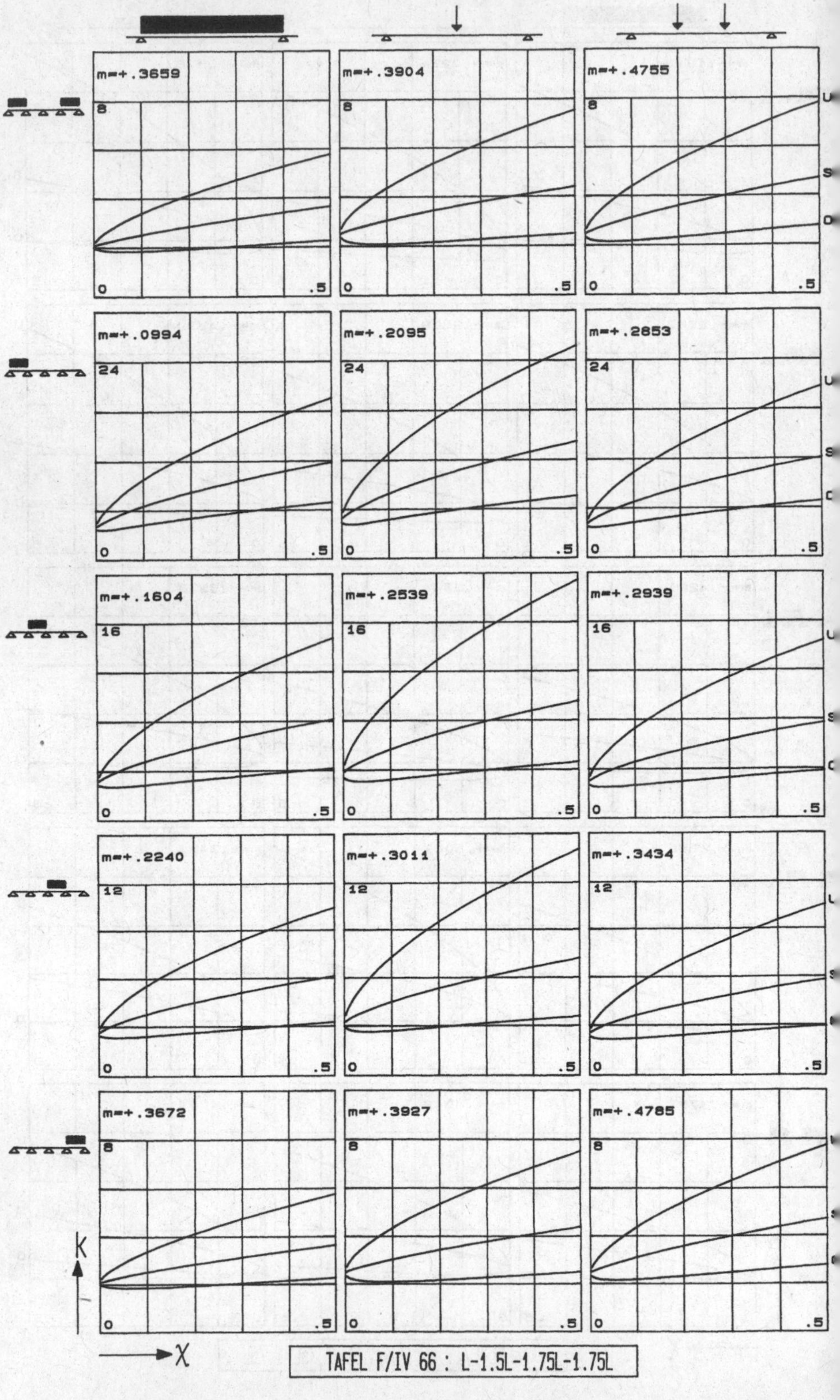
m=+.3659
8
0
.5
m=+.3904
8
0
.5
m=+.4755
8
0
.5
U
S
O
m=+.0994
24
0
.5
m=+.2095
24
0
.5
m=+.2853
24
0
.5
m=+.1604
16
0
.5
m=+.2539
16
0
.5
m=+.2939
16
0
.5
m=+.2240
12
0
.5
m=+.3011
12
0
.5
m=+.3434
12
0
.5
m=+.3672
8
0
.5
m=+.3927
8
0
.5
m=+.4785
8
0
.5
K
X

TAFEL F/IV 66 : L-1.5L-1.75L-1.75L

F IV

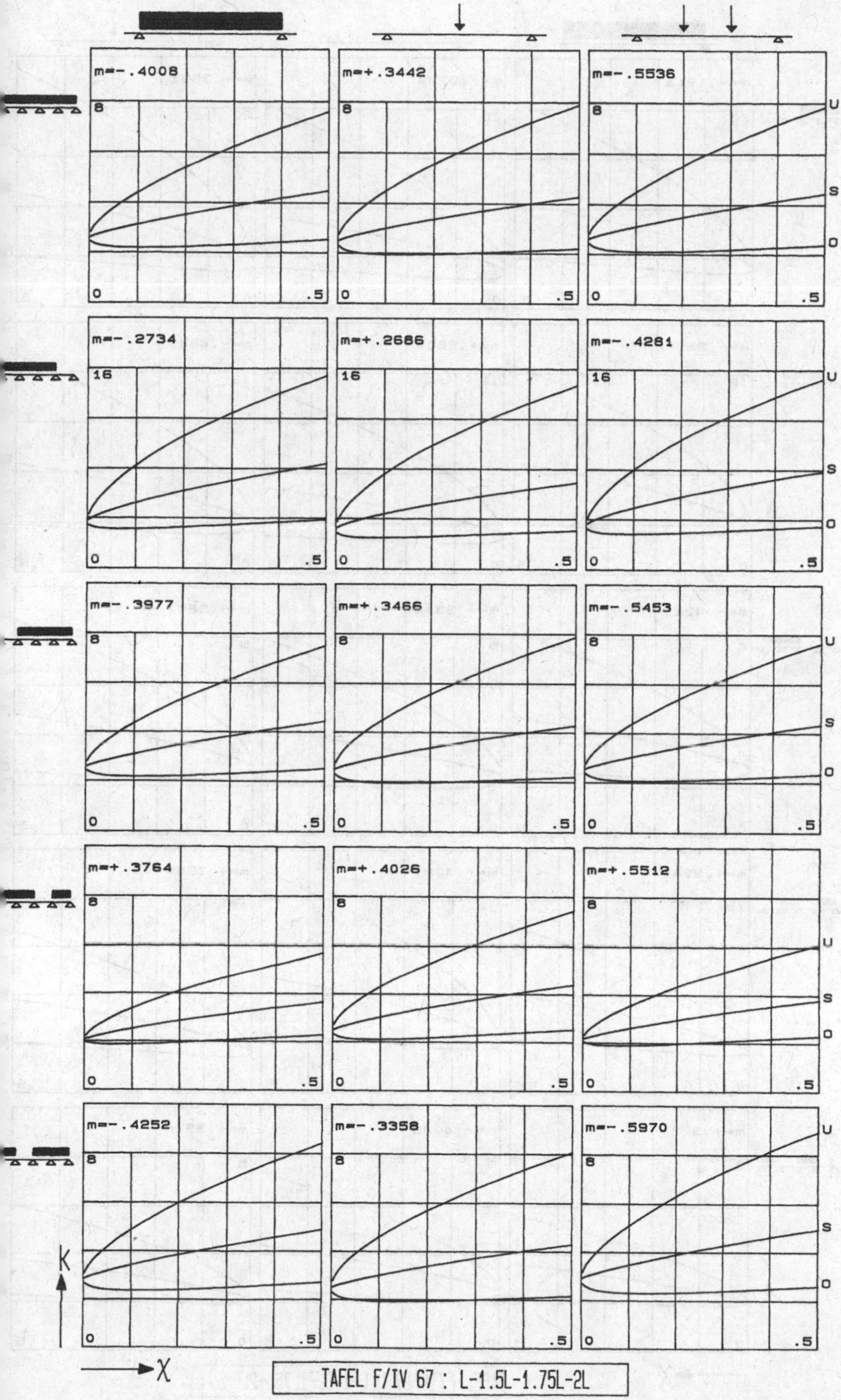
m=-.4008
m=+.3442
m=-.5536
m=-.2734
m=+.2686
m=-.4281
m=-.3977
m=+.3466
m=-.5453
m=+.3764
m=+.4026
m=+.5512
m=-.4252
m=-.3358
m=-.5970
8
16
0
.5
U
S
O
K
X

TAFEL F/IV 67 : L-1.5L-1.75L-2L

F IV

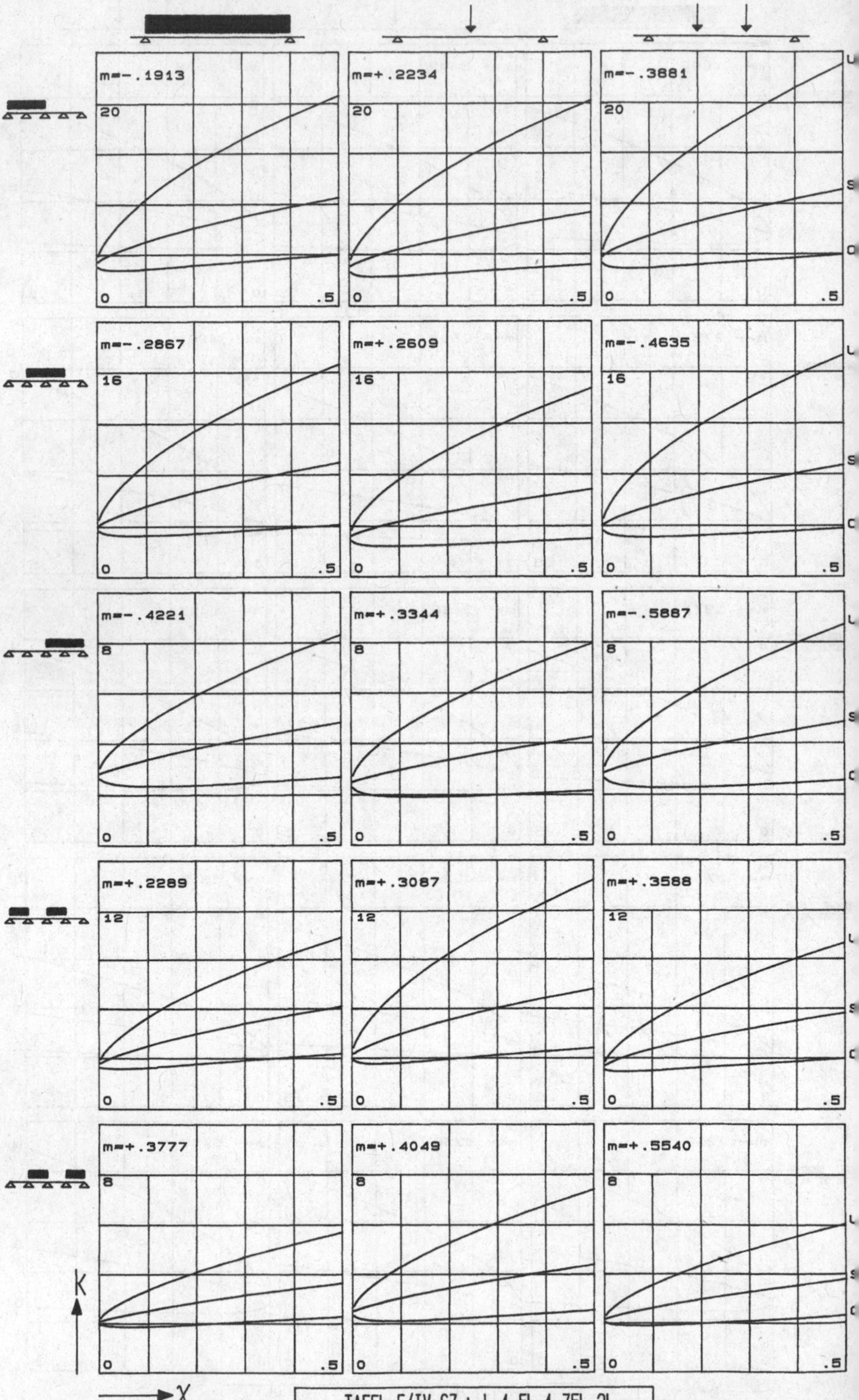
m=-.1913
20
0
.5
m=+.2234
20
0
.5
m=-.3881
20
0
.5
u
s
c
m=-.2867
16
0
.5
m=+.2609
16
0
.5
m=-.4635
16
0
.5
u
s
c
m=-.4221
8
0
.5
m=+.3344
8
0
.5
m=-.5887
8
0
.5
u
s
c
m=+.2289
12
0
.5
m=+.3087
12
0
.5
m=+.3588
12
0
.5
u
s
c
m=+.3777
8
0
.5
m=+.4049
8
0
.5
m=+.5540
8
0
.5
u
s
c
K
X

TAFEL F/IV 67 : L-1.5L-1.75L-2L

F
V

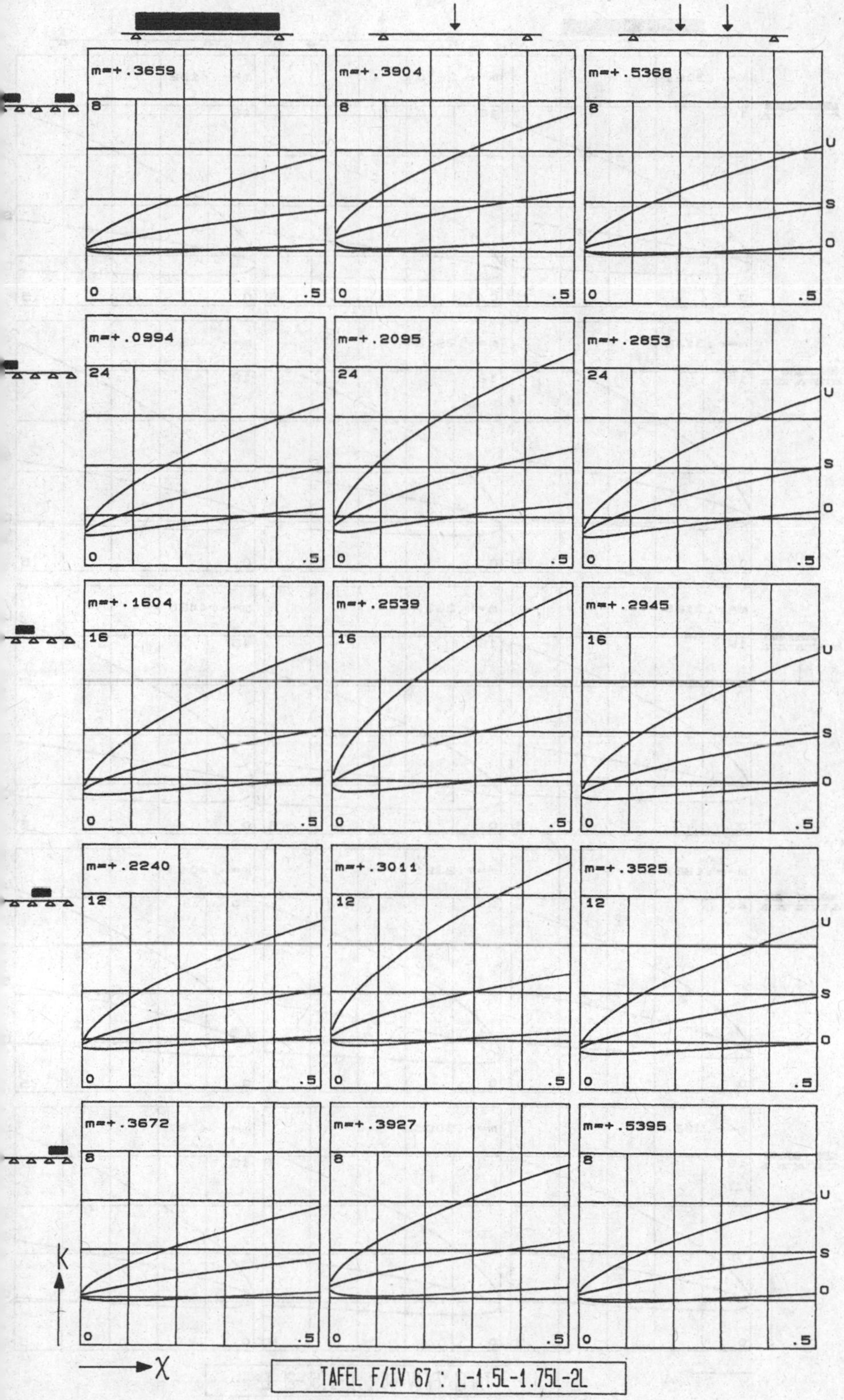
m=+.3659
m=+.3904
m=+.5368
8
0
.5
U
S
O
m=+.0994
m=+.2095
m=+.2853
24
m=+.1604
m=+.2539
m=+.2945
16
m=+.2240
m=+.3011
m=+.3525
12
m=+.3672
m=+.3927
m=+.5395
K
X

TAFEL F/IV 67 : L-1.5L-1.75L-2L

F IV

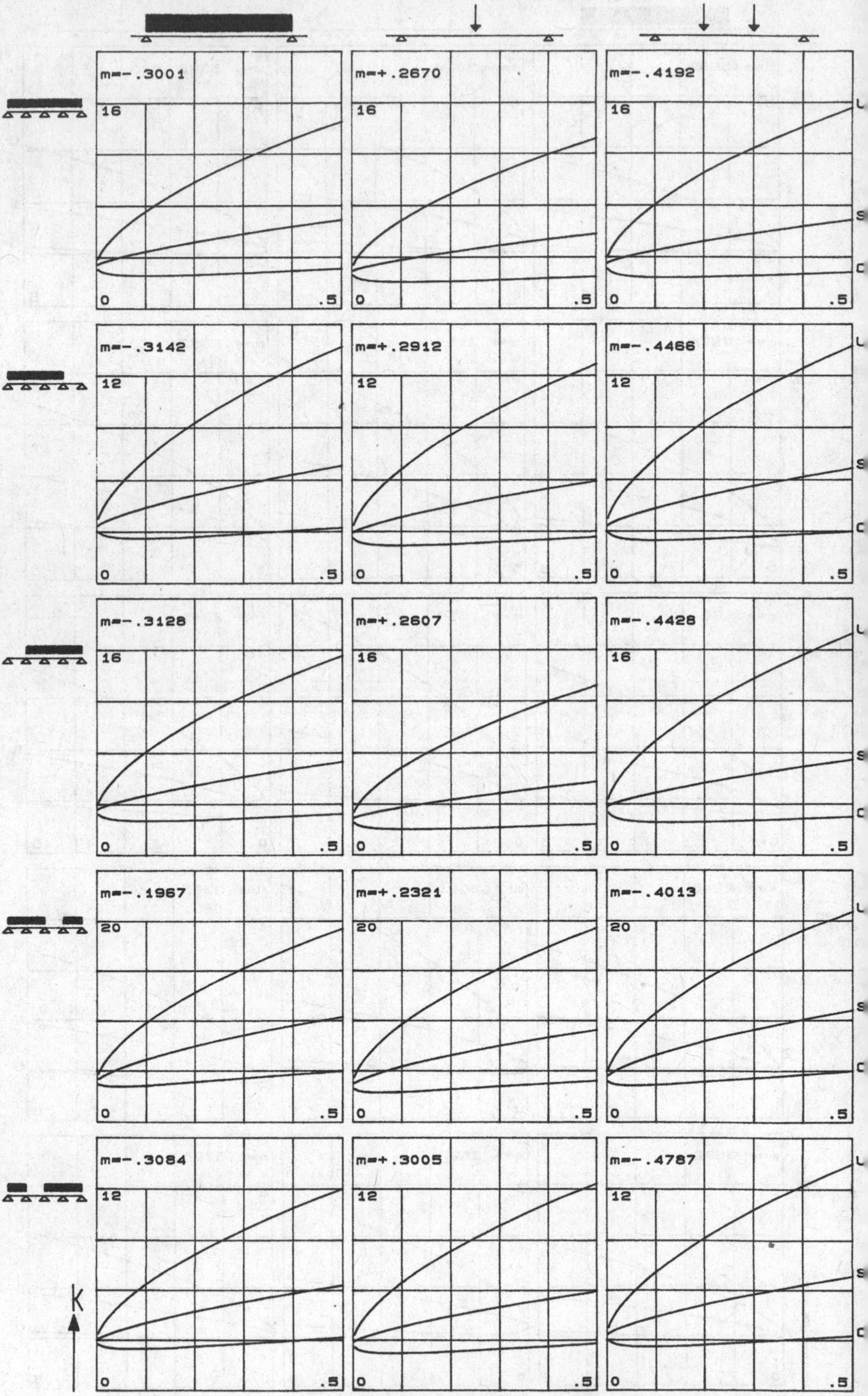

m=-.3001
16
0
.5
m=+.2670
16
0
.5
m=-.4192
16
0
.5
L
S
C
m=-.3142
12
0
.5
m=+.2912
12
0
.5
m=-.4466
12
0
.5
L
S
C
m=-.3128
16
0
.5
m=+.2607
16
0
.5
m=-.4428
16
0
.5
L
S
C
m=-.1967
20
0
.5
m=+.2321
20
0
.5
m=-.4013
20
0
.5
L
S
C
m=-.3084
12
0
.5
m=+.3005
12
0
.5
m=-.4787
12
0
.5
L
S
C
K
X

TAFEL F/IV 68 : L-1.5L-2L-L

F IV

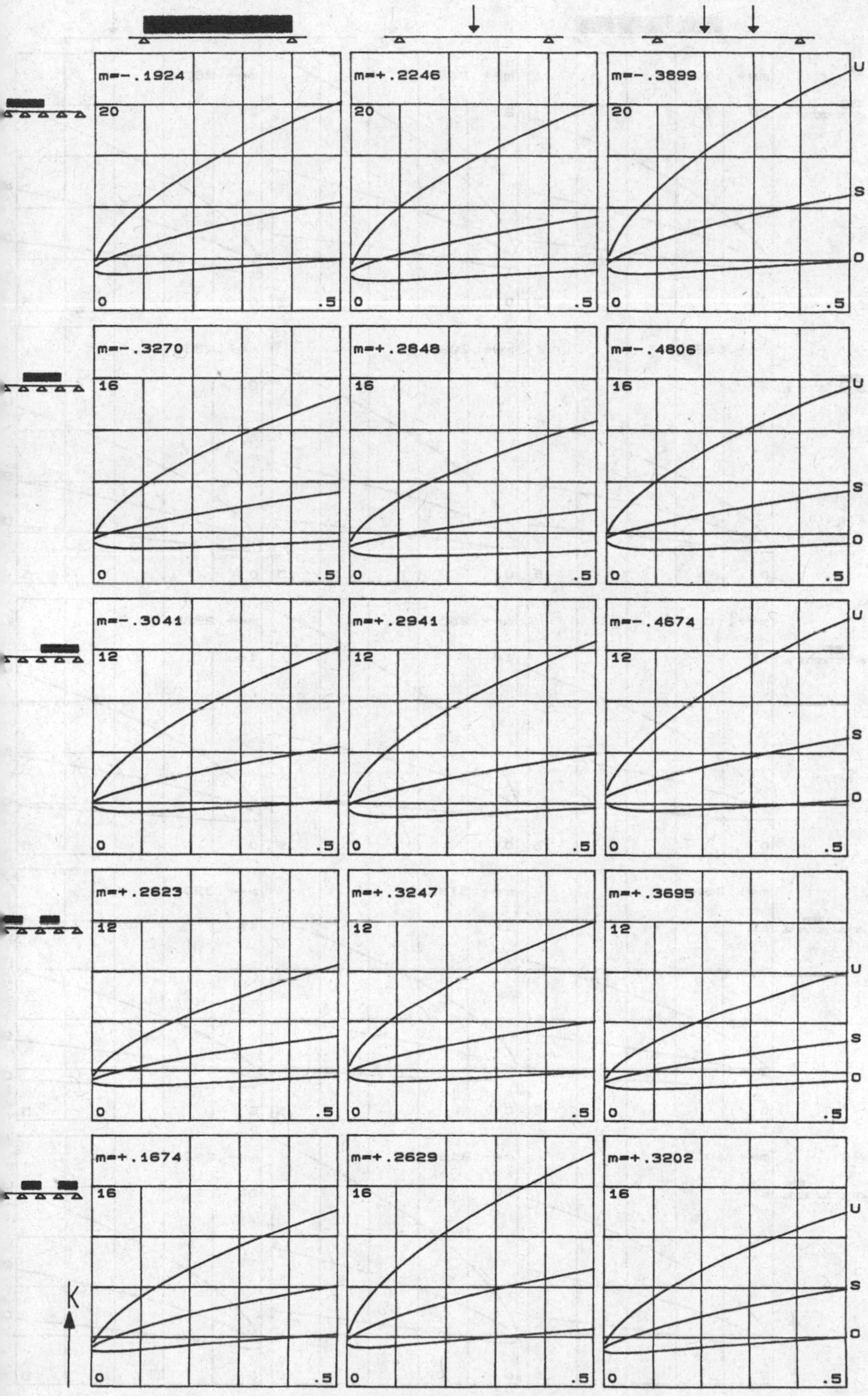

m=-.1924
20
0
.5
m=+.2246
20
0
.5
m=-.3899
20
0
.5
U
S
O
m=-.3270
16
0
.5
m=+.2848
16
0
.5
m=-.4806
16
0
.5
U
S
O
m=-.3041
12
0
.5
m=+.2941
12
0
.5
m=-.4674
12
0
.5
U
S
O
m=+.2623
12
0
.5
m=+.3247
12
0
.5
m=+.3695
12
0
.5
U
S
O
m=+.1674
16
0
.5
m=+.2629
16
0
.5
m=+.3202
16
0
.5
U
S
O
K
X
F
IV

TAFEL F/IV 68 : L-1.5L-2L-L

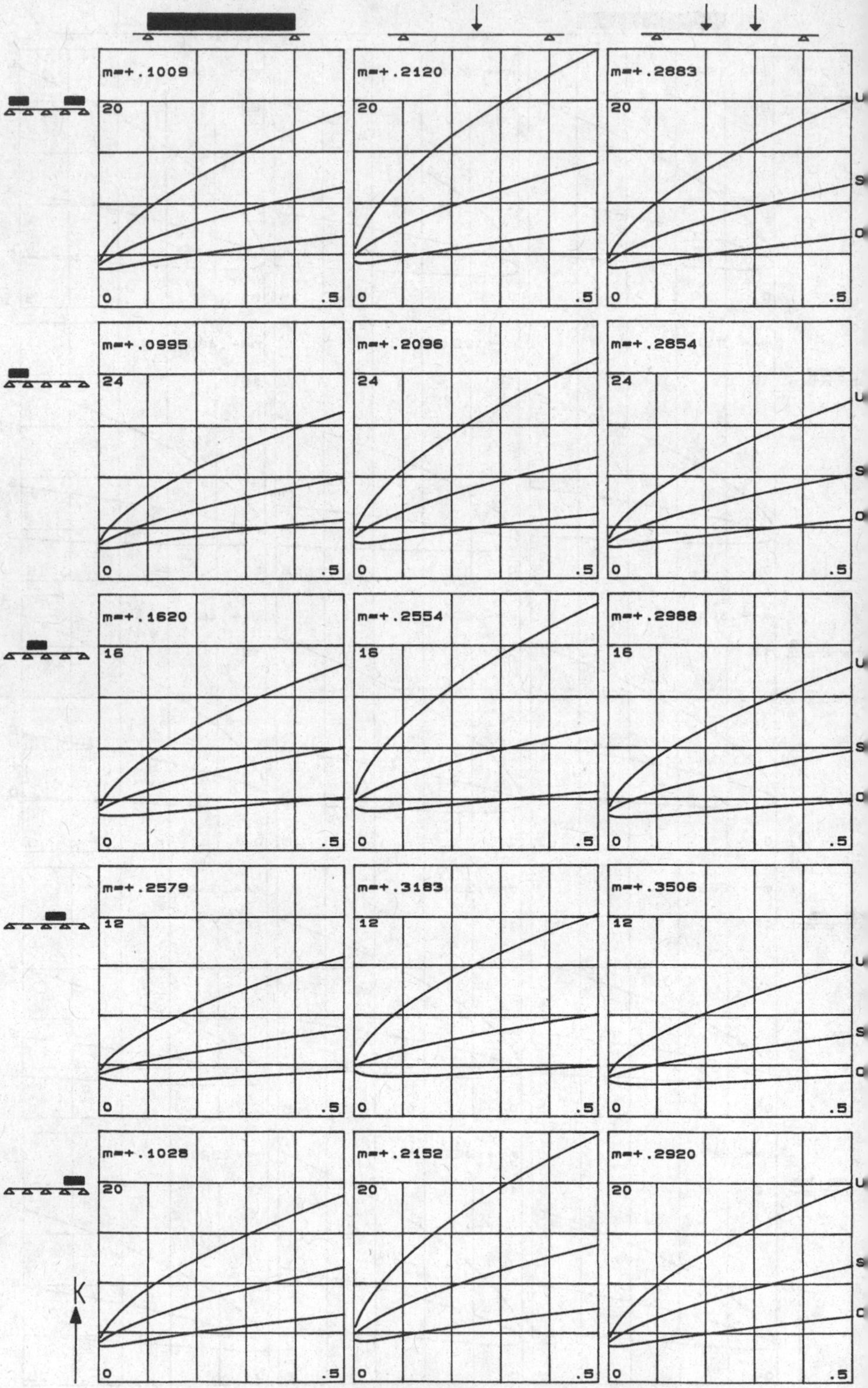

m=+.1009
m=+.2120
m=+.2883
20
m=+.0995
m=+.2096
m=+.2854
24
m=+.1620
m=+.2554
m=+.2988
16
m=+.2579
m=+.3183
m=+.3506
12
m=+.1028
m=+.2152
m=+.2920
20
0
.5
u
s
o
K
X

TAFEL F/IV 68 : L-1.5L-2L-L

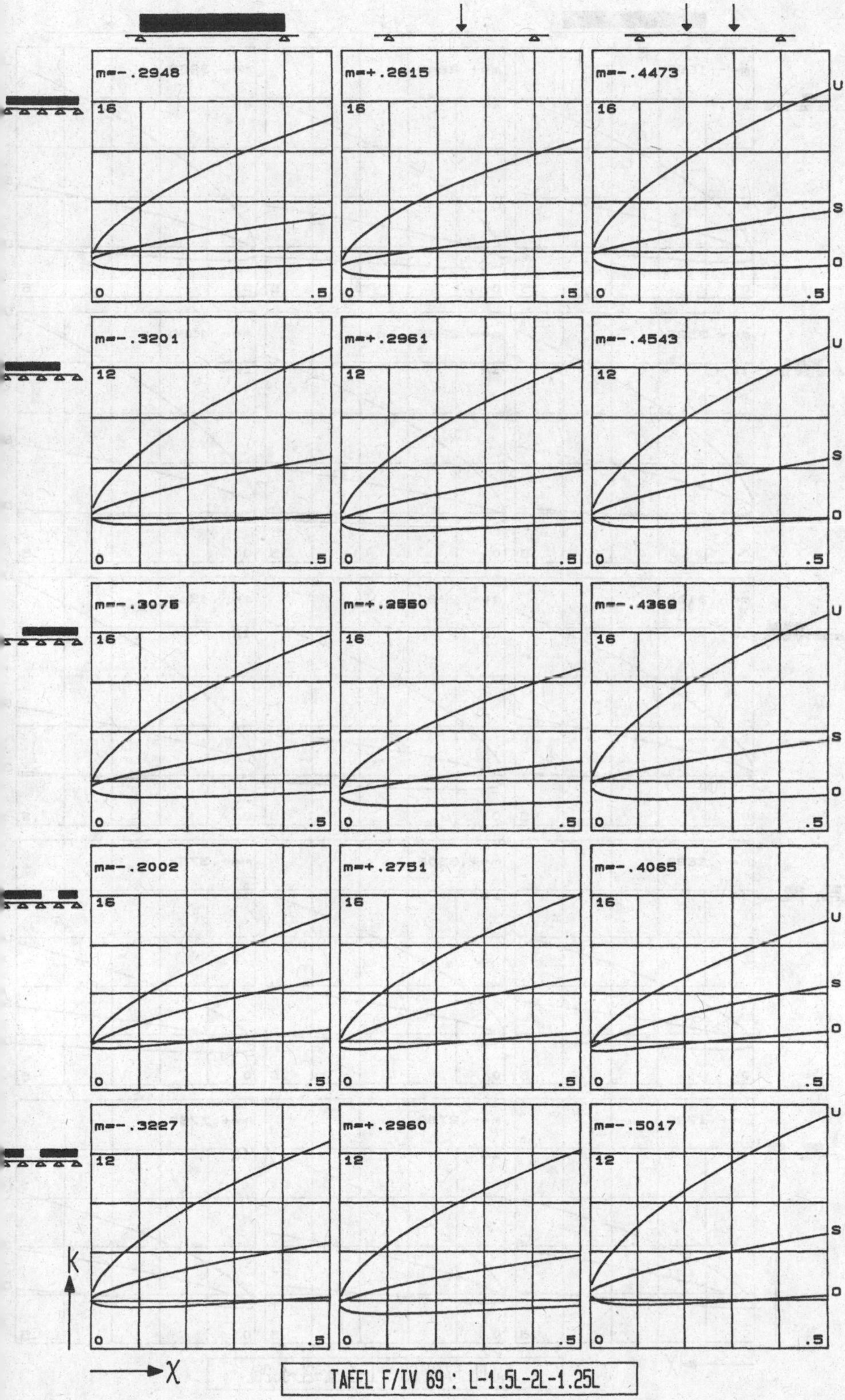

m=-.2948
16
0
.5
m=+.2615
16
0
.5
m=-.4473
16
0
.5
U
S
O
m=-.3201
12
0
.5
m=+.2961
12
0
.5
m=-.4543
12
0
.5
U
S
O
m=-.3075
16
0
.5
m=+.2550
16
0
.5
m=-.4369
16
0
.5
U
S
O
m=-.2002
16
0
.5
m=+.2751
16
0
.5
m=-.4065
16
0
.5
U
S
O
m=-.3227
12
0
.5
m=+.2960
12
0
.5
m=-.5017
12
0
.5
U
S
O
K
X

TAFEL F/IV 69 : L-1.5L-2L-1.25L

F IV

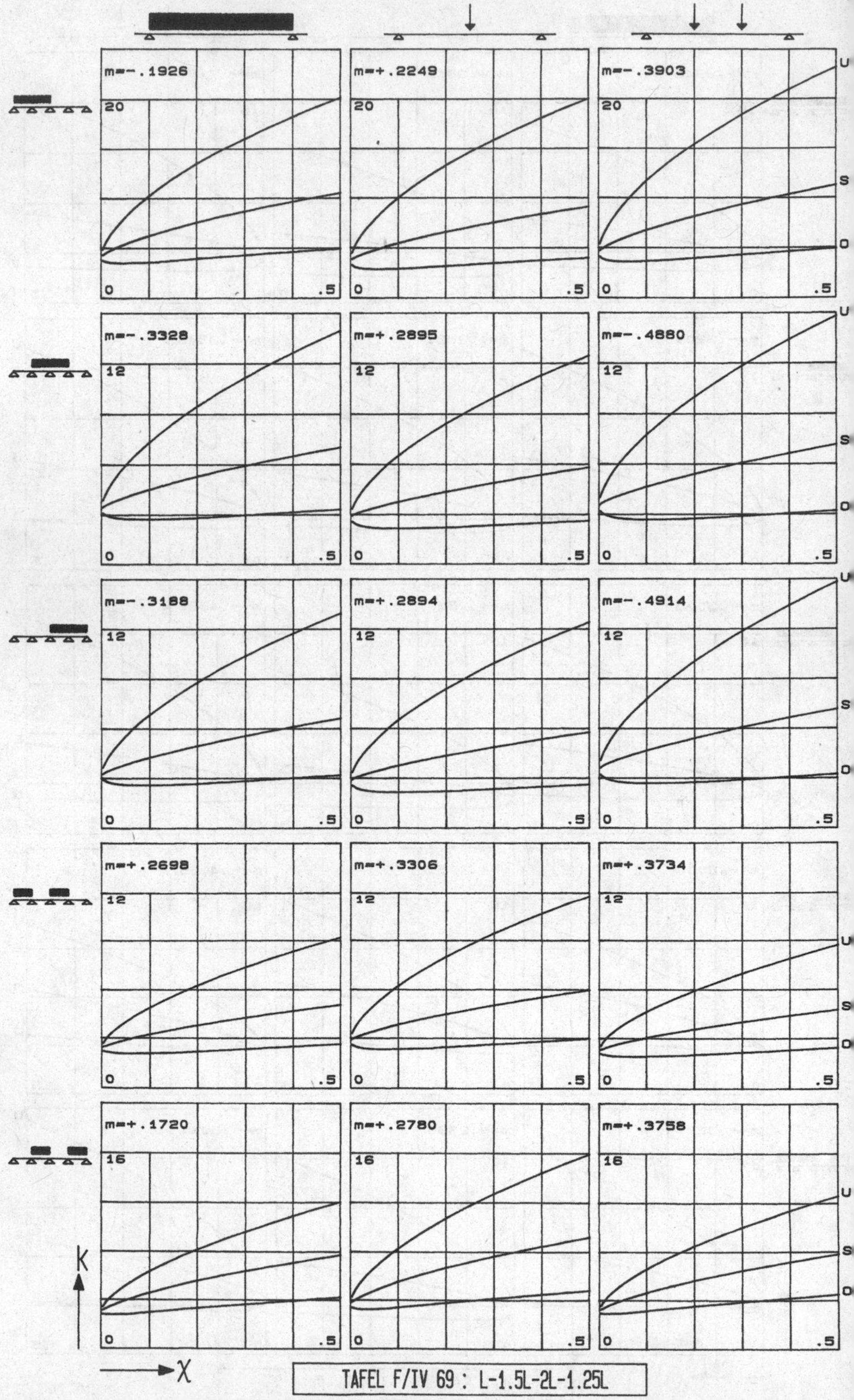

m=-.1926
20
0
.5
m=+.2249
20
0
.5
m=-.3903
20
0
.5
U
S
O
m=-.3328
12
0
.5
m=+.2895
12
0
.5
m=-.4880
12
0
.5
U
S
O
m=-.3188
12
0
.5
m=+.2894
12
0
.5
m=-.4914
12
0
.5
U
S
O
m=+.2698
12
0
.5
m=+.3306
12
0
.5
m=+.3734
12
0
.5
U
S
O
m=+.1720
16
0
.5
m=+.2780
16
0
.5
m=+.3758
16
0
.5
U
S
O
K
X

TAFEL F/IV 69 : L-1.5L-2L-1.25L

F IV

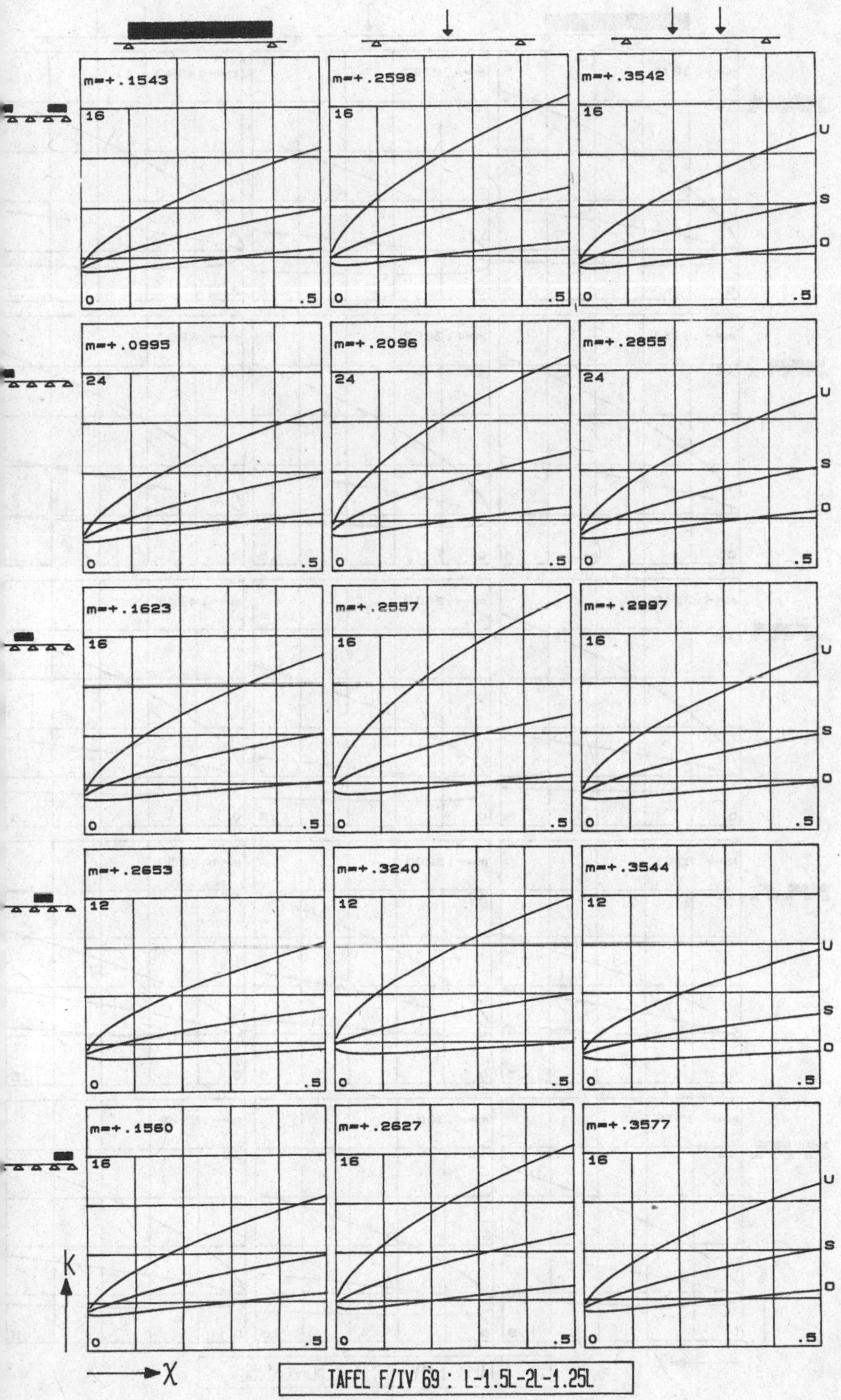

m=+.1543
16
0
.5
m=+.2598
16
0
.5
m=+.3542
16
U
S
O
0
.5
m=+.0995
24
0
.5
m=+.2096
24
0
.5
m=+.2855
24
U
S
O
0
.5
m=+.1623
16
0
.5
m=+.2557
16
0
.5
m=+.2997
16
U
S
O
0
.5
m=+.2653
12
0
.5
m=+.3240
12
0
.5
m=+.3544
12
U
S
O
0
.5
m=+.1560
16
0
.5
m=+.2627
16
0
.5
m=+.3577
16
U
S
O
0
.5
K
X

TAFEL F/IV 69 : L-1.5L-2L-1.25L

F IV

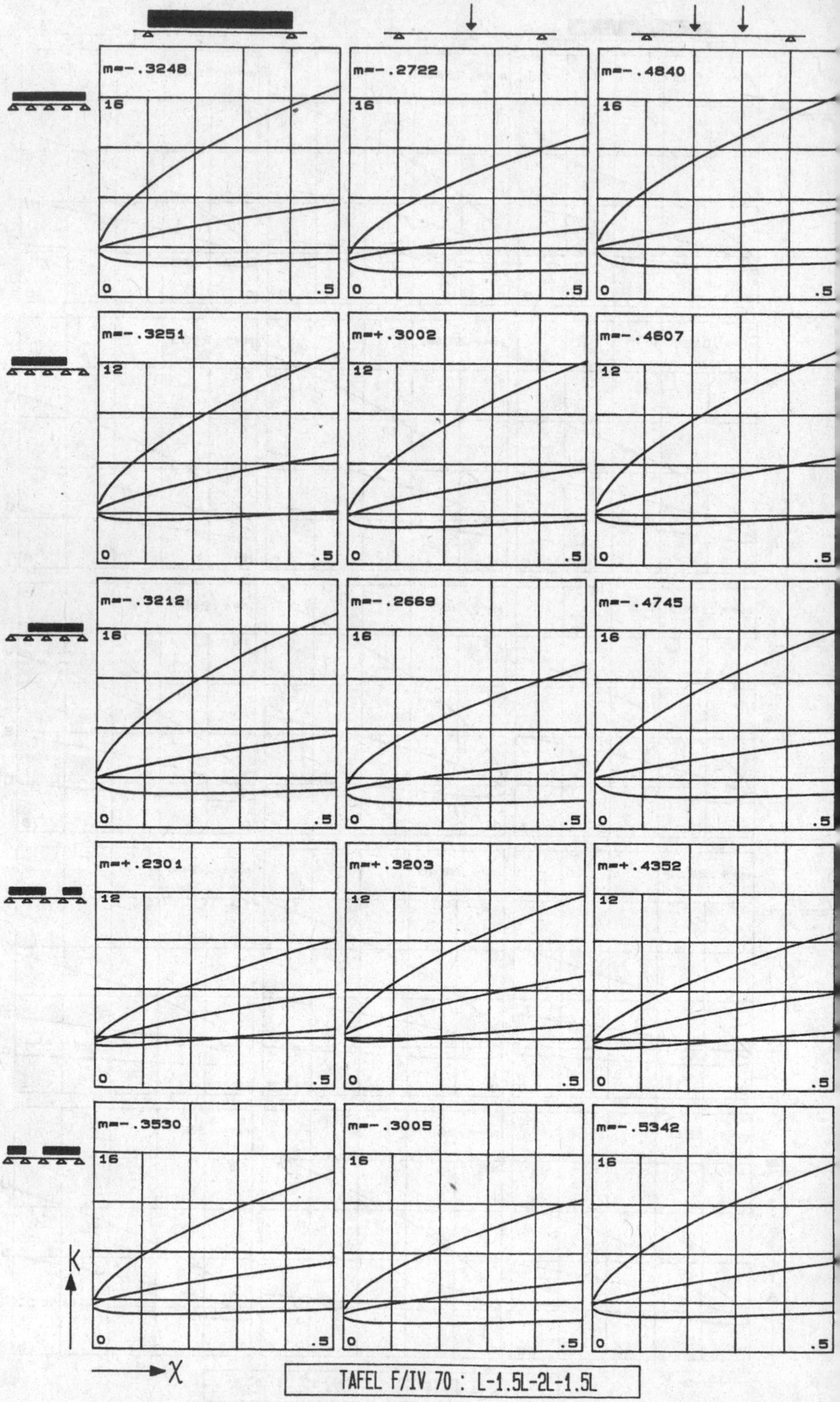

m=-.3248
16
0
.5
m=-.2722
16
0
.5
m=-.4840
16
0
.5
m=-.3251
12
0
.5
m=+.3002
12
0
.5
m=-.4607
12
0
.5
m=-.3212
16
0
.5
m=-.2669
16
0
.5
m=-.4745
16
0
.5
m=+.2301
12
0
.5
m=+.3203
12
0
.5
m=+.4352
12
0
.5
m=-.3530
16
0
.5
m=-.3005
16
0
.5
m=-.5342
16
0
.5
K
X

TAFEL F/IV 70 : L-1.5L-2L-1.5L

F
V

TAFEL F/IV 70 : L-1.5L-2L-1.5L

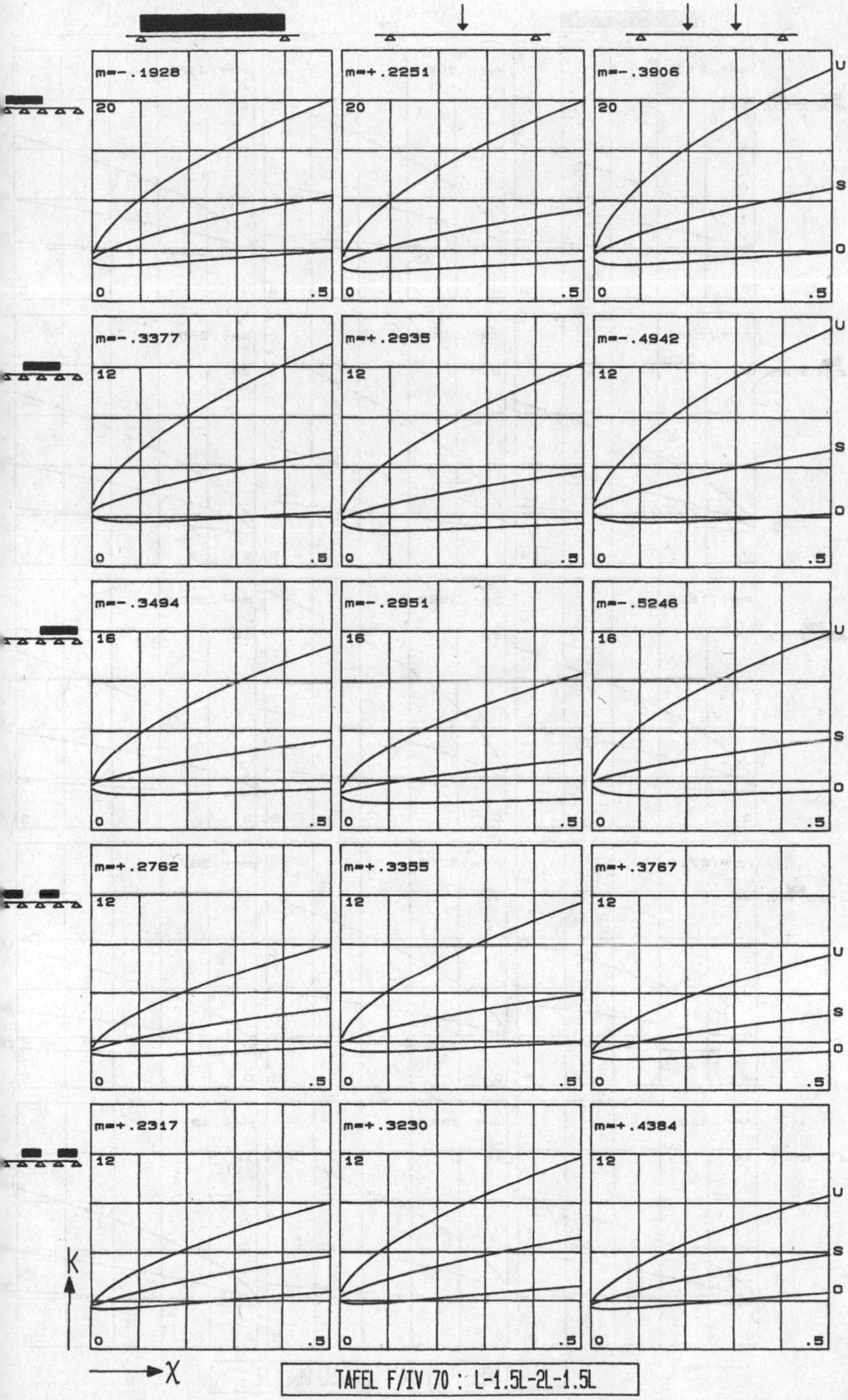

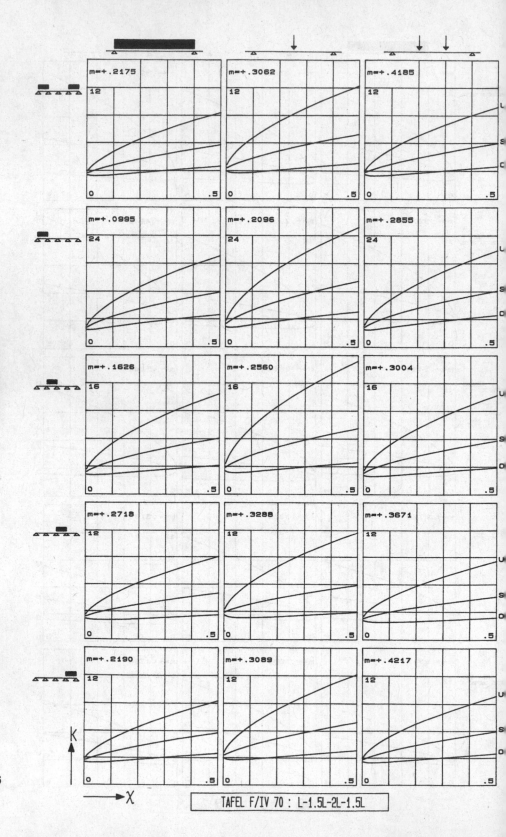

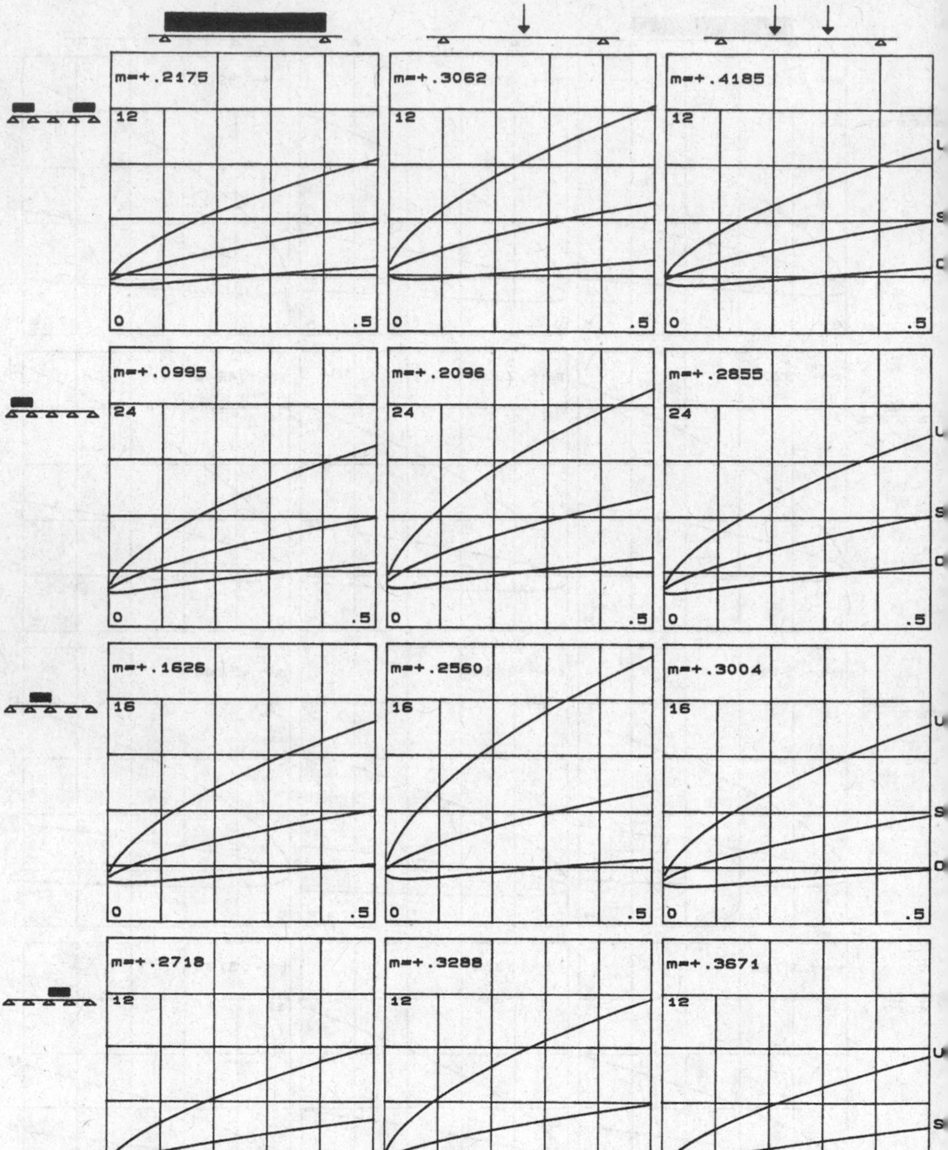
m=+.2175
12
0
.5
m=+.3062
12
m=+.4185
U
S
D
m=+.0995
24
m=+.2096
m=+.2855
m=+.1626
16
m=+.2560
m=+.3004
m=+.2718
m=+.3288
m=+.3671
m=+.2190
m=+.3089
m=+.4217
K
X

TAFEL F/IV 70 : L-1.5L-2L-1.5L

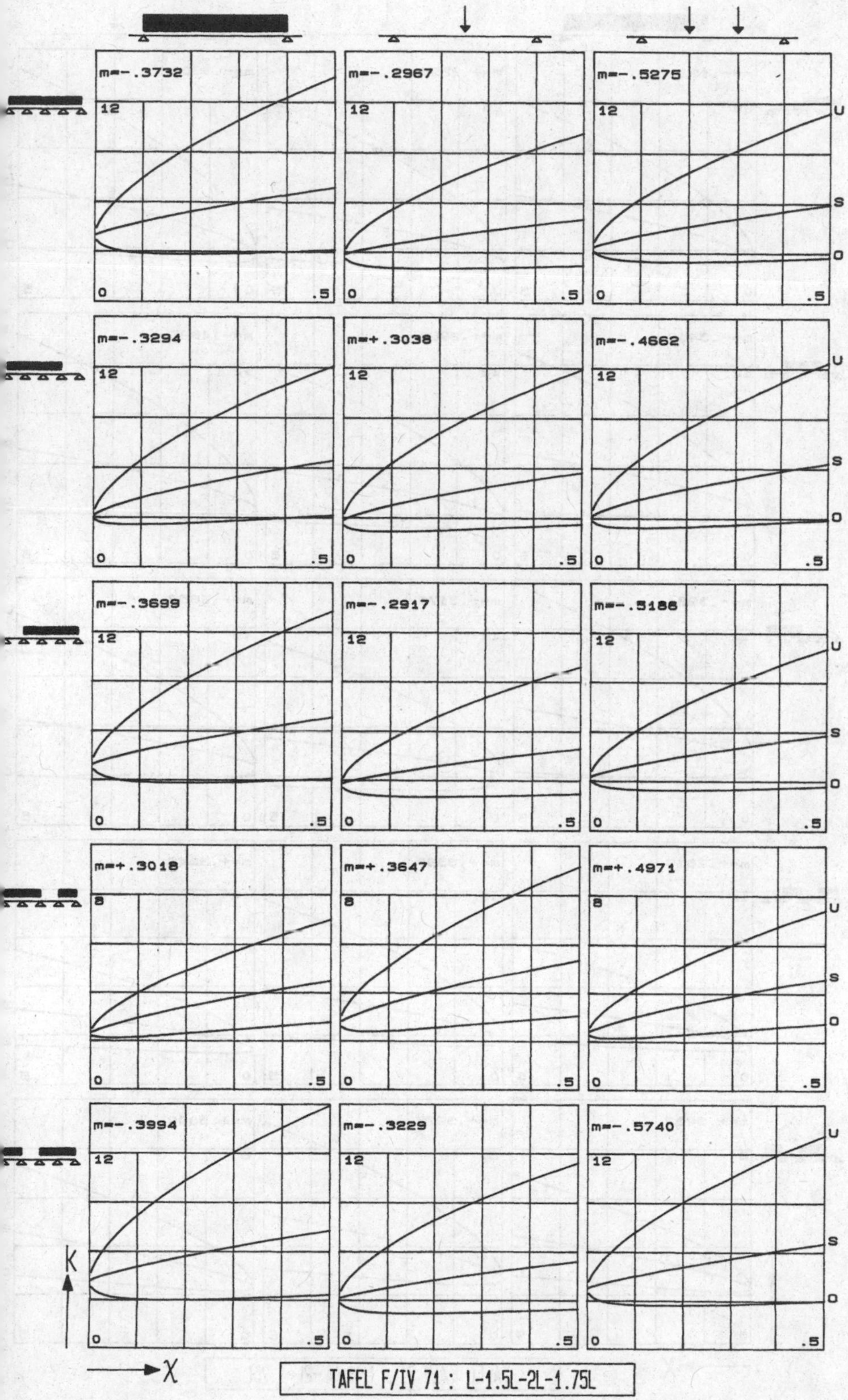
m=-.3732
12
0
.5
m=-.2967
12
0
.5
m=-.5275
12
U
S
O
0
.5
m=-.3294
12
0
.5
m=+.3038
12
0
.5
m=-.4662
12
U
S
O
0
.5
m=-.3699
12
0
.5
m=-.2917
12
0
.5
m=-.5186
12
U
S
O
0
.5
m=+.3018
8
0
.5
m=+.3647
8
0
.5
m=+.4971
8
U
S
O
0
.5
m=-.3994
12
0
.5
m=-.3229
12
0
.5
m=-.5740
12
U
S
O
0
.5
K
X

TAFEL F/IV 71 : L-1.5L-2L-1.75L

F
IV

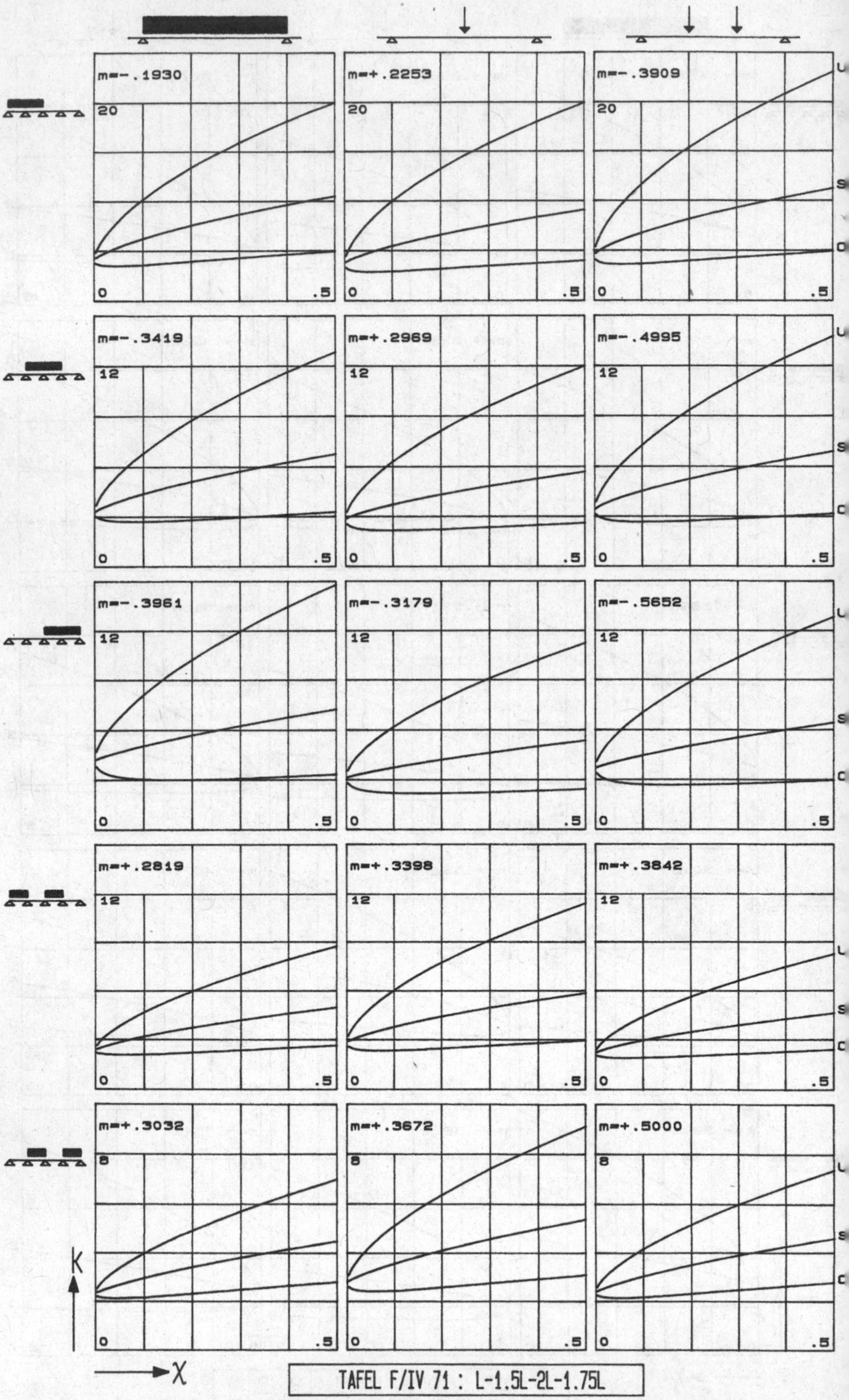

m=-.1930
m=+.2253
m=-.3909
m=-.3419
m=+.2969
m=-.4995
m=-.3961
m=-.3179
m=-.5652
m=+.2819
m=+.3398
m=+.3842
m=+.3032
m=+.3672
m=+.5000
20
12
8
0
.5
u
s
c
K
X

TAFEL F/IV 71 : L-1.5L-2L-1.75L

F IV

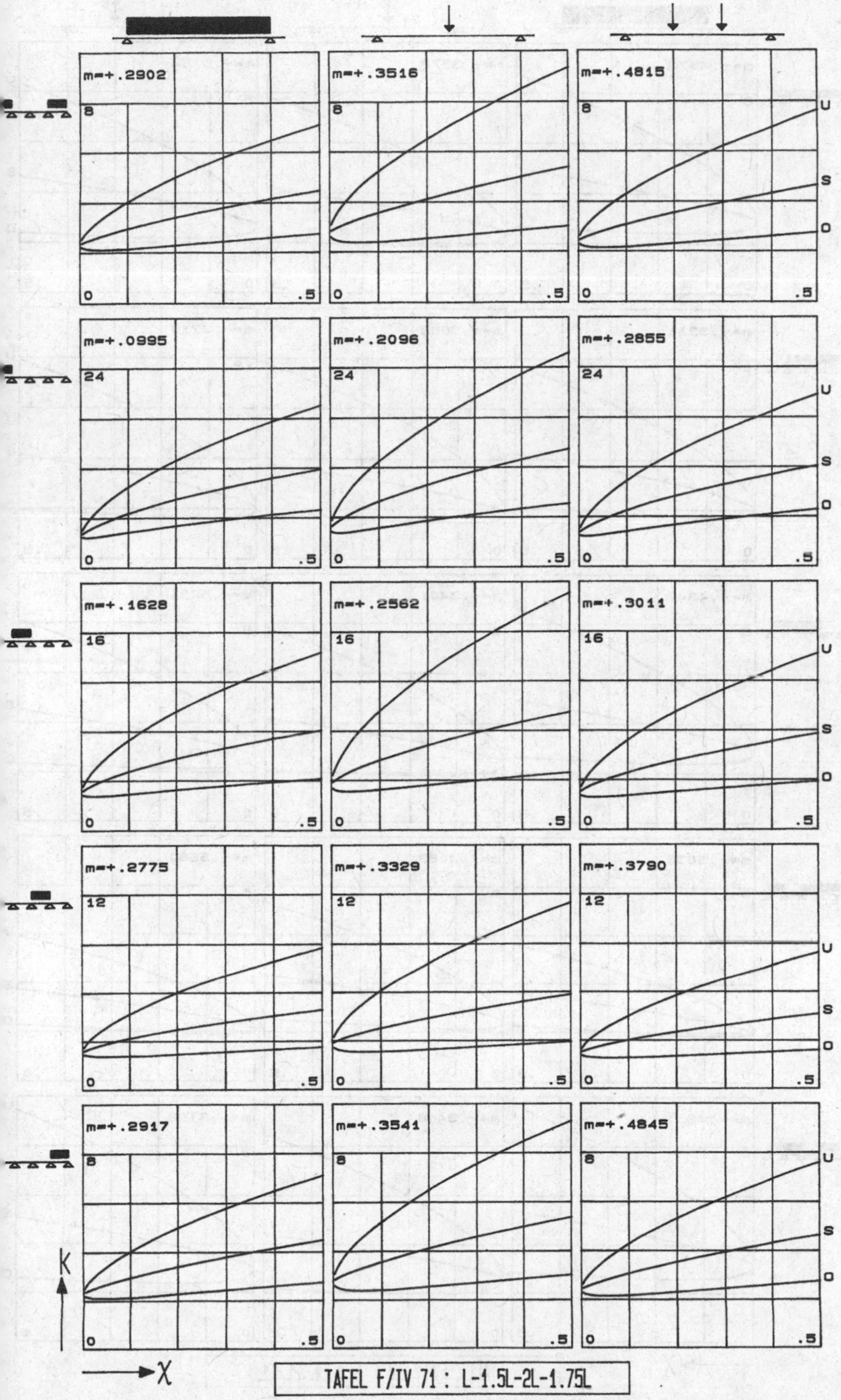
m=+.2902
8
0
.5
m=+.3516
8
0
.5
m=+.4815
8
0
.5
U
S
O
m=+.0995
24
0
.5
m=+.2096
24
0
.5
m=+.2855
24
0
.5
U
S
O
m=+.1628
16
0
.5
m=+.2562
16
0
.5
m=+.3011
16
0
.5
U
S
O
m=+.2775
12
0
.5
m=+.3329
12
0
.5
m=+.3790
12
0
.5
U
S
O
m=+.2917
8
0
.5
m=+.3541
8
0
.5
m=+.4845
8
0
.5
U
S
O
K
X

TAFEL F/IV 71 : L-1.5L-2L-1.75L

F
IV

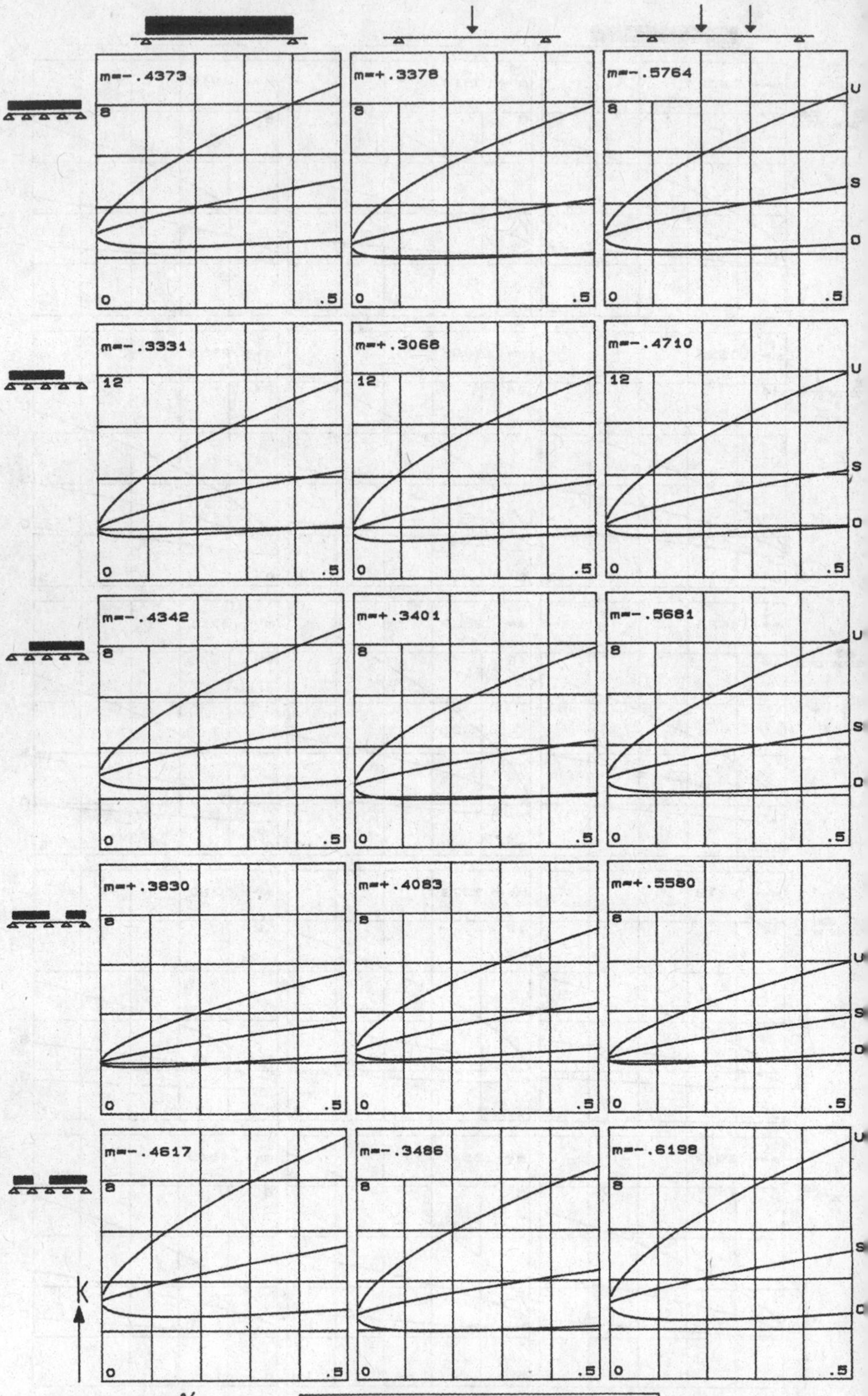

m=-.4373
m=+.3378
m=-.5764
m=-.3331
m=+.3068
m=-.4710
m=-.4342
m=+.3401
m=-.5681
m=+.3830
m=+.4083
m=+.5580
m=-.4617
m=-.3486
m=-.6198
U
S
O
K
X

TAFEL F/IV 72 : L-1.5L-2L-2L

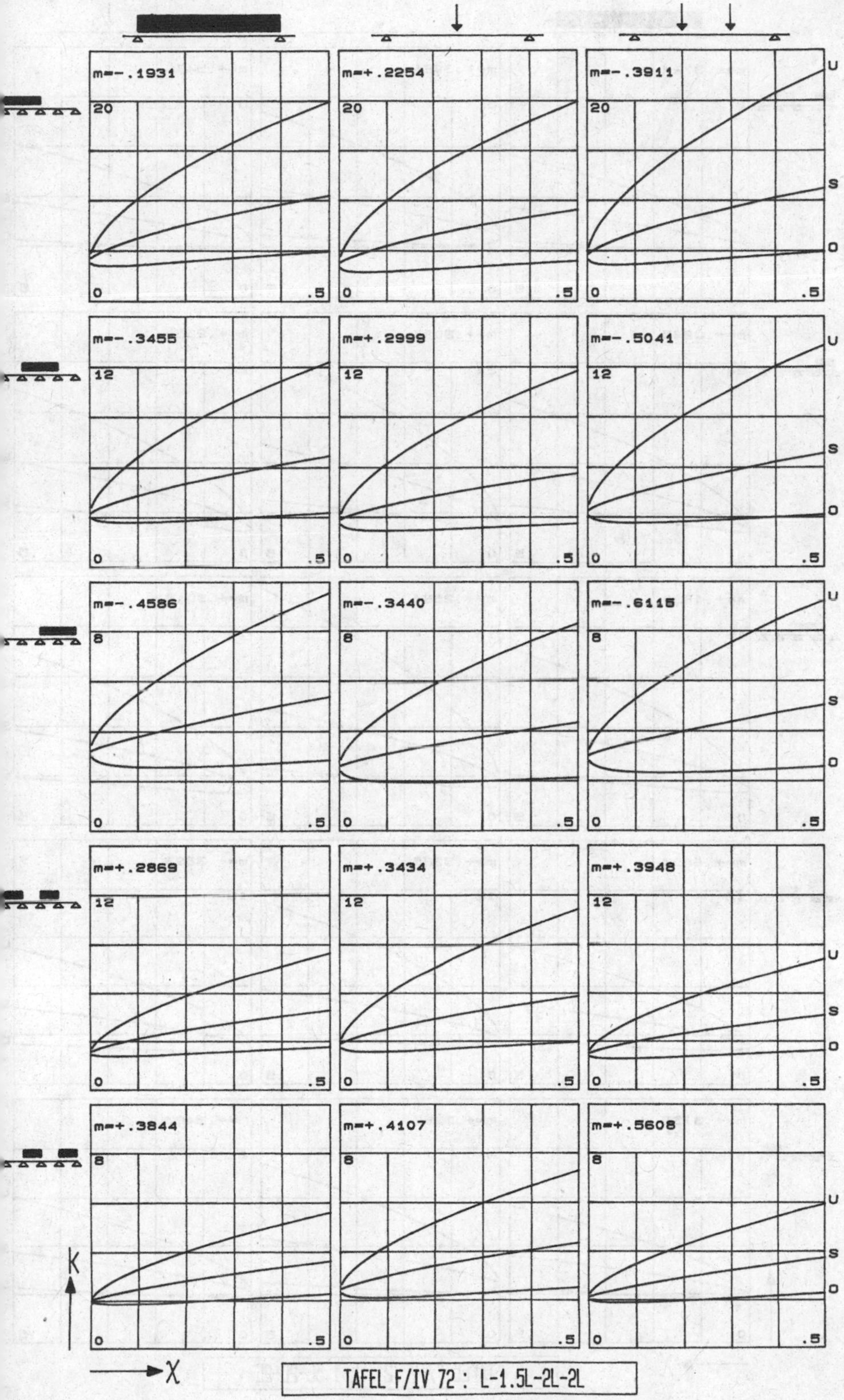

m=-.1931
m=+.2254
m=-.3911
m=-.3455
m=+.2999
m=-.5041
m=-.4586
m=-.3440
m=-.6115
m=+.2869
m=+.3434
m=+.3948
m=+.3844
m=+.4107
m=+.5608
20
12
8
0
.5
U
S
O
K
X

TAFEL F/IV 72 : L-1.5L-2L-2L

F IV

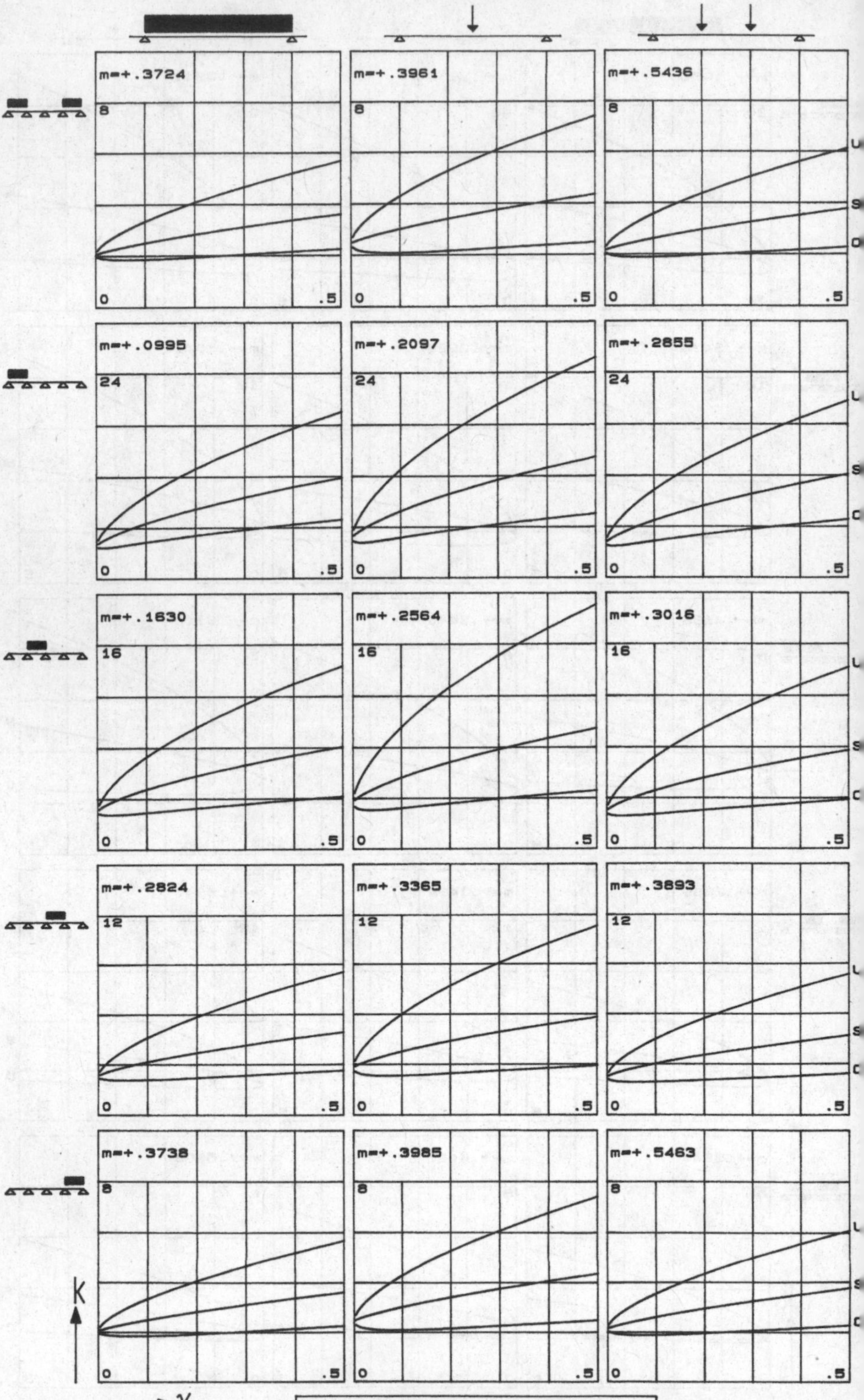

m=+.3724
8
0
.5
m=+.3961
8
0
.5
m=+.5436
8
0
.5
U
S
O
m=+.0995
24
0
.5
m=+.2097
24
0
.5
m=+.2855
24
0
.5
U
S
O
m=+.1630
16
0
.5
m=+.2564
16
0
.5
m=+.3016
16
0
.5
U
S
O
m=+.2824
12
0
.5
m=+.3365
12
0
.5
m=+.3893
12
0
.5
U
S
O
m=+.3738
8
0
.5
m=+.3985
8
0
.5
m=+.5463
8
0
.5
U
S
O
K
X

TAFEL F/IV 72 : L-1.5L-2L-2L

F
IV

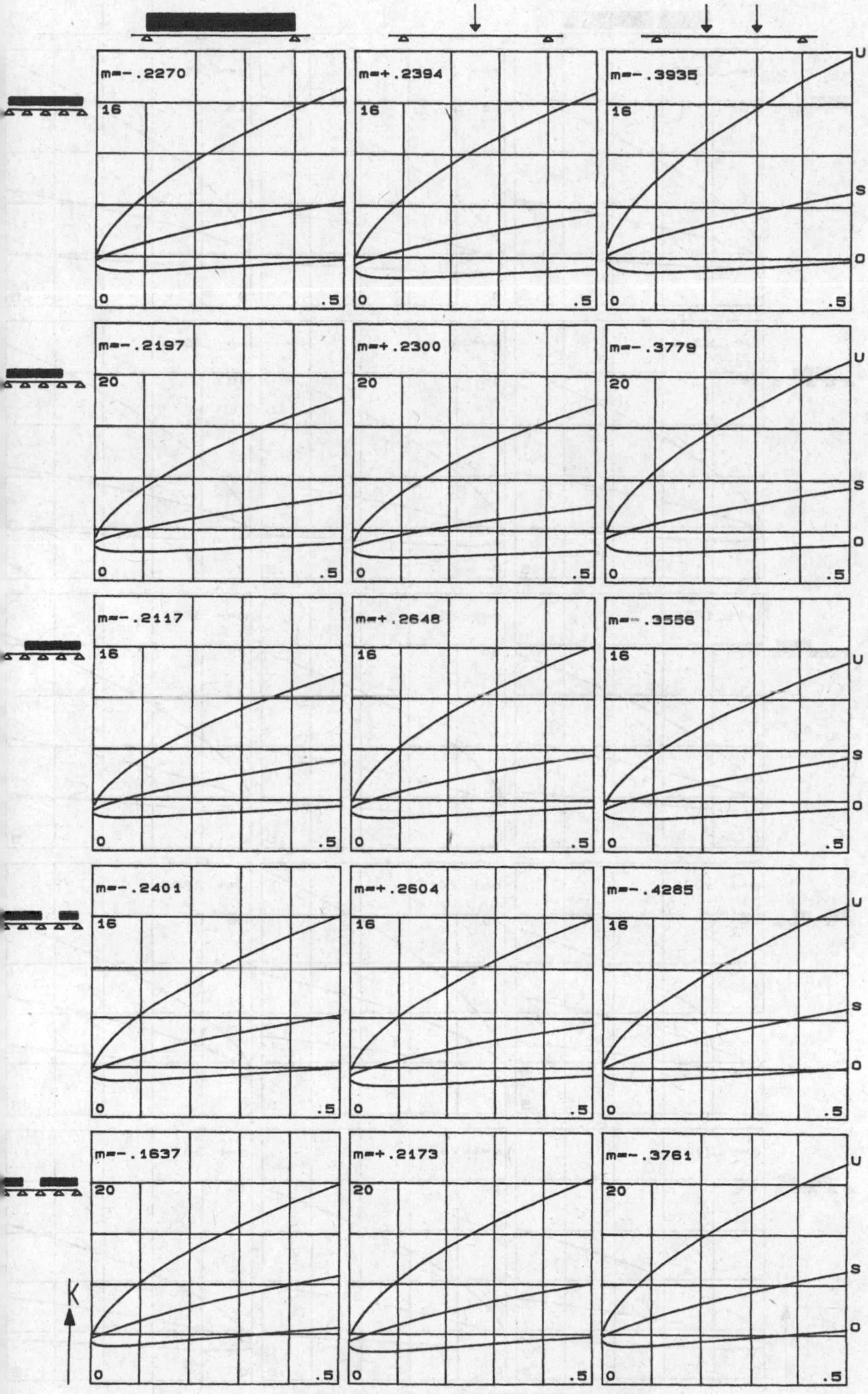
m=-.2270
16
0
.5
m=+.2394
16
0
.5
m=-.3935
16
U
S
O
0
.5
m=-.2197
20
0
.5
m=+.2300
20
0
.5
m=-.3779
20
U
S
O
0
.5
m=-.2117
16
0
.5
m=+.2648
16
0
.5
m=-.3556
16
U
S
O
0
.5
m=-.2401
16
0
.5
m=+.2604
16
0
.5
m=-.4285
16
U
S
O
0
.5
m=-.1637
20
0
.5
m=+.2173
20
0
.5
m=-.3761
20
U
S
O
0
.5
K
X
F
IV

TAFEL F/IV 73 : L-1.75L-L-1.25L

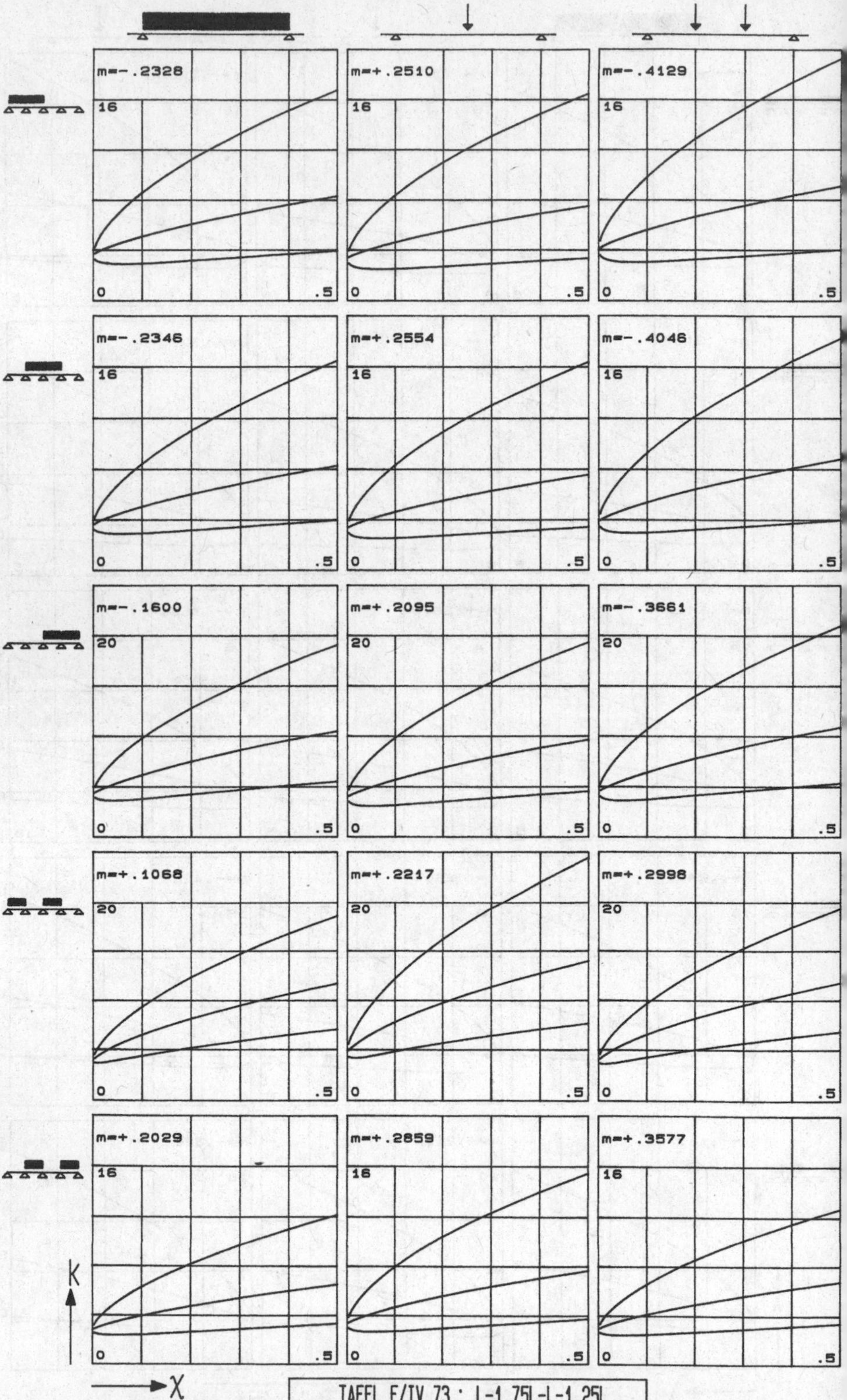

m=-.2328
m=+.2510
m=-.4129
m=-.2346
m=+.2554
m=-.4046
m=-.1600
m=+.2095
m=-.3661
m=+.1068
m=+.2217
m=+.2998
m=+.2029
m=+.2859
m=+.3577
K
X
TAFEL F/IV 73 : L-1.75L-L-1.25L

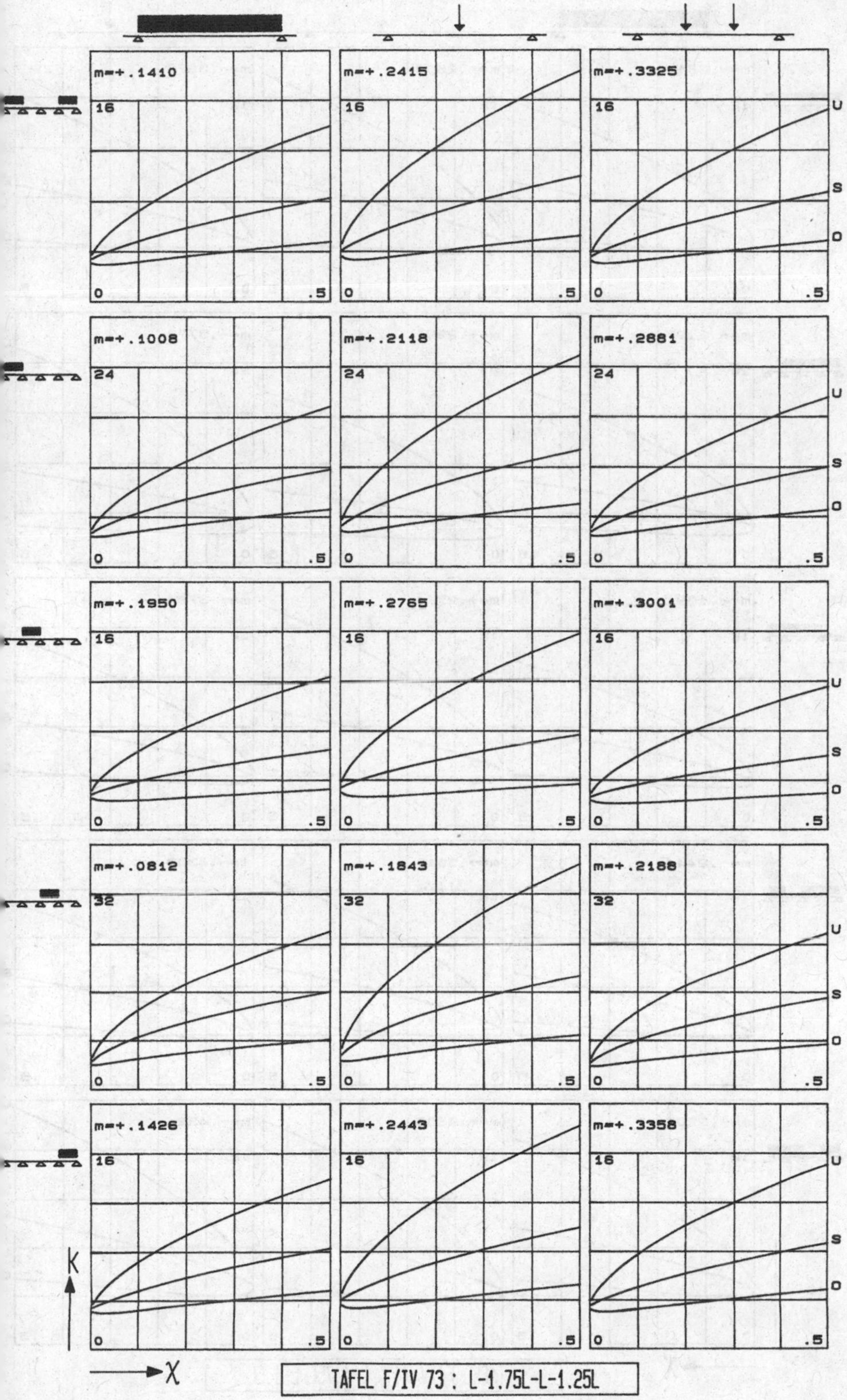
m=+.1410
16
0
.5
m=+.2415
16
0
.5
m=+.3325
16
0
.5
U
S
O
m=+.1008
24
0
.5
m=+.2118
24
0
.5
m=+.2881
24
0
.5
U
S
O
m=+.1950
16
0
.5
m=+.2765
16
0
.5
m=+.3001
16
0
.5
U
S
O
m=+.0812
32
0
.5
m=+.1843
32
0
.5
m=+.2188
32
0
.5
U
S
O
m=+.1426
16
0
.5
m=+.2443
16
0
.5
m=+.3358
16
0
.5
U
S
O
K
X

TAFEL F/IV 73 : L-1.75L-L-1.25L

F IV

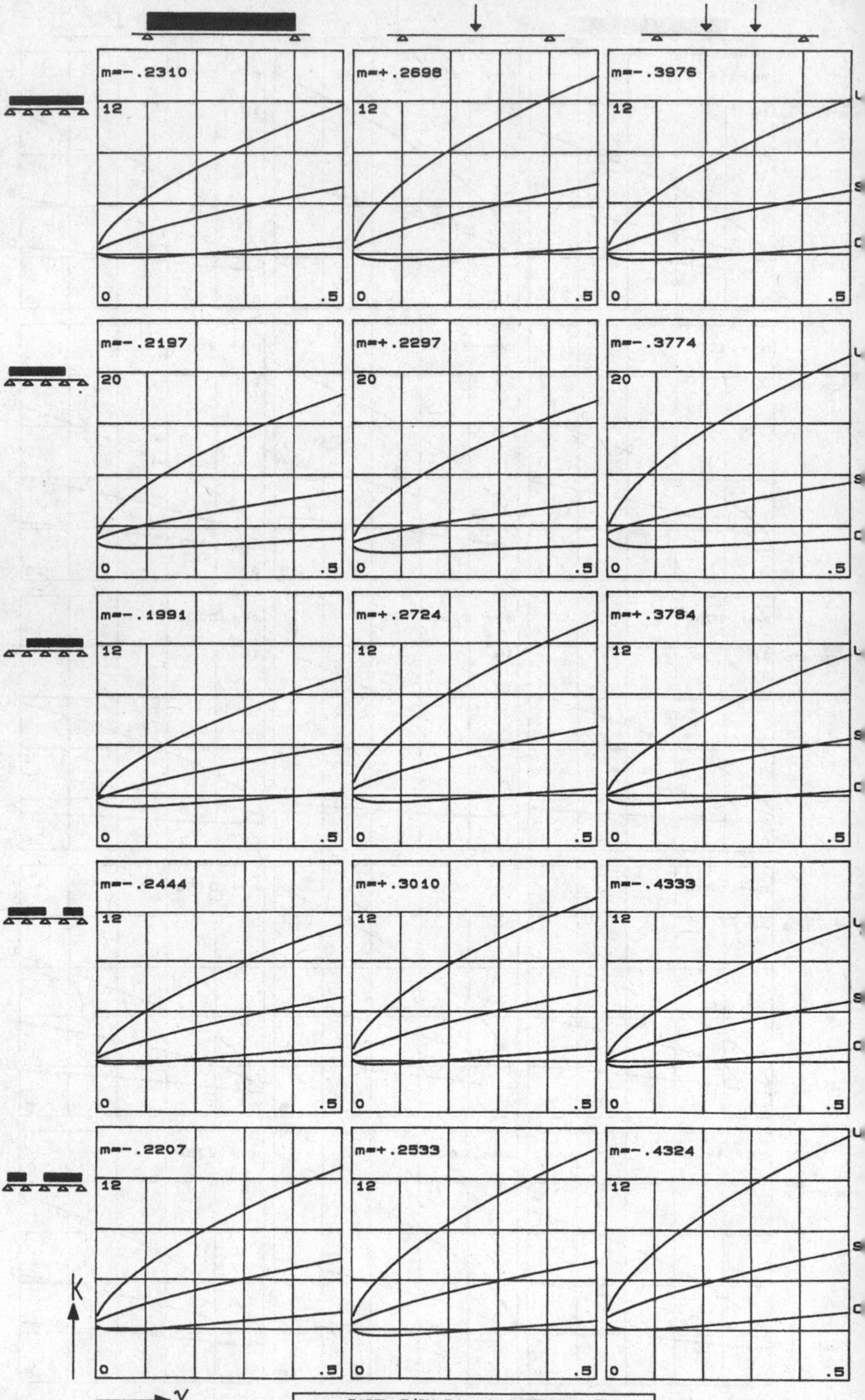
m=-.2310
12
0
.5
m=+.2698
12
0
.5
m=-.3976
12
0
.5
L
S
C
m=-.2197
20
0
.5
m=+.2297
20
0
.5
m=-.3774
20
0
.5
m=-.1991
12
0
.5
m=+.2724
12
0
.5
m=+.3784
12
0
.5
m=-.2444
12
0
.5
m=+.3010
12
0
.5
m=-.4333
12
0
.5
m=-.2207
12
0
.5
m=+.2533
12
0
.5
m=-.4324
12
0
.5
K
X

TAFEL F/IV 74 : L-1.75L-L-1.5L

F IV

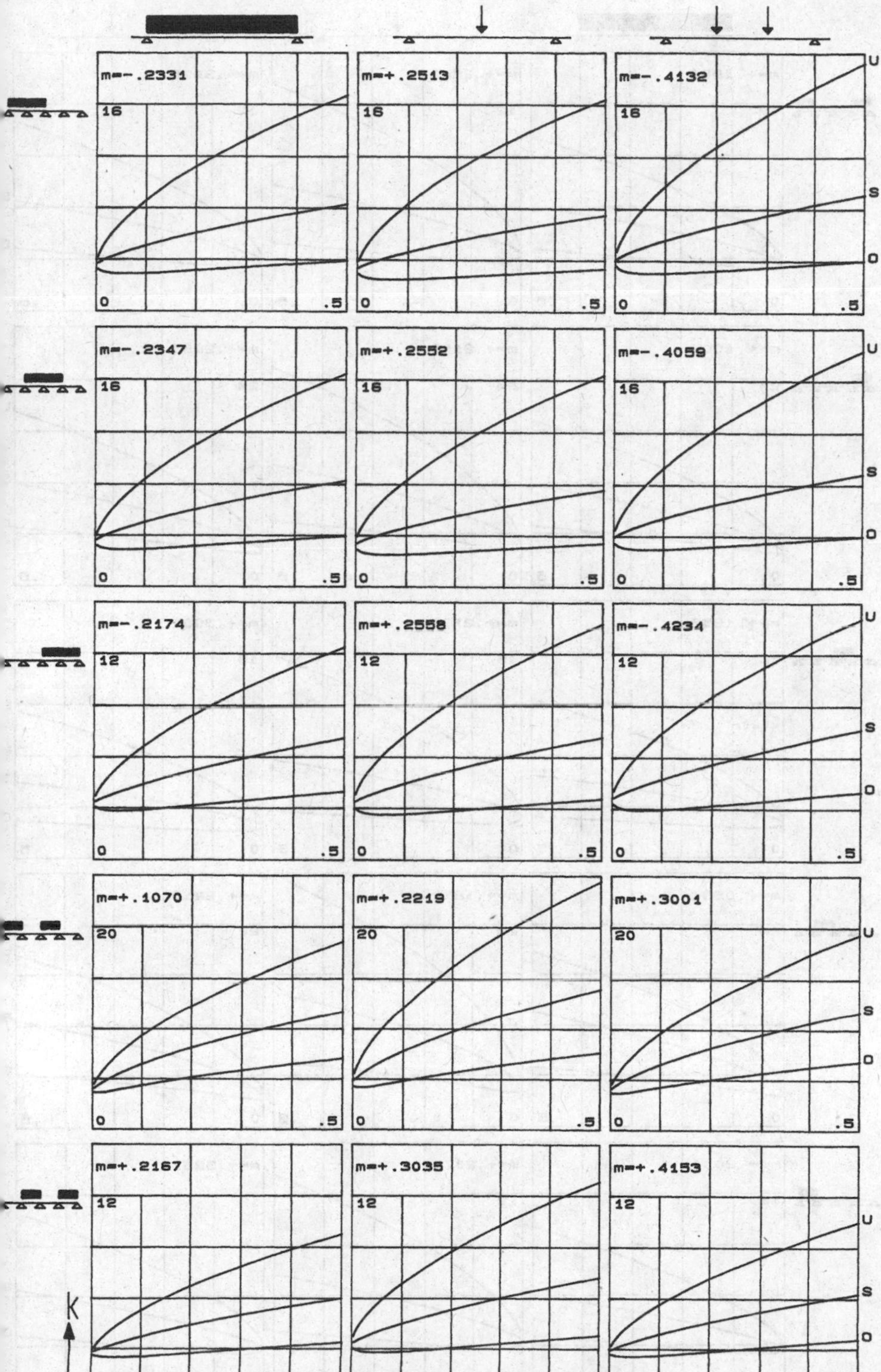

m=-.2331
16
0
.5
m=+.2513
16
0
.5
m=-.4132
16
0
.5
U
S
O
m=-.2347
16
0
.5
m=+.2552
16
0
.5
m=-.4059
16
0
.5
U
S
O
m=-.2174
12
0
.5
m=+.2558
12
0
.5
m=-.4234
12
0
.5
U
S
O
m=+.1070
20
0
.5
m=+.2219
20
0
.5
m=+.3001
20
0
.5
U
S
O
m=+.2167
12
0
.5
m=+.3035
12
0
.5
m=+.4153
12
0
.5
U
S
O
K
X

TAFEL F/IV 74 : L-1.75L-L-1.5L

F IV

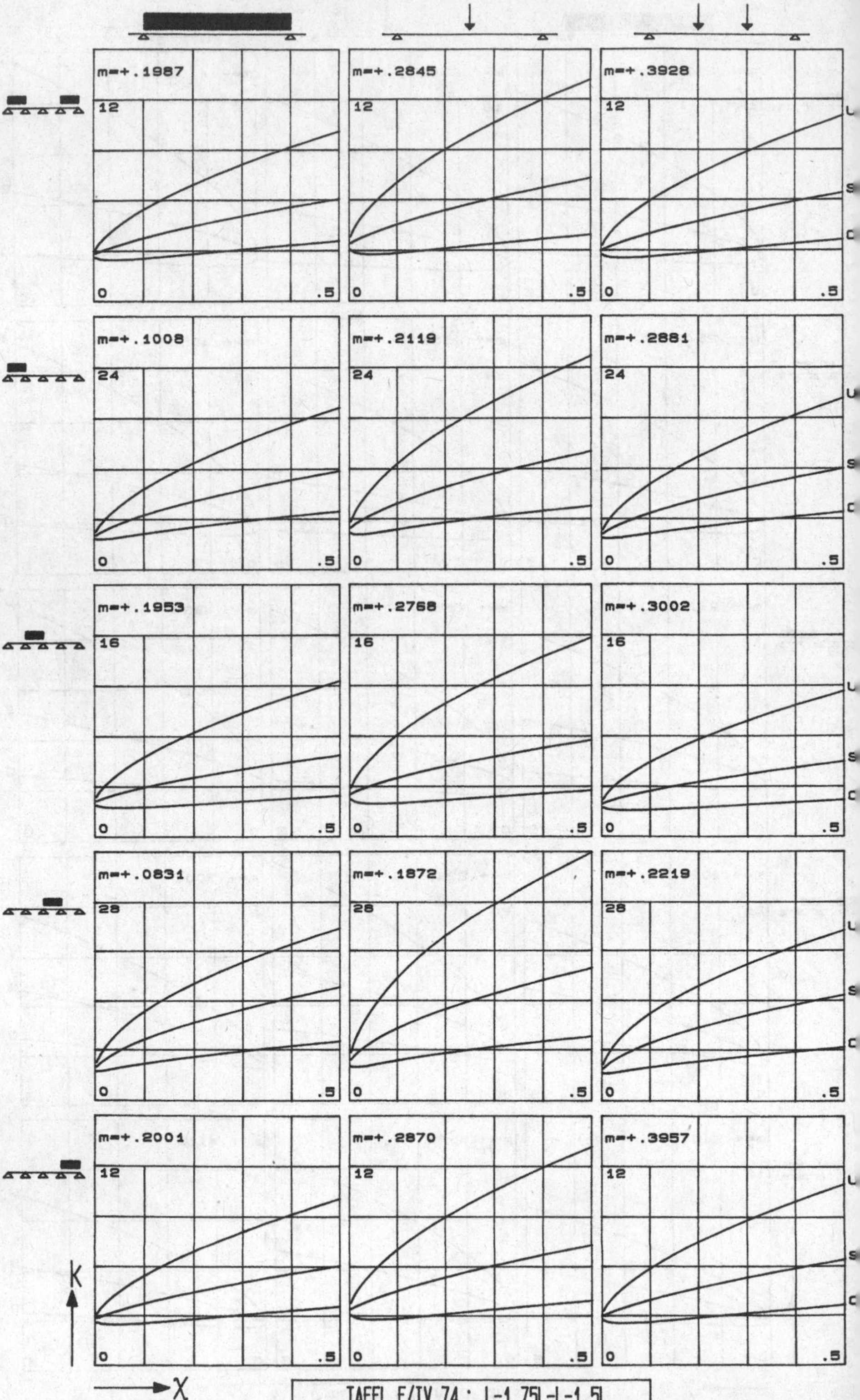
m=+.1987
12
0
.5
m=+.2845
12
0
.5
m=+.3928
12
0
.5
u
s
c
m=+.1008
24
0
.5
m=+.2119
24
0
.5
m=+.2881
24
0
.5
m=+.1953
16
0
.5
m=+.2768
16
0
.5
m=+.3002
16
0
.5
m=+.0831
28
0
.5
m=+.1872
28
0
.5
m=+.2219
28
0
.5
m=+.2001
12
0
.5
m=+.2870
12
0
.5
m=+.3957
12
0
.5
K
X

TAFEL F/IV 74 : L-1.75L-L-1.5L

F V

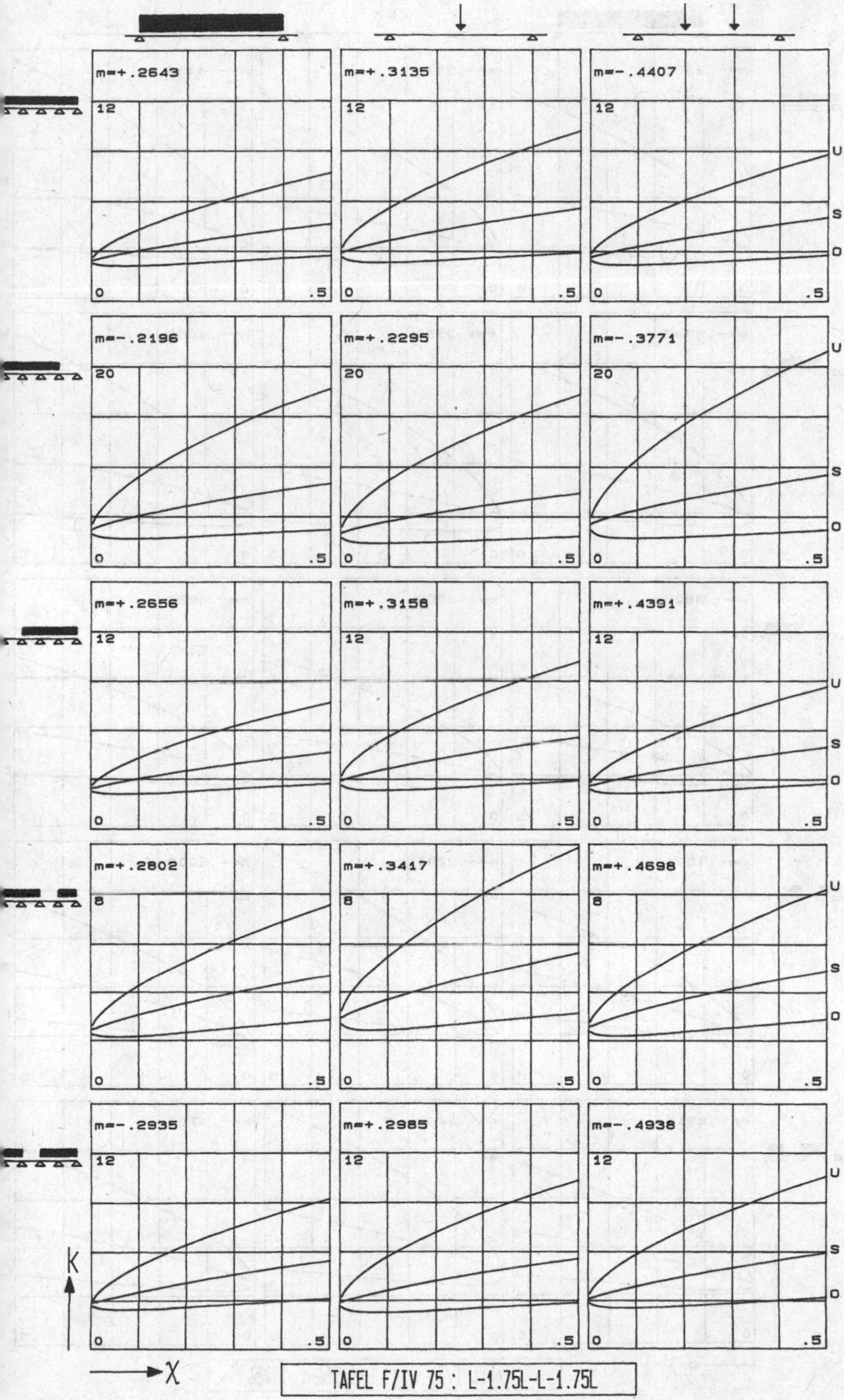

m=+.2643
12
0
.5
m=+.3135
12
0
.5
m=-.4407
12
U
S
O
0
.5
m=-.2196
20
0
.5
m=+.2295
20
0
.5
m=-.3771
20
U
S
O
0
.5
m=+.2656
12
0
.5
m=+.3158
12
0
.5
m=+.4391
12
U
S
O
0
.5
m=+.2802
8
0
.5
m=+.3417
8
0
.5
m=+.4698
8
U
S
O
0
.5
m=-.2935
12
0
.5
m=+.2985
12
0
.5
m=-.4938
12
U
S
O
0
.5
K
X

TAFEL F/IV 75 : L-1.75L-L-1.75L

F IV

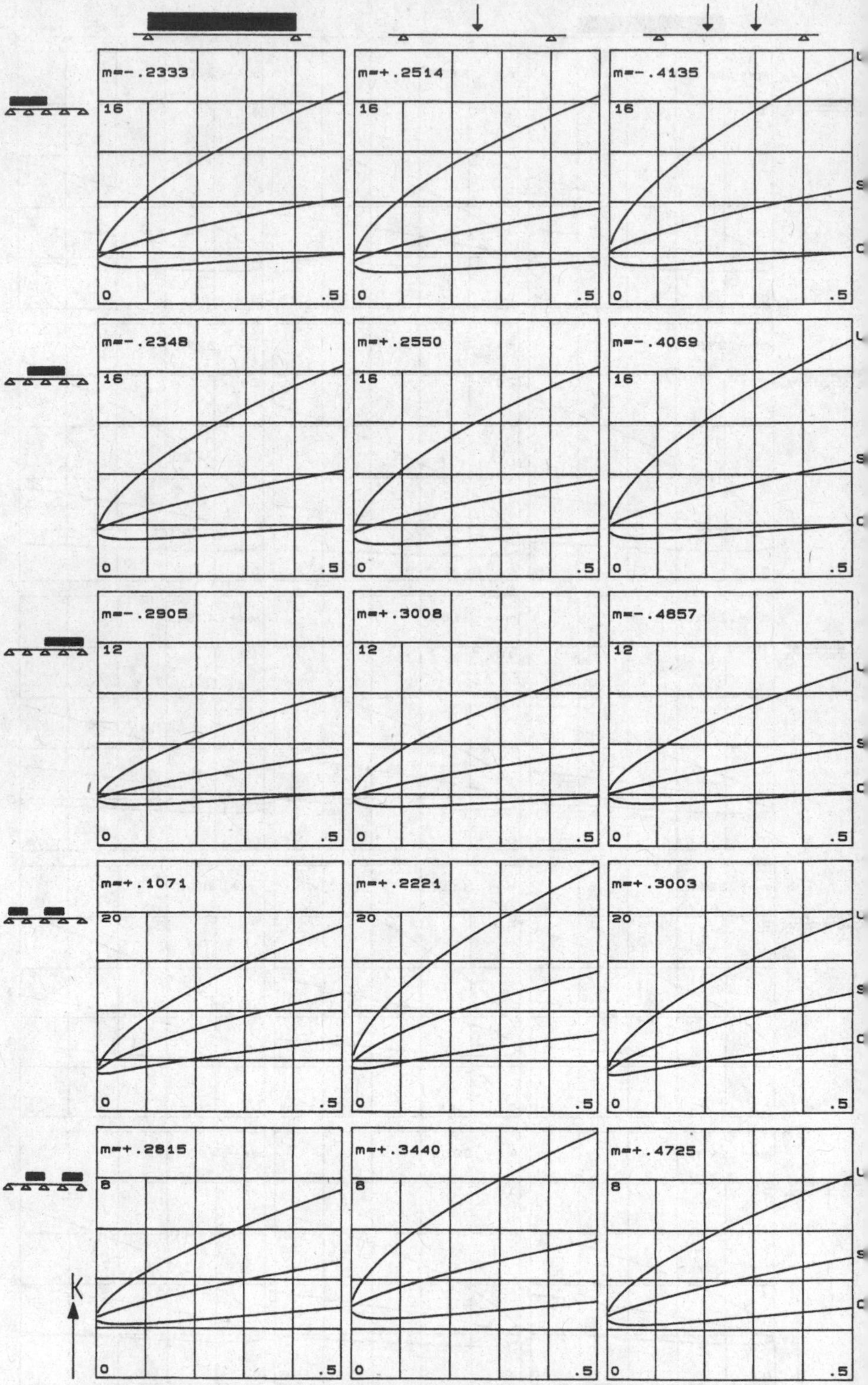
m=-.2333
16
0
.5
m=+.2514
16
0
.5
m=-.4135
16
0
.5
m=-.2348
16
m=+.2550
16
m=-.4069
16
m=-.2905
12
m=+.3008
12
m=-.4857
12
m=+.1071
20
m=+.2221
20
m=+.3003
20
m=+.2815
8
m=+.3440
8
m=+.4725
8
K
X

TAFEL F/IV 75 : L-1.75L-L-1.75L

F IV

F
IV

TAFEL F/IV 75 : L-1.75L-L-1.75L

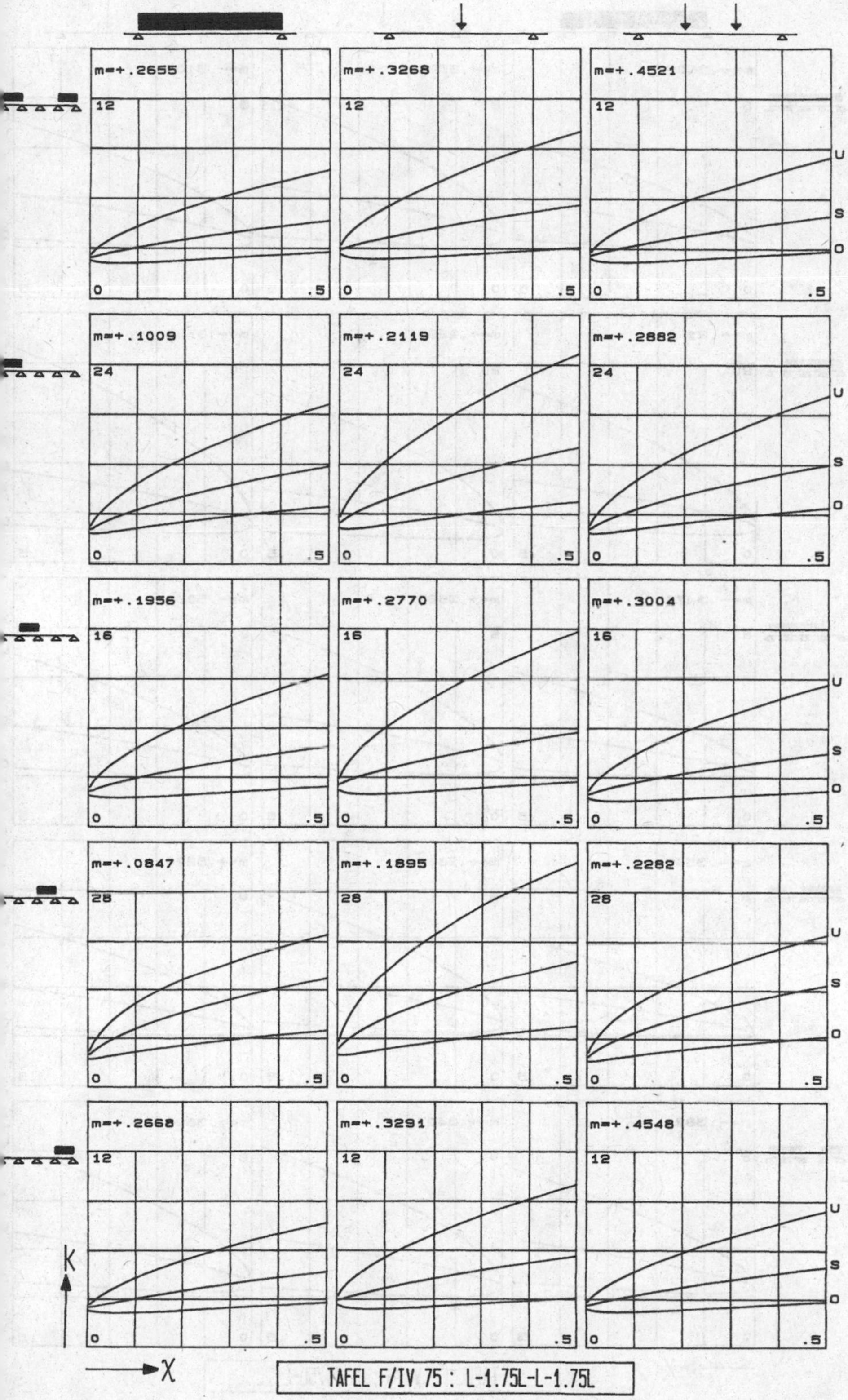

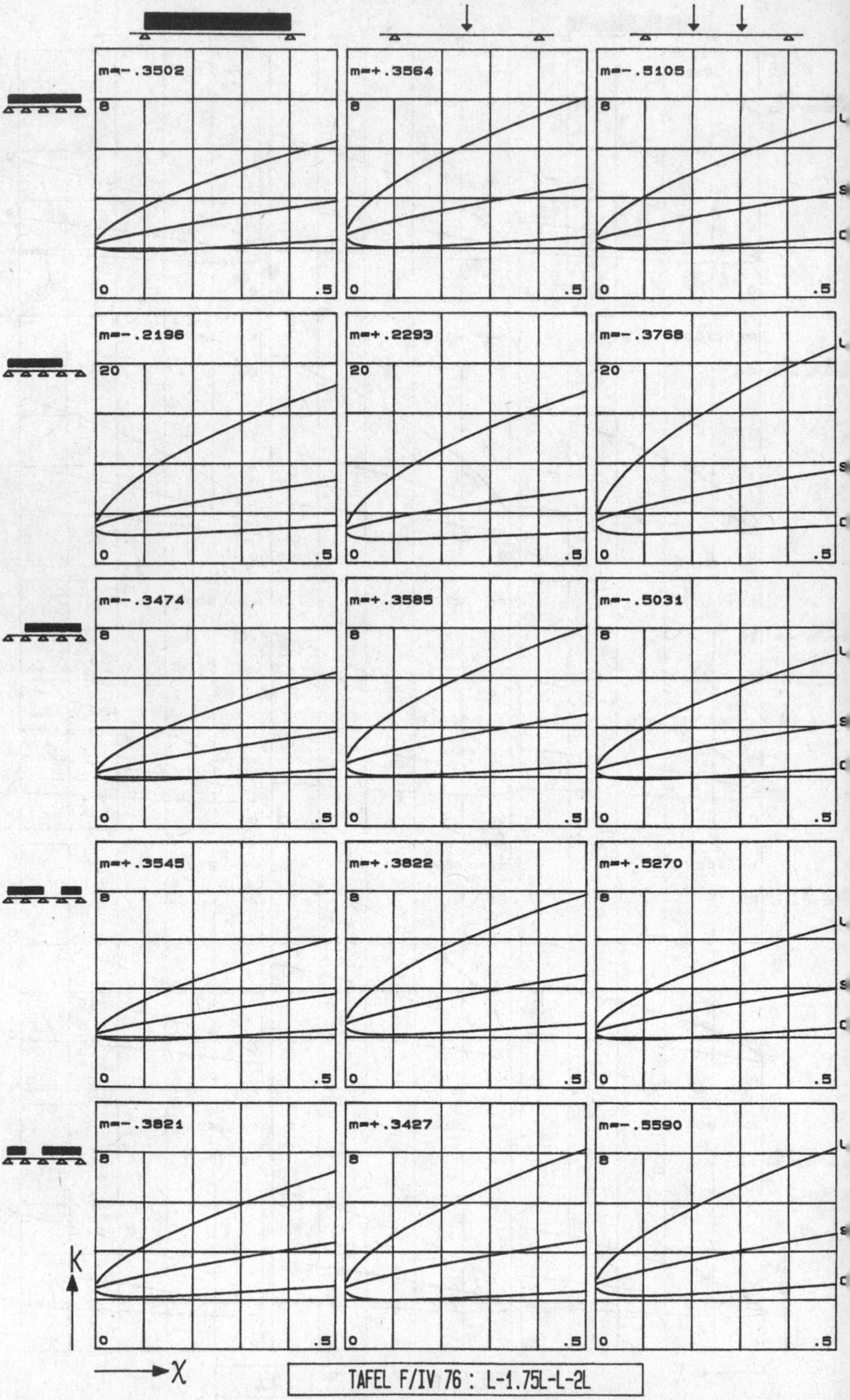
m=-.3502
m=+.3564
m=-.5105
m=-.2196
m=+.2293
m=-.3768
m=-.3474
m=+.3585
m=-.5031
m=+.3545
m=+.3822
m=+.5270
m=-.3821
m=+.3427
m=-.5590
8
20
0
.5
L
S
C
K
X

TAFEL F/IV 76 : L-1.75L-L-2L

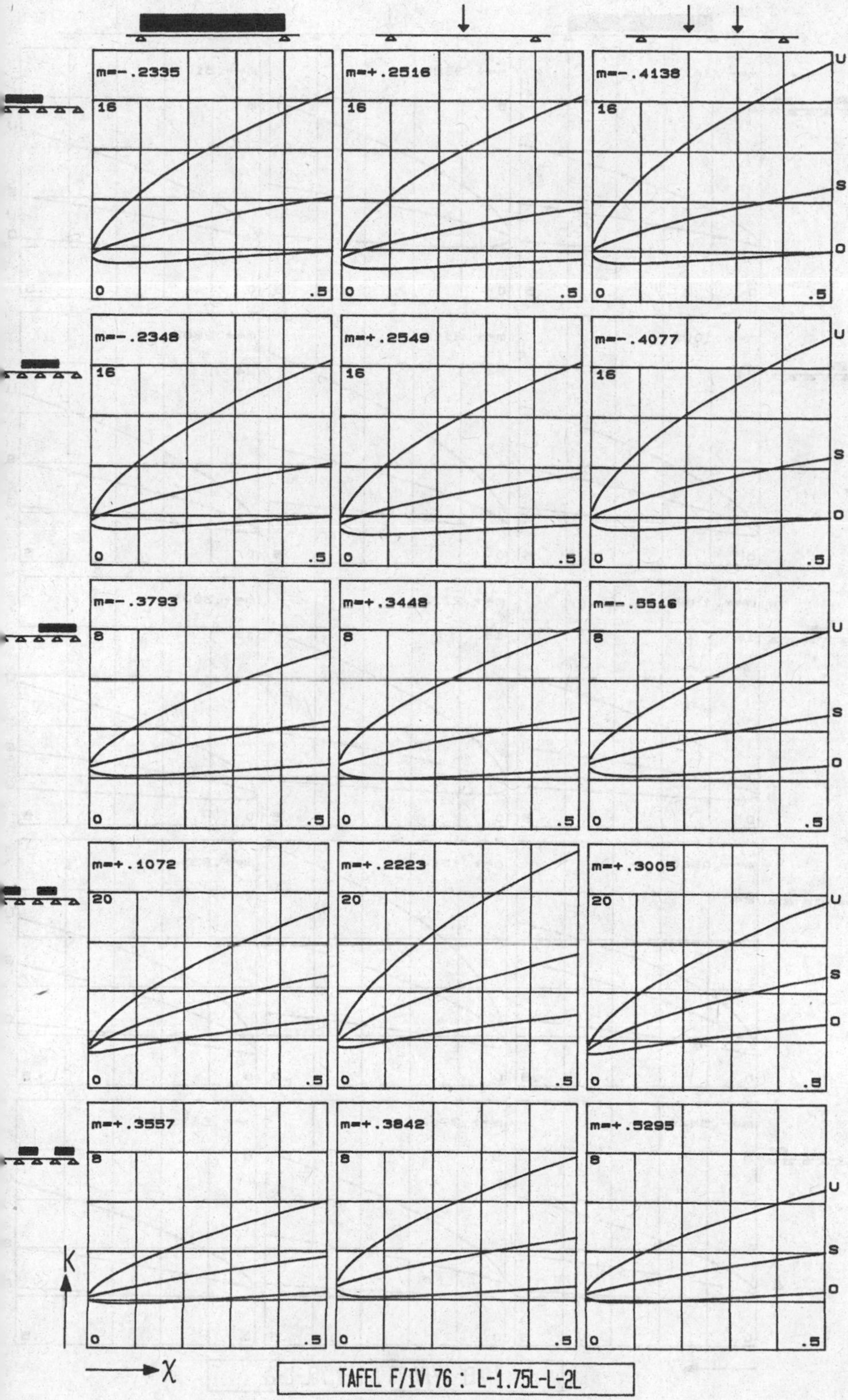
m=-.2335
16
0
.5
m=+.2516
16
0
.5
m=-.4138
16
0
.5
U
S
O
m=-.2348
16
0
.5
m=+.2549
16
0
.5
m=-.4077
16
0
.5
U
S
O
m=-.3793
8
0
.5
m=+.3448
8
0
.5
m=-.5516
8
0
.5
U
S
O
m=+.1072
20
0
.5
m=+.2223
20
0
.5
m=+.3005
20
0
.5
U
S
O
m=+.3557
8
0
.5
m=+.3842
8
0
.5
m=+.5295
8
0
.5
U
S
O
K
X

TAFEL F/IV 76 : L-1.75L-L-2L

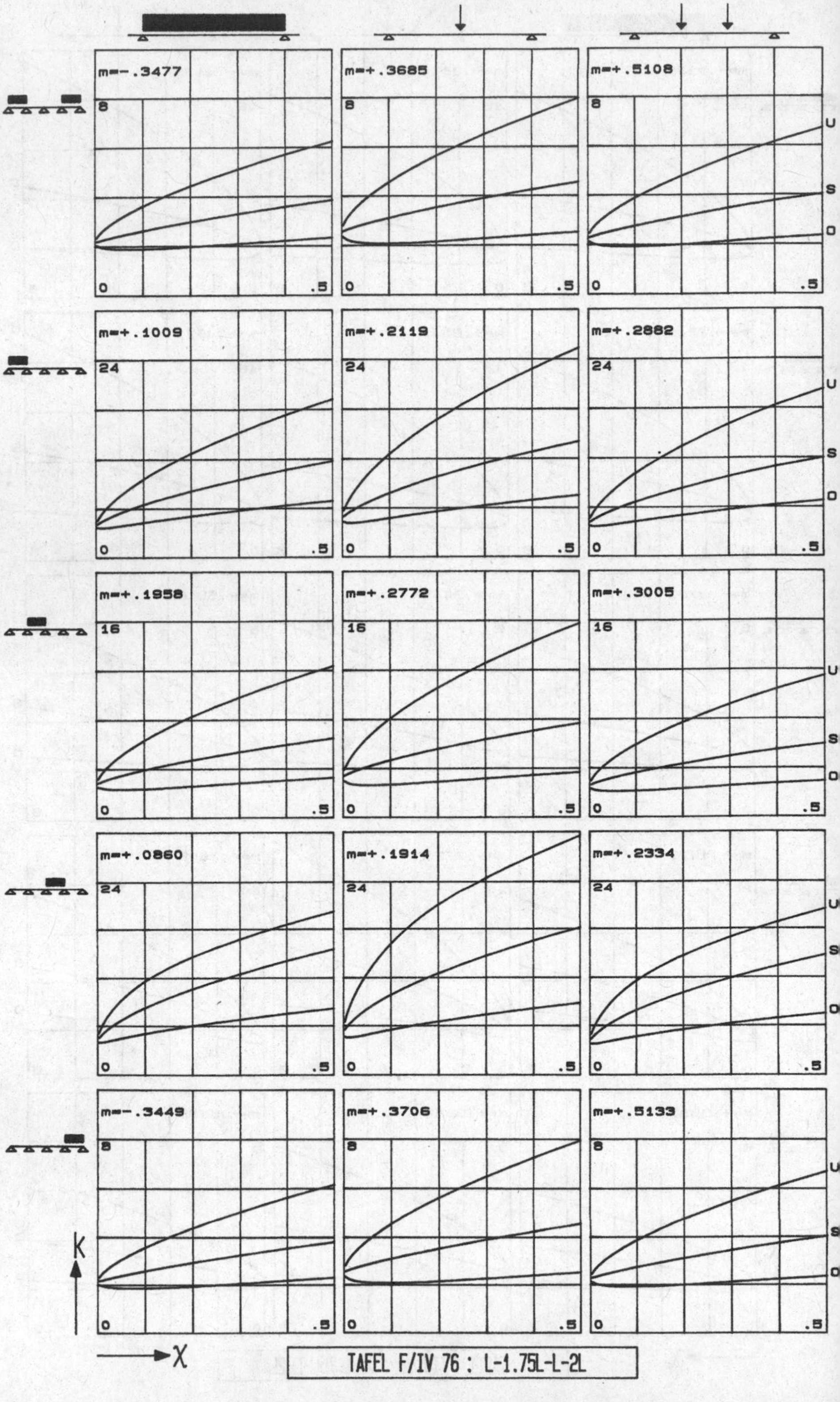
m=-.3477
m=+.3685
m=+.5108
m=+.1009
m=+.2119
m=+.2882
m=+.1958
m=+.2772
m=+.3005
m=+.0860
m=+.1914
m=+.2334
m=-.3449
m=+.3706
m=+.5133
8
24
16
0
.5
U
S
O
K
X

TAFEL F/IV 76 : L-1.75L-L-2L

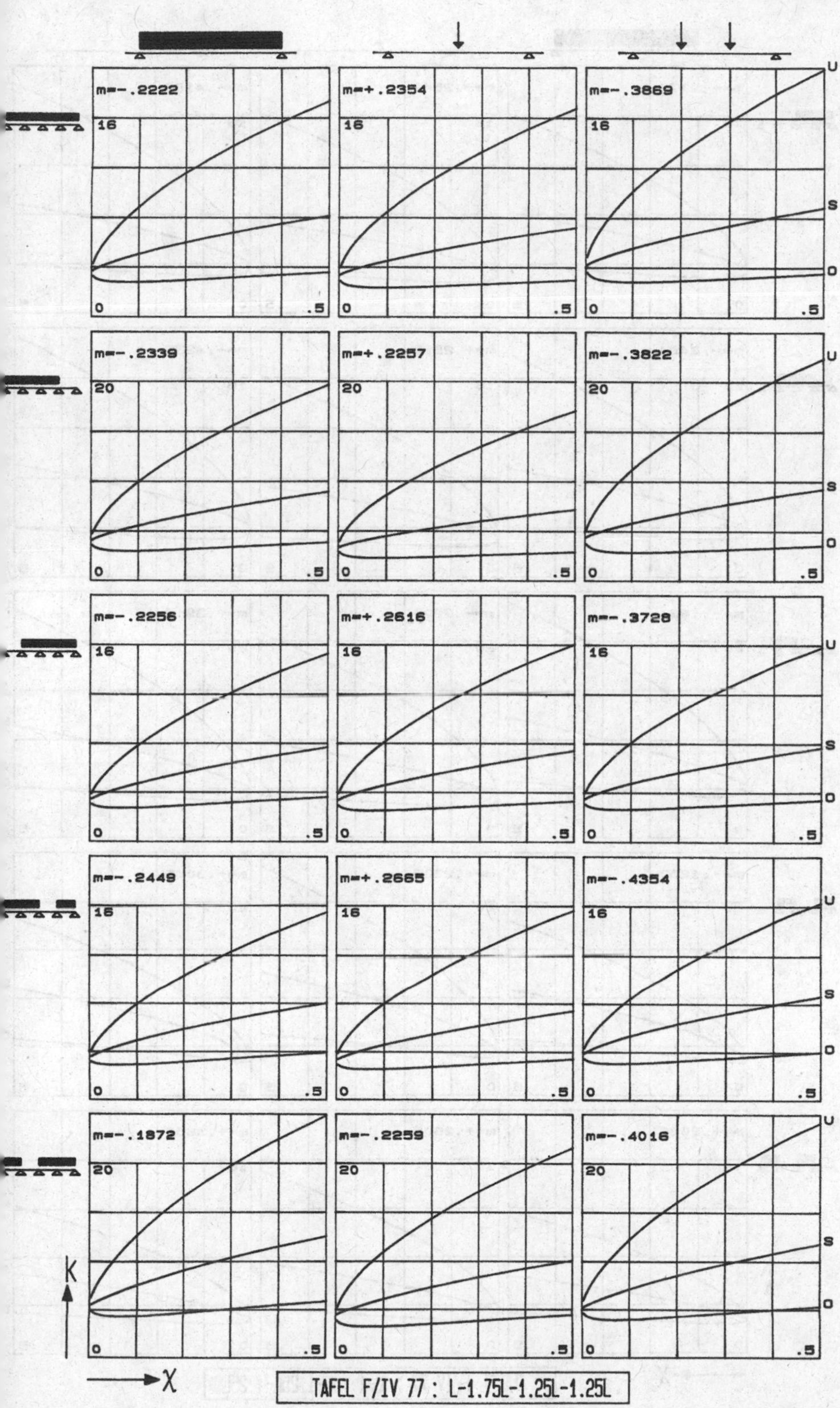
m=-.2222
16
0
.5
m=+.2354
16
0
.5
m=-.3869
16
0
.5
U
S
O
m=-.2339
20
0
.5
m=+.2257
20
0
.5
m=-.3822
20
0
.5
U
S
O
m=-.2256
16
0
.5
m=+.2616
16
0
.5
m=-.3728
16
0
.5
U
S
O
m=-.2449
16
0
.5
m=+.2665
16
0
.5
m=-.4354
16
0
.5
U
S
O
m=-.1872
20
0
.5
m=-.2259
20
0
.5
m=-.4016
20
0
.5
U
S
O
K
X

TAFEL F/IV 77 : L-1.75L-1.25L-1.25L

F IV

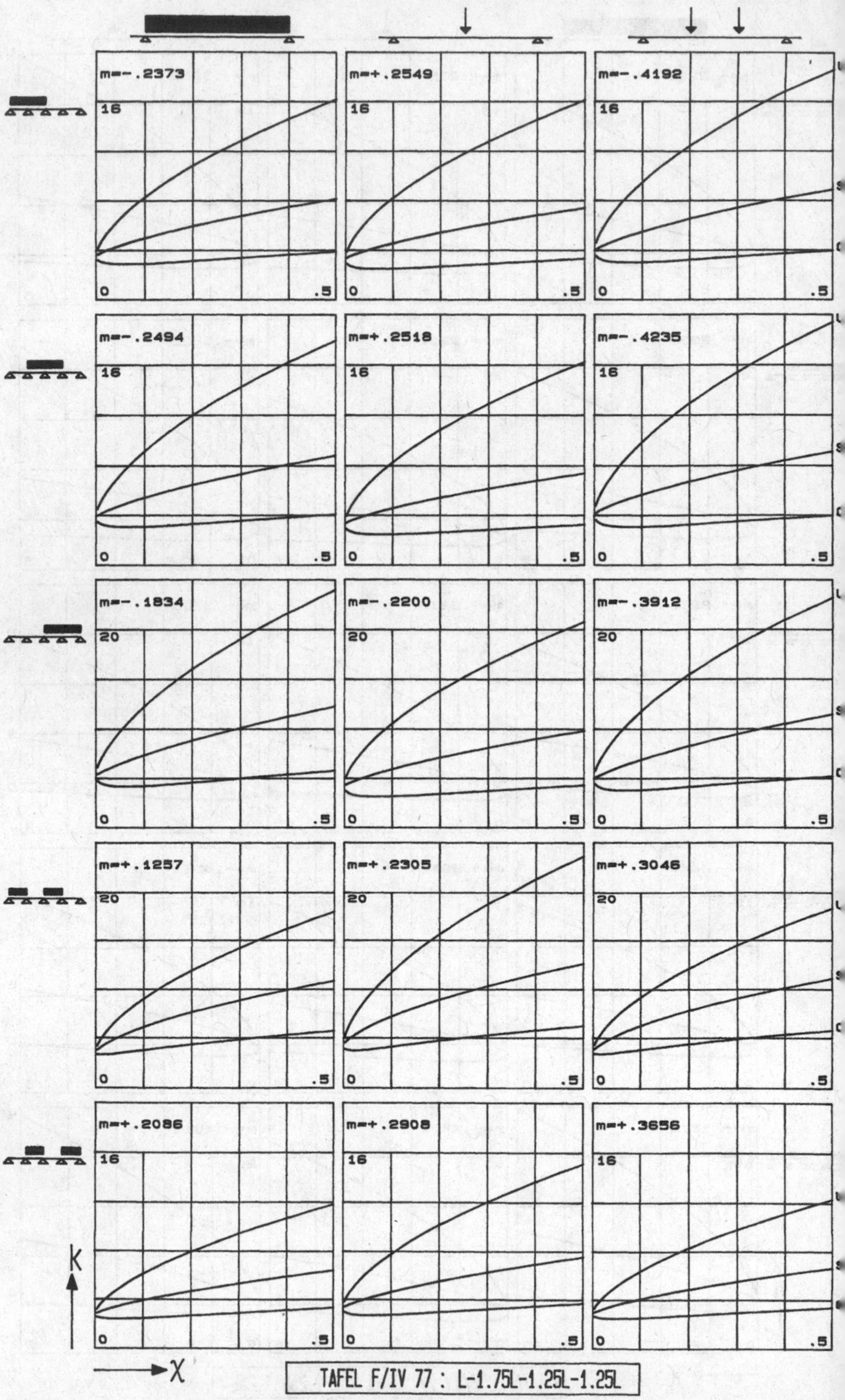
m=-.2373
16
0
.5
m=+.2549
16
0
.5
m=-.4192
16
0
.5
m=-.2494
16
0
.5
m=+.2518
16
0
.5
m=-.4235
16
0
.5
m=-.1834
20
0
.5
m=-.2200
20
0
.5
m=-.3912
20
0
.5
m=+.1257
20
0
.5
m=+.2305
20
0
.5
m=+.3046
20
0
.5
m=+.2086
16
0
.5
m=+.2908
16
0
.5
m=+.3656
16
0
.5
K
X
F
V

TAFEL F/IV 77 : L-1.75L-1.25L-1.25L

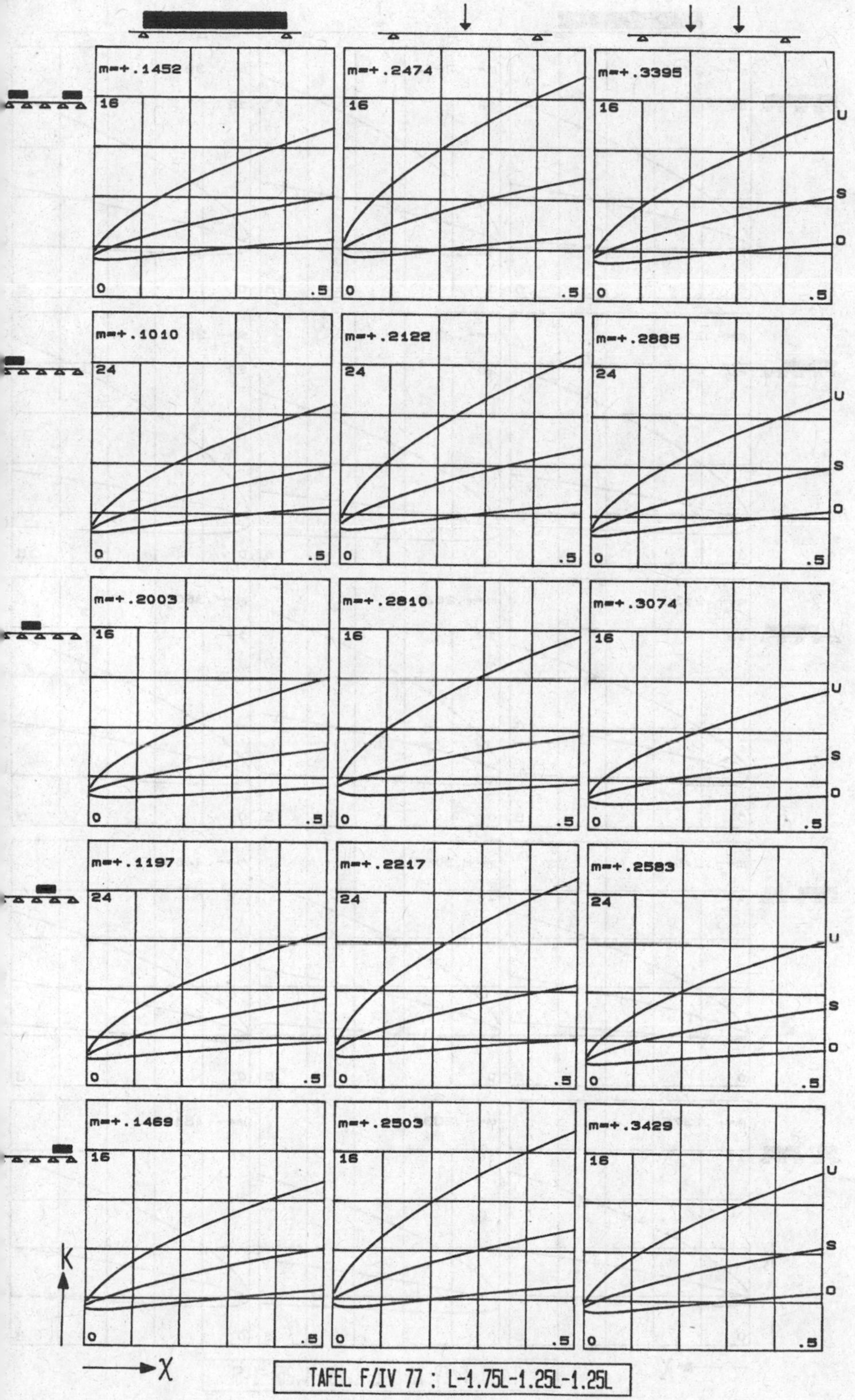

m=+.1452
16
0
.5
m=+.2474
16
0
.5
m=+.3395
16
0
.5
U
S
O
m=+.1010
24
0
.5
m=+.2122
24
0
.5
m=+.2885
24
0
.5
U
S
O
m=+.2003
16
0
.5
m=+.2810
16
0
.5
m=+.3074
16
0
.5
U
S
O
m=+.1197
24
0
.5
m=+.2217
24
0
.5
m=+.2583
24
0
.5
U
S
O
m=+.1469
16
0
.5
m=+.2503
16
0
.5
m=+.3429
16
0
.5
U
S
O
K
X

TAFEL F/IV 77 : L-1.75L-1.25L-1.25L

F IV

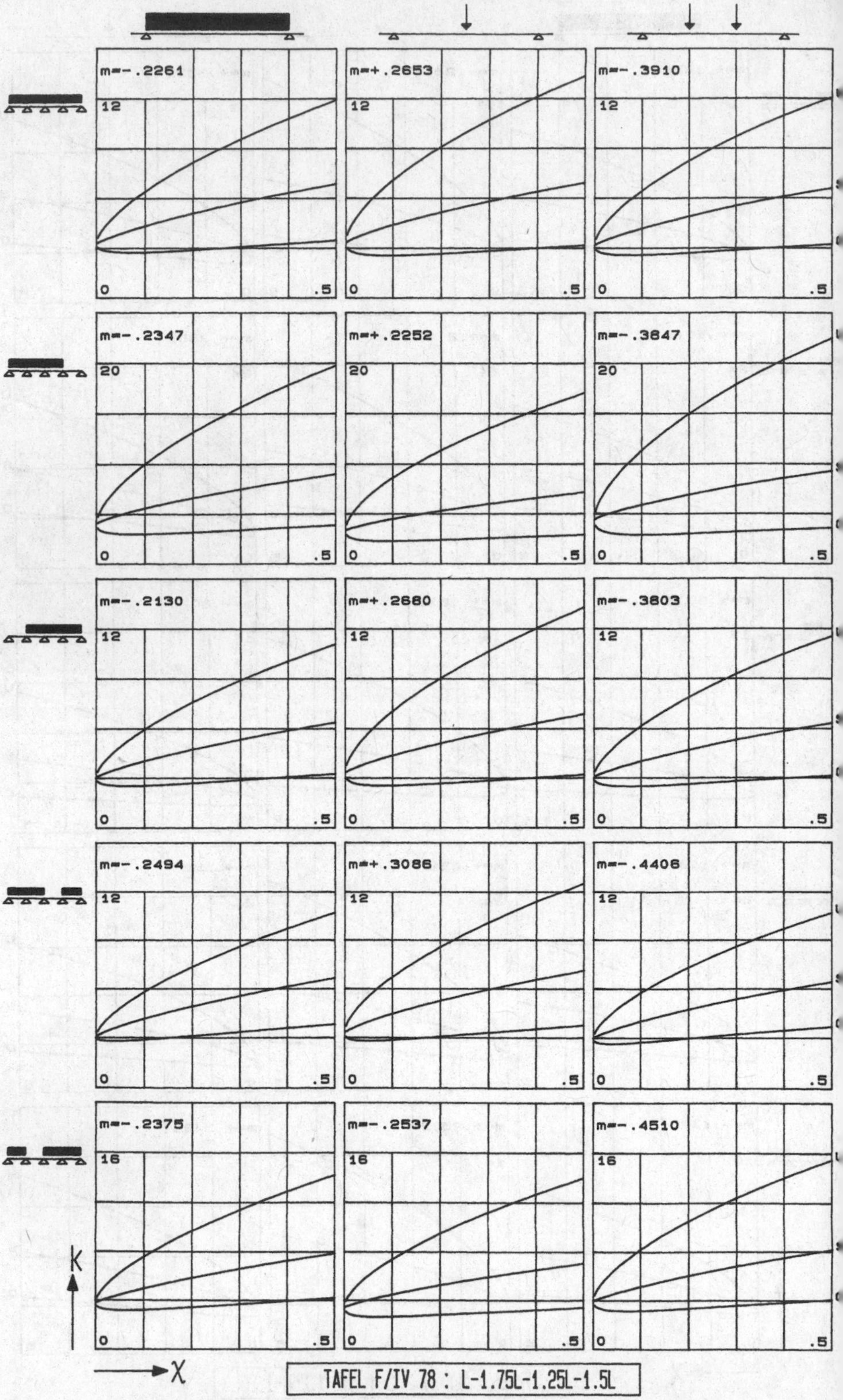
m=-.2261
m=+.2653
m=-.3910
m=-.2347
m=+.2252
m=-.3647
m=-.2130
m=+.2680
m=-.3803
m=-.2494
m=+.3086
m=-.4406
m=-.2375
m=-.2537
m=-.4510
12
20
16
0
.5
K
X

TAFEL F/IV 78 : L-1.75L-1.25L-1.5L

F IV

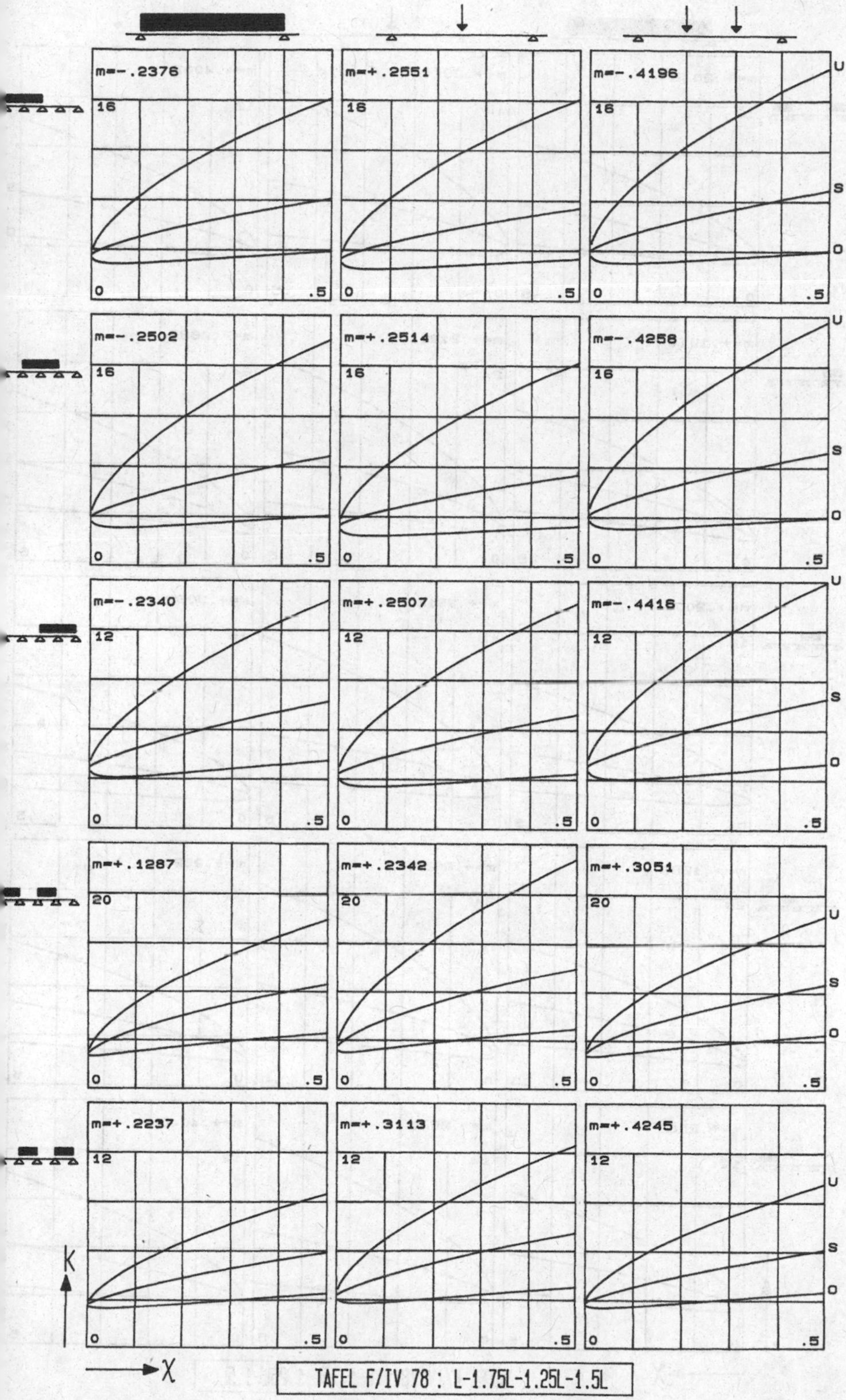
m=-.2376
m=+.2551
m=-.4196
m=-.2502
m=+.2514
m=-.4256
m=-.2340
m=+.2507
m=-.4416
m=+.1287
m=+.2342
m=+.3051
m=+.2237
m=+.3113
m=+.4245
U
S
O
K
X

TAFEL F/IV 78 : L-1.75L-1.25L-1.5L

F IV

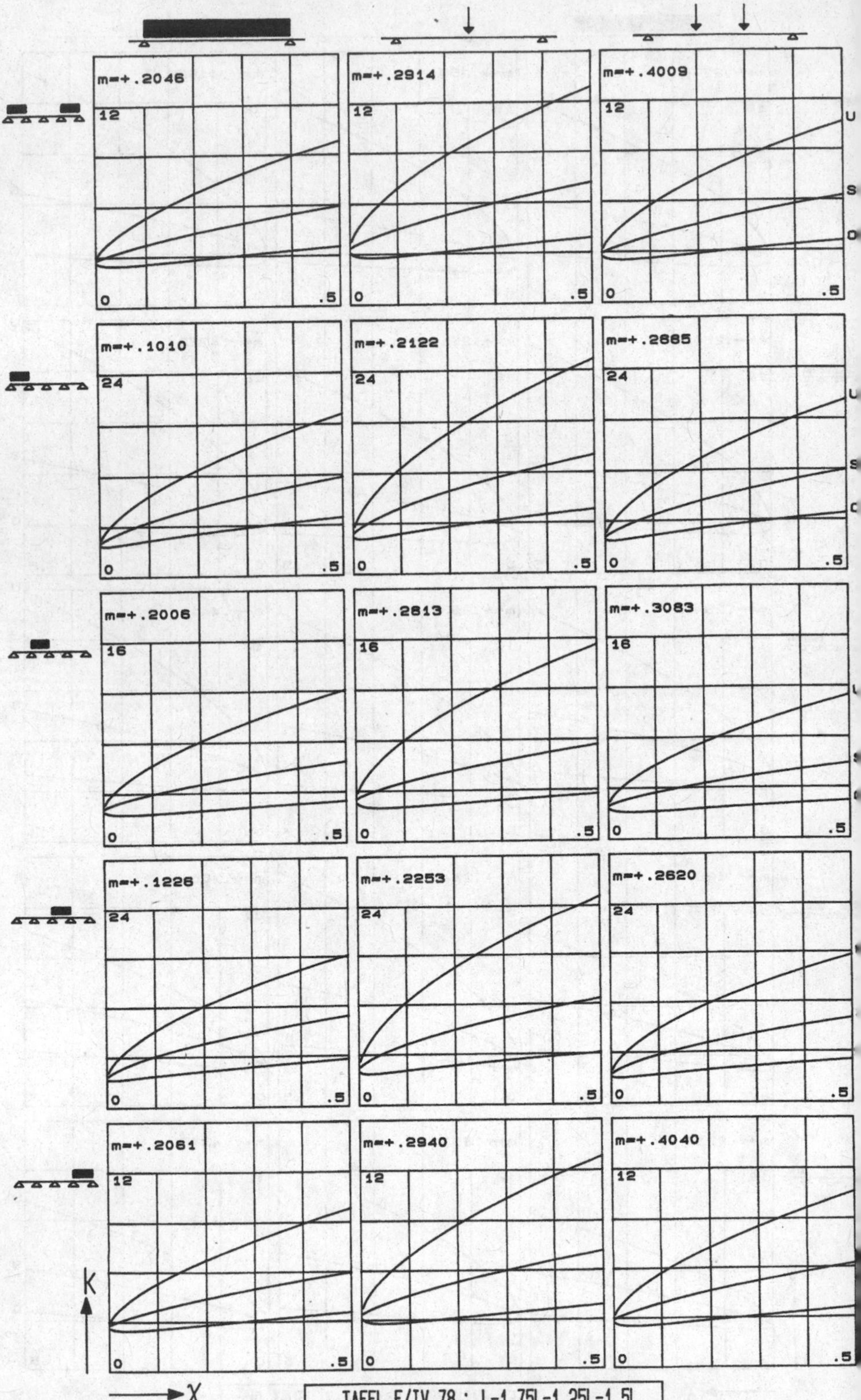

m=+.2046
12
0
.5
m=+.2914
12
0
.5
m=+.4009
12
0
.5
U
S
O
m=+.1010
24
0
.5
m=+.2122
24
0
.5
m=+.2665
24
0
.5
m=+.2006
16
0
.5
m=+.2813
16
0
.5
m=+.3083
16
0
.5
m=+.1226
24
0
.5
m=+.2253
24
0
.5
m=+.2620
24
0
.5
m=+.2061
12
0
.5
m=+.2940
12
0
.5
m=+.4040
12
0
.5
K
X

F IV

TAFEL F/IV 78 : L-1.75L-1.25L-1.5L

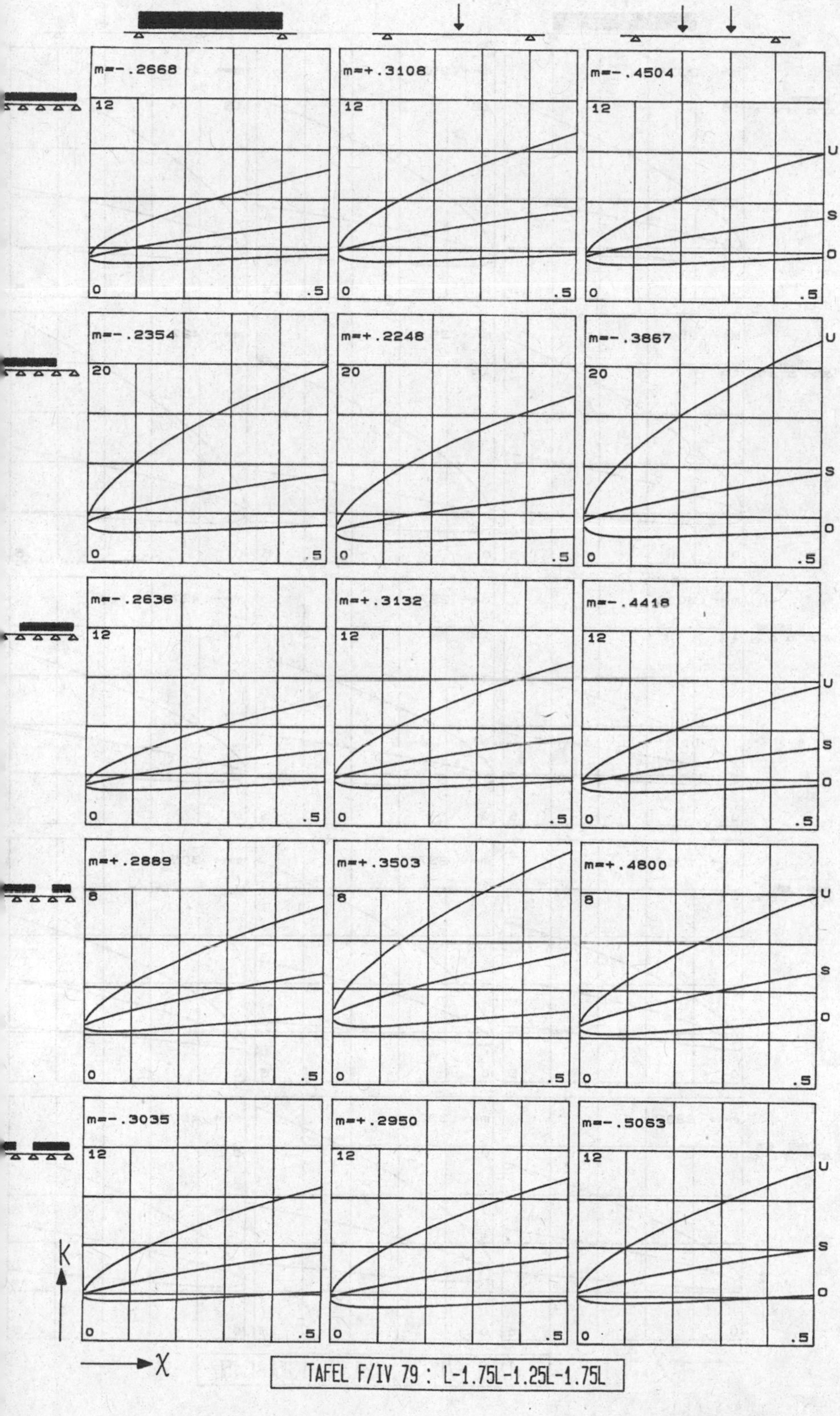
m=-.2668
m=+.3108
m=-.4504
m=-.2354
m=+.2248
m=-.3867
m=-.2636
m=+.3132
m=-.4418
m=+.2889
m=+.3503
m=+.4800
m=-.3035
m=+.2950
m=-.5063
12
20
8
0
.5
U
S
O
K
X

TAFEL F/IV 79 : L-1.75L-1.25L-1.75L

F IV

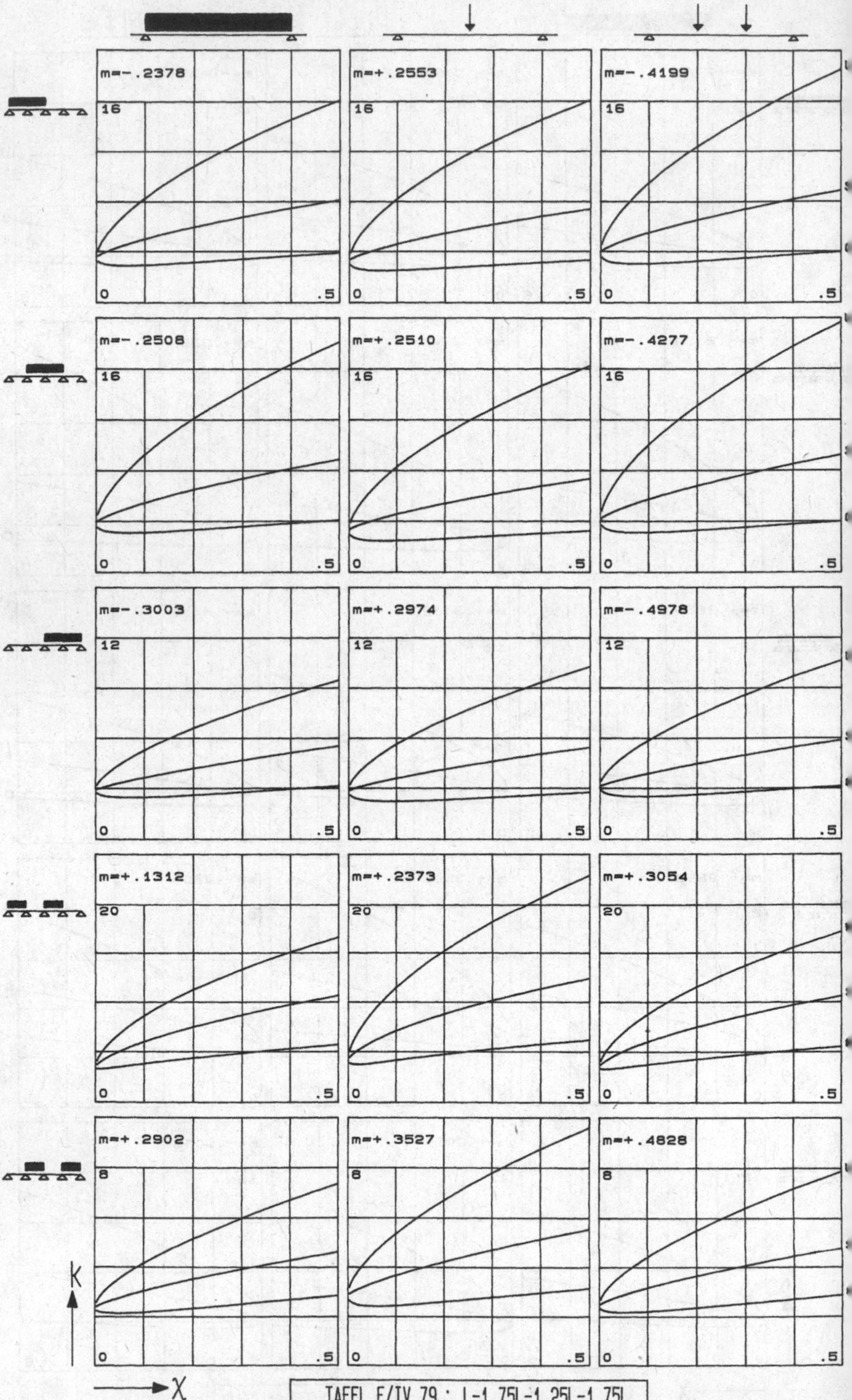
m=-.2378
16
0
.5
m=+.2553
16
0
.5
m=-.4199
16
0
.5
m=-.2508
16
0
.5
m=+.2510
16
0
.5
m=-.4277
16
0
.5
m=-.3003
12
0
.5
m=+.2974
12
0
.5
m=-.4978
12
0
.5
m=+.1312
20
0
.5
m=+.2373
20
0
.5
m=+.3054
20
0
.5
m=+.2902
8
0
.5
m=+.3527
8
0
.5
m=+.4828
8
0
.5
K
X

TAFEL F/IV 79 : L-1.75L-1.25L-1.75L

F IV

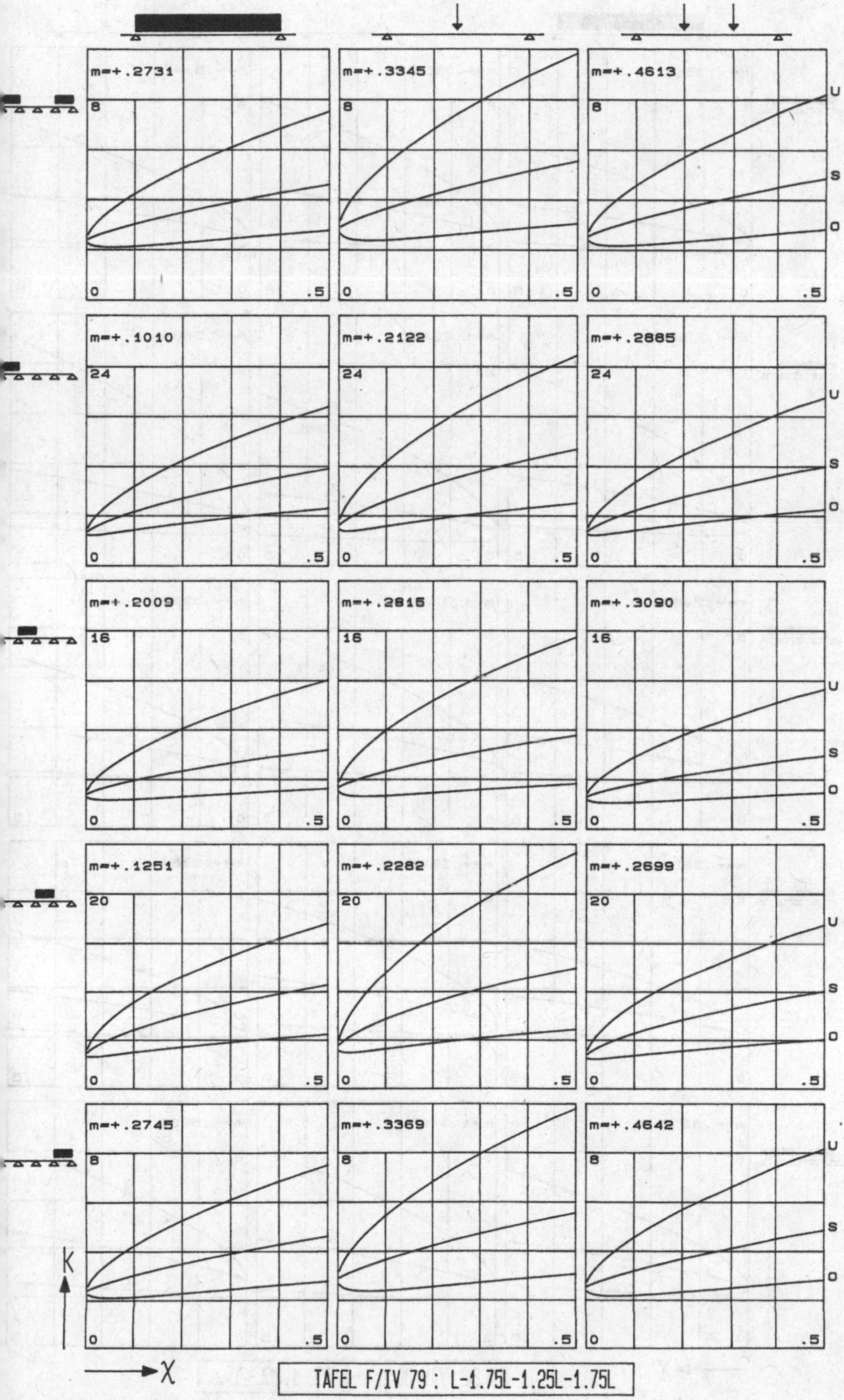

m=+.2731
8
0
.5
m=+.3345
8
0
.5
m=+.4613
8
U
S
O
0
.5
m=+.1010
24
0
.5
m=+.2122
24
0
.5
m=+.2885
24
U
S
O
0
.5
m=+.2009
16
0
.5
m=+.2815
16
0
.5
m=+.3090
16
U
S
O
0
.5
m=+.1251
20
0
.5
m=+.2282
20
0
.5
m=+.2699
20
U
S
O
0
.5
m=+.2745
8
0
.5
m=+.3369
8
0
.5
m=+.4642
8
U
S
O
0
.5
K
X

TAFEL F/IV 79 : L-1.75L-1.25L-1.75L

F IV

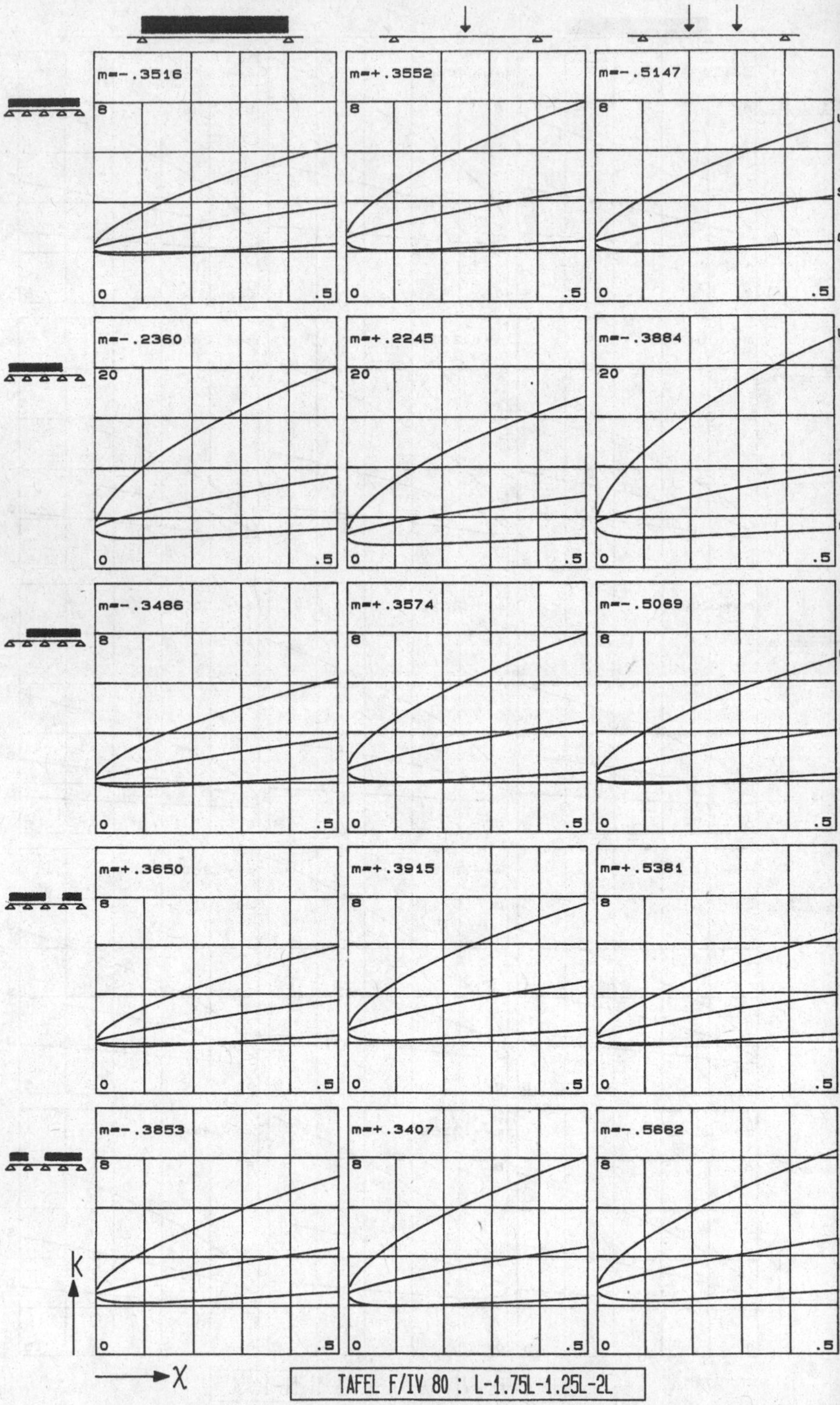

m=-.3516
m=+.3552
m=-.5147
m=-.2360
m=+.2245
m=-.3864
m=-.3486
m=+.3574
m=-.5069
m=+.3650
m=+.3915
m=+.5381
m=-.3853
m=+.3407
m=-.5662
K
X
TAFEL F/IV 80 : L-1.75L-1.25L-2L

F
IV

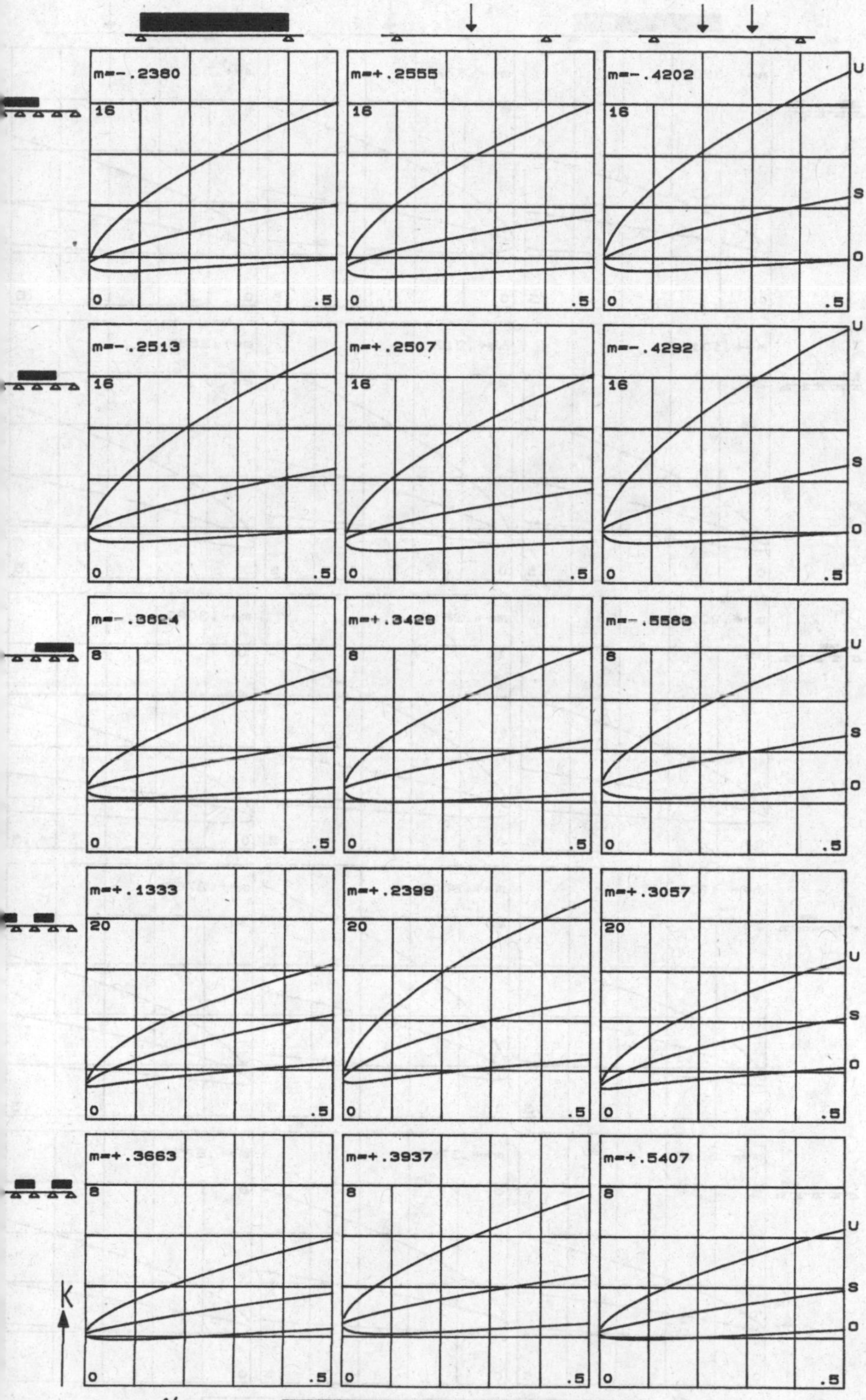
m=-.2380
16
0
.5
m=+.2555
16
0
.5
m=-.4202
16
U
S
O
0
.5
m=-.2513
16
0
.5
m=+.2507
16
0
.5
m=-.4292
16
U
S
O
0
.5
m=-.3624
8
0
.5
m=+.3428
8
0
.5
m=-.5583
8
U
S
O
0
.5
m=+.1333
20
0
.5
m=+.2399
20
0
.5
m=+.3057
20
U
S
O
0
.5
m=+.3663
8
0
.5
m=+.3937
8
0
.5
m=+.5407
8
U
S
O
0
.5
K
X

TAFEL F/IV 80 : L-1.75L-1.25L-2L

F IV

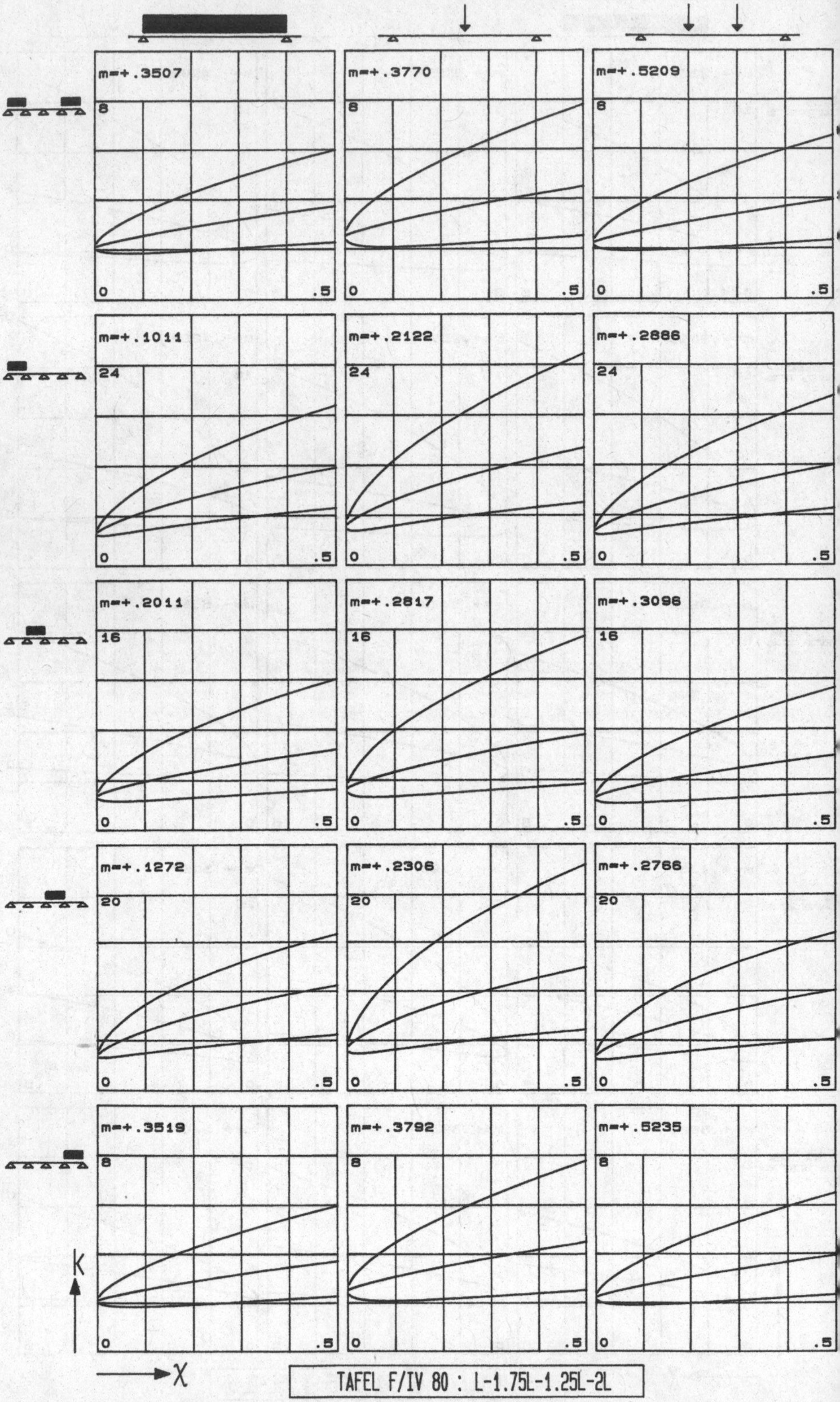

m=+.3507
m=+.3770
m=+.5209
m=+.1011
m=+.2122
m=+.2886
m=+.2011
m=+.2817
m=+.3096
m=+.1272
m=+.2306
m=+.2766
m=+.3519
m=+.3792
m=+.5235
K
X

TAFEL F/IV 80 : L-1.75L-1.25L-2L

F IV

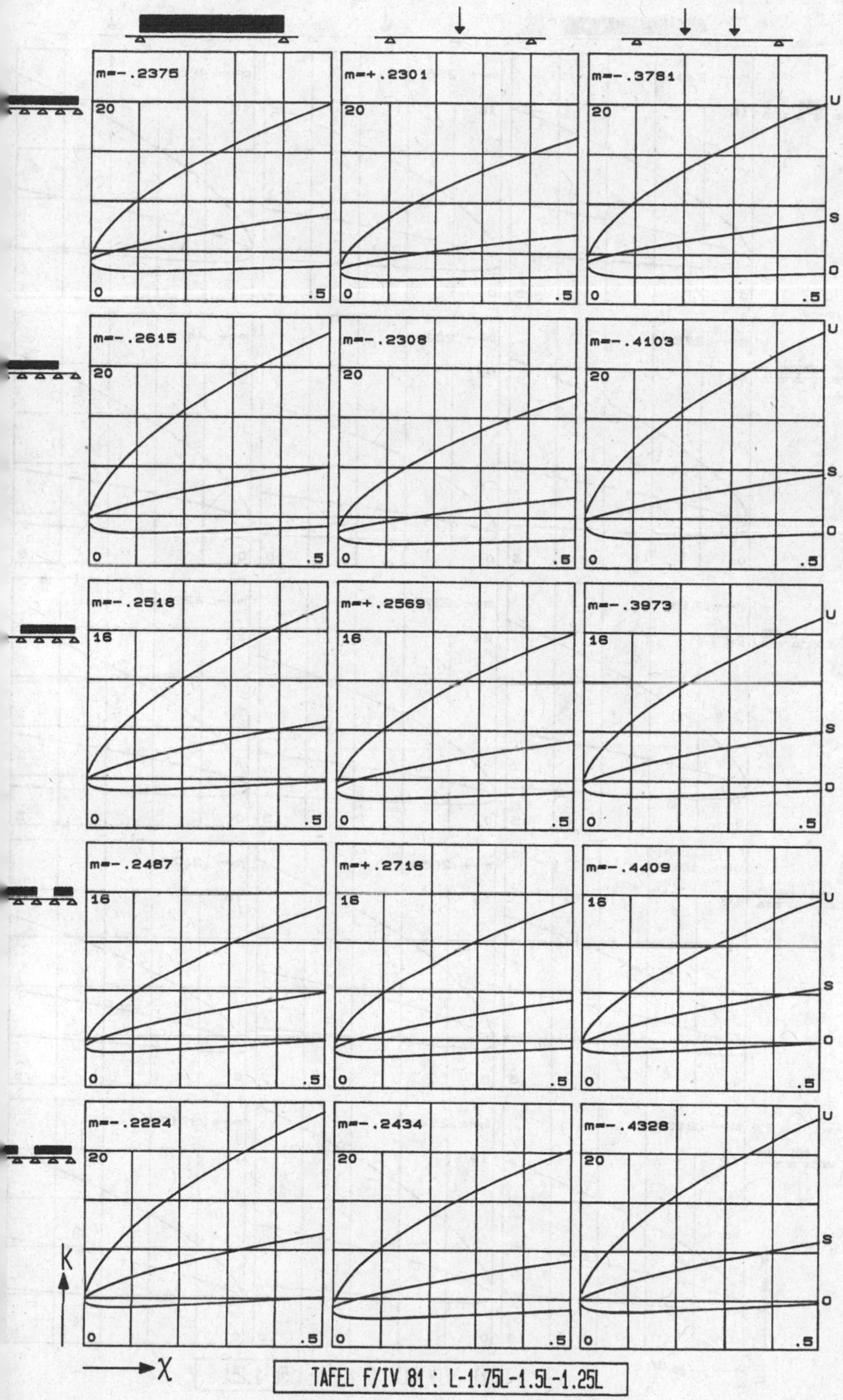
m=-.2375
m=+.2301
m=-.3781
m=-.2615
m=-.2308
m=-.4103
m=-.2518
m=+.2569
m=-.3973
m=-.2487
m=+.2716
m=-.4409
m=-.2224
m=-.2434
m=-.4328
20
16
0
.5
U
S
O
K
X

TAFEL F/IV 81 : L-1.75L-1.5L-1.25L

F IV

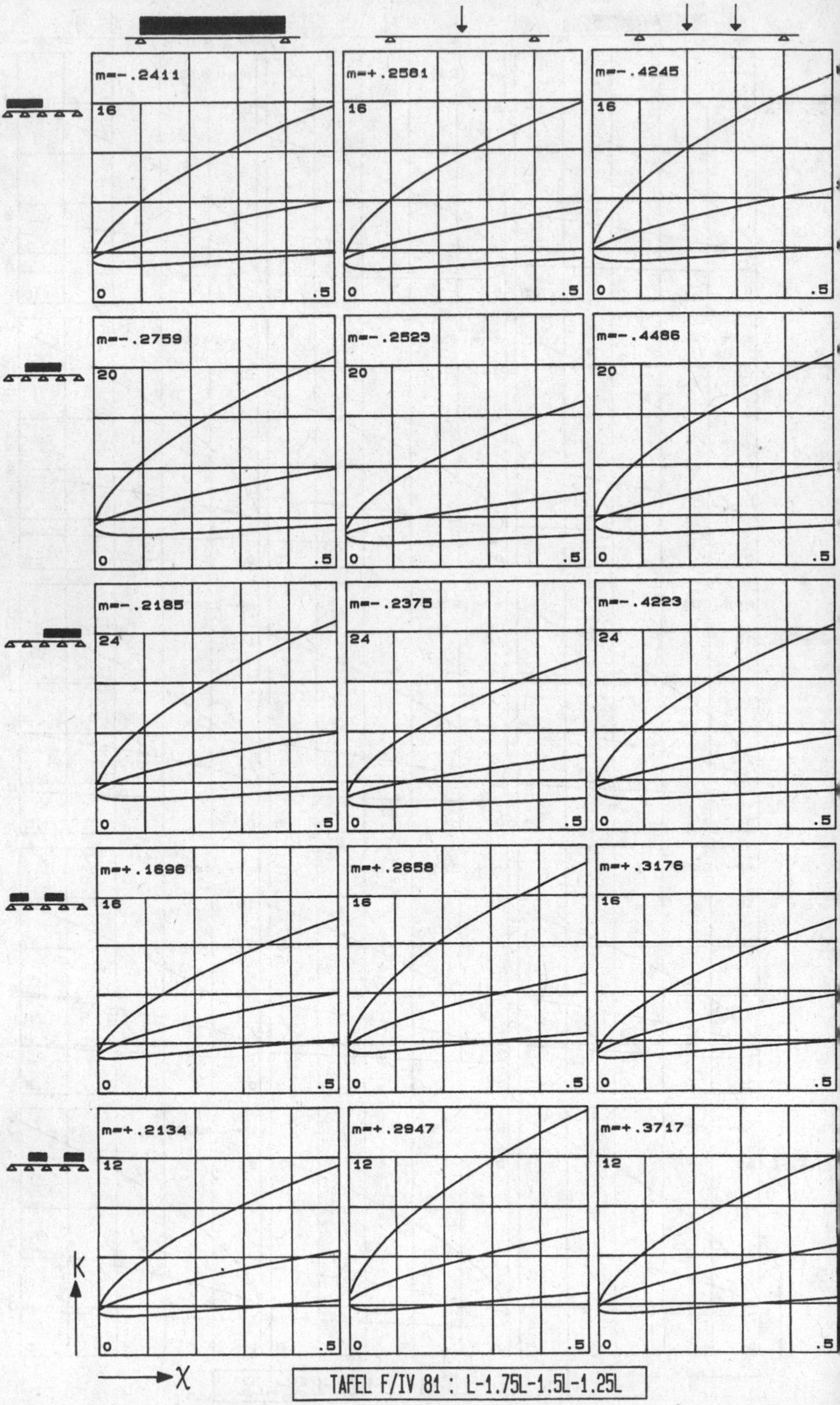
m=-.2411
16
0
.5
m=+.2581
16
0
.5
m=-.4245
16
0
.5
m=-.2759
20
0
.5
m=-.2523
20
0
.5
m=-.4486
20
0
.5
m=-.2185
24
0
.5
m=-.2375
24
0
.5
m=-.4223
24
0
.5
m=+.1696
16
0
.5
m=+.2658
16
0
.5
m=+.3176
16
0
.5
m=+.2134
12
0
.5
m=+.2947
12
0
.5
m=+.3717
12
0
.5
K
X

TAFEL F/IV 81 : L-1.75L-1.5L-1.25L

F IV

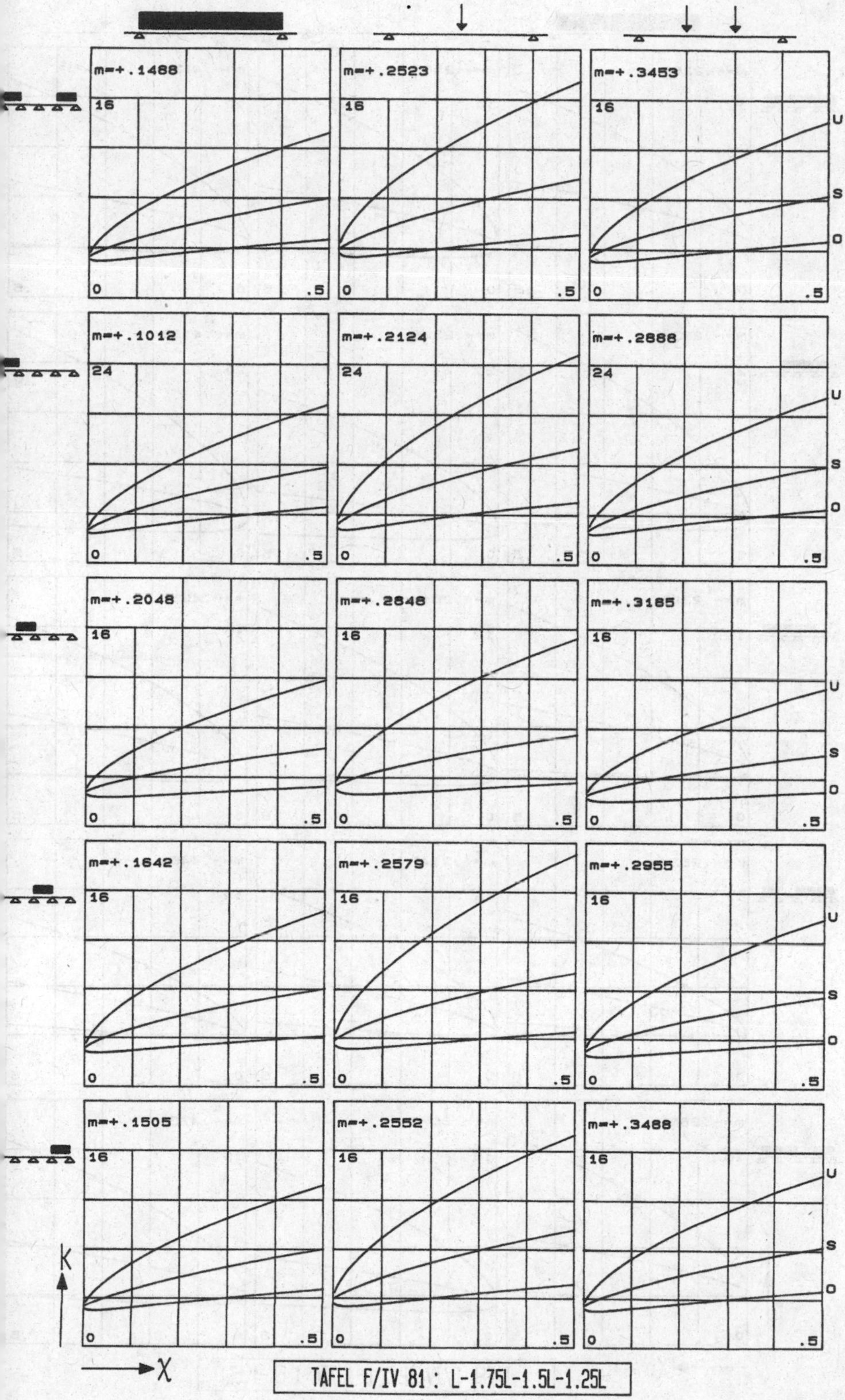

m=+.1488
m=+.2523
m=+.3453
m=+.1012
m=+.2124
m=+.2888
m=+.2048
m=+.2848
m=+.3185
m=+.1642
m=+.2579
m=+.2955
m=+.1505
m=+.2552
m=+.3488
U
S
O
K
X

TAFEL F/IV 81 : L-1.75L-1.5L-1.25L

F IV

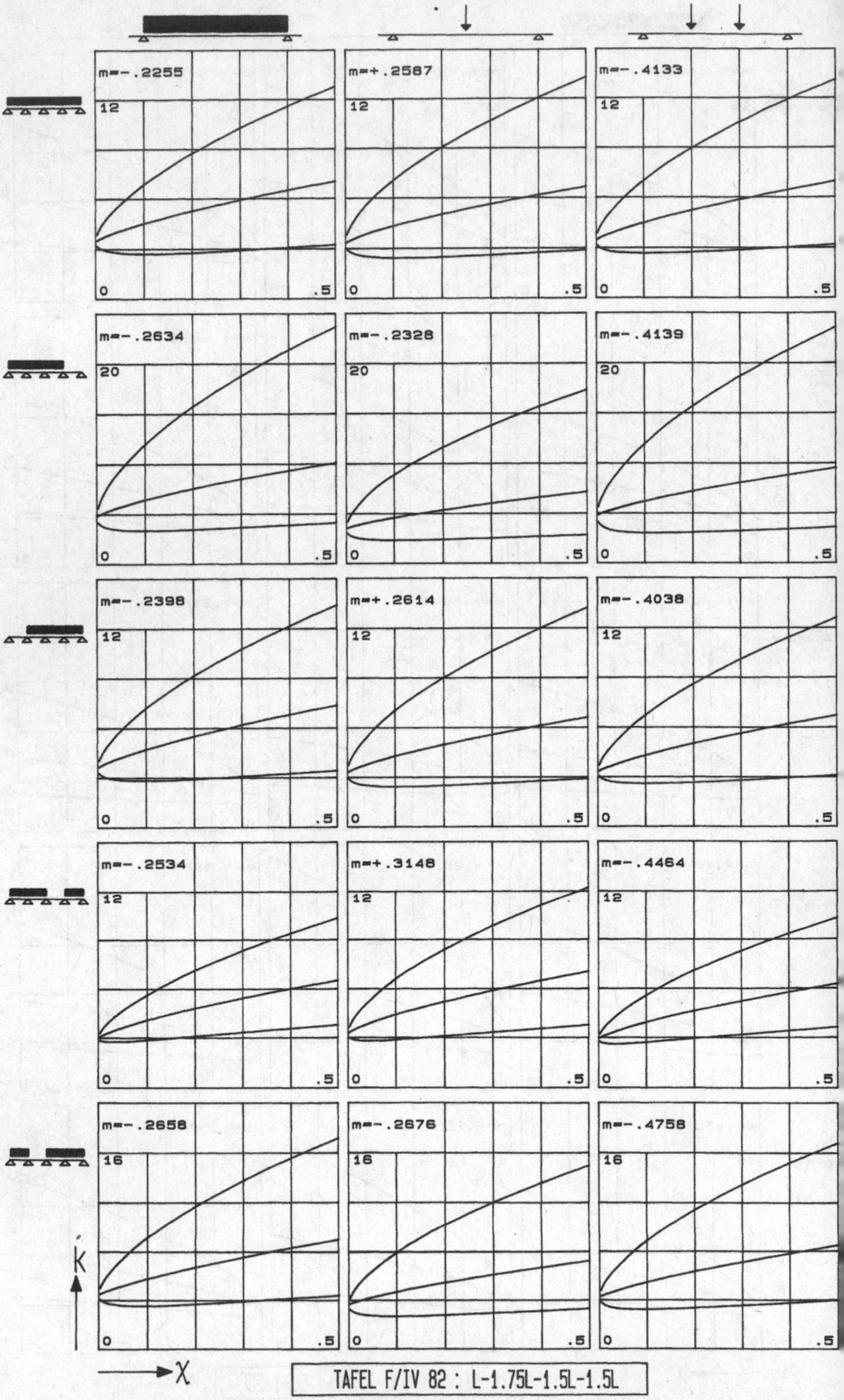

m=-.2255
12
0
.5
m=+.2587
12
0
.5
m=-.4133
12
0
.5
m=-.2634
20
0
.5
m=-.2328
20
0
.5
m=-.4139
20
0
.5
m=-.2398
12
0
.5
m=+.2614
12
0
.5
m=-.4038
12
0
.5
m=-.2534
12
0
.5
m=+.3148
12
0
.5
m=-.4464
12
0
.5
m=-.2658
16
0
.5
m=-.2676
16
0
.5
m=-.4758
16
0
.5
K
X

TAFEL F/IV 82 : L-1.75L-1.5L-1.5L

F
IV

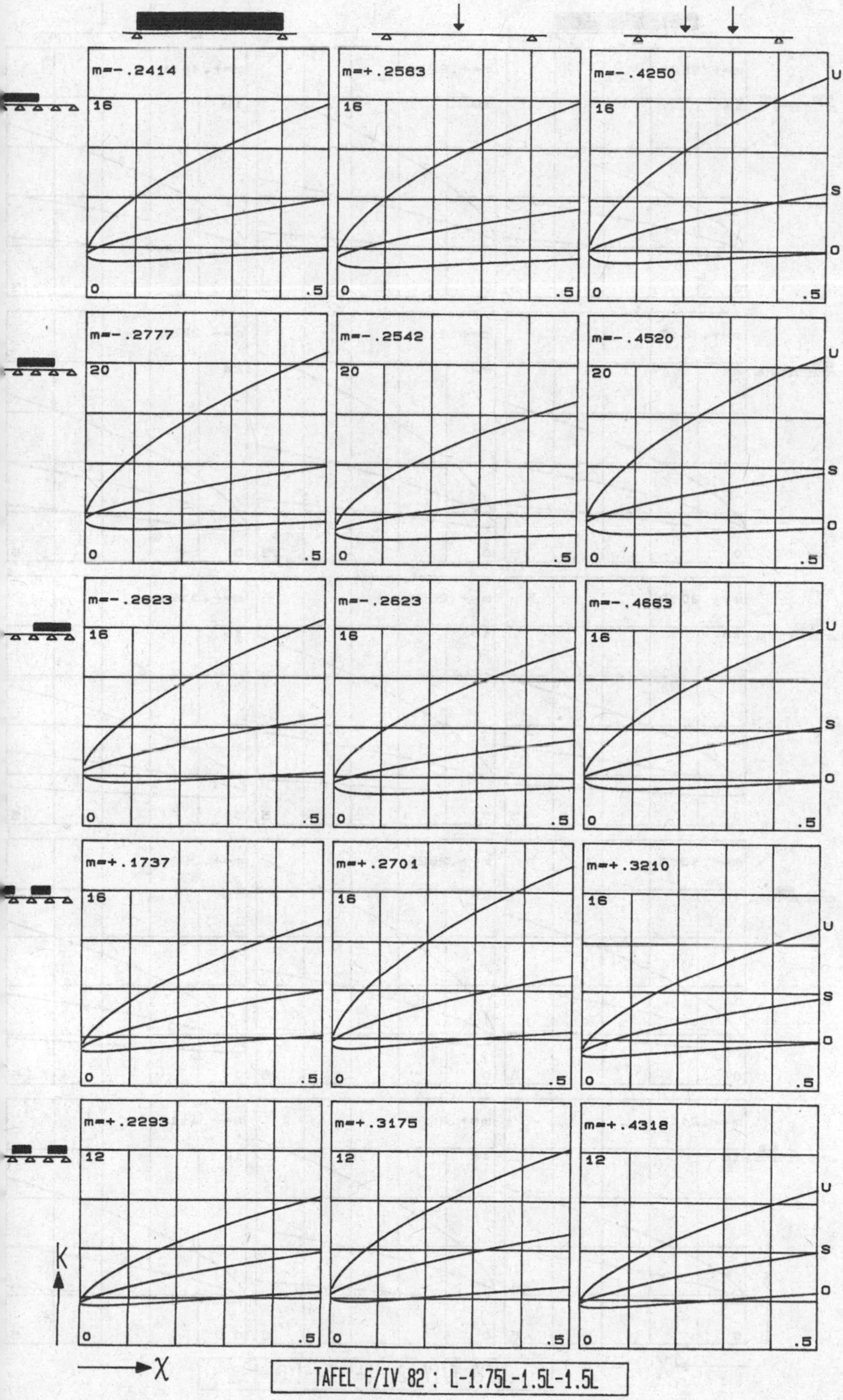
m=-.2414
16
0
.5
m=+.2583
16
0
.5
m=-.4250
16
0
.5
U
S
O
m=-.2777
20
0
.5
m=-.2542
20
0
.5
m=-.4520
20
0
.5
U
S
O
m=-.2623
16
0
.5
m=-.2623
16
0
.5
m=-.4663
16
0
.5
U
S
O
m=+.1737
16
0
.5
m=+.2701
16
0
.5
m=+.3210
16
0
.5
U
S
O
m=+.2293
12
0
.5
m=+.3175
12
0
.5
m=+.4318
12
0
.5
U
S
O
K
X

TAFEL F/IV 82 : L-1.75L-1.5L-1.5L

F IV

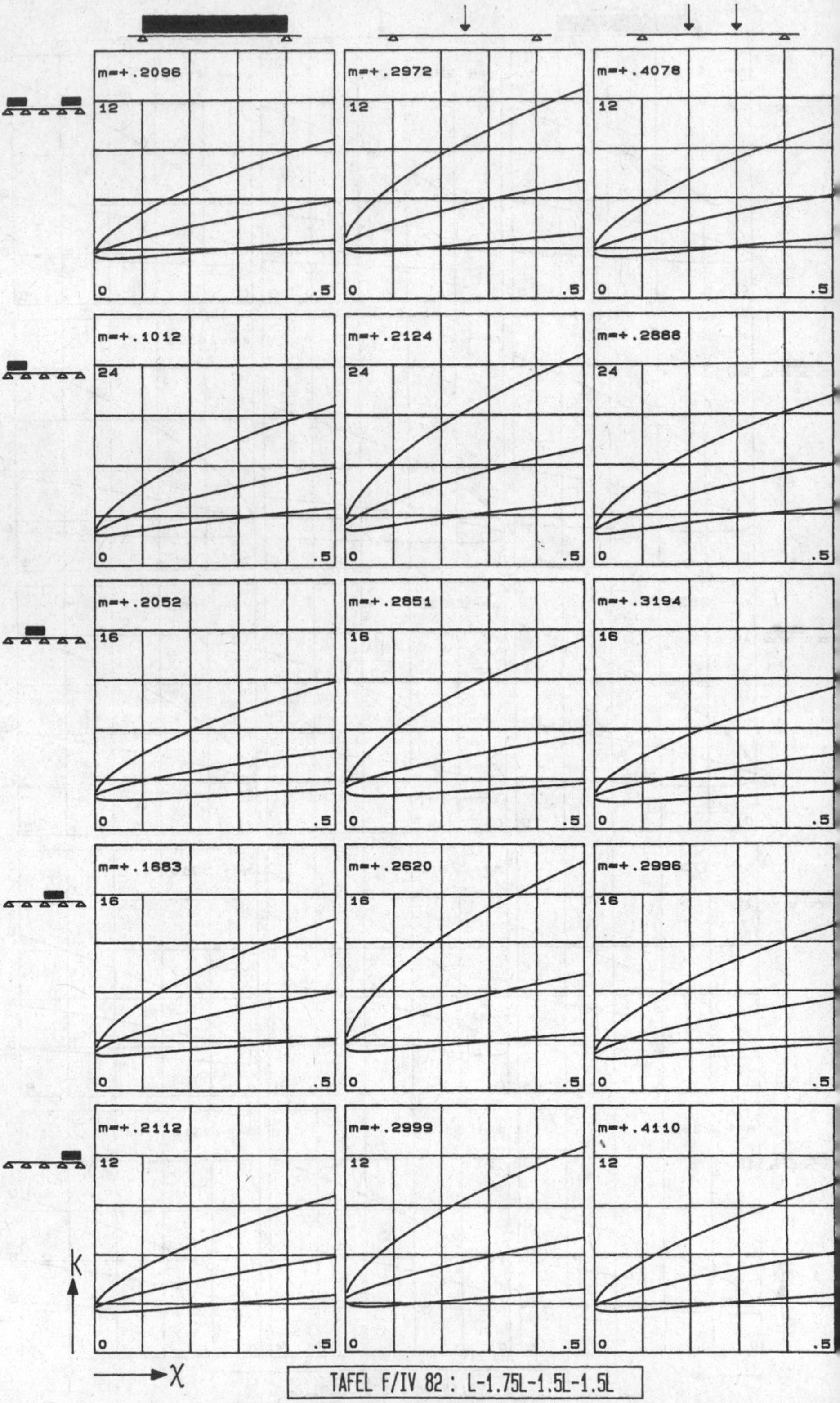
m=+.2096
12
0
.5
m=+.2972
12
0
.5
m=+.4078
12
0
.5
m=+.1012
24
0
.5
m=+.2124
24
0
.5
m=+.2888
24
0
.5
m=+.2052
16
0
.5
m=+.2851
16
0
.5
m=+.3194
16
0
.5
m=+.1683
16
0
.5
m=+.2620
16
0
.5
m=+.2996
16
0
.5
m=+.2112
12
0
.5
m=+.2999
12
0
.5
m=+.4110
12
0
.5
K
X

TAFEL F/IV 82 : L-1.75L-1.5L-1.5L

F
IV

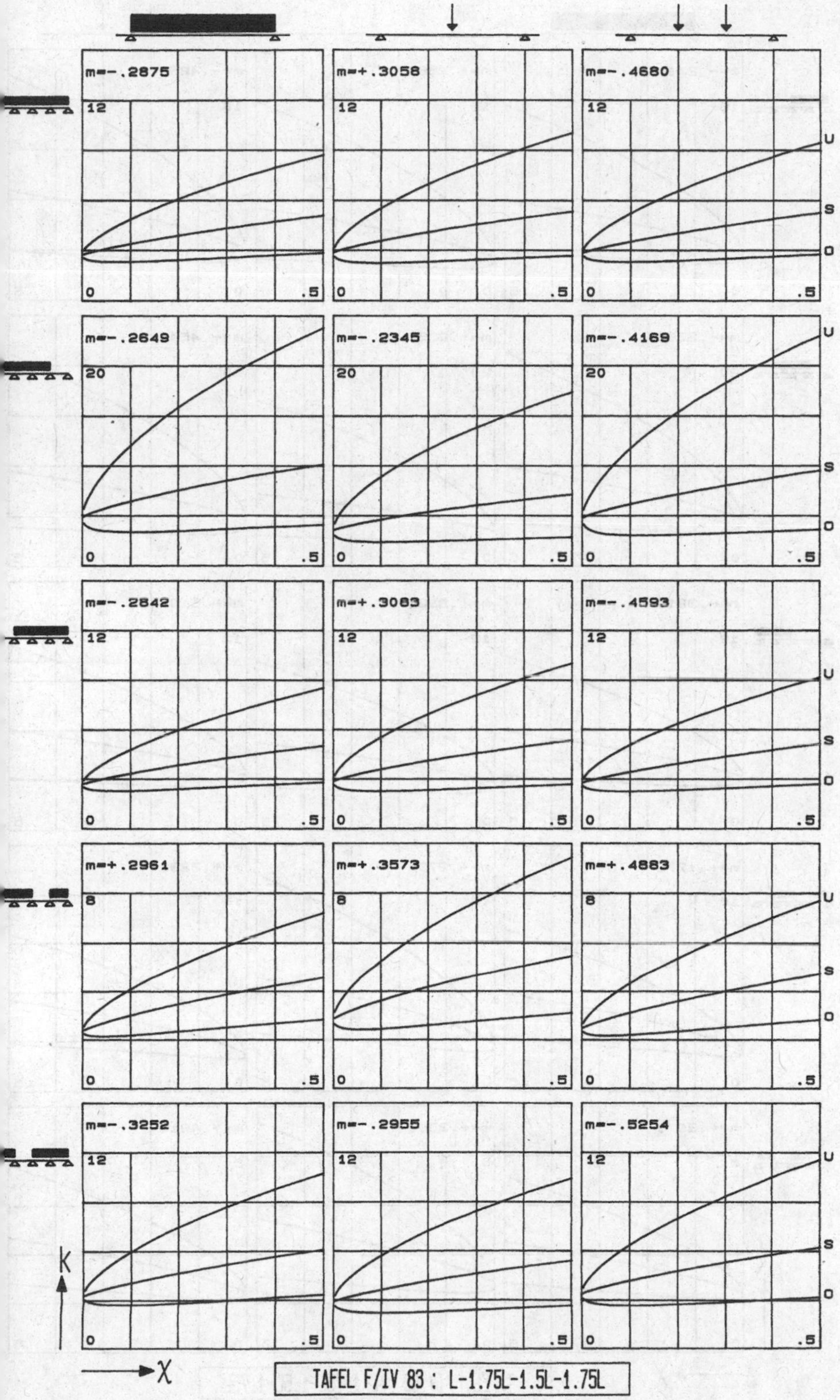

m=-.2875
12
0
.5
m=+.3058
12
0
.5
m=-.4680
12
U
S
O
0
.5
m=-.2649
20
0
.5
m=-.2345
20
0
.5
m=-.4169
20
U
S
O
0
.5
m=-.2842
12
0
.5
m=+.3083
12
0
.5
m=-.4593
12
U
S
O
0
.5
m=+.2961
8
0
.5
m=+.3573
8
0
.5
m=+.4883
8
U
S
O
0
.5
m=-.3252
12
0
.5
m=-.2955
12
0
.5
m=-.5254
12
U
S
O
0
.5
K
X

TAFEL F/IV 83 : L-1.75L-1.5L-1.75L

F IV

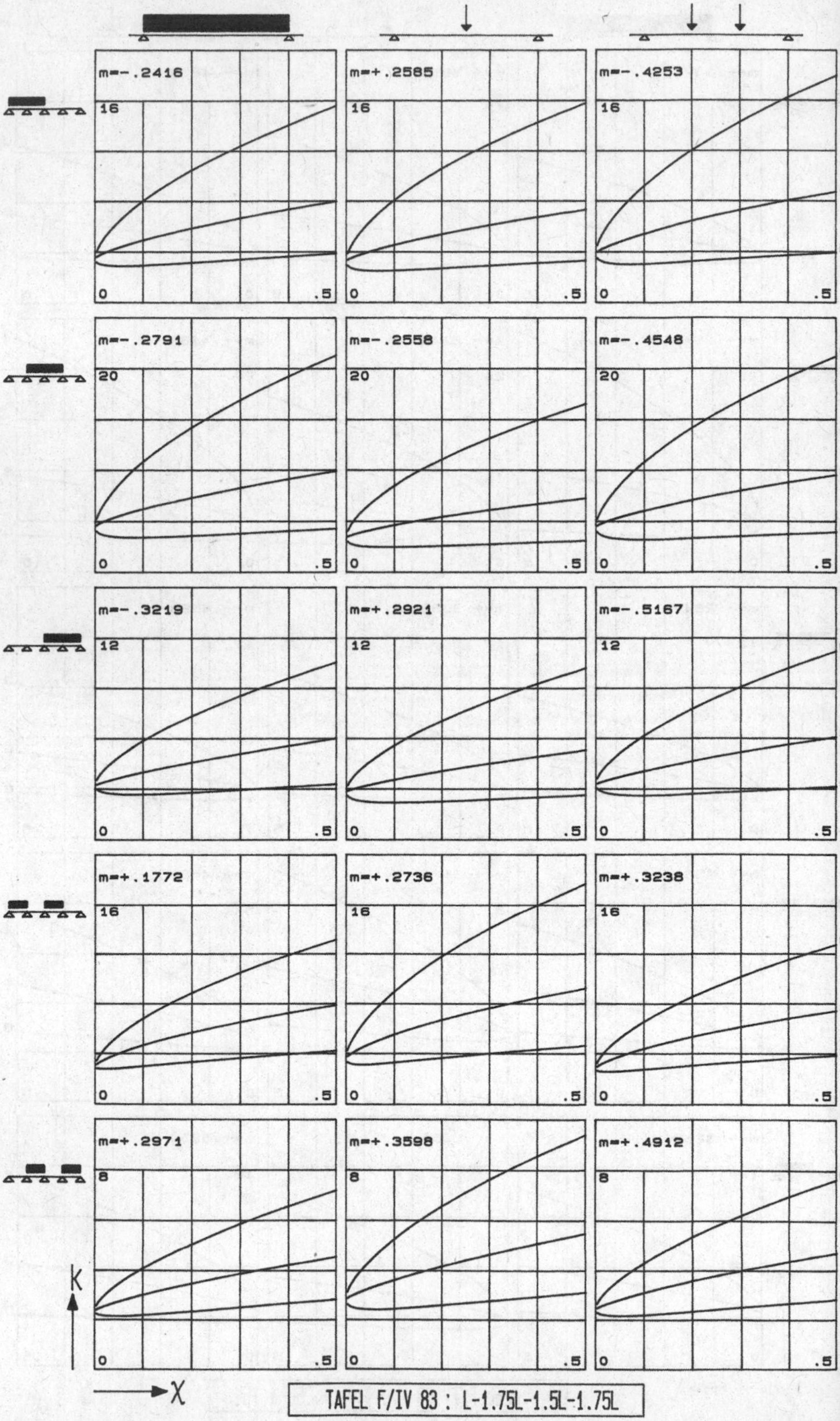

m=-.2416
16
0
.5
m=+.2585
16
0
.5
m=-.4253
16
0
.5
m=-.2791
20
0
.5
m=-.2558
20
0
.5
m=-.4548
20
0
.5
m=-.3219
12
0
.5
m=+.2921
12
0
.5
m=-.5167
12
0
.5
m=+.1772
16
0
.5
m=+.2736
16
0
.5
m=+.3238
16
0
.5
m=+.2971
8
0
.5
m=+.3598
8
0
.5
m=+.4912
8
0
.5
K
X

TAFEL F/IV 83 : L-1.75L-1.5L-1.75L

F IV

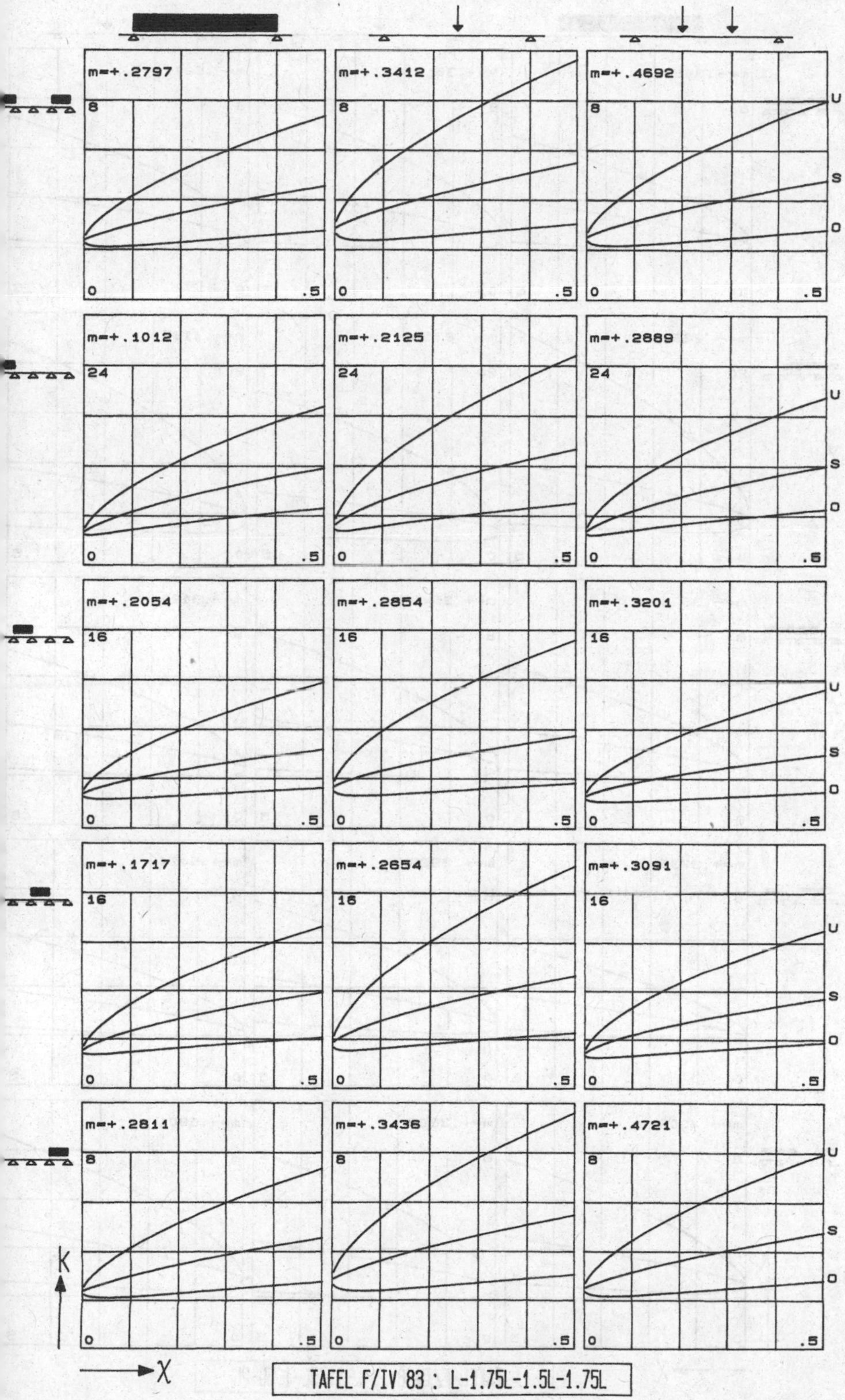
m=+.2797
8
0
.5
m=+.3412
8
0
.5
m=+.4692
8
0
.5
U
S
O
m=+.1012
24
0
.5
m=+.2125
24
0
.5
m=+.2889
24
0
.5
U
S
O
m=+.2054
16
0
.5
m=+.2854
16
0
.5
m=+.3201
16
0
.5
U
S
O
m=+.1717
16
0
.5
m=+.2654
16
0
.5
m=+.3091
16
0
.5
U
S
O
m=+.2811
8
0
.5
m=+.3436
8
0
.5
m=+.4721
8
0
.5
U
S
O
K
X

TAFEL F/IV 83 : L-1.75L-1.5L-1.75L

F IV

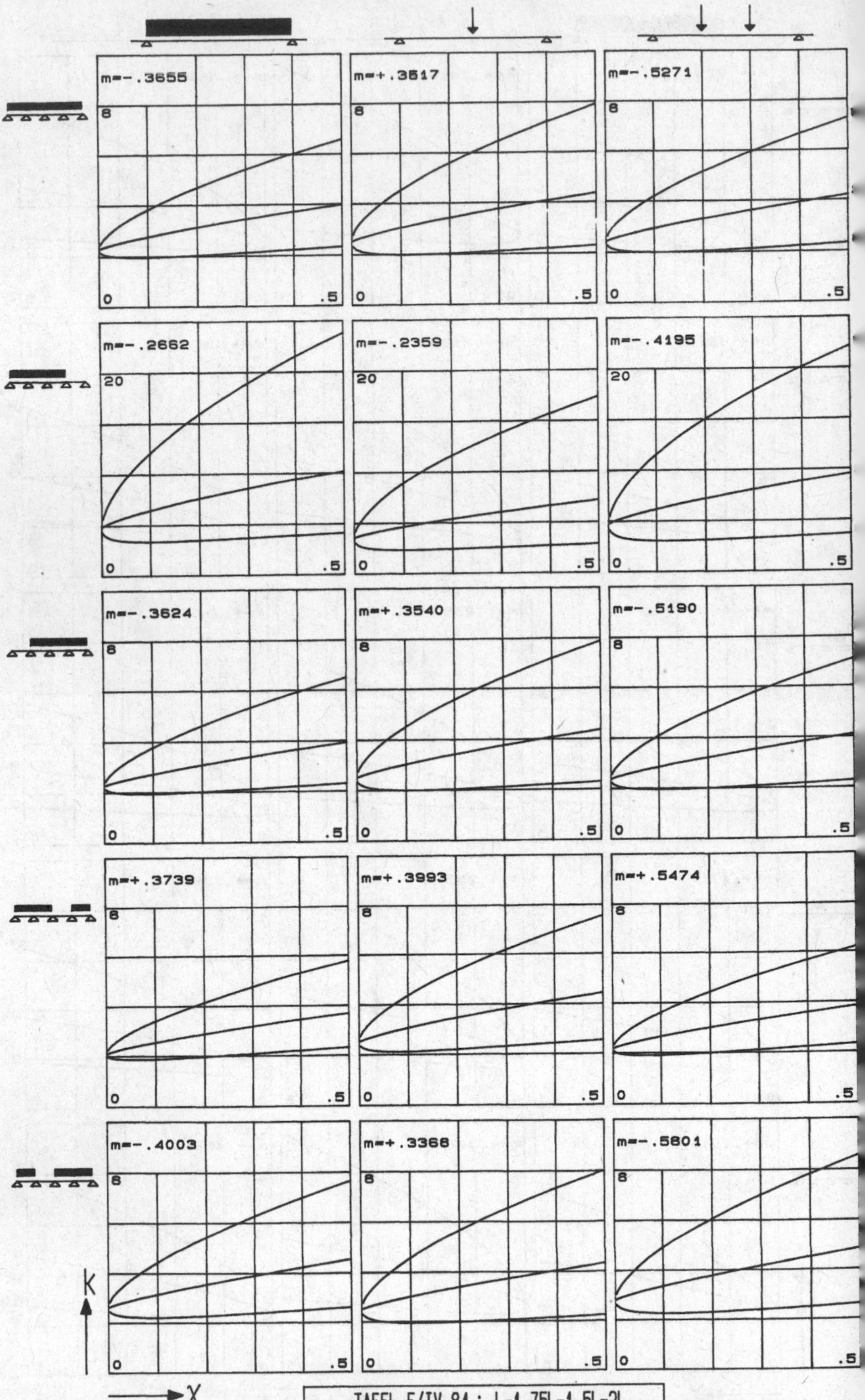

m=-.3655
8
0
.5
m=+.3517
8
0
.5
m=-.5271
8
0
.5
m=-.2662
20
0
.5
m=-.2359
20
0
.5
m=-.4195
20
0
.5
m=-.3624
8
0
.5
m=+.3540
8
0
.5
m=-.5190
8
0
.5
m=+.3739
8
0
.5
m=+.3993
8
0
.5
m=+.5474
8
0
.5
m=-.4003
8
0
.5
m=+.3368
8
0
.5
m=-.5801
8
0
.5
K
X

TAFEL F/IV 84 : L-1.75L-1.5L-2L

F IV

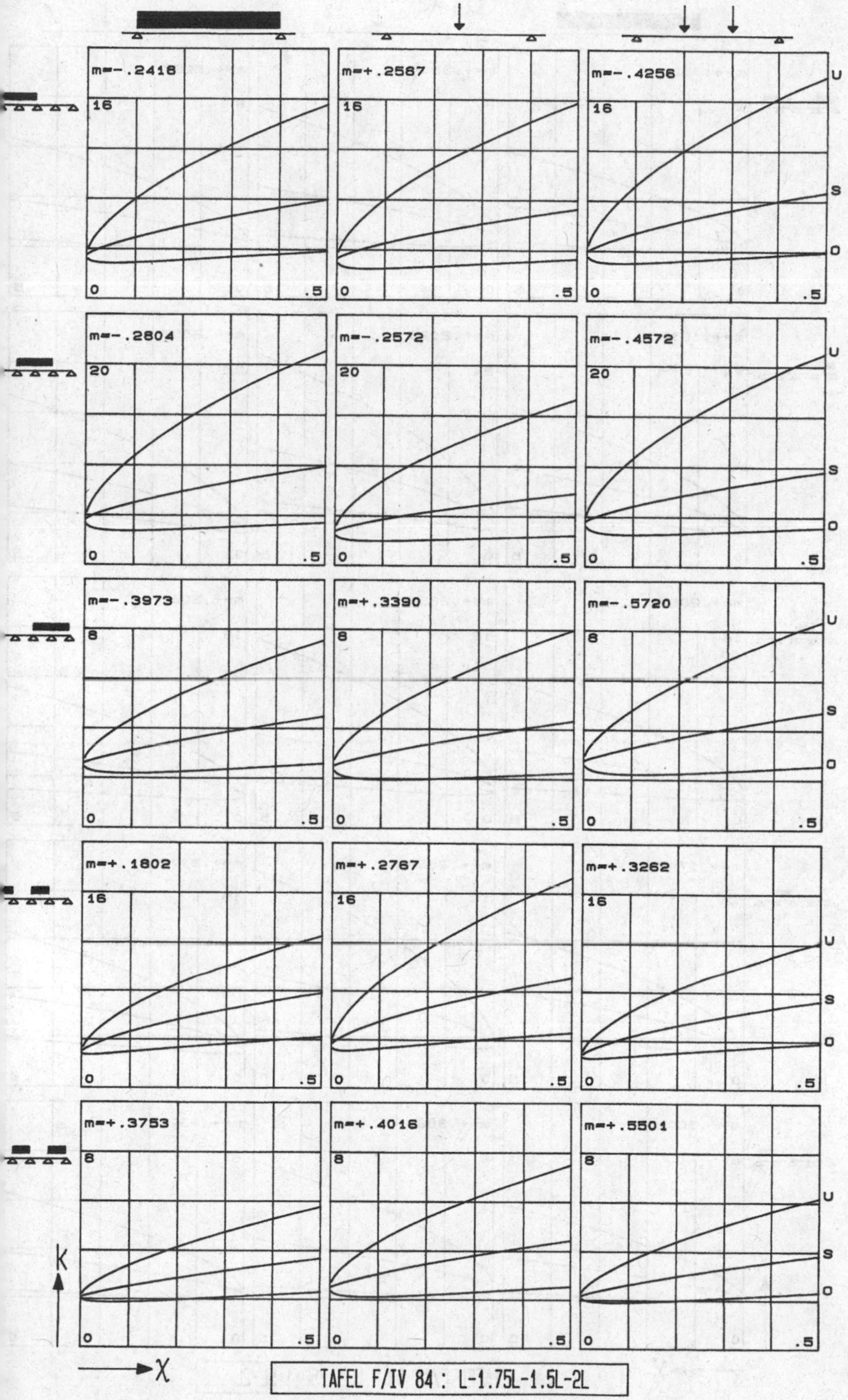
m=-.2416
16
0
.5
m=+.2567
16
0
.5
m=-.4256
16
U
S
O
0
.5
m=-.2804
20
0
.5
m=-.2572
20
0
.5
m=-.4572
20
U
S
O
0
.5
m=-.3973
8
0
.5
m=+.3390
8
0
.5
m=-.5720
8
U
S
O
0
.5
m=+.1802
16
0
.5
m=+.2767
16
0
.5
m=+.3262
16
U
S
O
0
.5
m=+.3753
8
0
.5
m=+.4016
8
0
.5
m=+.5501
8
U
S
O
0
.5
K
X

TAFEL F/IV 84 : L-1.75L-1.5L-2L

F
IV

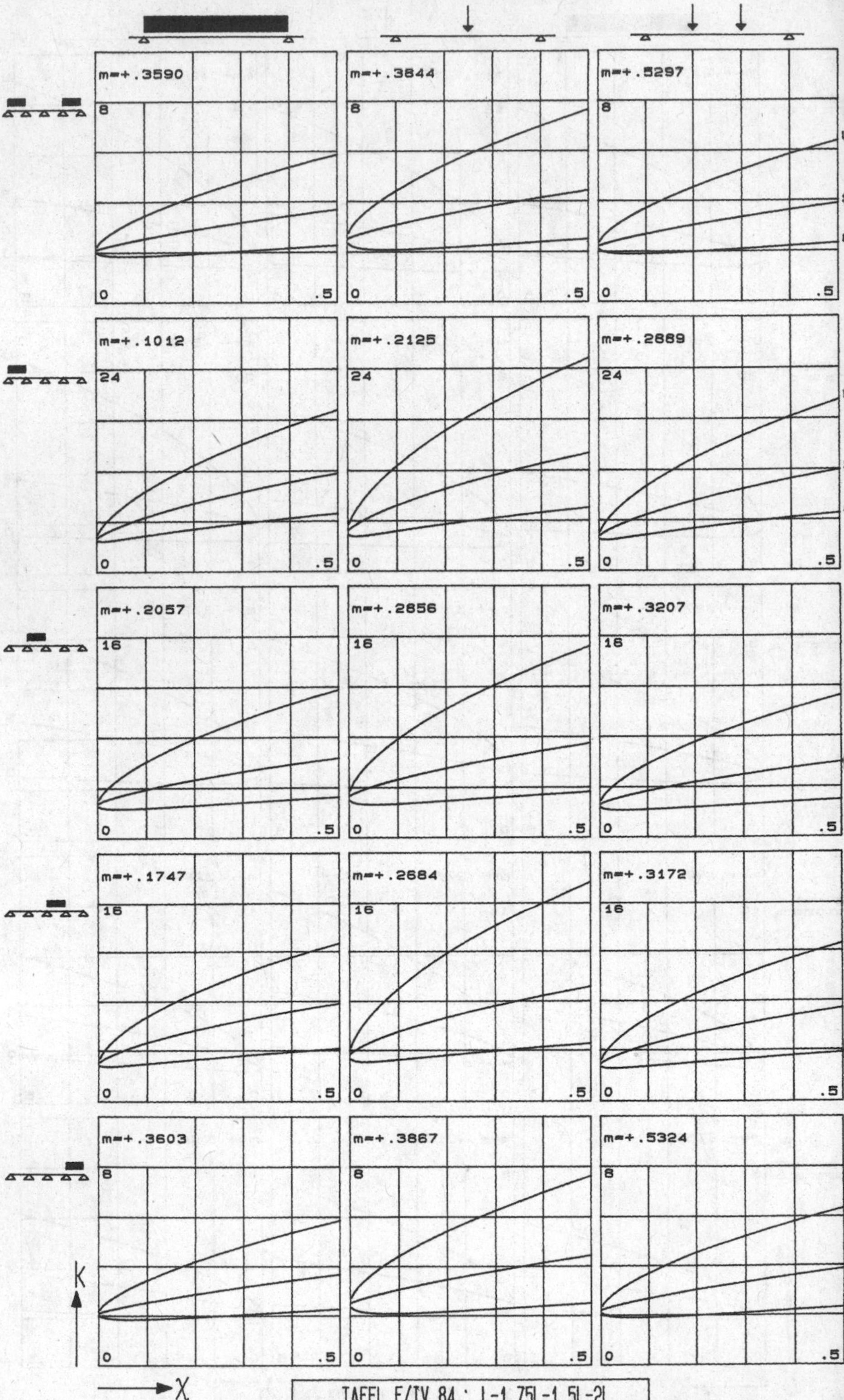

m=+.3590
8
0
.5
m=+.3844
8
0
.5
m=+.5297
8
0
.5
m=+.1012
24
0
.5
m=+.2125
24
0
.5
m=+.2689
24
0
.5
m=+.2057
16
0
.5
m=+.2856
16
0
.5
m=+.3207
16
0
.5
m=+.1747
16
0
.5
m=+.2684
16
0
.5
m=+.3172
16
0
.5
m=+.3603
8
0
.5
m=+.3867
8
0
.5
m=+.5324
8
0
.5
K
X

TAFEL F/IV 84 : L-1.75L-1.5L-2L

F IV

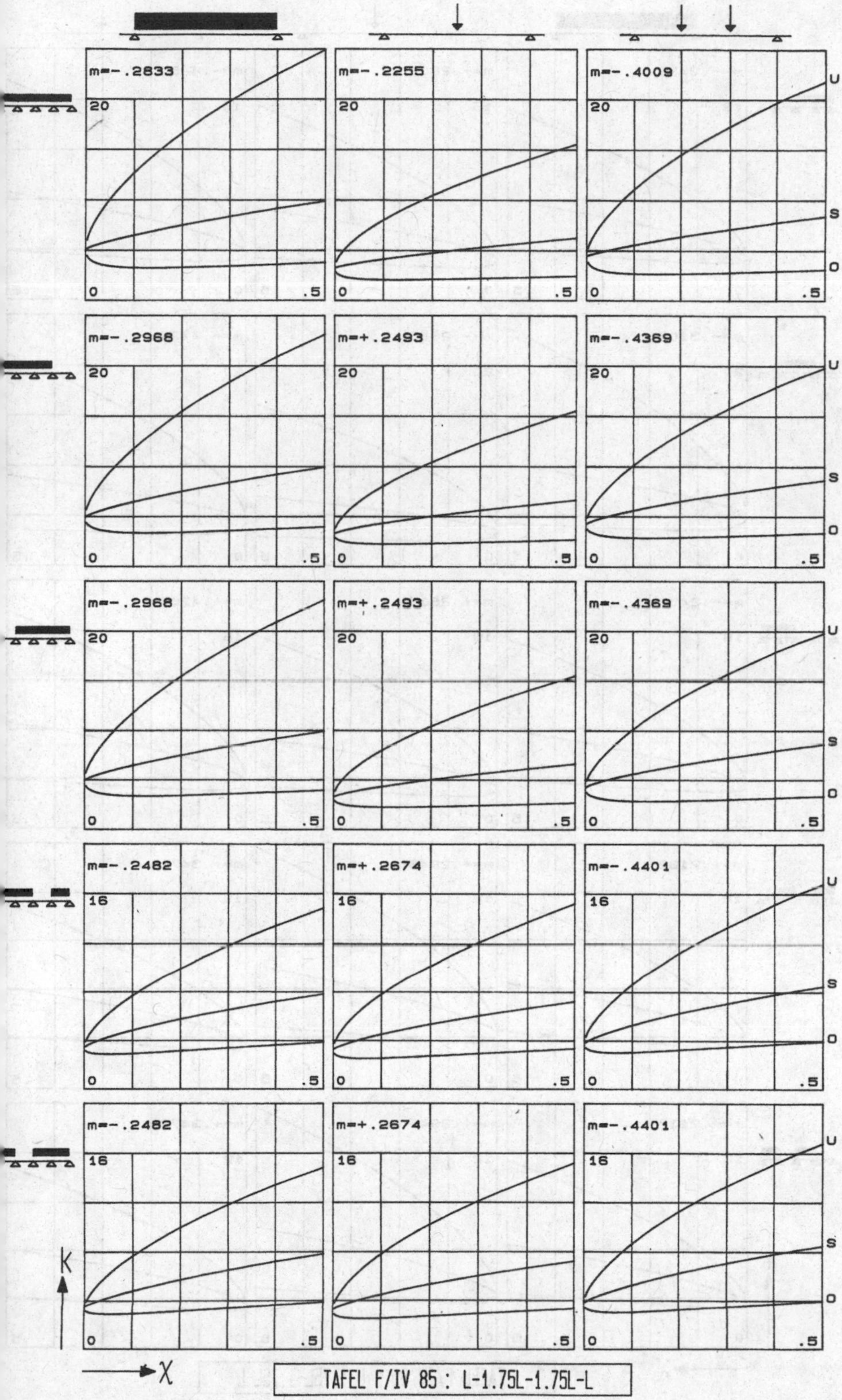
m=-.2833
m=-.2255
m=-.4009
m=-.2968
m=+.2493
m=-.4369
m=-.2968
m=+.2493
m=-.4369
m=-.2482
m=+.2674
m=-.4401
m=-.2482
m=+.2674
m=-.4401
20
16
0
.5
U
S
O
K
X

TAFEL F/IV 85 : L-1.75L-1.75L-L

F IV

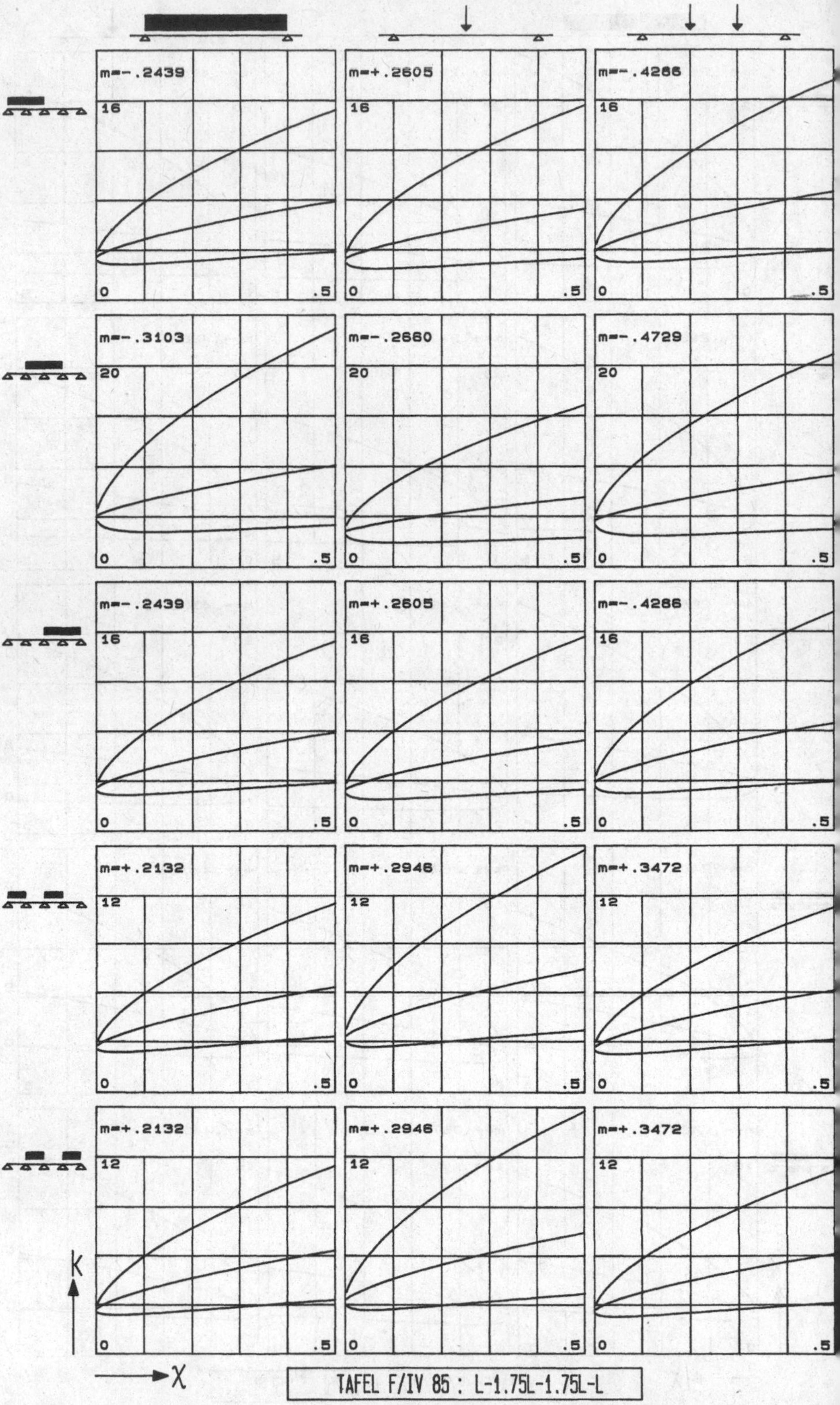
m=-.2439
16
0
.5
m=+.2605
16
0
.5
m=-.4286
16
0
.5
m=-.3103
20
0
.5
m=-.2660
20
0
.5
m=-.4729
20
0
.5
m=-.2439
16
0
.5
m=+.2605
16
0
.5
m=-.4286
16
0
.5
m=+.2132
12
0
.5
m=+.2946
12
0
.5
m=+.3472
12
0
.5
m=+.2132
12
0
.5
m=+.2946
12
0
.5
m=+.3472
12
0
.5
K
X

TAFEL F/IV 85 : L-1.75L-1.75L-L

F
IV

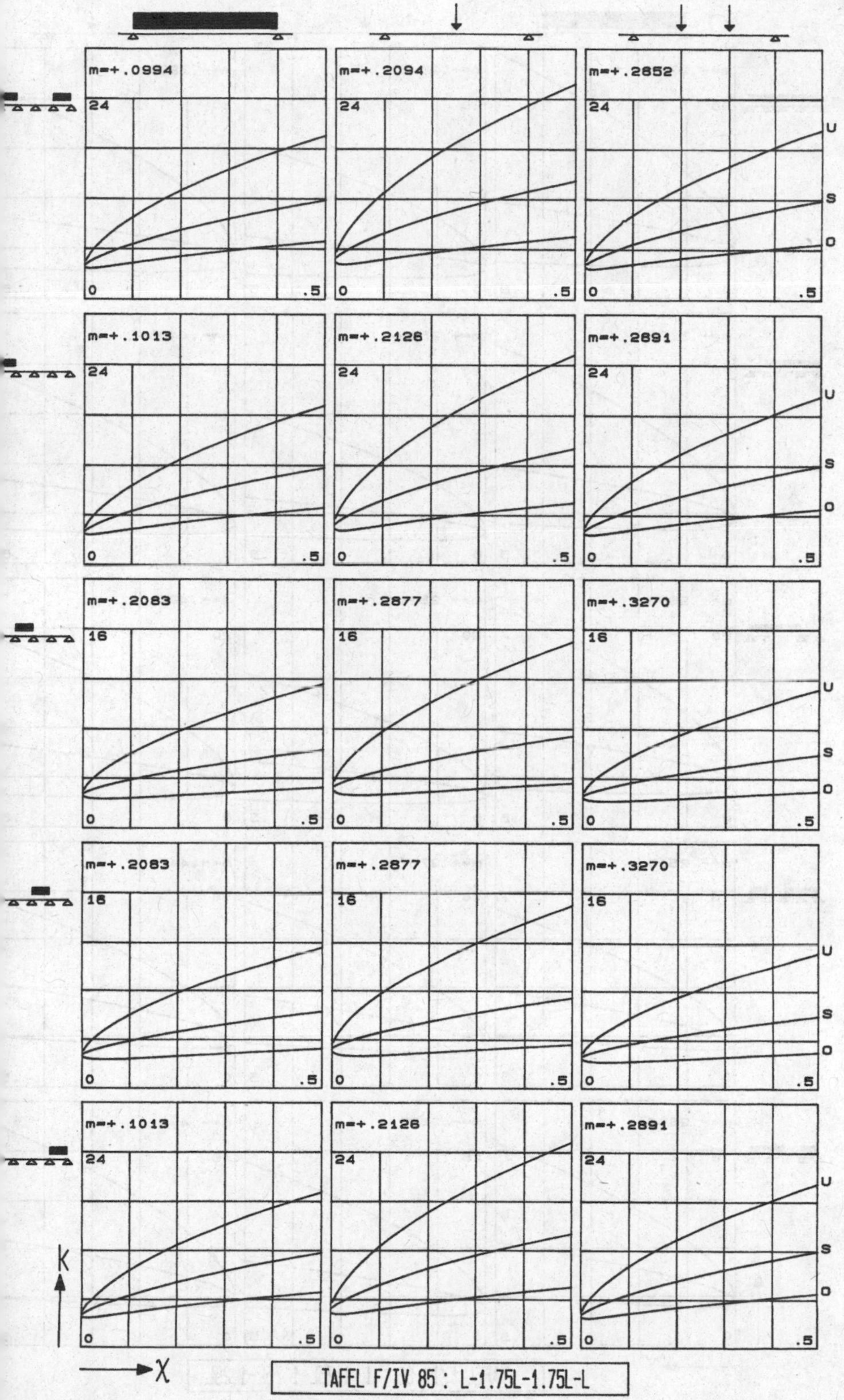
m=+.0994
m=+.2094
m=+.2852
m=+.1013
m=+.2126
m=+.2891
m=+.2083
m=+.2877
m=+.3270
m=+.2083
m=+.2877
m=+.3270
m=+.1013
m=+.2126
m=+.2891
U
S
O
K
X

TAFEL F/IV 85 : L-1.75L-1.75L-L

F IV

F
IV

332

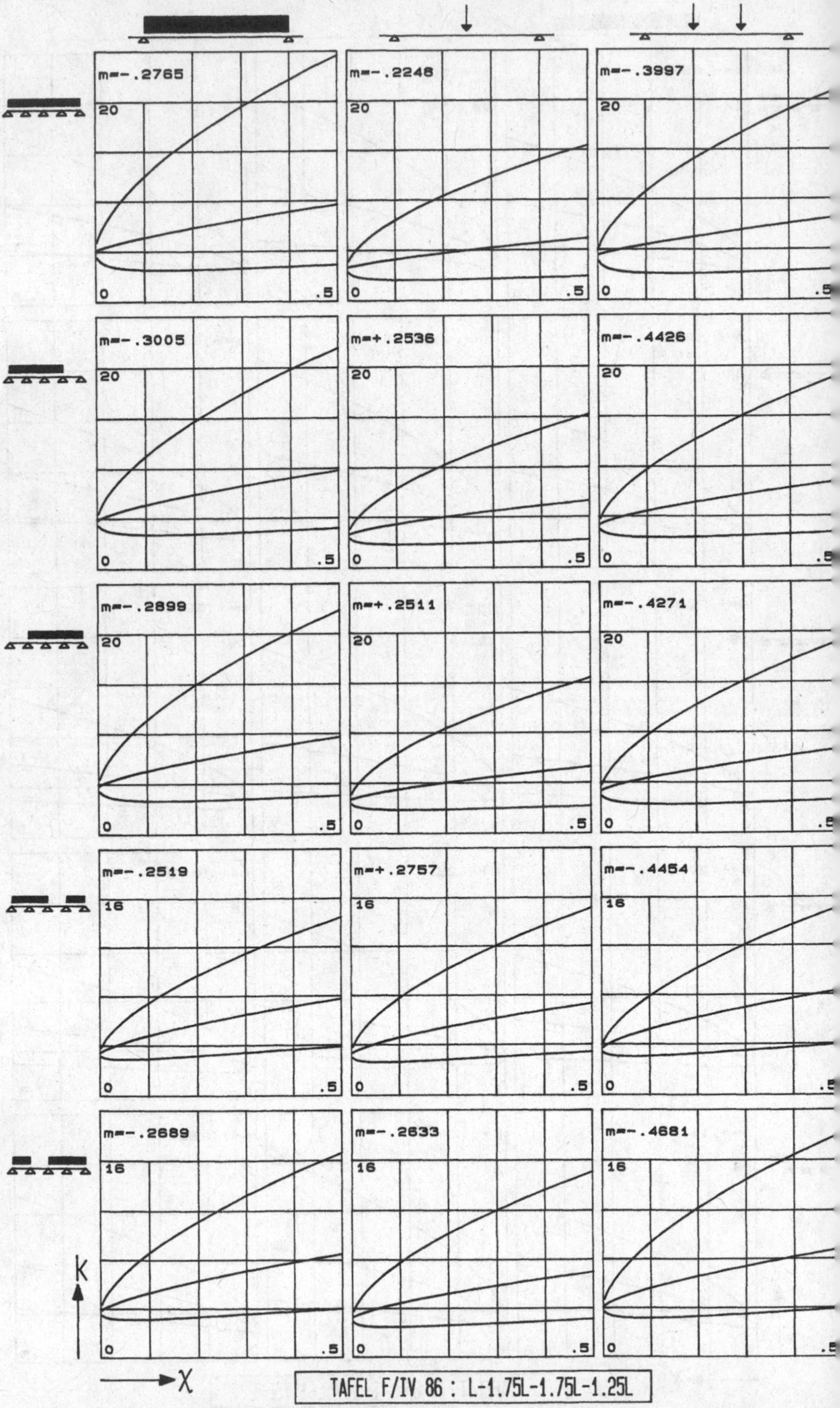

TAFEL F/IV 86 : L-1.75L-1.75L-1.25L

F
IV

TAFEL F/IV 86 : L-1.75L-1.75L-1.25L

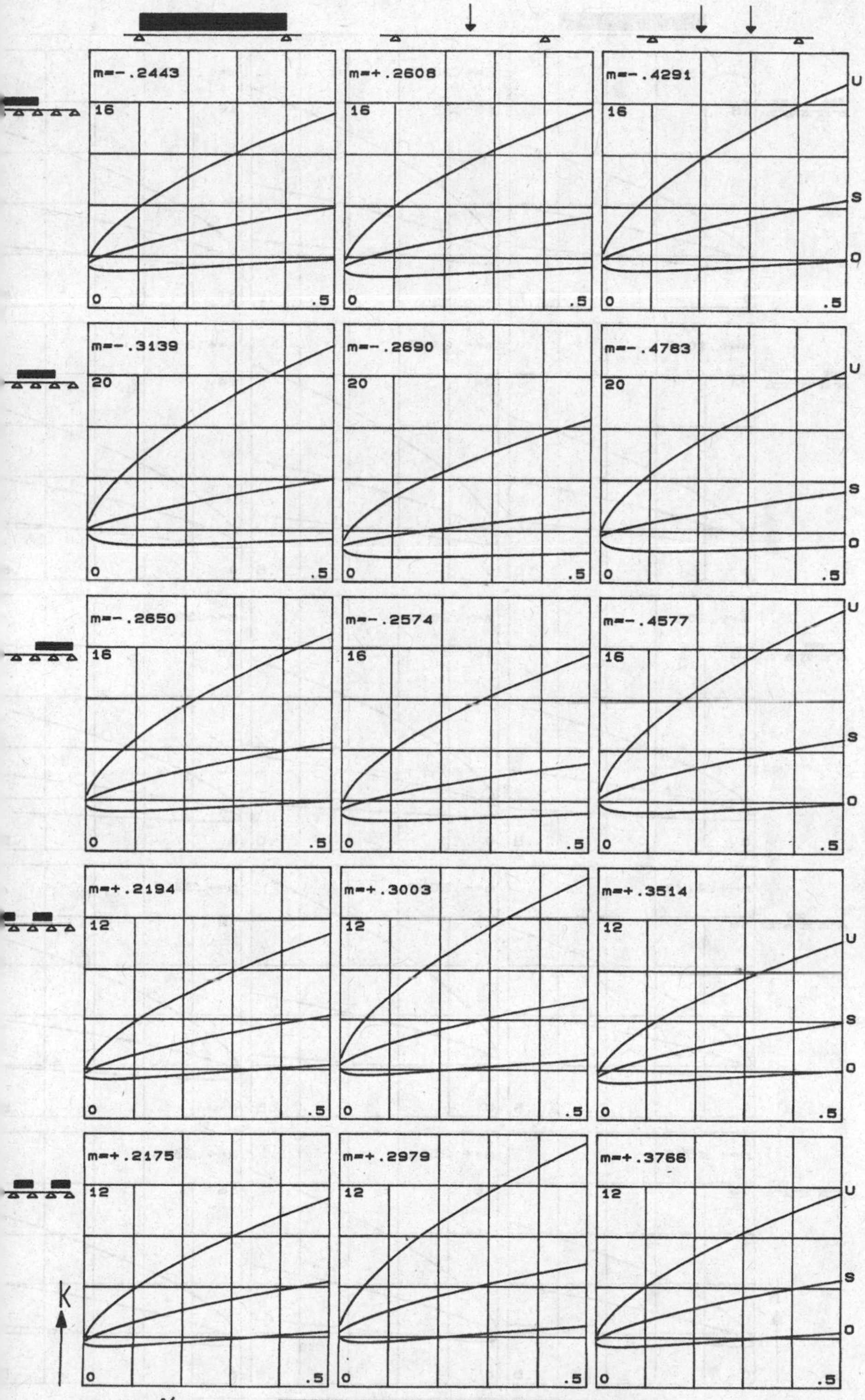

TAFEL F/IV 86 : L-1.75L-1.75L-1.25L

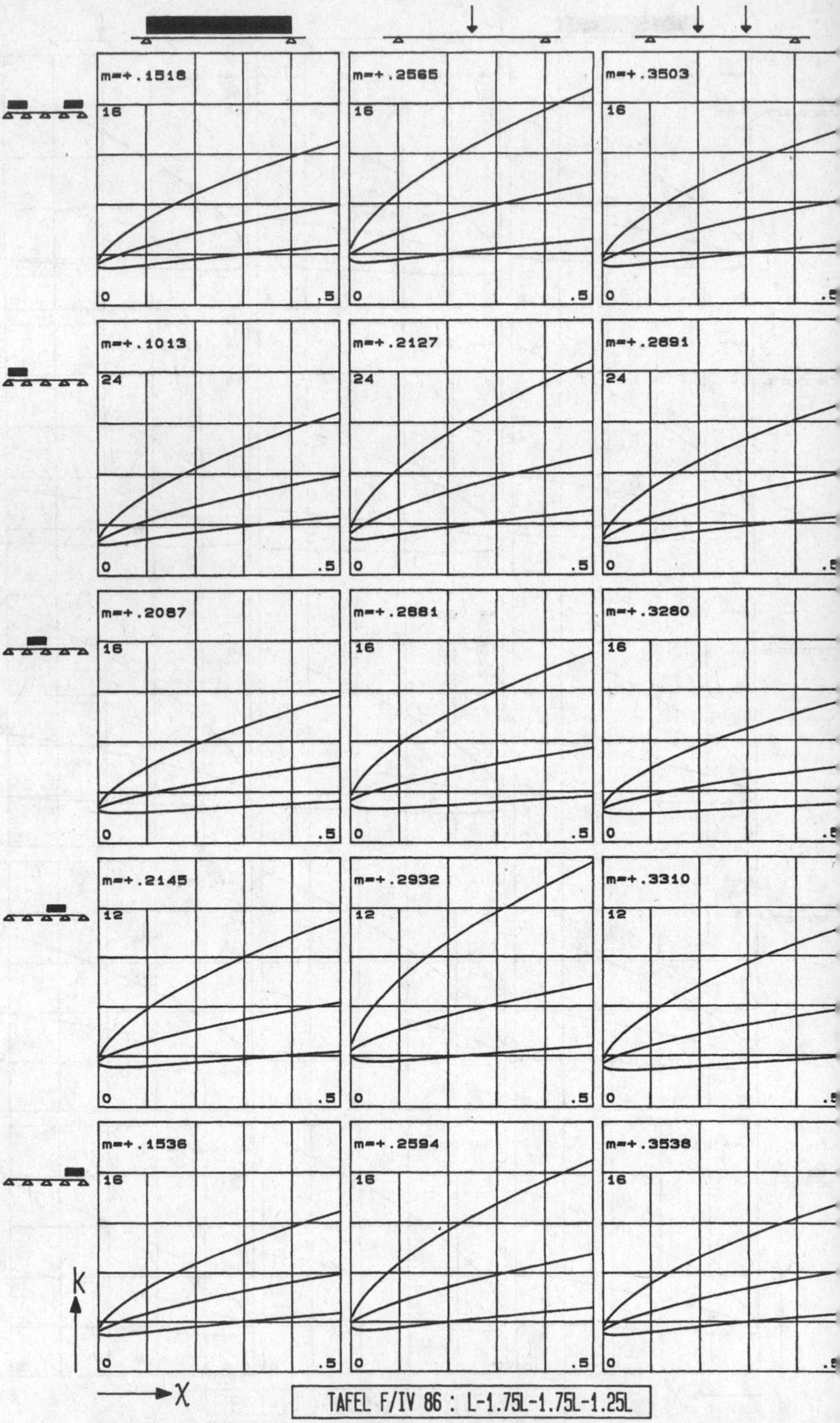

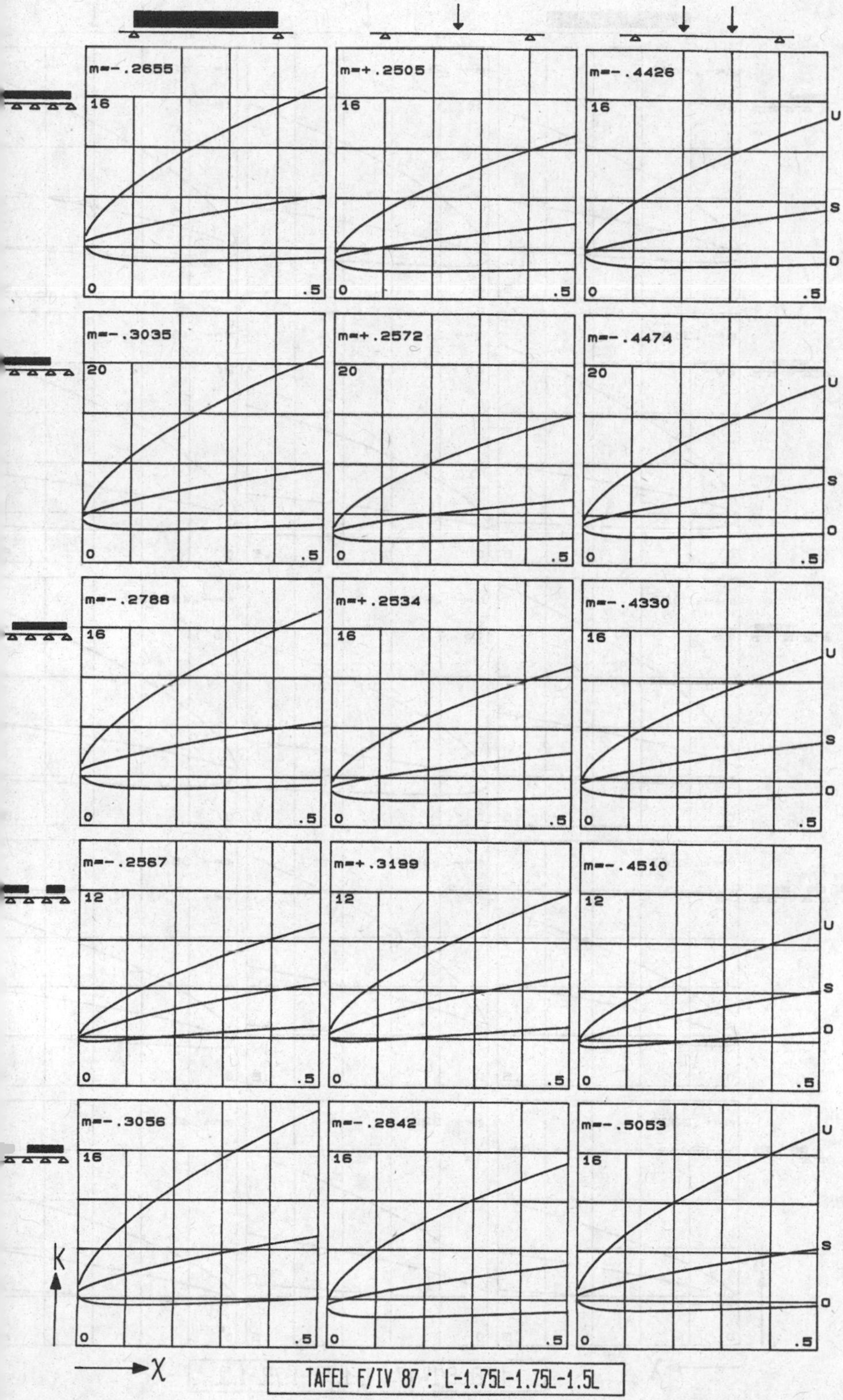
m=-.2655
16
0
.5
m=+.2505
16
0
.5
m=-.4426
16
U
S
O
0
.5
m=-.3035
20
0
.5
m=+.2572
20
0
.5
m=-.4474
20
U
S
O
0
.5
m=-.2788
16
0
.5
m=+.2534
16
0
.5
m=-.4330
16
U
S
O
0
.5
m=-.2567
12
0
.5
m=+.3199
12
0
.5
m=-.4510
12
U
S
O
0
.5
m=-.3056
16
0
.5
m=-.2842
16
0
.5
m=-.5053
16
U
S
O
0
.5
K
X

TAFEL F/IV 87 : L-1.75L-1.75L-1.5L

F
IV

F
IV

m=-.2446   m=+.2611   m=-.4295

m=-.3169   m=-.2716   m=-.4829

m=-.3020   m=-.2786   m=-.4958

m=+.2247   m=+.3051   m=+.3549

m=+.2339   m=+.3226   m=+.4379

k

χ

336

TAFEL F/IV 87 : L-1.75L-1.75L-1.5L

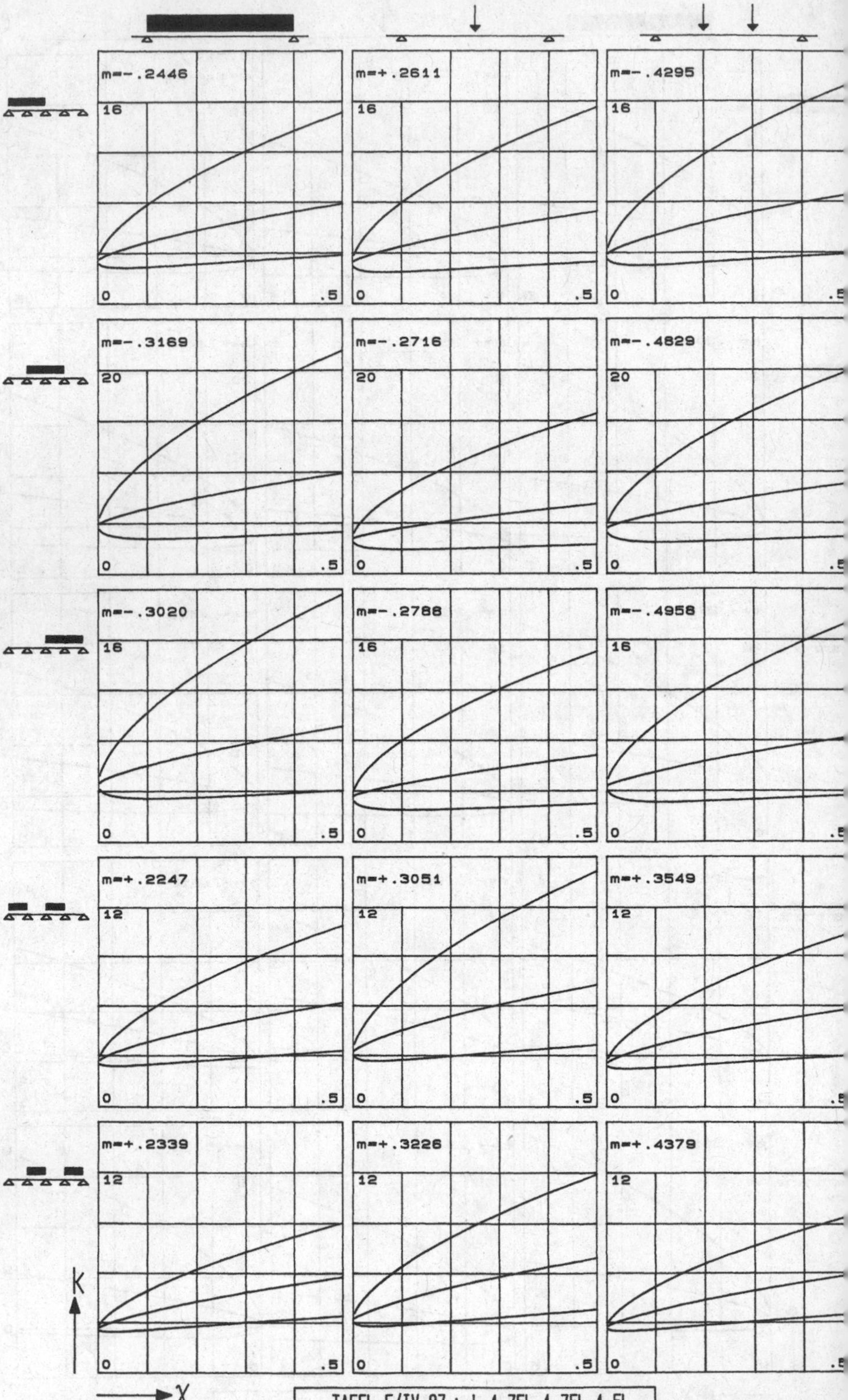

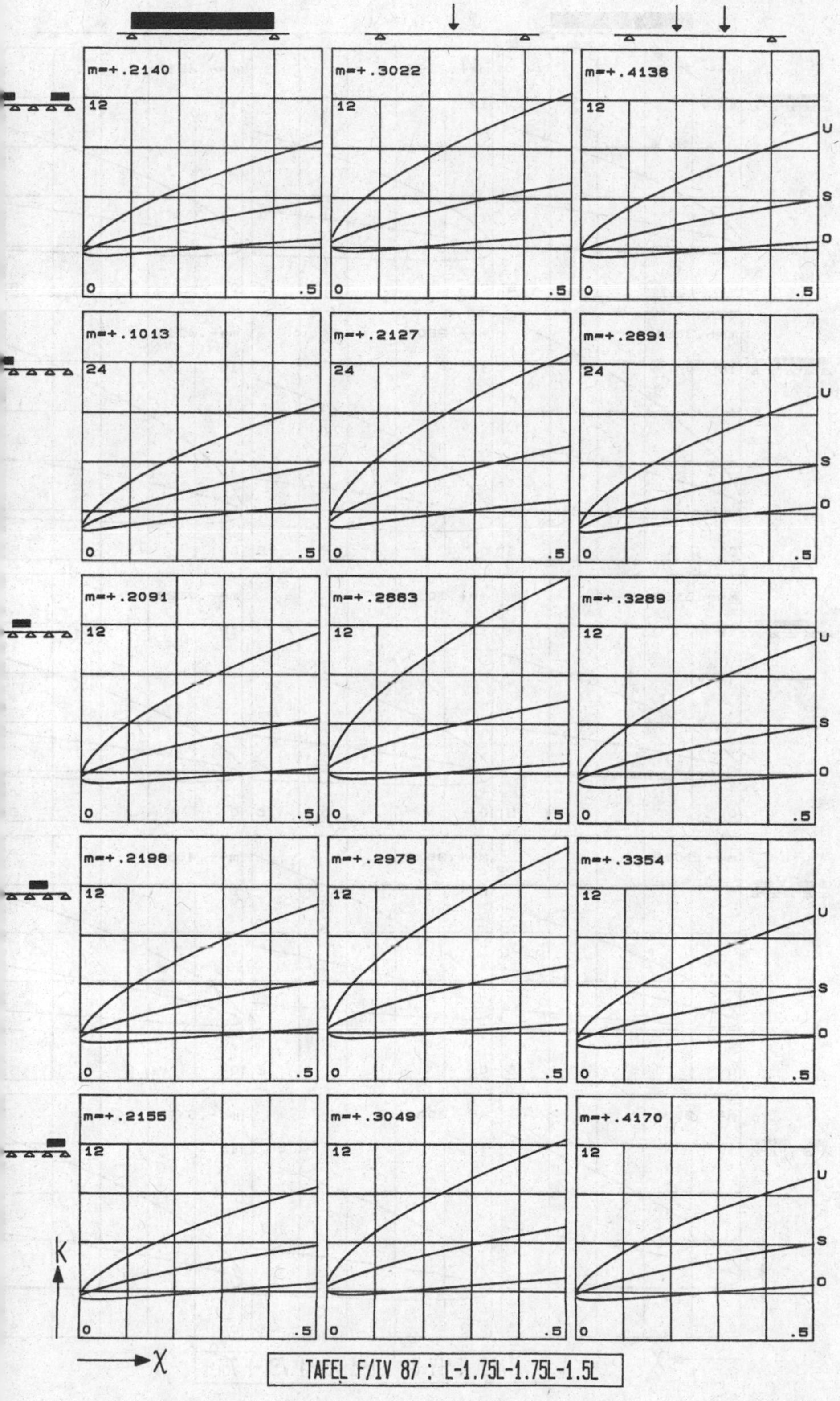

TAFEL F/IV 87 : L-1.75L-1.75L-1.5L

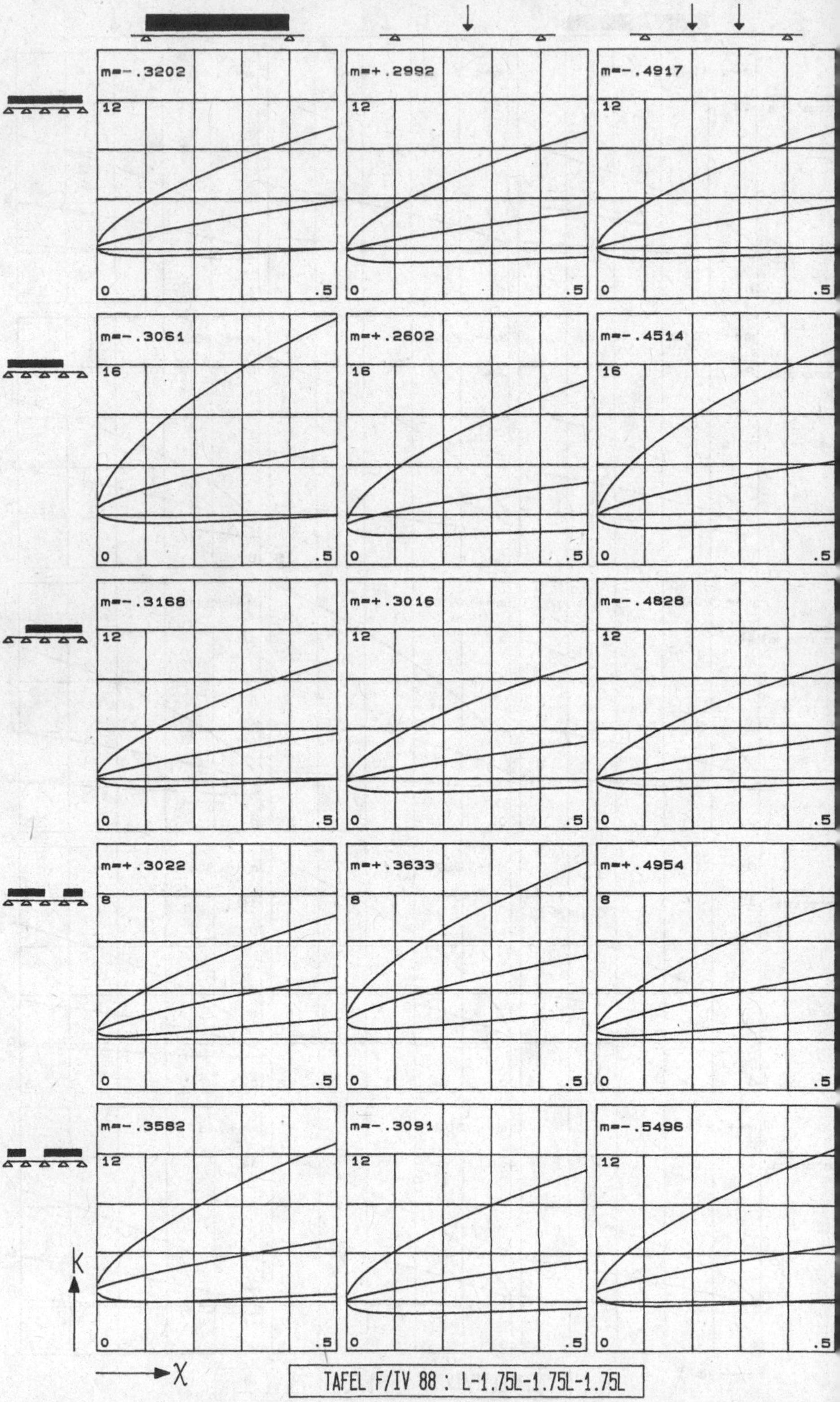
m=-.3202
12
m=+.2992
12
m=-.4917
12
m=-.3061
16
m=+.2602
16
m=-.4514
16
m=-.3168
12
m=+.3016
12
m=-.4828
12
m=+.3022
8
m=+.3633
8
m=+.4954
8
m=-.3582
12
m=-.3091
12
m=-.5496
12
0
.5
K
X

TAFEL F/IV 88 : L-1.75L-1.75L-1.75L

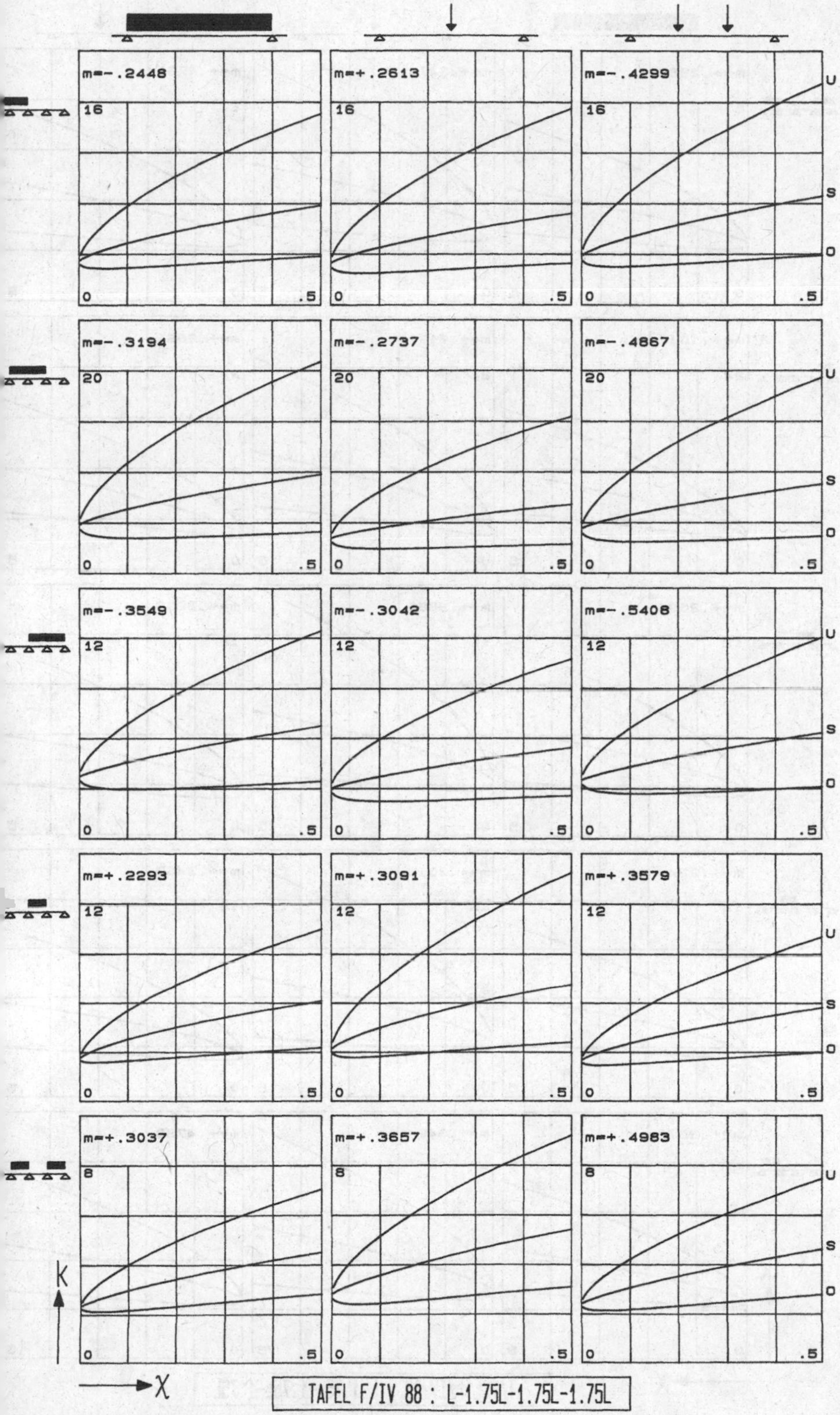

m=-.2448
16
m=+.2613
16
m=-.4299
16
m=-.3194
20
m=-.2737
20
m=-.4867
20
m=-.3549
12
m=-.3042
12
m=-.5406
12
m=+.2293
12
m=+.3091
12
m=+.3579
12
m=+.3037
8
m=+.3657
8
m=+.4963
8
U
S
O
0
.5
K
X

F IV

TAFEL F/IV 88 : L-1.75L-1.75L-1.75L

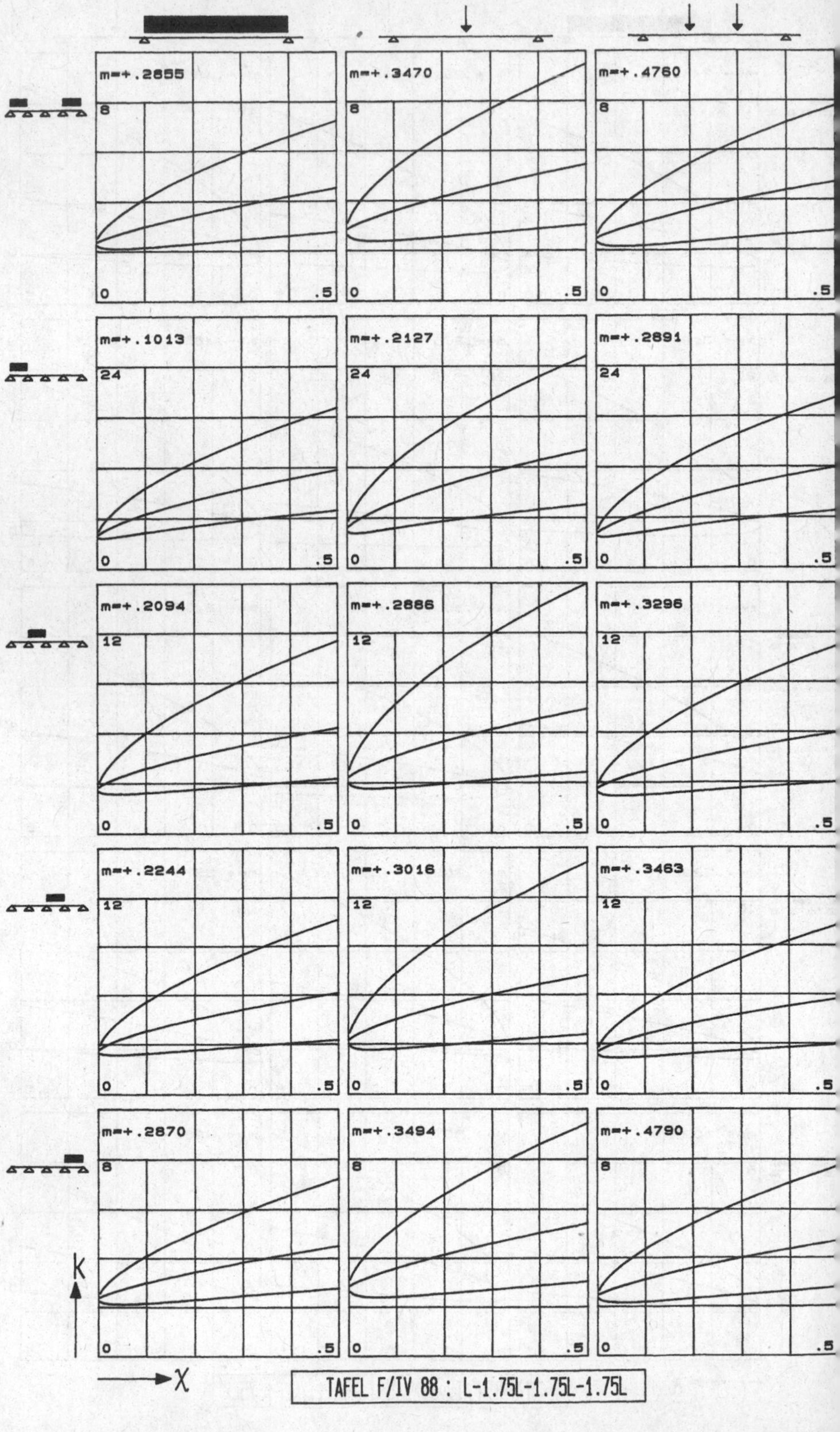

m=+.2855
8
0
.5
m=+.3470
8
0
.5
m=+.4760
8
0
.5
m=+.1013
24
0
.5
m=+.2127
24
0
.5
m=+.2891
24
0
.5
m=+.2094
12
0
.5
m=+.2886
12
0
.5
m=+.3296
12
0
.5
m=+.2244
12
0
.5
m=+.3016
12
0
.5
m=+.3463
12
0
.5
m=+.2870
8
0
.5
m=+.3494
8
0
.5
m=+.4790
8
0
.5
K
X

TAFEL F/IV 88 : L-1.75L-1.75L-1.75L

F IV

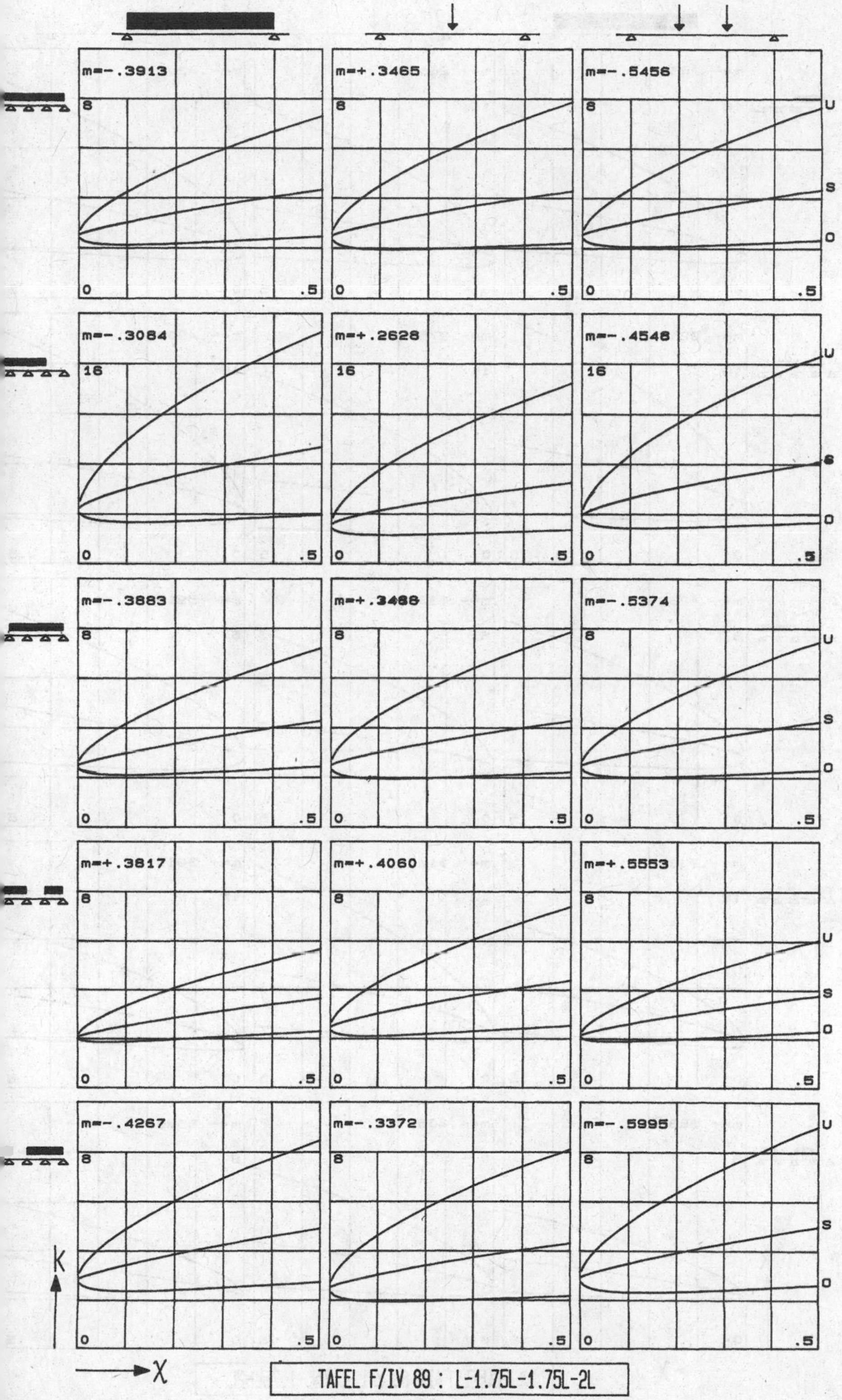

m=-.3913
m=+.3465
m=-.5456
m=-.3064
m=+.2628
m=-.4546
m=-.3683
m=+.3466
m=-.5374
m=+.3817
m=+.4060
m=+.5553
m=-.4267
m=-.3372
m=-.5995
8
16
0
.5
U
S
O
K
X

TAFEL F/IV 89 : L-1.75L-1.75L-2L

F IV

TAFEL F/IV 89 : L-1.75L-1.75L-2L

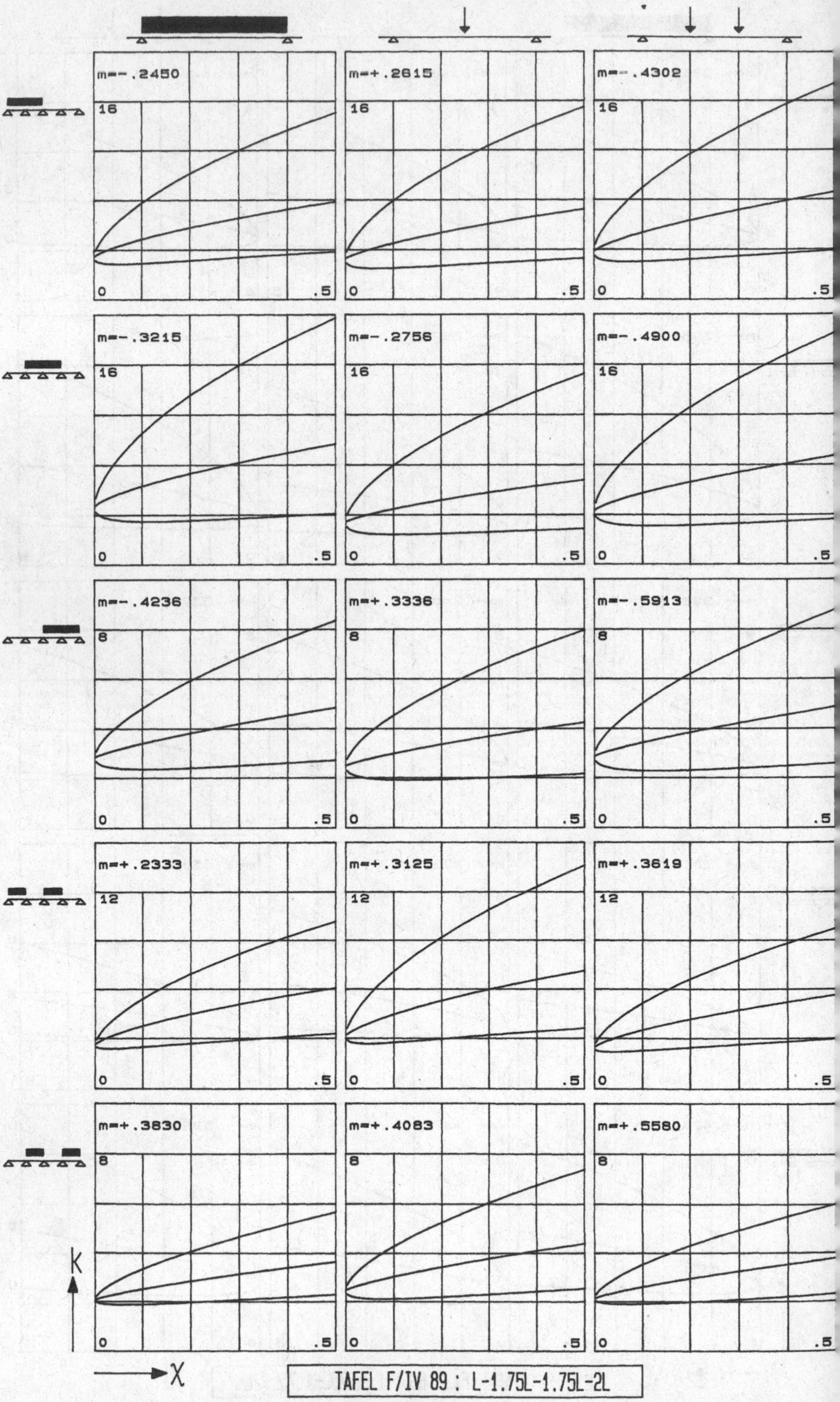

TAFEL F/IV 89 : L-1.75L-1.75L-2L

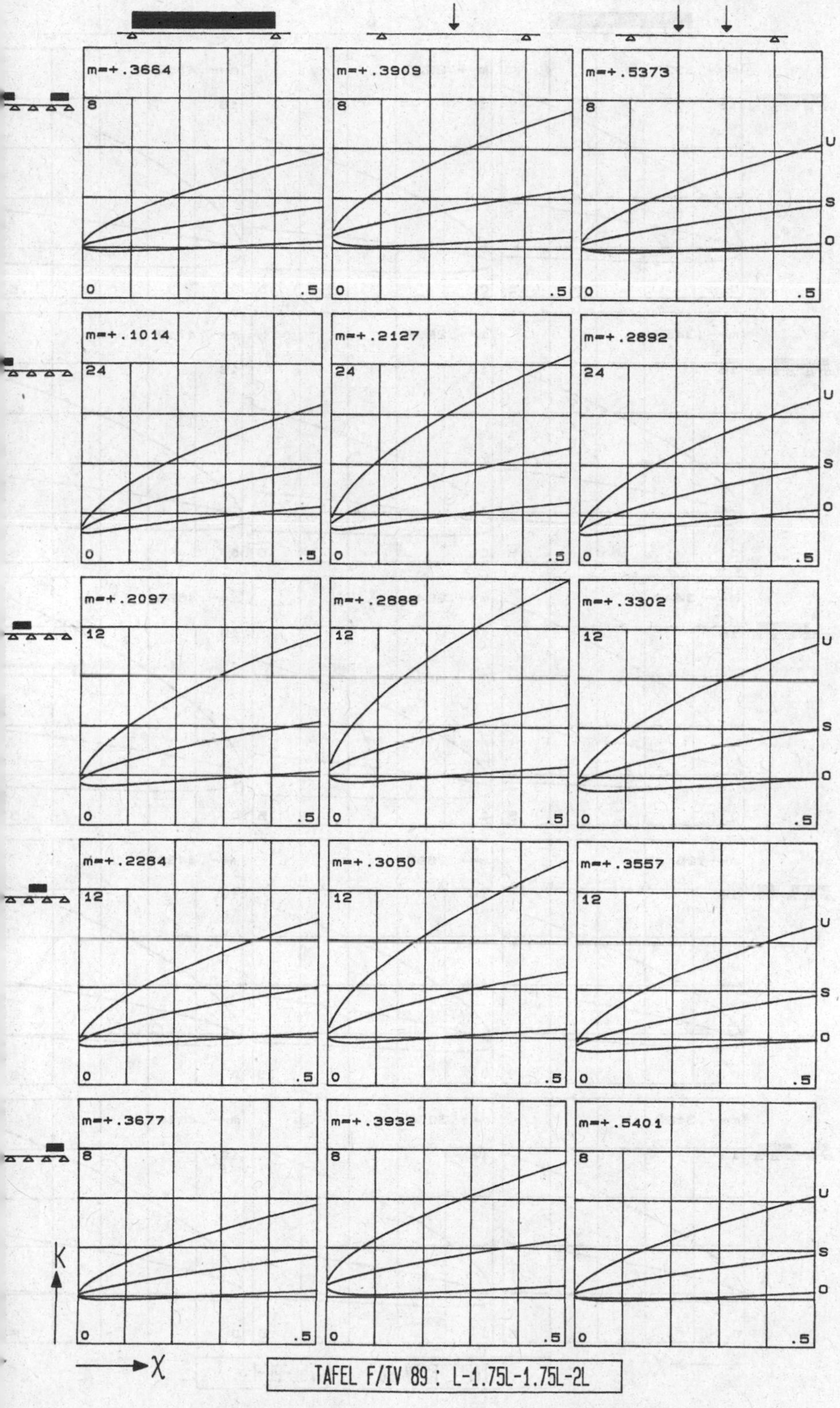

F
IV

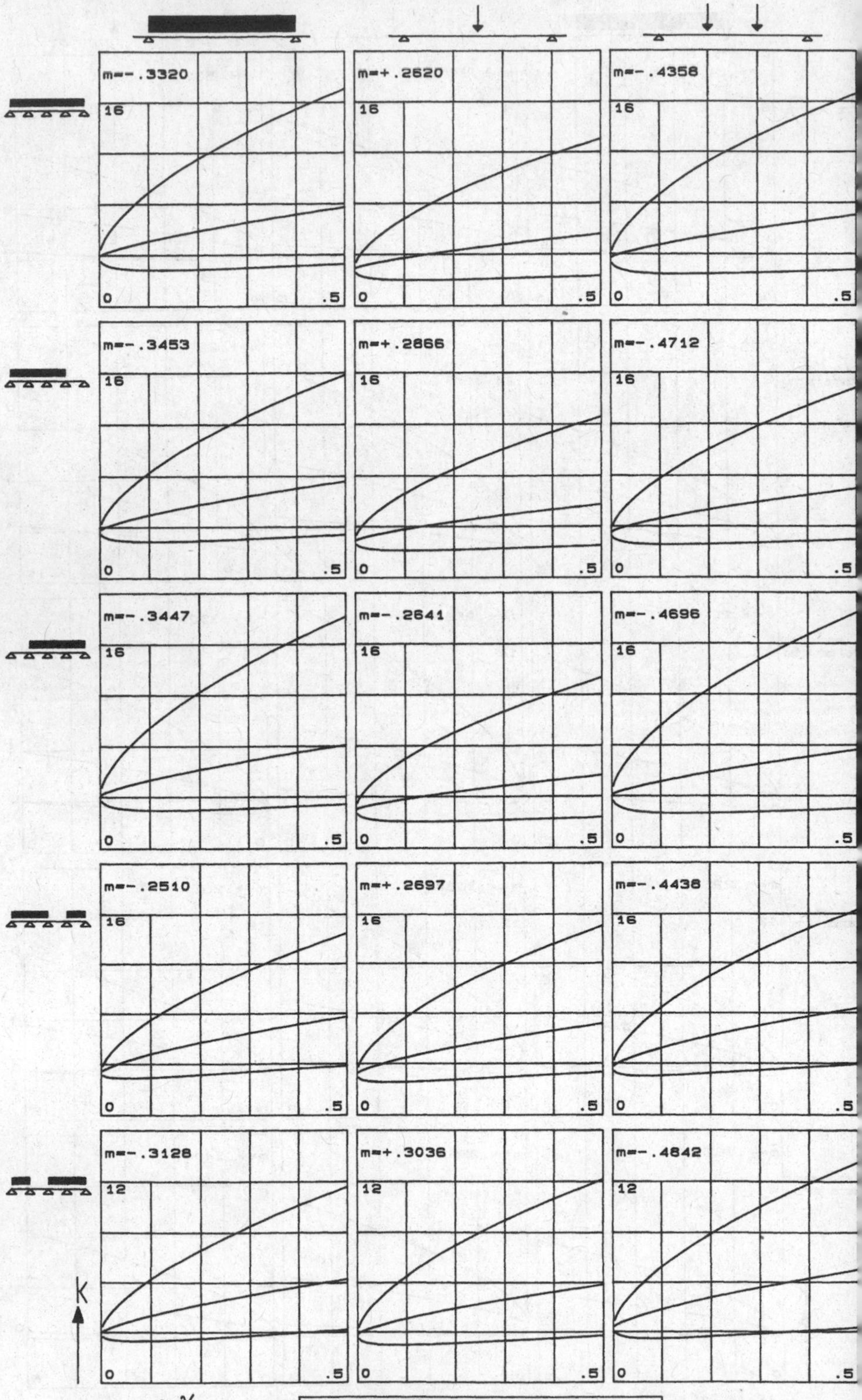
m=-.3320
16
0
.5
m=+.2620
m=-.4358
m=-.3453
m=+.2866
m=-.4712
m=-.3447
m=-.2641
m=-.4696
m=-.2510
m=+.2697
m=-.4438
m=-.3128
12
m=+.3036
m=-.4842
K
X

TAFEL F/IV 90 : L-1.75L-2L-L

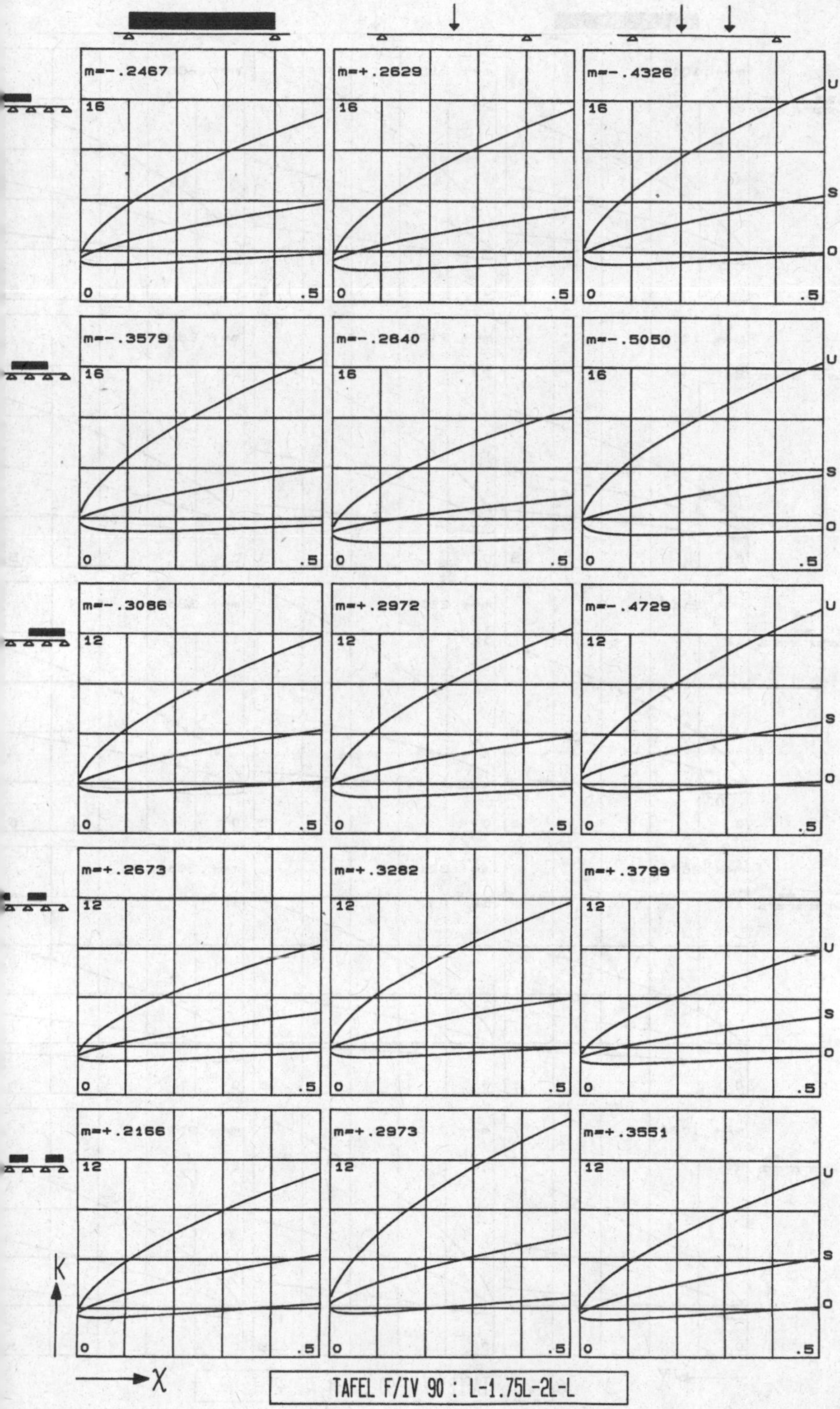
m=-.2467
16
m=+.2629
16
m=-.4326
16
U
S
O
m=-.3579
16
m=-.2840
16
m=-.5050
16
m=-.3086
12
m=+.2972
12
m=-.4729
12
m=+.2673
12
m=+.3282
12
m=+.3799
12
m=+.2166
12
m=+.2973
12
m=+.3551
12
0
.5
K
X

TAFEL F/IV 90 : L-1.75L-2L-L

F IV

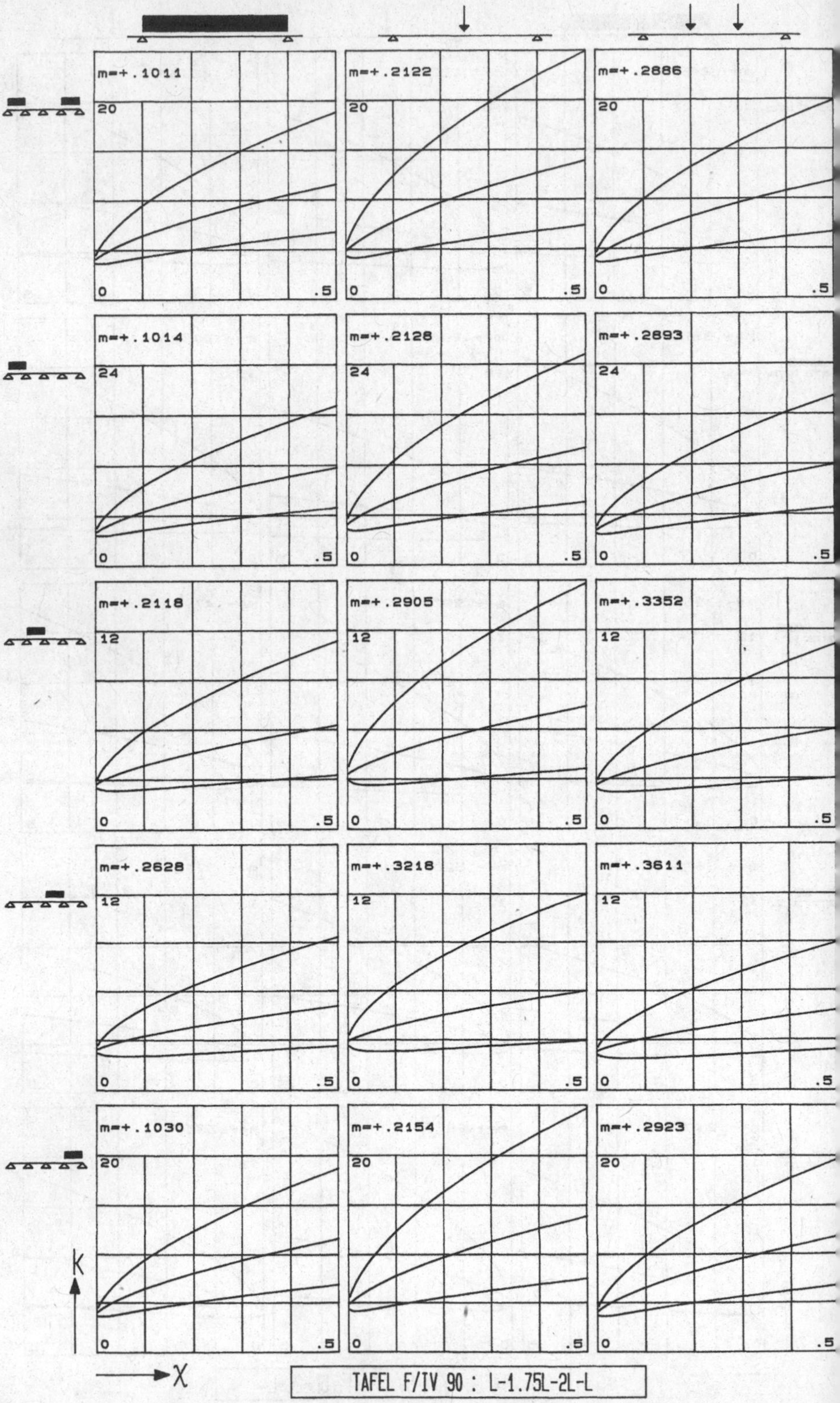

m=+.1011
20
0
.5
m=+.2122
20
0
.5
m=+.2886
20
0
.5
m=+.1014
24
0
.5
m=+.2128
24
0
.5
m=+.2893
24
0
.5
m=+.2118
12
0
.5
m=+.2905
12
0
.5
m=+.3352
12
0
.5
m=+.2628
12
0
.5
m=+.3218
12
0
.5
m=+.3611
12
0
.5
m=+.1030
20
0
.5
m=+.2154
20
0
.5
m=+.2923
20
0
.5
K
X

TAFEL F/IV 90 : L-1.75L-2L-L

F IV

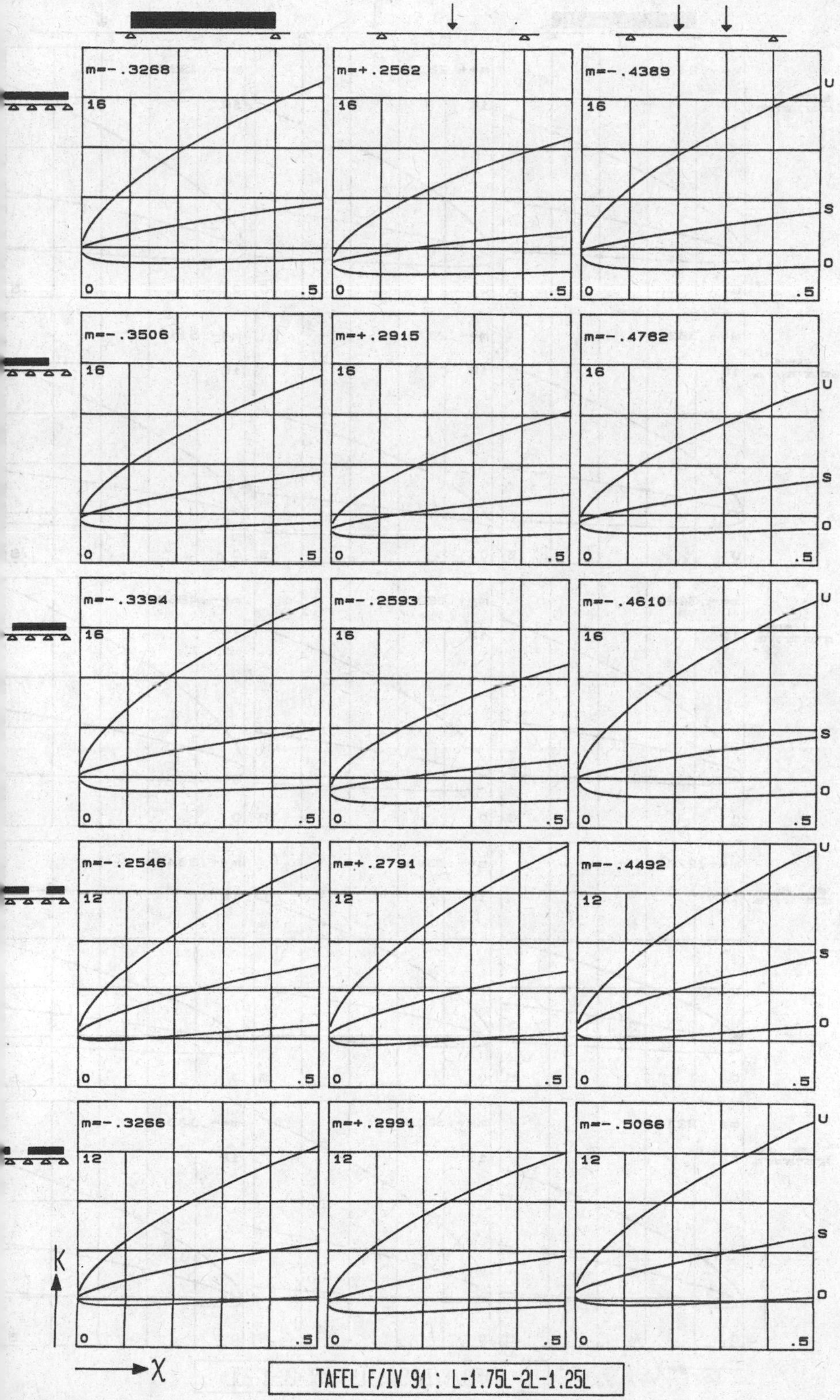

m=-.3268
m=+.2562
m=-.4389
m=-.3506
m=+.2915
m=-.4782
m=-.3394
m=-.2593
m=-.4610
m=-.2546
m=+.2791
m=-.4492
m=-.3266
m=+.2991
m=-.5066
16
12
0
.5
U
S
O
K
X

TAFEL F/IV 91 : L-1.75L-2L-1.25L

F IV

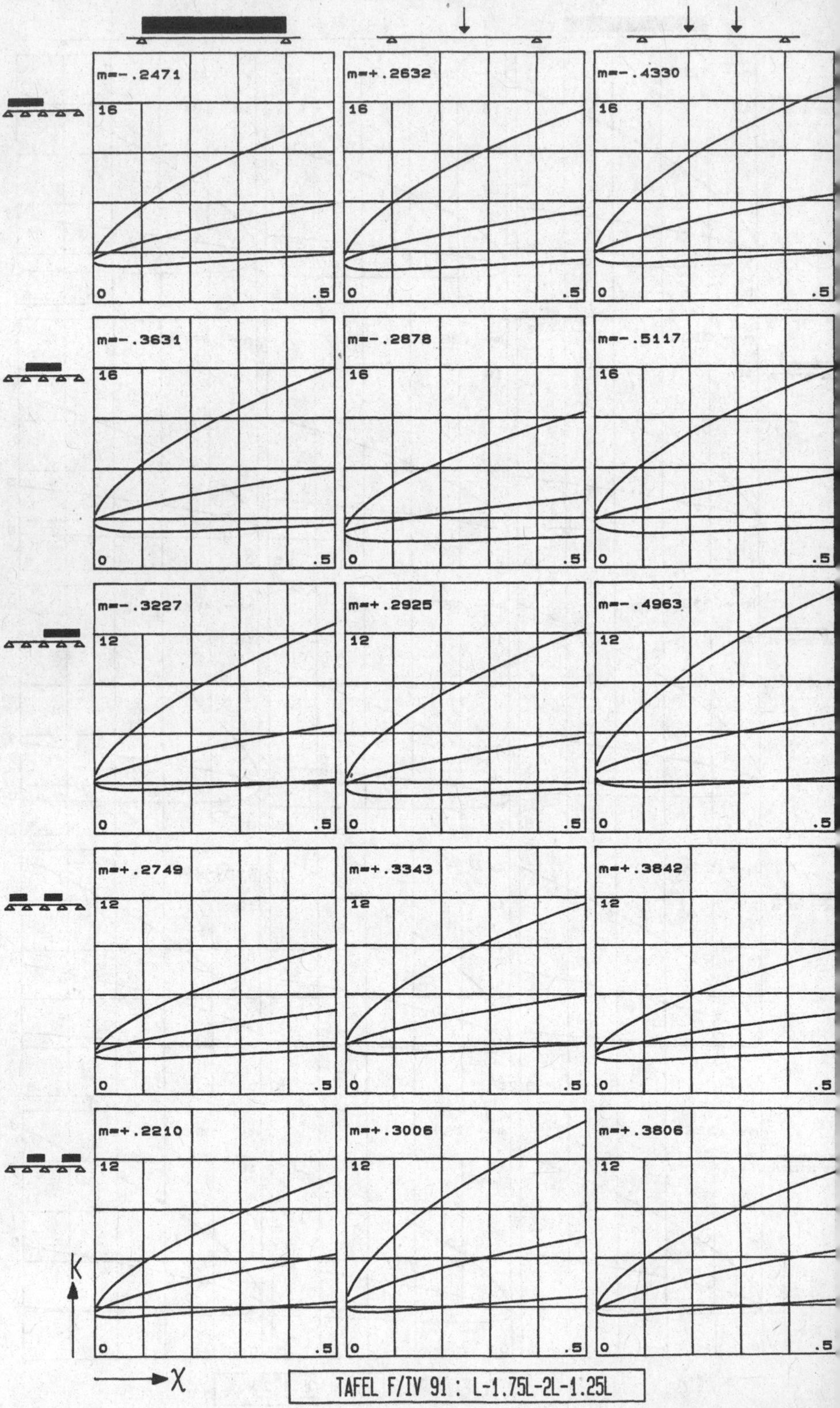

m=-.2471
16
0
.5
m=+.2632
16
0
.5
m=-.4330
16
0
.5
m=-.3631
16
0
.5
m=-.2878
16
0
.5
m=-.5117
16
0
.5
m=-.3227
12
0
.5
m=+.2925
12
0
.5
m=-.4963
12
0
.5
m=+.2749
12
0
.5
m=+.3343
12
0
.5
m=+.3842
12
0
.5
m=+.2210
12
0
.5
m=+.3006
12
0
.5
m=+.3806
12
0
.5
K
X

TAFEL F/IV 91 : L-1.75L-2L-1.25L

F IV

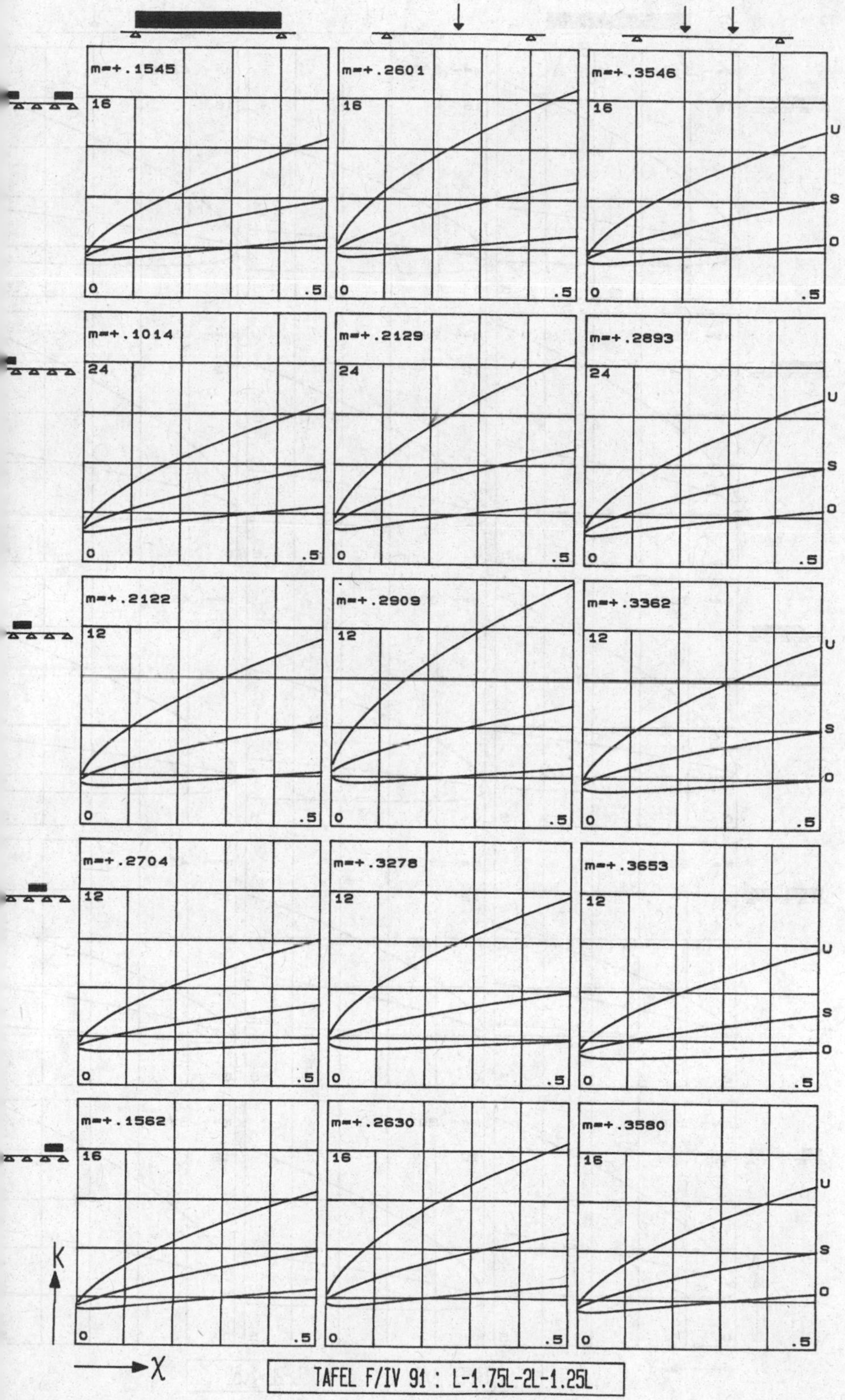
m=+.1545
16
0
.5
m=+.2601
16
0
.5
m=+.3546
16
U
S
O
0
.5
m=+.1014
24
0
.5
m=+.2129
24
0
.5
m=+.2893
24
U
S
O
0
.5
m=+.2122
12
0
.5
m=+.2909
12
0
.5
m=+.3362
12
U
S
O
0
.5
m=+.2704
12
0
.5
m=+.3278
12
0
.5
m=+.3653
12
U
S
O
0
.5
m=+.1562
16
0
.5
m=+.2630
16
0
.5
m=+.3580
16
U
S
O
0
.5
K
X

TAFEL F/IV 91 : L-1.75L-2L-1.25L

F IV

m=-.3172
16
0
.5
m=-.2678
16
0
.5
m=-.4761
16
0
m=-.3550
12
0
.5
m=+.2956
12
0
.5
m=-.4841
12
0
m=-.3297
16
0
.5
m=-.2624
16
0
.5
m=-.4666
16
0
m=-.2594
12
0
.5
m=+.3242
12
0
.5
m=-.4549
12
0
m=-.3565
12
0
.5
m=-.3029
12
0
.5
m=-.5385
12
0
K
X

TAFEL F/IV 92 : L-1.75L-2L-1.5L

F IV

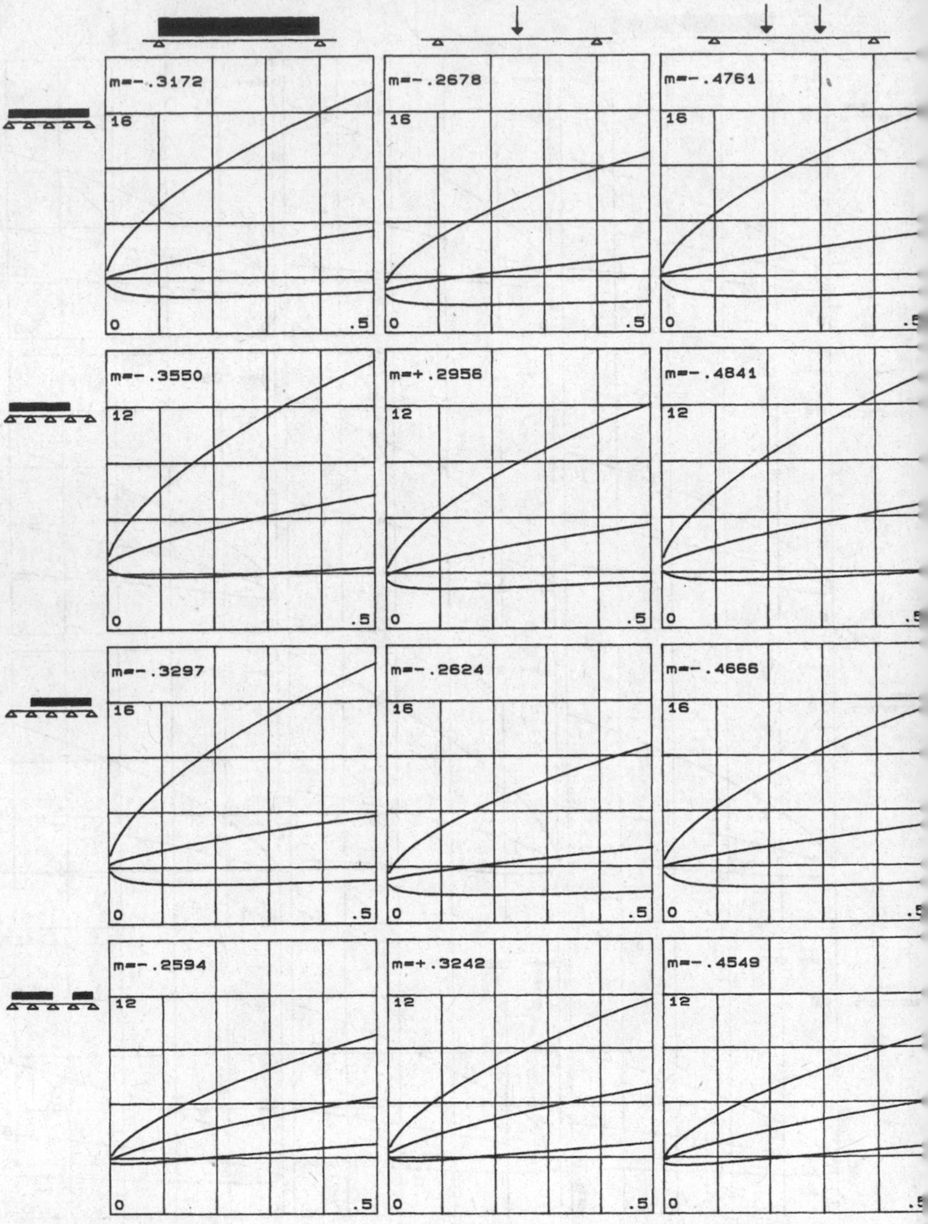

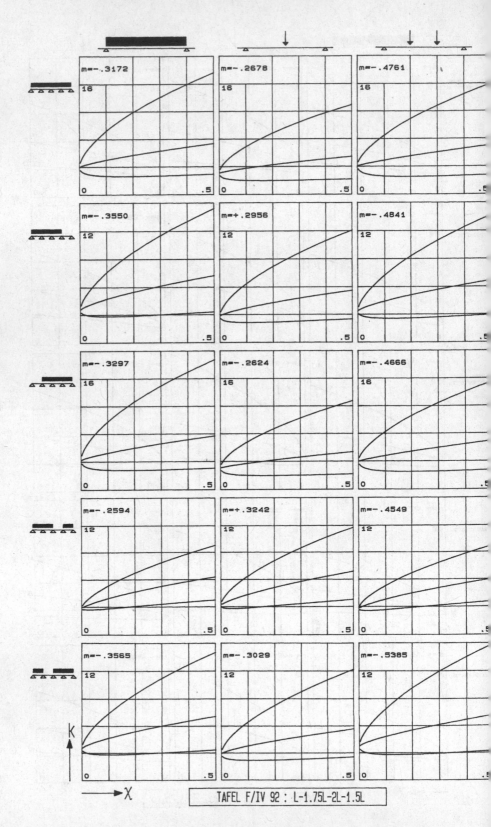

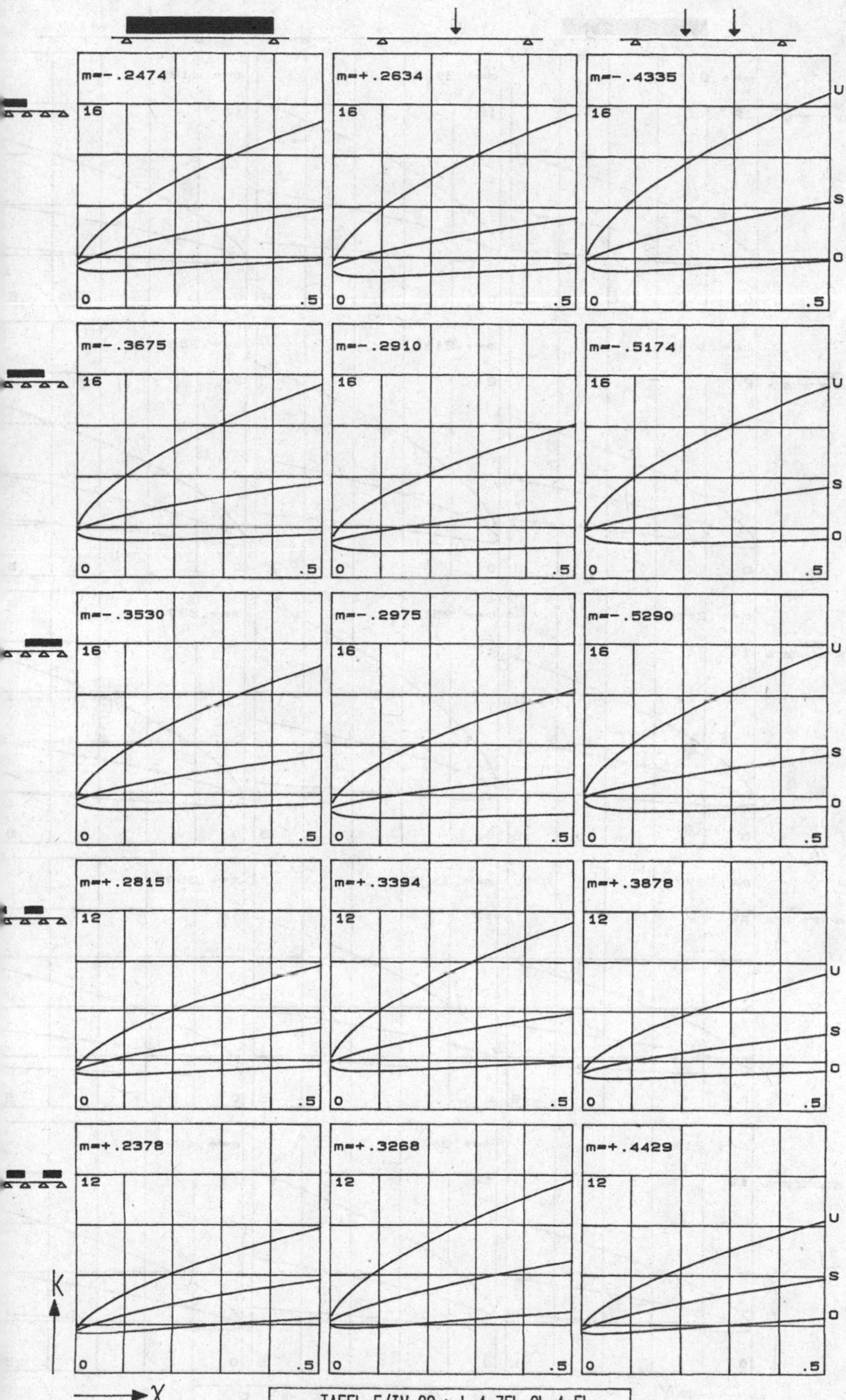

m=-.2474
m=+.2634
m=-.4335
m=-.3675
m=-.2910
m=-.5174
m=-.3530
m=-.2975
m=-.5290
m=+.2815
m=+.3394
m=+.3878
m=+.2378
m=+.3268
m=+.4429
16
12
0
.5
U
S
O
K
X

TAFEL F/IV 92 : L-1.75L-2L-1.5L

F IV

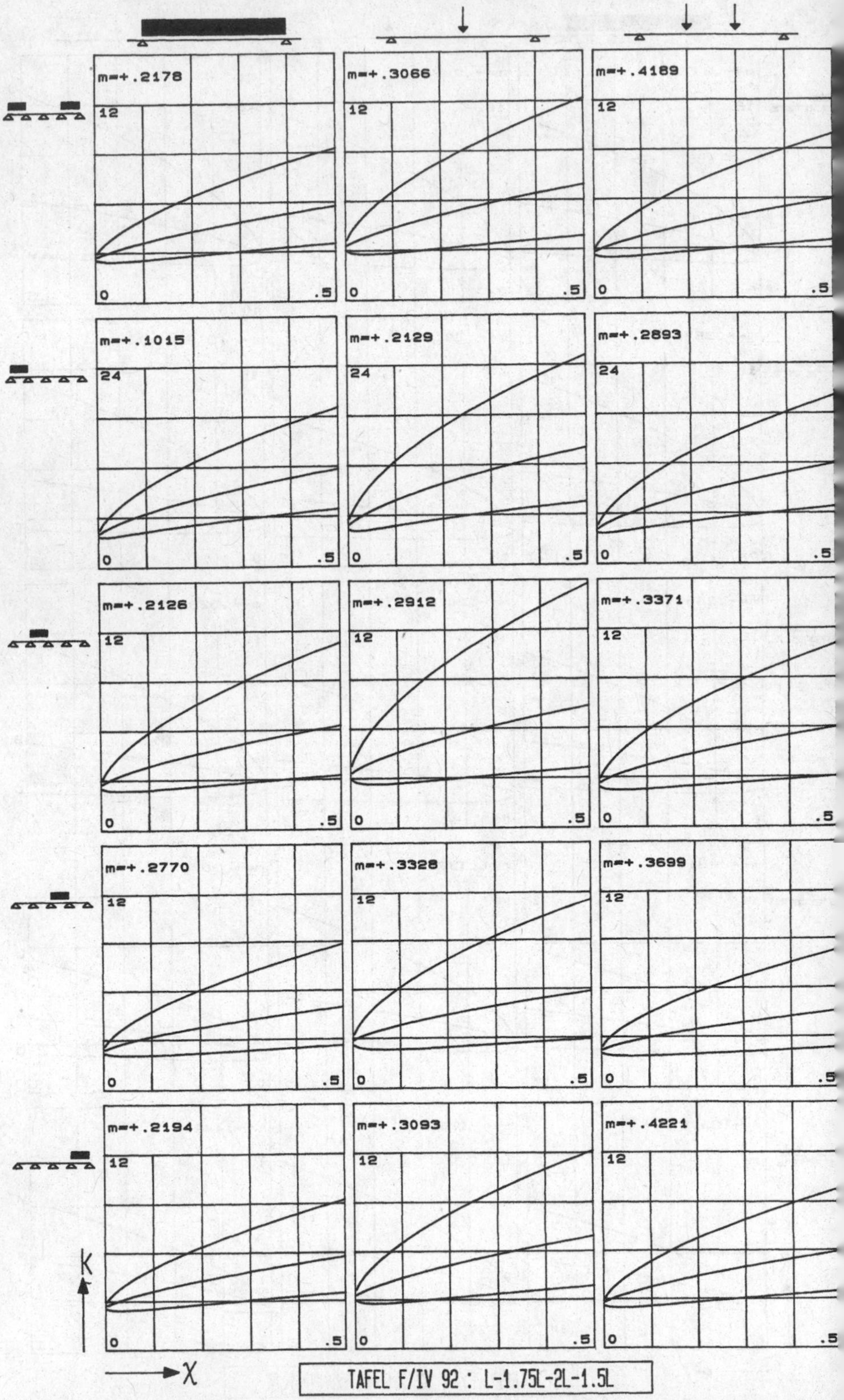
m=+.2178
12
0
.5
m=+.3066
12
0
.5
m=+.4189
12
0
.5
m=+.1015
24
0
.5
m=+.2129
24
0
.5
m=+.2893
24
0
.5
m=+.2126
12
0
.5
m=+.2912
12
0
.5
m=+.3371
12
0
.5
m=+.2770
12
0
.5
m=+.3328
12
0
.5
m=+.3699
12
0
.5
m=+.2194
12
0
.5
m=+.3093
12
0
.5
m=+.4221
12
0
.5
K
X

F IV

TAFEL F/IV 92 : L-1.75L-2L-1.5L

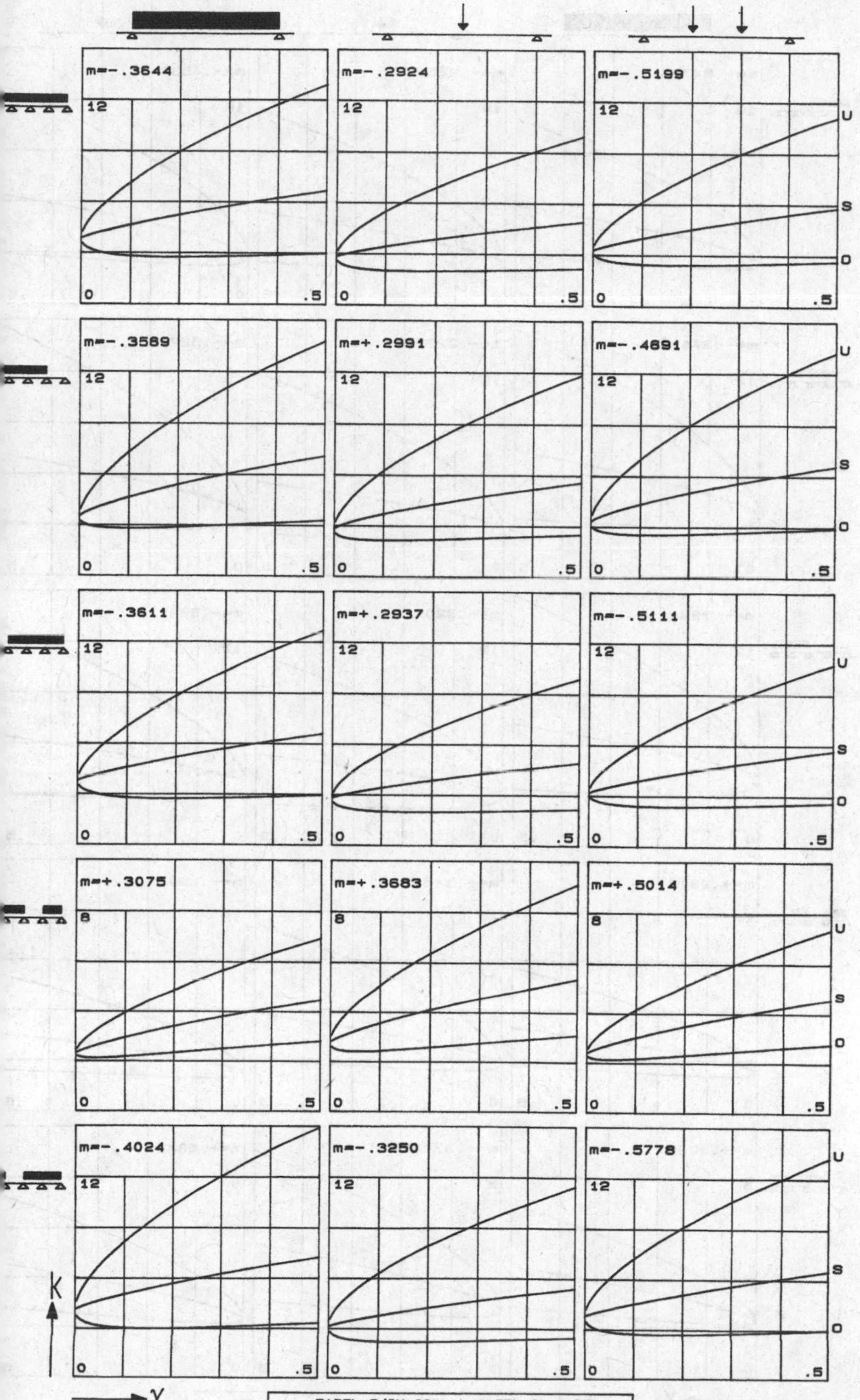
m=-.3644
m=-.2924
m=-.5199
m=-.3589
m=+.2991
m=-.4691
m=-.3611
m=+.2937
m=-.5111
m=+.3075
m=+.3683
m=+.5014
m=-.4024
m=-.3250
m=-.5778
12
8
U
S
O
0
.5
K
X

TAFEL F/IV 93 : L-1.75L-2L-1.75L

F
IV

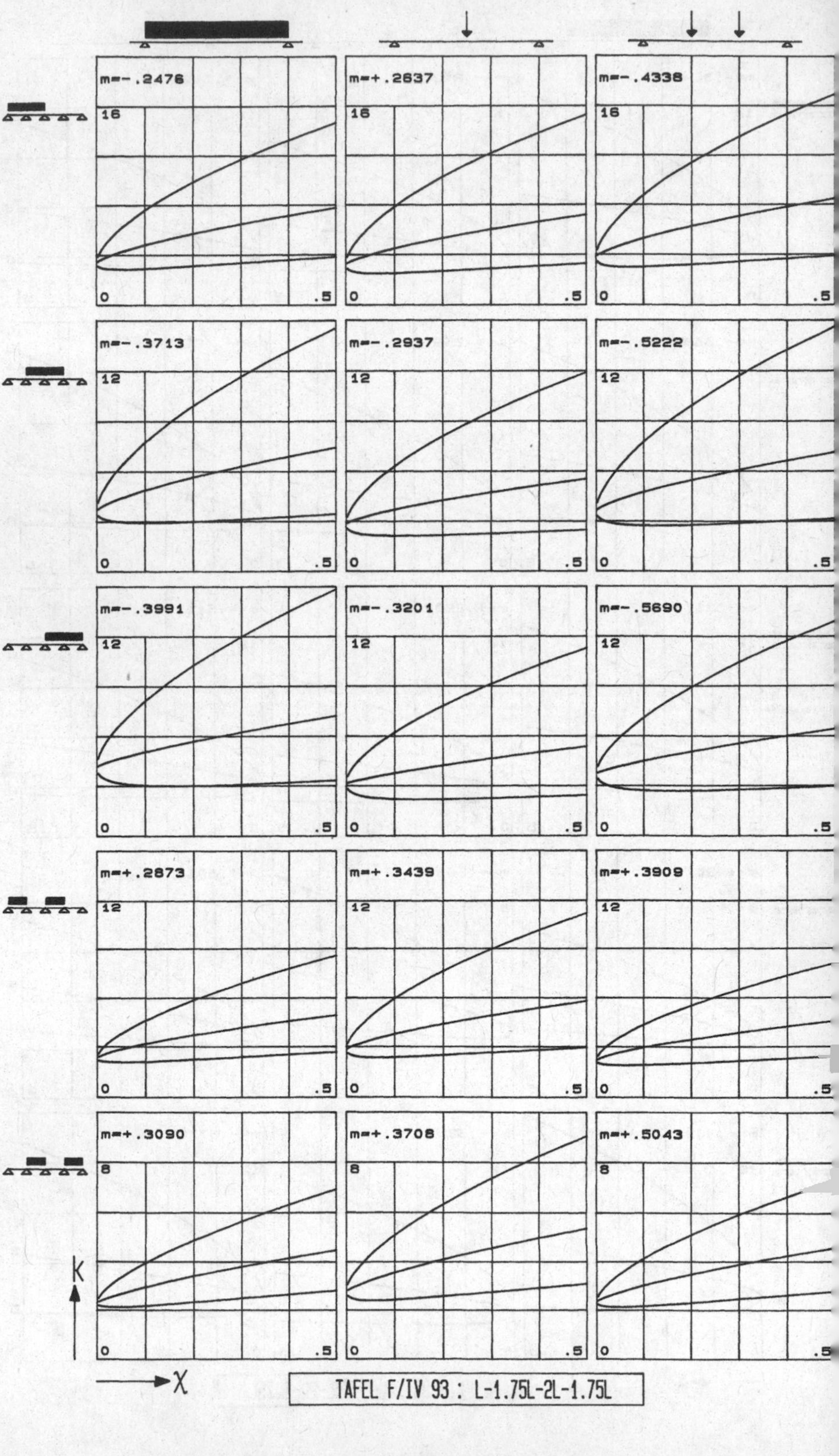

m=-.2476
16
0
.5
m=+.2637
16
0
.5
m=-.4338
16
0
.5
m=-.3713
12
0
.5
m=-.2937
12
0
.5
m=-.5222
12
0
.5
m=-.3991
12
0
.5
m=-.3201
12
0
.5
m=-.5690
12
0
.5
m=+.2873
12
0
.5
m=+.3439
12
0
.5
m=+.3909
12
0
.5
m=+.3090
8
0
.5
m=+.3708
8
0
.5
m=+.5043
8
0
.5
K
X

F
IV

TAFEL F/IV 93 : L-1.75L-2L-1.75L

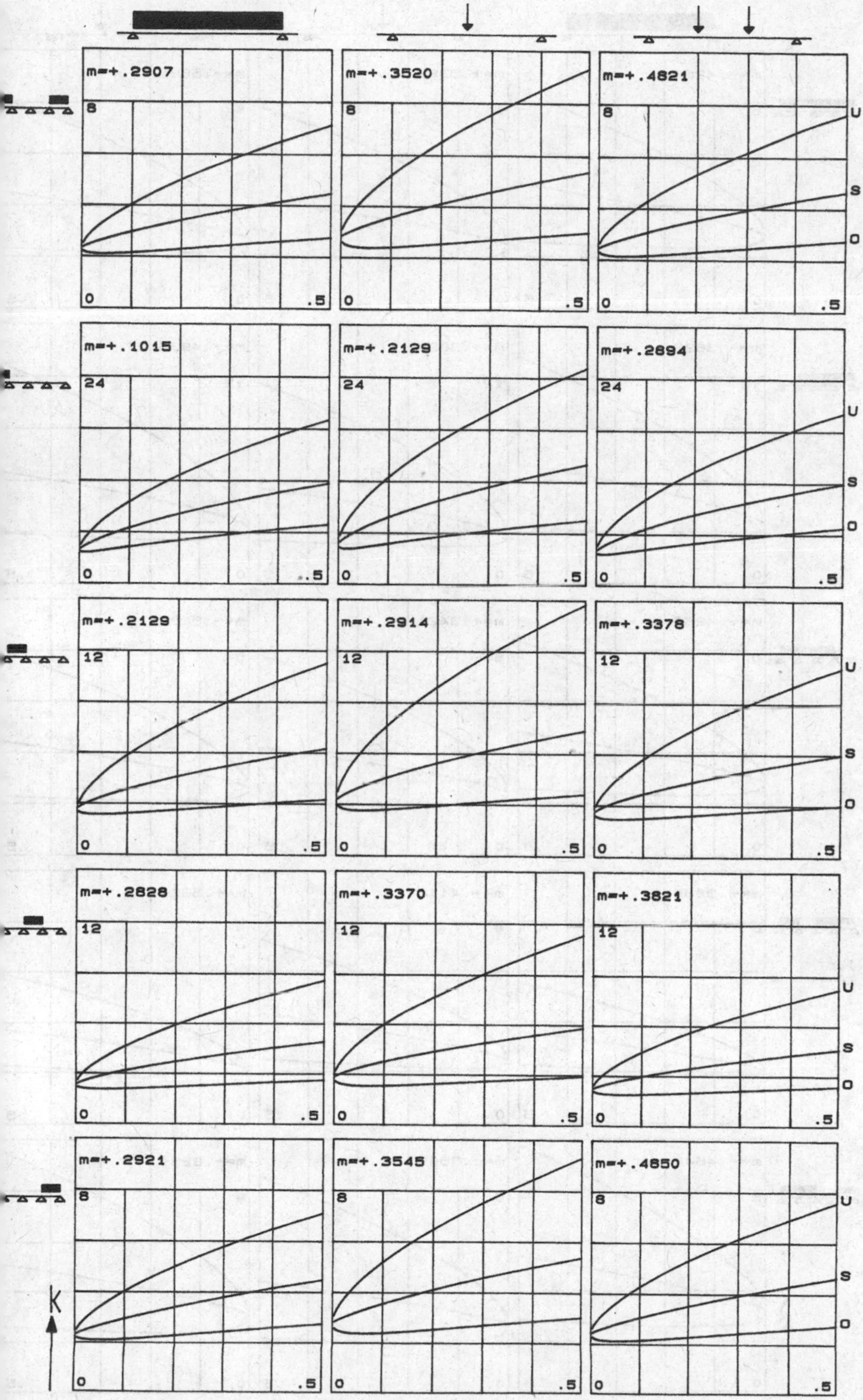

m=+.2907
m=+.3520
m=+.4821
m=+.1015
m=+.2129
m=+.2894
m=+.2129
m=+.2914
m=+.3378
m=+.2828
m=+.3370
m=+.3821
m=+.2921
m=+.3545
m=+.4850
U
S
O
K
X

TAFEL F/IV 93 : L-1.75L-2L-1.75L

F IV

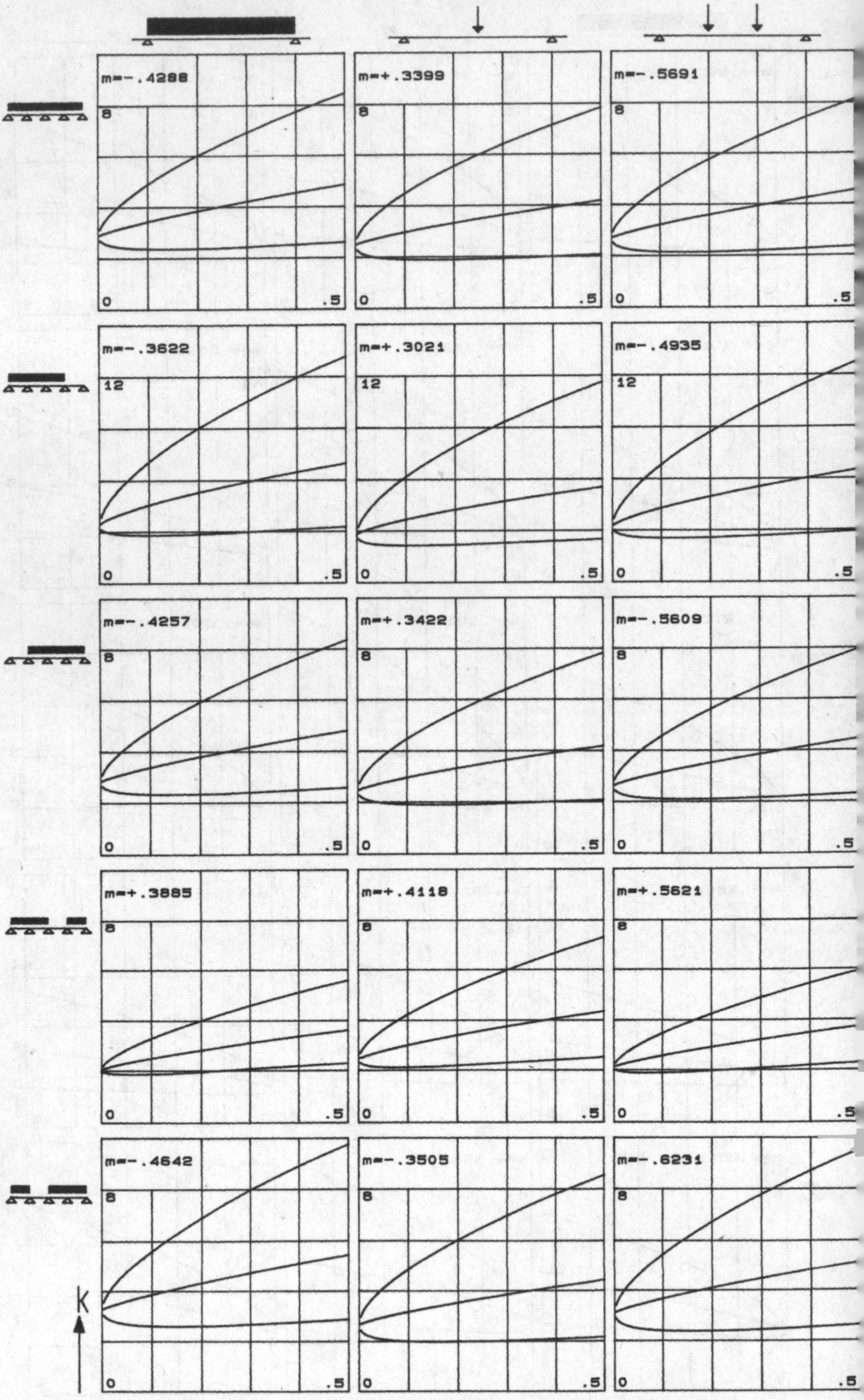

m=-.4288
8
0
.5
m=+.3399
8
0
.5
m=-.5691
8
0
.5
m=-.3622
12
0
.5
m=+.3021
12
0
.5
m=-.4935
12
0
.5
m=-.4257
8
0
.5
m=+.3422
8
0
.5
m=-.5609
8
0
.5
m=+.3885
8
0
.5
m=+.4118
8
0
.5
m=+.5621
8
0
.5
m=-.4642
8
0
.5
m=-.3505
8
0
.5
m=-.6231
8
0
.5
K
X

TAFEL F/IV 94 : L-1.75L-2L-2L

F IV

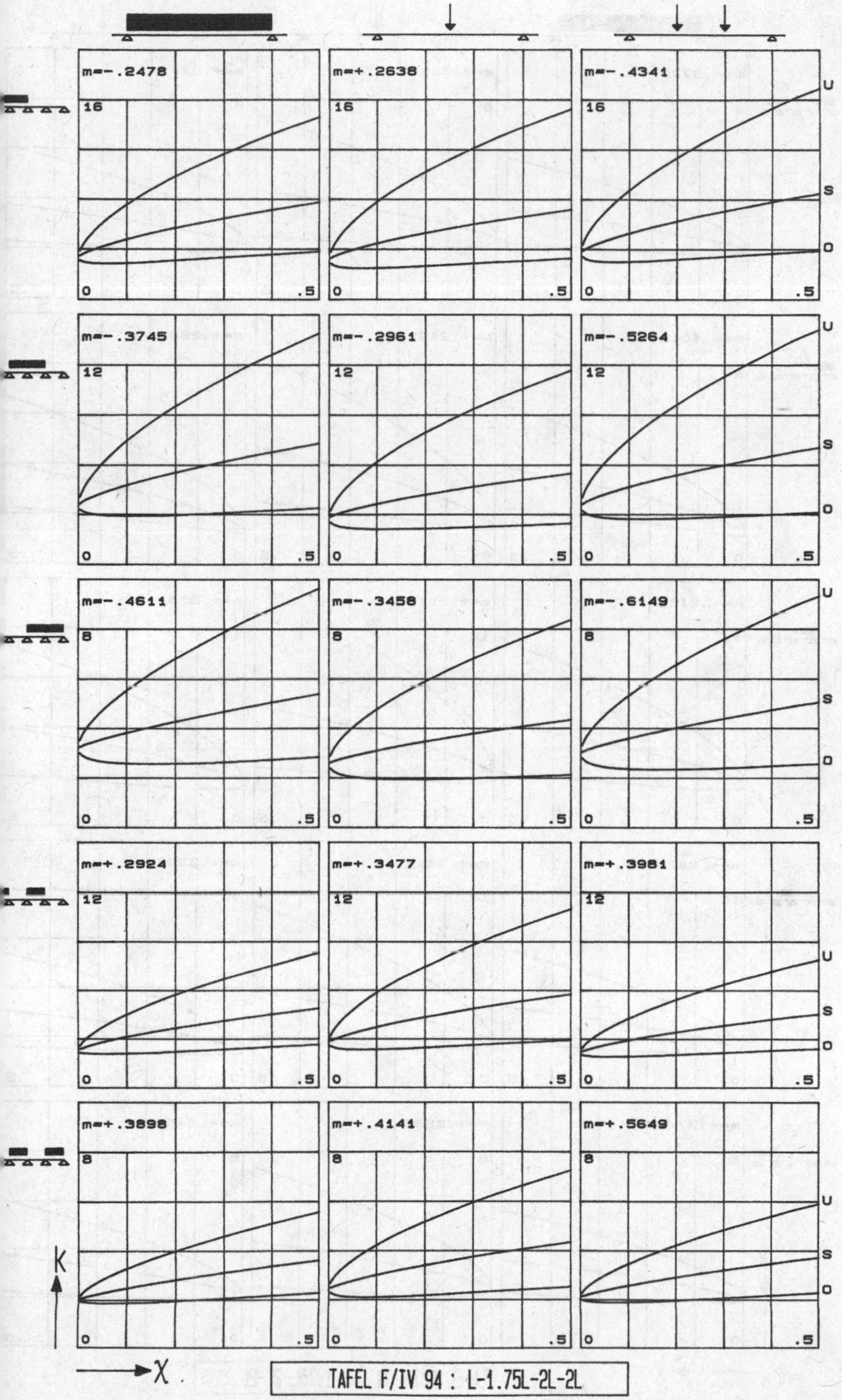
m=-.2478
m=+.2638
m=-.4341
m=-.3745
m=-.2961
m=-.5264
m=-.4611
m=-.3458
m=-.6149
m=+.2924
m=+.3477
m=+.3981
m=+.3898
m=+.4141
m=+.5649
U
S
O
K
X

TAFEL F/IV 94 : L-1.75L-2L-2L

F IV

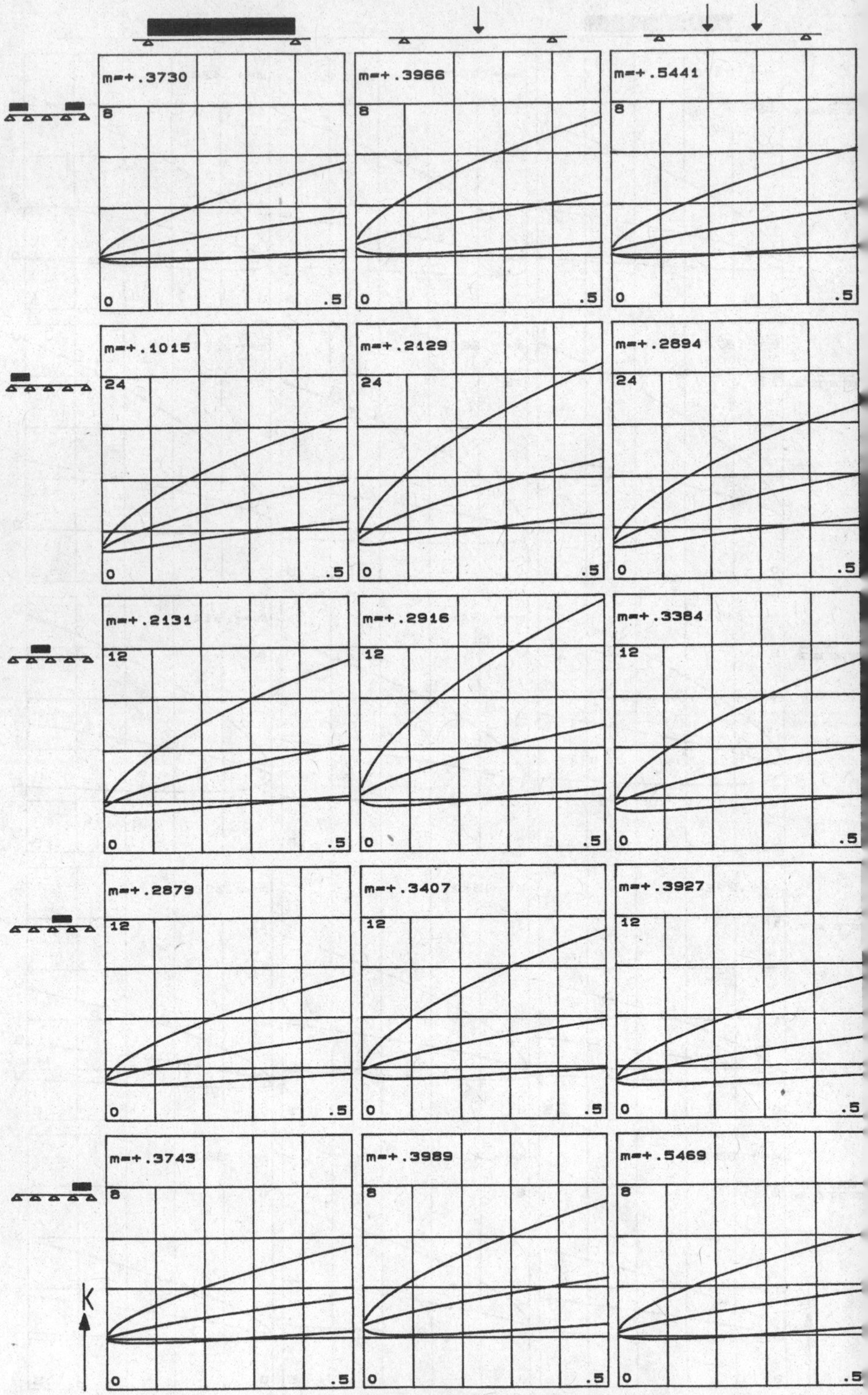
m=+.3730
m=+.3966
m=+.5441
m=+.1015
m=+.2129
m=+.2894
m=+.2131
m=+.2916
m=+.3384
m=+.2879
m=+.3407
m=+.3927
m=+.3743
m=+.3989
m=+.5469
K
X

TAFEL F/IV 94 : L-1.75L-2L-2L

F IV

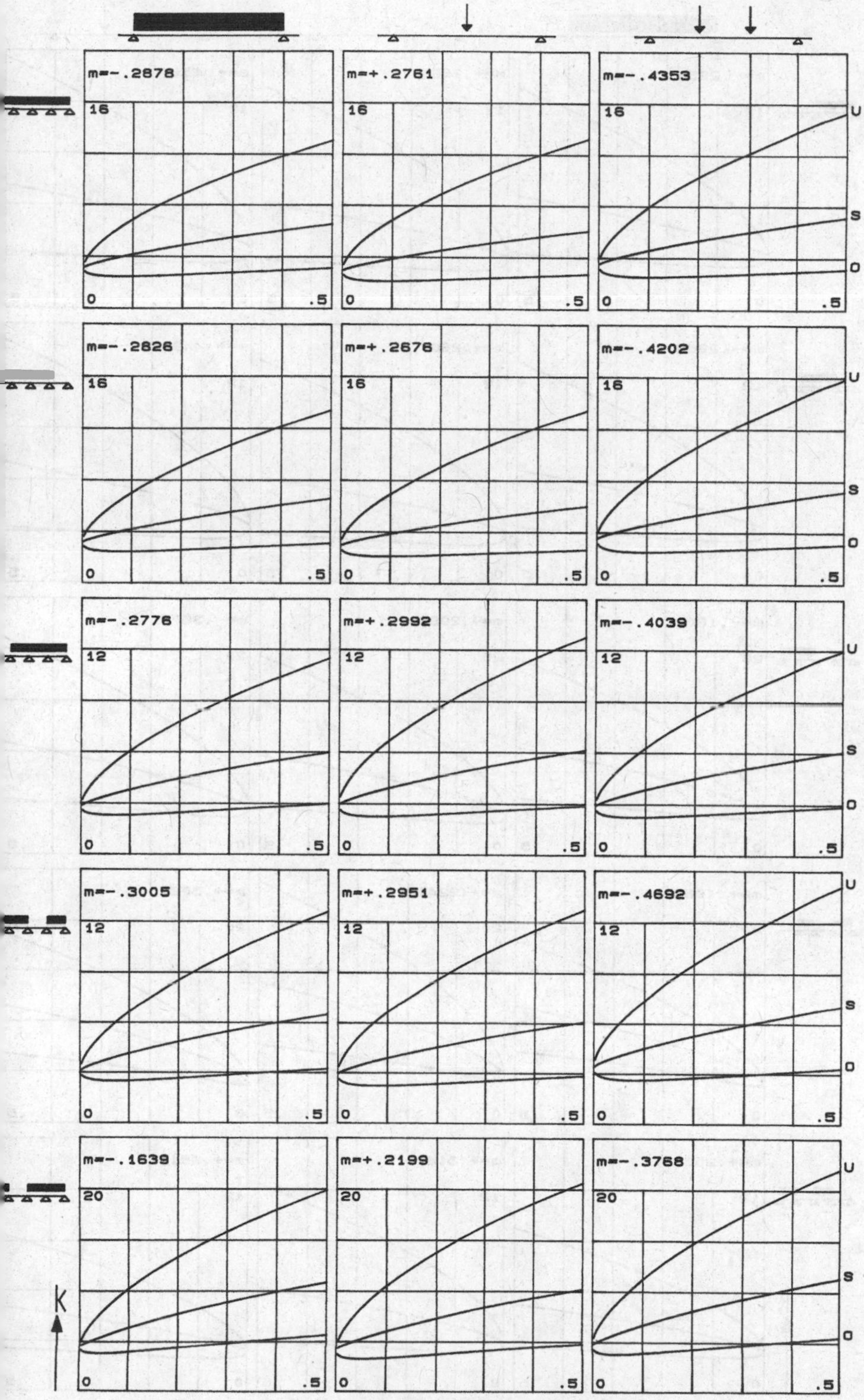

m=-.2878
16
0
.5
m=+.2761
16
0
.5
m=-.4353
16
0
.5
U
S
O
m=-.2826
16
0
.5
m=+.2676
16
0
.5
m=-.4202
16
0
.5
U
S
O
m=-.2776
12
0
.5
m=+.2992
12
0
.5
m=-.4039
12
0
.5
U
S
O
m=-.3005
12
0
.5
m=+.2951
12
0
.5
m=-.4692
12
0
.5
U
S
O
m=-.1639
20
0
.5
m=+.2199
20
0
.5
m=-.3768
20
0
.5
U
S
O
K
X

TAFEL F/IV 95 : L-2L-L-1.25L

F IV

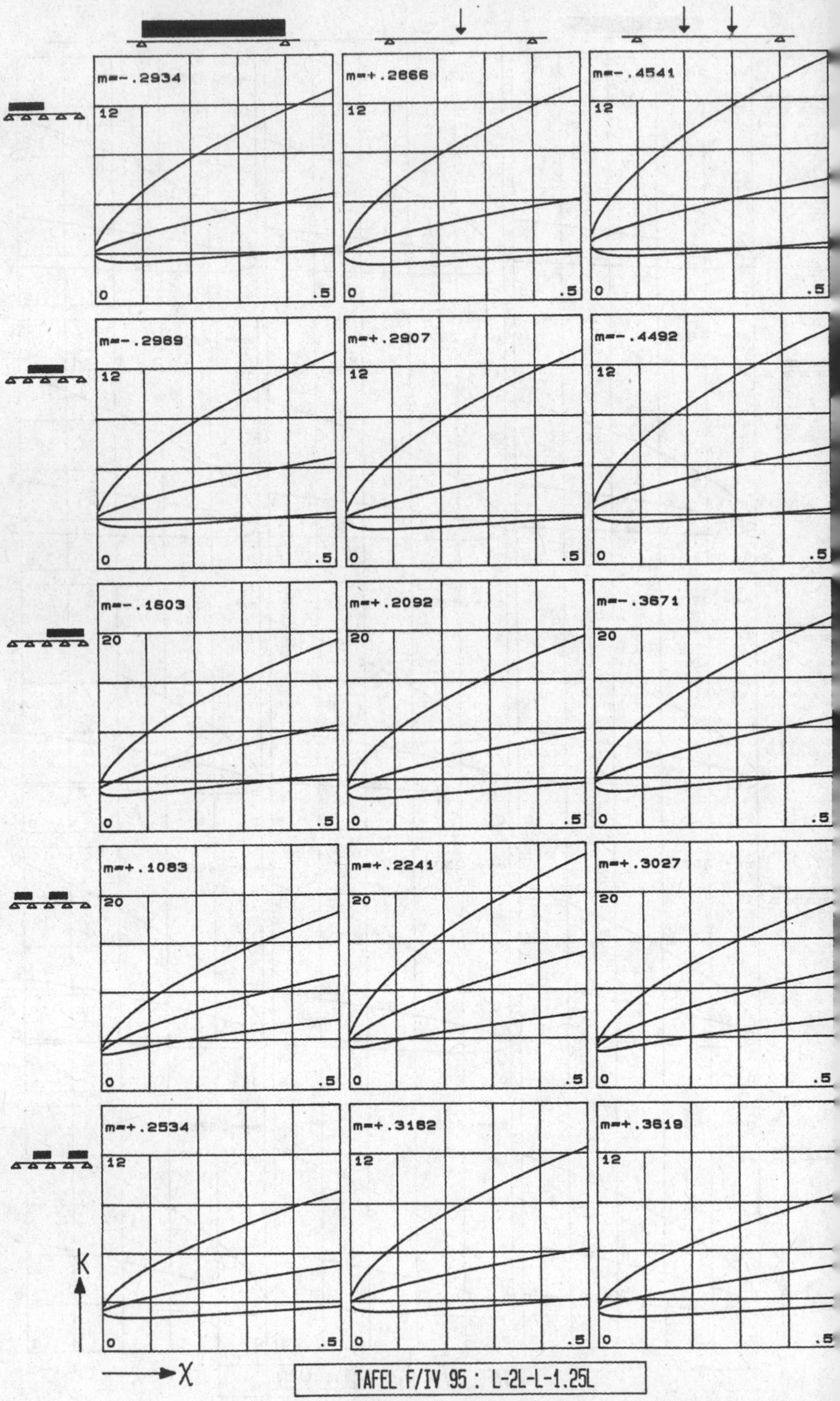
m=-.2934
12
0
.5
m=+.2866
12
0
.5
m=-.4541
12
0
.5
m=-.2989
12
0
.5
m=+.2907
12
0
.5
m=-.4492
12
0
.5
m=-.1603
20
0
.5
m=+.2092
20
0
.5
m=-.3671
20
0
.5
m=+.1083
20
0
.5
m=+.2241
20
0
.5
m=+.3027
20
0
.5
m=+.2534
12
0
.5
m=+.3182
12
0
.5
m=+.3619
12
0
.5
K
X

TAFEL F/IV 95 : L-2L-L-1.25L

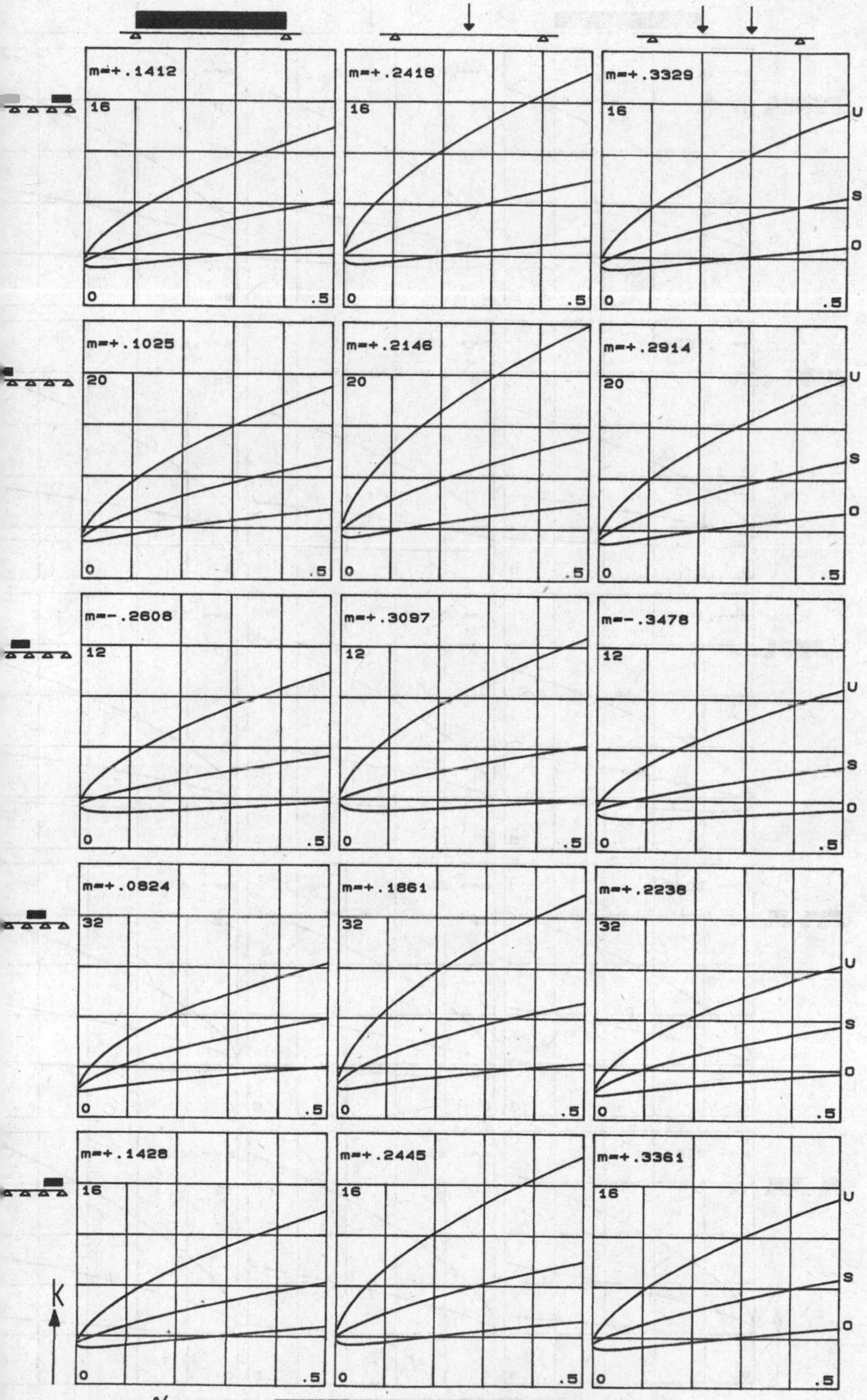
m=+.1412
m=+.2416
m=+.3329
m=+.1025
m=+.2146
m=+.2914
m=-.2608
m=+.3097
m=-.3478
m=+.0824
m=+.1861
m=+.2238
m=+.1428
m=+.2445
m=+.3361
U
S
O
K
X

TAFEL F/IV 95 : L-2L-L-1.25L

F IV

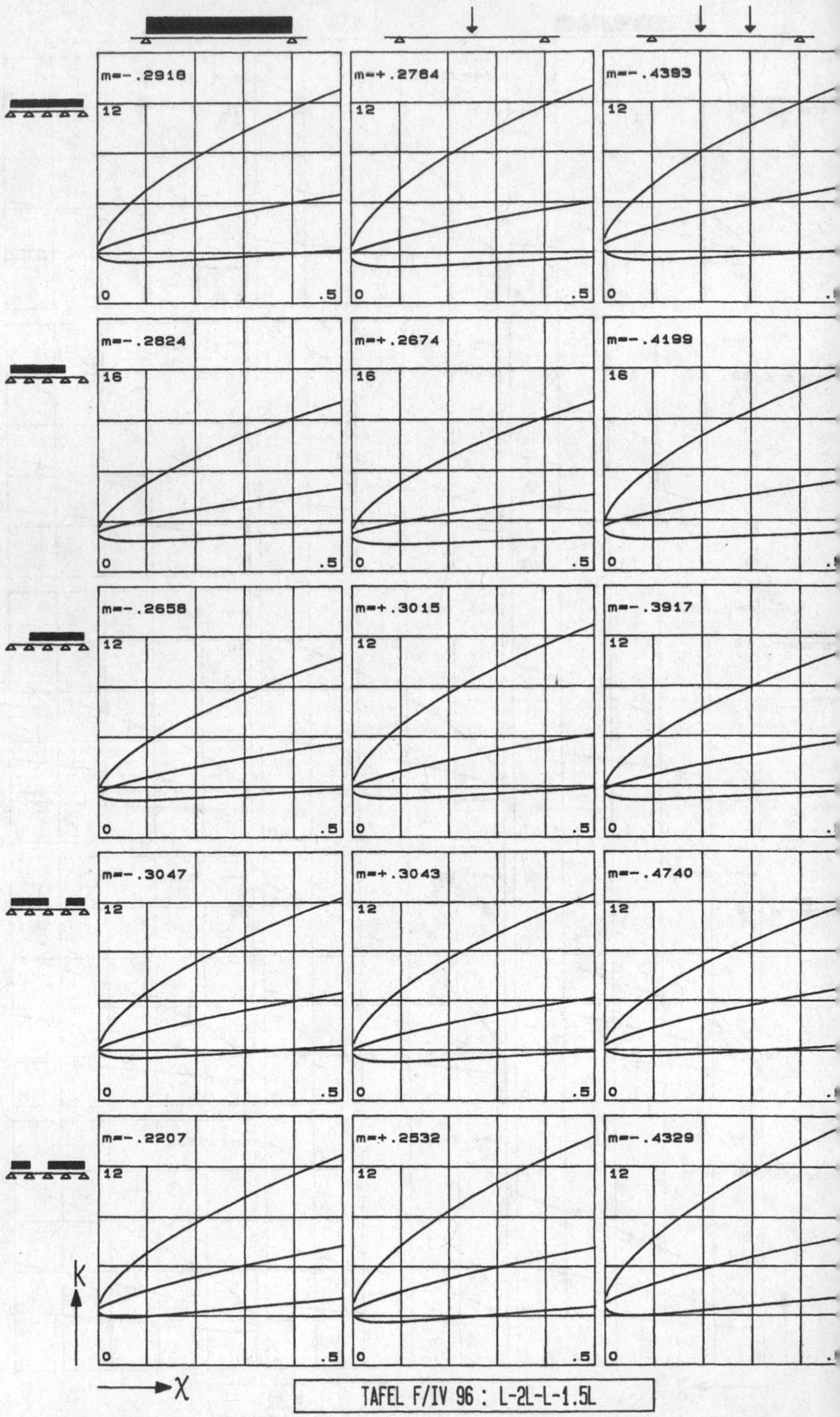

m=-.2918
m=+.2764
m=-.4393
m=-.2824
m=+.2674
m=-.4199
m=-.2658
m=+.3015
m=-.3917
m=-.3047
m=+.3043
m=-.4740
m=-.2207
m=+.2532
m=-.4329
12
16
0
.5
K
X

TAFEL F/IV 96 : L-2L-L-1.5L

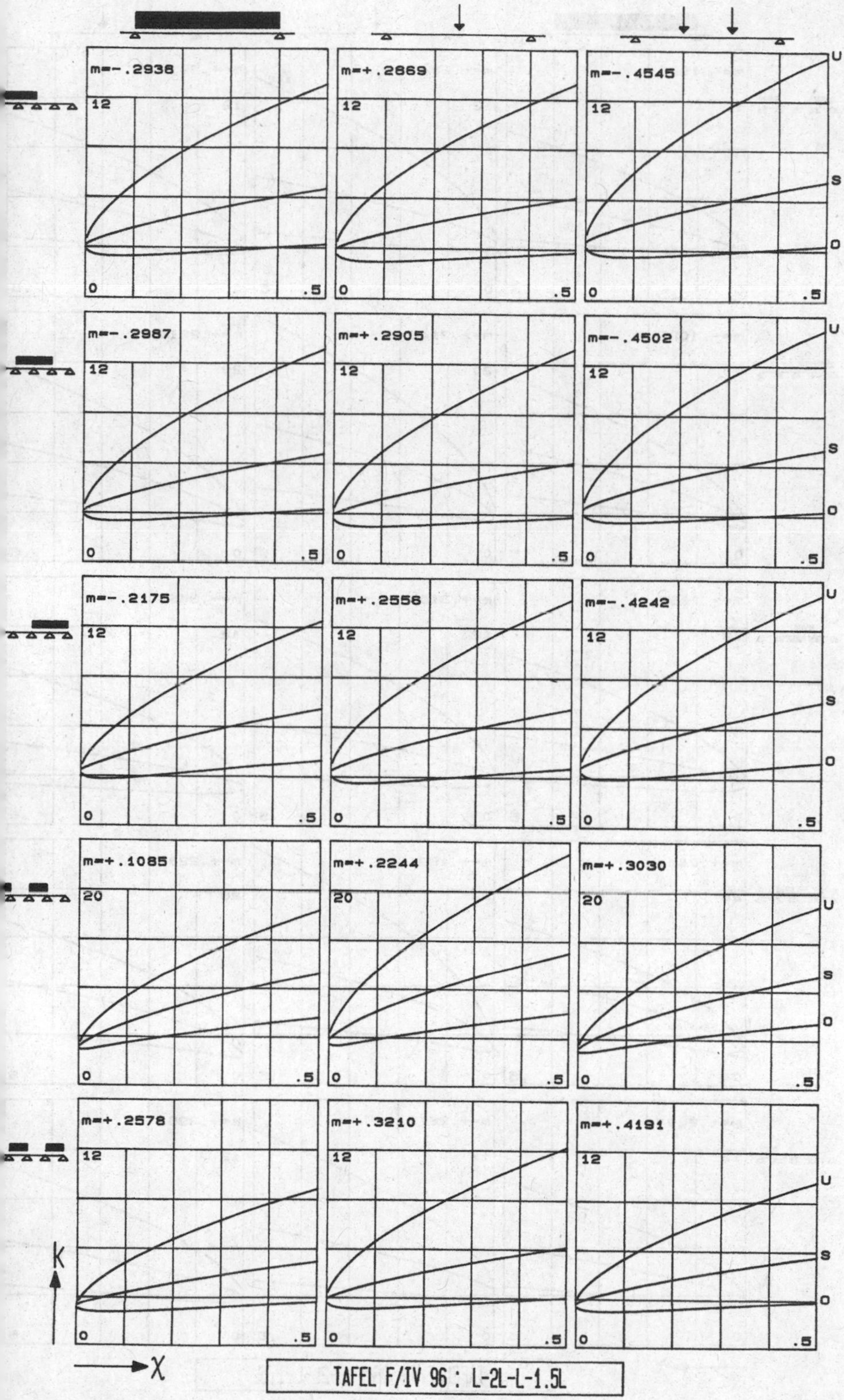
m=-.2936
m=+.2669
m=-.4545
m=-.2987
m=+.2905
m=-.4502
m=-.2175
m=+.2556
m=-.4242
m=+.1085
m=+.2244
m=+.3030
m=+.2578
m=+.3210
m=+.4191
12
20
U
S
O
0
.5
K
X

TAFEL F/IV 96 : L-2L-L-1.5L

F IV

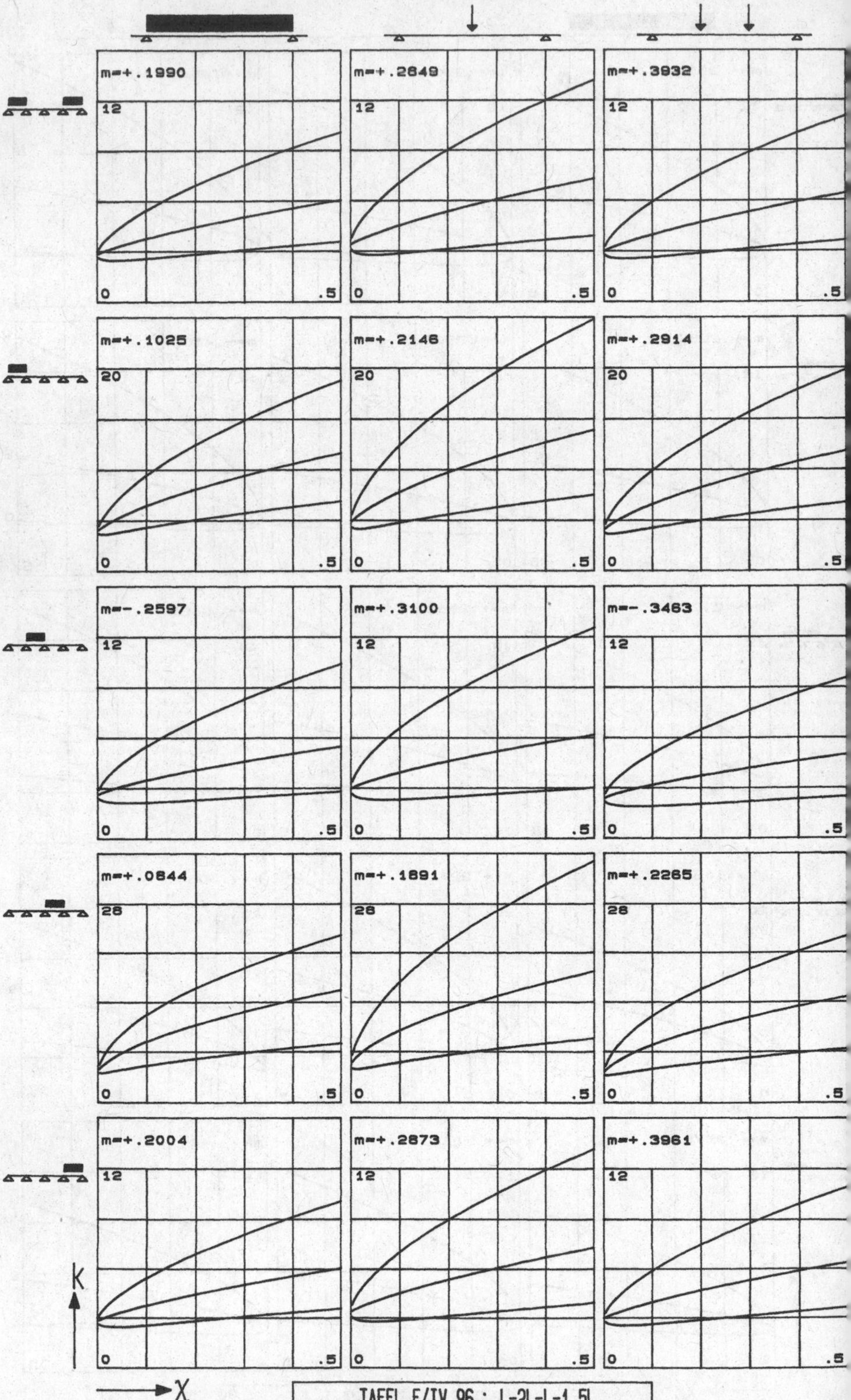
m=+.1990
12
0
.5
m=+.2849
12
0
.5
m=+.3932
12
0
.5
m=+.1025
20
0
.5
m=+.2146
20
0
.5
m=+.2914
20
0
.5
m=-.2597
12
0
.5
m=+.3100
12
0
.5
m=-.3463
12
0
.5
m=+.0844
28
0
.5
m=+.1891
28
0
.5
m=+.2265
28
0
.5
m=+.2004
12
0
.5
m=+.2873
12
0
.5
m=+.3961
12
0
.5
K
X

TAFEL F/IV 96 : L-2L-L-1.5L

F IV

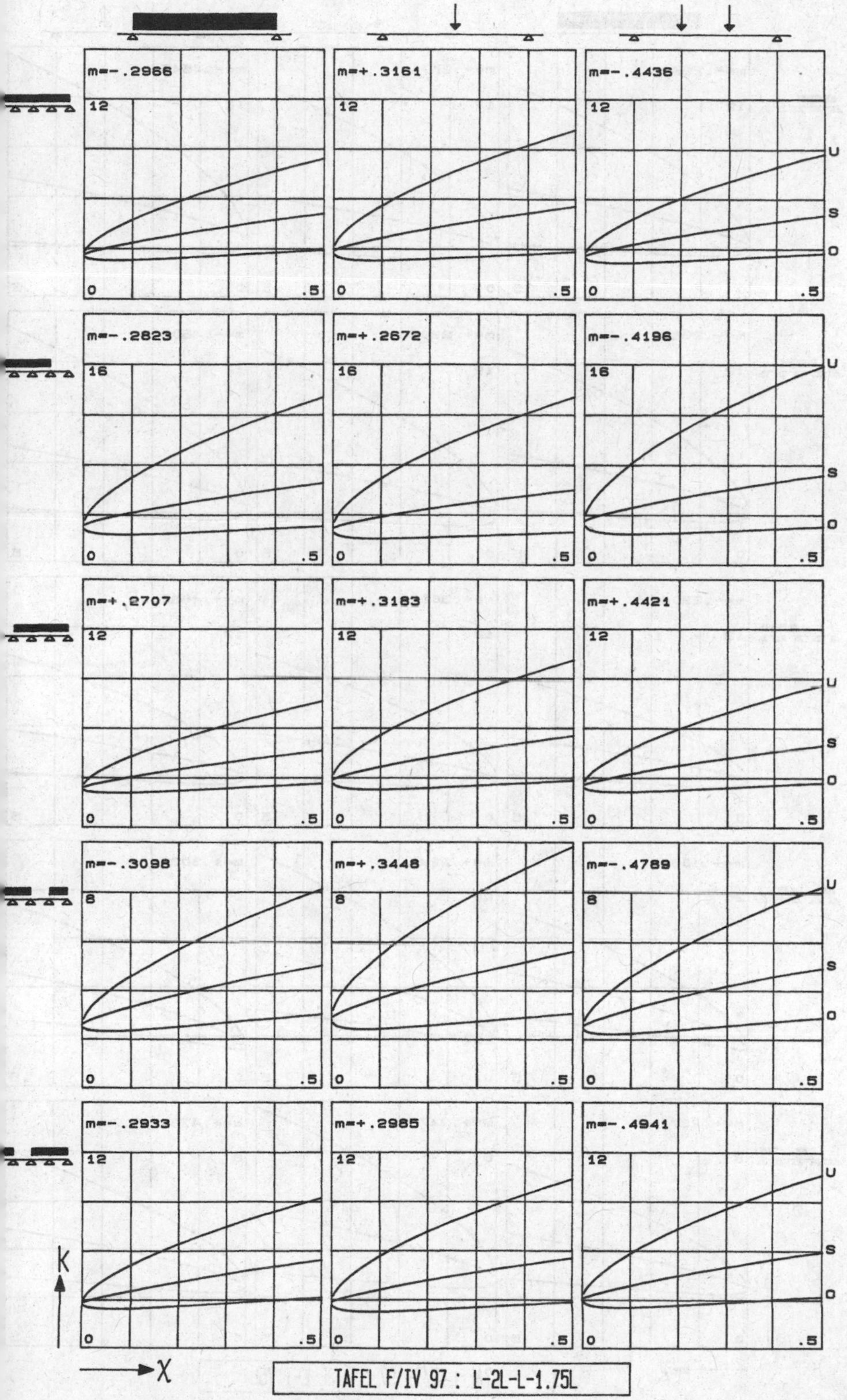
m=-.2966
12
0
.5
m=+.3161
12
0
.5
m=-.4436
12
U
S
O
0
.5
m=-.2823
16
0
.5
m=+.2672
16
0
.5
m=-.4196
16
U
S
O
0
.5
m=+.2707
12
0
.5
m=+.3183
12
0
.5
m=+.4421
12
U
S
O
0
.5
m=-.3098
8
0
.5
m=+.3448
8
0
.5
m=-.4789
8
U
S
O
0
.5
m=-.2933
12
0
.5
m=+.2985
12
0
.5
m=-.4941
12
U
S
O
0
.5
K
X

TAFEL F/IV 97 : L-2L-L-1.75L

F IV

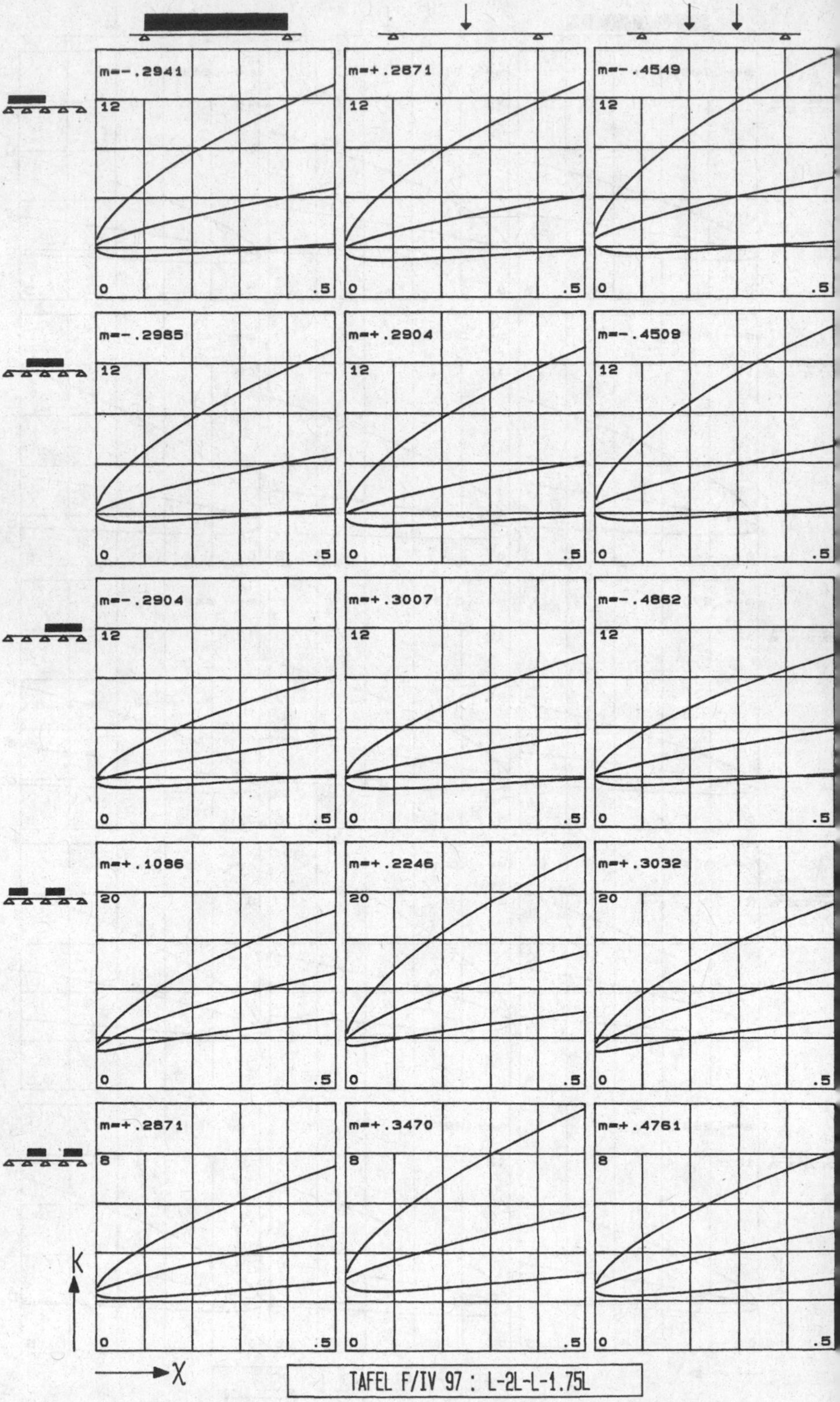
m=-.2941
12
0
.5
m=+.2871
12
0
.5
m=-.4549
12
0
.5
m=-.2985
12
0
.5
m=+.2904
12
0
.5
m=-.4509
12
0
.5
m=-.2904
12
0
.5
m=+.3007
12
0
.5
m=-.4862
12
0
.5
m=+.1086
20
0
.5
m=+.2246
20
0
.5
m=+.3032
20
0
.5
m=+.2871
8
0
.5
m=+.3470
8
0
.5
m=+.4761
8
0
.5
K
X

TAFEL F/IV 97 : L-2L-L-1.75L

F IV

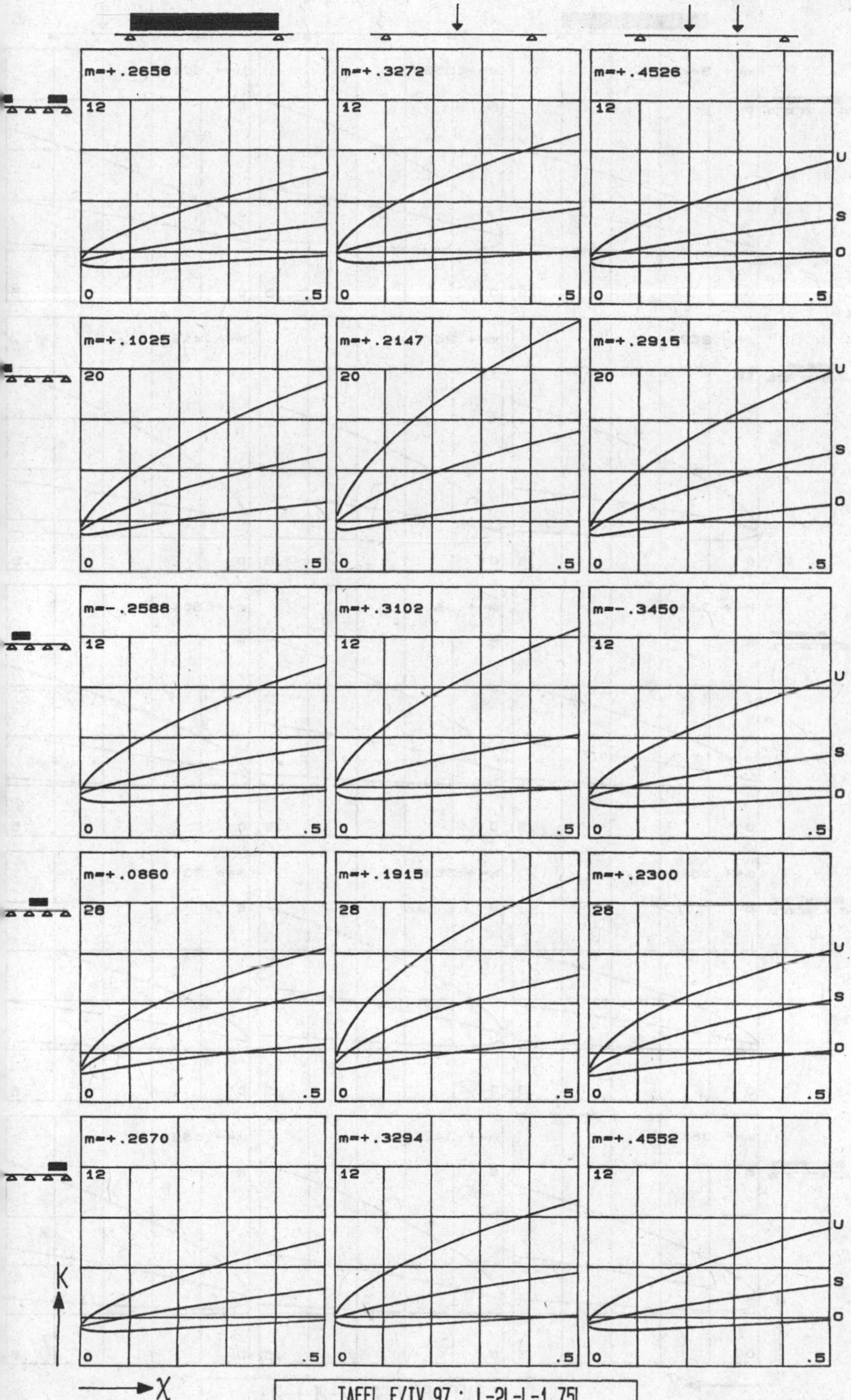

m=+.2658
12
0
.5
m=+.3272
12
0
.5
m=+.4526
12
0
.5
U
S
O
m=+.1025
20
0
.5
m=+.2147
20
0
.5
m=+.2915
20
0
.5
U
S
O
m=-.2586
12
0
.5
m=+.3102
12
0
.5
m=-.3450
12
0
.5
U
S
O
m=+.0860
28
0
.5
m=+.1915
28
0
.5
m=+.2300
28
0
.5
U
S
O
m=+.2670
12
0
.5
m=+.3294
12
0
.5
m=+.4552
12
0
.5
U
S
O
K
X

F IV

TAFEL F/IV 97 : L-2L-L-1.75L

F
V

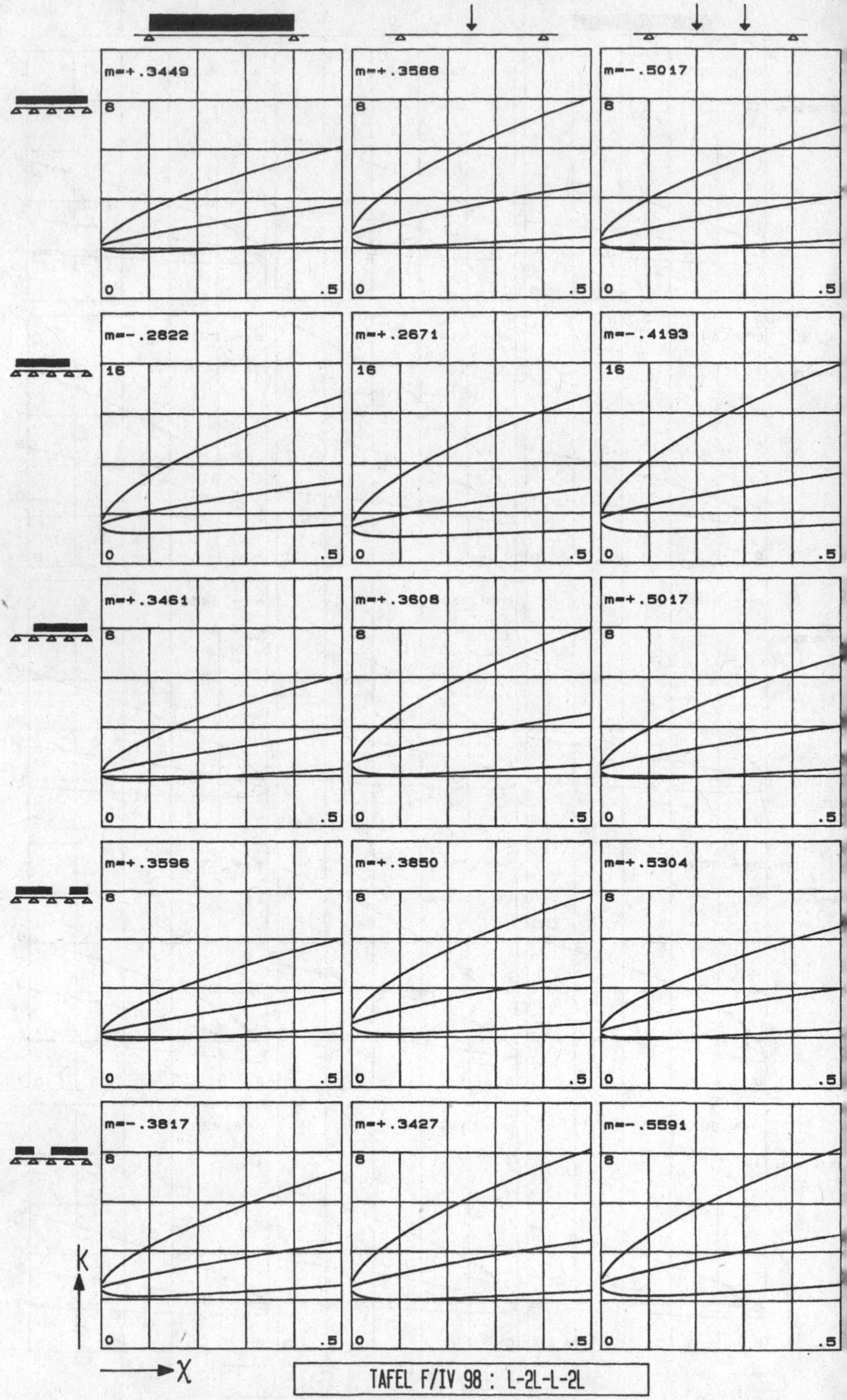
m=+.3449
8
0
.5
m=+.3586
8
0
.5
m=-.5017
8
0
.5
m=-.2822
16
0
.5
m=+.2671
16
0
.5
m=-.4193
16
0
.5
m=+.3461
8
0
.5
m=+.3608
8
0
.5
m=+.5017
8
0
.5
m=+.3596
8
0
.5
m=+.3850
8
0
.5
m=+.5304
8
0
.5
m=-.3817
8
0
.5
m=+.3427
8
0
.5
m=-.5591
8
0
.5
K
X

TAFEL F/IV 98 : L-2L-L-2L

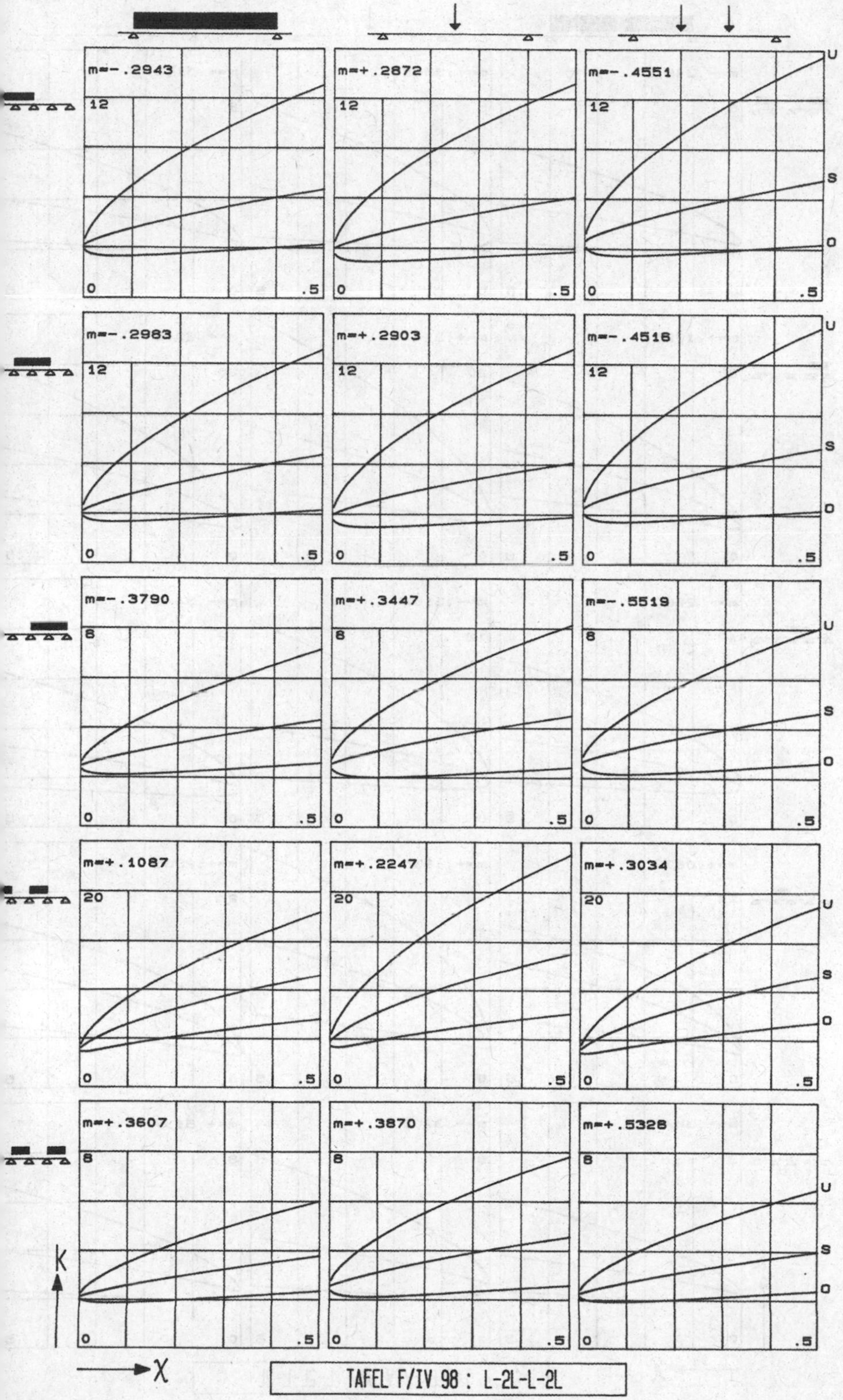
m=-.2943
12
0
.5
m=+.2872
12
0
.5
m=-.4551
12
0
.5
U
S
O
m=-.2983
12
0
.5
m=+.2903
12
0
.5
m=-.4516
12
0
.5
U
S
O
m=-.3790
8
0
.5
m=+.3447
8
0
.5
m=-.5519
8
0
.5
U
S
O
m=+.1087
20
0
.5
m=+.2247
20
0
.5
m=+.3034
20
0
.5
U
S
O
m=+.3607
8
0
.5
m=+.3870
8
0
.5
m=+.5328
8
0
.5
U
S
O
K
X

TAFEL F/IV 98 : L-2L-L-2L

F IV

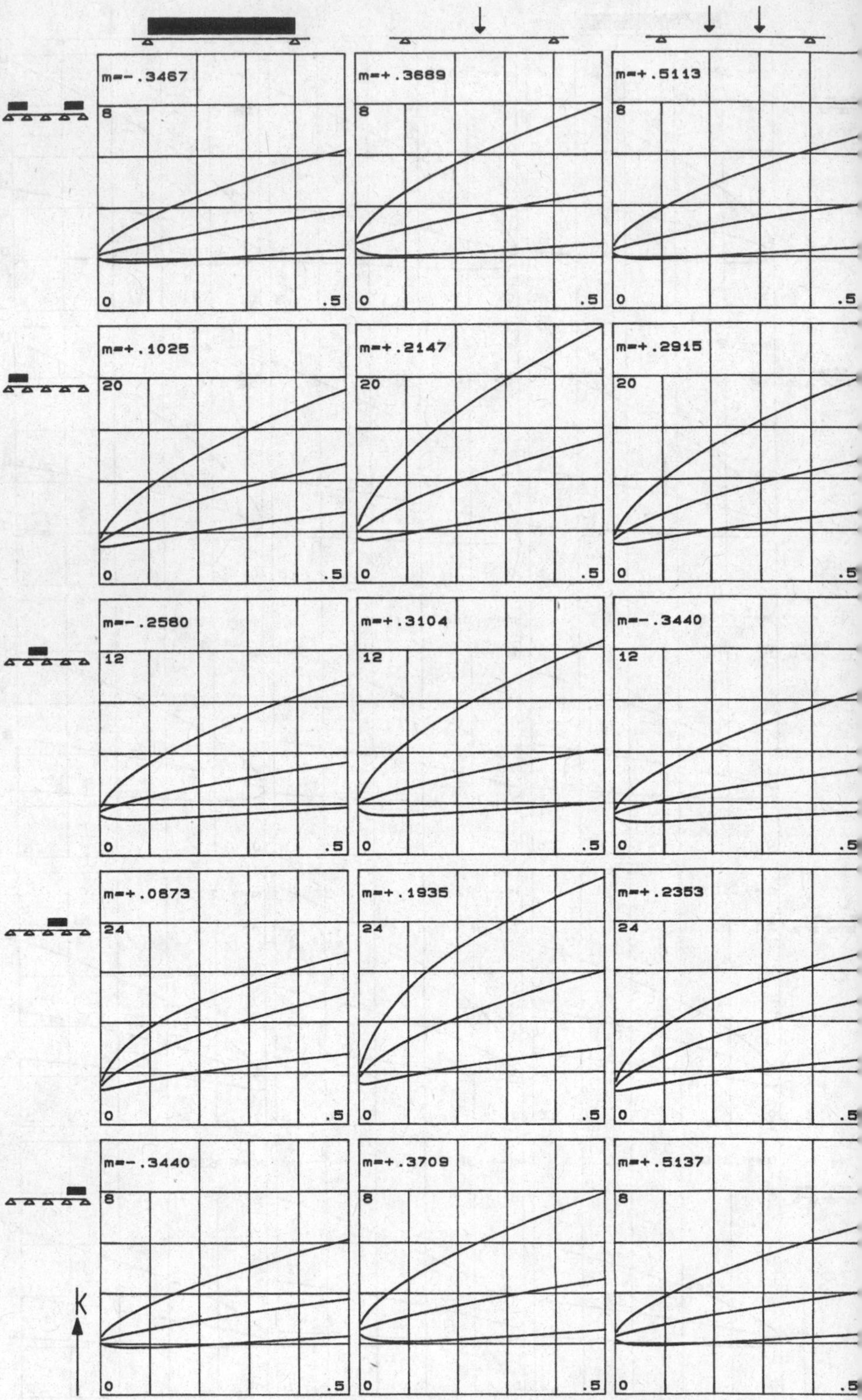
m=-.3467
8
0
.5
m=+.3689
8
0
.5
m=+.5113
8
0
.5
m=+.1025
20
0
.5
m=+.2147
20
0
.5
m=+.2915
20
0
.5
m=-.2580
12
0
.5
m=+.3104
12
0
.5
m=-.3440
12
0
.5
m=+.0673
24
0
.5
m=+.1935
24
0
.5
m=+.2353
24
0
.5
m=-.3440
8
0
.5
m=+.3709
8
0
.5
m=+.5137
8
0
.5
K
X

TAFEL F/IV 98 : L-2L-L-2L

F IV

TAFEL F/IV 99 : L-2L-1.25L-1.25L

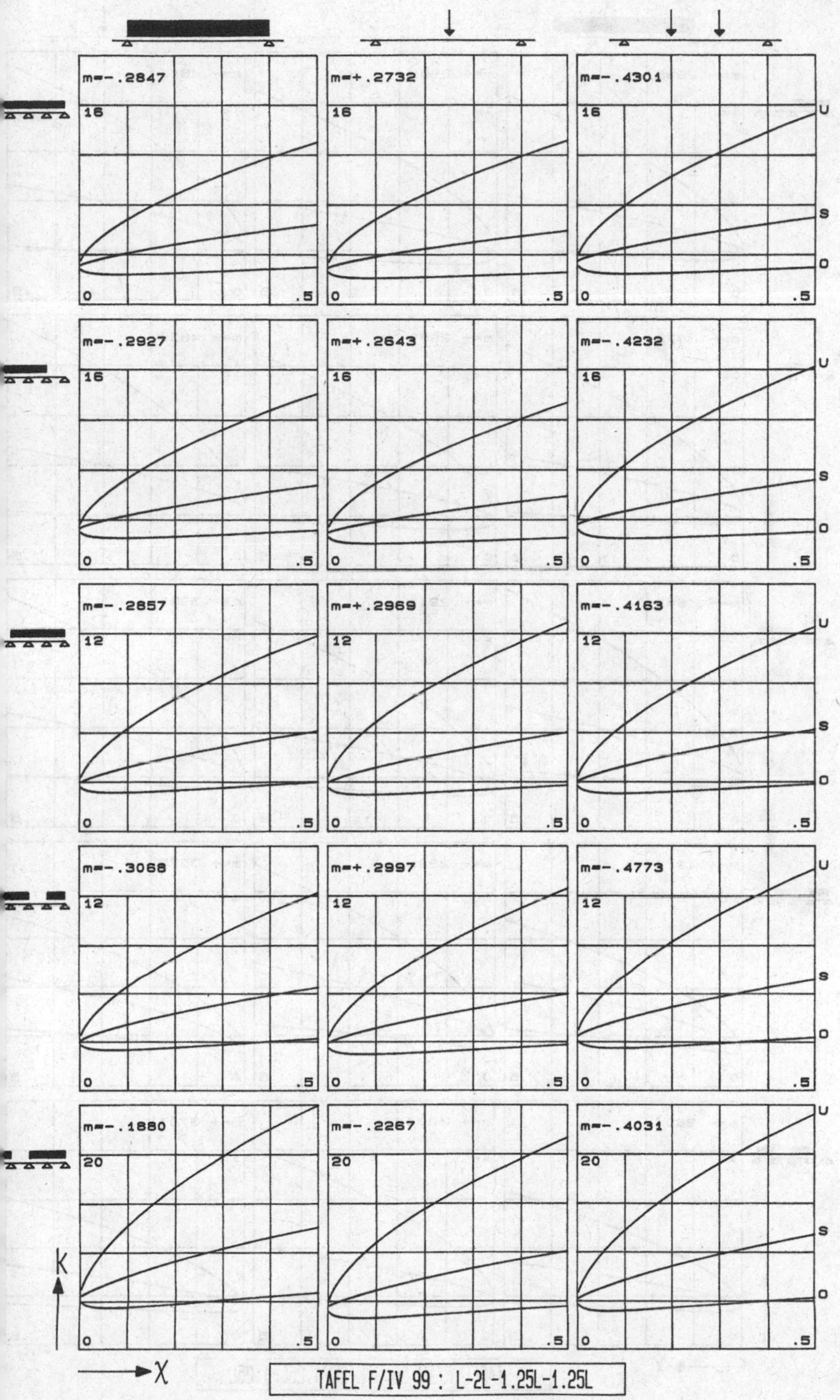

F
IV

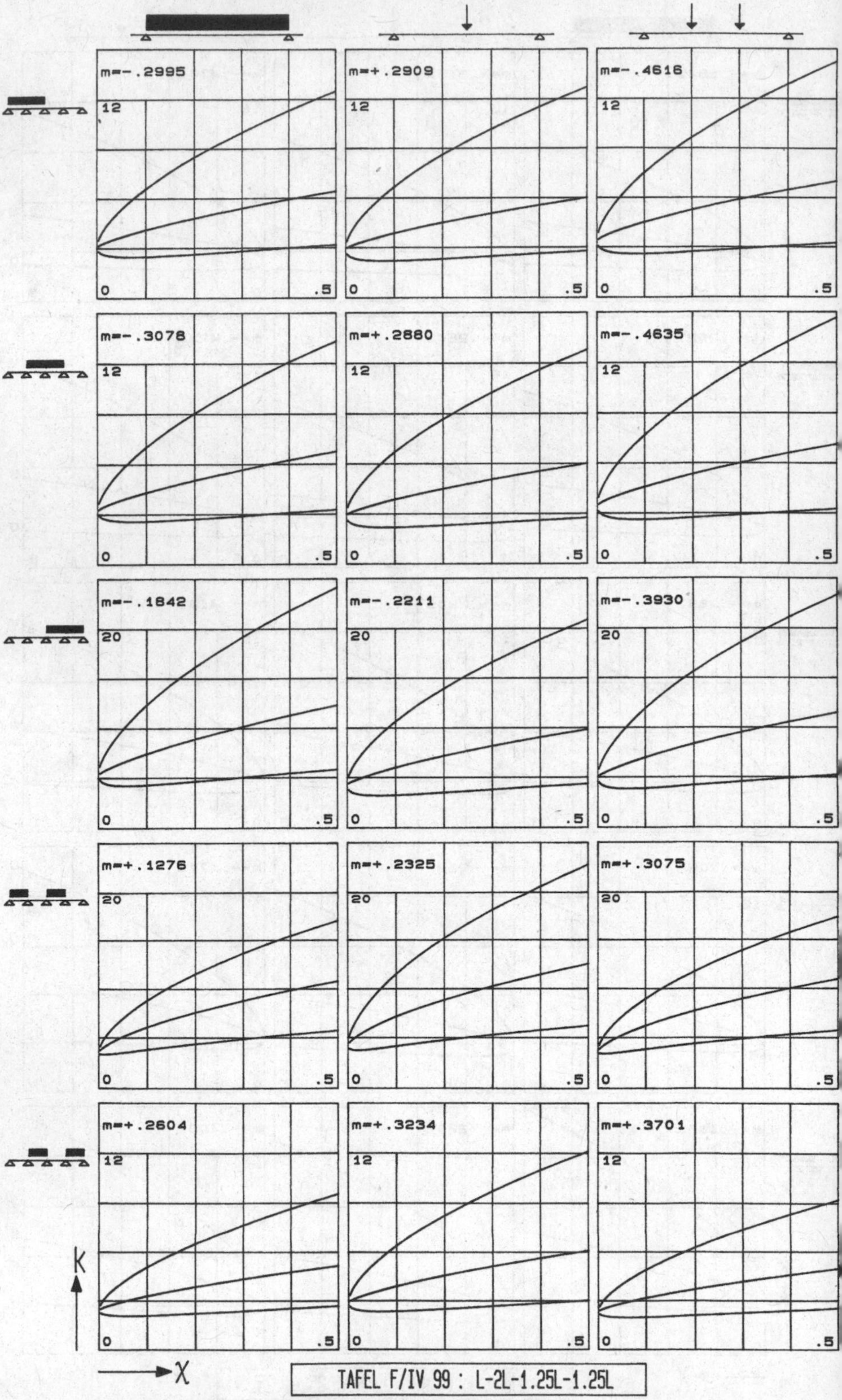
m=-.2995
12
0
.5
m=+.2909
12
0
.5
m=-.4616
12
0
.5
m=-.3078
12
0
.5
m=+.2880
12
0
.5
m=-.4635
12
0
.5
m=-.1842
20
0
.5
m=-.2211
20
0
.5
m=-.3930
20
0
.5
m=+.1276
20
0
.5
m=+.2325
20
0
.5
m=+.3075
20
0
.5
m=+.2604
12
0
.5
m=+.3234
12
0
.5
m=+.3701
12
0
.5
K
X

TAFEL F/IV 99 : L-2L-1.25L-1.25L

TAFEL F/IV 99 : L-2L-1.25L-1.25L

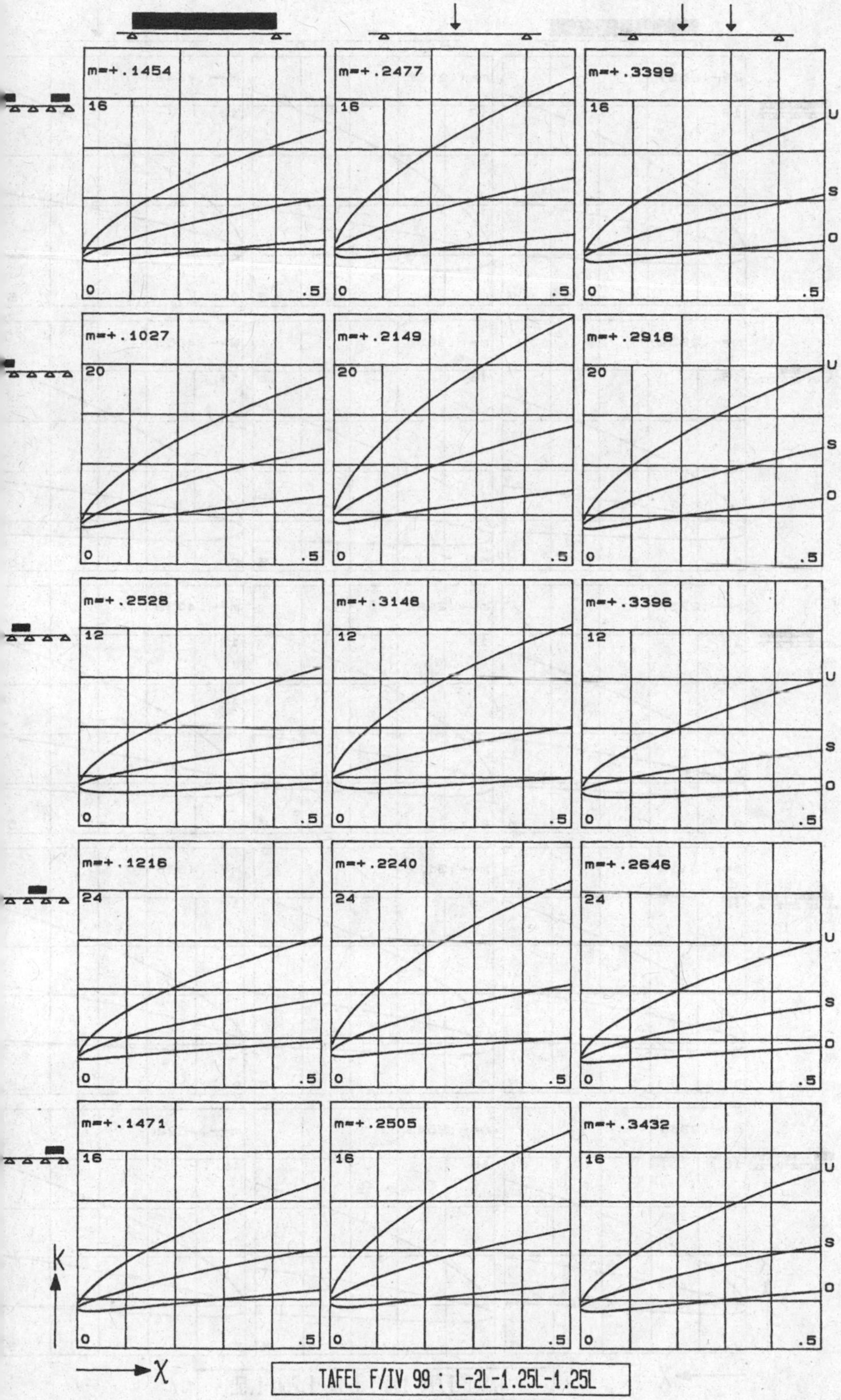

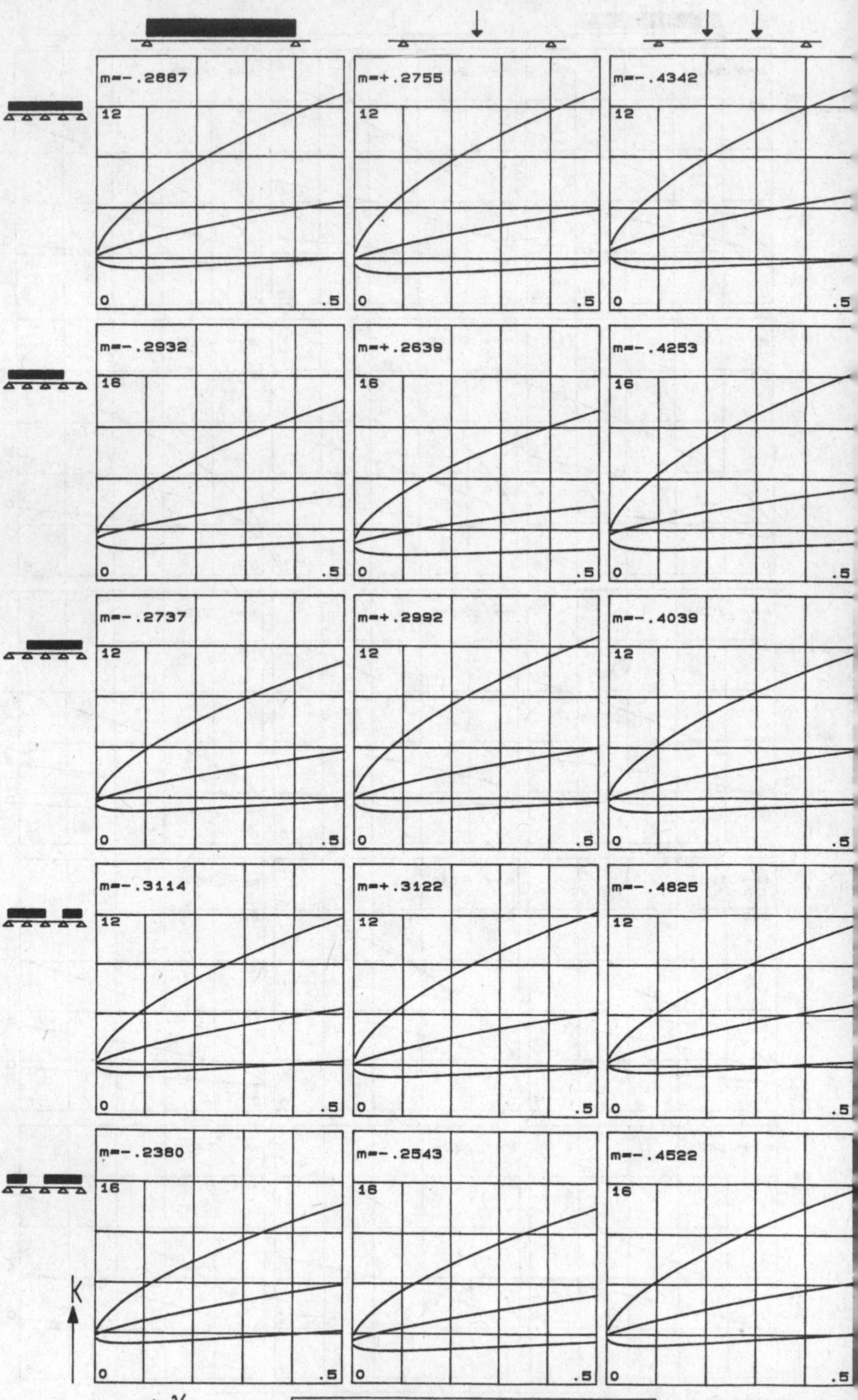

m=-.2887
12
0
.5
m=+.2755
12
0
.5
m=-.4342
12
0
.5
m=-.2932
16
0
.5
m=+.2639
16
0
.5
m=-.4253
16
0
.5
m=-.2737
12
0
.5
m=+.2992
12
0
.5
m=-.4039
12
0
.5
m=-.3114
12
0
.5
m=+.3122
12
0
.5
m=-.4825
12
0
.5
m=-.2380
16
0
.5
m=-.2543
16
0
.5
m=-.4522
16
0
.5
K
X

F IV

TAFEL F/IV 100 : L-2L-1.25L-1.5L

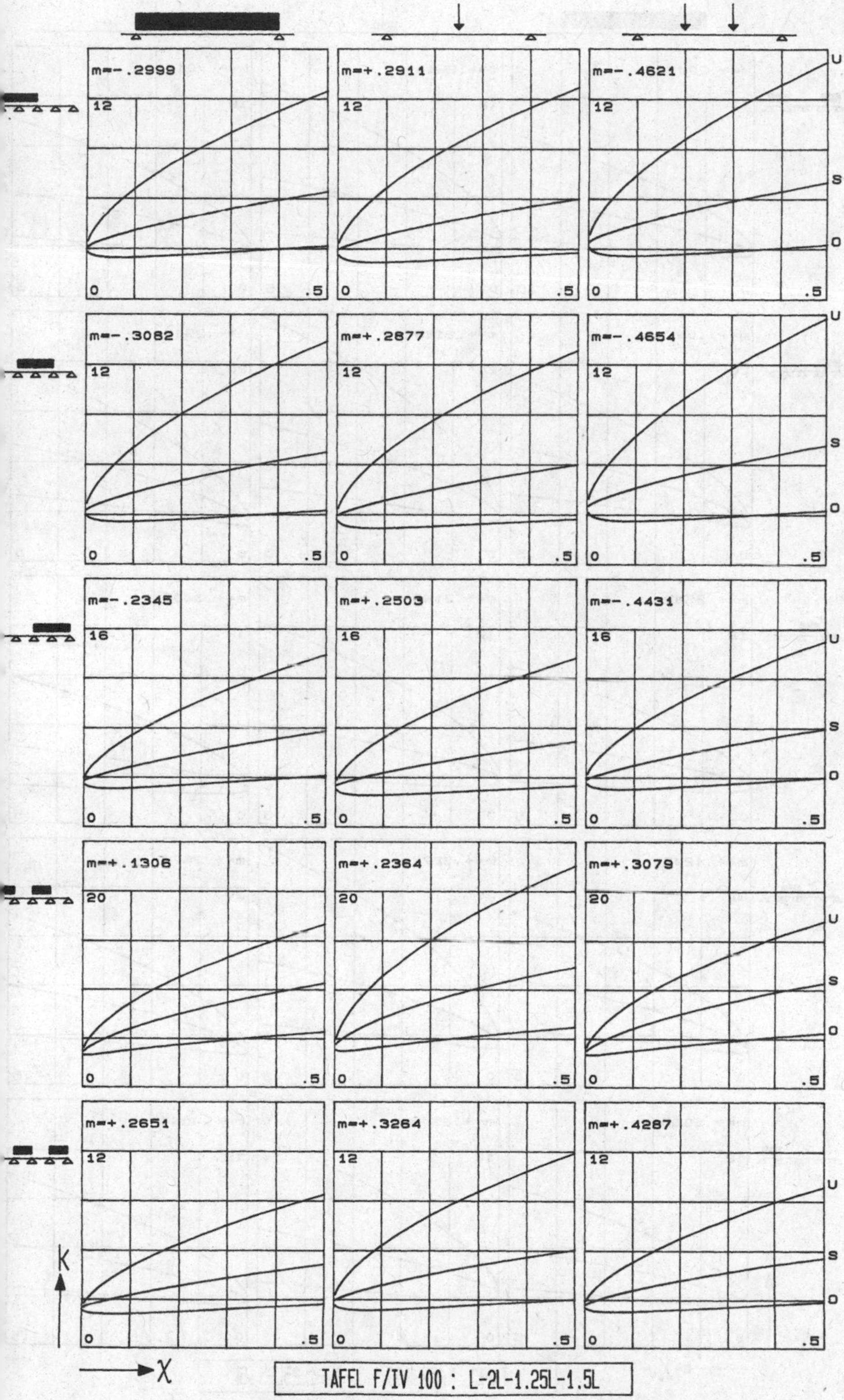

m=-.2999
12
0
.5
m=+.2911
12
0
.5
m=-.4621
12
0
.5
U
S
O
m=-.3082
12
0
.5
m=+.2877
12
0
.5
m=-.4654
12
0
.5
U
S
O
m=-.2345
16
0
.5
m=+.2503
16
0
.5
m=-.4431
16
0
.5
U
S
O
m=+.1306
20
0
.5
m=+.2364
20
0
.5
m=+.3079
20
0
.5
U
S
O
m=+.2651
12
0
.5
m=+.3264
12
0
.5
m=+.4287
12
0
.5
U
S
O
K
X

TAFEL F/IV 100 : L-2L-1.25L-1.5L

F IV

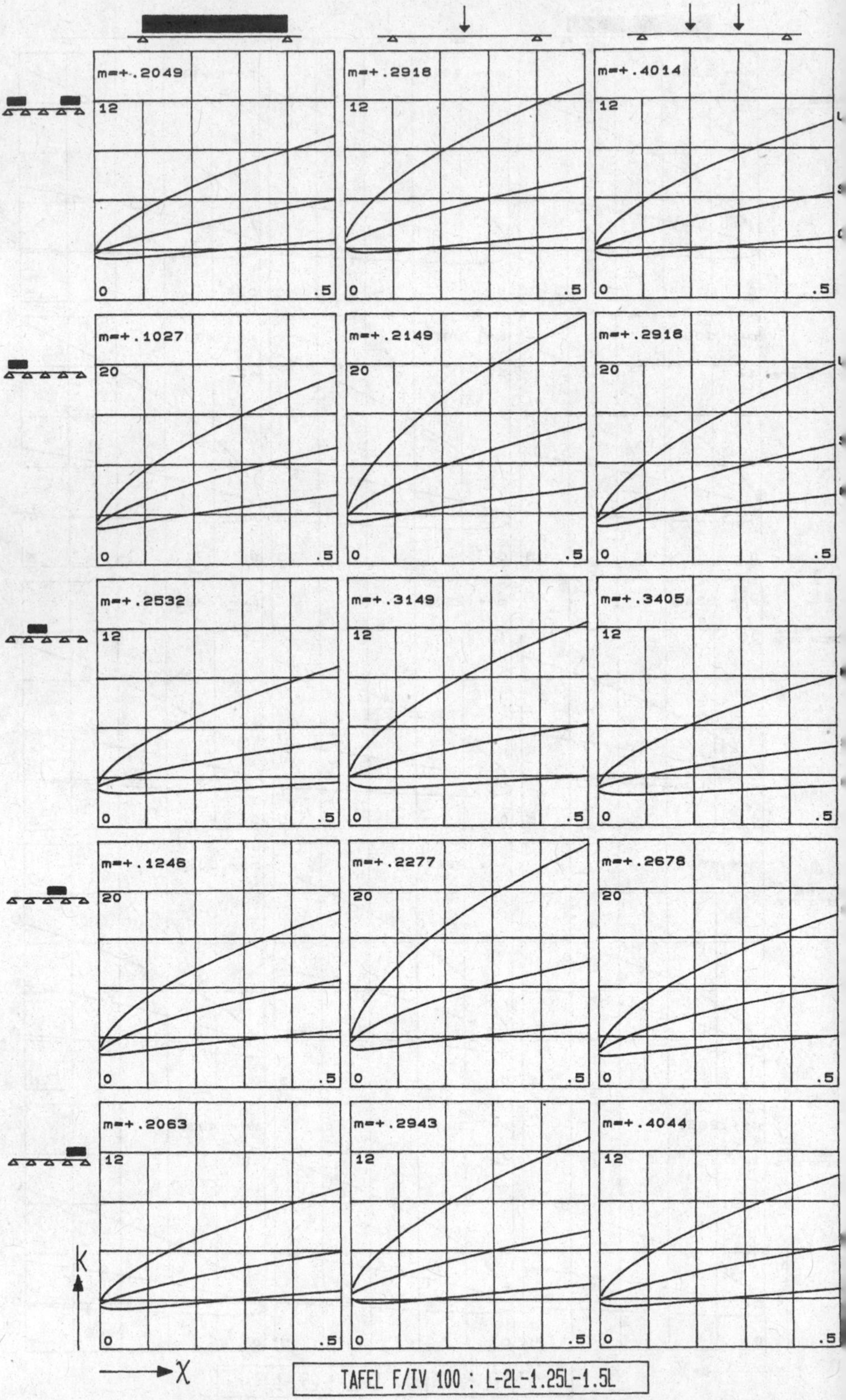
m=+.2049
12
0
.5
m=+.2918
12
0
.5
m=+.4014
12
0
.5
m=+.1027
20
0
.5
m=+.2149
20
0
.5
m=+.2918
20
0
.5
m=+.2532
12
0
.5
m=+.3149
12
0
.5
m=+.3405
12
0
.5
m=+.1246
20
0
.5
m=+.2277
20
0
.5
m=+.2678
20
0
.5
m=+.2063
12
0
.5
m=+.2943
12
0
.5
m=+.4044
12
0
.5
K
X

TAFEL F/IV 100 : L-2L-1.25L-1.5L

F IV

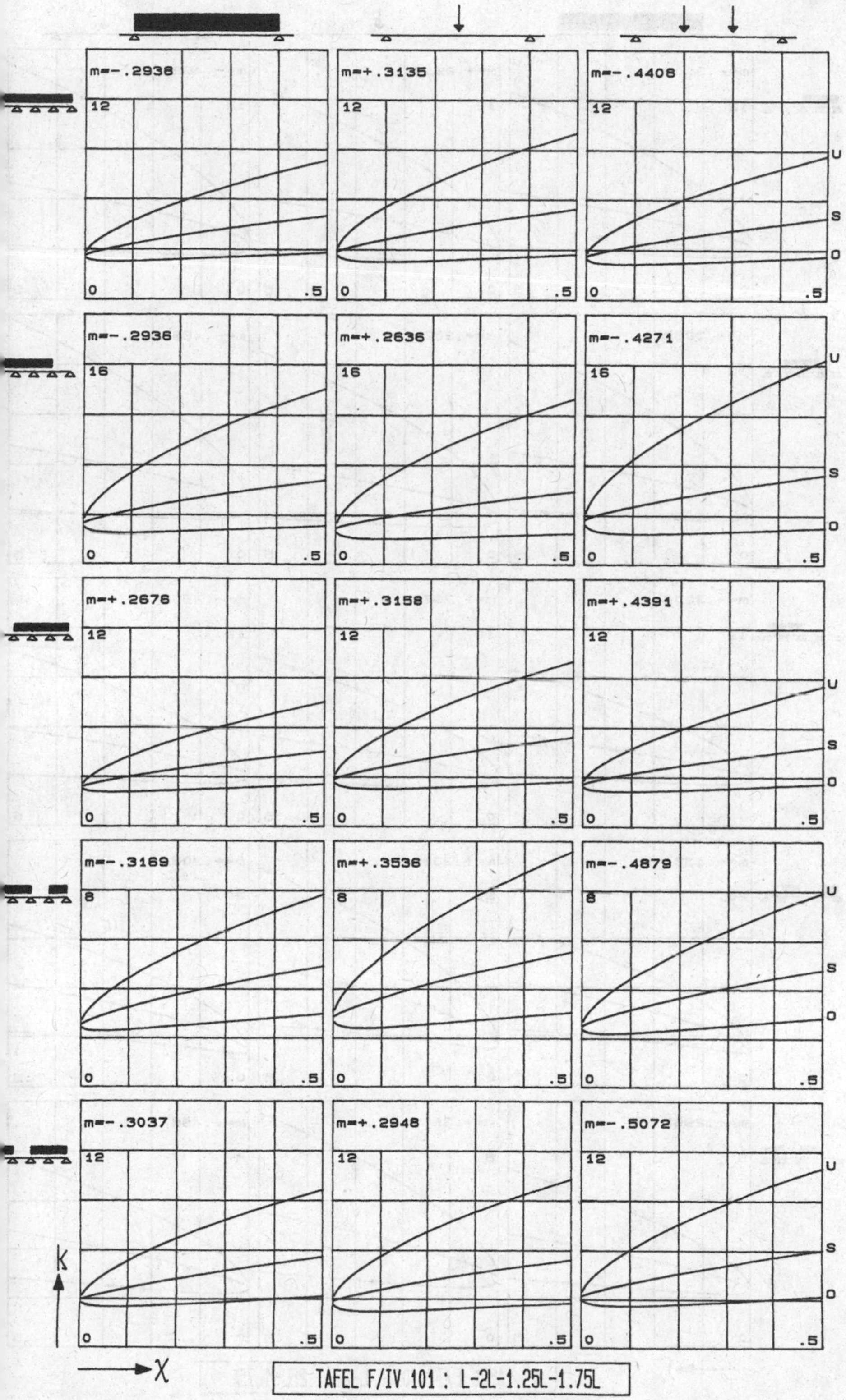
m=-.2936
12
.5
m=+.3135
12
m=-.4408
U
S
O
m=-.2936
16
m=+.2636
m=-.4271
m=+.2676
m=+.3158
m=+.4391
m=-.3169
8
m=+.3536
m=-.4879
m=-.3037
m=+.2948
m=-.5072
K
X

TAFEL F/IV 101 : L-2L-1.25L-1.75L

F
IV

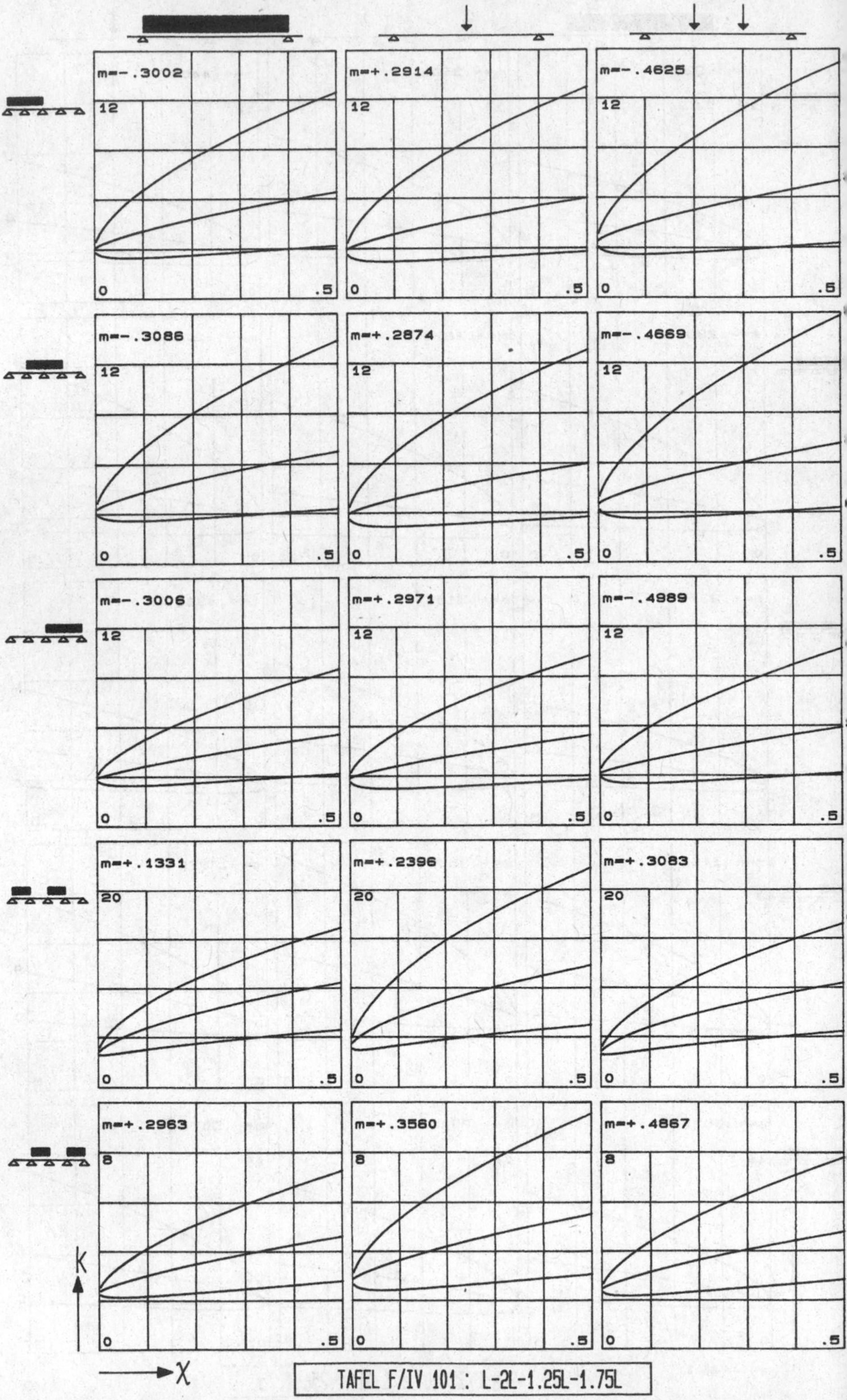
m=-.3002
12
0
.5
m=+.2914
12
m=-.4625
12
m=-.3086
12
m=+.2874
12
m=-.4669
12
m=-.3006
12
m=+.2971
12
m=-.4989
12
m=+.1331
20
m=+.2396
20
m=+.3083
20
m=+.2963
8
m=+.3560
8
m=+.4867
8
K
X
TAFEL F/IV 101 : L-2L-1.25L-1.75L

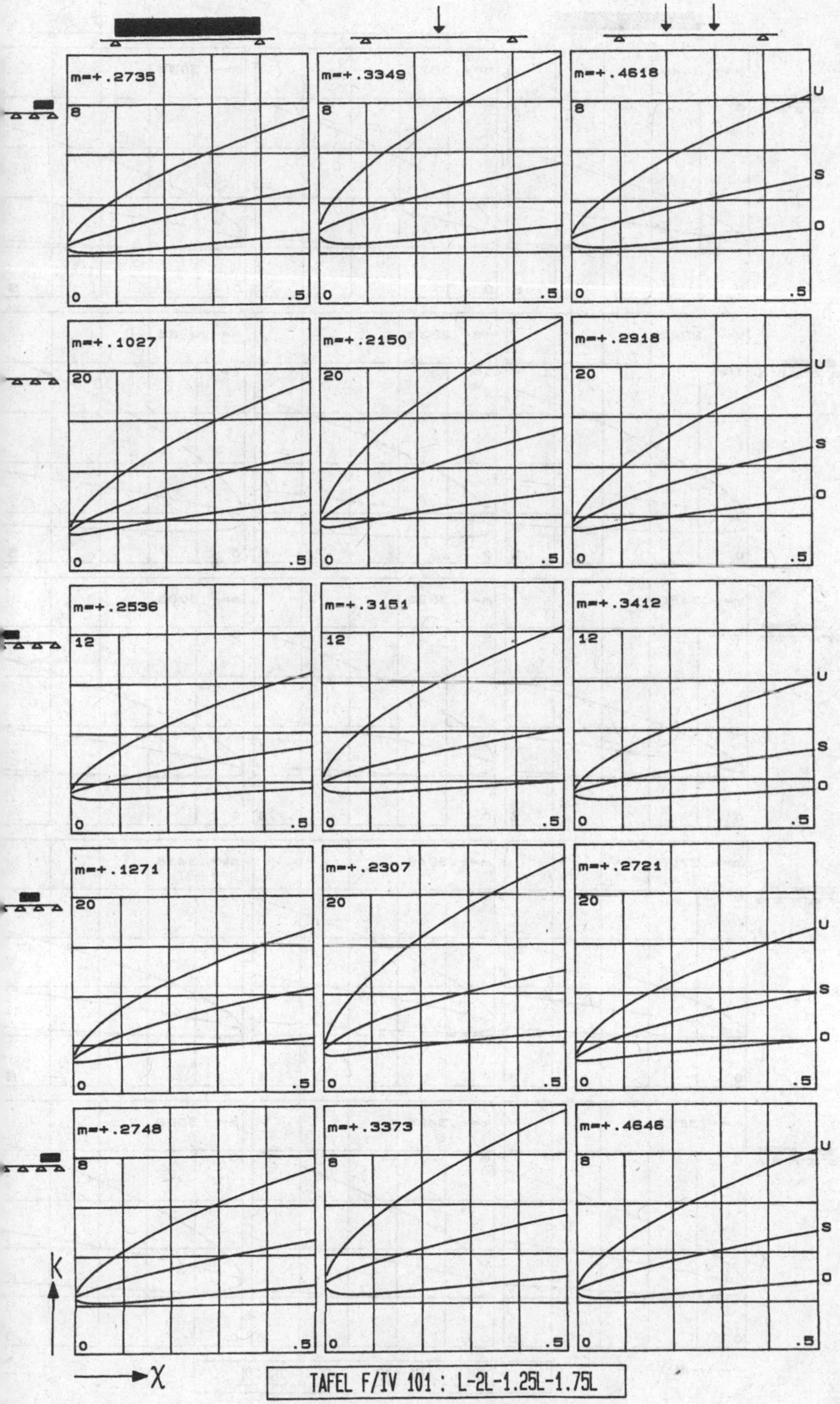
m=+.2735
m=+.3349
m=+.4618
8
U
S
O
0
.5
m=+.1027
m=+.2150
m=+.2918
20
m=+.2536
m=+.3151
m=+.3412
12
m=+.1271
m=+.2307
m=+.2721
m=+.2748
m=+.3373
m=+.4646
K
X

TAFEL F/IV 101 : L-2L-1.25L-1.75L

F
IV

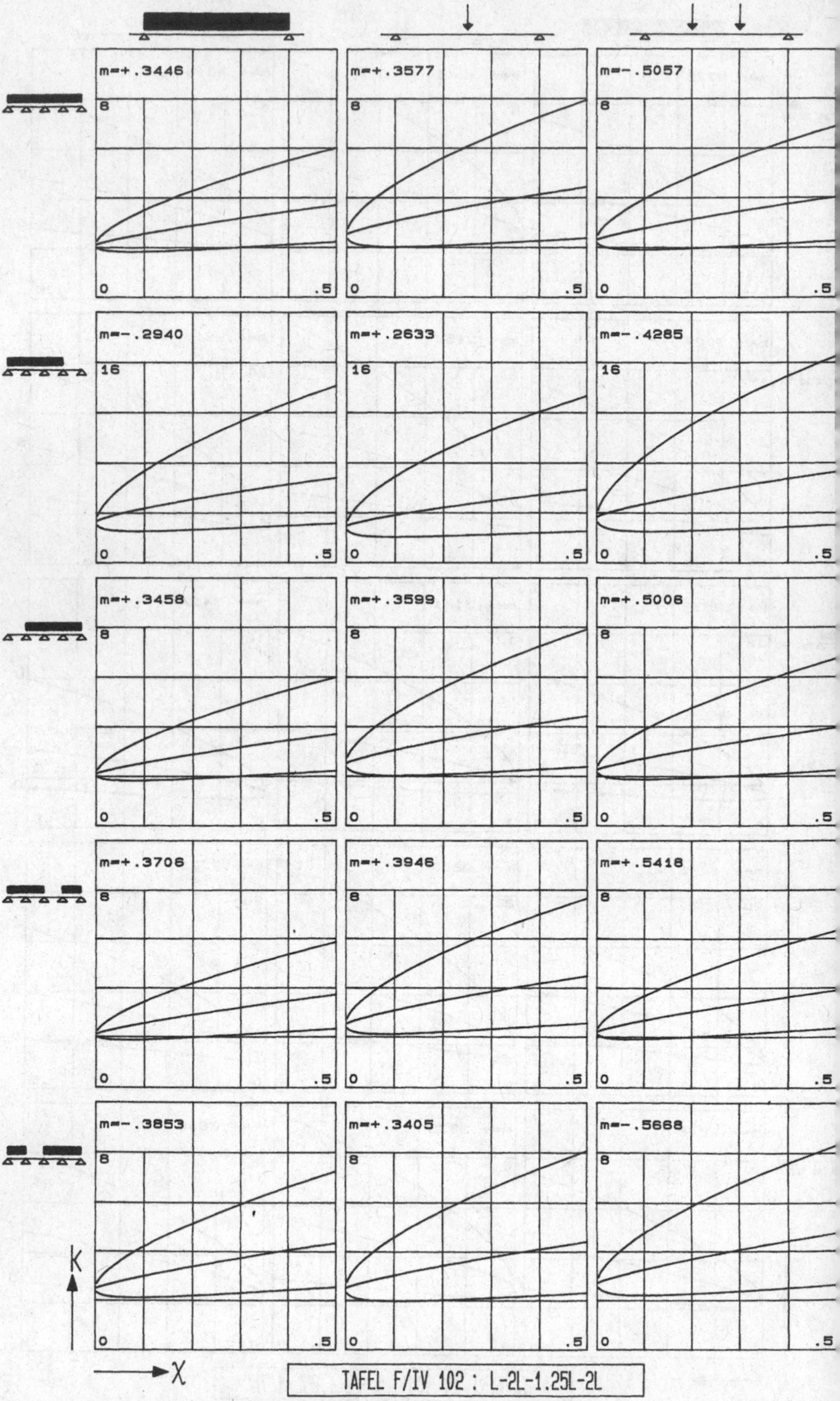

TAFEL F/IV 102 : L-2L-1.25L-2L

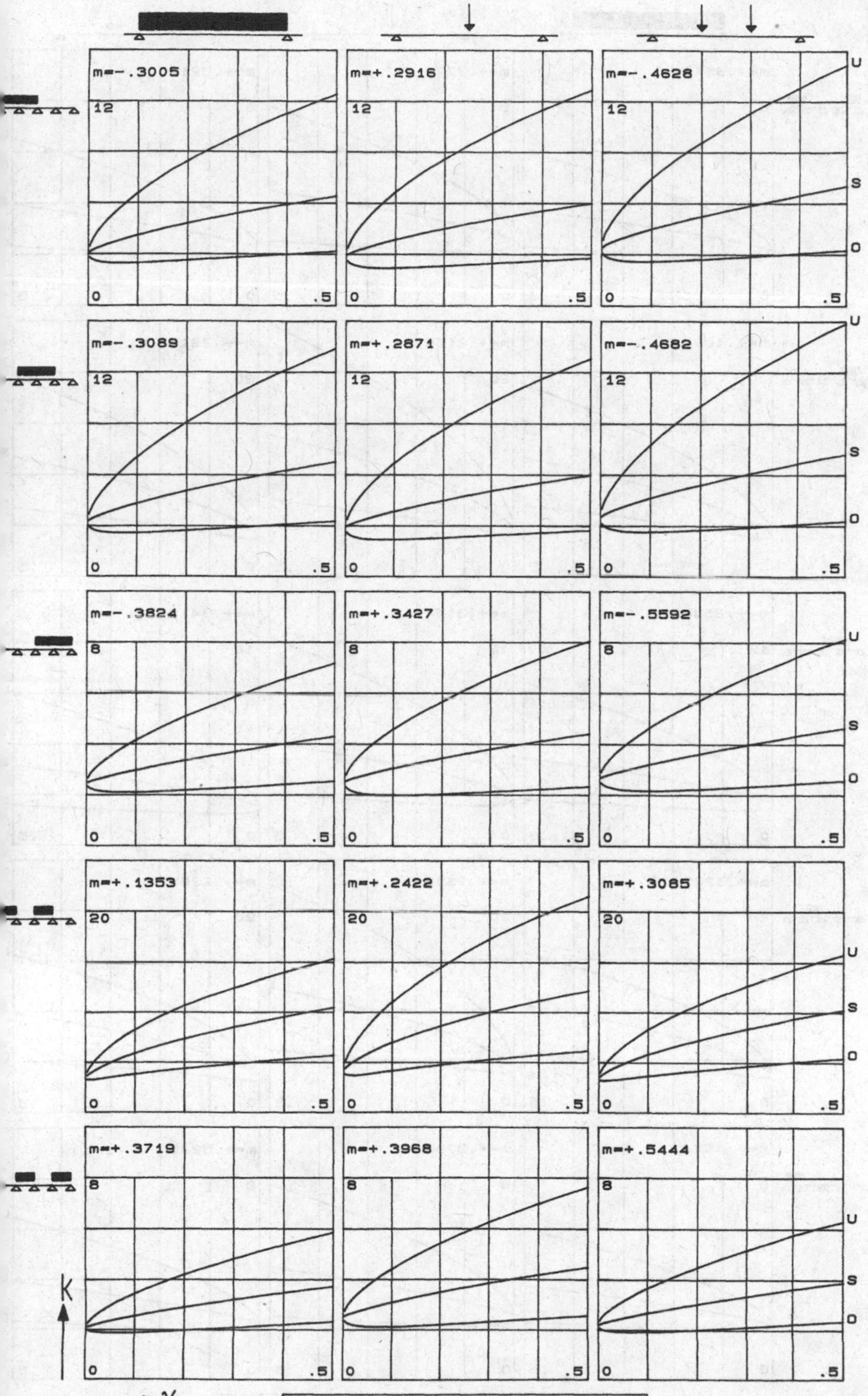

m=-.3005
12
0
.5
m=+.2916
12
0
.5
m=-.4628
12
0
.5
U
S
O
m=-.3069
12
0
.5
m=+.2871
12
0
.5
m=-.4682
12
0
.5
U
S
O
m=-.3824
8
0
.5
m=+.3427
8
0
.5
m=-.5592
8
0
.5
U
S
O
m=+.1353
20
0
.5
m=+.2422
20
0
.5
m=+.3085
20
0
.5
U
S
O
m=+.3719
8
0
.5
m=+.3968
8
0
.5
m=+.5444
8
0
.5
U
S
O
K
X

TAFEL F/IV 102 : L-2L-1.25L-2L

F IV

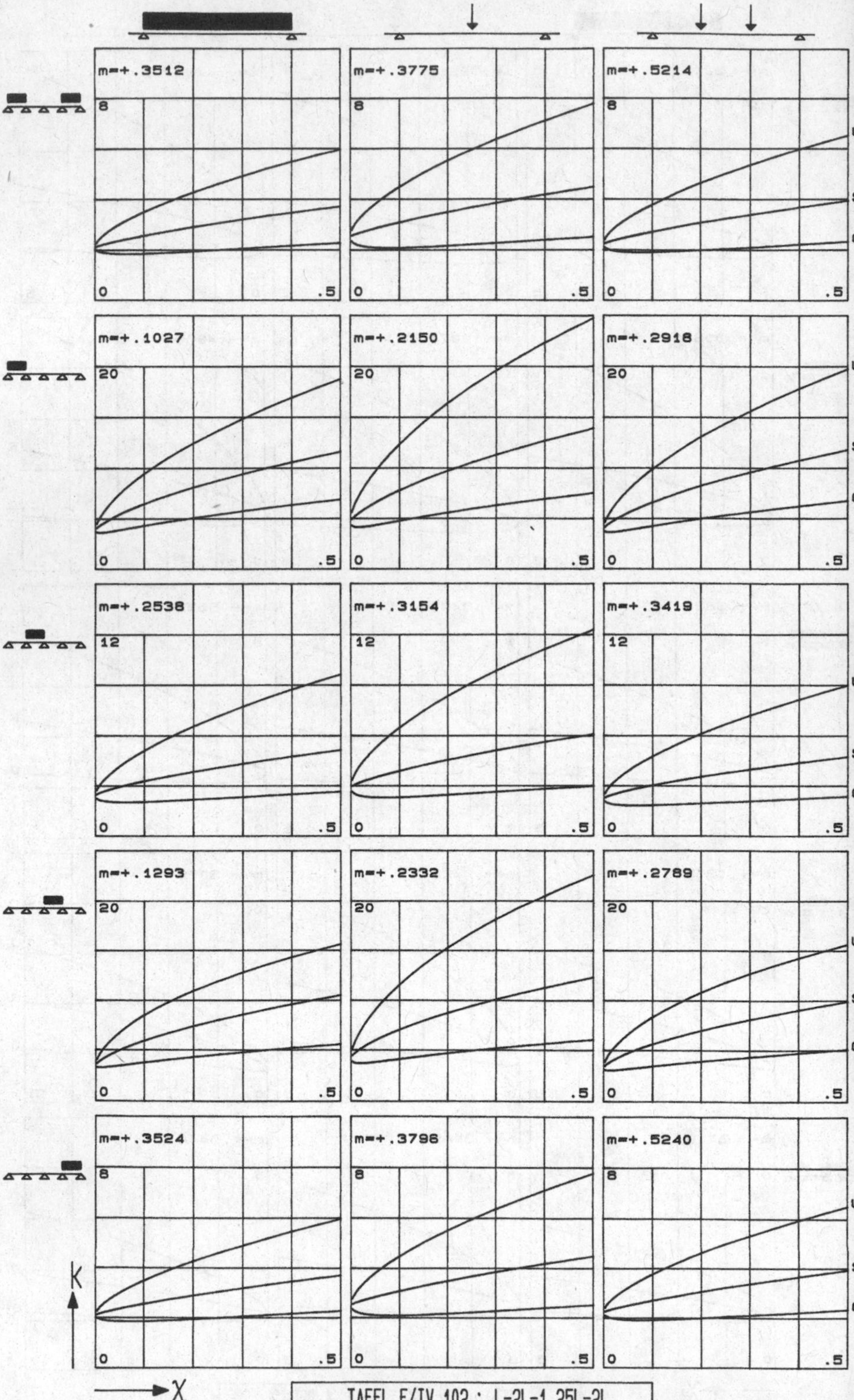

m=+.3512
m=+.3775
m=+.5214
m=+.1027
m=+.2150
m=+.2916
m=+.2538
m=+.3154
m=+.3419
m=+.1293
m=+.2332
m=+.2789
m=+.3524
m=+.3796
m=+.5240
K
X

TAFEL F/IV 102 : L-2L-1.25L-2L

F IV

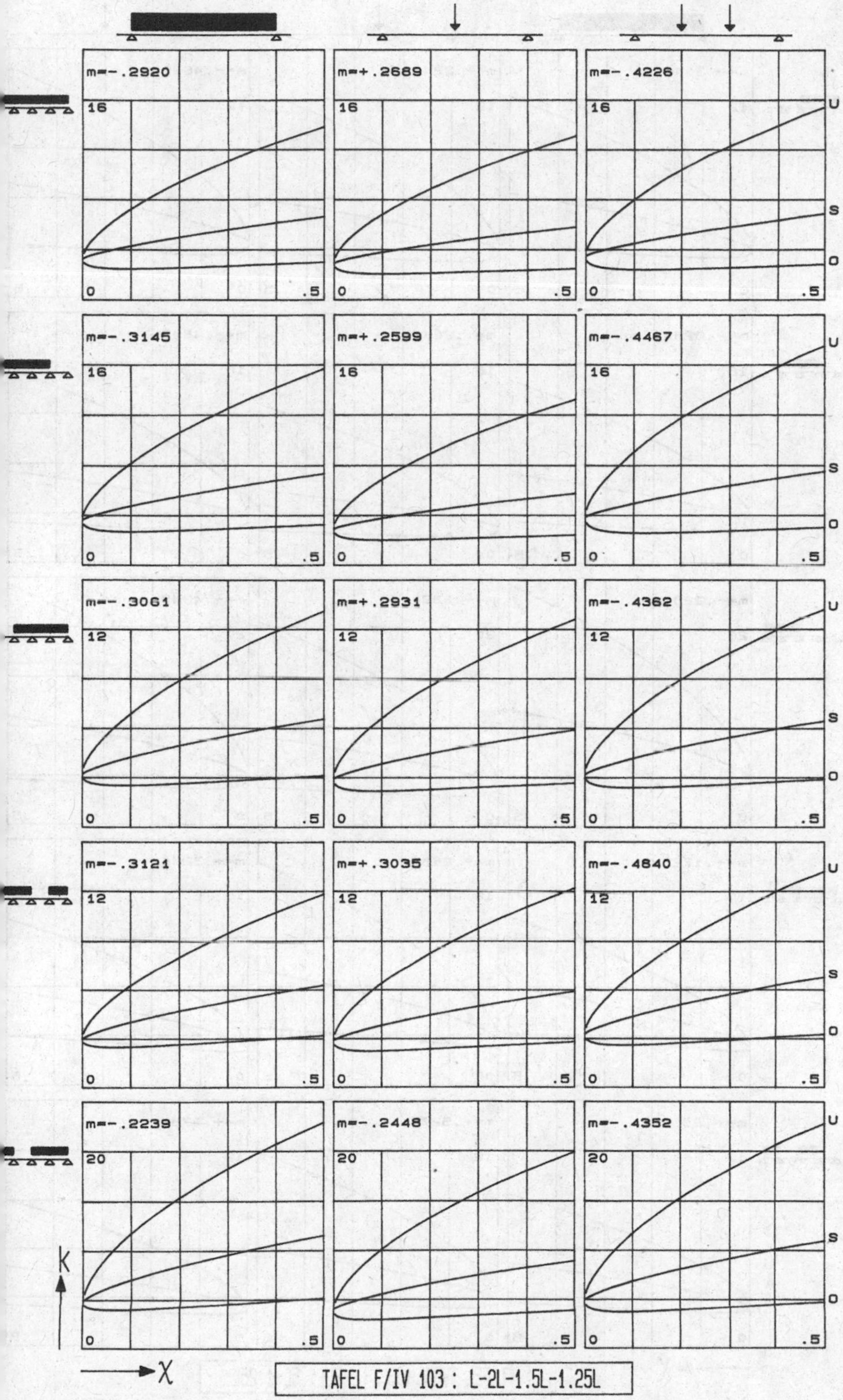
m=-.2920
m=+.2689
m=-.4226
m=-.3145
m=+.2599
m=-.4467
m=-.3061
m=+.2931
m=-.4362
m=-.3121
m=+.3035
m=-.4840
m=-.2239
m=-.2448
m=-.4352
U
S
O
K
X

TAFEL F/IV 103 : L-2L-1.5L-1.25L

F IV

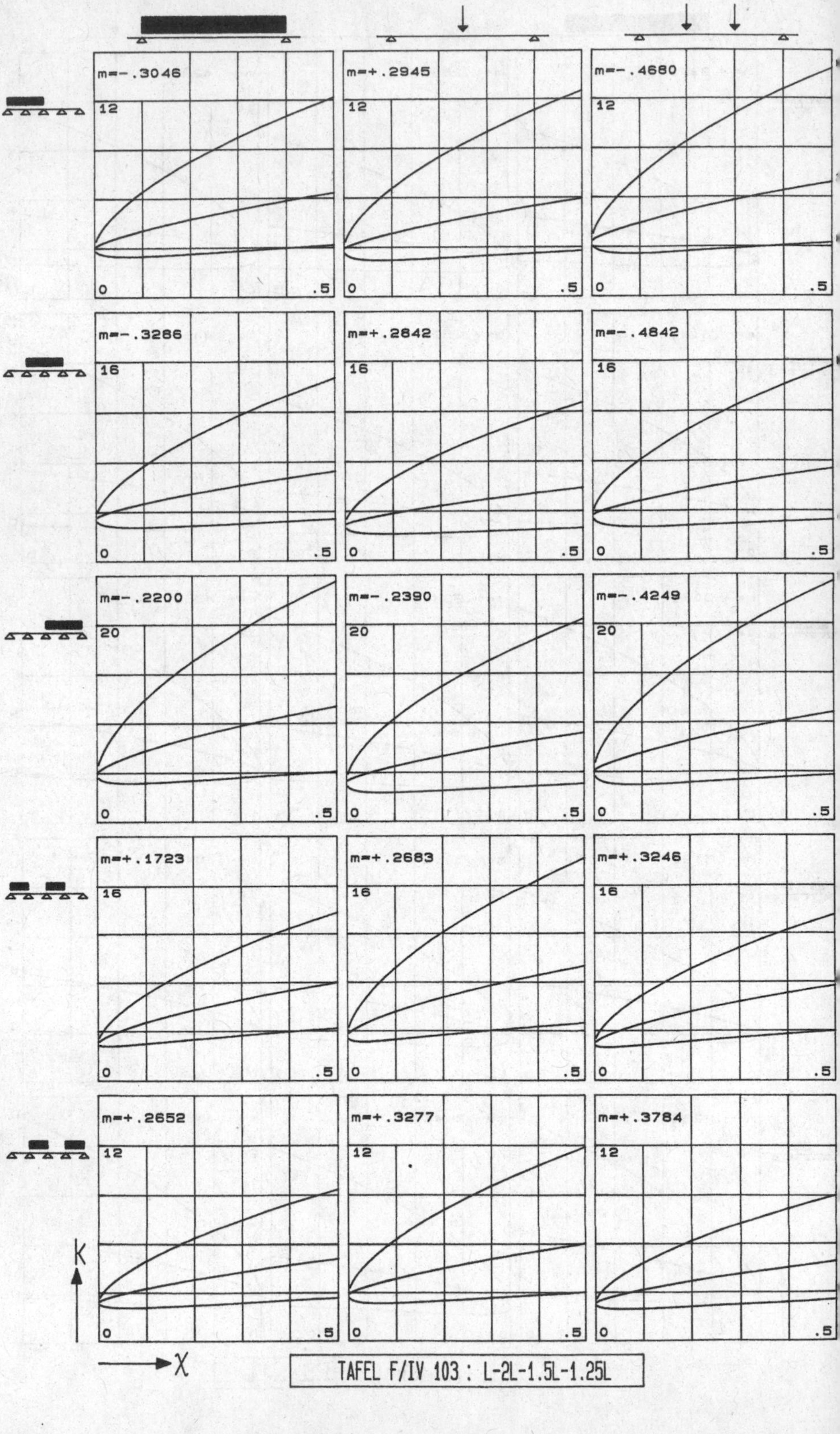

m=-.3046
12
0
.5
m=+.2945
12
0
.5
m=-.4680
12
0
.5
m=-.3286
16
0
.5
m=+.2842
16
0
.5
m=-.4842
16
0
.5
m=-.2200
20
0
.5
m=-.2390
20
0
.5
m=-.4249
20
0
.5
m=+.1723
16
0
.5
m=+.2663
16
0
.5
m=+.3246
16
0
.5
m=+.2652
12
0
.5
m=+.3277
12
0
.5
m=+.3784
12
0
.5
K
X

TAFEL F/IV 103 : L-2L-1.5L-1.25L

FV

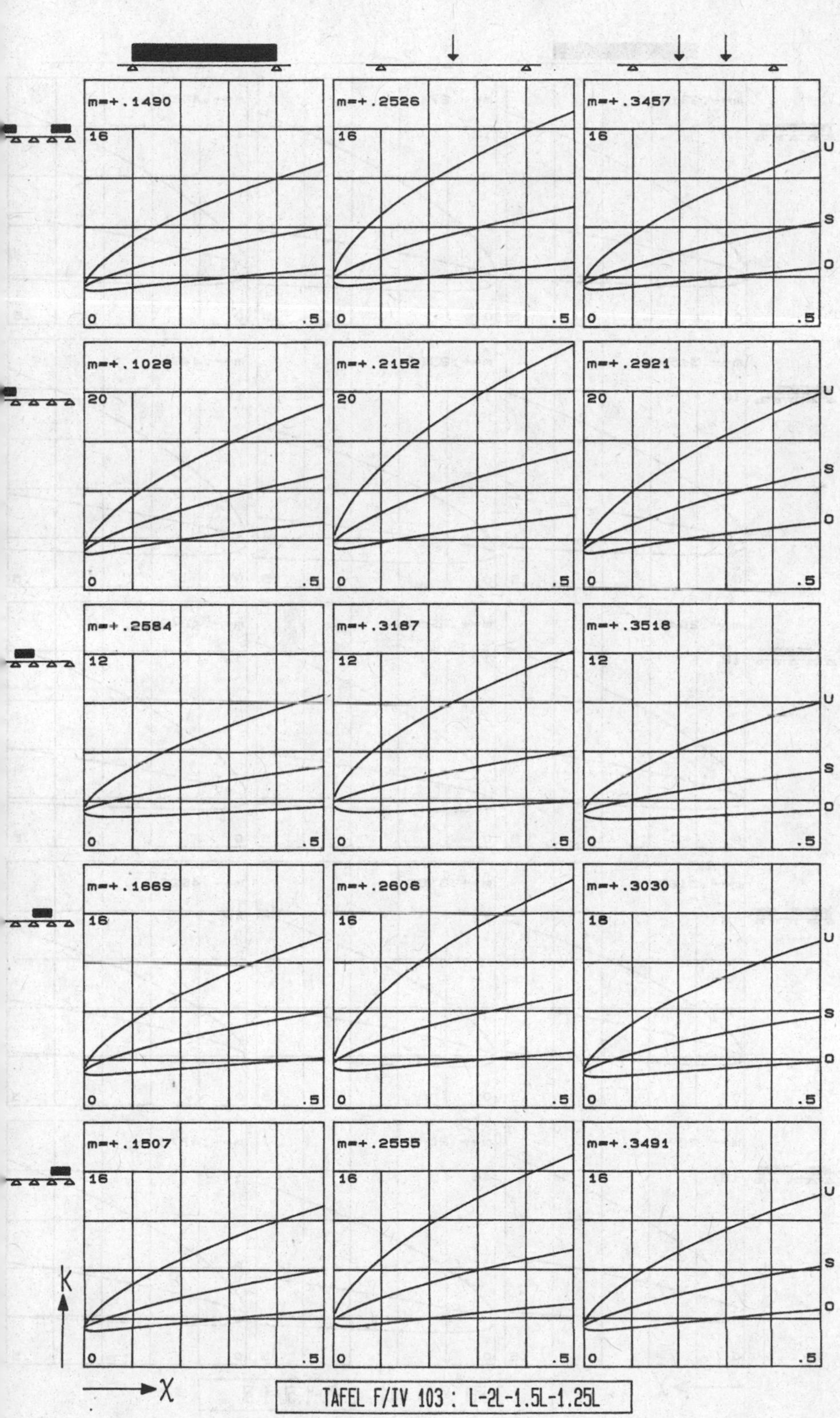
m=+.1490
m=+.2526
m=+.3457
m=+.1026
m=+.2152
m=+.2921
m=+.2584
m=+.3187
m=+.3518
m=+.1669
m=+.2606
m=+.3030
m=+.1507
m=+.2555
m=+.3491
U
S
O
K
X

TAFEL F/IV 103 : L-2L-1.5L-1.25L

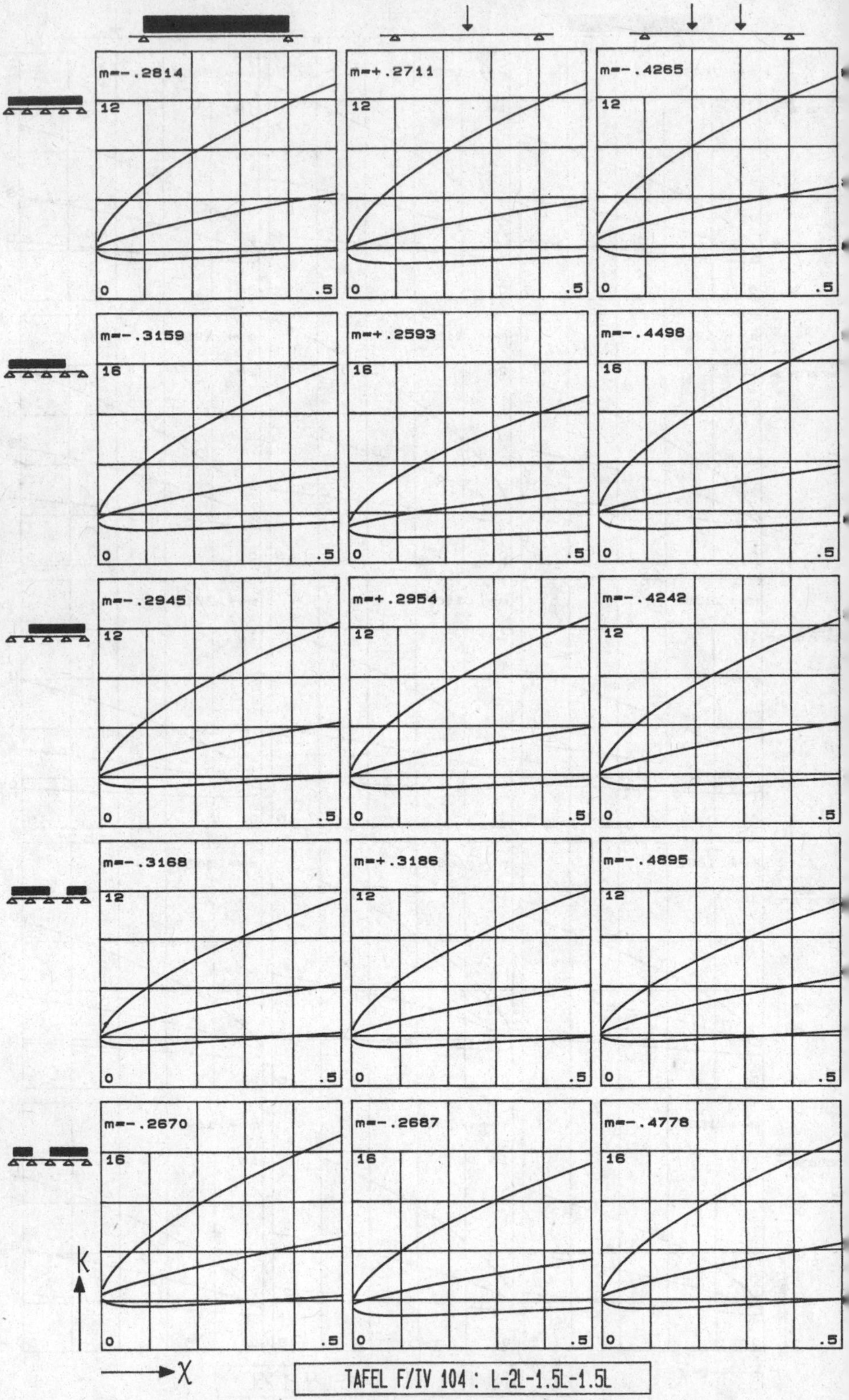

m=-.2814
12
0
.5
m=+.2711
12
0
.5
m=-.4265
12
0
.5
m=-.3159
16
0
.5
m=+.2593
16
0
.5
m=-.4498
16
0
.5
m=-.2945
12
0
.5
m=+.2954
12
0
.5
m=-.4242
12
0
.5
m=-.3168
12
0
.5
m=+.3186
12
0
.5
m=-.4895
12
0
.5
m=-.2670
16
0
.5
m=-.2687
16
0
.5
m=-.4778
16
0
.5
K
X

TAFEL F/IV 104 : L-2L-1.5L-1.5L

F IV

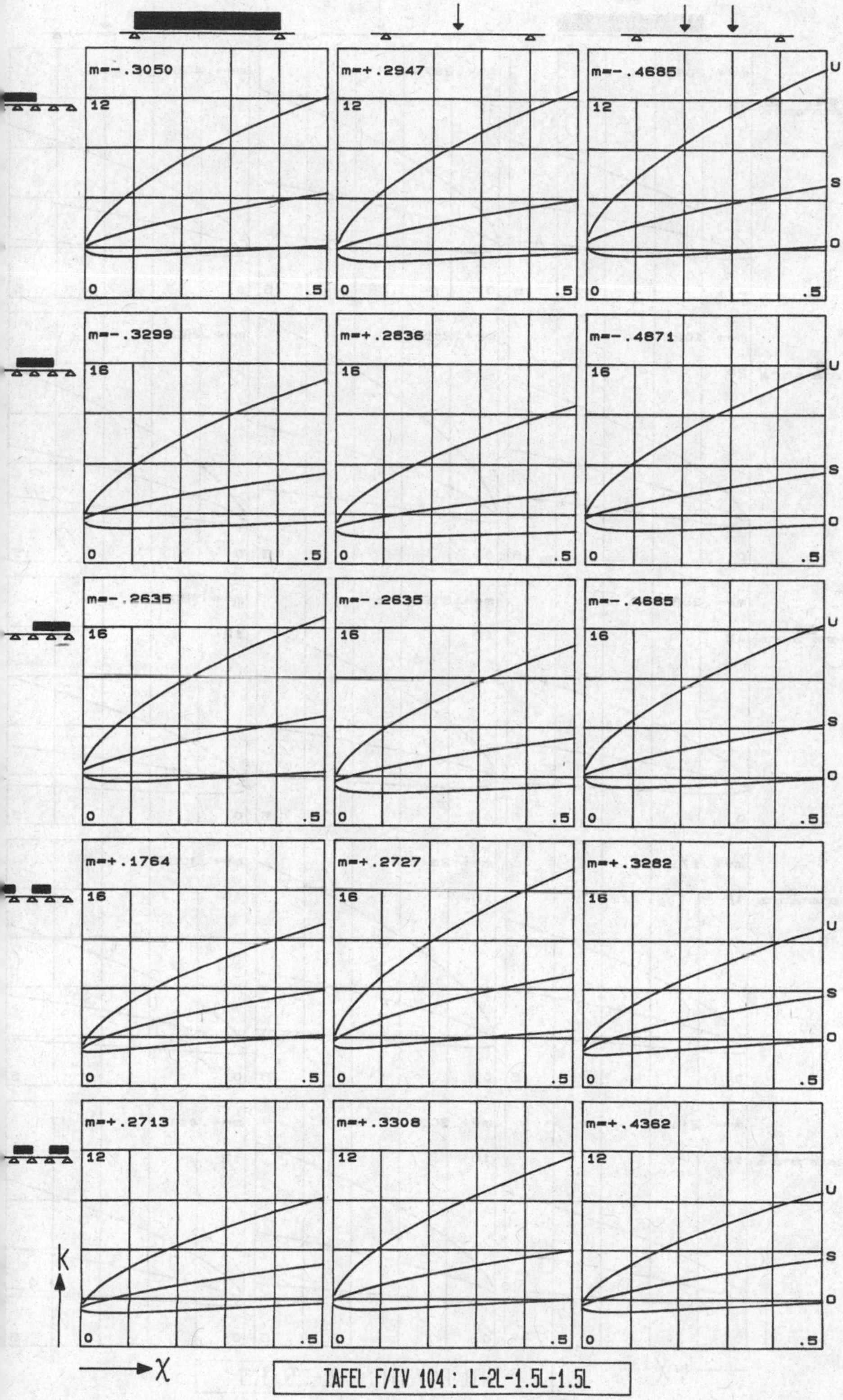

m=-.3050
12
0
.5
m=+.2947
12
0
.5
m=-.4685
12
U
S
O
0
.5
m=-.3299
16
0
.5
m=+.2836
16
0
.5
m=-.4871
16
U
S
O
0
.5
m=-.2635
16
0
.5
m=-.2635
16
0
.5
m=-.4685
16
U
S
O
0
.5
m=+.1764
16
0
.5
m=+.2727
16
0
.5
m=+.3282
16
U
S
O
0
.5
m=+.2713
12
0
.5
m=+.3308
12
0
.5
m=+.4362
12
U
S
O
0
.5
K
X

TAFEL F/IV 104 : L-2L-1.5L-1.5L

F IV

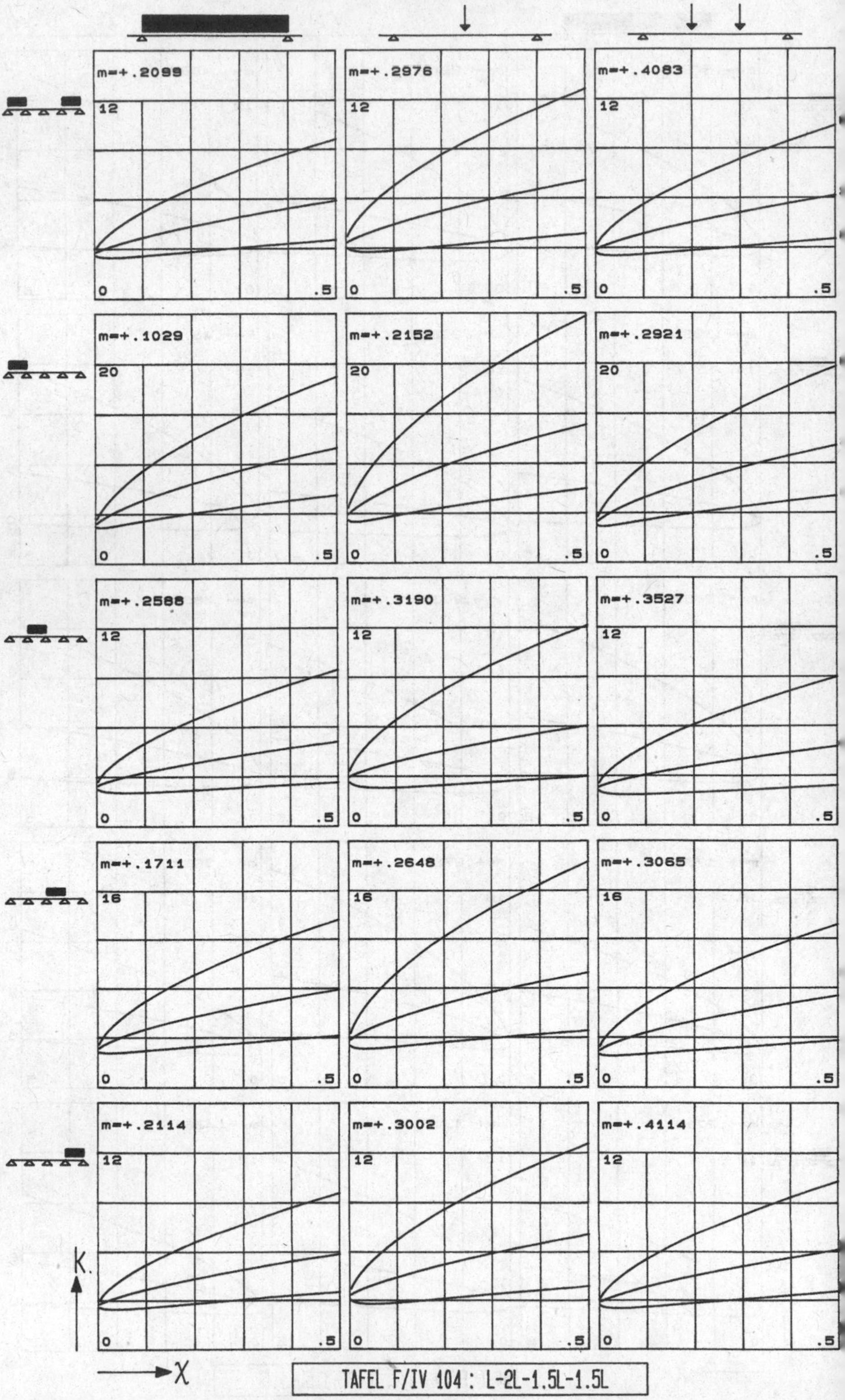
m=+.2099
12
0
.5
m=+.2976
12
0
.5
m=+.4083
12
0
.5
m=+.1029
20
0
.5
m=+.2152
20
0
.5
m=+.2921
20
0
.5
m=+.2566
12
0
.5
m=+.3190
12
0
.5
m=+.3527
12
0
.5
m=+.1711
16
0
.5
m=+.2648
16
0
.5
m=+.3065
16
0
.5
m=+.2114
12
0
.5
m=+.3002
12
0
.5
m=+.4114
12
0
.5
K
X

TAFEL F/IV 104 : L-2L-1.5L-1.5L

F IV

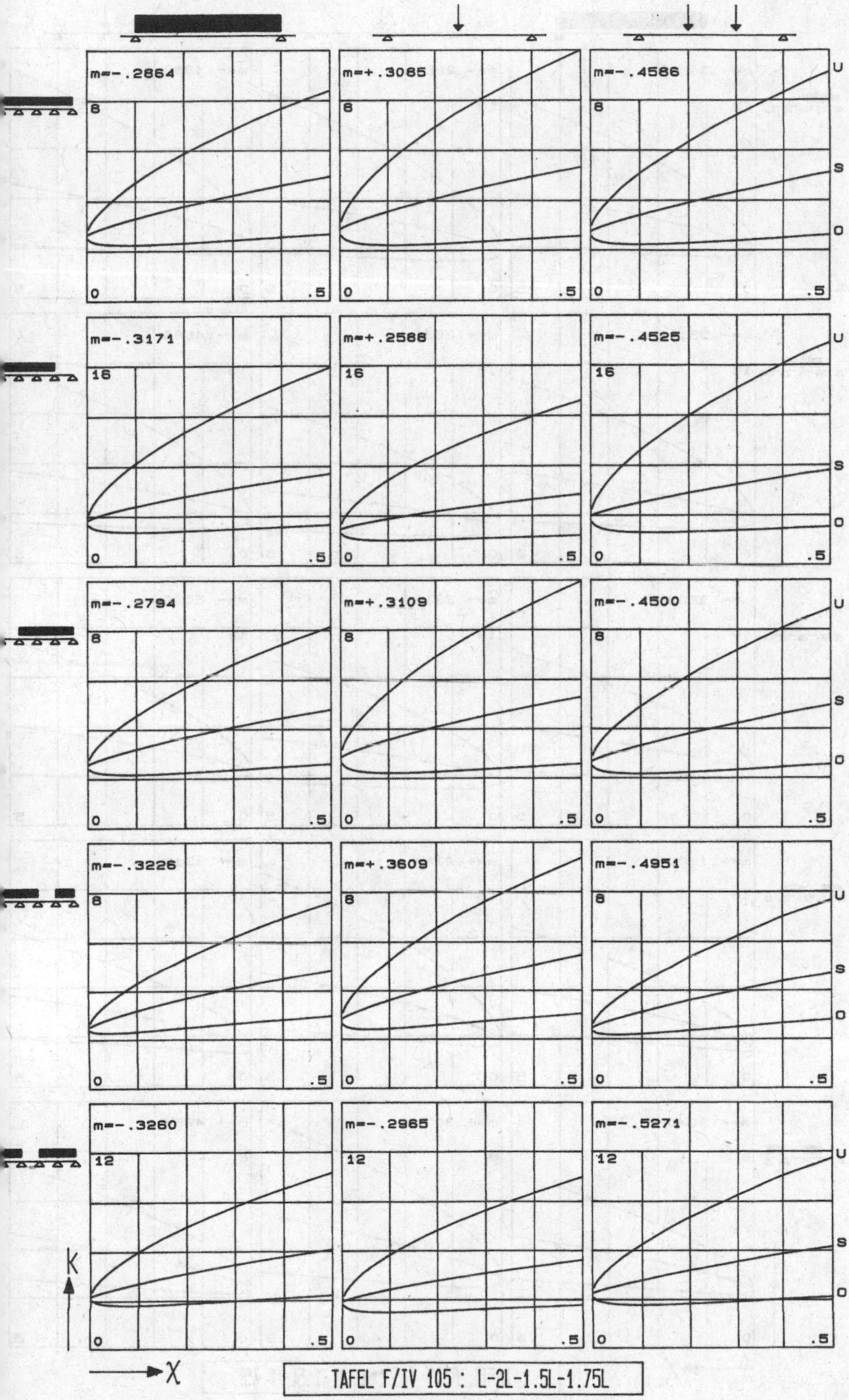

m=-.2864
8
0
.5
m=+.3085
8
0
.5
m=-.4566
8
0
.5
U
S
O
m=-.3171
16
0
.5
m=+.2588
16
0
.5
m=-.4525
16
0
.5
U
S
O
m=-.2794
8
0
.5
m=+.3109
8
0
.5
m=-.4500
8
0
.5
U
S
O
m=-.3226
8
0
.5
m=+.3609
8
0
.5
m=-.4951
8
0
.5
U
S
O
m=-.3260
12
0
.5
m=-.2965
12
0
.5
m=-.5271
12
0
.5
U
S
O
K
X

TAFEL F/IV 105 : L-2L-1.5L-1.75L

F IV

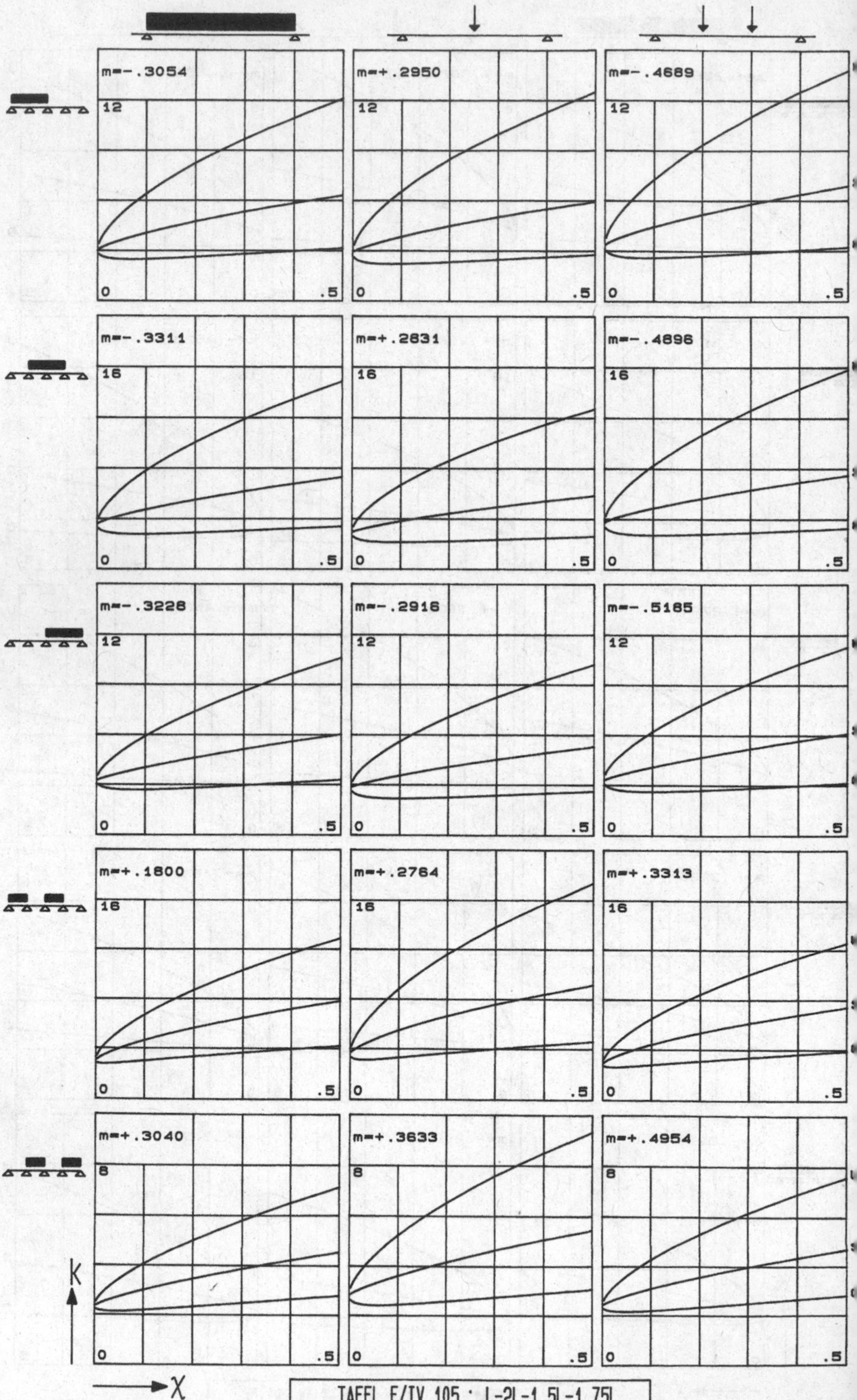
m=-.3054
12
0
.5
m=+.2950
12
0
.5
m=-.4689
12
0
.5
m=-.3311
16
0
.5
m=+.2631
16
0
.5
m=-.4896
16
0
.5
m=-.3228
12
0
.5
m=-.2916
12
0
.5
m=-.5165
12
0
.5
m=+.1800
16
0
.5
m=+.2764
16
0
.5
m=+.3313
16
0
.5
m=+.3040
8
0
.5
m=+.3633
8
0
.5
m=+.4954
8
0
.5
K
X

TAFEL F/IV 105 : L-2L-1.5L-1.75L

F
V

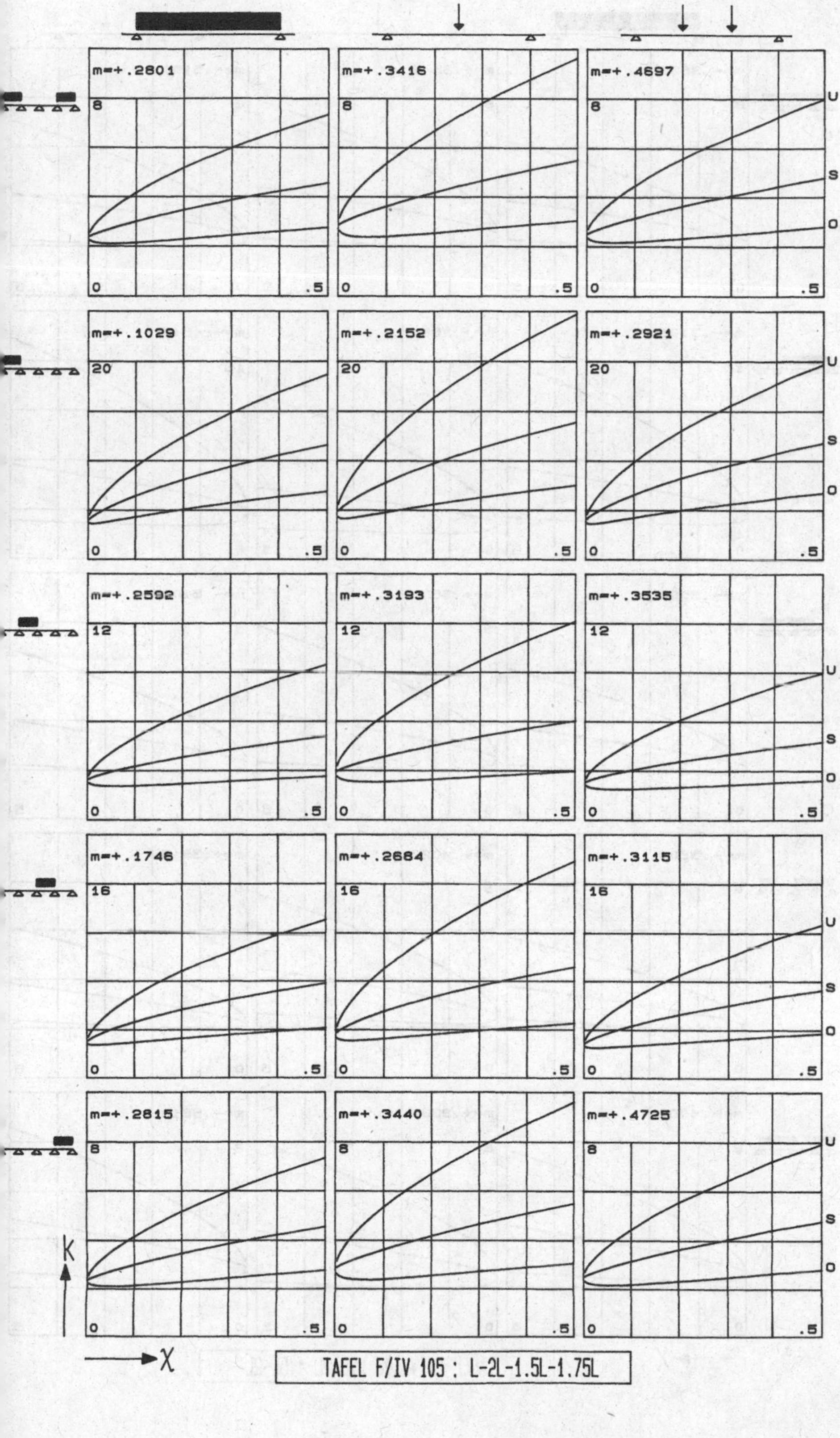

m=+.2801
m=+.3416
m=+.4697
m=+.1029
m=+.2152
m=+.2921
m=+.2592
m=+.3193
m=+.3535
m=+.1746
m=+.2684
m=+.3115
m=+.2815
m=+.3440
m=+.4725
U
S
O
K
X

TAFEL F/IV 105 : L-2L-1.5L-1.75L

F IV

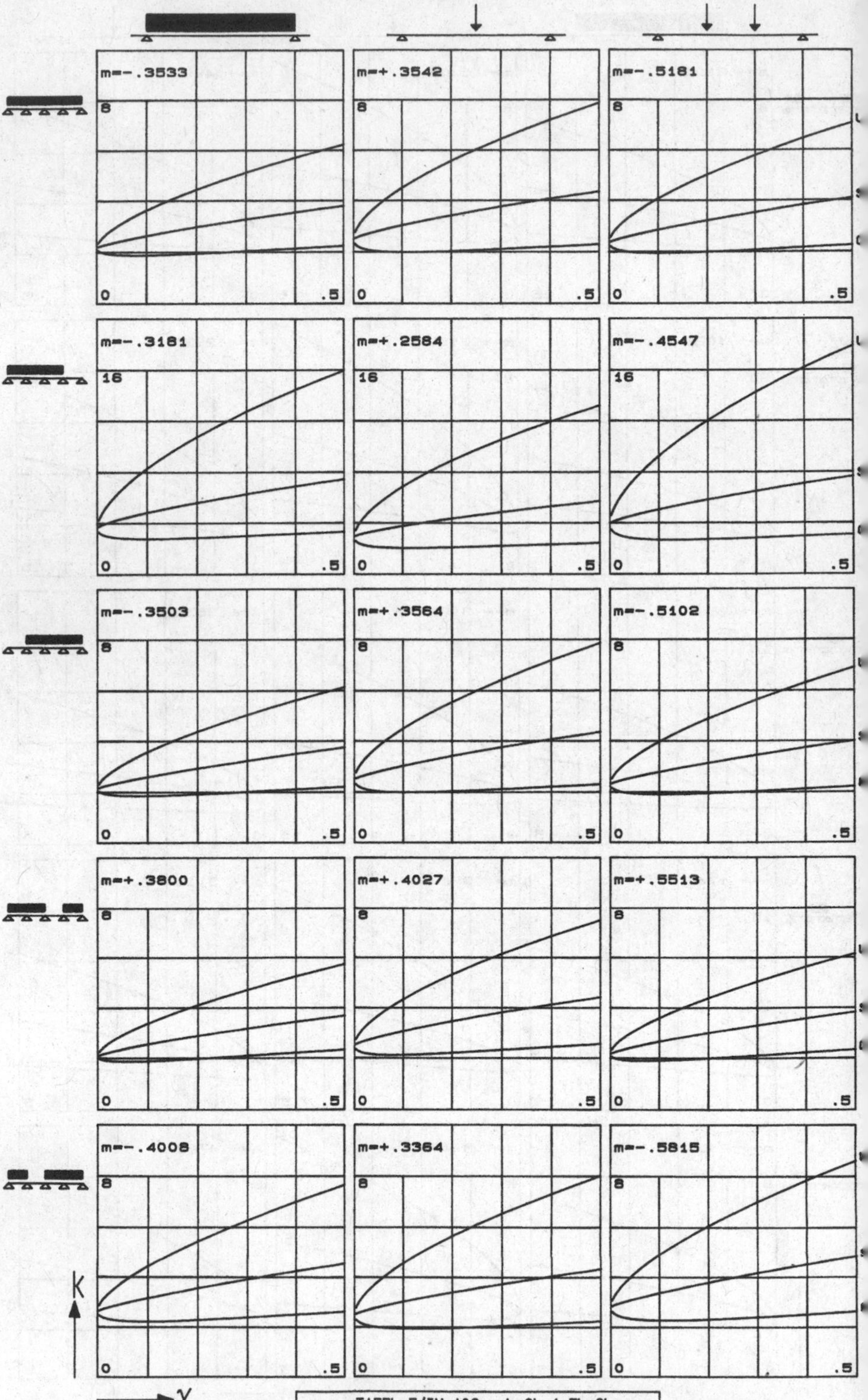

m=-.3533
8
0
.5
m=+.3542
8
0
.5
m=-.5181
8
0
.5
m=-.3181
16
0
.5
m=+.2584
16
0
.5
m=-.4547
16
0
.5
m=-.3503
8
0
.5
m=+.3564
8
0
.5
m=-.5102
8
0
.5
m=+.3800
8
0
.5
m=+.4027
8
0
.5
m=+.5513
8
0
.5
m=-.4008
8
0
.5
m=+.3364
8
0
.5
m=-.5815
8
0
.5
K
X

TAFEL F/IV 106 : L-2L-1.5L-2L

F
IV

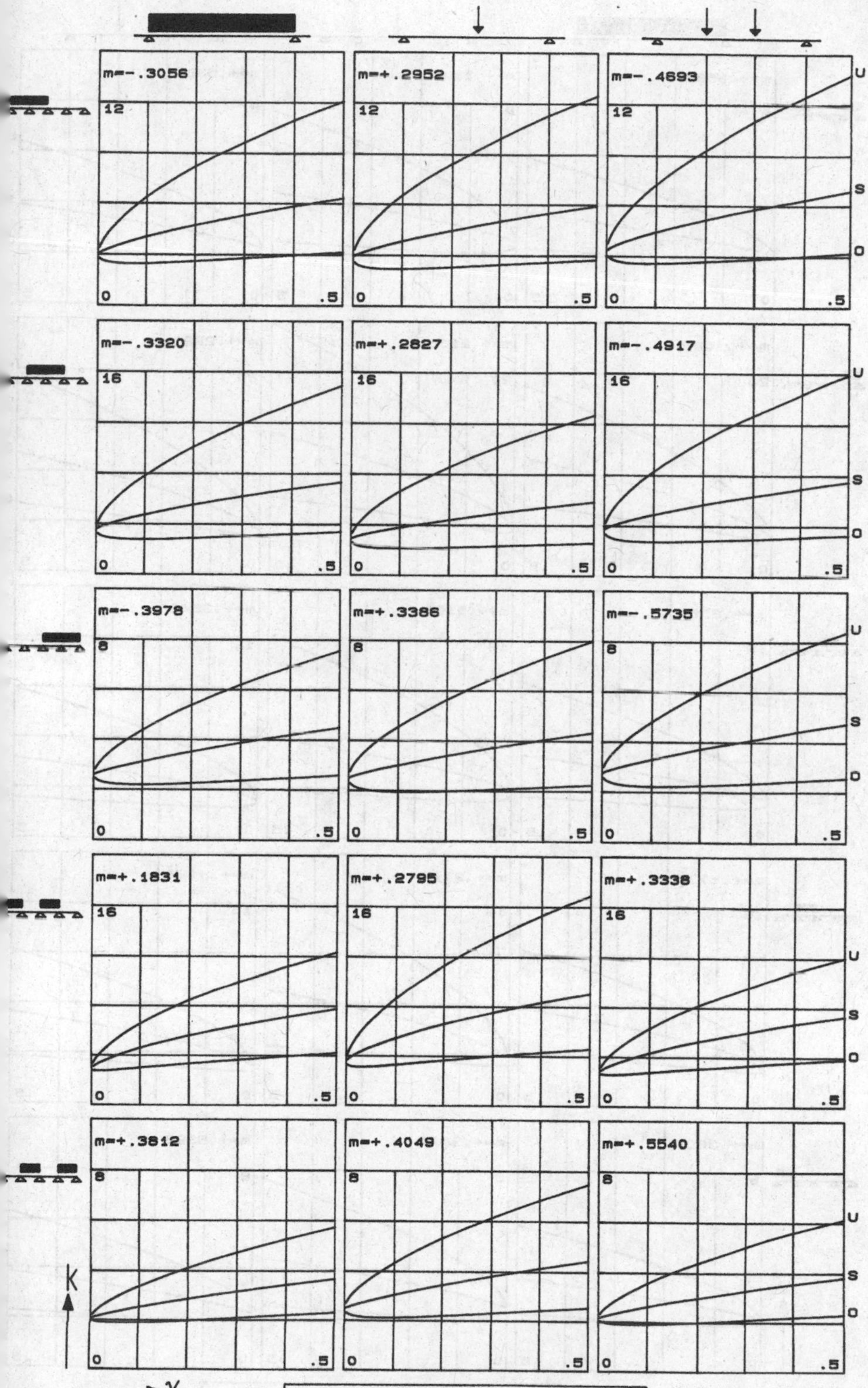
m=-.3056
12
0
.5
m=+.2952
12
0
.5
m=-.4693
12
U
S
O
0
.5
m=-.3320
16
0
.5
m=+.2827
16
0
.5
m=-.4917
16
U
S
O
0
.5
m=-.3978
8
0
.5
m=+.3386
8
0
.5
m=-.5735
8
U
S
O
0
.5
m=+.1831
16
0
.5
m=+.2795
16
0
.5
m=+.3338
16
U
S
O
0
.5
m=+.3812
8
0
.5
m=+.4049
8
0
.5
m=+.5540
8
U
S
O
0
.5
K
X

TAFEL F/IV 106 : L-2L-1.5L-2L

F IV

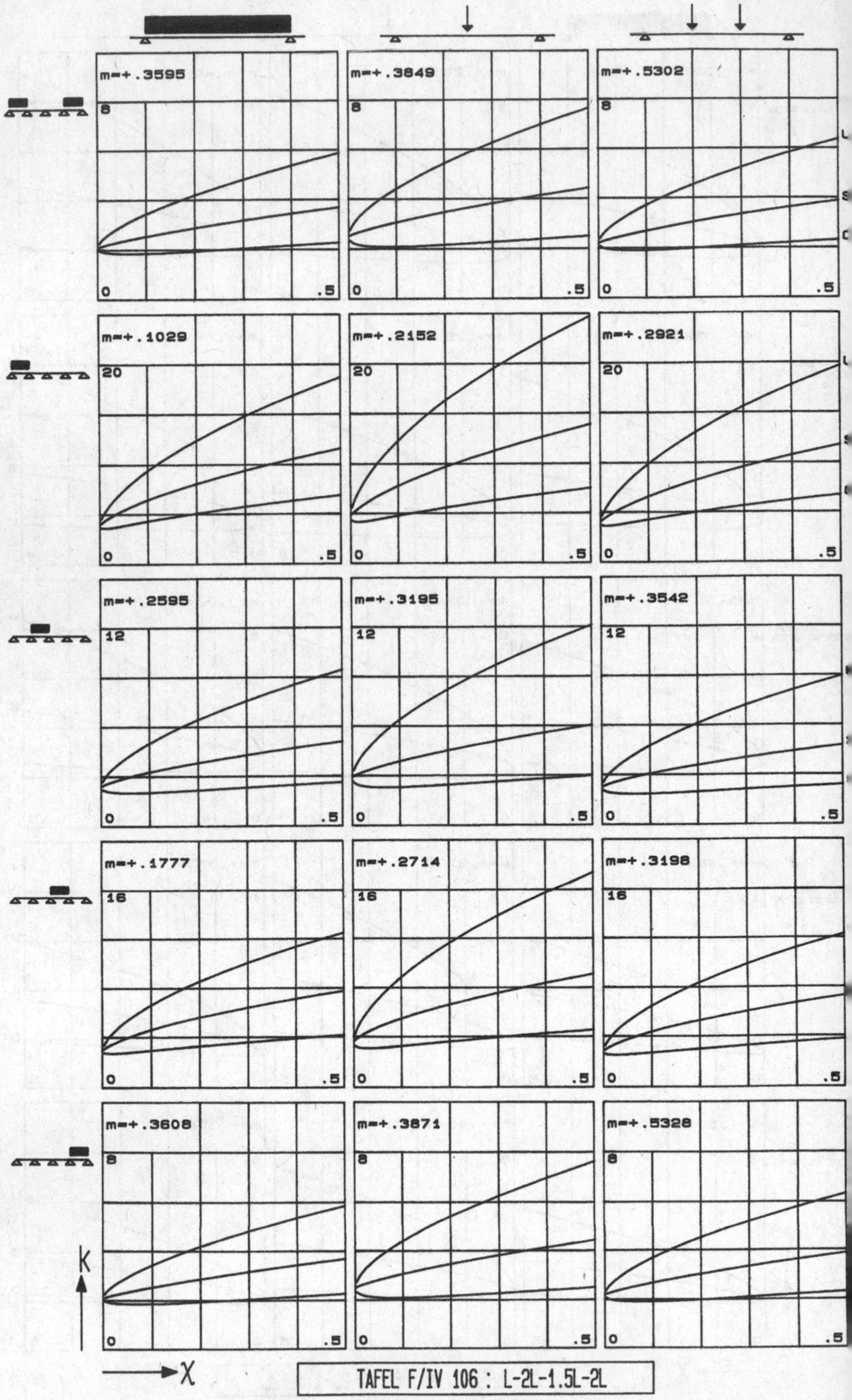
m=+.3595
8
0
.5
m=+.3849
8
0
.5
m=+.5302
8
0
.5
m=+.1029
20
0
.5
m=+.2152
20
0
.5
m=+.2921
20
0
.5
m=+.2595
12
0
.5
m=+.3195
12
0
.5
m=+.3542
12
0
.5
m=+.1777
16
0
.5
m=+.2714
16
0
.5
m=+.3198
16
0
.5
m=+.3608
8
0
.5
m=+.3871
8
0
.5
m=+.5328
8
0
.5
K
X
TAFEL F/IV 106 : L-2L-1.5L-2L

F
IV

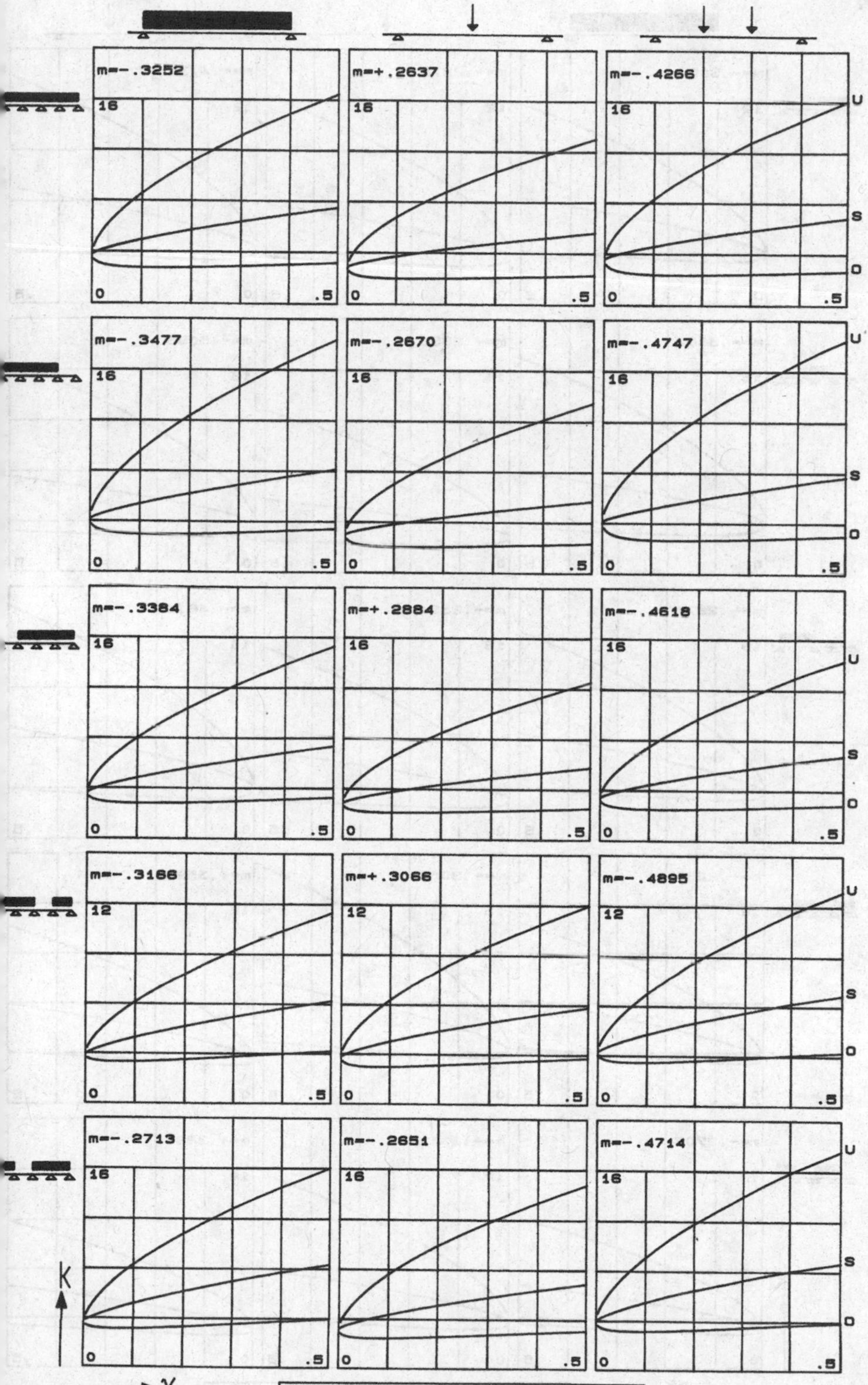
m=-.3252
16
0
.5
m=+.2637
16
0
.5
m=-.4266
16
0
.5
U
S
O
m=-.3477
16
0
.5
m=-.2670
16
0
.5
m=-.4747
16
0
.5
U
S
O
m=-.3384
16
0
.5
m=+.2884
16
0
.5
m=-.4618
16
0
.5
U
S
O
m=-.3166
12
0
.5
m=+.3066
12
0
.5
m=-.4895
12
0
.5
U
S
O
m=-.2713
16
0
.5
m=-.2651
16
0
.5
m=-.4714
16
0
.5
U
S
O
K
X

TAFEL F/IV 107 : L-2L-1.75L-1.25L

F
IV

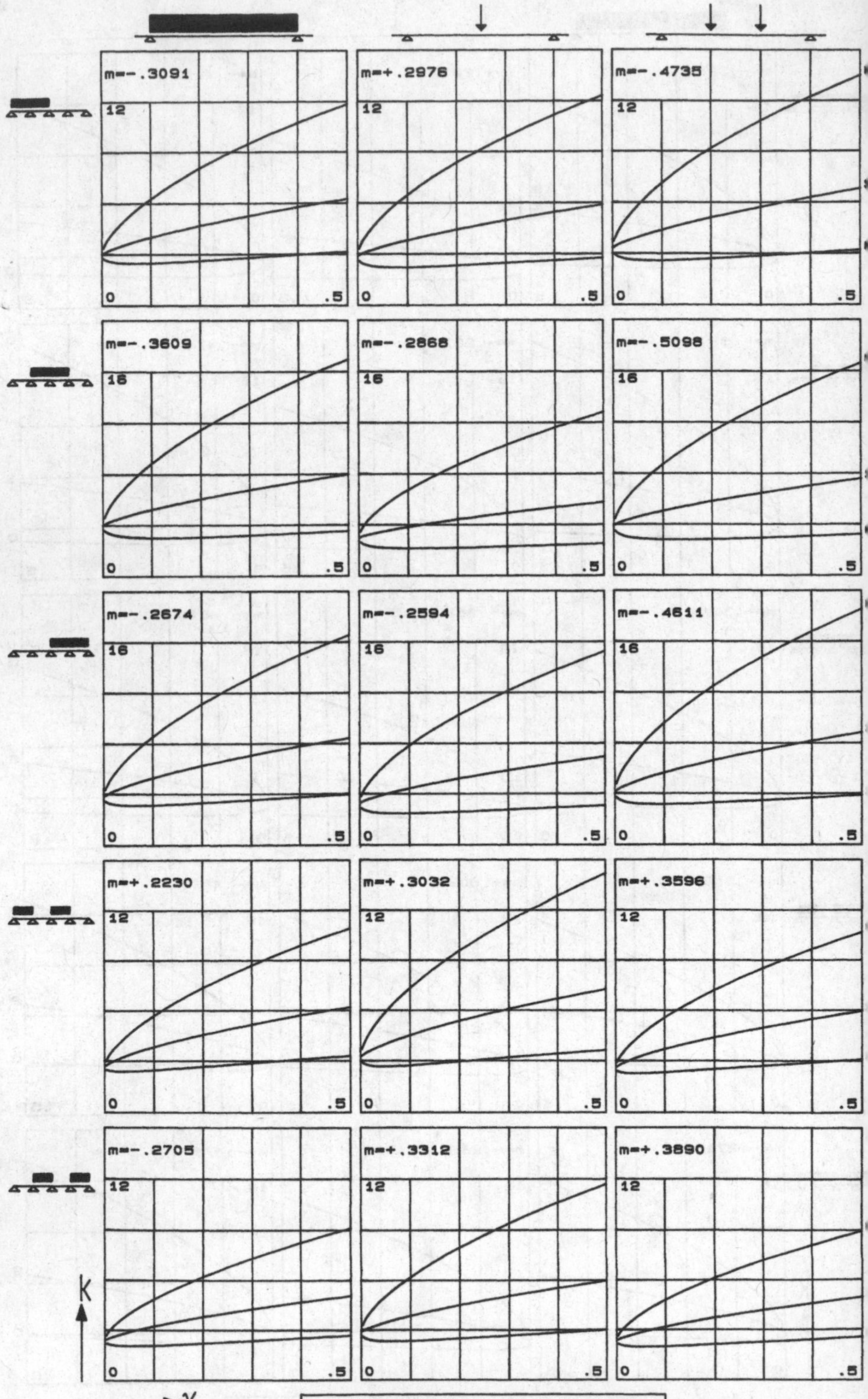
m=-.3091
12
0
.5
m=+.2976
12
0
.5
m=-.4735
12
0
.5
m=-.3609
16
0
.5
m=-.2868
16
0
.5
m=-.5098
16
0
.5
m=-.2674
16
0
.5
m=-.2594
16
0
.5
m=-.4611
16
0
.5
m=+.2230
12
0
.5
m=+.3032
12
0
.5
m=+.3596
12
0
.5
m=-.2705
12
0
.5
m=+.3312
12
0
.5
m=+.3890
12
0
.5
K
X

TAFEL F/IV 107 : L-2L-1.75L-1.25L

F IV

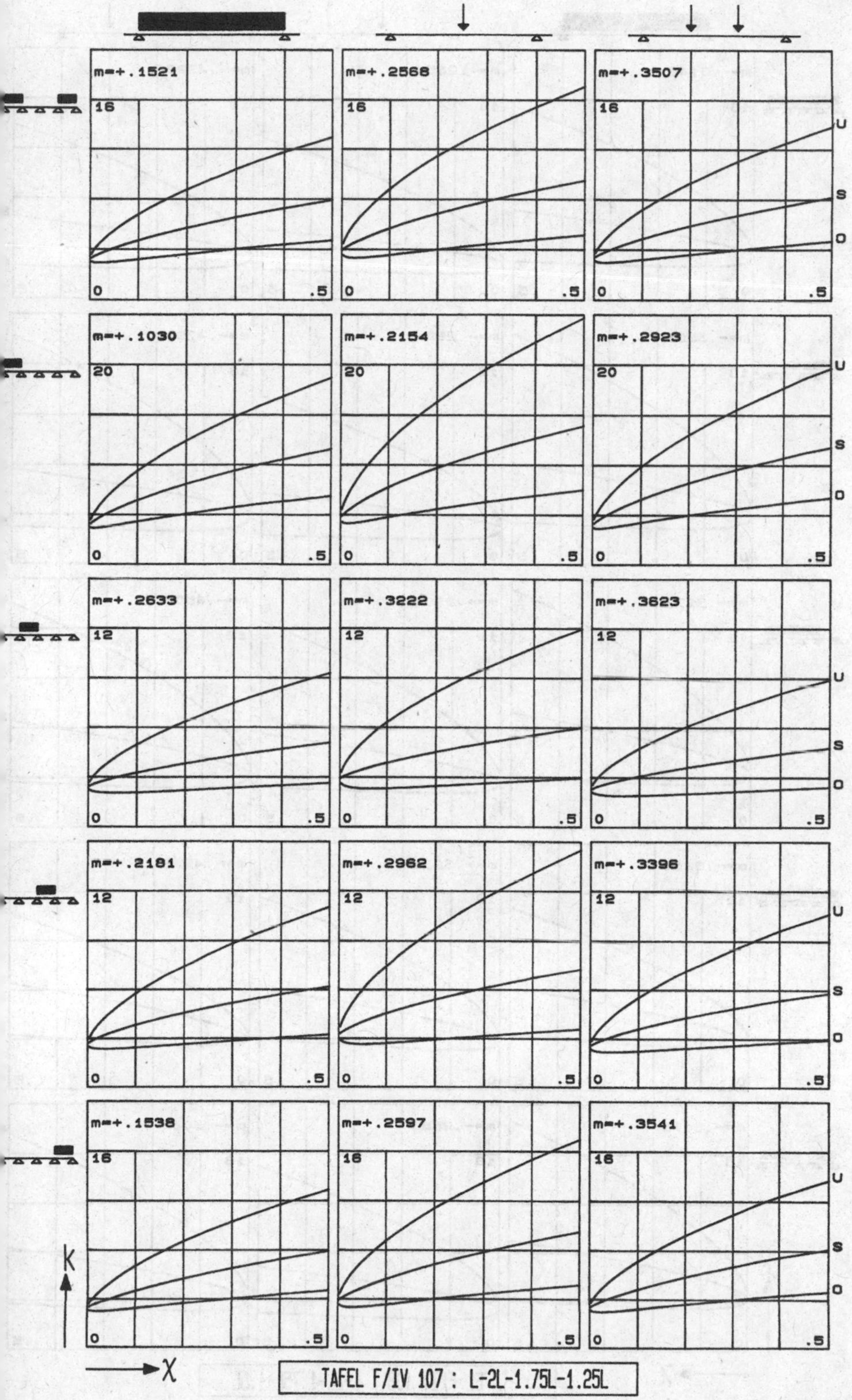
m=+.1521
m=+.2568
m=+.3507
m=+.1030
m=+.2154
m=+.2923
m=+.2633
m=+.3222
m=+.3623
m=+.2181
m=+.2962
m=+.3396
m=+.1538
m=+.2597
m=+.3541
U
S
O
K
X

TAFEL F/IV 107 : L-2L-1.75L-1.25L

F IV

F
IV

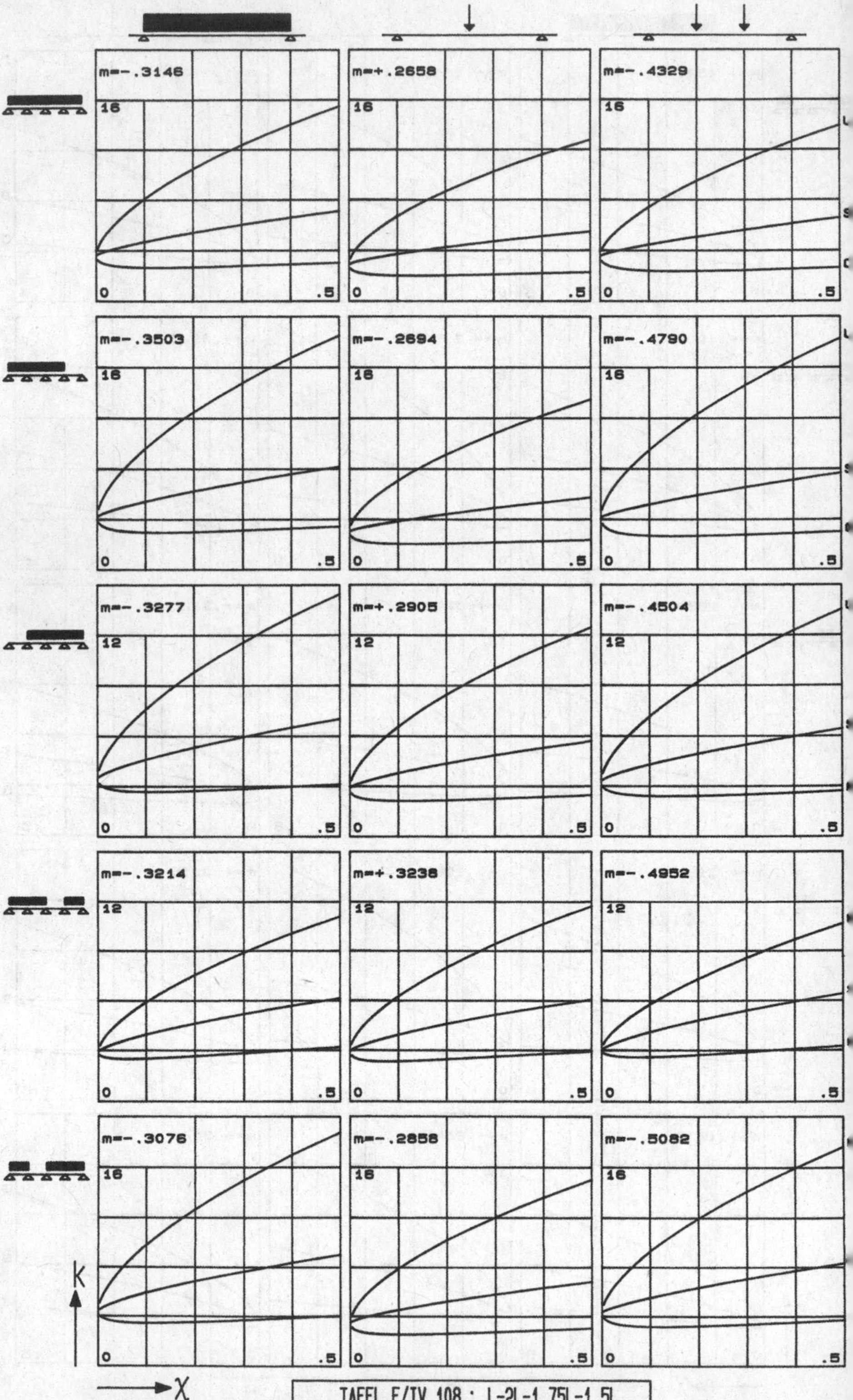
m=-.3146
m=+.2658
m=-.4329
m=-.3503
m=-.2694
m=-.4790
m=-.3277
m=+.2905
m=-.4504
m=-.3214
m=+.3238
m=-.4952
m=-.3076
m=-.2858
m=-.5082
16
12
0
.5
K
X
TAFEL F/IV 108 : L-2L-1.75L-1.5L

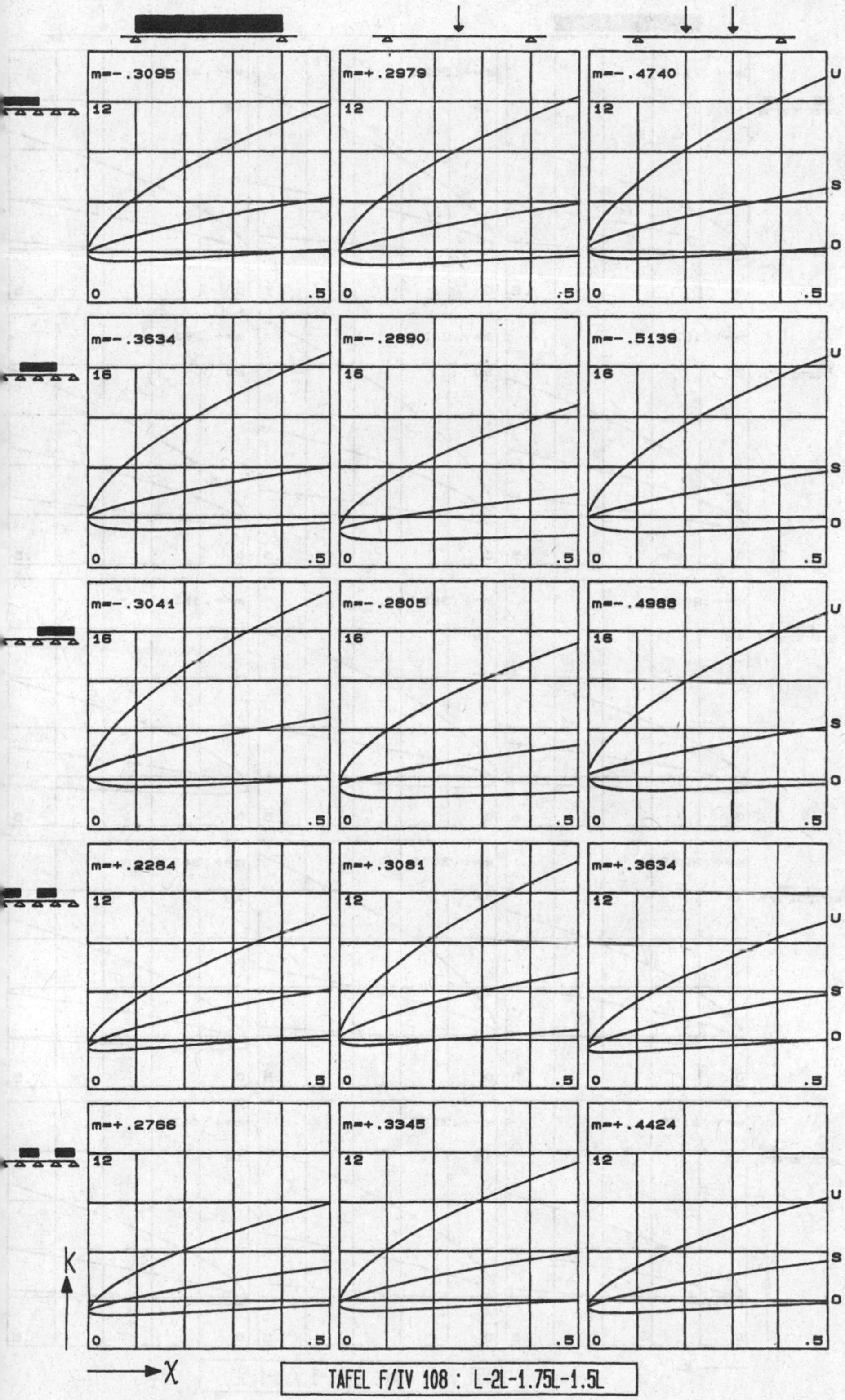

TAFEL F/IV 108 : L-2L-1.75L-1.5L

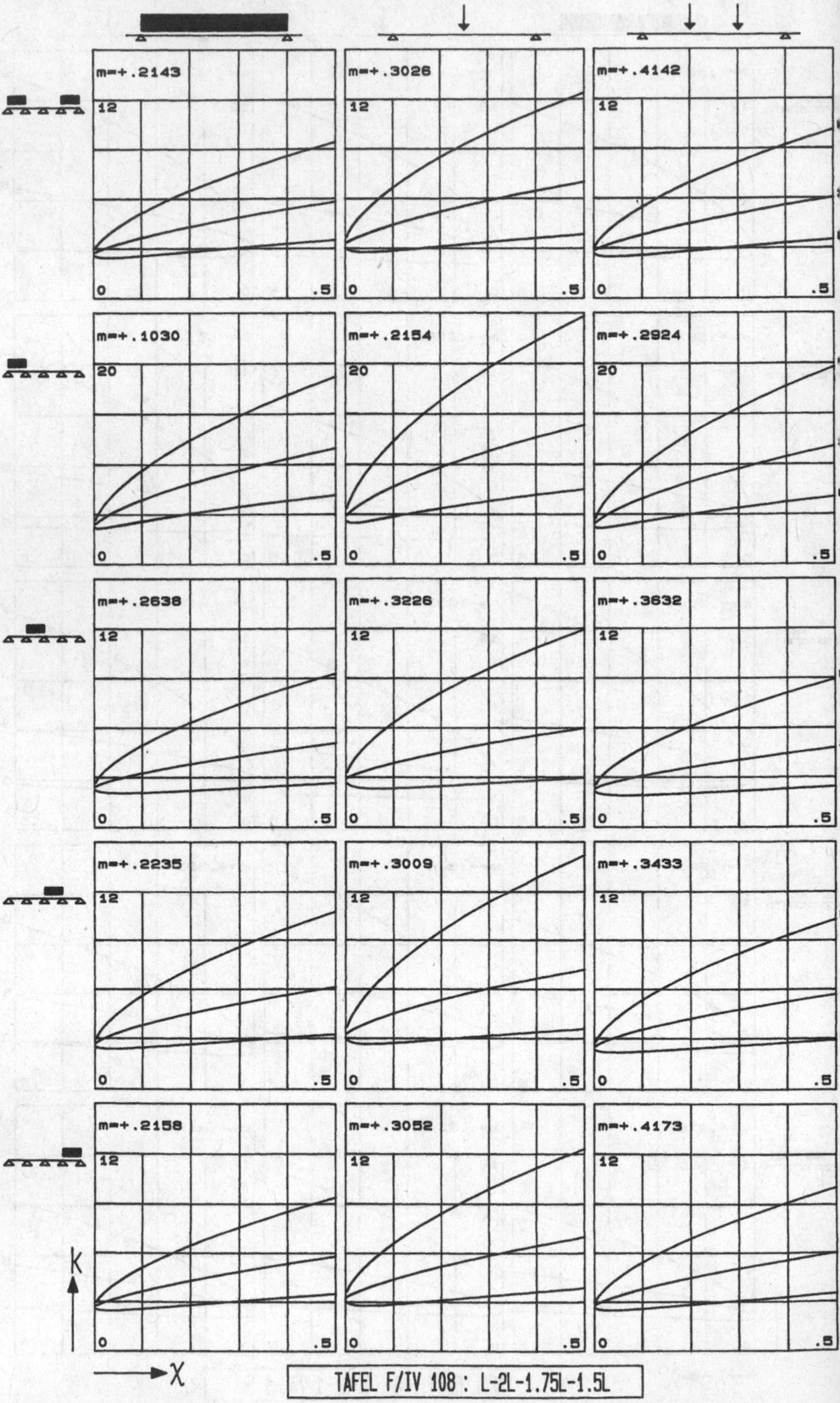

m=+.2143
12
0
.5
m=+.3026
12
0
.5
m=+.4142
12
0
.5
m=+.1030
20
0
.5
m=+.2154
20
0
.5
m=+.2924
20
0
.5
m=+.2638
12
0
.5
m=+.3226
12
0
.5
m=+.3632
12
0
.5
m=+.2235
12
0
.5
m=+.3009
12
0
.5
m=+.3433
12
0
.5
m=+.2158
12
0
.5
m=+.3052
12
0
.5
m=+.4173
12
0
.5
K
X

TAFEL F/IV 108 : L-2L-1.75L-1.5L

F
V

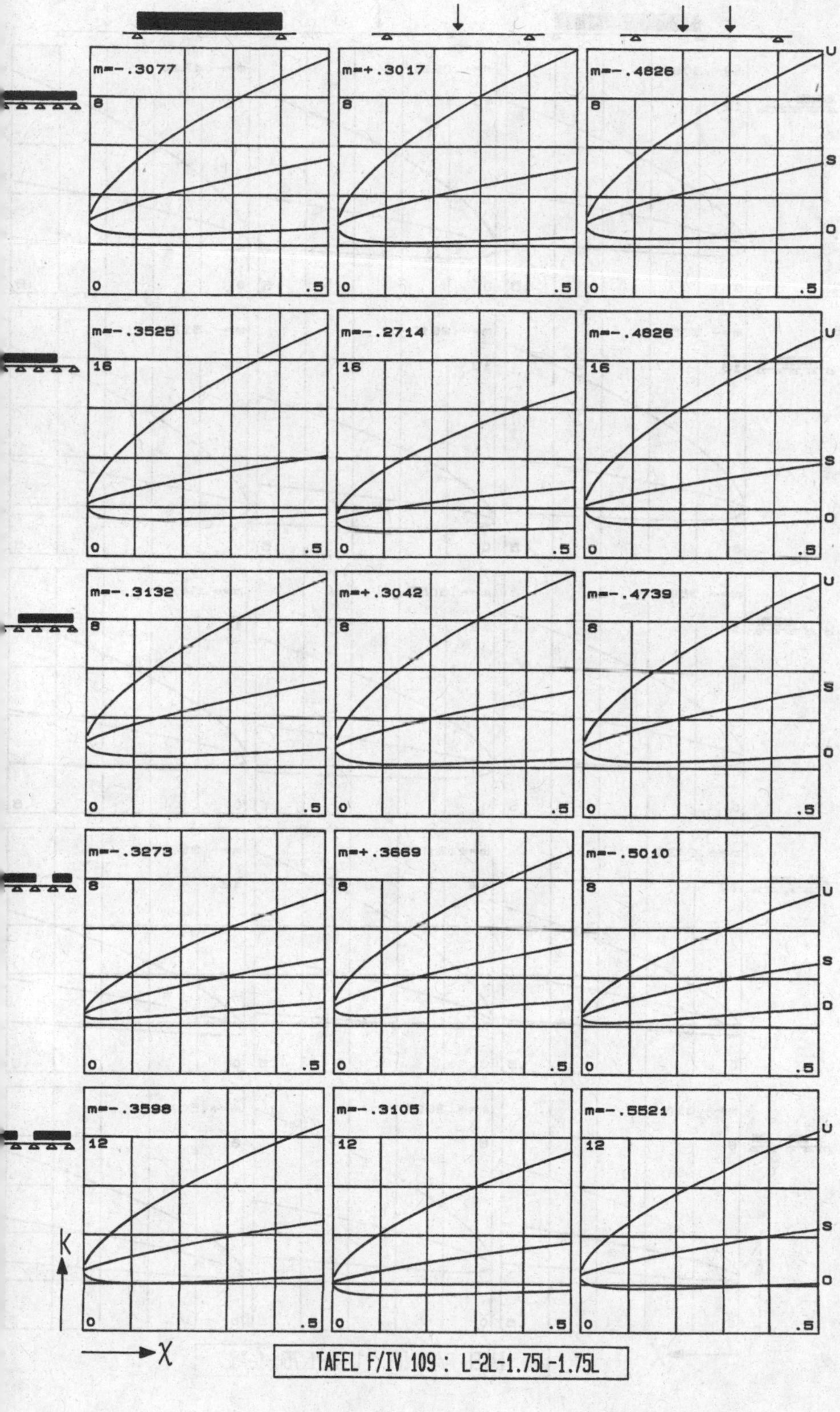
m=-.3077
8
m=+.3017
8
m=-.4626
8
m=-.3525
16
m=-.2714
16
m=-.4626
16
m=-.3132
8
m=+.3042
8
m=-.4739
8
m=-.3273
8
m=+.3669
8
m=-.5010
8
m=-.3598
12
m=-.3105
12
m=-.5521
12
U
S
O
0
.5
K
X

TAFEL F/IV 109 : L-2L-1.75L-1.75L

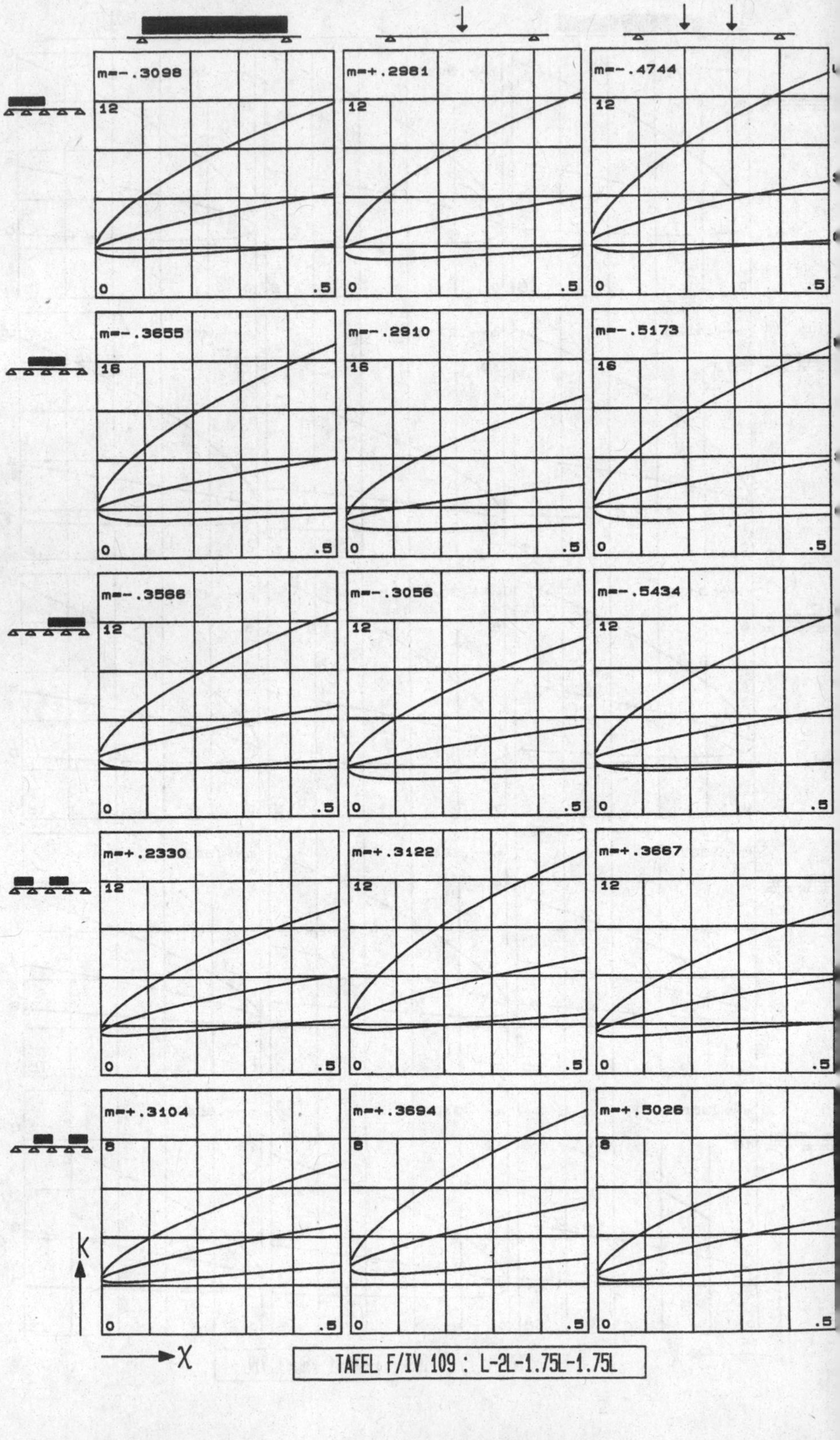

m=-.3098
12
0
.5
m=+.2981
12
0
.5
m=-.4744
12
0
.5
m=-.3655
16
0
.5
m=-.2910
16
0
.5
m=-.5173
16
0
.5
m=-.3566
12
0
.5
m=-.3056
12
0
.5
m=-.5434
12
0
.5
m=+.2330
12
0
.5
m=+.3122
12
0
.5
m=+.3667
12
0
.5
m=+.3104
8
0
.5
m=+.3694
8
0
.5
m=+.5026
8
0
.5
K
X

TAFEL F/IV 109 : L-2L-1.75L-1.75L

F
IV

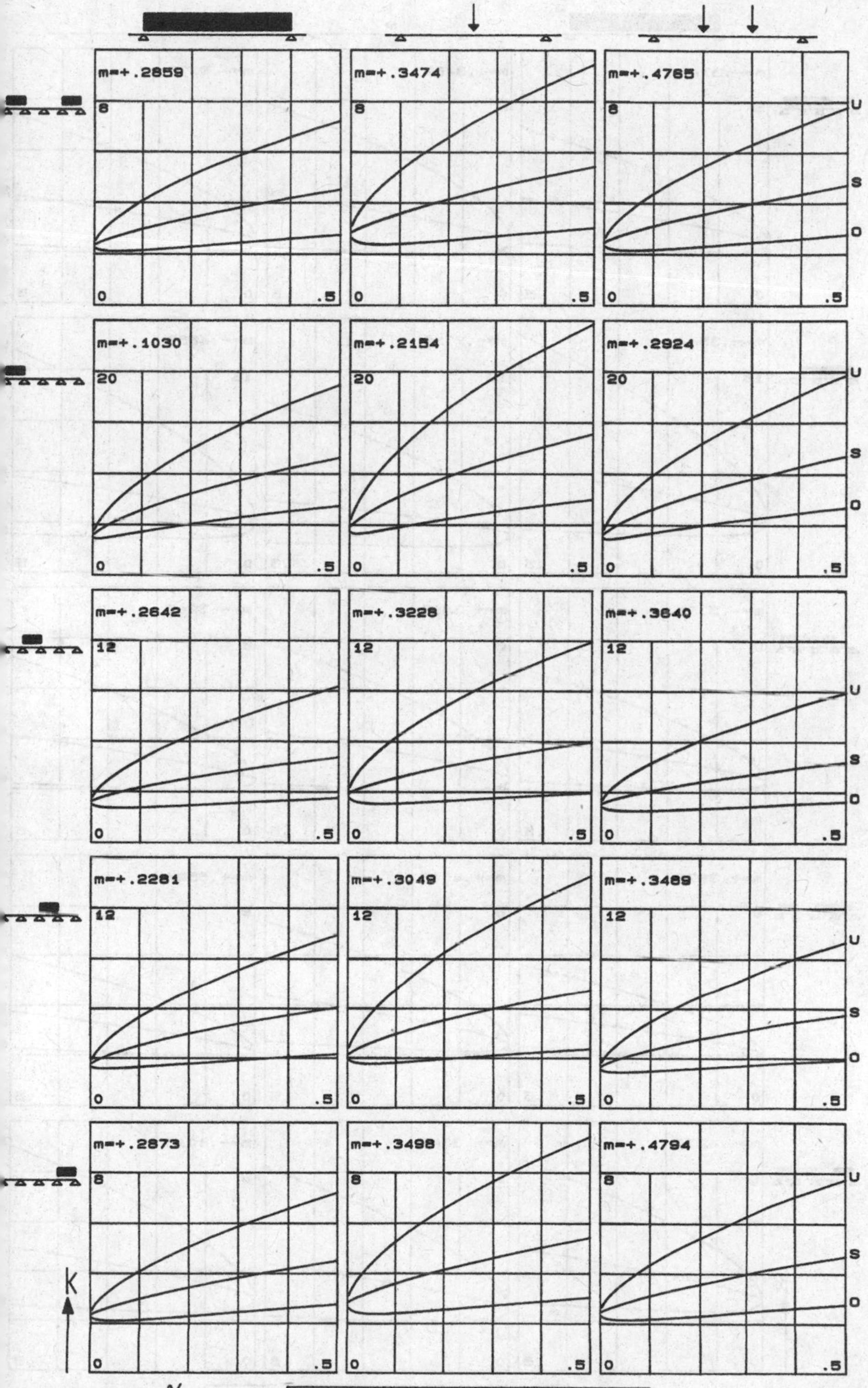
m=+.2859
m=+.3474
m=+.4765
m=+.1030
m=+.2154
m=+.2924
m=+.2642
m=+.3228
m=+.3640
m=+.2281
m=+.3049
m=+.3489
m=+.2873
m=+.3498
m=+.4794
8
20
12
U
S
O
0
.5
K
X

TAFEL F/IV 109 : L-2L-1.75L-1.75L

TAFEL F/IV 110 : L-2L-1.75L-2L

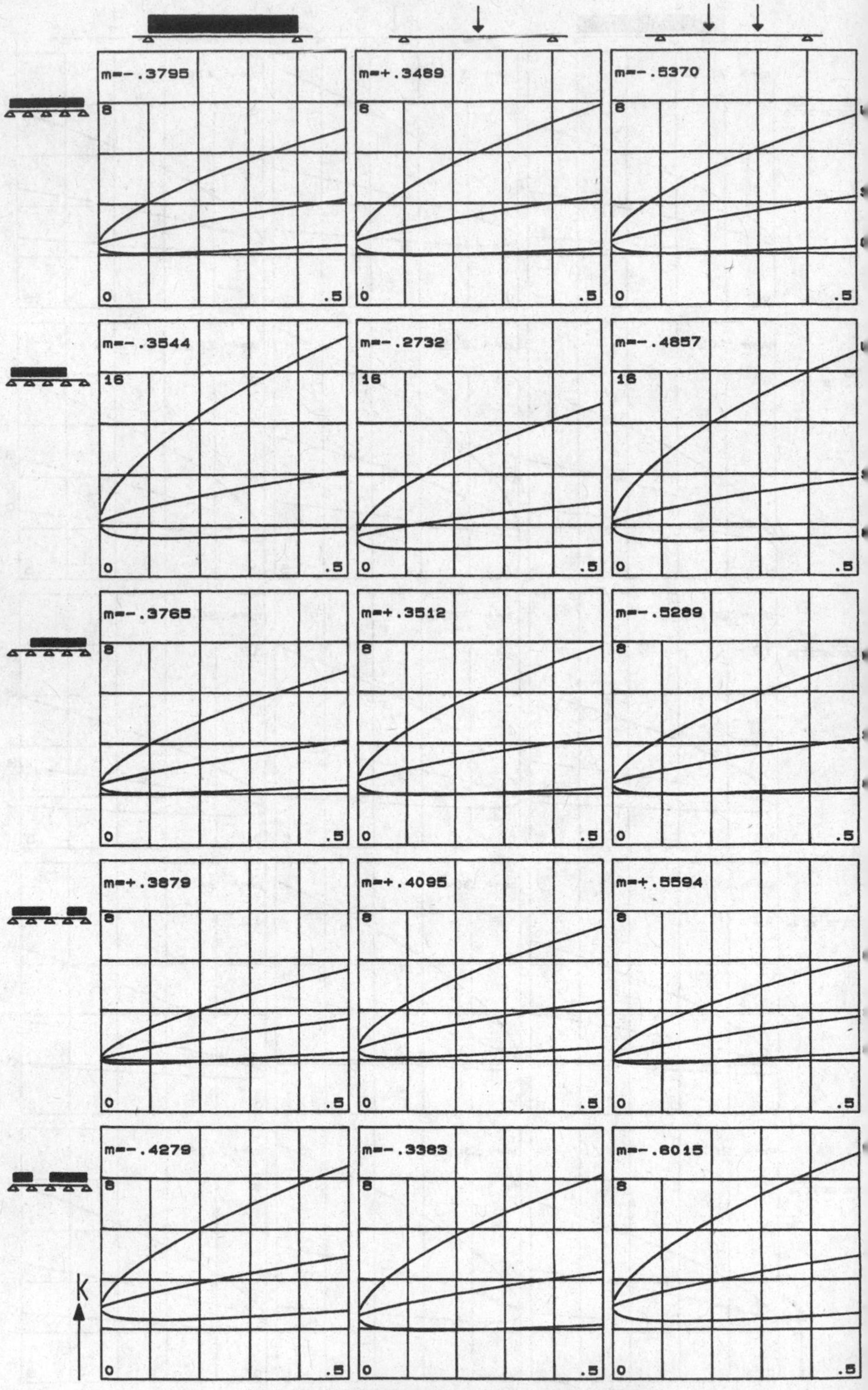

TAFEL F/IV 110 : L-2L-1.75L-2L

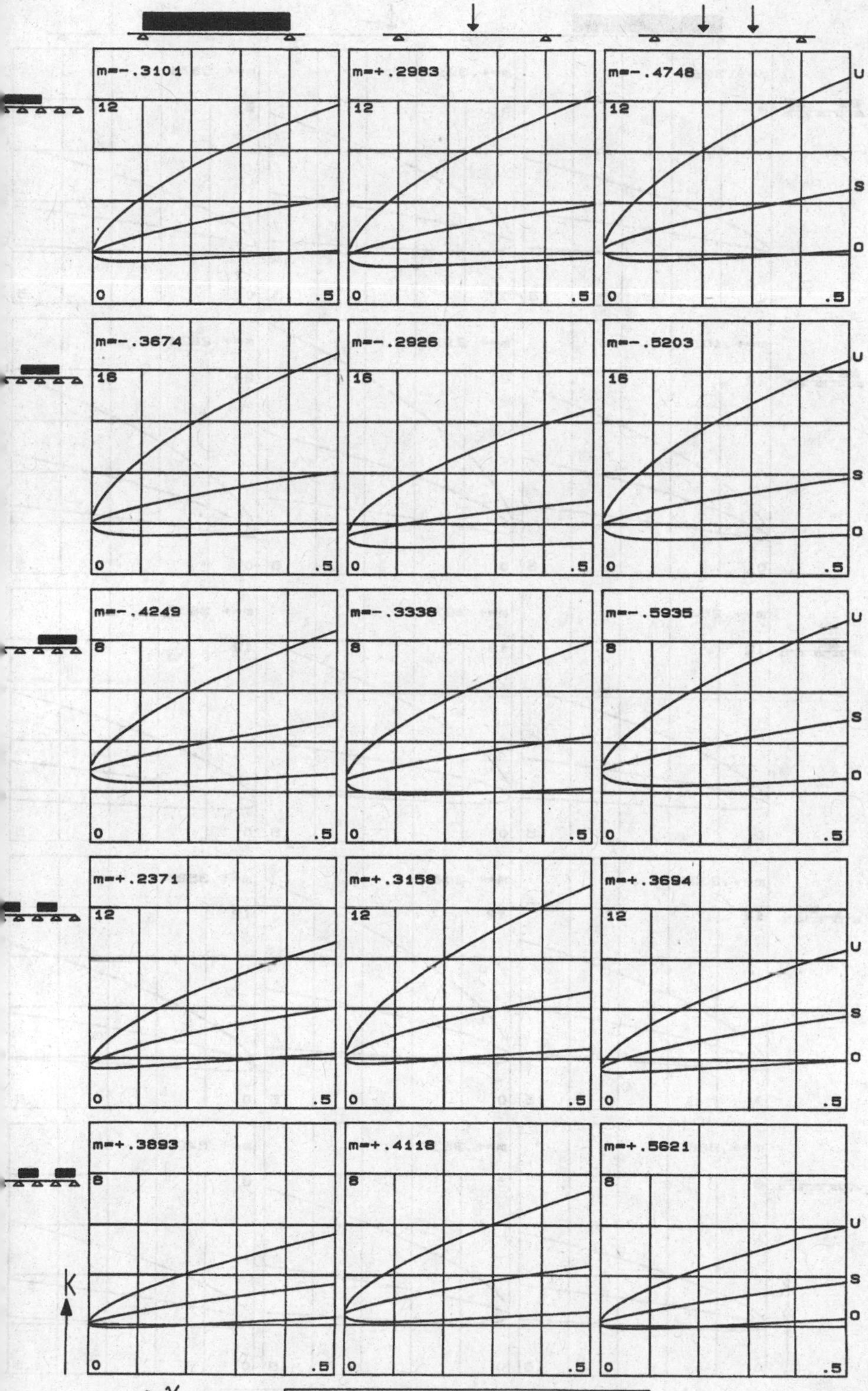

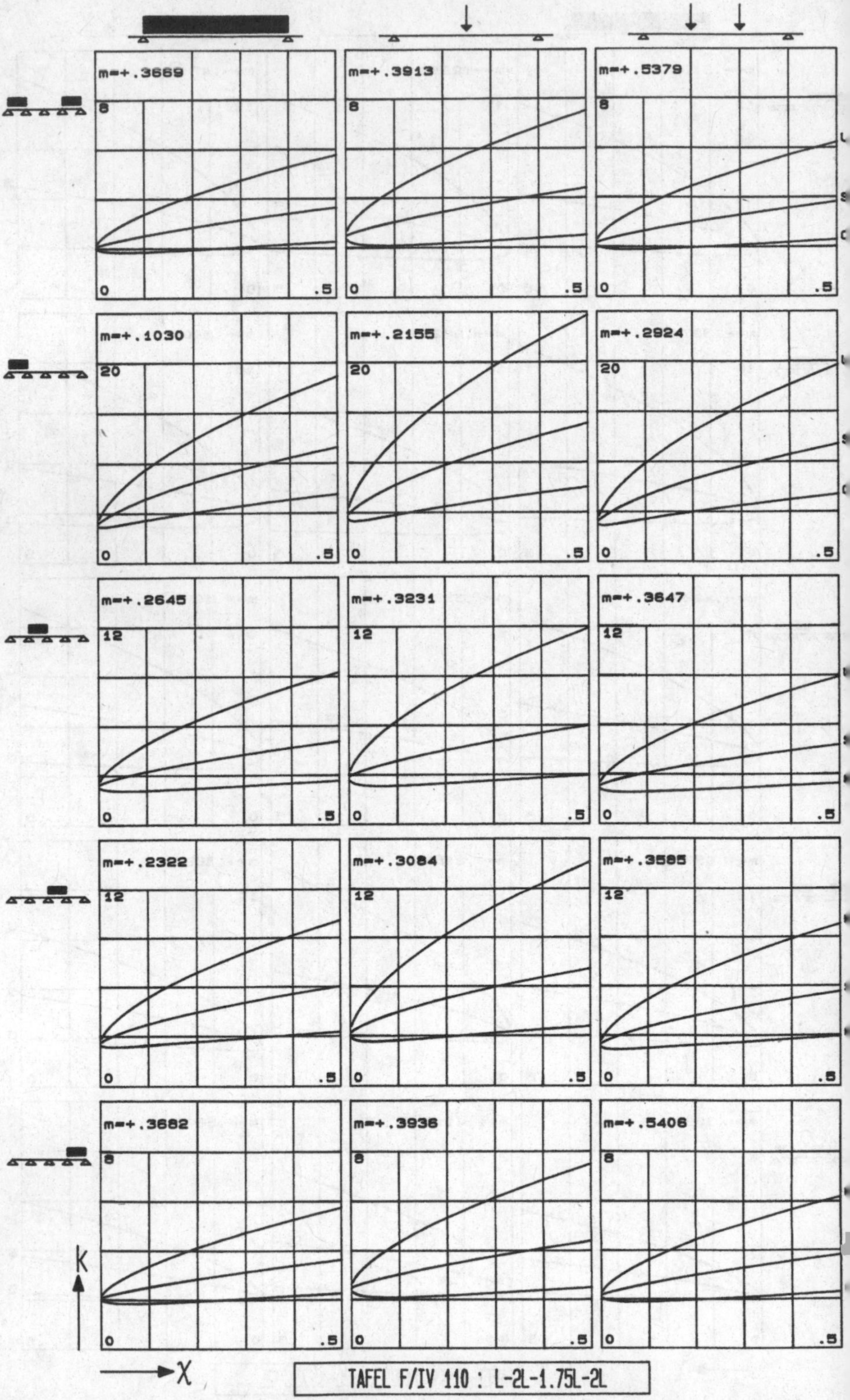
m=+.3669
8
0
.5
m=+.3913
8
0
.5
m=+.5379
8
0
.5
m=+.1030
20
0
.5
m=+.2155
20
0
.5
m=+.2924
20
0
.5
m=+.2645
12
0
.5
m=+.3231
12
0
.5
m=+.3647
12
0
.5
m=+.2322
12
0
.5
m=+.3084
12
0
.5
m=+.3585
12
0
.5
m=+.3682
8
0
.5
m=+.3936
8
0
.5
m=+.5406
8
0
.5
K
X

TAFEL F/IV 110 : L-2L-1.75L-2L

F V

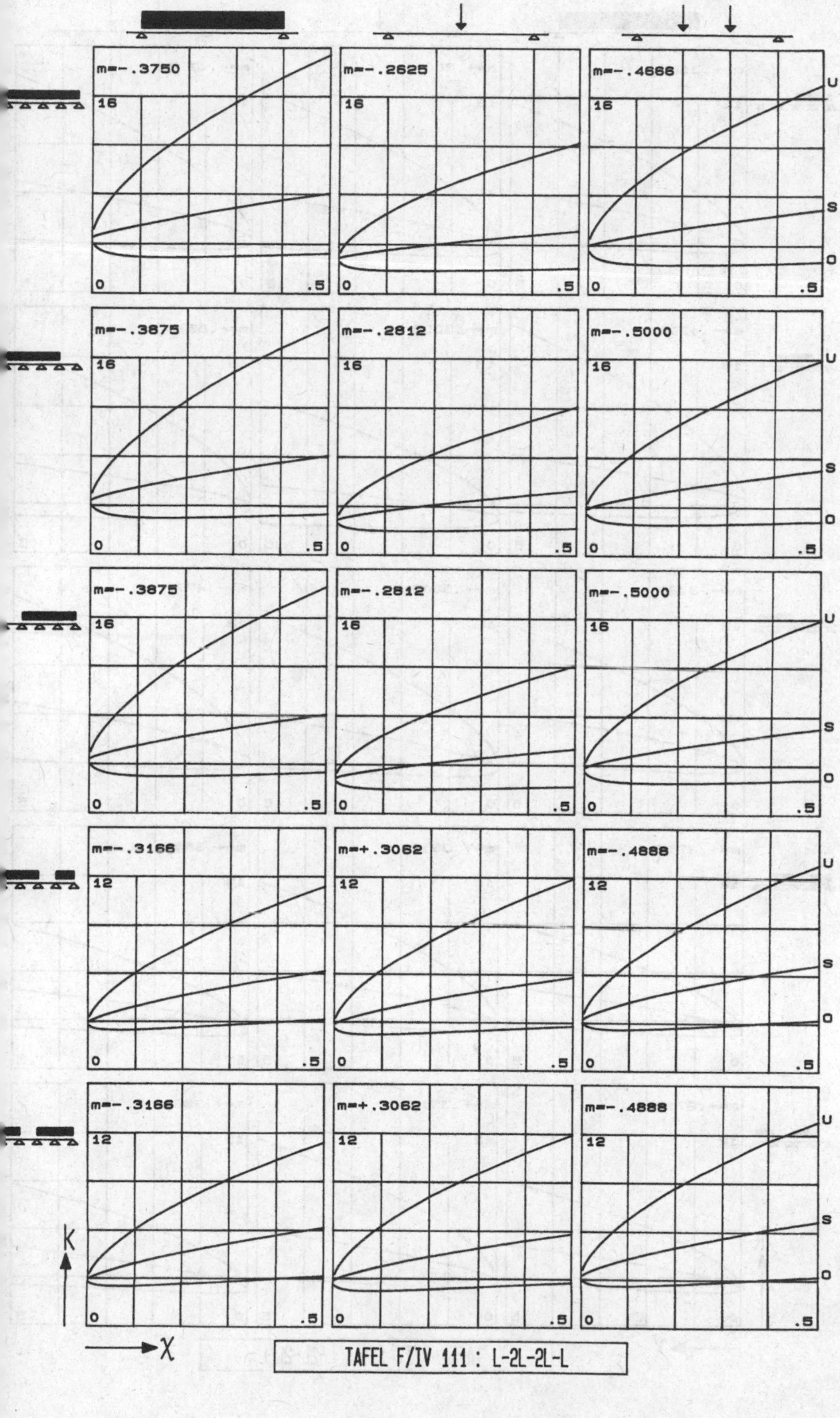

m=-.3750
16
0
.5
m=-.2625
16
0
.5
m=-.4666
16
0
.5
U
S
O
m=-.3875
16
0
.5
m=-.2812
16
0
.5
m=-.5000
16
0
.5
U
S
O
m=-.3875
16
0
.5
m=-.2812
16
0
.5
m=-.5000
16
0
.5
U
S
O
m=-.3166
12
0
.5
m=+.3062
12
0
.5
m=-.4888
12
0
.5
U
S
O
m=-.3166
12
0
.5
m=+.3062
12
0
.5
m=-.4888
12
0
.5
U
S
O
K
X

TAFEL F/IV 111 : L-2L-2L-L

F IV

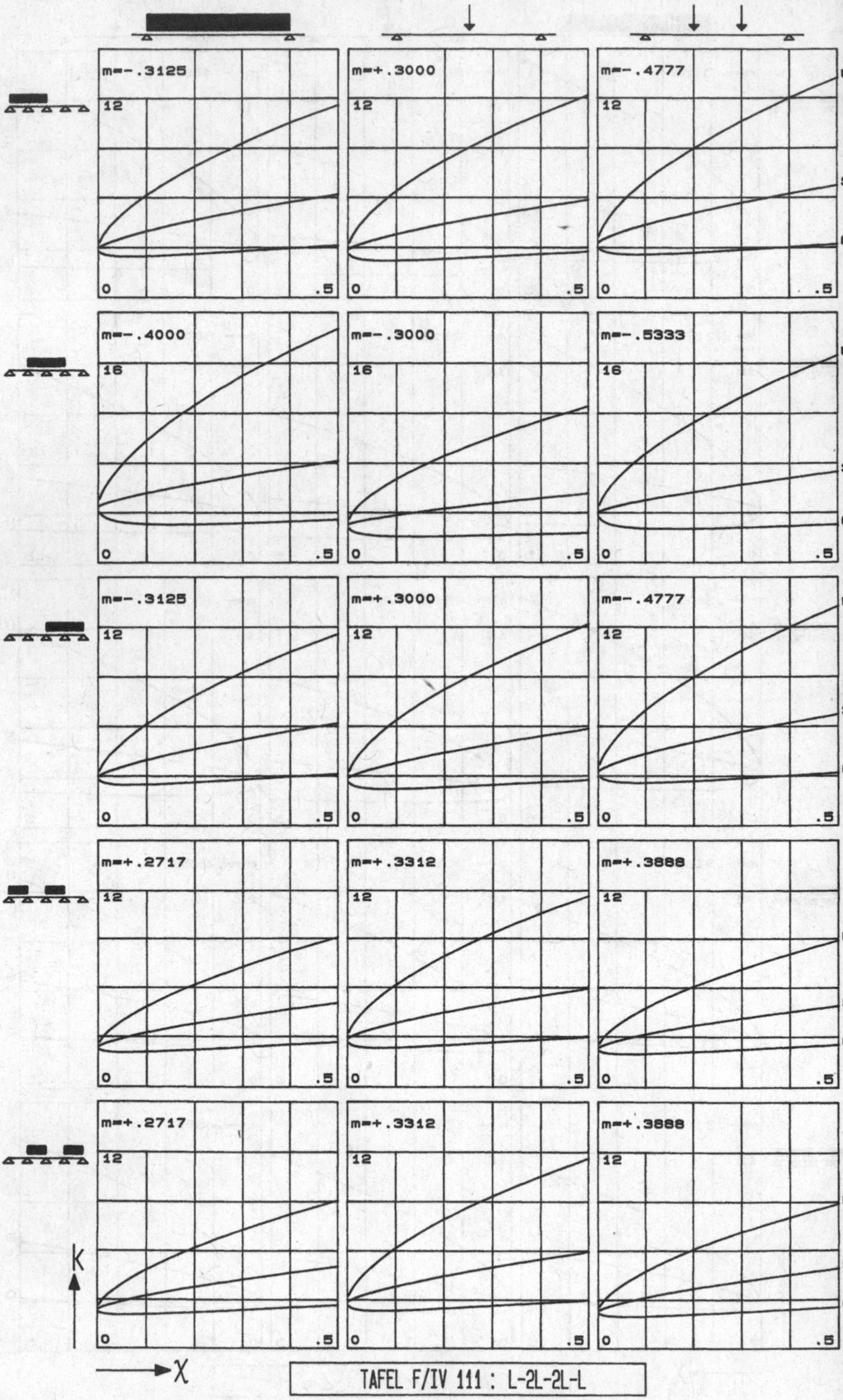
m=-.3125
12
0
.5
m=+.3000
12
0
.5
m=-.4777
12
0
.5
m=-.4000
16
0
.5
m=-.3000
16
0
.5
m=-.5333
16
0
.5
m=-.3125
12
0
.5
m=+.3000
12
0
.5
m=-.4777
12
0
.5
m=+.2717
12
0
.5
m=+.3312
12
0
.5
m=+.3888
12
0
.5
m=+.2717
12
0
.5
m=+.3312
12
0
.5
m=+.3888
12
0
.5
K
X
TAFEL F/IV 111 : L-2L-2L-L

F
V

m=+.1012 24 U S O 0 .5
m=+.2125 24 U S O 0 .5
m=+.2888 24 U S O 0 .5

m=+.1031 20 U S O 0 .5
m=+.2156 20 U S O 0 .5
m=+.2925 20 U S O 0 .5

m=+.2672 12 U S O 0 .5
m=+.3250 12 U S O 0 .5
m=+.3703 12 U S O 0 .5

m=+.2672 12 U S O 0 .5
m=+.3250 12 U S O 0 .5
m=+.3703 12 U S O 0 .5

m=+.1031 20 U S O 0 .5
m=+.2156 20 U S O 0 .5
m=+.2925 20 U S O 0 .5

k

x

F
IV

409

TAFEL F/IV 111 : L-2L-2L-L

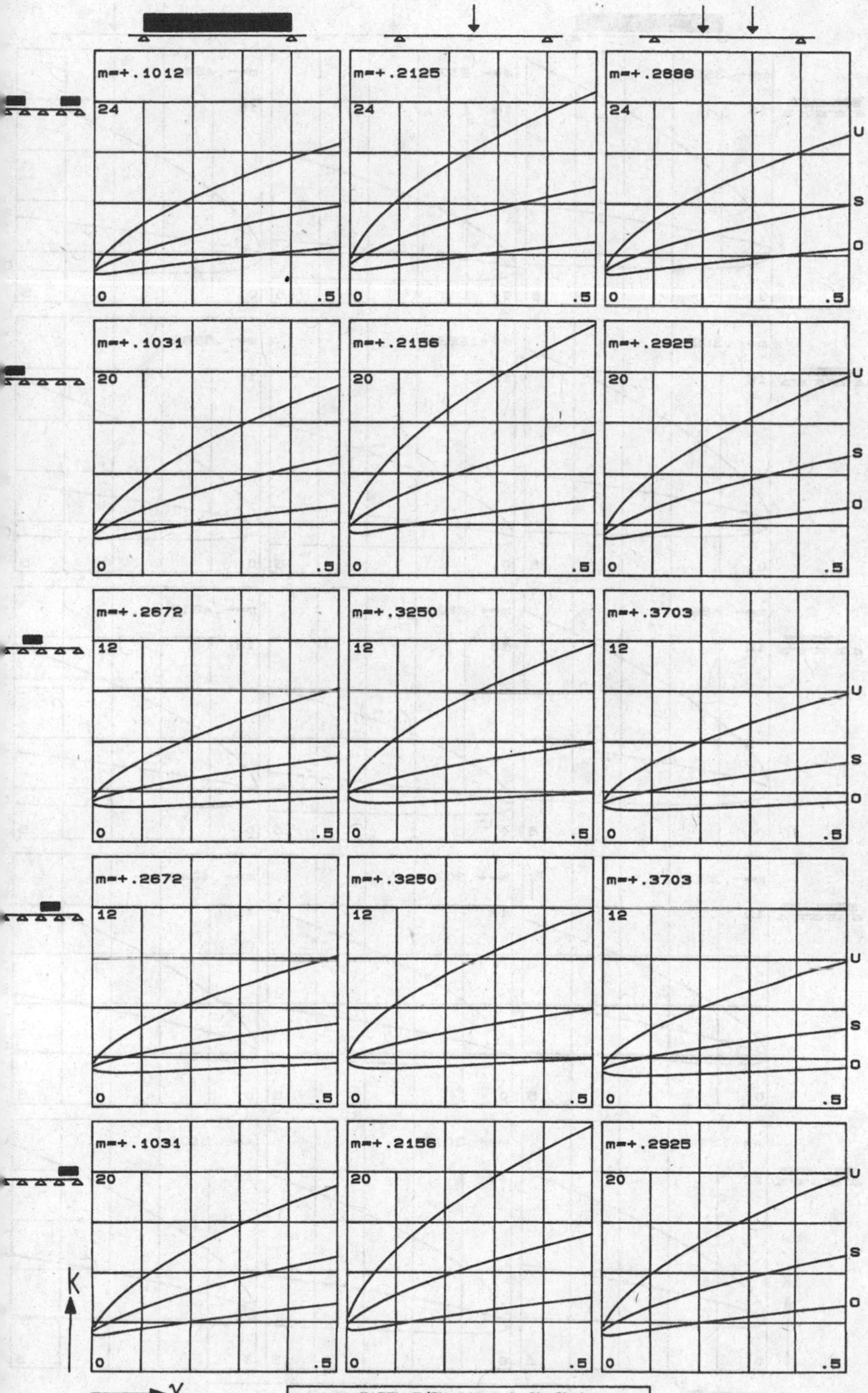

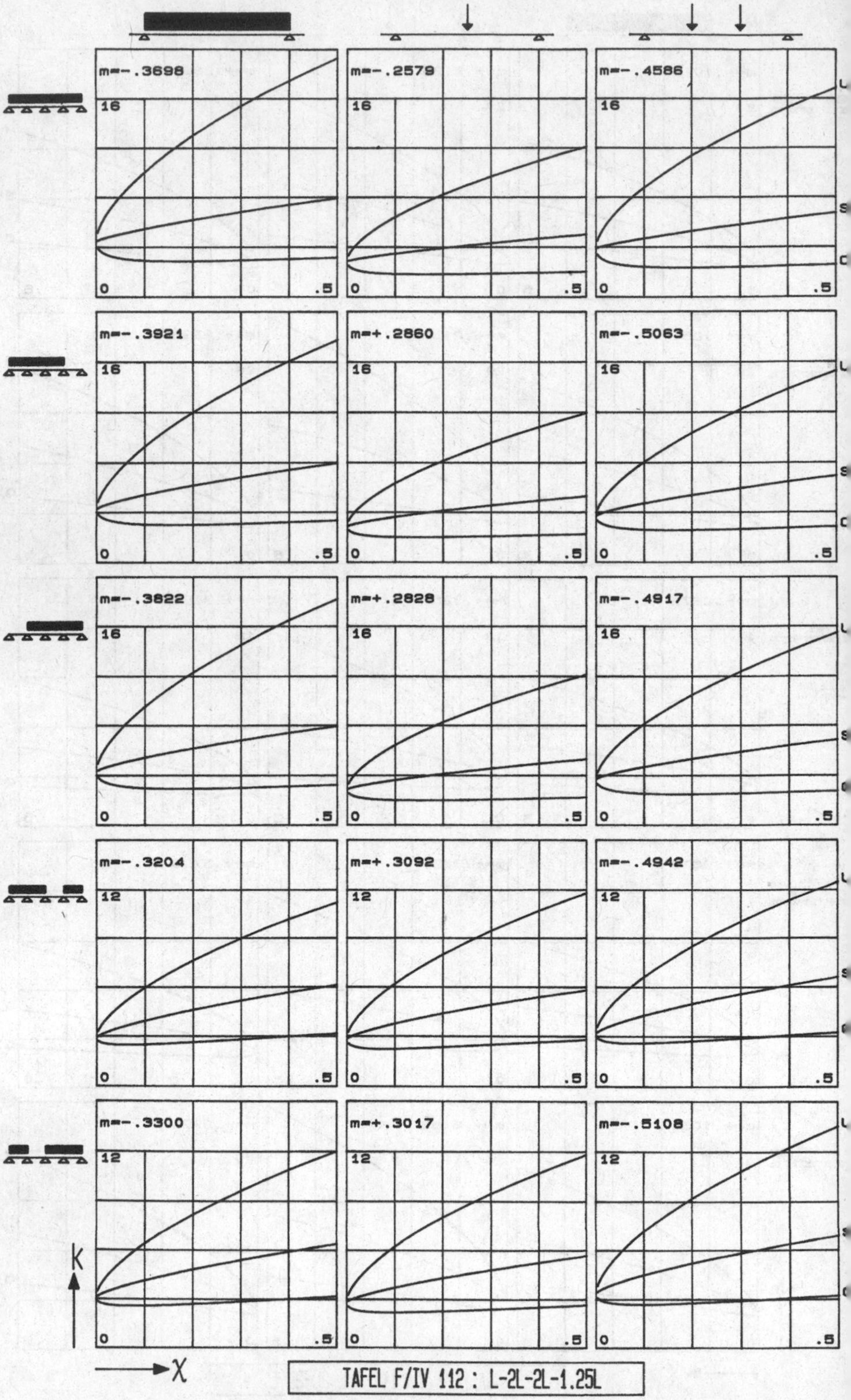

TAFEL F/IV 112 : L-2L-2L-1.25L

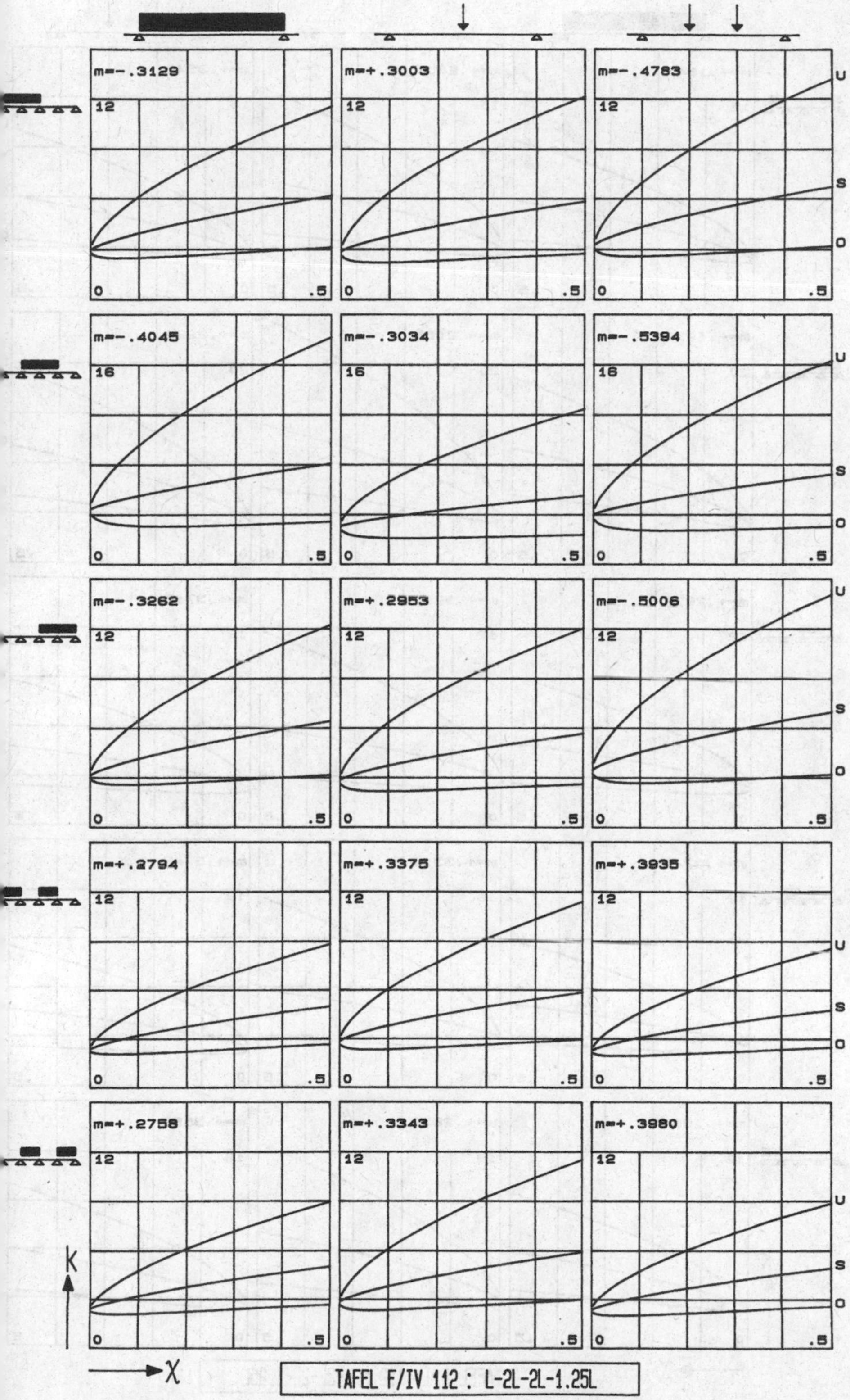
m=-.3129
m=+.3003
m=-.4783
m=-.4045
m=-.3034
m=-.5394
m=-.3262
m=+.2953
m=-.5006
m=+.2794
m=+.3375
m=+.3935
m=+.2758
m=+.3343
m=+.3980
12
16
0
.5
U
S
O
K
X

TAFEL F/IV 112 : L-2L-2L-1.25L

F IV

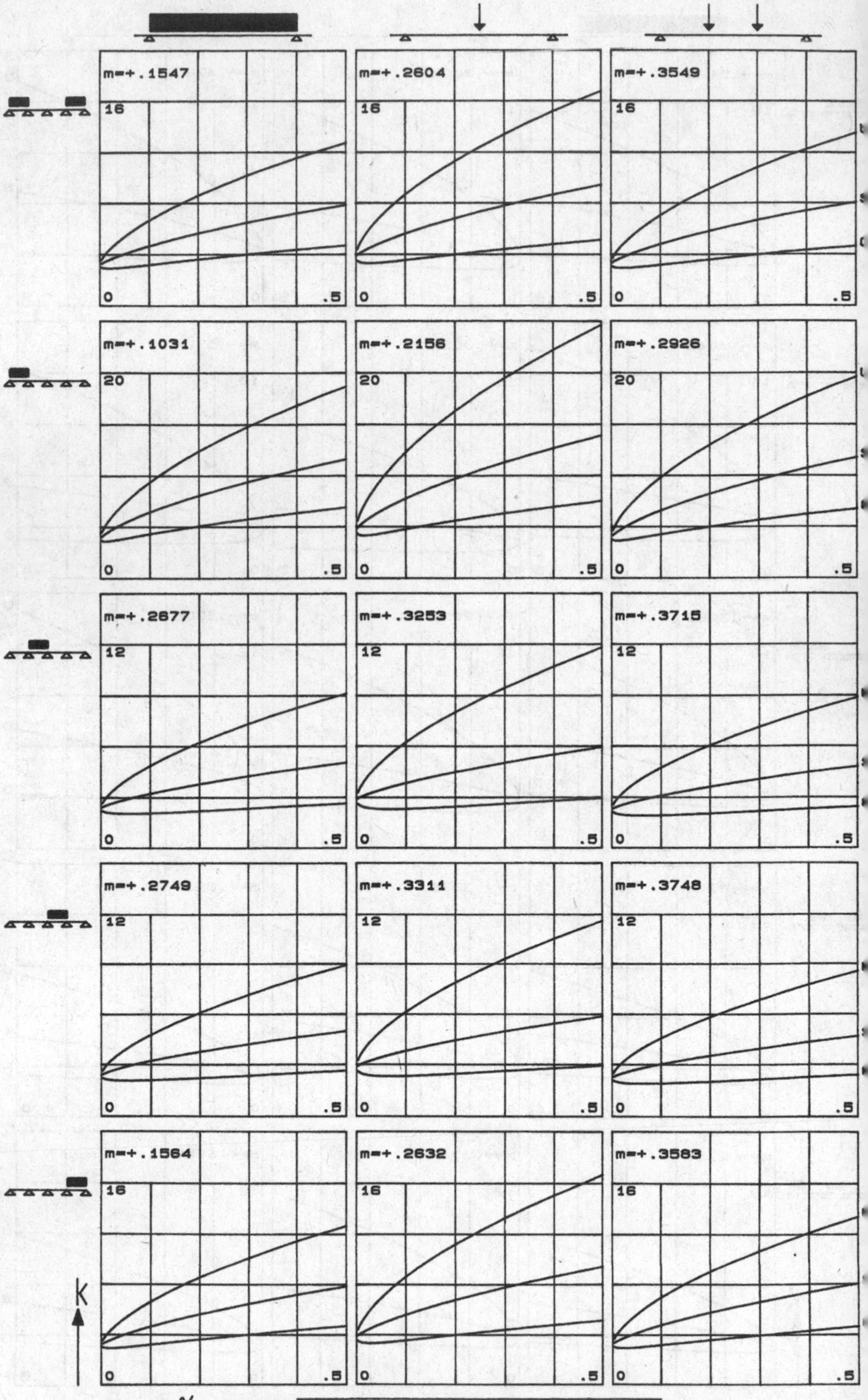

m=+.1547
16
0
.5
m=+.2604
16
0
.5
m=+.3549
16
0
.5
m=+.1031
20
0
.5
m=+.2156
20
0
.5
m=+.2926
20
0
.5
m=+.2677
12
0
.5
m=+.3253
12
0
.5
m=+.3715
12
0
.5
m=+.2749
12
0
.5
m=+.3311
12
0
.5
m=+.3748
12
0
.5
m=+.1564
16
0
.5
m=+.2632
16
0
.5
m=+.3583
16
0
.5
K
X

TAFEL F/IV 112 : L-2L-2L-1.25L

FV

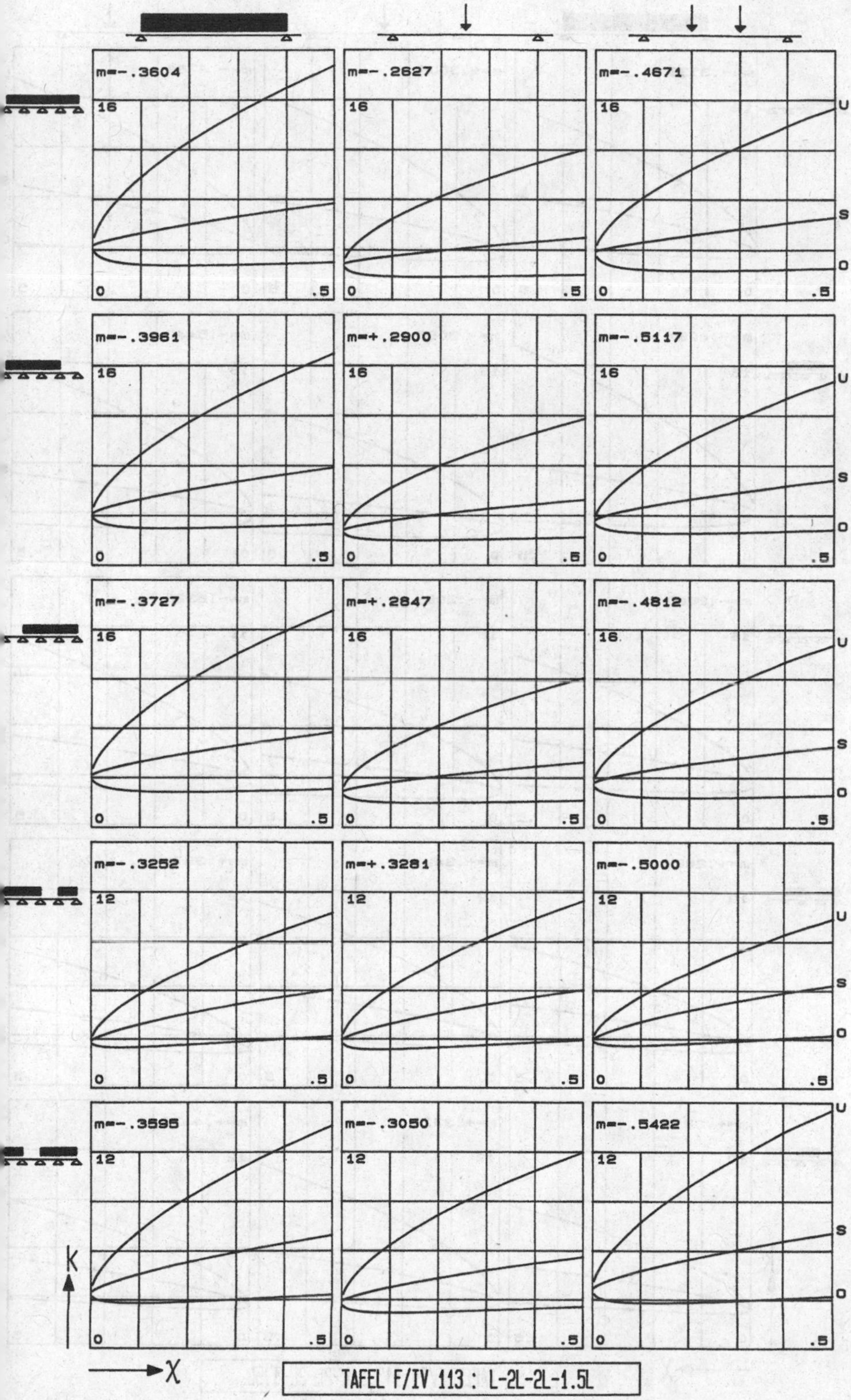
m=-.3604
m=-.2627
m=-.4671
m=-.3961
m=+.2900
m=-.5117
m=-.3727
m=+.2847
m=-.4812
m=-.3252
m=+.3281
m=-.5000
m=-.3595
m=-.3050
m=-.5422
16
12
0
.5
U
S
O
K
X

TAFEL F/IV 113 : L-2L-2L-1.5L

F IV

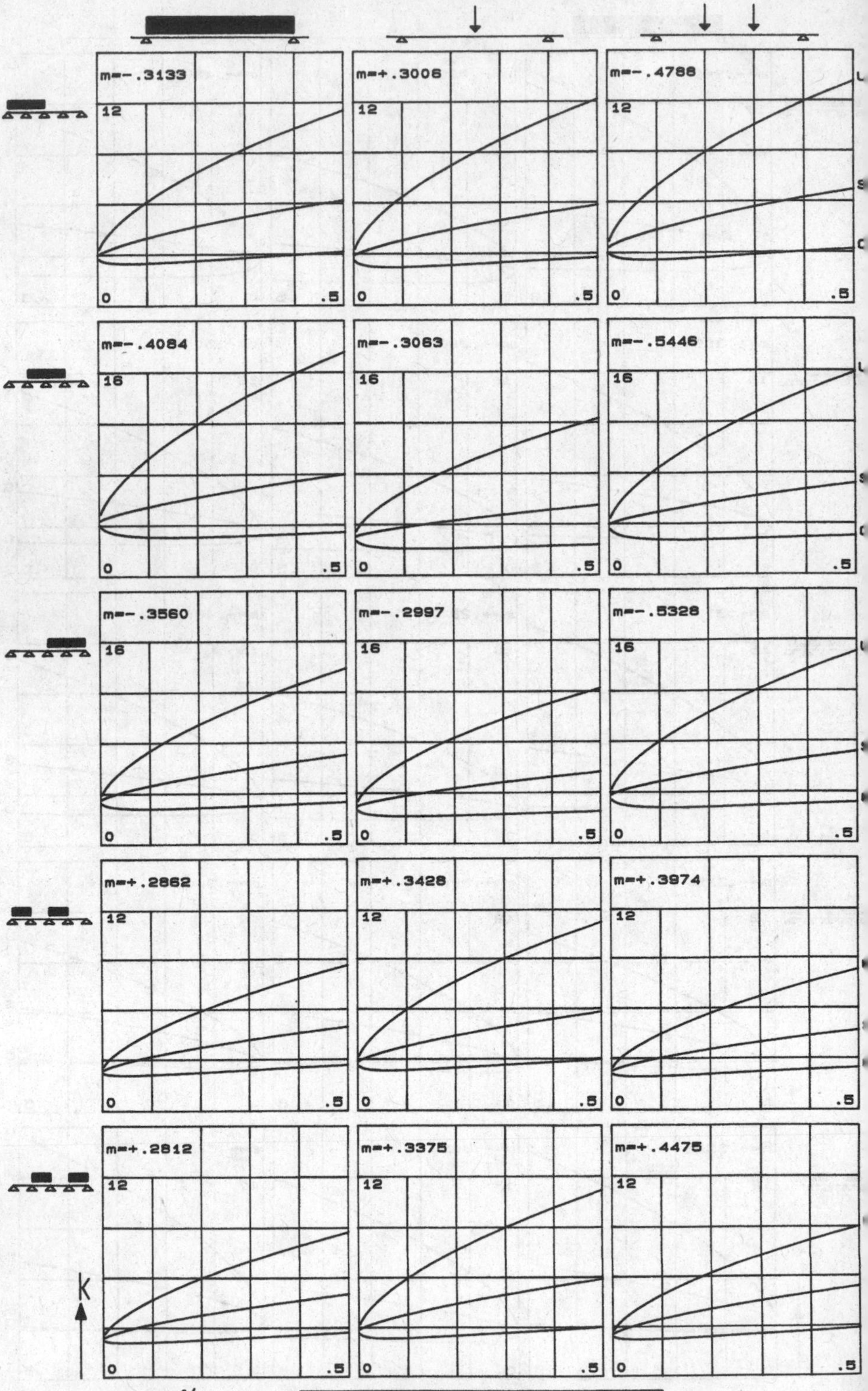

m=-.3133
12
0
.5
m=+.3006
12
0
.5
m=-.4788
12
0
.5
m=-.4084
16
0
.5
m=-.3083
16
0
.5
m=-.5446
16
0
.5
m=-.3560
16
0
.5
m=-.2997
16
0
.5
m=-.5328
16
0
.5
m=+.2862
12
0
.5
m=+.3428
12
0
.5
m=+.3974
12
0
.5
m=+.2812
12
0
.5
m=+.3375
12
0
.5
m=+.4475
12
0
.5
K
X

TAFEL F/IV 113 : L-2L-2L-1.5L

F
V

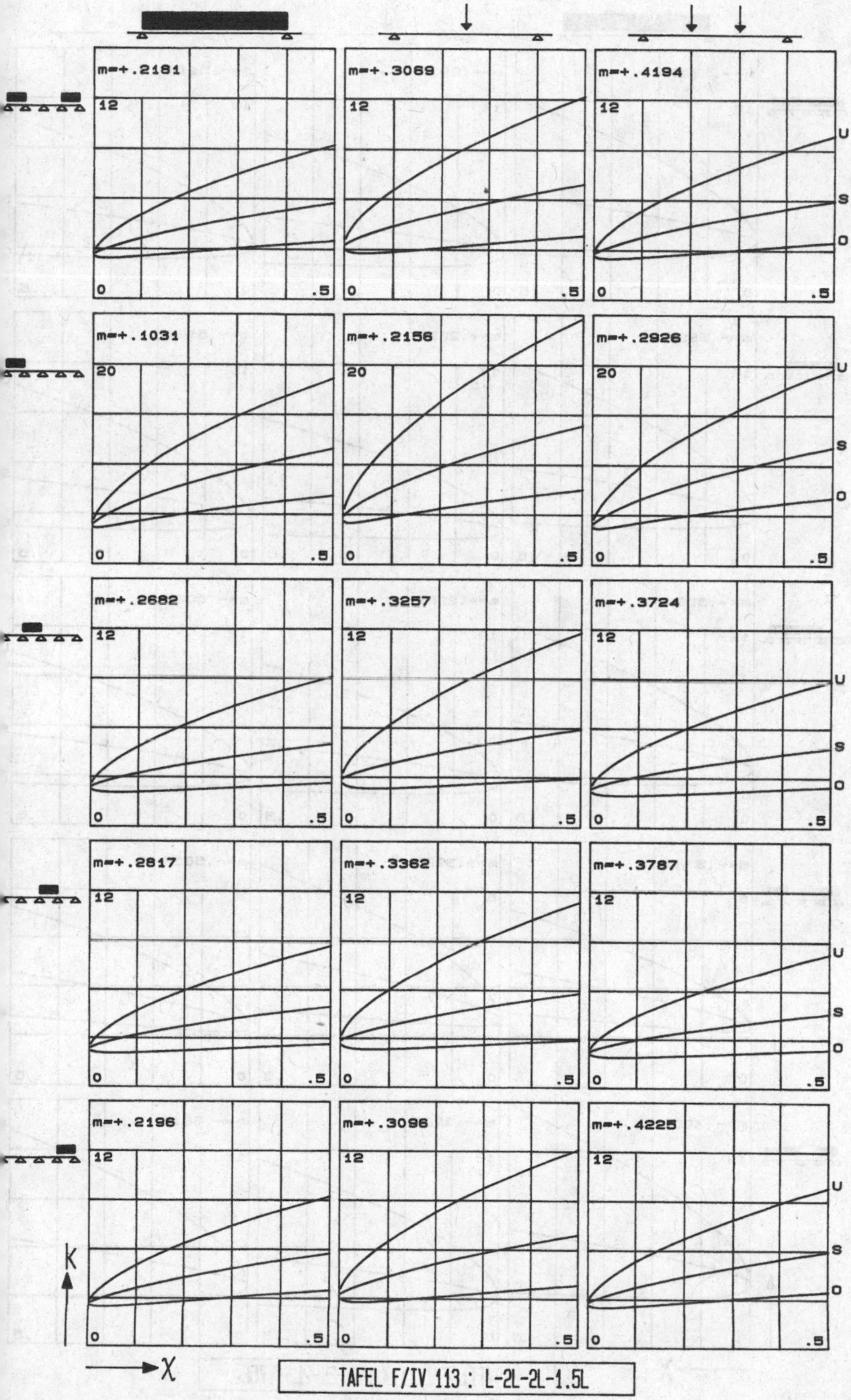

m=+.2181
m=+.3069
m=+.4194
12
U
S
O
0
.5
m=+.1031
m=+.2156
m=+.2926
20
m=+.2682
m=+.3257
m=+.3724
m=+.2817
m=+.3362
m=+.3787
m=+.2196
m=+.3096
m=+.4225
K
X

TAFEL F/IV 113 : L-2L-2L-1.5L

F IV

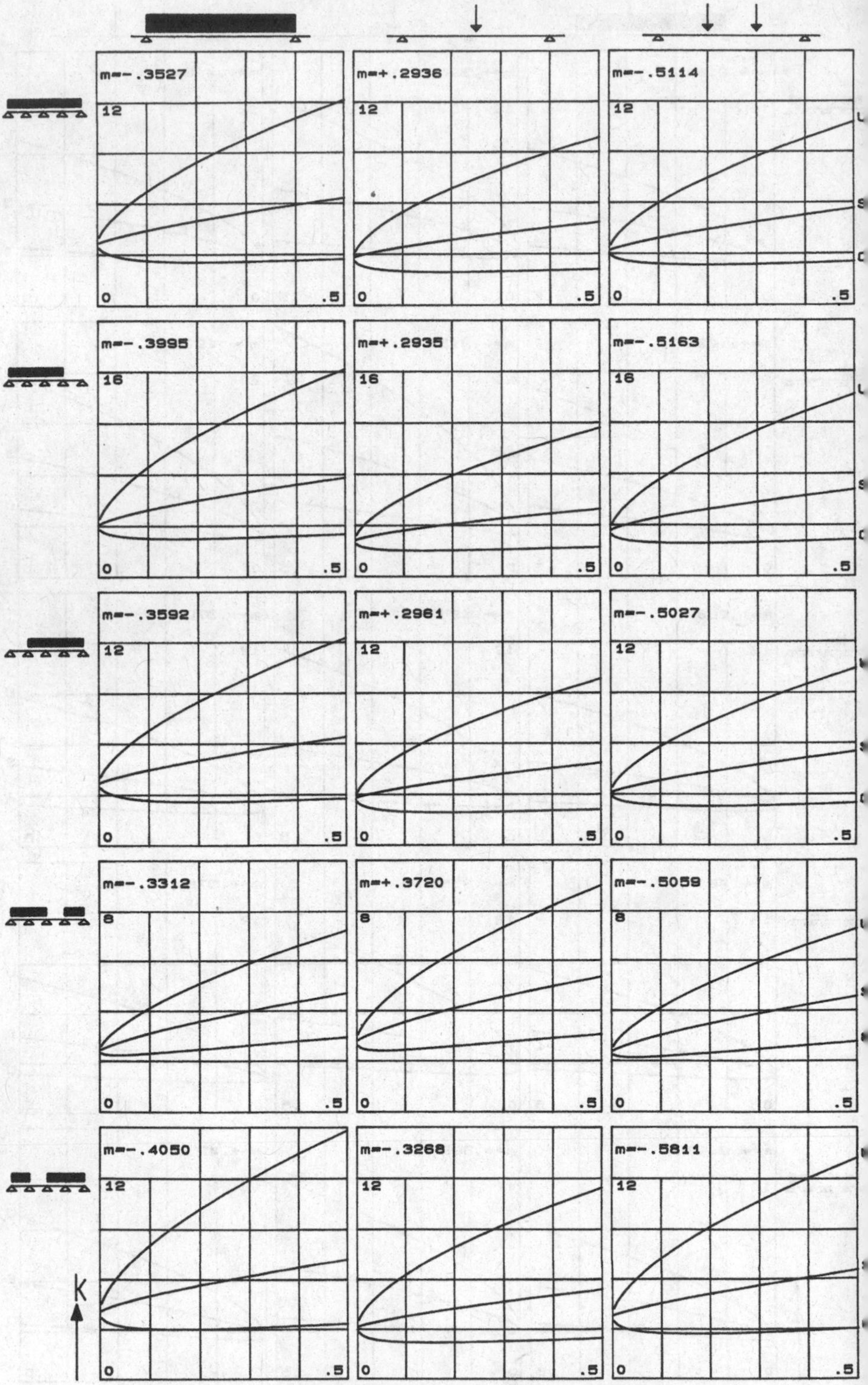
m=-.3527
12
0
.5
m=+.2936
12
0
.5
m=-.5114
12
0
.5
m=-.3995
16
0
.5
m=+.2935
16
0
.5
m=-.5163
16
0
.5
m=-.3592
12
0
.5
m=+.2961
12
0
.5
m=-.5027
12
0
.5
m=-.3312
8
0
.5
m=+.3720
8
0
.5
m=-.5059
8
0
.5
m=-.4050
12
0
.5
m=-.3268
12
0
.5
m=-.5811
12
0
.5
K
X

TAFEL F/IV 114 : L-2L-2L-1.75L

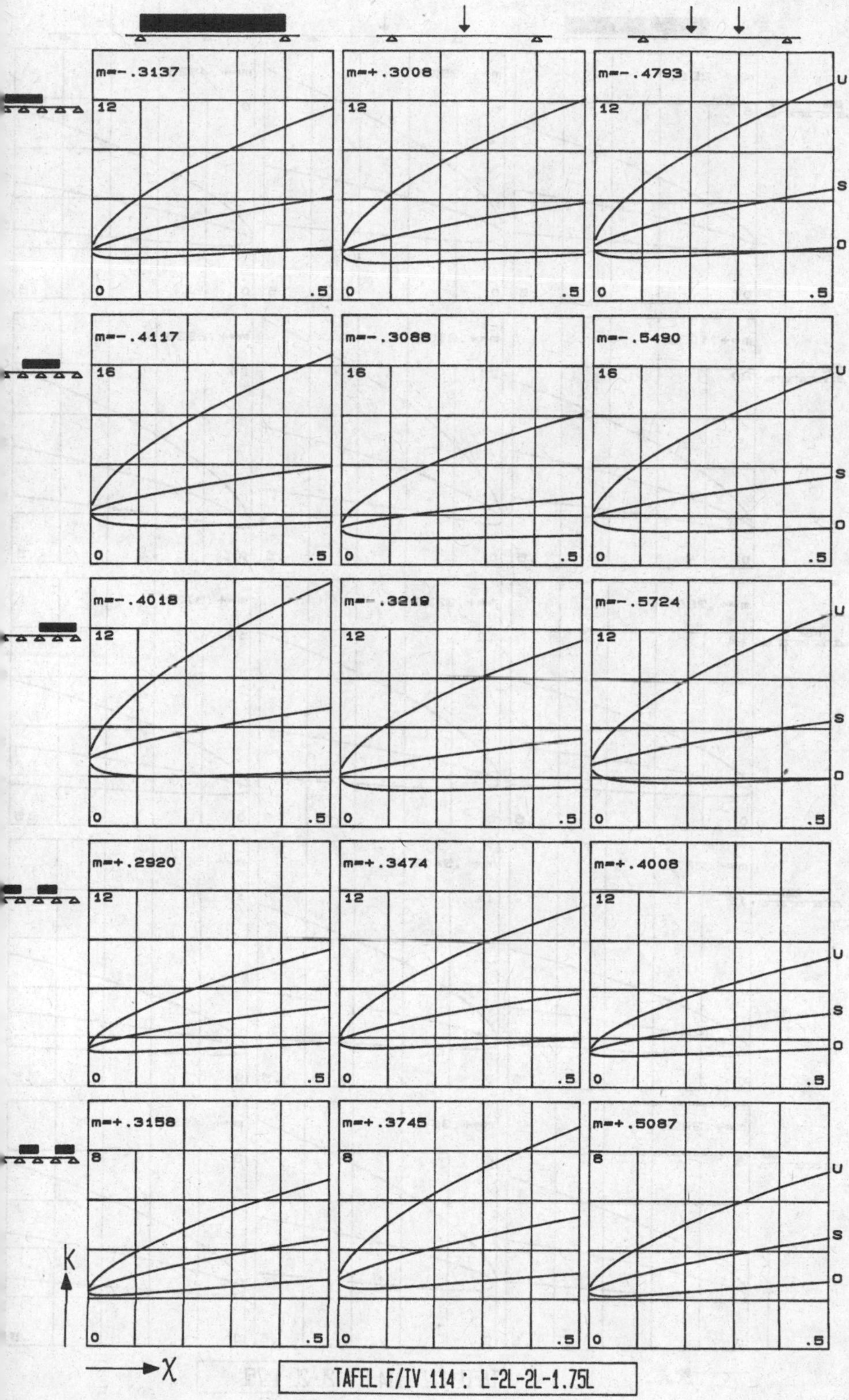

m=-.3137
12
0
.5
m=+.3008
12
0
.5
m=-.4793
12
U
S
O
0
.5
m=-.4117
16
0
.5
m=-.3066
16
0
.5
m=-.5490
16
U
S
O
0
.5
m=-.4018
12
0
.5
m=-.3219
12
0
.5
m=-.5724
12
U
S
O
0
.5
m=+.2920
12
0
.5
m=+.3474
12
0
.5
m=+.4008
12
U
S
O
0
.5
m=+.3158
8
0
.5
m=+.3745
8
0
.5
m=+.5087
8
U
S
O
0
.5
K
X

TAFEL F/IV 114 : L-2L-2L-1.75L

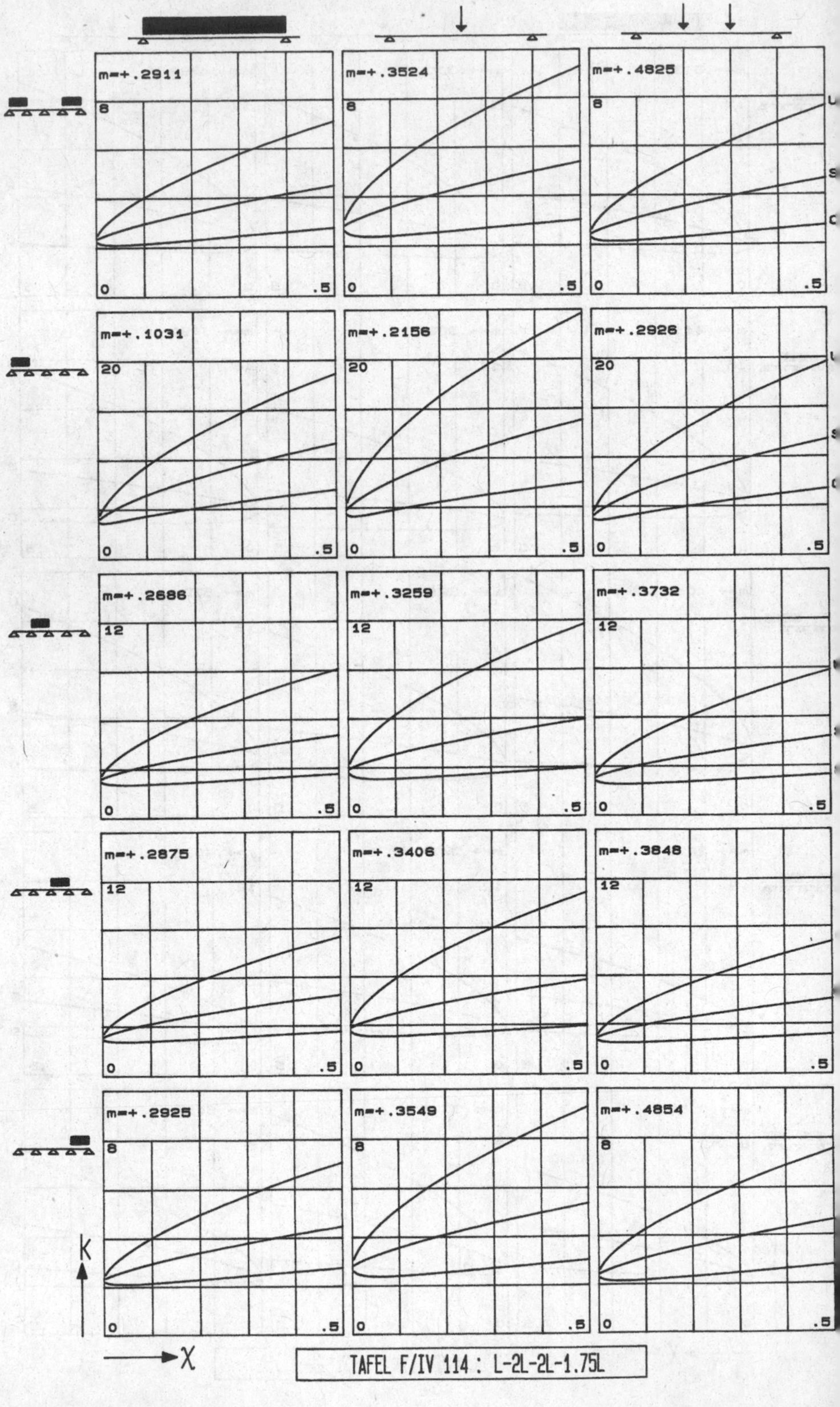
m=+.2911
8
0
.5
m=+.3524
8
0
.5
m=+.4825
8
0
.5
m=+.1031
20
0
.5
m=+.2156
20
0
.5
m=+.2926
20
0
.5
m=+.2686
12
0
.5
m=+.3259
12
0
.5
m=+.3732
12
0
.5
m=+.2875
12
0
.5
m=+.3406
12
0
.5
m=+.3848
12
0
.5
m=+.2925
8
0
.5
m=+.3549
8
0
.5
m=+.4854
8
0
.5
K
X

TAFEL F/IV 114 : L-2L-2L-1.75L

F
V

m=-.4176 8 0 .5
m=+.3422 8 0 .5
m=-.5609 8 U S O 0 .5

m=-.4024 16 0 .5
m=+.2964 16 0 .5
m=-.5203 16 U S O 0 .5

m=-.4146 8 0 .5
m=+.3445 8 0 .5
m=-.5528 8 U S O 0 .5

m=+.3949 8 0 .5
m=+.4153 8 0 .5
m=+.5663 8 U S O 0 .5

m=-.4664 8 0 .5
m=-.3521 8 0 .5
m=-.6260 U S O 0 .5

K X

F
IV

419

TAFEL F/IV 115 : L-2L-2L-2L

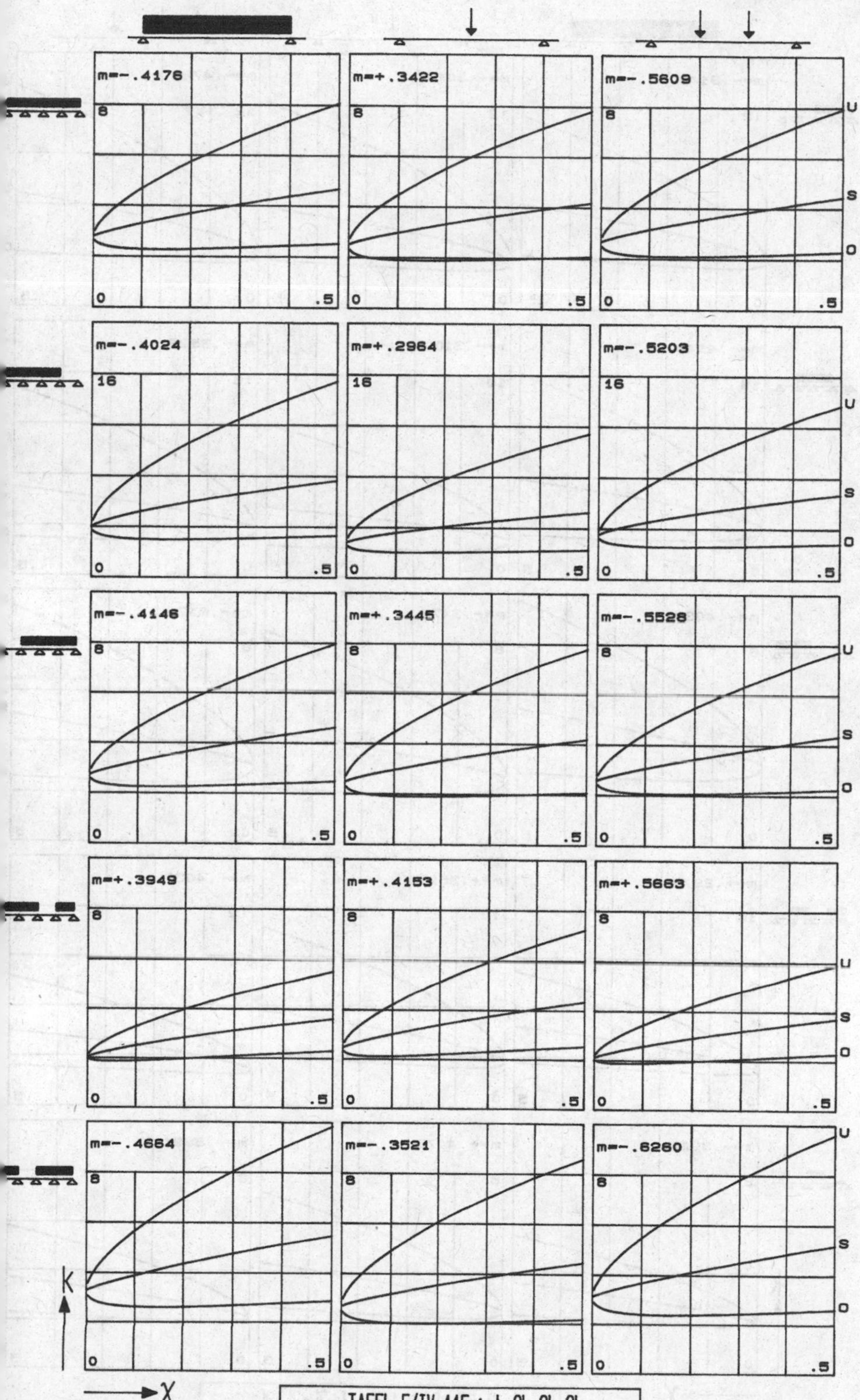

TAFEL F/IV 115 : L-2L-2L-2L

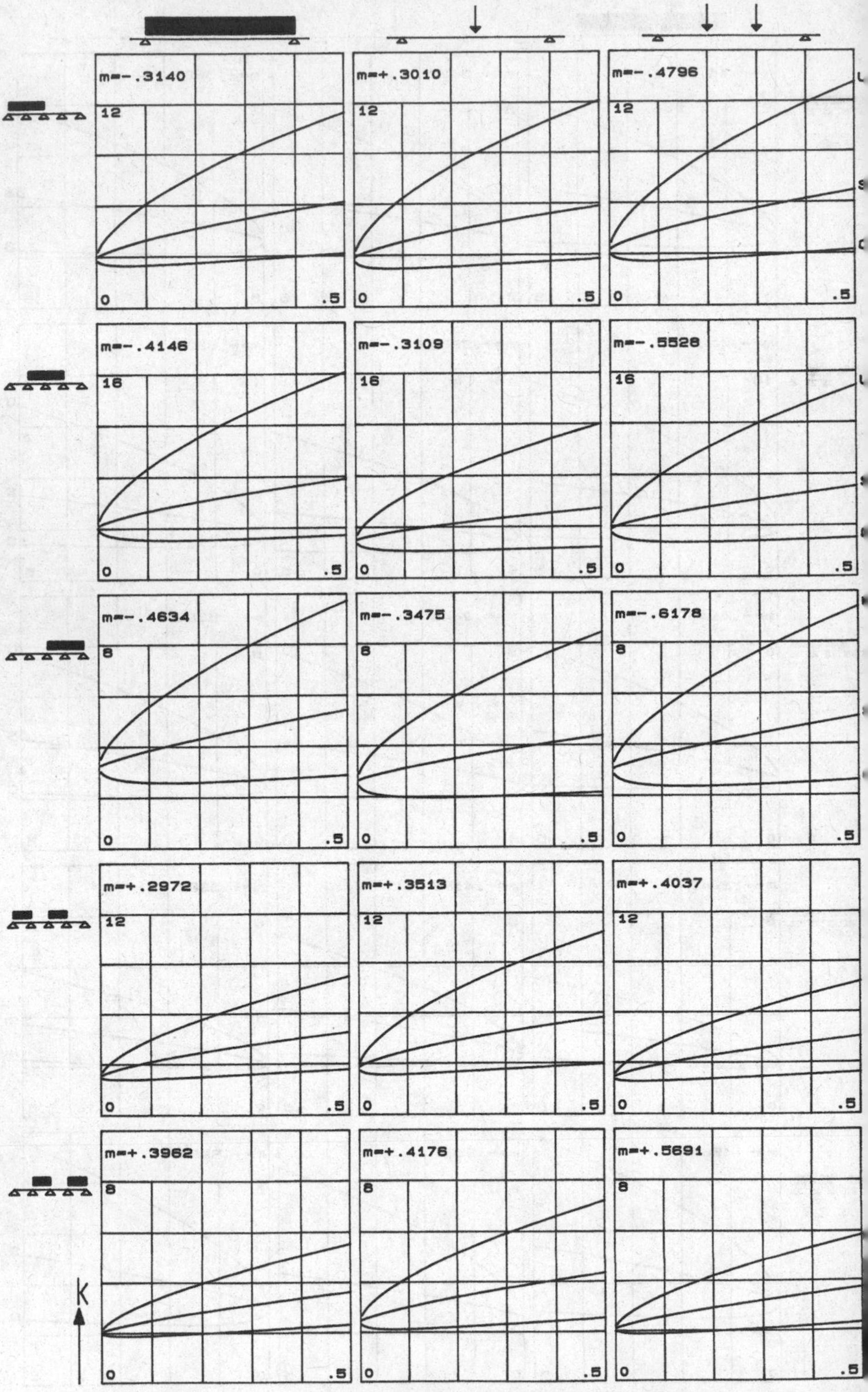

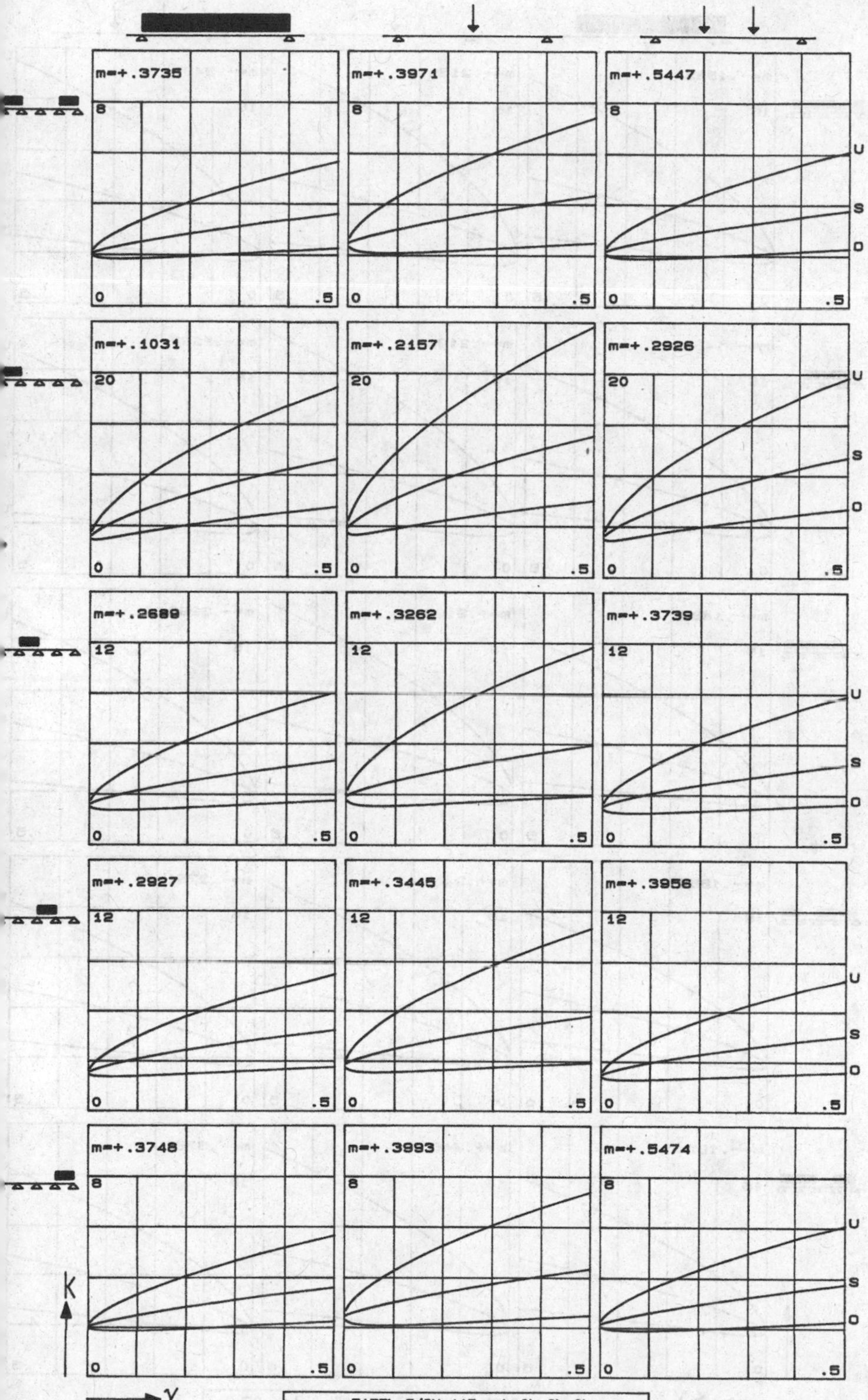
m=+.3735
m=+.3971
m=+.5447
m=+.1031
m=+.2157
m=+.2926
m=+.2689
m=+.3262
m=+.3739
m=+.2927
m=+.3445
m=+.3956
m=+.3748
m=+.3993
m=+.5474
U
S
O
K
X

TAFEL F/IV 115 : L-2L-2L-2L

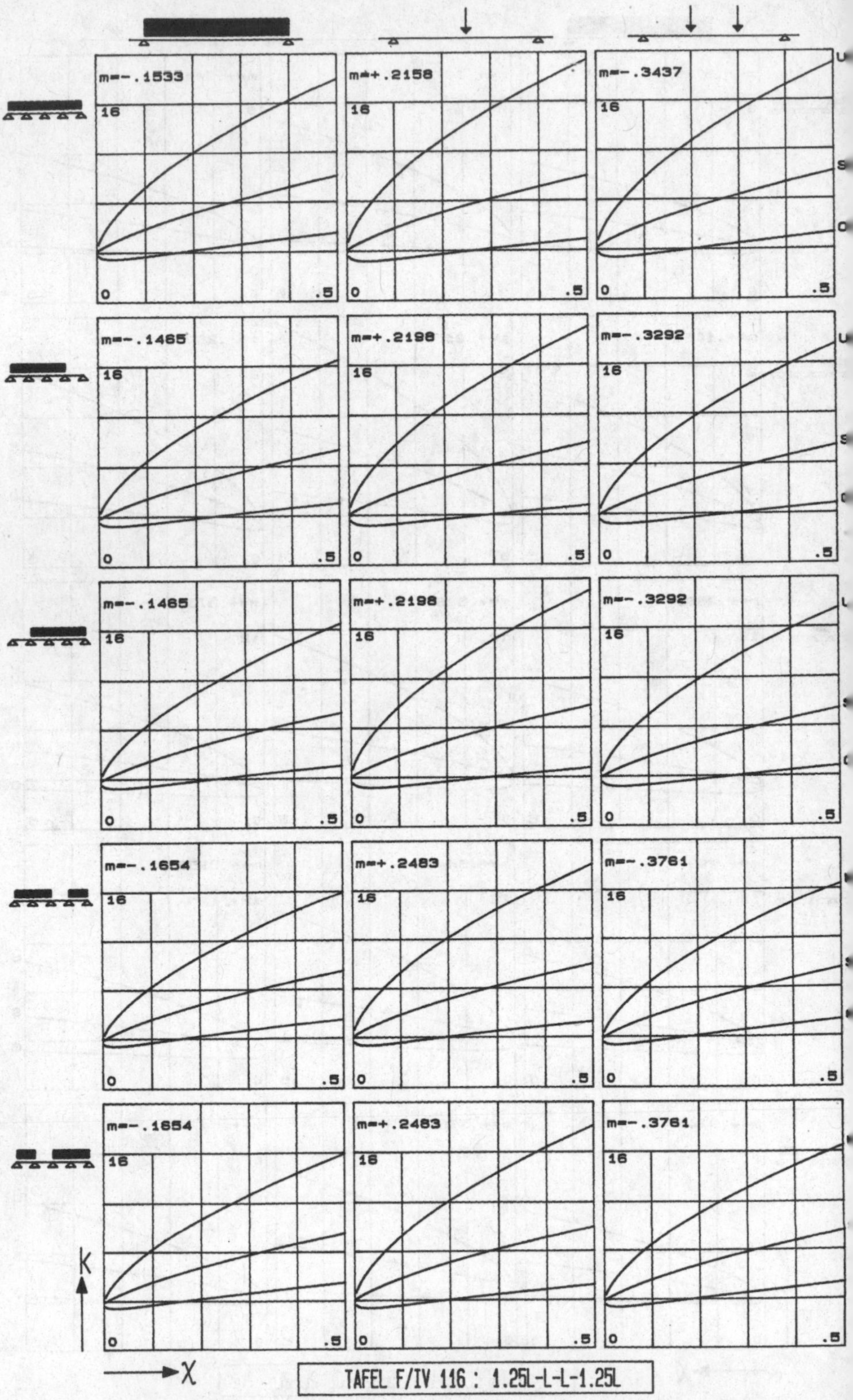
m=-.1533
m=+.2158
m=-.3437
m=-.1465
m=+.2198
m=-.3292
m=-.1465
m=+.2198
m=-.3292
m=-.1654
m=+.2483
m=-.3761
m=-.1654
m=+.2483
m=-.3761
16
0
.5
U
S
O
K
X

TAFEL F/IV 116 : 1.25L-L-L-1.25L

F
IV

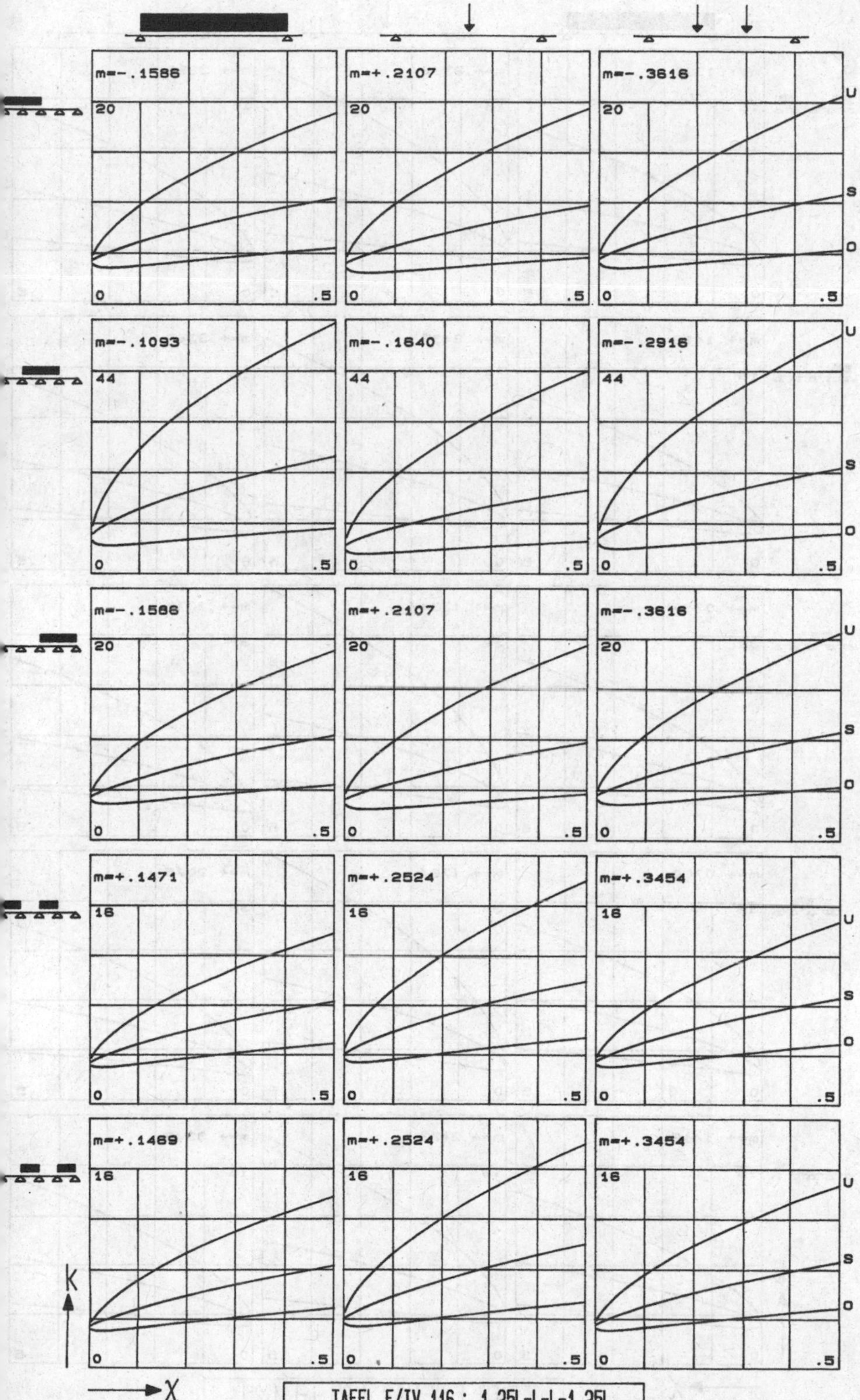
m=-.1586
20
0
.5
m=+.2107
20
0
.5
m=-.3616
20
0
.5
U
S
O
m=-.1093
44
0
.5
m=-.1640
44
0
.5
m=-.2916
44
0
.5
U
S
O
m=-.1586
20
0
.5
m=+.2107
20
0
.5
m=-.3616
20
0
.5
U
S
O
m=+.1471
16
0
.5
m=+.2524
16
0
.5
m=+.3454
16
0
.5
U
S
O
m=+.1469
16
0
.5
m=+.2524
16
0
.5
m=+.3454
16
0
.5
U
S
O
K
X

TAFEL F/IV 116 : 1.25L-L-L-1.25L

F IV

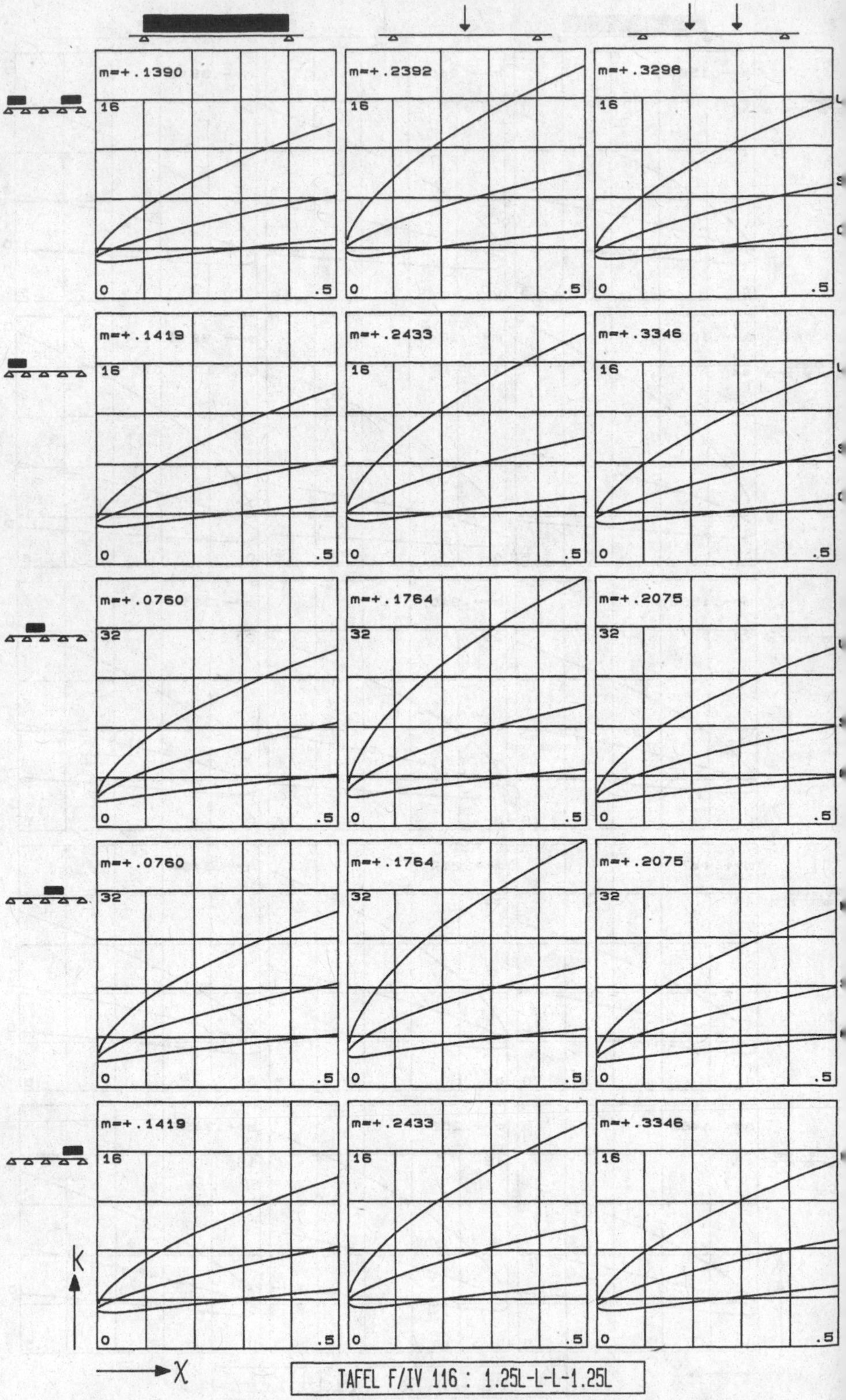

m=+.1390
16
0
.5
m=+.2392
16
0
.5
m=+.3298
16
0
.5
m=+.1419
16
0
.5
m=+.2433
16
0
.5
m=+.3346
16
0
.5
m=+.0760
32
0
.5
m=+.1764
32
0
.5
m=+.2075
32
0
.5
m=+.0760
32
0
.5
m=+.1764
32
0
.5
m=+.2075
32
0
.5
m=+.1419
16
0
.5
m=+.2433
16
0
.5
m=+.3346
16
0
.5
K
X
F
V

TAFEL F/IV 116 : 1.25L-L-L-1.25L

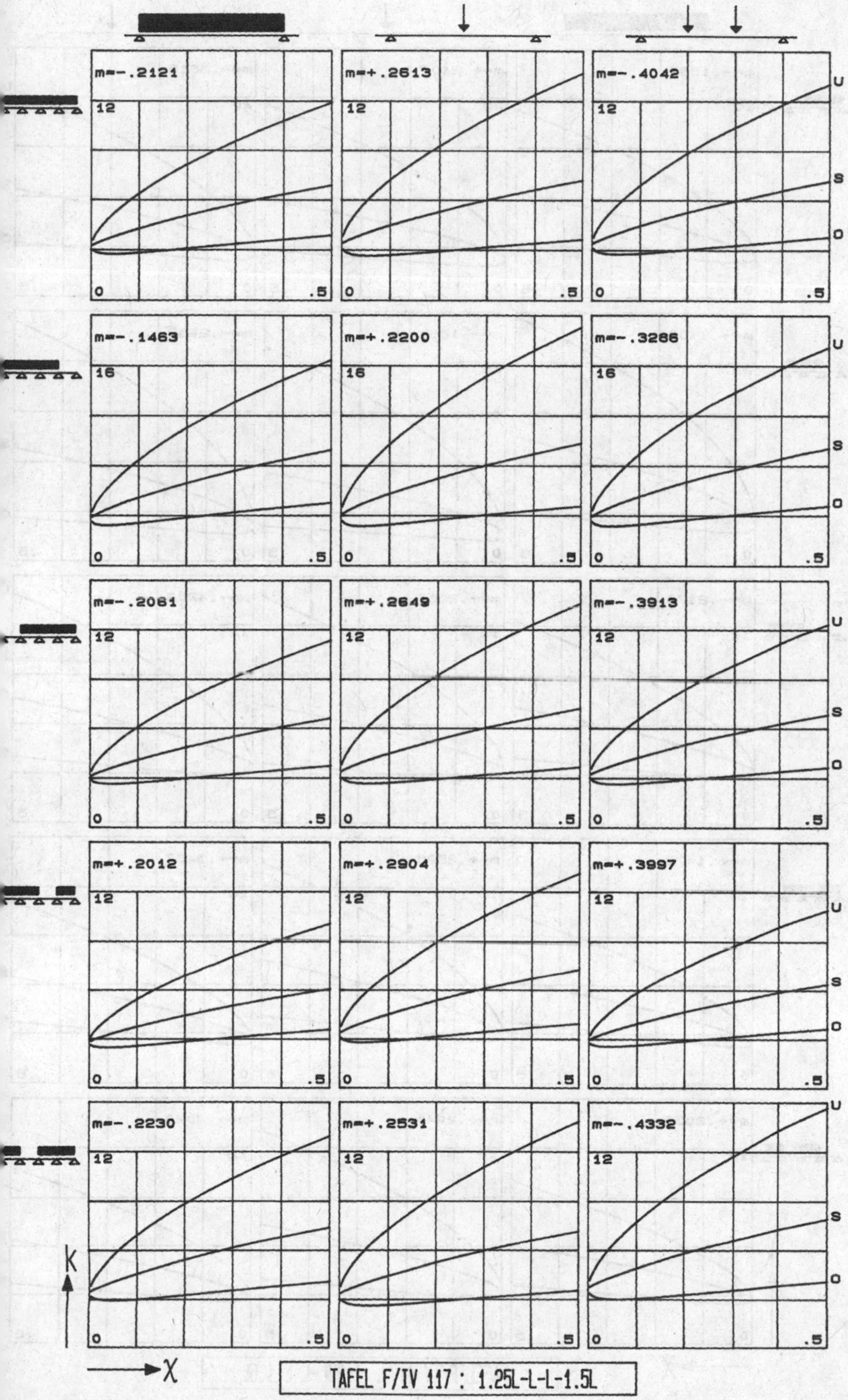
m=-.2121
12
0
.5
m=+.2613
12
0
.5
m=-.4042
12
0
.5
U
S
O
m=-.1463
16
0
.5
m=+.2200
16
0
.5
m=-.3286
16
0
.5
U
S
O
m=-.2061
12
0
.5
m=+.2649
12
0
.5
m=-.3913
12
0
.5
U
S
O
m=+.2012
12
0
.5
m=+.2904
12
0
.5
m=+.3997
12
0
.5
U
S
O
m=-.2230
12
0
.5
m=+.2531
12
0
.5
m=-.4332
12
0
.5
U
S
O
K
X

TAFEL F/IV 117 : 1.25L-L-L-1.5L

F
IV

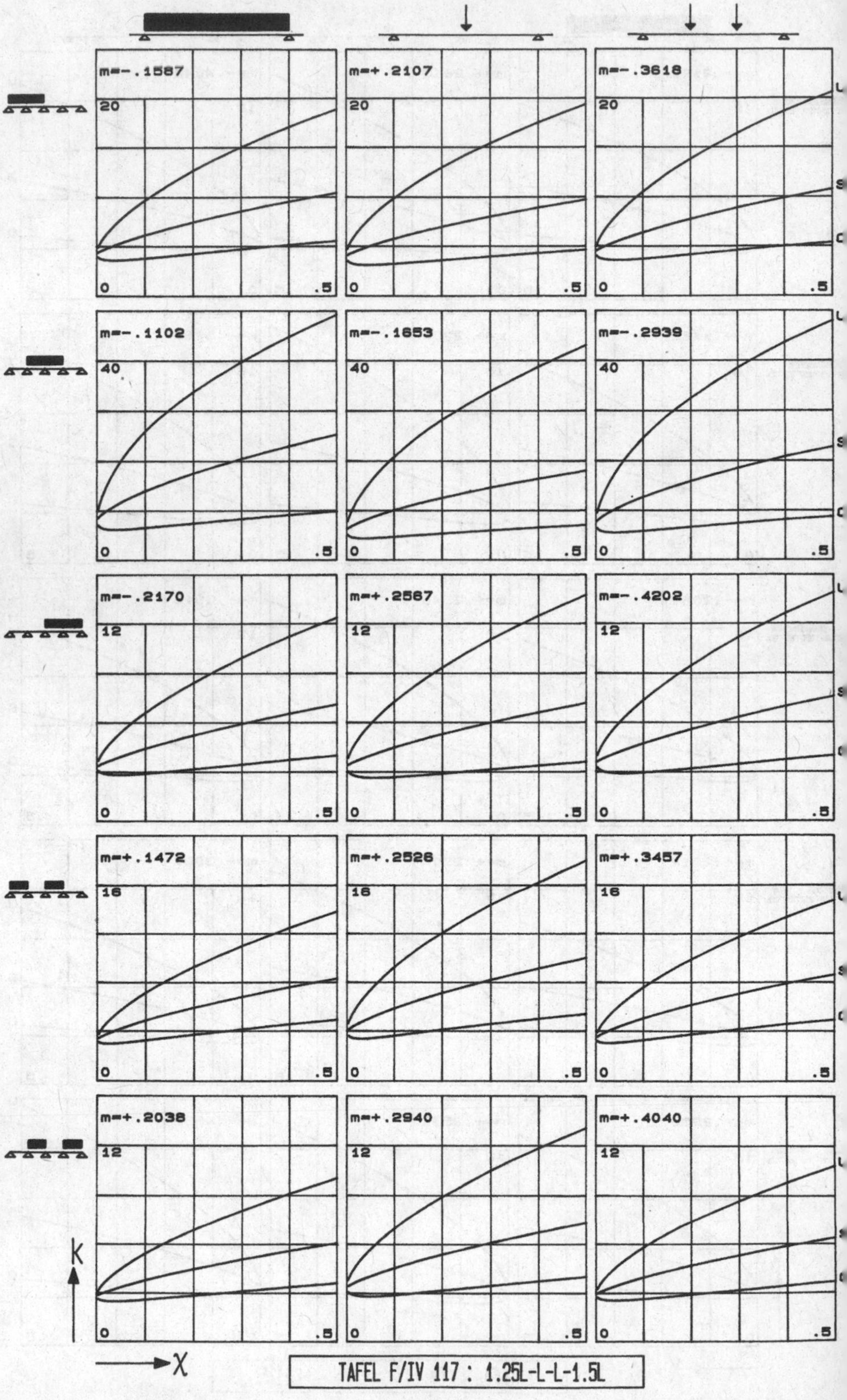
m=-.1587
20
0
.5
m=+.2107
20
0
.5
m=-.3618
20
0
.5
m=-.1102
40
0
.5
m=-.1653
40
0
.5
m=-.2939
40
0
.5
m=-.2170
12
0
.5
m=+.2567
12
0
.5
m=-.4202
12
0
.5
m=+.1472
16
0
.5
m=+.2526
16
0
.5
m=+.3457
16
0
.5
m=+.2038
12
0
.5
m=+.2940
12
0
.5
m=+.4040
12
0
.5
K
X

TAFEL F/IV 117 : 1.25L-L-L-1.5L

F
IV

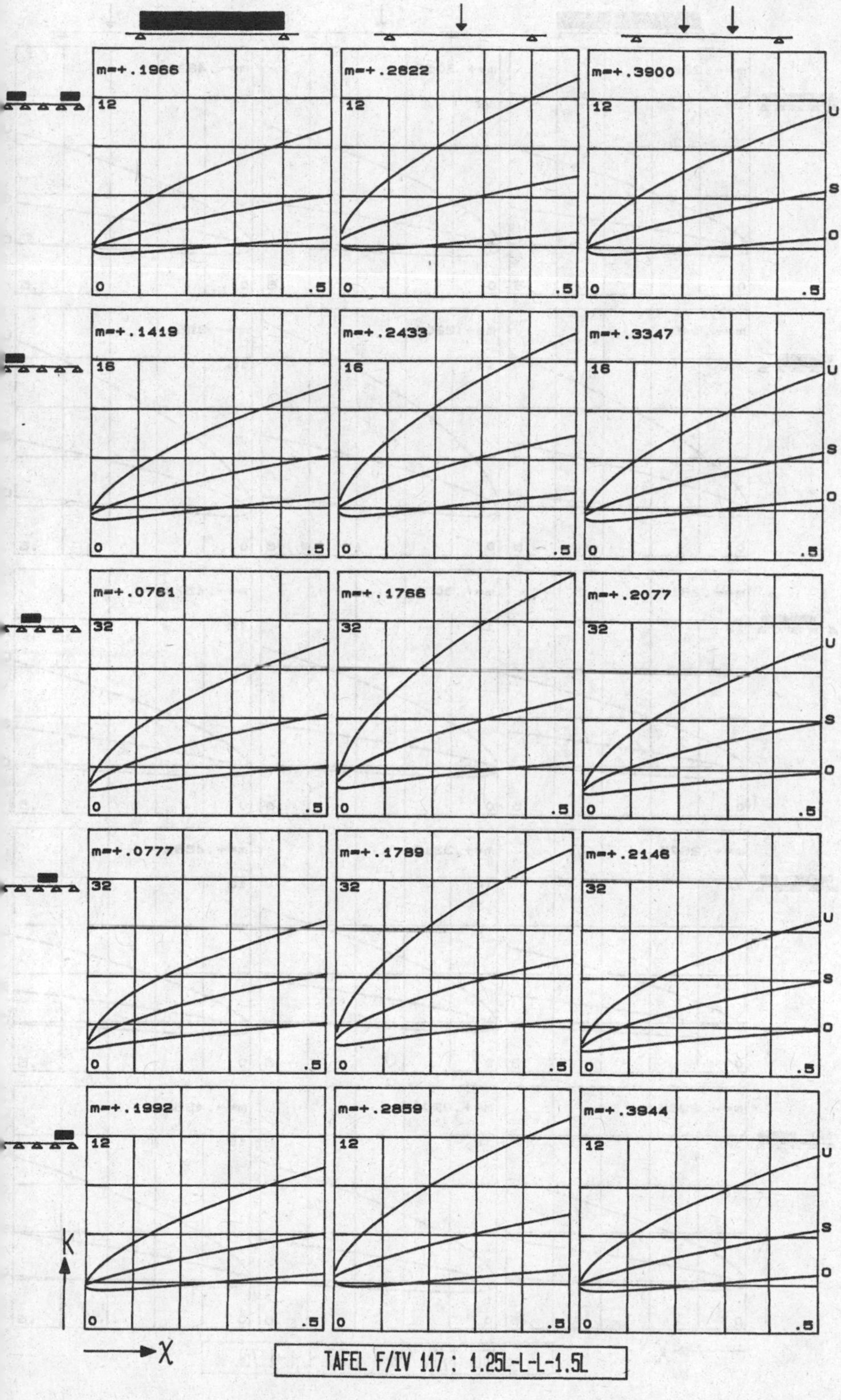

m=+.1966
12
0
.5
m=+.2622
12
0
.5
m=+.3900
12
0
.5
U
S
O
m=+.1419
16
0
.5
m=+.2433
16
0
.5
m=+.3347
16
0
.5
U
S
O
m=+.0761
32
0
.5
m=+.1766
32
0
.5
m=+.2077
32
0
.5
U
S
O
m=+.0777
32
0
.5
m=+.1789
32
0
.5
m=+.2146
32
0
.5
U
S
O
m=+.1992
12
0
.5
m=+.2859
12
0
.5
m=+.3944
12
0
.5
U
S
O
K
X

TAFEL F/IV 117 : 1.25L-L-L-1.5L

F IV

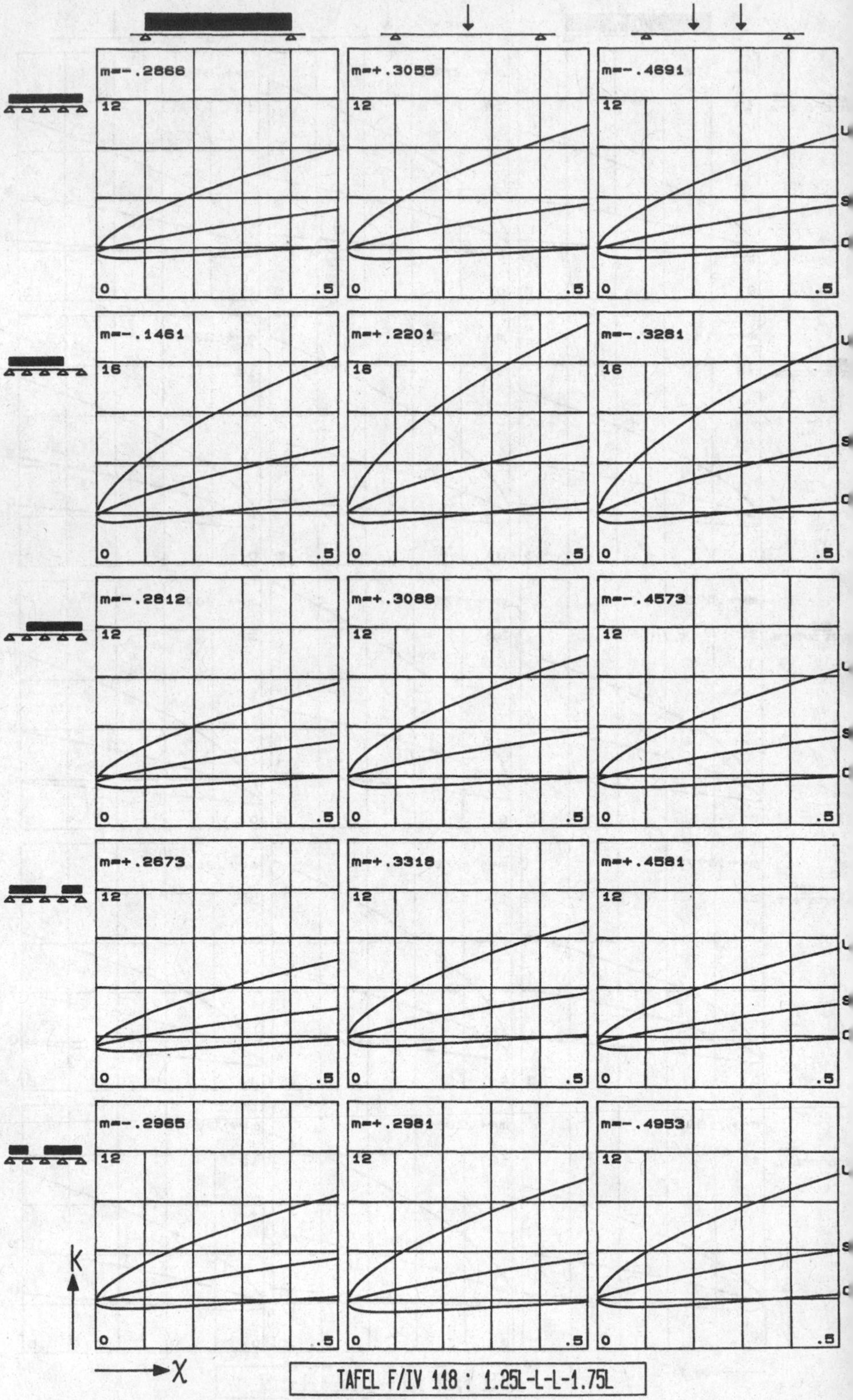

m=-.2866
12
0
.5
m=+.3055
12
0
.5
m=-.4691
12
0
.5
L
S
C
m=-.1461
16
0
.5
m=+.2201
16
0
.5
m=-.3281
16
0
.5
L
S
C
m=-.2812
12
0
.5
m=+.3088
12
0
.5
m=-.4573
12
0
.5
L
S
C
m=+.2673
12
0
.5
m=+.3318
12
0
.5
m=+.4581
12
0
.5
L
S
C
m=-.2965
12
0
.5
m=+.2981
12
0
.5
m=-.4953
12
0
.5
L
S
C
K
X
F
V

TAFEL F/IV 118 : 1.25L-L-L-1.75L

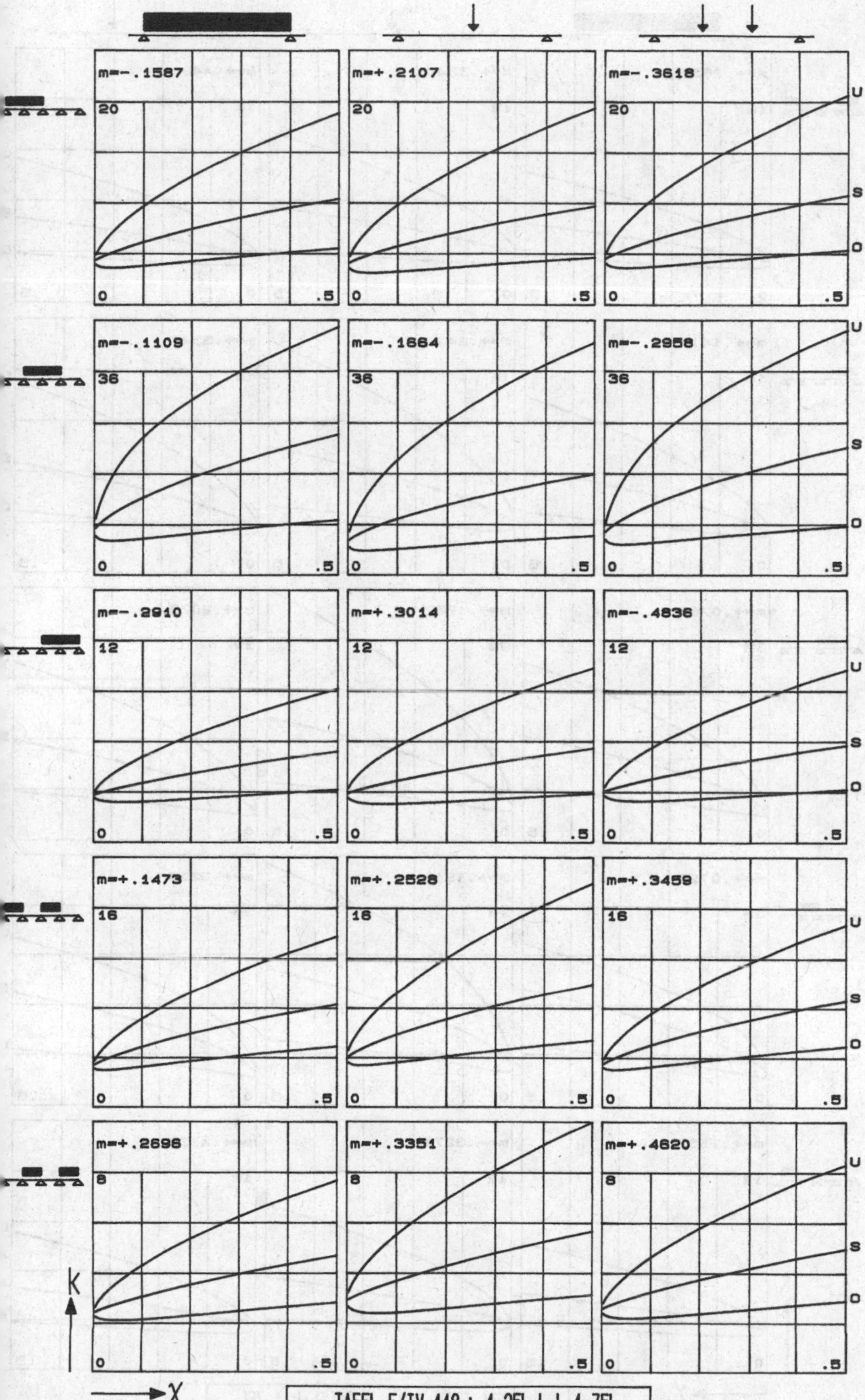
m=-.1587
20
0
.5
m=+.2107
20
0
.5
m=-.3618
20
0
.5
U
S
O
m=-.1109
36
0
.5
m=-.1664
36
0
.5
m=-.2958
36
0
.5
U
S
O
m=-.2910
12
0
.5
m=+.3014
12
0
.5
m=-.4836
12
0
.5
U
S
O
m=+.1473
16
0
.5
m=+.2528
16
0
.5
m=+.3459
16
0
.5
U
S
O
m=+.2696
8
0
.5
m=+.3351
8
0
.5
m=+.4620
8
0
.5
U
S
O
K
X
F
IV

TAFEL F/IV 118 : 1.25L-L-L-1.75L

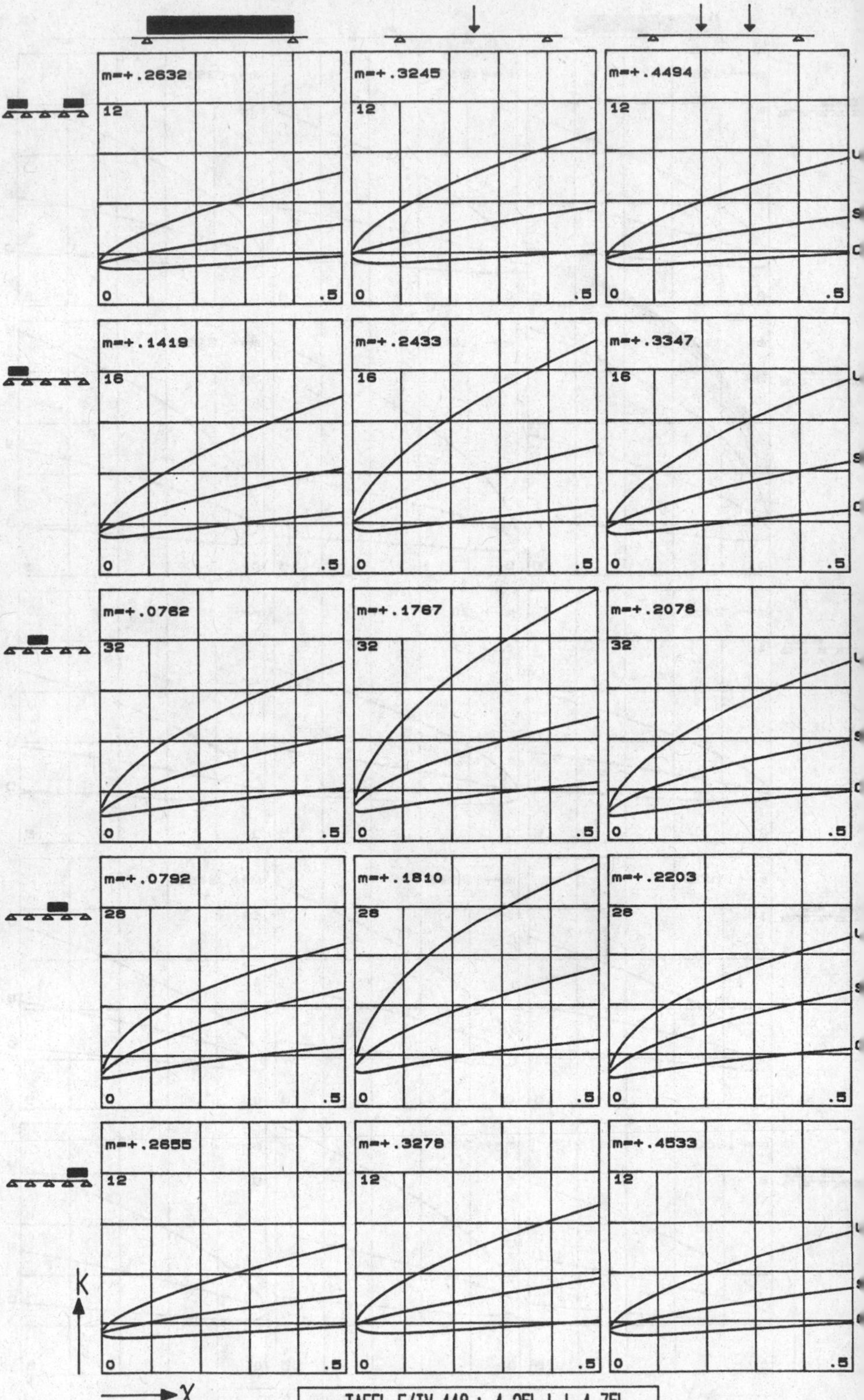
m=+.2632
12
0
.5
m=+.3245
12
0
.5
m=+.4494
12
0
.5
m=+.1419
16
0
.5
m=+.2433
16
0
.5
m=+.3347
16
0
.5
m=+.0762
32
0
.5
m=+.1767
32
0
.5
m=+.2078
32
0
.5
m=+.0792
28
0
.5
m=+.1810
28
0
.5
m=+.2203
28
0
.5
m=+.2655
12
0
.5
m=+.3278
12
0
.5
m=+.4533
12
0
.5
K
X

TAFEL F/IV 118 : 1.25L-L-L-1.75L

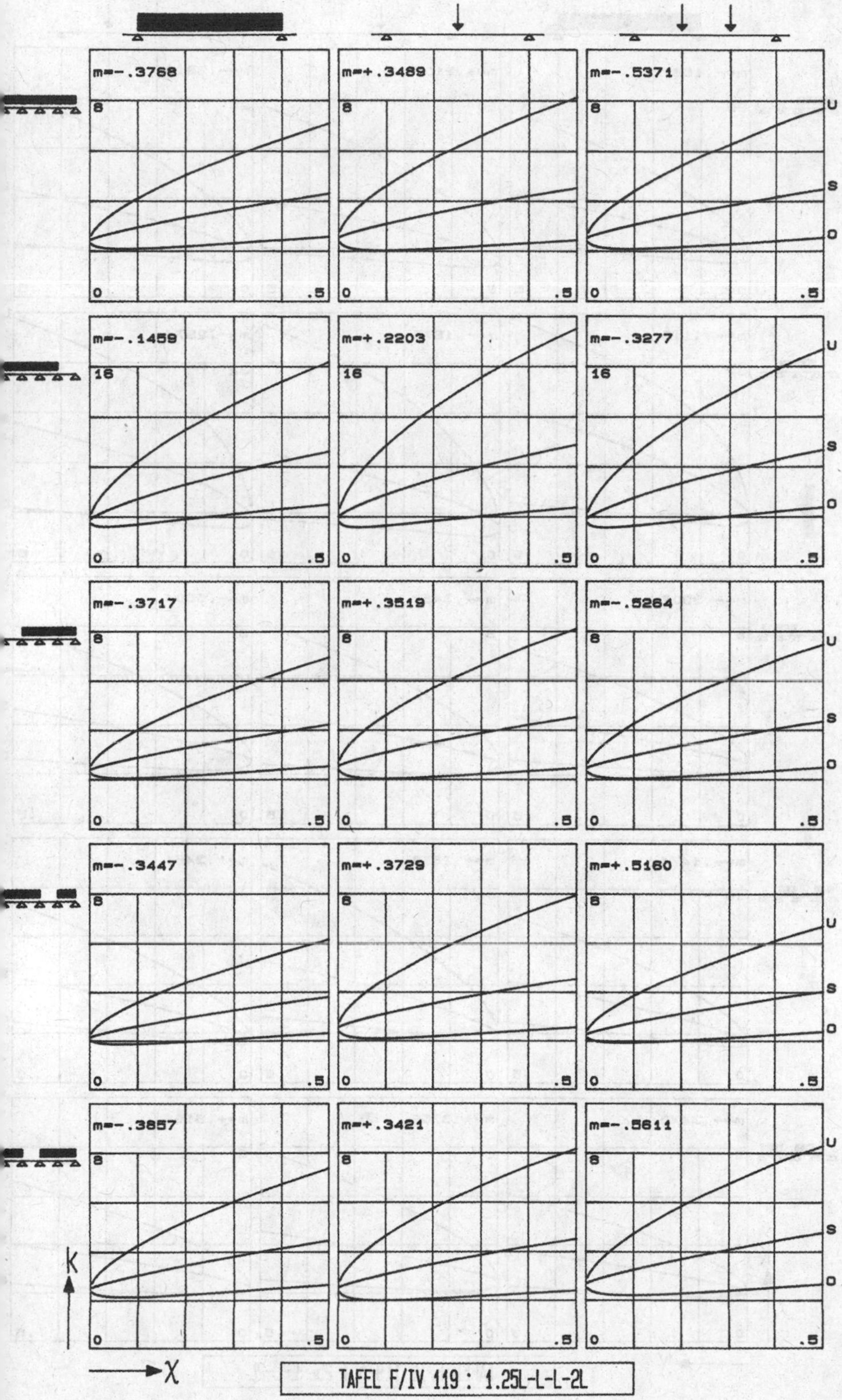

m=-.3768
m=+.3489
m=-.5371
m=-.1459
m=+.2203
m=-.3277
m=-.3717
m=+.3519
m=-.5264
m=-.3447
m=+.3729
m=+.5160
m=-.3857
m=+.3421
m=-.5611
U
S
O
K
X

TAFEL F/IV 119 : 1.25L-L-L-2L

F IV

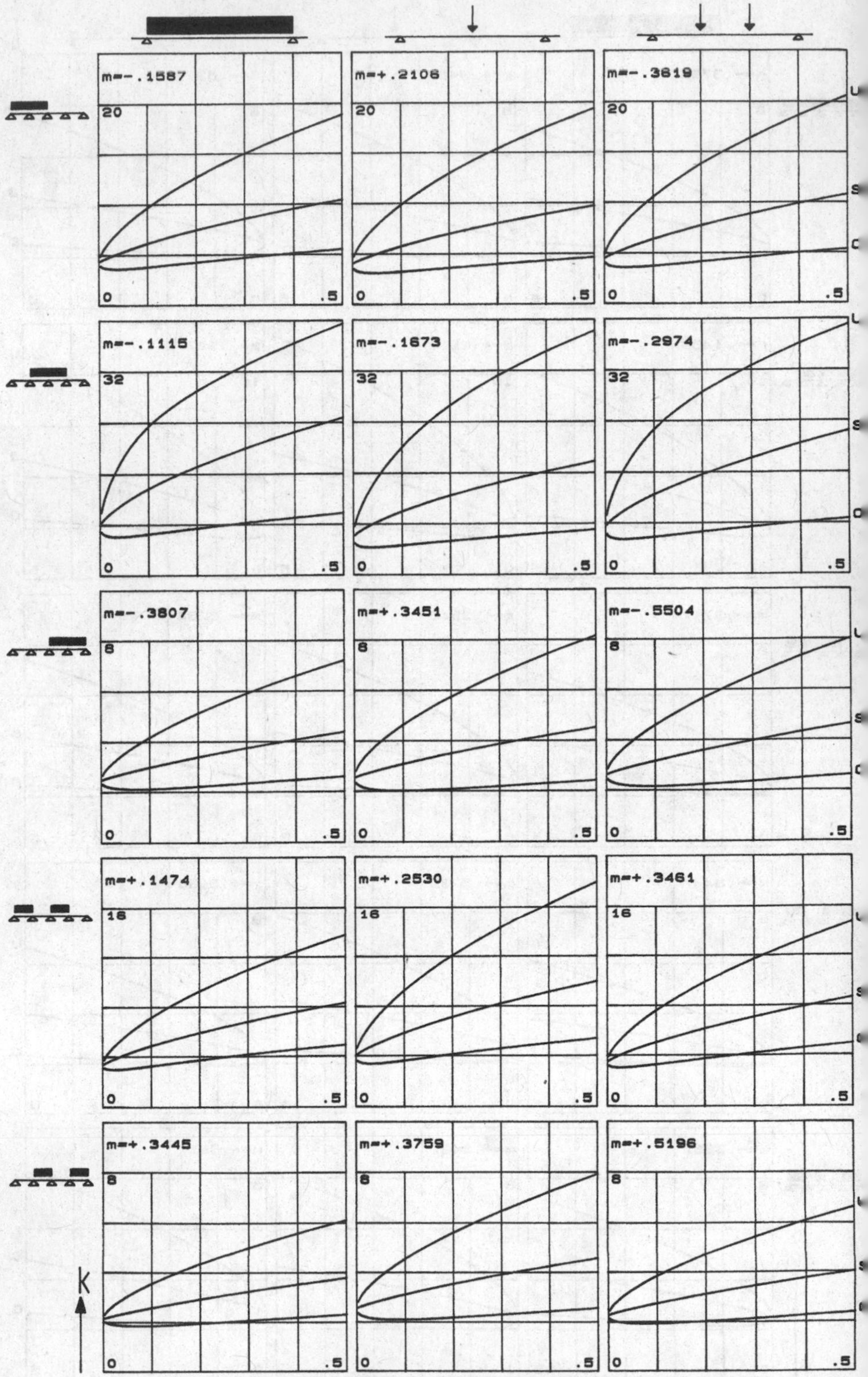

m=-.1587
20
0
.5
m=+.2106
20
0
.5
m=-.3619
20
0
.5
m=-.1115
32
0
.5
m=-.1673
32
0
.5
m=-.2974
32
0
.5
m=-.3807
8
0
.5
m=+.3451
8
0
.5
m=-.5504
8
0
.5
m=+.1474
16
0
.5
m=+.2530
16
0
.5
m=+.3461
16
0
.5
m=+.3445
8
0
.5
m=+.3759
8
0
.5
m=+.5196
8
0
.5
K
X

TAFEL F/IV 119 : 1.25L-L-L-2L

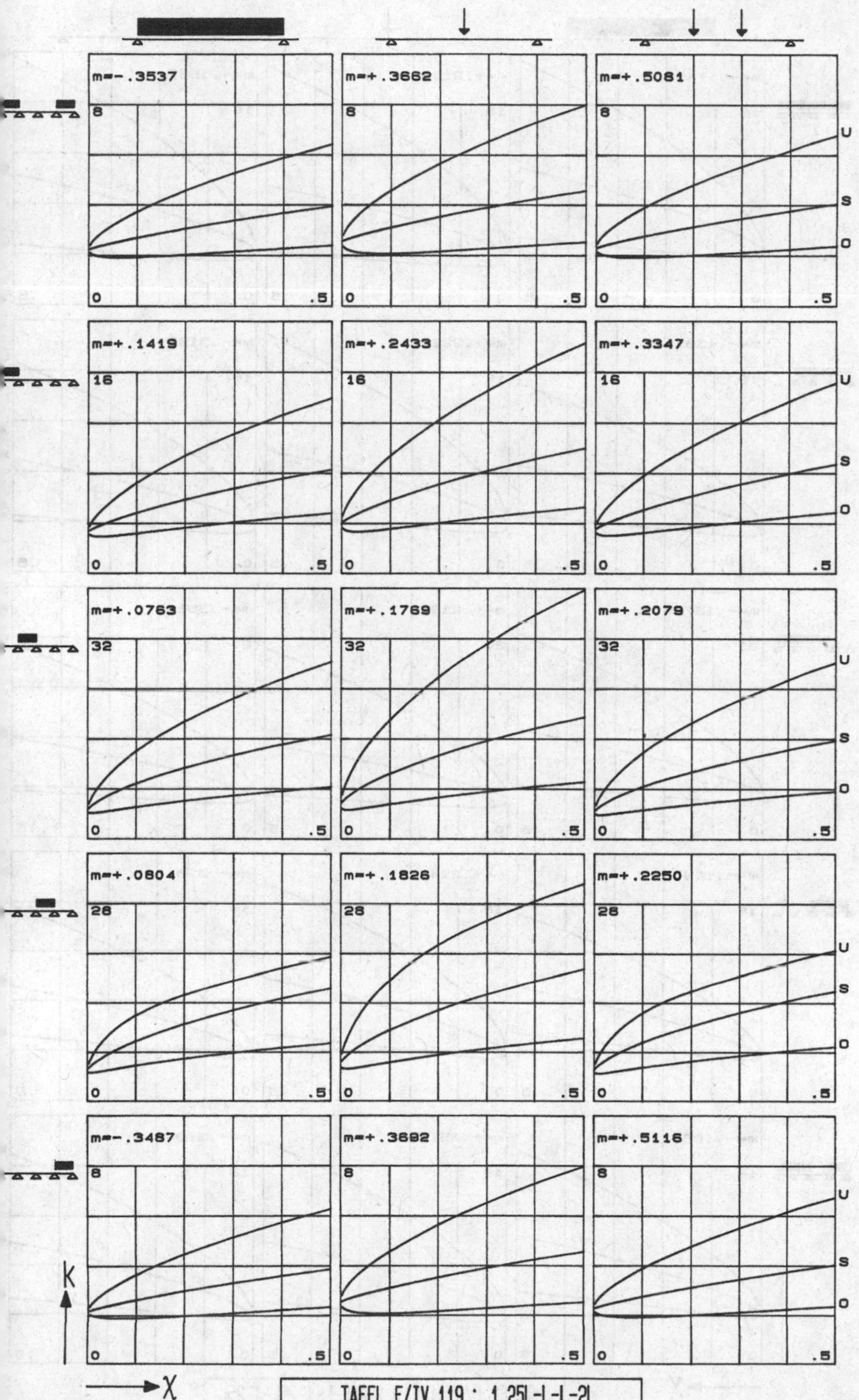
m=-.3537
m=+.3662
m=+.5081
m=+.1419
m=+.2433
m=+.3347
m=+.0763
m=+.1769
m=+.2079
m=+.0804
m=+.1826
m=+.2250
m=-.3487
m=+.3692
m=+.5116
8
16
32
28
0
.5
U
S
O
K
X

TAFEL F/IV 119 : 1.25L-L-L-2L

F
IV

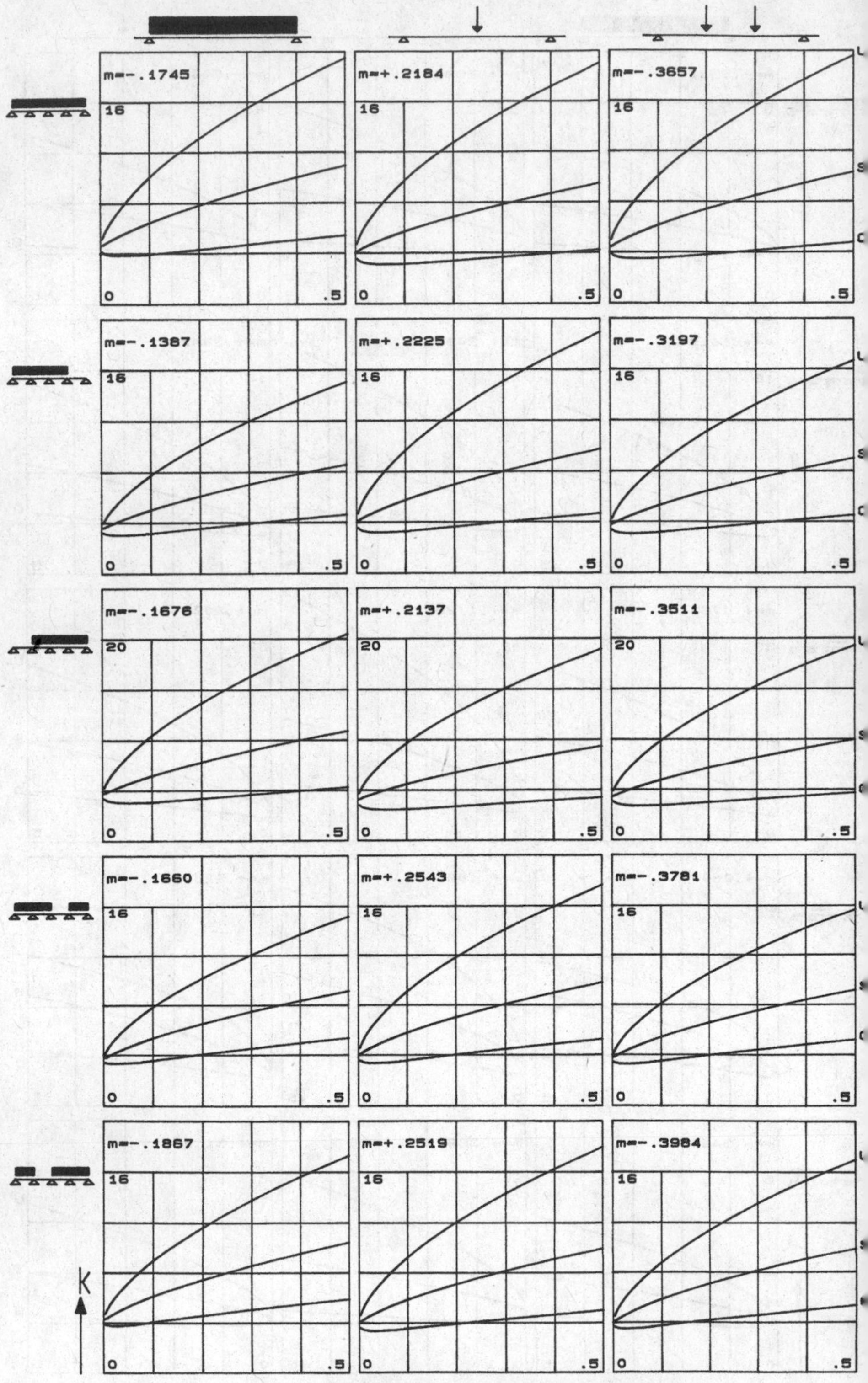
m=-.1745
16
m=+.2184
16
m=-.3657
16
m=-.1387
16
m=+.2225
16
m=-.3197
16
m=-.1676
20
m=+.2137
20
m=-.3511
20
m=-.1660
16
m=+.2543
16
m=-.3781
16
m=-.1867
16
m=+.2519
16
m=-.3984
16
0
.5
K
X
L
S
C
TAFEL F/IV 120 : 1.25L-L-1.25L-1.25L

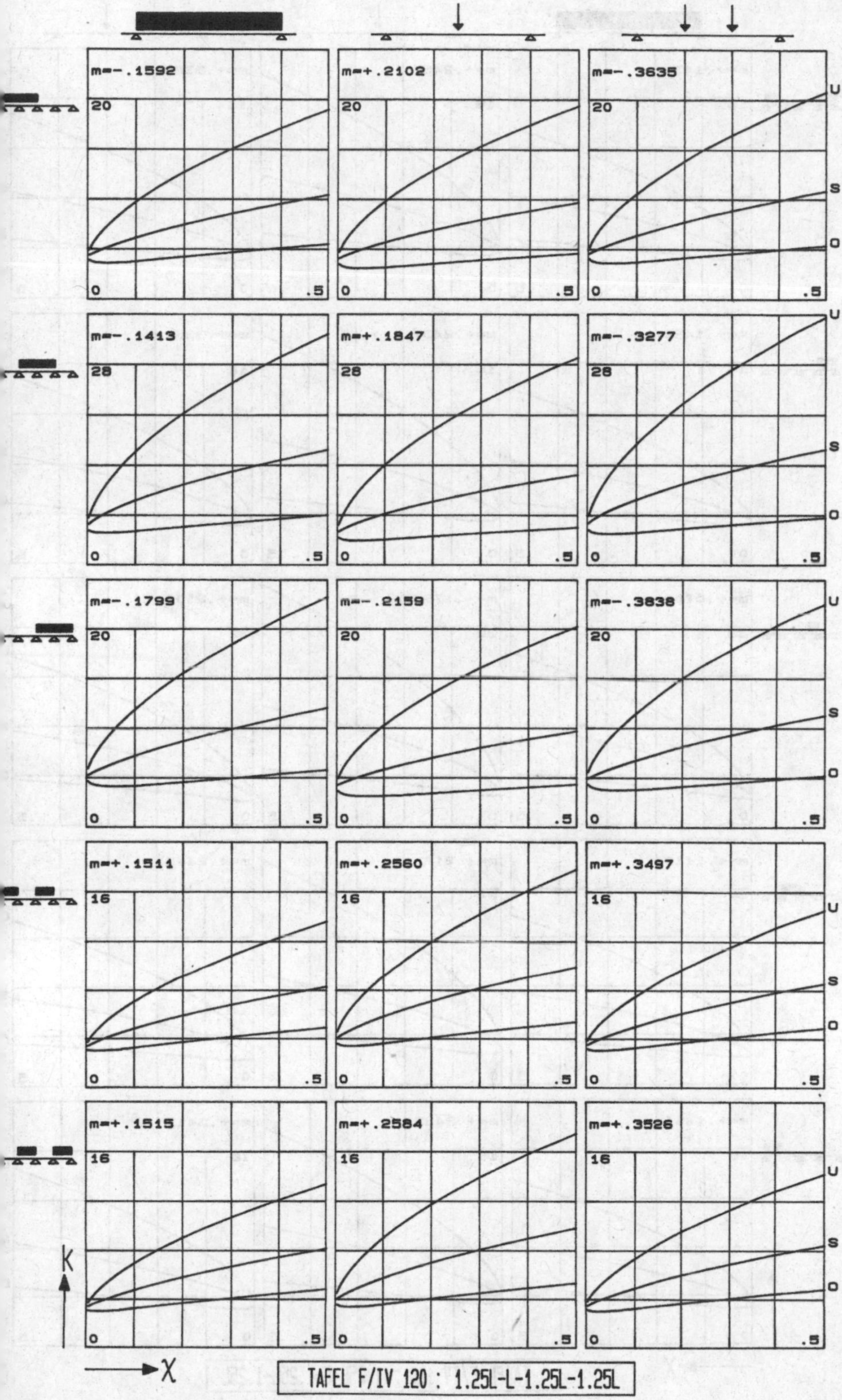
m=-.1592
20
0
.5
m=+.2102
m=-.3635
U
S
O
m=-.1413
28
m=+.1847
m=-.3277
m=-.1799
m=-.2159
m=-.3838
m=+.1511
16
m=+.2560
m=+.3497
m=+.1515
m=+.2584
m=+.3526
K
X

TAFEL F/IV 120 : 1.25L-L-1.25L-1.25L

F IV

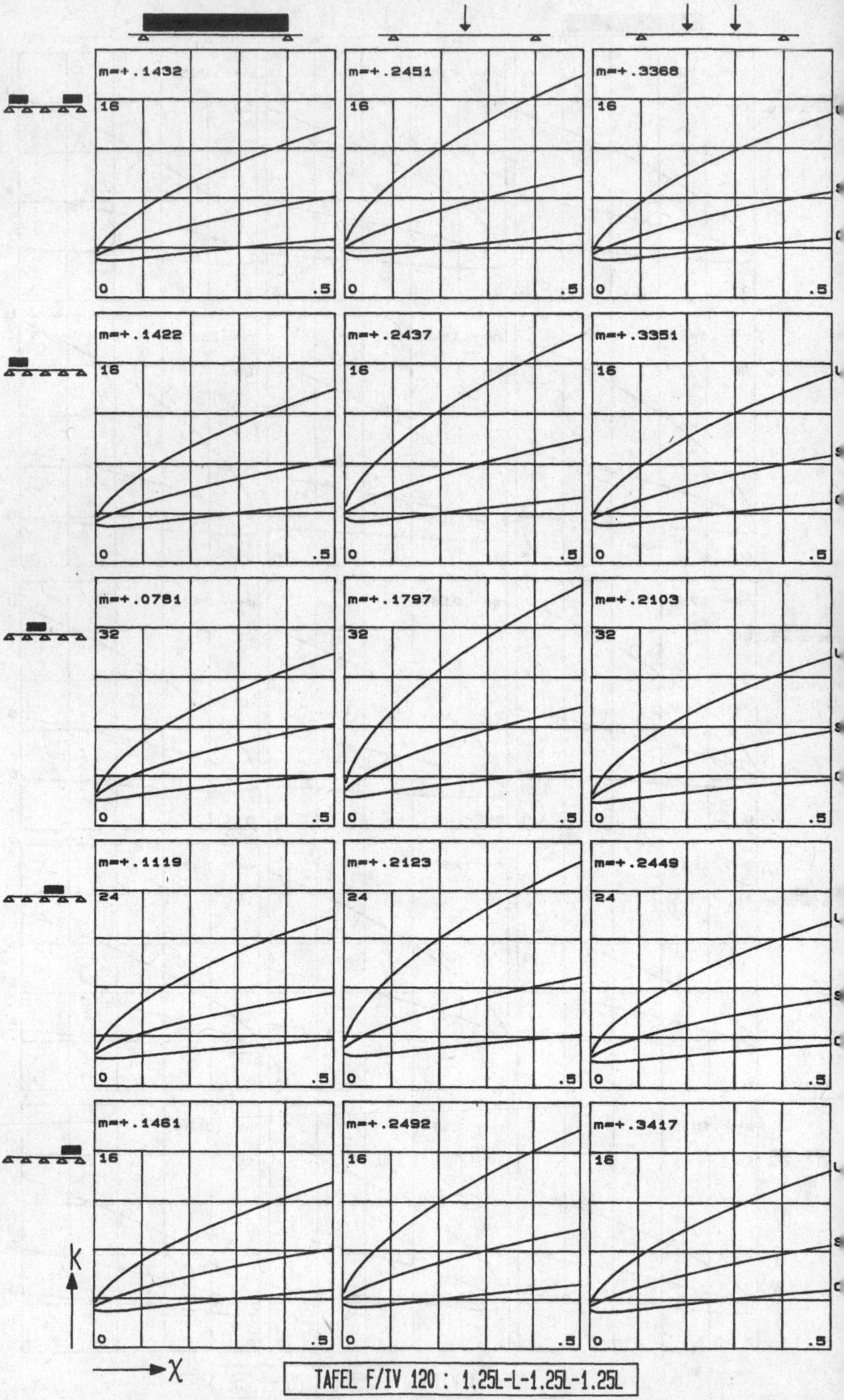

m=+.1432
16
0
.5
m=+.2451
16
0
.5
m=+.3368
16
0
.5
m=+.1422
16
0
.5
m=+.2437
16
0
.5
m=+.3351
16
0
.5
m=+.0781
32
0
.5
m=+.1797
32
0
.5
m=+.2103
32
0
.5
m=+.1119
24
0
.5
m=+.2123
24
0
.5
m=+.2449
24
0
.5
m=+.1461
16
0
.5
m=+.2492
16
0
.5
m=+.3417
16
0
.5
K
X

F IV

TAFEL F/IV 120 : 1.25L-L-1.25L-1.25L

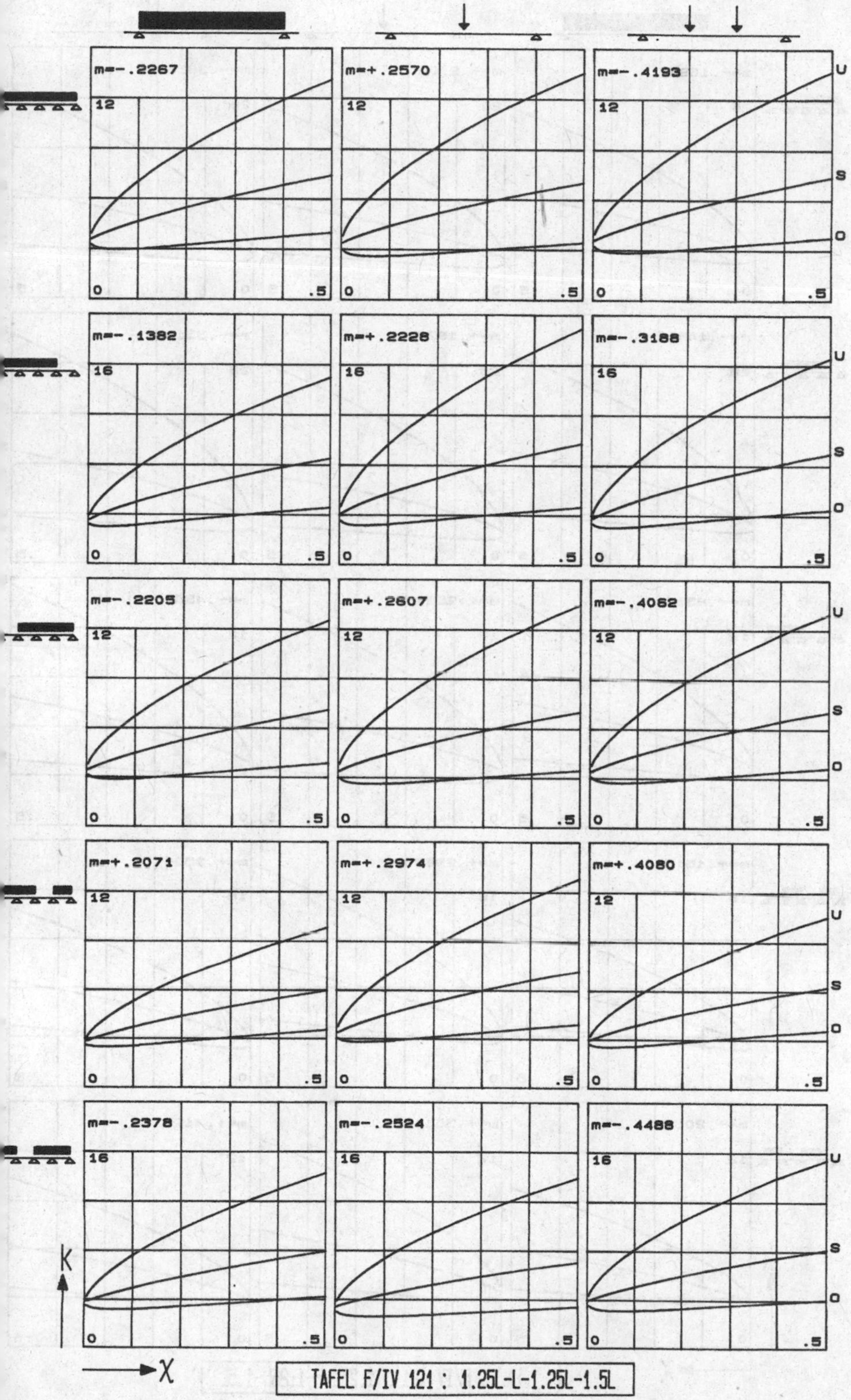
m=-.2267
12
m=+.2570
12
m=-.4193
12
U
S
O
m=-.1382
16
m=+.2228
16
m=-.3188
16
m=-.2205
12
m=+.2607
12
m=-.4062
12
m=+.2071
12
m=+.2974
12
m=+.4080
12
m=-.2378
16
m=-.2524
16
m=-.4488
16
0
.5
K
X

TAFEL F/IV 121 : 1.25L-L-1.25L-1.5L

F IV

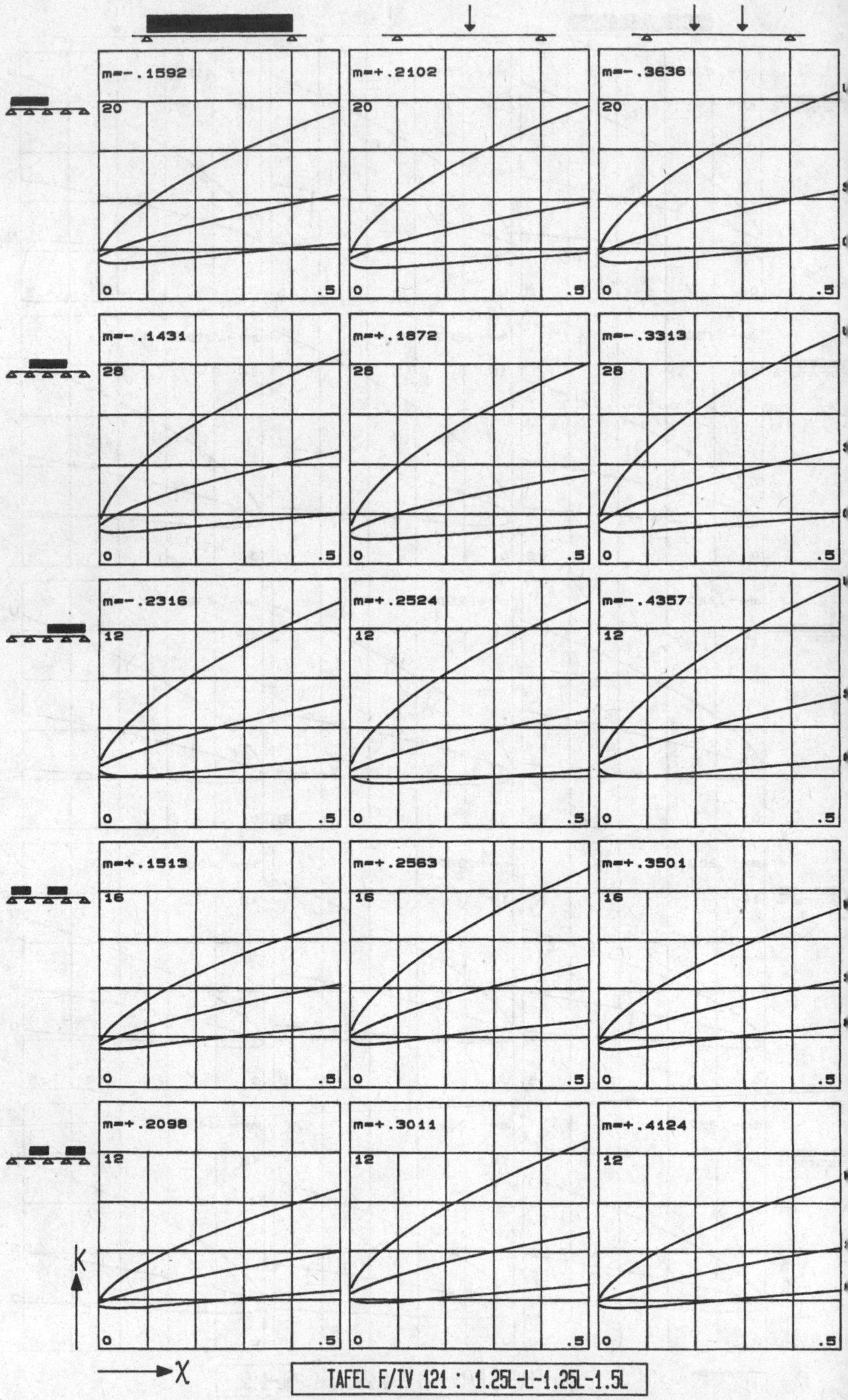

m=-.1592
20
0
.5
m=+.2102
20
0
.5
m=-.3636
20
0
.5
m=-.1431
28
0
.5
m=+.1872
28
0
.5
m=-.3313
28
0
.5
m=-.2316
12
0
.5
m=+.2524
12
0
.5
m=-.4357
12
0
.5
m=+.1513
16
0
.5
m=+.2563
16
0
.5
m=+.3501
16
0
.5
m=+.2098
12
0
.5
m=+.3011
12
0
.5
m=+.4124
12
0
.5
K
X

TAFEL F/IV 121 : 1.25L-L-1.25L-1.5L

F
V

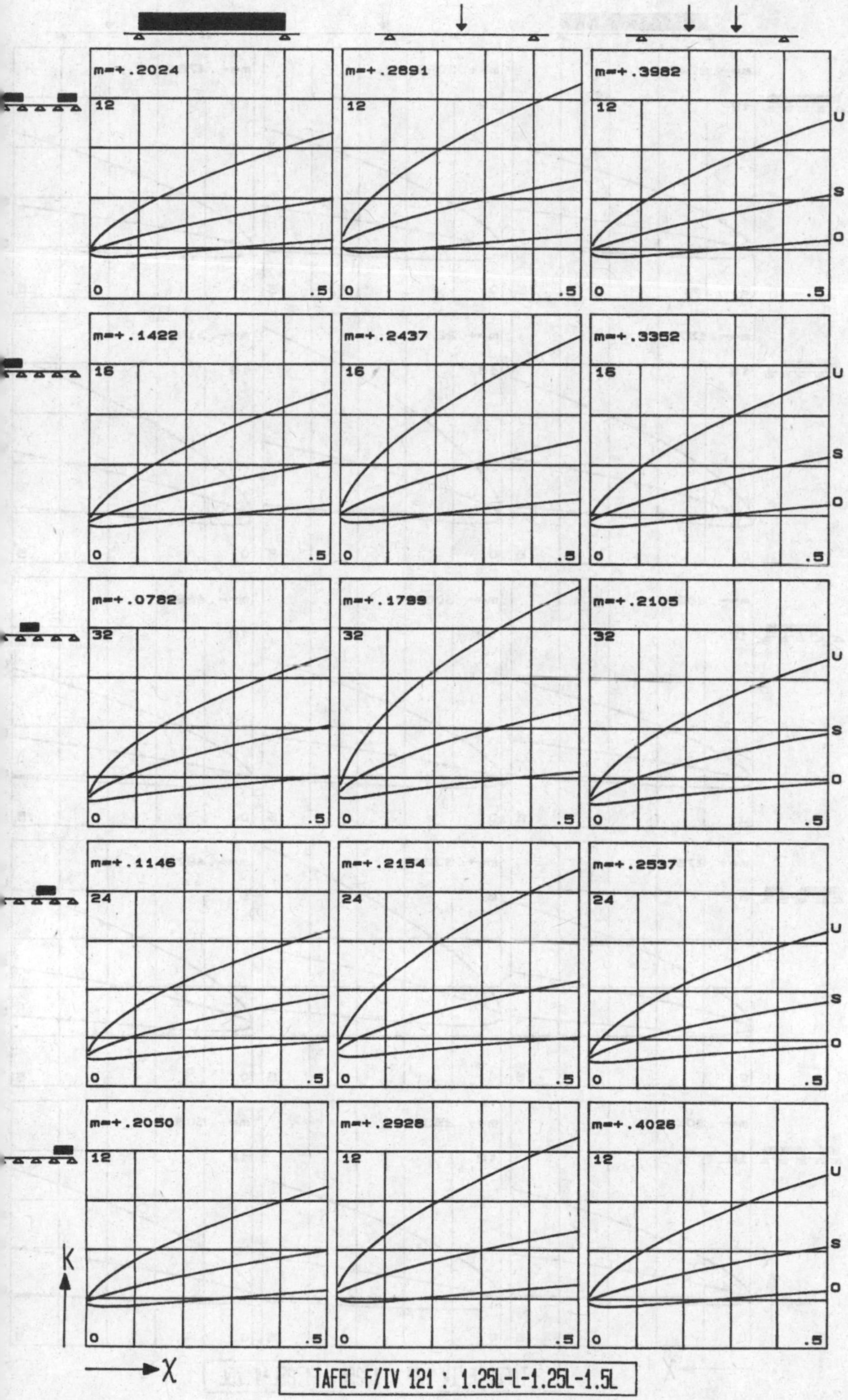

m=+.2024
12
0
.5
m=+.2891
12
0
.5
m=+.3982
12
0
.5
U
S
O
m=+.1422
16
0
.5
m=+.2437
16
0
.5
m=+.3352
16
0
.5
U
S
O
m=+.0782
32
0
.5
m=+.1799
32
0
.5
m=+.2105
32
0
.5
U
S
O
m=+.1146
24
0
.5
m=+.2154
24
0
.5
m=+.2537
24
0
.5
U
S
O
m=+.2050
12
0
.5
m=+.2928
12
0
.5
m=+.4026
12
0
.5
U
S
O
K
X

TAFEL F/IV 121 : 1.25L-L-1.25L-1.5L

F IV

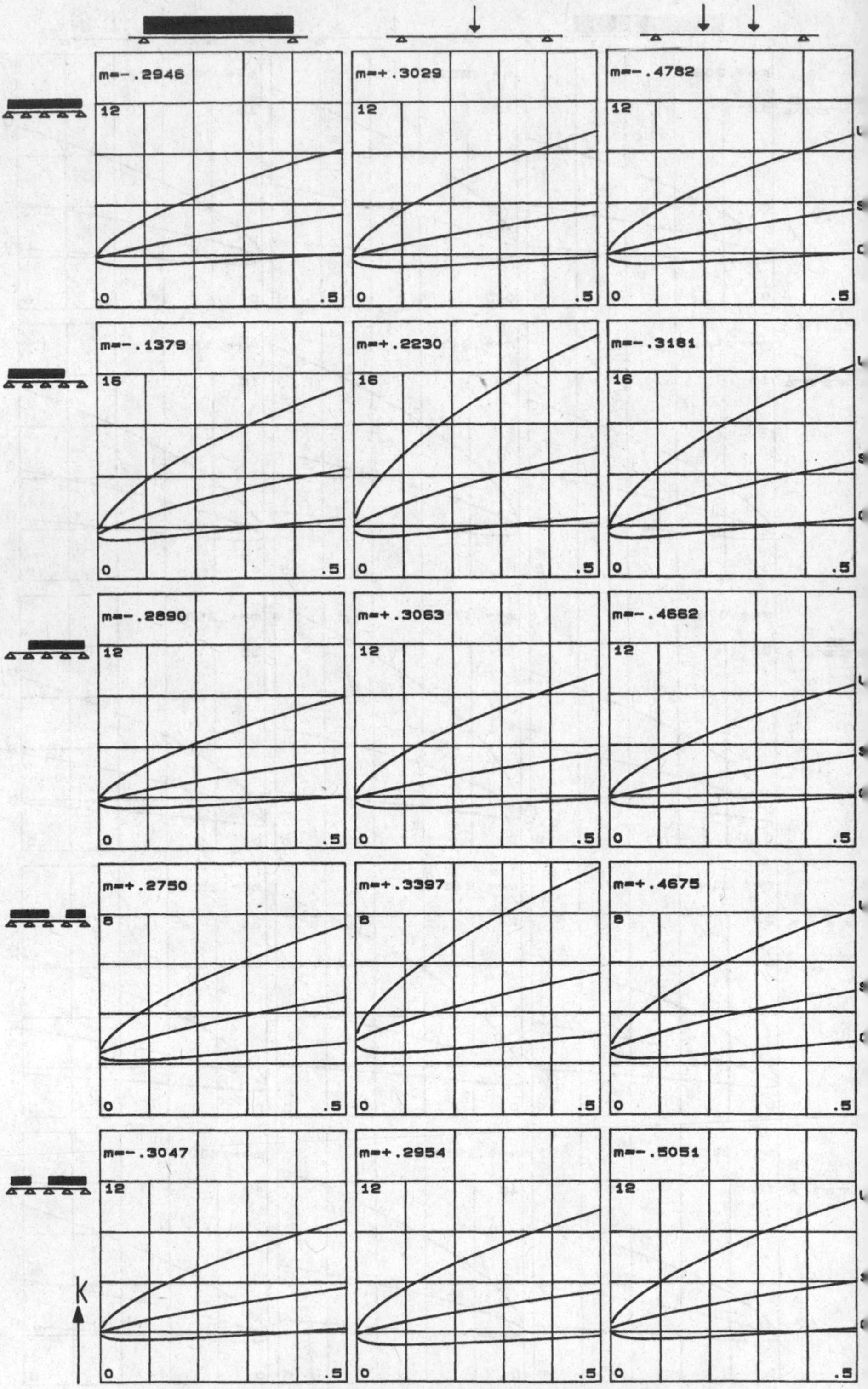
m=-.2946
12
0
.5
m=+.3029
12
0
.5
m=-.4782
12
0
.5
m=-.1379
16
0
.5
m=+.2230
16
0
.5
m=-.3181
16
0
.5
m=-.2890
12
0
.5
m=+.3063
12
0
.5
m=-.4662
12
0
.5
m=+.2750
8
0
.5
m=+.3397
8
0
.5
m=+.4675
8
0
.5
m=-.3047
12
0
.5
m=+.2954
12
0
.5
m=-.5051
12
0
.5
K
X

TAFEL F/IV 122 : 1.25L-L-1.25L-1.75L

F V

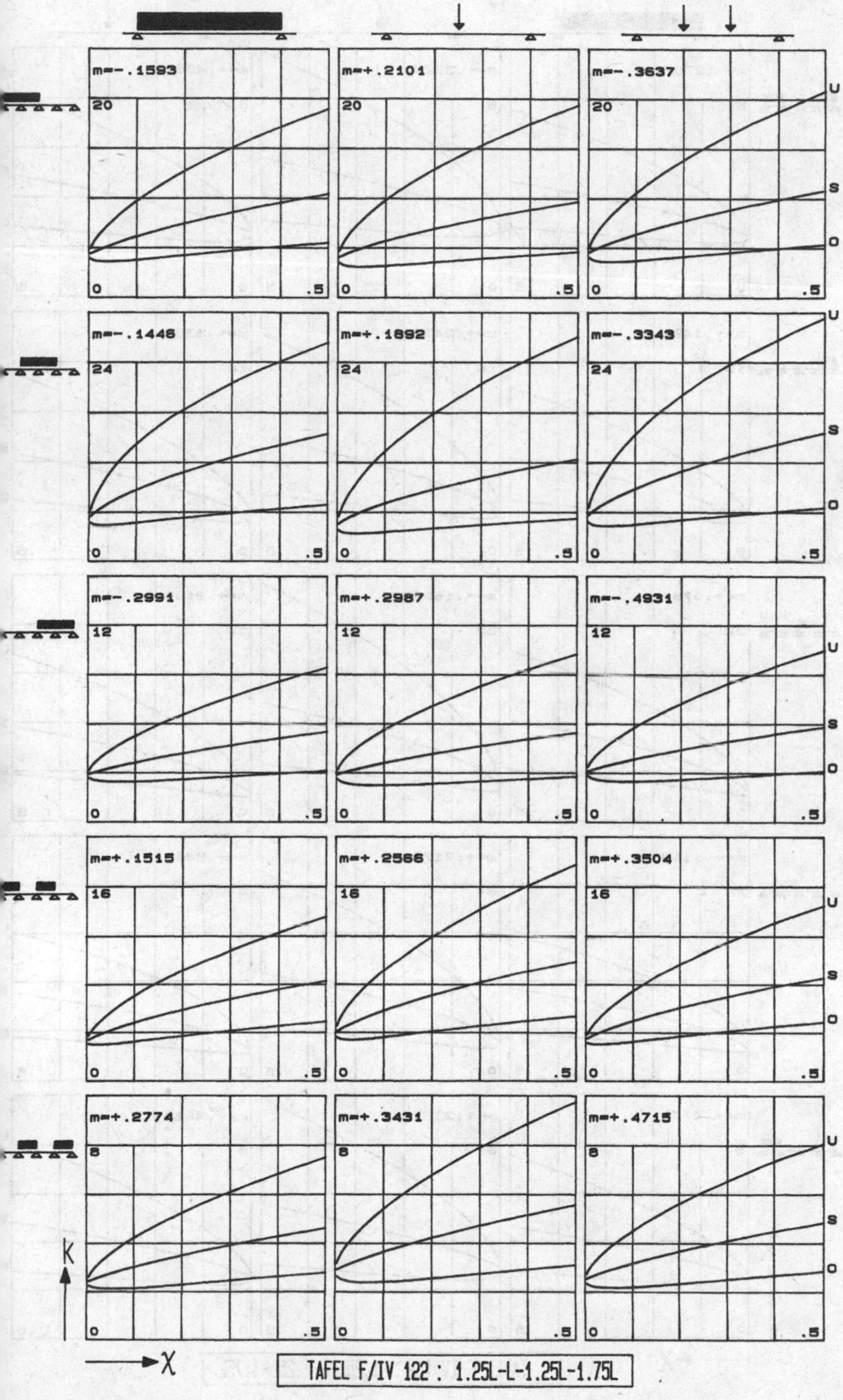

m=-.1593
20
0
.5
m=+.2101
20
0
.5
m=-.3637
20
0
.5
U
S
O
m=-.1446
24
0
.5
m=+.1892
24
0
.5
m=-.3343
24
0
.5
U
S
O
m=-.2991
12
0
.5
m=+.2987
12
0
.5
m=-.4931
12
0
.5
U
S
O
m=+.1515
16
0
.5
m=+.2566
16
0
.5
m=+.3504
16
0
.5
U
S
O
m=+.2774
8
0
.5
m=+.3431
8
0
.5
m=+.4715
8
0
.5
U
S
O
K
X

TAFEL F/IV 122 : 1.25L-L-1.25L-1.75L

F IV

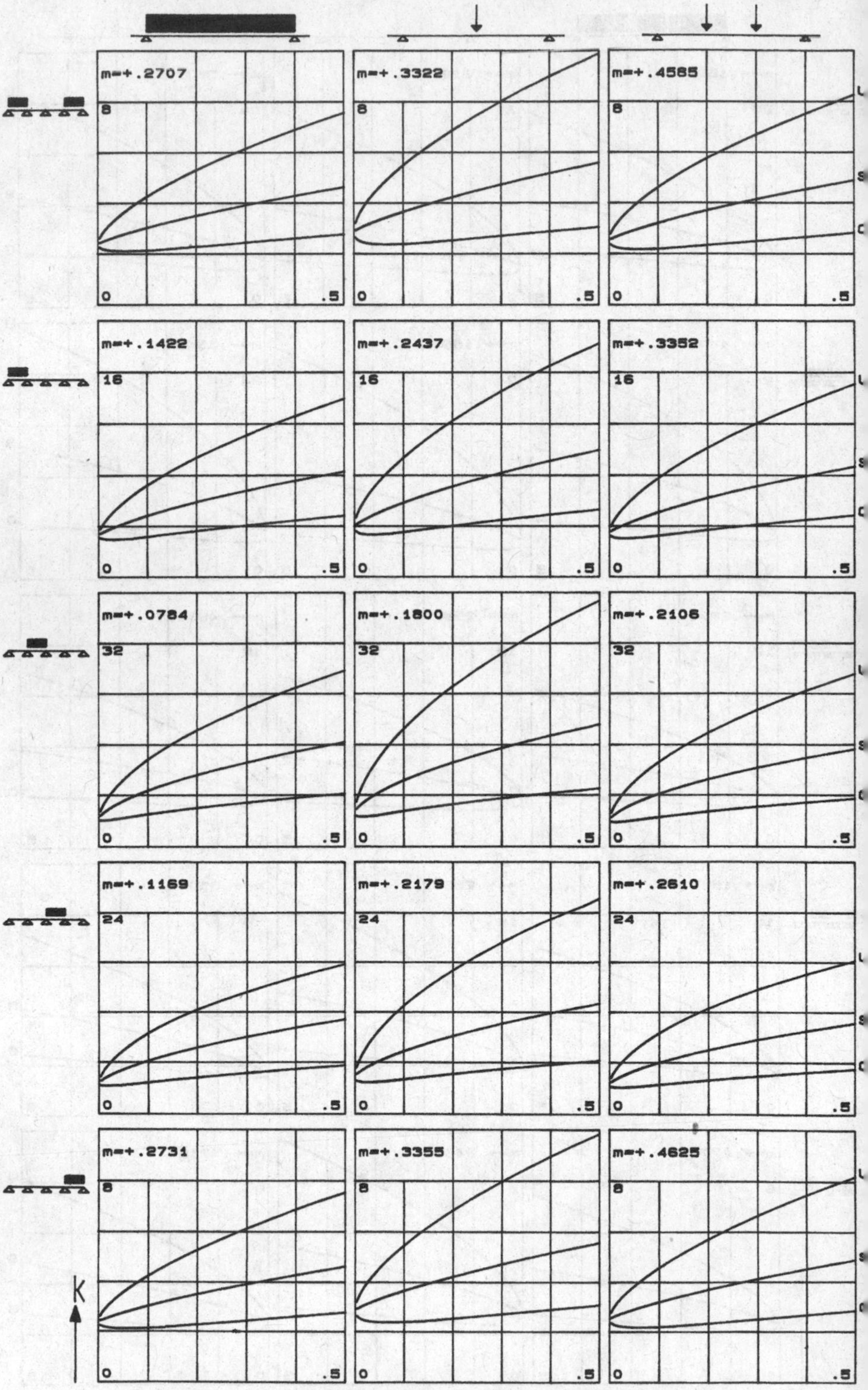
m=+.2707
8
0
.5
m=+.3322
8
0
.5
m=+.4585
8
0
.5
m=+.1422
16
m=+.2437
16
m=+.3352
16
m=+.0784
32
m=+.1800
32
m=+.2106
32
m=+.1169
24
m=+.2179
24
m=+.2610
24
m=+.2731
8
m=+.3355
8
m=+.4625
8
K
X
TAFEL F/IV 122 : 1.25L-L-1.25L-1.75L

F V

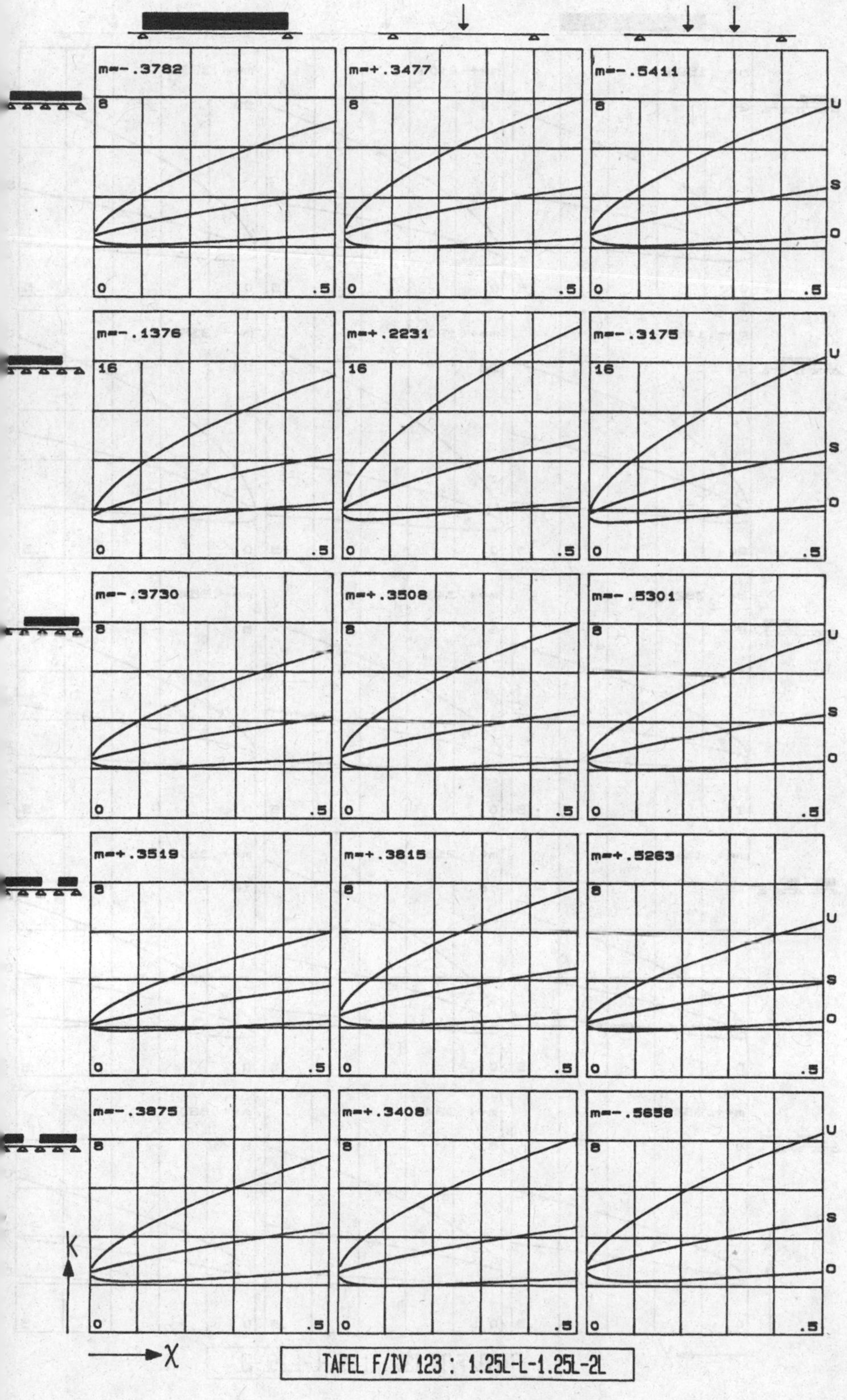
m=-.3782
8
0
.5
m=+.3477
8
0
.5
m=-.5411
8
U
S
O
0
.5
m=-.1376
16
0
.5
m=+.2231
16
0
.5
m=-.3175
16
U
S
O
0
.5
m=-.3730
8
0
.5
m=+.3508
8
0
.5
m=-.5301
8
U
S
O
0
.5
m=+.3519
8
0
.5
m=+.3815
8
0
.5
m=+.5263
8
U
S
O
0
.5
m=-.3875
8
0
.5
m=+.3408
8
0
.5
m=-.5658
8
U
S
O
0
.5
K
X

TAFEL F/IV 123 : 1.25L-L-1.25L-2L

F
IV

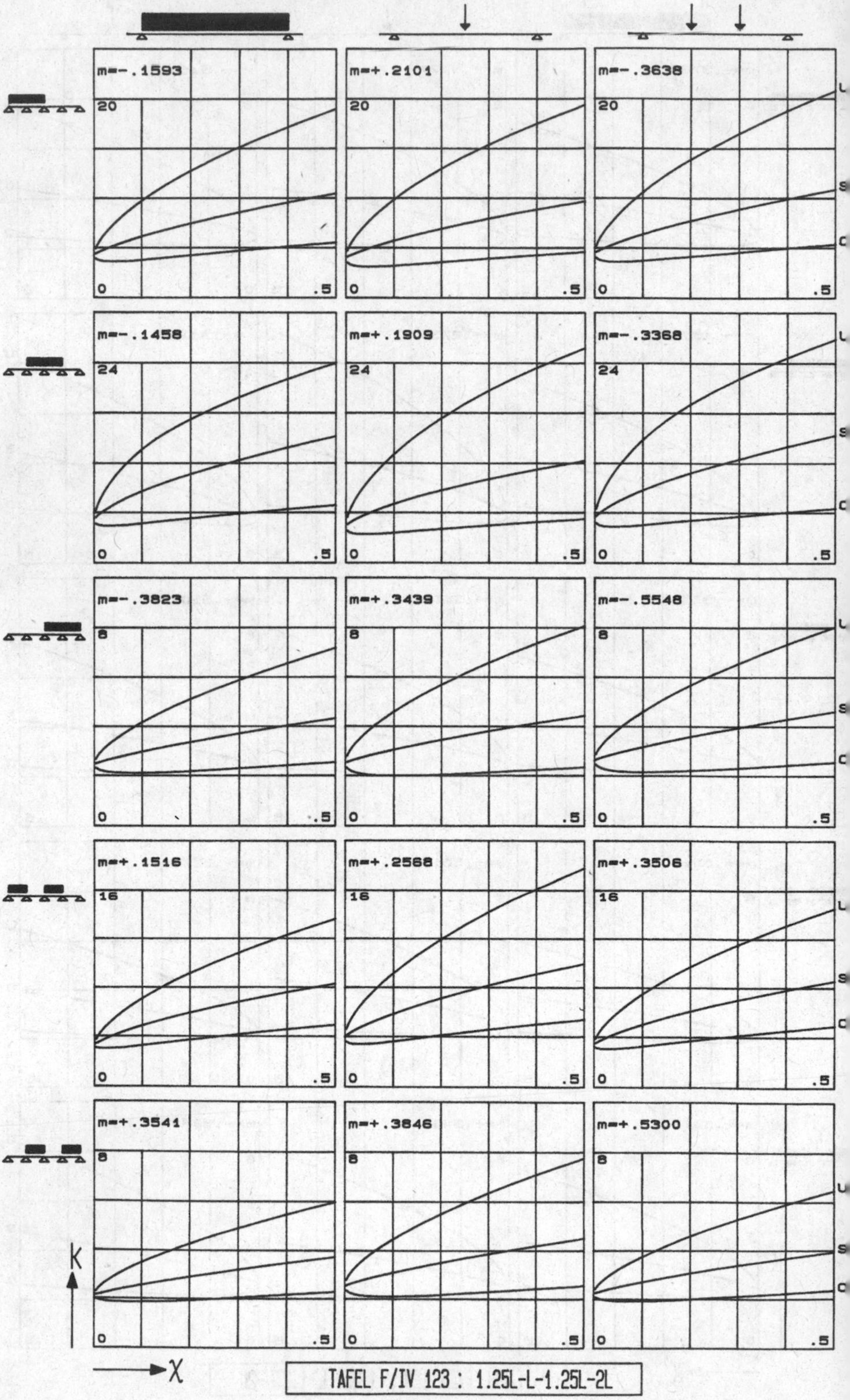

m=-.1593
20
0
.5
m=+.2101
20
0
.5
m=-.3638
20
0
.5
L
S
C
m=-.1458
24
0
.5
m=+.1909
24
0
.5
m=-.3368
24
0
.5
L
S
C
m=-.3823
8
0
.5
m=+.3439
8
0
.5
m=-.5548
8
0
.5
L
S
C
m=+.1516
16
0
.5
m=+.2568
16
0
.5
m=+.3506
16
0
.5
L
S
C
m=+.3541
8
0
.5
m=+.3846
8
0
.5
m=+.5300
8
0
.5
L
S
C
K
X

TAFEL F/IV 123 : 1.25L-L-1.25L-2L

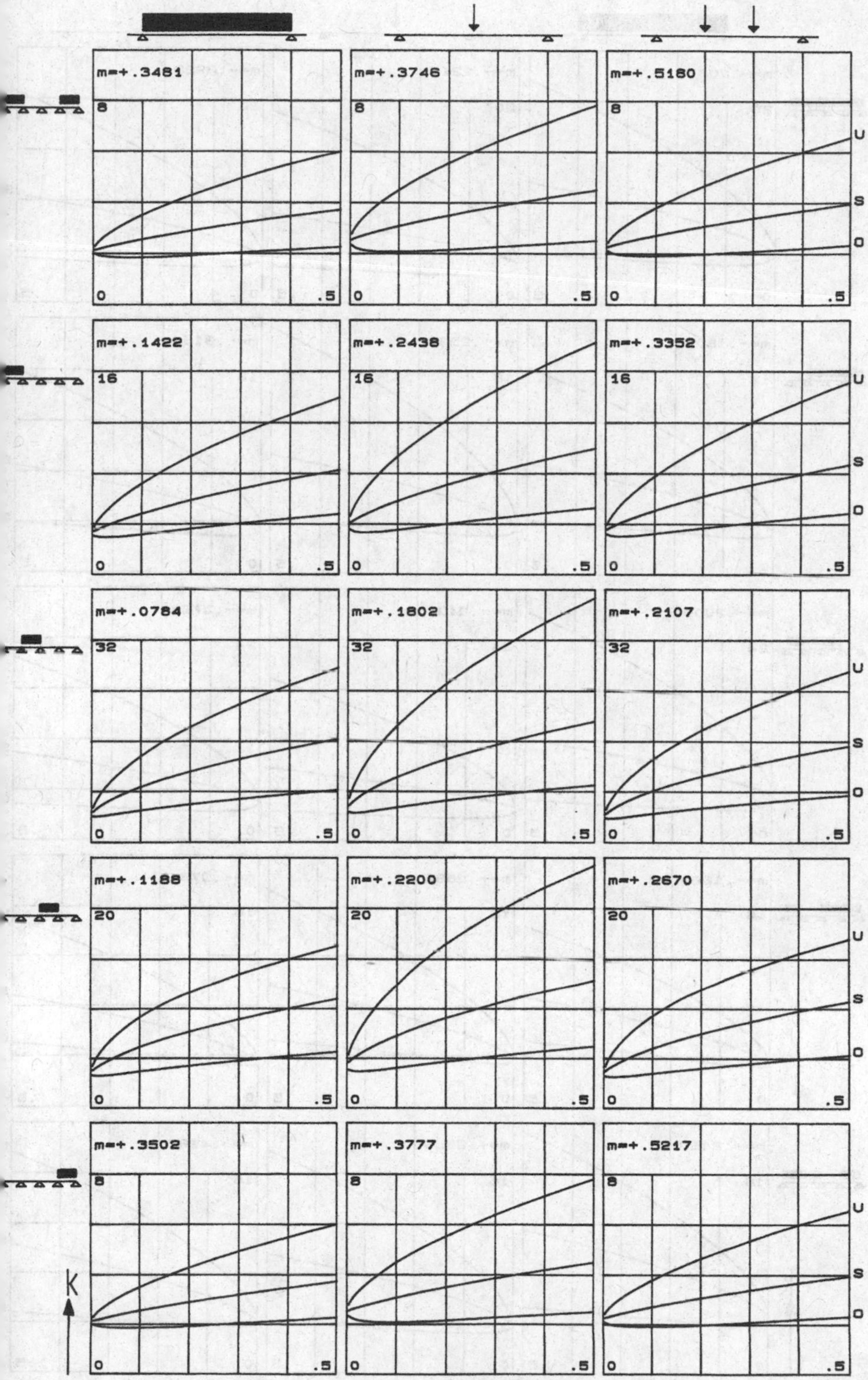
m=+.3481
m=+.3746
m=+.5180
m=+.1422
m=+.2438
m=+.3352
m=+.0784
m=+.1802
m=+.2107
m=+.1188
m=+.2200
m=+.2670
m=+.3502
m=+.3777
m=+.5217
U
S
O
K
X

TAFEL F/IV 123 : 1.25L-L-1.25L-2L

F IV

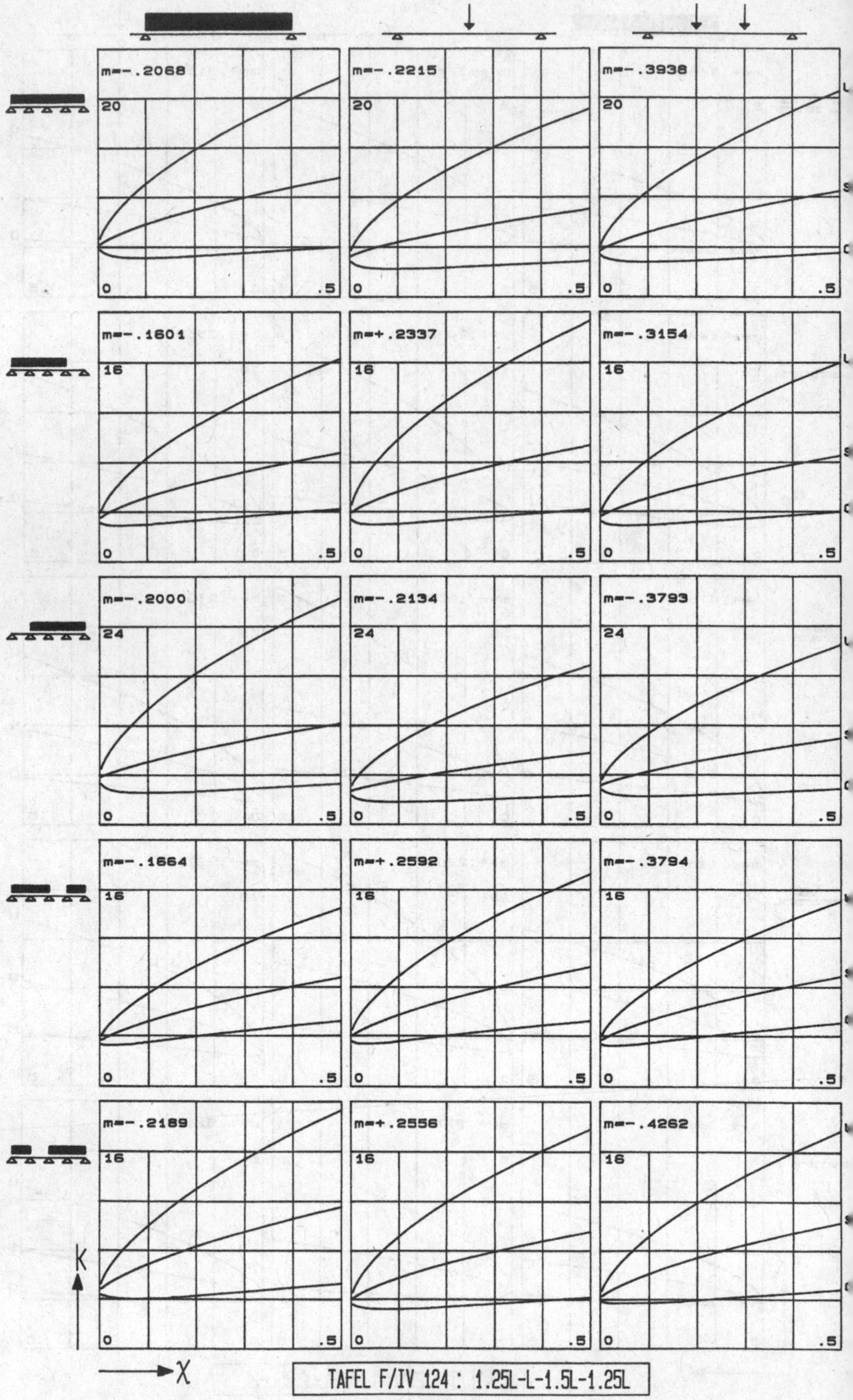

m=-.2068
20
0
.5
m=-.2215
20
0
.5
m=-.3938
20
0
.5
m=-.1601
16
0
.5
m=+.2337
16
0
.5
m=-.3154
16
0
.5
m=-.2000
24
0
.5
m=-.2134
24
0
.5
m=-.3793
24
0
.5
m=-.1664
16
0
.5
m=+.2592
16
0
.5
m=-.3794
16
0
.5
m=-.2189
16
0
.5
m=+.2556
16
0
.5
m=-.4262
16
0
.5
K
X

TAFEL F/IV 124 : 1.25L-L-1.5L-1.25L

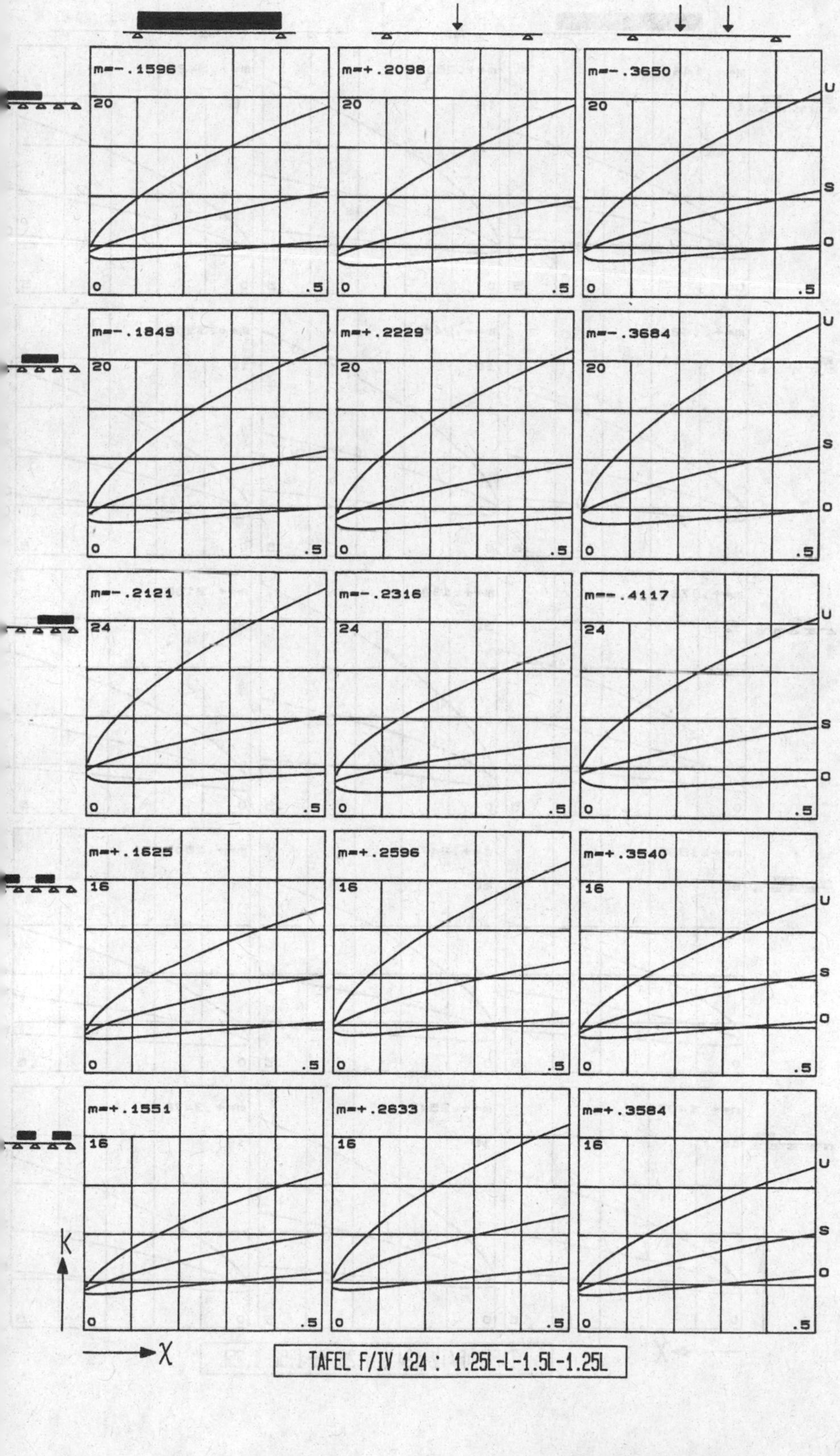
m=-.1596
20
0
.5
m=+.2098
20
0
.5
m=-.3650
20
0
.5
U
S
O
m=-.1849
20
0
.5
m=+.2229
20
0
.5
m=-.3684
20
0
.5
U
S
O
m=-.2121
24
0
.5
m=-.2316
24
0
.5
m=-.4117
24
0
.5
U
S
O
m=+.1625
16
0
.5
m=+.2596
16
0
.5
m=+.3540
16
0
.5
U
S
O
m=+.1551
16
0
.5
m=+.2633
16
0
.5
m=+.3584
16
0
.5
U
S
O
K
X

TAFEL F/IV 124 : 1.25L-L-1.5L-1.25L

F IV

TAFEL F/IV 124 : 1.25L-L-1.5L-1.25L

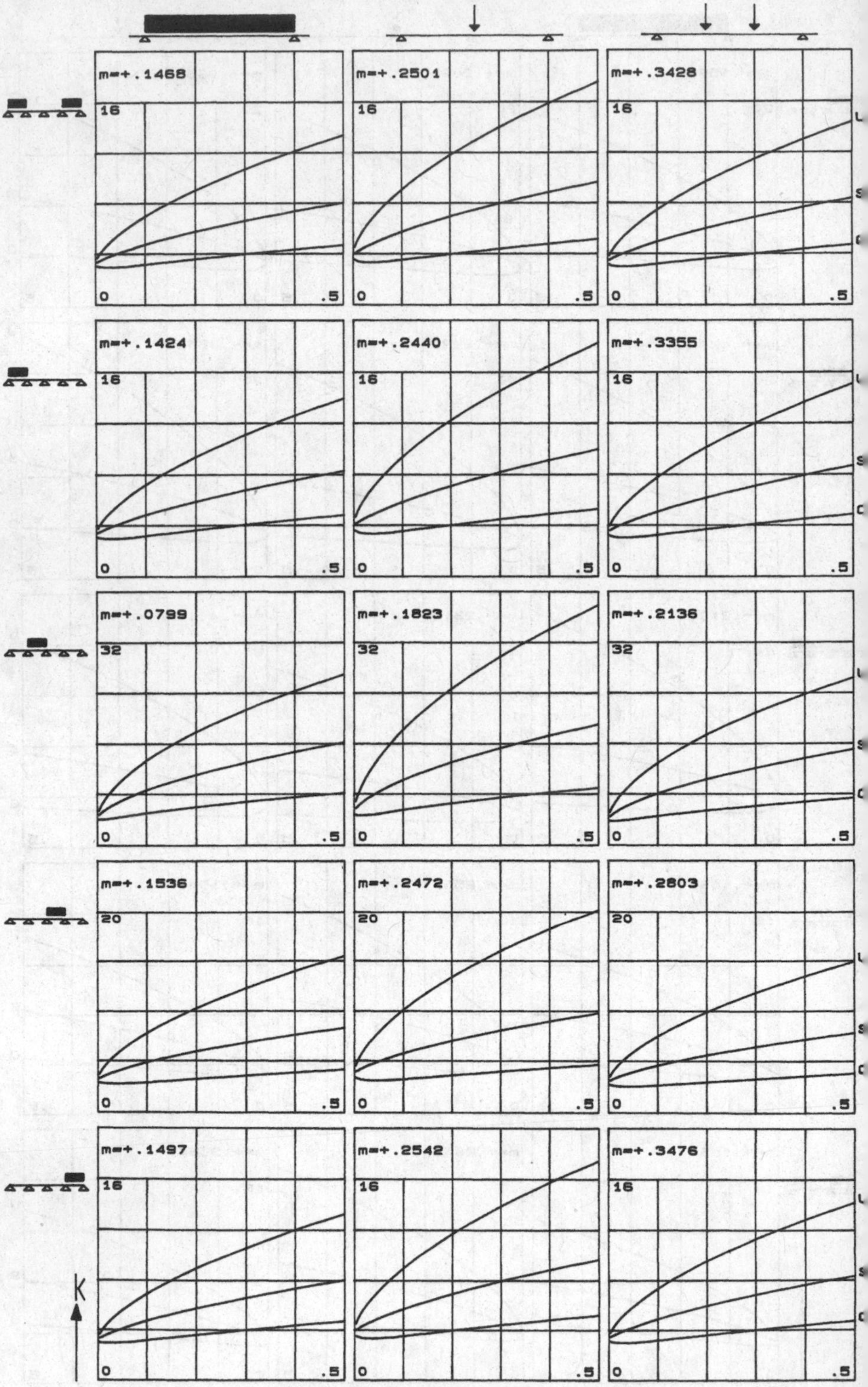

F
IV

TAFEL F/IV 125 : 1.25L-L-1.5L-1.5L

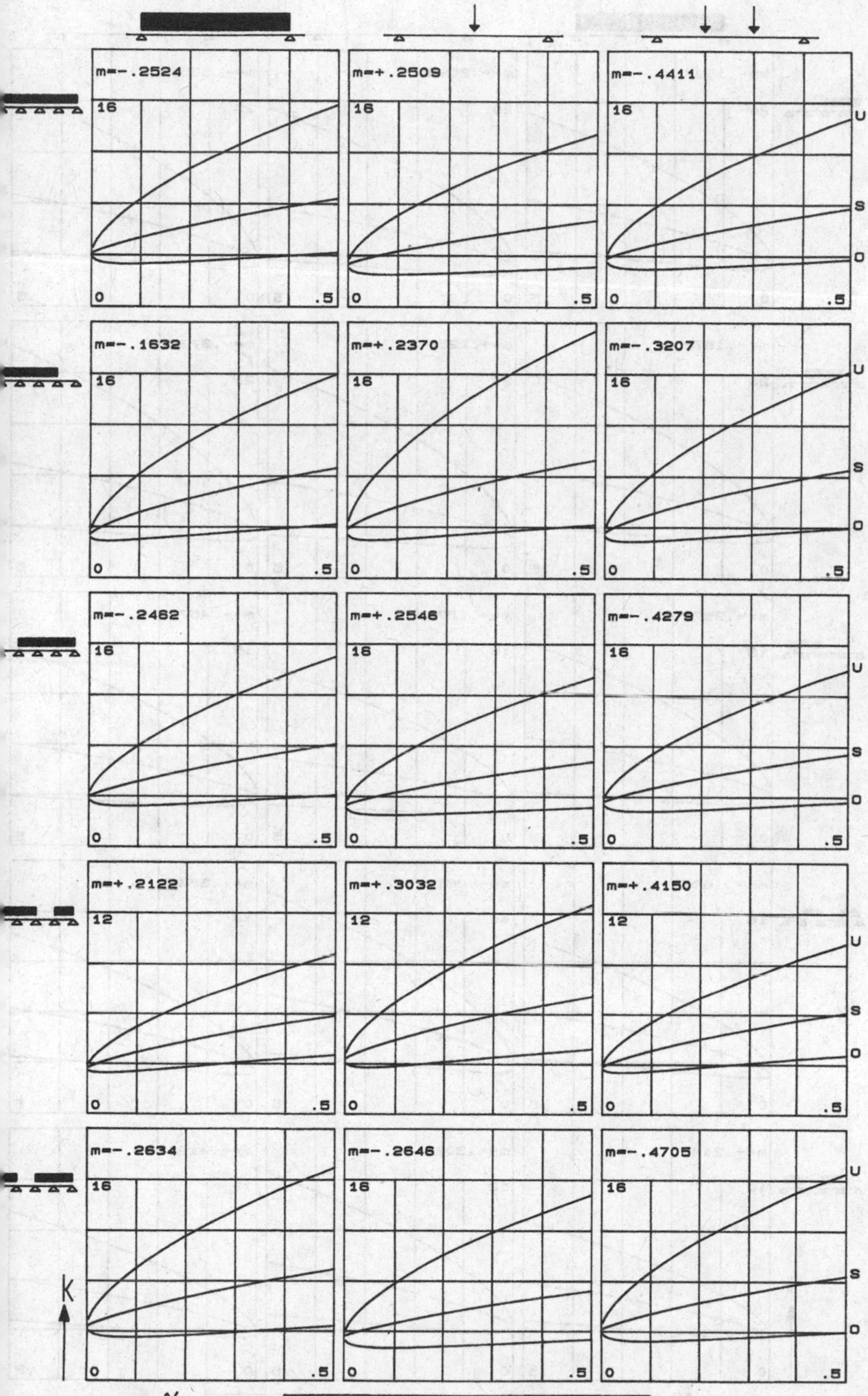

F
V

450

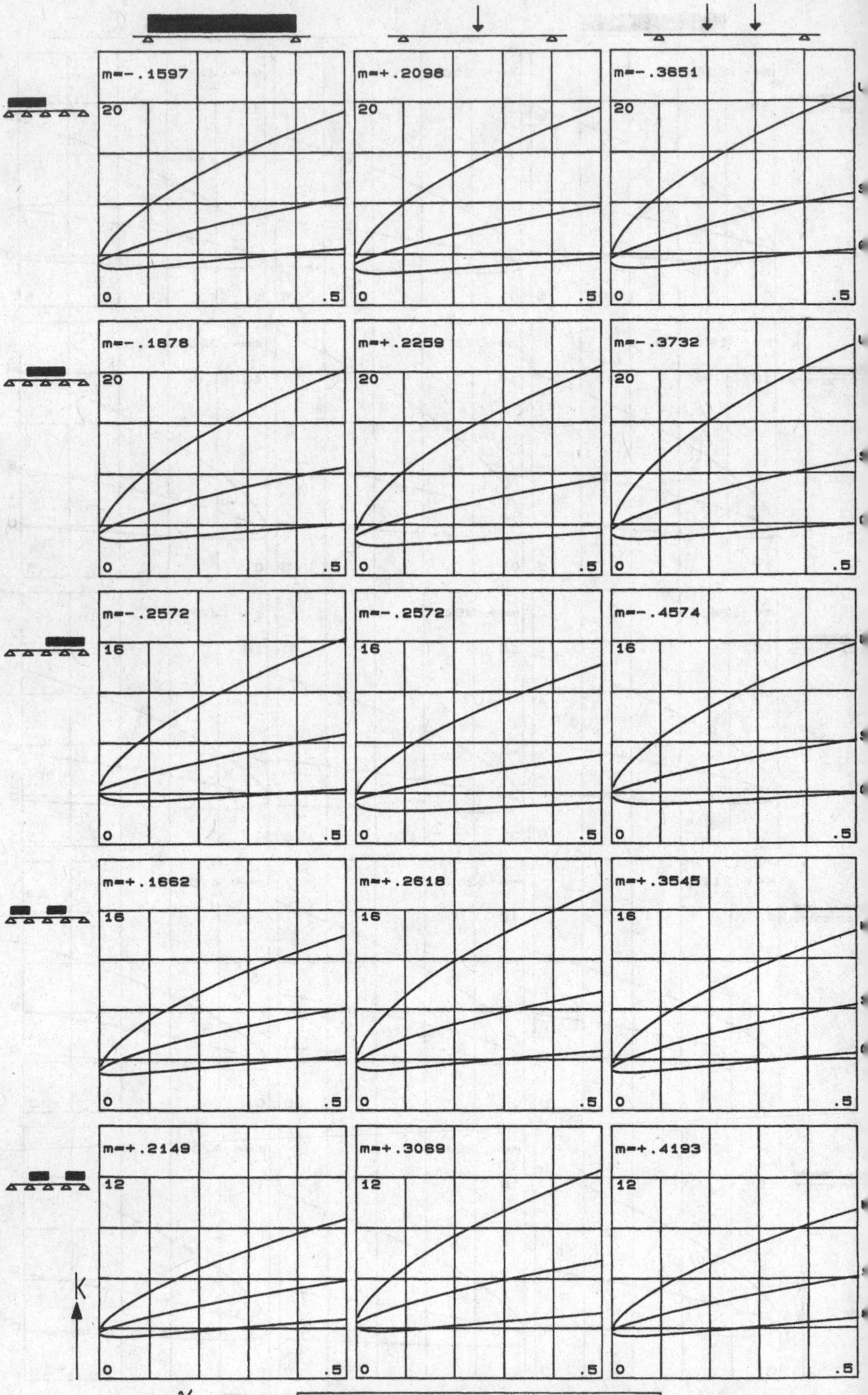

TAFEL F/IV 125 : 1.25L-L-1.5L-1.5L

TAFEL F/IV 125 : 1.25L-L-1.5L-1.5L

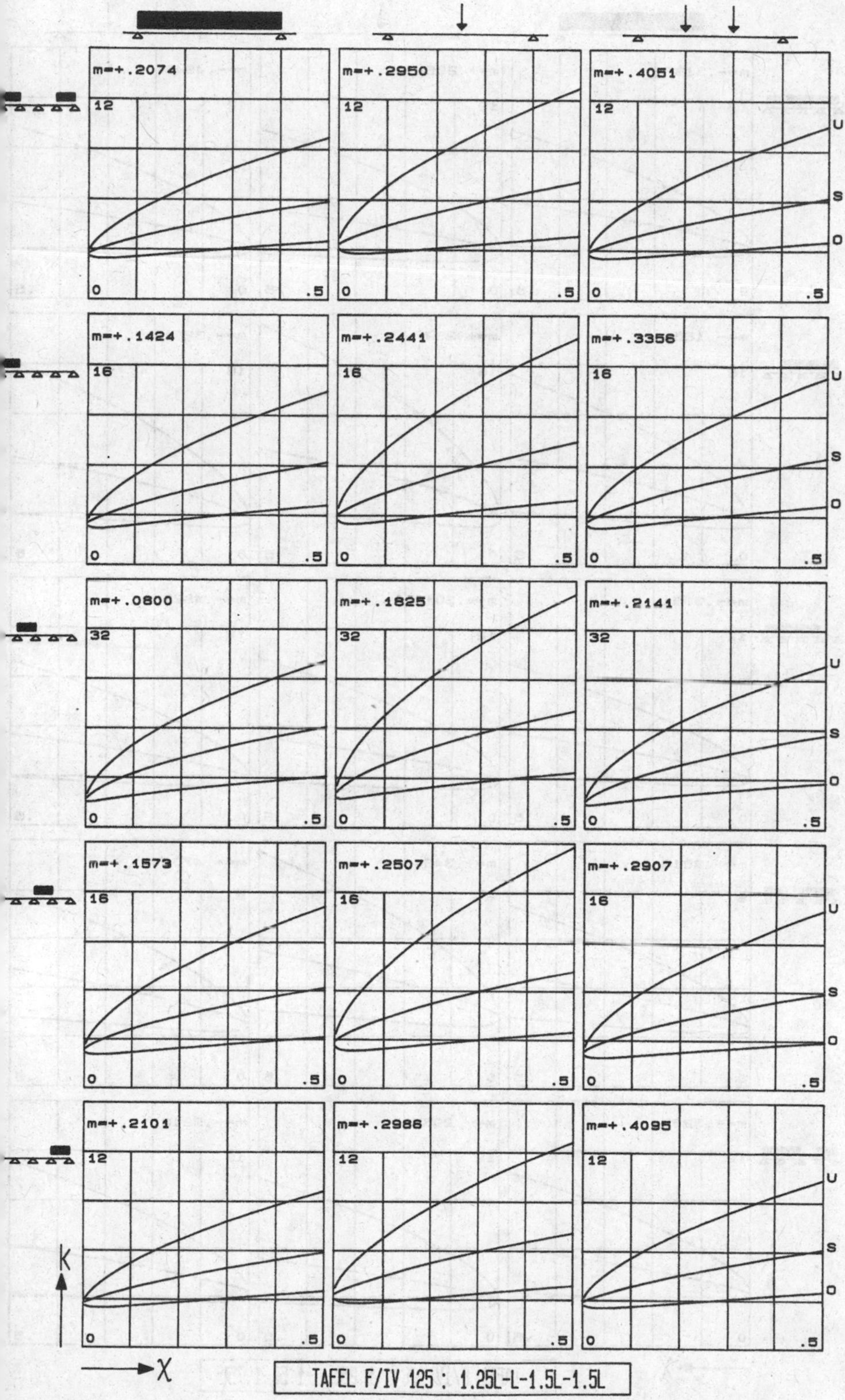

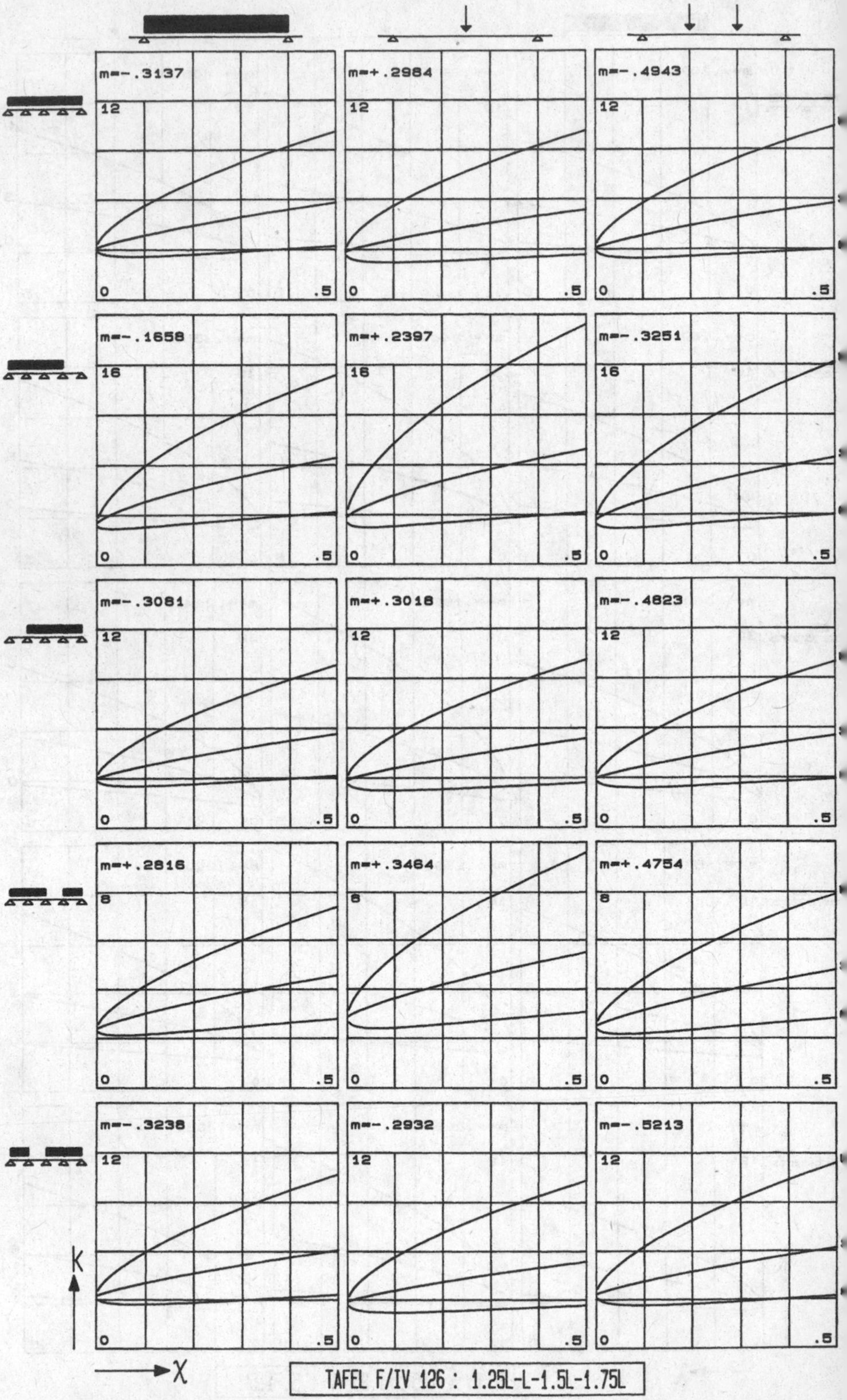

m=-.3137
12
0
.5
m=+.2984
12
0
.5
m=-.4943
12
0
.5
m=-.1658
16
0
.5
m=+.2397
16
0
.5
m=-.3251
16
0
.5
m=-.3081
12
0
.5
m=+.3018
12
0
.5
m=-.4823
12
0
.5
m=+.2816
8
0
.5
m=+.3464
8
0
.5
m=+.4754
8
0
.5
m=-.3238
12
0
.5
m=-.2932
12
0
.5
m=-.5213
12
0
.5
K
X

TAFEL F/IV 126 : 1.25L-L-1.5L-1.75L

F
V

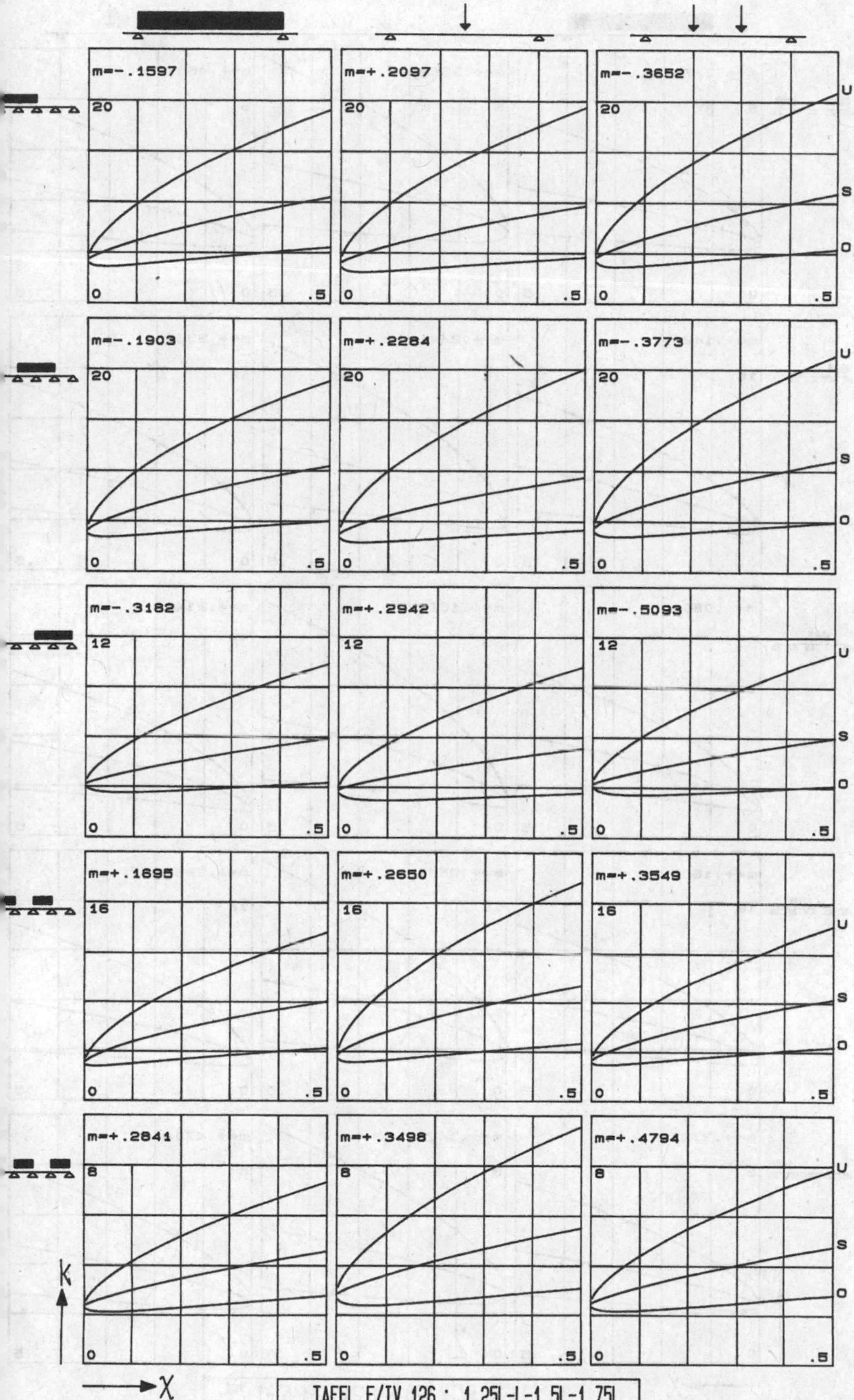

m=-.1597
m=+.2097
m=-.3652
m=-.1903
m=+.2284
m=-.3773
m=-.3182
m=+.2942
m=-.5093
m=+.1695
m=+.2650
m=+.3549
m=+.2841
m=+.3498
m=+.4794
U
S
O
K
X

TAFEL F/IV 126 : 1.25L-L-1.5L-1.75L

F IV

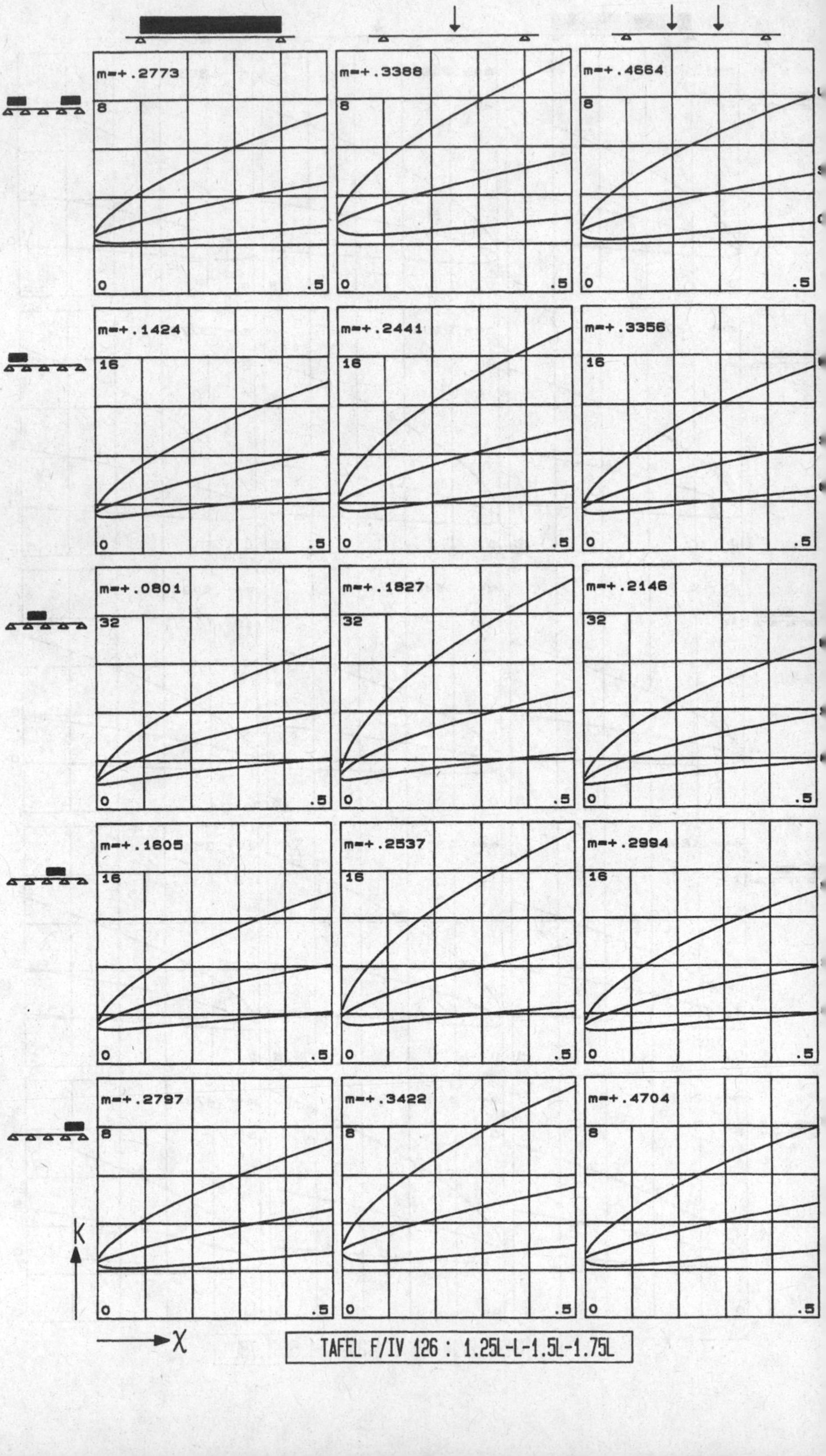
m=+.2773
8
0
.5
m=+.3388
8
0
.5
m=+.4664
8
0
.5
m=+.1424
16
0
.5
m=+.2441
16
0
.5
m=+.3356
16
0
.5
m=+.0801
32
0
.5
m=+.1827
32
0
.5
m=+.2146
32
0
.5
m=+.1605
16
0
.5
m=+.2537
16
0
.5
m=+.2994
16
0
.5
m=+.2797
8
0
.5
m=+.3422
8
0
.5
m=+.4704
8
0
.5
K
X

TAFEL F/IV 126 : 1.25L-L-1.5L-1.75L

F IV

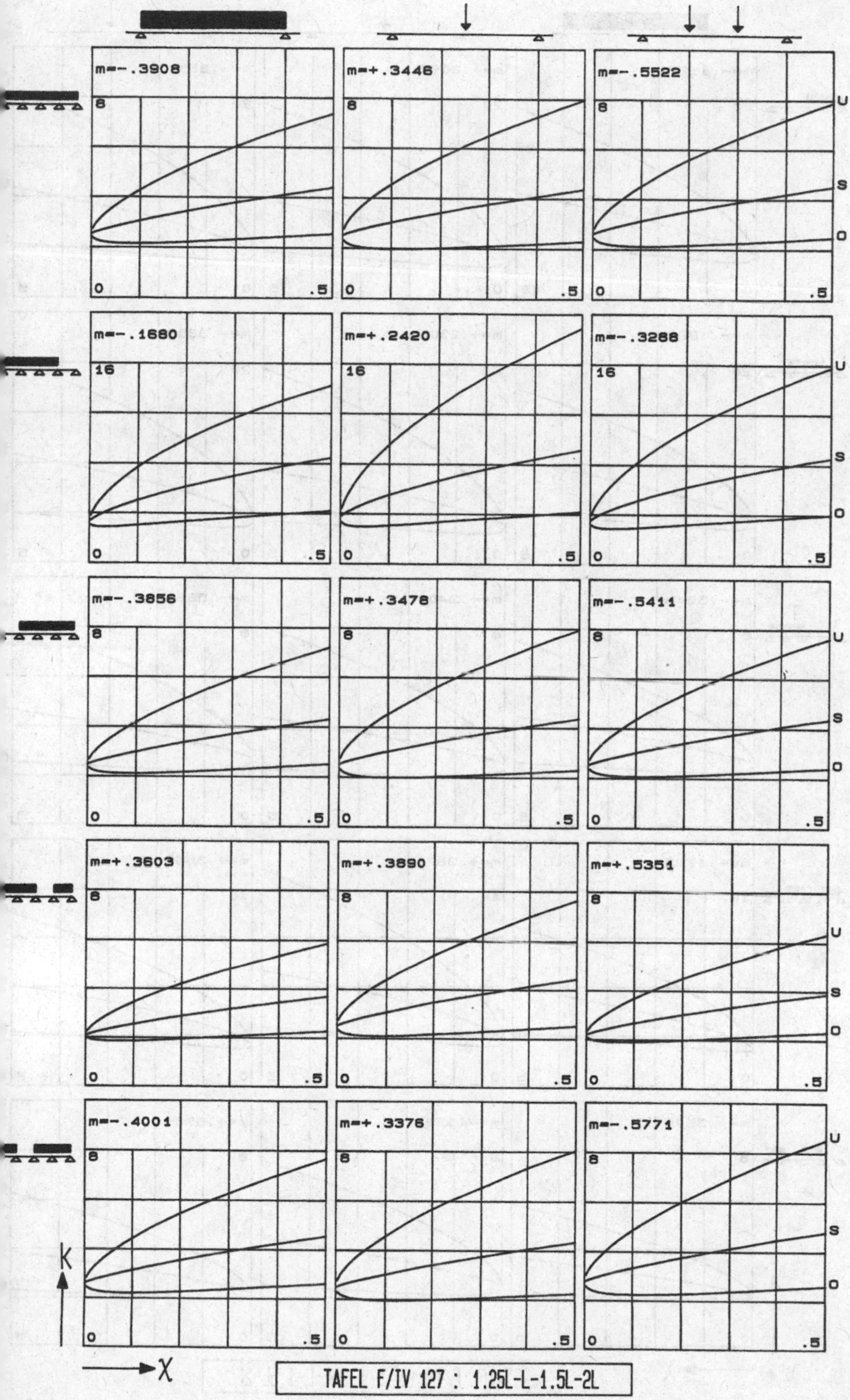

m=-.3908
m=+.3446
m=-.5522
m=-.1680
m=+.2420
m=-.3288
m=-.3856
m=+.3478
m=-.5411
m=+.3603
m=+.3890
m=+.5351
m=-.4001
m=+.3376
m=-.5771
8
16
0
.5
U
S
O
K
X

TAFEL F/IV 127 : 1.25L-L-1.5L-2L

F IV

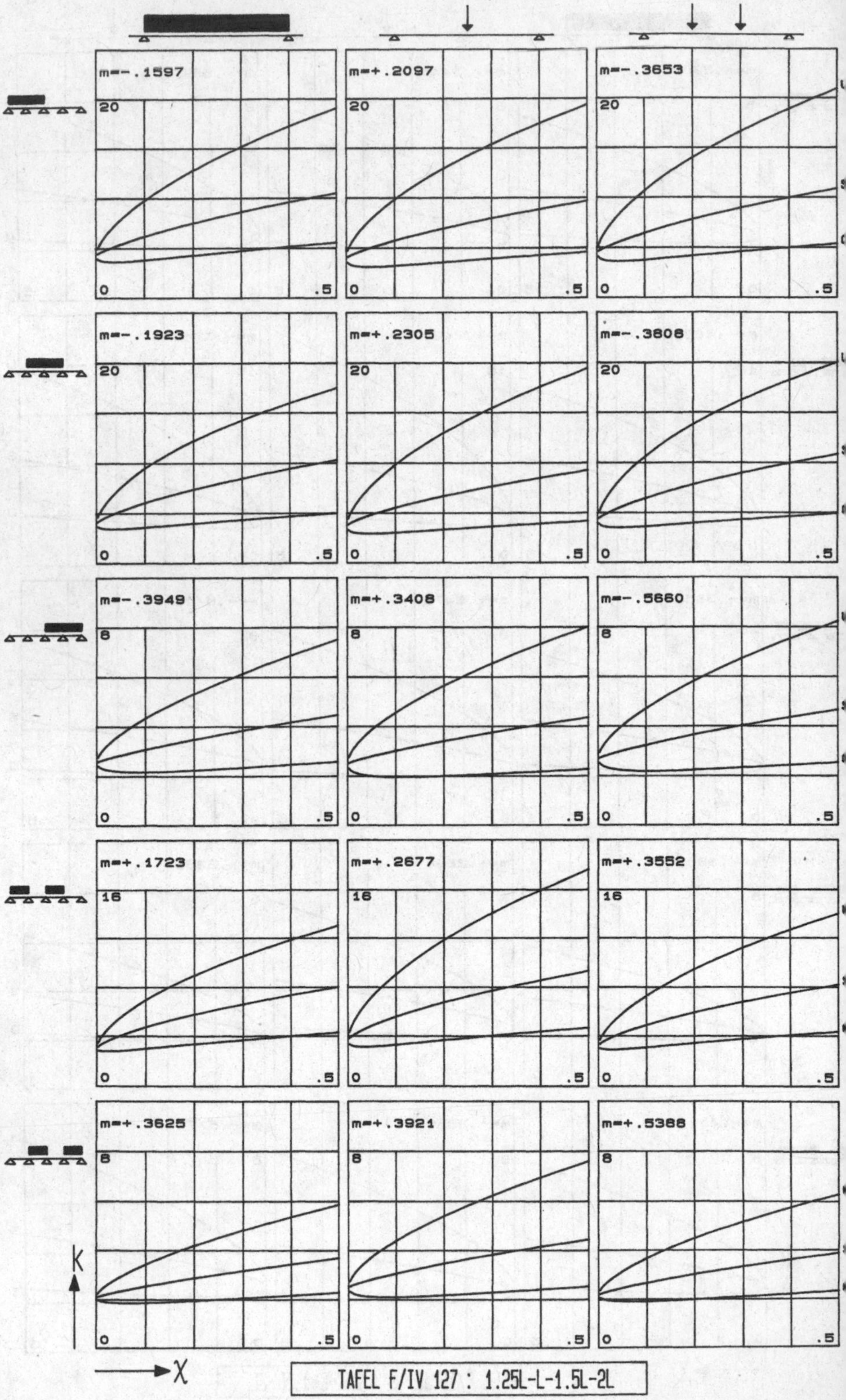

m=-.1597
20
0
.5
m=+.2097
20
0
.5
m=-.3653
20
0
.5
m=-.1923
20
0
.5
m=+.2305
20
0
.5
m=-.3808
20
0
.5
m=-.3949
8
0
.5
m=+.3408
8
0
.5
m=-.5660
8
0
.5
m=+.1723
16
0
.5
m=+.2677
16
0
.5
m=+.3552
16
0
.5
m=+.3625
8
0
.5
m=+.3921
8
0
.5
m=+.5386
8
0
.5
K
X

F
IV

TAFEL F/IV 127 : 1.25L-L-1.5L-2L

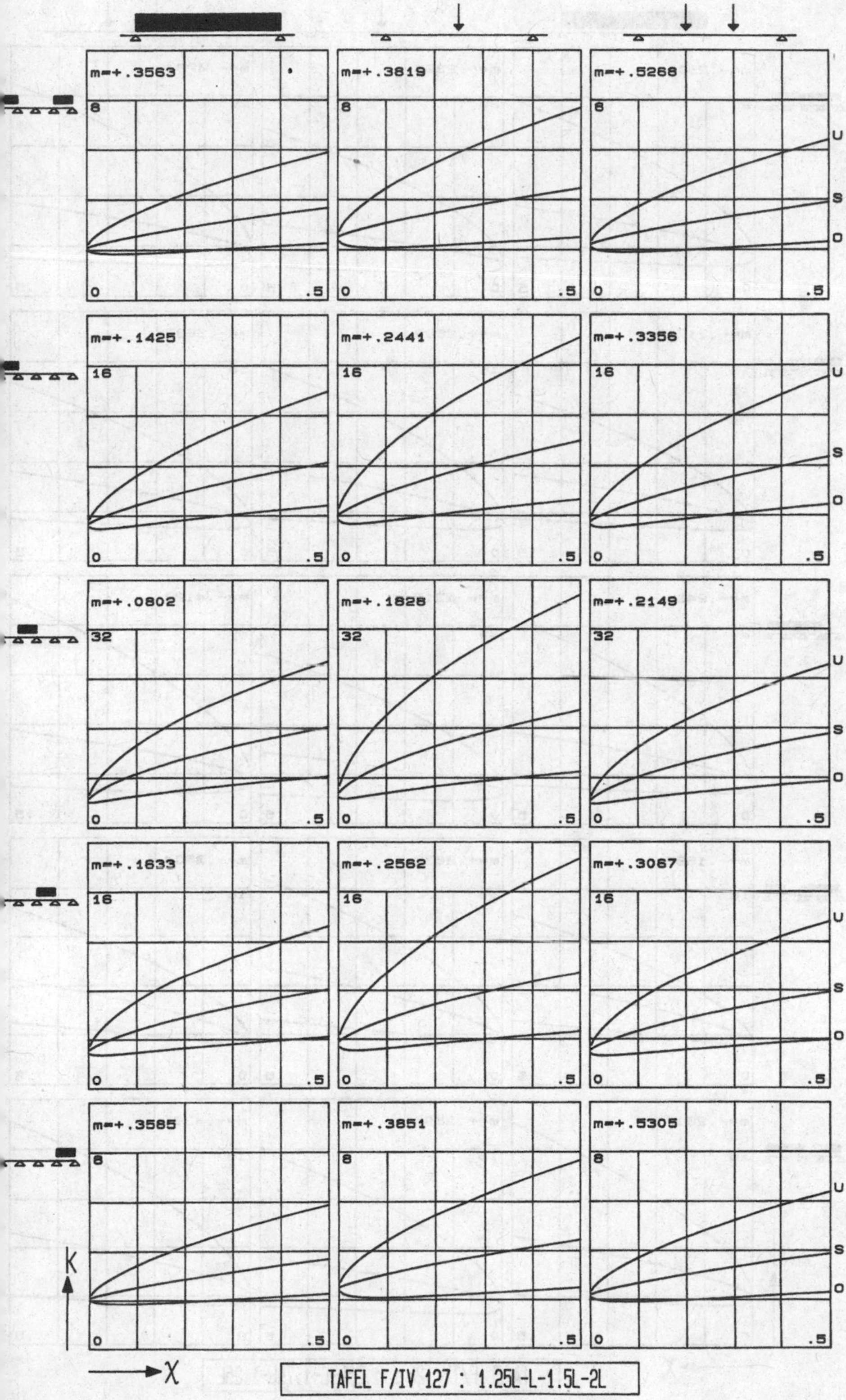

m=+.3563
m=+.3819
m=+.5268
m=+.1425
m=+.2441
m=+.3356
m=+.0802
m=+.1828
m=+.2149
m=+.1633
m=+.2562
m=+.3067
m=+.3585
m=+.3851
m=+.5305
U
S
O
K
X

TAFEL F/IV 127 : 1.25L-L-1.5L-2L

F IV

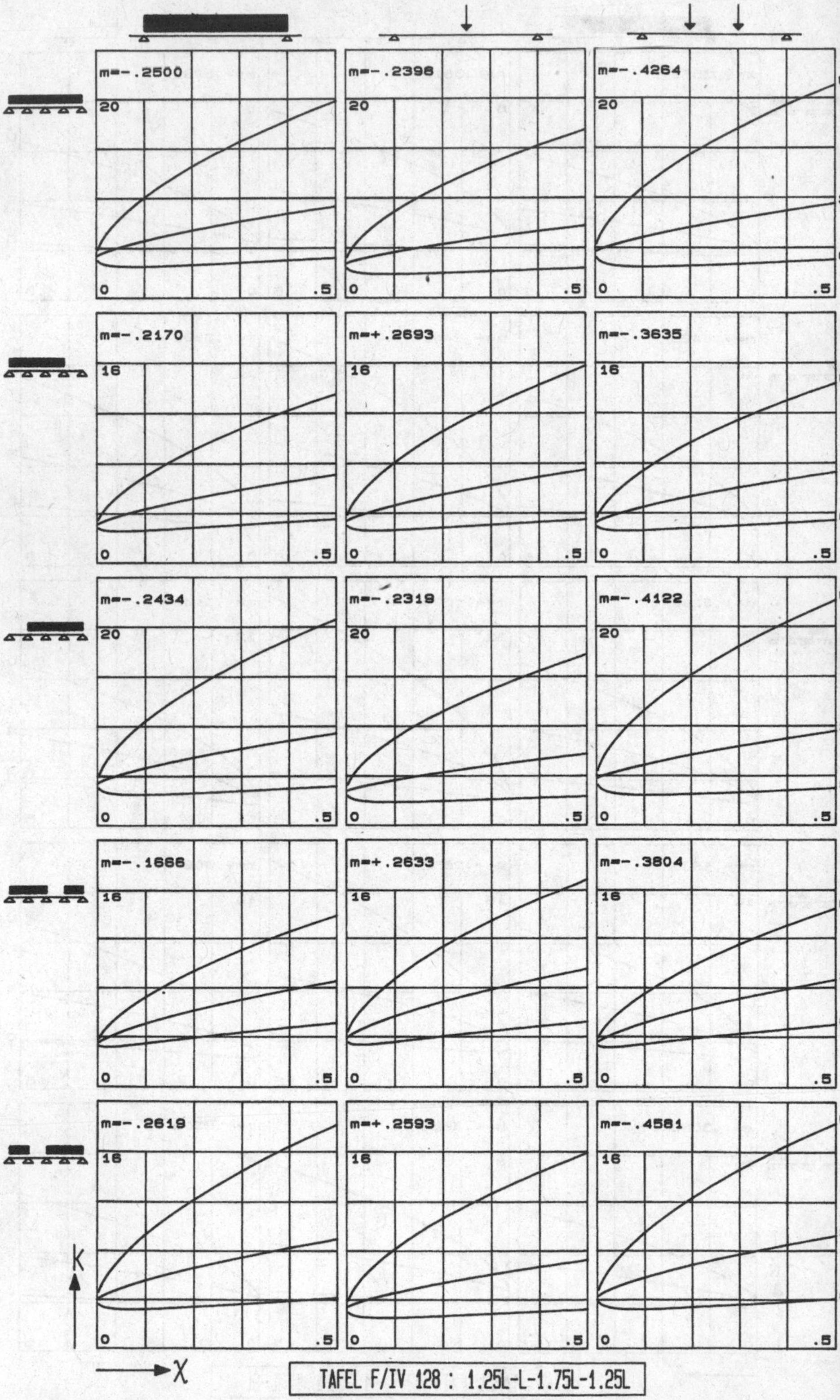
m=-.2500
20
0
.5
m=-.2398
20
0
.5
m=-.4264
20
0
.5
m=-.2170
16
0
.5
m=+.2693
16
0
.5
m=-.3635
16
0
.5
m=-.2434
20
0
.5
m=-.2319
20
0
.5
m=-.4122
20
0
.5
m=-.1666
16
0
.5
m=+.2633
16
0
.5
m=-.3804
16
0
.5
m=-.2619
16
0
.5
m=+.2593
16
0
.5
m=-.4581
16
0
.5
K
X

TAFEL F/IV 128 : 1.25L-L-1.75L-1.25L

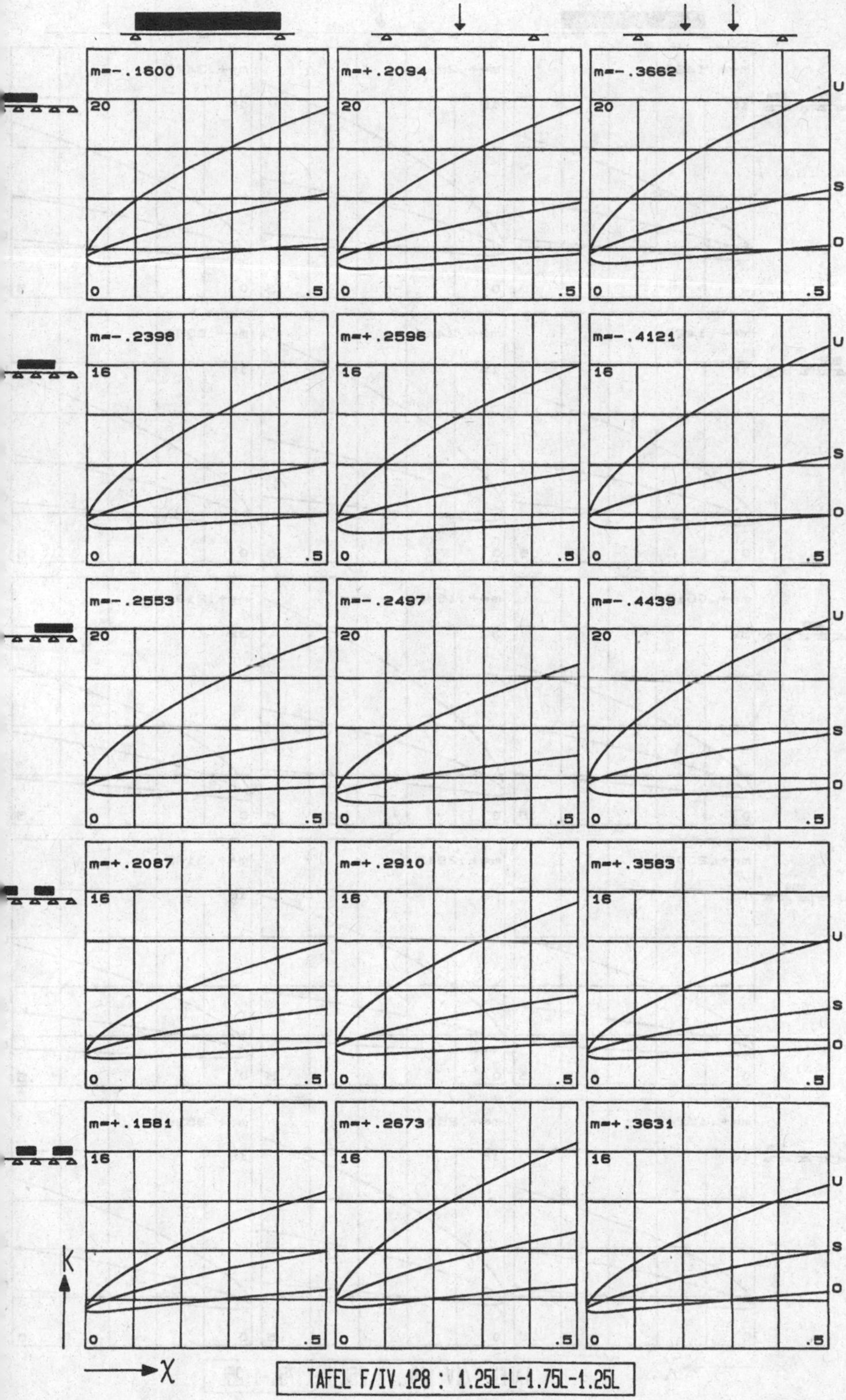

m=-.1600
20
0
.5
m=+.2094
20
0
.5
m=-.3662
20
0
.5
U
S
O
m=-.2398
16
0
.5
m=+.2596
16
0
.5
m=-.4121
16
0
.5
U
S
O
m=-.2553
20
0
.5
m=-.2497
20
0
.5
m=-.4439
20
0
.5
U
S
O
m=+.2087
16
0
.5
m=+.2910
16
0
.5
m=+.3583
16
0
.5
U
S
O
m=+.1581
16
0
.5
m=+.2673
16
0
.5
m=+.3631
16
0
.5
U
S
O
K
X

TAFEL F/IV 128 : 1.25L-L-1.75L-1.25L

F IV

F
V

460

TAFEL F/IV 128 : 1.25L-L-1.75L-1.25L

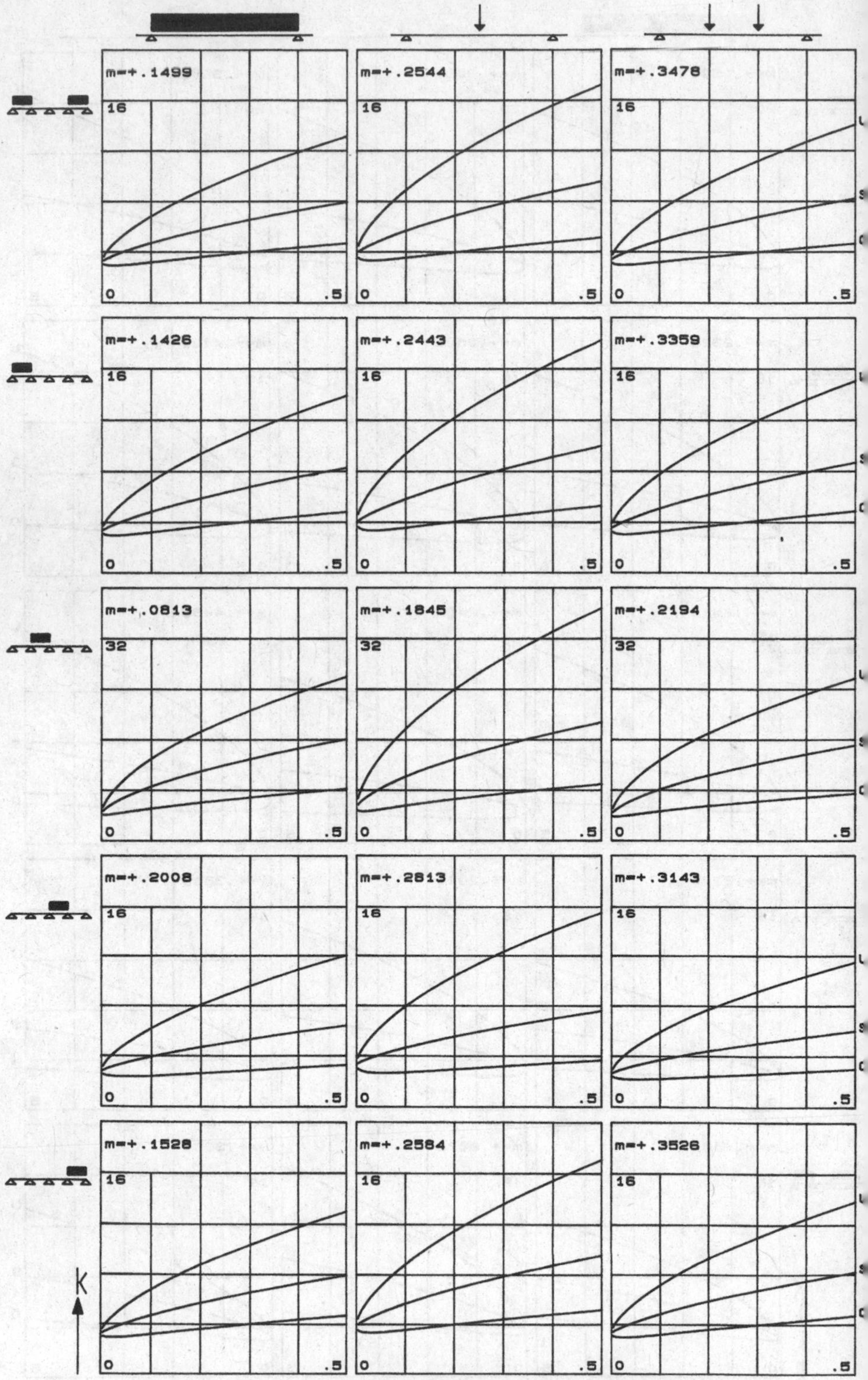

m=-.2890
16

m=-.2631
16

m=-.4678
16
U
S
O

m=-.2215
16

m=+.2730
16

m=-.3701
16
U
S
O

m=-.2829
16

m=-.2558
16

m=-.4548
16
U
S
O

m=+.2166
12

m=+.3082
12

m=+.4208
12
U
S
O

m=-.2998
20

m=-.2794
20

m=-.4968
20
U
S
O

k

χ

F
IV

461

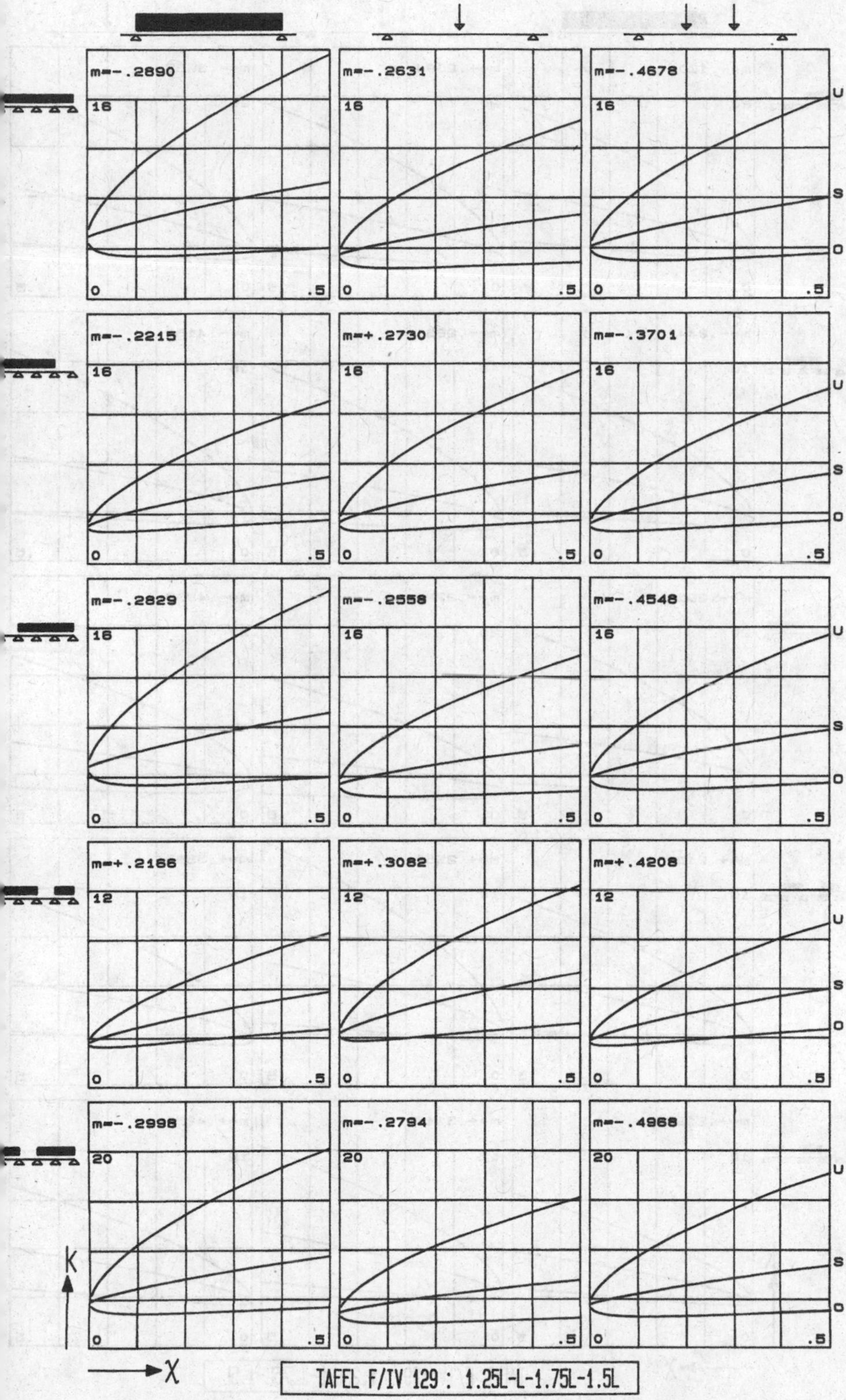

TAFEL F/IV 129 : 1.25L-L-1.75L-1.5L

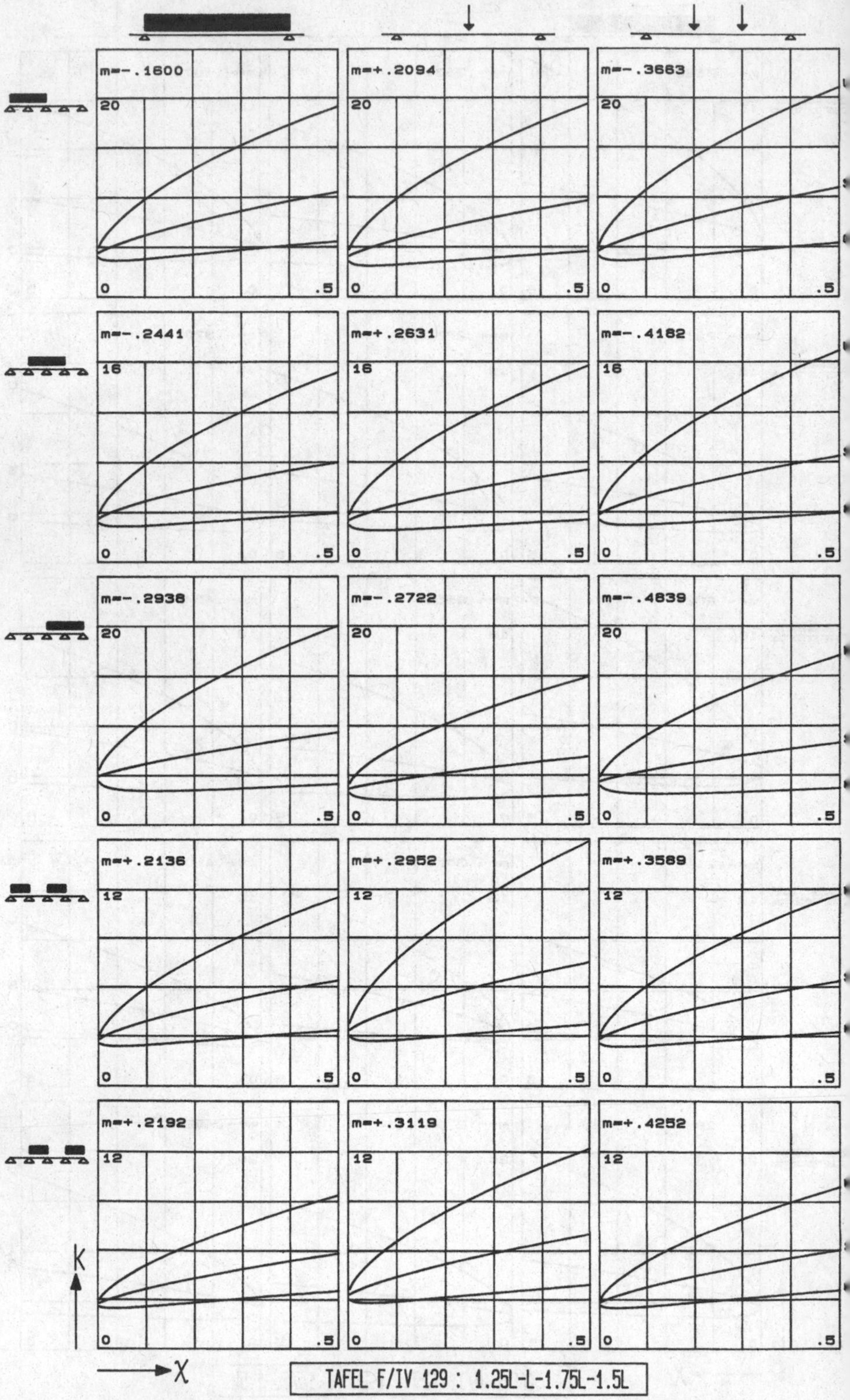

TAFEL F/IV 129 : 1.25L-L-1.75L-1.5L

TAFEL F/IV 129 : 1.25L-L-1.75L-1.5L

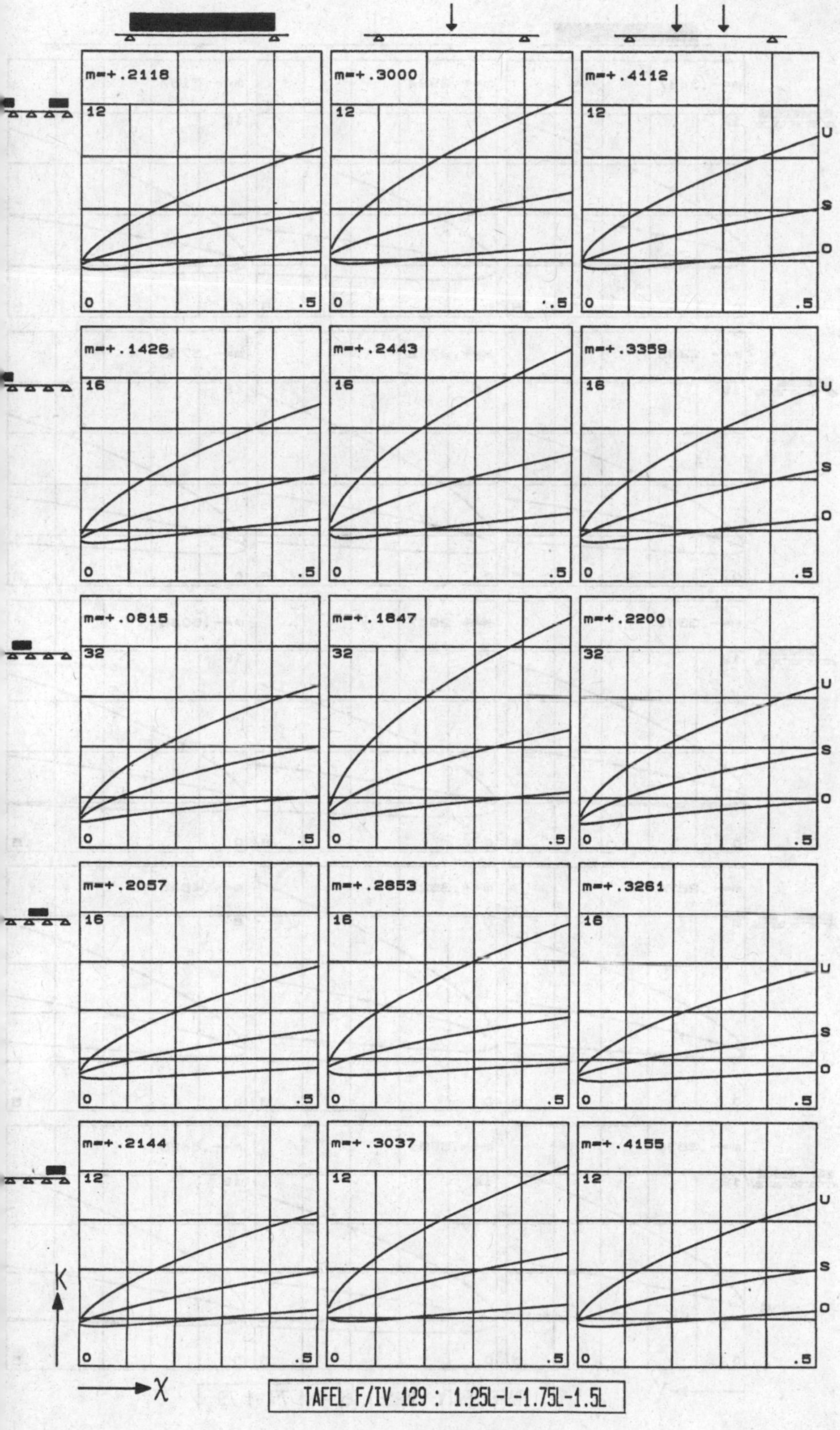

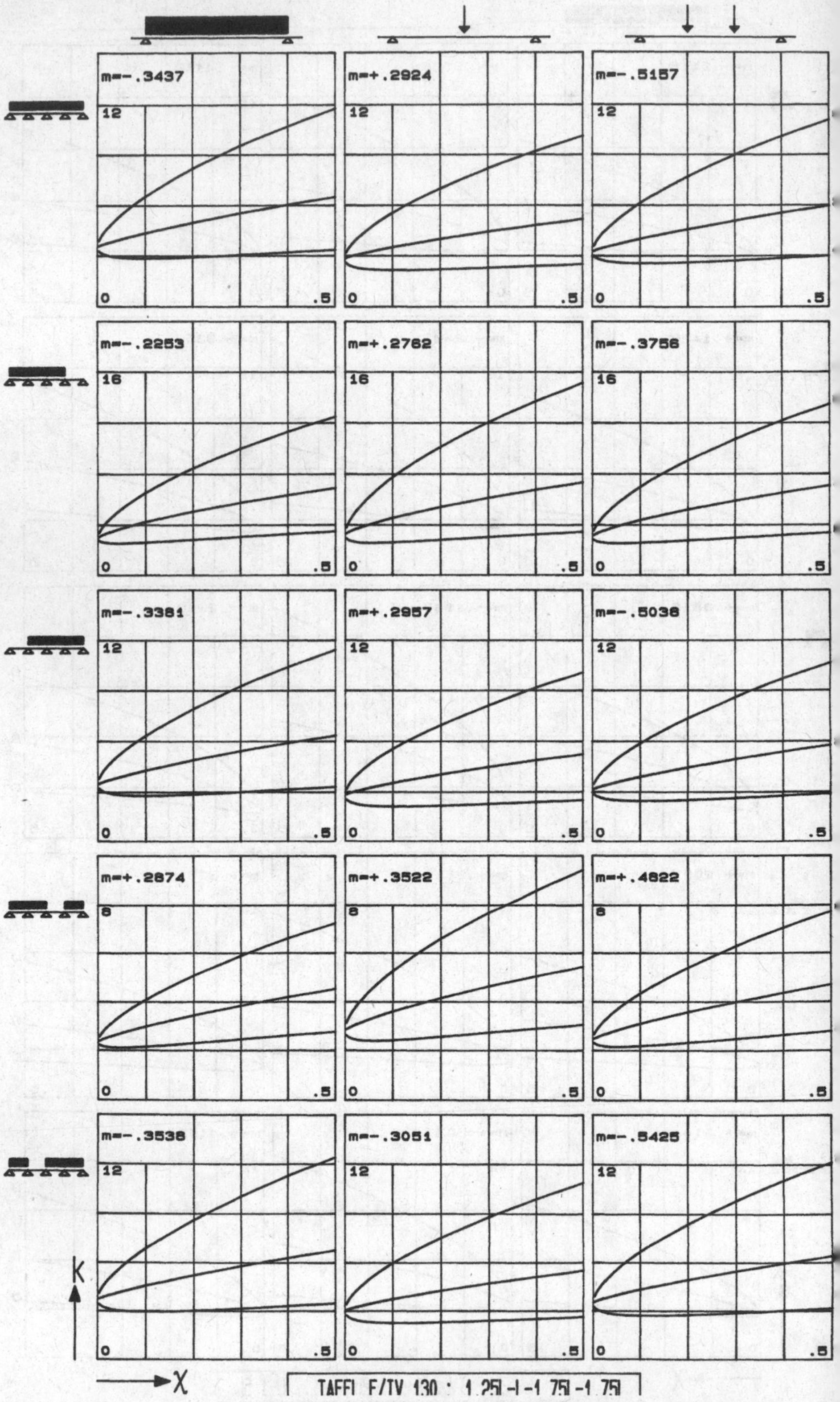

m=-.3437
12
0
.5
m=+.2924
12
0
.5
m=-.5157
12
0
.5
m=-.2253
16
0
.5
m=+.2762
16
0
.5
m=-.3756
16
0
.5
m=-.3381
12
0
.5
m=+.2957
12
0
.5
m=-.5036
12
0
.5
m=+.2874
8
0
.5
m=+.3522
8
0
.5
m=+.4822
8
0
.5
m=-.3538
12
0
.5
m=-.3051
12
0
.5
m=-.5425
12
0
.5
K
X

TAFEL F/TV 130 : 1.25l-l-1.75l-1.75l

F
V

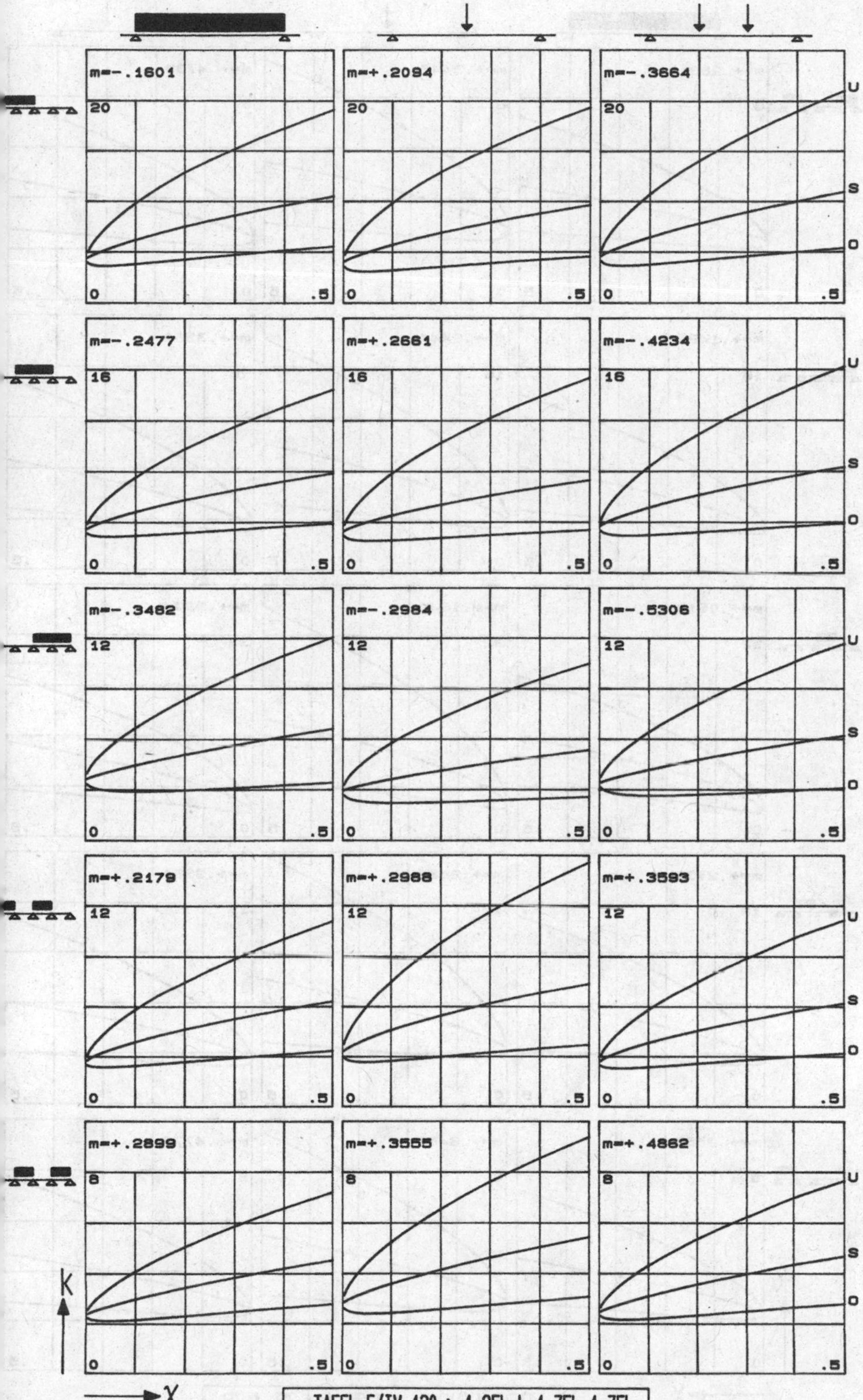
m=-.1601
m=+.2094
m=-.3664
m=-.2477
m=+.2661
m=-.4234
m=-.3482
m=-.2984
m=-.5306
m=+.2179
m=+.2988
m=+.3593
m=+.2899
m=+.3555
m=+.4862
20
16
12
8
U
S
O
0
.5
K
X
TAFEL F/IV 130 : 1.25L-L-1.75L-1.75L

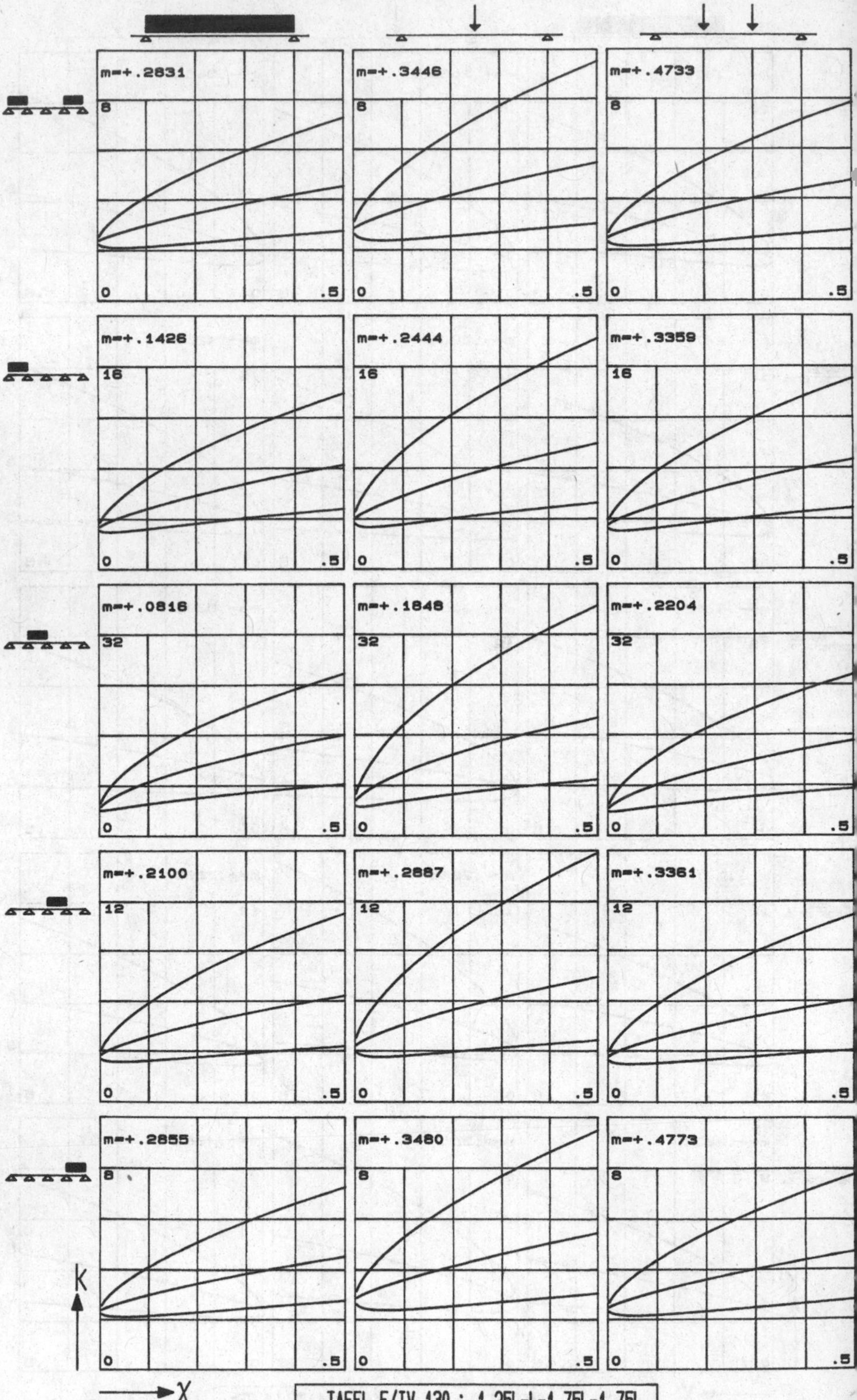
m=+.2831
8
0
.5
m=+.3446
8
0
.5
m=+.4733
8
0
.5
m=+.1426
16
0
.5
m=+.2444
16
0
.5
m=+.3359
16
0
.5
m=+.0816
32
0
.5
m=+.1848
32
0
.5
m=+.2204
32
0
.5
m=+.2100
12
0
.5
m=+.2887
12
0
.5
m=+.3361
12
0
.5
m=+.2855
8
0
.5
m=+.3480
8
0
.5
m=+.4773
8
0
.5
k
X

TAFEL F/IV 130 : 1.25L-L-1.75L-1.75L

F
IV

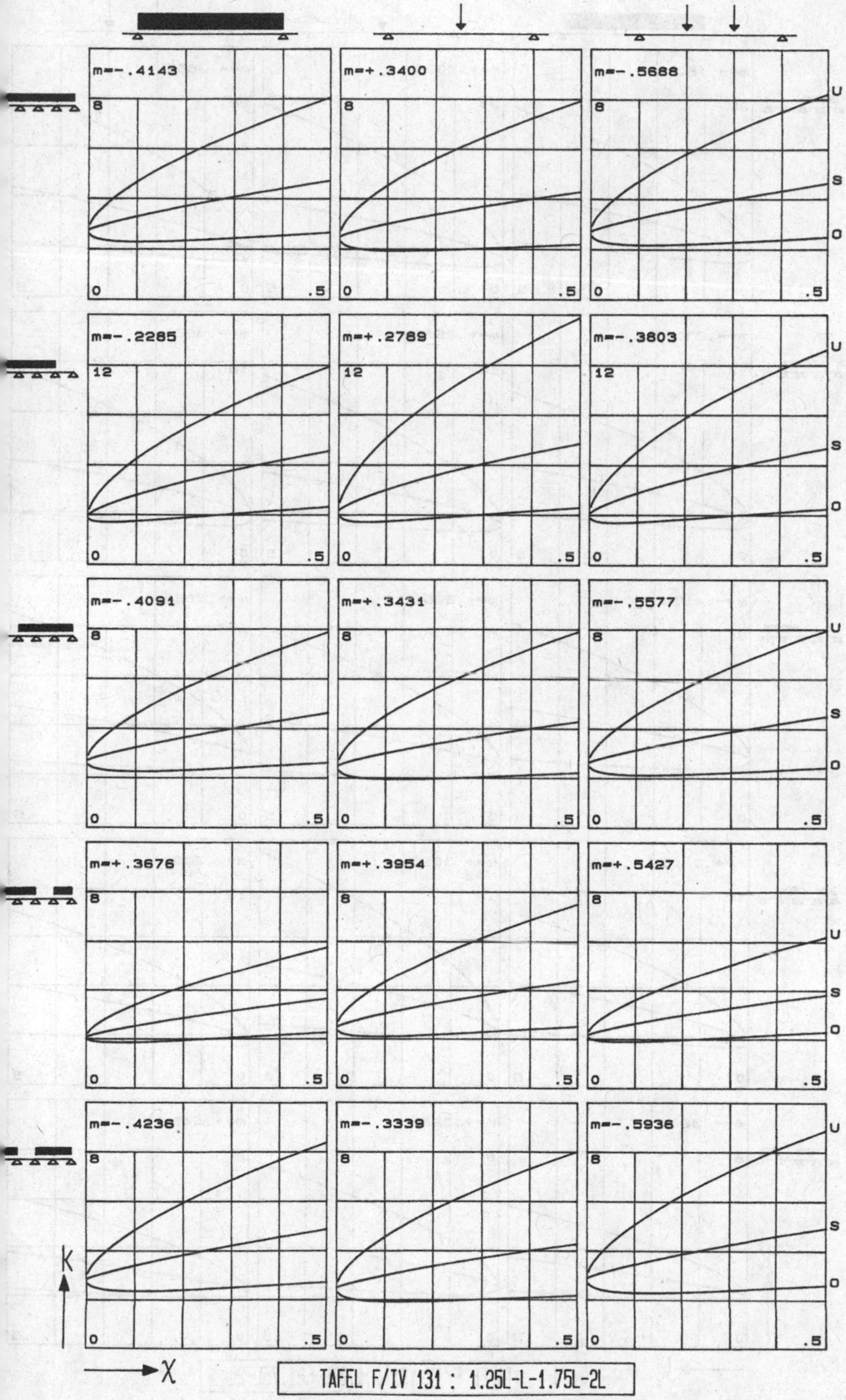

TAFEL F/IV 131 : 1.25L-L-1.75L-2L

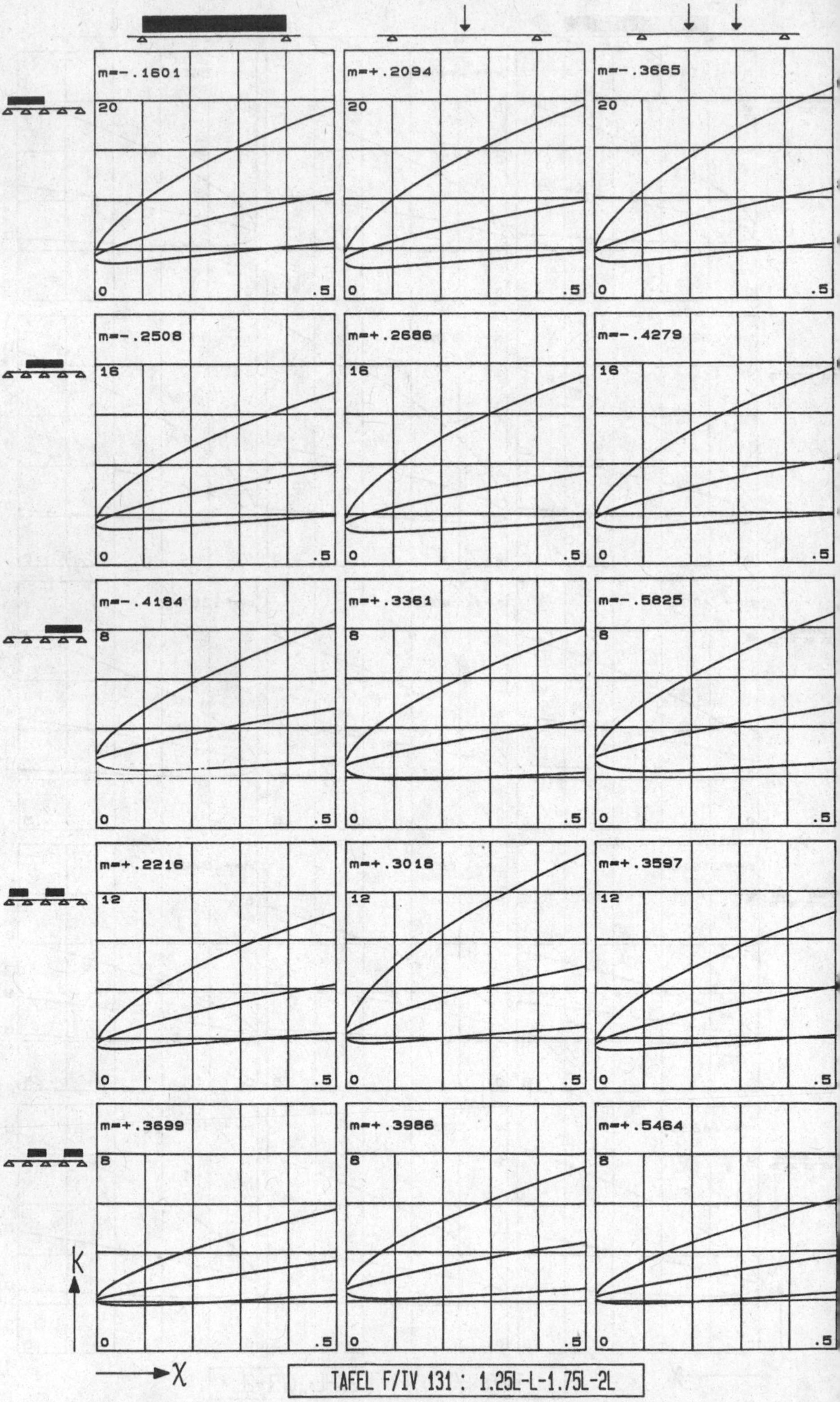

m=-.1601
20
0
.5
m=+.2094
20
0
.5
m=-.3665
20
0
.5
m=-.2508
16
0
.5
m=+.2686
16
0
.5
m=-.4279
16
0
.5
m=-.4184
8
0
.5
m=+.3361
8
0
.5
m=-.5825
8
0
.5
m=+.2216
12
0
.5
m=+.3018
12
0
.5
m=+.3597
12
0
.5
m=+.3699
8
0
.5
m=+.3986
8
0
.5
m=+.5464
8
0
.5
K
X

TAFEL F/IV 131 : 1.25L-L-1.75L-2L

F IV

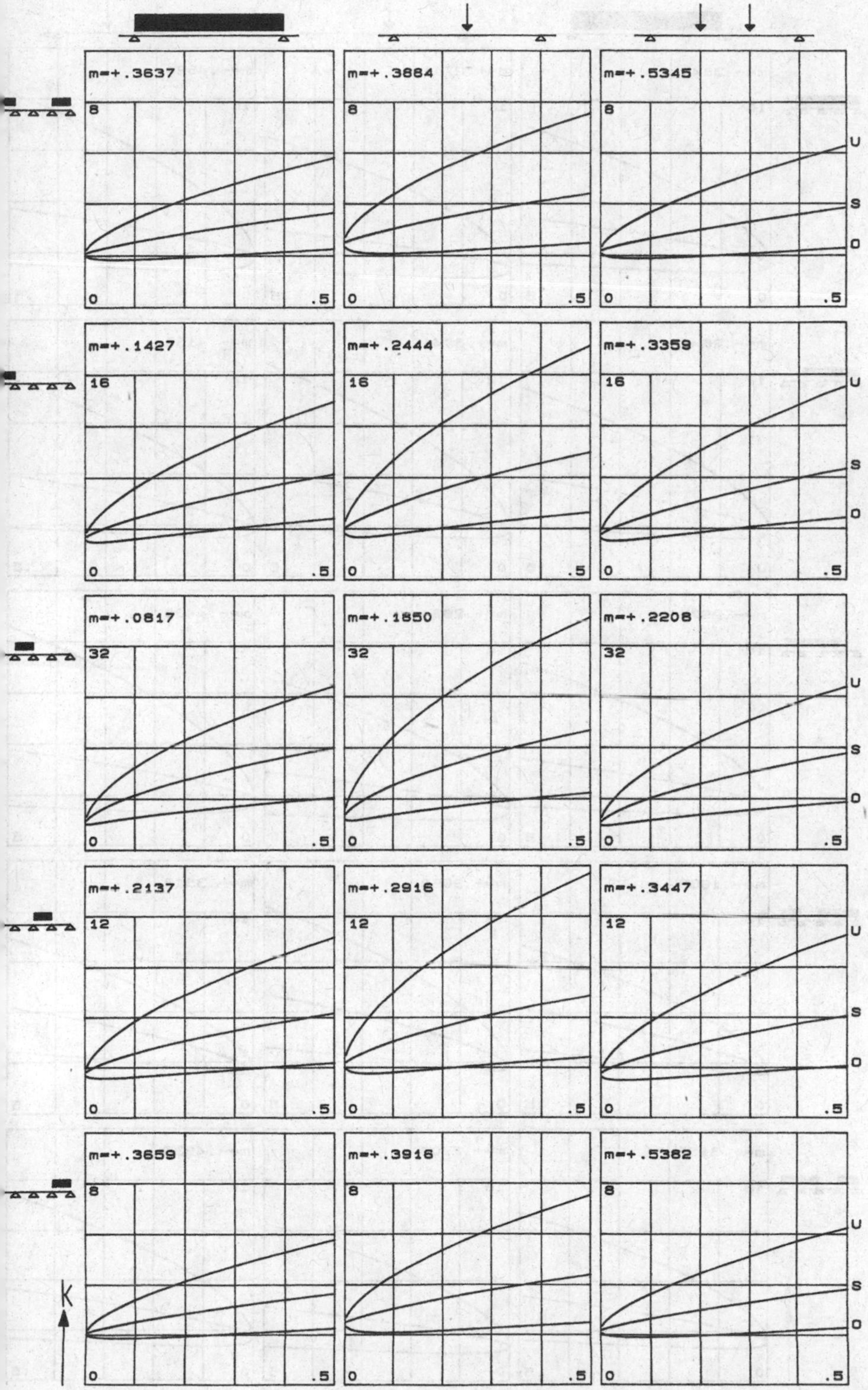
m=+.3637
m=+.3884
m=+.5345
m=+.1427
m=+.2444
m=+.3359
m=+.0817
m=+.1850
m=+.2208
m=+.2137
m=+.2916
m=+.3447
m=+.3659
m=+.3916
m=+.5362
8
16
32
12
0
.5
U
S
O
K
X
F
IV

TAFEL F/IV 131 : 1.25L-L-1.75L-2L

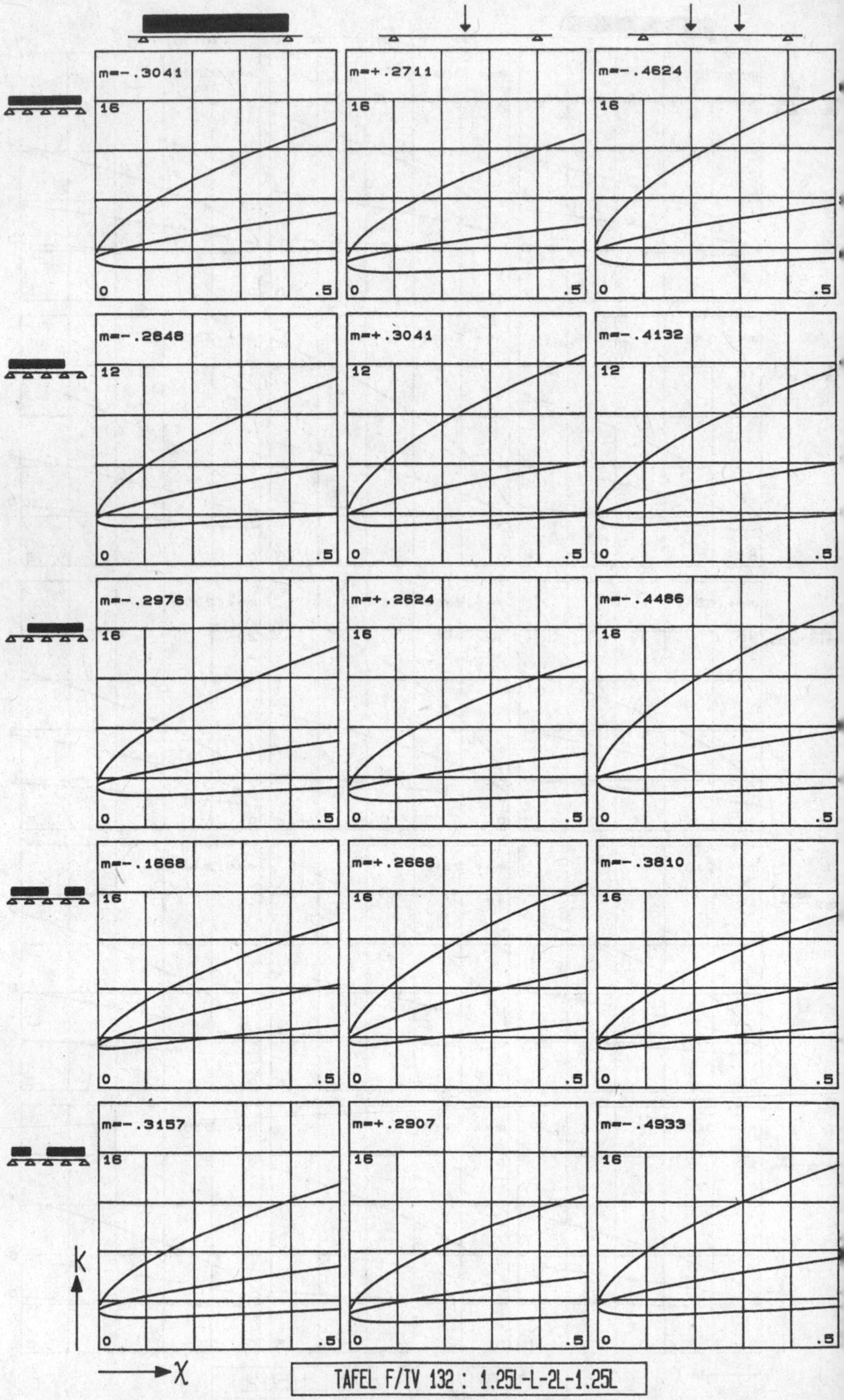
m=-.3041
16
0
.5
m=+.2711
16
0
.5
m=-.4624
16
0
.5
m=-.2646
12
0
.5
m=+.3041
12
0
.5
m=-.4132
12
0
.5
m=-.2976
16
0
.5
m=+.2624
16
0
.5
m=-.4486
16
0
.5
m=-.1668
16
0
.5
m=+.2668
16
0
.5
m=-.3810
16
0
.5
m=-.3157
16
0
.5
m=+.2907
16
0
.5
m=-.4933
16
0
.5
K
X

TAFEL F/IV 132 : 1.25L-L-2L-1.25L

F
IV

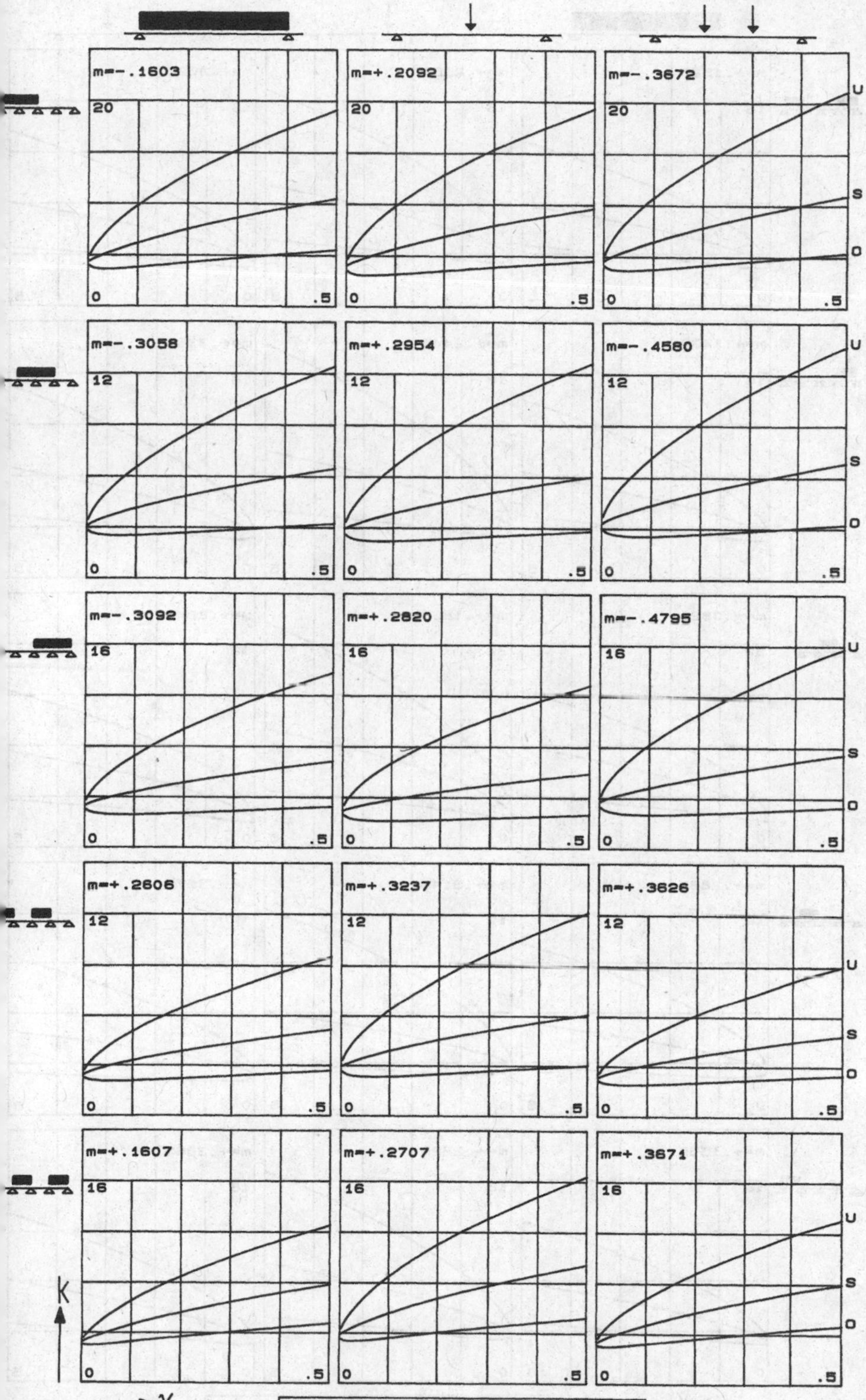

m=-.1603
20
0
.5
m=+.2092
20
0
.5
m=-.3672
20
0
.5
U
S
O
m=-.3058
12
0
.5
m=+.2954
12
0
.5
m=-.4580
12
0
.5
U
S
O
m=-.3092
16
0
.5
m=+.2820
16
0
.5
m=-.4795
16
0
.5
U
S
O
m=+.2606
12
0
.5
m=+.3237
12
0
.5
m=+.3626
12
0
.5
U
S
O
m=+.1607
16
0
.5
m=+.2707
16
0
.5
m=+.3671
16
0
.5
U
S
O
K
X

TAFEL F/IV 132 : 1.25L-L-2L-1.25L

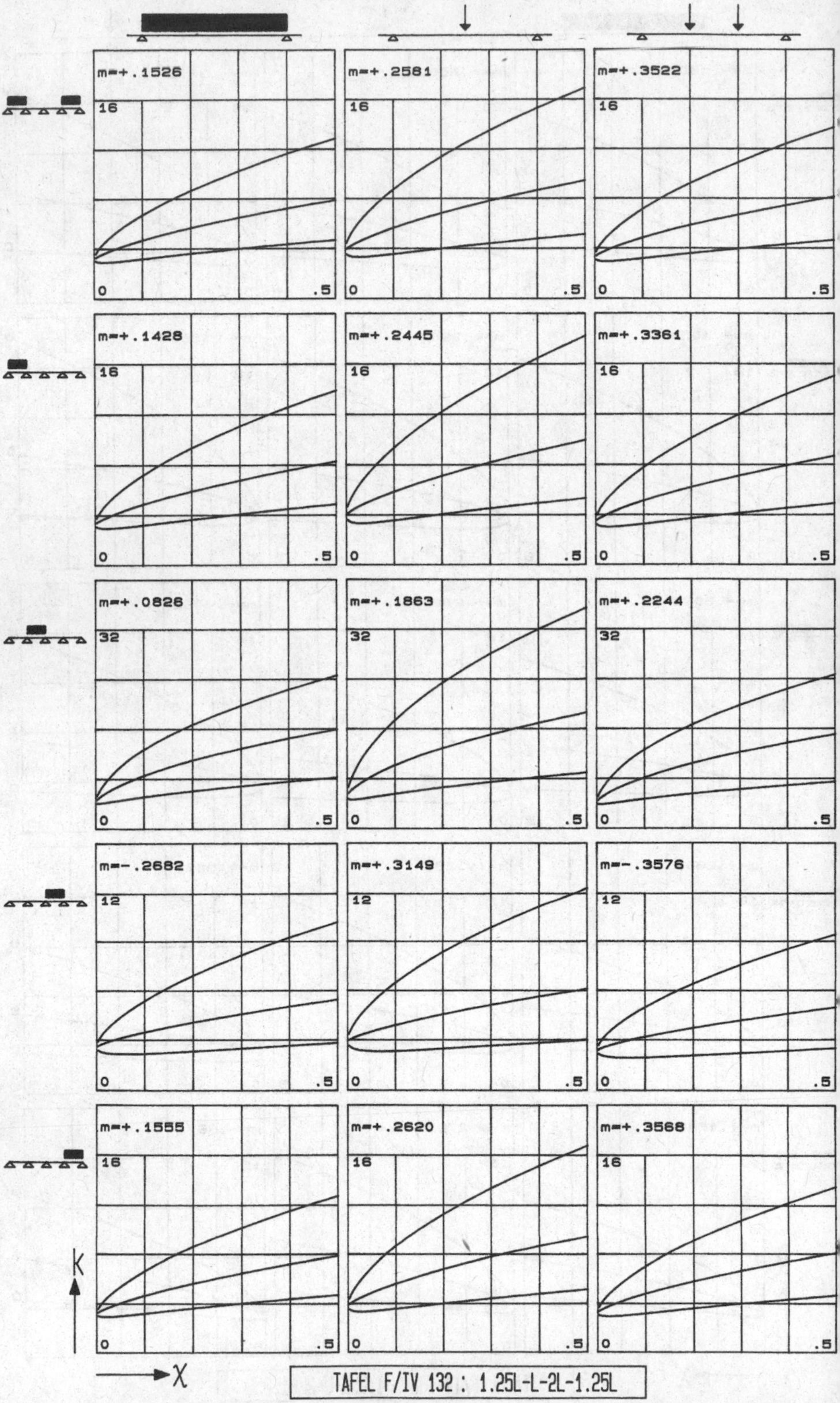
m=+.1526
16
0
.5
m=+.2581
16
0
.5
m=+.3522
16
0
.5
m=+.1428
16
0
.5
m=+.2445
16
0
.5
m=+.3361
16
0
.5
m=+.0826
32
0
.5
m=+.1863
32
0
.5
m=+.2244
32
0
.5
m=-.2682
12
0
.5
m=+.3149
12
0
.5
m=-.3576
12
0
.5
m=+.1555
16
0
.5
m=+.2620
16
0
.5
m=+.3568
16
0
.5
K
X

TAFEL F/IV 132 : 1.25L-L-2L-1.25L

F IV

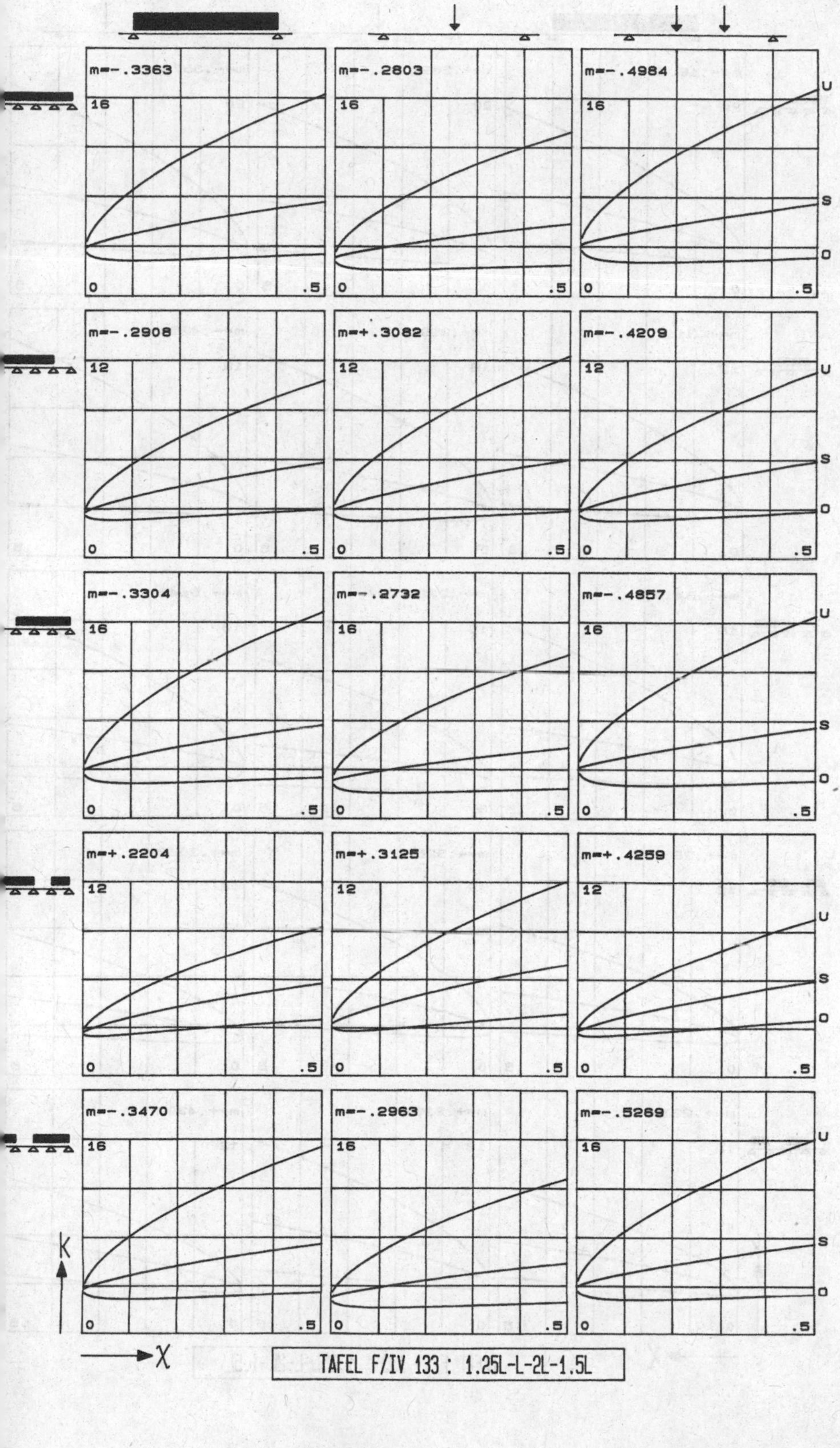

m=-.3363
16
0
.5
m=-.2803
16
0
.5
m=-.4984
16
0
.5
U
S
O
m=-.2908
12
0
.5
m=+.3082
12
0
.5
m=-.4209
12
0
.5
U
S
O
m=-.3304
16
0
.5
m=-.2732
16
0
.5
m=-.4857
16
0
.5
U
S
O
m=+.2204
12
0
.5
m=+.3125
12
0
.5
m=+.4259
12
0
.5
U
S
O
m=-.3470
16
0
.5
m=-.2963
16
0
.5
m=-.5269
16
0
.5
U
S
O
K
X

TAFEL F/IV 133 : 1.25L-L-2L-1.5L

F IV

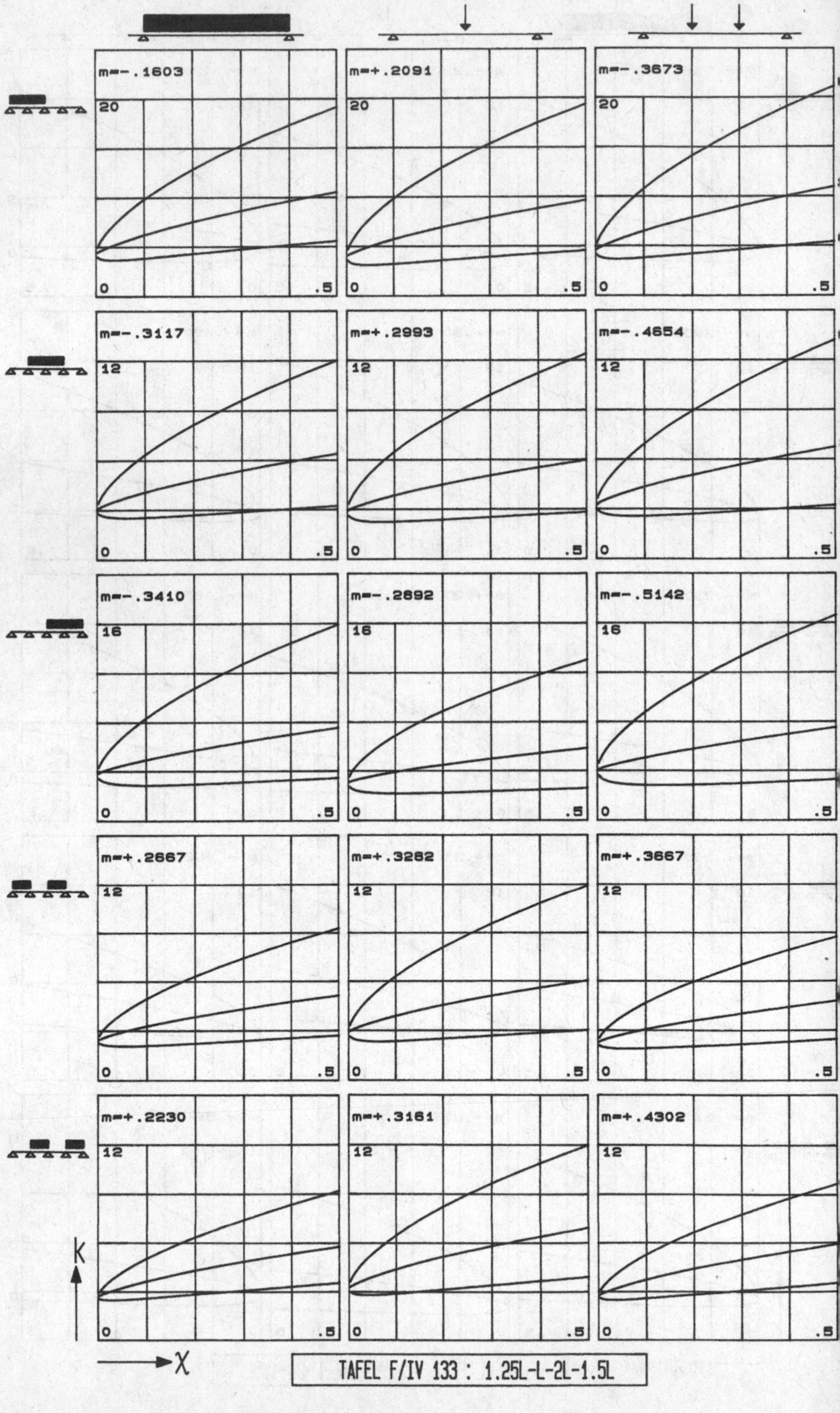
m=-.1603
20
0
.5
m=+.2091
20
0
.5
m=-.3673
20
0
.5
m=-.3117
12
0
.5
m=+.2993
12
0
.5
m=-.4654
12
0
.5
m=-.3410
16
0
.5
m=-.2892
16
0
.5
m=-.5142
16
0
.5
m=+.2667
12
0
.5
m=+.3262
12
0
.5
m=+.3667
12
0
.5
m=+.2230
12
0
.5
m=+.3161
12
0
.5
m=+.4302
12
0
.5
K
X

TAFEL F/IV 133 : 1.25L-L-2L-1.5L

F
V

F
IV

475

TAFEL F/IV 133 : 1.25L-L-2L-1.5L

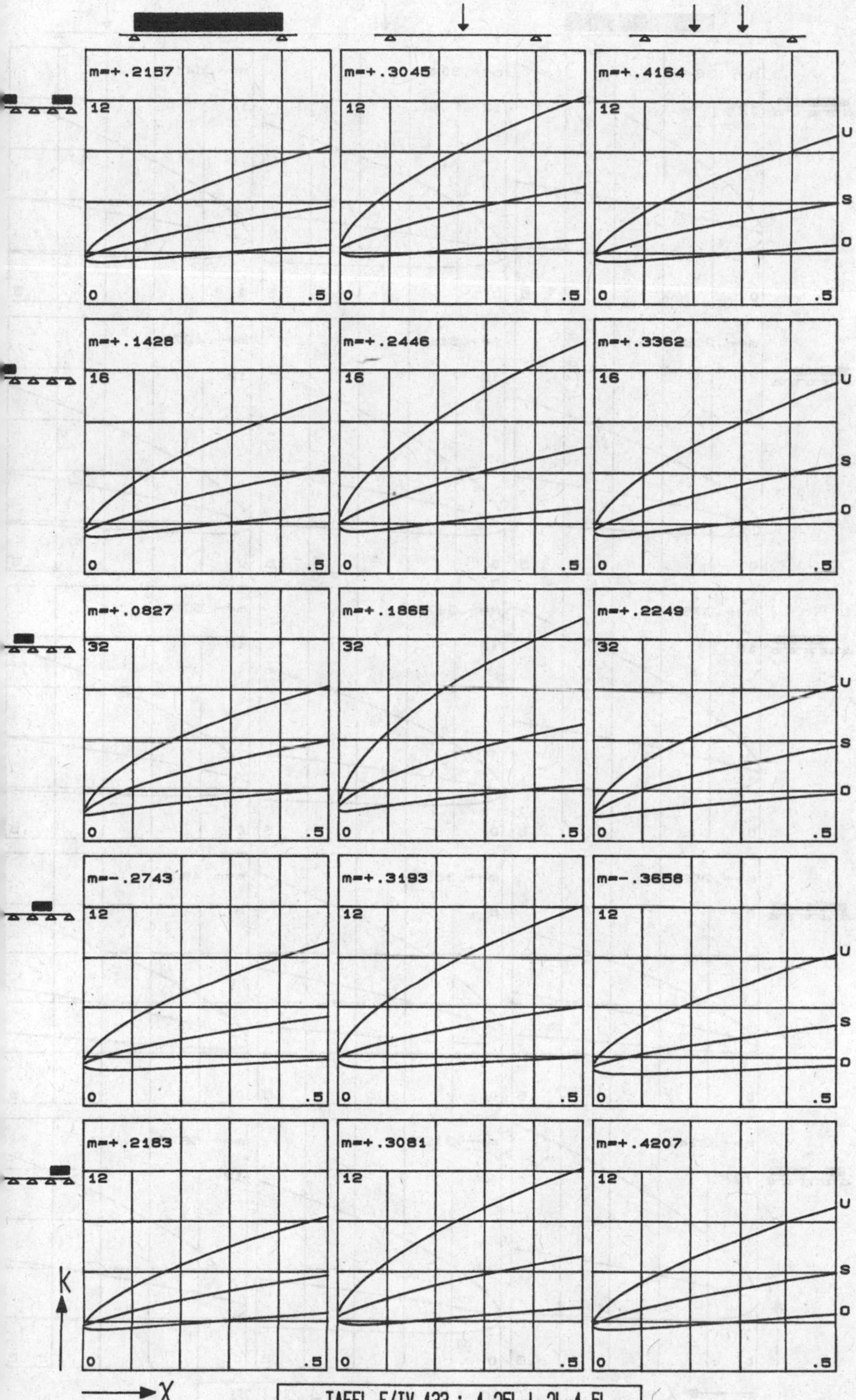

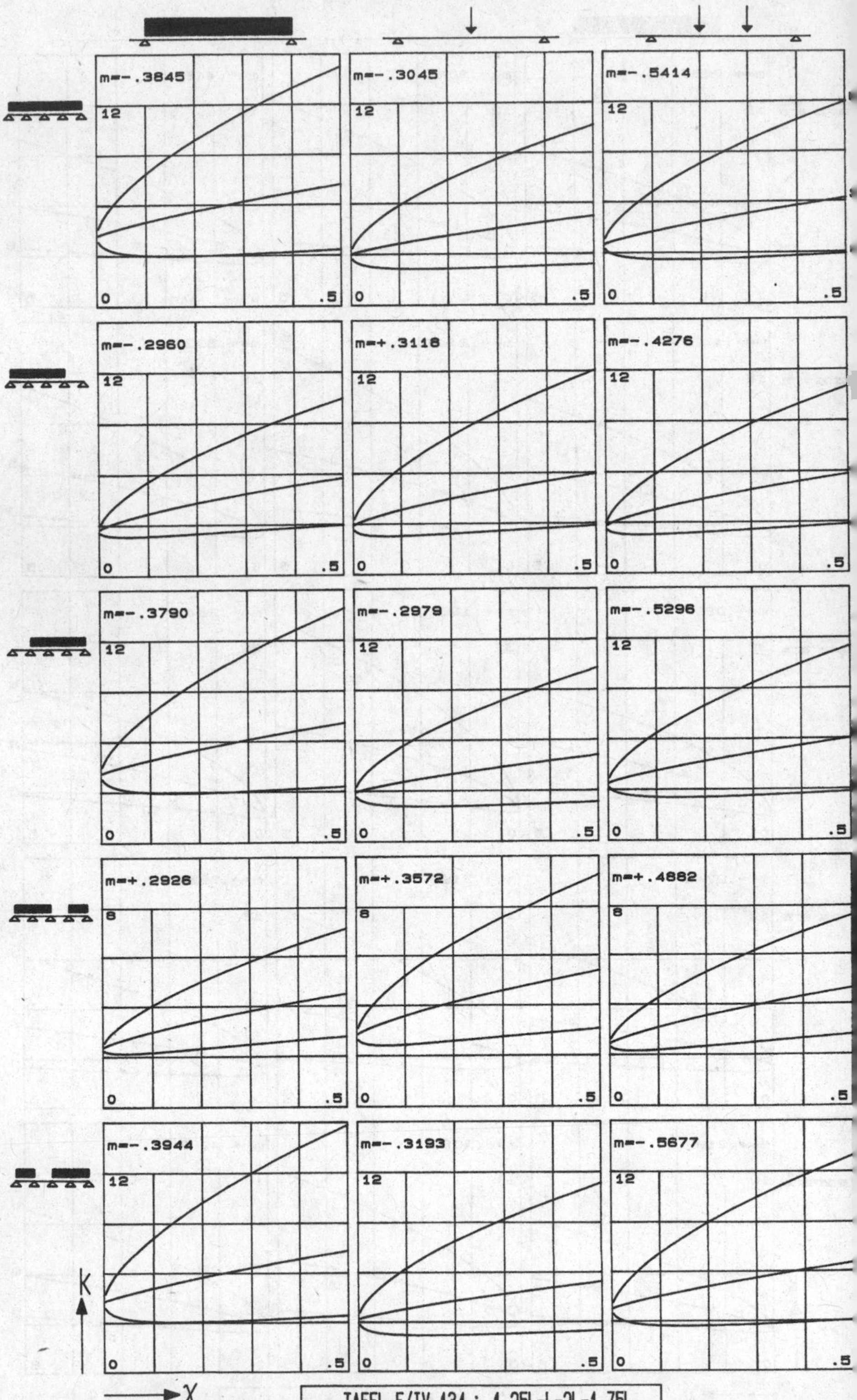

m=-.3845
12
0
.5
m=-.3045
12
0
.5
m=-.5414
12
0
.5
m=-.2960
12
0
.5
m=+.3116
12
0
.5
m=-.4276
12
0
.5
m=-.3790
12
0
.5
m=-.2979
12
0
.5
m=-.5296
12
0
.5
m=+.2926
8
0
.5
m=+.3572
8
0
.5
m=+.4882
8
0
.5
m=-.3944
12
0
.5
m=-.3193
12
0
.5
m=-.5677
12
0
.5
K
X

TAFEL F/IV 134 : 1.25L-L-2L-1.75L

F IV

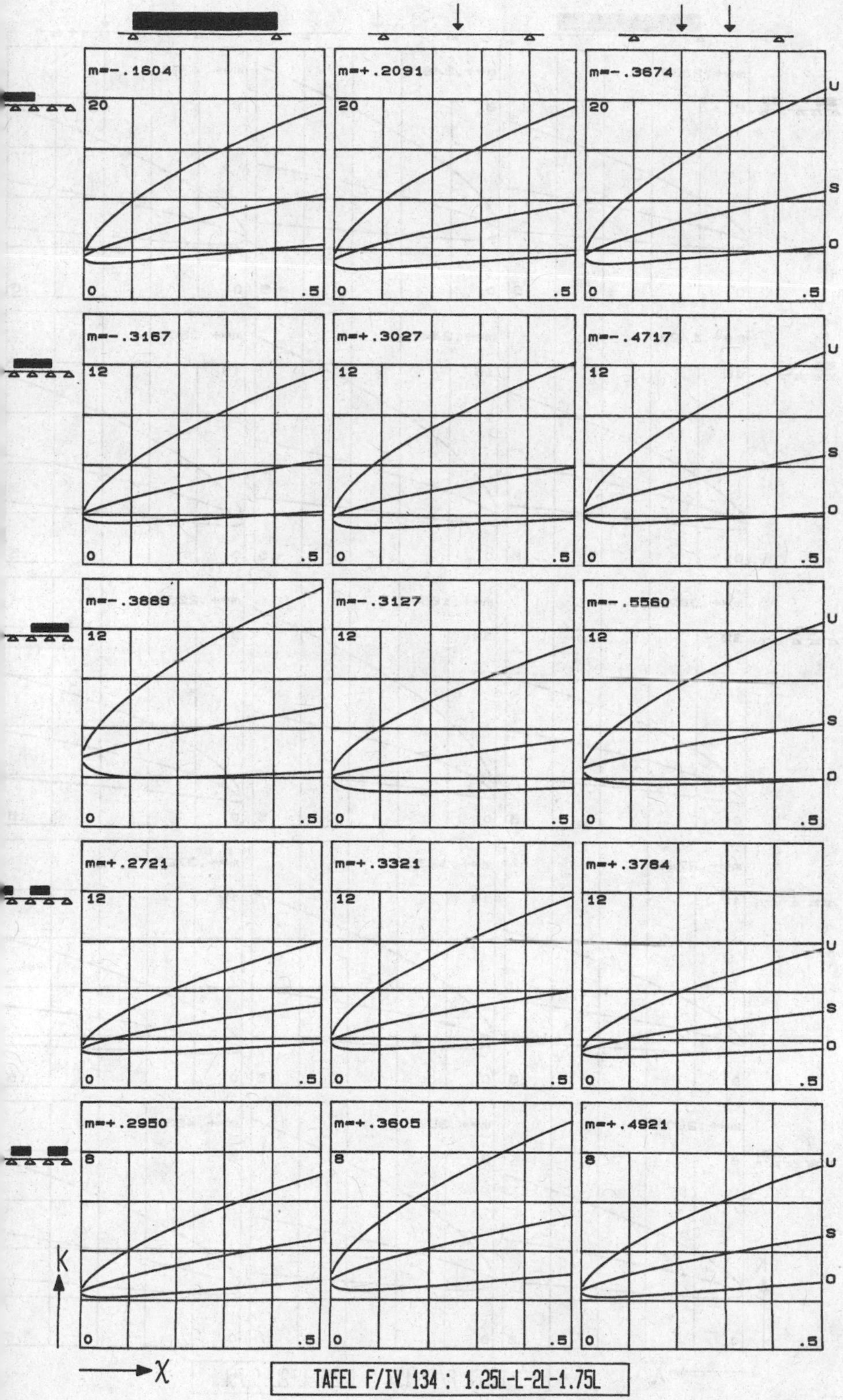
m=-.1604
m=+.2091
m=-.3674
20
0
.5
U
S
O
m=-.3167
m=+.3027
m=-.4717
12
m=-.3889
m=-.3127
m=-.5560
m=+.2721
m=+.3321
m=+.3764
m=+.2950
m=+.3605
m=+.4921
8
K
X

TAFEL F/IV 134 : 1.25L-L-2L-1.75L

F IV

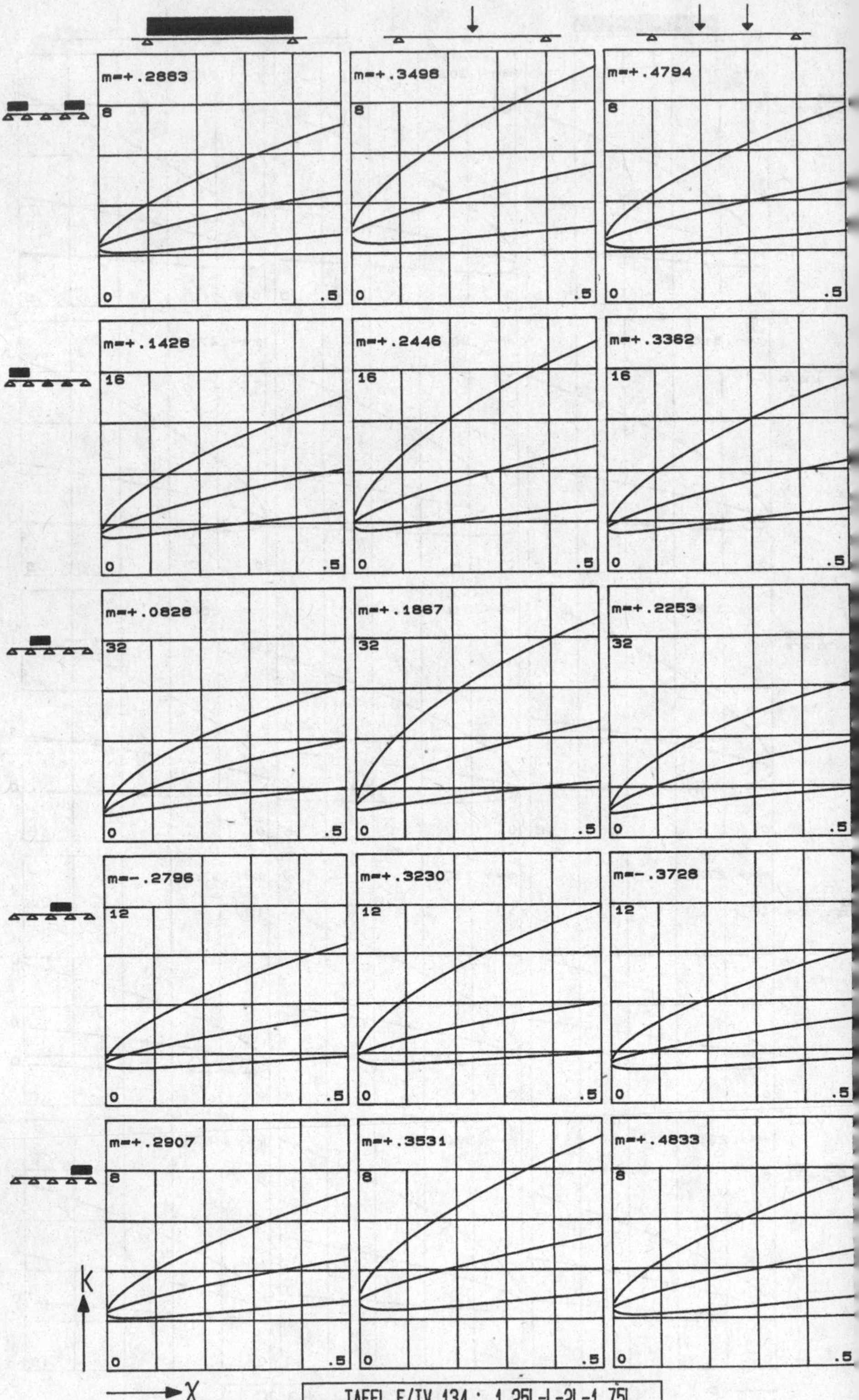
m=+.2863
8
0
.5
m=+.3498
8
0
.5
m=+.4794
8
0
.5
m=+.1426
16
0
.5
m=+.2446
16
0
.5
m=+.3362
16
0
.5
m=+.0826
32
0
.5
m=+.1867
32
0
.5
m=+.2253
32
0
.5
m=-.2796
12
0
.5
m=+.3230
12
0
.5
m=-.3728
12
0
.5
m=+.2907
8
0
.5
m=+.3531
8
0
.5
m=+.4833
8
0
.5
K
X

TAFEL F/IV 134 : 1.25L-L-2L-1.75L

F
IV

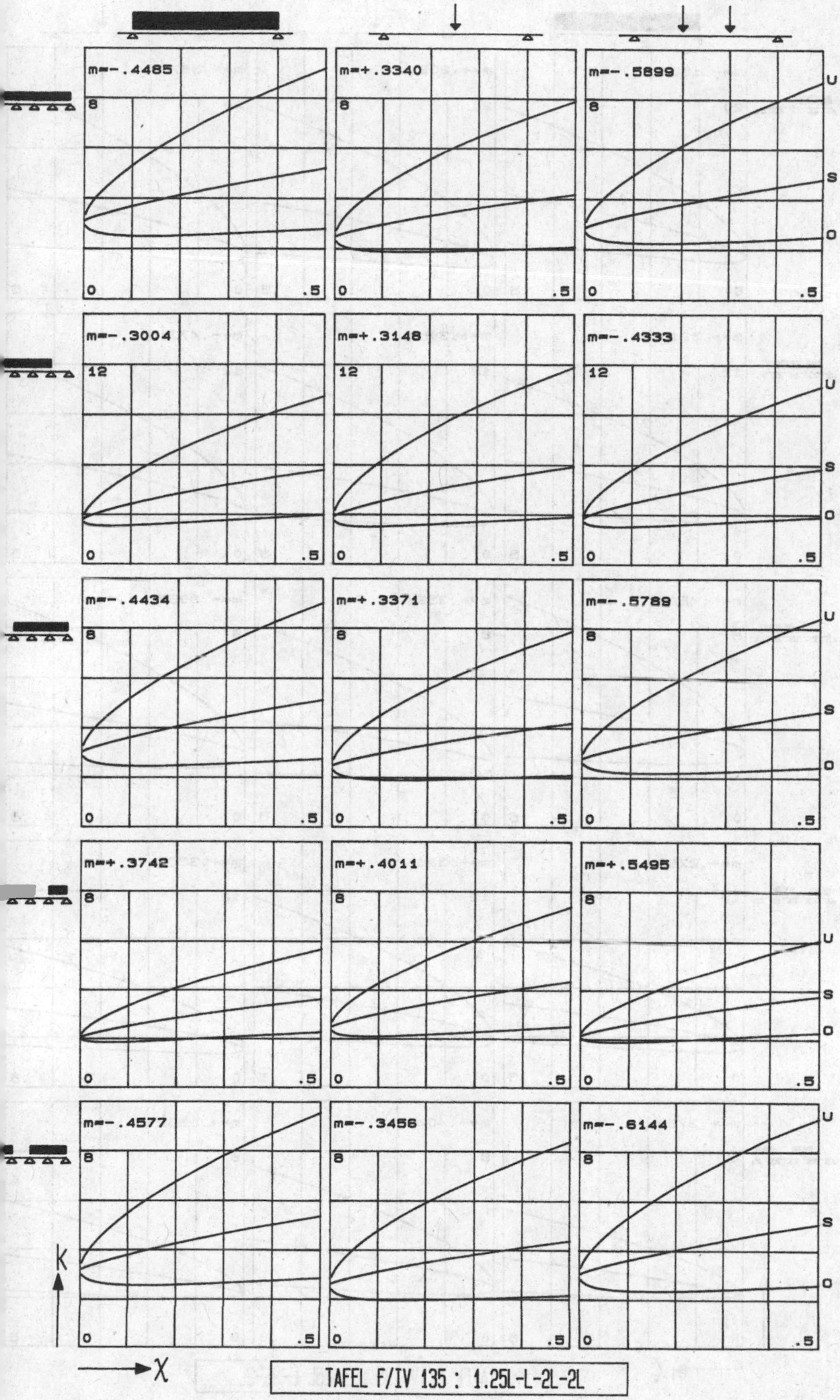

m=-.4485
m=+.3340
m=-.5899
m=-.3004
m=+.3148
m=-.4333
m=-.4434
m=+.3371
m=-.5789
m=+.3742
m=+.4011
m=+.5495
m=-.4577
m=-.3456
m=-.6144
U
S
O
K
X

TAFEL F/IV 135 : 1.25L-L-2L-2L

F IV

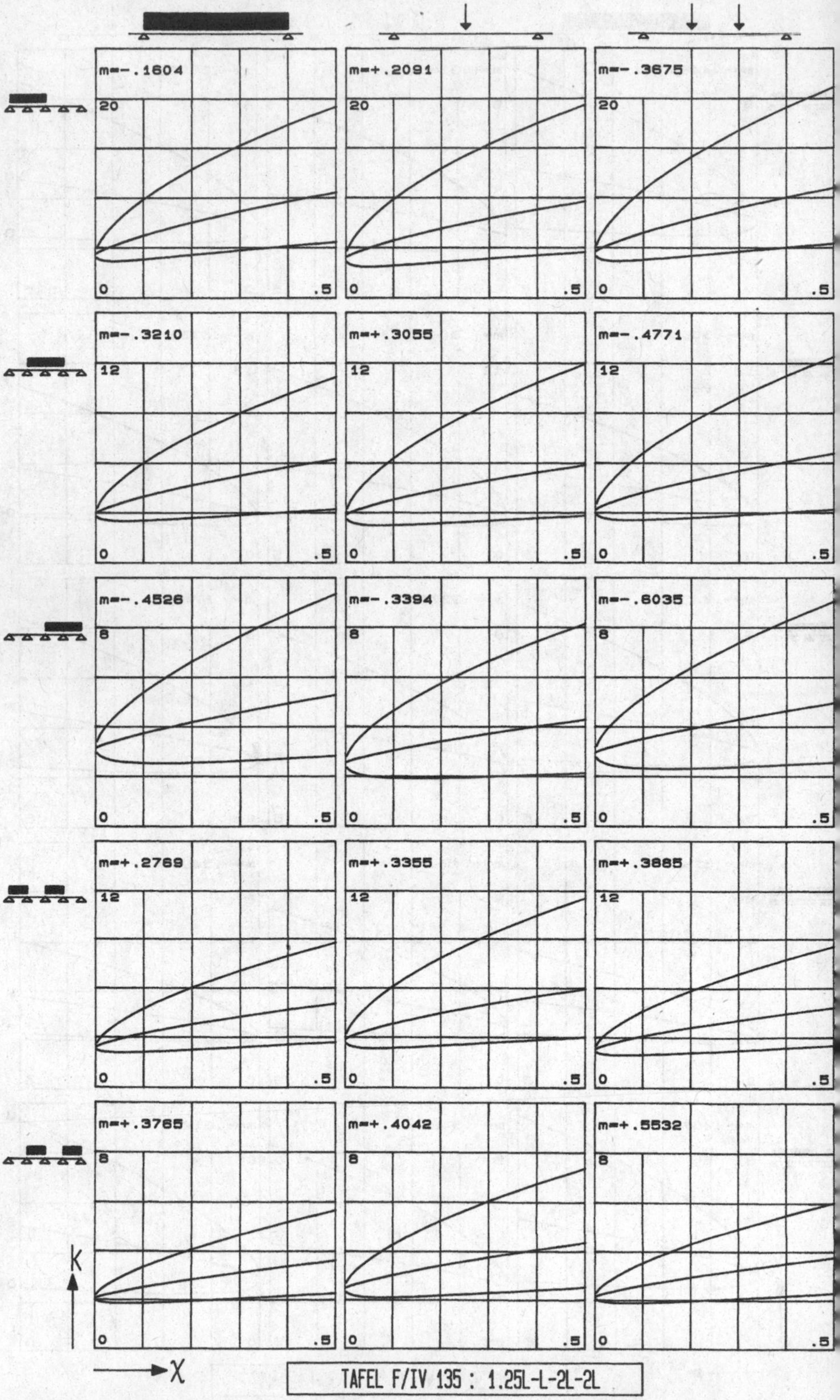

m=-.1604
20
0
.5
m=+.2091
20
0
.5
m=-.3675
20
0
.5
m=-.3210
12
0
.5
m=+.3055
12
0
.5
m=-.4771
12
0
.5
m=-.4526
8
0
.5
m=-.3394
8
0
.5
m=-.6035
8
0
.5
m=+.2769
12
0
.5
m=+.3355
12
0
.5
m=+.3885
12
0
.5
m=+.3765
8
0
.5
m=+.4042
8
0
.5
m=+.5532
8
0
.5
K
X

TAFEL F/IV 135 : 1.25L-L-2L-2L

F IV

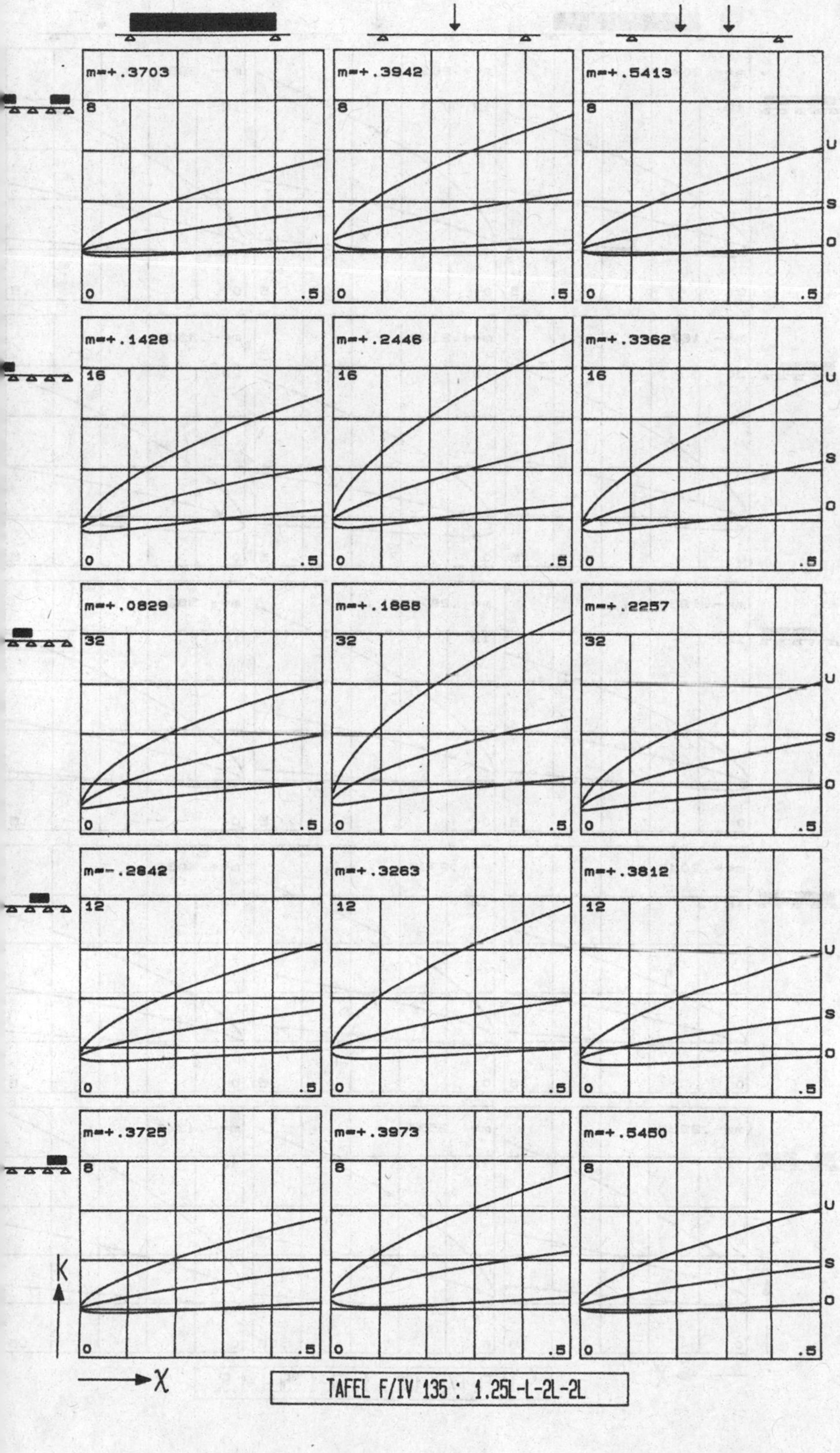
m=+.3703
m=+.3942
m=+.5413
m=+.1428
m=+.2446
m=+.3362
m=+.0829
m=+.1868
m=+.2257
m=-.2842
m=+.3263
m=+.3812
m=+.3725
m=+.3973
m=+.5450
8
16
32
12
0
.5
U
S
O
K
X

TAFEL F/IV 135 : 1.25L-L-2L-2L

F IV

K

X

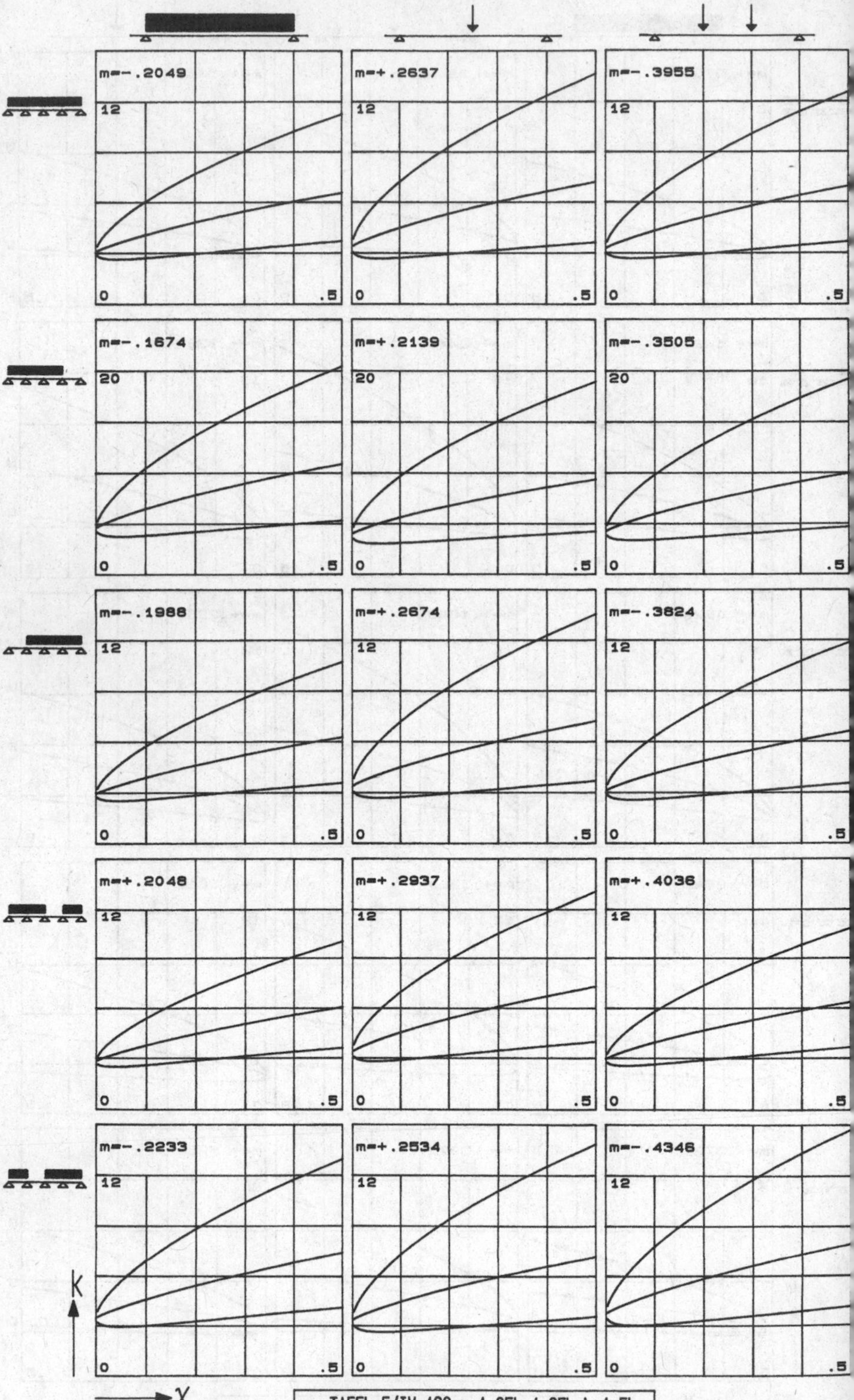

TAFEL F/IV 136 : 1.25L-1.25L-L-1.5L

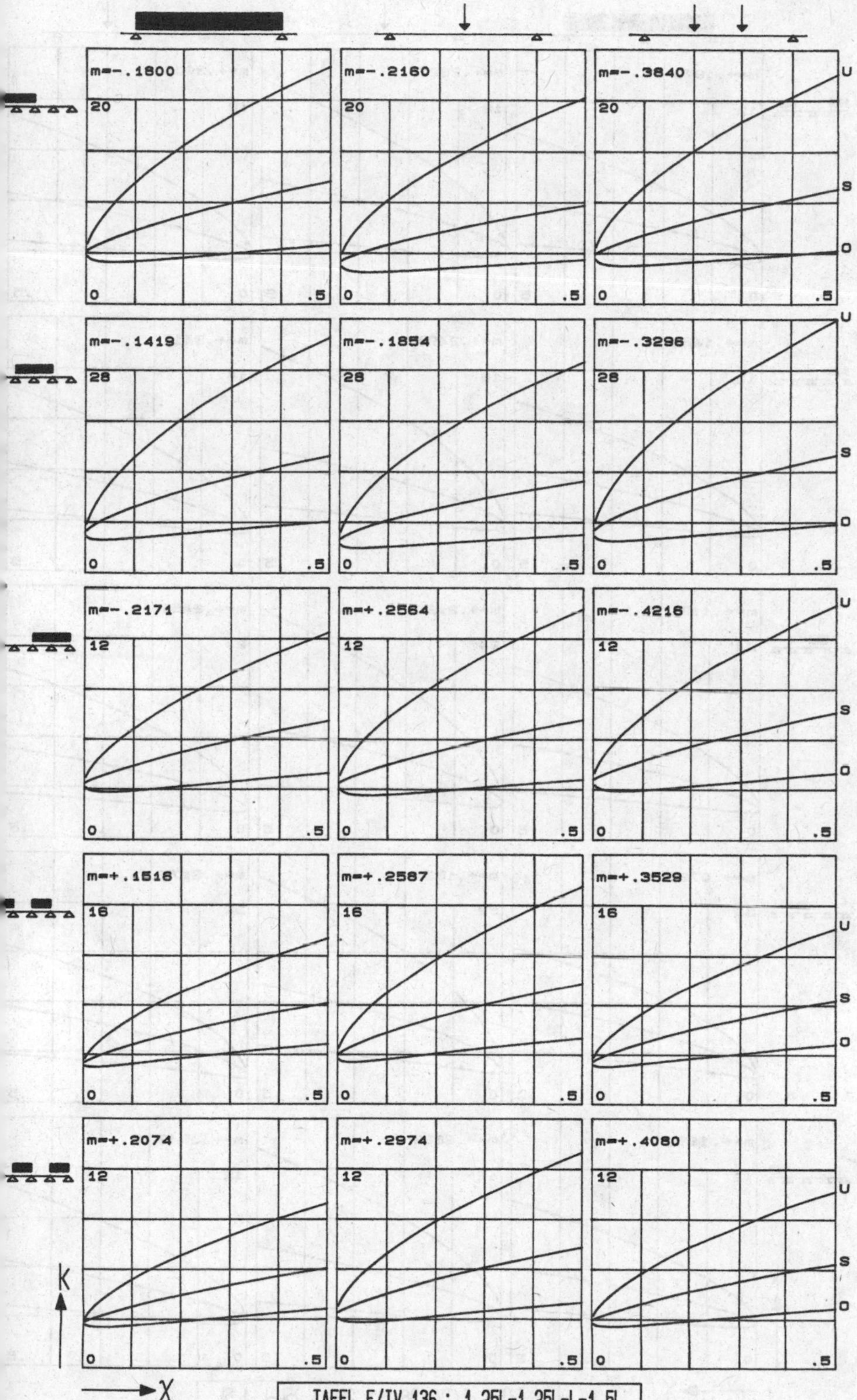
m=-.1800
m=-.2160
m=-.3840
m=-.1419
m=-.1854
m=-.3296
m=-.2171
m=+.2564
m=-.4216
m=+.1516
m=+.2587
m=+.3529
m=+.2074
m=+.2974
m=+.4080
20
28
12
16
12
U
S
O
0
.5
K
X

TAFEL F/IV 136 : 1.25L-1.25L-L-1.5L

F
IV

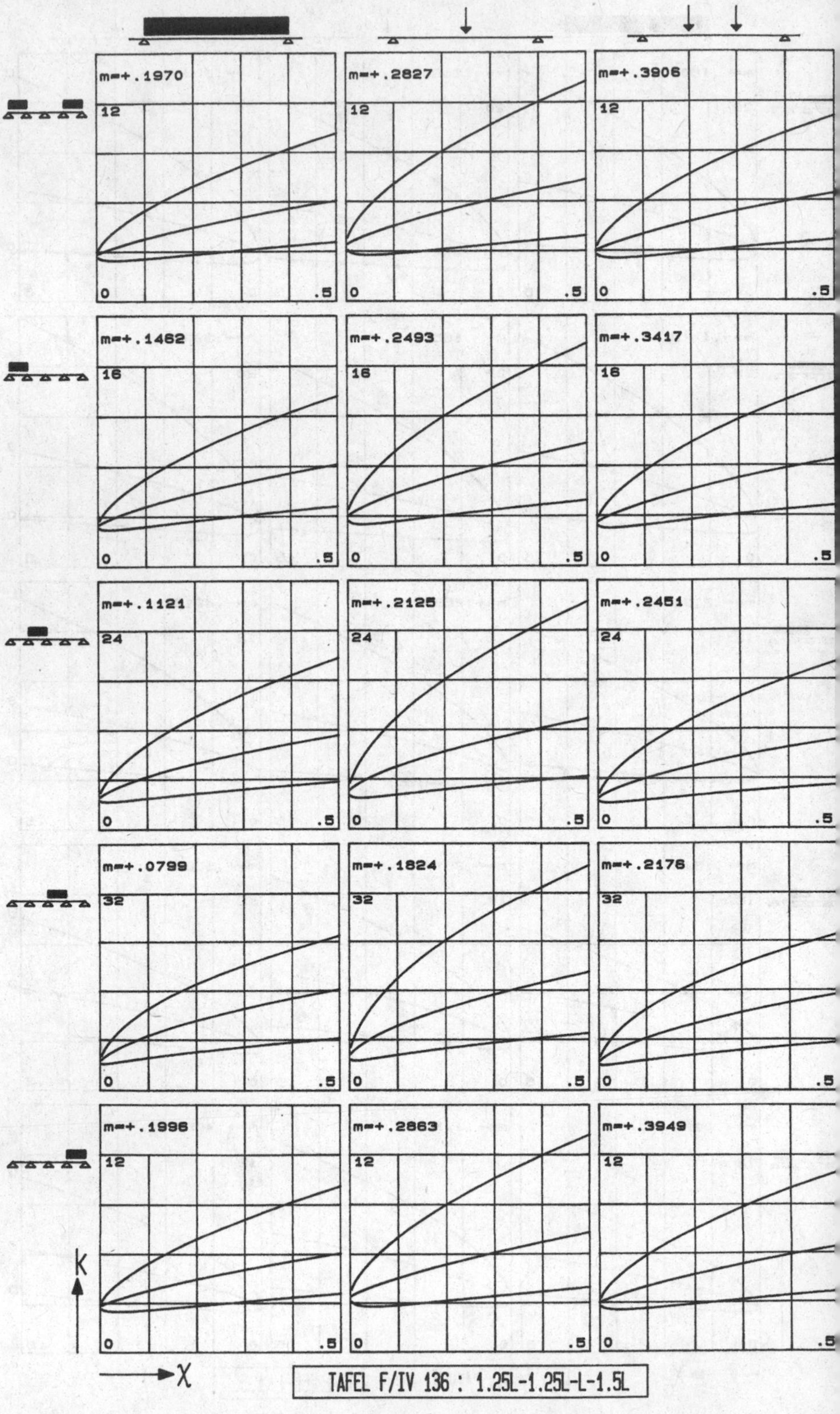
m=+.1970
12
0
.5
m=+.2827
12
0
.5
m=+.3906
12
0
.5
m=+.1462
16
0
.5
m=+.2493
16
0
.5
m=+.3417
16
0
.5
m=+.1121
24
0
.5
m=+.2125
24
0
.5
m=+.2451
24
0
.5
m=+.0799
32
0
.5
m=+.1824
32
0
.5
m=+.2176
32
0
.5
m=+.1996
12
0
.5
m=+.2863
12
0
.5
m=+.3949
12
0
.5
K
X

TAFEL F/IV 136 : 1.25L-1.25L-L-1.5L

F IV

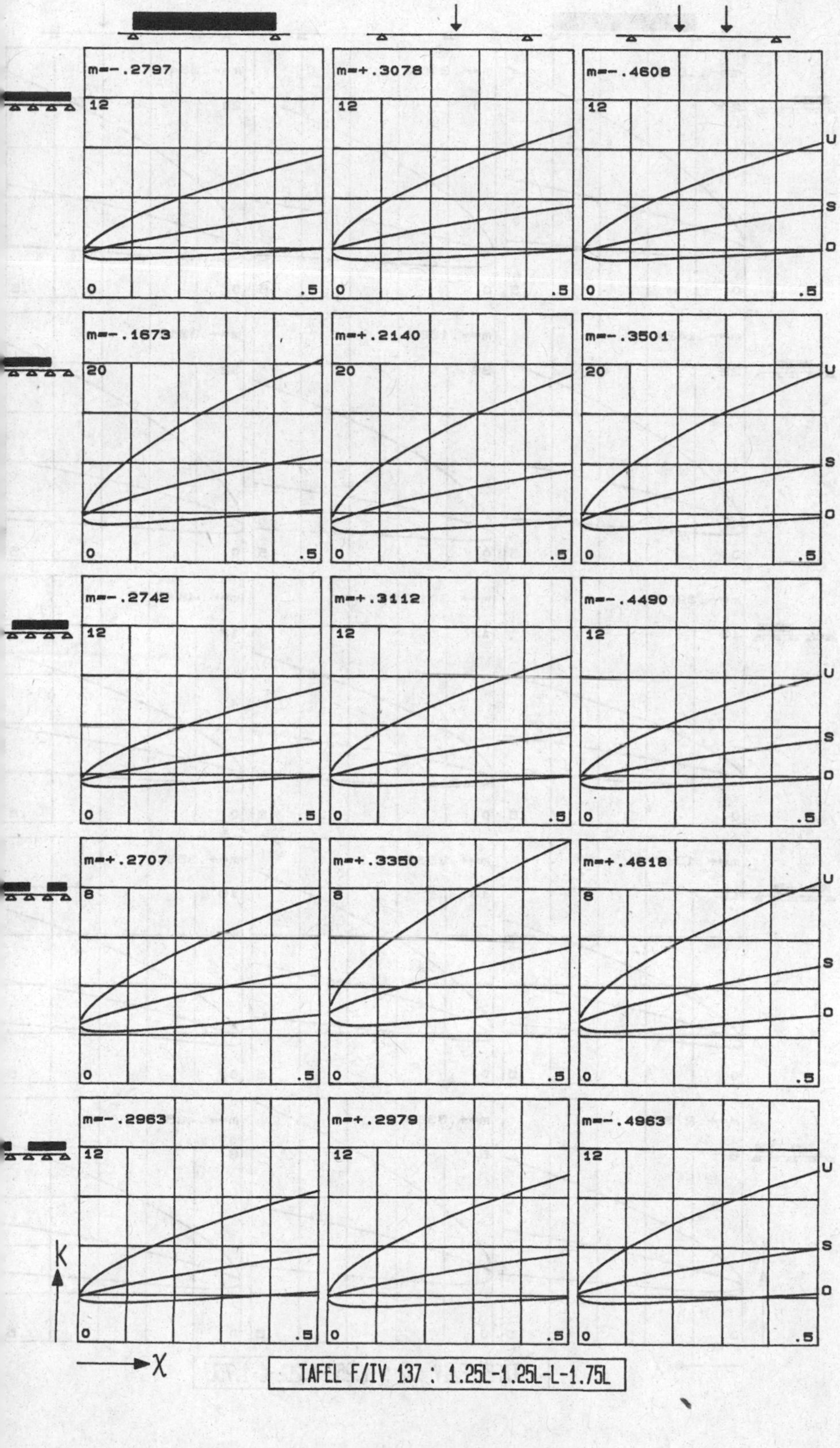
m=-.2797
12
0
.5
m=+.3078
12
0
.5
m=-.4608
12
0
.5
U
S
O
m=-.1673
20
0
.5
m=+.2140
20
0
.5
m=-.3501
20
0
.5
U
S
O
m=-.2742
12
0
.5
m=+.3112
12
0
.5
m=-.4490
12
0
.5
U
S
O
m=+.2707
8
0
.5
m=+.3350
8
0
.5
m=+.4618
8
0
.5
U
S
O
m=-.2963
12
0
.5
m=+.2979
12
0
.5
m=-.4963
12
0
.5
U
S
O
K
X
F
IV

TAFEL F/IV 137 : 1.25L-1.25L-L-1.75L

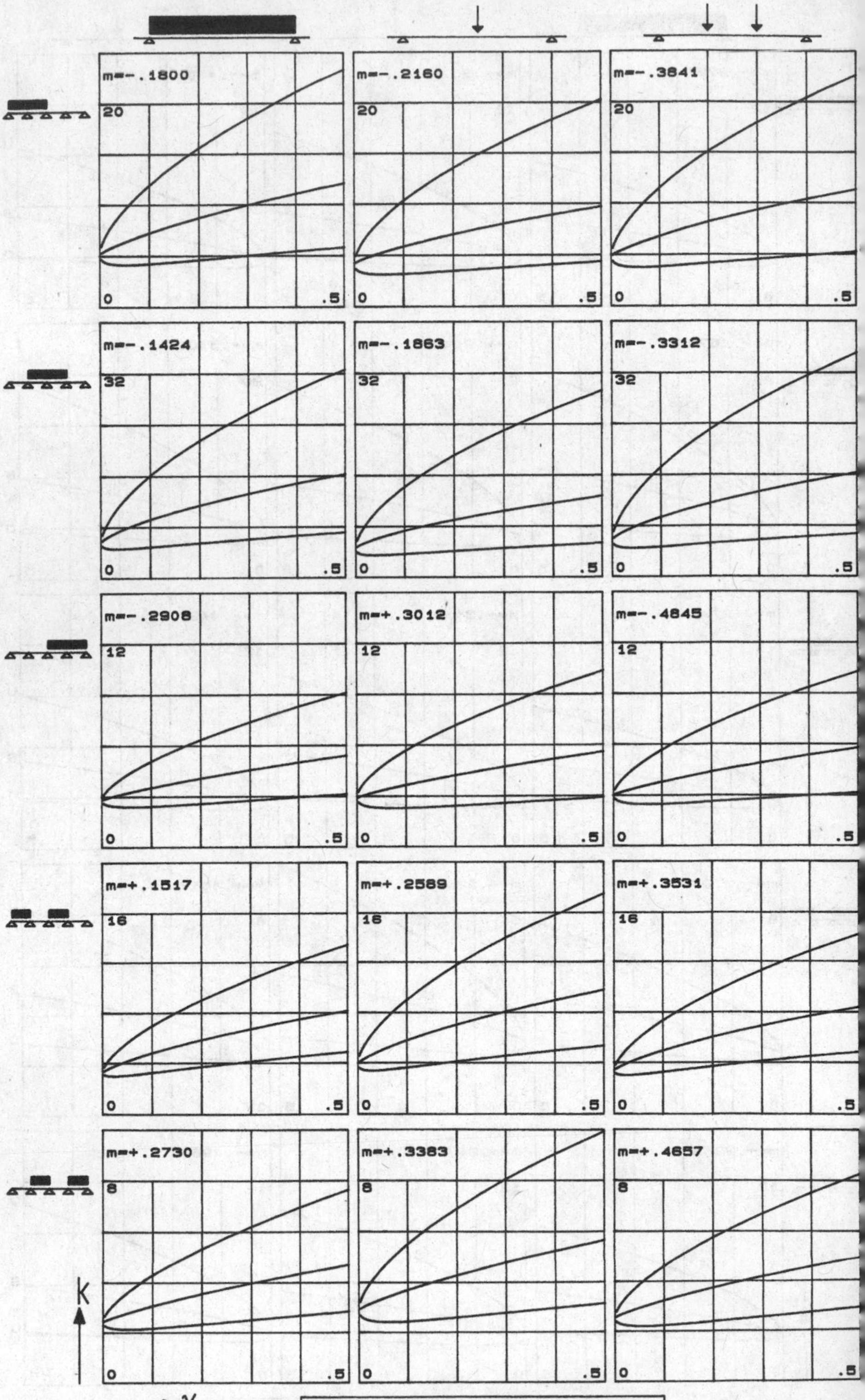

m=-.1800
20
0
.5
m=-.2160
20
0
.5
m=-.3841
20
0
.5
m=-.1424
32
0
.5
m=-.1863
32
0
.5
m=-.3312
32
0
.5
m=-.2908
12
0
.5
m=+.3012
12
0
.5
m=-.4845
12
0
.5
m=+.1517
16
0
.5
m=+.2589
16
0
.5
m=+.3531
16
0
.5
m=+.2730
8
0
.5
m=+.3383
8
0
.5
m=+.4657
8
0
.5
K
X

TAFEL F/IV 137 : 1.25L-1.25L-L-1.75L

F
V

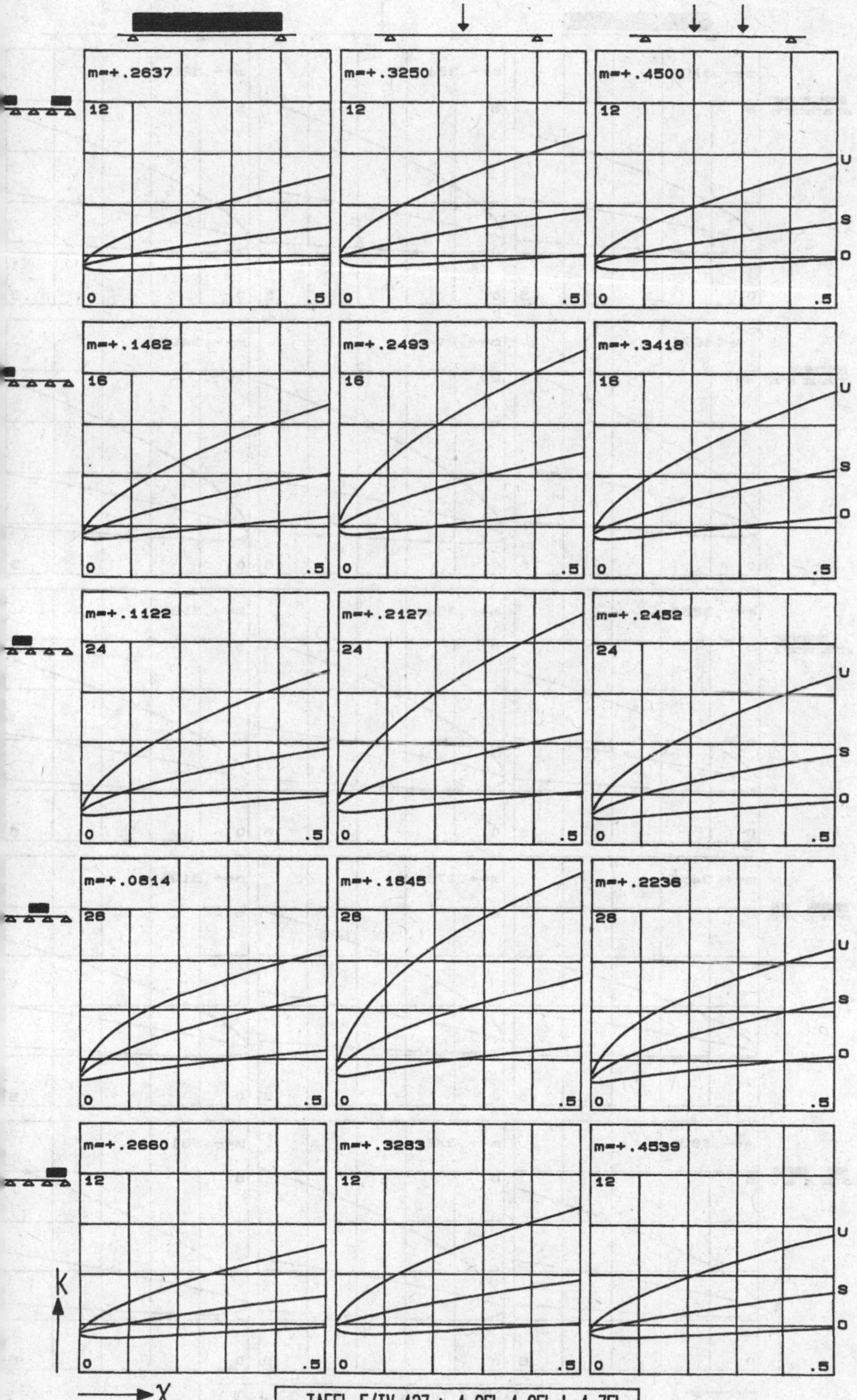

m=+.2637
12
0
.5
m=+.3250
12
0
.5
m=+.4500
12
U
S
O
0
.5
m=+.1462
16
0
.5
m=+.2493
16
0
.5
m=+.3418
16
U
S
O
0
.5
m=+.1122
24
0
.5
m=+.2127
24
0
.5
m=+.2452
24
U
S
O
0
.5
m=+.0814
28
0
.5
m=+.1845
28
0
.5
m=+.2236
28
U
S
O
0
.5
m=+.2660
12
0
.5
m=+.3283
12
0
.5
m=+.4539
12
U
S
O
0
.5
K
X

TAFEL F/IV 137 : 1.25L-1.25L-L-1.75L

F IV

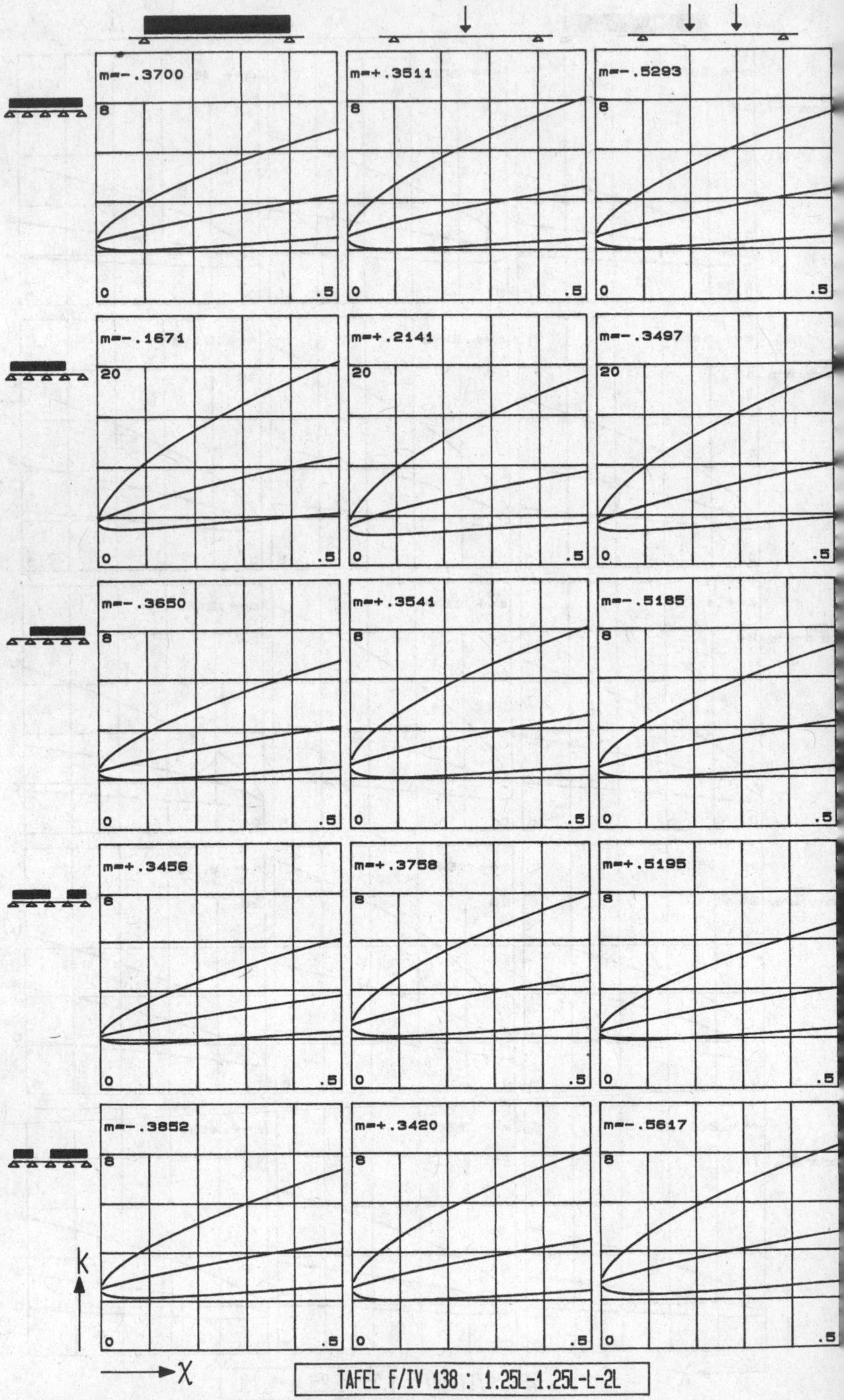

m=-.3700
8
0
.5
m=+.3511
8
0
.5
m=-.5293
8
0
.5
m=-.1671
20
0
.5
m=+.2141
20
0
.5
m=-.3497
20
0
.5
m=-.3650
8
0
.5
m=+.3541
8
0
.5
m=-.5185
8
0
.5
m=+.3456
8
0
.5
m=+.3758
8
0
.5
m=+.5195
8
0
.5
m=-.3852
8
0
.5
m=+.3420
8
0
.5
m=-.5617
8
0
.5
K
X
TAFEL F/IV 138 : 1.25L-1.25L-L-2L

F
IV

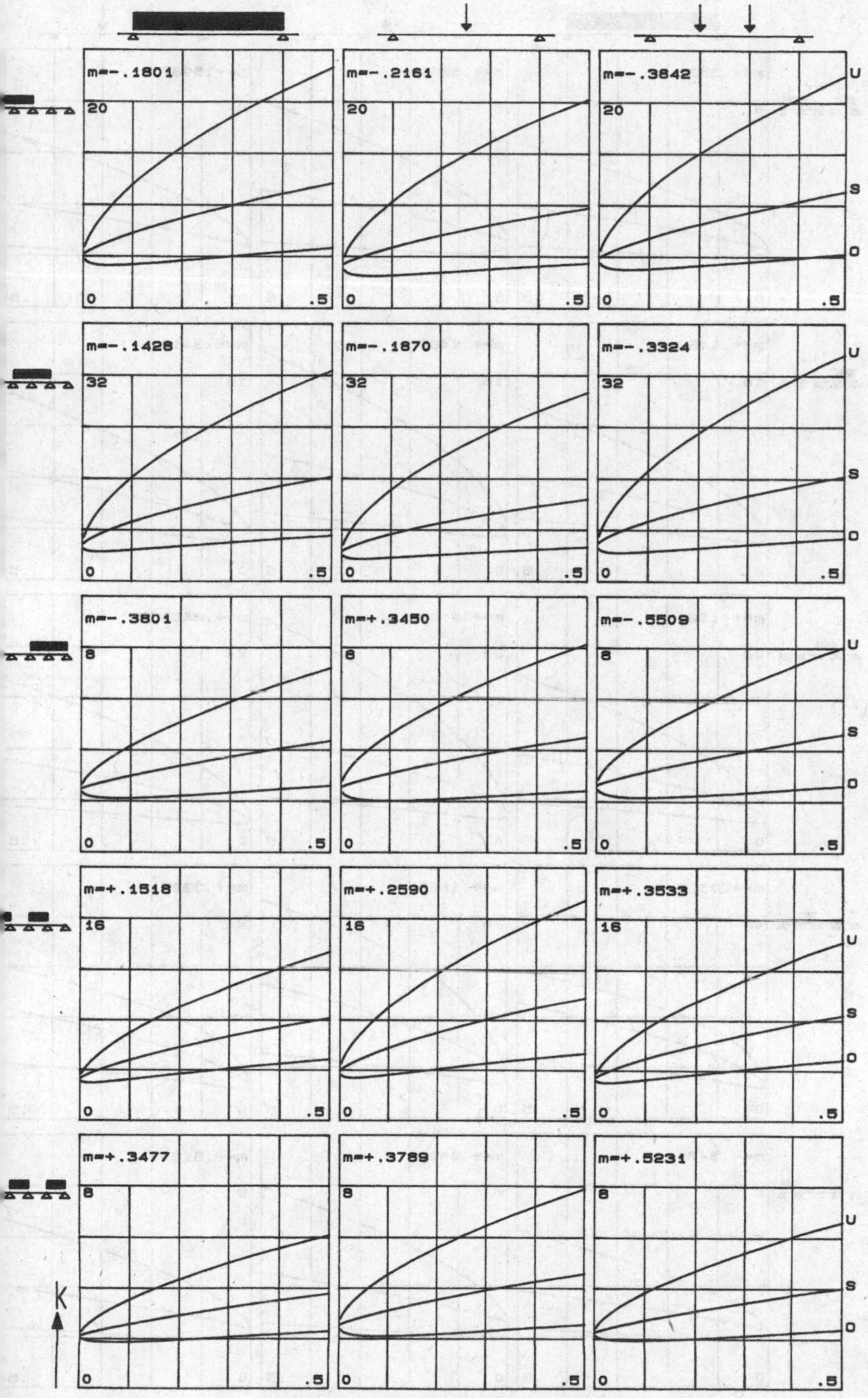
m=-.1801
20
0
.5
m=-.2161
20
0
.5
m=-.3842
20
0
.5
U
S
O
m=-.1428
32
0
.5
m=-.1870
32
0
.5
m=-.3324
32
0
.5
U
S
O
m=-.3801
8
0
.5
m=+.3450
8
0
.5
m=-.5509
8
0
.5
U
S
O
m=+.1518
16
0
.5
m=+.2590
16
0
.5
m=+.3533
16
0
.5
U
S
O
m=+.3477
8
0
.5
m=+.3789
8
0
.5
m=+.5231
8
0
.5
U
S
O
K
X

TAFEL F/IV 138 : 1.25L-1.25L-L-2L

F IV

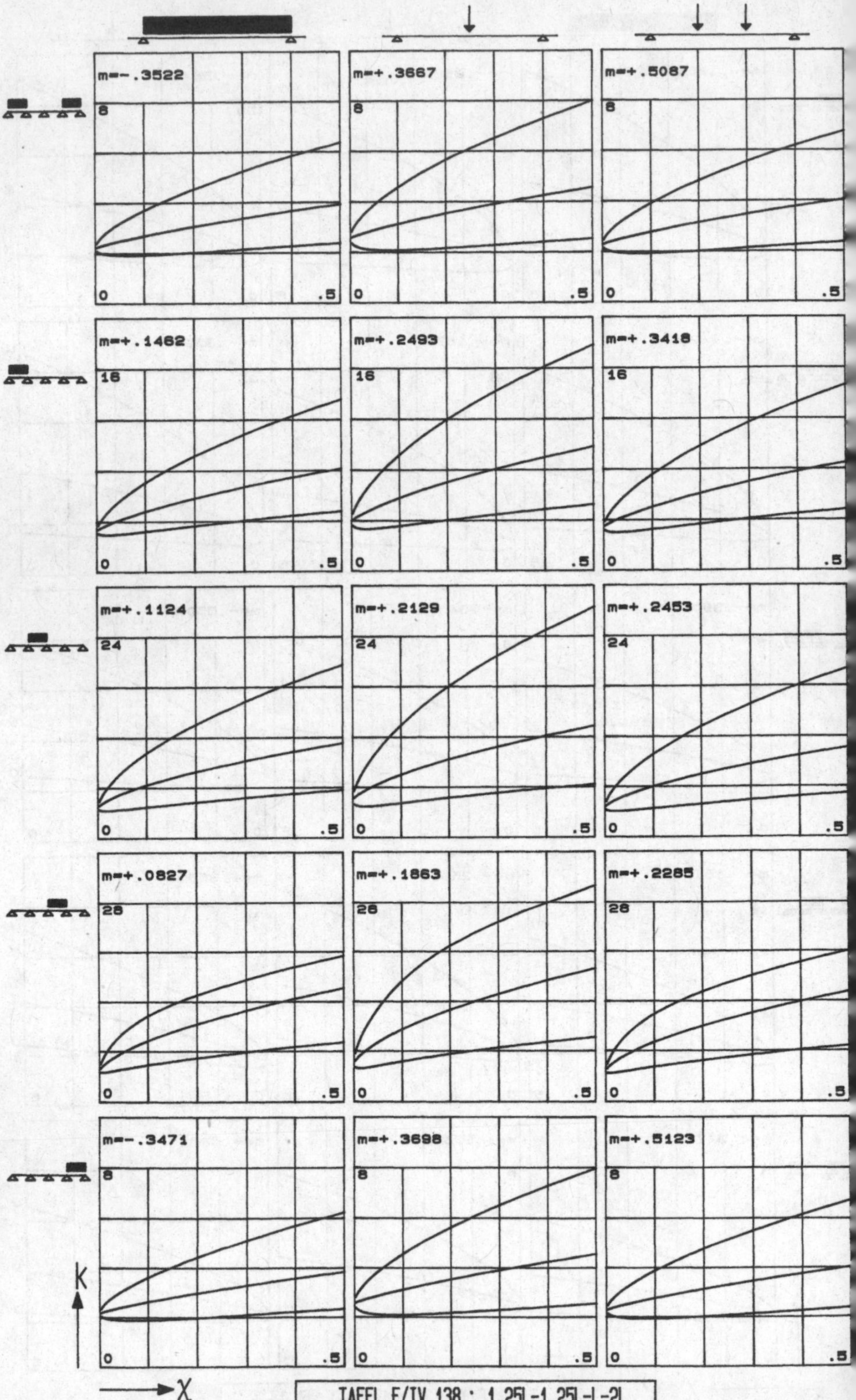
m=-.3522
8
0
.5
m=+.3667
8
0
.5
m=+.5087
8
0
.5
m=+.1462
16
0
.5
m=+.2493
16
0
.5
m=+.3418
16
0
.5
m=+.1124
24
0
.5
m=+.2129
24
0
.5
m=+.2453
24
0
.5
m=+.0827
28
0
.5
m=+.1863
28
0
.5
m=+.2285
28
0
.5
m=-.3471
8
0
.5
m=+.3698
8
0
.5
m=+.5123
8
0
.5
K
X

TAFEL F/IV 138 : 1.25L-1.25L-L-2L

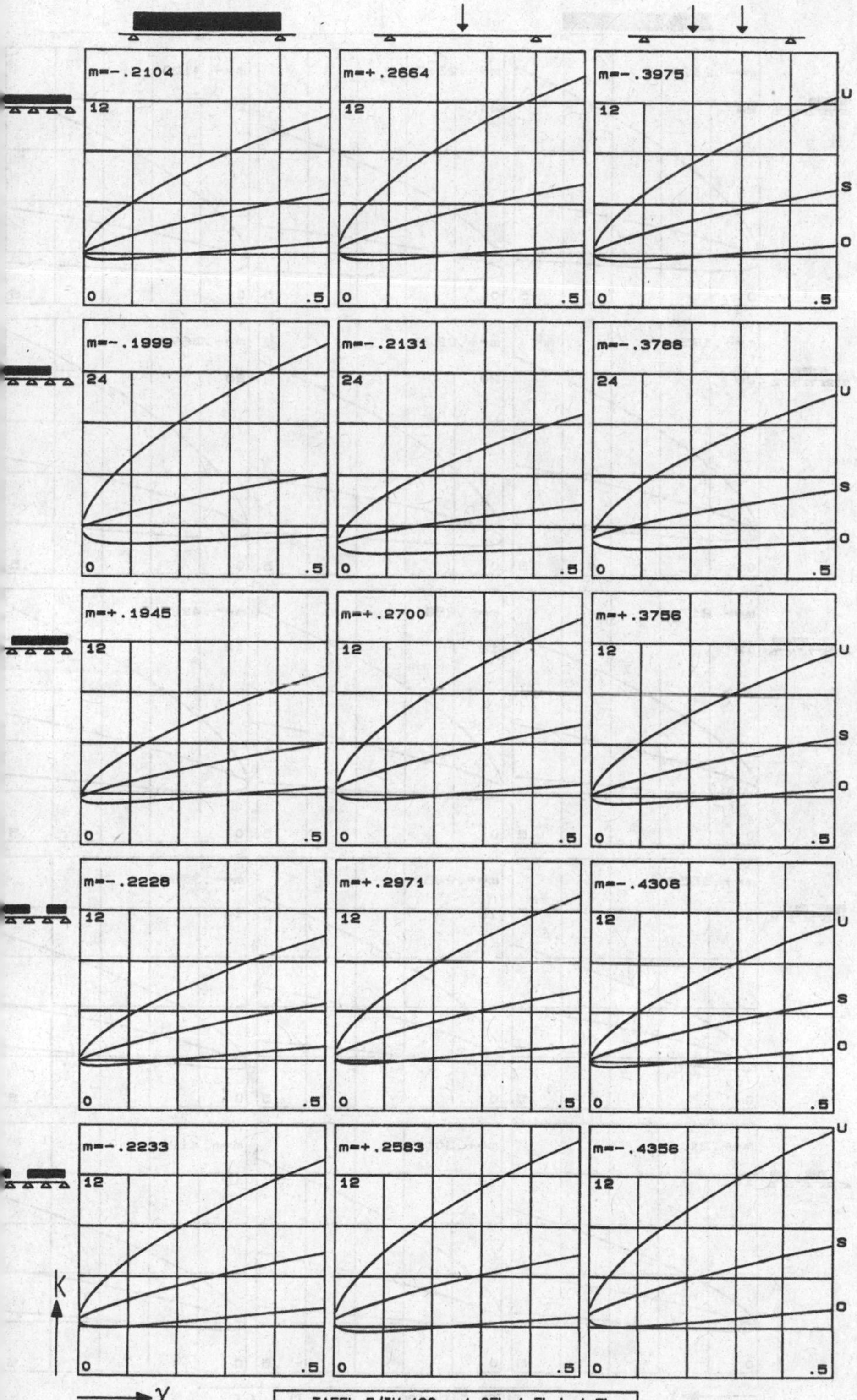

m=-.2104
m=+.2664
m=-.3975
m=-.1999
m=-.2131
m=-.3788
m=+.1945
m=+.2700
m=+.3756
m=-.2228
m=+.2971
m=-.4306
m=-.2233
m=+.2583
m=-.4356
12
24
0
.5
U
S
O
K
X

TAFEL F/IV 139 : 1.25L-1.5L-L-1.5L

F IV

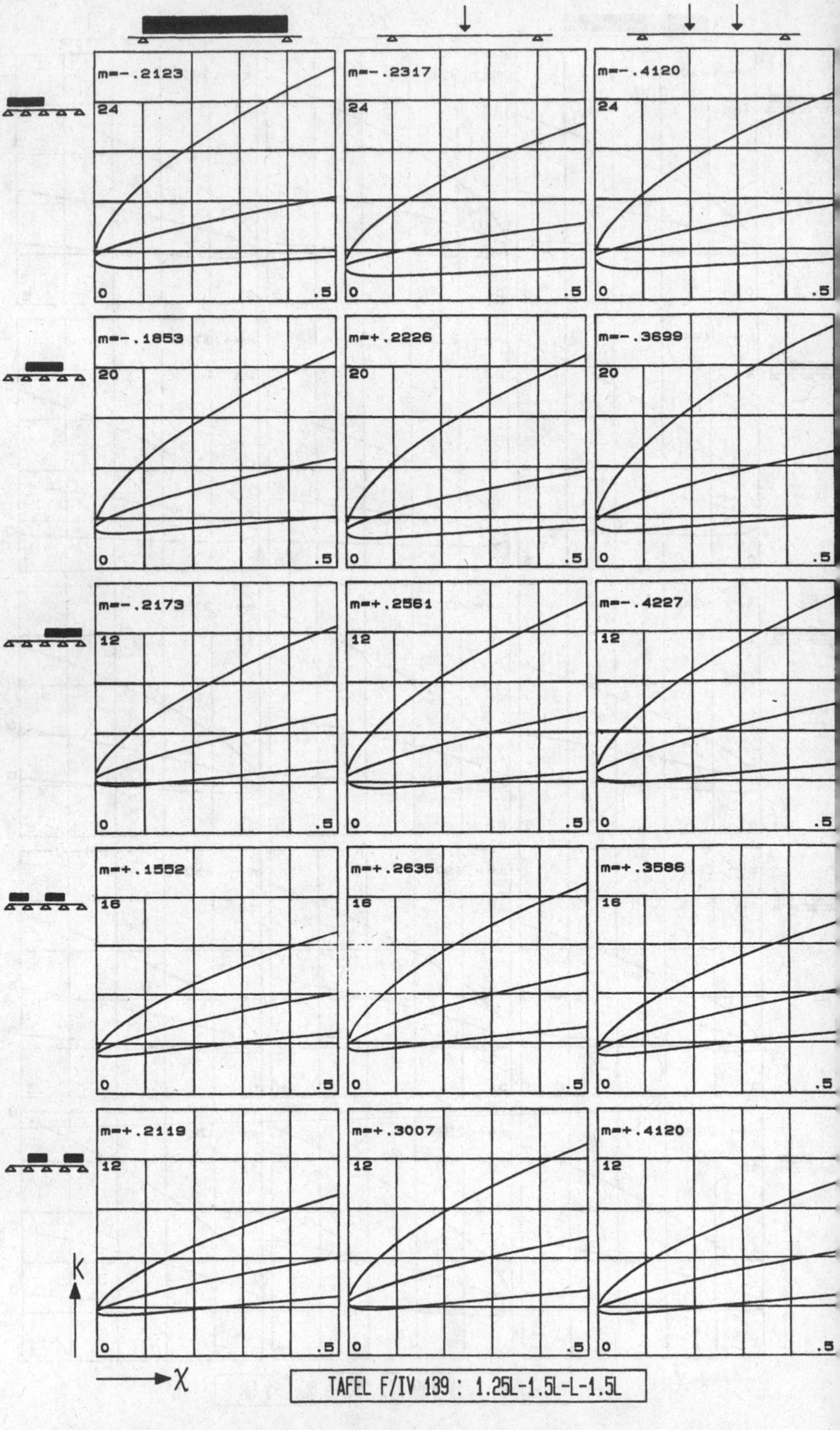
m=-.2123
24
0
.5
m=-.2317
24
0
.5
m=-.4120
24
0
.5
m=-.1853
20
0
.5
m=+.2226
20
0
.5
m=-.3699
20
0
.5
m=-.2173
12
0
.5
m=+.2561
12
0
.5
m=-.4227
12
0
.5
m=+.1552
16
0
.5
m=+.2635
16
0
.5
m=+.3586
16
0
.5
m=+.2119
12
0
.5
m=+.3007
12
0
.5
m=+.4120
12
0
.5
K
X

TAFEL F/IV 139 : 1.25L-1.5L-L-1.5L

F
IV

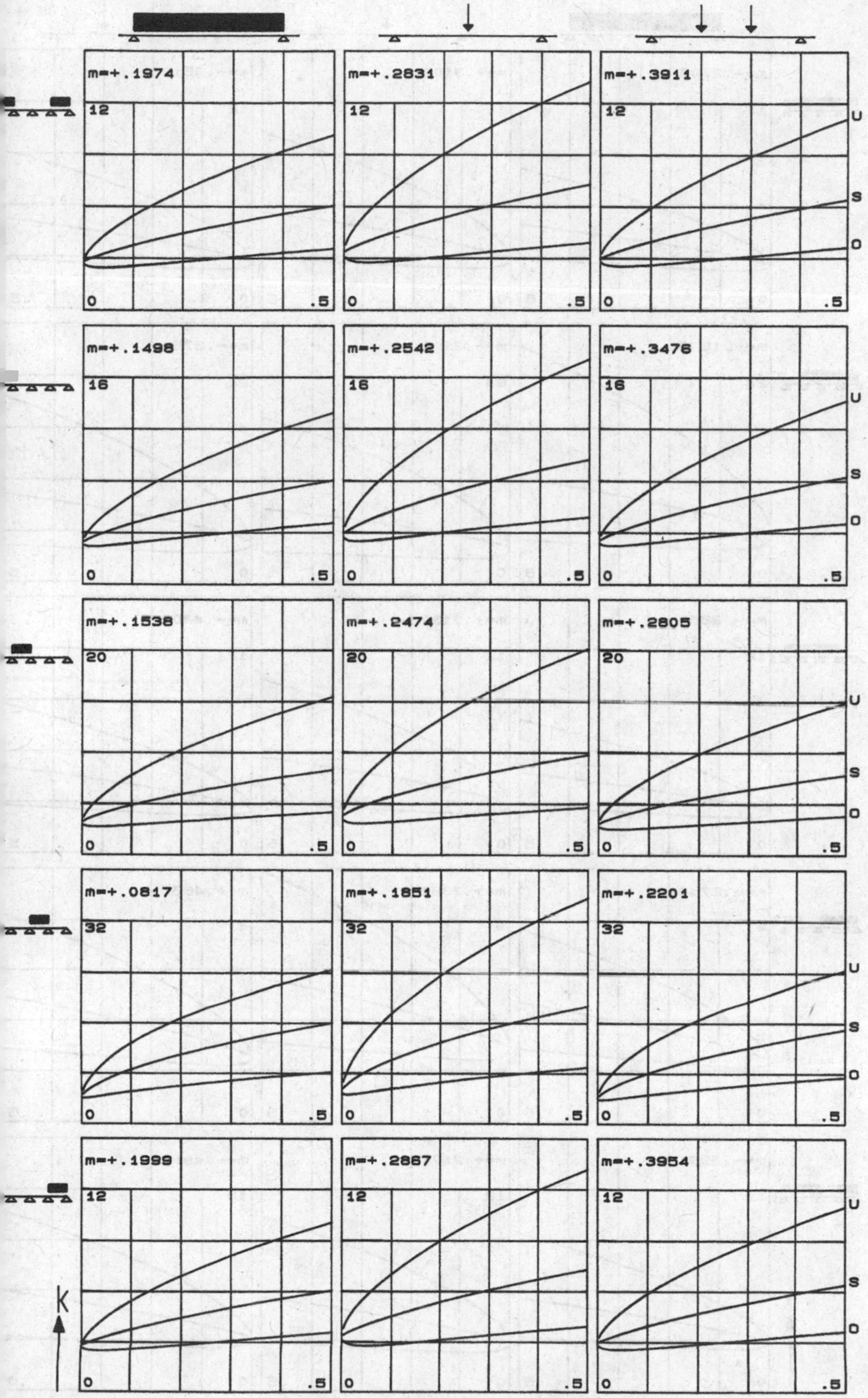
m=+.1974
m=+.2831
m=+.3911
m=+.1498
m=+.2542
m=+.3476
m=+.1538
m=+.2474
m=+.2805
m=+.0817
m=+.1851
m=+.2201
m=+.1999
m=+.2867
m=+.3954
U
S
O
K
X

F IV

TAFEL F/IV 139 : 1.25L-1.5L-L-1.5L

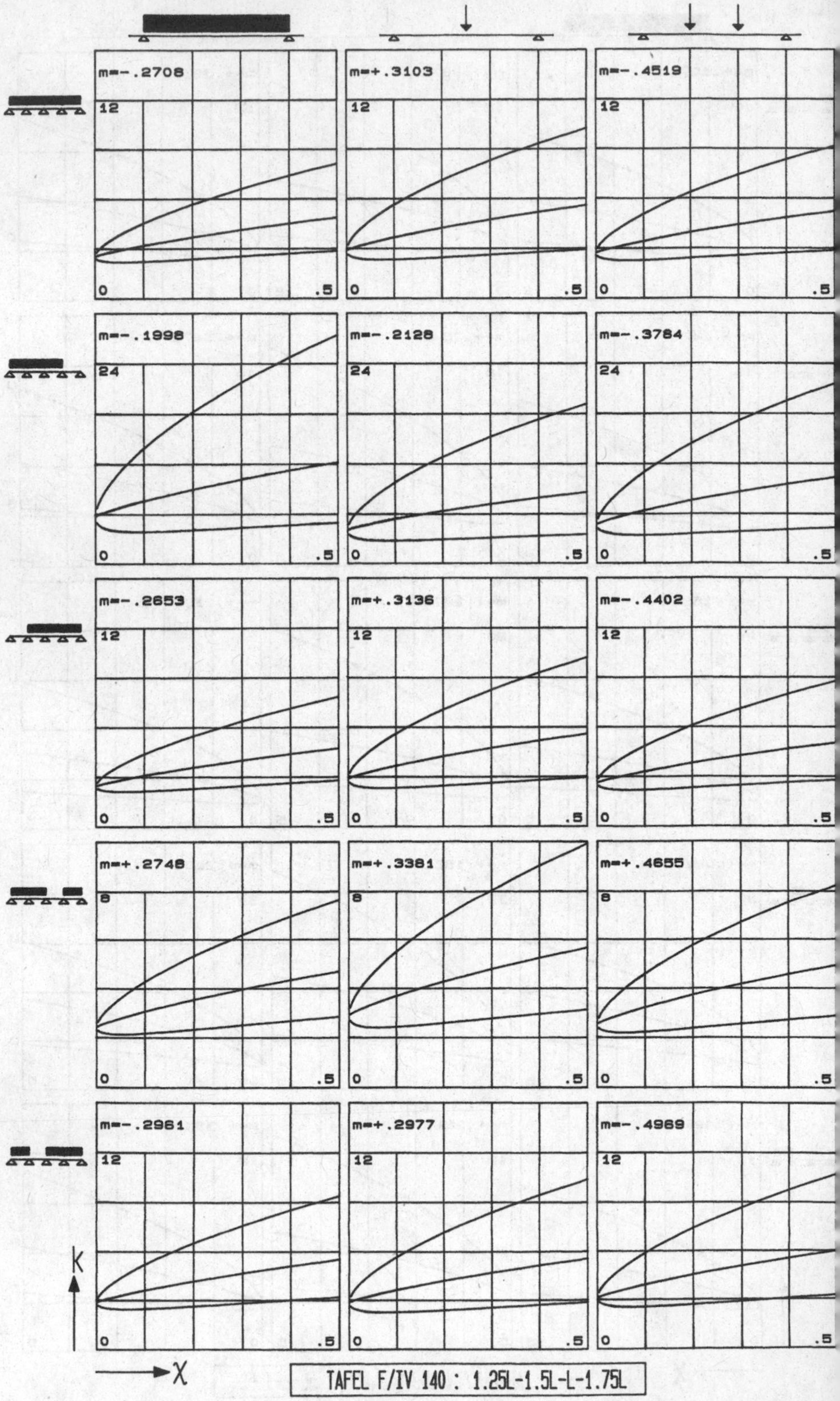
m=-.2708
12
0
.5
m=+.3103
12
0
.5
m=-.4519
12
0
.5
m=-.1998
24
0
.5
m=-.2128
24
0
.5
m=-.3784
24
0
.5
m=-.2653
12
0
.5
m=+.3136
12
0
.5
m=-.4402
12
0
.5
m=+.2748
8
0
.5
m=+.3381
8
0
.5
m=+.4655
8
0
.5
m=-.2961
12
0
.5
m=+.2977
12
0
.5
m=-.4969
12
0
.5
K
X

TAFEL F/IV 140 : 1.25L-1.5L-L-1.75L

F IV

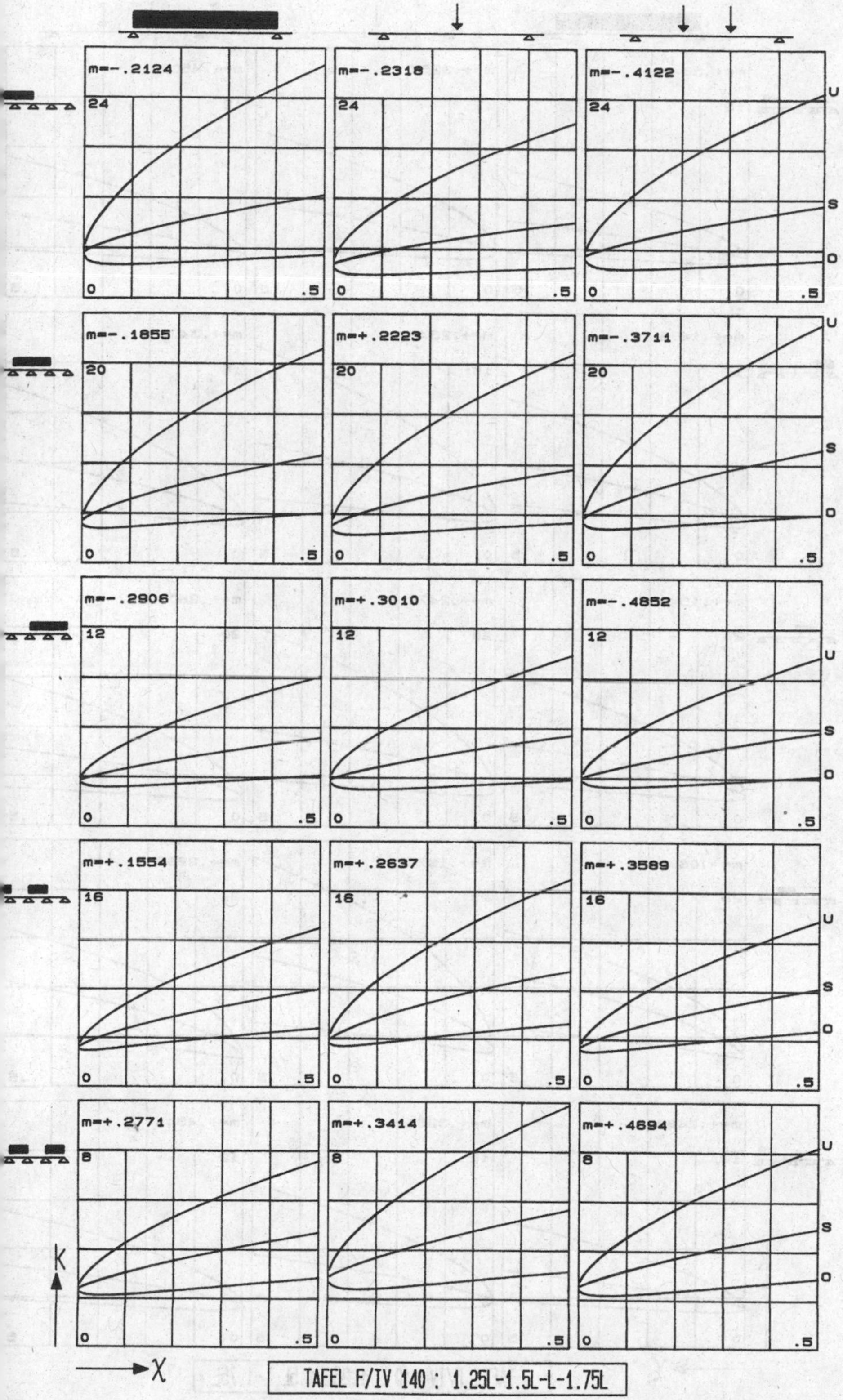
m=-.2124
24
0
.5
m=-.2318
24
0
.5
m=-.4122
24
0
.5
U
S
O
m=-.1855
20
0
.5
m=+.2223
20
0
.5
m=-.3711
20
0
.5
U
S
O
m=-.2906
12
0
.5
m=+.3010
12
0
.5
m=-.4852
12
0
.5
U
S
O
m=+.1554
16
0
.5
m=+.2637
16
0
.5
m=+.3589
16
0
.5
U
S
O
m=+.2771
8
0
.5
m=+.3414
8
0
.5
m=+.4694
8
0
.5
U
S
O
K
X

TAFEL F/IV 140 : 1.25L-1.5L-L-1.75L

F IV

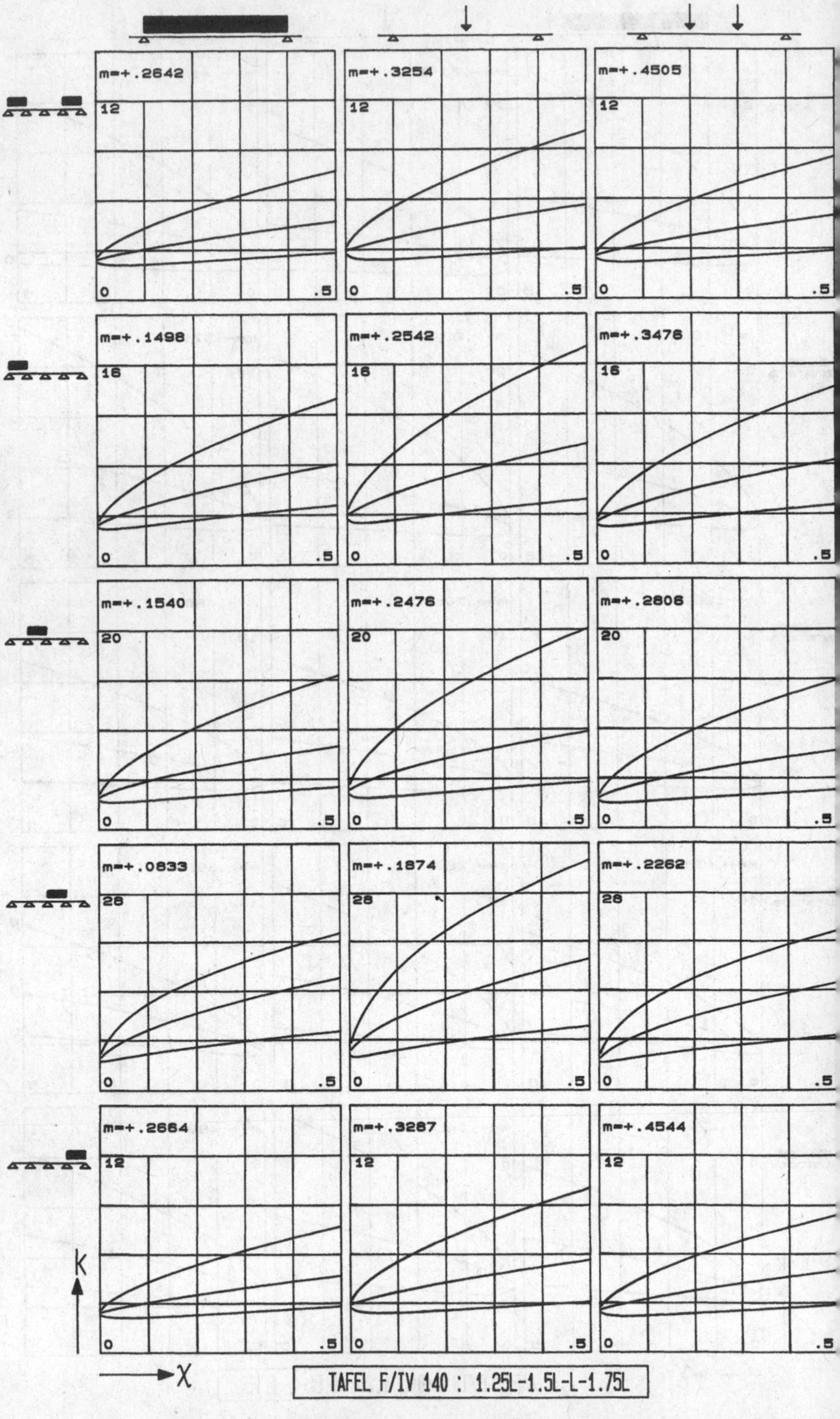

m=+.2642
12
0
.5
m=+.3254
12
0
.5
m=+.4505
12
0
.5
m=+.1498
16
0
.5
m=+.2542
16
0
.5
m=+.3476
16
0
.5
m=+.1540
20
0
.5
m=+.2476
20
0
.5
m=+.2806
20
0
.5
m=+.0833
28
0
.5
m=+.1874
28
0
.5
m=+.2262
28
0
.5
m=+.2664
12
0
.5
m=+.3287
12
0
.5
m=+.4544
12
0
.5
K
X

TAFEL F/IV 140 : 1.25L-1.5L-L-1.75L

F
IV

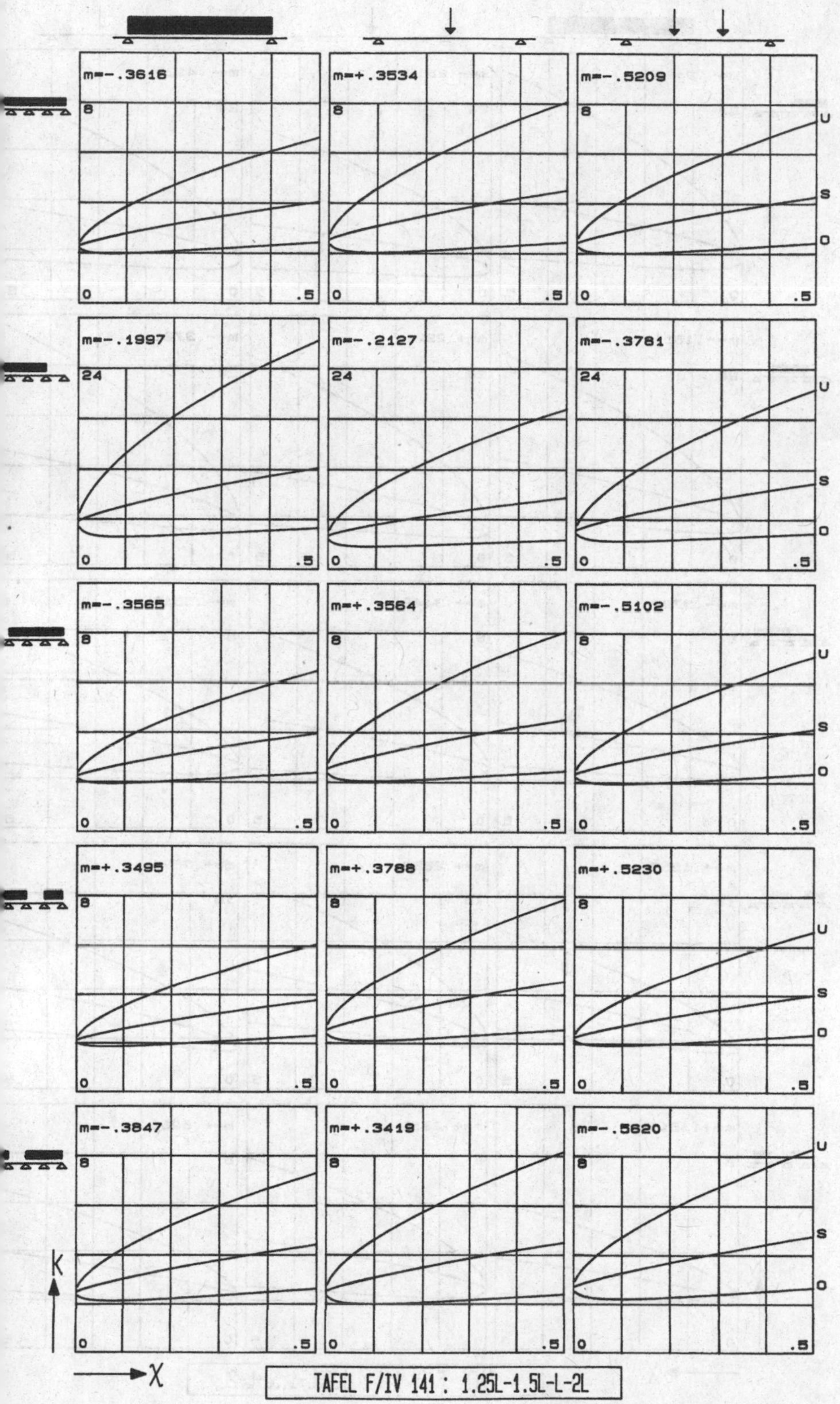

m=-.3616
m=+.3534
m=-.5209
m=-.1997
m=-.2127
m=-.3781
m=-.3565
m=+.3564
m=-.5102
m=+.3495
m=+.3788
m=+.5230
m=-.3847
m=+.3419
m=-.5620
U
S
O
K
X

TAFEL F/IV 141 : 1.25L-1.5L-L-2L

F IV

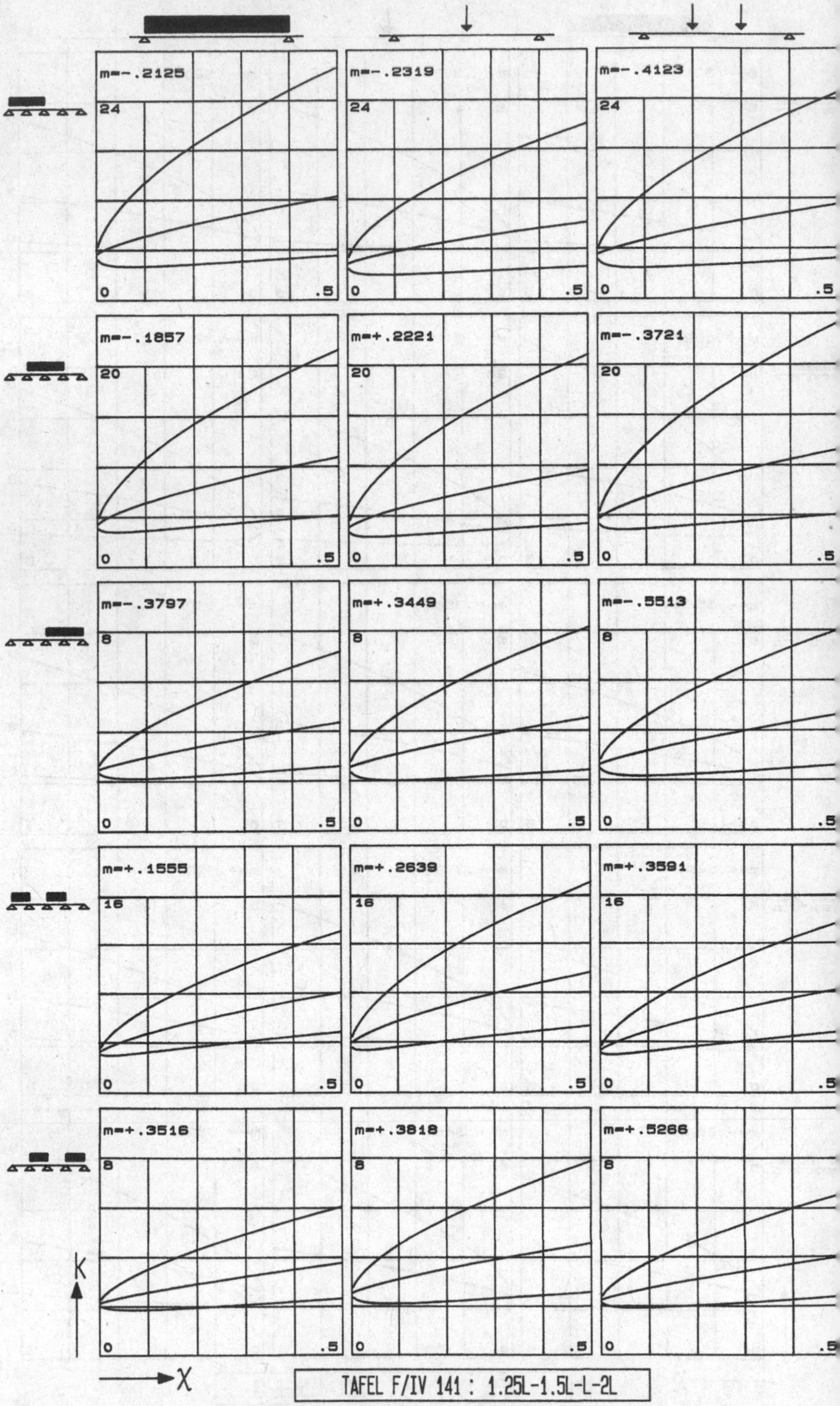
m=-.2125
24
0
.5
m=-.2319
24
0
.5
m=-.4123
24
0
.5
m=-.1857
20
0
.5
m=+.2221
20
0
.5
m=-.3721
20
0
.5
m=-.3797
8
0
.5
m=+.3449
8
0
.5
m=-.5513
8
0
.5
m=+.1555
16
0
.5
m=+.2639
16
0
.5
m=+.3591
16
0
.5
m=+.3516
8
0
.5
m=+.3818
8
0
.5
m=+.5266
8
0
.5
K
X
TAFEL F/IV 141 : 1.25L-1.5L-L-2L

F IV

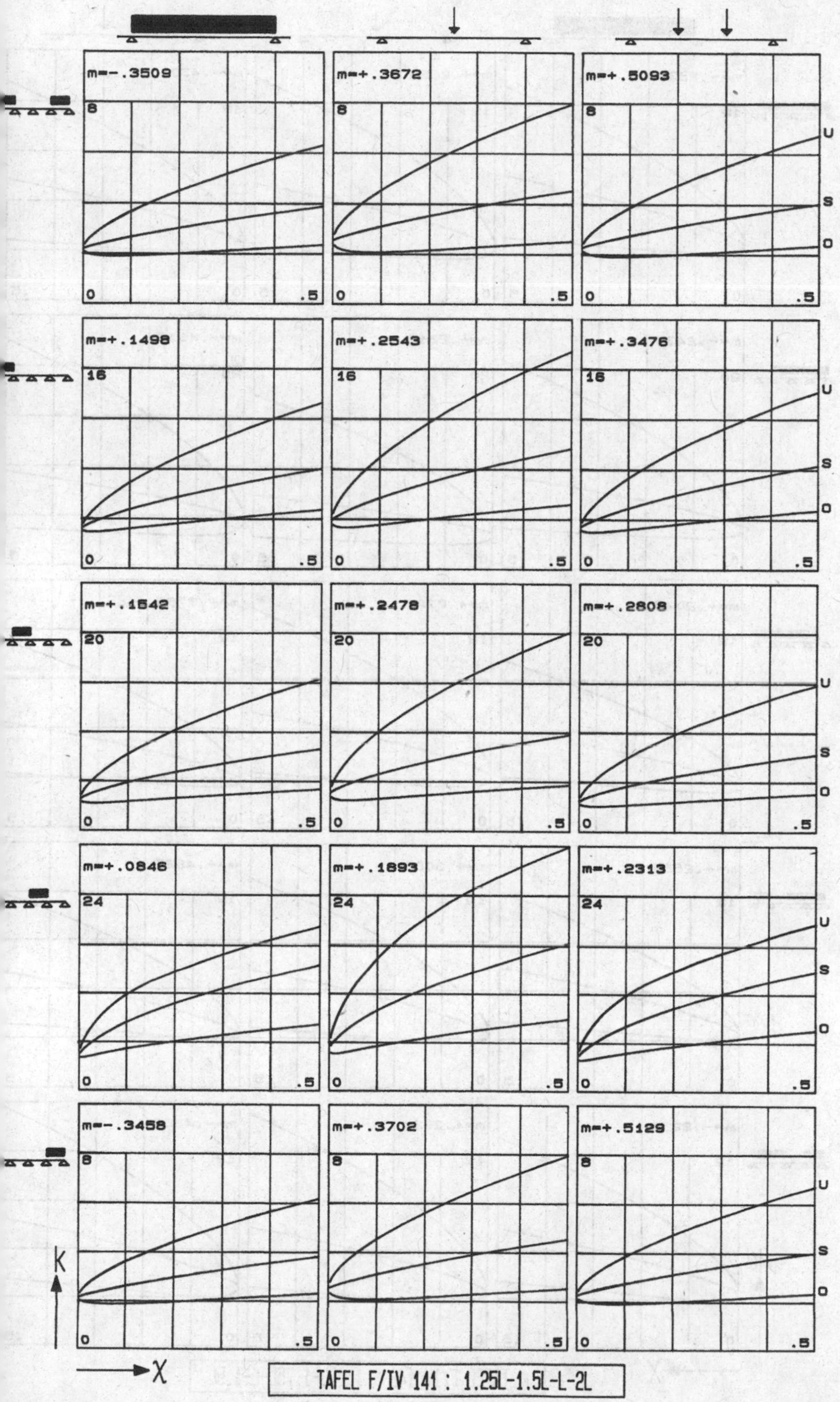

m=-.3509
m=+.3672
m=+.5093
m=+.1498
m=+.2543
m=+.3476
m=+.1542
m=+.2478
m=+.2808
m=+.0846
m=+.1893
m=+.2313
m=-.3458
m=+.3702
m=+.5129
U
S
O
K
X

TAFEL F/IV 141 : 1.25L-1.5L-L-2L

F IV

F
IV

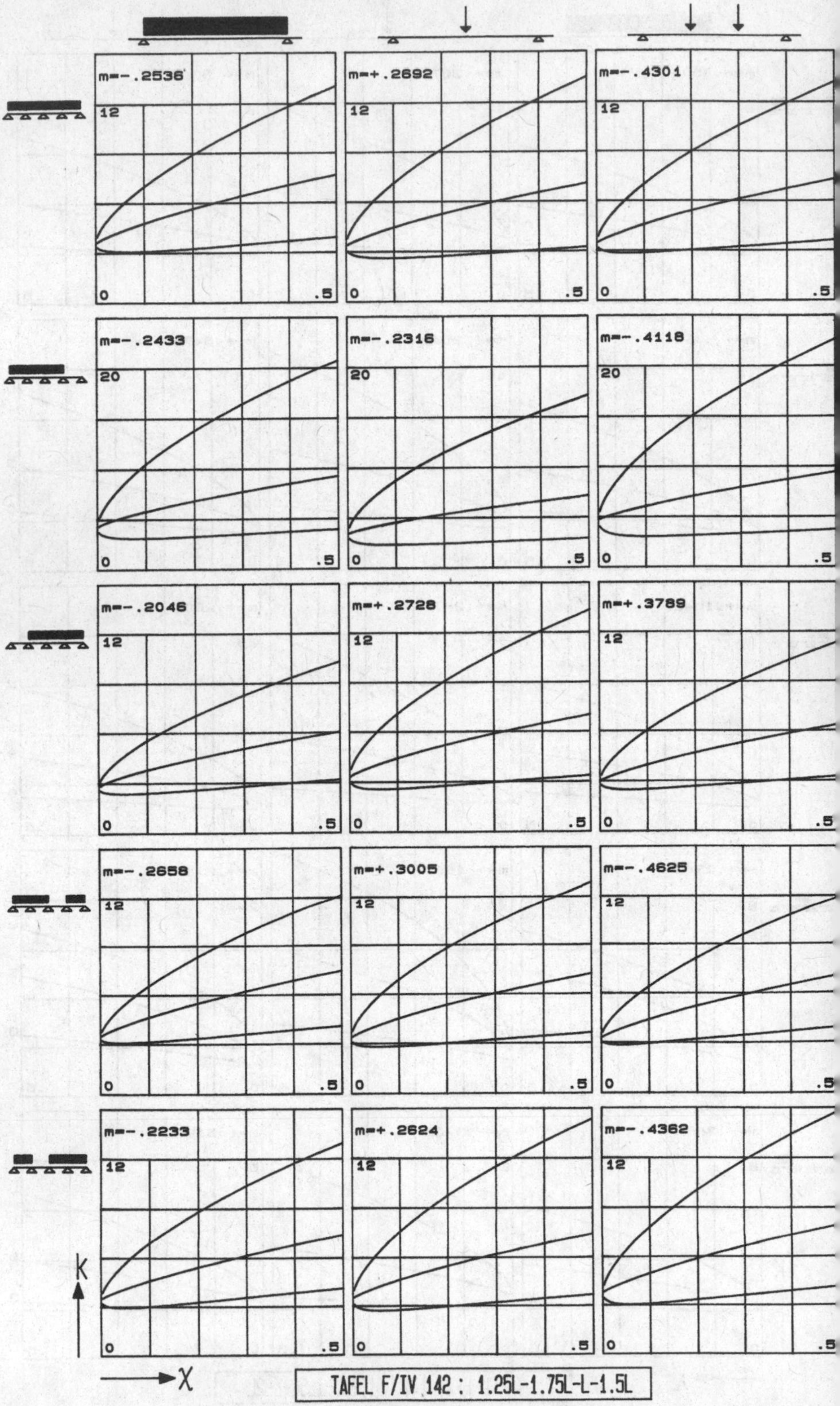

m=-.2536
12
0
.5
m=+.2692
12
0
.5
m=-.4301
12
0
.5
m=-.2433
20
0
.5
m=-.2316
20
0
.5
m=-.4118
20
0
.5
m=-.2046
12
0
.5
m=+.2728
12
0
.5
m=+.3789
12
0
.5
m=-.2658
12
0
.5
m=+.3005
12
0
.5
m=-.4625
12
0
.5
m=-.2233
12
0
.5
m=+.2624
12
0
.5
m=-.4362
12
0
.5
K
X

TAFEL F/IV 142 : 1.25L-1.75L-L-1.5L

IV

m=-.2555   20   0   .5
m=-.2499   20   0   .5   U S O
m=-.4443   20   0   .5   U S O

m=-.2399   16   0   .5
m=+.2594   16   0   .5
m=-.4132   16   0   .5   U S O

m=-.2174   12   0   .5
m=+.2558   12   0   .5
m=-.4235   12   0   .5   U S O

m=+.1583   16   0   .5
m=+.2876   16   0   .5
m=+.3634   16   0   .5   U S O

m=+.2167   12   0   .5
m=+.3040   12   0   .5
m=+.4159   12   0   .5   U S O

k
→ x

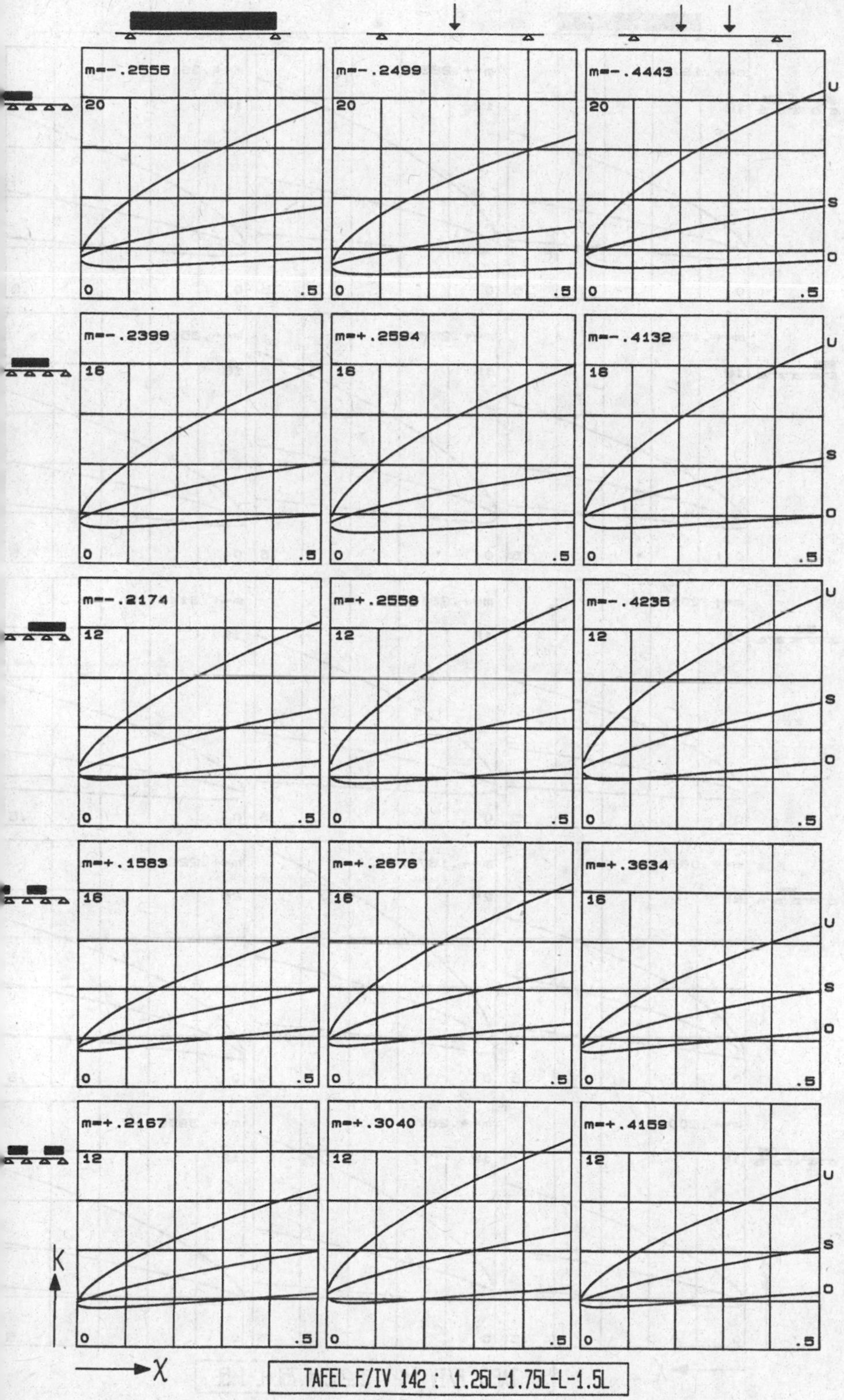

TAFEL F/IV 142 : 1.25L-1.75L-L-1.5L

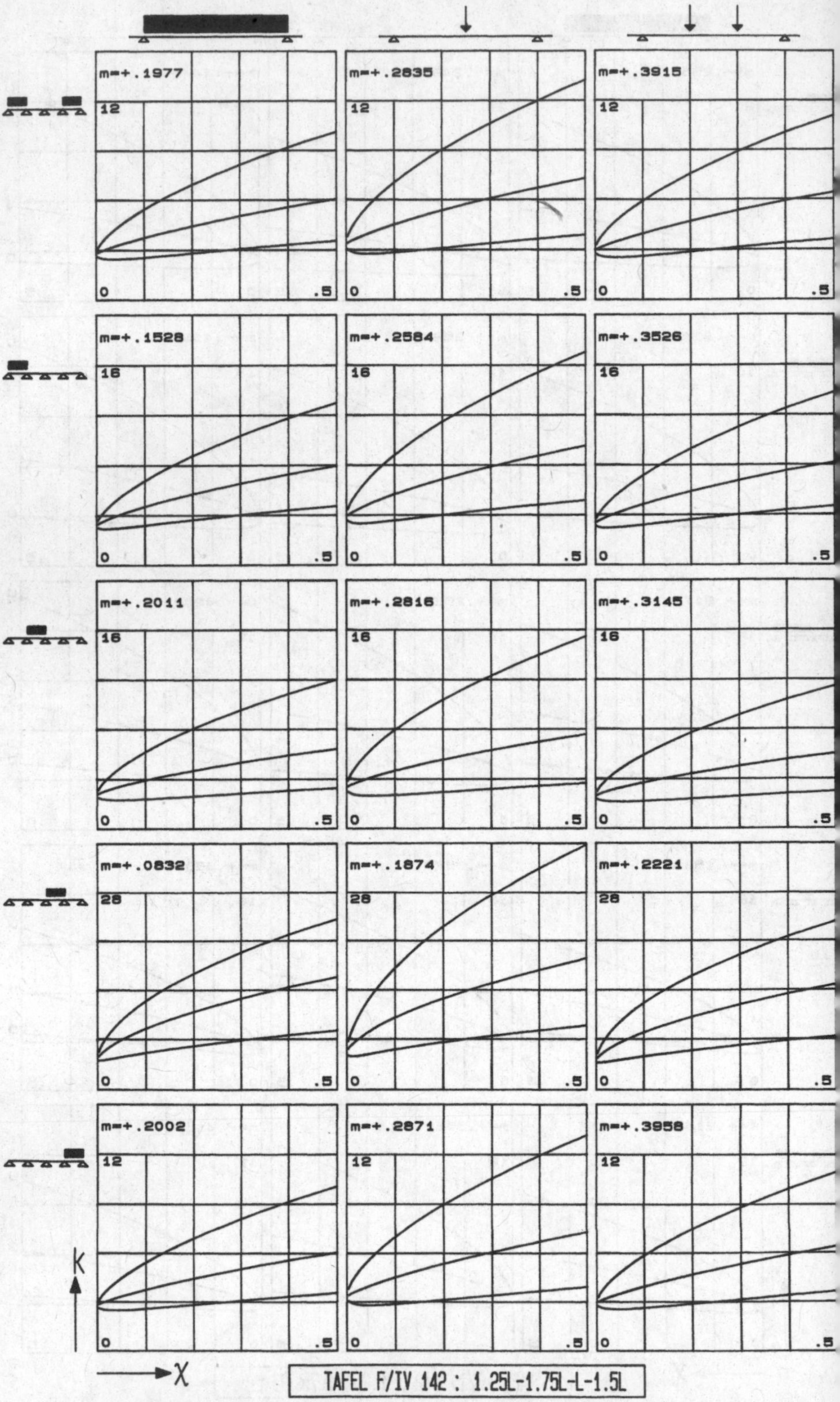

m=+.1977
12
m=+.2835
12
m=+.3915
12
m=+.1528
16
m=+.2584
16
m=+.3526
16
m=+.2011
16
m=+.2816
16
m=+.3145
16
m=+.0832
28
m=+.1874
28
m=+.2221
28
m=+.2002
12
m=+.2871
12
m=+.3958
12
0
.5
K
X

TAFEL F/IV 142 : 1.25L-1.75L-L-1.5L

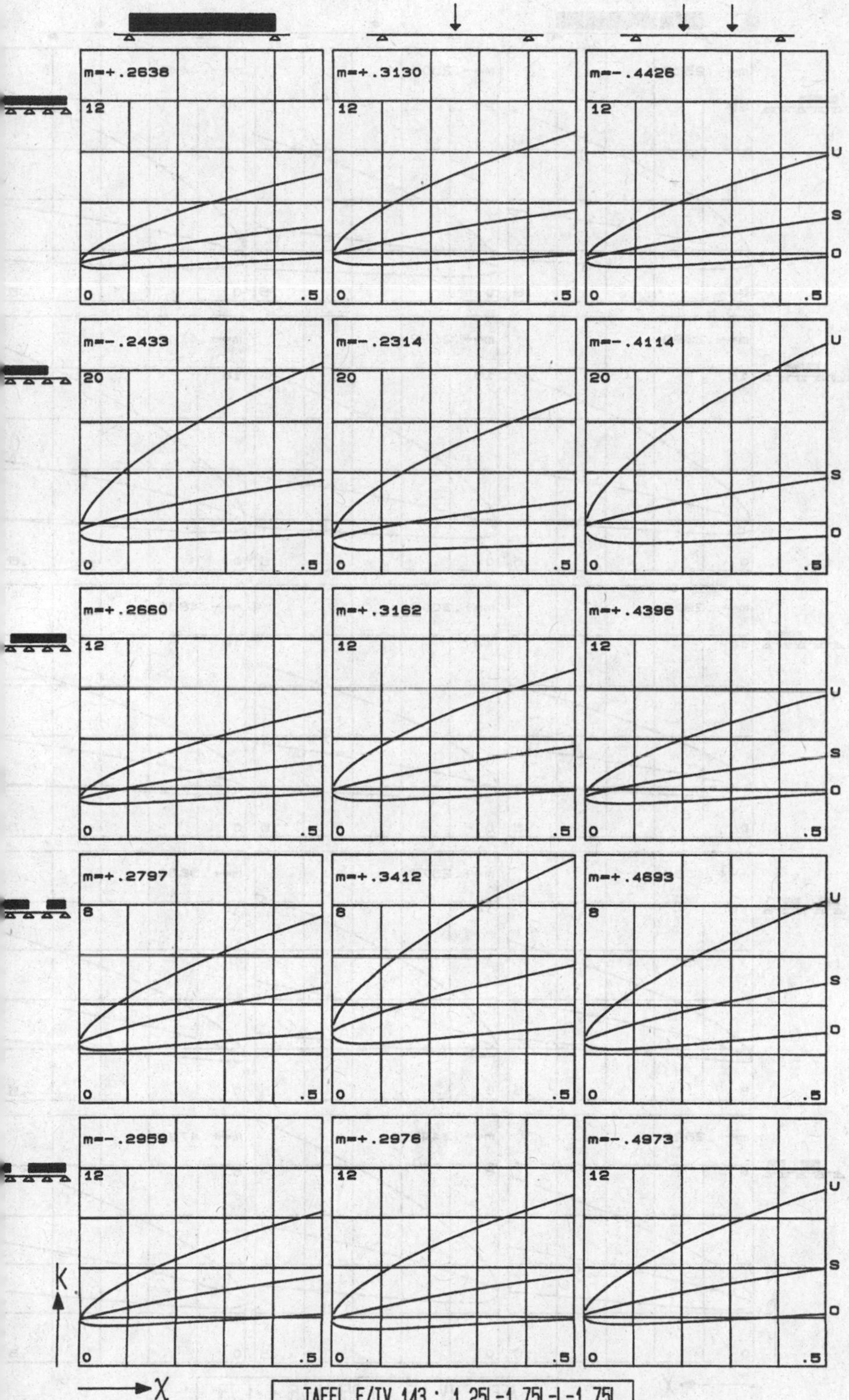
m=+.2638
12
0
.5
m=+.3130
12
0
.5
m=-.4426
12
0
.5
U
S
O
m=-.2433
20
0
.5
m=-.2314
20
0
.5
m=-.4114
20
0
.5
U
S
O
m=+.2660
12
0
.5
m=+.3162
12
0
.5
m=+.4396
12
0
.5
U
S
O
m=+.2797
8
0
.5
m=+.3412
8
0
.5
m=+.4693
8
0
.5
U
S
O
m=-.2959
12
0
.5
m=+.2976
12
0
.5
m=-.4973
12
0
.5
U
S
O
K
X

F
IV

TAFEL F/IV 143 : 1.25L-1.75L-L-1.75L

TAFEL F/IV 143 : 1.25L-1.75L-L-1.75L

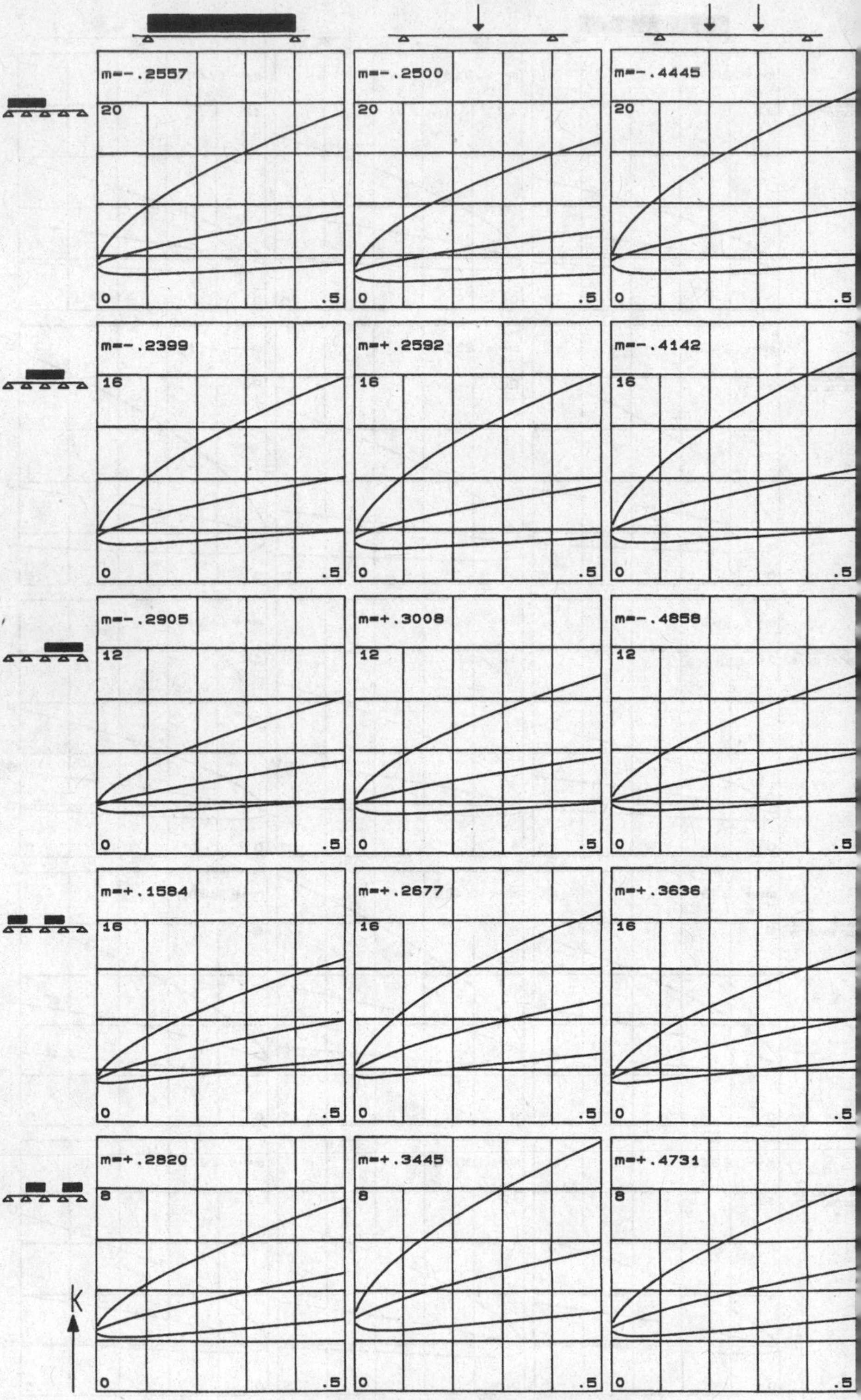

m=+.2645
12
0 .5

m=+.3259
12
0 .5

m=+.4510
12
U
S
O
0 .5

m=+.1528
16
0 .5

m=+.2584
16
0 .5

m=+.3526
16
U
S
O
0 .5

m=+.2014
16
0 .5

m=+.2818
16
0 .5

m=+.3147
16
U
S
O
0 .5

m=+.0848
28
0 .5

m=+.1898
28
0 .5

m=+.2284
28
U
S
O
0 .5

m=+.2668
12
0 .5

m=+.3291
12
0 .5

m=+.4549
12
U
S
O
0 .5

K

X

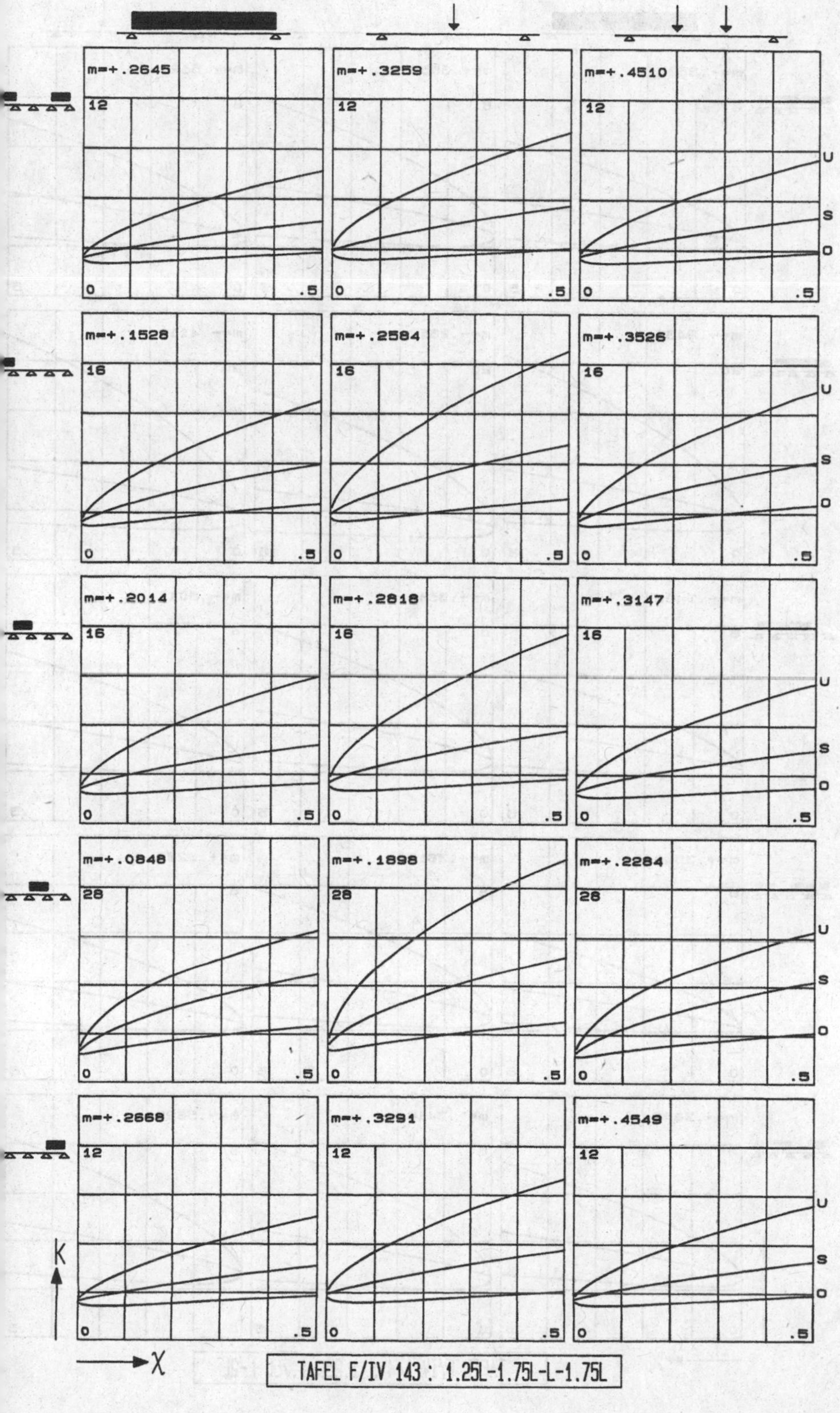

TAFEL F/IV 143 : 1.25L-1.75L-L-1.75L

F
IV

K

X

TAFEL F/IV 144 : 1.25L-1.75L-L-2L

m=-.3514

m=+.3559

m=-.5122

m=-.2433

m=-.2313

m=-.4112

m=-.3465

m=+.3588

m=-.5017

m=+.3540

m=+.3817

m=+.5265

m=-.3842

m=+.3418

m=-.5622

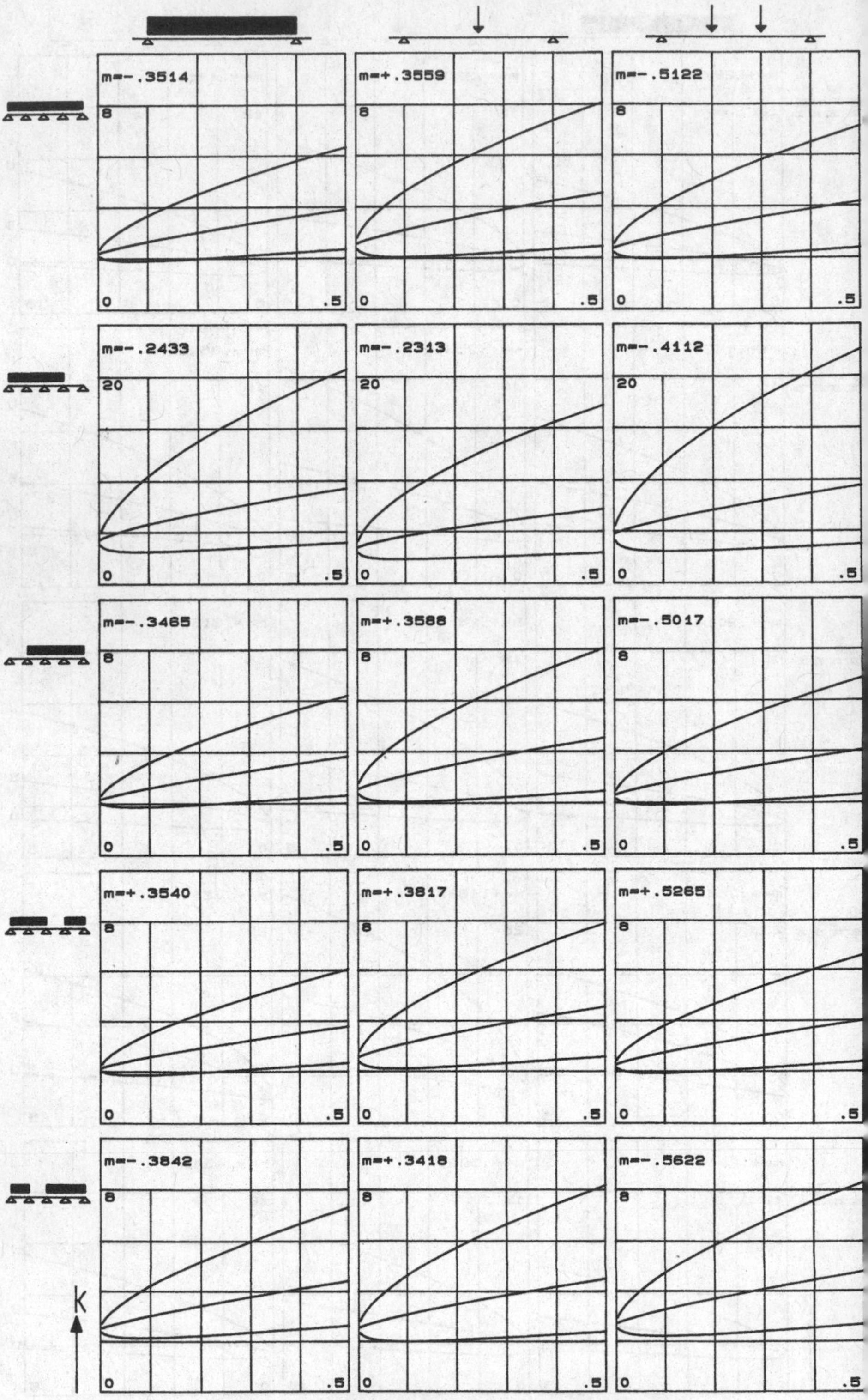

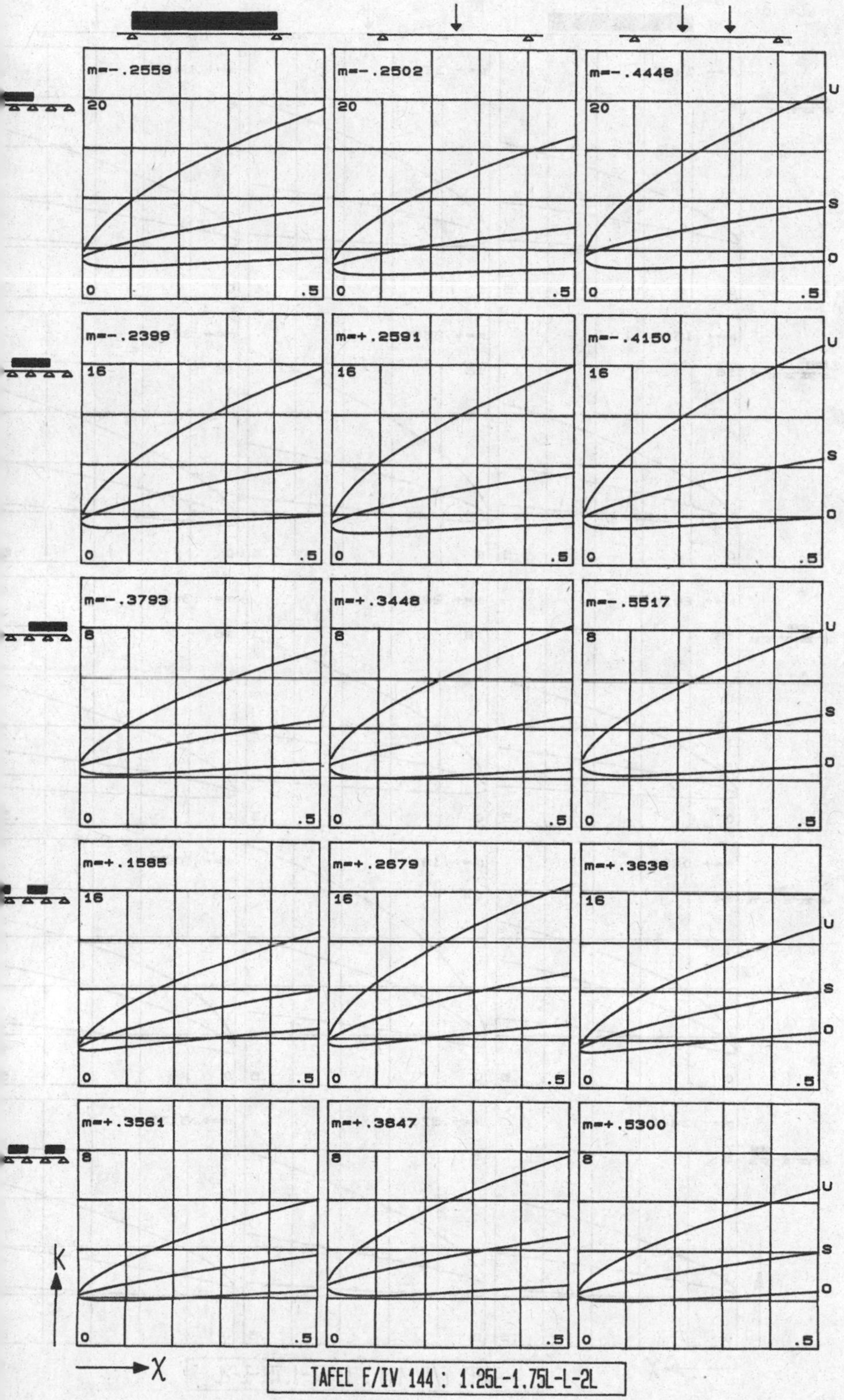
m=-.2559
20
m=-.2502
20
m=-.4448
20
U
S
O
m=-.2399
16
m=+.2591
16
m=-.4150
16
m=-.3793
8
m=+.3448
8
m=-.5517
8
m=+.1585
16
m=+.2679
16
m=+.3638
16
m=+.3561
8
m=+.3847
8
m=+.5300
8
0
.5
K
X

TAFEL F/IV 144 : 1.25L-1.75L-L-2L

F IV

F
IV

508

TAFEL F/IV 144 : 1.25L-1.75L-L-2L

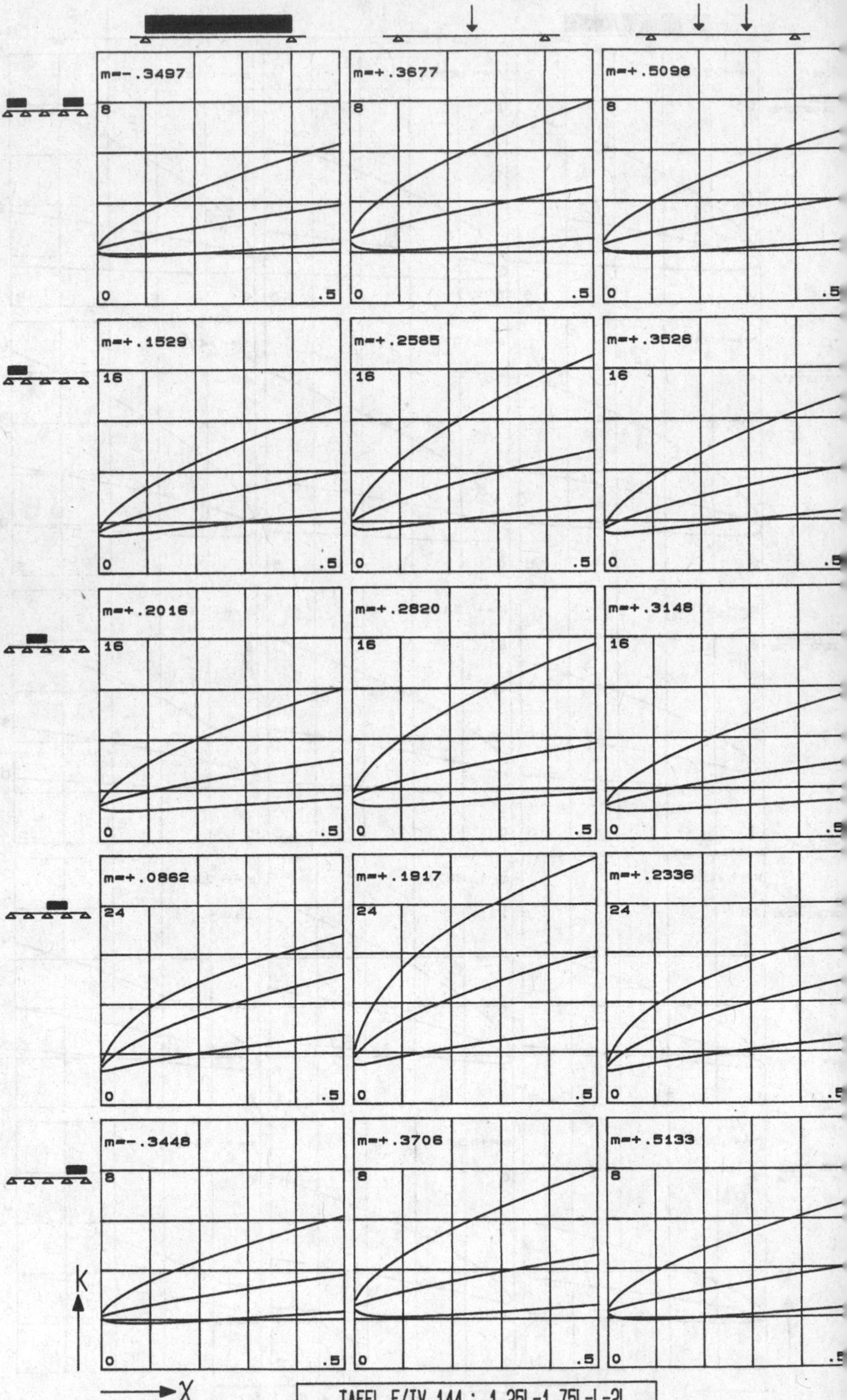

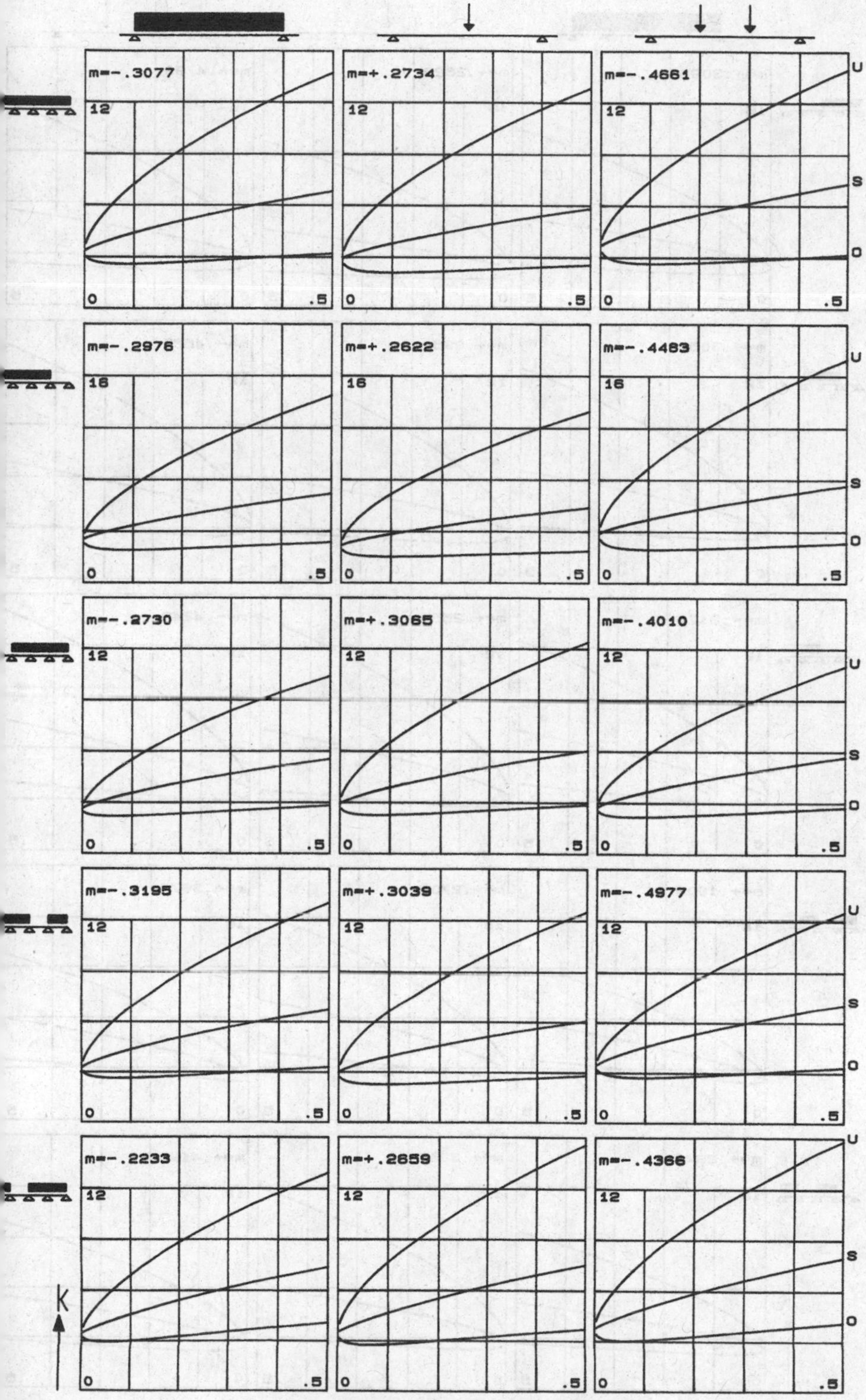

TAFEL F/IV 145 : 1.25L-2L-L-1.5L

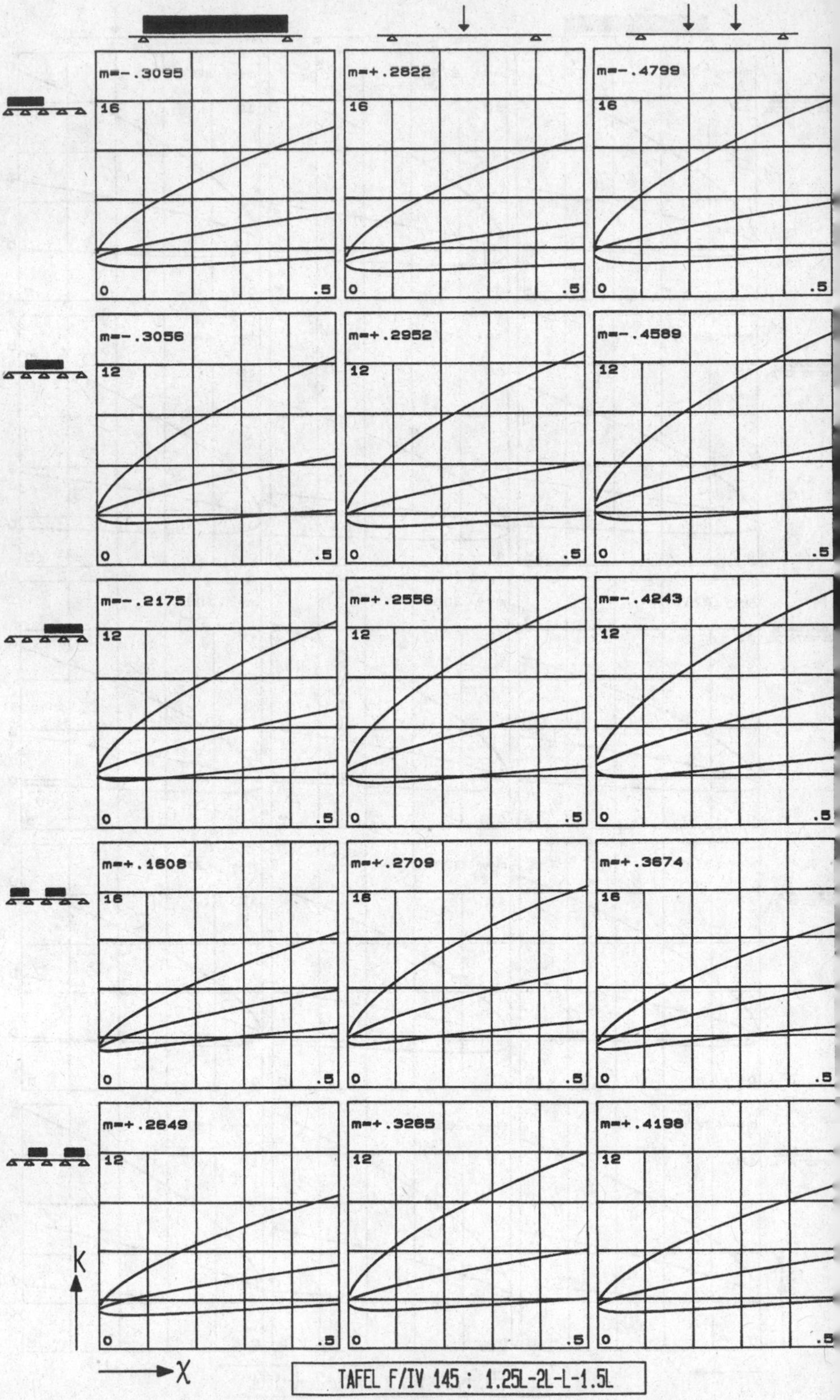
m=-.3095
16
0
.5
m=+.2822
16
0
.5
m=-.4799
16
0
.5
m=-.3056
12
0
.5
m=+.2952
12
0
.5
m=-.4589
12
0
.5
m=-.2175
12
0
.5
m=+.2556
12
0
.5
m=-.4243
12
0
.5
m=+.1608
16
0
.5
m=+.2709
16
0
.5
m=+.3674
16
0
.5
m=+.2649
12
0
.5
m=+.3265
12
0
.5
m=+.4198
12
0
.5
K
X

F
V

TAFEL F/IV 145 : 1.25L-2L-L-1.5L

m=+.1980
12
0
.5

m=+.2838
12
0
.5

m=+.3920
12
U
S
O
0
.5

m=+.1555
16
0
.5

m=+.2620
16
0
.5

m=+.3569
16
U
S
O
0
.5

m=-.2670
12
0
.5

m=+.3152
12
0
.5

m=-.3560
12
U
S
O
0
.5

m=+.0845
28
0
.5

m=+.1893
28
0
.5

m=+.2271
28
U
S
O
0
.5

m=+.2004
12
0
.5

m=+.2873
12
0
.5

m=+.3981
12
U
S
O
0
.5

K

X

F
IV

511

TAFEL F/IV 145 : 1.25L-2L-L-1.5L

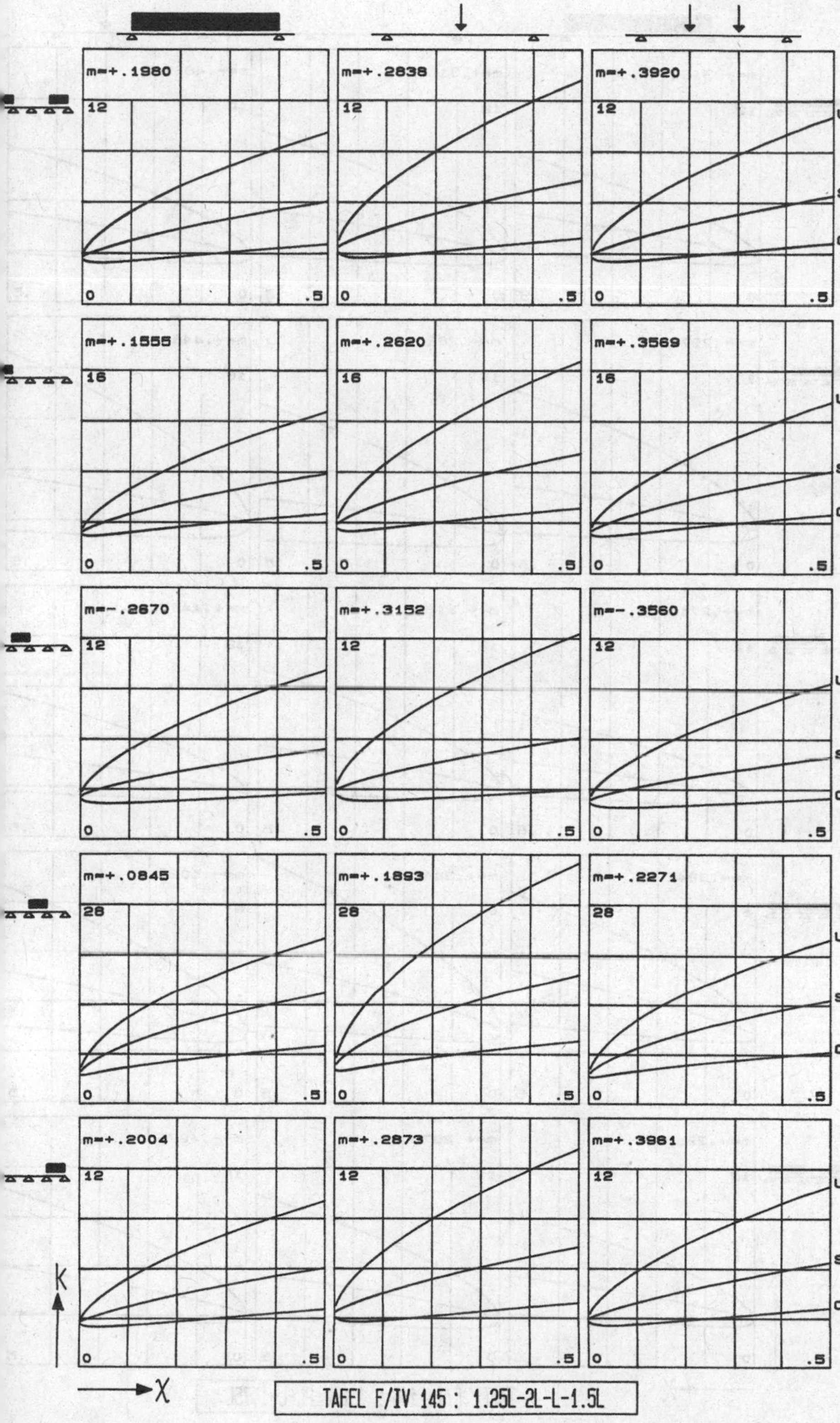

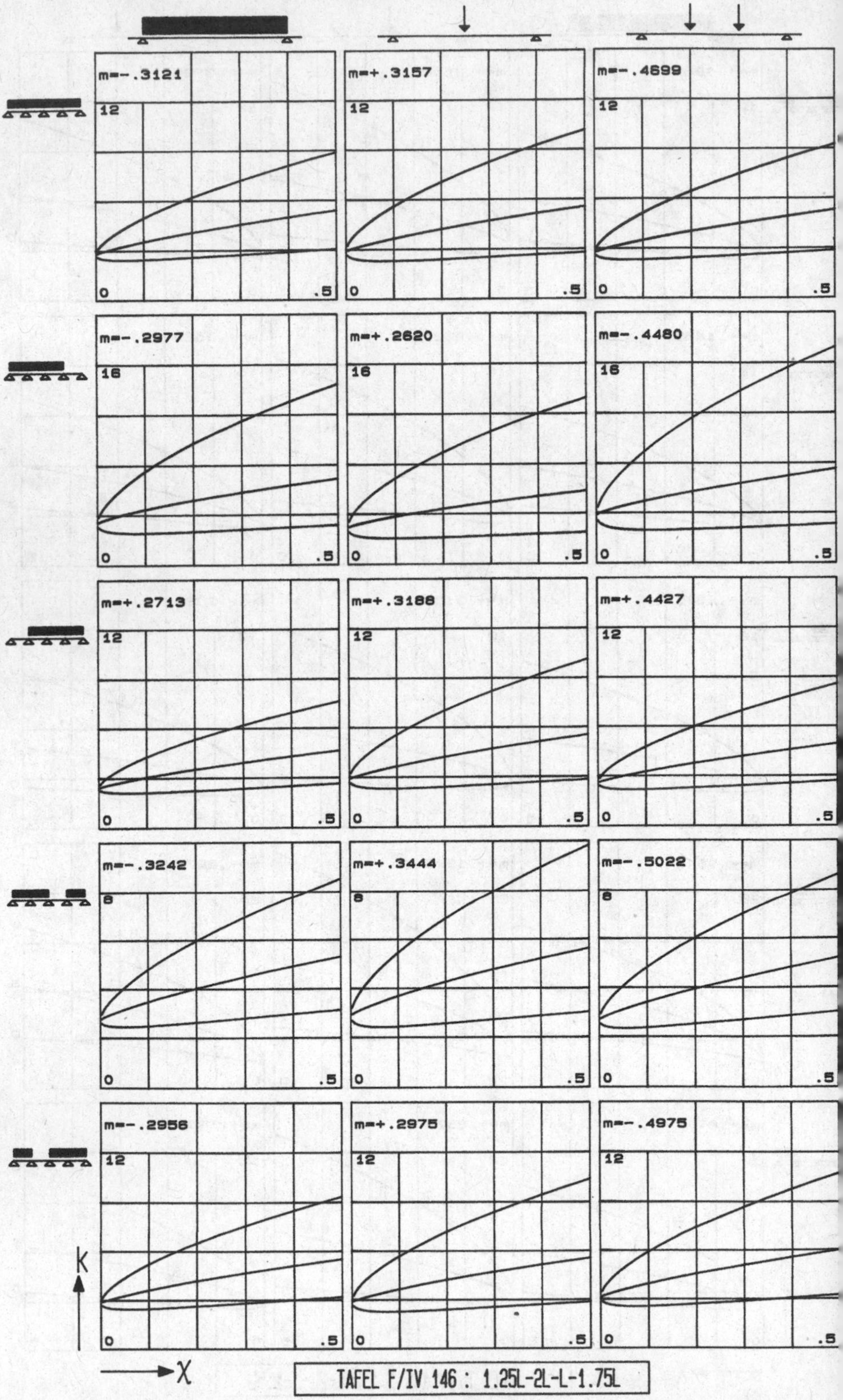

m=-.3121
12
0
.5
m=+.3157
12
0
.5
m=-.4699
12
0
.5
m=-.2977
16
0
.5
m=+.2620
16
0
.5
m=-.4480
16
0
.5
m=+.2713
12
0
.5
m=+.3188
12
0
.5
m=+.4427
12
0
.5
m=-.3242
8
0
.5
m=+.3444
8
0
.5
m=-.5022
8
0
.5
m=-.2956
12
0
.5
m=+.2975
12
0
.5
m=-.4975
12
0
.5
K
X

TAFEL F/IV 146 : 1.25L-2L-L-1.75L

F IV

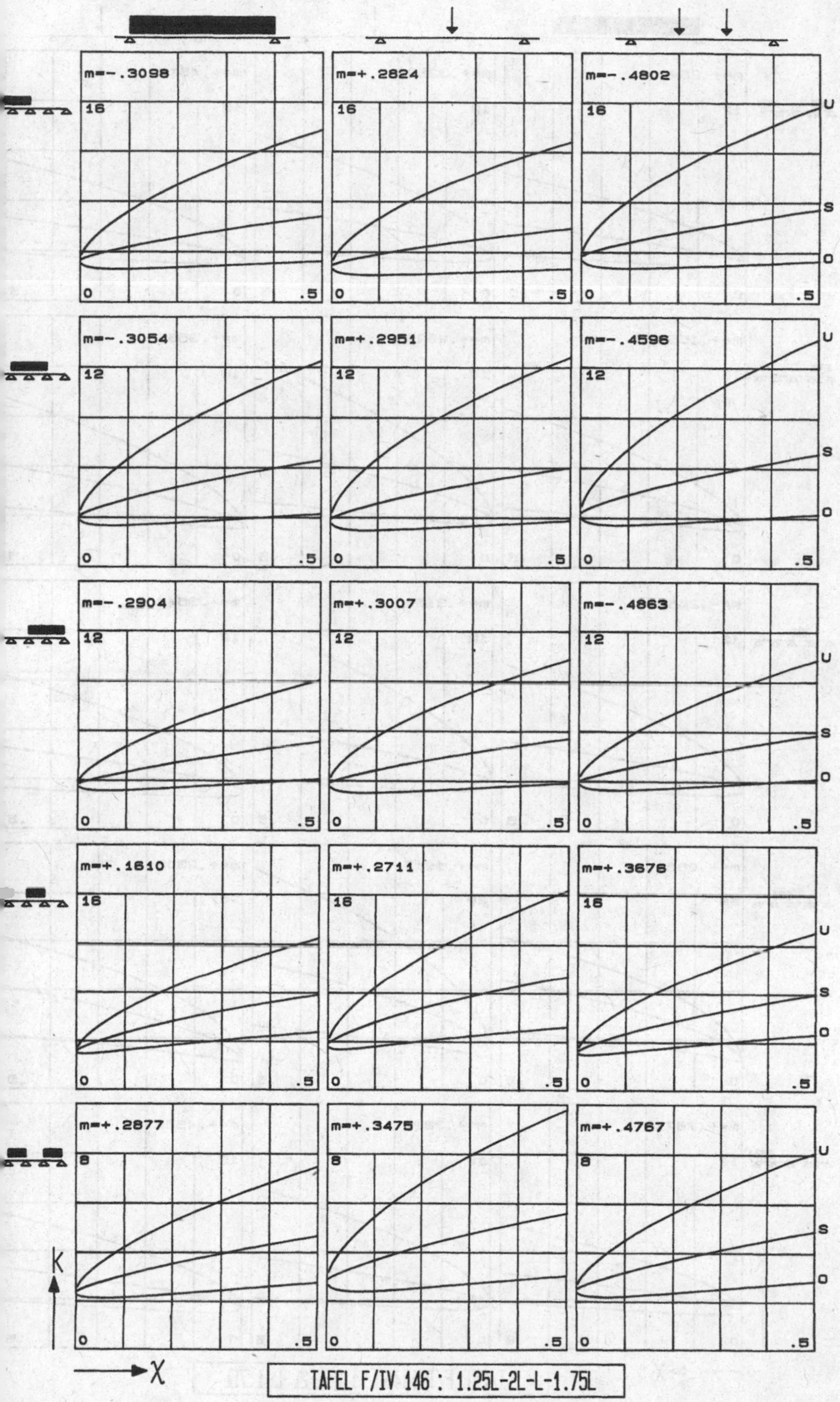

m=-.3098
16
0
.5
m=+.2824
16
0
.5
m=-.4802
16
U
S
O
0
.5
m=-.3054
12
0
.5
m=+.2951
12
0
.5
m=-.4596
12
U
S
O
0
.5
m=-.2904
12
0
.5
m=+.3007
12
0
.5
m=-.4863
12
U
S
O
0
.5
m=+.1610
16
0
.5
m=+.2711
16
0
.5
m=+.3676
16
U
S
O
0
.5
m=+.2877
8
0
.5
m=+.3475
8
0
.5
m=+.4767
8
U
S
O
0
.5
K
X

TAFEL F/IV 146 : 1.25L-2L-L-1.75L

F IV

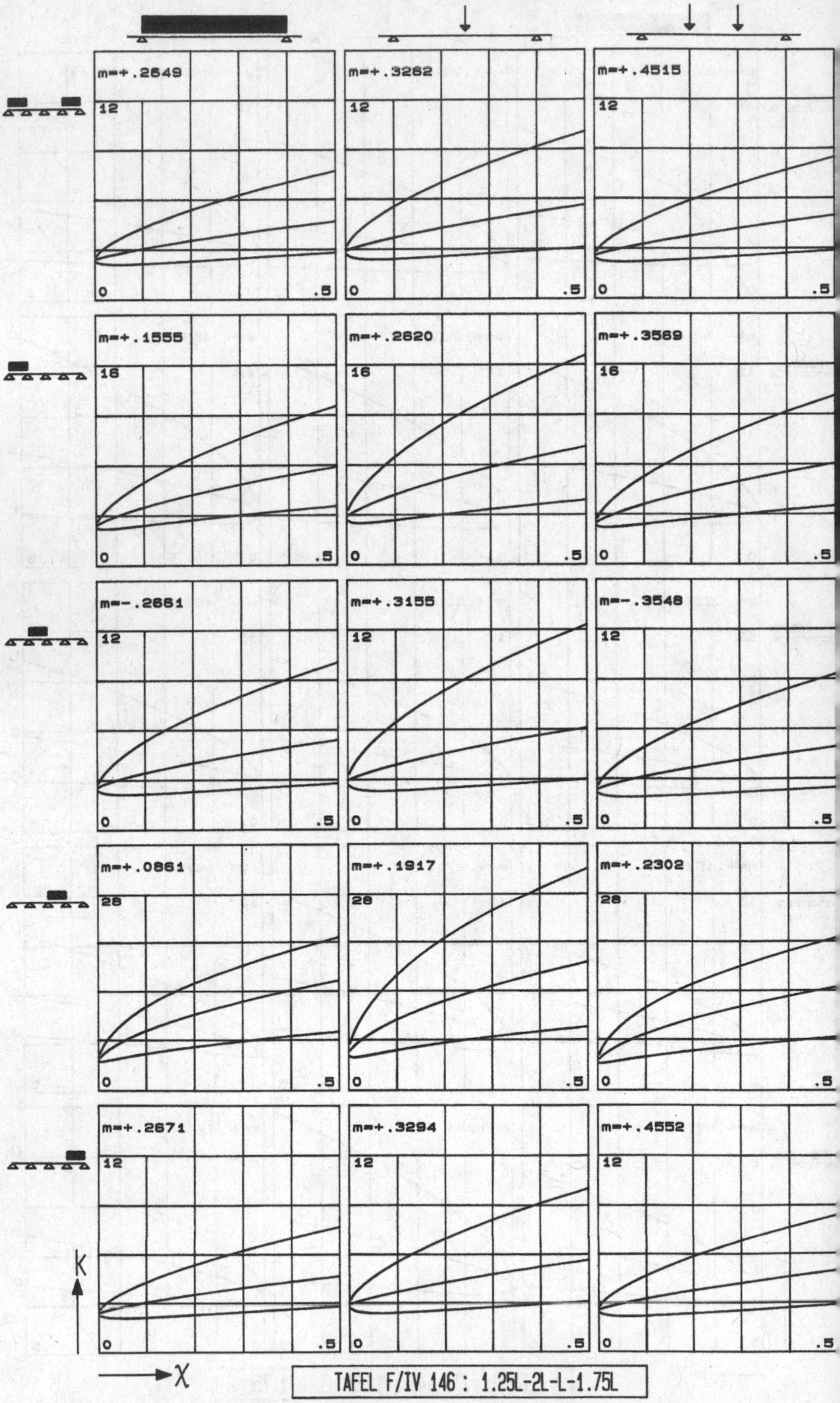
m=+.2649
12
0
.5
m=+.3262
12
0
.5
m=+.4515
12
0
.5
m=+.1555
16
0
.5
m=+.2620
16
0
.5
m=+.3569
16
0
.5
m=-.2661
12
0
.5
m=+.3155
12
0
.5
m=-.3548
12
0
.5
m=+.0861
28
0
.5
m=+.1917
28
0
.5
m=+.2302
28
0
.5
m=+.2671
12
0
.5
m=+.3294
12
0
.5
m=+.4552
12
0
.5
K
X

TAFEL F/IV 146 : 1.25L-2L-L-1.75L

F IV

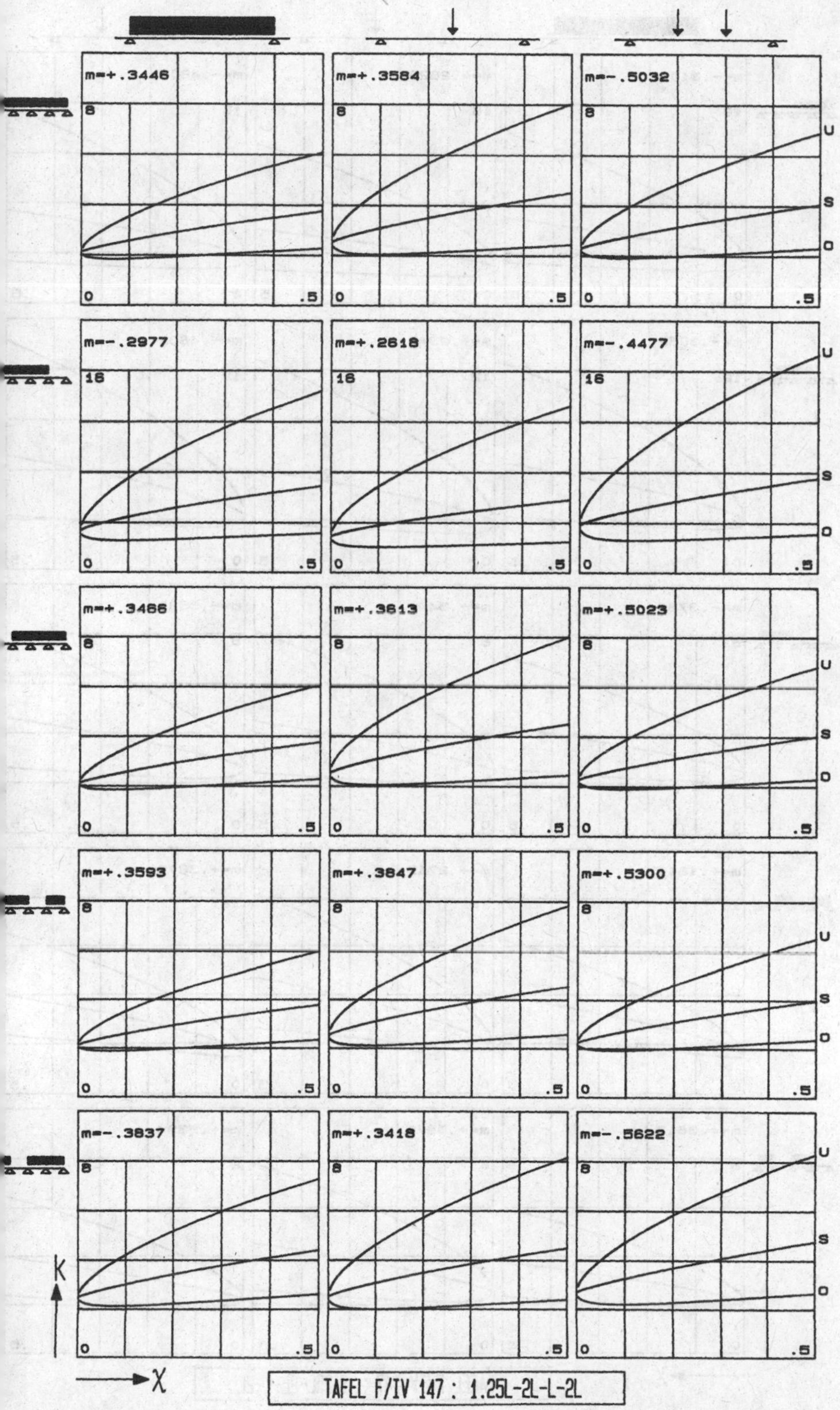
m=+.3446
m=+.3584
m=-.5032
m=-.2977
m=+.2618
m=-.4477
m=+.3466
m=+.3613
m=+.5023
m=+.3593
m=+.3847
m=+.5300
m=-.3837
m=+.3418
m=-.5622
U
S
O
K
X

TAFEL F/IV 147 : 1.25L-2L-L-2L

F IV

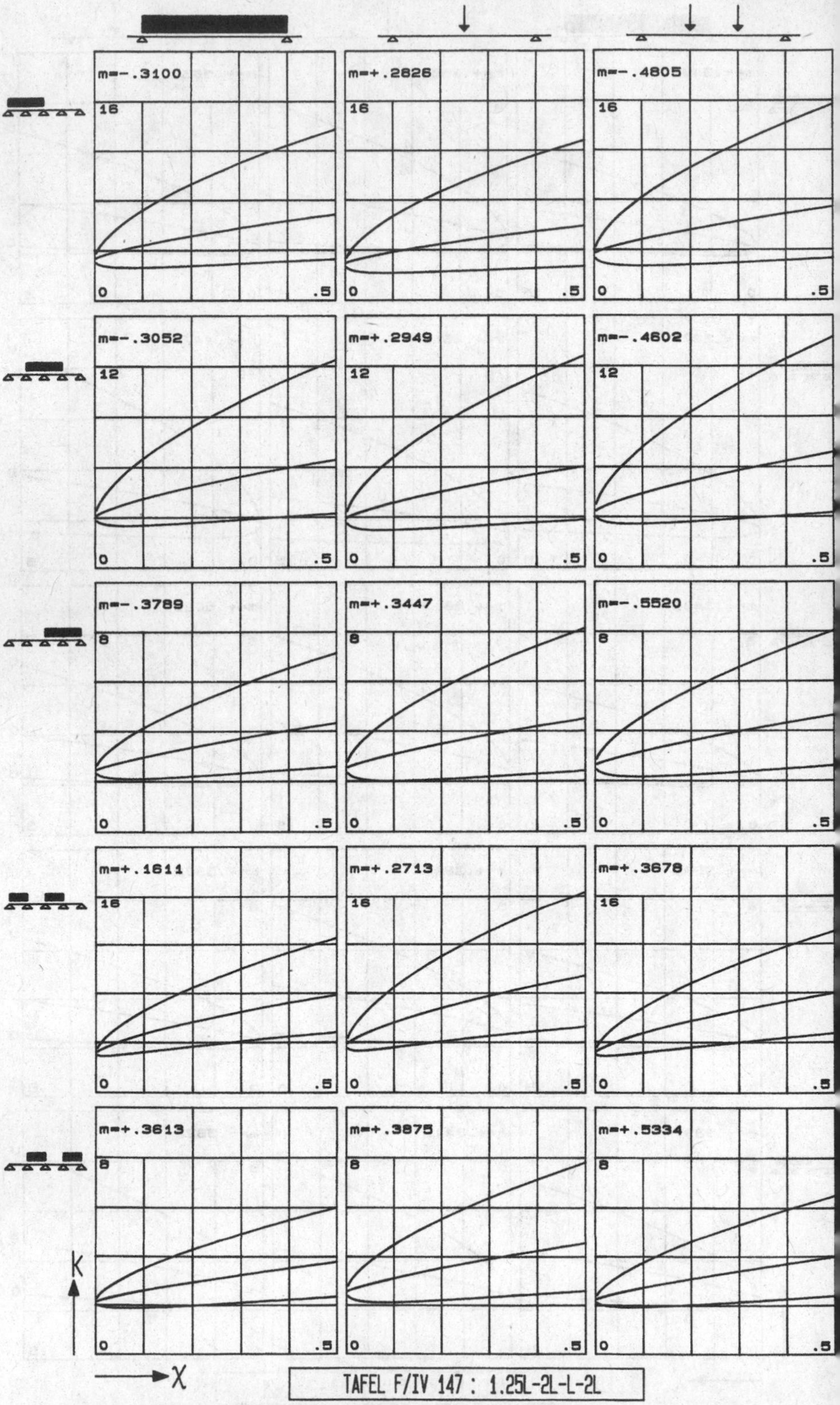

m=-.3100
16
0
.5
m=+.2826
16
0
.5
m=-.4805
16
0
.5
m=-.3052
12
0
.5
m=+.2949
12
0
.5
m=-.4602
12
0
.5
m=-.3789
8
0
.5
m=+.3447
8
0
.5
m=-.5520
8
0
.5
m=+.1611
16
0
.5
m=+.2713
16
0
.5
m=+.3678
16
0
.5
m=+.3613
8
0
.5
m=+.3875
8
0
.5
m=+.5334
8
0
.5
K
X

TAFEL F/IV 147 : 1.25L-2L-L-2L

F IV

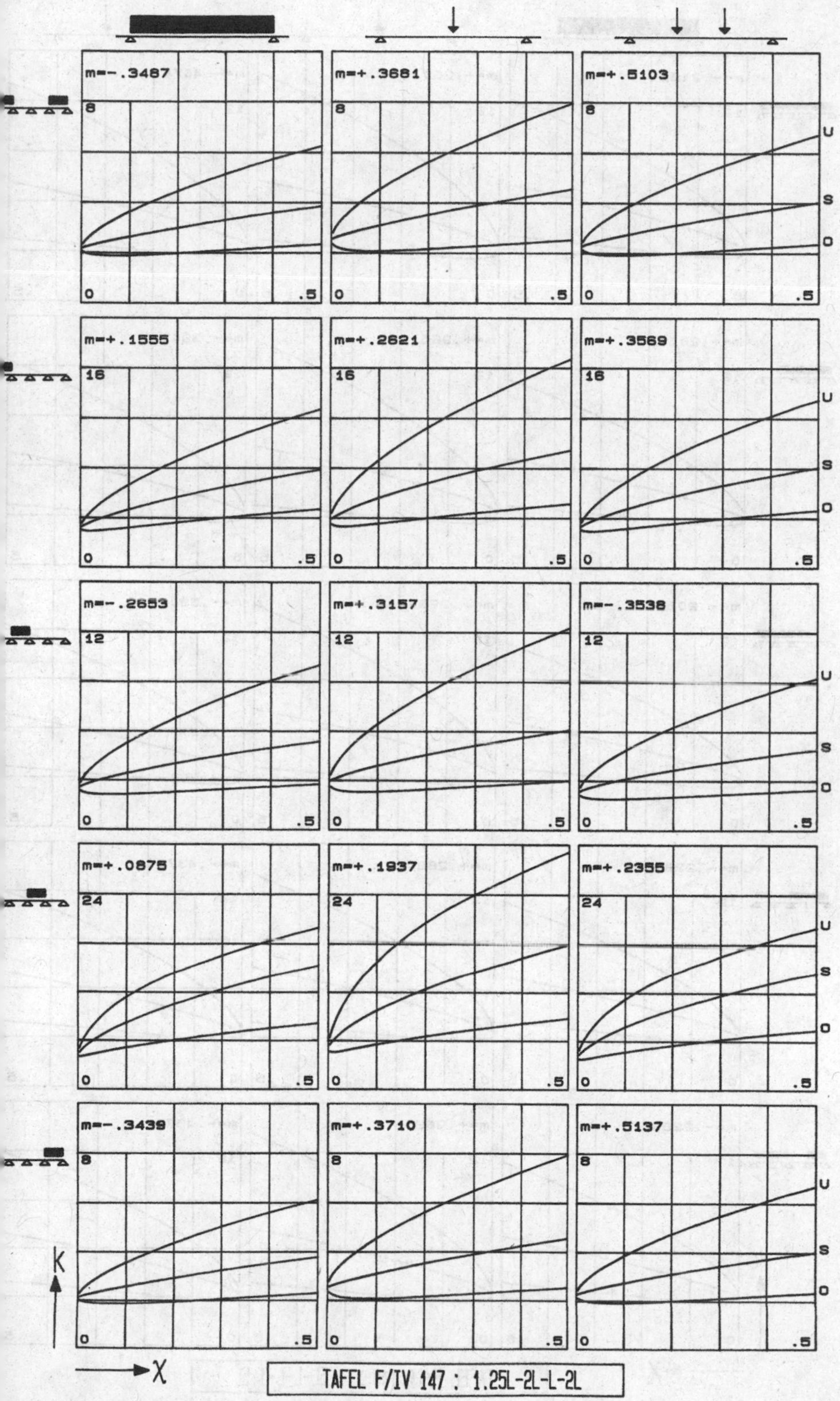
m=-.3487
m=+.3681
m=+.5103
m=+.1555
m=+.2621
m=+.3569
m=-.2653
m=+.3157
m=-.3536
m=+.0875
m=+.1937
m=+.2355
m=-.3439
m=+.3710
m=+.5137
8
16
12
24
0
.5
U
S
O
K
X

TAFEL F/IV 147 : 1.25L-2L-L-2L

F IV

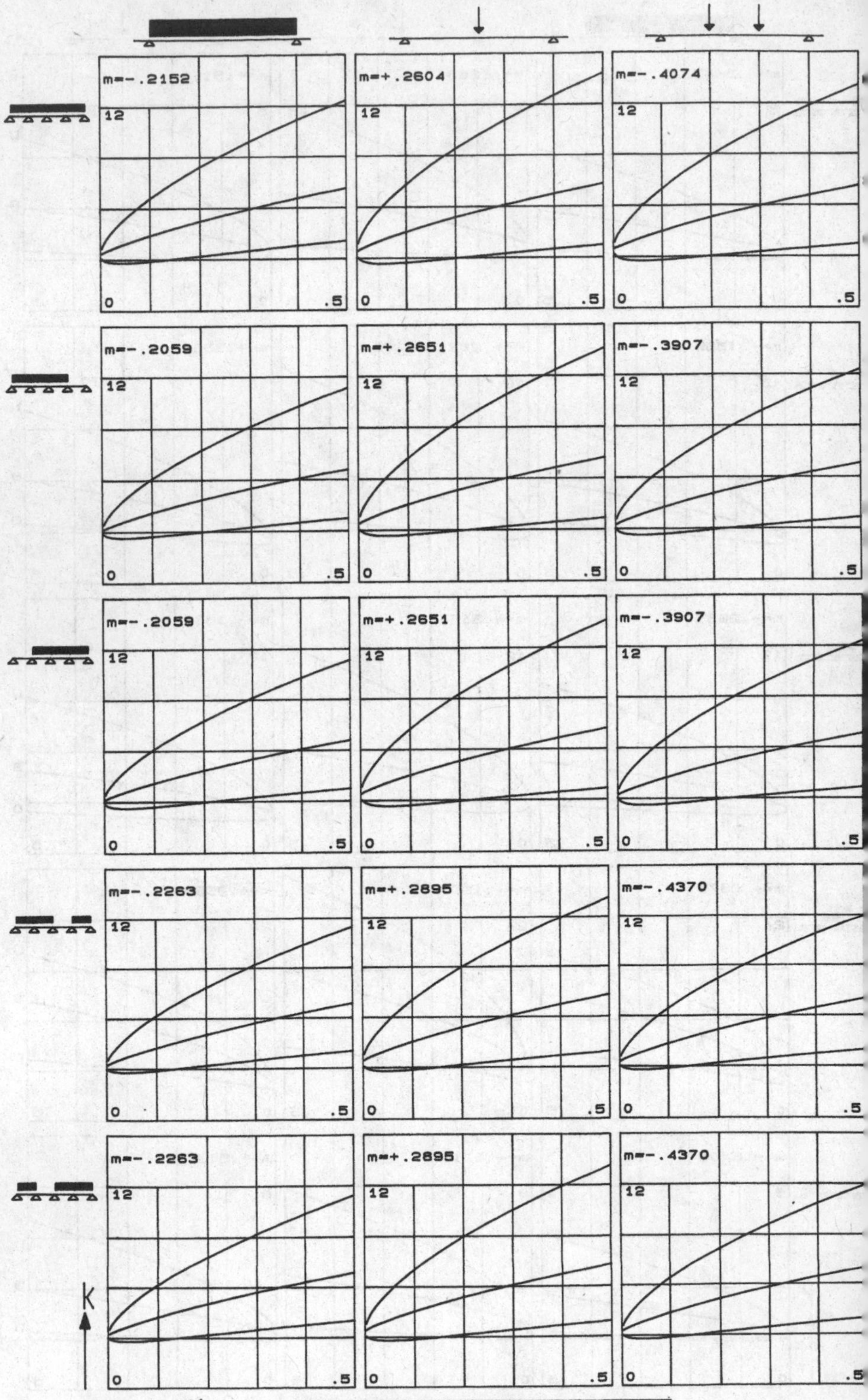

m=-.2152
m=+.2604
m=-.4074
m=-.2059
m=+.2651
m=-.3907
m=-.2059
m=+.2651
m=-.3907
m=-.2263
m=+.2895
m=-.4370
m=-.2263
m=+.2895
m=-.4370
12
0
.5
K
X

TAFEL F/IV 148 : 1.5L-L-L-1.5L

F IV

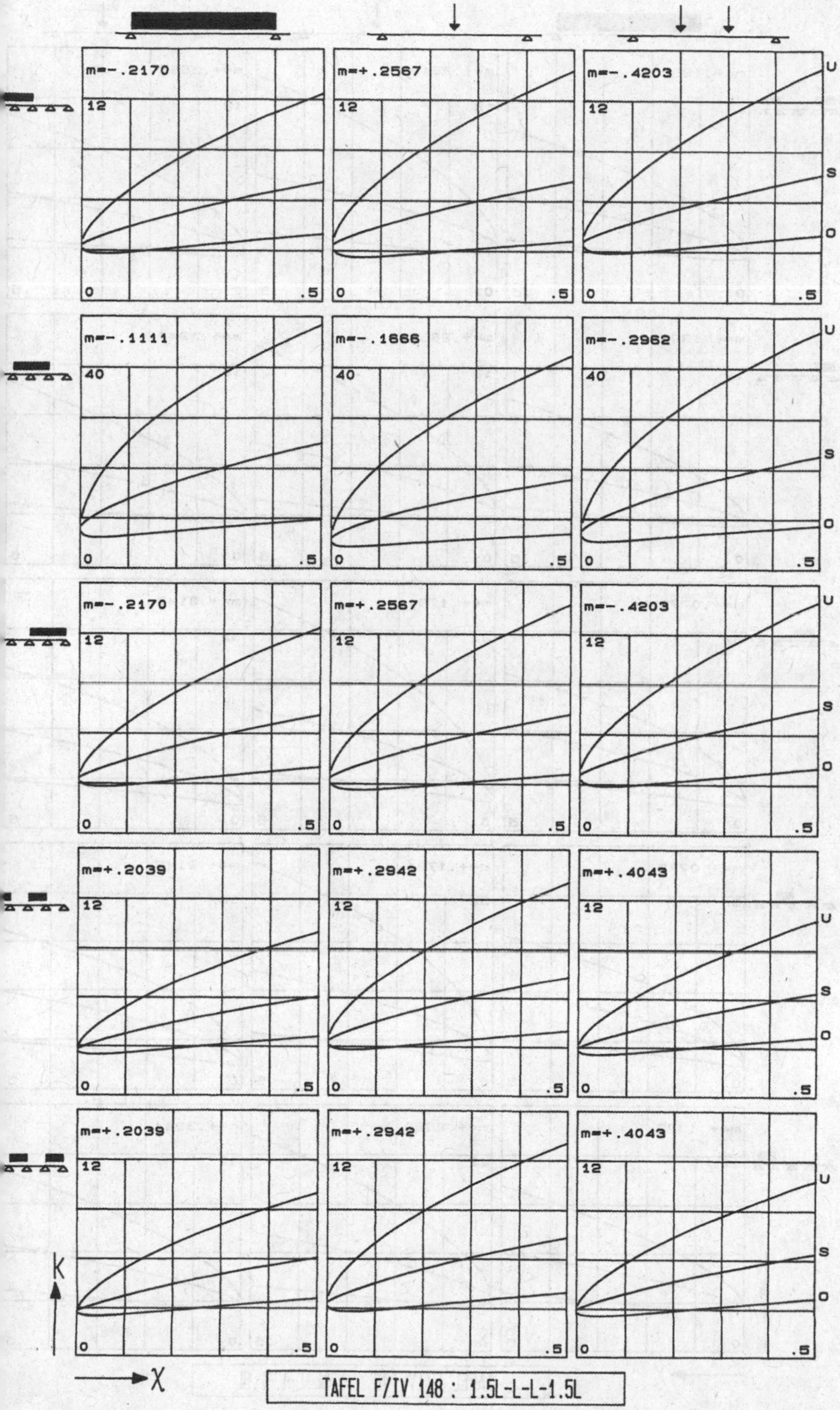
m=-.2170
m=+.2567
m=-.4203
m=-.1111
m=-.1666
m=-.2962
m=+.2039
m=+.2942
m=+.4043
12
40
U
S
O
0
.5
K
X

TAFEL F/IV 148 : 1.5L-L-L-1.5L

F IV

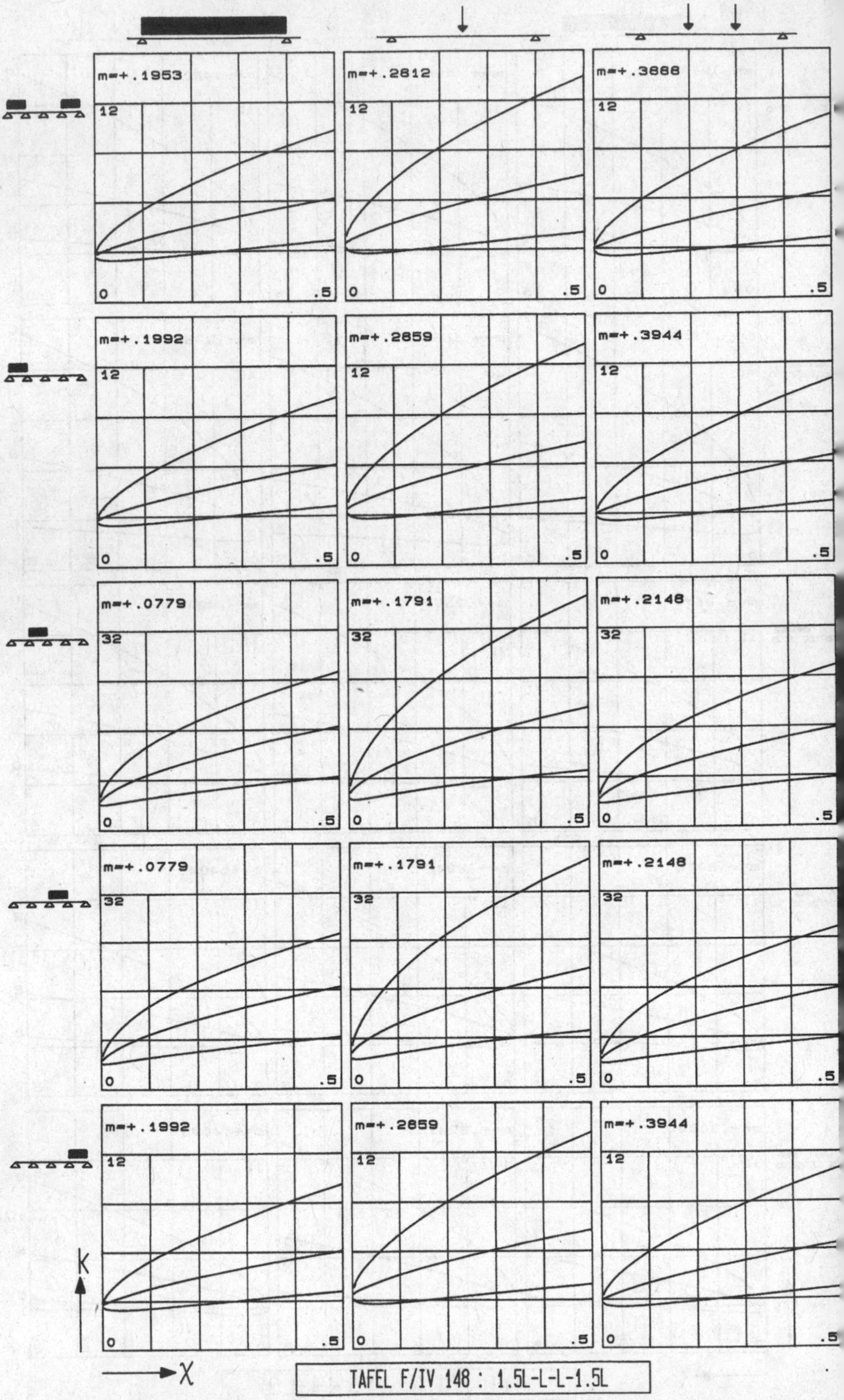

m=+.1953
12
0
.5
m=+.2812
12
0
.5
m=+.3886
12
0
.5
m=+.1992
12
0
.5
m=+.2859
12
0
.5
m=+.3944
12
0
.5
m=+.0779
32
0
.5
m=+.1791
32
0
.5
m=+.2148
32
0
.5
m=+.0779
32
0
.5
m=+.1791
32
0
.5
m=+.2148
32
0
.5
m=+.1992
12
0
.5
m=+.2859
12
0
.5
m=+.3944
12
0
.5
K
X

TAFEL F/IV 148 : 1.5L-L-L-1.5L

F
IV

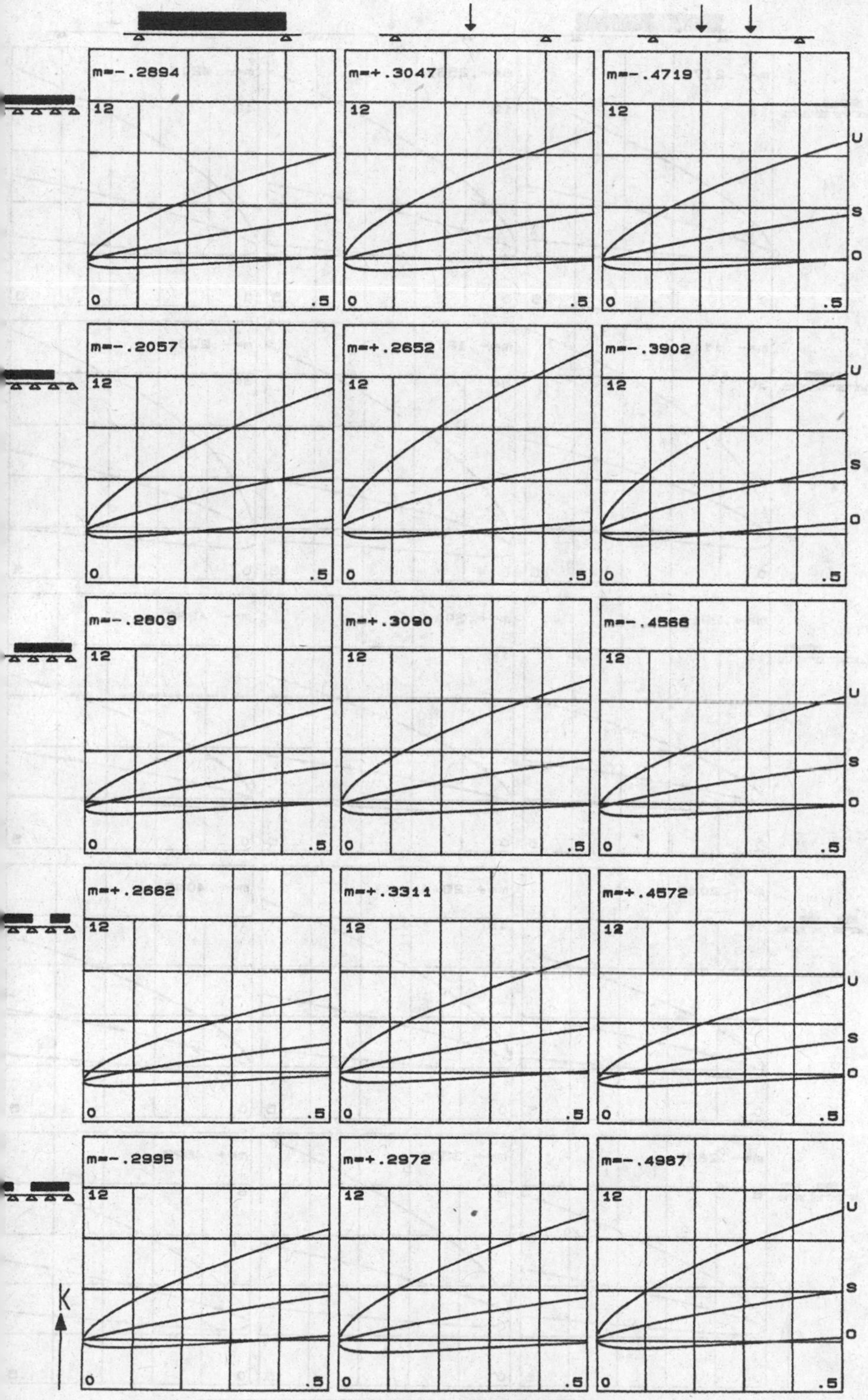

m=-.2894
m=+.3047
m=-.4719
m=-.2057
m=+.2652
m=-.3902
m=-.2809
m=+.3090
m=-.4568
m=+.2662
m=+.3311
m=+.4572
m=-.2995
m=+.2972
m=-.4987
12
0
.5
U
S
O
K
X

TAFEL F/IV 149 : 1.5L-L-L-1.75L

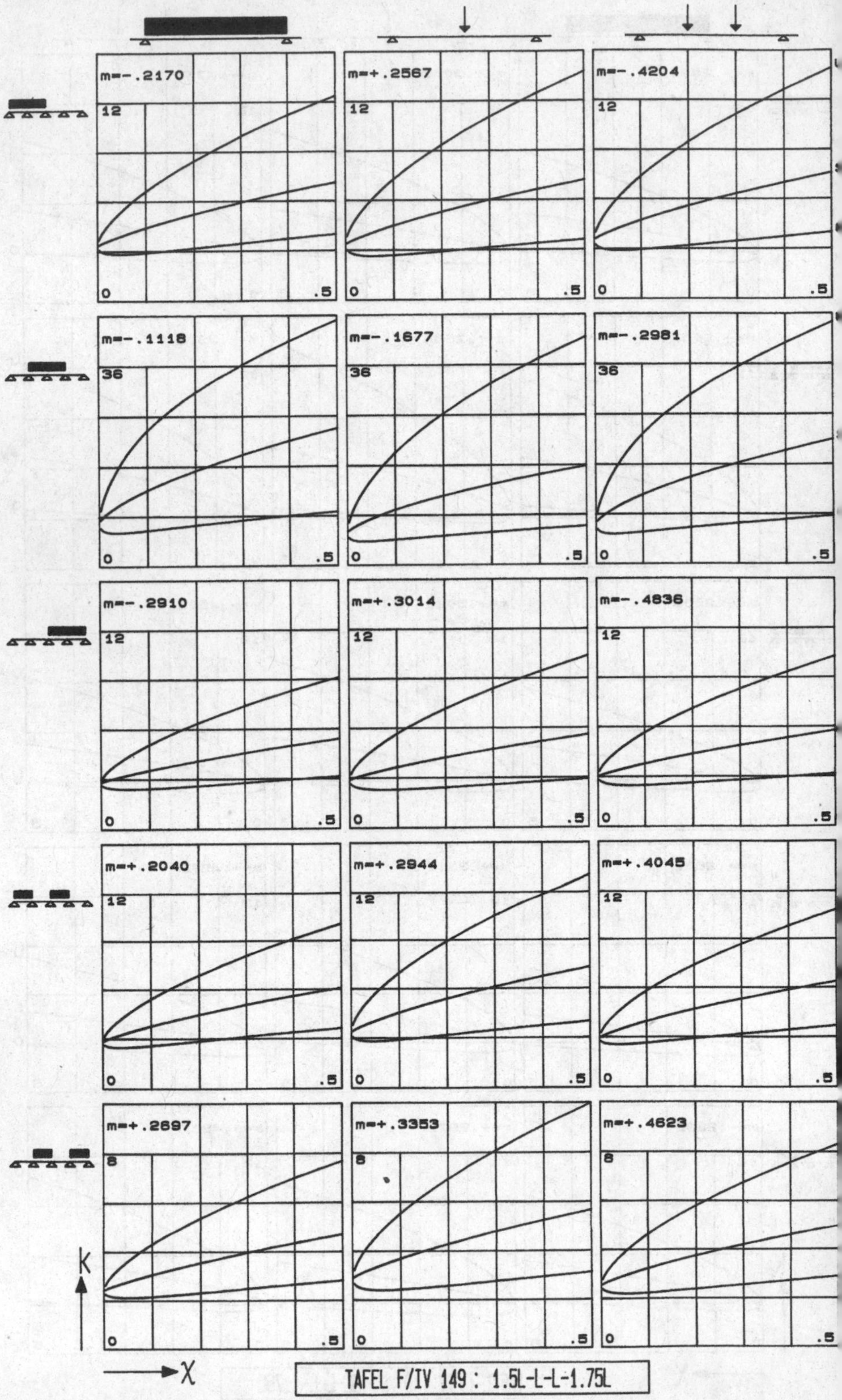
m=-.2170
12
0
.5
m=+.2567
12
0
.5
m=-.4204
12
0
.5
m=-.1118
36
0
.5
m=-.1677
36
0
.5
m=-.2981
36
0
.5
m=-.2910
12
0
.5
m=+.3014
12
0
.5
m=-.4836
12
0
.5
m=+.2040
12
0
.5
m=+.2944
12
0
.5
m=+.4045
12
0
.5
m=+.2697
8
0
.5
m=+.3353
8
0
.5
m=+.4623
8
0
.5
K
X

TAFEL F/IV 149 : 1.5L-L-L-1.75L

F IV

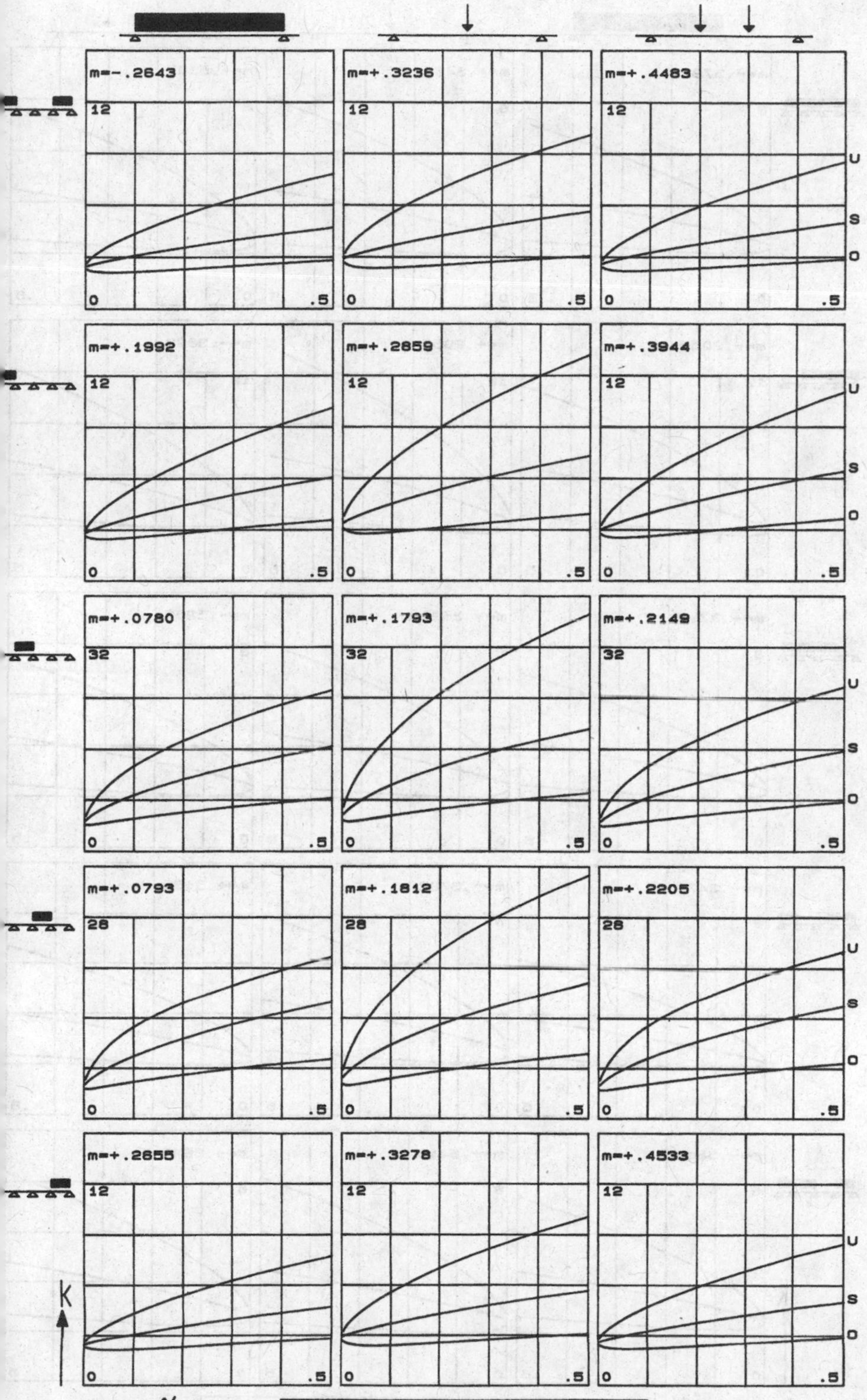
m=-.2643
12
0
.5
m=+.3236
m=+.4483
U
S
O
m=+.1992
m=+.2859
m=+.3944
m=+.0780
32
m=+.1793
m=+.2149
m=+.0793
28
m=+.1812
m=+.2205
m=+.2655
m=+.3278
m=+.4533
K
X

TAFEL F/IV 149 : 1.5L-L-L-1.75L

F IV

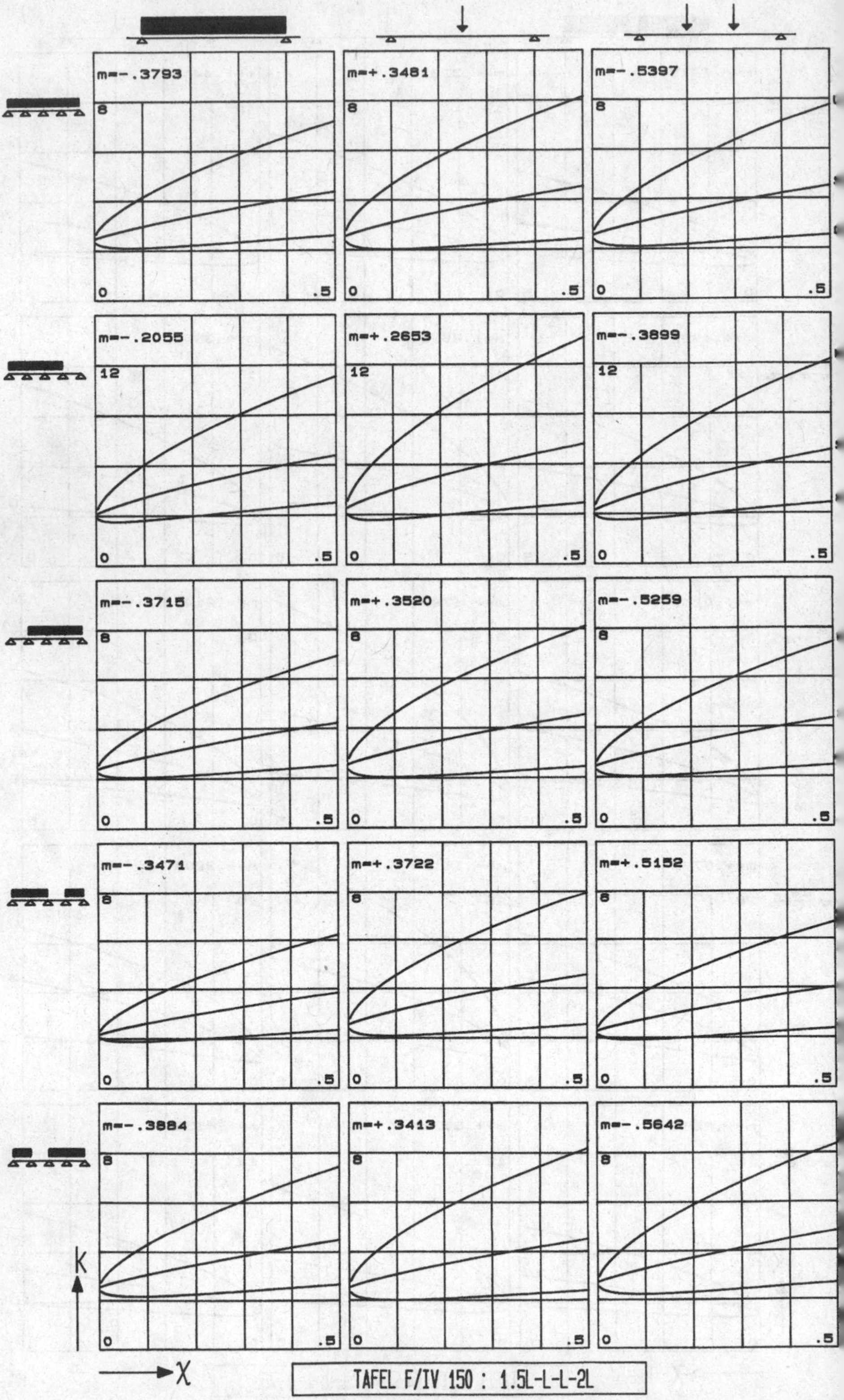

m=-.3793
m=+.3481
m=-.5397
m=-.2055
m=+.2653
m=-.3899
m=-.3715
m=+.3520
m=-.5259
m=-.3471
m=+.3722
m=+.5152
m=-.3884
m=+.3413
m=-.5642
k
x

TAFEL F/IV 150 : 1.5L-L-L-2L

F
IV

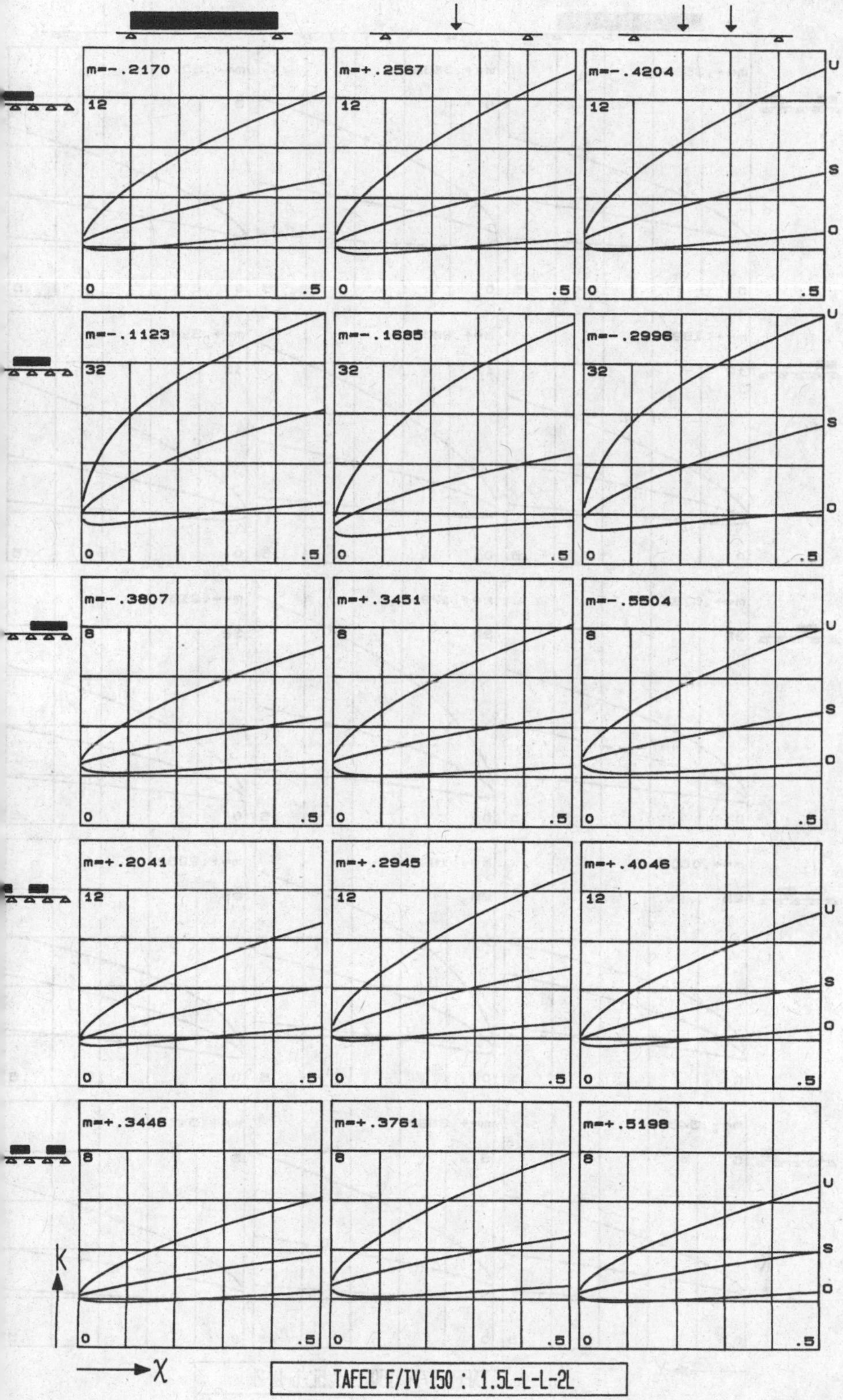
m=-.2170
m=+.2567
m=-.4204
m=-.1123
m=-.1685
m=-.2996
m=-.3807
m=+.3451
m=-.5504
m=+.2041
m=+.2945
m=+.4046
m=+.3446
m=+.3761
m=+.5198
12
32
8
U
S
O
0
.5
K
X

TAFEL F/IV 150 : 1.5L-L-L-2L

F IV

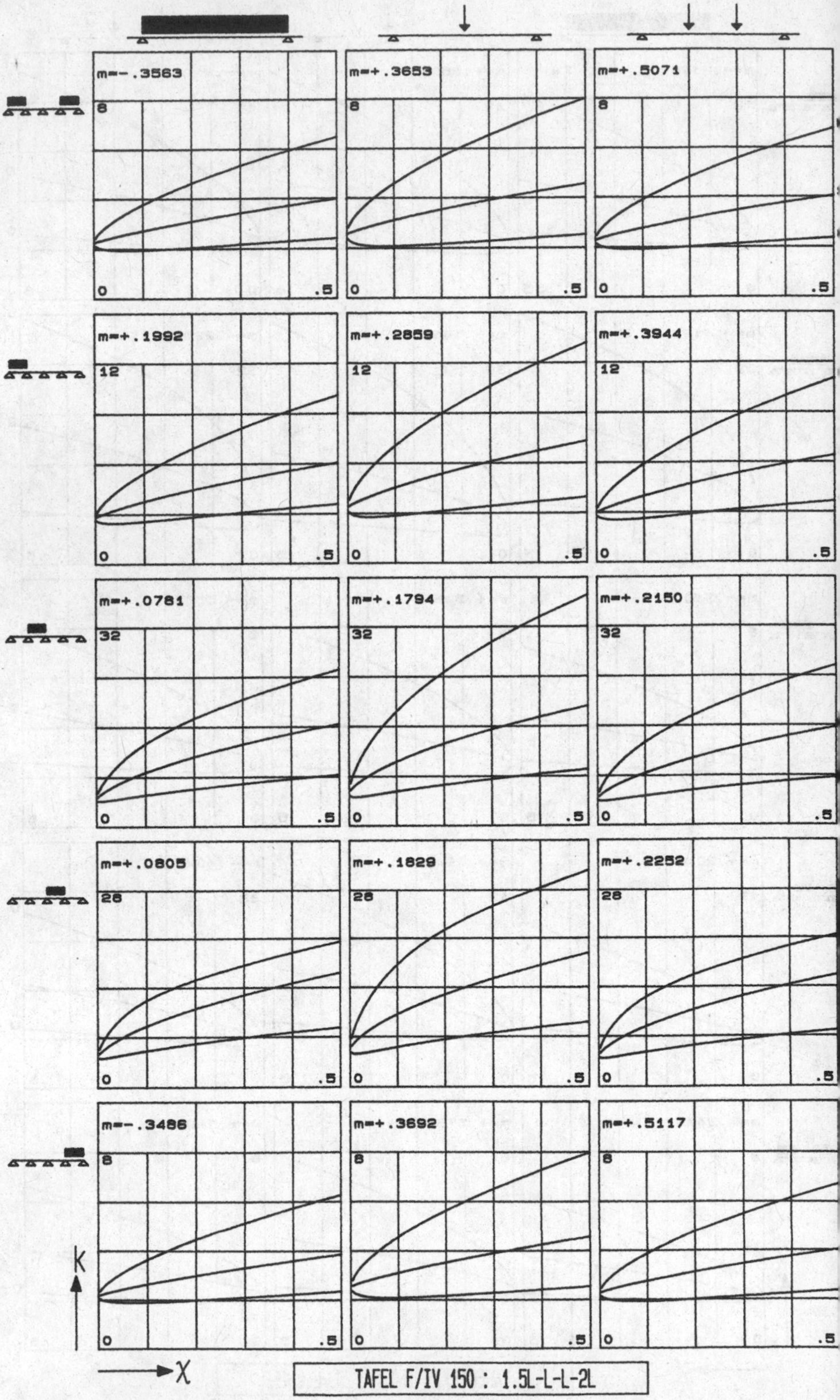
m=-.3563
8
0
.5
m=+.3653
8
0
.5
m=+.5071
8
0
.5
m=+.1992
12
0
.5
m=+.2859
12
0
.5
m=+.3944
12
0
.5
m=+.0781
32
0
.5
m=+.1794
32
0
.5
m=+.2150
32
0
.5
m=+.0805
28
0
.5
m=+.1829
28
0
.5
m=+.2252
28
0
.5
m=-.3486
8
0
.5
m=+.3692
8
0
.5
m=+.5117
8
0
.5
K
X
F IV

TAFEL F/IV 150 : 1.5L-L-L-2L

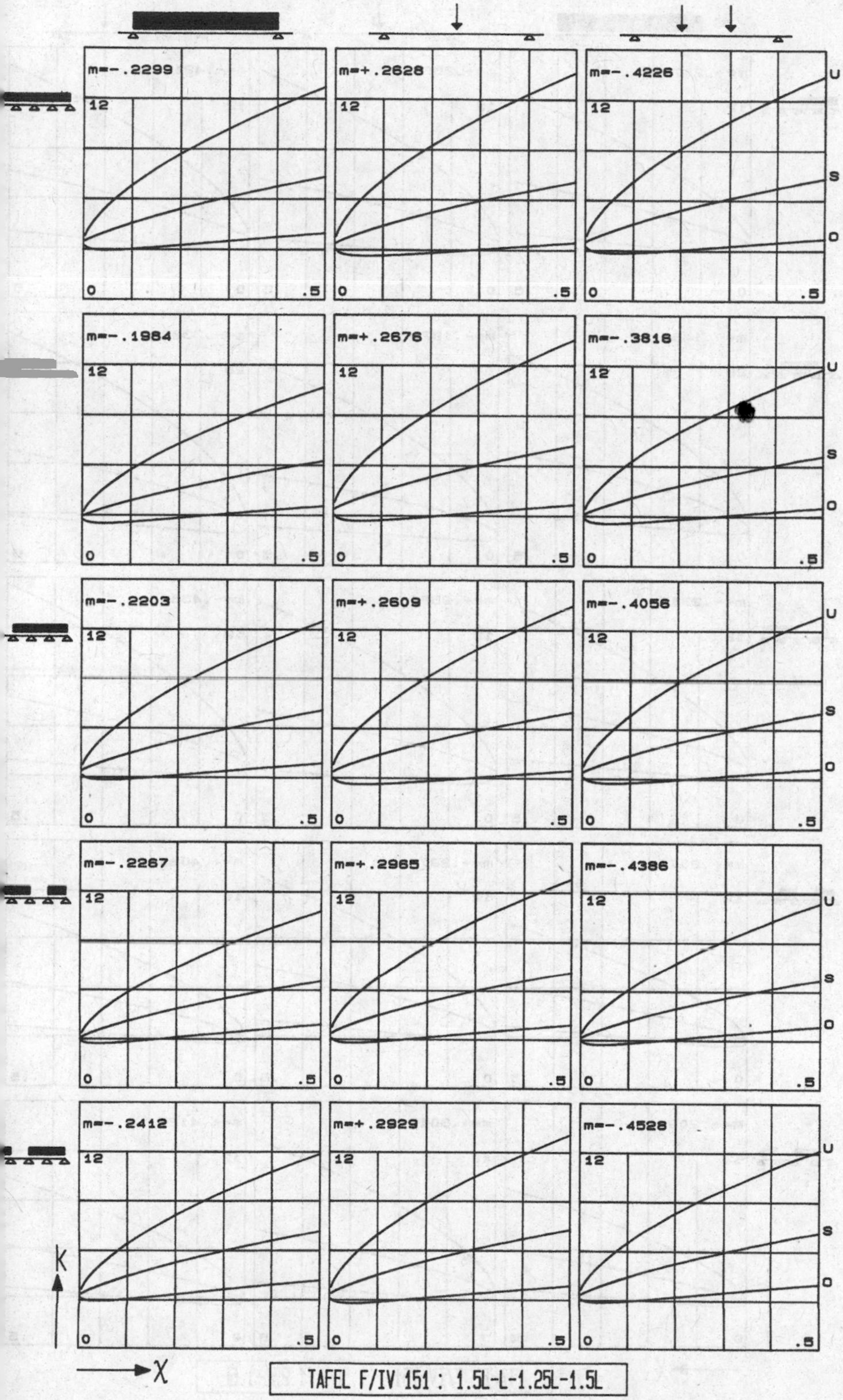

m=-.2299
12
0
.5
m=+.2628
12
0
.5
m=-.4226
12
0
.5
U
S
O
m=-.1984
12
0
.5
m=+.2676
12
0
.5
m=-.3816
12
0
.5
U
S
O
m=-.2203
12
0
.5
m=+.2609
12
0
.5
m=-.4056
12
0
.5
U
S
O
m=-.2267
12
0
.5
m=+.2965
12
0
.5
m=-.4386
12
0
.5
U
S
O
m=-.2412
12
0
.5
m=+.2929
12
0
.5
m=-.4528
12
0
.5
U
S
O
K
X

TAFEL F/IV 151 : 1.5L-L-1.25L-1.5L

F
IV

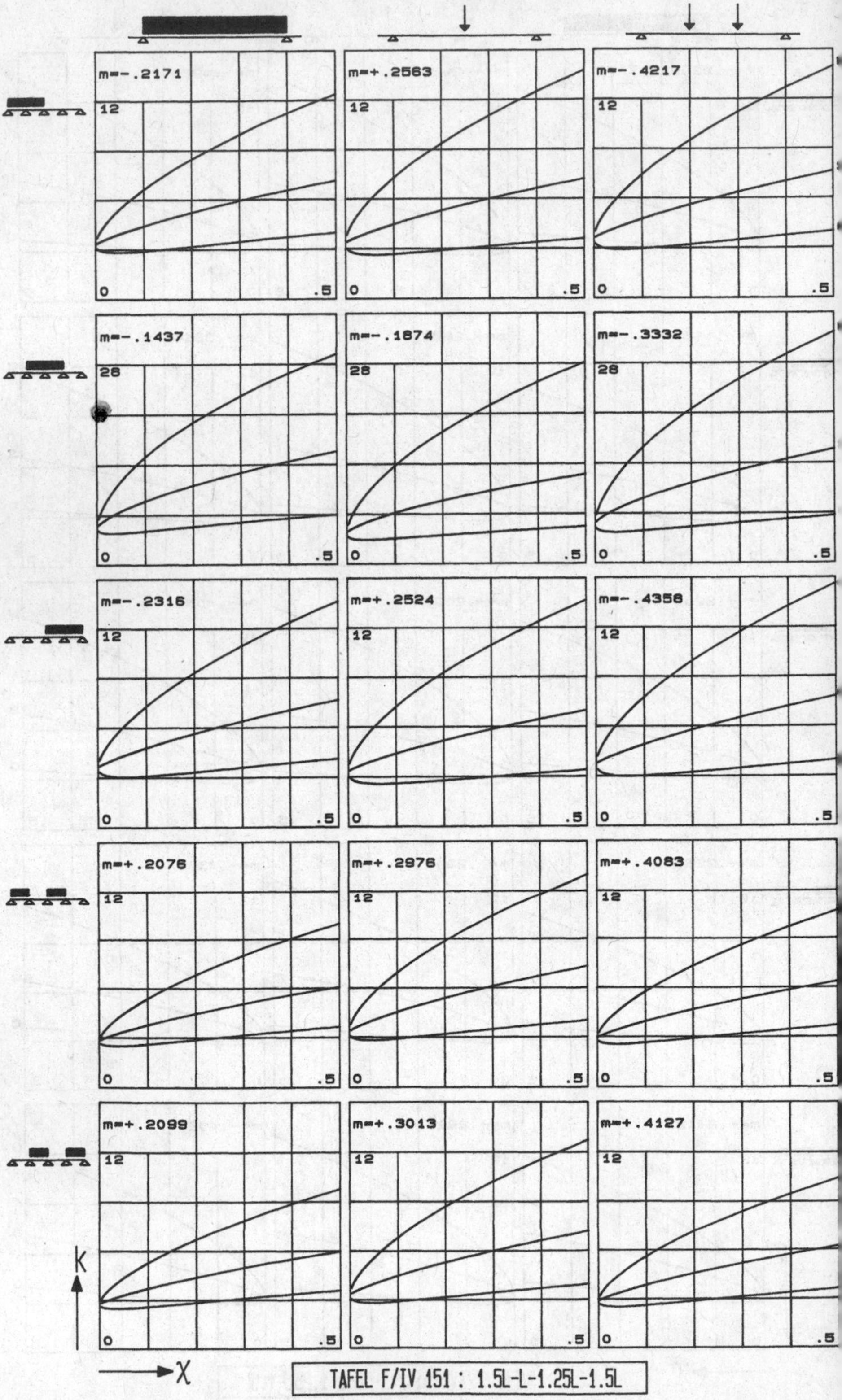
m=-.2171
12
0
.5
m=+.2563
12
0
.5
m=-.4217
12
0
.5
m=-.1437
28
0
.5
m=-.1874
28
0
.5
m=-.3332
28
0
.5
m=-.2316
12
0
.5
m=+.2524
12
0
.5
m=-.4358
12
0
.5
m=+.2076
12
0
.5
m=+.2976
12
0
.5
m=+.4083
12
0
.5
m=+.2099
12
0
.5
m=+.3013
12
0
.5
m=+.4127
12
0
.5
K
X

F
IV

TAFEL F/IV 151 : 1.5L-L-1.25L-1.5L

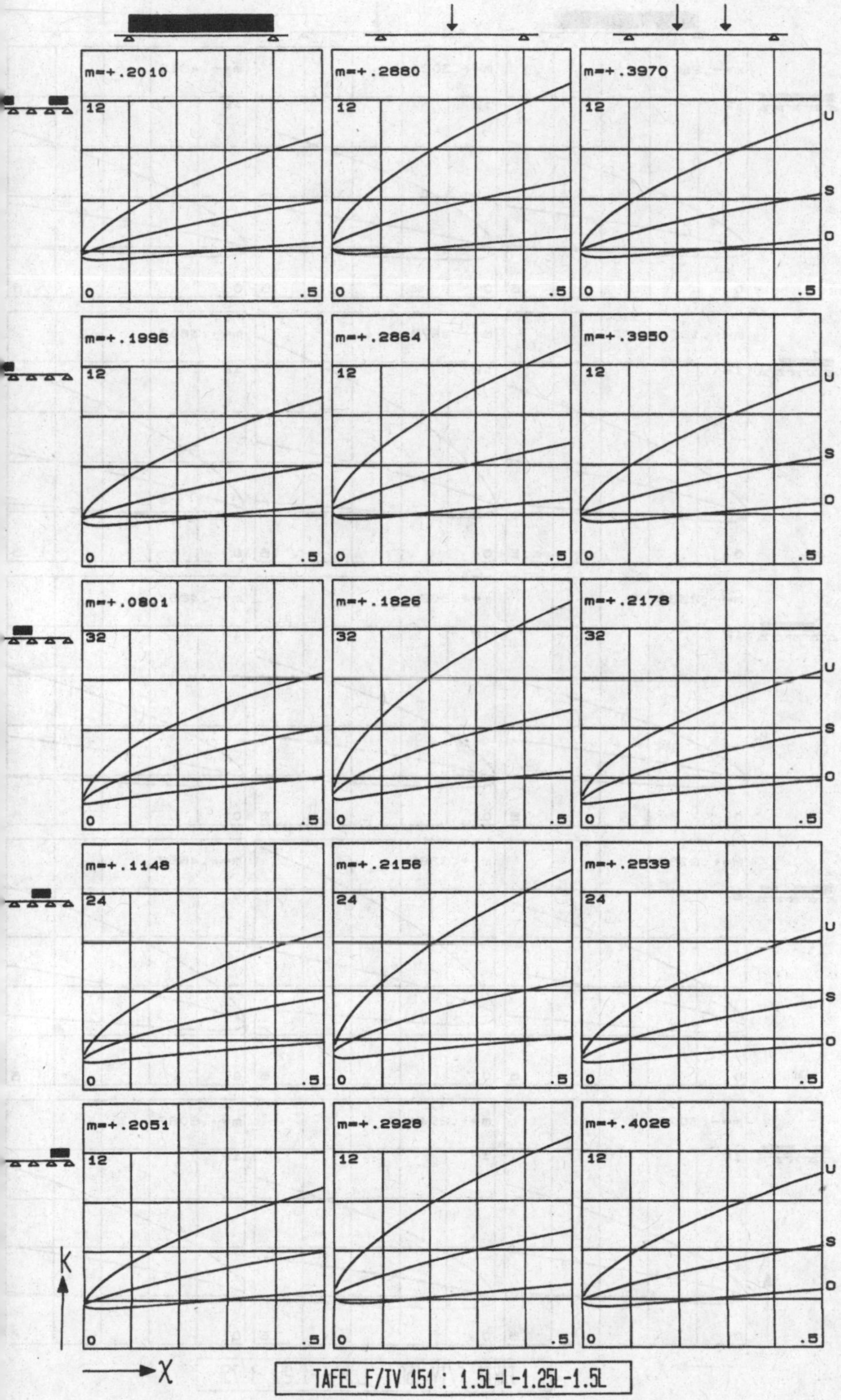
m=+.2010
12
0
.5
m=+.2880
12
0
.5
m=+.3970
12
U
S
O
0
.5
m=+.1996
12
0
.5
m=+.2864
12
0
.5
m=+.3950
12
U
S
O
0
.5
m=+.0801
32
0
.5
m=+.1826
32
0
.5
m=+.2178
32
U
S
O
0
.5
m=+.1148
24
0
.5
m=+.2156
24
0
.5
m=+.2539
24
U
S
O
0
.5
m=+.2051
12
0
.5
m=+.2928
12
0
.5
m=+.4026
12
U
S
O
0
.5
K
X

TAFEL F/IV 151 : 1.5L-L-1.25L-1.5L

F IV

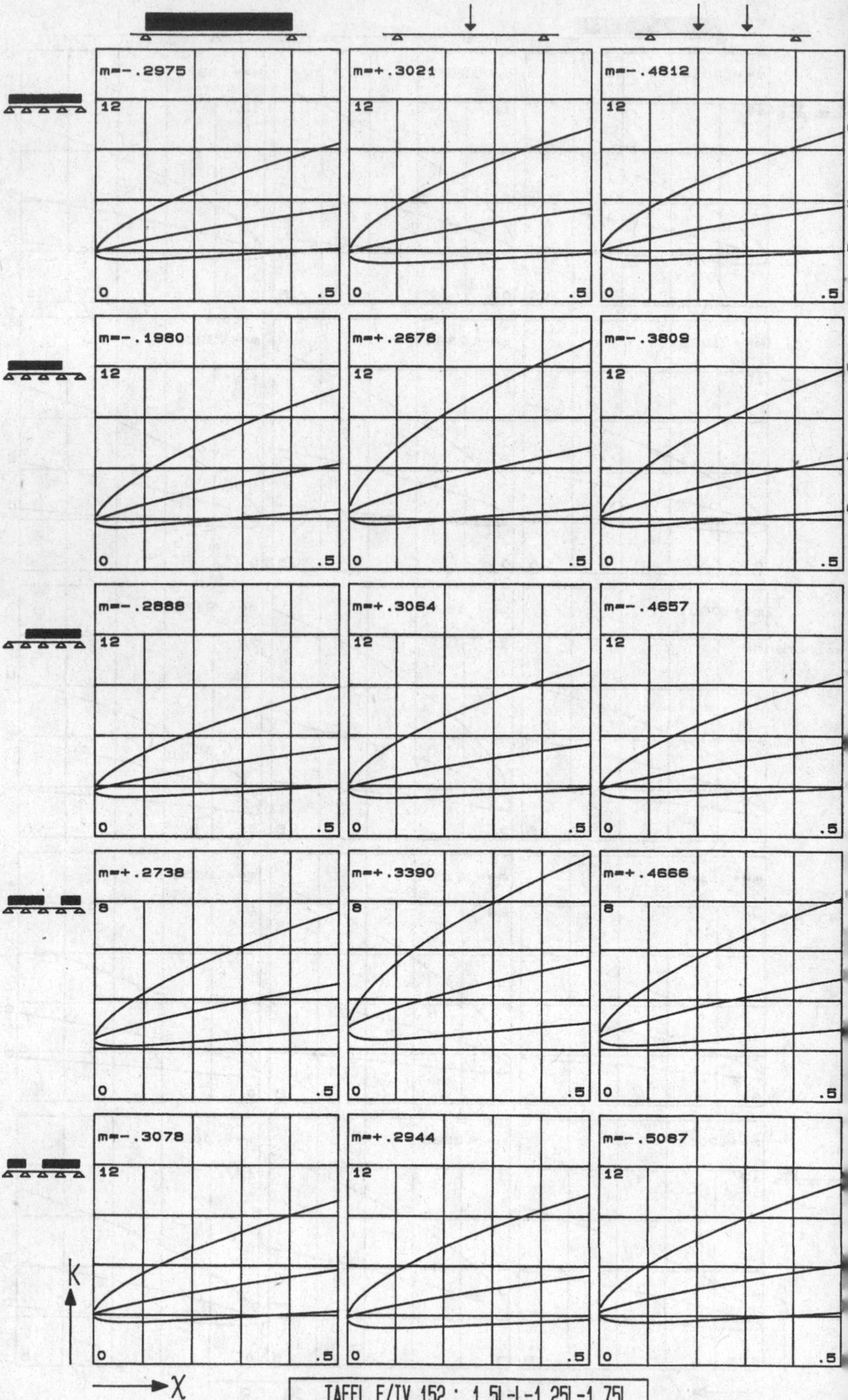

m=-.2975
12
0
.5
m=+.3021
12
0
.5
m=-.4812
12
0
.5
m=-.1980
12
0
.5
m=+.2678
12
0
.5
m=-.3809
12
0
.5
m=-.2888
12
0
.5
m=+.3064
12
0
.5
m=-.4657
12
0
.5
m=+.2738
8
0
.5
m=+.3390
8
0
.5
m=+.4666
8
0
.5
m=-.3078
12
0
.5
m=+.2944
12
0
.5
m=-.5087
12
0
.5
K
X

TAFEL F/IV 152 : 1.5L-L-1.25L-1.75L

F
IV

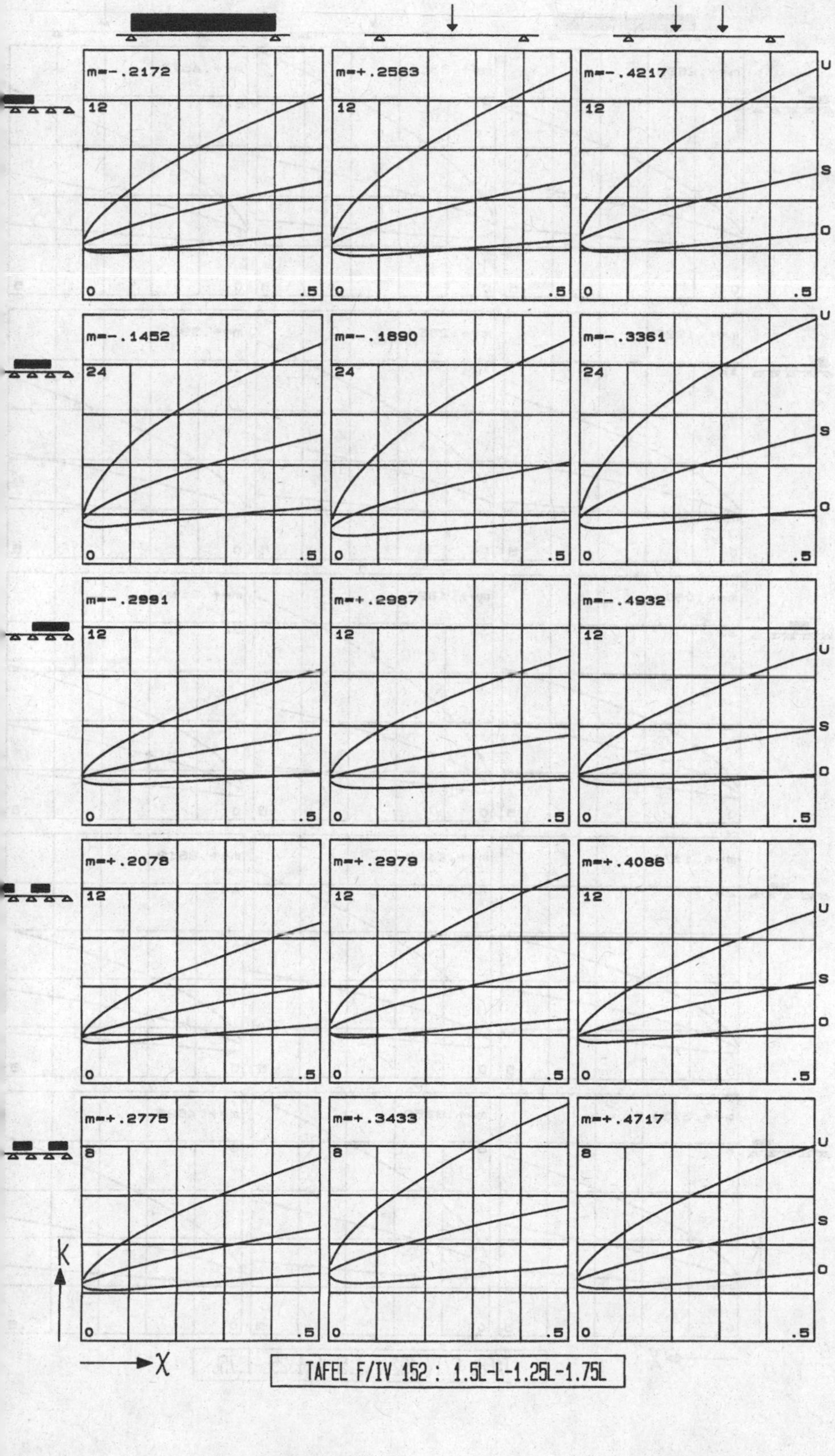

m=-.2172
12
0
.5
m=+.2563
12
0
.5
m=-.4217
12
0
.5
U
S
O
m=-.1452
24
0
.5
m=-.1890
24
0
.5
m=-.3361
24
0
.5
U
S
O
m=-.2991
12
0
.5
m=+.2987
12
0
.5
m=-.4932
12
0
.5
U
S
O
m=+.2078
12
0
.5
m=+.2979
12
0
.5
m=+.4086
12
0
.5
U
S
O
m=+.2775
8
0
.5
m=+.3433
8
0
.5
m=+.4717
8
0
.5
U
S
O
K
X

TAFEL F/IV 152 : 1.5L-L-1.25L-1.75L

F IV

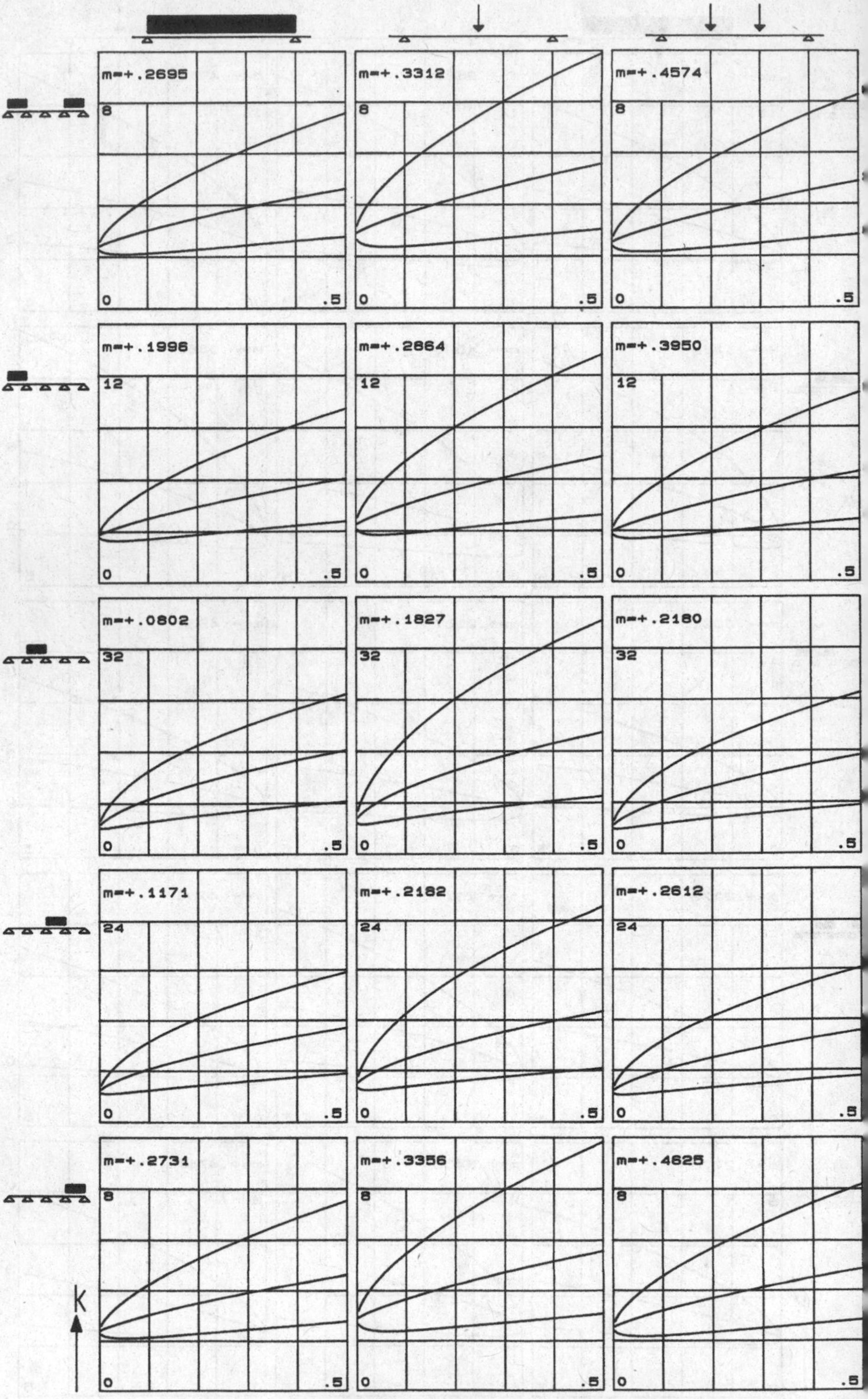
m=+.2695
8
0
.5
m=+.3312
8
0
.5
m=+.4574
8
0
.5
m=+.1996
12
0
.5
m=+.2864
12
0
.5
m=+.3950
12
0
.5
m=+.0802
32
0
.5
m=+.1827
32
0
.5
m=+.2180
32
0
.5
m=+.1171
24
0
.5
m=+.2182
24
0
.5
m=+.2612
24
0
.5
m=+.2731
8
0
.5
m=+.3356
8
0
.5
m=+.4625
8
0
.5
K
X

TAFEL F/IV 152 : 1.5L-L-1.25L-1.75L

F
IV

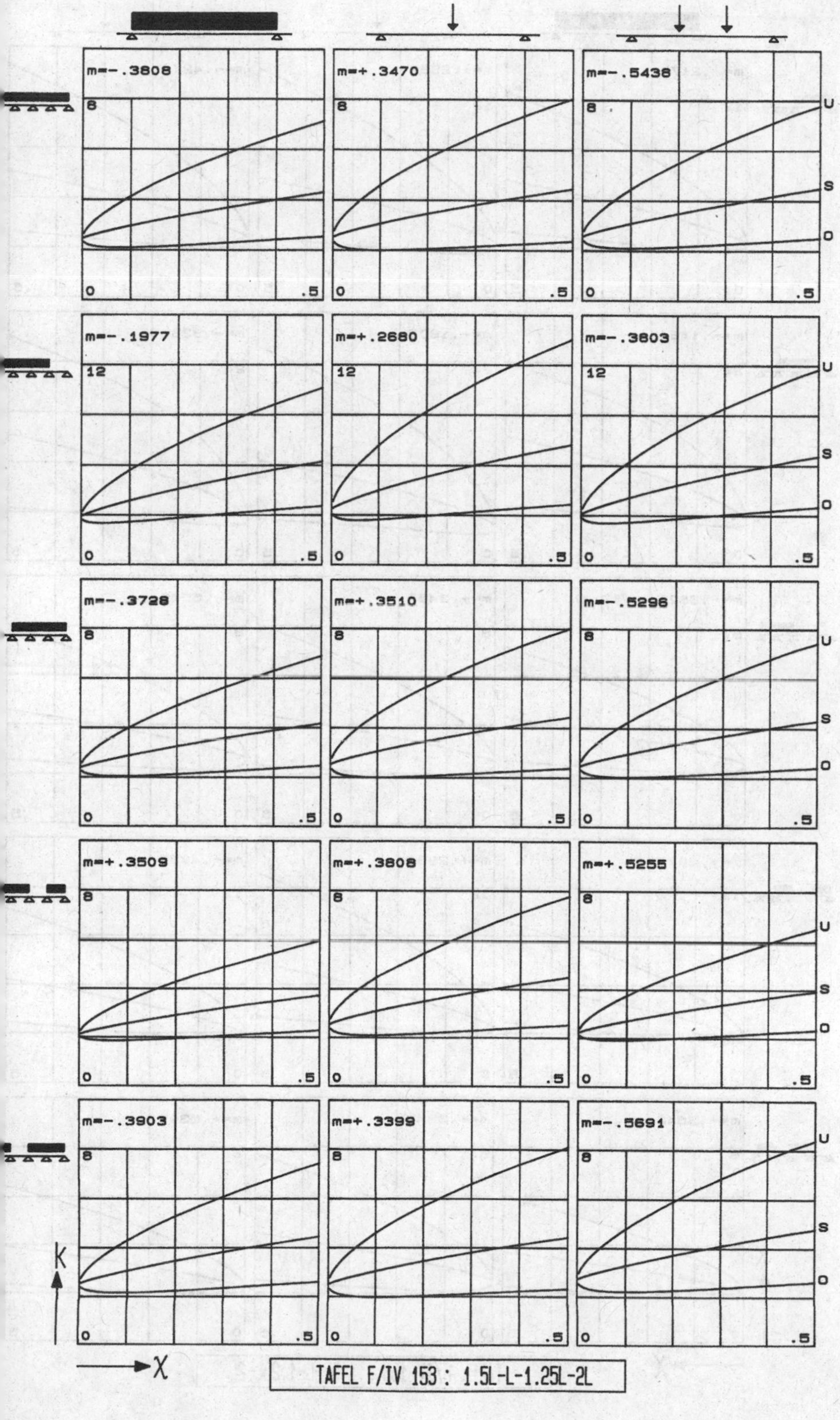

m=-.3808
8
0
.5
m=+.3470
8
0
.5
m=-.5438
8
0
.5
U
S
O
m=-.1977
12
0
.5
m=+.2680
12
0
.5
m=-.3803
12
0
.5
U
S
O
m=-.3728
8
0
.5
m=+.3510
8
0
.5
m=-.5296
8
0
.5
U
S
O
m=+.3509
8
0
.5
m=+.3808
8
0
.5
m=+.5255
8
0
.5
U
S
O
m=-.3903
8
0
.5
m=+.3399
8
0
.5
m=-.5691
8
0
.5
U
S
O
K
X

TAFEL F/IV 153 : 1.5L-L-1.25L-2L

F IV

F
IV

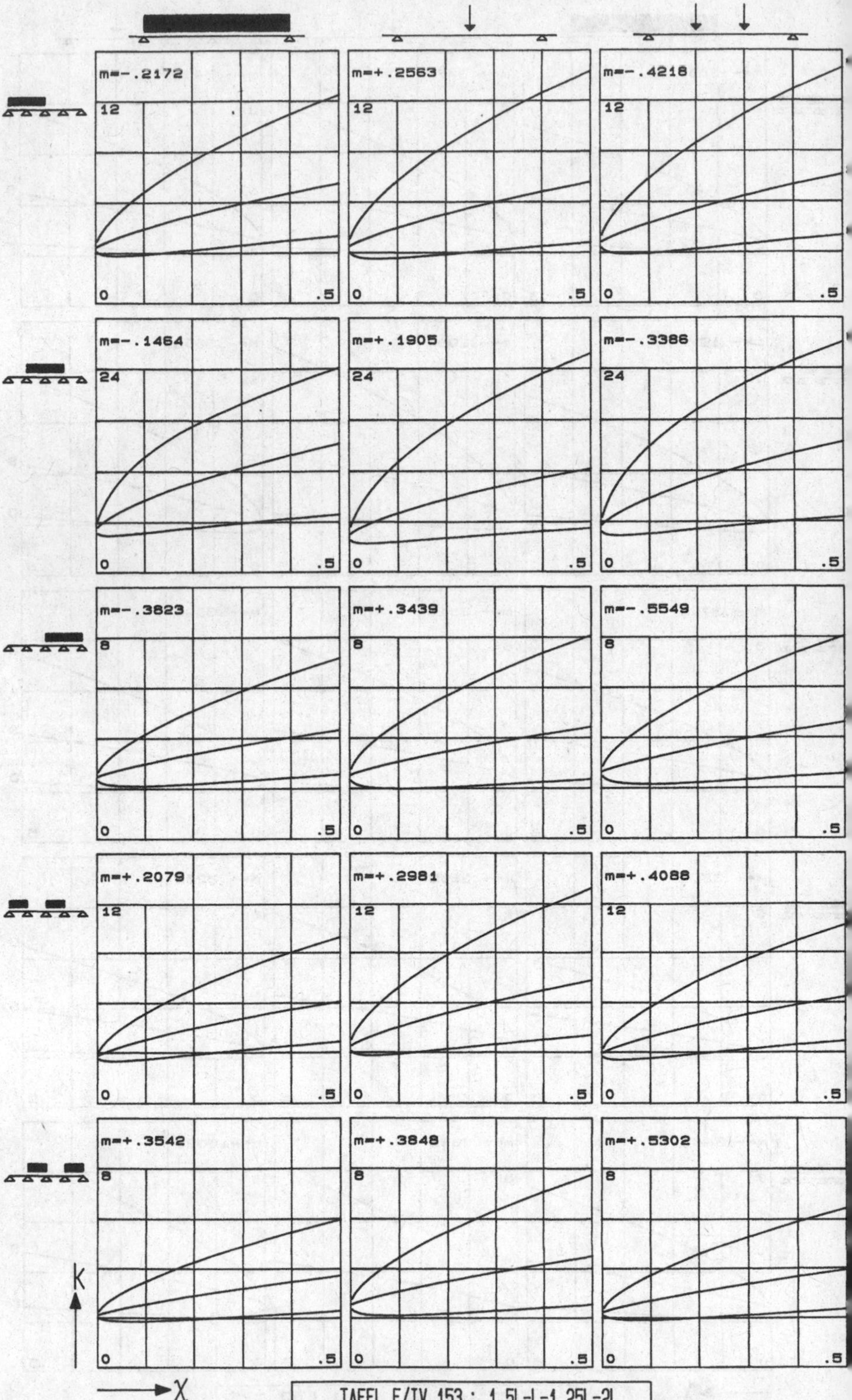
m=-.2172
12
0
.5
m=+.2563
12
0
.5
m=-.4218
12
0
.5
m=-.1464
24
0
.5
m=+.1905
24
0
.5
m=-.3386
24
0
.5
m=-.3823
8
0
.5
m=+.3439
8
0
.5
m=-.5549
8
0
.5
m=+.2079
12
0
.5
m=+.2981
12
0
.5
m=+.4088
12
0
.5
m=+.3542
8
0
.5
m=+.3848
8
0
.5
m=+.5302
8
0
.5
K
X

TAFEL F/IV 153 : 1.5L-L-1.25L-2L

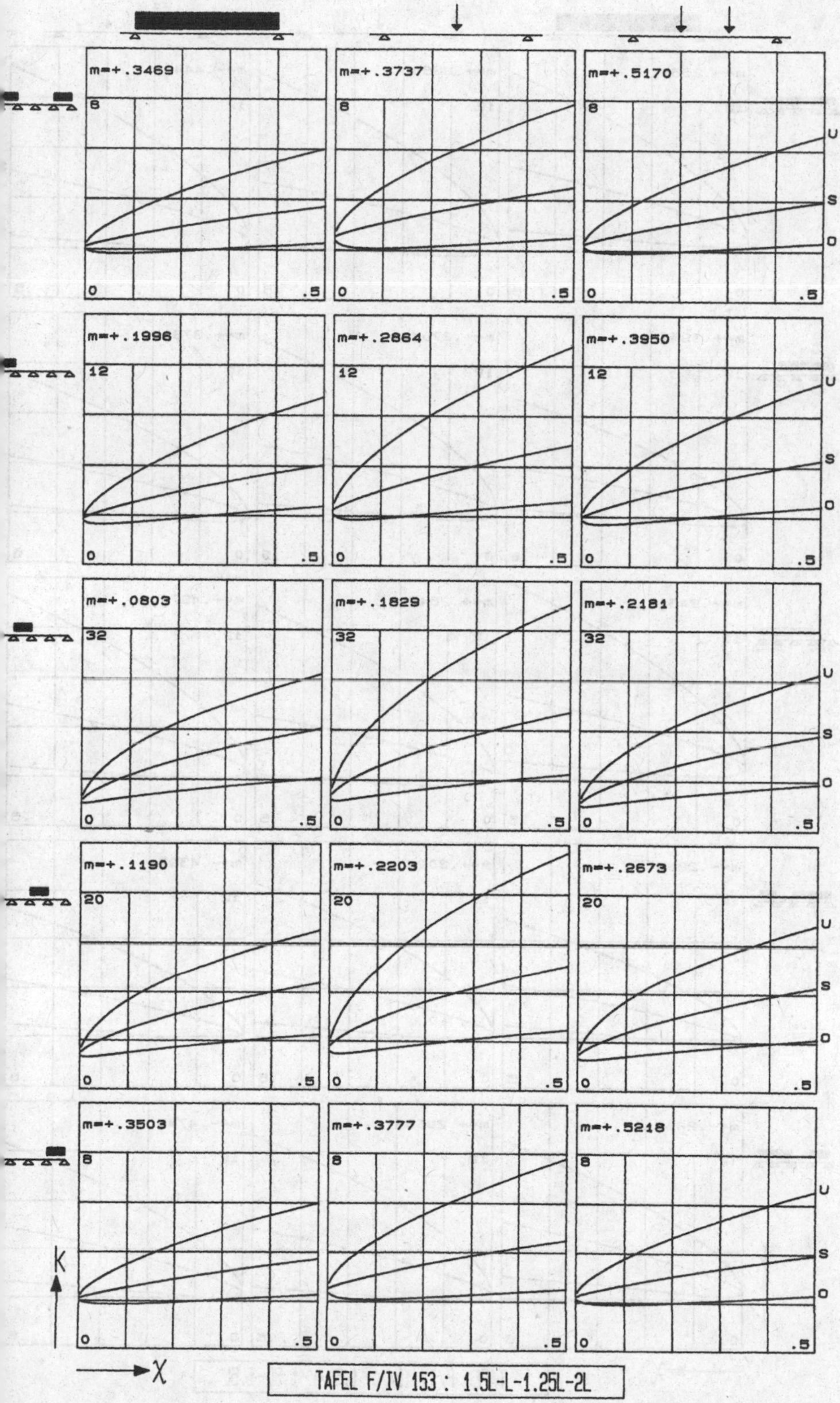
m=+.3469
8
0
.5
m=+.3737
8
0
.5
m=+.5170
8
0
.5
U
S
O
m=+.1996
12
0
.5
m=+.2864
12
0
.5
m=+.3950
12
0
.5
U
S
O
m=+.0803
32
0
.5
m=+.1829
32
0
.5
m=+.2181
32
0
.5
U
S
O
m=+.1190
20
0
.5
m=+.2203
20
0
.5
m=+.2673
20
0
.5
U
S
O
m=+.3503
8
0
.5
m=+.3777
8
0
.5
m=+.5218
8
0
.5
U
S
O
K
X

TAFEL F/IV 153 : 1.5L-L-1.25L-2L

F IV

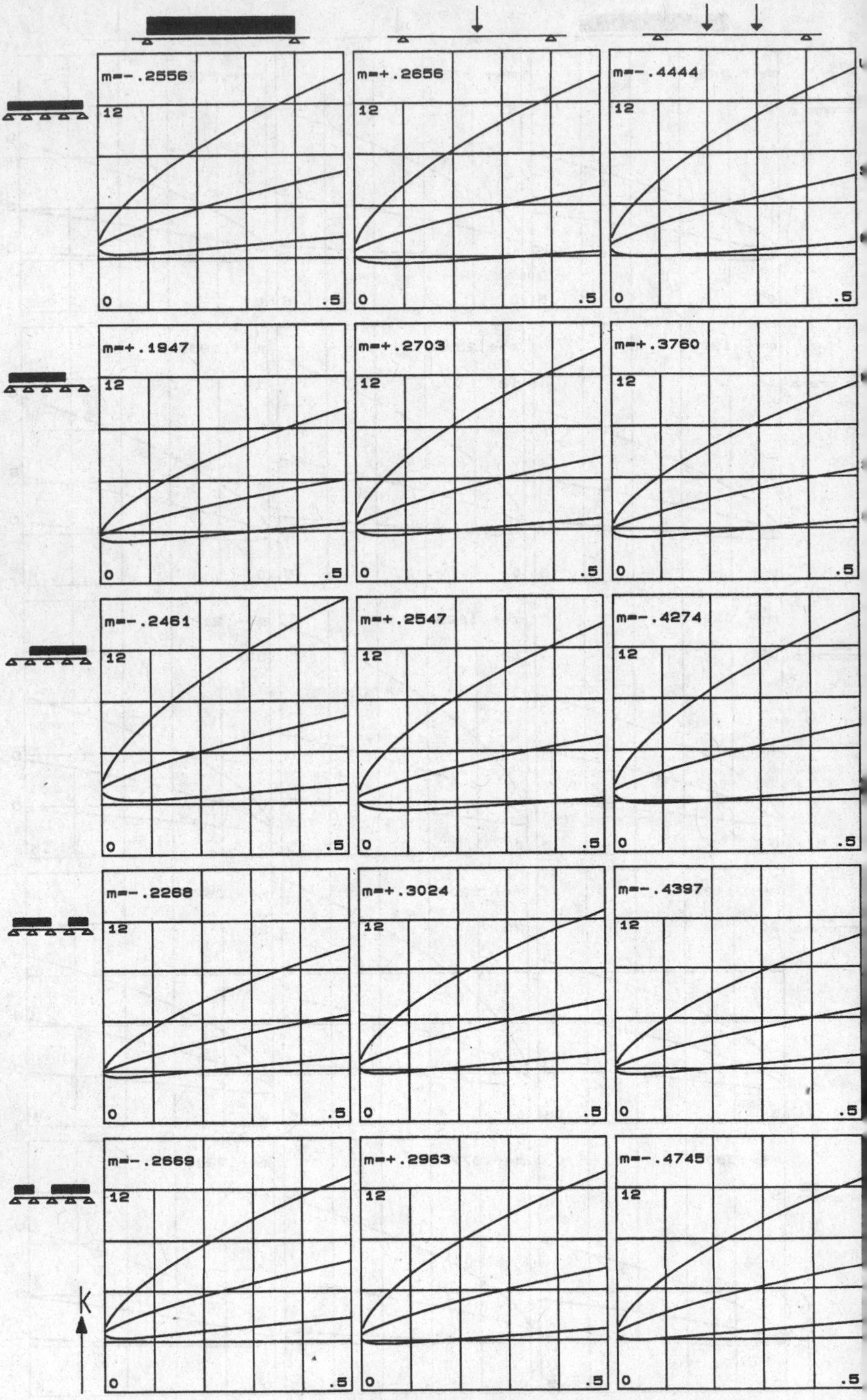
m=-.2556
m=+.2656
m=-.4444
m=+.1947
m=+.2703
m=+.3760
m=-.2461
m=+.2547
m=-.4274
m=-.2268
m=+.3024
m=-.4397
m=-.2669
m=+.2963
m=-.4745
12
0
.5
K
X

TAFEL F/IV 154 : 1.5L-L-1.5L-1.5L

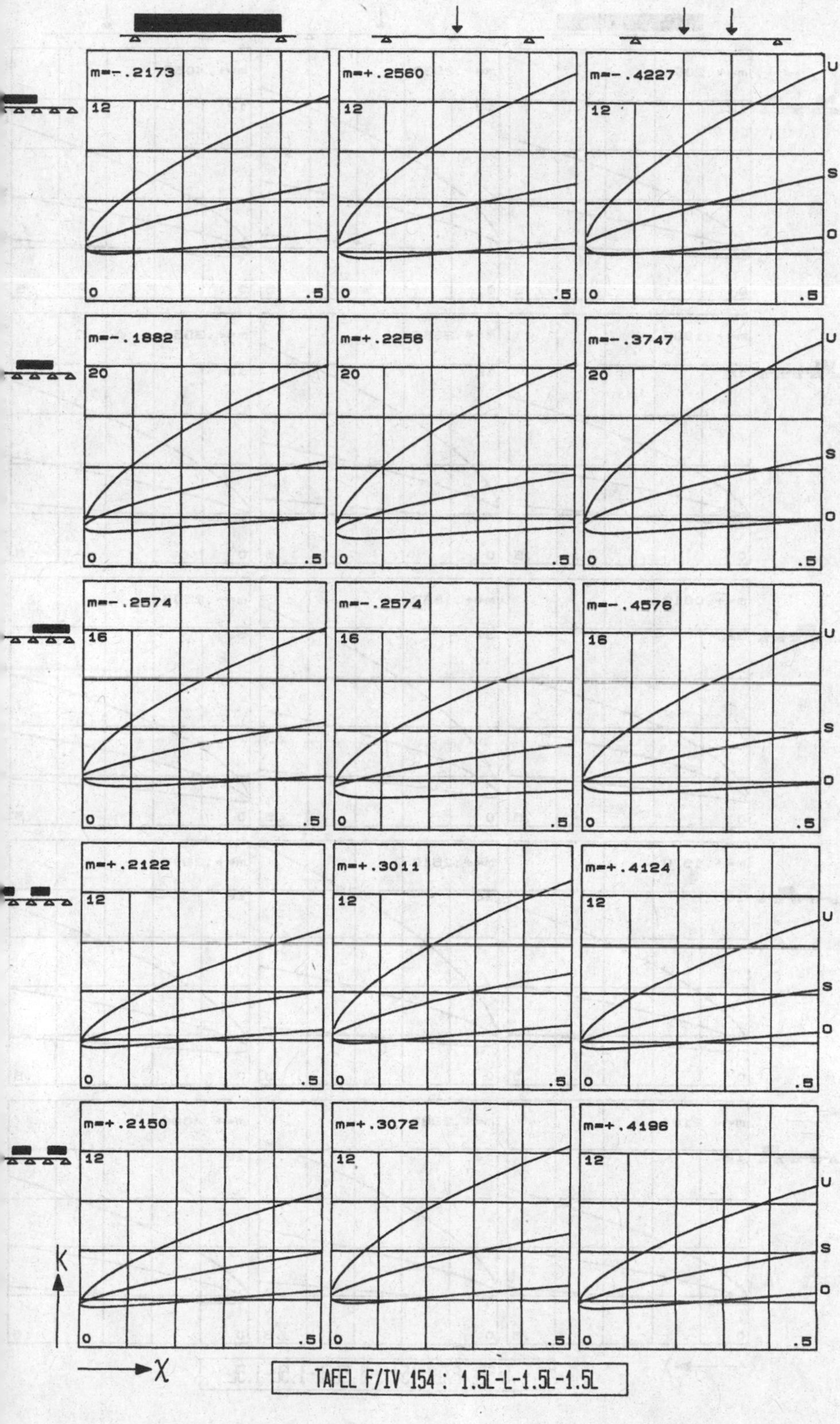
m=-.2173
12
0
.5
m=+.2560
12
0
.5
m=-.4227
12
0
.5
U
S
O
m=-.1882
20
0
.5
m=+.2256
20
0
.5
m=-.3747
20
0
.5
U
S
O
m=-.2574
16
0
.5
m=-.2574
16
0
.5
m=-.4576
16
0
.5
U
S
O
m=+.2122
12
0
.5
m=+.3011
12
0
.5
m=+.4124
12
0
.5
U
S
O
m=+.2150
12
0
.5
m=+.3072
12
0
.5
m=+.4196
12
0
.5
U
S
O
K
X

TAFEL F/IV 154 : 1.5L-L-1.5L-1.5L

F IV

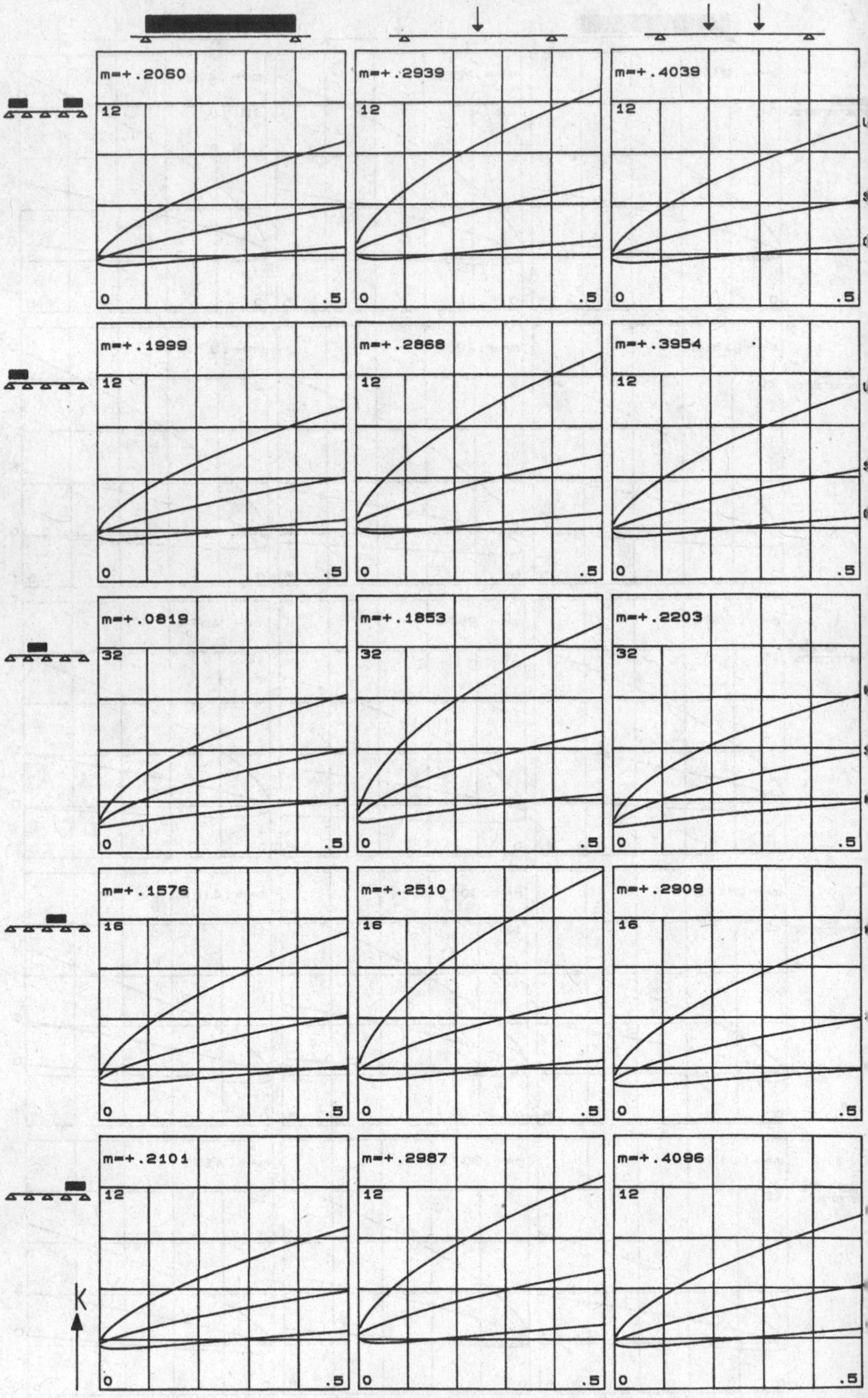

m=+.2060
m=+.2939
m=+.4039
m=+.1999
m=+.2868
m=+.3954
m=+.0819
m=+.1853
m=+.2203
m=+.1576
m=+.2510
m=+.2909
m=+.2101
m=+.2987
m=+.4096
12
32
16
0
.5
K
X
TAFEL F/IV 154 : 1.5L-L-1.5L-1.5L

F IV

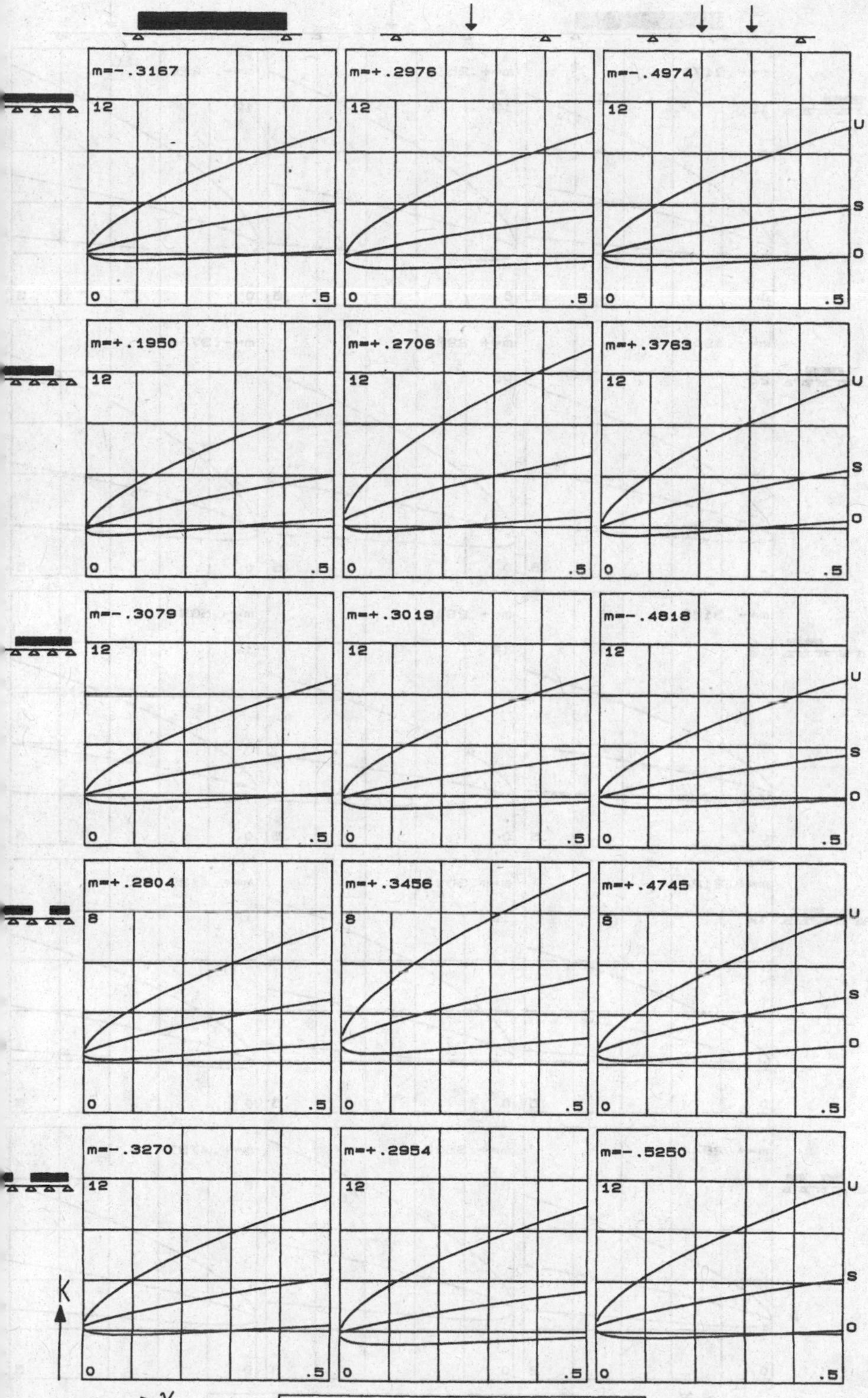
m=-.3167
m=+.2976
m=-.4974
m=+.1950
m=+.2706
m=+.3763
m=-.3079
m=+.3019
m=-.4818
m=+.2804
m=+.3456
m=+.4745
m=-.3270
m=+.2954
m=-.5250
12
8
0
.5
U
S
O
K
X

TAFEL F/IV 155 : 1.5L-L-1.5L-1.75L

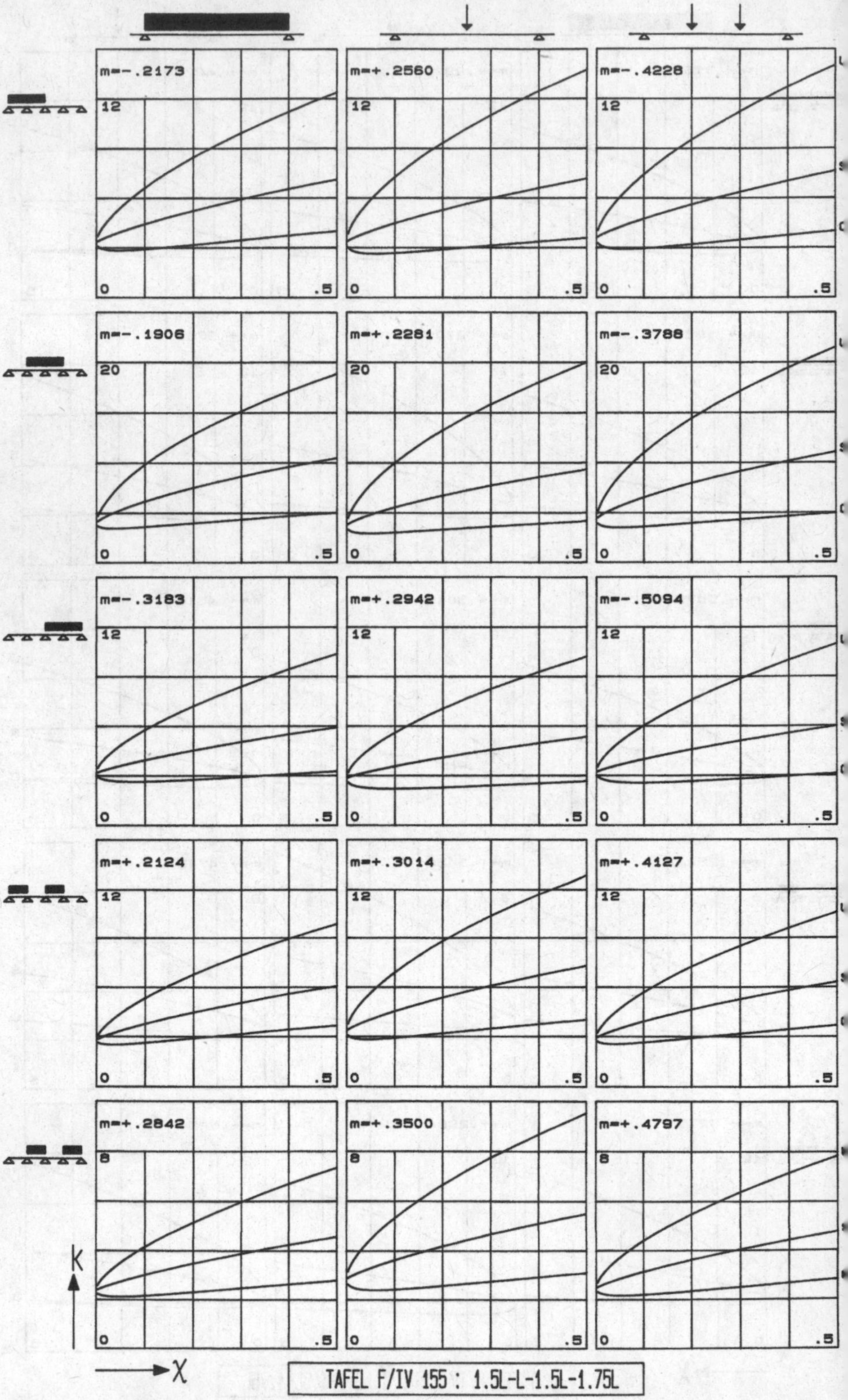
m=-.2173
m=+.2560
m=-.4228
m=-.1906
m=+.2281
m=-.3788
m=-.3183
m=+.2942
m=-.5094
m=+.2124
m=+.3014
m=+.4127
m=+.2842
m=+.3500
m=+.4797
12
20
8
0
.5
k
X

TAFEL F/IV 155 : 1.5L-L-1.5L-1.75L

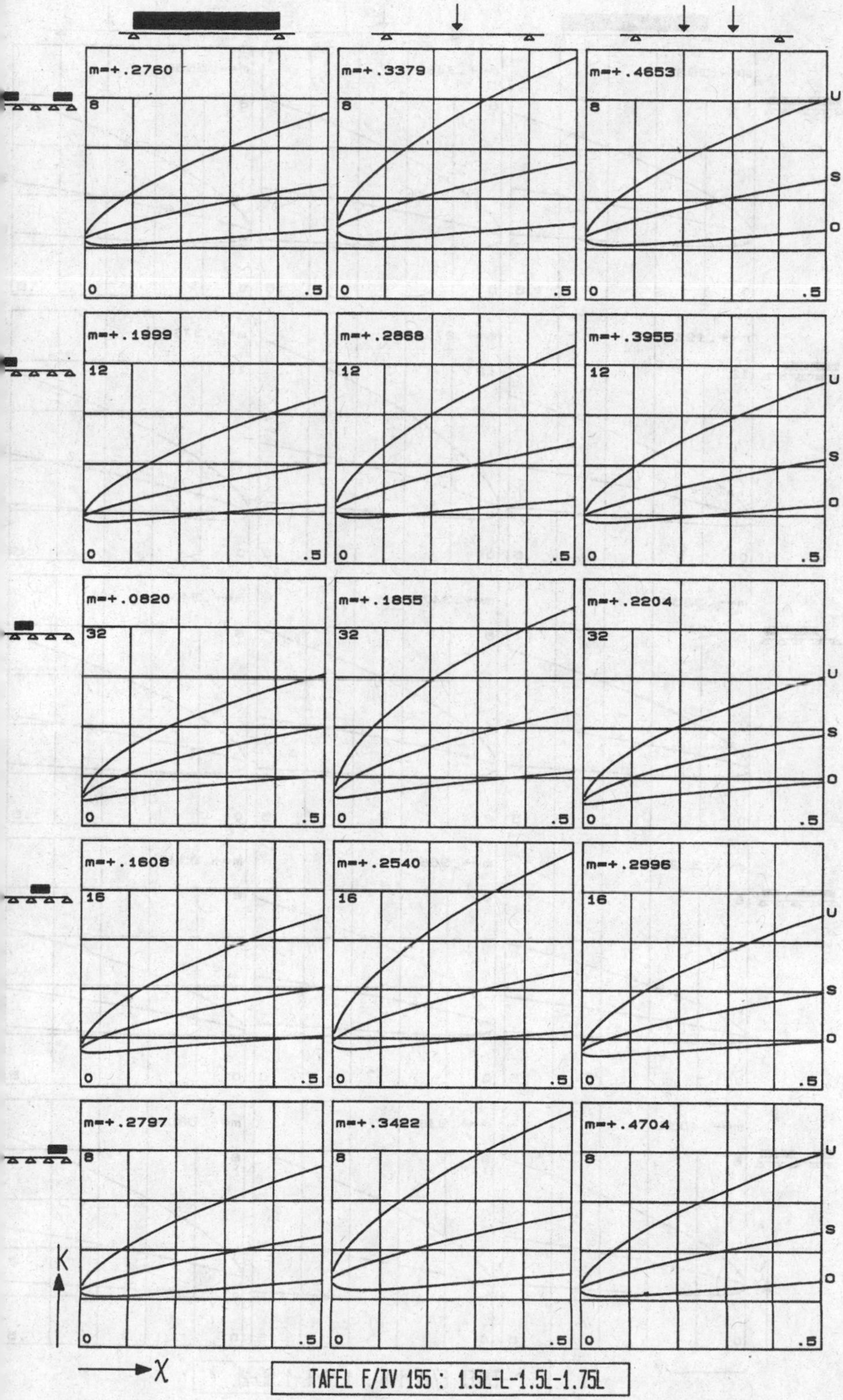
m=+.2760
m=+.3379
m=+.4653
m=+.1999
m=+.2868
m=+.3955
m=+.0820
m=+.1855
m=+.2204
m=+.1608
m=+.2540
m=+.2996
m=+.2797
m=+.3422
m=+.4704
8
12
32
16
8
U
S
O
0
.5
K
X

TAFEL F/IV 155 : 1.5L-L-1.5L-1.75L

F IV

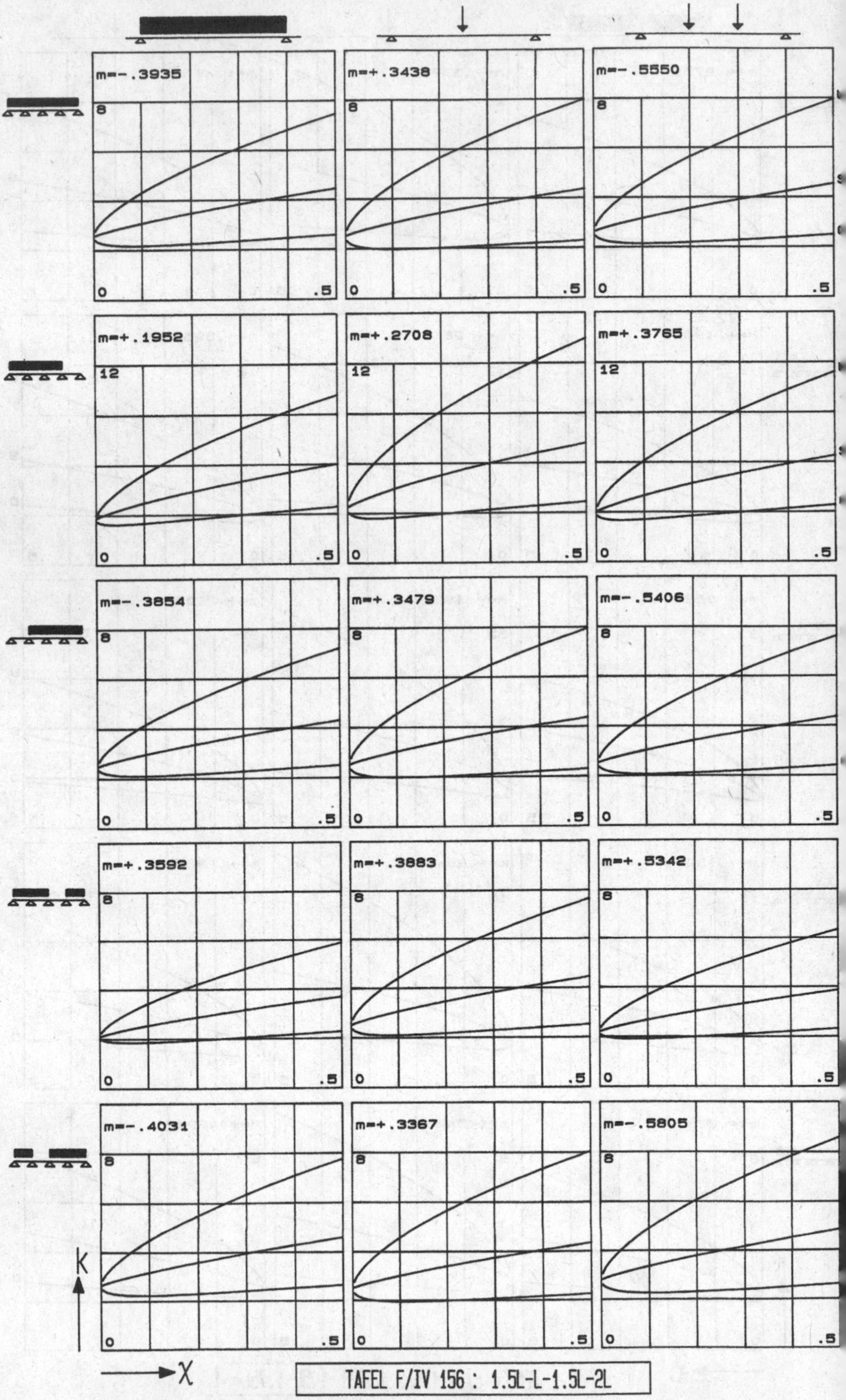

m=-.3935
m=+.3438
m=-.5550
m=+.1952
m=+.2708
m=+.3765
m=-.3854
m=+.3479
m=-.5406
m=+.3592
m=+.3883
m=+.5342
m=-.4031
m=+.3367
m=-.5805
K
X

TAFEL F/IV 156 : 1.5L-L-1.5L-2L

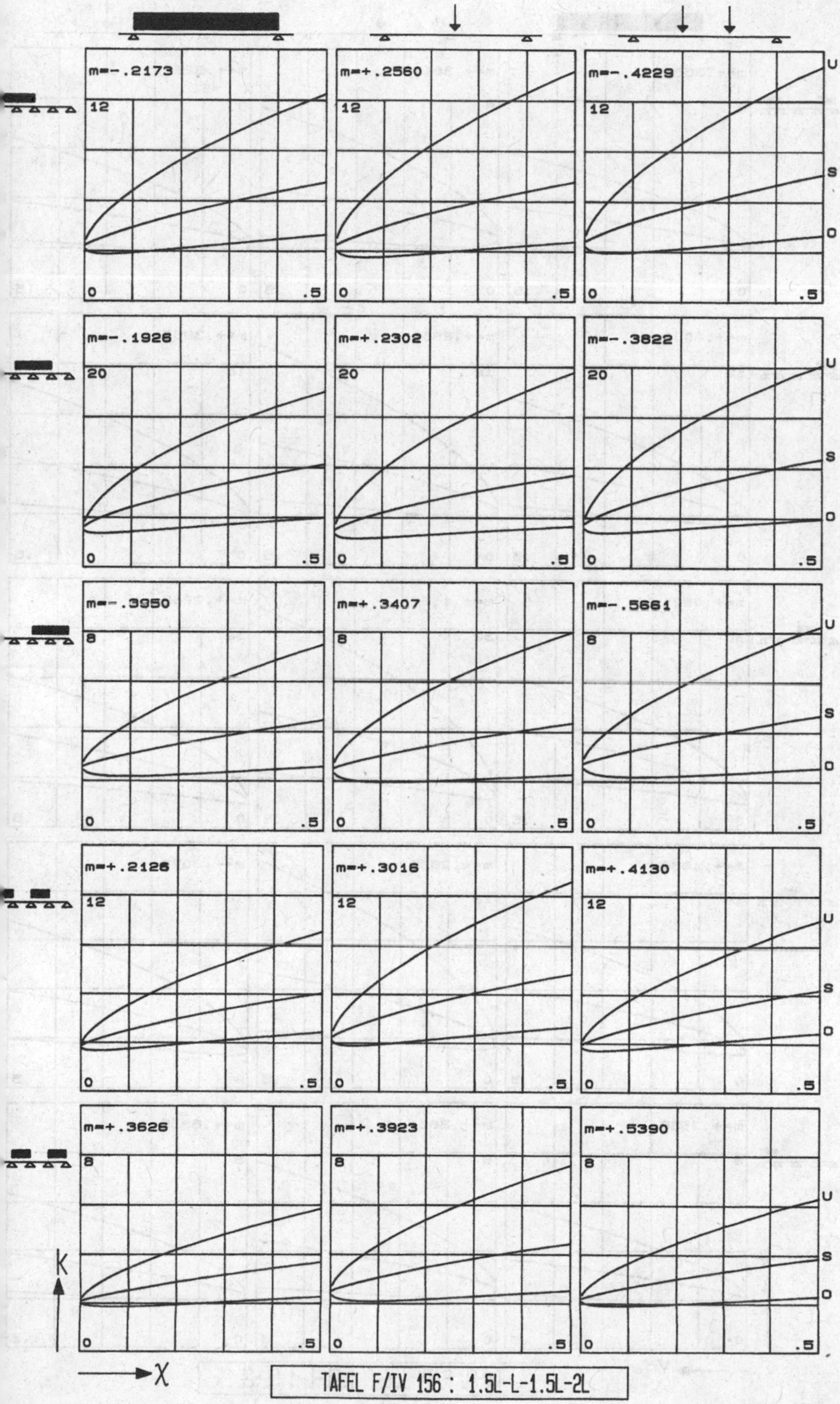
m=-.2173
m=+.2560
m=-.4229
m=-.1926
m=+.2302
m=-.3822
m=-.3950
m=+.3407
m=-.5661
m=+.2126
m=+.3016
m=+.4130
m=+.3626
m=+.3923
m=+.5390
12
20
8
U
S
O
0
.5
K
X

TAFEL F/IV 156 : 1.5L-L-1.5L-2L

F IV

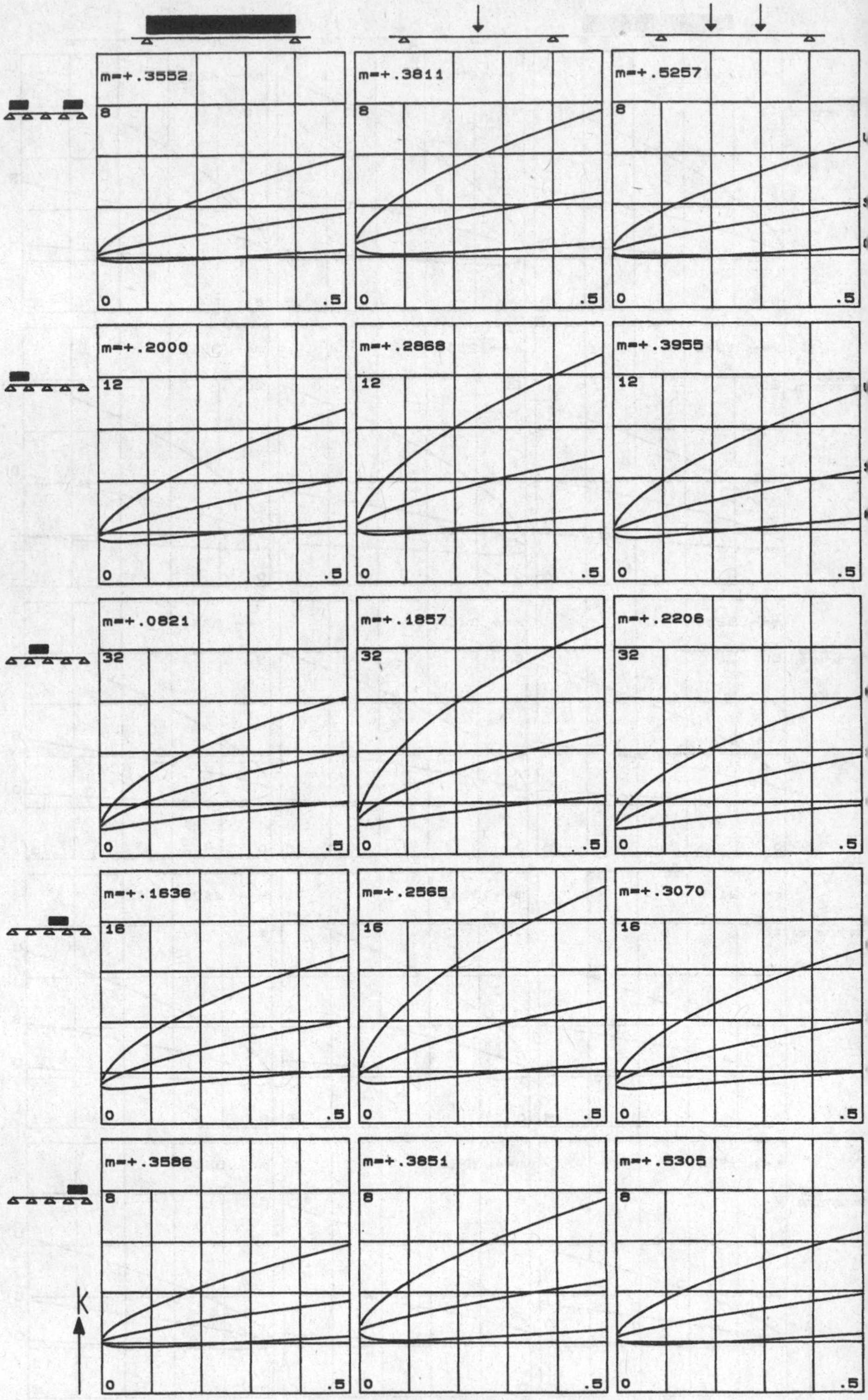

TAFEL F/IV 156 : 1.5L-L-1.5L-2L

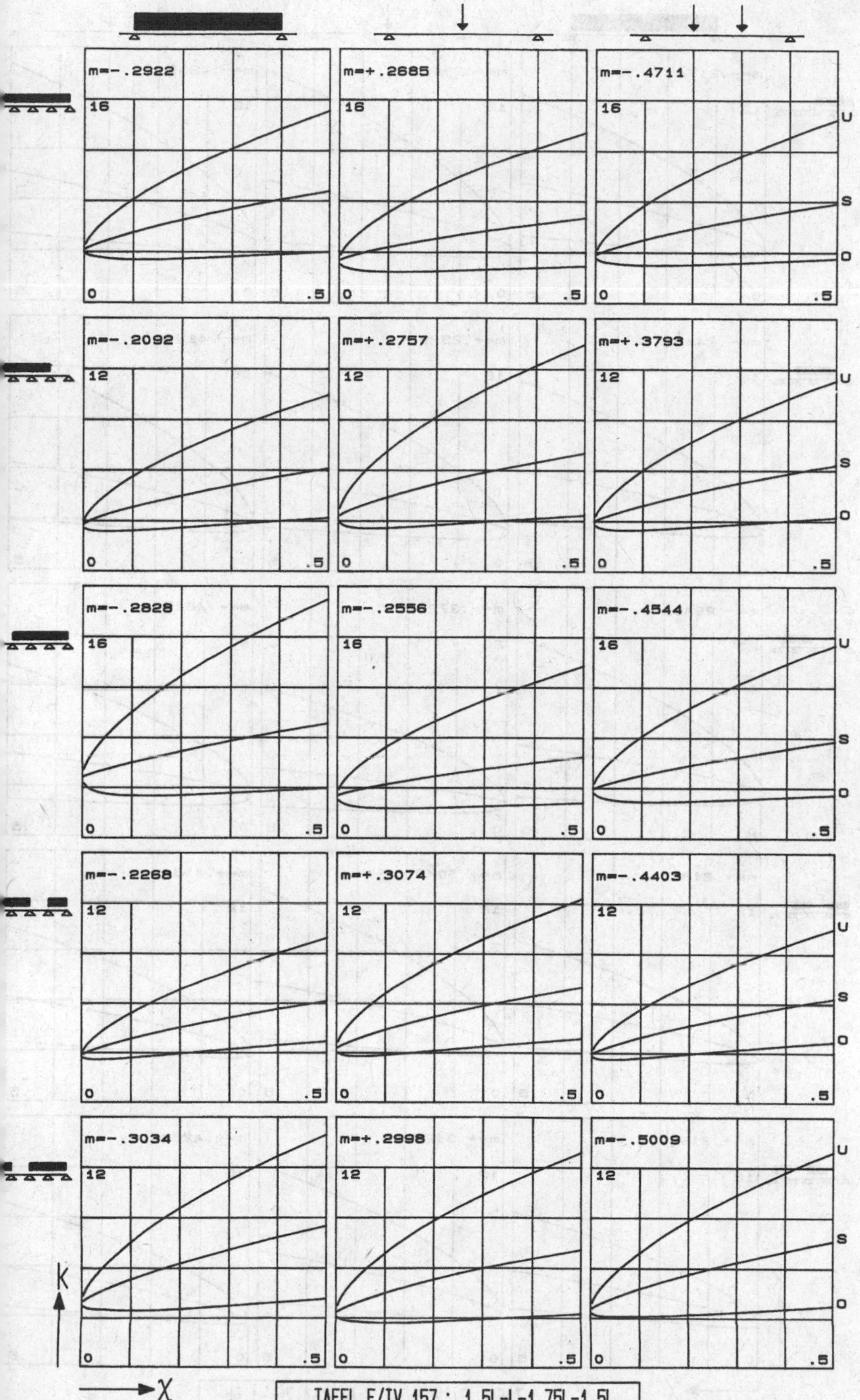

m=-.2922
16
0
.5
m=+.2685
16
0
.5
m=-.4711
16
0
.5
U
S
O
m=-.2092
12
0
.5
m=+.2757
12
0
.5
m=+.3793
12
0
.5
U
S
O
m=-.2828
16
0
.5
m=-.2556
16
0
.5
m=-.4544
16
0
.5
U
S
O
m=-.2268
12
0
.5
m=+.3074
12
0
.5
m=-.4403
12
0
.5
U
S
O
m=-.3034
12
0
.5
m=+.2998
12
0
.5
m=-.5009
12
0
.5
U
S
O
K
X

TAFEL F/IV 157 : 1.5L-L-1.75L-1.5L

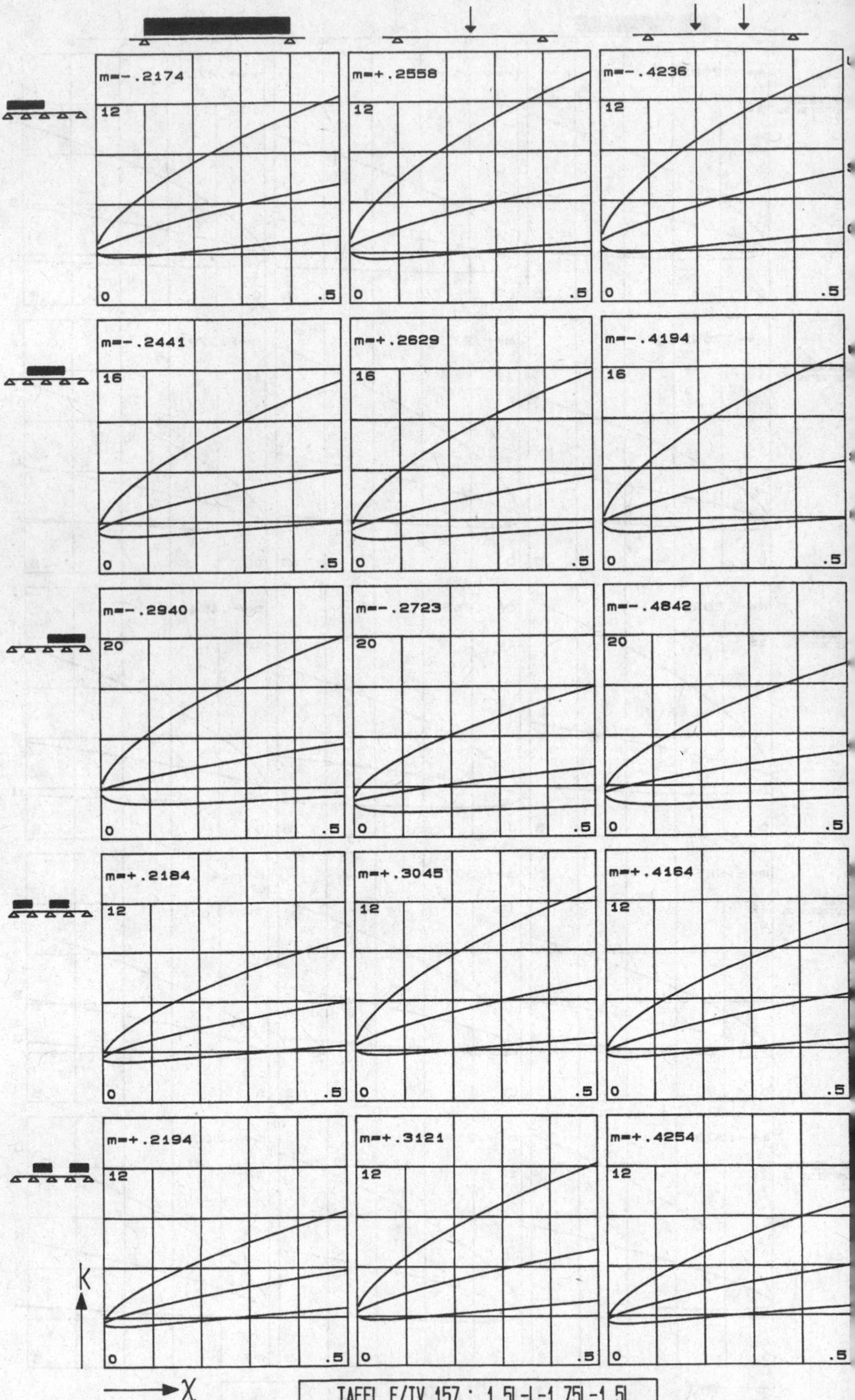
m=-.2174
12
0
.5
m=+.2558
12
0
.5
m=-.4236
12
0
.5
m=-.2441
16
0
.5
m=+.2629
16
0
.5
m=-.4194
16
0
.5
m=-.2940
20
0
.5
m=-.2723
20
0
.5
m=-.4842
20
0
.5
m=+.2184
12
0
.5
m=+.3045
12
0
.5
m=+.4164
12
0
.5
m=+.2194
12
0
.5
m=+.3121
12
0
.5
m=+.4254
12
0
.5
K
X

TAFEL F/IV 157 : 1.5L-L-1.75L-1.5L

F IV

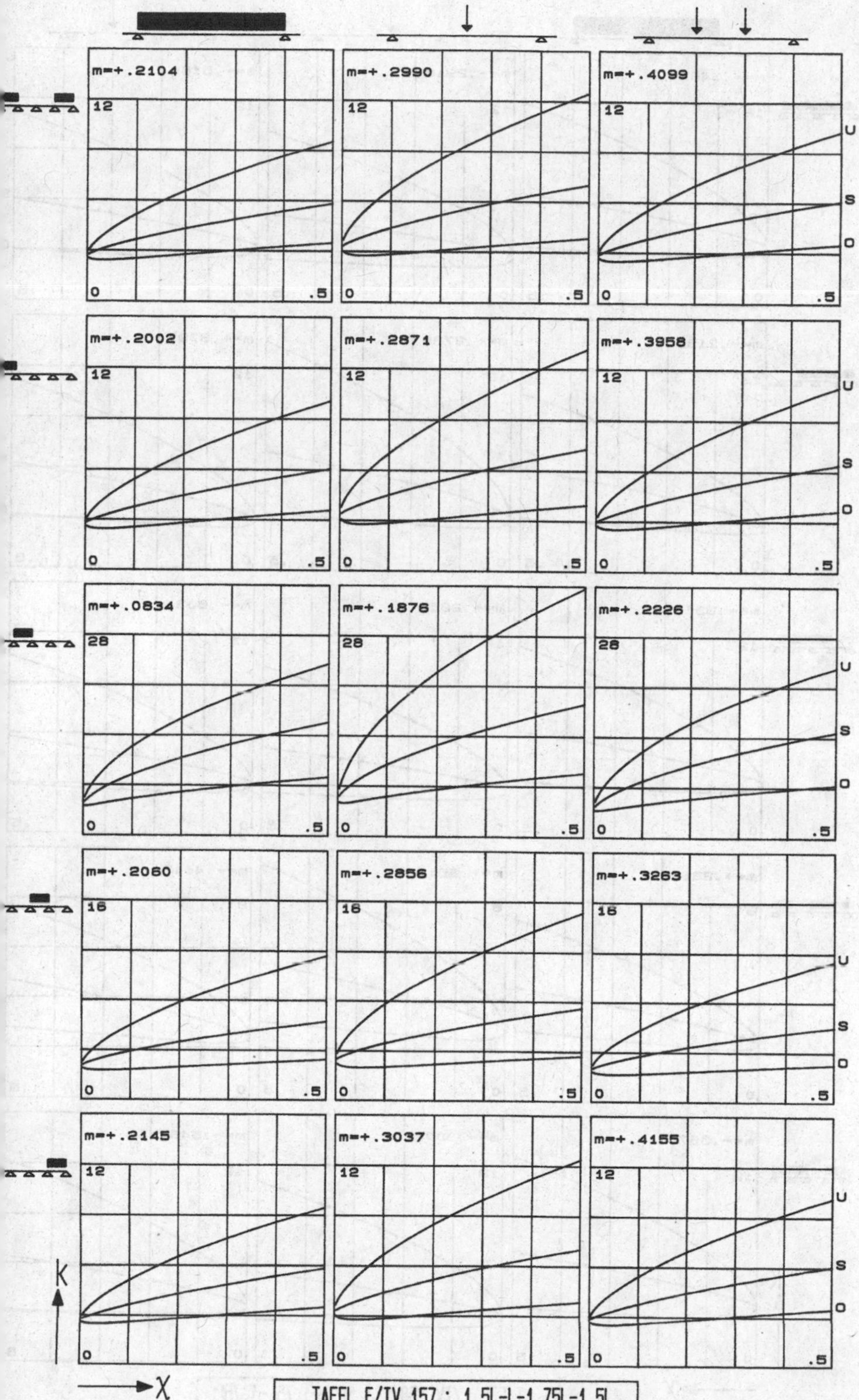
m=+.2104
m=+.2990
m=+.4099
m=+.2002
m=+.2871
m=+.3958
m=+.0834
m=+.1876
m=+.2226
m=+.2060
m=+.2856
m=+.3263
m=+.2145
m=+.3037
m=+.4155
U
S
O
K
X

TAFEL F/IV 157 : 1.5L-L-1.75L-1.5L

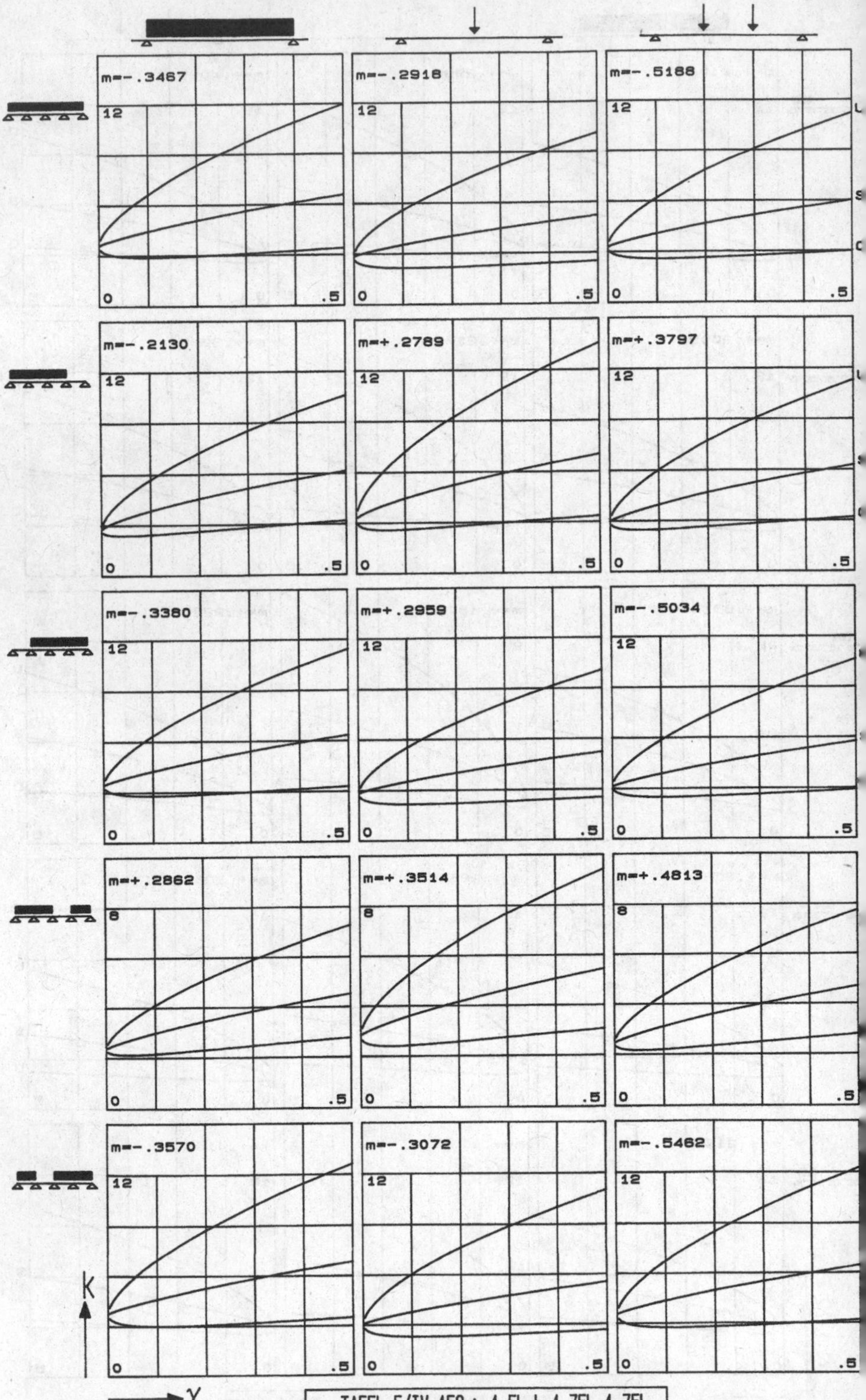

m=-.3467
12
0
.5
m=-.2918
12
0
.5
m=-.5188
12
0
.5
m=-.2130
12
0
.5
m=+.2789
12
0
.5
m=+.3797
12
0
.5
m=-.3380
12
0
.5
m=+.2959
12
0
.5
m=-.5034
12
0
.5
m=+.2862
8
0
.5
m=+.3514
8
0
.5
m=+.4813
8
0
.5
m=-.3570
12
0
.5
m=-.3072
12
0
.5
m=-.5462
12
0
.5
K
X

TAFEL F/IV 158 : 1.5L-L-1.75L-1.75L

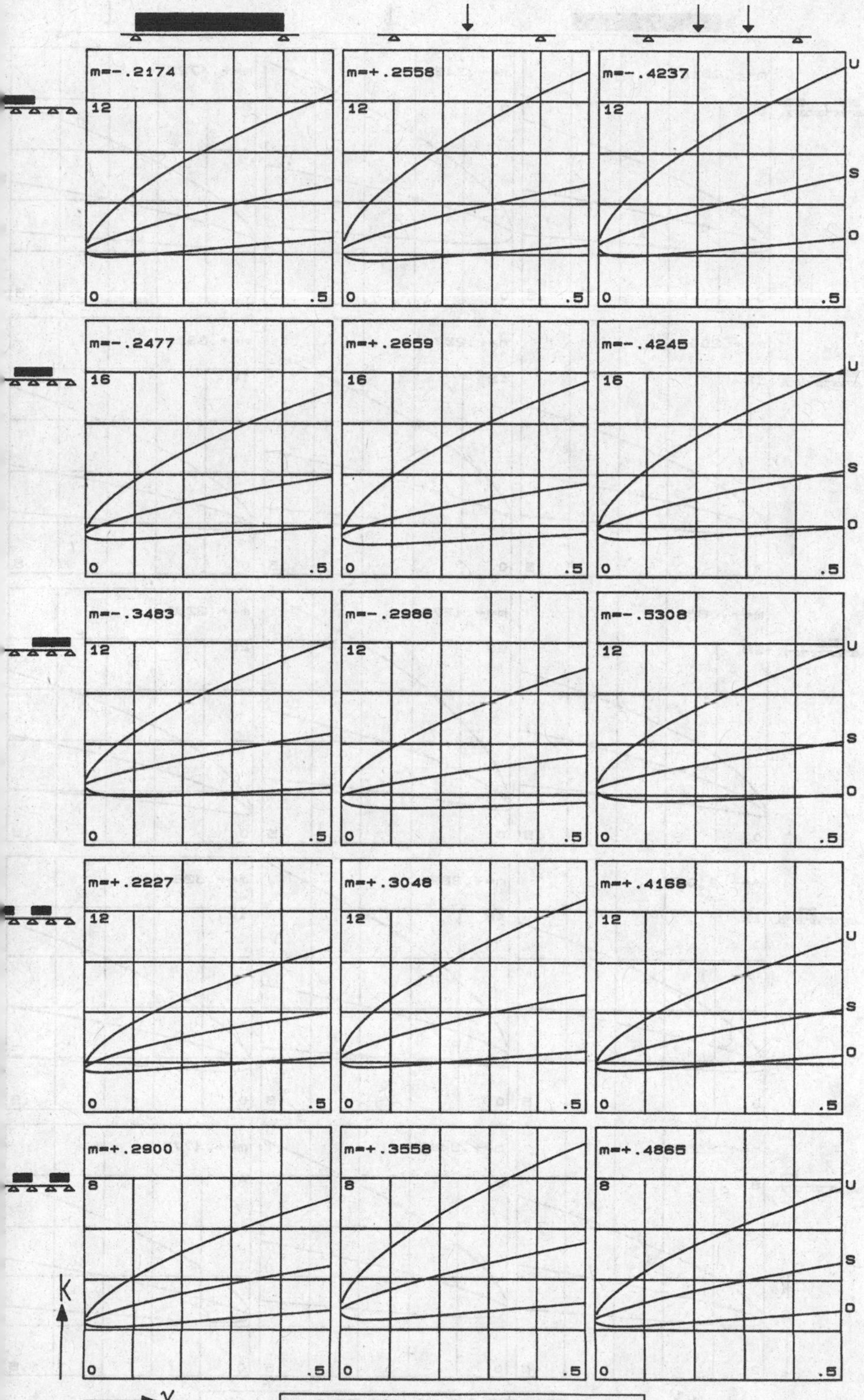
m=-.2174
m=+.2558
m=-.4237
m=-.2477
m=+.2659
m=-.4245
m=-.3483
m=-.2986
m=-.5308
m=+.2227
m=+.3048
m=+.4168
m=+.2900
m=+.3558
m=+.4865
12
16
8
0
.5
U
S
O
K
X

TAFEL F/IV 158 : 1.5L-L-1.75L-1.75L

F IV

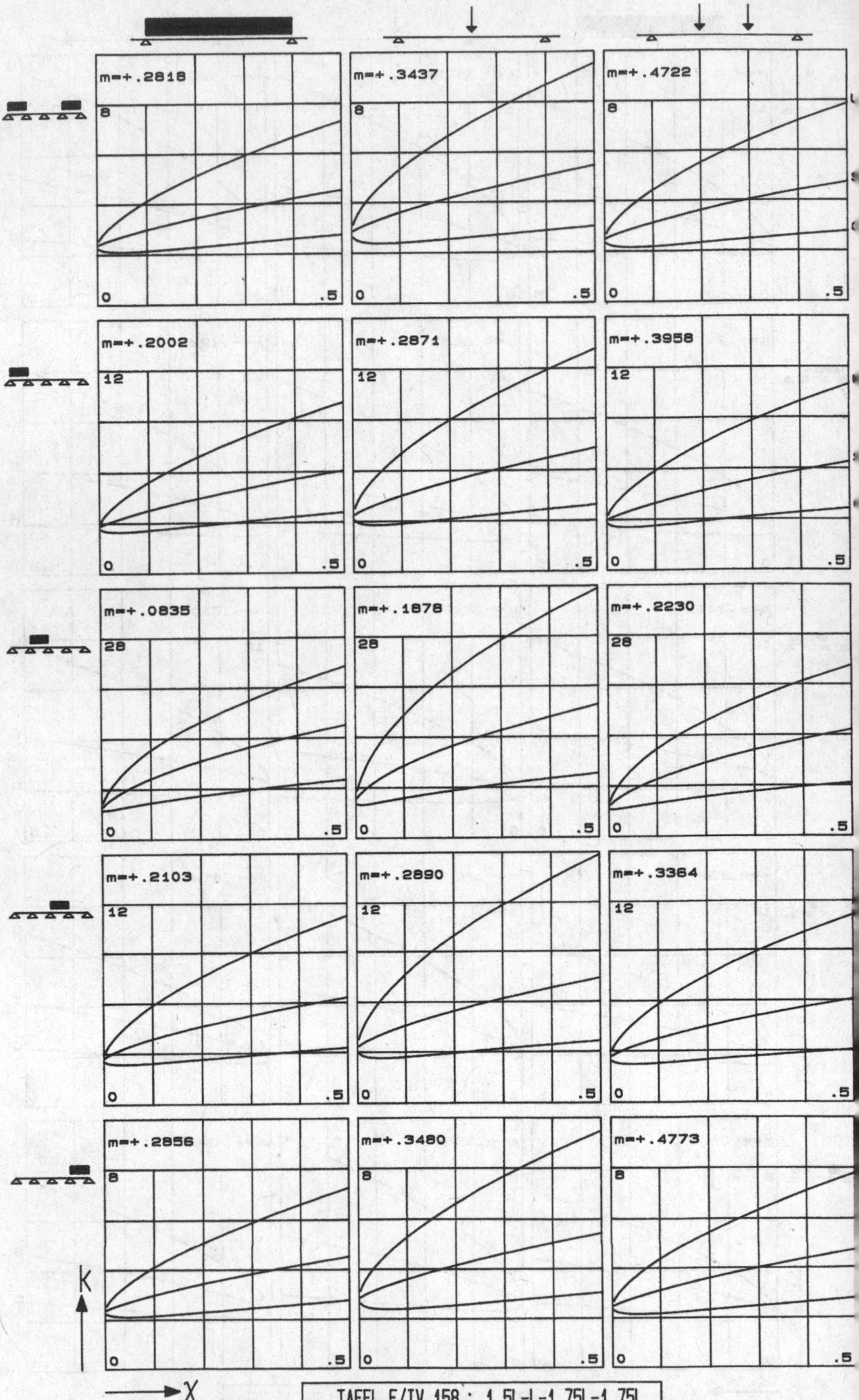

m=+.2818
8
0
.5
m=+.3437
8
0
.5
m=+.4722
8
0
.5
m=+.2002
12
0
.5
m=+.2871
12
0
.5
m=+.3958
12
0
.5
m=+.0835
28
0
.5
m=+.1878
28
0
.5
m=+.2230
28
0
.5
m=+.2103
12
0
.5
m=+.2890
12
0
.5
m=+.3364
12
0
.5
m=+.2856
8
0
.5
m=+.3480
8
0
.5
m=+.4773
8
0
.5
K
X

TAFEL F/IV 158 : 1.5L-L-1.75L-1.75L

F IV

TAFEL F/IV 159 : 1.5L-L-1.75L-2L

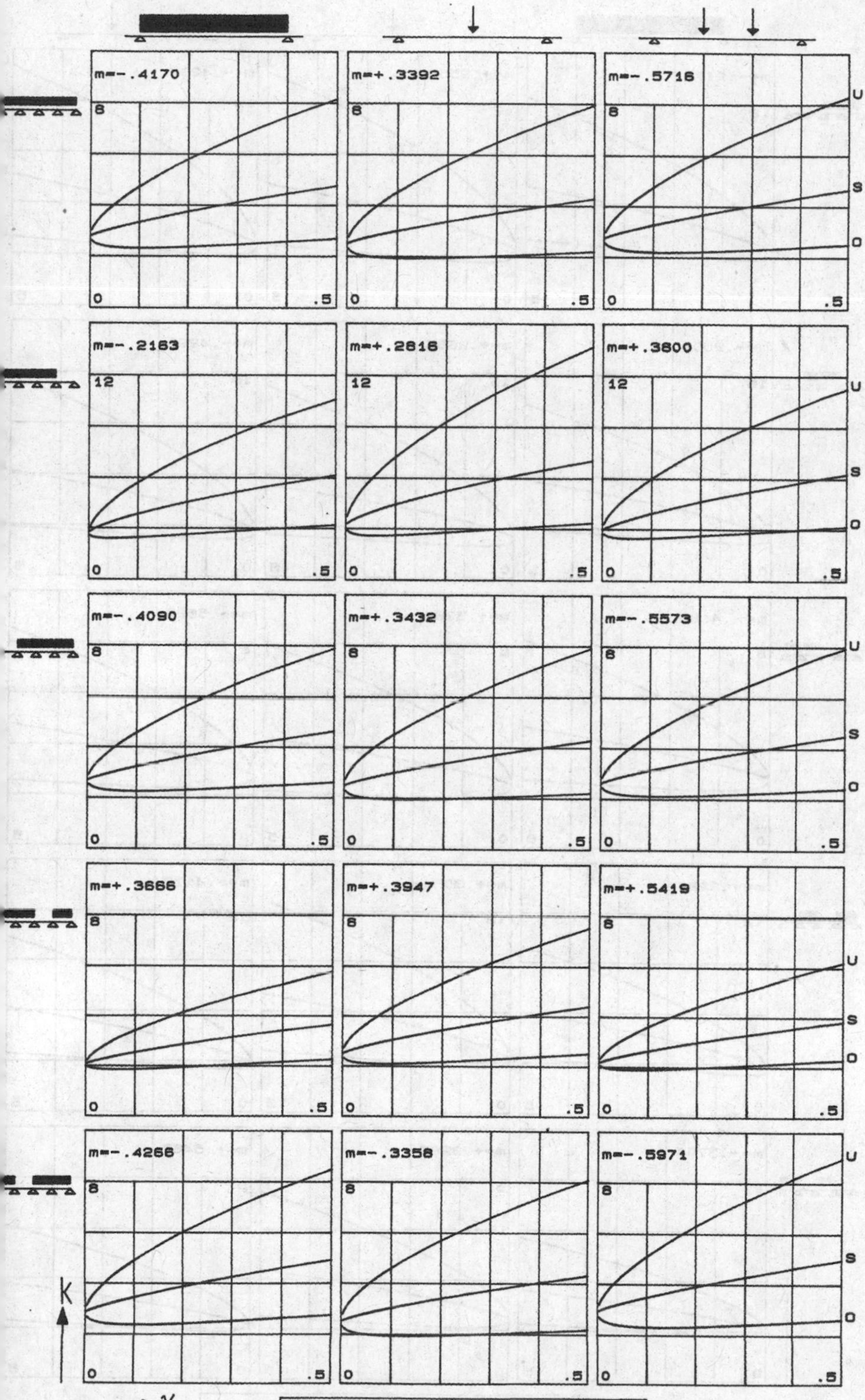

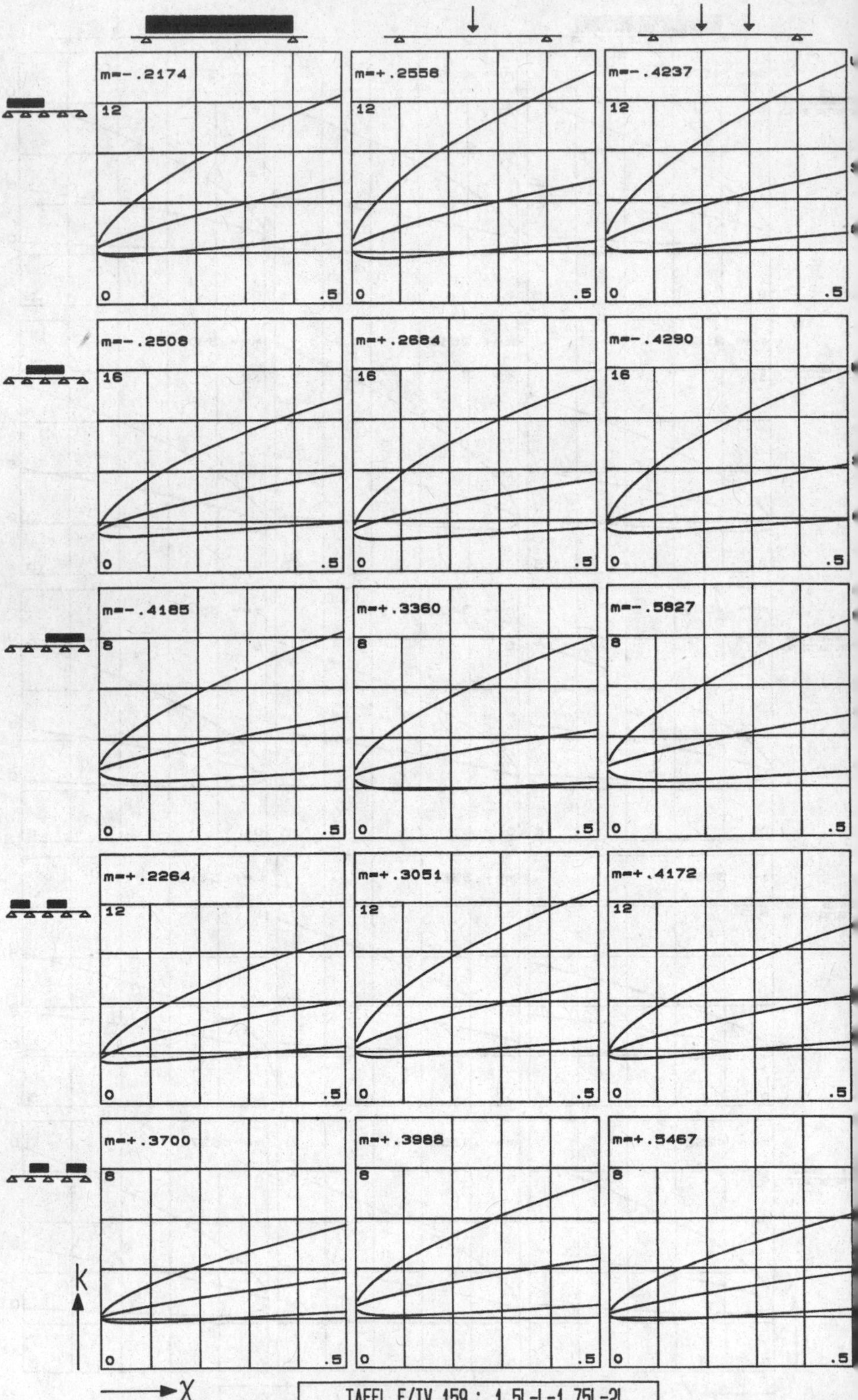
m=-.2174
12
0
.5
m=+.2558
12
0
.5
m=-.4237
12
0
.5
m=-.2508
16
0
.5
m=+.2684
16
0
.5
m=-.4290
16
0
.5
m=-.4185
8
0
.5
m=+.3360
8
0
.5
m=-.5827
8
0
.5
m=+.2264
12
0
.5
m=+.3051
12
0
.5
m=+.4172
12
0
.5
m=+.3700
8
0
.5
m=+.3988
8
0
.5
m=+.5467
8
0
.5
K
X

TAFEL F/IV 159 : 1.5L-L-1.75L-2L

F IV

m=+.3625 m=+.3876 m=+.5334

m=+.2002 m=+.2871 m=+.3959

m=+.0836 m=+.1879 m=+.2234

m=+.2140 m=+.2919 m=+.3449

m=+.3659 m=+.3916 m=+.5382

F
IV

553

TAFEL F/IV 159 : 1.5L-L-1.75L-2L

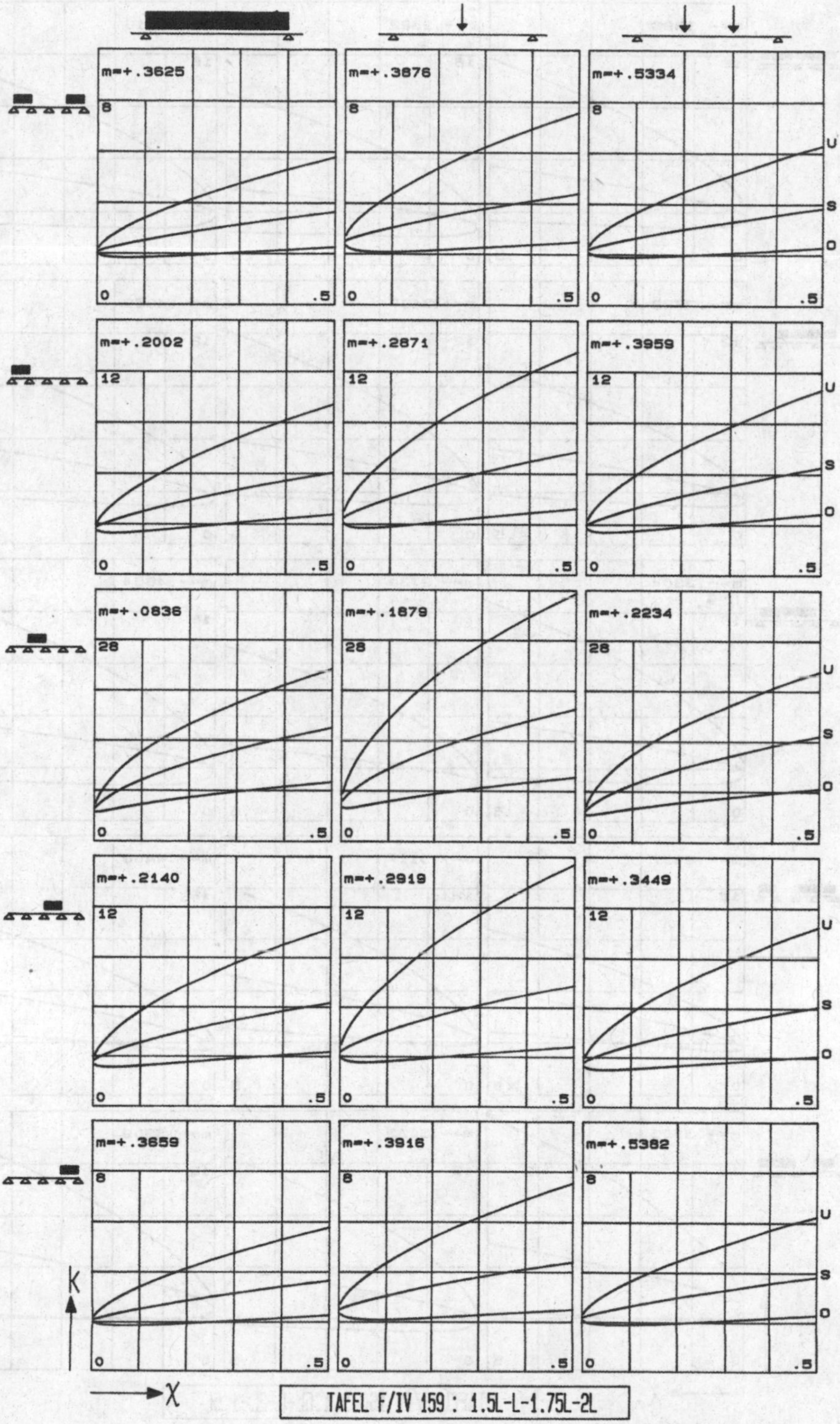

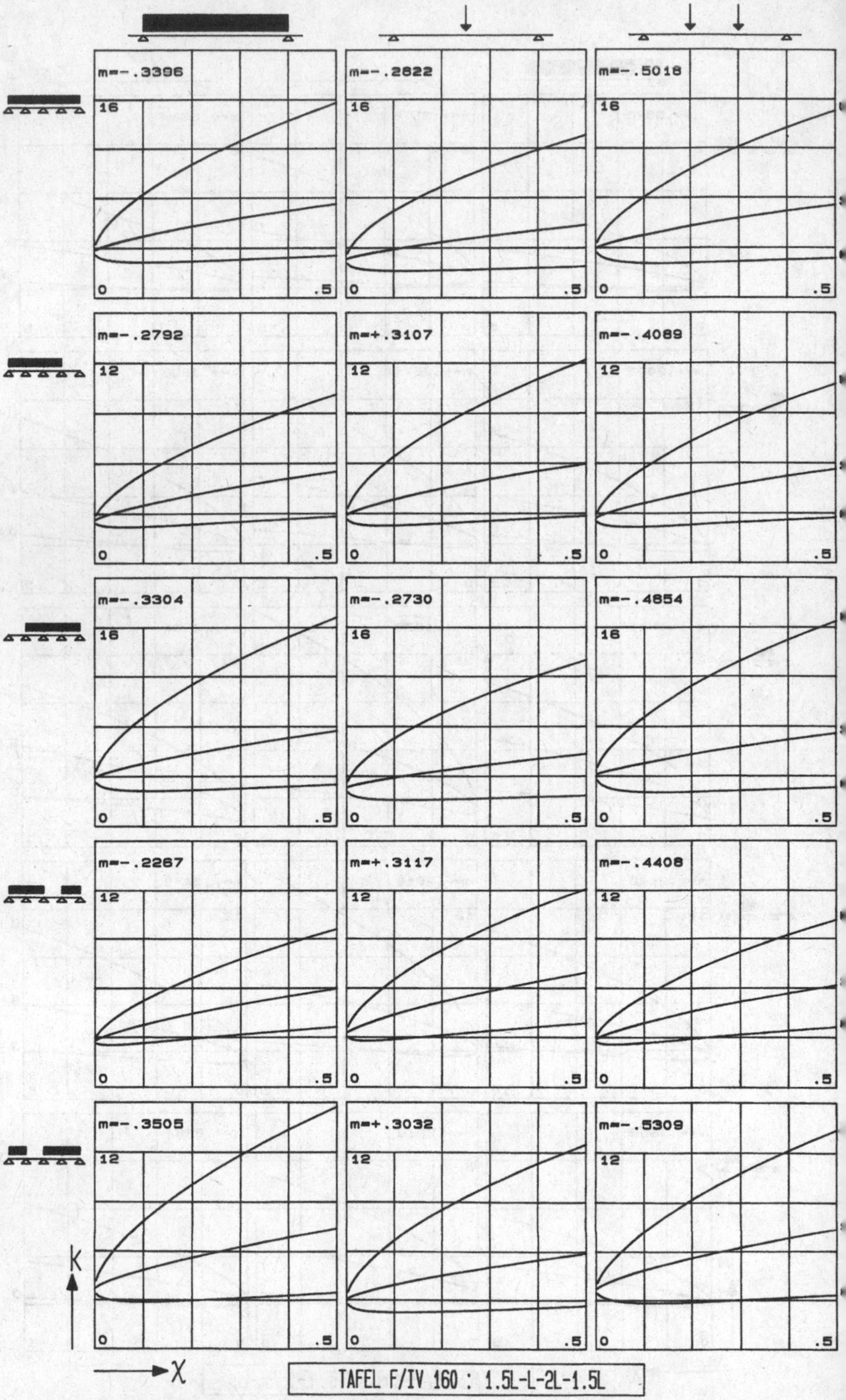
m=-.3396
16
0
.5
m=-.2822
16
0
.5
m=-.5016
16
0
.5
m=-.2792
12
0
.5
m=+.3107
12
0
.5
m=-.4089
12
0
.5
m=-.3304
16
0
.5
m=-.2730
16
0
.5
m=-.4854
16
0
.5
m=-.2267
12
0
.5
m=+.3117
12
0
.5
m=-.4408
12
0
.5
m=-.3505
12
0
.5
m=+.3032
12
0
.5
m=-.5309
12
0
.5
K
X

TAFEL F/IV 160 : 1.5L-L-2L-1.5L

F IV

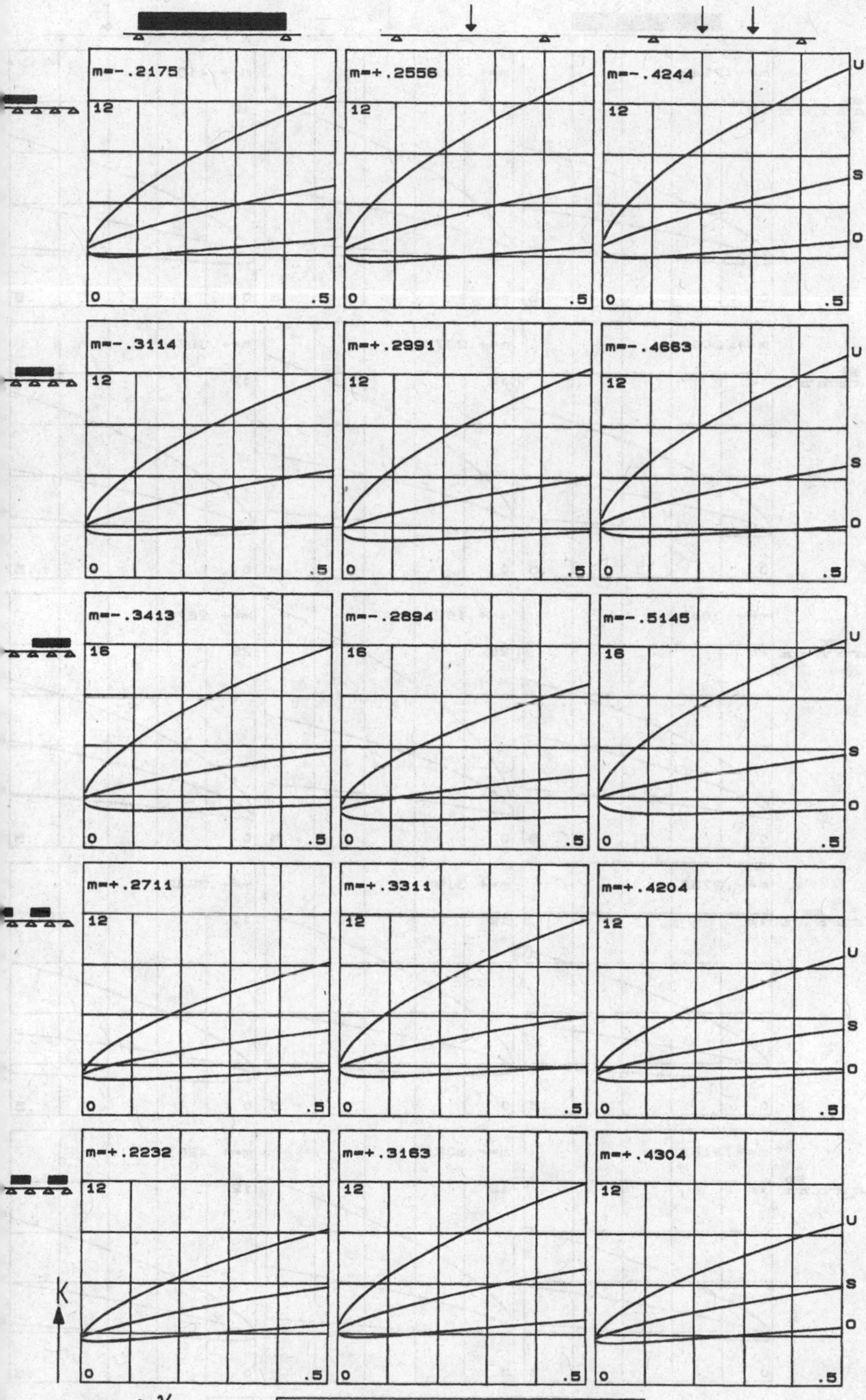
m=-.2175
m=+.2556
m=-.4244
m=-.3114
m=+.2991
m=-.4663
m=-.3413
m=-.2894
m=-.5145
m=+.2711
m=+.3311
m=+.4204
m=+.2232
m=+.3163
m=+.4304
12
16
0
.5
U
S
O
K
X

TAFEL F/IV 160 : 1.5L-L-2L-1.5L

F IV

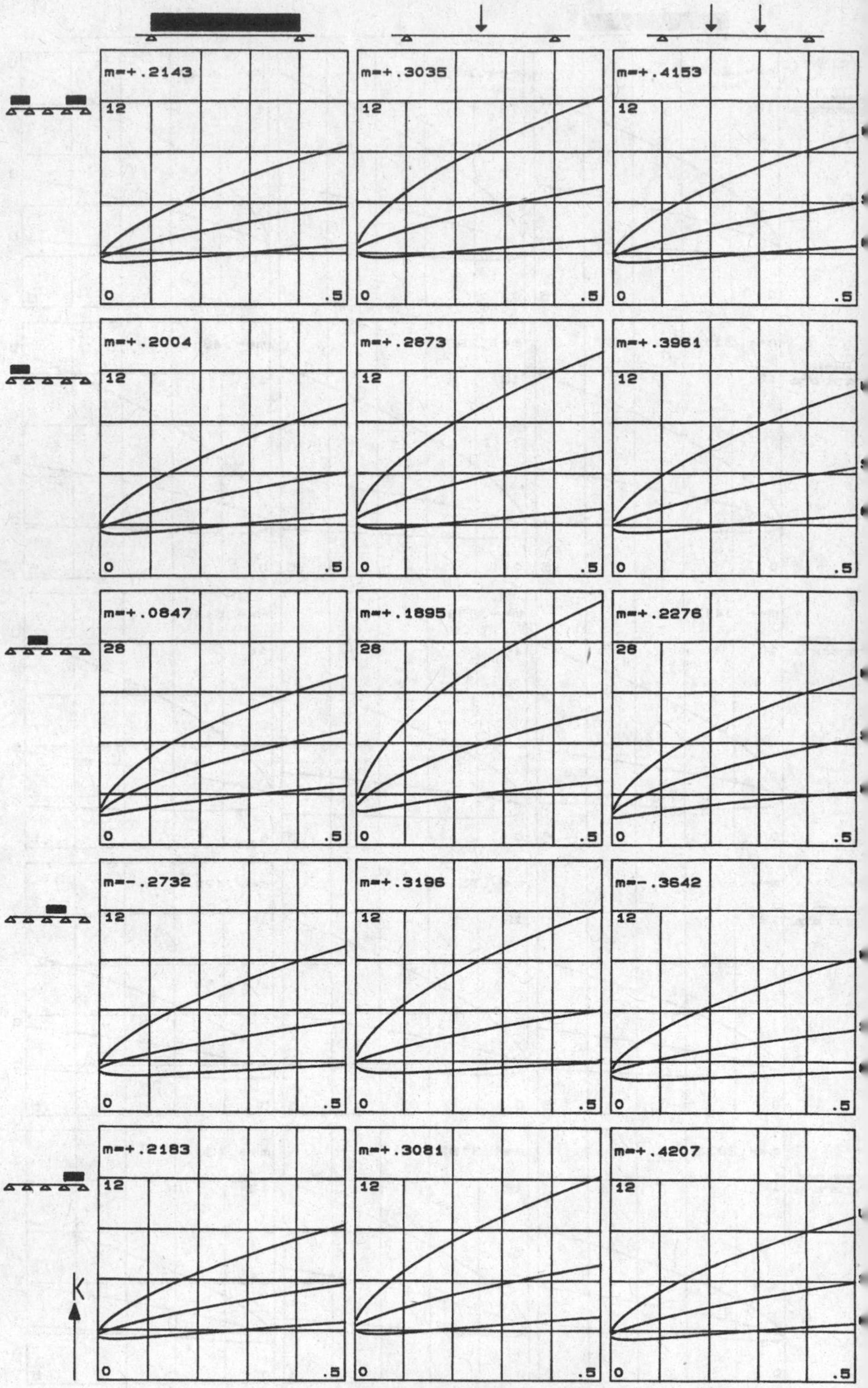
m=+.2143
12
0
.5
m=+.3035
12
0
.5
m=+.4153
12
0
.5
m=+.2004
12
0
.5
m=+.2873
12
0
.5
m=+.3961
12
0
.5
m=+.0847
28
0
.5
m=+.1895
28
0
.5
m=+.2276
28
0
.5
m=-.2732
12
0
.5
m=+.3196
12
0
.5
m=-.3642
12
0
.5
m=+.2183
12
0
.5
m=+.3081
12
0
.5
m=+.4207
12
0
.5
K
X

TAFEL F/IV 160 : 1.5L-L-2L-1.5L

F
V

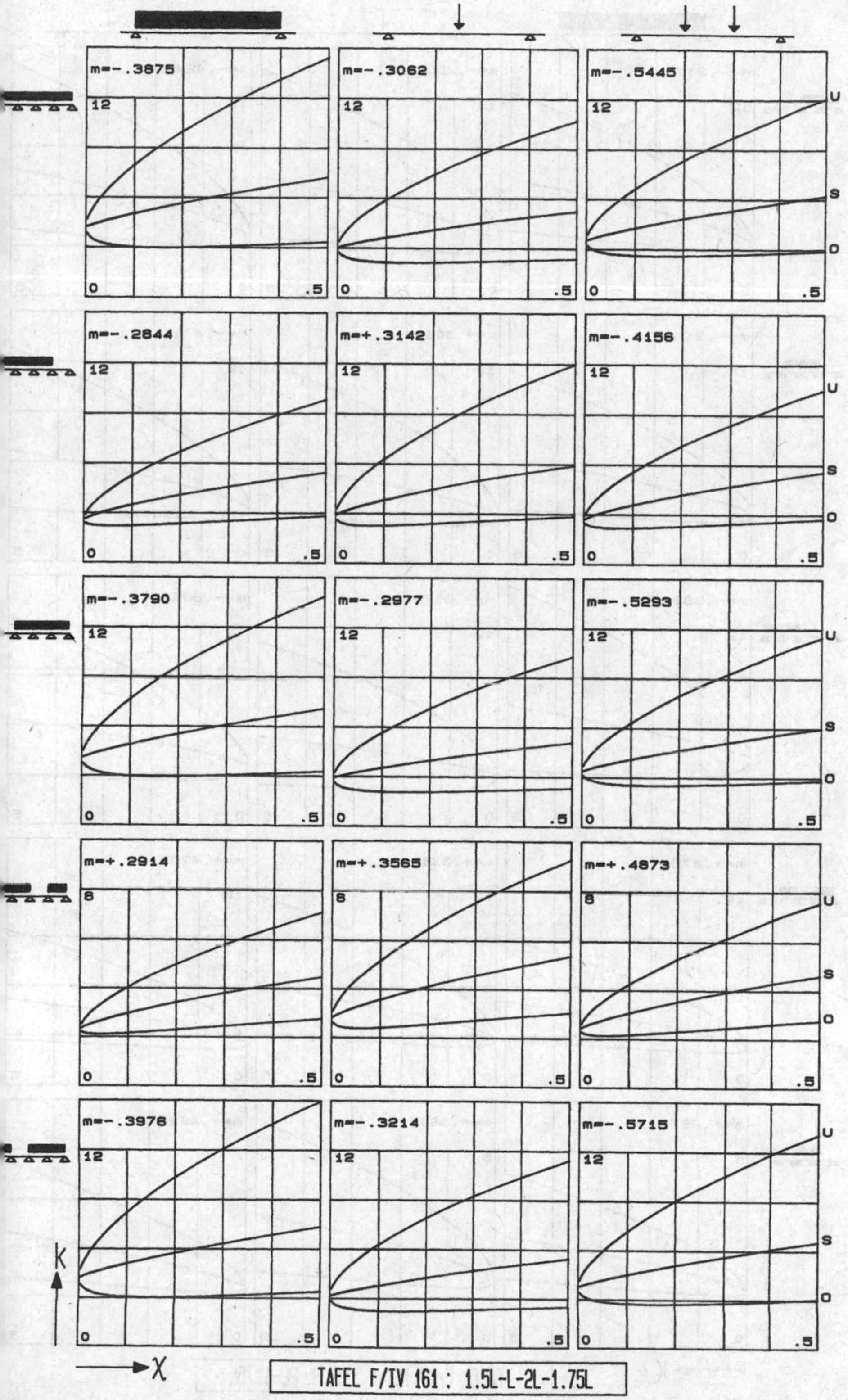
m=-.3875
12
0
.5
m=-.3062
12
0
.5
m=-.5445
12
U
S
O
0
.5
m=-.2844
12
0
.5
m=+.3142
12
0
.5
m=-.4156
12
U
S
O
0
.5
m=-.3790
12
0
.5
m=-.2977
12
0
.5
m=-.5293
12
U
S
O
0
.5
m=+.2914
8
0
.5
m=+.3565
8
0
.5
m=+.4873
8
U
S
O
0
.5
m=-.3976
12
0
.5
m=-.3214
12
0
.5
m=-.5715
12
U
S
O
0
.5
K
X

TAFEL F/IV 161 : 1.5L-L-2L-1.75L

F
IV

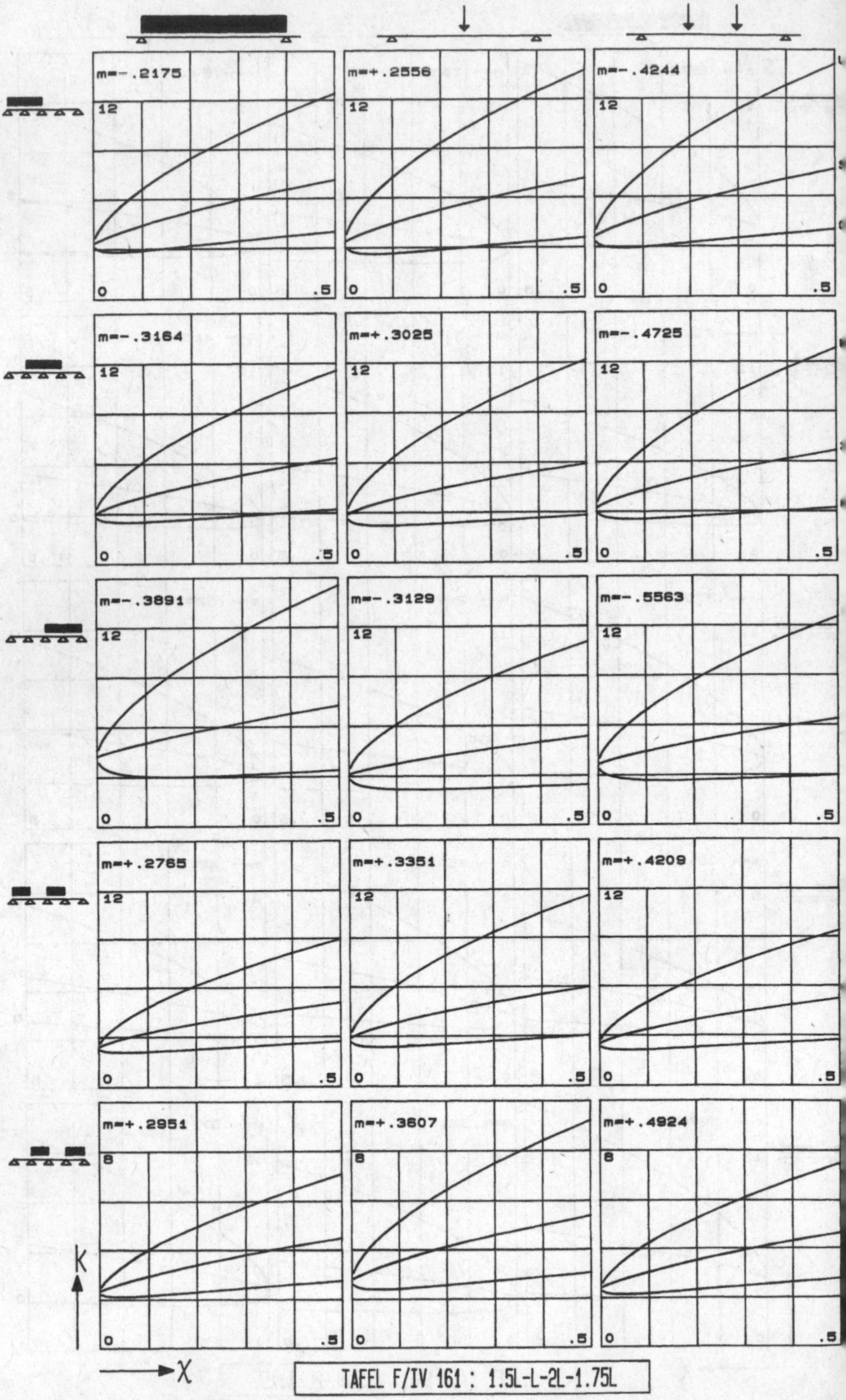
m=-.2175
12
0
.5
m=+.2556
12
0
.5
m=-.4244
12
0
.5
m=-.3164
12
0
.5
m=+.3025
12
0
.5
m=-.4725
12
0
.5
m=-.3891
12
0
.5
m=-.3129
12
0
.5
m=-.5563
12
0
.5
m=+.2765
12
0
.5
m=+.3351
12
0
.5
m=+.4209
12
0
.5
m=+.2951
8
0
.5
m=+.3607
8
0
.5
m=+.4924
8
0
.5
K
X

F IV

TAFEL F/IV 161 : 1.5L-L-2L-1.75L

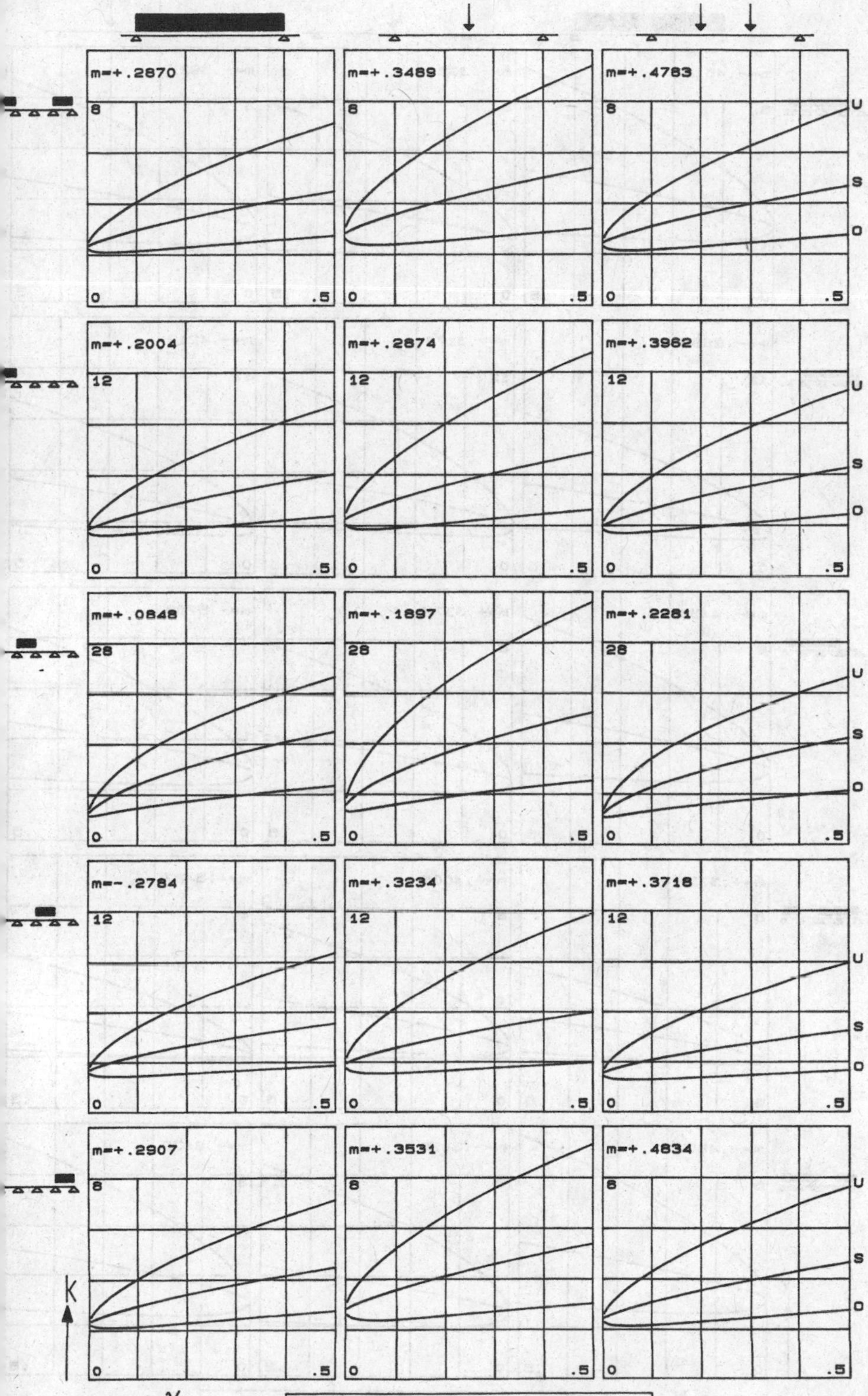
m=+.2870
m=+.3489
m=+.4783
m=+.2004
m=+.2874
m=+.3962
m=+.0848
m=+.1897
m=+.2281
m=-.2784
m=+.3234
m=+.3718
m=+.2907
m=+.3531
m=+.4834
U
S
O
K
X

TAFEL F/IV 161 : 1.5L-L-2L-1.75L

F IV

F
V

560

K

→ X

TAFEL F/IV 162 : 1.5L-L-2L-2L

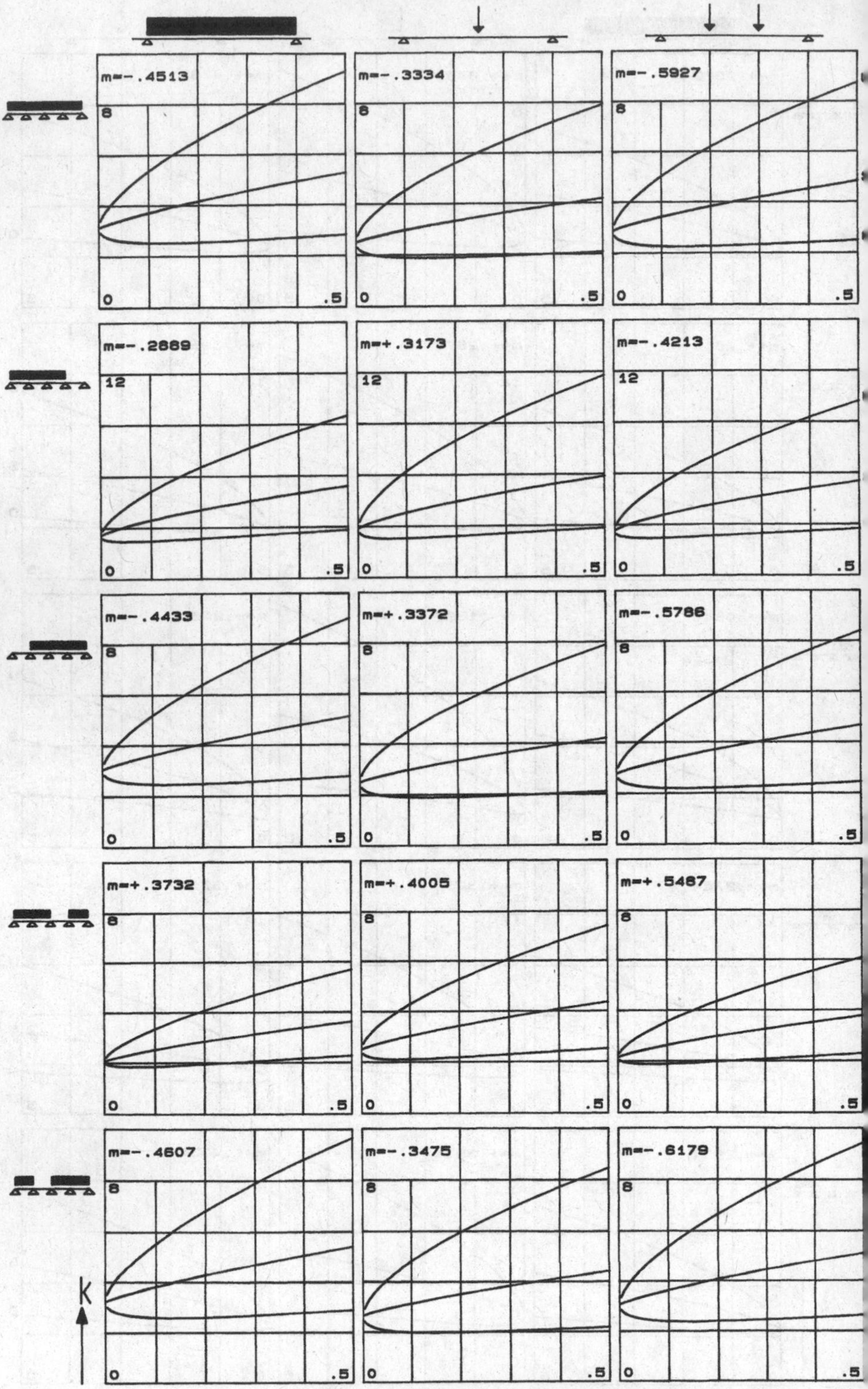

m=-.2175
12
0 .5

m=+.2556
12
0 .5

m=-.4245
12
U
S
O
0 .5

m=-.3207
12
0 .5

m=+.3054
12
0 .5

m=-.4779
12
U
S
O
0 .5

m=-.4528
8
0 .5

m=-.3396
8
0 .5

m=-.6037
8
U
S
O
0 .5

m=+.2813
12
0 .5

m=+.3385
12
0 .5

m=+.4213
12
U
S
O
0 .5

m=+.3766
8
0 .5

m=+.4044
8
0 .5

m=+.5534
8
U
S
O
0 .5

k

x

F
IV

561

TAFEL F/IV 162 : 1.5L-L-2L-2L

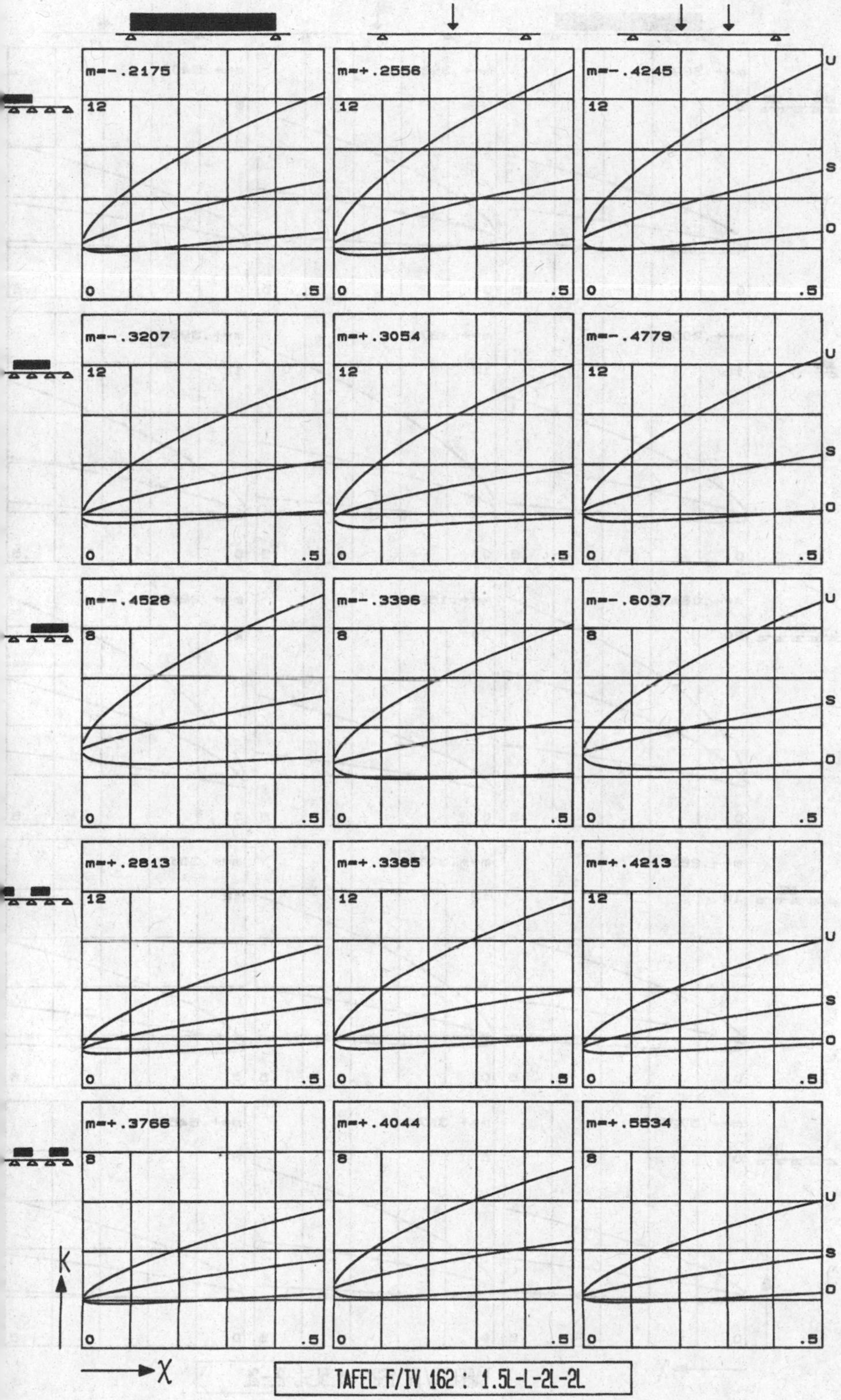

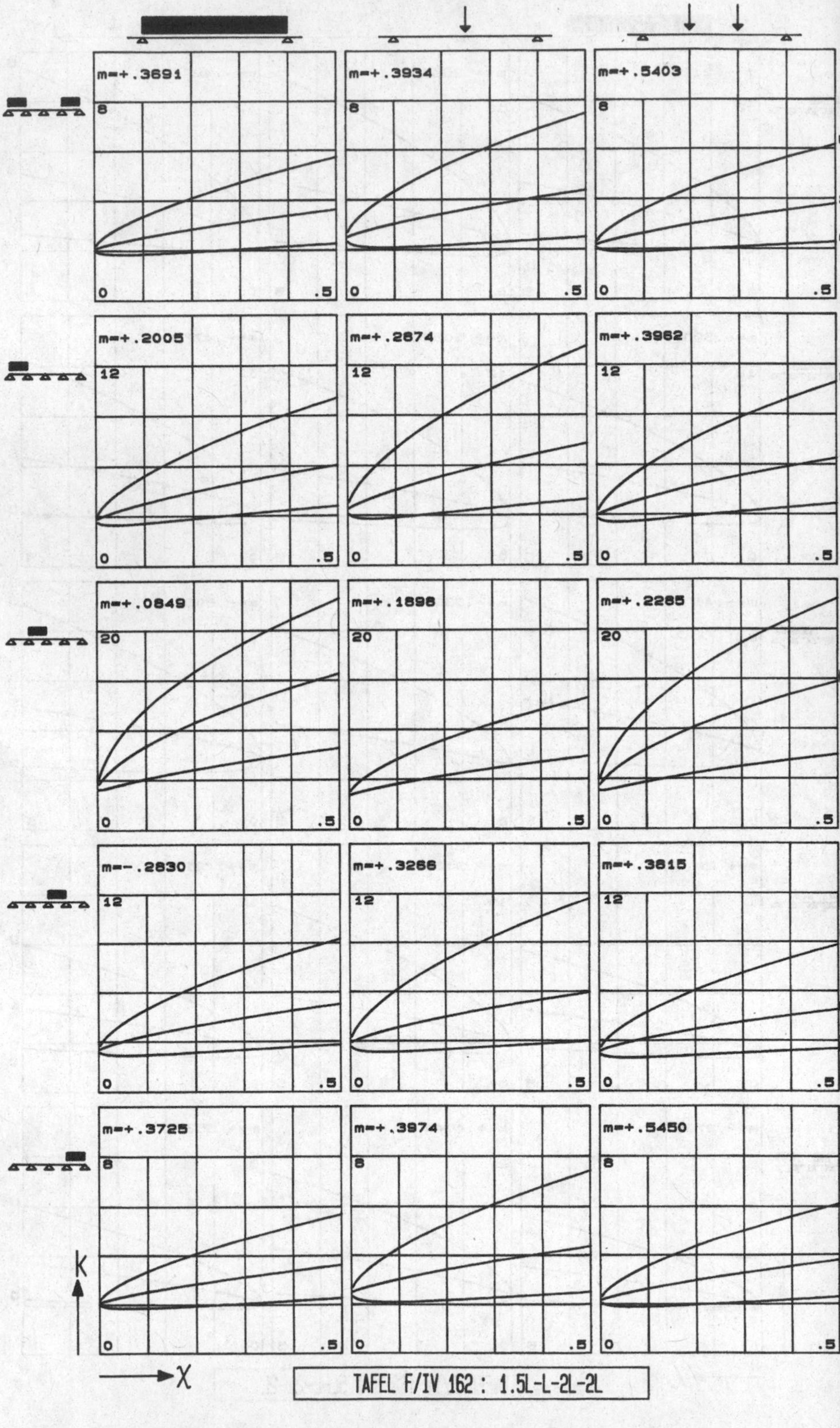
m=+.3691
8
0
.5
m=+.3934
8
0
.5
m=+.5403
8
0
.5
m=+.2005
12
0
.5
m=+.2674
12
0
.5
m=+.3962
12
0
.5
m=+.0849
20
0
.5
m=+.1898
20
0
.5
m=+.2285
20
0
.5
m=-.2830
12
0
.5
m=+.3266
12
0
.5
m=+.3815
12
0
.5
m=+.3725
8
0
.5
m=+.3974
8
0
.5
m=+.5450
8
0
.5
K
X

TAFEL F/IV 162 : 1.5L-L-2L-2L

F
V

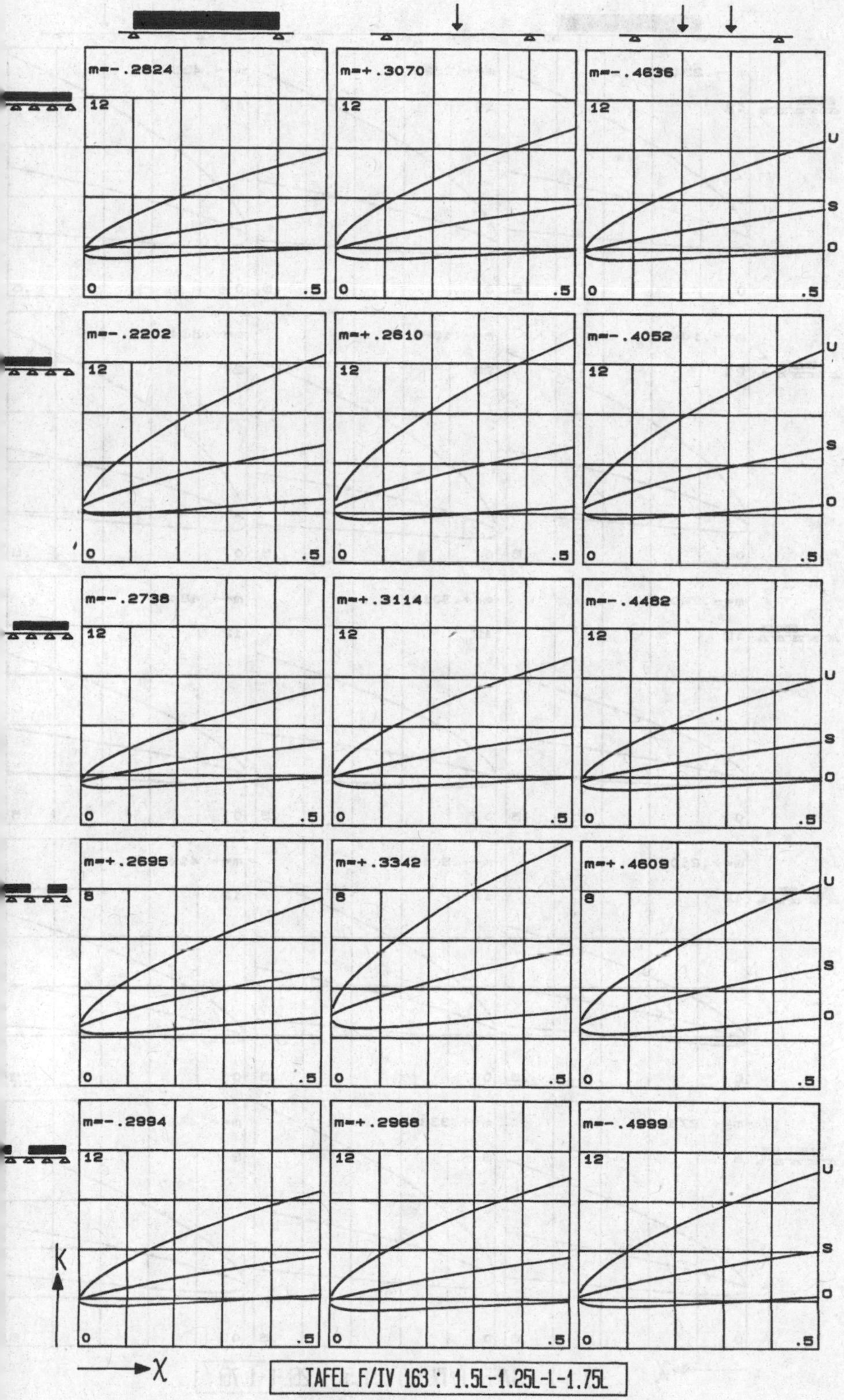
m=-.2824
m=+.3070
m=-.4636
m=-.2202
m=+.2610
m=-.4052
m=-.2738
m=+.3114
m=-.4482
m=+.2695
m=+.3342
m=+.4609
m=-.2994
m=+.2966
m=-.4999
12
8
U
S
O
0
.5
K
X

TAFEL F/IV 163 : 1.5L-1.25L-L-1.75L

F IV

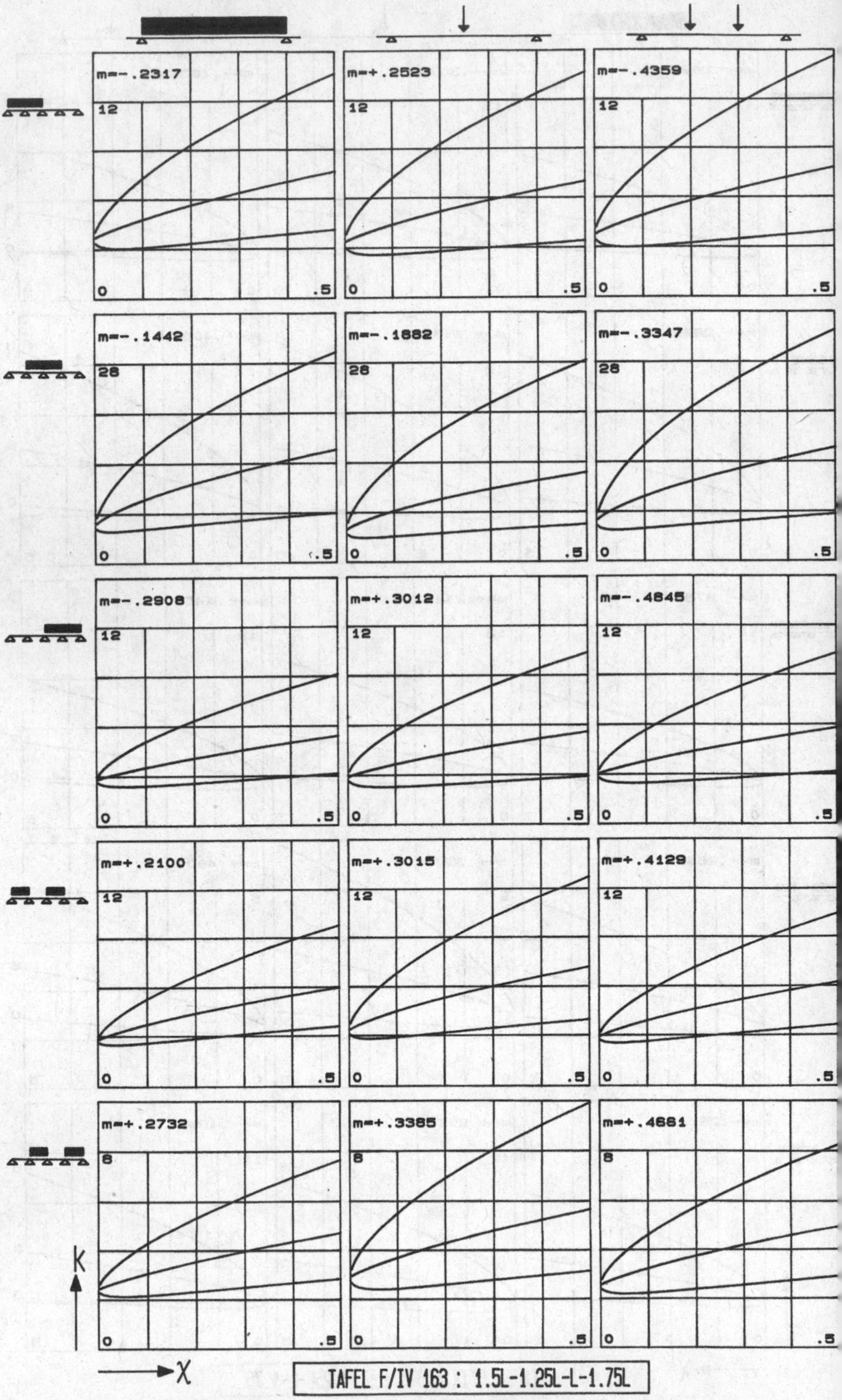
m=-.2317
12
0
.5
m=+.2523
12
0
.5
m=-.4359
12
0
.5
m=-.1442
28
0
.5
m=-.1882
28
0
.5
m=-.3347
28
0
.5
m=-.2908
12
0
.5
m=+.3012
12
0
.5
m=-.4845
12
0
.5
m=+.2100
12
0
.5
m=+.3015
12
0
.5
m=+.4129
12
0
.5
m=+.2732
8
0
.5
m=+.3385
8
0
.5
m=+.4661
8
0
.5
K
X

TAFEL F/IV 163 : 1.5L-1.25L-L-1.75L

F IV

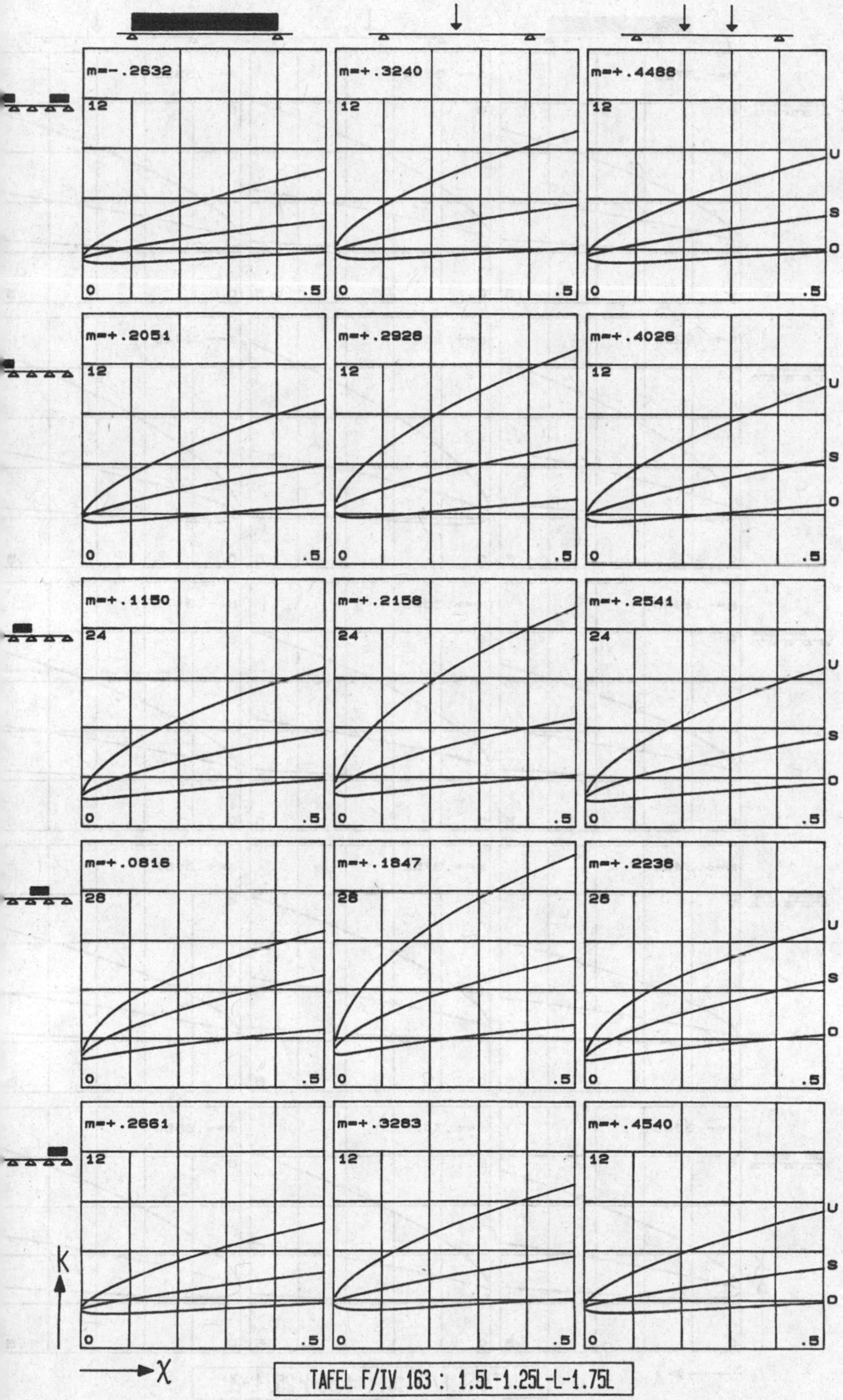
m=-.2632
12
0
.5
m=+.3240
12
0
.5
m=+.4488
12
U
S
O
0
.5
m=+.2051
12
0
.5
m=+.2928
12
0
.5
m=+.4026
12
U
S
O
0
.5
m=+.1150
24
0
.5
m=+.2158
24
0
.5
m=+.2541
24
U
S
O
0
.5
m=+.0816
28
0
.5
m=+.1847
28
0
.5
m=+.2236
28
U
S
O
0
.5
m=+.2661
12
0
.5
m=+.3283
12
0
.5
m=+.4540
12
U
S
O
0
.5
K
X

TAFEL F/IV 163 : 1.5L-1.25L-L-1.75L

F IV

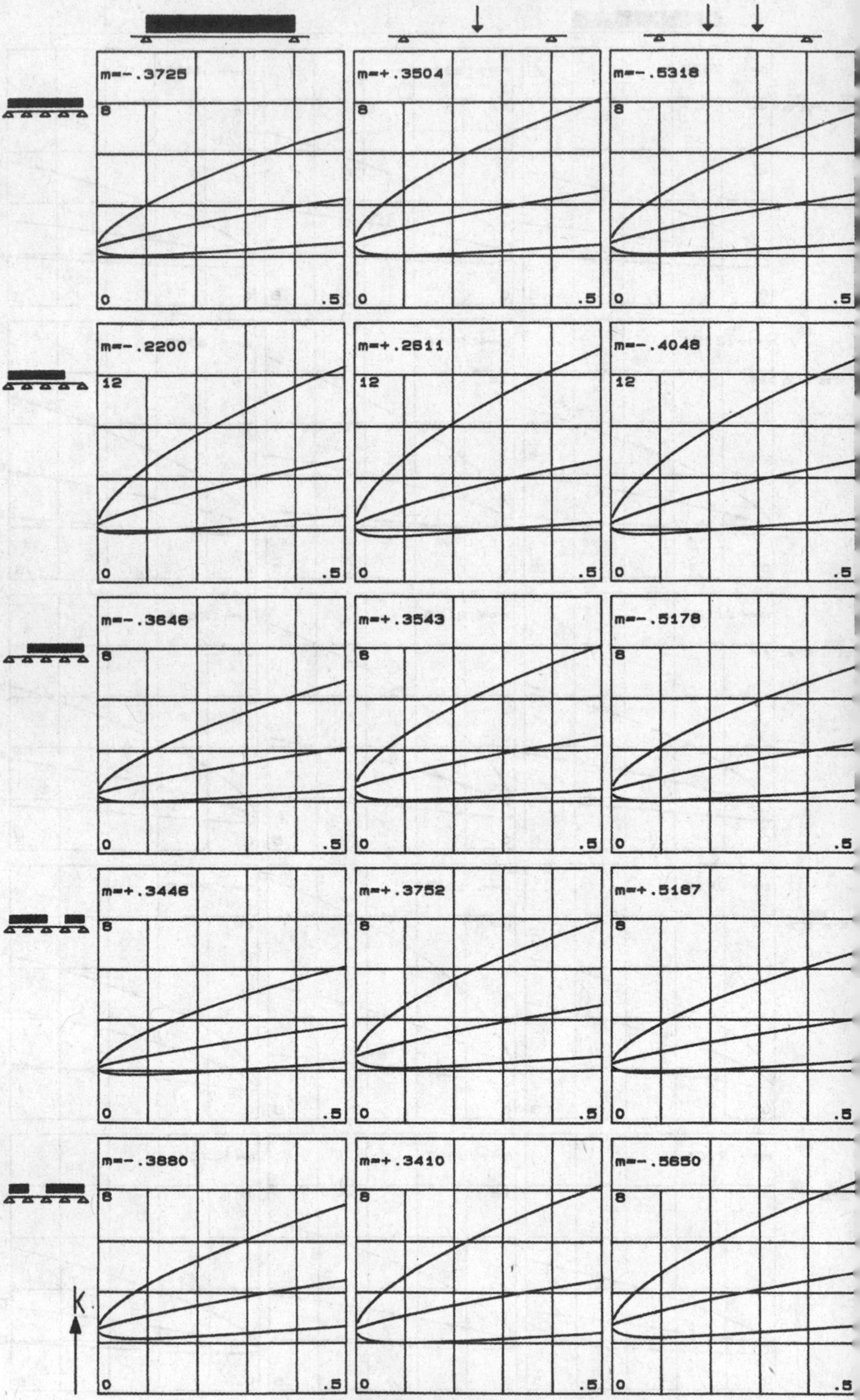
m=-.3725
m=+.3504
m=-.5318
m=-.2200
m=+.2611
m=-.4048
m=-.3646
m=+.3543
m=-.5178
m=+.3446
m=+.3752
m=+.5187
m=-.3880
m=+.3410
m=-.5650
K
X
TAFEL F/IV 164 : 1.5L-1.25L-L-2L

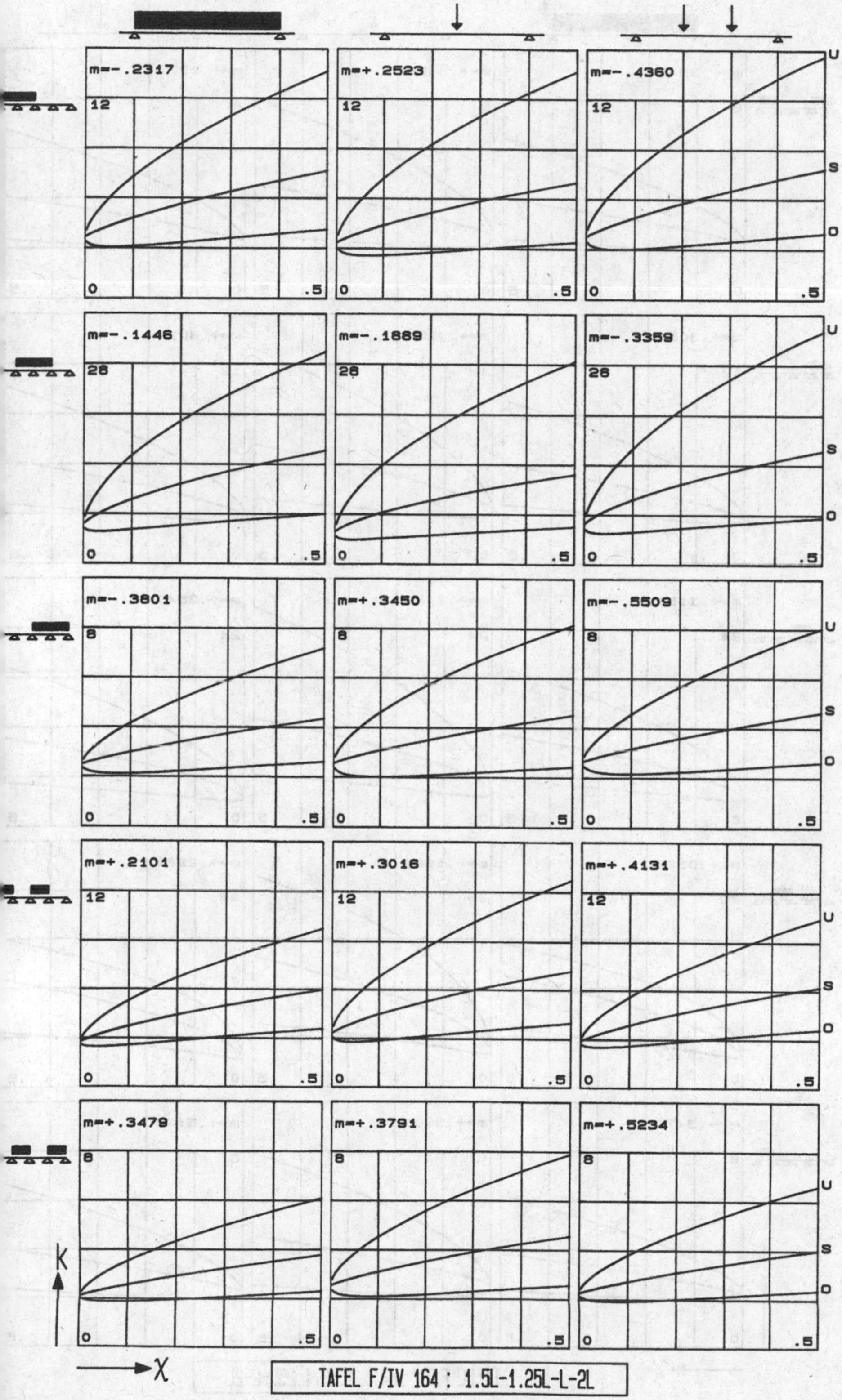
m=-.2317
12
0
.5
m=+.2523
12
0
.5
m=-.4360
12
0
.5
U
S
O
m=-.1446
28
0
.5
m=-.1889
28
0
.5
m=-.3359
28
0
.5
U
S
O
m=-.3801
8
0
.5
m=+.3450
8
0
.5
m=-.5509
8
0
.5
U
S
O
m=+.2101
12
0
.5
m=+.3016
12
0
.5
m=+.4131
12
0
.5
U
S
O
m=+.3479
8
0
.5
m=+.3791
8
0
.5
m=+.5234
8
0
.5
U
S
O
K
X

TAFEL F/IV 164 : 1.5L-1.25L-L-2L

F IV

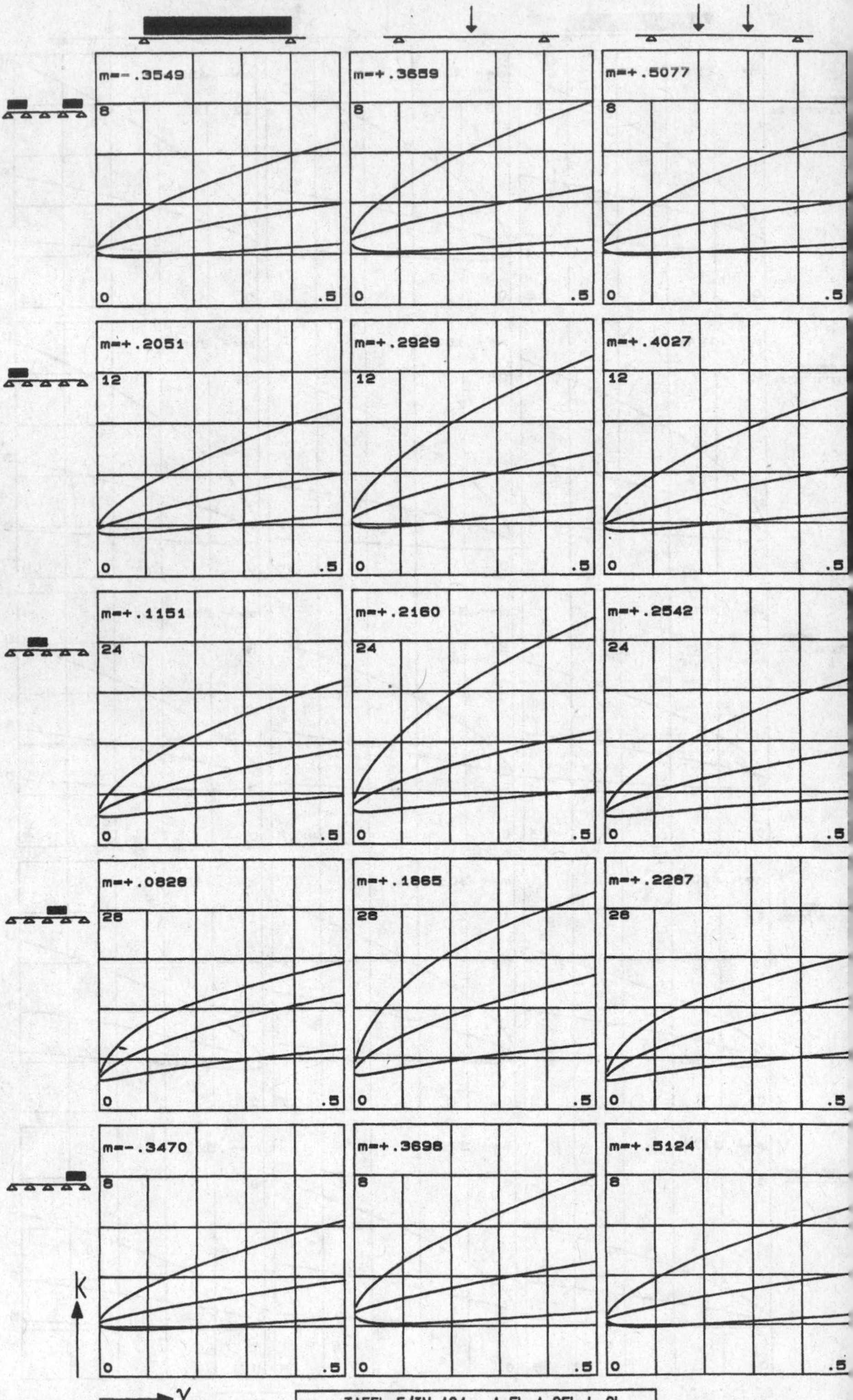

m=-.3549
8
0
.5
m=+.3659
8
0
.5
m=+.5077
8
0
.5
m=+.2051
12
0
.5
m=+.2929
12
0
.5
m=+.4027
12
0
.5
m=+.1151
24
0
.5
m=+.2160
24
0
.5
m=+.2542
24
0
.5
m=+.0828
28
0
.5
m=+.1865
28
0
.5
m=+.2287
28
0
.5
m=-.3470
8
0
.5
m=+.3698
8
0
.5
m=+.5124
8
0
.5
K
X

TAFEL F/IV 164 : 1.5L-1.25L-L-2L

F
V

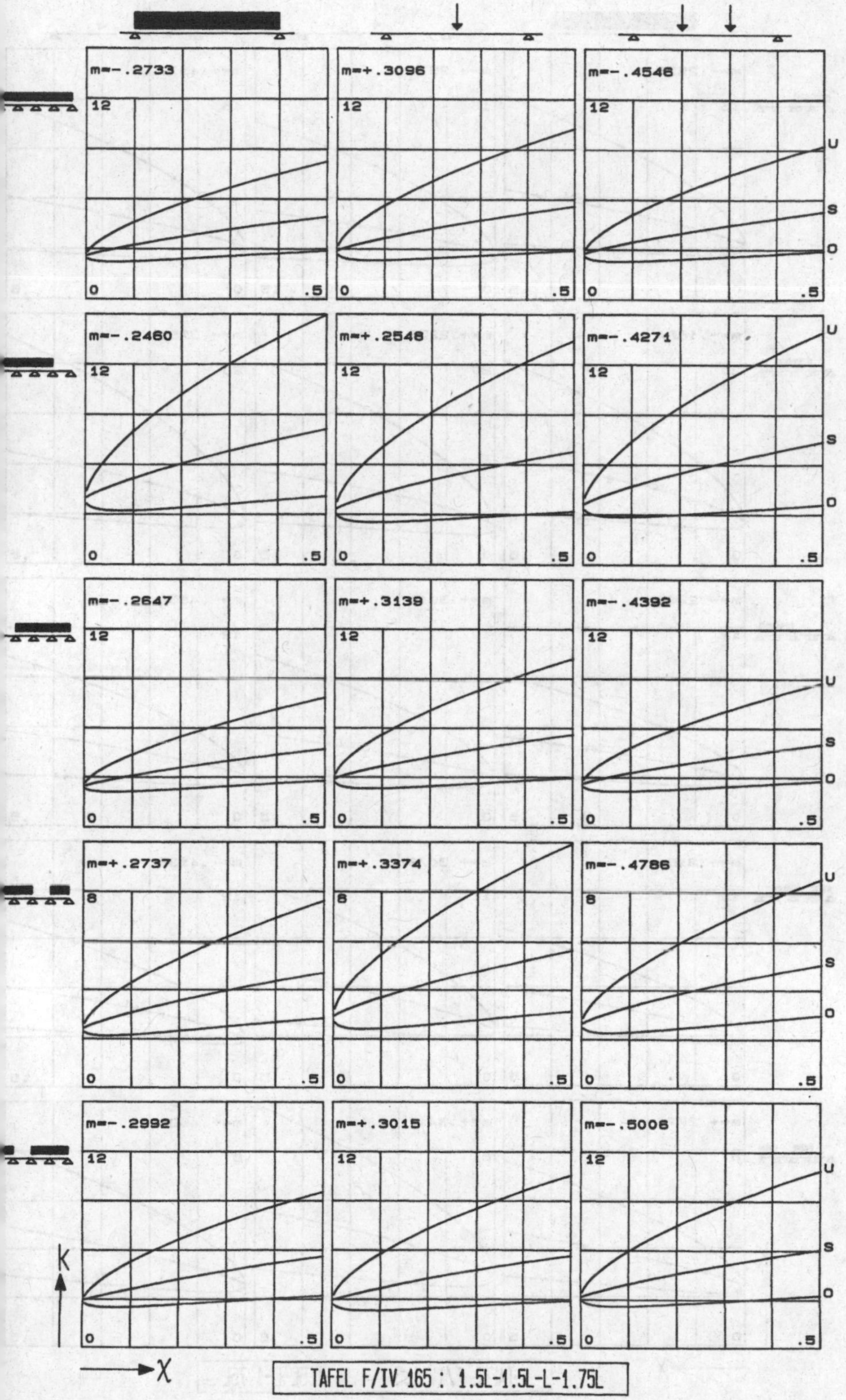

m=-.2733
12
0
.5
m=+.3096
12
0
.5
m=-.4546
12
U
S
O
0
.5
m=-.2460
12
0
.5
m=+.2548
12
0
.5
m=-.4271
12
U
S
O
0
.5
m=-.2647
12
0
.5
m=+.3139
12
0
.5
m=-.4392
12
U
S
O
0
.5
m=+.2737
8
0
.5
m=+.3374
8
0
.5
m=-.4786
8
U
S
O
0
.5
m=-.2992
12
0
.5
m=+.3015
12
0
.5
m=-.5006
12
U
S
O
0
.5
K
X

TAFEL F/IV 165 : 1.5L-1.5L-L-1.75L

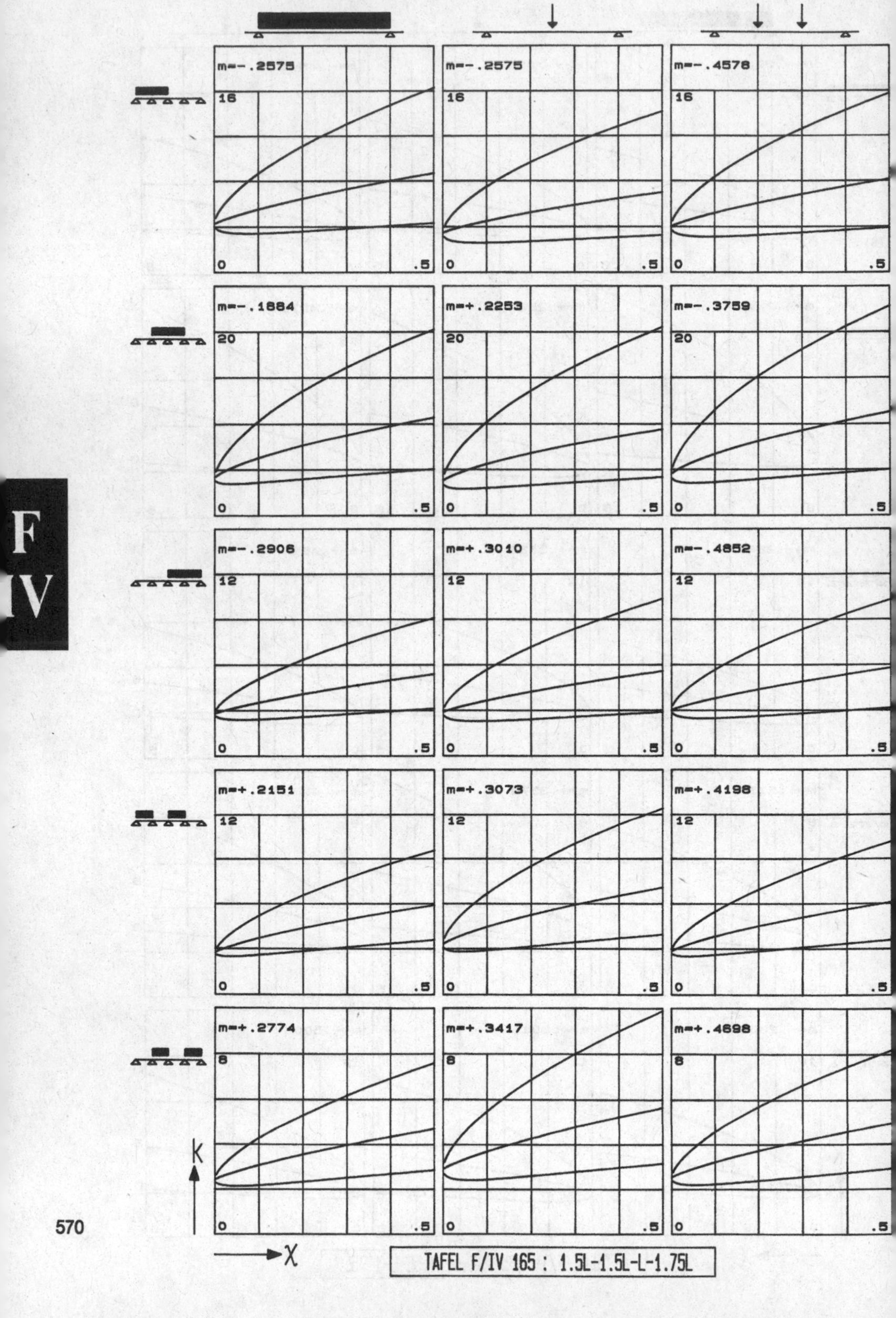

m=-.2575
16
0
.5
m=-.2575
16
0
.5
m=-.4578
16
0
.5
m=-.1884
20
0
.5
m=+.2253
20
0
.5
m=-.3759
20
0
.5
m=-.2906
12
0
.5
m=+.3010
12
0
.5
m=-.4852
12
0
.5
m=+.2151
12
0
.5
m=+.3073
12
0
.5
m=+.4198
12
0
.5
m=+.2774
8
0
.5
m=+.3417
8
0
.5
m=+.4698
8
0
.5
K
X

F
IV

TAFEL F/IV 165 : 1.5L-1.5L-L-1.75L

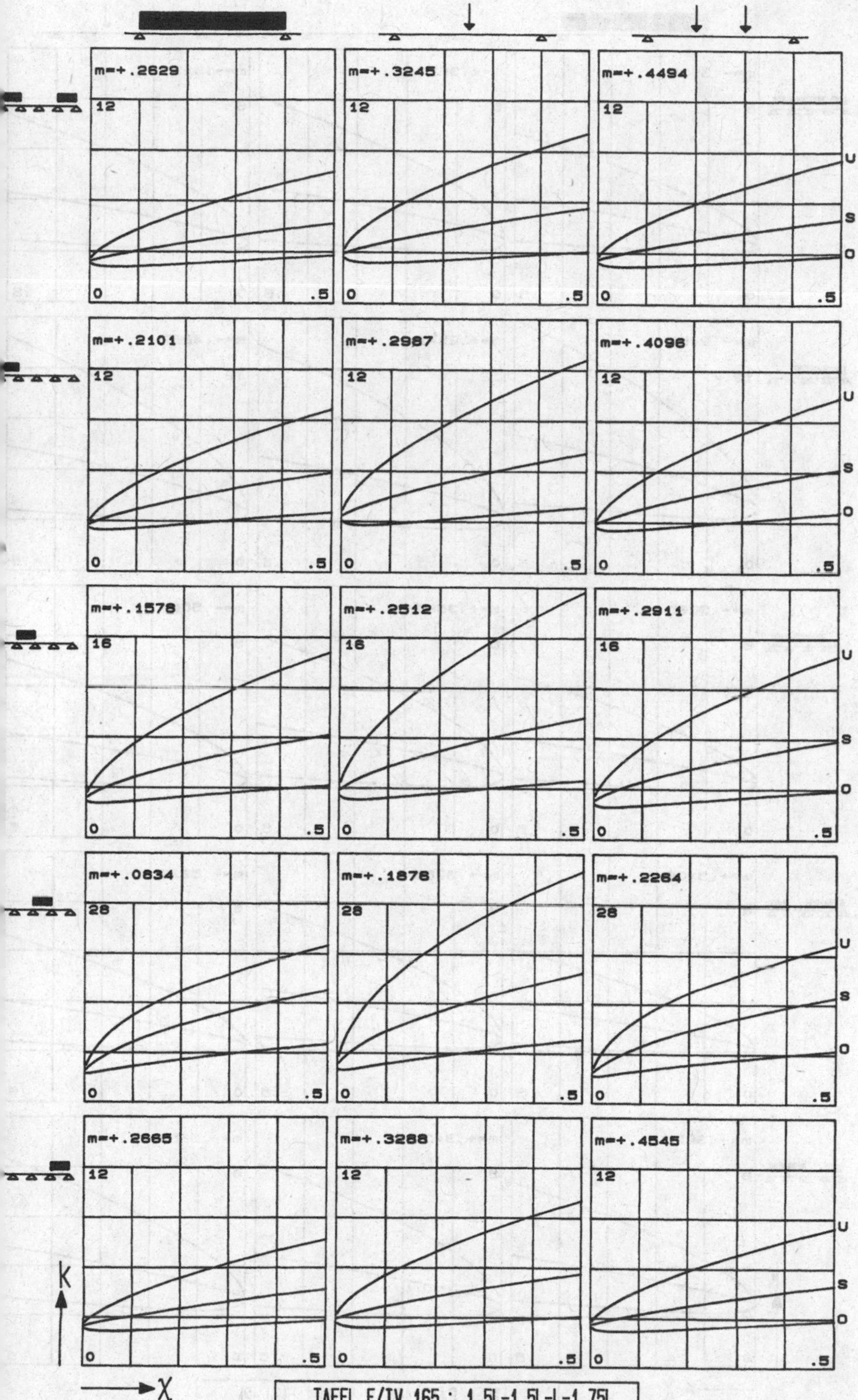

m=+.2629
12
0
.5
m=+.3245
12
0
.5
m=+.4494
12
U
S
O
0
.5
m=+.2101
12
0
.5
m=+.2987
12
0
.5
m=+.4096
12
U
S
O
0
.5
m=+.1576
16
0
.5
m=+.2512
16
0
.5
m=+.2911
16
U
S
O
0
.5
m=+.0834
28
0
.5
m=+.1876
28
0
.5
m=+.2264
28
U
S
O
0
.5
m=+.2665
12
0
.5
m=+.3268
12
0
.5
m=+.4545
12
U
S
O
0
.5
K
X

TAFEL F/IV 165 : 1.5L-1.5L-L-1.75L

F
IV

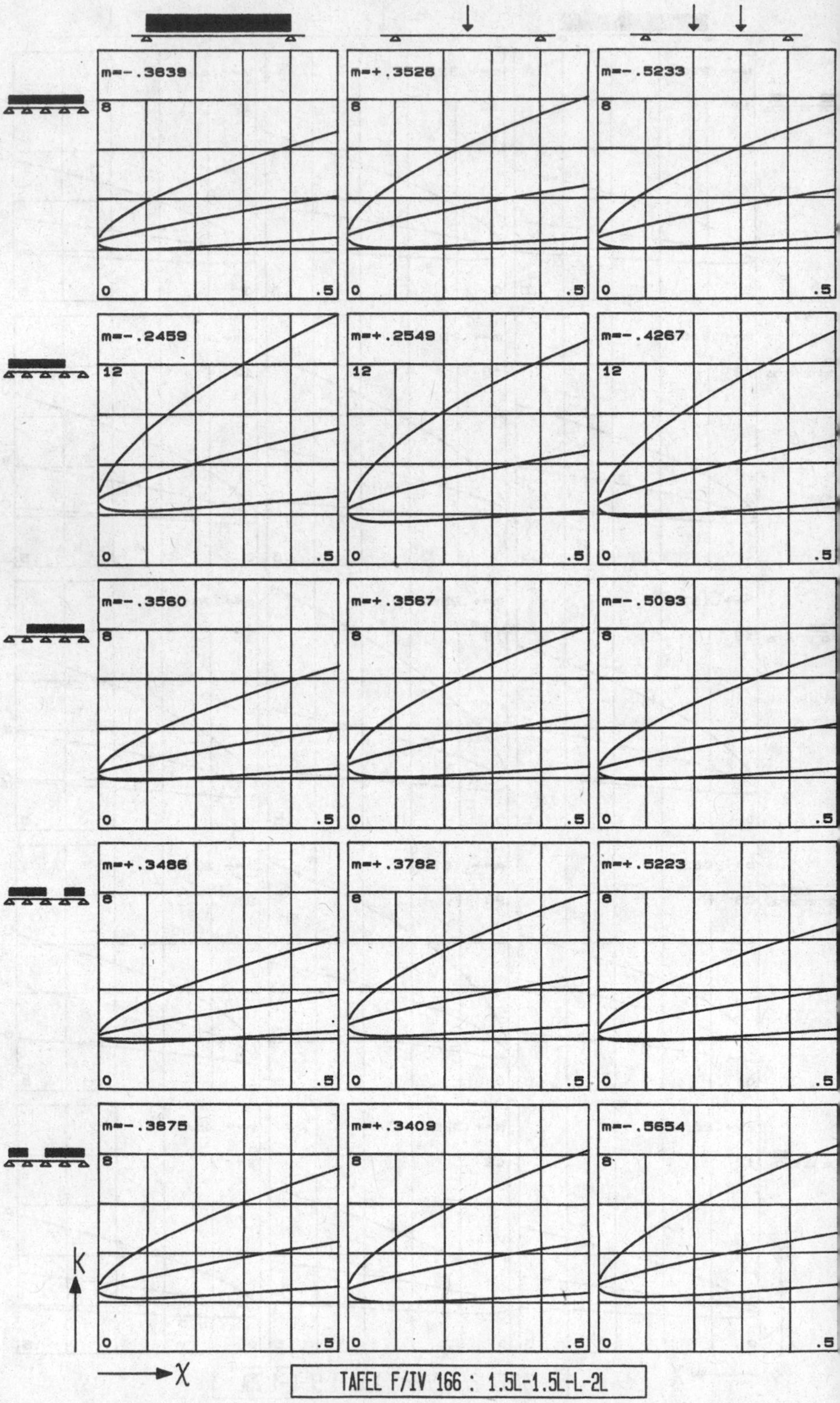
m=-.3639
m=+.3526
m=-.5233
m=-.2459
m=+.2549
m=-.4267
m=-.3560
m=+.3567
m=-.5093
m=+.3486
m=+.3782
m=+.5223
m=-.3875
m=+.3409
m=-.5654
8
12
0
.5
K
X
TAFEL F/IV 166 : 1.5L-1.5L-L-2L

F IV

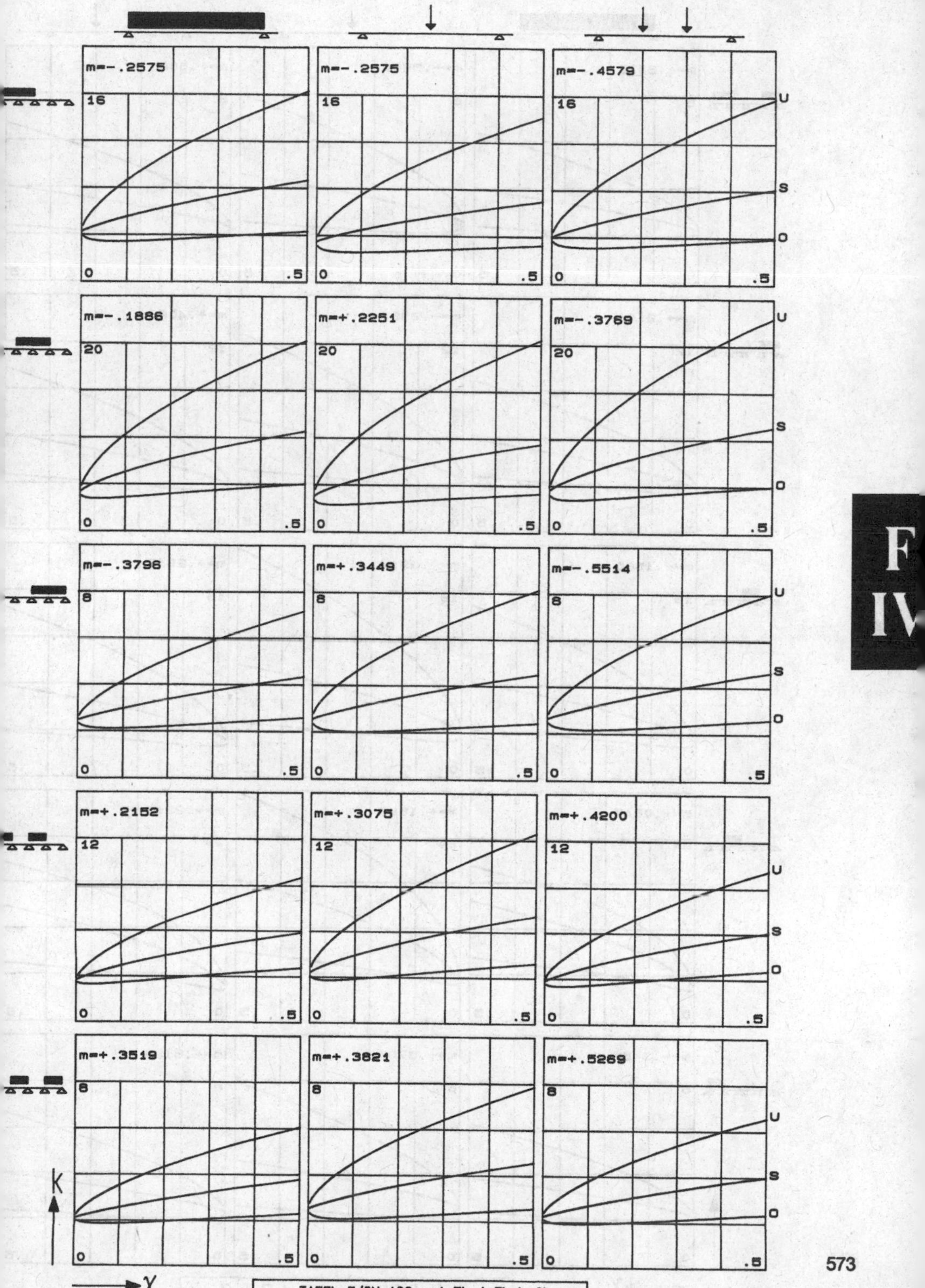

m=-.2575
16
0
.5
m=-.2575
16
0
.5
m=-.4579
16
0
.5
U
S
O
m=-.1886
20
0
.5
m=+.2251
20
0
.5
m=-.3769
20
0
.5
U
S
O
m=-.3796
8
0
.5
m=+.3449
8
0
.5
m=-.5514
8
0
.5
U
S
O
m=+.2152
12
0
.5
m=+.3075
12
0
.5
m=+.4200
12
0
.5
U
S
O
m=+.3519
8
0
.5
m=+.3821
8
0
.5
m=+.5269
8
0
.5
U
S
O
K
X

TAFEL F/IV 166 : 1.5L-1.5L-L-2L

F IV

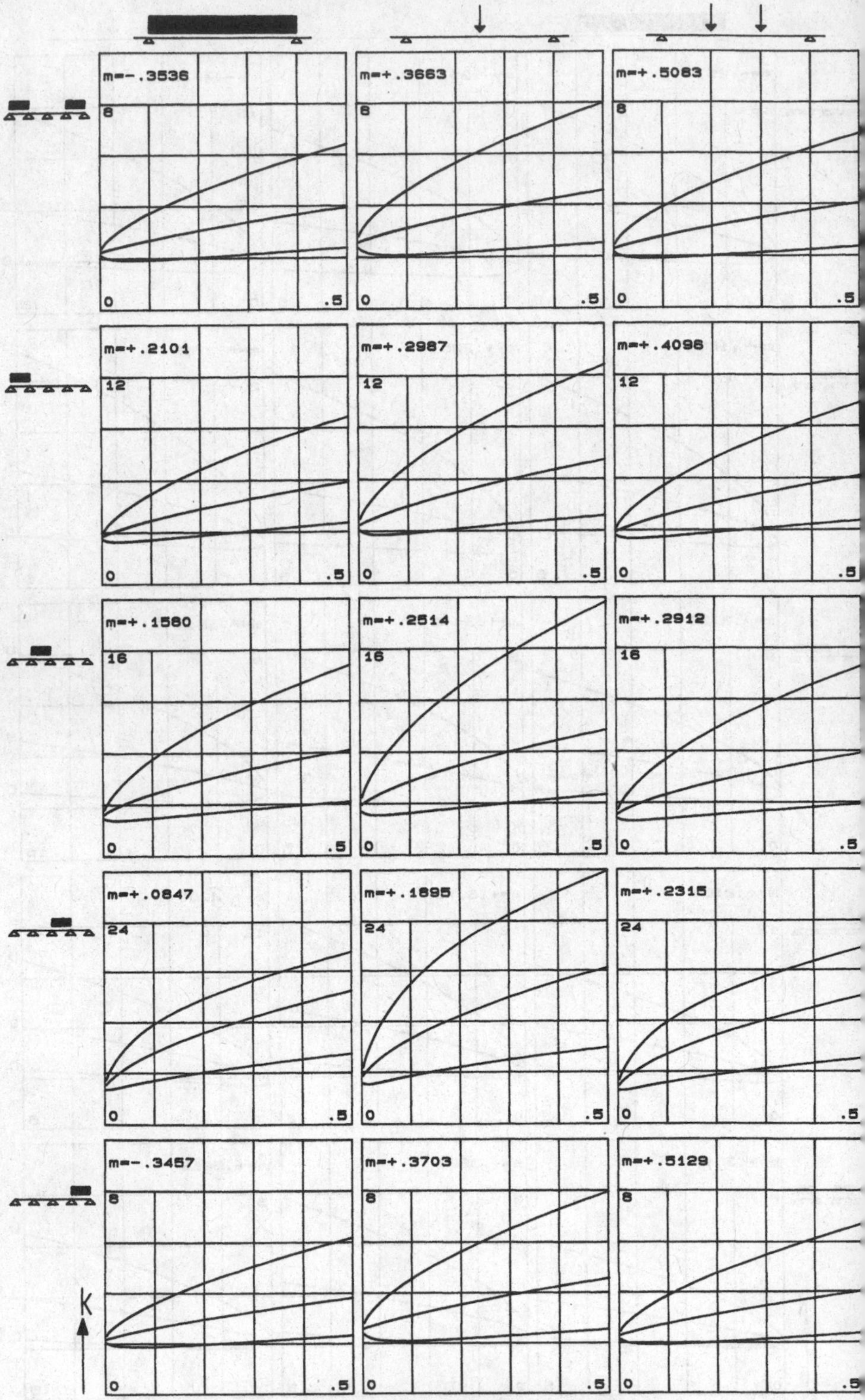
m=-.3536
8
0
.5
m=+.3663
8
0
.5
m=+.5083
8
0
.5
m=+.2101
12
0
.5
m=+.2987
12
0
.5
m=+.4096
12
0
.5
m=+.1560
16
0
.5
m=+.2514
16
0
.5
m=+.2912
16
0
.5
m=+.0847
24
0
.5
m=+.1895
24
0
.5
m=+.2315
24
0
.5
m=-.3457
8
0
.5
m=+.3703
8
0
.5
m=+.5129
8
0
.5
K
X

TAFEL F/IV 166 : 1.5L-1.5L-L-2L

F V

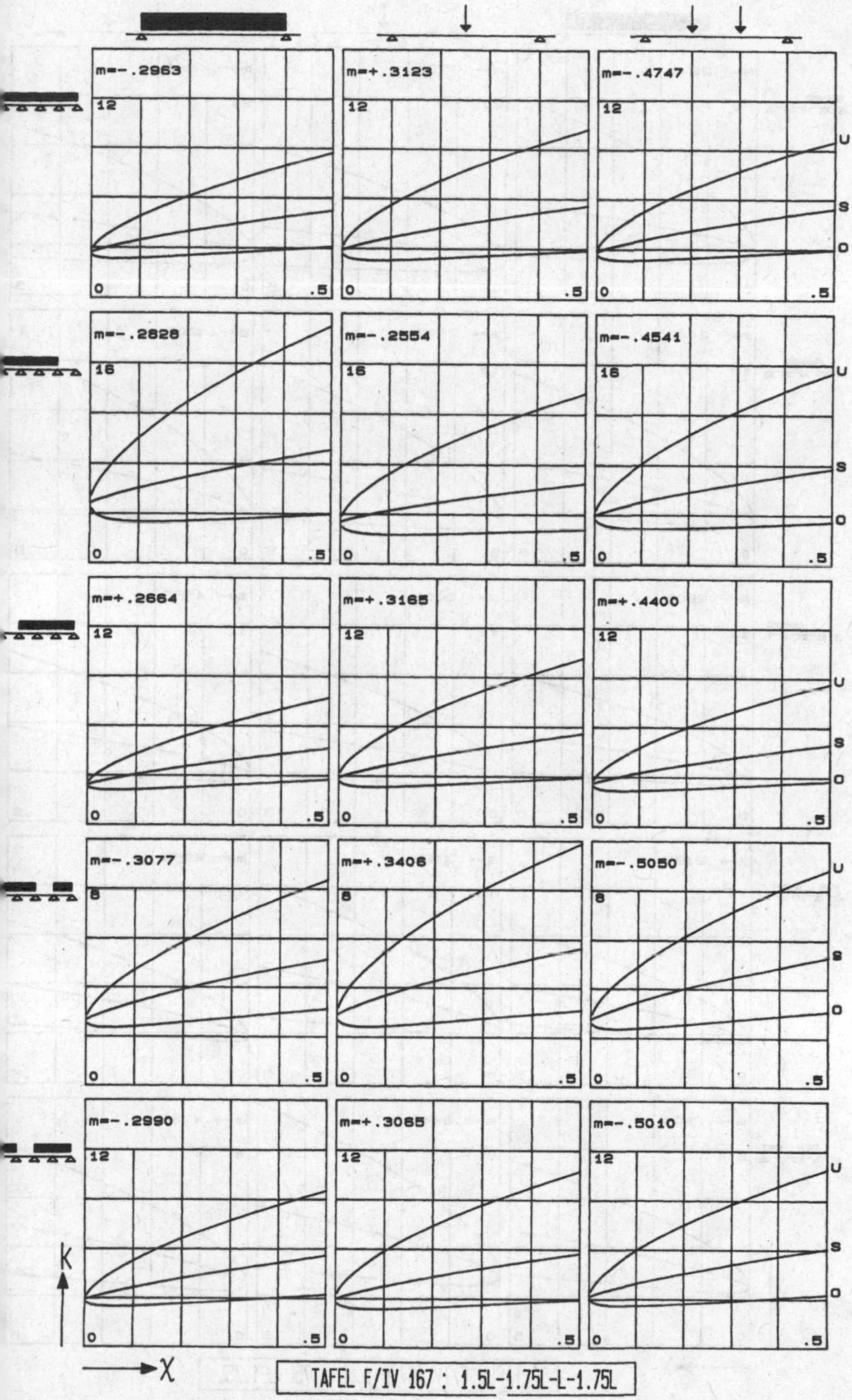
m=-.2963
12
0
.5
m=+.3123
12
0
.5
m=-.4747
12
U
S
O
0
.5
m=-.2828
16
0
.5
m=-.2554
16
0
.5
m=-.4541
16
U
S
O
0
.5
m=+.2664
12
0
.5
m=+.3165
12
0
.5
m=+.4400
12
U
S
O
0
.5
m=-.3077
8
0
.5
m=+.3406
8
0
.5
m=-.5050
8
U
S
O
0
.5
m=-.2990
12
0
.5
m=+.3065
12
0
.5
m=-.5010
12
U
S
O
0
.5
K
X

TAFEL F/IV 167 : 1.5L-1.75L-L-1.75L

F IV

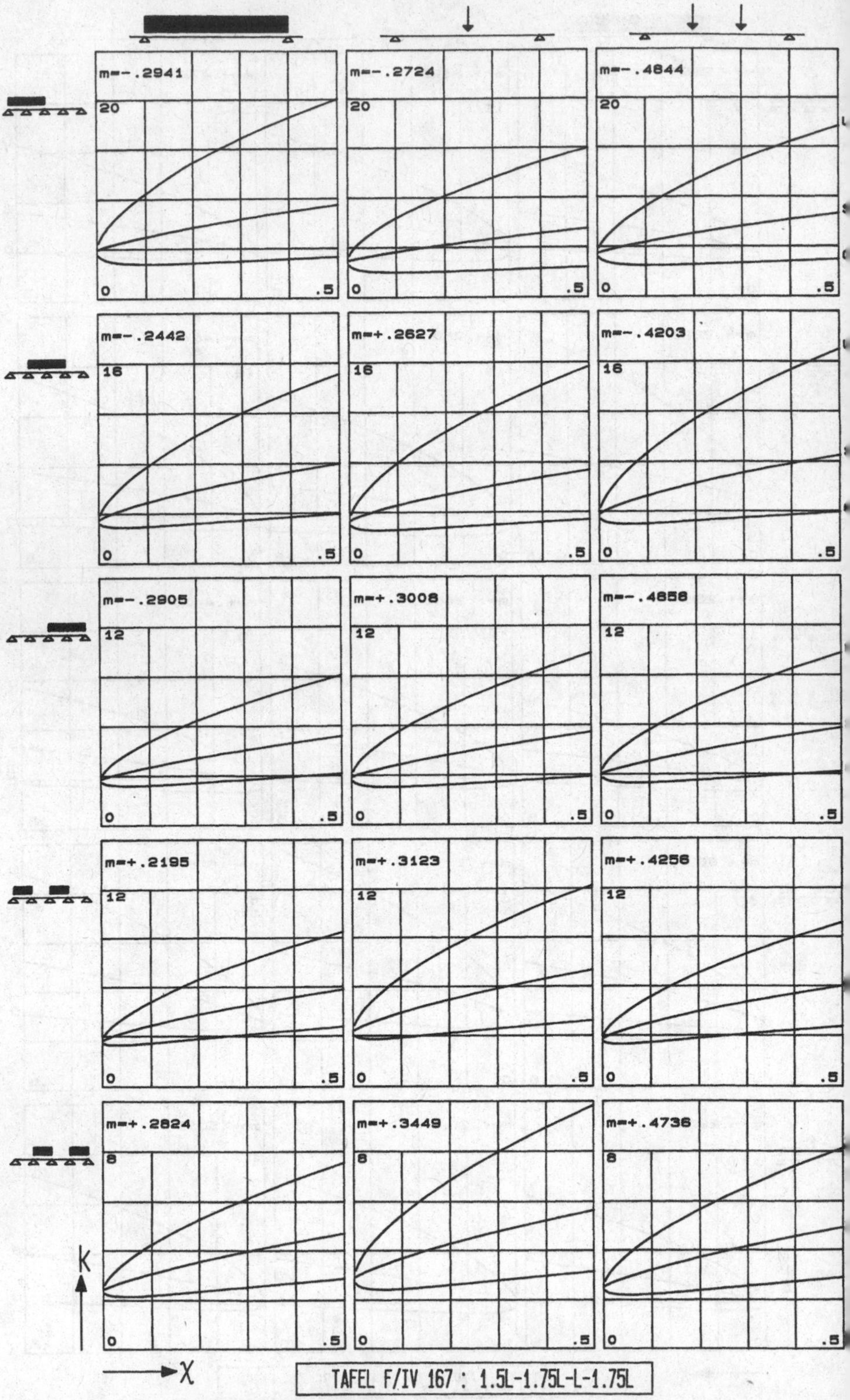

m=-.2941
20
0
.5
m=-.2724
20
0
.5
m=-.4844
20
0
.5
m=-.2442
16
0
.5
m=+.2627
16
0
.5
m=-.4203
16
0
.5
m=-.2905
12
0
.5
m=+.3006
12
0
.5
m=-.4656
12
0
.5
m=+.2195
12
0
.5
m=+.3123
12
0
.5
m=+.4256
12
0
.5
m=+.2824
8
0
.5
m=+.3449
8
0
.5
m=+.4736
8
0
.5
K
X

TAFEL F/IV 167 : 1.5L-1.75L-L-1.75L

F
V

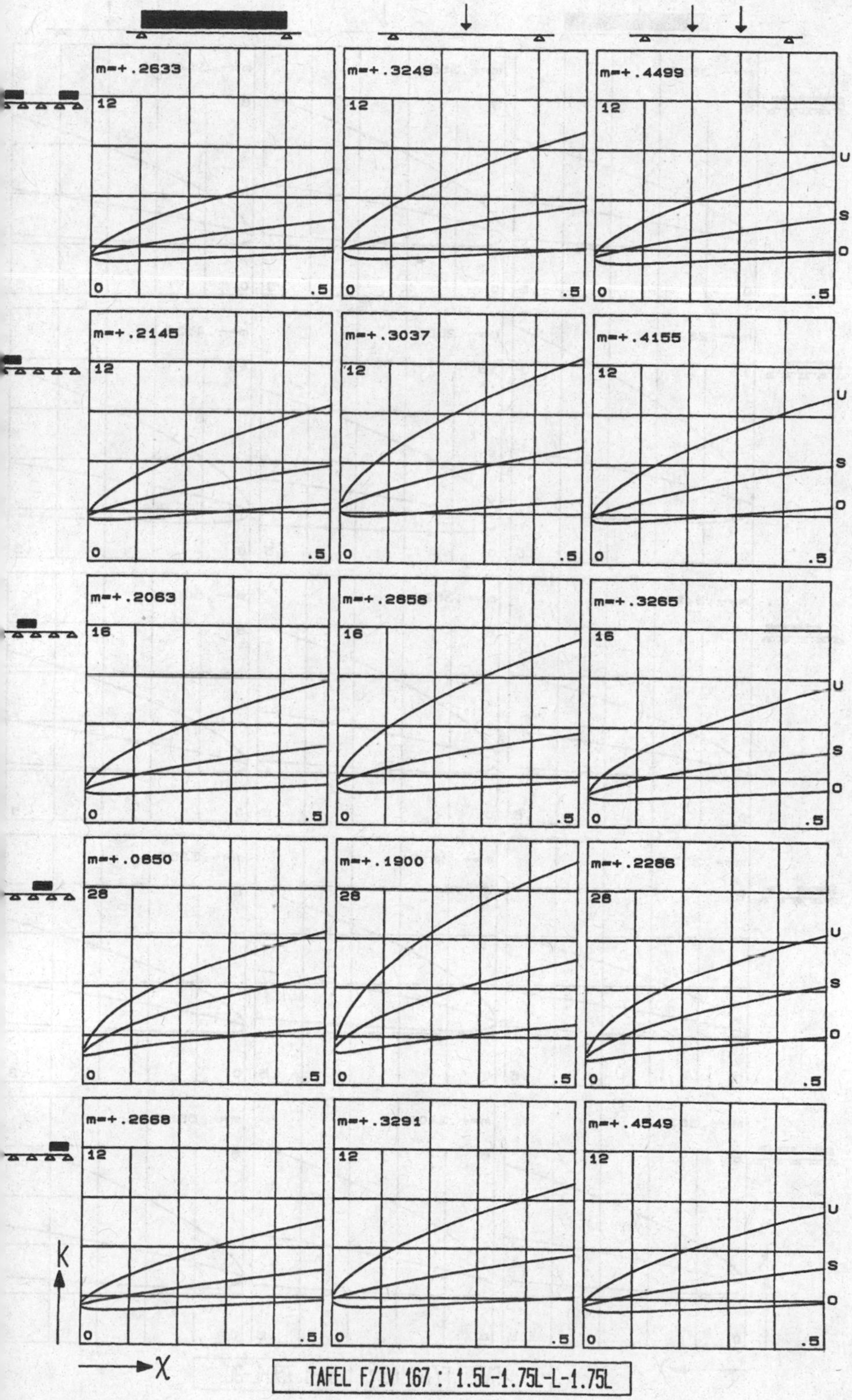

m=+.2633
12
0
.5
m=+.3249
12
0
.5
m=+.4499
12
0
.5
U
S
O
m=+.2145
12
0
.5
m=+.3037
12
0
.5
m=+.4155
12
0
.5
U
S
O
m=+.2063
16
0
.5
m=+.2858
16
0
.5
m=+.3265
16
0
.5
U
S
O
m=+.0850
28
0
.5
m=+.1900
28
0
.5
m=+.2286
28
0
.5
U
S
O
m=+.2668
12
0
.5
m=+.3291
12
0
.5
m=+.4549
12
0
.5
U
S
O
K
X

TAFEL F/IV 167 : 1.5L-1.75L-L-1.75L

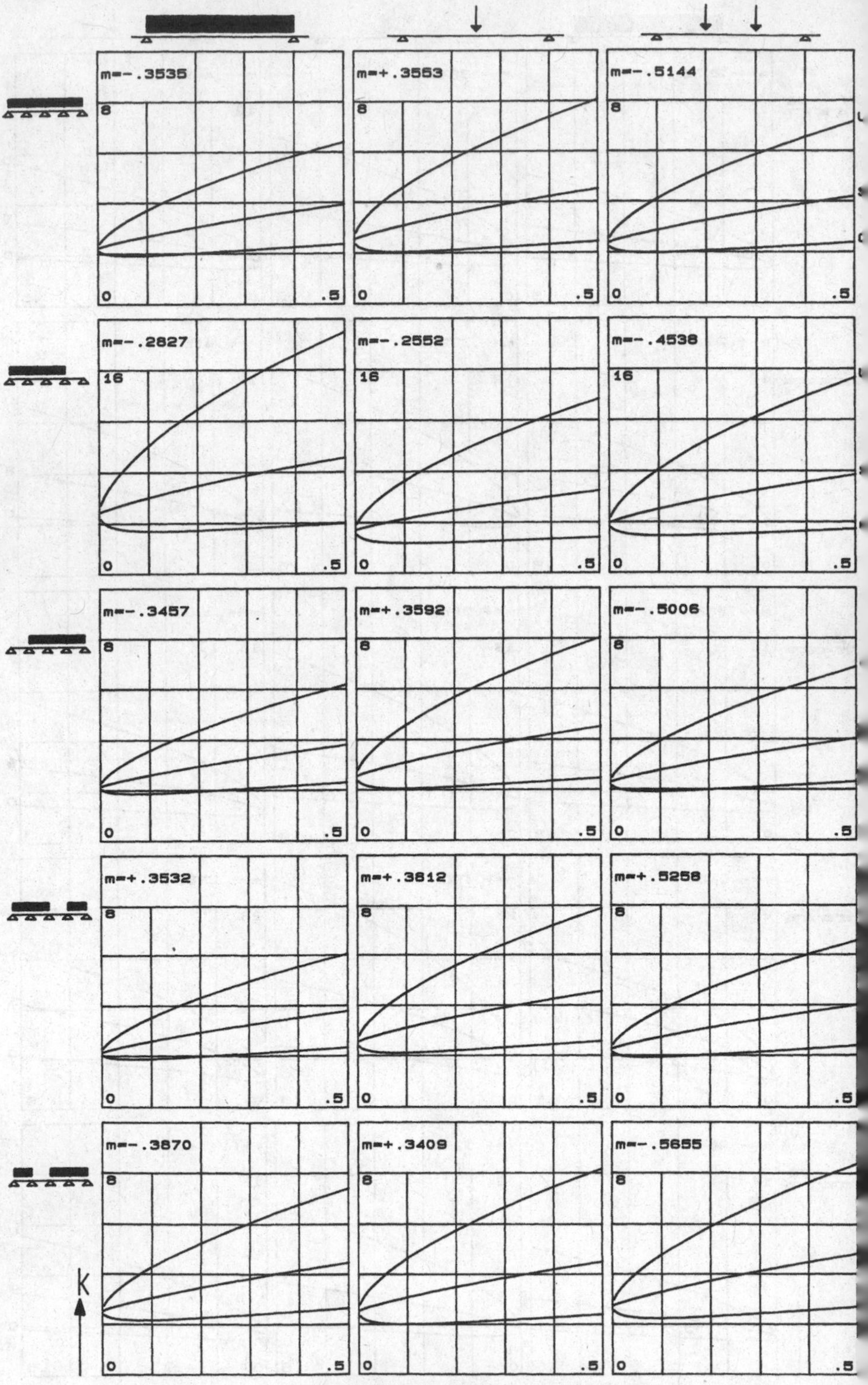
m=-.3535
8
0
.5
m=+.3563
8
0
.5
m=-.5144
8
0
.5
m=-.2827
16
0
.5
m=-.2552
16
0
.5
m=-.4538
16
0
.5
m=-.3457
8
0
.5
m=+.3592
8
0
.5
m=-.5006
8
0
.5
m=+.3532
8
0
.5
m=+.3812
8
0
.5
m=+.5256
8
0
.5
m=-.3870
8
0
.5
m=+.3409
8
0
.5
m=-.5655
8
0
.5
K
X

F V

TAFEL F/IV 168 : 1.5L-1.75L-L-2L

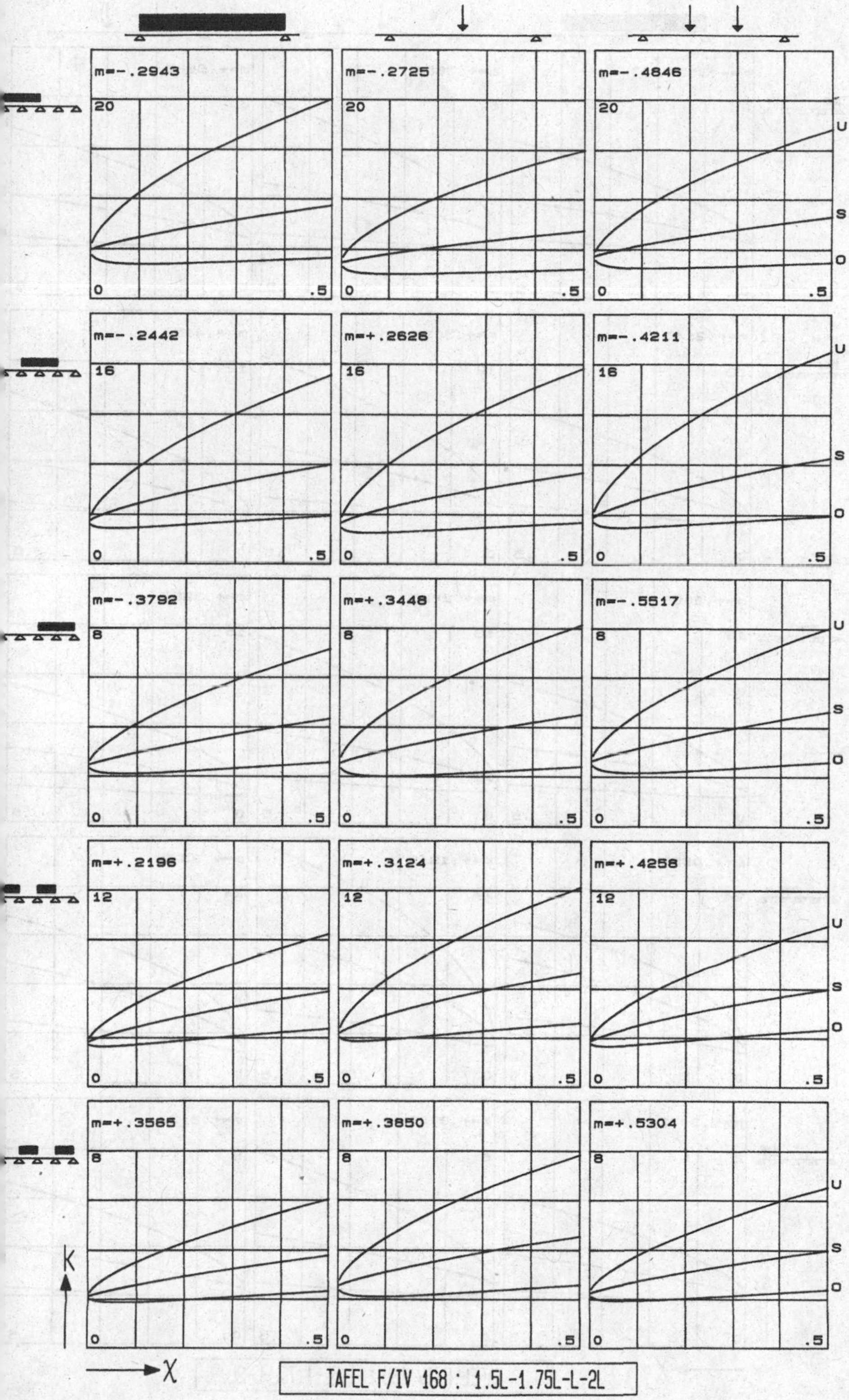
m=-.2943
20
0
.5
m=-.2725
20
0
.5
m=-.4846
20
0
.5
U
S
O
m=-.2442
16
0
.5
m=+.2626
16
0
.5
m=-.4211
16
0
.5
U
S
O
m=-.3792
8
0
.5
m=+.3448
8
0
.5
m=-.5517
8
0
.5
U
S
O
m=+.2196
12
0
.5
m=+.3124
12
0
.5
m=+.4258
12
0
.5
U
S
O
m=+.3565
8
0
.5
m=+.3850
8
0
.5
m=+.5304
8
0
.5
U
S
O
K
X

TAFEL F/IV 168 : 1.5L-1.75L-L-2L

F
IV

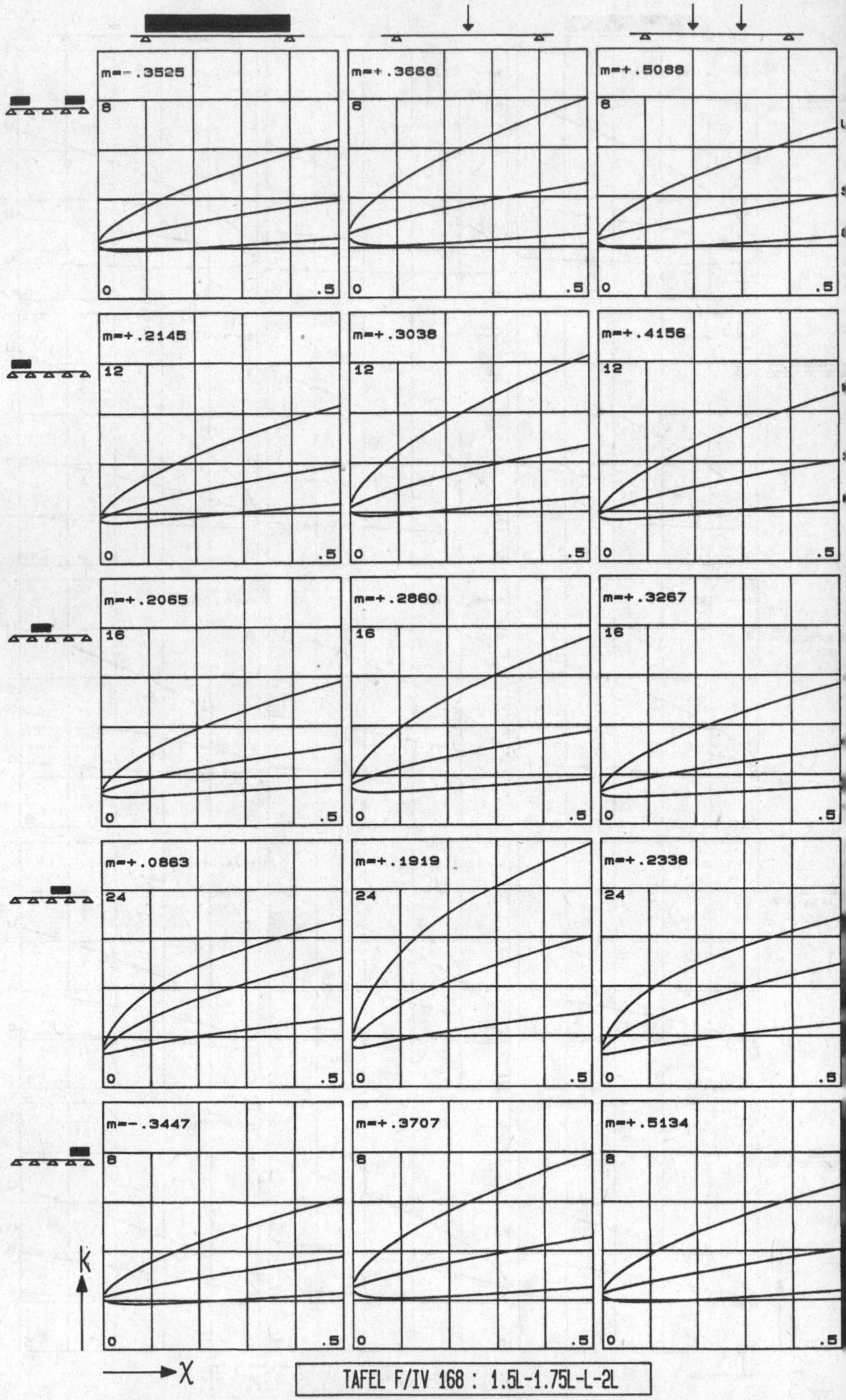

m=-.3525
8
0
.5
m=+.3666
8
0
.5
m=+.5088
8
0
.5
m=+.2145
12
0
.5
m=+.3038
12
0
.5
m=+.4156
12
0
.5
m=+.2065
16
0
.5
m=+.2860
16
0
.5
m=+.3267
16
0
.5
m=+.0863
24
0
.5
m=+.1919
24
0
.5
m=+.2338
24
0
.5
m=-.3447
8
0
.5
m=+.3707
8
0
.5
m=+.5134
8
0
.5
K
X

TAFEL F/IV 168 : 1.5L-1.75L-L-2L

F
IV

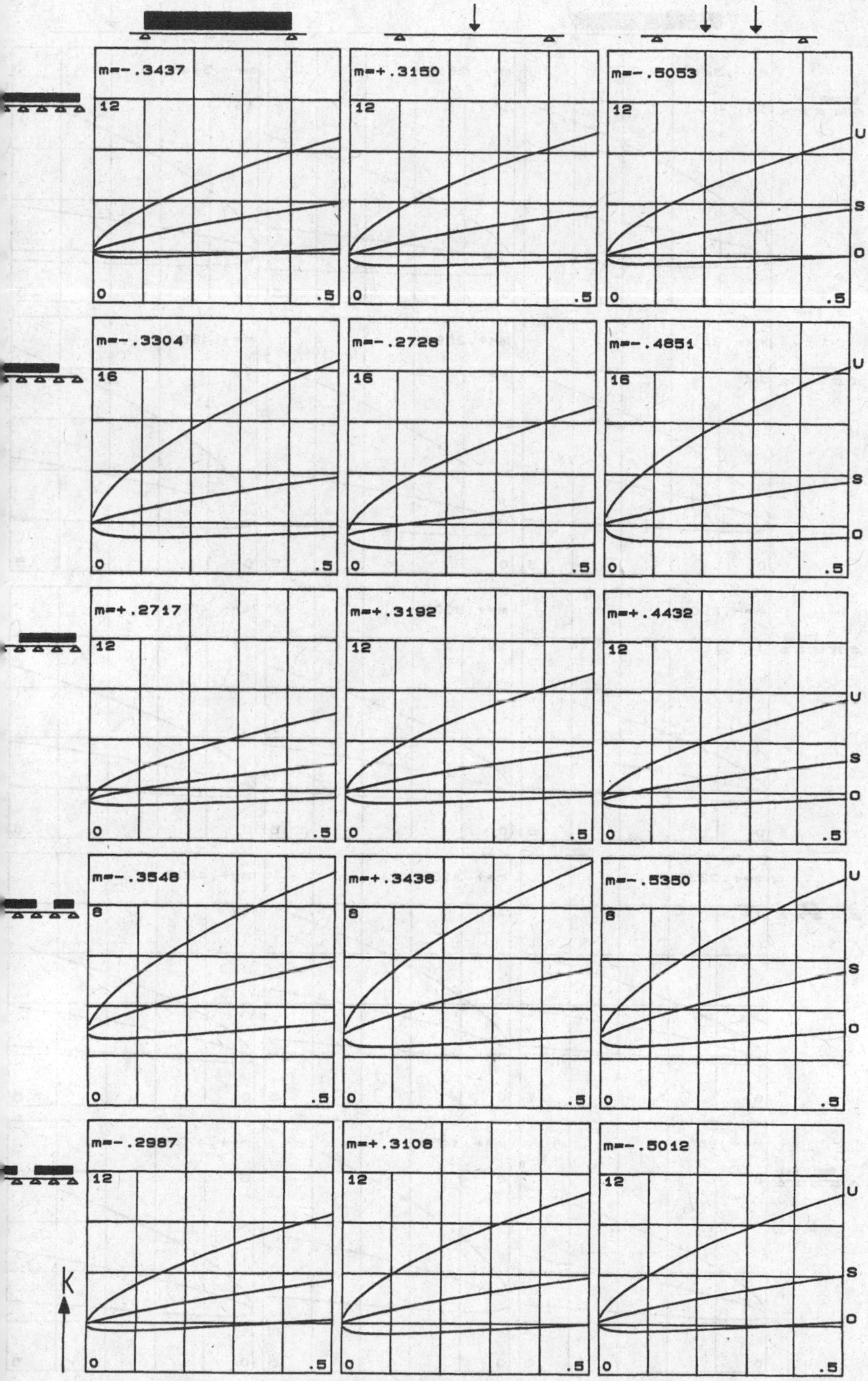
m=-.3437
m=+.3150
m=-.5053
m=-.3304
m=-.2728
m=-.4851
m=+.2717
m=+.3192
m=+.4432
m=-.3548
m=+.3438
m=-.5350
m=-.2987
m=+.3108
m=-.5012
U
S
O
K
X

TAFEL F/IV 169 : 1.5L-2L-L-1.75L

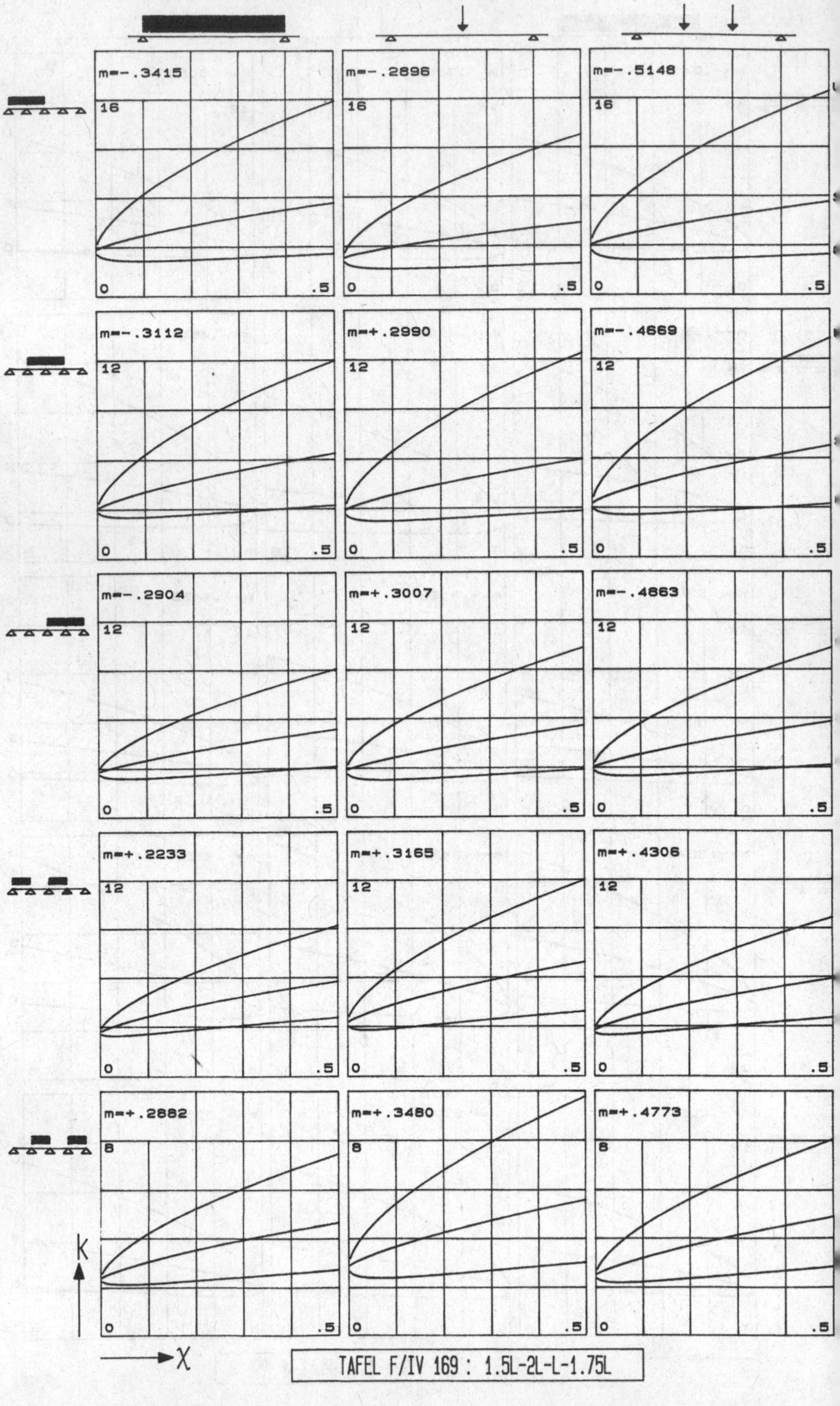
m=-.3415
16
0
.5
m=-.2896
16
0
.5
m=-.5148
16
0
.5
m=-.3112
12
0
.5
m=+.2990
12
0
.5
m=-.4669
12
0
.5
m=-.2904
12
0
.5
m=+.3007
12
0
.5
m=-.4663
12
0
.5
m=+.2233
12
0
.5
m=+.3165
12
0
.5
m=+.4306
12
0
.5
m=+.2882
8
0
.5
m=+.3480
8
0
.5
m=+.4773
8
0
.5
K
X

TAFEL F/IV 169 : 1.5L-2L-L-1.75L

F V

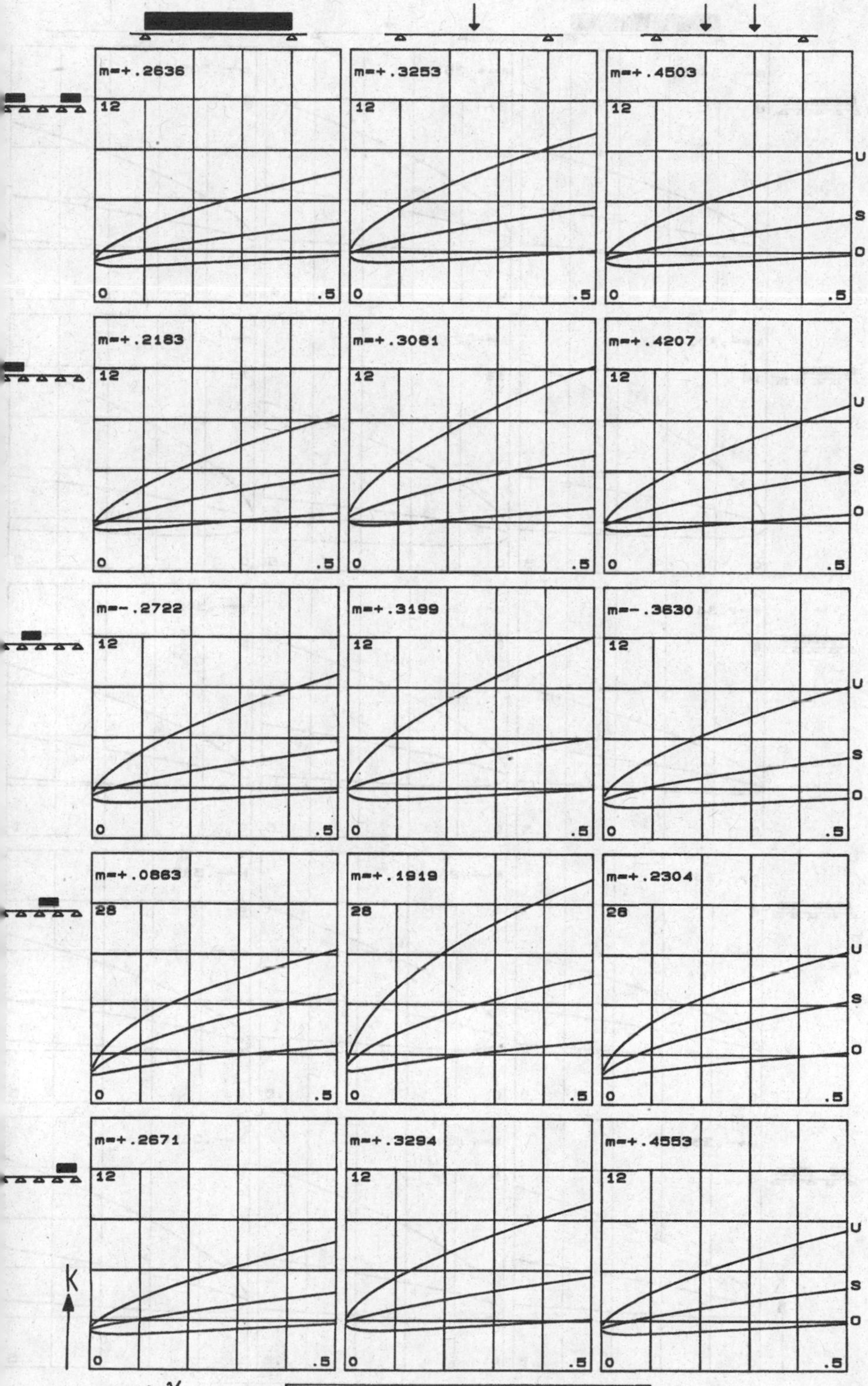
m=+.2636
12
0
.5
m=+.3253
12
0
.5
m=+.4503
12
U
S
O
0
.5
m=+.2183
12
0
.5
m=+.3081
12
0
.5
m=+.4207
12
U
S
O
0
.5
m=-.2722
12
0
.5
m=+.3199
12
0
.5
m=-.3630
12
U
S
O
0
.5
m=+.0863
28
0
.5
m=+.1919
28
0
.5
m=+.2304
28
U
S
O
0
.5
m=+.2671
12
0
.5
m=+.3294
12
0
.5
m=+.4553
12
U
S
O
0
.5
K
X

TAFEL F/IV 169 : 1.5L-2L-L-1.75L

F
IV

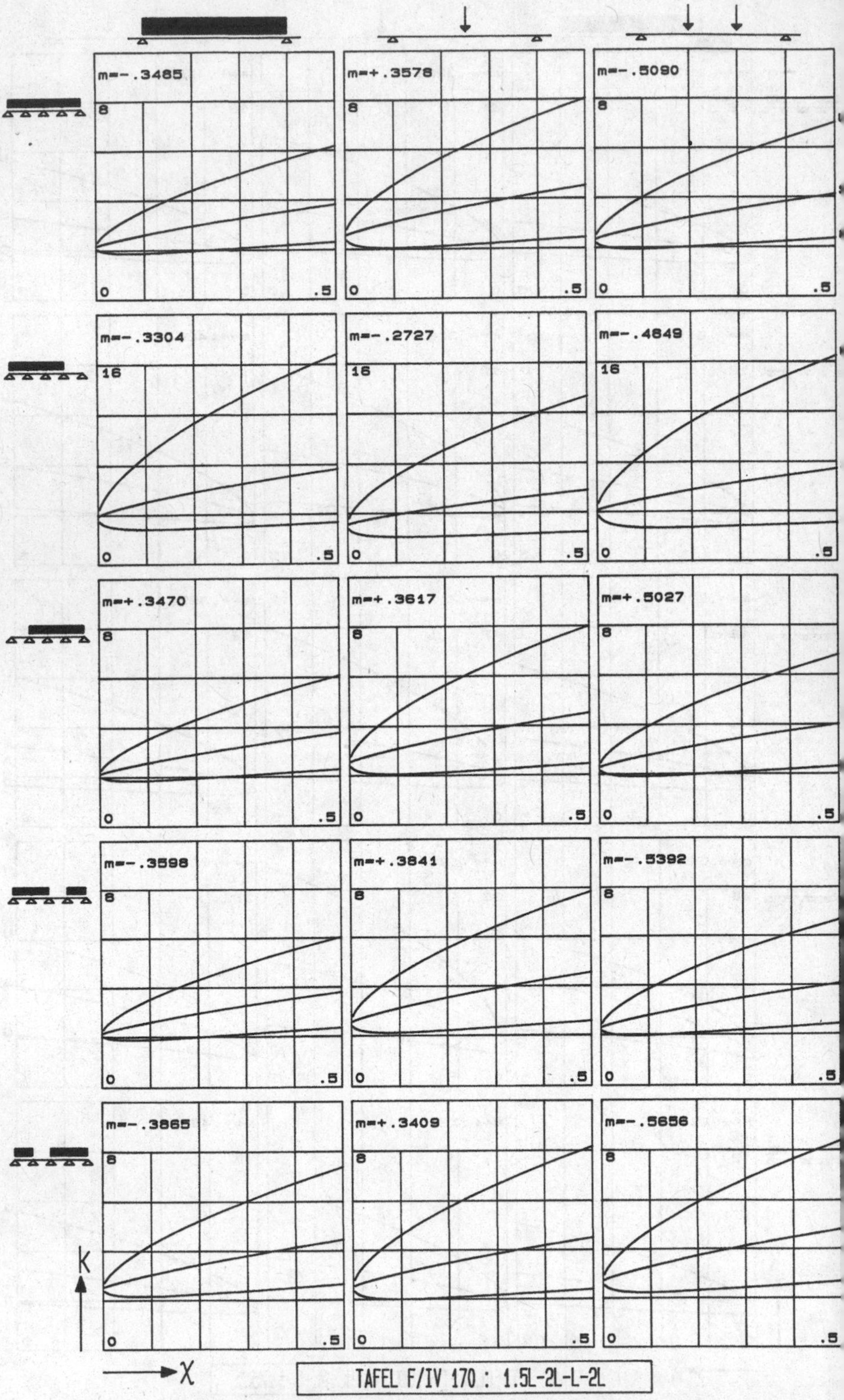
m=-.3465
8
0
.5
m=+.3578
8
0
.5
m=-.5090
8
0
.5
m=-.3304
16
0
.5
m=-.2727
16
0
.5
m=-.4849
16
0
.5
m=+.3470
8
0
.5
m=+.3617
8
0
.5
m=+.5027
8
0
.5
m=-.3598
8
0
.5
m=+.3841
8
0
.5
m=-.5392
8
0
.5
m=-.3865
8
0
.5
m=+.3409
8
0
.5
m=-.5656
8
0
.5
K
X

TAFEL F/IV 170 : 1.5L-2L-L-2L

F
IV

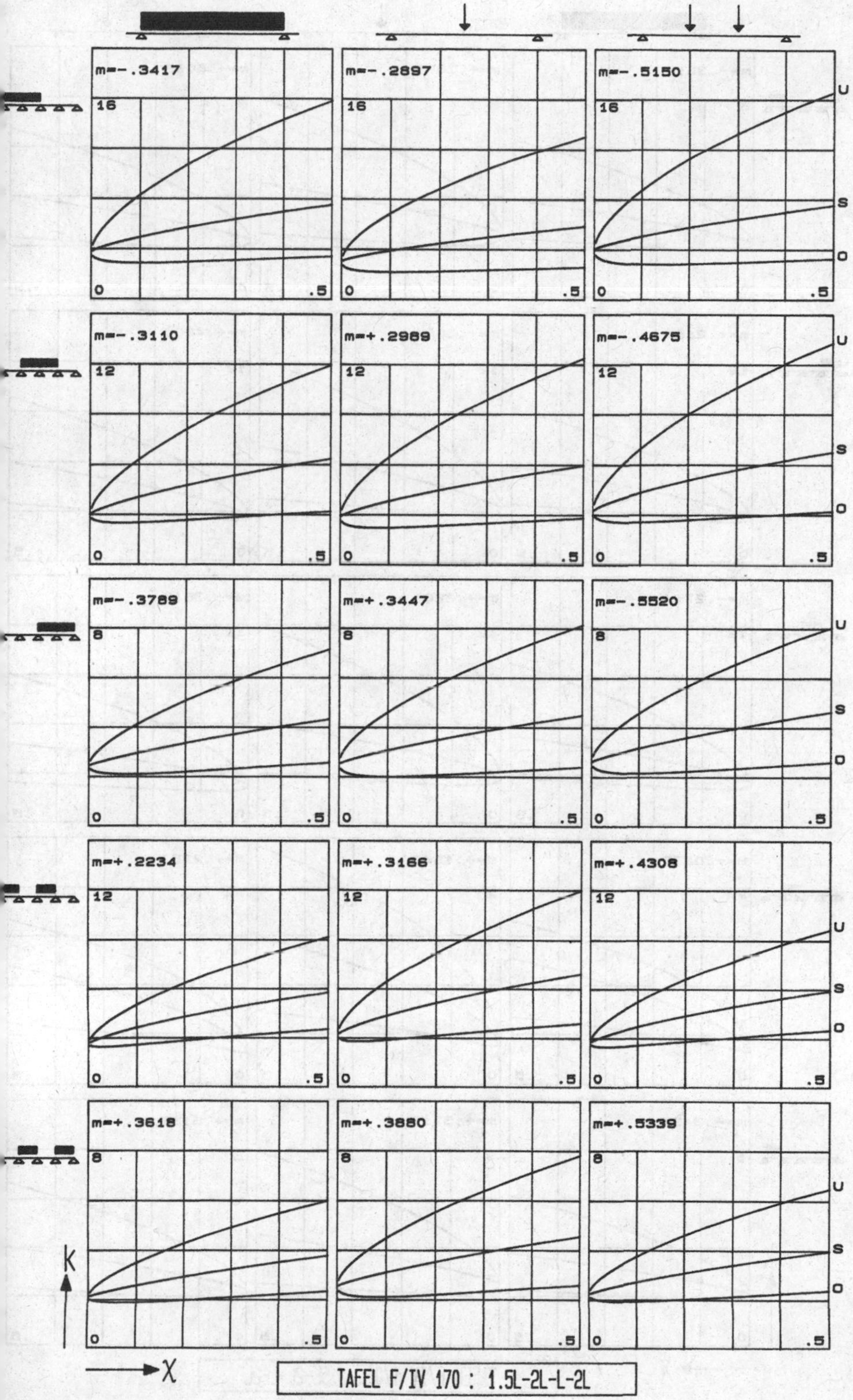
m=-.3417
16
m=-.2697
16
m=-.5150
16
U
S
O
m=-.3110
12
m=+.2969
12
m=-.4675
12
m=-.3789
8
m=+.3447
8
m=-.5520
8
m=+.2234
12
m=+.3166
12
m=+.4308
12
m=+.3618
8
m=+.3880
8
m=+.5339
8
0
.5
K
X
F
IV

TAFEL F/IV 170 : 1.5L-2L-L-2L

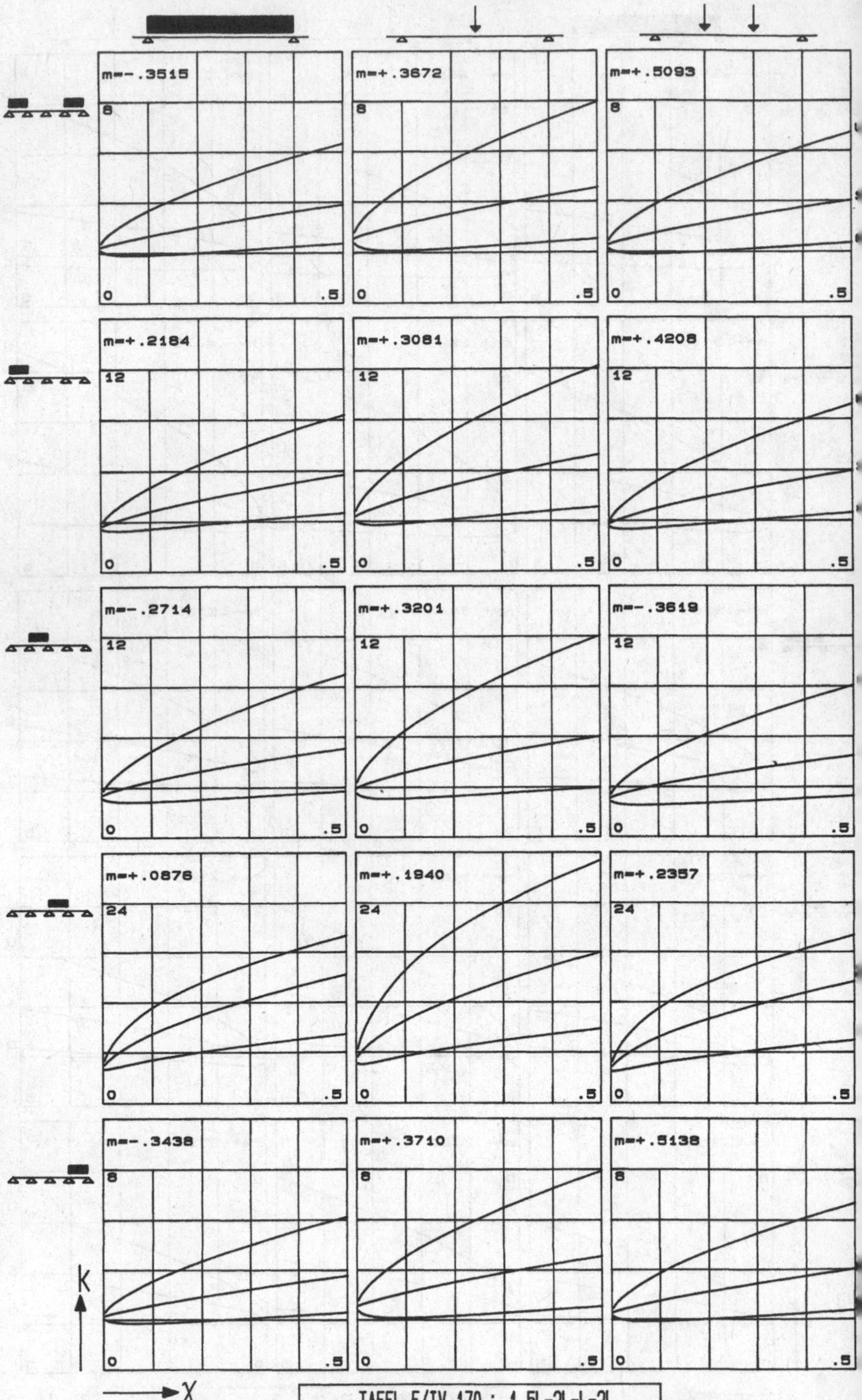

m=-.3515
8
0
.5
m=+.3672
8
0
.5
m=+.5093
8
0
.5
m=+.2184
12
0
.5
m=+.3081
12
0
.5
m=+.4208
12
0
.5
m=-.2714
12
0
.5
m=+.3201
12
0
.5
m=-.3619
12
0
.5
m=+.0876
24
0
.5
m=+.1940
24
0
.5
m=+.2357
24
0
.5
m=-.3438
8
0
.5
m=+.3710
8
0
.5
m=+.5138
8
0
.5
K
X

TAFEL F/IV 170 : 1.5L-2L-L-2L

F V

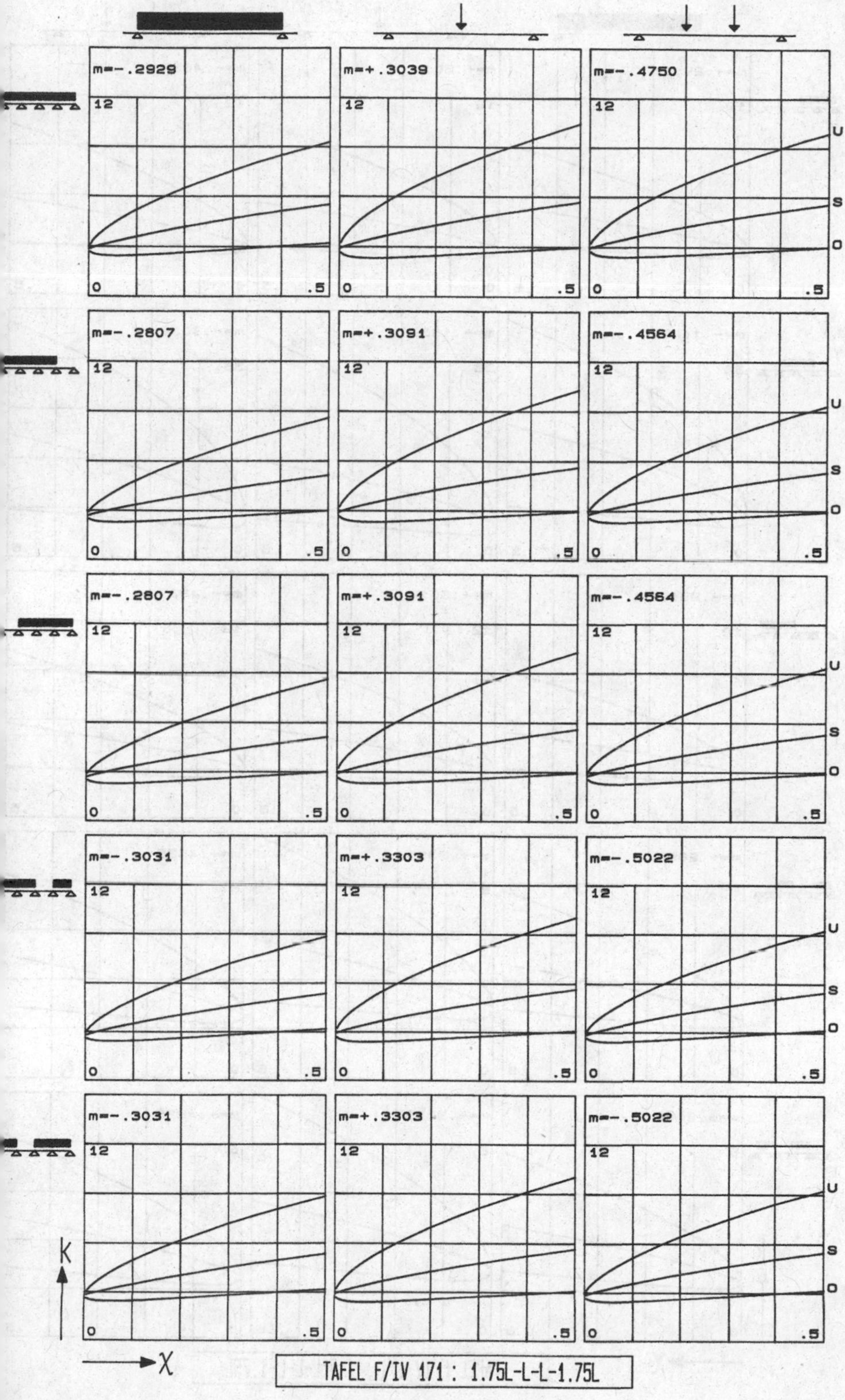
m=-.2929
m=+.3039
m=-.4750
m=-.2807
m=+.3091
m=-.4564
m=-.2807
m=+.3091
m=-.4564
m=-.3031
m=+.3303
m=-.5022
m=-.3031
m=+.3303
m=-.5022
12
0
.5
U
S
O
K
X

TAFEL F/IV 171 : 1.75L-L-L-1.75L

F
IV

F/IV

588

TAFEL F/IV 171 : 1.75L-L-L-1.75L

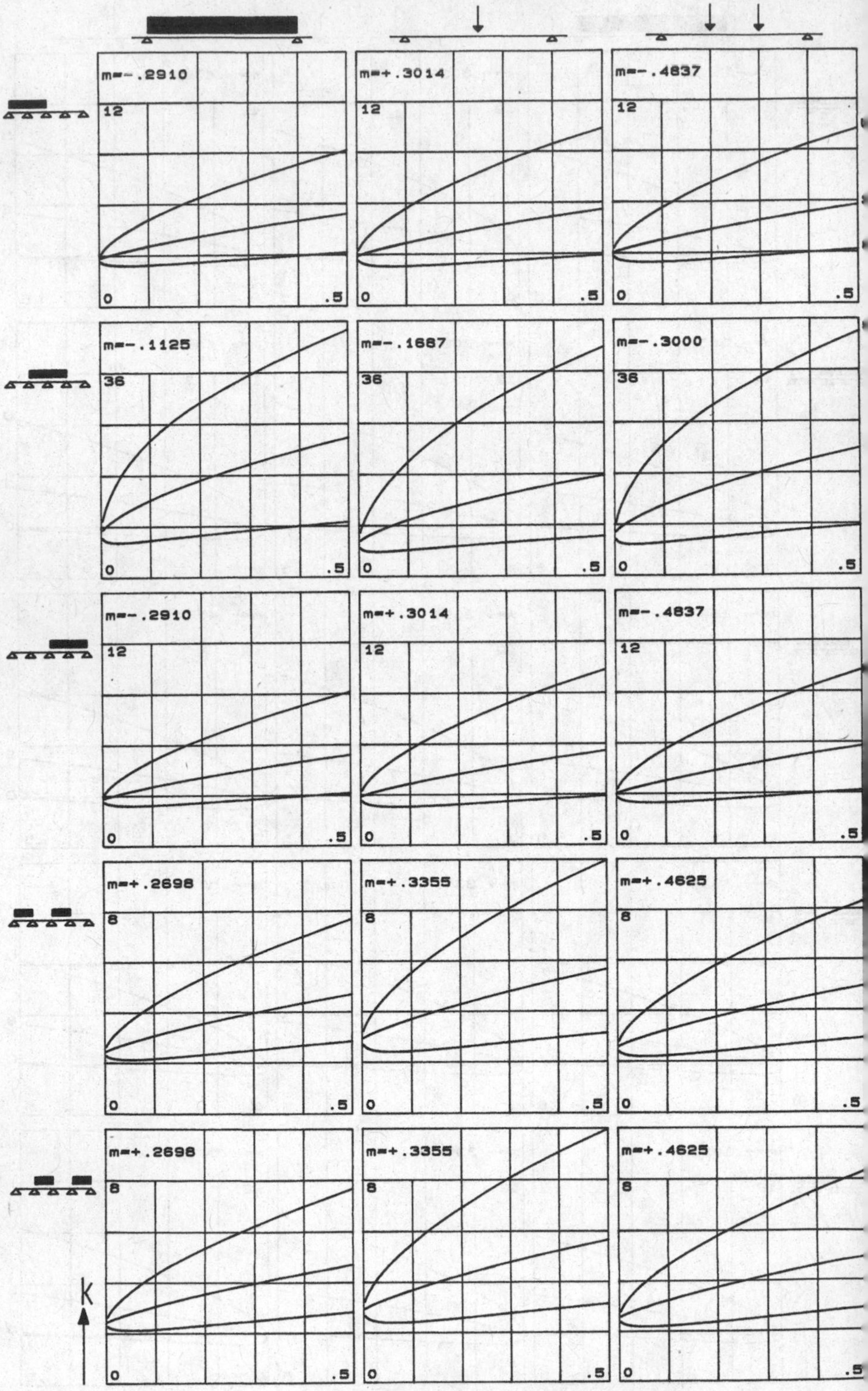

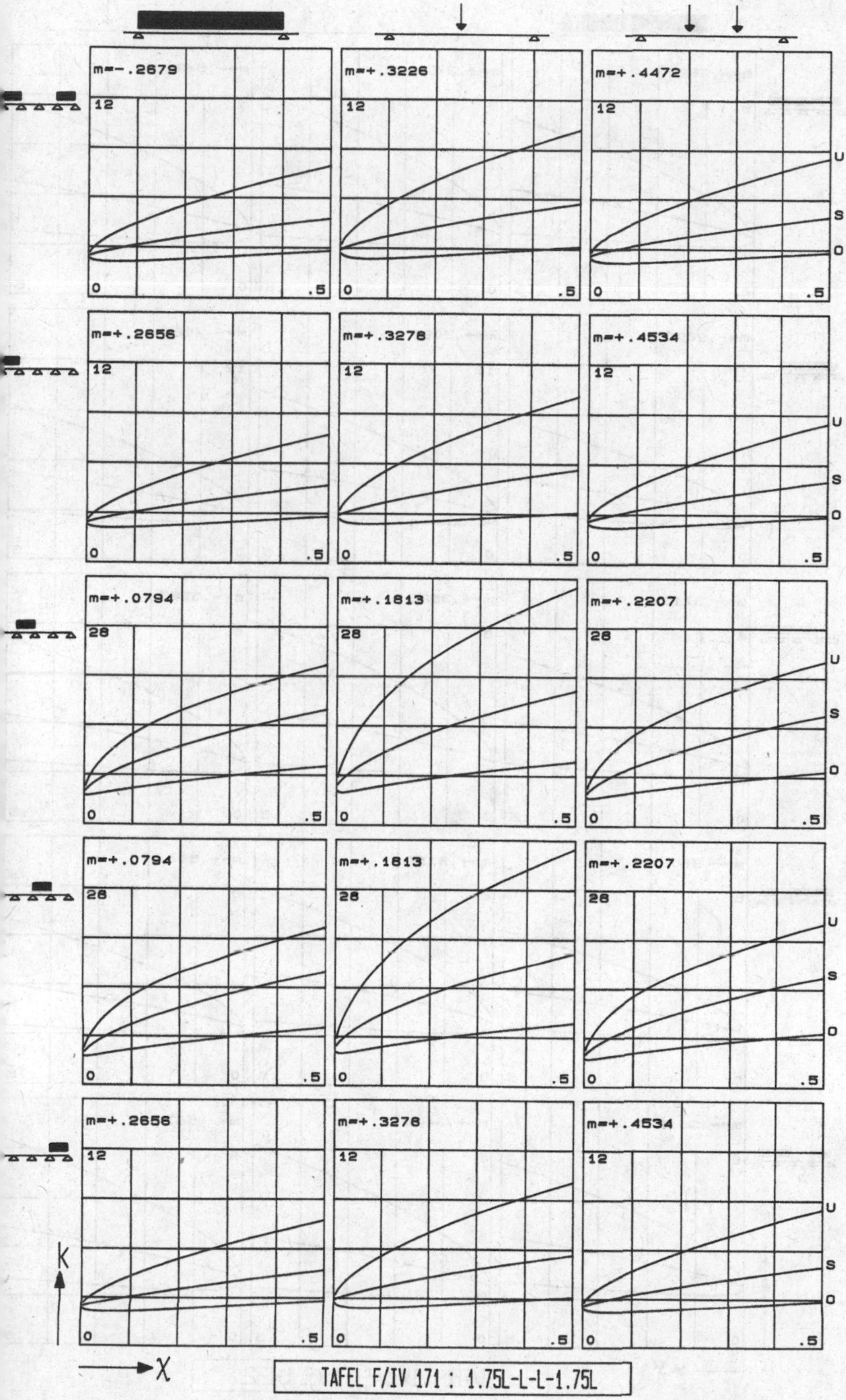
m=-.2679
m=+.3226
m=+.4472
m=+.2656
m=+.3276
m=+.4534
m=+.0794
m=+.1813
m=+.2207
m=+.0794
m=+.1813
m=+.2207
m=+.2656
m=+.3276
m=+.4534
12
28
0
.5
U
S
O
K
X

TAFEL F/IV 171 : 1.75L-L-L-1.75L

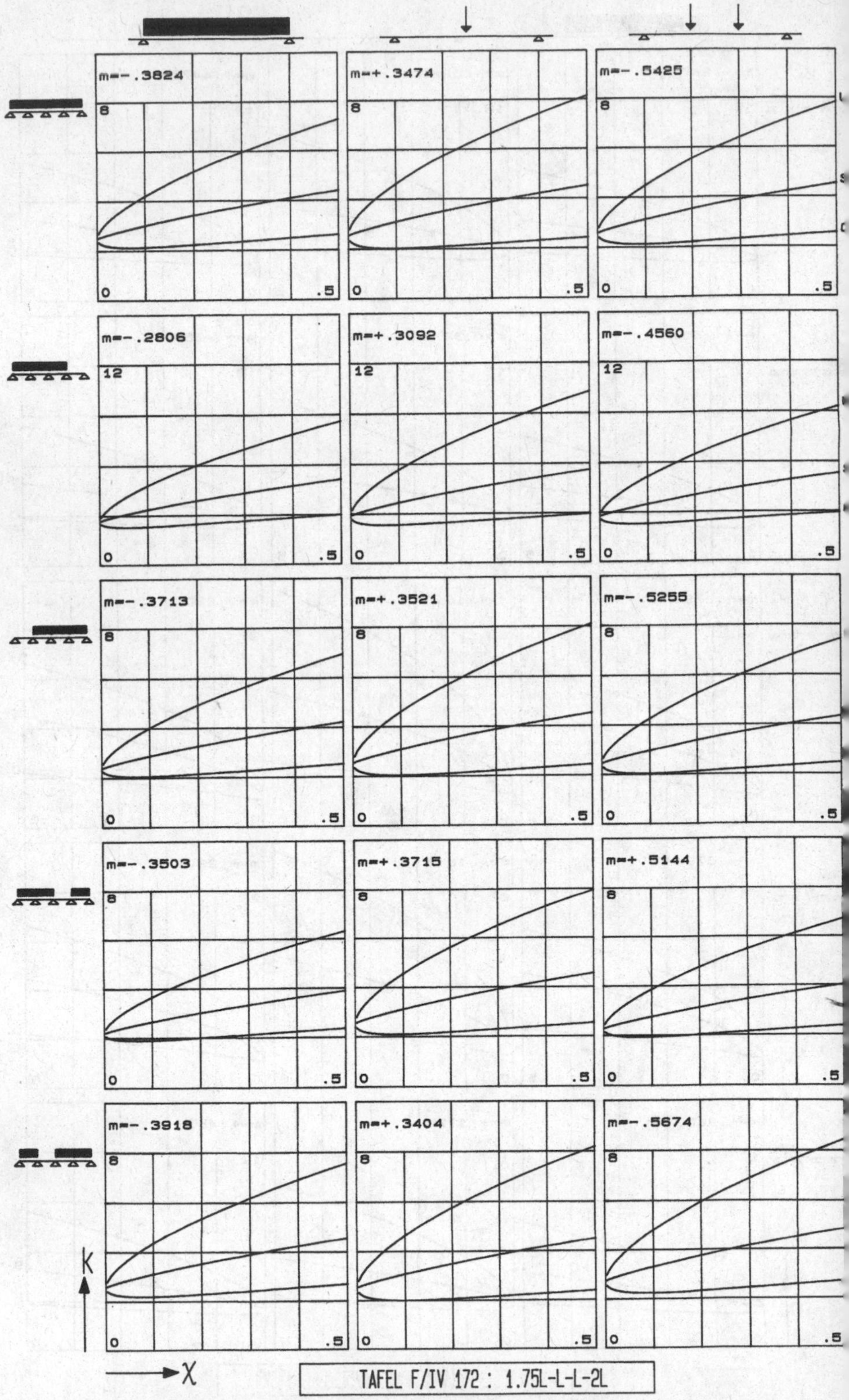

m=-.3824
m=+.3474
m=-.5425
m=-.2806
m=+.3092
m=-.4560
m=-.3713
m=+.3521
m=-.5255
m=-.3503
m=+.3715
m=+.5144
m=-.3918
m=+.3404
m=-.5674
K
X

TAFEL F/IV 172 : 1.75L-L-L-2L

F V

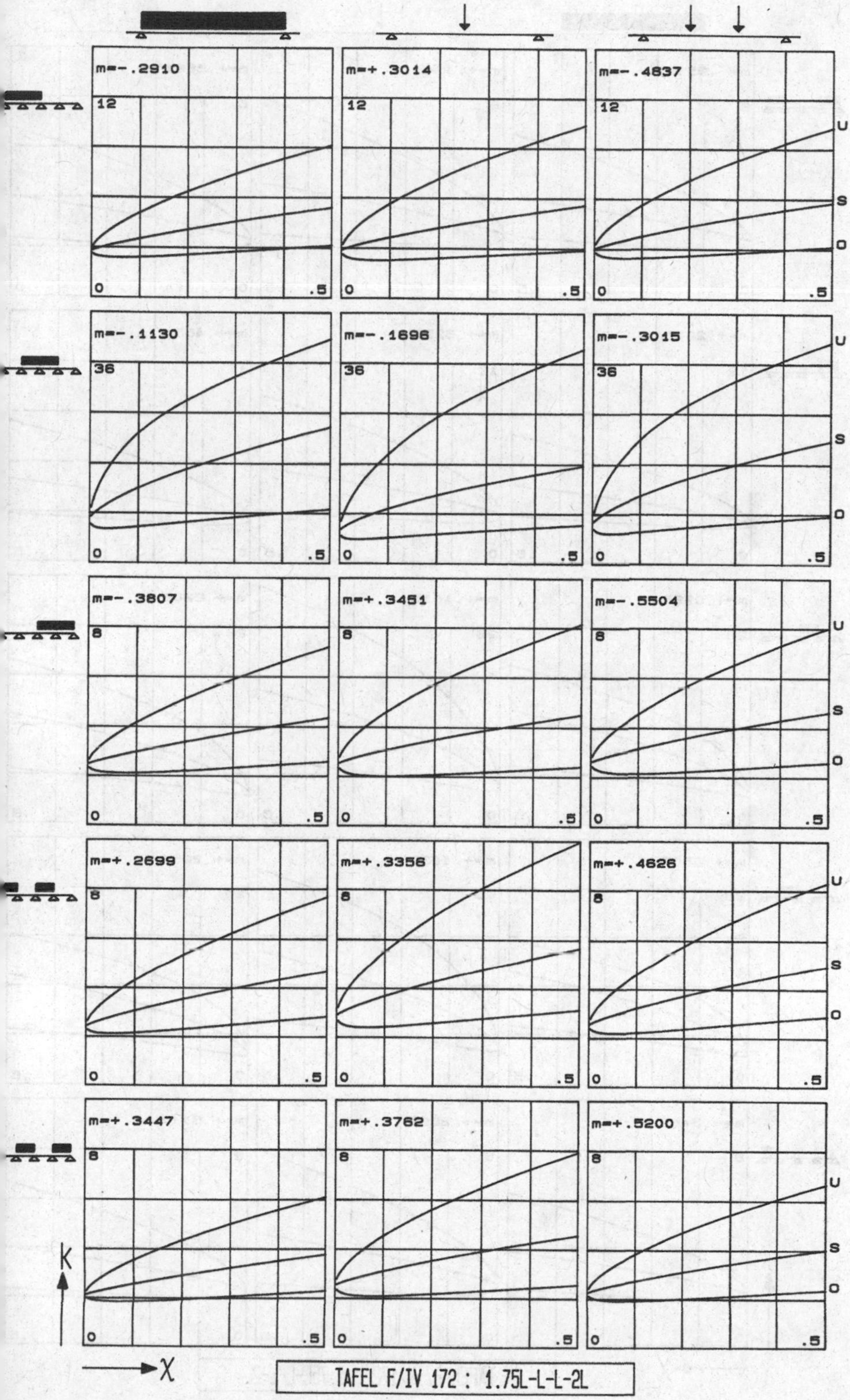

m=-.2910
12
0
.5
m=+.3014
12
0
.5
m=-.4837
12
U
S
O
0
.5
m=-.1130
36
0
.5
m=-.1696
36
0
.5
m=-.3015
36
U
S
O
0
.5
m=-.3807
8
0
.5
m=+.3451
8
0
.5
m=-.5504
8
U
S
O
0
.5
m=+.2699
8
0
.5
m=+.3356
8
0
.5
m=+.4626
8
U
S
O
0
.5
m=+.3447
8
0
.5
m=+.3762
8
0
.5
m=+.5200
8
U
S
O
0
.5
K
X

TAFEL F/IV 172 : 1.75L-L-L-2L

F IV

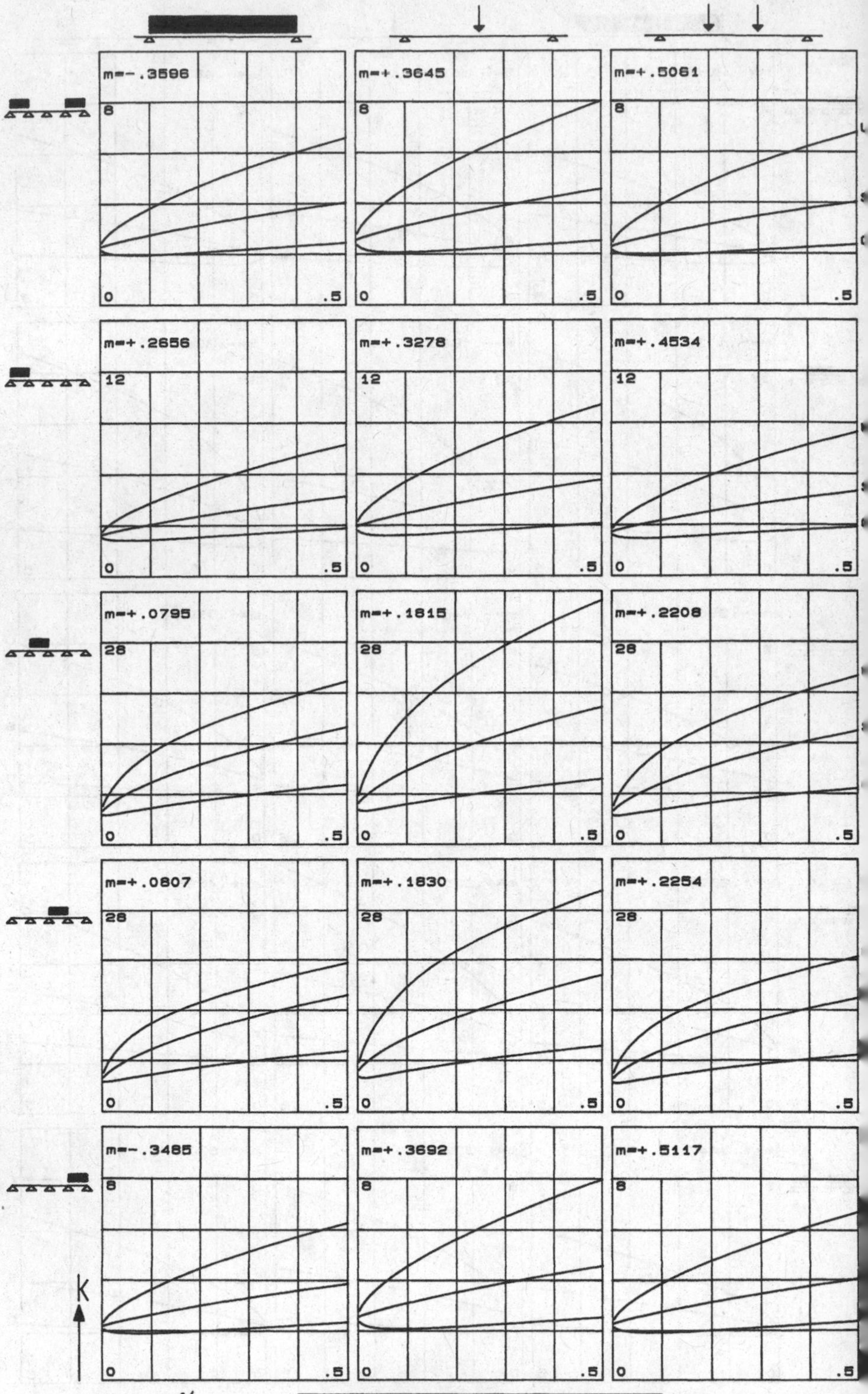

m=-.3596
m=+.3645
m=+.5061
m=+.2656
m=+.3278
m=+.4534
m=+.0795
m=+.1615
m=+.2208
m=+.0807
m=+.1830
m=+.2254
m=-.3485
m=+.3692
m=+.5117
K
X

TAFEL F/IV 172 : 1.75L-L-L-2L

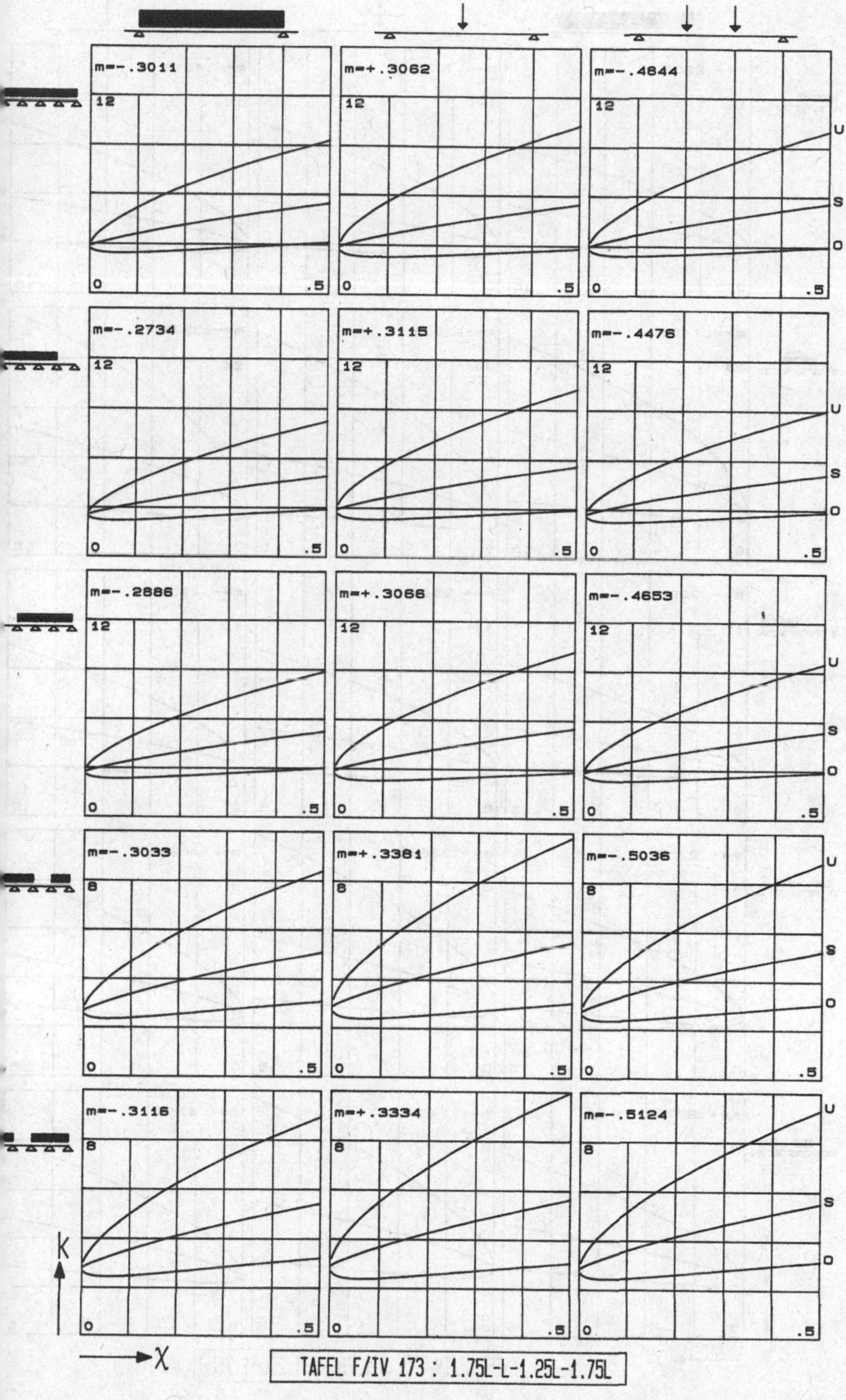

m=-.3011
m=+.3062
m=-.4644
m=-.2734
m=+.3115
m=-.4476
m=-.2886
m=+.3066
m=-.4653
m=-.3033
m=+.3381
m=-.5036
m=-.3116
m=+.3334
m=-.5124
12
8
0
.5
U
S
O
K
X

TAFEL F/IV 173 : 1.75L-L-1.25L-1.75L

F IV

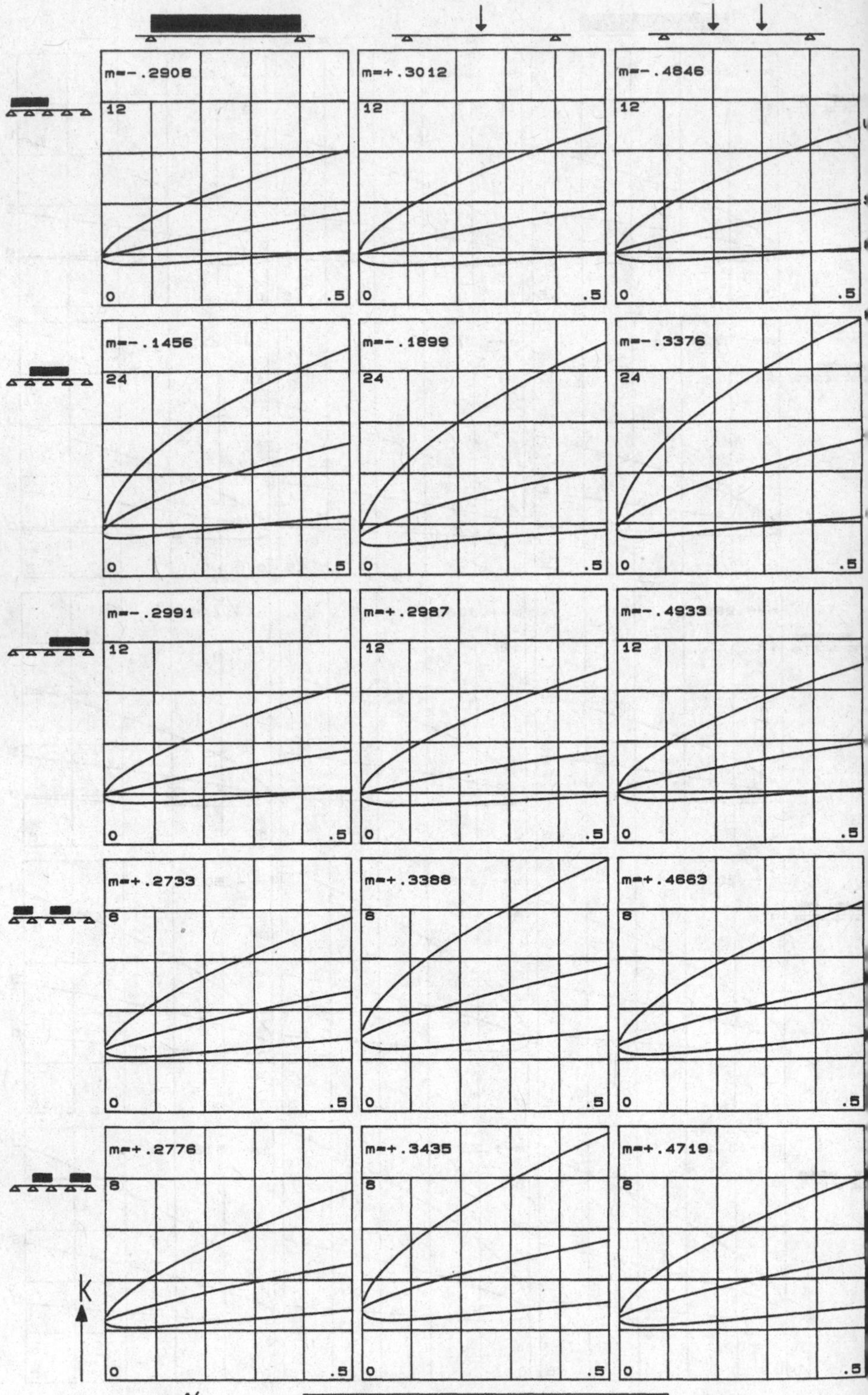

m=-.2908
12
0
.5
m=+.3012
12
0
.5
m=-.4846
12
0
.5
m=-.1456
24
0
.5
m=-.1899
24
0
.5
m=-.3376
24
0
.5
m=-.2991
12
0
.5
m=+.2987
12
0
.5
m=-.4933
12
0
.5
m=+.2733
8
0
.5
m=+.3388
8
0
.5
m=+.4663
8
0
.5
m=+.2776
8
0
.5
m=+.3435
8
0
.5
m=+.4719
8
0
.5
K
X

TAFEL F/IV 173 : 1.75L-L-1.25L-1.75L

F V

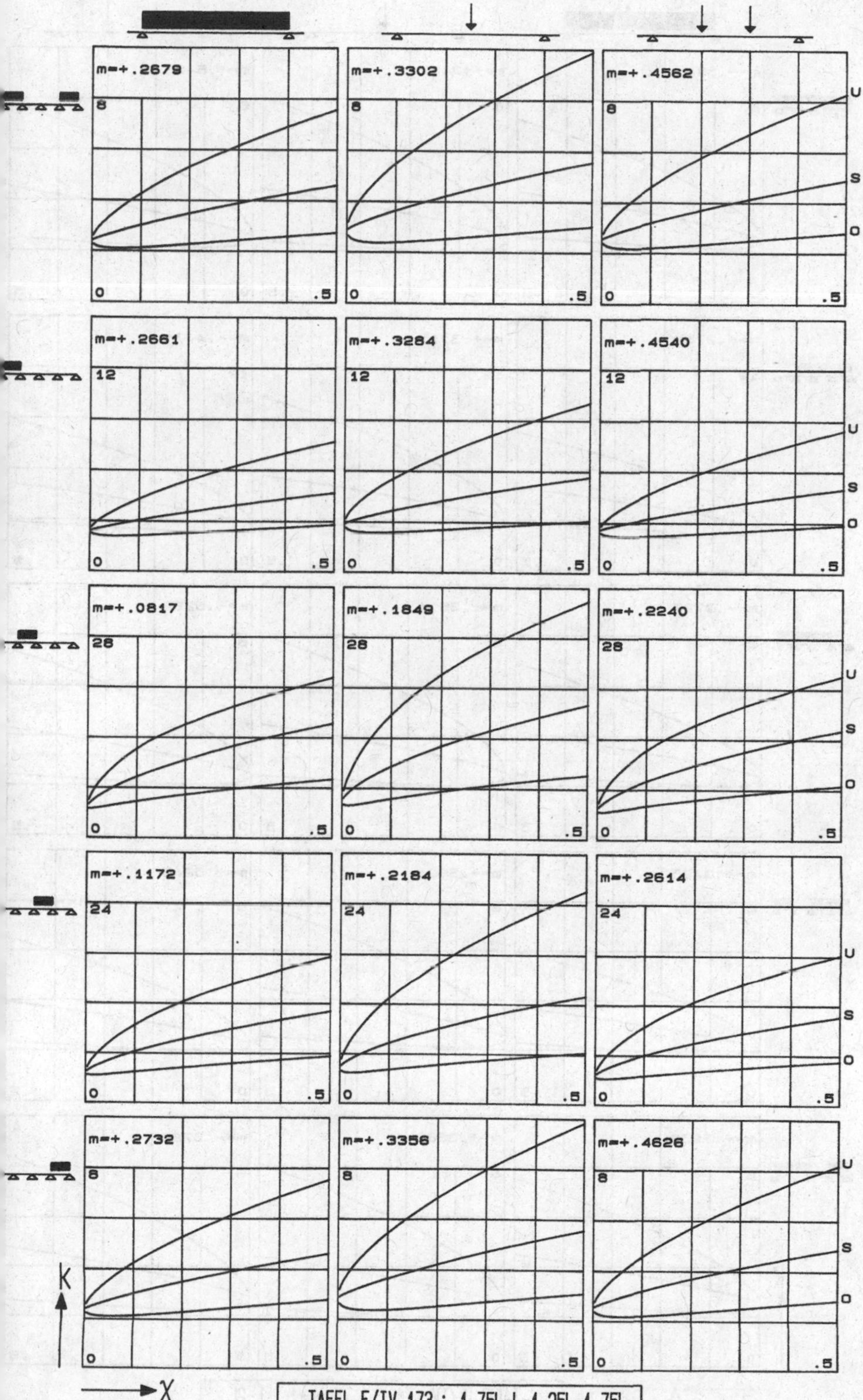
m=+.2679
8
0
.5
m=+.3302
8
0
.5
m=+.4562
8
0
.5
U
S
O
m=+.2661
12
0
.5
m=+.3284
12
0
.5
m=+.4540
12
0
.5
U
S
O
m=+.0817
28
0
.5
m=+.1849
28
0
.5
m=+.2240
28
0
.5
U
S
O
m=+.1172
24
0
.5
m=+.2184
24
0
.5
m=+.2614
24
0
.5
U
S
O
m=+.2732
8
0
.5
m=+.3356
8
0
.5
m=+.4626
8
0
.5
U
S
O
K
X

TAFEL F/IV 173 : 1.75L-L-1.25L-1.75L

F IV

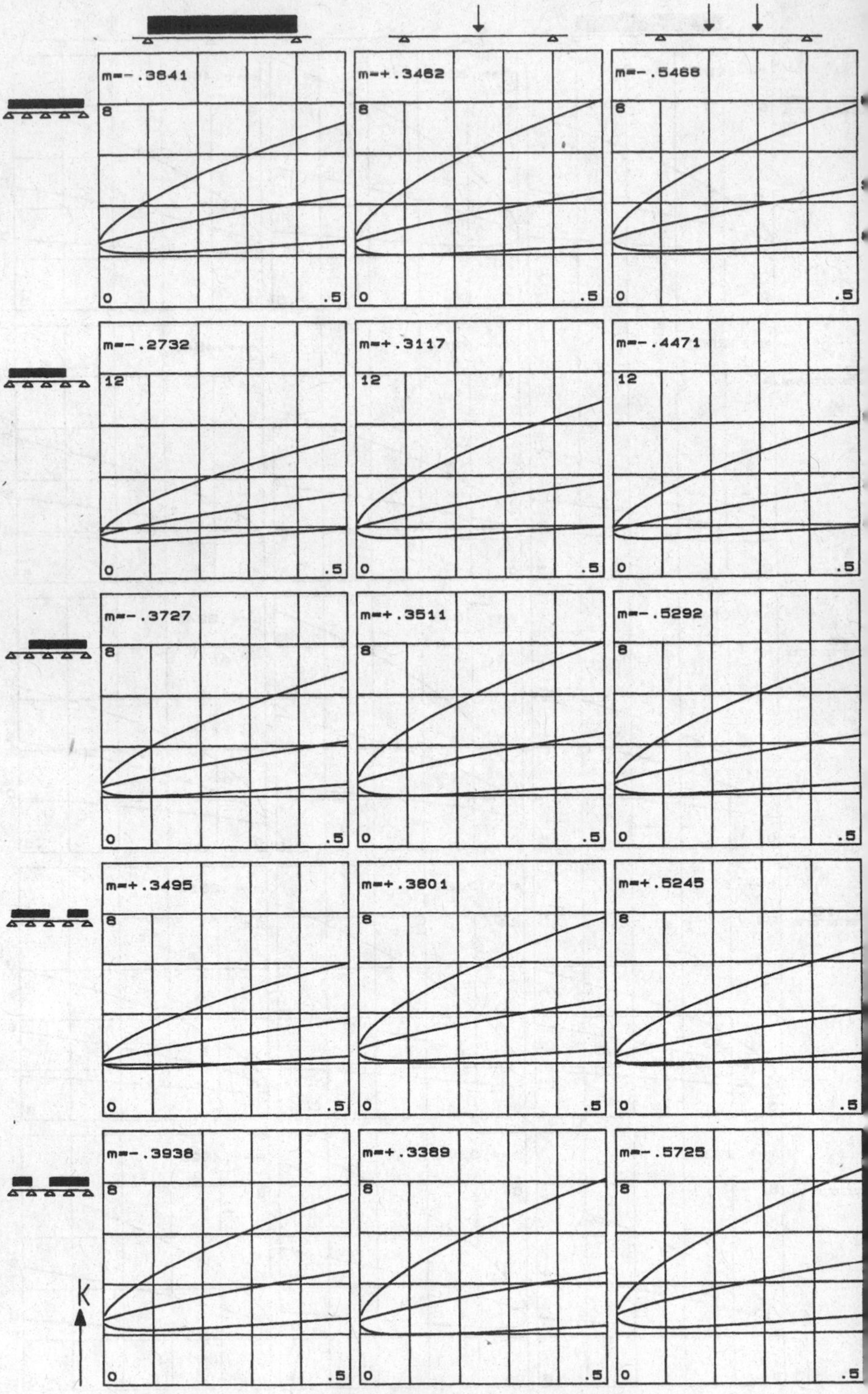
m=-.3641
m=+.3462
m=-.5468
m=-.2732
m=+.3117
m=-.4471
m=-.3727
m=+.3511
m=-.5292
m=+.3495
m=+.3801
m=+.5245
m=-.3938
m=+.3369
m=-.5725
8
12
0
.5
K
X
TAFEL F/IV 174 : 1.75L-L-1.25L-2L

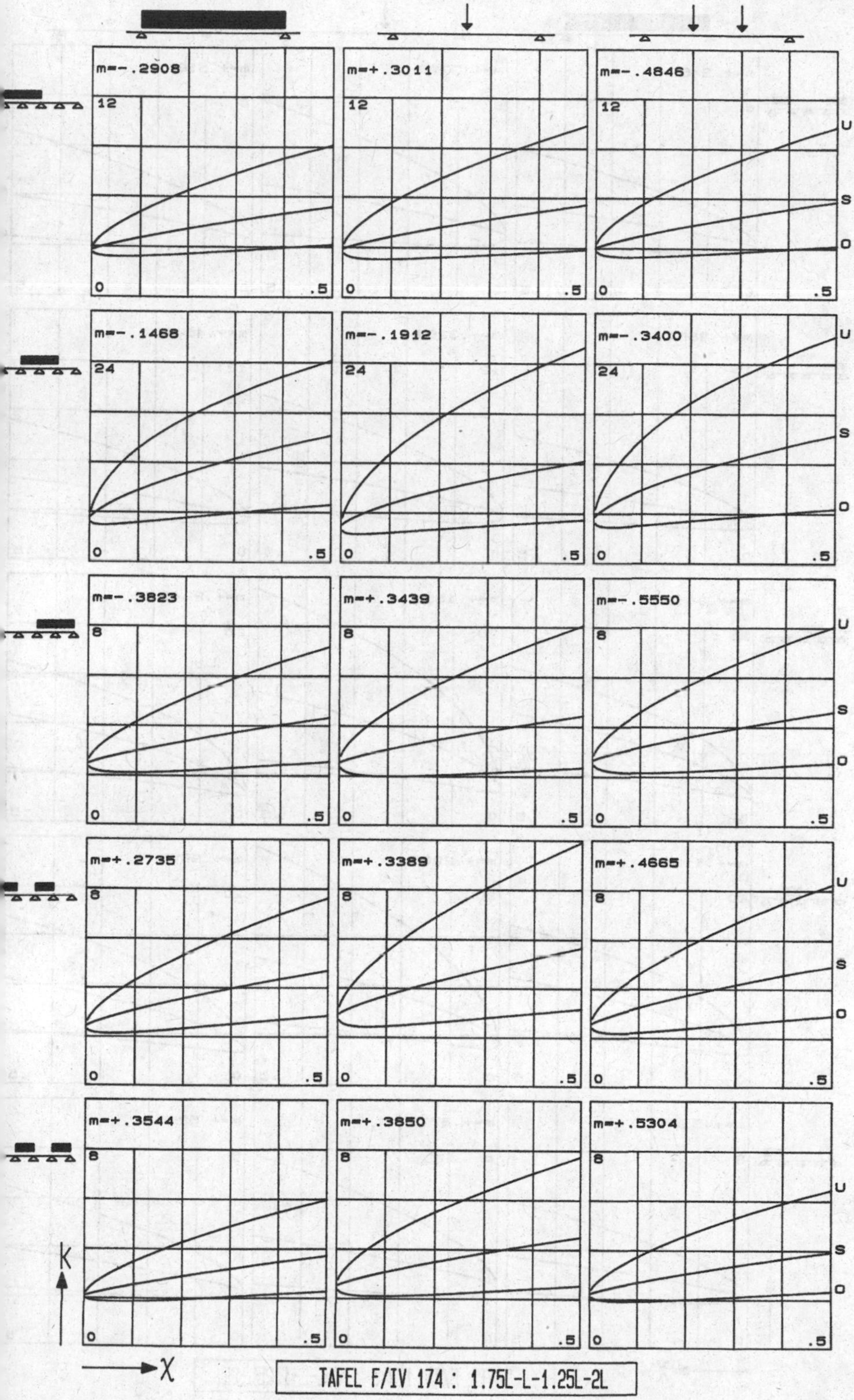
m=-.2908
12
m=+.3011
12
m=-.4846
12
m=-.1468
24
m=-.1912
24
m=-.3400
24
m=-.3823
8
m=+.3439
8
m=-.5550
8
m=+.2735
8
m=+.3389
8
m=+.4665
8
m=+.3544
8
m=+.3850
8
m=+.5304
8
U
S
O
0
.5
K
X

TAFEL F/IV 174 : 1.75L-L-1.25L-2L

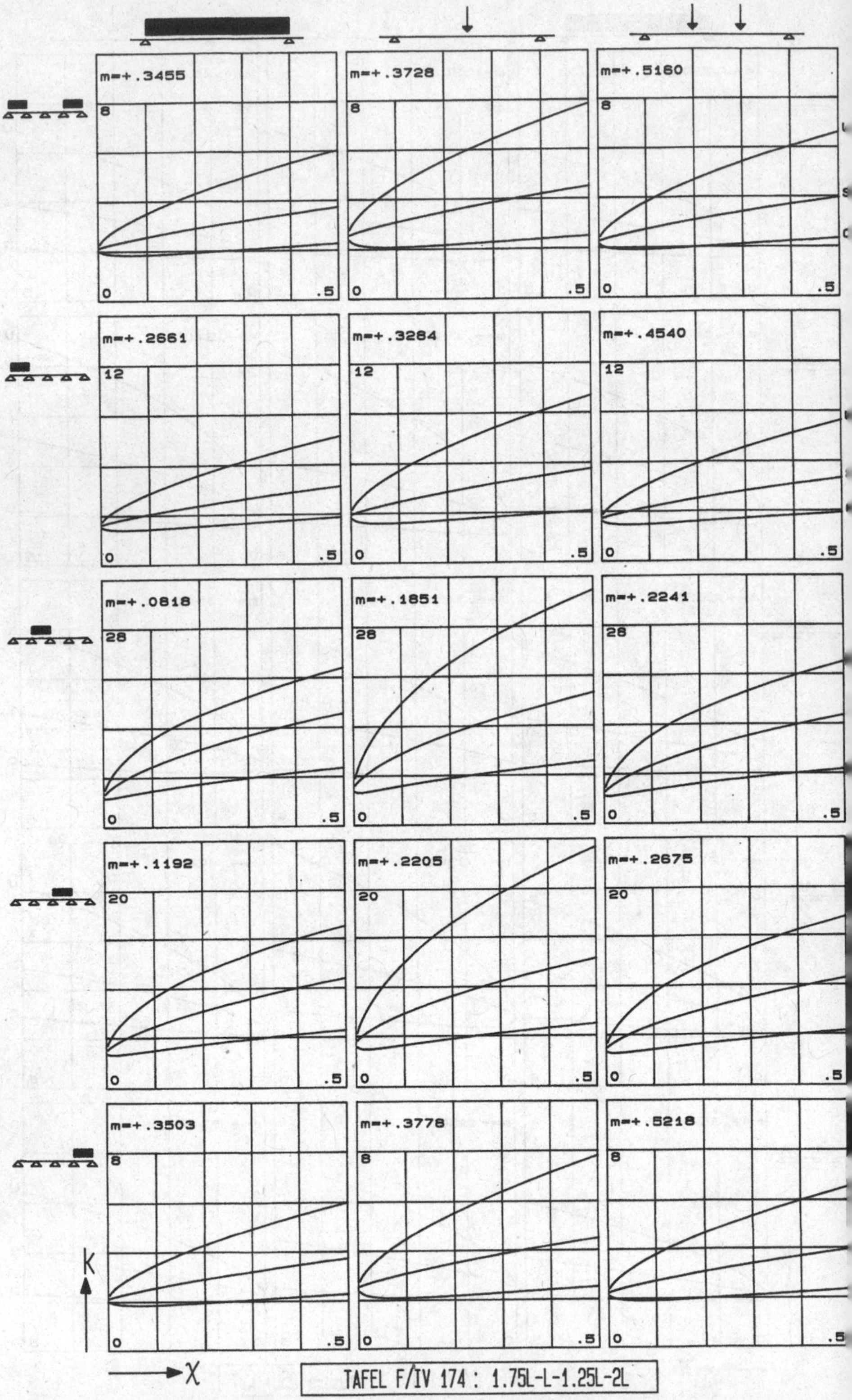
m=+.3455
8
0
.5
m=+.3728
8
0
.5
m=+.5160
8
0
.5
m=+.2661
12
0
.5
m=+.3284
12
0
.5
m=+.4540
12
0
.5
m=+.0818
28
0
.5
m=+.1851
28
0
.5
m=+.2241
28
0
.5
m=+.1192
20
0
.5
m=+.2205
20
0
.5
m=+.2675
20
0
.5
m=+.3503
8
0
.5
m=+.3778
8
0
.5
m=+.5218
8
0
.5
K
X
F
V

TAFEL F/IV 174 : 1.75L-L-1.25L-2L

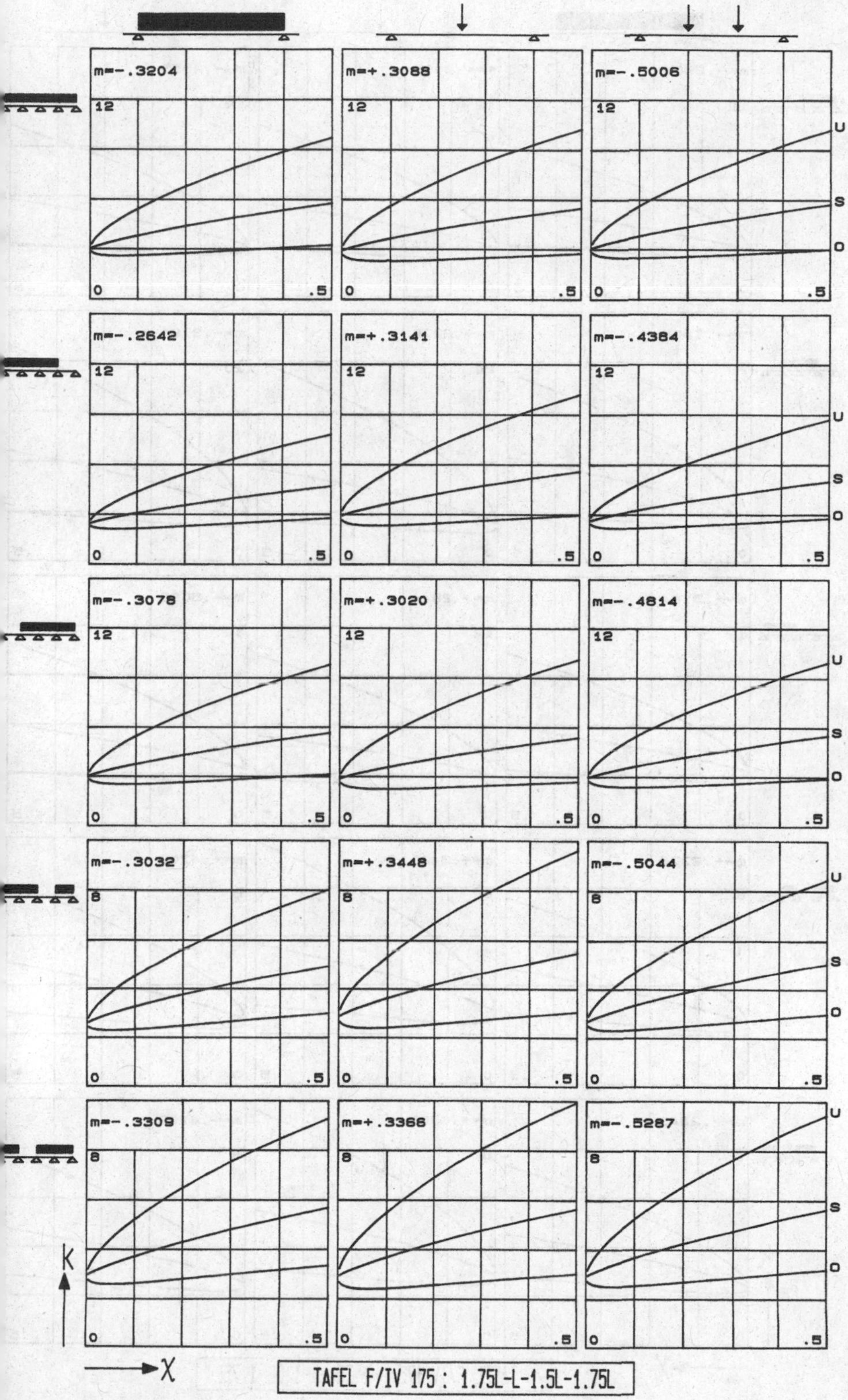
m=-.3204
m=+.3088
m=-.5006
m=-.2642
m=+.3141
m=-.4384
m=-.3078
m=+.3020
m=-.4814
m=-.3032
m=+.3448
m=-.5044
m=-.3309
m=+.3366
m=-.5287
12
8
0
.5
U
S
O
K
X

TAFEL F/IV 175 : 1.75L-L-1.5L-1.75L

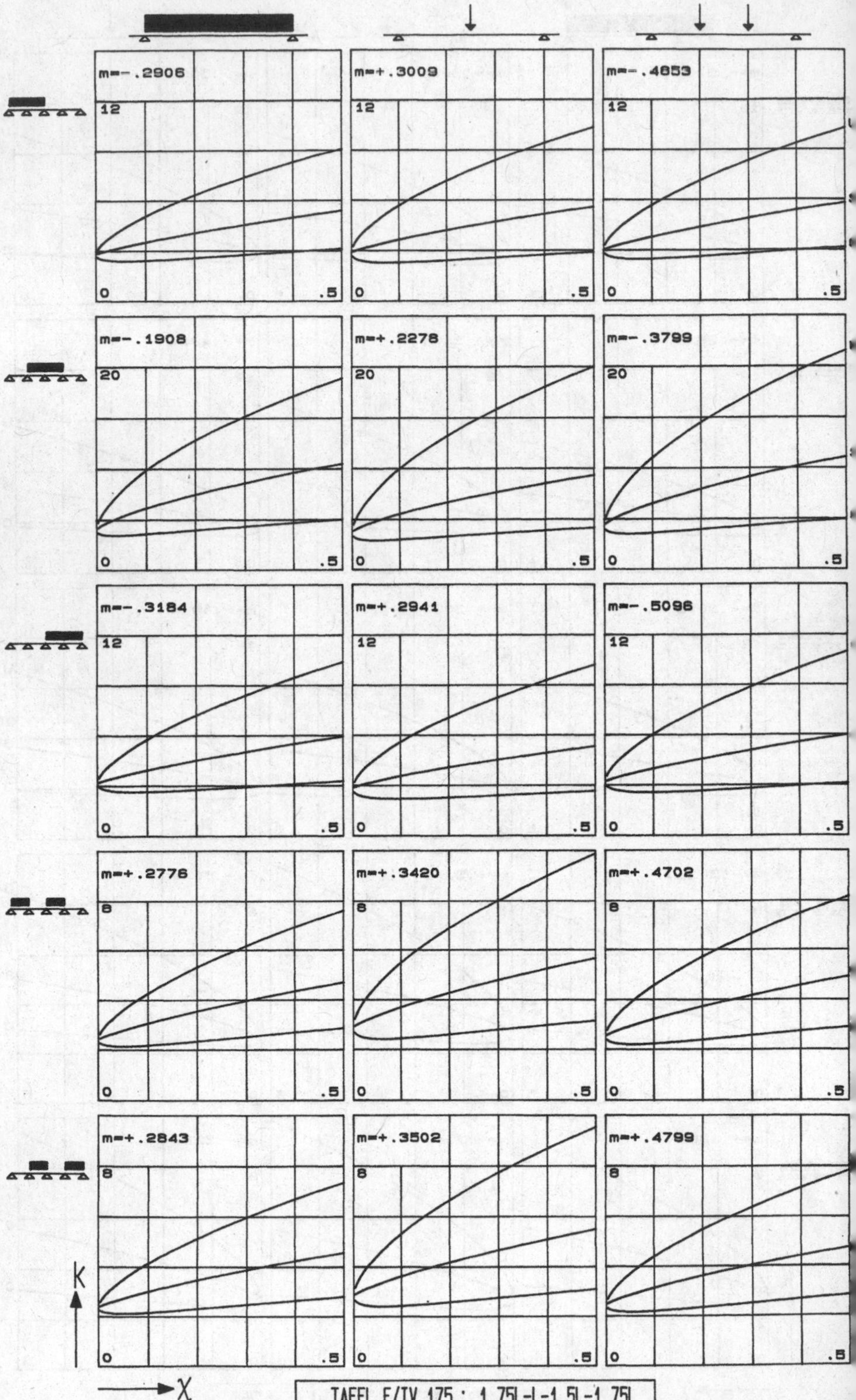
m=-.2906
12
0
.5
m=+.3009
12
0
.5
m=-.4853
12
0
.5
m=-.1908
20
0
.5
m=+.2276
20
0
.5
m=-.3799
20
0
.5
m=-.3184
12
0
.5
m=+.2941
12
0
.5
m=-.5096
12
0
.5
m=+.2776
8
0
.5
m=+.3420
8
0
.5
m=+.4702
8
0
.5
m=+.2843
8
0
.5
m=+.3502
8
0
.5
m=+.4799
8
0
.5
K
X

TAFEL F/IV 175 : 1.75L-L-1.5L-1.75L

F
V

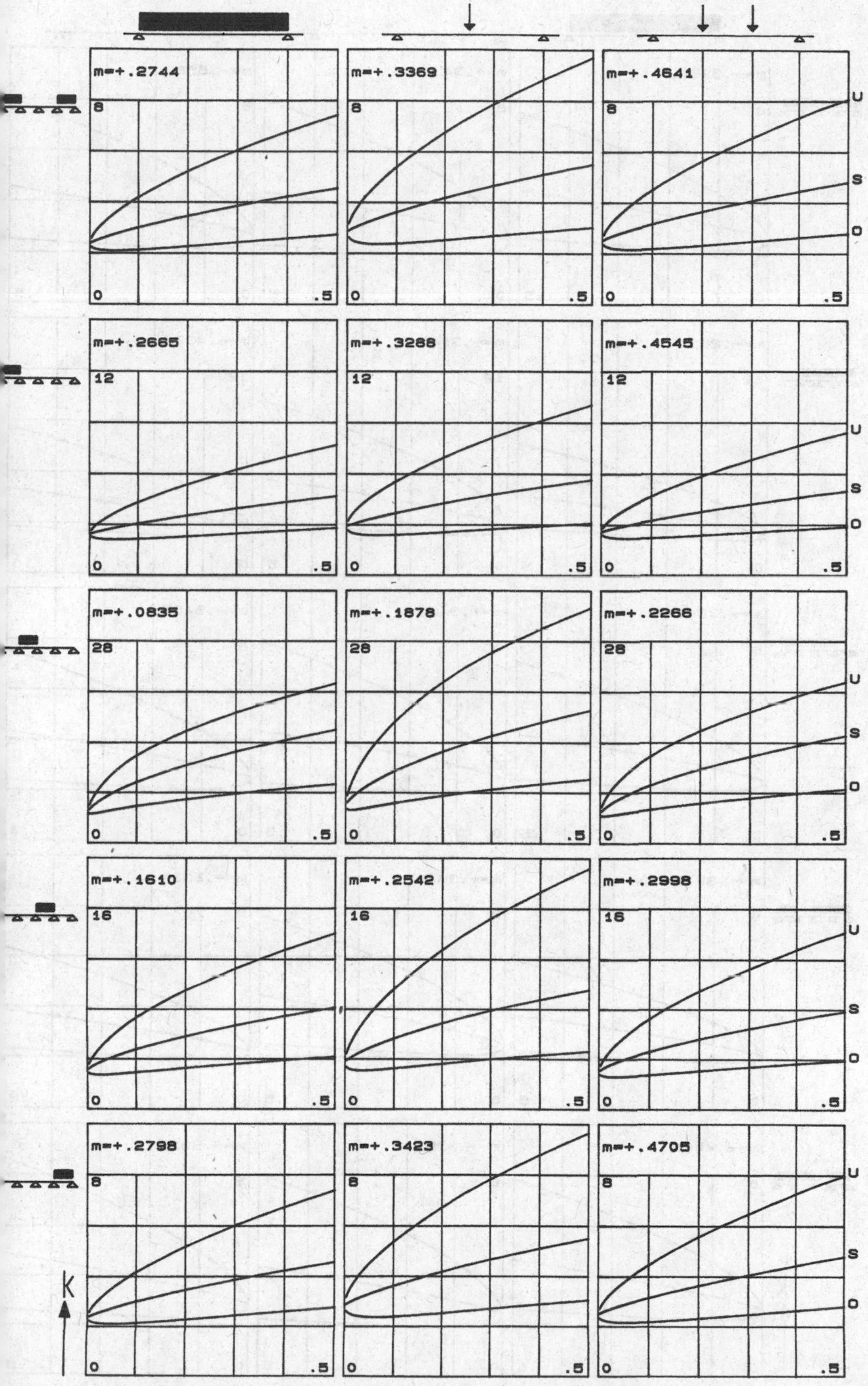
m=+.2744
m=+.3369
m=+.4641
m=+.2665
m=+.3288
m=+.4545
m=+.0835
m=+.1878
m=+.2266
m=+.1610
m=+.2542
m=+.2998
m=+.2798
m=+.3423
m=+.4705
8
12
28
16
0
.5
U
S
O
K
X

TAFEL F/IV 175 : 1.75L-L-1.5L-1.75L

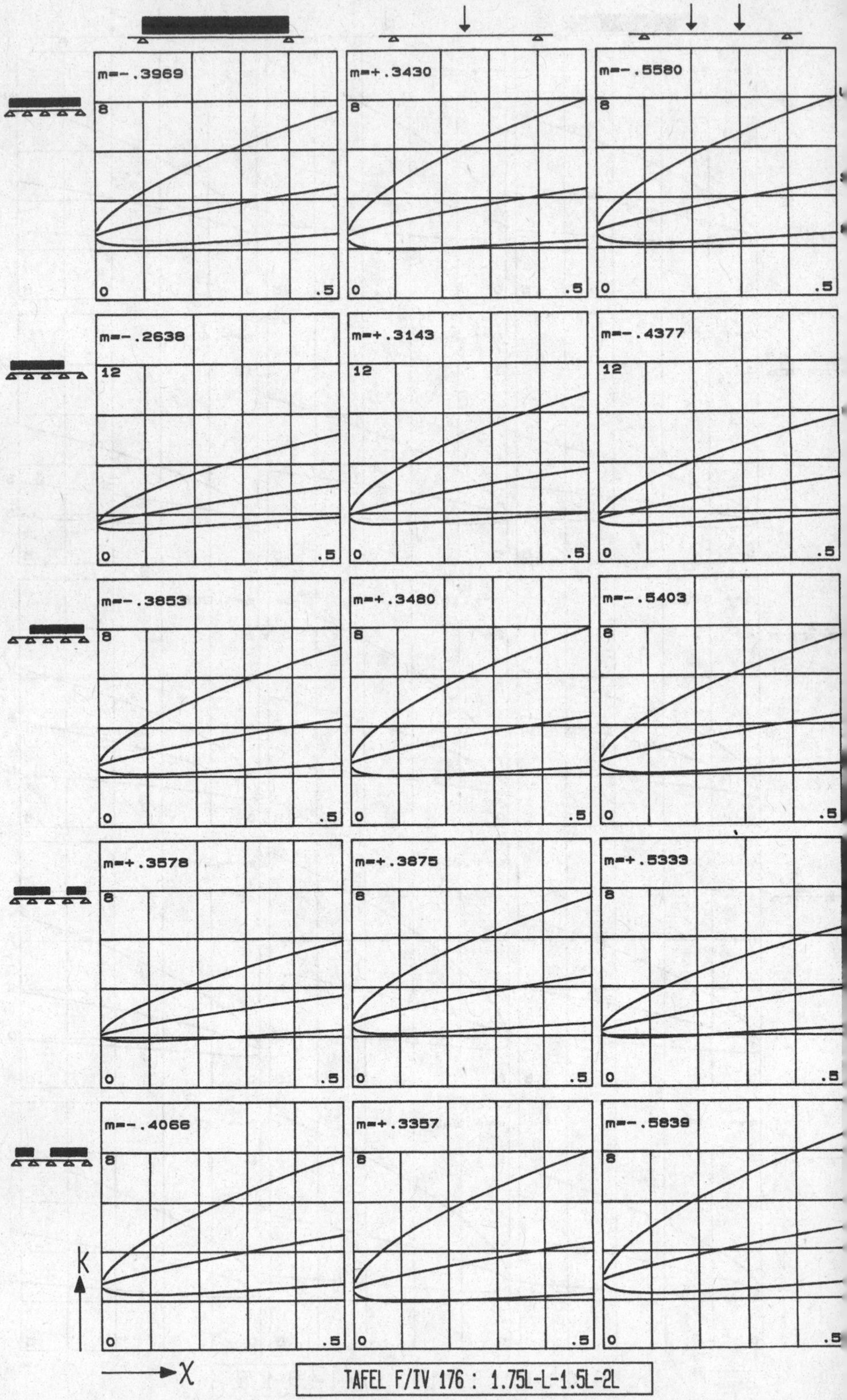
m=-.3969
m=+.3430
m=-.5580
m=-.2638
m=+.3143
m=-.4377
m=-.3853
m=+.3480
m=-.5403
m=+.3578
m=+.3875
m=+.5333
m=-.4066
m=+.3357
m=-.5839
K
X
TAFEL F/IV 176 : 1.75L-L-1.5L-2L

F
V

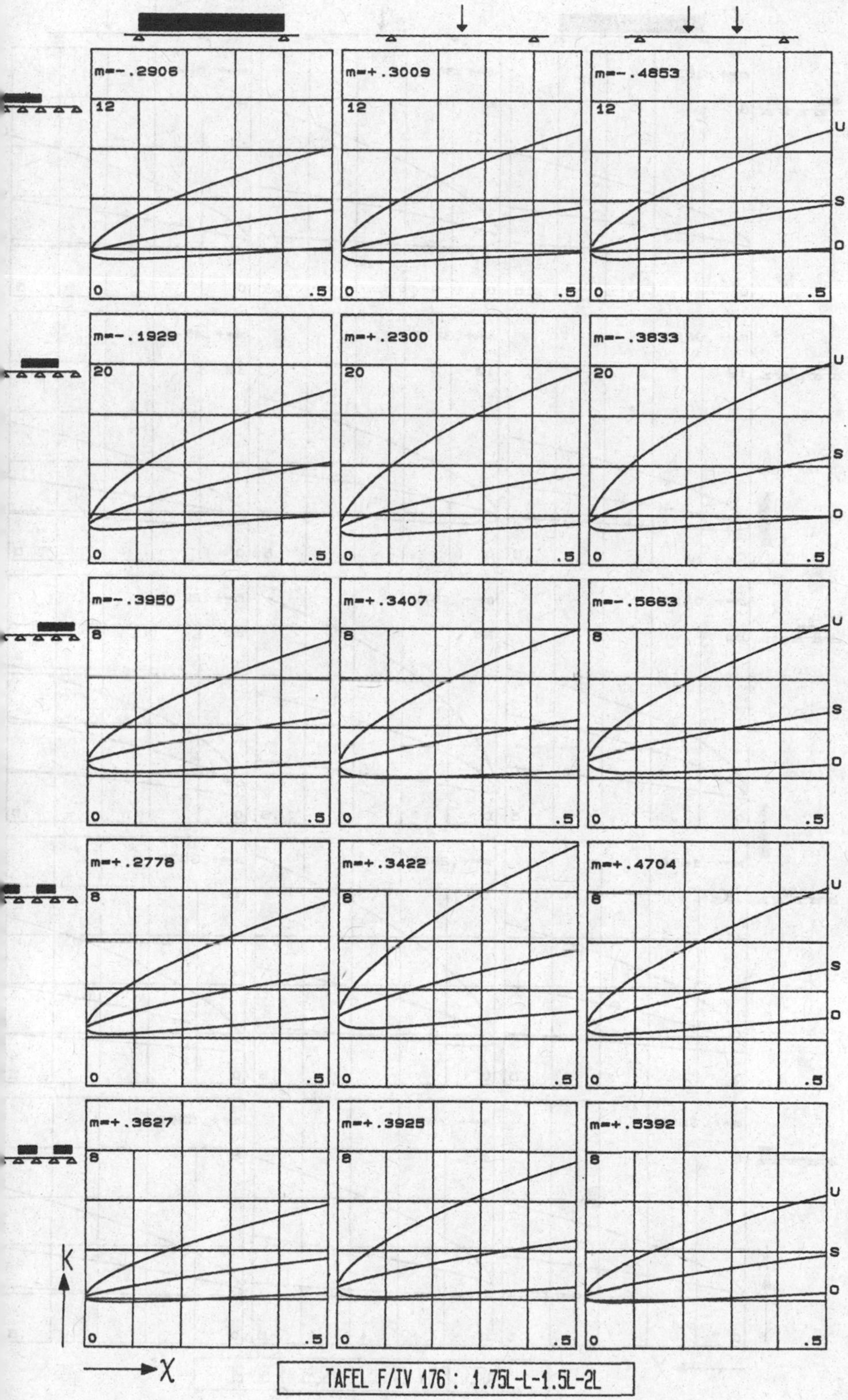

m=-.2906
12
0
.5
m=+.3009
12
0
.5
m=-.4853
12
U
S
O
0
.5
m=-.1929
20
0
.5
m=+.2300
20
0
.5
m=-.3833
20
U
S
O
0
.5
m=-.3950
8
0
.5
m=+.3407
8
0
.5
m=-.5663
8
U
S
O
0
.5
m=+.2778
8
0
.5
m=+.3422
8
0
.5
m=+.4704
8
U
S
O
0
.5
m=+.3627
8
0
.5
m=+.3925
8
0
.5
m=+.5392
8
U
S
O
0
.5
K
X

TAFEL F/IV 176 : 1.75L-L-1.5L-2L

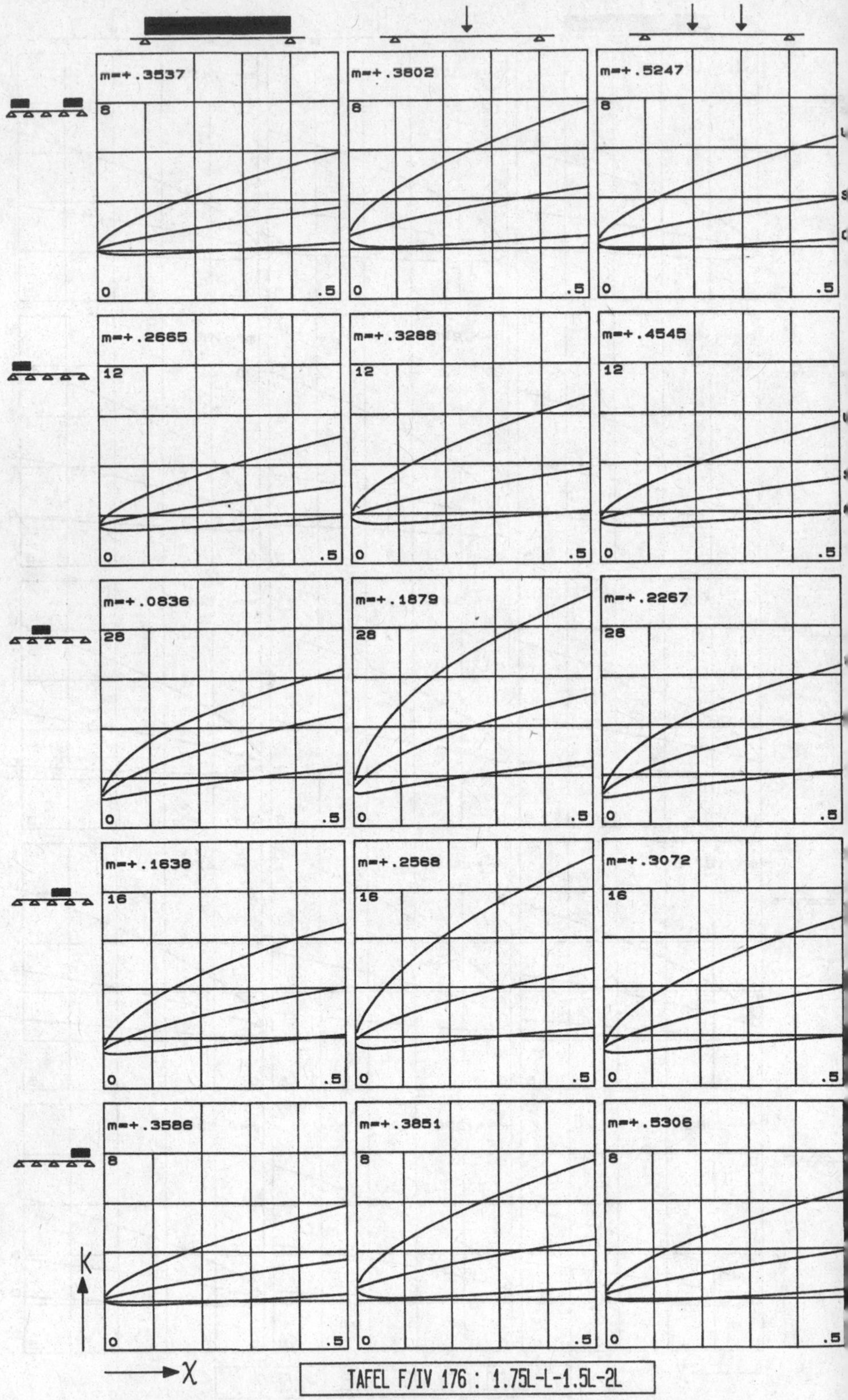

m=+.3537
8
0
.5
m=+.3802
8
0
.5
m=+.5247
8
0
.5
m=+.2665
12
0
.5
m=+.3288
12
0
.5
m=+.4545
12
0
.5
m=+.0836
28
0
.5
m=+.1879
28
0
.5
m=+.2267
28
0
.5
m=+.1638
16
0
.5
m=+.2568
16
0
.5
m=+.3072
16
0
.5
m=+.3586
8
0
.5
m=+.3851
8
0
.5
m=+.5306
8
0
.5
K
X

TAFEL F/IV 176 : 1.75L-L-1.5L-2L

F V

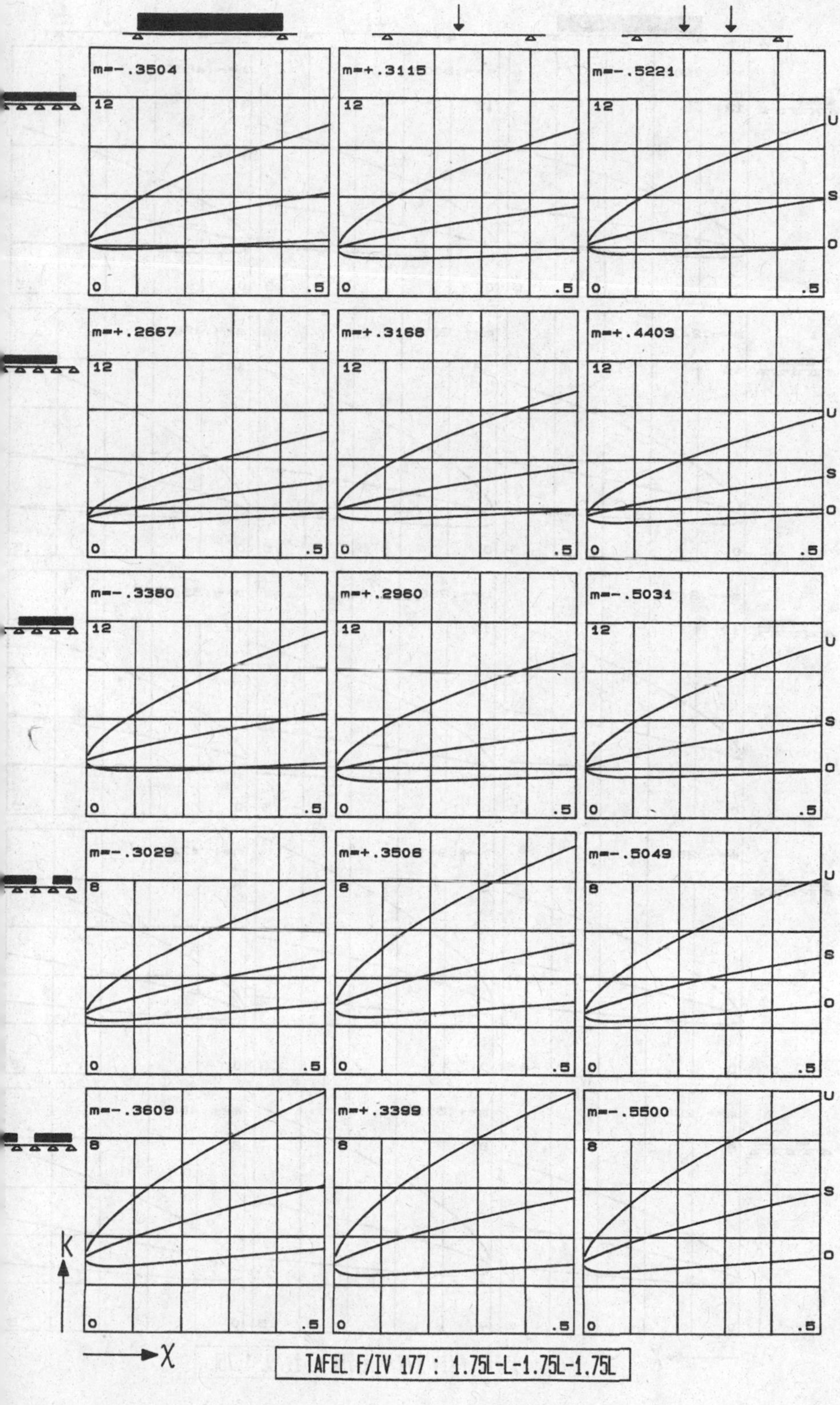

m=-.3504
12
0
.5
m=+.3115
12
0
.5
m=-.5221
12
U
S
O
0
.5
m=+.2667
12
0
.5
m=+.3168
12
0
.5
m=+.4403
12
U
S
O
0
.5
m=-.3380
12
0
.5
m=+.2960
12
0
.5
m=-.5031
12
U
S
O
0
.5
m=-.3029
8
0
.5
m=+.3506
8
0
.5
m=-.5049
8
U
S
O
0
.5
m=-.3609
8
0
.5
m=+.3399
8
0
.5
m=-.5500
8
U
S
O
0
.5
K
X

TAFEL F/IV 177 : 1.75L-L-1.75L-1.75L

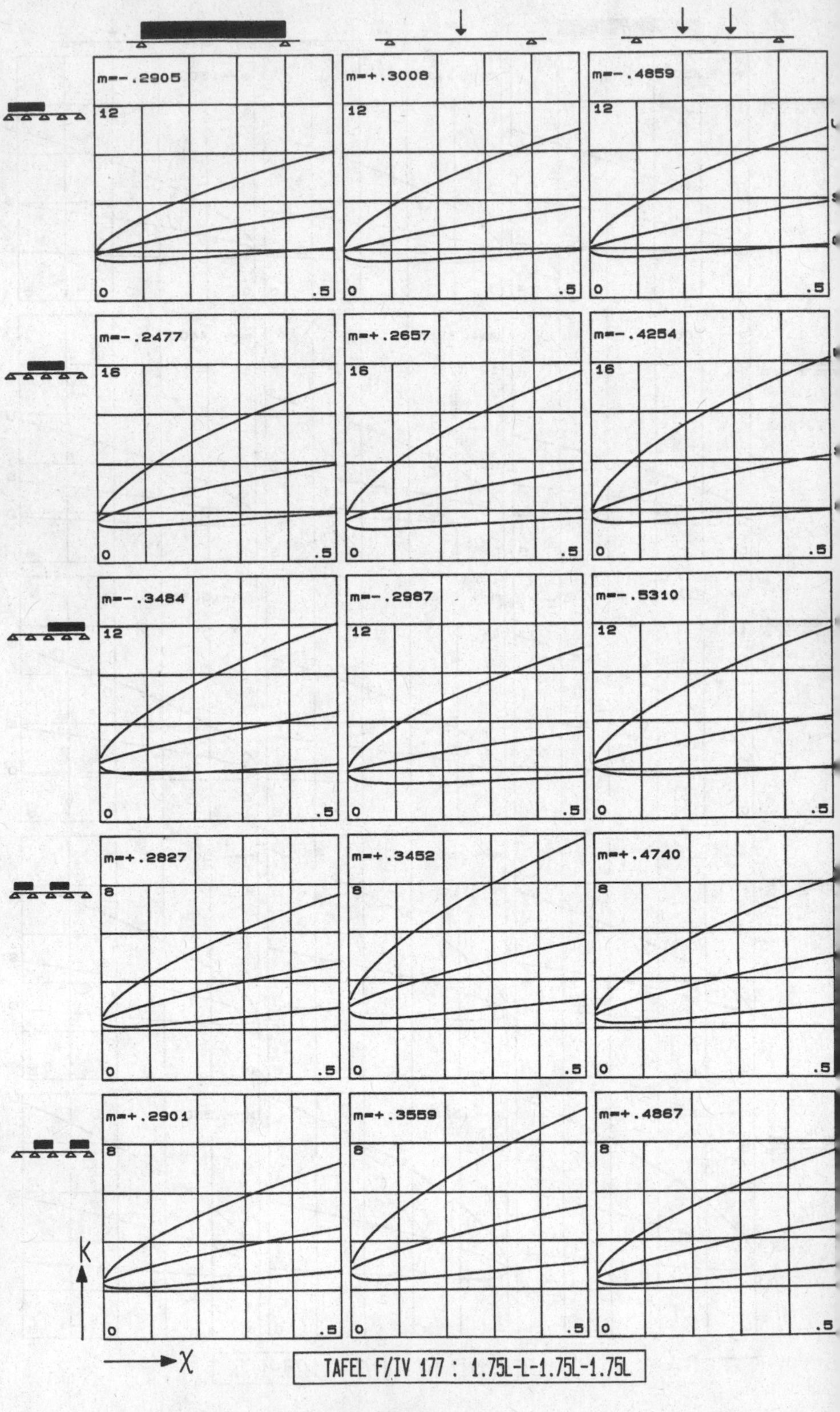
m=-.2905
12
0
.5
m=+.3008
12
m=-.4859
12
m=-.2477
16
m=+.2657
16
m=-.4254
16
m=-.3484
12
m=-.2987
12
m=-.5310
12
m=+.2827
8
m=+.3452
8
m=+.4740
8
m=+.2901
8
m=+.3559
8
m=+.4867
8
K
X

F
V

TAFEL F/IV 177 : 1.75L-L-1.75L-1.75L

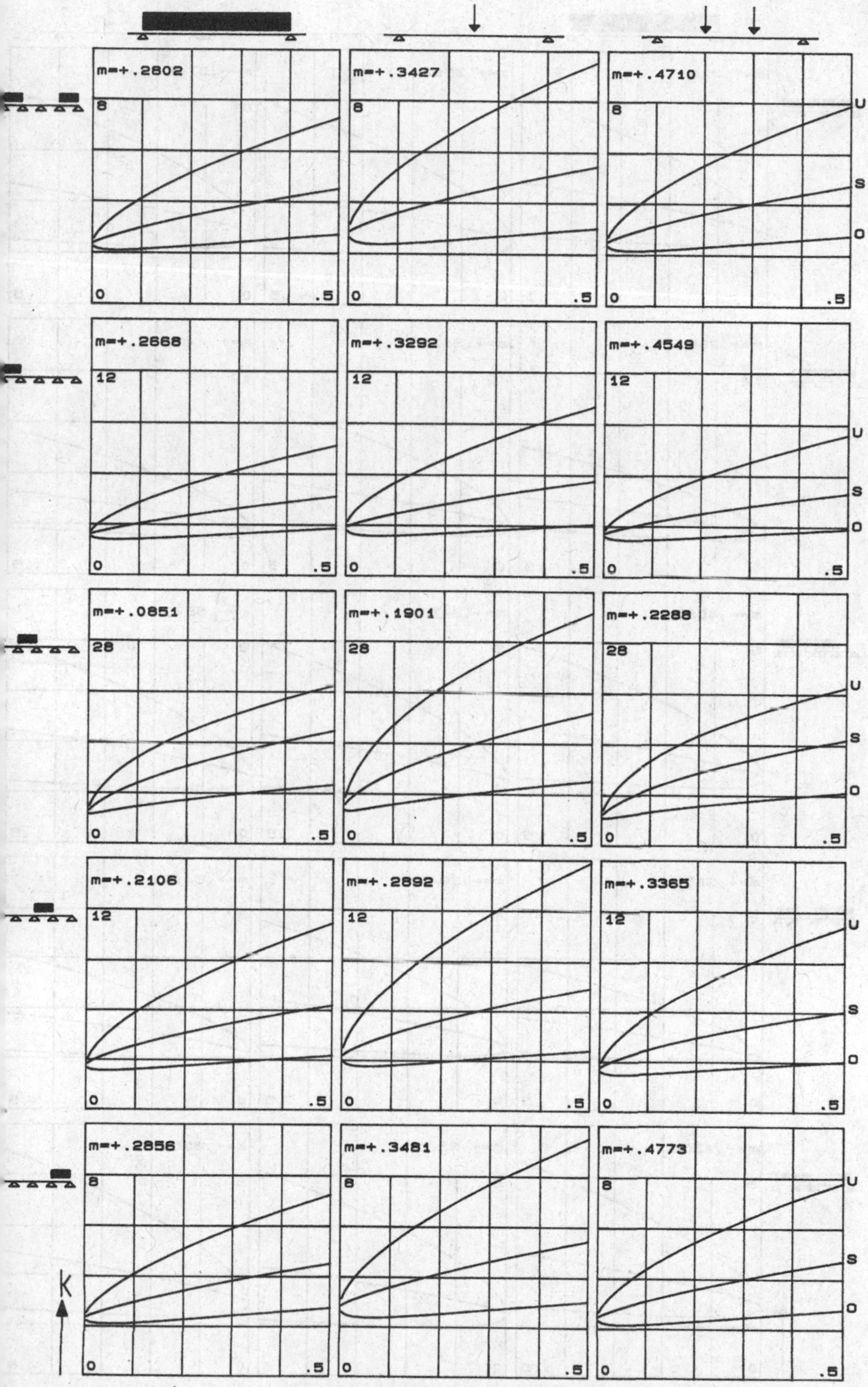

m=+.2802
m=+.3427
m=+.4710
m=+.2668
m=+.3292
m=+.4549
m=+.0851
m=+.1901
m=+.2288
m=+.2106
m=+.2892
m=+.3365
m=+.2856
m=+.3481
m=+.4773
U
S
O
K
X

TAFEL F/IV 177 : 1.75L-L-1.75L-1.75L

F IV

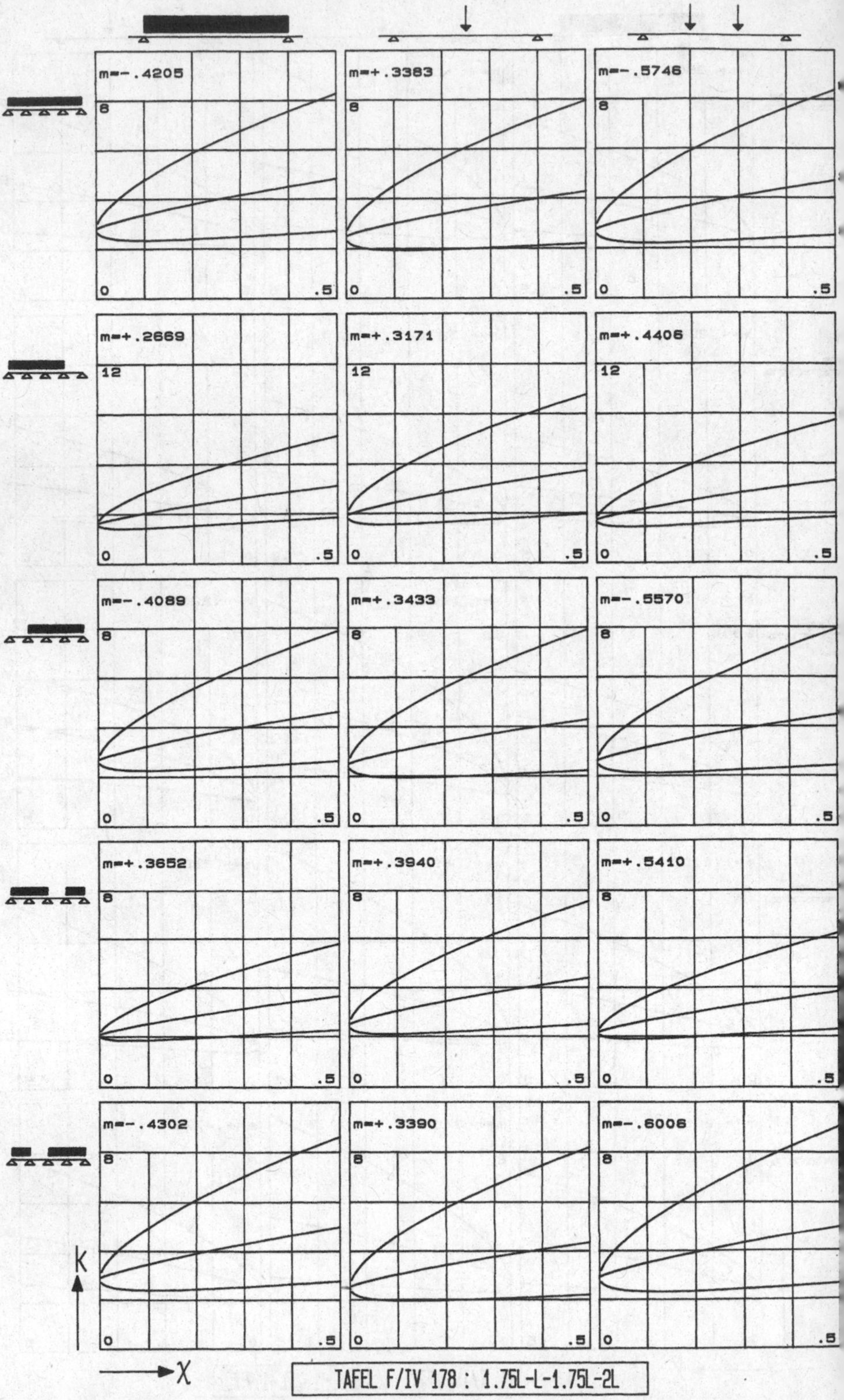
m=-.4205
8
0
.5
m=+.3383
8
0
.5
m=-.5746
8
0
.5
m=+.2669
12
0
.5
m=+.3171
12
0
.5
m=+.4406
12
0
.5
m=-.4089
8
0
.5
m=+.3433
8
0
.5
m=-.5570
8
0
.5
m=+.3652
8
0
.5
m=+.3940
8
0
.5
m=+.5410
8
0
.5
m=-.4302
8
0
.5
m=+.3390
8
0
.5
m=-.6006
8
0
.5
K
X

TAFEL F/IV 178 : 1.75L-L-1.75L-2L

F V

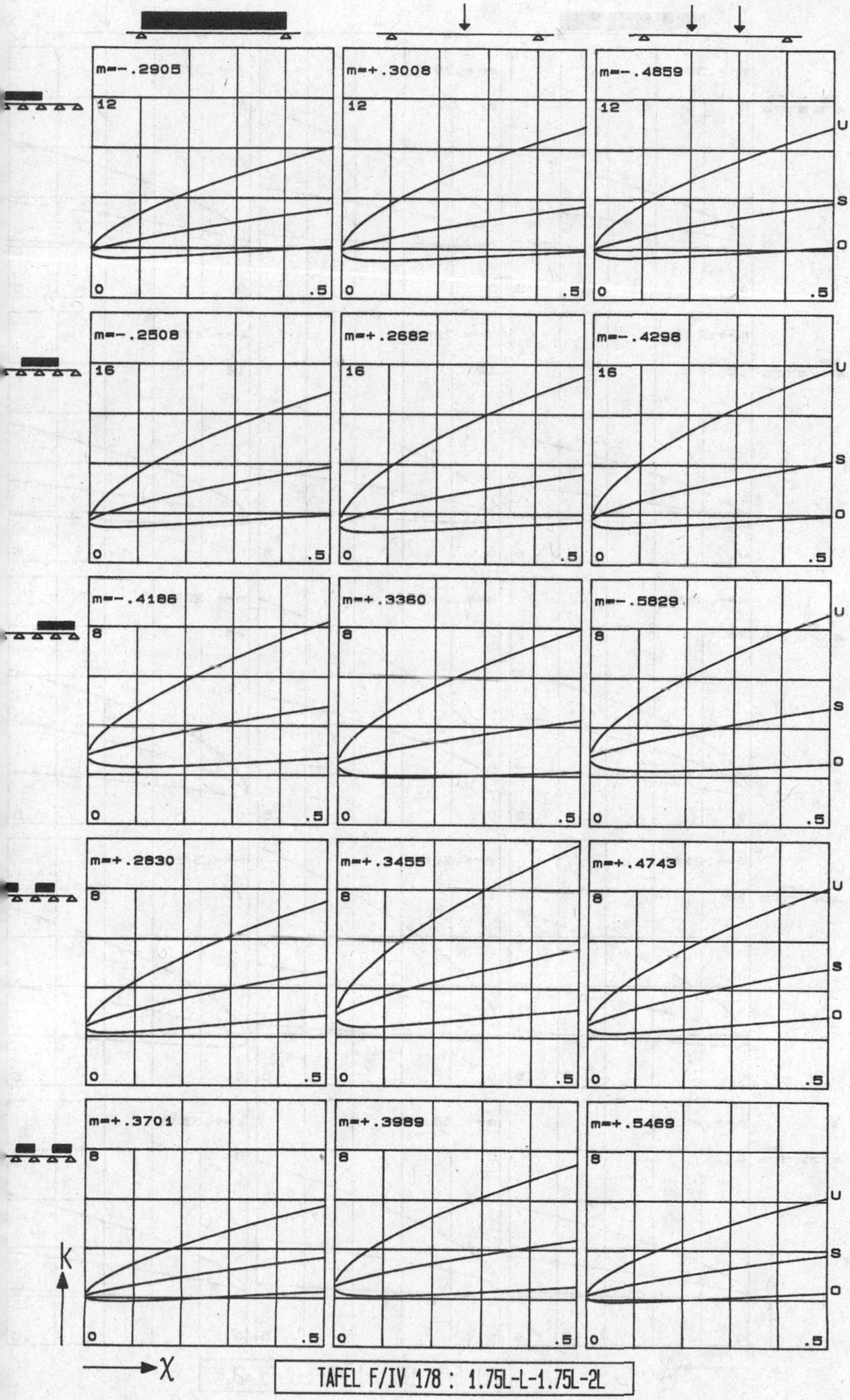
m=-.2905
m=+.3008
m=-.4859
m=-.2508
m=+.2682
m=-.4298
m=-.4186
m=+.3360
m=-.5829
m=+.2830
m=+.3455
m=+.4743
m=+.3701
m=+.3989
m=+.5469
12
16
8
U
S
O
0
.5
K
X

TAFEL F/IV 178 : 1.75L-L-1.75L-2L

F IV

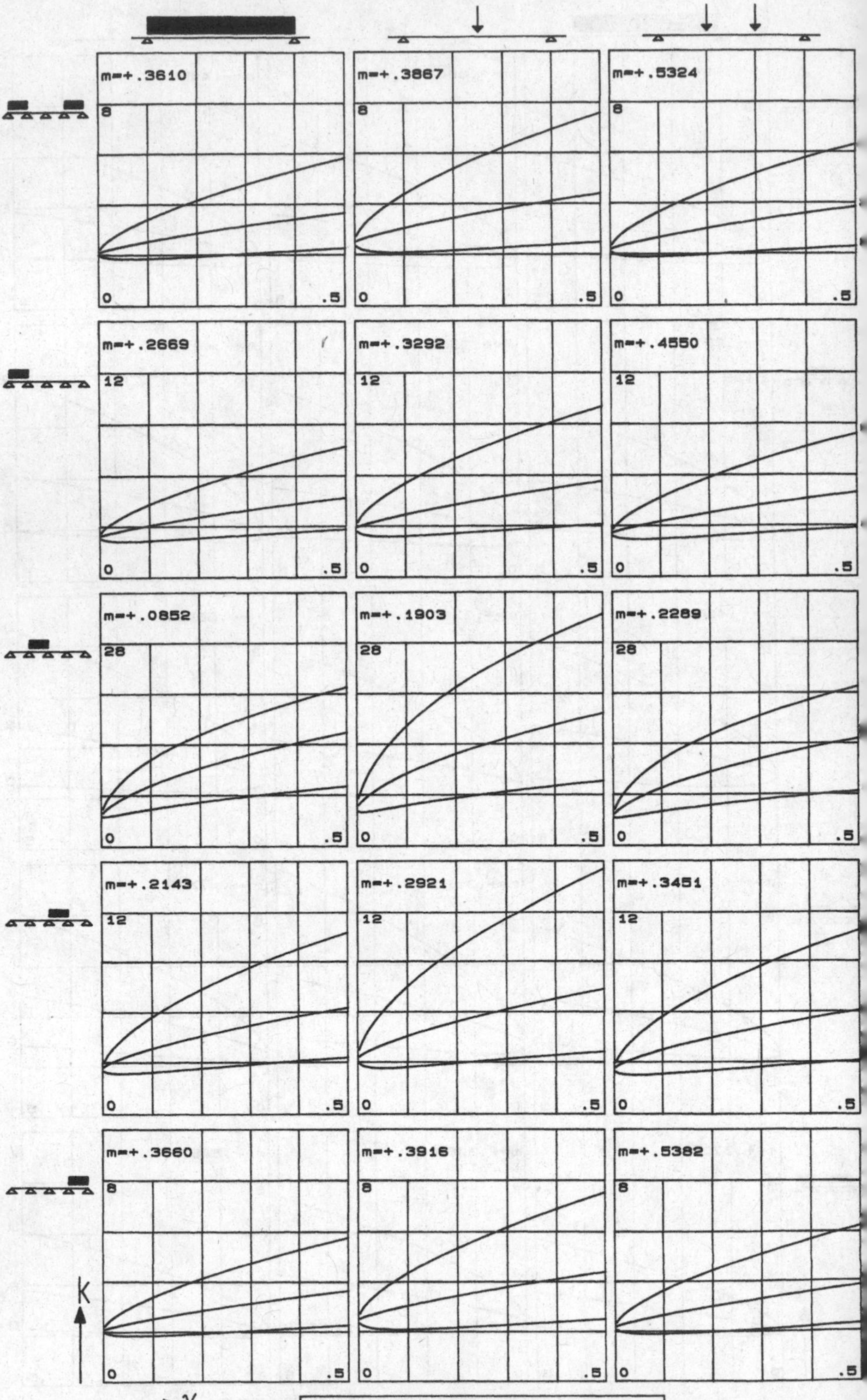

m=+.3610
8
0
.5
m=+.3867
8
0
.5
m=+.5324
8
0
.5
m=+.2669
12
0
.5
m=+.3292
12
0
.5
m=+.4550
12
0
.5
m=+.0852
28
0
.5
m=+.1903
28
0
.5
m=+.2289
28
0
.5
m=+.2143
12
0
.5
m=+.2921
12
0
.5
m=+.3451
12
0
.5
m=+.3660
8
0
.5
m=+.3916
8
0
.5
m=+.5382
8
0
.5
K
X

TAFEL F/IV 178 : 1.75L-L-1.75L-2L

F V

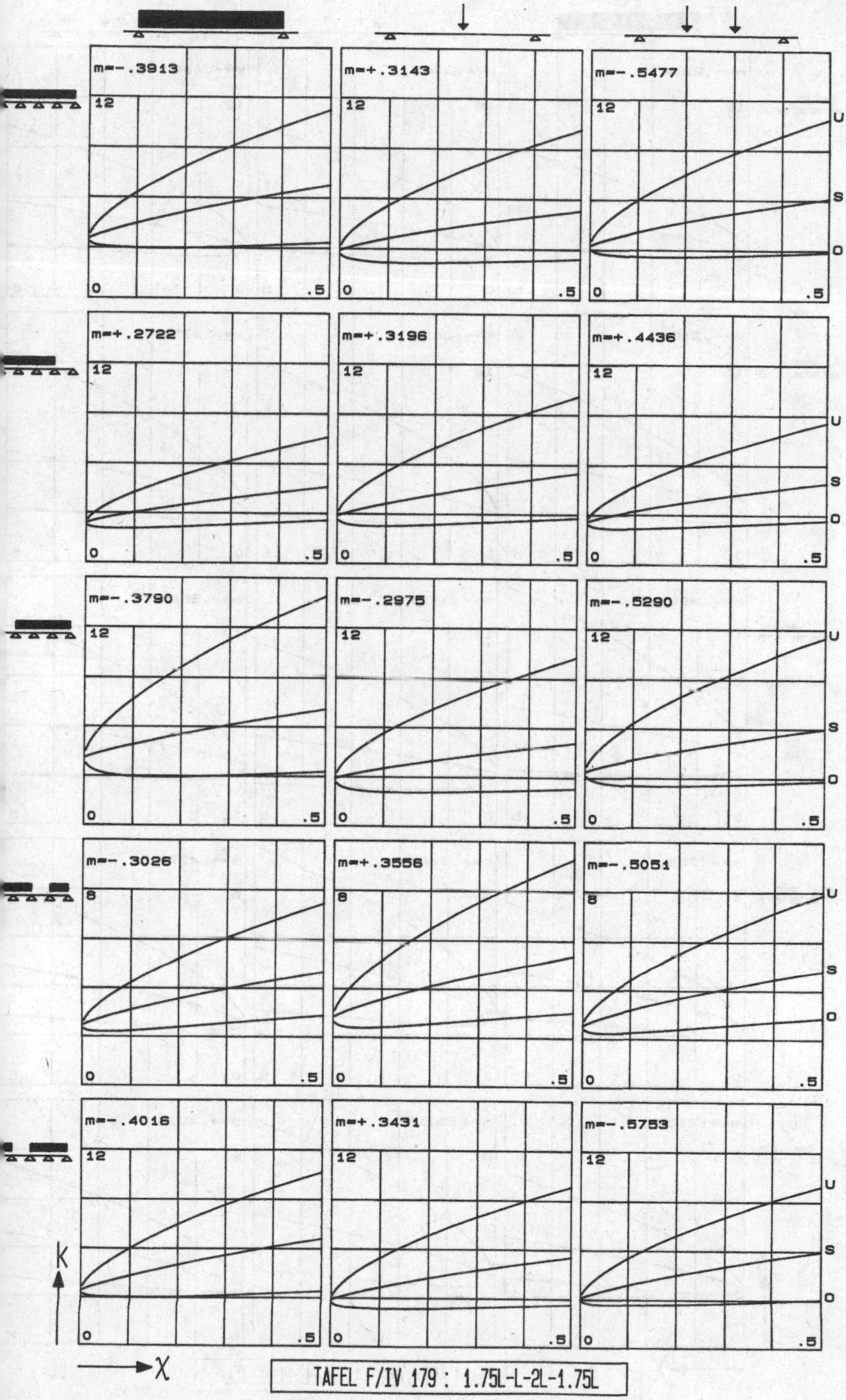

m=-.3913
m=+.3143
m=-.5477
m=+.2722
m=+.3196
m=+.4436
m=-.3790
m=-.2975
m=-.5290
m=-.3026
m=+.3556
m=-.5051
m=-.4016
m=+.3431
m=-.5753
12
8
0
.5
U
S
O
K
X

TAFEL F/IV 179 : 1.75L-L-2L-1.75L

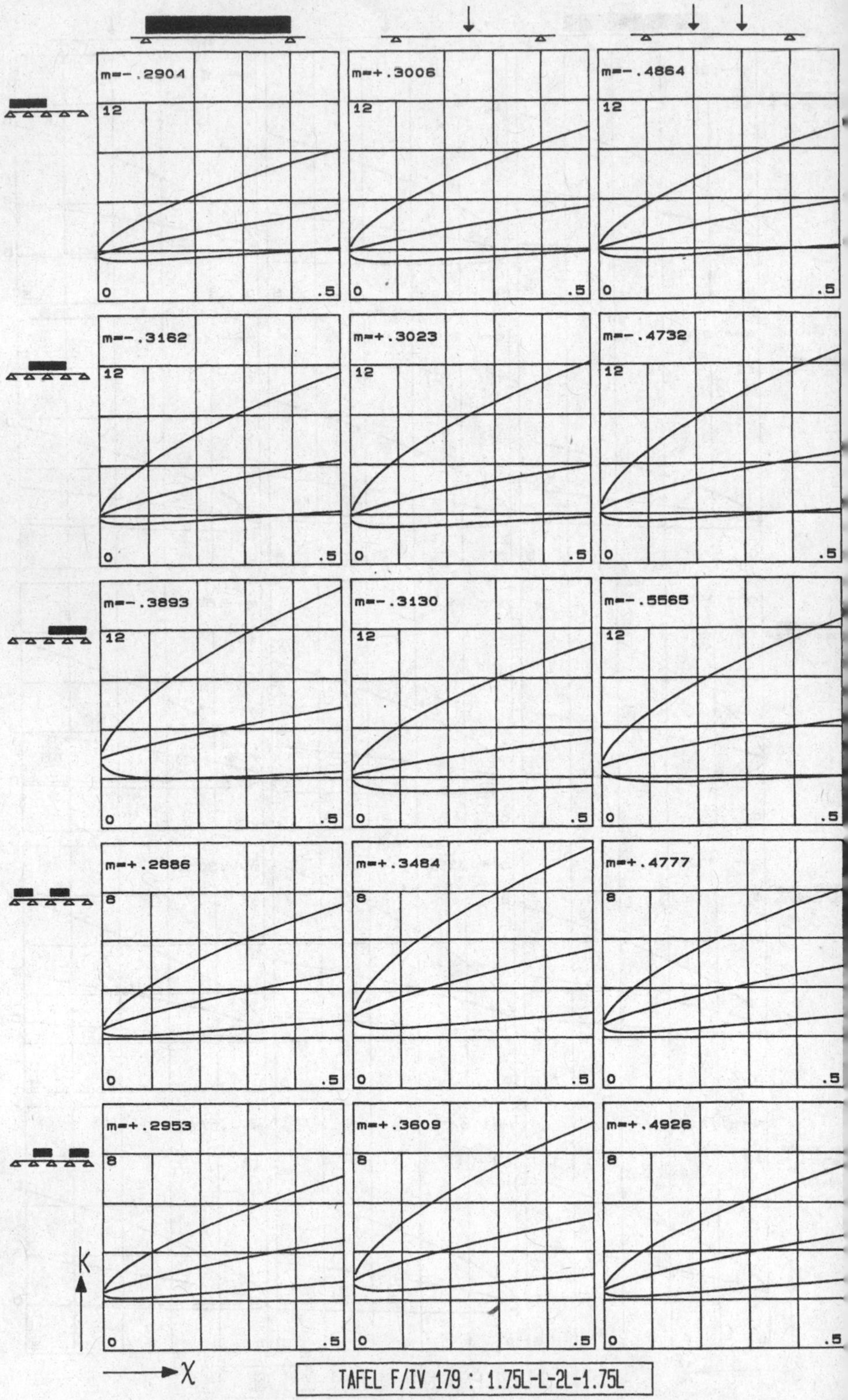

m=-.2904
12
0
.5
m=+.3006
12
0
.5
m=-.4864
12
0
.5
m=-.3162
12
0
.5
m=+.3023
12
0
.5
m=-.4732
12
0
.5
m=-.3893
12
0
.5
m=-.3130
12
0
.5
m=-.5565
12
0
.5
m=+.2886
8
0
.5
m=+.3484
8
0
.5
m=+.4777
8
0
.5
m=+.2953
8
0
.5
m=+.3609
8
0
.5
m=+.4926
8
0
.5
K
X

TAFEL F/IV 179 : 1.75L-L-2L-1.75L

F
V

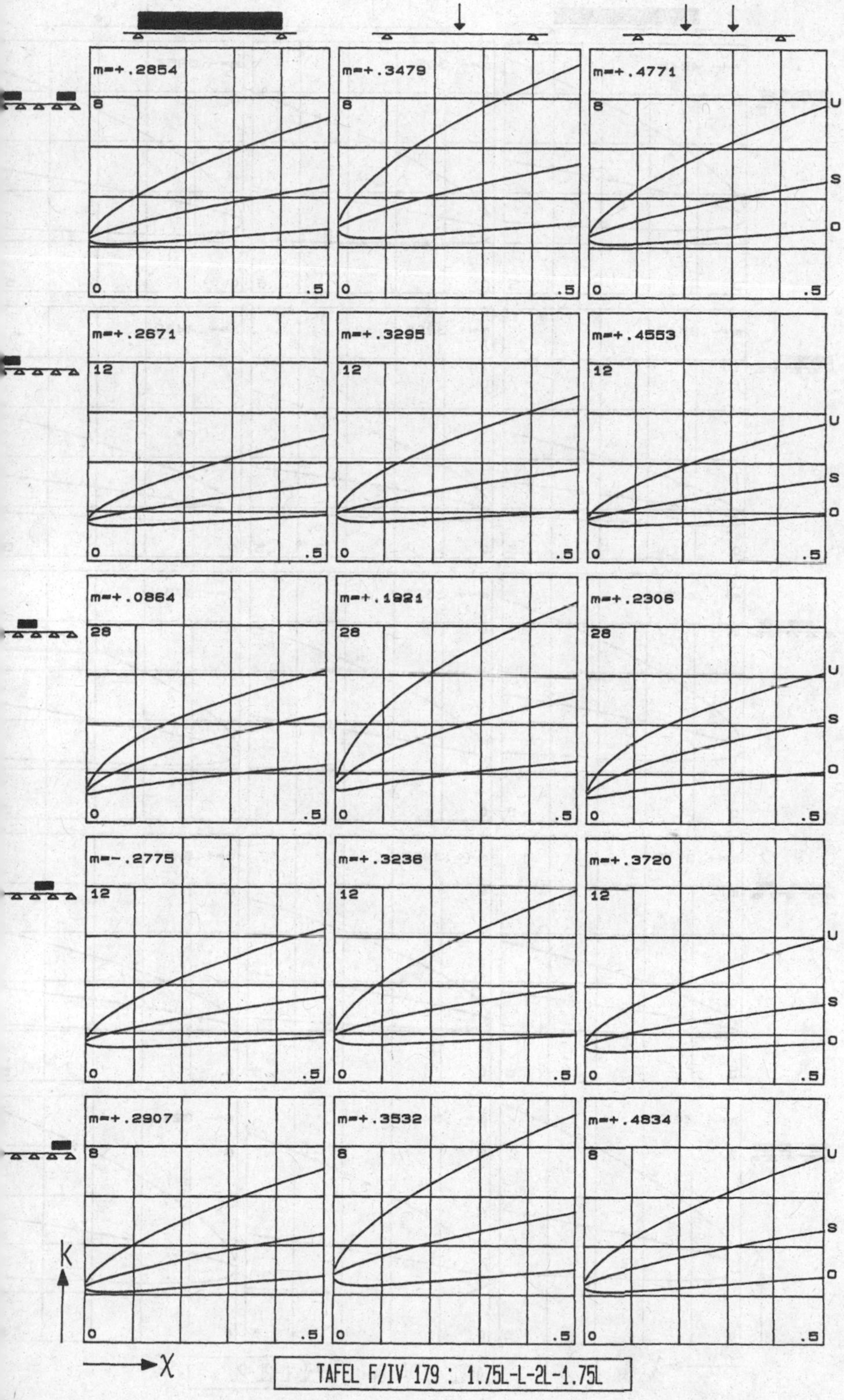
m=+.2854
8
0
.5
m=+.3479
8
0
.5
m=+.4771
8
0
.5
U
S
O
m=+.2671
12
0
.5
m=+.3295
12
0
.5
m=+.4553
12
0
.5
m=+.0864
28
0
.5
m=+.1921
28
0
.5
m=+.2306
28
0
.5
m=-.2775
12
0
.5
m=+.3236
12
0
.5
m=+.3720
12
0
.5
m=+.2907
8
0
.5
m=+.3532
8
0
.5
m=+.4834
8
0
.5
K
X

TAFEL F/IV 179 : 1.75L-L-2L-1.75L

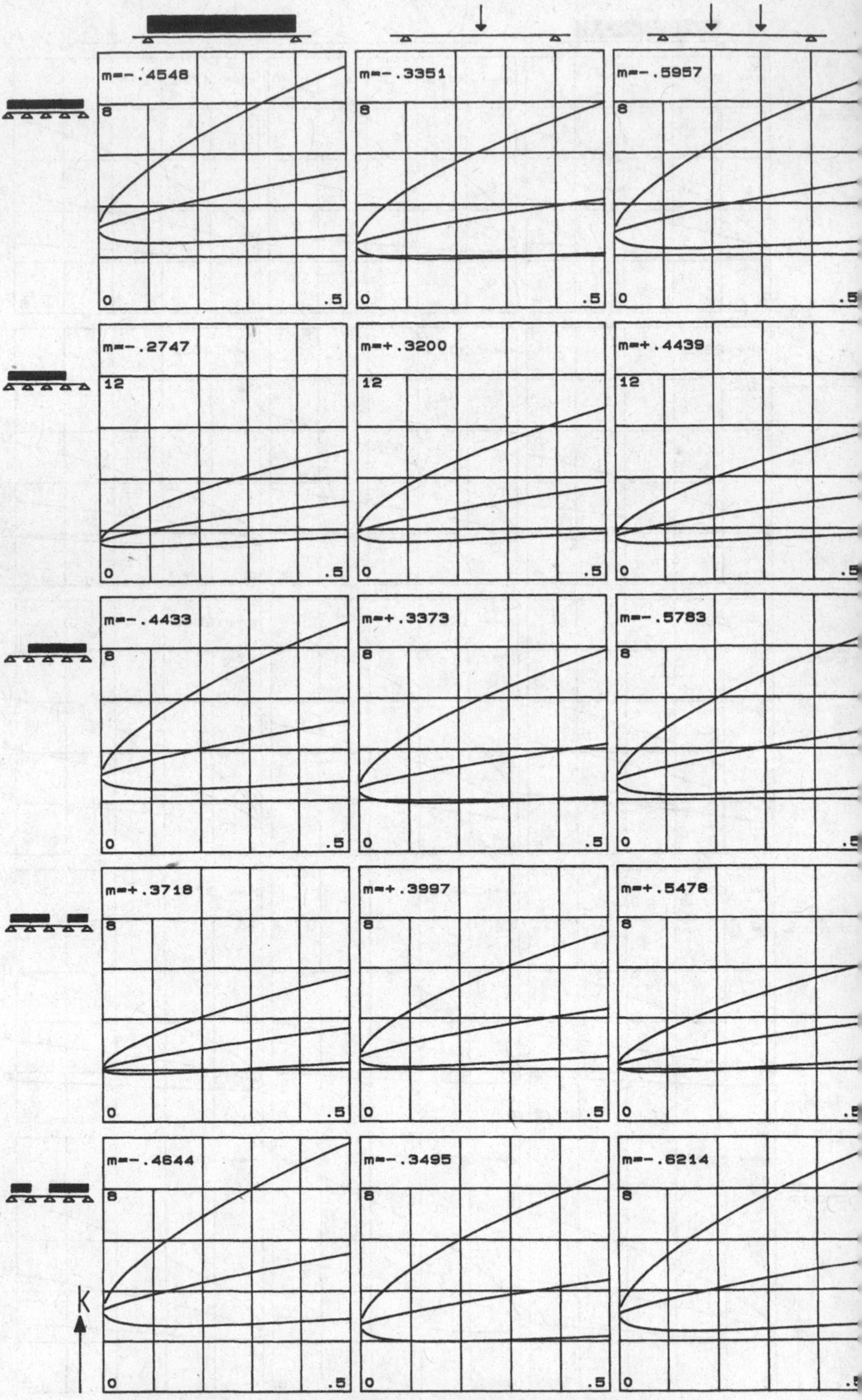
m=-.4546
m=-.3351
m=-.5957
m=-.2747
m=+.3200
m=+.4439
m=-.4433
m=+.3373
m=-.5783
m=+.3718
m=+.3997
m=+.5478
m=-.4644
m=-.3495
m=-.6214
K
X
TAFEL F/IV 180 : 1.75L-L-2L-2L

FV

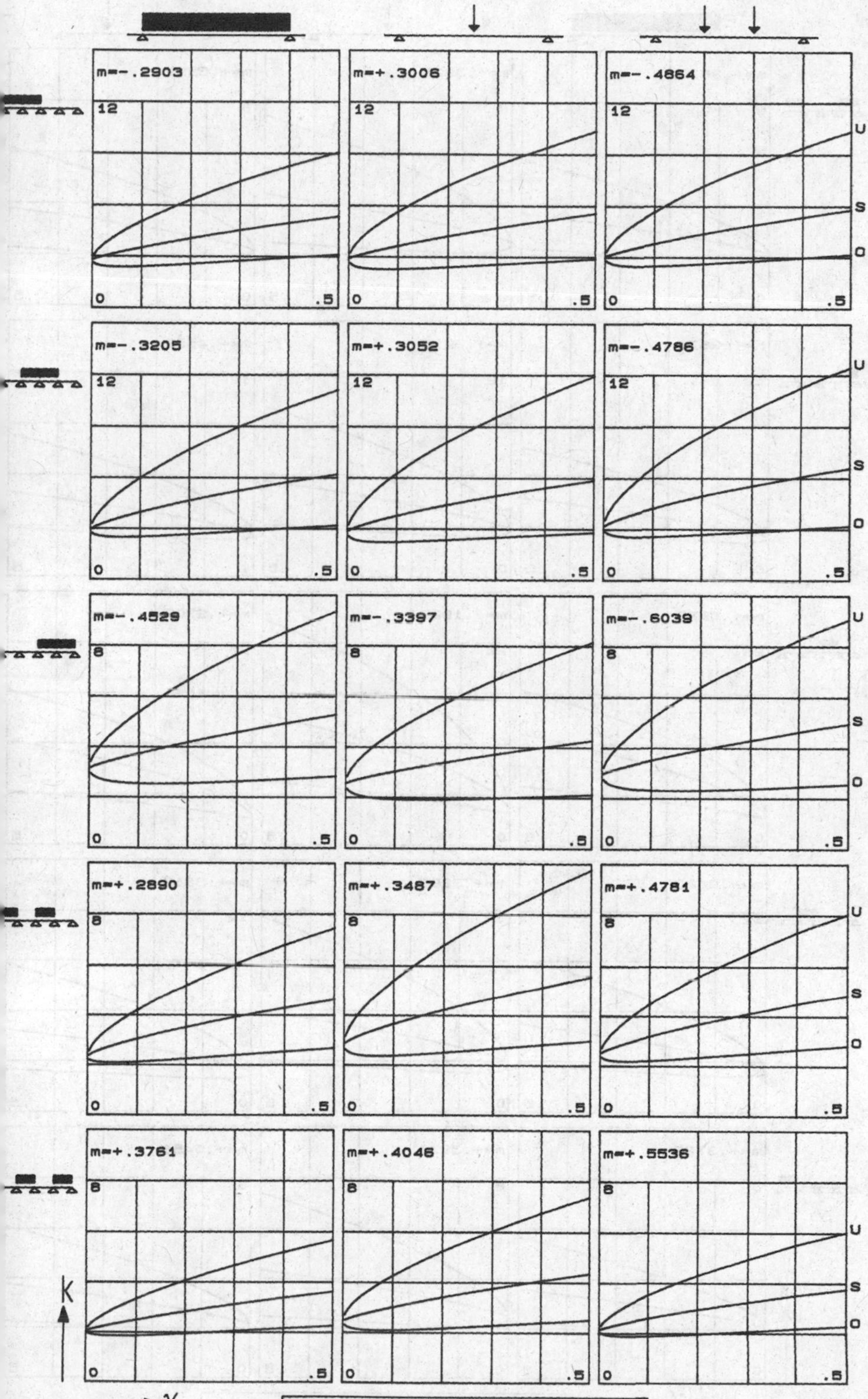
m=-.2903
12
0
.5
m=+.3006
12
0
.5
m=-.4864
12
U
S
O
0
.5
m=-.3205
12
0
.5
m=+.3052
12
0
.5
m=-.4786
12
U
S
O
0
.5
m=-.4529
8
0
.5
m=-.3397
8
0
.5
m=-.6039
8
U
S
O
0
.5
m=+.2890
8
0
.5
m=+.3487
8
0
.5
m=+.4781
8
U
S
O
0
.5
m=+.3761
8
0
.5
m=+.4046
8
0
.5
m=+.5536
8
U
S
O
0
.5
K
X

TAFEL F/IV 180 : 1.75L-L-2L-2L

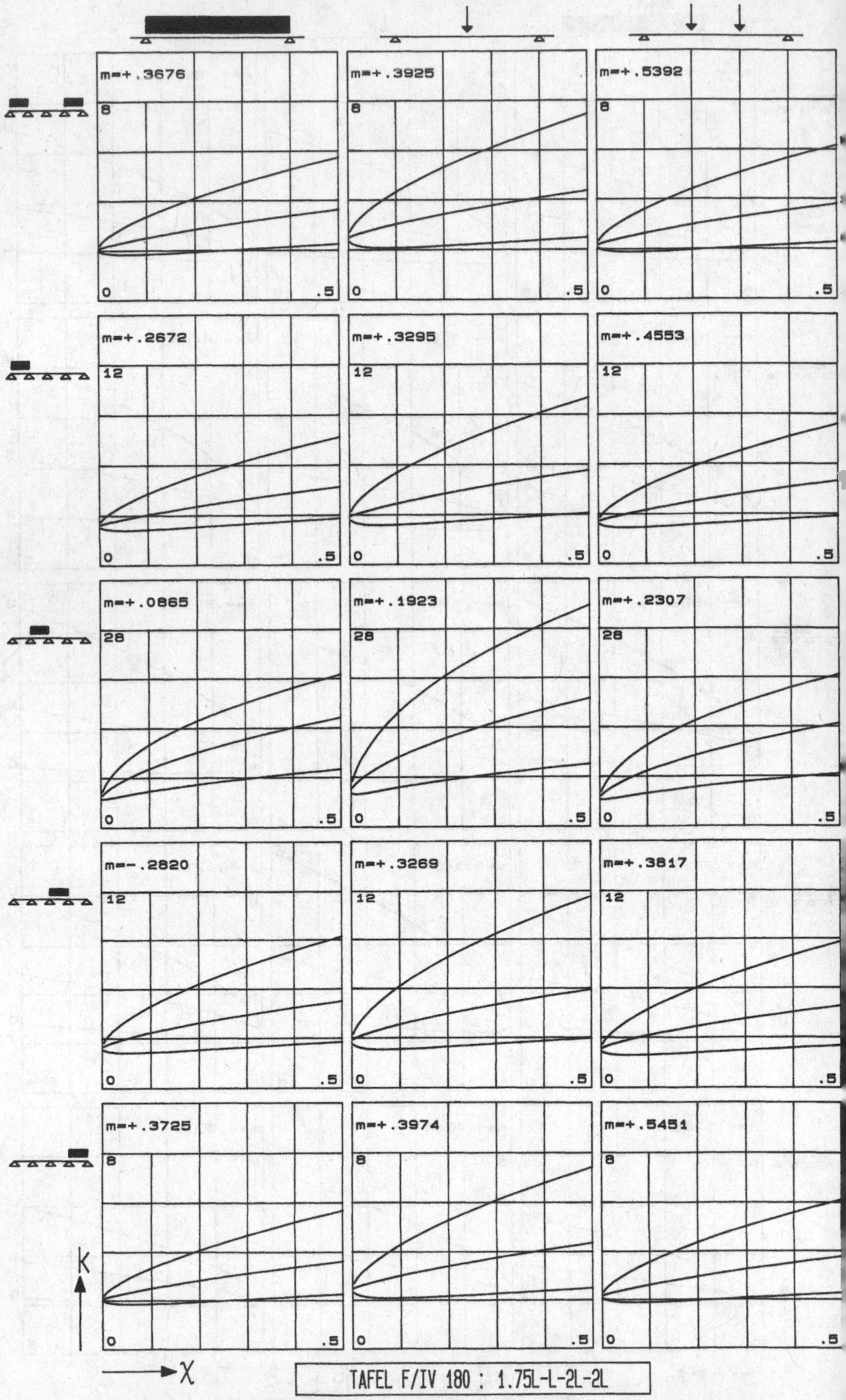

m=+.3676
8
0
.5
m=+.3925
8
0
.5
m=+.5392
8
0
.5
m=+.2672
12
0
.5
m=+.3295
12
0
.5
m=+.4553
12
0
.5
m=+.0865
28
0
.5
m=+.1923
28
0
.5
m=+.2307
28
0
.5
m=-.2820
12
0
.5
m=+.3269
12
0
.5
m=+.3817
12
0
.5
m=+.3725
8
0
.5
m=+.3974
8
0
.5
m=+.5451
8
0
.5
K
X

TAFEL F/IV 180 : 1.75L-L-2L-2L

F V

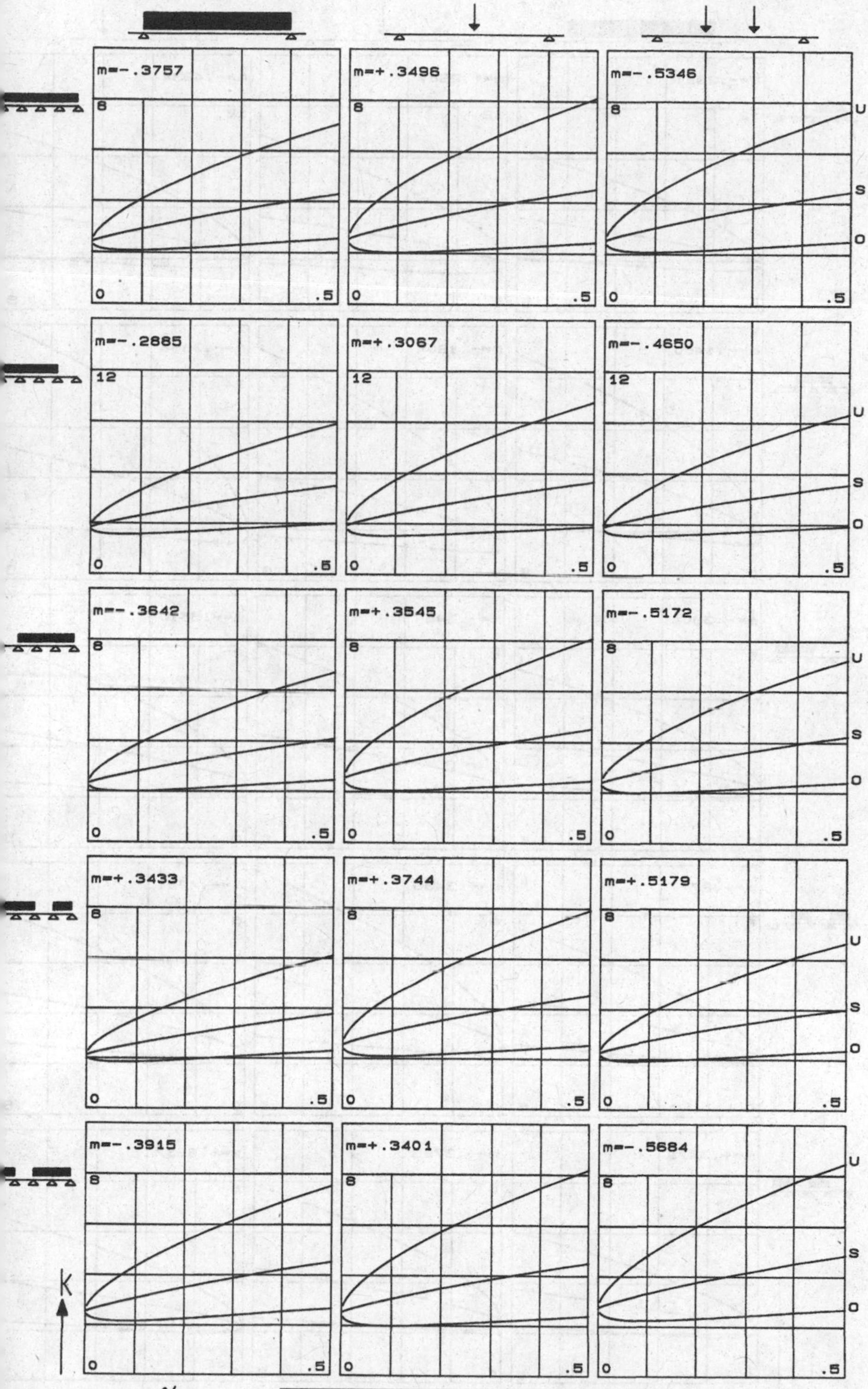

m=-.3757
m=+.3496
m=-.5346
m=-.2865
m=+.3067
m=-.4650
m=-.3642
m=+.3545
m=-.5172
m=+.3433
m=+.3744
m=+.5179
m=-.3915
m=+.3401
m=-.5684
8
12
0
.5
U
S
O
K
X

TAFEL F/IV 181 : 1.75L-1.25L-L-2L

F IV

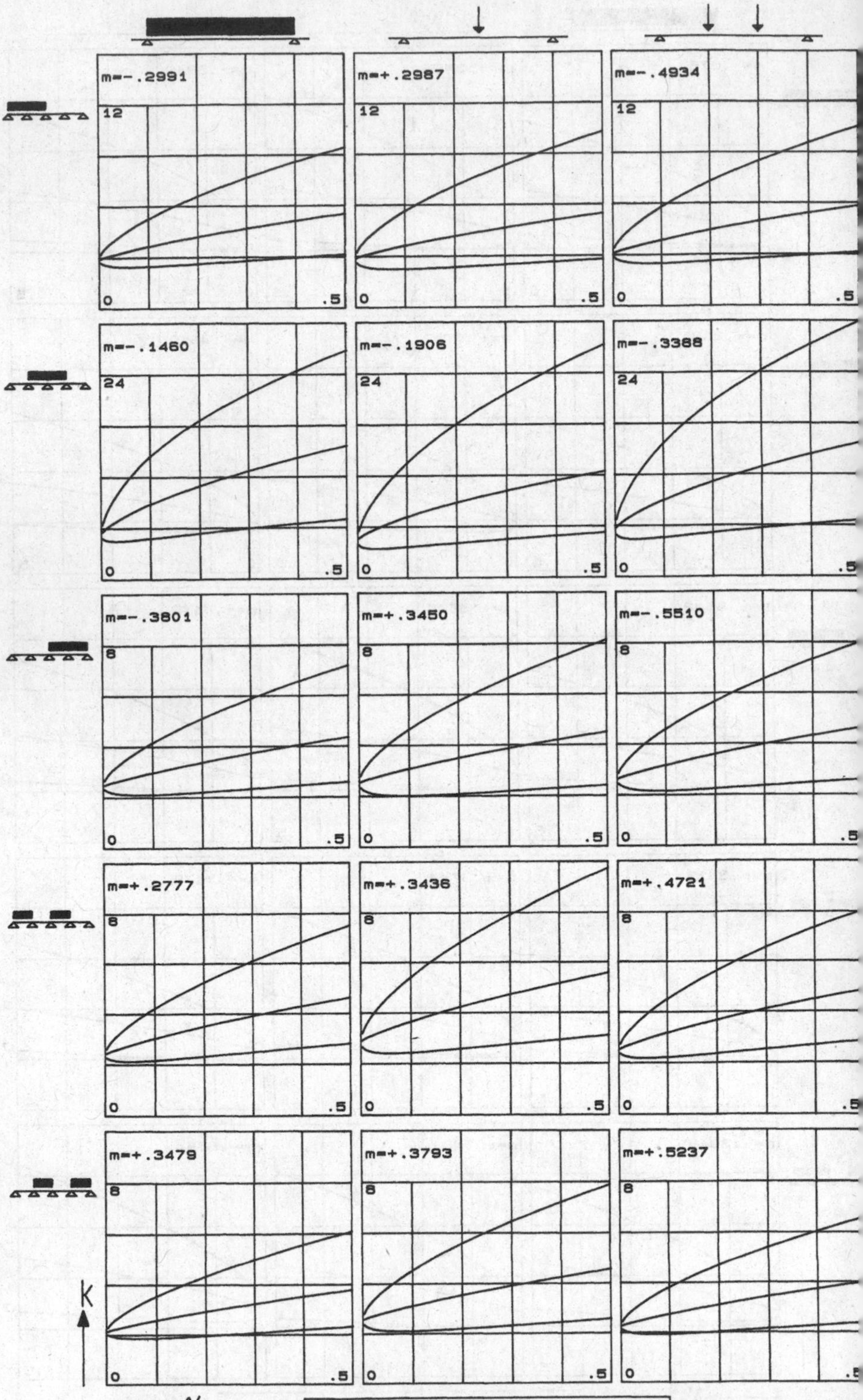

m=-.2991
12
0
.5
m=+.2987
12
0
.5
m=-.4934
12
0
.5
m=-.1460
24
0
.5
m=-.1906
24
0
.5
m=-.3388
24
0
.5
m=-.3801
8
0
.5
m=+.3450
8
0
.5
m=-.5510
8
0
.5
m=+.2777
8
0
.5
m=+.3436
8
0
.5
m=+.4721
8
0
.5
m=+.3479
8
0
.5
m=+.3793
8
0
.5
m=+.5237
8
0
.5
K
X

TAFEL F/IV 181 : 1.75L-1.25L-L-2L

F
IV

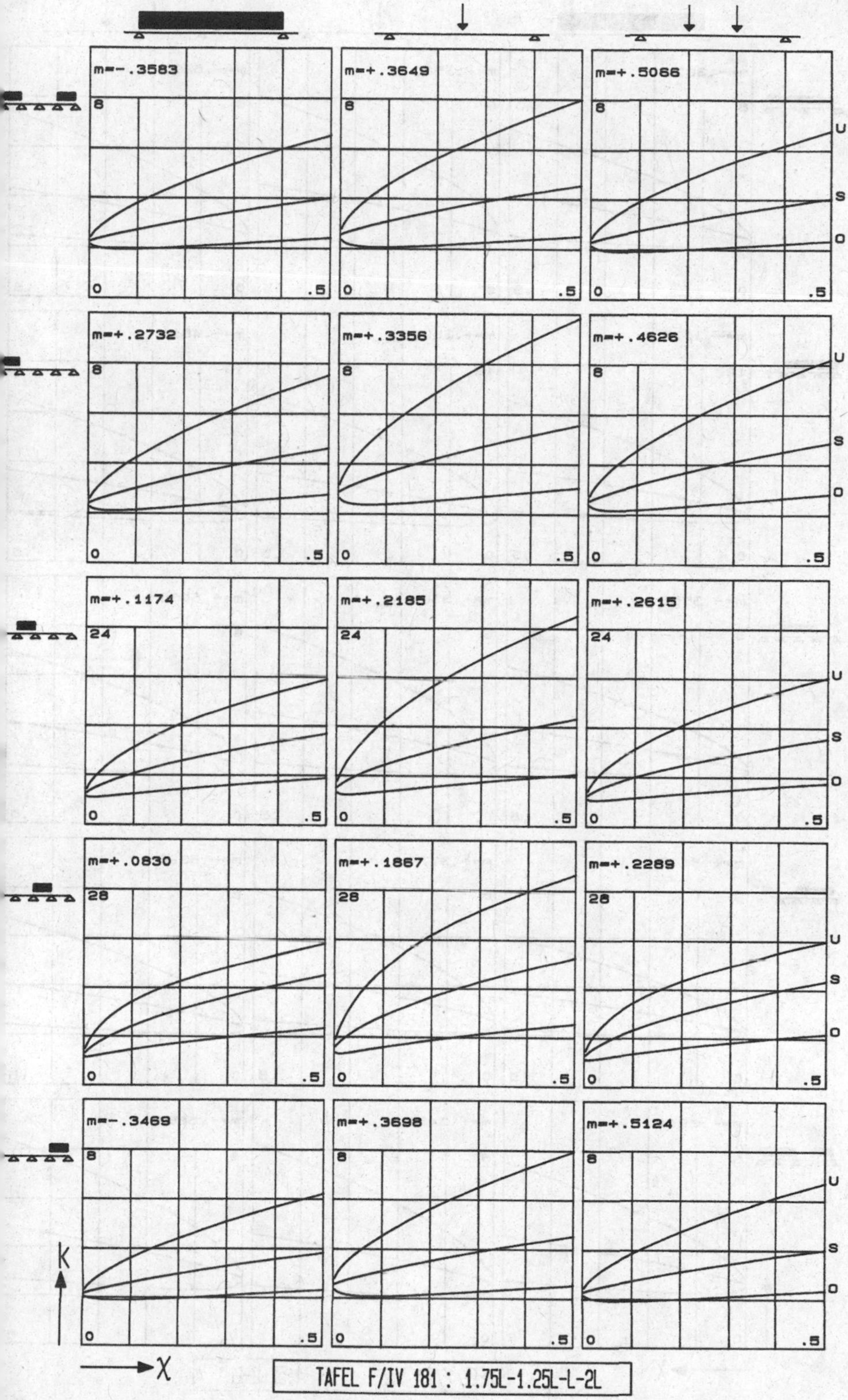
m=-.3583
8
0
.5
m=+.3649
8
0
.5
m=+.5066
8
U
S
O
0
.5
m=+.2732
8
0
.5
m=+.3356
8
0
.5
m=+.4626
8
U
S
O
0
.5
m=+.1174
24
0
.5
m=+.2185
24
0
.5
m=+.2615
24
U
S
O
0
.5
m=+.0830
28
0
.5
m=+.1867
28
0
.5
m=+.2289
28
U
S
O
0
.5
m=-.3469
8
0
.5
m=+.3698
8
0
.5
m=+.5124
8
U
S
O
0
.5
K
X

TAFEL F/IV 181 : 1.75L-1.25L-L-2L

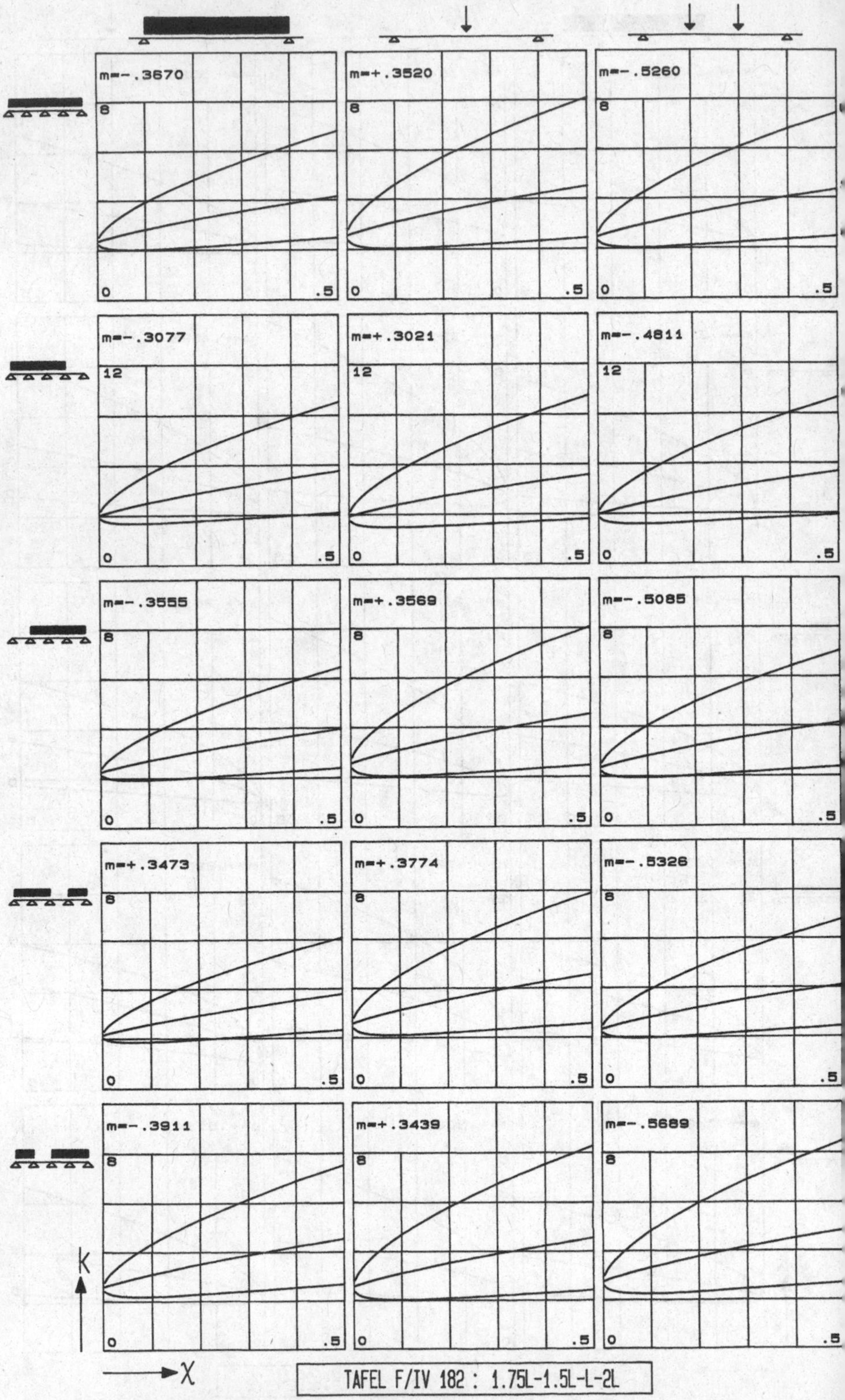
m=-.3670
m=+.3520
m=-.5260
m=-.3077
m=+.3021
m=-.4811
m=-.3555
m=+.3569
m=-.5085
m=+.3473
m=+.3774
m=-.5326
m=-.3911
m=+.3439
m=-.5689
8
12
0
.5
K
X

F
IV

TAFEL F/IV 182 : 1.75L-1.5L-L-2L

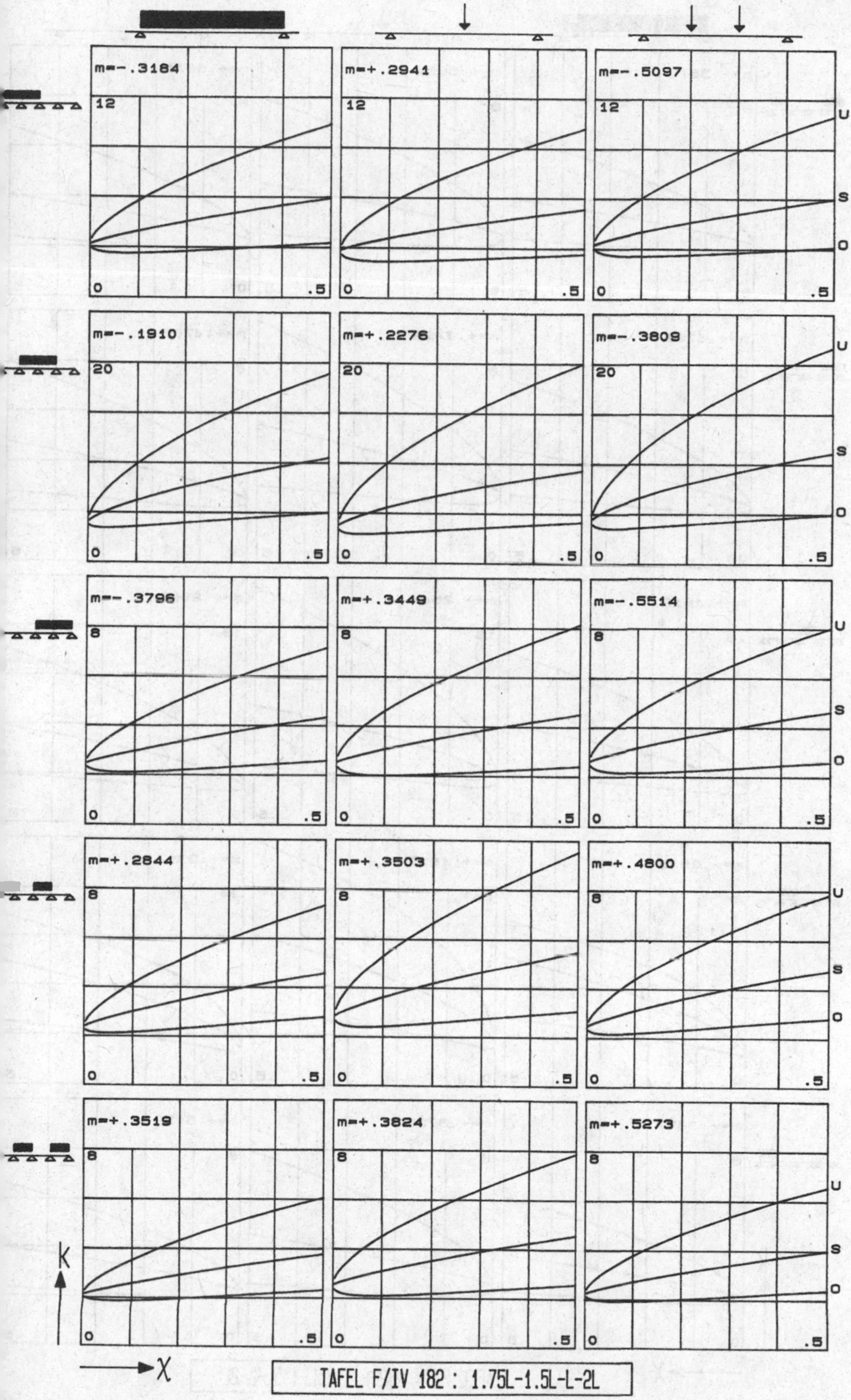

TAFEL F/IV 182 : 1.75L-1.5L-L-2L

TAFEL F/IV 182 : 1.75L-1.5L-L-2L

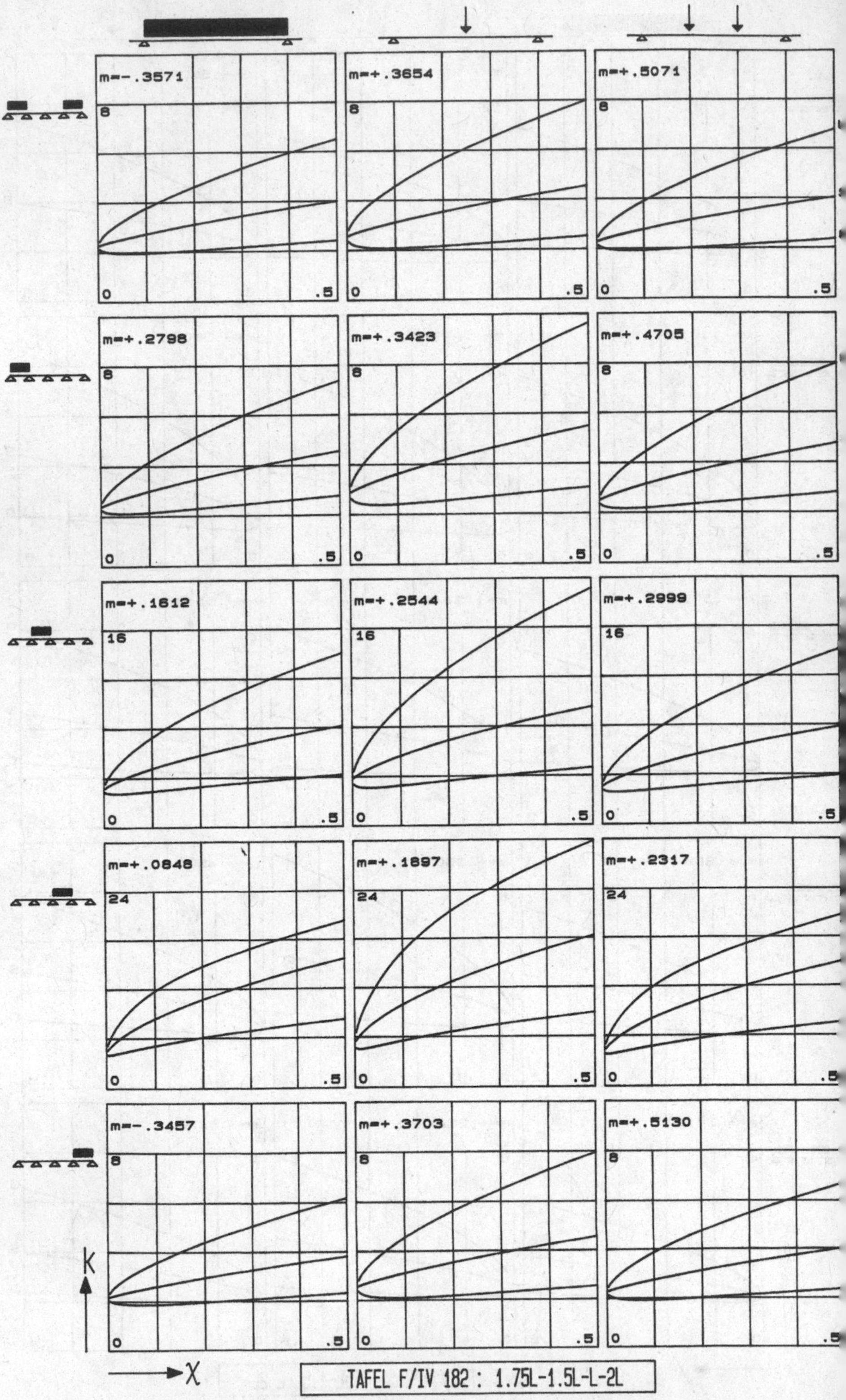

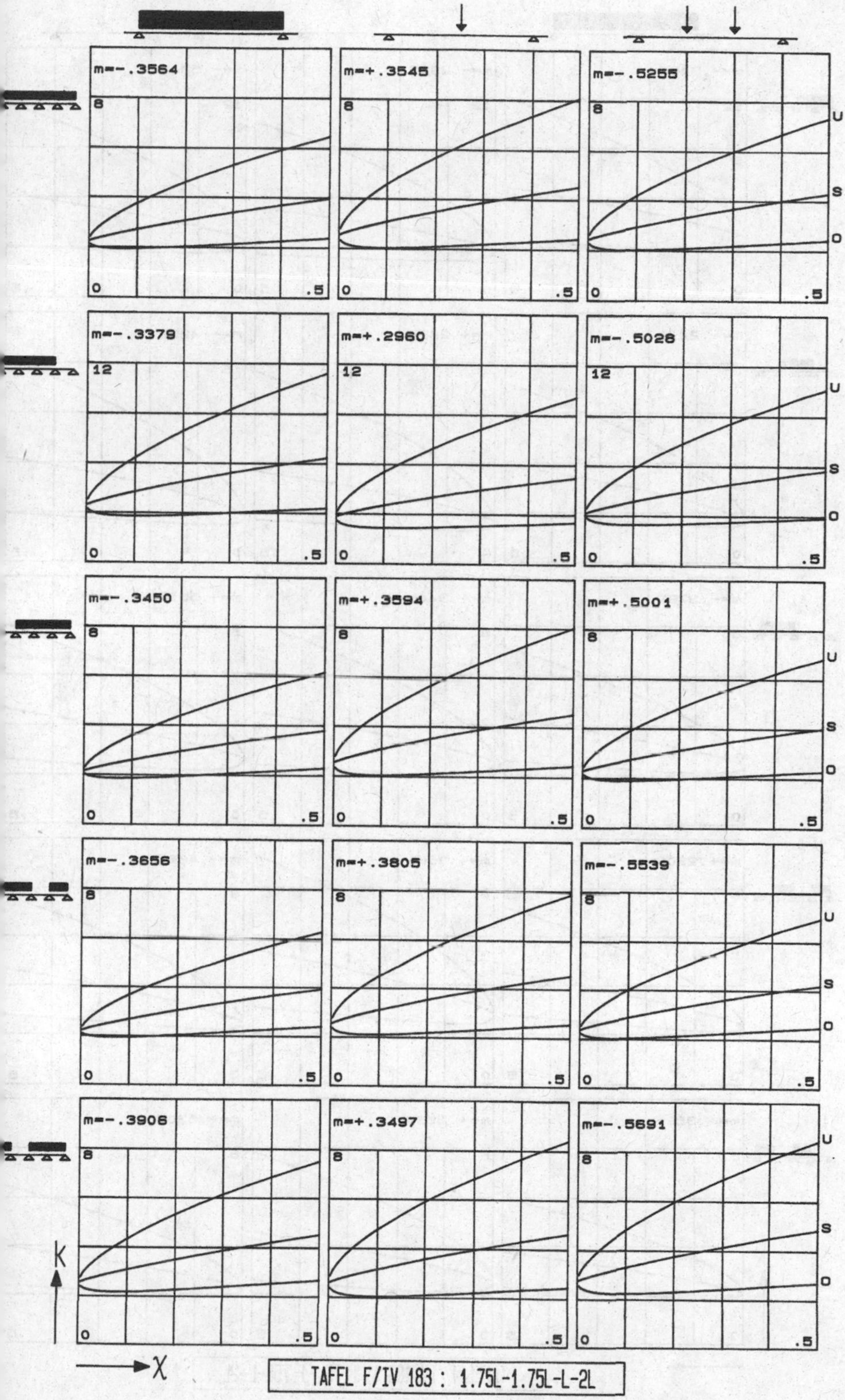
m=-.3564
m=+.3545
m=-.5255
m=-.3379
m=+.2960
m=-.5028
m=-.3450
m=+.3594
m=+.5001
m=-.3656
m=+.3605
m=-.5539
m=-.3906
m=+.3497
m=-.5691
U
S
O
K
X

TAFEL F/IV 183 : 1.75L-1.75L-L-2L

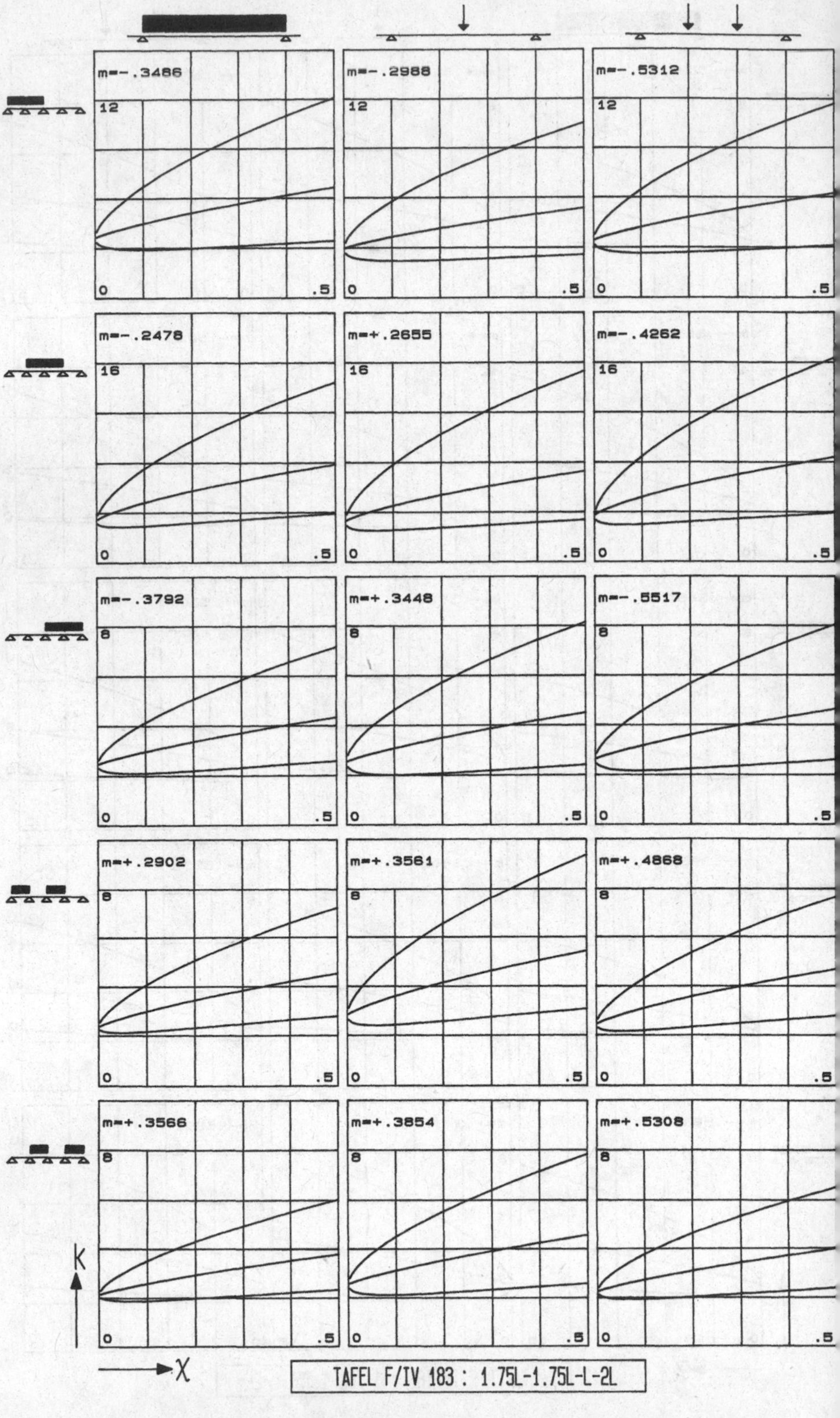

m=-.3486
12
0
.5
m=-.2988
12
0
.5
m=-.5312
12
0
.5
m=-.2478
16
0
.5
m=+.2655
16
0
.5
m=-.4262
16
0
.5
m=-.3792
8
0
.5
m=+.3448
8
0
.5
m=-.5517
8
0
.5
m=+.2902
8
0
.5
m=+.3561
8
0
.5
m=+.4868
8
0
.5
m=+.3566
8
0
.5
m=+.3854
8
0
.5
m=+.5308
8
0
.5
K
X

TAFEL F/IV 183 : 1.75L-1.75L-L-2L

F
IV

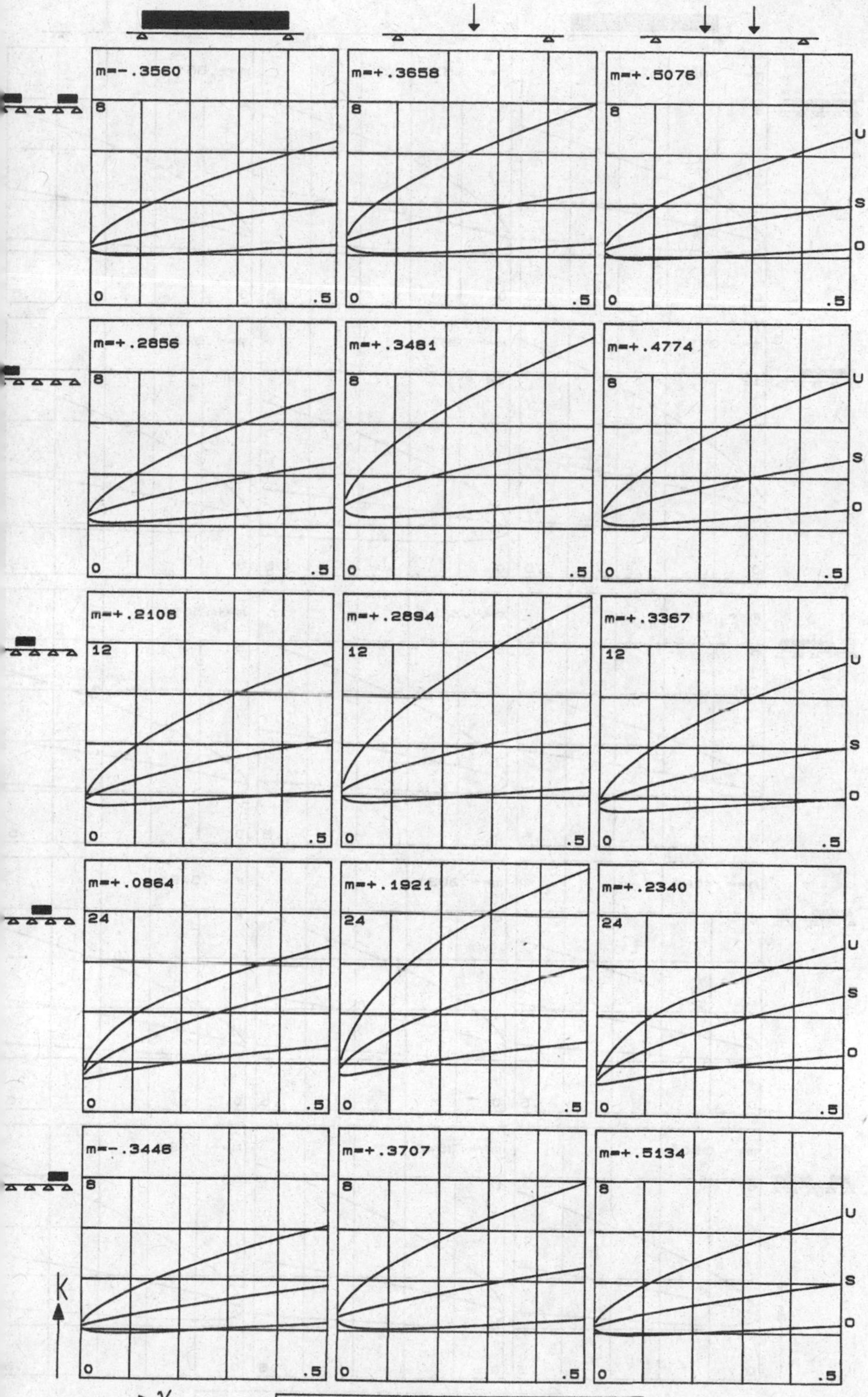
m=-.3560
m=+.3658
m=+.5076
m=+.2856
m=+.3481
m=+.4774
m=+.2106
m=+.2894
m=+.3367
m=+.0864
m=+.1921
m=+.2340
m=-.3446
m=+.3707
m=+.5134
8
12
24
U
S
O
0
.5
K
X

TAFEL F/IV 183 : 1.75L-1.75L-L-2L

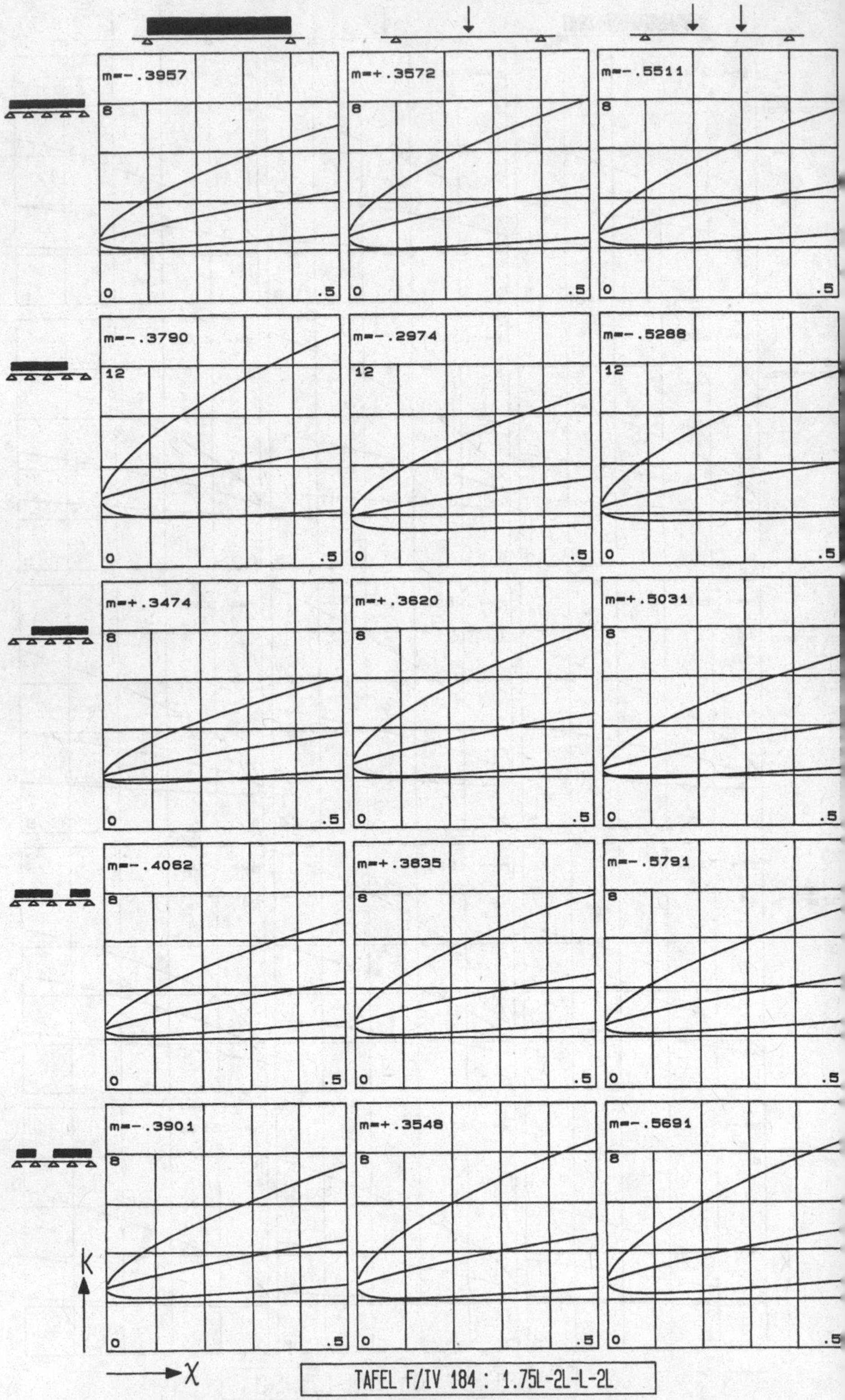
m=-.3957
m=+.3572
m=-.5511
m=-.3790
m=-.2974
m=-.5288
m=+.3474
m=+.3620
m=+.5031
m=-.4062
m=+.3835
m=-.5791
m=-.3901
m=+.3548
m=-.5691
K
X

F IV

TAFEL F/IV 184 : 1.75L-2L-L-2L

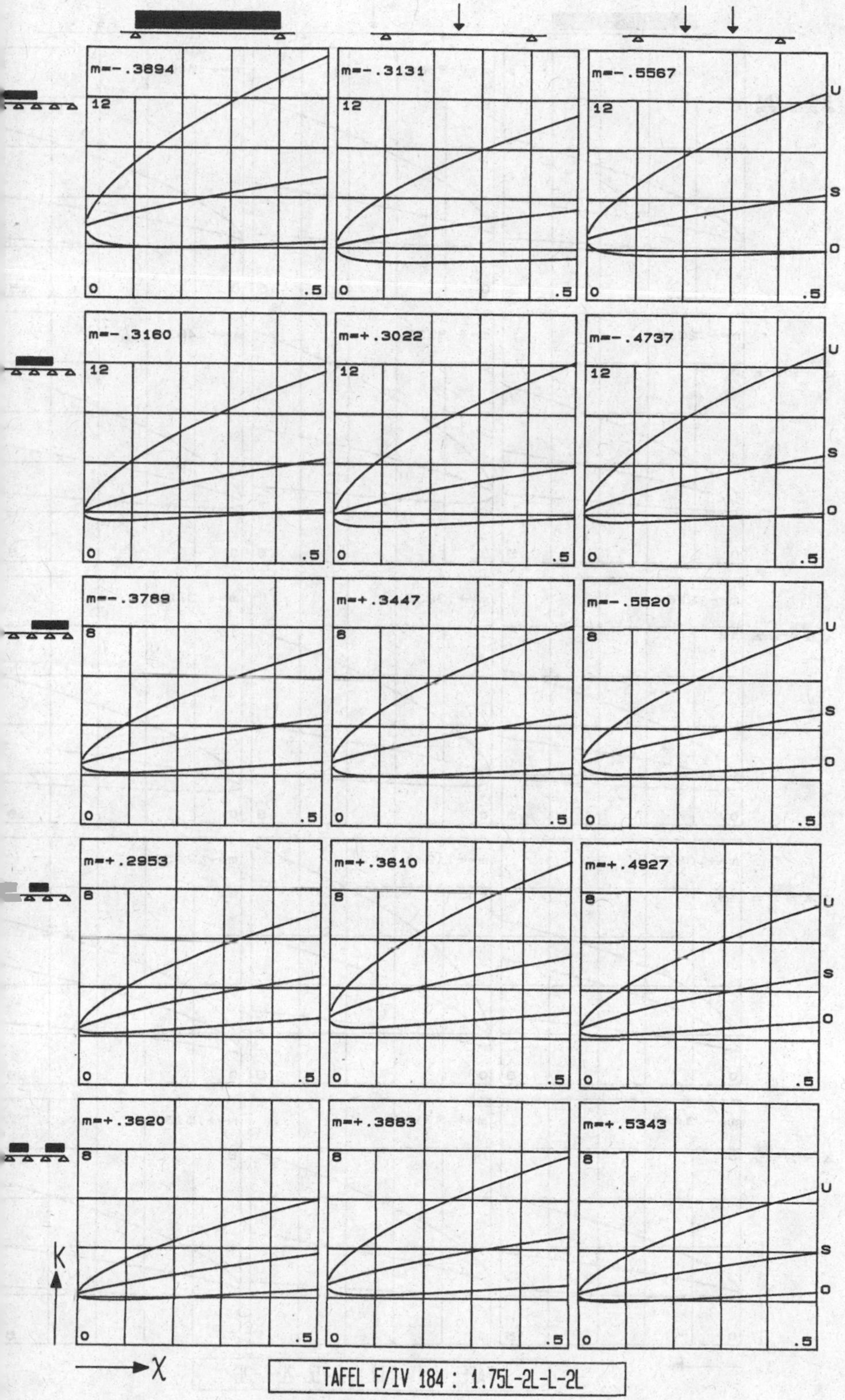
m=-.3894
12
0
.5
m=-.3131
12
0
.5
m=-.5567
12
0
.5
U
S
O
m=-.3160
12
0
.5
m=+.3022
12
0
.5
m=-.4737
12
0
.5
U
S
O
m=-.3789
8
0
.5
m=+.3447
8
0
.5
m=-.5520
8
0
.5
U
S
O
m=+.2953
8
0
.5
m=+.3610
8
0
.5
m=+.4927
8
0
.5
U
S
O
m=+.3620
8
0
.5
m=+.3883
8
0
.5
m=+.5343
8
0
.5
U
S
O
K
X

TAFEL F/IV 184 : 1.75L-2L-L-2L

F
IV

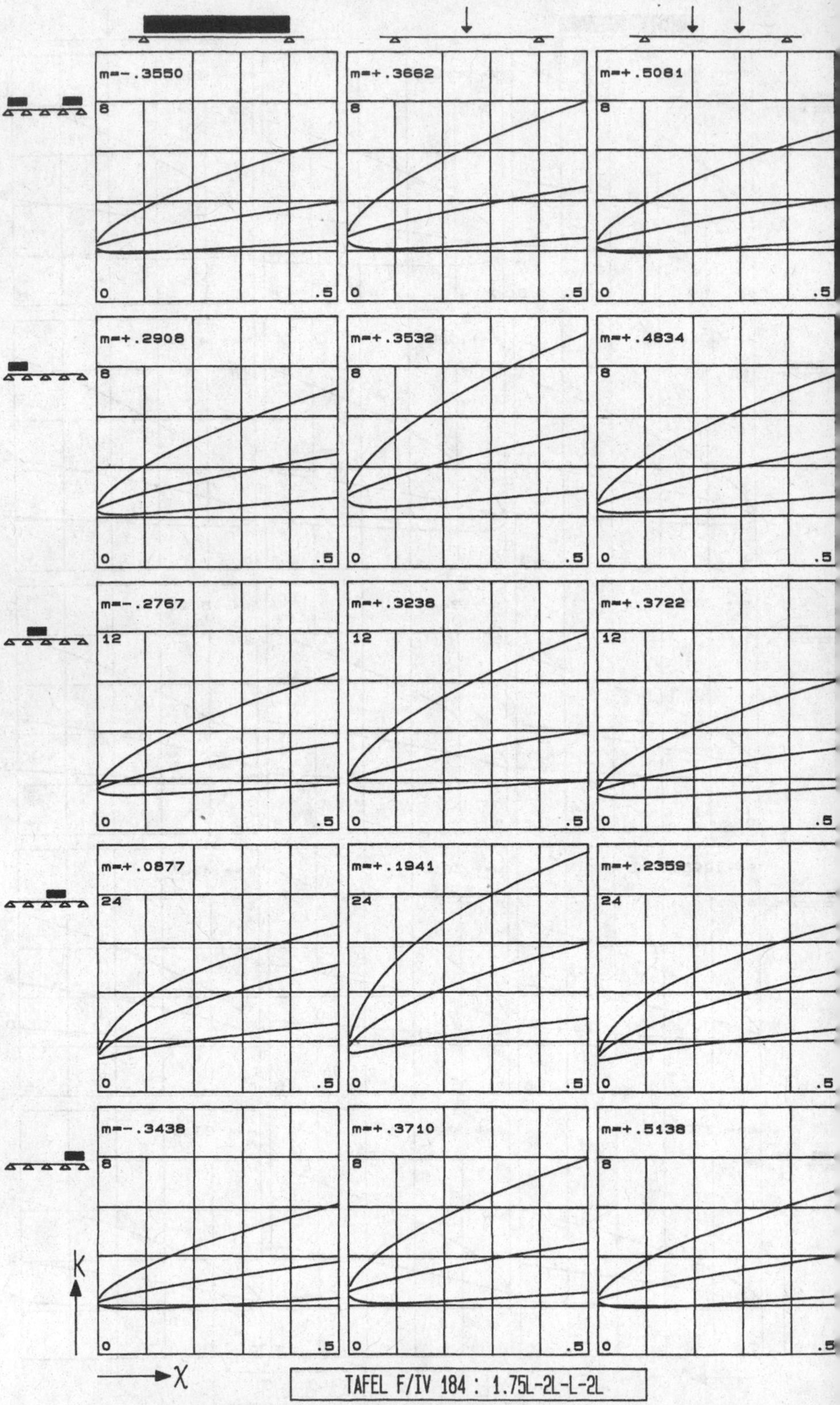

m=-.3550
m=+.3662
m=+.5081
m=+.2908
m=+.3532
m=+.4834
m=-.2767
m=+.3238
m=+.3722
m=+.0877
m=+.1941
m=+.2359
m=-.3438
m=+.3710
m=+.5138
K
X

TAFEL F/IV 184 : 1.75L-2L-L-2L

F
V

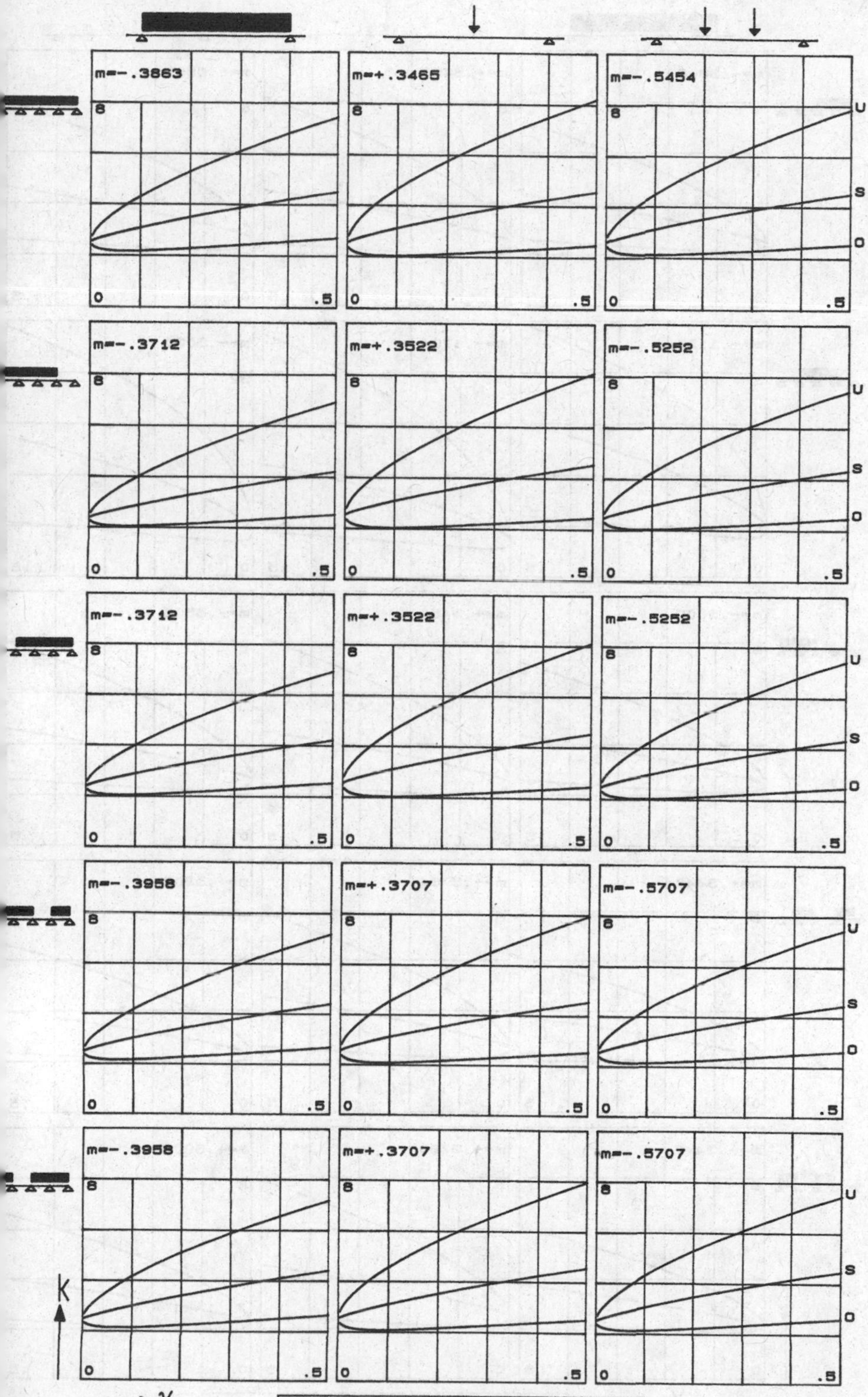

m=-.3863
m=+.3465
m=-.5454
m=-.3712
m=+.3522
m=-.5252
m=-.3712
m=+.3522
m=-.5252
m=-.3958
m=+.3707
m=-.5707
m=-.3958
m=+.3707
m=-.5707
8
0
.5
U
S
O
K
X

TAFEL F/IV 185 : 2L-L-L-2L

F
IV

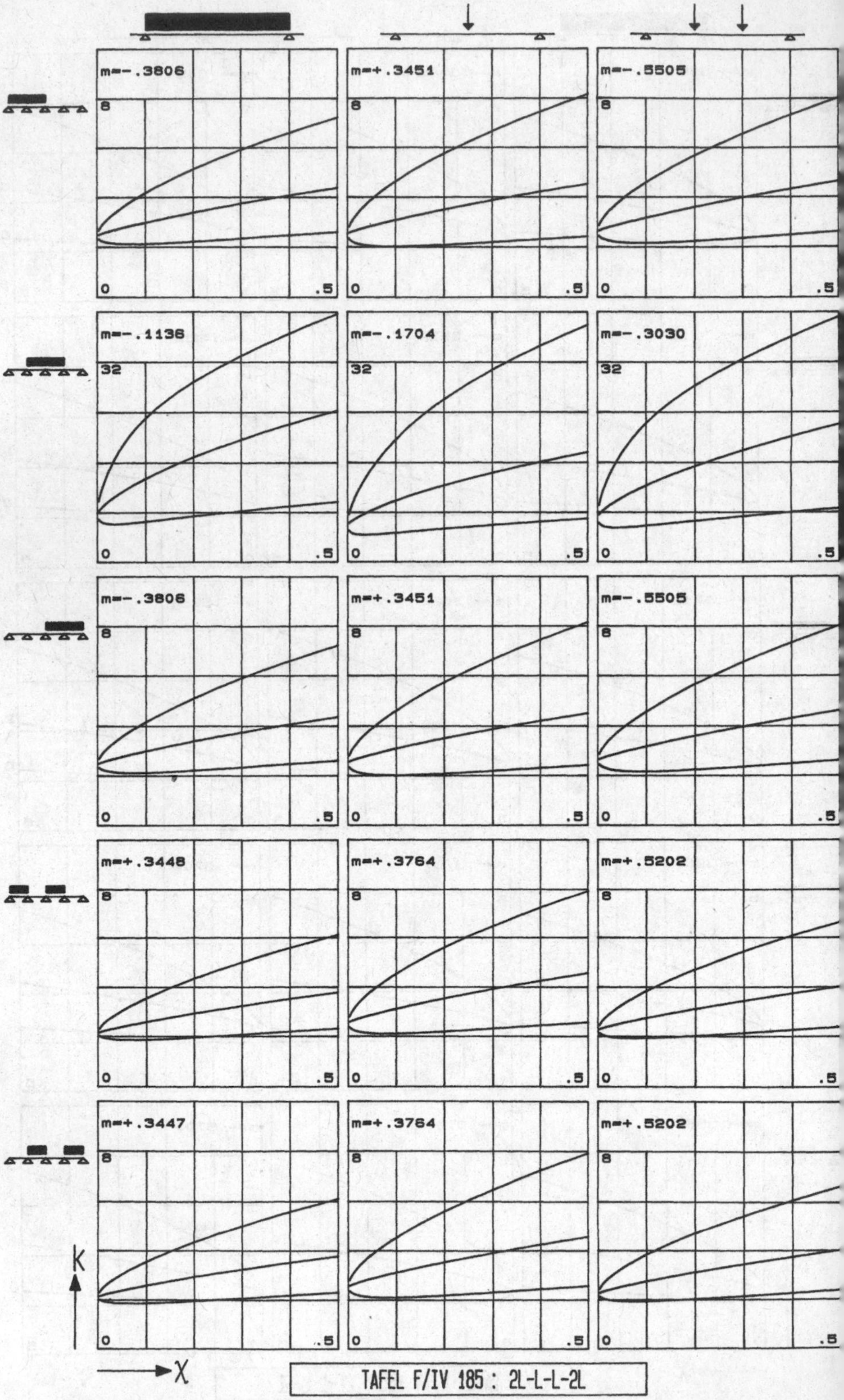

m=-.3806
8
0
.5
m=+.3451
8
0
.5
m=-.5505
8
0
.5
m=-.1136
32
0
.5
m=-.1704
32
0
.5
m=-.3030
32
0
.5
m=-.3806
8
0
.5
m=+.3451
8
0
.5
m=-.5505
8
0
.5
m=+.3448
8
0
.5
m=+.3764
8
0
.5
m=+.5202
8
0
.5
m=+.3447
8
0
.5
m=+.3764
8
0
.5
m=+.5202
8
0
.5
K
X

TAFEL F/IV 185 : 2L-L-L-2L

F
IV

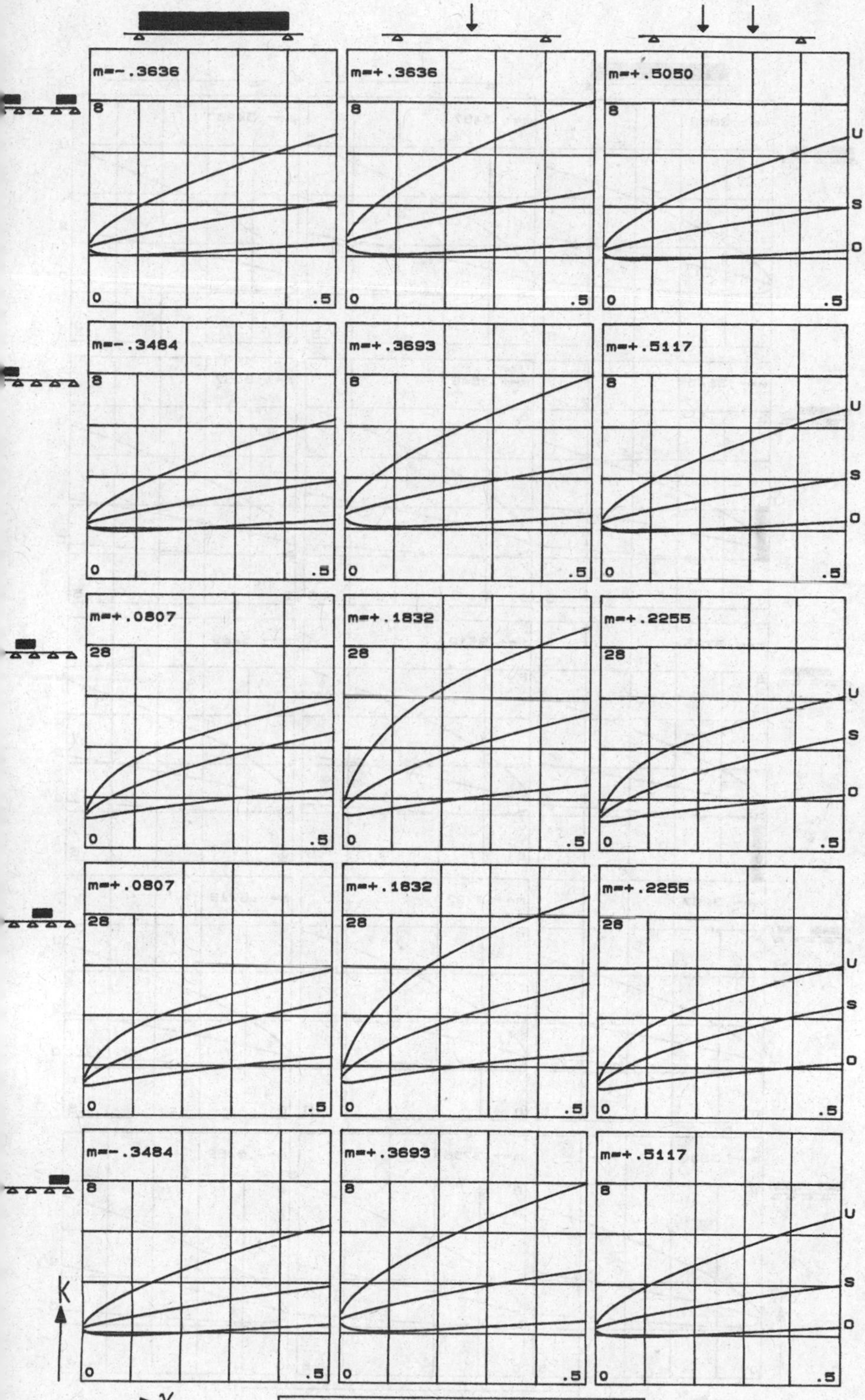
m=-.3636
m=+.3636
m=+.5050
m=-.3484
m=+.3693
m=+.5117
m=+.0807
m=+.1832
m=+.2255
m=+.0807
m=+.1832
m=+.2255
m=-.3484
m=+.3693
m=+.5117
8
28
0
.5
U
S
O
K
X

TAFEL F/IV 185 : 2L-L-L-2L

F IV

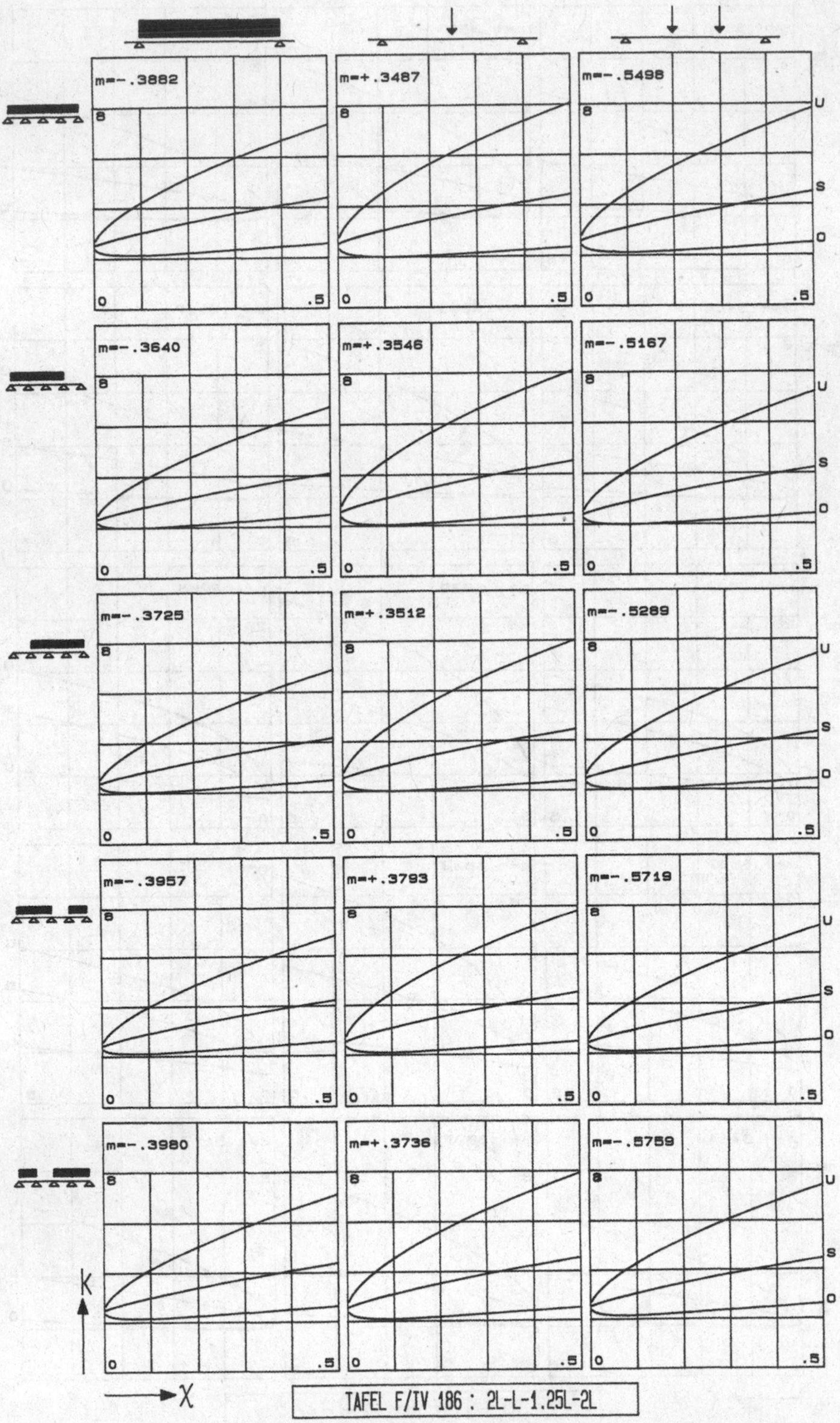

m=-.3882
m=+.3487
m=-.5498
m=-.3640
m=+.3546
m=-.5167
m=-.3725
m=+.3512
m=-.5289
m=-.3957
m=+.3793
m=-.5719
m=-.3980
m=+.3736
m=-.5759
U
S
O
K
X

TAFEL F/IV 186 : 2L-L-1.25L-2L

F IV

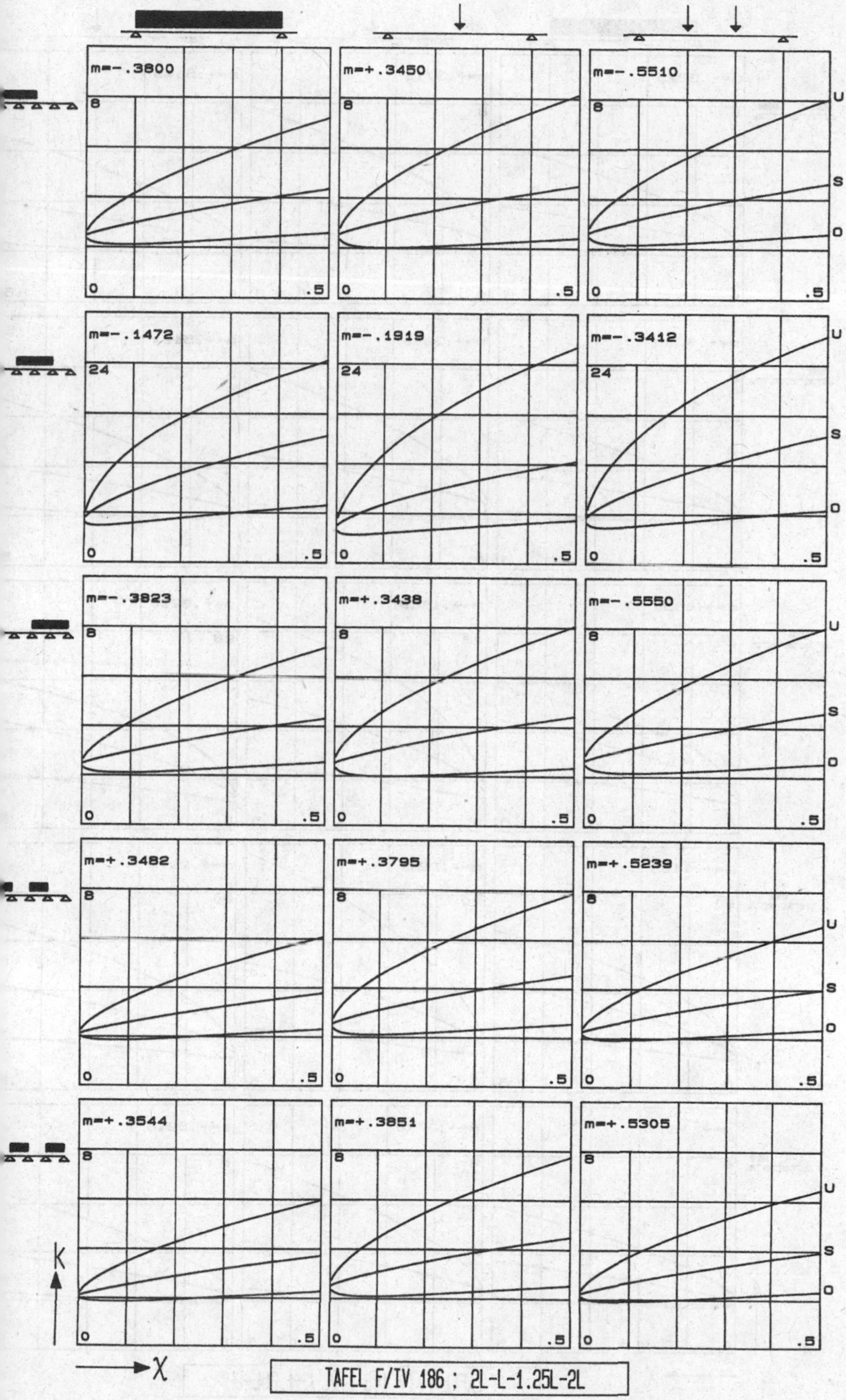

m=-.3800
m=+.3450
m=-.5510
m=-.1472
m=-.1919
m=-.3412
m=-.3823
m=+.3438
m=-.5550
m=+.3482
m=+.3795
m=+.5239
m=+.3544
m=+.3851
m=+.5305
8
24
U
S
O
0
.5
K
X

TAFEL F/IV 186 ; 2L-L-1.25L-2L

F IV

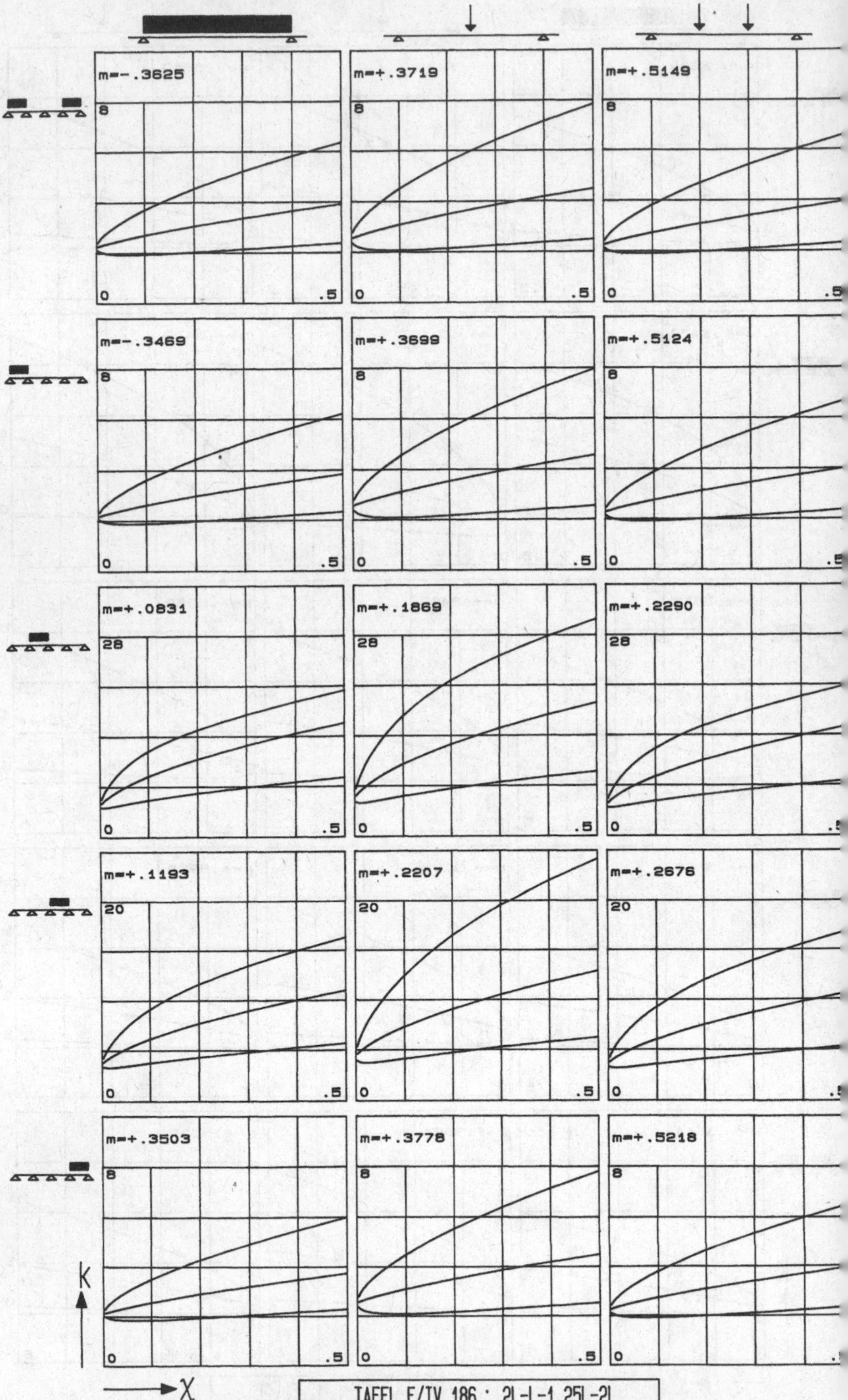
m=-.3625
m=+.3719
m=+.5149
m=-.3469
m=+.3699
m=+.5124
m=+.0831
m=+.1869
m=+.2290
m=+.1193
m=+.2207
m=+.2676
m=+.3503
m=+.3778
m=+.5218
K
X
TAFEL F/IV 186 : 2L-L-1.25L-2L

F IV

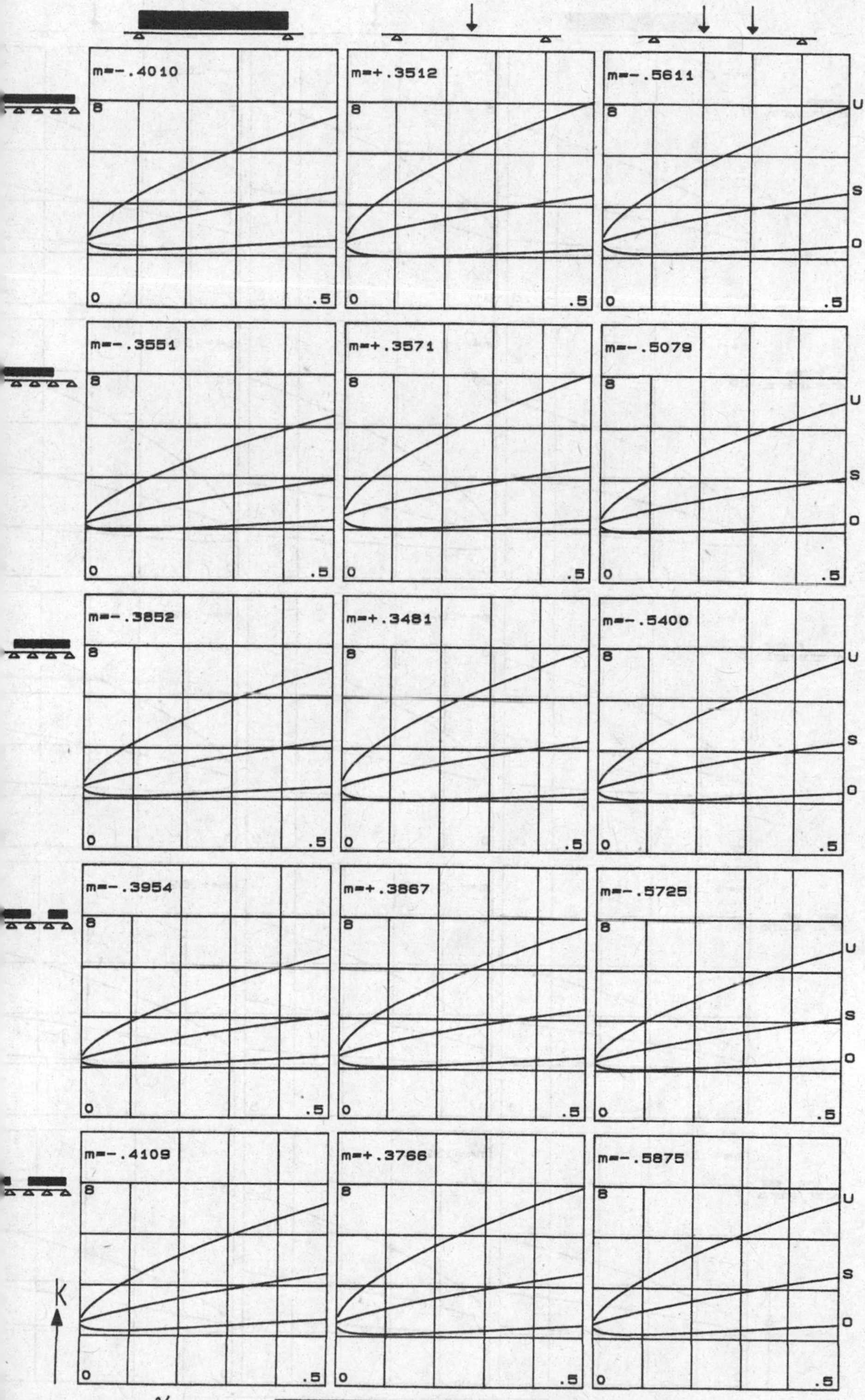
m=-.4010
m=+.3512
m=-.5611
m=-.3551
m=+.3571
m=-.5079
m=-.3852
m=+.3481
m=-.5400
m=-.3954
m=+.3867
m=-.5725
m=-.4109
m=+.3766
m=-.5875
8
0
.5
U
S
O
K
X

TAFEL F/IV 187 : 2L-L-1.5L-2L

F IV

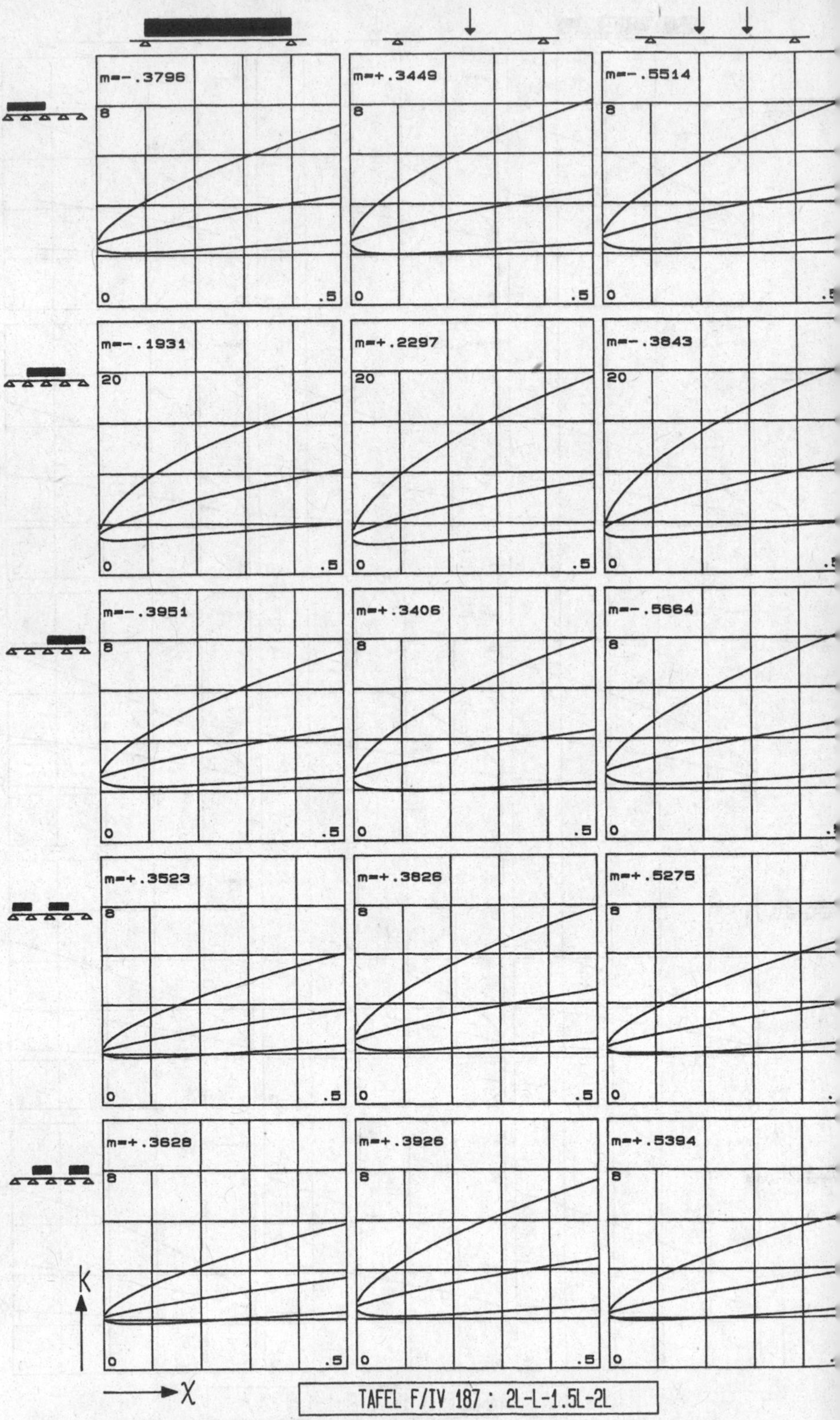

m=-.3796
8
0
.5
m=+.3449
8
0
.5
m=-.5514
8
0
m=-.1931
20
0
.5
m=+.2297
20
0
.5
m=-.3843
20
0
m=-.3951
8
0
.5
m=+.3406
8
0
.5
m=-.5664
8
0
m=+.3523
8
0
.5
m=+.3826
8
0
.5
m=+.5275
8
0
m=+.3628
8
0
.5
m=+.3926
8
0
.5
m=+.5394
8
0
K
X

TAFEL F/IV 187 : 2L-L-1.5L-2L

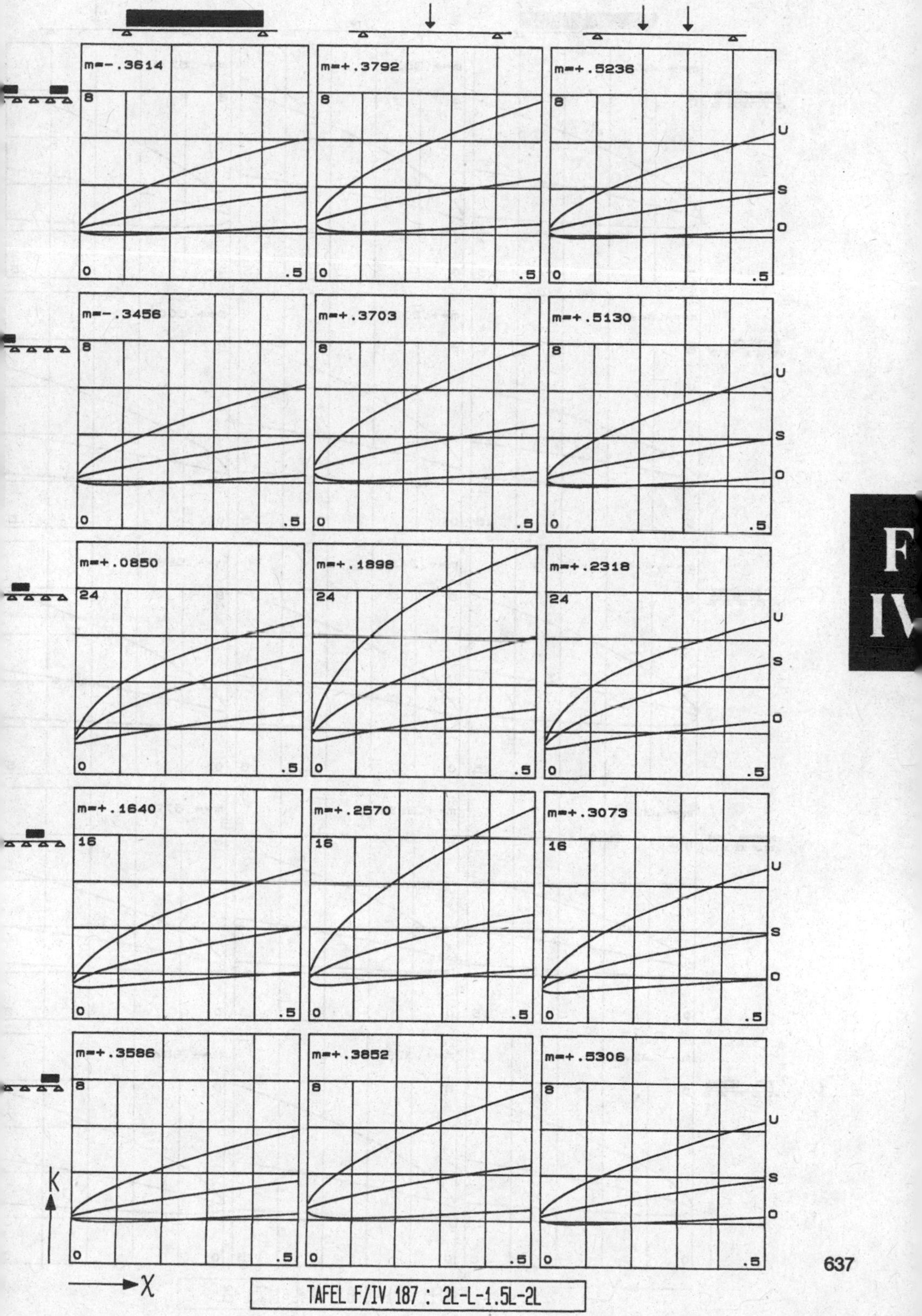

TAFEL F/IV 187 : 2L-L-1.5L-2L

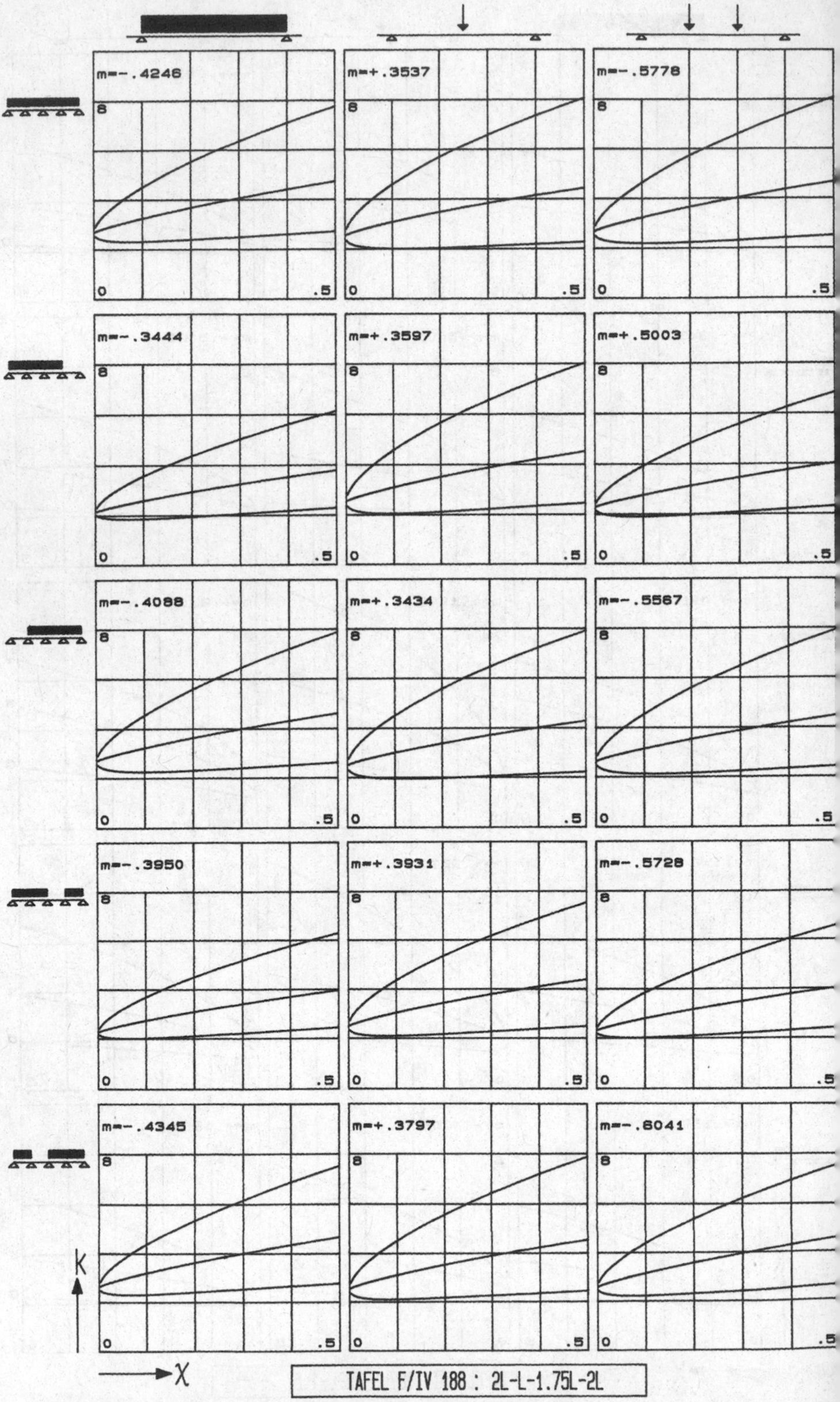
m=-.4246
m=+.3537
m=-.5778
m=-.3444
m=+.3597
m=+.5003
m=-.4088
m=+.3434
m=-.5567
m=-.3950
m=+.3931
m=-.5728
m=-.4345
m=+.3797
m=-.6041
8
0
.5
K
X

TAFEL F/IV 188 : 2L-L-1.75L-2L

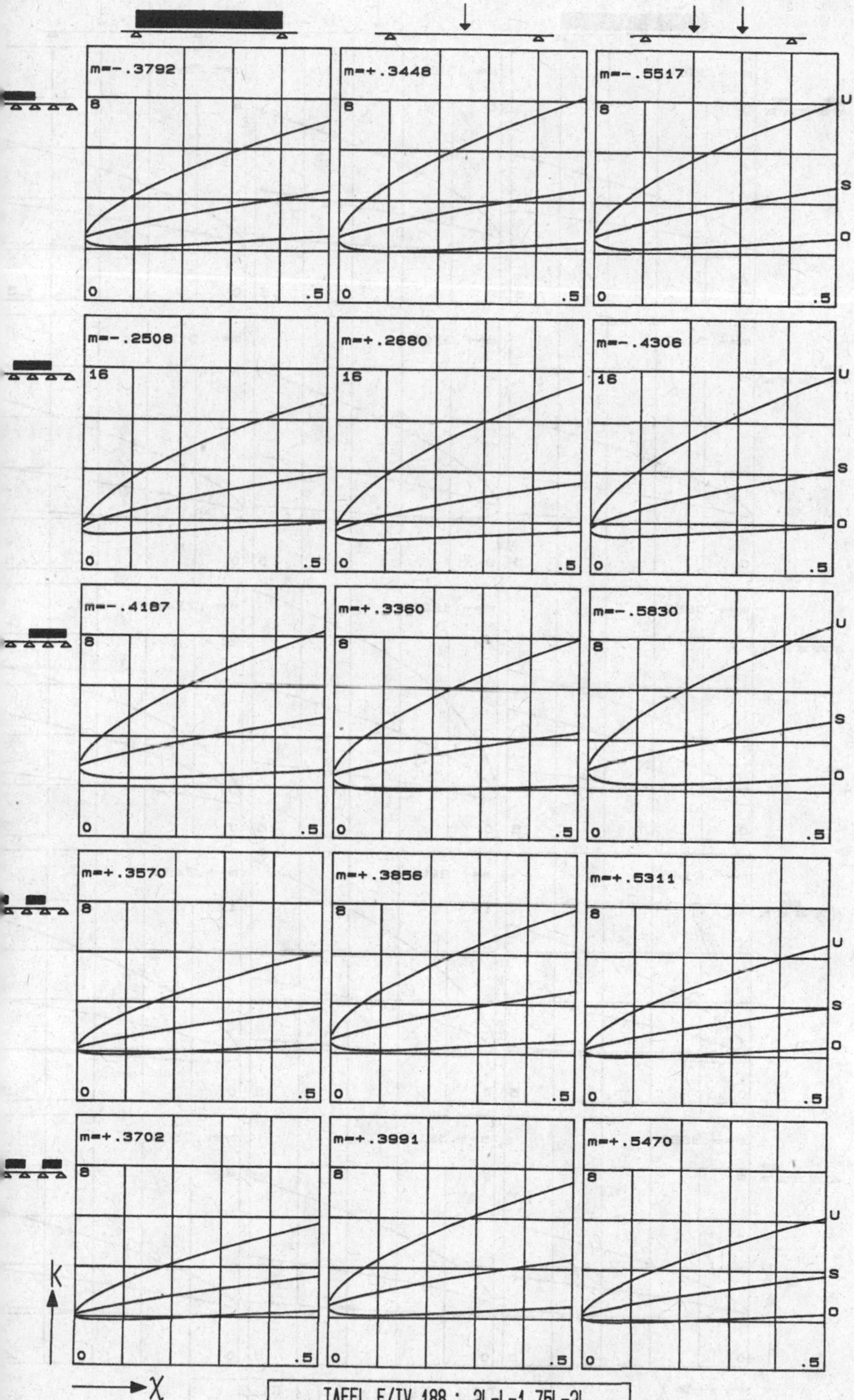
m=-.3792
m=+.3448
m=-.5517
m=-.2508
m=+.2680
m=-.4306
m=-.4187
m=+.3360
m=-.5830
m=+.3570
m=+.3856
m=+.5311
m=+.3702
m=+.3991
m=+.5470
8
16
0
.5
U
S
O
K
X

TAFEL F/IV 188 : 2L-L-1.75L-2L

F IV

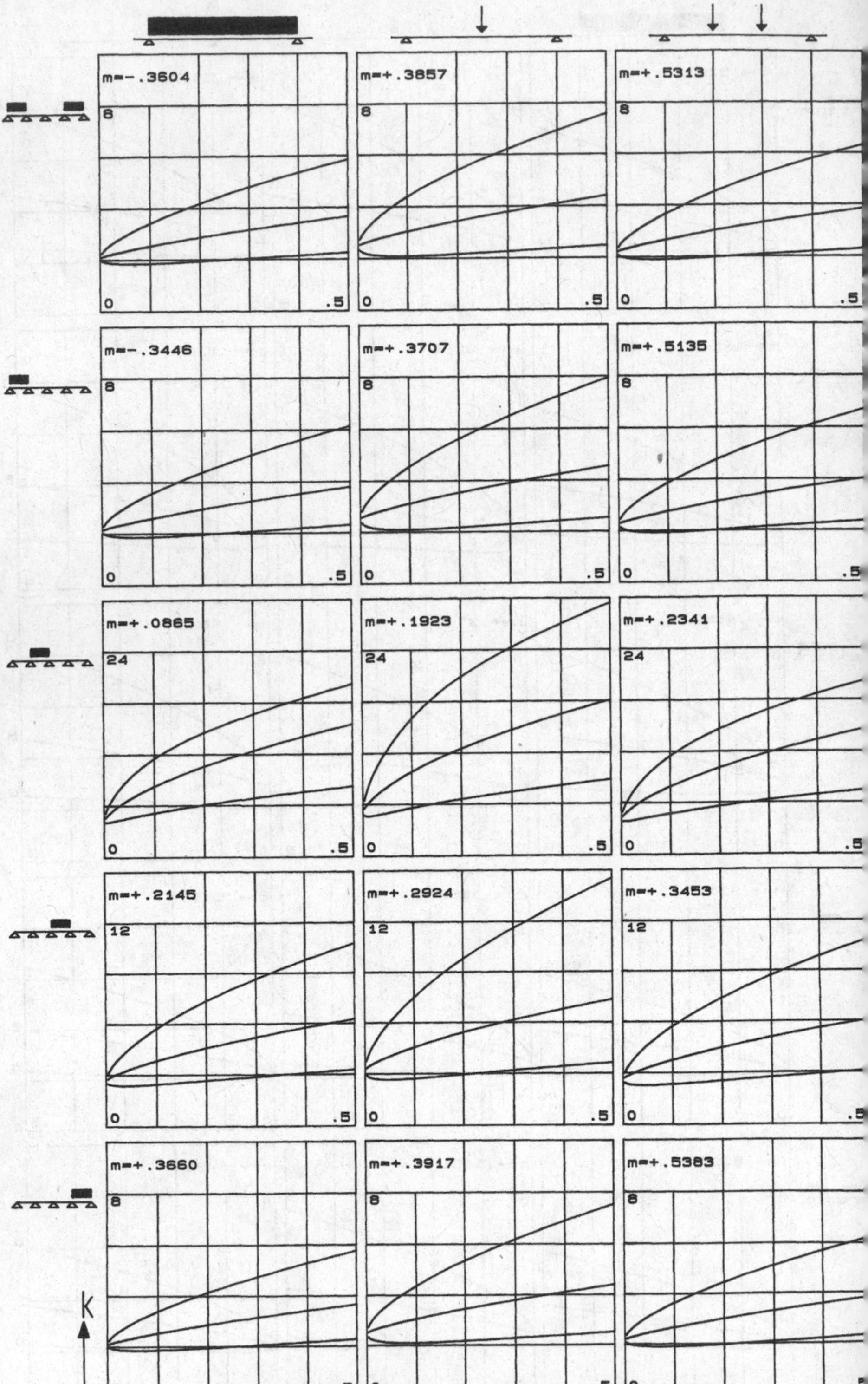
m=-.3604
8
0
.5
m=+.3857
8
0
.5
m=+.5313
8
0
.5
m=-.3446
8
0
.5
m=+.3707
8
0
.5
m=+.5135
8
0
.5
m=+.0865
24
0
.5
m=+.1923
24
0
.5
m=+.2341
24
0
.5
m=+.2145
12
0
.5
m=+.2924
12
0
.5
m=+.3453
12
0
.5
m=+.3660
8
0
.5
m=+.3917
8
0
.5
m=+.5383
8
0
.5
K
X

TAFEL F/IV 188 : 2L-L-1.75L-2L

F
IV

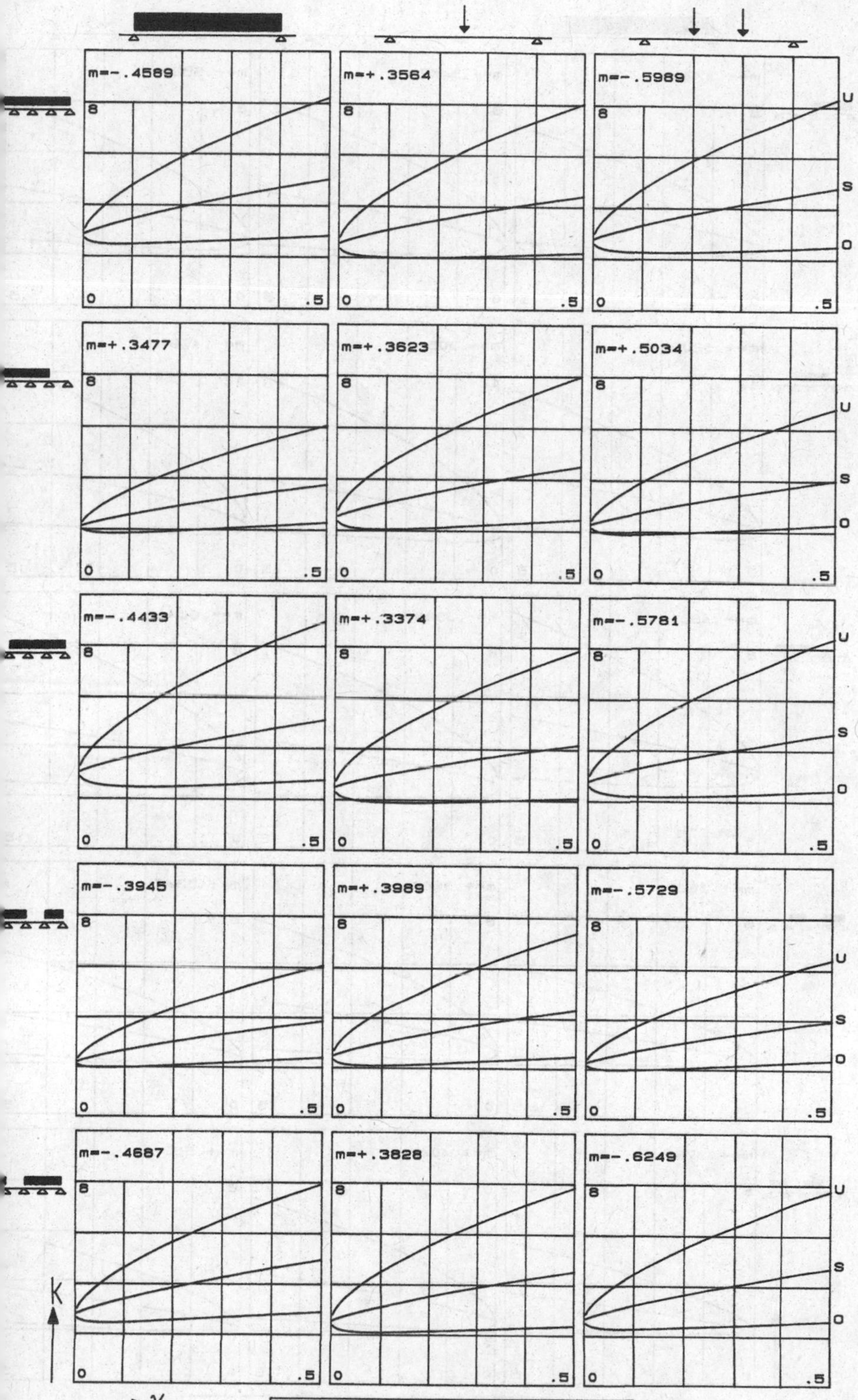

m=-.4589
m=+.3564
m=-.5989
m=+.3477
m=+.3623
m=+.5034
m=-.4433
m=+.3374
m=-.5781
m=-.3945
m=+.3989
m=-.5729
m=-.4687
m=+.3828
m=-.6249
U
S
O
K
X

TAFEL F/IV 189 : 2L-L-2L-2L

F IV

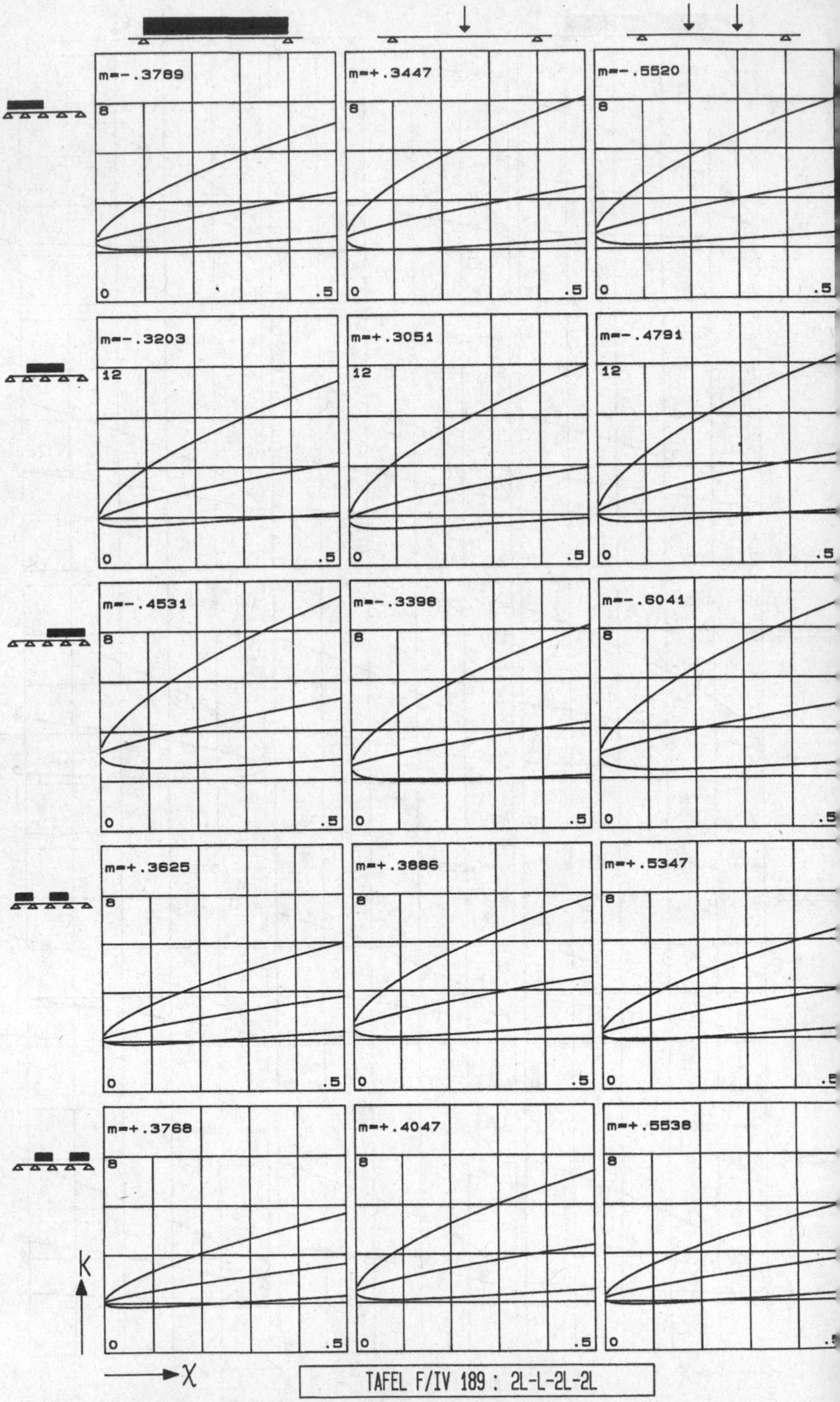

m=-.3789
8
0
.5
m=+.3447
8
0
.5
m=-.5520
8
0
.5
m=-.3203
12
0
.5
m=+.3051
12
0
.5
m=-.4791
12
0
.5
m=-.4531
8
0
.5
m=-.3398
8
0
.5
m=-.6041
8
0
.5
m=+.3625
8
0
.5
m=+.3686
8
0
.5
m=+.5347
8
0
.5
m=+.3768
8
0
.5
m=+.4047
8
0
.5
m=+.5538
8
0
.5
K
X

F IV

TAFEL F/IV 189 : 2L-L-2L-2L

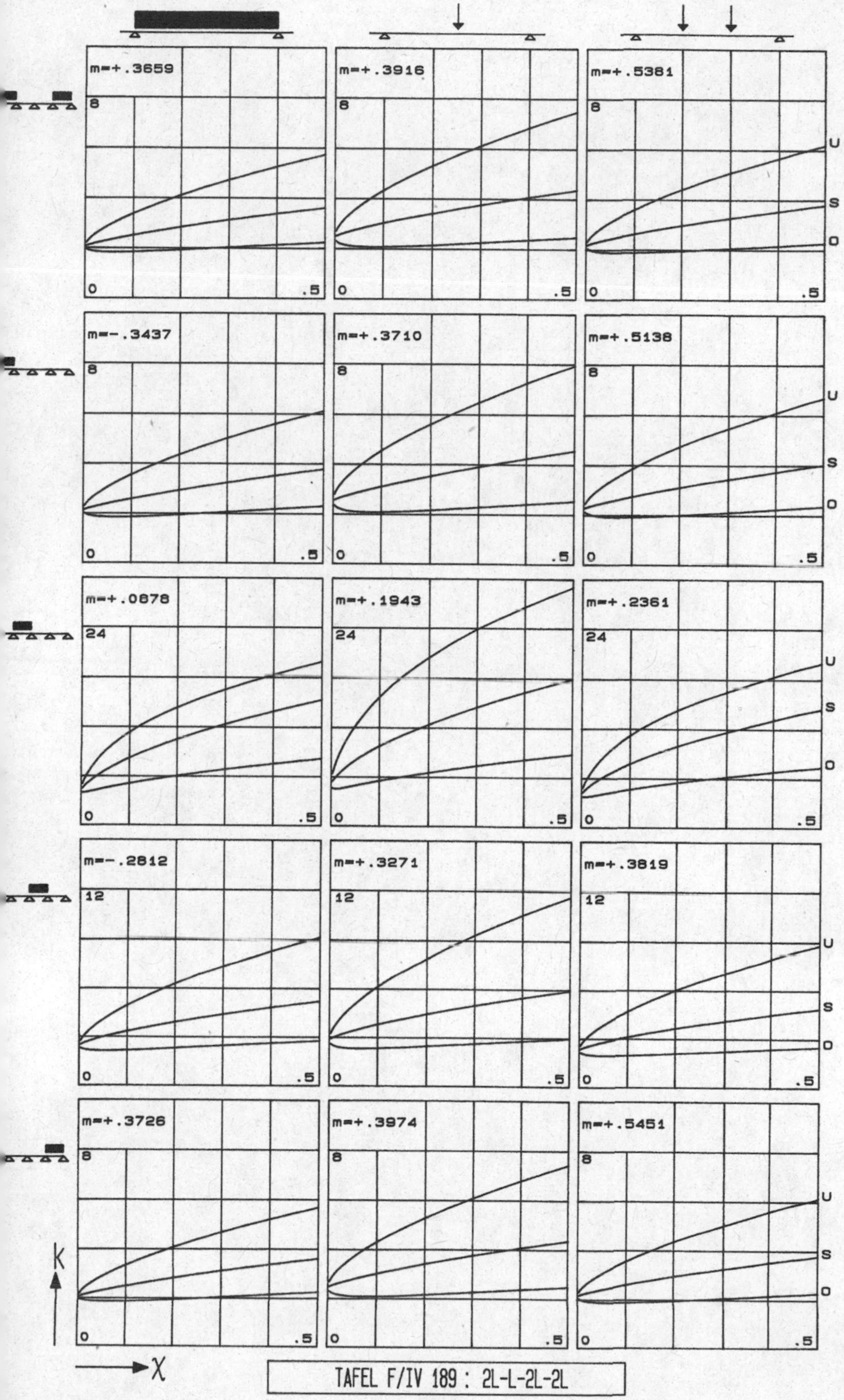

m=+.3659
8
0
.5
m=+.3916
8
0
.5
m=+.5381
8
U
S
O
0
.5
m=-.3437
8
0
.5
m=+.3710
8
0
.5
m=+.5138
8
U
S
O
0
.5
m=+.0878
24
0
.5
m=+.1943
24
0
.5
m=+.2361
24
U
S
O
0
.5
m=-.2812
12
0
.5
m=+.3271
12
0
.5
m=+.3819
12
U
S
O
0
.5
m=+.3726
8
0
.5
m=+.3974
8
0
.5
m=+.5451
8
U
S
O
0
.5
K
X

TAFEL F/IV 189 : 2L-L-2L-2L

F IV

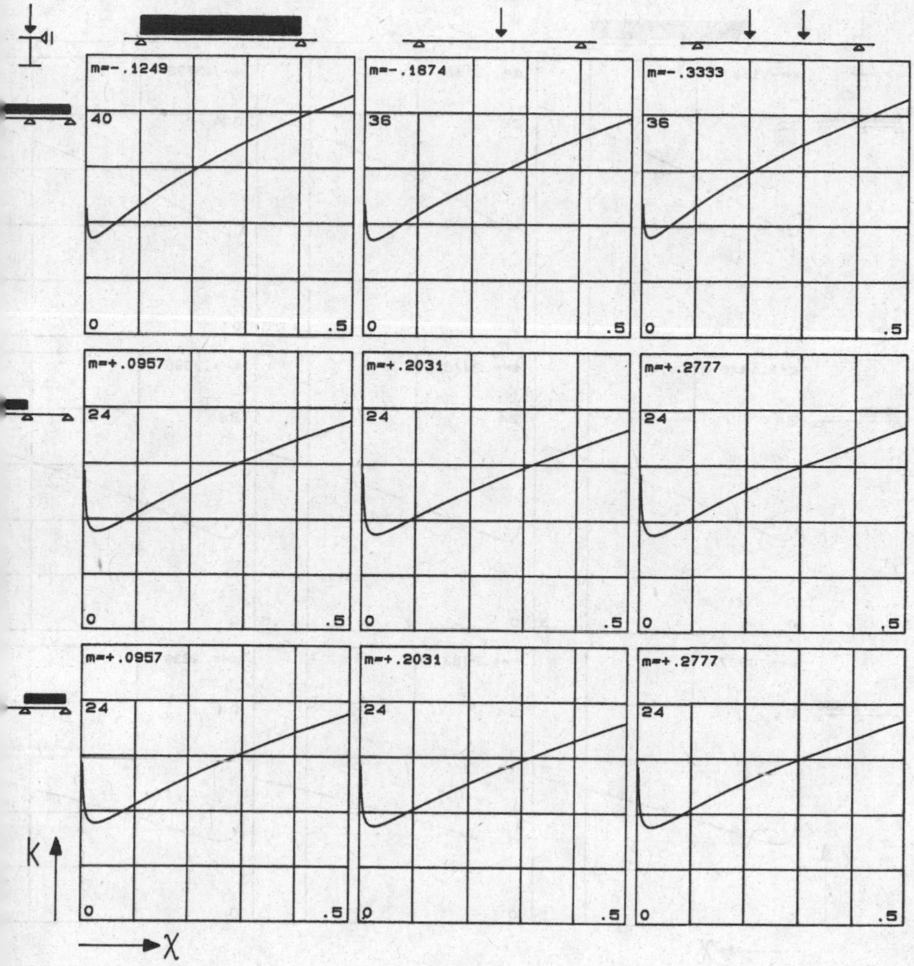

m=-.1249
40
0
.5
m=-.1874
36
0
.5
m=-.3333
36
0
.5
m=+.0957
24
0
.5
m=+.2031
24
0
.5
m=+.2777
24
0
.5
m=+.0957
24
0
.5
m=+.2031
24
0
.5
m=+.2777
24
0
.5
K
X

G
II

TAFEL G/II 1 : L-L

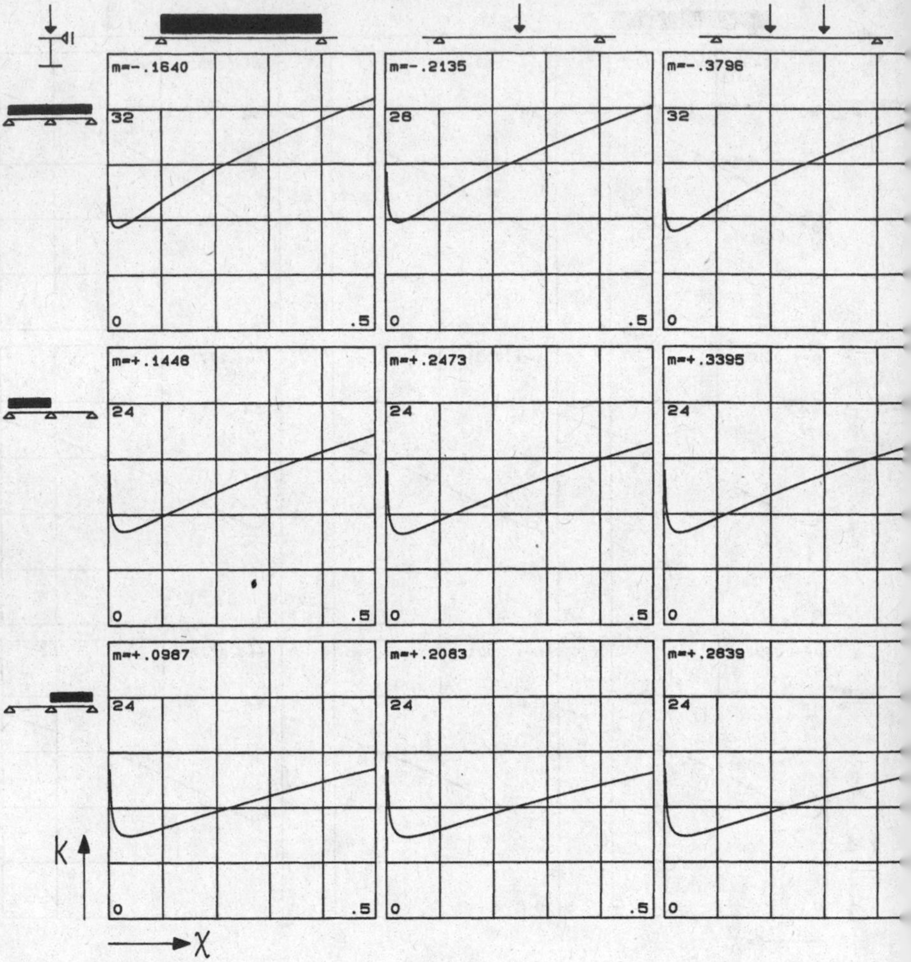
m=-.1640
32
0
.5
m=-.2135
28
0
.5
m=-.3796
32
0
m=+.1446
24
0
.5
m=+.2473
24
0
.5
m=+.3395
24
0
m=+.0987
24
0
.5
m=+.2083
24
0
.5
m=+.2839
24
0
K
X

TAFEL G/II 2 : 1.25L-L

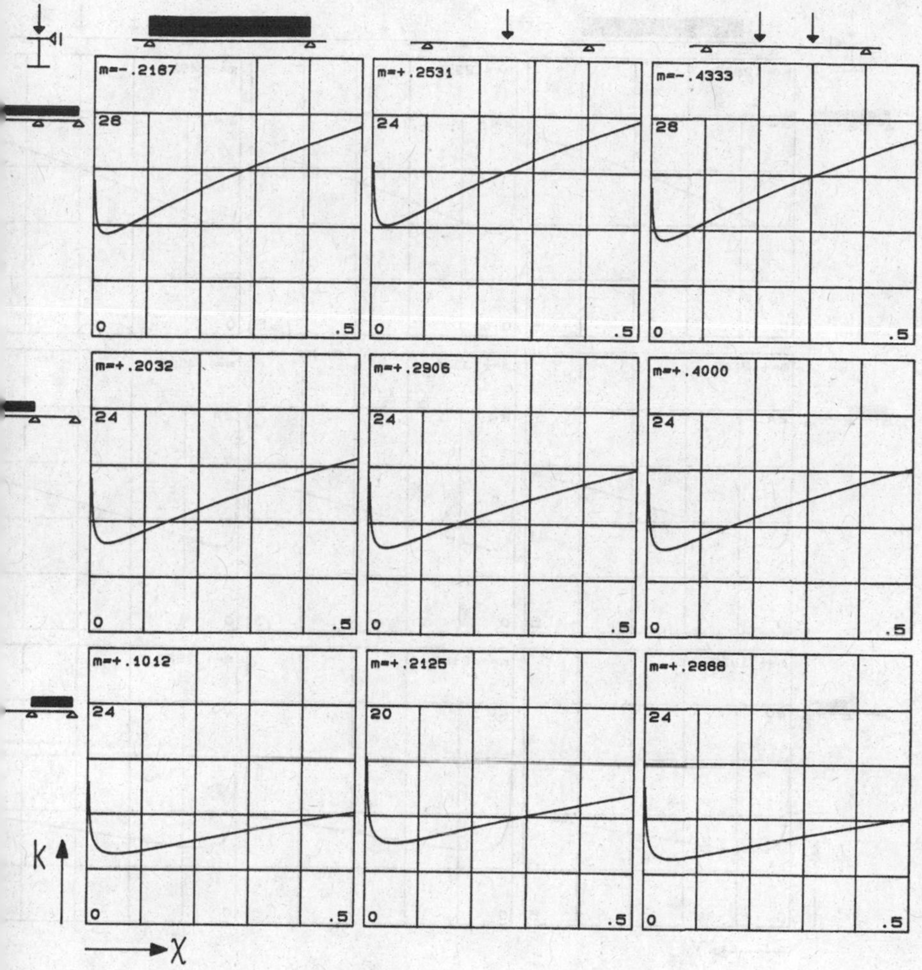

m=-.2187
28
0
.5
m=+.2531
24
0
.5
m=-.4333
28
0
.5
m=+.2032
24
0
.5
m=+.2906
24
0
.5
m=+.4000
24
0
.5
m=+.1012
24
0
.5
m=+.2125
20
0
.5
m=+.2888
24
0
.5
K
X

TAFEL G/II 3 : 1.5L-L

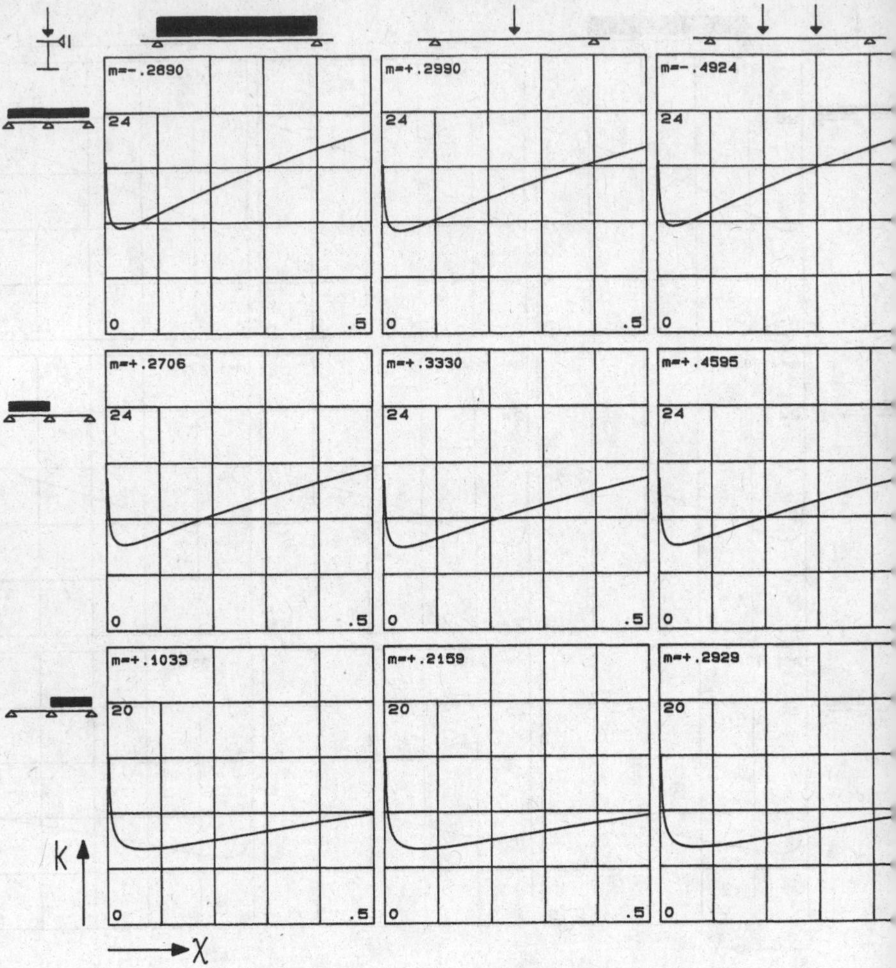
m=-.2890
24
0
.5
m=+.2990
24
0
.5
m=-.4924
24
0
m=+.2706
24
0
.5
m=+.3330
24
0
.5
m=+.4595
24
0
m=+.1033
20
0
.5
m=+.2159
20
0
.5
m=+.2929
20
0
K
χ

G
II

TAFEL G/II 4 : 1.75L-L

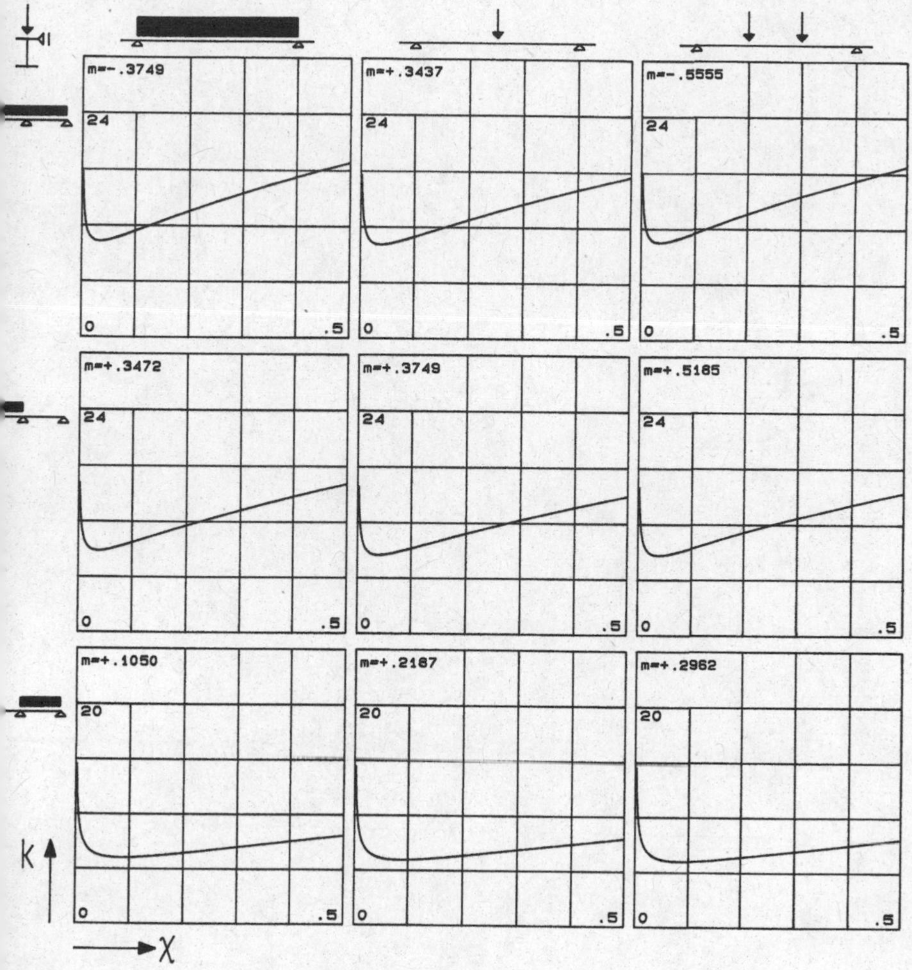
m=-.3749
24
0
.5
m=+.3437
24
0
.5
m=-.5555
24
0
.5
m=+.3472
24
0
.5
m=+.3749
24
0
.5
m=+.5185
24
0
.5
m=+.1050
20
0
.5
m=+.2187
20
0
.5
m=+.2962
20
0
.5
K
χ

G II

TAFEL G/II 5 : 2L-L

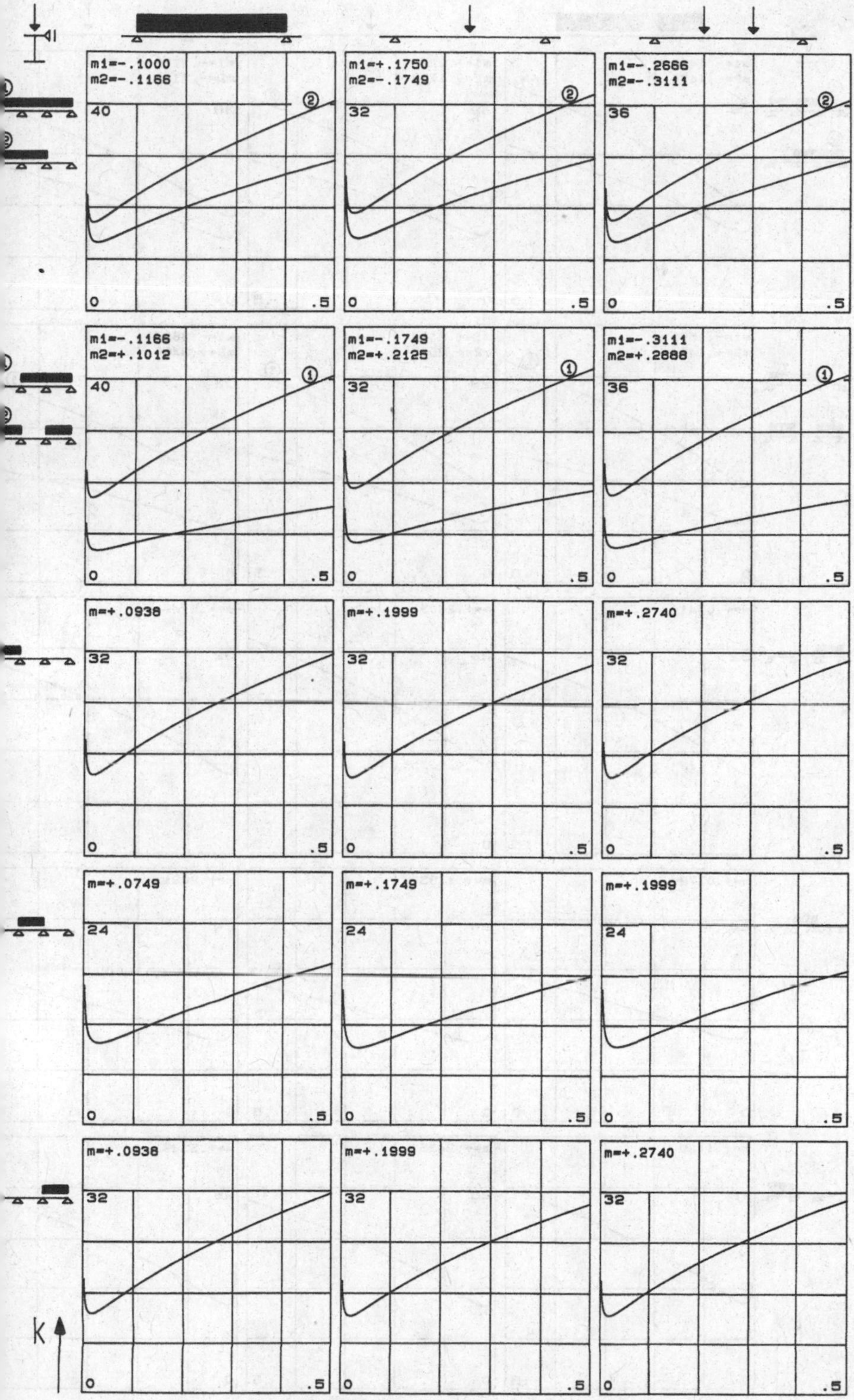
m1=-.1000
m2=-.1166
40
0
.5
m1=+.1750
m2=-.1749
32
0
.5
m1=-.2666
m2=-.3111
36
0
.5
m1=-.1166
m2=+.1012
40
0
.5
m1=-.1749
m2=+.2125
32
0
.5
m1=-.3111
m2=+.2888
36
0
.5
m=+.0938
32
0
.5
m=+.1999
32
0
.5
m=+.2740
32
0
.5
m=+.0749
24
0
.5
m=+.1749
24
0
.5
m=+.1999
24
0
.5
m=+.0938
32
0
.5
m=+.1999
32
0
.5
m=+.2740
32
0
.5
K
X

TAFEL G/III 1 : L-L-L

G
II

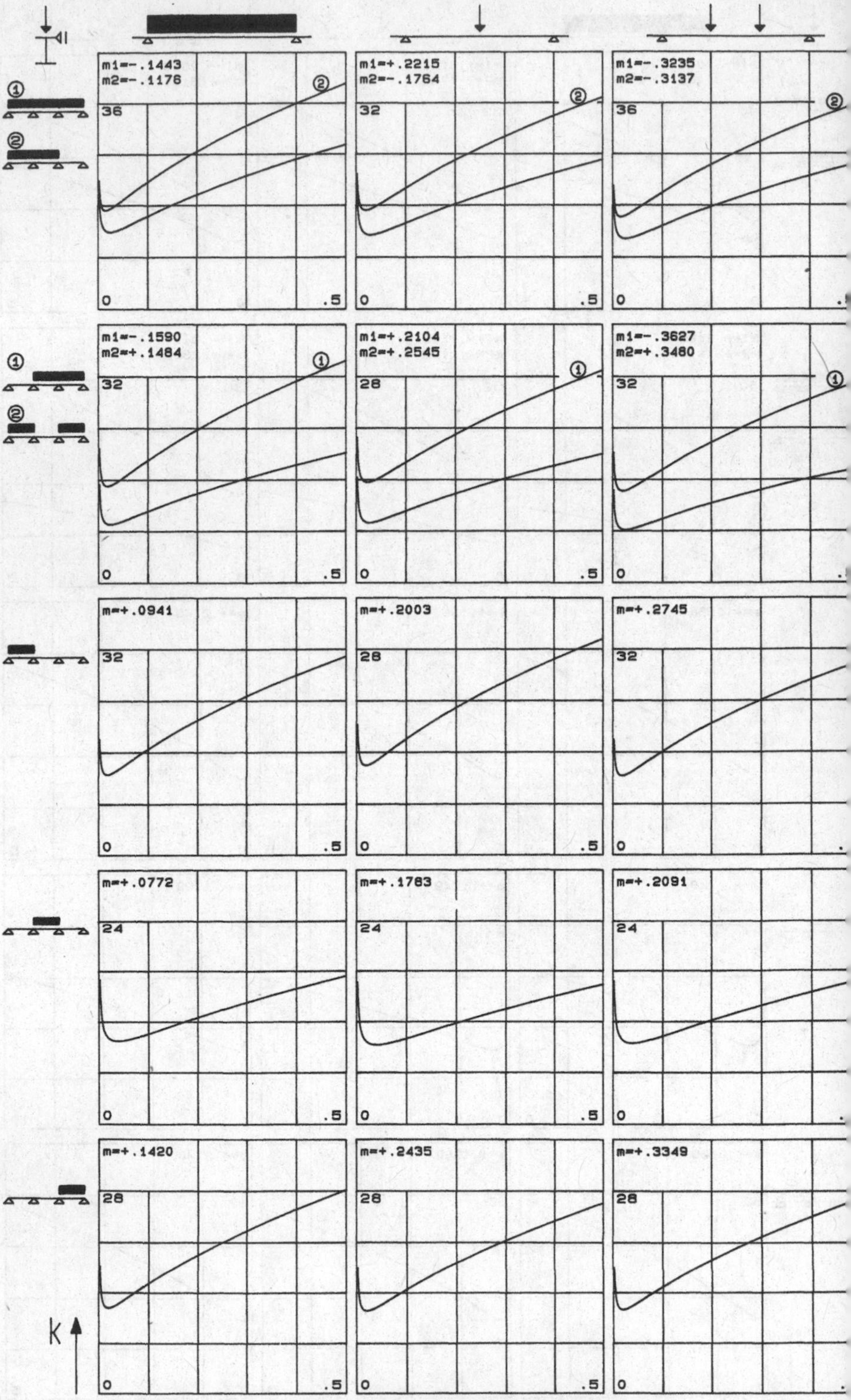

m1=-.1443
m2=-.1176
36
m1=+.2215
m2=-.1764
32
m1=-.3235
m2=-.3137
36
m1=-.1590
m2=+.1484
32
m1=+.2104
m2=+.2545
28
m1=-.3627
m2=+.3480
32
m=+.0941
32
m=+.2003
28
m=+.2745
32
m=+.0772
24
m=+.1783
24
m=+.2091
24
m=+.1420
28
m=+.2435
28
m=+.3349
28
0
.5
K
X

TAFEL G/III 2 : L-L-1.25L

G II

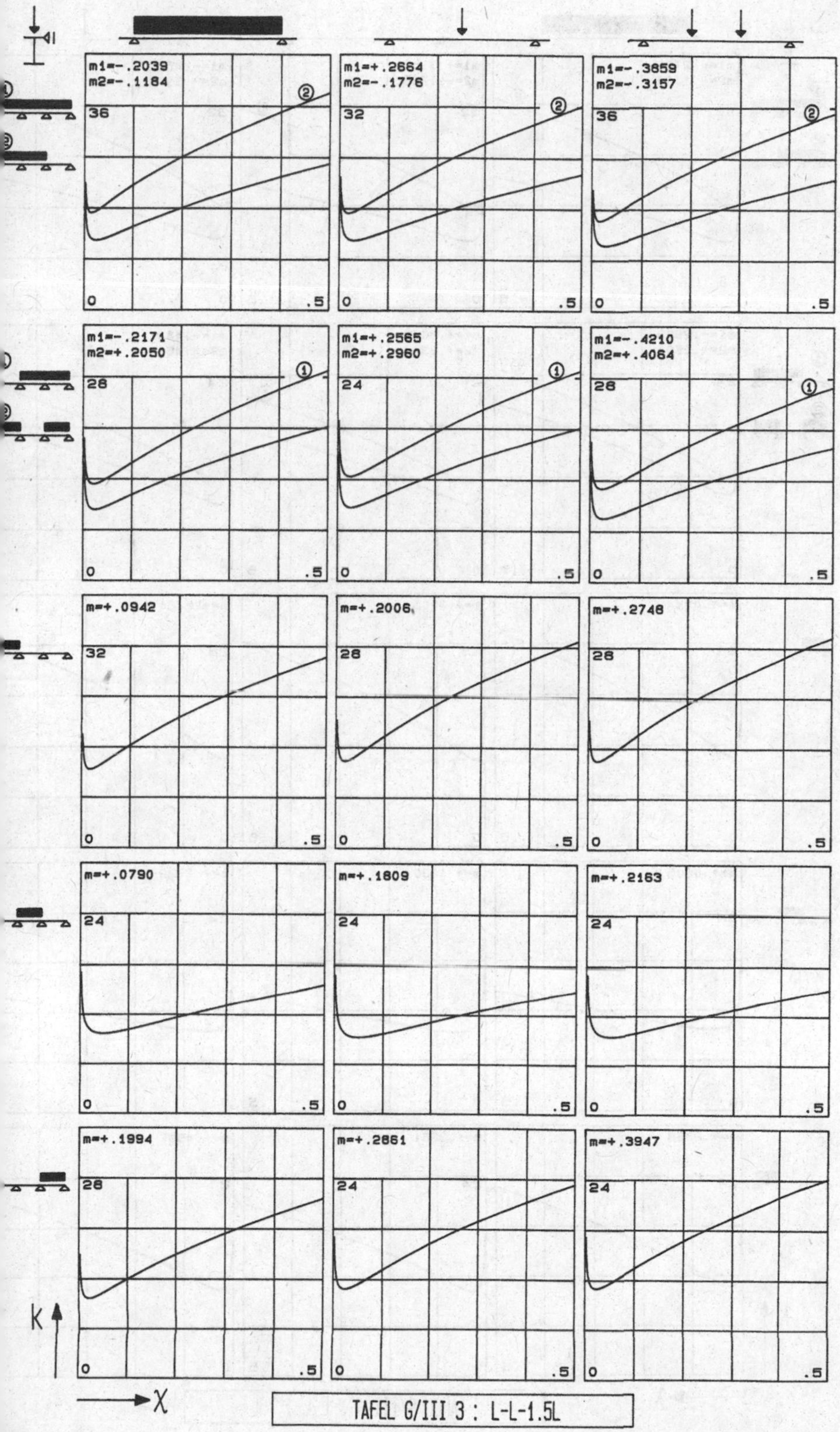

m1=-.2039
m2=-.1184
36
0
.5
m1=+.2664
m2=-.1776
32
0
.5
m1=-.3859
m2=-.3157
36
0
.5
m1=-.2171
m2=+.2050
28
0
.5
m1=+.2565
m2=+.2960
24
0
.5
m1=-.4210
m2=+.4064
28
0
.5
m=+.0942
32
m=+.2006
28
m=+.2748
28
m=+.0790
24
m=+.1809
24
m=+.2163
24
m=+.1994
28
m=+.2861
24
m=+.3947
24
K
X

TAFEL G/III 3 : L-L-1.5L

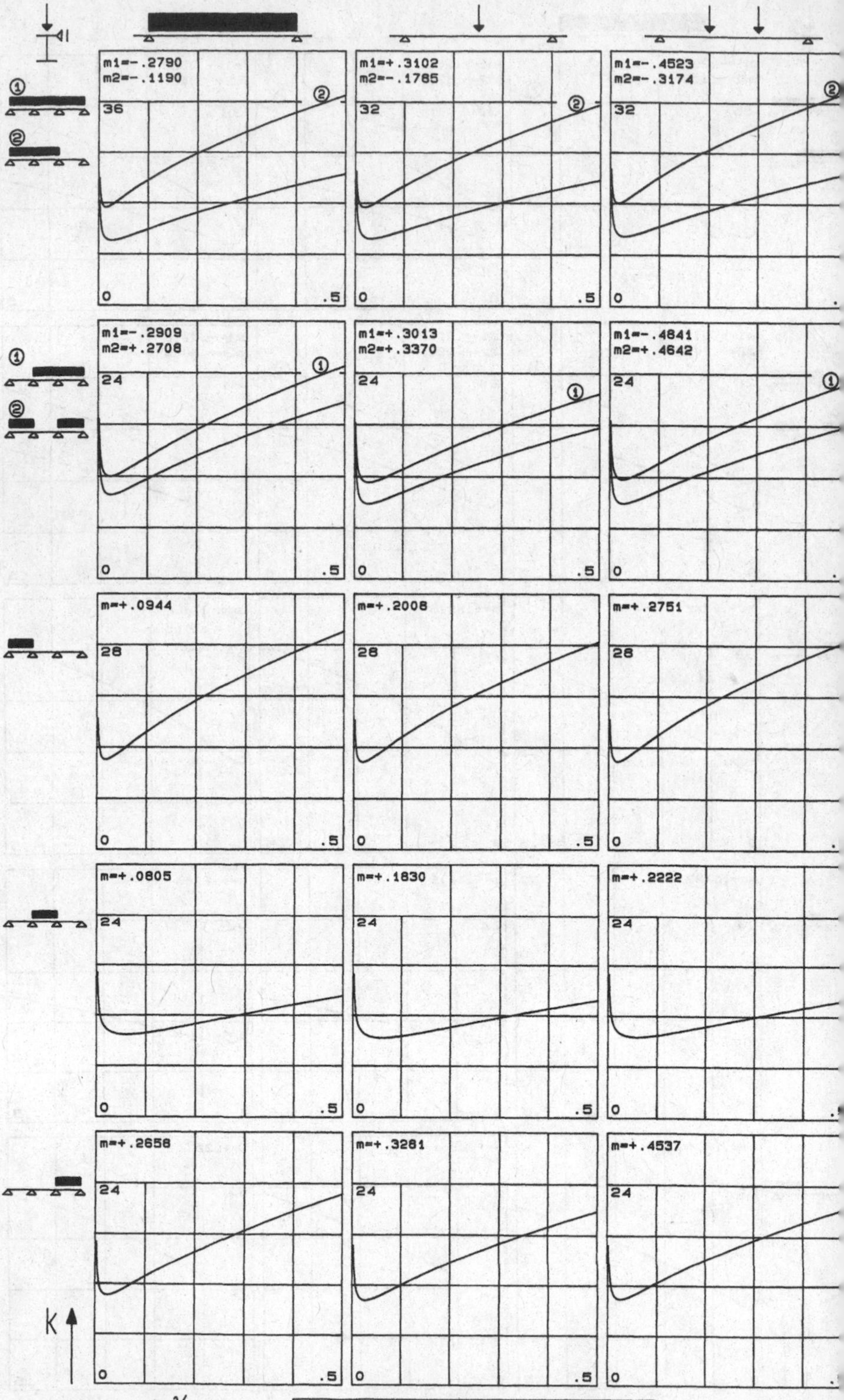

m1=-.2790
m2=-.1190
36
m1=+.3102
m2=-.1785
32
m1=-.4523
m2=-.3174
32
m1=-.2909
m2=+.2708
24
m1=+.3013
m2=+.3370
24
m1=-.4841
m2=+.4642
24
m=+.0944
28
m=+.2008
28
m=+.2751
28
m=+.0805
24
m=+.1830
24
m=+.2222
24
m=+.2658
24
m=+.3281
24
m=+.4537
24
0
.5
K
X

TAFEL G/III 4 : L-L-1.75L

G III

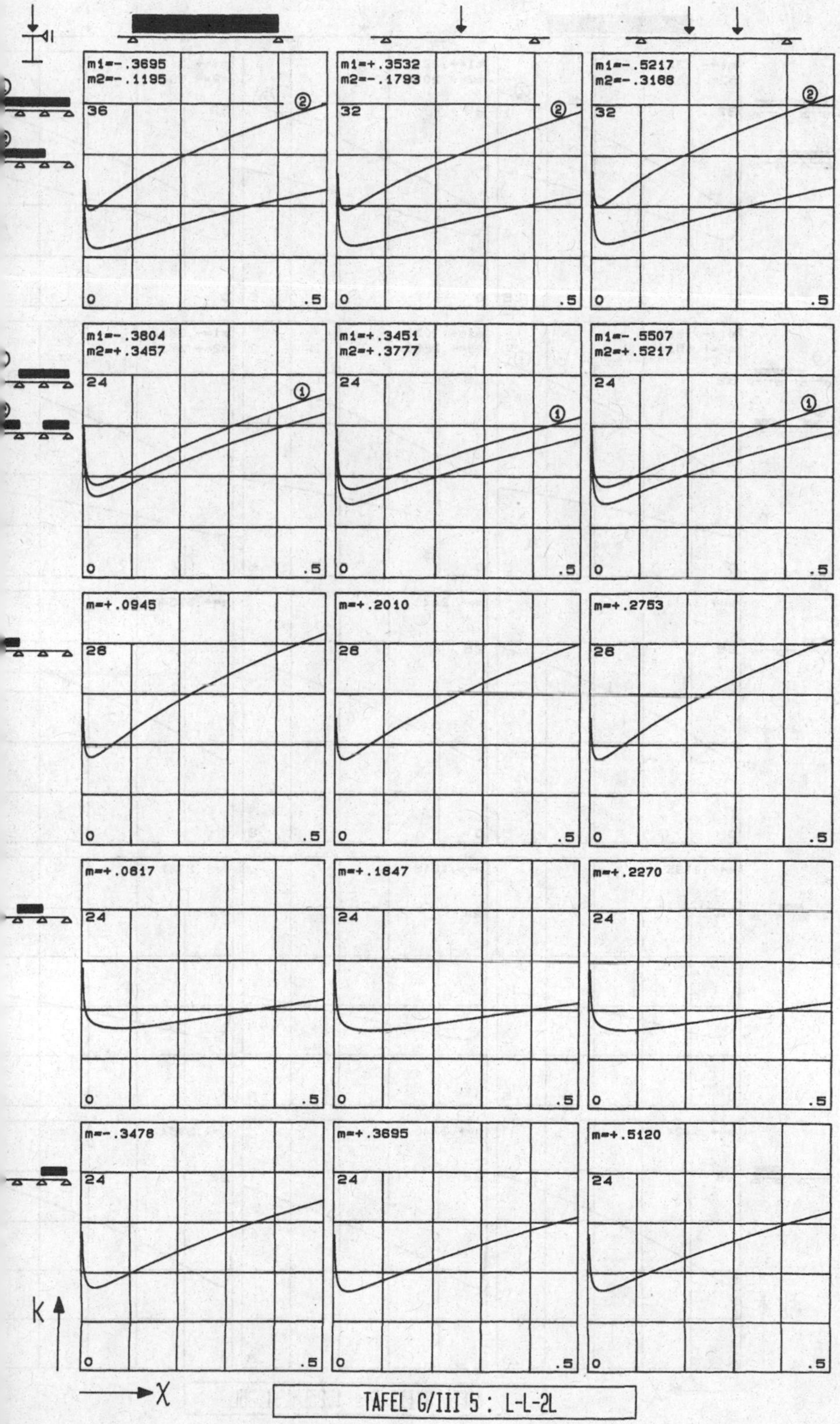

m1=-.3695
m2=-.1195
36
②
0
.5
m1=+.3532
m2=-.1793
32
②
0
.5
m1=-.5217
m2=-.3168
32
②
0
.5
m1=-.3804
m2=+.3457
24
①
0
.5
m1=+.3451
m2=+.3777
24
①
0
.5
m1=-.5507
m2=+.5217
24
①
0
.5
m=+.0945
28
0
.5
m=+.2010
28
0
.5
m=+.2753
28
0
.5
m=+.0817
24
0
.5
m=+.1847
24
0
.5
m=+.2270
24
0
.5
m=-.3478
24
0
.5
m=+.3695
24
0
.5
m=+.5120
24
0
.5
K
X

TAFEL G/III 5 : L-L-2L

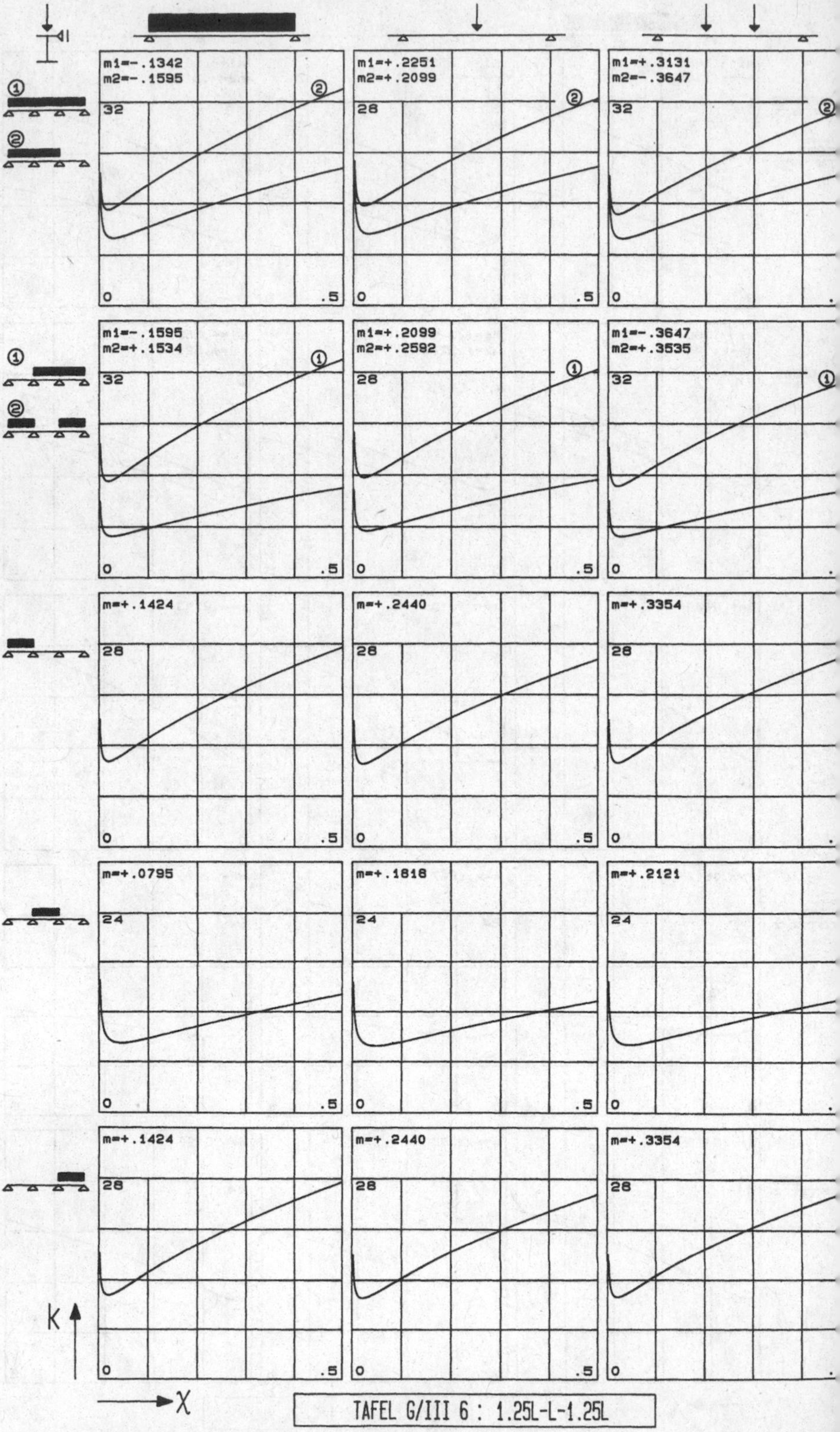

m1=-.1342
m2=-.1595
m1=+.2251
m2=+.2099
m1=+.3131
m2=-.3647
m1=-.1595
m2=+.1534
m1=+.2099
m2=+.2592
m1=-.3647
m2=+.3535
m=+.1424
m=+.2440
m=+.3354
m=+.0795
m=+.1818
m=+.2121
m=+.1424
m=+.2440
m=+.3354
K
X

TAFEL G/III 6 : 1.25L-L-1.25L

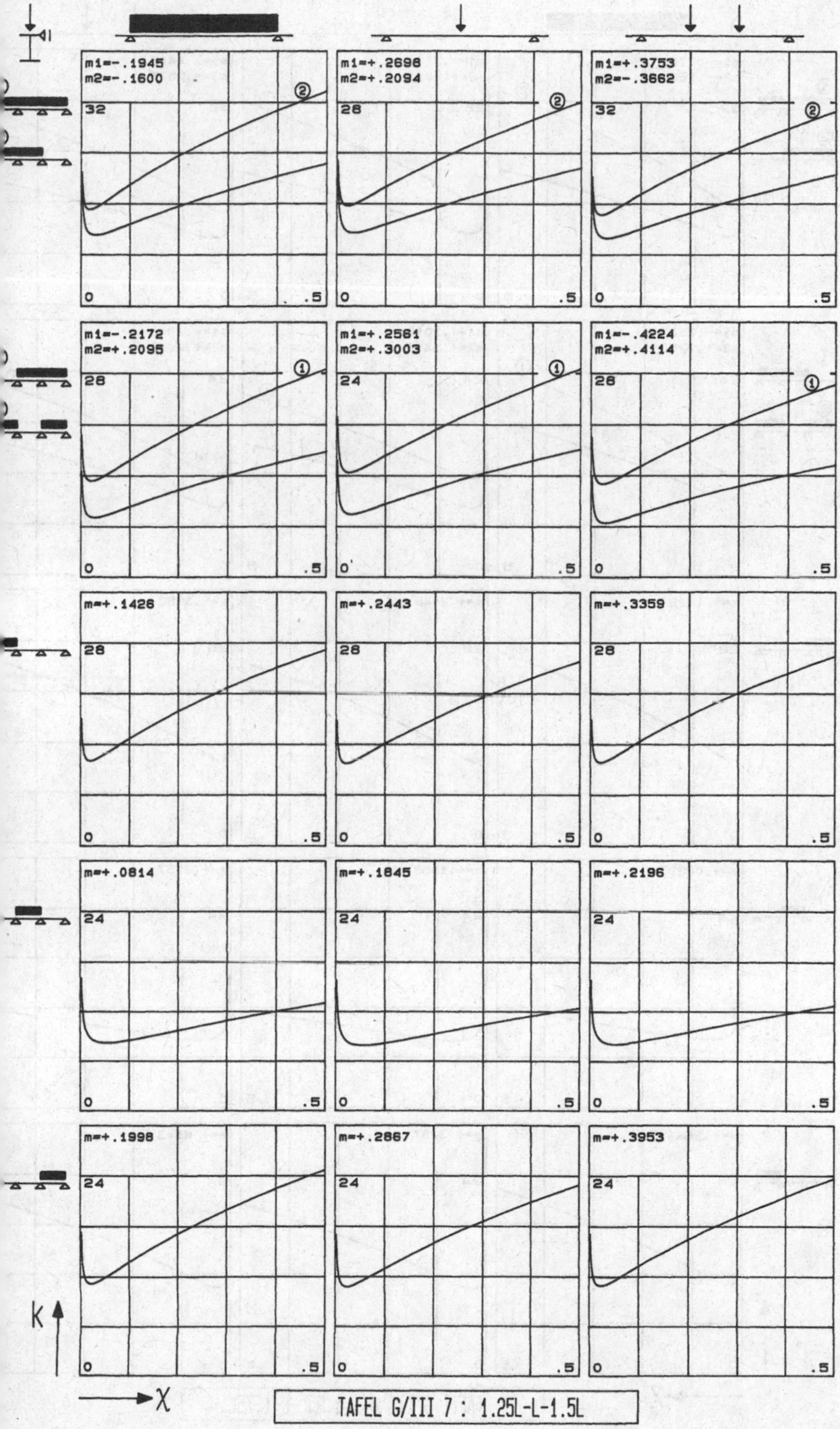
m1=-.1945
m2=-.1600
m1=+.2698
m2=+.2094
m1=+.3753
m2=-.3662
m1=-.2172
m2=+.2095
m1=+.2561
m2=+.3003
m1=-.4224
m2=+.4114
m=+.1426
m=+.2443
m=+.3359
m=+.0814
m=+.1845
m=+.2196
m=+.1998
m=+.2867
m=+.3953
K
X

TAFEL G/III 7 : 1.25L-L-1.5L

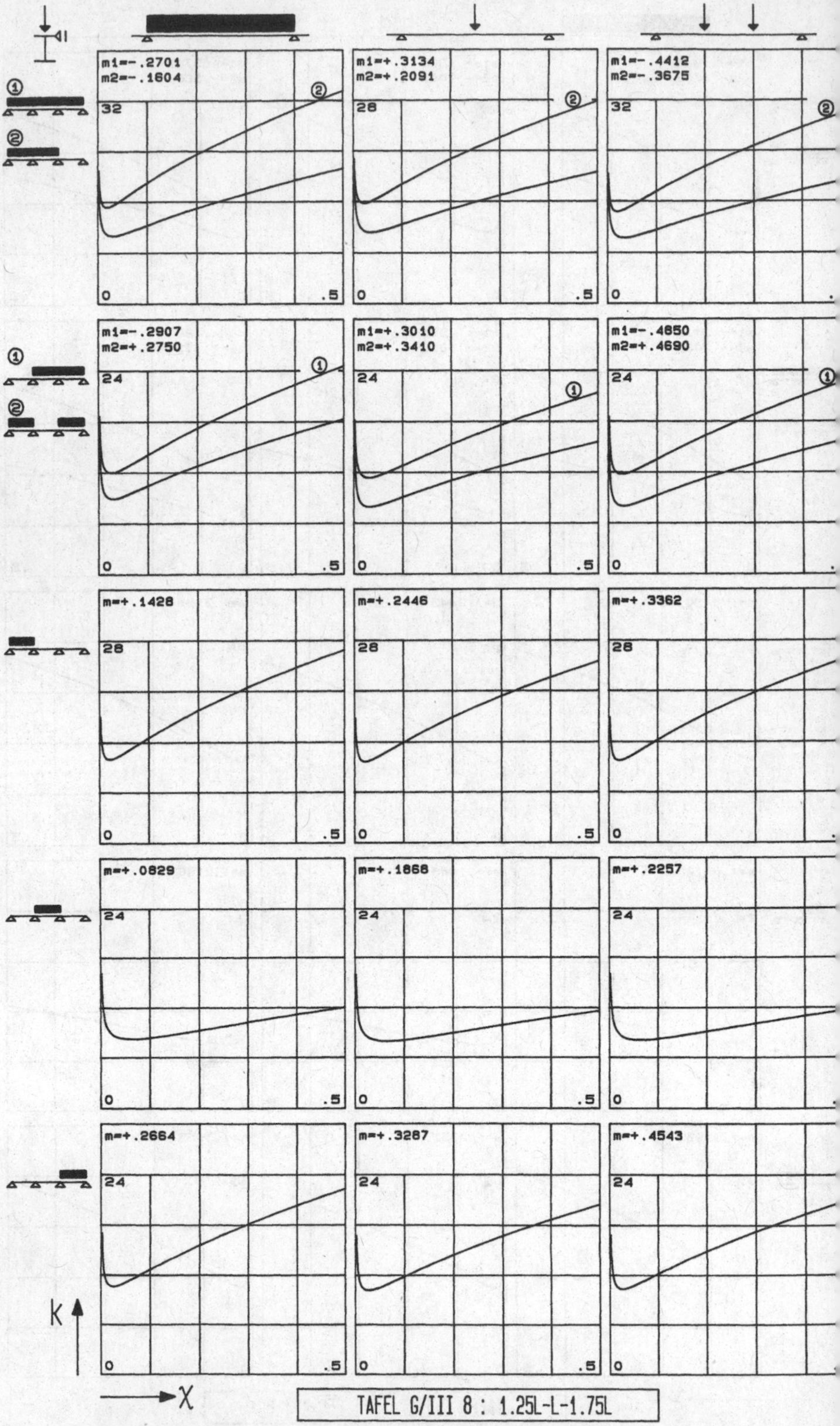

m1=-.2701
m2=-.1604
32
m1=+.3134
m2=+.2091
28
m1=-.4412
m2=-.3675
32
m1=-.2907
m2=+.2750
24
m1=+.3010
m2=+.3410
24
m1=-.4850
m2=+.4690
24
m=+.1428
28
m=+.2446
28
m=+.3362
28
m=+.0829
24
m=+.1868
24
m=+.2257
24
m=+.2664
24
m=+.3287
24
m=+.4543
24
0
.5
K
X

TAFEL G/III 8 : 1.25L-L-1.75L

G III

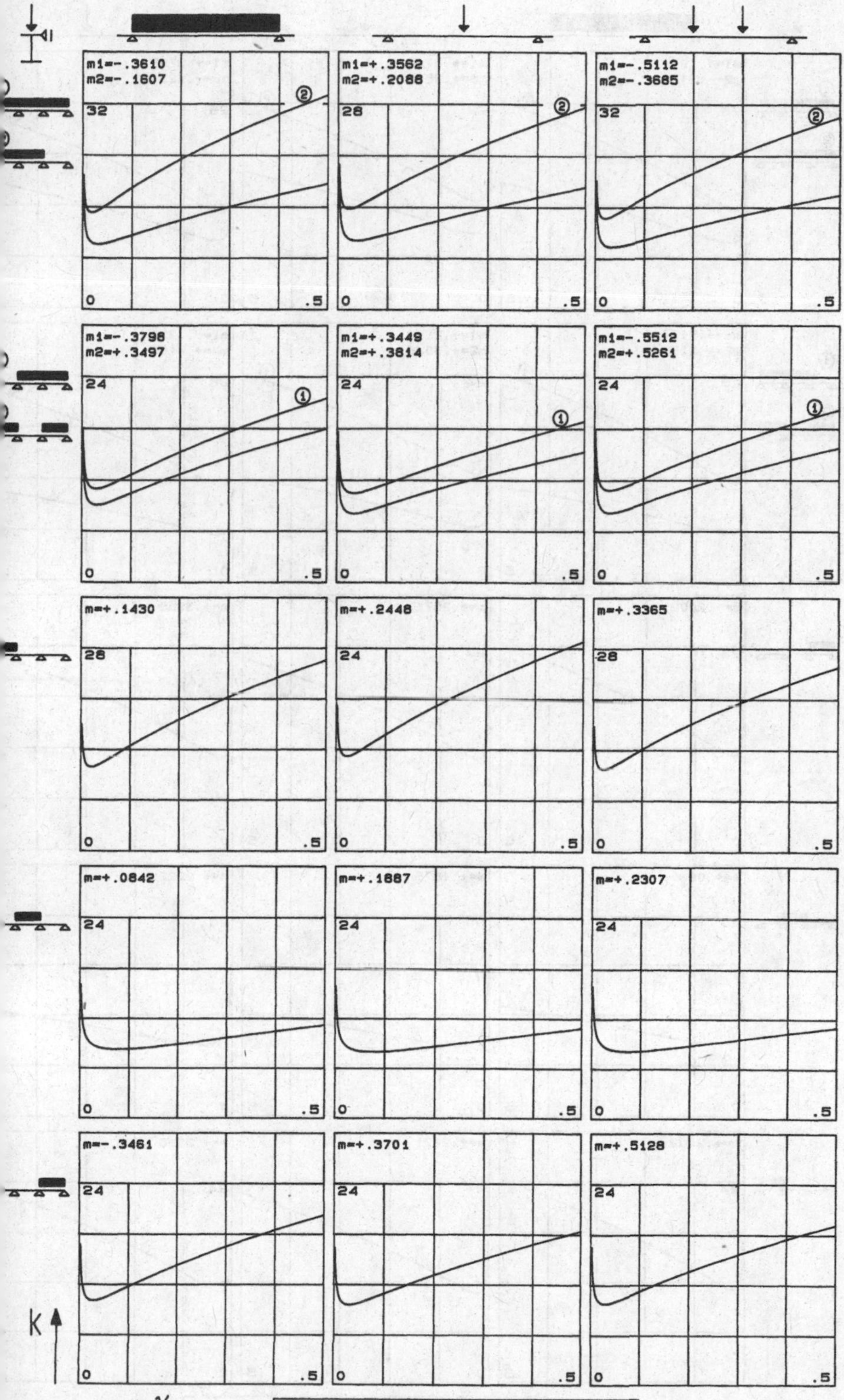

m1=-.3610
m2=-.1607
32
②
0
.5
m1=+.3562
m2=+.2088
28
②
0
.5
m1=-.5112
m2=-.3685
32
②
0
.5
m1=-.3798
m2=+.3497
24
①
0
.5
m1=+.3449
m2=+.3814
24
①
0
.5
m1=-.5512
m2=+.5261
24
①
0
.5
m=+.1430
28
0
.5
m=+.2448
24
0
.5
m=+.3365
28
0
.5
m=+.0842
24
0
.5
m=+.1887
24
0
.5
m=+.2307
24
0
.5
m=-.3461
24
0
.5
m=+.3701
24
0
.5
m=+.5128
24
0
.5
K
X

TAFEL G/III 9 : 1.25L-L-2L

G II

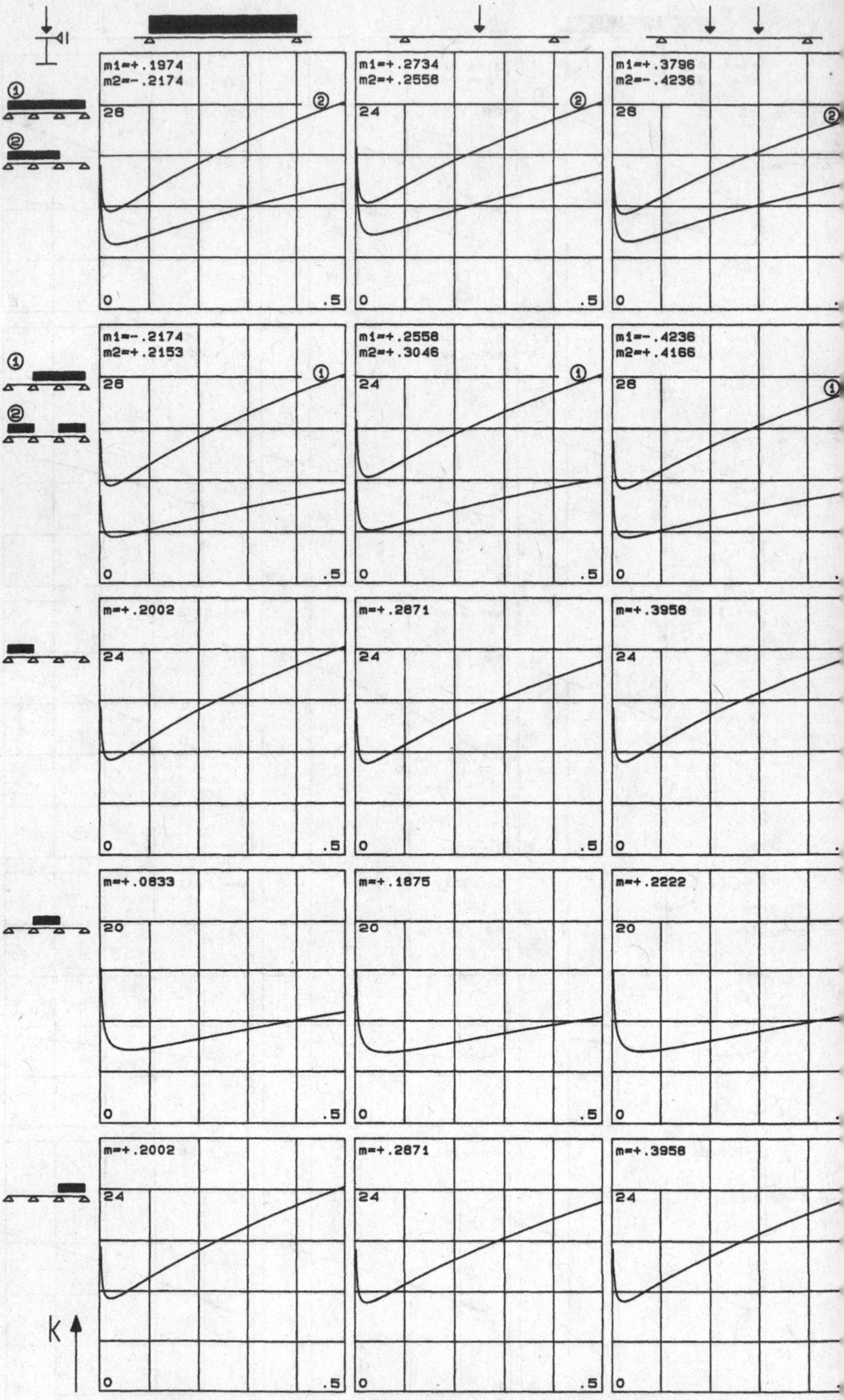

TAFEL G/III 10 : 1.5L-L-1.5L

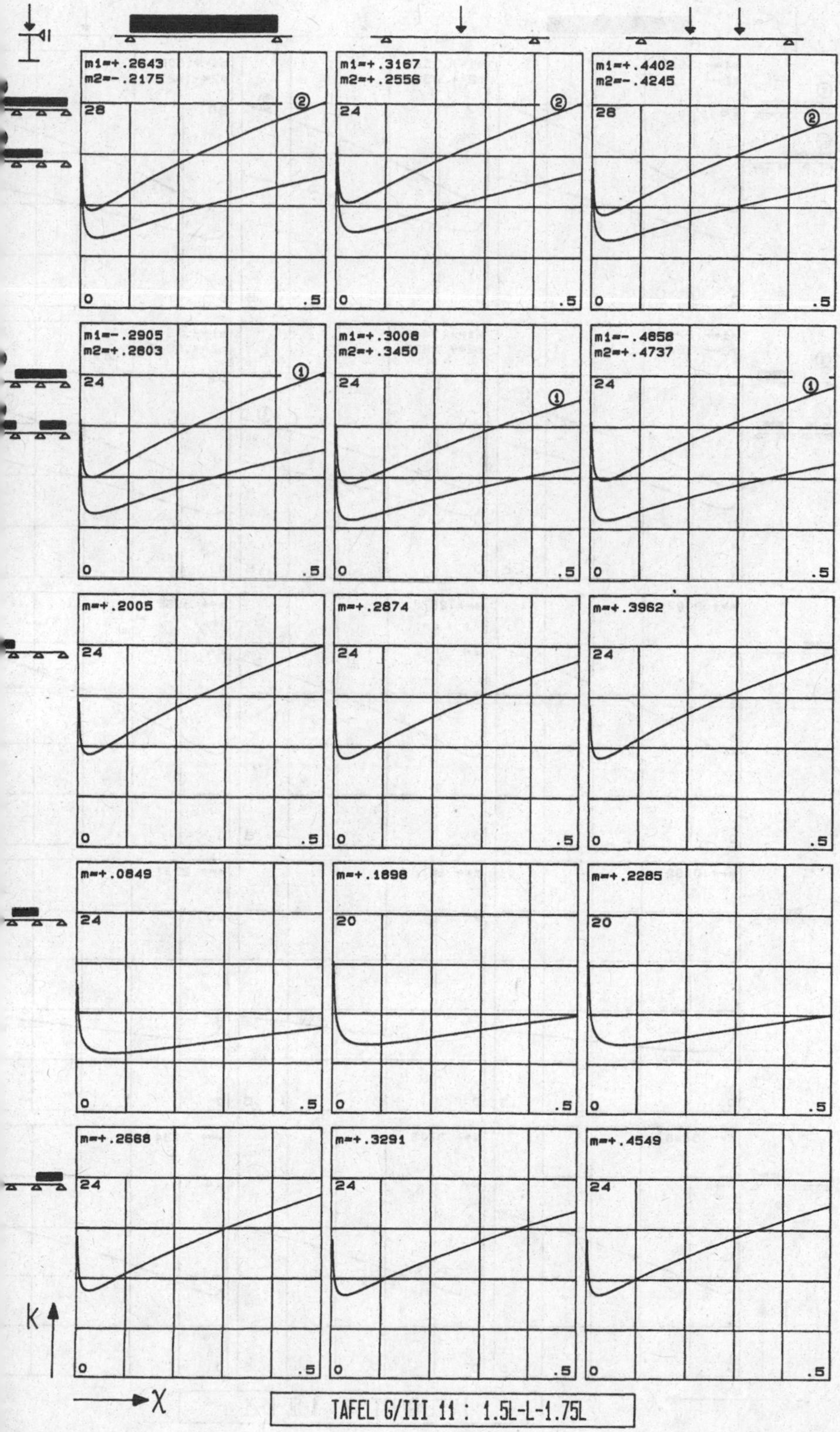
m1=+.2643
m2=-.2175
28
0
.5
m1=+.3167
m2=+.2556
24
m1=+.4402
m2=-.4245
28
m1=-.2905
m2=+.2803
24
m1=+.3008
m2=+.3450
24
m1=-.4658
m2=+.4737
24
m=+.2005
24
m=+.2874
24
m=+.3962
24
m=+.0849
24
m=+.1698
20
m=+.2285
20
m=+.2668
24
m=+.3291
24
m=+.4549
24
K
X
G
III

TAFEL G/III 11 : 1.5L-L-1.75L

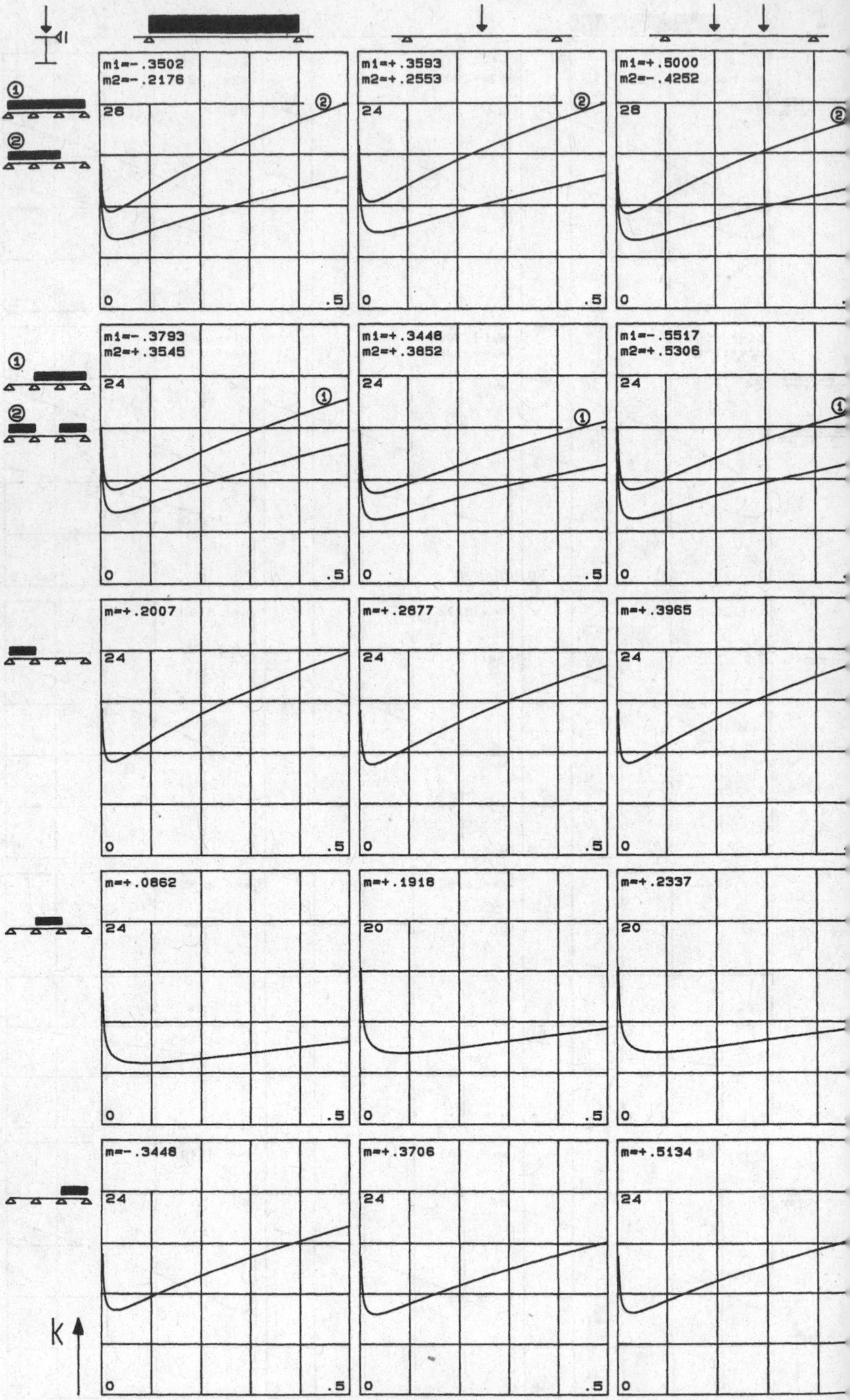
m1=-.3502
m2=-.2176
28
m1=+.3593
m2=+.2553
24
m1=+.5000
m2=-.4252
28
m1=-.3793
m2=+.3545
24
m1=+.3448
m2=+.3852
24
m1=-.5517
m2=+.5306
24
m=+.2007
24
m=+.2877
24
m=+.3965
24
m=+.0862
24
m=+.1918
20
m=+.2337
20
m=-.3448
24
m=+.3706
24
m=+.5134
24
0
.5
K
X

TAFEL G/III 12 : 1.5L-L-2L

G
II

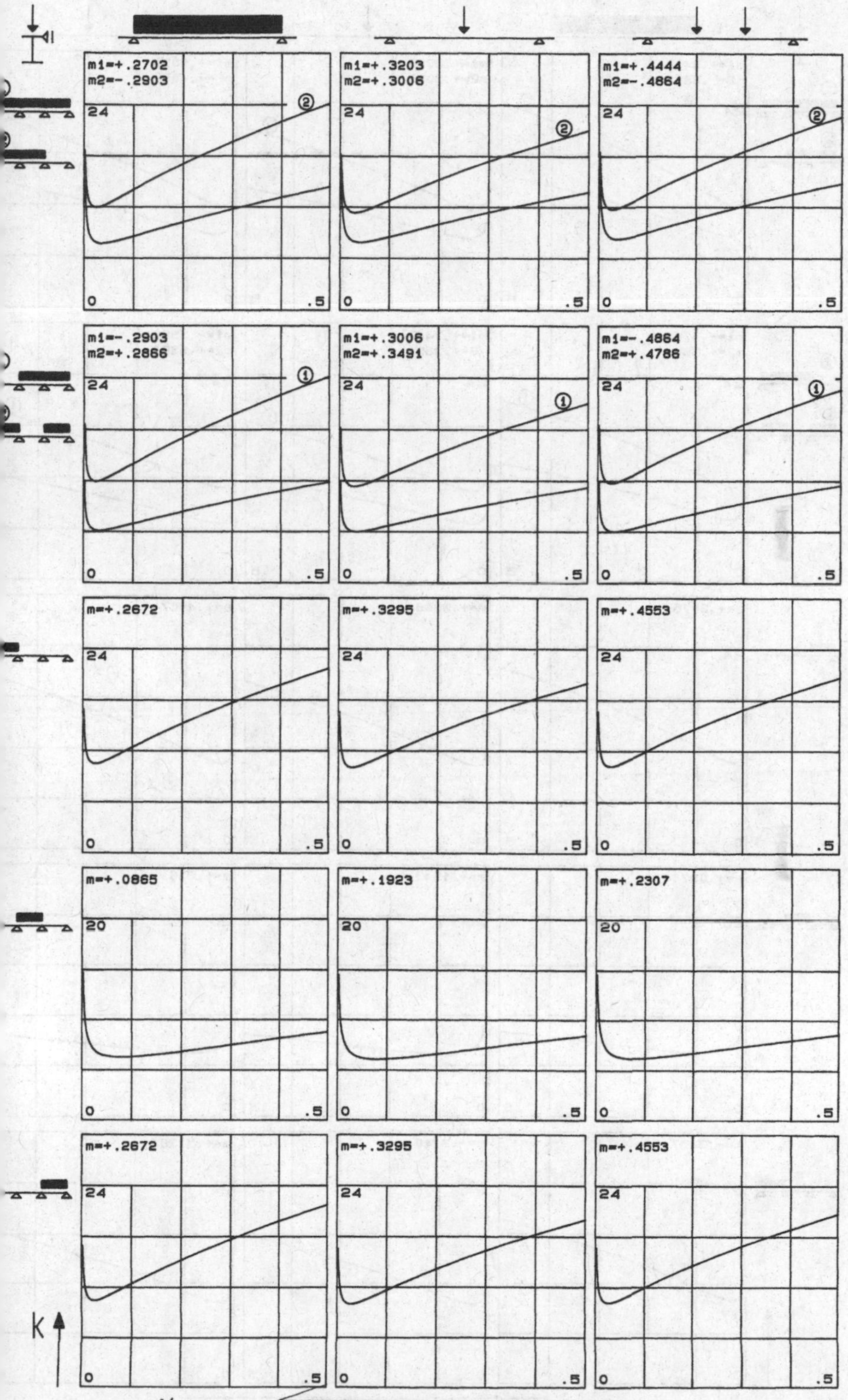

m1=+.2702
m2=-.2903
24
0
.5
m1=+.3203
m2=+.3006
m1=+.4444
m2=-.4864
m1=-.2903
m2=+.2866
m1=+.3006
m2=+.3491
m1=-.4864
m2=+.4786
m=+.2672
m=+.3295
m=+.4553
m=+.0865
m=+.1923
m=+.2307
20
K
X

TAFEL G/III 13 : 1.75L-L-1.75L

G III

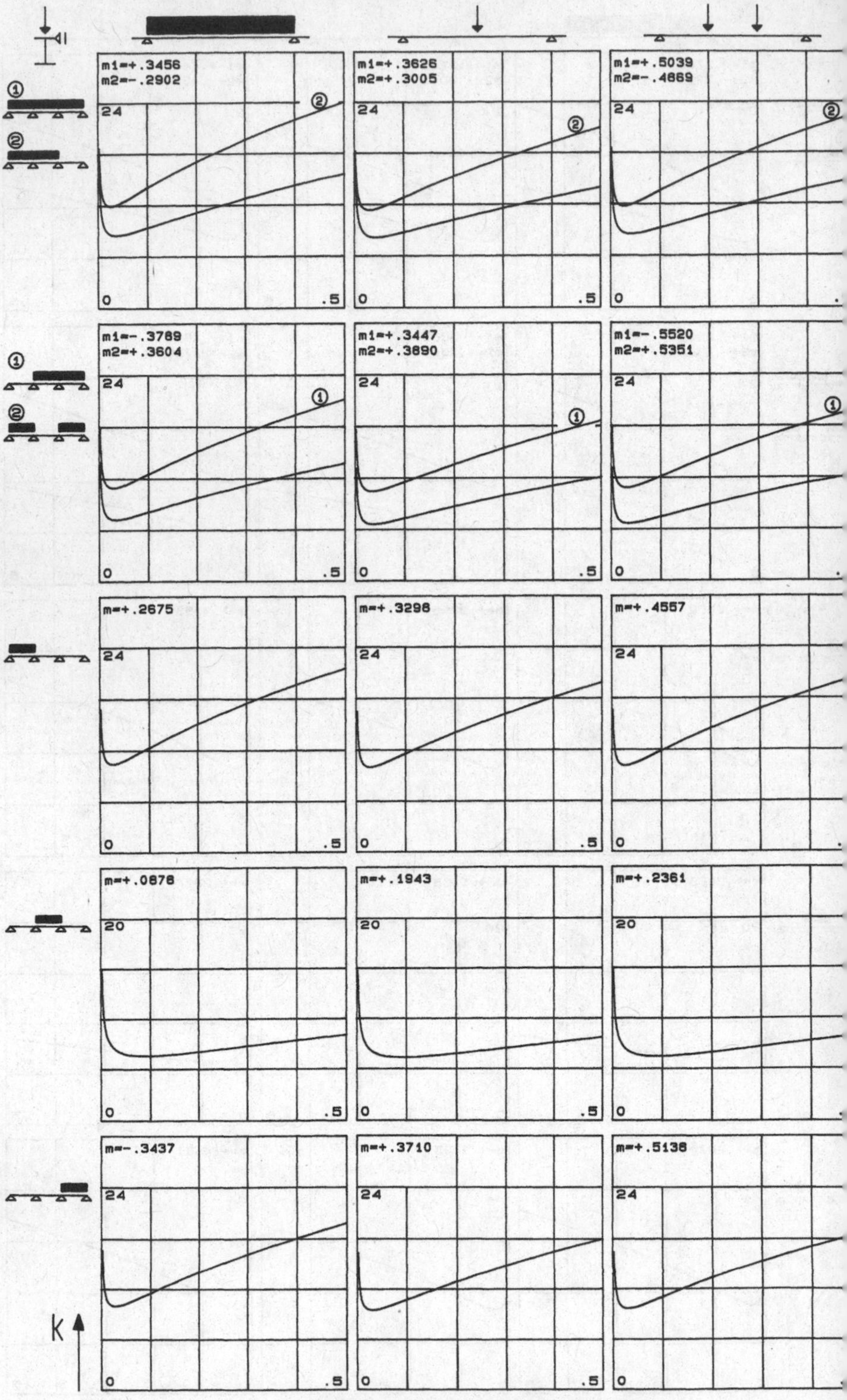

m1=+.3456
m2=-.2902
m1=+.3626
m2=+.3005
m1=+.5039
m2=-.4869
m1=-.3789
m2=+.3604
m1=+.3447
m2=+.3890
m1=-.5520
m2=+.5351
m=+.2675
m=+.3298
m=+.4557
m=+.0876
m=+.1943
m=+.2361
m=-.3437
m=+.3710
m=+.5138
24
20
0
.5
K
X

TAFEL G/III 14 : 1.75L-L-2L

G III

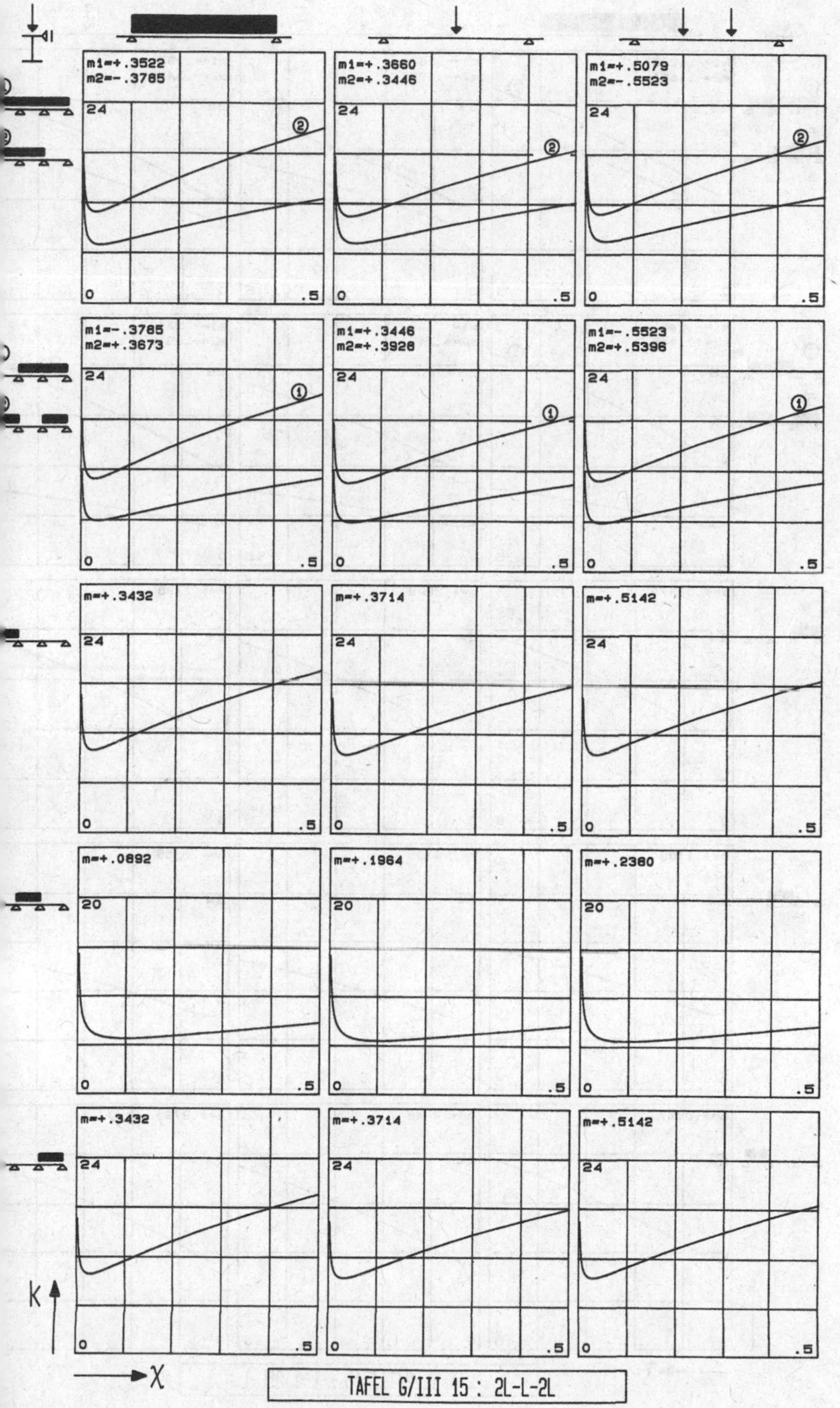

m1=+.3522
m2=-.3785
m1=+.3660
m2=+.3446
m1=+.5079
m2=-.5523
m1=-.3785
m2=+.3673
m1=+.3446
m2=+.3928
m1=-.5523
m2=+.5396
m=+.3432
m=+.3714
m=+.5142
m=+.0892
m=+.1964
m=+.2380
m=+.3432
m=+.3714
m=+.5142
K
X

TAFEL G/III 15 : 2L-L-2L

G III

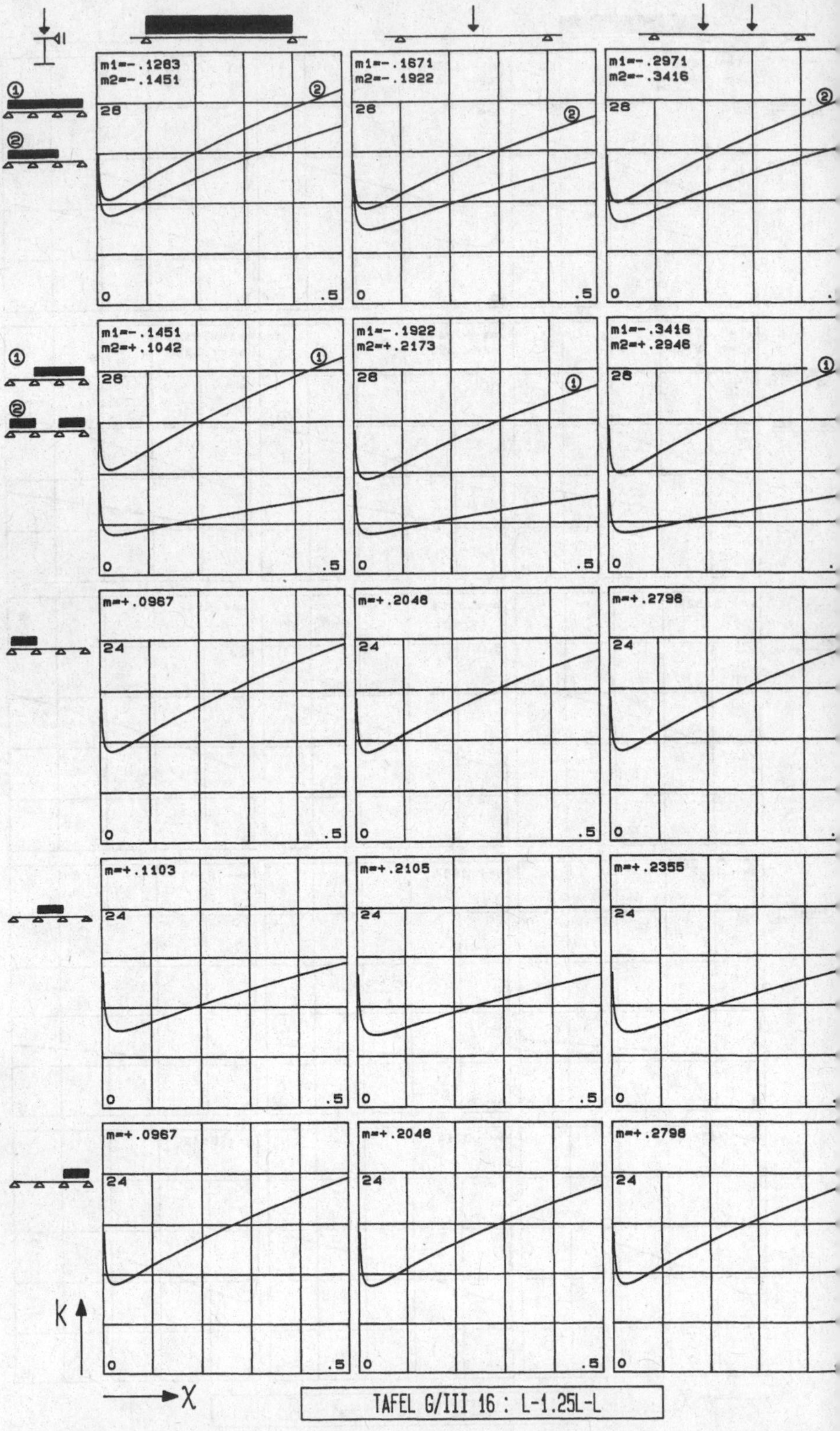

m1=-.1283
m2=-.1451
m1=-.1671
m2=-.1922
m1=-.2971
m2=-.3416
m1=-.1451
m2=+.1042
m1=-.1922
m2=+.2173
m1=-.3416
m2=+.2946
m=+.0967
m=+.2048
m=+.2798
m=+.1103
m=+.2105
m=+.2355
m=+.0967
m=+.2048
m=+.2798
28
24
0
.5
K
X

TAFEL G/III 16 : L-1.25L-L

G III

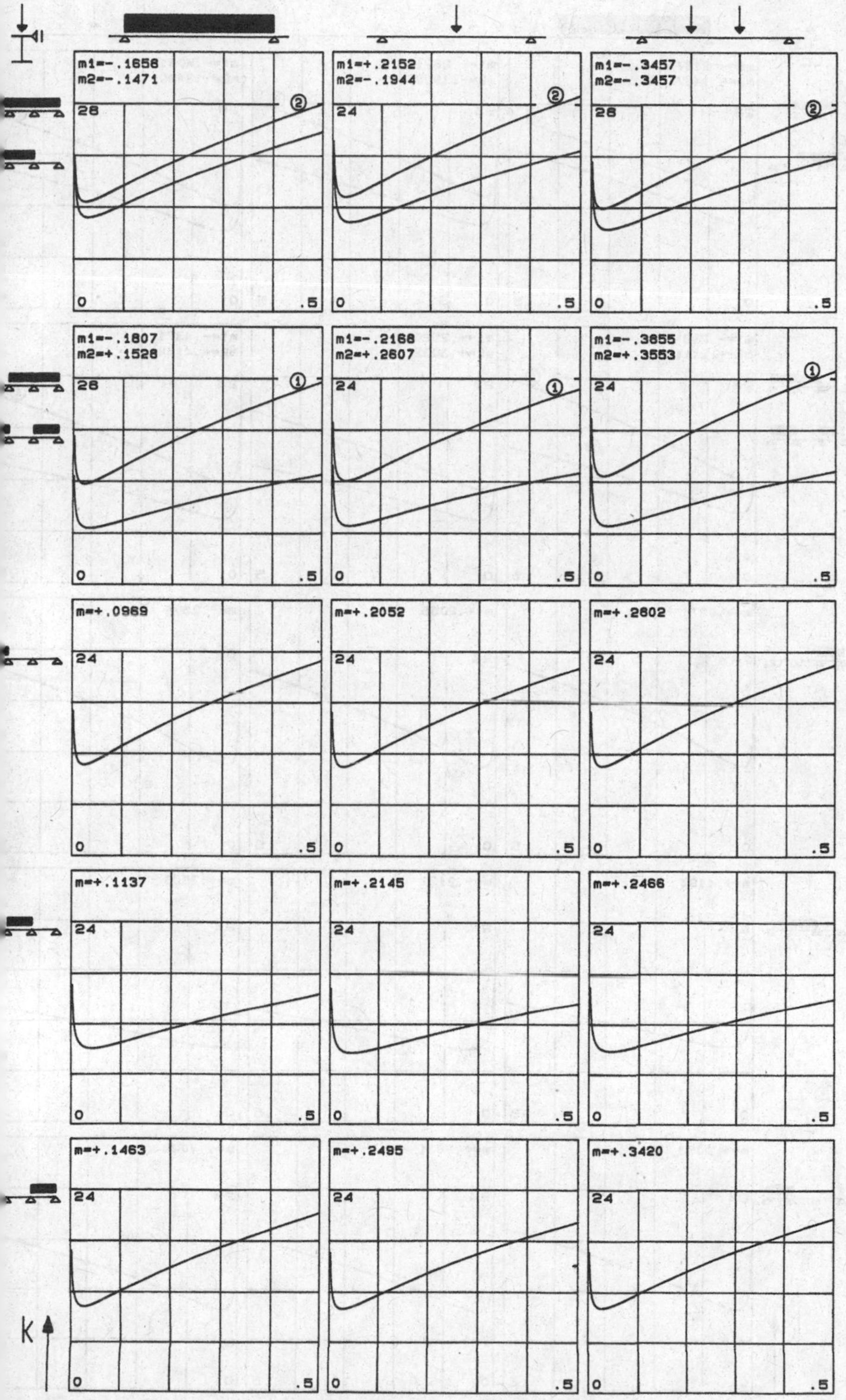

m1=-.1656
m2=-.1471
28
②
0
.5
m1=+.2152
m2=-.1944
24
②
0
.5
m1=-.3457
m2=-.3457
28
②
0
.5
m1=-.1807
m2=+.1528
28
①
0
.5
m1=-.2168
m2=+.2607
24
①
0
.5
m1=-.3655
m2=+.3553
24
①
0
.5
m=+.0969
24
0
.5
m=+.2052
24
0
.5
m=+.2802
24
0
.5
m=+.1137
24
0
.5
m=+.2145
24
0
.5
m=+.2466
24
0
.5
m=+.1463
24
0
.5
m=+.2495
24
0
.5
m=+.3420
24
0
.5
K
X

TAFEL G/III 17 : L-1.25L-1.25L

G III

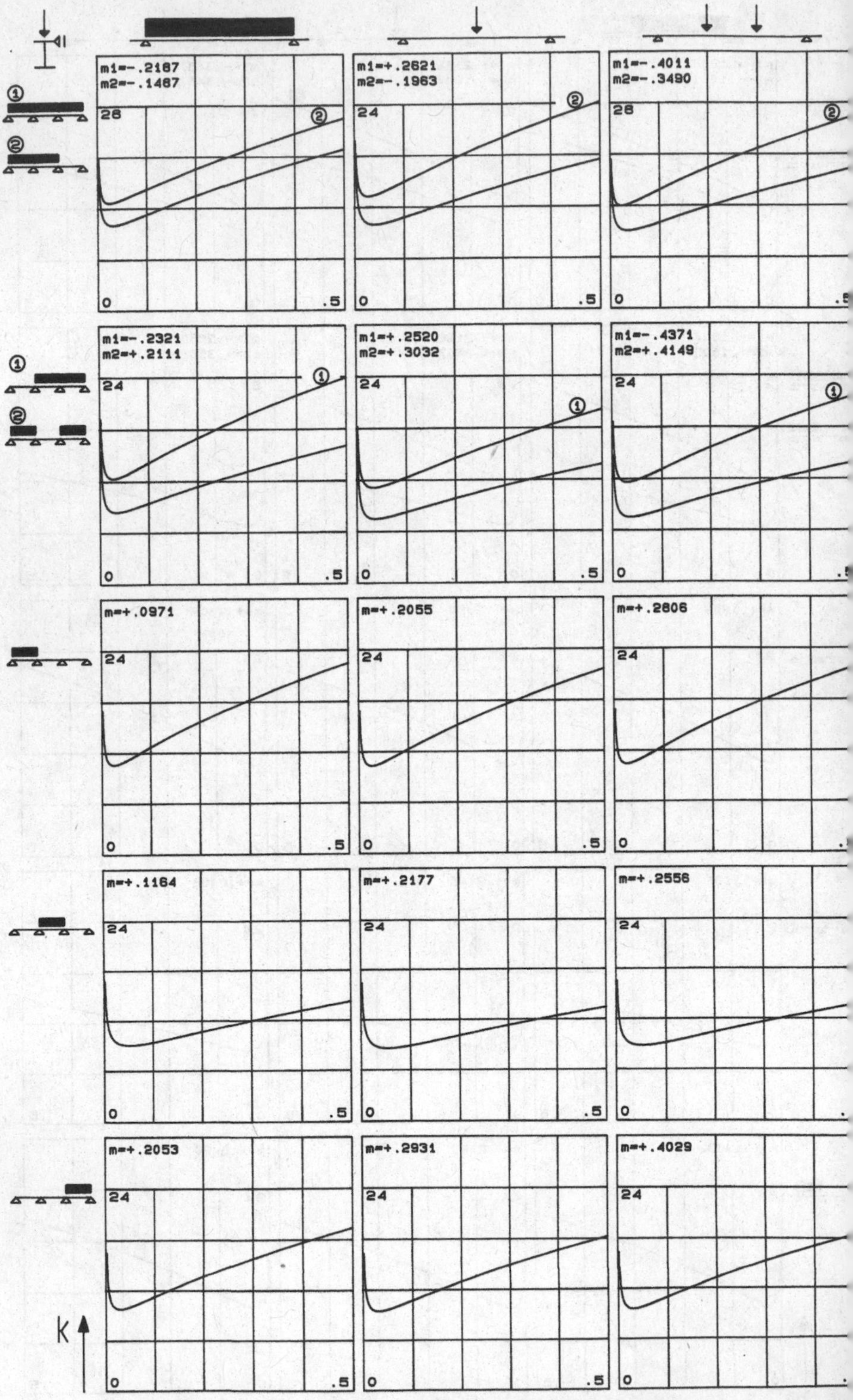

m1=-.2187
m2=-.1467
m1=+.2621
m2=-.1963
m1=-.4011
m2=-.3490
m1=-.2321
m2=+.2111
m1=+.2520
m2=+.3032
m1=-.4371
m2=+.4149
m=+.0971
m=+.2055
m=+.2806
m=+.1164
m=+.2177
m=+.2556
m=+.2053
m=+.2931
m=+.4029
K
X

TAFEL G/III 18 : L-1.25L-1.5L

G III

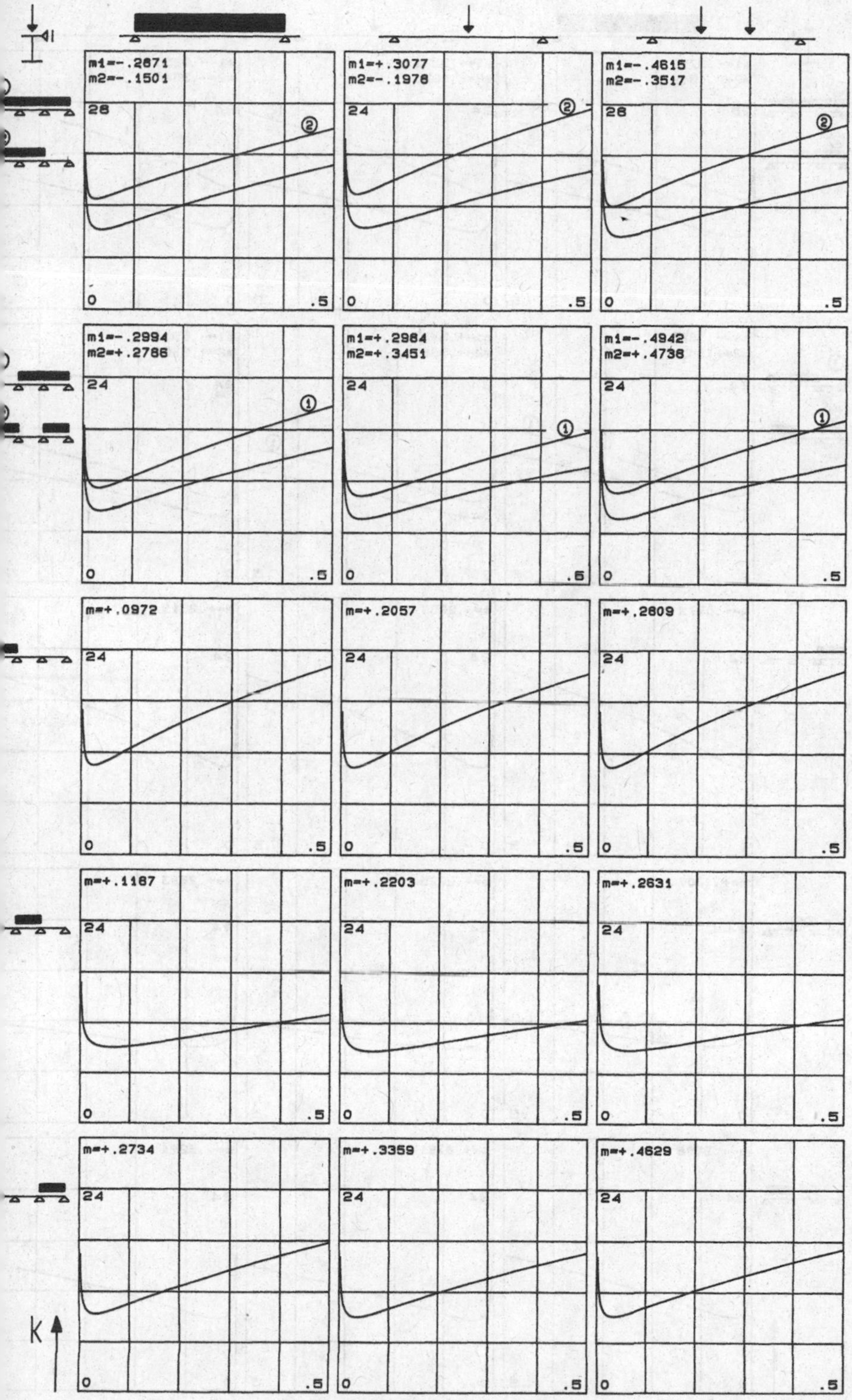

m1=-.2871
m2=-.1501
m1=+.3077
m2=-.1978
m1=-.4615
m2=-.3517
m1=-.2994
m2=+.2786
m1=+.2984
m2=+.3451
m1=-.4942
m2=+.4738
m=+.0972
m=+.2057
m=+.2609
m=+.1187
m=+.2203
m=+.2631
m=+.2734
m=+.3359
m=+.4629
K
X

TAFEL G/III 19 : L-1.25L-1.75L

G III

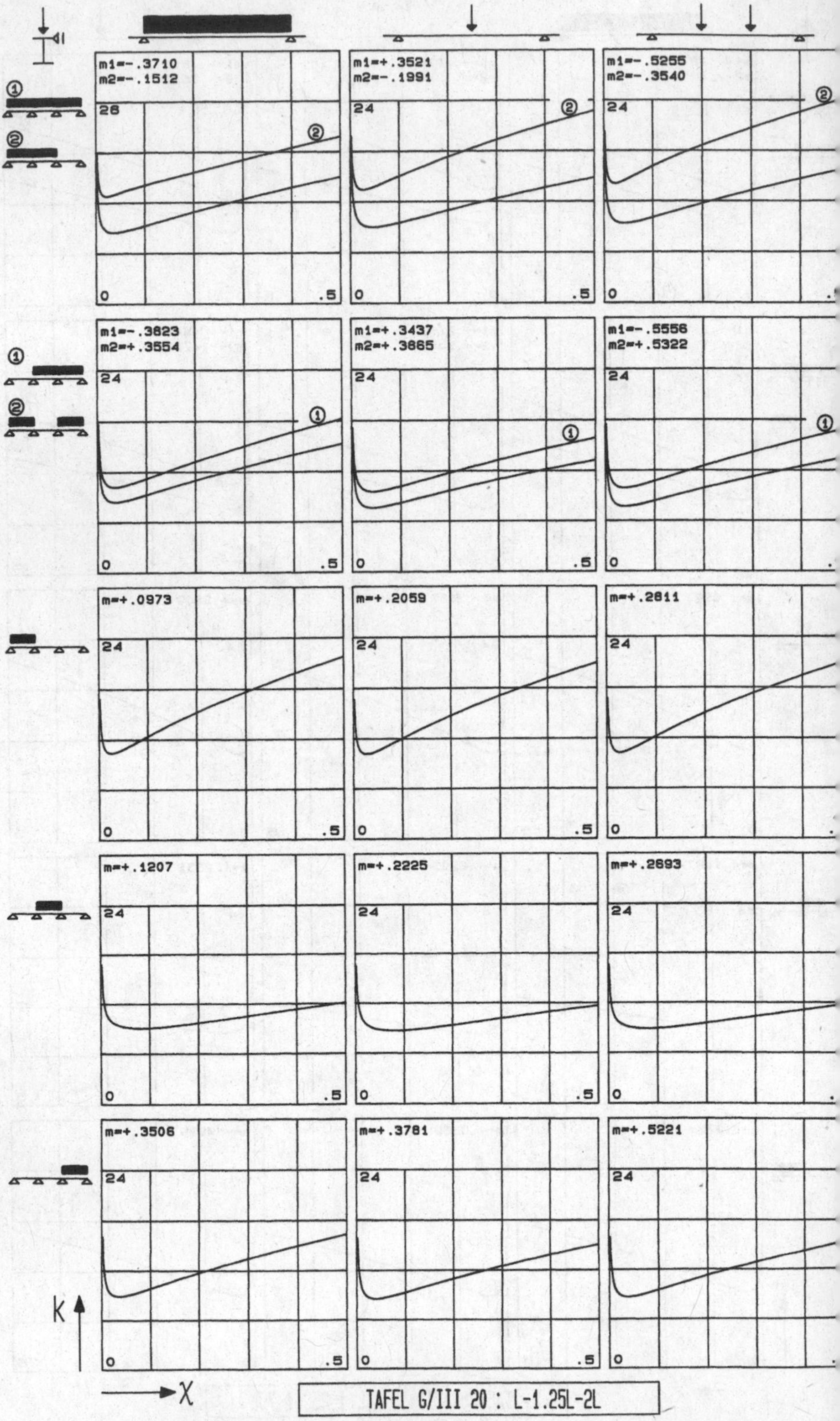

m1=-.3710
m2=-.1512
m1=+.3521
m2=-.1991
m1=-.5255
m2=-.3540
m1=-.3823
m2=+.3554
m1=+.3437
m2=+.3665
m1=-.5556
m2=+.5322
m=+.0973
m=+.2059
m=+.2811
m=+.1207
m=+.2225
m=+.2693
m=+.3506
m=+.3781
m=+.5221
K
X

TAFEL G/III 20 : L-1.25L-2L

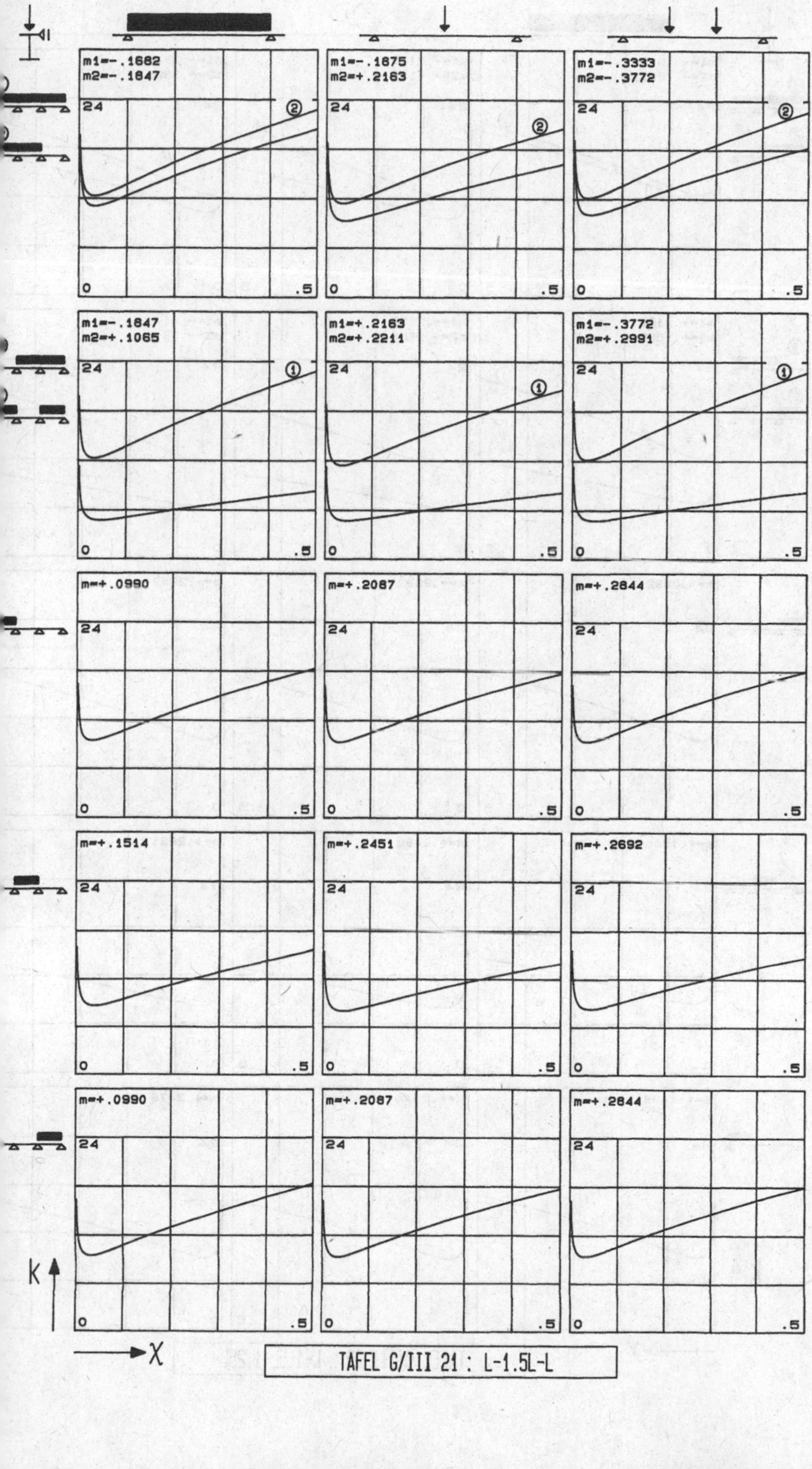
m1=-.1682
m2=-.1847
m1=-.1875
m2=+.2163
m1=-.3333
m2=-.3772
m1=-.1647
m2=+.1065
m1=+.2163
m2=+.2211
m1=-.3772
m2=+.2991
m=+.0990
m=+.2087
m=+.2844
m=+.1514
m=+.2451
m=+.2692
m=+.0990
m=+.2087
m=+.2844
24
0
.5
K
X

TAFEL G/III 21 : L-1.5L-L

G II

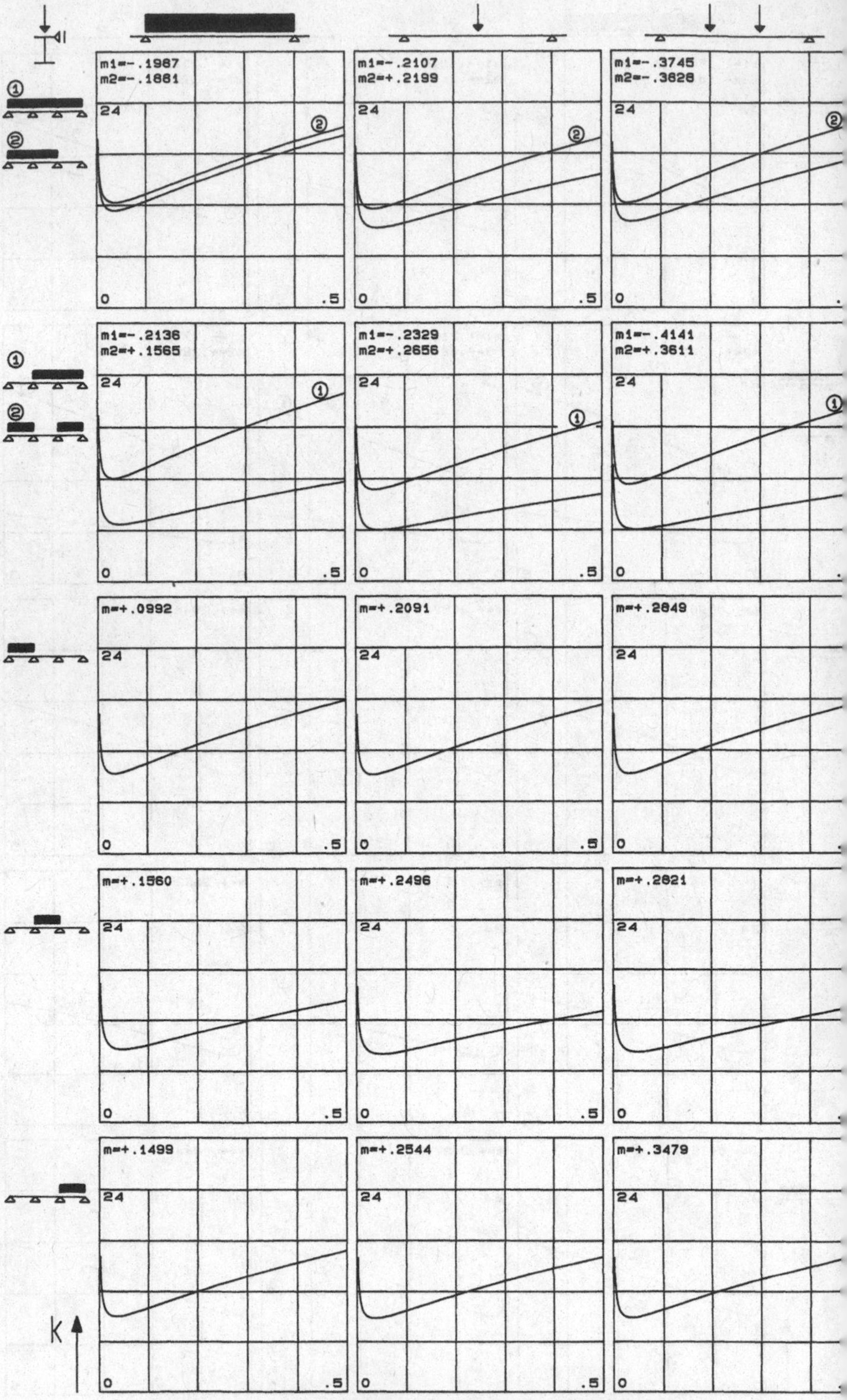
m1=-.1987
m2=-.1861
m1=-.2107
m2=+.2199
m1=-.3745
m2=-.3628
m1=-.2136
m2=+.1565
m1=-.2329
m2=+.2656
m1=-.4141
m2=+.3611
m=+.0992
m=+.2091
m=+.2849
m=+.1560
m=+.2496
m=+.2821
m=+.1499
m=+.2544
m=+.3479
24
0
.5
K
X

TAFEL G/III 22 : L-1.5L-1.25L

G III

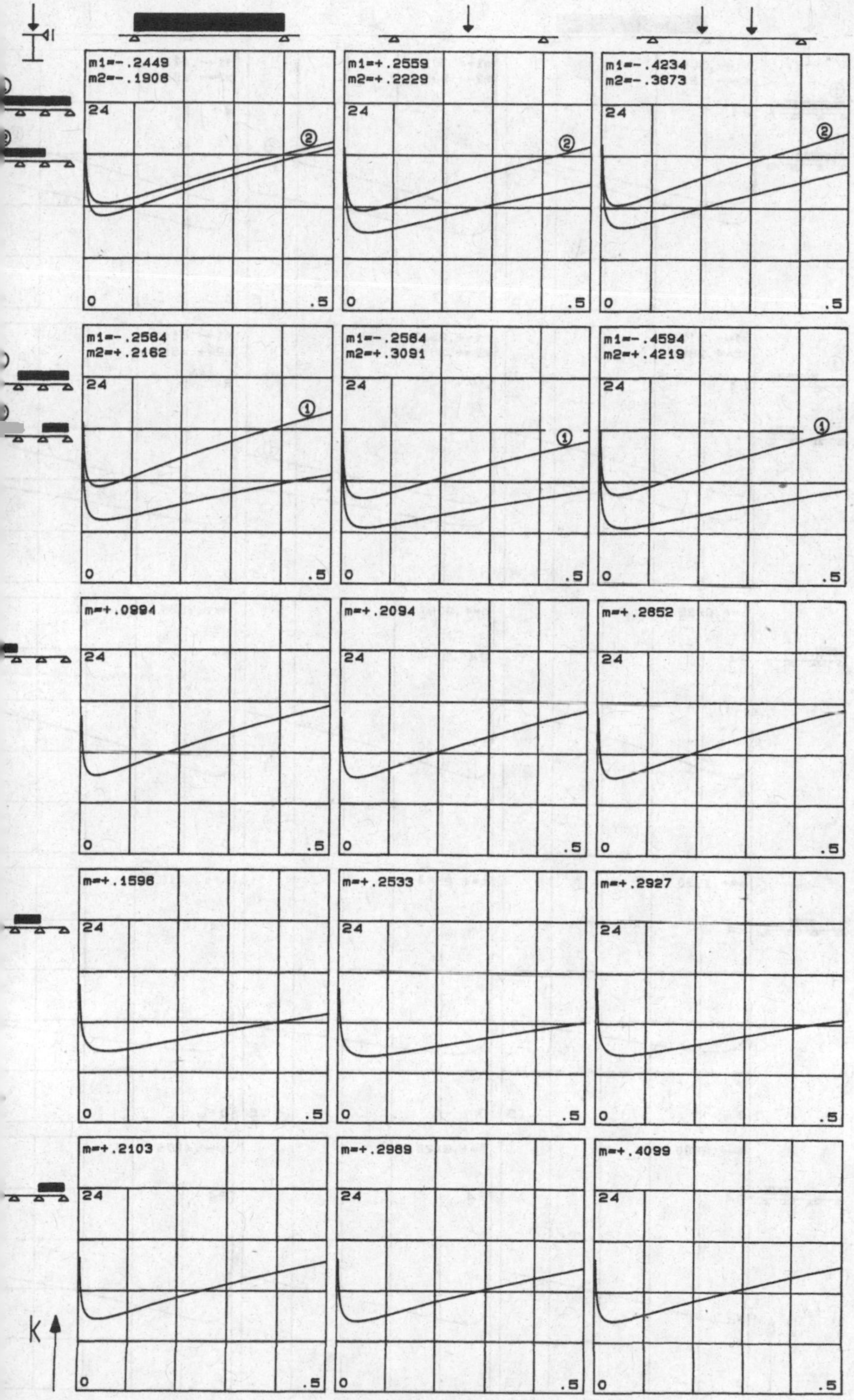
m1=-.2449
m2=-.1906
m1=+.2559
m2=+.2229
m1=-.4234
m2=-.3873
m1=-.2564
m2=+.2162
m1=-.2564
m2=+.3091
m1=-.4594
m2=+.4219
m=+.0994
m=+.2094
m=+.2652
m=+.1596
m=+.2533
m=+.2927
m=+.2103
m=+.2989
m=+.4099
24
0
.5
K
X
G
III

TAFEL G/III 23 : L-1.5L-1.5L

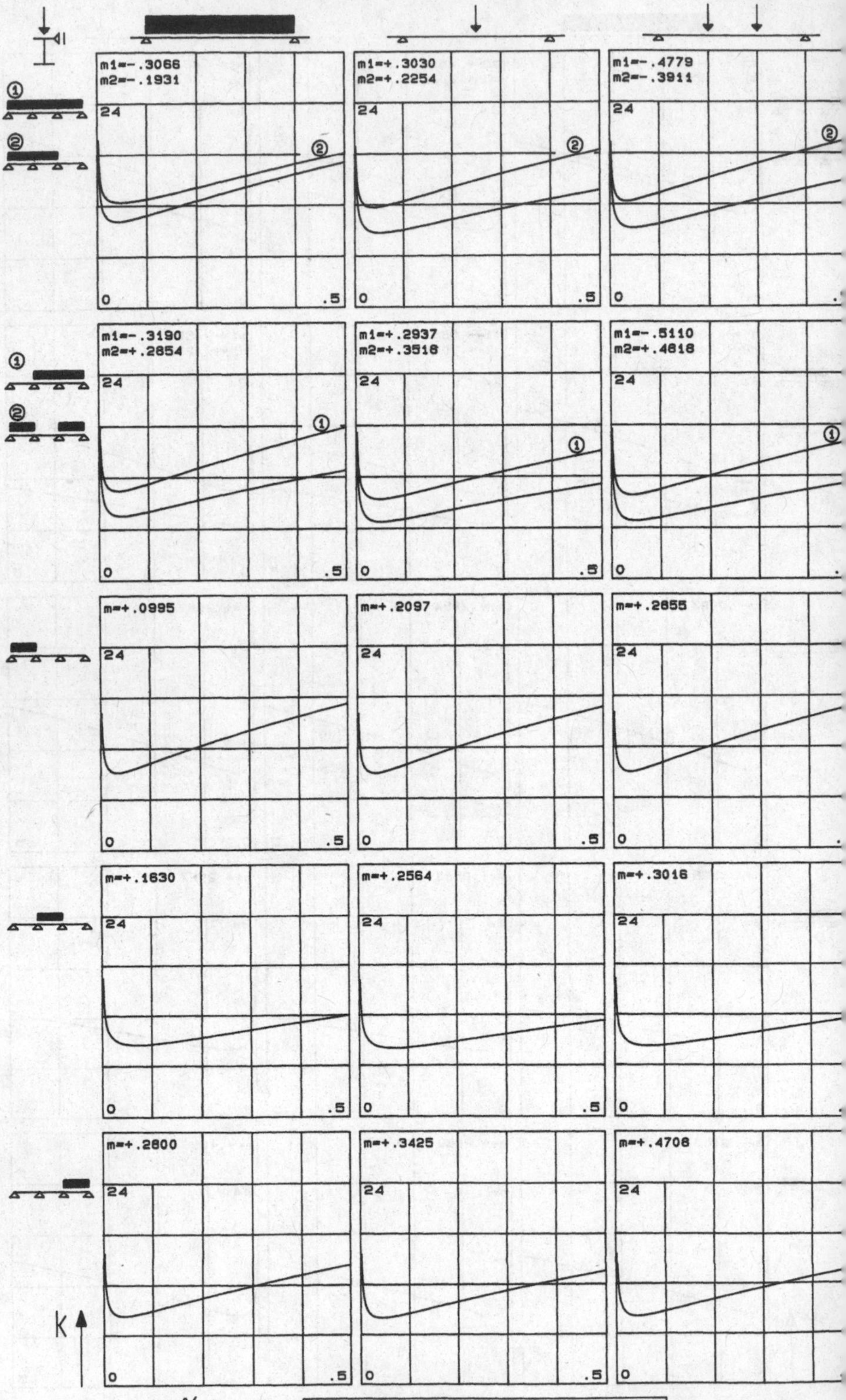
m1=-.3066
m2=-.1931
m1=+.3030
m2=+.2254
m1=-.4779
m2=-.3911
m1=-.3190
m2=+.2854
m1=+.2937
m2=+.3516
m1=-.5110
m2=+.4618
m=+.0995
m=+.2097
m=+.2655
m=+.1630
m=+.2564
m=+.3016
m=+.2800
m=+.3425
m=+.4706
K
X

TAFEL G/III 24 : L-1.5L-1.75L

G III

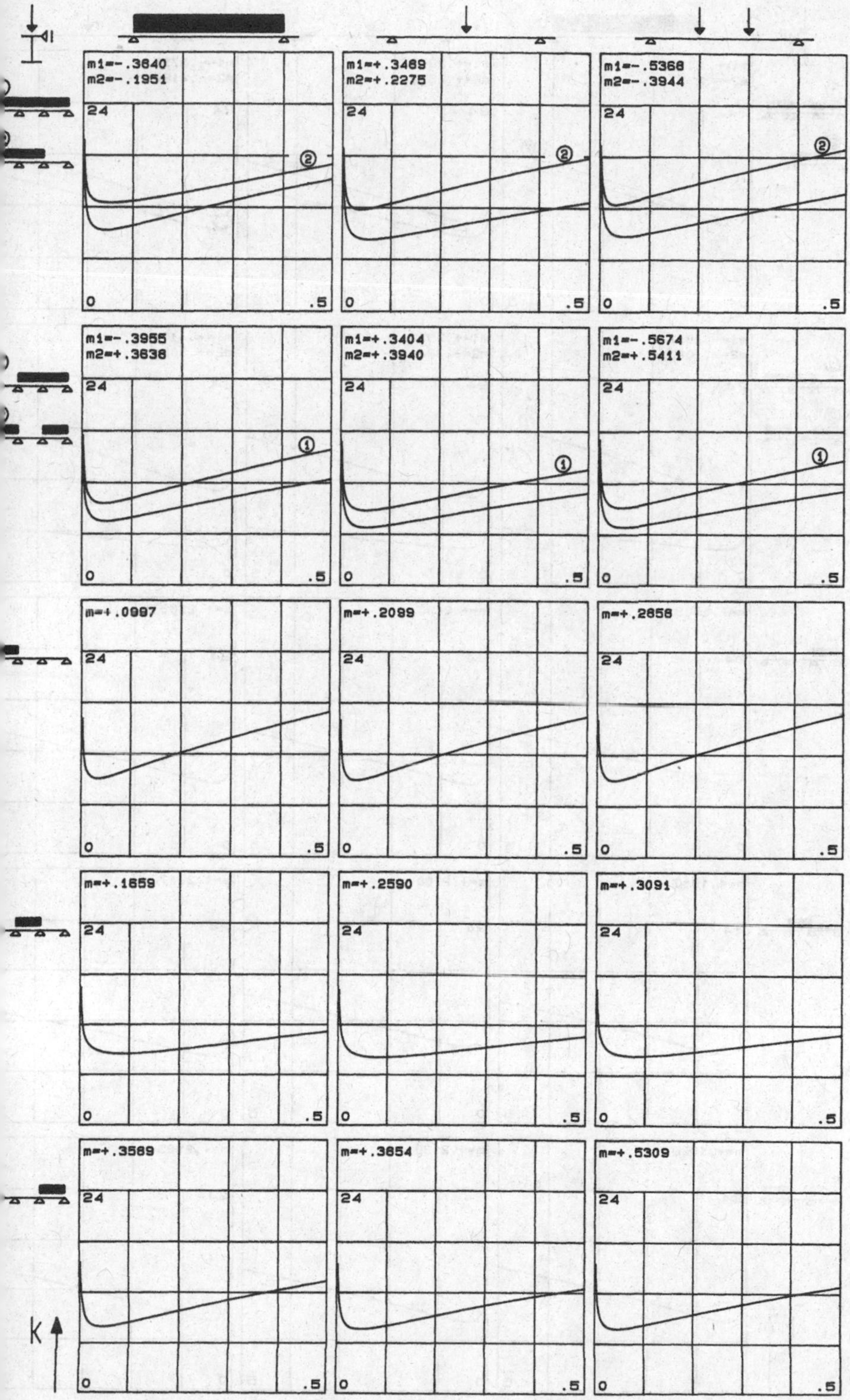
m1=-.3840
m2=-.1951
m1=+.3469
m2=+.2275
m1=-.5368
m2=-.3944
m1=-.3955
m2=+.3636
m1=+.3404
m2=+.3940
m1=-.5674
m2=+.5411
m=+.0987
m=+.2099
m=+.2656
m=+.1659
m=+.2590
m=+.3091
m=+.3569
m=+.3654
m=+.5309
24
0
.5
K
X

TAFEL G/III 25 : L-1.5L-2L

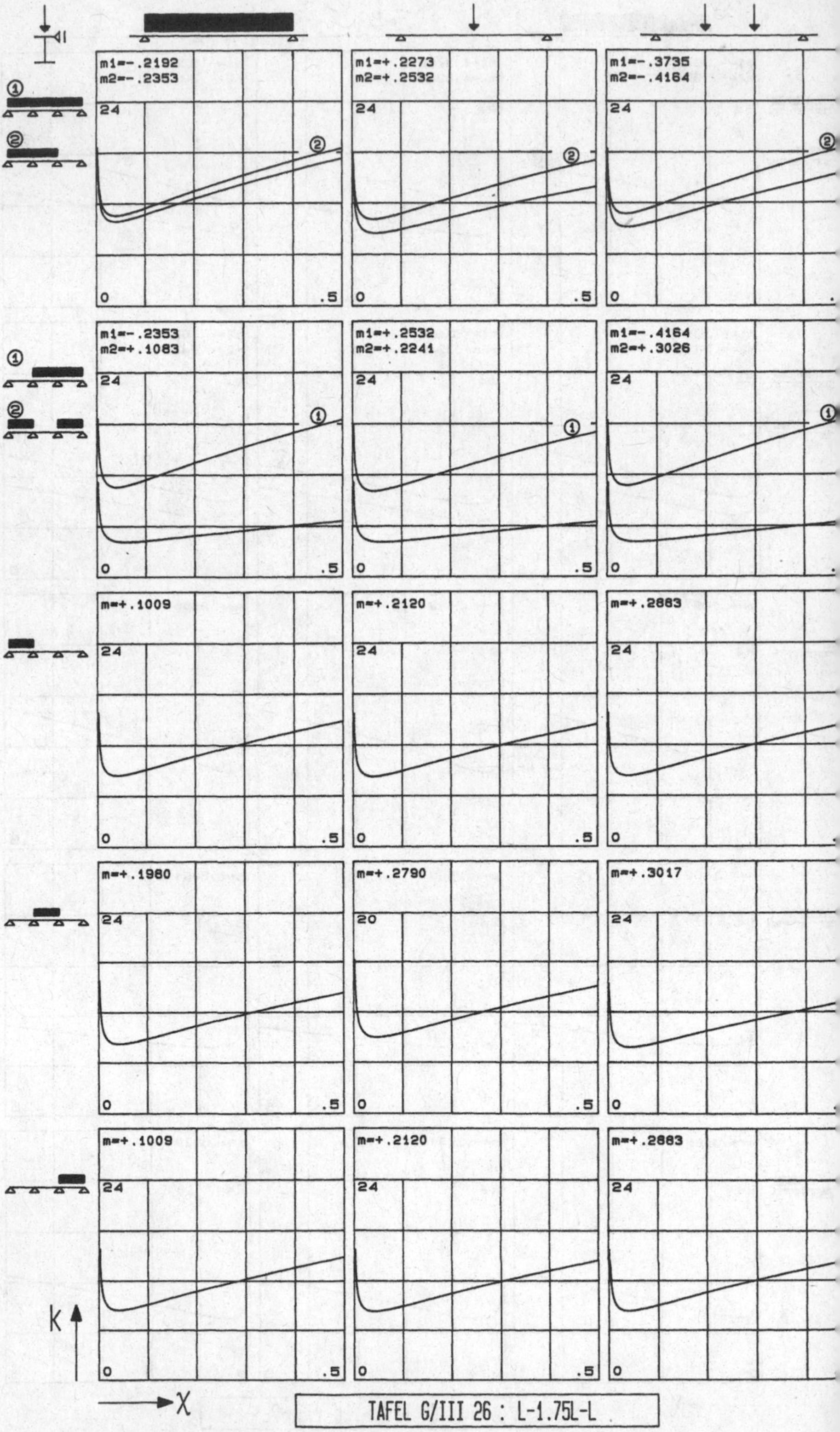
m1=-.2192
m2=-.2353
m1=+.2273
m2=+.2532
m1=-.3735
m2=-.4164
m1=-.2353
m2=+.1083
m1=+.2532
m2=+.2241
m1=-.4164
m2=+.3026
m=+.1009
m=+.2120
m=+.2863
m=+.1980
m=+.2790
m=+.3017
m=+.1009
m=+.2120
m=+.2863
24
20
0
.5
K
X

TAFEL G/III 26 : L-1.75L-L

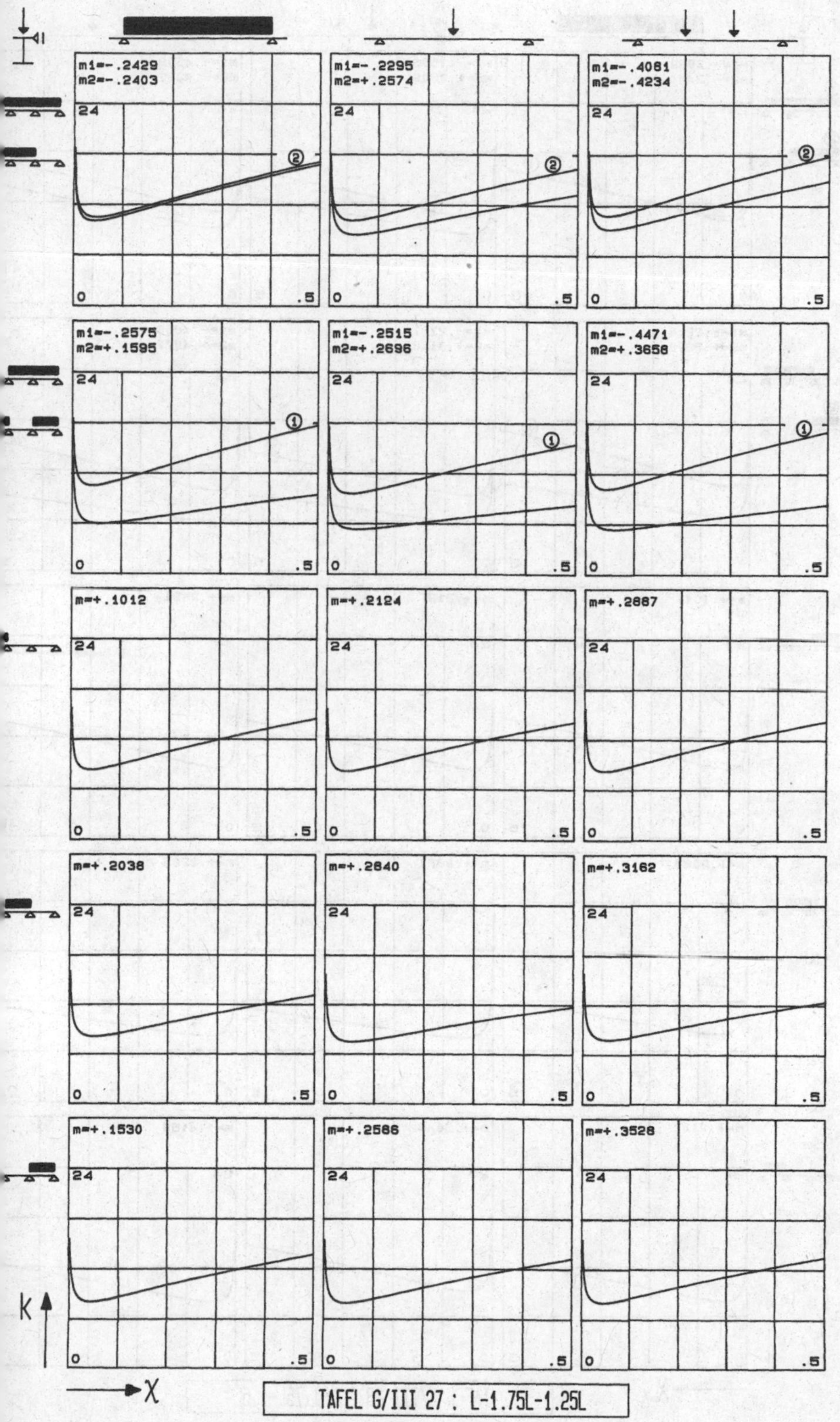
m1=-.2429
m2=-.2403
m1=-.2295
m2=+.2574
m1=-.4081
m2=-.4234
m1=-.2575
m2=+.1595
m1=-.2515
m2=+.2696
m1=-.4471
m2=+.3658
m=+.1012
m=+.2124
m=+.2887
m=+.2038
m=+.2840
m=+.3162
m=+.1530
m=+.2586
m=+.3528
24
0
.5
K
X

TAFEL G/III 27 : L-1.75L-1.25L

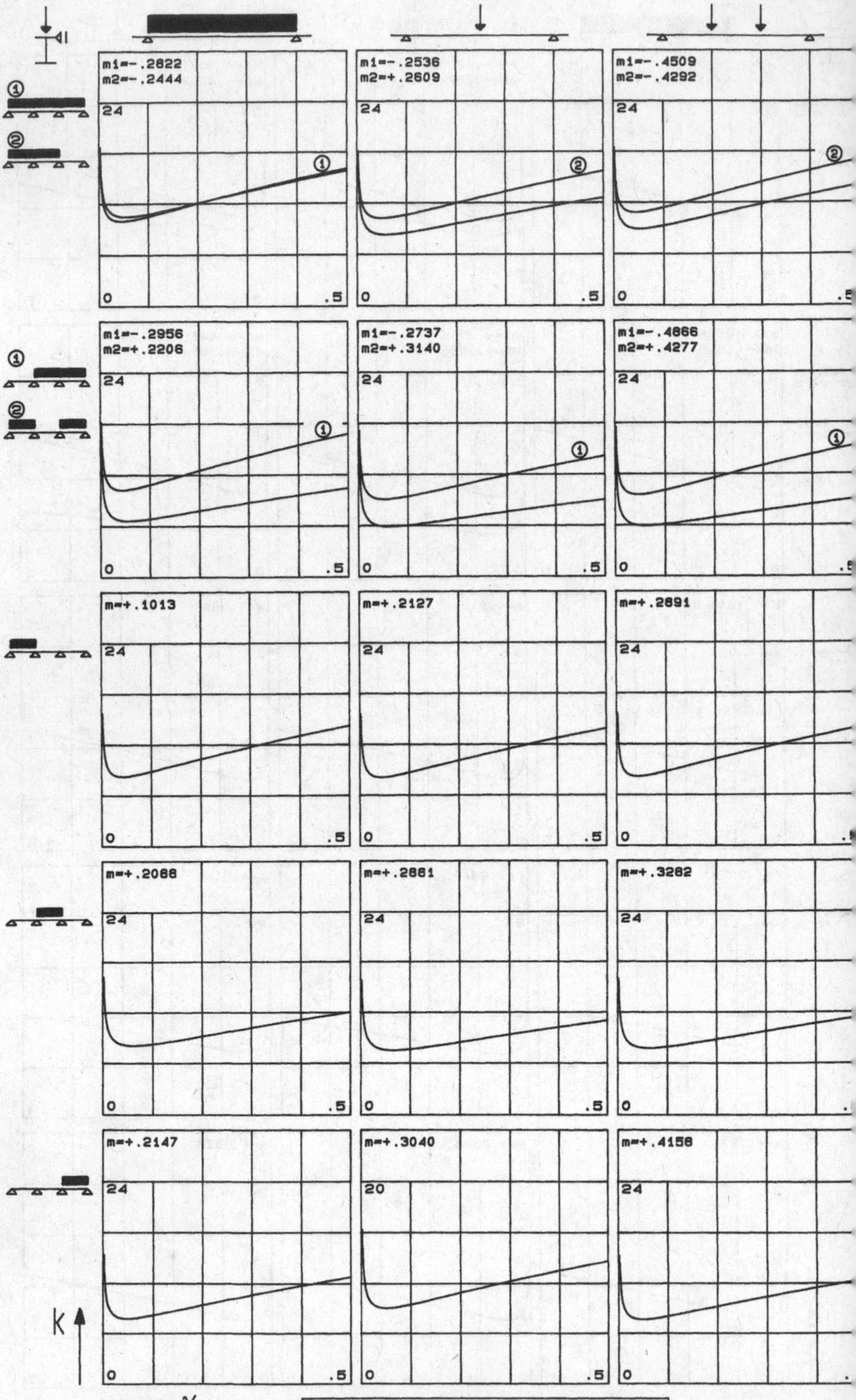
m1=-.2822
m2=-.2444
m1=-.2536
m2=+.2609
m1=-.4509
m2=-.4292
m1=-.2956
m2=+.2206
m1=-.2737
m2=+.3140
m1=-.4866
m2=+.4277
m=+.1013
m=+.2127
m=+.2891
m=+.2088
m=+.2881
m=+.3282
m=+.2147
m=+.3040
m=+.4156
K
X
TAFEL G/III 28 : L-1.75L-1.5L

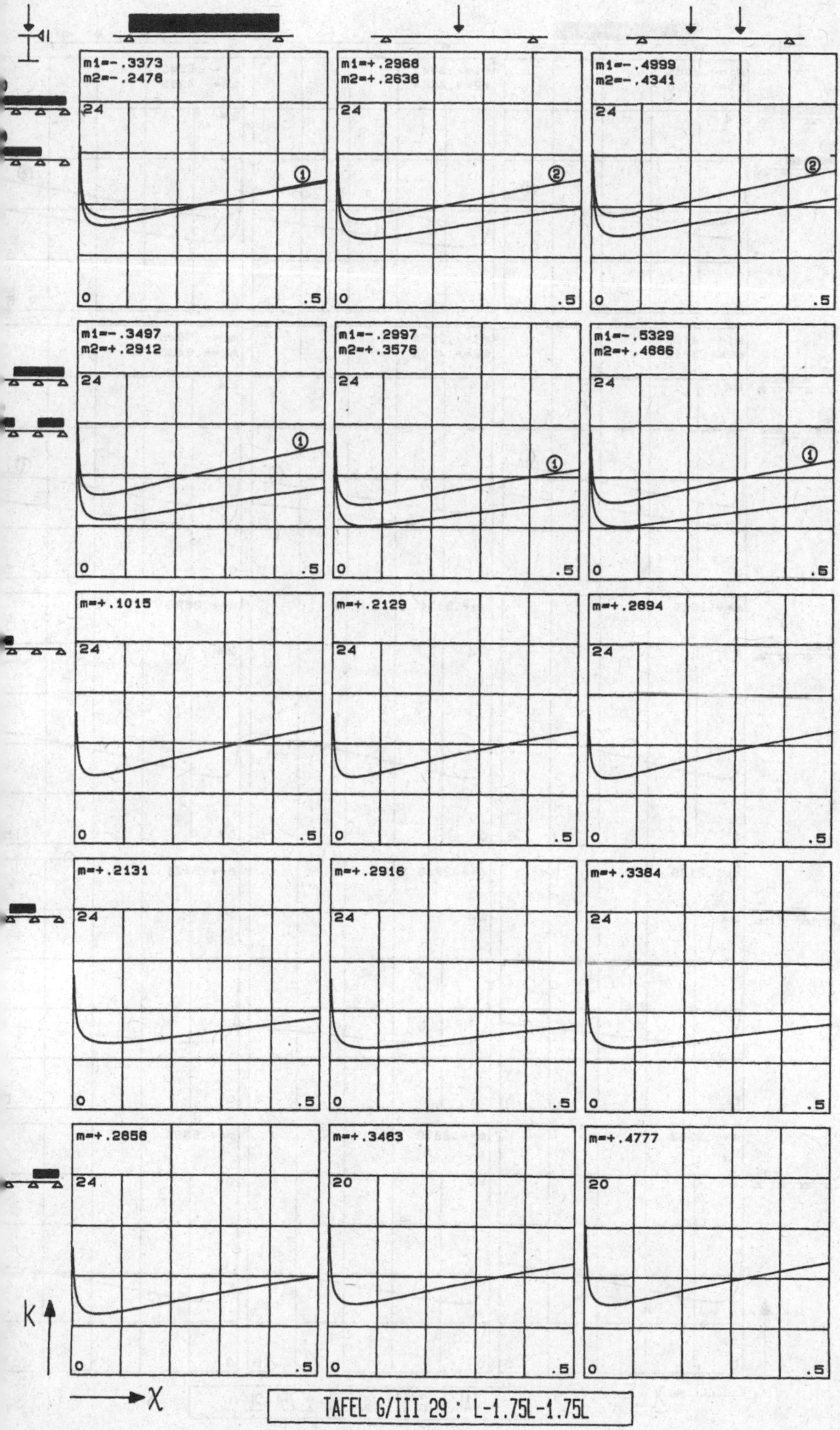
m1=-.3373
m2=-.2478
m1=+.2968
m2=+.2636
m1=-.4999
m2=-.4341
m1=-.3497
m2=+.2912
m1=-.2997
m2=+.3576
m1=-.5329
m2=+.4886
m=+.1015
m=+.2129
m=+.2694
m=+.2131
m=+.2916
m=+.3384
m=+.2858
m=+.3463
m=+.4777
24
20
0
.5
K
X

TAFEL G/III 29 : L-1.75L-1.75L

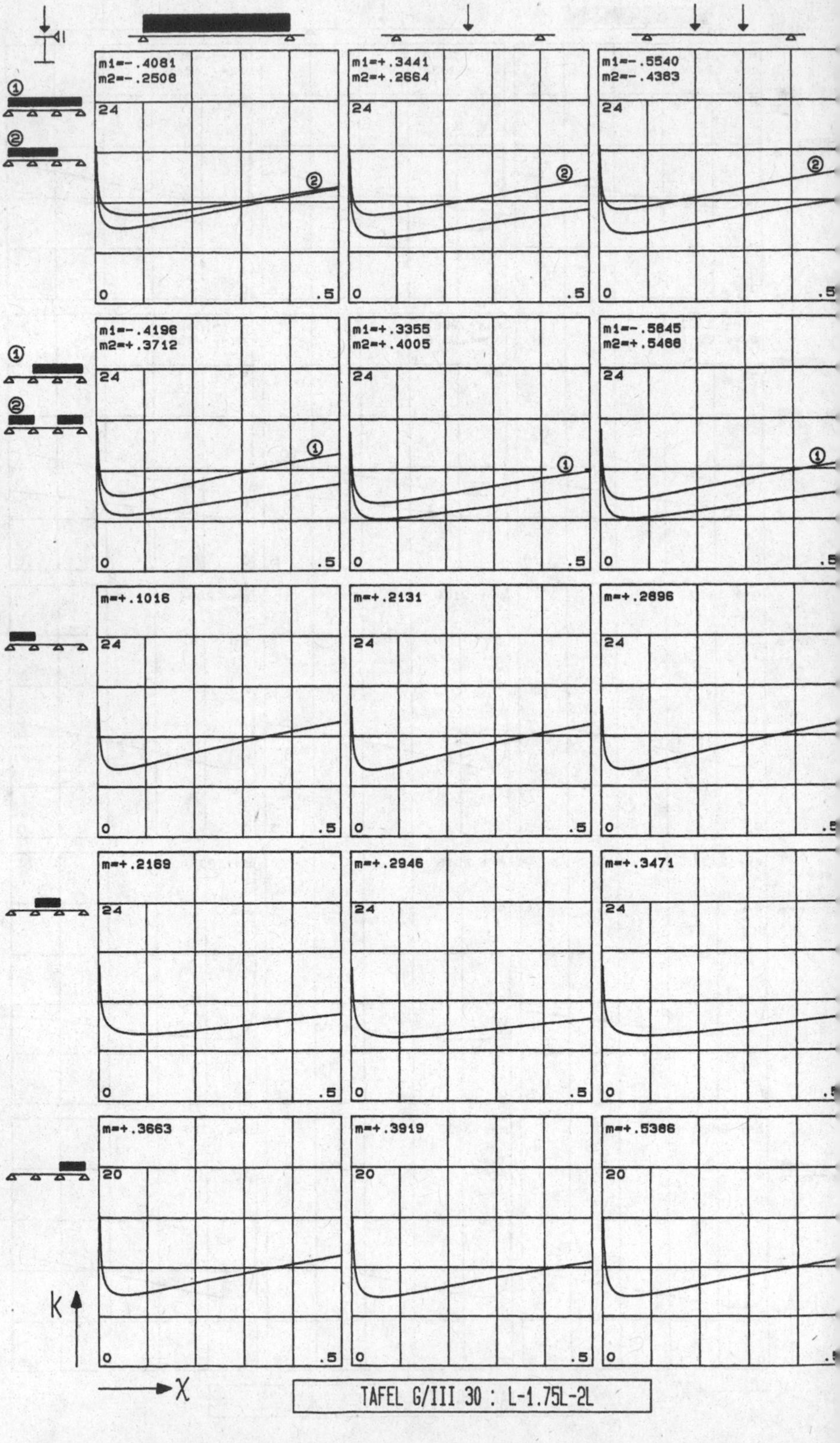

m1=-.4081
m2=-.2508
m1=+.3441
m2=+.2664
m1=-.5540
m2=-.4383
m1=-.4196
m2=+.3712
m1=+.3355
m2=+.4005
m1=-.5845
m2=+.5488
m=+.1016
m=+.2131
m=+.2896
m=+.2169
m=+.2946
m=+.3471
m=+.3663
m=+.3919
m=+.5386
24
20
0
.5
①
②
K
X

TAFEL G/III 30 : L-1.75L-2L

G II

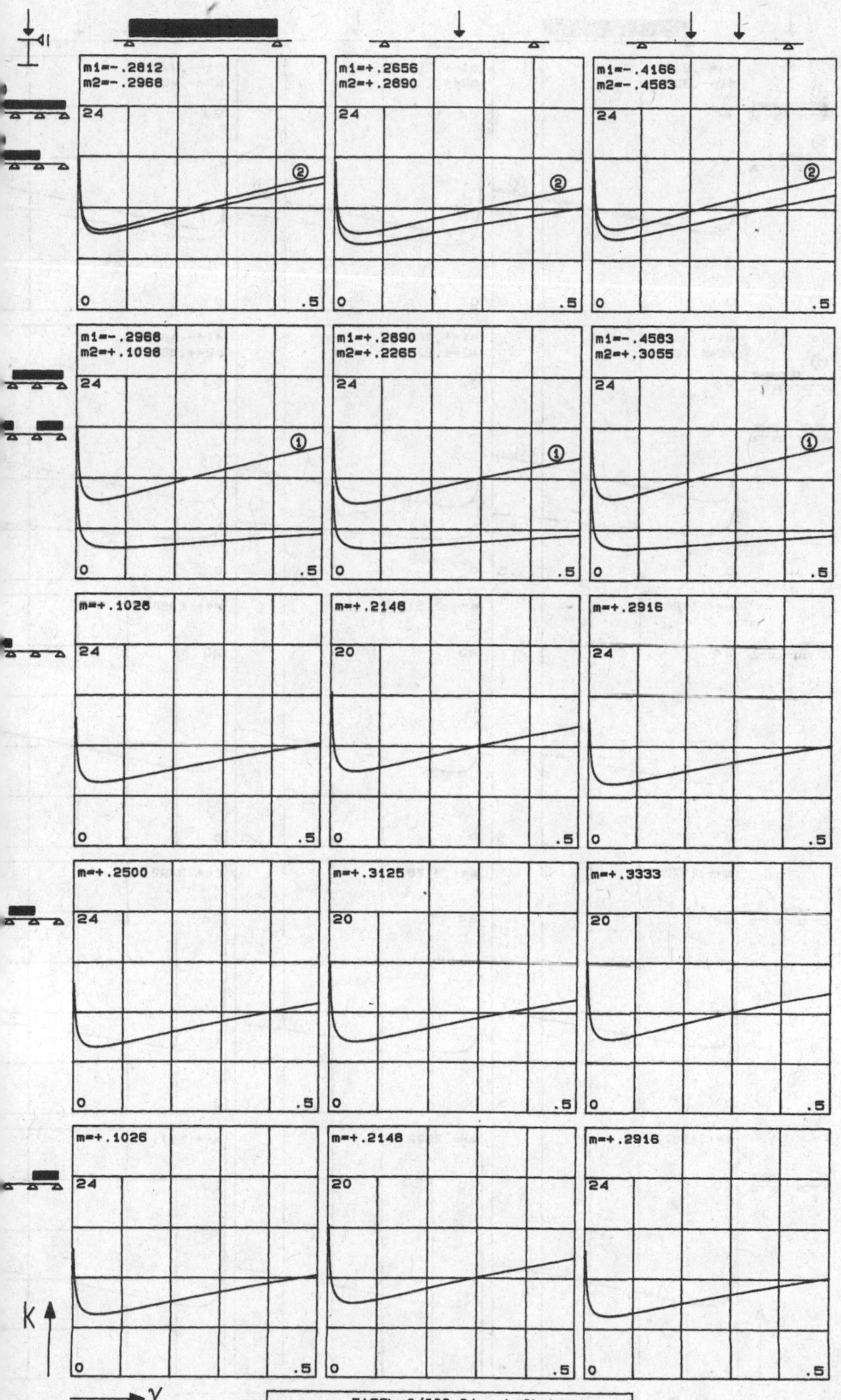
m1=-.2812
m2=-.2966
24
②
0
.5
m1=+.2656
m2=+.2890
24
②
0
.5
m1=-.4166
m2=-.4583
24
②
0
.5
m1=-.2966
m2=+.1096
24
①
0
.5
m1=+.2890
m2=+.2265
24
①
0
.5
m1=-.4583
m2=+.3055
24
①
0
.5
m=+.1026
24
0
.5
m=+.2148
20
0
.5
m=+.2916
24
0
.5
m=+.2500
24
0
.5
m=+.3125
20
0
.5
m=+.3333
20
0
.5
m=+.1026
24
0
.5
m=+.2148
20
0
.5
m=+.2916
24
0
.5
K
X

TAFEL G/III 31 : L-2L-L

G III

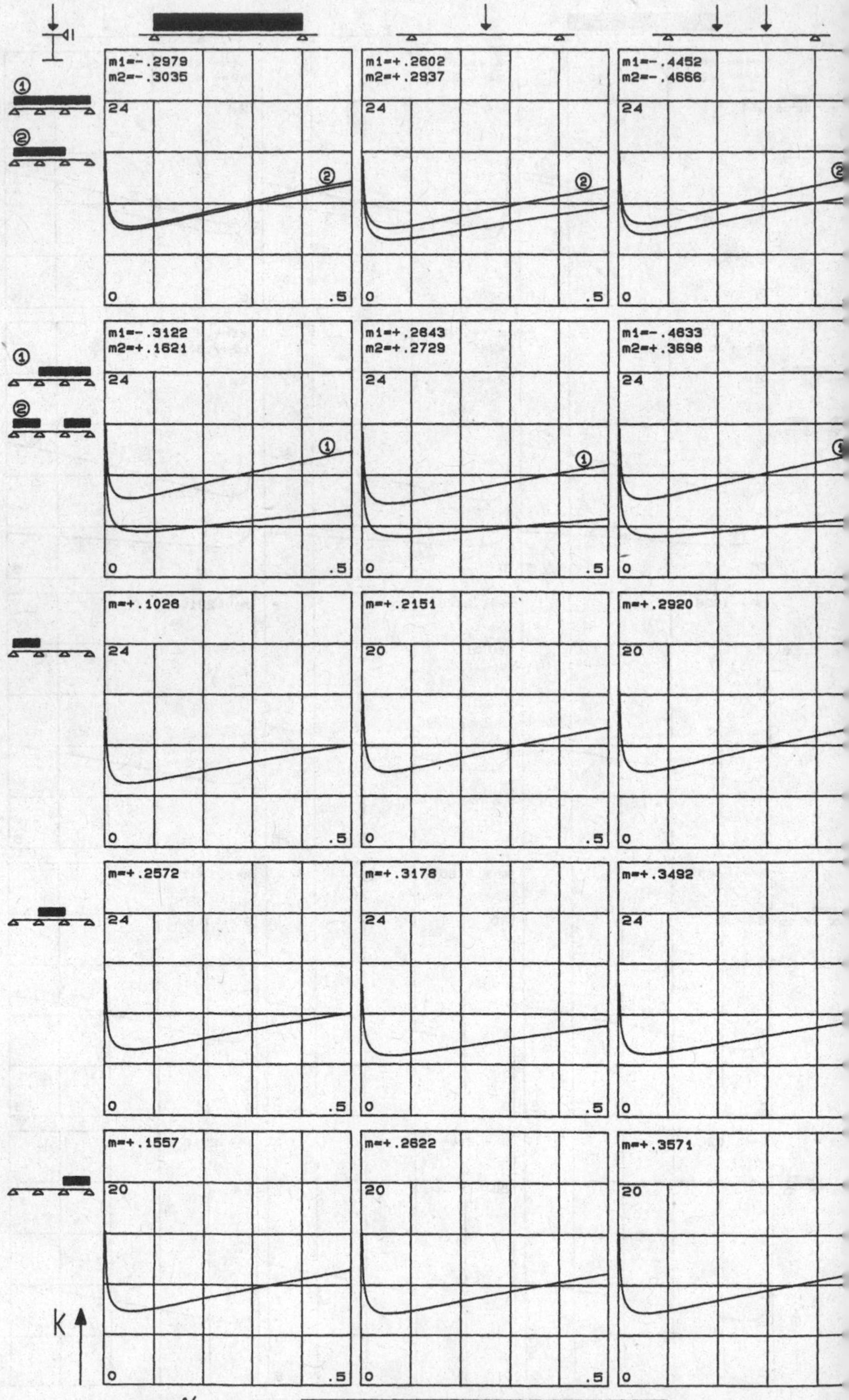

m1=-.2979
m2=-.3035
m1=+.2602
m2=+.2937
m1=-.4452
m2=-.4666
m1=-.3122
m2=+.1621
m1=+.2843
m2=+.2729
m1=-.4633
m2=+.3698
m=+.1028
m=+.2151
m=+.2920
m=+.2572
m=+.3178
m=+.3492
m=+.1557
m=+.2622
m=+.3571
K
X

TAFEL G/III 32 : L-2L-1.25L

G
II

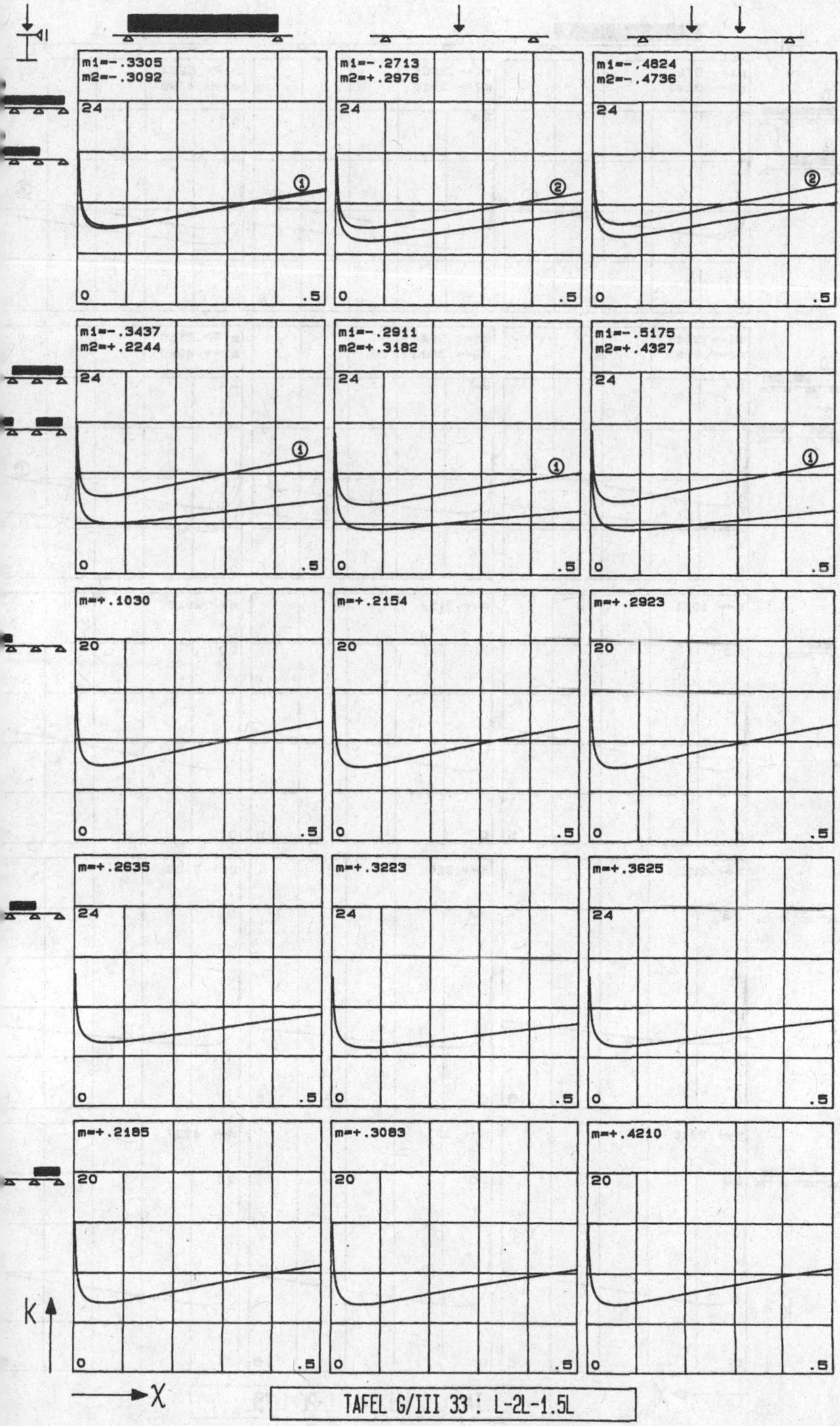

m1=-.3305
m2=-.3092
m1=-.2713
m2=+.2976
m1=-.4824
m2=-.4736
m1=-.3437
m2=+.2244
m1=-.2911
m2=+.3182
m1=-.5175
m2=+.4327
m=+.1030
m=+.2154
m=+.2923
m=+.2635
m=+.3223
m=+.3625
m=+.2185
m=+.3083
m=+.4210
24
20
0
.5
K
X

TAFEL G/III 33 : L-2L-1.5L

G
II

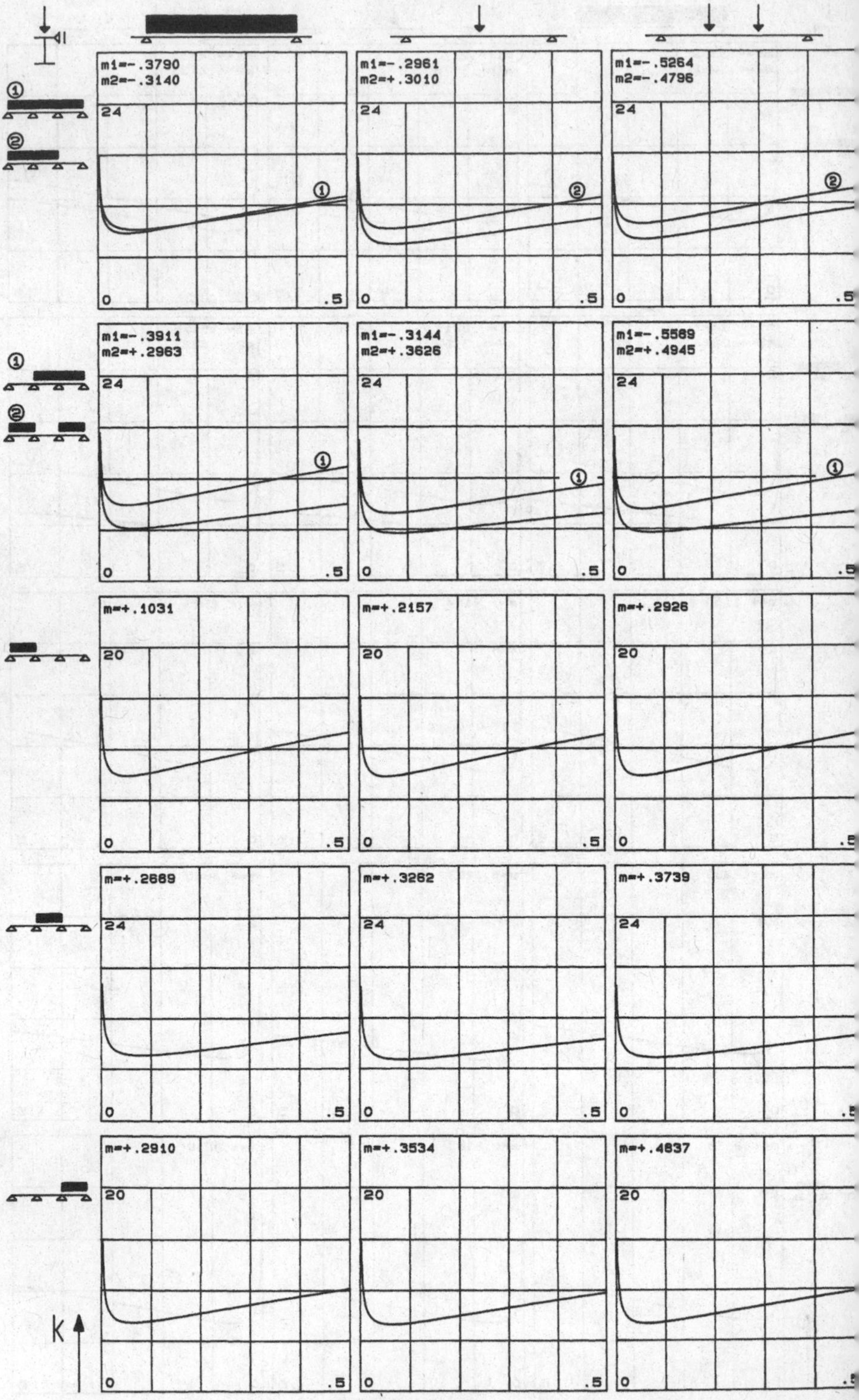

m1=-.3790
m2=-.3140
m1=-.2961
m2=+.3010
m1=-.5264
m2=-.4796
m1=-.3911
m2=+.2963
m1=-.3144
m2=+.3626
m1=-.5569
m2=+.4945
m=+.1031
m=+.2157
m=+.2926
m=+.2669
m=+.3262
m=+.3739
m=+.2910
m=+.3534
m=+.4837
K
X

TAFEL G/III 34 : L-2L-1.75L

G II

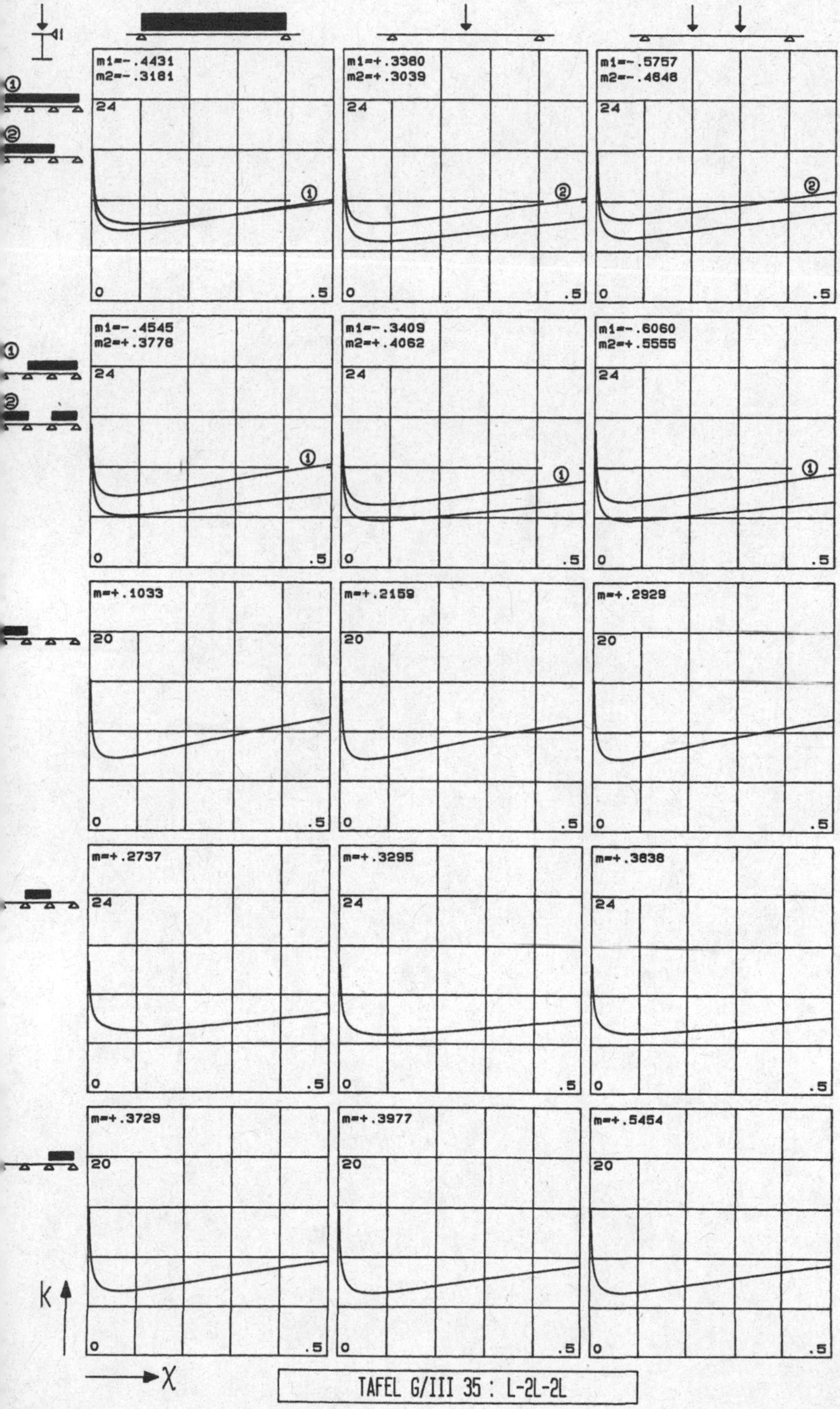

m1=-.4431
m2=-.3181
m1=+.3380
m2=+.3039
m1=-.5757
m2=-.4648
m1=-.4545
m2=+.3778
m1=-.3409
m2=+.4062
m1=-.6060
m2=+.5555
m=+.1033
m=+.2159
m=+.2929
m=+.2737
m=+.3295
m=+.3838
m=+.3729
m=+.3977
m=+.5454
K
X

TAFEL G/III 35 : L-2L-2L

G II

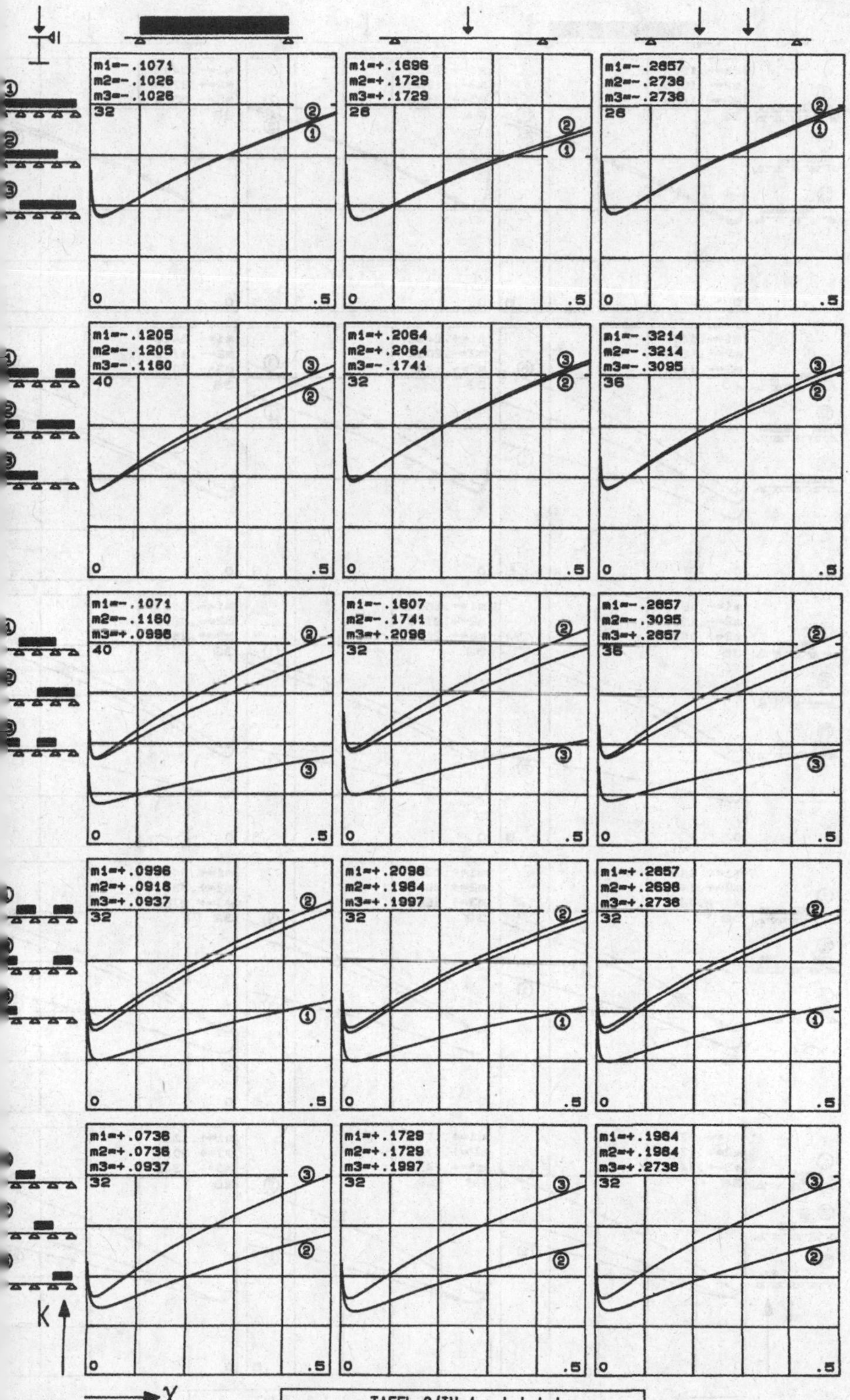

TAFEL G/IV 1 : L-L-L-L

G IV

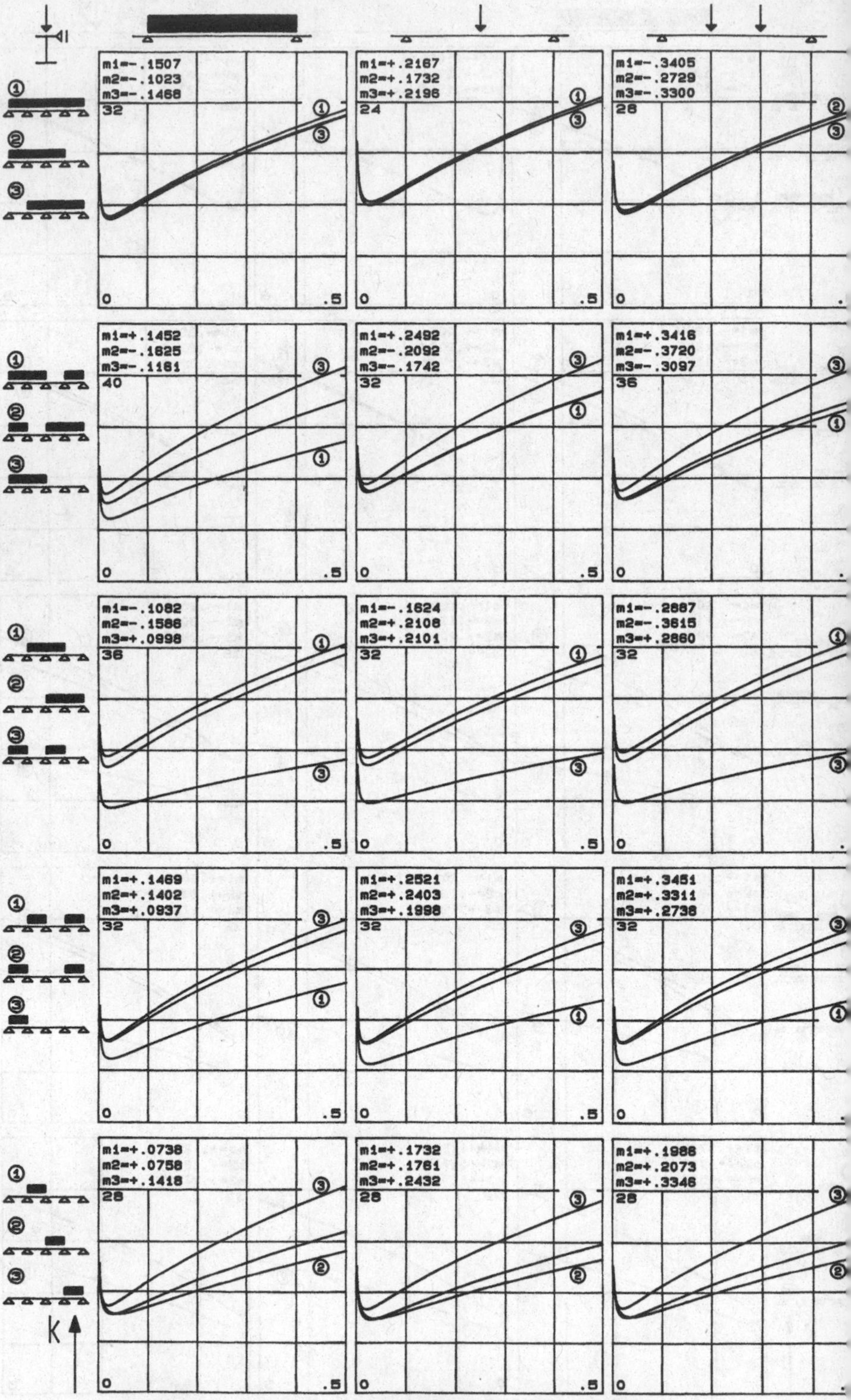

m1=-.1507
m2=-.1023
m3=-.1468
32
m1=+.2167
m2=+.1732
m3=+.2196
24
m1=-.3405
m2=-.2729
m3=-.3300
28
m1=+.1452
m2=-.1625
m3=-.1161
40
m1=+.2492
m2=-.2092
m3=-.1742
32
m1=+.3416
m2=-.3720
m3=-.3097
36
m1=-.1082
m2=-.1586
m3=+.0998
36
m1=-.1624
m2=+.2108
m3=+.2101
32
m1=-.2887
m2=-.3615
m3=+.2860
32
m1=+.1469
m2=+.1402
m3=+.0937
32
m1=+.2521
m2=+.2403
m3=+.1998
32
m1=+.3451
m2=+.3311
m3=+.2738
32
m1=+.0738
m2=+.0758
m3=+.1418
28
m1=+.1732
m2=+.1761
m3=+.2432
28
m1=+.1986
m2=+.2073
m3=+.3346
28
0
.5
K
X

TAFEL G/IV 2 : L-L-L-1.25L

G
V

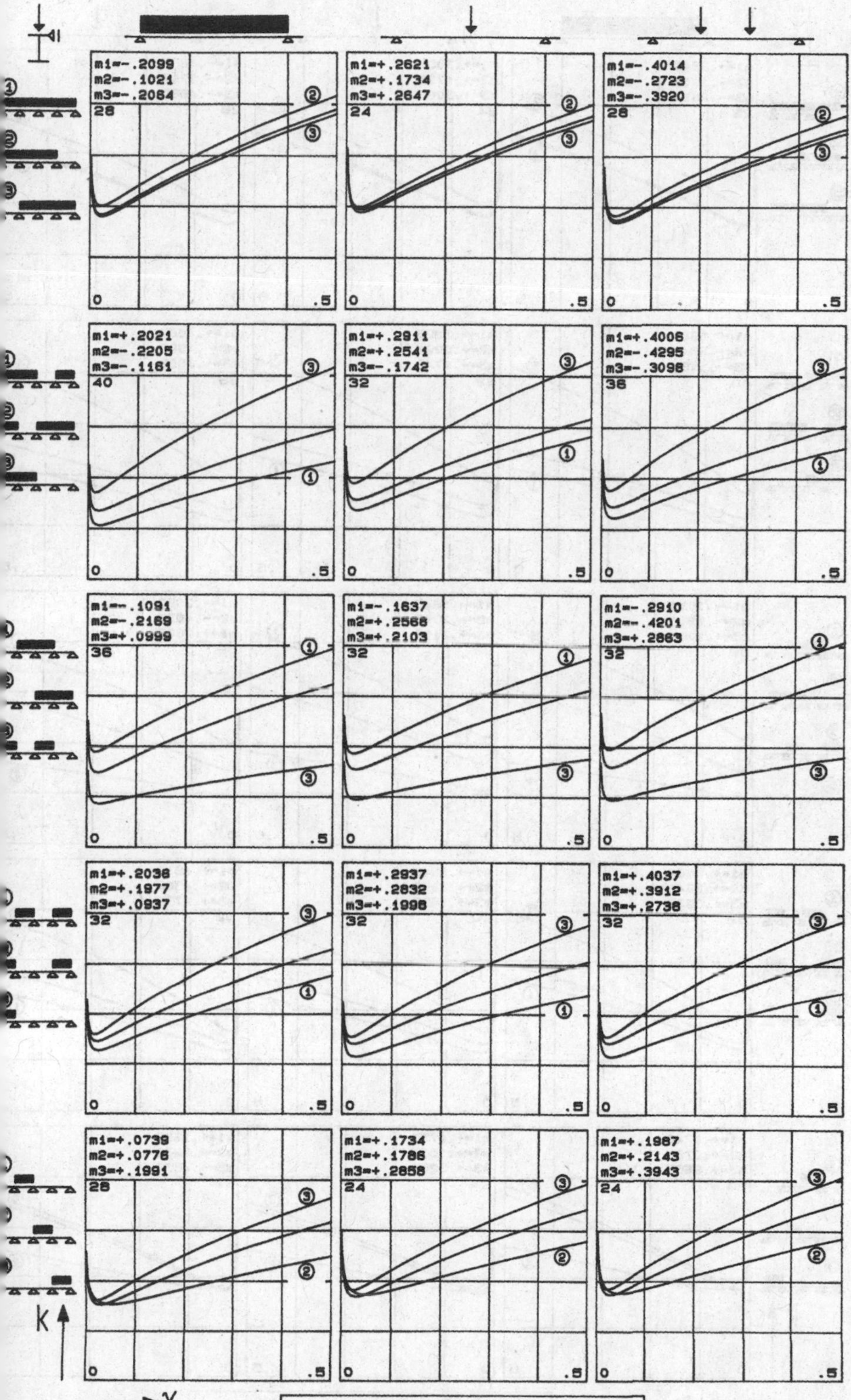
m1=-.2099
m2=-.1021
m3=-.2064
28
m1=+.2621
m2=+.1734
m3=+.2647
24
m1=-.4014
m2=-.2723
m3=-.3920
28
m1=+.2021
m2=-.2205
m3=-.1161
40
m1=+.2911
m2=+.2541
m3=-.1742
32
m1=+.4006
m2=-.4295
m3=-.3098
36
m1=-.1091
m2=-.2169
m3=+.0999
36
m1=-.1637
m2=+.2566
m3=+.2103
32
m1=-.2910
m2=-.4201
m3=+.2863
32
m1=+.2036
m2=+.1977
m3=+.0937
32
m1=+.2937
m2=+.2832
m3=+.1996
32
m1=+.4037
m2=+.3912
m3=+.2736
32
m1=+.0739
m2=+.0776
m3=+.1991
28
m1=+.1734
m2=+.1786
m3=+.2858
24
m1=+.1987
m2=+.2143
m3=+.3943
24
0
.5
K
X

TAFEL G/IV 3 : L-L-L-1.5L

G
IV

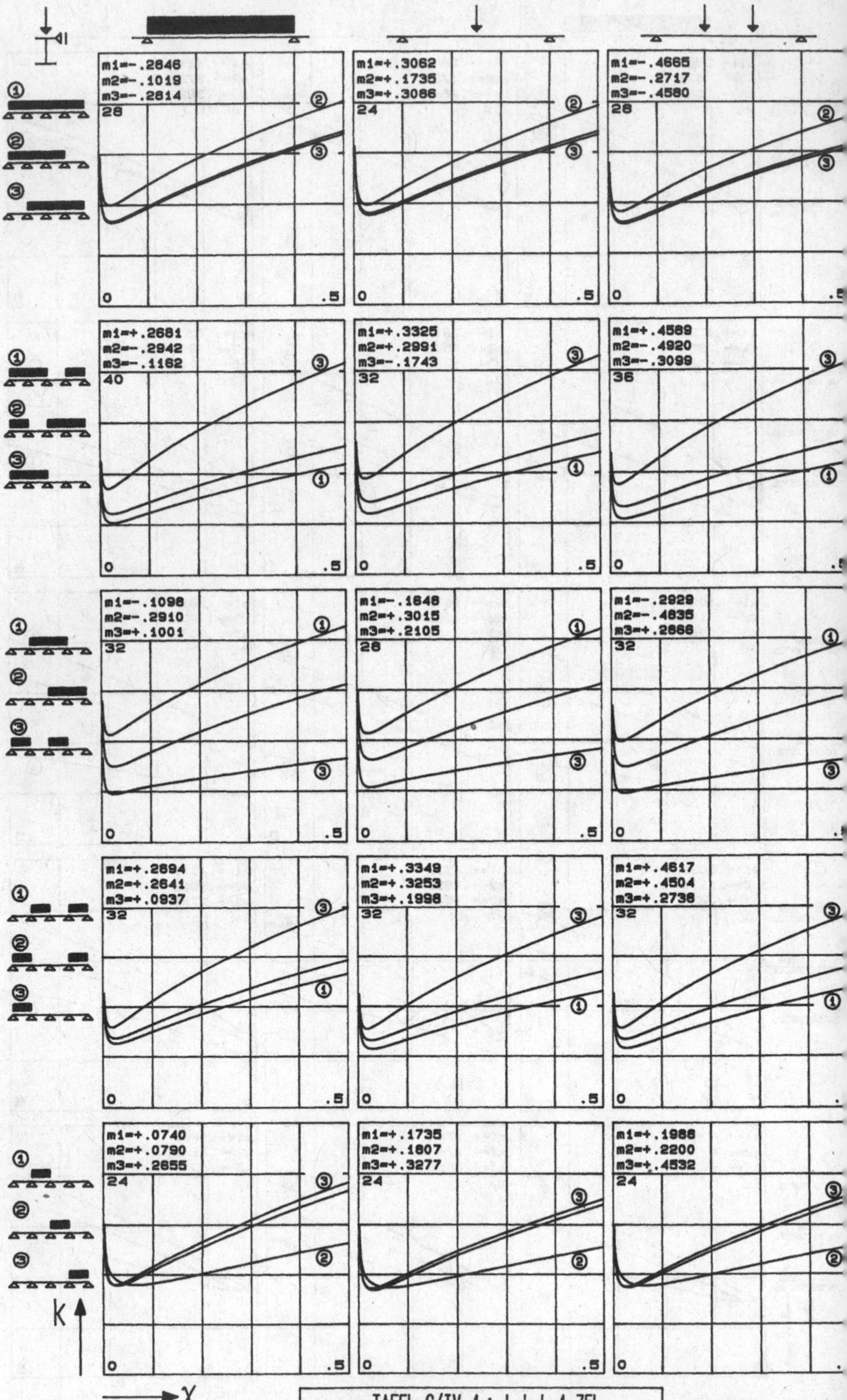
m1=-.2846
m2=-.1019
m3=-.2814
28
m1=+.3062
m2=+.1735
m3=+.3086
24
m1=-.4665
m2=-.2717
m3=-.4580
28
m1=+.2681
m2=-.2942
m3=-.1162
40
m1=+.3325
m2=+.2991
m3=-.1743
32
m1=+.4589
m2=-.4920
m3=-.3099
36
m1=-.1098
m2=-.2910
m3=+.1001
32
m1=-.1648
m2=+.3015
m3=+.2105
28
m1=-.2929
m2=-.4835
m3=+.2666
32
m1=+.2694
m2=+.2641
m3=+.0937
32
m1=+.3349
m2=+.3253
m3=+.1998
32
m1=+.4617
m2=+.4504
m3=+.2736
32
m1=+.0740
m2=+.0790
m3=+.2655
24
m1=+.1735
m2=+.1607
m3=+.3277
24
m1=+.1988
m2=+.2200
m3=+.4532
24
0
.5
K
X
TAFEL G/IV 4 : L-L-L-1.75L

GV

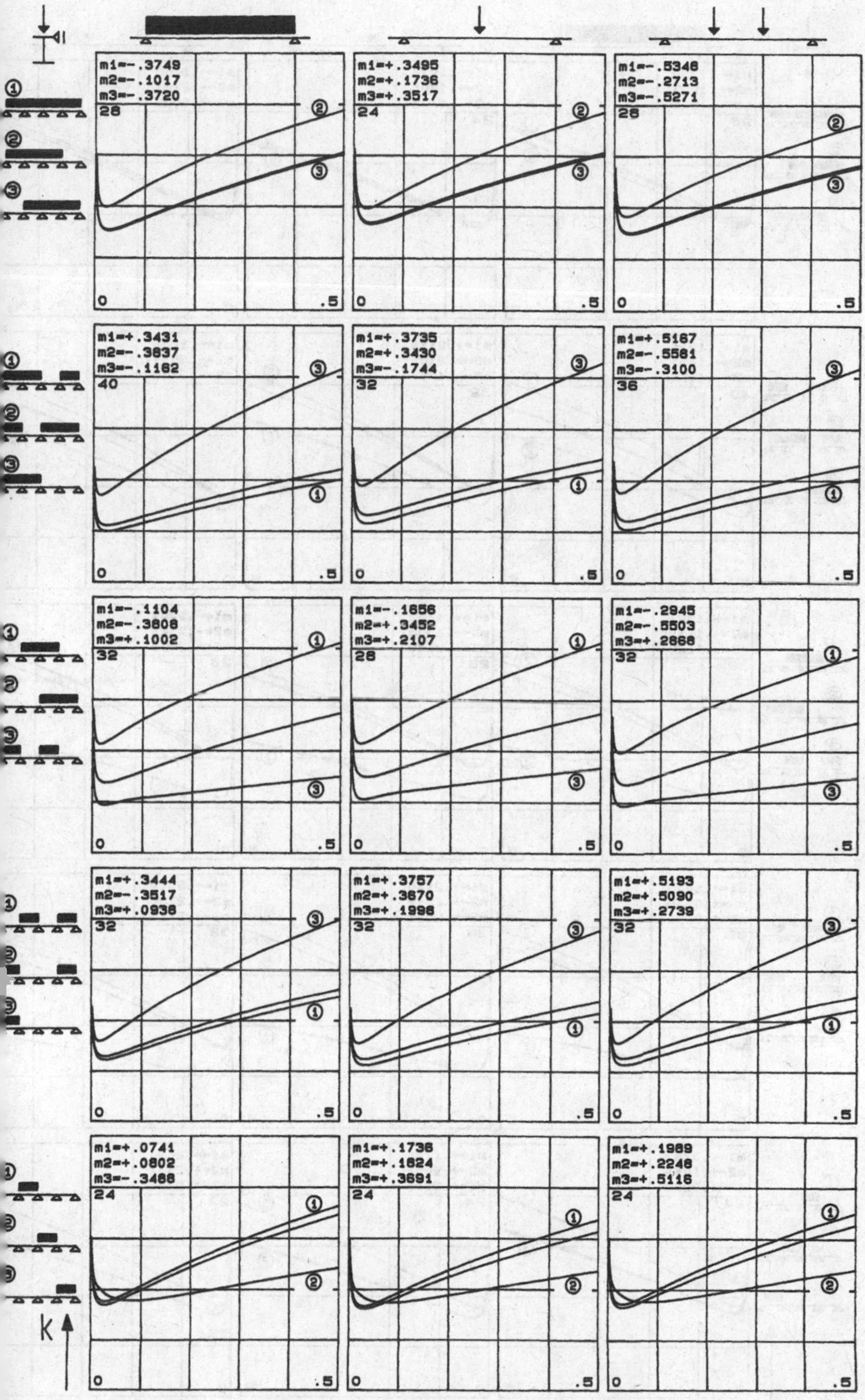
m1=-.3749
m2=-.1017
m3=-.3720
28
m1=+.3495
m2=+.1736
m3=+.3517
24
m1=-.5348
m2=-.2713
m3=-.5271
28
m1=+.3431
m2=-.3837
m3=-.1162
40
m1=+.3735
m2=+.3430
m3=-.1744
32
m1=+.5167
m2=-.5581
m3=-.3100
36
m1=-.1104
m2=-.3808
m3=+.1002
32
m1=-.1656
m2=+.3452
m3=+.2107
28
m1=-.2945
m2=-.5503
m3=+.2868
32
m1=+.3444
m2=-.3517
m3=+.0938
32
m1=+.3757
m2=+.3670
m3=+.1996
32
m1=+.5193
m2=+.5090
m3=+.2739
32
m1=+.0741
m2=+.0802
m3=-.3466
24
m1=+.1736
m2=+.1624
m3=+.3691
24
m1=+.1989
m2=+.2248
m3=+.5116
24
0
.5
K
X

TAFEL G/IV 5 : L-L-L-2L

G IV

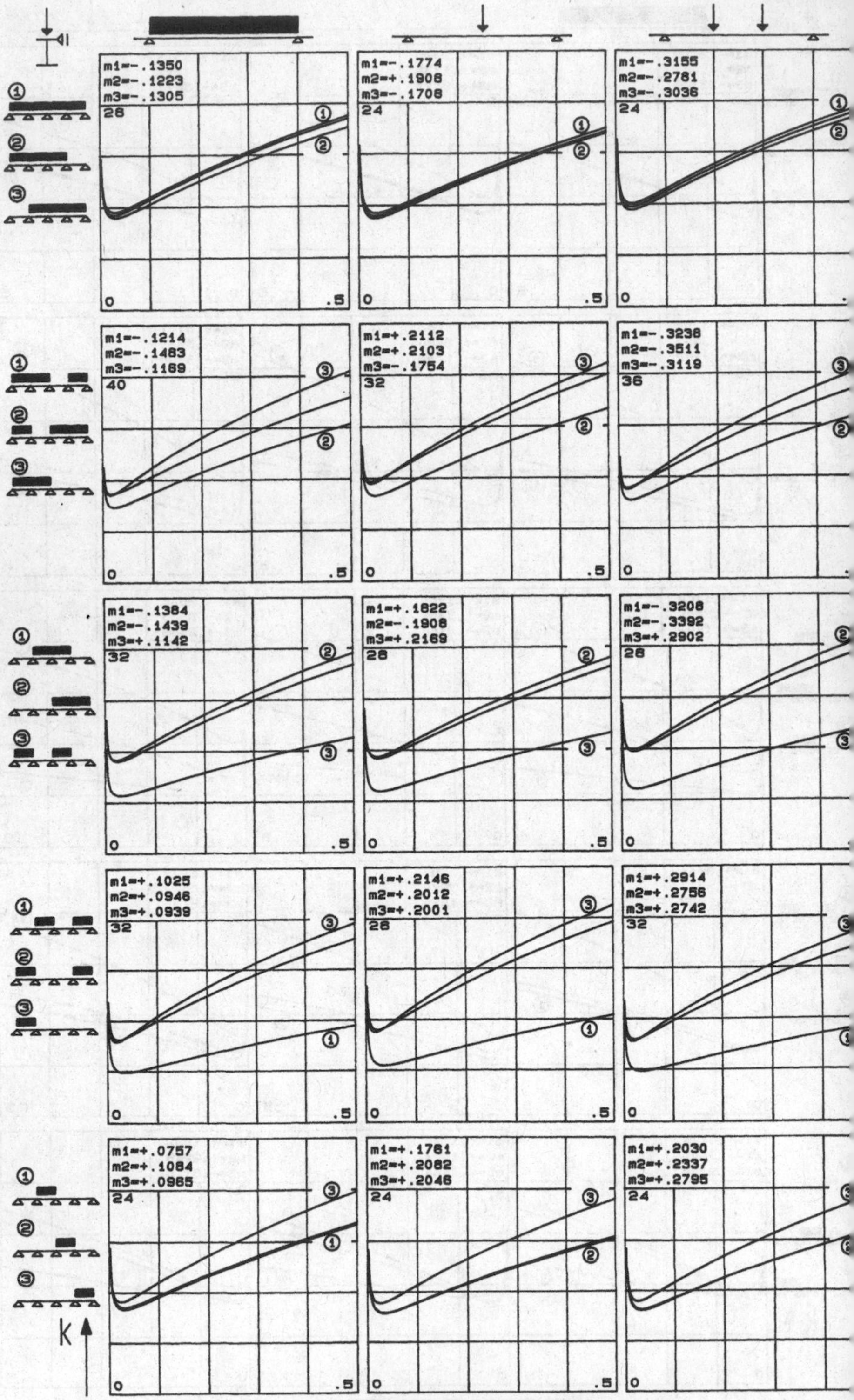

m1=-.1350
m2=-.1223
m3=-.1305
28
m1=-.1774
m2=+.1906
m3=-.1708
24
m1=-.3155
m2=-.2781
m3=-.3036
24
m1=-.1214
m2=-.1483
m3=-.1169
40
m1=+.2112
m2=+.2103
m3=-.1754
32
m1=-.3238
m2=-.3511
m3=-.3119
36
m1=-.1384
m2=-.1439
m3=+.1142
32
m1=+.1822
m2=-.1906
m3=+.2169
28
m1=-.3208
m2=-.3392
m3=+.2902
28
m1=+.1025
m2=+.0946
m3=+.0939
32
m1=+.2146
m2=+.2012
m3=+.2001
28
m1=+.2914
m2=+.2756
m3=+.2742
32
m1=+.0757
m2=+.1084
m3=+.0965
24
m1=+.1761
m2=+.2082
m3=+.2046
24
m1=+.2030
m2=+.2337
m3=+.2795
24
0
.5
K
X

TAFEL G/IV 6 : L-L-1.25L-L

GV

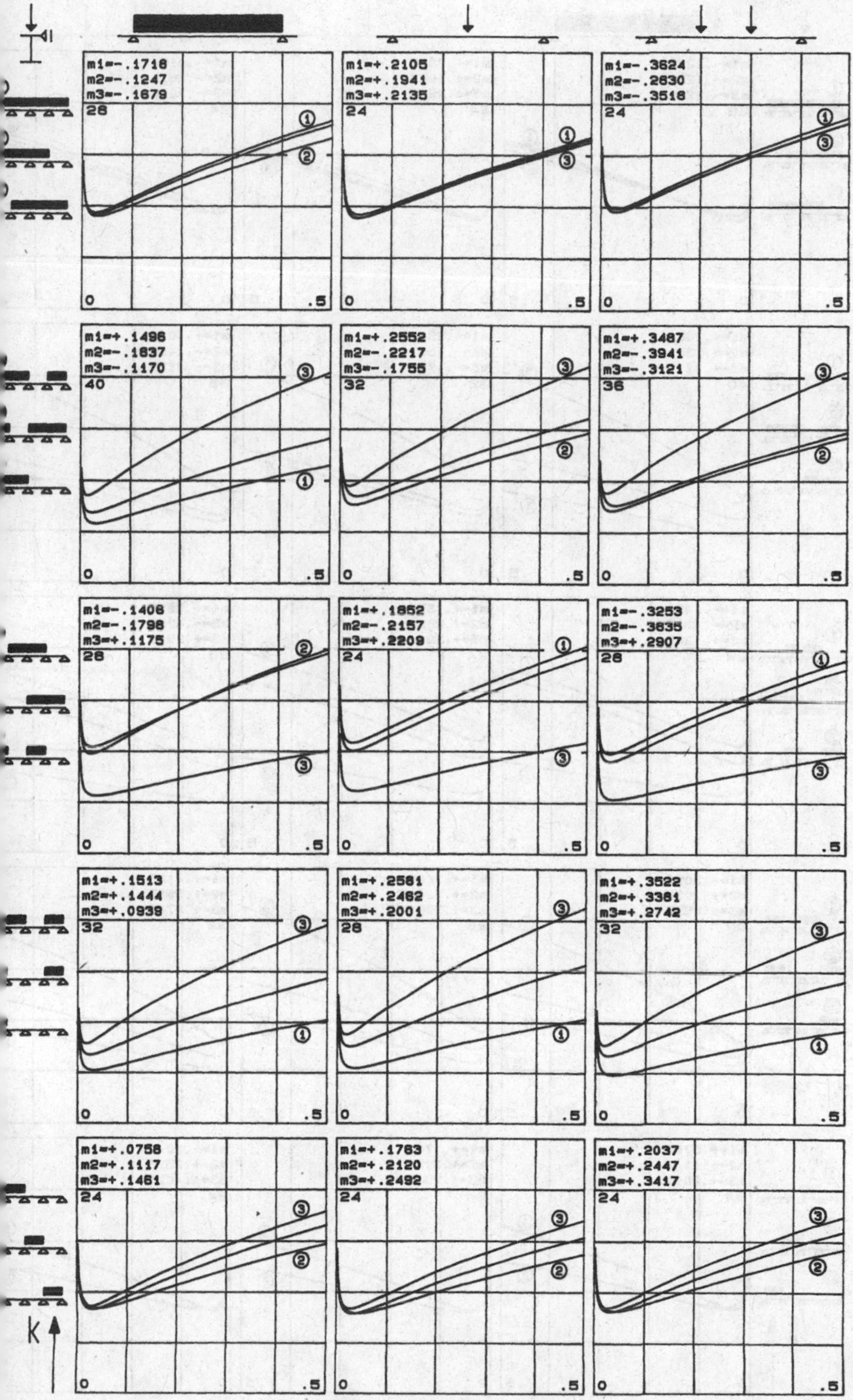

m1=-.1718
m2=-.1247
m3=-.1679
28
m1=+.2105
m2=+.1941
m3=+.2135
24
m1=-.3624
m2=-.2630
m3=-.3516
24
m1=+.1496
m2=-.1837
m3=-.1170
40
m1=+.2552
m2=-.2217
m3=-.1755
32
m1=+.3467
m2=-.3941
m3=-.3121
36
m1=-.1408
m2=-.1798
m3=+.1175
28
m1=+.1652
m2=-.2157
m3=+.2209
24
m1=-.3253
m2=-.3635
m3=+.2907
28
m1=+.1513
m2=+.1444
m3=+.0939
32
m1=+.2581
m2=+.2462
m3=+.2001
28
m1=+.3522
m2=+.3361
m3=+.2742
32
m1=+.0758
m2=+.1117
m3=+.1461
24
m1=+.1763
m2=+.2120
m3=+.2492
24
m1=+.2037
m2=+.2447
m3=+.3417
24
0
.5
K
X

TAFEL G/IV 7 : L-L-1.25L-1.25L

G
IV

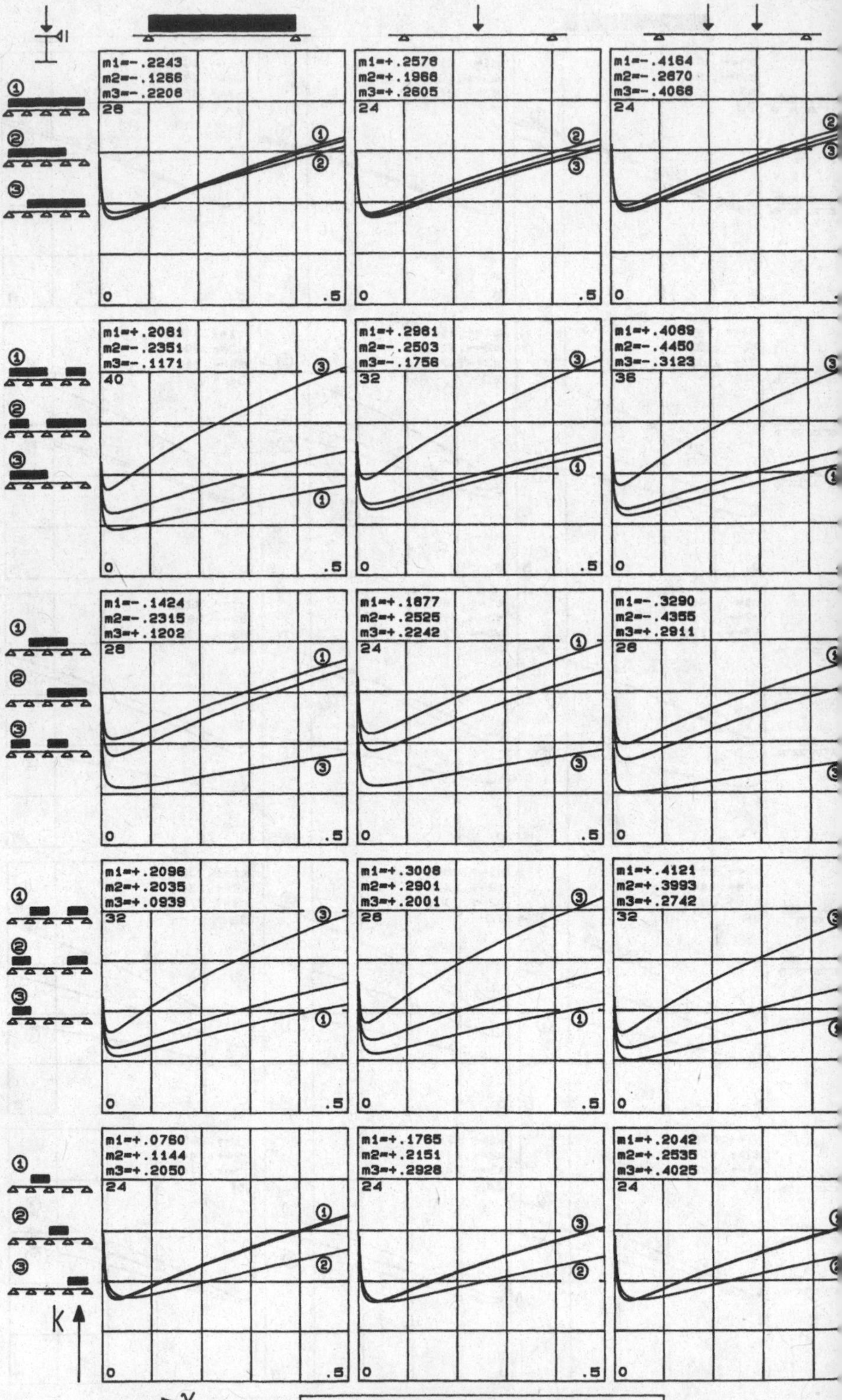

m1=-.2243
m2=-.1266
m3=-.2206
28
m1=+.2578
m2=+.1966
m3=+.2605
24
m1=-.4164
m2=-.2670
m3=-.4066
24
m1=+.2081
m2=-.2351
m3=-.1171
40
m1=+.2981
m2=-.2503
m3=-.1756
32
m1=+.4069
m2=-.4450
m3=-.3123
36
m1=-.1424
m2=-.2315
m3=+.1202
28
m1=+.1677
m2=+.2525
m3=+.2242
24
m1=-.3290
m2=-.4355
m3=+.2911
28
m1=+.2096
m2=+.2035
m3=+.0939
32
m1=+.3008
m2=+.2901
m3=+.2001
28
m1=+.4121
m2=+.3993
m3=+.2742
32
m1=+.0760
m2=+.1144
m3=+.2050
24
m1=+.1765
m2=+.2151
m3=+.2928
24
m1=+.2042
m2=+.2535
m3=+.4025
24
0
.5
K
X

TAFEL G/IV 8 : L-L-1.25L-1.5L

G
V

m1=-.2925 m2=-.1282 m3=-.2892 28	m1=+.3037 m2=+.1990 m3=+.3061 24	m1=-.4756 m2=-.2902 m3=-.4669 24
m1=+.2756 m2=-.3023 m3=-.1171 40	m1=+.3404 m2=+.2963 m3=-.1757 32	m1=+.4683 m2=-.5017 m3=-.3124 36
m1=-.1438 m2=-.2990 m3=+.1225 28	m1=+.1897 m2=+.2968 m3=+.2269 24	m1=-.3320 m2=-.4930 m3=+.2915 24
m1=+.2772 m2=+.2717 m3=+.0939 32	m1=+.3428 m2=+.3331 m3=+.2001 28	m1=+.4712 m2=+.4596 m3=+.2742 32
m1=+.0761 m2=+.1166 m3=+.2731 24	m1=+.1766 m2=+.2176 m3=+.3355 24	m1=+.2046 m2=+.2607 m3=+.4625 24

K ↑

→ X

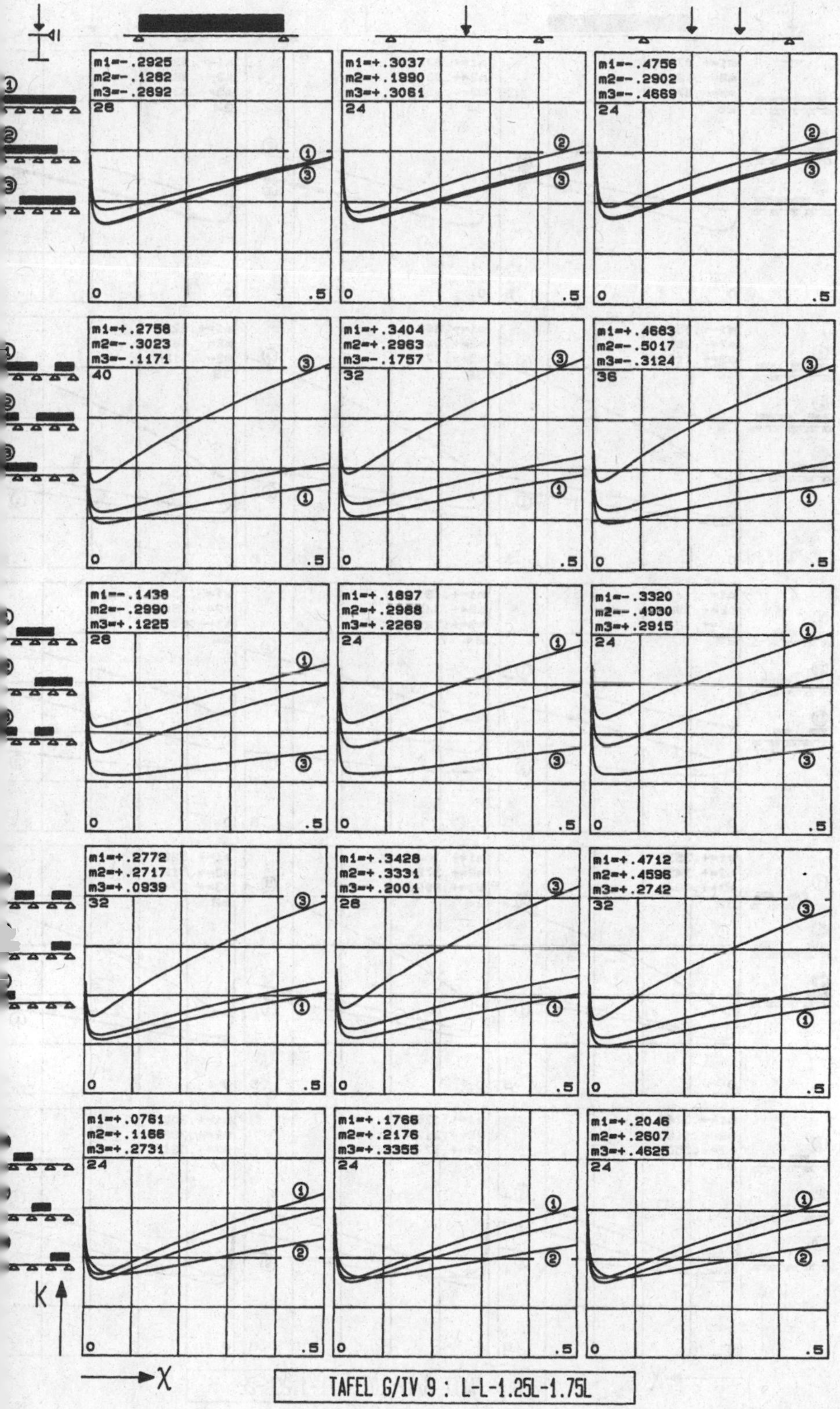

TAFEL G/IV 9 : L-L-1.25L-1.75L

G IV

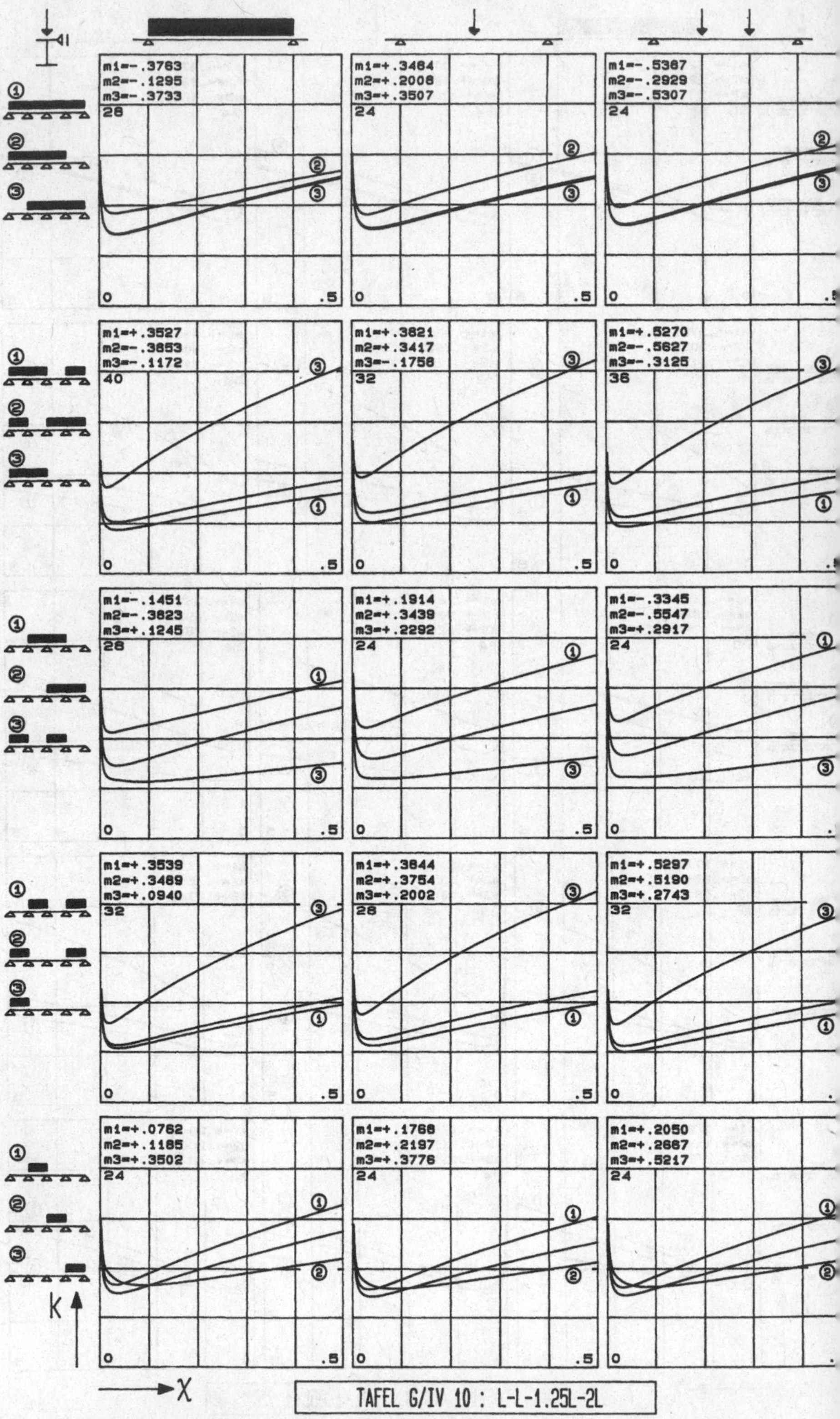

m1=-.3763
m2=-.1295
m3=-.3733
28
m1=+.3464
m2=+.2008
m3=+.3507
24
m1=-.5387
m2=-.2929
m3=-.5307
24
m1=+.3527
m2=-.3853
m3=-.1172
40
m1=+.3621
m2=+.3417
m3=-.1758
32
m1=+.5270
m2=-.5627
m3=-.3125
36
m1=-.1451
m2=-.3823
m3=+.1245
28
m1=+.1914
m2=+.3439
m3=+.2292
24
m1=-.3345
m2=-.5547
m3=+.2917
24
m1=+.3539
m2=+.3469
m3=+.0940
32
m1=+.3644
m2=+.3754
m3=+.2002
28
m1=+.5297
m2=+.5190
m3=+.2743
32
m1=+.0762
m2=+.1185
m3=+.3502
24
m1=+.1768
m2=+.2197
m3=+.3776
24
m1=+.2050
m2=+.2667
m3=+.5217
24
K
X
TAFEL G/IV 10 : L-L-1.25L-2L

GV

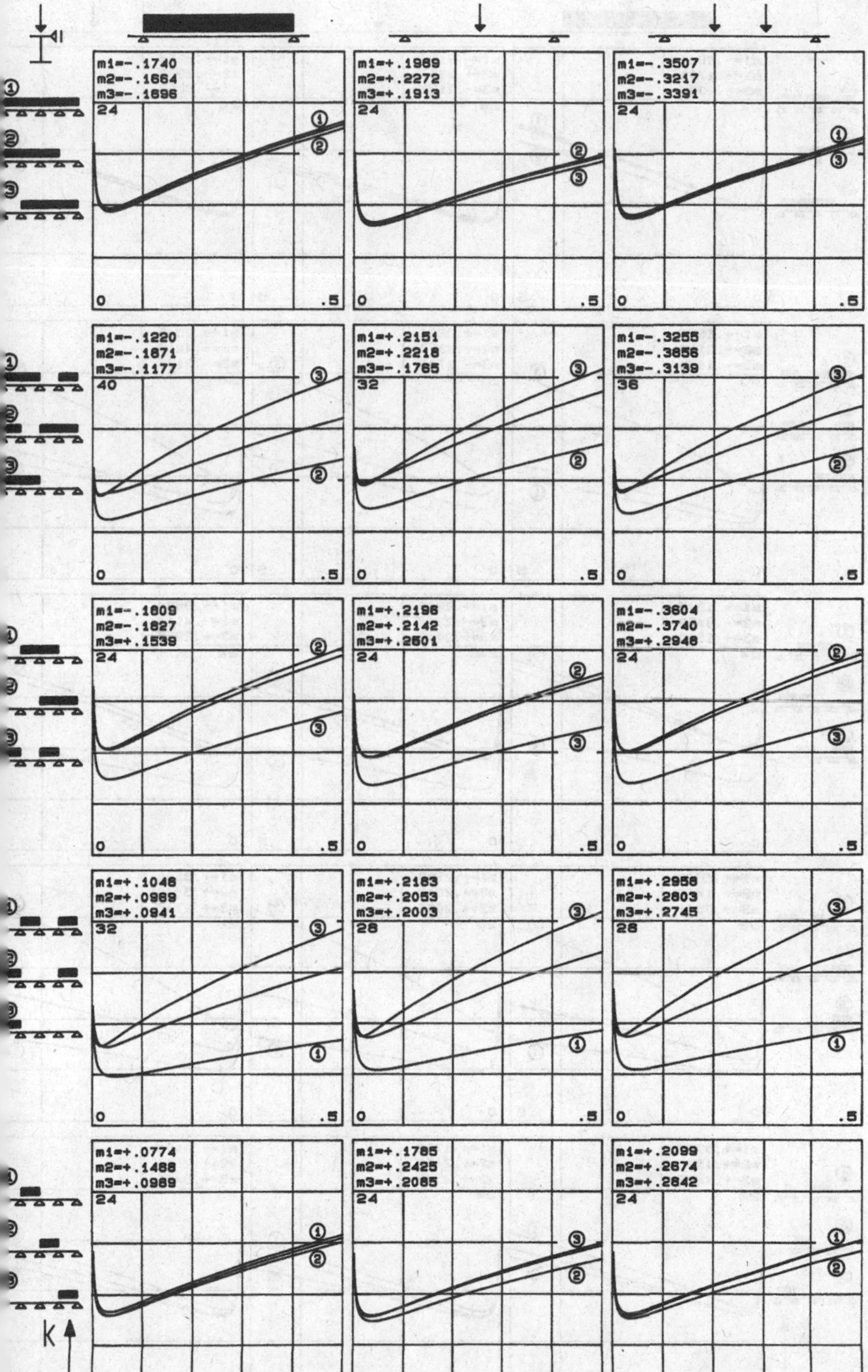
m1=-.1740
m2=-.1664
m3=-.1696
24
m1=+.1969
m2=+.2272
m3=+.1913
24
m1=-.3507
m2=-.3217
m3=-.3391
24
m1=-.1220
m2=-.1671
m3=-.1177
40
m1=+.2151
m2=+.2218
m3=-.1765
32
m1=-.3255
m2=-.3656
m3=-.3139
36
m1=-.1609
m2=-.1627
m3=+.1539
24
m1=+.2196
m2=+.2142
m3=+.2501
24
m1=-.3604
m2=-.3740
m3=+.2946
24
m1=+.1046
m2=+.0969
m3=+.0941
32
m1=+.2163
m2=+.2053
m3=+.2003
28
m1=+.2958
m2=+.2803
m3=+.2745
28
m1=+.0774
m2=+.1468
m3=+.0969
24
m1=+.1765
m2=+.2425
m3=+.2065
24
m1=+.2099
m2=+.2674
m3=+.2842
24
0
.5
K
X

TAFEL G/IV 11 : L-L-1.5L-L

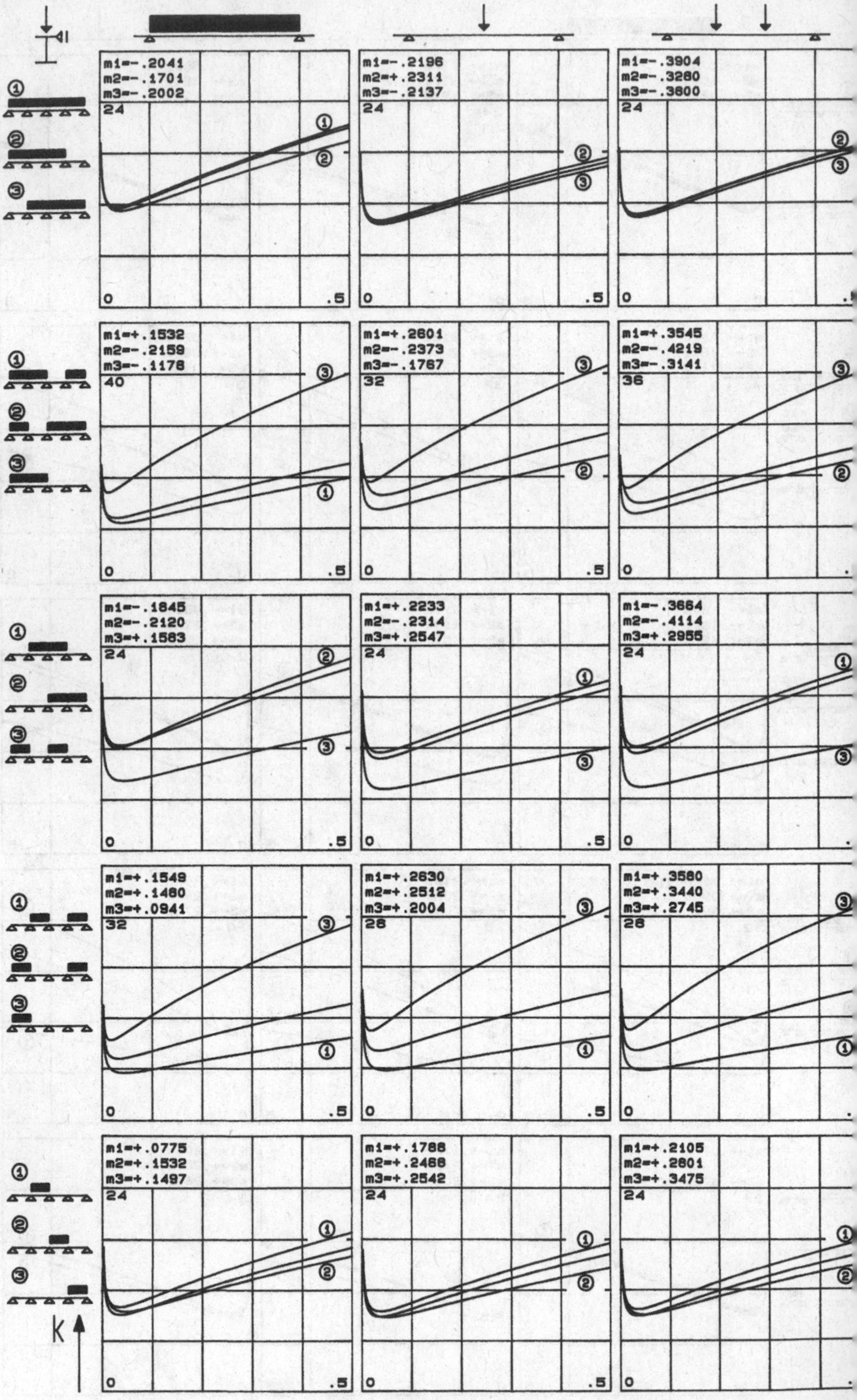

m1=-.2041
m2=-.1701
m3=-.2002
24
m1=-.2196
m2=+.2311
m3=-.2137
24
m1=-.3904
m2=-.3280
m3=-.3800
24
m1=+.1532
m2=-.2159
m3=-.1178
40
m1=+.2601
m2=-.2373
m3=-.1767
32
m1=+.3545
m2=-.4219
m3=-.3141
36
m1=-.1645
m2=-.2120
m3=+.1583
24
m1=+.2233
m2=-.2314
m3=+.2547
24
m1=-.3664
m2=-.4114
m3=+.2955
24
m1=+.1549
m2=+.1460
m3=+.0941
32
m1=+.2630
m2=+.2512
m3=+.2004
28
m1=+.3580
m2=+.3440
m3=+.2745
28
m1=+.0775
m2=+.1532
m3=+.1497
24
m1=+.1788
m2=+.2466
m3=+.2542
24
m1=+.2105
m2=+.2801
m3=+.3475
24
0
.5
K
X

TAFEL G/IV 12 : L-L-1.5L-1.25L

GV

m1=-.2499 m2=-.1732 m3=-.2464 24 0 .5	m1=+.2517 m2=+.2343 m3=+.2544 24 0 .5	m1=-.4380 m2=-.3333 m3=-.4285 24 0 .5
m1=+.2131 m2=-.2607 m3=-.1178 40 0 .5	m1=+.3040 m2=-.2624 m3=-.1767 32 0 .5	m1=+.4158 m2=-.4666 m3=-.3142 36 0 .5
m1=-.1874 m2=-.2571 m3=+.1821 24 0 .5	m1=+.2263 m2=-.2571 m3=+.2584 24 0 .5	m1=-.3714 m2=-.4571 m3=+.2968 24 0 .5
m1=+.2147 m2=+.2085 m3=+.0941 32 0 .5	m1=+.3066 m2=+.2959 m3=+.2004 28 0 .5	m1=+.4190 m2=+.4063 m3=+.2746 28 0 .5
m1=+.0777 m2=+.1570 m3=+.2100 24 0 .5	m1=+.1790 m2=+.2504 m3=+.2986 24 0 .5	m1=+.2111 m2=+.2904 m3=+.4095 24 0 .5

K ↑

→ X

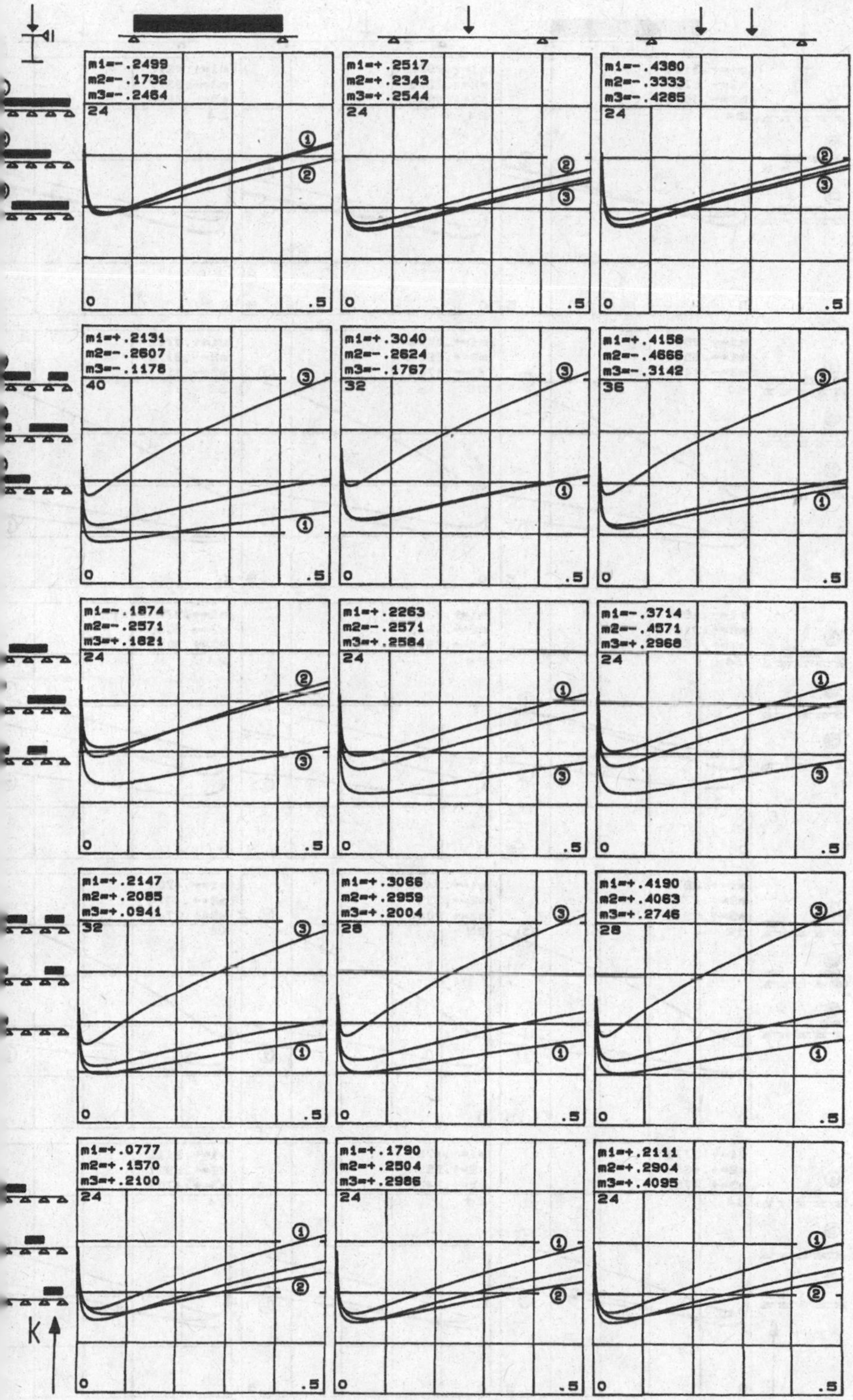

TAFEL G/IV 13 : L-L-1.5L-1.5L

G IV

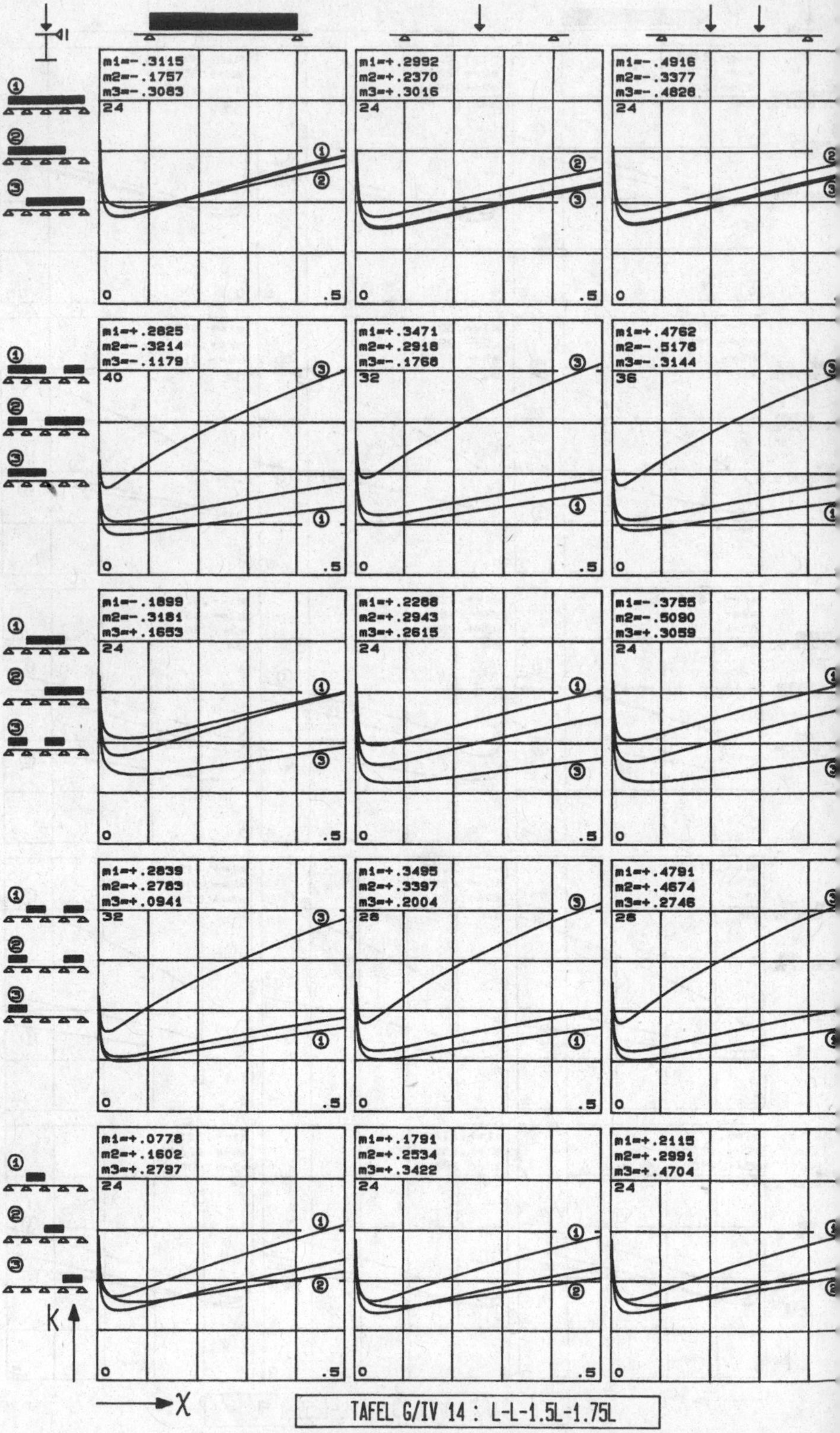
m1=-.3115
m2=-.1757
m3=-.3083
24
m1=+.2992
m2=+.2370
m3=+.3016
24
m1=-.4916
m2=-.3377
m3=-.4828
24
m1=+.2825
m2=-.3214
m3=-.1179
40
m1=+.3471
m2=+.2918
m3=-.1768
32
m1=+.4762
m2=-.5178
m3=-.3144
36
m1=-.1899
m2=-.3181
m3=+.1653
24
m1=+.2288
m2=+.2943
m3=+.2615
24
m1=-.3755
m2=-.5090
m3=+.3059
24
m1=+.2839
m2=+.2763
m3=+.0941
32
m1=+.3495
m2=+.3397
m3=+.2004
28
m1=+.4791
m2=+.4674
m3=+.2746
28
m1=+.0778
m2=+.1602
m3=+.2797
24
m1=+.1791
m2=+.2534
m3=+.3422
24
m1=+.2115
m2=+.2991
m3=+.4704
24
K
X
TAFEL G/IV 14 : L-L-1.5L-1.75L

G V

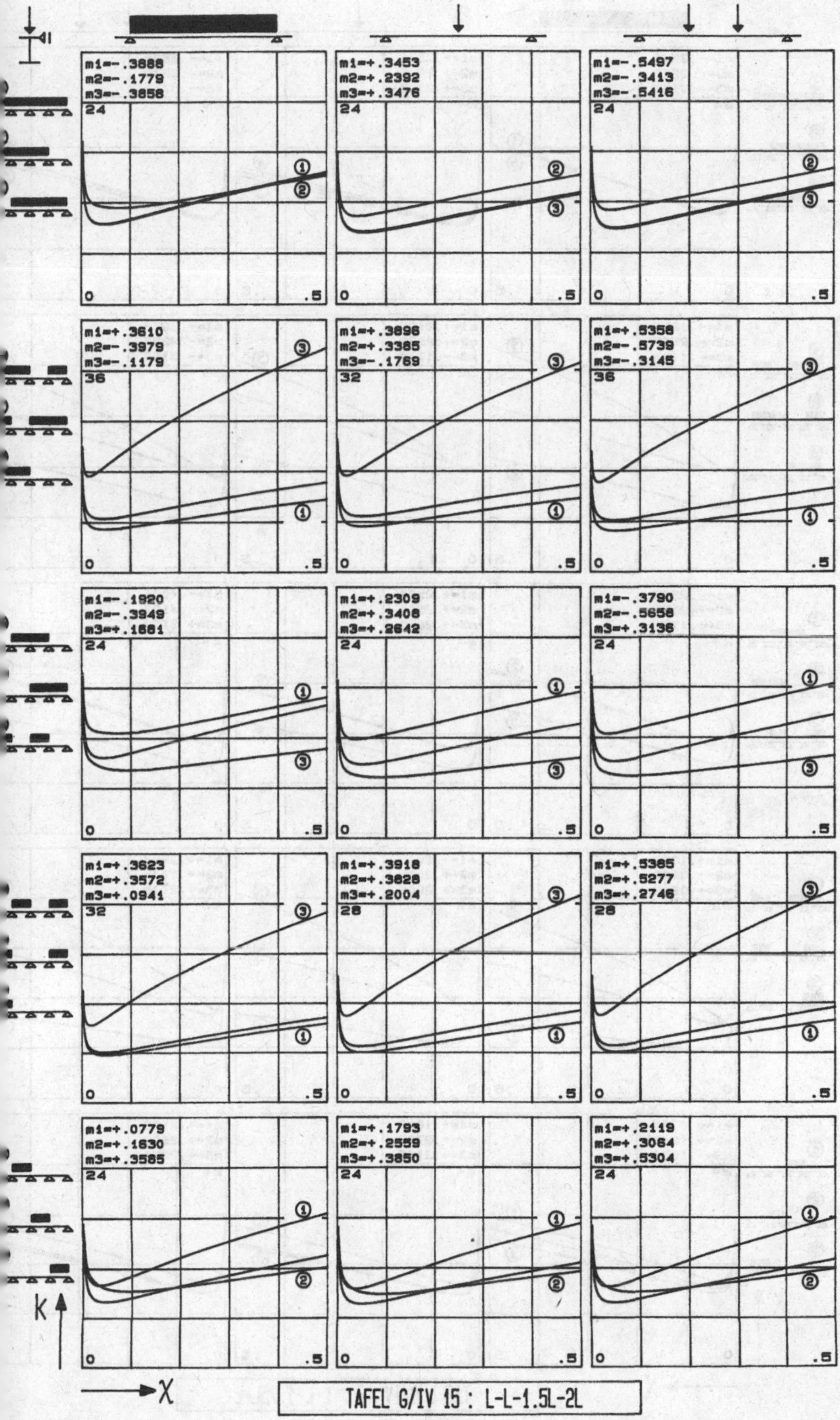
m1=-.3888
m2=-.1779
m3=-.3858
24
m1=+.3453
m2=+.2392
m3=+.3476
24
m1=-.5497
m2=-.3413
m3=-.5416
24
m1=+.3610
m2=-.3979
m3=-.1179
36
m1=+.3896
m2=+.3385
m3=-.1769
32
m1=+.5356
m2=-.5739
m3=-.3145
36
m1=-.1920
m2=-.3949
m3=+.1661
24
m1=+.2309
m2=+.3408
m3=+.2642
24
m1=-.3790
m2=-.5658
m3=+.3136
24
m1=+.3623
m2=+.3572
m3=+.0941
32
m1=+.3918
m2=+.3828
m3=+.2004
28
m1=+.5385
m2=+.5277
m3=+.2746
28
m1=+.0779
m2=+.1630
m3=+.3585
24
m1=+.1793
m2=+.2559
m3=+.3850
24
m1=+.2119
m2=+.3064
m3=+.5304
24
0
.5
K
X

TAFEL G/IV 15 : L-L-1.5L-2L

G
IV

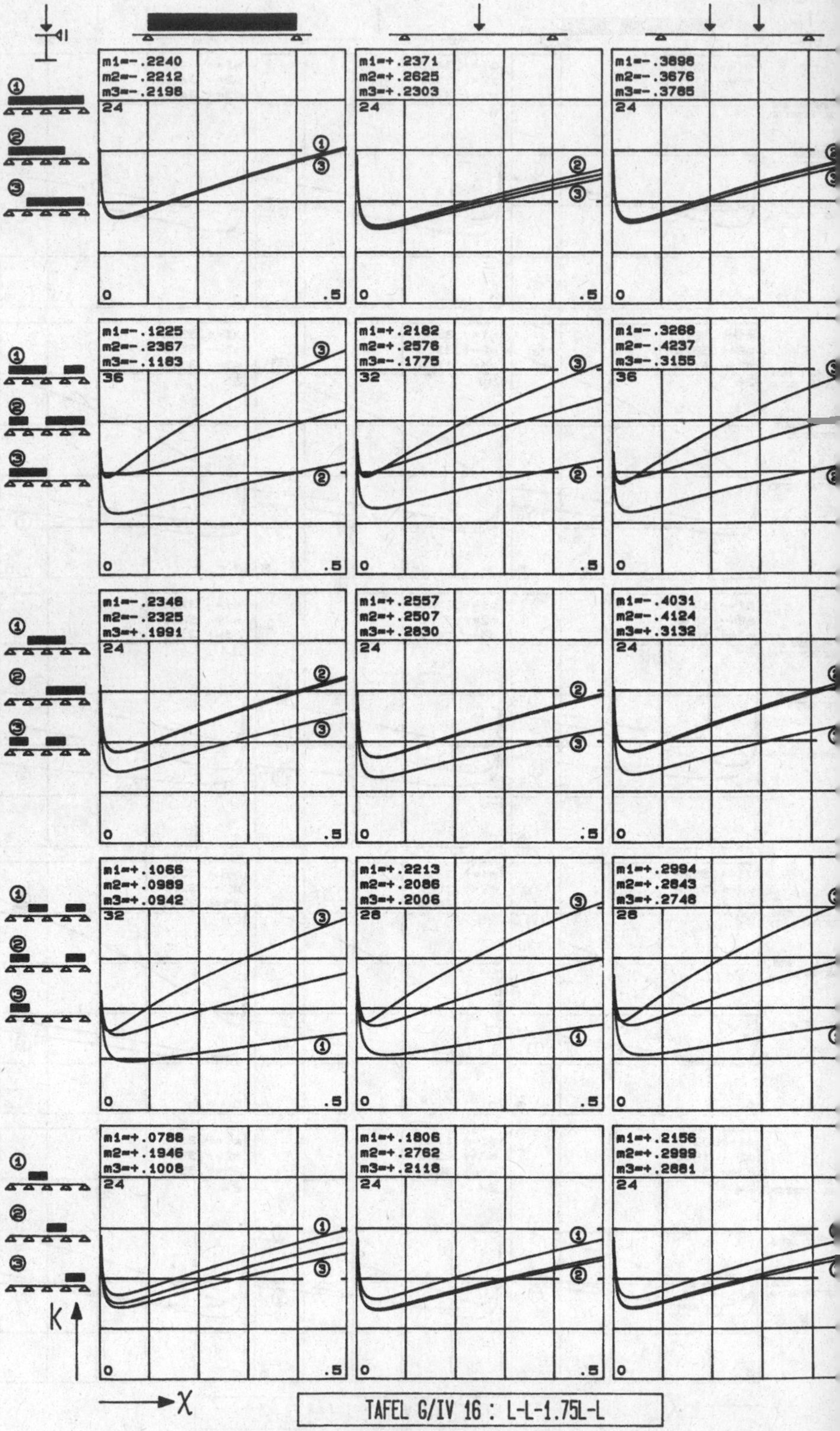

m1=-.2240
m2=-.2212
m3=-.2198
24
m1=+.2371
m2=+.2625
m3=+.2303
24
m1=-.3898
m2=-.3676
m3=-.3785
24
m1=-.1225
m2=-.2367
m3=-.1183
36
m1=+.2182
m2=+.2576
m3=-.1775
32
m1=-.3268
m2=-.4237
m3=-.3155
36
m1=-.2346
m2=-.2325
m3=+.1991
24
m1=+.2557
m2=+.2507
m3=+.2830
24
m1=-.4031
m2=-.4124
m3=+.3132
24
m1=+.1066
m2=+.0989
m3=+.0942
32
m1=+.2213
m2=+.2086
m3=+.2006
28
m1=+.2994
m2=+.2643
m3=+.2748
28
m1=+.0788
m2=+.1946
m3=+.1008
24
m1=+.1806
m2=+.2762
m3=+.2118
24
m1=+.2156
m2=+.2999
m3=+.2881
24
0
.5
K
X

TAFEL G/IV 16 : L-L-1.75L-L

GV

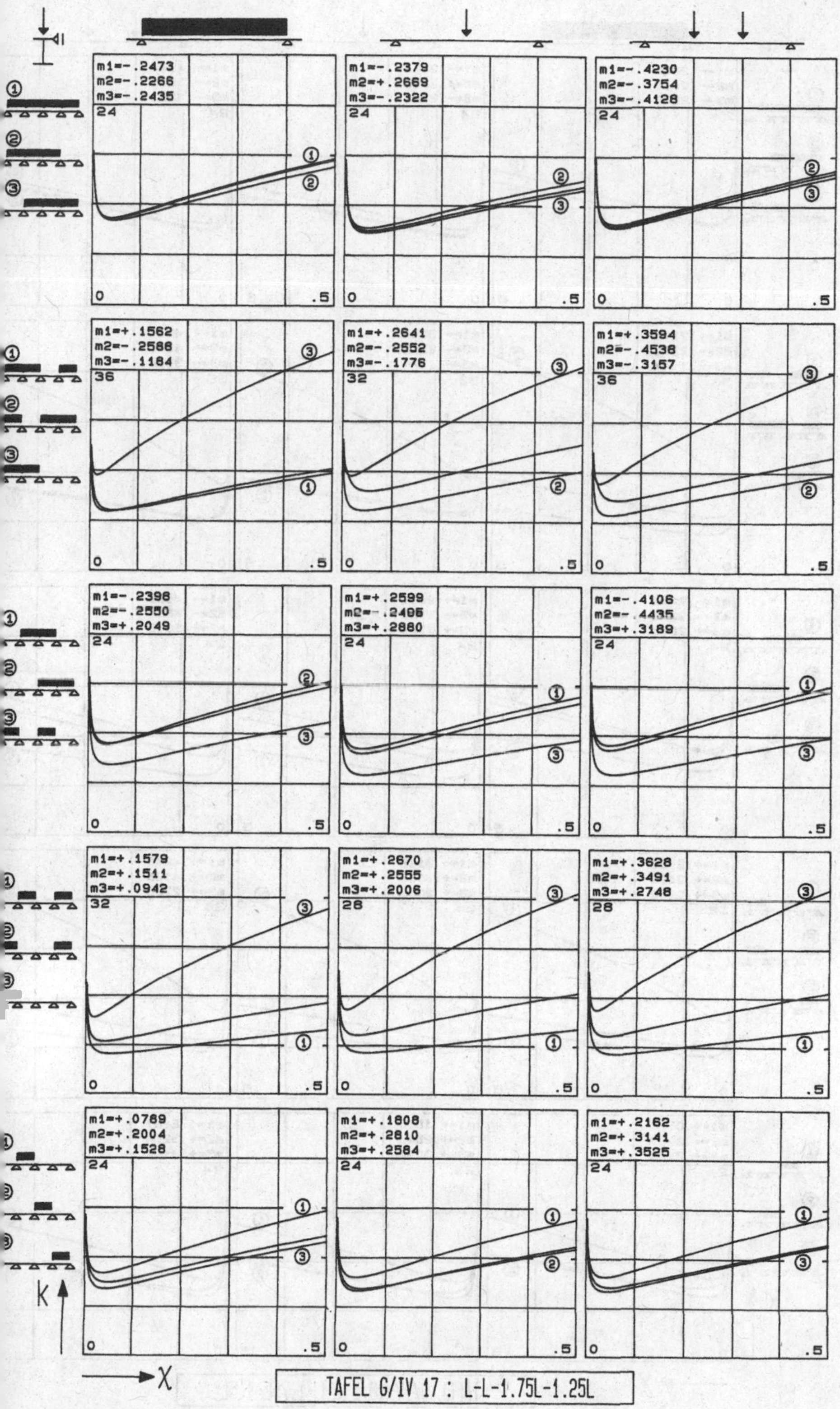

m1=-.2473
m2=-.2266
m3=-.2435
m1=-.2379
m2=+.2669
m3=-.2322
m1=-.4230
m2=-.3754
m3=-.4128
m1=+.1562
m2=-.2586
m3=-.1164
m1=+.2641
m2=-.2552
m3=-.1776
m1=+.3594
m2=-.4536
m3=-.3157
m1=-.2398
m2=-.2550
m3=+.2049
m1=+.2599
m2=-.2496
m3=+.2860
m1=-.4106
m2=-.4435
m3=+.3189
m1=+.1579
m2=+.1511
m3=+.0942
m1=+.2670
m2=+.2555
m3=+.2006
m1=+.3628
m2=+.3491
m3=+.2748
m1=+.0769
m2=+.2004
m3=+.1528
m1=+.1808
m2=+.2810
m3=+.2584
m1=+.2162
m2=+.3141
m3=+.3525
K
X
G IV

TAFEL G/IV 17 : L-L-1.75L-1.25L

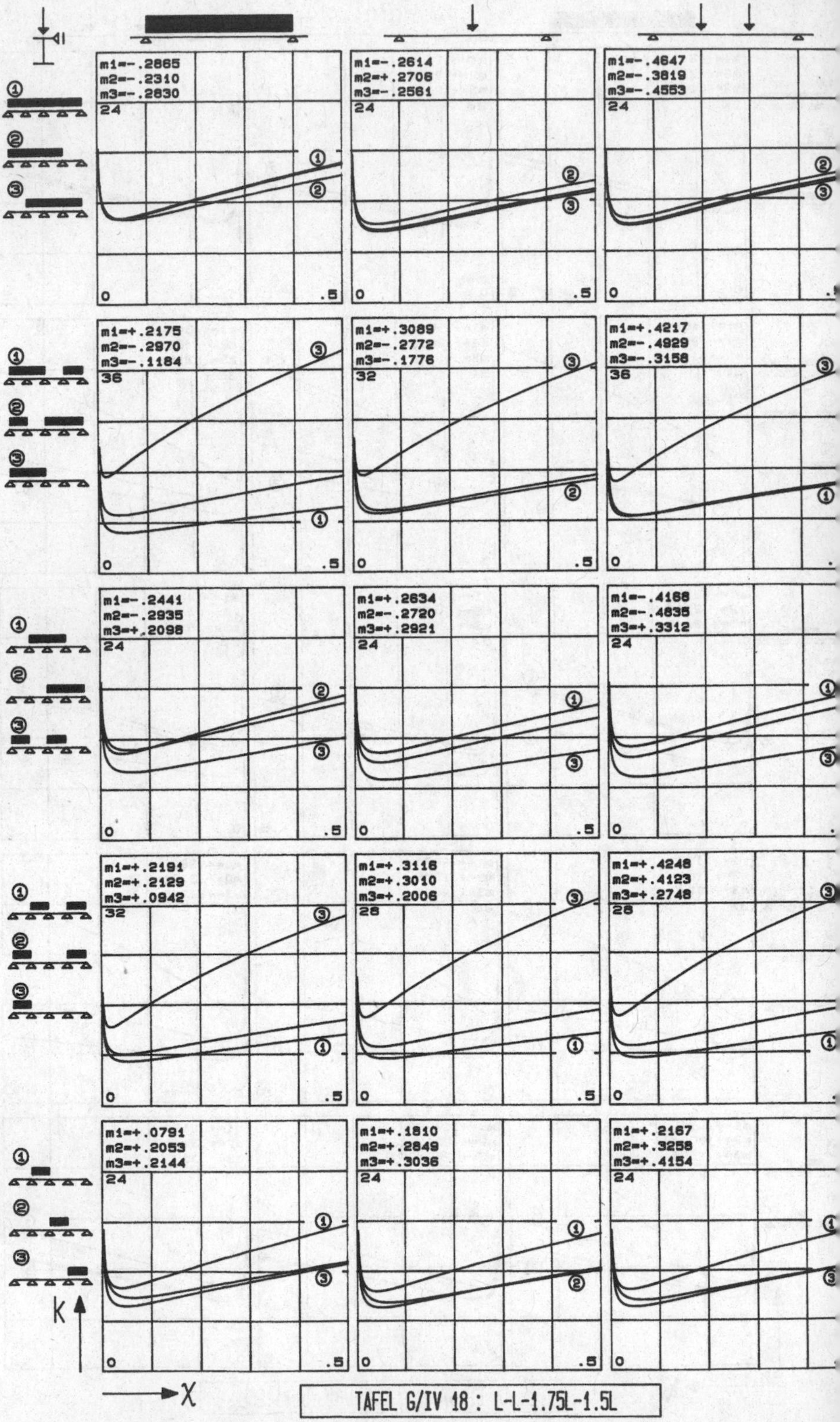
m1=-.2865
m2=-.2310
m3=-.2830
24
m1=-.2614
m2=+.2706
m3=-.2561
24
m1=-.4647
m2=-.3819
m3=-.4553
24
m1=+.2175
m2=-.2970
m3=-.1184
36
m1=+.3089
m2=-.2772
m3=-.1776
32
m1=+.4217
m2=-.4929
m3=-.3158
36
m1=-.2441
m2=-.2935
m3=+.2098
24
m1=+.2634
m2=-.2720
m3=+.2921
24
m1=-.4168
m2=-.4635
m3=+.3312
24
m1=+.2191
m2=+.2129
m3=+.0942
32
m1=+.3116
m2=+.3010
m3=+.2006
28
m1=+.4248
m2=+.4123
m3=+.2748
28
m1=+.0791
m2=+.2053
m3=+.2144
24
m1=+.1810
m2=+.2849
m3=+.3036
24
m1=+.2167
m2=+.3258
m3=+.4154
24
0
.5
K
X

TAFEL G/IV 18 : L-L-1.75L-1.5L

G
IV

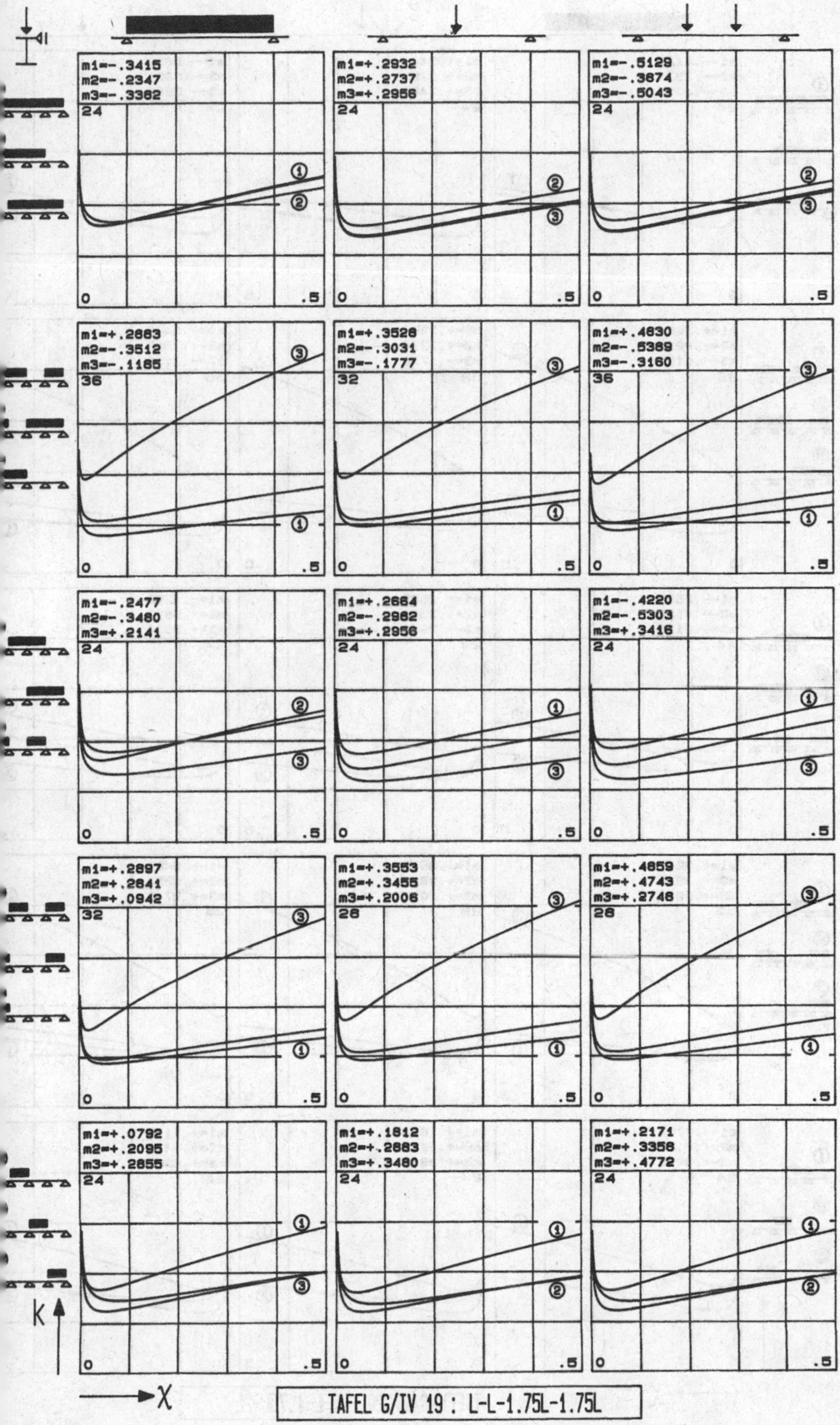

m1=-.3415
m2=-.2347
m3=-.3362
24
m1=+.2932
m2=+.2737
m3=+.2956
24
m1=-.5129
m2=-.3674
m3=-.5043
24
m1=+.2883
m2=-.3512
m3=-.1185
36
m1=+.3526
m2=-.3031
m3=-.1777
32
m1=+.4630
m2=-.5369
m3=-.3160
36
m1=-.2477
m2=-.3480
m3=+.2141
24
m1=+.2664
m2=-.2982
m3=+.2956
24
m1=-.4220
m2=-.5303
m3=+.3416
24
m1=+.2897
m2=+.2841
m3=+.0942
32
m1=+.3553
m2=+.3455
m3=+.2006
28
m1=+.4859
m2=+.4743
m3=+.2746
28
m1=+.0792
m2=+.2095
m3=+.2855
24
m1=+.1812
m2=+.2883
m3=+.3480
24
m1=+.2171
m2=+.3356
m3=+.4772
24
0
.5
K
X

TAFEL G/IV 19 : L-L-1.75L-1.75L

G IV

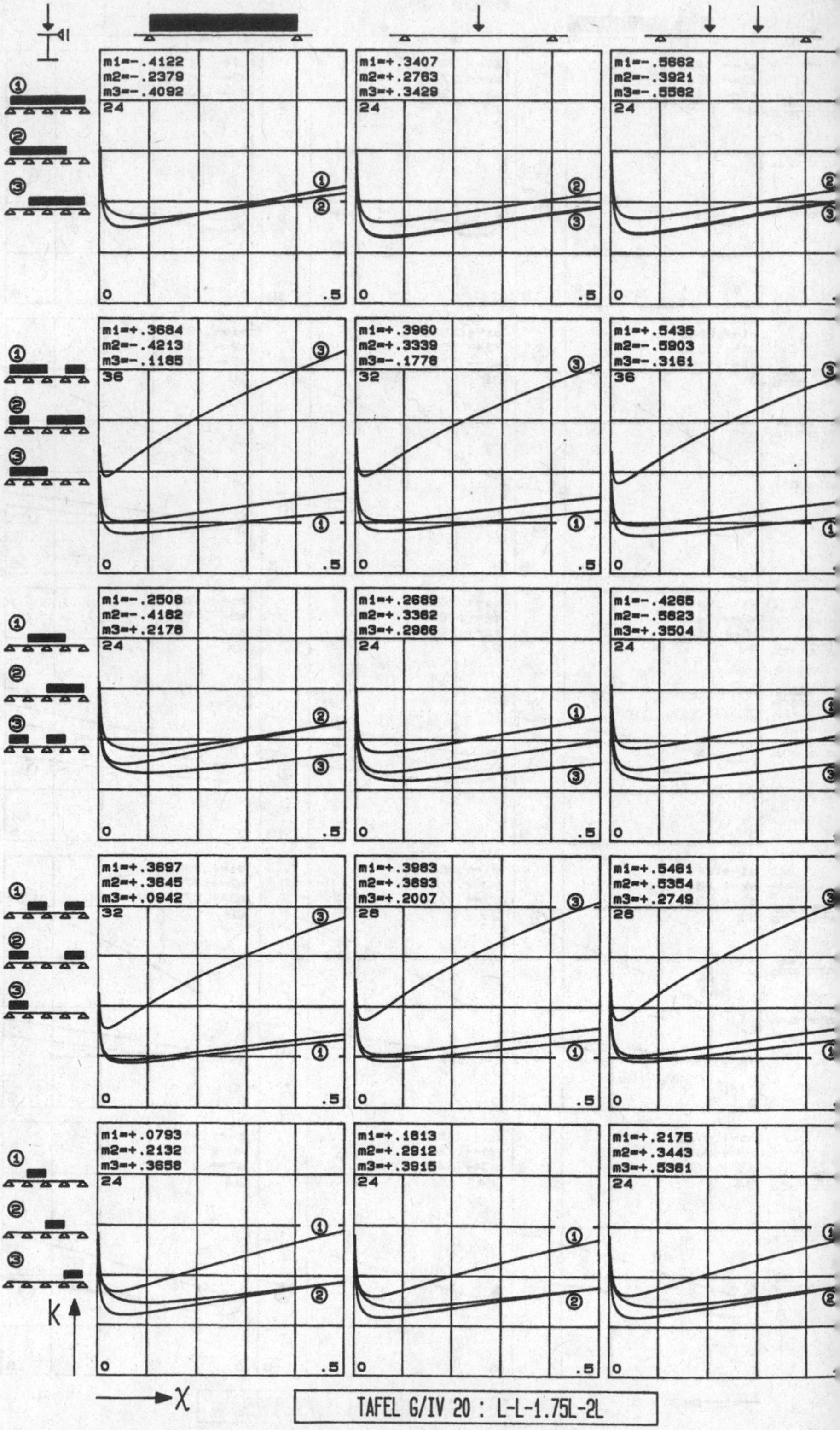
m1=-.4122
m2=-.2379
m3=-.4092
24
m1=+.3407
m2=+.2763
m3=+.3429
24
m1=-.5662
m2=-.3921
m3=-.5562
24
m1=+.3684
m2=-.4213
m3=-.1165
36
m1=+.3960
m2=+.3339
m3=-.1778
32
m1=+.5435
m2=-.5903
m3=-.3161
36
m1=-.2508
m2=-.4182
m3=+.2178
24
m1=+.2689
m2=+.3362
m3=+.2986
24
m1=-.4265
m2=-.5623
m3=+.3504
24
m1=+.3697
m2=+.3645
m3=+.0942
32
m1=+.3983
m2=+.3893
m3=+.2007
28
m1=+.5461
m2=+.5354
m3=+.2749
28
m1=+.0793
m2=+.2132
m3=+.3658
24
m1=+.1613
m2=+.2912
m3=+.3915
24
m1=+.2175
m2=+.3443
m3=+.5361
24
0
.5
K
X

TAFEL G/IV 20 : L-L-1.75L-2L

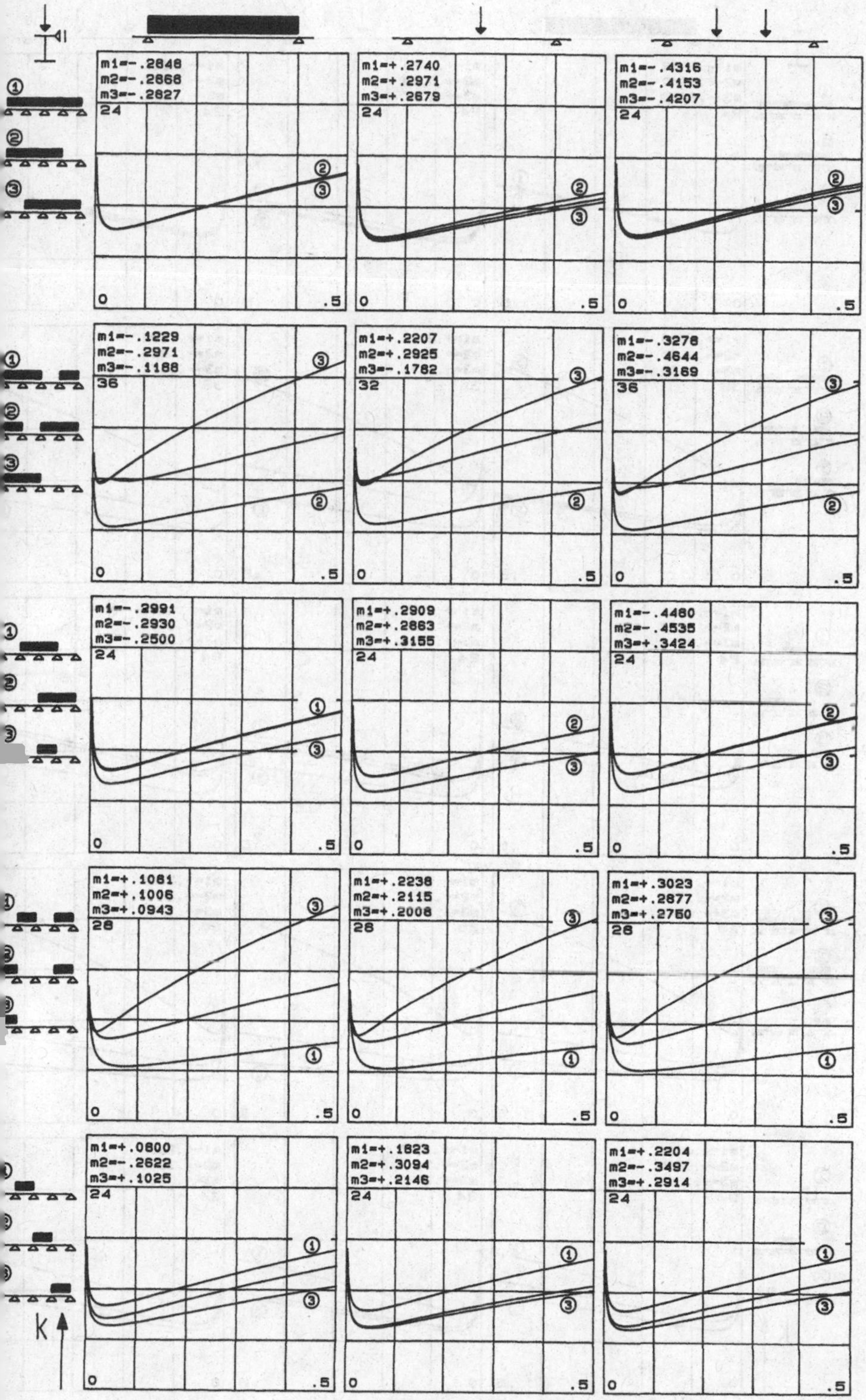
m1=-.2846
m2=-.2866
m3=-.2827
24
m1=+.2740
m2=+.2971
m3=+.2679
24
m1=-.4316
m2=-.4153
m3=-.4207
24
m1=-.1229
m2=-.2971
m3=-.1188
36
m1=+.2207
m2=+.2925
m3=-.1782
32
m1=-.3276
m2=-.4644
m3=-.3169
36
m1=-.2991
m2=-.2930
m3=-.2500
24
m1=+.2909
m2=+.2863
m3=+.3155
24
m1=-.4460
m2=-.4535
m3=+.3424
24
m1=+.1061
m2=+.1006
m3=+.0943
28
m1=+.2236
m2=+.2115
m3=+.2008
28
m1=+.3023
m2=+.2877
m3=+.2750
28
m1=+.0600
m2=-.2622
m3=+.1025
24
m1=+.1623
m2=+.3094
m3=+.2146
24
m1=+.2204
m2=-.3497
m3=+.2914
24
K
X

TAFEL G/IV 21 : L-L-2L-L

G IV

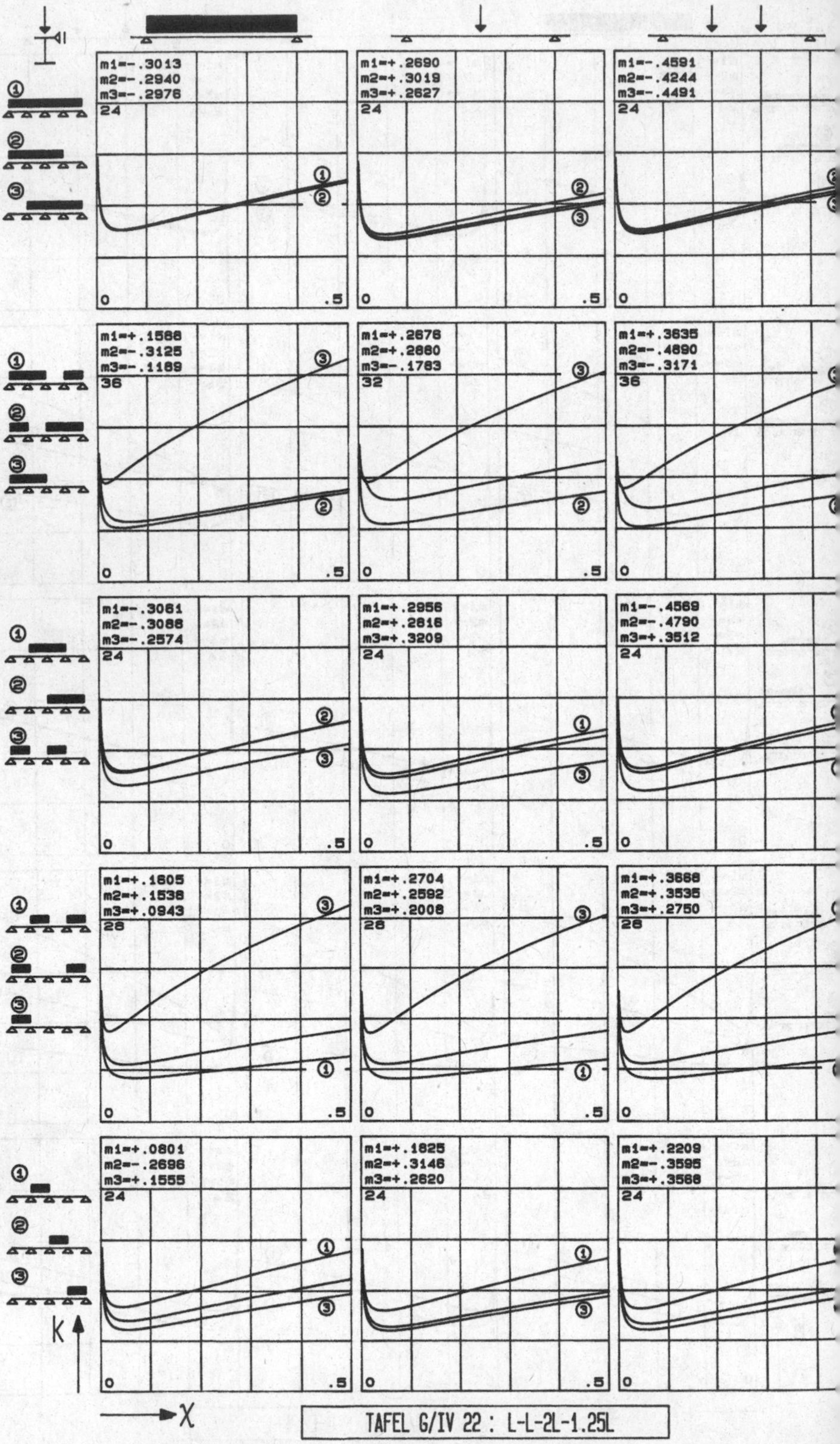

TAFEL G/IV 22 : L-L-2L-1.25L

G
IV

m1=-.3338 m2=-.3000 m3=-.3303 24	m1=-.2786 m2=+.3060 m3=-.2734 24	m1=-.4954 m2=-.4321 m3=-.4862 24
m1=+.2213 m2=-.3441 m3=-.1189 36	m1=+.3132 m2=-.2941 m3=-.1784 32	m1=+.4266 m2=-.5229 m3=-.3172 36
m1=-.3120 m2=-.3407 m3=-.2637 24	m1=+.2995 m2=-.2690 m3=+.3254 24	m1=-.4643 m2=-.5137 m3=+.3647 24
m1=+.2228 m2=+.2167 m3=+.0943 28	m1=+.3158 m2=+.3054 m3=+.2008 28	m1=+.4298 m2=+.4176 m3=+.2750 28
m1=+.0803 m2=-.2758 m3=+.2183 24	m1=+.1627 m2=+.3189 m3=+.3060 24	m1=+.2214 m2=-.3678 m3=+.4206 24

K ↑ → X

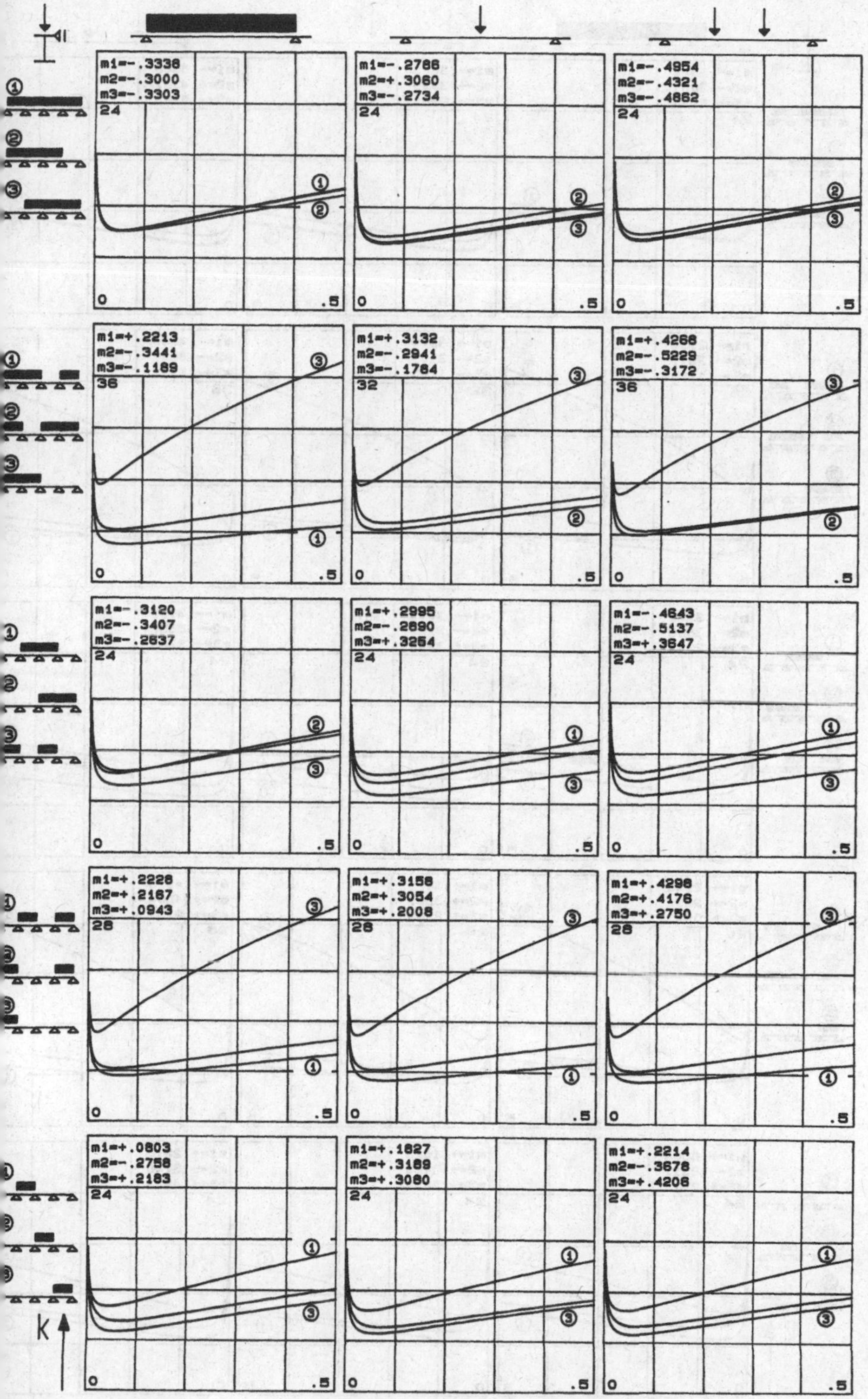

TAFEL G/IV 23 : L-L-2L-1.5L

G IV

① ② ③	m1=-.3822 m2=-.3051 m3=-.3790 24	m1=-.3029 m2=+.3095 m3=-.2981 24	m1=-.5386 m2=-.4387 m3=-.5300 24
① ② ③	m1=+.2934 m2=-.3917 m3=-.1190 36	m1=+.3579 m2=-.3173 m3=-.1765 32	m1=+.4869 m2=-.5641 m3=-.3173 36
① ② ③	m1=-.3170 m2=-.3886 m3=-.2691 24	m1=+.3029 m2=-.3125 m3=+.3292 24	m1=-.4707 m2=-.5556 m3=+.3762 24
① ② ③	m1=+.2948 m2=+.2892 m3=+.0943 26	m1=+.3602 m2=+.3507 m3=+.2008 26	m1=+.4916 m2=+.4804 m3=+.2751 26
① ② ③	m1=+.0804 m2=-.2811 m3=+.2906 24	m1=+.1829 m2=+.3226 m3=+.3531 24	m1=+.2216 m2=-.3746 m3=+.4833 24

K ↑ → X

TAFEL G/IV 24 : L-L-2L-1.75L

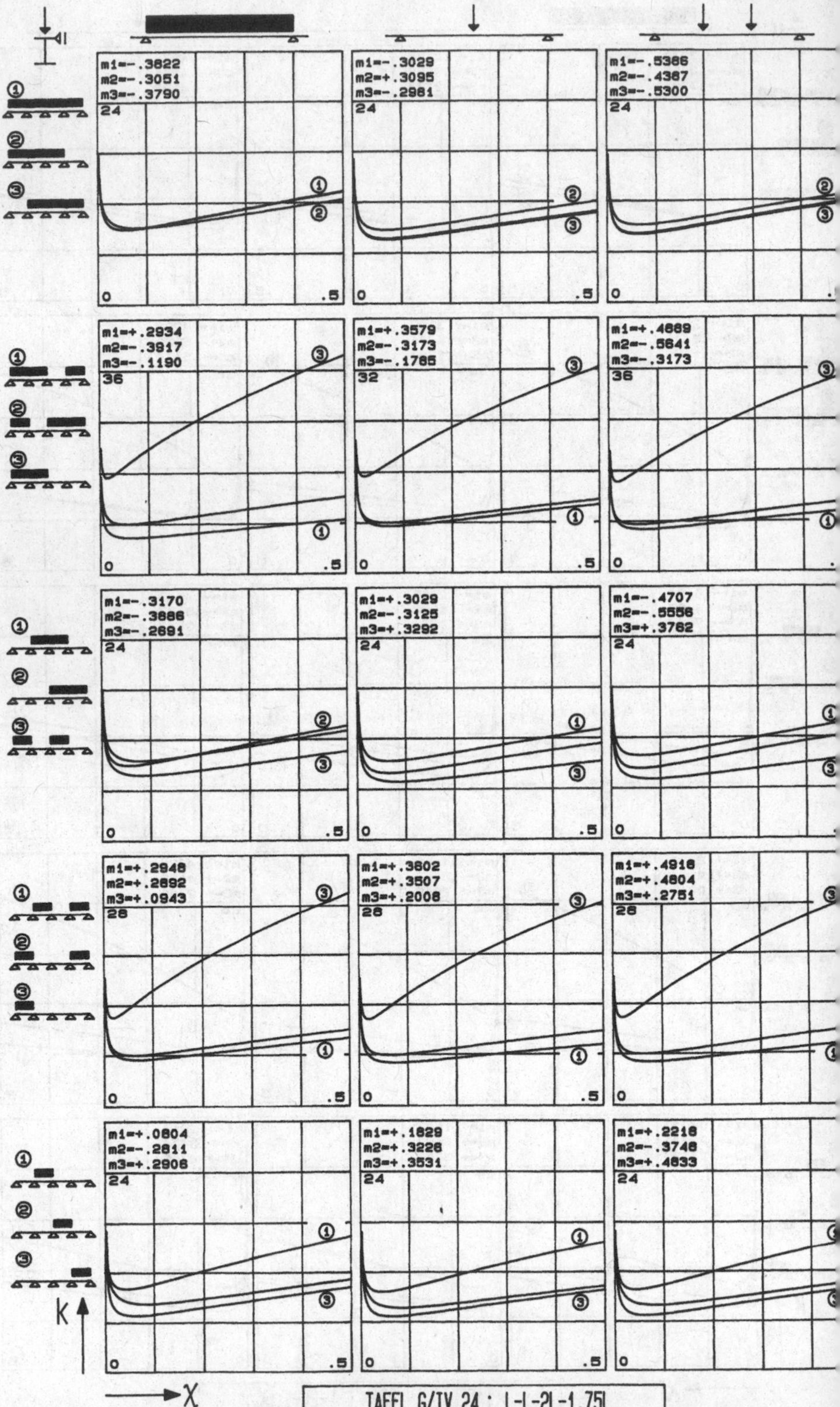

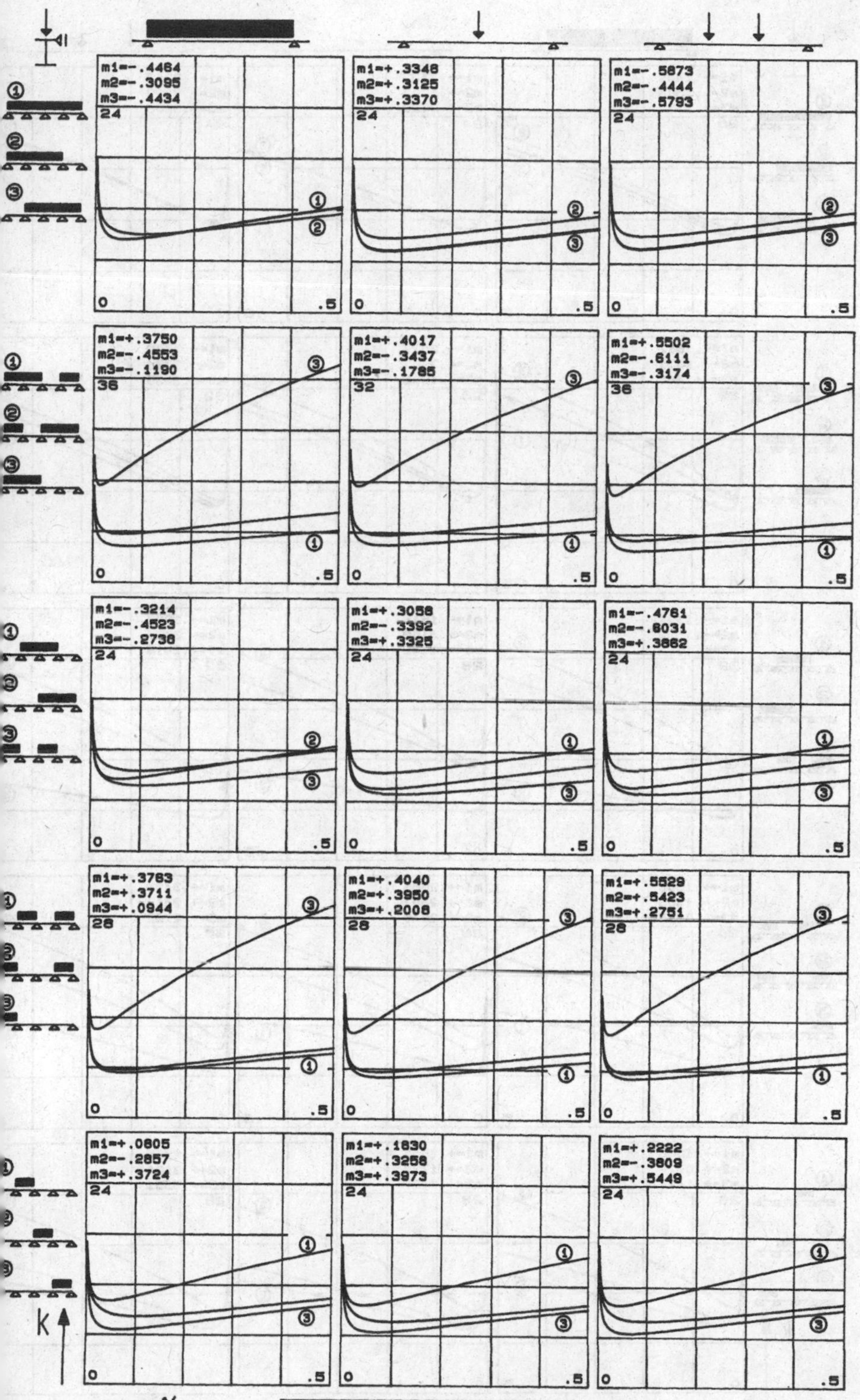

TAFEL G/IV 25 : L-L-2L-2L

	Column 1	Column 2	Column 3
Row 1	m1=-.1431 m2=-.1303 m3=-.1392 28	m1=+.2193 m2=-.1703 m3=+.2222 24	m1=-.3313 m2=-.3029 m3=-.3208 24
Row 2	m1=-.1517 m2=-.1631 m3=-.1440 32	m1=+.2527 m2=+.2103 m3=-.1909 28	m1=-.3559 m2=-.3736 m3=-.3395 32
Row 3	m1=-.1391 m2=-.1592 m3=+.1027 32	m1=-.1818 m2=+.2102 m3=+.2149 28	m1=-.3233 m2=-.3634 m3=+.2918 32
Row 4	m1=+.1508 m2=+.1405 m3=+.0965 26	m1=+.2556 m2=+.2407 m3=+.2046 26	m1=+.3493 m2=+.3316 m3=+.2795 26
Row 5	m1=+.1086 m2=+.0779 m3=+.1421 28	m1=+.2085 m2=+.1794 m3=+.2437 28	m1=+.2339 m2=+.2101 m3=+.3351 28

TAFEL G/IV 26 : L-1.25L-L-1.25L

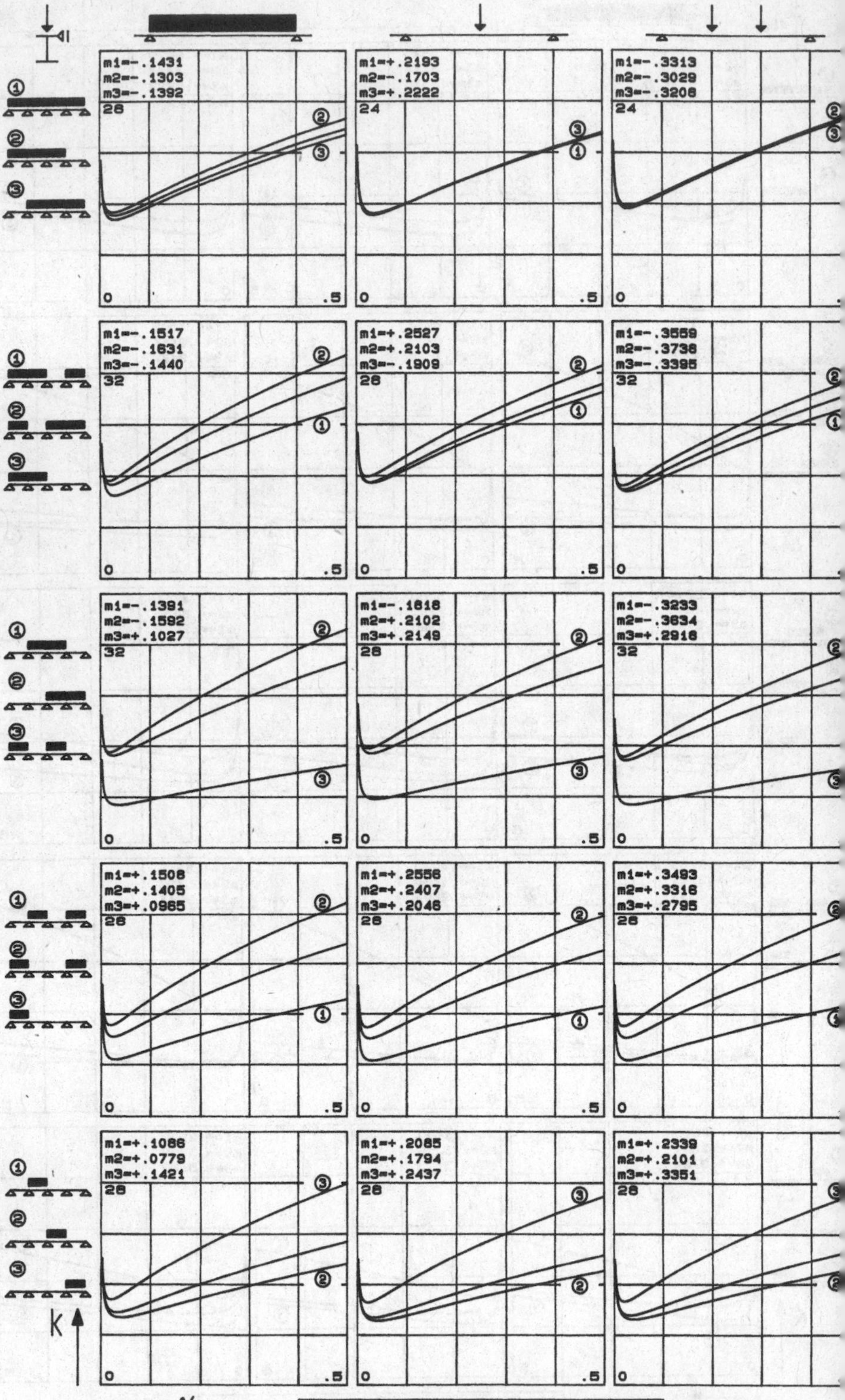

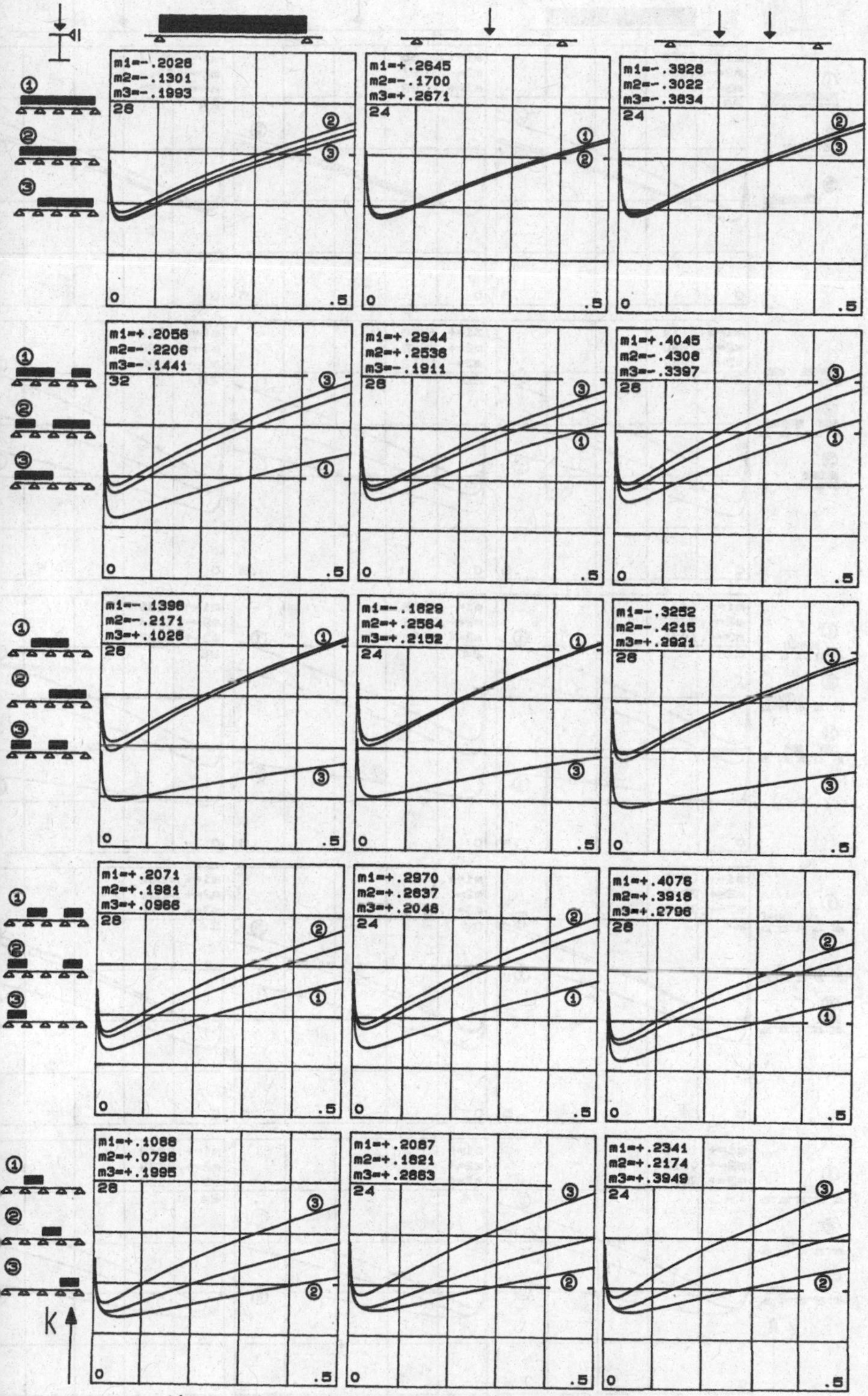

TAFEL G/IV 27 : L-1.25L-L-1.5L

G IV

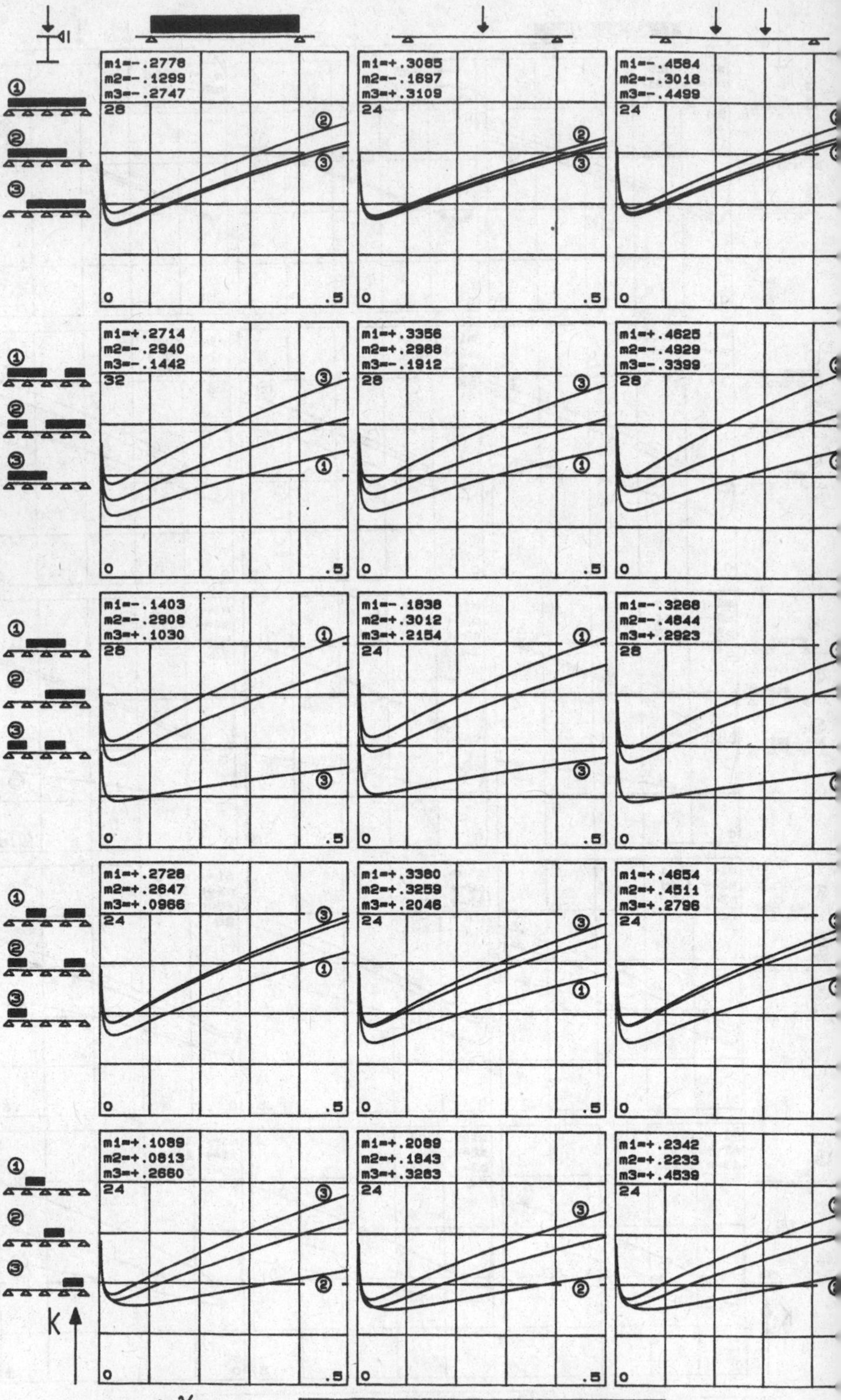
m1=-.2778
m2=-.1299
m3=-.2747
28
m1=+.3085
m2=-.1697
m3=+.3109
24
m1=-.4584
m2=-.3018
m3=-.4499
24
m1=+.2714
m2=-.2940
m3=-.1442
32
m1=+.3356
m2=+.2988
m3=-.1912
28
m1=+.4625
m2=-.4929
m3=-.3399
28
m1=-.1403
m2=-.2908
m3=+.1030
28
m1=-.1838
m2=+.3012
m3=+.2154
24
m1=-.3268
m2=-.4844
m3=+.2823
28
m1=+.2728
m2=+.2647
m3=+.0966
24
m1=+.3380
m2=+.3259
m3=+.2046
24
m1=+.4654
m2=+.4511
m3=+.2796
24
m1=+.1089
m2=+.0813
m3=+.2680
24
m1=+.2089
m2=+.1843
m3=+.3283
24
m1=+.2342
m2=+.2233
m3=+.4539
24
0
.5
K
X

TAFEL G/IV 28 : L-1.25L-L-1.75L

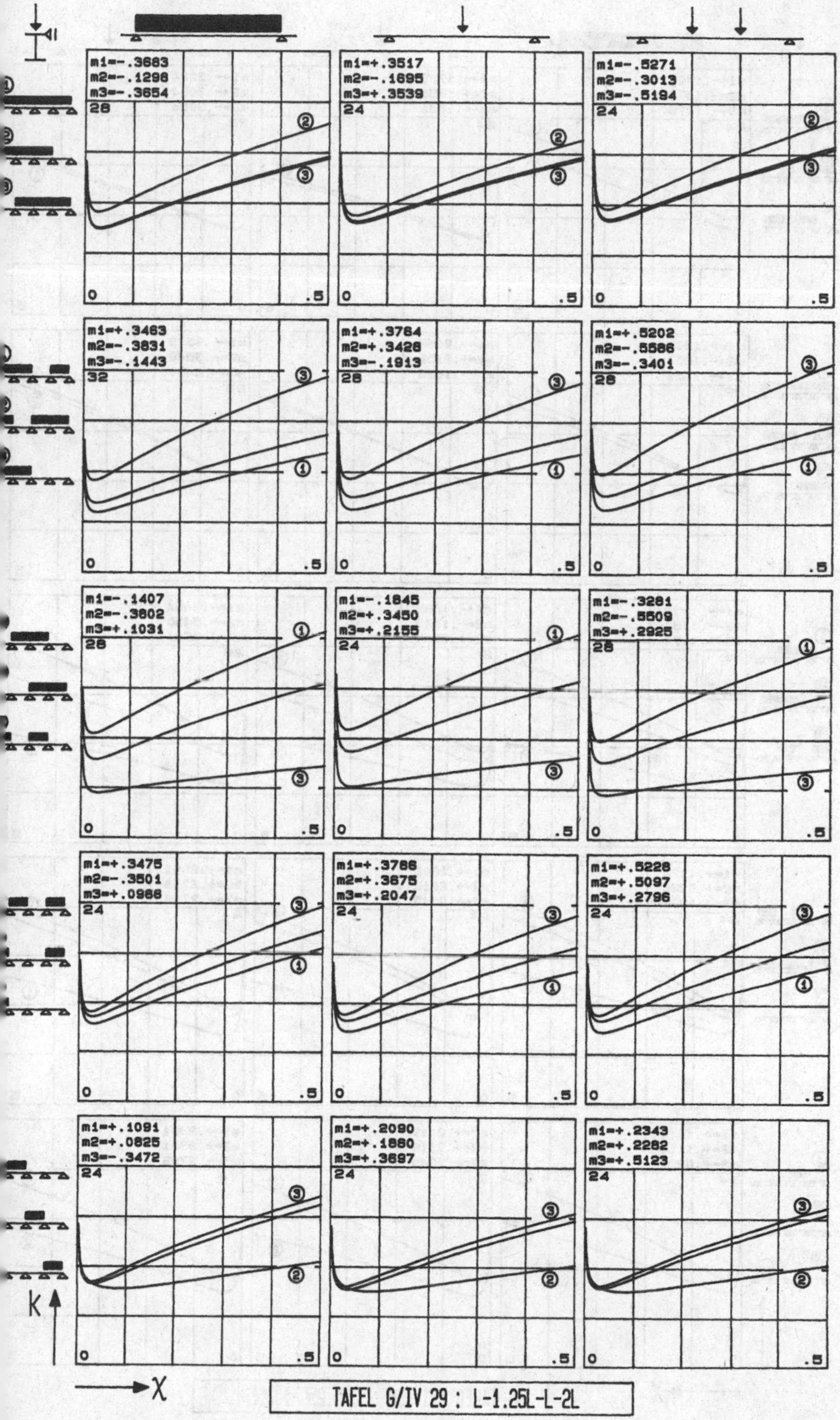

TAFEL G/IV 29 : L-1.25L-L-2L

G
IV

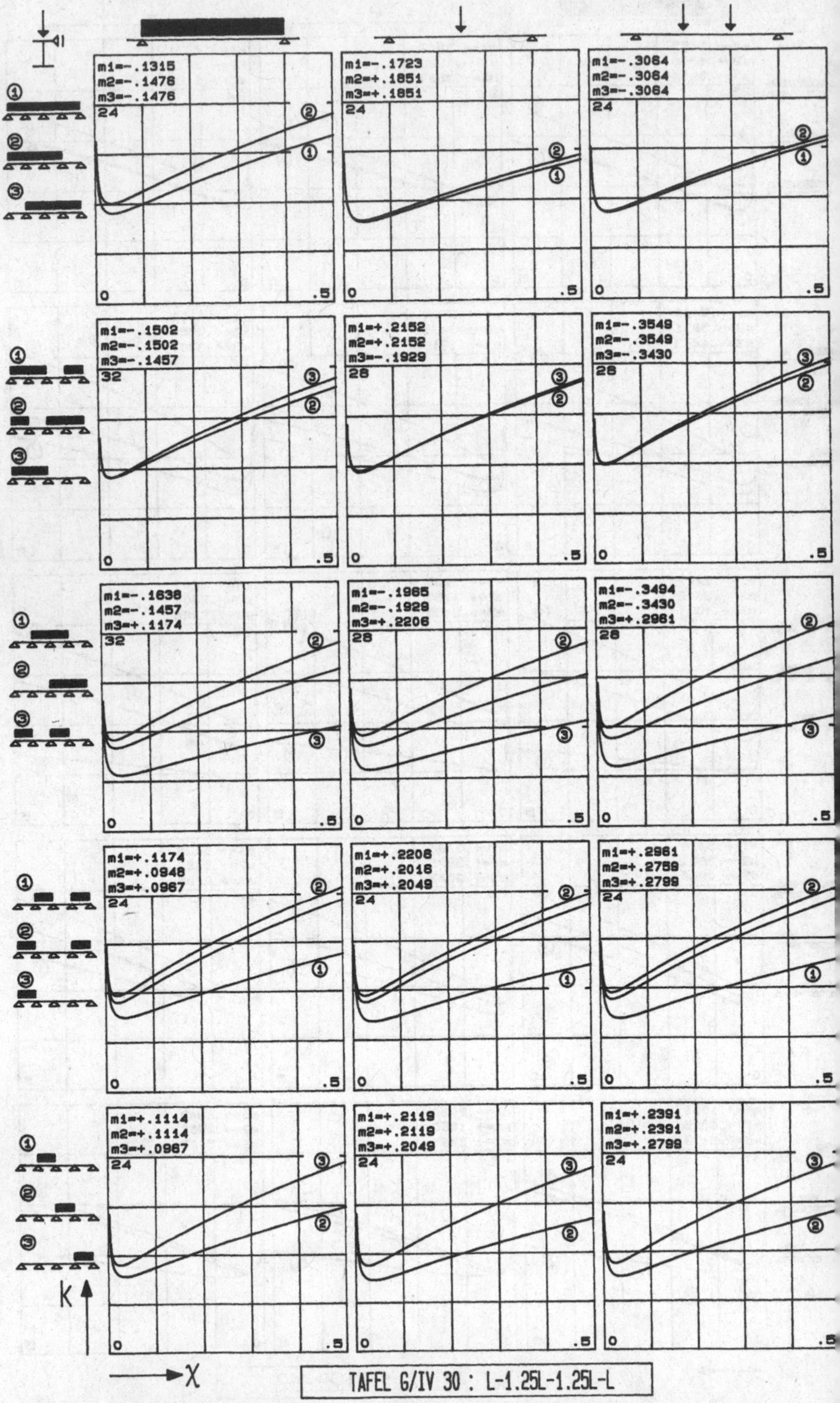

m1=-.1315
m2=-.1476
m3=-.1476
24
m1=-.1723
m2=+.1851
m3=+.1851
24
m1=-.3064
m2=-.3064
m3=-.3064
24
m1=-.1502
m2=-.1502
m3=-.1457
32
m1=+.2152
m2=+.2152
m3=-.1929
28
m1=-.3549
m2=-.3549
m3=-.3430
28
m1=-.1638
m2=-.1457
m3=+.1174
32
m1=-.1965
m2=-.1929
m3=+.2206
28
m1=-.3494
m2=-.3430
m3=+.2961
28
m1=+.1174
m2=+.0948
m3=+.0967
24
m1=+.2206
m2=+.2016
m3=+.2049
24
m1=+.2961
m2=+.2759
m3=+.2799
24
m1=+.1114
m2=+.1114
m3=+.0967
24
m1=+.2119
m2=+.2119
m3=+.2049
24
m1=+.2391
m2=+.2391
m3=+.2799
24
0
.5
K
X

TAFEL G/IV 30 : L-1.25L-1.25L-L

GV

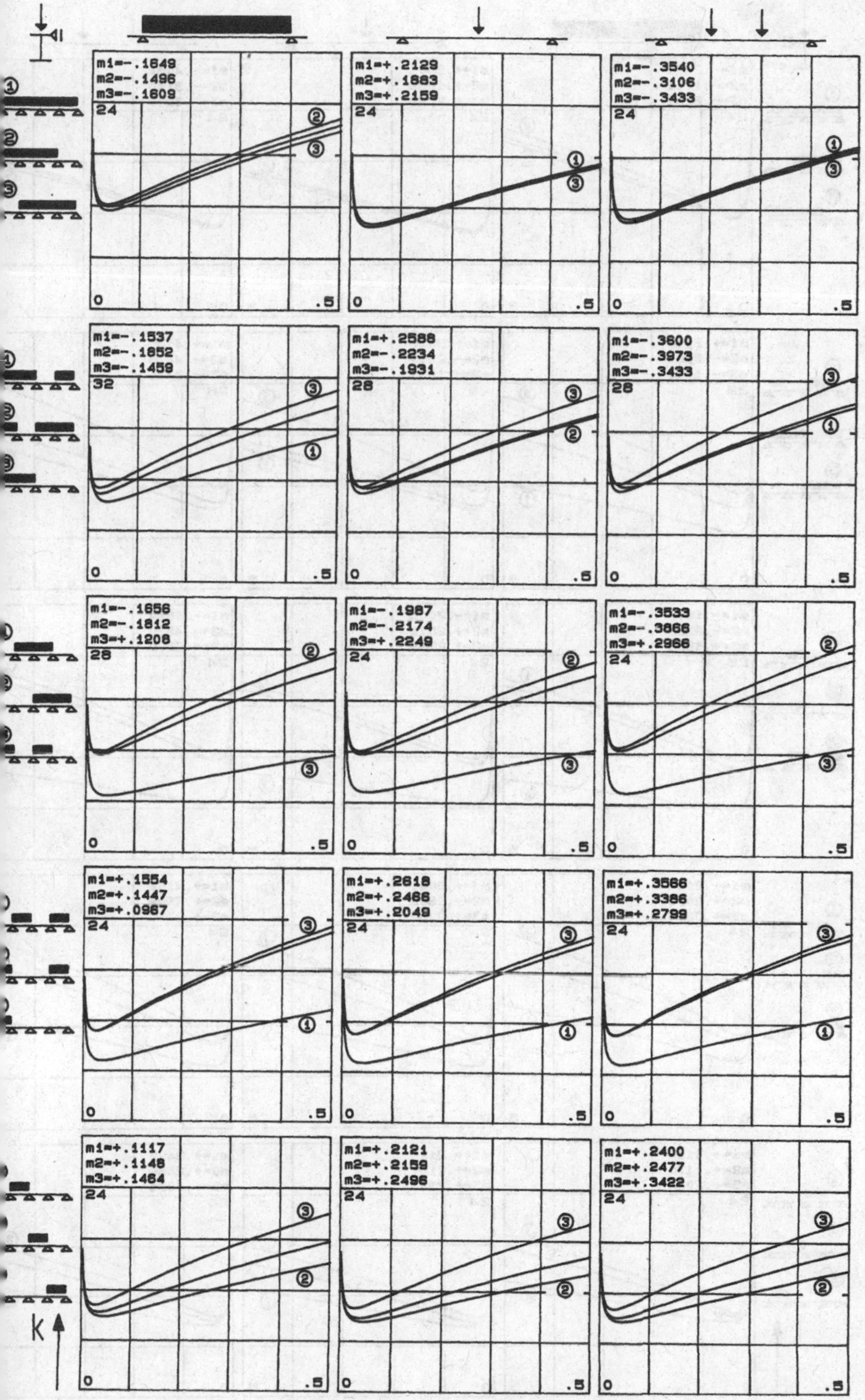

m1=-.1649
m2=-.1496
m3=-.1609
24
m1=+.2129
m2=+.1883
m3=+.2159
24
m1=-.3540
m2=-.3106
m3=-.3433
24
m1=-.1537
m2=-.1852
m3=-.1459
32
m1=+.2588
m2=-.2234
m3=-.1931
28
m1=-.3600
m2=-.3973
m3=-.3433
28
m1=-.1656
m2=-.1812
m3=+.1208
28
m1=-.1987
m2=-.2174
m3=+.2249
24
m1=-.3533
m2=-.3866
m3=+.2966
24
m1=+.1554
m2=+.1447
m3=+.0967
24
m1=+.2618
m2=+.2466
m3=+.2049
24
m1=+.3566
m2=+.3386
m3=+.2799
24
m1=+.1117
m2=+.1148
m3=+.1464
24
m1=+.2121
m2=+.2159
m3=+.2496
24
m1=+.2400
m2=+.2477
m3=+.3422
24
0
.5
k
x

TAFEL G/IV 31 : L-1.25L-1.25L-1.25L

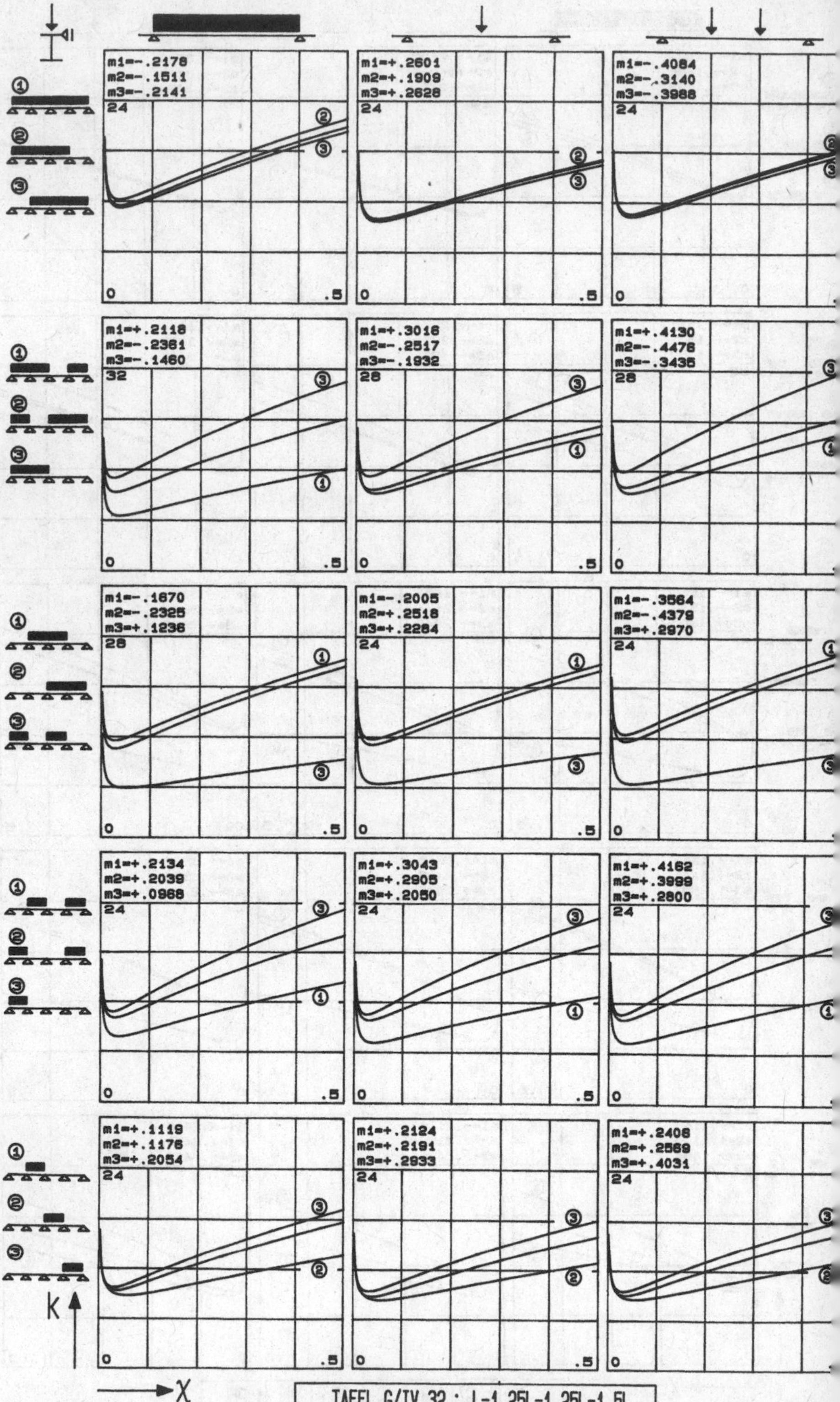

TAFEL G/IV 32 : L-1.25L-1.25L-1.5L

GV

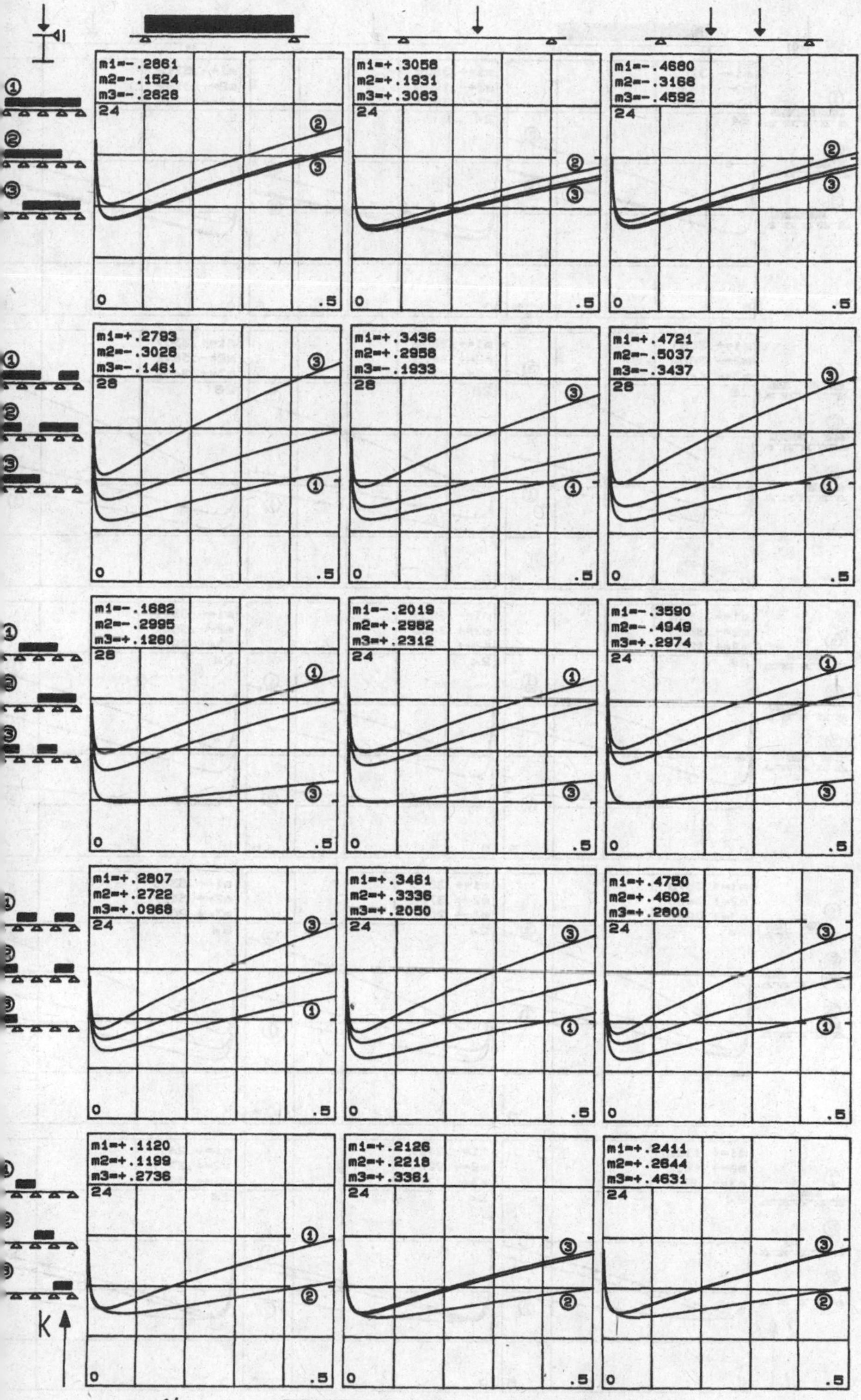
m1=-.2861
m2=-.1524
m3=-.2828
24
m1=+.3058
m2=+.1931
m3=+.3063
24
m1=-.4680
m2=-.3168
m3=-.4592
24
m1=+.2793
m2=-.3028
m3=-.1461
28
m1=+.3436
m2=+.2958
m3=-.1933
28
m1=+.4721
m2=-.5037
m3=-.3437
28
m1=-.1682
m2=-.2995
m3=+.1260
28
m1=-.2019
m2=+.2982
m3=+.2312
24
m1=-.3590
m2=-.4949
m3=+.2974
24
m1=+.2807
m2=+.2722
m3=+.0968
24
m1=+.3461
m2=+.3336
m3=+.2050
24
m1=+.4750
m2=+.4602
m3=+.2800
24
m1=+.1120
m2=+.1199
m3=+.2736
24
m1=+.2126
m2=+.2218
m3=+.3381
24
m1=+.2411
m2=+.2644
m3=+.4631
24
0
.5
K
X

TAFEL G/IV 33 : L-1.25L-1.25L-1.75L

G IV

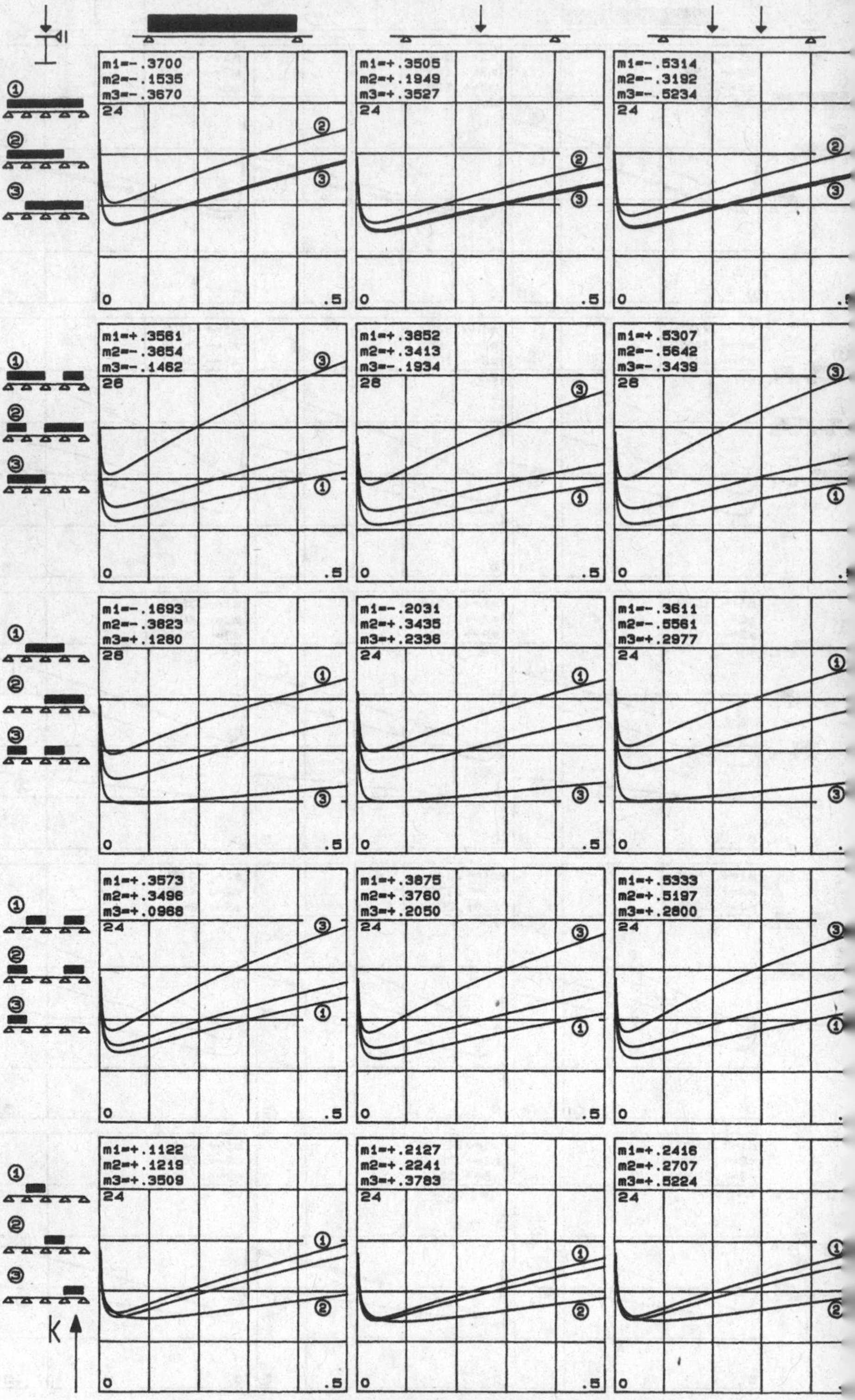

m1=-.3700
m2=-.1535
m3=-.3670
24
m1=+.3505
m2=+.1949
m3=+.3527
24
m1=-.5314
m2=-.3192
m3=-.5234
24
m1=+.3561
m2=-.3654
m3=-.1462
26
m1=+.3852
m2=+.3413
m3=-.1934
26
m1=+.5307
m2=-.5642
m3=-.3439
26
m1=-.1693
m2=-.3823
m3=+.1260
26
m1=-.2031
m2=-.3435
m3=+.2336
24
m1=-.3611
m2=-.5561
m3=+.2977
24
m1=+.3573
m2=+.3496
m3=+.0968
24
m1=+.3875
m2=+.3760
m3=+.2050
24
m1=+.5333
m2=+.5197
m3=+.2800
24
m1=+.1122
m2=+.1219
m3=+.3509
24
m1=+.2127
m2=+.2241
m3=+.3783
24
m1=+.2416
m2=+.2707
m3=+.5224
24
0
.5
K
X

TAFEL G/IV 34 : L-1.25L-1.25L-2L

GV

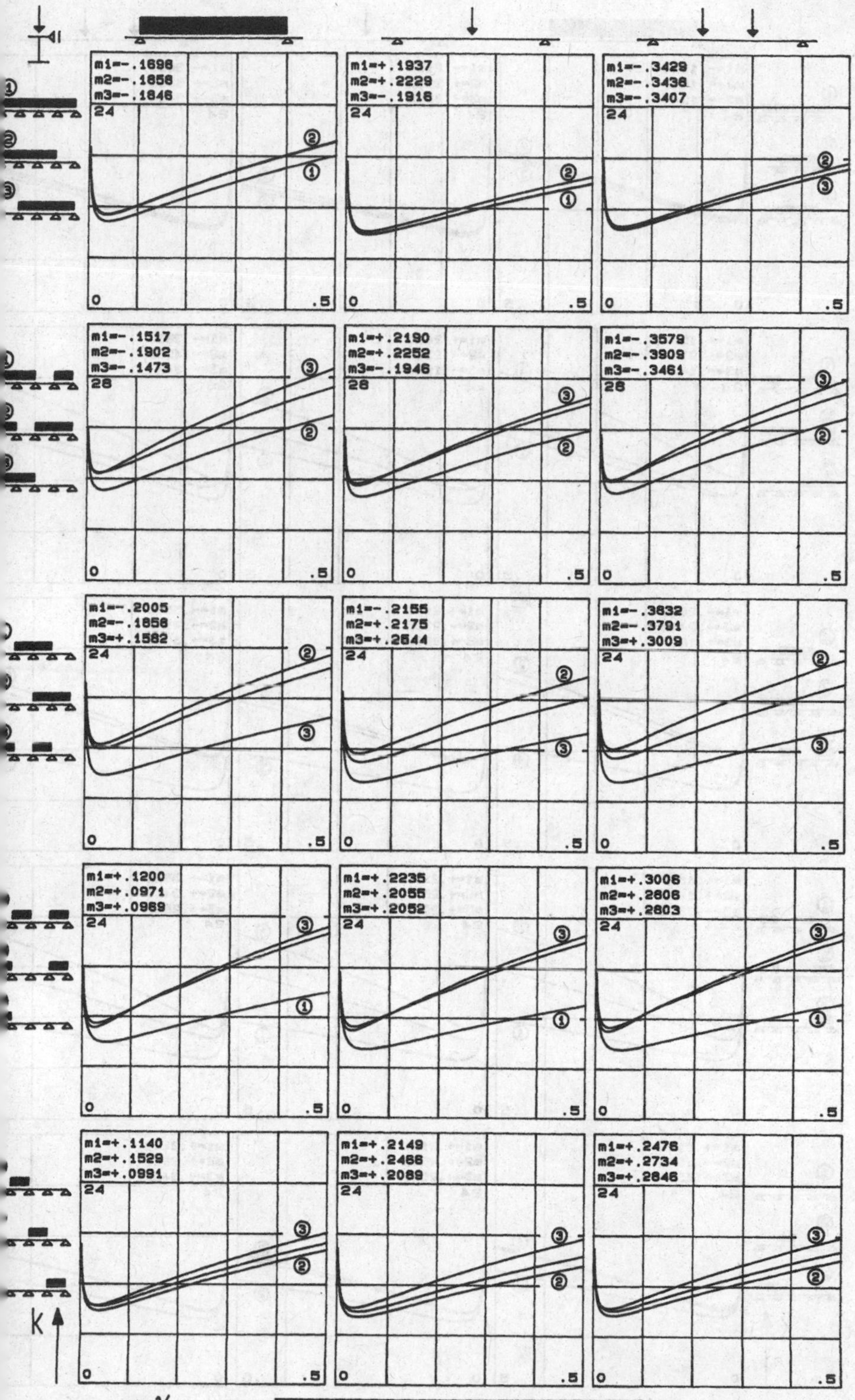

m1=-.1698
m2=-.1856
m3=-.1846
24
m1=+.1937
m2=+.2229
m3=-.1916
24
m1=-.3429
m2=-.3436
m3=-.3407
24
m1=-.1517
m2=-.1802
m3=-.1473
28
m1=+.2190
m2=+.2252
m3=-.1946
28
m1=-.3579
m2=-.3909
m3=-.3461
28
m1=-.2005
m2=-.1856
m3=+.1582
24
m1=-.2155
m2=+.2175
m3=+.2544
24
m1=-.3832
m2=-.3791
m3=+.3009
24
m1=+.1200
m2=+.0971
m3=+.0969
24
m1=+.2235
m2=+.2055
m3=+.2052
24
m1=+.3006
m2=+.2806
m3=+.2803
24
m1=+.1140
m2=+.1529
m3=+.0991
24
m1=+.2149
m2=+.2466
m3=+.2069
24
m1=+.2476
m2=+.2734
m3=+.2846
24
0
.5
K
X

TAFEL G/IV 35 : L-1.25L-1.5L-L

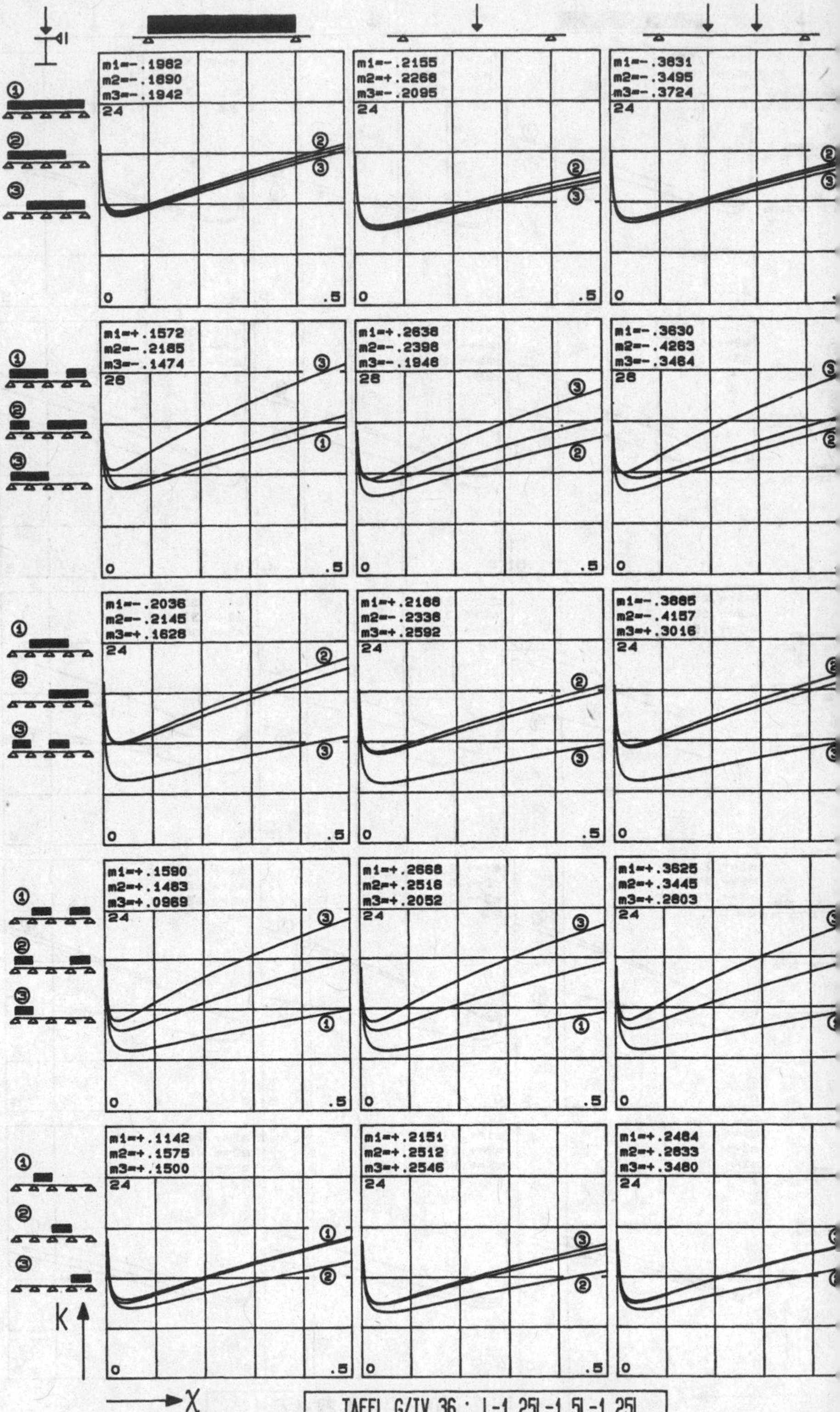
m1=-.1982
m2=-.1690
m3=-.1942
24
m1=-.2155
m2=+.2268
m3=-.2095
24
m1=-.3631
m2=-.3495
m3=-.3724
24
m1=+.1572
m2=-.2185
m3=-.1474
28
m1=+.2636
m2=-.2398
m3=-.1946
28
m1=-.3630
m2=-.4263
m3=-.3464
28
m1=-.2036
m2=-.2145
m3=+.1628
24
m1=+.2186
m2=-.2336
m3=+.2592
24
m1=-.3885
m2=-.4157
m3=+.3016
24
m1=+.1590
m2=+.1483
m3=+.0969
24
m1=+.2668
m2=+.2516
m3=+.2052
24
m1=+.3625
m2=+.3445
m3=+.2803
24
m1=+.1142
m2=+.1575
m3=+.1500
24
m1=+.2151
m2=+.2512
m3=+.2546
24
m1=+.2484
m2=+.2633
m3=+.3480
24
K
X

TAFEL G/IV 36 : L-1.25L-1.5L-1.25L

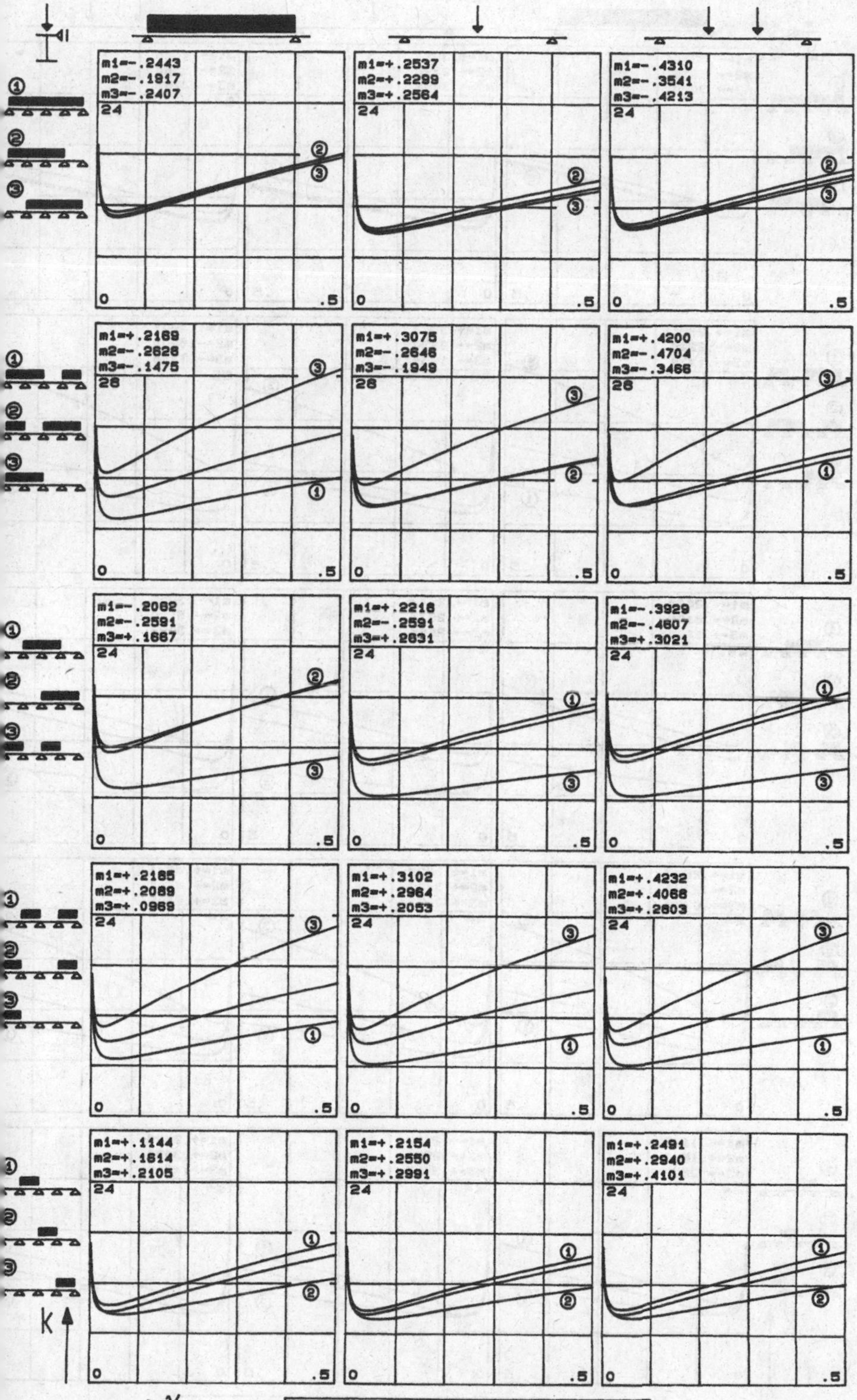

TAFEL G/IV 37 : L-1.25L-1.5L-1.5L

G IV

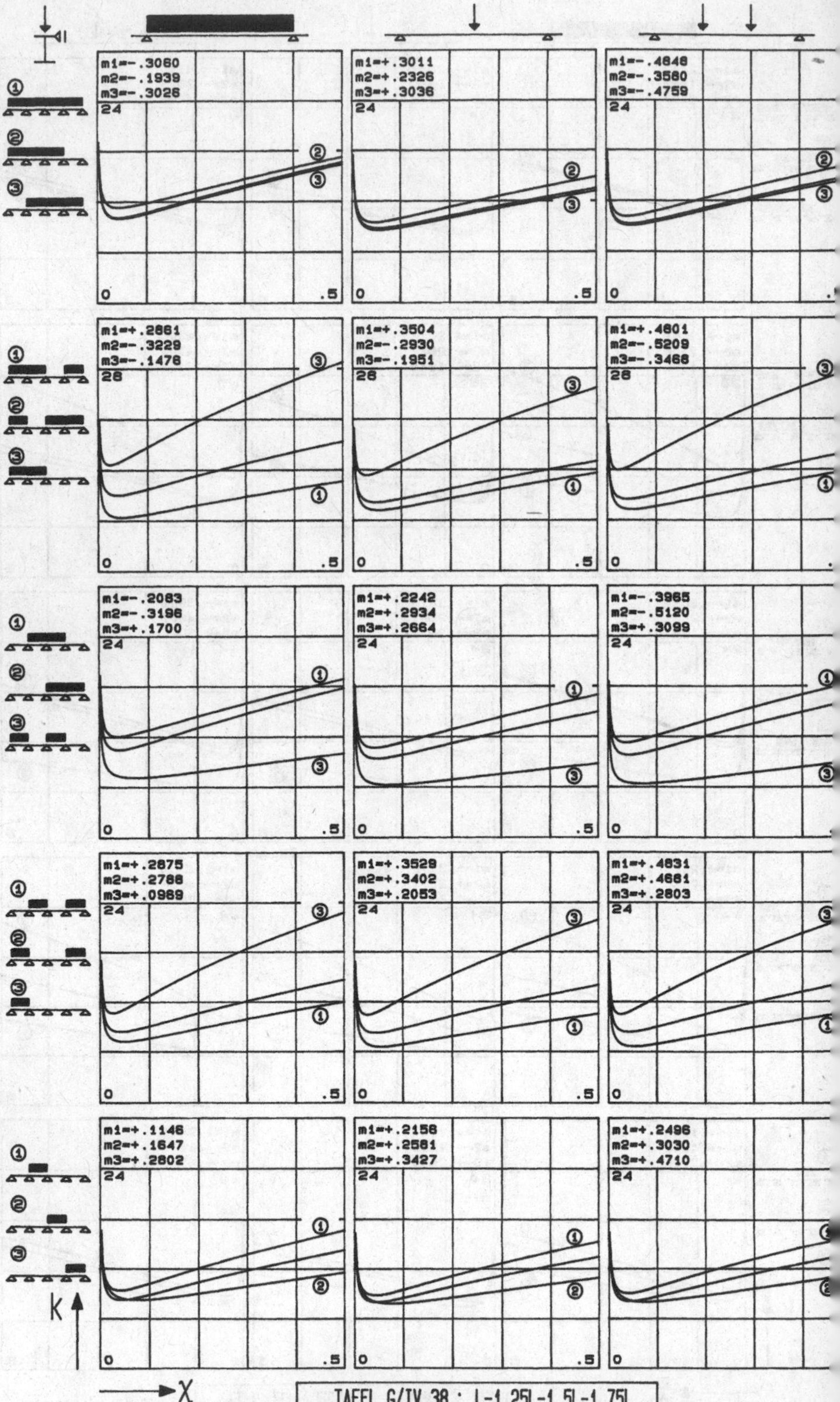
m1=-.3060
m2=-.1939
m3=-.3026
24
m1=+.3011
m2=+.2326
m3=+.3036
24
m1=-.4848
m2=-.3580
m3=-.4759
24
m1=+.2861
m2=-.3229
m3=-.1476
28
m1=+.3504
m2=-.2930
m3=-.1951
28
m1=+.4801
m2=-.5209
m3=-.3468
28
m1=-.2083
m2=-.3196
m3=+.1700
24
m1=+.2242
m2=+.2934
m3=+.2664
24
m1=-.3965
m2=-.5120
m3=+.3099
24
m1=+.2875
m2=+.2788
m3=+.0969
24
m1=+.3529
m2=+.3402
m3=+.2053
24
m1=+.4831
m2=+.4661
m3=+.2803
24
m1=+.1146
m2=+.1647
m3=+.2802
24
m1=+.2158
m2=+.2581
m3=+.3427
24
m1=+.2496
m2=+.3030
m3=+.4710
24
0
.5
K
X

TAFEL G/IV 38 : L-1.25L-1.5L-1.75L

G V

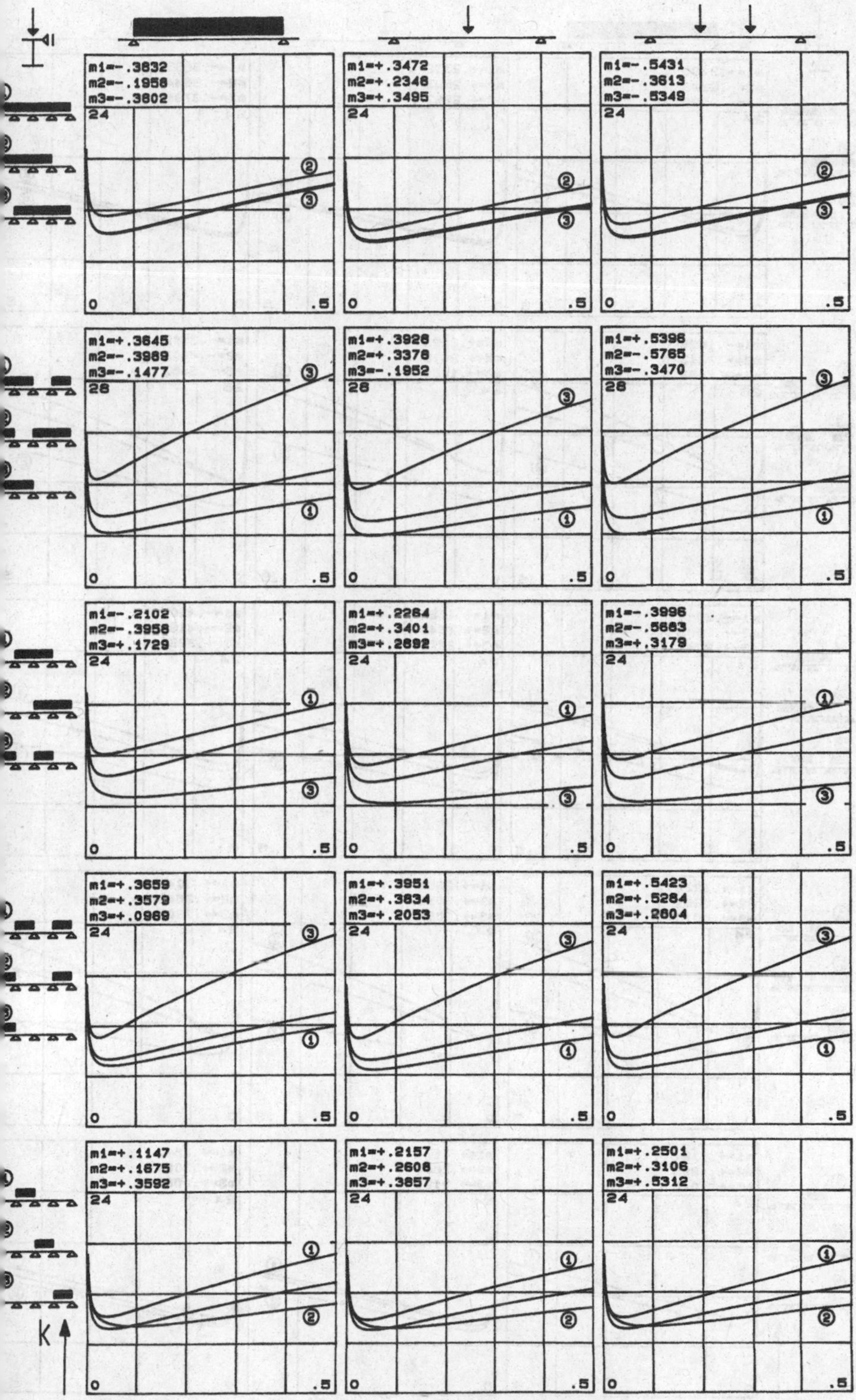
m1=-.3832
m2=-.1956
m3=-.3602
24
m1=+.3472
m2=+.2346
m3=+.3495
24
m1=-.5431
m2=-.3613
m3=-.5349
24
m1=+.3645
m2=-.3969
m3=-.1477
28
m1=+.3926
m2=+.3376
m3=-.1952
28
m1=+.5396
m2=-.5765
m3=-.3470
28
m1=-.2102
m2=-.3958
m3=+.1729
24
m1=+.2264
m2=+.3401
m3=+.2692
24
m1=-.3996
m2=-.5663
m3=+.3179
24
m1=+.3659
m2=+.3579
m3=+.0969
24
m1=+.3951
m2=+.3834
m3=+.2053
24
m1=+.5423
m2=+.5264
m3=+.2604
24
m1=+.1147
m2=+.1675
m3=+.3592
24
m1=+.2157
m2=+.2608
m3=+.3857
24
m1=+.2501
m2=+.3106
m3=+.5312
24
0
.5
K
X

TAFEL G/IV 39 : L-1.25L-1.5L-2L

G IV

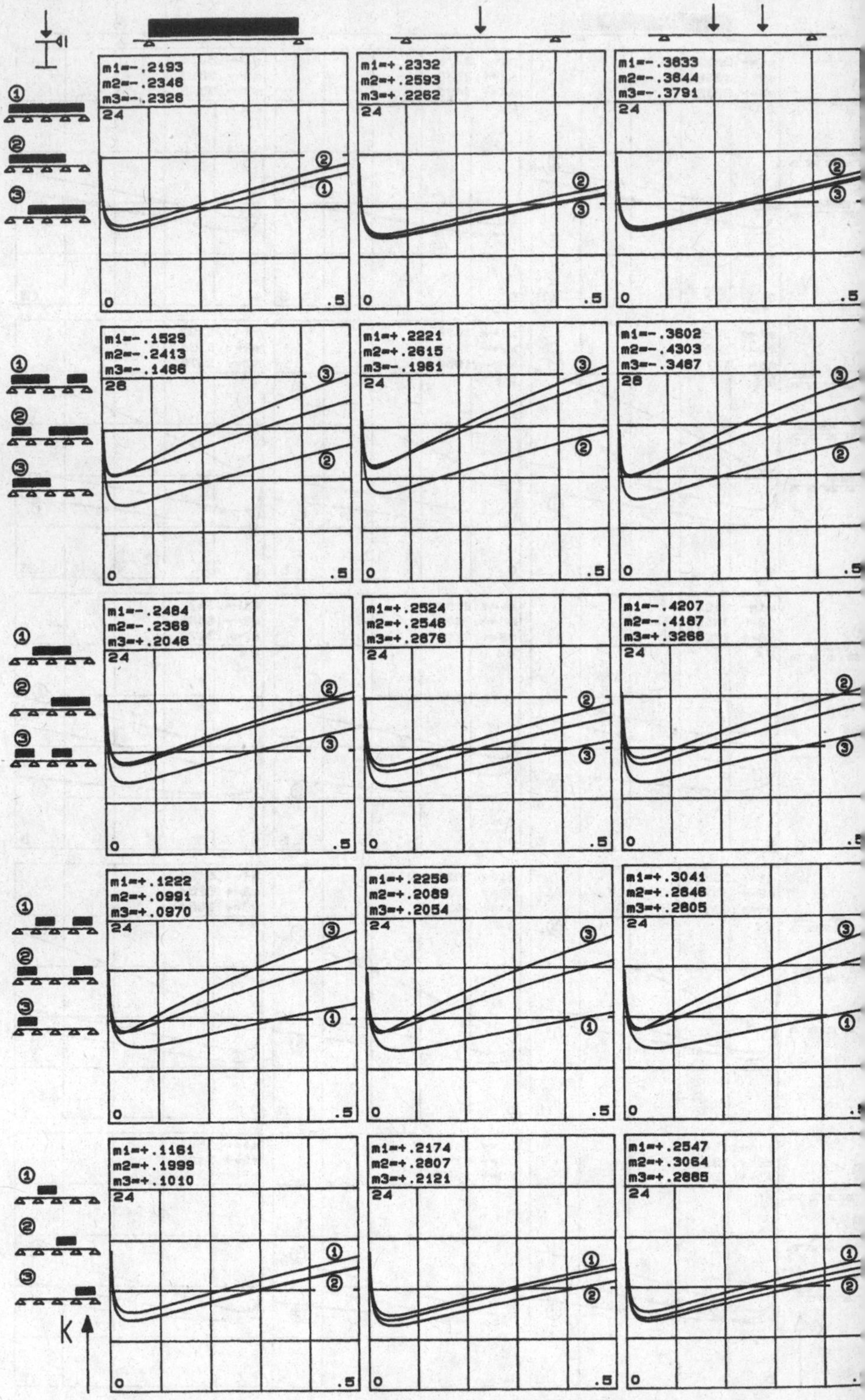

m1=-.2193
m2=-.2346
m3=-.2326
m1=+.2332
m2=+.2593
m3=+.2262
m1=-.3633
m2=-.3644
m3=-.3791
m1=-.1529
m2=-.2413
m3=-.1486
m1=+.2221
m2=+.2615
m3=-.1961
m1=-.3602
m2=-.4303
m3=-.3487
m1=-.2484
m2=-.2369
m3=+.2046
m1=+.2524
m2=+.2546
m3=+.2876
m1=-.4207
m2=-.4187
m3=+.3268
m1=+.1222
m2=+.0991
m3=+.0970
m1=+.2258
m2=+.2089
m3=+.2054
m1=+.3041
m2=+.2846
m3=+.2805
m1=+.1161
m2=+.1999
m3=+.1010
m1=+.2174
m2=+.2807
m3=+.2121
m1=+.2547
m2=+.3064
m3=+.2865
K
X

TAFEL G/IV 40 : L-1.25L-1.75L-L

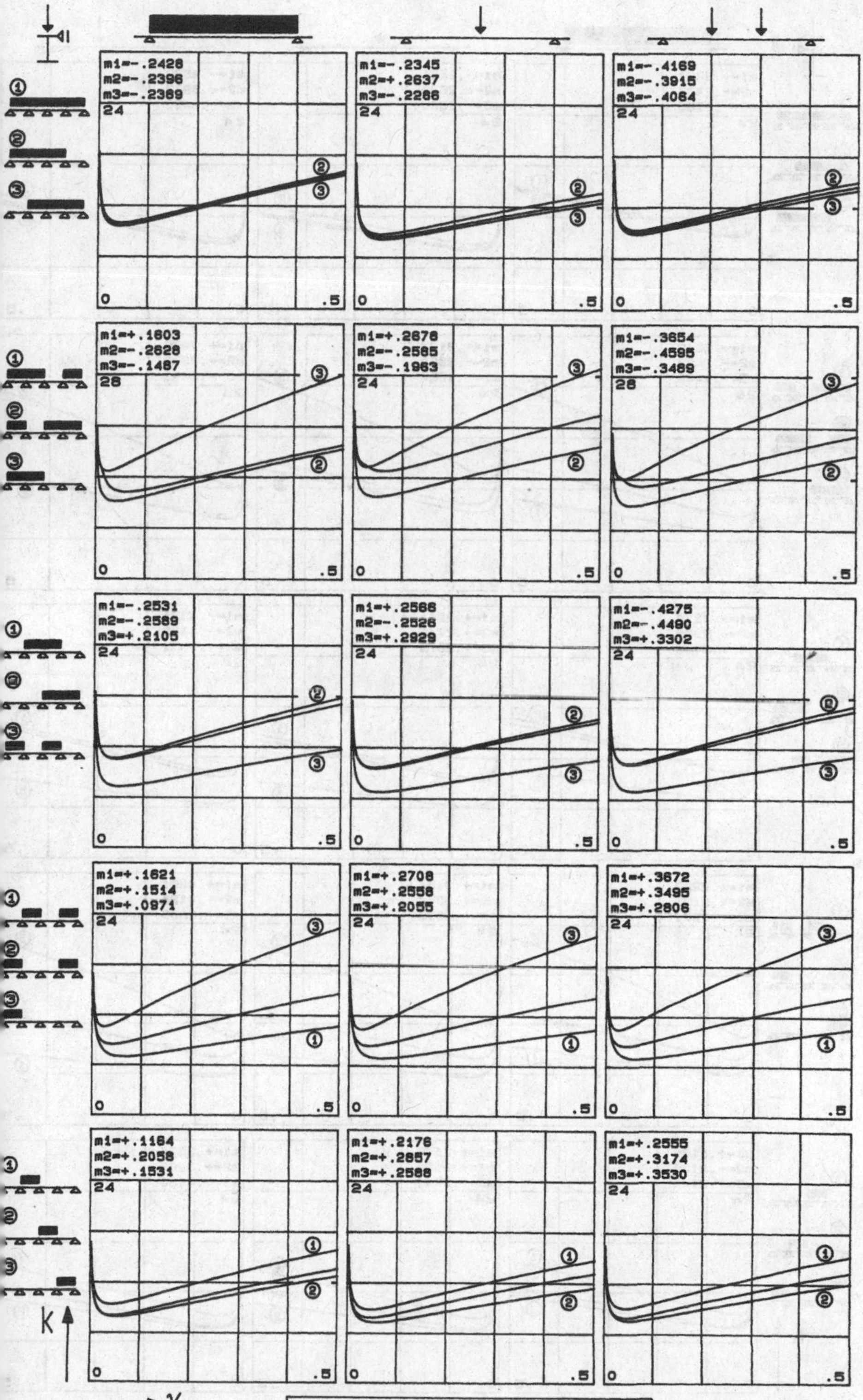
m1=-.2428
m2=-.2396
m3=-.2369
24
m1=-.2345
m2=+.2637
m3=-.2286
24
m1=-.4169
m2=-.3915
m3=-.4064
24
m1=+.1603
m2=-.2628
m3=-.1487
28
m1=+.2676
m2=-.2585
m3=-.1963
24
m1=-.3654
m2=-.4595
m3=-.3489
28
m1=-.2531
m2=-.2589
m3=+.2105
24
m1=+.2566
m2=-.2526
m3=+.2929
24
m1=-.4275
m2=-.4490
m3=+.3302
24
m1=+.1621
m2=+.1514
m3=+.0971
24
m1=+.2708
m2=+.2558
m3=+.2055
24
m1=+.3672
m2=+.3495
m3=+.2806
24
m1=+.1164
m2=+.2058
m3=+.1531
24
m1=+.2176
m2=+.2857
m3=+.2588
24
m1=+.2555
m2=+.3174
m3=+.3530
24
0
.5
K
X

TAFEL G/IV 41 : L-1.25L-1.75L-1.25L

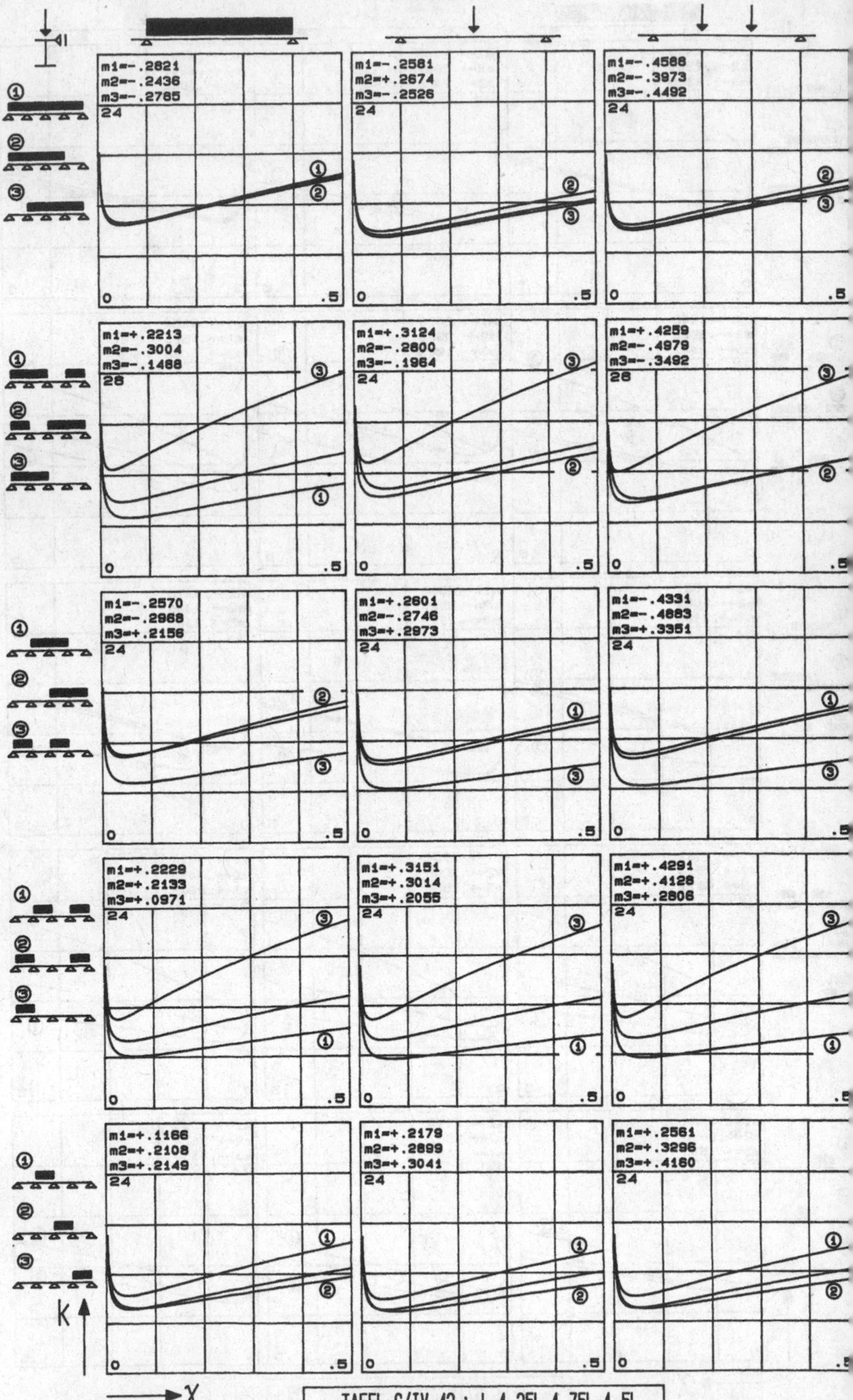

m1=-.2821
m2=-.2436
m3=-.2785
24
m1=-.2581
m2=+.2674
m3=-.2526
24
m1=-.4588
m2=-.3973
m3=-.4492
24
m1=+.2213
m2=-.3004
m3=-.1488
28
m1=+.3124
m2=-.2800
m3=-.1964
24
m1=+.4259
m2=-.4979
m3=-.3492
28
m1=-.2570
m2=-.2968
m3=+.2156
24
m1=+.2601
m2=-.2746
m3=+.2973
24
m1=-.4331
m2=-.4883
m3=+.3351
24
m1=+.2229
m2=+.2133
m3=+.0971
24
m1=+.3151
m2=+.3014
m3=+.2055
24
m1=+.4291
m2=+.4128
m3=+.2806
24
m1=+.1166
m2=+.2108
m3=+.2149
24
m1=+.2179
m2=+.2889
m3=+.3041
24
m1=+.2561
m2=+.3296
m3=+.4160
24
0
.5
K
X

TAFEL G/IV 42 : L-1.25L-1.75L-1.5L

G
V

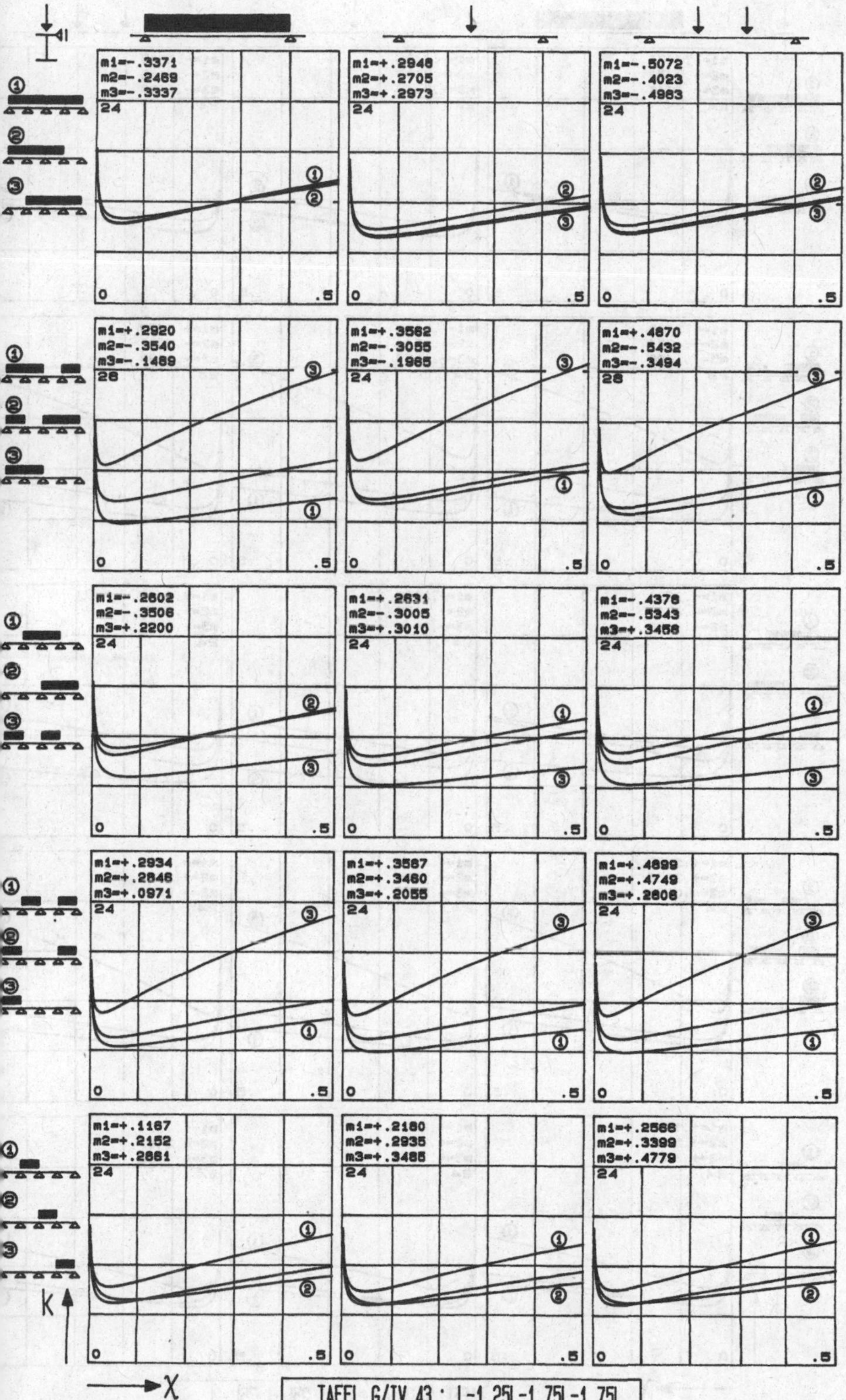

m1=-.3371
m2=-.2469
m3=-.3337
24
m1=+.2946
m2=+.2705
m3=+.2973
24
m1=-.5072
m2=-.4023
m3=-.4963
24
m1=+.2920
m2=-.3540
m3=-.1469
26
m1=+.3562
m2=-.3055
m3=-.1965
24
m1=+.4870
m2=-.5432
m3=-.3494
26
m1=-.2602
m2=-.3506
m3=+.2200
24
m1=+.2631
m2=-.3005
m3=+.3010
24
m1=-.4376
m2=-.5343
m3=+.3456
24
m1=+.2934
m2=+.2846
m3=+.0971
24
m1=+.3587
m2=+.3460
m3=+.2055
24
m1=+.4699
m2=+.4749
m3=+.2606
24
m1=+.1167
m2=+.2152
m3=+.2661
24
m1=+.2160
m2=+.2935
m3=+.3486
24
m1=+.2566
m2=+.3399
m3=+.4779
24
K
X

TAFEL G/IV 43 : L-1.25L-1.75L-1.75L

G IV

Row	Column 1	Column 2	Column 3
1	m1=-.4077 m2=-.2498 m3=-.4046 24	m1=+.3423 m2=+.2732 m3=+.3446 24	m1=-.5605 m2=-.4066 m3=-.5523 24
2	m1=+.3720 m2=-.4234 m3=-.1490 26	m1=+.3993 m2=-.3341 m3=-.1966 24	m1=+.5473 m2=-.5940 m3=-.3495 26
3	m1=-.2631 m2=-.4203 m3=+.2238 24	m1=+.2656 m2=+.3352 m3=+.3041 24	m1=-.4419 m2=-.5656 m3=+.3550 24
4	m1=+.3733 m2=+.3652 m3=+.0971 24	m1=+.4016 m2=+.3698 m3=+.2055 24	m1=+.5500 m2=+.5361 m3=+.2606 24
5	m1=+.1169 m2=+.2190 m3=+.3666 24	m1=+.2182 m2=+.2965 m3=+.3922 24	m1=+.2571 m2=+.3487 m3=+.5369 24

Axis labels: 0 … .5 (x-axis, X); K (vertical axis)

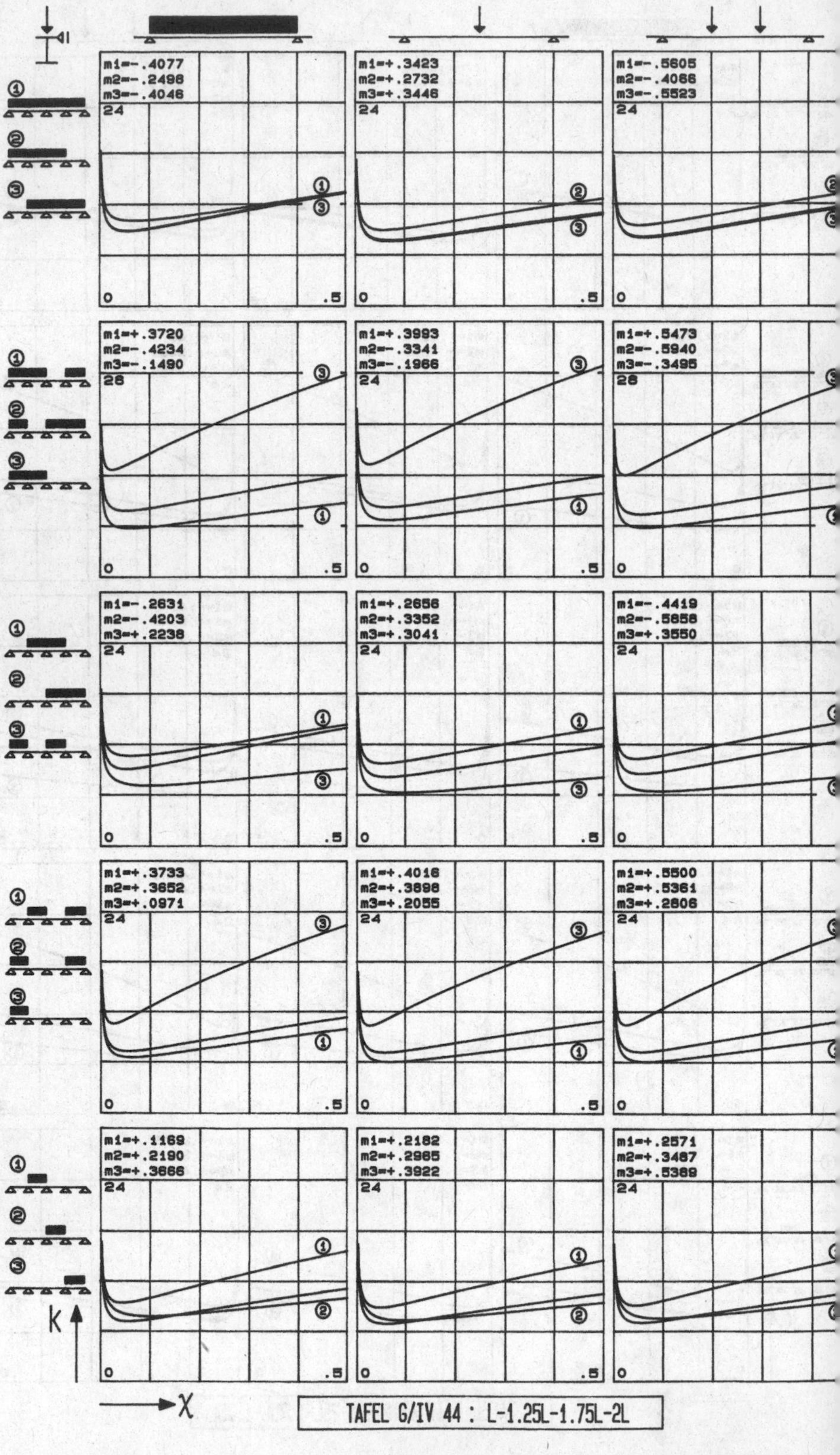

TAFEL G/IV 44 : L-1.25L-1.75L-2L

GV

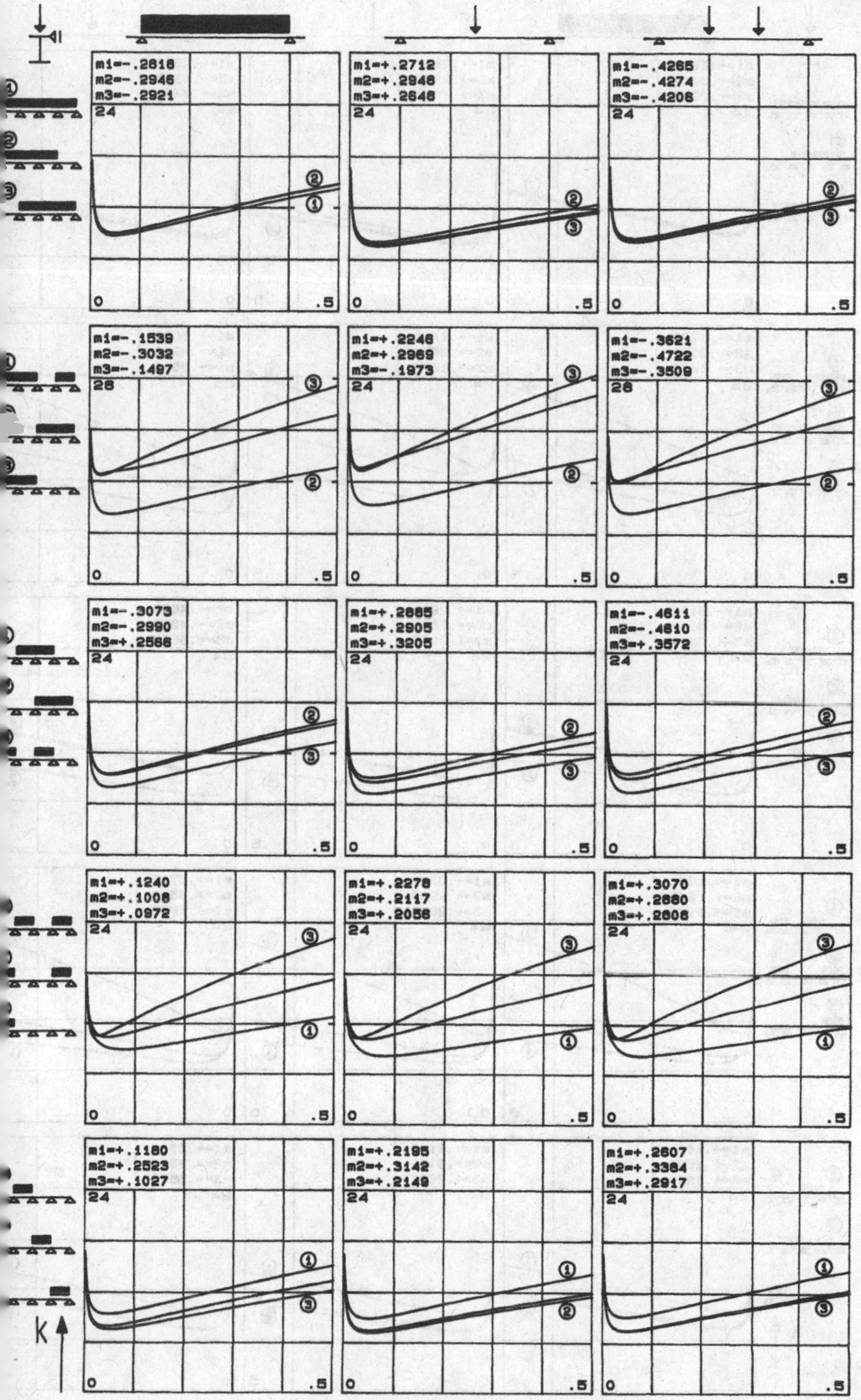

m1=-.2818
m2=-.2946
m3=-.2921
24
m1=+.2712
m2=+.2846
m3=+.2646
24
m1=-.4265
m2=-.4274
m3=-.4206
24
m1=-.1539
m2=-.3032
m3=-.1497
28
m1=+.2246
m2=+.2969
m3=-.1973
24
m1=-.3621
m2=-.4722
m3=-.3509
28
m1=-.3073
m2=-.2990
m3=+.2566
24
m1=+.2865
m2=+.2905
m3=+.3205
24
m1=-.4611
m2=-.4610
m3=+.3572
24
m1=+.1240
m2=+.1008
m3=+.0972
24
m1=+.2278
m2=+.2117
m3=+.2056
24
m1=+.3070
m2=+.2880
m3=+.2608
24
m1=+.1180
m2=+.2523
m3=+.1027
24
m1=+.2195
m2=+.3142
m3=+.2149
24
m1=+.2607
m2=+.3384
m3=+.2917
24
K
X
G IV

TAFEL G/IV 45 : L-1.25L-2L-L

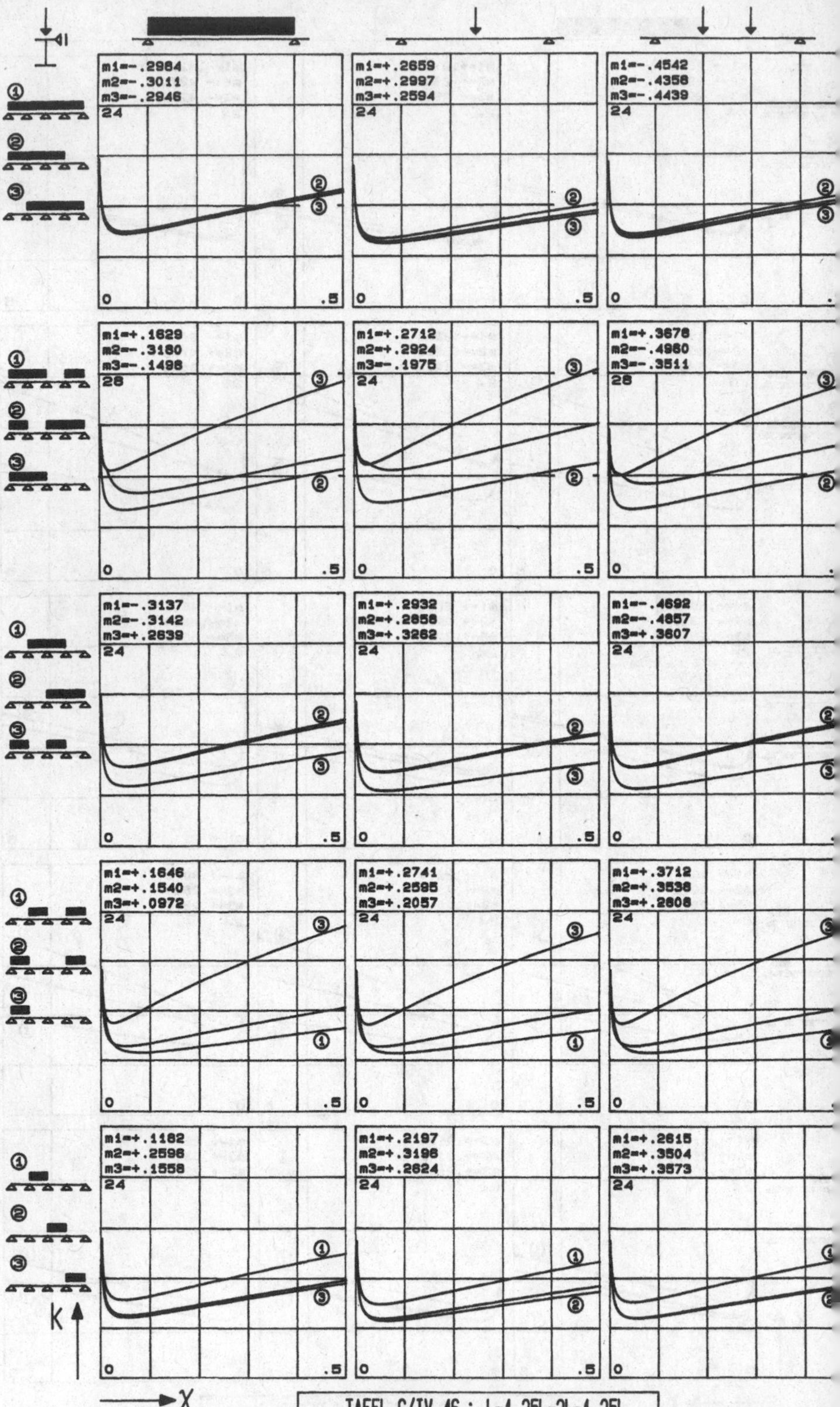

TAFEL G/IV 46 : L-1.25L-2L-1.25L

GV

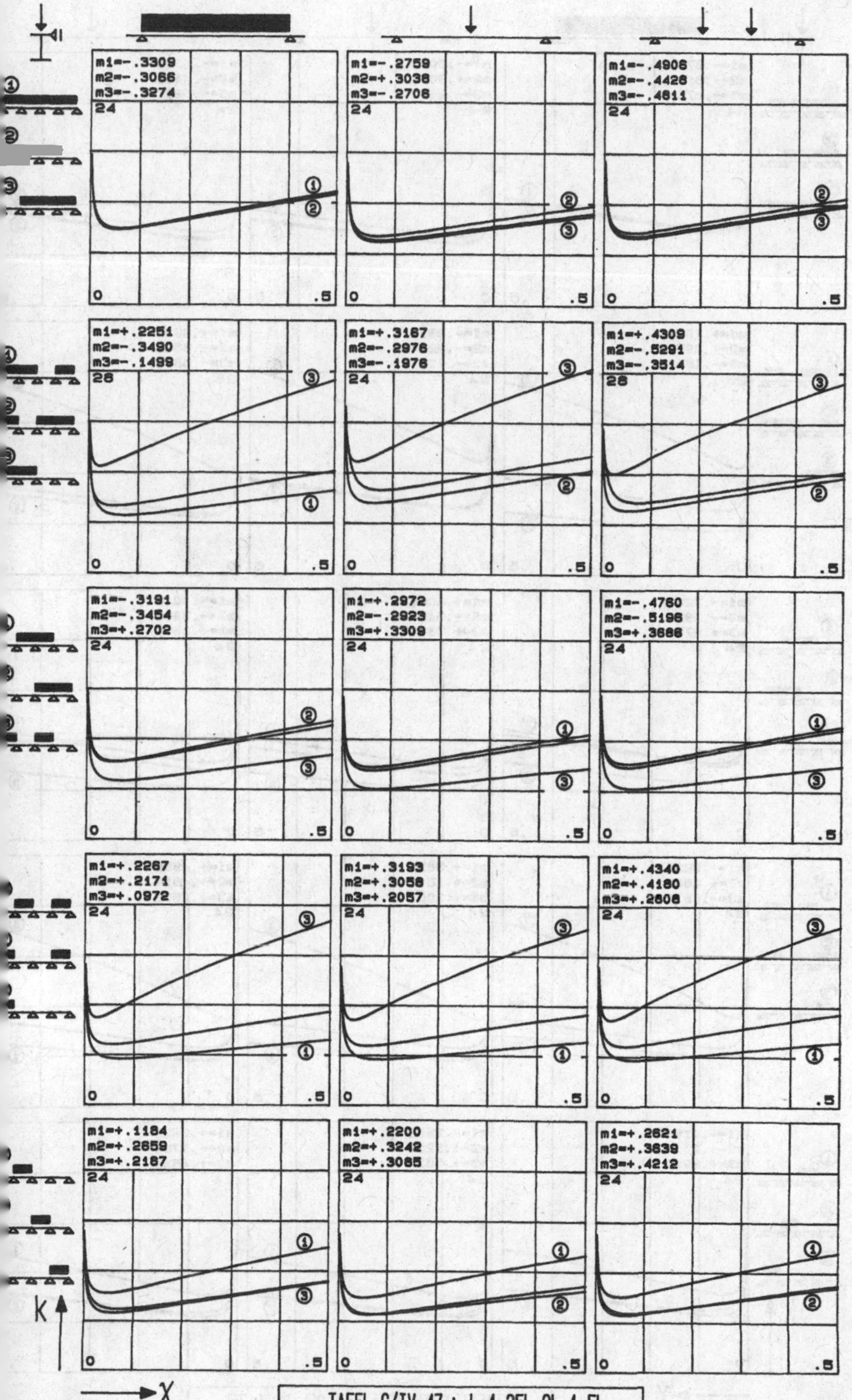

m1=-.3309
m2=-.3066
m3=-.3274
24
m1=-.2759
m2=+.3036
m3=-.2706
24
m1=-.4906
m2=-.4426
m3=-.4611
24
m1=+.2251
m2=-.3490
m3=-.1499
28
m1=+.3167
m2=-.2976
m3=-.1976
24
m1=+.4309
m2=-.5291
m3=-.3514
28
m1=-.3191
m2=-.3454
m3=+.2702
24
m1=+.2972
m2=-.2923
m3=+.3309
24
m1=-.4760
m2=-.5196
m3=+.3686
24
m1=+.2267
m2=+.2171
m3=+.0972
24
m1=+.3193
m2=+.3056
m3=+.2057
24
m1=+.4340
m2=+.4180
m3=+.2808
24
m1=+.1184
m2=+.2659
m3=+.2187
24
m1=+.2200
m2=+.3242
m3=+.3085
24
m1=+.2621
m2=+.3639
m3=+.4212
24
K
X

TAFEL G/IV 47 : L-1.25L-2L-1.5L.

G IV

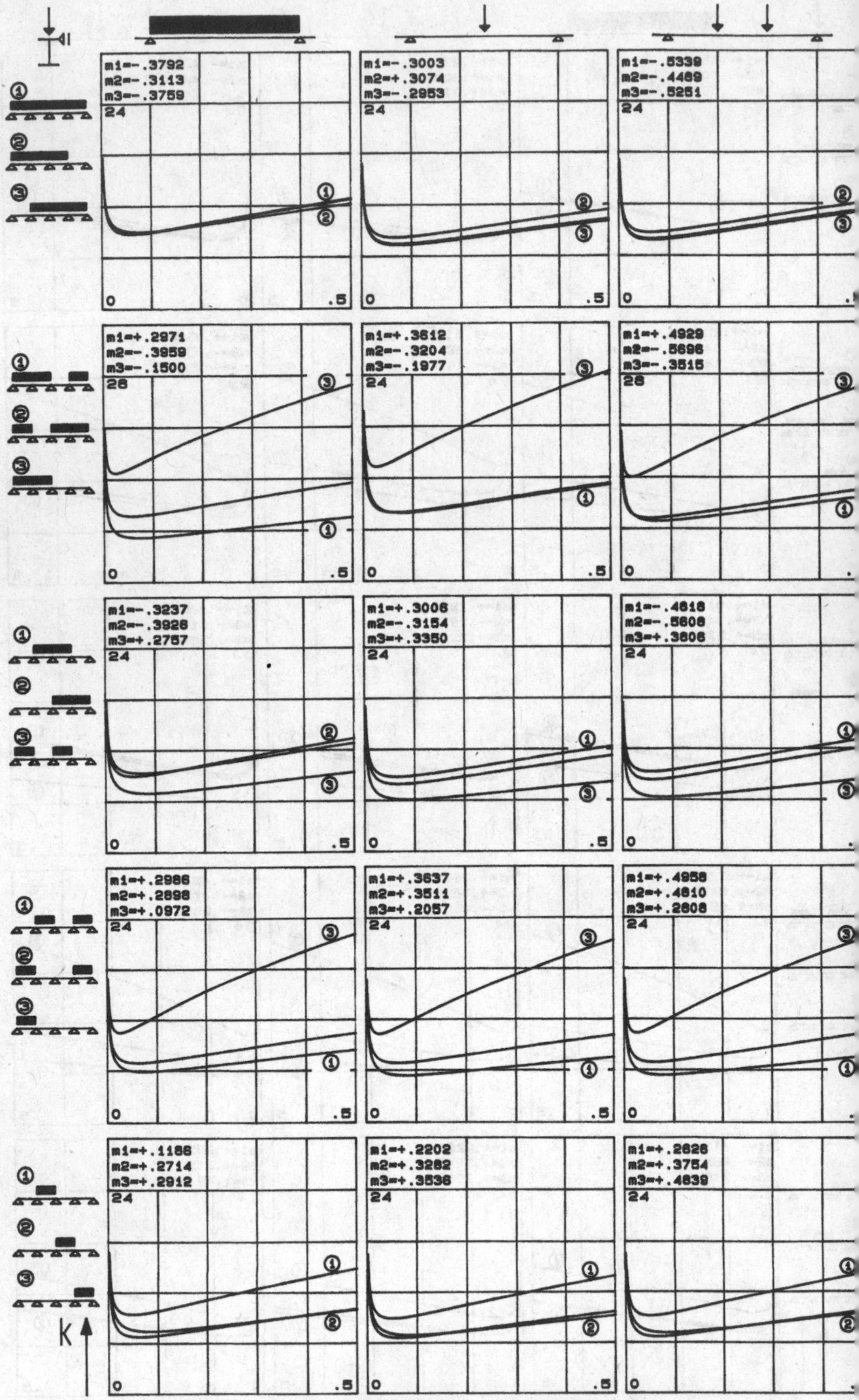
m1=-.3792
m2=-.3113
m3=-.3759
24
m1=-.3003
m2=+.3074
m3=-.2853
24
m1=-.5339
m2=-.4489
m3=-.5251
24
m1=+.2971
m2=-.3959
m3=-.1500
28
m1=+.3612
m2=-.3204
m3=-.1977
24
m1=+.4929
m2=-.5696
m3=-.3515
28
m1=-.3237
m2=-.3926
m3=+.2757
24
m1=+.3006
m2=-.3154
m3=+.3350
24
m1=-.4818
m2=-.5606
m3=+.3806
24
m1=+.2986
m2=+.2898
m3=+.0972
24
m1=+.3637
m2=+.3511
m3=+.2057
24
m1=+.4958
m2=+.4810
m3=+.2808
24
m1=+.1186
m2=+.2714
m3=+.2912
24
m1=+.2202
m2=+.3282
m3=+.3536
24
m1=+.2626
m2=+.3754
m3=+.4839
24
0
.5
K
X

TAFEL G/IV 48 : L-1.25L-2L-1.75L

GV

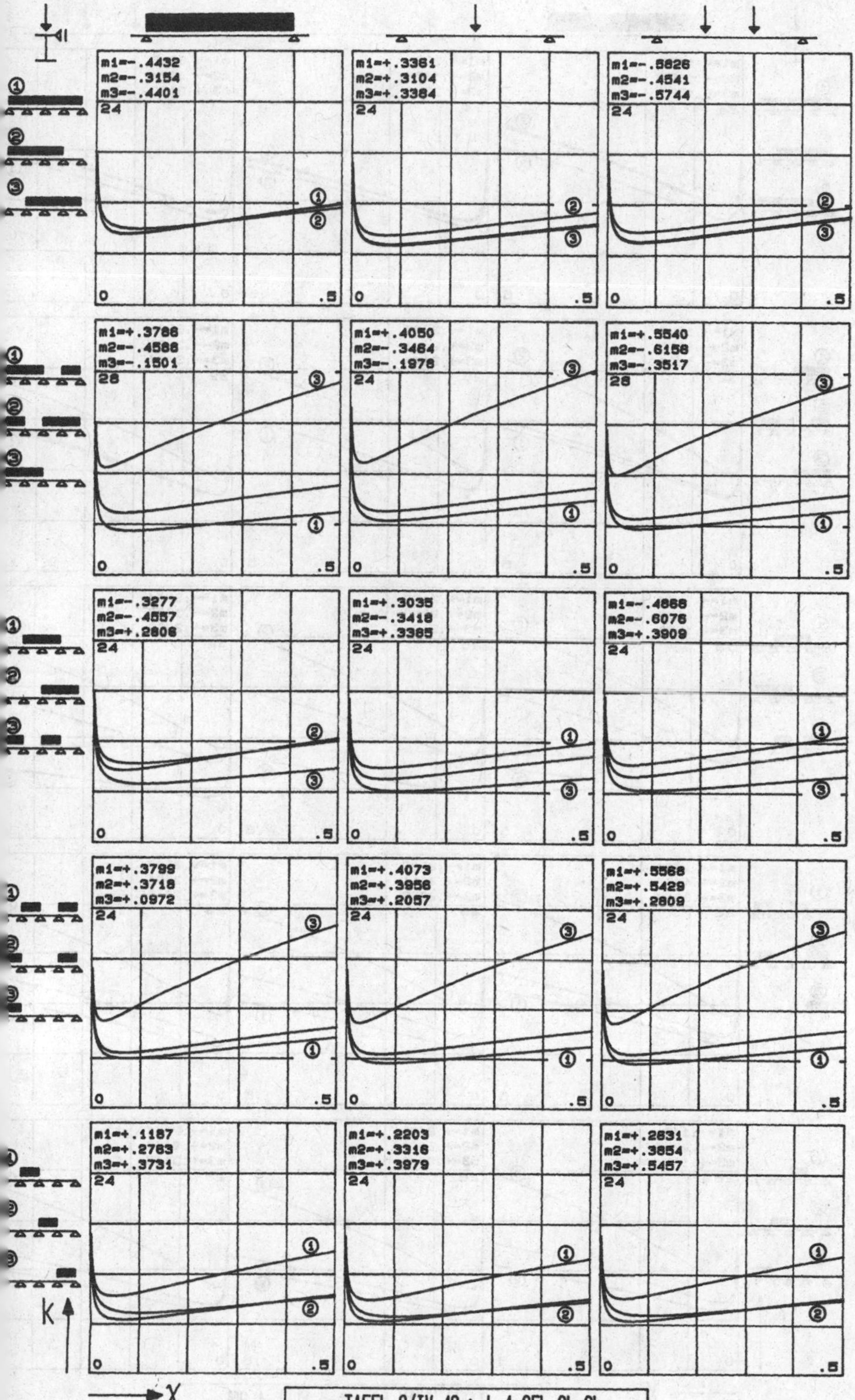

m1=-.4432
m2=-.3154
m3=-.4401
24
m1=+.3361
m2=+.3104
m3=+.3384
24
m1=-.5826
m2=-.4541
m3=-.5744
24
m1=+.3786
m2=-.4586
m3=-.1501
28
m1=+.4050
m2=-.3464
m3=-.1978
24
m1=+.5540
m2=-.6156
m3=-.3517
28
m1=-.3277
m2=-.4557
m3=+.2806
24
m1=+.3035
m2=-.3418
m3=+.3365
24
m1=-.4868
m2=-.6076
m3=+.3909
24
m1=+.3799
m2=+.3718
m3=+.0972
24
m1=+.4073
m2=+.3956
m3=+.2057
24
m1=+.5566
m2=+.5429
m3=+.2809
24
m1=+.1187
m2=+.2763
m3=+.3731
24
m1=+.2203
m2=+.3316
m3=+.3979
24
m1=+.2831
m2=+.3654
m3=+.5457
24
0
.5
K
X

TAFEL G/IV 49 : L-1.25L-2L-2L

G IV

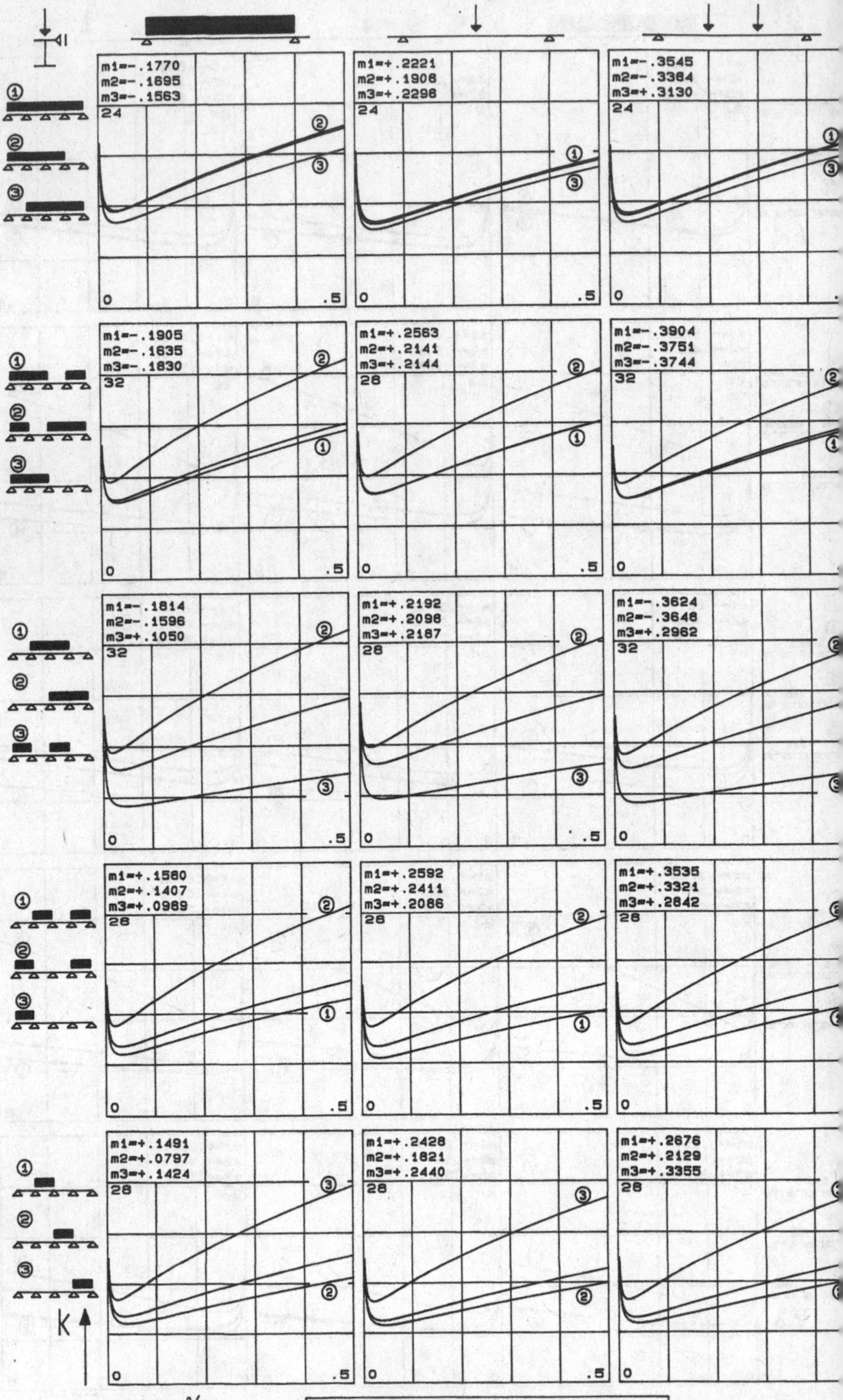
m1=-.1770
m2=-.1695
m3=-.1563
24
m1=+.2221
m2=+.1906
m3=+.2298
24
m1=-.3545
m2=-.3364
m3=+.3130
24
m1=-.1905
m2=-.1635
m3=-.1830
32
m1=+.2563
m2=+.2141
m3=+.2144
28
m1=-.3904
m2=-.3751
m3=-.3744
32
m1=-.1814
m2=-.1596
m3=+.1050
32
m1=+.2192
m2=+.2096
m3=+.2187
28
m1=-.3624
m2=-.3646
m3=+.2962
32
m1=+.1560
m2=+.1407
m3=+.0969
28
m1=+.2592
m2=+.2411
m3=+.2086
28
m1=+.3535
m2=+.3321
m3=+.2842
28
m1=+.1491
m2=+.0797
m3=+.1424
28
m1=+.2428
m2=+.1821
m3=+.2440
28
m1=+.2676
m2=+.2129
m3=+.3355
28
0
.5
K
X

TAFEL G/IV 50 : L-1.5L-L-1.25L

GV

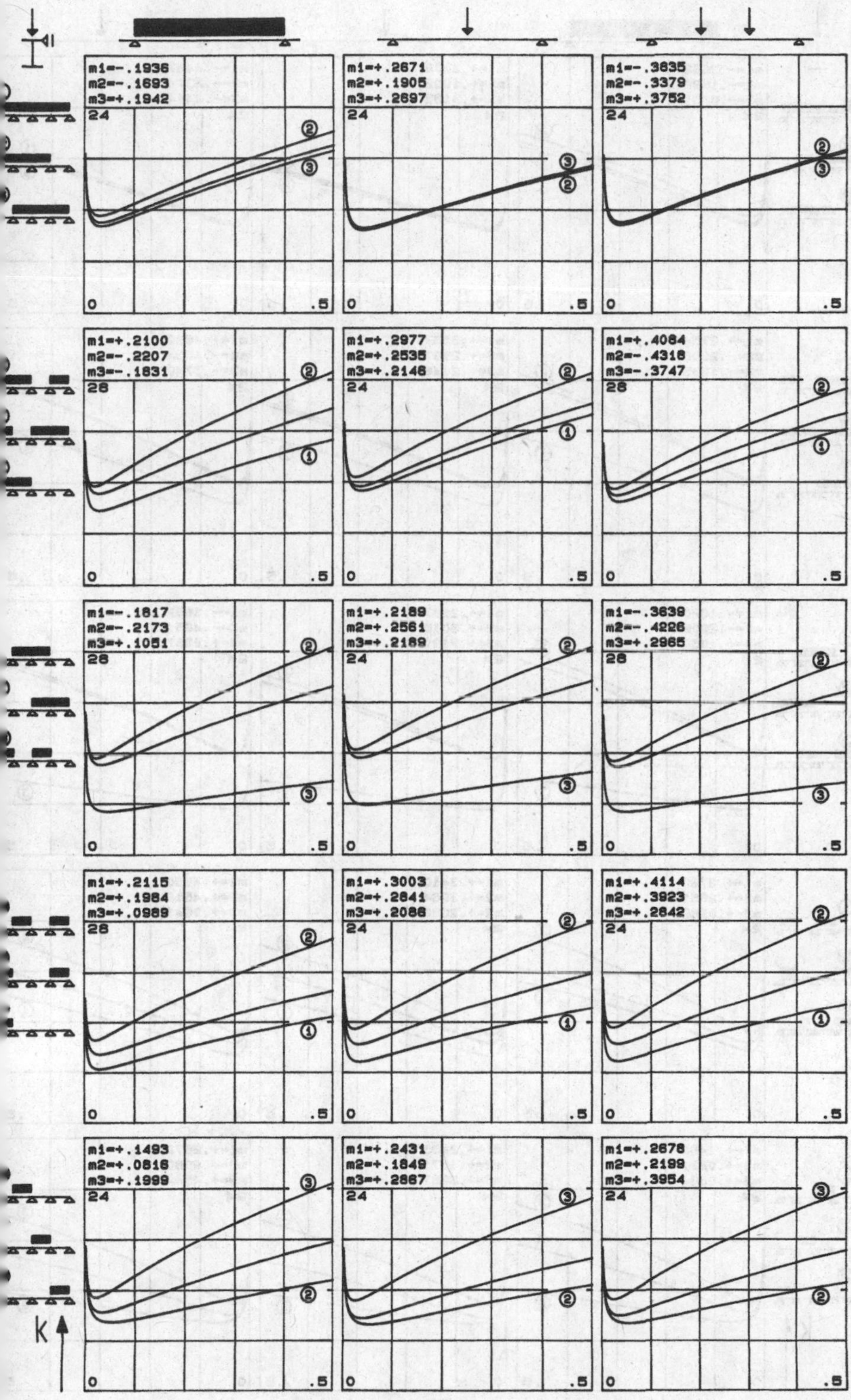
m1=-.1936
m2=-.1693
m3=+.1942
24
m1=+.2671
m2=+.1905
m3=+.2697
24
m1=-.3635
m2=-.3379
m3=+.3752
24
m1=+.2100
m2=-.2207
m3=-.1831
28
m1=+.2977
m2=+.2535
m3=+.2146
24
m1=+.4084
m2=-.4318
m3=-.3747
28
m1=-.1817
m2=-.2173
m3=+.1051
28
m1=+.2189
m2=+.2561
m3=+.2189
24
m1=-.3639
m2=-.4226
m3=+.2965
28
m1=+.2115
m2=+.1984
m3=+.0989
28
m1=+.3003
m2=+.2641
m3=+.2086
24
m1=+.4114
m2=+.3923
m3=+.2642
24
m1=+.1493
m2=+.0816
m3=+.1999
24
m1=+.2431
m2=+.1849
m3=+.2867
24
m1=+.2678
m2=+.2199
m3=+.3954
24
0
.5
K
X

TAFEL G/IV 51 : L-1.5L-L-1.5L

G IV

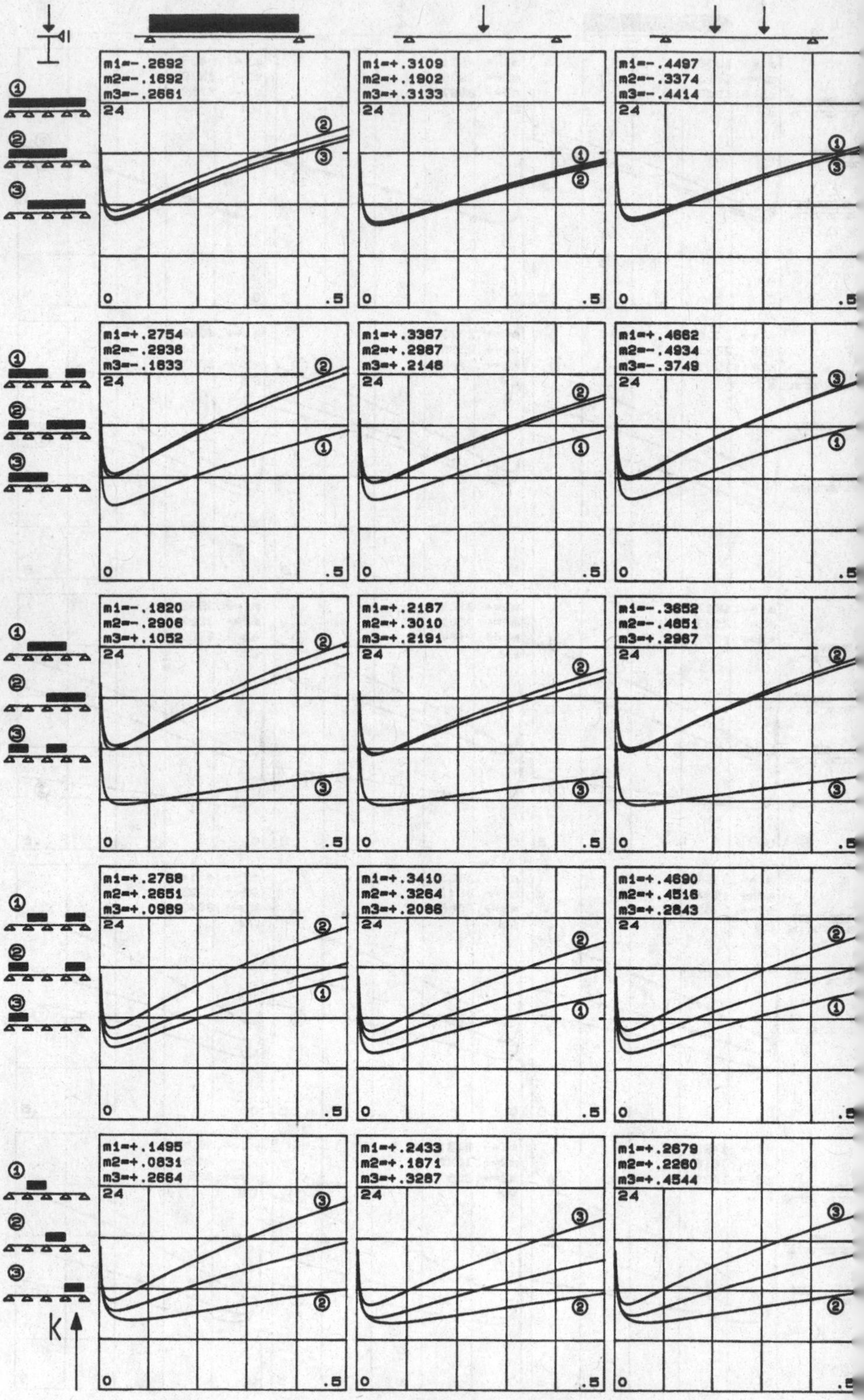
m1=-.2692
m2=-.1692
m3=-.2661
m1=+.3109
m2=+.1902
m3=+.3133
m1=-.4497
m2=-.3374
m3=-.4414
m1=+.2754
m2=-.2938
m3=-.1833
m1=+.3367
m2=+.2987
m3=+.2148
m1=+.4662
m2=-.4934
m3=-.3749
m1=-.1820
m2=-.2906
m3=+.1052
m1=+.2187
m2=+.3010
m3=+.2191
m1=-.3652
m2=-.4851
m3=+.2967
m1=+.2768
m2=+.2651
m3=+.0989
m1=+.3410
m2=+.3264
m3=+.2086
m1=+.4690
m2=+.4516
m3=+.2843
m1=+.1495
m2=+.0831
m3=+.2664
m1=+.2433
m2=+.1871
m3=+.3287
m1=+.2679
m2=+.2280
m3=+.4544
24
0
.5
K
X

TAFEL G/IV 52 : L-1.5L-L-1.75L

GV

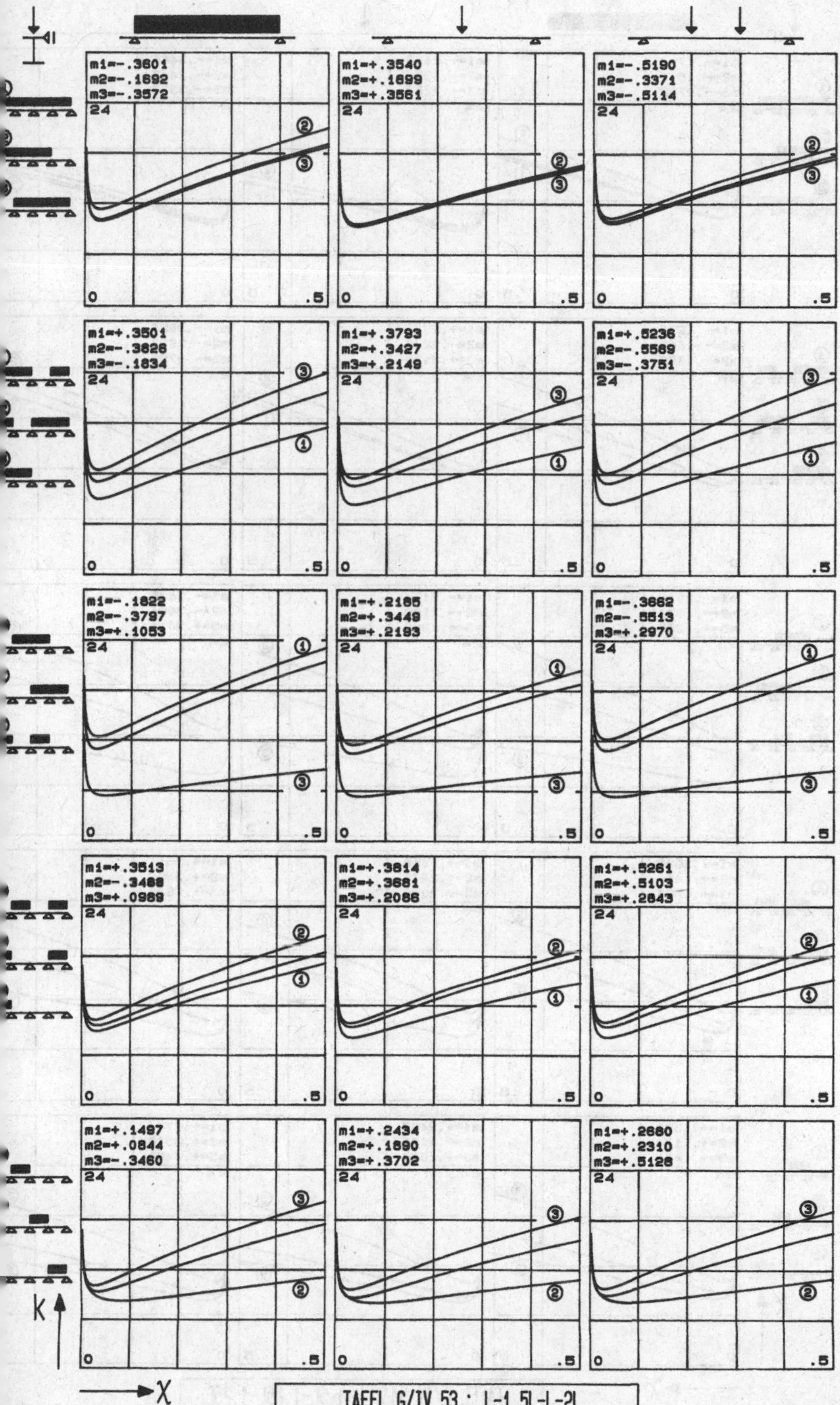

m1=-.3601
m2=-.1692
m3=-.3572
24
0
.5
m1=+.3540
m2=+.1699
m3=+.3561
24
0
.5
m1=-.5190
m2=-.3371
m3=-.5114
24
0
.5
m1=+.3501
m2=-.3826
m3=-.1834
24
0
.5
m1=+.3793
m2=+.3427
m3=+.2149
24
0
.5
m1=+.5236
m2=-.5569
m3=-.3751
24
0
.5
m1=-.1822
m2=-.3797
m3=+.1053
24
0
.5
m1=+.2185
m2=+.3449
m3=+.2193
24
0
.5
m1=-.3662
m2=-.5513
m3=+.2970
24
0
.5
m1=+.3513
m2=-.3488
m3=+.0989
24
0
.5
m1=+.3814
m2=+.3681
m3=+.2086
24
0
.5
m1=+.5261
m2=+.5103
m3=+.2843
24
0
.5
m1=+.1497
m2=+.0844
m3=-.3460
24
0
.5
m1=+.2434
m2=+.1890
m3=+.3702
24
0
.5
m1=+.2680
m2=+.2310
m3=+.5128
24
0
.5
K
X

TAFEL G/IV 53 : L-1.5L-L-2L

G IV

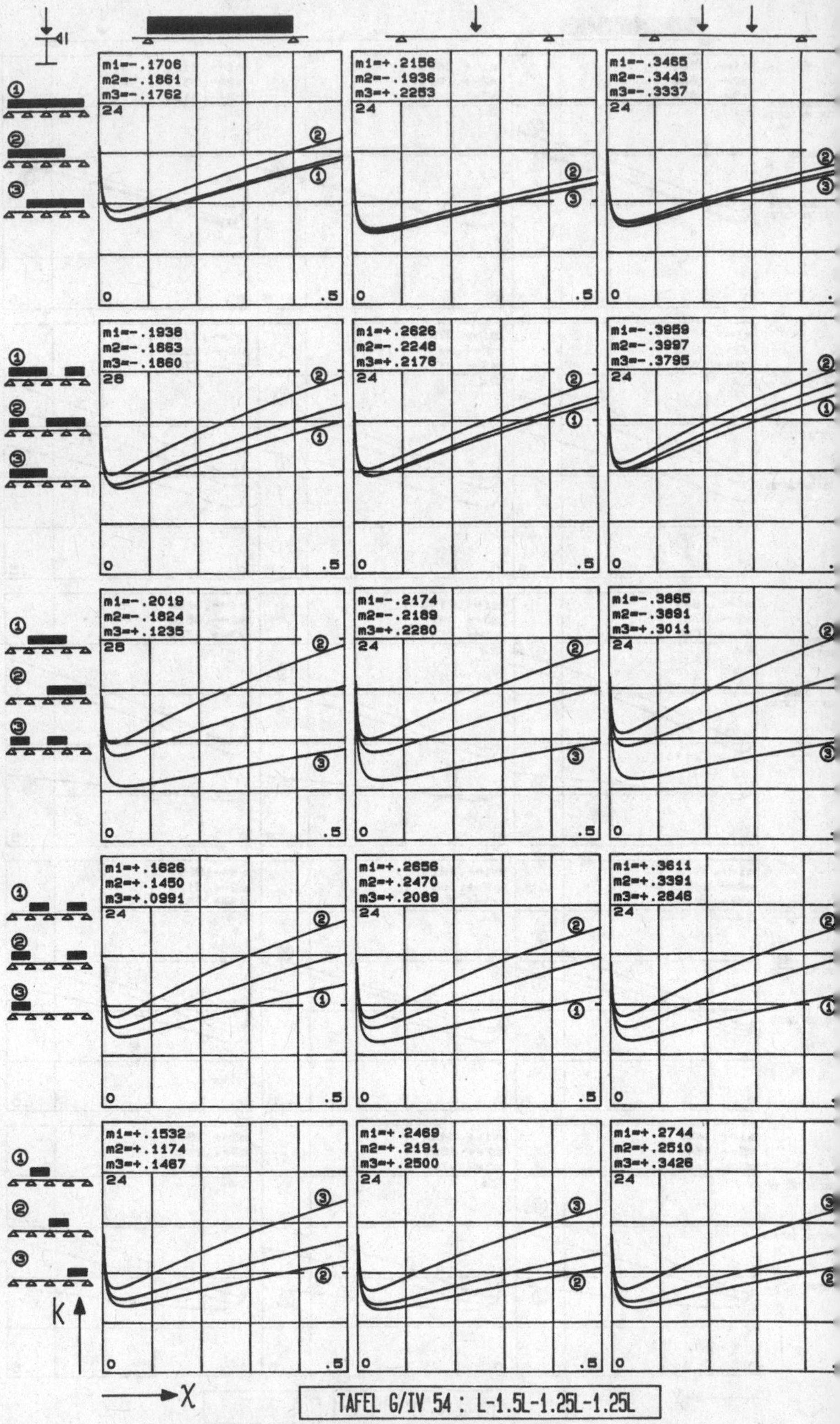

m1=-.1706
m2=-.1861
m3=-.1762
24
m1=+.2156
m2=-.1936
m3=+.2253
24
m1=-.3465
m2=-.3443
m3=-.3337
24
m1=-.1938
m2=-.1863
m3=-.1860
28
m1=+.2626
m2=-.2246
m3=+.2176
24
m1=-.3959
m2=-.3997
m3=-.3795
24
m1=-.2019
m2=-.1824
m3=+.1235
28
m1=-.2174
m2=-.2189
m3=+.2280
24
m1=-.3665
m2=-.3691
m3=+.3011
24
m1=+.1626
m2=+.1450
m3=+.0991
24
m1=+.2656
m2=+.2470
m3=+.2089
24
m1=+.3611
m2=+.3391
m3=+.2846
24
m1=+.1532
m2=+.1174
m3=+.1467
24
m1=+.2469
m2=+.2191
m3=+.2500
24
m1=+.2744
m2=+.2510
m3=+.3426
24
K
X
TAFEL G/IV 54 : L-1.5L-1.25L-1.25L

GV

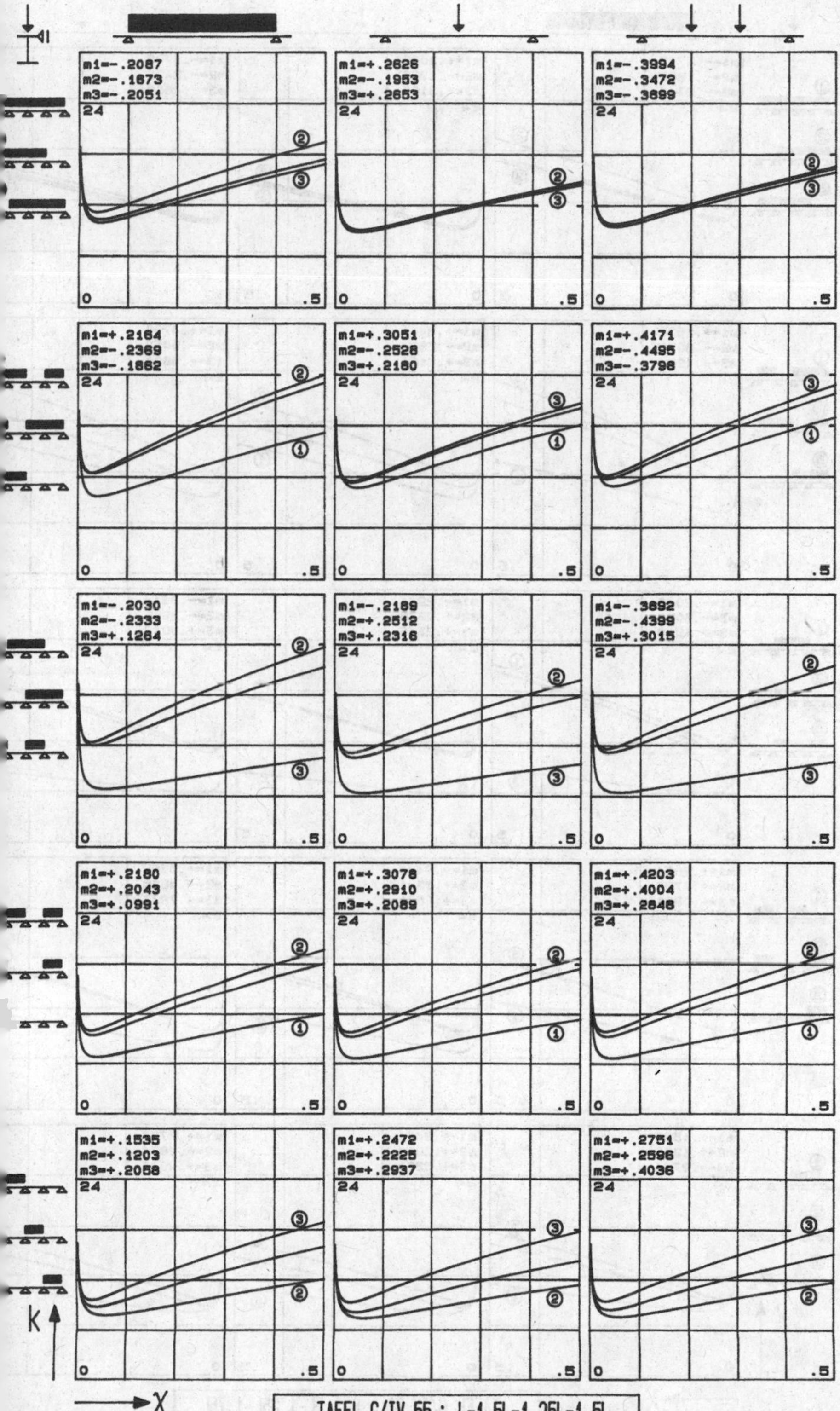
m1=-.2087
m2=-.1673
m3=-.2051
m1=+.2626
m2=-.1953
m3=+.2653
m1=-.3994
m2=-.3472
m3=-.3699
m1=+.2164
m2=-.2369
m3=-.1862
m1=+.3051
m2=-.2528
m3=+.2160
m1=+.4171
m2=-.4495
m3=-.3798
m1=-.2030
m2=-.2333
m3=+.1264
m1=-.2169
m2=+.2512
m3=+.2316
m1=-.3692
m2=-.4399
m3=+.3015
m1=+.2180
m2=+.2043
m3=+.0991
m1=+.3076
m2=+.2910
m3=+.2089
m1=+.4203
m2=+.4004
m3=+.2848
m1=+.1535
m2=+.1203
m3=+.2058
m1=+.2472
m2=+.2225
m3=+.2937
m1=+.2751
m2=+.2596
m3=+.4036
24
0
.5
K
X

TAFEL G/IV 55 : L-1.5L-1.25L-1.5L

G IV

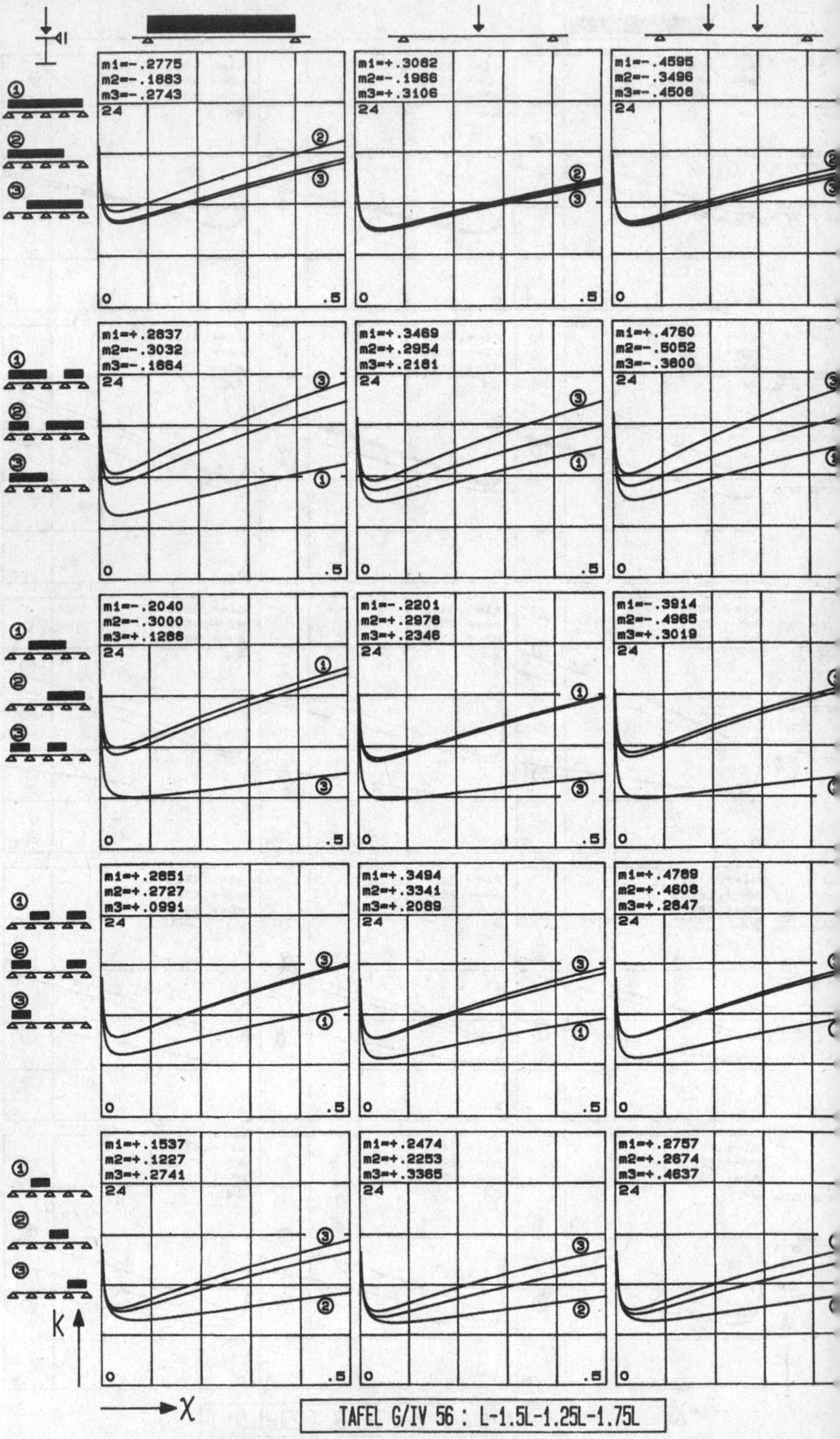
m1=-.2775
m2=-.1883
m3=-.2743
m1=+.3062
m2=-.1966
m3=+.3106
m1=-.4595
m2=-.3496
m3=-.4506
m1=+.2837
m2=-.3032
m3=-.1864
m1=+.3469
m2=+.2954
m3=+.2181
m1=+.4760
m2=-.5052
m3=-.3800
m1=-.2040
m2=-.3000
m3=+.1266
m1=-.2201
m2=+.2976
m3=+.2346
m1=-.3914
m2=-.4965
m3=+.3019
m1=+.2851
m2=+.2727
m3=+.0991
m1=+.3494
m2=+.3341
m3=+.2089
m1=+.4789
m2=+.4608
m3=+.2847
m1=+.1537
m2=+.1227
m3=+.2741
m1=+.2474
m2=+.2253
m3=+.3365
m1=+.2757
m2=+.2674
m3=+.4637
24
0
.5
K
X
TAFEL G/IV 56 : L-1.5L-1.25L-1.75L

GV

	Panel 1	Panel 2	Panel 3
Row 1	m1=-.3618 m2=-.1892 m3=-.3586	m1=+.3527 m2=-.1978 m3=+.3550	m1=-.5233 m2=-.3516 m3=-.5153
Row 2	m1=+.3602 m2=-.3854 m3=-.1865	m1=+.3884 m2=+.3409 m3=+.2183	m1=+.5344 m2=-.5653 m3=-.3803
Row 3	m1=-.2047 m2=-.3824 m3=+.1309	m1=-.2211 m2=+.3432 m3=+.2371	m1=-.3932 m2=-.5573 m3=+.3022
Row 4	m1=+.3614 m2=+.3502 m3=+.0991	m1=+.3908 m2=+.3765 m3=+.2089	m1=+.5370 m2=+.5204 m3=+.2847
Row 5	m1=+.1539 m2=+.1248 m3=+.3515	m1=+.2476 m2=+.2276 m3=+.3788	m1=+.2762 m2=+.2739 m3=+.5230

TAFEL G/IV 57 : L-1.5L-1.25L-2L

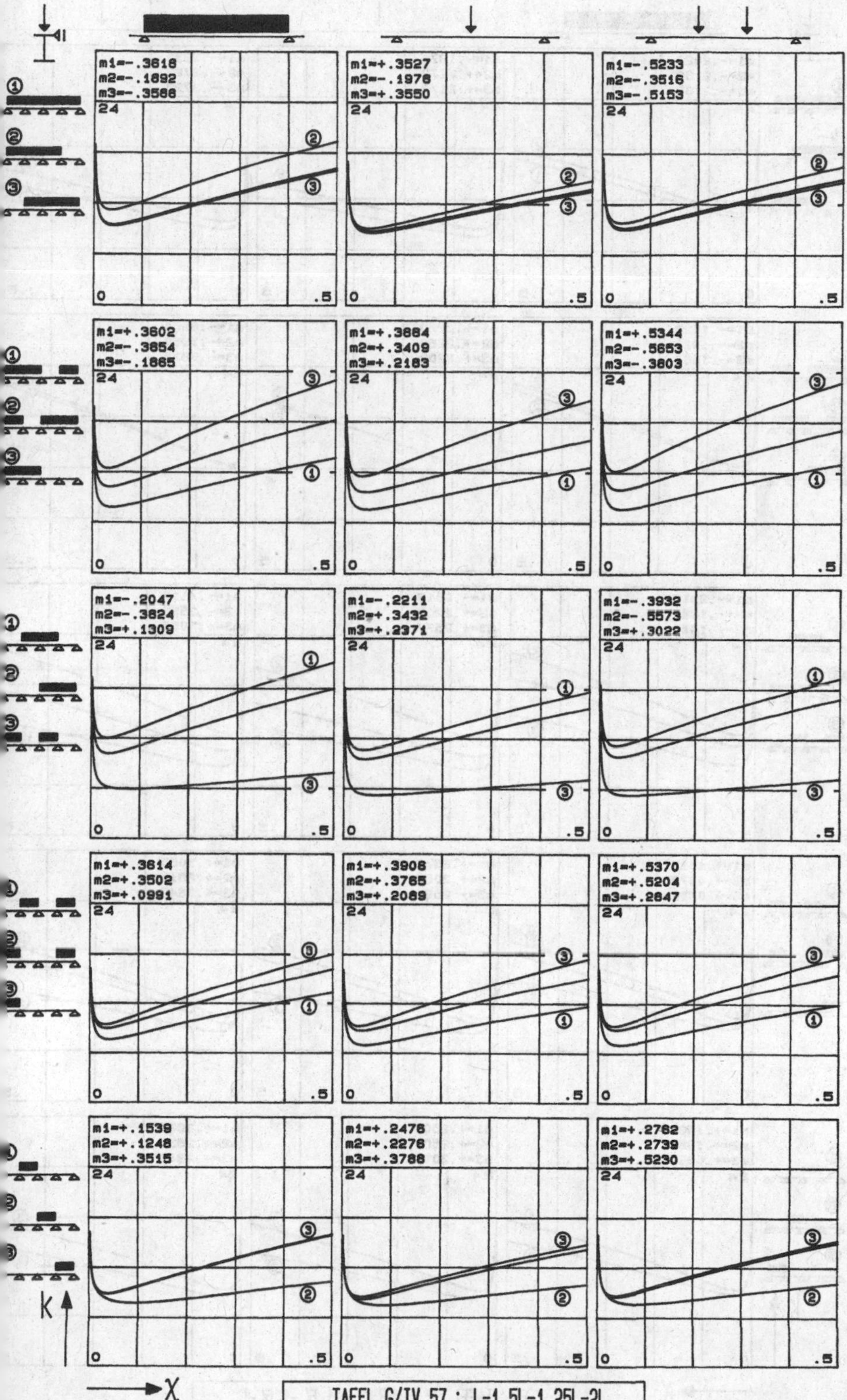

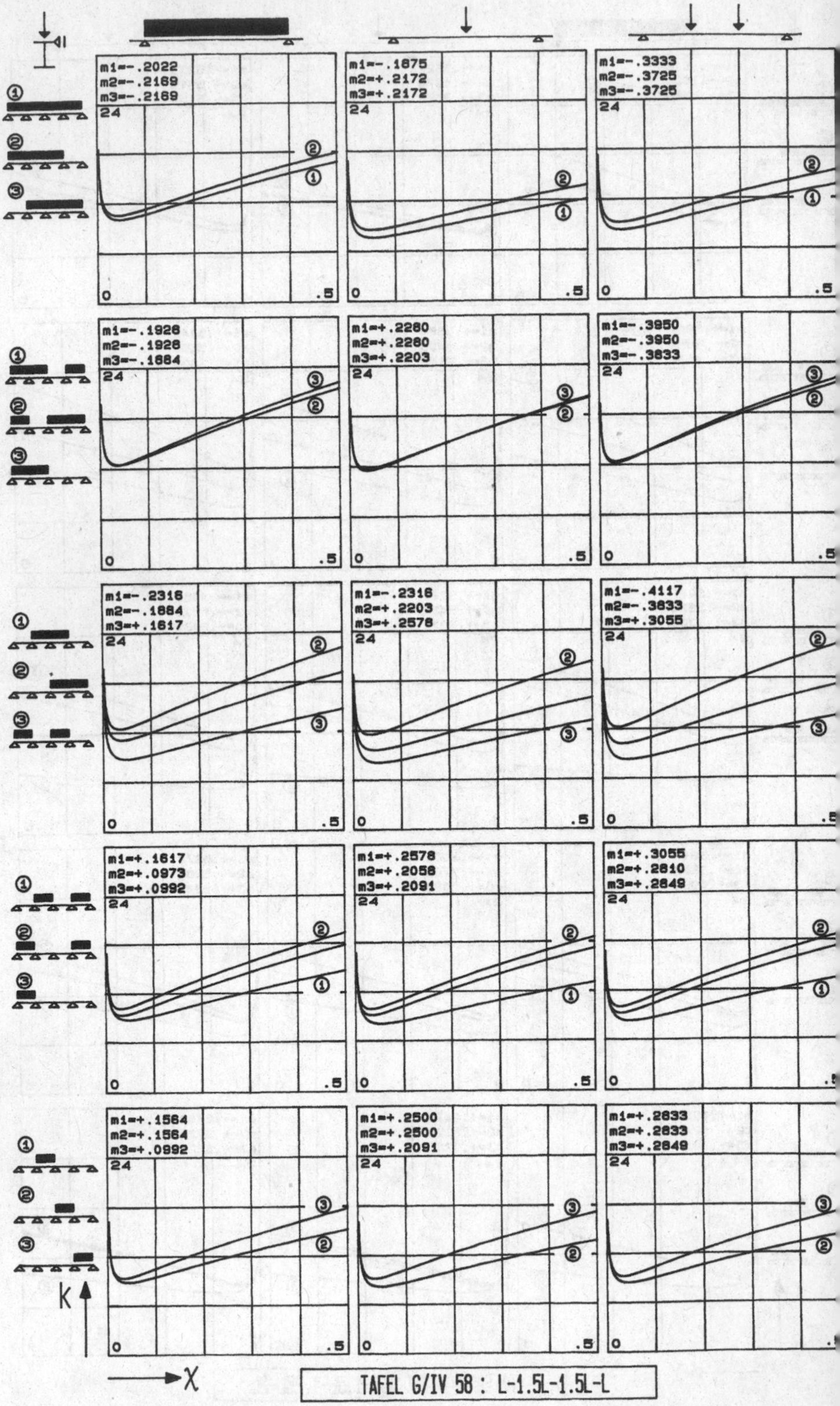

m1=-.2022
m2=-.2169
m3=-.2169
24
m1=-.1875
m2=+.2172
m3=+.2172
24
m1=-.3333
m2=-.3725
m3=-.3725
24
m1=-.1926
m2=-.1926
m3=-.1684
24
m1=+.2280
m2=+.2280
m3=+.2203
24
m1=-.3950
m2=-.3950
m3=-.3633
24
m1=-.2316
m2=-.1684
m3=+.1617
24
m1=-.2316
m2=+.2203
m3=+.2578
24
m1=-.4117
m2=-.3633
m3=+.3055
24
m1=+.1617
m2=+.0973
m3=+.0992
24
m1=+.2578
m2=+.2058
m3=+.2091
24
m1=+.3055
m2=+.2610
m3=+.2849
24
m1=+.1564
m2=+.1564
m3=+.0992
24
m1=+.2500
m2=+.2500
m3=+.2091
24
m1=+.2833
m2=+.2833
m3=+.2849
24
0
.5
K
X

TAFEL G/IV 58 : L-1.5L-1.5L-L

G V

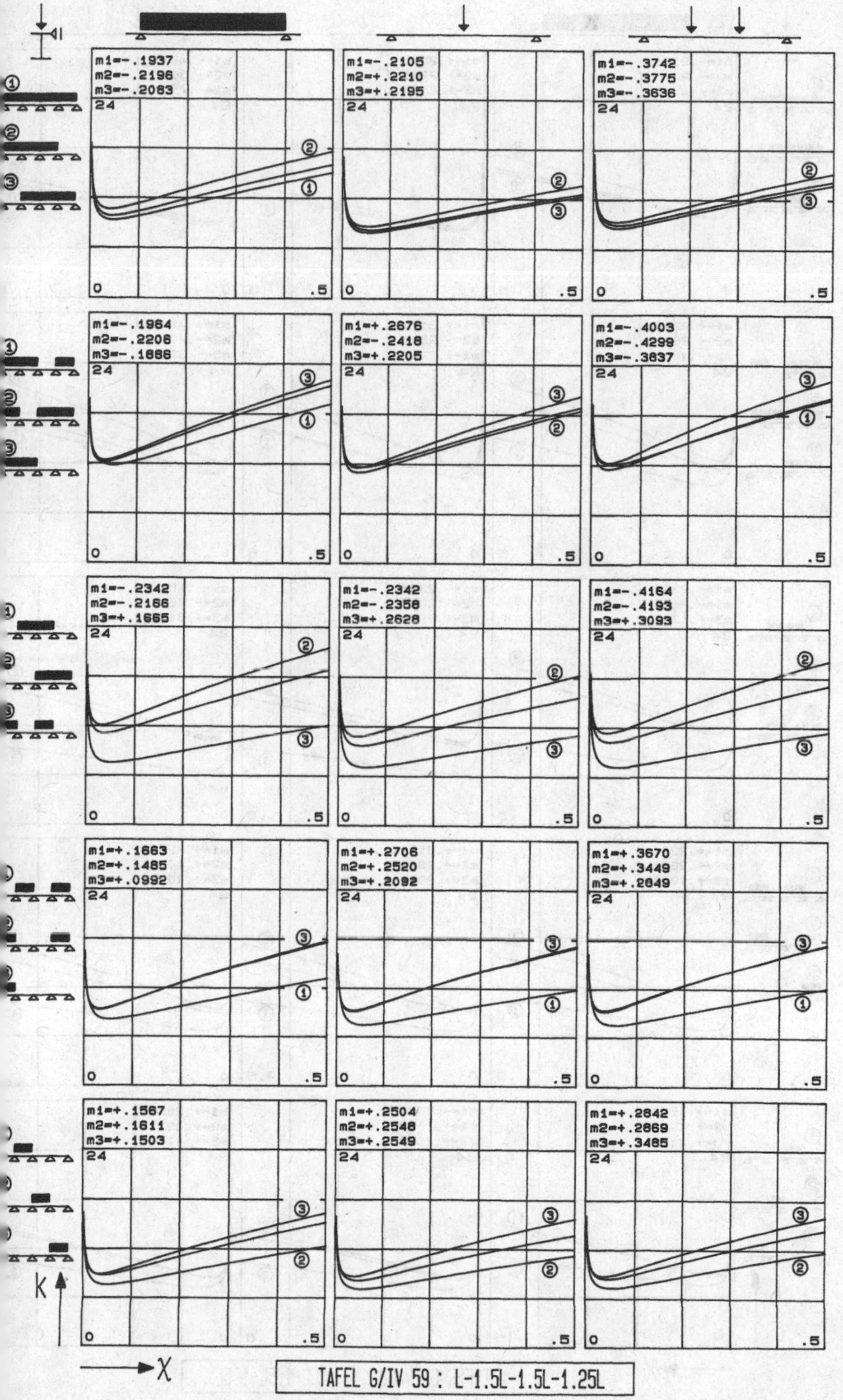

m1=-.1937
m2=-.2196
m3=-.2083
m1=-.2105
m2=+.2210
m3=+.2195
m1=-.3742
m2=-.3775
m3=-.3636
m1=-.1964
m2=-.2206
m3=-.1886
m1=+.2676
m2=-.2418
m3=+.2205
m1=-.4003
m2=-.4299
m3=-.3637
m1=-.2342
m2=-.2166
m3=+.1665
m1=-.2342
m2=-.2358
m3=+.2628
m1=-.4164
m2=-.4193
m3=+.3093
m1=+.1663
m2=+.1485
m3=+.0992
m1=+.2706
m2=+.2520
m3=+.2092
m1=+.3670
m2=+.3449
m3=+.2849
m1=+.1567
m2=+.1611
m3=+.1503
m1=+.2504
m2=+.2548
m3=+.2549
m1=+.2842
m2=+.2869
m3=+.3485
24
0
.5
K
X

TAFEL G/IV 59 : L-1.5L-1.5L-1.25L

G IV

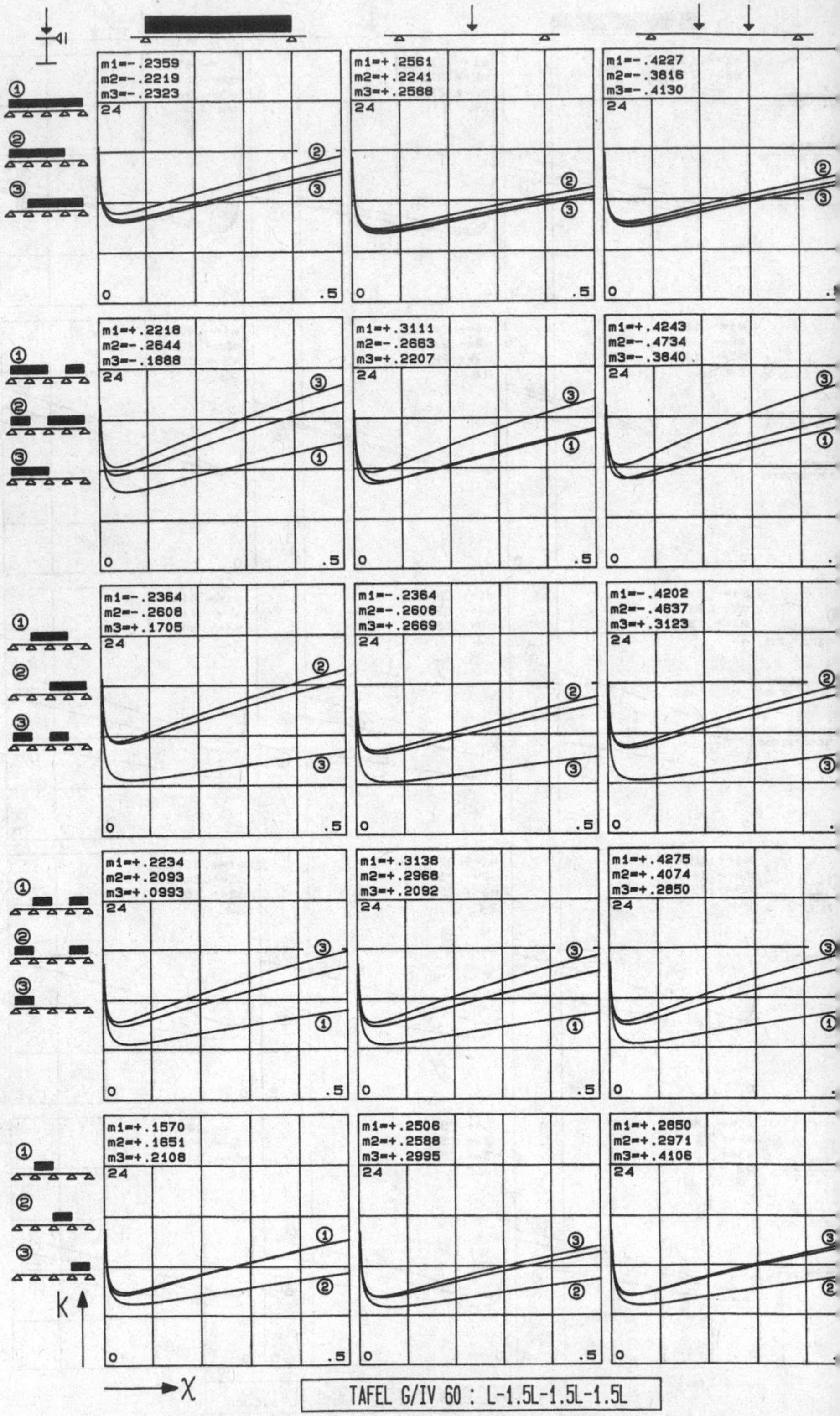

m1=-.2359
m2=-.2219
m3=-.2323
m1=+.2561
m2=+.2241
m3=+.2588
m1=-.4227
m2=-.3816
m3=-.4130
m1=+.2218
m2=-.2644
m3=-.1888
m1=+.3111
m2=-.2663
m3=+.2207
m1=+.4243
m2=-.4734
m3=-.3640
m1=-.2364
m2=-.2608
m3=+.1705
m1=-.2364
m2=-.2608
m3=+.2669
m1=-.4202
m2=-.4637
m3=+.3123
m1=+.2234
m2=+.2093
m3=+.0993
m1=+.3138
m2=+.2968
m3=+.2092
m1=+.4275
m2=+.4074
m3=+.2850
m1=+.1570
m2=+.1651
m3=+.2108
m1=+.2506
m2=+.2588
m3=+.2995
m1=+.2850
m2=+.2971
m3=+.4106
24
0
.5
K
X

TAFEL G/IV 60 : L-1.5L-1.5L-1.5L

GV

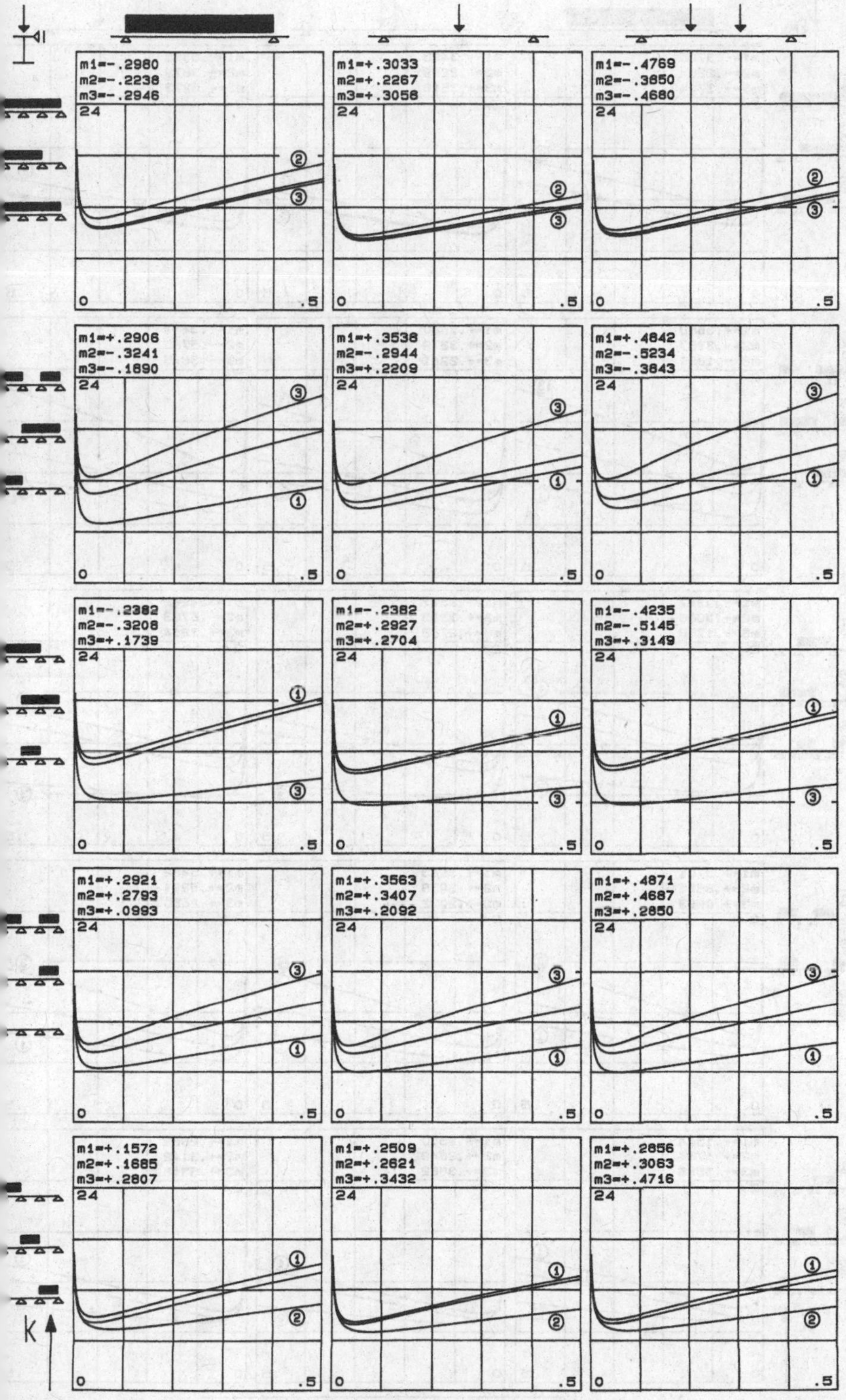
m1=-.2980
m2=-.2238
m3=-.2946
m1=+.3033
m2=+.2267
m3=+.3056
m1=-.4769
m2=-.3650
m3=-.4680
m1=+.2906
m2=-.3241
m3=-.1690
m1=+.3536
m2=-.2944
m3=+.2209
m1=+.4842
m2=-.5234
m3=-.3643
m1=-.2382
m2=-.3208
m3=+.1739
m1=-.2382
m2=+.2927
m3=+.2704
m1=-.4235
m2=-.5145
m3=+.3149
m1=+.2921
m2=+.2793
m3=+.0993
m1=+.3563
m2=+.3407
m3=+.2092
m1=+.4871
m2=+.4687
m3=+.2850
m1=+.1572
m2=+.1685
m3=+.2807
m1=+.2509
m2=+.2621
m3=+.3432
m1=+.2656
m2=+.3063
m3=+.4716
24
0
.5
K
X

TAFEL G/IV 61 : L-1.5L-1.5L-1.75L

G IV

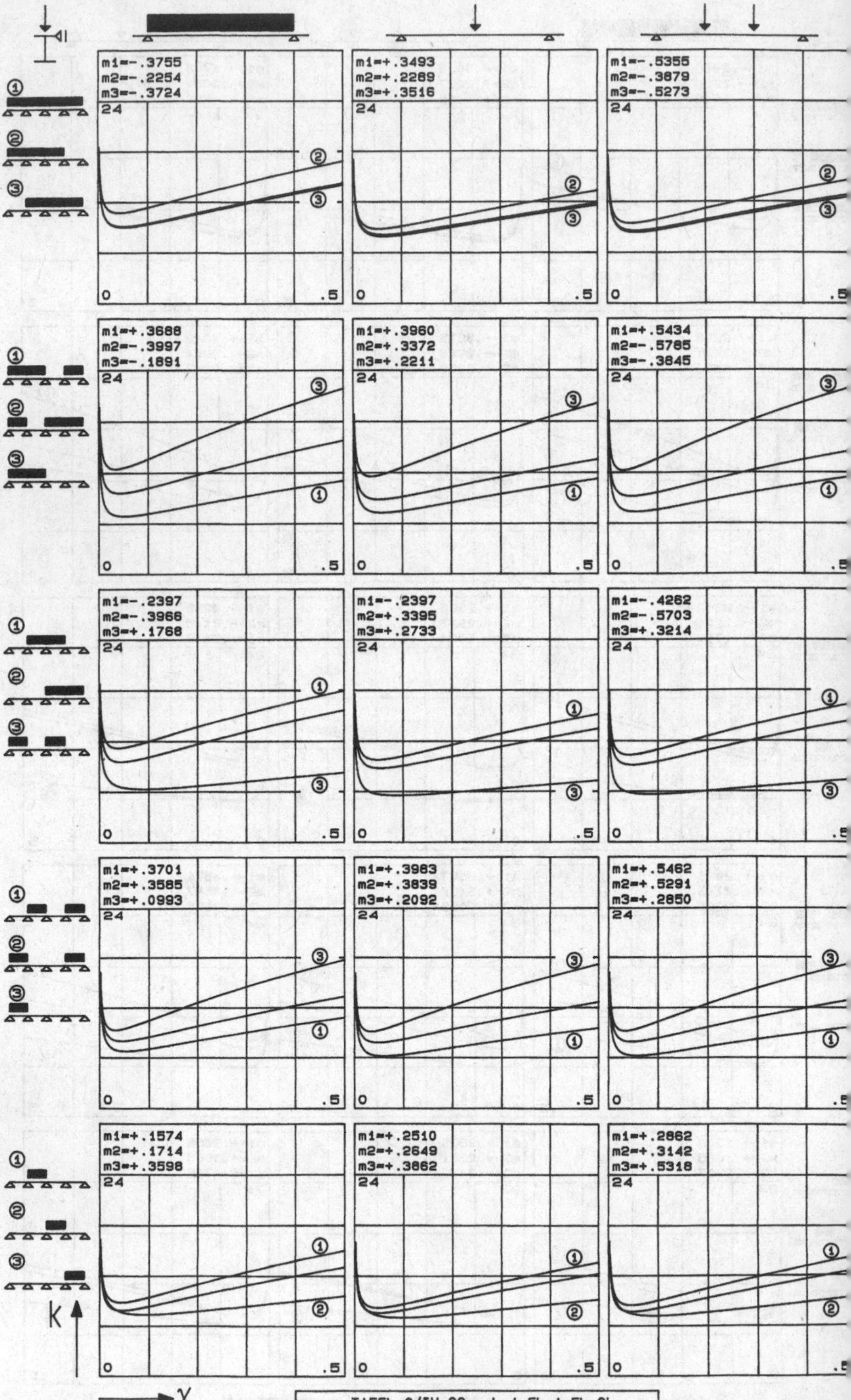

m1=-.3755
m2=-.2254
m3=-.3724
24
m1=+.3493
m2=+.2289
m3=+.3516
24
m1=-.5355
m2=-.3879
m3=-.5273
24
m1=+.3688
m2=-.3997
m3=-.1891
24
m1=+.3960
m2=+.3372
m3=+.2211
24
m1=+.5434
m2=-.5785
m3=-.3845
24
m1=-.2397
m2=-.3966
m3=+.1768
24
m1=-.2397
m2=+.3395
m3=+.2733
24
m1=-.4262
m2=-.5703
m3=+.3214
24
m1=+.3701
m2=+.3585
m3=+.0993
24
m1=+.3983
m2=+.3839
m3=+.2092
24
m1=+.5462
m2=+.5291
m3=+.2850
24
m1=+.1574
m2=+.1714
m3=+.3598
24
m1=+.2510
m2=+.2649
m3=+.3862
24
m1=+.2862
m2=+.3142
m3=+.5318
24
0
.5
K
X

TAFEL G/IV 62 : L-1.5L-1.5L-2L

G
V

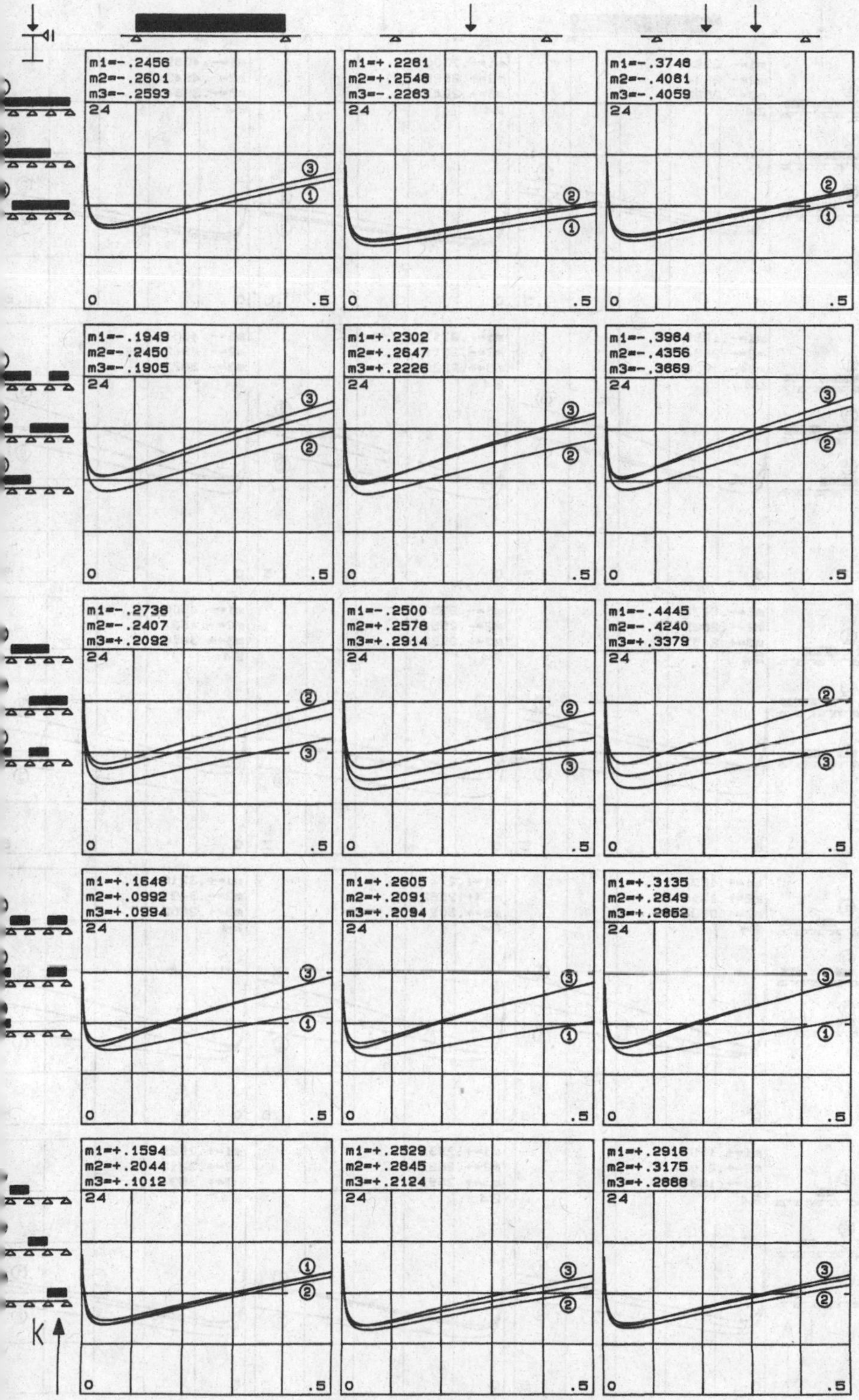
m1=-.2456
m2=-.2601
m3=-.2593
m1=+.2261
m2=+.2546
m3=-.2263
m1=-.3748
m2=-.4081
m3=-.4059
m1=-.1949
m2=-.2450
m3=-.1905
m1=+.2302
m2=+.2647
m3=+.2226
m1=-.3984
m2=-.4356
m3=-.3669
m1=-.2736
m2=-.2407
m3=+.2092
m1=-.2500
m2=+.2578
m3=+.2914
m1=-.4445
m2=-.4240
m3=+.3379
m1=+.1648
m2=+.0992
m3=+.0994
m1=+.2605
m2=+.2091
m3=+.2094
m1=+.3135
m2=+.2849
m3=+.2852
m1=+.1594
m2=+.2044
m3=+.1012
m1=+.2529
m2=+.2845
m3=+.2124
m1=+.2916
m2=+.3175
m3=+.2888
24
0
.5
K
X
TAFEL G/IV 63 : L-1.5L-1.75L-L

G IV

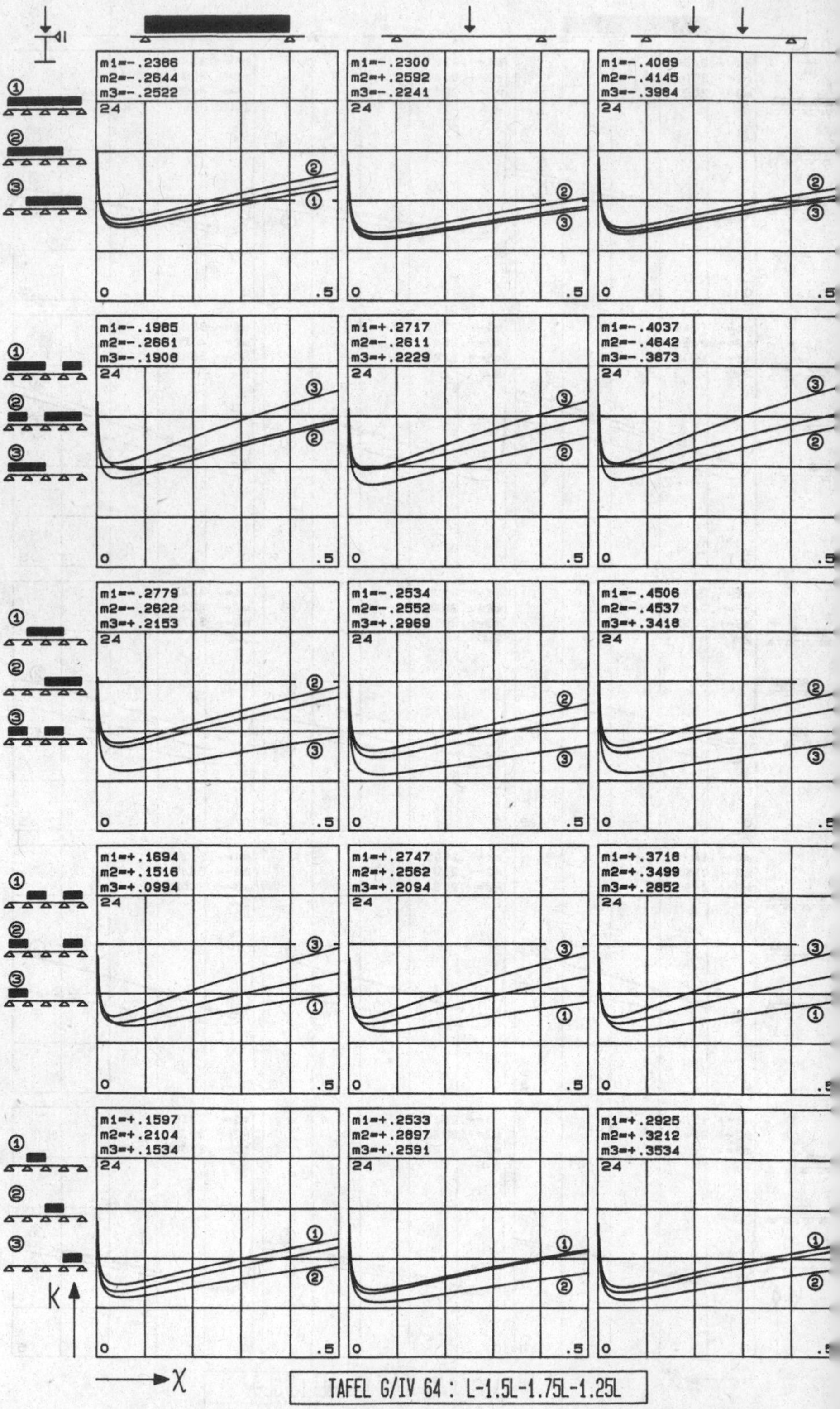

m1=-.2386
m2=-.2644
m3=-.2522
m1=-.2300
m2=+.2592
m3=-.2241
m1=-.4089
m2=-.4145
m3=-.3984
m1=-.1985
m2=-.2661
m3=-.1908
m1=+.2717
m2=-.2611
m3=+.2229
m1=-.4037
m2=-.4642
m3=-.3873
m1=-.2779
m2=-.2622
m3=+.2153
m1=-.2534
m2=-.2552
m3=+.2969
m1=-.4506
m2=-.4537
m3=+.3418
m1=+.1694
m2=+.1516
m3=+.0994
m1=+.2747
m2=+.2562
m3=+.2094
m1=+.3718
m2=+.3499
m3=+.2852
m1=+.1597
m2=+.2104
m3=+.1534
m1=+.2533
m2=+.2897
m3=+.2591
m1=+.2925
m2=+.3212
m3=+.3534
24
0
.5
K
X

TAFEL G/IV 64 : L-1.5L-1.75L-1.25L

GV

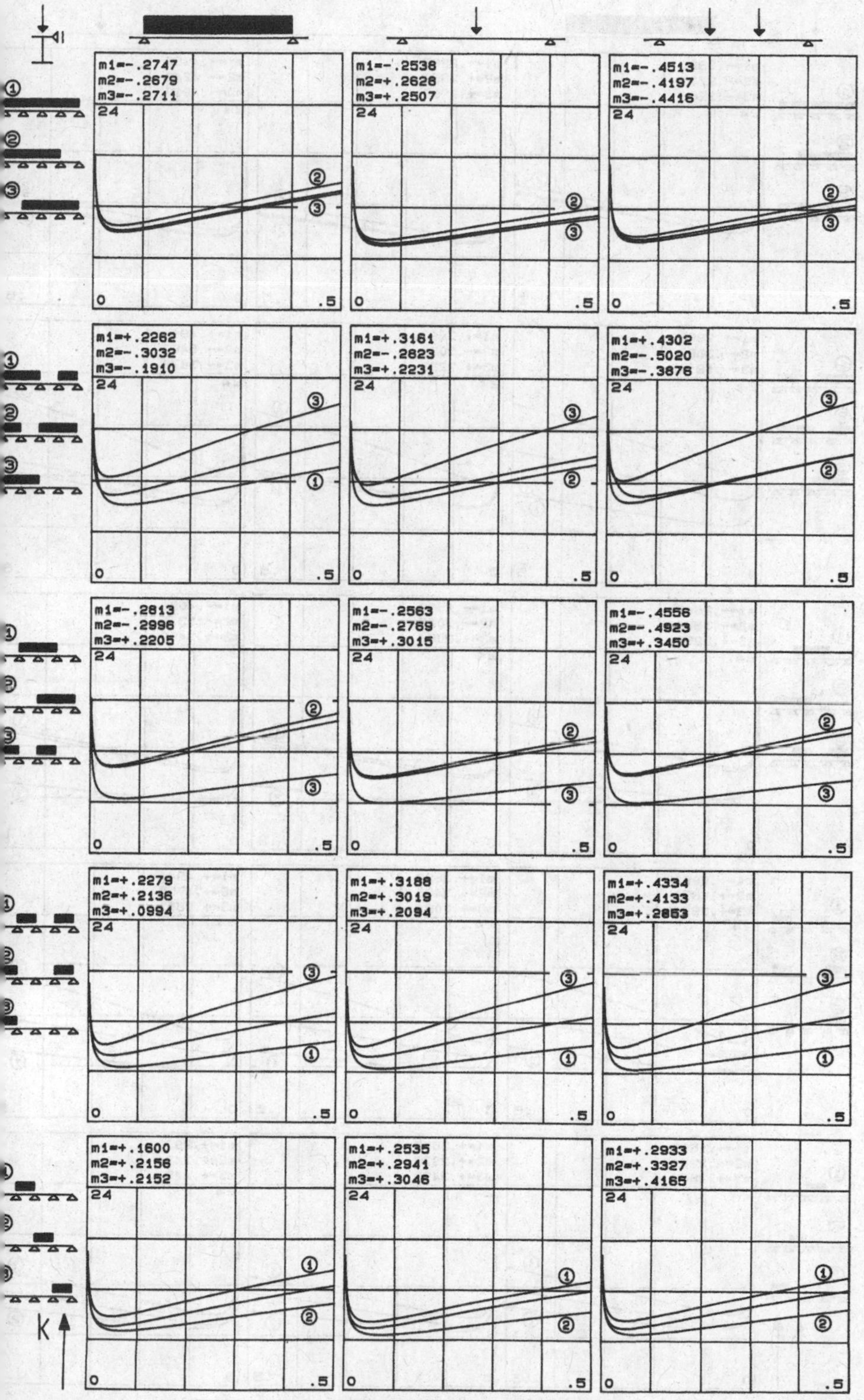
m1=-.2747
m2=-.2679
m3=-.2711
24
m1=-.2536
m2=+.2628
m3=+.2507
24
m1=-.4513
m2=-.4197
m3=-.4416
24
m1=+.2262
m2=-.3032
m3=-.1910
24
m1=+.3161
m2=-.2823
m3=+.2231
24
m1=+.4302
m2=-.5020
m3=-.3876
24
m1=-.2813
m2=-.2996
m3=+.2205
24
m1=-.2563
m2=-.2769
m3=+.3015
24
m1=-.4556
m2=-.4923
m3=+.3450
24
m1=+.2279
m2=+.2136
m3=+.0994
24
m1=+.3188
m2=+.3019
m3=+.2094
24
m1=+.4334
m2=+.4133
m3=+.2863
24
m1=+.1600
m2=+.2156
m3=+.2152
24
m1=+.2535
m2=+.2941
m3=+.3046
24
m1=+.2933
m2=+.3327
m3=+.4165
24
0
.5
K
X

TAFEL G/IV 65 : L-1.5L-1.75L-1.5L

G IV

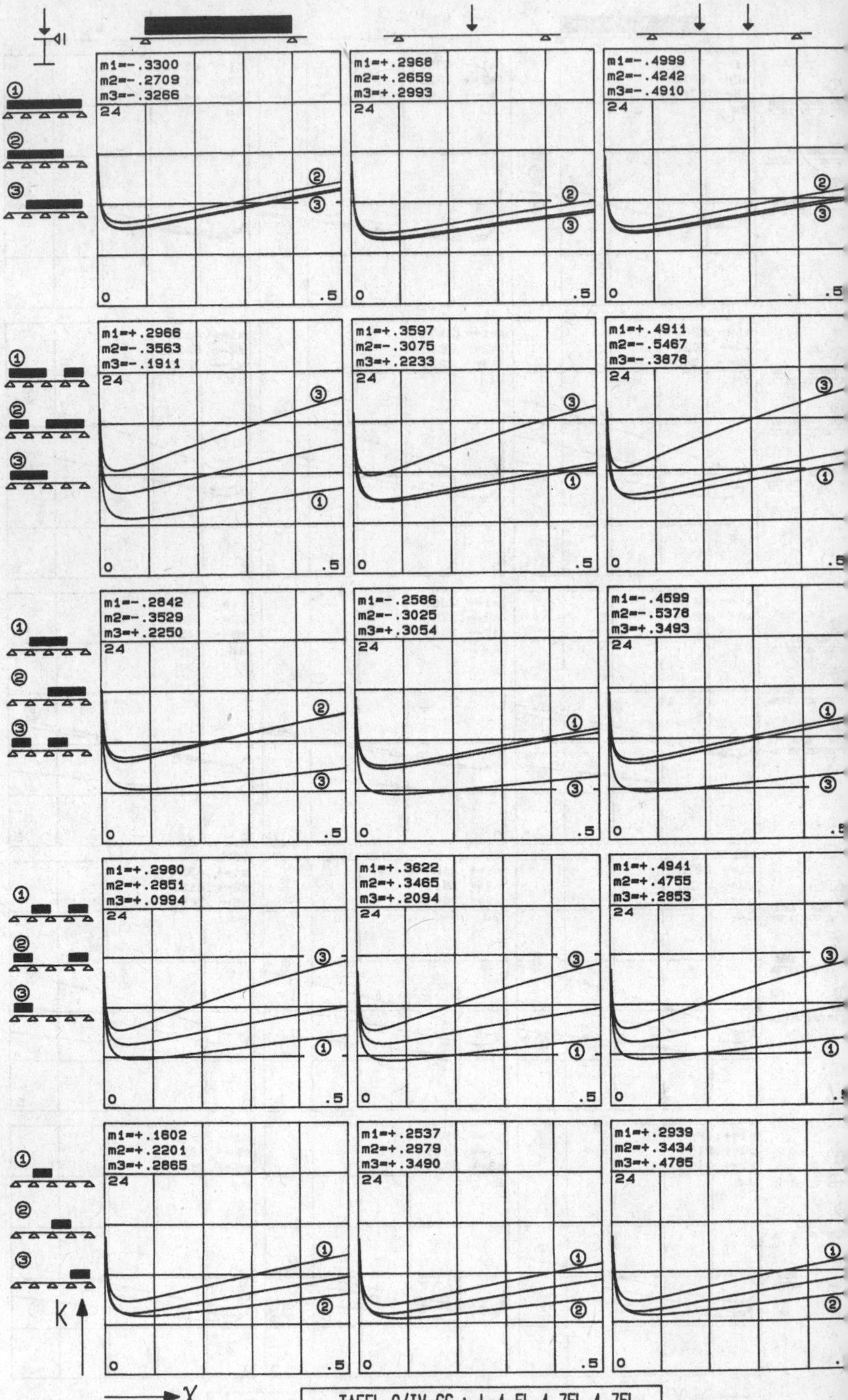

m1=-.3300
m2=-.2709
m3=-.3266
m1=+.2968
m2=+.2659
m3=+.2993
m1=-.4999
m2=-.4242
m3=-.4910
m1=+.2966
m2=-.3563
m3=-.1911
m1=+.3597
m2=-.3075
m3=+.2233
m1=+.4911
m2=-.5467
m3=-.3876
m1=-.2842
m2=-.3529
m3=+.2250
m1=-.2586
m2=-.3025
m3=+.3054
m1=-.4599
m2=-.5376
m3=+.3493
m1=+.2980
m2=+.2851
m3=+.0994
m1=+.3622
m2=+.3465
m3=+.2094
m1=+.4941
m2=+.4755
m3=+.2853
m1=+.1602
m2=+.2201
m3=+.2865
m1=+.2537
m2=+.2979
m3=+.3490
m1=+.2939
m2=+.3434
m3=+.4785
24
0
.5
K
X

TAFEL G/IV 66 : L-1.5L-1.75L-1.75L

GV

① ② ③	m1=-.4006 m2=-.2734 m3=-.3977 24	m1=+.3442 m2=+.2686 m3=+.3466 24	m1=-.5536 m2=-.4281 m3=-.5453 24
① ② ③	m1=+.3764 m2=-.4252 m3=-.1913 24	m1=+.4026 m2=-.3356 m3=+.2234 24	m1=+.5512 m2=-.5970 m3=-.3881 24
① ② ③	m1=-.2867 m2=-.4221 m3=+.2289 24	m1=+.2609 m2=+.3344 m3=+.3087 24	m1=-.4635 m2=-.5887 m3=+.3588 24
① ② ③	m1=+.3777 m2=+.3659 m3=+.0994 24	m1=+.4049 m2=+.3904 m3=+.2095 24	m1=+.5540 m2=+.5368 m3=+.2853 24
① ② ③	m1=+.1604 m2=+.2240 m3=+.3672 24	m1=+.2539 m2=+.3011 m3=+.3927 24	m1=+.2945 m2=+.3525 m3=+.5395 24

K X 0 .5

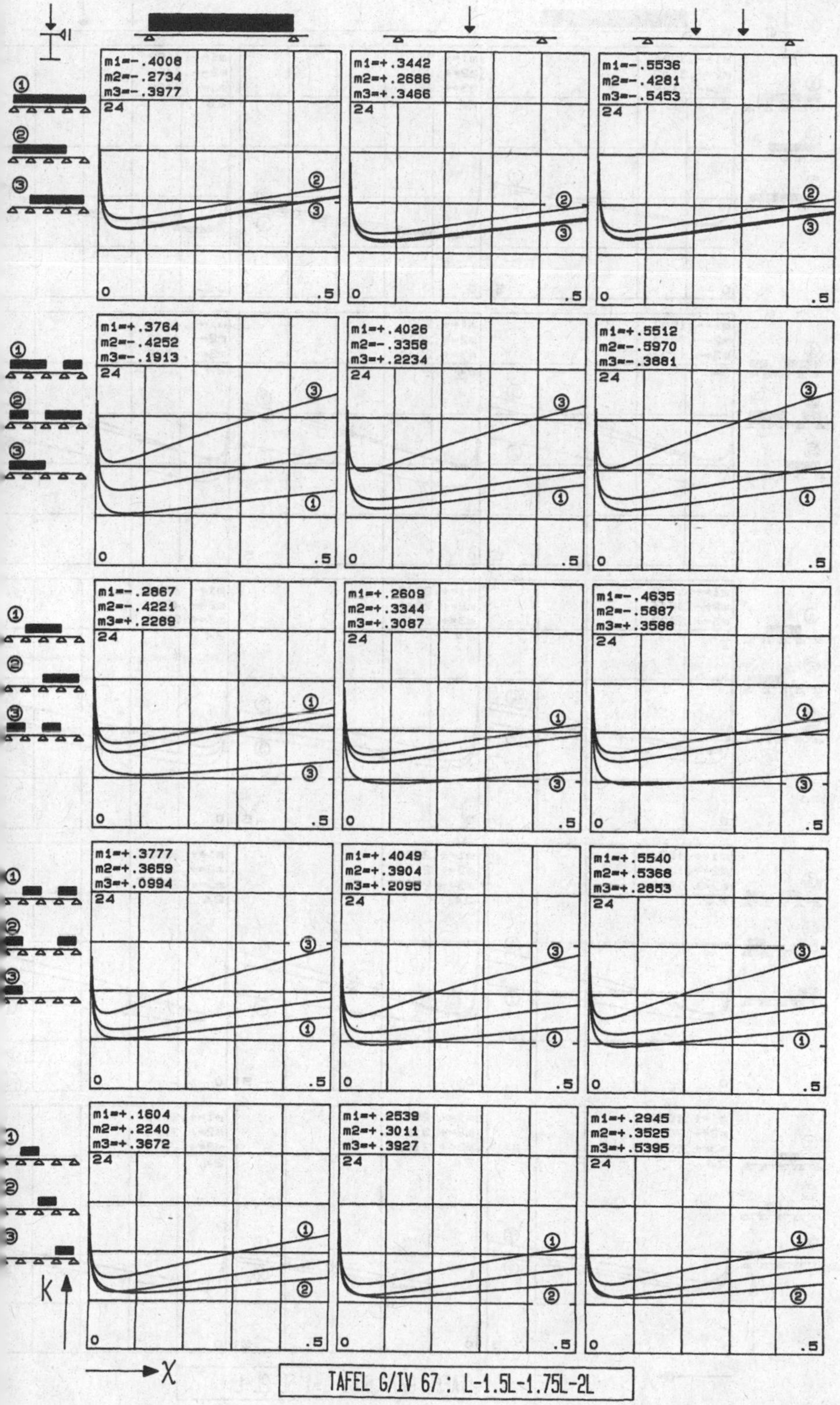

TAFEL G/IV 67 : L-1.5L-1.75L-2L

G IV

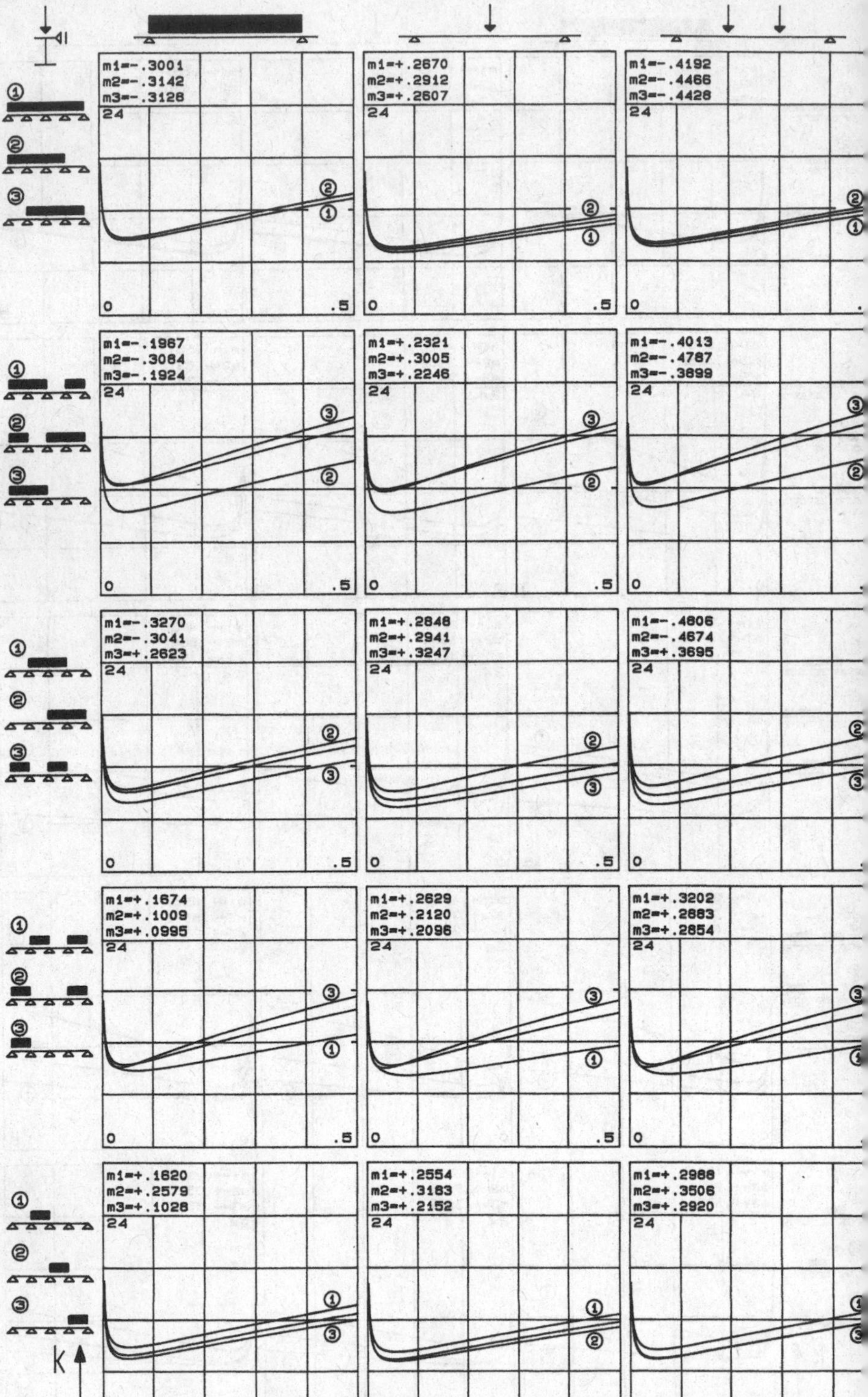
m1=-.3001
m2=-.3142
m3=-.3128
m1=+.2670
m2=+.2912
m3=+.2607
m1=-.4192
m2=-.4466
m3=-.4428
m1=-.1967
m2=-.3064
m3=-.1924
m1=+.2321
m2=+.3005
m3=+.2246
m1=-.4013
m2=-.4787
m3=-.3899
m1=-.3270
m2=-.3041
m3=+.2623
m1=+.2848
m2=+.2941
m3=+.3247
m1=-.4806
m2=-.4674
m3=+.3695
m1=+.1674
m2=+.1009
m3=+.0995
m1=+.2629
m2=+.2120
m3=+.2096
m1=+.3202
m2=+.2883
m3=+.2854
m1=+.1620
m2=+.2579
m3=+.1028
m1=+.2554
m2=+.3183
m3=+.2152
m1=+.2988
m2=+.3506
m3=+.2920
24
0
.5
K
X

TAFEL G/IV 68 : L-1.5L-2L-L

GV

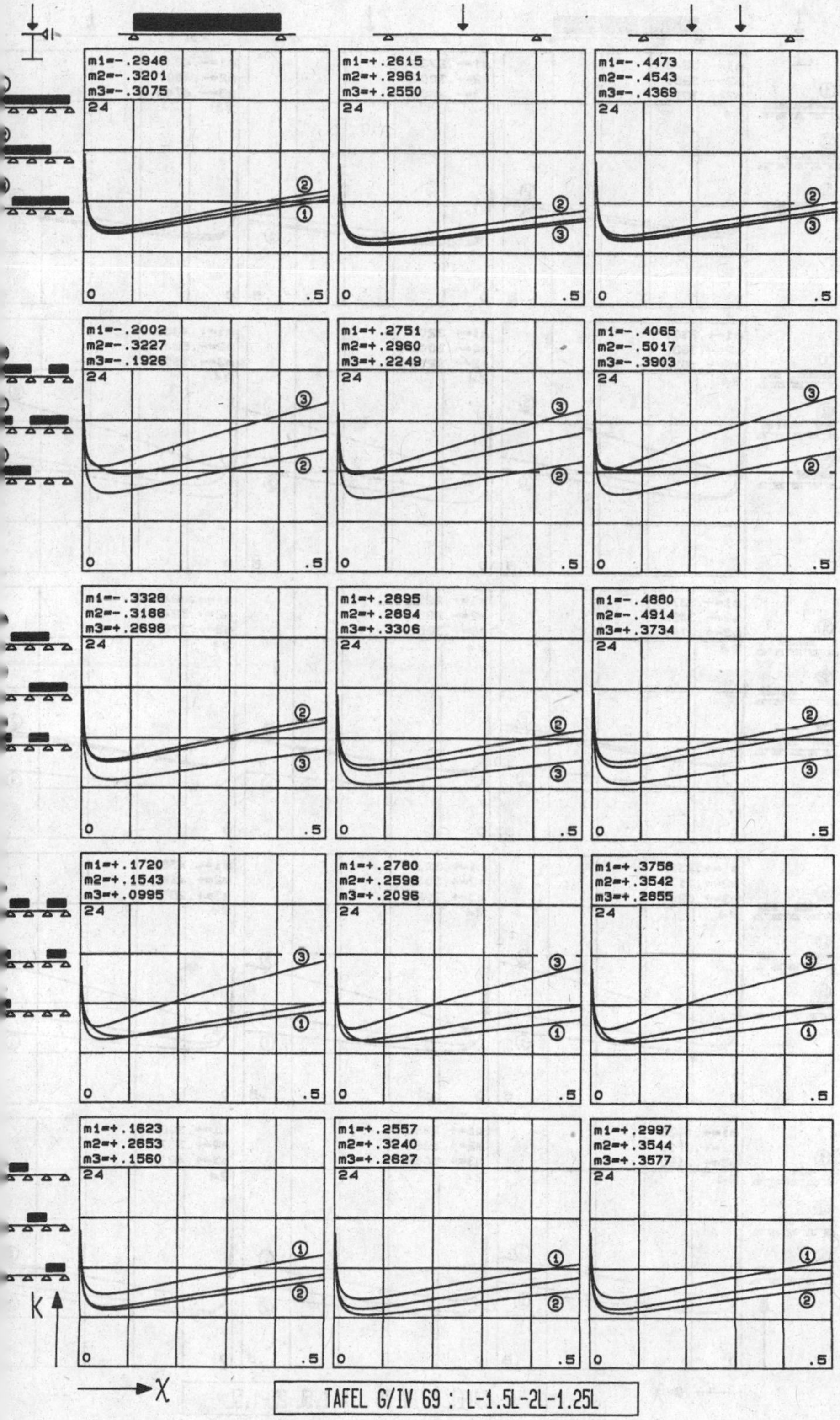

m1=-.2946
m2=-.3201
m3=-.3075
m1=+.2615
m2=+.2961
m3=+.2550
m1=-.4473
m2=-.4543
m3=-.4369
m1=-.2002
m2=-.3227
m3=-.1926
m1=+.2751
m2=+.2960
m3=+.2249
m1=-.4065
m2=-.5017
m3=-.3903
m1=-.3328
m2=-.3186
m3=+.2696
m1=+.2895
m2=+.2894
m3=+.3306
m1=-.4880
m2=-.4914
m3=+.3734
m1=+.1720
m2=+.1543
m3=+.0995
m1=+.2780
m2=+.2598
m3=+.2096
m1=+.3758
m2=+.3542
m3=+.2855
m1=+.1623
m2=+.2653
m3=+.1560
m1=+.2557
m2=+.3240
m3=+.2627
m1=+.2997
m2=+.3544
m3=+.3577
K
X

TAFEL G/IV 69 : L-1.5L-2L-1.25L

G IV

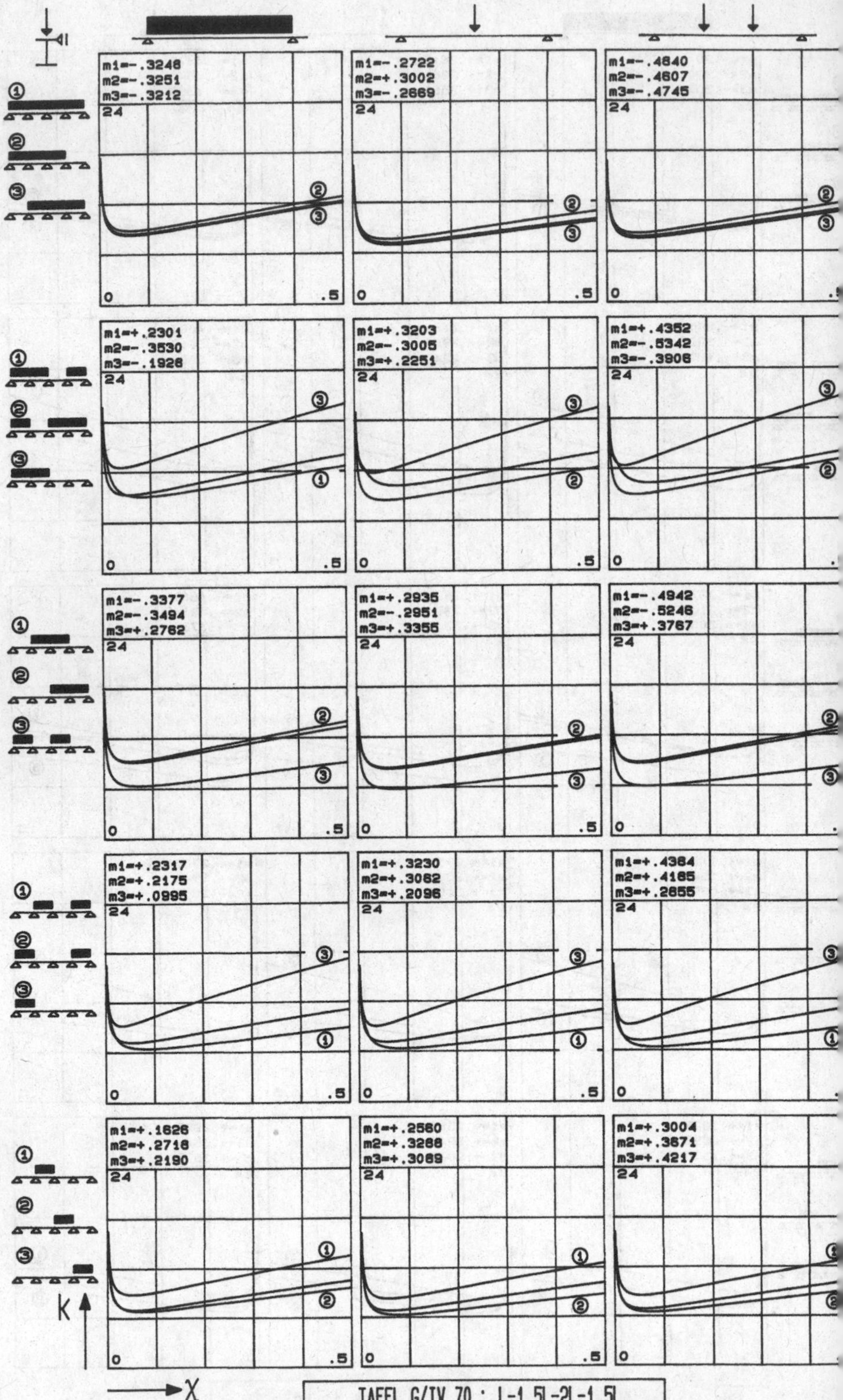

m1=-.3248
m2=-.3251
m3=-.3212
m1=-.2722
m2=+.3002
m3=-.2669
m1=-.4840
m2=-.4607
m3=-.4745
m1=+.2301
m2=-.3530
m3=-.1926
m1=+.3203
m2=-.3005
m3=+.2251
m1=+.4352
m2=-.5342
m3=-.3906
m1=-.3377
m2=-.3494
m3=+.2762
m1=+.2935
m2=-.2951
m3=+.3355
m1=-.4942
m2=-.5246
m3=+.3767
m1=+.2317
m2=+.2175
m3=+.0995
m1=+.3230
m2=+.3062
m3=+.2096
m1=+.4364
m2=+.4165
m3=+.2855
m1=+.1626
m2=+.2718
m3=+.2190
m1=+.2560
m2=+.3266
m3=+.3069
m1=+.3004
m2=+.3671
m3=+.4217
K
X

TAFEL G/IV 70 : L-1.5L-2L-1.5L

GV

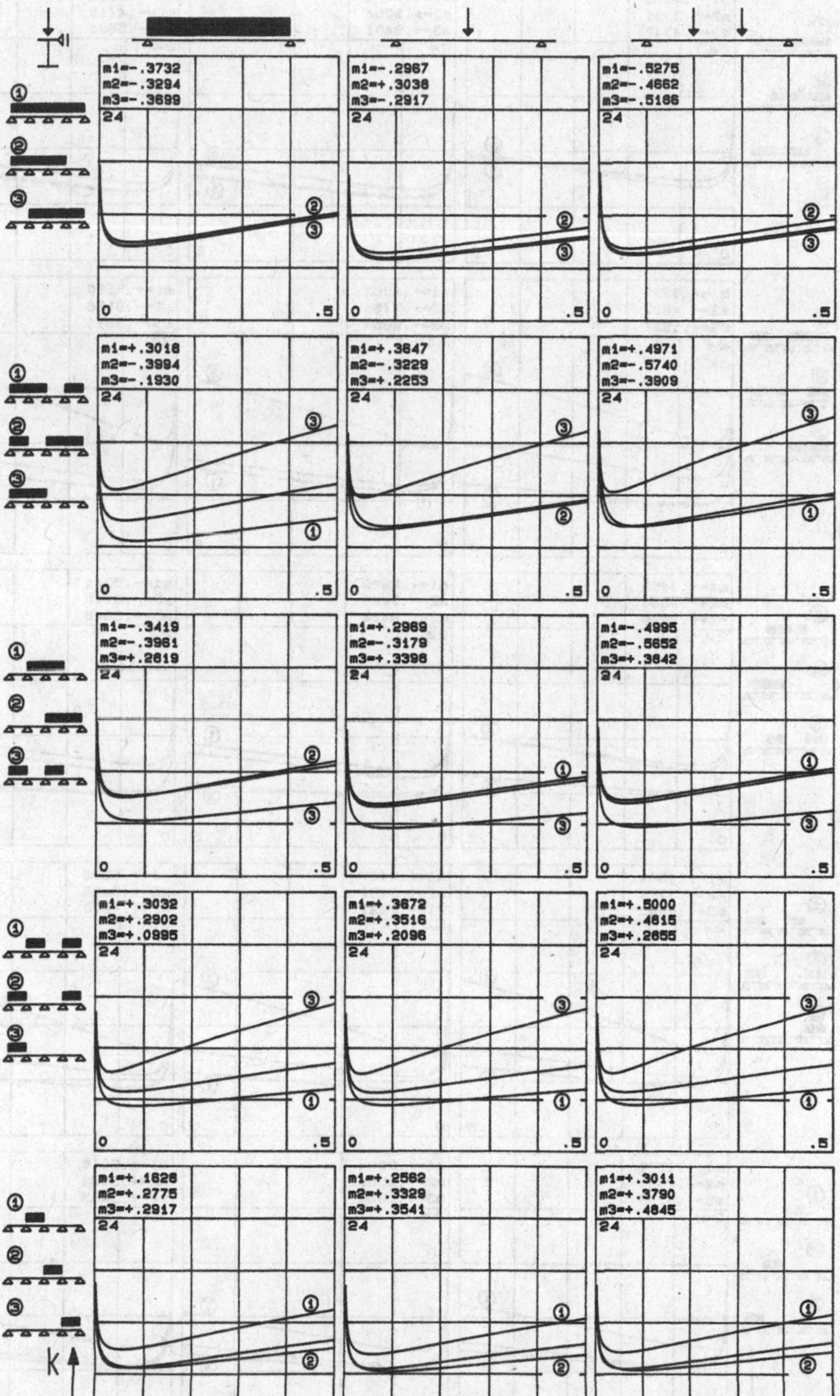
m1=-.3732
m2=-.3294
m3=-.3699
24
0
.5
m1=-.2967
m2=+.3036
m3=-.2917
24
0
.5
m1=-.5275
m2=-.4662
m3=-.5166
24
0
.5
m1=+.3016
m2=-.3994
m3=-.1930
24
0
.5
m1=+.3647
m2=-.3229
m3=+.2253
24
0
.5
m1=+.4971
m2=-.5740
m3=-.3909
24
0
.5
m1=-.3419
m2=-.3961
m3=+.2619
24
0
.5
m1=+.2969
m2=-.3179
m3=+.3396
24
0
.5
m1=-.4995
m2=-.5652
m3=+.3642
24
0
.5
m1=+.3032
m2=+.2902
m3=+.0995
24
0
.5
m1=+.3672
m2=+.3516
m3=+.2096
24
0
.5
m1=+.5000
m2=+.4615
m3=+.2655
24
0
.5
m1=+.1626
m2=+.2775
m3=+.2917
24
0
.5
m1=+.2562
m2=+.3329
m3=+.3541
24
0
.5
m1=+.3011
m2=+.3790
m3=+.4845
24
0
.5
K
X

TAFEL G/IV 71 : L-1.5L-2L-1.75L

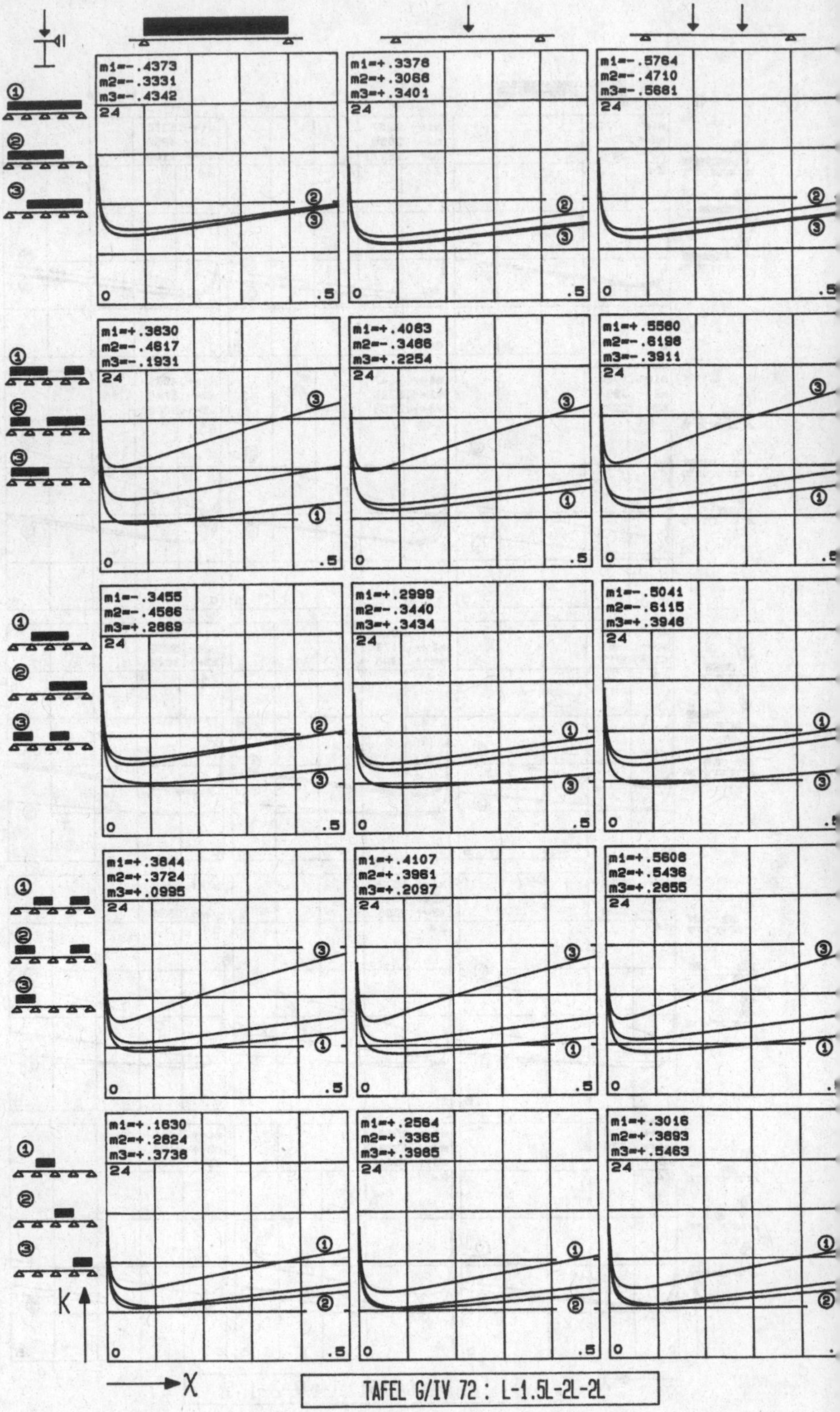
m1=-.4373
m2=-.3331
m3=-.4342
24
m1=+.3376
m2=+.3066
m3=+.3401
24
m1=-.5764
m2=-.4710
m3=-.5661
24
m1=+.3630
m2=-.4617
m3=-.1931
24
m1=+.4063
m2=-.3466
m3=+.2254
24
m1=+.5560
m2=-.6196
m3=-.3911
24
m1=-.3455
m2=-.4566
m3=+.2869
24
m1=+.2999
m2=-.3440
m3=+.3434
24
m1=-.5041
m2=-.6115
m3=+.3946
24
m1=+.3644
m2=+.3724
m3=+.0995
24
m1=+.4107
m2=+.3961
m3=+.2097
24
m1=+.5606
m2=+.5436
m3=+.2655
24
m1=+.1630
m2=+.2624
m3=+.3736
24
m1=+.2564
m2=+.3365
m3=+.3965
24
m1=+.3016
m2=+.3693
m3=+.5463
24
0
.5
K
X
TAFEL G/IV 72 : L-1.5L-2L-2L

GV

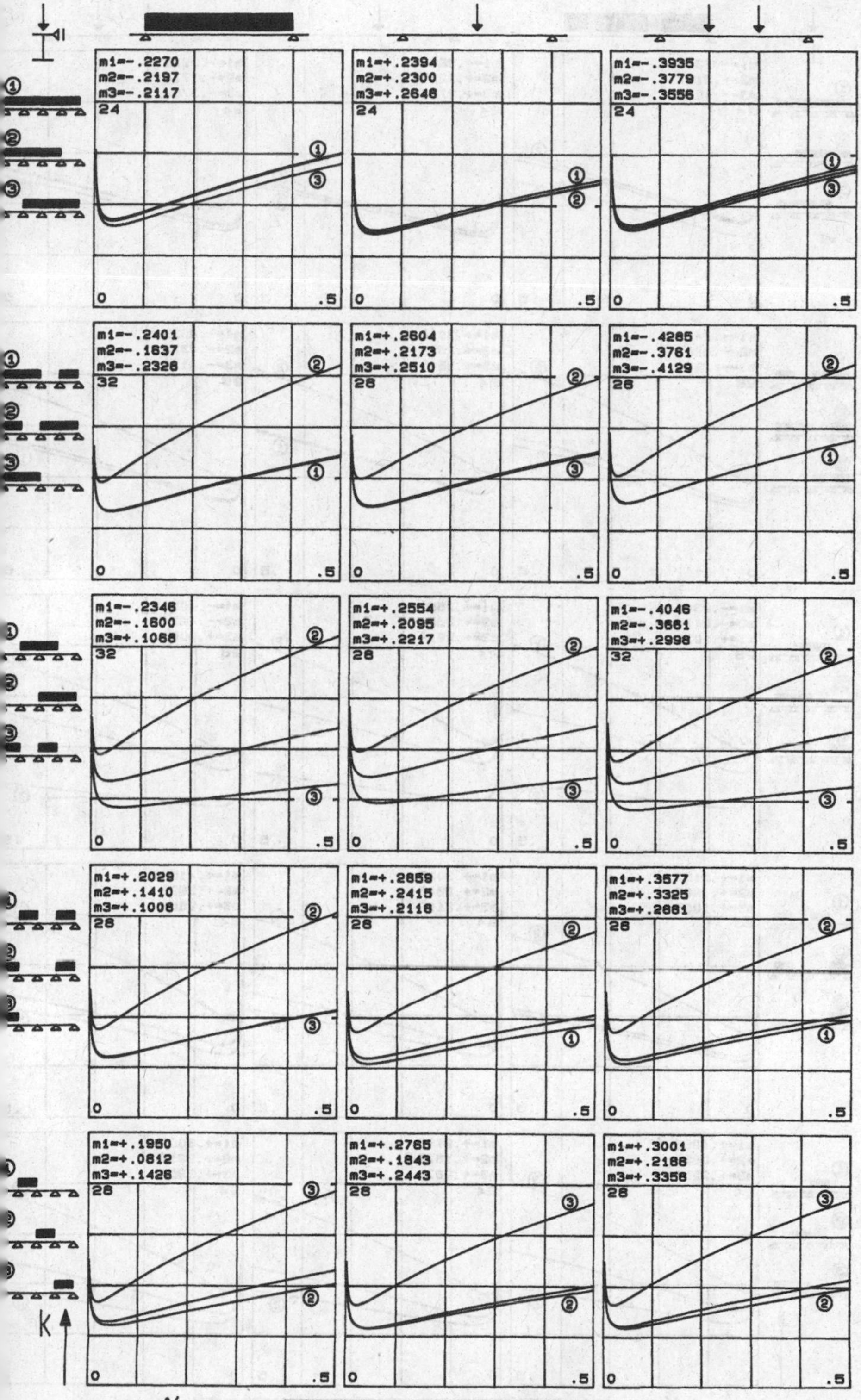

m1=-.2270
m2=-.2197
m3=-.2117
24
m1=+.2394
m2=+.2300
m3=+.2646
24
m1=-.3935
m2=-.3779
m3=-.3556
24
m1=-.2401
m2=-.1637
m3=-.2326
32
m1=+.2604
m2=+.2173
m3=+.2510
26
m1=-.4265
m2=-.3761
m3=-.4129
26
m1=-.2346
m2=-.1600
m3=+.1066
32
m1=+.2554
m2=+.2095
m3=+.2217
26
m1=-.4046
m2=-.3661
m3=+.2998
32
m1=+.2029
m2=+.1410
m3=+.1006
28
m1=+.2859
m2=+.2415
m3=+.2116
26
m1=+.3577
m2=+.3325
m3=+.2661
26
m1=+.1950
m2=+.0612
m3=+.1426
28
m1=+.2765
m2=+.1643
m3=+.2443
28
m1=+.3001
m2=+.2166
m3=+.3356
28
0
.5
K
X

TAFEL G/IV 73 : L-1.75L-L-1.25L

G
IV

	Feld 1 (Gleichlast)	Feld 2 (Einzellast)	Feld 3 (zwei Einzellasten)
Reihe 1	m1=-.2310 m2=-.2197 m3=-.1991 24	m1=+.2696 m2=+.2297 m3=+.2724 24	m1=-.3976 m2=-.3774 m3=+.3764 24
Reihe 2	m1=-.2444 m2=-.2207 m3=-.2331 28	m1=+.3010 m2=+.2533 m3=+.2513 24	m1=-.4333 m2=-.4324 m3=-.4132 28
Reihe 3	m1=-.2347 m2=-.2174 m3=+.1070 28	m1=+.2552 m2=+.2556 m3=+.2219 24	m1=-.4059 m2=-.4234 m3=+.3001 28
Reihe 4	m1=+.2167 m2=+.1967 m3=+.1006 28	m1=+.3035 m2=+.2645 m3=+.2119 24	m1=+.4153 m2=+.3926 m3=+.2661 24
Reihe 5	m1=+.1953 m2=+.0831 m3=+.2001 24	m1=+.2766 m2=+.1872 m3=+.2870 24	m1=+.3002 m2=+.2219 m3=+.3957 24

0 .5

K X

TAFEL G/IV 74 : L-1.75L-L-1.5L

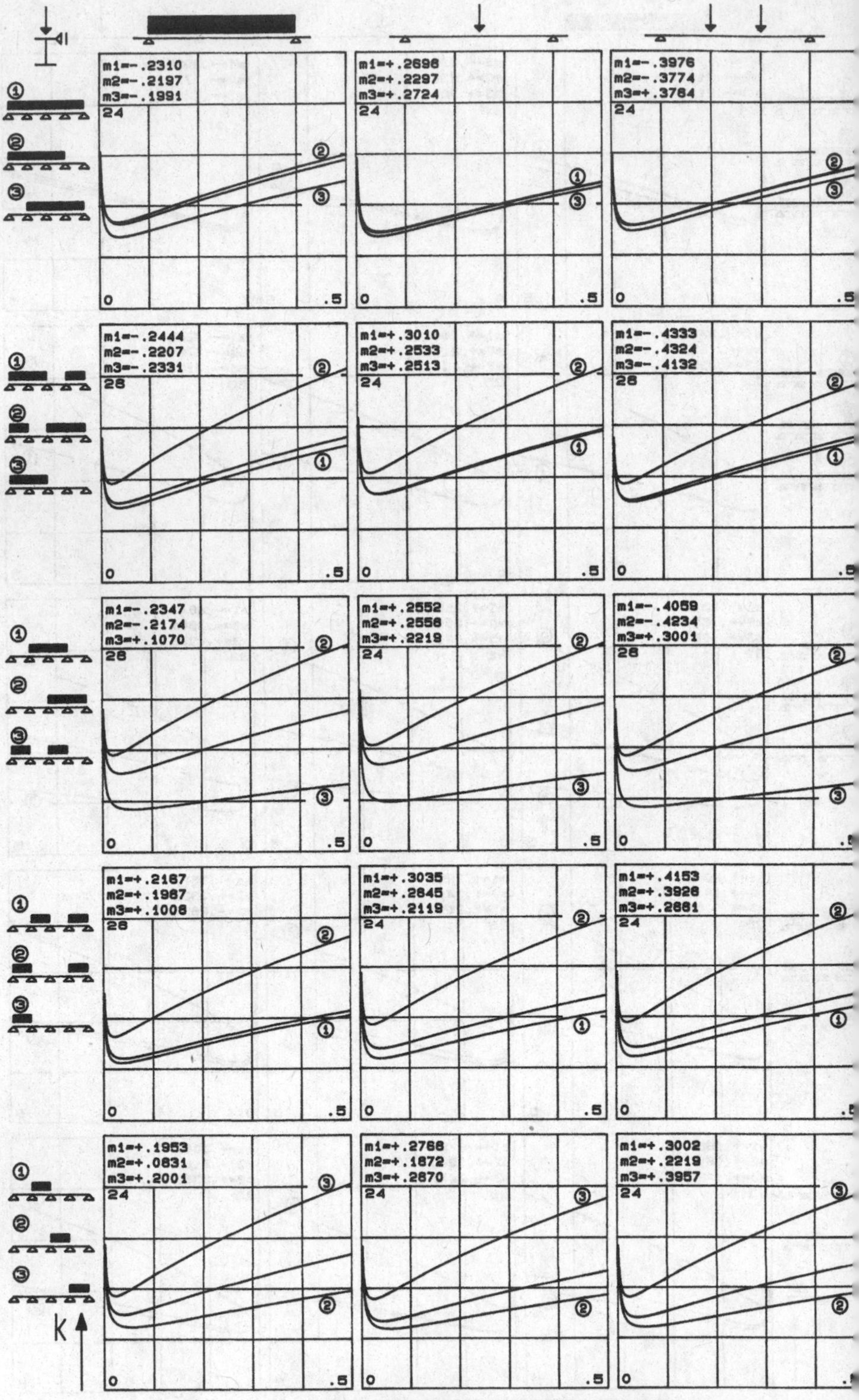

m1=+.2643 m2=-.2196 m3=+.2656 24 ② ③ 0 .5	m1=+.3135 m2=+.2295 m3=+.3156 24 ③ ② 0 .5	m1=-.4407 m2=-.3771 m3=+.4391 24 ① ③ 0 .5
m1=+.2802 m2=-.2935 m3=-.2333 24 ② ① 0 .5	m1=+.3417 m2=+.2965 m3=+.2514 24 ② ① 0 .5	m1=+.4696 m2=-.4936 m3=-.4135 24 ② ① 0 .5
m1=-.2346 m2=-.2905 m3=+.1071 24 ② ③ 0 .5	m1=+.2550 m2=+.3006 m3=+.2221 24 ② ③ 0 .5	m1=-.4069 m2=-.4657 m3=+.3003 24 ② ③ 0 .5
m1=+.2815 m2=+.2655 m3=+.1009 24 ② ① 0 .5	m1=+.3440 m2=+.3266 m3=+.2119 24 ② ① 0 .5	m1=+.4725 m2=+.4521 m3=+.2662 24 ② ① 0 .5
m1=+.1956 m2=+.0847 m3=+.2666 24 ③ ② 0 .5	m1=+.2770 m2=+.1695 m3=+.3291 24 ③ ② 0 .5	m1=+.3004 m2=+.2262 m3=+.4546 24 ③ ② 0 .5

K

X

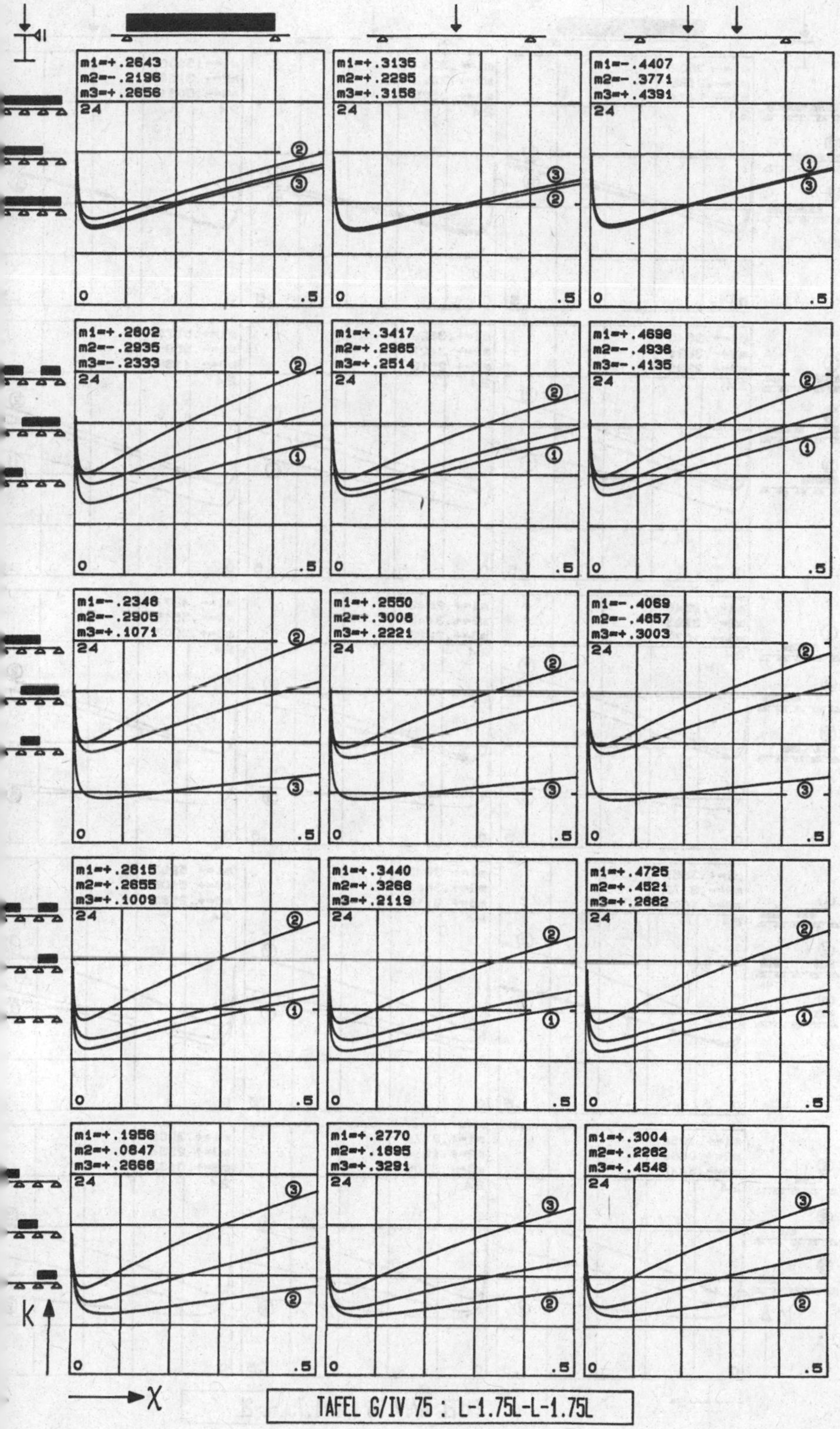

TAFEL G/IV 75 : L-1.75L-L-1.75L

G IV

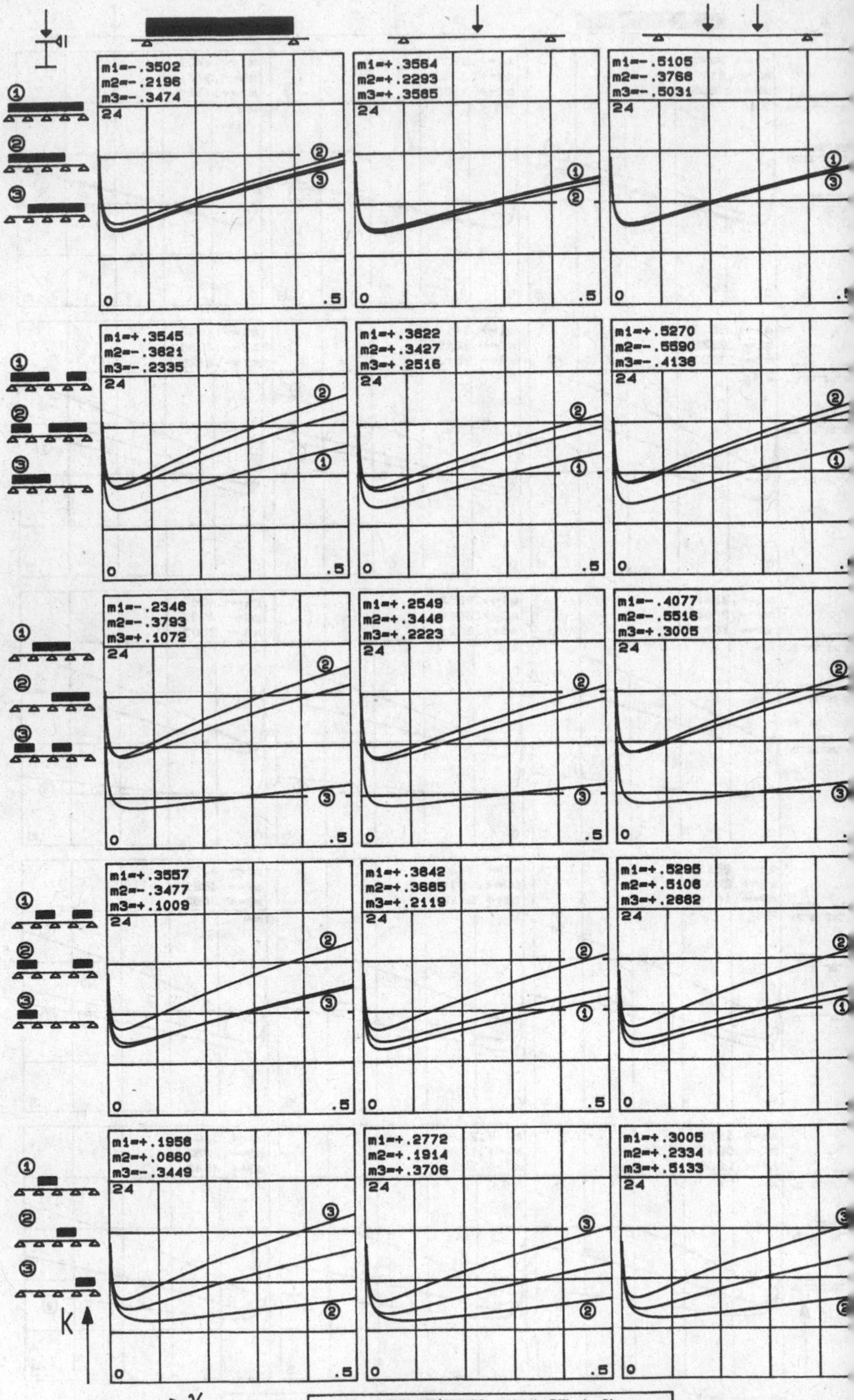
m1=-.3502
m2=-.2196
m3=-.3474
24
m1=+.3564
m2=+.2293
m3=+.3565
24
m1=-.5105
m2=-.3766
m3=-.5031
24
m1=+.3545
m2=-.3621
m3=-.2335
24
m1=+.3622
m2=+.3427
m3=+.2516
24
m1=+.5270
m2=-.5590
m3=-.4136
24
m1=-.2346
m2=-.3793
m3=+.1072
24
m1=+.2549
m2=+.3446
m3=+.2223
24
m1=-.4077
m2=-.5516
m3=+.3005
24
m1=+.3557
m2=-.3477
m3=+.1009
24
m1=+.3642
m2=+.3665
m3=+.2119
24
m1=+.5295
m2=+.5106
m3=+.2662
24
m1=+.1958
m2=+.0660
m3=-.3449
24
m1=+.2772
m2=+.1914
m3=+.3706
24
m1=+.3005
m2=+.2334
m3=+.5133
24
0
.5
K
X

TAFEL G/IV 76 : L-1.75L-L-2L

m1=-.2222 m2=-.2339 m3=-.2256 24	m1=+.2354 m2=+.2257 m3=+.2618 24	m1=-.3669 m2=-.3622 m3=-.3728 24
m1=-.2449 m2=-.1672 m3=-.2373 28	m1=+.2665 m2=-.2259 m3=+.2549 24	m1=-.4354 m2=-.4016 m3=-.4192 24
m1=-.2494 m2=-.1834 m3=+.1257 26	m1=+.2518 m2=-.2200 m3=+.2305 24	m1=-.4235 m2=-.3912 m3=+.3046 24
m1=+.2086 m2=+.1452 m3=+.1010 24	m1=+.2908 m2=+.2474 m3=+.2122 24	m1=+.3656 m2=+.3395 m3=+.2885 24
m1=+.2003 m2=+.1197 m3=+.1469 24	m1=+.2810 m2=+.2217 m3=+.2503 24	m1=+.3074 m2=+.2563 m3=+.3429 24

K X

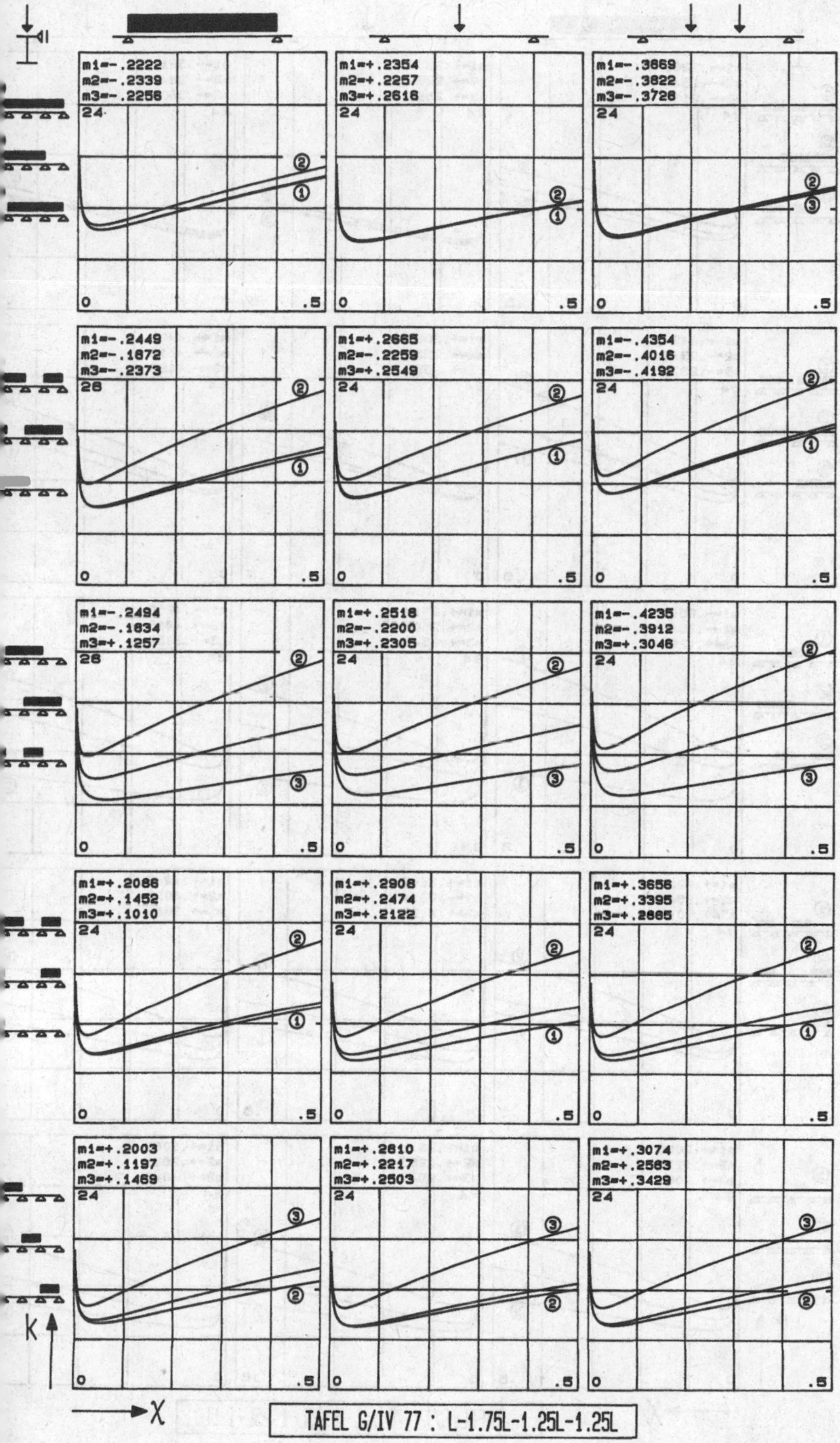

TAFEL G/IV 77 : L-1.75L-1.25L-1.25L

G IV

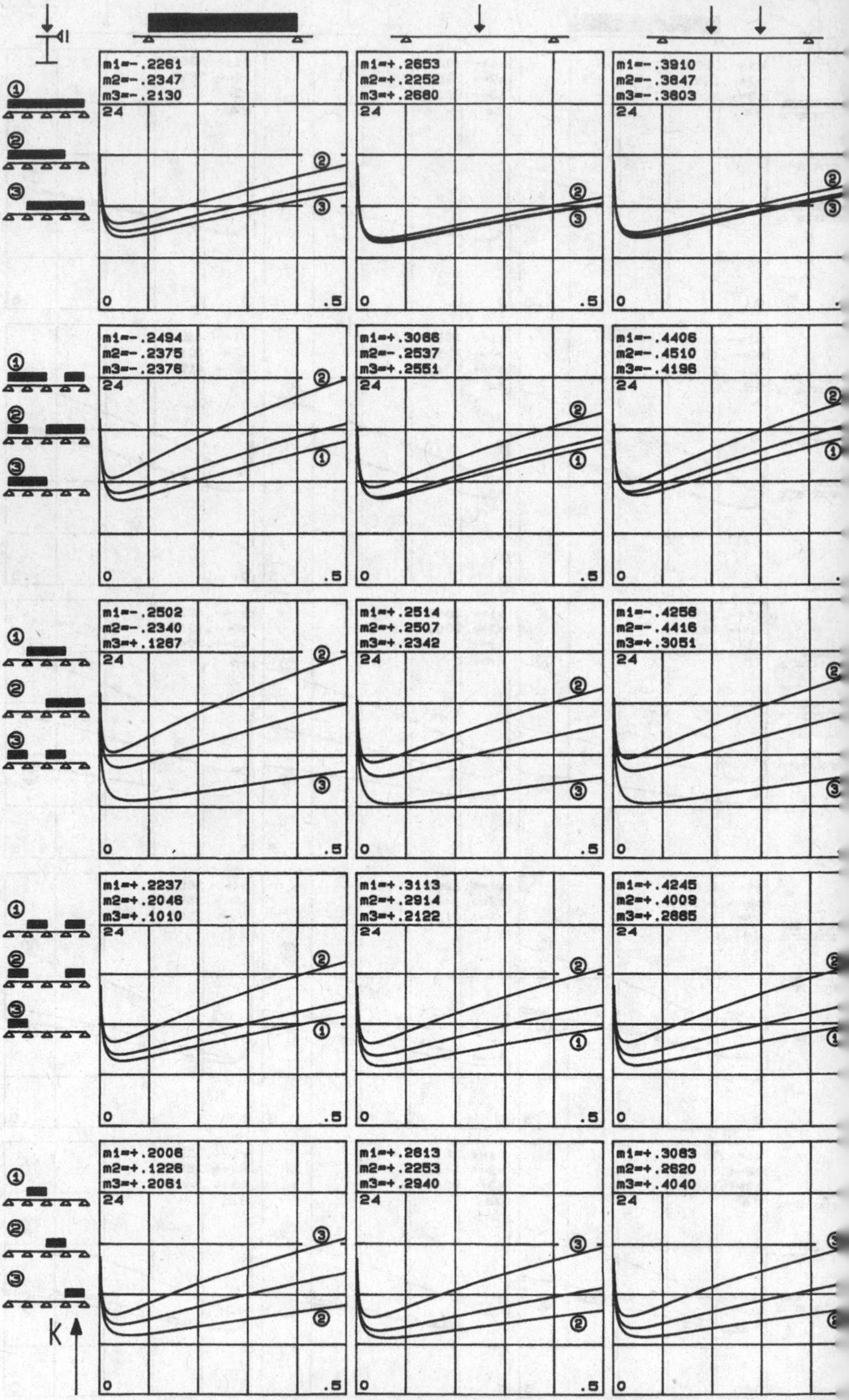
m1=-.2261
m2=-.2347
m3=-.2130
m1=+.2653
m2=+.2252
m3=+.2680
m1=-.3910
m2=-.3847
m3=-.3803
m1=-.2494
m2=-.2375
m3=-.2376
m1=+.3066
m2=-.2537
m3=+.2551
m1=-.4406
m2=-.4510
m3=-.4196
m1=-.2502
m2=-.2340
m3=+.1267
m1=+.2514
m2=+.2507
m3=+.2342
m1=-.4256
m2=-.4416
m3=+.3051
m1=+.2237
m2=+.2046
m3=+.1010
m1=+.3113
m2=+.2914
m3=+.2122
m1=+.4245
m2=+.4009
m3=+.2865
m1=+.2006
m2=+.1226
m3=+.2061
m1=+.2613
m2=+.2253
m3=+.2940
m1=+.3083
m2=+.2620
m3=+.4040
24
0
.5
K
X

TAFEL G/IV 78 : L-1.75L-1.25L-1.5L

m1=-.2666 m2=-.2354 m3=-.2636 24	m1=+.3108 m2=+.2246 m3=+.3132 24	m1=-.4504 m2=-.3667 m3=-.4418 24
m1=+.2869 m2=-.3035 m3=-.2376 24	m1=+.3503 m2=+.2950 m3=+.2553 24	m1=+.4800 m2=-.5063 m3=-.4199 24
m1=-.2506 m2=-.3003 m3=+.1312 24	m1=+.2510 m2=+.2974 m3=+.2373 24	m1=-.4277 m2=-.4976 m3=+.3054 24
m1=+.2902 m2=+.2731 m3=+.1010 24	m1=+.3527 m2=+.3345 m3=+.2122 24	m1=+.4626 m2=+.4613 m3=+.2665 24
m1=+.2009 m2=+.1251 m3=+.2745 24	m1=+.2615 m2=+.2262 m3=+.3369 24	m1=+.3090 m2=+.2699 m3=+.4642 24

K, X

TAFEL G/IV 79 : L-1.75L-1.25L-1.75L

G IV

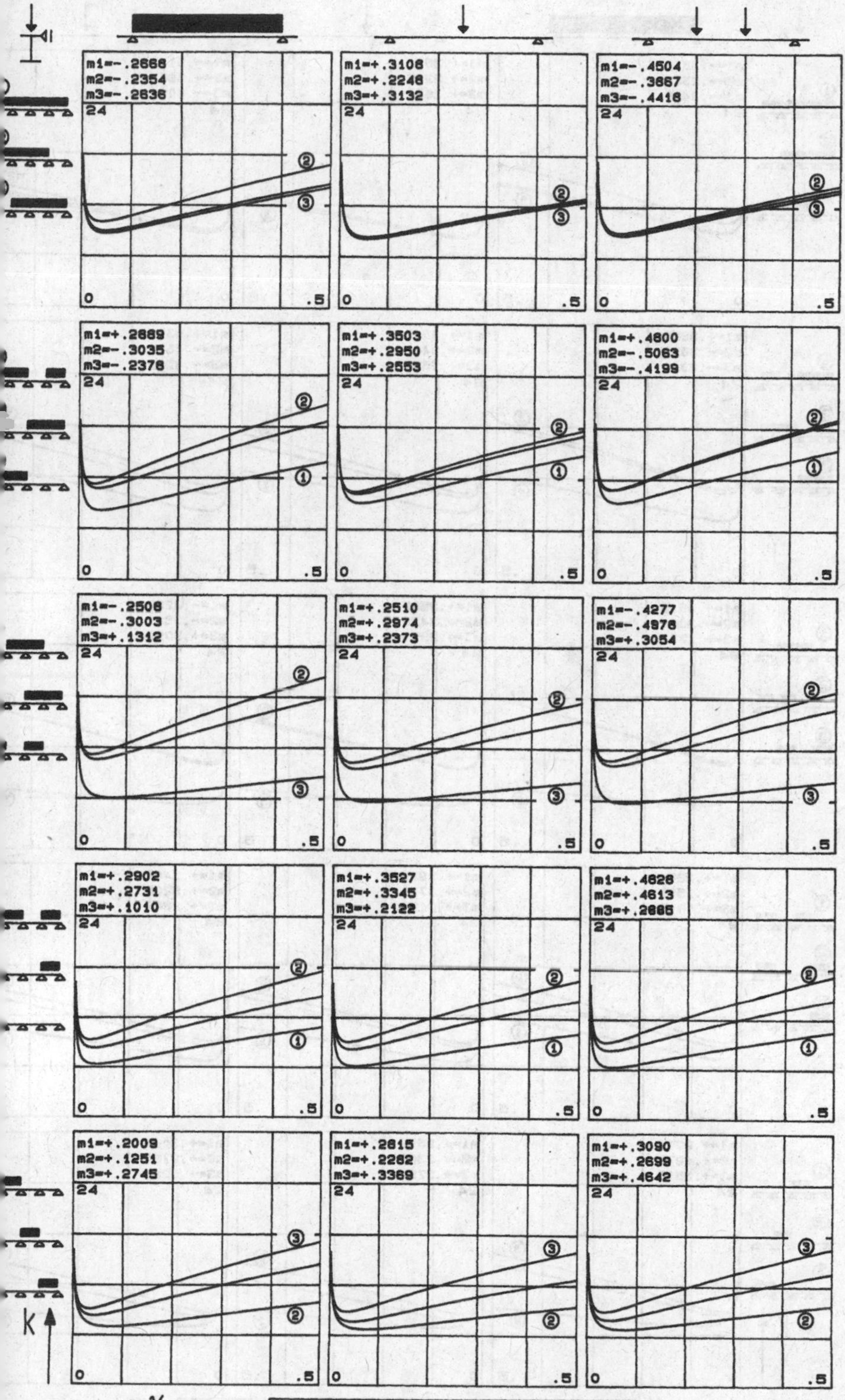

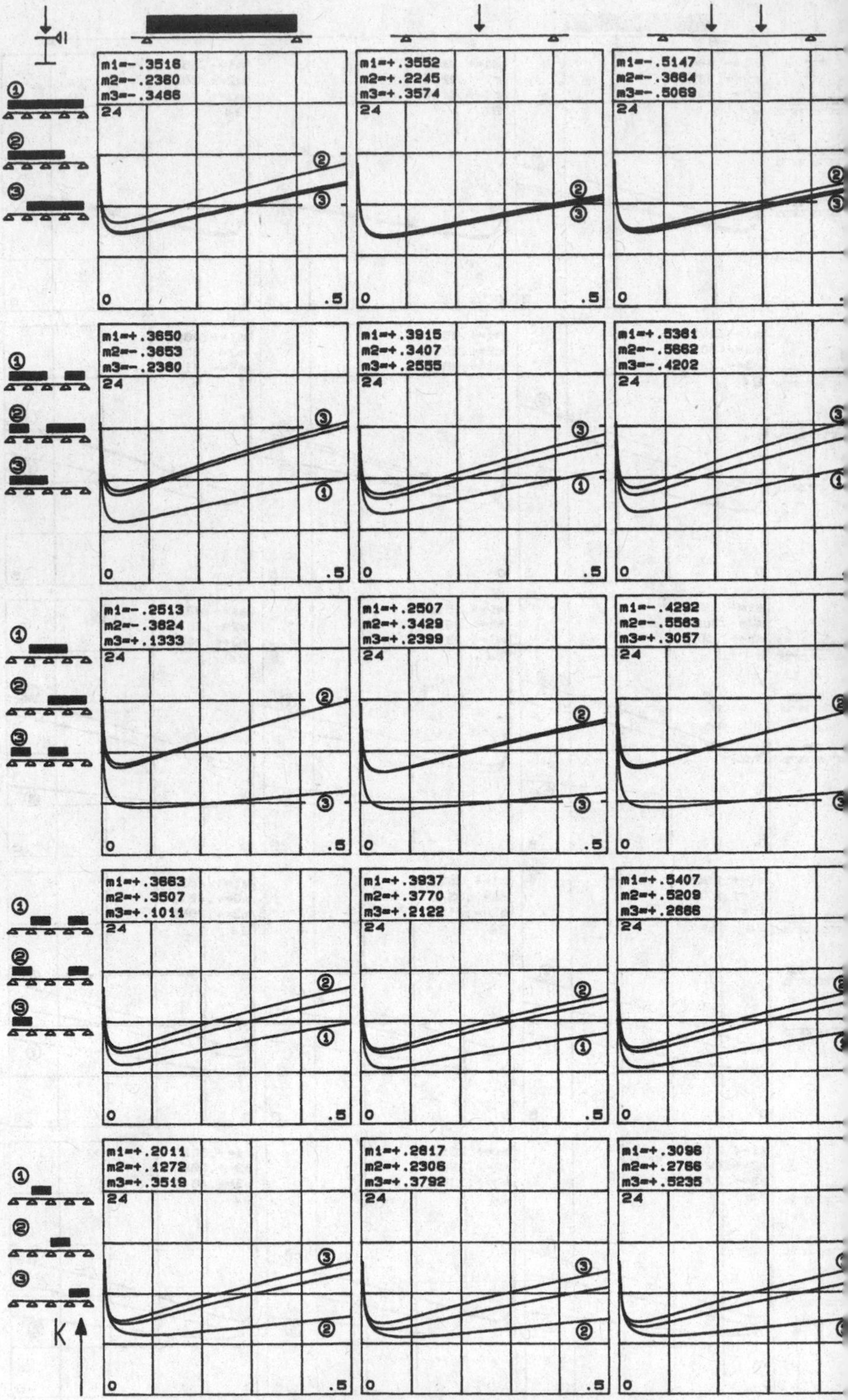

m1=-.3516
m2=-.2360
m3=-.3466
m1=+.3552
m2=+.2245
m3=+.3574
m1=-.5147
m2=-.3664
m3=-.5069
m1=+.3650
m2=-.3653
m3=-.2360
m1=+.3915
m2=+.3407
m3=+.2555
m1=+.5361
m2=-.5662
m3=-.4202
m1=-.2513
m2=-.3624
m3=+.1333
m1=+.2507
m2=+.3429
m3=+.2399
m1=-.4292
m2=-.5563
m3=+.3057
m1=+.3663
m2=+.3507
m3=+.1011
m1=+.3937
m2=+.3770
m3=+.2122
m1=+.5407
m2=+.5209
m3=+.2666
m1=+.2011
m2=+.1272
m3=+.3519
m1=+.2617
m2=+.2306
m3=+.3792
m1=+.3096
m2=+.2766
m3=+.5235
24
0
.5
K
X

TAFEL G/IV 80 : L-1.75L-1.25L-2L

GV

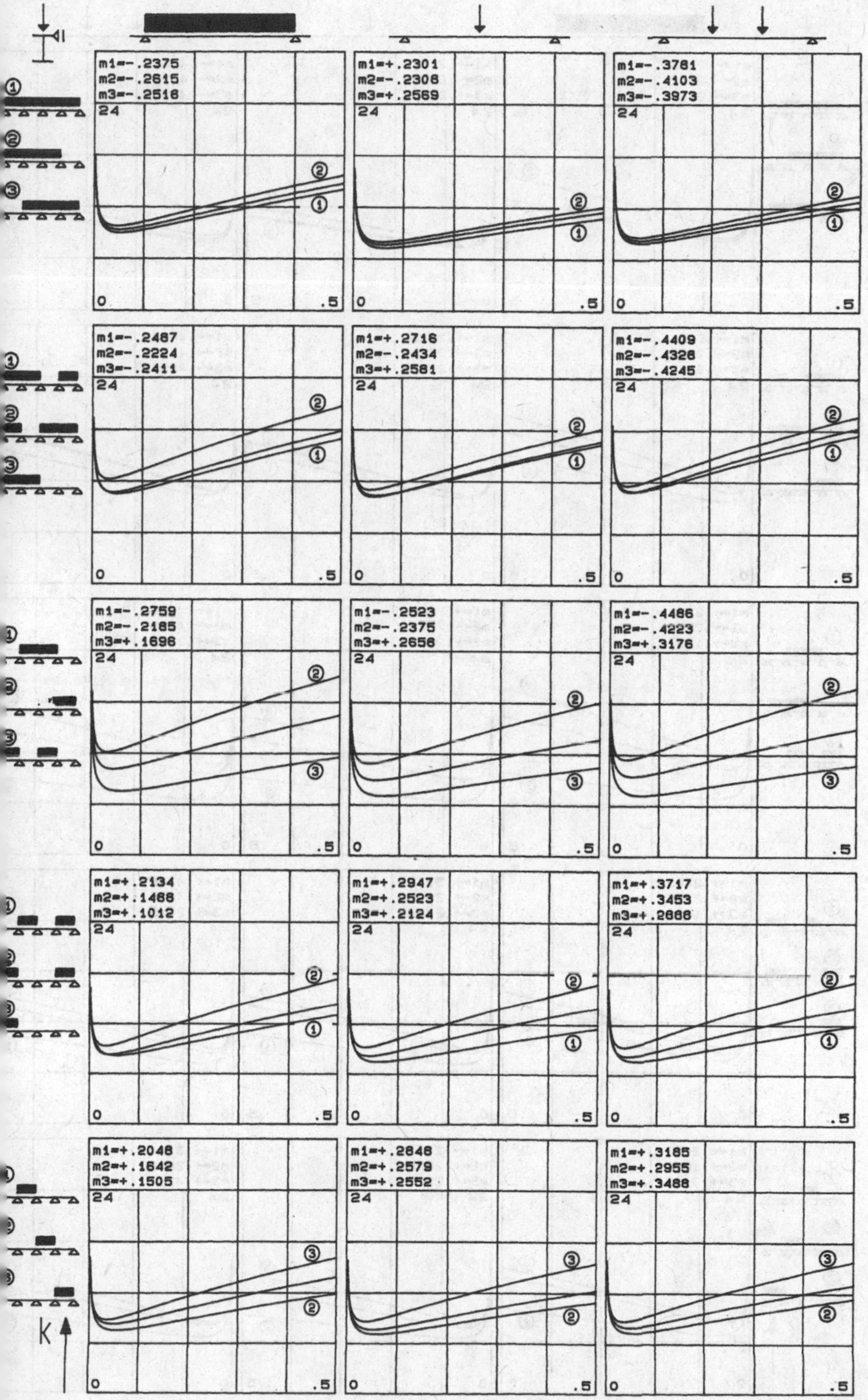

m1=-.2375
m2=-.2615
m3=-.2516
24
m1=+.2301
m2=-.2306
m3=+.2569
24
m1=-.3781
m2=-.4103
m3=-.3973
24
m1=-.2487
m2=-.2224
m3=-.2411
24
m1=+.2716
m2=-.2434
m3=+.2581
24
m1=-.4409
m2=-.4326
m3=-.4245
24
m1=-.2759
m2=-.2165
m3=+.1696
24
m1=-.2523
m2=-.2375
m3=+.2656
24
m1=-.4486
m2=-.4223
m3=+.3176
24
m1=+.2134
m2=+.1466
m3=+.1012
24
m1=+.2947
m2=+.2523
m3=+.2124
24
m1=+.3717
m2=+.3453
m3=+.2666
24
m1=+.2048
m2=+.1642
m3=+.1505
24
m1=+.2846
m2=+.2579
m3=+.2552
24
m1=+.3165
m2=+.2955
m3=+.3466
24
0
.5
K
X
G
IV

TAFEL G/IV 81 : L-1.75L-1.5L-1.25L

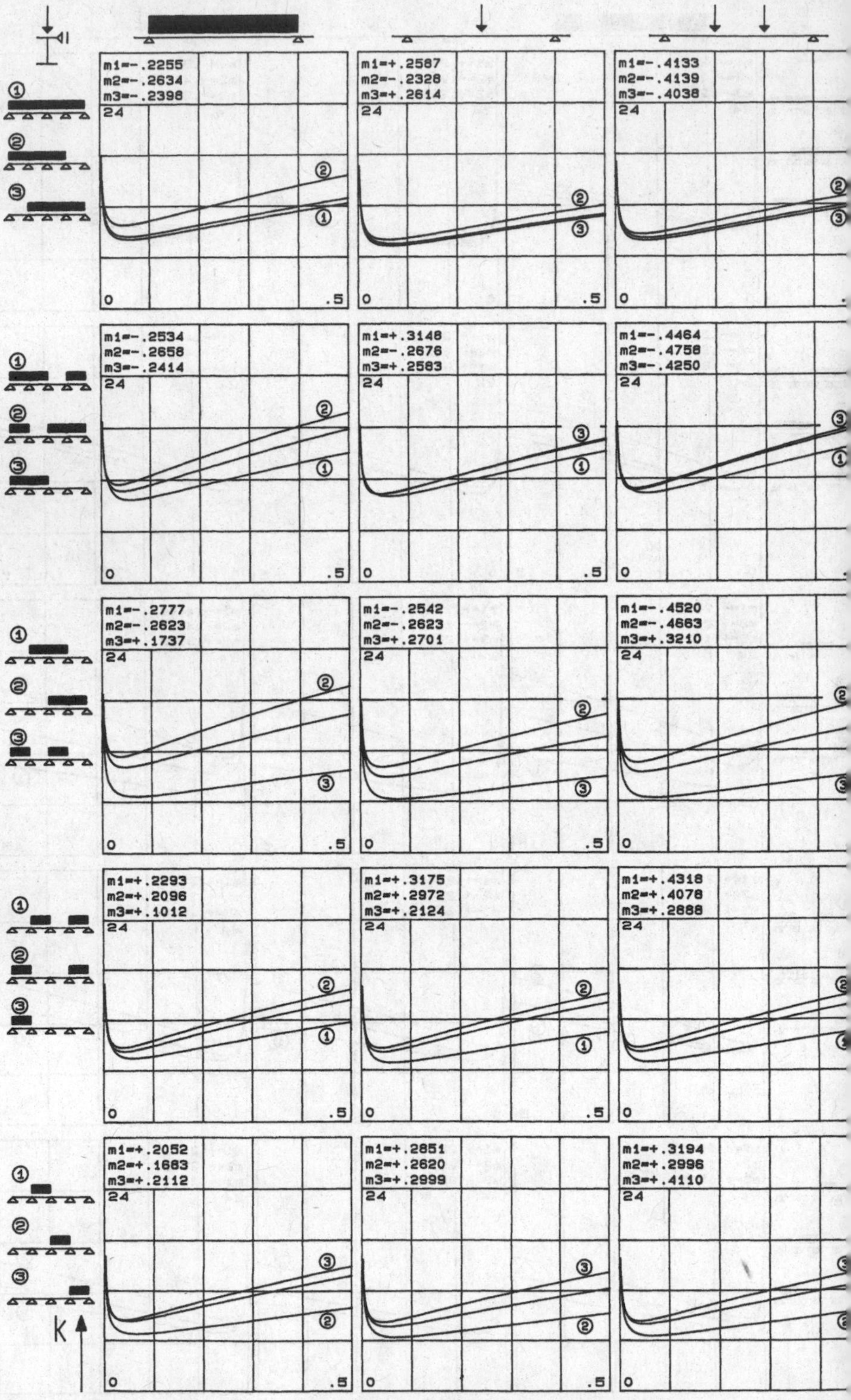

m1=-.2255
m2=-.2634
m3=-.2398
24
m1=+.2587
m2=-.2328
m3=+.2614
24
m1=-.4133
m2=-.4139
m3=-.4038
24
m1=-.2534
m2=-.2658
m3=-.2414
24
m1=+.3146
m2=-.2676
m3=+.2583
24
m1=-.4464
m2=-.4758
m3=-.4250
24
m1=-.2777
m2=-.2623
m3=+.1737
24
m1=-.2542
m2=-.2623
m3=+.2701
24
m1=-.4520
m2=-.4663
m3=+.3210
24
m1=+.2293
m2=+.2096
m3=+.1012
24
m1=+.3175
m2=+.2972
m3=+.2124
24
m1=+.4318
m2=+.4078
m3=+.2888
24
m1=+.2052
m2=+.1683
m3=+.2112
24
m1=+.2851
m2=+.2620
m3=+.2999
24
m1=+.3194
m2=+.2996
m3=+.4110
24
0
.5
K
X

TAFEL G/IV 82 : L-1.75L-1.5L-1.5L

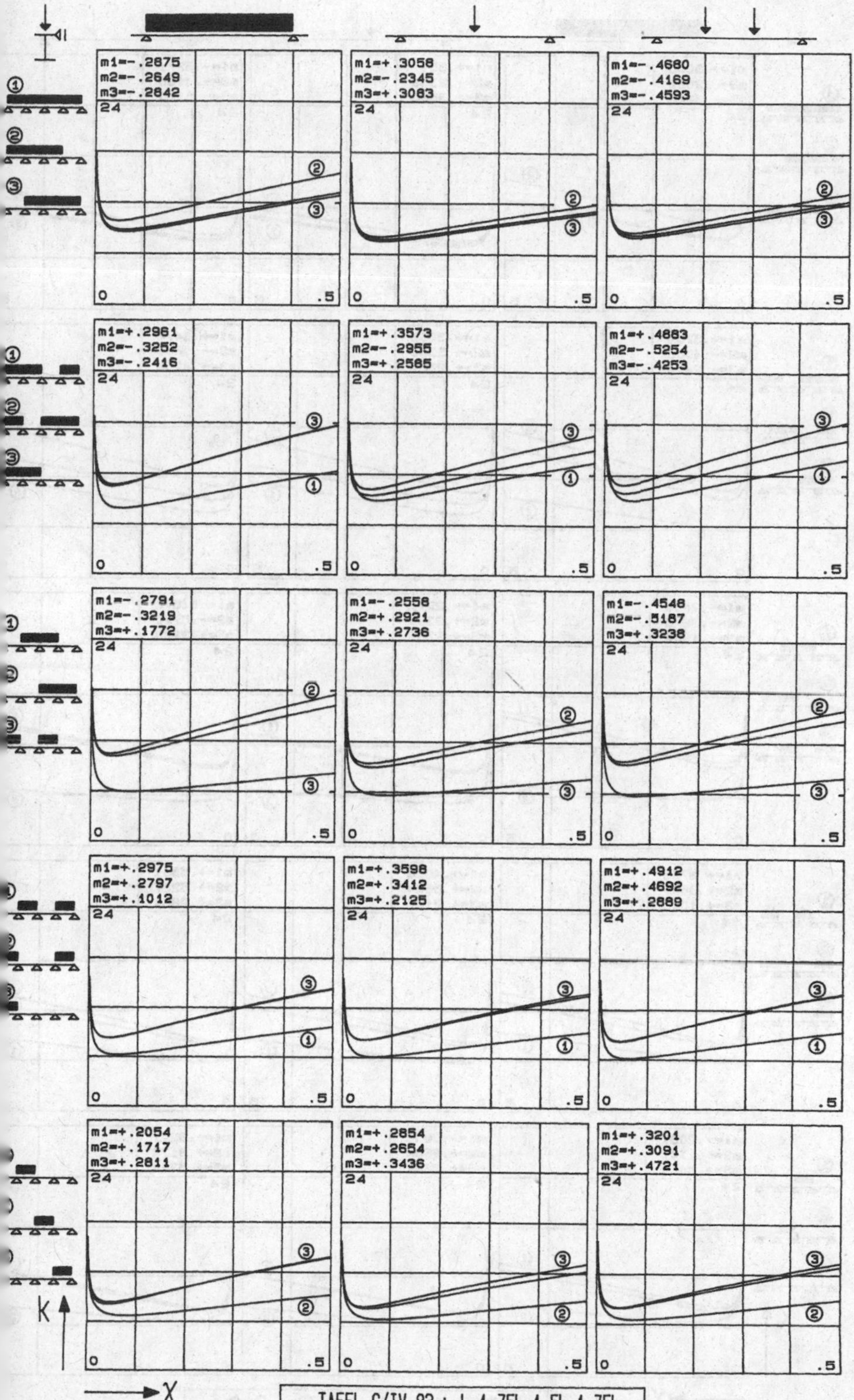

m1=-.2875
m2=-.2649
m3=-.2642
24
m1=+.3058
m2=-.2345
m3=+.3063
24
m1=-.4680
m2=-.4169
m3=-.4593
24
m1=+.2961
m2=-.3252
m3=-.2416
24
m1=+.3573
m2=-.2955
m3=+.2565
24
m1=+.4883
m2=-.5254
m3=-.4253
24
m1=-.2791
m2=-.3219
m3=+.1772
24
m1=-.2558
m2=+.2921
m3=+.2736
24
m1=-.4546
m2=-.5187
m3=+.3236
24
m1=+.2975
m2=+.2797
m3=+.1012
24
m1=+.3598
m2=+.3412
m3=+.2125
24
m1=+.4912
m2=+.4692
m3=+.2869
24
m1=+.2054
m2=+.1717
m3=+.2811
24
m1=+.2854
m2=+.2654
m3=+.3436
24
m1=+.3201
m2=+.3091
m3=+.4721
24
0
.5
K
X

TAFEL G/IV 83 : L-1.75L-1.5L-1.75L

G IV

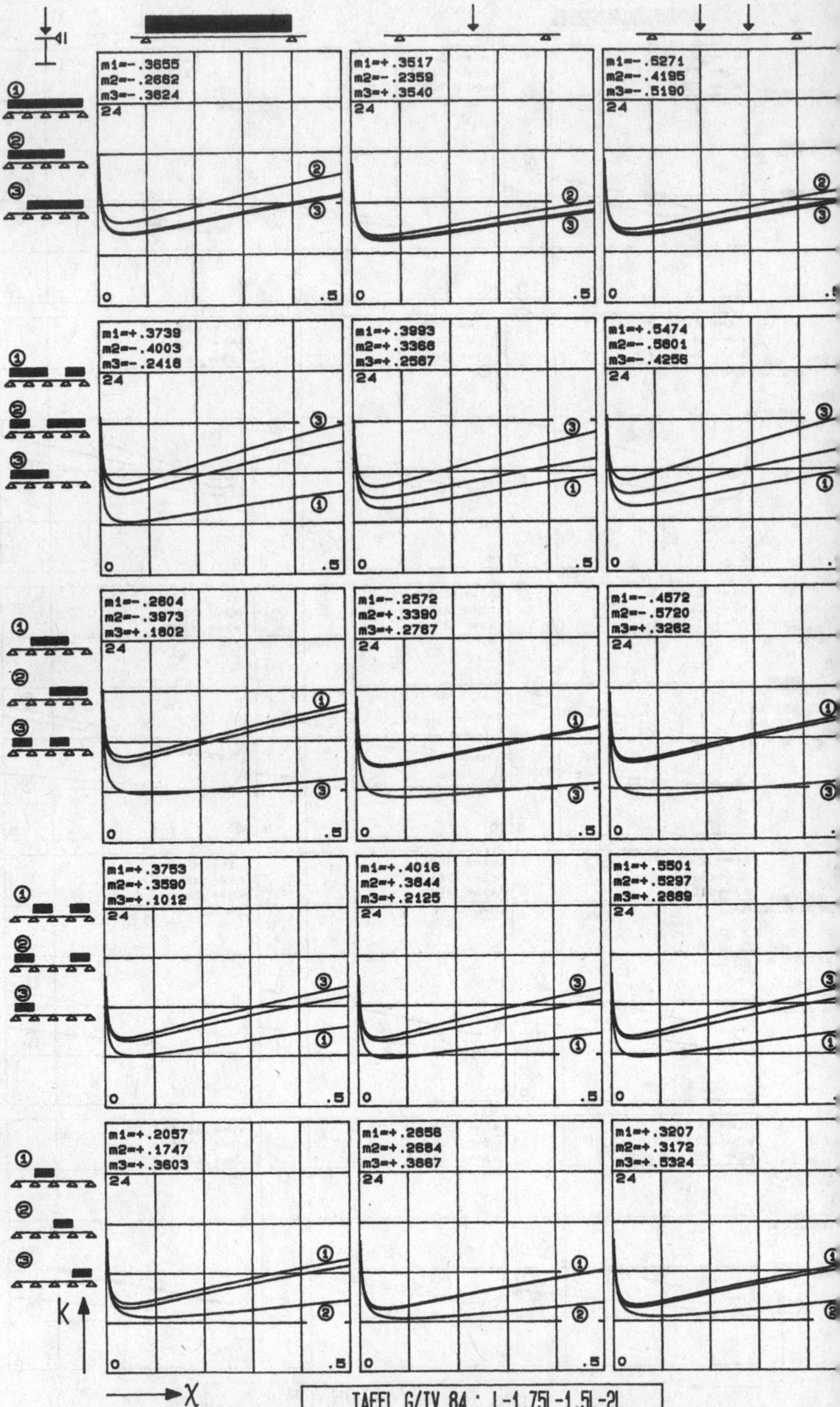

m1=-.3655
m2=-.2662
m3=-.3624
24
m1=+.3517
m2=-.2359
m3=+.3540
24
m1=-.5271
m2=-.4195
m3=-.5190
24
m1=+.3739
m2=-.4003
m3=-.2416
24
m1=+.3993
m2=+.3366
m3=+.2567
24
m1=+.5474
m2=-.5601
m3=-.4256
24
m1=-.2604
m2=-.3973
m3=+.1602
24
m1=-.2572
m2=+.3390
m3=+.2767
24
m1=-.4572
m2=-.5720
m3=+.3262
24
m1=+.3753
m2=+.3590
m3=+.1012
24
m1=+.4016
m2=+.3644
m3=+.2125
24
m1=+.5501
m2=+.5297
m3=+.2669
24
m1=+.2057
m2=+.1747
m3=+.3603
24
m1=+.2656
m2=+.2684
m3=+.3667
24
m1=+.3207
m2=+.3172
m3=+.5324
24
0
.5
K
X

TAFEL G/IV 84 : L-1.75L-1.5L-2L

G V

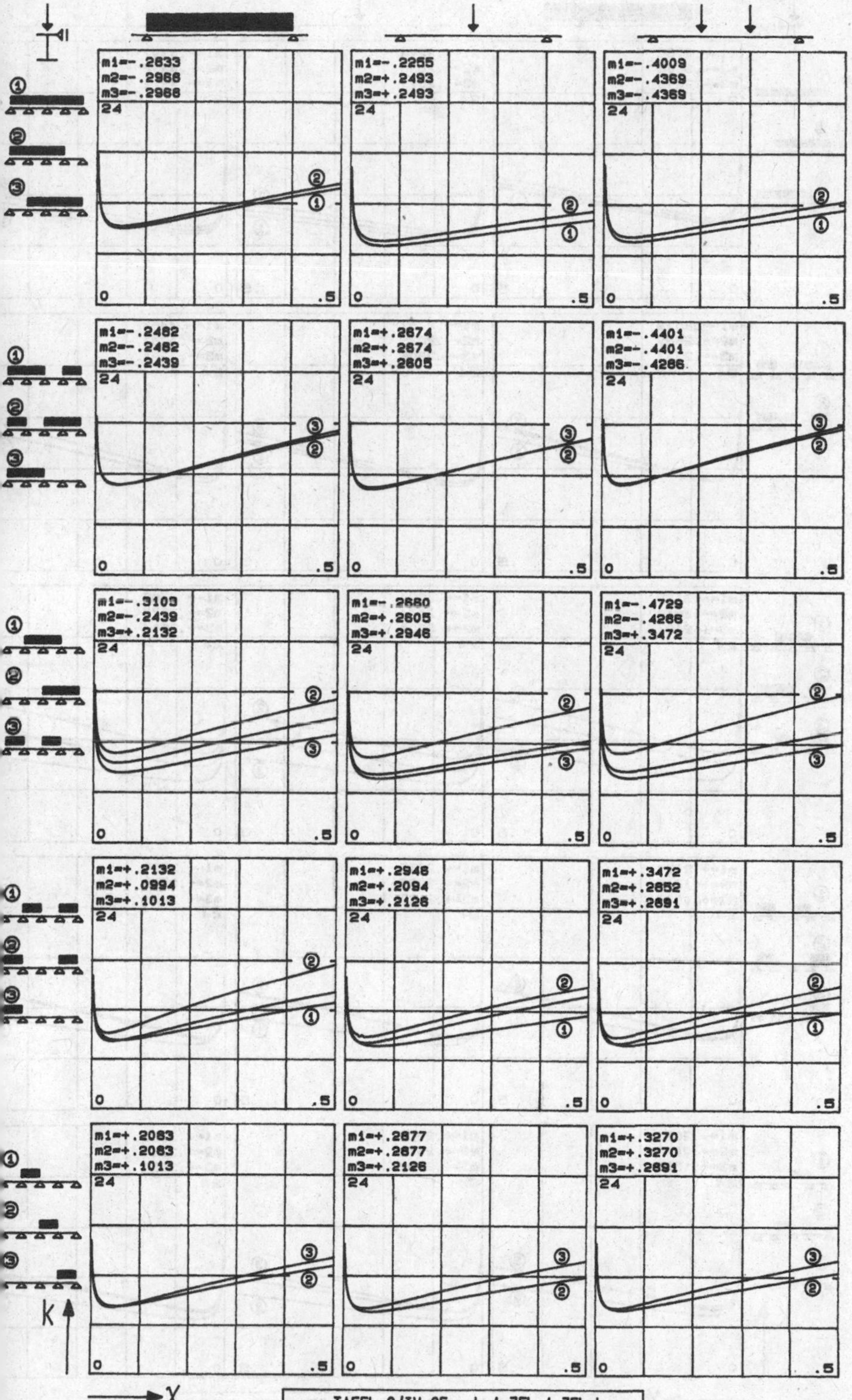

TAFEL G/IV 85 : L-1.75L-1.75L-L

G
IV

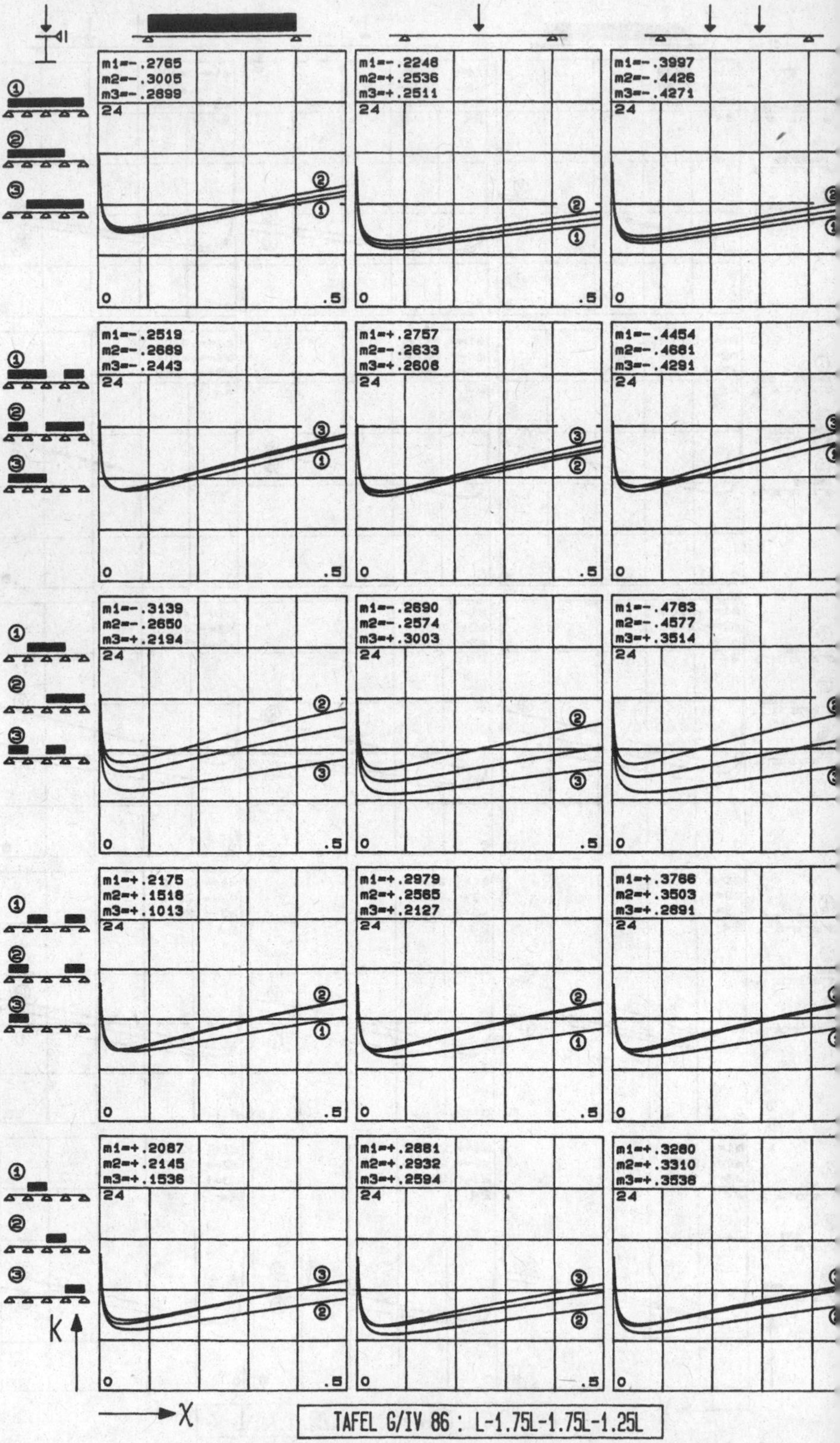

m1=-.2765
m2=-.3005
m3=-.2899
24
0
.5
m1=-.2248
m2=+.2536
m3=+.2511
24
m1=-.3997
m2=-.4426
m3=-.4271
24
m1=-.2519
m2=-.2689
m3=-.2443
24
m1=+.2757
m2=-.2633
m3=+.2606
24
m1=-.4454
m2=-.4681
m3=-.4291
24
m1=-.3139
m2=-.2650
m3=+.2194
24
m1=-.2690
m2=-.2574
m3=+.3003
24
m1=-.4783
m2=-.4577
m3=+.3514
24
m1=+.2175
m2=+.1518
m3=+.1013
24
m1=+.2979
m2=+.2565
m3=+.2127
24
m1=+.3766
m2=+.3503
m3=+.2891
24
m1=+.2087
m2=+.2145
m3=+.1536
24
m1=+.2881
m2=+.2932
m3=+.2594
24
m1=+.3280
m2=+.3310
m3=+.3538
24
K
X

TAFEL G/IV 86 : L-1.75L-1.75L-1.25L

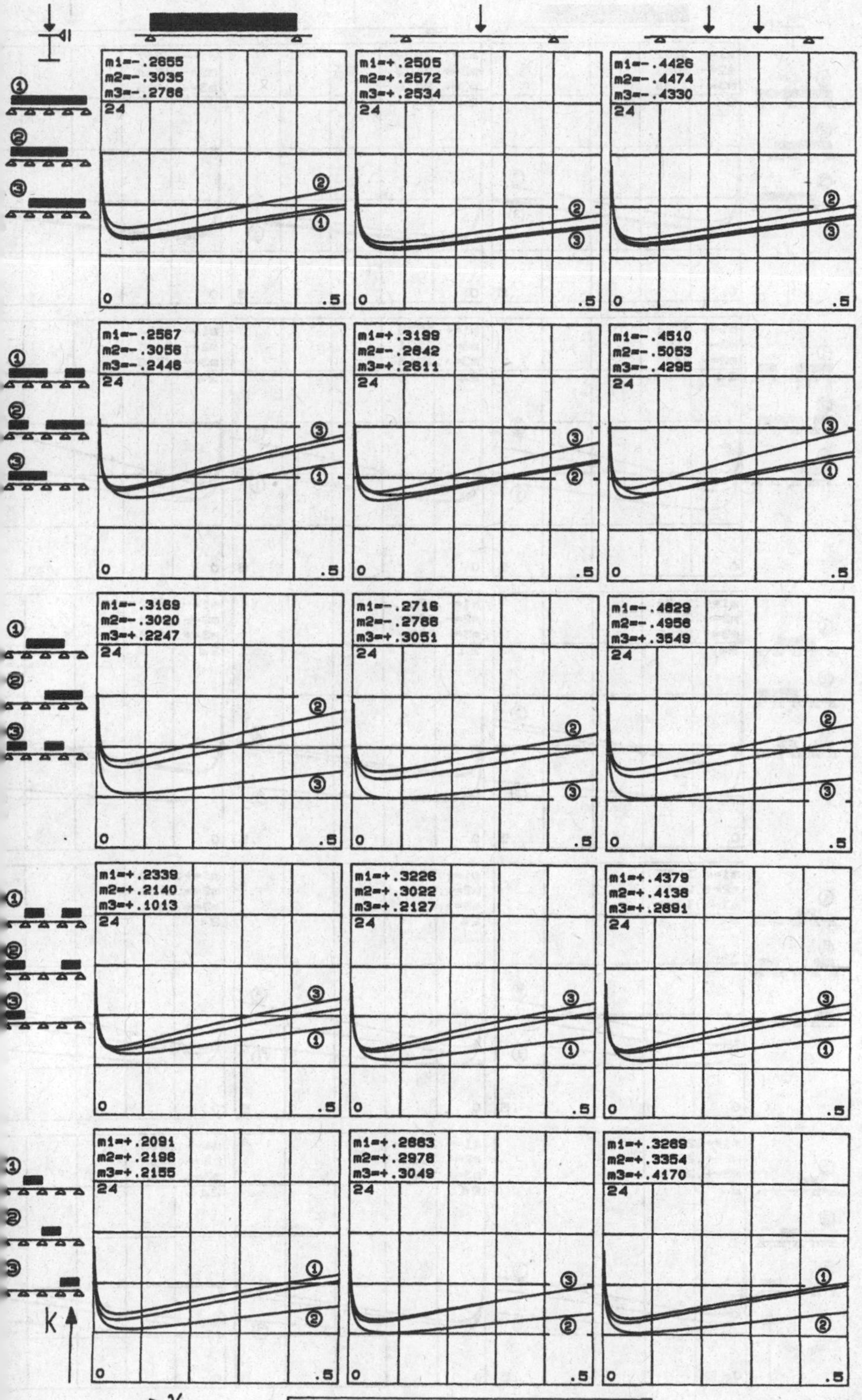
m1=-.2655
m2=-.3035
m3=-.2766
m1=+.2505
m2=+.2572
m3=+.2534
m1=-.4426
m2=-.4474
m3=-.4330
m1=-.2567
m2=-.3056
m3=-.2446
m1=+.3199
m2=-.2642
m3=+.2611
m1=-.4510
m2=-.5053
m3=-.4295
m1=-.3169
m2=-.3020
m3=+.2247
m1=-.2716
m2=-.2766
m3=+.3051
m1=-.4629
m2=-.4956
m3=+.3549
m1=+.2339
m2=+.2140
m3=+.1013
m1=+.3226
m2=+.3022
m3=+.2127
m1=+.4379
m2=+.4138
m3=+.2691
m1=+.2091
m2=+.2198
m3=+.2155
m1=+.2663
m2=+.2978
m3=+.3049
m1=+.3269
m2=+.3354
m3=+.4170
24
0
.5
K
X

TAFEL G/IV 87 : L-1.75L-1.75L-1.5L

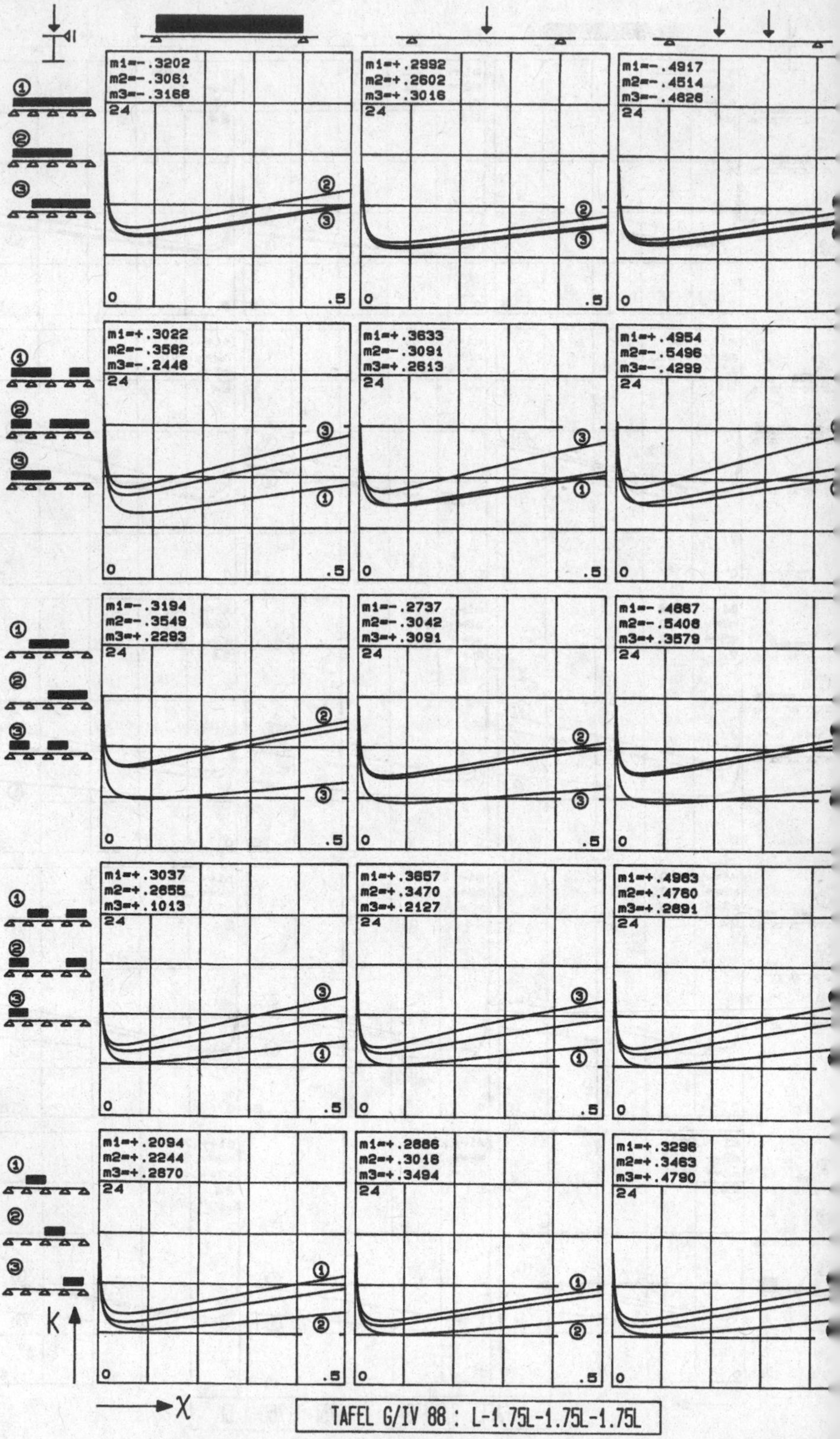

m1=-.3202
m2=-.3061
m3=-.3168
m1=+.2992
m2=+.2602
m3=+.3016
m1=-.4917
m2=-.4514
m3=-.4626
m1=+.3022
m2=-.3562
m3=-.2446
m1=+.3633
m2=-.3091
m3=+.2613
m1=+.4954
m2=-.5496
m3=-.4299
m1=-.3194
m2=-.3549
m3=+.2293
m1=-.2737
m2=-.3042
m3=+.3091
m1=-.4667
m2=-.5406
m3=+.3579
m1=+.3037
m2=+.2655
m3=+.1013
m1=+.3657
m2=+.3470
m3=+.2127
m1=+.4963
m2=+.4760
m3=+.2691
m1=+.2094
m2=+.2244
m3=+.2670
m1=+.2666
m2=+.3016
m3=+.3494
m1=+.3296
m2=+.3463
m3=+.4790
24
0
.5
K
X
TAFEL G/IV 88 : L-1.75L-1.75L-1.75L

GV

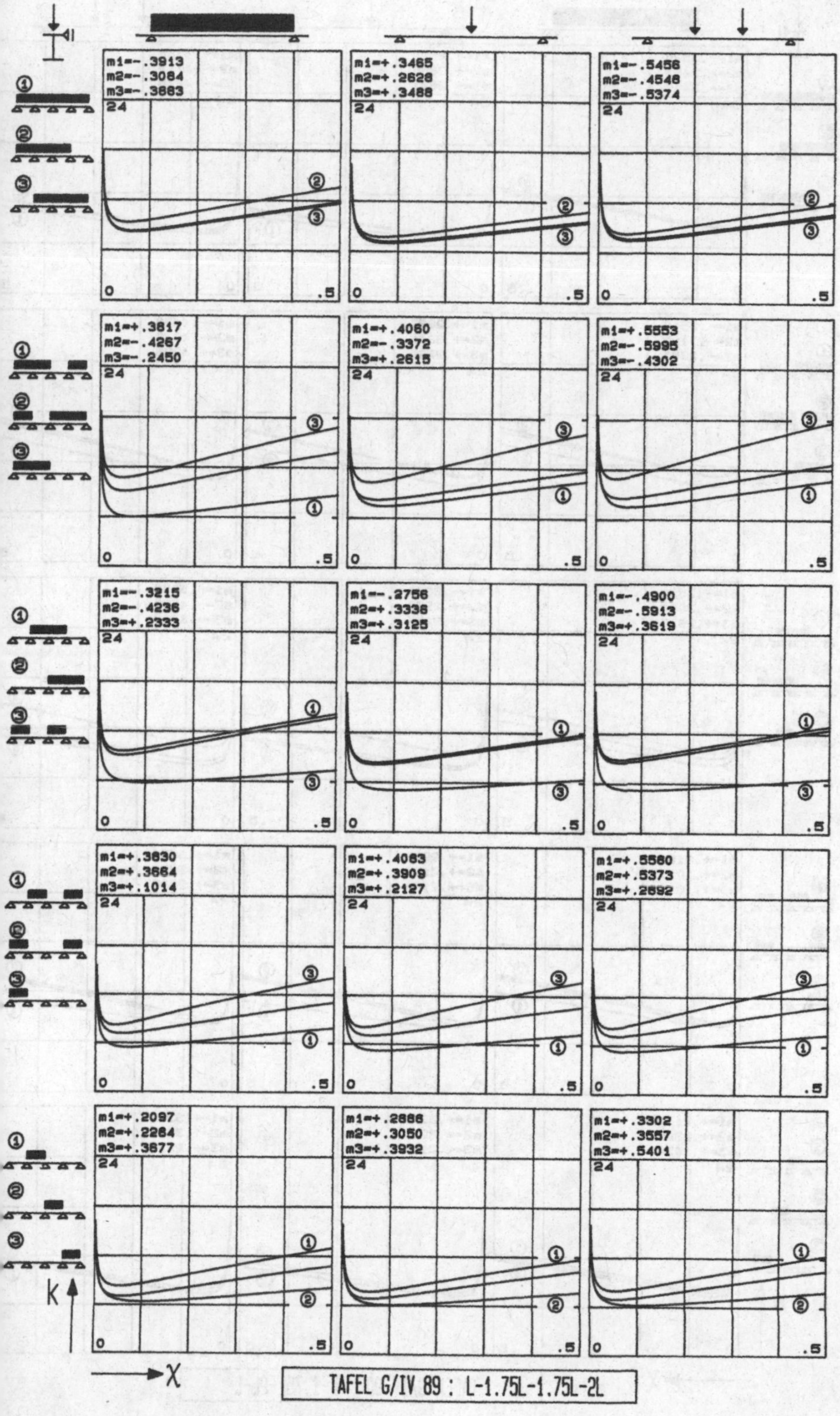

m1=-.3913
m2=-.3084
m3=-.3863
24
m1=+.3465
m2=+.2628
m3=+.3488
24
m1=-.5456
m2=-.4546
m3=-.5374
24
m1=+.3817
m2=-.4267
m3=-.2450
24
m1=+.4060
m2=-.3372
m3=+.2615
24
m1=+.5553
m2=-.5995
m3=-.4302
24
m1=-.3215
m2=-.4236
m3=+.2333
24
m1=-.2756
m2=+.3336
m3=+.3125
24
m1=-.4900
m2=-.5913
m3=+.3619
24
m1=+.3830
m2=+.3664
m3=+.1014
24
m1=+.4063
m2=+.3909
m3=+.2127
24
m1=+.5560
m2=+.5373
m3=+.2692
24
m1=+.2097
m2=+.2264
m3=+.3677
24
m1=+.2886
m2=+.3050
m3=+.3932
24
m1=+.3302
m2=+.3557
m3=+.5401
24
0
.5
K
X

TAFEL G/IV 89 : L-1.75L-1.75L-2L

G IV

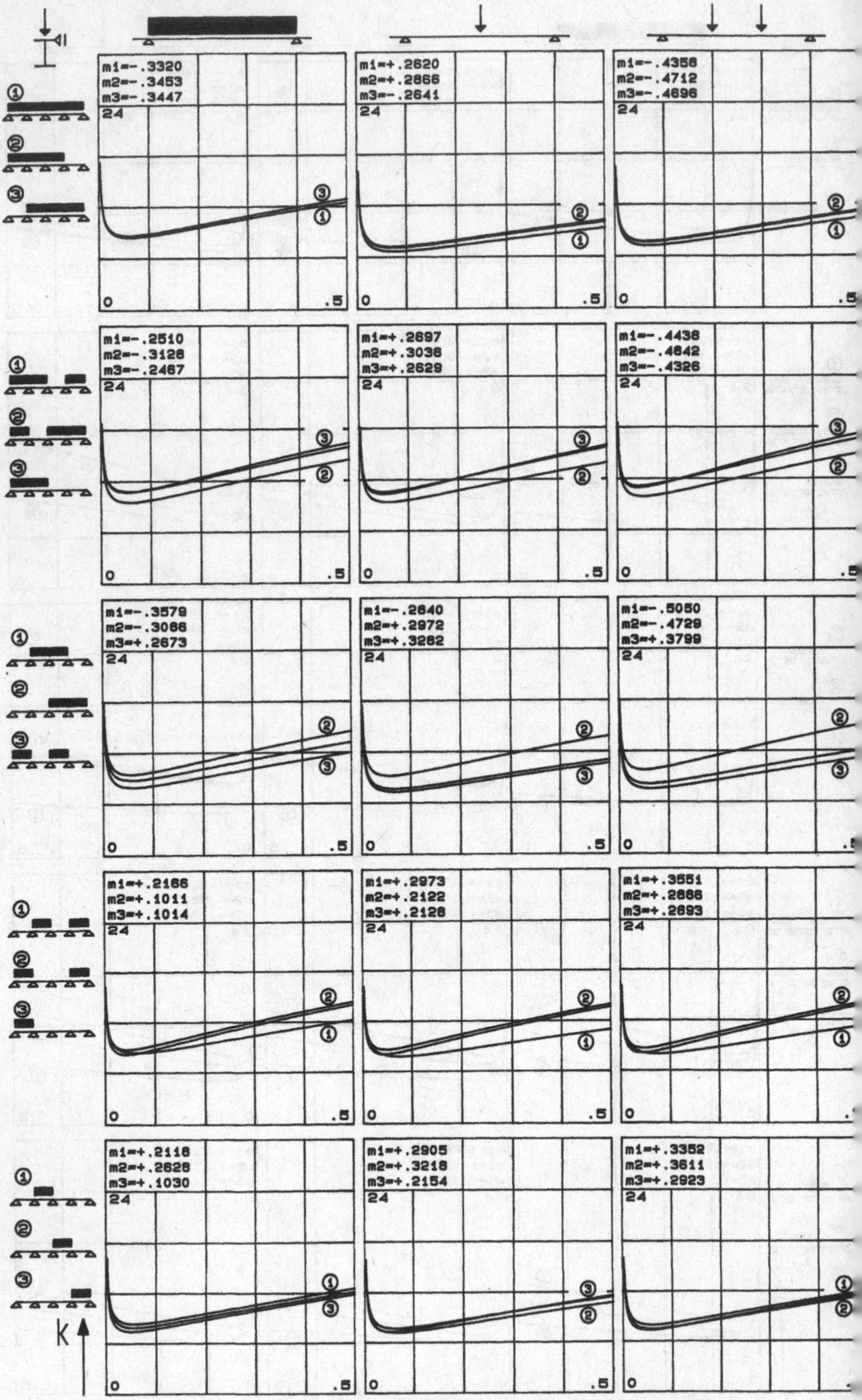

m1=-.3320
m2=-.3453
m3=-.3447
24
m1=+.2620
m2=+.2866
m3=-.2641
24
m1=-.4356
m2=-.4712
m3=-.4696
24
m1=-.2510
m2=-.3126
m3=-.2467
24
m1=+.2697
m2=+.3036
m3=+.2629
24
m1=-.4436
m2=-.4642
m3=-.4326
24
m1=-.3579
m2=-.3066
m3=+.2673
24
m1=-.2640
m2=+.2972
m3=+.3262
24
m1=-.5050
m2=-.4729
m3=+.3799
24
m1=+.2166
m2=+.1011
m3=+.1014
24
m1=+.2973
m2=+.2122
m3=+.2126
24
m1=+.3551
m2=+.2886
m3=+.2893
24
m1=+.2116
m2=+.2626
m3=+.1030
24
m1=+.2905
m2=+.3216
m3=+.2154
24
m1=+.3352
m2=+.3611
m3=+.2923
24
0
.5
K
X

TAFEL G/IV 90 : L-1.75L-2L-L

GV

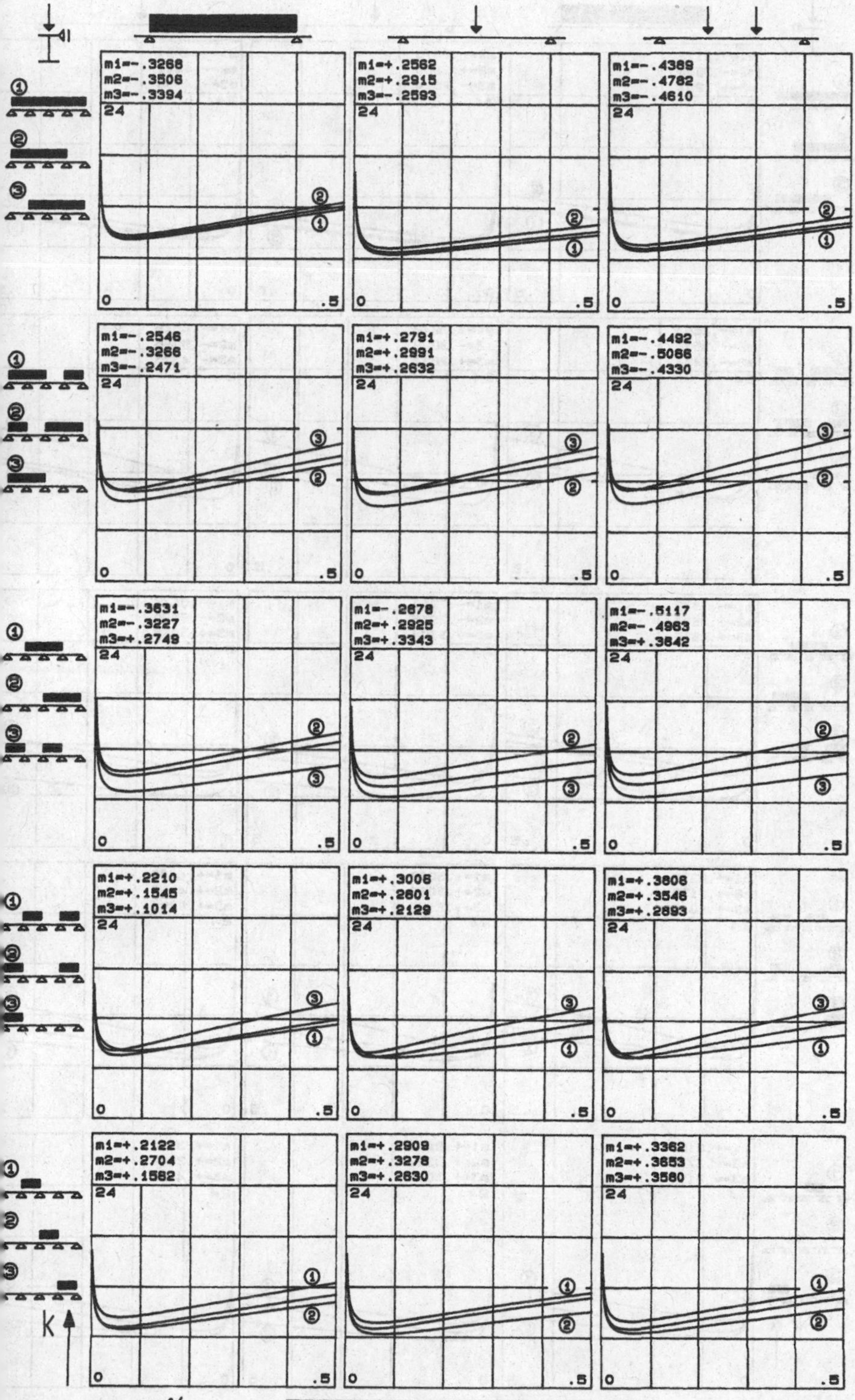

m1=-.3268
m2=-.3506
m3=-.3394
24
m1=+.2562
m2=+.2915
m3=-.2593
24
m1=-.4389
m2=-.4762
m3=-.4610
24
m1=-.2546
m2=-.3266
m3=-.2471
24
m1=+.2791
m2=+.2991
m3=+.2632
24
m1=-.4492
m2=-.5066
m3=-.4330
24
m1=-.3631
m2=-.3227
m3=+.2749
24
m1=-.2678
m2=+.2925
m3=+.3343
24
m1=-.5117
m2=-.4963
m3=+.3642
24
m1=+.2210
m2=+.1545
m3=+.1014
24
m1=+.3006
m2=+.2601
m3=+.2129
24
m1=+.3806
m2=+.3546
m3=+.2893
24
m1=+.2122
m2=+.2704
m3=+.1562
24
m1=+.2909
m2=+.3278
m3=+.2630
24
m1=+.3362
m2=+.3653
m3=+.3560
24
K
X

TAFEL G/IV 91 : L-1.75L-2L-1.25L

G IV

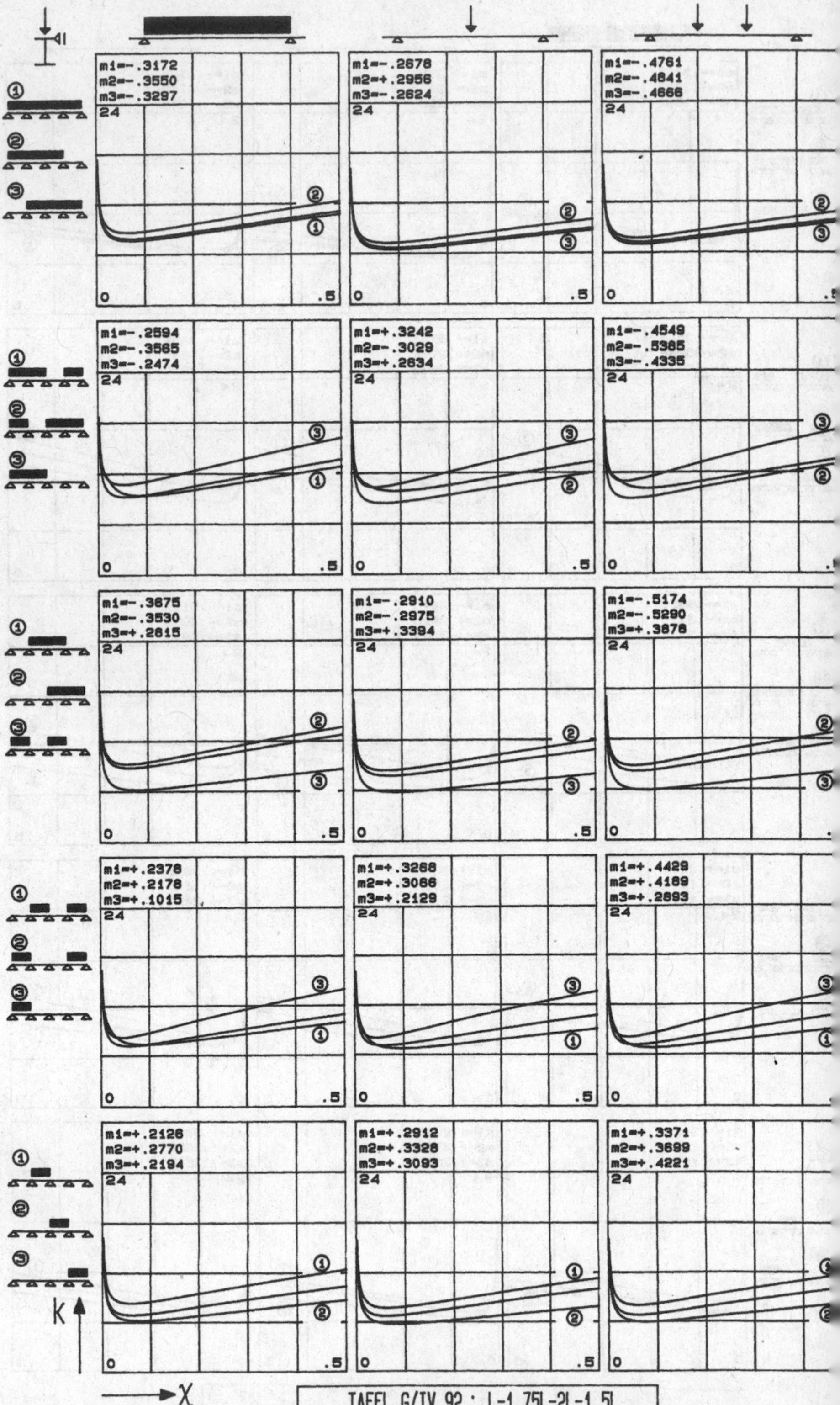
m1=-.3172
m2=-.3550
m3=-.3297
m1=-.2678
m2=+.2956
m3=-.2624
m1=-.4761
m2=-.4841
m3=-.4666
m1=-.2594
m2=-.3565
m3=-.2474
m1=+.3242
m2=-.3029
m3=+.2634
m1=-.4549
m2=-.5385
m3=-.4335
m1=-.3675
m2=-.3530
m3=+.2615
m1=-.2910
m2=-.2975
m3=+.3394
m1=-.5174
m2=-.5290
m3=+.3878
m1=+.2378
m2=+.2178
m3=+.1015
m1=+.3268
m2=+.3066
m3=+.2129
m1=+.4429
m2=+.4189
m3=+.2893
m1=+.2126
m2=+.2770
m3=+.2194
m1=+.2912
m2=+.3328
m3=+.3093
m1=+.3371
m2=+.3699
m3=+.4221
24
0
.5
K
X

TAFEL G/IV 92 : L-1.75L-2L-1.5L

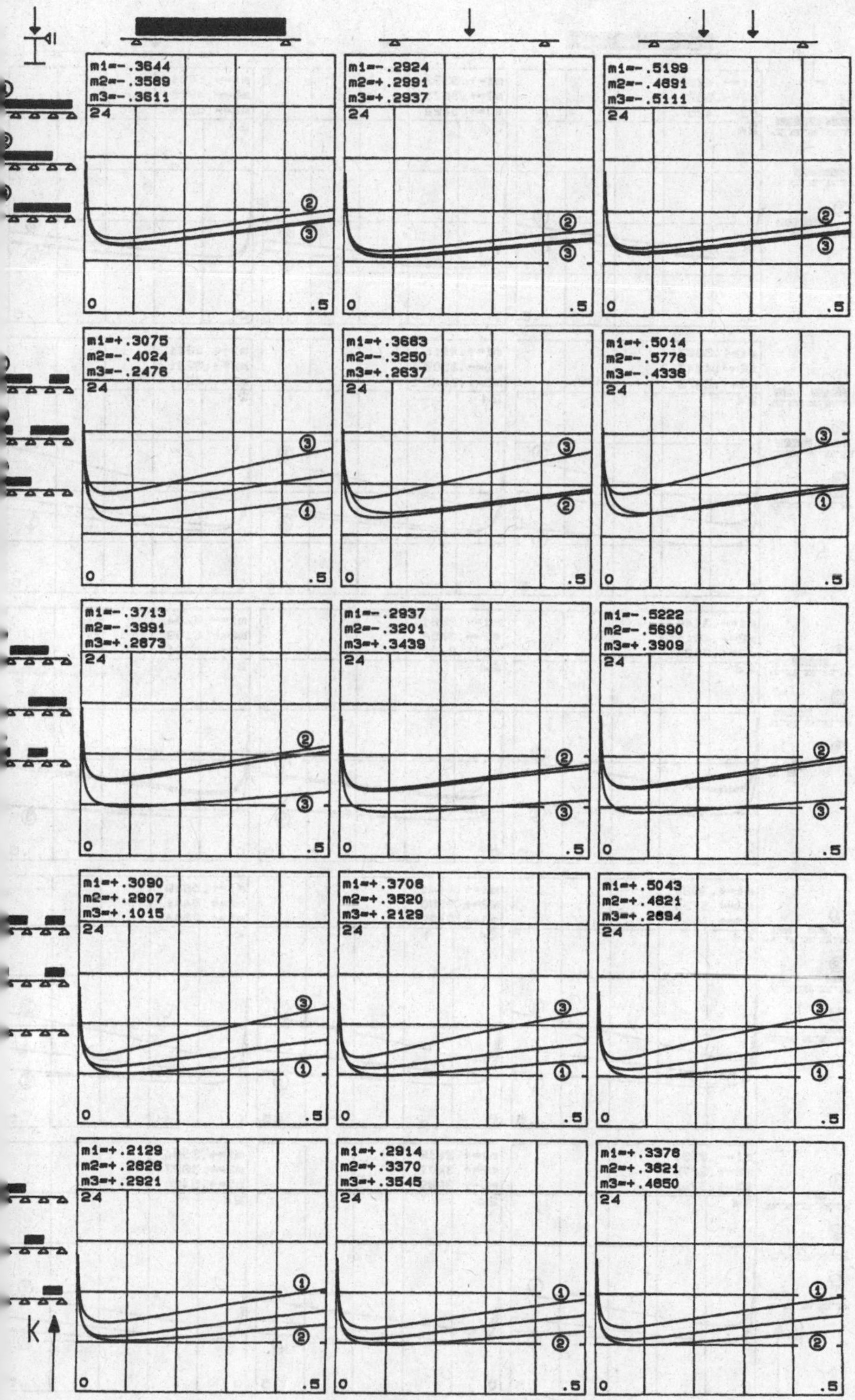
m1=-.3644
m2=-.3569
m3=-.3611
24
m1=-.2924
m2=+.2991
m3=+.2937
24
m1=-.5199
m2=-.4691
m3=-.5111
24
m1=+.3075
m2=-.4024
m3=-.2476
24
m1=+.3663
m2=-.3250
m3=+.2637
24
m1=+.5014
m2=-.5776
m3=-.4336
24
m1=-.3713
m2=-.3991
m3=+.2673
24
m1=-.2937
m2=-.3201
m3=+.3439
24
m1=-.5222
m2=-.5690
m3=+.3909
24
m1=+.3090
m2=+.2807
m3=+.1015
24
m1=+.3706
m2=+.3520
m3=+.2129
24
m1=+.5043
m2=+.4621
m3=+.2694
24
m1=+.2129
m2=+.2626
m3=+.2921
24
m1=+.2914
m2=+.3370
m3=+.3545
24
m1=+.3376
m2=+.3621
m3=+.4650
24
0
.5
K
X

TAFEL G/IV 93 : L-1.75L-2L-1.75L

G IV

	Gleichlast	Einzellast Mitte	Zwei Einzellasten
Lastfall ① ② ③	m1=-.4288 m2=-.3622 m3=-.4257 24	m1=+.3399 m2=+.3021 m3=+.3422 24	m1=-.5691 m2=-.4935 m3=-.5609 24
Lastfall ① ② ③	m1=+.3665 m2=-.4642 m3=-.2476 24	m1=+.4116 m2=-.3505 m3=+.2636 24	m1=+.5621 m2=-.6231 m3=-.4341 24
Lastfall ① ② ③	m1=-.3745 m2=-.4611 m3=+.2924 24	m1=-.2961 m2=-.3456 m3=+.3477 24	m1=-.5264 m2=-.6149 m3=+.3981 24
Lastfall ① ② ③	m1=+.3896 m2=+.3730 m3=+.1015 24	m1=+.4141 m2=+.3966 m3=+.2129 24	m1=+.5649 m2=+.5441 m3=+.2894 24
Lastfall ① ② ③	m1=+.2131 m2=+.2879 m3=+.3743 24	m1=+.2916 m2=+.3407 m3=+.3989 24	m1=+.3384 m2=+.3927 m3=+.5469 24

K ↑ → X (0 … .5)

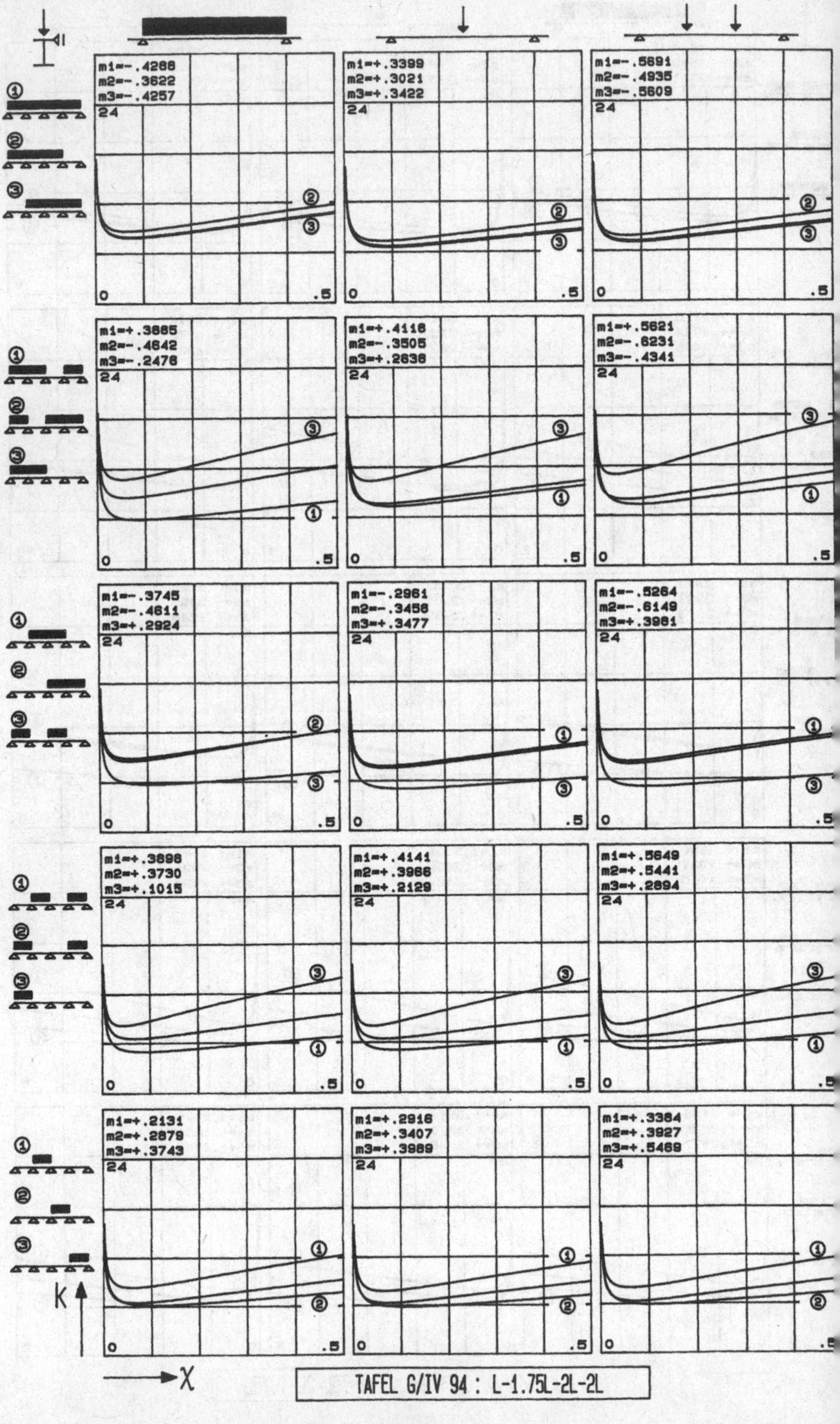

TAFEL G/IV 94 : L-1.75L-2L-2L

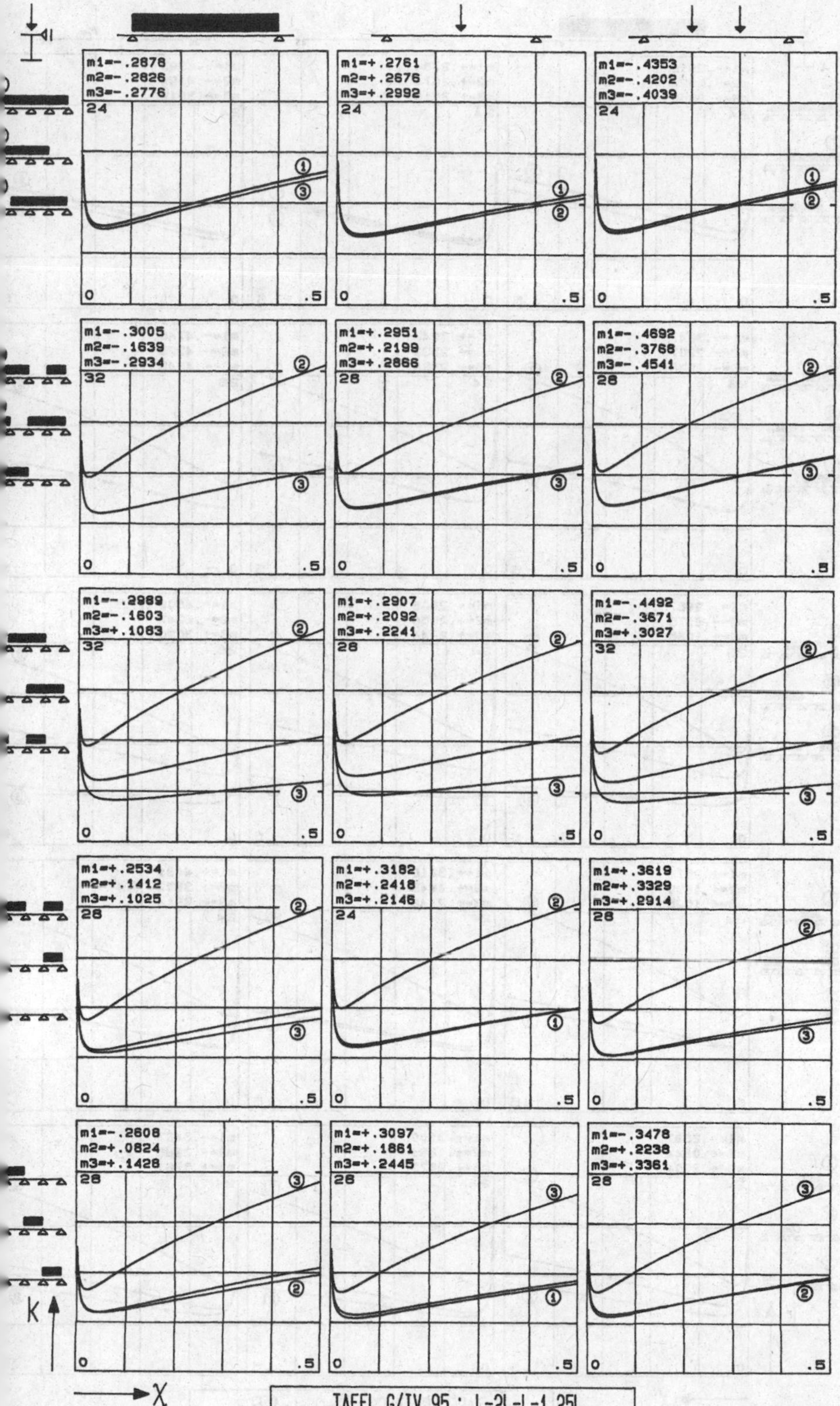
m1=-.2876
m2=-.2826
m3=-.2776
24
m1=+.2761
m2=+.2676
m3=+.2992
24
m1=-.4353
m2=-.4202
m3=-.4039
24
m1=-.3005
m2=-.1639
m3=-.2934
32
m1=+.2951
m2=+.2199
m3=+.2866
28
m1=-.4692
m2=-.3768
m3=-.4541
28
m1=-.2989
m2=-.1603
m3=+.1063
32
m1=+.2907
m2=+.2092
m3=+.2241
28
m1=-.4492
m2=-.3671
m3=+.3027
32
m1=+.2534
m2=+.1412
m3=+.1025
28
m1=+.3182
m2=+.2418
m3=+.2146
24
m1=+.3619
m2=+.3329
m3=+.2914
28
m1=-.2608
m2=+.0824
m3=+.1428
28
m1=+.3097
m2=+.1861
m3=+.2445
28
m1=-.3478
m2=+.2238
m3=+.3361
28
K
X

TAFEL G/IV 95 : L-2L-L-1.25L

G IV

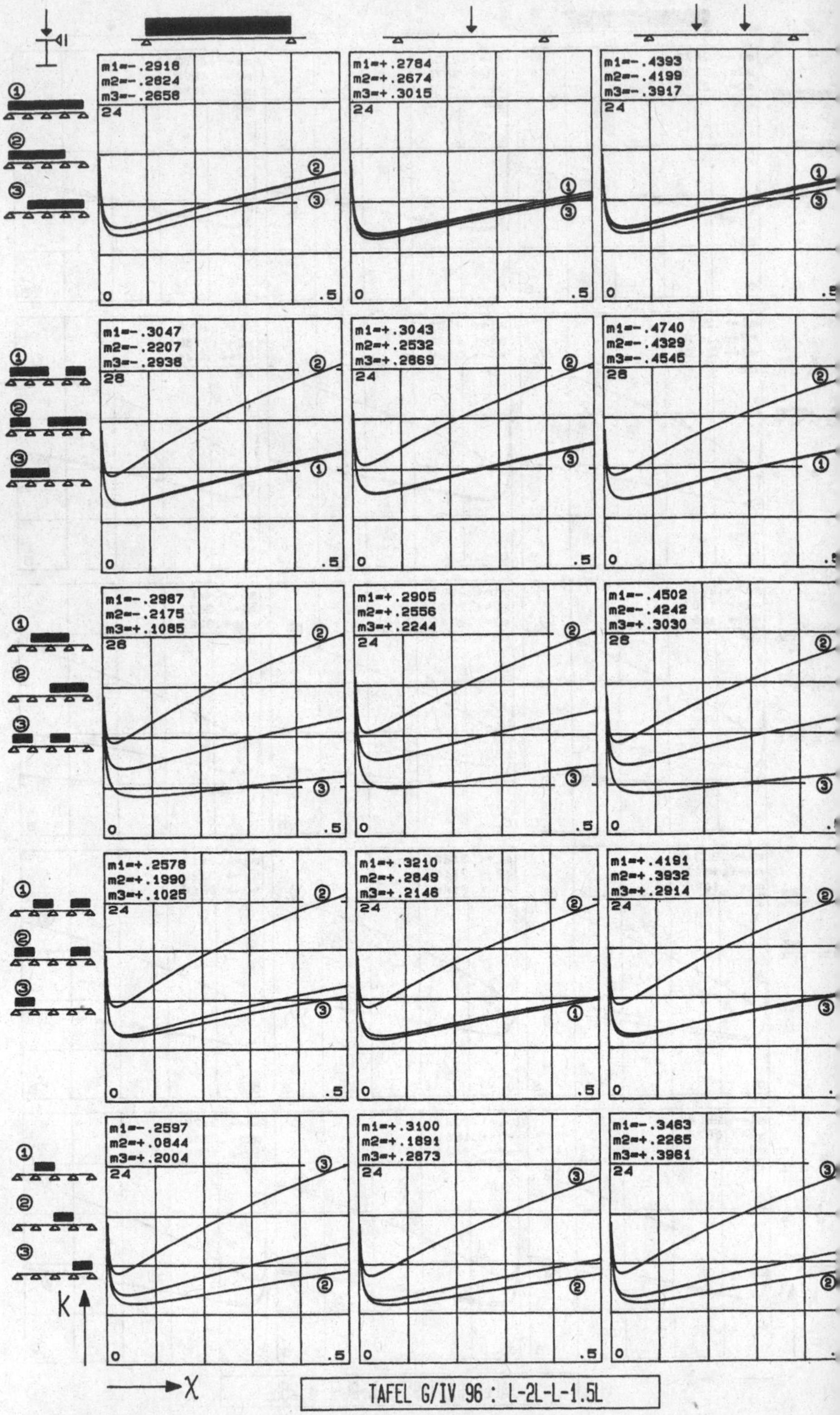

m1=-.2918
m2=-.2824
m3=-.2658
24
m1=+.2784
m2=+.2674
m3=+.3015
24
m1=-.4393
m2=-.4199
m3=-.3917
24
m1=-.3047
m2=-.2207
m3=-.2936
28
m1=+.3043
m2=+.2532
m3=+.2869
24
m1=-.4740
m2=-.4329
m3=-.4545
28
m1=-.2987
m2=-.2175
m3=+.1085
28
m1=+.2905
m2=+.2556
m3=+.2244
24
m1=-.4502
m2=-.4242
m3=+.3030
28
m1=+.2578
m2=+.1990
m3=+.1025
24
m1=+.3210
m2=+.2849
m3=+.2146
24
m1=+.4191
m2=+.3932
m3=+.2914
24
m1=-.2597
m2=+.0844
m3=+.2004
24
m1=+.3100
m2=+.1891
m3=+.2873
24
m1=-.3463
m2=+.2265
m3=+.3961
24
K
X

TAFEL G/IV 96 : L-2L-L-1.5L

m1=-.2966 m2=-.2623 m3=+.2707 24	m1=+.3161 m2=+.2672 m3=+.3163 24	m1=-.4436 m2=-.4196 m3=+.4421 24
m1=-.3098 m2=-.2933 m3=-.2941 24	m1=+.3446 m2=+.2985 m3=+.2871 24	m1=-.4789 m2=-.4941 m3=-.4549 24
m1=-.2985 m2=-.2904 m3=+.1086 24	m1=+.2904 m2=+.3007 m3=+.2246 24	m1=-.4509 m2=-.4862 m3=+.3032 24
m1=+.2871 m2=+.2656 m3=+.1025 24	m1=+.3470 m2=+.3272 m3=+.2147 24	m1=+.4761 m2=+.4526 m3=+.2915 24
m1=-.2588 m2=+.0860 m3=+.2670 24	m1=+.3102 m2=+.1915 m3=+.3294 24	m1=-.3450 m2=+.2300 m3=+.4552 24

K ↑ → X

TAFEL G/IV 97 : L-2L-L-1.75L

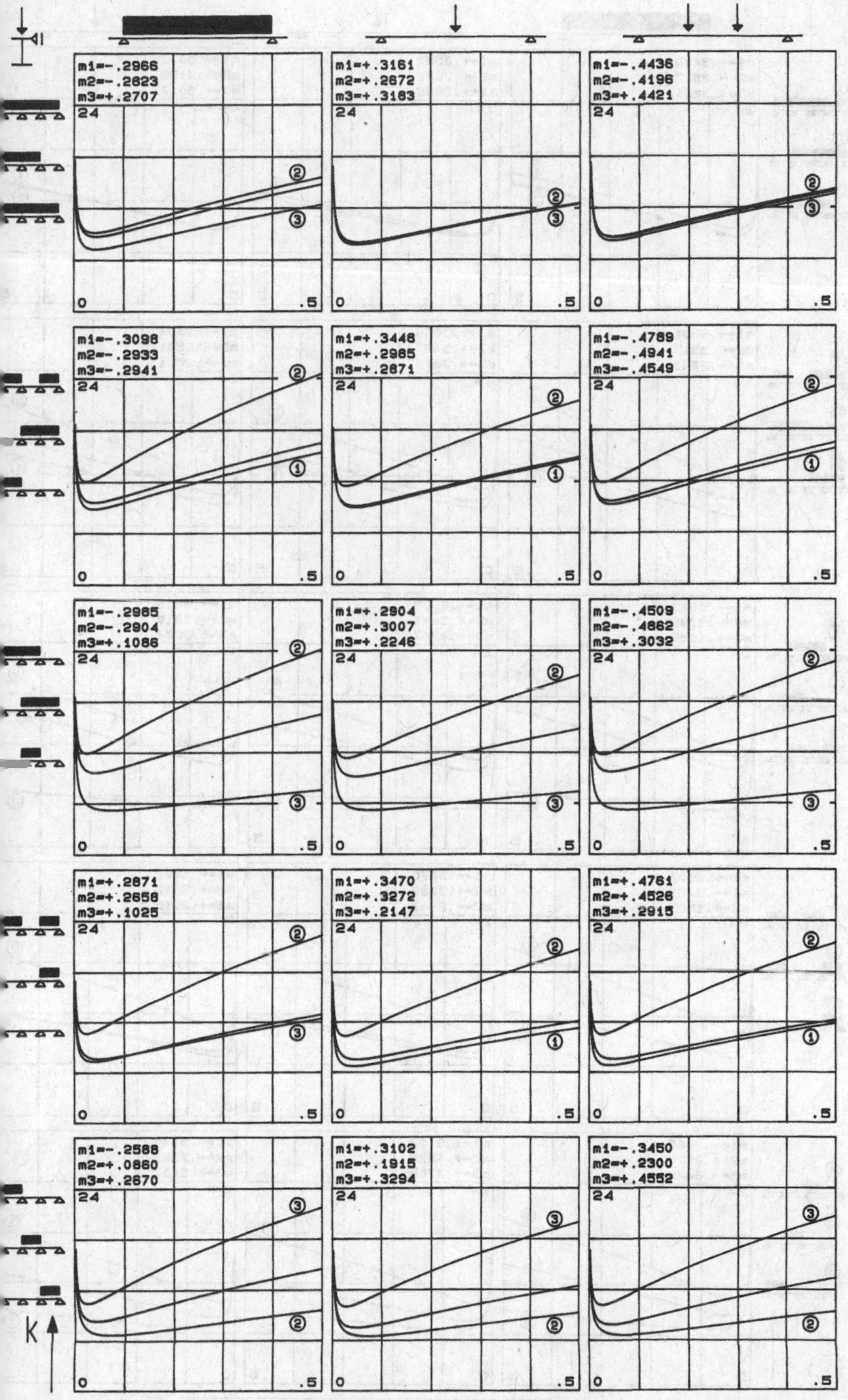

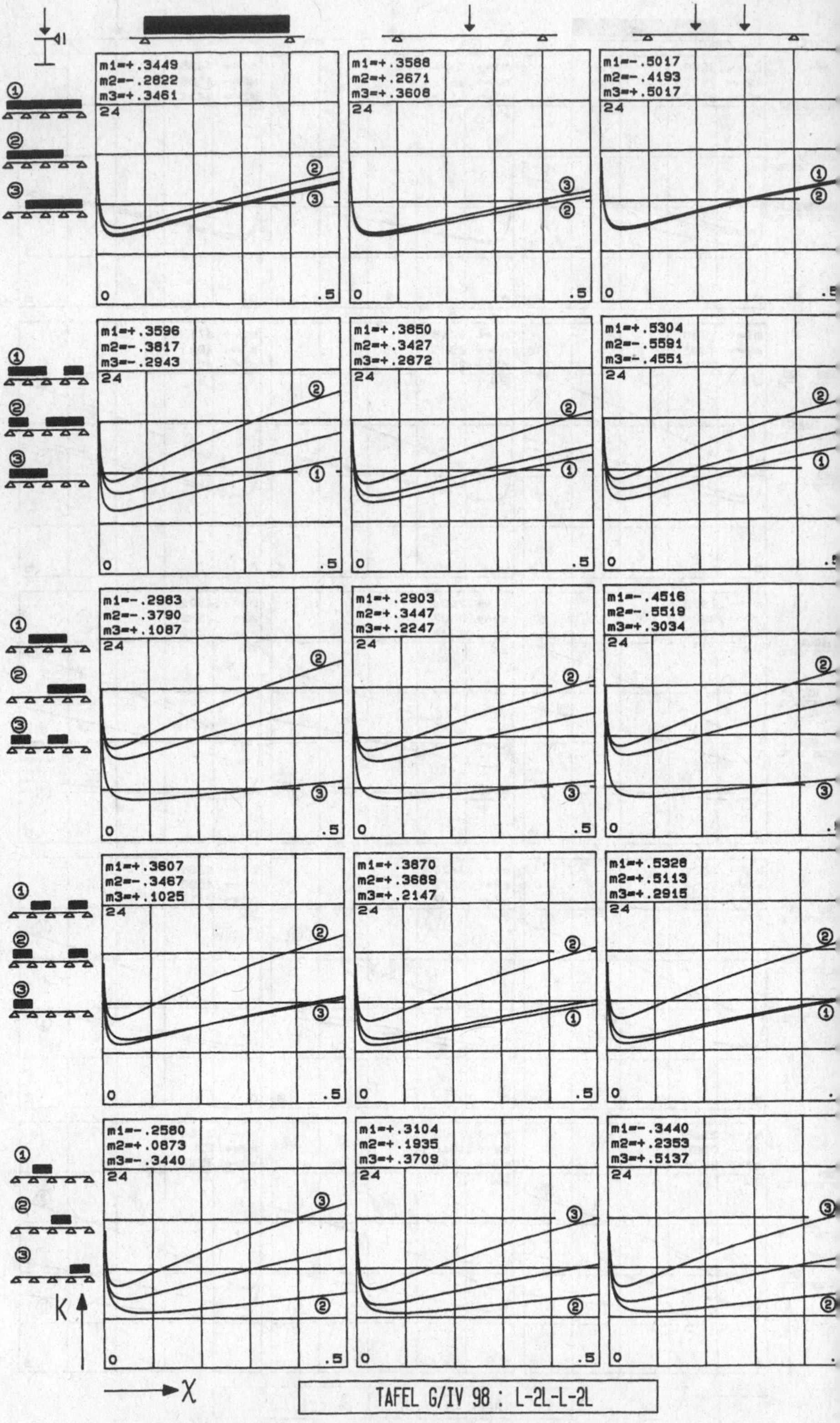

m1=+.3449
m2=-.2822
m3=+.3461
24
m1=+.3588
m2=+.2671
m3=+.3608
24
m1=-.5017
m2=-.4193
m3=+.5017
24
m1=+.3596
m2=-.3817
m3=-.2943
24
m1=+.3850
m2=+.3427
m3=+.2872
24
m1=+.5304
m2=-.5591
m3=-.4551
24
m1=-.2983
m2=-.3790
m3=+.1087
24
m1=+.2903
m2=+.3447
m3=+.2247
24
m1=-.4516
m2=-.5519
m3=+.3034
24
m1=+.3607
m2=-.3467
m3=+.1025
24
m1=+.3870
m2=+.3689
m3=+.2147
24
m1=+.5328
m2=+.5113
m3=+.2915
24
m1=-.2580
m2=+.0873
m3=-.3440
24
m1=+.3104
m2=+.1935
m3=+.3709
24
m1=-.3440
m2=+.2353
m3=+.5137
24
0
.5
K
X

TAFEL G/IV 98 : L-2L-L-2L

GV

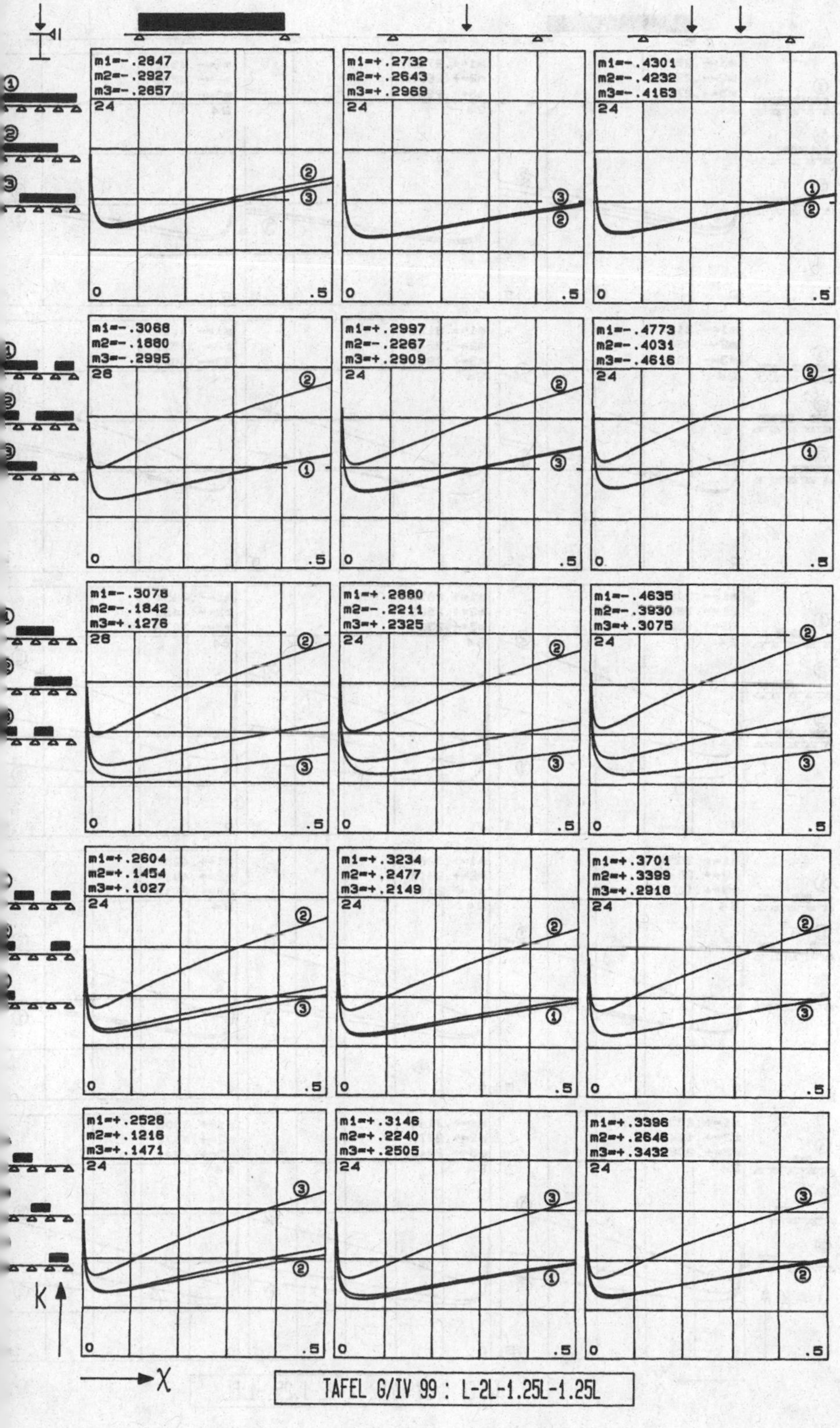

m1=-.2847
m2=-.2927
m3=-.2857
24
0
.5
m1=+.2732
m2=+.2643
m3=+.2969
24
m1=-.4301
m2=-.4232
m3=-.4163
24
m1=-.3068
m2=-.1880
m3=-.2995
28
m1=+.2997
m2=-.2267
m3=+.2909
24
m1=-.4773
m2=-.4031
m3=-.4616
24
m1=-.3078
m2=-.1842
m3=+.1276
28
m1=+.2880
m2=-.2211
m3=+.2325
24
m1=-.4635
m2=-.3930
m3=+.3075
24
m1=+.2604
m2=+.1454
m3=+.1027
24
m1=+.3234
m2=+.2477
m3=+.2149
24
m1=+.3701
m2=+.3399
m3=+.2918
24
m1=+.2528
m2=+.1216
m3=+.1471
24
m1=+.3146
m2=+.2240
m3=+.2505
24
m1=+.3396
m2=+.2646
m3=+.3432
24
K
X

TAFEL G/IV 99 : L-2L-1.25L-1.25L

G IV

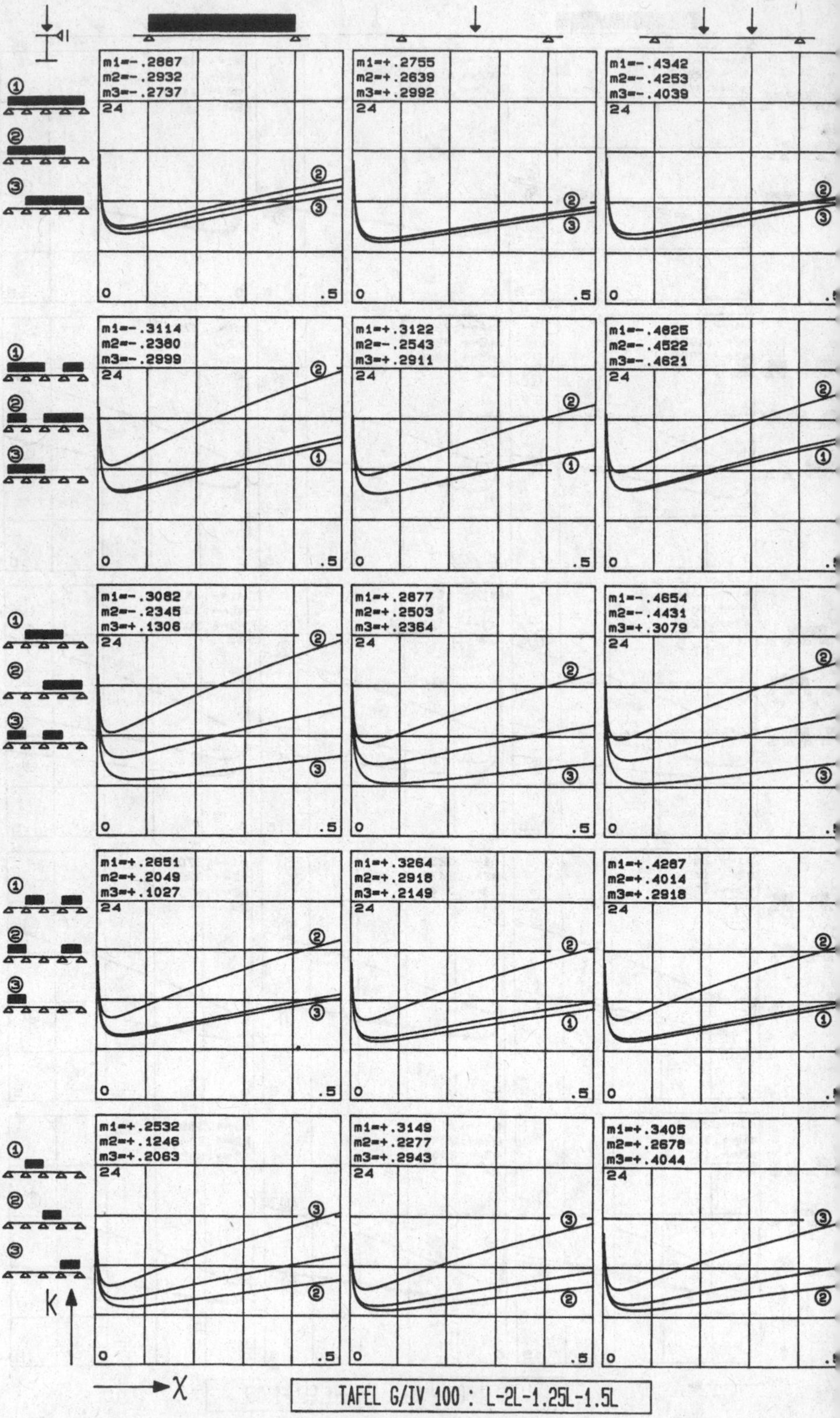

m1=-.2887
m2=-.2932
m3=-.2737
24
m1=+.2755
m2=+.2639
m3=+.2992
24
m1=-.4342
m2=-.4253
m3=-.4039
24
m1=-.3114
m2=-.2380
m3=-.2999
24
m1=+.3122
m2=-.2543
m3=+.2911
24
m1=-.4625
m2=-.4522
m3=-.4621
24
m1=-.3082
m2=-.2345
m3=+.1306
24
m1=+.2877
m2=+.2503
m3=+.2364
24
m1=-.4654
m2=-.4431
m3=+.3079
24
m1=+.2651
m2=+.2049
m3=+.1027
24
m1=+.3264
m2=+.2918
m3=+.2149
24
m1=+.4287
m2=+.4014
m3=+.2918
24
m1=+.2532
m2=+.1246
m3=+.2063
24
m1=+.3149
m2=+.2277
m3=+.2943
24
m1=+.3405
m2=+.2678
m3=+.4044
24
0
.5
K
X
TAFEL G/IV 100 : L-2L-1.25L-1.5L

G
IV

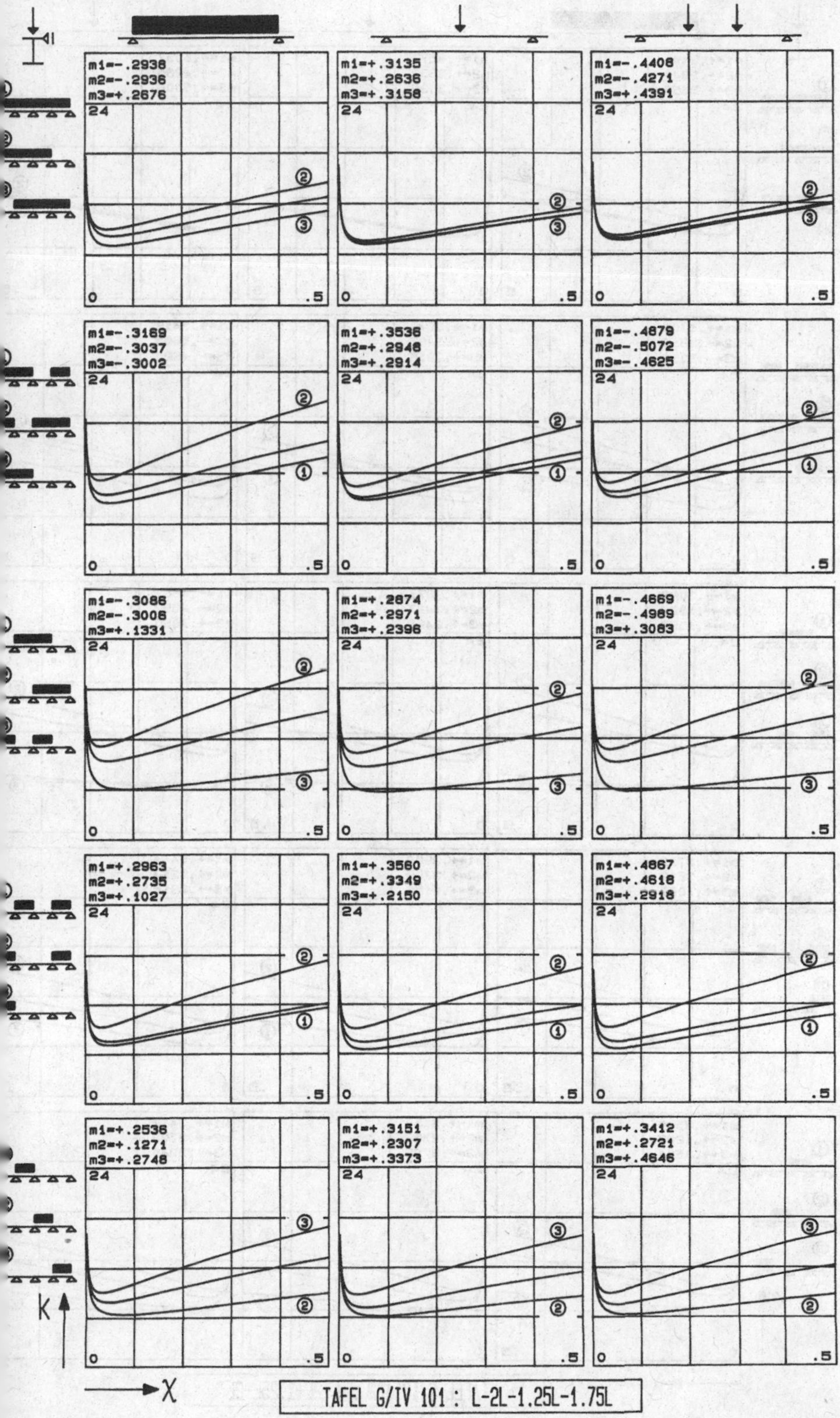

m1=-.2936
m2=-.2936
m3=+.2676
24
m1=+.3135
m2=+.2636
m3=+.3158
24
m1=-.4408
m2=-.4271
m3=+.4391
24
m1=-.3169
m2=-.3037
m3=-.3002
24
m1=+.3536
m2=+.2946
m3=+.2914
24
m1=-.4879
m2=-.5072
m3=-.4625
24
m1=-.3086
m2=-.3006
m3=+.1331
24
m1=+.2874
m2=+.2971
m3=+.2396
24
m1=-.4669
m2=-.4989
m3=+.3083
24
m1=+.2963
m2=+.2735
m3=+.1027
24
m1=+.3560
m2=+.3349
m3=+.2150
24
m1=+.4867
m2=+.4618
m3=+.2918
24
m1=+.2536
m2=+.1271
m3=+.2748
24
m1=+.3151
m2=+.2307
m3=+.3373
24
m1=+.3412
m2=+.2721
m3=+.4646
24
0
.5
K
X

TAFEL G/IV 101 : L-2L-1.25L-1.75L

G IV

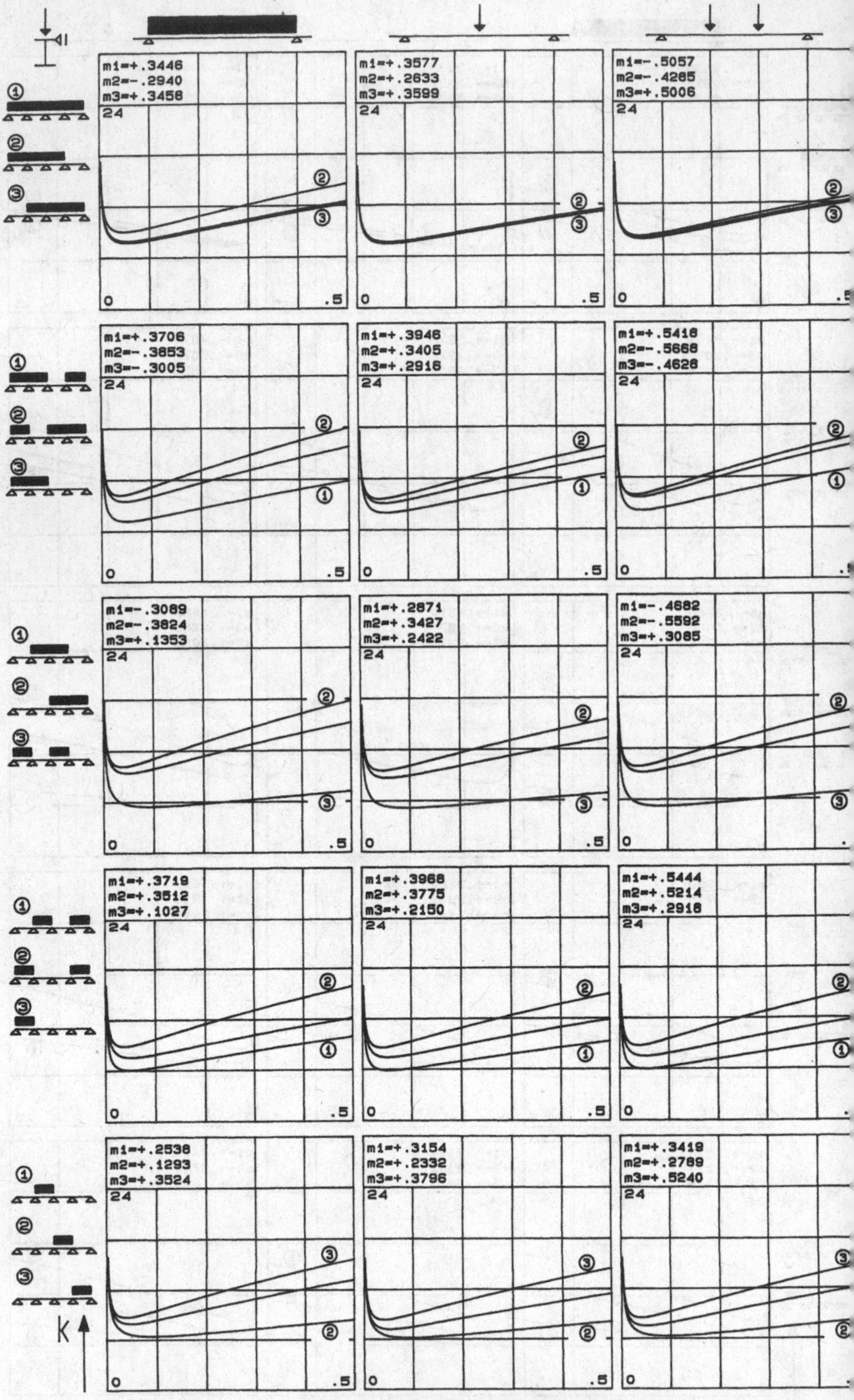
m1=+.3446
m2=-.2940
m3=+.3456
24
m1=+.3577
m2=+.2633
m3=+.3599
24
m1=-.5057
m2=-.4285
m3=+.5006
24
m1=+.3706
m2=-.3853
m3=-.3005
24
m1=+.3946
m2=+.3405
m3=+.2916
24
m1=+.5416
m2=-.5666
m3=-.4626
24
m1=-.3089
m2=-.3824
m3=+.1353
24
m1=+.2871
m2=+.3427
m3=+.2422
24
m1=-.4682
m2=-.5592
m3=+.3085
24
m1=+.3719
m2=+.3512
m3=+.1027
24
m1=+.3968
m2=+.3775
m3=+.2150
24
m1=+.5444
m2=+.5214
m3=+.2916
24
m1=+.2538
m2=+.1293
m3=+.3524
24
m1=+.3154
m2=+.2332
m3=+.3796
24
m1=+.3419
m2=+.2769
m3=+.5240
24
0
.5
K
X

TAFEL G/IV 102 : L-2L-1.25L-2L

G V

	Panel 1	Panel 2	Panel 3
Row 1	m1=-.2920 m2=-.3145 m3=-.3061 24	m1=+.2689 m2=+.2599 m3=+.2931 24	m1=-.4226 m2=-.4467 m3=-.4362 24
Row 2	m1=-.3121 m2=-.2239 m3=-.3046 24	m1=+.3035 m2=-.2448 m3=+.2945 24	m1=-.4840 m2=-.4352 m3=-.4680 24
Row 3	m1=-.3288 m2=-.2200 m3=+.1723 24	m1=+.2842 m2=-.2390 m3=+.2683 24	m1=-.4842 m2=-.4249 m3=+.3246 24
Row 4	m1=+.2663 m2=+.1490 m3=+.1028 24	m1=+.3277 m2=+.2526 m3=+.2152 24	m1=+.3784 m2=+.3457 m3=+.2921 24
Row 5	m1=+.2584 m2=+.1669 m3=+.1507 24	m1=+.3187 m2=+.2606 m3=+.2555 24	m1=+.3518 m2=+.3030 m3=+.3491 24

Each diagram: horizontal axis from 0 to .5; curves marked ①, ②, ③.

K ↑ → X

TAFEL G/IV 103 : L-2L-1.5L-1.25L

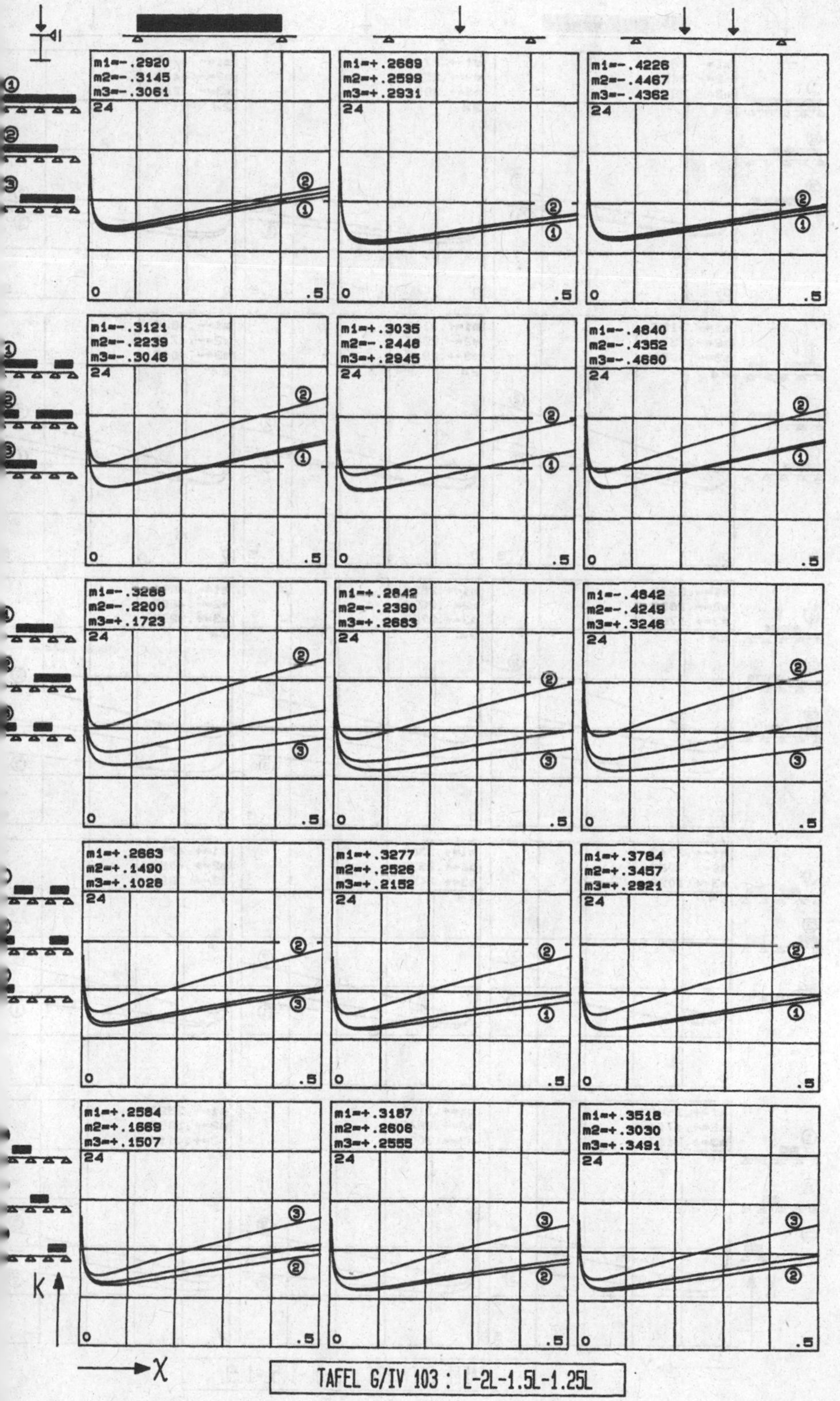

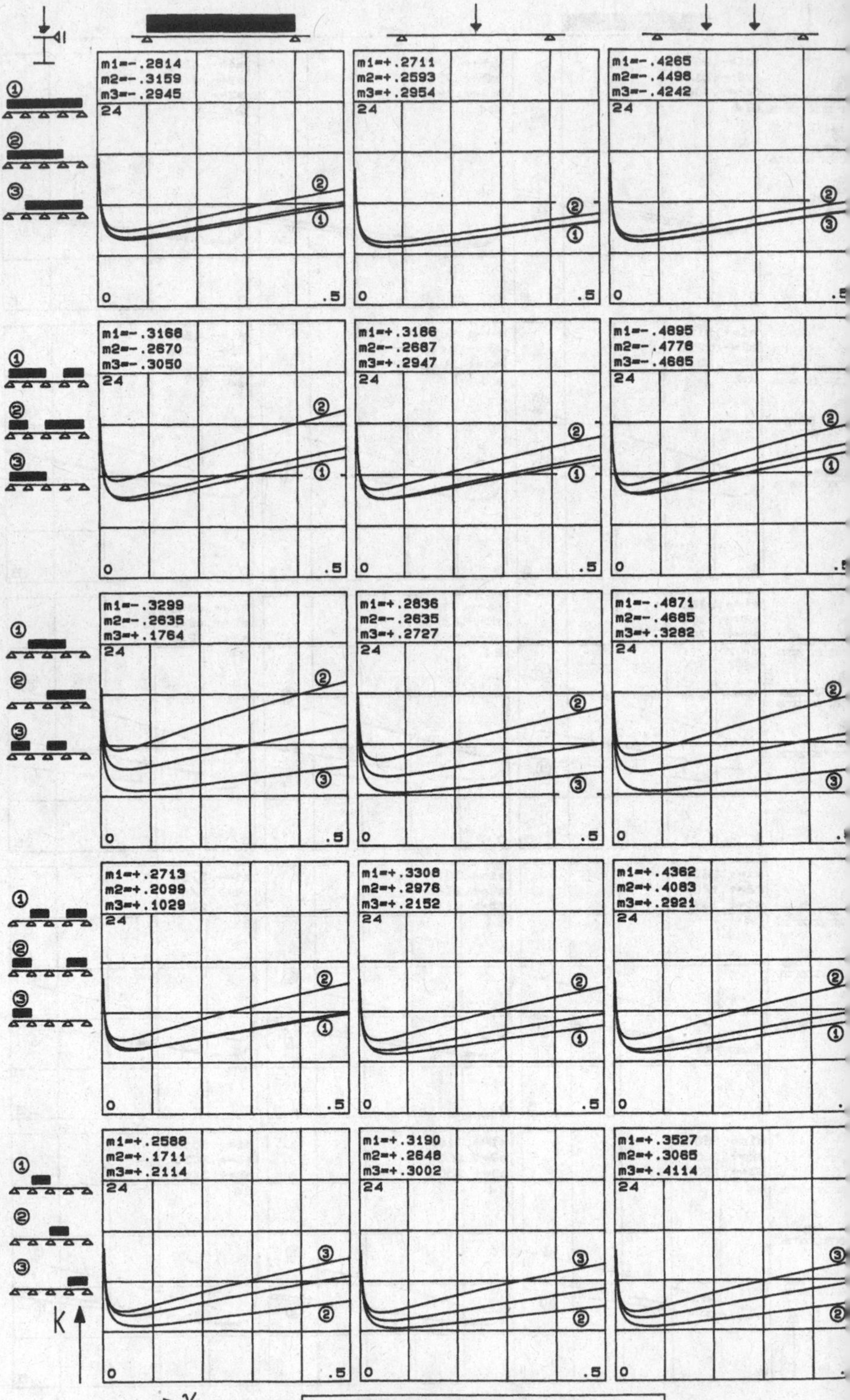

m1=-.2814
m2=-.3159
m3=-.2945
24
m1=+.2711
m2=+.2593
m3=+.2954
24
m1=-.4265
m2=-.4498
m3=-.4242
24
m1=-.3166
m2=-.2670
m3=-.3050
24
m1=+.3186
m2=-.2687
m3=+.2947
24
m1=-.4895
m2=-.4776
m3=-.4685
24
m1=-.3299
m2=-.2635
m3=+.1764
24
m1=+.2836
m2=-.2635
m3=+.2727
24
m1=-.4871
m2=-.4685
m3=+.3282
24
m1=+.2713
m2=+.2099
m3=+.1029
24
m1=+.3308
m2=+.2976
m3=+.2152
24
m1=+.4362
m2=+.4083
m3=+.2921
24
m1=+.2588
m2=+.1711
m3=+.2114
24
m1=+.3190
m2=+.2648
m3=+.3002
24
m1=+.3527
m2=+.3065
m3=+.4114
24
0
.5
K
X

TAFEL G/IV 104 : L-2L-1.5L-1.5L

GV

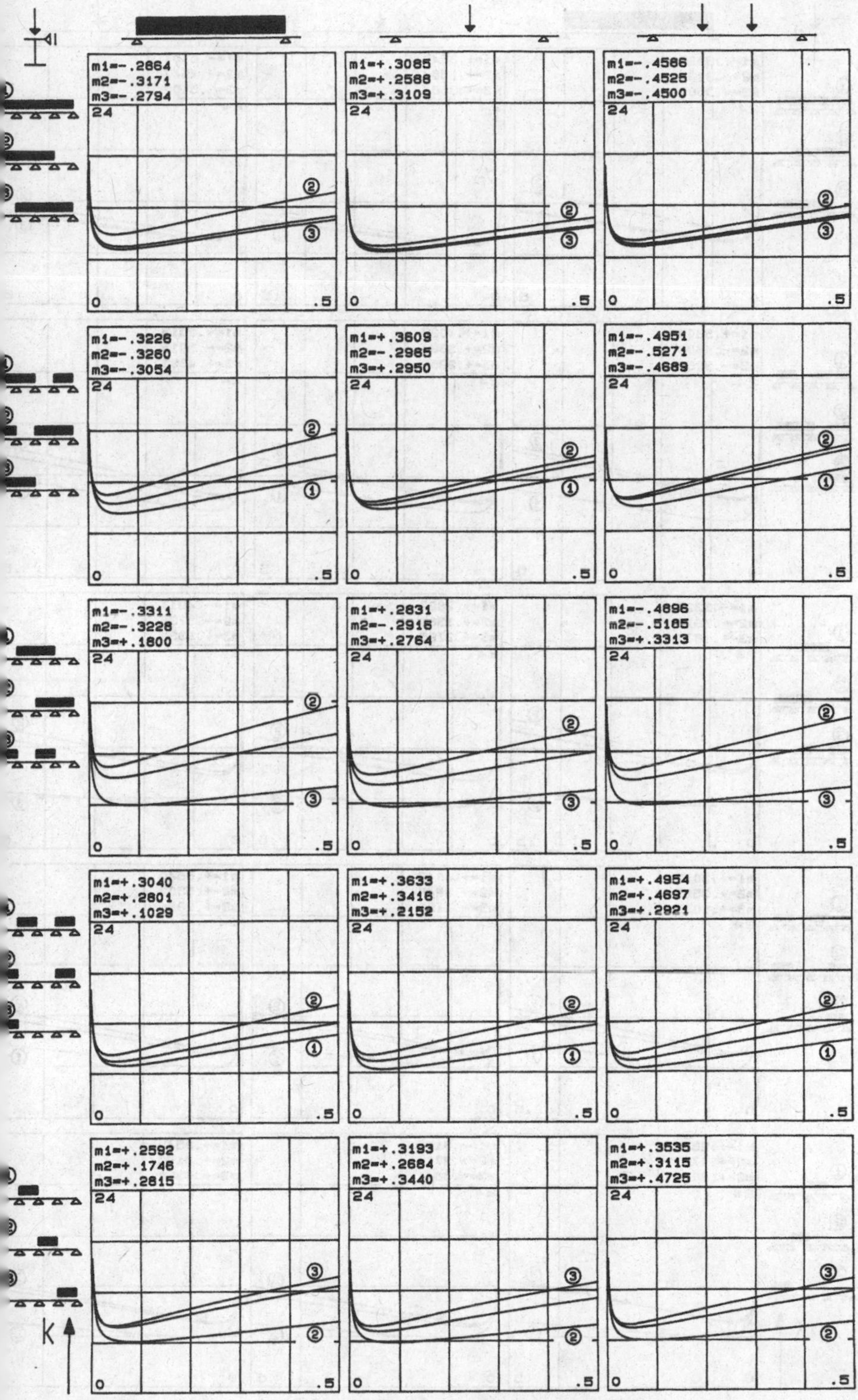

m1=-.2664
m2=-.3171
m3=-.2794
24
m1=+.3085
m2=+.2568
m3=+.3109
24
m1=-.4586
m2=-.4525
m3=-.4500
24
m1=-.3226
m2=-.3260
m3=-.3054
24
m1=+.3609
m2=-.2965
m3=+.2950
24
m1=-.4951
m2=-.5271
m3=-.4689
24
m1=-.3311
m2=-.3228
m3=+.1800
24
m1=+.2831
m2=-.2916
m3=+.2764
24
m1=-.4896
m2=-.5165
m3=+.3313
24
m1=+.3040
m2=+.2801
m3=+.1029
24
m1=+.3633
m2=+.3416
m3=+.2152
24
m1=+.4954
m2=+.4697
m3=+.2921
24
m1=+.2592
m2=+.1746
m3=+.2815
24
m1=+.3193
m2=+.2684
m3=+.3440
24
m1=+.3535
m2=+.3115
m3=+.4725
24
0
.5
K
X

TAFEL G/IV 105 : L-2L-1.5L-1.75L

G IV

① ② ③	m1=-.3533 m2=-.3161 m3=-.3503 24 ② ③ 0 .5	m1=+.3542 m2=+.2564 m3=+.3564 24 ② ③ 0 .5	m1=-.5181 m2=-.4547 m3=-.5102 24 ② ③ 0 .5
① ② ③	m1=+.3800 m2=-.4008 m3=-.3056 24 ② ① 0 .5	m1=+.4027 m2=+.3364 m3=+.2952 24 ③ ① 0 .5	m1=+.5513 m2=-.5615 m3=-.4693 24 ③ ① 0 .5
① ② ③	m1=-.3320 m2=-.3978 m3=+.1831 24 ② ③ 0 .5	m1=+.2827 m2=+.3386 m3=+.2795 24 ② ③ 0 .5	m1=-.4917 m2=-.5735 m3=+.3336 24 ② ③ 0
① ② ③	m1=+.3812 m2=+.3595 m3=+.1029 24 ② ① 0 .5	m1=+.4049 m2=+.3849 m3=+.2152 24 ② ① 0 .5	m1=+.5540 m2=+.5302 m3=+.2921 24 ② ① 0
① ② ③ K	m1=+.2595 m2=+.1777 m3=+.3608 24 ③ ② 0 .5	m1=+.3195 m2=+.2714 m3=+.3871 24 ③ ② 0 .5	m1=+.3542 m2=+.3198 m3=+.5328 24 ③ ② 0

X

TAFEL G/IV 106 : L-2L-1.5L-2L

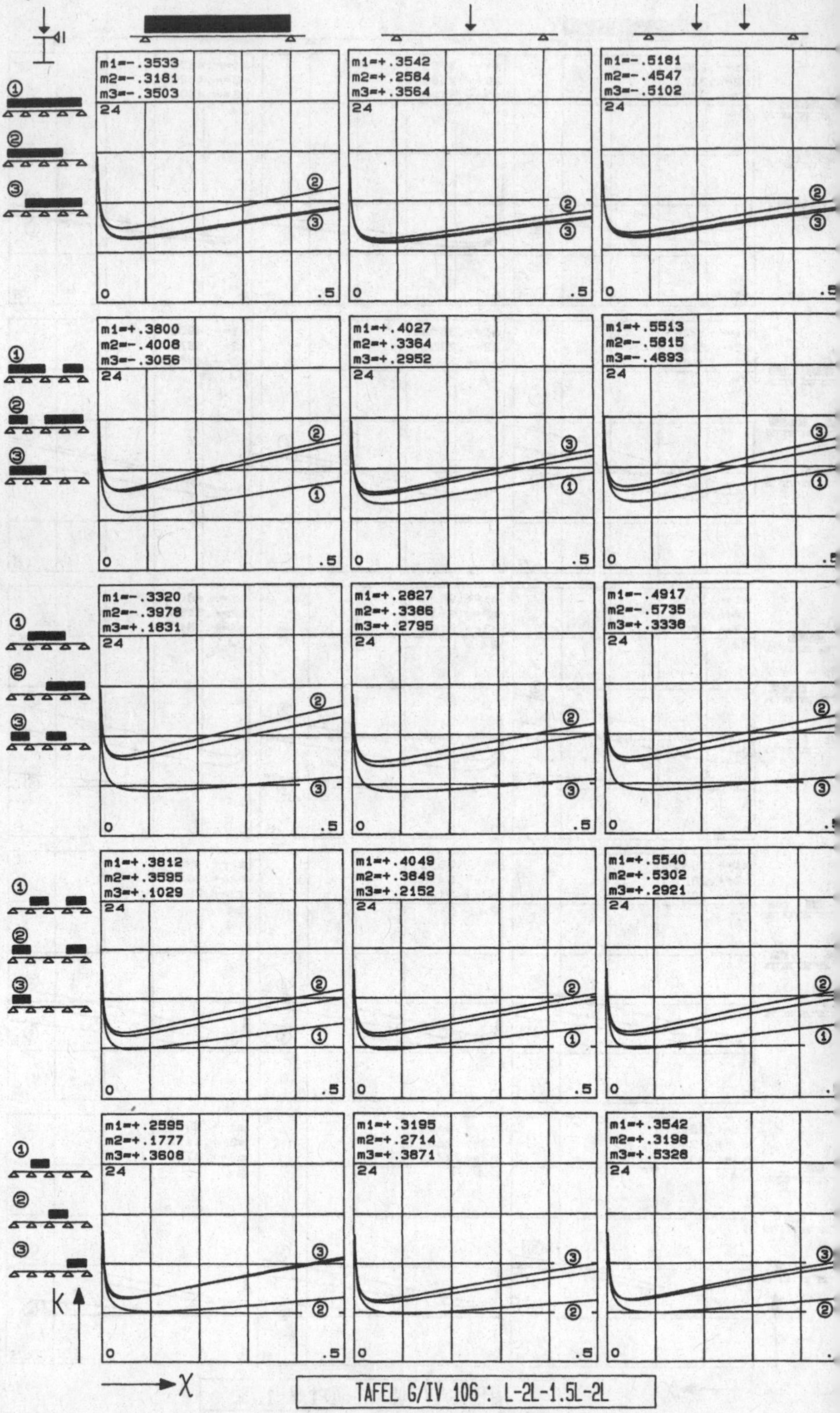

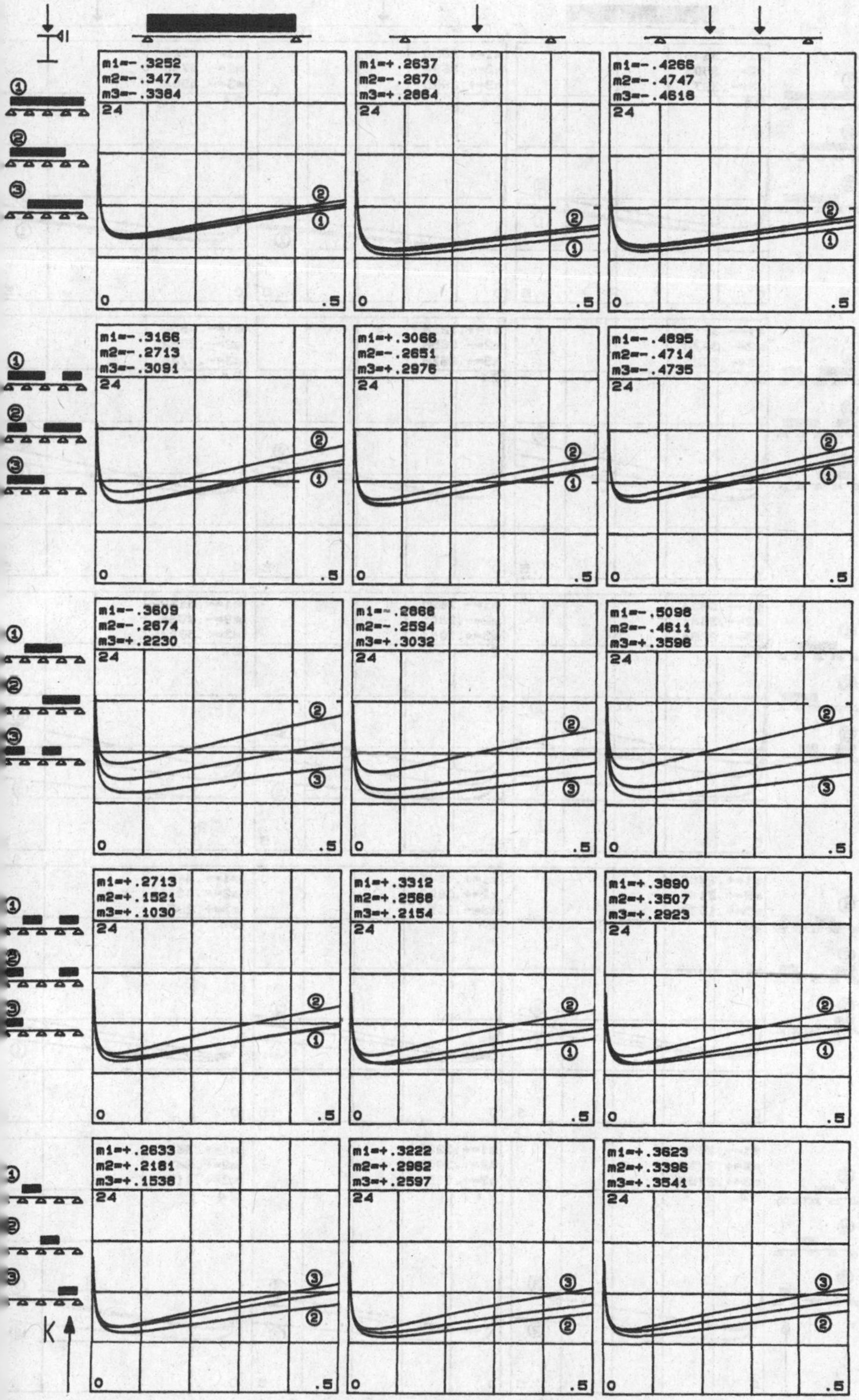

m1=-.3252
m2=-.3477
m3=-.3384
m1=+.2637
m2=-.2670
m3=+.2884
m1=-.4266
m2=-.4747
m3=-.4618
m1=-.3166
m2=-.2713
m3=-.3091
m1=+.3066
m2=-.2651
m3=+.2976
m1=-.4695
m2=-.4714
m3=-.4735
m1=-.3609
m2=-.2674
m3=+.2230
m1=-.2868
m2=-.2594
m3=+.3032
m1=-.5098
m2=-.4611
m3=+.3596
m1=+.2713
m2=+.1521
m3=+.1030
m1=+.3312
m2=+.2568
m3=+.2154
m1=+.3890
m2=+.3507
m3=+.2923
m1=+.2633
m2=+.2181
m3=+.1538
m1=+.3222
m2=+.2962
m3=+.2597
m1=+.3623
m2=+.3396
m3=+.3541
24
0
.5
K
X

TAFEL G/IV 107 : L-2L-1.75L-1.25L

G IV

① ② ③	m1=-.3146 m2=-.3503 m3=-.3277 24 ② ① 0 .5	m1=+.2658 m2=-.2694 m3=+.2905 24 ② ① 0 .5	m1=-.4329 m2=-.4790 m3=-.4504 24 ② ① 0 .5
① ② ③	m1=-.3214 m2=-.3076 m3=-.3095 24 ② ① 0 .5	m1=+.3238 m2=-.2858 m3=+.2979 24 ② ① 0 .5	m1=-.4952 m2=-.5062 m3=-.4740 24 ③ ① 0 .5
① ② ③	m1=-.3634 m2=-.3041 m3=+.2284 24 ② ③ 0 .5	m1=-.2890 m2=-.2805 m3=+.3061 24 ② ③ 0 .5	m1=-.5139 m2=-.4988 m3=+.3634 24 ② ③ 0 .5
① ② ③	m1=+.2766 m2=+.2143 m3=+.1030 24 ② ① 0 .5	m1=+.3345 m2=+.3026 m3=+.2154 24 ② ① 0 .5	m1=+.4424 m2=+.4142 m3=+.2924 24 ② ① 0 .5
① ② ③	m1=+.2638 m2=+.2235 m3=+.2158 24 ③ ② 0 .5	m1=+.3226 m2=+.3009 m3=+.3052 24 ③ ② 0 .5	m1=+.3632 m2=+.3433 m3=+.4173 24 ③ ② 0 .5

K

→ X

TAFEL G/IV 108 : L-2L-1.75L-1.5L

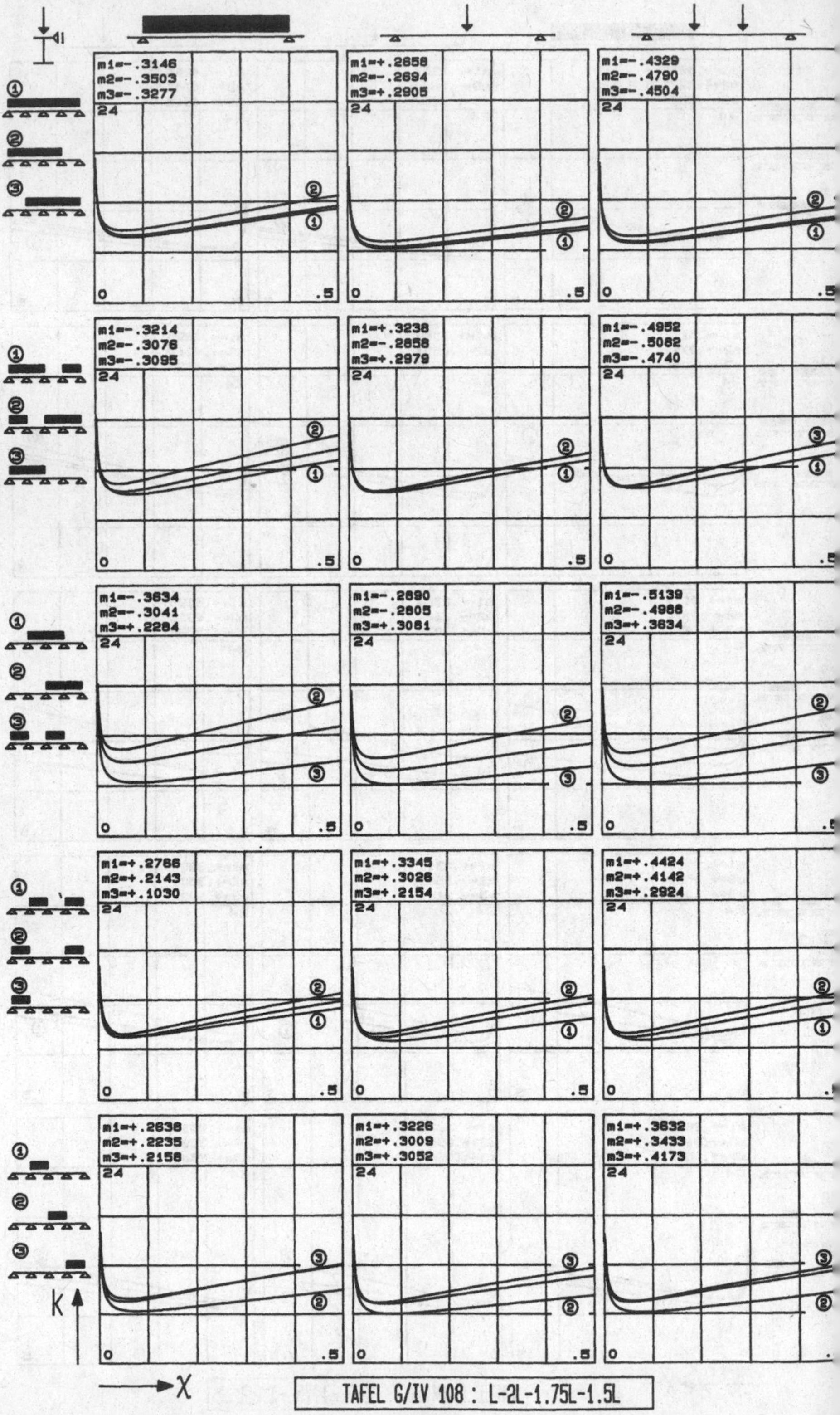

G
IV

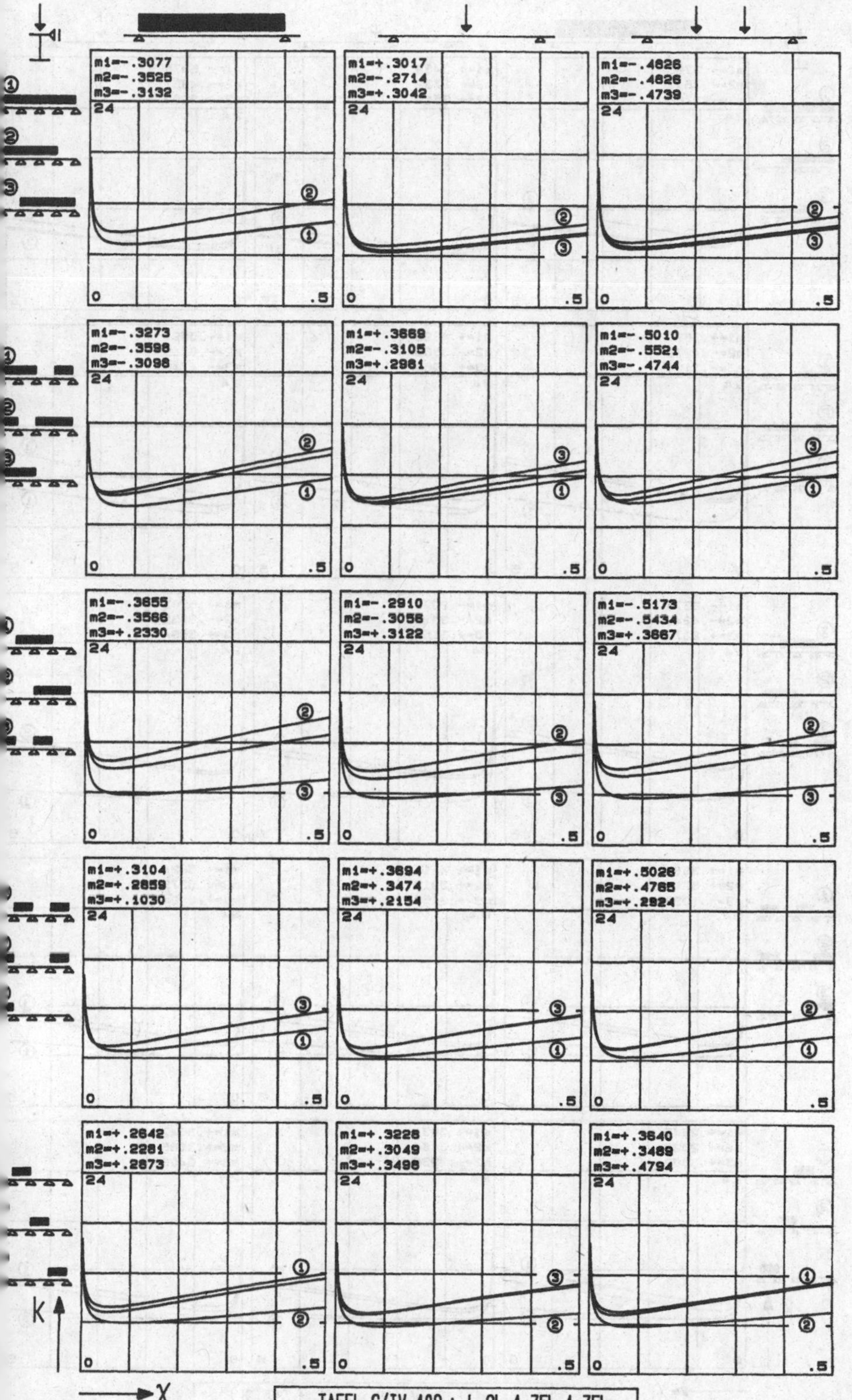

m1=-.3077
m2=-.3525
m3=-.3132
m1=+.3017
m2=-.2714
m3=+.3042
m1=-.4626
m2=-.4626
m3=-.4739
m1=-.3273
m2=-.3598
m3=-.3098
m1=+.3669
m2=-.3105
m3=+.2961
m1=-.5010
m2=-.5521
m3=-.4744
m1=-.3655
m2=-.3566
m3=+.2330
m1=-.2910
m2=-.3056
m3=+.3122
m1=-.5173
m2=-.5434
m3=+.3667
m1=+.3104
m2=+.2859
m3=+.1030
m1=+.3694
m2=+.3474
m3=+.2154
m1=+.5028
m2=+.4765
m3=+.2924
m1=+.2642
m2=+.2261
m3=+.2673
m1=+.3226
m2=+.3049
m3=+.3498
m1=+.3640
m2=+.3469
m3=+.4794
24
0
.5
K
X

TAFEL G/IV 109 : L-2L-1.75L-1.75L

G IV

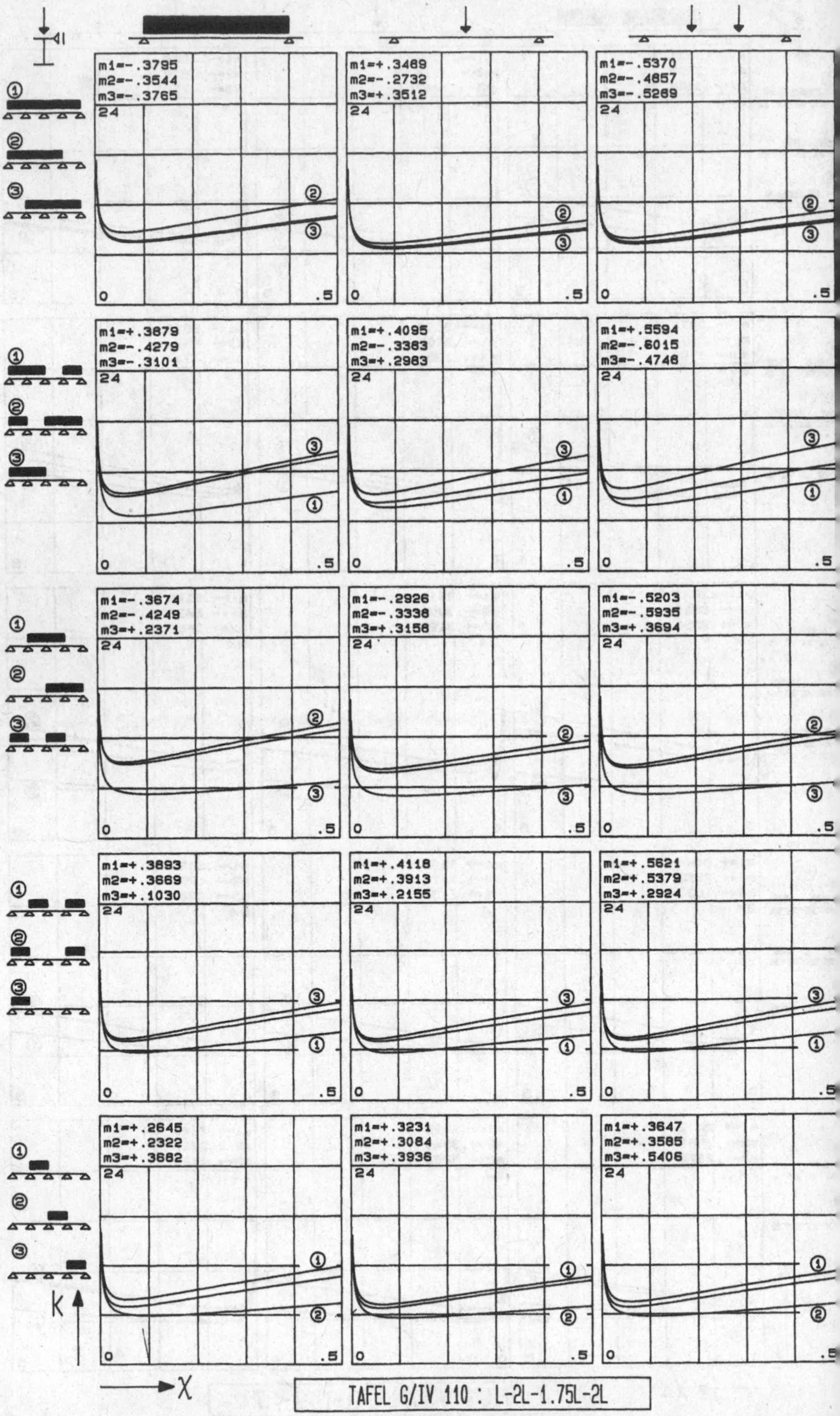

m1=-.3795
m2=-.3544
m3=-.3765
24
m1=+.3489
m2=-.2732
m3=+.3512
24
m1=-.5370
m2=-.4857
m3=-.5269
24
m1=+.3879
m2=-.4279
m3=-.3101
24
m1=+.4095
m2=-.3363
m3=+.2983
24
m1=+.5594
m2=-.6015
m3=-.4746
24
m1=-.3674
m2=-.4249
m3=+.2371
24
m1=-.2926
m2=-.3338
m3=+.3158
24
m1=-.5203
m2=-.5935
m3=+.3694
24
m1=+.3893
m2=+.3669
m3=+.1030
24
m1=+.4118
m2=+.3913
m3=+.2155
24
m1=+.5621
m2=+.5379
m3=+.2924
24
m1=+.2645
m2=+.2322
m3=+.3682
24
m1=+.3231
m2=+.3084
m3=+.3936
24
m1=+.3647
m2=+.3585
m3=+.5406
24
0
.5
K
X
GV

TAFEL G/IV 110 : L-2L-1.75L-2L

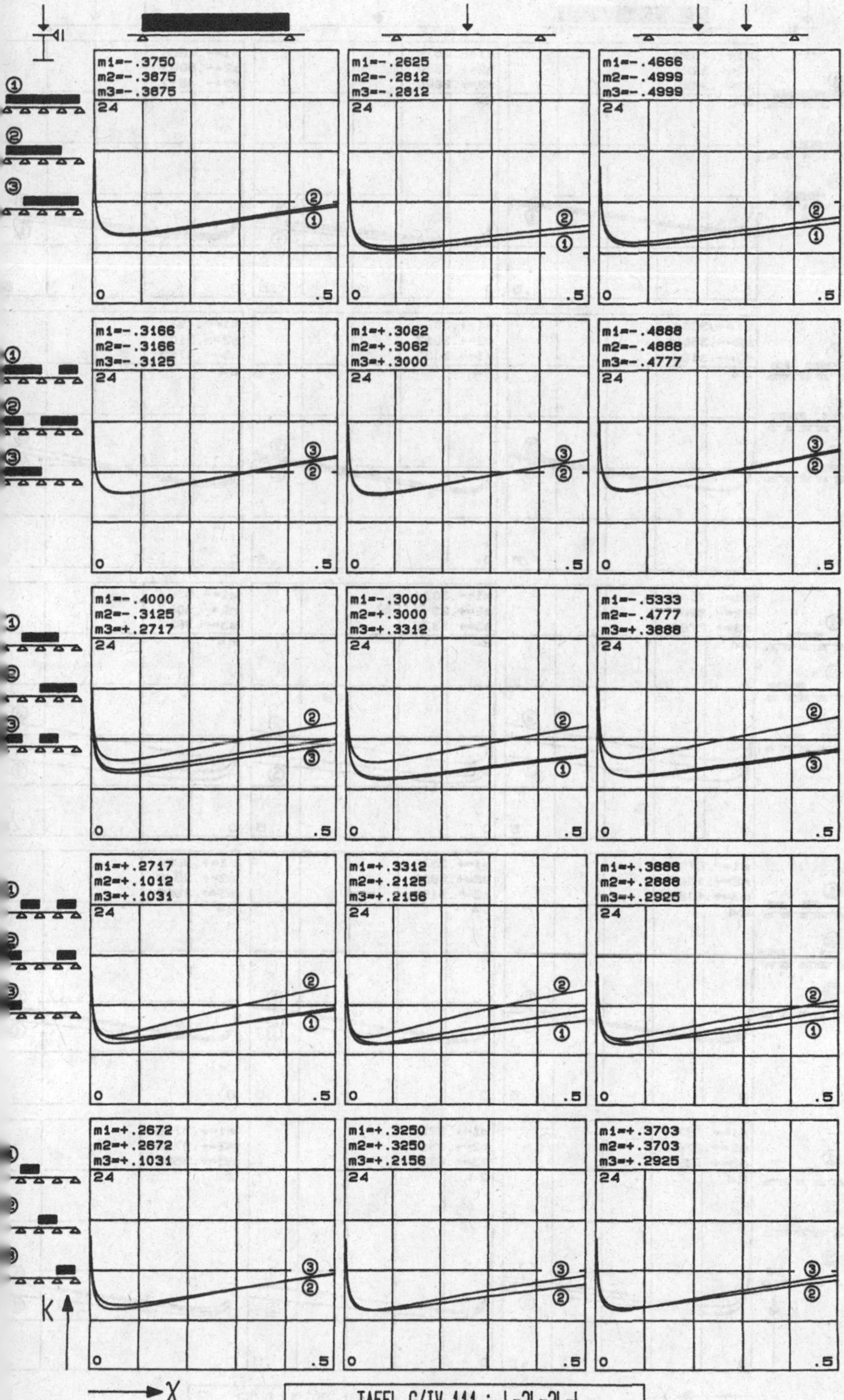

m1=-.3750
m2=-.3875
m3=-.3875
24
m1=-.2625
m2=-.2812
m3=-.2812
24
m1=-.4666
m2=-.4999
m3=-.4999
24
m1=-.3166
m2=-.3166
m3=-.3125
24
m1=+.3062
m2=+.3062
m3=+.3000
24
m1=-.4888
m2=-.4888
m3=-.4777
24
m1=-.4000
m2=-.3125
m3=+.2717
24
m1=-.3000
m2=+.3000
m3=+.3312
24
m1=-.5333
m2=-.4777
m3=+.3888
24
m1=+.2717
m2=+.1012
m3=+.1031
24
m1=+.3312
m2=+.2125
m3=+.2156
24
m1=+.3888
m2=+.2888
m3=+.2925
24
m1=+.2672
m2=+.2672
m3=+.1031
24
m1=+.3250
m2=+.3250
m3=+.2156
24
m1=+.3703
m2=+.3703
m3=+.2925
24
0
.5
K
X

TAFEL G/IV 111 : L-2L-2L-L

G
IV

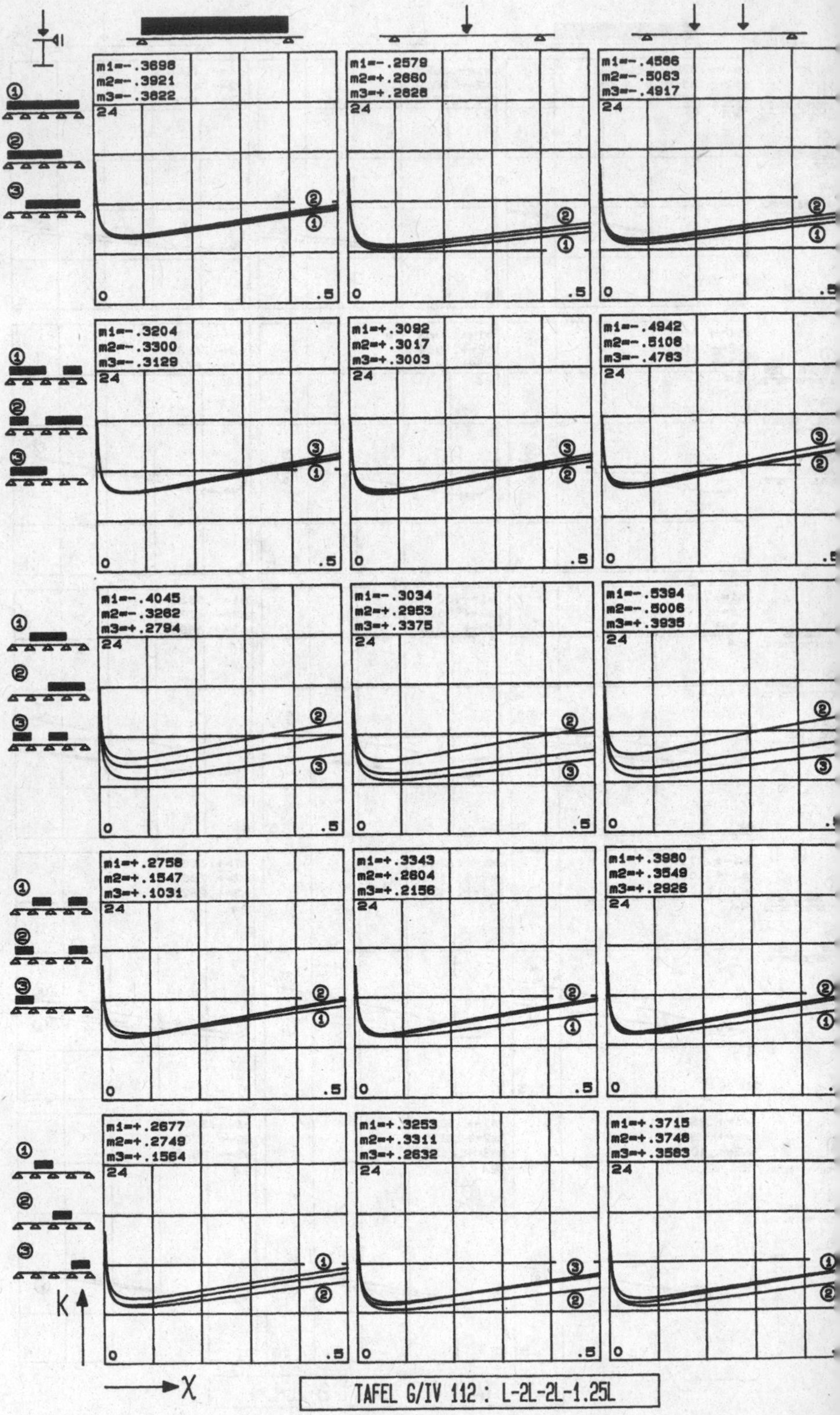

m1=-.3698
m2=-.3921
m3=-.3822
24
m1=-.2579
m2=+.2860
m3=+.2828
24
m1=-.4586
m2=-.5063
m3=-.4917
24
m1=-.3204
m2=-.3300
m3=-.3129
24
m1=+.3092
m2=+.3017
m3=+.3003
24
m1=-.4942
m2=-.5106
m3=-.4763
24
m1=-.4045
m2=-.3262
m3=+.2794
24
m1=-.3034
m2=+.2953
m3=+.3375
24
m1=-.5394
m2=-.5006
m3=+.3935
24
m1=+.2758
m2=+.1547
m3=+.1031
24
m1=+.3343
m2=+.2604
m3=+.2156
24
m1=+.3980
m2=+.3549
m3=+.2926
24
m1=+.2677
m2=+.2749
m3=+.1564
24
m1=+.3253
m2=+.3311
m3=+.2632
24
m1=+.3715
m2=+.3748
m3=+.3583
24
0
.5
K
X

TAFEL G/IV 112 : L-2L-2L-1.25L

GV

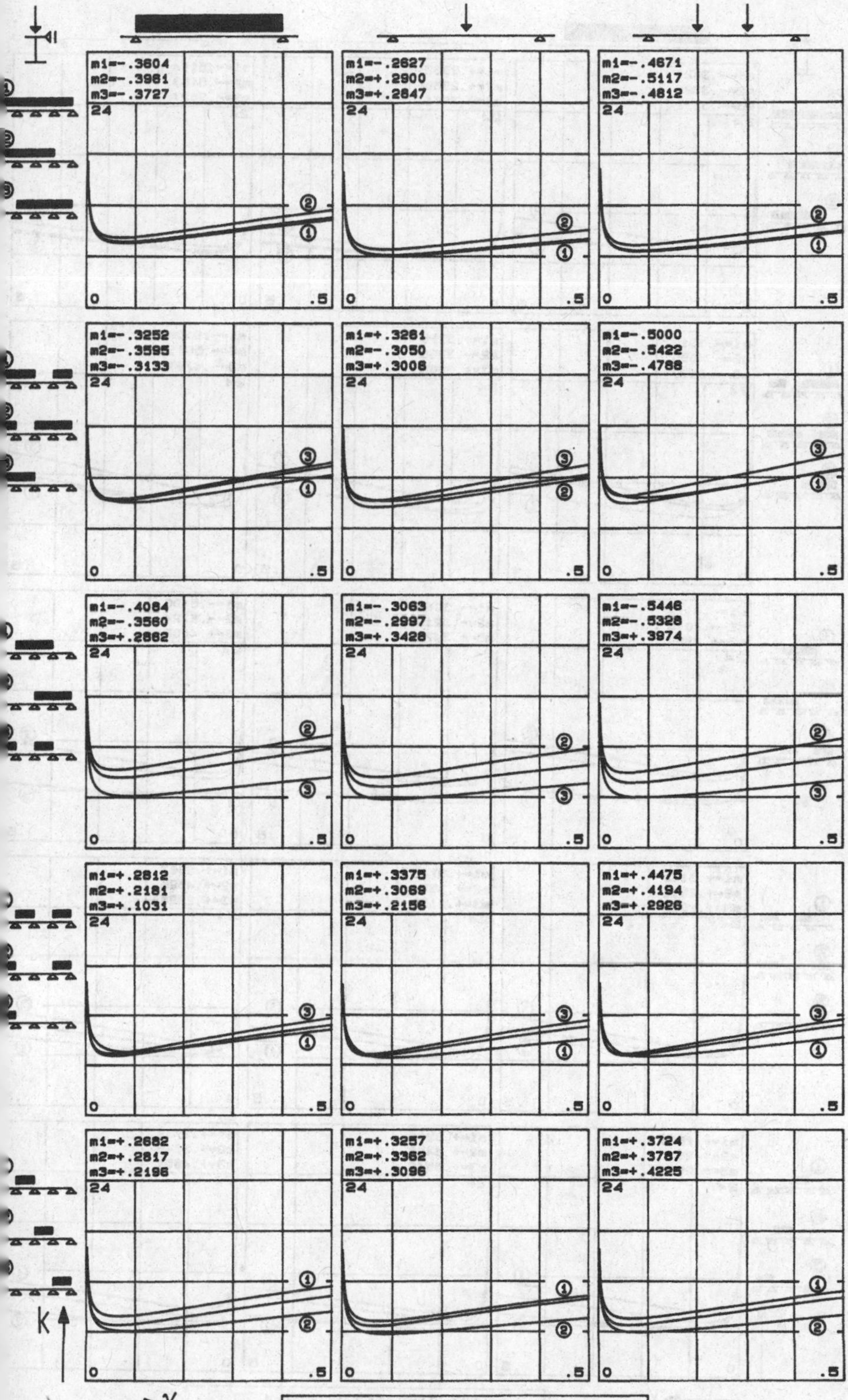

m1=-.3604
m2=-.3981
m3=-.3727
24
m1=-.2627
m2=+.2900
m3=+.2847
24
m1=-.4671
m2=-.5117
m3=-.4812
24
m1=-.3252
m2=-.3595
m3=-.3133
24
m1=+.3281
m2=-.3050
m3=+.3008
24
m1=-.5000
m2=-.5422
m3=-.4788
24
m1=-.4084
m2=-.3560
m3=+.2862
24
m1=-.3063
m2=-.2997
m3=+.3428
24
m1=-.5446
m2=-.5328
m3=+.3974
24
m1=+.2812
m2=+.2181
m3=+.1031
24
m1=+.3375
m2=+.3069
m3=+.2156
24
m1=+.4475
m2=+.4194
m3=+.2926
24
m1=+.2682
m2=+.2817
m3=+.2196
24
m1=+.3257
m2=+.3362
m3=+.3098
24
m1=+.3724
m2=+.3787
m3=+.4225
24
0
.5
K
X

TAFEL G/IV 113 : L-2L-2L-1.5L

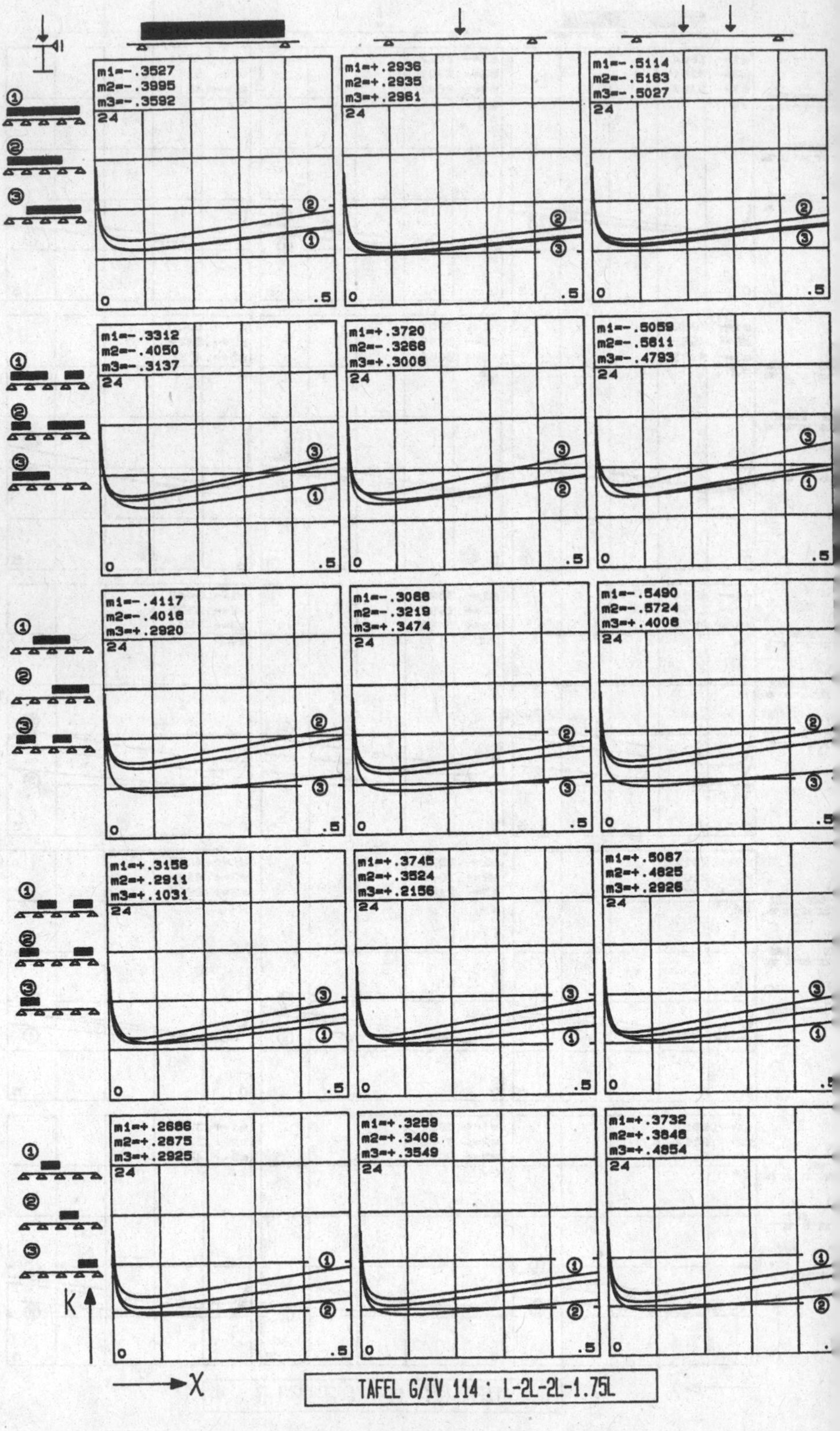

m1=-.3527
m2=-.3995
m3=-.3592
m1=+.2936
m2=+.2935
m3=+.2961
m1=-.5114
m2=-.5163
m3=-.5027
m1=-.3312
m2=-.4050
m3=-.3137
m1=+.3720
m2=-.3268
m3=+.3006
m1=-.5059
m2=-.5611
m3=-.4793
m1=-.4117
m2=-.4016
m3=+.2920
m1=-.3088
m2=-.3219
m3=+.3474
m1=-.5490
m2=-.5724
m3=+.4006
m1=+.3158
m2=+.2911
m3=+.1031
m1=+.3745
m2=+.3524
m3=+.2156
m1=+.5087
m2=+.4825
m3=+.2926
m1=+.2686
m2=+.2675
m3=+.2925
m1=+.3259
m2=+.3406
m3=+.3549
m1=+.3732
m2=+.3646
m3=+.4854
24
0
.5
K
X

TAFEL G/IV 114 : L-2L-2L-1.75L

GV

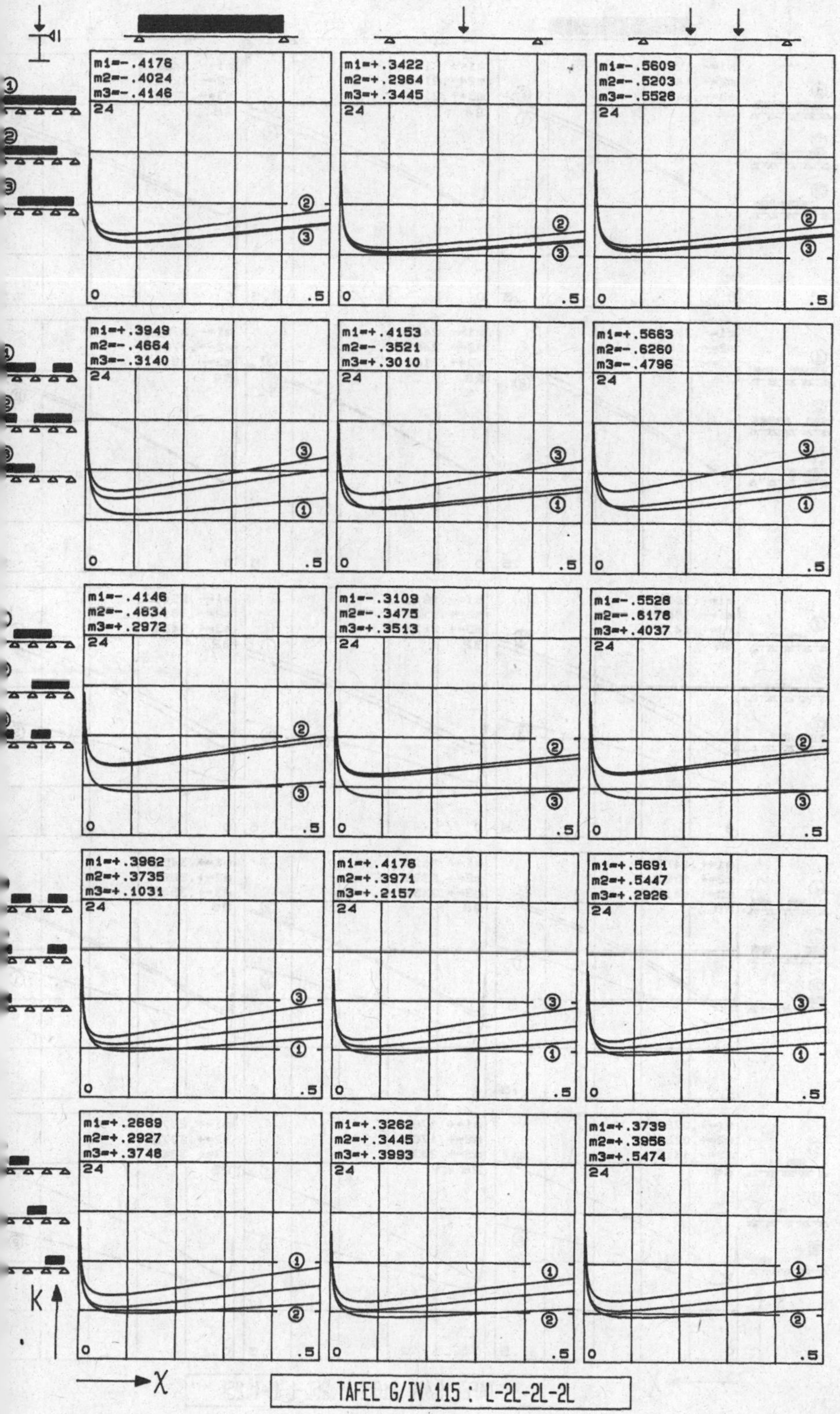
m1=-.4176
m2=-.4024
m3=-.4146
m1=+.3422
m2=+.2964
m3=+.3445
m1=-.5609
m2=-.5203
m3=-.5526
m1=+.3949
m2=-.4664
m3=-.3140
m1=+.4153
m2=-.3521
m3=+.3010
m1=+.5663
m2=-.6260
m3=-.4796
m1=-.4146
m2=-.4834
m3=+.2972
m1=-.3109
m2=-.3475
m3=+.3513
m1=-.5526
m2=-.6178
m3=+.4037
m1=+.3962
m2=+.3735
m3=+.1031
m1=+.4176
m2=+.3971
m3=+.2157
m1=+.5691
m2=+.5447
m3=+.2926
m1=+.2689
m2=+.2927
m3=+.3748
m1=+.3262
m2=+.3445
m3=+.3993
m1=+.3739
m2=+.3956
m3=+.5474
24
0
.5
K
X

G
IV

TAFEL G/IV 115 : L-2L-2L-2L

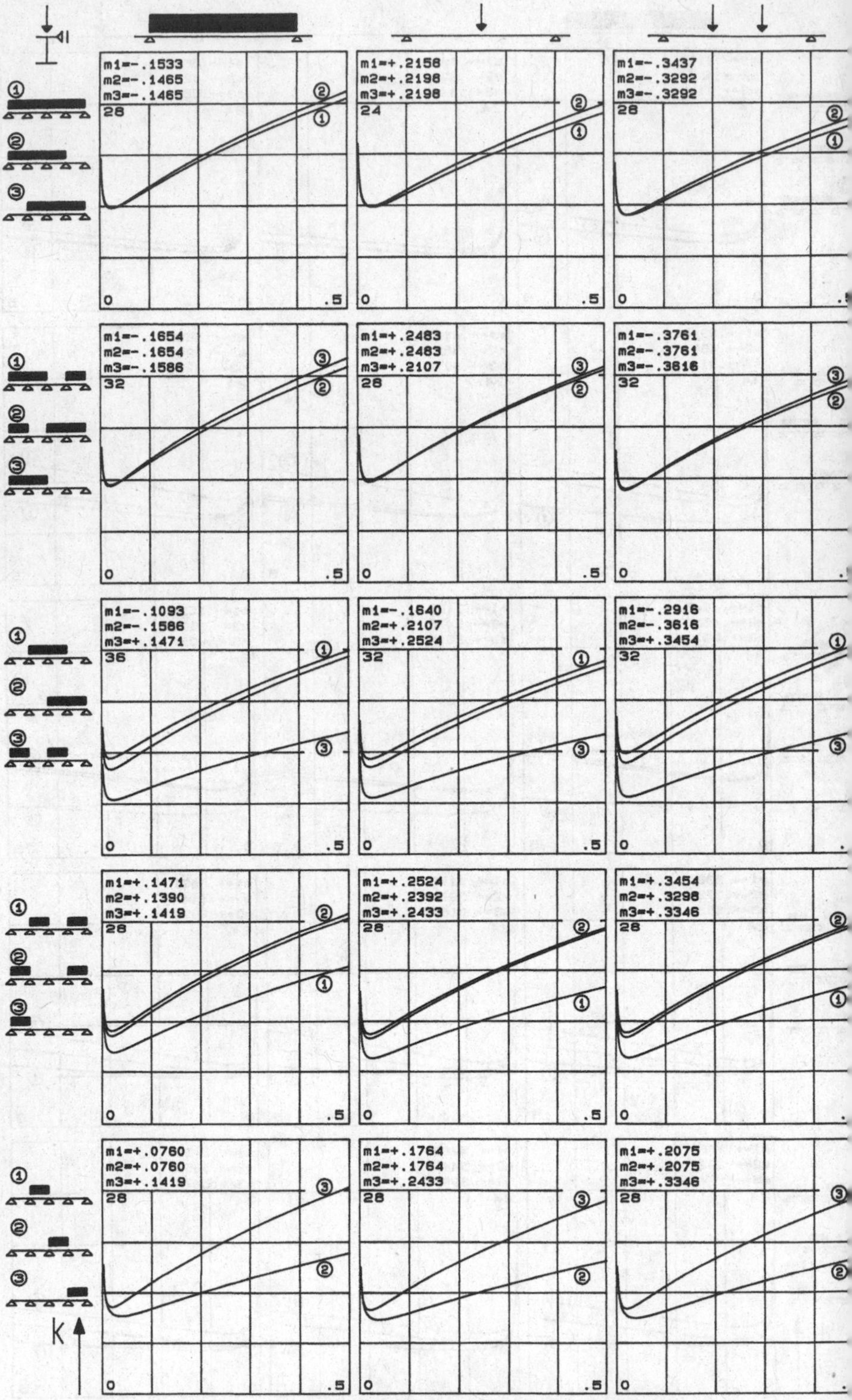

m1=-.1533
m2=-.1465
m3=-.1465
28
m1=+.2156
m2=+.2198
m3=+.2198
24
m1=-.3437
m2=-.3292
m3=-.3292
28
m1=-.1654
m2=-.1654
m3=-.1586
32
m1=+.2483
m2=+.2483
m3=+.2107
28
m1=-.3761
m2=-.3761
m3=-.3616
32
m1=-.1093
m2=-.1586
m3=+.1471
36
m1=-.1640
m2=+.2107
m3=+.2524
32
m1=-.2916
m2=-.3616
m3=+.3454
32
m1=+.1471
m2=+.1390
m3=+.1419
28
m1=+.2524
m2=+.2392
m3=+.2433
28
m1=+.3454
m2=+.3298
m3=+.3346
28
m1=+.0760
m2=+.0760
m3=+.1419
28
m1=+.1764
m2=+.1764
m3=+.2433
28
m1=+.2075
m2=+.2075
m3=+.3346
28
0
.5
K
X
TAFEL G/IV 116 : 1.25L-L-L-1.25L

G IV

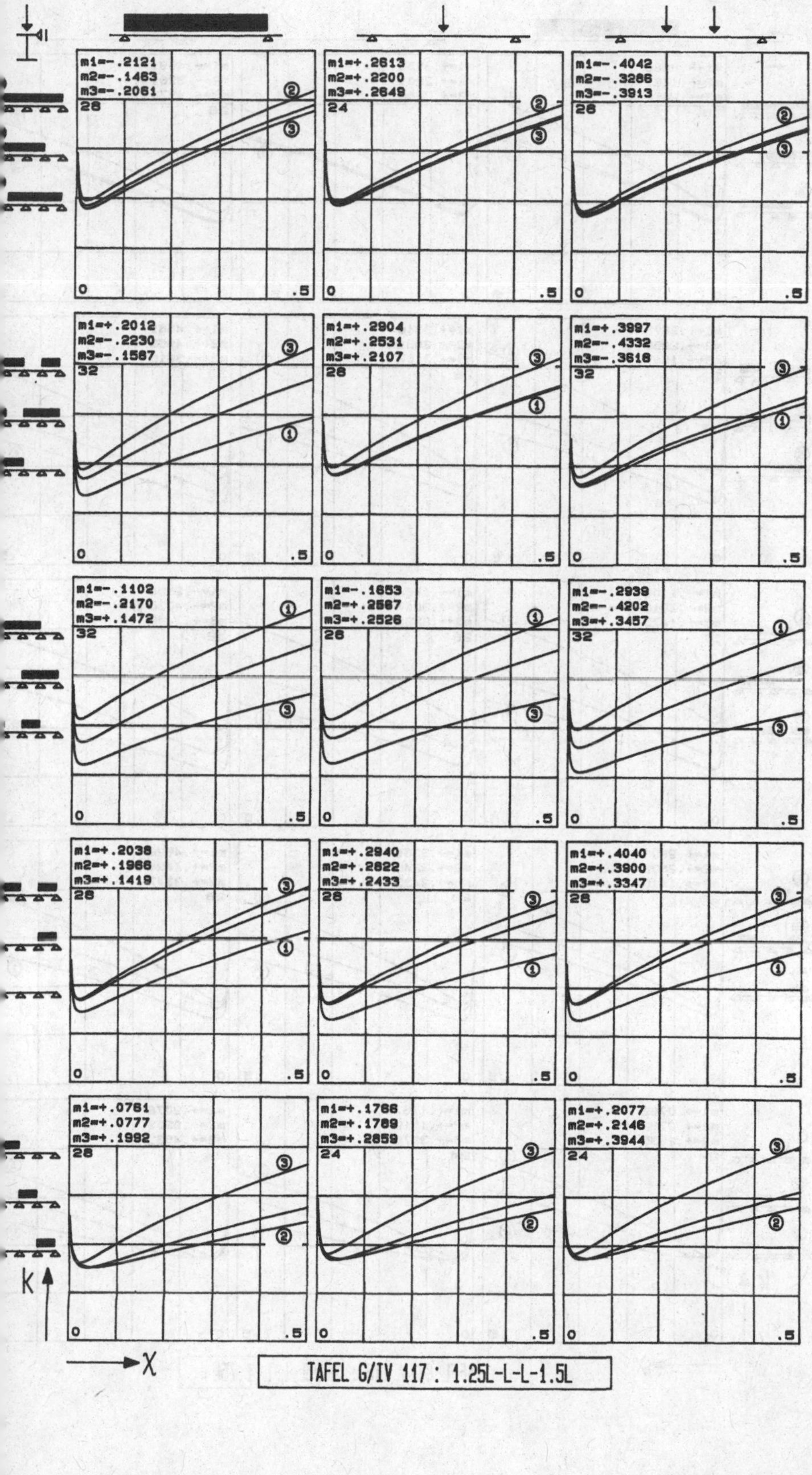

m1=-.2121
m2=-.1463
m3=-.2061
28
m1=+.2613
m2=+.2200
m3=+.2649
24
m1=-.4042
m2=-.3286
m3=-.3813
28
m1=+.2012
m2=-.2230
m3=-.1587
32
m1=+.2904
m2=+.2531
m3=+.2107
28
m1=+.3997
m2=-.4332
m3=-.3618
32
m1=-.1102
m2=-.2170
m3=+.1472
32
m1=-.1653
m2=+.2587
m3=+.2526
28
m1=-.2939
m2=-.4202
m3=+.3457
32
m1=+.2038
m2=+.1966
m3=+.1419
28
m1=+.2940
m2=+.2822
m3=+.2433
28
m1=+.4040
m2=+.3900
m3=+.3347
28
m1=+.0761
m2=+.0777
m3=+.1982
28
m1=+.1766
m2=+.1789
m3=+.2859
24
m1=+.2077
m2=+.2146
m3=+.3944
24
0
.5
K
X

TAFEL G/IV 117 : 1.25L-L-L-1.5L

G IV

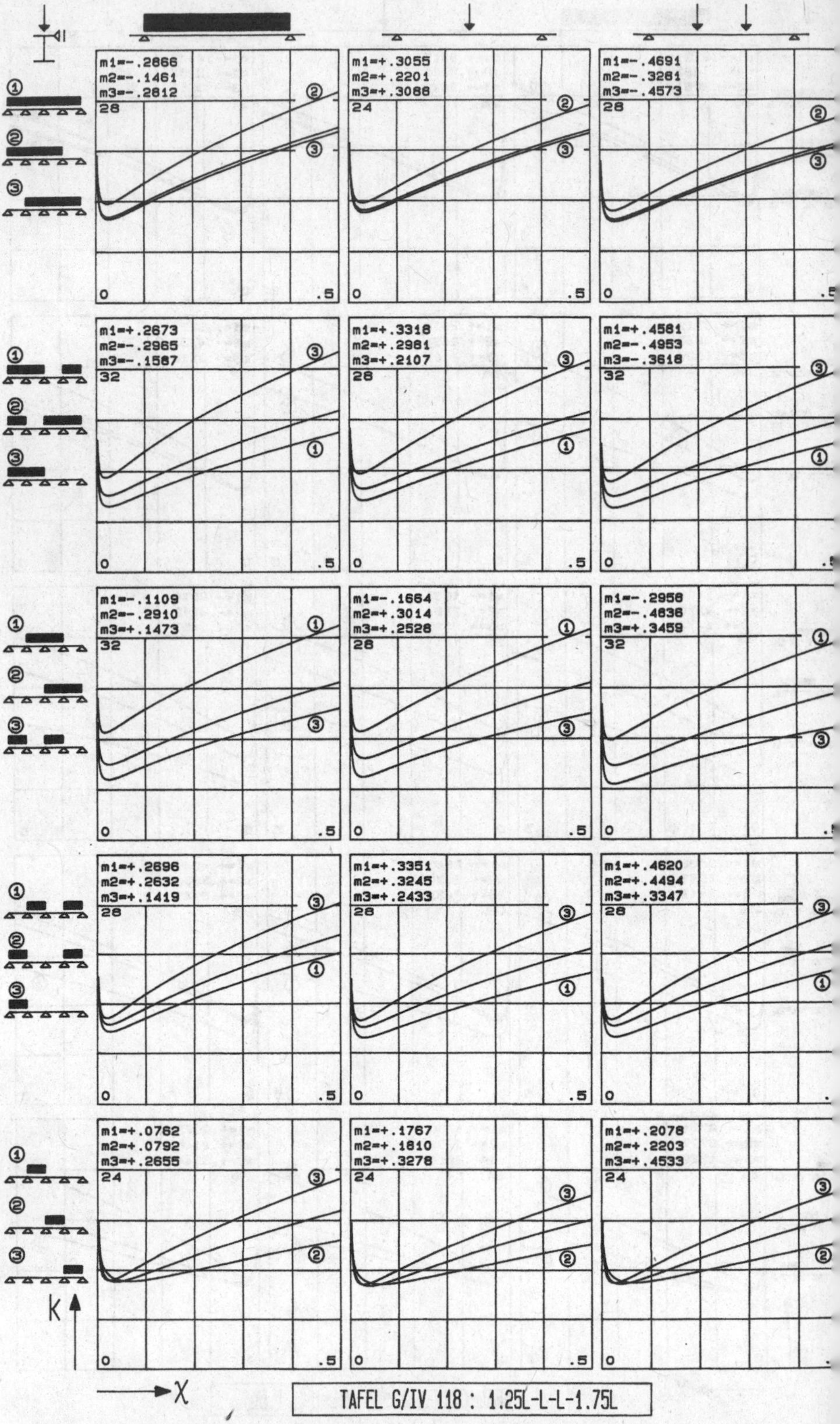
m1=-.2866
m2=-.1461
m3=-.2812
28
m1=+.3055
m2=+.2201
m3=+.3086
24
m1=-.4691
m2=-.3281
m3=-.4573
28
m1=+.2673
m2=-.2965
m3=-.1587
32
m1=+.3318
m2=+.2981
m3=+.2107
28
m1=+.4581
m2=-.4953
m3=-.3618
32
m1=-.1109
m2=-.2910
m3=+.1473
32
m1=-.1664
m2=+.3014
m3=+.2528
28
m1=-.2958
m2=-.4836
m3=+.3459
32
m1=+.2696
m2=+.2632
m3=+.1419
28
m1=+.3351
m2=+.3245
m3=+.2433
28
m1=+.4620
m2=+.4494
m3=+.3347
28
m1=+.0762
m2=+.0792
m3=+.2655
24
m1=+.1767
m2=+.1810
m3=+.3276
24
m1=+.2078
m2=+.2203
m3=+.4533
24
0
.5
K
X
TAFEL G/IV 118 : 1.25L-L-L-1.75L

m1=-.3768 m2=-.1459 m3=-.3717 28	m1=+.3489 m2=+.2203 m3=+.3519 24	m1=-.5371 m2=-.3277 m3=-.5264 28
m1=-.3447 m2=-.3657 m3=-.1567 32	m1=+.3729 m2=+.3421 m3=+.2106 28	m1=+.5160 m2=-.5611 m3=-.3619 32
m1=-.1115 m2=-.3807 m3=+.1474 32	m1=-.1673 m2=+.3451 m3=+.2530 28	m1=-.2974 m2=-.5504 m3=+.3461 32
m1=+.3445 m2=-.3537 m3=+.1419 28	m1=+.3759 m2=+.3662 m3=+.2433 28	m1=+.5196 m2=+.5081 m3=+.3347 28
m1=+.0763 m2=+.0804 m3=-.3487 24	m1=+.1769 m2=+.1826 m3=+.3692 24	m1=+.2079 m2=+.2250 m3=+.5116 24

K ↑ → X

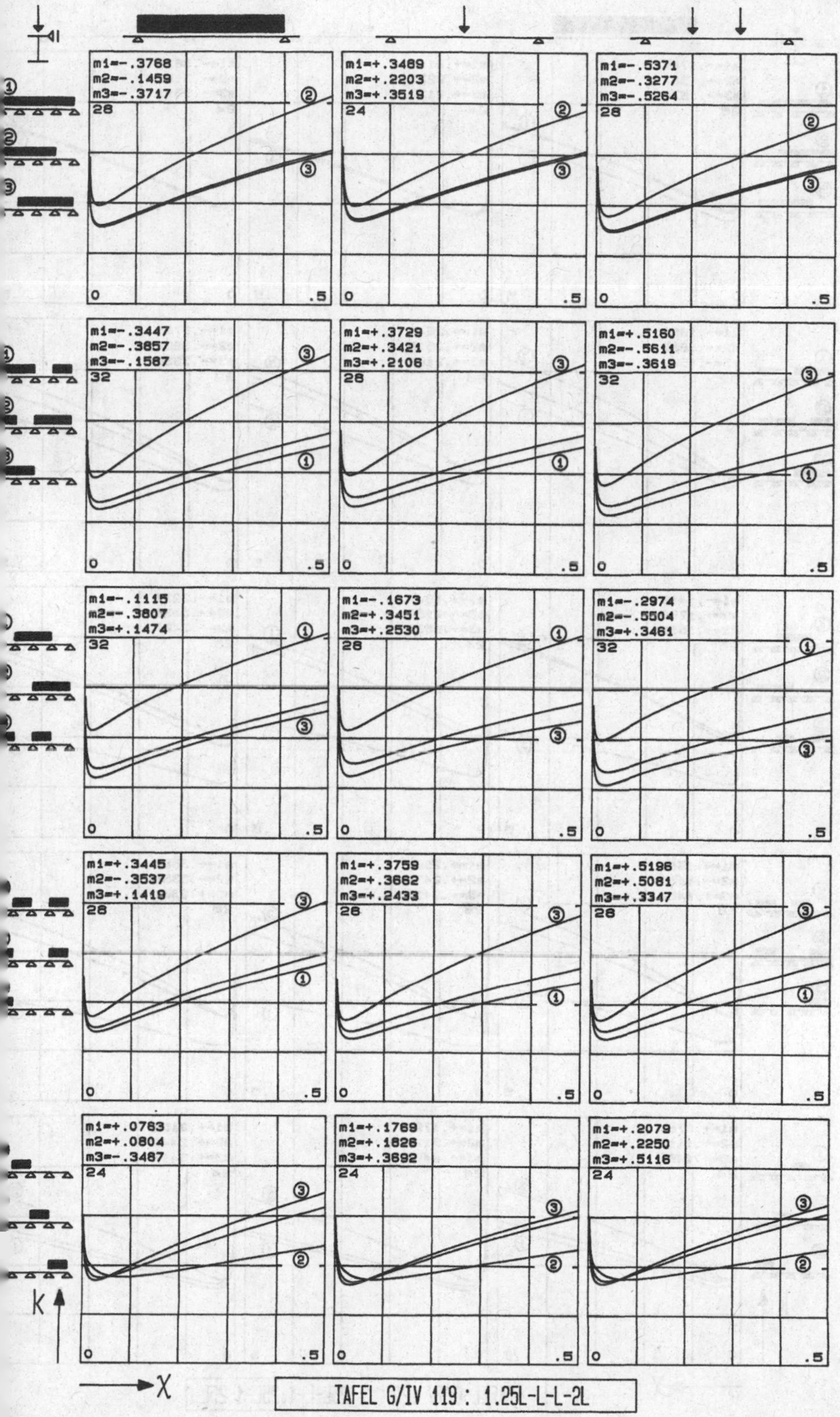

TAFEL G/IV 119 : 1.25L-L-L-2L

G IV

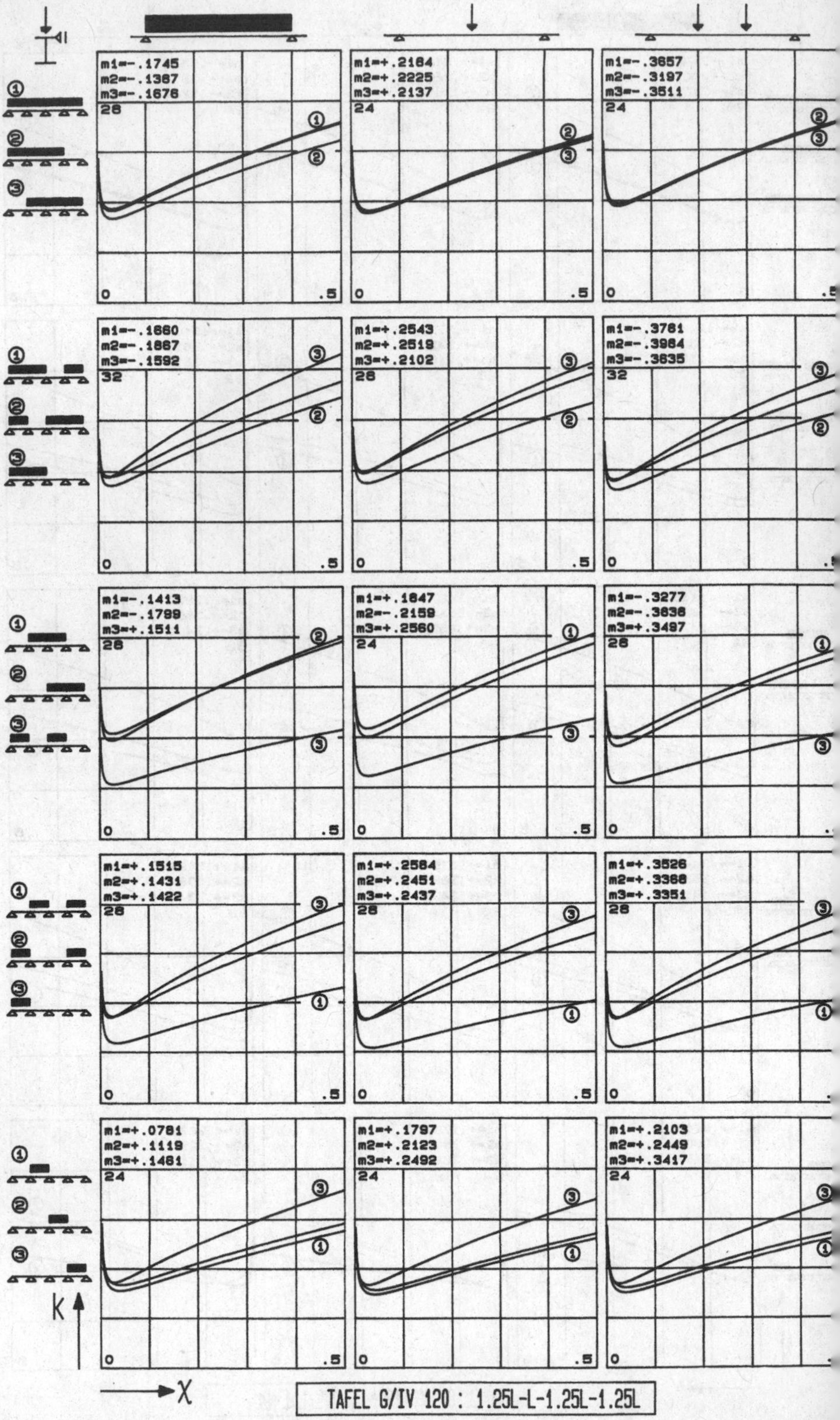
m1=-.1745
m2=-.1367
m3=-.1676
28
m1=+.2184
m2=+.2225
m3=+.2137
24
m1=-.3657
m2=-.3197
m3=-.3511
24
m1=-.1660
m2=-.1867
m3=-.1592
32
m1=+.2543
m2=+.2519
m3=+.2102
28
m1=-.3781
m2=-.3984
m3=-.3635
32
m1=-.1413
m2=-.1799
m3=+.1511
28
m1=+.1647
m2=-.2159
m3=+.2560
24
m1=-.3277
m2=-.3636
m3=+.3497
28
m1=+.1515
m2=+.1431
m3=+.1422
28
m1=+.2584
m2=+.2451
m3=+.2437
28
m1=+.3526
m2=+.3368
m3=+.3351
28
m1=+.0781
m2=+.1119
m3=+.1461
24
m1=+.1797
m2=+.2123
m3=+.2492
24
m1=+.2103
m2=+.2449
m3=+.3417
24
0
.5
K
X

TAFEL G/IV 120 : 1.25L-L-1.25L-1.25L

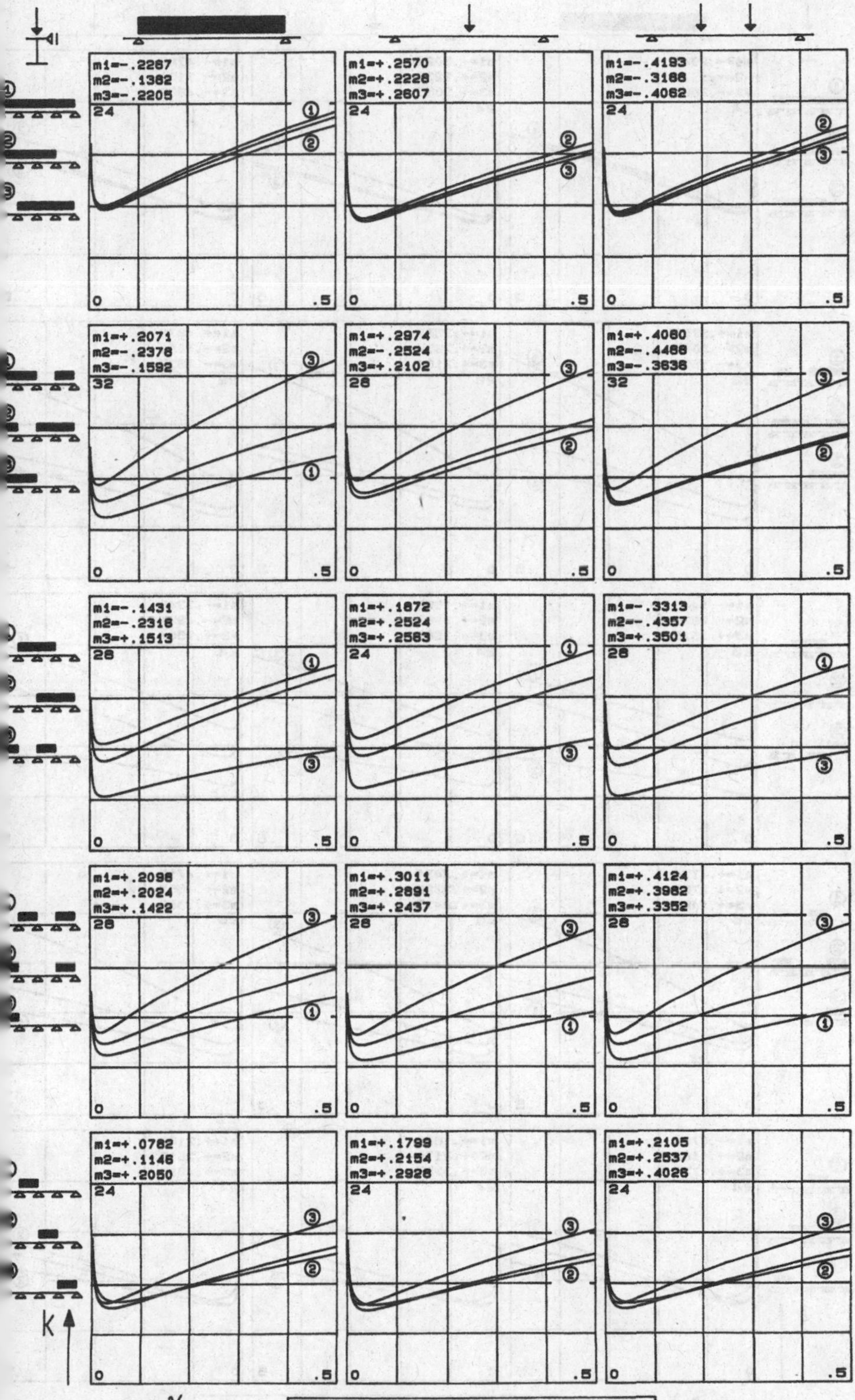

m1=-.2287
m2=-.1382
m3=-.2205
24
m1=+.2570
m2=+.2228
m3=+.2607
24
m1=-.4193
m2=-.3166
m3=-.4062
24
m1=+.2071
m2=-.2376
m3=-.1592
32
m1=+.2974
m2=-.2524
m3=+.2102
28
m1=+.4060
m2=-.4466
m3=-.3636
32
m1=-.1431
m2=-.2316
m3=+.1513
28
m1=+.1872
m2=+.2524
m3=+.2563
24
m1=-.3313
m2=-.4357
m3=+.3501
28
m1=+.2098
m2=+.2024
m3=+.1422
28
m1=+.3011
m2=+.2891
m3=+.2437
28
m1=+.4124
m2=+.3962
m3=+.3352
28
m1=+.0762
m2=+.1146
m3=+.2050
24
m1=+.1799
m2=+.2154
m3=+.2926
24
m1=+.2105
m2=+.2537
m3=+.4026
24
0
.5
K
X

TAFEL G/IV 121 : 1.25L-L-1.25L-1.5L

G IV

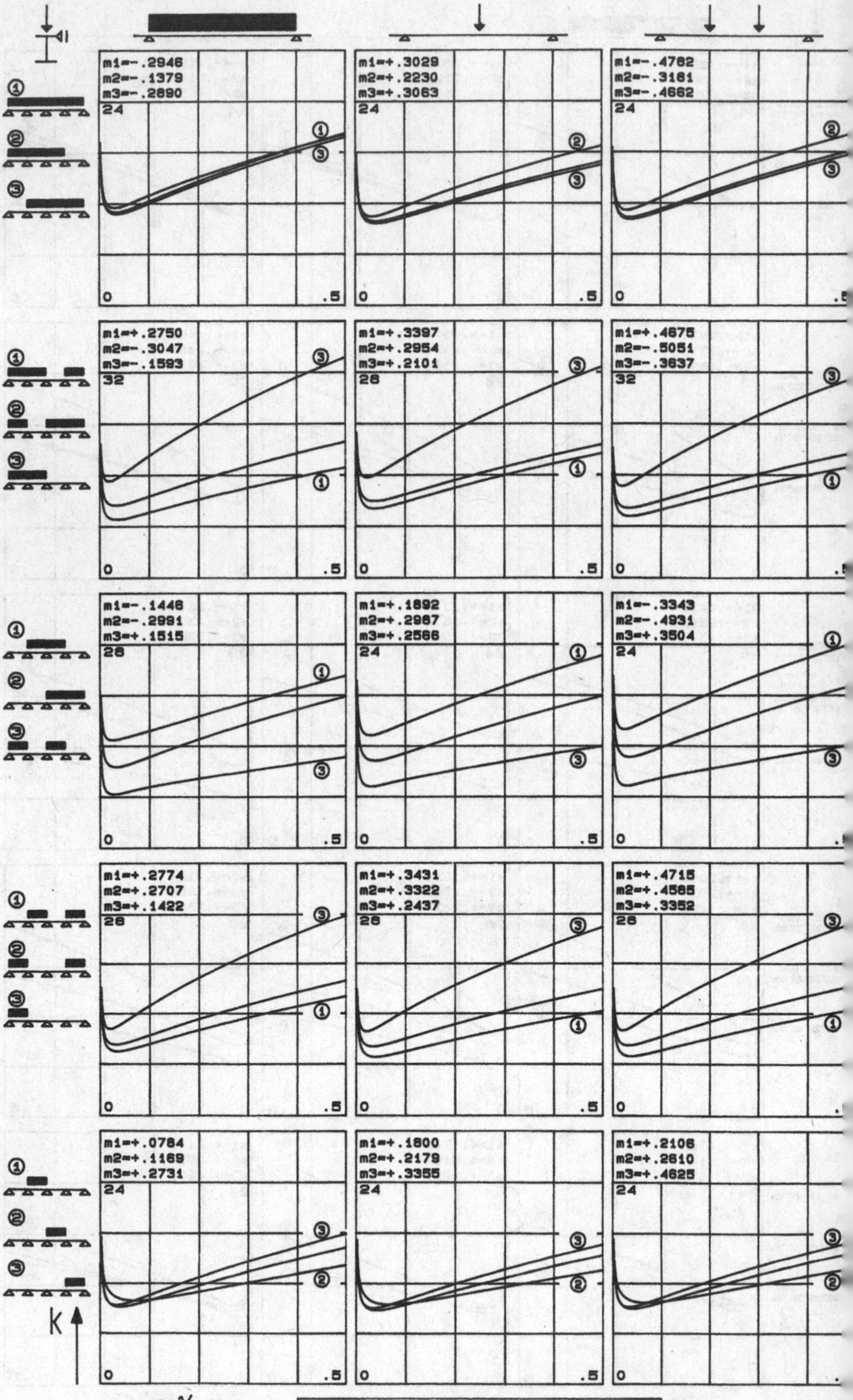

m1=-.2946
m2=-.1379
m3=-.2890
24
m1=+.3029
m2=+.2230
m3=+.3063
24
m1=-.4762
m2=-.3161
m3=-.4662
24
m1=+.2750
m2=-.3047
m3=-.1593
32
m1=+.3397
m2=+.2954
m3=+.2101
28
m1=+.4675
m2=-.5051
m3=-.3637
32
m1=-.1446
m2=-.2991
m3=+.1515
28
m1=+.1892
m2=+.2967
m3=+.2566
24
m1=-.3343
m2=-.4931
m3=+.3504
24
m1=+.2774
m2=+.2707
m3=+.1422
28
m1=+.3431
m2=+.3322
m3=+.2437
28
m1=+.4715
m2=+.4585
m3=+.3352
28
m1=+.0784
m2=+.1169
m3=+.2731
24
m1=+.1800
m2=+.2179
m3=+.3355
24
m1=+.2106
m2=+.2610
m3=+.4625
24
K
X

TAFEL G/IV 122 : 1.25L-L-1.25L-1.75L

GV

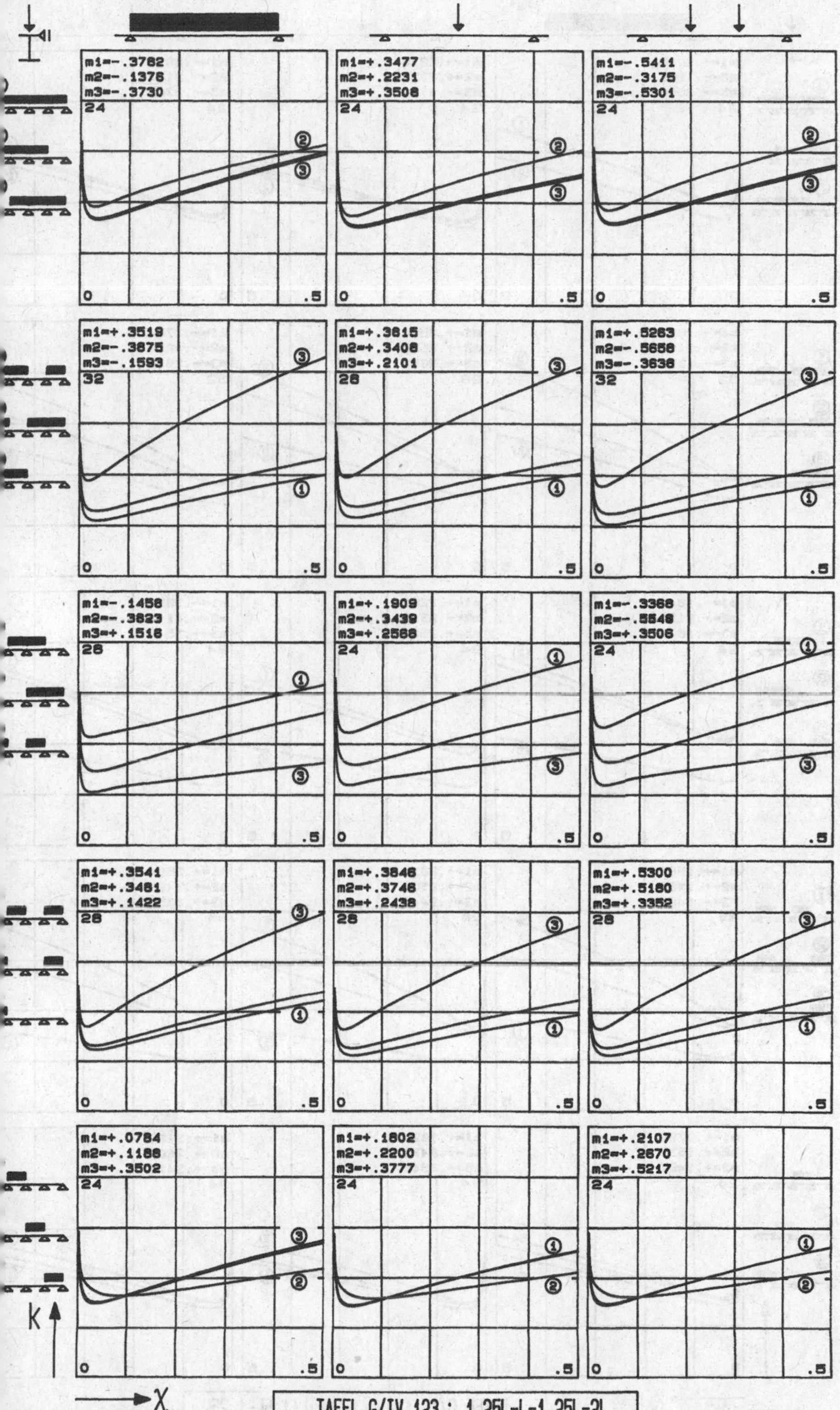

m1=-.3782
m2=-.1376
m3=-.3730
24
m1=+.3477
m2=+.2231
m3=+.3508
24
m1=-.5411
m2=-.3175
m3=-.5301
24
m1=+.3519
m2=-.3875
m3=-.1593
32
m1=+.3815
m2=+.3408
m3=+.2101
28
m1=+.5263
m2=-.5658
m3=-.3636
32
m1=-.1456
m2=-.3623
m3=+.1516
28
m1=+.1909
m2=+.3439
m3=+.2568
24
m1=-.3368
m2=-.5548
m3=+.3506
24
m1=+.3541
m2=+.3481
m3=+.1422
28
m1=+.3846
m2=+.3746
m3=+.2438
28
m1=+.5300
m2=+.5180
m3=+.3352
28
m1=+.0784
m2=+.1188
m3=+.3502
24
m1=+.1802
m2=+.2200
m3=+.3777
24
m1=+.2107
m2=+.2670
m3=+.5217
24
0
.5
K
X

TAFEL G/IV 123 : 1.25L-L-1.25L-2L

G IV

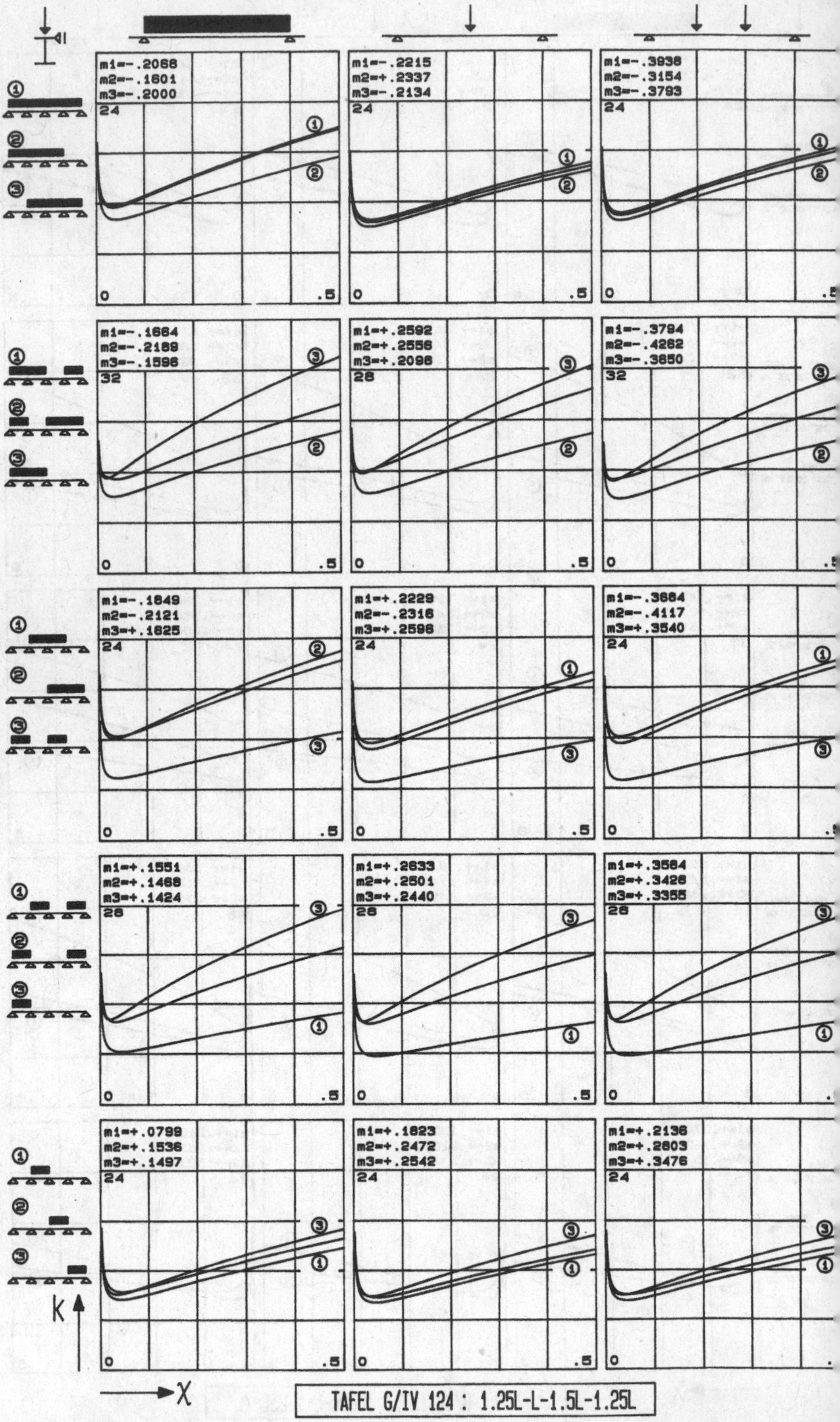

m1=-.2068
m2=-.1601
m3=-.2000
24
m1=-.2215
m2=+.2337
m3=-.2134
24
m1=-.3938
m2=-.3154
m3=-.3793
24
m1=-.1664
m2=-.2189
m3=-.1596
32
m1=+.2592
m2=+.2556
m3=+.2098
28
m1=-.3794
m2=-.4262
m3=-.3650
32
m1=-.1849
m2=-.2121
m3=+.1825
24
m1=+.2229
m2=-.2316
m3=+.2596
24
m1=-.3684
m2=-.4117
m3=+.3540
24
m1=+.1551
m2=+.1468
m3=+.1424
28
m1=+.2633
m2=+.2501
m3=+.2440
28
m1=+.3584
m2=+.3428
m3=+.3355
28
m1=+.0799
m2=+.1536
m3=+.1497
24
m1=+.1823
m2=+.2472
m3=+.2542
24
m1=+.2136
m2=+.2603
m3=+.3476
24
0
.5
K
X
GV
TAFEL G/IV 124 : 1.25L-L-1.5L-1.25L

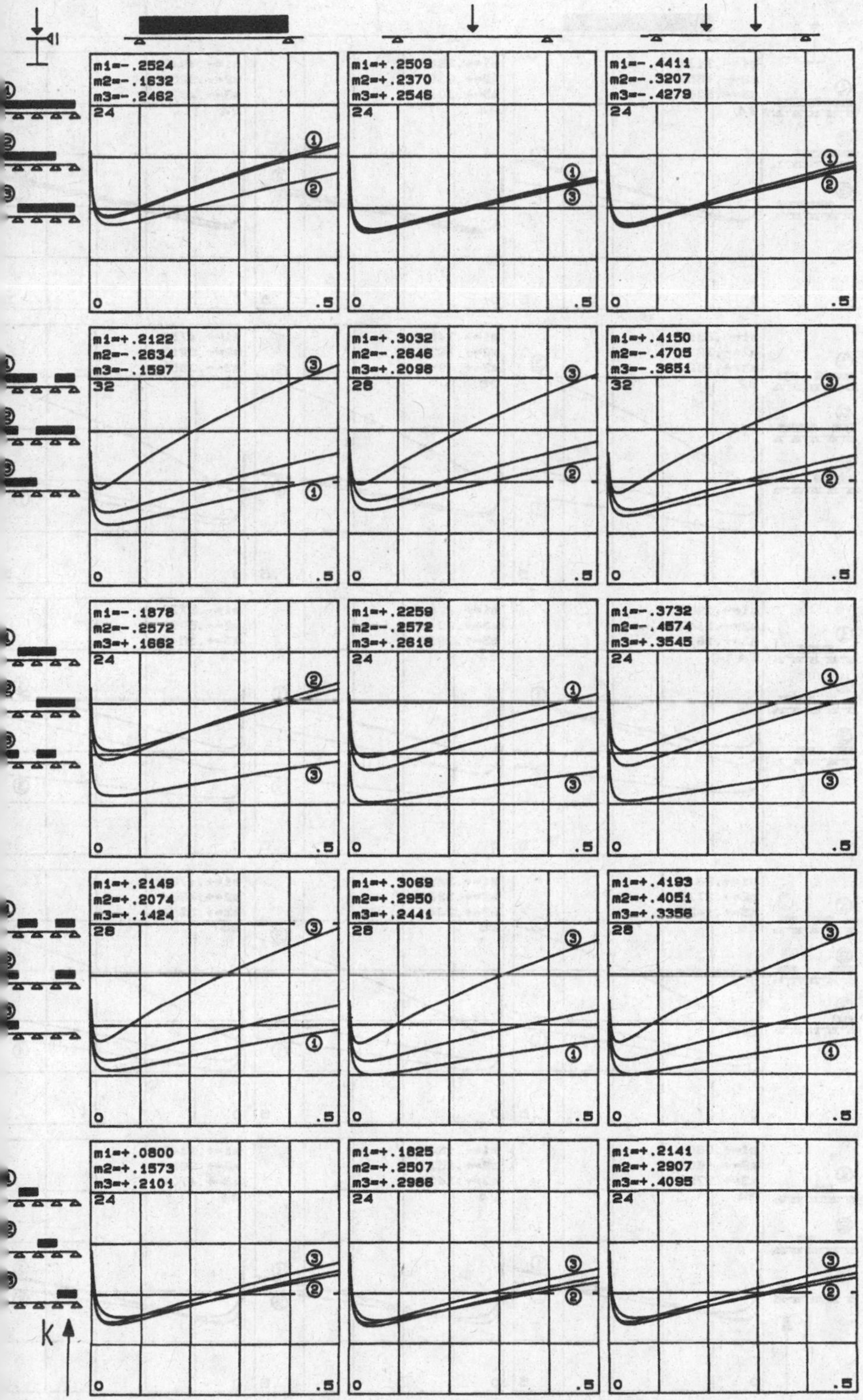

m1=-.2524
m2=-.1632
m3=-.2462
24
m1=+.2509
m2=+.2370
m3=+.2546
24
m1=-.4411
m2=-.3207
m3=-.4279
24
m1=+.2122
m2=-.2634
m3=-.1597
32
m1=+.3032
m2=-.2646
m3=+.2098
28
m1=+.4150
m2=-.4705
m3=-.3651
32
m1=-.1878
m2=-.2572
m3=+.1662
24
m1=+.2259
m2=-.2572
m3=+.2618
24
m1=-.3732
m2=-.4574
m3=+.3545
24
m1=+.2149
m2=+.2074
m3=+.1424
28
m1=+.3069
m2=+.2950
m3=+.2441
28
m1=+.4193
m2=+.4051
m3=+.3356
28
m1=+.0800
m2=+.1573
m3=+.2101
24
m1=+.1825
m2=+.2507
m3=+.2986
24
m1=+.2141
m2=+.2907
m3=+.4095
24
0
.5
K
X

TAFEL G/IV 125 : 1.25L-L-1.5L-1.5L

G IV

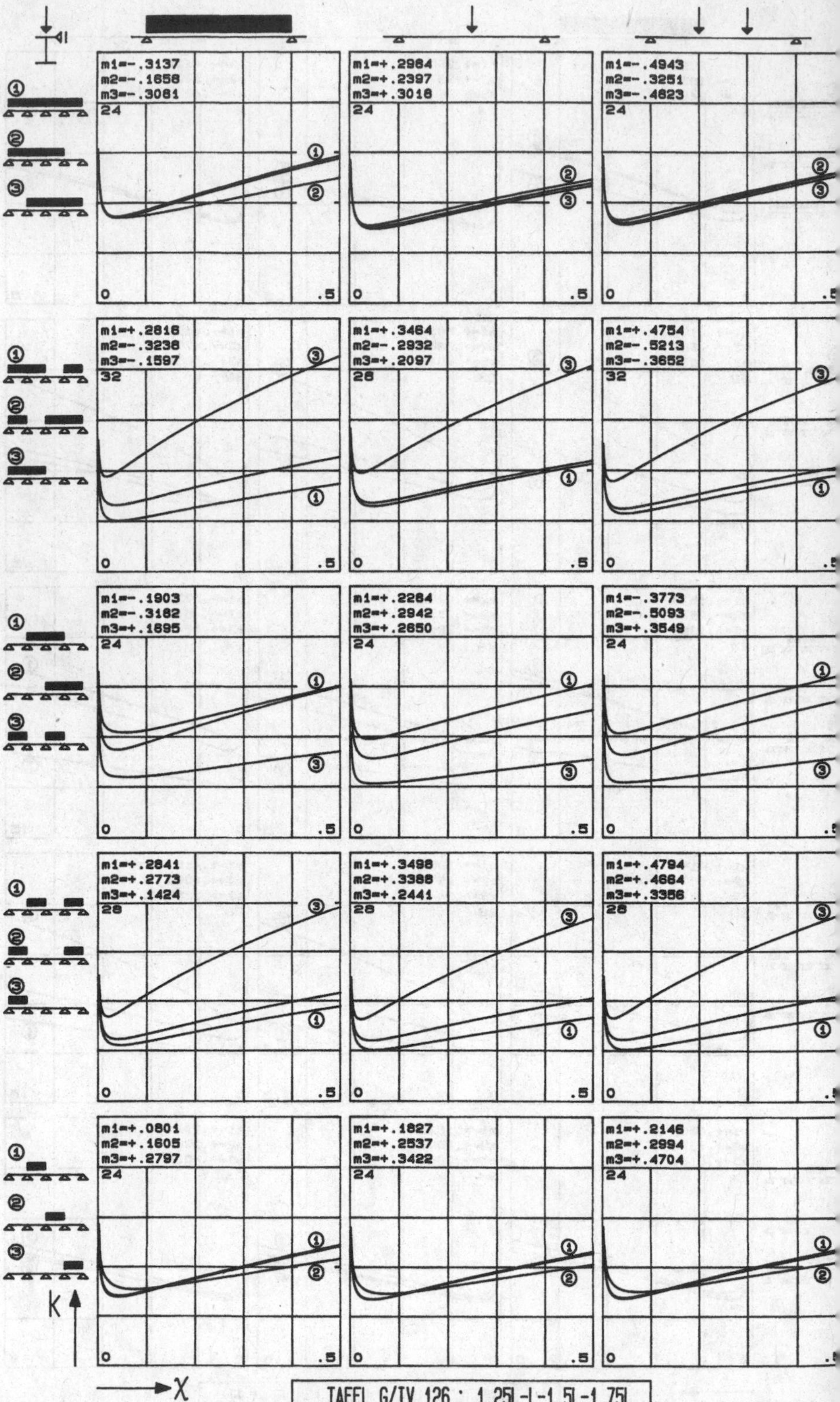

m1=-.3137
m2=-.1658
m3=-.3061
24
m1=+.2984
m2=+.2397
m3=+.3018
24
m1=-.4943
m2=-.3251
m3=-.4623
24
m1=+.2816
m2=-.3238
m3=-.1597
32
m1=+.3464
m2=-.2932
m3=+.2097
28
m1=+.4754
m2=-.5213
m3=-.3652
32
m1=-.1903
m2=-.3182
m3=+.1695
24
m1=+.2284
m2=+.2942
m3=+.2650
24
m1=-.3773
m2=-.5093
m3=+.3549
24
m1=+.2841
m2=+.2773
m3=+.1424
28
m1=+.3498
m2=+.3388
m3=+.2441
28
m1=+.4794
m2=+.4684
m3=+.3356
28
m1=+.0801
m2=+.1605
m3=+.2797
24
m1=+.1827
m2=+.2537
m3=+.3422
24
m1=+.2146
m2=+.2994
m3=+.4704
24
0
.5
K
X

TAFEL G/IV 126 : 1.25L-L-1.5L-1.75L

GV

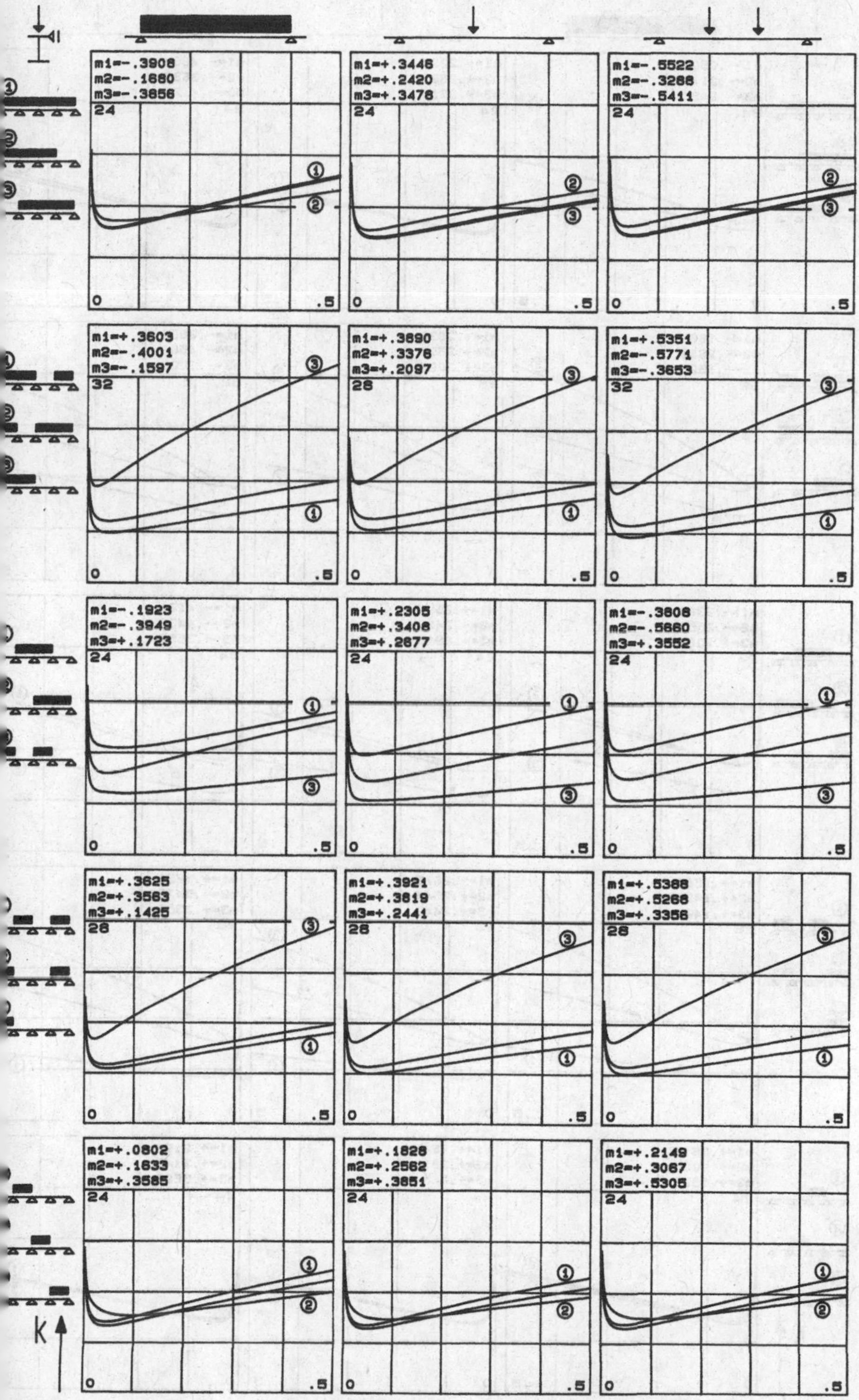

m1=-.3908
m2=-.1680
m3=-.3856
24
m1=+.3446
m2=+.2420
m3=+.3476
24
m1=-.5522
m2=-.3288
m3=-.5411
24
m1=+.3603
m2=-.4001
m3=-.1597
32
m1=+.3890
m2=+.3376
m3=+.2097
28
m1=+.5351
m2=-.5771
m3=-.3653
32
m1=-.1923
m2=-.3949
m3=+.1723
24
m1=+.2305
m2=+.3408
m3=+.2677
24
m1=-.3808
m2=-.5860
m3=+.3552
24
m1=+.3625
m2=+.3563
m3=+.1425
28
m1=+.3921
m2=+.3819
m3=+.2441
28
m1=+.5388
m2=+.5266
m3=+.3356
28
m1=+.0802
m2=+.1633
m3=+.3585
24
m1=+.1828
m2=+.2582
m3=+.3851
24
m1=+.2149
m2=+.3067
m3=+.5305
24
K
X

TAFEL G/IV 127 : 1.25L-L-1.5L-2L

G IV

m1=-.2500 m2=-.2170 m3=-.2434 24	m1=-.2398 m2=+.2693 m3=-.2319 24	m1=-.4264 m2=-.3635 m3=-.4122 24
m1=-.1666 m2=-.2619 m3=-.1600 32	m1=+.2633 m2=+.2593 m3=+.2094 28	m1=-.3604 m2=-.4561 m3=-.3662 32
m1=-.2398 m2=-.2553 m3=+.2087 24	m1=+.2596 m2=-.2497 m3=+.2910 24	m1=-.4121 m2=-.4439 m3=+.3583 24
m1=+.1561 m2=+.1499 m3=+.1426 28	m1=+.2673 m2=+.2544 m3=+.2443 28	m1=+.3631 m2=+.3476 m3=+.3359 28
m1=+.0813 m2=+.2008 m3=+.1528 24	m1=+.1645 m2=+.2813 m3=+.2584 24	m1=+.2194 m2=+.3143 m3=+.3526 24

K
X
0 .5

TAFEL G/IV 128 : 1.25L-L-1.75L-1.25L

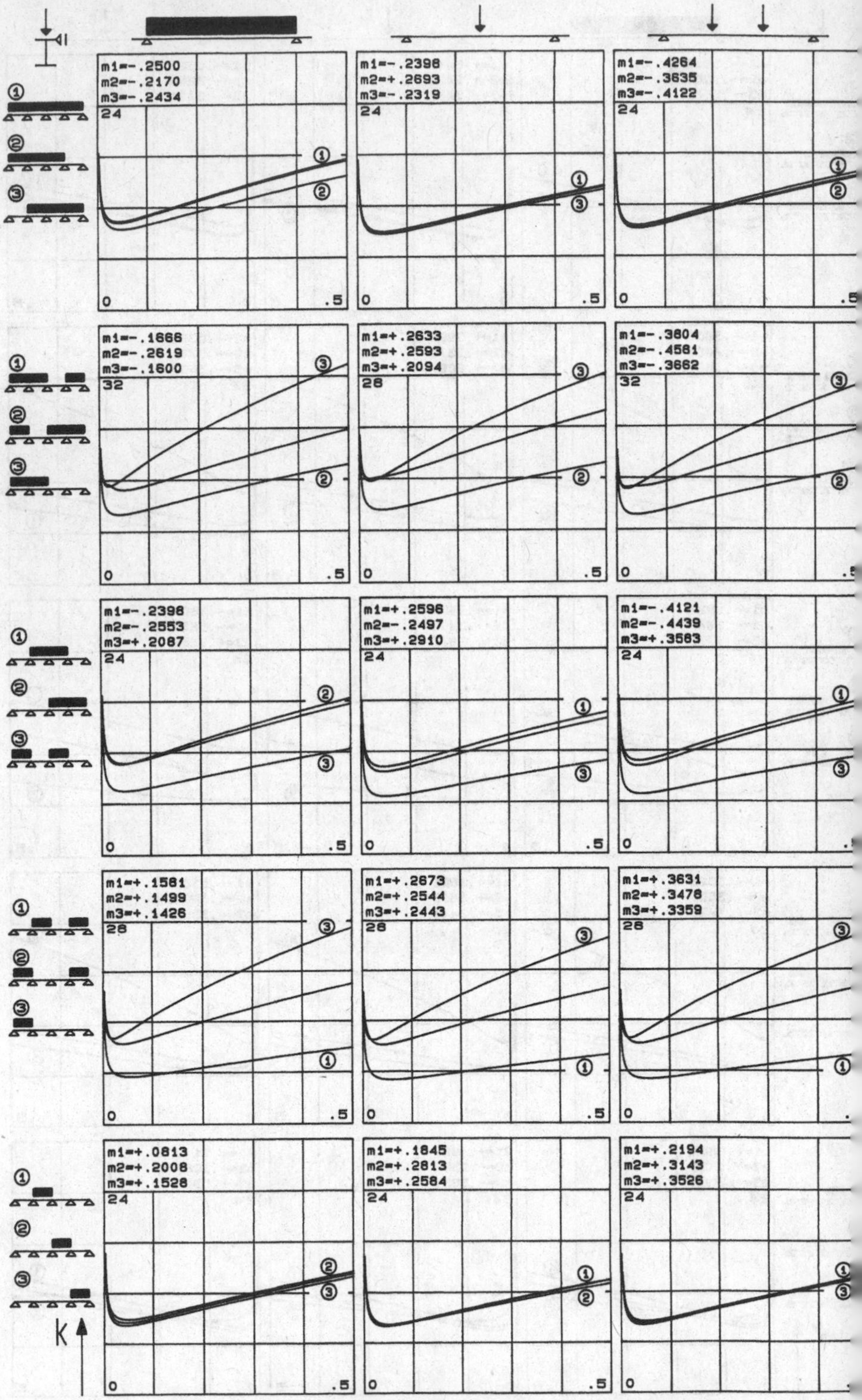

m1=-.2890 m2=-.2215 m3=-.2829 24	m1=-.2631 m2=+.2730 m3=-.2558 24	m1=-.4678 m2=-.3701 m3=-.4548 24
m1=+.2166 m2=-.2898 m3=-.1600 32	m1=+.3082 m2=-.2794 m3=+.2094 28	m1=+.4208 m2=-.4968 m3=-.3663 32
m1=-.2441 m2=-.2938 m3=+.2136 24	m1=+.2631 m2=-.2722 m3=+.2852 24	m1=-.4162 m2=-.4639 m3=+.3569 24
m1=+.2192 m2=+.2118 m3=+.1426 28	m1=+.3118 m2=+.3000 m3=+.2443 28	m1=+.4252 m2=+.4112 m3=+.3359 28
m1=+.0815 m2=+.2057 m3=+.2144 24	m1=+.1847 m2=+.2853 m3=+.3037 24	m1=+.2200 m2=+.3261 m3=+.4155 24

0 .5

K

X

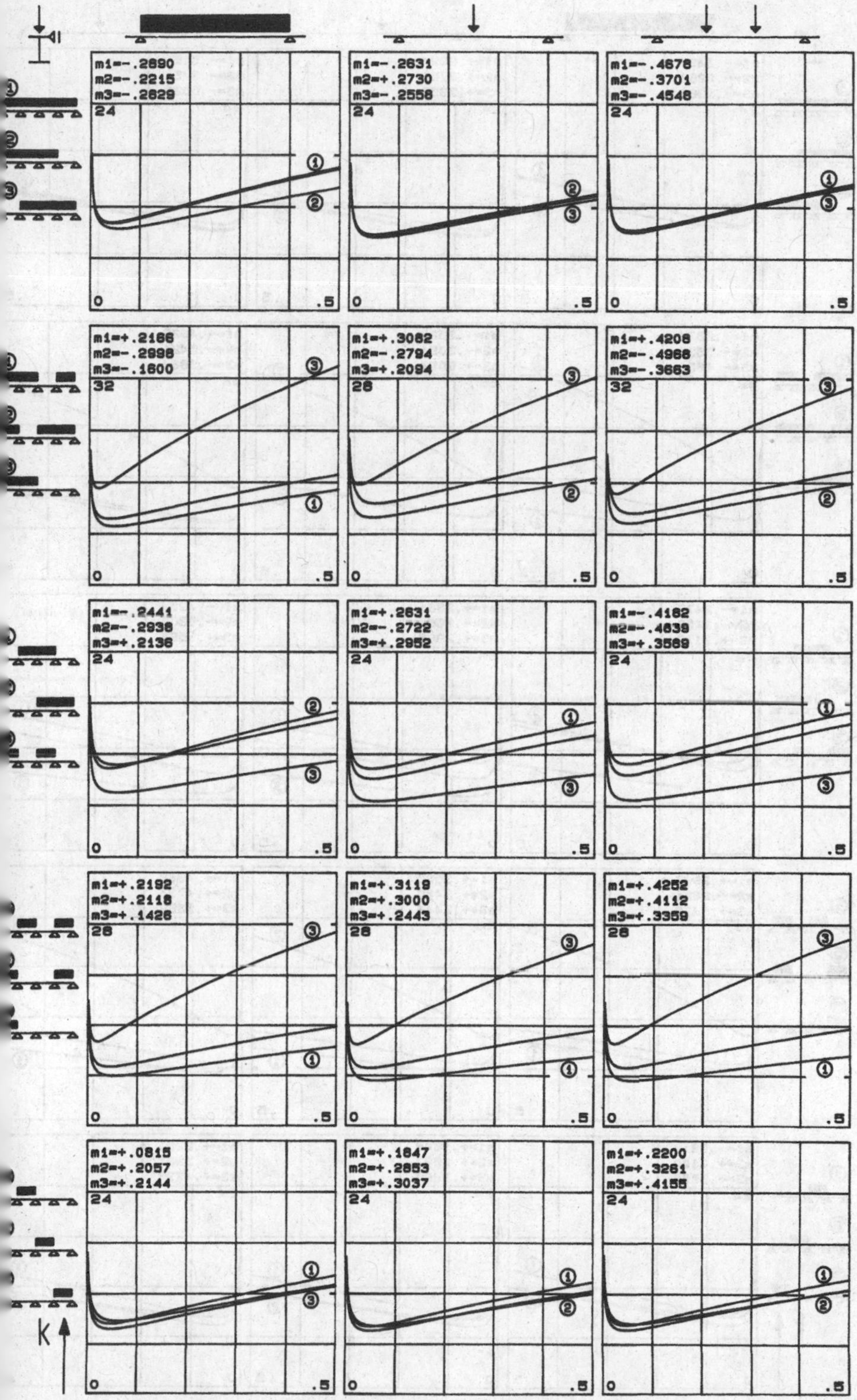

TAFEL G/IV 129 : 1.25L-L-1.75L-1.5L

G IV

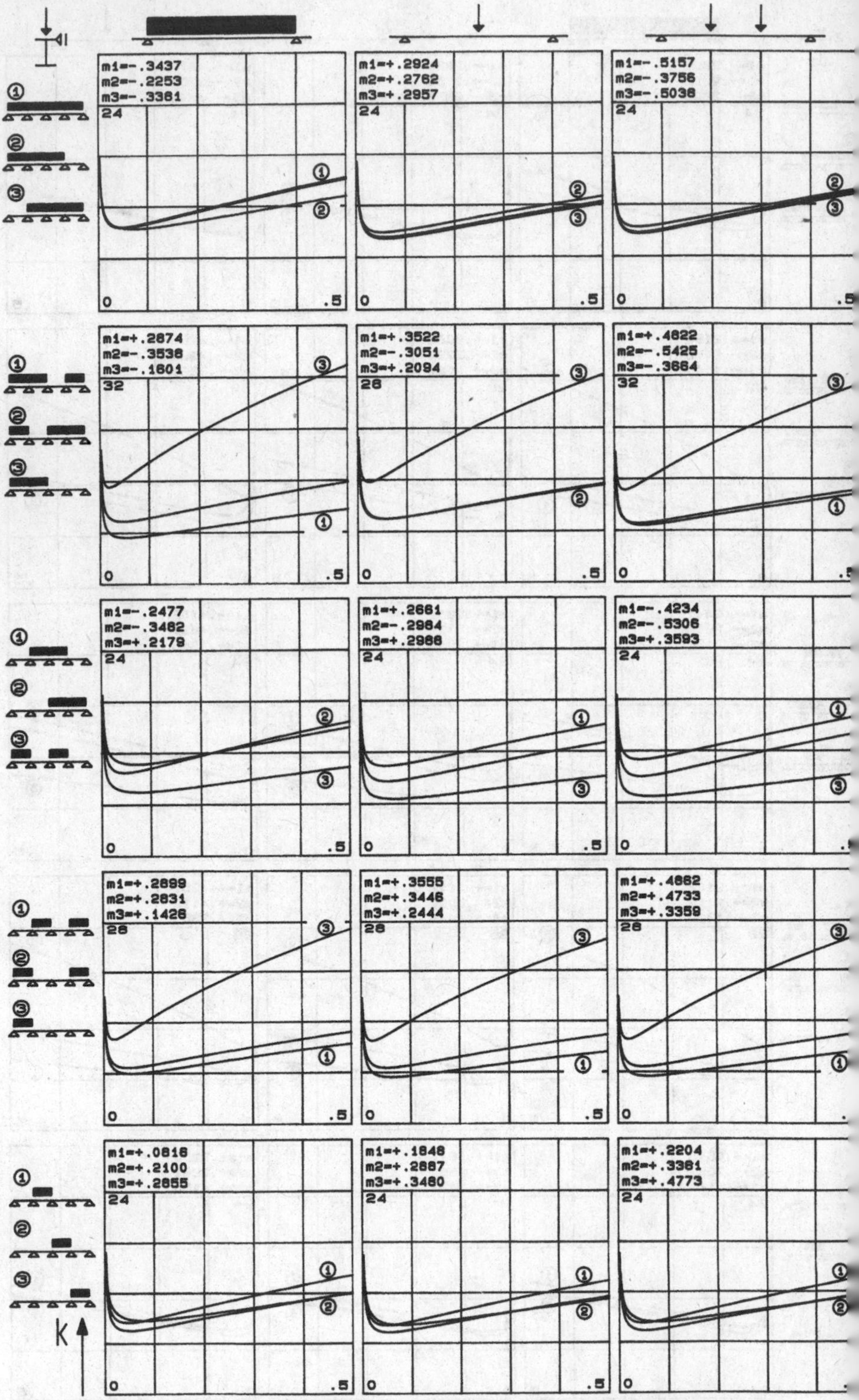

TAFEL G/IV 130 : 1.25L-L-1.75L-1.75L

GV

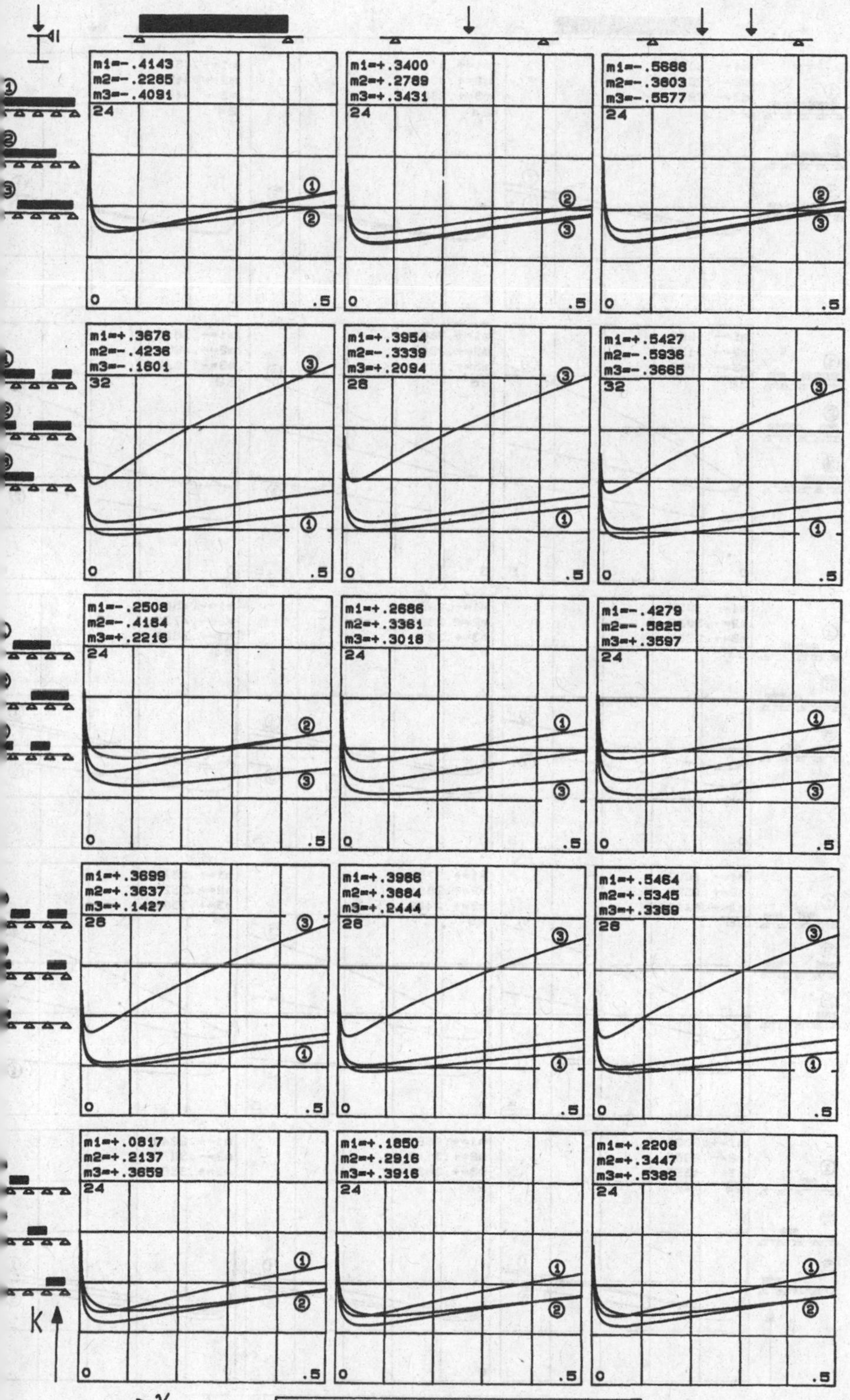
m1=-.4143
m2=-.2285
m3=-.4091
24
m1=+.3400
m2=+.2789
m3=+.3431
24
m1=-.5686
m2=-.3803
m3=-.5577
24
m1=+.3676
m2=-.4236
m3=-.1601
32
m1=+.3954
m2=-.3339
m3=+.2094
28
m1=+.5427
m2=-.5936
m3=-.3665
32
m1=-.2508
m2=-.4184
m3=+.2216
24
m1=+.2686
m2=+.3361
m3=+.3018
24
m1=-.4279
m2=-.5625
m3=+.3597
24
m1=+.3699
m2=+.3637
m3=+.1427
28
m1=+.3986
m2=+.3684
m3=+.2444
28
m1=+.5464
m2=+.5345
m3=+.3359
28
m1=+.0817
m2=+.2137
m3=+.3659
24
m1=+.1850
m2=+.2916
m3=+.3916
24
m1=+.2208
m2=+.3447
m3=+.5382
24
0
.5
K
X

TAFEL G/IV 131 : 1.25L-L-1.75L-2L

G IV

Row	Panel 1	Panel 2	Panel 3
1	m1=-.3041 m2=-.2848 m3=-.2976 24	m1=+.2711 m2=+.3041 m3=+.2624 24	m1=-.4624 m2=-.4132 m3=-.4486 24
2	m1=-.1666 m2=-.3157 m3=-.1603 32	m1=+.2668 m2=+.2907 m3=+.2092 28	m1=-.3810 m2=-.4933 m3=-.3672 32
3	m1=-.3058 m2=-.3092 m3=+.2606 24	m1=+.2954 m2=+.2820 m3=+.3237 24	m1=-.4580 m2=-.4795 m3=+.3626 24
4	m1=+.1607 m2=+.1526 m3=+.1428 28	m1=+.2707 m2=+.2581 m3=+.2445 28	m1=+.3671 m2=+.3522 m3=+.3361 28
5	m1=+.0826 m2=-.2682 m3=+.1555 24	m1=+.1863 m2=+.3149 m3=+.2620 24	m1=+.2244 m2=-.3576 m3=+.3568 24

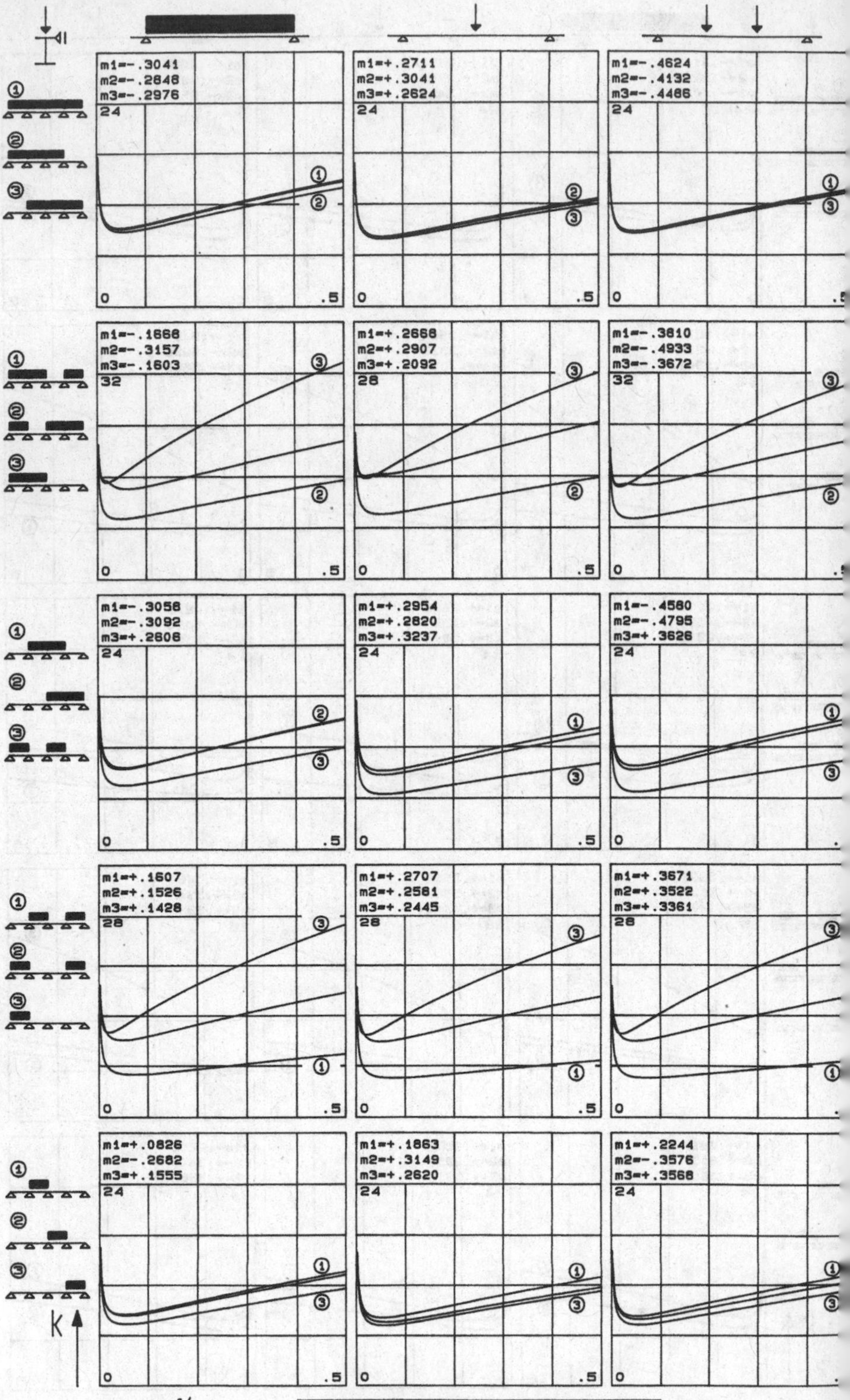

K

X

TAFEL G/IV 132 : 1.25L-L-2L-1.25L

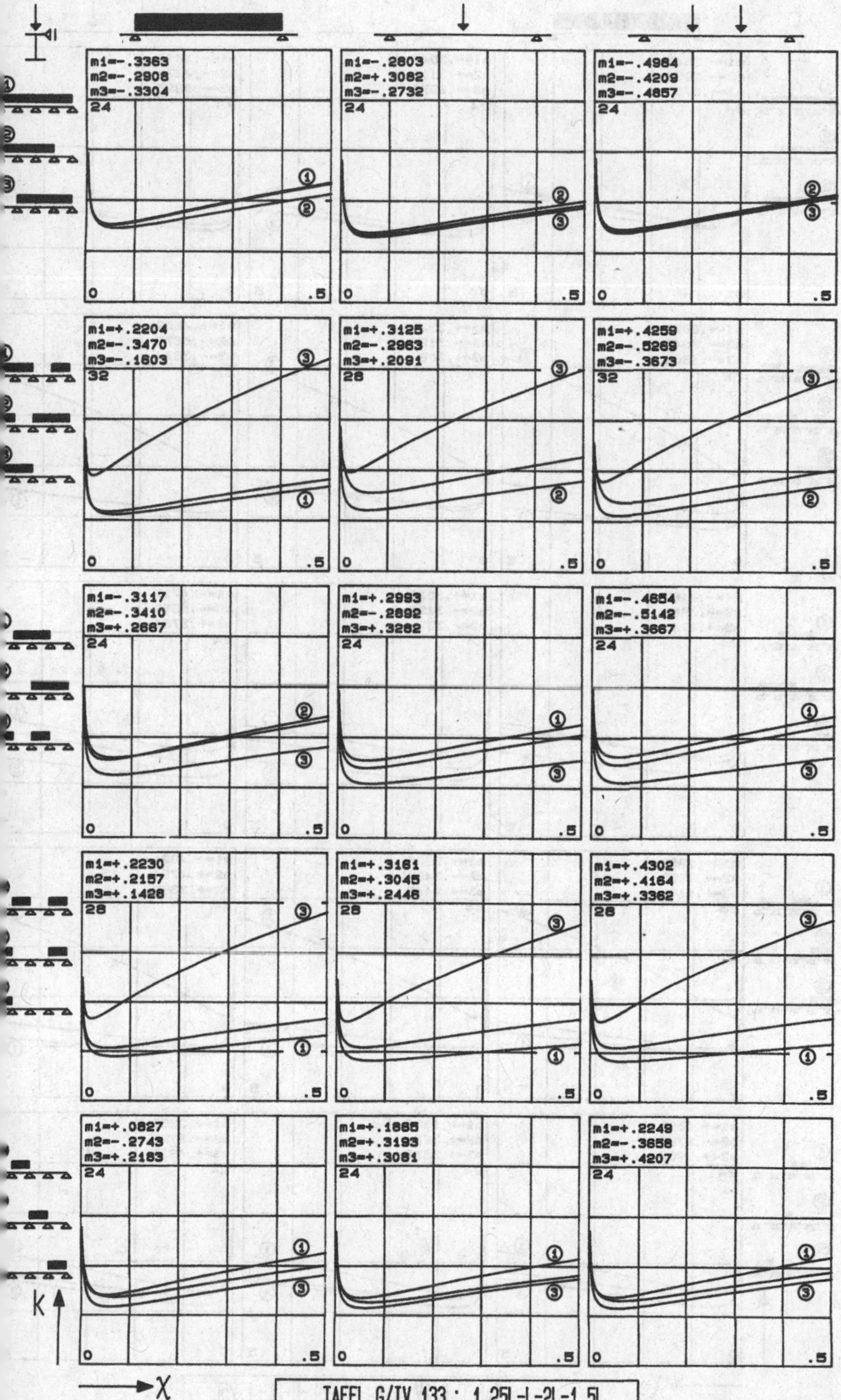
m1=-.3363
m2=-.2908
m3=-.3304
24
m1=-.2803
m2=+.3082
m3=-.2732
24
m1=-.4984
m2=-.4209
m3=-.4857
24
m1=+.2204
m2=-.3470
m3=-.1603
32
m1=+.3125
m2=-.2963
m3=+.2091
28
m1=+.4259
m2=-.5269
m3=-.3673
32
m1=-.3117
m2=-.3410
m3=+.2667
24
m1=+.2993
m2=-.2892
m3=+.3262
24
m1=-.4654
m2=-.5142
m3=+.3667
24
m1=+.2230
m2=+.2157
m3=+.1426
28
m1=+.3161
m2=+.3045
m3=+.2446
28
m1=+.4302
m2=+.4164
m3=+.3362
28
m1=+.0827
m2=-.2743
m3=+.2183
24
m1=+.1865
m2=+.3193
m3=+.3081
24
m1=+.2249
m2=-.3658
m3=+.4207
24
K
X

TAFEL G/IV 133 : 1.25L-L-2L-1.5L

G IV

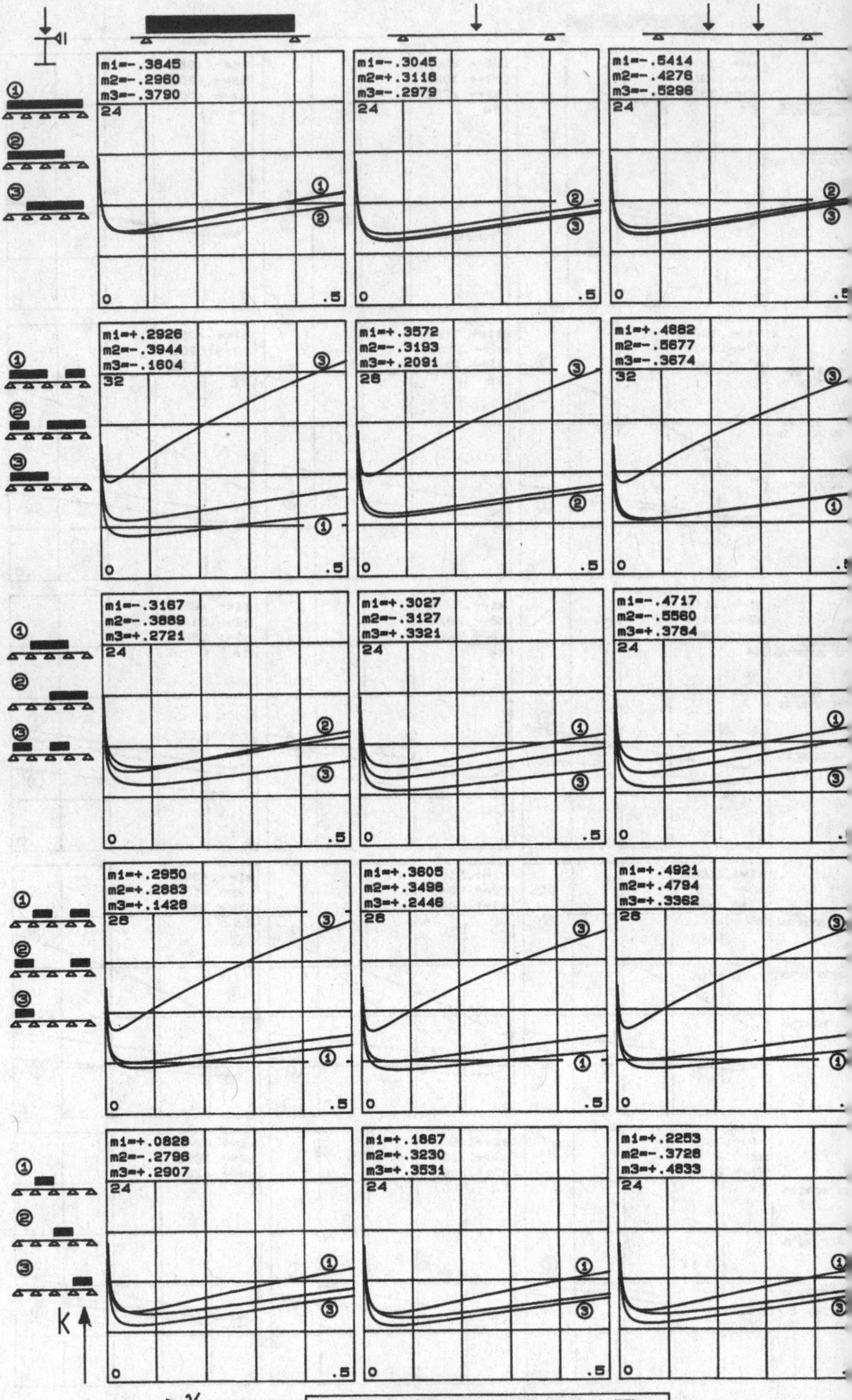

m1=-.3845
m2=-.2960
m3=-.3790
24
m1=-.3045
m2=+.3118
m3=-.2979
24
m1=-.5414
m2=-.4276
m3=-.5296
24
m1=+.2926
m2=-.3944
m3=-.1604
32
m1=+.3572
m2=-.3193
m3=+.2091
28
m1=+.4882
m2=-.5677
m3=-.3674
32
m1=-.3167
m2=-.3889
m3=+.2721
24
m1=+.3027
m2=-.3127
m3=+.3321
24
m1=-.4717
m2=-.5560
m3=+.3784
24
m1=+.2950
m2=+.2883
m3=+.1428
28
m1=+.3605
m2=+.3498
m3=+.2446
28
m1=+.4921
m2=+.4794
m3=+.3362
28
m1=+.0828
m2=-.2796
m3=+.2907
24
m1=+.1867
m2=+.3230
m3=+.3531
24
m1=+.2253
m2=-.3728
m3=+.4833
24
K
X

TAFEL G/IV 134 : 1.25L-L-2L-1.75L

GV

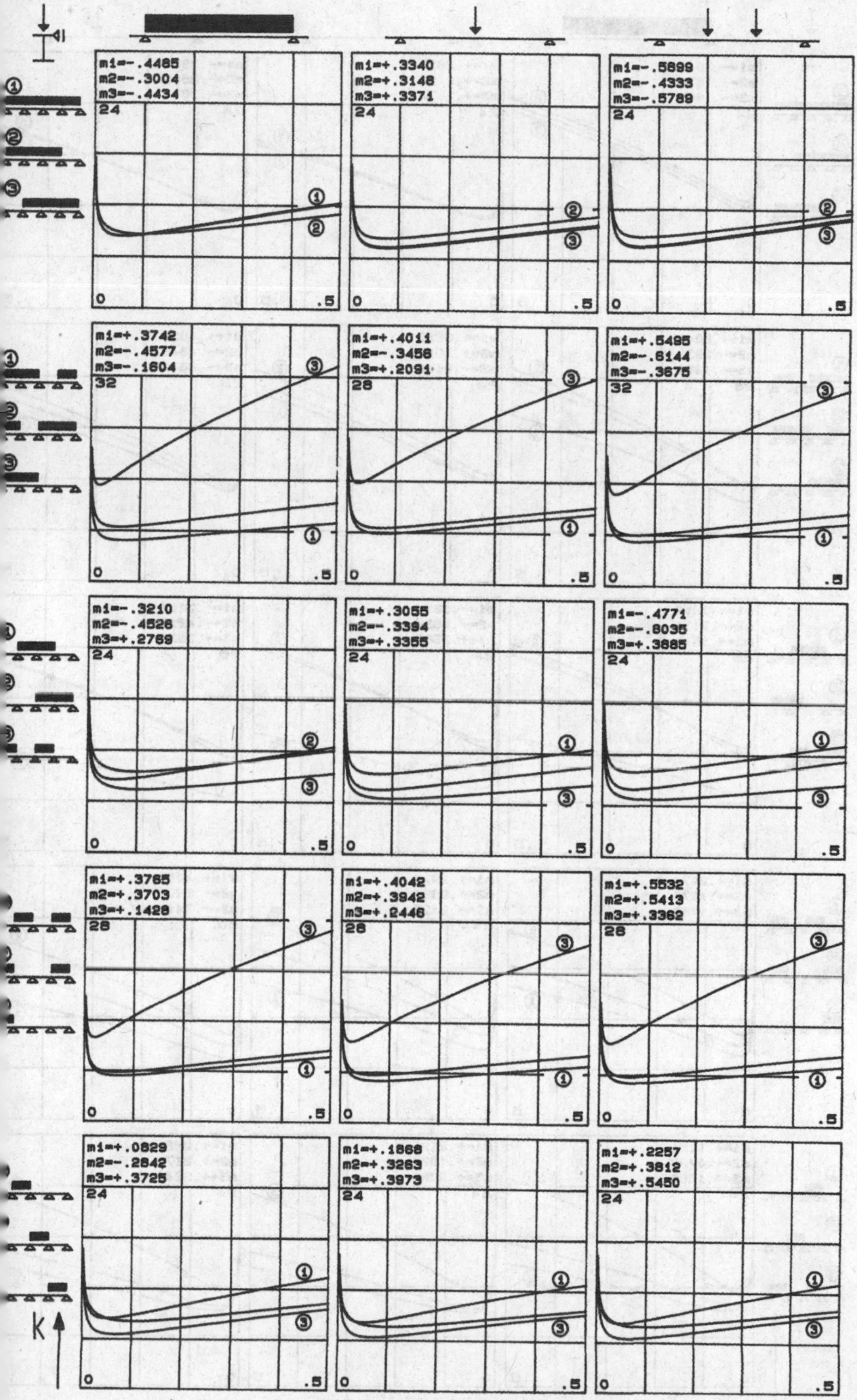

TAFEL G/IV 135 : 1.25L-L-2L-2L

G
IV

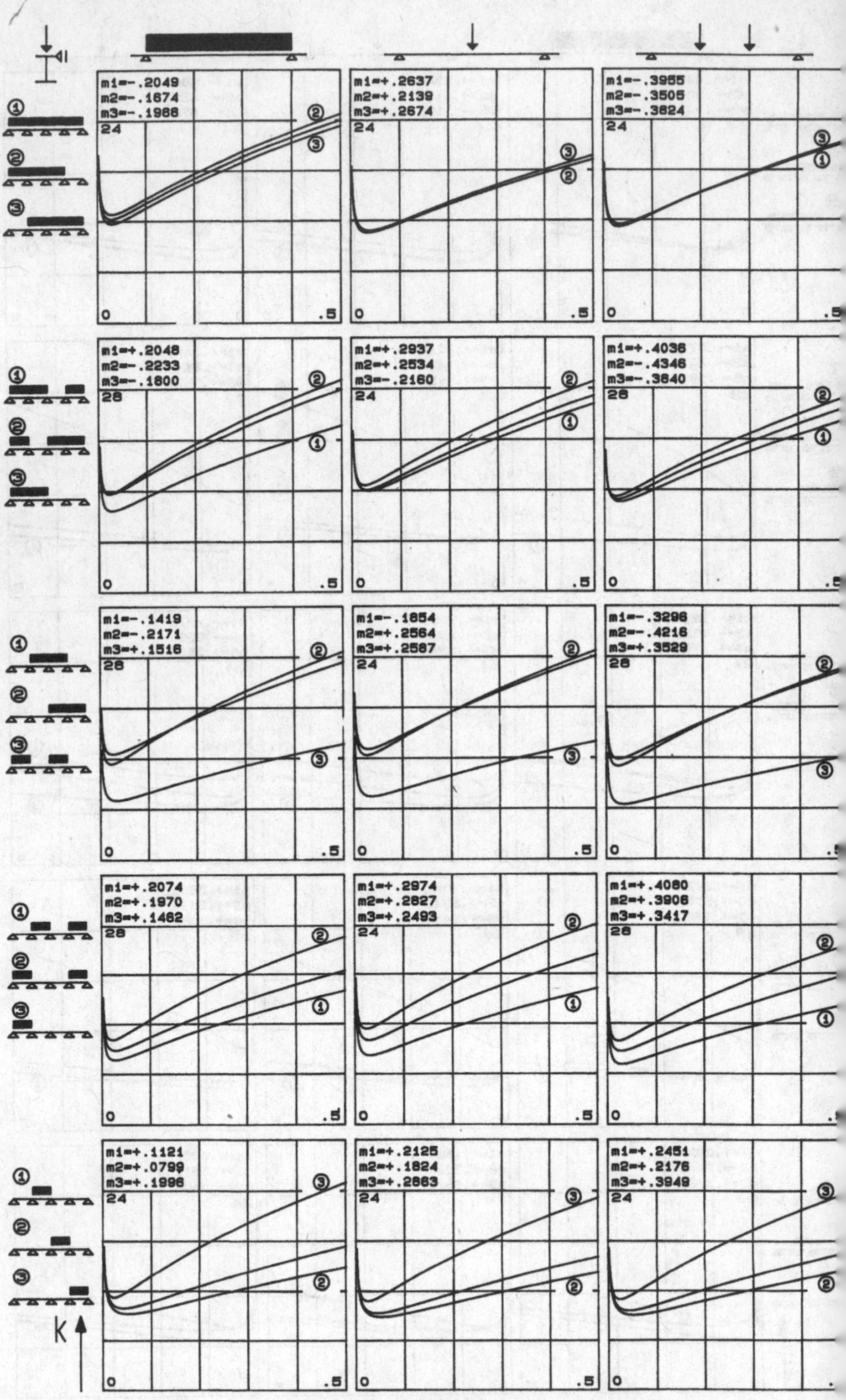
m1=-.2049
m2=-.1674
m3=-.1966
24
m1=+.2637
m2=+.2139
m3=+.2674
24
m1=-.3955
m2=-.3505
m3=-.3624
24
m1=+.2048
m2=-.2233
m3=-.1800
28
m1=+.2937
m2=+.2534
m3=-.2160
24
m1=+.4036
m2=-.4346
m3=-.3640
28
m1=-.1419
m2=-.2171
m3=+.1516
28
m1=-.1654
m2=+.2564
m3=+.2587
24
m1=-.3296
m2=-.4216
m3=+.3529
28
m1=+.2074
m2=+.1970
m3=+.1462
28
m1=+.2974
m2=+.2827
m3=+.2493
24
m1=+.4080
m2=+.3906
m3=+.3417
28
m1=+.1121
m2=+.0799
m3=+.1996
24
m1=+.2125
m2=+.1624
m3=+.2863
24
m1=+.2451
m2=+.2176
m3=+.3949
24
K
X

TAFEL G/IV 136 : 1.25L-1.25L-L-1.5L

GV

m1=-.2797 m2=-.1673 m3=-.2742 24	m1=+.3076 m2=+.2140 m3=+.3112 24	m1=-.4608 m2=-.3501 m3=-.4490 24
m1=+.2707 m2=-.2963 m3=-.1800 28	m1=+.3350 m2=+.2979 m3=-.2160 24	m1=+.4618 m2=-.4963 m3=-.3841 28
m1=-.1424 m2=-.2908 m3=+.1517 28	m1=-.1863 m2=+.3012 m3=+.2589 24	m1=-.3312 m2=-.4845 m3=+.3531 28
m1=+.2730 m2=+.2637 m3=+.1462 24	m1=+.3383 m2=+.3250 m3=+.2493 24	m1=+.4657 m2=+.4500 m3=+.3418 24
m1=+.1122 m2=+.0814 m3=+.2660 24	m1=+.2127 m2=+.1845 m3=+.3283 24	m1=+.2452 m2=+.2236 m3=+.4539 24

K X

TAFEL G/IV 137 : 1.25L-1.25L-L-1.75L

G IV

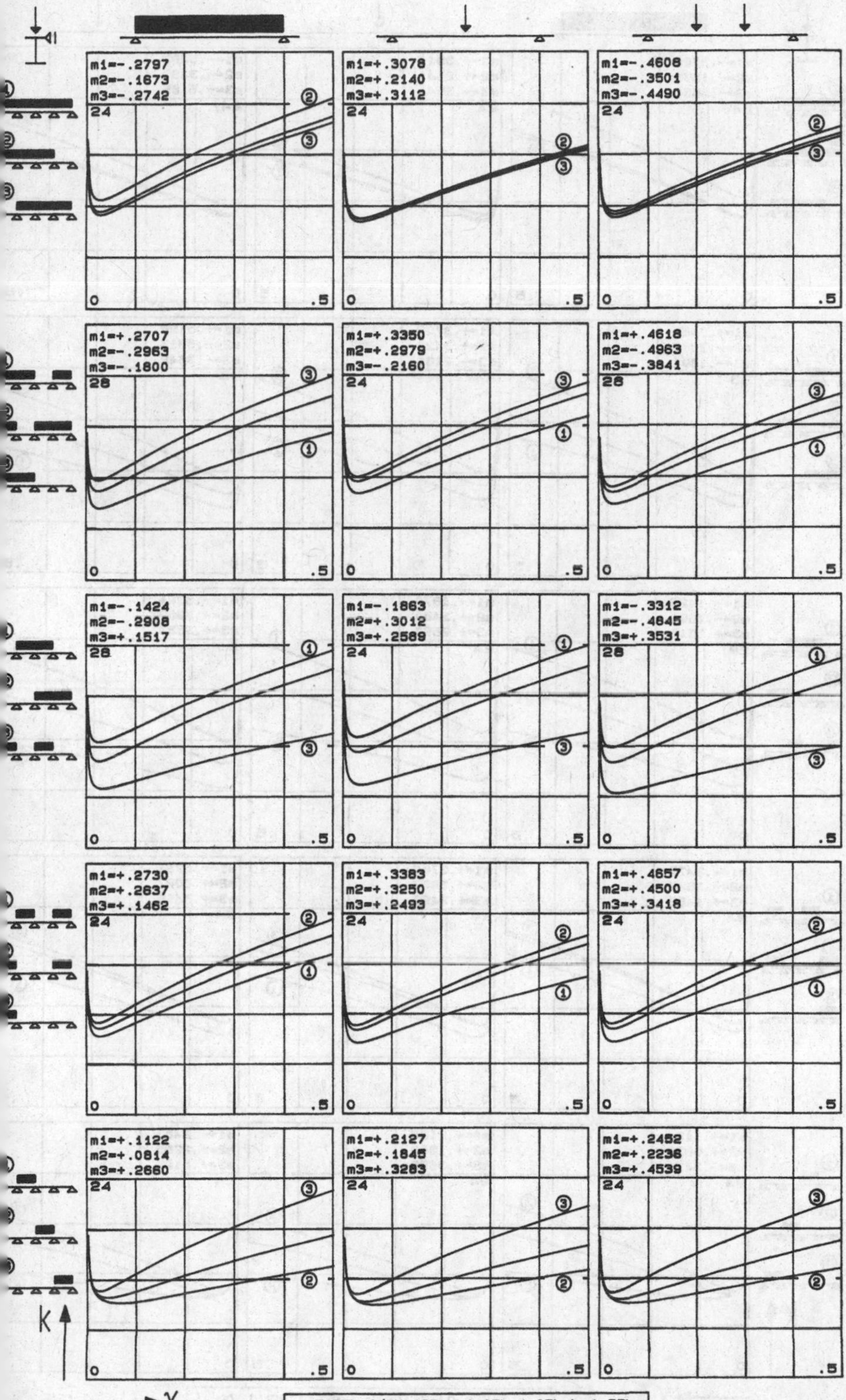

	Load case column 1	Load case column 2	Load case column 3
Row 1	m1=-.3700 m2=-.1671 m3=-.3650 24	m1=+.3511 m2=+.2141 m3=+.3541 24	m1=-.5293 m2=-.3497 m3=-.5185 24
Row 2	m1=+.3456 m2=-.3852 m3=-.1801 28	m1=+.3758 m2=+.3420 m3=-.2161 24	m1=+.5195 m2=-.5617 m3=-.3842 28
Row 3	m1=-.1428 m2=-.3801 m3=+.1518 28	m1=-.1870 m2=+.3450 m3=+.2590 24	m1=-.3324 m2=-.5509 m3=+.3533 28
Row 4	m1=+.3477 m2=-.3522 m3=+.1462 24	m1=+.3789 m2=+.3667 m3=+.2493 24	m1=+.5231 m2=+.5087 m3=+.3418 24
Row 5	m1=+.1124 m2=+.0827 m3=-.3471 24	m1=+.2129 m2=+.1863 m3=+.3698 24	m1=+.2453 m2=+.2285 m3=+.5123 24

Axes: K (vertical), X (horizontal), 0 – .5

TAFEL G/IV 138 : 1.25L-1.25L-L-2L

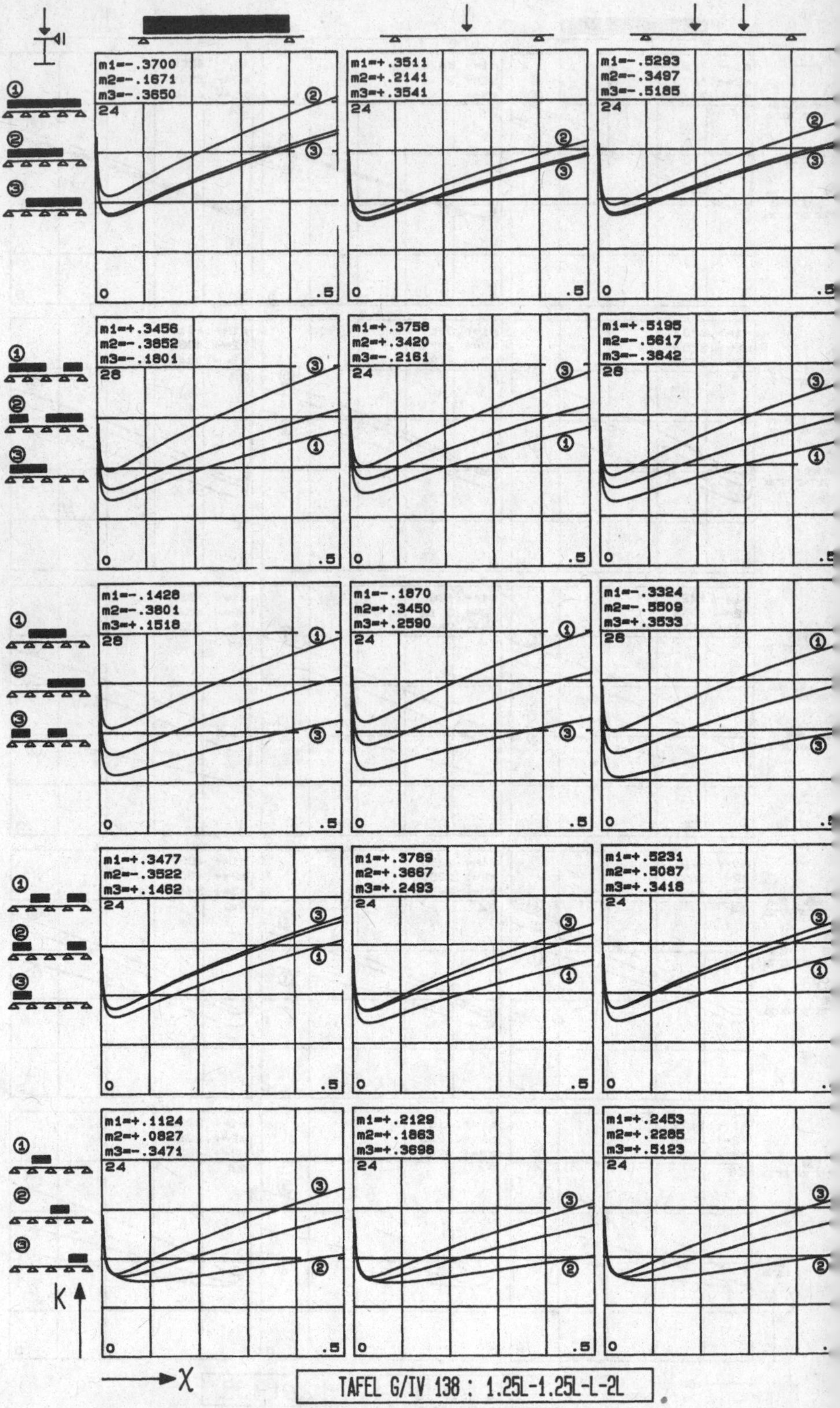

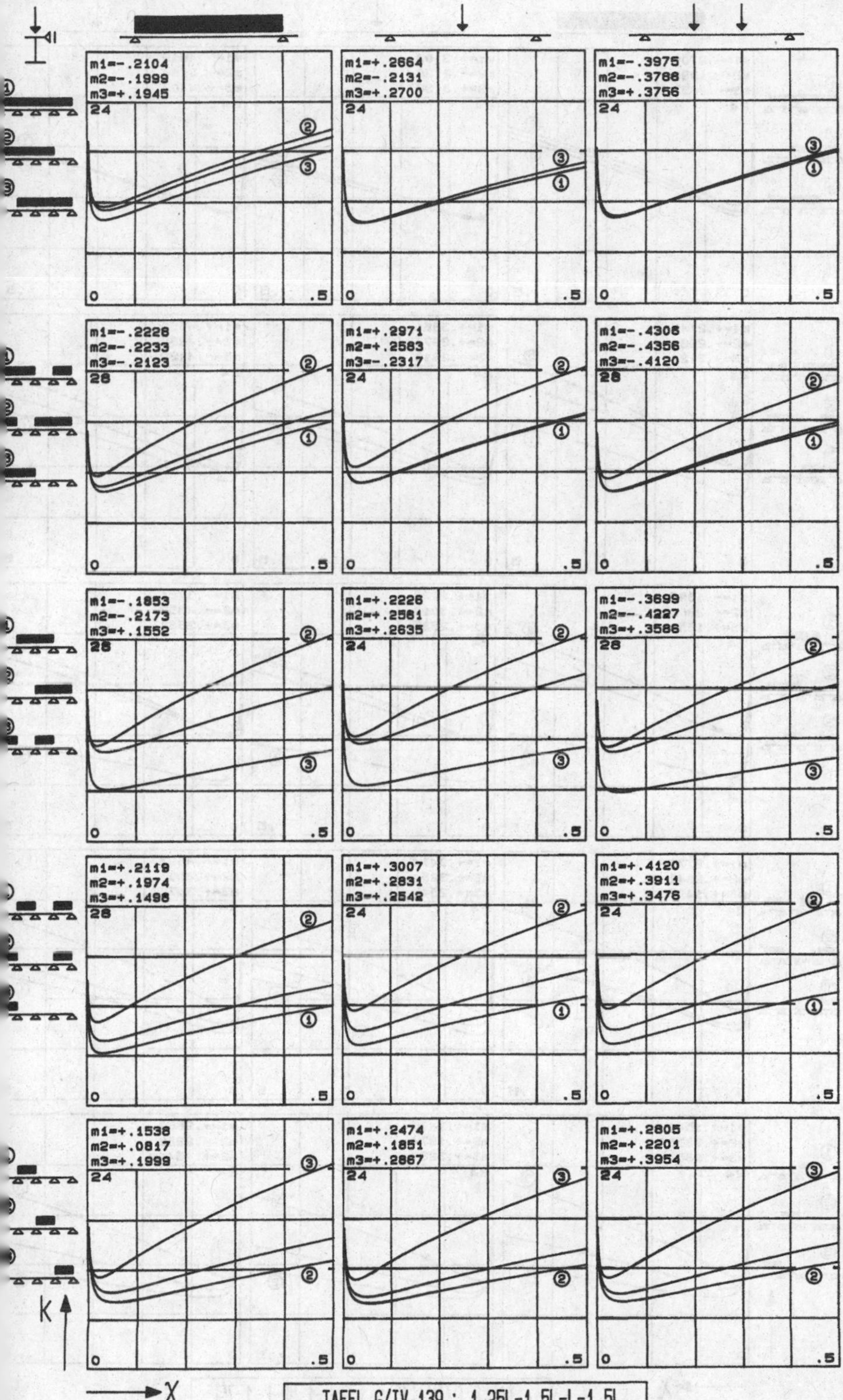
m1=-.2104
m2=-.1999
m3=+.1945
24
m1=+.2664
m2=-.2131
m3=+.2700
24
m1=-.3975
m2=-.3766
m3=+.3756
24
m1=-.2226
m2=-.2233
m3=-.2123
26
m1=+.2971
m2=+.2563
m3=-.2317
24
m1=-.4306
m2=-.4356
m3=-.4120
26
m1=-.1853
m2=-.2173
m3=+.1552
26
m1=+.2226
m2=+.2561
m3=+.2635
24
m1=-.3699
m2=-.4227
m3=+.3586
26
m1=+.2119
m2=+.1974
m3=+.1498
26
m1=+.3007
m2=+.2831
m3=+.2542
24
m1=+.4120
m2=+.3911
m3=+.3476
24
m1=+.1536
m2=+.0817
m3=+.1999
24
m1=+.2474
m2=+.1851
m3=+.2867
24
m1=+.2805
m2=+.2201
m3=+.3954
24
0
.5
K
X

TAFEL G/IV 139 : 1.25L-1.5L-L-1.5L

G IV

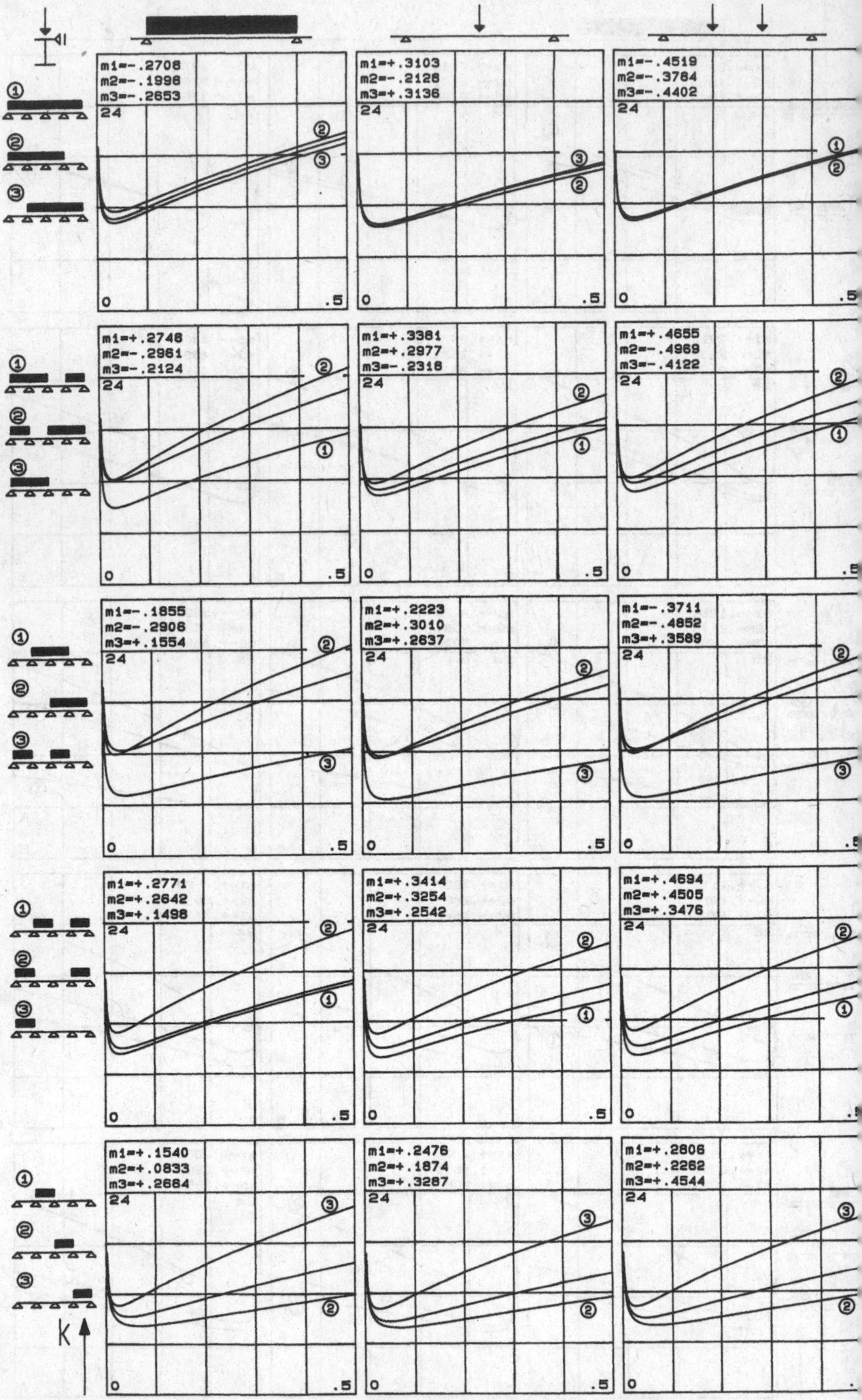
m1=-.2708
m2=-.1998
m3=-.2653
24
m1=+.3103
m2=-.2128
m3=+.3136
24
m1=-.4519
m2=-.3784
m3=-.4402
24
m1=+.2748
m2=-.2961
m3=-.2124
24
m1=+.3381
m2=+.2977
m3=-.2318
24
m1=+.4655
m2=-.4969
m3=-.4122
24
m1=-.1855
m2=-.2906
m3=+.1554
24
m1=+.2223
m2=+.3010
m3=+.2637
24
m1=-.3711
m2=-.4852
m3=+.3589
24
m1=+.2771
m2=+.2642
m3=+.1498
24
m1=+.3414
m2=+.3254
m3=+.2542
24
m1=+.4694
m2=+.4505
m3=+.3476
24
m1=+.1540
m2=+.0833
m3=+.2664
24
m1=+.2476
m2=+.1874
m3=+.3287
24
m1=+.2806
m2=+.2262
m3=+.4544
24
0
.5
K
X
GV

TAFEL G/IV 140 : 1.25L-1.5L-L-1.75L

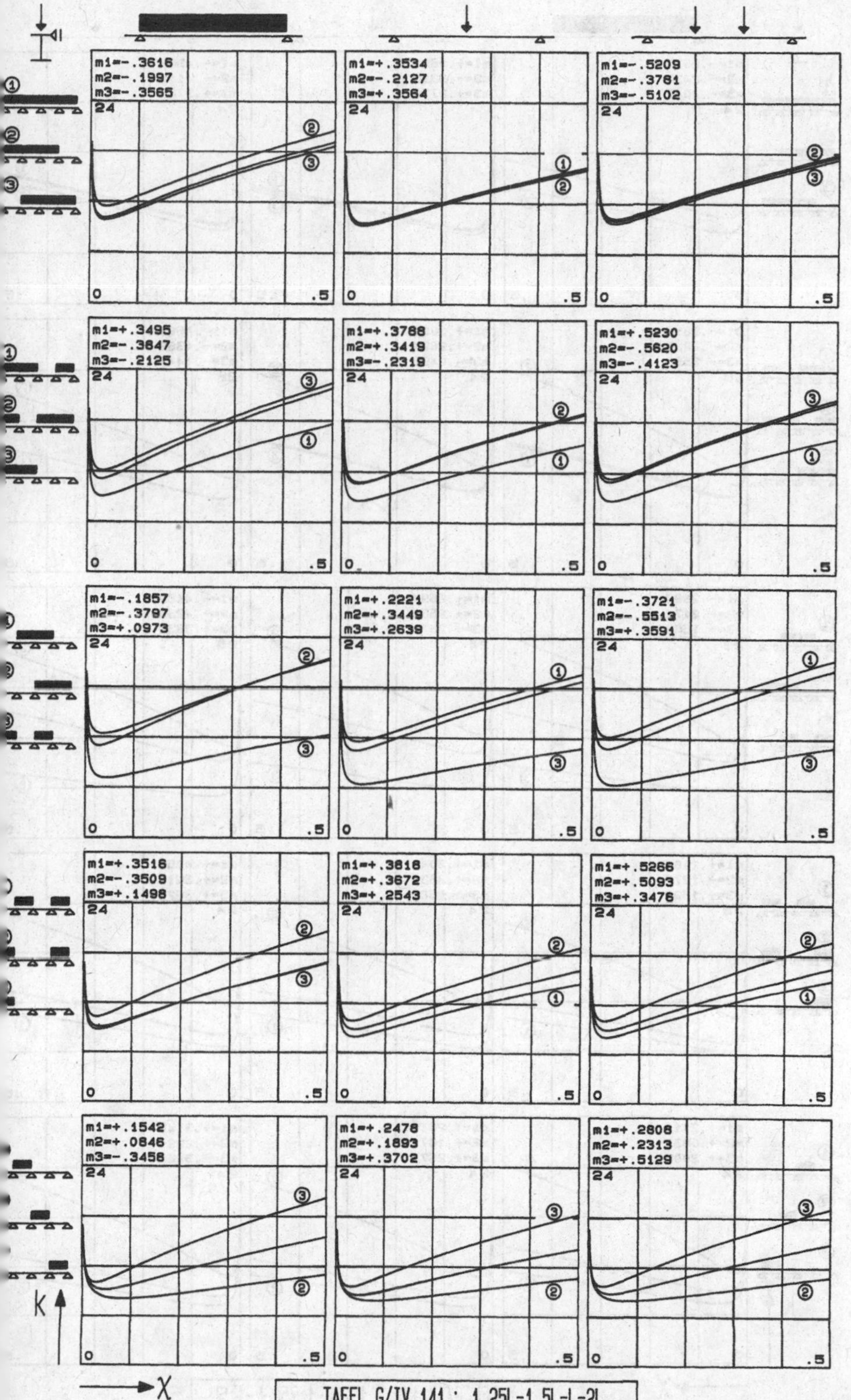
m1=-.3616
m2=-.1997
m3=-.3565
m1=+.3534
m2=-.2127
m3=+.3564
m1=-.5209
m2=-.3761
m3=-.5102
m1=+.3495
m2=-.3647
m3=-.2125
m1=+.3786
m2=+.3419
m3=-.2319
m1=+.5230
m2=-.5620
m3=-.4123
m1=-.1857
m2=-.3797
m3=+.0973
m1=+.2221
m2=+.3449
m3=+.2639
m1=-.3721
m2=-.5513
m3=+.3591
m1=+.3516
m2=-.3509
m3=+.1496
m1=+.3816
m2=+.3672
m3=+.2543
m1=+.5266
m2=+.5093
m3=+.3476
m1=+.1542
m2=+.0846
m3=-.3456
m1=+.2476
m2=+.1893
m3=+.3702
m1=+.2806
m2=+.2313
m3=+.5129
24
0
.5
K
X

TAFEL G/IV 141 : 1.25L-1.5L-L-2L

G IV

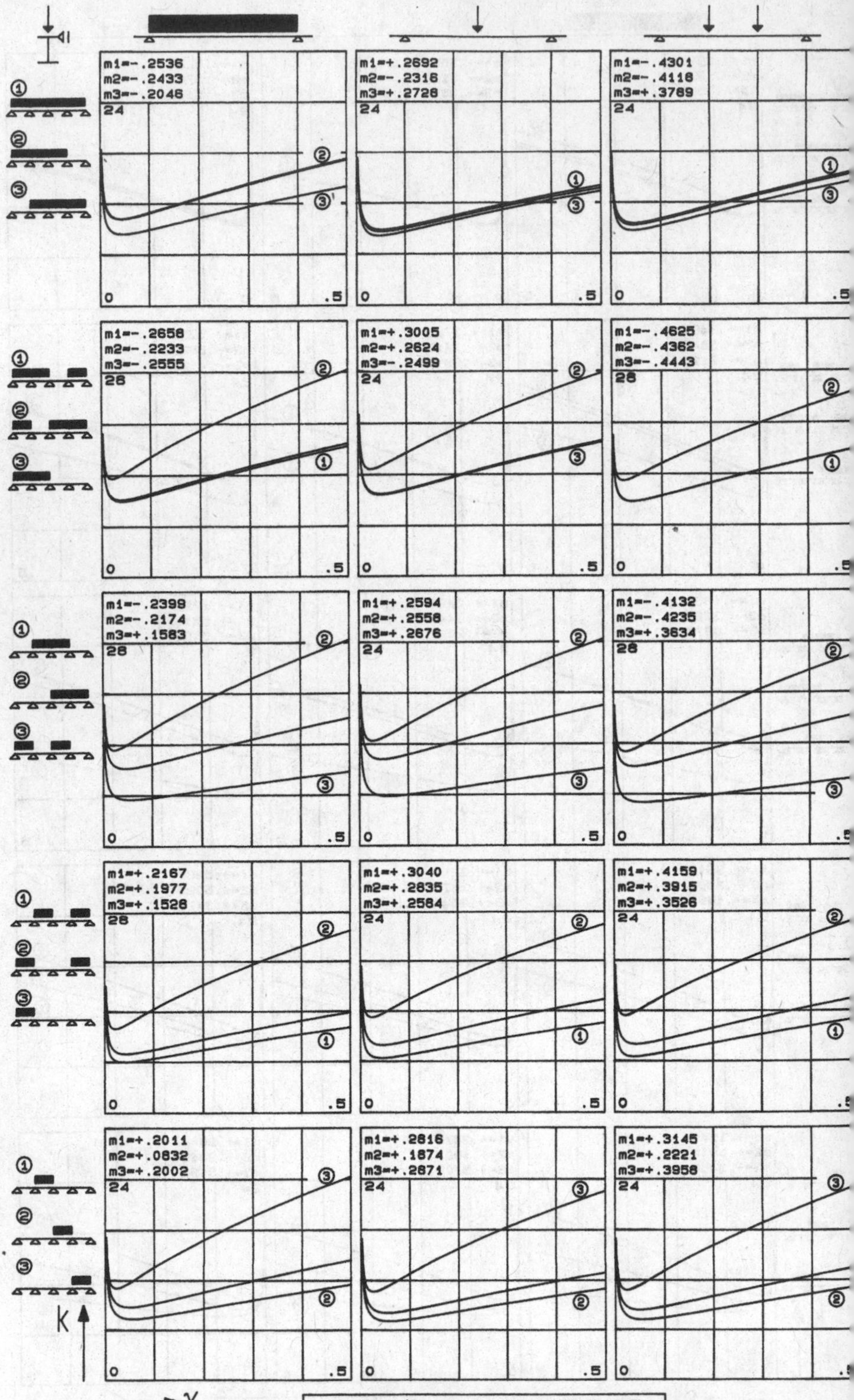

m1=-.2536
m2=-.2433
m3=-.2046
24
m1=+.2692
m2=-.2316
m3=+.2728
24
m1=-.4301
m2=-.4118
m3=+.3769
24
m1=-.2658
m2=-.2233
m3=-.2555
28
m1=+.3005
m2=+.2624
m3=-.2499
24
m1=-.4625
m2=-.4362
m3=-.4443
28
m1=-.2398
m2=-.2174
m3=+.1583
28
m1=+.2594
m2=+.2558
m3=+.2676
24
m1=-.4132
m2=-.4235
m3=+.3634
28
m1=+.2167
m2=+.1977
m3=+.1528
28
m1=+.3040
m2=+.2835
m3=+.2564
24
m1=+.4159
m2=+.3915
m3=+.3526
24
m1=+.2011
m2=+.0832
m3=+.2002
24
m1=+.2816
m2=+.1874
m3=+.2871
24
m1=+.3145
m2=+.2221
m3=+.3958
24
K
X

TAFEL G/IV 142 : 1.25L-1.75L-L-1.5L

G IV

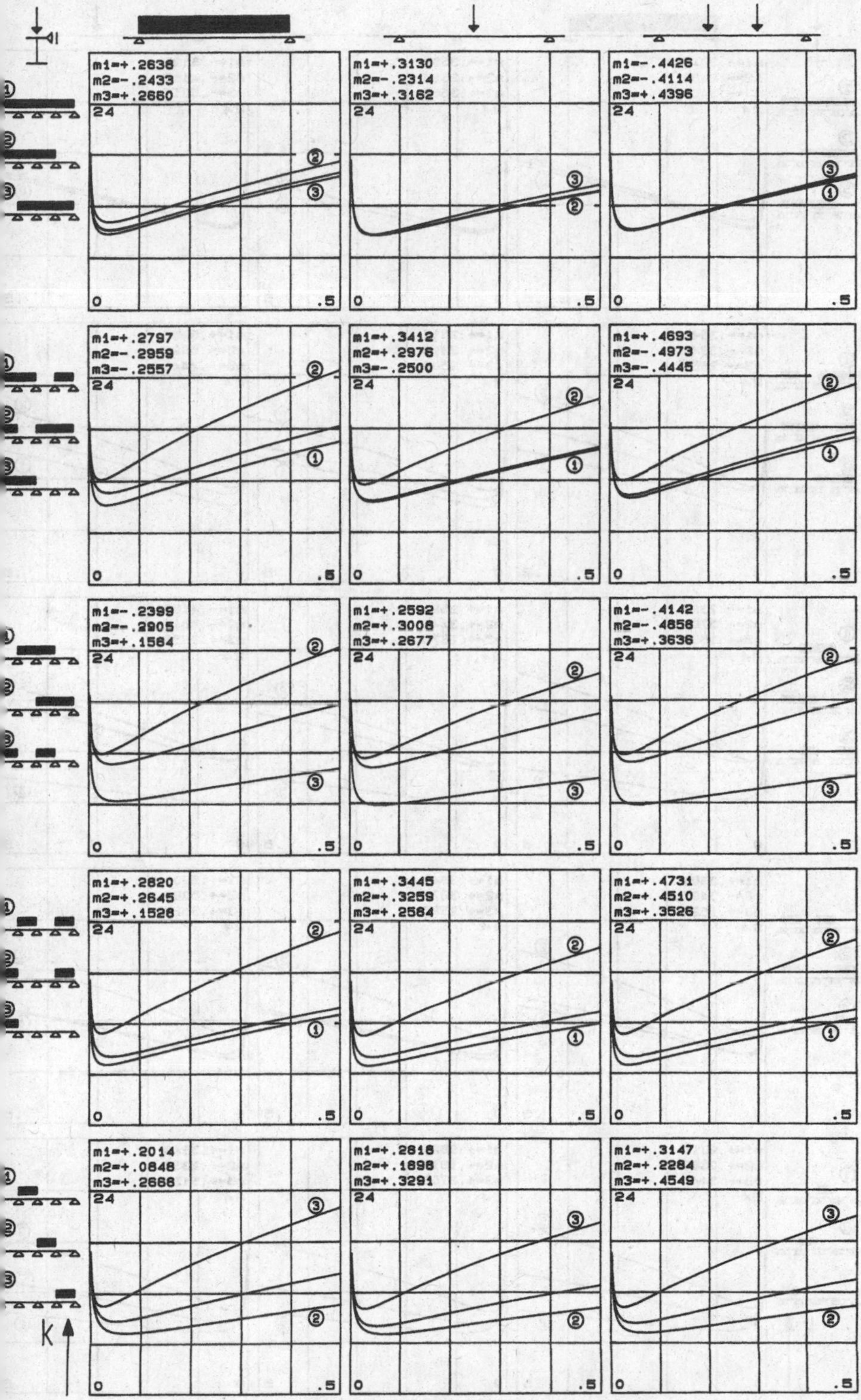
m1=+.2636
m2=-.2433
m3=+.2660
24
m1=+.3130
m2=-.2314
m3=+.3162
24
m1=-.4426
m2=-.4114
m3=+.4396
24
m1=+.2797
m2=-.2959
m3=-.2557
24
m1=+.3412
m2=+.2976
m3=-.2500
24
m1=+.4693
m2=-.4973
m3=-.4445
24
m1=-.2399
m2=-.2905
m3=+.1564
24
m1=+.2592
m2=+.3008
m3=+.2677
24
m1=-.4142
m2=-.4858
m3=+.3636
24
m1=+.2820
m2=+.2645
m3=+.1526
24
m1=+.3445
m2=+.3259
m3=+.2584
24
m1=+.4731
m2=+.4510
m3=+.3526
24
m1=+.2014
m2=+.0848
m3=+.2668
24
m1=+.2818
m2=+.1898
m3=+.3291
24
m1=+.3147
m2=+.2284
m3=+.4549
24
0
.5
K
X

TAFEL G/IV 143 : 1.25L-1.75L-L-1.75L

G IV

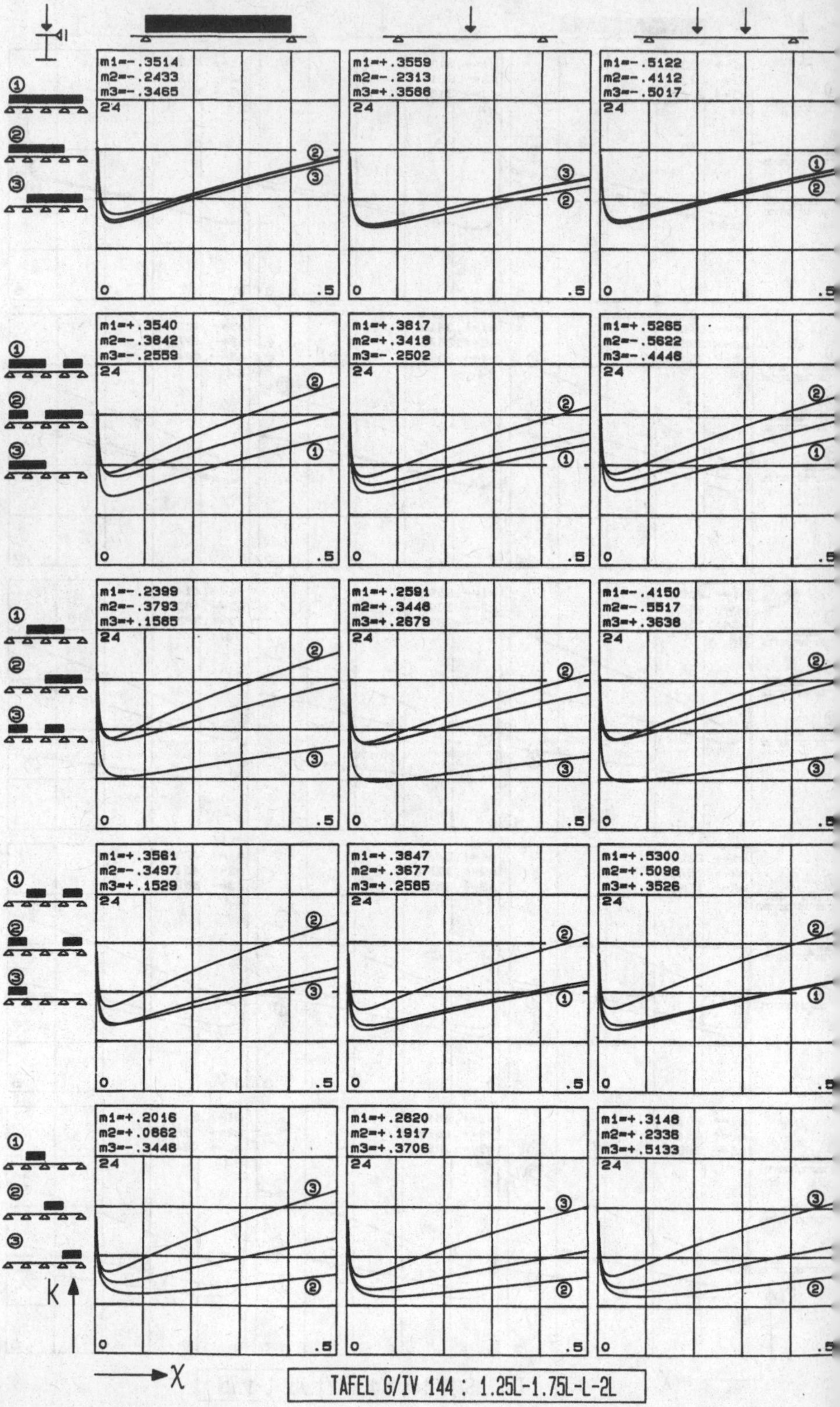

m1=-.3514
m2=-.2433
m3=-.3465
m1=+.3559
m2=-.2313
m3=+.3566
m1=-.5122
m2=-.4112
m3=-.5017
m1=+.3540
m2=-.3642
m3=-.2559
m1=+.3817
m2=+.3416
m3=-.2502
m1=+.5265
m2=-.5622
m3=-.4446
m1=-.2399
m2=-.3793
m3=+.1585
m1=+.2591
m2=+.3446
m3=+.2679
m1=-.4150
m2=-.5517
m3=+.3638
m1=+.3561
m2=-.3497
m3=+.1529
m1=+.3647
m2=+.3677
m3=+.2585
m1=+.5300
m2=+.5096
m3=+.3526
m1=+.2016
m2=+.0862
m3=-.3446
m1=+.2620
m2=+.1917
m3=+.3706
m1=+.3146
m2=+.2336
m3=+.5133
24
0
.5
K
X

TAFEL G/IV 144 : 1.25L-1.75L-L-2L

GV

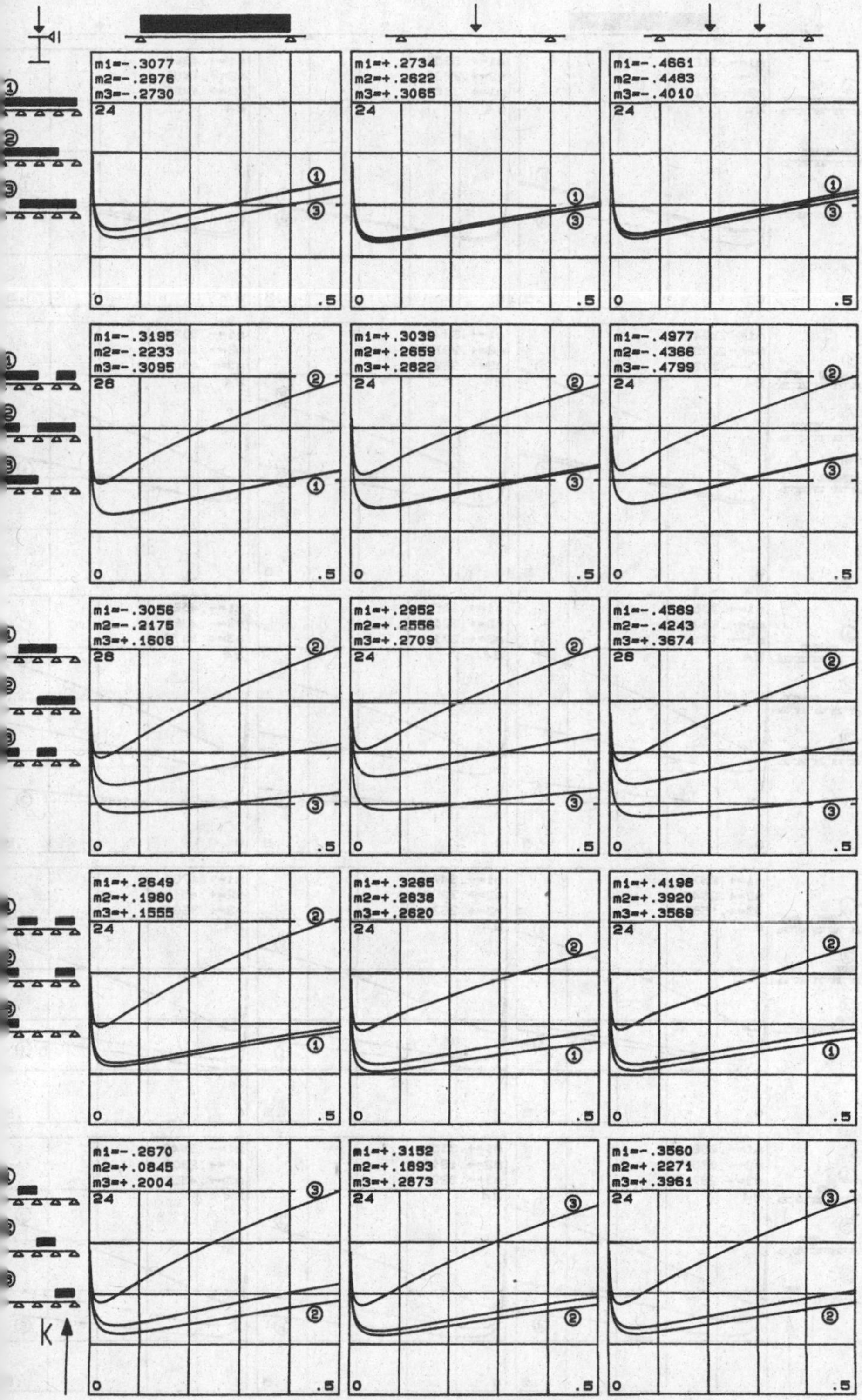
m1=-.3077
m2=-.2976
m3=-.2730
24
m1=+.2734
m2=+.2622
m3=+.3065
24
m1=-.4661
m2=-.4463
m3=-.4010
24
m1=-.3195
m2=-.2233
m3=-.3095
28
m1=+.3039
m2=+.2659
m3=+.2822
24
m1=-.4977
m2=-.4366
m3=-.4799
24
m1=-.3056
m2=-.2175
m3=+.1608
28
m1=+.2952
m2=+.2556
m3=+.2709
24
m1=-.4589
m2=-.4243
m3=+.3674
28
m1=+.2649
m2=+.1980
m3=+.1555
24
m1=+.3265
m2=+.2836
m3=+.2620
24
m1=+.4198
m2=+.3920
m3=+.3569
24
m1=-.2670
m2=+.0845
m3=+.2004
24
m1=+.3152
m2=+.1893
m3=+.2873
24
m1=-.3560
m2=+.2271
m3=+.3961
24
0
.5
K
X

TAFEL G/IV 145 : 1.25L-2L-L-1.5L

G IV

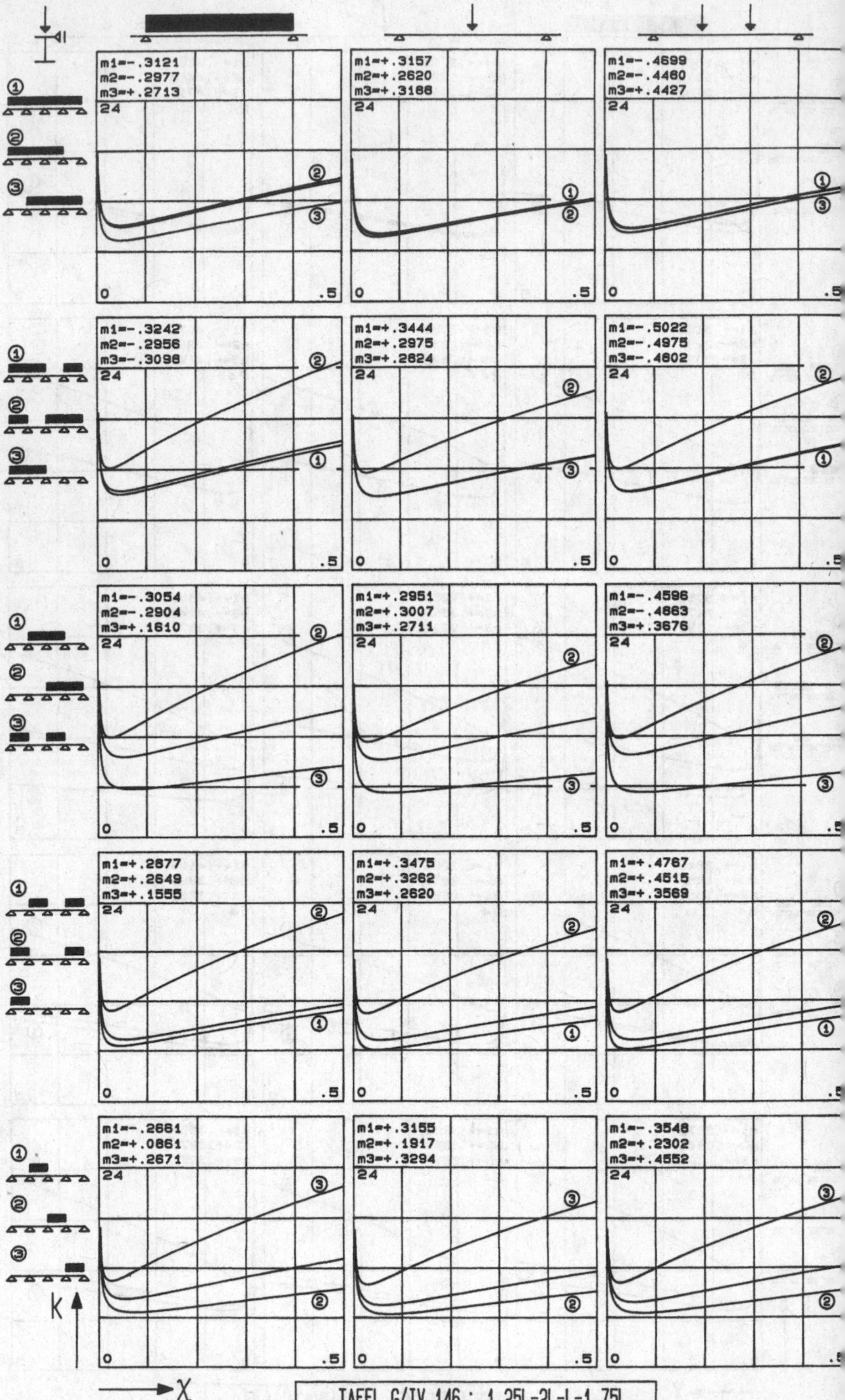
m1=-.3121
m2=-.2977
m3=+.2713
m1=+.3157
m2=+.2620
m3=+.3186
m1=-.4699
m2=-.4460
m3=+.4427
m1=-.3242
m2=-.2956
m3=-.3096
m1=+.3444
m2=+.2975
m3=+.2824
m1=-.5022
m2=-.4975
m3=-.4602
m1=-.3054
m2=-.2904
m3=+.1610
m1=+.2951
m2=+.3007
m3=+.2711
m1=-.4596
m2=-.4863
m3=+.3676
m1=+.2877
m2=+.2649
m3=+.1555
m1=+.3475
m2=+.3262
m3=+.2620
m1=+.4767
m2=+.4515
m3=+.3569
m1=-.2661
m2=+.0861
m3=+.2671
m1=+.3155
m2=+.1917
m3=+.3294
m1=-.3548
m2=+.2302
m3=+.4552
24
0
.5
K
X

TAFEL G/IV 146 : 1.25L-2L-L-1.75L

G
V

① ② ③	m1=+.3446 m2=-.2977 m3=+.3466 24	m1=+.3584 m2=+.2618 m3=+.3613 24	m1=-.5032 m2=-.4477 m3=+.5023 24
① ② ③	m1=+.3593 m2=-.3837 m3=-.3100 24	m1=+.3647 m2=+.3418 m3=+.2826 24	m1=+.5300 m2=-.5622 m3=-.4805 24
① ② ③	m1=-.3052 m2=-.3789 m3=+.1611 24	m1=+.2949 m2=+.3447 m3=+.2713 24	m1=-.4602 m2=-.5520 m3=+.3678 24
① ② ③	m1=+.3613 m2=-.3487 m3=+.1555 24	m1=+.3875 m2=+.3681 m3=+.2621 24	m1=+.5334 m2=+.5103 m3=+.3569 24
① ② ③	m1=-.2653 m2=+.0875 m3=-.3439 24	m1=+.3157 m2=+.1937 m3=+.3710 24	m1=-.3538 m2=+.2355 m3=+.5137 24

K, X; axis 0 – .5

TAFEL G/IV 147 : 1.25L-2L-L-2L

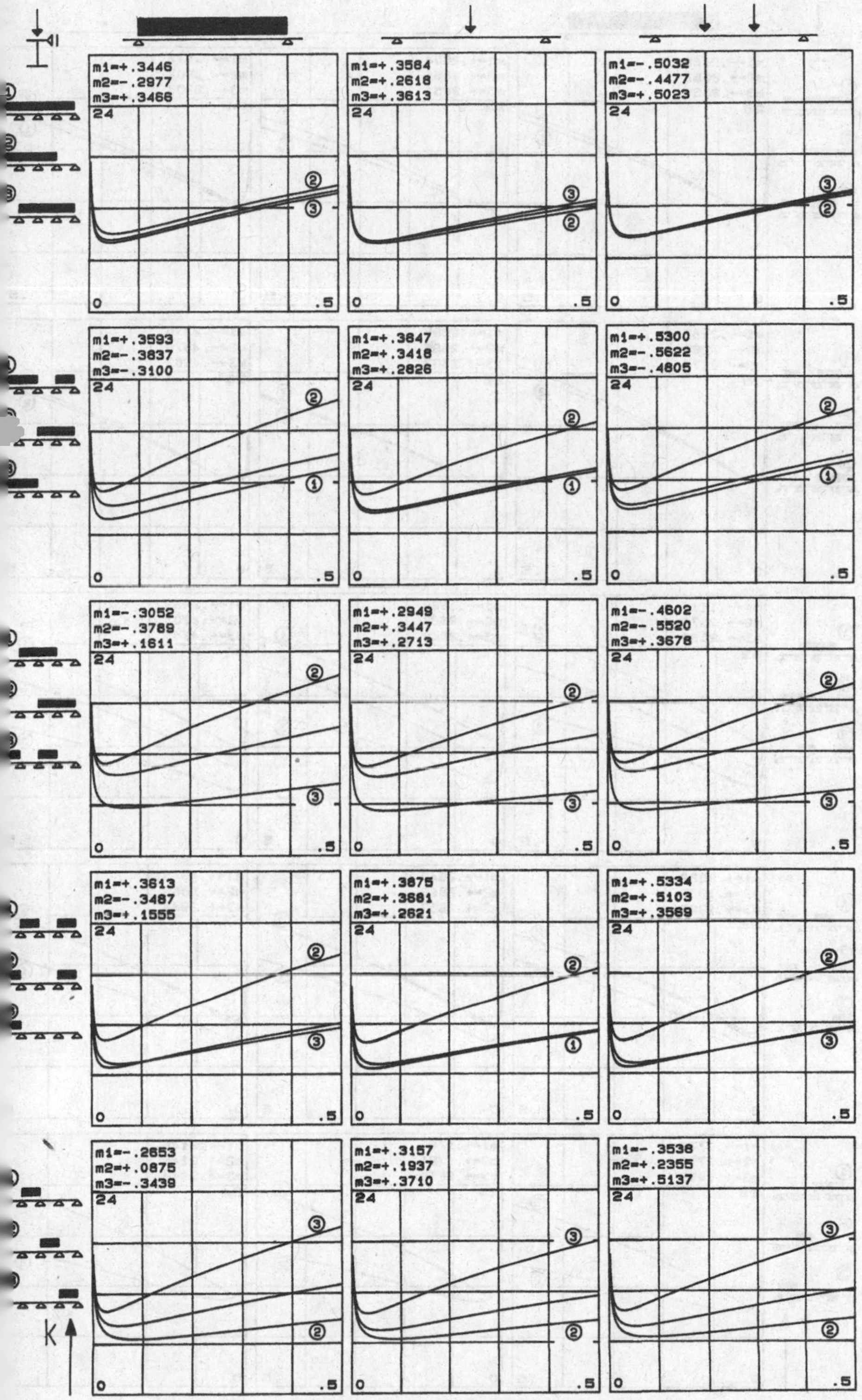

Row	Chart 1	Chart 2	Chart 3
1	m1=-.2152 m2=-.2059 m3=-.2059 28	m1=+.2604 m2=+.2651 m3=+.2651 24	m1=-.4074 m2=-.3907 m3=-.3907 24
2	m1=-.2263 m2=-.2263 m3=-.2170 28	m1=+.2695 m2=+.2695 m3=+.2567 28	m1=-.4370 m2=-.4370 m3=-.4203 28
3	m1=-.1111 m2=-.2170 m3=+.2039 32	m1=-.1666 m2=+.2567 m3=+.2942 28	m1=-.2962 m2=-.4203 m3=+.4043 32
4	m1=+.2039 m2=+.1953 m3=+.1992 28	m1=+.2942 m2=+.2812 m3=+.2859 24	m1=+.4043 m2=+.3686 m3=+.3944 24
5	m1=+.0779 m2=+.0779 m3=+.1992 28	m1=+.1791 m2=+.1791 m3=+.2859 24	m1=+.2146 m2=+.2146 m3=+.3944 24

Each chart: x-axis from 0 to .5; curves labelled ①, ②, ③. Axes: K (vertical), X (horizontal).

TAFEL G/IV 148 : 1.5L-L-L-1.5L

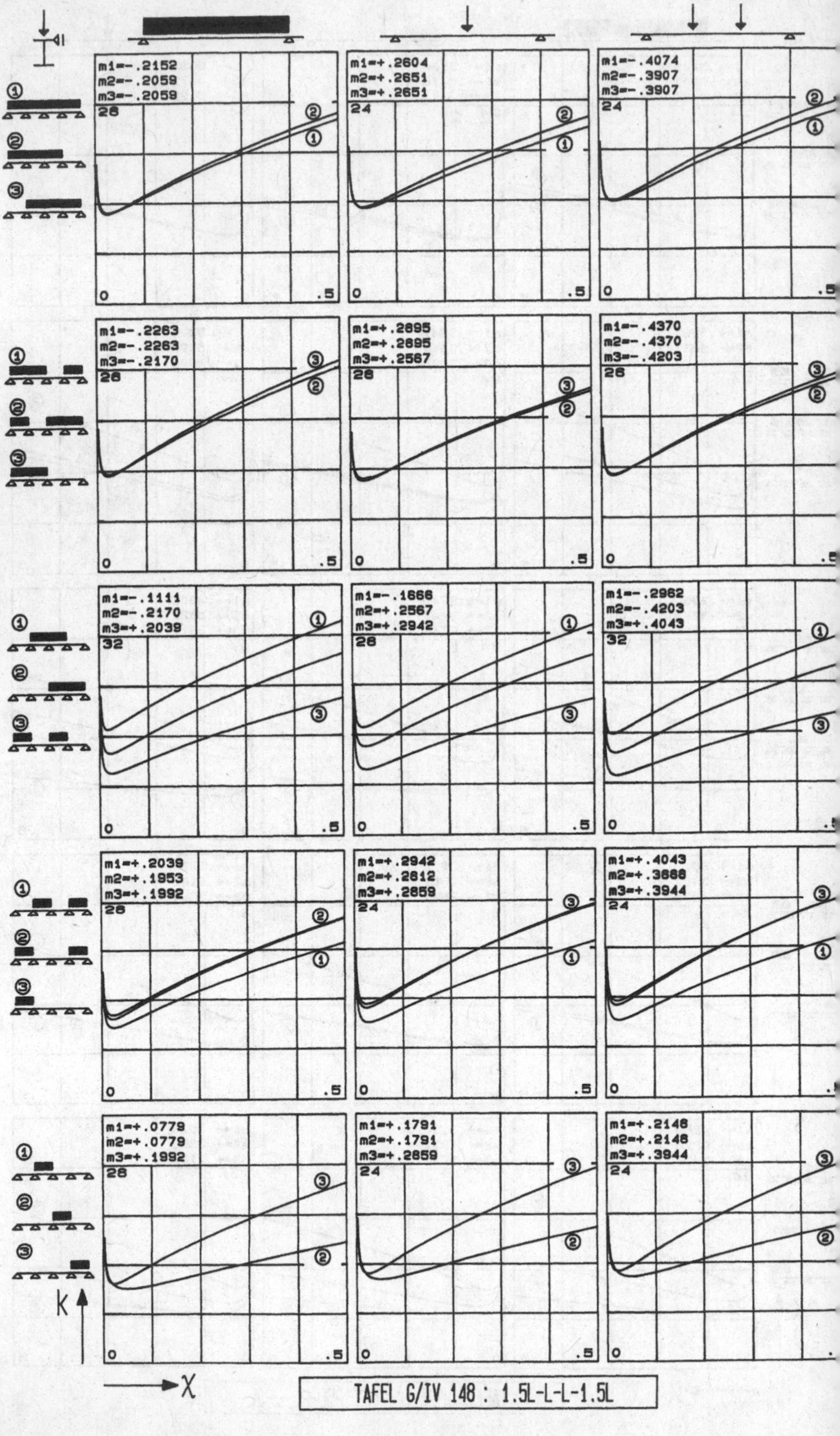

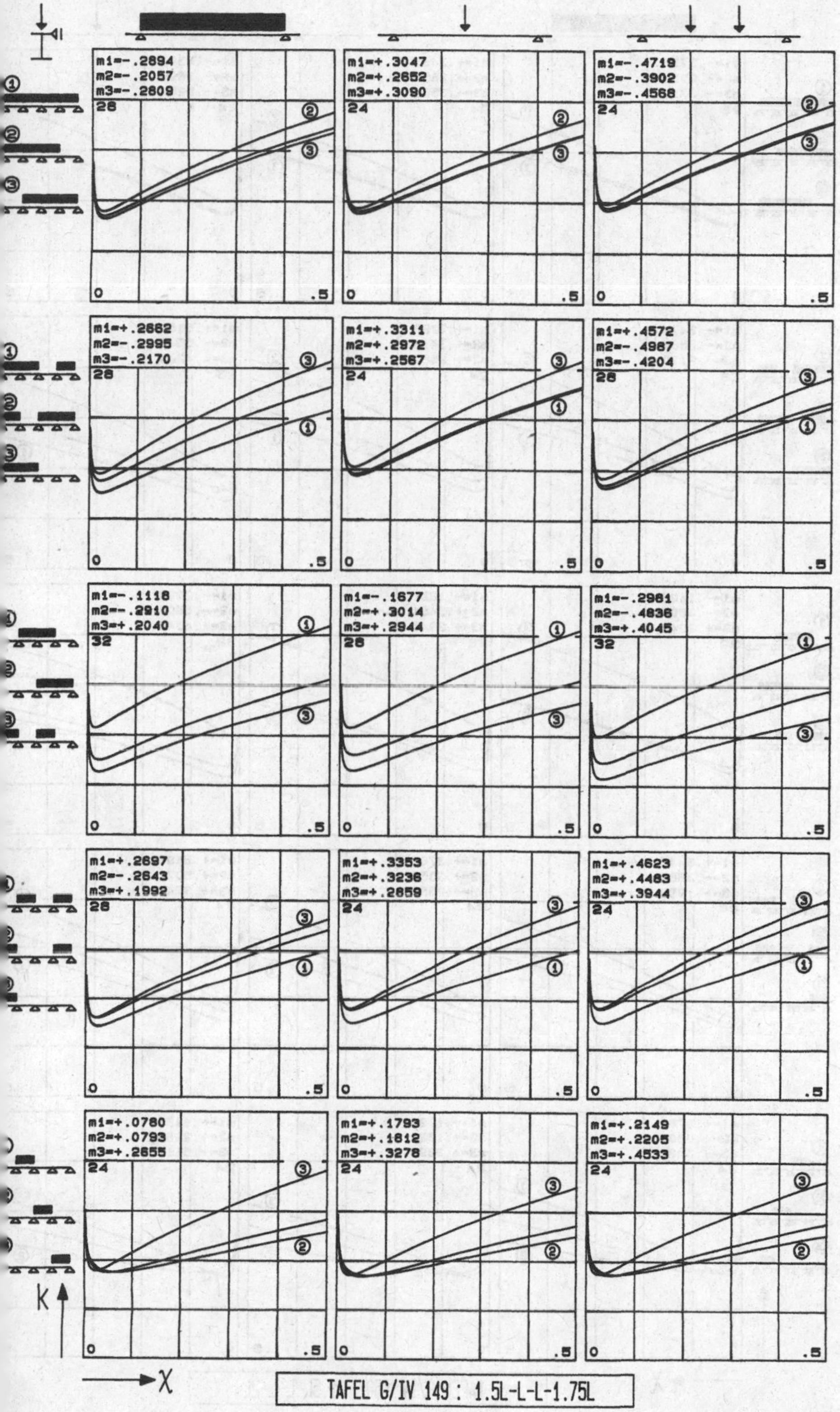
m1=-.2894
m2=-.2057
m3=-.2809
28
m1=+.3047
m2=+.2652
m3=+.3090
24
m1=-.4719
m2=-.3902
m3=-.4568
24
m1=+.2662
m2=-.2995
m3=-.2170
28
m1=+.3311
m2=+.2972
m3=+.2567
24
m1=+.4572
m2=-.4987
m3=-.4204
28
m1=-.1118
m2=-.2910
m3=+.2040
32
m1=-.1677
m2=+.3014
m3=+.2944
28
m1=-.2981
m2=-.4836
m3=+.4045
32
m1=+.2697
m2=-.2643
m3=+.1992
28
m1=+.3353
m2=+.3236
m3=+.2859
24
m1=+.4623
m2=+.4483
m3=+.3944
24
m1=+.0780
m2=+.0793
m3=+.2655
24
m1=+.1793
m2=+.1612
m3=+.3278
24
m1=+.2149
m2=+.2205
m3=+.4533
24
0
.5
K
X

TAFEL G/IV 149 : 1.5L-L-L-1.75L

G
IV

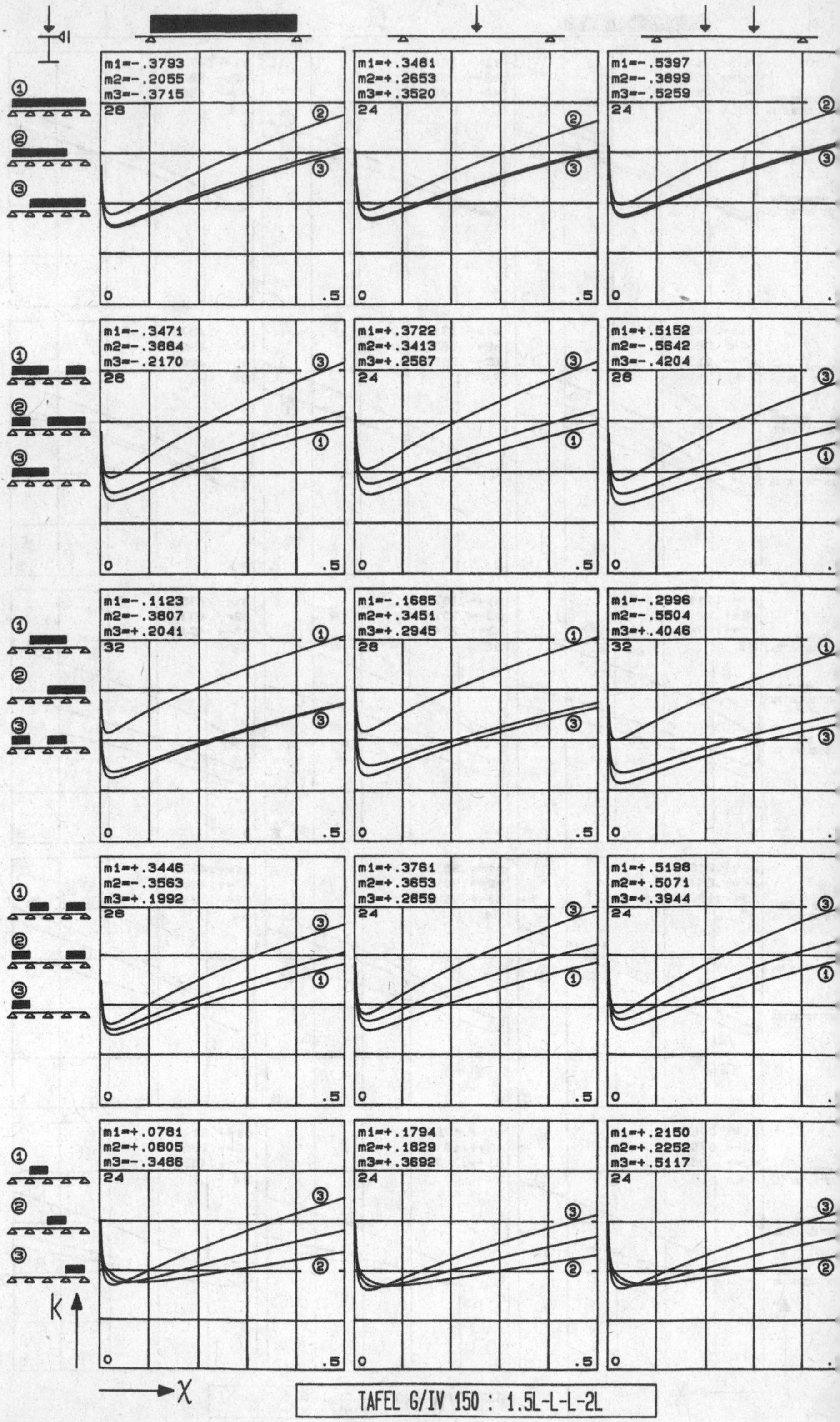

TAFEL G/IV 150 : 1.5L-L-L-2L

GV

Panel (row 1, col 1):
m1=-.2299
m2=-.1984
m3=-.2203
24

Panel (row 1, col 2):
m1=+.2628
m2=+.2676
m3=+.2609
24

Panel (row 1, col 3):
m1=-.4226
m2=-.3816
m3=-.4056
24

Panel (row 2, col 1):
m1=-.2267
m2=-.2412
m3=-.2171
26

Panel (row 2, col 2):
m1=+.2965
m2=+.2929
m3=+.2563
24

Panel (row 2, col 3):
m1=-.4366
m2=-.4528
m3=-.4217
26

Panel (row 3, col 1):
m1=-.1437
m2=-.2316
m3=+.2076
26

Panel (row 3, col 2):
m1=-.1874
m2=-.2524
m3=+.2976
24

Panel (row 3, col 3):
m1=-.3332
m2=-.4358
m3=+.4083
26

Panel (row 4, col 1):
m1=+.2099
m2=+.2010
m3=+.1996
24

Panel (row 4, col 2):
m1=+.3013
m2=+.2860
m3=+.2864
24

Panel (row 4, col 3):
m1=+.4127
m2=+.3970
m3=+.3950
24

Panel (row 5, col 1):
m1=+.0801
m2=+.1148
m3=+.2051
24

Panel (row 5, col 2):
m1=+.1826
m2=+.2156
m3=+.2928
24

Panel (row 5, col 3):
m1=+.2178
m2=+.2539
m3=+.4026
24

K

→ χ

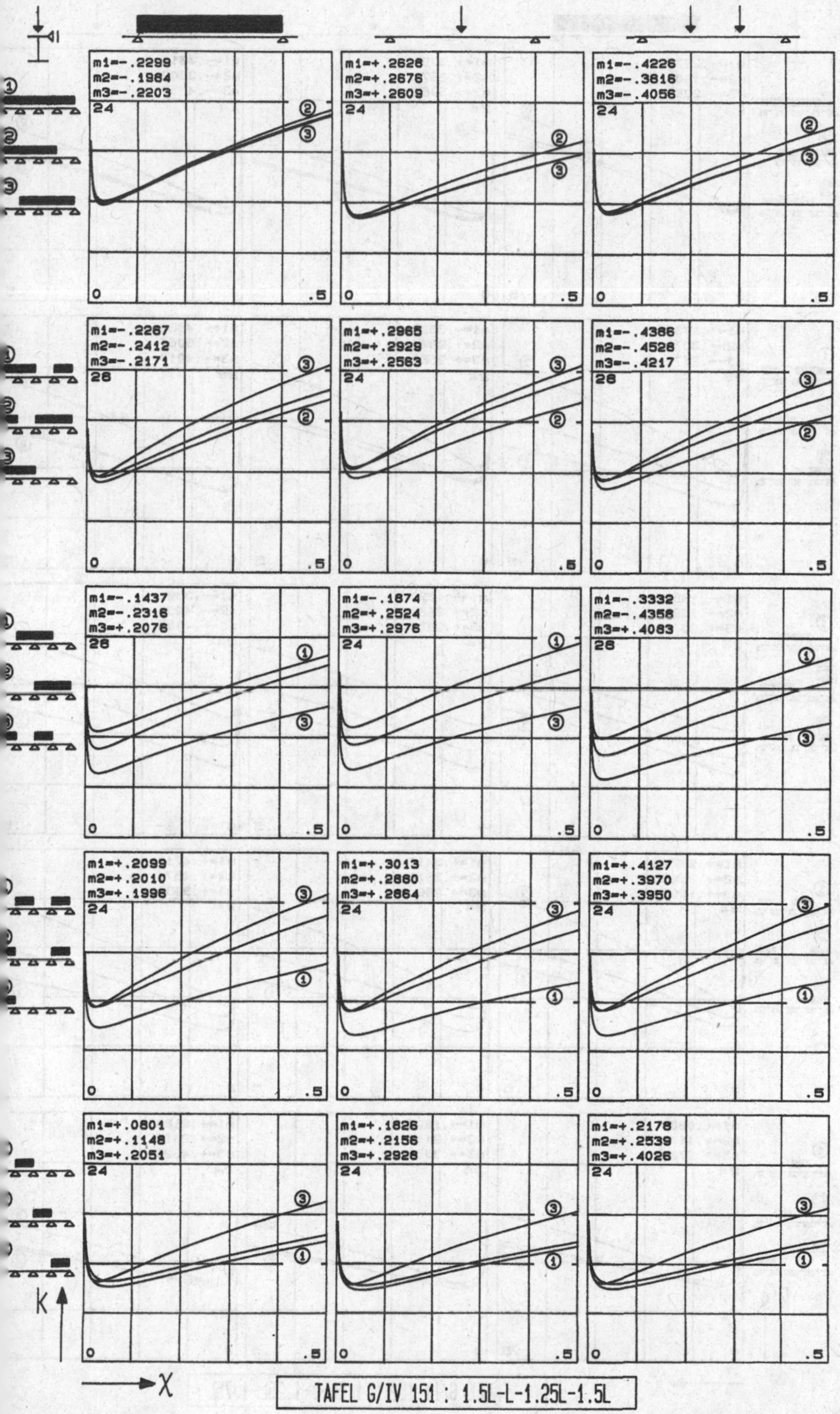

TAFEL G/IV 151 : 1.5L-L-1.25L-1.5L

G
IV

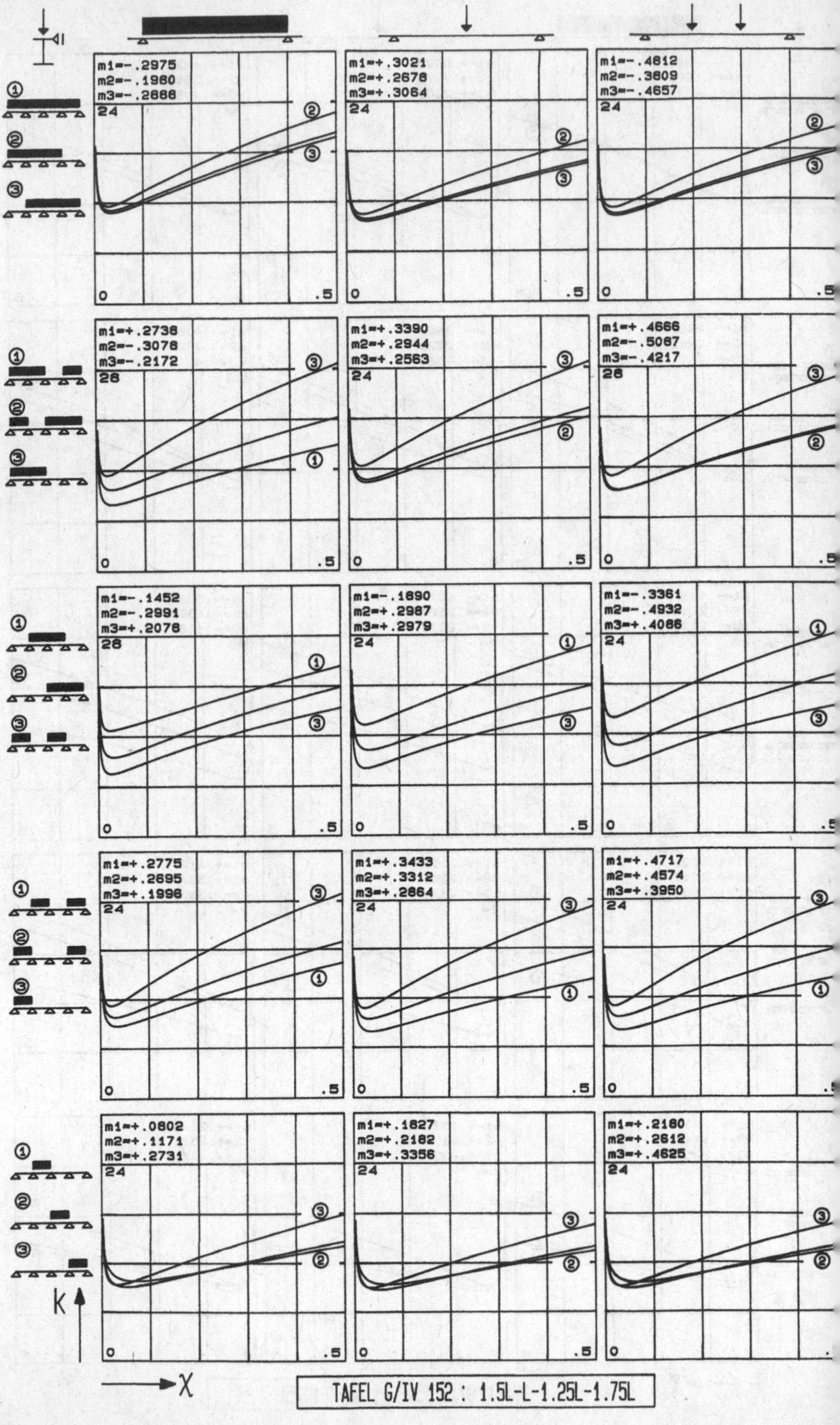

TAFEL G/IV 152 : 1.5L-L-1.25L-1.75L

GV

m1=-.3808 m2=-.1977 m3=-.3726 24	m1=+.3470 m2=+.2680 m3=+.3510 24	m1=-.5436 m2=-.3803 m3=-.5296 24
m1=+.3509 m2=-.3903 m3=-.2172 28	m1=+.3808 m2=+.3399 m3=+.2563 24	m1=+.5255 m2=-.5691 m3=-.4218 28
m1=-.1464 m2=-.3623 m3=+.2079 28	m1=+.1905 m2=+.3439 m3=+.2981 24	m1=-.3386 m2=-.5549 m3=+.4088 24
m1=+.3542 m2=+.3469 m3=+.1996 24	m1=+.3848 m2=+.3737 m3=+.2664 24	m1=+.5302 m2=+.5170 m3=+.3950 24
m1=+.0803 m2=+.1190 m3=+.3503 24	m1=+.1829 m2=+.2203 m3=+.3777 24	m1=+.2181 m2=+.2673 m3=+.5218 24

K

X

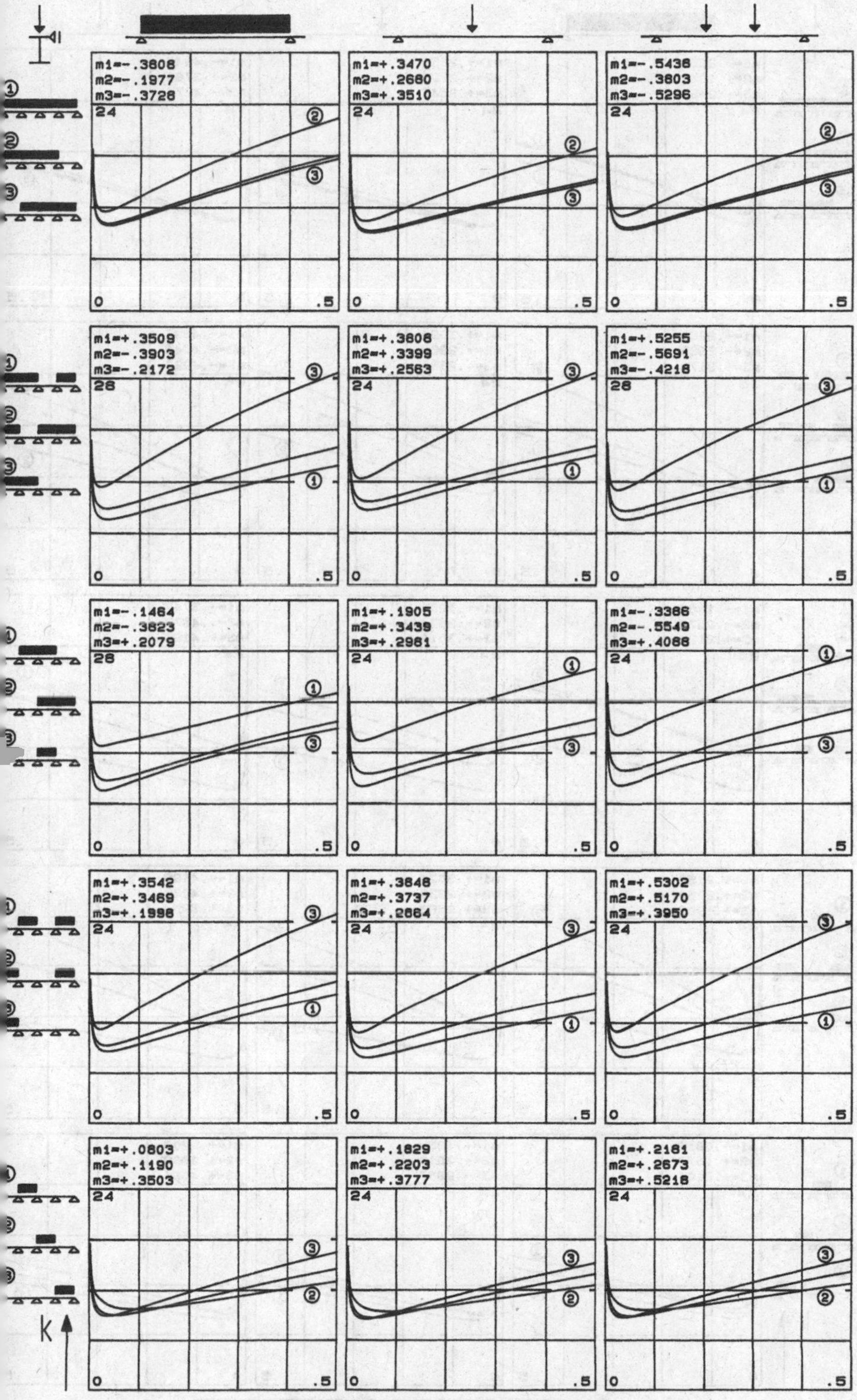

TAFEL G/IV 153 : 1.5L-L-1.25L-2L

G IV

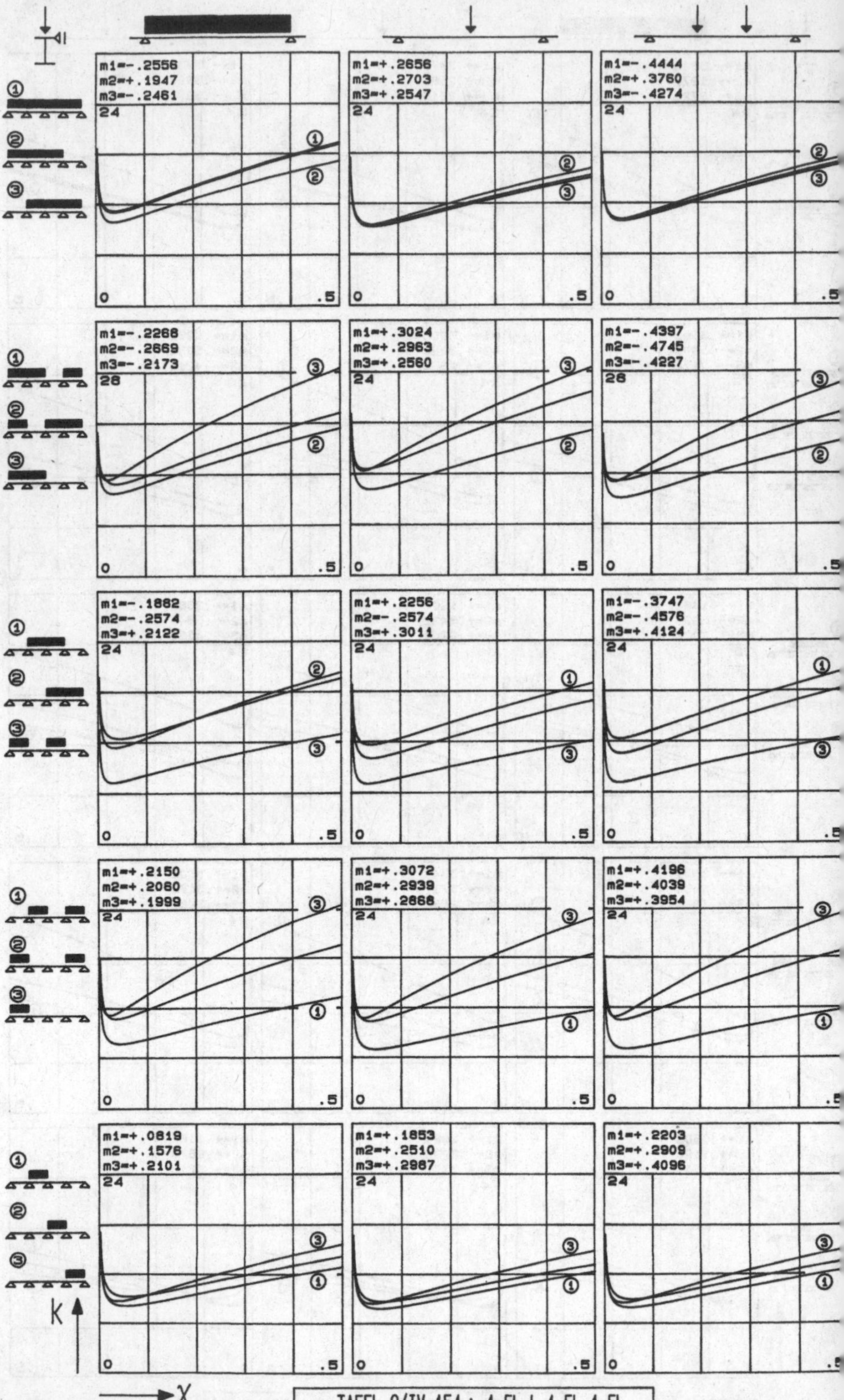

m1=-.2556
m2=+.1947
m3=-.2461
24
m1=+.2656
m2=+.2703
m3=+.2547
24
m1=-.4444
m2=+.3760
m3=-.4274
24
m1=-.2268
m2=-.2669
m3=-.2173
28
m1=+.3024
m2=+.2963
m3=+.2560
24
m1=-.4397
m2=-.4745
m3=-.4227
28
m1=-.1882
m2=-.2574
m3=+.2122
24
m1=+.2256
m2=-.2574
m3=+.3011
24
m1=-.3747
m2=-.4576
m3=+.4124
24
m1=+.2150
m2=+.2060
m3=+.1999
24
m1=+.3072
m2=+.2939
m3=+.2868
24
m1=+.4196
m2=+.4039
m3=+.3954
24
m1=+.0819
m2=+.1576
m3=+.2101
24
m1=+.1853
m2=+.2510
m3=+.2987
24
m1=+.2203
m2=+.2909
m3=+.4096
24
0
.5
K
X

TAFEL G/IV 154 : 1.5L-L-1.5L-1.5L

G
V

m1=-.3167 m2=+.1950 m3=-.3079 24	m1=+.2976 m2=+.2706 m3=+.3019 24	m1=-.4974 m2=+.3763 m3=-.4818 24
m1=+.2804 m2=-.3270 m3=-.2173 28	m1=+.3456 m2=+.2954 m3=+.2560 24	m1=+.4745 m2=-.5250 m3=-.4228 28
m1=-.1906 m2=-.3163 m3=+.2124 24	m1=+.2281 m2=+.2942 m3=+.3014 24	m1=-.3788 m2=-.5094 m3=+.4127 24
m1=+.2842 m2=+.2760 m3=+.1999 24	m1=+.3500 m2=+.3379 m3=+.2868 24	m1=+.4797 m2=+.4653 m3=+.3955 24
m1=+.0820 m2=+.1608 m3=+.2797 24	m1=+.1655 m2=+.2540 m3=+.3422 24	m1=+.2204 m2=+.2996 m3=+.4704 24

K X

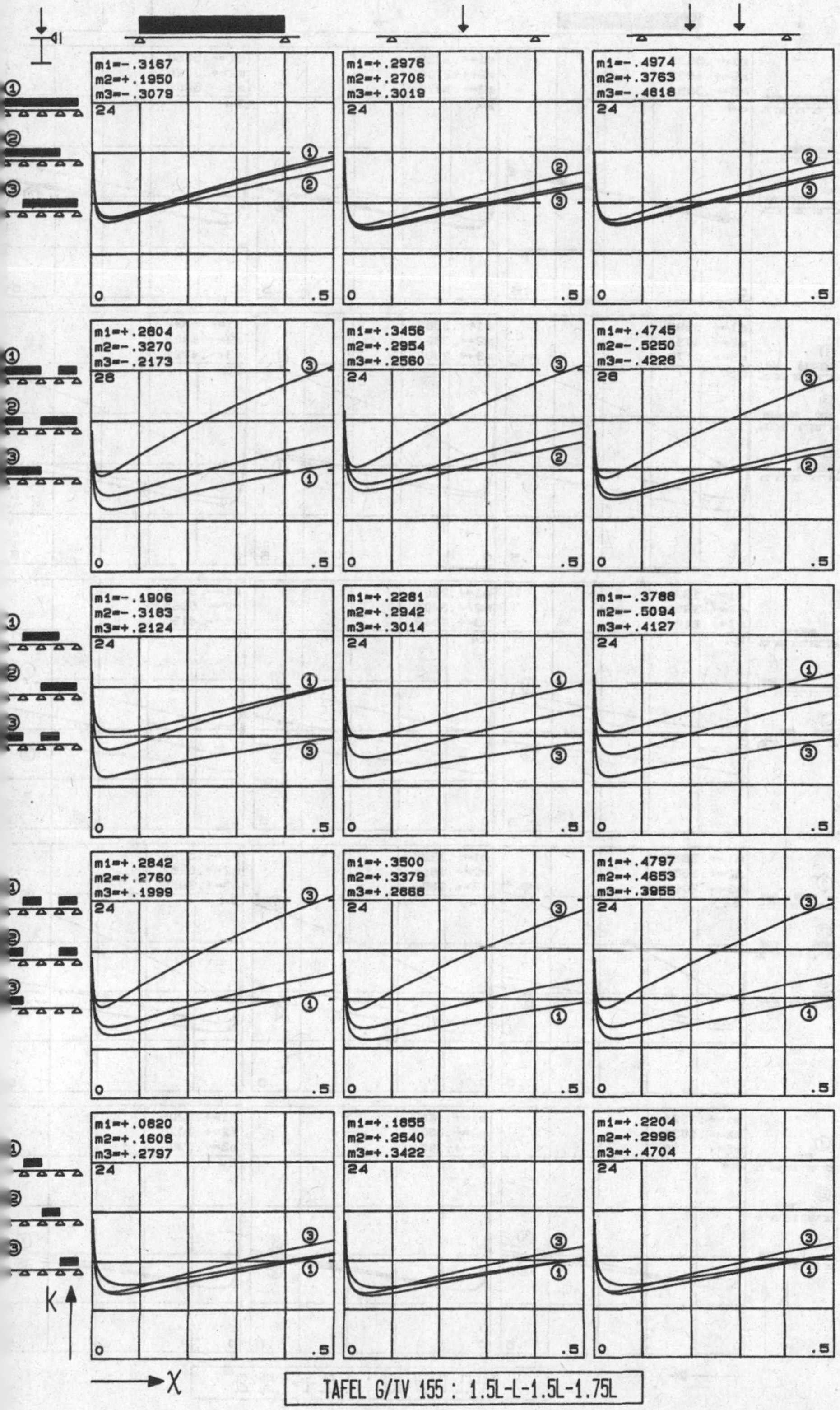

TAFEL G/IV 155 : 1.5L-L-1.5L-1.75L

G IV

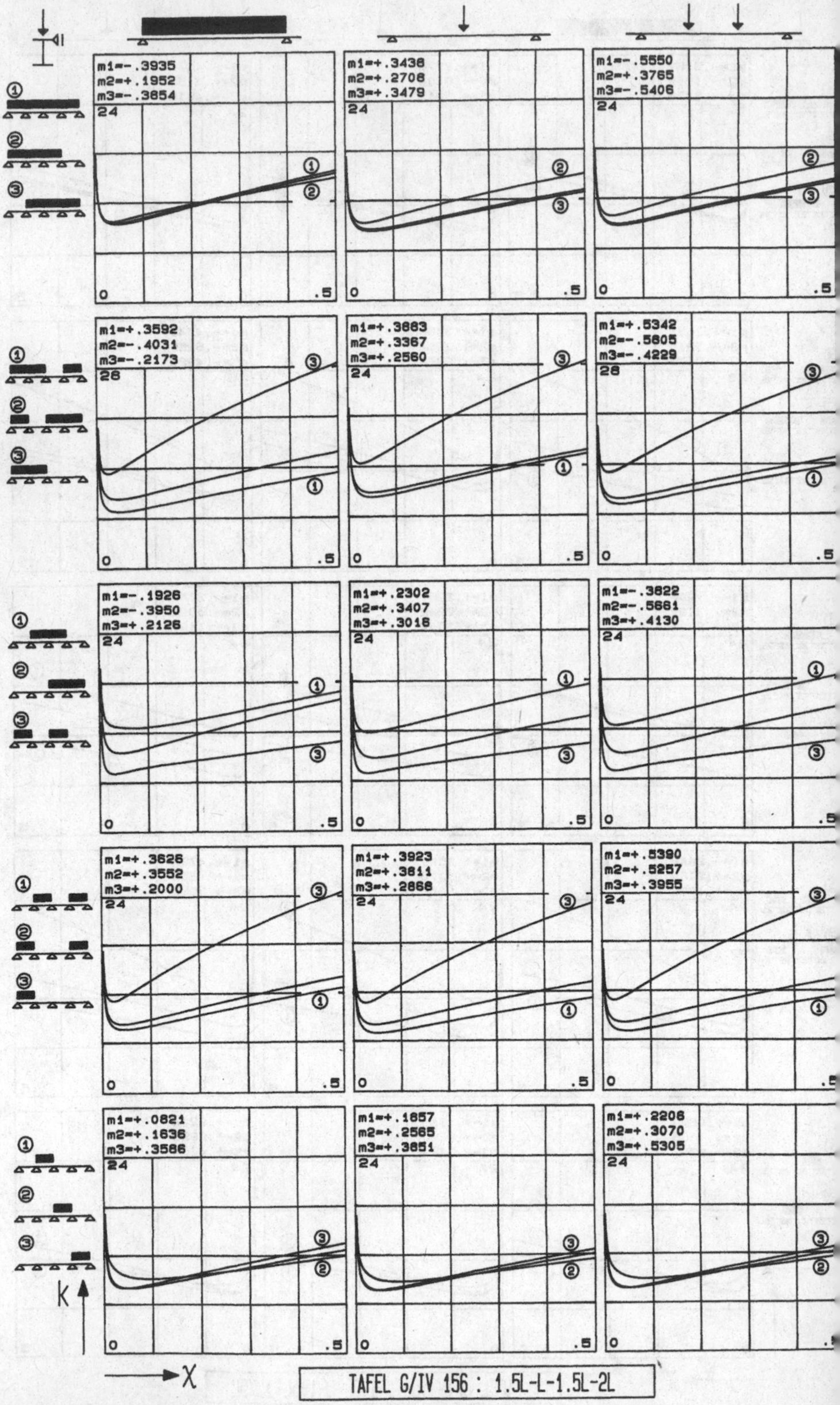

m1=-.3935
m2=+.1952
m3=-.3854
24
m1=+.3436
m2=+.2706
m3=+.3479
24
m1=-.5550
m2=+.3765
m3=-.5406
24
m1=+.3592
m2=-.4031
m3=-.2173
26
m1=+.3883
m2=+.3367
m3=+.2560
24
m1=+.5342
m2=-.5805
m3=-.4229
26
m1=-.1926
m2=-.3950
m3=+.2126
24
m1=+.2302
m2=+.3407
m3=+.3016
24
m1=-.3822
m2=-.5661
m3=+.4130
24
m1=+.3626
m2=+.3552
m3=+.2000
24
m1=+.3923
m2=+.3611
m3=+.2868
24
m1=+.5390
m2=+.5257
m3=+.3955
24
m1=+.0821
m2=+.1636
m3=+.3586
24
m1=+.1857
m2=+.2565
m3=+.3851
24
m1=+.2206
m2=+.3070
m3=+.5305
24
K
X

TAFEL G/IV 156 : 1.5L-L-1.5L-2L

m1=-.2922 m2=-.2092 m3=-.2826 24
m1=+.2665 m2=+.2757 m3=-.2556 24
m1=-.4711 m2=+.3793 m3=-.4544 24
m1=-.2268 m2=-.3034 m3=-.2174 28
m1=+.3074 m2=+.2996 m3=+.2556 24
m1=-.4403 m2=-.5009 m3=-.4236 28
m1=-.2441 m2=-.2940 m3=+.2184 24
m1=+.2629 m2=-.2723 m3=+.3045 24
m1=-.4194 m2=-.4842 m3=+.4164 24
m1=+.2194 m2=+.2104 m3=+.2002 24
m1=+.3121 m2=+.2990 m3=+.2871 24
m1=+.4254 m2=+.4099 m3=+.3956 24
m1=+.0834 m2=+.2060 m3=+.2145 24
m1=+.1876 m2=+.2856 m3=+.3037 24
m1=+.2226 m2=+.3263 m3=+.4155 24
0
.5
K
X

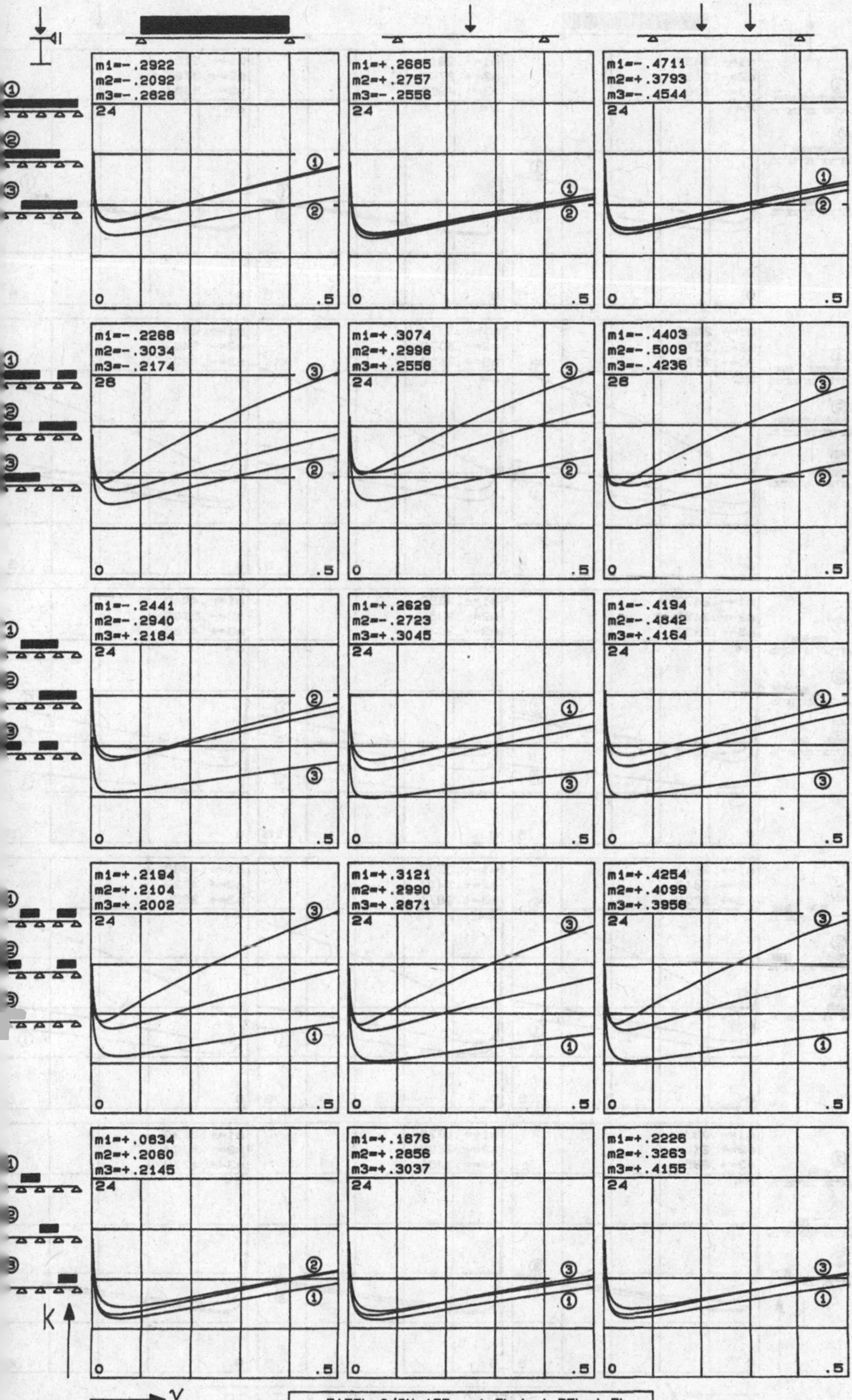

TAFEL G/IV 157 : 1.5L-L-1.75L-1.5L

G IV

m1=-.3467 m2=-.2130 m3=-.3360 24	m1=-.2916 m2=+.2769 m3=+.2959 24	m1=-.5166 m2=+.3797 m3=-.5034 24
m1=+.2862 m2=-.3570 m3=-.2174 28	m1=+.3514 m2=-.3072 m3=+.2556 24	m1=+.4613 m2=-.5462 m3=-.4237 28
m1=-.2477 m2=-.3463 m3=+.2227 24	m1=+.2659 m2=-.2966 m3=+.3046 24	m1=-.4245 m2=-.5308 m3=+.4166 24
m1=+.2900 m2=+.2818 m3=+.2002 24	m1=+.3556 m2=+.3437 m3=+.2671 24	m1=+.4665 m2=+.4722 m3=+.3956 24
m1=+.0835 m2=+.2103 m3=+.2856 24	m1=+.1676 m2=+.2690 m3=+.3480 24	m1=+.2230 m2=+.3364 m3=+.4773 24

K X 0 .5

TAFEL G/IV 158 : 1.5L-L-1.75L-1.75L

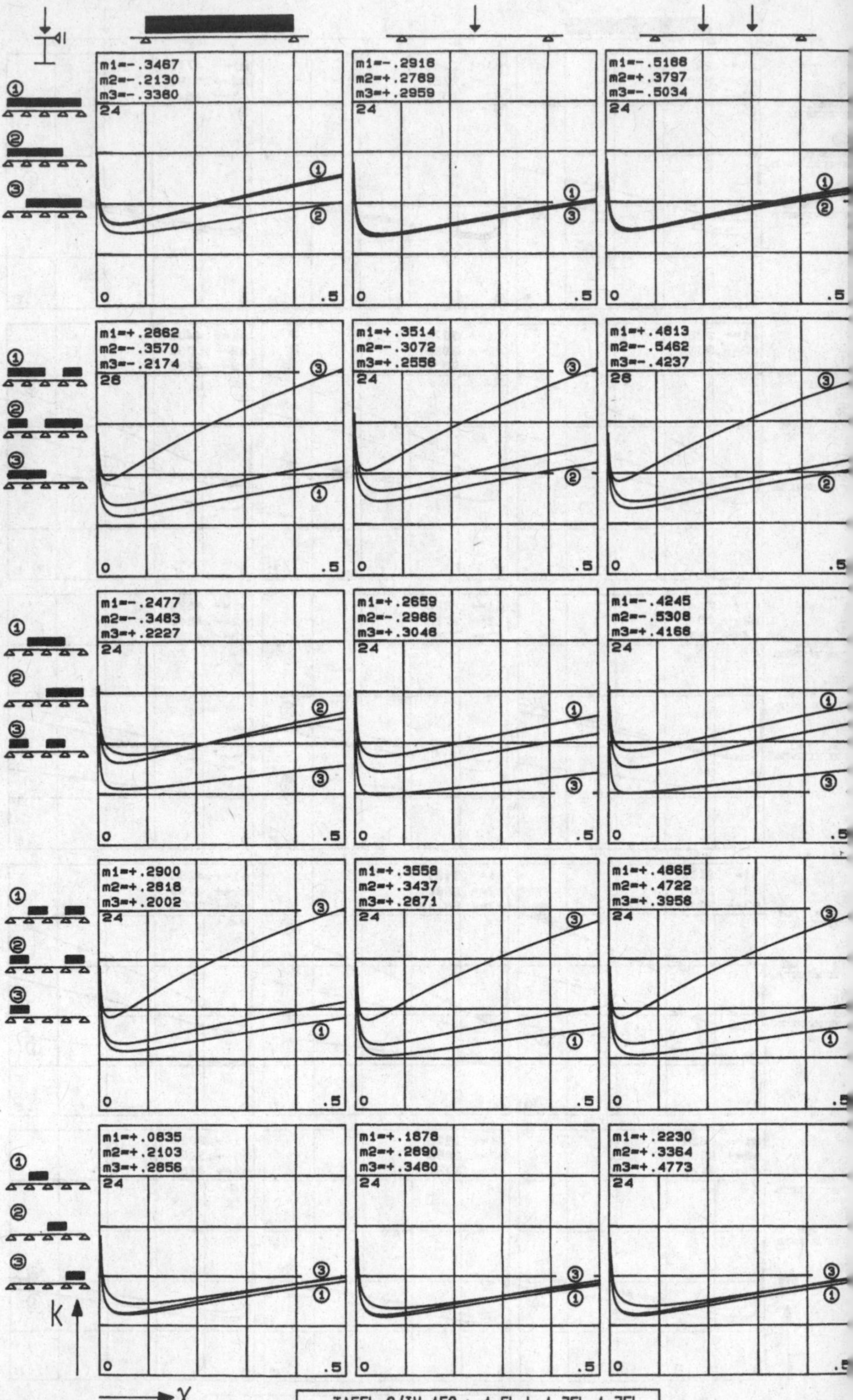

G
V

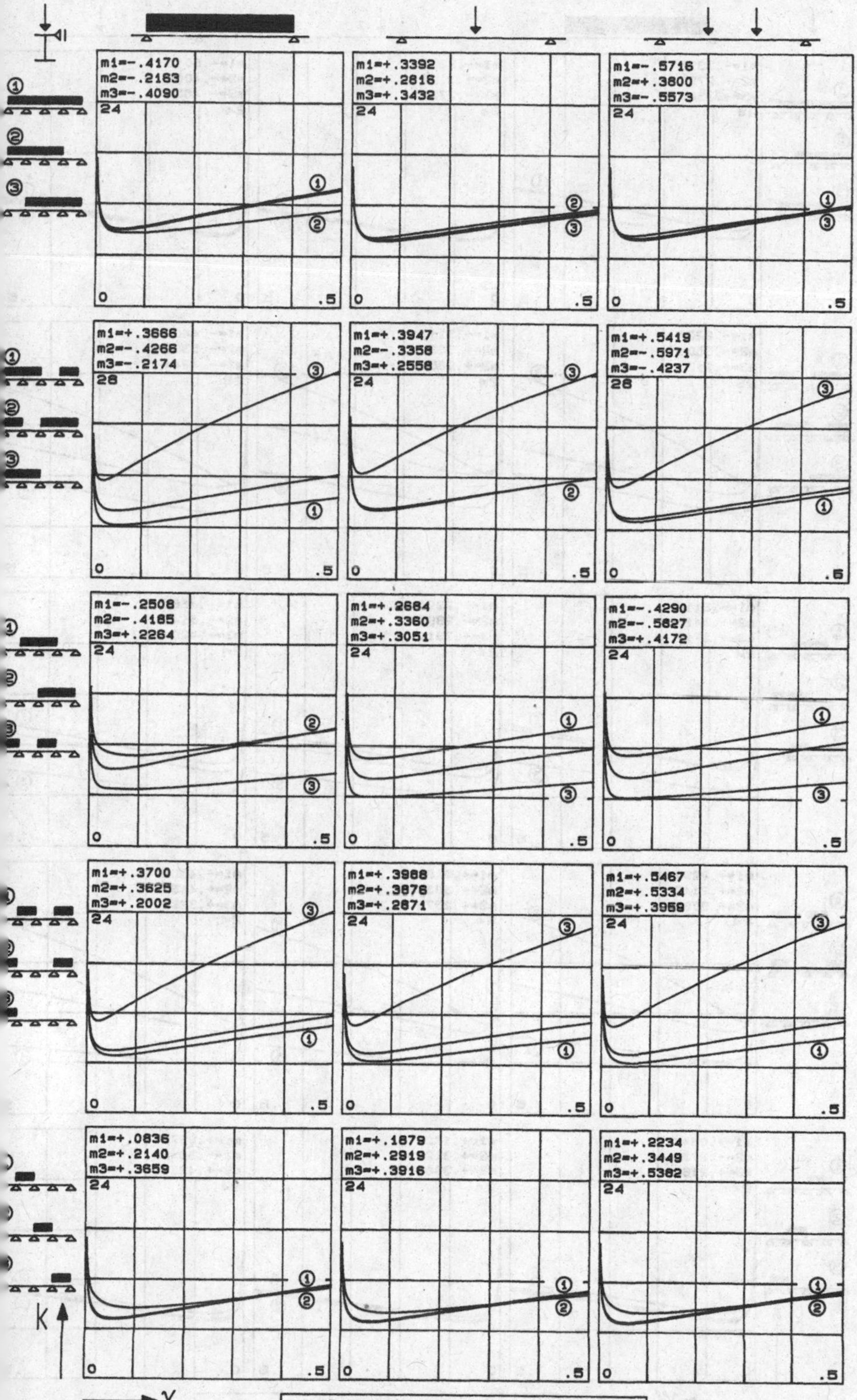

m1=-.4170
m2=-.2163
m3=-.4090
24
m1=+.3392
m2=+.2816
m3=+.3432
24
m1=-.5716
m2=+.3800
m3=-.5573
24
m1=+.3666
m2=-.4266
m3=-.2174
28
m1=+.3947
m2=-.3358
m3=+.2558
24
m1=+.5419
m2=-.5971
m3=-.4237
28
m1=-.2508
m2=-.4165
m3=+.2264
24
m1=+.2684
m2=+.3360
m3=+.3051
24
m1=-.4290
m2=-.5627
m3=+.4172
24
m1=+.3700
m2=+.3625
m3=+.2002
24
m1=+.3988
m2=+.3876
m3=+.2871
24
m1=+.5467
m2=+.5334
m3=+.3959
24
m1=+.0836
m2=+.2140
m3=+.3659
24
m1=+.1879
m2=+.2819
m3=+.3916
24
m1=+.2234
m2=+.3449
m3=+.5382
24
K
X

TAFEL G/IV 159 : 1.5L-L-1.75L-2L

G IV

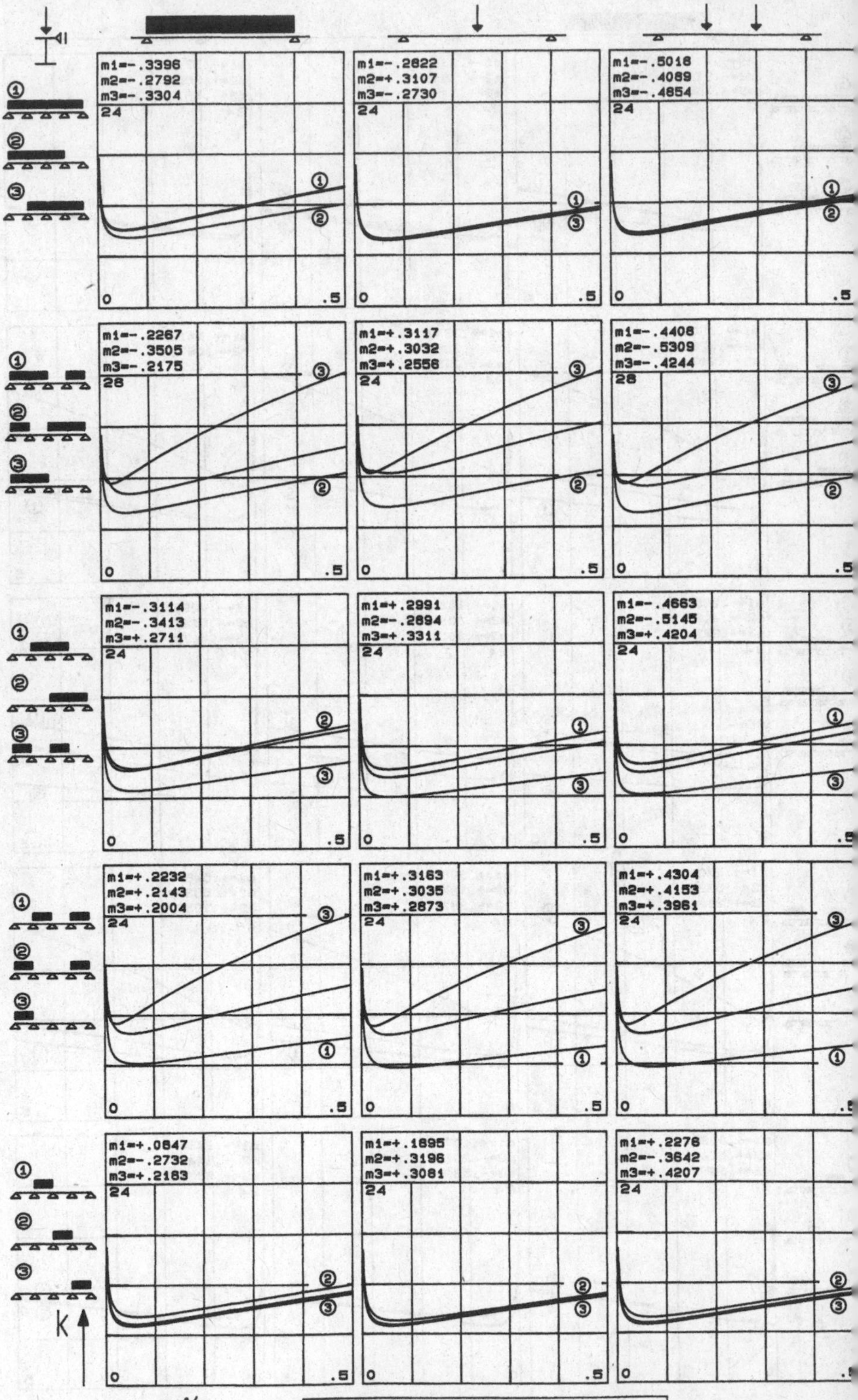

m1=-.3396
m2=-.2792
m3=-.3304
24
m1=-.2822
m2=+.3107
m3=-.2730
24
m1=-.5016
m2=-.4089
m3=-.4854
24
m1=-.2267
m2=-.3505
m3=-.2175
28
m1=+.3117
m2=+.3032
m3=+.2556
24
m1=-.4408
m2=-.5309
m3=-.4244
28
m1=-.3114
m2=-.3413
m3=+.2711
24
m1=+.2991
m2=-.2894
m3=+.3311
24
m1=-.4663
m2=-.5145
m3=+.4204
24
m1=+.2232
m2=+.2143
m3=+.2004
24
m1=+.3163
m2=+.3035
m3=+.2873
24
m1=+.4304
m2=+.4153
m3=+.3961
24
m1=+.0847
m2=-.2732
m3=+.2183
24
m1=+.1895
m2=+.3196
m3=+.3081
24
m1=+.2276
m2=-.3642
m3=+.4207
24
0
.5
K
X

TAFEL G/IV 160 : 1.5L-L-2L-1.5L

GV

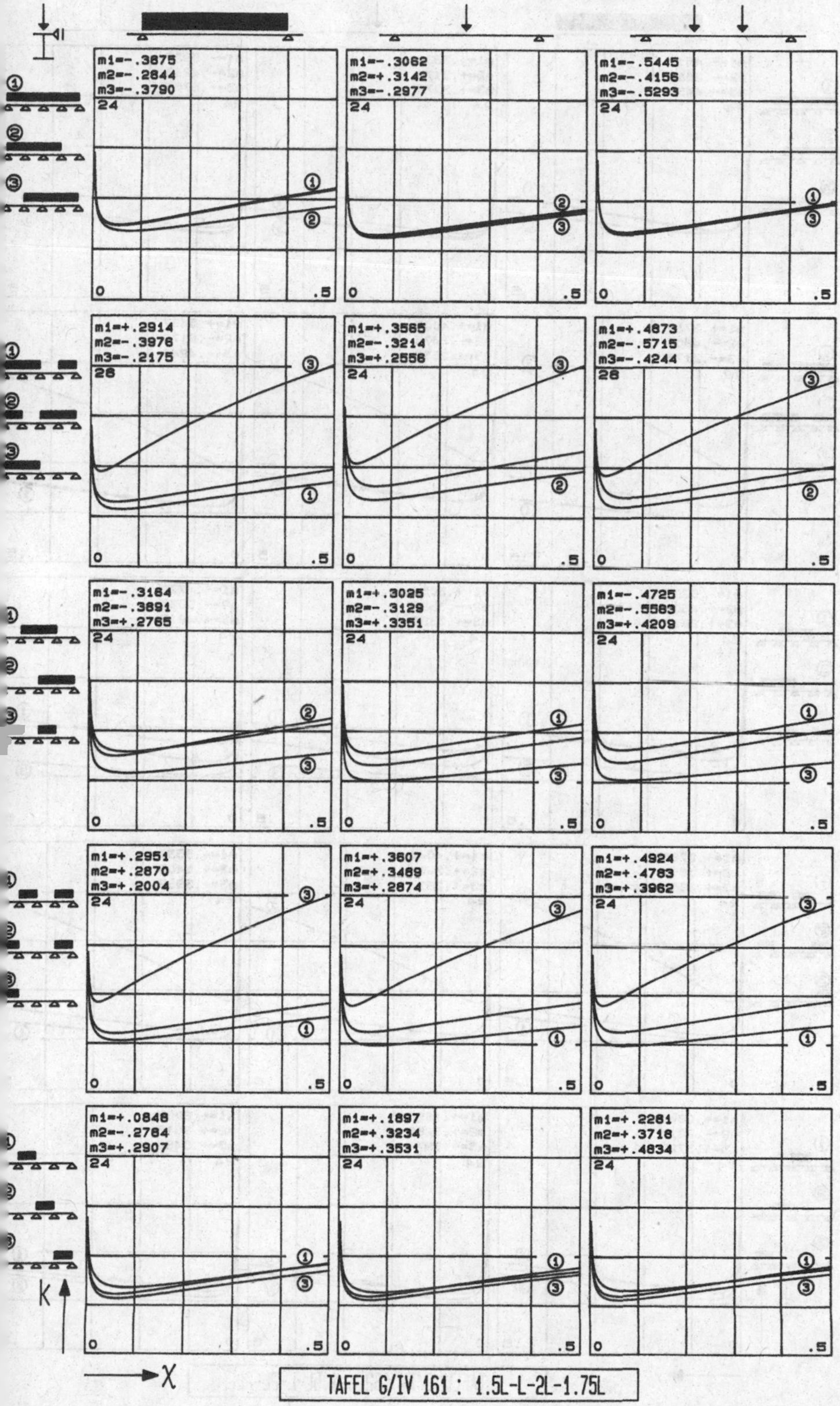

m1=-.3675
m2=-.2844
m3=-.3790
24
m1=-.3062
m2=+.3142
m3=-.2977
24
m1=-.5445
m2=-.4156
m3=-.5293
24
m1=+.2914
m2=-.3976
m3=-.2175
26
m1=+.3565
m2=-.3214
m3=+.2556
24
m1=+.4673
m2=-.5715
m3=-.4244
26
m1=-.3164
m2=-.3691
m3=+.2765
24
m1=+.3025
m2=-.3129
m3=+.3351
24
m1=-.4725
m2=-.5583
m3=+.4209
24
m1=+.2951
m2=+.2670
m3=+.2004
24
m1=+.3607
m2=+.3469
m3=+.2874
24
m1=+.4924
m2=+.4783
m3=+.3962
24
m1=+.0848
m2=-.2784
m3=+.2907
24
m1=+.1897
m2=+.3234
m3=+.3531
24
m1=+.2281
m2=+.3718
m3=+.4834
24
0
.5
K
X

TAFEL G/IV 161 : 1.5L-L-2L-1.75L

G IV

	Load case 1	Load case 2	Load case 3
Row 1	m1=-.4513 m2=-.2889 m3=-.4433 24	m1=-.3334 m2=+.3173 m3=+.3372 24	m1=-.5927 m2=-.4213 m3=-.5786 24
Row 2	m1=+.3732 m2=-.4607 m3=-.2175 28	m1=+.4005 m2=-.3475 m3=+.2556 24	m1=+.5487 m2=-.6179 m3=-.4245 28
Row 3	m1=-.3207 m2=-.4528 m3=+.2813 24	m1=+.3054 m2=-.3396 m3=+.3385 24	m1=-.4779 m2=-.6037 m3=+.4213 24
Row 4	m1=+.3766 m2=+.3691 m3=+.2005 24	m1=+.4044 m2=+.3934 m3=+.2874 24	m1=+.5534 m2=+.5403 m3=+.3962 24
Row 5	m1=+.0849 m2=-.2830 m3=+.3725 24	m1=+.1698 m2=+.3266 m3=+.3974 24	m1=+.2285 m2=+.3815 m3=+.5450 24

Each diagram: x-axis from 0 to .5; curves labelled ①, ②, ③.

K ↑   ⟶ X

TAFEL G/IV 162 : 1.5L-L-2L-2L

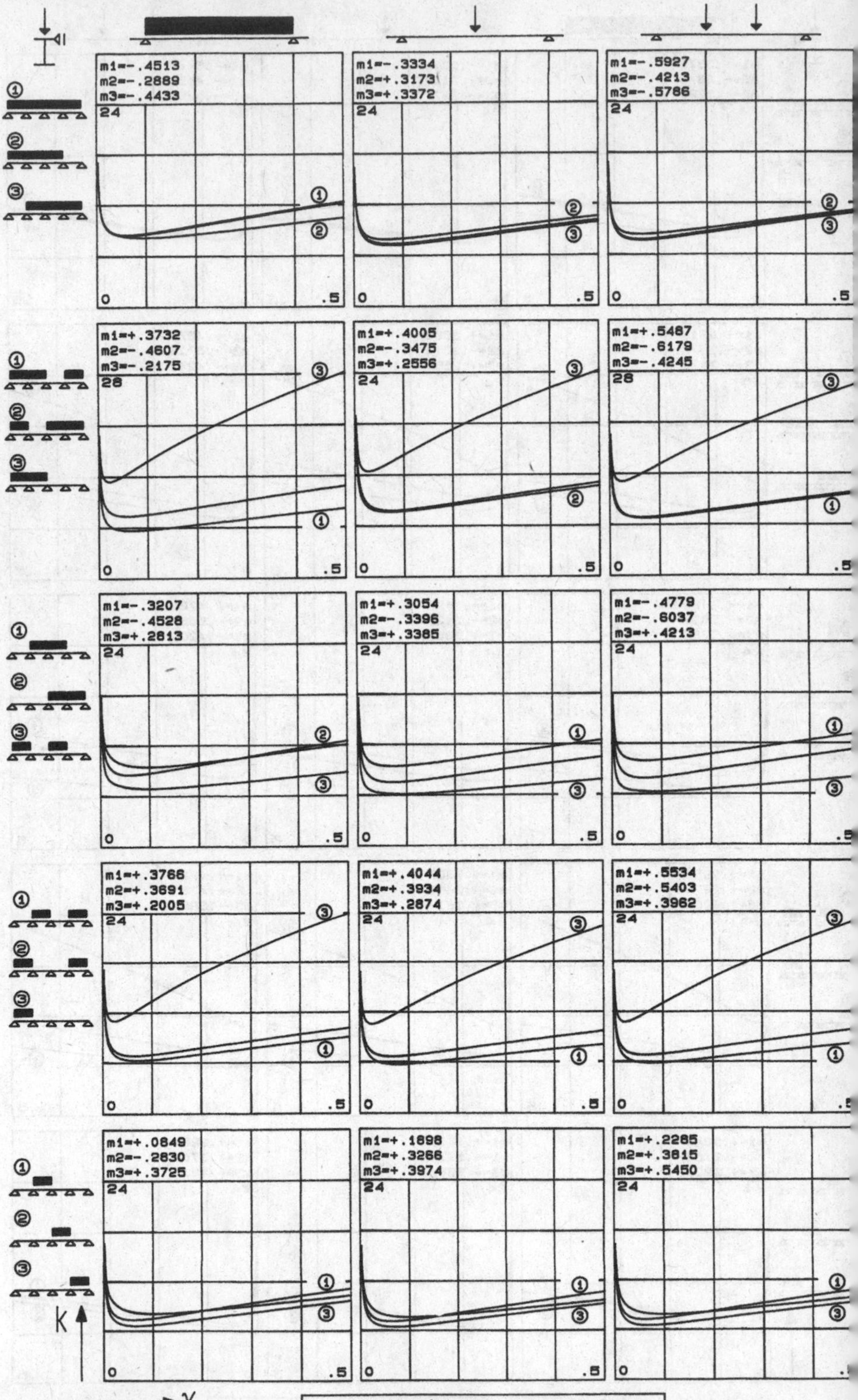

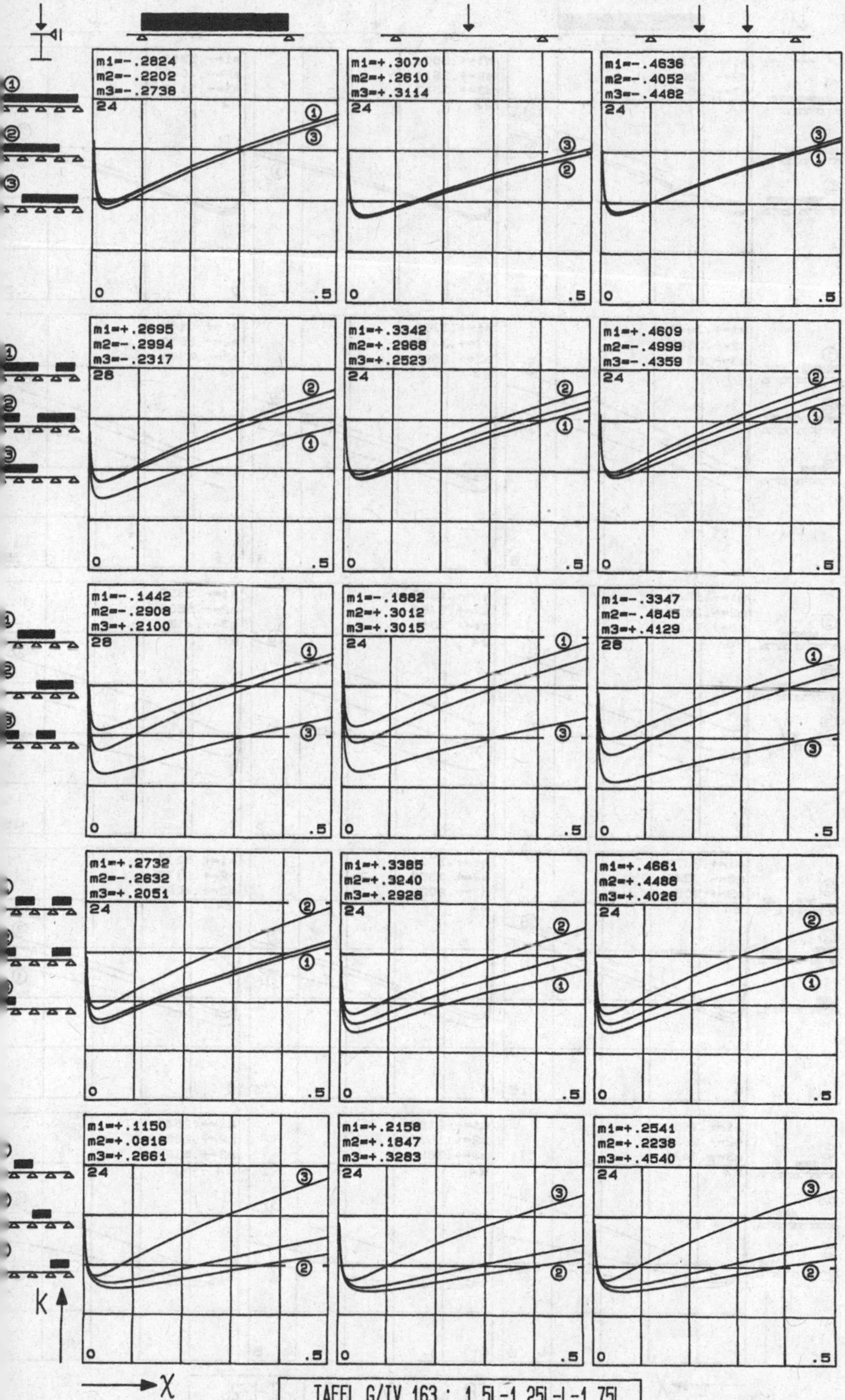

TAFEL G/IV 163 : 1.5L-1.25L-L-1.75L

G
IV

TAFEL G/IV 164 : 1.5L-1.25L-L-2L

	Col. 1	Col. 2	Col. 3
Row 1	m1=-.3725 m2=-.2200 m3=-.3646 24	m1=+.3504 m2=+.2611 m3=+.3543 24	m1=-.5316 m2=-.4046 m3=-.5176 24
Row 2	m1=+.3446 m2=-.3880 m3=-.2317 24	m1=+.3752 m2=+.3410 m3=+.2523 24	m1=+.5187 m2=-.5650 m3=-.4360 24
Row 3	m1=-.1446 m2=-.3601 m3=+.2101 28	m1=-.1889 m2=+.3450 m3=+.3016 24	m1=-.3359 m2=-.5509 m3=+.4131 28
Row 4	m1=+.3479 m2=-.3549 m3=+.2051 24	m1=+.3791 m2=+.3659 m3=+.2929 24	m1=+.5234 m2=+.5077 m3=+.4027 24
Row 5	m1=+.1151 m2=+.0828 m3=-.3470 24	m1=+.2160 m2=+.1865 m3=+.3696 24	m1=+.2542 m2=+.2287 m3=+.5124 24

0 .5

K ↑ → X

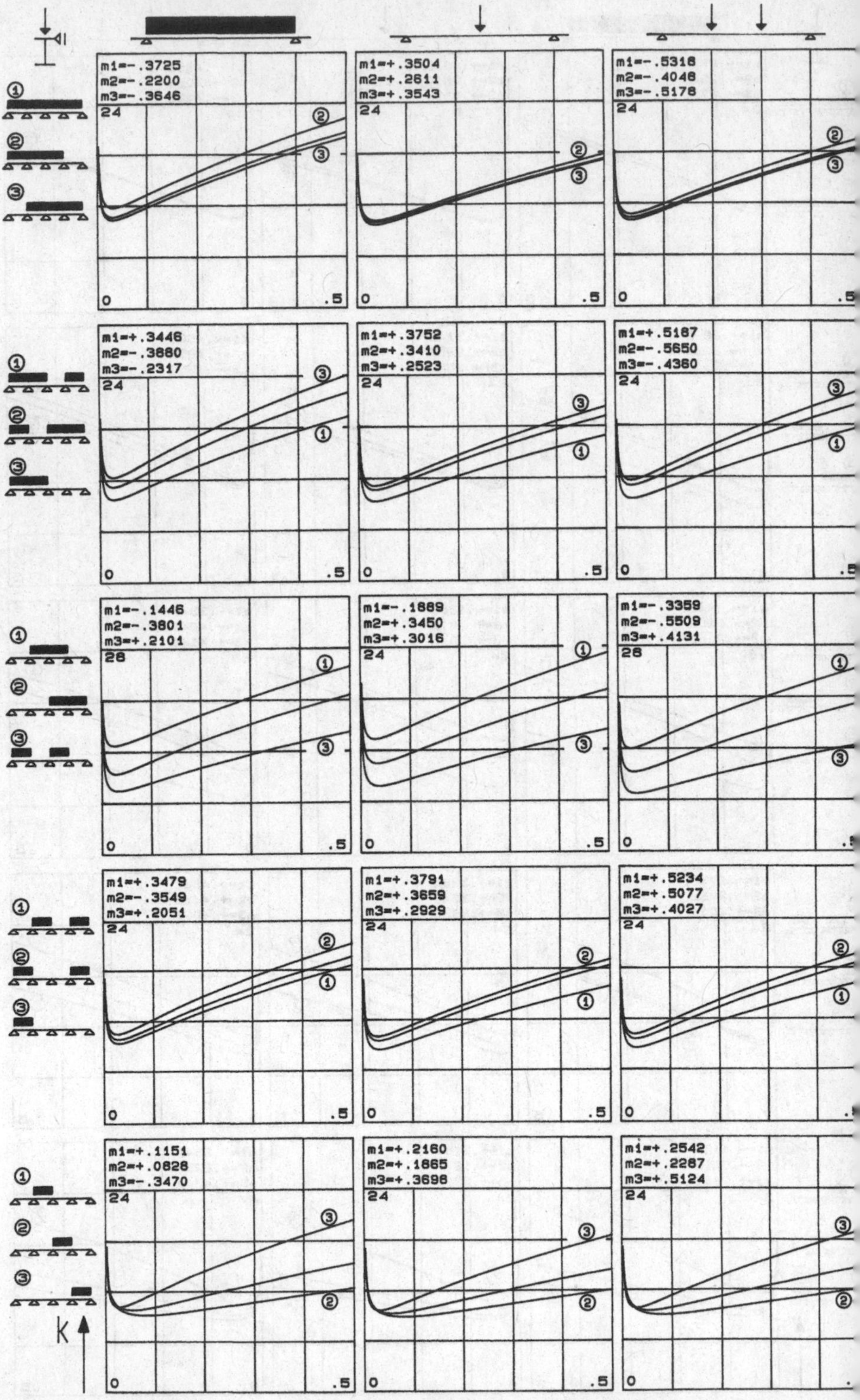

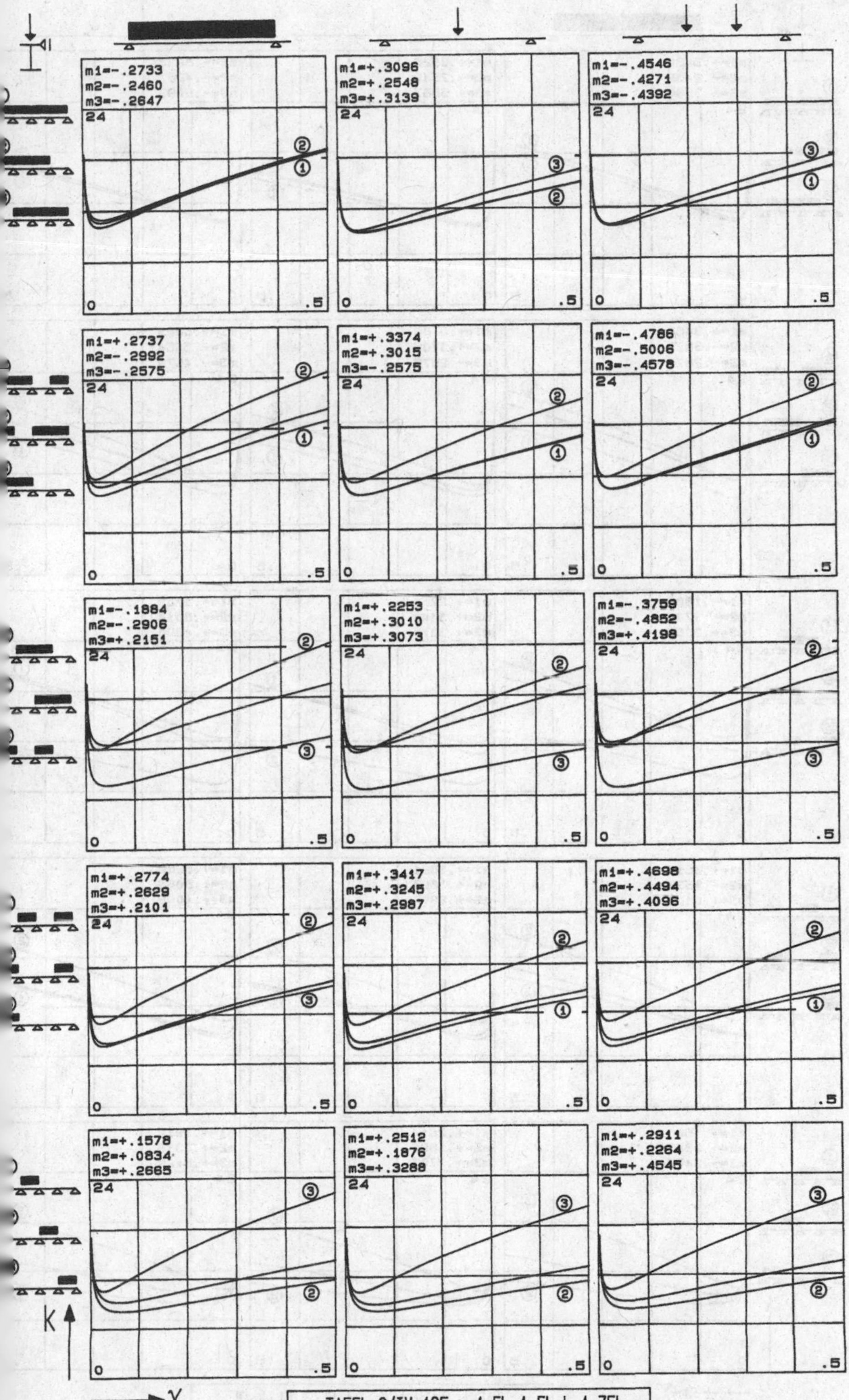
m1=-.2733
m2=-.2460
m3=-.2647
24
m1=+.3096
m2=+.2548
m3=+.3139
24
m1=-.4546
m2=-.4271
m3=-.4392
24
m1=+.2737
m2=-.2992
m3=-.2575
24
m1=+.3374
m2=+.3015
m3=-.2575
24
m1=-.4786
m2=-.5006
m3=-.4578
24
m1=-.1884
m2=-.2906
m3=+.2151
24
m1=+.2253
m2=+.3010
m3=+.3073
24
m1=-.3759
m2=-.4852
m3=+.4198
24
m1=+.2774
m2=+.2629
m3=+.2101
24
m1=+.3417
m2=+.3245
m3=+.2987
24
m1=+.4698
m2=+.4494
m3=+.4096
24
m1=+.1578
m2=+.0834
m3=+.2665
24
m1=+.2512
m2=+.1876
m3=+.3288
24
m1=+.2911
m2=+.2264
m3=+.4545
24
0
.5
K
X

TAFEL G/IV 165 : 1.5L-1.5L-L-1.75L

G IV

① ② ③	m1=-.3639 m2=-.2459 m3=-.3560 24	m1=+.3528 m2=+.2549 m3=+.3567 24	m1=-.5233 m2=-.4267 m3=-.5093 24
① ② ③	m1=+.3486 m2=-.3875 m3=-.2575 24	m1=+.3782 m2=+.3409 m3=-.2575 24	m1=+.5223 m2=-.5654 m3=-.4579 24
① ② ③	m1=-.1886 m2=-.3796 m3=+.2152 24	m1=+.2251 m2=+.3449 m3=+.3075 24	m1=-.3769 m2=-.5514 m3=+.4200 24
① ② ③	m1=+.3519 m2=-.3536 m3=+.2101 24	m1=+.3821 m2=+.3663 m3=+.2987 24	m1=+.5269 m2=+.5083 m3=+.4096 24
① ② ③	m1=+.1580 m2=+.0847 m3=-.3457 24	m1=+.2514 m2=+.1895 m3=+.3703 24	m1=+.2912 m2=+.2315 m3=+.5129 24

K, X; axes 0 – .5

TAFEL G/IV 166 : 1.5L-1.5L-L-2L

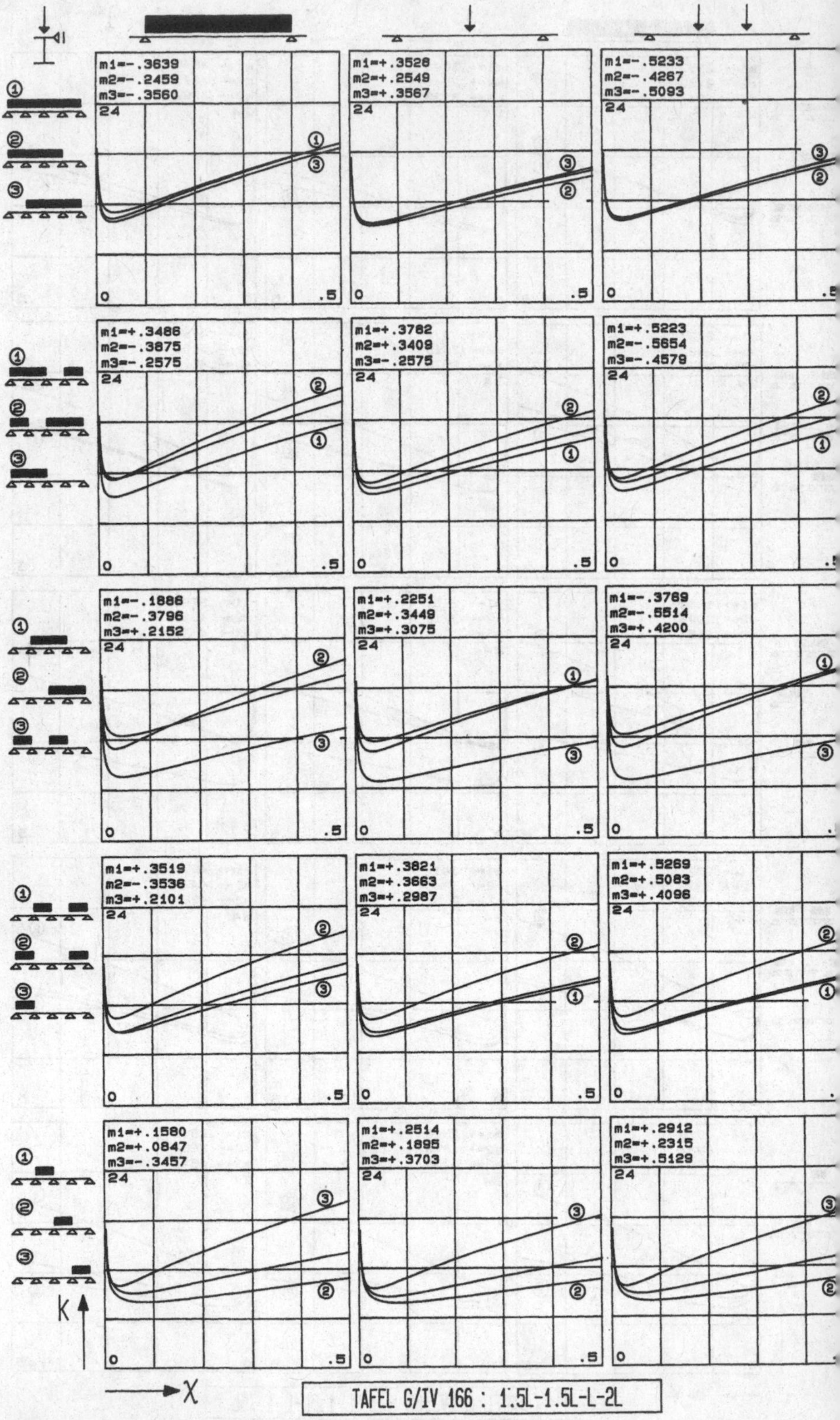

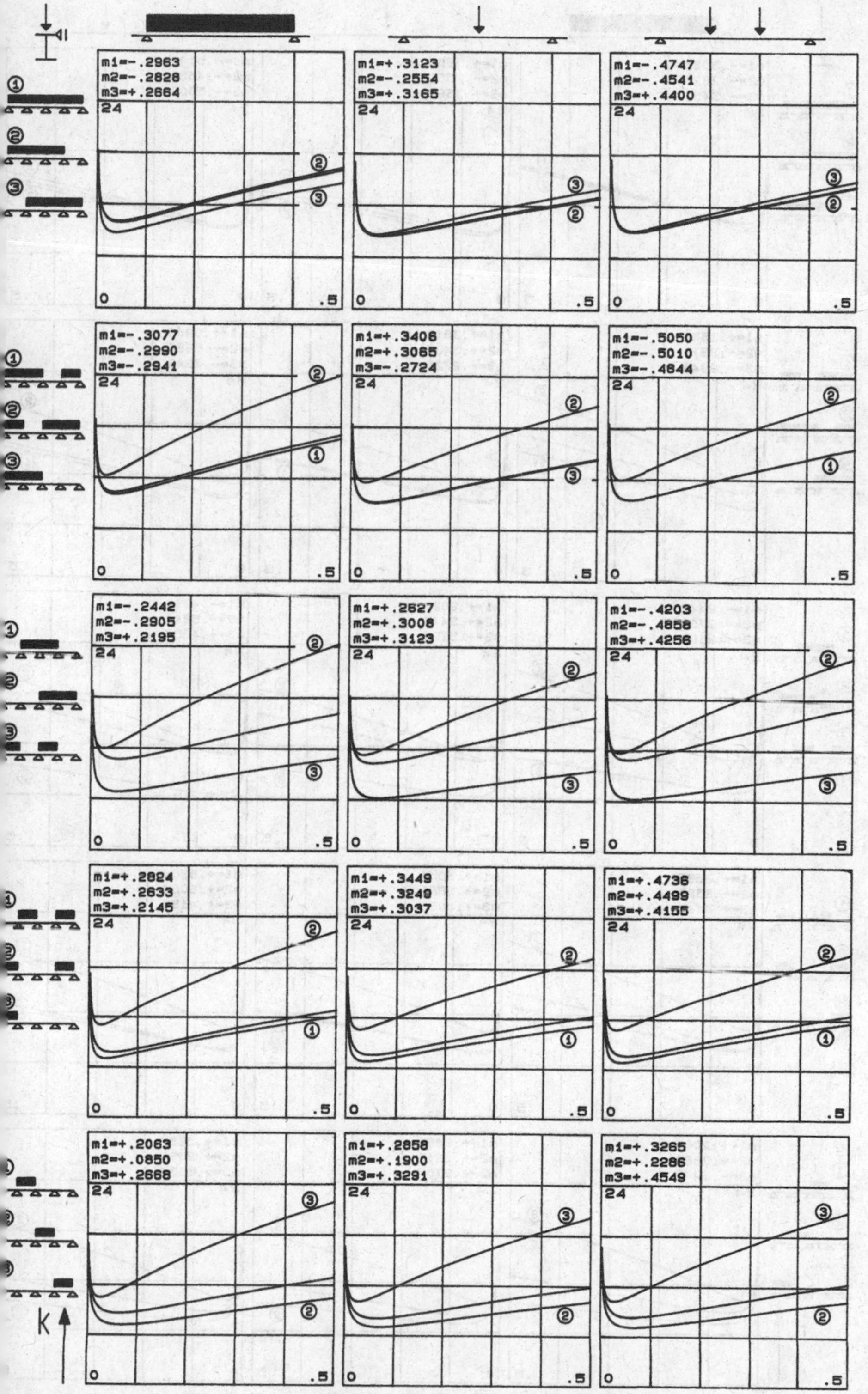

m1=-.2963
m2=-.2828
m3=+.2664
m1=+.3123
m2=-.2554
m3=+.3165
m1=-.4747
m2=-.4541
m3=+.4400
m1=-.3077
m2=-.2990
m3=-.2941
m1=+.3406
m2=+.3065
m3=-.2724
m1=-.5050
m2=-.5010
m3=-.4644
m1=-.2442
m2=-.2905
m3=+.2195
m1=+.2627
m2=+.3008
m3=+.3123
m1=-.4203
m2=-.4858
m3=+.4256
m1=+.2824
m2=+.2633
m3=+.2145
m1=+.3449
m2=+.3249
m3=+.3037
m1=+.4736
m2=+.4499
m3=+.4155
m1=+.2063
m2=+.0850
m3=+.2668
m1=+.2858
m2=+.1900
m3=+.3291
m1=+.3265
m2=+.2286
m3=+.4549
K
X

TAFEL G/IV 167 : 1.5L-1.75L-L-1.75L

G IV

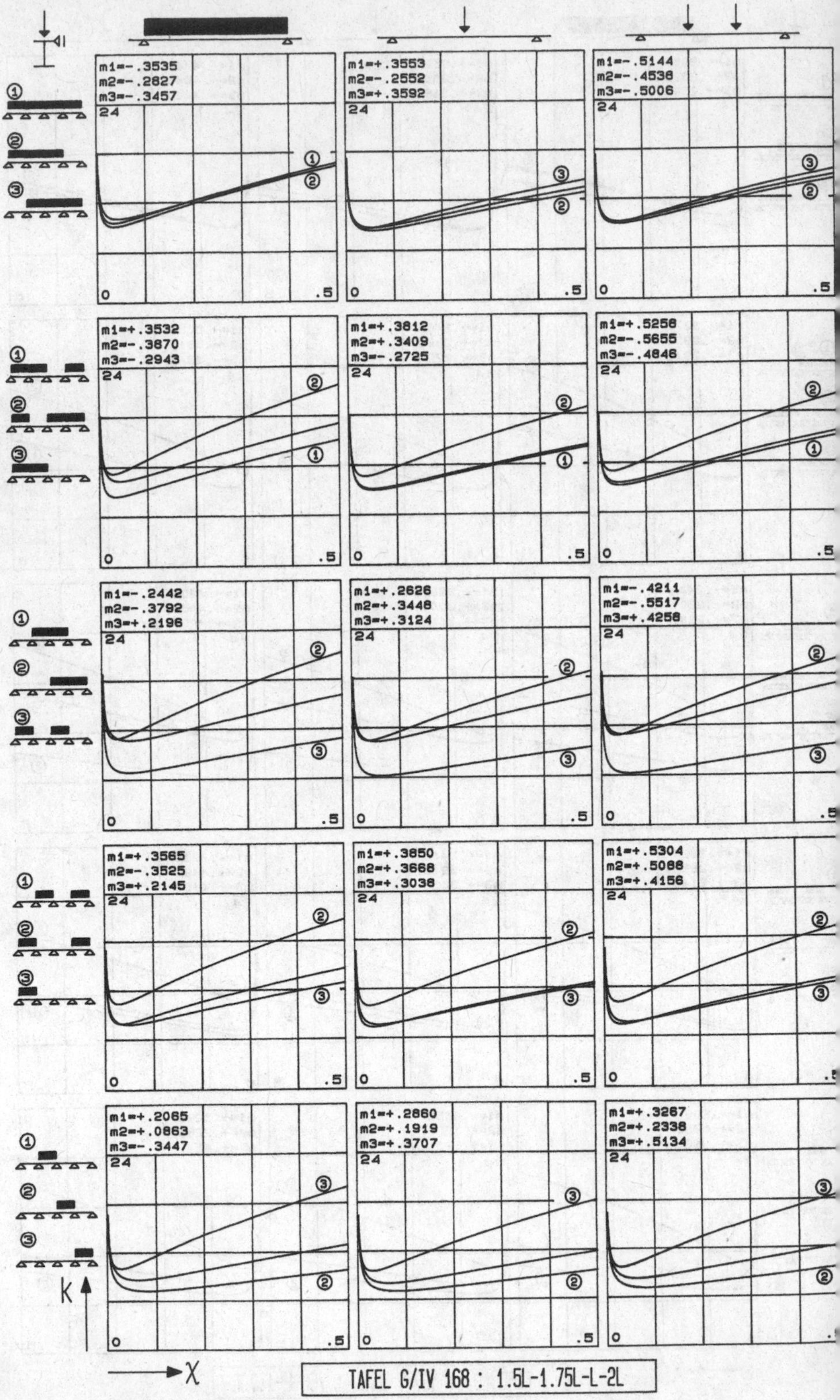

TAFEL G/IV 168 : 1.5L-1.75L-L-2L

GV

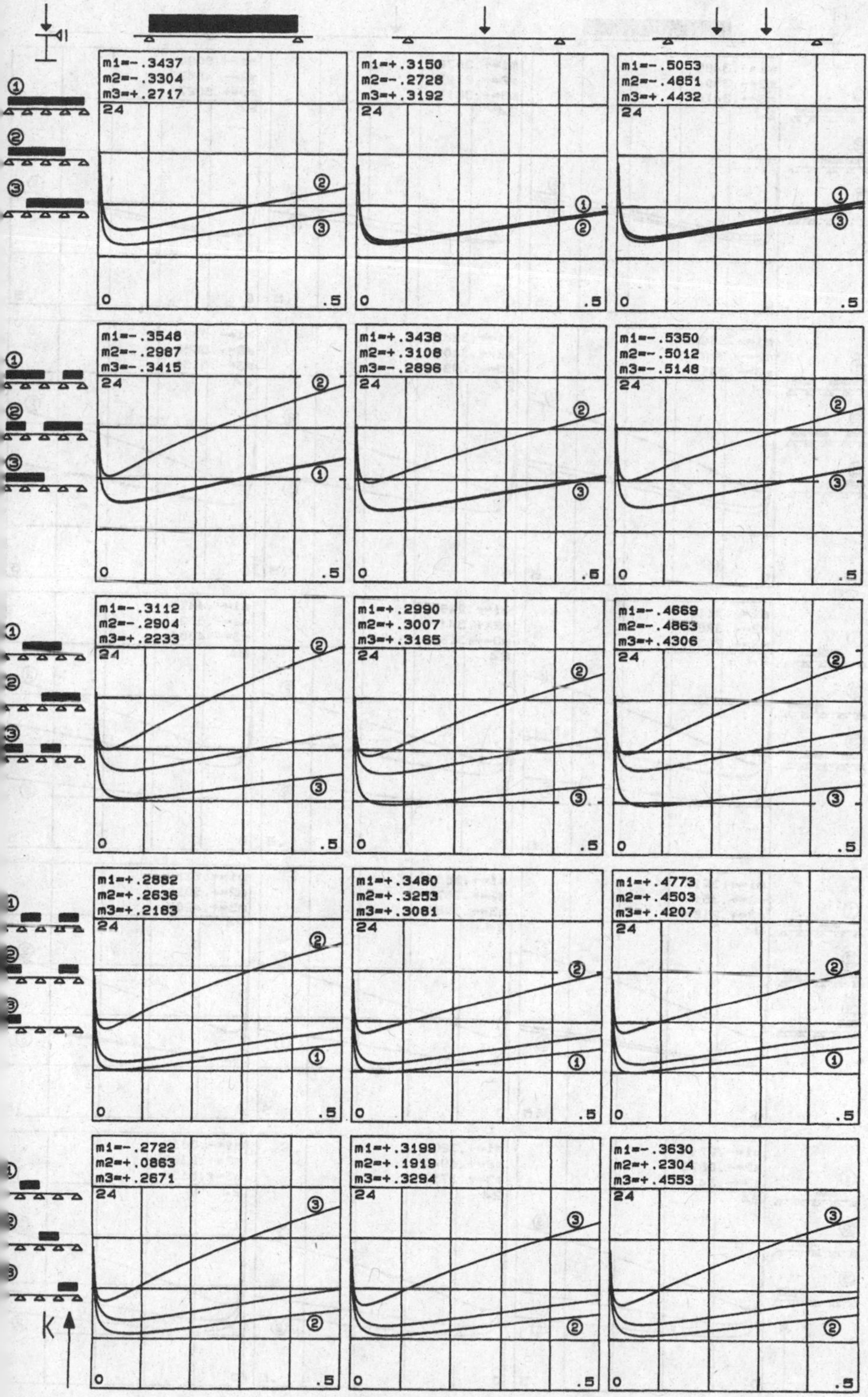

m1=-.3437
m2=-.3304
m3=+.2717
m1=+.3150
m2=-.2728
m3=+.3192
m1=-.5053
m2=-.4851
m3=+.4432
m1=-.3546
m2=-.2987
m3=-.3415
m1=+.3438
m2=+.3108
m3=-.2896
m1=-.5350
m2=-.5012
m3=-.5148
m1=-.3112
m2=-.2904
m3=+.2233
m1=+.2990
m2=+.3007
m3=+.3165
m1=-.4669
m2=-.4863
m3=+.4306
m1=+.2882
m2=+.2636
m3=+.2183
m1=+.3480
m2=+.3253
m3=+.3081
m1=+.4773
m2=+.4503
m3=+.4207
m1=-.2722
m2=+.0863
m3=+.2671
m1=+.3199
m2=+.1919
m3=+.3294
m1=-.3630
m2=+.2304
m3=+.4553
24
0
.5
K
X

TAFEL G/IV 169 : 1.5L-2L-L-1.75L

G IV

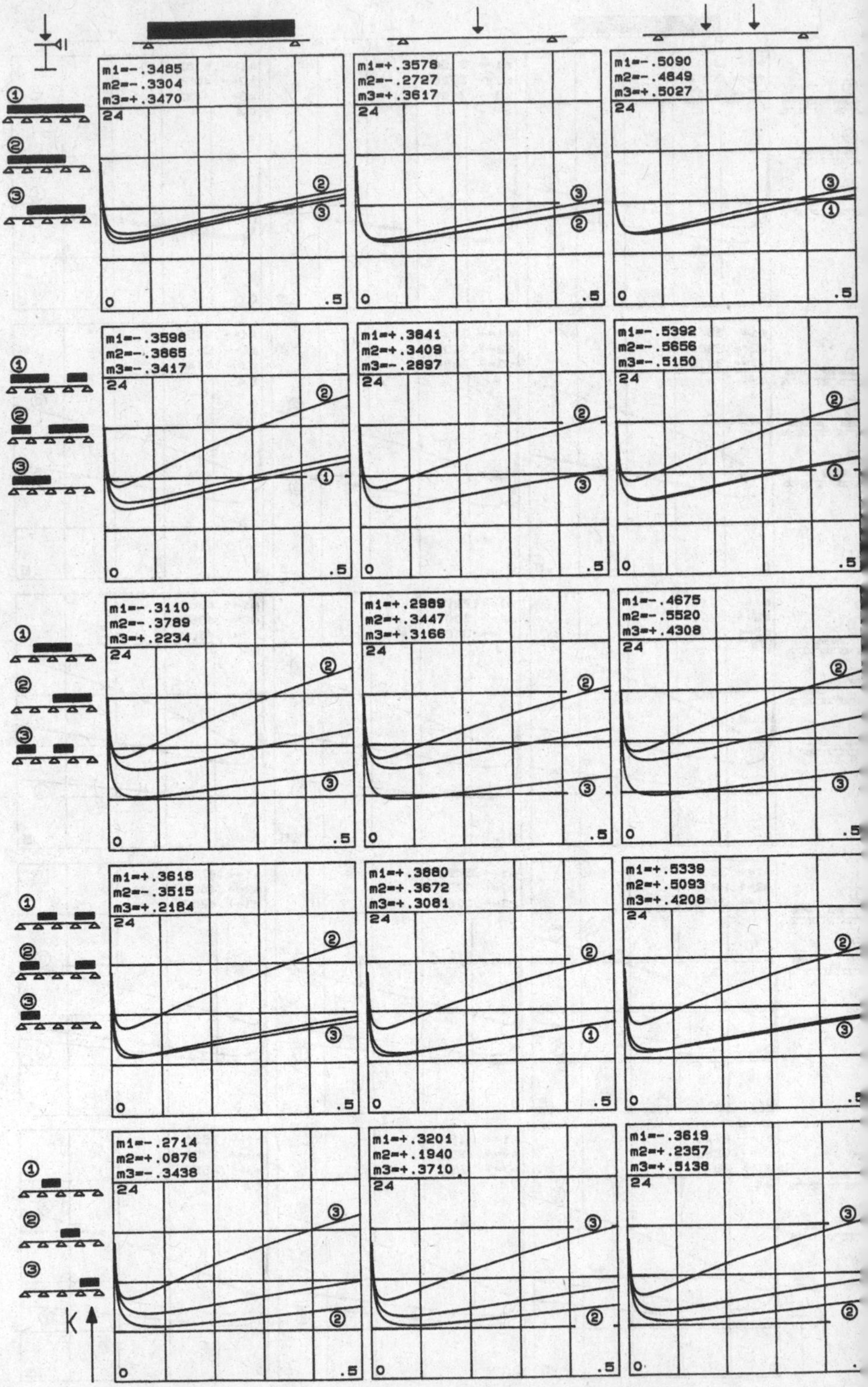

m1=-.3485
m2=-.3304
m3=+.3470
m1=+.3578
m2=-.2727
m3=+.3617
m1=-.5090
m2=-.4849
m3=+.5027
m1=-.3598
m2=-.3865
m3=-.3417
m1=+.3841
m2=+.3409
m3=-.2897
m1=-.5392
m2=-.5656
m3=-.5150
m1=-.3110
m2=-.3789
m3=+.2234
m1=+.2989
m2=+.3447
m3=+.3166
m1=-.4675
m2=-.5520
m3=+.4308
m1=+.3618
m2=-.3515
m3=+.2184
m1=+.3880
m2=+.3672
m3=+.3081
m1=+.5339
m2=+.5093
m3=+.4208
m1=-.2714
m2=+.0876
m3=-.3438
m1=+.3201
m2=+.1940
m3=+.3710
m1=-.3619
m2=+.2357
m3=+.5138
K
X

TAFEL G/IV 170 : 1.5L-2L-L-2L

GV

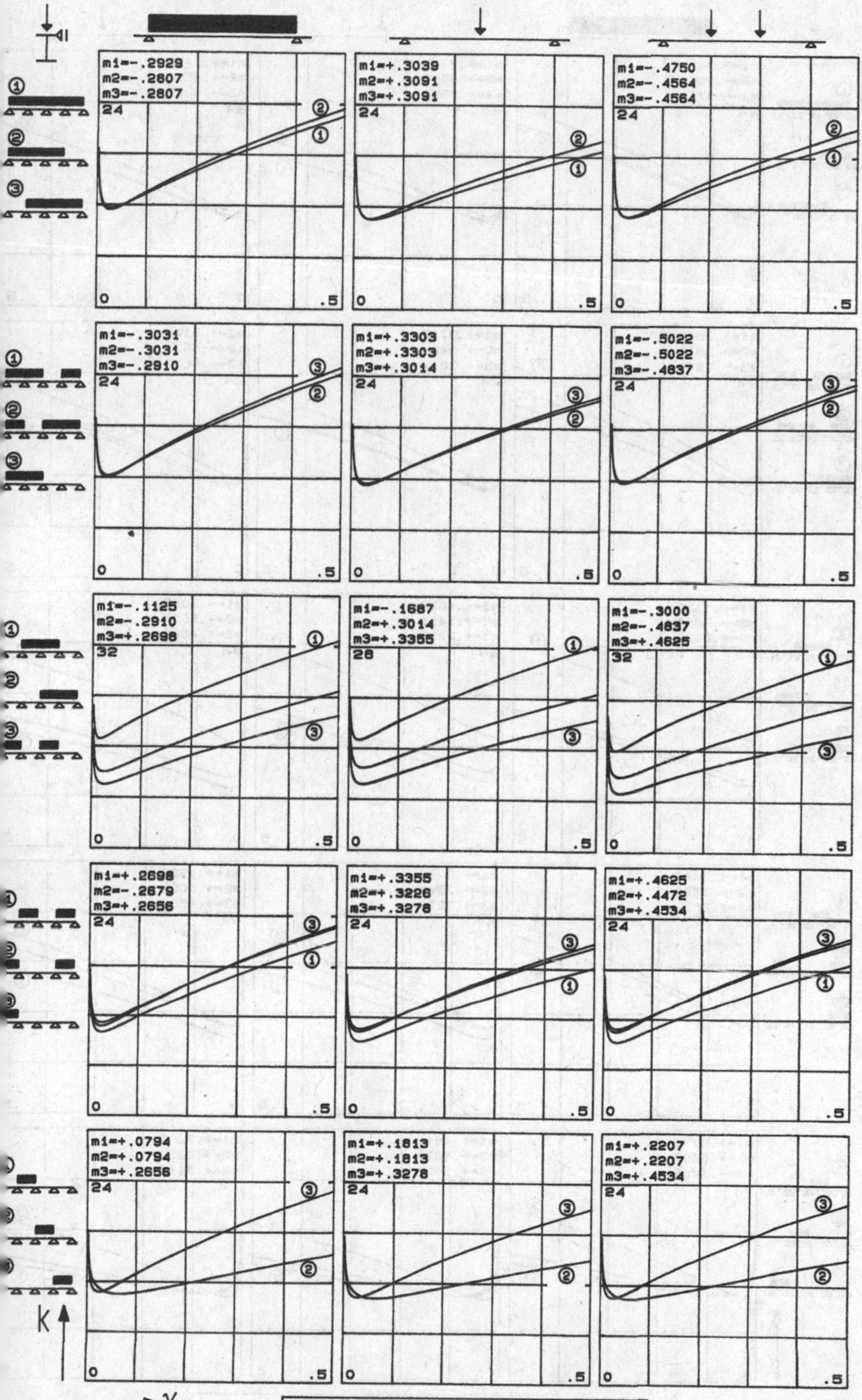

m1=-.2929
m2=-.2807
m3=-.2807
24
m1=+.3039
m2=+.3091
m3=+.3091
24
m1=-.4750
m2=-.4564
m3=-.4564
24
m1=-.3031
m2=-.3031
m3=-.2910
24
m1=+.3303
m2=+.3303
m3=+.3014
24
m1=-.5022
m2=-.5022
m3=-.4637
24
m1=-.1125
m2=-.2910
m3=+.2698
32
m1=-.1687
m2=+.3014
m3=+.3355
28
m1=-.3000
m2=-.4637
m3=+.4625
32
m1=+.2698
m2=-.2679
m3=+.2656
24
m1=+.3355
m2=+.3226
m3=+.3276
24
m1=+.4625
m2=+.4472
m3=+.4534
24
m1=+.0794
m2=+.0794
m3=+.2656
24
m1=+.1813
m2=+.1813
m3=+.3278
24
m1=+.2207
m2=+.2207
m3=+.4534
24
0
.5
K
X

TAFEL G/IV 171 : 1.75L-L-L-1.75L

G
IV

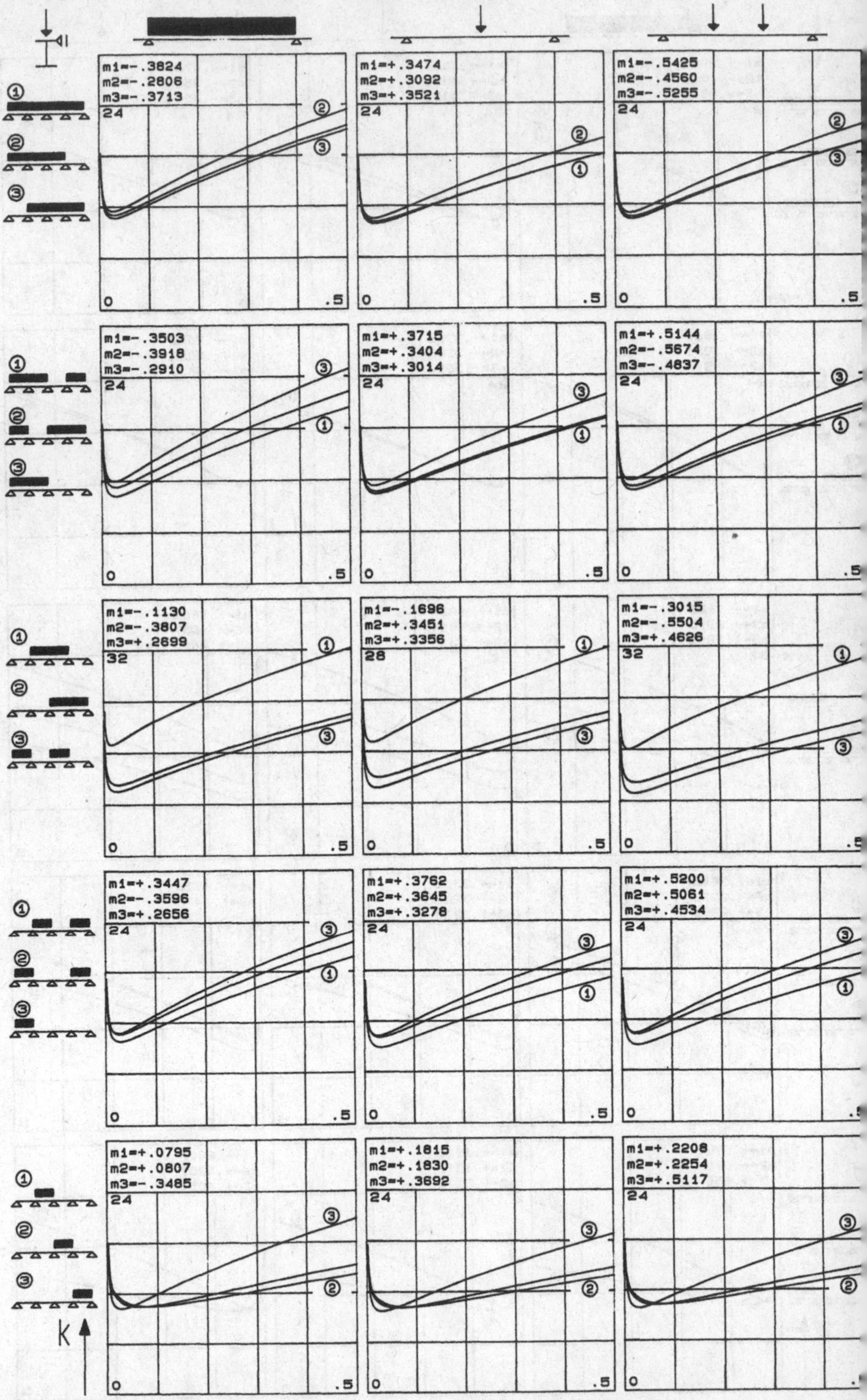

m1=-.3824
m2=-.2806
m3=-.3713
24
m1=+.3474
m2=+.3092
m3=+.3521
24
m1=-.5425
m2=-.4560
m3=-.5255
24
m1=-.3503
m2=-.3918
m3=-.2910
24
m1=+.3715
m2=+.3404
m3=+.3014
24
m1=+.5144
m2=-.5674
m3=-.4837
24
m1=-.1130
m2=-.3807
m3=+.2699
32
m1=-.1696
m2=+.3451
m3=+.3356
28
m1=-.3015
m2=-.5504
m3=+.4626
32
m1=+.3447
m2=-.3596
m3=+.2656
24
m1=+.3762
m2=+.3645
m3=+.3276
24
m1=+.5200
m2=+.5061
m3=+.4534
24
m1=+.0795
m2=+.0807
m3=-.3485
24
m1=+.1815
m2=+.1830
m3=+.3692
24
m1=+.2208
m2=+.2254
m3=+.5117
24
0
.5
K
X

TAFEL G/IV 172 : 1.75L-L-L-2L

GV

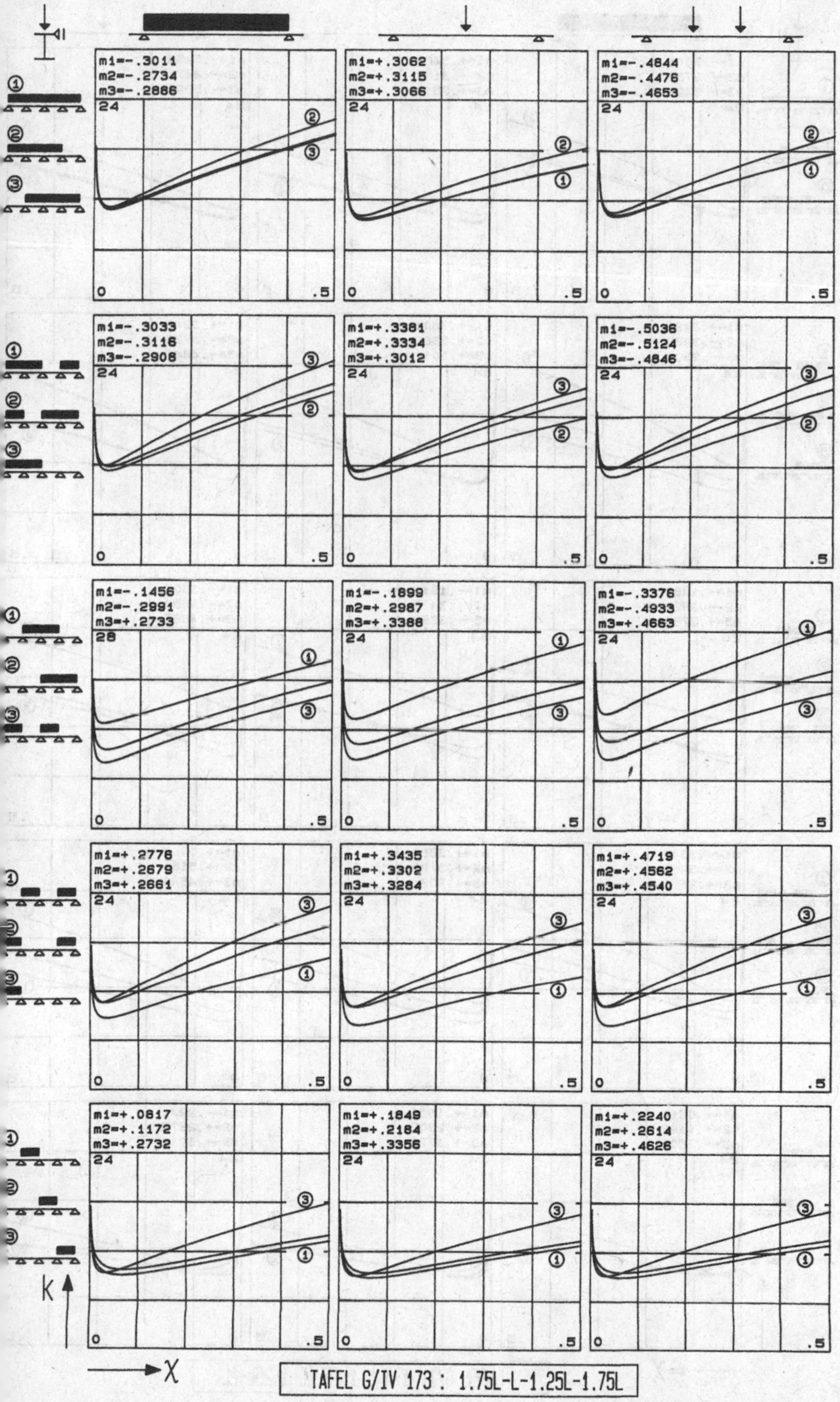

m1=-.3011
m2=-.2734
m3=-.2886
24
m1=+.3062
m2=+.3115
m3=+.3066
24
m1=-.4844
m2=-.4476
m3=-.4653
24
m1=-.3033
m2=-.3116
m3=-.2908
24
m1=+.3381
m2=+.3334
m3=+.3012
24
m1=-.5036
m2=-.5124
m3=-.4846
24
m1=-.1456
m2=-.2991
m3=+.2733
28
m1=-.1899
m2=+.2987
m3=+.3388
24
m1=-.3376
m2=-.4933
m3=+.4663
24
m1=+.2776
m2=+.2679
m3=+.2661
24
m1=+.3435
m2=+.3302
m3=+.3284
24
m1=+.4719
m2=+.4562
m3=+.4540
24
m1=+.0817
m2=+.1172
m3=+.2732
24
m1=+.1849
m2=+.2184
m3=+.3356
24
m1=+.2240
m2=+.2614
m3=+.4626
24
0
.5
K
X

TAFEL G/IV 173 : 1.75L-L-1.25L-1.75L

G IV

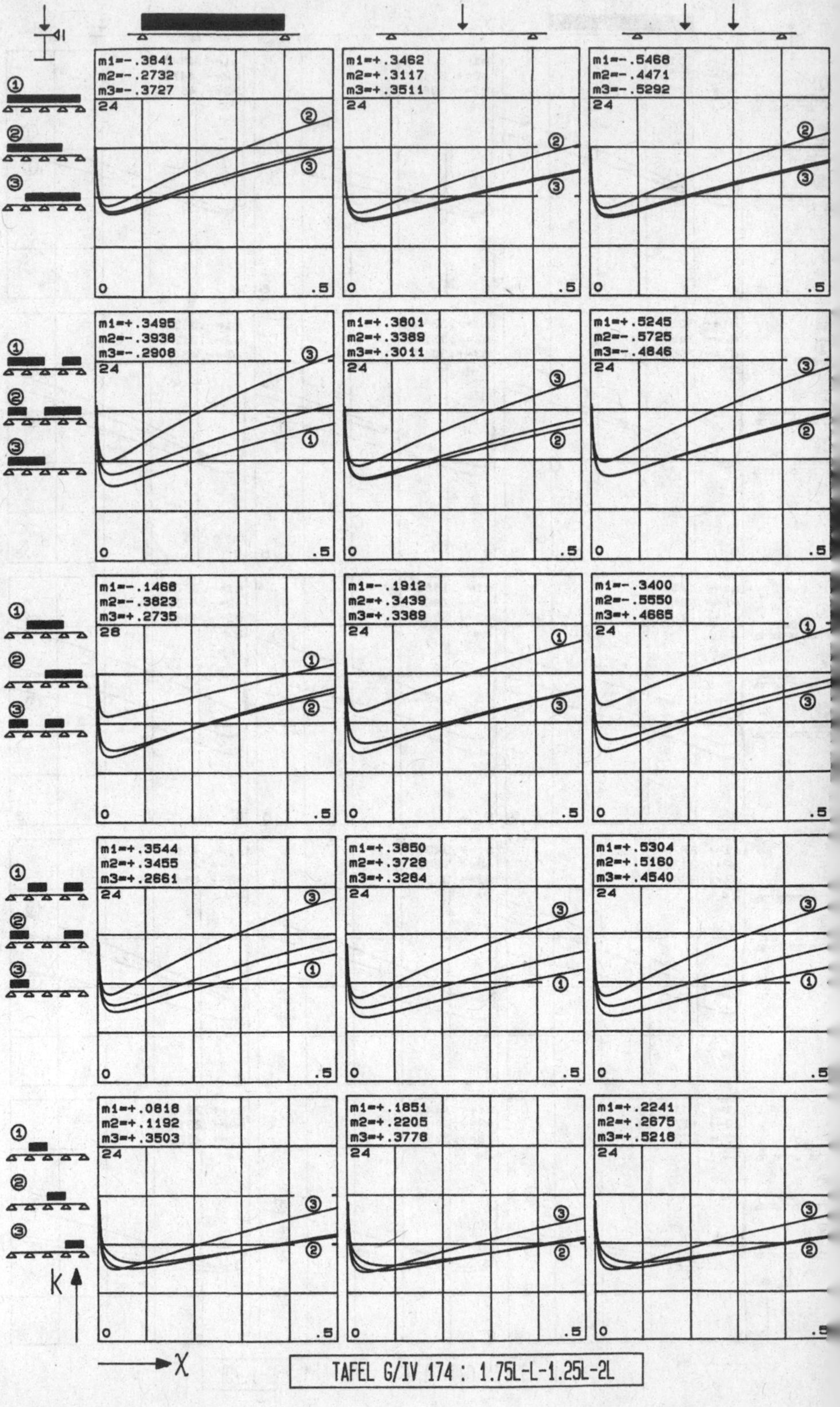

m1=-.3841
m2=-.2732
m3=-.3727
24
m1=+.3462
m2=+.3117
m3=+.3511
24
m1=-.5468
m2=-.4471
m3=-.5292
24
m1=+.3495
m2=-.3936
m3=-.2906
24
m1=+.3801
m2=+.3389
m3=+.3011
24
m1=+.5245
m2=-.5725
m3=-.4846
24
m1=-.1468
m2=-.3823
m3=+.2735
28
m1=-.1912
m2=+.3439
m3=+.3389
24
m1=-.3400
m2=-.5550
m3=+.4665
24
m1=+.3544
m2=+.3455
m3=+.2661
24
m1=+.3850
m2=+.3726
m3=+.3284
24
m1=+.5304
m2=+.5160
m3=+.4540
24
m1=+.0818
m2=+.1192
m3=+.3503
24
m1=+.1851
m2=+.2205
m3=+.3776
24
m1=+.2241
m2=+.2675
m3=+.5218
24
0
.5
K
X
G
V
TAFEL G/IV 174 : 1.75L-L-1.25L-2L

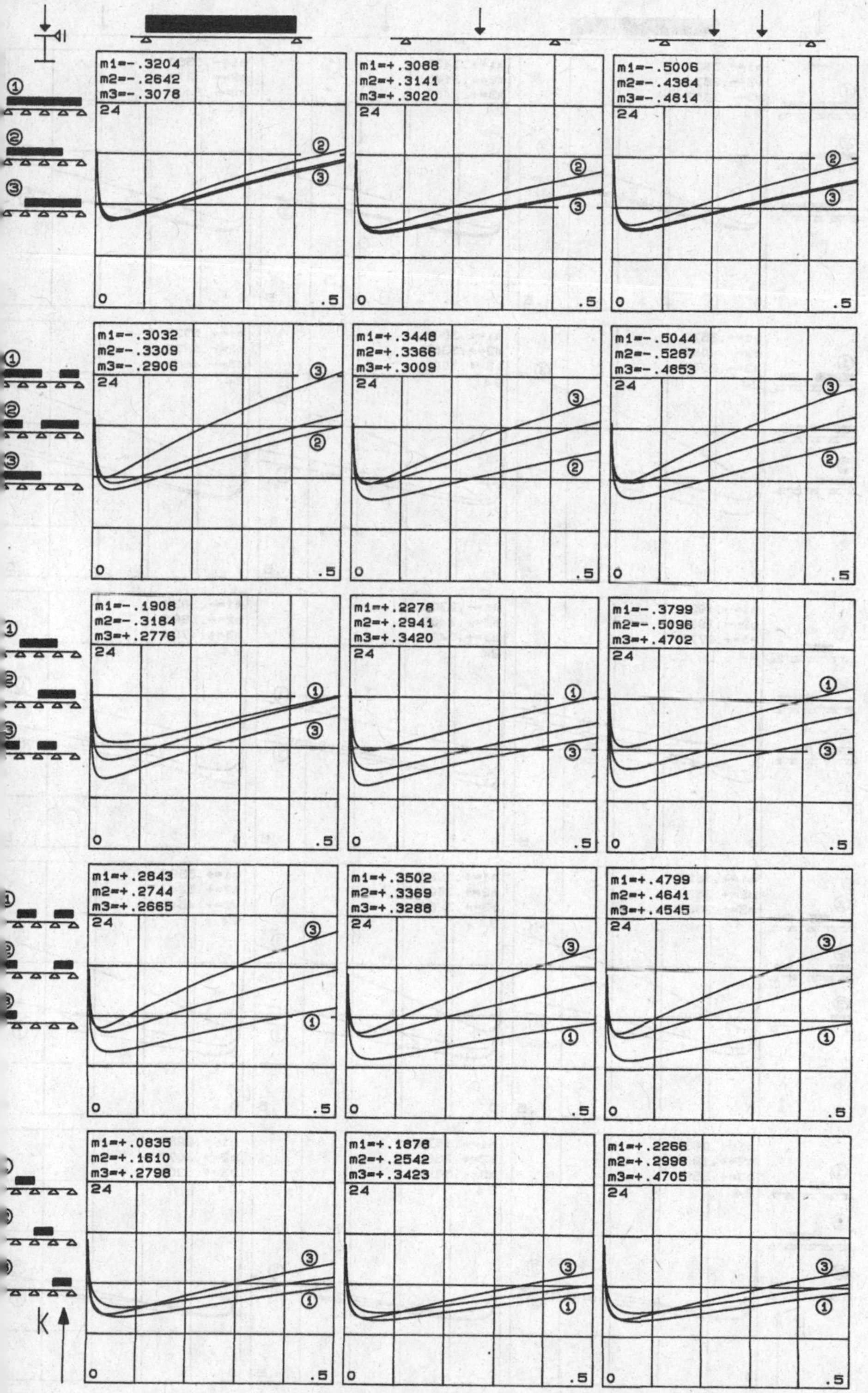
m1=-.3204
m2=-.2642
m3=-.3076
24
m1=+.3088
m2=+.3141
m3=+.3020
24
m1=-.5006
m2=-.4384
m3=-.4614
24
m1=-.3032
m2=-.3309
m3=-.2906
24
m1=+.3446
m2=+.3366
m3=+.3009
24
m1=-.5044
m2=-.5267
m3=-.4853
24
m1=-.1908
m2=-.3184
m3=+.2776
24
m1=+.2278
m2=+.2941
m3=+.3420
24
m1=-.3799
m2=-.5096
m3=+.4702
24
m1=+.2843
m2=+.2744
m3=+.2665
24
m1=+.3502
m2=+.3369
m3=+.3288
24
m1=+.4799
m2=+.4641
m3=+.4545
24
m1=+.0835
m2=+.1610
m3=+.2798
24
m1=+.1876
m2=+.2542
m3=+.3423
24
m1=+.2266
m2=+.2998
m3=+.4705
24
0
.5
K
X

TAFEL G/IV 175 : 1.75L-L-1.5L-1.75L

G IV

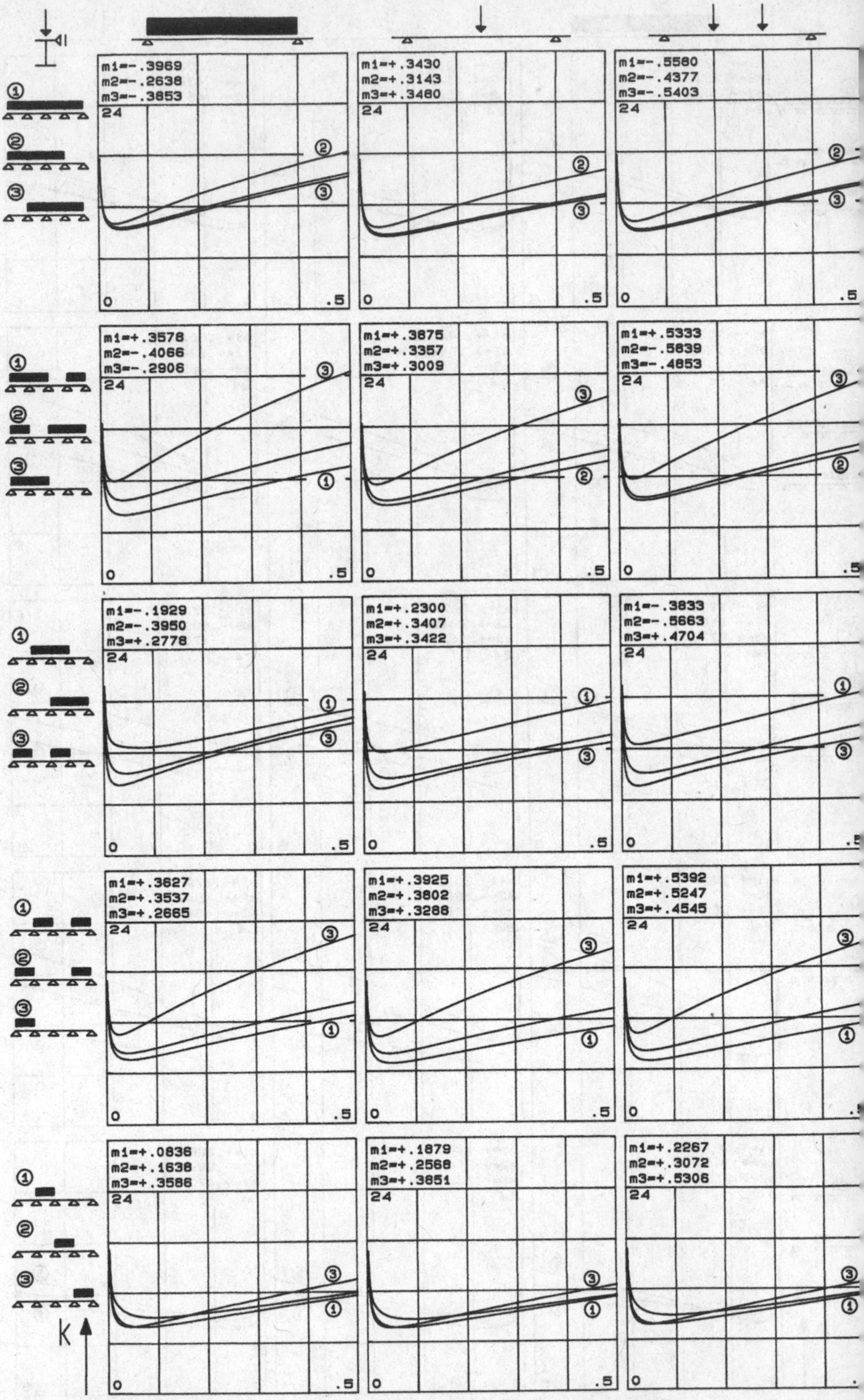

m1=-.3969
m2=-.2636
m3=-.3853
m1=+.3430
m2=+.3143
m3=+.3480
m1=-.5580
m2=-.4377
m3=-.5403
m1=+.3578
m2=-.4066
m3=-.2906
m1=+.3875
m2=+.3357
m3=+.3009
m1=+.5333
m2=-.5839
m3=-.4853
m1=-.1929
m2=-.3950
m3=+.2778
m1=+.2300
m2=+.3407
m3=+.3422
m1=-.3833
m2=-.5663
m3=+.4704
m1=+.3627
m2=+.3537
m3=+.2665
m1=+.3925
m2=+.3802
m3=+.3286
m1=+.5392
m2=+.5247
m3=+.4545
m1=+.0836
m2=+.1638
m3=+.3586
m1=+.1879
m2=+.2568
m3=+.3851
m1=+.2267
m2=+.3072
m3=+.5306
K
X

TAFEL G/IV 176 : 1.75L-L-1.5L-2L

G IV

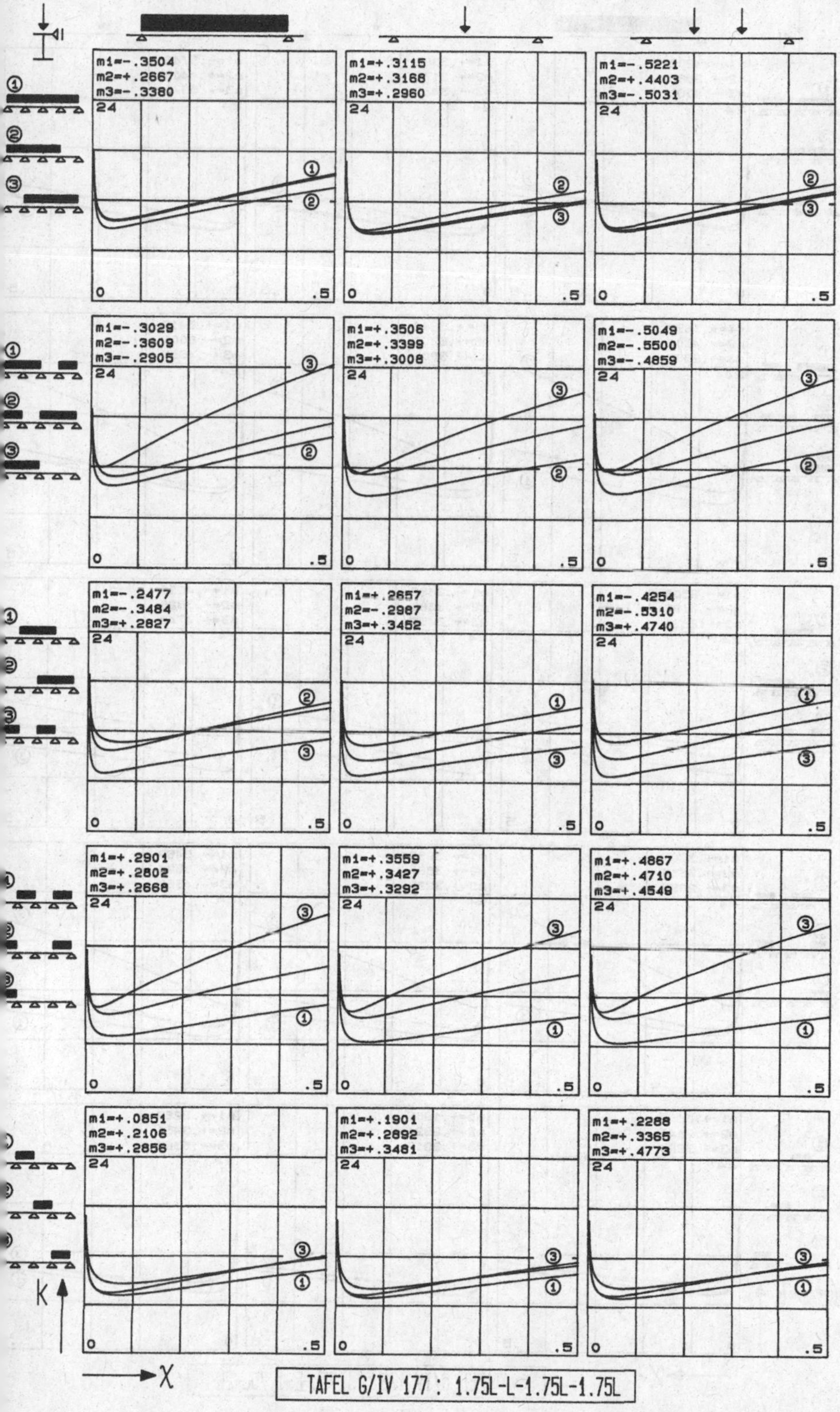

m1=-.3504
m2=+.2667
m3=-.3380
24
m1=+.3115
m2=+.3166
m3=+.2960
m1=-.5221
m2=+.4403
m3=-.5031
m1=-.3029
m2=-.3609
m3=-.2905
m1=+.3506
m2=+.3399
m3=+.3008
m1=-.5049
m2=-.5500
m3=-.4859
m1=-.2477
m2=-.3484
m3=+.2827
m1=+.2657
m2=-.2987
m3=+.3452
m1=-.4254
m2=-.5310
m3=+.4740
m1=+.2901
m2=+.2802
m3=+.2668
m1=+.3559
m2=+.3427
m3=+.3292
m1=+.4867
m2=+.4710
m3=+.4548
m1=+.0851
m2=+.2106
m3=+.2856
m1=+.1901
m2=+.2692
m3=+.3481
m1=+.2288
m2=+.3365
m3=+.4773
0
.5
K
X

TAFEL G/IV 177 : 1.75L-L-1.75L-1.75L

G
IV

m1=-.4205 m2=+.2669 m3=-.4069 24	m1=+.3383 m2=+.3171 m3=+.3433 24	m1=-.5746 m2=+.4406 m3=-.5570 24
m1=+.3652 m2=-.4302 m3=-.2905 24	m1=+.3940 m2=+.3390 m3=+.3008 24	m1=+.5410 m2=-.6006 m3=-.4859 24
m1=-.2508 m2=-.4186 m3=+.2830 24	m1=+.2682 m2=+.3360 m3=+.3455 24	m1=-.4298 m2=-.5829 m3=+.4743 24
m1=+.3701 m2=+.3610 m3=+.2669 24	m1=+.3989 m2=+.3867 m3=+.3292 24	m1=+.5469 m2=+.5324 m3=+.4550 24
m1=+.0852 m2=+.2143 m3=+.3660 24	m1=+.1903 m2=+.2921 m3=+.3916 24	m1=+.2289 m2=+.3451 m3=+.5382 24

K

X

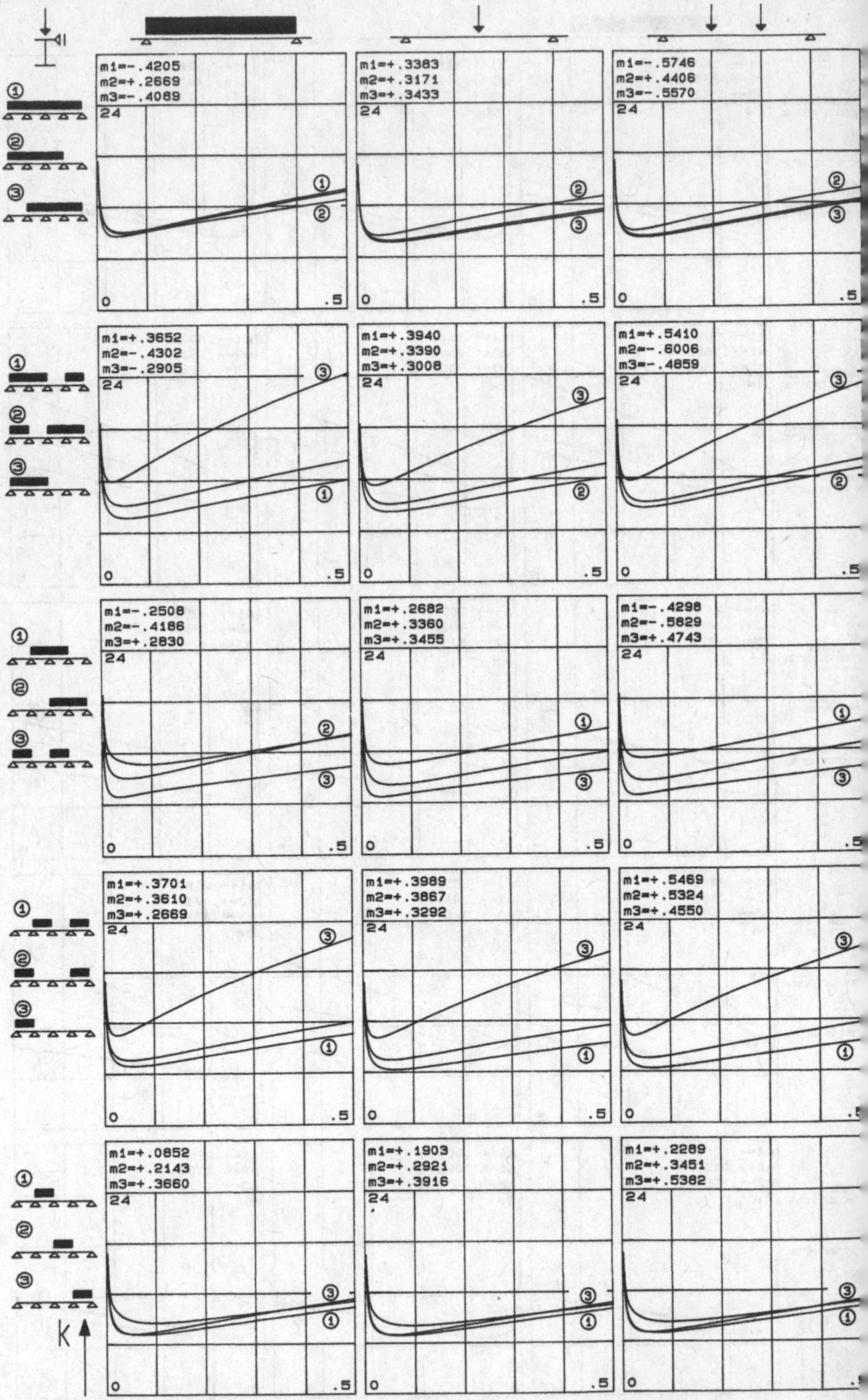

TAFEL G/IV 178 : 1.75L-L-1.75L-2L

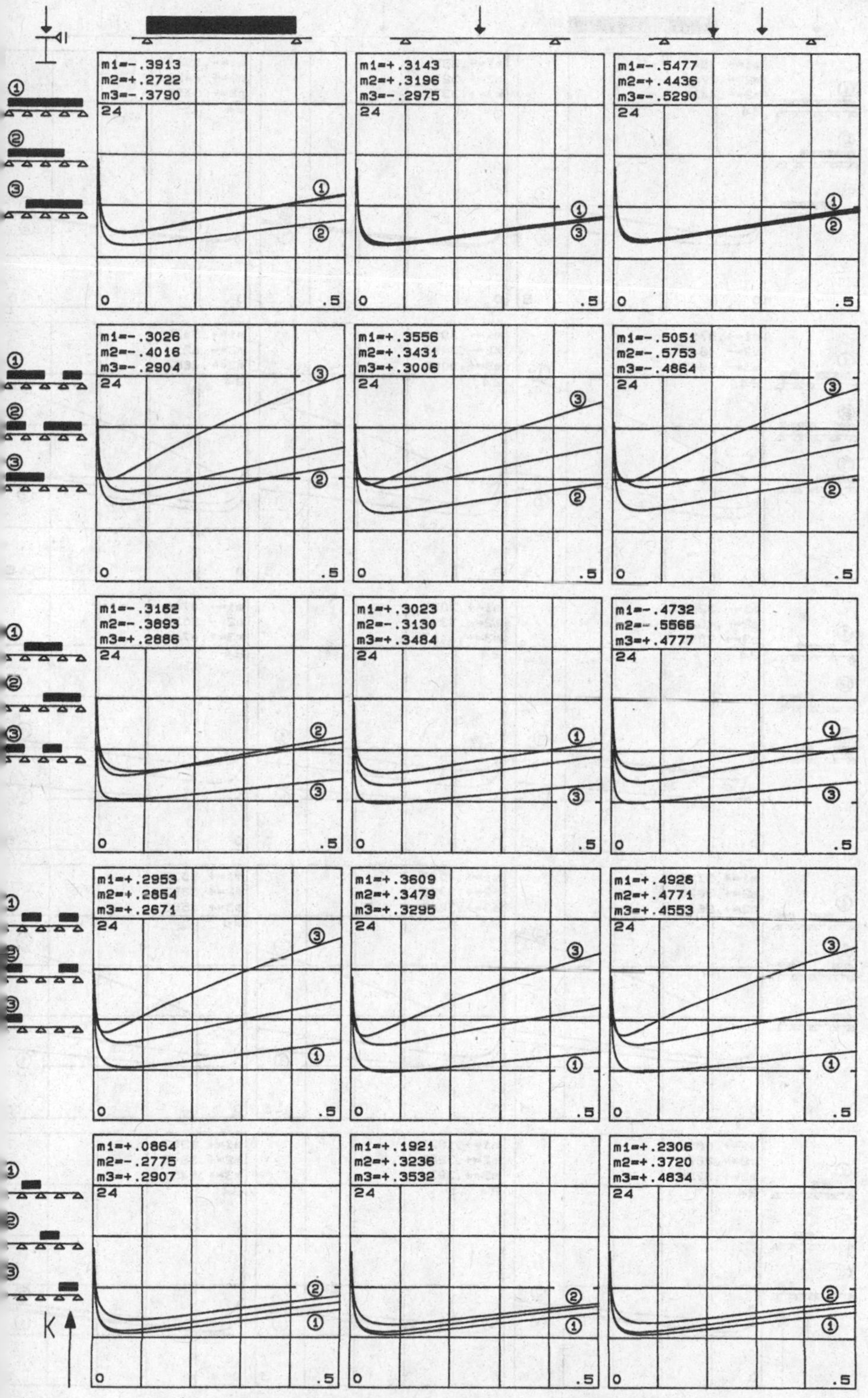

m1=-.3913
m2=+.2722
m3=-.3790
24
m1=+.3143
m2=+.3196
m3=-.2975
24
m1=-.5477
m2=+.4436
m3=-.5290
24
m1=-.3026
m2=-.4016
m3=-.2904
24
m1=+.3556
m2=+.3431
m3=+.3006
24
m1=-.5051
m2=-.5753
m3=-.4864
24
m1=-.3162
m2=-.3893
m3=+.2886
24
m1=+.3023
m2=-.3130
m3=+.3484
24
m1=-.4732
m2=-.5566
m3=+.4777
24
m1=+.2953
m2=+.2854
m3=+.2671
24
m1=+.3609
m2=+.3479
m3=+.3295
24
m1=+.4926
m2=+.4771
m3=+.4553
24
m1=+.0864
m2=-.2775
m3=+.2907
24
m1=+.1921
m2=+.3236
m3=+.3532
24
m1=+.2306
m2=+.3720
m3=+.4834
24
0
.5
K
X

TAFEL G/IV 179 : 1.75L-L-2L-1.75L

G IV

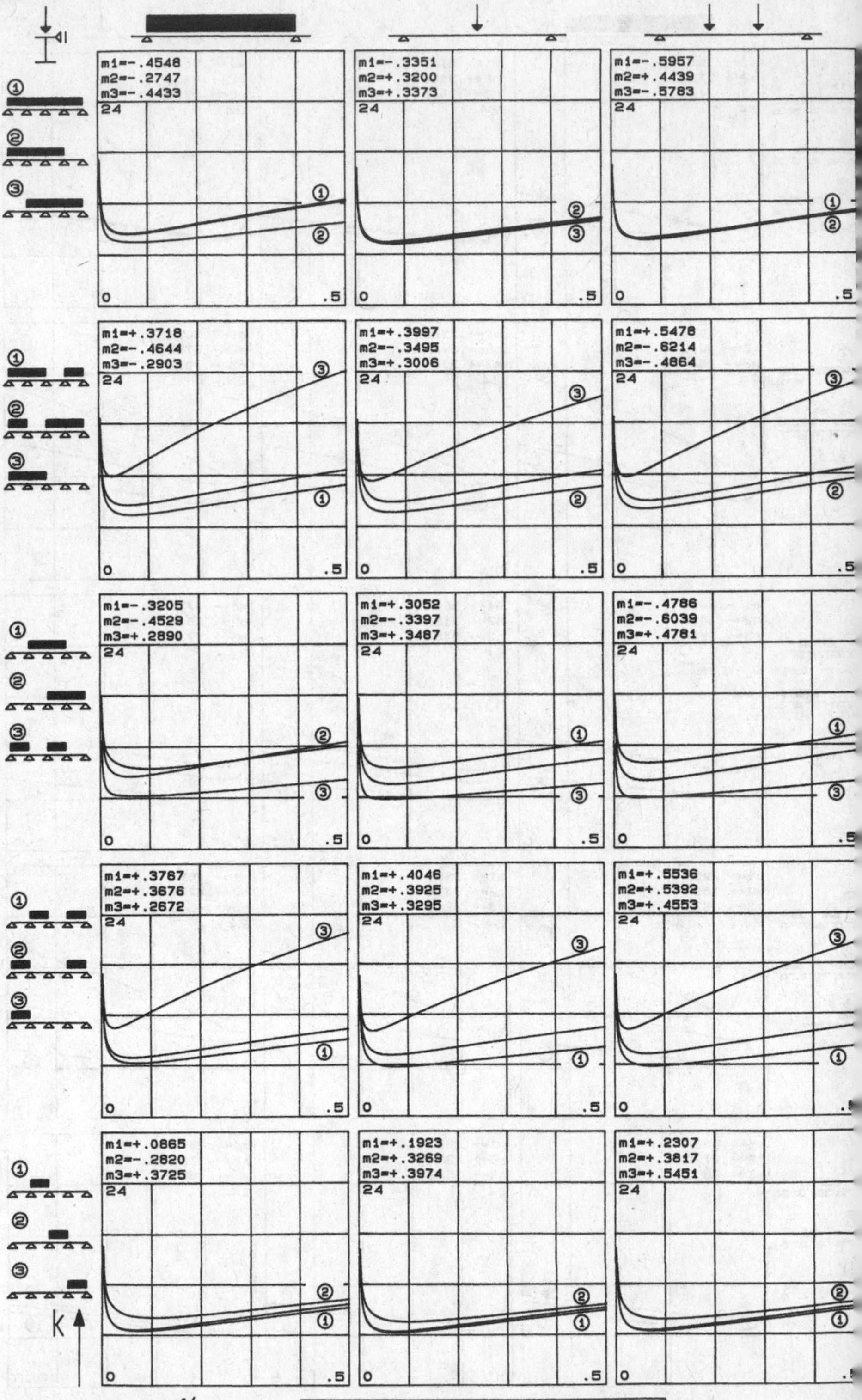

m1=-.4548
m2=-.2747
m3=-.4433
m1=-.3351
m2=+.3200
m3=+.3373
m1=-.5957
m2=+.4439
m3=-.5783
m1=+.3718
m2=-.4644
m3=-.2903
m1=+.3997
m2=-.3495
m3=+.3006
m1=+.5478
m2=-.6214
m3=-.4864
m1=-.3205
m2=-.4529
m3=+.2890
m1=+.3052
m2=-.3397
m3=+.3487
m1=-.4786
m2=-.6039
m3=+.4781
m1=+.3767
m2=+.3676
m3=+.2672
m1=+.4046
m2=+.3925
m3=+.3295
m1=+.5536
m2=+.5392
m3=+.4553
m1=+.0865
m2=-.2820
m3=+.3725
m1=+.1923
m2=+.3269
m3=+.3974
m1=+.2307
m2=+.3817
m3=+.5451
24
0
.5
K
X
GV

TAFEL G/IV 180 : 1.75L-L-2L-2L

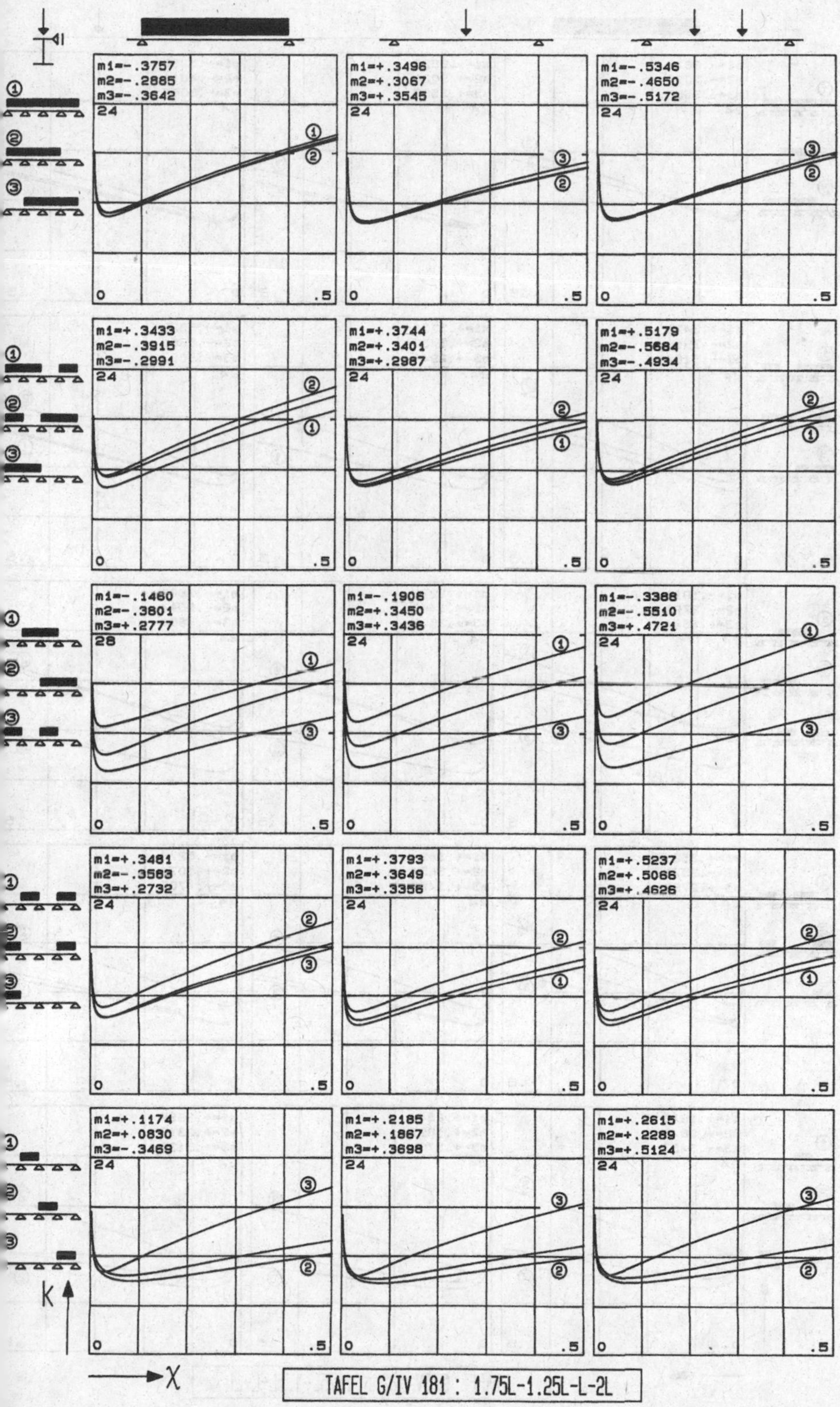

m1=-.3757
m2=-.2885
m3=-.3642
24
m1=+.3496
m2=+.3067
m3=+.3545
24
m1=-.5346
m2=-.4650
m3=-.5172
24
m1=+.3433
m2=-.3915
m3=-.2991
24
m1=+.3744
m2=+.3401
m3=+.2987
24
m1=+.5179
m2=-.5684
m3=-.4934
24
m1=-.1460
m2=-.3801
m3=+.2777
28
m1=-.1906
m2=+.3450
m3=+.3436
24
m1=-.3388
m2=-.5510
m3=+.4721
24
m1=+.3481
m2=-.3563
m3=+.2732
24
m1=+.3793
m2=+.3649
m3=+.3356
24
m1=+.5237
m2=+.5066
m3=+.4626
24
m1=+.1174
m2=+.0830
m3=-.3469
24
m1=+.2185
m2=+.1867
m3=+.3698
24
m1=+.2615
m2=+.2289
m3=+.5124
24
0
.5
K
X

TAFEL G/IV 181 : 1.75L-1.25L-L-2L

G IV

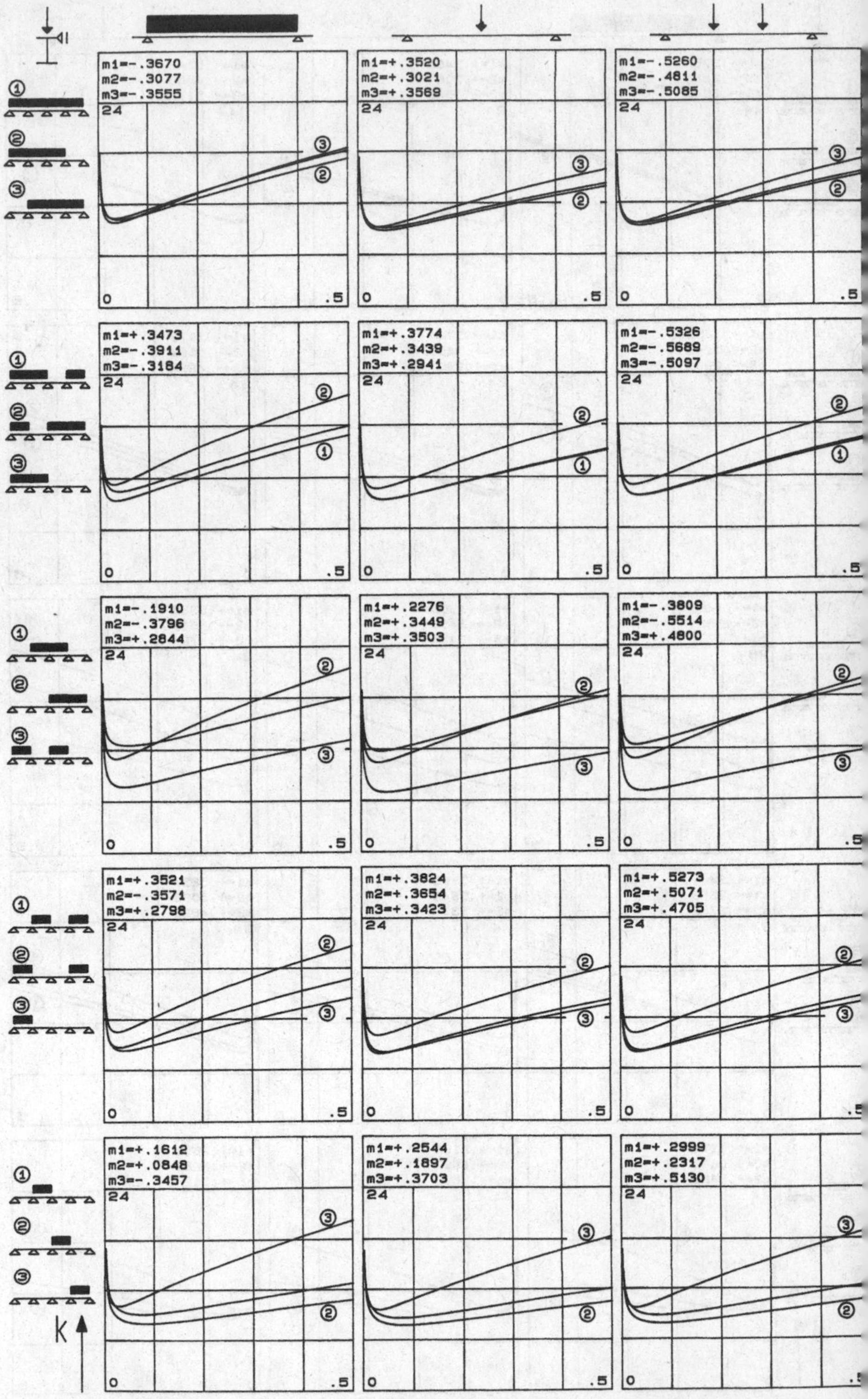

m1=-.3670
m2=-.3077
m3=-.3555
m1=+.3520
m2=+.3021
m3=+.3569
m1=-.5260
m2=-.4811
m3=-.5085
m1=+.3473
m2=-.3911
m3=-.3184
m1=+.3774
m2=+.3439
m3=+.2941
m1=-.5326
m2=-.5689
m3=-.5097
m1=-.1910
m2=-.3796
m3=+.2844
m1=+.2276
m2=+.3449
m3=+.3503
m1=-.3809
m2=-.5514
m3=+.4800
m1=+.3521
m2=-.3571
m3=+.2798
m1=+.3824
m2=+.3654
m3=+.3423
m1=+.5273
m2=+.5071
m3=+.4705
m1=+.1612
m2=+.0848
m3=-.3457
m1=+.2544
m2=+.1897
m3=+.3703
m1=+.2999
m2=+.2317
m3=+.5130
24
0
.5
K
X
GV

TAFEL G/IV 182 : 1.75L-1.5L-L-2L

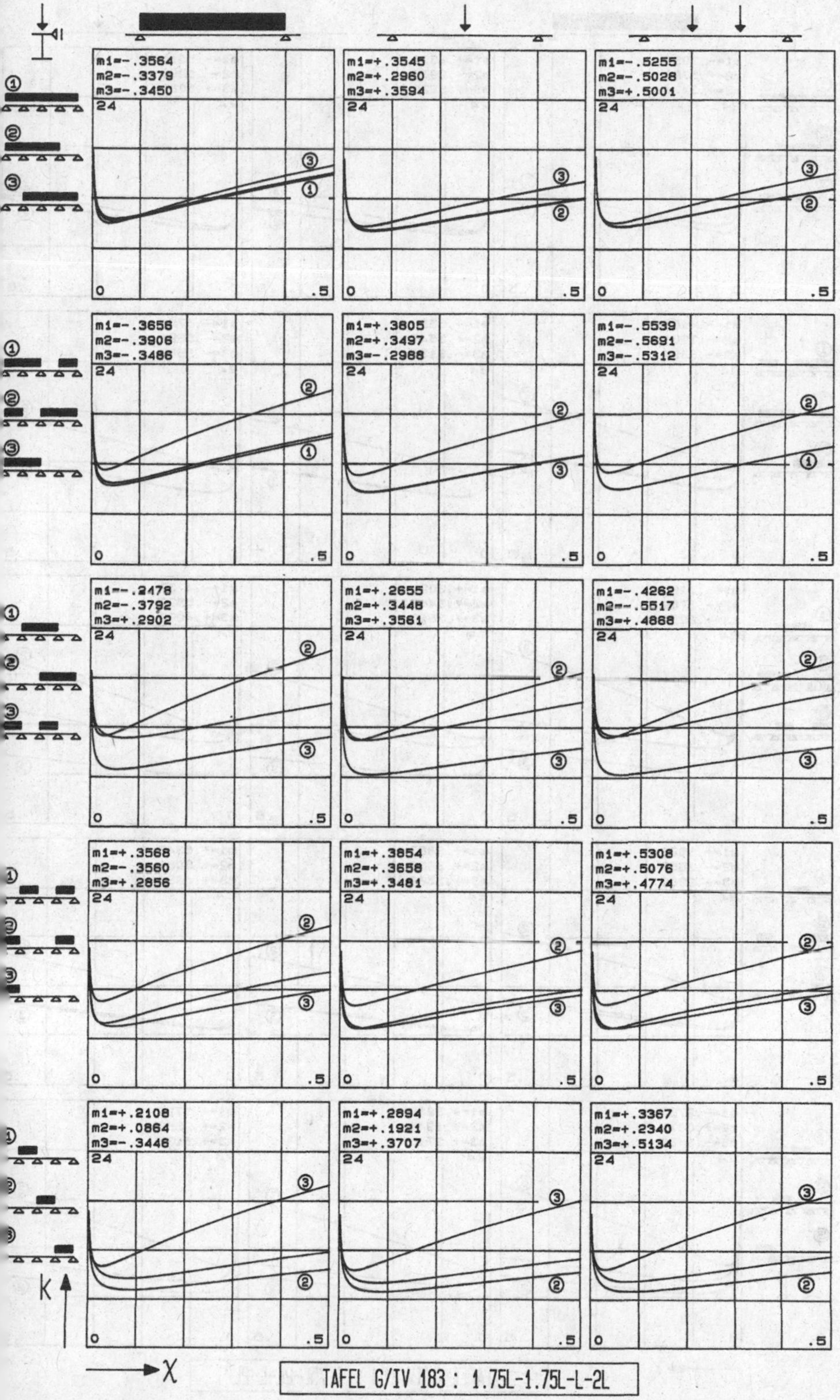
m1=-.3564
m2=-.3379
m3=-.3450
m1=+.3545
m2=+.2960
m3=+.3594
m1=-.5255
m2=-.5028
m3=+.5001
m1=-.3656
m2=-.3906
m3=-.3486
m1=+.3805
m2=+.3497
m3=-.2988
m1=-.5539
m2=-.5691
m3=-.5312
m1=-.2478
m2=-.3792
m3=+.2902
m1=+.2655
m2=+.3448
m3=+.3561
m1=-.4262
m2=-.5517
m3=+.4868
m1=+.3568
m2=-.3560
m3=+.2856
m1=+.3854
m2=+.3658
m3=+.3481
m1=+.5308
m2=+.5076
m3=+.4774
m1=+.2108
m2=+.0864
m3=-.3446
m1=+.2894
m2=+.1921
m3=+.3707
m1=+.3367
m2=+.2340
m3=+.5134
K
X

TAFEL G/IV 183 : 1.75L-1.75L-L-2L

G IV

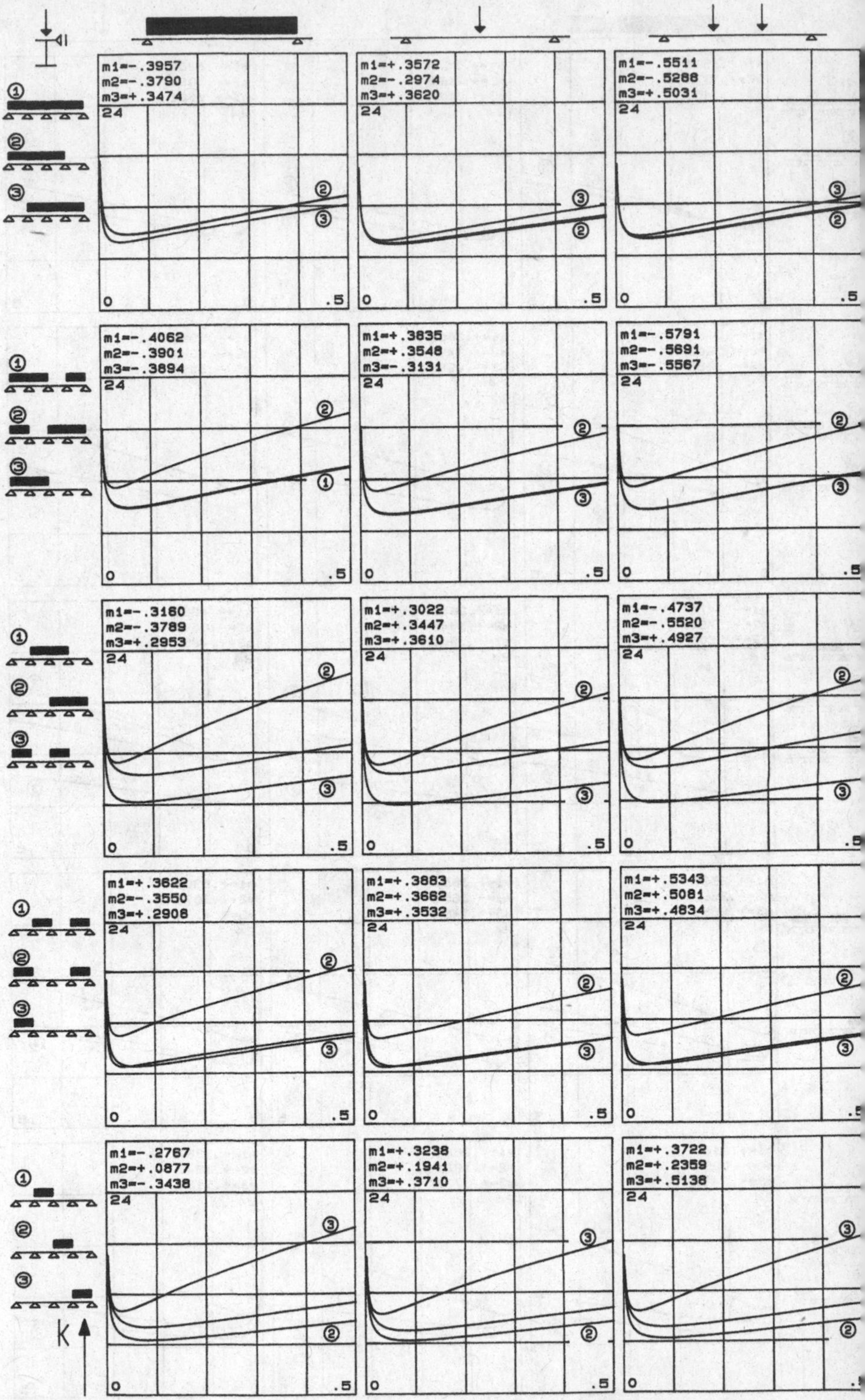

m1=-.3957
m2=-.3790
m3=+.3474
m1=+.3572
m2=-.2974
m3=+.3620
m1=-.5511
m2=-.5288
m3=+.5031
m1=-.4062
m2=-.3901
m3=-.3894
m1=+.3835
m2=+.3548
m3=-.3131
m1=-.5791
m2=-.5691
m3=-.5567
m1=-.3160
m2=-.3789
m3=+.2953
m1=+.3022
m2=+.3447
m3=+.3610
m1=-.4737
m2=-.5520
m3=+.4927
m1=+.3622
m2=-.3550
m3=+.2908
m1=+.3883
m2=+.3662
m3=+.3532
m1=+.5343
m2=+.5081
m3=+.4834
m1=-.2767
m2=+.0877
m3=-.3438
m1=+.3238
m2=+.1941
m3=+.3710
m1=+.3722
m2=+.2359
m3=+.5138
K
X

TAFEL G/IV 184 : 1.75L-2L-L-2L

G IV

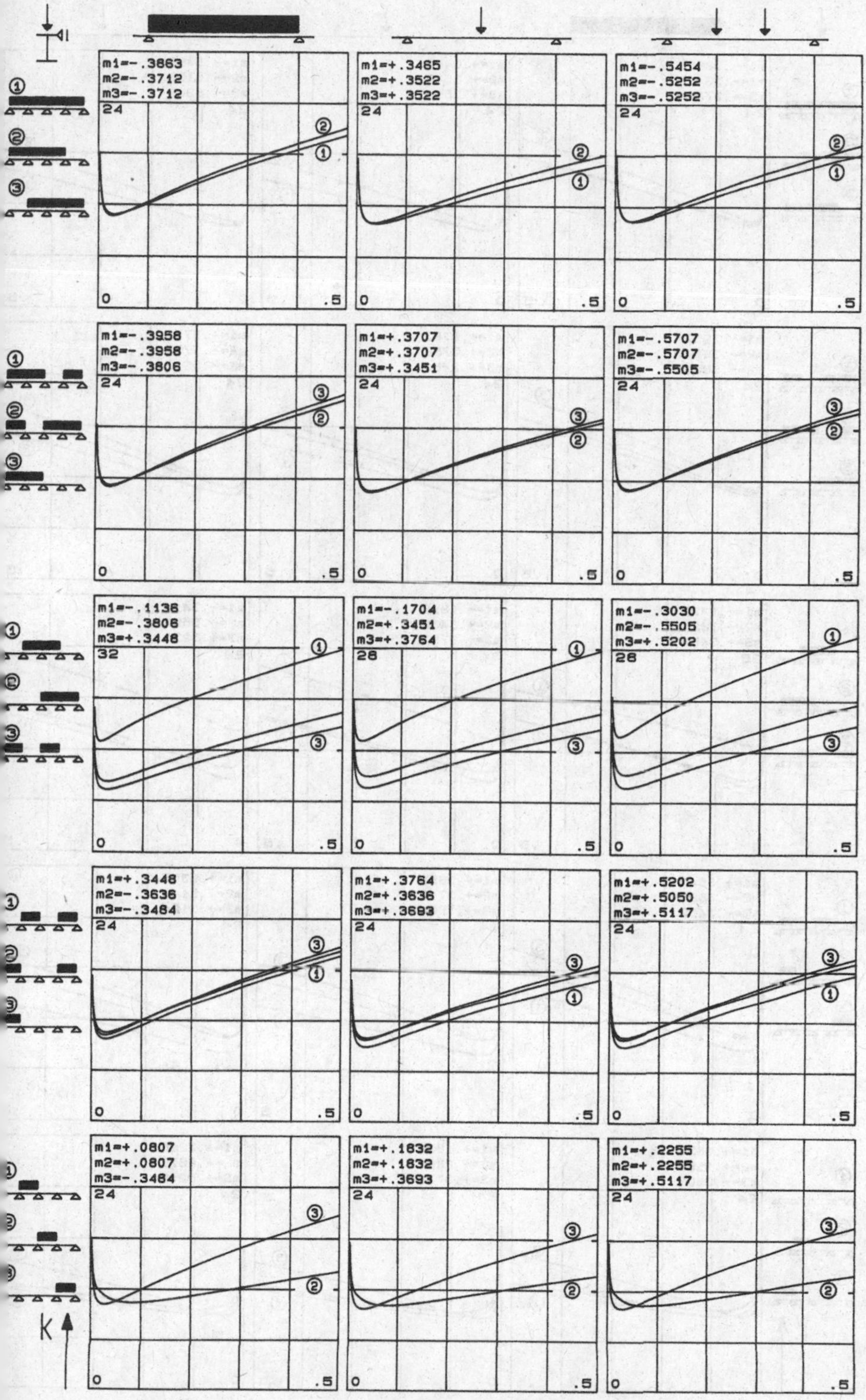

m1=-.3863
m2=-.3712
m3=-.3712
24
m1=+.3465
m2=+.3522
m3=+.3522
24
m1=-.5454
m2=-.5252
m3=-.5252
24
m1=-.3958
m2=-.3958
m3=-.3806
24
m1=+.3707
m2=+.3707
m3=+.3451
24
m1=-.5707
m2=-.5707
m3=-.5505
24
m1=-.1136
m2=-.3806
m3=+.3448
32
m1=-.1704
m2=+.3451
m3=+.3764
28
m1=-.3030
m2=-.5505
m3=+.5202
28
m1=+.3448
m2=-.3636
m3=-.3484
24
m1=+.3764
m2=+.3636
m3=+.3693
24
m1=+.5202
m2=+.5050
m3=+.5117
24
m1=+.0807
m2=+.0807
m3=-.3484
24
m1=+.1632
m2=+.1632
m3=+.3693
24
m1=+.2255
m2=+.2255
m3=+.5117
24
0
.5
K
X

TAFEL G/IV 185 : 2L-L-L-2L

G IV

① ② ③	m1=-.3882 m2=-.3640 m3=-.3725 24	m1=+.3487 m2=+.3546 m3=+.3512 24	m1=-.5498 m2=-.5167 m3=-.5289 24
① ② ③	m1=-.3957 m2=-.3980 m3=-.3800 24	m1=+.3793 m2=+.3736 m3=+.3450 24	m1=-.5719 m2=-.5759 m3=-.5510 24
① ② ③	m1=-.1472 m2=-.3823 m3=+.3482 28	m1=-.1919 m2=+.3438 m3=+.3795 24	m1=-.3412 m2=-.5550 m3=+.5239 24
① ② ③	m1=+.3544 m2=-.3625 m3=-.3469 24	m1=+.3851 m2=+.3719 m3=+.3699 24	m1=+.5305 m2=+.5149 m3=+.5124 24
① ② ③	m1=+.0831 m2=+.1193 m3=+.3503 24	m1=+.1869 m2=+.2207 m3=+.3778 24	m1=+.2290 m2=+.2676 m3=+.5218 24

K ↑ → X (0 … .5)

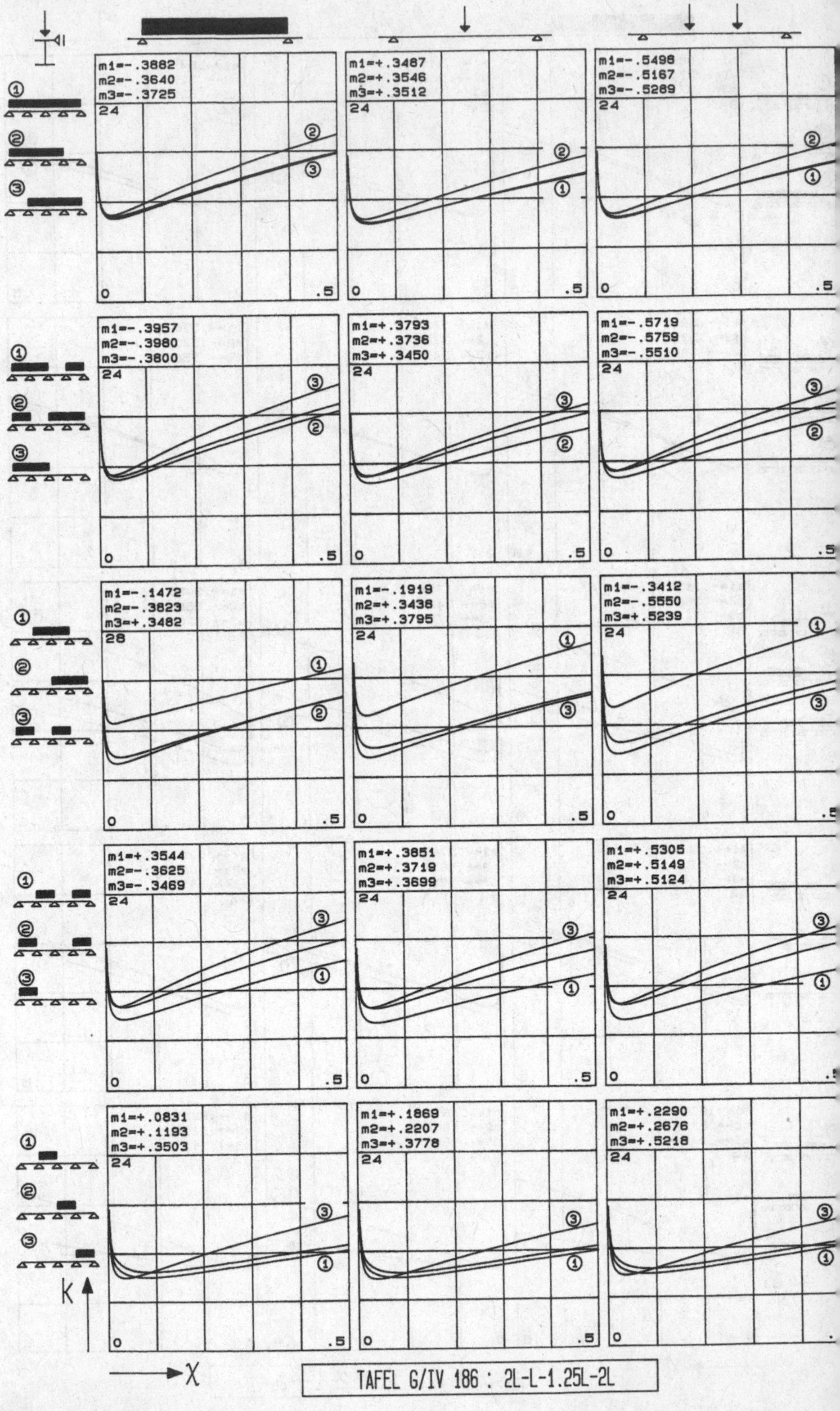

TAFEL G/IV 186 : 2L-L-1.25L-2L

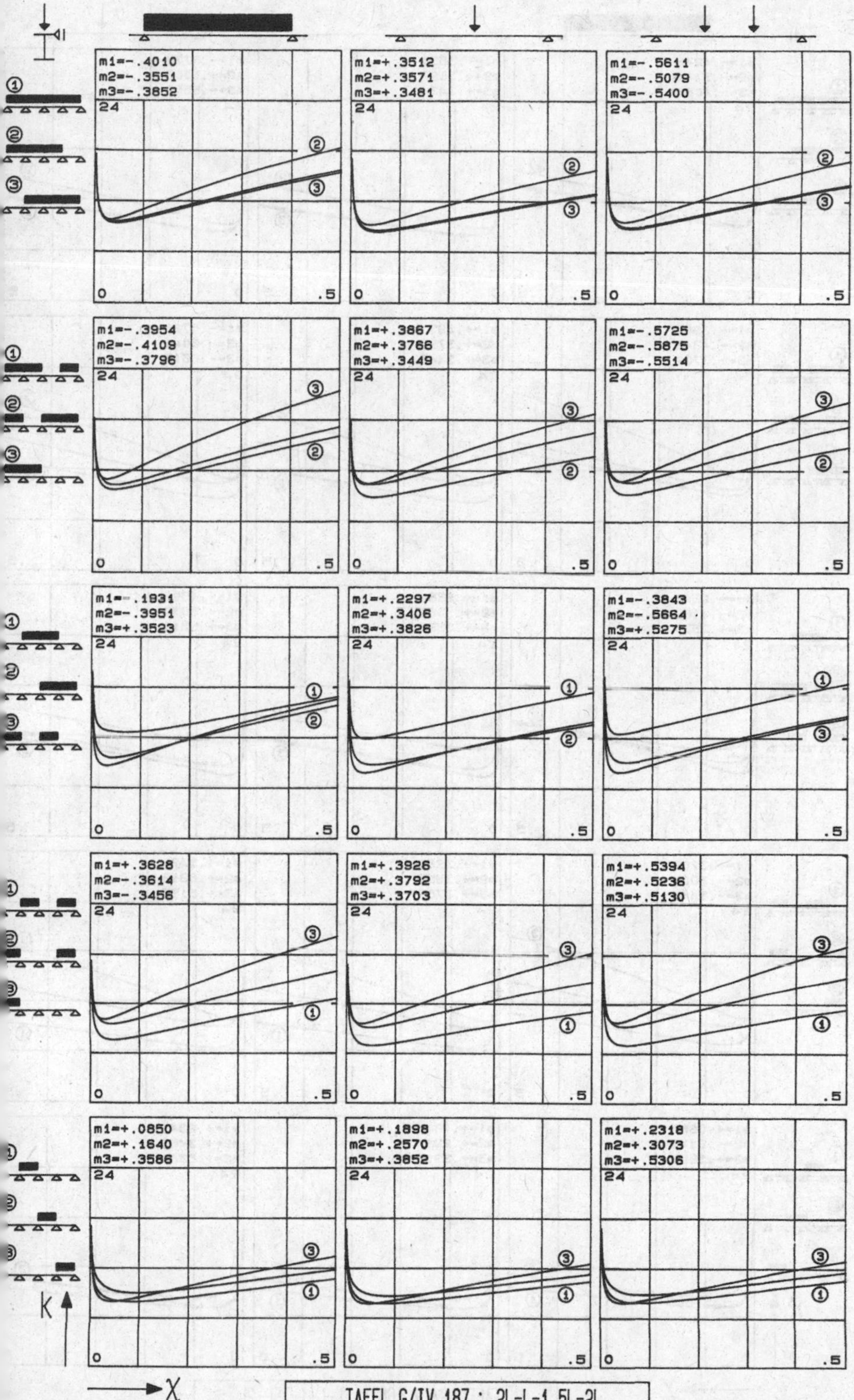

m1=-.4010
m2=-.3551
m3=-.3852
m1=+.3512
m2=+.3571
m3=+.3481
m1=-.5611
m2=-.5079
m3=-.5400
m1=-.3954
m2=-.4109
m3=-.3796
m1=+.3867
m2=+.3766
m3=+.3449
m1=-.5725
m2=-.5875
m3=-.5514
m1=-.1831
m2=-.3951
m3=+.3523
m1=+.2297
m2=+.3406
m3=+.3826
m1=-.3843
m2=-.5664
m3=+.5275
m1=+.3628
m2=-.3614
m3=-.3456
m1=+.3926
m2=+.3792
m3=+.3703
m1=+.5394
m2=+.5236
m3=+.5130
m1=+.0850
m2=+.1640
m3=+.3586
m1=+.1898
m2=+.2570
m3=+.3852
m1=+.2318
m2=+.3073
m3=+.5306
24
0
.5
K
X

TAFEL G/IV 187 : 2L-L-1.5L-2L

G IV

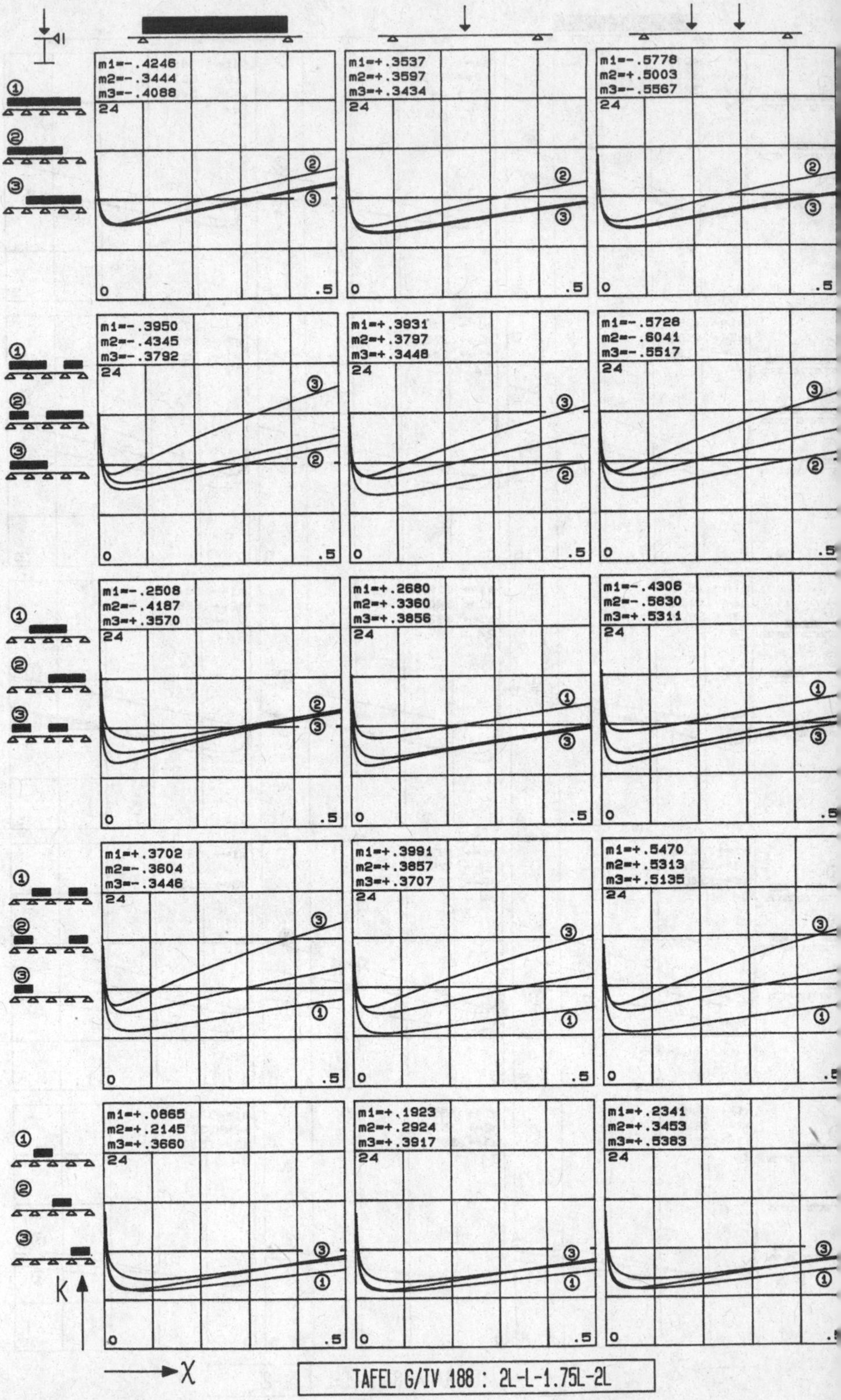

m1=-.4246
m2=-.3444
m3=-.4088
m1=+.3537
m2=+.3597
m3=+.3434
m1=-.5778
m2=+.5003
m3=-.5567
m1=-.3950
m2=-.4345
m3=-.3792
m1=+.3931
m2=+.3797
m3=+.3448
m1=-.5728
m2=-.6041
m3=-.5517
m1=-.2508
m2=-.4187
m3=+.3570
m1=+.2680
m2=+.3360
m3=+.3856
m1=-.4306
m2=-.5830
m3=+.5311
m1=+.3702
m2=-.3604
m3=-.3446
m1=+.3991
m2=+.3857
m3=+.3707
m1=+.5470
m2=+.5313
m3=+.5135
m1=+.0865
m2=+.2145
m3=+.3660
m1=+.1923
m2=+.2924
m3=+.3917
m1=+.2341
m2=+.3453
m3=+.5383
K
X

TAFEL G/IV 188 : 2L-L-1.75L-2L

GV

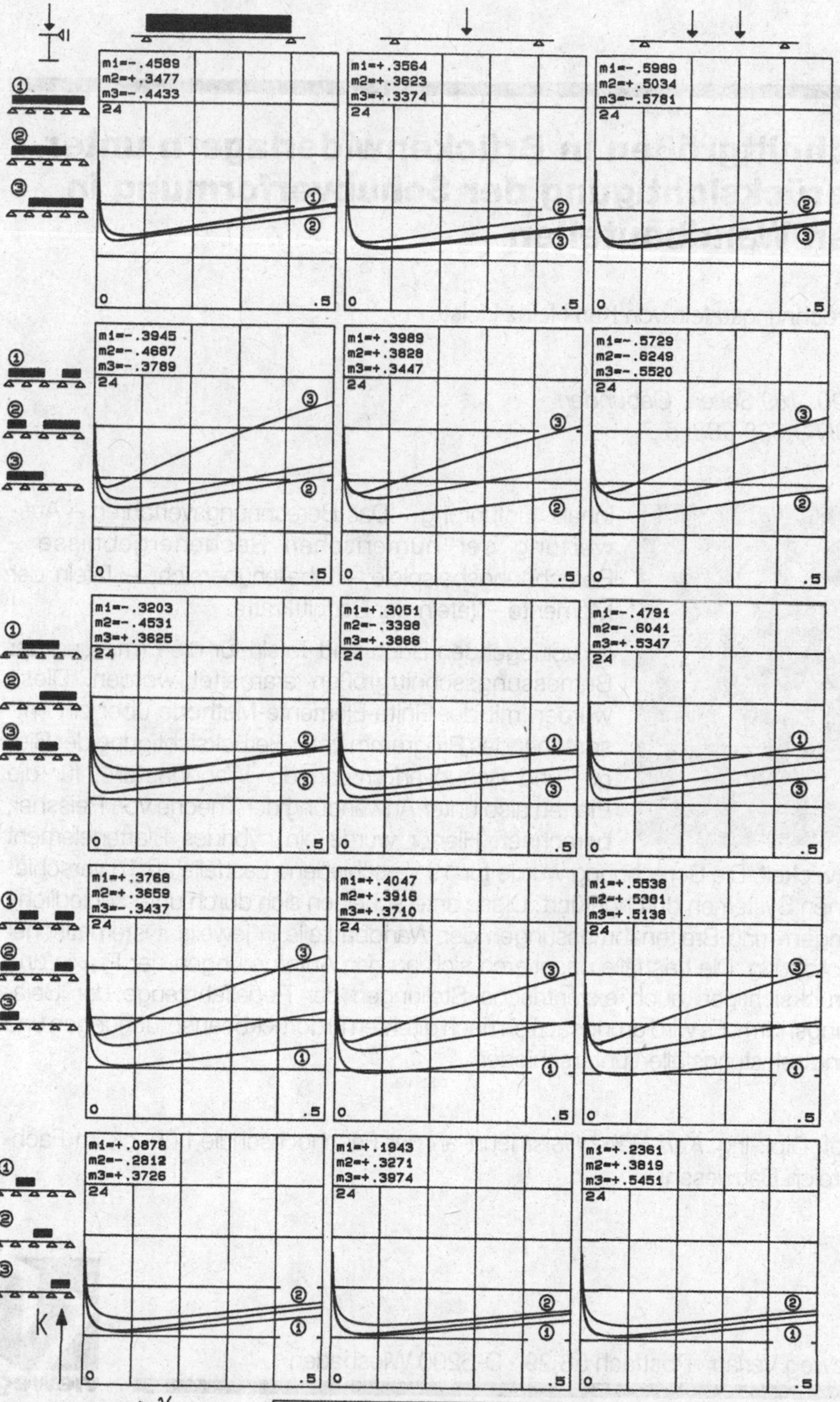

TAFEL G/IV 189 : 2L-L-2L-2L

G
IV

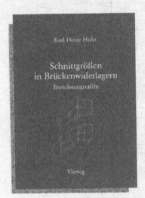

Printed in the United States
By Bookmasters